Springer Reference Technik

Springer Reference Technik bietet Ingenieuren – Studierenden, Praktikern und Wissenschaftlern – zielführendes Fachwissen in aktueller, kompakter und verständlicher Form. Während traditionelle Handbücher ihre Inhalte bislang lediglich gebündelt und statisch in einer Printausgabe präsentiert haben, bietet „Springer Reference Technik" eine um dynamische Komponenten erweiterte Online-Präsenz: Ständige digitale Verfügbarkeit, frühes Erscheinen neuer Beiträge online first und fortlaufende Erweiterung und Aktualisierung der Inhalte.

Die Werke und Beiträge der Reihe repräsentieren den jeweils aktuellen Stand des Wissens des Faches, was z. B. für die Integration von Normen und aktuellen Forschungsprozessen wichtig ist, soweit diese für die Praxis von Relevanz sind. Reviewprozesse sichern die Qualität durch die aktive Mitwirkung von namhaften HerausgeberInnen und ausgesuchten AutorInnen.

Springer Reference Technik wächst kontinuierlich um neue Kapitel und Fachgebiete. Eine Liste aller Reference-Werke bei Springer – auch anderer Fächer – findet sich unter www.springerreference.de.

Manfred Hennecke · Birgit Skrotzki
Hrsg.

HÜTTE Band 3: Elektro- und informationstechnische Grundlagen für Ingenieure

35. Auflage

Akademischer Verein Hütte e. V.

mit 758 Abbildungen und 118 Tabellen

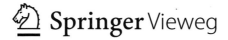

Springer Vieweg

Hrsg.
Manfred Hennecke
Bundesanstalt für Materialforschung
und -prüfung (im Ruhestand)
Berlin, Deutschland

Birgit Skrotzki
Bundesanstalt für Materialforschung und
-prüfung
Berlin, Deutschland

Wissenschaftlicher Ausschuss des Akademischen Vereins Hütte e. V., Berlin
Ernst-Martin Raeder
Berlin

wa@av-huette.de
Homepage, mit Übersicht zu den HÜTTE-Handbüchern: https://www.av-huette.de

ISSN 2522-8188   ISSN 2522-8196 (electronic)
Springer Reference Technik
ISBN 978-3-662-64374-7   ISBN 978-3-662-64375-4 (eBook)
https://doi.org/10.1007/978-3-662-64375-4

Die Deutsche Nationalbibliothek verzeichnet diese Publikation in der Deutschen Nationalbibliografie;
detaillierte bibliografische Daten sind im Internet über http://dnb.d-nb.de abrufbar.

Geleitwort

Die HÜTTE, welche nun in der 35. Auflage erscheint, ist weltweit das älteste regelmäßig aktualisierte ingenieurwissenschaftliche Nachschlagewerk. Herausgeber der Buchreihe ist seit der ersten Auflage der Akademische Verein Hütte, dessen Name auch zum Titel der Bücher wurde. In diesem Jahr kann der A. V. Hütte auf sein 175-jähriges Bestehen zurückblicken, er ist die älteste studentische Vereinigung an der Technischen Universität Berlin und ihren Vorläufern. Seit 1948 ist er zusätzlich auch an der TH Karlsruhe, heute KIT, vertreten.

Der Verein hat sich von Anfang an die Veröffentlichung und Förderung wissenschaftlicher Literatur zur Aufgabe gestellt. Unter maßgeblicher Beteiligung seiner Mitglieder wurde 1856 der Verein Deutscher Ingenieure (VDI) gegründet, was zusätzlich das Engagement zur Verbesserung der gesellschaftlichen Stellung der Ingenieure verdeutlicht. In die Technikgeschichte eingeschrieben hat sich der A. V. Hütte darüber hinaus auch durch die Herausgabe von beispielhaften technischen Zeichnungen und, mit ministerieller Genehmigung, von „Normalien für Betriebs-Mittel", die als Vorläufer der uns heute allen so selbstverständlich erscheinenden DIN-Normen betrachtet werden können.

Die Grundintention der HÜTTE-Bücher war, formuliert von der „Vademecum-Commission", dem heutigen Wissenschaftlichen Ausschuss des Vereins, in der Sprache der damaligen Zeit:

> *für die Studierenden ein Werk zu schaffen,*
> *„welches in übersichtlicher Weise Formeln, Tabellen und Resultate aus den Vorträgen der Herren*
> *Lehrer zusammenfasst, und ihnen nicht allein bei den auf dem Gewerbe-Institut angestellten*
> *Uebungen im Entwerfen und Berechnen, sondern besonders in ihrer künftigen practischen*
> *Lebensstellung bei dem Projectiren und Veranschlagen von Maschinen und baulichen Anlagen als*
> *ein sicher und bequem zu gebrauchendes Handbuch dienen kann."*

Dieses Konzept hat sich nun schon über viele Generationen als tragfähig erwiesen. Für die technische Welt existiert damit ein Standardwerk, welches das Grundwissen der Ingenieure darstellt, wie es aktuell an den Universitäten und Hochschulen gelehrt wird. Alles ist mit didaktischem Geschick von anerkannten Expertinnen und Experten ihrer jeweiligen Fachgebiete kompakt und kompetent für Studium und Praxis verfasst. Die renommierten Autoren, eingeschlossen die beiden Bandherausgeber, sind die Garanten für den umfassenden Wissensschatz der HÜTTE-Bücher, und der Verein spricht ihnen allen seinen großen Dank und seine Anerkennung für ihren hohen fachlichen und zeitlichen Einsatz aus.

Längst sind aus den „Herren Lehrern" des vorletzten Jahrhunderts nun „Lehrende" geworden. Daher freut es uns ganz besonders, neben dem langjährigen Bandherausgeber Herrn Prof. Dr. rer. nat. Manfred Hennecke jetzt als neu dazugekommene Bandherausgeberin Frau Prof. Dr.-Ing. Birgit Skrotzki begrüßen zu dürfen. Sie hat sich als erste Frau in der Geschichte der Fakultät Maschinenbau der Ruhr-Universität Bochum habilitiert. Auch im A. V. Hütte liegt die Gesamtkoordination der wissenschaftlichen Aktivitäten des Vereins bei der 35. Auflage in weiblicher Verantwortung.

Die Wertschätzung und Bedeutung der HÜTTE-Bücher lässt sich auch daran erkennen, dass diese im Laufe der Zeit in mehr als zehn Sprachen übersetzt wurden, darunter Ausgaben in Russisch, Französisch, Spanisch, Italienisch, Türkisch und Chinesisch. Dadurch wurde die HÜTTE weit über den deutschsprachigen Raum hinaus bekannt und anerkannt.

Der Umfang des technischen Wissens hat während der 35 Auflagen stark zugenommen. Deshalb erscheint dieses Grundlagenbuch nun in drei Teilbänden, die sowohl getrennt als auch, vorteilhafter, gemeinsam erworben werden können. In diesem Zusammenhang ist es bemerkenswert, dass bereits die allererste Auflage im Jahr 1857 in einer ähnlichen Dreiteilung angeboten wurde, bei einem damaligen Gesamtumfang von 584 Seiten im Oktavformat. Für technikgeschichtlich Interessierte sei erwähnt, dass diese „UrHÜTTE" als Reprint zwischenzeitlich neu aufgelegt wurde.

Heute ist der Inhalt der HÜTTE natürlich neben der Printform genauso als E-Book erhältlich und auch kapitelweise online verfügbar. Solche digitalen Formate ergänzen die Bücher, sie können diese aber, nicht nur wegen der Haptik, keinesfalls völlig ersetzen. Gedrucktes ist weiterhin erforderlich, um das heutige Wissen bleibend an die Nachwelt weiterzugeben. Unsere Bücher dienen außerdem als verlässliche und zitierfähige Referenz, die den jeweiligen Stand der Wissenschaft und Technik dokumentieren.

Dem Springer Verlag danken wir für die zukunftsweisende Aufnahme in die Reihe „Springer Reference Technik" sowie die wiederum sehr sorgfältige Bearbeitung und hochwertige Ausstattung der Bände. Unsere erfolgreiche Zusammenarbeit mit dem Verlag besteht nunmehr seit genau 50 Jahren.

Hinweise unserer Leser zur Weiterentwicklung des Werkes erbitten wir an die vorne im Buch angegebene Adresse. Wir sind uns sicher, dass die HÜTTE-Bücher auch zukünftig allen neuen Anforderungen entsprechen und mit weiter folgenden Auflagen zum unverzichtbaren Rüstzeug für Ingenieure gehören werden.

Berlin, im Herbst 2022
Akademischer Verein Hütte e. V.
Wissenschaftliche Koordinatorin   Wissenschaftlicher Ausschuss
Christina Baumgärtner   Ernst-Martin Raeder

Vorwort

Das Leseverhalten, nicht nur der jüngeren Generation, wird vom anhaltenden Siegeszug der Informationstechnik massiv beeinflusst. Das E-Book hat erhebliche Marktanteile gegen das klassische Buch gewonnen, ebenso wie der download gerade benötigter Informationen gegenüber dem Suchen und Nachschlagen im kilogrammschweren Nachschlagewerk.

Herausgeber und Verlag tragen dem mit der 35. Auflage der Hütte Rechnung. Zwar wird es weiterhin eine Buchversion der Hütte geben, in der das Ingenieurwissen auf traditionelle Weise dargeboten werden, d.h. gegliedert nach den klassischen Fachgebieten. Allerdings wird das Buch Hütte auf drei Bände aufgeteilt; nur so bleibt es handhabbar.

Neu ist, dass alle Wissensgebiete in Form von Kapiteln dargestellt werden, die einen (auch für den download) handhabbaren Umfang besitzen und für sich allein ein Teilgebiet verständlich und abgeschlossen darstellen. Wer sich im Moment ausschließlich für die Gasdynamik interessiert, muss nicht die gesamte Technische Mechanik herunterladen. Die Gliederung in Kapitel macht sich in erster Linie bei den umfangreichen alten Fachgebieten bemerkbar (wie Physik, Technische Mechanik, Elektrotechnik).

Ingenieurinnen und Ingenieure benötigen im Studium und für ihre beruflichen Aufgaben in der produzierenden Wirtschaft, im Dienstleistungsbereich oder im öffentlichen Dienst ein multidisziplinäres Wissen, das sich einerseits an den bisherigen Fächern und ihrem Fortschritt und andererseits an der Beachtung neuer Disziplinen orientiert. Die HÜTTE enthält in drei Bänden – orientiert am Stand von Wissenschaft und Technik und den Lehrplänen der Technischen Universitäten und Hochschulen – die Grundlagen des Ingenieurwissens, und zwar im Band 1 die mathematisch-naturwissenschaftliche und allgemeine Grundlagen, im Band 2 Grundlagen des Maschinenbaus und ergänzende Fächer und im Band 3 elektro- und informationstechnische Grundlagen. Allen Bänden angefügt sind ökonomisch-gesellschaftliche Kapitel, ohne die das heutige Ingenieurwissen unvollständig wäre.

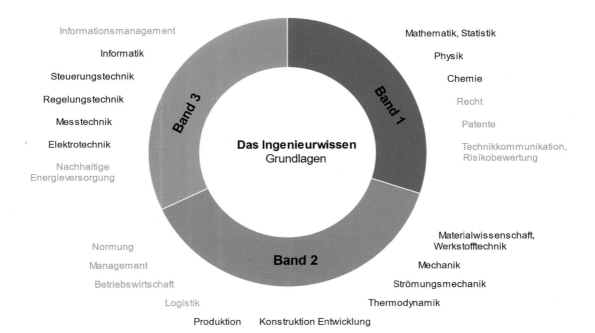

Die HÜTTE ist ein Kompendium und Nachschlagewerk für unterschiedliche Aufgabenstellungen. Durch Kombination der Einzeldisziplinen dieses Wissenskreises kann das multidisziplinäre Grundwissen für die verschiedenen Technikbereiche und Ingenieuraufgaben zusammengestellt werden.

Die vorliegende 35. Auflage der HÜTTE – begründet 1857 als *Des Ingenieurs Taschenbuch* – ist in allen Beiträgen aktualisiert worden. Ihrer technischen und gesellschaftlichen Bedeutung entsprechend wurden neue Kapitel aufgenommen: Informationsmanagement, Logistik, nachhaltige Energieversorgung sowie Technikkommunikation, Risikobewertung, Risikokommunikation.

Unser herzlicher Dank gilt allen Kolleginnen und Kollegen für ihre Beiträge und den Mitarbeiterinnen und Mitarbeitern des Springer-Verlages für die sachkundige redaktionelle Betreuung sowie dem Verlag für die vorzügliche Ausstattung des Buches.

Berlin   Manfred Hennecke
Januar 2023   Birgit Skrotzki

Lineare Antriebstechnik

Inhaltsverzeichnis

Teil I Elektrotechnik 1

1 **Grundlagen linearer und nichtlinearer elektrischer Netzwerke** 3
Marcus Prochaska und Wolfgang Mathis

2 **Anwendungen linearer elektrischer Netzwerke** 43
Marcus Prochaska und Wolfgang Mathis

3 **Elektromagnetische Felder und Wellen** 63
Wolfgang Mathis

4 **Energietechnik** 101
Hans-Peter Beck

5 **Systemtheorie und Nachrichtentechnik** 129
Wolfgang Mathis

6 **Analoge Grundschaltungen** 171
Wolfgang Mathis und Marcus Prochaska

7 **Digitale Grundschaltungen** 209
Wolfgang Mathis und Marcus Prochaska

8 **Elektronik: Halbleiterbauelemente** 229
Wolfgang Mathis

9 **Nachhaltige Energieversorgung** 255
Hans-Peter Beck

Teil II Messtechnik 283

10 **Grundlagen und Strukturen der Messtechnik** 285
Gerhard Fischerauer und Hans-Rolf Tränkler

11 **Sensoren (Messgrößen-Aufnehmer)** 313
Gerhard Fischerauer und Hans-Rolf Tränkler

12 **Analoge Messschaltungen und Messverstärker** 359
Gerhard Fischerauer und Hans-Rolf Tränkler

13 **Analoge Messwertausgabe (Messwerke und**
    Oszilloskop) 379
    Gerhard Fischerauer und Hans-Rolf Tränkler

14 **Digitale Messtechnik (Analog-digital-Umsetzung)** 395
    Gerhard Fischerauer und Hans-Rolf Tränkler

Teil III   Regelungs- und Steuerungstechnik **421**

15 **Einführung und Grundlagen der Regelungstechnik** 423
    Christian Bohn und Heinz Unbehauen

16 **Linearer Standardregelkreis: Analyse und**
    Reglerentwurf 467
    Christian Bohn und Heinz Unbehauen

17 **Nichtlineare, digitale und Zustandsregelungen** 519
    Christian Bohn und Heinz Unbehauen

18 **Systemidentifikation** 573
    Christian Bohn

19 **Steuerungstechnik** 627
    Frank Ley und Yan Liu

Teil IV   Technische Informatik **657**

20 **Theoretische Informatik** 659
    Max-Marcel Theilig, Hans Liebig und Peter Rechenberg

21 **Digitale Systeme** 683
    Dominic Wist

22 **Rechnerorganisation** 757
    Max-Marcel Theilig, Thomas Flik und Alexander Reinefeld

23 **Programmierung** 825
    Max-Marcel Theilig, Peter Rechenberg und
    Hanspeter Mössenböck

24 **Informationsmanagement** 881
    Rüdiger Zarnekow und Johannes Werner

Stichwortverzeichnis 895

Autorenverzeichnis

Hans-Peter **Beck** Institut für Elektrische Energietechnik und Energiesysteme, Technische Universität Clausthal, Clausthal-Zellerfeld, Deutschland

Christian **Bohn** Institut für Elektrische Informationstechnik, Technische Universität Clausthal, Clausthal-Zellerfeld, Deutschland

Gerhard **Fischerauer** Lehrstuhl für Mess- und Regeltechnik, Universität Bayreuth, Bayreuth, Deutschland

Thomas **Flik** verstorben 2013, früher Technische Universität Berlin, Berlin, Deutschland

Frank **Ley** Fachhochschule Dortmund (im Ruhestand), Dortmund, Deutschland

Hans **Liebig** Technische Universität Berlin (im Ruhestand), Berlin, Deutschland

Yan **Liu** Fachbereich Elektrotechnik, Fachhochschule Dortmund, Dortmund, Deutschland

Wolfgang **Mathis** Institut für Theoretische Elektrotechnik, Leibniz Universität Hannover, Hannover, Deutschland

Hanspeter **Mössenböck** Institut für Systemsoftware, Johann-Kepler-Universität Linz, Linz-Auhof, Österreich

Marcus **Prochaska** Fakultät Elektrotechnik, Ostfalia Hochschule für angewandte Wissenschaften, Wolfenbüttel, Deutschland

Peter **Rechenberg** Johann-Kepler-Universität Linz (im Ruhestand), Linz-Auhof, Österreich

Alexander **Reinefeld** Zuse-Institut, Berlin, Deutschland

Max-Marcel **Theilig** Fachgebiet Informations- und Kommunikationsmanagement, Technische Universität Berlin, Berlin, Deutschland

Hans-Rolf **Tränkler** Universität der Bundeswehr München (im Ruhestand), Neubiberg, Deutschland

Heinz **Unbehauen** verstorben 2019, früher Ruhr-Universität Bochum, Bochum, Deutschland

Johannes **Werner** Fachgebiet Informations- und Kommunikationsmanagement, Technische Universität Berlin, Berlin, Deutschland

Dominic **Wist** Biotronik SE & Co. KG, Berlin, Deutschland

Rüdiger **Zarnekow** Fachgebiet Informations- und Kommunikationsmanagement, Technische Universität Berlin, Berlin, Deutschland

Teil I

Elektrotechnik

Grundlagen linearer und nichtlinearer elektrischer Netzwerke

Marcus Prochaska und Wolfgang Mathis

Zusammenfassung

Gegenstand dieses Kapitels sind Methoden für die Berechnung von Gleich- und Wechselspannungsnetzwerken. Sie stellen die Grundlage für die Berechnung von Schaltungen in der Mikro- und Leistungselektronik sowie der Auslegung von Energieversorgungssystemen dar. Ausgehend von der Definition des elektrischen Stroms, Widerstands und der elektrischen Spannung führen die Kirchhoff'schen Sätze zu Verfahren für die Berechnung linearer Netzwerke – wie beispielsweise der Maschen- und Knotenanalyse. Für die Behandlung von Wechselstromanordnungen wird die komplexe Darstellung elektrischer Größen sowie die sich hieraus ableitende Zeigerdarstellung eingeführt. Gegenstand dieses Kapitels ist ebenfalls die elektrische Leistung in Gleich- und Wechselstromkreisen. Darüber hinaus werden elektrische Vierpole behandelt.

M. Prochaska (✉)
Fakultät Elektrotechnik, Ostfalia Hochschule für angewandte Wissenschaften, Wolfenbüttel, Deutschland
E-Mail: m.prochaska@ostfalia.de

W. Mathis
Institut für Theoretische Elektrotechnik, Leibniz Universität Hannover, Hannover, Deutschland
E-Mail: mathis@tet.uni-hannover.de

1.1 Elektrische Stromkreise

1.1.1 Elektrische Ladung und elektrischer Strom

1.1.1.1 Elementarladung

Das Elektron hat die Ladung $-e$, das Proton die Ladung $+e$; hierbei ist $e = 1{,}602176487 \cdot 10^{-19}$ C (C = A s) die *Elementarladung*. Jede vorkommende elektrische Ladung Q ist ein ganzes Vielfaches der Elementarladung:

$$Q = ne.$$

1.1.1.2 Elektrischer Strom

Wenn sich Ladungsträger (Elektronen oder Ionen) bewegen, so entsteht ein *elektrischer Strom*, seine Größe wird als *Stromstärke i* bezeichnet. Sie wird als Ladung (oder Elektrizitätsmenge) durch Zeit definiert:

$$i = \frac{dQ}{dt} \quad ; \quad Q = \int i \ dt.$$

Fließt ein Strom i während der Zeit $\Delta t = t_2 - t_1$ durch einen Leiter, so tritt durch jede Querschnittsfläche dieses Leiters die Ladung

$$\Delta Q = \int_{t_1}^{t_2} i(t) \ dt$$

© Der/die Autor(en), exklusiv lizenziert an Springer-Verlag GmbH, DE, ein Teil von Springer Nature 2023
M. Hennecke, B. Skrotzki (Hrsg.), *HÜTTE Band 3: Elektro- und informationstechnische Grundlagen für Ingenieure*, Springer Reference Technik
https://doi.org/10.1007/978-3-662-64375-4_47

hindurch (Abb. 1). Technisch wichtig sind außer dem Strom in metallischen Leitern auch der Ladungstransport in Halbleitern (Dioden, Transistoren, Integrierte Schaltkreise, Thyristoren), Elektrolyten (galvanische Elemente, Galvanisieren), in Gasen (z. B. Leuchtstofflampen, Funkenüberschlag in Luft) und im Hochvakuum (Elektronenröhren).

Kommt ein Strom durch die Bewegung positiver Ladungen zustande, so betrachtet man deren Richtung auch als die Richtung des Stromes (*konventionelle Stromrichtung*). Wenn aber z. B. Elektronen von der Kathode zur Anode einer Elektronenröhre fliegen (Abb. 2), so geht der positive Strom i von der Anode zur Kathode (v Geschwindigkeit der Elektronen).

Die folgenden drei Wirkungen des Stromes werden zur Messung der Stromstärke verwendet:
1. Magnetfeld (Kraftwirkung)
2. Stofftransport (z. B. bei Elektrolyse)
3. Erwärmung (eines metallischen Leiters).

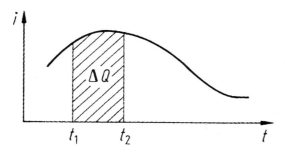

Abb. 1 Der Zusammenhang zwischen Strom i und Ladung Q

Besonders geeignet zur Strommessung ist die Kraft, die auf eine stromdurchflossene Spule im Magnetfeld wirkt (Drehspulgerät). Die Kraft, die zwei stromdurchflossene Leiter aufeinander ausüben, dient zur *Definition der SI-Einheit Ampere* für den elektrischen Strom:

$$1\ A = \frac{e}{1{,}602176634 \cdot 10^{-19}} \frac{1}{s}$$
$$= 6{,}789686 \cdot 10^{8}\, \Delta\nu\, e$$

$\Delta\nu = 9.192.631.770\,\frac{1}{s}$ entspricht der Frequenz des Hyperfeinstrukturübergangs des Grundzustands im ^{133}Cs-Atom.

Beispiel für die Driftgeschwindigkeit von Elektronen. Durch einen Kupferdraht mit dem Querschnitt $A = 50$ mm^2 fließt der Strom $I = 200$ A (Dichte der freien Elektronen: $n = 85 \cdot 10^{27}$ / m^3 = 85/nm^3). Die Driftgeschwindigkeit ist

$$v_{\mathrm{dr}} = \frac{I}{enA} \approx 0{,}3\ \frac{\mathrm{mm}}{\mathrm{s}}.$$

1.1.1.3 1. Kirchhoff'scher Satz (Satz von der Erhaltung der Ladungen; Strom-Knotengleichung)

Die Ladungen, die in eine (resistive) elektrische Schaltung hineinfließen, gehen dort weder verloren, noch sammeln sie sich an, sondern sie fließen wieder heraus. Dies gilt auch für die Ströme; insbesondere in den Knoten (Verzweigungspunkten) elektrischer Schaltungen (Abb. 3a) gilt:

Abb. 2 Konventionelle Richtung des Stromes i und Geschwindigkeit v der Elektronen in einer Hochvakuumdiode

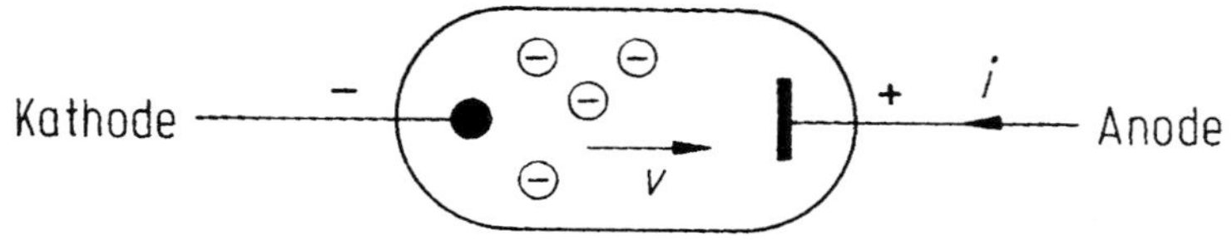

Abb. 3 Knoten mit 3 zufließenden und 2 abfließenden Strömen

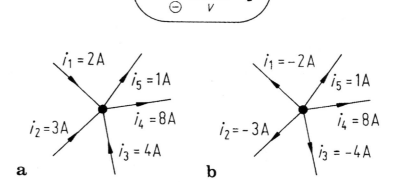

$$\sum i_{\text{ein}} = \sum i_{\text{aus}}; \quad \sum i_{\text{ein}} - \sum i_{\text{aus}} = 0.$$

Man kann aber auch

$$\sum i = 0$$

schreiben. Dann muss man z. B. einfließende Ströme mit positivem Vorzeichen einsetzen und ausfließende mit negativem (oder auch umgekehrt). Ist die Richtung des Stromes in einem Zweig zunächst nicht bekannt, so ordnet man ihm willkürlich einen sogenannten *Zählpfeil* bzw. eine sog. *Bezugsrichtung* zu. Liefert die Rechnung dann einen negativen Zahlenwert, so fließt der Strom entgegen der angenommenen Zählrichtung.

1.1.2 Energie und elektrische Spannung; Leistung

1.1.2.1 Definition der Spannung

Zwei positive Ladungen Q_1, Q_2 stoßen sich ab (Abb. 4).

Ist Q_1 unbeweglich und Q_2 beweglich, so ist mit der Verschiebung der Ladung Q_2 vom Punkt A in den Punkt B eine Abnahme der potenziellen Energie W_p der Ladung Q_2 verbunden: $W_A - W_B$. W_p ist der Größe Q_2 proportional, also gilt auch für die Energieabnahme:

$$W_A - W_B \sim Q_2.$$

Schreibt man statt dieser Proportionalität eine Gleichung, so tritt hierbei ein Proportiona-

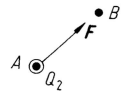

Abb. 4 Kraftwirkung zwischen zwei Punktladungen

litätsfaktor auf, den man als die elektrische Spannung U_{AB} zwischen den Punkten A und B bezeichnet:

$$\frac{W_A - W_B}{Q_2} = U_{AB}.$$

Eine Einheit der elektrischen Spannung ergibt sich daher, wenn man eine Energieeinheit durch eine Ladungseinheit teilt. Im SI wählt man:

$$1 \text{ Volt} = 1 \text{ V} = \frac{1 \text{ J}}{1 \text{ C}} = \frac{1 \text{ W s}}{1 \text{ A s}} = \frac{1 \text{ W}}{1 \text{ A}}.$$

1.1.2.2 Energieaufnahme eines elektrischen Zweipols

Ein elektrischer Zweipol (Abb. 5a), zwischen dessen beiden Anschlussklemmen eine (i. Allg. zeitabhängige) Spannung u liegt und in den der (i. Allg. ebenfalls zeitabhängige) Strom i hinein und aus dem er auch wieder herausfließt, nimmt im Zeitraum von t_1 bis t_2 folgende Energie auf:

$$W = \int_{t_1}^{t_2} ui \, dt.$$

Hierbei werden u und i gleichsinnig gezählt, so wie es in Abb. 5a dargestellt ist (Verbraucherzählpfeilsystem).

Das Produkt $u\,i$ bezeichnet man als die elektrische Leistung p:

$$ui = p = \frac{dW(t)}{dt}.$$

Im Falle zeitlich konstanter Größen $i = I$ und $u = U$ wird

$$W = UI \, t; \quad P = UI = W/t.$$

(Für konstante Ströme, Spannungen und Leistungen werden gewöhnlich Großbuchstaben verwendet; die Kleinbuchstaben i, u, p für die zeitabhängigen Größen.)

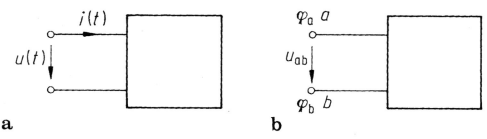

Abb. 5 **a** Zweipol als (Energie-)Verbraucher; **b** Spannung zwischen zwei Punkten unterschiedlichen Potenzials

Ist $u\,i > 0$, so nimmt der Zweipol (Abb. 5a) Leistung auf (Verbraucher); ist $u\,i < 0$, so gibt er Leistung ab (Erzeuger, Generator).

1.1.2.3 Elektrisches Potenzial

Die elektrische Spannung zwischen zwei Punkten (a und b) kann häufig auch als die Differenz zweier Potenziale φ aufgefasst werden (Abb. 5b):

$$u_{ab} = \varphi_a - \varphi_b.$$

Ist z. B. $u_{ab} = 2$ V, so wäre das Wertepaar $\varphi_a = 2$ V, $\varphi_b = 0$ V ebenso wie $\varphi_a = 3$ V, $\varphi_b = 1$ V usw. eine mögliche Darstellung.

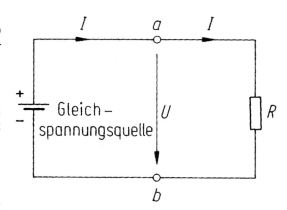

Abb. 6 Belastete Gleichspannungsquelle (galvanisches Element)

1.1.2.4 Spannungsquellen

Positive und negative Ladungen ziehen sich an. Kommt es dadurch in elektrischen Schaltungen zum Ladungsausgleich, so verlieren die Ladungen hierbei ihre potenzielle Energie; dies geschieht in allen Verbrauchern elektrischer Energie. Erzeuger elektrischer Energie hingegen bewirken eine Trennung positiver von negativen Ladungen, erhöhen also deren potenzielle Energie: Solche Erzeuger nennt man auch Spannungsquellen. (Die Ausdrücke Erzeuger und Verbraucher sind üblich, obwohl in ihnen eigentlich nur eine Energieumwandlung stattfindet.)

Das Abb. 6 zeigt als Beispiel einer Gleichspannungsquelle ein galvanisches Element. Die Energie, die hier bei chemischen Reaktionen frei wird, bewirkt, dass es zwischen den positiven Ladungen des Pluspols und den negativen des Minuspols innerhalb der Quelle nicht zum Ladungsausgleich kommt. Ein Ausgleich kommt nur zustande, wenn an die beiden Klemmen a, b ein Verbraucher (z. B. ein Ohm'scher Widerstand

R angeschlossen wird (im Verbraucher gibt es keine „elektromotorische Kraft", die dem Ladungsausgleich entgegenwirkt). In dem dargestellten einfachen Stromkreis wird die Quellenleistung P_q vom Widerstand „verbraucht":

$$P_q = P_R = UI.$$

Einige Schaltzeichen (Symbole) für Spannungsquellen sind in Abb. 7 zusammengestellt.

Typische Spannungen galvanischer Elemente bzw. „Batterien" sind 1,5 V; 3 V; 4,5 V; 9 V; 18 V; Blei-Akkumulatoren von Pkws haben allgemein 12 V. Solarzellen haben einen anderen Mechanismus und können ca. 0,5 V erreichen; durch Bündelung vieler Zellen werden Solarmodule mit wesentlich höheren Spannungen aufgebaut.

Die inneren Verluste einer Spannungsquelle werden im Schaltbild durch den *inneren Widerstand* repräsentiert: die reale Quelle wird als Reihenschal-

Abb. 7 Symbole für Spannungsquellen

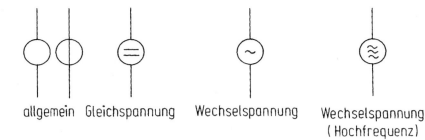

allgemein Gleichspannung   Wechselspannung   Wechselspannung
                                                        (Hochfrequenz)

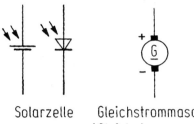

galvanisches   Solarzelle   Gleichstrommaschine
Element, Batterie   (Gleichstromgenerator)

tung einer idealen Spannungsquelle (U_q) mit dem inneren Widerstand (R_i) aufgefasst (Abb. 8).

1.1.2.5 2. Kirchhoff'scher Satz (Satz von der Erhaltung der Energie; Spannungs-Maschengleichung)

In jeder elektrischen Schaltung ist die in einer bestimmten Zeit von den Quellen insgesamt abgegebene Energie gleich der von allen Verbrauchern insgesamt aufgenommenen Energie; dasselbe gilt natürlich für die Leistungen. Daraus folgt, dass bei jedem (geschlossenen) Umlauf (Abb. 9)

$$\sum u = 0$$

wird, was in Abb. 10 an einem Schaltungsbeispiel verdeutlicht ist. (In Abb. 9 zählen die Spannungen, die dem willkürlich festgelegten Umlaufsinn entsprechen, positiv – die anderen negativ.) In der Schaltung in Abb. 10 ist die Quellenleistung (an die Schaltung abgegebene Leistung) $P_{ab} = U_q I$ und die Verbraucherleistung (von der Schaltung aufgenommene Leistung)

$$P_{auf} = I_1 U_1 + I_2 U_2 + I_2 U_3.$$

Wegen $P_{ab} = P_{auf}$ und $I = I_1 + I_2$ wird hieraus

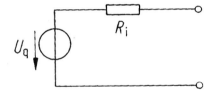

Abb. 8 Ersatzschaltbild einer realen Spannungsquelle

$$I_1 U_q + I_2 U_q = I_1 U_1 + I_2 (U_2 + U_3).$$

Dies muss u. a. auch in den Sonderfällen $I_2 = 0$ oder $I_1 = 0$ gelten, es ist also $U_q = U_1$ und $U_q = U_2 + U_3$ und damit auch $U_1 = U_2 + U_3$.

1.1.3 Elektrischer Widerstand

1.1.3.1 Ohm'sches Gesetz

Ohm'sche Widerstände sind solche, bei denen die Stromstärke i der anliegenden Spannung u proportional ist: $u \sim i$ (Abb. 11). Diese Proportionalität beschreibt man als Gleichung in der Form

$$u = Ri, \quad \text{(Ohm'sches Gesetz)}$$

wobei man den Proportionalitätsfaktor R als Ohm'schen Widerstand(swert) bezeichnet. Für manche Aussagen nützlicher ist der Leitwert

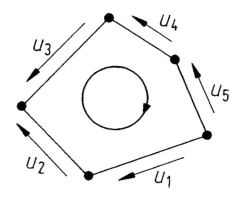

$$U_1 + U_2 - U_3 - U_4 - U_5 = 0$$

Abb. 9 Umlauf mit 5 Spannungen

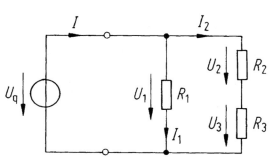

Abb. 10 Schaltung mit 2 Maschen

$$G = 1/R.$$

Das Ohm'sche Gesetz lässt sich damit auch in der Form $i = G\,u$ schreiben; außerdem gilt

$$R = u/i \; ; \quad G = i/u.$$

Die SI-Einheit des Widerstandes ist das Ohm ($\Omega = $ V/A), ferner ist 1 Siemens = 1 S = 1/Ω.

1.1.3.2 Spezifischer Widerstand und Leitfähigkeit

Für den Widerstand eines Leiters (Abb. 12) mit konstanter Querschnittsfläche A und der Länge l gilt $R \sim l/A$. Als Proportionalitätsfaktor wird hier die Größe ϱ eingeführt:

$$R = \varrho\frac{l}{A}, \quad \varrho = \frac{A}{l}R.$$

ϱ ist materialspezifisch (und temperaturabhängig) und wird als *spezifischer Widerstand* (*Resistivität*) bezeichnet. Für den Leitwert des Leiters gilt

$$G = \frac{A}{\varrho l} = \frac{\gamma A}{l}.$$

Man nennt γ die *Leitfähigkeit* (die *Konduktivität*) des Leitermaterials ($\gamma = 1/\varrho$). In Tab. 1 sind die

Abb. 11 Der Zusammenhang zwischen Strom i und Spannung u an einem Ohm'schen Widerstand R

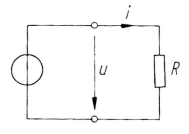

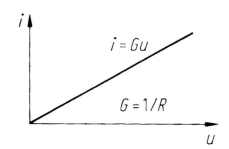

Abb. 12 Leiter mit konstantem Querschnitt

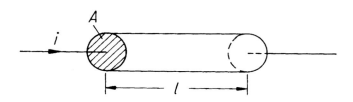

Tab 1 Spezifischer Widerstand und Temperaturbeiwerte verschiedener Stoffe

Stoff	ϱ_{20}	γ_{20}	α_{20}	β_{20}
	$10^{-6}\,\Omega \cdot m$	$10^6\,S/m$	$10^{-3}\,/K$	$10^{-6}\,/K^2$
1. Reinmetalle				
Aluminium	0,027	37	4,3	1,3
Blei	0,21	4,75	3,9	2,0
Eisen	0,1	10	6,5	6,0
Gold	0,022	45,2	3,8	0,5
Kupfer	0,017	58	4,3	0,6
Nickel	0,07	14,3	6,0	9,0
Platin	0,098	10,5	3,5	0,6
Quecksilber	0,97	1,03	0,8	1,2
Silber	0,016	62,5	3,6	0,7
Zinn	0,12	8,33	4,3	6,0
2. Legierungen				
Konstantan (55 % Cu, 44 % Ni, 1 % Mn)	0,5	2	−0,04	
Manganin (86 % Cu, 2 % Ni, 12 % Mn)	0,43	2,27	± 0,01	
Messing	0,066	15	1,5	
	$\Omega \cdot m$	S/m		
3. Kohle, Halbleiter				
Germanium (rein)	0,46	2,2		
Graphit	$8,7 \cdot 10^{-6}$	$115 \cdot 10^3$		
Kohle (Bürstenkohle)	$(40 \dots 100) \cdot 10^{-6}$	$(10 \dots 25) \cdot 10^3$	$-0,2 \dots -0,8$	
Silizium (rein)	2300	$0,43 \cdot 10^{-3}$		
4. Elektrolyte				
Kochsalzlösung (10 %)	$79 \cdot 10^{-3}$	12,7		
Schwefelsäure (10 %)	$25 \cdot 10^{-3}$	40,0		
Kupfersulfatlösung (10 %)	$300 \cdot 10^{-3}$	3,3		
Wasser (rein)	$2,5 \cdot 10^5$	$0,4 \cdot 10^{-3}$		
Wasser (destilliert)	$4 \cdot 10^4$	$2,5 \cdot 10^{-3}$		
Meerwasser	$300 \cdot 10^{-3}$	3,3		
5. Isolierstoffe				
Bernstein	$>10^{16}$			
Glas	$10^{11} \dots 10^{12}$			
Glimmer	$10^{13} \dots 10^{15}$			
Holz (trocken)	$10^9 \dots 10^{13}$			
Papier	$10^{15} \dots 10^{16}$			
Polyethylen	10^{16}			
Polystyrol	10^{16}			
Porzellan	$bis\ 5 \cdot 10^{12}$			
Transformator-Öl	$10^{10} \dots 10^{13}$			

Größen ϱ und γ für verschiedene Materialien angegeben. Übliche Einheiten für ϱ sind (vgl. $\varrho = R\,A/l$):

$$1\,\frac{\Omega \cdot mm^2}{m} = 1\ \mu\Omega \cdot m.$$

Anschauliche Deutung: $\varrho = 1\,\Omega \cdot mm^2/m$ bedeutet, dass ein Draht mit dem Querschnitt $1\,mm^2$ und der Länge $1\,m$ den Widerstand $1\,\Omega$ hat.

$\varrho = 1\,\Omega \cdot cm$ bedeutet, dass ein Würfel von $1\,cm$ Kantenlänge zwischen zwei gegenüberliegenden Flächen gerade den Widerstand $1\,\Omega$ hat.

1.1.3.3 Temperaturabhängigkeit des Widerstandes

In metallischen Leitern gilt die Proportionalität $i \sim u$ (Ohm'sches Gesetz) nur bei konstanter Temperatur. ϱ nimmt bei Metallen im Allgemeinen mit der Temperatur θ zu. Bei reinen Metallen (außer den ferromagnetischen) stellt $\varrho = f(\theta)$ nahezu eine Gerade dar. Bestimmte Legierungen verhalten sich allerdings anders, z. B. Manganin (86 % Cu, 12 % Mn, 2 % Ni), siehe Abb. 13.

Bei reinen Metallen ist folgende Beschreibung der Abhängigkeit des spezifischen Widerstandes von der Temperatur zweckmäßig:

$$\varrho = \varrho_{20}\left(1 + \alpha_{20}\Delta\theta + \beta_{20}\Delta\theta^2 + \dots\right).$$

Hierbei ist $\Delta\theta = \theta - 20\ °C$ und

ϱ_{20} Resistivität bei 20°C

α_{20} linearer Temperaturbeiwert

β_{20} quadratischer Temperaturbeiwert.

Einige Temperaturbeiwerte (Temperaturkoeffizienten) sind in Tab. 1 angegeben.

Supraleitung

Bei vielen metallischen Stoffen ist unterhalb einer sog. *Sprungtemperatur* T_c keine Resistivität mehr messbar ($\varrho < 10^{-23}\ \Omega \cdot m$) (Tab. 2); dieser Effekt wird als Supraleitung bezeichnet.

Bei den guten Leitern Cu, Ag, Au konnte bisher noch keine Supraleitung nachgewiesen werden. Das Bekanntwerden von Keramiksintermaterialien mit $T_c > 90$ K („Hochtemperatur-Supraleitung") hat seit 1986 dazu geführt, dass die Supraleitungs-Forschung in vielen Ländern sehr intensiviert worden ist.

Sprungtemperaturen oberhalb von 77,36 K (Siedetemperatur des Stickstoffs) erlauben es, Supraleitung mithilfe von flüssigem Stickstoff zu erreichen, also ohne das teure flüssige Helium auszukommen (vgl. Tab. 3).

Mit Supraleitern lassen sich verlustlos sehr starke Magnetfelder erzeugen (wie sie in der Hochenergiephysik, in Induktionsmaschinen oder für Magnetbahnen gebraucht werden). Bei einer Reihe dieser Stoffe setzt aber die Supraleitung durch Einwirkung eines starken Magnetfeldes wieder aus (Nb-Sn- und Nb-Ti-Legierungen z. B. bleiben aber noch unter dem Einfluss recht starker Magnetfelder supraleitend). Die Möglichkeit verlustloser Energieübertragung über supra-

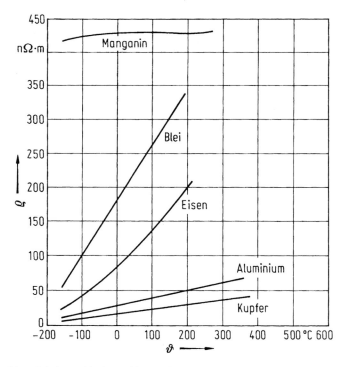

Abb. 13 Temperaturabhängigkeit spezifischer Widerstände

Tab. 2 Sprungtemperatur verschiedener Supraleiter

Stoff	T_c in K
Cd	0,52
Al	1,18
Ti	0,40
Sn	3,72
Hg	4,15
V	5,4
Ta	4,47
Pb	7,20
NbTi	8,5
Nb	9,25
Tc	7,8
V_3Ga	16,8
Nb_3Sn	18,0
Nb_3Ge	23,2
$Ba_xLa_{5-x}Cu_5O_{3-y}$	> 30
Y-La-Cu-O	> 90

K Kelvin; absoluter Nullpunkt: $0\,K \triangleq -273,15\,°C$

Tab. 3 Schmelz- und Siedetemperatur von He, H_2, N_2 und O_2

Stoff	Schmelztemperatur T_{sl} in K	Siedetemperatur T_{lg} in K
He		4,22
H_2	13,81	20,28
N_2	63,15	77,36
O_2	54,36	90,20

leitende Kabel wird auch dadurch begrenzt, dass oberhalb bestimmter Stromdichten (kritischer Stromdichten) Supraleitung unmöglich wird.

1.2 Wechselstrom

1.2.1 Beschreibung von Wechselströmen und -spannungen

Ein sinusförmig schwingender Strom (Abb. 14),

$$i = \hat{i}\cos\ (\omega t + \varphi_0),$$

ist durch die drei Parameter *Scheitelwert* (*Amplitude*) $\hat{i}$, *Kreisfrequenz* ω und *Nullphasenwinkel* φ_0 bestimmt (wird eine dieser drei Größen

zeitabhängig, so spricht man von Modulation). Für die *Periodendauer T* der Schwingung gilt:

$$T = 2\pi/\omega,$$

die *Frequenz* ist

$$f = \frac{1}{T} = \frac{\omega}{2\pi}.$$

Sinusförmige Ströme haben den Mittelwert null (sie haben keinen Gleichanteil) und sind Wechselströme. (Alle periodischen Größen ohne Gleichanteil nennt man Wechselgrößen.) Eine Summe aus einem Gleich- und einem Wechselstrom nennt man *Mischstrom* (Abb. 15).

Für $i(t)$ kann man auch schreiben:

$$
\begin{aligned}
i(t) &= \hat{i}\mathrm{Re}\ \{\exp\ [\mathrm{j}(\omega t + \varphi_0)]\} \\
&= \mathrm{Re}\ \{\hat{i}\ \exp\ (\mathrm{j}\varphi_0)\exp\ (\mathrm{j}\omega t)\} \\
&= \mathrm{Re}\ \{\underline{\hat{i}}\exp\ (\mathrm{j}\omega t)\} = \mathrm{Re}\ \{\underline{i}(t)\}.
\end{aligned}
$$

Hierbei ist

$$\underline{\hat{i}} = \hat{i}\exp\ (\mathrm{j}\varphi_0) \quad \text{die } komplexe\ Amplitude$$

und

$$\underline{i}(t) = \underline{\hat{i}}\exp\ (\mathrm{j}\omega t) \quad \text{die } komplexe\ Zeitfunktion$$

des Stromes i.

Die Amplitude $\hat{i}$ geht aus der komplexen Amplitude $\underline{\hat{i}}$ durch Betragsbildung hervor:

$$\hat{i} = |\ \underline{\hat{i}}\ |\ .$$

Die reelle Zeitfunktion $i(t)$ entsteht aus der komplexen durch Realteilbildung:

$$i(t) = \mathrm{Re}\ \{\underline{i}(t)\}.$$

Den Wert $\underline{\hat{i}}\ /\sqrt{2} = \underline{I}$ bezeichnet man als komplexen Effektivwert der Größe i. Die Kennzeichnung komplexer Größen durch Unterstreichung kann entfallen, wenn verabredet ist, dass die betreffenden Formelbuchstaben eine komplexe Größe darstellen. Beträge sind dann durch Betragsstriche zu kennzeichnen.

Abb. 14 Sinusförmiger
Wechselstrom

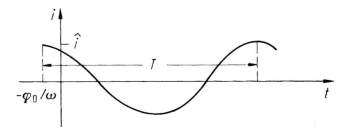

Abb. 15 Mischstrom vor
und nach der Einweg-
Gleichrichtung

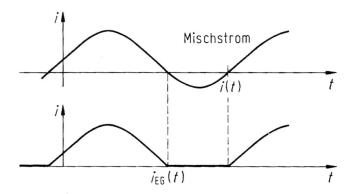

1.2.2 Mittelwerte periodischer Funktionen

Für einen periodischen Strom $i(t)$ mit der Periode T werden verschiedene Mittelwerte definiert (Tab. 4 und Abb. 15).

Das Verhältnis von Scheitelwert zu Effektivwert bezeichnet man als den *Scheitelfaktor*

$$k_\mathrm{s} = \hat{i}/I$$

und das Verhältnis des Effektivwertes zum Gleichrichtwert als *Formfaktor*

$$k_\mathrm{f} = I/\overline{|\,i\,|}.$$

In der Tab. 5 sind die Mittelwerte, der Scheitel- und der Formfaktor eines sinusförmigen (Abb. 14) und eines dreiecksförmigen (Abb. 16) Wechselstromes angegeben.

1.2.3 Wechselstrom in Widerstand, Spule und Kondensator

In der Tab. 6 sind die Zusammenhänge zwischen Strom und Spannung in Widerstand, (idealer)

Tab. 4 Mittelwerte eines periodischen Stromes

Arithmetischer Mittelwert	$\bar{i} = \frac{1}{T} \int\limits_{\tau}^{\tau+T} i(t)\ \mathrm{d}t$
Einweggleichrichtwert	$\bar{i}_\mathrm{EG} = \frac{1}{T} \int\limits_{\tau}^{\tau+T} i_\mathrm{EG}(t)\ \mathrm{d}t$
Gleichrichtwert (elektrolytischer Mittelwert)	$\overline{|\,i\,|} = \frac{1}{T} \int\limits_{\tau}^{\tau+T} |\,i(t)\,|\ \mathrm{d}t$
Effektivwert (quadratischer Mittelwert)	$I = \sqrt{\frac{1}{T} \int\limits_{\tau}^{\tau+T} i^2(t)\ \mathrm{d}t}$

Spule und (idealem) Kondensator – allgemein und für eingeschwungene Sinusgrößen – in unterschiedlicher Weise dargestellt, vgl. Abb. 18.

Reale Spule und realer Kondensator

Eine eisenlose Spule hat außer ihrer Induktivität L auch den Ohm'schen Widerstand R der Wicklung (Wicklungsverluste). Für eine genauere Betrachtung muss daher jede Spule als RL-Reihenschaltung dargestellt werden (Abb. 17a). In einer Spule mit einem Eisenkern treten außer den Wicklungsverlusten („*Kupferverlusten*") auch noch im Eisenkern Ummagnetisierungsverluste (*Hystereseverluste*) und *Wirbelstromverluste* auf, die man zusammenfassend als *Eisenverluste* bezeichnet. Diese Eisenverluste stellt man im Ersatzschaltbild (Abb. 17b) durch einen Widerstand parallel zur

Tab. 5 Mittelwerte, Scheitel- und Formfaktor des sinusförmigen und des dreiecksförmigen Wechselstromes

	$\bar{i}$	$\bar{i}_{EG}$	$\overline{|i|}$	I	k_s	k_f
Sinusförmiger Strom	0	$\frac{\hat{i}}{\pi} = 0{,}318\hat{i}$	$\frac{2\hat{i}}{\pi} = 0{,}637\hat{i}$	$\frac{\hat{i}}{\sqrt{2}} = 0{,}707\hat{i}$	$\sqrt{2} = 1{,}414$	$\frac{\pi}{2\sqrt{2}} = 1{,}111$
Dreieckförmiger Strom	0	$0{,}25\hat{i}$	$0{,}5\hat{i}$	$\frac{\hat{i}}{\sqrt{3}} = 0{,}577\hat{i}$	$\sqrt{3} = 1{,}732$	$\frac{2}{\sqrt{3}} = 1{,}155$

Abb. 16 Dreieckförmiger Strom $i(t)$

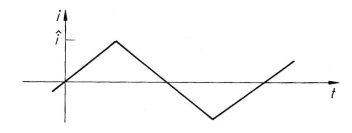

Tab. 6 Zusammenhang zwischen Spannung und Strom bei Widerstand, Spule und Kondensator (Komplexe Größen sind nicht besonders gekennzeichnet.)

Bauelement		Widerstand	Spule	Kondensator
Kennzeichnende Größe		Resistanz, Ohm'scher W. R	Induktivität L	Kapazität C
Zusammenhang zwischen U und I	allgemein	$u = R \cdot i$	$u = L \cdot \frac{\mathrm{d}i}{\mathrm{d}t}$	$i = C \cdot \frac{\mathrm{d}u}{\mathrm{d}t}$
	komplexe Effektivwerte von Sinusgrößen	$U = R \cdot I$	$U = \mathrm{j}\,\omega L \cdot I$	$I = \mathrm{j}\,\omega C \cdot U$

Induktivität dar. (Ein noch genaueres Ersatzschaltbild müsste auch die Kapazität zwischen den einzelnen Windungen berücksichtigen.)

Bei einem Kondensator hat das Dielektrikum zwischen den beiden Elektroden auch eine (geringe) elektrische Leitfähigkeit. Daher stellt man bei genauerer Betrachtung einen Kondensator als RC-Parallelschaltung dar (Abb. 17c). (Bei noch genauerer Darstellung dürfte auch die Induktivität der Zuleitung nicht vernachlässigt werden.)

1.2.4 Zeigerdiagramm

Die komplexen Zeitfunktionen $\underline{u}(t)$ und $\underline{i}(t)$, die komplexen Amplituden $\underline{\hat{u}}$ und $\underline{\hat{i}}$ und auch die komplexen Effektivwerte $\underline{U}$ und $\underline{I}$ können in der komplexen (Gauß'schen Zahlen-)Ebene als sog. Zeiger anschaulich dargestellt werden. Üblich ist die Zeigerdarstellung vor allem für die komplexen Effektivwerte.

Abb. 18 stellt (ab jetzt ohne Unterstreichung der komplexen Effektivwerte!) die Zeiger für U und I an den idealen Elementen Widerstand, Spule und Kondensator dar. Dabei ist U jeweils (willkürlich) als reell vorausgesetzt.

Man sagt:

(a) Der Strom ist im Widerstand mit der Spannung phasengleich („in Phase").

(b) Der Strom eilt der Spannung an der Spule um 90° nach.

(c) Der Strom eilt der Spannung am Kondensator um 90° voraus.

1.2.5 Impedanz und Admittanz

Entsprechend dem auf komplexe Effektivwerte angewandten Ohm'schen Gesetz

$$U_R / I_R = R$$

ergeben sich aus dem Verhältnis U/I auch bei Spule und Kondensator Größen mit der Dimension eines Widerstandes:

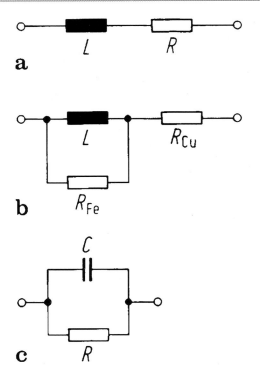

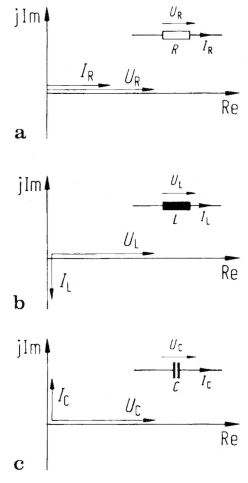

Abb. 17 Reale Spule und realer Kondensator. **a** Ersatzschaltung einer eisenfreien Spule; **b** Ersatzschaltung einer Spule mit Eisenkern; **c** Ersatzschaltung eines Kondensators

$$\frac{U_{\mathrm{L}}}{I_{\mathrm{L}}} = \mathrm{j}\omega L = \mathrm{j}X_{\mathrm{L}} = Z_{\mathrm{L}};$$
$$\frac{U_{\mathrm{C}}}{I_{\mathrm{C}}} = \frac{1}{\mathrm{j}\omega C} = \mathrm{j}X_{\mathrm{C}} = Z_{\mathrm{C}}.$$

Abb. 18 Zeigerdiagramme für Strom und Spannungen bei **a** Widerstand, **b** Spule und **c** Kondensator

Man nennt Z_{L} bzw. Z_{C} den *komplexen Widerstand* oder die *Impedanz* von Spule bzw. Kondensator. Z_{L} und Z_{C} sind rein imaginär; den Imaginärteil einer Impedanz Z nennt man ihren *Blindwiderstand* (ihre *Reaktanz*) X:

$$X_{\mathrm{L}} = \omega L; \quad X_{\mathrm{C}} = -1/(\omega C).$$

Den Realteil R einer Impedanz nennt man ihren *Wirkwiderstand (Resistanz)*.

Die Kehrwerte der Impedanzen nennt man *Admittanzen*:

$$Y = 1/Z;$$
$$Y_{\mathrm{L}} = \frac{1}{Z_{\mathrm{L}}} = \frac{1}{\mathrm{j}\omega L} = \mathrm{j}B_{\mathrm{L}};$$
$$Y_{\mathrm{C}} = \frac{1}{Z_{\mathrm{C}}} = \mathrm{j}\omega C = \mathrm{j}B_{\mathrm{C}}.$$

Auch Y_{L} und Y_{C} sind rein imaginär; man nennt den Imaginärteil einer Admittanz ihren *Blindleitwert* (ihre *Suszeptanz*) B:

$$B_{\mathrm{L}} = -1/(\omega L);$$
$$B_{\mathrm{C}} = \omega C.$$

Den Realteil G einer Admittanz nennt man ihren *Wirkleitwert (Konduktanz)*.

Den Betrag $|Z|$ einer Impedanz Z nennt man ihren *Scheinwiderstand*, den Betrag $|Y|$ einer Admittanz Y ihren *Scheinleitwert*.

1.2.6 Kirchhoff'sche Sätze für die komplexen Effektivwerte

Die Kirchhoff'schen Sätze gelten nicht nur für die Momentanwerte beliebig zeitabhängiger Spannungen (u) und Ströme i) (insbesondere also auch für Gleichspannungen U und -ströme I), sondern auch für die komplexen Amplituden $(\hat{u}, \hat{i})$ und komplexen Effektivwerte (U, I) eingeschwungener Sinusspannungen und -ströme (vgl. Abb. 19) (ohne Nachweis):

$$\sum_{\nu=1}^{n} U_\nu = 0; \quad \sum_{\nu=1}^{n} I_\nu = 0.$$

Spannungen und Ströme, deren Zählpfeile umgekehrt gerichtet sind wie in Abb. 19, erhalten bei der Summation ein Minuszeichen.

1.3 Lineare Netze

Als linear werden Schaltungen bezeichnet, in denen nur konstante Ohm'sche Widerstände, Kapazitäten, Induktivitäten sowie Gegeninduk-tivitäten vorkommen und in denen die Quellenspannungen und -ströme entweder konstant sind oder aber einer anderen Strom- oder Spannungsgröße proportional sind ("gesteuerte Quellen").

Die linearen Gleichstromnetze stellen eine spezielle Klasse der linearen Netze dar, nämlich Netze, die nur Ohm'sche Widerstände sowie konstante Quellenspannungen U_0 oder konstante Quellenströme I_0 enthalten ($Z \rightarrow R$; $U \rightarrow U_0$; $I \rightarrow I_0$).

1.3.1 Widerstandsnetze

1.3.1.1 Gruppenschaltungen
Reihen- und Parallelschaltung
Impedanzen, durch die ein gemeinsamer Strom I hindurchfließt, nennt man *in Reihe* (in Serie) *geschaltet*. Eine Reihenschaltung von n Impedanzen (Abb. 20) wirkt wie ein einziger Zweipol mit der Impedanz

$$Z = \sum_{\nu=1}^{n} Z_\nu.$$

Impedanzen, die an einer gemeinsamen Spannung U liegen (Abb. 21), nennt man *parallel geschaltet*.

Eine Parallelschaltung von n Impedanzen wirkt wie ein einziger Zweipol mit der Admittanz

Abb. 19 Zur Anwendung der Kirchhoff'schen Gesetze **a** Maschenregel (Umlauf); **b** Knotenregel

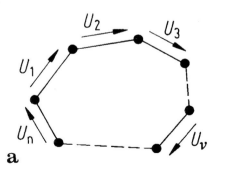

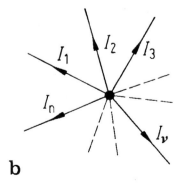

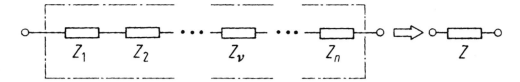

Abb. 20 Reihenschaltung

Abb. 21 Parallelschaltung

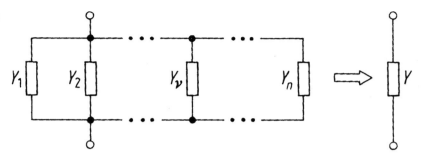

$$Y = \sum_{\nu=1}^{n} Y_\nu = \frac{1}{Z},$$

$$\left(\text{hierbei ist } Y_\nu = \frac{1}{Z_\nu}\right).$$

Speziell für zwei parallelgeschaltete Zweipole mit den Impedanzen Z_1, Z_2 ergibt sich als Gesamtimpedanz

$$Z = \frac{Z_1 Z_2}{Z_1 + Z_2}.$$

Spannungs- und Stromteiler

Bei einer Reihenschaltung verhalten sich die Spannungen zueinander wie die zugehörigen Widerstände (Abb. 22a):

$$\frac{U_2}{U} = \frac{Z_2}{Z_1 + Z_2}; \quad U_2 = \frac{Z_2}{Z_1 + Z_2} U.$$

Bei einer Parallelschaltung verhalten sich die Ströme zueinander wie die zugehörigen Leitwerte (Abb. 22b):

$$\frac{I_2}{I} = \frac{Y_2}{Y_1 + Y_2} = \frac{Z_1}{Z_1 + Z_2}.$$

Gruppenschaltungen

Setzt man Reihen- und Parallelschaltungen ihrerseits wieder zu Reihen- und Parallelschaltungen zusammen usw., so lässt sich die Gesamtimpedanz zwischen zwei Anschlussklemmen dadurch berechnen, dass man alle parallel oder in Reihe geschalteten Zweipole bzw. Schaltungsteile schrittweise zusammenfasst; ein Beispiel hierfür zeigt Abb. 23.

Zwischen den Klemmen a und b ergibt sich die Gesamtimpedanz

$$Z_{ab} = Z_C + Z_D = \frac{Z_A Z_B}{Z_A + Z_B} + Z_D$$
$$= \frac{(Z_1 + Z_2)(Z_3 + Z_4 + Z_5)}{Z_1 + Z_2 + Z_3 + Z_4 + Z_5} + \frac{Z_7 Z_8}{Z_7 + Z_8}.$$

Impedanz- und Admittanz-Ortskurven

Wenn man z. B. beschreiben will, wie die Impedanz

$$Z = R + j\omega L$$

einer RL-Reihenschaltung (Abb. 24) von ω abhängt, so stellt man fest, dass die Spitzen der Z-Operatorpfeile auf einer Geraden liegen, siehe Abb. 25c.

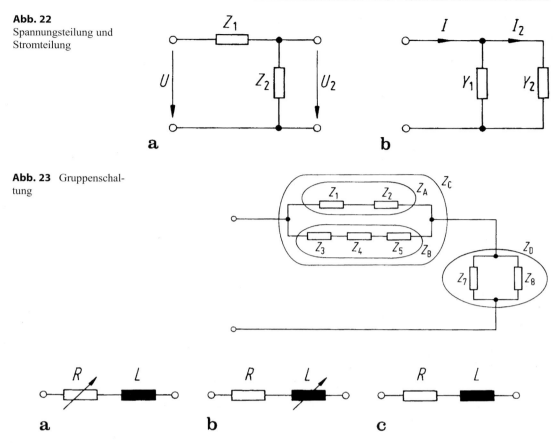

Abb. 22
Spannungsteilung und
Stromteilung

Abb. 23 Gruppenschaltung

Abb. 24 RL-Reihenschaltung **a** R variabel, L const, ω const; **b** L variabel, ω const, R const; **c** ω variabel, L const, R const

In Abb. 25 ist außerdem die Abhängigkeit der Größe Z von R und L dargestellt. Eine Kurve, auf der sich die Spitze einer komplexen Größe bei Veränderung eines reellen Parameters bewegt, nennt man Ortskurve. Für einige weitere Schaltungen sind Ortskurven in den Abb. 26, 27, 28 und 29 dargestellt.

1.3.1.2 Brückenschaltungen

Die Brückenschaltung (Abb. 30) ist ein Beispiel für eine Schaltung, die keine Gruppenschaltung ist.

Im Allgemeinen ist hier $U_5 \neq 0$, $I_5 \neq 0$ und somit $I_1 \neq I_2$ und $I_3 \neq I_4$; Z_1, Z_2 und Z_3, Z_4 bilden also keine Reihenschaltungen. Ebenso ist i. Allg. $U_1 \neq U_3$ und $U_2 \neq U_4$; Z_1, Z_3 und Z_2, Z_4 bilden

also keine Parallelschaltungen. Nur im Sonderfall

$$Z_1/Z_2 = Z_3/Z_4 \quad \text{(Brückenabgleich)}$$

werden $U_5 = 0$, $I_5 = 0$ und es gilt

$$Z_{ab} = \frac{(Z_1 + Z_2)(Z_3 + Z_4)}{Z_1 + Z_2 + Z_3 + Z_4}$$
$$= \frac{Z_1 Z_3}{Z_1 + Z_3} + \frac{Z_2 Z_4}{Z_2 + Z_4}$$

(Eingangsimpedanz einer abgeglichenen Brücke).

In der Messtechnik sind Brückenschaltungen (Messbrücken) sehr wichtig.

Abb. 25 Z-Ortskurven einer RL-Reihenschaltung. **A** R variabel, L const, ω const; **b** L variabel, ω const, R const; **c** ω variabel, L const, R const

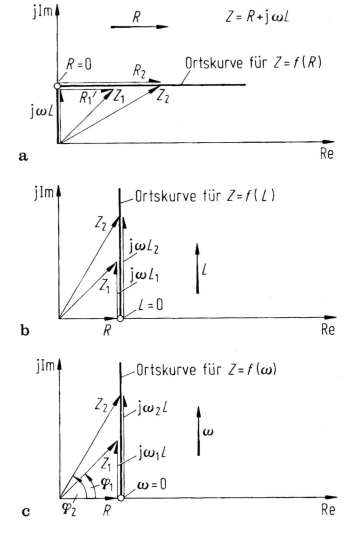

Abb. 26 Die RLC-Reihenschaltung und ihre Z-Ortskurve

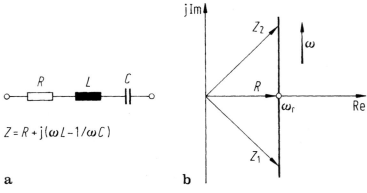

Abb. 27 Y-Ortskurven von
Parallelschaltungen

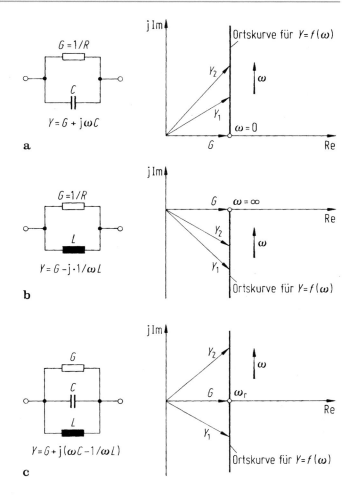

1.3.1.3 Stern-Dreieck-Umwandlung

Jede beliebige Zusammenschaltung konstanter Impedanzen mit drei Anschlussklemmen („Dreipol") kann durch einen gleichwertigen (äquivalenten) Impedanzstern oder ein gleichwertiges Impedanzdreieck (Abb. 31) so ersetzt werden, dass die drei Eingangsimpedanzen Z_{E12}, Z_{E23}, Z_{E31} jeweils übereinstimmen.

So kann jeder Stern in ein äquivalentes Dreieck umgewandelt werden und umgekehrt. Wenn die Impedanzen Z_{12}, Z_{23}, Z_{31} eines Dreiecks gegeben sind, so können hieraus die Impedanzen Z_{10}, Z_{20}, Z_{30} des äquivalenten Sternes berechnet werden:

$$Z_{10} = \frac{Z_{12}Z_{31}}{Z_{12} + Z_{23} + Z_{31}},$$
$$Z_{20} = \frac{Z_{23}Z_{12}}{Z_{12} + Z_{23} + Z_{31}},$$
$$Z_{30} = \frac{Z_{31}Z_{23}}{Z_{12} + Z_{23} + Z_{31}}.$$

Umgekehrt gilt

$$Z_{12} = \frac{Z_{10}Z_{20} + Z_{20}Z_{30} + Z_{30}Z_{10}}{Z_{30}},$$
$$Z_{23} = \frac{Z_{10}Z_{20} + Z_{20}Z_{30} + Z_{30}Z_{10}}{Z_{10}},$$
$$Z_{31} = \frac{Z_{10}Z_{20} + Z_{20}Z_{30} + Z_{30}Z_{10}}{Z_{20}}.$$

Abb. 28 *Y*-Ortskurven von
Reihenschaltungen

Abb. 29 *Z*-Ortskurven
von Parallelschaltungen

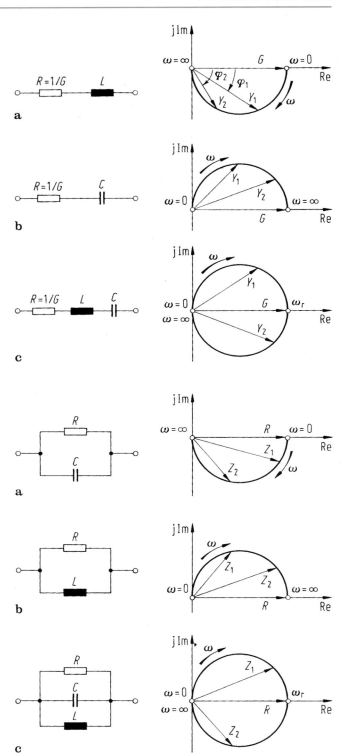

Stern-Vieleck-Umwandlungen sind für allgemeine n-Pole möglich (jeder n-strahlige Stern lässt sich durch ein vollständiges n-Eck ersetzen, nicht aber umgekehrt jedes vollständige n-Eck durch einen n-strahligen Stern).

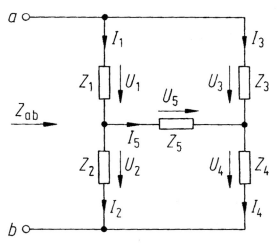

Abb. 30 Brückenschaltung

Abb. 31 Äquivalente Dreipole

1.3.2 Strom- und Spannungsberechnung in linearen Netzen

1.3.2.1 Der Überlagerungssatz (Superpositionsprinzip)

In einem *linearen* Netz mit m Zweigen und n Spannungsquellen (U_{q1}, ..., U_{qn}) kann der Strom I_μ im μ-ten Zweig berechnet werden, indem man zunächst die Wirkung jeder einzelnen Quelle auf diesen Zweig berechnet (wobei jeweils alle anderen Quellen unwirksam sein müssen, die Spannungsquellen also durch *Kurzschlüsse* zu ersetzen sind); die so berechneten Einzelwirkungen

$$I_\mu^{(\nu)} = K_\mu^{(\nu)} U_{q\nu}$$

ergeben den Strom

$$I_\mu = \sum_{\nu=1}^{n} K_\mu^{(\nu)} U_{q\nu}.$$

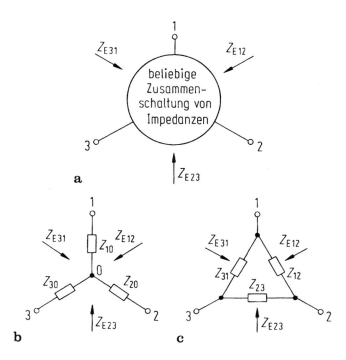

(Enthält das Netz auch oder nur Stromquellen, so kann man auch hier zunächst die Einzelwirkungen berechnen, die sich ergeben, wenn jeweils alle Stromquellen bis auf eine unwirksam gemacht werden, d. h. durch eine Leitungsunterbrechung ersetzt werden.)

Beispiel

Parallelschaltung von 3 Spannungsquellen an einem Verbraucher Z_4, Abb. 32.

$$I_4^{(1)} = \frac{U_{q1} Y_1}{Y_1 + Y_2 + Y_3 + Y_4} Y_4;$$

$$I_4^{(2)} = \frac{U_{q2} Y_2}{Y_1 + Y_2 + Y_3 + Y_4} Y_4;$$

$$I_4^{(3)} = \frac{U_{q3} Y_3}{Y_1 + Y_2 + Y_3 + Y_4} Y_4;$$

$$I_4 = I_4^{(1)} + I_4^{(2)} + I_4^{(3)} = \frac{U_{q1} Y_1 + U_{q2} Y_2 + U_{q3} Y_3}{Y_1 + Y_2 + Y_3 + Y_4} Y_4.$$

1.3.2.2 Ersatz-Zweipolquellen

Strom-Spannungs-Kennlinie einer linearen Zweipolquelle

Beispiel: **Spannungsteiler**. Die Klemmengrößen U, I der Spannungsteilerschaltung (Abb. 33a)

können als die Koordinaten des Schnittpunktes S der Arbeitsgeraden $U = f(I)$ (Achsenabschnitte: *Kurzschlussstrom* I_k und *Leerlaufspannung* U_L) mit der Widerstandskennlinie $I = U/R$ aufgefasst werden (Abb. 33b).

Der durch I_k und U_L beschriebene Zweipol hat den inneren Widerstand

$$R_i = \frac{U_L}{I_k} = \frac{R_1 R_2}{R_1 + R_2}.$$

Dieser innere Widerstand ergibt sich auch, wenn man U_q unwirksam macht (kurzschließt) und den Widerstand R_{ab} des Zweipols mit den Klemmen a, b berechnet (Abb. 34a).

Jeder lineare Zweipol (d. h. jeder Zweipol, der nur konstante Widerstände und konstante Quellenspannungen oder -ströme enthält) ist durch seine Arbeitsgerade (also allein durch das Wertepaar I_k, U_L) vollständig charakterisiert.

Äquivalenz von Zweipolquellen

Aktive Zweipole, die durch dasselbe Wertepaar I_k, U_L charakterisiert sind, stimmen nach außen hin überein, obwohl sie sich intern unterscheiden

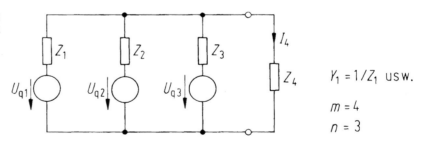

Abb. 32 Parallelschaltung von 3 Spannungsquellen an einem Verbraucher (Z_4)

$Y_1 = 1/Z_1$ usw.

$m = 4$

$n = 3$

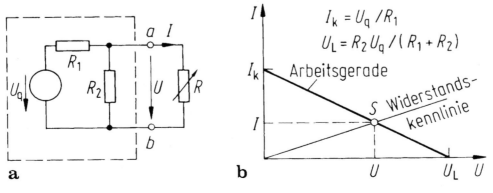

Abb. 33 Belasteter Spannungsteiler. **a** Schaltbild; **b** die Klemmengrößen U, I als Schnittpunkt-Koordinaten

können. Man nennt Zweipolquellen mit gleicher Arbeitsgerade *äquivalent*.

Ersatzspannungsquelle
Ein beliebiger Zweipol ist z. B. einer einfachen Spannungsquelle äquivalent, wenn deren Kurzschlussstrom und Leerlaufspannung mit denen des beliebigen Zweipols übereinstimmen. Der Spannungsteilerschaltung 33a ist also die Ersatzspannungsquelle nach Abb. 34b äquivalent. (Intern unterscheiden sich die Zweipole in den Abb. 33a und 34b: z. B. wird der Quelle bei Klemmenleerlauf, d. h. $R = \infty$, in der Schaltung 33a Leistung entnommen, in der Schaltung 34b aber nicht.)

Ersatzstromquelle
Ein Paar äquivalenter Zweipole stellen auch die beiden Schaltungen in Abb. 35 dar: ein Quellenstrom I_q (Abb. 35a), der konstant (also unabhängig von R) ist, bildet zusammen mit R_i eine *Stromquelle*, deren Leerlaufspannung $I_q R_i$ ist.

Gilt für die Quellenspannung U_q der Schaltung 35b und den Quellenstrom I_q der Schaltung 35a der Zusammenhang

$$U_q = I_q R_i,$$

so stimmen Leerlaufspannung und Kurzschlussstrom beider Schaltungen überein: die Schaltungen sind äquivalent. (Die Schaltungen 35a und b können auch als Wechselspannungsschaltungen verwendet werden: man muss nur R_i durch Z_i und R durch Z ersetzen; außerdem bezeichnen dann I_q und U_q komplexe Effektivwerte.)

1.3.2.3 Maschen- und Knotenanalyse
Struktur elektrischer Netze
Interessiert man sich nur für die Struktur eines Netzes (Anzahl der Knoten, Anzahl und Lage

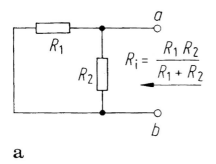

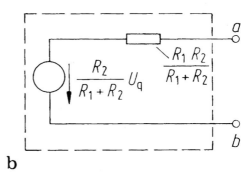

a   b

Abb. 34 Spannungsteiler. **a** Zur Bestimmung des inneren Widerstandes eines Spannungsteilers; **b** Ersatzspannungsquelle eines Spannungsteilers (vgl. Abb. 33a)

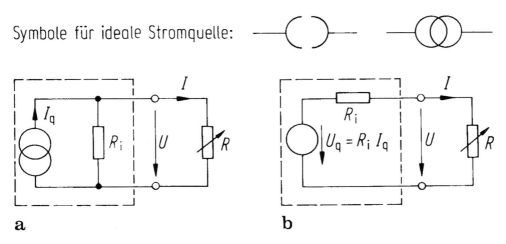

a   b

Abb. 35 Äquivalente Quellen. **a** Ersatzstromquelle; **b** Ersatzspannungsquelle

der Zweige), nicht aber für die Beschaffenheit der einzelnen Zweige, so kann man jeden Zweig durch eine einfache Linie ersetzen: *Graph* (Abb. 36).

Bei den einzelnen Impedanzen Z sind die Bezugsrichtungen bzw. Zählpfeile von U und I jeweils in gleicher Richtung gewählt worden; diese Richtungen sind auch in die Zweige des Strukturgraphen übernommen worden. Das Netz hat 4 Knoten ($k = 4$), und es existieren alle möglichen 6 Direktverbindungen zwischen diesen Knoten ($z = 6$; „vollständiges Viereck"). Jeden Linienkomplex, in dem kein geschlossener Umlauf möglich ist (in dem es also jeweils nur einen einzigen Weg gibt, um von einem Punkt zu einem anderen zu gelangen) nennt man einen *Baum* : (1; 2), (1; 3), (5; 6), (1; 2; 3); (1; 2; 5); (1; 3; 5) usw.

Ein Baum, der alle Knoten miteinander verbindet, ist ein *vollständiger* Baum: (1; 2; 3), (1; 2; 5), (1; 3; 5), (2; 3; 4) usw.

Die jeweils nicht im vollständigen Baum enthaltenen Zweige nennt man *Verbindungszweige*; z. B. gehören zum vollständigen Baum (1; 2; 3) die Verbindungszweige (4; 5; 6).

Bezeichnungen

k	Anzahl der Knoten
z_{max}	maximale Anzahl von Zweigen
z	Anzahl der vorhandenen Zweige

(Fortsetzung)

v_{max}	maximale Anzahl von Verbindungszweigen
v	Anzahl der vorhandenen Verbindungszweige
b	Anzahl der Zweige eines vollständigen Baumes
n_b	Anzahl der möglichen vollständigen Bäume

Zwischen diesen Größen gelten folgende Beziehungen:

$$b = k - 1,$$
$$z_{max} = 0{,}5k(k - 1),$$
$$v_{max} = (0,5k - 1)(k - 1),$$
$$v = z - b = z - (k - 1),$$
$$n_b = k^{(k-2)}.$$

Maschenanalyse

Für ein Netz mit k Knoten und z Zweigen können $b = k - 1$ voneinander linear unabhängige Knotengleichungen und $v = z - b$ linear unabhängige Maschengleichungen aufgestellt werden; außerdem gilt an den einzelnen Impedanzen jeweils $U = ZI$. Im Fall des Netzes nach Abb. 36a bedeutet das: für die 6 Spannungen und 6 Ströme erhält man $b = 3$ Knotengleichungen und $v = 3$ Maschengleichungen, außerdem die 6 Gleichungen $U_1 = Z_1 I_1$ usw., insgesamt zunächst also 12 Gleichungen.

Mit dem Verfahren der Maschenanalyse wird die Aufstellung der Gleichungen wesentlich erleichtert: man erhält direkt ein Gleichungssystem für die v Ströme in den Verbindungszweigen (im Beispiel also 3 Gleichungen für 3 Ströme, z. B. für die Ströme I_4, I_5, I_6).

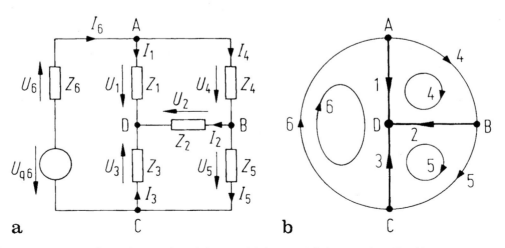

Abb. 36 Spannungsquelle an einer Brückenschaltung. **a** Schaltung; **b** Schaltungsstruktur (Graph)

Man bezeichnet die Maschenanalyse auch als *Umlaufanalyse*.

Am folgenden Beispiel wird die Aufstellung des Gleichungssystems für die Ströme I_4, I_5, I_6 der Schaltung in Abb. 36a beschrieben: Zunächst wird irgendein vollständiger Baum aus den

$$n_b = k^{(k-2)} = 4^2 = 16$$

möglichen ausgewählt, für das Beispiel der Baum mit den Zweigen 1; 2; 3. Die Zweige 4; 5; 6 werden dadurch zu Verbindungszweigen. Dann zeichnet man den Umlauf 4 in die Schaltung oder ihren Graphen ein (Abb. 36b): dieser Umlauf entsteht dadurch, dass man bei A begin-nend vom Zweig 4 folgt bis B (in der für Zweig 4 zuvor willkürlich festgelegten Richtung) und von dort *nur über Baumzweige* (also die Zweige 1; 2) zum Punkt A zurückkehrt. Auf die gleiche Art werden die Umläufe 5 und 6 gebildet. Die Wahl des vollständigen Baumes führt hier übrigens dazu, dass die 3 Umläufe gerade den 3 *Maschen* des Netzes folgen (Maschen: kleinste Umläufe, gültig jeweils für eine bestimmte Art, das Netz zu zeichnen).

Für die Ströme in den Verbindungszweigen 4; 5; 6 wird nun das Gleichungssystem aufgestellt (die Bildungsgesetze für die Koeffizienten und die rechten Gleichungsseiten werden anschließend beschrieben):

$$
\begin{array}{lllllll}
(Z_4 + Z_2 + Z_1) & I_4 & -Z_2 & I_5 & -Z_1 & I_6 = 0 \\
-Z_2 & I_4+ & (Z_5 + Z_3 + Z_2) & I_5 & -Z_3 & I_6 = 0 \\
-Z_1 & I_4+ & -Z_3 & I_5 + & (Z_6 + Z_1 + Z_3) & I_6 = U_{q6}.
\end{array}
$$

In der folgenden Darstellung lässt sich das Gleichungssystem, insbesondere das Koeffizientenschema (die Impedanzmatrix) besser überblicken:

	I_4	I_5	I_6	
Masche 4	$Z_4 + Z_2 + Z_1$	$-Z_2$	$-Z_1$	0

(Fortsetzung)

	I_4	I_5	I_6	
Masche 5	$-Z_2$	$Z_5 + Z_3 + Z_2$	$-Z_3$	0
Masche 5	$-Z_1$	$-Z_3$	$Z_6 + Z_1 + Z_3$	U_{q6}

In Matrizenschreibweise:

$$
\begin{bmatrix}
(Z_4 + Z_2 + Z_1) & -Z_2 & -Z_1 \\
-Z_2 & (Z_5 + Z_3 + Z_2) & -Z_3 \\
-Z_1 & -Z_3 & (Z_6 + Z_1 + Z_3)
\end{bmatrix}
\begin{bmatrix} I_4 \\ I_5 \\ I_6 \end{bmatrix}
=
\begin{bmatrix} 0 \\ 0 \\ U_{q6} \end{bmatrix}.
$$

Anweisung zur direkten Aufstellung dieses Gleichungssystems

Die (unbekannten) Ströme I_4, I_5, I_6 werden (in dieser Reihenfolge) hingeschrieben. In die Hauptdiagonale der Impedanzmatrix werden in der entsprechenden Reihenfolge die *Maschenimpedanzen* der Umläufe 4; 5; 6 eingetragen (Maschenimpedanz: Summe aller Impedanzen entlang eines Umlaufes). Außerhalb der Hauptdiagonalen ste-hen die *Kopplungsimpedanzen*, z. B. steht an zweiter Stelle in der oberen Gleichung $-Z_2$, weil Z_2 die Impedanz ist, die den Umläufen 4 und 5 gemeinsam ist; dieselbe Impedanz muss deshalb auch an erster Stelle in der mittleren Gleichung auftreten (d. h., die Impedanzmatrix ist zur Hauptdiagonalen symmetrisch). Wenn zwei Umläufe einander in ihrer Kopplungsimpedanz entgegengerichtet sind, erhält diese ein Minuszeichen. Auf der rechten Gleichungsseite steht die Summe aller Quellenspannungen des betreffenden Umlaufes. Jede Quellenspannung erhält hierbei ein Minuszeichen, wenn ihr Zählpfeil mit der Richtung des Umlaufes übereinstimmt, anderenfalls ein Pluszeichen.

Knotenanalyse

Während bei der Umlaufanalyse ein Gleichungssystem für die Ströme in den Verbindungszweigen aufgestellt wird, entsteht bei der Knotenanalyse ein Gleichungssystem für die Spannungen an den Baumzweigen. Dies soll wieder am Beispiel der Schaltung 36a gezeigt werden, wobei zunächst die Spannungsquelle durch die äquivalente Stromquelle ersetzt wird (Abb. 37).

Zuerst wird (willkürlich) wieder der vollständige Baum (1, 2, 3) ausgewählt (für die Knotenanalyse werden allerdings nur Bäume verwendet, die einen *Bezugsknoten* besitzen, in dem nur Baumzweige zusammentreffen: 1; 2; 3 mit Bezugsknoten D, 1; 4; 6 mit A, 2; 4; 5 mit B oder 3; 5; 6 mit C. Die Zählpfeile der drei Baumzweige sollen alle auf den Bezugsknoten D zeigen (es können also die in Abb. 36 schon eingetragenen Richtungen für die Zweige 1; 2; 3 beibehalten werden). Für die Spannungen an den drei Baumzweigen wird nun das Gleichungssystem aufgestellt (die Bildungsgesetze für die Koeffizienten und die rechten Gleichungsseiten werden danach beschrieben):

	U_1	U_2	U_3	
Knoten A	$Y_1 + Y_6 + Y_4$	$-Y_4$	$-Y_6$	I_{q6}

(Fortsetzung)

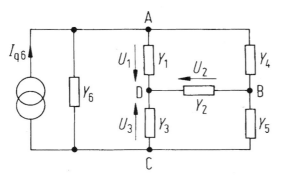

Abb. 37 Stromquelle an einer Brückenschaltung

	U_1	U_2	U_3	
Knoten B	$-Y_4$	$Y_2 + Y_4 + Y_5$	$-Y_5$	0
Knoten C	$-Y_6$	$-Y_5$	$Y_3 + Y_5 + Y_6$	$-I_{q6}$

Anweisung zur direkten Aufstellung dieses Gleichungssystems

Die (unbekannten) Spannungen U_1, U_2, U_3 werden (in dieser Reihenfolge) hingeschrieben. In die Hauptdiagonale der Admittanzmatrix werden in der entsprechenden Reihenfolge die *Knotenadmittanzen* der Knoten A, B, C eingetragen (Knotenadmittanz = Summe aller Admittanzen, die in einem Knoten zusammentreffen). Außerhalb der Hauptdiagonale stehen die *Kopplungsadmittanzen*, z. B. steht an zweiter Stelle in der oberen Gleichung $-Y_4$, weil Y_4 die Admittanz zwischen den Knoten A und B ist; dieselbe Admittanz muss deshalb auch an erster Stelle in der mittleren Gleichung auftreten (d. h. die Admittanzmatrix ist zur Hauptdiagonalen symmetrisch). Die Kopplungsadmittanzen erhalten immer das Minuszeichen. Auf der rechten Gleichungsseite steht die Summe aller Quellenströme, die in den betreffenden Knoten hineinfließen. Jeder Quellenstrom erhält hierbei ein Pluszeichen, wenn er in den Knoten hineinfließt (von der Quelle aus gesehen), andernfalls ein Minuszeichen.

Netze mit idealen Quellen

Ideale Spannungsquellen. Liegen ideale Spannungsquellen in einzelnen Zweigen, so sind die Spannungen, für die das Gleichungssystem aufgestellt wird, nicht alle unbekannt (wenn man die idealen Spannungsquellen in den vollständigen Baum einbezieht), womit sich die Anzahl der Unbekannten verringert. Das folgende Beispiel macht deutlich, dass in Netzen mit (nahezu) idealen Spannungsquellen die Knotenanalyse besonders vorteilhaft ist: In der Schaltung 38 soll die Spannung U_1 berechnet werden. Die Knotenanalyse führt hier zu einem Gleichungssystem für drei Spannungen. Da in zwei Zweigen ideale Spannungsquellen liegen, wäre es am besten, diese Zweige zu Baumzweigen zu machen; es gibt aber keinen für die Knotenanalyse geeigneten vollständigen Baum, in dem die Zweige 2 und

6 vereinigt werden können. Deshalb muss man sich damit begnügen, dass zunächst im Gleichungssystem nur eine von den beiden Quellenspannungen auftritt: in der vorgeschlagenen Lösung mit dem vollständigen Baum 1; 2; 3 ist dies U_{q2}.

	U_1	U_{q2}	U_3	
			$= U_1 - U_{q6}$	
(A)	$G_1 + G_4$	$-G_4$	0	I_6
(B)	$-G_4$	$G_4 + G_5$	$-G_5$	I_2
(C)	0	$-G_5$	$G_3 + G_5$	$-I_6$

Hierin sind die Ströme I_2 und I_6 unbekannt und nicht belastungsunabhängig wie der Quellenstrom I_{q6} in Abb. 37. Das Gleichungssystem enthält daher zunächst sogar vier Unbekannte: U_1, U_3, I_2, I_6. (B) ist zur Berechnung von U_1 überflüssig. Durch Addition von (A) und (C) wird I_6 eliminiert:

$$(G_1 + G_4)U_1 - (G_4 + G_5)U_{q2} + (G_3 + G_5)U_3 = 0.$$

Hierin lässt sich U_3 einfach mithilfe von $U_3 = U_1 - U_{q6}$ eliminieren:

$$(G_1 + G_4)U_1 - (G_4 + G_5)U_{q2} + (G_3 + G_5)$$
$$(U_1 - U_{q6}) = 0 U_1 = \frac{(G_4 + G_5)U_{q2} + (G_3 + G_5)U_{q6}}{G_1 + G_3 + G_4 + G_5}.$$

Zum Beispiel mit den Zahlenwerten $U_{q2} = 2$ V; $U_{q6} = 6$ V;

$$R_1 = 0{,}1 \ k\Omega \ , \quad R_3 = 0{,}\bar{3} \ k\Omega;$$
$$R_4 = 0{,}25 \ k\Omega \ , \quad R_5 = 0{,}2 \ k\Omega$$

wird $U_1 = 3$V (Abb. 38).

Ideale Stromquellen. Sind die Ströme in irgendwelchen Zweigen bekannt (z. B. durch Strommessung), so treten diese Ströme beim Aufstellen eines Gleichungssystems mithilfe der Umlaufanalyse zwar auf, aber nicht als Unbekannte. Dementsprechend kann sich die Auflösung des Gleichungssystems vereinfachen. Hierzu als Beispiel die Schaltung 39a, in der I_A, I_B, I_C, die 4 Quellenspannungen und die 4 Widerstände gegeben sind und I_1 berechnet werden soll.

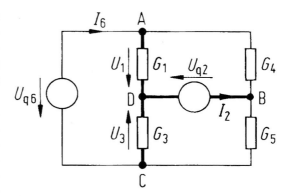

Abb. 38 Schaltung mit zwei idealen Spannungsquellen

Die Ströme I_A, I_B, I_C kann man auch durch ideale Stromquellen (d. h. Stromquellen ohne Parallelwiderstand) beschreiben: Abb. 39b.

Wählt man den vollständigen Baum 2; 3; 4 aus, so ergibt sich aus dem Umlauf 1 (mit den Zweigen 1; 2; 3; 4) eine Gleichung, in der von vornherein nur die Unbekannte I_1 auftritt.

Die Gleichungen (A), (B), (C) sind zur Berechnung von I_1 entbehrlich; I_1 lässt sich direkt aus (1) berechnen:

$$I_1 = \frac{cU_{q1} + U_{q2} + U_{q3} + U_{q4}}{R_1 + R_2 + R_3 + R_4} \frac{-R_4 I_A + (R_2 + R_3)I_B + R_3 I_C}{R_1 + R_2 + R_3 + R_4}.$$

Beispielsweise mit $R_1 = 1 \ \Omega$, $R_2 = 2 \ \Omega$, $R_3 = 3 \ \Omega$, $R_4 = 4 \ \Omega$;

$$U_{q1} = 1 \ \text{V}, \quad U_{q2} = 2 \ \text{V}, \quad U_{q3} = 3 \ \text{V},$$
$$U_{q4} = 4 \ \text{V}; \quad I_A = 2 \ \text{A}, \quad I_B = I_C = 1\text{A}$$

wird $I_1 = 1$A.

In (A), (B), (C) treten U_A, U_B, U_C auf: diese Spannungen sind unbekannt und nicht belastungsunabhängig wie die Quellenspannungen U_{q1}, ..., U_{q4}. Im Gleichungssystem kommen demnach vier Unbekannte vor (I_1, U_A, U_B, U_C), von denen aber in (1) nur I_1 auftritt.

Vergleich zwischen Maschen- und Knotenanalyse

Die Knotenanalyse ist bei Netzen mit $k > 4$ und starker Vermaschung, d. h. $z > 2(k - 1)$, günstiger als die Maschenanalyse; z. B. $k = 5, z = 10$

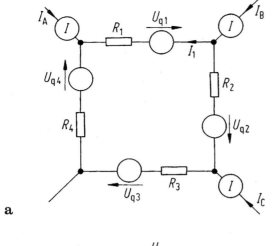

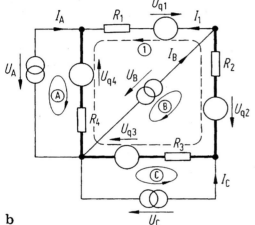

b

Abb. 39 Masche eines Netzwerkes mit Einströmungen an drei Stellen. **a** Schaltung; **b** Beschreibung der Einströmungen I_A, I_B, I_C als ideale Stromquellen

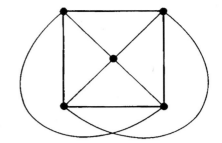

Abb. 40 Vollständiges Fünfeck

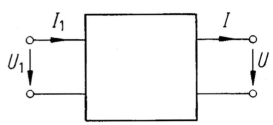

Abb. 41 Gesteuerte Quelle

U_1 steuert U:	$U = k_1 U_1$	(spannungsgesteuerte Spannungsquelle)
U_1 steuert I:	$I = k_2 U_1$	(spannungsgesteuerte Stromquelle)
I_1 steuert U:	$U = k_3 I_1$	(stromgesteuerte Spannungsquelle)
I_1 steuert I:	$I = k_4 I_1$	(stromgesteuerte Stromquelle)

(Abb. 40). Falls ideale Stromquellen bzw. Spannungsquellen vorhanden sind, vermindert sich allerdings der Lösungsaufwand bei Anwendung der Maschen- bzw. Knotenanalyse entsprechend.

Gesteuerte Quellen

Wenn Quellenspannungen oder -ströme nicht einfach konstant sind, sondern einer anderen Spannung oder einem anderen Strom proportional sind, spricht man von gesteuerten Quellen. Es gibt demnach vier Arten gesteuerter Quellen (vgl. Abb. 41):

Muss man spannungsgesteuerte Quellen bei der Analyse eines linearen Netzes berücksichtigen, so geht dies am besten mit der Knotenanalyse, weil hier ohnehin ein Gleichungssystem für die Spannungen aufgestellt wird. Bei stromgesteuerten Quellen dagegen bietet sich die Umlaufanalyse an.

Ein wichtiges Beispiel einer spannungsgesteuerten Spannungsquelle ist der nichtübersteuerte Operationsverstärker, wie er beispielsweise in der Monographie von Tietze et. al. ausführlich behandelt wird.

1.3.3 Vierpole

Eine Schaltung mit vier Anschlussklemmen nennt man Vierpol. Fasst man die vier Anschlüsse zu zwei Paaren zusammen (siehe Abb. 42), so ent-

Abb. 42 Vierpol als Zweitor mit Kettenbepfeilung

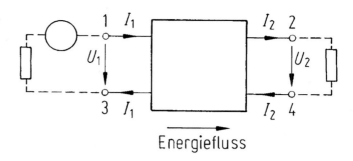

steht ein Zweitor (Vierpol im engeren Sinne), das durch zwei Ströme und zwei Spannungen charakterisiert ist. Einige Aussagen über solche Zweitore werden im Folgenden zusammengestellt, wobei vorausgesetzt ist, dass die Zweitore nur lineare, zeitinvariante Verbraucher und gesteuerte Quellen (aber keine konstanten Quellenspannungen oder -ströme) enthalten.

1.3.3.1 Vierpolgleichungen in der Leitwertform

Gleichungspaare, die den Zusammenhang zwischen den vier Klemmengrößen (U_1, I_1, U_2, I_2) des Zweitores beschreiben, nennt man Vierpolgleichungen. Als Beispiel soll der einfache Vierpol nach Abb. 43 betrachtet werden; hier gilt

$$I_1 = Y_1(U_1 - U_2);$$
$$I_2 = -(Y_1 + kY_2)U_1 + (Y_1 + Y_2)U_2$$

oder in Matrizenschreibweise

$$\begin{bmatrix} I_1 \\ I_2 \end{bmatrix} = \begin{bmatrix} Y_1 & -Y_1 \\ -(Y_1 + kY_2) & (Y_1 + Y_2) \end{bmatrix} \begin{bmatrix} U_1 \\ U_2 \end{bmatrix}$$
$$= \begin{bmatrix} y_{11} & y_{12} \\ y_{21} & y_{22} \end{bmatrix} \begin{bmatrix} U_1 \\ U_2 \end{bmatrix}.$$

Hierfür schreibt man auch

$$[I] = [Y][U], \quad \text{oder} \quad I = YU$$

und nennt I die Spaltenmatrix der Ströme, U die Spaltenmatrix der Spannungen und Y die Leitwertmatrix mit den Elementen

$$y_{11} = \frac{I_1}{U_1}\bigg|_{U_2=0} = \text{Kurzschluss-Eingangsadmittanz,}$$

$$y_{12} = \frac{I_1}{U_2}\bigg|_{U_1=0} = \text{Kurzschluss-Kernadmittanz rückwärts,}$$

$$y_{21} = \frac{I_1}{U_1}\bigg|_{U_2=0} = \text{Kurzschluss-Kernadmittanz vorwärts,}$$

$$y_{22} = \frac{I_2}{U_2}\bigg|_{U_1=0} = \text{Kurzschluss-Ausgangsadmittanz.}$$

1.3.3.2 Vierpolgleichungen in der Widerstandsform

Löst man die Vierpolgleichungen nach den Spannungen auf, so erhält man sie in der Widerstandsform:

$$\begin{bmatrix} U_1 \\ U_2 \end{bmatrix} = \begin{bmatrix} z_{11} & z_{12} \\ z_{21} & z_{22} \end{bmatrix} \begin{bmatrix} I_1 \\ I_2 \end{bmatrix}; \quad U = ZI.$$

Die Elemente der Widerstandsmatrix Z sind:

$$z_{11} = \frac{U_1}{I_1}\bigg|_{I_2=0} = \text{Leerlauf-Eingangsimpedanz,}$$

$$z_{12} = \frac{U_1}{I_2}\bigg|_{I_1=0} = \text{Leerlauf-Kernimpedanz rückwärts,}$$

$$z_{21} = \frac{U_2}{I_1}\bigg|_{I_2=0} = \text{Leerlauf-Kernimpedanz vorwärts,}$$

$$z_{22} = \frac{U_2}{I_2}\bigg|_{I_1=0} = \text{Leerlauf-Ausgangsimpedanz.}$$

Für die Umrechnung der Widerstandsparameter in die Leitwertparameter gilt

$$Y = Z^{-1} = \frac{1}{\det Z}\begin{bmatrix} z_{22} & -z_{12} \\ -z_{21} & z_{11} \end{bmatrix}.$$

1.3.3.3 Vierpolgleichungen in der Kettenform

Man kann die Vierpolgleichungen auch nach U_1, I_1 auflösen und schreibt dann (mit Kettenpfeilen gemäß Abb. 42):

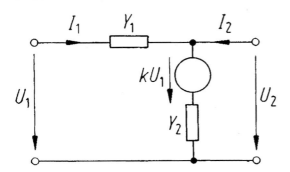

Abb. 43 Einfacher Vierpol mit symmetrischer Bepfeilung

$$\begin{bmatrix} U_1 \\ I_1 \end{bmatrix} = \begin{bmatrix} a_{11} & a_{12} \\ a_{21} & a_{22} \end{bmatrix} \begin{bmatrix} U_2 \\ I_2 \end{bmatrix}.$$

$$a_{11} = \left.\frac{U_1}{I_1}\right|_{I_2=0} = \text{Leerlauf-Spannungsübersetzung}$$
$$a_{22} = \left.\frac{I_1}{I_2}\right|_{U_2=0} = \text{Kurzschluss-Stromübersetzung.}$$

Passive Vierpole (Vierpole, die keine Quellen enthalten) sind richtungssymmetrisch; für sie gilt

$$\det A = a_{11}a_{22} - a_{12}a_{21} = \frac{z_{12}}{z_{21}} = 1.$$

1.4   Schwingkreise

1.4.1   Phasen- und Betragsresonanz

Die Impedanz Z bzw. die Admittanz Y eines Zweipols, der auch Kondensatoren und/oder Spulen enthält, ist frequenzabhängig komplex. Falls Z bei einer bestimmten Frequenz reell wird, spricht man von Phasenresonanz oder kurz von Resonanz; falls der Betrag $|Z|$ bzw. $|Y|$ maximal bzw. minimal werden, von Betragsresonanz.

Die Frequenzen, bei denen Phasen- und Betragsresonanz eintreten, liegen i. Allg. nahe bei den Frequenzen der Eigenschwingungen, die in RLC Schaltungen durch eine beliebige Anregung auftreten können (Eigenfrequenzen).

1.4.2   Einfache Schwingkreise

1.4.2.1 Reihenschwingkreis
Bei einer RLC-Reihenschaltung (Abb. 44) gilt

$$Z = R + j\left(\omega L - \frac{1}{\omega C}\right),$$

für $\omega_0 = (L\,C)^{-1/2}$ wird Im $(Z) = 0$ und $|Z|$ minimal:

$$Z|_{\omega_0} = R.$$

Phasen- und Betragsresonanz fallen hier also zusammen. Die Schaltung kann übrigens frei schwingen bei der *Eigenkreisfrequenz*

$$\omega_e = \omega_0\sqrt{1 - \frac{CR^2}{4L}}.$$

Dieser Wert weicht von ω_0 umso stärker ab, je größer R wird; für $R \geq 2\sqrt{L/C}$ sind keine Eigenschwingungen möglich.

1.4.2.2 Parallelschwingkreis
Für eine RLC-Parallelschaltung (Abb. 45) gilt

$$Y = \frac{1}{R} + j\left(\omega C - \frac{1}{\omega L}\right),$$

und bei

$$\omega_0 = \frac{1}{\sqrt{LC}}$$

wird Im$(Y) = 0$ und $|Y|$ minimal:

$$Y|_{\omega=\omega_0} = \frac{1}{R}.$$

Auch hier fallen Phasen- und Betragsresonanz zusammen und liegen bei der gleichen Frequenz wie bei einem Reihenschwingkreis, der dieselbe Induktivität und dieselbe Kapazität enthält.

Abb. 44 Reihenschwingkreis

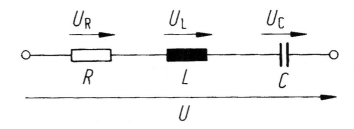

Abb. 45 Parallelschwingkreis

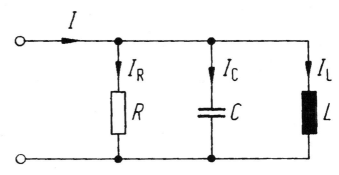

1.4.2.3 Spannungsüberhöhung am Reihenschwingkreis

Für die Schaltung von Abb. 44 gilt

$$\frac{|U_R|}{|U|} = \frac{\omega RC}{\sqrt{(\omega RC)^2 + (\omega^2 LC - 1)^2}},$$

$$\frac{|U_L|}{|U|} = \frac{\omega^2 LC}{\sqrt{(\omega RC)^2 + (\omega^2 LC - 1)^2}},$$

$$\frac{|U_C|}{|U|} = \frac{1}{\sqrt{(\omega RC)^2 + (\omega^2 LC - 1)^2}}.$$

In den Bildern 46a bis c sind diese Funktionen (Resonanzkurven) dargestellt.

Falls $R < \sqrt{2L/C}$ ist, kann bei bestimmten Frequenzen $|U_L| > |U|$ bzw. $|U_C| > |U|$ werden. Diesen Resonanzeffekt nennt man Spannungsüberhöhung. Im Resonanzfall $\omega = \omega_0$ wird

$$\frac{|U_L|}{|U|} = \frac{|U_C|}{|U|} = \frac{\sqrt{L/C}}{R}.$$

Dieses Verhältnis heißt *Güte* Q_r des Reihenschwingkreises; sie gibt an, wie ausgeprägt die Resonanz und damit die Selektivität des Schwingkreises ist. Ihr Kehrwert ist der Verlustfaktor d_r:

$$Q_r = \frac{\sqrt{L/C}}{R} \quad \text{(Güte)},$$

$$d_r = \frac{1}{Q_r} = \frac{R}{\sqrt{L/C}} \quad \text{(Verlustfaktor)}.$$

1.4.2.4 Bandbreite

Als Bandbreite des Reihenschwingkreises definiert man die Frequenzdifferenz Δf der beiden Frequenzen, die den Funktionswerten

$$\frac{|U_L|}{|U|} = \frac{\sqrt{L/C}}{\sqrt{2}\,R} \quad \text{bzw.} \quad \frac{|U_C|}{|U|} = \frac{\sqrt{L/C}}{\sqrt{2}\,R}$$

zugeordnet sind (Abb. 47):

$$\left.\begin{array}{c}\omega_{gu}\\\omega_{go}\end{array}\right\} = \mp\frac{R}{2L} + \sqrt{\omega_0^2 + \left(\frac{R}{2L}\right)^2}$$

$$\Delta f = \frac{1}{2\pi}\left(\omega_{go} - \omega_{gu}\right)$$

$$= \frac{1}{2\pi} \cdot \frac{R}{L} \quad \text{(absolute Bandbreite)}$$

$$\frac{\Delta f}{f_0} = \frac{R}{\sqrt{L/C}} = d_r \quad \text{(relative Bandbreite)}.$$

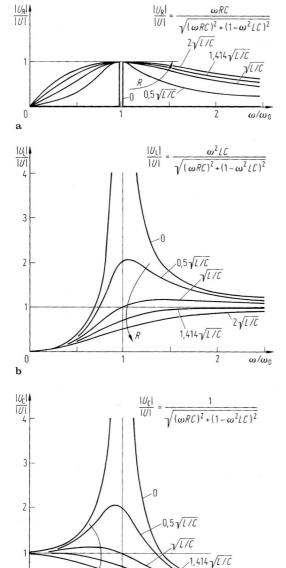

Abb. 46 Frequenzabhängigkeit der Spannung an den Elementen eines Reihenschwingkreises. **a** Ohm'scher Widerstand; **b** Induktivität; **c** Kapazität

Beim einfachen Parallelschwingkreis (Abb. 45) kann (entsprechend der Spannungsüberhöhung des Reihenschwingkreises) eine Stromüberhöhung auftreten. Hier gilt $Q_p = R/\sqrt{L/C}$.

1.4.3 Parallelschwingkreis mit Wicklungsverlusten

Schwingkreise, die komplizierter sind als die der Abb. 44 und 45, haben auch ein komplizierteres Resonanzverhalten: z. B. fallen Phasen- und Betragsresonanz nicht mehr zusammen. Als Beispiel hierfür dient ein Parallelschwingkreis, bei dem die Wicklungsverluste als Reihenwiderstand zur Induktivität L dargestellt werden (Abb. 48). Zwischen den beiden Klemmen hat er die Admittanz

$$Y_{ges} = j\ \omega C + \frac{1}{R + j\ \omega L}$$

$$= \frac{R}{R^2 + (\omega L)^2} + j\ \omega\ \frac{C\left[R^2 + (\omega L)^2\right] - L}{R^2 + (\omega L)^2}$$

Aus Im $(Y_{ges}) = 0$ ergibt sich (Phasen-) Resonanz bei

$$\omega_{01} = \frac{1}{\sqrt{LC}}\sqrt{1 - \frac{R^2 C}{L}}.$$

Im Unterschied zu den einfachen Schaltungen 44 und 45 gibt es hier oberhalb eines bestimmten Widerstandswertes keine Phasenresonanz mehr, nämlich für $R \geq \sqrt{L/C}$.

Das Minimum des Scheinleitwertes $|Y|$ erhält man (aus $d|Y|/d\omega = 0$) für

$$\omega_{02} = \frac{1}{\sqrt{LC}}\sqrt{\sqrt{1 + 2\frac{R^2 C}{L}} - \frac{R^2 C}{L}};$$

diese Betragsresonanz ist nicht mehr möglich für $R \geq \left(1 + \sqrt{2}\right)\sqrt{L/C}$.

Zahlenbeispiel

Für die Schaltung Abb. 48 soll gelten $R = 0$, $L = 10$ mH, $C = 10$ nF.

Dann wird

$$\omega_{01} = \omega_{02} = 100 \cdot 10^3/\text{s}.$$

Mit $R = 800\ \Omega$, $L = 10$ mH, $C = 10$ nF dagegen werden

Abb. 47 Zur Definition
der Bandbreite

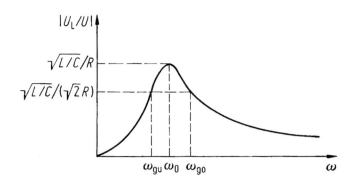

Abb. 48 Parallelschwingkreis mit Wicklungsverlusten

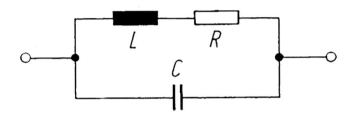

$$\omega_{01} = 60 \cdot 10^3/\text{s} \quad \text{und} \quad \omega_{02} = 93{,}3 \cdot 10^3/\text{s}.$$

1.4.4 Reaktanzzweipole

Das Verhalten von Schwingkreisen mit mehr als einer Spule und einem Kondensator (z. B. einer Parallelschaltung zweier Reihenschwingkreise) zu berechnen, ist so aufwändig, dass es sich lohnt, hierbei die Ohm'schen Verluste (zunächst) zu vernachlässigen. Jede (reale) Spule wird dann nicht durch eine LR-Reihenschaltung sondern einfach nur durch L repräsentiert.

Desgleichen wird jeder (reale) Kondensator nicht durch eine CR-Parallelschaltung dargestellt, sondern nur durch C. Dadurch entstehen Reaktanzschaltungen, deren Eigenschaften leicht zu berechnen sind, weil die entstehenden Gleichungen nicht komplex sind.

1.4.4.1 Verlustloser Reihen- und Parallelschwingkreis

Die Vernachlässigung der Ohm'schen Verluste führt beim einfachen Reihen- bzw. Parallelschwingkreis zu den in Abb. 49 zusammengefassten Ergebnissen.

1.4.4.2 Kombinationen verlustloser Schwingkreise

Die Abb. 50 und 51 zeigen zwei Beispiele komplizierterer Schwingkreise.

Bei der Schaltung 50a ergeben sich i. Allg. eine Parallelresonanzfrequenz (hier wird $Z_{ab} \to \infty$) und zwei Reihenresonanzfrequenzen (hier wird $Z_{ab} = 0$):

$$\omega_{\text{ser }1} = \frac{1}{\sqrt{L_1 C_1}}; \quad \omega_{\text{ser }2} = \frac{1}{\sqrt{L_2 C_2}}; \quad \omega_{\text{par}} = \frac{1}{\sqrt{LC}}$$

$$\text{mit } L = L_1 + L_2 \quad \text{und} \quad C = \frac{C_1 C_2}{C_1 + C_2}.$$

Bei der Schaltung Abb. 51a gibt es i. Allg. eine Reihenresonanzfrequenz ($Z_{ab} = 0$) und zwei Parallelresonanzfrequenzen ($Z_{ab} \to \infty$):

$$\omega_{\text{par }1} = \frac{1}{\sqrt{L_1 C_1}}; \quad \omega_{\text{par }2} = \frac{1}{\sqrt{L_2 C_2}}; \quad \omega_{\text{ser}} = \frac{1}{\sqrt{LC}}$$

$$\text{mit} \quad L = \frac{L_1 L_2}{L_1 + L_2} \quad \text{und} \quad C = C_1 + C_2.$$

Bei den Reaktanz- und Suszeptanzfunktionen in den Abb. 49, 50 und 51 wechseln Pol- und Nullstellen miteinander ab; die Steigung ist über-

Abb. 49 Vergleich
zwischen Reihen- und
Parallelresonanz

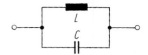

Impedanz

$$Z = jX = j\omega L + \frac{1}{j\omega C}$$

Resonanz des Reihenschwingkreises (Reihenresonanz)
bei $\omega_0' = 1/\sqrt{LC}$

Admittanz

$$Y = jB = j\omega C + \frac{1}{j\omega L}$$

Resonanz des Parallelschwing-
kreises (Parallelresonanz)
bei $\omega_0 = 1/\sqrt{LC}$

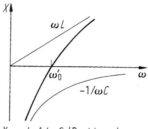

$X = \omega L - 1/\omega C$ (Reaktanz)

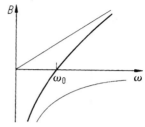

$B = \omega C - 1/\omega L$ (Suszeptanz)

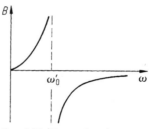

$B = -1/X$ (Suszeptanz)

Reihenresonanz:
Im Resonanzfall wird
$Z = 0$, $Y = \infty$

a

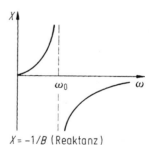

$X = -1/B$ (Reaktanz)

Parallelresonanz:
Im Resonanzfall wird
$Y = 0$, $Z = \infty$

b

Abb. 50 Parallelschaltung
zweier
Reihenschwingkreise
a Schaltung;
b Suszeptanzfunktion

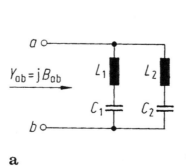

a

b

Abb. 51 Reihenschaltung zweier Parallelschwingkreise **a** Schaltung; **b** Reaktanzfunktion

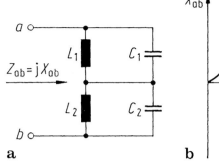

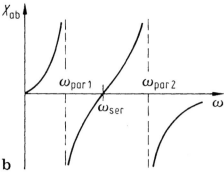

all positiv (d X/d $\omega > 0$ bzw. d B/d $\omega > 0$). Dies gilt auch für beliebige andere Reaktanzzweipole.

1.5 Leistung in linearen Schaltungen

1.5.1 Leistung in Gleichstromkreisen

1.5.1.1 Wirkungsgrad

In einem Widerstand R (Abb. 52a) wird die Leistung

$$P = UI = \frac{U^2}{R} = RI^2$$

umgesetzt: der Widerstand nimmt diese Leistung elektrisch auf und gibt sie als Wärme ab.

Wenn der Widerstand diese Leistung einer Quelle entnimmt, die den inneren Widerstand R_i hat, so bringt die Quelle selbst die Leistung

$$P_q = U_q I$$

auf. Wenn man die an den Klemmen abgegebene Leistung P auf die Gesamtleistung P_q bezieht, so erhält man den *Wirkungsgrad*

$$\eta = P/P_q. \tag{1}$$

Im Falle der Schaltung 5-1a ist demnach

$$\eta = \frac{UI}{U_q I} = \frac{U}{U_q} = \frac{R}{R + R_i}. \tag{2}$$

1.5.1.2 Leistungsanpassung

Der Widerstand R (Abb. 52a) nimmt die Leistung

$$P = RI^2 = \frac{U_q^2}{(R + R_i)^2} R = \frac{U_q^2}{R_i} \cdot \frac{R/R_i}{(1 + R/R_i)^2}$$

auf; sie hat ein Maximum bei $R = R_i$, siehe Abb. 52b.

Den Fall maximaler Leistungsentnahme an den Klemmen bezeichnet man als Leistungsanpassung; die maximale Nutzleistung ist

$$P_{max} = \frac{1}{4} \cdot \frac{U_q^2}{R_i} = \frac{1}{4} P_{qk}.$$

($P_{qk} = U^2_q/R_i$ ist die Quellenleistung im Kurzschlussfall.)

Beispiel: Leistungsanpassung und Wirkungsgrad bei einer Spannungsteilerschaltung.

Bei der Schaltung Abb. 53 wird die Leistungsabgabe an den Nutzwiderstand maximal, wenn

$$R = R_i = \frac{R_1 R_2}{R_1 + R_2}$$

ist. Speziell für $R_1 = R_2$ wird die Leistungsanpassung also erreicht, wenn $R = \frac{1}{2} R_1$ ist.

In diesem Fall gilt

$$\eta = \frac{P_{nutz}}{P_{ges}} = \frac{\dfrac{1}{8} \cdot \dfrac{U_q^2}{R_1}}{\dfrac{6}{8} \cdot \dfrac{U_q^2}{R_1}} = \frac{1}{6}.$$

Abb. 52 Leistungsabgabe
einer Spannungsquelle.
a Schaltung, **b** Leistung P/P_{qk} als Funktion von R/R_i

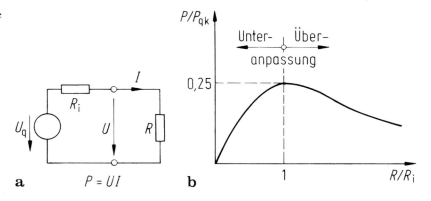

Abb. 53 Belasteter
Spannungsteiler

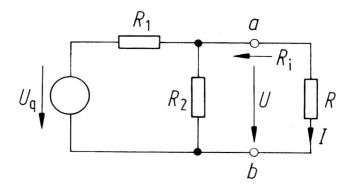

(Im Gegensatz dazu ist in Schaltung Abb. 52 im Anpassungsfall $\eta = 1/2$.)

1.5.1.3 Belastbarkeit von Leitungen

Die Leistung in einer Leitung (mit dem Leitungswiderstand R) wächst gemäß $P = RI^2$ mit dem Strom quadratisch an, die Erwärmung nimmt entsprechend zu. Für alle Leitungen gibt es daher höchstzulässige Stromstärken, z. B. für Kupferleitungen mit 1 mm² Querschnitt 11 bis 19 A, mit 10 mm² Querschnitt 45 bis 73 A. Daher sind Leitungsschutz-Sicherungen (Schmelzsicherungen, Schutzschalter) in Reihe zur Leitung zu legen, die den Strom unterbrechen, wenn er den höchstzulässigen Wert überschreitet.

1.5.2 Leistung in Wechselstromkreisen

1.5.2.1 Wirk-, Blind- und Scheinleistung

Ein Zweipol (Abb. 54a) nimmt die Leistung

$$p = ui$$

auf. Bei einem Ohm'schen Widerstand gilt mit

$$i = \hat{\imath} \cos(\omega t + \varphi_0)$$

und wegen $u = R\,i$ für die Leistung

$$
\begin{aligned}
p &= R\hat{\imath}^2 \cos^2(\omega t + \varphi_0) \\
&= \frac{1}{2} R\hat{\imath}^2 [1 + \cos 2(\omega t + \varphi_0)].
\end{aligned}
\tag{3}
$$

Deren arithmetischer Mittelwert

$$P = \frac{1}{2} R\hat{\imath}^2 = R|I|^2 \quad \left(\text{Effektivwert } |I| = \hat{\imath}\sqrt{2}\right)$$

ist die *Wirkleistung* im Widerstand.

Bei einer *Spule* mit der Induktivität L gilt mit

$$i = \hat{\imath} \sin(\omega t + \varphi_{0L})$$

Abb. 54 Klemmengrößen eines Zweipols

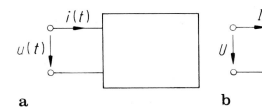

und wegen

$$u = L\frac{\mathrm{d}i}{\mathrm{d}t} = \omega L\hat{\imath}\cos\left(\omega t + \varphi_{0\mathrm{L}}\right)$$

für die Leistung:

$$p(t) = \omega L\hat{\imath}^2\sin\left(\omega t + \varphi_{0\mathrm{L}}\right)\cos\left(\omega t + \varphi_{0\mathrm{L}}\right)$$
$$= 0,5\omega L\hat{\imath}^2\sin 2(\omega t + \varphi_{0\mathrm{L}}). \qquad (4)$$

Deren Mittelwert ist null; in der Spule wird keine Wirkleistung umgesetzt; die Spulenleistung pendelt lediglich um diesen Mittelwert (mit der Leistungsamplitude $0,5\ \omega L\hat{\imath}^2$), d. h., die Spule nimmt zeitweilig (während der positiven Sinushalbwelle) Leistung auf und gibt (während der negativen Halbwelle) wieder Leistung ab. Für die Leistungsamplitude gilt

$$0,5\ \omega L\hat{\imath}^2 = 0,5\hat{u}\hat{\imath} = 0,5\frac{\hat{u}^2}{\omega L} = \omega L|I|^2 = |\ UI\ |$$
$$= \frac{|U|^2}{\omega L}.$$

Entsprechend ergibt sich beim *Kondensator* (Kapazität C) mit

$$u(t) = \hat{u}\cos\left(\omega t + \varphi_{0\mathrm{C}}\right)$$

und wegen

$$i(t) = C\frac{\mathrm{d}u(t)}{\mathrm{d}t} = -\omega C\hat{u}\sin\left(\omega t + \varphi_{0\mathrm{C}}\right)$$
$$p(t) = -\omega C\hat{u}\sin\left(\omega t + \varphi_{0\mathrm{C}}\right)\hat{u}\cos\left(\omega t + \varphi_{0\mathrm{C}}\right)$$
$$= -0,5\omega C\hat{u}^2\sin 2(\omega t + \varphi_{0\mathrm{C}}). \qquad (5)$$

Auch hier ist die Wirkleistung null; die Amplitude der Leistungsschwingung ist

$$\frac{1}{2}\omega C\hat{u}^2 = \frac{1}{2}\hat{\imath}\hat{u} = \frac{1}{2}\frac{\hat{\imath}^2}{\omega C} = \omega C|U|^2 = |\ IU\ |$$
$$= \frac{|I|^2}{\omega C}.$$

An einem beliebigen linearen RLC-Zweipol (Abb. 54a) gilt ganz allgemein mit

$$u = \hat{u}\cos\left(\omega t + \varphi\right); i = \hat{\imath}\cos\left(\omega t\right)$$

für die aufgenommene Leistung:

$$p = ui = \hat{u}\cos\left(\omega t + \varphi\right)\hat{\imath}\cos\omega t$$
$$= \hat{u}\hat{\imath}\cos\varphi\cos^2\omega t \qquad (6)$$
$$- \hat{u}\hat{\imath}\sin\varphi\sin\omega t\cos\omega t.$$

Der erste Summand auf der rechten Gleichungsseite lässt sich als das Produkt einer Spannung mit einem phasengleichen Strom auffassen, beschreibt also ebenso wie (3) eine reine Wirkleistung. Der zweite Summand lässt sich auffassen als Produkt einer Spannung $\hat{u}\cos\omega t$ mit einem um $\pi/2$ nach bzw. voreilenden Strom $\hat{\imath}\sin\varphi\sin\omega t$ (nacheilend, falls $\varphi > 0$; voreilend, falls $\varphi < 0$); dieses Produkt stellt demnach wie (4) bzw. (5) eine Leistungsschwingung dar, bei der die Leistungsaufnahme und -abgabe ständig miteinander abwechseln und deren Mittelwert gleich null ist. Aus (6) folgt weiterhin

$$p = \frac{\hat{u}\hat{\imath}}{2}\cos\varphi[1 + \cos 2\omega t] - \frac{\hat{u}\hat{\imath}}{2}\sin\varphi\sin 2\omega t.$$

Hierin bezeichnet man

$$P = \frac{\hat{u}\hat{\imath}}{2}\cos\varphi$$

als die *Wirkleistung* und

$$Q = \frac{\hat{u}\hat{i}}{2} \sin \varphi$$

als die *Blindleistung*.

Aus der Definition von Q ergibt sich

$$Q > 0 \quad \text{für} \quad \varphi > 0,$$

(d. h., wenn die Spannung dem Strom voraus-eilt, also bei induktiver Reaktanz der Impedanz Z) und

$$Q < 0 \quad \text{für} \quad \varphi < 0,$$

(d. h., wenn die Spannung dem Strom nacheilt, also bei kapazitiver Reaktanz der Impedanz Z).

Da P von $\cos \varphi$ abhängt, bezeichnet man $\cos \varphi$ als *Leistungsfaktor* oder – allgemeiner – als *Wirkfaktor λ*. Damit wird

$$P = | UI | \cos \varphi,$$
$$Q = | UI | \sin \varphi.$$

Mit den Definitionen für P und Q ergibt sich für die zeitabhängige Leistung:

$$p(t) = P[1 + \cos 2\ \omega t] - Q \sin 2\ \omega t.$$

Außerdem definiert man

$$S = P + \mathrm{j}Q = | UI | \ (\cos \varphi + \mathrm{j} \sin \varphi) = | UI | \exp\ (\mathrm{j}\varphi)$$

und bezeichnet S als die *komplexe Scheinleistung*; ihren Betrag $|S|$ nennt man einfach *Scheinleistung*

$$| S | = \sqrt{P^2 + Q^2} = | UI | .$$

Die SI-Einheit der Leistung ist das Watt:

$$1\ \text{Watt} = 1\ \text{W} = 1\ \text{V} \cdot \text{A} = 1\ \text{J/s}$$
$$= 1\ \text{kg} \cdot \text{m}^2/\text{s}^3 .$$

In der Praxis verwendet man für die Einheit 1 W bei Blindleistungen auch die Sonderbenennung Var (var = volt ampere reactive), bei

Scheinleistungen die Sonderbenennung 1 VA (um auf diese Weise die dimensionsgleichen Größen P, Q, S außer durch ihre Formelzeichen zusätzlich durch ihre Einheitenbenennungen zu unterscheiden). Mit $U = Z\,I$ wird $|U| = |Z||I|$ und damit

$$P = \frac{|U|^2}{| Z |} \cos \varphi = |I|^2\ | Z |\ \cos \varphi;$$
$$Q = \frac{|U|^2}{| Z |} \sin \varphi = |I|^2\ | Z |\ \sin \varphi;$$
$$| S | = \frac{|U|^2}{| Z |} = |I|^2\ | Z | .$$

Für die Größen S, P, Q gilt mit

$$U = | U | \exp\ (\mathrm{j}\varphi_u), \quad U^* = | U | \exp\ (-\mathrm{j}\varphi_u)$$
$$I = | I | \exp\ (\mathrm{j}\varphi_i), \quad I^* = | I | \exp\ (-\mathrm{j}\varphi_i)$$

(wenn man für die Winkeldifferenz zwischen Strom und Spannung wieder $\varphi_u - \varphi_i = \varphi$ setzt), schließlich außerdem

$$S = | UI | \exp\ (\mathrm{j}\varphi) = | UI | \exp\ [\mathrm{j}(\varphi_u - \varphi_i)]$$
$$= | U | \exp\ (\mathrm{j}\varphi_u)\ | I | \exp\ (-\mathrm{j}\varphi_i)$$
$$S = UI^*$$
$$P = \mathrm{Re}\ (UI^*) = 0{,}5(UI^* + U^*I)$$
$$Q = \mathrm{Im}\ (UI^*) = -\mathrm{j}0{,}5(UI^* - U^*I).$$

1.5.2.2 Wirkleistungsanpassung

Einer Wechselspannungsquelle mit der inneren Impedanz $Z_\mathrm{i} = R_\mathrm{i} + \mathrm{j}\ X_\mathrm{i}$ (Abb. 55) wird die maximale Wirkleistung entnommen, wenn für die Verbraucherimpedanz $Z_\mathrm{a} = R_\mathrm{a} + \mathrm{j}\ X_\mathrm{a}$ folgende Bedingung erfüllt ist;

$$Z_\mathrm{a} = Z_\mathrm{i}^*, \quad \text{also} \quad R_\mathrm{a} = R_\mathrm{i} \quad \text{und} \quad X_\mathrm{a} = -X_\mathrm{i}.$$

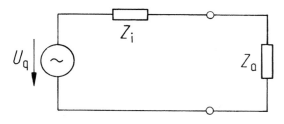

Abb. 55 Belastete Wechselspannungsquelle

Falls die Bedingung $X_a = -X_i$ nicht eingehalten werden kann, so ergibt sich die maximale Wirkleistungsabgabe aus der Bedingung

$$R_a = \sqrt{R_i^2 + (X_a + X_i)^2},$$

speziell für $X_a = 0$ müsste also

$$R_a = \sqrt{R_i^2 + X_i^2}$$

gewählt werden.

Blindstromkompensation (Blindleistungskompensation)

Falls $X_i = 0$ ist, muss für Leistungsanpassung auch $X_a = 0$ werden: besteht z. B. Z_a aus einer RL-Parallelschaltung, so kann man durch Parallelschalten eines Kondensators (mit der Kapazität $C = 1/\omega^2 L$) erreichen, dass $X_a = \omega L - 1/\omega C = 0$ wird.

Durch diese Blindstromkompensation wird vor allem aber auch der Wirkungsgrad verbessert (geringerer Zuleitungsstrom!).

Literatur

Bauckholt H-J (2019) Grundlagen und Bauelemente der Elektrotechnik, Bd 3, 8. Aufl. Hanser, München

Bauer W, Wagener HH (1990) Bauelemente und Grundschaltungen der Elektronik, Bd. 1: Grundlagen und Anwendungen, 3. Aufl. 1989; Bd. 2: Grundschaltungen, 2. Aufl. Hanser, München

Blume S, Witlich K-H (1994) Theorie elektromagnetischer Felder, 4. Aufl. Hüthig, Heidelberg

Böhmer E (2018) Elemente der angewandten Elektronik, 17. Aufl. Springer Vieweg, Berlin

Böhmer E (1997) Rechenübungen zur angewandten Elektronik, 5. Aufl. Springer Vieweg, Braunschweig

Bosse G (1996) Grundlagen der Elektrotechnik, Bd. 1: Elektrostatisches Feld und Gleichstrom, 3. Aufl.; Bd. 2: Magnetisches Feld und Induktion, 4. Aufl.; Bd. 3: Wechselstromlehre, Vierpol- und Leitungstheorie, 3. Aufl.; Bd. 4: Drehstrom, Ausgleichsvorgänge in linearen Netzen, 2. Aufl. Springer, Berlin

Clausert H, Hoffmann K, Mathis W, Wiesemann G, Beck H-P (2014) Das Ingenieurwissen: Elektrotechnik, 1. Aufl. Springer Vieweg, Berlin

Constantinescu-Simon L (Hrsg) (1997) Handbuch Elektrische Energietechnik, 2. Aufl. Springer Vieweg, Braunschweig

Felderhoff R, Freyer U (2015) Elektrische und elektronische Messtechnik, 8. Aufl. Hanser, München

Fischer H, Hofmann H, Spindler J (2007) Werkstoffe in der Elektrotechnik, 6. Aufl. Hanser, München

Führer A, Heidemann K, Nerreter W (2011) Grundgebiete der Elektrotechnik, Bd. 1, 9. Aufl. 2011; Bd. 2, 9. Aufl. Hanser, München

Grafe H, et al Grundlagen der Elektrotechnik, Bd. 1: Gleichspannungstechnik, 13. Aufl. 1988, Bd. 2: Wechselspannungstechnik, 12. Aufl. 1992. Verlag Technik, Berlin

Haase H, Garbe H, Gerth H (2004) Grundlagen der Elektrotechnik. Uni Verlag, Witte

Harriehausen T, Schwarzenau D (2013) Moeller Grundlagen der Elektrotechnik, 23. Aufl. Springer Vieweg, Wiesbaden

Jackson JD (2013) Klassische Elektrodynamik, 5. Aufl. de Gruyter, Berlin

Krämer H (1991) Elektrotechnik im Maschinenbau, 3. Aufl. Springer Vieweg, Braunschweig

Küpfmüller K, Mathis W, Reibiger A (2007) Theoretische Elektrotechnik, 18. Aufl. Springer, Berlin

Leuchtmann P (2005) Einführung in die elektromagnetische Feldtheorie. Pearson Studium, München

Lehner G (2018) Elektromagnetische Feldtheorie, 8. Aufl. Springer, Berlin

Lerch R (2016) Elektrische Messtechnik: Analoge, digitale und computergestützte Verfahren, 7. Aufl. Springer Vieweg, Berlin

Lindner H, Brauer H, Lehmann C (2018) Taschenbuch der Elektrotechnik und Elektronik, 10. Aufl. Hanser, München

Lunze K (1991a) Theorie der Wechselstromschaltungen, 8. Aufl. Verlag Technik, Berlin

Lunze K (1991b) Einführung in die Elektrotechnik (Lehrbuch), 13. Aufl. Verlag Technik, Berlin

Lunze K, Wagner E (1991) Einführung in die Elektrotechnik (Arbeitsbuch), 7. Aufl. Verlag Technik, Berlin

Mäusl R, Göbel J (2002) Analoge und digitale Modulationsverfahren. Hüthig, Heidelberg

Mende, Simon (2016) Physik: Gleichungen und Tabellen, 17. Aufl. Hanser, München

Paul R Elektrotechnik, Bd. 1: Felder und einfache Stromkreise, 3. Aufl. 1993; Bd. 2: Netzwerke, 3. Aufl. 1994. Springer, Berlin

Philippow E (1986) Taschenbuch Elektrotechnik, Bd. 1: Allgemeine Grundlagen, 3. Aufl. Hanser, München

Prechtl A (2005) Vorlesungen über die Grundlagen der Elektrotechnik, Bd 1+2, 2. Aufl. Springer, Wien

Pregla R (2004) Grundlagen der Elektrotechnik, 7. Aufl. Hüthig, Heidelberg

Schrüfer E, Reindl LM, Zagar B (2014) Elektrische Messtechnik, 11. Aufl. Hanser, München

Schüßler HW (1991) Netzwerke, Signale und Systeme; Bd. 1: Systemtheorie linearer elektrischer Netzwerke; Bd. 2: Theorie kontinuierlicher und diskreter Signale und Systeme, 3. Aufl. Springer, Berlin

Seidel H-U, Wagner E (2003) Allgemeine Elektrotechnik, 3. Aufl. Hanser, München

Simonyi K (1993) Theoretische Elektrotechnik, 10. Aufl. Wiley-VCH, Weinheim

Steinbuch K, Rupprecht W (1982) Nachrichtentechnik., 3. Aufl. Springer, Berlin

Tietze U, Schenk C, Gamm E (2016) Halbleiter-Schaltungstechnik, 15. Aufl. Springer Vieweg, Berlin

Unbehauen R (1999/2000) Grundlagen der Elektrotechnik, Bd 2, 5. Aufl. Springer, Berlin

Weißgerber W (2018) Elektrotechnik für Ingenieure, Bd 1, 10. Aufl. 2015; Bd 2, 10. Aufl. Springer Vieweg, Berlin

Wunsch G, Schulz H-G (1996) Elektromagnetische Felder, 2. Aufl. Verlag Technik, Berlin

Zinke O, Seither H (1982) Widerstände, Kondensatoren, Spulen und ihre Werkstoffe, 2. Aufl. Springer, Berlin

Anwendungen linearer elektrischer Netzwerke

2

Marcus Prochaska und Wolfgang Mathis

Zusammenfassung

Dieses Kapitel behandelt mit dem Transformator und den Drehstromsystemen zwei für die Praxis besonders wichtige Anwendungsfelder linearer elektrischer Netzwerke. Beide sind insbesondere im Bereich der elektrischen Energieversorgung von großer Bedeutung. Darüber hinaus wird die Behandlung elektrischer Netze mit nichtlinearer Schaltungskomponenten vorgestellt. Ursächlich für diese Nichtlinearitäten sind oft Halbleiterbauelemente, die von zentraler Bedeutung für die moderne Schaltungstechnik sind. Mit dem Operationsverstärker ist zudem eine komplexe nichtlineare Schaltung Gegenstand dieses Kapitels.

2.1 Der Transformator

2.1.1 Schaltzeichen

In einem Transformator sind (mindestens) zwei Wicklungen miteinander magnetisch gekoppelt (induktive Kopplung). Die Ersatzschaltungen stellen das Transformatorverhalten allein mithilfe ungekoppelter Induktivitäten dar (in bestimmten Fällen unter Einbeziehung eines idealen Transformators). Abb. 1 zeigt Schaltzeichen für Transformatoren (bzw. Überträger) mit 2 Wicklungen.

2.1.2 Der eisenfreie Transformator

2.1.2.1 Transformator-Gleichungen
Mit symmetrischen Zählpfeilen (Abb. 2a) gilt

$$U_1 = R_1 I_1 + j\omega L_1 I_1 + j\omega M I_2 \qquad (1a)$$

$$U_2 = R_2 I_2 + j\omega L_2 I_2 + j\omega M I_1. \qquad (1b)$$

2.1.2.2 Verlustloser Transformator
Mit $R_1 = R_2 = 0$ (Vernachlässigung der Wicklungswiderstände) und der Abschlussimpedanz Z_A (Abb. 2c) wird:

$$\frac{I_2}{I_1} = \frac{j\omega M}{Z_A + j\omega L_2} \quad \text{(Stromübersetzung)},$$

$$\frac{U_2}{U_1} = \frac{j\omega M Z_A}{j\omega L_1 Z_A - \omega^2 \left(L_1 L_2 - M^2\right)}$$

(Spannungsübersetzung).

M. Prochaska (✉)
Fakultät Elektrotechnik, Ostfalia Hochschule für angewandte Wissenschaften, Wolfenbüttel, Deutschland
E-Mail: m.prochaska@ostfalia.de

W. Mathis
Institut für Theoretische Elektrotechnik, Leibniz Universität Hannover, Hannover, Deutschland
E-Mail: mathis@tet.uni-hannover.de

M. Hennecke, B. Skrotzki (Hrsg.), *HÜTTE Band 3: Elektro- und informationstechnische Grundlagen für Ingenieure*, Springer Reference Technik
https://doi.org/10.1007/978-3-662-64375-4_48

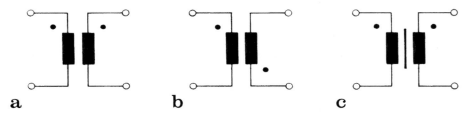

Abb. 1 Transformator-Schaltzeichen. **a** Eisenfreier Transformator, gleichsinnige Kopplung ($M > 0$); **b** eisen-freier Transformator, gegensinnige Kopplung ($M < 0$); **c** Transformator mit Eisenkern, gleichsinnige Kopplung

Abb. 2 Transformator mit Zählpfeilen für die Größen an den Primärklemmen (U_1, I_1) und an den Sekundärklemmen (U_2, I_2). **a** Symmetrische Zählpfeile; **b** Kettenzählpfeile; **c** verlustloser Transformator mit Abschlussimpedanz

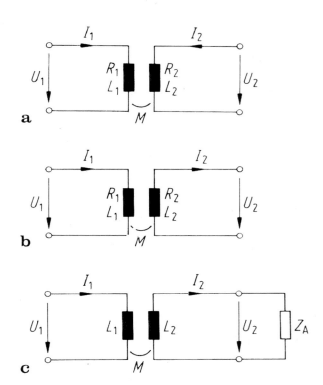

2.1.2.3 Verlust- und streuungsfreier Transformator

Im streuungsfreien Transformator (Abb. 3a) gilt

$$\frac{L_1}{L_2} = \left(\frac{N_1}{N_2}\right)^2 = n^2$$

$$\left(\frac{N_1}{N_2} = n = \text{Windungszahlverhältnis}\right)$$

und $M^2 = L_1 L_2$; außerdem

$$\frac{I_2}{I_1} = \pm\frac{N_1}{N_2} \cdot \frac{j\omega L_2}{Z_A + j\omega L_2} \quad \text{(Stromübersetzung)},$$

$$\frac{U_2}{U_1} = \pm\frac{N_2}{N_1} = \pm\frac{1}{n} \quad \text{(Spannungsübersetzung)}.$$

Das Vorzeichen hängt hierbei davon ab, welches Vorzeichen für $M = \pm\sqrt{L_1 L_2}$ in Frage kommt, d. h., ob die Spulen gleich- oder gegensinnig gekoppelt sind.

Für die Eingangsadmittanz gilt (Abb. 3b):

Abb. 3 Verlust- und streuungsfreier Transformator. **a** Transformator mit Abschlussimpedanz Z_A; **b** Zweipolersatzschaltung

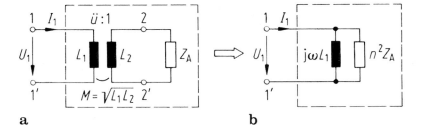

$$Y_E = \frac{U_1}{I_1} = \frac{1}{j\omega L_1} + \frac{1}{n^2 Z_A}.$$

2.1.2.4 Idealer Transformator

Setzt man zusätzlich zu den Idealisierungen $R_1 = R_2 = 0$ (Vernachlässigung der Wicklungsverluste) und $L_1 L_2 = M^2$ (Vernachlässigung der magnetischen Streuung) voraus, dass in Abb. 3b L_1 weggelassen werden kann ($L_1 \to \infty$), so nennt man einen solchen Transformator ideal; es wird

$$\frac{U_2}{U_1} = \pm \frac{N_2}{N_1} = \pm \frac{1}{n}$$

(ideale Spannungstransformation),

$$\frac{I_2}{I_1} = \pm \frac{N_1}{N_2} = \pm n$$

(ideale Stromtransformation),

und für Eingangsadmittanz bzw. -impedanz gilt bei idealer Impedanztransformation:

$$Y_E = \frac{1}{n^2 Z_A}, \quad Z_E = n^2 Z_A.$$

Durch Impedanztransformation kann eine Abschlussimpedanz an die innere Impedanz der Quelle angepasst werden (Anpassungsübertrager).

2.1.2.5 Streufaktor und Kopplungsfaktor

Es werden definiert der Kopplungsfaktor

$$k = \frac{M}{\sqrt{L_1 L_2}} \quad (0 < k < 1)$$

und der Streufaktor

$$\sigma = 1 - \frac{M^2}{L_1 L_2} = 1 - k^2 \quad (1 > \sigma > 0).$$

Beim idealen Transformator ist $k = 1$, $\sigma = 0$.

2.1.2.6 Vierpolersatzschaltungen

Ein Transformator, dessen untere beiden Klemmen verbunden sind (Abb. 4a), kann durch die Schaltung in Abb. 4b, aber auch durch die Schaltung in Abb. 5 ersetzt werden (Schaltung 4b ist ein Sonderfall von 5; er entsteht, wenn $v = 1$ gesetzt wird): für alle drei Schaltungen gelten die Transformator-Gleichungen (1a, 1b).

Wählt man in Abb. 5 $v = L_1/M$, so verschwindet die primäre Streuinduktivität, und mit $v = M/L_2$ verschwindet die sekundäre. Für $v = \sqrt{L_1/L_2}$ bilden die Induktivitäten eine symmetrische T-Schaltung (Abb. 6).

2.1.2.7 Zweipolersatzschaltung

Falls man sich nur für das Eingangsverhalten eines Transformators (Abb. 6) interessiert, so genügt eine Zweipolersatzschaltung, in der die Sekundärgrößen U_2, I_2 nicht mehr auftreten (Abb. 7).

2.1.3 Transformator mit Eisenkern

Idealen Transformatoreigenschaften ($\sigma \to 0$; $L_1 \to \infty$) kommt man am nächsten, wenn die Transformatorwicklungen auf einen gemeinsamen Eisenkern gewickelt werden, der einen geschlossenen Umlauf bildet (die magnetischen Feldlinien verlaufen dann fast nur im Eisen). Allerdings sind L_1, L_2, M wegen der Nichtlinearität der Magnetisierungskennlinie nicht konstant. Außerdem entstehen durch die ständige Ummagnetisierung (Wechselfeld!) fre-

Abb. 4 Transformator und
Ersatzschaltung.
a Transformatorschaltung;
b T-Schaltung mit drei
magnetisch nicht
gekoppelten Spulen als
Vierpolersatzschaltung
eines Transformators

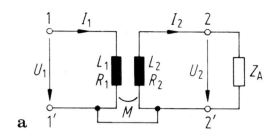

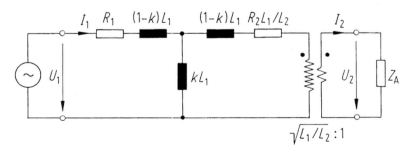

Abb. 5 Transformatorersatzschaltung mit idealem Übertrager (Transformator)

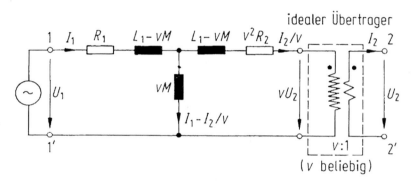

Abb. 6 Transformatorersatzschaltung mit symmetrischer T-Schaltung

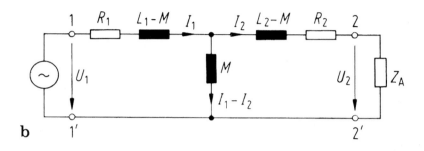

quenzproportionale Verluste (Hystereseverluste) P_H
$\sim \omega$ und durch Wirbelströme die Wirbelstromverluste $P_\mathrm{W} \sim \omega^2$ (die Wirbelstromverluste werden
durch die Zusammensetzung des Eisenkernes aus

dünnen, gegeneinander isolierten Blechen klein
gehalten).

P_H und P_W können z. B. im Ersatzbild Abb. 7
dadurch berücksichtigt werden, dass man einen

Abb. 7 Zweipolersatz-
schaltung eines Transfor-
mators

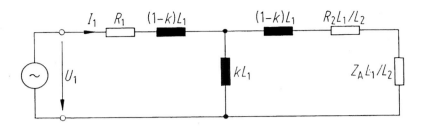

Abb. 8 Berücksichtigung
der Eisenverluste eines
Transformators in einem
Zweipolersatzschaltbild

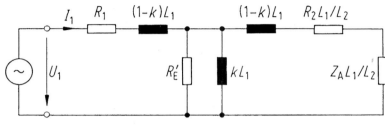

Abb. 9 Ersatzschaltung
eines
Einphasentransformators
(Zahlenbeispiel)

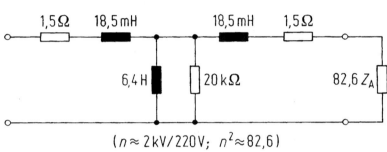

$$(n \approx 2\,\mathrm{kV}/220\,\mathrm{V};\ n^2 \approx 82{,}6)$$

(auf die Primärseite bezogenen) Ohm'schen Widerstand R_E parallel zur Hauptinduktivität $k\,L_1$ vor-
sieht (Abb. 8).

Beispiel
Abb. 9 zeigt eine Ersatzschaltung eines 50-Hz
Einphasentransformators mit den Nenndaten

$$|\,U_{1\mathrm{N}}\,| = 2\ \mathrm{kV} \quad \text{(primäreNennspannung)},$$
$$|\,U_{2\mathrm{N}}\,| = 220\ \mathrm{V} \quad \text{(sekundäreNennspannung)},$$
$$|\,S_\mathrm{N}\,| \quad = 20\ \mathrm{kVA} \quad \text{(Nennscheinleistung)}.$$

2.2 Drehstrom

2.2.1 Spannungen symmetrischer Drehstromgeneratoren

Elektrische Systeme mit Generatorspannungen
gleicher Frequenz, aber unterschiedlicher Phasenlage, nennt man Mehrphasensysteme. Das

wichtigste System ist das Dreiphasensystem
(Drehstromsystem). Ein Drehstromgenerator,
der drei um jeweils $2\pi/3$ gegeneinander phasenverschobene Spannungen gleicher Amplitude
erzeugt (symmetrischer Generator), gibt an eine
symmetrische Verbraucherschaltung insgesamt
eine zeitlich konstante elektrische Leistung ab,
belastet also vorteilhafterweise auch die Turbine oder den Verbrennungsmotor zeitlich konstant.

Die drei Spannungsquellen mit

$$u_\mathrm{u}(t) = \hat{u}\cos\ \omega t$$
$$u_\mathrm{v}(t) = \hat{u}\cos\ (\omega t - 2\pi/3)$$
$$u_\mathrm{w}(t) = \hat{u}\cos\ (\omega t - 4\pi/3) = \hat{u}\cos\ (\omega t + 2\pi/3)$$

(Abb. 10c) können durch drei Wechselspannungsquellen oder durch die drei Wicklungen
des Generators (Generatorstränge, Abb. 10b)
symbolisiert werden. Abb. 10d zeigt ein Zeigerdiagramm für die komplexen Effektivwerte U_u,

Abb. 10 Spannungen eines symmetrischen Drehstromgenerators. **a** und **b** Symbole für phasenverschobene Spannungsquellen; **c** Liniendiagramm; **d** Zeigerdiagramm

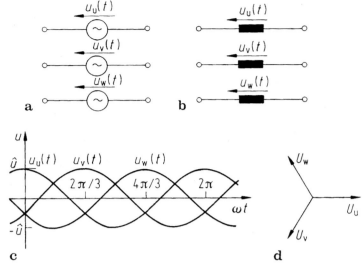

Abb. 11 Zur Veranschaulichung des Operators a. **a** a und seine Potenzen, **b** Differenzen

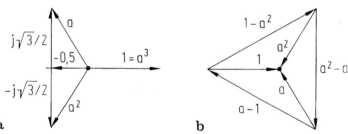

U_v, U_w der drei Generatorspannungen. Hierbei gilt mit der Abkürzung

$$a = \exp\ (j \cdot 2\pi/3):$$
$$U_u = \frac{\hat{u}}{\sqrt{2}}, \quad U_v = \frac{\hat{u}}{\sqrt{2}}\ a^{-1} = \frac{\hat{u}}{\sqrt{2}}\ a^2,$$
$$U_w = \frac{\hat{u}}{\sqrt{2}}\ a^{-2} = \frac{\hat{u}}{\sqrt{2}}\ a.$$

Für den komplexen Operator a gilt außerdem (vgl. Abb. 11a):

$$a = \exp\ (j \cdot 2\pi/3) = 0{,}5\ \left(-1 + j\sqrt{3}\right)$$
$$a^2 = \exp\ (j \cdot 4\pi/3) = 0{,}5\ \left(-1 - j\sqrt{3}\right)$$
$$a^3 = 1$$

und

$$1 + a + a^2 = 0$$
$$1 - a^2 = -j\sqrt{3}\ a;$$
$$a^2 - a = -j\sqrt{3};\quad a - 1 = -j\sqrt{3}\ a^2$$

Für die Summe der Generatorspannungen gilt

$$U_u + U_v + U_w = U_u + a^2 U_u + a U_u$$
$$= U_u\left(1 + a^2 + a\right) = 0,$$

die drei Generatorstränge können also im Idealfall völliger Generatorsymmetrie zu einem geschlossenen Umlauf in Reihe geschaltet werden (Abb. 12b), ohne dass ein Strom fließt.

(Falls aber u_u, u_v, u_w nicht rein sinusförmig sind, so entsteht grundsätzlich im Generatordreieck ein Kurzschlussstrom; wenn z. B. u_u, u_v, u_w außer der Grundschwingung (ω) auch noch die 3. Harmonische (3ω) enthalten, so sind die Oberschwingungen nicht gegeneinander phasenverschoben, löschen

Abb. 12 Symmetrische Generatorschaltungen.
a Generator-Sternschaltung;
b Generator-Dreieckschaltung;
c Spannungs-Zeigerdiagramm zur Sternschaltung;
d Spannungs-Zeigerdiagramm zur Dreieckschaltung

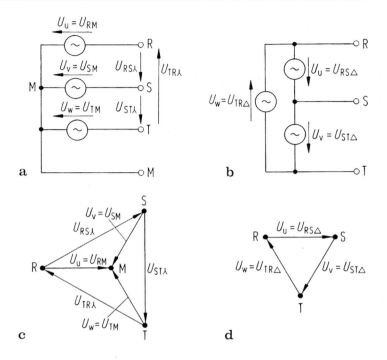

sich also nicht aus wie die Grundschwingungen.) Das Abb. 12a zeigt die normalerweise verwendete Generator-Sternschaltung mit dem Generator-Sternpunkt M. Für die Spannungen zwischen den Anschlussklemmen R, S, T (die auch mit 1, 2, 3 bezeichnet werden können), die sogenannten (Außen-)Leiterspannungen, gilt in der Generator-Sternschaltung:

$$U_{RS\lambda} = U_{RM}(1 - a^2) = -ja\sqrt{3}U_u,$$
$$U_{ST\lambda} = U_{RM}(a^2 - a) = -j\sqrt{3}U_u,$$
$$U_{TR\lambda} = U_{RM}(a - 1) = -ja^2\sqrt{3}U_u.$$

sowie für die Generator-Dreieckschaltung

$$U_{RS\Delta} = U_u \ ; \quad U_{ST\Delta} = a^2 U_u \ ; \quad U_{TR\Delta} = aU_u.$$

Die Außenleiterspannungen sind bei Sternschaltung also um $\sqrt{3}$ größer als bei Dreieckschaltung:

$$|U_{RS\lambda}| = |U_{ST\lambda}| = |U_{TR\lambda}| = \sqrt{3}|U_{RS\Delta}|$$
$$= \sqrt{3}|U_{ST\Delta}| = \sqrt{3}|U_{TR\Delta}|$$

2.2.2 Die Spannung zwischen Generator- und Verbrauchersternpunkt

Wenn n Generatorstränge zu einem Stern zusammengeschaltet und mit einem Verbraucherstern aus n Impedanzen verbunden werden (Abb. 13), so gilt für die *Verlagerungsspannung* U_{NM} zwischen den beiden Sternpunkten M und N:

$$U_{NM} = \frac{Y_1 U_{1M} + Y_2 U_{2M} + \ldots + Y_n U_{nM}}{Y_1 + Y_2 + \ldots + Y_n + Y_M}. \quad (2)$$

Für die Außenleiterströme ergibt sich damit

$$I_1 = (U_{1M} - U_{NM})Y_1, \ I_2$$
$$= (U_{2M} - U_{NM})Y_2, \text{ usw.}$$

Sind beide Sternpunkte kurzgeschlossen ($Z_M = 0$), so wird einfach

$$I_1 = Y_1 U_{1M}, \quad I_2 = Y_2 U_{2M} \quad \text{usw.}$$

Abb. 13 Generator und
Verbraucher in
Sternschaltung

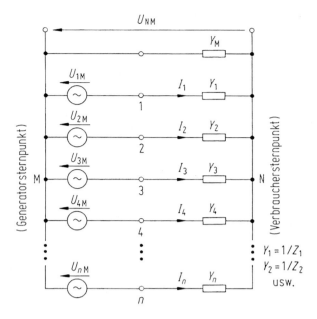

2.2.3 Symmetrische Drehstromsysteme (symmetrische Belastung symmetrischer Drehstromgeneratoren)

In Abb. 14 werden zwei verschiedene Belastungsfälle miteinander verglichen:

(a) Drei gleiche Impedanzen $Z = |Z|\exp(j\,\varphi)$ bilden einen Verbraucherstern, der an einen Generatorstern angeschlossen ist (Abb. 14a).

(b) An den Generatorstern wird ein Verbraucherdreieck aus den gleichen Impedanzen wie im Fall a angeschlossen (Abb. 14b).

Die Verbraucher-Dreieckschaltung nimmt eine dreimal so große Gesamtleistung auf wie die Sternschaltung. Da die Außenleiterströme jedoch im Fall b ebenfalls dreimal so groß sind, werden hier die Leitungsverluste ($3|I_R|^2 R_L$, R_L Leitungswiderstand) neunmal so groß wie im Fall a. Der Wirkungsgrad ist im Fall a (Verbraucher-Sternschaltung) also besser.

Im Allgemeinen (d. h., wenn das Drehstromsystem nicht ganz symmetrisch ist) wird die Gesamtleistung, die der Generator abgibt, zeitabhängig. Bei idealer Symmetrie des Generators und des Verbrauchers gilt jedoch (mit $u_{RM} = \hat{u}\cos\omega t$ und $Z = |Z|\exp(j\varphi)$)

$$
\begin{aligned}
p_{ges} &= u_{RM}\cdot i_R + u_{SM}\cdot i_S + u_{TM}\cdot i_T\\
&= \hat{u}\cos\omega t \cdot \hat{\imath}\cos\,(\omega t - \varphi)\\
&\quad + \hat{u}\cos\,(\omega t - 2\pi/3)\cdot\hat{\imath}\cos\,(\omega t - 2\pi/3 - \varphi)\\
&\quad + \hat{u}\cos\,(\omega t + 2\pi/3)\cdot\hat{\imath}\cos\,(\omega t + 2\pi/3 - \varphi)\\
&= 1{,}5\hat{u}\hat{\imath}\cos\varphi = \text{const.}
\end{aligned}
$$

Das heißt: Ein symmetrisches Verbraucherdreieck oder ein symmetrischer Verbraucherstern entnehmen einem Drehstromgenerator eine konstante Leistung. Auch die Antriebsmaschine des elektrischen Generators muss daher bei symmetrischer Last keine pulsierende Leistung, sondern vorteilhafterweise nur eine konstante Leistung abgeben.

2.2.4 Asymmetrische Belastung eines symmetrischen Generators

2.2.4.1 Verbraucher-Sternschaltung
Speziell im Dreiphasensystem vereinfacht sich (2) zu

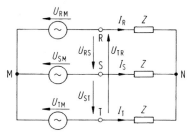

Verbraucherspannungen: $|U_{RN}| = |U_{SN}| = |U_{TN}| = |U_{RM}|$

Außenleiterspannungen: $|U_{RS}| = |U_{ST}| = |U_{TR}| = \sqrt{3}|U_{RM}|$

Außenleiterströme: $|I_R| = |I_S| = |I_T| = |U_{RM}|/|Z|$

a Gesamtleistung: $P_{ges} = 3|I_R|^2|Z|\cos\varphi = 3|U_{RM}|^2\cos\varphi/|Z|$

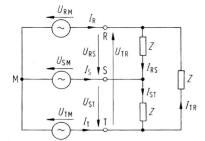

Außenleiterspannungen: $|U_{RS}| = |U_{ST}| = |U_{TR}| = \sqrt{3}|U_{RM}|$

Dreieckströme: $|I_{RS}| = |I_{ST}| = |I_{TR}| = |U_{RS}|/|Z| = \sqrt{3}|U_{RM}|/|Z|$

Außenleiterströme: $|I_R| = |I_S| = |I_T| = \sqrt{3}|I_{RS}| = 3|U_{RM}|/|Z|$

b Gesamtleistung: $P_{ges} = 3|I_{RS}|^2|Z|\cos\varphi = 9|U_{RM}|^2\cos\varphi/|Z|$

Abb. 14 Symmetrische Drehstromsysteme

$$U_{NM} = \frac{Y_R U_{RM} + Y_S U_{SM} + Y_T U_{TM}}{Y_R + Y_S + Y_T + Y_M}$$

Wenn der Generator symmetrisch ist ($U_{SM} = a^2 U_{RM}$; $U_{TM} = a U_{RM}$), wird

$$U_{NM} = U_{RM} \frac{Y_R + a^2 Y_S + a Y_T}{Y_R + Y_S + Y_T + Y_M}.$$

Wenn $Y_R = Y_S = Y_T$ ist, wird der Zähler gleich Null. Er kann aber auch verschwinden, wenn die Verbraucheradmittanzen nicht übereinstimmen. Ein Beispiel hierzu liefert Abb. 15. Bei einem Verbraucherstern, bei dem alle Impedanzen $Z = |Z| \exp(j\,\varphi)$ den gleichen Winkel φ haben, kann

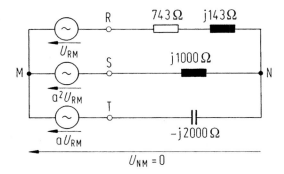

Abb. 15 Asymmetrischer Verbraucherstern mit symmetrischen Verbraucherspannungen

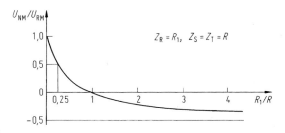

Abb. 16 Abhängigkeit der Verlagerungsspannung von der Asymmetrie eines Ohm'schen Verbrauchersternes

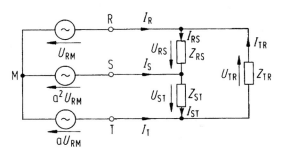

Abb. 17 Verbraucher-Dreieckschaltung

allerdings nur dann $U_{NM} = 0$ werden, wenn sie auch betragsgleich sind. Abb. 16 zeigt dies am Beispiel einer rein Ohm'schen Last.

2.2.4.2 Verbraucher-Dreieckschaltung

Bei der Verbraucher-Dreieckschaltung werden (Abb. 17)

$$I_{RS} = U_{RS}/Z_{RS},$$
$$I_{ST} = U_{ST}/Z_{ST},$$
$$I_{TR} = U_{TR}/Z_{TR};$$
$$I_R = \frac{U_{RS}}{Z_{RS}} - \frac{U_{TR}}{Z_{TR}},$$
$$I_S = \frac{U_{ST}}{Z_{ST}} - \frac{U_{RS}}{Z_{RS}},$$
$$I_T = \frac{U_{TR}}{Z_{TR}} - \frac{U_{ST}}{Z_{ST}}.$$

Bei symmetrischer Last ($Z_{RS} = Z_{ST} = Z_{TR} = Z$) sind die Außenleiterströme symmetrisch (d. h. betragsgleich und um $2\pi/3$ gegeneinander phasenverschoben):

$$I_R = 3U_{RM}/Z,$$
$$I_S = 3U_{SM}/Z,$$
$$I_T = 3U_{TM}/Z.$$

Auch in bestimmten Fällen asymmetrischer Belastung (Abb. 18a) können die Außenleiterströme symmetrisch sein: unter Umständen kann ein Verbraucherdreieck, das außer Blindwiderständen

nur einen einzigen Ohm'schen Widerstand enthält (also völlig asymmetrisch ist), einen Generator durchaus symmetrisch belasten.

2.2.5 Wirkleistungsmessung im Drehstromsystem (Zwei-Leistungsmesser-Methode, Aronschaltung)

In einem Drehstromsystem mit drei Außenleitern (aber ohne Mittelleiter; Abb. 19) kann die von einer beliebigen Verbraucherschaltung aufgenommene Gesamtwirkleistung P mit nur zwei Leistungsmessern bestimmt werden:

$$S = U_{RS}I_R^* - U_{ST}I_T^* = U_{RS}I_R^* + U_{TS}I_T^*$$

(I^* bedeutet: konjugiert komplexer Wert zu I).

$$P = \mathrm{Re}(S) = |\,U_{RS}I_R\,|\,\cos\varphi_{RS} - |\,U_{ST}I_T\,|\,\cos\varphi_{ST}.$$

Abb. 18 Symmetrische Belastung ($|I_R| = |I_S| = |I_T|$) durch einen asymmetrischen Verbraucher

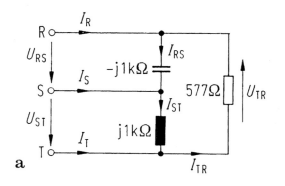

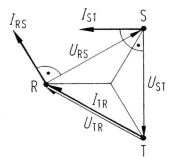

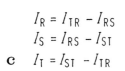

$$I_R = I_{TR} - I_{RS}$$
$$I_S = I_{RS} - I_{ST}$$
$$I_T = I_{ST} - I_{TR}$$

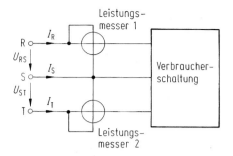

Abb. 19 Spannungen und Ströme an den Klemmen eines Drehstromverbrauchers

Hierbei ist φ_{RS} der Winkel zwischen U_{RS} und I_R, φ_{ST} der Winkel zwischen U_{ST} und I_T. (Bei rein Ohm'scher Last ist auch die vom Leistungsmesser 2 gemessene Leistung $P_2 = -|U_{ST} I_T| \cos \varphi_{ST}$ immer positiv, weil hier $\cos \varphi_{ST}$ negativ wird.)

Rechenbeispiel 1

Aus $U_{RS} = 500$ V, $U_{ST} = 500$ V $\cdot a^2$;
$I_R = 43{,}6$ A $\exp (-j \cdot 36{,}6°)$,
$I_T = 70$ A $\exp (j \cdot 81{,}8°)$

ergibt sich:

$$P = 500 \text{ V} \cdot 43{,}6 \text{ A} \cos 36{,}6°$$
$$- 500 \text{ V} \cdot 70 \text{ A} \cos (81{,}8° + 120°)$$
$$P \approx 17{,}5 \text{ kW} + 32{,}5 \text{ kW} = 50 \text{ kW} .$$

Rechenbeispiel 2
Bei einer Verbraucherschaltung, die sich nur aus Blindwiderständen zusammensetzt, muss $P = 0$ werden. Allerdings kann jeder der beiden Leistungsmesser eine Wirkleistung anzeigen. Hierbei wird $P_1 = -P_2$, also $P = P_1 + P_2 = 0$. Schließt man z. B. eine Sternschaltung dreier gleicher Kondensatoren (C) an einen symmetrischen Drehstromgenerator an, so wird

$$|I_R| = |I_T| = \frac{|U_{RS}|}{\sqrt{3}}\omega C; \quad \varphi_{RS} = 60°;$$

$$\varphi_{ST} = 60°. \, P = |U_{RS}| \frac{|U_{RS}|}{\sqrt{3}}\omega C \cdot$$

$$0{,}5 - |U_{RS}| \frac{|U_{RS}|}{\sqrt{3}}\omega C \cdot 0{,}5 = 0.$$

(Die Schaltung nimmt nur Blindleistung auf: $Q_{ges} = -|U_{RS}|^2 \omega C$.)

2.3 Nichtlineare Schaltungen

2.3.1 Linearität

Die im Rahmen der Netzwerkanalyse verwendeten Methoden setzen großenteils voraus, dass die betrachteten Schaltungen linear sind. Das heißt: Bei einem Widerstand seien Stromstärke i und Spannung u einander proportional, R sei konstant:

$$u \sim i, \quad \text{d. h.,} \quad u = Ri \quad \text{mit} \quad R = \text{const.}$$

Bei einem Kondensator seien Ladung q und Spannung u proportional, C sei konstant:

$$u \sim q, \quad \text{d. h.,} \quad u = Cq \quad \text{mit} \quad C = \text{const.}$$

Bei einer Spule seien Fluss Φ und Stromstärke i proportional, L sei konstant:

$$\Phi \sim i, \quad \text{d. h.,} \quad N\Phi = Li \quad \text{mit} \quad L = \text{const.}$$
(N Windungszahl).

Mit $R, C, L = $ const sind die Gleichungen $u = R\,i, u = C\,q, N\,\Phi = L\,i$ lineare Gleichungen. Man nennt Bauelemente, in denen dies gilt, lineare Bauelemente. Schaltungen aus ihnen nennt man dementsprechend lineare Schaltungen. Im Folgenden werden einige Beispiele dafür gegeben, wie man in einfachen Fällen nichtlineare Bauelemente in die Berechnung einbeziehen kann.

2.3.2 Nichtlineare Kennlinien

2.3.2.1 Beispiele nichtlinearer Strom-Spannungs-Kennlinien von Zweipolen
Siehe Abb. 20.

2.3.2.2 Verstärkungskennlinie des Operationsverstärkers
Operationsverstärker (Abb. 21a) lassen sich als lineare Spannungsverstärker (spannungsgesteuerte Spannungsquellen) beschreiben, die ihre Ein-

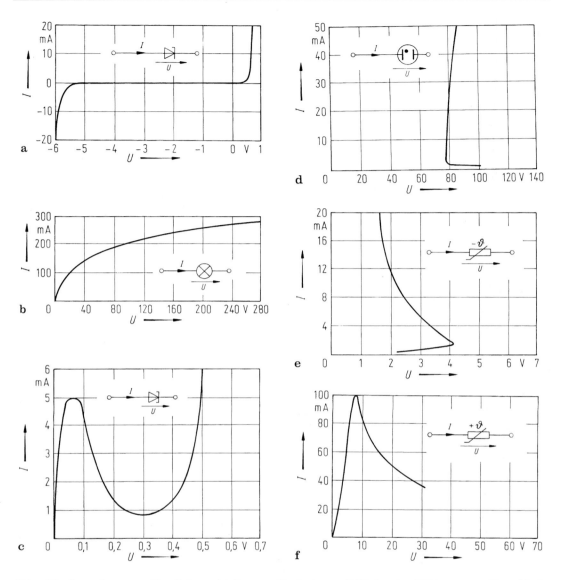

Abb. 20 Strom-Spannungs-Kennlinien nichtlinearer Zweipole **a** Z-Diode; **b** Glühlampe; **c** Tunneldiode; **d** Glimmlampe; **e** Heißleiter; **f** Kaltleiter

gangsspannung u_D mit dem Faktor v_0 (Leerlaufverstärkung) multiplizieren:

$$u_A = v_0 u_D$$

(in Abb. 21b ist $v_0 = 10^4$). Diese Beschreibung ist aber nur zutreffend innerhalb eines relativ kleinen Wertebereiches für u_D (Abb. 21b). Außerhalb dieses Wertebereiches wächst die Ausgangsspan-

nung u_A nicht mehr proportional mit u_D an, man sagt der Verstärker ist „übersteuert".

Bei den meisten Anwendungen werden die Operationsverstärker im Bereich linearer Verstärkung betrieben (in Abb. 21b also im Bereich $-1,2$ mV $< u_D < 1,2$ mV), sodass sie deshalb oft als lineare Schaltungen bezeichnet werden. Der Zusammenhang $u_A = f(u_D)$ ist insgesamt aber nichtlinear, und bei einer Reihe wichtiger An-

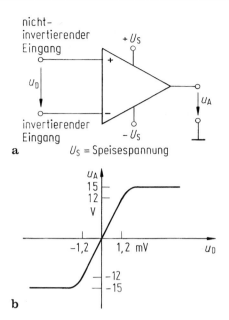

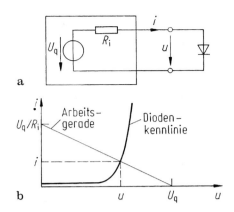

a

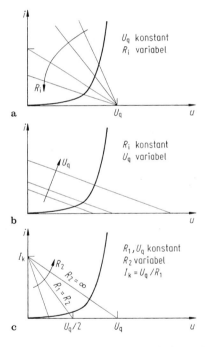

Abb. 21 Operationsverstärker. **a** Schaltzeichen; **b** Verstärkungskennlinie $u_A = f(u_D)$

Abb. 22 Lineare Quelle und nichtlinearer Verbraucher. **a** Schaltung; **b** Strom-Spannungs-Kennlinien von (Quelle (Arbeitsgerade) und Verbraucher (Diodenkennlinie))

Abb. 23 Abhängigkeit der Lage der Arbeitsgeraden vor U_q, R_1 oder R_2. **a** Drehung der Arbeitsgeraden um den Punkt $(U_q, 0)$; **b** Parallelverschiebung der Arbeitsgeraden; **c** Drehung der Arbeitsgeraden um den Punkt $(0, I_k)$

wendungen werden die Verstärker außerhalb des Bereiches linearer Verstärkung betrieben (Mitkopplungsschaltungen).

2.3.3 Graphische Lösung durch Schnitt zweier Kennlinien

2.3.3.1 Arbeitsgerade und Verbraucherkennlinie

Dass sich die Klemmengrößen u, i als die Koordinaten des Schnittpunktes der Arbeitsgeraden (des Quellenzweipols) mit der Kennlinie des Verbraucherzweipols ergeben, gilt auch dann, wenn die Verbraucherkennlinie nichtlinear ist, siehe Abb. 22b. Wie die Lage der Arbeitsgeraden von U_q und R_i abhängt, zeigt Abb. 23.

2.3.3.2 Stabile und instabile Arbeitspunkte einer Schaltung mit nichtlinearem Zweipol

Bei Strom-Spannungs-Kennlinien, die einen Abschnitt mit negativer Steigung haben (der differenzielle Widerstand $r = du/di$ wird hier negativ; siehe auch die Bilder 20c bis f), können sich

die Arbeitsgerade der Quelle und die Kennlinie des nichtlinearen Zweipols in mehreren Punkten schneiden (Abb. 24). Diese Schnittpunkte können stabil oder instabil sein. Zum Beispiel stimmen in den Bildern 24a3 und b3 die Diodenkenn-

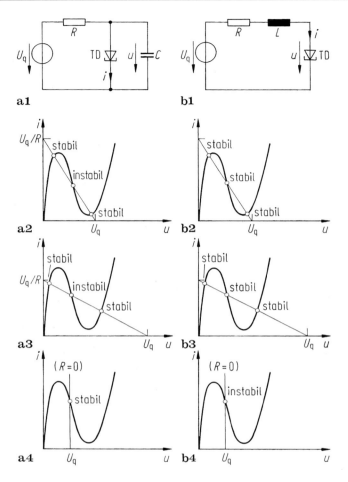

Abb. 24 Tunneldiodenschaltungen mit stabilen und instabilen Arbeitspunkten

linien und auch die Arbeitsgeraden überein (also auch deren Schnittpunkte). Ob der mittlere Schnittpunkt stabil ist oder nicht, hängt von zusätzlichen kapazitiven und induktiven Effekten ab, die sich auf die Achsenabschnitte der (statischen) Arbeitsgeraden überhaupt nicht auswirken.

Anmerkung: Der mittlere Arbeitspunkt in Abb. 24 b3 ist stabil. Da der differenzielle Widerstand r der Tunneldiode in diesem Bereich negativ ist, kann man durch Einstellen dieses Punktes einen Schwingkreis so entdämpfen, dass er ungedämpft schwingt.

Wählt man dagegen eine Arbeitspunkteinstellung nach Abb. 24 b4, so können hierbei Kippschwingungen entstehen.

2.3.3.3 Rückkopplung von Operationsverstärkern

Gegenkopplung

Wird der Ausgang A mit dem invertierenden Eingang N verbunden (in Abb. 25a über R_2), so entsteht im Allgemeinen eine Gegenkopplung. (Bei komplexen frequenzabhängigen Rückkopplungsnetzwerken kann eine Rückführung von A nach N wegen einer Phasendrehung u. U. auch Mitkopplung bewirken.)

Umkehrverstärker (invertierende Gegenkopplung). Die Verstärkungskennlinie (VKL) $u_A = f(u_D)$ eines Operationsverstärkers (Abb. 21) kann so idealisiert werden, wie es in Abb. 25b dargestellt ist. Außer der VKL besteht noch ein zweiter Zusammenhang zwischen u_A und u_D,

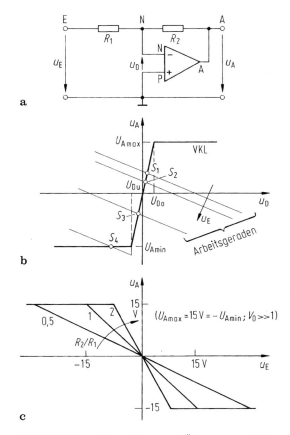

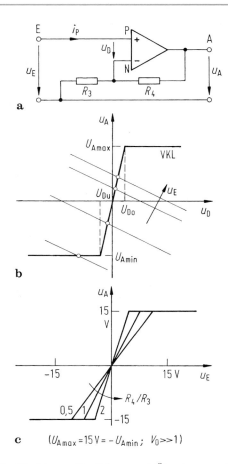

Abb. 25 Lineare Verstärkung und Übersteuerung beim Umkehrverstärker. **a** Invertierende Gegenkopplung eines Operationsverstärkers (Umkehrverstärker); **b** Darstellung jedes Arbeitspunktes als Schnittpunkt der Arbeitsgerade mit der VKL; **c** Übertragungskennlinien $u_A = f(u_E)$ (Gesamtverstärkung)

Abb. 26 Lineare Verstärkung und Übersteuerung beim Elektrometerverstärker. **a** Nichtinvertierende Gegenkopplung eines Operationsverstärkers (Elektrometerverstärker); **b** Darstellung jedes Arbeitspunktes als Schnittpunkt der Arbeitsgerade mit der VKL; **c** Übertragungskennlinien $u_A = f(u_E)$ (Gesamtverstärkung)

$$u_A = -\frac{R_1 + R_2}{R_1} u_D - \frac{R_2}{R_1} u_E \quad \text{(Arbeitsgerade)},$$

sodass die Koordinaten des Schnittpunktes der VKL mit der jeweiligen Arbeitsgeraden (Abb. 25b) das sich tatsächlich einstellende Wertepaar (u_D, u_A) darstellen. Die Lage des Schnittpunktes (also auch die Größe von u_A) hängt von u_E ab, vgl. Abb. 25c.

Solange die Schnittpunkte auf dem steilen Teil der VKL (Bereich linearer Verstärkung: $u_A = v_0 u_D$) liegen (Punkte S_1, S_2, S_3 in Abb. 25b), gilt $u_D \approx 0$ und daher

$$\frac{u_A}{u_E} \approx -\frac{R_2}{R_1}$$

(Gesamtverstärkung des nicht übersteuerten Umkehrverstärkers).

Das heißt, beim nicht übersteuerten Verstärker mit hoher Leerlaufverstärkung hängt die Gesamtverstärkung praktisch nur von der äußeren Beschaltung (R_1, R_2) ab.

Elektrometerverstärker (nichtinvertierende Gegenkopplung). Aus der Schaltung (Abb. 26a) ergibt sich für die Arbeitsgeraden:

$$u_A = -(1 + R_4/R_3)u_D + (1 + R_4/R_3)u_E.$$

Für Schnittpunkte VKL/Arbeitsgerade im steilen Teil der VKL ($u_A = v_0\, u_D$) gilt (wie beim Umkehrverstärker) mit $v_0 \gg 1$ praktisch $u_D \approx 0$ und daher gilt für die Gesamtverstärkung des nicht übersteuerten Elektrometerverstärkers:

$$\frac{u_A}{u_E} \approx 1 + \frac{R_4}{R_3}.$$

Der Elektrometerverstärker hat gegenüber dem Umkehrverstärker den Vorteil eines höheren Eingangswiderstandes $R_E = u_E/i_p$: R_E wird im Wesentlichen durch den sehr hohen Eingangswiderstand des Operationsverstärkers (Widerstand zwischen P und N, Abb. 26a) bestimmt, während beim Umkehrverstärker (Abb. 25a) R_1 maßgebend ist.

Mitkopplung (Schmitt-Trigger)

Wird der Ausgang mit dem nichtinvertierenden Eingang verbunden, so entsteht im Allgemeinen eine Mitkopplung.

Nichtinvertierende Mitkopplung. Vertauscht man in der Schaltung von Abb. 25a P und N miteinander, so entsteht eine nichtinvertierende Mitkopplung (Abb. 27a). Für die Arbeitsgeraden gilt nun

$$u_A = \frac{R_1 + R_2}{R_1} u_D - \frac{R_2}{R_1} u_E,$$

siehe Abb. 27b. Ein Teil der Arbeitsgeraden bildet nun sogar drei Schnittpunkte mit der VKL; in einem solchen Fall ist der mittlere Schnittpunkt nicht stabil. Die Abhängigkeit der Ausgangs- von der Eingangsspannung zeigt Hysterese (Abb. 27c). Ob z. B. im Fall $r = 1$ bei $u_E = 10$ V am Ausgang $u_A = 15$ V oder $u_A = -15$ V wird, hängt vom Vorzustand ab: ist zunächst $u_E = -20$ V, so ist $u_A = -15$ V; erhöht man u_E dann stetig auf 10 V, so bleibt $u_A = -15$ V. Erst wenn $u_E = +15$ V überschritten wird, springt die Ausgangsspannung auf $u_A = +15$ V.

Invertierende Mitkopplung. Bei der Schaltung von Abb. 28a gilt für die Arbeitsgeraden

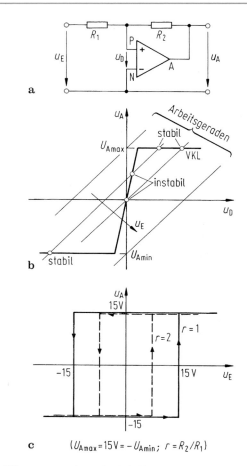

Abb. 27 Entstehung der Schalthysterese bei einer nichtinvertierenden Mitkopplungsschaltung. **a** Nichtinvertierende Mitkopplung eines Operationsverstärkers; **b** stabile und instabile Arbeitspunkte; **c** Übertragungsverhalten (Schalthysterese)

$$u_A = \left(1 + \frac{R_4}{R_3}\right)u_D + \left(1 + \frac{R_4}{R_3}\right)u_E.$$

2.3.4 Graphische Zusammenfassung von Strom-Spannungs-Kennlinien

Die Kennlinien in Reihe geschalteter Zweipole können durch Addition der Spannungen zu einer resultierenden Kennlinie „addiert" werden, vgl. Abb. 29. Bei parallelgeschalteten Zweipolen werden die Stromstärken addiert, vgl. Abb. 30.

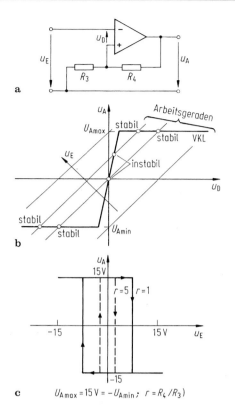

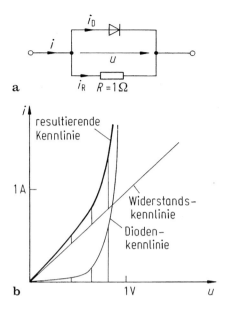

2.3.4.2 Parallelschaltung

a

b

Abb. 30 Strom-Spannungs-Kennlinie einer Widerstands-Dioden-Parallelschaltung. **a** Parallelschaltung von Widerstand und Diode; **b** Konstruktion der resultierenden Kennlinie (Addition der Ströme)

Abb. 28 Entstehung der Schalthysterese bei einer invertierenden Mitkopplungsschaltung. **a** Invertierende Mitkopplung eines Operationsverstärkers; **b** stabile und instabile Arbeitspunkte; **c** Übertragungsverhalten (Schalthysterese)

2.3.4.1 Reihenschaltung

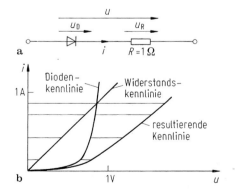

Abb. 29 Strom-Spannungs-Kennlinie einer Widerstands-Dioden-Reihenschaltung. **a** Reihenschaltung von Widerstand und Diode; **b** Konstruktion der resultierenden Kennlinie (Addition der Spannungen)

2.3.5 Lösung durch abschnittweises Linearisieren

Wenn die u, i-Kennlinie eines nichtlinearen Zweipols wenigstens abschnittweise als gerade angesehen werden kann (idealisierte Kennlinie; vgl. Abb. 31b), so reduziert sich in den einzelnen Abschnitten die Berechnung von u und i auf ein lineares Problem. Ein einfaches Beispiel hierzu liefert die Schaltung 31a, in der eine Z-Diode die Spannung am Nutzwiderstand auf 6 V begrenzt. Der Wirkungsgrad $\eta = f(R)$ soll berechnet werden. Er ergibt sich aus folgenden Überlegungen:

1. Bereich: $R \leq R_i$; $u \leq 6\,\text{V}$; $i_D = 0$, $i = i_i$.

$$\eta = \frac{ui}{U_q i_i} = \frac{R}{R + R_i}.$$

2. Bereich: $R \geq R_i$; $u = 6\,\text{V}$.

$$\eta = \frac{ui}{U_q i_i} = \frac{u^2/R}{U_q \cdot u_i/R_i} = \frac{u^2/R}{U_q(U_q - u)/R_i} = \frac{R_i}{2R}.$$

Abb. 31 Spannungsbe-
grenzung mit einer
Z-Diode. **a** Schaltung;
b idealisierte Diodenkennlinie; **c** Wirkungsgrad

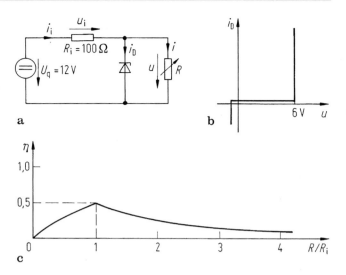

Die Ergebnisse für beide Bereiche sind in
Abb. 31c zusammengefasst.

Literatur

Bauckholt H-J (2019) Grundlagen und Bauelemente der
    Elektrotechnik, Bd 3, 8. Aufl. Hanser, München
Bauer W, Wagener HH Bauelemente und Grundschaltun-
    gen der Elektronik. Bd. 1: Grundlagen und Anwendun-
    gen, 3. Aufl. 1989; Bd. 2: Grundschaltungen, 2. Aufl.
    1990. Hanser, München
Blume S, Witlich K-H (1994) Theorie elektromagnetischer
    Felder, 4. Aufl. Hüthig, Heidelberg
Böhmer E (1997) Rechenübungen zur angewandten Elek-
    tronik, 5. Aufl. Vieweg, Braunschweig
Böhmer E (2018) Elemente der angewandten Elektronik,
    17. Aufl. Springer Vieweg, Berlin
Bosse G (1996) Grundlagen der Elektrotechnik, Bd. 1:
    Elektrostatisches Feld und Gleichstrom, 3. Aufl.;
    Bd. 2: Magnetisches Feld und Induktion, 4. Aufl.;
    Bd. 3: Wechselstromlehre, Vierpol- und Leitungstheo-
    rie, 3. Aufl.; Bd. 4: Drehstrom, Ausgleichsvorgänge in
    linearen Netzen, 2. Aufl. Springer, Berlin
Clausert H, Hoffmann K, Mathis W, Wiesemann G, Beck
    H-P (2014) Das Ingenieurwissen: Elektrotechnik,
    1. Aufl. Springer Vieweg, Wiesbaden
Constantinescu-Simon L (Hrsg) (1997) Handbuch Elek-
    trische Energietechnik, 2. Aufl. Vieweg, Braunschweig
Felderhoff R, Freyer U (2015) Elektrische und elektroni-
    sche Messtechnik, 8. Aufl. Hanser, München
Fischer H, Hofmann H, Spindler J (2007) Werkstoffe in der
    Elektrotechnik, 6. Aufl. Hanser, München
Führer A, Heidemann K, Nerreter W (2011) Grundgebiete
    der Elektrotechnik, Bd. 1, 9. Aufl. 2011; Bd. 2, 9. Aufl.
    Hanser, München

Grafe H, et al (1988) Grundlagen der Elektrotechnik, Bd. 1:
    Gleichspannungstechnik, 13. Aufl.; Bd. 2: Wechselspan-
    nungstechnik, 12. Aufl. 1992. Verlag Technik, Berlin
Haase H, Garbe H, Gerth H (2004) Grundlagen der Elek-
    trotechnik. Uni Verlag, Witte
Harriehausen T, Schwarzenau D (2013) Moeller Grundlagen
    der Elektrotechnik, 23. Aufl. Springer Vieweg,
    Wiesbaden
Jackson JD (2013) Klassische Elektrodynamik, 5. Aufl. de
    Gruyter, Berlin
Krämer H (1991) Elektrotechnik im Maschinenbau,
    3. Aufl. Vieweg, Braunschweig
Küpfmüller K, Mathis W, Reibiger A (2007) Theoretische
    Elektrotechnik, 18. Aufl. Springer, Berlin
Lehner G (2018) Elektromagnetische Feldtheorie, 8. Aufl.
    Springer, Berlin
Lerch R (2016) Elektrische Messtechnik: Analoge, digitale
    und computergestützte Verfahren, 7. Aufl. Springer
    Vieweg, Berlin
Leuchtmann P (2005) Einführung in die elektromagneti-
    sche Feldtheorie. Pearson Studium, München
Lindner H, Brauer H, Lehmann C (2018) Taschenbuch der
    Elektrotechnik und Elektronik, 10. Aufl. Hanser, Mün-
    chen
Lunze K (1991a) Theorie der Wechselstromschaltungen,
    8. Aufl. Verlag Technik, Berlin
Lunze K (1991b) Einführung in die Elektrotechnik (Lehr-
    buch), 13. Aufl. Verlag Technik, Berlin
Lunze K, Wagner E (1991) Einführung in die Elektrotech-
    nik (Arbeitsbuch), 7. Aufl. Verlag Technik, Berlin
Mäusl R, Göbel J (2002) Analoge und digitale Modulati-
    onsverfahren. Hüthig, Heidelberg
Mende, Simon (2016) Physik: Gleichungen und Tabellen,
    17. Aufl. Hanser, München
Paul R Elektrotechnik, Bd. 1: Felder und einfache Strom-
    kreise, 3. Aufl. 1993; Bd. 2: Netzwerke, 3. Aufl. 1994.
    Springer, Berlin

Philippow E (1986) Taschenbuch Elektrotechnik, Bd. 1:
    Allgemeine Grundlagen, 3. Aufl. Hanser, München
Prechtl A (2005) Vorlesungen über die Grundlagen der
    Elektrotechnik, Bd 1+2, 2. Aufl. Springer, Wien
Pregla R (2004) Grundlagen der Elektrotechnik, 7. Aufl.
    Hüthig, Heidelberg
Schrüfer E, Reindl LM, Zagar B (2014) Elektrische Mess-
    technik, 11. Aufl. Hanser, München
Schüßler HW (1991) Netzwerke, Signale und Systeme;
    Bd. 1: Systemtheorie linearer elektrischer Netzwerke;
    Bd. 2: Theorie kontinuierlicher und diskreter Signale
    und Systeme, 3. Aufl. Springer, Berlin
Seidel H-U, Wagner E (2003) Allgemeine Elektrotechnik,
    3. Aufl. Hanser, München

Simonyi K (1993) Theoretische Elektrotechnik, 10. Aufl.
    Wiley-VCH, Weinheim
Steinbuch K, Rupprecht W (1982) Nachrichtentechnik,
    3. Aufl. Springer, Berlin
Tietze U, Schenk C, Gamm E (2016) Halbleiter-
    Schaltungstechnik, 15. Aufl. Springer Vieweg, Berlin
Unbehauen R (1999/2000) Grundlagen der Elektrotechnik,
    Bd 2, 5. Aufl. Springer, Berlin
Weißgerber W Elektrotechnik für Ingenieure, Bd. 1, 10. Aufl.
    2015; Bd. 2, 10. Aufl. 2018. Springer Vieweg, Berlin
Wunsch G, Schulz H-G (1996) Elektromagnetische Felder,
    2. Aufl. Verlag Technik, Berlin
Zinke O, Seither H (1982) Widerstände, Kondensatoren,
    Spulen und ihre Werkstoffe, 2. Aufl. Springer, Berlin

Elektromagnetische Felder und Wellen

3

Wolfgang Mathis

Zusammenfassung

Das elektromagnetische Verhalten auf Leitungen wird mit Hilfe von Leitungsgleichungen beschrieben, die aus einem elektrischen Ersatzschaltbild abgeleitet werden. Danach werden vereinfachte Feldbeschreibungen für die Elektrostatik, das elektrische Strömungsfeld, das stationäre magnetische Feld und das quasi-stationäre elektromagnetische Feld unter Berücksichtigung des Induktionsgesetzes betrachtet. Aus den allgemeinen Maxwell'schen Gleichungen für das elektromagnetische Feld wird eine Wellengleichung abgeleitet, die auch das Abstrahlverhalten von elektromagnetischen Wellen beschreibt.

3.1 Leitungen

3.1.1 Die Differenzialgleichungen der Leitung und ihre Lösungen

Bei der „langen" Leitung hängen Strom und Spannung außer von der Zeit auch vom Ort ab (Abb. 1).

W. Mathis (✉)
Institut für Theoretische Elektrotechnik, Leibniz Universität Hannover, Hannover, Deutschland
E-Mail: mathis@tet.uni-hannover.de

Die Eigenschaften der Leitung werden nach dem Ersatzschaltbild Abb. 2 durch vier auf die Länge bezogene Kenngrößen beschrieben: R' Widerstandsbelag (auf die Länge bezogener Widerstand für Hin- und Rückleitung zusammen: $\Delta R/\Delta l$ für $\Delta l \rightarrow 0$), L' Induktivitätsbelag, C' Kapazitätsbelag, G' Ableitungsbelag (auf die Länge bezogener Leitwert zwischen Hin- und Rückleitung). Die Schaltung kann mit Hilfe der elektrischen Netzwerktheorie die erfolgen.

Wird die Kirchhoff'sche Knotenregel auf das Leitungselement nach Abb. 2 angewendet, so folgt mit $i = C\, \mathrm{d}u/\mathrm{d}t$:

$$-i\left(z - \tfrac{1}{2}\mathrm{d}z, t\right) + i\left(z + \tfrac{1}{2}\mathrm{d}z, t\right) \\ +\ G'\,\mathrm{d}z\ u(z,t) + C'\,\mathrm{d}z\,\frac{\partial u(z,t)}{\partial t} = 0. \tag{1}$$

Entsprechend liefert die Kirchhoff'sche Maschenregel mit $u = L\, \mathrm{d}i/\mathrm{d}t$:

$$-u\left(z - \tfrac{1}{2}\mathrm{d}z, t\right) + u\left(z + \tfrac{1}{2}\mathrm{d}z, t\right) \\ +R'\,\mathrm{d}z\ i(z,t) + L'\,\mathrm{d}z\,\frac{\partial i(z,t)}{\partial t} = 0. \tag{2}$$

Ersetzt man die ersten beiden Summanden in (1) und (2) jeweils durch die ersten beiden Glieder der zugehörigen Taylor-Reihen in z, so ergeben sich die Leitungsgleichungen

Abb. 1 Leitung, aus zwei Drähten bestehend: Doppelleitung

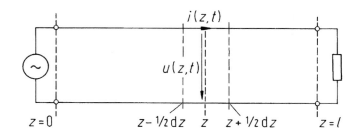

Abb. 2 Ersatzschaltbild eines Leitungselements der Länge dz

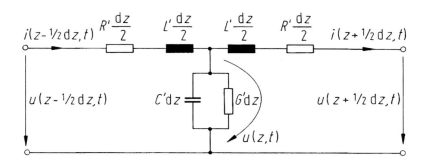

$$\frac{\partial i(z,t)}{\partial z} + G'u(z,t) + C'\frac{\partial u(z,t)}{\partial t} = 0, \qquad (3)$$

$$\frac{\partial u(z,t)}{\partial z} + R'i(z,t) + L'\frac{\partial i(z,t)}{\partial t} = 0. \qquad (4)$$

Sollen (3) und (4) nur für den speziellen Fall gelöst werden, dass Strom und Spannung sich mit der Zeit sinusförmig ändern, so macht man die Ansätze

$$i(z,t) = \sqrt{2} \ \mathrm{Re} \ \left\{ I(z)\mathrm{e}^{\mathrm{j}\omega t} \right\},$$

$$u(z,t) = \sqrt{2} \ \mathrm{Re} \ \left\{ U(z)\mathrm{e}^{\mathrm{j}\omega t} \right\}$$

und erhält anstelle von (3) und (4) gewöhnliche Differentialgleichungen für *I(z)* und *U(z)*:

$$\frac{\mathrm{d}I}{\mathrm{d}z} + (G' + \mathrm{j}\omega C')U = 0, \qquad (5)$$

$$\frac{\mathrm{d}U}{\mathrm{d}z} + (R' + \mathrm{j}\omega L')I = 0. \qquad (6)$$

Hier sind *I* und *U* komplexe Effektivwerte, die von z abhängen. Eliminiert man *U(z)* bzw. *I(z)* aus (5) und (6), so ergeben sich die linearen Differenzialgleichungen mit konstanten Koeffizienten zweiter Ordnung

$$\frac{\mathrm{d}^2 I}{\mathrm{d}z^2} - \gamma^2 I = 0, \qquad (7)$$

$$\frac{\mathrm{d}^2 U}{\mathrm{d}z^2} - \gamma^2 U = 0, \qquad (8)$$

wenn man den *Ausbreitungskoeffizient* γ

$$\gamma^2 = (R' + \mathrm{j}\omega L')(G' + \mathrm{j}\omega C') \qquad (9)$$

einführt. Die allgemeine Lösung von (7) bzw. (8) setzt sich aus zwei Fundamentallösungen zusammen; so ist z. B.

$$U(z) = U_{\mathrm{p}}\mathrm{e}^{-\gamma z} + U_{\mathrm{r}}\mathrm{e}^{\gamma z}. \qquad (10)$$

Man nennt den ersten Summanden die hinlaufende oder primäre (daher Index p) Welle oder *Hauptwelle*, den zweiten Summanden die rücklaufende (daher Index r) Welle oder *Echowelle*.

Aus (10) ergibt sich mit (6), (9) und der Abkürzung

$$Z_{\mathrm{L}} = \sqrt{\frac{R' + \mathrm{j}\omega L'}{G' + \mathrm{j}\omega C'}}; \qquad (11)$$

$$I(z) = \frac{U_{\mathrm{p}}}{Z_{\mathrm{L}}}\mathrm{e}^{-\gamma z} - \frac{U_{\mathrm{r}}}{Z_{\mathrm{L}}}\mathrm{e}^{\gamma z}. \qquad (12)$$

3.1.2 Die charakteristischen Größen der Leitung

Die Größe Z_L nach (11) nennt man den *Wellenwiderstand* der Leitung. Der durch (9) definierte *Ausbreitungskoeffizient* γ ist i. allg. komplex:

$$\gamma = \alpha + j\beta. \tag{13}$$

Der Realteil α ist ein Maß für die Dämpfung der Welle auf der Leitung und heißt *Dämpfungskoeffizient*. Durch den Imaginärteil β ist die Ausbreitungs- oder Phasengeschwindigkeit der Welle bestimmt:

$$v = \frac{\omega}{\beta}. \tag{14}$$

Man bezeichnet β als *Phasenkoeffizient*. Zwischen β und der Wellenlänge λ besteht die Beziehung

$$\lambda = \frac{2\pi}{\beta}. \tag{15}$$

Abb. 3 zeigt den Einfluss der Größen α, β, λ auf den Spannungs- bzw. Stromverlauf auf der Leitung. Aus (14), (15) folgt mit $\omega = 2\pi f$:

$$v = f\lambda. \tag{16}$$

Die Eigenschaften einer homogenen Leitung können durch die vier konstanten Leitungsbeläge R', L', C', G' oder durch die beiden komplexen Größen Z_L und γ charakterisiert werden.

Wenn die Leitungsverluste vernachlässigt werden ($R' \rightarrow 0$, $G' \rightarrow 0$), gehen (11) und (13) über in

$$Z_L = \sqrt{\frac{L'}{C'}}, \tag{17}$$

$$\gamma = j\beta = j\omega\sqrt{C'L'}. \tag{18}$$

Bei geringen Verlusten (d. h., $\omega L' \gg R'$, $\omega C' \gg G'$), hat man

$$Z_L = \sqrt{\frac{L'}{C'}}\left[1 - \frac{j}{2\omega}\left(\frac{R'}{L'} - \frac{G'}{C'}\right)\right], \tag{19}$$

$$\alpha = \frac{1}{2}\left(R'\sqrt{\frac{C'}{L'}} + G'\sqrt{\frac{L'}{C'}}\right) \tag{20}$$

und ein unverändertes β (18).

3.1.3 Die Leitungsgleichungen in 2-Tor-Form

Nach (10) und (12) ist – mit $U_1 = U(0)$, $U_2 = U(l)$, $I_1 = I(0)$, $I_2 = I(l)$:

$$U_1 = U_p + U_r, \quad U_2 = U_p e^{-\gamma l} + U_r e^{\gamma l},$$

$$I_1 = \frac{U_p}{Z_L} - \frac{U_r}{Z_L}, \quad I_2 = \frac{U_p}{Z_L}e^{-\gamma l} - \frac{U_r}{Z_L}e^{\gamma l}.$$

Gibt man z. B. U_2 und I_2 vor, so kann man diese vier Gleichungen nach U_p, U_r oder U_1, I_1 auflösen und erhält

Abb. 3 Spannungs- bzw. Stromverlauf auf der Leitung für zwei Zeitpunkte (nur Hauptwelle)

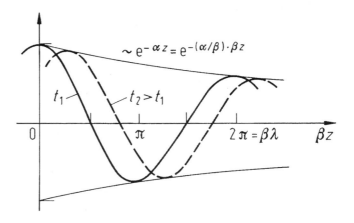

$$U_p = \frac{1}{2} e^{\gamma l}(U_2 + Z_L I_2),$$

$$U_r = \frac{1}{2} e^{-\gamma l}(U_2 - Z_L I_2) \tag{21}$$

bzw. die *Leitungsgleichungen in 2-Tor-Form*

$$\begin{bmatrix} U_1 \\ I_1 \end{bmatrix} = \begin{bmatrix} \cosh \gamma l & Z_L \sinh \gamma l \\ \dfrac{1}{Z_L} \sinh \gamma l & \cosh \gamma l \end{bmatrix} \begin{bmatrix} U_2 \\ I_2 \end{bmatrix}. \tag{22}$$

Eine zweite Form dieser Gleichungen entsteht durch Auflösen nach U_2, I_2:

$$\begin{bmatrix} U_2 \\ I_2 \end{bmatrix} = \begin{bmatrix} \cosh \gamma l & -Z_L \sinh \gamma l \\ -\dfrac{1}{Z_L} \sinh \gamma l & \cosh \gamma l \end{bmatrix} \begin{bmatrix} U_1 \\ I_1 \end{bmatrix}. \tag{23}$$

3.1.4   Der Eingangswiderstand

Eine Leitung mit dem Abschlusswiderstand $Z_2 = U_2/I_2$ hat den Eingangswiderstand $Z_1 = U_1/I_1$, für den mit (22) gilt:

$$Z_1 = Z_L \frac{Z_2 \cosh \gamma l + Z_L \sinh \gamma l}{Z_2 \sinh \gamma l + Z_L \cosh \gamma l}. \tag{24}$$

Ist die Leitung mit dem Wellenwiderstand abgeschlossen ($Z_2 = Z_L$, „Wellenanpassung"), so folgt

$$Z_{1w} = Z_L. \tag{25}$$

Für die leerlaufende Leitung ($Z_2 = \infty$) hat man

$$Z_{1l} = Z_L \coth \gamma l \tag{26}$$

und für die kurzgeschlossene Leitung ($Z_2 = 0$)

$$Z_{1k} = Z_L \tanh \gamma l. \tag{27}$$

Im Fall der verlustfreien Leitung sind (26) und (27) durch

$$Z_{1l} = -j Z_L \cot \beta l, \tag{28}$$

$$Z_{1k} = j Z_L \tan \beta l. \tag{29}$$

zu ersetzen.

Sind die Eingangswiderstände Z_{1l} und Z_{1k} bekannt, so können wegen (26) und (27) die charakteristischen Größen Z_L und $\gamma\, l$ bestimmt werden:

$$Z_L = \sqrt{Z_{1l} Z_{1k}}, \tag{30}$$

$$\gamma l = \frac{1}{2} \ln \frac{\sqrt{Z_{1l}/Z_{1k}} + 1}{\sqrt{Z_{1l}/Z_{1k}} - 1}. \tag{31}$$

3.1.5   Der Reflexionsfaktor

Ersetzt man in (10) die Größen U_r und U_p durch (21), so folgt

$$U(z) = \frac{1}{2}(U_2 + Z_L I_2) e^{\gamma(l-z)} + \frac{1}{2}(U_2 - Z_L I_2) e^{-\gamma(l-z)}. \tag{32}$$

Den Quotienten aus dem zweiten Summanden (Echowelle) und dem ersten (Hauptwelle) in (32) bezeichnet man als *Reflexionsfaktor* $r(z)$; mit $Z_2 = U_2/I_2$ erhält man

$$r(z) = \frac{Z_2 - Z_L}{Z_2 + Z_L} e^{-2\gamma(l-z)}. \tag{33}$$

Als Reflexionsfaktor des Abschlusswiderstandes definiert man $r_2 = r(l)$:

$$r_2 = \frac{Z_2 - Z_L}{Z_2 + Z_L}. \tag{34}$$

Für die drei Sonderfälle Wellenanpassung, Leerlauf und Kurzschluss nimmt r_2 die Werte 0, +1 bzw. −1 an.

Mit der Abkürzung r_2 entsteht aus (32):

$$U(z) = \frac{1}{2}(U_2 + Z_L I_2)\left[e^{\gamma(l-z)} + r_2 e^{-\gamma(l-z)} \right]. \tag{35}$$

Der zugehörige Strom ergibt sich mit (6) zu

$$I(z) = \frac{1}{2Z_L}(U_2 - Z_L I_2)$$
$$\times \left[e^{\gamma(l-z)} - r_2 e^{-\gamma(l-z)} \right]. \quad (36)$$

3.2 Elektrostatische Felder

Die vollständigen Gleichungen für das elektromagnetische Feld zerfallen im zeitunabhängigen Falle in einen elektrischen und einen magnetischen Anteil, die nicht voneinander abhängen. Der elektrische Anteil charakterisiert die elektrostatischen Felder.

3.2.1 Skalare und vektorielle Feldgrößen

Physikalische Größen, die jedem Punkt des Raumes einen Skalar bzw. einen Vektor zuordnen nennt man *Feldgrößen*. Wenn eine Feldgröße skalare Werte besitzt und ist sie nicht gerichtet, wie z. B. die Temperatur oder der Luftdruck, so heißt sie *skalare Feldgröße*, hat sie auch eine Richtung, wie z. B. die Windgeschwindigkeit, so spricht man von einer *vektoriellen Feldgröße*. Im Gegensatz dazu sind die Größen Strom und Spannung keine Feldgrößen, da sie sich nicht auf Raumpunkte beziehen. Sie können, wie weiter unten gezeigt wird, als Mittelwerte über einen bestimmten durchströmten Querschnitt bzw. an eine gewisse Länge, aufgefasst werden.

Wenn eine Feldgröße im Raum konstant ist, d. h. in allen Raumpunkten den gleichen skalaren bzw. vektoriellen Wert – besitzt, so nennt man das Feld *homogen*, andernfalls *inhomogen*. Ein Feld heißt (reines) *Quellenfeld*, wenn alle Feldlinien Anfang und Ende haben. Bei einem (reinen) *Wirbelfeld* sind alle Feldlinien geschlossen.

3.2.2 Die elektrische Feldstärke

Das *Coulomb'sche Gesetz* besagt: Haben zwei Punktladungen q und Q gleiche Polarität und voneinander den Abstand r, so stoßen sie sich gegenseitig mit der Kraft

$$F = \frac{qQ}{4\pi\varepsilon r^2} \quad (37)$$

ab. (Bei ungleichen Vorzeichen der Ladungen ziehen sie sich an.) Die Größe ε in (37) heißt *Permittivität* (Dielektrizitätskonstante, Influenzkonstante). Sie charakterisiert die elektrischen Eigenschaften eines Materials, z. B. des Raumes, in dem sich die Ladungen q und Q befinden. Gl. (37) gilt nur, wenn der die Ladungen umgebende Raum ein konstantes ε aufweist.

Schreibt man (37) in der normierten Form

$$\frac{F}{q} = \frac{Q}{4\pi\varepsilon r^2} =: E, \quad (38)$$

so liegt folgende Interpretation nahe: Die Kraft auf die (Probe-)Ladung q ist einem Faktor proportional, der eine Eigenschaft des Raumes am Ort der Kraftwirkung auf q beschreibt. Diese Eigenschaft des Raumes nennt man das *elektrische Feld* E, das von der im Abstand r vorhandenen Ladung Q hervorgerufen wird. Da q und Q voneinander entfernt sind, spricht man von Fernwechselwirkung oder Fernwirkung. Wegen (38) gilt für das elektrische Feld der Punktladung also die *Feldstärke*

$$E = \frac{Q}{4\pi\varepsilon r^2}, \quad (39)$$

und allgemein gilt für die Kraft auf eine (Probe-)Ladung q an einem Ort der elektrischen Feldstärke E:

$$F = qE \quad \text{bzw.} \quad \boldsymbol{F} = q\boldsymbol{E}. \quad (40)$$

Der Zusammenhang zwischen der elektrischen Spannung U und der elektrischen Feldstärke $\boldsymbol{E}$ kann durch eine Energiebetrachtung gefunden werden: Bei der Verschiebung der Ladung q im elektrischen Feld E um das Wegelement $\Delta \boldsymbol{s}$ tritt eine Änderung der potenziellen Energie auf:

$$\Delta W = \boldsymbol{F} \cdot \Delta \boldsymbol{s} = q(\boldsymbol{E} \cdot \Delta \boldsymbol{s}) = q\Delta U. \qquad (41)$$

Bewegt sich die Ladung q im elektrischen Feld vom Punkt A zum Punkt B, so hat man

$$W_{\mathrm{AB}} = q \int_A^B \boldsymbol{E} \cdot \mathrm{d}\boldsymbol{s} = q U_{\mathrm{AB}}. \qquad (42)$$

Die elektrischen Spannung U ist also der Mittelwert der elektrischen Feldstärke $\boldsymbol{E}$ über einen orientierten Weg. Das in (42) auftretende Integral hängt nur von den Punkten A und B ab, nicht vom Verlauf des Weges zwischen diesen Punkten; ein solches Integral nennt man wegunabhängig. Diese Eigenschaft lässt sich auch so darstellen:

$$\oint_C \boldsymbol{E} \cdot \mathrm{d}\boldsymbol{s} = 0. \qquad (43)$$

C ist ein beliebiger geschlossener Weg. Felder, für die (43) gilt, heißen *wirbelfrei*.

Bei bekannter Feldstärke kann die Spannung zwischen den Punkten A und B wegen (42) berechnet werden:

$$U_{\mathrm{AB}} = \int_A^B \boldsymbol{E} \cdot \mathrm{d}\boldsymbol{s}., \qquad (44)$$

Schwieriger ist die Umkehrung des Problems: Es sei die Spannung zwischen einem beliebigen (Auf-)Punkt P und einem willkürlich gewählten Bezugspunkt O bekannt. Dann folgt aus (44) wegen der Wegunabhängigkeit des Integrals, wenn das Ergebnis der unbestimmten Integration mit f bezeichnet wird:

$$U_{\mathrm{PO}} = \int_P^O \boldsymbol{E} \cdot \mathrm{d}\boldsymbol{s} = f \Big|_P^O = f(\mathrm{O}) - f(\mathrm{P}) = \int_P^O \mathrm{d}f.$$

Üblicherweise arbeitet man mit $\varphi = -f$ und nennt φ die Potenzialfunktion:

$$U_{\mathrm{PO}} = \int_P^O \boldsymbol{E} \cdot \mathrm{d}\boldsymbol{s} = \varphi(P) - \varphi(O) = - \int_P^O \mathrm{d}\varphi \quad (45)$$

oder

$$\varphi(\mathrm{P}) = - \int_O^P \boldsymbol{E} \cdot \mathrm{d}\boldsymbol{s} + \varphi(\mathrm{O}) \qquad (46)$$

oder

$$\varphi(\mathrm{P}) = - \int \boldsymbol{E} \cdot \mathrm{d}\boldsymbol{s}(+\mathrm{const}). \qquad (47)$$

Wegen (45) oder (47) gilt:

$$\boldsymbol{E} \cdot \mathrm{d}\boldsymbol{s} = -d\varphi, \qquad (48)$$

oder mit $d\varphi = \mathrm{grad}\ \varphi \cdot ds$ (totales Differenzial)

$$\boldsymbol{E} = -\mathrm{grad}\varphi. \qquad (49)$$

3.2.3   Die elektrische Flussdichte

Wenn man die Wechselwirkung von q und Q nicht als Fernwirkung nach Coulomb sondern im Sinne einer Nachwirkung interpretieren möchte, muss neben der elektrischen Feldstärke eine zweite vektorielle Feldgröße $\boldsymbol{D}$ zur Beschreibung des elektrischen Feldes eingeführt werden. Diese Feldgröße beschreibt die *elektrische Erregung* in jedem Raumpunkt in der Umgebung von Q. Zu beachten ist, dass $\boldsymbol{D}$ nicht von Q erzeugt wird, sondern Q legt deren Betrag fest. Die elektrische Erregung $\boldsymbol{D}$ – auch *elektrische Flussdichte* (elektrische Verschiebung) genannt – am Ort r bestimmt die (normierte) Kraft – also das elektrische Feld $\boldsymbol{E}$ – auf eine Probeladung q, wenn ein Zusammenhang (Materialgesetz)

$$\boldsymbol{D} = \varepsilon \boldsymbol{E} \qquad (50)$$

gegeben ist, der schon im Vakuum existiert, wobei die elektrische Feldkonstante (Permittivität des

Vakuums) auftritt. Die Richtungen von D und E stimmen im Vakuum und auch bei den meisten Materialien überein. Materialien mit dieser Eigenschaft nennt man isotrop. Sind die Richtungen von D und E unterschiedlich, so bezeichnet man das Material als anisotrop; dann ist ε kein Skalar mehr, sondern eine Matrix (oft unnötigerweise Tensor genannt).

Im Fall der Punktladung erhält man wegen (39) den Betrag von D

$$D = \frac{Q}{4\pi r^2},\qquad (51)$$

also einen Ausdruck, der die Permittivität ε nicht enthält.

Die elektrische Feldkonstante (Permittivität des Vakuums) ist

$$\varepsilon_0 = 8{,}854\ldots \cdot 10^{-12}\,\frac{\text{As}}{\text{Vm}}$$
$$= 8{,}854\ldots\,\text{pF/m}.\qquad (52)$$

Für den von einem Material ausgefüllten Raum gibt man nicht ε selbst an, sondern die Permittivitätszahl (Dielektrizitätszahl), siehe Tab. 1:

$$\varepsilon_\text{r} = \varepsilon/\varepsilon_0.\qquad (53)$$

Tab. 1 Permittivitätszahl ε_r

Bariumtitanat	1000…9000
Bernstein	≈2,8
Epoxidharz	3,7
Glas	≈10
Glimmer	≈8
Kautschuk	≈2,4
Luft, Gase	≈1
Mineralöl	2,2
Polyethylen	2,2…2,7
Polystyrol (PS)	2,5…2,8
Polyvinylchlorid (PVC)	3,1
Porzellan	5,5
Starkstromkabelisolation (Papier, Öl)	3…4,5
Transformatoröl	2,5
Wasser	81

Man bezeichnet die von einer elektrischen Ladung Q insgesamt ausgehende Wirkung – interpretiert im Sinne der Nahwirkung – als *elektrischen Fluss* Ψ_ges und setzt

$$\Psi_\text{ges} = Q.\qquad (54)$$

Für die Punktladung gilt nach (51)

$$4\pi r^2 D = AD = Q,\qquad (55)$$

wobei A die Oberfläche einer bezüglich der Lage von Q konzentrischen Kugel ist und D die Flussdichte auf dieser Kugel. Handelt es sich statt um die Kugeloberfläche A um eine beliebige Hüllfläche S um die Ladung, so hat man statt (55) den Gauß'schen Satz der Elektrostatik:

$$\oint_S \boldsymbol{D} \cdot \text{d}\boldsymbol{A} = Q.\qquad (56)$$

In (56) bedeutet Q die von der Hüllfläche S insgesamt umschlossene Ladung; sind es mehrere Ladungen, so hat man diese unter Beachtung des Vorzeichens zu addieren. Ist die Ladung räumlich verteilt, so ist Q durch Integration über die Raumladungsdichte $\varrho(=\lim(\Delta Q/\Delta V)$ für $\Delta V \to 0)$ zu bestimmen. Das Flächenelement $\text{d}\boldsymbol{A}$ wird vereinbarungsgemäß nach außen positiv gezählt.

Der elektrische Fluss Ψ durch eine beliebige Fläche A ist

$$\Psi = \int_A \boldsymbol{D} \cdot \text{d}\boldsymbol{A}.\qquad (57)$$

Mit (56) kann die Feldstärke z. B. in der Umgebung einer Linienladung $q_\text{L}(=\lim(\Delta Q/\Delta l)$ für $\Delta l \to 0)$ berechnet werden. Im Fall eines koaxialen Zylinders (Abb. 4) ergeben die Deckflächen A_1 und A_2 keinen Beitrag zum Integral, da hier die Vektoren D und $\text{d}\boldsymbol{A}$ aufeinander senkrecht stehen. Der Beitrag des Mantels M wird, da D auf dem Mantel die gleiche Richtung hat wie $\text{d}\boldsymbol{A}$ (in demselben Punkt) und außerdem dem Betrage nach konstant ist:

Abb. 4 Herleitung der
Potenzialfunktion einer
Linienladung sehr großer
Länge

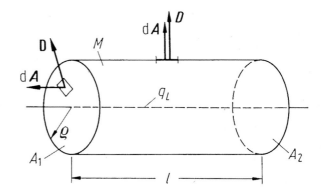

$$\oint_M \boldsymbol{D} \cdot \mathrm{d}\boldsymbol{A} = \int D\mathrm{d}A = D \int \mathrm{d}A = D \cdot 2\pi\varrho l. \quad (58)$$

Es wird die Ladung $q_\mathrm{L}\, l$ umschlossen. Damit
hat man $D \cdot 2\,\pi\,\varrho\,l = q_\mathrm{L}\,l$ oder

$$D = \frac{q_\mathrm{L}}{2\pi\varrho}. \quad (59)$$

3.2.4 Die Potenzialfunktion spezieller Ladungsverteilungen

Ist für eine Ladungsverteilung die elektrische
Feldstärke bekannt, so kann die Potenzialfunktion
mit (47) bestimmt werden. Für die Punktladung
folgt wegen (87), wenn entlang einer Feldlinie
integriert wird (hier ist $\mathrm{d}\,\boldsymbol{s} = \mathrm{d}\,\boldsymbol{r}$)

$$\varphi(P) = -\int \boldsymbol{E} \cdot \mathrm{d}\boldsymbol{s} = -\int E\mathrm{d}r$$
$$= -\frac{Q}{4\pi\varepsilon} \int \frac{\mathrm{d}r}{r^2}, \quad (60)$$

also

$$\varphi(P) \equiv \varphi(r) = \frac{Q}{4\pi\varepsilon r} + \varphi_0. \quad (61)$$

Für die Linienladung ergibt sich entsprechend
aus (59):

$$\varphi(P) = -\int \boldsymbol{E} \cdot \mathrm{d}\boldsymbol{\varrho} = -\frac{q_\mathrm{L}}{2\pi\varepsilon} \int \frac{\mathrm{d}\varrho}{\varrho},$$

also

$$\varphi(P) \equiv \varphi(\varrho) = \frac{q_\mathrm{L}}{2\pi\varepsilon} \ln\frac{1}{\varrho} + \varphi_0$$
$$= \frac{q_\mathrm{L}}{2\pi\varepsilon} \ln\frac{\varrho_0}{\varrho}. \quad (62)$$

3.2.5 Influenz

Bringt man einen ungeladenen Leiter (der also
gleich viele positive wie negative Ladungen trägt)
in ein elektrisches Feld, so werden die beweglichen
Ladungsträger (Leitungselektronen) verschoben.
In Abb. 5 ist das für eine spezielle
Anordnung schematisch dargestellt: Unter der
Einwirkung des Feldes eines Plattenkondensators
bildet sich auf der einen Seite des hier rechteckigen
Leiters ein Elektronenüberschuss $(-Q')$ aus,
während es auf der anderen Seite zu einem Elektronenmangel
$(+Q')$ kommt. Das Feld dieser
Ladungen $(+Q', -Q')$ und das äußere Feld heben
sich im Innern des Leiters gerade auf, d. h., das
Leiterinnere ist feldfrei. Diese Erscheinung der
Ladungstrennung unter der Einwirkung eines äußeren
Feldes bezeichnet man als *Influenz*; die
getrennten Ladungen auf dem insgesamt ungeladenen
Leiter heißen Influenzladungen (oder influenzierte
Ladungen).

3.2.6 Die Kapazität

In Abb. 6 sind zwei isolierte Leiter im Querschnitt
dargestellt, die die Ladungen $+Q$ und $-Q$ tragen.

Eine solche Anordnung heißt *Kondensator*; die beiden Leiter nennt man die *Elektroden* des Kondensators. Nach dem Coulomb'schen Gesetz wirken Kräfte zwischen den Ladungsträgern. Im statischen Fall stellt sich eine solche Ladungsverteilung ein, dass beide Leiter ein konstantes Potenzial erhalten. Damit ist die Leiteroberfläche eine Äquipotenzialfläche; auf ihr stehen die Feldlinien senkrecht. Das Leiterinnere ist feldfrei.

Die Spannung zwischen den beiden Elektroden eines Kondensators ist ihrer Ladung proportional:

$$Q = CU. \tag{63}$$

Der Proportionalitätsfaktor C heißt *Kapazität* (des Kondensators).

Werden n Kondensatoren *parallel geschaltet*, so gilt:

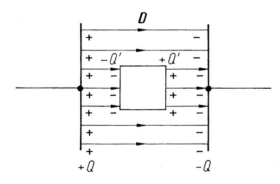

Abb. 5 Influenz (schematisch). (Q' Influenzladung)

$$
\begin{aligned}
Q &= Q_1 + Q_2 + \ldots + Q_n \\
&= C_1 U + C_2 U + \ldots + C_n U \\
&= (C_1 + C_2 + \ldots + C_n) U \\
&\stackrel{!}{=} C_{\text{ges}} U.
\end{aligned}
$$

Ein einzelner Kondensator, der bei der gleichen Spannung U die gleiche Ladung Q speichert, hat also die Kapazität

$$C_{\text{ges}} = C_1 + C_2 + \ldots + C_n = \sum_{k=1}^{n} C_k. \tag{64}$$

Sind n ungeladene Kondensatoren *in Reihe geschaltet*, so nimmt jeder beim Anlegen der Spannung U die gleiche Ladung Q auf. Es gilt

$$
\begin{aligned}
&= U_1 + U_2 + \ldots + U_n \\
&= \frac{Q}{C_1} + \frac{Q}{C_2} + \ldots + \frac{Q}{C_n} \\
&= \left(\frac{1}{C_1} + \frac{1}{C_2} + \ldots + \frac{1}{C_n} \right) Q \\
&\stackrel{!}{=} \frac{Q}{C_{\text{ges}}}.
\end{aligned}
$$

Für die Kapazität eines einzelnen Kondensators, der die Reihenschaltung ersetzen kann, folgt

$$\frac{1}{C_{\text{ges}}} = \frac{1}{C_1} + \frac{1}{C_2} + \ldots + \frac{1}{C_n} = \sum_{k=1}^{n} \frac{1}{C_k}. \tag{65}$$

Abb. 6 Kondensator, Feldlinien gestrichelt

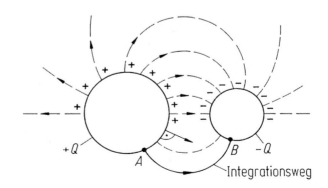

3.2.7 Die Kapazität spezieller Anordnungen

Nach (63) ist

$$C = \frac{Q}{U}.\qquad(66)$$

Die Kapazität lässt sich demnach bestimmen, indem man die Ladung vorgibt, dann die Spannung berechnet und den Quotienten (66) bildet. Diese Vorgehensweise soll am Beispiel des *Zylinderkondensators* der Länge $l \gg \varrho_{1,2}$ erläutert werden (Abb. 7). Die Ladung des Kondensators sei $Q = q_L\, l$. Zunächst ermittelt man die elektrische Flussdichte D mit (56). Das ist oben gezeigt worden mit dem Ergebnis (59). Damit ist wegen (50)

$$E = \frac{q_L}{2\pi\varepsilon\varrho}.\qquad(67)$$

Mit (44) ergibt sich, wenn entlang einer Feldlinie integriert wird:

$$U = \int_A^B \boldsymbol{E} \cdot \mathrm{d}\boldsymbol{s} = \int_{\varrho_1}^{\varrho_2} E(\varrho)\mathrm{d}s$$

$$= \frac{q_L}{2\pi\varepsilon} \int_{\varrho_1}^{\varrho_2} \frac{\mathrm{d}\varrho}{\varrho} = \frac{q_L}{2\pi\varepsilon} \ln \frac{\varrho_2}{\varrho_1}.$$

Also wird C mit (66) und $Q = q_L\, l$:

$$C = \frac{2\pi\varepsilon l}{\ln \frac{\varrho_2}{\varrho_1}}.\qquad(68)$$

Im vorliegenden Fall hätte man die Spannung schneller ermitteln können, da die Potenzialfunktion der zylindersymmetrischen Anordnung bereits bekannt ist: (62). Damit wird die Spannung als Differenz des Potenzials der positiv geladenen Elektrode (φ_+) und des Potenzials der negativ geladenen Elektrode (φ_-):

$$U = \varphi_+ - \varphi_- = \varphi(\varrho_1) - \varphi(\varrho_2) = \frac{q_L}{2\pi\varepsilon} \ln \frac{\varrho_2}{\varrho_1}.$$

Auf die gleiche Weise kann man die Kapazität des *Plattenkondensators* (Abb. 8)

$$C = \frac{\varepsilon A}{d}\qquad(69)$$

und die des *Kugelkondensators* (Abb. 9) bestimmen:

$$C = \frac{4\pi\varepsilon r_1 r_2}{r_2 - r_1}.\qquad(70)$$

Hieraus folgt mit $r_2 \to \infty$ die Kapazität einer Kugel mit dem Radius r_1 gegenüber der (sehr weit entfernten) Umgebung:

$$C = 4\pi\varepsilon r_1.\qquad(71)$$

3.2.8 Energie und Kräfte

Die in einem Kondensator gespeicherte Energie ergibt sich nach (Abschn. 3.2.6) wobei $i\,\mathrm{d}t$ durch $\mathrm{d}Q$ ersetzt werden kann:

Abb. 7 Zylinderkondensator

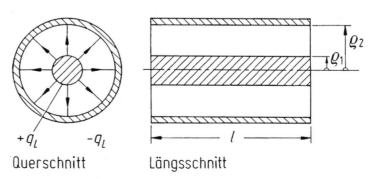

Querschnitt   Längsschnitt

$$W_e = \int ui\,dt = \int u\,dQ. \qquad (72)$$

Wegen (63) ist (für konstantes C) $dQ = d(Cu)$ $= C\,du$ und damit

$$W_e = C \int_0^U u\,du = \frac{1}{2} CU^2 = \frac{1}{2} QU$$

$$= \frac{1}{2} \cdot \frac{Q^2}{C}, \qquad (73)$$

wobei die beiden letzten Ausdrücke auf (63) beruhen.

Für einen Plattenkondensator ist $u = Ed$ und $Q = DA$. Damit folgt aus (72)

$$W_e = \int Ed A\,dD = V \int E\,dD.$$

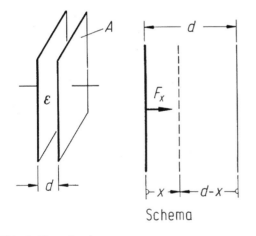

Abb. 8 Plattenkondensator

Abb. 9 Kugelkondensator, gleiche Feld- und Potenzialverteilung wie bei der Punktladung (Querschnitt)

Hier ist $Ad = V$ das Volumen zwischen den Platten, also des von dem elektrischen Feld erfüllten Raumes. Für die Energiedichte $w_e = W/V$ gilt also

$$w_e = \int_0^{D_e} E\,dD; D_e = \text{Endwert} \qquad (74)$$

Mit (50) erhält man für konstantes ε wie bei (73) drei Ausdrücke

$$w_e = \frac{1}{2} \varepsilon E^2 = \frac{1}{2} DE = \frac{1}{2} \cdot \frac{D^2}{\varepsilon}. \qquad (75)$$

Mit dem aus der Mechanik bekannten Prinzip der virtuellen Verschiebung gewinnt man einen Zusammenhang zwischen der Änderung der elektrischen Energie und der Kraft. Die linke Platte des Kondensators in Abb. 8 verschiebe sich aufgrund der Anziehungskraft F_x um ein Wegelement dx. Dabei wird die mechanische Energie F_x dx gewonnen. Wenn die Bewegung reibungsfrei und langsam erfolgt und außerdem die Ladung konstant bleibt, tritt nur eine weitere Energieform auf, nämlich die im Kondensator gespeicherte elektrische Energie W_e. Die Summe der Energieänderungen ist Null, also $F_x\,dx + dW_e = 0$ oder

$$F_x = -\frac{dW_e}{dx} \quad (Q = \text{const}). \qquad (76)$$

Ist bei der betrachteten Verschiebung der linken Platte die Spannung U konstant (der Kondensator bleibt mit der Spannungsquelle verbunden), so nimmt der Kondensator eine zusätzliche Ladung dQ auf und gleichzeitig ändert sich die in der Spannungsquelle gespeicherte Energie W_Q. Die

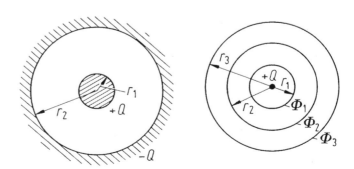

Summe der Änderungen der drei jetzt auftretenden Energieformen ist Null, also $F_x \mathrm{d}x + \mathrm{d}W_e + \mathrm{d}W_Q = 0$. Hier ist nun nach (73) $\mathrm{d}W_e = 1/2\, U\, \mathrm{d}Q$ und nach (72) $\mathrm{d}W_Q = -U\, i\, \mathrm{d}t = -U\, \mathrm{d}Q$. Das Minuszeichen rührt daher, dass die Quelle Energie abgibt. Damit folgt

$$F_x\ \mathrm{d}x + \frac{1}{2} U \mathrm{d}Q - U \mathrm{d}Q = 0 \quad \text{oder}$$

$$F_x\ \mathrm{d}x = \frac{1}{2} U \mathrm{d}Q.$$

Ersetzt man $\frac{1}{2} U\, \mathrm{d}Q$ wieder durch $\mathrm{d}W_e$, so erhält man schließlich

$$F_x = \frac{\mathrm{d}W_e}{\mathrm{d}x} \quad (U = \text{const}). \qquad (77)$$

Bei der Herleitung von (76) und (77) wurde keine bestimmte Elektrodenform des Kondensators vorausgesetzt; die Gleichungen gelten also für beliebig geformte Leiter.

Mit (76) und (77) soll die Kraft zwischen den Platten eines Plattenkondensators berechnet werden. Dazu muss die gespeicherte Energie als Funktion von x dargestellt werden. Nach (73) ist z. B.

$$W_e(x) = \frac{1}{2} \cdot \frac{Q^2}{C(x)} \quad (Q = \text{const})$$

oder

$$W_e(x) = \frac{1}{2} U^2 C(x) \quad (U = \text{const})$$

mit

$$C(x) = \frac{\varepsilon A}{d - x}.$$

Dabei wird x wie in Abb. 8 gezählt. Also erhält man mit (76)

$$F_x = -\frac{\mathrm{d}}{\mathrm{d}x}\left(\frac{1}{2} \cdot \frac{Q^2}{C(x)}\right) = \frac{Q^2}{2\varepsilon A} \qquad (78)$$

und mit (77)

$$F_x = \frac{\mathrm{d}}{\mathrm{d}x}\left(\frac{1}{2} U^2 C(x)\right) = \frac{U^2}{2} \cdot \frac{\varepsilon A}{(d - x)^2}. \qquad (79)$$

Das letzte Ergebnis zeigt, dass bei konstanter Spannung die Kraft vom Plattenabstand abhängt. Ist dieser gleich d, so ist $x = 0$, also

$$F_x = \frac{U^2 \varepsilon A}{2d^2}. \qquad (80)$$

Geht man in (78) und (80) zu Feldgrößen über, $(Q/A = D,\ U/d = E)$, so ergibt sich:

$$F_x = \frac{\varepsilon E^2}{2} A = \frac{DE}{2} A = \frac{D^2}{2\varepsilon} A. \qquad (81)$$

Für die Kraft pro Fläche F_x/A oder Kraftdichte (Kraftbelag) erhält man demnach die Ausdrücke (75).

3.2.9 Bedingungen an Grenzflächen

Um eine Aussage über das Verhalten der Normalkomponente zu gewinnen, wendet man (56) auf einen flachen Zylinder an, der gemäß Abb. 10 im Grenzgebiet zwischen zwei Materialien mit unterschiedlichen Permittivitäten liegt. Die Höhe des Zylinders wird als so gering angenommen, dass nur die Beiträge der beiden Deckflächen berücksichtigt werden müssen. Dann liefert die linke Seite von (56):

$$\boldsymbol{D}_2 \cdot \Delta \boldsymbol{A}_2 + \boldsymbol{D}_1 \cdot \Delta \boldsymbol{A}_1 = (\boldsymbol{n} \cdot \boldsymbol{D}_2 - \boldsymbol{n} \cdot \boldsymbol{D}_1)\Delta A$$
$$= (D_{2n} - D_{1n})\Delta A.$$

Auf der rechten Seite steht die von dem Zylinder umschlossene Ladung

$$\Delta Q = \sigma \Delta A\ ,$$

wobei σ die Flächenladungsdichte (Ladung pro Fläche, Ladungsbelag) in der Grenzschicht ist. Es ergibt sich

$$D_{2n} - D_{1n} = \sigma. \qquad (82)$$

Abb. 10 Zur Herleitung
der Stetigkeit der
Normalkomponenten von **D**

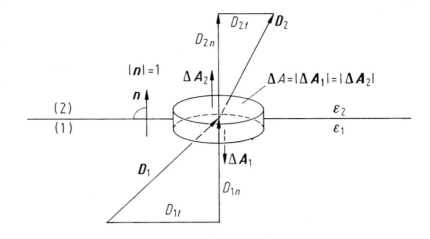

Abb. 11 Zur Herleitung
der Stetigkeit der
Tangentialkomponenten
von **E**

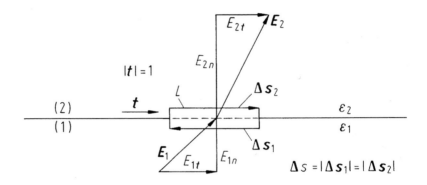

Das Verhalten der Tangentialkomponenten folgt aus (43). Dabei wird nach Abb. 11 für den Umlauf ein Rechteck geringer Höhe gewählt, sodass nur die Beiträge der Wegelemente parallel zur Grenzschicht zu berücksichtigen sind:

$$\boldsymbol{E}_2 \cdot \Delta \boldsymbol{s}_2 + \boldsymbol{E}_1 \cdot \Delta \boldsymbol{s}_1 = (\boldsymbol{t} \cdot \boldsymbol{E}_2 - \boldsymbol{t} \cdot \boldsymbol{E}_1)\Delta s$$
$$= (E_{2t} - E_{1t})\Delta s = 0$$

oder

$$E_{2t} = E_{1t}. \tag{83}$$

Mit (82) und (83) wird das Brechungsgesetz für elektrische Feldlinien hergeleitet, und zwar unter der Voraussetzung, dass sich in der Grenzschicht keine Ladungen befinden. Nach Abb. 12 ist mit (50)

$$\tan \alpha_1 = \frac{E_{1t}}{E_{1n}} = \frac{\varepsilon_1 E_{1t}}{D_{1n}}, \quad \tan \alpha_2 = \frac{E_{2t}}{E_{2n}} = \frac{\varepsilon_2 E_{2t}}{D_{2n}}.$$

Durch Division folgt

$$\frac{\tan \alpha_1}{\tan \alpha_2} = \frac{\varepsilon_1}{\varepsilon_2}. \tag{84}$$

3.3 Stationäre elektrische Strömungsfelder

3.3.1 Die Grundgesetze

Zur Beschreibung des räumlich verteilten elektrischen Stromes dient – analog der elektrischen Flussdichte – die *elektrische Stromdichte J*. Diese ist durch

$$J = \frac{\Delta I}{\Delta A}$$

definiert, wobei der Strom ΔI senkrecht durch das Flächenelement ΔA hindurchtritt. Im allgemeinen Fall ist nach Abb. 13

$$\Delta I = \boldsymbol{J} \cdot \Delta \boldsymbol{A} \quad \text{bzw.} \quad \mathrm{d}I = \boldsymbol{J} \cdot \mathrm{d}\boldsymbol{A}. \qquad (85)$$

Damit wird der Strom durch einen Querschnitt A:

$$I = \int_A \boldsymbol{J} \cdot \mathrm{d}\boldsymbol{A}. \qquad (86)$$

Für die Kirchhoff'sche Knotenregel ergibt sich

$$\sum_k \int_{A_k} \boldsymbol{J}_k \cdot \mathrm{d}\boldsymbol{A}_k = 0. \qquad (87)$$

Einfacher lässt sich dieser Zusammenhang formulieren, wenn man die durchströmten Querschnittsflächen A_k zu einer geschlossenen Fläche S ergänzt und also in (87) das Integral über die nicht durchströmten Querschnitte (das Null ist) hinzunimmt (Abb. 13):

$$\oint_S \boldsymbol{J} \cdot \mathrm{d}\boldsymbol{A} = 0. \qquad (88)$$

Das Feld der elektrischen Stromdichte ist quellenfrei.

Für den Zusammenhang zwischen Spannung und elektrischer Feldstärke gilt (44). Damit lautet

Abb. 12 Zum Brechungsgesetz für elektrische Feldlinien

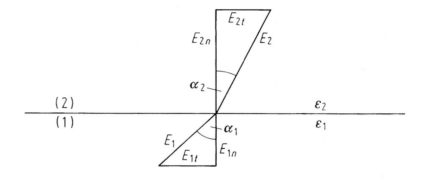

Abb. 13 Zur Kirchhoff'schen Knotenregel in räumlich ausgedehnten Strömungen

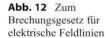

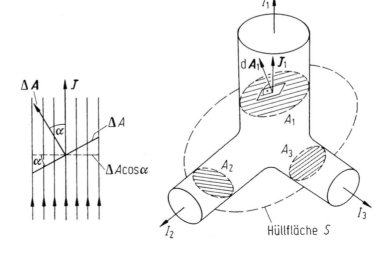

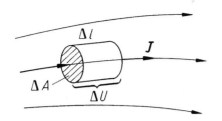

Abb. 14 Zur Herleitung von (90) und (92)

der zweite Kirchhoff'sche Satz in allgemeiner Formulierung

$$\oint_C \boldsymbol{E} \cdot \mathrm{d}\boldsymbol{s} = 0. \tag{89}$$

Das Feld der elektrischen Feldstärke ist wie in der Elektrostatik als wirbelfrei angenommen. Zwischen den Feldgrößen $\boldsymbol{E}$ und $\boldsymbol{J}$ besteht eine dem Ohm'schen Gesetz entsprechende Beziehung. Der in Abb. 14 skizzierte Zylinder hat den Leitwert $G = \varkappa \, \Delta A / \Delta l$. Andererseits ist $G = \Delta I / \Delta U$ mit $\Delta I = J \Delta A$ und $\Delta U = E \Delta l$. Durch Gleichsetzung beider Ausdrücke für G folgt

$$J = \varkappa \, E \tag{90}$$

oder allgemeiner (für isotrope Materialien)

$$\boldsymbol{J} = \varkappa \, \boldsymbol{E}. \tag{91}$$

Die Grundgleichungen des Strömungsfeldes sind in Tab. 2 den analogen Beziehungen für das elektrostatische und das magnetische Feld gegenübergestellt.

Die in dem Volumenelement in Abb. 14 umgesetzte elektrische Leistung ergibt sich mit $P = I^2 R$ bzw. $\Delta P = (\Delta I)^2 \, \Delta R$ mit der Resistivität $\varrho = 1/\varkappa$ zu

$$\Delta P = (\Delta I)^2 \frac{\varrho \Delta l}{\Delta A} = \left(\frac{\Delta I}{\Delta A}\right)^2 \varrho \Delta l \Delta A = \varrho J^2 \Delta V.$$

Bezieht man die Leistung P auf das Volumenelement $\Delta V = \Delta l \Delta A$, so folgen für die *Leistungsdichte* $p = \Delta P / \Delta V$ mit (90) die Ausdrücke

$$p = \varrho J^2 = EJ = \varkappa E^2. \tag{92}$$

3.3.2 Methoden zur Berechnung von Widerständen

In Analogie zu (66) gilt $G = I/U$. Man kann also den Strom in einem betrachteten Widerstand vorgeben, die zugehörige Spannung ausrechnen und den Quotienten bilden. In manchen Fällen kann ein Widerstand auch als Reihenschaltung aus Elementarwiderständen der speziellen Form $\Delta R = \varrho \, \Delta l / A$ aufgefasst werden:

$$R = \sum \Delta R = \sum \varrho \frac{\Delta l}{A} \quad \text{oder}$$
$$R = \int \mathrm{d}R = \int \frac{\varrho}{A} \mathrm{d}l \tag{93}$$

bzw. als Parallelschaltung aus Leitwerten der speziellen Form $\Delta G = \varkappa \Delta A / l$:

$$G = \sum \Delta G = \sum \varkappa \frac{\Delta A}{l} \quad \text{oder}$$
$$G = \int \mathrm{d}G = \int \frac{\varkappa}{l} \mathrm{d}A. \tag{94}$$

Ist die Kapazität einer Anordnung bekannt, so kennt man auch den Leitwert bzw. Widerstand der entsprechenden Anordnung. Es gilt nämlich

$$RC = \varrho \varepsilon \quad \text{oder} \quad \frac{G}{C} = \frac{\varkappa}{\varepsilon}. \tag{95}$$

3.3.3 Bedingungen an Grenzflächen

Das Verhalten der Feldkomponenten an der Grenzfläche zwischen zwei Materialien lässt sich analog zur Elektrostatik mit den Leitfähigkeiten $\varkappa_1$ bzw. $\varkappa_2$ ausdrücken.

Aus (88), angewendet auf den in Abb. 10 skizzierten flachen Zylinder, folgt

$$J_{2n} = J_{1n} \ . \tag{96}$$

Wegen (89) gilt (wie in der Elektrostatik)

Tab. 2 Die Grundgesetze stationärer Felder

	Elektrostatisches Feld	Stationäres elektrisches Strömungsfeld	Stationäres Magnetfeld
Grundgesetze formuliert mit			
Feldgrößen	$\oint_S \boldsymbol{D} \cdot \mathrm{d}\boldsymbol{A} = Q$	$\oint_S \boldsymbol{J} \cdot \mathrm{d}\boldsymbol{A} = 0$	$\oint_S \boldsymbol{B} \cdot \mathrm{d}\boldsymbol{A} = 0$
	$\oint_C \boldsymbol{E} \cdot \mathrm{d}\boldsymbol{s} = 0$	$\oint_C \boldsymbol{E} \cdot \mathrm{d}\boldsymbol{s} = 0$	$\oint_C \boldsymbol{H} \cdot \mathrm{d}\boldsymbol{s} = \Theta$
	$\boldsymbol{D} = \varepsilon\,\boldsymbol{E}$	$\boldsymbol{J} = \varkappa\,\boldsymbol{E}$	$\boldsymbol{B} = \mu\,\boldsymbol{H}$
integralen Größen	$\sum \Psi_\mathrm{e} = Q$	$\sum I = 0$	$\sum \Phi = 0$
	$\sum U = 0$	$\sum U = 0$	$\sum V = \Theta$
	$\left.\begin{array}{c}\\ \Psi_\mathrm{e}\end{array}\right\} = CU$	$I = G\,U$	$\phi = \Lambda V$ $\Psi = N\phi = LI$
Zusammenhang zwischen integralen Größen und Feldgrößen	$\Psi_\mathrm{e} = \int_A \boldsymbol{D} \cdot \mathrm{d}\boldsymbol{A}$	$I = \int_A \boldsymbol{J} \cdot \mathrm{d}\boldsymbol{A}$	$\Phi = \int_A \boldsymbol{B} \cdot \mathrm{d}\boldsymbol{A}$
	$U = \int_s \boldsymbol{E} \cdot \mathrm{d}\boldsymbol{s}$	$U = \int_s \boldsymbol{E} \cdot \mathrm{d}\boldsymbol{s}$	$V = \int_s \boldsymbol{H} \cdot \mathrm{d}\boldsymbol{s}$

$$E_{2t} = E_{1t}. \tag{97}$$

Das Brechungsgesetz lautet

$$\frac{\tan \alpha_1}{\tan \alpha_2} = \frac{\varkappa_1}{\varkappa_2}, \tag{98}$$

wobei die Winkel wie in Abb. 12 definiert sind.

Hat ein Dielektrikum, gekennzeichnet durch seine Permittivität ε, auch eine gewisse Leitfähigkeit $\varkappa$, so wird die Feldverteilung (auch an Grenzflächen) im stationären Fall (Gleichstrom) durch die Leitfähigkeiten bestimmt. So verhält sich nach (96) die Normalkomponente von $\boldsymbol{J}$ stetig, nicht dagegen die Normalkomponente von $\boldsymbol{D}$. Es bildet sich vielmehr in der Grenzschicht eine Oberflächenladung gemäß (82) aus.

3.4　Stationäre Magnetfelder

3.4.1　Die magnetische Flussdichte

Bei zeitunabhängigen elektromagnetischen Feldern ergeben sich aus den vollständigen Feldgleichungen für das elektromagnetische Feld separate Gleichungen für den elektrischen und den magnetischen Anteil, die nicht gekoppelt sind. Der magnetische Anteil wird stationäres Magnetfeld genannt, der auch das magnetische Feld von Permanentmagneten beschreibt. Daher kann man in Analogie zur Elektrostatik nach Coulomb auch bei der Einführung des stationären Magnetfeldes von magnetischen Polen ausgehen.

Im Gegensatz zu elektrischen Ladungen treten magnetische Pole immer paarweise auf: Teilt man z. B. einen stabförmigen Dauermagneten zwischen seinen Polen, so entstehen zwei neue Stabmagnete (jeder mit einem Nord- und einem Südpol). Dabei wird das Ende, das bei freier Lagerung nach Norden (geografisch) weist, als (magnetischer) Nordpol bezeichnet, das andere als (magnetischer) Südpol.

Von Magnetpolen hervorgerufene Felder können weitgehend auf gleiche Art behandelt werden wie die von elektrischen Ladungen verursachten Felder. Wichtiger für die technischen Anwendungen sind Magnetfelder, die von bewegten Ladungen (elektrischen Strömen) erzeugt werden. Solche Felder werden in den folgenden Abschnitten betrachtet.

Zwei stromdurchflossene Leiter, die nach Abb. 15 angeordnet sind, ziehen sich mit der Kraft

$$F = \frac{\mu i I l}{2\pi\varrho} \quad (l \gg \varrho) \tag{99}$$

an, wenn beide Ströme die gleiche Richtung haben, andernfalls stoßen sie sich ab. Die Größe μ in (99) ist eine Materialkonstante und heißt *Permeabilität* (Induktionskonstante). Die Formel (99) für die Kraft lässt sich in der Form schreiben:

$$F = il\frac{\mu I}{2\pi\varrho} \qquad (100)$$

Man nennt B die *magnetische Flussdichte (magnetische Induktion)*. Nach (100) ist die magnetische Flussdichte des stromdurchflossenen (geraden, sehr langen) Leiters

$$B = \frac{\mu I}{2\pi\varrho}. \qquad (101)$$

Allgemein gilt für die Kraft auf den stromdurchflossenen Leiter der Länge l im Magnetfeld der Flussdichte B, wenn das Magnetfeld senkrecht auf dem Leiter steht:

$$F = ilB. \qquad (102)$$

Ist der Winkel zwischen dem Leiter und dem Magnetfeld α, so wird

$$F = ilB\sin\alpha. \qquad (103)$$

Die Kraft steht senkrecht auf dem Leiter und auf B. Am einfachsten lässt sich dieser Sachverhalt formulieren, wenn man l einen Vektor zuordnet, dessen Richtung in die des Stromflusses zeigt. Dann gilt (s. Abb. 16a)

$$\boldsymbol{F} = i(\boldsymbol{l} \cdot \boldsymbol{B}). \qquad (104)$$

Die magnetische Flussdichte $\boldsymbol{B}$ hängt also wie das elektrische Feld $\boldsymbol{E}$ mit der Kraft $\boldsymbol{F}$ zusammen, jedoch handelt es sich um einen vektoriellen Zusammenhang. Wie beim Coulomb'schen Ge-

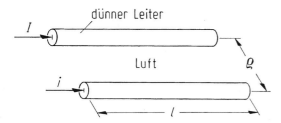

Abb. 15 Zur Kraft zwischen zwei stromdurchflossenen Leitern

setz liegt eine Betrachtung im Sinne einer Fernwechselwirkung vor.

Befindet sich ein beliebig geformter dünner Draht, durch den der Strom i fließt, in einem inhomogenen Magnetfeld, so kann (104) nur auf ein Leiterelement Δs angewendet werden:

$$\Delta\boldsymbol{F} = i(\Delta\boldsymbol{s} \cdot \boldsymbol{B}). \qquad (105)$$

Die Gesamtkraft folgt durch Integration:

$$\boldsymbol{F} = i\int d\boldsymbol{s} \cdot \boldsymbol{B}. \qquad (106)$$

Bei räumlich verteilter elektrischer Strömung ist ein Volumenelement ΔV zu betrachten: Abb. 16b. Hier ist

$$\Delta\boldsymbol{F} = \Delta V(\boldsymbol{J} \cdot \boldsymbol{B}). \qquad (107)$$

Bewegt sich eine Ladung Q mit der Geschwindigkeit $\boldsymbol{v}$ durch das Magnetfeld, so wirkt auf sie die Kraft

$$\boldsymbol{F} = Q(\boldsymbol{v} \cdot \boldsymbol{B}). \qquad (108)$$

3.4.2 Die magnetische Feldstärke

Um die Wechselwirkung von zwei Stromleitern im Sinne einer Nahwirkung interpretieren zu können, muss neben der magnetischen Flussdichte $\boldsymbol{B}$ eine zweite Feldgröße $\boldsymbol{H}$ zur Beschreibung des magnetischen Feldes herangezogen werden, die eine *magnetische Erregung* jedem Raumpunkt $\boldsymbol{r}$ in der Umgebung des einen Leiters darstellt. Diese Feldgröße wird nicht von dem Strom dieses Leiters erzeugt, sondern ihr Betrag wird durch den Strom festgelegt und man bezeichnet sie als *magnetische Feldstärke*, die (für isotrope Materialien) durch

$$\boldsymbol{H} = \frac{\boldsymbol{B}}{\mu} \qquad (109)$$

definiert ist. Für den stromdurchflossenen Leiter (gerade, sehr lang) erhält man mit (101)

Abb. 16 Stromdurchflos-
sener Leiter im Magnetfeld

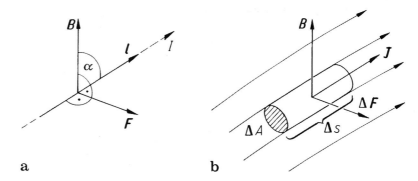

a   **b**

$$H = \frac{I}{2\pi\varrho}. \qquad (110)$$

Die *magnetische Feldkonstante* (Permeabilität des Vakuums) ist

$$\mu_0 = 4\pi \cdot 10^{-7}\,\frac{\mathrm{Vs}}{\mathrm{Am}} \approx 1{,}2566\ldots\,\mu\mathrm{H/m}.$$

(Dieser spezielle Wert hat sich durch entsprechende Festlegung der Basiseinheit Ampere ergeben.)

In Analogie zu (53) beschreibt man die magnetischen Eigenschaften der Stoffe durch die *Permeabilitätszahl* (relative Permeabilität)

$$\mu_{\mathrm{r}} = \mu/\mu_0. \qquad (111)$$

Die magnetischen Werkstoffe teilt man ein in dia-, para- und ferromagnetische Stoffe.

Bei para- und diamagnetischen Stoffen unterscheidet sich μ_{r} nur wenig von 1. Liegt μ_{r} wenig unter 1, so nennt man den Stoff diamagnetisch (z. B. Kupfer; $\mu_{\mathrm{r}} = 1 - 10 \cdot 10^{-6} = 0{,}999990$). Ist μ_{r} etwas größer als 1, so heißt der Stoff paramagnetisch (z. B. Platin: $\mu_{\mathrm{r}} = 1{,}0003$).

Bei ferromagnetischen Stoffen (Eisen, Kobalt, Nickel u. a.) ist $\mu_{\mathrm{r}} \gg 1$. Der Grund dafür liegt darin, dass sich bei diesen Stoffen Elementarmagnete (bzw. Weiss'sche Bezirke) unter dem Einfluss des äußeren Feldes ausrichten. Der Vorgang ist nicht linear: Abb. 17. Außerdem spielt die Vorgeschichte eine Rolle: wird ein Material erstmals magnetisiert, so bewegt man sich auf Kurve 1 in Abb. 18, der

sog. *Neukurve*, vom Punkt O z. B. bis zum Punkt P_1, in dem die Sättigungsfeldstärke erreicht ist (alle Elementarmagnete sind ausgerichtet). Lässt man jetzt die Feldstärke wieder auf null zurückgehen, so gelangt man auf Kurve 2 zur Remanenzflussdichte B_{r} usw. (H_{c} Koerzitivfeldstärke).

Nach (110) ist

$$2\pi\varrho H = lH = I, \qquad (112)$$

wobei l die Länge der Feldlinie C mit dem Radius ϱ bedeutet und H die Feldstärke auf dieser Feldlinie. Handelt es sich bei C um einen nicht kreisförmigen Weg (oder geht der stromdurchflossene Leiter nicht durch den Kreismittelpunkt), so hat man statt (112):

$$\oint_C \boldsymbol{H} \cdot \mathrm{d}\boldsymbol{s} = I. \qquad (113)$$

Das ist das *Durchflutungsgesetz*. Die Richtung des Stromes und der Umlauf C (bzw. das Wegelement $\mathrm{d}\boldsymbol{s}$) sind einander gemäß der Rechtsschraubenregel zugeordnet. Im Allgemeinen steht auf der rechten Seite von (113) die Summe der von dem Umlauf C umfassten Ströme:

$$\oint_C \boldsymbol{H} \cdot \mathrm{d}\boldsymbol{s} = \sum_k \boldsymbol{I}_k = \Theta. \qquad (114)$$

Man nennt die Summe der Ströme die *Durchflutung* Θ.

Ist die umfasste Strömung räumlich verteilt, so gilt wegen (86)

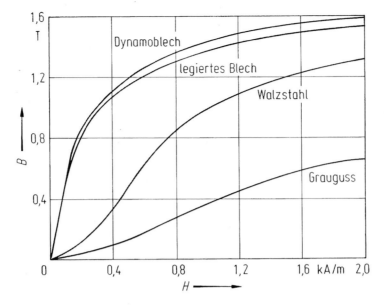

Abb. 17 Magnetisierungskennlinien

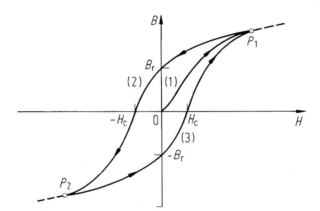

Abb. 18 Magnetisierungskennlinie, Hystereseschleife

$$\oint_C \mathbf{H} \cdot \mathrm{d}\mathbf{s} = \int_A \mathbf{J} \cdot \mathrm{d}\mathbf{A}. \qquad (115)$$

$$\mathrm{d}\mathbf{B} = \frac{\mu I}{4\pi} \cdot \frac{\mathrm{d}\mathbf{s} \cdot \mathbf{r}^0}{r^2}. \qquad (116)$$

Der Zusammenhang zwischen dem Umlaufsinn und der Orientierung der Fläche ist wieder durch die Rechtsschraubenregel festgelegt (Abb. 19).

Den gleichen physikalischen Zusammenhang, nur in anderer Formulierung, beschreibt das Gesetz von Biot-Savart-Laplace:

Erst Laplace erkannte, dass der Betrag des Differenzials d$\mathbf{B}$ der Kraftgröße $\mathbf{B}$ proportional zu $1/r^2$ ist (wie beim Newton'schen Gesetz) und beförderte die Akzeptanz des Gesetzes von Biot-Savart.

Es gibt den Beitrag zur Flussdichte im sog. Aufpunkt P an, den das stromdurchflossene Leiterele-

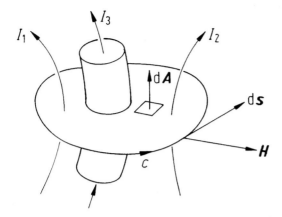

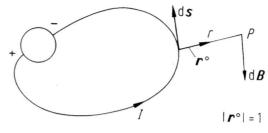

Abb. 20 Gesetz von Biot-Savart-Laplace

Abb. 19 Zum Durchflutungsgesetz in allgemeiner Form

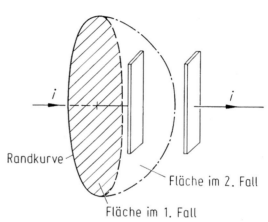

Abb. 21 Anwendung des Durchflutungssatzes auf offene Stromkreise

ment ds (im sog. Quellpunkt) liefert (Abb. 20). Vorausgesetzt wird hier eine im ganzen Raum konstante Permeabilität.

Wendet man (113) auf einen sog. offenen Stromkreis nach Abb. 21 an, so liefert die rechte Seite den Strom i oder den Wert Null, je nach der Form der Fläche A (bei gleicher Randkurve). Dieser Widerspruch lässt sich dadurch auflösen, dass auf der rechten Seite die Leitungsstromdichte J durch den rotationsfreien Anteil der Verschiebungsstromdichte $\partial D_{rotf}/\partial t$ ergänzt wird und die Kontinuitätsgleichung berücksichtigt

Fügt man noch den divergenzfreien Anteil $\partial D_{divf}/\partial t$ hinzu

$$\oint_C \boldsymbol{H} \cdot \mathrm{d}\boldsymbol{s} = \int_A \left(\boldsymbol{J} + \frac{\partial \boldsymbol{D}_{rotf}}{\partial t} \right) \cdot \mathrm{d}\boldsymbol{A}, \qquad (117)$$

dann nennt man das so erweiterte Durchflutungsgesetz die *1. Maxwell'sche Gleichung*.

3.4.3   Der magnetische Fluss

Entsprechend den Zusammenhängen (57) im elektrischen Feld und (86) im Strömungsfeld definiert man den *magnetischen Fluss* als (nicht normierten) Mittelwert

$$\Phi = \int_A \boldsymbol{B} \cdot \mathrm{d}\boldsymbol{A}. \qquad (118)$$

Im Fall des homogenen Feldes vereinfacht sich (118) zu

$$\Phi = \boldsymbol{B} \cdot \boldsymbol{A}, \qquad (119)$$

und wenn B senkrecht auf der Fläche A steht, wird

$$\Phi = BA. \qquad (120)$$

Eine grundlegende Eigenschaft der Flussdichte B ist ihre Quellenfreiheit:

$$\oint_S \boldsymbol{B} \cdot \mathrm{d}\boldsymbol{A} = 0. \qquad (121)$$

3.4.4   Bedingungen an Grenzflächen

Wie in der Elektrostatik werden die Grundgesetze – hier (121) und (113) – auf einen flachen Zylinder bzw. auf ein Rechteck angewendet. Im ersten Fall erhält man

$$B_{2n} = B_{1n}, \qquad (122)$$

im zweiten Fall zunächst

$$(H_{2t} - H_{1t})\Delta s = \Delta I \; ,$$

falls in der Grenzschicht ein Strom ΔI (innerhalb des Rechtecks) fließt. Dividiert man hier durch Δs und führt den längenbezogenen Strom $I' = \Delta I/\Delta s$ ein, so wird

$$H_{2t} - H_{1t} = I' \qquad (123)$$

und für $I' = 0$

$$H_{2t} = H_{1t}. \qquad (124)$$

3.4.5 Magnetische Kreise

Für die bisher behandelten Felder gelten ganz ähnliche Gesetze, wie Tab. 2 zeigt. (Einige der auftretenden Größen werden erst in den folgenden Abschnitten erklärt.)

Wegen der weitgehenden Übereinstimmung der Grundgesetze können magnetische Kreise (solange μ konstant ist oder als konstant vorausgesetzt werden darf) genauso wie lineare Netze behandelt werden. Auch lassen sich ganz analoge Begriffe bilden. Das folgende Beispiel macht das deutlich: Abb. 22. Ein Eisenring mit Luftspalt trägt eine stromdurchflossene Wicklung mit N Windungen. Die Querschnittsabmessungen

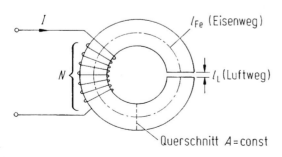

Abb. 22 Magnetischer Kreis

des Ringes seien klein gegen den Radius einer Feldlinie; dann kann das Feld im Eisen näherungsweise als homogen angesehen werden. Außerdem soll die Luftspaltlänge sehr viel kleiner als die Luftspaltbreite sein; damit kann man das Feld auch im Luftspalt als homogen betrachten und von den Feldverzerrungen am Rand des Luftspalts absehen. Unter diesen Voraussetzungen folgt mit (122)

$$B_{\mathrm{Fe}} = B_{\mathrm{L}} = B \qquad (125)$$

und mit (114)

$$H_{\mathrm{Fe}}l_{\mathrm{Fe}} + H_{\mathrm{L}}l_{\mathrm{L}} = \Theta = NI. \qquad (126)$$

Mit (109) und (120) ergibt sich hieraus

$$\Phi\left(\frac{l_{\mathrm{Fe}}}{\mu_{\mathrm{Fe}}A} + \frac{l_{\mathrm{L}}}{\mu_{\mathrm{L}}A}\right) = \Theta. \qquad (127)$$

Falls der Fluss gesucht ist und alle übrigen Größen bekannt sind, ist die Aufgabe hiermit im Prinzip gelöst.

Nach Tab. 2 entspricht der Fluss Φ dem Strom I, die Durchflutung Θ einer Spannung (Quellenspannung). Der Ausdruck in den runden Klammern stellt die Summe zweier Widerstände dar. Man nennt ihn den *magnetischen Widerstand* R_{m}. So ist der magnetische Widerstand des Luftspalts und der des Eisenbügels durch einen Ausdruck der Form

$$R_{\mathrm{m}} = \frac{1}{\mu A} \qquad (128)$$

gegeben. Der Kehrwert heißt *magnetischer Leitwert* Λ:

$$\Lambda = \frac{1}{R_{\mathrm{m}}}. \qquad (129)$$

Bezeichnet man nun noch das Produkt aus Feldstärke und Länge als magnetische Spannung V_{m}, also

$$V_{\mathrm{m}} = Hl, \qquad (130)$$

so lässt sich das *Ohm'sche Gesetz des magnetischen Kreises* formulieren:

$$V_m = R_m \Phi \quad \text{bzw.} \quad \Phi = \Lambda V_m. \quad (131)$$

Damit kann man statt (127) auch schreiben:

$$\Phi(R_{mFe} + R_{mL}) = V_{mFe} + V_{mL} = \Theta.$$

Bei vielen Anwendungen ist μ_{Fe} nicht bekannt und auch nicht annähernd konstant. Die Eigenschaft des Eisens ist vielmehr durch die Magnetisierungskennlinie vorgegeben. Ist jetzt wieder der Fluss oder die Flussdichte gesucht (bei sonst gleicher Anordnung), so geht man wieder von (125) und (126) aus. Mit (109) für den Luftspalt (nur hier ist μ bekannt, nämlich μ_0) folgt aus (126)

$$H_{Fe}l_{Fe} + \frac{B}{\mu_0}l_L = \Theta \quad (132)$$

oder

$$\frac{H_{Fe}}{\Theta/l_{Fe}} + \frac{B}{\mu_0\Theta/l_L} = 1. \quad (133)$$

Diese Gleichung enthält die beiden Unbekannten H_{Fe} und $B(= B_{Fe} = B_L)$. Es wird eine zweite Bedingung gebraucht; sie liegt in Form der Magnetisierungskennlinie vor: Abb. 23. In dieses Diagramm hat man die erste Bedingung, also den linearen Zusammenhang zwischen H_{Fe} und B gemäß (133) (Scherungsgerade), einzutragen.

Der Schnittpunkt zwischen beiden Kurven liefert die gesuchte Flussdichte.

Von einem Dauermagneten mit Luftspalt sind die Abmessungen l_{Fe} und l_L (Abb. 22) und die Hystereseschleife bekannt; eine Wicklung ist nicht vorhanden. Gesucht ist die Flussdichte. Anstelle von (132) hat man (mit $\Theta = 0$):

$$H_{Fe}l_{Fe} + \frac{B}{\mu_0}l_L = 0$$

oder

$$B = -\mu_0 H_{Fe}\frac{l_{Fe}}{l_L}. \quad (134)$$

Die zweite Bedingung liegt als Kurve vor (Abb. 24). Dabei wird vorausgesetzt, dass das Material sich für $l_L = 0$ in dem durch $H_{Fe} = 0$, $B_{Fe} = B_r$ gekennzeichneten Zustand befindet. Bei Vergrößern des Abstandes zwischen den Magnetpolen auf das vorgegebene l_L verringert sich B_{Fe}. Das gesuchte B_{Fe} kann im Punkt A abgelesen werden (Abb. 24).

3.5 Zeitlich veränderliche Magnetfelder

3.5.1 Das Induktionsgesetz

Bewegt man einen insgesamt ungeladenen Leiter durch ein Magnetfeld, so wirken auf die Ladungsträger Kräfte nach (108). Die negativ geladenen

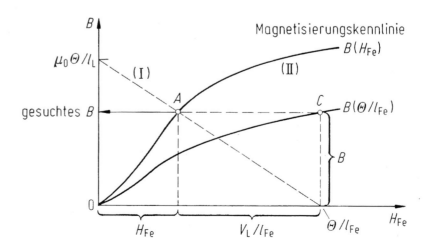

Abb. 23 Zum Verfahren der Scherung

Abb. 24 B im Luftspalt
eines Dauermagneten

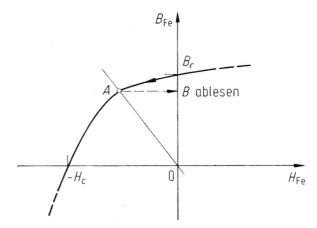

Leitungselektronen wandern hier an das untere Ende des Leiterstabes, während sich am oberen Ende eine positive Ladung (Elektronenmangel) zeigt. Zwischen den Ladungen an den Stabenden existiert ein elektrisches Feld und damit eine elektrische Spannung. Diese kann man messen, indem man den bewegten Leiter über leitende Federn mit einem ruhenden Spannungsmesser verbindet: Abb. 25 und 26.

Man findet experimentell:

$$u_1 = \frac{\mathrm{d}\Phi}{\mathrm{d}t},$$

wenn die Leiterschleife den Widerstand Null hat. Es ist $\mathrm{d}t$ der Zeitraum, in dem der von der Leiterschleife bzw. dem Umlauf umfasste Fluss um $\mathrm{d}\Phi$ zunimmt. Dem Fluss Φ ordnet man die Umlaufrichtung und zugleich die Zählrichtung der Umlaufspannung $\mathring{u}$ (= induzierte Spannung) nach der Rechtsschraubenregel zu. Damit lautet das *Induktionsgesetz*

$$\mathring{u} = -\frac{\mathrm{d}\Phi}{\mathrm{d}t}. \tag{135}$$

Die Erfahrung zeigt, dass (135) auch dann gilt, wenn die Flussänderung $\mathrm{d}\Phi/\mathrm{d}t$ durch eine zeitliche Änderung der Flussdichte zustande kommt. Ist z. B. $\Phi(t) = B(t)\,A(t)$, so geht (135) über in

$$\mathring{u} = -B(t)\frac{\mathrm{d}A}{\mathrm{d}t} - A(t)\frac{\mathrm{d}B}{\mathrm{d}t}. \tag{136}$$

Hieraus folgt, wenn B zeitlich konstant ist, für die in Abb. 26 skizzierte Anordnung (mit $A = x\,l$):

$$\mathring{u} = -B\frac{\mathrm{d}(xl)}{\mathrm{d}t} = -Bl\frac{\mathrm{d}x}{\mathrm{d}t} = -Blv. \tag{137}$$

Abb. 26 enthält auch den von der induzierten Spannung verursachten Strom i. Mit diesem ist ein „sekundäres" Magnetfeld verknüpft, das dem vorgegebenen „primären" Magnetfeld entgegenwirkt: Lenz'sche Regel.

Die allgemeine Form des Induktionsgesetzes erhält man, indem man in (135) den Fluss durch (118) und die Spannung durch (44) darstellt:

$$\oint_C \boldsymbol{E} \cdot \mathrm{d}\boldsymbol{s} = -\frac{\mathrm{d}}{\mathrm{d}t} \int_A \boldsymbol{B} \cdot \mathrm{d}\boldsymbol{A}. \tag{138}$$

Das ist die *2. Maxwell'sche Gleichung*. Sie gilt ganz allgemein für beliebige Umläufe. Wichtig ist, dass die Umlaufrichtung und die Orientierung der Fläche gemäß der Rechtsschraubenregel miteinander verknüpft sind.

Im Gegensatz zum elektrostatischen Feld ist das durch Induktionswirkungen entstehende elektrische Feld nicht wirbelfrei. Damit folgt, dass das Integral in (44) nicht wegunabhängig ist.

Bei einer Wicklung mit N Windungen umfasst u. U. jede Windung einen anderen Fluss (Teil- oder Bündelfluss): Φ_1, Φ_2, ..., Φ_N. Dann ist (135) durch

$$\mathring{u} = -\frac{\mathrm{d}}{\mathrm{d}t}(\Phi_1 + \Phi_2 + \ldots + \Phi_N) \tag{139}$$

zu ersetzen. Die Summe der Teilflüsse nennt man den Gesamt- oder Induktionsfluss ψ, also ist

$$\mathring{u} = -\frac{\mathrm{d}\psi}{\mathrm{d}t}. \tag{140}$$

Sind die N Teilflüsse gleich, so hat man

$$\mathring{u} = -N\frac{\mathrm{d}\Phi}{\mathrm{d}t}. \tag{141}$$

3.5.2 Die magnetische Energie

Um die zum Aufbau des magnetischen Feldes erforderliche Energie zu bestimmen, stellt man zunächst die Umlaufgleichung auf. Nach (135) lautet sie für die Anordnung nach Abb. 27:

$$\mathring{u} = -u + Ri = -N\frac{\mathrm{d}\Phi}{\mathrm{d}t}. \tag{142}$$

Durch Multiplizieren mit $i\,\mathrm{d}t$ entsteht

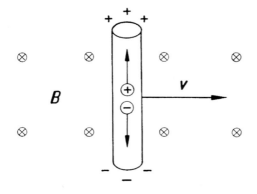

Abb. 25 Ungeladener Leiterstab bewegt sich durch Magnetfeld

$$ui\,\mathrm{d}t = Ri^2\mathrm{d}t + Ni\,\mathrm{d}\Phi. \tag{143}$$

Die linke Seite stellt die von der Spannungsquelle in der Zeit $\mathrm{d}t$ abgegebene Energie dar, der erste Summand rechts ist die im Widerstand in Wärme umgesetzte Energie und der zweite Summand die zum Aufbau des Feldes aufgewendete Energie. Für diese Energieaufwendung lässt sich mit (120) schreiben (wobei bezüglich der Abmessungen des Kerns vorausgesetzt wird, dass das Feld als homogen betrachtet werden kann):

$$\mathrm{d}W_{\mathrm{m}} = Ni\,\mathrm{d}\Phi = NiA\,\mathrm{d}B. \tag{144}$$

Hier lässt sich $N\,i$ aufgrund des Durchflutungsgesetzes (114) durch $2\pi\varrho H$ ersetzen:

$$\mathrm{d}W_{\mathrm{m}} = 2\pi\varrho AH\,\mathrm{d}B = VH\,\mathrm{d}B. \tag{145}$$

Dabei ist V das Volumen des Kerns. Durch Integration folgt

$$W_{\mathrm{m}} = V\int_0^{B_{\mathrm{e}}} H\,\mathrm{d}B; \quad B_{\mathrm{e}} = \text{Endwert}$$

Für die *Energiedichte* $w_{\mathrm{m}} = W_{\mathrm{m}}/V$ gilt also

$$w_{\mathrm{m}} = \int_0^{B_{\mathrm{e}}} H\,\mathrm{d}B. \tag{146}$$

Mit (109) erhält man hieraus für konstantes μ den Ausdruck

Abb. 26 Zum Induktionsgesetz

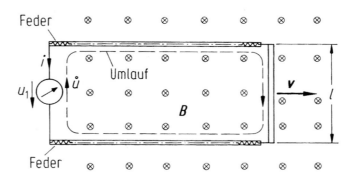

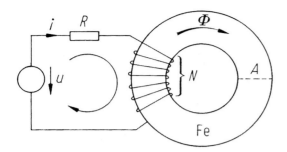

Abb. 27 Zur Bestimmung der magnetischen Feldenergie

$$w_m = \frac{1}{2}\mu H^2 = \frac{1}{2}BH = \frac{1}{2}\cdot\frac{B^2}{\mu}. \qquad (147)$$

Verringert man die magnetische Feldstärke von ihrem Endwert auf null, so gewinnt man die magnetische Energie vollständig zurück, wenn das Material keine Hysterese zeigt. Wird dagegen bei einem Material mit Hysterese die Hystereseschleife einmal vollständig durchlaufen, so kommt es – wie sich aus (146) ergibt – zu einem Energieverlust (Hystereseverlust, Ummagnetisierungsverlust), der der von der Hystereseschleife umschlossenen Fläche proportional ist: Abb. 28 (die waagrecht schraffierten Flächen entsprechen der aufgewendeten Energie, die senkrecht schraffierten der zurückgewonnenen Energie).

3.5.3 Induktivitäten

3.5.3.1 Die Selbstinduktivität

Für die Leiterschleife (Spule) nach Abb. 29 gilt die Umlaufgleichung (142). Besteht zwischen dem Fluss Φ und dem verursachenden Strom i ein linearer Zusammenhang, so setzt man

$$\Psi = N\Phi = Li \qquad (148)$$

und nennt L die Selbstinduktivität der Spule. Mit (148) folgt aus (142) der Zusammenhang

$$u = Ri + L\frac{\mathrm{d}i}{\mathrm{d}t}, \qquad (149)$$

für den man das Ersatzschaltbild 30 angeben kann. Die Selbstinduktivität entspricht also einem Schaltelement, bei dem gilt:

$$u_\mathrm{L} = L\frac{\mathrm{d}i}{\mathrm{d}t}. \qquad (150)$$

3.5.4 Die Gegeninduktivität

Zwischen zwei stromdurchflossenen Spulen nach Abb. 31 tritt eine magnetische Kopplung auf. Zunächst ist wegen (141)

$$\begin{aligned}
\mathring{u}_1 &= -u_1 + R_1 i_1 = -N_1\frac{\mathrm{d}\Phi_1}{\mathrm{d}t}, \\
\mathring{u}_2 &= -u_2 + R_2 i_2 = -N_2\frac{\mathrm{d}\Phi_2}{\mathrm{d}t}.
\end{aligned} \qquad (151)$$

Die Flüsse werden von beiden Strömen verursacht. Bei Linearität gilt

$$\begin{aligned}
\Psi_1 &= N_1\Phi_1 = L_{11}i_1 + L_{12}i_2, \\
\Psi_2 &= N_2\Phi_2 = L_{21}i_1 + L_{22}i_2.
\end{aligned} \qquad (152)$$

Hier sind L_{11} und L_{22} die Selbstinduktivitäten der Spulen 1 bzw. 2, L_{12} und L_{21} die Gegeninduktivitäten zwischen den Spulen. Diese stimmen (bei isotropen Medien) überein, wie mit einer Energiebetrachtung gezeigt werden kann. Üblich sind die vereinfachten Bezeichnungen

$$L_1 = L_{11}, L_2 = L_{22}, \quad M = L_{12} = L_{21}. \qquad (153)$$

Mit (152) und (153) folgt aus (151) (Abb. 30):

$$\begin{aligned}
u_1 &= R_1 i_1 + L_1\frac{\mathrm{d}i_1}{\mathrm{d}t} + M\frac{\mathrm{d}i_2}{\mathrm{d}t}, \\
u_2 &= R_2 i_2 + L_2\frac{\mathrm{d}i_2}{\mathrm{d}t} + M\frac{\mathrm{d}i_1}{\mathrm{d}t}.
\end{aligned} \qquad (154)$$

Durch Umformung entsteht das Gleichungspaar

$$\begin{aligned}
u_1 &= R_1 i_1 + (L_1 - M)\frac{\mathrm{d}i_1}{\mathrm{d}t} + M\frac{\mathrm{d}(i_1 + i_2)}{\mathrm{d}t}, \\
u_2 &= R_2 i_2 + (L_2 - M)\frac{\mathrm{d}i_2}{\mathrm{d}t} + M\frac{\mathrm{d}(i_1 + i_2)}{\mathrm{d}t},
\end{aligned} \qquad (155)$$

für das das Ersatzschaltbild 32 gilt (Abb. 32).

Abb. 28 Hystereseverlust

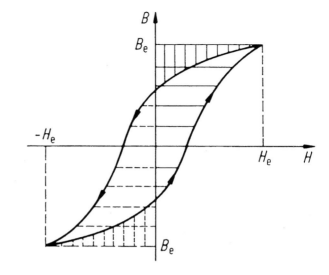

Abb. 29 Stromdurchflossene Leiterschleife, Selbstinduktivität

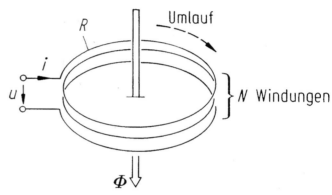

3.5.4.1 Berechnung von Selbst- und Gegeninduktivitäten

Mit (148) und (152), (153) folgt – in Analogie zu (66) –

$$L = \frac{\Psi}{i} = \frac{N\Phi}{i} \qquad (156)$$

und

$$\begin{aligned} M = L_{12} = L_{21} &= \frac{\Psi_{12}}{i_2} = \frac{N_1\Phi_{12}}{i_2} \\ &= \frac{\Psi_{21}}{i_1} = \frac{N_2\Phi_{21}}{i_1}. \end{aligned} \qquad (157)$$

Man gibt sich also einen Strom vor, berechnet den Fluss und bildet den Quotienten (156) bzw.

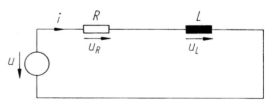

Abb. 30 Ersatzschaltbild zu Abb. 29

(157). Demnach können Selbst- und Gegeninduktivität bereits im Rahmen des stationären Magnetfeldes berechnet werden.

Beispiel

Die Ermittlung einer Selbstinduktivität soll für die mit N gleichmäßig verteilten Windungen bewickelte Ringspule mit rechteckigem Querschnitt

Abb. 31 Zwei magnetisch
gekoppelte Leiterschleifen

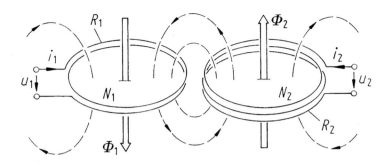

Abb. 32 Ersatzschaltbild
zu Abb. 31

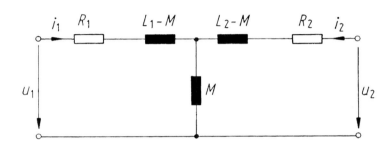

und den Abmessungen nach Abb. 33 durchgeführt werden.

Wegen (118), (109) und (110) mit $N\,i$ statt
I erhält man

$$\Phi = \int B\,\mathrm{d}A = \int \mu H l\,\mathrm{d}\varrho = \frac{\mu l N i}{2\pi} \int\limits_{\varrho_\mathrm{i}}^{\varrho_\mathrm{a}} \frac{\mathrm{d}\varrho}{\varrho}$$

$$= \frac{\mu l N i}{2\pi} \ln \frac{\varrho_\mathrm{a}}{\varrho_\mathrm{i}}.$$

Daraus folgt mit (156):

$$L = \frac{\mu l N^2}{2\pi} \ln \frac{\varrho_\mathrm{a}}{\varrho_\mathrm{i}}. \tag{158}$$

Beispiel

Als Beispiel für die Berechnung einer Gegeninduktivität werden die beiden senkrecht zur Papierebene sehr langen Leiterschleifen (Länge l) mit
N_1 bzw. N_2 Windungen nach Abb. 34 betrachtet.
Bei vorgegebenem Strom i_1 wird der Beitrag der
Leiter a wegen (118), (109), (110) mit $I = N_1\,i_1$

$$\Phi_{2\mathrm{a}} = \frac{\mu l N_1 i_1}{2\pi} \int\limits_{\varrho_\mathrm{ac}}^{\varrho_\mathrm{ad}} \frac{\mathrm{d}\varrho}{\varrho} = \frac{\mu l N_1 i_1}{2\pi} \ln \frac{\varrho_\mathrm{ad}}{\varrho_\mathrm{ac}}.$$

Dabei wurde statt über A über die Fläche A'
integriert, da die Feldvektoren senkrecht auf A'
stehen und diese Integration einfacher ist.

Ganz entsprechend erhält man für den Beitrag
der Leiter b

$$\Phi_{2\mathrm{b}} = \frac{\mu l N_1 i_1}{2\pi} \ln \frac{\varrho_\mathrm{bc}}{\varrho_\mathrm{bd}}.$$

Mit $\Phi_{21} = \Phi_{2\mathrm{a}} + \Phi_{2\mathrm{b}}$ liefert (157):

$$M = \frac{\mu l N_1 N_2}{2\pi} \ln \frac{\varrho_\mathrm{ad}\varrho_\mathrm{bc}}{\varrho_\mathrm{ac}\varrho_\mathrm{bd}}. \tag{159}$$

Die Ergebnisse (158) und (159) zeigen, dass die
Windungszahl in der Selbstinduktivität als N^2 enthalten ist, während die beiden Windungszahlen in
die Gegeninduktivität als Produkt $N_1\,N_2$ eingehen.

3.5.4.2 Die gespeicherte Energie

Die im Feld einer Spule gespeicherte Energie ergibt sich aus (72) mit (150) zu

$$W_{\mathrm{m}} = \int ui\,\mathrm{d}t = \int L\frac{\mathrm{d}i}{\mathrm{d}t}\,i\,\mathrm{d}t = \int Li\,\mathrm{d}i.$$

Für konstantes L folgt

$$W_{\mathrm{m}} = L\int_0^I i\,\mathrm{d}i = \frac{1}{2}LI^2 = \frac{1}{2}\Psi I = \frac{1}{2}\cdot\frac{\Psi^2}{L}, \quad (160)$$

wobei die beiden letzten Ausdrücke auf (148) beruhen.

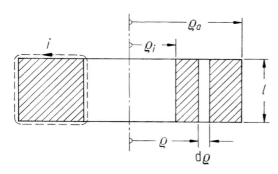

Abb. 33 Ringspule im Querschnitt (Es ist nur eine der N Windungen dargestellt)

Durch ähnliche Überlegungen erhält man für zwei magnetisch gekoppelte Spulen (Abb. 31):

$$W_{\mathrm{m}} = \frac{1}{2}L_1I_1^2 + MI_1I_2 + \frac{1}{2}L_2I_2^2. \quad (161)$$

Dabei ist vorausgesetzt, dass die von beiden Strömen erzeugten Beiträge zum „koppelnden" Fluss sich addieren. Andernfalls steht vor M ein Minuszeichen.

Für n gekoppelte Spulen kann man herleiten:

$$W_{\mathrm{m}} = \frac{1}{2}\sum_{\mu=1}^n\sum_{\nu=1}^n L_{\mu\nu}I_\mu I_\nu, \quad (162)$$

wobei $L_{\mu\nu} = L_{\nu\mu}$ die Gegeninduktivität zwischen der μ-ten und ν-ten Spule ist.

Übrigens können Selbst- und Gegeninduktivitäten auch über die Energie ermittelt werden. Im ersten Fall bestimmt man für einen vorgegebenen Strom I die Energie W und bildet mit (160):

$$L = \frac{2W}{I^2}. \quad (163)$$

Bei zwei Spulen gibt man sich I_1 und I_2 vor, berechnet W und liest aus (161) die gesuchten Koeffizienten L_1, L_2, M ab.

Abb. 34 Zur Berechnung der Gegeninduktivität zwischen zwei senkrecht zur Papierebene sehr langen recht-eckigen Spulen mit N_1 bzw. N_2 Windungen

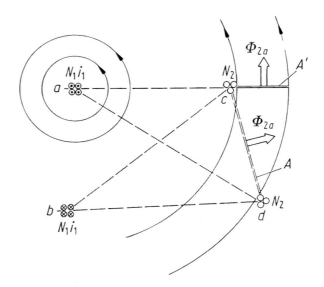

3.5.5 Kräfte im Magnetfeld

Das Prinzip der virtuellen Verschiebung werde auf die in Abb. 35 skizzierte Anordnung angewendet, und zwar unter den folgenden Voraussetzungen: Die Stromquelle gibt einen konstanten Strom ab, die Leitungen sind widerstandsfrei, der senkrechte Leiterstab kann sich reibungsfrei bewegen, weiter ist der Übergangswiderstand zwischen dem beweglichen Leiterstab und den feststehenden Leitern gleich null. Bei einer Verschiebung um dx wird die mechanische Energie $F_x\, dx$ gewonnen. Gleichzeitig ändern sich die magnetische Feldenergie und die in der Quelle gespeicherte Energie um dW_m bzw. dW_q. Die Summe der Änderungen ist null: $F_x dx + dW_m + dW_q = 0$. Hierin ist nach (160) $dW_m = 1/2\, I\, d\Psi = 1/2\, I\, d\Phi$ (für $N = 1$) und mit (135) $dW_Q = -uI\, dt = -\frac{d\Phi}{dt} I\, dt = -I\, d\Phi$. Das Minuszeichen bringt zum Ausdruck, dass die Quelle Energie abgibt. Damit hat man

$$F_x\, dx + \frac{1}{2} I\, d\Phi - I\, d\Phi = 0$$

oder

$$F_x\, dx = \frac{1}{2} I\, d\Phi.$$

Ersetzt man $\frac{1}{2} I\, d\Phi$ wieder durch dW_m, so erhält man

$$F_x = \frac{dW_m}{dx} \quad (I = \text{const}). \qquad (164)$$

Mit (164) soll die Kraft zwischen zwei Eisenjochen nach Abb. 36 bestimmt werden (Anwen-

dung: Elektromagnet). Die Abmessungen seien so gewählt, dass man von Randeffekten absehen kann. Die magnetische Energie ist nach (147) und mit (120), (127), (131):

$$W_m = A l_{Fe} \frac{B^2}{2\mu_{Fe}} + A l_L \frac{B^2}{2\mu_0} = \frac{\Phi^2}{2} \left(\frac{l_{Fe}}{\mu_{Fe} A} + \frac{l_L}{\mu_0 A} \right)$$

$$= \frac{\Phi^2 R_{m\,ges}}{2} = \frac{\Theta^2}{2 R_{m\,ges}}.$$

Nach (164) wird mit (121)

$$F_x = \frac{\Theta^2}{2} \cdot \frac{d}{dx} \cdot \frac{1}{R_{m\,ges}} = -\frac{\Theta^2}{2} \cdot \frac{1}{R_{m\,ges}^2} \cdot \frac{dR_{m\,ges}}{dx}$$

$$= -\frac{\Phi^2}{2} \cdot \frac{dR_{m\,ges}}{dx}.$$

Darin ist mit (128), wenn μ_{Fe} nicht von x abhängt:

$$R_{m\,ges}(x) = \frac{l_{Fe}}{\mu_{Fe} A} + \frac{l_L - x}{\mu_0 A}, \quad \frac{dR_{m\,ges}}{dx} = -\frac{1}{\mu_0 A},$$

also wird mit (120)

$$F_x = \frac{\Phi^2}{2\mu_0 A} = \frac{B^2}{2\mu_0} A. \qquad (165)$$

Die Kraft pro Fläche (der Kraftbelag) ist also

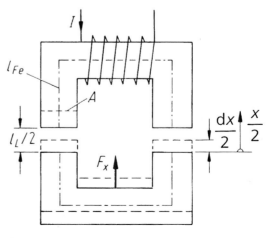

Abb. 36 Kraft zwischen Eisenjochen

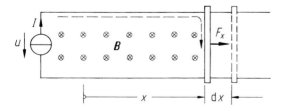

Abb. 35 Zur Herleitung der Kraft mithilfe des Prinzips der virtuellen Verschiebung

$$\frac{1}{2}\frac{B^2}{\mu_0} = \frac{1}{2}BH_L = \frac{1}{2}\mu_0 H_L^2.$$

3.6 Elektromagnetische Felder

3.6.1 Die Maxwell'schen Gleichungen in integraler und differenzieller Form

Die beiden Maxwell'schen Hauptgleichungen vgl. (117) und (138) machen Aussagen über die Wirbel des magnetischen bzw. elektrischen Feldes, wobei das gesamte Feld D verwendet wird:

$$\oint_C H \cdot ds = \int_A \left(J + \frac{\partial D}{\partial t}\right) \cdot dA, \qquad (166)$$

$$\oint_C E \cdot ds = -\frac{d}{dt}\int_A B \cdot dA. \qquad (167)$$

Aussagen über die Quellen der Felder machen, vgl. (121) und (56),

$$\oint_S B \cdot dA = 0, \qquad (168)$$

$$\oint_S D \cdot dA = \int_V \varrho dV, \qquad (169)$$

die auch als 3. und 4. Maxwell'sche Gleichung bezeichnet werden. In (169) ist ϱ die Raumladungsdichte. Zu (166) bis (169) kommen noch die sog. Materialgleichungen (50), (91) und (109) hinzu:

$$D = \varepsilon E, \quad J = \varkappa E, \quad B = \mu H. \quad (170a, b, c)$$

Mit dem Stokes'schen Satz lässt sich (166) umformen:

$$\oint_C H \cdot ds = \int_A \mathrm{rot}\, H \cdot dA = \int_A \left(J + \frac{\partial D}{\partial t}\right) \cdot dA.$$

Damit ist

$$\mathrm{rot}\, H = J + \frac{\partial D}{\partial t}. \qquad (171)$$

Entsprechend folgt aus (167)

$$\mathrm{rot}\, E = -\frac{\partial B}{\partial t}. \qquad (172)$$

Mit dem Gauß'schen Satz ergibt sich aus (169):

$$\oint_S D \cdot dA = \int_V \mathrm{div}\, D\, dV = \int_V \varrho\, dV$$

und somit

$$\mathrm{div}\, D = \varrho. \qquad (173)$$

Entsprechend kann (168) durch

$$\mathrm{div}\, B = 0 \qquad (174)$$

ersetzt werden. Die Gl. (171), (172), (173) und (174) sind die Maxwell'schen Gleichungen in differenzieller Form.

3.6.2 Die Einteilung der elektromagnetischen Felder

Eine Einteilung der Felder erscheint sinnvoll, wenn man die Maxwell'schen Gleichungen unter verschiedenen einschränkenden Annahmen betrachtet.

Der speziellste und zugleich einfachste Fall ist der, dass keine zeitlichen Änderungen auftreten und kein Strom fließt ($\partial/\partial t = 0$, $J = 0$. Die Grundgleichungen zerfallen dann in zwei Gruppen

$$\begin{array}{ll} \mathrm{rot}\, \mathbf{E} = 0 & \mathrm{rot}\, \mathbf{H} = 0 \\ \mathrm{div}\, \mathbf{D} = \varrho & \mathrm{div}\, \mathbf{B} = 0 \\ \mathbf{D} = \varepsilon \mathbf{E} & \mathbf{B} = \mu \mathbf{H}, \end{array}$$

zwischen denen keine Beziehungen bestehen: in die *Elektrostatik* und die *Magnetostatik*. Diese

Gebiete lassen sich also völlig unabhängig voneinander behandeln.

Setzt man weiterhin $\partial/\partial t = 0$ voraus, lässt aber Gleichströme zu, so sind das elektrische und das magnetische Feld über rot $\boldsymbol{H} = \varkappa\,\boldsymbol{E}$ verknüpft. Hier spricht man von *Feldern stationärer Ströme*.

Eine recht enge Verbindung zwischen elektrischen und magnetischen Größen liegt dann vor, wenn zeitliche Änderungen der magnetischen Flussdichte berücksichtigt werden (die magnetisierende Wirkung des Verschiebungsstromes jedoch noch nicht). Dieses Teilgebiet heißt *Felder quasistationärer Ströme*.

Die Maxwell'schen Gleichungen in der allgemeinsten Form bilden die Grundlage zur Behandlung *elektromagnetischer Wellen*.

3.6.3 Die Maxwell'schen Gleichungen bei harmonischer Zeitabhängigkeit

Ändern sich die Feldgrößen zeitlich nach einem Sinusgesetz, so geht man zur komplexen Darstellung über und macht z. B. für die elektrische Feldstärke den Ansatz

$$\boldsymbol{E}(x,y,z;t) \equiv \boldsymbol{E}(P,t) = \mathrm{Re}\left\{\boldsymbol{E}(P)\mathrm{e}^{\mathrm{j}\omega t}\right\}.$$

Hier ist P der Aufpunkt, der z. B. in kartesischen Koordinaten durch (x, y, z) bestimmt ist. Aus (166) und (167) ergeben sich

$$\oint_C \boldsymbol{H} \cdot \mathrm{d}\boldsymbol{s} = \int_A (\boldsymbol{J} + \mathrm{j}\omega\boldsymbol{D}) \cdot \mathrm{d}\boldsymbol{A}, \qquad (175)$$

$$\oint_C \boldsymbol{E} \cdot \mathrm{d}\boldsymbol{s} = -\mathrm{j}\omega \int_A \boldsymbol{B} \cdot \mathrm{d}\boldsymbol{A}. \qquad (176)$$

Statt (171) und (172) hat man

$$\mathrm{rot}\ \boldsymbol{H} = \boldsymbol{J} + \mathrm{j}\omega\boldsymbol{D}, \qquad (177)$$

$$\mathrm{rot}\ \boldsymbol{E} = -\mathrm{j}\omega\boldsymbol{B}. \qquad (178)$$

Die allein vom Ort P abhängenden komplexen Amplituden $\boldsymbol{E}(P)$, $\boldsymbol{H}(P)$ usw. nennt man Phasoren. (Anders als in der Wechselstromlehre arbeitet man in der Feldtheorie mit Amplituden und nicht mit Effektivwerten.)

3.7 Elektromagnetische Wellen

3.7.1 Die Wellengleichung

Die Maxwell'schen Gleichungen (in der allgemeinsten Form) beschreiben die sehr enge Verknüpfung zwischen elektrischen und magnetischen Feldern: beide Felder „induzieren" sich gegenseitig. Wenn dieser Vorgang nicht an einen Ort gebunden ist, sondern im Raum fortschreitet, liegt eine *elektromagnetische Welle* vor.

Die folgenden Überlegungen beschränken sich auf den Fall sinusförmiger Zeitabhängigkeit. (Die Erweiterung auf den allgemeinen Fall beliebiger zeitlicher Änderung lässt sich mithilfe von Fourierreihen bzw. von Fourierintegralen leicht durchführen.) Außerdem wird vorausgesetzt, dass das betrachtete Gebiet raumladungsfrei, homogen und isotrop ist. Dann folgt aus (177) und (178), wenn man jeweils auf beiden Seiten die Rotation bildet:

$$\mathrm{rot}\ \mathrm{rot}\ \boldsymbol{H} + \gamma^2\boldsymbol{H} = 0 \qquad (179)$$

$$\mathrm{rot}\ \mathrm{rot}\ \boldsymbol{E} + \gamma^2\boldsymbol{E} = 0 \qquad (180)$$

mit der Abkürzung

$$\gamma^2 = \mathrm{j}\omega\mu\,(\varkappa + \mathrm{j}\omega\varepsilon);\, \gamma$$
$$= \alpha + \mathrm{j}\beta\,(\alpha,\beta\ \text{reell}). \qquad (181)$$

(Häufig wird die Abkürzung $k^2 = -\gamma^2$ verwendet; man nennt k gelegentlich die komplexe Kreiswellenzahl.)

Statt (179) und (180) kann mit der aus der Vektoranalysis bekannten Beziehung

$$\mathrm{rot}\ \mathrm{rot}\,\boldsymbol{A} = \mathrm{grad}\ \mathrm{div}\,\boldsymbol{A} - \Delta\boldsymbol{A}$$

und bei Beachtung von (173), (174) und $\varrho = 0$ geschrieben werden:

$$\Delta \boldsymbol{H} - \gamma^2 \boldsymbol{H} = 0 \qquad (182)$$

$$\Delta \boldsymbol{E} - \gamma^2 \boldsymbol{E} = 0. \qquad (183)$$

Diese Gleichungen nennt man *Helmholtz-Gleichungen* oder auch *Wellengleichungen*.

Bei Verwendung rechtwinkliger Koordinaten ist

$$\Delta = \frac{\partial^2}{\partial x^2} + \frac{\partial^2}{\partial y^2} + \frac{\partial^2}{\partial z^2},$$

d. h., jede rechtwinklige Komponente von $\boldsymbol{E}$ und $\boldsymbol{H}$ (z. B. E_x) genügt der Gleichung

$$\frac{\partial^2 E_x}{\partial x^2} + \frac{\partial^2 E_x}{\partial y^2} + \frac{\partial^2 E_x}{\partial z^2} - \gamma^2 E_x = 0. \qquad (184)$$

Zur Illustration eines Wellenfeldes soll eine möglichst einfache Lösung betrachtet werden. Es sei

$$\boldsymbol{E} = \boldsymbol{e}_x E_x(z). \qquad (185)$$

Damit folgt aus (183) bzw. (184)

$$\frac{d^2 E_x}{dz^2} - \gamma^2 E_x = 0 \qquad (186)$$

mit der Lösung

$$E_x(z) = E_p e^{-\gamma z} + E_r e^{\gamma z}. \qquad (187)$$

Die zugehörige magnetische Feldstärke ergibt sich aus (178) mit (170a, b, c):

$$\operatorname{rot} \boldsymbol{E} = \begin{vmatrix} \boldsymbol{e}_x & \boldsymbol{e}_y & \boldsymbol{e}_z \\ 0 & 0 & \partial/\partial z \\ E_x & 0 & 0 \end{vmatrix} = \boldsymbol{e}_y \frac{dE_x}{dz}$$

$$= -j\omega\mu\boldsymbol{H} = -j\omega\mu\boldsymbol{e}_y H_y.$$

Da rot $\boldsymbol{E}$ hier nur eine y-Komponente aufweist, kann $\boldsymbol{H}$ (auf der rechten Seite) auch nur eine y-Komponente besitzen:

$$\frac{dE_x}{dz} = -j\omega\mu H_y. \qquad (188)$$

Auf die gleiche Weise folgt aus (177)

$$\frac{dH_y}{dz} = -(\varkappa + j\omega\varepsilon) E_x. \qquad (189)$$

Mit (188) erhält man aus (187), wenn man die *Feldwellenimpedanz* (Feldwellenwiderstand)

$$Z_F = \frac{j\omega\mu}{\gamma} = \sqrt{\frac{j\omega\mu}{\varkappa + j\omega\varepsilon}} \qquad (190)$$

einführt, für das magnetische Feld:

$$H_y(z) = \frac{E_p}{Z_F} e^{-\gamma z} - \frac{E_r}{Z_F} e^{\gamma z}. \qquad (191)$$

Das Gleichungspaar ((187), (191)) stellt eine Welle dar, bei der beide Felder senkrecht auf der Ausbreitungsrichtung (z-Achse) stehen und keine Feldkomponenten in Ausbreitungsrichtung auftreten. Eine solche Welle nennt man transversalelektromagnetisch (abgekürzt: *TEM-Welle*).

Anmerkung: Weist dagegen das elektrische oder das magnetische Feld eine Komponente in Ausbreitungsrichtung auf, so spricht man im 1. Fall von einer E-Welle oder *TM-Welle* (transversal-magnetisch) und im 2. Fall von einer H-Welle oder *TE-Welle* (transversal-elektrisch).

Die Lösung soll noch für zwei Sonderfälle betrachtet werden.

Breitet sich die **Welle im Vakuum** aus (die folgenden Beziehungen gelten näherungsweise auch für den Luftraum), so wird Z_F nach (190)

$$Z_F = \sqrt{\frac{\mu_0}{\varepsilon_0}} \approx 377\,\Omega \quad \text{(reell)}, \qquad (192)$$

d. h., das elektrische und das magnetische Feld der Hauptwelle sind in Phase; das gleiche gilt für die Echowelle. Beide Wellen sind in Abb. 37 veranschaulicht.

Für γ ergibt sich nach (181)

Abb. 37 Transversalwelle

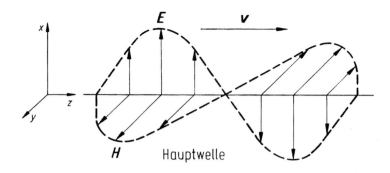

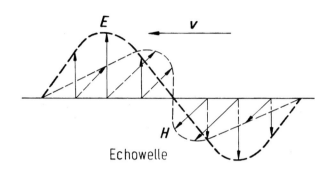

$$\gamma = \mathrm{j}\omega\sqrt{\varepsilon_0\mu_0} = \mathrm{j}\beta$$
$$= \mathrm{j}\frac{\omega}{c_0} \quad \text{(rein imaginär).} \tag{193}$$

Die Welle ist ungedämpft und breitet sich nach (14) mit der Geschwindigkeit

$$v = 1/\sqrt{\varepsilon_0\mu_0} \approx 3 \cdot 10^8\,\mathrm{m/s},$$

also mit der Lichtgeschwindigkeit c_0, aus. Die Wellenlänge beträgt nach (15) $\lambda = c_0/f$.

Der zweite Sonderfall betrifft die **Wellenausbreitung in einem Leiter**; es soll dabei $\varkappa \gg \omega\,\varepsilon$ sein, d. h., die Verschiebungsstromdichte $\partial\mathbf{D}/\partial t$ wird gegenüber der Leitungsstromdichte $\mathbf{J}$ vernachlässigbar. Dann folgt aus (190)

$$Z_\mathrm{F} = \sqrt{\frac{\mathrm{j}\omega\mu}{\varkappa}} = (1+\mathrm{j})\sqrt{\frac{\omega\mu}{2\varkappa}} \tag{194}$$

und aus (181)

$$\gamma = \sqrt{\mathrm{j}\omega\mu\varkappa} = (1+\mathrm{j})\sqrt{\frac{\omega\mu\varkappa}{2}}$$
$$=: \frac{1+\mathrm{j}}{d} = \alpha + \mathrm{j}\beta. \tag{195}$$

Man nennt d die *Eindringtiefe*. Die Welle in diesem Fall heißt *Wirbelstromwelle*, obwohl die diesem Sonderfall zugrunde liegende Differenzialgleichung die Wärmeleitungs- oder Diffusionsgleichung ist.

Für die in Abb. 38 skizzierte Anordnung (Transformatorblech) ergibt sich aus Symmetriegründen mit (191):

$$H_y(z) = \frac{E}{Z_\mathrm{F}}\left(\mathrm{e}^{\gamma z} + \mathrm{e}^{-\gamma z}\right) = \frac{2E}{Z_\mathrm{F}}\cos\gamma z.$$

Arbeitet man hier die Randbedingung $H_y(\pm b) = H_0$ ein, so erhält man

$$H_y(z) = H_0\frac{\cosh\gamma z}{\cosh\gamma b}. \tag{196}$$

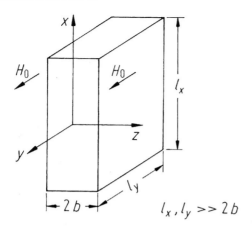

Abb. 38 Leitende Platte im magnetischen Wechselfeld (Transformatorblech)

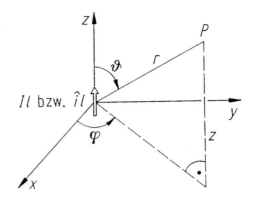

Abb. 39 Im Ursprung eines Kugelkoordinatensystems angeordnetes Stromelement (Hertz'scher Dipol)

Die Ströme in dem Leiter bezeichnet man als Wirbelströme. Die Stromdichte folgt mit (189):

$$\varkappa E_x(z) = J_x(z) = -H_0 \gamma \, \frac{\cosh \gamma z}{\cosh \gamma b}. \qquad (197)$$

3.7.2 Die Anregung elektromagnetischer Wellen

Elektromagnetische Wellen werden von (Sende-) *Antennen* angeregt. Eine Elementarform einer solchen Antenne stellt eine um ihre Ruhelage schwingende Ladung Q dar. Gleichwertig ist die Vorstellung, dass ein Wechselstrom I in einem Leiter der sehr kleinen Länge l fließt. Es lässt sich zeigen, dass ein im Ursprung eines Kugelkoordinatensystems nach Abb. 39 angeordnetes Stromelement das folgende Feld verursacht (der das Leiterelement umgebende Raum sei nichtleitend, damit wird $\gamma = \mathrm{j} \, \omega/c = \mathrm{j} \, k$ imaginär):

$$E_r = \frac{\widehat{i l}}{2\pi} \mathrm{e}^{-\mathrm{j}\frac{\omega}{c}r} \left(\frac{Z_\mathrm{F}}{r^2} + \frac{1}{\mathrm{j}\omega\varepsilon r^3} \right) \cos\theta, \qquad (198)$$

$$E_\theta = \frac{\widehat{i l}}{4\pi} \mathrm{e}^{-\mathrm{j}\frac{\omega}{c}r} \left(\frac{\mathrm{j}\omega\mu}{r} + \frac{Z_\mathrm{F}}{r^2} + \frac{1}{\mathrm{j}\omega\varepsilon r^3} \right) \sin\theta, \quad (199)$$

$$H_\varphi = \frac{\widehat{i l}}{4\pi} \mathrm{e}^{-\mathrm{j}\frac{\omega}{c}r} \left(\frac{\mathrm{j}\omega/c}{r} + \frac{1}{r^2} \right) \sin\theta. \qquad (200)$$

Die übrigen Feldkomponenten sind null. Das Feld in unmittelbarer Nähe des Stromelements bezeichnet man als *Nahfeld*. Für die Funktechnik interessant ist das Feld in großer Entfernung, das *Fernfeld*; dieses wird durch die Terme beschrieben, die proportional zu $1/r$ sind:

$$E_\theta = \frac{\widehat{i} \, l}{4\pi} \mathrm{e}^{-\mathrm{j}\frac{\omega}{c}r} \frac{\mathrm{j}\omega\mu}{r} \, sin\,\theta, \qquad (201)$$

$$H_\varphi = \frac{\widehat{i} \, l}{4\pi} \mathrm{e}^{-\mathrm{j}\frac{\omega}{c}r} \frac{\mathrm{j}\omega/c}{r} \, \sin\theta, \qquad (202)$$

Die Gl. (198), (199), (200), (201) und (202), die die Entstehung der elektromagnetischen Welle und ihre Ablösung von dem Elementarerreger beschreiben, kann man durch Feldbilder veranschaulichen: Abb. 40.

Die bis jetzt betrachtete Elementarantenne nennt man auch einen *Hertz'schen Dipol*, entsprechend der Vorstellung, dass hier ein elektrischer Dipol oszilliert. Hat der Elementarerreger dagegen die Form einer kleinen stromdurchflossenen Leiterschleife (die einen oszillierenden magnetischen Dipol darstellt), so benutzt man die Bezeichnung *Fitzgerald'scher Dipol*.

3.7.3 Die abgestrahlte Leistung

Einen Ausdruck für die von der Welle transportierte Leistung gewinnt man, indem man von

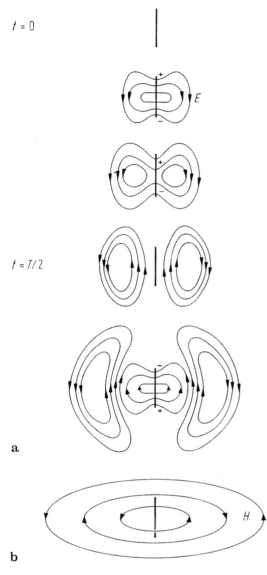

$t = 0$

$t = T/2$

a

b

Abb. 40 Die Entstehung einer elektromagnetischen Welle in der Umgebung eines Hertz'schen Dipols

dem zeitlichen Zuwachs der elektrischen und magnetischen Energiedichte ausgeht. Dieser ist gleich

$$\frac{\mathrm{d}w}{\mathrm{d}t} = \boldsymbol{E} \cdot \frac{\partial \boldsymbol{D}}{\partial t} + \boldsymbol{H} \cdot \frac{\partial \boldsymbol{B}}{\partial t}$$

oder mit (171) und (172)

$$\frac{\mathrm{d}w}{\mathrm{d}t} = -\boldsymbol{E} \cdot \boldsymbol{J} + \boldsymbol{E} \cdot \mathrm{rot}\ \boldsymbol{H} - \boldsymbol{H} \cdot \mathrm{rot}\ \boldsymbol{E}.$$

Die beiden letzten Terme lassen sich zusammenfassen.

$$\frac{\mathrm{d}w}{\mathrm{d}t} = -\boldsymbol{E} \cdot \boldsymbol{J} - \mathrm{div}(\boldsymbol{E} \cdot \boldsymbol{H}). \tag{203}$$

Durch Integration über das Volumen und Benutzung des Gauß'schen Satzes entsteht

$$-\oint_S (\boldsymbol{E} \cdot \boldsymbol{H})\mathrm{d}\boldsymbol{A} = \int_V \boldsymbol{E} \cdot \boldsymbol{J}\,\mathrm{d}V + \int_V \frac{\mathrm{d}w}{\mathrm{d}t}\mathrm{d}V. \tag{204}$$

Die Terme auf der rechten Seite sind die in Wärme umgesetzte Leistung und der auf die Zeit bezogene Zuwachs der Feldenergie; demnach muss die linke Seite die in das Volumen eingestrahlte Leistung sein; deren Flächendichte nennt man den *Poynting-Vektor*:

$$\boldsymbol{S} = \boldsymbol{E} \cdot \boldsymbol{H} \tag{205}$$

Mit den soeben entwickelten Beziehungen soll die vom Fernfeld eines Hertz'schen Dipols transportierte Leistung berechnet werden. Man denkt sich um den Dipol eine geschlossene Fläche gelegt, am einfachsten eine Kugel, in deren Mittelpunkt sich der Dipol befindet. Dann erhält man (ohne Zwischenrechnung) mit (204), (201), (202) für den Mittelwert der Leistung (Wirkleistung):

$$P = \mathrm{Re}\ \frac{1}{2}\oint_S (\boldsymbol{E} \cdot \boldsymbol{H}^*)\mathrm{d}\boldsymbol{A}$$

$$= \frac{2\pi}{3} Z_\mathrm{F} \left(\frac{l}{\lambda}\right)^2 |I|^2. \tag{206}$$

Ordnet man der Antenne durch die Gleichung

$$P = R_\mathrm{rd}|I|^2 \tag{207}$$

einen *Strahlungswiderstand* R_rd zu, so ergibt sich für den Hertz'schen Dipol

$$R_\mathrm{rd} = \frac{2\pi}{3} Z_\mathrm{F} \left(\frac{l}{\lambda}\right)^2 \tag{208}$$

und, falls dieser sich im Vakuum befindet:

$$R_{\mathrm{rd}} \approx 80\pi^2\Omega\left(\frac{l}{\lambda}\right)^2 \approx 789{,}6\,\Omega\left(\frac{1}{\lambda}\right)^2.$$

3.7.4 Die Phase und aus dieser abgeleitete Begriffe

Die komplexe Wellenfunktion, die man als Lösung von (184) erhält, kann in der Form

$$A(P)\mathrm{e}^{\mathrm{j}\varphi(P)} \quad \text{oder} \quad A(x,y,z)\mathrm{e}^{\mathrm{j}\varphi(x,y,z)} \quad (209)$$

geschrieben werden. Die Amplitude A und der Nullphasenwinkel φ sind reelle Größen. Zu der komplexen Wellenfunktion gehört der Augenblickswert

$$A(P)\cos\left[\omega t + \varphi(P)\right]. \quad (210)$$

Flächen, auf denen φ konstant ist, heißen *Flächen gleicher Phase* oder *Phasenflächen*. Nach der Form dieser Flächen unterscheidet man *ebene Wellen, Zylinderwellen, Kugelwellen* u. a. Wenn A auf den Phasenflächen konstant ist, spricht man von gleichförmigen (uniformen) Wellen. Die *Wellennormale* (in irgendeinem Punkt) steht senkrecht auf der Phasenfläche und hat die Richtung von grad φ. (Der Betrag von grad φ gibt die stärkste Änderungsrate der Nullphase φ an.) Die auf die Länge bezogene Abnahme der Phase in irgendeiner Richtung ist der der betreffenden Richtung zugeordnete Phasenkoeffizient:

$$\beta_x = -\frac{\partial\varphi}{\partial x}, \quad \beta_y = -\frac{\partial\varphi}{\partial y},$$
$$\beta_z = -\frac{\partial\varphi}{\partial z}. \quad (211)$$

Diese Terme lassen sich zu einem vektoriellen Phasenkoeffizienten zusammenfassen:

$$\boldsymbol{\beta} = -\mathrm{grad}\,\varphi. \quad (212)$$

Das Argument der Kosinusfunktion in (210) gibt die augenblickliche Phase der Welle an. Eine *Fläche konstanter Phase* ist durch

$$\omega t + \varphi(P) = \mathrm{const} \quad (213)$$

definiert. Die Fläche konstanter Phase stimmt in jedem Augenblick mit einer Phasenfläche überein. Bei einer Zeitänderung um $\mathrm{d}t$ muss, wenn (213) erfüllt sein soll, die Phase um $\mathrm{d}\varphi$ abnehmen. In kartesischen Koordinaten gilt:

$$\mathrm{d}\varphi = \frac{\partial\varphi}{\partial x}\mathrm{d}x + \frac{\partial\varphi}{\partial y}\mathrm{d}y + \frac{\partial\varphi}{\partial z}\mathrm{d}z = \mathrm{grad}\,\varphi \cdot \mathrm{d}\mathbf{s}.$$

Damit lautet die Bedingung für die Bewegung einer Fläche konstanter Phase

$$\omega\,\mathrm{d}t + \mathrm{grad}\,\varphi \cdot \mathrm{d}\mathbf{s} = 0. \quad (214)$$

Daraus folgen die Phasengeschwindigkeiten in den drei Richtungen der kartesischen Koordinaten:

$$\begin{aligned}
v_x &= -\frac{\omega}{\partial\varphi/\partial x} = \frac{\omega}{\beta_x} \\
v_y &= -\frac{\omega}{\partial\varphi/\partial y} = \frac{\omega}{\beta_y} \\
v_z &= -\frac{\omega}{\partial\varphi/\partial z} = \frac{\omega}{\beta_z}.
\end{aligned} \quad (215)$$

Die Phasengeschwindigkeit in Richtung der Wellennormalen ist

$$v_{\mathrm{p}} = -\frac{\omega}{|\,\mathrm{grad}\,\varphi\,|}. \quad (216)$$

Die Größe v_{p} ist kein Vektor (mit den Komponenten (215)), sondern die kleinste Phasengeschwindigkeit der Welle.

Literatur

Bauer W, Wagener HH (1990) Bauelemente und Grundschaltungen der Elektronik. Bd. 1: Grundlagen und Anwendungen, 3. Aufl.; Bd. 2: Grundschaltungen, 2. Aufl. Carl Hanser, München, 1989

Blume S, Witlich K-H (1994) Theorie elektromagnetischer Felder, 4. Aufl. Hüthig, Heidelberg

Böhmer E (1997) Rechenübungen zur angewandten Elektronik, 5. Aufl. Springer Vieweg, Braunschweig

Böhmer E (2004) Elemente der angewandten Elektronik, 14. Aufl. Springer Vieweg, Braunschweig

Bosse G (1996) Grundlagen der Elektrotechnik, Bd. 1: Elektrostatisches Feld und Gleichstrom, 3. Aufl.; Bd. 2: Magnetisches Feld und Induktion, 4. Aufl.; Bd. 3: Wechselstromlehre, Vierpol- und Leitungstheorie, 3. Aufl.; Bd. 4: Drehstrom, Ausgleichsvorgänge in linearen Netzen, 2. Aufl. Springer, Berlin

Clausert H, Wiesemann G (2011) Grundgebiete der Elektrotechnik. Bd. 1: Gleichstrom, elektrische und magnetische Felder, 11. Aufl. 2011; Bd. 2: Wechselströme, Leitungen, Anwendungen der Laplace- und Z-Transformation, 11. Aufl. Oldenbourg, München

Constantinescu-Simon L (Hrsg) (1997) Handbuch Elektrische Energietechnik, 2. Aufl. Springer Vieweg, Braunschweig

Felderhoff R, Freyer U (2003) Elektrische und elektronische Messtechnik, 7. Aufl. Carl Hanser, München

Fischer H, Hofmann H, Spindler J (2003) Werkstoffe in der Elektrotechnik, 5. Aufl. Carl Hanser, München

Frohne H, Löcherer K-H, Müller H (2002) Moeller Grundlagen der Elektrotechnik, 19. Aufl. Teubner, Stuttgart

Führer A, Heidemann K, Nerreter W (1998) Grundgebiete der Elektrotechnik, Bd. 1, 7. Aufl. 2003; Bd. 2, 5. Aufl. Carl Hanser, München

Grafe H et al (1988) Grundlagen der Elektrotechnik, Bd. 1: Gleichspannungstechnik, 13. Aufl. Bd. 2: Wechselspannungstechnik, 12. Aufl. 1992. Verlag Technik, Berlin

Haase H, Garbe H, Gerth H (2009) Grundlagen der Elektrotechnik, 3. Aufl. Schöneworth Verlag, Hannover

Jackson JD (2002) Klassische Elektrodynamik, 3. Aufl. de Gruyter, Berlin

Jötten R, Zürneck H (1970/1972) Einführung in die Elektrotechnik, Bd. 1 und 2. Springer Vieweg, Braunschweig

Krämer H (1991) Elektrotechnik im Maschinenbau, 3. Aufl. Springer Vieweg, Braunschweig

Lehner G (2018) Elektromagnetische Feldtheorie, 8. Aufl. Springer, Berlin

Leuchtmann P (2005) Einführung in die elektromagnetische Feldtheorie. Pearson Studium, München

Lindner H, Brauer H, Lehmann C (1998) Taschenbuch der Elektrotechnik und Elektronik, 7. Aufl. Fachbuch, Leipzig

Lunze K (1991a) Theorie der Wechselstromschaltungen, 8. Aufl. Verlag Technik, Berlin

Lunze K (1991b) Einführung in die Elektrotechnik (Lehrbuch), 13. Aufl. Verlag Technik, Berlin

Lunze K, Wagner E (1991) Einführung in die Elektrotechnik (Arbeitsbuch), 7. Aufl. Verlag Technik, Berlin

Marinescu M (2012) Elektrische und magnetische Felder, 3. Aufl. Springer, Heidelberg

Mathis W, Reibiger A (2018) Küpfmüller – Theoretische Elektrotechnik, 20. Aufl. Springer, Berlin

Mäusl R, Göbel J (2002) Analoge und digitale Modulationsverfahren. Hüthig, Heidelberg

Mende D, Simon G (1994) Physik: Gleichungen und Tabellen, 11. Aufl. Fachbuch, Leipzig

Papoulis A (1980) Circuits and systems: a modern approach. Holt, Rinehart and Winston, New York

Paul R (1994) Elektrotechnik, Bd. 1: Felder und einfache Stromkreise, 3. Aufl. 1993; Bd. 2: Netzwerke, 3. Aufl. Springer, Berlin

Philippow E (1986) Taschenbuch Elektrotechnik, Bd. 1: Allgemeine Grundlagen, 3. Aufl. Carl Hanser, München

Piefke G (1973–1977) Feldtheorie, Bd. 1–3. Bibliographisches Institut., Mannheim

Prechtl A (1994/95) Vorlesungen über die Grundlagen der Elektrotechnik, Bd. 1/2. Springer, Wien

Pregla R (2004) Grundlagen der Elektrotechnik, 7. Aufl. Hüthig, Heidelberg

Profos P, Pfeifer T (Hrsg) (1997) Grundlagen der Messtechnik, 5. Aufl. Oldenbourg, München

Schrüfer E (1995) Elektrische Messtechnik, 6. Aufl. Carl Hanser, München

Schüßler HW (1991) Netzwerke, Signale und Systeme; Bd. 1: Systemtheorie linearer elektrischer Netzwerke; Bd. 2: Theorie kontinuierlicher und diskreter Signale und Systeme, 3. Aufl. Springer, Berlin

Seidel H-U, Wagner E (2003) Allgemeine Elektrotechnik, 3. Aufl. Carl Hanser, München

Simonyi K (1993) Theoretische Elektrotechnik. Wiley-VCH, Weinheim

Steinbuch K, Rupprecht W (1982) Nachrichtentechnik, 3. Aufl. Springer, Berlin

Tholl H (1976) Bauelemente der Halbleiterelektronik, Teil 1: Grundlagen, Dioden und Transistoren; Teil 2: Feldeffekt-Transistoren, Thyristoren und Optoelektronik, Bd 1978. Teubner, Stuttgart

Unbehauen R (1999/2000) Grundlagen der Elektrotechnik (2 Bde). 5. Aufl. Springer, Berlin

Wunsch G, Schulz H-G (1996) Elektromagnetische Felder, 2. Aufl. Verlag Technik, Berlin

Zinke O, Seither H (1982) Widerstände, Kondensatoren, Spulen und ihre Werkstoffe, 2. Aufl. Springer, Berlin

Energietechnik

Hans-Peter Beck

Zusammenfassung

Im Kapitel elektrische Energietechnik werden die Aspekte der Wandlung, Übertragung, Umformung und Nutzen des Sekundarenergieträgers Elektrizität aus Sicht der ingenieurtechnischen Grundlagen und Anwendungen beschrieben. Dazu werden die notwendigen Grundbegriffe eingeführt sowie der Anwendung physikalischer Grundlagen auf die einzelnen Teilgebiete der elektrischen Energietechnik abgeleitet. Entsprechend ihrer praktischen Bedeutung werden insbesondere die Bereiche Elektrische Maschinen, Übertragungsnetze und Wirkungen der elektrischen Strömung genauer behandelt. Durch die Entwicklung der Leistungshalbleiterelemente hinzu größeren Schaltleistungen haben sich in den letzten Jahrzehnten auch die entsprechenden Geräte (Umrichter) zur Umformung elektrischer Energie (Änderung der Frequenz, Amplitude, Phasenzahl, Phasenanlage) rasant geändert. Es wird eingehend dargestellt, welche diesbezüglichen Umformungsarten es gibt (Gleichrichter, Wechselrichter, Umrichter), auf welchen Grundprinzipien ihre Funktionen beruhen und welche Nutzungsmöglichkeiten sich daraus ergeben ("Digitalisierung" der elektrischen Energietechnik).

Die nachhaltige, wirtschaftliche und sichere Versorgung (▶ Kap. 9, "Nachhaltige Energieversorgung") der Bevölkerung mit elektrischer Energie und eine rationelle und umweltschonende Anwendung ist eine der wichtigsten Aufgaben der Infrastruktur unserer Volkswirtschaft. Sie ist eine Voraussetzung für ein Leben in geordneten sozialen Verhältnissen. Mit ihr beschäftigen sich heute mehr Wissenschaftler, Ingenieure und Techniker als je zuvor. Dieser Trend wird sich voraussichtlich auch in Zukunft fortsetzen, weil die Sekundärenergieform "Elektrizität" gegenüber anderen Energieformen bedeutende Vorteile aufweist:

- Sie erlaubt es, im Grundsatz jede Primärenergiequelle auszunutzen und zwar unabhängig davon, ob es sich um fossile Energiestoffe (Kohle, Gas, Öl), Kernbrennstoffe oder um regenerative Energiequellen (Wind, Biomasse, Sonnenenergie, Geothermie, etc.) handelt.
- Sie lässt sich rasch, zuverlässig, sauber und verlustarm bis zum Endabnehmer verteilen und mit gutem Wirkungsgrad in alle Nutzenergieformen umwandeln. Solche vollständig umwandelbaren Energieanteile werden in der Thermodynamik "Exergie", die nichtumwandelbaren "Anergie" genannt. Elektrische Ener-

H.-P. Beck (✉)
Institut für Elektrische Energietechnik und
Energiesysteme, Technische Universität Clausthal,
Clausthal-Zellerfeld, Deutschland
E-Mail: beck@iee.tu-clausthal.de

gie ist fast reine Exergie (Kap. „Grundlagen der Technischen Thermodynamik", Abs. 1.6.2)

- Sie ist einfach und genau zu messen, zu steuern und zu regeln.
- Sie ist für die Informationsverarbeitung (▶ Kap. 20, „Theoretische Informatik") praktisch unverzichtbar.

Diesen Vorteilen stehen allerdings auch Nachteile gegenüber, die zu Restriktionen bei der Anwendung elektrischer Energie führen:

- Sie lässt sich nicht unmittelbar speichern. In jedem Augenblick muss von den Kraftwerken genauso viel Leistung abgegeben werden, wie die Endabnehmer fordern, zuzüglich eines Zuschlages für die im allgemeinen unter 10 % bleibenden Übertragungsverluste der Netze.
- Sie wird heute zum überwiegenden Teil durch Wärmekraftmaschinen erzeugt, die Wärme nur beschränkt in elektrische Energie umwandeln können. Nur in modernen *Gas-* und *Dampftur-binen-(GuD)-Kraft-werken* können Wirkungsgrade über 50 % verwirklicht werden.
- Ihre Übertragung ist an Leitungen gebunden. Freileitungen beeinflussen das Landschaftsbild, Erdkabel können bei großen Leistungen das Erdreich erwärmen und sind aufwändig zu installieren.
- Die erforderlichen Kraftwerke, Transport- und Verteilnetze sind sehr kapitalintensiv, insbesondere wenn eine hohe Verfügbarkeit gewährleistet werden soll.

Der hohe Kapitalbedarf verlangt Bedarfsanalysen und langfristige Kraftwerks- und Netzplanung, wobei die wünschenswerte Einbindung von regenerativen Energiequellen berücksichtigt werden muss.

Die Einbindung regenerativer Energiequellen stellt heute kein unlösbares technisches Problem dar. Es ist vielmehr eine Frage der Wirtschaftlichkeit und des politischen Willens der Beteiligten (Energiewende). Die heute existierenden, flächendeckenden Stromversorgungseinrichtungen bieten, durch die Energieverbundwirtschaft, die Möglichkeit, die mit regenerativen Energiequellen erzeugte elektrische Energie anwenderfreundlich bis zum Endverbraucher zu verteilen. Aus diesem Grunde bringt die Anwendung der elektrischen Energie sehr gute Voraussetzungen mit, um den in künftigen Jahrzehnten notwendigen Übergang von den fossilen auf die regenerativen Energieträger wesentlich mitzugestalten.

Zur Energietechnik sind innerhalb der Elektrotechnik folgende Fachgebiete zu rechnen:

- Energiewandlung (umgangssprachlich auch Energieerzeugung genannt, Happoldt und Oeding 1978)
- Energietransport und -verteilung (Hosemann und Boeck 1987)
- Energiespeicherung (Hosemann und Boeck 1987; Küpfmüller et al. 2007; Wossen und Weydanz 2006)
- Energieflusssteuerung (Leistungselektronik, Hütte, Bd. 2, 1978b; Undeland et al. 2016; Pelczar 2012)
- Energienutzung (Antriebstechnik, Elektrothermische Prozesstechnik, Lichttechnik etc., Küpfmüller et al. 2007; Fischer 2009; Hütte, Bd. 1, 1978a)
- Elektrizitätswirtschaft (Crastan und Westermann 2012; Erdmann und Zweifel 2010)

4.1 Grundlagen der Energiewandlung

4.1.1 Grundbegriffe

4.1.1.1 Energie, Arbeit, Leistung, Wirkungsgrad

Elektrische Energie ist ohne grundsätzliche physikalische Einschränkung, wie sie z. B. der 2. Hauptsatz in der Thermodynamik (Carnot-Wirkungsgrad) darstellt, in andere Energieformen umwandelbar, wobei sich die Umwandlungsverluste gering halten lassen. Ihre Höhe ist durch die Bemessung der verwendeten Betriebsmittel beeinflussbar und damit im Wesentlichen eine Frage wirtschaftlicher Abwägung.

Ist W eine übertragene oder umgesetzte Arbeit, dann ist

$$P = \frac{dW}{dt} \qquad (1)$$

die zugehörige momentane Leistung.

Ein Teil der umgesetzten Leistung kommt nicht dem gewünschten Ziel zugute und geht dem Prozess „verloren". Die übliche, wenn auch nicht korrekte Bezeichnung dafür ist „Verluste" (P_V).

Der Leistungswirkungsgrad, kurz *Wirkungsgrad η*, ist das Verhältnis von abgegebener Leistung zur aufgenommenen Leistung eines Betriebsmittels oder einer Übertragungsstrecke.

$$\eta = \frac{P_{ab}}{P_{zu}} = \frac{P_{ab}}{P_{ab} + P_V} \qquad (2)$$

Gelegentlich wird mit dem Arbeitswirkungsgrad (Nutzungsgrad) gerechnet, bei dem man das Verhältnis zwischen ab- und zugeführter elektrischer Arbeit bildet.

4.1.1.2 Energietechnische Betrachtungsweisen

Die wichtigste Form, in der elektrische Energie angewandt und erzeugt wird, ist 3-phasiger Drehstrom (Abb. 1; ▶ Abschn. 2.2 in Kap. 2, „Anwendungen linearer elektrischer Netzwerke"). Daraus abgeleitet wird zum Betrieb kleinerer Verbraucher (<5 kW) auf der Niederspannungsebene (≤1000 V) einphasiger Wechselstrom (unsymmetrische Belastung) (Tab. 1).

Bildet man die Momentanleistung aus den drei Strangströmen i_1, i_2, i_3 und den zugehörigen Strangspannungen u_1, u_2, u_3

$$P(t) = u_1 i_1 + u_2 i_2 + u_3 i_3 \qquad (3)$$

als Summe der Leistungen aller drei Stränge, so erhält man bei symmetrischer Last die konstante Leistung

$$P = \frac{3}{2} \hat{u}_s \hat{i} \cos\varphi \qquad (4)$$

oder in Effektivwerten (I: Strangstrom, U_s: Strangspannung, U_V: verkettete Spannung):

$$P = 3\, U_s I \cos\varphi = \sqrt{3}\, U_V I \cos\varphi \qquad (5)$$

Eine einzelne Teilleistung aus (3), die die Leistung eines Wechselstromsystems darstellt, pulsiert mit doppelter Netzfrequenz ($2f$). Bei der Summation der Teilleistungen zur Gesamtleistung des Drehstromsystems heben sich die pulsierenden Anteile auf. Die Leistung wird also durch symmetrischen Drehstrom kontinuierlich und nicht pulsierend übertragen, d. h. Verbraucher und Generator arbeiten mit zeitlich konstantem Leistungsfluss.

Ist der Verbraucher ein Drehstrommotor, so berechnet sich dessen Drehmoment $M = P/\omega$. Da der Leistungsfluss P nicht pulsiert, ist auch das Drehmoment bei $\omega = konst.$ zeitlich konstant. Die gleiche Überlegung gilt für den Generator.

4.1.1.3 Definitionen
Wirkleistung P

(a) *Wechselstrom (einphasig):*

$$P = UI \cos\varphi, \qquad (6)$$

mit P als Mittelwert der zeitlich pulsierenden Leistung, sofern Spannung und Strom sinusförmig und gegeneinander um den Phasenwinkel φ verschoben sind.

Abb. 1 Symmetrisches Drehspannungssystem u_{12}, u_{23}, u_{31} verkettete Spannung u_1, u_2, u_3 Strangspannungen, **a)** symmetrischer Verbraucher, **b)** einphasiger Verbraucher

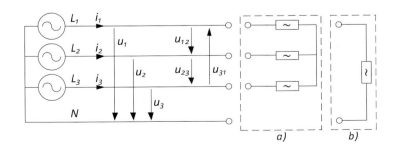

Tab. 1 Typische elektrische Leistungen

Gerät, Prozess	Leistung P
Signal in Fernsehempfangsantenne	$10\ nW$
Leuchtdiode	$10 - 100\ mW$
Glühlampen / Energiesparlampen	$0,1 \dots 500\ W$
Lichtmaschine in Kfz	$400 - 1000\ W$
Dauerleistung aus 16-A-Steckdose (einphasig)	$3,5\ kW$
E-Lokomotive	$2 \dots 6\ MW$
Synchrongenerator (Kraftwerk)	$\dots 1300\ MW$

(b) *Drehstrom*

$$P = 3\,U_S I \cos\varphi = \sqrt{3}\,U_V I \cos\varphi. \qquad (7)$$

Die Übertragungsleistung P ist nicht pulsierend.

Scheinleistung S

(a) *Wechselstrom (einphasig):*

$$S = UI, \qquad (8)$$

(b) *Drehstrom:*

$$S = 3\,U_S I = \sqrt{3}\,U_V I. \qquad (9)$$

Die Scheinleistung S ist ein Produkt der Effektivwerte von Strom und Spannung, wobei S nur eine Rechengröße ist, da sie entgegen (10) und (11) nicht maßgebend für die übertragene Wirkleistung ist. S ist für die Auswahl von Betriebsmitteln entscheidend, deren Beanspruchung unabhängig von der Phasenlage des Stromes ist, z. B. Transformatoren und Leitungen. Die Angaben erfolgen nicht in der physikalischen Einheit Watt (W), sondern in der Einheit (VA).

Blindleistung Q

(a) *Wechselstrom (einphasig):*

$$Q = UI \sin\varphi, \qquad (10)$$

(b) *Drehstrom:*

$$Q = 3\,U_S I \sin\varphi = \sqrt{3}\,U_V I \sin\varphi. \qquad (11)$$

Die Blindleistung Q ist ein formales Produkt (oder bei Drehstrom die Summe der Produkte) aus Spannung und derjenigen Komponente des Stromes $I \sin\varphi$, die im Mittel nichts zur Übertragung von elektrischer Arbeit beiträgt. Die Angabe erfolgt in Var (var).

Andere Darstellungen:

Statt der zeitabhängigen Funktionen für die Größen des symmetrischen Drehstromsystems werden vorzugsweise bei der Behandlung unsymmetrischer Fehler (z. B. bei der Kurzschlussberechnung) andere Darstellungen bevorzugt. Beim Verfahren der „symmetrischen Komponenten" (Hosemann und Boeck 1987), transformiert man das Drehstromsystem in einen Bildraum, in dem symmetrische Mit-, Gegen- oder Nullkomponenten auftreten. Auch werden die Ersatzschaltbilder der Betriebsmittel (Maschinen, Leitungen, Transformatoren, Fehlerstellen) in diesen Bildbereich transformiert. Nach Berechnung der im Bildbereich symmetrischen, und damit einfacher zu behandelnden Vorhänge, wird ggf. zurücktransformiert und man erhält die Auswirkungen auf das Originalnetz.

4.1.2 Elektrodynamische Energiewandlung

4.1.2.1 Energiedichte in magnetischen und elektrischen Feldern

Die Umwandlung mechanischer in elektrische Energie (Generator) sowie die Wandlung elektrischer in mechanische Energie (Motor) ist prinzipiell sowohl unter Ausnutzung der elektrischen als auch der magnetischen Feldstärke möglich. In der Technik kommt bis auf wenige Ausnahmen nur die Verwendung der magnetischen Kraftwirkungen zur Anwendung, da die unter technisch realisierbaren Feldstärken erzielbaren Energiedichten im Magnetfeld wesentlich größer sind als im elektrischen Feld (Küpfmüller et al 2007).

Bei einer elektrischen Feldstärke von E $= 1$ kV/mm (unterhalb der Durchbruchfeldstärke für Luft) ist die Energiedichte (vgl. ▶ Abschn. 3.2.8 in Kap. 3, „Elektromagnetische Felder und Wellen")

$$w = \frac{1}{2}\varepsilon_0 E^2 = 4{,}4\,J/m^3 \quad . \qquad (12)$$

Im Magnetfeld der Flussdichte $|B| = 1{,}5\,T$, das Eisen befindet sich hierbei schon im Sättigungsbereich, beträgt die Energiedichte (vgl. ► Abschn. 3.5.2 in Kap. 3, „Elektromagnetische Felder und Wellen")

$$w = \frac{1}{2}\frac{B^2}{\mu_0} = 0{,}9 \cdot 10^6 \; J/m^3 \quad . \qquad (13)$$

Die Energiedichte des magnetischen Feldes ist also um mehr als 5 Zehnerpotenzen größer als im Fall des angenommenen elektrischen Feldes.

4.1.2.2 Energiewandlung in elektrischen Maschinen

Allen elektrodynamischen Energiewandlern (Generatoren, Motoren, Schallwandlern) ist das Prinzip gemeinsam, dass sich ein stromdurchflossenes Leitersystem in einem Magnetfeld befindet und dass Strom und Feld gegeneinander Relativbewegungen ausführen können. Im Schema der Elementarmaschine (Abb. 2) ist ein ortsfestes und zeitlich konstantes Feld der Flussdichte B angenommen, in dem senkrecht zur Flussrichtung ein Leiter der Länge l den Strom i führen kann. Die Art der Stromzuführung, die vom Maschinentyp abhängig ist, wird schematisch durch flexibel angenommene Leitungen dargestellt.

u_i ist die durch Bewegung induzierte Spannung. Der Widerstand R soll die Leiterverluste symbolisieren, und u ist eine von außen wirkende „Betriebsspannung". Die Rückwirkung, die der Leiterstrom auf das Feld hat, und die bei vielen elektrischen Maschinen große Bedeutung für das Betriebsverhalten hat, wird durch das obige Schema nicht erfasst.

Unabhängig von einer Bewegung des Leiters entsteht eine Kraft (z. B. Teil der Umfangskraft bei einer rotierenden Maschine, Rechtssystem, B, l ,F senkrecht zueinander)

$$F = ilB. \qquad (14)$$

Bewegt sich der Leiter in x-Richtung mit der Geschwindigkeit v, so ist die Flussänderung in der Leiterschleife

$$d\Phi = B\,dA = Bl\,dx \qquad (15)$$

und bei zeitlich und örtlich konstanter Flussdichte

$$u_i = \frac{d\Phi}{dt} = Bl\frac{dx}{dt} = Blv. \qquad (16)$$

Der Momentanwert der dabei umgesetzten mechanischen Leistung,

$$P_{mech} = Fv, \qquad (17)$$

entspricht dem Momentanwert der „inneren" elektrischen Leistung

$$P_{el} = u_i i. \qquad (18)$$

Sie unterscheidet sich um die „Verluste"

$$P_V = (u - u_i)i = i^2 R, \qquad (19)$$

Abb. 2 Elementarmaschine

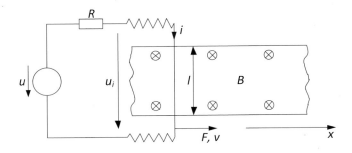

von der außen, an den Maschinenklemmen wirksamen Leistung

$$P = ui. \tag{20}$$

Bewegt sich der Leiter stromlos, d. h., sind induzierte und äußere Spannung im Gleichgewicht, so stellt sich eine Leerlaufgeschwindigkeit

$$v_o = \frac{u}{Bl} \quad mit \ u = u_i \tag{21}$$

ein. Wird der Leiter abgebremst, also $v < v_0$ und $u_i < u$, so gibt er mechanische Leistung ab, die er zuzüglich der Verluste P_V, der Spannungsquelle u als elektrische Leistung entnimmt (Motor). Wird der Leiter in Richtung der Bewegung angetrieben, $v > v_0$, $u_i > u$, so kehrt sich der Strom gegenüber dem Motorbetrieb um und die dem Leiter zugeführte mechanische Leistung fließt, abzüglich der Verluste, der Spannungsquelle als elektrische Leistung zu (Generator).

Der Anordnung der „Elementarmaschine" entsprechen Energiewandler, von denen nur eine begrenzte translatorische, u. U. oszillierende, Bewegung verlangt wird (z. B. Lautsprecher/Mikrofone, Aktuatoren in Plattenlaufwerken).

Rotierende Maschinen

Elektrische Maschinen bestehen aus einem zylindrischen Stator S, siehe Abb. 3a, und einem Rotor R, der innerhalb der „Bohrung" des Stators im Abstand des Luftspaltes L drehbar gelagert ist. Die dem Luftspalt benachbarten Zonen von Stator und Rotor sind mit Längsnuten versehen, in die der jeweiligen Bauart entsprechende Wicklungen eingelegt sind.

Bei einigen Maschinentypen sind Rotor oder Stator nicht als rotationssymmetrische Körper ausgebildet, sondern es handelt sich um Rotoren bzw. Statoren mit ausgeprägten Polen mit den sogenannten Polschuhen als Abschluss (Abb. 3b).

Drehmoment und Bauvolumen.

Mit dem Strombelag a, der die Stromstärke pro Umfangseinheit an der Luftspaltoberfläche angibt und der wirksamen Leiterlänge l ergibt sich das Element der Umfangskraft zu

$$dF = a(x)dx \ lB(x), \tag{22}$$

und damit das Element des Drehmomentes zu

$$dM = a(x)dx \ lB(x)r. \tag{23}$$

Unter der idealisierenden Annahme rechteckförmiger Verteilung von Strombelag a und Flussdichte B über dem Umfang sowie der Polpaarzahl $p = 1$ ergibt sich für das Drehmoment

$$M = \int_{x=0}^{2\pi r} dM = aBl \cdot 2\pi r^2, \tag{24}$$

$$M = aB \cdot 2V \tag{25}$$

mit dem Volumen des Läufers $V = \pi r^2 l$. Da die Größe des Strombelages die Wicklungserwärmung bestimmt und damit auch in den Wirkungsgrad eingeht, sind ihm enge Grenzen gesetzt ($a = 200 \ldots 900 \ A/cm$).

Ebenso ist die maximale Flussdichte durch die Sättigungseigenschaften des verwendeten Eisens begrenzt. Ein Vergleich von Maschinen unter-

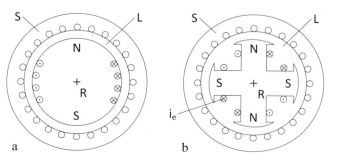

Abb. 3 **a** Schematischer Querschnitt der rotationssymmetrischen Maschine mit Polpaarzahl $p = 1$; **b** Schematischer Querschnitt durch Maschine mit ausgeprägten Polen ($p = 2$) im Rotor (N: Nordpol, S: Südpol)

schiedlicher Größe, jedoch gleicher Bauart, zeigt gemäß (25), dass das erzielbare Drehmoment proportional dem Läufervolumen ist. Damit bestimmt das Drehmoment M auch das Gesamtvolumen ($\approx 10\ Nm/m^3$) und im Wesentlichen das Gewicht der Maschine.

Auch bei anderen Verteilungen der Feldgrößen über dem Umfang, wie der bei Drehfeldmaschinen angestrebten sinusförmigen Verteilung, trifft diese Aussage zu. Lediglich sind in (23) dann andere räumliche Verläufe der Feldgrößen einzusetzen.

Die mechanische Wellenleistung P_{mech} einer Maschine ist

$$P_{mech} = M\omega_{mech} \qquad (26)$$

mit der Kreisfrequenz ω_{mech} der Rotation. Die Leistung geht über das Drehmoment in die Baugröße ein. Demgemäß drehen Maschinen mit niedrigem Leistungsgewicht mit möglichst hohen Drehzahlen.

4.1.2.3 Kommutatormaschinen

Bei Kommutatormaschinen wird das Feld B von Erregerpolen geführt, die über eine Erregerwicklung die Durchflutung (vgl. ▶ Abschn. 3.4.5 in Kap. 3, „Elektromagnetische Felder und Wellen") erhalten. Bei kleineren Gleichstrommaschinen werden auch Permanentmagnete eingesetzt. Ein Rotor („Anker") aus geblechtem Eisen dreht sich relativ zum Feld. Er trägt in Nuten eine Wicklung, deren einzelne Wicklungsstränge zu einem Polygon zusammengeschaltet sind. Die Ecken des Polygons sind an Lamellen eines Kollektors angeschlossen, der mit dem Rotor umläuft. Die Stromzuführung zu den Lamellen des Kollektors

erfolgt über Gleitkontakte (Bürsten) in der Weise, dass, unbeschadet der Rotation, stets gleichbleibende Zuordnung von Strom- und Feldrichtung auftritt, d. h., die Umfangskraft in allen Leitern in gleicher tangentialer Richtung zeigt. Gleichzeitig sorgt die Weiterschaltung des Leiterstroms von der ablaufenden zur auflaufenden Lamelle (Kommutierung) auch für die geeignete Zuordnung der Polaritäten von induzierter Spannung $u_i = u_{12}$ und Klemmenspannung $|u_{12}|$ ($|\bar{u}_{12}|$: arithmetischer Mittelwert) an den Klemmen (Abb. 4).

Kommutatormaschinen werden als Motoren mit Gleichstromspeisung für Antriebe eingesetzt, die ein kontinuierlich steuerbares Drehmoment und Drehzahl haben sollen.

Im Grunddrehzahlbereich wird die Drehzahl über die Ankerspannung $|\bar{u}_{12}|$ gesteuert. Zur Speisung werden heute leistungselektronische Geräte verwendet. Oberhalb des Grunddrehzahlbereiches kann durch Feldschwächung die Drehzahl nochmals erhöht werden. Aus Gründen einer oberen Grenze für den Ankerstrom (Erwärmung, Kommutierung) wird das erreichbare Drehmoment mit zunehmender Feldschwächung kleiner.

Sollen Kommutatormaschinen mit Wechselstrom betrieben werden, müssen die zeitlichen Verläufe von Fluss und Ankerstrom übereinstimmen. Erreicht wird dies durch Reihenschaltung der entsprechend bemessenen Erreger- und Ankerwicklung. Als einphasiger Universalmotor hat diese Form des Reihenschlussmotors erhebliche Bedeutung bis zur Leistung von etwa 3 kW (bis 20.000 min^{-1}), da die Kommutatormaschinen in ihrer Drehzahl unabhängig von der Netzfrequenz sind.

Die Kommutierung wird durch zusätzliche Wendepole, deren Wicklung vom Ankerstrom

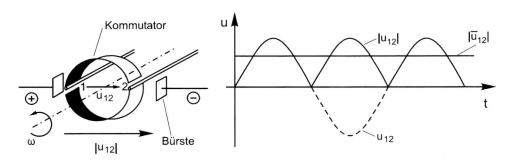

Abb. 4 Kommutatorprinzip

durchflossen ist, verbessert. Die Kompensationswicklung, die ebenfalls vom Ankerstrom durchflossen wird, hebt das Ankerfeld ganz oder teilweise auf (Kompensation der Ankerrückwirkung). Dadurch ergibt sich auch eine Verbesserung der Kommutierung (kein „Bürstenfeuer") und eine Verbesserung der dynamischen Eigenschaften. (Hütte, Bd. 1, 1978a)

4.1.2.4 Magnetisches Drehfeld

In Abb. 5 sind drei gleiche Spulen an eine symmetrische Drehspannungsquelle u_1, u_2, u_3 angeschlossen. Die Spulenachsen sind um jeweils $2\pi/3 \, \hat{=} \, 120^{\circ}$ entsprechend den Phasenwinkeln des Drehspannungssystems räumlich gegeneinander versetzt ($\varphi_{el} = -\varphi_{mech}$), die räumlichen Einheitsvektoren der Achsrichtung lauten:

$$\boldsymbol{E}_1 = e^{j0}, \quad \boldsymbol{E}_2 = e^{j\frac{2\pi}{3}}, \quad \boldsymbol{E}_3 = e^{j\frac{4\pi}{3}}.$$

In jeder Achsrichtung bildet sich stromflussbedingt (i_1, i_2, i_3) ein magnetisches Wechselfeld aus:

$$b(t) = \hat{b} \cdot \cos(\omega t + \alpha), \qquad (27)$$

wobei α der Phasenlage des jeweiligen Stromes entspricht, im Dreiphasensystem also 0, $-2\pi/3$, $-4\pi/3$. Eine Multiplikation dieser Wechselfelder mit dem entsprechenden Einheitsvektor und Addition der Produkte liefert die Flussdichte im Koordinatenursprung:

$$b(t) = \hat{b} \cdot \cos(\omega t - 0) \cdot e^{j0}$$
$$+ \hat{b} \cdot \cos\left(\omega t - \frac{2\pi}{3}\right) \cdot e^{j\frac{2\pi}{3}}$$
$$+ \hat{b} \cdot \cos\left(\omega t - \frac{4\pi}{3}\right) \cdot e^{j\frac{4\pi}{3}},$$

$$b(t) = \frac{\hat{b}}{2} \cdot \left[e^{j\omega t} + e^{-j\omega t} + e^{j\omega t} + e^{-j\omega t} \cdot e^{j\frac{4\pi}{3}} + e^{j\omega t} + e^{-j\omega t} \cdot e^{j\frac{8\pi}{3}} \right],$$

und wegen

$$e^{-j\omega t} \cdot \left(e^{j0} + e^{j\frac{4\pi}{3}} + e^{j\frac{8\pi}{3}} \right) = 0,$$

$$b(t) = \frac{3}{2} \cdot \hat{b} \cdot e^{j\omega t}$$

ein Drehfeld, welches sich durch einen Raumzeiger konstanter Länge ($3/2 \cdot \hat{b}$) und konstanter Winkelgeschwindigkeit ω darstellen lässt (Drehfeld). Etwaige Unsymmetrien der Spannungen oder der Spulen erzeugen ein überlagertes gegenläufiges Drehfeld ($e^{-j\omega t}$), was zu einer Erhöhung der Verluste führt und die Transportkapazität des Netzes beschränkt.

In realen Maschinen sind die Spulen der Drehstromwicklung ($1 - 1'$, $2 - 2'$, $3 - 3'$) über dem Umfang verteilt (Abb. 6).

Die Wicklungsanordnung bewirkt, dass das von den Spule ausgehende Feld im Luftspalt eine

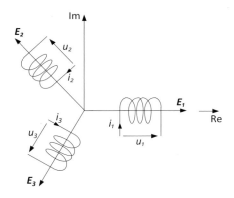

Abb. 5 Zur Entstehung eines magnetischen Drehfeldes

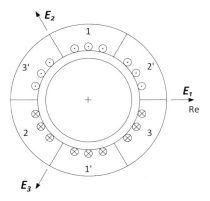

Abb. 6 Schema einer Drehstromwicklung

annähernd sinusförmig Verteilung aufweist. Die Anwendung der vorhergehenden Überlegung auf diese Verteilung ergibt eine als Drehfeld im Luftspalt umlaufende Welle der Flussdichte $b(j\omega t)$.

Die gleichen Überlegungen gelten auch für die umlaufende Welle des Strombelages $a(j\omega t)$. Abb. 5 stellt eine Wicklung mit der Polpaarzahl $p = 1$ dar. Bei größeren Polpaarzahlen werden p derartiger Spulenanordnungen am Umfang verteilt untergebracht, wobei das Einzelsystem auf den Bogen $2\pi/p$ zusammengedrängt wird. Allgemein gilt für die Kreisfrequenz ω_D des Drehfeldes

$$\omega_D = \frac{\omega_1}{p} \qquad (28)$$

mit der Winkelgeschwindigkeit aus der Drehstromfrequenz ω_1.

4.1.2.5 Synchronmaschine

Der Stator trägt eine Drehstromwicklung der Polpaarzahl p, der Rotor eine vom Erregergleichstrom i_e (Abb. 3) durchflossene Wicklung derselben Polpaarzahl. Der Erregerstrom i_e wird über Schleifringe oder auch über eine weitere Drehfeldmaschine mit rotierendem Gleichrichter, die sog. Erregermaschine, dem Rotor zugeführt.

Die an das Drehstromnetz angeschlossene Statorwicklung erzeugt ein umlaufendes Drehfeld, deren Kreisfrequenz ω_D von der Winkelgeschwindigkeit des Netzes ω_N und der Polpaarzahl p abhängt:

$$\omega_D = \frac{\omega_N}{p} \qquad (29)$$

Der Rotor dreht sich im normalen stationären Betrieb mit der synchronen Drehzahl n_D. Sein Gleichfeld wird mit ω_D in Richtung des umlaufenden Statorfeldes gedreht. Beide mit gleicher Geschwindigkeit umlaufenden Felder addieren sich zu einem resultierenden Drehfeld, welches für Spannungsbildung und Drehmomenterzeugung maßgebend ist. Entscheidend für die Größe des resultierenden Feldes ist der räumliche Winkel zwischen Stator- und Rotorfeld.

Für stationäre Betriebsverhältnisse (Hauptanwendungsfall: Generator in Kraftwerken) lässt sich der Turbogenerator im einfachsten Fall durch ein Ersatzschaltbild nachbilden (Happoldt und Oeding 1978).

Die innere Spannung $\underline{E}$, die sog. Polradspannung, und die Klemmenspannung $\underline{U}$ unterscheiden sich durch den Spannungsabfall, den der Laststrom $\underline{I}$ an der Hauptfeldreaktanz X hervorruft. Diese beschreibt die Wirkung der Felder innerhalb der Maschine:

$$\underline{E} = \underline{U} + jX\underline{I}, \qquad \underline{I} = -\frac{\underline{U}}{jX} + \frac{\underline{E}}{jX}. \qquad (30)$$

Ist θ der Winkel zwischen $\underline{E}$ und $\underline{U}$ (Polradwinkel) und φ der Phasenwinkel zwischen $\underline{U}$ und $\underline{I}$, so beträgt die Wirkleistung (Abb. 7).

$$P = 3UI\cos\varphi = \frac{3|\underline{E}||\underline{U}|}{X}\sin\theta. \qquad (31)$$

Für das Moment gilt

$$M = p\frac{P}{\omega} = \frac{3p}{\omega} \cdot \frac{|\underline{E}||\underline{U}|}{X}\sin\theta. \qquad (32)$$

Das den Generator antreibende (oder den Synchronmotor belastende) Moment darf den Scheitelwert, der sich aus (32) ergibt, nicht überschreiten ($\theta < 90°$) und muss bei Winkeländerungen (Lastschwankungen) zu einem stabilen Punkt zurückkehren. Grenzlagen des Polradwinkels sind $\theta = 0°$ und $90°$.

Die Regelung für den Generator greift an zwei Stellen ein:

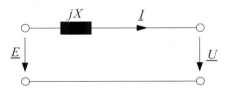

Abb. 7 Vereinfachtes Ersatzschaltbild des Synchronturbogenerators (Polradspannung $\underline{E}$, Klemmenspannung $\underline{U}$, Laststrom $\underline{I}$ und Hauptfeldreaktanz X)

1. Über den Erregerstrom i_e als Stellgröße wird der Betrag von $\underline{E}$ und damit der Blindleistungsaustausch zwischen Generator und Netz beeinflusst.
2. Das Drehmoment des Antriebes (Turbine) ist Stellgröße für die vom Generator abgegebene Wirkleistung. Die statische Einstellung des Turbinenreglers ist so vorzunehmen, dass mit fallender Frequenz (steigende Last) die Wirkleistungsabgabe steigt.

4.1.2.6 Asynchronmaschinen

Asynchronmaschinen enthalten in ihrem Stator eine Drehstromwicklung der Polpaarzahl p. Der Rotor, auch Läufer genannt, enthält bei der Schleifringausführung eine Drehstromwicklung mit derselben Polpaarzahl wie der Stator, deren Anschlüsse über Schleifringe und Bürsten von außen zugänglich sind. Über diese Anschlüsse können Widerstände zur Anlaufhilfe bei Schweranlauf oder leistungselektronische Komponenten (frequenz- und spannungsvariable Drehspannungsquellen) zur Verstellung der Drehzahl mit Rückspeisung der Schlupfleistung (Gl. 37) angeschlossen werden.

Bei der häufig verwendeten Käfigläuferausführung (Kurzschlussläufer) besteht die Rotorwicklung aus Stäben, die an den Stirnseiten des Rotors untereinander kurzgeschlossen sind. Die Vielzahl der Stäbe hat die magnetische Wirkung einer vielphasigen, in sich kurzgeschlossenen Drehstromwicklung. Die Ausdehnung der Stäbe in radialer Richtung ist in fast allen Fällen größer als in Richtung des Rotorumfanges (Stromverdrängungsläufer mit $R_2(\omega_2)$ zur Verbesserung des Anlaufverhaltens).

Meistens wird der Stator an ein Drehstromnetz konstanter Spannung und Frequenz angeschlossen. Die Drehzahl ist dann eng an die durch Netzfrequenz f_N und Polpaarzahl p bestimmte synchrone Drehzahl $n_0 = f_N/p$ gebunden ($n \approx 0{,}95\,n_0 \cdots 0{,}97\,n_0$ im Motorbetrieb).

Sollen Drehzahl und/oder Drehmoment steuerbar sein, so erfolgt die Speisung leistungselektronisch aus dem Drehstrom- oder Gleichstromnetz über Umrichter (s. Kap. „Starke und schwache Wechselwirkung: Atomkerne und Elementarteilchen") mit variabler Frequenz und Spannung. Der

Drehstrom erzeugt ein Drehfeld (Abs. 16.2.4), welches in Bezug auf ein statorfestes Koordinatensystem mit der Kreisfrequenz $\omega_{el} = \omega_D = \omega_1/p$ (ω_1 = Kreisfrequenz des Statorstromes) rotiert

Von der Differenz der Rotationskreisfrequenz des Drehfeldes ω_{el} und der Rotationskreisfrequenz des Läufers ω_{mech} hängt die Kreisfrequenz ω_2 des Läuferdrehstromsystems ab:

$$\omega_2 = \omega_{el} - \omega_{mech}. \tag{33}$$

Der Schlupf

$$s = \frac{\omega_2}{\omega_{el}} = \frac{\omega_{el} - \omega_{mech}}{\omega_{el}} = \frac{n_0 - n}{n_0}. \tag{34}$$

gibt die relative Abweichung der mechanischen Drehzahl von der des Drehfeldes an (Abb. 8).

n Drehzahl des Läufers
$n_0 = f_1/p$ synchrone Drehzahl (Drehzahl im verlustfreien Leerlauf der Maschine)
f_1 Frequenz der angelegten Drehspannung

Die induzierte Läuferspannung ($U_2 \sim \omega_2$) prägt in der kurzgeschlossenen Läuferwicklung einen Drehstrom ein. Bezogen auf das Läufersystem zeigt er die Kreisfrequenz ω_2. Vom Stator aus betrachtet hat der Läuferstrom aufgrund der Rotation des Läufers die Kreisfrequenz ω_{el}. Damit kann er zusammen mit dem Ständerdrehfeld, welches ebenfalls mit ω_{el} rotiert, ein Drehmoment M entwickeln (Synchronmaschinen-Prinzip).

Vernachlässigt man den Statorwiderstand R_1, so überträgt das Drehfeld die Wirkleistung

$$P_{el} = 3\,Re\,\left\{\underline{U}_1\underline{I}_1^*\right\} = 3 U_1 I_1 \cos\varphi_1 \tag{35}$$

auf den Rotor.

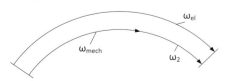

Abb. 8 Drehrichtung von Läufer ($\boldsymbol{\omega_{mech}}$), Drehfeld ($\boldsymbol{\omega_{el}}$) und Läufer-Drehstromsystem ($\boldsymbol{\omega_2}$)

Diese Leistung teilt sich auf in die mechanische Leistung

$$P_{mech} = (1-s)P_{el} \qquad (36)$$

und die im Läuferwiderstand umgesetzte Verlustleistung (Schlupfleistung P_S)

$$P_S = P_{vl} = sP_{el}. \qquad (37)$$

Nach Umrechnung auf die Statorwicklungszahl (vgl. ▶ Abschn. 2.1.2 in Kap. 2, „Anwendungen linearer elektrischer Netzwerke", (Hosemann und Boeck 1987) ist

$$P_{mech} = 3(1-s)U_1^2 \frac{R_2/s}{(R_2/s)^2 + X_\sigma^2} \qquad (38)$$

mit umgerechnetem Läuferwiderstand R_2, umgerechneter Streureaktanz X_σ und umgerechneter Läuferspannung U_l, wobei $U_l \approx U_1$.

Damit ist das Moment

$$M = \frac{P_{mech}}{\omega_{mech}} = \frac{P_{mech}}{(1-s)\omega_{el}} = \frac{3U_1^2}{\omega_{el}X_\sigma} \frac{1}{\dfrac{R_2}{sX_\sigma} + \dfrac{sX_\sigma}{R_2}} \qquad (39)$$

mit $\omega_{el} = 2\pi f_1/p$.

Beim sog. Kippschlupf

$$s_{kp} = \frac{R_2}{X_\sigma} \qquad (40)$$

durchläuft das Moment ein Maximum, das Kippmoment M_{kp}.

Bezieht man das Moment darauf und führt den Kippschlupf s_{kp}, als charakteristische Größe mit ein, so gilt für das Moment unter Verwendung des Kippmoments

$$M_{kp} = \frac{3U_1^2}{2\omega_{el}X_\sigma} \qquad (41)$$

die Kloß'sche Gleichung

$$\frac{M}{M_{kp}} = \frac{2}{\dfrac{s}{s_{kp}} + \dfrac{s_{kp}}{s}} \qquad (42)$$

Abb. 9 stellt diesen Zusammenhang für $0 \le s \le 1$ grafisch dar.

Tab. 2 zeigt zusammengefasst die Betriebsarten der Asynchronmaschine.

Im Anlauffall $s = 1$ stellt die Maschine elektrisch einen kurzgeschlossenen Transformator dar (vgl. ▶ Abschn. 2.1.3 in Kap. 2, „Anwendungen linearer elektrischer Netzwerke", $Z_A = 0$). Eine Reduktion des Anlaufstromes kann durch Verringern der Spannung (z. B. Stern-Dreieck-Schaltung oder Drehstromsteller – vgl. Abb. 17 dreiphasig) erfolgen. Das vermindert nach (41) das Kippmoment und damit auch das Anlaufmoment. Eine Erhöhung des Läuferwiderstandes $R_2(\omega_2)$ beim Anfahren (Schleifringläufer, Stromverdrängungsläufer) bewirkt das Gegenteil.

Der Bereich $s = 1$ bis s_N wird beim Hochlauf durchfahren. Der Arbeitspunkt im Motorbetrieb liegt im Bereich $s > 0$. Für Dauerbetrieb gilt wegen der Läuferverluste etwa $M \le 0{,}5M_{kp}$.

Abb. 9 Betriebskennlinie des Asynchronmotors (schraffiert: normaler Betriebsbereich) M_A Anlaufmoment, M_N Nennmoment, s_N Nennschlupf, s_{kp} Kippschlupf, A Arbeitspunkt im Nennbetrieb

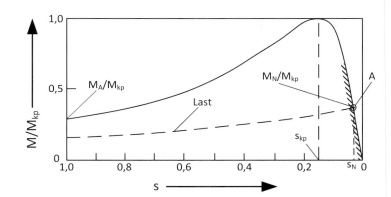

Tab. 2 Betriebsarten der Asynchronmaschine

s	n	Betriebsart
1	0	Anlauf/Stilstand
0,03 …. 0,05	$<n_0$	Motor, Dauerbetrieb
<0	$>n_0$	Generator (übersynchron)
>1	<0	Gegenstrombremsbetrieb

Im übersynchronen Generatorbetrieb ($n > n_0$, $s < 0$) nimmt die Maschine, wie auch im Motorbetrieb, induktive Blindleistung auf und gibt elektrische Wirkleistung ab. Ein Betrieb ist daher nur am Netz oder mit Umrichter möglich, die induktive Blindleistung abgeben können, um das Magnetfeld der Maschine zu erregen.

4.1.3 Elektromagnete

Das Feld B im Luftspalt eines Elektromagneten (Abb. 10), werde homogen angenommen. Die im Volumen Ax gespeicherte Energie beträgt

$$W = \frac{Ax}{2} \cdot \frac{B^2}{\mu_0}. \tag{43}$$

Die in den Eisenteilen des magnetischen Kreises herrschende Energiedichte ist wegen der wesentlich größeren Permeabilität des Ferromagnetikums gegenüber derjenigen von Luft sehr viel kleiner als im Luftspalt.

Unter Annahme aufgeprägter Flussdichte B ($B \neq f(x)$) bewirkt eine Verschiebung der Pole um dx in Richtung der Anzugskraft eine Volumenänderung und damit eine Änderung der gespeicherten Energie:

$$dW = dx\, A\, \frac{1}{2} \cdot \frac{B^2}{\mu_0}. \tag{44}$$

Die Kraft F des Magneten wird damit

$$F = \frac{dW}{dx} = \frac{1}{2} A \frac{B^2}{\mu_0}. \tag{45}$$

4.1.4 Thermische Wirkungen des elektrischen Stromes

Technisch bedeutsam sind neben vielen thermisch-elektrischen Effekten im Wesentlichen die Widerstandserwärmung und die Bogenentladung.

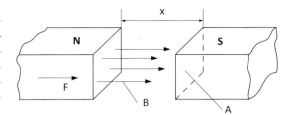

Abb. 10 Zur Anziehungskraft eines Elektromagneten

4.1.4.1 Widerstandserwärmung

Ein durch einen Leiter fließender Strom i setzt im Widerstand R des Leiters die Leistung

$$P = i^2 R \tag{46}$$

um. Diese wird in Wärme umgewandelt, in Form von infraroter Strahlung, Konvektion oder Konduktion abgegeben und, bei entsprechend hohen Temperaturen, auch in Form von kurzwelliger Strahlung z. B. sichtbarem Licht, abgestrahlt. Sofern die Wandlung der elektrischen Energie in Wärme Ziel der technischen Anwendung ist, beträgt der Wirkungsgrad 100 %. Der Widerstand stellt hierbei einen Verbraucher dar.

Die Wärmewirkung tritt als Verlust in Erscheinung, wo immer Ströme durch Leiter fließen, also auch dort, wo die Wärmewirkung nicht Ziel der Anwendung ist, wie z. B. in Leitungen, Wicklungen elektrischer Maschinen und Halbleiterbauelementen. Die Verlustleistung beeinträchtigt den Wirkungsgrad und muss oft unter erheblichem Aufwand abgeführt werden, damit die Temperaturgrenzen der Bauelemente nicht überschritten werden.

4.1.4.2 Bogenentladung

Gasentladungen entstehen, wenn das elektrische Feld in einem Gas auf Ionen einwirkt, d. h. elektrisch nicht neutrale Gasmoleküle. Bei der Bogenentladung sorgt der im Plasma herrschende Leistungsumsatz für die stete Bildung einer zur Aufrechterhaltung der Entladung ausreichenden Zahl von Ionen. Außerdem erwärmt der Aufprall der positiven Ionen die Kathode und schafft hier die Bedingungen für Elektronenemission.

Charakteristisch für Bogenentladungen ist die „negative" Spannungs-Strom-Charakteristik der Entladung. Mit zunehmendem Strom sinkt die Spannung, d. h. die Entladungsstrecke wird mit steigender Stromstärke leitfähiger. Bogenentladungen sind daher für direkten Betrieb aus Konstantspannungsquellen nicht geeignet. Durch geeignete Maßnahmen (aufgeprägter Strom, Vorschaltinduktivitäten bei Wechselstrom) muss für stabilen Betrieb gesorgt werden (vgl. Schweißtransformatoren).

Die Leistungsabgabe des Plasmas erfolgt abhängig von den Bedingungen wie Gasart, Gasdruck, Stromdichte, Elektrodenmaterial und Temperatur in Form von Wärme und anderen kurzwelligen Strahlungskomponenten, wie z. B. von ultraviolettem Licht zur Anregung der Leuchtstoffe in Niederdruck-Leuchtstofflampen (Küpfmüller et al. 2007).

Anwendung: Lichtbogenofen zum Schmelzen von Metallen, Elektroschweißen, Beleuchtung.

4.1.5 Chemische Wirkungen des elektrischen Stromes

Beim Stromdurchgang durch Elektrolyte ist der Ladungstransport, im Gegensatz zur metallischen Leitung, mit einem Stofftransport verbunden. Positive Ionen (Wasserstoff, Metalle) bewegen sich in Richtung der Kathode, negative Ionen wandern zur Anode. Die transportierte Stoffmenge ist proportional der transportierten Ladung $q = \int i \, dt$. Werden der Elektrolyse keine neuen Ionen (etwa durch Auflösung der Anode) zugeführt, verarmt der Elektrolyt an Ladungsträgern, d. h., er verliert die Leitfähigkeit.

Beispiele
Bei der Elektrolyse des geschmolzenen Kryoliths, einer natürlich vorkommenden Aluminiumverbindung, schlägt sich an der Kathode das gewonnene Aluminium nieder. Die Elektrolyse von Kupfersulfat mit Anoden aus Kupfer bewirkt, dass das Anoden-Kupfer in Lösung geht und sich als raffiniertes Kupfer an der Kathode niederschlägt. Chlor wird durch die Elektrolyse von NaCl-Lösung gewonnen, es entsteht an der Anode der Elektrolyseanlage. Die erwähnten großtechnisch durchgeführten Prozesse bedingen den Einsatz erheblicher elektrischer Energiemengen in Form von Gleichstrom.

$$W_{el} = e \cdot N_A \cdot z \cdot U_z = Q \cdot U_z \qquad (47)$$

e: Elementarladung ($e = 1{,}602176634 \cdot 10^{-19} \, C$)
N_A: Avogadrokonstante ($N_A = 6{,}02214076 \cdot 10^{23} \, 1/mol$)
z: Wertigkeit
U_Z: Zersetzungsspannung
Q: Ladung (in C)

4.1.5.1 Primärelemente
An dieser Stelle kann nur kurz auf die Thematik der galvanischen Zellen eingegangen werden. Zur tieferen Behandlung sei an dieser Stelle auf die angegebene Literatur zu diesem Thema hingewiesen.

Primärelemente sind elektrolytische Zellen, in denen durch eine chemische Redoxreaktion von Elektrolyt und Elektroden verbunden mit einem Ladungstransport (Ionenstrom) ein elektrischer Strom durch einen Leiter zwischen den Elektroden hervorgerufen wird. Diese Reaktion ist bei Primärelementen irreversibel (nicht wiederaufladbare Batterien). Die Gründe dafür liegen in der chemischen Zusammensetzung der Zellen. Zum einen besitzen die in Primärzellen verwendeten zur Reaktion auf den Elektrodenmaterialien (Aktivmaterialien) eine hohe Löslichkeit. Dies führt zu einem Verlust der Reaktionsfläche an den Elektroden und kann auch zu einem Kurzschluss zwischen den Elektroden führen. Zum anderen treten beim Laden Nebenreaktionen auf, die unter Volumenvergrößerung und damit einhergehender Drucksteigerung die Zelle öffnen können. Hierdurch kann der Elektrolyt entweichen und das enthaltene Wasser verloren gehen. Des Weiteren zerfällt beim Entladen das Kristallgitter der Elektroden irreversibel, sodass es zu Problemen mit der Kontaktierung und der Stabilität der Zelle kommt (Wossen und Weydanz 2006).

Die Energiedichten liegen bei auf dem Markt befindlichen Primärelementen im Bereich von 90 Wh/kg bei Alkali-Mangan-Zellen (genauer: Zink-Manganoxid-Zellen) und bis zu 500 Wh/kg bei Lithium-Thionylchlorid-Batterien (Fraunhofer-Institut für Chemische Technologie ICT 2011).

4.1.5.2 Sekundärzellen
Im Gegensatz zu den Primärzellen sind bei Sekundärzellen die Zersetzungsvorgänge zumindest zum Teil reversibel (wiederaufladbare Batterien, Akku-

mulatoren). Über eine von außen angelegte Spannung können die Zellen wieder aufgeladen werden.
Die chemischen Vorgänge bei Ladung und Entladung rufen eine strukturelle Veränderung der Zelle
hervor, weshalb bei erneuter Ladung nur eine ver-
ringerte Kapazität der Zelle vorhanden ist. Daraus
ergibt sich die Lebensdauer der Zellen in Abhängigkeit der Zyklenzahl. Ein Zyklus besteht aus
einem Lade- und Entladevorgang.

Bei Redox-Flow-Batterien werden die energiespeichernden Elektrolyte außerhalb der Zelle in
voneinander getrennten Tanks gelagert. Dadurch
wird es möglich, Energie (bestimmt durch den
Tankinhalt) und Leistung (im Wesentlichen gegeben durch Elektrodenoberfläche und Volumenstrom der Elektrolytpumpen) unabhängig voneinander zu skalieren.

Im Vergleich zu den Primärelementen ergibt
sich für Sekundärzellen eine geringere spezifische
Energiedichte, jedoch ist die Wiederaufladbarkeit
für einige Anwendungen essenziell. Akkumulatoren finden Verwendung z. B. in den Bereichen der
mobilen elektrischen und elektronischen Geräte,
der Elektromobilität, der unterbrechungsfreien
Stromversorgung und bei der Stromspeicherung
in Inselnetzen.

Die aktuell auf dem Markt befindlichen Technologien weisen spezifische Energiedichten von
25 Wh/kg bei Bleiakkumulatoren und bis zu
200 Wh/kg bei Lithium/Lithiumcobaltoxid-Ak-
kumulatoren auf (Fraunhofer-Institut für Chemische
Technologie ICT 2011). Im Labormaßstab sind mit
Lithium-Schwefel-Systemen Energiedichten von
350 Wh/kg erreichbar (Sion Power Inc. 2005).

4.1.6 Direkte Energiewandlung, fotovoltaischer Effekt, Solarzellen

Wird der PN-Übergang (Sperrschicht) einer Halb-
leiterdiode elektromagnetischer Strahlung W ausgesetzt, so verschiebt sich die Diodenkennlinie
gemäß Abb. 11 in den Quadranten negativer
Ströme und positiver Spannungen (► Abschn. 8.6

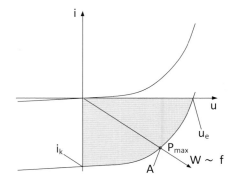

Abb. 11 Verschiebung des u, i-Verhaltens eines
PN-Überganges bei Einwirkung von ionisierender Strahlung auf die Sperrschicht

in Kap. 8, „Elektronik: Halbleiterbauelemente").
Der Kurzschlussstrom i_k ist abhängig von den
Parametern des PN-Überganges, dem Spektrum
der Strahlung und ist im Übrigen proportional
der Strahlungsdichte. Die Leerlaufspannung u_e
erreicht schon bei kleinen Strahlungsdichten ihren
praktischen Grenzwert von unter 1 V (0,6 V bei
Silicium). Ist der äußere Stromkreis so aufgebaut,
dass der Arbeitspunkt A in den markierten Bereich
fällt, so arbeitet der PN-Übergang generatorisch,
d. h., ein Teil der mit der Strahlung zugeführten
Leistung wird in Form elektrischer Leistung abgegeben. Die Energie der Strahlung nimmt proportional mit der Frequenz der Strahlung zu.

Praktisch angewendet werden insbesondere
Solarzellen auf Siliziumbasis, da die Silizium-
technologie auf dem Gebiet der Halbleiter am
weitesten fortgeschritten ist.

Die Energieversorgung von Satelliten und
zunehmend die von Häusern geschieht heute
durch Solarzellen (Leistungen bis in den Megawattbereich). Aktuelle marktgängige Solarzellen
für terrestrische Anwendungen erreichen Wirkungsgrade von 15–20 %. Spezialzellen für die
Raumfahrt kommen auf bis zu 30 %.

In der Regel werden Solargeneratoren so
betrieben, dass eine nachgeschaltete Elektronik
dafür sorgt, dass der Punkt maximaler Leistungsabgabe (P_{max}) aus der Kennlinie nachgeregelt
wird (sog. MPP-Tracking, Abb. 11).

4.2 Übertragung elektrischer Energie

4.2.1 Leistungsdichte, Spannungsabfall

Übertragungsmedium für elektrische Energie ist das elektromagnetische Feld, das sich vorwiegend in der Umgebung von Leitungen aufbaut. Der im Leiter fließende Strom hat im Leiter selbst und in dessen Umgebung ein Magnetfeld der Feldstärke H zur Folge. Aufgrund der Spannung zwischen den Leitern bildet sich ein elektrisches Feld mit der Feldstärke E aus.

An jedem Punkt dieser beiden Felder lässt sich nach Poynting die Leistungsdichte (Strahlungsdichte), vgl. ▶ Abschn. 3.7.3 in Kap. 3, „Elektromagnetische Felder und Wellen"

$$S = E \times H, \qquad (48)$$

ausdrücken, ein Vektor, der in Richtung des Leistungsflusses zeigt.

Im (verlustlosen) Fall ist S der Energieleitung parallel gerichtet. Dazu orthogonale Komponenten stellen die in die Leiter einziehenden Verlustleistungsanteile dar.

Im Fall höherer Frequenzen kann sich das elektromagnetische Feld von dafür besonders geformten Leitern (Antennen) lösen, und es findet eine Abstrahlung statt. (Nachrichtentechnik, Sender, Energie als Träger der Nachricht (vgl. ▶ Abschn. 3.7.2 in Kap. 3, „Elektromagnetische Felder und Wellen"))

Die Übertragung elektrischer Energie erfolgt in den meisten Fällen in Form von Drehstrom (Europa 50 Hz, USA 60 Hz). In besonderen Fällen, z. B. bei sehr großen Übertragungsleistungen und weiten Entfernungen, wird hoch gespannter Gleichstrom übertragen (Hochspannungsgleichstromübertragung – HGÜ), um die bei Wechselgrößen entstehende Blindleistung zu vermeiden. Im stationären Zustand sind die Vektoren H, E und damit S bei der HGÜ konstant. Die Übertragung einphasigen Wechselstroms erfolgt in

Europa in Netzen der Bahnstromversorgung (16 2/3 Hz, 15 kV), in USA auch auf der Mittelspannungsebene der öffentlichen Versorgung (3 kV).

Die am Verbrauchsort gewünschte Spannung stimmt selten mit der für die Übertragung technisch und wirtschaftlich optimalen Übertragungsspannung überein. Die Übertragung bedient sich daher verschiedener Spannungsebenen, die durch Transformatoren verlustarm gekoppelt werden.

Abb. 12 stellt ein vereinfachtes Ersatzbild einer Drehstrom-Übertragungsleitung dar, welches die Leitungsverluste und den Spannungsabfall ΔU repräsentiert. Querleitwerte zur Nachbildung von Leitungskapazitäten und Wirkung von Isolationsverlusten sind hier nicht miterfasst (▶ Kap. 3, „Elektromagnetische Felder und Wellen").

Die Übertragungs-Wirkleistung (symmetrischer Betrieb) beträgt,

$$P_1 = \sqrt{3}\, U_1 I_1 \cos \varphi_1 \qquad (49)$$

und der auf die Übertragungsspannung bezogene Spannungsabfall beträgt

$$\Delta u = \frac{\Delta U}{U_1/\sqrt{3}} = \frac{P_1 \sqrt{R^2 + X^2}}{U_1^2 \cos \varphi_1}. \qquad (50)$$

Die Leitungsverluste in Höhe von

$$P_V = 3 I_1^2 R \qquad (51)$$

ergeben das Verlustverhältnis v, wenn sie auf die Übertragungsleistung bezogen werden:

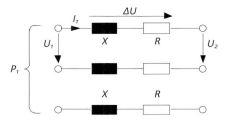

Abb. 12 Vereinfachtes Ersatzbild einer Drehstromleitung, der Index 1 deutet die (Quelle (Erzeuger) und der Index 2 die Senke (Verbraucher) an)

$$v = \frac{P_V}{P_1} = \frac{P_1 R}{(U_1 \cos \varphi_1)^2}. \qquad (52)$$

Für den Übertragungswirkungsgrad ergibt sich dann

$$\eta = 1 - \frac{P_V}{P_1} = 1 - \frac{P_1 R}{(U_1 \cos \varphi_1)^2}. \qquad (53)$$

Da am Verbrauchsort die Spannung U_2 möglichst konstant sein soll, muss der leistungsabhängige Spannungsabfall $\Delta u \sim P_1$ durch Wahl des Leitungswiderstands R, der Leitungsreaktanz X und des Phasenwinkels φ_1 in Grenzen gehalten werden. Geringe Verluste (R, $\varphi_1 \to 0$) und damit hoher Wirkungsgrad sind ein wirtschaftliches Erfordernis und ggf. auch eines der zulässigen Erwärmung. Da die Variationsbreite möglicher Leitungsdaten (R, X) und des Phasenwinkels φ_1 begrenzt ist (Leitermaterialaufwand, Bauform der Leitung, Blindleistungsbezug der Last, $\varphi_2 > 0$) zielen die Forderungen nach Gl. (50 51, 52 und 53) ($\Delta u \to 0$, $\eta \to 1$) wegen des Faktors P_1/U_1^2 auf möglichst hohe Übertragungsspannungen.

Für die Obergrenze der zu wählenden Übertragungsspannung von Freileitungen sind u. a. die bei großen Feldstärken auftretende Ionisation der Luft (Korona) und die damit verbundenen Leistungsverluste maß-gebend. Durch Vergrößerung der wirksamen Leiteroberfläche (Bündelleiter) wird bei Freileitungen diese Grenze heraufgesetzt (z. B. bei Übertragungsnetzen mit 400 kV-Nennspannung).

Zur einfachen Abschätzung des Spannungsfalls Δu kann Gl. 50 durch Einführung der Kurzschlußleistung $S_K = U_1^2 / \sqrt{R^2 + X^2}$ umgeformt werden ($P_1 = S_K$ bei $U_2 = 0$), weil diese oft am Einspeisepunkt von P_1 bekannt ist. Es gilt

$$\Delta u = \frac{P_1}{S_K \cos^2 \varphi_1}. \qquad (54)$$

Für z. B. $P_1/S_K = 0,05$ und $\cos \varphi_1 = 0,8$ folgt $\Delta u = 7,8\,\%$.

4.2.2 Stabilitätsprobleme

Bei Drehstromübertragungen über größere Entfernungen, bei denen mehrere Generatoren an verschiedenen Orten miteinander verbunden sind (allgemeiner Fall des Verbundnetzes), kann der Fall auftreten, dass der Winkel θ zwischen den Spannungen $\underline{E}$, $\underline{U}$ (Abb. 7) so groß wird, dass Lastschwankungen zum Überschreiten des Kipppunktes eines Generators führen und damit stabiler Betrieb nicht mehr möglich ist.

Der theoretische Grenzfall für den Winkel ist $\theta = 90^{\circ}$, aus Gründen stets notwendiger Lastreserven bleibt man immer deutlich unter diesem Wert.

Dem Grenzwert des Winkels entspricht bei 50 Hz und einer verlustarmen Freileitung, die mit der natürlichen Leistung P_n betrieben wird (▶ Abschn. 3.1.2 in Kap. 3, „Elektromagnetische Felder und Wellen"),

$$P_n = \frac{U^2}{Z_L}, \qquad Z_L = \sqrt{\frac{L'}{C'}} \qquad (55)$$

eine Entfernung von $l = 1500\ km$ (Wellenlänge $\lambda = 6000\ km$ bei 50 Hz: $l/\lambda = 0{,}25$, $\theta = 90^{\circ}$).

Reichen die unter Berücksichtigung notwendiger Stabilitätsreserven erzielbaren Leitungslängen nicht aus, so können Kompensationsmittel (in Abständen der Leitung parallel geschaltete Induktivitäten oder Reihenkondensatoren) eingesetzt werden.

Hochspannungs-Gleichstromübertragung (HGÜ)

Sind große Entfernungen zu überbrücken (500 km und mehr) oder sollen Netze völlig unterschiedlicher Leistung und/oder Frequenz miteinander verbunden werden, so werden die Stabilitätsprobleme durch Entkopplung mithilfe einer HGÜ-Verbindung gelöst. Anfang und Ende der HGÜ-Verbindung enthalten Umrichter mit Leistungshalbleitern, die auf jeder Seite sowohl als (gesteuerte) Gleichrichter als auch als Wechselrichter betrieben werden können (Abb. 28). Damit weist die Verbindung Stellglieder auf, die es gestatten, den Leistungsfluss zwischen den gekoppelten Netzen zu steuern und zu regeln, ohne dass die bei Drehstromübertragungen zu erwartenden Stabilitätsprobleme auftreten, da die Übertragungsfrequenz gleich null ist.

Darüber hinaus kann der Aufwand für die HG-Ü-Fernleitung bei Gleichstrom unter Umständen kleiner sein als bei leistungsgleicher Drehstromübertragung.

4.3 Umformung elektrischer Energie

4.3.1 Schalten und Kommutieren

In der elektrischen Energietechnik werden mechanische Schalter zur Unterbrechung und Umschaltung von Stromkreisen benutzt. In der überwiegenden Zahl dieser Fälle findet der Schaltvorgang in einer Schaltstrecke statt, die Luft enthält. In der Hochspannungstechnik werden spezielle Isoliergase und -flüssigkeiten eingesetzt und auch Vakuumschalter haben ein breites Anwendungsfeld, um den Schaltlichtbogen möglichst schnell zu löschen.

Lichtbogenfreie und damit verschleißarme Schaltvorgänge in Stromrichtern und Schaltnetzgeräten werden mithilfe von Leistungshalbleitern (Transistoren, Thyristoren, Dioden usw.) bewerkstelligt (vgl. ▶ Abschn. 8.2.2–8.2.5 in Kap. 8, „Elektronik: Halbleiterbauelemente").

Einschalten
Vor dem eigentlichen Schaltvorgang ist die Schaltstrecke spannungsbeansprucht und es fließt kein Strom. Im Fall der Leistungshalbleiter tritt ein sehr kleiner Leckstrom auf. In der Übergangsphase des Einschaltens baut sich der Strom bei gleichzeitigem Vorhandensein einer Spannung auf. In der Schaltstrecke wird *Einschaltarbeit W_{ein}* in Wärme umgesetzt. Die zeitlichen Verläufe von Strom und Spannung werden im Wesentlichen durch die Daten des einzuschaltenden Stromkreises bestimmt. Bei Halbleitern mit sehr raschem

Stromaufbau bestimmen auch die Eigenschaften des Halbleiters (Abbau der Sperrschicht, Ladungsträgergeschwindigkeiten) den zeitlichen Verlauf des Schaltvorganges. Zur Berechnung der Einschaltarbeit muss deshalb der Verlauf von u_S, i_S bekannt sein (Abb. 13).

$$W_{ein} = \int_0^{t_1} u_s(t)\, i_s(t)\, dt$$

$$= \frac{1}{6}\, u_s(0)\, i_s(t_1)\, \Delta t \quad mit\, \Delta t = t_1 \quad (56)$$

Gl. (56) zeigt eine Einschaltarbeit, die mit $\Delta t \to 0$ gegen Null geht, ein Grund dafür, dass Schaltvorgänge möglichst schnell ablaufen sollten, um die Einschaltverluste zu verringern.

Eingeschalteter Zustand
Bei mechanischen Schaltern bildet der Strom mit dem Spannungsabfall an der Schaltstrecke eine dauernd wirkende Verlustleistung, die die Obergrenze des Stromes festsetzt, welchen der Schalter dauernd führen kann.

Bei Leistungshalbleitern kommt zu diesem Durchlasswiderstand, der höher ist als bei Leitern in mechanischen Schaltern, noch die Schleusenspannung U_S hinzu, die etwa gleich der Diffusionsspannung eines PN-Überganges $U_D \cong 0,8\ V$ ist. Je nach Anzahl und Richtung der in Reihe geschalteten PN-Übergänge kann U_S auf $2 - 3\ V$ ansteigen, wodurch die Verlustleistung $P_S = U_S \cdot I_{sav}$ nennenswert ansteigen (av: arith-

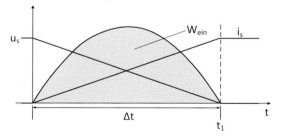

Abb. 13 Vereinfachter Strom- und Spannungsverlauf beim Einschalten eines Schaltelementes (ohmsche Last)

metischer Mittelwert). Eine Kühlung ist daher i. A. unabdingbar.

Ausschalten

In mechanischen Schaltern bildet sich unmittelbar nach Öffnen der Kontakte ein Lichtbogen aus, der im Wesentlichen den durch die Daten des Stromkreises bestimmten Strom führt (kritisch $\cos\varphi = 0$). Die Brennspannung des Lichtbogens liegt an der Schaltstrecke an. Schalter für Wechselstrom nutzen die Tatsache aus, dass der Strom periodische Nulldurchgänge besitzt, in denen der Lichtbogen verschwindet. Kühlung sorgt für Entionisierung des Lichtbogenraumes und verhindert ein Wiederzünden. Die im Lichtbogen umgesetzte Energie führt im Allgemeinen zur stärksten Beanspruchung des Schalters, insbesondere beim Abschalten von Kurzschlüssen ($S_K \gg P_1$, Gl. 54).

Beim Abschalten größerer Gleichströme in induktiven Stromkreisen (Glättungsdrosselspulen, Motoren), muss der Lichtbogen durch magnetische Kräfte (Blasmagneten) in einer entsprechend gestalteten Brennkammer erweitert werden, sodass er nach Abbau der in der Induktivität gespeicherten Energie verlischt. Dieses Hilfsmittel wird auch bei Schaltern für Wechselstrom angewandt.

Abb. 14 zeigt einen prinzipiellen Strom- und Spannungsverlauf am Gleichstromschaltelement mit einer Induktivität L im Stromkreis mit U_q als treibende Spannung.

$$W_{aus} = 2\,U_q\,\frac{i_s(0)}{2}\,\Delta t$$
$$= \frac{1}{2}\,U_q i_s(0)\,\Delta t + \frac{1}{2}L\,i_s^2(0) \qquad (57)$$

Ein Vergleich mit Gl. 56 zeigt, dass W_{aus} sechsfach höher ist als W_{ein} (mit $U_q = u_s(0)$), was am unterschiedlichen Verlauf von u_S, i_S liegt. W_{aus} besteht aus zwei Teilen:

1. aus dem Energieteil, der während Δt der Quelle U_q entnommen wird
2. aus dem Energieteil der in der Induktivität zu Beginn des Ausschaltens gespeichert ist

W_{aus} kann durch Minimierung von Δt, L verkleinert werden. Bei Halbleiterschaltern liegen typische Werte von W_{aus} bei $0,1 \ldots 10\ Ws$, was bei einer Schaltfrequenz f_S von z. B. $1\ kHz$
$$W_{ges} = f_s\,W_{aus} = 0,1 \ldots 10\ kW$$ Verluste bewirken würde. Diese müssten durch Kühlung des Schalters abgeführt oder bei aktiver Beschaltung z. T. in den Nutzstromkreis zurückgeführt werden.

Das Abschalten von *Dioden* und *Thyristoren* (Stromventilen, ▶ Abschn. 8.4 in Kap. 8, „Elektronik: Halbleiterbauelemente") erfolgt dadurch, dass der zeitliche Verlauf der treibenden Spannung einen Stromnulldurchgang erzwingt. Bei Stromrichtern, die am Dreh- oder Wechselstromnetz arbeiten, erfolgt dieser Nulldurchgang durch Zünden des Folgeventils periodisch („natürliche"

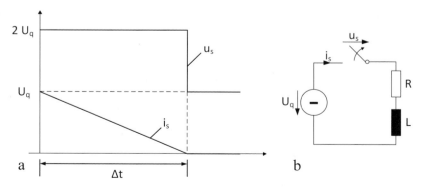

Abb. 14 (**a**) Vereinfachter Strom- und Spannungsverlauf beim Ausschalten eines Stromkreises (**b**) mit Induktivität und ohmschen Widerstand R

Kommutierung). In Schaltungen, die keine natürlichen Stromnulldurchgänge aufweisen, wie z. B. bei Wechselrichtern die aus Gleichspannung betrieben werden, wird durch zwangsweise Erhöhung des Durchlasswiderstandes der abschaltbaren Ventile (GTO, MOSFET, etc.) ein Stromnulldurchgang erzwungen (Zwangskommutierung). Charakteristisch für Dioden und Thyristoren ist das Auftreten eines negativen Rückstromes unmittelbar nach dem Stromnulldurchgang, der, von der negativen Sperrspannung getrieben, Ladungsträger aus dem Kristall entfernt. Erst nach Abklingen dieses Rückstromes, das unter Umständen mit großer Stromsteilheit di/dt erfolgt, ist die Schaltstrecke für negative Spannungen aufnahmefähig, d. h. abgeschaltet. Beim Thyristor, der im Gegensatz zur Diode auch positive Sperrspannungen aufzunehmen vermag, darf letztere erst nach Ablauf einer Freiwerdezeit, die länger als die Rückstromzeit ist, auftreten, da sonst ein „Durchzünden", d. h. ein unkontrolliertes Wiedereinschalten der Schaltstrecke, erfolgt. Die Freiwerdezeit wird durch die Daten des Bauelementes und die Höhe der negativen Sperrspannung, die der positiven Sperrspannung vorausgehen muss, bestimmt (Hütte, Bd. 2, 1978b).

Bei Transistoren wird der Abschaltvorgang durch Wegnahme des Basisstromes (bipolarer Transistor in Emittergrundschaltung) oder durch Steuerung der Spannung am Gate (Feldeffekttransistor) eingeleitet. Letzteres gilt im Prinzip auch für die Kombination aus Transistoren und Feldeffekttransistoren (IGBT), die beide Vorteile in einem Bauelement vereinen. Unter Annahme von Übergangszeiten der Steuergrößen, die kurz gegenüber allen anderen beteiligten transienten Vorgängen sind (Verhältnisse, die in der Praxis der Schalttransistoren – insbesondere bei IGBT- erreicht werden), beginnt der Strom nach Ablauf einer Speicherzeit zu fallen, gleichzeitig tritt Spannung an der Schaltstrecke auf. Die zeitlichen Verläufe dieser Größen werden durch die Charakteristik des abzuschaltenden Stromkreises bestimmt (Beispiel Abb. 14). In jedem Fall tritt auch beim Ausschalten Verlustarbeit auf, die durch Kühlung abgeleitet

werden muss. Sie kann im Prinzip durch Vertauschen von Strom und Spannung nach Gl. 56 berechnet werden, sofern keine nennenswerten induktiven Anteile im Spiel sind.

Beschaltung
Zur Begrenzung und auch zur zeitlichen Steuerung der beanspruchenden Größen, werden Schaltstrecken, insbesondere Halbleiterschaltstrecken, „beschaltet", d. h., zu ihnen parallel werden Entlastungsnetzwerke angebracht, welche aus Kombinationen von Kapazitäten, Widerständen und in einigen Fällen auch nicht linearen Elementen zusammengesetzt sind. Sinn von Entladungsnetzwerken ist es im Allgemeinen, die Schaltverluste durch Beeinflussung von $u_s(t)$, $i_s(t)$ zu verringern und unzulässig hohe Werte von Strom, Spannung und Temperatur zu vermeiden.

4.3.2 Gleichrichter, Wechselrichter, Umrichter

4.3.2.1 Leistungselektronik
Unter Leistungselektronik oder auch Energieelektronik versteht man den Einsatz von elektronischen Ventilen (vorwiegend Halbleiter, gelegentlich noch Ionen- und Hochvakuumröhren) zum Zweck der Steuerung, des Schaltens und der Umformung elektrischer Energie, wobei Umformung die Wandlung von elektrischer Energie der einen Stromart in eine andere bedeutet, z. B. Drehstrom in Gleichstrom.

Zu den Elementen der Leistungselektronik gehören Halbleiterbauelemente mit Ventilwirkung (▶ Abschn. 8.2 in Kap. 8, „Elektronik: Halbleiterbauelemente" und (Hütte, Bd. 2, 1978b)).

4.3.2.2 Grundfunktionen der Energieumformung
Mit Umrichtern lässt sich der Energiefluss zwischen verschiedenen Spannungs- und Stromsystemen steuern und regeln, wobei dazu die systembeschreibenden Größen Spannungs- und Stromamplitude U, I, Leistung P, Frequenz f, Phasenzahl m und

Phasenwinkel φ geändert werden. Es ergeben sich bezogen auf die energieflussbezogene (äußere) Wirkungsweise vier Grundfunktionen (Abb. 15).

1. **Gleichrichter**

   Umformung von Wechselspannung/-strom in Gleichspannung/-strom, wobei Energie vom Wechsel- in das Gleichsystem fließt.
2. **Wechselrichter**

   Umformung von Gleichspannung/-strom in Wechselspannung/-strom, wobei Energie vom Gleich- in das Wechselsystem fließt.
3. **Gleichstromumrichter**

   Umformung von Gleichstrom gegebener Spannung und Polarität in solchen einer anderen Spannung und gegebenenfalls umgekehrter Polarität, wobei Energie vom einen Gleich- in das andere Gleichstromsystem fließt.
4. **Wechselstromumrichter**

   Umformung von Wechselstrom einer gegebenen Spannung, Frequenz f_m und Phasenzahl

m in solchen einer anderen Spannung, Frequenz f_n und gegebenenfalls einer anderen Phasenzahl n, wobei Energie vom einen Wechsel- in das andere Wechselsystem und zurück fließen kann (Abb. 16).

4.3.2.3 Umrichtertypen

Statt nach der ausgeführten Grundfunktion (äußere Wirkungsweise), können diese auch nach ihrer inneren Wirkungsweise unterschieden werden, wobei hier nach Art und Herkunft der Kommutierungsspannung eingeteilt wird. Es ergeben sich in diesem Fall drei Typen:

1. **Umrichter, bei denen keine Kommutierungsvorgänge nach Abs. 18.1 vorkommen (Halbleiterschalter und -steller für Wechsel- und Drehstrom mit natürlichem Stromnulldurchgang)**
2. **Umrichter mit natürlicher Kommutierung (fremdgeführte Umrichter)**

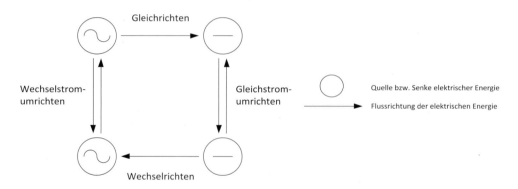

Abb. 15 Grundfunktionen der Energieumformung (äußere Wirkungsweise)

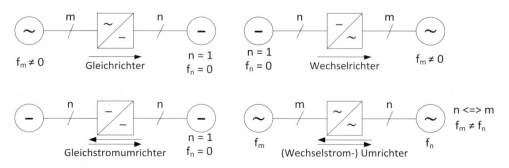

Abb. 16 Grundfunktionen der Umformung elektrischer Energie in elektrische Energie

3. Umrichter mit Zwangskommutierung (selbstgeführte Umrichter)

4.3.2.4 Halbleiterschalter und -steller (nichtkommutierende Stromrichter)

Mit dem Begriff Schalter ist folgend der ideale Leistungshalbleiter assoziiert, welcher im leitenden Zustand den Widerstandwert Null, im sperrenden Zustand einen unendlichen Widerstand aufzeigt. Es sind für den Betrieb in den nachfolgend betrachteten Schaltungen nur diese beiden Schaltzustände zulässig. Ein linearer Betrieb, welcher mit Leistungstransistoren möglich wäre, ist nicht zulässig.

Halbleiterschalter für Wechsel- und Drehstrom (nichtperiodisches Schalten)

Halbleiterschalter für zwei Stromrichtungen (Abb. 17) lassen sich zum Schalten von Wechsel- und Drehstromkreisen (Schaltung erweitern) verwenden. Gegenüber den mechanischen Schaltern für Wechselstrom im Niederspannungsbereich besitzen sie Vor- und Nachteile. Vorteile bieten die praktisch unbegrenzte Schaltspielzahl, die Verschleißfreiheit, die Möglichkeit den Einschaltzeit-

punkt über den Zündimpuls exakt einzustellen, und das Ausschalten ohne Lichtbogen im natürlichen Stromnulldurchgang.

Dem stehen als Nachteile der Durchlassspannungsabfall im leitenden Zustand, der praktisch eine zusätzliche Kühlung (z. B. Kühlung durch den Einsatz von Kühlkörpern) erforderlich macht, das ungenügende Isolationsvermögen im gesperrten Zustand mit Rückströmen von einigen mA und der höhere Preis gegenüber.

Trotz dieser Nachteile werden Halbleiterschalter im Niederspannungsgebiet dort eingesetzt, wo hohe Schaltspielzahlen ohne notwendige Wartungsarbeiten verlangt werden (z. B. Temperaturregelung von Glaswannenbeheizung) (Abb. 18 und 19)

Halbleiterschalter für Wechsel- und Drehstrom (periodisches Schalten)

Ein aus gegensinnig parallel geschalteten Thyristoren aufgebauter Halbleiterschalter für Wechselstrom (Abb. 17) kann auch innerhalb einer halben Netzperiode ein- und ausgeschaltet werden (Stellerbetrieb). Die antiparallelen Thyristoren werden dazu synchron zu den Netzspannungsnulldurchgängen verzögert um den Steuerwinkel α abwechselnd gezündet. Abhängig vom Verhältnis L/R ergeben sich dann die im Abb. 20 dargestellten Stromverläufe.

Bei konstanter Netzspannung und L-R-Last ergibt sich eine quasi verlustlose Leistungssteuerung $P_1 \sim I_{1eff}$ über die vom Steuerwinkel α abhängige Amplitude des Netzstromes I_{eff} (Abb. 21), wie sie z. B. bei Bohrmaschinen mit einphasigen Universalmotoren angewendet wird.

Zu beachten ist hierbei, dass bei sinusförmiger Netzspannung die im Netzstrom vorhandenen

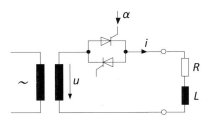

Abb. 17 Umrichter ohne Kommutierung (Wechselstromsteller)

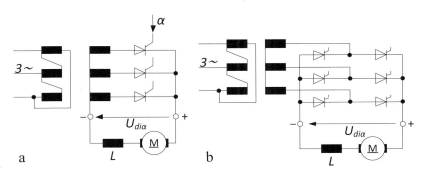

Abb. 18 Umrichter mit natürlicher Kommutierung: **a)** dreiphasige Einwegschaltung, **b)** dreiphasige Zweiwegschaltung

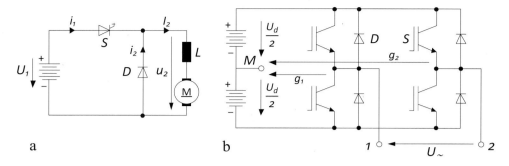

Abb. 19 Umrichter mit Zwangskommutierung bzw. ausschaltbaren Ventilen (GTO-Element, mit Dioden-Freilaufkreis (**a**) und Einphasen-Brückenschaltung mit IGBT (**b**))

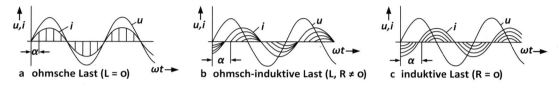

Abb. 20 Stromverlauf beim einphasigen Wechselstromsteller

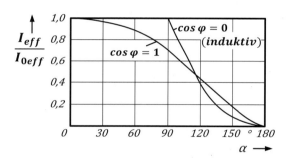

Abb. 21 Betragssteuerung des Netzstromes I_{1eff} von Wechselstromstellern mittels Steuerwinkel α (mit $I_{eff} = I_{0eff}$ für $\alpha = 0$)

4.3.2.5 Netzgeführte Stromrichter mit natürlicher Kommutierung

Bei Verwendung steuerbarer Ventile und Zufuhr von geeignet gelagerten netzsynchronen Zündimpulsen, die in einer der Steuerungsaufgabe angepassten Elektronik erzeugt werden, lässt sich der Mittelwert der Gleichspannung steuern. Ist der Zünd-(verzugs)winkel α der Winkel zwischen dem natürlichen Zündzeitpunkt und dem Auftreten des Zündimpulses, so beträgt die unbelastete Gleichspannung $U_{di\alpha}$ am Ausgang des Stromrichters

$$U_{di\alpha} = U_{di} \cos \alpha \qquad (58)$$

mit der Leerlaufspannung U_{di} des ungesteuerten Gleichrichters ($\alpha = 0$, Abb. 18).

Übersteigt der Zündverzug den Winkel $\alpha = 90°$, so kehrt die Gleichspannung ihr Vorzeichen um (Abb. 22). Unter Voraussetzung ausreichender Stromglättung ($L \to \infty$, $I_d = konst.$, d. h. nicht lückender Betrieb, bei Stromrichtern einiger Leistung stets gegeben) und für den Fall, dass auf der Gleichspannungsseite Leistung zugeführt werden kann (in Abb. 18 durch die Ankopplung einer Gleichstrommaschine gegeben), kehrt sich die Richtung des Leistungsflus-

Oberschwingungen nicht zu Wirkleistungsübertragung beitragen. Für die (Wirk-)Leistungssteuerung P_1 ist also nur der Effektivwert der Stromgrundschwingung I_{1eff} und der Grundschwingungsphasenwinkel φ_1 maßgebend (Fourieranalyse). Halbleiterschalter und -steller können auch dreiphasig ausgeführt werden. Sie dienen dann dem Sanftanlauf von Asynchronmaschinen bis ca. 1 MVA (Spannungssteuerung), und der variablen Blindleistungssteuerung von Drosselspulen in dynamischen Kompensationsanlagen für Elektrostahlöfen (<100 MVA) und Netzkompensationsanlagen.

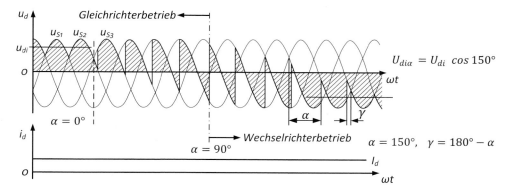

Abb. 22 Übergang vom Gleichrichterbetrieb zum Wechselrichterbetrieb (M3-Schaltung nach Abb. 18a)

ses um. Der Stromrichter wird zum netzgeführten Wechselrichter, wobei die Stromrichtung von I_d wegen der Ventilwirkung der Thyristoren erhalten bleibt.

Die Stromglättung bewirkt, dass der Netzstrom nicht sinusförmig ist, sondern aus 120° Blöcken mit positiven und negativen Vorzeichen besteht. Durch Zündverzug verschiebt sich die Phase der Stromgrundschwingung um den Winkel α gegenüber der Netzspannung, sodass dem Netz Steuerblindleistung entnommen wird (induktives Verhalten des netzgeführten Umrichters) (Abb. 22).

Wegen der endlichen Freiwerdezeit t_q der Thyristoren muss ein Löschwinkel $\gamma > 0°$ (hier 30°) eingehalten werden. Bei $f = 50\ Hz$ entspricht dies einer Schonzeit $t_S > t_q(\pi/6 \cdot 2\pi \cdot 50)\ s$. Die Gleichrichterleerlaufspannung U_{di} der sogenannten M3-Schaltung kann durch Reihenschaltung zweier M3-Schaltungen verdoppelt werden. Es entsteht die sogenannte B6-Schaltung (Abb. 18b) mit sechs Ventilen, die pro Periode 6-mal voneinander unabhängig kommutieren. Die B6-Schaltung ist heute die Standardgleichrichterschaltung, weil sie gute elektrische Eigenschaften besitzt (z. B. gute Ventilausnutzung, geringe Trafobelastung, relativ geringe Oberschwingungen auf der Gleich- und Wechselspannungsseite, für relativ hohe Leistungen baubar, einfache Realisierung einer B12-Schaltung durch Reihenschaltung und Umkehrstromrichterschaltung mit I_d-Umkehr durch Parallelschaltung zur sogenannten B6AB6-Schaltung).

4.3.2.6 Selbstgeführte Stromrichter mit Zwangskommutierung mittels abschaltbarer Ventile

Wird die Ablösung der zeitlich aufeinander folgend betriebenen Schaltstrecken nicht durch die Betriebswechselspannung bewirkt, so müssen abschaltbare Schaltstrecken (Transistoren, Gate-Turn-Off-Elemente, d. h. GTO, Insulated-Gate-Bipolar-Transistor d. h. IGBT oder Integrated-Gate-Commutated-Thyristor d. h. IGCT) verwendet werden.

Selbstgeführte Stromrichter (Abb. 19) sind sowohl für Speisung aus Wechsel-/Drehstromnetzen, wie auch für den Betrieb aus Gleichspannungsquellen ausführbar. Sie benötigen im Gegensatz zu Stromrichtern mit natürlicher Kommutierung keine Blindleistung aus dem Netz oder der angeschlossenen Maschine. Im Gegenteil, sie können auch Blindleistung erzeugen und diese z. B. für den Betrieb von Asynchronmaschinen zur Verfügung stellen. Der Ausgang stellt entweder eine gesteuerte Gleichspannung bereit (Gleichstromsteller) oder ein Wechsel-/Drehstromsystem einstellbarer Spannung und Frequenz (Wechselrichter, insbesondere zur Speisung drehzahlvariabler Antriebe).

Gleichstrom-Tiefsetz-Steller

Wenn man einen Halbleiterschalter eines Gleichstromstellers (Abb. 19a) periodisch im Takt einer bestimmten Schaltfrequenz f_p zündet (t_0) und löscht (t_1), so lässt sich auf diese Weise die Leistungsaufnahme einer Last aus einer Gleichstromquelle U_1 „stellen".

Wie Abb. 23 zeigt, ergeben sich dadurch lastseitig pulsförmige Spannungsblöcke (u_2). Ihre Höhe ist gleich U_1 und die Breite gleich der Einschaltzeit T_e. Während der Ausschaltzeit T_a führt die Freilaufdiode D getrieben durch die Induktivität und gegebenenfalls durch die Spannungsquelle, sofern sie z. B. drehzahlabhängig nicht gerade gleich Null ist, den Strom $I_2 = i_D$ weiter (Annahme: vollständige Glättung des Laststroms I_2 wegen $L \rightarrow \infty$). Als arithmetischer Mittelwert der Ausgangsspannung U_{2av} stellt sich der Wert

$$U_{2av} = \frac{T_e}{T_e + T_a}\, U_1 = \lambda\, U_1 \qquad (59)$$

ein. Für den Eingangsstrom i_1 gilt aus Gründen des Leitungsgleichgewichtes (Vernachlässigung der Verluste) das Entsprechende.

$$\overline{i_1} = I_{1av} = \lambda\, I_2 \text{ für } 0 \leq \lambda \leq 1 \qquad (60)$$

Das Einschaltverhältnis λ hat somit die Funktion eines Übersetzungsverhältnis des „Gleichstromtransformators".

Gleichstrom-Hochsetz-Steller

Zur Energierücklieferung kann in entsprechender Weise ein Hochsetz-Gleichstromsteller definiert werden, wenn die Funktion von S und D und ihre Stromrichtungen vertauscht werden. Der Halbleiterschalter (S) im Querzweig dient dann während des Einschaltens T_e dem Aufladen der Induktivität, die nach dem Öffnen (T_a) von S die nötige

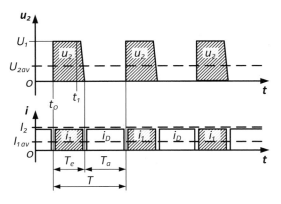

Abb. 23 Spannungs- und Stromverläufe eines Gleichstrom-Tiefsetz-Stellers (Schaltbild vgl. Abb. 19a)

Spannung liefert ($u_L = -\,L\,|di_D/dt|$), um den Stromfluss durch die Diode gegen die höhere Eingangsspannung U_1 aufrecht zu erhalten.

Für den sogenannten Zweiquadrantenbetrieb ($U_1 > 0$, $I_1 < > 0$) können auch Hoch- und Tiefsetzsteller parallel betrieben werden. Eine solche Schaltung nennt man auch Zweiquadrantensteller oder „Phasenbaustein", weil sie topologisch einer Phase (Klemme 1) des Einphasenwechselrichters (Abb. 19b) gleicht. Die Last wird in diesem Fall zwischen Klemme 1 und Minus angeschlossen.

Selbstgeführte Wechselrichter

Ein Zweiquadrantensteller kann auf einfache Weise zu einem einphasigen Wechselrichter erweitert werden, wenn die Gleichspannungsquelle U_d (Abb. 19b) eine Mittelanzapfung M erhält und die Last zwischen Klemme 1 (2) und M angeschlossen wird. Bezogen auf die Klemme 1 (g_1) und Klemme 2 (g_2) ergeben sich dann die im Abb. 24 dargestellten normierten Schaltfunktionen

$$g_1 = \frac{2u_{1M}}{U_d},\; g_2 = \frac{2u_{2M}}{U_d} \qquad (61)$$

für das Frequenzverhältnis $f_p/f_1 = 5$ (f_1: Wechselrichterausgangsfrequenz). Das Verhältnis f_p/f_1 kann frei gewählt werden (Schaltverluste beachten). Je nach Wahl der Schaltwinkel $\alpha_1 \ldots \alpha_4$ kann der Aussteuergrad R (hier $R_1 = R_2 = R = 0$, 5) im Intervall $-1 \leq R \leq 1$ mehr oder weniger sinusbewertet eingestellt werden. Am Wechselrichterausgang stellt sich entsprechend der Maschenregel die Spannung

$$u_{12} = (g_1 - g_2)\frac{U_d}{2} \qquad (62)$$

ein, die in Abb. 24 abgebildet ist.

Der Zeitverlauf $u_{12}(t)$ weist auf eine sinusähnliche Ausgangsspannung hin, die allerdings noch erhebliche Oberschwingungsanteile aufweist. Abb. 25b zeigt, dass diese einerseits vom Aussteuergrad abhängig sind und andererseits paketweise Amplitudenmaxima bei den Ordnungszahlen

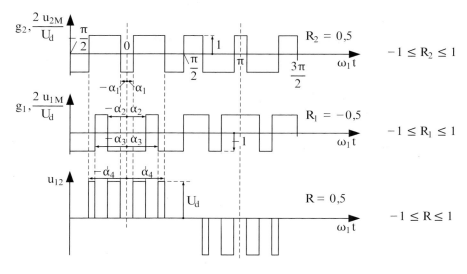

Abb. 24 Zeitlicher Verlauf der Wechselspannung u_{12} bei unsymmetrischer Dreieck-Sinus-Modulation ($f_p/f_1 = 5$, Schaltbild vgl. Abb. 19b, R: Amplitude der Grundschwingung über $\alpha_1 \dots \alpha_4$ einstellbar) /5/

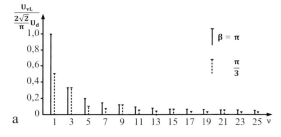

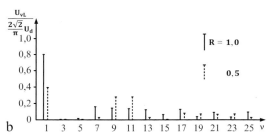

Abb. 25 Schwingungsspektren der Wechselrichterausgangsspannung u_{12} bei (**a**) Blocksteuerung mit der Blockbreite $\beta = \pi$, $\pi/3$ und (**b**) unsymmetrischer Pulssteuerung ($f_p/f_1 = 5$) mittels sogenannter Dreieck-Sinus-Modulation (Meyer 1990)

fallen jedoch hier weitestgehend die niederfrequenten Oberschwingungen ($v = 3$ und 5).

Zur Speisung von Drehstromlasten, insbesondere von Asynchronmaschinen, kann der Einphasenwechselrichter durch Aufreihen eines dritten Phasenbausteines zu einem Wechselrichter in Drehstrom-B6-Brückenschaltung erweitert werden (vgl. auch Abb. 19b). Anstelle der sechs gesteuerten Ventile des fremdgeführten Stromrichters sind hier wegen des erforderlichen Freiheitsgrades ($0° \leq \alpha \leq 360°$) sechs abschaltbare Ventile erforderlich (hier GTO). Die zu den GTO antiparallelen sechs Dioden sind zur freizügigen Einstellung des Phasenwinkels φ_1 ($0° \leq \varphi_1 \leq 360°$) vorgesehen, sodass der Wechselrichter grundschwingungsbezogen alle Forderungen erfüllt, die ein Drehzahl- (n) und Drehmoment- (M) gesteuerter Betrieb der Asynchronmaschine ($-U_{max} < u < U_{max}$, $-M_{max} \leq M \leq M_{max}$, sog. Vierquadrantenbetrieb) erfordert (Abb. 26).

Gemäß Gl. (41) ist für den Vierquadrantenbetrieb mit konstantem Kippmoment

$$v = 2n \frac{f_p}{f_1}, \quad n = 1,2,\dots \quad (63)$$

$$M_{kp} = \frac{3\,U_1^2}{2\,\omega_{el}\,X_\sigma} = \frac{3}{2\,L_\sigma} \left(\frac{U_1}{\omega_{el}}\right)^2 = konst. \quad (64)$$

aufweisen. Im Vergleich zur Blocksteuerung (Abb. 25a) mit den Blockbreiten $\beta = \pi$, $\pi/3$ entdie Einhaltung der Bedingung $U_{UV} \sim U_1 \sim \omega_{el} \sim n$ erforderlich, was durch eine frequenzproportionale

Verstellung der symmetrischen Drehspannung $U_{UV} = U_{VW} = U_{WV}$ erfolgt (Grunddrehzahlbereich).

Ist eine Drehzahlerhöhung über den Grunddrehzahlbereich hinweg gewünscht, kann dies durch weitere Frequenzerhöhung bei konstanter Spannung ($U_d \approx U_{UV}$) erfolgen. Das Kippmoment nimmt wegen Gl. (41) in diesem Feldschwächbetrieb quadratisch mit der Frequenz bis zur Maximaldrehzahl $n = n_{max}$ ab ($M_{kp}{\sim}1/\omega_{el}^2$). Die Wirkleistung für den Antrieb wird aus dem Netz über einen Gleichrichter (GR) mit Energierücklieferung entnommen bzw. zurückgespeist (Generatorbetrieb der Maschine). Derartige Antriebe werden heute in großer Zahl für den gesamten Leistungsbereich bis in den zweistelligen Megawattbereich hinein eingesetzt.

Kritisch dabei sind insbesondere bei großen Leistungen die Abweichungen des Maschinen- und Netzstromes von der Sinusform. Hier wurden in den letzten zehn Jahren erhebliche Fortschritte erzielt. Neben schaltungstechnischen Maßnahmen spielt dabei die Erhöhung der Pulsfrequenz $f_p > 1\ kHz$ eine entscheidende Rolle. Abb. 27 zeigt z. B. die erhebliche Reduktion der niederfrequenten Oberschwingungen mit den Ordnungszahlen $v < 37$ bei Erhöhung der Pulsfrequenz auf den 41-fachen Wert der Grundfrequenz (bei $f_1 = 50\ Hz$ gilt $f_p \approx 2\ kHz$). Das erste Maximum liegt bei der dreiphasigen Schaltung bei $v = (6n \pm 1)\,41$ für $n = 0, 1, 2, \dots$.

Durch den enormen Fortschritt bei der Verbesserung des Schaltvermögens der Leistungshalbleiter (insbesondere der IGBT-Technik) sind heute weit höhere Pulsfrequenzen ($f_p \gg 1\ kHz$) möglich. Die geforderten Grenzen für die Oberschwingungen im Maschinen- (i_U) und Netzstrom

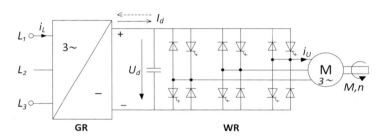

Abb. 26 Selbstgeführter Wechselrichter (WR) in Drehstrom-Brückenschaltung (B6) mit abschaltbaren Ventilen (GTO) in den Hauptzweigen mit Wirkleistungsversorgung über einen bidirektionalen Gleichrichter (GR, Umkehrstromrichter)

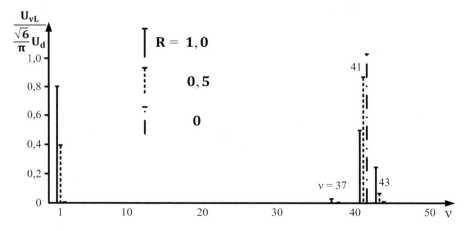

Abb. 27 Schwingungsspektrum der Leiterspannung der Drehstrom-Brückenschaltung bei Dreieck-Sinus-Modulation bei $f_p/f_1 = 41$ (Aussteuerungsgrad $R = 0; 0,5; 1$) (Meyer 1990)

(i_L) haben zu Schaltungen nach Abb. 28 geführt, in denen der fremdgeführte bidirektionale Gleichrichter durch eine weitere selbstgeführte IGBT-

Brücke ersetzt wird. Zusammen mit der vorgeschalteten Induktivität L_σ gestattet sie den Betrieb eines Hochsetzstellers (gestrichelt: Ladung von

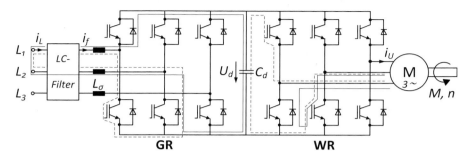

Abb. 28 Umrichter mit beidseitiger IGBT-Brücke (B6) für sinusförmigen Netzstrom i_L, Filterstrom i_f und Motorstrom i_U

Abb. 29 Messergebnisse des Betriebes einer IGBT-Drehstrombrücke nach Abb. 24 am Netz bei Gleichrichter- (**a**) und Wechselrichterbetrieb (**b**) mit $cos\varphi_1 = 1$ bzw. $cos\varphi_1 = -1$. (Pelczar 2012)

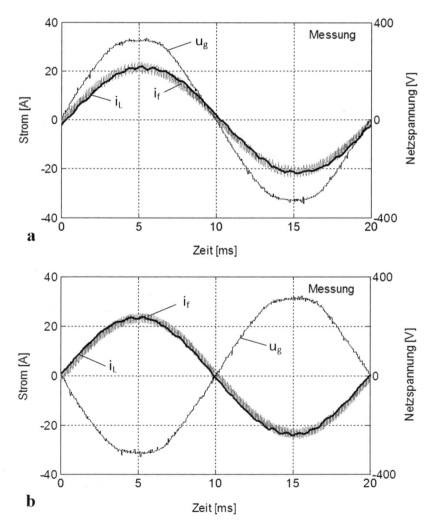

L_σ, durchgezogen: Entladung von L_σ) mit dem die Gleichspannungseinstellung am Zwischenkondensator C_d so erfolgen kann, dass netzseitig ein sinusförmiger Strom i_L fließt und gleichzeitig die bidirektionale Wirkleistungsübertragung bedarfsgerecht erfolgen kann. Der netzseitige L-C-Filterkreis trennt die pulsfrequenten Oberschwingungsströme von i_f ab, sodass sie nicht das Netz belasten.

Auf der Maschinenseite kann dieser Filter entfallen, wenn die Ständerwicklung für die Oberschwingungsbelastung ausgelegt ist. Die Induktivität L_σ (G 18-9) wird durch das Streufeld der Maschine gebildet. Der maschinenseitige Wechselrichter dient als Frequenz- (polender Betrieb), Phasenzahlwandler ($m = 1$ auf $n = 3$) und Tiefsetzsteller (pulsender Betrieb mit $f_p = 5{,}5\ kHz$, gestrichelt: Aufladung von L_σ, durchgezogen: Entladung – Freilauf – von L_σ) zur frequenzproportionalen Absenkung der Drehspannungsquelle (Konstantflussbetrieb der Maschine). Abb. 29 zeigt ein Messergebnis eines bidirektionalen Gleichrichters am Netz im Motorbetreib (a) und bei Energierücklieferung (b) im Generatorbetrieb der Maschine. Zu erkennen ist die geforderte Minimierung der Oberschwingungen im Netzstrom i_L, der unter 3 % liegt. (Pelczar 2012)

Die Schaltung nach Abb. 28 gewinnt in Zukunft weitere Bedeutung bei der Kupplung von Netzen unterschiedlicher Frequenz und als Transport-Fernleitung (HGÜ-Light-SVC) für Off-Shore-Windenergieanlagen. Werden die Umrichter, wie in (Pelczar 2012) vorgeschlagen, wie eine Synchronmaschine geregelt, dienen sie nicht nur der bidirektionalen Energieübertragung über weite Entfernungen mittels Gleichstromsee-kabel oder -freileitungen sondern auch der Netzstabilisierung am jeweiligen Einspeisepunkt (Blindleistungsbereitstellung und Frequenzregelung). Übertragungsleistungen bis 1000 MW sind in Planung.

Literatur

Crastan V, Westermann D (2012) Elektrische Energieversorgung, Bd 1, 2, 3. Springer, Berlin

Erdmann G, Zweifel P (2010) Energieökonomik: Theorie und Anwendung, 2. Aufl. Springer, Berlin

Fischer R (2009) Elektrische Maschinen, 14. Aufl. Hanser, München

Fraunhofer-Institut für Chemische Technologie ICT (2011) Batterie-Glossar, Pfinztal. ict.fraunhofer.de

Happoldt H, Oeding D (1978) Elektrische Kraftwerke und Netze, 5. Aufl. Springer, Berlin

Hosemann G, Boeck W (1987) Grundlagen der elektrischen Energietechnik, 3. Aufl. Springer, Berlin

Hütte (1978a) Elektrische Energietechnik, Bd. 1: Maschinen. Springer, Berlin

Hütte (1978b) Elektrische Energietechnik, Bd. 2: Geräte. Springer, Berlin

Küpfmüller K, Mathis W, Reibiger A (2007) Theoretische Elektrotechnik, 18. Aufl. Springer, Berlin

Meyer M (1990) Leistungselektronik. Springer, Berlin

Pelczar Ch (2012) Mobile virtual synchronous machine for vehicle-to-grid application, Dissertation TU Clausthal, Clausthal-Zellerfeld

Sion Power Inc (2005) Lithium sulfur rechargeable battery data sheet. https://www.google.com/url?sa=t&rct=j&q=&esrc=s&source=web&cd=1&cad=rja&uact=8&ved=2ahUKEwi36oK5-eXiAhVH46QKHS6UCbcQFjAAegQIBBAC&url=https%3A%2F%2Fwww.rcgroups.com%2Fforums%2Fshowatt.php%3Fattachmentid%3D2034466&usg=AOvVaw1P6DMfzLBNGnRuDj1UprPu. Zugegriffen am 2016

Undeland TM et al (2016) Power electronics, 3. Aufl. Wiley, New York

Wossen A, Weydanz W (2006) Moderne Akkumulatoren richtig einsetzen, 1. Aufl. Reichardt, Untermeitingen

Systemtheorie und Nachrichtentechnik

5

Wolfgang Mathis

Zusammenfassung

Das Informationszeitalter basiert konzeptionell dem Signal- und Systembegriff und technisch auf den Verfahren, die im Rahmen der Nachrichtentechnik entwickelt worden sind. In diesem Abschnitt werden zunächst die wichtigsten Konzepte der Signal- und Systemtheorie vorgestellt. Dabei werden zeitkontinuierliche und zeitdiskrete Signale und Systeme ebenso berücksichtigt wie stochastische Theorie. Den grundlegenden Verfahren der Informationstechnik sind die nachfolgenden Ausführungen gewidmet, wobei u. a. auch deren Anwendungen in Rundfunk und Fernsehen angesprochen werden.

Grundlagen der Nachrichtentechnik

Nachrichtentechnische Sachverhalte beziehen sich auf die Zusammenhänge zeitlich veränderlicher Größen. Ihre Beschreibung kann in allgemein gültiger strukturunabhängiger Form hergeleitet werden. Für die Bemessung der zugehörigen Schaltungen sei auf die einschlägige Literatur verwiesen.

W. Mathis (✉)
Institut für Theoretische Elektrotechnik, Leibniz Universität Hannover, Hannover, Deutschland
E-Mail: mathis@tet.uni-hannover.de

5.1 Grundbegriffe

5.1.1 Signal, Information, Nachricht

5.1.1.1 Beschreibung zeitabhängiger Signale

Als elektrische Größen, die eine Nachricht enthalten können, kommen Spannungen oder Ströme, aber auch elektromagnetische Felder in Betracht, die dazu zeitabhängige Veränderungen aufweisen müssen und unter dem Begriff des Signales $s(t)$ zusammengefasst werden. Durch die Art der Betrachtung und gerätetechnische Bearbeitung ist eine Einteilung der Signale in vier Gruppen nach Abb. 1 (vgl. DIN 40 146) zweckmäßig, je nachdem, ob ein Signal in seiner Amplitude und/oder seiner Zeiteinteilung an allen oder nur an bestimmten Stellen ausgewertet wird.

Mit der Fourier-Transformation kann zu jedem zeitabhängigen Signalverlauf $s(t)$ eine, Spektrum genannte, Frequenzabhängigkeit ermittelt werden. Aus einem reellen Signal $s(t)$ entsteht ein komplexes Spektrum $\underline{S}(f) = S(f)\mathrm{e}^{\mathrm{j}\varphi(f)}$, wobei $S(f)$ Betragsspektrum und $\varphi(f)$ Phasenspektrum genannt wird. Systemanalysen erfordern häufig die Einführung von Amplituden- und Frequenzgrenzen ohne Kenntnis des Signales $s(t)$. Dazu dient die Frequenzband genannte, ebenfalls mit $S(f)$ bezeichnete Größe als Einhüllende der Betragsspektren aller damit erfassbaren Signalverläufe.

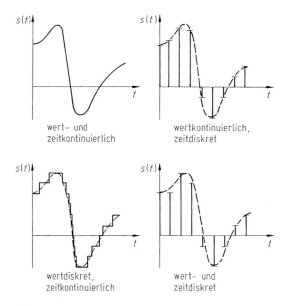

Abb. 1 Kontinuierliche und diskrete Signalverläufe

Eine Nachricht besteht aus einer zufälligen Folge von Ereignissen, die Informationen genannt werden und unvorhersehbare Veränderungen der zugehörigen Signale erfordern. Diese Veränderungen müssen auf eine begrenzte Anzahl von Zuständen aus einem bekannten Vorrat beschränkt werden, um nach eindeutigen Regeln und in endlicher Zeit eine Zuordnung zu der damit beschriebenen Nachricht treffen zu können.

5.1.1.2 Deterministische und stochastische Signale

Durch geschlossene Formeln beschreibbare Vorgänge wären in jedem Zeitpunkt vorherbestimmbar. Da aber eine Nachricht stets zufällige Informationsanteile enthalten muss, können vollständig berechenbare (deterministische) Zeitabhängigkeiten keine Nachricht enthalten. In der Nachrichtentechnik werden trotzdem deterministische Signalverläufe, harmonische oder Pulsschwingungen zur Systemanalyse verwendet. Dabei wird vorausgesetzt, dass solche Modellsignale durch Amplituden- und/oder Frequenzänderungen die nachrichtenbeinhaltenden Frequenzbänder $S(f)$ vollständig ausfüllen.

Stochastische Signale, die keine vorherbestimmbaren Bindungen zwischen den Signalwer-

ten aufweisen, enthalten zeitbezogen die meisten Informationen und damit auch den höchsten Nachrichtengehalt. Jede störungsbedingte Veränderung des Signalverlaufes bewirkt dann jedoch eine unerkennbare Verfälschung von Informationen und damit auch der Nachricht. Durch deterministische und damit vorherbestimmbare Signalanteile kann diese Gefahr vermindert werden. Deshalb bestehen die Nachrichtensignale in praktischen Systemen meist aus einer Mischung deterministischer und stochastischer Signalanteile.

5.1.1.3 Symbolische Darstellungsweise, Bewertung

Der Informationsgehalt eines Signales wird durch die Häufigkeit der Veränderungen und die Zahl der Entscheidungen zwischen den zugrunde liegenden Unterschieden bestimmt. Durch eine Umsetzung von Signalwerten in Symbole, die nur an diese Unterschiede gebunden sind, wird die Auswertung von Nachrichten ganz wesentlich vereinfacht. Dazu können analoge mit wert- und zeitkontinuierlichen Signalen arbeitende oder digitale auf zweistufige wert- und zeitdiskrete Signale gegründete Verfahren eingesetzt werden, die entsprechend den Qualitätsanforderungen unterschiedlichen Aufwand erfordern. Subjektive Bewertungen, die eine Meinung über den Wert einer Nachricht beinhalten, dürfen dabei nicht enthalten sein.

5.1.1.4 Unverschlüsselte und codierte Darstellung

Die unverschlüsselte Darstellung eines, eine Nachricht enthaltenden Signales erlaubt, dieses jederzeit in die enthaltenen Informationen umzuwandeln. Zur Vereinfachung von Entscheidungen bei der Auswertung und wegen unvermeidbarer Störeinflüsse bei der Übertragung ist die symbolisch verschlüsselte Darstellung von größter Wichtigkeit, da sie die beste Ausnutzung von Nachrichtenübertragungswegen ermöglicht. Symbolische Verschlüsselungen werden in der Nachrichtentechnik als Codierung bezeichnet. Ein typisches Beispiel stellt die Wandlung von Schriftzeichen in Symbole des internationalen Fernschreibcodes dar, siehe Abb. 2.

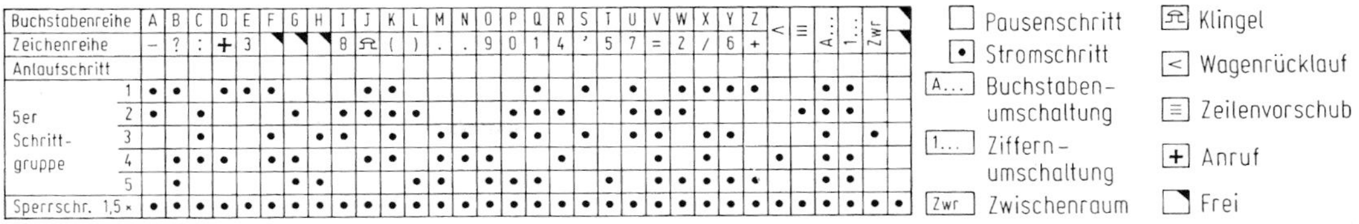

Buchstabenreihe	A	B	C	D	E	F	G	H	I	J	K	L	M	N	O	P	Q	R	S	T	U	V	W	X	Y	Z	<	≡	⠇	⠒	Zwr
Zeichenreihe	-	?	:		+	3			8	⌂	(	)	.	,	9	0	1	4	'	5	7	=	2	/	6	+					

Anlaufschritt / 5er Schrittgruppe 1–5 / Sperrschr. 1,5

Abb. 2 Der internationale Fernschreibcode. (nach CCITT)

Legende:
- ☐ Pausenschritt
- ● Stromschritt
- A... Buchstabenumschaltung
- 1... Ziffernumschaltung
- Zwr Zwischenraum
- ⌂ Klingel
- < Wagenrücklauf
- ≡ Zeilenvorschub
- + Anruf
- ☐ Frei

5.1.2 Aufbereitung, Übertragung, Verarbeitung

5.1.2.1 Grundprinzip der Signalübertragung

Die Nachrichtentechnik ermöglicht die Übertragung von Informationen zwischen räumlich getrennten Orten. Dabei ist der Übertragungsweg bei größerer Entfernungen der aufwändigste und störempfindlichste Teil des Systems. Die Beschreibung solcher Systeme erfolgt nach dem Grundschema in Abb. 3. Die Signale entstammen einer Quelle, ihr Ziel ist die Senke. Moderne nachrichtentechnische Systeme bedienen sich der Verfahren der Codierung, um Übertragungswege besser zu nutzen und eine störfestere Auswertung zu ermöglichen. Quellenseitig wird dazu vor den Übertragungsweg eine Aufbereitung genannte Einrichtung eingefügt, in der die Signale so umgeformt werden, dass ihre senkenseitige Rückwandlung in der Verarbeitung genannten Einrichtung diese übertragungstechnischen Vorteile zu nutzen erlaubt. Die bepfeilten Linien geben dabei die möglichen Wege und die Laufrichtungen der auf ihnen geführten Signale an.

5.1.2.2 Eigenschaften von Quellen und Senken

Werden die Quellen und Senken einer Nachrichtenübertragung durch das menschliche Kommunikationsvermögen bestimmt, so ist auf jeder Seite eine Signalwandlung erforderlich, da der Mensch für elektrische Signale kein angemessenes Unterscheidungsvermögen besitzt. Dies gilt in ähnlicher Weise auch für andere nichtelektrische Vorgänge, deren Informationen übertragen oder verarbeitet werden sollen. Die erforderlichen Wandler sind Teile der Aufbereitung und Verarbeitung und erfordern eine Umsetzung der Ener-

gieform. Bei Nachrichtensignalwandlern finden je nach der Art der zu wandelnden Signale und deren Frequenzbereich sehr unterschiedliche physikalische Prinzipien Anwendung. Neuere Wandlerkonstruktionen führen außer der eigentlichen Energieumwandlung zunehmend auch Codierungs- oder Decodierungsaufgaben durch.

5.1.2.3 Grundschema der Kommunikation

In dem Schema Abb. 3 ist nur eine Übertragung nach rechts hin zur Senke möglich. Eine Antwort auf eine übermittelte Nachricht erfordert aber, dass auch eine Verbindung in Gegenrichtung besteht. Dies kann zwar durch zwei gleiche Anordnungen, für jede Richtung eine, erreicht werden, würde aber den doppelten technischen Aufwand erfordern. Durch das Einfügen von Richtungsweichen bzw. Richtungsgabeln in die Aufbereitung und Verarbeitung entsprechend Abb. 4 kann eine Kommunikationsverbindung über einen einzigen Übertragungsweg hergestellt werden. Diese Betriebsart erlaubt gleichzeitig oder auch in zeitlich wechselnder Folge die Nachrichtenübertragung zwischen Quelle A und Senke B und umgekehrt.

5.1.2.4 Betriebsweise der Vielfachnutzung

Durch Erweiterungen in der Aufbereitung und in der Verarbeitung kann ein einziger Nachrichtenübertragungsweg auch von einer Vielzahl einzelner Quellen-Senken-Verbindungen gleichzeitig oder in zeitlicher Folge genutzt werden. Diese Betriebsweise wird als Vielfach oder Multiplex bezeichnet. Das in Abb. 5 gezeigte Schema eines Multiplexsystemes erfordert eine Multiplexer genannte Einrichtung zur Zusammenführung der einzelnen Kanäle vor dem Übertragungsweg und seine funktionsmäßige Umkehr, den Demultiplexer, der die Kanaltrennung auf der Verarbeitungsseite bewirkt.

Abb. 3 Grundschema einer
Nachrichtenübertragung

Abb. 4 Prinzip der
Einwegkommunikation

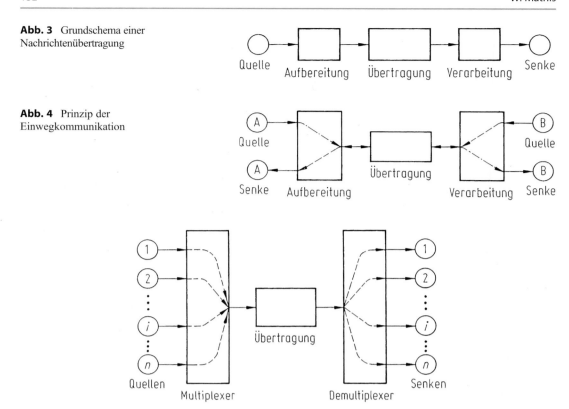

Abb. 5 Vielfachnutzung eines Nachrichtenübertragungsweges

Die störungsarme Zusammenführung und Wiederauftrennung der Signale auf dem als Bündel bezeichneten gemeinsamen Übertragungsweg stellt hohe Anforderungen an die Eigenschaften der Systemteile. Dem Übertragungsweg zugeordnete Einrichtungen zur Verbesserung seiner Eigenschaften kommen aber allen Multiplexkanälen gleichermaßen zugute, sodass sich der Aufwand je Kanal mit deren steigender Zahl vermindert. Ein weitverbreitetes System dieser Art stellt bei analoger Aufbereitung und Verarbeitung 2700 Telefonkanäle auf einem einzigen Übertragungsweg zur Verfügung.

5.1.3 Schnittstelle, Funktionsblock, System

5.1.3.1 Konstruktive und funktionelle Abgrenzung

Die Eigenschaften nachrichtentechnischer Einrichtungen werden durch logische und funktio-

nelle Zusammenhänge zwischen ihren Ein- und Ausgangssignalen beschrieben. Zeitabhängige Veränderungen der Signale besitzen dabei ein besonderes Gewicht, da sie die Informationen enthalten. Um das Gesamtverhalten umfangreicherer Systeme überschaubarer zu machen, ist eine Untergliederung in Einzelfunktionen sinnvoll. Dazu werden verknüpfte Signale auf Schnittstellen bezogen. Diese Schnittstellen decken sich vielfach mit konstruktiv vorhandenen Verbindungsstellen, die dann als Messpunkte zum Nachweis der einwandfreien Funktion von Einrichtungen dienen können.

5.1.3.2 Mathematische Beschreibungsformen

Das Zusammenwirken von Signalen $s = f(s_i)$ ($i = 1$, ..., n) kann sehr unterschiedliche Abhängigkeiten aufweisen, wobei f die funktionale Abhängigkeit beschreibt. Für die Beschreibung solcher Beziehungen werden in der Nachrichtentechnik vorzugsweise mathematische Darstellungsformen benutzt. Die meisten Aufbereitungs- und Verarbeitungsverfahren verwenden deshalb logische, arithmetische oder stetige Funktionen. Dabei ist zu beachten, dass es sich stets um technische Näherungen handelt und die Signalwerte s_i nur mit einer endlichen, aufwandsbestimmten Auflösung der Abweichung Δs_i eingehalten werden können. In zunehmendem Maße gewinnen rechnergestützte Verfahren an Bedeutung, da mit ihnen die informationstragenden Signalanteile von dafür unwesentlichen getrennt werden können. Integrierbare elektronische Schaltungen erlauben umfangreiche Berechnungsverfahren mit Signalbandbreiten bis einige MHz, sodass damit auch in bewegten Fernsehbildern enthaltene Muster analysiert werden können.

5.1.3.3 Darstellung in Funktionsblockbildern

Die Analyse des Verhaltens und der Entwurf nachrichtentechnischer Einrichtungen, die eine Vielzahl von gegenseitigen Abhängigkeiten aufweisen, erfordert eine bis zur Einzelfunktion gehende Untergliederung. Das geschieht in Form von Blockschaltbildern, wobei die einzelnen Funktionsblöcke durch Schnittstellen voneinander abgegrenzt sind. Die Verknüpfungsbeziehungen können durch mathematische Zusammenhänge in Form funktionaler Abhängigkeiten, durch Schaltzeichen nach DIN 40 900 oder durch beschreibenden Text angegeben werden, siehe Abb. 6.

5.1.3.4 Zusammenwirken und Betriebsverhalten

Das Zusammenwirken einzelner Funktionsblöcke in einem nachrichtentechnischen System führt zu gegenseitiger Beeinflussung wie auch zum Übergriff von Signalen auf andere Abläufe. Für einen zuverlässigen Betrieb von Einrichtungen während eines Zeitraumes müssen bestimmte Toleranzen sowohl der Funktion als auch der Signalwerte eingehalten werden. Eine Überschreitung von Toleranzgrenzen bedeutet einen Ausfall, der durch jedes einzelne Element hervorgerufen werden kann. Hochzuverlässige Nachrichtensysteme sind deshalb oft redundant aufgebaut, wobei ausfallbedrohte Teile mehrfach vorhanden sind und im Störungsfall das geschädigte Teil ersetzt werden kann, sodass sich dieses im Gesamtbetriebsverhalten der Einrichtung nicht bemerkbar macht.

5.2 Signaleigenschaften

5.2.1 Signaldynamik, Verzerrungen

5.2.1.1 Dämpfungsmaß und Pegelangaben

Signale der Nachrichtentechnik können einen Wertebereich von vielen Zehnerpotenzen überstreichen. Eine lineare Skalierung solcher Größen würde auf unhandliche Zahlenwerte und eine unübersichtliche Darstellung von Abhängigkeiten führen. Man bevorzugt deshalb eine logarithmische Skalierung, wobei Übertragungseigenschaften als Maße und Signalwerte als Pegel bezeichnet werden.

Das *Dämpfungsmaß* beschreibt das logarithmierte Verhältnis

$$d = 10 \ \lg(P_1/P_2)\text{dB} \qquad (1)$$

von Eingangsleistung P_1 zu Ausgangsleistung P_2 eines Systems. Die „Quasi-Einheit" Dezibel (dB) dient dabei als Hinweis auf den dekadischen Logarithmus. Werte $d > 0$ werden als Dämpfung, Werte $d < 0$ nach Betragsbildung auch als Verstärkung bezeichnet.

Zur Angabe absoluter Signalwerte werden *Pegel* verwendet,

$$L_P = 10 \ \lg(P/P_0)\text{dB}$$

und

Abb. 6
Darstellungsweisen für Funktionsblöcke

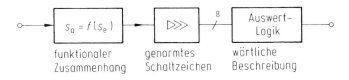

$S_a = f(S_e)$ $\triangleright\!\!\gg$ 8   Auswert-Logik

funktionaler Zusammenhang   genormtes Schaltzeichen   wörtliche Beschreibung

$$L_U = 20 \ \lg(U/U_0)\text{dB} \qquad (2)$$

bei denen ein Bezug auf eine konstante Leistung P_0 bzw. eine konstante Spannung U_0 vorgenommen wird. Die am häufigsten verwendeten Bezugswerte sind $P_0 = 1$ mW, der mit der „Quasi-Einheit" dB (1 mW) = dBm und $U_0 = 1$ V, der mit der „Quasi-Einheit" dB (1 V) = dBV bezeichnet wird. Für den Bezugswiderstand $R_0 = (U_0) \, 2/P_0 = 1 \, \text{k} \, \Omega$ gilt dann $L_P/\text{dBm} = L_U/\text{dBV}$.

Die *Signaldynamik* $D_s = s_{\max}/s_{\min}$ als Verhältnis von Größt- zu Kleinstwert eines Signals kann damit auch als Pegeldifferenz $d_s = L_{s,\,\max} - L_{s,\,\min} = 20 \ \lg \ D_s$ dB ausgedrückt werden.

5.2.1.2 Lineare und nicht lineare Verzerrungen

Nachrichtensignale werden zur Trennung von Kanälen und zur Ausblendung von Störungen häufig einer frequenzabhängigen Aufbereitung oder Verarbeitung durch Filter unterzogen. Diese bewirken eine frequenzabhängige Veränderung der Amplituden- und Phasenwerte des Signalspektrums, erzeugen jedoch keine zusätzlichen Spektralanteile. Voraussetzung dafür ist ein linearer Zusammenhang zwischen Ausgangssignal s_a und Eingangssignal s_e, sodass das Verhältnis s_a/s_e keine Abhängigkeit von den Signalen selbst aufweisen darf. Im Gegensatz dazu werden beim Übergang auf diskrete Signale und zur frequenzmäßigen Umsetzung von Signalen in andere Bänder Einrichtungen verwendet, die nichtlineare Zusammenhänge aufweisen. Eine Abhängigkeit dieser Art ist die Multiplikation zweier Signale. Dabei können jedoch auch verarbeitungsseitig nicht ausgleichbare Überlagerungen linearer und nichtlinearer Verzerrungen entstehen.

5.2.2 Auflösung, Störungen, Störabstand

5.2.2.1 Empfindlichkeit und Aussteuerung

Die Grenze der Auswertbarkeit von Signalen wird durch den kleinstzulässigen Signalpegel bestimmt, der Grenzempfindlichkeit genannt wird.

Zusammen mit dem aus der Signaldynamik bestimmten höchsten Signalpegel ergibt sich der Aussteuerbereich, der für einen wirtschaftlichen und verzerrungsarmen Betrieb vorzusehen ist. Hier liegen die Vorteile der digitalen Nachrichtentechnik, bei der nur zwischen zwei Signalwerten zu unterscheiden ist.

5.2.2.2 Störungsarten und Auswirkungen

Die Sicherheit einer Nachrichtenübertragung wird durch die Auswirkungen von Störungen bestimmt, gleichgültig ob diese aus systeminternen Kanälen oder von systemfremden Einflüssen herrühren. Es ist zwischen kurzzeitigen und kontinuierlichen Störungen zu unterscheiden, wobei Erstere meist durch betriebsbedingte Zustandswechsel, Letztere vorwiegend durch physikalische Unvollkommenheiten hervorgerufen werden. Störungen können gleichermaßen aus deterministischen wie stochastischen Signalen bestehen. Ihre Auswirkungen in analogen wie digitalen Systemen liegen in einer Unschärfe der Signalauswertung. Die Störanteile werden durch das Leistungsverhältnis

$$S/N \triangleq 10 \ \lg\left(P_{\text{Nutzsignal}}/P_{\text{Störsignal}}\right)\text{dB} \qquad (3)$$

beschrieben, das Störabstand (signal to noise ratio) heißt.

5.2.2.3 Maßnahmen zur Störverminderung

Bessere Eigenschaften lassen sich mit einer störungsbezogenen Signalbewertung erzielen, weil damit alle Nutzsignalanteile gleichen Störabstand besitzen können. Verfahren dieser Art filtern die spektrale Verteilung der Signale entsprechend den Störspektren. Durch eine Preemphasis genannte lineare Verzerrung wird in der Aufbereitung ein frequenzunabhängiger Störabstand hergestellt. Der verarbeitungsseitige, Deemphasis genannte Ausgleich bezüglich des Nutzsignales liefert dann eine Verbesserung, die in Abb. 7 als Fläche mit Schraffur gekennzeichnet ist. Einrichtungen dieser Art heißen Optimalfilter (Hänsler 2001, S. 146).

Digitale Codierungsverfahren erlauben eine frequenzmäßige Umsetzung von Signalen mit den

Abb. 7 Störverminderung durch lineare Filterung

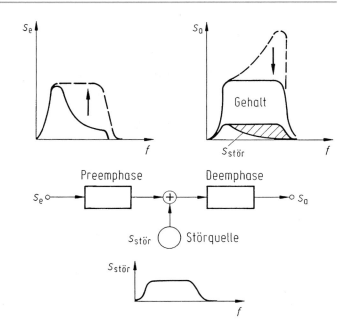

darin enthaltenen Informationen auf einzelne, voneinander getrennte Frequenzbänder. Damit kann eine wirksamere Verbesserung des Störabstandes als mit Analogverfahren erreicht werden, indem mithilfe von Filtern, die kammartige Frequenzgänge besitzen, ineinander verschachtelte Signal- und Störfrequenzbänder getrennt werden können.

5.2.3 Informationsfluss, Nachrichtengehalt

5.2.3.1 Herleitung des Entscheidungsbaumes

Die Auswertung nachrichtenbeinhaltender Signale bezieht sich auf Symbole, die sich in ihren Signalwerten oder deren zeitlicher Folge unterscheiden können. Die Zuordnung der Symbole erfordert den Vergleich von Unterscheidungsmerkmalen und lässt sich im einfachsten Fall auf die zweiwertige Entscheidung „zutreffend" oder „nicht zutreffend" zurückführen. Mit n Entscheidungen können $m = 2^n$ verschiedene Symbole voneinander getrennt werden. Dies erfordert bei einem Vorrat von m Symbolen im Mittel einen Durchlauf durch einen Entscheidungsbaum mit $n = \mathrm{ld}\, m$ Verzweigungen. Werden statt dessen p-wertige Entscheidungen ver-

wendet, so gilt $n = \log_p m = \ln m / \ln p$. Für das Alphabet mit $m = 27$ Buchstaben und Leerzeichen sind dann $n = \ln 27 / \ln 3 = 3$ dreiwertige Entscheidungen für eine Zuordnung zu treffen.

5.2.3.2 Darstellung mit Nachrichtenquader

Um den Vorrat an Symbolen, deren Änderungsgeschwindigkeit und die zeitliche Dauer eines Nachrichtensignales zugleich wiedergeben zu können, benötigt man eine dreidimensionale Darstellung, da diese Größen voneinander unabhängig sind. Der Inhalt des umfassten Volumens ist ein Maß für die Nachrichtenmenge des betreffenden Signales. Bezieht man sich auf stationäre Grenzwerte, so ergibt sich ein prismatischer Körper, der Nachrichtenquader genannt wird. Die Codierungsverfahren der Nachrichtentechnik ermöglichen Veränderungen sowohl seiner Lage als auch seiner Form, wie Abb. 8 zeigt, wobei inhaltliche Verluste durch gleichbleibendes Volumen vermieden werden können.

5.2.3.3 Grenzwerte und Mittelungszeitraum

Die Grenzen jeder Nachrichtenaufbereitung und -übertragung werden durch die Sicherung der

Abb. 8
Nachrichtenquader und
Kanalkapazität

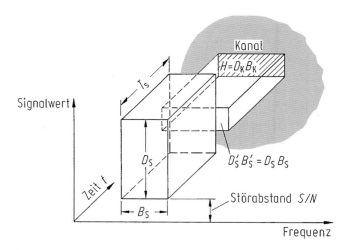

Auswertbarkeit auf der Verarbeitungsseite
bestimmt. Hier spielen die Dynamik

$$d_\mathrm{s} = 20 \lg D_\mathrm{s}\ \mathrm{dB} = 20\ \lg(s_\mathrm{max}/s_\mathrm{min})\mathrm{dB}, \quad (4)$$

der Störabstand S/N und die Frequenzbandbreite B_s des Signales eine entscheidende
Rolle, damit keine Überdeckungseffekte durch
Störungen auftreten oder informationstragende
Signalanteile durch Filterung abgetrennt werden. Die zeitliche Zuordnung kann bei der
Auswertung von Signalen auch durch Laufzeit-
effekte gestört werden, wenn die Information
im zeitlichen Bezug von Signalwerten zueinander steckt.

5.2.3.4 Kanalkapazität und Informationsverlust

Die Gesamtzahl N_s der Entscheidungen, die zur
vollständigen Auswertung eines die Zeitdauer T_s
während Nachrichtensignales zu treffen sind,
kann über den Zusammenhang

$$N_\mathrm{s} = (T_\mathrm{s}/\Delta t)n\ \mathrm{bit} = 2B_\mathrm{s}T_\mathrm{s}\ \mathrm{ld}\ m\ \mathrm{bit} \quad (5)$$

aus der Anzahl $n = \mathrm{ld}\ m$ zweiwertiger Entscheidungen für jeden Auswertungszeitpunkt bestimmt
werden. Der Zeitabstand Δt der einzelnen Aus-
wertungen erfordert wegen des Einschwingver-

haltens eine Systembandbreite von mindestens
$B_\mathrm{s} = 1/2\ \Delta t$. Wird die Anzahl m der Signalwert-
stufen durch das Verhältnis

$$m = s_\mathrm{max}/s_\mathrm{min} = \sqrt{(P_\mathrm{max}/P_\mathrm{min})} = \sqrt{(1 + S/N)}$$
$$(6)$$

bei Bezug auf die Leistungen $P_\mathrm{max} = P_\mathrm{s} + P_\mathrm{N}$
und $P_\mathrm{min} = P_\mathrm{N}$ des Störabstandes S/N gebildet,
so entspricht dies einer linearen Unterteilung
der Signalwerte. Aus den Beziehungen (5) und
(6) kann dann die Rate der Entscheidungen

$$H' = N_\mathrm{s}/T_\mathrm{s} = B_\mathrm{s}\ \mathrm{ld}(1 + S/N)\mathrm{bit} \quad (7)$$

bestimmt werden. Diese Größe H' wird Informationsfluss und bei Übertragungswegen Kanalkapazität genannt. Zur Unterscheidung von der
Bandbreite B_s benutzt man wegen der zweiwertigen Entscheidungen für die Größe H' die unechte
Sondereinheit bit/s (Bit je Sekunde).

Die Übertragungsfähigkeit eines Kanals
kann in dieser Darstellung als Öffnung in einer
aus Signalwert und Frequenz aufgespannten
Ebene beschrieben werden. Um Informations-
verluste zu vermeiden, muss der Kanal in seiner
Dynamik D_k und Bandbreite B_k so ausgelegt
sein, dass er das zu Signal verlustfrei zu übertragen vermag oder es muss eine Umcodierung

des Signales zur Anpassung an die Kanaleigenschaften vorgenommen werden, siehe Abb. 8.

5.2.4 Relevanz, Redundanz, Fehlerkorrektur

5.2.4.1 Erkennungssicherheit bei Mustern

Die Signalauswertung mithilfe eines Entscheidungsbaumes erlaubt nur dann eine sichere Zuordnung von Symbolen, wenn die Unterscheidungsmerkmale eindeutig erkannt werden können. Dazu ist ein Vergleich der auszuwertenden Signale untereinander oder mit gespeicherten Werten erforderlich. Derartige Verfahren bezeichnet man als Mustererkennung. Die als Erkennungssicherheit bezeichnete Wahrscheinlichkeit der richtigen Symbolzuordnung wird durch das Verhältnis aus richtigen Entscheidungen zur Gesamtzahl aller Entscheidungen bestimmt. Zuverlässige Nachrichtenübertragung erfordert Werte für die dazu komplementäre, Fehlerwahrscheinlichkeit genannte Größe zwischen 10^{-8} und 10^{-10}.

5.2.4.2 Störeinflüsse und Redundanz

Die für richtige Entscheidungen erforderlichen Informationen heißen relevant. Ihre Mindestzahl ist aus (5) zu bestimmen. Die Erkennungssicherheit kann durch Hinzunahme weiterer, bei störfreier Übertragung der Signale für die Zuordnung nicht unbedingt erforderlicher Merkmale und damit zusätzlicher Entscheidungen gesteigert werden. Diese Vergrößerung des Informationsflusses wird als Redundanz bezeichnet und durch das Verhältnis

$$R = \frac{H' - H'_{min}}{H'} = 1 - \frac{H'_{min}}{H'} \approx \left(1 - \frac{3}{S/N}\right) dB$$

(8)

beschrieben, wobei H' der Informationsfluss des redundanzbehafteten Signales und H'_{min} der des entsprechenden, völlig redundanzfreien Signales ist. Kanalstörungen führen bei redundanzfreien

Signalen zu nicht erkennbaren Übertragungsfehlern. Der angegebene Näherungswert gilt für rauschartige Störeinflüsse, wenn der Störabstand S/N mindestens den Wert 20 dB aufweist.

5.2.4.3 Fehlererkennung und Fehlerkorrektur

Die Fortschritte auf dem Gebiet der digitalen Signalverarbeitung erlauben durch Speicherung immer größerer Informationsmengen und immer raschere vergleichende Auswertung bei Anwendung geeigneter Codierungsarten sowohl die Verminderung der redundanten Signalanteile als auch die Erkennung und Korrektur von Fehlern, die bei der Übertragung durch Störeinflüsse aufgetreten sind. Dazu wird die Redundanz R genutzt, die dafür in ihrer Verteilung dem Verarbeitungsprozess und auch den fehlerverursachenden Störungen angepasst werden kann.

5.3 Beschreibungsweisen

5.3.1 Signalfilterung, Korrelation

5.3.1.1 Reichweite des Filterungsbegriffes

Alle Arten der Signalverarbeitung, die auf eine frequenz- oder amplitudenabhängige Signalbewertung $\underline{h}(f)$ bzw. $\underline{h}(s)$ führen, werden mit dem Oberbegriff der Filterung erfasst. Jeder Bearbeitungsschritt, der die Verzerrung des Zeitverlaufes $s(t)$ eines Signales oder dessen Amplituden- und/oder Phasenspektrums $S(f)$ bzw. $\varphi(f)$ bewirkt, ist eine solche Filterung, gleichgültig, ob diese beabsichtigt oder eine unerwünschte Nebenwirkung ist. Bedingt durch den Einsatz digitaler Rechner, kommen in zunehmendem Maße rekursive und adaptive Verfahren zum Einsatz, die eine signalwertabhängige Steuerung der Filter ermöglichen.

Gestützt auf die zeitlichen Veränderungen wert- und zeitdiskreter Signalwerte $s(t)$ erfolgt deren Betrachtung meist im Zeitbereich. Das Frequenzverhalten $\underline{S}(f)$ lässt sich daraus mithilfe der Fouriertransformation bestimmen

$$\underline{S}(f) = \int\limits_0^\infty s(t)\mathrm{e}^{-\mathrm{j}\cdot 2\pi ft}\mathrm{d}t. \qquad (9)$$

5.3.1.2 Lineare und nichtlineare Verzerrungen

Jede Art der Verzerrung erfordert eine Unterscheidung zwischen linearem und nicht linearem Betrieb. Die mathematisch einfacher beschreibbaren linearen Verzerrungen führen auf lineare Gleichungssysteme für die Signalspektren, wobei der Überlagerungssatz

$$\underline{S}_\mathrm{a}(f) = \underline{S}_\mathrm{e}(f)\underline{h}(f) \qquad (10)$$

gilt und dies bevorzugt zur Begrenzung von Frequenzbändern eingesetzt wird. Dabei ist die Stationarität aller Parameter $\underline{h}(f)$ und die Beschränkung der Eingangssignalamplituden $\underline{S}_\mathrm{e}$ auf die verarbeitbare Dynamik vorausgesetzt. Alternativ kann das Eingangs-/Ausgangsverhalten eines linearen zeitinvarianten Systems auch im Zeitbereich mit dem Faltungsintegral

$$s_\mathrm{a}(t) = (s_\mathrm{e} * h)(t) = \int\limits_0^t s_\mathrm{e}(\tau)h(\tau - t)d\tau \qquad (11)$$

betrachtet werden.

Nachführbare adaptive Prozesse und Signalwertbegrenzungen führen auf nichtlineare Verzerrungen, das Systemverhalten wird dadurch signalabhängig und eine Betrachtung im Frequenzbereich ist dann nicht mehr ohne weiteres möglich. Unerwünschte Spektralanteile können entweder durch Kompensation oder durch frequenzabhängige Filterung gedämpft werden. Sind die zeitlichen Veränderungen der Systemeigenschaften hinreichend klein, $\Delta h(t) \ll s(t)$, kann die Betrachtung durch intervallweise Linearisierung vereinfacht werden.

5.3.1.3 Redundanzverteilung in Mustern

Die senkenseitige Verarbeitung von Nachrichtensignalen zur Wiedergewinnung darin enthaltener Informationen erfordert im Falle der codierten Übertragung den Vergleich von Unterschieden, um die erforderliche Zuordnung vornehmen zu können. In störbehafteter Umgebung muss jedes Symbol mit einer gewissen Redundanz behaftet

sein, um seine Erkennungssicherheit zu gewährleisten. Die Redundanz kann dabei jedem einzelnen Signalwert aber auch Signalwertfolgen, die Muster genannt werden, zugeordnet sein. Kurzzeitstörungen, deren Häufigkeit reziprok zu ihrer Dauer ist, wirken sich deshalb in länger währenden Mustern zunehmend weniger aus. Dies ist bei der Auswertung von störbehafteten Signalen durch Mustererkennung von großer Bedeutung, da damit Verdeckungseffekte beherrscht werden können.

5.3.1.4 Kreuz- und Autokorrelation

Der Gehalt eines bestimmten Musters in einem Signal $s(t)$ lässt sich durch Vergleich mit dem dieses Muster beschreibenden Bezugssignal $s_\mathrm{b}(t)$ ermitteln. Die zeitvariable Produktbildung liefert bei anschließender Integration nur für phasenrichtige Spektralanteile von Null verschiedene Werte. Diese Vorgehensweise wird im Zeitbereich durchgeführt und als Korrelation

$$B(t) = \lim_{T->\infty} \frac{1}{2T} \int\limits_0^T s(t)s_\mathrm{b}(t + \mathrm{T})\mathrm{d}t \qquad (12)$$

bezeichnet. Die Korrelation stellt eine spezielle Art adaptiver Filterung dar. Die Korrelation eines Signales mit sich selbst heißt Autokorrelation, wobei der Zusammenhang

$$A(t) = \lim_{T->\infty} \frac{1}{2T} \int\limits_0^T s(t)s(t + \tau)\mathrm{d}t$$
$$= 2\pi \int\limits_0^8 P(f) \cos{(2\pi ft)}\mathrm{d}f \qquad (13)$$

über die Fourier-Transformation eine frequenzunabhängige Leistungsverteilung $P(f) = \mathrm{konst.}$ bei Redundanzfreiheit erfordert und deshalb zur Prüfung auf Redundanzgehalt verwendet werden kann.

5.3.1.5 Änderung der Redundanzverteilung

Die Veränderung des Redundanzgehaltes von Nachrichtensignalen zur Verbesserung des Störabstandes kann durch gezielten Zusatz von signalbezogenen Informationen erreicht werden. Dazu gibt es sowohl festeingestellte als auch von den Signalverläufen abhängige lineare und nichtlineare Verfahren. Eine Steigerung des Störabstandes unter Verwendung korrelativer Verfahren erhöht jedoch wegen der zeitlichen Integration nach (12) stets die Auswertzeit.

5.3.2 Analoge und digitale Signalbeschreibung

5.3.2.1 Lineare Beschreibungsweise, Überlagerung

Aus Aufwandsgründen muss die Dynamik nachrichtentechnischer Systeme beschränkt werden. Ihr Verhalten lässt sich bei vernachlässigbaren nicht linearen Verzerrungen mit proportionalen Zusammenhängen

$$\underline{S}_a(f) = \underline{S}_e(f) \prod_0^n \underline{h}_i(f) \qquad (14)$$

beschreiben. Dieser Betrachtungsweise liegt die lineare Filterung und Analyse im Spektralbereich zugrunde. Bei Entkopplung der Parameter $\underline{h}_i(f)$ kann der Prozess umgekehrt und der Überlagerungssatz zur Bemessung genutzt werden.

5.3.2.2 Beschreibung nicht linearer Zusammenhänge

Nichtlineare Signalzusammenhänge erfordern eine funktionale Darstellungsweise der Art $s_a = f(s_e)$, die bei Frequenzabhängigkeit $S(f)$ stets auf nichtlineare Differenzial- oder Integralgleichungen führt. Eine geschlossene Lösung und Umkehrung ist nur in sehr einfachen Fällen möglich. Zur Betrachtung haben sich deshalb zwei Näherungsverfahren herausgebildet: Funktionalreihenansätze $s_a(t) = \sum_0^n f_i(s_e(t))$ und die intervallweise Linearisierung unter Berücksichtigung der Übergangsbedingungen von energiespeichernden Elementen an den Intervallgrenzen. Bei der zuerst genannten Vorgehensweise werden u. a. sogenannte Volterrareihen verwendet, bei denen es sich bei zeitinvarianten Systemen um eine Verallgemeinerung der Faltungsintegral-Darstellung des Eingangs-/Ausgangsverhaltens handelt. Die Impulsantwortfunktion, die als Volterrakern 1. Ordnung gedeutet werden kann, treten auch Volterra-

kerne höherer Ordnung auf. Weitere Einzelheiten findet man in der weiterführenden Literatur.

5.3.2.3 Parallele und serielle Bearbeitung

Im Gegensatz zu analogen nachrichtentechnischen Einrichtungen, bei denen die zu verknüpfenden Signale in kontinuierlicher Form gleichzeitig und damit parallel verfügbar sind, verwenden digitale Aufbereitungs- und Verarbeitungsverfahren in Anlehnung an den Rechnerbetrieb meist eine serielle Signalbehandlung. Dies ist darin begründet, dass digitale Einrichtungen Zwischenwerte speichern und deshalb im Multiplexbetrieb umschaltbare Verknüpfungseinrichtungen verwenden können. Bei hohem Informationsfluss kann die zeitliche Folge der Bearbeitungsschritte zu Durchsatzschwierigkeiten führen, wenn Echtzeitbetrieb gefordert wird. Besondere auf die nachrichtentechnischen Anforderungen der Codierung und Filterung zugeschnittene Signalprozessoren erlauben durch eine raschere, zum Teil auch parallel ablaufende Signalbearbeitung die erforderliche Erhöhung des Informationsflusses.

Verfahren der Nachrichtentechnik

Die in der Nachrichtentechnik verwendeten Verfahren der Signalbehandlung zur Übermittlung und Verarbeitung von Informationen unterliegen stets störenden Beeinflussungen aufgrund nichtidealer Eigenschaften der verwendeten Einrichtungen. Im Gegensatz zu den physikalisch bedingten absoluten Grenzwerten müssen auch verfahrensbedingte Einflüsse berücksichtigt und in ihren Auswirkungen auf ein vorherbestimmtes Mindestmaß reduziert werden. Die dafür zutreffenden Abhängigkeiten werden mit Blick auf die verwendeten technischen Einrichtungen in den nachfolgenden Abschnitten erörtert.

5.4 Aufbereitungsverfahren

5.4.1 Basisbandsignale, Signalwandler

5.4.1.1 Dynamik der Signalquellen

Der Begriff des Basisbandsignales umfasst Signale mit der von den Quellen zur Verfügung gestellten Dynamik und Frequenzbandbreite.

Dabei ist die Energieform unerheblich, da der Einsatz von Signalwandlern keine Einschränkung darstellt, wenn sie keine Veränderung relevanter Signalanteile bewirken. Bandbreite, Dynamik und Störabstand von Basisbandsignalen für Systeme zur Nachrichtenübertragung sind in Tab. 1 zusammengestellt. Diese Angaben gründen sich auf Untersuchungen, die zu Normwerten geführt haben.

Die Anpassung der Signale an die Eigenschaften zugeordneter Übertragungswege kann bei Verminderung der Dynamik und/oder Bandbreite ohne Verlust an Informationsgehalt durch eine Umcodierung vorgenommen werden. Dazu können informationsverarbeitende Signalwandler mit kontinuierlicher oder diskreter Wertzuordnung verwendet werden. Besondere Vorteile ergeben sich damit durch Anpassung an das Kanalverhalten unter Verminderung des Einflusses kanaltypischer Störungen. Zeitbezogene Zuordnungen haben sich, da verarbeitungsseitig mit festen Takten korrelierbar, für die Übertragung in stark gestörter Umgebung besonders bewährt.

5.4.1.2 Direktwandler, Steuerungswandler

Die Signalwandlung bei der Aufbereitung und Verarbeitung nichtelektrischer Quellen- bzw. Senkensignale kann durch die physikalischen Effekte des betreffenden Energieumsatzes erfolgen. Wegen unvermeidlicher Verluste wird stets ein gewisser Energieanteil in Verlustwärme umgewandelt und geht der Signalübertragung verloren. Diese Verluste bewirken eine Dämpfung

$$d_v = 10 \ \lg(P_a/P_e) = 10 \ \lg \ \eta \qquad (15)$$

und damit eine Verschlechterung des Störabstandes

$$(S/N)_{\text{Ausgang}} = (S/N)_{\text{Eingang}} - d_v. \qquad (16)$$

Anforderungen an die Bandbreite von Signalwandlern können oft nur durch Dämpfung frequenzabhängiger Einflüsse erfüllt werden, was die niedrigen Wirkungsgrade η einiger Wandlerarten in der Tab. 2 erklärt.

Außer den Direktwandler genannten Einrichtungen mit Energiekonversion gibt es noch eine weitere Wandlergruppe, bei der eine informationsfreie Hilfsenergie zugeführt wird und der Wandlungseffekt in einer signalabhängigen Steuerung der Hilfsquelle besteht. Der Wirkungsgrad η für das Signal kann dadurch >1 werden, da ein Verstärkungseffekt vorliegt. Bei Berücksichtigung der Hilfsquellenleistung muss jedoch der Gesamtwirkungsgrad stets <1 bleiben. Bei diesen Steuerungswandlern ist deshalb die Angabe eines Wirkungsgrades in Tab. 2 nicht sinnvoll. Dagegen spielen hier Verzerrungen, vor allem nicht linearer Art eine wichtige Rolle. Durch kleine Aussteuerungswerte s im Verhältnis zum Hilfsquellensignal s_h können sie in vertretbaren Grenzen gehalten werden, wie die Entwicklung der Nichtlinearität als Potenzreihe

$$(s + s_h)^x \approx xss_h^{x-1} + s_h^x \sim s + \text{const} \qquad (17)$$
$$\text{für} \quad s \ll s_h = \text{const}$$

erkennen lässt.

5.4.2 Abtastung, Quantisierung, Codierung

5.4.2.1 Zeitquantisierung, Abtasttheorem

Signale endlichen Nachrichtengehaltes sind stets durch eine bestimmte Anzahl von Entscheidun-

Tab. 1 Eigenschaften von Nachrichtenübertragungssystemen

Art des Nachrichtensignals	Frequenzbandbreite	Dynamik	Störabstand
		$\triangleq$ Amplitudenverhältnis	$\triangleq$ Leistungsverhältnis
Fernschreiben (Telegrafie 120 Baud)	$(0 \ldots 240)$ Hz	3 dB $\triangleq \sqrt{2}$	10 dB $\triangleq$ 10
Fernsprechen (Telefonie)	$(0,3 \ldots 3,4)$ kHz	30 dB $\triangleq$ 32	34 dB $\triangleq$ 2500
Bildübertragung (Fernsehrundfunk)	$(0 \ldots 5,5)$ MHz	24 dB $\triangleq$ 16	30 dB $\triangleq$ 1000
Tonübertragung (UKW-Tonrundfunk)	$(0,05 \ldots 15)$ kHz	55 dB $\triangleq$ 560	15 dB $\triangleq$ 32

Tab. 2 Eigenschaften von Signalwandlern

Art	Verfahren	Eingabe (typ. Bsp.)	Ausgabe (typ. Bsp.)	Übertragungsfrequenzbereich	Empfindlichkeit	Wirkungsgrad
Mechanisch	Elektromechanisch	Tastatur	Wähler	(0...100) Hz	(0,01...1)N/ (0,1...10) W	gesteuert
	Elektromagnetisch	Magnettonkopf	Relais	(0...10) MHz/(0...1) kHz	$-/(0{,}1...10)$ W	1 % gesteuert
	Elektrodynamisch	–	Drehspulinstrument	(0...1) Hz	$(0{,}1...10)\,\frac{\mu A}{\text{Grad}}$	–
	Druckempfindliche Widerstandsänderung	Kontaktfreie Tastatur	–	(0...1) kHz	(0,01...1) N	gesteuert
Akustisch	Elektromagnetisch	Magnettonabnehmer	Telefonhörer	(50 Hz...20) kHz/ (300...3400) Hz	ca. $1\,\frac{\text{mVs}}{\text{cm}}/100\,\frac{\mu B}{\text{mA}}$ (50 Ω)	gesteuert/ 20 %
	Elektrodynamisch	Dynamisches Mikrofon	Lautsprecher	50 Hz...20 kHz	$0{,}3...3\,\frac{\text{mV}}{\mu B}/$ $0{,}01...0{,}2$	1...20 %
	Druckempfindliche Widerstandsänderung	Telefonmikrofon	–	(300...3400) Hz	$50\,\frac{\text{mV}}{\mu B}(100\,\Omega)$	gesteuert
	Piezoeffekt	Kristalltonabnehmer	Ultraschallwandler	(0,1...10) kHz/ (10 kHz...1 MHz)	ca. $50\,\frac{\text{mVs}}{\text{cm}}/$ (0,6...0,8)	3 %/ (60...80) %
Optisch	Strahlungsempfindliche Widerstandsänderung	Fotowiderstand, -diode, -transistor	–	(0...10) MHz	$(30...400)\,\frac{\mu A}{\text{lx}}$	gesteuert
	Innerer Fotoeffekt	Fotozelle	–	(0...5) MHz	1 mV/lx	ca. 12 %
	Elektronenerregte Strahlungsemission	–	Glühlampe,	(0...100) Hz	–	(0,1...1)%
			Elektronenleuchtschirm,	(0...100) MHz		(0,1...10)%
			Laserdiode	(0...10) MHz		(1...10)%

gen vollständig zu beschreiben, sodass eine lückenlose Kenntnis des zeitlichen Signalverlaufes $s(t)$ nicht erforderlich ist. Dies führt auf die zeitliche Quantisierung, die nur einer endlichen Anzahl n von Stützstellen bei $s(t_i)$ $(i = 1, \ldots, n)$ bedarf. Aus Gründen des technischen Aufwandes ist es vorteilhaft, den Abstand der Abtastzeitpunkte, $T_0 = \Delta t = t_i - t_{i-1}$, konstant und damit die Frequenz $f_0 = 1/\Delta t$ des zugehörigen Abtastsignales s_0 konstant zu halten und so festzulegen, dass das abzutastende Signal $s(t)$ ohne Informationsverlust rekonstruiert werden kann. Dies lässt sich durch Multiplikation mit einem Rechteckpuls $s_0(t)$ der Werte 1 und 0 entsprechend Abb. 9 zeigen. Dabei ist vorausgesetzt, dass das Signal $s(t)$ nur Spektralanteile bis zur Grenzfrequenz f_g aufweist, also bei f_g bandbegrenzt ist. Der Rechteckpuls kann durch den Zusammenhang

$$s_0(t) = tf_0 \left\{ 1 + 2 \sum_1^n [\sin(i\pi f_0 t)/i\pi f_0 t] \cos(2i\pi f_0 t) \right\}$$

$$(18)$$

beschrieben werden. Das Produkt für eine Signalschwingung $s(t) = s \cos 2\pi f t$ innerhalb des Frequenzbandes $S(f_g)$ liefert dann als niedrigste Spektralanteile für $i = 1$ im Ausgangssignal die beiden Beiträge

$$s_a(t) = s(t)s_0(t) \approx s \cos 2\pi f t + s \cos 2\pi (f_0 - f)t (\sin \pi f_0 t/\pi f_0 t).$$

$$(19)$$

Zur fehlerfreien Rekonstruktion des Signalverlaufes $s(t)$ muss das Ausgangssignal $s_a(t)$ von dem frequenzmäßig nächstgelegenen Spektralanteil bei $f_0 - f$ befreit werden, was durch Tiefpassfilterung entsprechend dem Spektrogramm Abb. 10 geschieht. Da praktische Tiefpässe nur einen begrenzten Dämpfungsanstieg aufweisen können, muss die Abtastfrequenz stets

$$f_0 > 2f_g \qquad (20)$$

gewählt werden, da für $f_0 = 2f_g$ die beiden Spektralanteile zusammenfallen. Gl. (20) wird als Abtasttheorem bezeichnet.

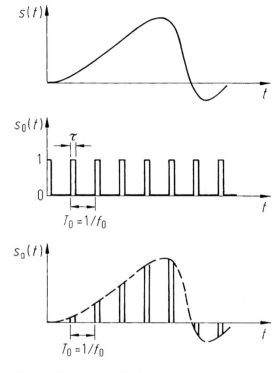

Abb. 9 Abtastung von Nachrichtensignalen

5.4.2.2 Amplitudenquantisierung

Zur wertdiskreten Darstellung von Signalen ist eine schwellenbehaftete Amplitudenbewertung erforderlich, die sich bei konstanter Auflösung als Treppenkurve einheitlicher Stufenhöhe nach Abb. 11 darstellt. Zweiwertigen Entscheidungen entsprechen der digitalen Codierung, z. B. den im Abb. 11 angegebenen Dualzahlen. Zuordnungsunterschiede ergeben sich zwischen fortlaufenden Zahlenfolgen und vorzeichenbehafteter Betragsdarstellung sowie in der Beschreibung des Nullwertes.

Akustische Signalpegel werden vom menschlichen Ohr logarithmisch bewertet, sodass die exponentielle Stufung bei Schallsignalen stets eine Reduktion des Informationsflusses ohne Verlust relevanter Anteile bewirkt. Die nicht linearen Wertzuordnungen werden allgemein unter dem Begriff der Pulscodemodulation (PCM) zusammengefasst. Abb. 12 zeigt den Störabstand S/N eines Telefonkanales in Abhängigkeit vom

Abb. 10 Rekonstruktion
abgetasteter Signale

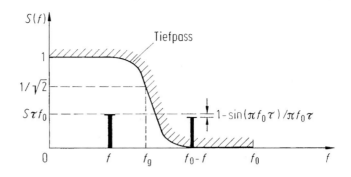

Abb. 11 Codierte
Amplitudenbewertung

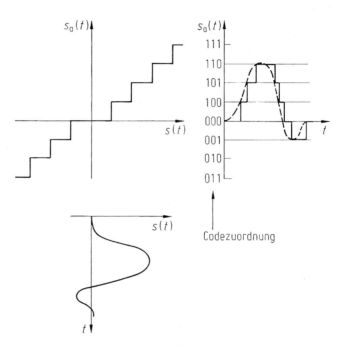

Signalpegel L_s bei logarithmischer Signalquantisierung.

5.4.2.3 Differenz- und Blockcodierung

Schöpft ein wertquantisiertes Nachrichtensignal den Dynamikbereich der Codierung im zeitlichen Mittel nicht voll aus, kann die zur Übertragung erforderliche Kanalkapazität durch Differenzbildung mit zeitlich vorangegangenen Signalwerten vermindert werden. Verfahren der Differenzcodierung erfordern deshalb zur Verminderung des Informationsflusses zumindest zeitweise redundante Signalanteile. Die Wiedergewinnung der Signalwerte erfolgt im einfachsten Fall durch Summenbildung aus der übertragenen Differenz

und dem zuletzt bestimmten Signalwert, wie dies Abb. 13 zeigt. Daraus folgt bis zum Verfügbarkeitszeitpunkt eines Signalwertes $s_a(t)$ am Ausgang des Systems ein Zeitverzug von zwei Abtastperioden Δt. Die Differenzbildung kann auch aus mehreren zeitlich vorhergehenden Signalwerten nach feststehenden oder auch signalwertabhängigen Regeln vorgenommen werden. Bei der Fernsehbildübertragung ist so mit Bildpunkten von Nachbarzeilen (Interframe-Codierung) und Nachbarbildern (Intraframe-Codierung) ohne merklichen Qualitätsverlust etwa eine Halbierung des Informationsflusses erreicht worden.

Kann dagegen ein Signalverlauf durch eine feste Anzahl von Mustern beschrieben werden,

deren codierte Übertragung eine geringere Kanalkapazität als die des ursprünglichen Signales
erfordert, so bringt dies übertragungstechnische
Vorteile. Diese Blockquantisierung genannte Co-
dierungsart benötigt zur Auswertung Referenzmuster, die durch Korrelation von Signalaus-
schnitten zu gewinnen sind und für die
bestmögliche Redundanzreduktion eine adaptive
Anpassung an den augenblicklichen Signalverlauf erfordern.

5.4.2.4 Quellen- und Kanalcodierung
Bei redundanzverändernden Codierungsarten ist
zwischen der Berücksichtigung quellenspezifi-
scher Merkmale und kanalspezifischer Störungs-

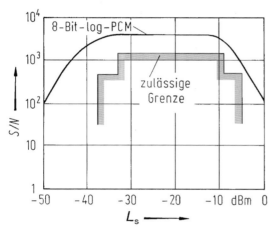

Abb. 12 Störabstand von PCM-Telefonsignalen

einflüsse zu unterscheiden. Bei Kenntnis des Mus-
tervorrates einer Signalquelle und der Häufigkeit
des Auftretens einzelner Muster kann der Informationsfluss auch durch eine verteilungsabhängige
Codierung vermindert werden. Codierungen, die
solche quellenbezogenen Merkmale berücksichtigen, werden als Quellencodierung bezeichnet.

Durch Umcodierung von Nachrichtensignalen
ohne Berücksichtigung quellenbezogener Merkmale kann eine Veränderung der Redundanzver-
teilung und damit meist eine Verbesserung des
Störabstandes erreicht werden. Da Umcodierun-
gen in einer Veränderung der Zuordnung zwischen Signalwerten und Codes bestehen, kann
damit vor allem musterabhängigen Störeinflüssen
entgegengewirkt werden. Abb. 14 zeigt dazu ein
blockorientiertes Kanalcodierverfahren, bei dem
durch partielle Summation aus einer Folge von
Signalwerten eine Umordnung und Zusammenfassung erfolgt.

5.4.3 Sinusträger- und Pulsmodulation

5.4.3.1 Modulationsprinzip und Darstellungsarten
Wird einem zu übertragenden Nachrichtensignal
$s(t)$ ein deterministisches und damit informations-
freies Hilfssignal durch eine nichtlineare Operation hinzugefügt, so bezeichnet man diese Art der
Signalaufbereitung als Modulation. Sie dient vor

Abb. 13 Prinzip der
Differenzcodierung

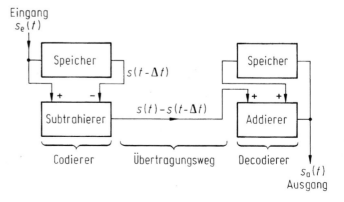

Abb. 14 Blockorientierte Kanalcodierung

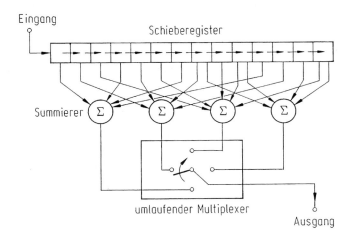

allem zur Veränderung von Kanalfrequenzlagen für die Nutzung in Frequenzmultiplexsystemen. Bei einigen Modulationsarten können durch die Verarbeitungsverfahren Störeinflüsse des Übertragungsweges vermindert werden. Voraussetzung jeder Modulation ist die Kenntnis des zeitlichen Verlaufes des als Träger bezeichneten Hilfssignales $s_T(t)$, dem das zu übertragende Nachrichtensignal $s(t)$ aufgeprägt wird. Aus dem entstehenden Signal $S(t)$ kann mit einer als Demodulator bezeichneten Einrichtung das Modulationssignal $s(t)$ wiedergewonnen werden. Das Schema von Modulationsübertragungen zeigt Abb. 15, wobei für bestimmte Demodulationsverfahren ein Hilfsträger erforderlich ist, dessen Signalphasenstarr mit dem Trägersignal $s_T(t)$ verkoppelt sein muss. Die Modulationsarten stützen sich zum überwiegenden Teil auf sinus- oder pulsförmige Trägersignale $s_T(t)$, da die harmonische oder binäre Darstellungsweise den analogen bzw. digitalen Verfahren zur Signalaufbereitung und Signalverarbeitung besonders entspricht. Für wertkontinuierlich und für wertdiskret quantisierte Nachrichtensignale sind die Bezeichnungen der üblichen Modulationsarten in Tab. 3 zusammengestellt.

Nach der Aufprägung des Nachrichtensignales $s(t)$ ist unabhängig von der Modulationsart stets ein Frequenzband zur Übertragung der signalabhängigen Veränderungen erforderlich. Die Anforderungen an die Bandbreite B des Übertragungskanales lassen sich aus der spektralen Amplitudenverteilung $S(f)$ des modulierten Signales, die Dynamikverhältnisse aus seinem Zeitverlauf $S(t)$ erkennen.

5.4.3.2 Zwei-, Ein- und Restseitenbandmodulation

Wird eine harmonische Schwingung $S(t)$ der Frequenz F als Trägersignal verwendet, so lässt sich ein Nachrichtensignal $s(t)$ im einfachsten Falle auf deren Amplitude A aufprägen.

$$\begin{aligned} S(t) &= A(s)\cos{(2\pi Ft)} \\ &= A_0(1 + ms(t)/s_{\max})\cos{(2\pi Ft)} \end{aligned} \tag{21}$$

Dabei wird der Faktor m *Modulationsgrad* genannt und darf für verzerrungsarme Modulation nur Werte $m < 1$ annehmen. Füllt das Spektrum $s(f)$ des Nachrichtensignales $s(t)$ ein Frequenzband mit der Amplitude $s_{\max}$ aus, so lässt sich das modulierende Signal durch die Beziehung $s(t) = s_{\max}\cos{(2\pi ft)}$ beschreiben und das Produkt der trigonometrischen Funktionen in Summen und Differenzen angeben. Damit gilt für die Zeitabhängigkeit

$$\begin{aligned} S(t) = \ &A_0\cos{2\pi Ft} \\ &+ m(A_0/2)(\cos{2\pi(F-f)t} \\ &+ \cos{(2\pi(F+f)t)}). \end{aligned} \tag{22}$$

Wird der Zusammenhang (22) im Spektralbereich $S(f)$ dargestellt, so ergeben sich neben dem

Abb. 15 Prinzip der Modulationsübertragung

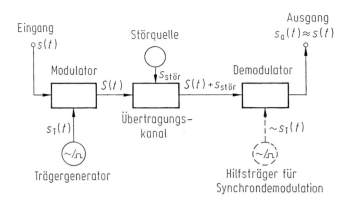

Tab. 3 Übersicht über gebräuchliche Modulationsarten

Modulationssignal	Trägersignal	Modulationsart	
Amplitudenverlauf	Verlauf	(Kurzzeichen)	
Wertkontinuierlich	sinusförmig	Amplitudenmodulation	(AM)
		– Restseitenbandmodulation	(RM)
		– Einseitenbandmodulation	(ESB)
		Frequenzmodulation	(FM)
		Phasenmodulation	(PM)
	pulsförmig	Amplitudenumtastung	(ASK)
		– Trägertastung	(A1)
		Frequenzumtastung	(FSK)
		Phasenumtastung	(PSK)
Wertdiskret	sinusförmig	Pulsamplitudenmodulation	(PAM)
		– je 2^n Signalwerte auf 2 orthogonalen Trägern	(QAM)
		Pulsfrequenzmodulation	(PFM)
		Pulsphasenmodulation	(PPM)
	pulsförmig	verschiedene Arten von PCM, wegen Störspektren bandbegrenzt,	
		gibt quantisierte PAM-, PFM- oder PPM-Modulation	

Träger mit der Amplitude A_0 zwei Seitenbänder mit Amplitude $m\,A_0/2$ symmetrisch auf beiden Seiten der Trägerfrequenz F_0. Die Richtung steigender Modulationsfrequenz f ist in den Seitenbändern entgegengesetzt, wie dies die Pfeile in Abb. 16a andeuten. Die unverzerrte Übertragung eines zweiseitenband-amplitudenmodulierten Signales erfordert deshalb die doppelte Kanalbandbreite B des modulierenden Signales $s(t)$. Der zeitliche Verlauf des modulierten Signales $s(t)$ weist als Produkt aus modulationssignalabhängiger Amplitude und Trägeramplitude nach (21) und Abb. 16b als Einhüllende das Modulationssignal $s(t)$ auf. Diesen Zusammenhang lässt auch die Modulationstrapez genannte Abhängigkeit $s(s)$, Abb. 16c, erkennen, mit der der Modulationsgrad m und nichtlineare Verzerrungen bei

dieser Modulationsart auf einfache Weise darstellbar sind.

Da die Information des aufmodulierten Signales $s(t)$ in jedem der beiden Seitenbänder vollständig enthalten ist, muss die Übertragung eines einzigen Seitenbandes zur Wiedergewinnung des Signales $s(t)$ auf der Empfangsseite und damit auch dessen Bandbreite B für den Übertragungskanal genügen. Frequenzbandsparende Nachrichtensysteme benutzen deshalb das Einseitenbandmodulation (ESB) genannte Übertragungsverfahren, das nur ein einziges Seitenband nutzt. Dazu wird sendeseitig ein Filter mit steilem Dämpfungsanstieg zur Trennung der Seitenbänder eingesetzt und empfangsseitig durch Zusatz eines Hilfsträgersignales der Frequenz F im Demodulator entsprechend Abb. 15 durch Synchrondemodulation eine verzerrungsarme Wie-

Abb. 16 Zweiseitenband-
Amplitudenmodulation.
a Frequenzbänder,
b Modulationssignal $s(t)$
und moduliertes Signal $S(t)$,
c Modulationstrapez

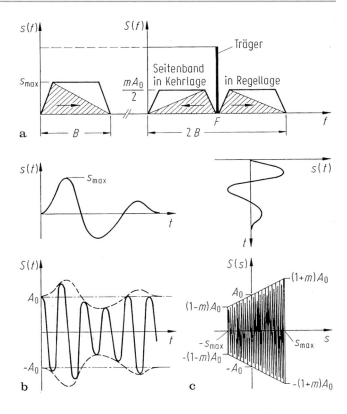

dergewinnung des Nutzsignales erreicht. Die Bewegtbildübertragung des Fernsehens erfordert wegen des großen Informationsflusses eine Verminderung der Kanalbandbreite. Helligkeitsschwankungen verbieten jedoch als sehr niederfrequente Signalanteile aufgrund unzureichender Filtereigenschaften die Einseitenbandmodulation als Übertragungsverfahren. Durch eine teilweise Übertragung des anderen Seitenbandes kann jedoch die Flankensteilheit der Filter auf einen technisch beherrschbaren Wert vermindert werden, siehe Abb. 17. Der zum halben Trägerwert $A/2$ und zur Trägerfrequenz F_0 punktsymmetrische Dämpfungsverlauf im Bereich niederer Frequenzen wird als Nyquist-Flanke bezeichnet und bestimmt die Eigenschaften dieses Restseitenbandmodulation (RM) genannten Übertragungsverfahrens.

5.4.3.3 Frequenz- und Phasenmodulation

Wird die Phase φ des Übertragungssignales $S(t) = A_0 \cos \varphi$ moduliert und die Amplitude A_0 konstant gehalten, so bezeichnet man dies je nach der Art der Abhängigkeit als Frequenz- oder als Phasenmodulation. Über den Zusammenhang $\Phi = 2\pi \int\limits_0^\infty F(t)\mathrm{d}t$ besteht die Verbindung zwischen Phase F und Frequenz F eines Signales. Für die aus Aufwandsgründen bevorzugte Frequenzmodulation ist der modulationsabhängige Verlauf der Momentanfrequenz $F(t)$ und das zugehörige Ausgangssignal $S(t)$ in Abb. 18 dargestellt. Dafür gilt der Zusammenhang

$$S(t) = A_0 \cos\left\{ 2\pi F_0 \left[t + (\Delta F/F_0) \int\limits_0^\infty [s(t)/s_{\max}]\mathrm{d}t \right] \right\} \tag{23}$$

dessen Zerlegung in harmonische Komponenten eine Summe von Besselfunktionen liefert. Daraus ergeben sich in Abhängigkeit von dem auf die höchste Modulationsfrequenz $f_{\max}$ bezogenen Frequenzhub ΔF sehr unterschiedliche Spektralverteilungen $S(f)$, siehe Abb. 19. Die Kanalbandbreite B für eine verzerrungsarme Übertragung muss in beiden Fällen mindestens $B > 2(\Delta F + f_{max})$ betragen. Phasenmodulationsverfahren erlauben zur Frequenzaufbereitung zwar eine besserer Kontrolle der Ruhefrequenzlage, haben aber wegen des höheren technischen Aufwandes weniger praktische Bedeutung erlangt.

5.4.3.4 Zeitkontinuierliche Umtastmodulation

Die Übertragung digitaler Modulationssignale führt bei konstanten Amplitudenwerten im einfachsten Falle auf das zeitabhängige Ein- und Ausschalten eines Hilfsträgersignales. Dieses Verfahren wird Trägertastung (A1) genannt und in der

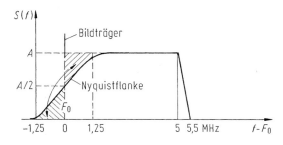

Abb. 17 Spektrum der Fernseh-Restseitenbandmodulation

Morsefunktelegrafie noch verwendet. Da nachregelnde Empfangseinrichtungen in den signalfreien Zeitabschnitten keine Information erhalten, bevorzugt man heute Umtastmodulationsarten, die ständig ein Übertragungssignal bereitstellen. Die modulationsabhängige Umschaltung zwischen zwei Trägergeneratoren der Frequenzen F_1 und F_2 zeigt Abb. 20. Sie wird als Frequenzumtastung (FSK, frequency-shift keying) bezeichnet. Das zugehörige Spektrum $S(f)$ des Übertragungssignales setzt sich aus den Pulsspektren beider Modulationsintervalle zusammen. Die Beschränkung der Übertragungsbandbreite auf $B = 2(F_2 - F_1 + 3f_{max})$ erfasst etwa 95 % der Signalleistung, wenn die beiden Trägerfrequenzen F_1 und F_2 als ganzzahliges Vielfaches der modulierenden Frequenzen f gewählt werden und keine sprunghaften Übergänge im Umschaltaugenblick auftreten.

Durch Signalfilterung kann eine modulationsabhängige Phasenzuordnung erreicht werden. Dieses Phasenumtastung (PSK, phase-shift keying) genannte Verfahren lässt sich durch ein Vektordiagramm z. B. für vier Phasenzustände entsprechend Abb. 21 beschreiben. Bei einer Beschränkung der Phasenänderungsgeschwindigkeit $d\Phi/dt = 2\pi f_{max}$ auf die höchste Modulationsfrequenz f_{max} ergibt

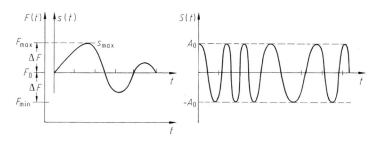

Abb. 18 Frequenzmodulationsverfahren (FM)

Abb. 19 Spektrum einer Schmalband- und einer Breitband-FM

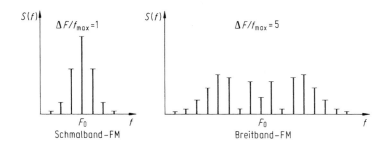

Abb. 20
Frequenzumtastung (FSK)

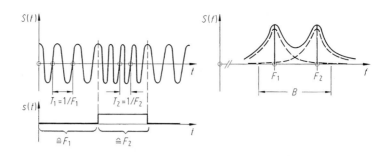

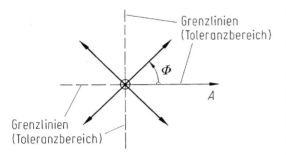

Abb. 21 Zeigerdiagramm einer Vierphasenumtastung (PSK)

sich die geringste Bandbreiteforderung an den Übertragungskanal.

5.4.3.5 Kontinuierliche Pulsmodulation

Anstelle harmonischer Schwingungen kann als Trägersignal auch ein rechteckförmiges Pulssignal dienen, das weniger Aufwand bei der Signalauswertung erfordert. Zur analogen Aufprägung des Modulationssignales $s(t)$ bieten sich die Pulsamplitude $A(s)$ bei der Pulsamplitudenmodulation (PAM), die Pulsfrequenz $F(s)$ bei der Pulsfrequenzmodulation (PFM), die Pulsphase $\Phi(s)$ bei der Pulsphasenmodulation (PPM) und die Pulsdauer $t(s)$ bei der Pulsdauermodulation (PDM) oder auch Pulsweitenmodulation (PWM) an. Zur Veranschaulichung sind die Ausgangssignale $S(t)$ bei diesen Modulationsarten in Abb. 22 dargestellt. Die volldigitale Betriebsweise von Nachrichtenkanälen hat diese Verfahren jedoch weitgehend verdrängt, sodass sie nur noch vereinzelt zur Signalaufbereitung und Signalverarbeitung eingesetzt werden. Der Einfluss unterschiedlicher spektraler Energieverteilungen und Störabstände ist bei diesen Verfahren von Bedeutung.

5.4.3.6 Pulscode-, Delta- und Sigma-Delta Modulation

Im Unterschied zur PAM wird bei der Pulscodemodulation (PCM) nicht nur die Zeit diskretisiert, sondern es erfolgt auch eine Amplitudendiskretisierung, die man (Amplituden-)Quantisierung nennt. Die Quantisierung ist ein nicht linearer Prozess. Die Signalübertragung erfolgt mit seriellen synchronen Pulsmustern, wobei bevorzugt Dualzahlen verwendet werden. Mit dem Faktor 2 kann dabei die Dynamik auf einfache Weise exponentiell erweitert werden. Das zur Sprachübertragung in Telefonqualität bevorzugte logarithmische PCM-Codierungsschema zeigt Abb. 23, bei dem für die Signalwerte $s = (+/-)M \cdot 2^E$ gilt. Die Modulationseinrichtungen sind dabei Analog-Digital-Umsetzer, die diese Stufung bei serieller Ausgabe der Signalwerte aufweisen.

Bei der Standard-PCM wird jeder Amplitudenwert einzeln quantisiert, was mit einem erheblichen Aufwand in Kodierer und Dekodierer verbunden ist. Vielfach sind jedoch die Amplitudenproben des PAM-Signal korreliert, was bei der Standard-PCM nicht berücksichtigt wird. Bei der DPCM (Differenzial Pulse Code Modulation) wird daher bei solchen Signalen nur die Differenz des Signals mit einem Prädiktor kodiert, der sich aus vergangenen Amplitudenwerten berechnet und somit die Vergangenheit des Signals und damit dessen Korrelationen berücksichtigt.

Ein besonders einfaches digitales Modulationsverfahren mit Prädiktion ist die Deltamodulation (DM), welche im Unterschied zu DPCM-Varianten das Ausgangssignal jeweils nur um einen Schritt verändert. Die zugehörige sehr einfache Modulationseinrichtung nach Abb. 24 besteht aus einer schwellenbehafteten Differenzbildung (Komparator) für zweiwertige Ausgangssignale $S(t) = +/- A$,

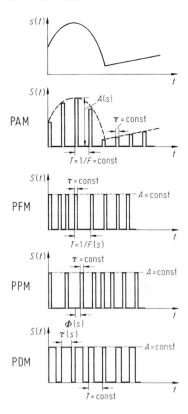

Abb. 22 Kontinuierliche Pulsmodulationsarten

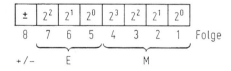

Abb. 23 Muster einer 8-Bit-Pulscodemodulation (PCM)

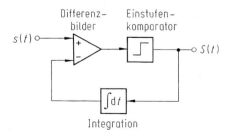

Abb. 24 Prinzip der Deltamodulation (DM)

einem Einstufenkomparator und einem Integrierglied. Bei verschwindendem Eingangssignal $s(t)$ liefert sie eine konstante Pulsfolge höchstmöglicher Änderungsrate (granulares Rauschen). Sie erreicht jedoch nur eine tiefpassbegrenzte zeitliche Anstiegsgeschwindigkeit (Steigungsüberlastung oder Slope Overload) und ist auch noch durch den Integrationsverzug mit Überschwingen behaftet. Diese Nachteile beschränken die Anwendbarkeit des Deltamodulationsverfahrens. Daher muss ein Kompromiss hinsichtlich der Schrittweite erzielt werden, damit diese Effekte minimiert werden können. Besser ist es noch, die Schrittweite an das Eingangssignal zu adaptieren, sodass man einen adaptiven Delta-Modulator (ADM) erhält. Eine substanzielle Verbesserung erreicht man mit dem Konzept des Sigma-Delta-Modulators, das sich einfach erklären lässt, wenn man von der Kodierer-Dekodierer-Kette des Delta-Modulators ausgeht.

Zur der Dekodierung eines von einem Delta-Modulator erzeugten Signals, das man über einen Kanal überträgt, wird zunächst ein Integrator und anschließend ein Tiefpass benötigt. Verschiebt man diesen Integrator an den Anfang der Kodierer-Dekodierer-Kette und somit vor den Delta-Modulator und zieht diesen Integrator zusammen mit dem in der Rückkopplungsschleife befindlichen Integrator hinter die Differenzbildung, dann erhält man die Struktur eines Sigma-Delta-Modulators. Das von einem Sigma-Delta-Modulator erzeugte Signal braucht nur mit einem Tiefpass gefiltert werden, um das Eingangssignal zurück zu gewinnen. Um eine gute Signalqualität zu erhalten, muss allerdings eine hohe Überabtastung verwendet werden.

Diese scheinbar unbedeutende äquivalente Umformung der Kette aus Delta-Modulator und zugehörigem Demodulator führt aber bei dem neuen System zu ganz unterschiedlichen Eigenschaften. Während beim Delta-Modulator die Übertragungsfunktionen für Eingangs- und Rauschsignal gleichartigen Charakter haben, besitzt beim Sigma-Delta-Modulator die Übertragungsfunktion für das Eingangssignal Tiefpass-Charakter, für das Rauschsignal aber Hochpass-Charakter. Damit ist sogenanntes Noise-Shaping – d. h. Hochpassmäßige Verformung des Rauschens – möglich, wodurch das Rauschspektrum zu den hohen Frequenzen verschoben wird. Weiterhin wird beim Deltamodulator die Signaldifferenz kodiert, was zu der bereits erwähnten Steigungsüberlastung (Overload) führen kann, während beim Sigma-Delta-Modulator das Signal kodiert wird, wodurch nur das Signal begrenzt wird. Weitere Einzelheiten findet man in der weiterführenden Literatur und insbesondere in der Monografie von Zölzer (2005).

5.4.4 Raum-, Frequenz- und Zeitmultiplex

5.4.4.1 Baum- und Matrixstruktur

Die Nutzung verfügbarer Nachrichtenkanäle für wechselnde Quellen und Senken erfordert deren bedarfsgerechte Zuordnung und damit Einrichtungen, die Umschaltungen ermöglichen. Die Struktur derartiger Anordnungen unterscheidet sich darin, ob die Kanäle in Folge oder parallel mit den Schaltpunkten verbunden sind, wie siehe Abb. 25 erkennen lässt. Die Folgeschaltung Abb. 25a wird auch Baumstruktur genannt und schützt durch räumliche Trennung vor Fehlschaltungen von Kanälen, hat jedoch den Nachteil, dass die als Bündel bezeichneten parallel laufenden Verbindungswege wegen der räumli-

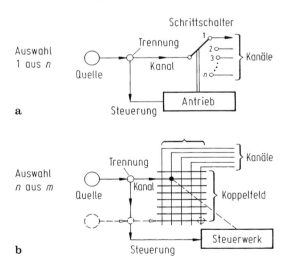

a

b

Abb. 25 Raummultiplex in **a** Baum- und **b** Matrixstruktur

chen und zeitlichen Abfragefolge nur unvollständig genutzt werden können. Abhilfe schafft hier ein Mehrfachzugriff in unterschiedlicher Reihenfolge, der als Mischung bezeichnet wird und dem Informationsfluss angepasst werden kann. Im Gegensatz dazu erfordert die kreuzschienenartige Matrixstruktur nach Abb. 25b stets ein Steuerwerk, das ist eine Hilfseinrichtung, die für die störungsfreie Auswahl der Durchschaltepunkte sorgt. Voraussetzung ist die Kenntnis über bereits belegte Schaltpunkte, um eine innere Blockierung zu vermeiden. Aus diesem Grunde können derartige Einrichtungen sinnvoll nur mit digitalen Steuerungen betrieben werden. Sie haben wegen der besseren Ausnutzung der Bündel die Baumstruktur weitgehend verdrängt.

5.4.4.2 Durchschalt- und Speicherverfahren

Der wichtigste Unterschied beim Betrieb von Einrichtungen zur bedarfsabhängigen Kanalzuweisung besteht darin, ob die Durchschaltung entweder direkt auf Anforderung hin oder erst nach einer Überprüfung des Gesamtschaltzustandes erfolgen kann. Letzteres erfordert die zeitunabhängige Verfügbarkeit unbearbeiteter Anforderungen und wird deshalb als Speicherverfahren bezeichnet. Damit kann die Nutzung von Durchschaltmöglichkeiten in Systemen hoher Kanalzahl erheblich verbessert werden, es erfordert jedoch eine besondere Signalisierung des Schaltzustandes. Im Gegensatz dazu ist bei dem jeder Anforderung folgenden Durchschaltverfahren zu jedem Zeitpunkt der Schaltzustand systembedingt festgelegt. Der höhere Aufwand des Speicherverfahrens hat sich durch den Einsatz von Digitalrechnern zur Speicherung und Steuerung beträchtlich vermindert und den Ablauf so beschleunigt, dass verfahrensbedingte Verzögerungen kaum mehr in Erscheinung treten. In Systemen hoher Kanalzahl werden heute deshalb vorzugsweise digitale Speicherverfahren verwendet.

5.4.4.3 Zugänglichkeit und Blockierung

Für die Zugänglichkeit von Nachrichtenkanälen in kanalzuweisenden Systemen ist zwischen Wähl- und Suchsystemen zu unterscheiden, die von der anfordernden Quelle ausgehend einen freien Kanal nach Abb. 26a oder von einem freien Kanal aus die anfordernde Quelle nach Abb. 26b aufsuchen. Dabei sind neben der Anzahl der abzusuchenden Verbindungsstellen auch deren zeitliche Verfügbarkeit für die Auslastung solcher Einrichtungen von Bedeutung.

Entsprechend den Regeln zur Anforderungsbearbeitung besteht jedoch die Gefahr der Blockierung, sodass in bestimmten Belastungsfällen keine weitere Anforderungsbearbeitung mehr erfolgen kann. Dabei ist zwischen der inneren, durch die Systemstruktur bedingten Blockierung und der äußeren, durch das Anforderungsverhalten bedingten Blockierungen zu unterscheiden. Durch zunehmenden Einsatz von Speicherverfahren anstelle von Durchschaltverfahren hat sich das Blockierungsverhalten von äußeren auf innere Einflüsse verlagert und wird vorwiegend durch eine nicht hinreichende Berücksichtigung des Systemverhaltens in den programmierten Steuerungsabläufen bestimmt.

5.4.4.4 Trägerfrequenzverfahren

Der Hauptvorteil moderner Nachrichtensysteme besteht in der Mehrfachnutzung von Übertragungswegen nach dem Multiplexverfahren. Das älteste und verbreitetste Verfahren dieser Art ist das Trägerfrequenzverfahren, bei dem mithilfe von Modulation und frequenzselektiver Filterung eine Änderung der von den Nachrichtenkanälen benutzten Frequenzbänder herbeigeführt wird. Bei hinreichend linearem Übertragungsverhalten des Übertragungsweges können so eine Vielzahl von Kanälen störungsfrei zusammengeführt und wieder getrennt werden, siehe Abb. 27. Der Vorteil des Trägerfrequenzverfahrens besteht darin,

dass bei nichtkorrelierten Signalen s_i in den n Einzelkanälen sich deren Leistungen addieren und deshalb die Amplitude des Gesamtsignales S auf dem Übertragungsweg bei gleichen Maximalwerten s_{max} in den Einzelkanälen

$$S = \sqrt{\overline{P}_s} = \sqrt{\sum_1^n (s_i)^2} = \sqrt{\sum_1^n (s_{max})^2}$$
$$= s_{max}\sqrt{n} \tag{24}$$

nur mit der Wurzel der Kanalzahl n ansteigt. Die Kennwerte der fünf meistverwendeten Trägerfrequenzsysteme für den Einsatz auf Telefonfernleitungen sind in Tab. 4 zusammengestellt.

5.4.4.5 Geschlossene und offene Systeme

Trägerfrequenzsysteme erlauben nur die einmalige Verwendung eines Frequenzbandes auf einem Übertragungsweg, um Übersprechstörungen zwischen Kanälen zu vermeiden. Mehrfache Frequenzzuweisung auf unterschiedlichen Übertragungswegen erfordert einen hohen Entkopplungsgrad zwischen diesen und kann mit Koaxialleitungen (80 bis 100 dB) oder Lichtwellenleitern (∞) am besten gesichert werden. Solche leitungsgebundenen Übertragungssysteme arbeiten mit getrennten Räumen zur Ausbreitung der die Nachricht tragenden elektromagnetischen Wellen und werden als geschlossene Systeme bezeichnet. Im Gegensatz dazu werden Systeme, die sich des freien Raumes zur Wellenausbreitung bedienen, als offene Systeme bezeichnet. Hierzu rechnet der Rundfunk, aber auch Funkverbindungen, bei denen mit strahlbündelnden Antennen für das Aussenden und den Empfang der elektromagnetischen Wellen durch Richtfunk eine

Abb. 26 Prinzip **a** des Wähl- und **b** des Suchsystems

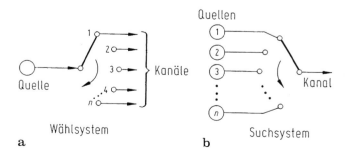

räumliche Entkopplungen gegen gleichfrequent genutzte Übertragungskanäle geschaffen wird.

5.4.4.6 Zeitschlitz- und Amplitudenauswertung

Durch die Verwendung zeitdiskret quantisierter Signale wird eine zeitbezogene Kanalzuordnung möglich, die als Zeitmultiplexverfahren bezeichnet wird. Das Grundprinzip der Arbeitsweise ist in Abb. 28 dargestellt. Der typische Verlauf des Signals $S(t)$ auf dem Übertragungsweg bei Pulsamplitudenmodulation zeigt Abb. 29. Unter Beachtung des Abtasttheoremes (20) kann durch selektive Filterung die Bandbreite ohne Informationsverlust beschränkt werden. Moderne Systeme dieser Art arbeiten mit Pulscodemodulation, wobei die Information der Kanäle in binär codierter Folge in den zugeordneten Zeitschlitzen übertragen wird. Einige im Telefonweitverkehr eingesetzten Systeme dieser Art sind in Tab. 5 aufgeführt.

Ein vereinfachtes Zeitmultiplexverfahren ergibt sich bei unterschiedlichen Signalamplituden in den Kanälen. Die verarbeitungsseitige Kanaltrennung kann dann an einfachen Amplitudenschwellen erfolgen und erfordert keinen quellsynchronen Zeitbezug. Dieses Verfahren wird bei der Fernsehbildübertragung eingesetzt, wo neben dem Bildinhalt stets Synchronisiersignale zu übertragen sind. Einen Signalausschnitt nach der Gerber-Norm zeigt Abb. 30. Die Kanaltrennung erfolgt hier bei einem Amplitudenwert von 75 % des Maximalwertes, sodass Synchronisierimpulse „ultraschwarz" werden und bei der Bildwiedergabe nicht in Erscheinung treten. Die dafür erforderliche Amplitudenumkehr des Bildsignales wird Negativmodulation genannt und ist auch zur optischen Ausblendung von Störimpulsen im Bildinhalt besonders vorteilhaft.

Abb. 27 Prinzip des Trägerfrequenz-Multiplexverfahrens

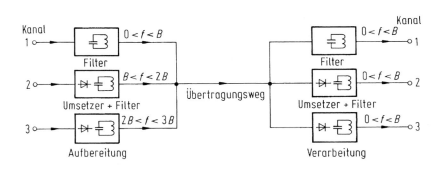

Tab. 4 Eigenschaften von Trägerfrequenzsystemen

Bezeichnung	Kanalzahl	Frequenzband	Leitungsart	Verstärkerabstand
V 60	60	(12–252) kHz	symmetrisch 1,3 mm $\varnothing$	18,6 km
V 120	120	(12–552) kHz		
V 960	960	(60–4028) kHz	koaxial 2,6/9,5 mm $\varnothing$	9,3 km
V 2700	2700	(312–12.388) kHz		4,65 km
V 10800	10.800	(4332–61.160) kHz		1,55 km

Abb. 28 Prinzip des Zeitmultiplexverfahrens

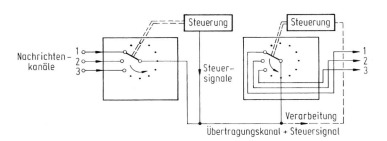

5.5   Signalübertragung

5.5.1   Kanaleigenschaften, Übertragungsrate

5.5.1.1 Eigenschaften, Verzerrungen, Entzerrung

Das Übertragungsverhalten eines Nachrichtenkanals wird durch seine linearen und nicht linearen Verzerrungen sowie durch die Einprägung von Störsignalen bestimmt. Diese Einflüsse bewirken meist eine Verschlechterung des Störabstandes und können durch verarbeitungsseitige Signalfilterung

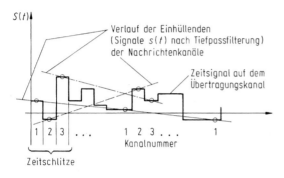

$s(t)$

Verlauf der Einhüllenden
(Signale $s(t)$ nach Tiefpassfilterung)
der Nachrichtenkanäle

Zeitsignal auf dem
Übertragungskanal

1 2 3 . . .   1 2 3 . . .   1
Kanalnummer

Zeitschlitze

Abb. 29 Verlauf eines Zeitmultiplexsignals

vermindert werden. Entsprechend der modellartigen Betrachtung nach Abb. 31 lassen sich amplituden- und phasenabhängige Kanalverzerrungen über den Zusammenhang

$$\underline{h}_k = (1/\underline{h}_f)\underline{h}_e \qquad (25)$$

ausgleichen, soweit das auf den Kanaleingang bezogene Störsignal $s_{stör} \ll s_f$ hinreichend klein ist. Der frequenzabhängige Amplitudenverlauf kann durch die Signalfilterung $\underline{h}_f$ so beeinflusst werden, dass sich für das Ausgangssignal s_a der größtmögliche Störabstand ergibt. Diese Art der Entzerrung des Übertragungsverhaltens wird Optimalfilterung genannt [3], vgl. Abb. 7. Kanalbedingte nichtlineare Verzerrungen müssen für einen störungsfreien Multiplexbetrieb zur einwandfreien Kanaltrennung mit Filtern vermindert werden. In praktischen Übertragungsmedien herrschen jedoch die linearen Verzerrungen vor, deren Ausgleich stets mit einem verarbeitungsseitigen Filter des Übertragungsverhaltens $h_e = 1/\underline{h}_k$ vorgenommen werden kann und als Kanalentzerrung bezeichnet wird. Ein frequenzabhängiger Störabstand im Kanal erfordert dann eine aufbereitungsseitige Vorverzerrung $\underline{h}_f$ des Ein-

Tab. 5 Eigenschaften von PCM-Übertragungssystemen

Bezeichnung	Kanalzahl	Bitrate	Leitungsart	Verstärkerabstand
PCM 30	30	2048 kbit/s	symmetrisch 1,4 mm ⌀	4,8 km
PCM 120	120	8448 kbit/s		4,3 km
PCM 480	480	34.368 kbit/s	koaxial 1,2/4,4 mm ⌀	4,1 km
PCM 1920	1920	104.448 kbit/s		2,0 km

Abb. 30
Amplitudenmultiplex beim
Fernsehbildsignal

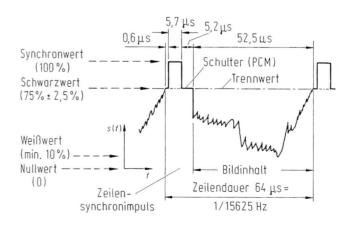

Synchronwert
(100 %)
Schwarzwert
(75 % ± 2,5 %)

Weißwert
(min. 10 %)
Nullwert
(0)

Zeilen-
synchronimpuls

0,6 µs   5,7 µs   5,2 µs   52,5 µs

Schulter (PCM)
Trennwert

$s(t)$

Bildinhalt
Zeilendauer 64 µs =
1/15625 Hz

Abb. 31 Ausgleich von
Amplituden- und
Phasenverzerrungen

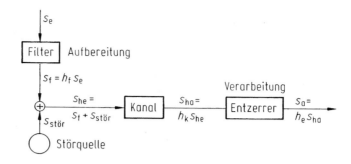

gangssignals s_e um allen relevanten Anteilen den gleichen Störabstand zu sichern.

5.5.1.2 Nutzungsgrad und Kompressionssysteme

Entscheidend für die optimale Nutzung eines Nachrichtenkanales ist allein die einwandfreie Wiedergewinnung übertragener Informationen. Deshalb ist nicht der Störabstand des augenblicklichen Signalverlaufes $s(t)$ von Bedeutung sondern der Störabstand des gesamten die Nachricht tragenden Musters. Im Allgemeinen bestehen diese Muster aus der blockweisen Zusammenfassung von Einzelsignalen und besitzen den aus Dynamik und Bandbreite multiplikativ gebildeten Informationsfluss H_s'. Bei endlichem Auflösungsvermögen kann der momentane Informationsfluss $H_s'(t)$ für jedes Signal bestimmt werden, wobei die Kanalkapazität des Übertragungsweges $H_k' \geq H_s'$ (t) zur verlustfreien Übertragung sein muss. Das Verhältnis dieser beiden Größen wird Kanalnutzungsgrad η_k genannt und als zeitlicher Mittelwert angegeben

$$\eta_k = (1/T) \int_0^T \left(H_s'(t)/H_k' \right) dt. \quad (26)$$

Einsparungen an Kanalkapazität können für η_k < 1 durch eine bessere aufbereitungsseitige Anpassung des Informationsflusses H_s' an die Kanalkapazität H_k' erreicht werden, da sich die amplituden- und frequenzmäßige Zuordnung durch Umcodierung verändern lässt. Dazu dienen nichtlineare Signalquantisierungsarten und die spektrale Energieumverteilung durch Modulati-

onsverfahren. Übertragungseinrichtungen dieser Art werden als Kompressionssysteme bezeichnet und in zunehmendem Maße auf stark gestörten Übertragungswegen zur Reduktion der Bandbreite oder zur Verbesserung des Störabstandes eingesetzt. Der Ausgleich momentaner Nutzungsgrad- und/oder Störabstandsschwankungen erfolgt dabei durch zeitabhängige Musterzuweisung und verarbeitungsseitige Mittelwertbildung. Bei Quellen mit zeitvariantem Informationsfluss kann zusätzlich eine adaptive Anpassung an die Kanalkapazität vorgenommen werden.

5.5.2 Leitungsgebundene Übertragungswege

5.5.2.1 Symmetrische und unsymmetrische Leitungen

Übertragungsleitungen können Nachrichtensignale mithilfe elektromagnetischer Wellen dämpfungsarm über große Entfernungen führen. Sie werden für erdsymmetrischen Betrieb als Zweidrahtleitungen ausgeführt, die aus konstruktiven Gründen paarweise zu „Sternvierer" genannten Bündeln in Kabeln zusammengefasst werden, Abb. 32a. Für den erdunsymmetrischen Betrieb verwendet man Koaxialleitungen nach Abb. 32b zum Aufbau der Kabel. Eigenschaften einiger für die Trägerfrequenzübertragung eingesetzter Ausführungsformen enthält Tab. 6. Das Übersprechen in den zu Viererbündeln zusammengefassten Zweidrahtleitungen wird durch Verdrillung der Bündel mit unterschiedlicher Schlagweite, das bei Koaxialleitungen dagegen durch die Schirmwirkung des Außenleiters bestimmt.

5.5.2.2 Hohlleiter- und Glasfaserarten

Zur Übertragung von Signalen bei höheren Pegeln $p > 40$ dBm kommen im Höchstfrequenzbereich (1 GHz $< f <$ 100 GHz) metallische Wellenleiter in Betracht. Eindeutige Schwingungsformen ergeben sich z. B. bei einem Frequenzverhältnis von $f_{max}/f_{min} \approx 2$ in rechteckförmigen Hohlleitern deren Seitenverhältnis 1:2 beträgt. Die zulässigen Grenzpegel p_{max} und die Dämpfung d/R können dann näherungsweise aus der leitend umschlossenen materialfreien Querschnittsfläche q nach den Beziehungen

$$p_{max} \approx [60 + 10 \ \lg(400 \ \mathrm{cm}^2/q)] \ \mathrm{dBm}$$
$$\text{und} \quad d/R \approx 0{,}22(q/\mathrm{cm}^2)^{0,83} \mathrm{dB/m} \quad (27)$$

bestimmt werden. Für die Nachrichtenübertragung wird in zunehmendem Maße der optische Wellenbereich genutzt, seit es gelingt dämpfungsarme, dielektrische Wellenleiter auf der Basis von Quarzglasfasern (SiO_2) herzustellen. Es gibt zwei Faserarten, die sich durch ihre relativen Querschnittsabmessungen a/λ unterscheiden. Die Gradientenfaser nutzt bei einem Durchmesser $a \approx 50 \ \lambda$ eine radial abnehmende Brechzahl zur Reduktion der Abstrahlung aus dem Leiterinneren

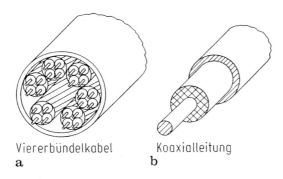

Viererbündelkabel   Koaxialleitung
a   b

Abb. 32 Schnittbilder von Übertragungsleitungen

und damit zur Verminderung der Übertragungsdämpfung. Abb. 33 zeigt den typischen Verlauf der längenbezogenen Dämpfung d/R einer solchen Faser. Bei den neueren Monomode- oder Stufenindexfasern werden diese Energieverluste durch den Betrieb mit eindeutiger Schwingungsform der ausbreitungsfähigen Wellen in einem kleineren Querschnitt des Durchmessers $a \approx \lambda$ vermieden.

5.5.2.3 Kabelnetze

Die Bereitstellung leitungsgebundener Übertragungswege fordert einen wirtschaftlichen Ausgleich zwischen dem Herstellungsaufwand und der Auslastung der Kanalkapazität. In Kommunikationssystemen hat sich die hierarchische organisierte Informationsbündelung in fest zugeordneten oder umschaltbaren Kanälen als wirtschaftlichste und störungsärmste Art der Nachrichtenübertragung erwiesen. Entsprechend Abb. 34 werden die Anschlussleitungen A genannten Wege zwischen den, die Signalquellen und -senken beinhaltenden Teilnehmern T und den in den Knoten K_i befindlichen Vermittlungseinrichtungen fest zugeordnet. Die Fernleitungen F genannten Verbindungen zwischen den auch Netzknoten K_i genannten Vermittlungseinrichtungen werden dagegen umschaltbar gemacht. Hohe Belegungsdichte fördert die Zusammenfassung parallelgeführter Kanäle eines Fernleitungsweges F im Multiplexbetrieb und erhöht den Nutzungsgrad des Netzes. Das Ausfallverhalten ist im Anschlussbereich teilnehmerbezogen, im Fernbereich dagegen vermittlungsbezogen und kann durch Ersatzschaltung verbessert werden. Dies bedeutet, dass ein dem Knoten K_2 zugeordneter Teilnehmer in Abb. 34 von den zum Knoten K_1 gehörigen Teilnehmern über den Knoten K_3 erreicht werden kann. Konstruktiv werden die Einzelleitungen zur Verminderung der Herstellungs-

Tab. 6 Eigenschaften von Trägerfrequenzleitungen

Art	Bezeichnung Abmessung	Wellenwiderstand Z_L	Dämpfungsmaß bei 1 MHz dB/km
Symmetrisch	$2 \times 0{,}6$ mm $\varnothing$ $2 \times 1{,}4$ mm $\varnothing$	ca. 175 Ω	2,1 0,9
Koaxial	1,2/4,4 mm $\varnothing$ 2,6/9,5 mm $\varnothing$	ca. 75 Ω	5,2 2,4

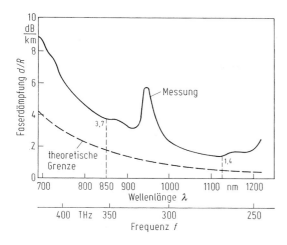

Abb. 33 Dämpfungsverlauf einer Glasfaser

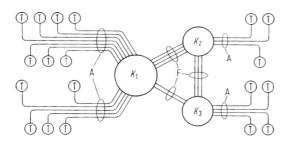

Abb. 34 Teilnehmerzuordnung eines Nachrichtennetzes

und Verlegekosten so weit wie möglich in Form von Bündeln in Kabeln zusammengefasst in der Hütte (1962).

5.5.3 Datennetze, integrierte Dienste

5.5.3.1 Netzgestaltung, Vermittlungsprotokoll

Durch den Einsatz von Datenspeichern in den Endstellen T und den Vermittlungsknoten K bei der digitalen Nachrichtenübertragung kann der Informationsfluss unterschiedlichster Signale blockweise zusammengefasst und im Zeitmultiplex übertragen werden, s. Abb. 35. Durch die sequenzielle Auswertung vorangestellter Kennzeichnungssegmente, hier mit x, y und z bezeichnet, können die Datenpakete belastungsabhängig vermittelt werden. Trotz der zur Zustandskennzeichnung erforderlichen Zusatzinformation nutzt diese

Art der Blockvermittlung die Kanalkapazitäten eines Netzes besser als die einfache Leitungsvermittlung aus. Alle Steuerungs-, Bearbeitungs- und Zuweisungsinformationen werden in dem Vermittlungsprotokoll genannten Kennzeichnungssegment zusammengefasst. Die folgerichtige Auswertbarkeit dieser Information erfordert eine Rangfolge in Schichten nach Tab. 7, wobei den Anforderungen der Netzknoten und Endgeräte entsprechend ein stufenweiser Ausbau vorgenommen werden kann.

5.5.3.2 Fernschreiben, Bildfernübertragung

Aus der Telegrafie, der historisch ersten Art elektrischer Nachrichtenübertragung hat sich die Fernschreibtechnik entwickelt, die sich des international genormten Codes nach Abb. 2 zur Übertragung alphanumerischer Zeichen bedient. Als Basisbandsignal können derartige Zeichen im Frequenzmultiplex zusammen mit Sprachsignalen über Fernsprechanschlussleitungen geführt und durch Hoch-Tiefpassfilter mit einer Grenzfrequenz von 300 Hz abgetrennt werden. Dabei ist die Übertragungsrate 50 Schritte/s = 50 Baud bei moderneren Einrichtungen auch 100 Baud. Die ungünstigen Übertragungseigenschaften längerer Leitungen für gleichstrombehaftete Signale vermeidet das WT-Verfahren (WT, Wechselstromtelegrafie), bei dem das Fernschreibsignal einer Trägerfrequenz von 120 Hz als tonlose Amplitudenmodulation (Al) aufgeprägt wird. Zur Fernübertragung im Multiplexbetrieb und für Übertragungsraten bis 1,2 kBaud benutzt man Fernsprechkanäle der Frequenzbreite 300 bis 3400 Hz und setzt die Modulationsart FSK (frequency shift keying) ein. Modernere Verfahren mit QAM-Modulation (Quaternär-Amplituden-Modulation) ermöglichen auf derartigen Kanälen Übertragungsraten bis 9,6 kBaud. Bei der Bildfernübertragung wird wegen des Endgeräteaufwandes und der erforderlichen Kanalkapazitäten die Übertragungsrate dadurch begrenzt, dass nur Verfahren für ruhende farbfreie Vorlagen hoher Gradation und Auflösung, Fernkopie oder Telefax genannt, und Verfahren für langsam veränderliche farbiger Bilder geringer Auflösung als Bildschirm- bzw. Videotext sowie die farbfreie

Abb. 35 Betrieb
protokollgesteuerter
Nachrichtennetze

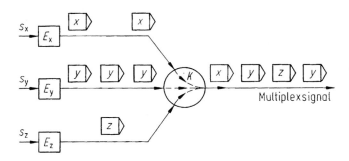

Tab. 7 Protokollschema zum ISDN-Netzbetrieb

Ebene	Protokollbeschreibung	Auswertung	
7	Anwendungsart		
6	Darstellungsart		
5	Folgeart	Knoten	Endgeräte
4	Transportart		
3	Vermittlungsart		
2	Sicherungsart		
1	Übertragungsart	○	○

Grauwertübertragung des Bildfernsprechens vorgesehen sind. Die Zuordnung der Bildinformation auf Quell- und Senkenseite wird in allen Fällen durch eine zeilenweise Abtastung und Synchronisation gewährleistet. Die Übertragungsverfahren orientieren sich für ruhende Bilder an der Fernschreibübertragung, für bewegte Bilder dagegen an der Fernsehübertragung.

5.5.3.3 Verbundnetze mit Dienstintegration

Die Zusammenschaltung von Übertragungswegen zu einem Nachrichtennetz bezog sich in der Vergangenheit immer auf die zu übertragenden Signale und führte zu Netzen, die nur bestimmte Endgeräte für Quellen und Senken zuließen. Durch die digitale signalunabhängige Auslegung dieser Einrichtungen entstanden die sogenannten offenen Netze, bei denen im Rahmen der verfügbaren Kanalkapazitäten eine beliebige Quellen- und Senkenbeschaltung zugelassen ist. Dabei kann auch eine bedarfsabhängige Zusammenschaltung unterschiedlicher Übertragungswege erfolgen, was als Verbundnetz bezeichnet wird.

Bezüglich der verfügbaren Signale muss zwischen netzfremden und netzinternen Quellen unterschieden werden, wobei letztere bedarfsabhängig vom Benutzer abrufbare Sonderfunktionen ermöglichen. Das ISDN-Netzkonzept (Integrated Services Digital Network) verfügt über eine Kanalkapazität von 144 kbit/s in beiden Richtungen, die in zwei Kanäle mit je 64 kbit/s Kanalkapazität und einen Signalisationskanal mit einer Kanalkapazität von 16 kbit/s aufgeteilt ist. Diese Werte beruhen zwar auf der Codierung von Fernsprechsignalen, bedeuten jedoch keine Einschränkungen bei der Zuordnung von Endgeräten entsprechend Abb. 36. Das ISDN-Netz kann durch Austausch der Vermittlungs- und Endgeräte auf den Anschluss- und Fernleitungen des analogen Fernsprechnetzes eingerichtet werden. Zur Fernsehbildübertragung in Echtzeit ist eine Kanalkapazität von 140 Mbit/s erforderlich, die breitbandigere Übertragungswege erfordert (Breitband-ISDN). Glasfasern bieten Kanalkapazitäten bis Gbit/s bei höchster elektromagnetischer Störsicherheit und werden deshalb gegenüber den vorhandenen Koaxialkabeln sowohl als Fernleitungen wie auch als Breitbandanschlussleitungen bevorzugt werden.

5.5.4 Richtfunk, Rundfunk, Sprechfunk

5.5.4.1 Funkwege, Antennen, Wellenausbreitung

Bei der Verwendung elektromagnetischer Wellen im freien Raum zur Übertragung von Nachrichten

Abb. 36 Endgeräte des
ISDN-Nachrichtennetzes

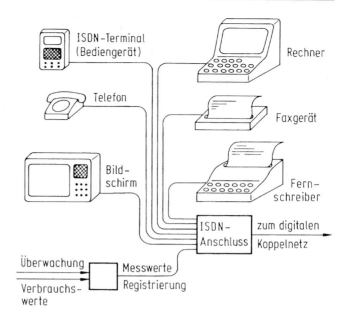

sind keine Einrichtungen auf den Übertragungswegen erforderlich, da sich die Wellen im Gegensatz zur Führung in metallischen oder dielektri-
schen Wellenleitern auch nicht geführt ausbreiten
können. Dadurch kann die räumliche Lage von
Empfangs- und Sendestellen in weiten Grenzen
frei gewählt werden. Von Hindernissen abgesehen
unterliegt die Wellenausbreitung einer rückwir-
kungsfreien Zerstreuung der Energie längs der
Wegstrecke R und ergibt eine von der Betriebsfrequenz f abhängige Grundübertragungsdämpfung

$$d = 20 \ \lg((R/\text{km})(f/\text{MHz}))\text{dB} \\ + 32{,}44 \ \text{dB}. \tag{28}$$

Durch den Einsatz strahlbündelnder Antennen
am Übergang von bzw. zu leitungsgebundenen
Sende-/Empfangseinrichtungen kann eine rich-
tungsmäßige Entkopplung von Übertragungswegen erreicht werden. Für Antennen mit relativ
zum Quadrat der Wellenlänge λ großer Öffnungs-
fläche A kann die als Antennengewinn g bezeichnete, auf eine allseitig gleichmäßige Energiezer-
streuung bezogene Kenngröße aus der Beziehung

$$g = 10 \ \lg\left(4\pi qA/\lambda^2\right)\text{dB}, \tag{29}$$

bestimmt werden. Dabei stellt der Faktor $q < 1$ ein
Maß für die Gleichförmigkeit der Energievertei-
lung in der strahlenden Öffnung A dar. Oberhalb
von 1 GHz werden vor allem Reflektorspiegel aus
rotationsparabolischen Abschnitten leitender Flächen verwendet, die quasioptischen Gesetzmäßigkeiten der Strahlbündelung gehorchen. Unter
1 GHz dienen dagegen Antennen aus stabförmigen Monopolen oder Dipolen oder Gruppen derartiger Elemente zur Strahlbündelung. Abb. 37
zeigt eine solche Yagi-Antenne, bei der durch
mehrere mit dem schleifenförmigen Speisedipol
strahlungsgekoppelte stabförmige Hilfselemente
die Richtwirkung erreicht wird. Da es sich bei
den Antennen im Allgemeinen um geometriebe-
zogene auf metallischer Wellenführung beru-
hende Feldwandler handelt, ist ihr elektrisches
Verhalten umkehrbar, also ihr Gewinn g für den
Sende- und Empfangsfall, abgesehen von ihrer
leistungsmäßigen Belastbarkeit, gleich.

Zwischen 2 und 20 GHz erfordern Funkverbindungen weitgehend hindernisfreie Wege, siehe

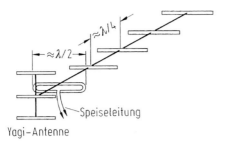

Abb. 37 Bauweise einer Yagi-Antenne

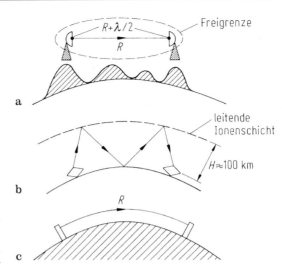

Abb. 38 Arten der Wellenausbreitung. **a** Sichtverbindung, **b** Spiegelung in der Ionosphäre, **c** erdgeführte Wellen

Abb. 38a. Der Kurzwellenbereich zwischen 3 und 30 MHz kann dagegen durch Spiegelung an sonnenbedingten Ionisationsschichten in der hohen Atmosphäre bei Dämpfungswerten von nur 70 dB für Reichweiten bis 8000 km Abstand genutzt werden, siehe Abb. 38b. Im Langwellenbereich unter 300 kHz werden Freiraumwellen an der Erdoberfläche durch deren Leitfähigkeit geführt, siehe Abb. 38c. In dem dazwischenliegenden Frequenzbereich zeigt sich ein Übergangsverhalten.

$$k = 20 \ \lg(S/N)\mathrm{dB} + d - (g_\mathrm{s} + g_\mathrm{e}) \\ + (d_\mathrm{s} + d_\mathrm{e}) \tag{30}$$

angegeben.

5.5.4.2 Punkt-zu-Punkt-Verbindung, Systemparameter

Die Ausbreitung der von strahlbündelnden Antennen ausgesendeten elektromagnetischen Wellen erlaubt bei Störungs- und Hindernisfreiheit die aufwandsgünstigste Art der Nachrichtenübertragung. Im Frequenzbereich zwischen 2 und 20 GHz und für Entfernungen bis 50 km wird die Punkt-zu-Punkt-Verbindung zwischen erhöhten Standorten für Sende- und Empfangsstelle nach Abb. 38a als erdgebundener Richtfunk bezeichnet. Die interkontinentalen Punkt-zu-Punkt-Verbindungen bedienen sich bei Übertragungsfrequenzen von einigen GHz geostationärer Satelliten als Umlenkstationen im Weltraum, siehe Abb. 39. Die Eigenschaften solcher Funkübertragungen werden durch die Systemparameter Störabstand S/N, Grundübertragungsdämpfung d, Gewinn g_s und g_e von Sende- und Empfangsantenne sowie je einen Dämpfungsanteil d_s und d_e für deren Zuleitungen und Weichen als Systemkennwert

5.5.4.3 Ton- und Fernsehrundfunk

Die Nachrichtenübertragung bei flächenhafter Versorgung einer beliebigen Anzahl von Empfangsstellen von einer Sendestelle aus wird als Rundfunk bezeichnet. Nach der Art der übertragenen Signale unterscheidet man zwischen Ton- und Fernsehrundfunk. Tonrundfunk bedient sich bei Frequenzen unter 30 MHz der Zweiseitenband-Amplitudenmodulation bei einer Kanalbandbreite von 9 kHz und im Ultrakurzwellenbereich zwischen 88 und 108 MHz bei einer Kanalbandbreite von 200 kHz der Frequenzmodulation als Übertragungsverfahren. Der Fernsehrundfunk mit 52 Kanälen der Bandbreite 7 MHz in den Frequenzbereichen 47 bis 68 MHz (I) und 174 bis 223 MHz (III) sowie 470 bis 789 MHz (IV/V) benutzt Restseitenbandmodulation für die Bildübertragung bei einer in 5,5 MHz Abstand zum Bildträger an der oberen Bandgrenze eingelagerten Frequenzmodulation mit einem Frequenzhub von 50 kHz für den zugeordneten Tonkanal. Zur digi-

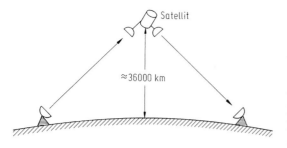

Abb. 39 Prinzip der Satellitenfunkübertragung

talen Mehrkanal-Tonübertragung höherer Qualität wird ein PCM-Signal auf der Synchronschulter an der in Abb. 30 gezeigten Stelle eingefügt. Zunehmend werden in dicht besiedelten Gebieten zur Fernsehübertragung leitungsgebundene Übertragungswege für zusätzliche Kanäle geschaffen. Die in solchen Kabelnetzen angewendeten Übertragungsverfahren gründen sich auf die für Funkkanäle, um die vorhandenen Empfangsgeräte benutzen zu können.

Maßgebend für die Qualität einer Rundfunkversorgung ist die Größe des Empfangssignales an den Orten des Empfangsbereiches und der aus der Erreichung eines Mindestwertes abgeleitete Versorgungsgrad. Bei Funkübertragung kann durch sende- und empfangsseitigen Einsatz von Richtantennen höheren Gewinnes stets eine Verminderung der Übertragungsdämpfung und damit Einsparung von Sendeleistung erzielt werden. Bei Kabelnetzen gelingt dies durch Einfügen von Zwischen- und Verteilverstärkern in den Leitungszügen.

5.5.4.4 Stationärer und mobiler Sprechfunk

Die bedarfsabhängige Übertragung von Sprachsignalen im Wechsel- oder Gegenverkehr über Funkkanäle bezeichnet man als Sprechfunk. Verbindungswechsel zwischen ortsfesten und/oder ortsveränderlichen Sende- und Empfangsstellen erfordern Rundstrahlantennen oder bündelnde Antennen mit schwenkbarer Hauptstrahlrichtung. Qualitätsminderungen durch Funkstörungen bei hinreichender Verständlichkeit lassen sich bei Kanalbandbreiten unter 10 kHz im Frequenzbereich zwischen 3 und 300 MHz mit Schmalbandfre-

quenzmodulation durch Signalbegrenzung am besten beherrschen. Zunehmend werden jedoch digitale PCM-Verfahren eingesetzt, da sie eine bessere Nutzung der Kanäle erlauben. Die Einteilung nach Benutzerkreis in öffentliche, lizenzierte und nichtöffentliche Funkdienste sowie die Begrenzung der Sendeleistung ermöglicht eine Mehrfachbelegung gleicher Kanäle in größerem örtlichen Abstand.

5.6 Signalverarbeitung

5.6.1 Detektionsverfahren, Funkmessung

5.6.1.1 Detektionsprinzipien, Auflösungsgrenze

Um eine Nachricht aus dem sie enthaltenden zeitabhängigen Signal zu entnehmen, müssen die informationstragenden Merkmale bekannt sein und dürfen nicht durch Störsignale verdeckt werden. Detektionsverfahren für diesen Zweck lassen sich als eine besondere Art der Modulation beschreiben, wobei das Ausgangssignal dem aufbereitungsseitig zugeführten Nachrichtensignal $s(t)$ entsprechen muss. Dazu kann die in Abb. 15 gestrichelt eingetragene synchrone Hilfsträgerquelle dienen. Modulierte Übertragungssignale weisen oft einen nicht zur Nachricht gehörenden Informationsanteil auf, der zur Signalabtrennung und zur Verminderung von Störeinflüssen genutzt werden kann. Einfache Demodulatoranordnungen ergeben sich, wenn anstelle eines Hilfsträgers solche im Übertragungssignal enthaltenen Signalanteile genutzt werden können. Die Empfindlichkeit von Detektoren wird durch die im logarithmischen Dämpfungsmaß angegebene Auflösungsgrenze

$$
\begin{aligned}
d_{\mathrm{g}} &= 20 \ \lg(s_{\mathrm{min}}/\mu V)\mathrm{dB} \\
&= 20 \ \lg(s_{\mathrm{stör}}/1\mu V)\mathrm{dB\mu V} + 10 \ \lg(S/N)\mathrm{dB}
\end{aligned}
\tag{31}
$$

bestimmt, die das Störsignal $s_{\mathrm{stör}}$ als kleinstzulässigen Wert des Eingangssignales s_{min} mit dem Störabstand S/N verknüpft.

5.6.1.2 Aussteuerung und Verzerrungen

Da jede Demodulation eine nichtlineare Signal-verarbeitung erfordert, entstehen neben dem Nachrichtensignal $s(t)$ auch noch Störspektren, die den Störabstand verschlechtern, wenn sie in das Nutzsignalband $S(f)$ fallen und nicht mit Filtern abgetrennt werden. Demodulatoren sind durch die zu ihrem Aufbau verwendeten elektronischen Bauteile in ihrem amplitudenmäßigen Aussteuerbereich begrenzt. Der zulässige Verzerrungsgrad bestimmt also das höchstzulässige Eingangssignal s_{max} und damit die Signaldynamik

$$
\begin{aligned}
d_g &= 20 \ \lg(s_{max}/s_{min})\mathrm{dB} \\
&= 20 \ \lg\left(\frac{s_{max}}{\mathrm{V}} \cdot \frac{10^6 \mu V}{s_{min}}\right)\mathrm{dB} \\
&= 20 \ \lg(s_{max}/\mathrm{V})\mathrm{dB} + 120 \ \mathrm{dB} \\
&\quad + (d_g/\mathrm{dB}_\mu V)\mathrm{dB}.
\end{aligned}
\tag{32}
$$

5.6.1.3 Amplituden- und Frequenzdemodulation

Bei der Demodulation von Signalen unterscheidet man grundsätzlich inkohärente und kohärente Verfahren, die auch Asynchron- und Synchron-Demodulation genannt werden. Im Gegensatz zur inkohärenten Demodulation wird bei der kohärenten Demodulation der Signalträger frequenz- und phasenrichtig – also in synchroner Form – benötigt, was den Aufwand erheblich erhöht. Wir gehen an dieser Stelle im Wesentlichen auf inkohärente Demodulationsverfahren für die Zweiseitenband-Amplitudenmodulation (AM) und die Frequenzmodulation (FM) ein.

Die AM gründet ihre Verbreitung auf die Einfachheit analoger inkohärenter AM-Demodulation. Die Information steckt bei dieser Modulationsart nach Abb. 16b in den Einhüllenden des Signales $S(t)$ und kann durch einfache Gleichrichtung gewonnen werden, wie dies Abb. 40 zeigt. Das verzerrungsbedingte Störspektrum lässt sich mit einem RC-Tiefpass vom Nutzsignal trennen, wenn der Spektralanteil bei der Frequenz $f_T - f_{s,\,max}$ gegenüber der höchsten Signalfrequenz $f_{s,\,max}$ genügend gedämpft werden kann.

Bei der klassischen inkohärenten Demodulation von analogen FM-Signalen wird zunächst eine Umwandlung des FM-Signals in ein AM-Signal durchgeführt – im einfachsten Fall

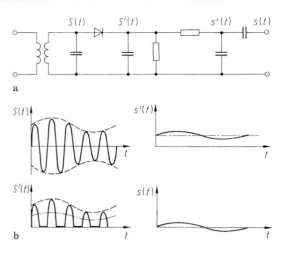

a

b

Abb. 40 Verfahren der Zweiseitenband-Demodulation. **a** Schaltung, **b** Signale

des Flankendemodulators an der Flanke eines Filters oder im Gegentaktbetrieb – und anschließend kann dann ein inkohärenter AM-Demodulator benutzt werden.

Eine FM-Modulation analoger Signale kann auch mit Hilfe von Rückkopplungsschleifen (engl. Feedback Loops) erfolgen, bei denen ein spannungsgesteuerter Oszillator (engl. Voltage Controlled Oscillator (VCO)) durch eine von der Frequenz bzw. Phase des FM-Eingangssignals abgeleitete Regelspannung nachgesteuert wird. Verwendet man eine Frequenzrückkopplungsschleife (engl. Frequency Locked Loops (FLL)), dann folgt die momentane Frequenz des VCOs der Frequenz des Eingangssignals. Die Regelspannung ist direkt proportional zu dem Signal, das dem Trägersignal des FM-Signals aufmoduliert wurde. Auch eine Phasenregelschleife (engl. Phase Locked Loop (PLL)) kann in ähnlicher Weise zur FM-Demodulation verwendet werden, bei welcher die momentane Phase des VCOs an das FM-Eingangssignal angepasst wird; siehe Abb. 41. FLL und PLL unterscheiden sich nur durch ein Differenzierglied in der Rückkopplungsschleife. Zum vollen Verständnis beider Systeme wird eine nichtlineare Analyse benötigt, da der Frequenz- bzw. Phasenvergleicher ein nichtlineares Teilsystem (z. B. Multiplizierer) ist. Insbesondere der Einrastvorgang von FLL und PLL kann von einem linearen Standpunkt aus nicht

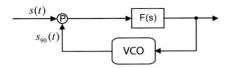

Abb. 41 Blockbild eines PLL

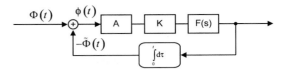

Abb. 42 Lineares Basisbandmodell eines PLL

verstanden werden. Einzelheiten findet man in der weiterführenden Literatur.

Wir wollen auf die wichtigsten Aspekte einer analogen PLL-Struktur eingehen. Die Grundaufgabe eines PLL besteht darin, die Momentanphasen zweier Signale anzugleichen; im Fall von Sinussignalen sind das $s(t) = \sin(\omega_0 t + \Phi(t))$ und $\tilde{s}(t) = \sin\left(\tilde{\omega}_0 t + \tilde{\Phi}(t)\right)$. Dabei sei $s(t)$ das Eingangssignal und $\tilde{s}(t)$ das VCO-Signal des PLL; vgl. Abb. 42. Unter der Annahme kleiner Phasenänderungen und bei gleichen Frequenzen ($\omega_0 = \tilde{\omega}_0$) können wir aus dem Produkt der beiden Signale eine sinusförmig von der Differenzphase $\phi := \Phi - \tilde{\Phi}$ abhängige Regelspannung ableiten, wenn man $\tilde{s}(t)$ um 90° phasenverschiebt; es ergibt sich

$$s(t) \cdot s_{90}(t) = \frac{1}{2} \sin\left(\Phi - \tilde{\Phi}\right)$$
$$+ \frac{1}{2} \sin\left(2\omega_0 t + \Phi + \tilde{\Phi}\right).$$

Wenn man den zweiten Term mit doppelter Kreisfrequenz mit Hilfe eines Tiefpassfilters eliminiert, dann kommt man zum Basisbandmodell des PLL, das bezüglich der Differenzphase ϕ mithilfe einer Integralgleichung beschrieben wird

$$\frac{d\phi}{dt} = \frac{d\Phi}{dt} - K \cdot A \int_0^t f(t - \tau) \sin\left(\phi(\tau)\right) d\tau,$$

wobei A und K der Verstärkungsfaktor des Multiplizierers bzw. des Filters und $f(t)$ die Impulsantwort des Tiefpassfilters ($F(s)$ ist die Laplace-Transformierte von $f(t)$) sind. Der VCO kann als Integrator $\int_0^t d\tau$ modelliert werden. Bei vorgegebener Eingangsphase Φ kann man Lösungen dieser Integralgleichung diskutieren. Eine lineare Näherung erhält man, wenn die Sinusfunktion nach dem ersten Glied der Taylorreihe abgebro-

chen wird. Diese Näherung dient zur Dimensionierung des Filters und zu approximativen Rauschbetrachtungen. Die Ordnung eines PLL bestimmt sich aus der Ordnung des Tiefpassfilters plus eins, sodass ein PLL 2. Ordnung ein TP-Filter 1. Ordnung enthält. Der Prozess des Einrastens kann nur mithilfe des nicht linearen Basisbandmodells diskutiert werden. Im Fall des PLL 2. Ordnung kann man eine geometrische Analyse der resultierenden Differenzialgleichung durchführen und die wichtigsten nicht linearen Eigenschaften des PLL diskutieren.

Zur Demodulation von FM-Signalen können auch digitale Koinzidenzschaltungen verwendet werden. Dazu wird das FM-Signal zur Demodulation in ein PWM-Signal überführt. Die momentane Frequenzabweichung wird mithilfe der frequenzabhängigen Phasenlaufzeit eines LC-Schwingkreises nach Rechteckformung mit dem ebenso geformten Eingangssignal $S(f)$ multipliziert. Das Nutzsignal $s(t)$ ergibt sich dann als zeitlicher Mittelwert am Ausgang eines RC-Tiefpassgliedes, s. Abb. 43.

Hinsichtlich Demodulation digitaler Signale soll auf die weiterführende Literatur verwiesen werden.

5.6.1.4 Pulsdemodulation, Augendiagramm

Zur Wiedergewinnung von Nachrichten aus pulsmodulierten Übertragungssignalen bedient man sich bei wertquantisiertem Modulationssignal stets schwellenbehafteter Koinzidenzschaltungen, da diese in hohem Maße die Ausblendung kanalbedingter Störungen erlauben. Gute Kanalnutzung bei hohem Störabstand erfordert eine Begrenzung des Übertragungsfrequenzbandes $S(f)$, sodass sich sinusartige Signalverläufe $S(t)$ ergeben, wie dies Abb. 44a erkennen lässt. Durch lineare und nichtlineare Verzerrungen des Übertragungskanales werden die Zeitverläufe $S(t)$ jedoch von den Musterfolgen abhängig. Die gra-

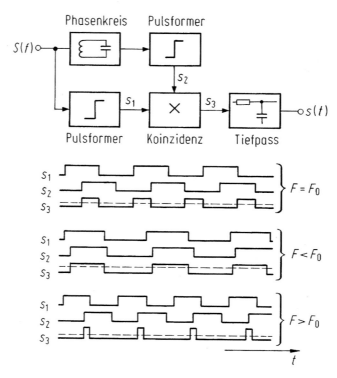

Abb. 43 Koinzidenzdemodulator für FM-Signale

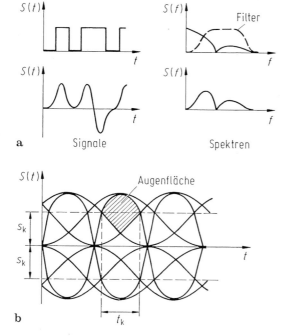

Abb. 44 a PCM-Frequenzbandbegrenzung und **b** Augendiagramm

fische Überlagerung aller möglichen Signalfolgen führt auf das Augendiagramm, das für störsichere Detektion eine geöffnete, im Abb. 44b schraffierte Augenfläche aufweisen muss. Deren zeitliche Ausdehnung entspricht der Koinzidenzzeit t_k und deren mittlerer Signalwert dem bestmöglichen Wert s_k für die Entscheidungsschwelle.

5.6.1.5 Funkmessprinzip und Signalauswertung

Durch Pulsmodulation einer hochfrequenten Trägerschwingung kann bei sich ungehindert geradlinig ausbreitenden elektromagnetischen Wellen die Laufzeit zwischen einem Sende- und Empfangsort durch Zeitvergleich aus einem aufmodulierten Signal bestimmt werden. Mit einer einzigen Richtantenne für Senden und Empfang ergeben sich gleiche Ausbreitungswege zu und von einem reflektierenden Hindernis, sodass sich die Richtung aus der Antennenstellung und der Abstand des Hindernisses aus der Laufzeit ermitteln lässt. Verfahren dieser Art werden unter dem Begriff Puls-Radar (Radio Detection and Ranging) zusammengefasst. Die Reichweite R einer solchen Einrichtung kann aus der Beziehung

$$R = 0{,}080 \sqrt[4]{4\pi\sigma} \sqrt{\lambda} \ 10^{(2g+d)/40} \quad \text{dB} \tag{33}$$

bestimmt werden, wobei λ die Wellenlänge, g der Antennengewinn und d die zugelassene Dämpfung zwischen Sende- und Empfangssignal bedeutet. Die Größe σ ist eine das Reflexionsverhalten des Hindernisses beschreibende, Radarquerschnitt genannte Kenngröße mit der Dimension einer Fläche. Durch den Dopplereffekt wird bei zeitlicher Veränderung des Abstandes R an der Reflexionsstelle der elektromagnetischen Welle eine Frequenzmodulation aufgeprägt. Verfahren, die diese zusätzliche Information nutzen, werden als Doppler-Radar bezeichnet. Sie liefern aus der Geschwindigkeit $v_R = \mathrm{d}R/\mathrm{d}t$ der Abstandsänderung in der Ausbreitungsrichtung R der elektromagnetischen Welle die Doppler-Modulationsfrequenz

$$\begin{aligned} \Delta f_D &= f(t) - f_T = 2(f/c)(\mathrm{d}R/\mathrm{d}t) \\ &= 2v_R/\lambda. \end{aligned} \tag{34}$$

Durch eine trägerphasenbezogene Synchrondemodulation oder auch inkohärente Demodulation kann auch die Bewegungsrichtung bestimmt werden.

Die räumliche Abtastung, aus Aufwandsgründen meist in zeitlicher Folge vorgenommen, lässt mit speicherbehafteter Signalverarbeitung eine Zeit-Orts-Transformation zu, die bei phasenrichtiger Überlagerung der Ergebnisse ein räumliches Abbild aller erfassten reflektierenden Stellen zu liefern vermag. Verfahren dieser Art werden unter dem Begriff der Mikrowellenholografie zusammengefasst.

5.6.2 Signalrekonstruktion, Signalspeicherung

5.6.2.1 Systemadaption und Umsetzalgorithmen

Die Wiedergewinnung nachrichtentechnischer Signale auf der Verarbeitungsseite kann umso einfacher und von kanalspezifischen Störeinflüssen unabhängiger geschehen, je mehr redundante Anteile für die Auswertung zur Verfügung stehen. Diese Anteile brauchen nicht in den augenblicklichen Signalen enthalten zu sein, sondern können auch aus dem Systemverhalten oder dessen Veränderungen gewonnen werden. Dies erfordert eine Informationsspeicherung, da Entscheidungen über die zu erwartenden Veränderungen dann aus bereits übertragenen Informationen gewonnen werden können. Solche Systeme bezeichnet man als adaptiv, da sie in ihrem Verhalten signalabhängig angepasst werden können, wobei sich Verzugseffekte und Auflösungsgrenzen bemerkbar machen. Durch redundante Signalanteile kann zwar das Verhalten verbessert werden, jedoch kostet dies zusätzliche Kanalkapazität. Zur Adaption signalabhängigen Systemverhaltens kann in endlicher Zeit nur eine beschränkte Anzahl von Werten und Verfahren genutzt werden. Die Regeln nach denen dies erfolgt, müssen eindeutig sein und werden Umsetzalgorithmen genannt. Umsetzungen, die viele verschiedenartige Einflüsse berücksichtigen und/oder längere Zeiträume erfassen, erfordern aus Aufwandsgründen digitale Rechenwerke.

5.6.2.2 Speicherdichte, Schreib- und Leserate

Die systemangepasste algorithmische Signalverarbeitung erfordert veränderbare Bezugs- und/oder Steuerwerte, die den Entscheidungskriterien zugrunde liegen. Anordnungen mit Speichern erlauben bei digitalem Aufbau einen besonders einfachen Austausch dieser Werte. Durch Zwischenspeicherung des diskontinuierlichen Informationsflusses H'_q einer Quelle kann dieser auf den Mittelwert reduziert und damit Kanalkapazität H'_k des Übertragungsweges eingespart werden. Der in dem Pufferspeicher aufzunehmende Informationsgehalt beträgt dann

$$H_s = \int_0^T \left(H'_q - H'_k \right) \mathrm{d}t. \tag{35}$$

Dies ist für die schmalbandige störarme Übertragung großer redundanzbehafteter Informationsflüsse auf schmalbandigen Kanälen, wie z. B. von Bewegtbildern aus dem Weltraum, von Interesse.

Der in einem Speicher aufnehmbare Informationsgehalt H_s spielt dann eine entscheidende Rolle, wenn es sich um eine Signalreproduktion handelt, da die speicherbare Signaldauer T_s bei konstantem Informationsfluss H' durch $T_s = H_s/H'$ bestimmt wird. Der Informationsgehalt hochwertiger akustischer und optischer Nachrichtensignale erfordert bei Signaldauern von einigen Stunden Speicher der Größenordnung Gbit bis Tbit, sodass die Speicherdichte, auf die Fläche bezogen, der üblicherweise benutzte Kennwert ist.

Es sind Schreib-Lese-Speicher und reine Reproduktionsspeicher zu unterscheiden, wobei Erstere eine betriebsmäßige Änderung der gespeicherten Information ermöglichen, Letztere dagegen nur der Signalkonservierung dienen. Die Art des Zugriffs auf die zur Speicherung benutzten Medien bestimmt die Anwendbarkeit der Speicherverfahren für nachrichtentechnische Zwecke, da die abzulegenden oder aufzurufenden Informationen sowohl in ihrer Reihenfolge als auch in ihrer Geschwindigkeit den zugeordneten Quellen und Senken entsprechen müssen. Man bezeichnet diese Informationsflüsse als Schreib- bzw. Leserate, wobei zur Übertragung sowohl einkanalige serielle als auch vielkanalige parallele und Multiplex-Verfahren gleichermaßen zum Einsatz kommen.

5.6.2.3 Flüchtige und remanente Speicherung

Alle Verfahren zur Signalspeicherung beruhen auf Zustandsänderungen in den Speichermedien. Nach signalabhängiger Einprägung der Verände-

rungen kann mithilfe von zuordnungsabhängigen Detektionsverfahren zeitversetzt das gespeicherte Signal ein- oder auch mehrmals reproduziert werden. Die einfachste Speicheranordnung ist der Laufzeitspeicher, der als verzerrungsfreier Übertragungsweg eine Signalverzögerung $s(t - \tau)$ bewirkt und in analoger wie auch digitaler Bauweise verwendet wird. Derartige Speicher verlieren nach jedem Durchlauf die Information und werden deshalb als flüchtige Speicher bezeichnet. Ähnliche Eigenschaften weisen auch die meisten vollelektronischen Speicher auf, da die in ihnen enthaltenen Halbleiterbauteile für den Speichervorgang eine kontinuierliche Stromversorgung benötigen. Im Gegensatz dazu benötigen mechanische und elektromagnetische Speicherverfahren keine Hilfsenergie und werden deshalb als remanente Speicher bezeichnet.

5.6.2.4 Magnetische, elektrische und optische Speicher

Ausgehend von Lochstreifen und Schallplatten zur Signalspeicherung für Reproduktionszwecke werden heute vorwiegend remanente Magnetfelder in dünnen permeablen Schichten genutzt. Dieses Verfahren erlaubt einen wahlfreien Schreib- und Lesebetrieb bei Speicherdichten von einigen kbit/mm^2 und Bandbreiten bis zu mehreren MHz. In Spurform auf Bändern oder Scheiben mit Köpfen nach Abb. 45 aufmagnetisierte und auslesbare Signalfolgen sind vor allem für die Signalreproduktion längerer Signaldauern und Speicherzeiten geeignet.

Für die Kurzzeitspeicherung der adaptiven Nachrichtenverarbeitung werden bedarfsabhängig einteilbare Speicher mit hoher Schreib- und Leserate benötigt. Hier werden elektrische Verfahren unter Verwendung digitaler mikroelektro-

Abb. 45 Schnittbild eines Magnetkopfes

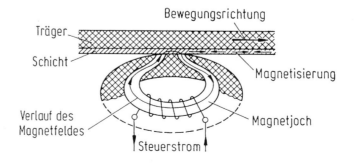

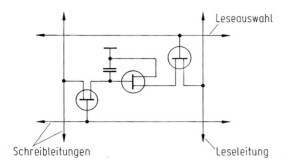

Abb. 46 Schaltung eines FET-Speicherelementes

nischer Schaltungen aus Feldeffekttransistoren nach Abb. 46 bevorzugt, da sie einschränkungsfrei adressierbar bei Speicherdichten von Mbit/cm^2 bei einem Strombedarf von einigen mA/Mbit aufweisen. Der Nachteil der Flüchtigkeit kann durch Pufferung der Stromversorgung ausgeglichen werden. Zur Speicherung sehr umfangreicher Nachrichten bedient man sich zunehmend digitaler optischer Verfahren holografischer Art, die Speicherdichten bis zu Mbit/mm^2 ermöglichen. Die hierzu verwendeten Verfahren gestatten jedoch vorerst nur eine sequenziell serielle Signalreproduktion.

5.6.3 Signalverarbeitung und Signalvermittlung

5.6.3.1 Strukturen für die Verarbeitung analoger und digitaler Signale

Die signalwertabhängige Beeinflussung von Eigenschaften nachrichtentechnischer Einrichtungen wird als Signalverarbeitung bezeichnet. Es können sowohl signalabhängige als auch durch Störeinflüsse bedingte Veränderungen gleichermaßen vermindert oder ausgeglichen werden. Gesteuerte Systemveränderungen sind den Signalwerten starr zugeordnet, wie z. B. bei der nicht linearen Quantisierung. Bei den geregelten Systemveränderungen dagegen werden mittels Detektion bestimmte Systemeigenschaften nachgeführt, wie z. B. der Dämpfungsausgleich in Systemen mit pilotabhängiger Verstärkungsregelung, bei denen ein Trägersignal konstanter Amplitude als Bezugsgröße dient.

Die Signalverarbeitung bediente sich früher vorwiegend analoger Einrichtungen, die jedoch zunehmend durch digitale ersetzt wurden, weil sich damit systembedingte Abhängigkeiten einfacher berücksichtigen ließen. Analoge Einrichtungen zeigen zwar signalspeicherndes Tiefpassverhalten, das bei einfacheren Verarbeitungszusammenhängen zu aufwandsgünstigeren Anordnungen bei hoher Bandbreite führt, sind jedoch Einschränkungen hinsichtlich der Stabilität unterworfen. Auflösung und Bandbreite digitaler Einrichtungen sind dagegen nur vom Aufwand und den Eigenschaften der Signalwandler abhängig. Informationsflüsse bis 100 Mbit/s und Störabstände bis 100 dB lassen sich bei vertretbarem Aufwand beherrschen. Dabei werden die modernen Signalprozessoren genutzt. Diese Elemente sind höchstintegrierte Spezialrechner, die bei Auflösungen von 16 Bit Signalflüsse bis 100 Mbit/s mit Filterungs- und Korrelationsverfahren in parallelen Strukturen verarbeiten können, siehe Abb. 47.

5.6.3.2 Signalauswertung und Parametersteuerung

Die Anpassung von Systemeigenschaften erfordert steuerungsabhängige Informationen. Verfahren dieser Art setzen voraus, dass die entscheidenden Störungseinflüsse bekannt sind und durch in eindeutig steuerungsfähige Parameter beschrieben werden können. Durch Vergleich zwischen erwartetem und vorhandenem Signal können dabei diese Systemparameter durch Korrelation bei trennbaren Mustern gewonnen werden. Dazu müssen gespeicherte Referenzmuster vorliegen oder durch Berechnung aus Signalwertfolgen bestimmt werden. Die Korrelationsintervalle müssen dazu den Änderungsgeschwindigkeiten der Störeinflüsse angepasst werden. Daraus folgt stets eine Verzögerung in der Nachführung, die Vorhalt genannt wird und zu Fehlern bei sprunghaften Zustandsänderungen führt.

5.6.3.3 Rekursion, Adaption, Stabilität, Verklemmung

Die Signalverarbeitung besteht aus rekursiven und nichtrekursiven Verfahren, die sich auf die Bearbeitung vorhergehender Zustände stützen bzw. diese nicht benötigen. Die Grundstrukturen gliedern sich

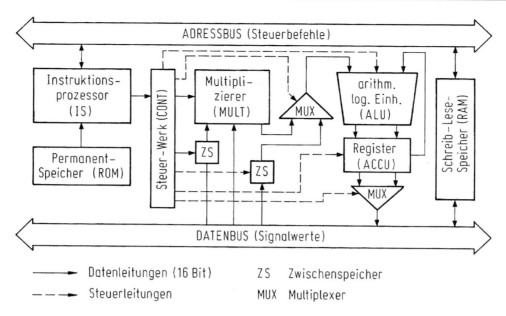

Abb. 47 Aufbauprinzip eines Signalprozessors

in Schleifenschaltungen für den rekursiven Betrieb, siehe Abb. 48a und in Abzweigschaltungen für den nichtrekursiven Betrieb, siehe Abb. 48b. Maßgebend für die Annäherung an Sollwerte ist bei digitalen Einrichtungen mit schrittweisem Vorgehen die zeitabhängige Veränderung der Systemparameter z, die als Adaption bezeichnet wird und sich auf die vorgenannte Parametersteuerung stützt.

Die beiden Strukturen von Abb. 48 zeigen insoweit unterschiedliches Verhalten, als bei rekursiven Verfahren durch phasenrichtige Rückführung die Anordnung zu Eigenschwingungen erregt werden kann. Die Stabilität des Betriebsverhaltens kann so ungünstig beeinflusst werden, dass vom Eingangssignal unabhängige Ausgangssignale auftreten, die Grenzzyklen genannt werden. Andererseits neigen alle parametergesteuerten Signalverarbeitungsverfahren mit auswertungsabhängiger Rückkopplung zur Verklemmung, bei der das System fortwährend in einem durch Signaländerungen unbeeinflussbaren Zustand verharrt und damit untauglich wird.

Im Gegensatz zu den analogen Systemen, die durch Differenzialgleichungen beschrieben werden, hat man es bei zeitdiskreten Systemen mit Differenzengleichungen zu tun. Im Fall linearer zeitinvarianter Systeme besitzen die Analysemethoden für beide Arten der Beschreibungsgleichungen gewisse

Ähnlichkeiten, da die Lösungen dieser Gleichungen in Funktionenvektorräumen endlicher Dimension (Ordnung der Differenzial- oder Differenzengleichungen bzw. Anzahl der Zustandsgrößen) enthalten sind. Daher kann man die entsprechenden Lösungstheorien auf der Grundlage der linearen Algebra entwickeln. In der weiterführenden Literatur wird auch auf die mathematischen Grundlagen analoger Schaltungen eingegangen es werden verschiedene Architekturen der digitalen Signalverarbeitung, deren Eigenschaften und grundlegende Entwurfsverfahren behandelt.

5.6.3.4 Netzarten, Netzführung, Ausfallverhalten

Eine besondere Art der Signalverarbeitung stellt die gesteuerte Umschaltung von Nachrichtenkanälen in Verteilsystemen mit mehr als 2 Knoten dar. Man nennt derartige Systeme Nachrichtennetze. Je nach der Anordnung der zwischen den Knoten vorhandenen Kanäle ist zwischen dem Sternnetz nach Abb. 49a, dem Maschennetz nach Abb. 49b und dem Schleifennetz Abb. 49c zu unterscheiden. Die Vermittlungsstellen in den Knoten bestehen aus Multiplexeinrichtungen zur bedarfsabhängigen Umschaltung der Übertragungskanäle und werden zur informa-

Abb. 48 **a** Rekursiv- und **b** Abzweigstruktur

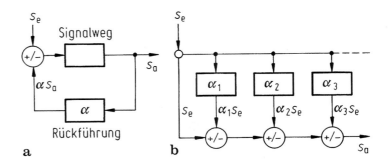

Abb. 49 Grundstrukturen von Nachrichtennetzen. **a** Sternnetz, **b** Maschennetz, **c** Schleifennetz

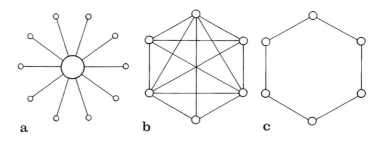

tionsflussabhängigen Zuweisung der Kanalkapazität durch Signalverarbeitungseinrichtungen gesteuert. Diese Funktion wird als Netzführung bezeichnet.

Im Sternnetz kann nur der erste Teil dieser Funktion erfüllt werden, da die Übertragungswege den Teilnehmern starr zugeordnet sind und deshalb ein Austausch verfügbarer Kanalkapazität nicht möglich ist. Im Gegensatz dazu erlaubt das Maschennetz eine bedarfsabhängige Zuweisung von Kanalkapazität, was sich bei hoher Auslastung oder Ausfällen von Übertragungswegen für Umweg- bzw. Ersatzschaltungen nutzen lässt. Voraussetzung dafür sind Informationen über die Belastungsverhältnisse des Netzes und über die Veränderungen des Schaltzustandes. Informationen dieser Art können zwar in einem übergeordneten Steuerungsnetz übertragen werden, heute wird aber ihre Aufnahme in das sog. Vermittlungsprotokoll bevorzugt. Das Schleifennetz ist meist protokollgesteuert und fordert zwar den geringsten Aufwand, doch besteht selbst bei Gegenverkehr hier im Überlastungs- oder Störungsfall die Gefahr der Inselbildung, bei der nicht mehr alle Knoten jederzeit miteinander in Verbindung treten können.

5.6.3.5 Belegungsdichte, Verlust und Wartezeitsysteme

Die Belastung eines Nachrichtennetzes wird durch die Ausnutzung von bereitgestellter Kanalkapazität bestimmt. Für ein Netz mit n gleichen Kanälen ergibt sich dann die Belegungsdichte E als Verhältnis aus Nutzungsdauer t_N und Verfügbarkeitszeit t_V. Der Größe E wird zur Unterscheidung die unechte Sondereinheit Erlang (Erl) zugewiesen. Sind in einem Netz n Kanäle unterschiedlicher Kanalkapazität H_i' zusammengefasst, so sind diese entsprechend zu bewerten und es gilt

$$E = (t_N/t_V)\mathrm{Erl}$$
$$= \left[\sum_1^n \left(H_i' t_{Ni}\right) / \sum_1^n \left(H_i' t_{Vi}\right)\right]\mathrm{Erl}. \quad (36)$$

Die Kanalanforderung und Zuweisung kann entweder in einem festgelegten Zeitrahmen in der Reihenfolge der Anforderungen oder auch nach einer zustandsabhängigen Prüfung in einer belastungsgünstigeren Reihenfolge vorgenommen werden. Vermittlungsnetze der ersten Art werden als Verlustsysteme bezeichnet, da in ihnen bei hoher Belegungsdichte Anforderungen als undurchführbar zurückgewiesen werden. Im Gegensatz dazu ergeben sich bei den Wartezeitsystemen belastungsabhängige Verzugszeiten zwischen Bedarfsanforderung und Kanalzuweisung. Durch die Anpassungsfähigkeit digitaler signalspeichernder Verarbeitungseinrichtungen zur bedarfsgesteuerten Zuweisung von Übertragungswegen unterschiedlicher Kanalkapazität ist es inzwischen gelungen, die Suchzeit so weit zu verkürzen und betriebsbedingte Umsteuerungen so zu beschleunigen, dass sich kaum noch Unterschiede zwischen diesen beiden Betriebsarten ergeben und Wartezeitsysteme fast echtzeittauglich geworden sind.

Literatur

Spezielle Literatur

Hütte (1962) Band IV B: Fernmeldetechnik, 28. Aufl. Ernst, Berlin, S 487–517

Zölzer U (2005) Digitale Audiosignalverarbeitung, 3. Aufl. Teubner, Wiesbaden

Weiterführende Literatur

Best RE (2007) Phase-locked loops: design, simulation, and applications, 6. Aufl. McGraw-Hill, New York

Chua LO, Desoer CA, Kuh ES (1987) Linear and nonlinear circuits. McGraw-Hill, New York

Hänsler E (2001) Statistische Signale, 3. Aufl. Springer, Berlin

Herter E, Lörcher W (2004) Nachrichtentechnik, 9. Aufl. Hanser, München

Hoffmann K (1992) Planung und Aufbau elektronischer Systeme, 3. Aufl. Zimmermann. Neufang, Ulmen, S 48–64

Kammeyer K-D (2004) Nachrichtenübertragung, 3. Aufl. Vieweg, Wiesbaden

Lacroix A (1980) Digitale filter. Oldenbourg, München, S 164–188

Mathis W (1987) Theorie nichtlinearer Netzwerke. Springer, Berlin

Ohm J-R, Lüke HD (2014) Signalübertragung, 12. Aufl. Springer, Berlin

Oppenheim AV, Schafer RW, Buck JR (2004) Zeitdiskrete Signalverarbeitung, 2. Aufl. Pearson Studium, München

Philippow E (1979) Taschenbuch Elektrotechnik, Bd. 4: Systeme der Informationstechnik. Hanser, München, S 369–397

Schetzen M (1980) The Volterra and Wiener theories of nonlinear systems. Wiley, New York

Steinbuch K, Rupprecht W (1982) Nachrichtentechnik, Band I: Schaltungstechnik, 3. Aufl. Springer, Berlin, S 23–170

Stensby JL (1997) Phase locked loops theory and applications. CRC Press, Boca Raton

Weidenfeller H, Vlceck A (1996) Digitale Modulationsverfahren mit Sinusträger. Springer-Verlag, Berlin-Heidelberg

Analoge Grundschaltungen

6

Wolfgang Mathis und Marcus Prochaska

Zusammenfassung

Signalverarbeitende Systeme können hardware-mäßig kann mit Hilfe elektronischer Schaltungen realisiert werden. Dabei werden passive und aktive Schaltungen unterschieden. Die linearen passiven RLC-Schaltungen werden im Zeitbereich für Addition und Subtraktion sowie die Differenziation und Integration und im Frequenzbereich für hauptsächlich für die Frequenzfilterung eingesetzt. Im ersten Teil werden die entsprechenden Grundlagen beschrieben. Danach werden verschiedene Diodenschaltungen angesprochen, die für die Gleichrichtung, Frequenzmischung und Modulation genutzt werden. Nach einer Darstellung der Grundschaltungen von Bipolartransistoren werden die wichtigsten Grundschaltungen für den Klein- und Großsignalbetrieb vorgestellt, die in verschiedenen Verstärkertypen sowie bei Flip-Flops und Multivibratoren eingesetzt werden. Die Operationsverstärker, deren Stufen aus Klein- und Großsignalverstärkern aufgebaut sind, werden in integrierter Technologie reali-siert. Es wird ausgeführt, dass sich eine Reihe von Aufgabenstellungen für signalverarbeiteten Systeme mit Hilfe von beschalteten Operationsverstärkern realisieren lassen.

Das Betriebsverhalten elektronischer Schaltungen wird vor allem von den in ihnen enthaltenen elektronischen Bauelementen bestimmt. Ihre besonderen Eigenschaften sind nicht lineare Zusammenhänge zwischen Strom und Spannung oder die verstärkende Wirkung gesteuerter Energieumsetzung. Dazu sind Ruhespannungen und -ströme erforderlich, die sogenannte Arbeitspunkte bilden und eine Beschaltung dieser Elemente erfordern. Neben Versorgungsquellen werden dafür passive lineare Netze oder auch elektronische Bauteile eingesetzt. Durch Störeffekte der Beschaltung und Trägheitseffekte der elektronischen Ladungsträgersteuerung ergeben sich Frequenzabhängigkeiten, die auf nicht lineare Differenzialgleichungen führen. Aus ihnen lassen sich jedoch keine überschaubaren Bemessungskriterien ableiten. In der Praxis wird die Zerlegung in Grundschaltungen bevorzugt, da sich damit Einflussfaktoren getrennt betrachten lassen. Umfangreichere Anordnungen werden dann aus solchen Grundschaltungen zusammengesetzt.

W. Mathis (✉)
Institut für Theoretische Elektrotechnik, Leibniz
Universität Hannover, Hannover, Deutschland
E-Mail: mathis@tet.uni-hannover.de

M. Prochaska
Fakultät Elektrotechnik, Ostfalia Hochschule für
angewandte Wissenschaften, Wolfenbüttel, Deutschland
E-Mail: m.prochaska@ostfalia.de

© Der/die Autor(en), exklusiv lizenziert an Springer-Verlag GmbH, DE, ein Teil von Springer Nature 2023
M. Hennecke, B. Skrotzki (Hrsg.), *HÜTTE Band 3: Elektro- und informationstechnische Grundlagen für Ingenieure*, Springer Reference Technik
https://doi.org/10.1007/978-3-662-64375-4_52

6.1 Passive Netzwerke (RLC-Schaltungen)

Widerstände, Kondensatoren, Spulen und Übertrager sind zwar keine elektronischen Elemente, werden wegen der sicheren Einhaltung ihrer Kennwerte, wegen ihres einfacheren Aufbaues und geringeren Störbeeinflussung aber bevorzugt zur stabilisierenden Beschaltung elektronischer Bauteile eingesetzt. Dies trifft vor allem auf die signalunabhängige Festlegung von Arbeitspunkten und die Vermeidung von Rückwirkungen zwischen Signal- und Versorgungsquellen zu, damit passiven Netzwerken Signale besonders einfach frequenzselektiv voneinander getrennt werden können.

6.1.1 Tief- und Hochpassschaltung

Die einfachste Art frequenzselektiver Entkopplung besteht in einer aus einem Kondensator C und einem Widerstand R gebildeten Weiche nach Abb. 1. Diese wird vorzugsweise zur Trennung der Gleichstrom-Arbeitspunkteinstellung von der Wechselstromansteuerung in elektronischen Schaltungen eingesetzt und als kapazitive Ankopplung bezeichnet. Für den Versorgungspfad gilt mit der Eingangsimpedanz $|Z_e| = |U/I| \gg R$, $|1/\omega\, C|$ und $U_s \ll U_0$

$$U(f)/U_0 = (1/\mathrm{j}\omega C)/(R + 1/\mathrm{j}\omega C)$$
$$= 1/(1 + \mathrm{j}\omega RC) = 1/\left(1 + \mathrm{j}f/f_g\right). \tag{1}$$

Wichtigster Kennwert dieser Anordnung ist die Eckfrequenz $f_g = 1/2\,\pi\,R\,C$, bei der die Eingangs-

amplitude U auf das $1/\sqrt{2}$-fache des Bezugswertes U_0 absinkt, der hier der Gleichspannungswert $U_0 = U(f = 0)$ ist. Diese Frequenzabhängigkeit $h(f)$ wird Tiefpassverhalten genannt und als Bode-Diagramm in doppeltlogarithmischer Darstellung nach Abb. 2 wiedergegeben. Der Signalpfad besitzt dagegen bei Bezug auf den Signalwert $U_s = U$ ($f \to \infty$) Hochpassverhalten mit derselben Eckfrequenz f_g:

$$U(f)/U_s = R/(R + 1/\mathrm{j}\omega C)$$
$$= 1/(1 + 1/\mathrm{j}\omega RC) = 1/\left(1 - \mathrm{j}f_g/f\right) \tag{2}$$

6.1.2 Differenzier- und Integrierglieder

Hoch- und Tiefpassverhalten führen im Zeitbereich auf Differenzialgleichungen, deren Lösungen Exponentialfunktionen der Art $e^{-t/\tau}$ oder $1 - e^{-t/\tau}$ sind. Sprunghafter Signalanstieg zum Zeitpunkt $t = 0$ bewirkt ein Einschwingverhalten nach Abb. 3. Als Kennwert dient die Zeitkonstante τ, die mit der Grenzfrequenz f_g und Werten R und C über die Beziehung

$$\tau = 1/\left(2\pi f_g\right) = RC \tag{3}$$

zusammenhängt. Die Übertragung pulsförmiger Signale in elektronischen Schaltungen führt wegen Tiefpassverhaltens stets auf Signalverzögerungen. Bei einer relativen Schwellamplitude von $U/U_0 = 0{,}5$ ergibt sich dadurch ein Zeitversatz um $t_V = \tau \ln 2 = 0{,}69\,\tau$, wie in Abb. 3 eingetragen. Die Eingangsimpedanz Z_e elektronischer Bauteile kann durch ein RC-Glied nach Abb. 4 genähert werden. Durch Überbrückung eines vorgeschalteten Widerstandes R mit einer Zusatzkapazität C_z kann diese Störung vermindert werden, wenn die Zeitkonstanten der beiden RC-Glieder gleich bemessen werden,

$$\tau = R_e C_e = RC_z \text{ und damit } C_z = R_e C_e/R. \tag{4}$$

Diese Anordnung bezeichnet man als frequenzkompensierten Spannungsteiler. Die Abflachung von Impulsflanken durch Tiefpassverhalten

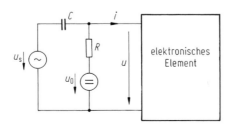

Abb. 1 Signal- und Versorgungsquellenentkopplung durch Hoch-Tiefpass-Glied

Abb. 2 Bode-Diagramm
eines Tiefpass-RC-Gliedes

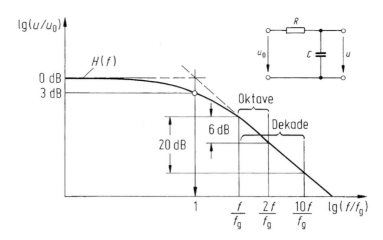

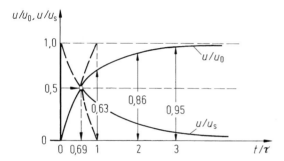

Abb. 3 Einschwingverhalten von RC-Gliedern

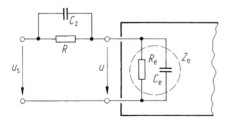

Abb. 4 Frequenzkompensierte Teilerschaltung

führt bei ungenauer schwellenbehafteter Auswertung auf zeitliche Schwankungen t_j, die als sog. *Jitter* bezeichnet werden. Durch Signalumkehr und zweimalige Differenziation mit Hochpassschaltungen können Impulsflanken steiler gemacht und dadurch ein in Schwellpegelschwankungen ΔU begründeter Jitter t_j gemäß Abb. 5 vermindert werden.

6.1.3 Bandpässe, Bandsperren, Allpässe

Die selektive Trennung von Signalanteilen in einzelne Frequenzbänder erfordert die Zusammenschaltung frequenzabhängiger Übertragungsglieder, im einfachsten Fall je eines Hoch- und eines Tiefpasses. Dabei ist zwischen zwei Fällen zu unterscheiden, da $f_{g,HP} > f_{g,TP}$ oder $f_{g,HP} < f_{g,\,TP}$ gewählt werden kann, wie Abb. 6 erkennen lässt. Innerhalb der Bandbreite $B = |f_{g,\,TP} - f_{g,\,HP}| = f_o - f_u$ wird das Signal übertragen oder unterdrückt. Man bezeichnet solche Schaltungen als Bandpässe bzw. Bandsperren. Die Frequenzabhängigkeit ihres Übertragungsverhaltens $h(f) = U_a(f)/U_e$ lässt sich als Produkt von (1) und (2) aus je einem entkoppelten RC-Hoch- und Tiefpass gewinnen:

$$h(f) = 1/\left(1 + \left(f_{g,HP}/f_{g,TP}\right) + \mathrm{j}\left(f/f_{g,TP} - f_{g,HP}/f\right)\right).$$

$$(5)$$

Schwingkreise aus Spulen und Kondensatoren weisen wegen geringerer Verluste gegenüber RC-Schaltungen höhere Kreisgüten

$$Q = \sqrt{f_{g,TP}\,f_{g,HP}}/B = f_m/B$$

auf und ermöglichen deshalb den Bau von Filtern geringerer Bandbreite B. Eine Steigerung der Kreisgüte Q erfordert eine bessere Konstanz der Mittenfrequenz f_m, was durch Bauteile mit mechanischen Resonanzen, z. B. durch Schwingquarze, erreicht werden kann.

Allgemein lässt sich frequenzselektives Verhalten auf das entsprechender Tiefpässe zurückführen, indem eine Frequenznormierung $|f - f_{\mathrm{m}}|\,f_{\mathrm{g}}$ vorgenommen wird, sodass bei zur Mittenfrequenz f_{m} symmetrischem Dämpfungsverlauf die Angabe einer Eckfrequenz f_{g} genügt. Die Bemessung von Filterschaltungen höheren Grades richtet sich dabei nach der für den Dämpfungsverlauf gewählten Polynomfunktion; vgl. spezielle Literatur. Dabei ist zwischen Bessel-, Butterworth- und Tschebyscheff-Filtern zu unterscheiden, deren Übertragungs- und Einschwingverhalten in Abb. 7 vergleichend dargestellt ist. Die in der elektronischen Schaltungstechnik bevorzugten Butterworth-Filter bieten einen gewissen Ausgleich zwischen Dämpfungsanstieg und Überschwingen.

Eine besondere Filterart sind *Allpässe*. Sie bewirken eine frequenzabhängige Phasendrehung der übertragenen Signale ohne Amplitudenveränderung. Werden sie als RC-Schaltung entsprechend Abb. 8 ausgeführt, so gilt mit der Eckfrequenz $f_{\mathrm{g}} = 1/2\,\pi\,R\,C$ für ihr Übertragungsverhalten

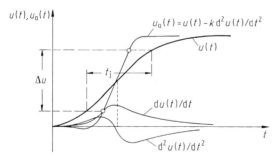

Abb. 5 Zur Versteilerung von Impulsflanken

Abb. 6 Frequenzverlauf von Bandpass und Bandsperre

$$h(f) = \left(1 - \mathrm{j}f/f_{\mathrm{g}}\right)/\left(1 + \mathrm{j}f/f_{\mathrm{g}}\right)$$
$$= \exp\left(-\mathrm{j}\cdot 2\arctan\left(f/f_{\mathrm{g}}\right)\right). \tag{6}$$

Die verzerrungsfreie Auftrennung und Wiederzusammenführung von Signalen durch selektive Filterschaltungen wird als Frequenzweiche bezeichnet und erfordert, dass das Summensignal U_{a} am Ausgang keine Abhängigkeit von der Frequenz f aufweisen darf. Diese Forderung wird durch je eine einfache RC-Hoch- und Tiefpassschaltung gleicher Eckfrequenz f_{g} nach Abb. 1 erfüllt. Dies zeigt die Summenbildung der Ausgangssignale U_0 und U_{s} in Abb. 3 für beide Schaltungen, die verzerrungsfrei die anregende Sprungfunktion liefert.

6.1.4 Resonanzfilter und Übertrager

Schmale Bandpässe zur selektiven Abtrennung von Spektralanteilen werden als Resonanzfilter bezeichnet. In der Elektronik werden dazu je nach Anforderungen sehr unterschiedliche Ausführungen und Bemessungsprinzipien verwendet. Weit verbreitet sind Potenzfilter bei denen mehrere Resonanzkreise rückwirkungsfrei so überlagert werden, dass sich das Gesamtübertragungsverhalten als Produkt in der Form

$$h(f) = U_{\mathrm{a}}(f)/U_{\mathrm{a}}(f_{\mathrm{m}})$$
$$= 1/\prod_{i=1}^{n}[1 + \mathrm{j}Q_i(f/f_{\mathrm{m}i} - f_{\mathrm{m}i}/f)] \tag{7}$$

schreiben lässt, wobei $f_{\mathrm{m}i}$ die Mittenfrequenzen und Q_i die Güten der einzelnen Kreise sind. Je

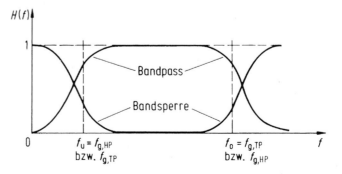

nach Ansatz des Polynoms für den Dämpfungsverlauf ergeben sich Butterworth-, Bessel- und Tschebycheff-Filter. Wenn bei Filtern neben der Welligkeit (Ripple) im Durchlassbereich auch im Sperrbereich der Übertragungsfunktion eine Welligkeit vorgeschrieben ist, dann spricht man von Cauer-Filtern oder elliptischen Filtern; vgl. weiterführende Literatur. Einen einfacheren Aufbau bietet die Zusammenfassung je zweier Resonanzkreise zu einem Koppelfilter, das meist mit transformatorischer Kopplung nach Abb. 9 ausgeführt wird. Bei gleicher Mittenfrequenz $f_m = 1/\left(2\pi\sqrt{L_1 C_1}\right) = 1/\left(2\pi\sqrt{L_2 C_2}\right)$ der beiden Kreise und überkritisch bemessener Kopplung

$K > M\sqrt{Q_1 Q_2}/\sqrt{L_1 L_2}$ ergibt sich ein höckerartiger zur Mittenfrequenz f_m symmetrischer Dämpfungsverlauf mit steilerem Anstieg in Resonanznähe als bei Einzelkreisen. Die transformatorische Signalübertragung erlaubt außerdem eine Potenzialtrennung zwischen Ein- und Ausgang.

Mitten- und Grenzfrequenzen sollen in elektronischen Schaltungen die geforderten Werte frei von Schwankungseinflüssen einhalten. Dazu bedient man sich der Empfindlichkeitsanalyse und vermindert störende Abhängigkeiten durch Kompensationsmaßnahmen. Die wichtigste Einflussgröße stellt die Betriebstemperatur θ dar, deren Einfluss durch den Temperaturkoeffizienten α als relative temperaturbezogene Abweichung beschrieben wird. Für Kapazitäten gilt so z. B. $\alpha = \Delta C/C\theta$. Kompensationsmaßnahmen erfordern Bauteile entgegengesetzt wirkenden Temperaturverhaltens, also umgekehrtes Vorzeichen des Temperaturkoeffizienten α. Für die Reihenschaltung zweier temperaturabhängiger Kondensatoren C_1 und C_2 nach Abb. 10 gilt damit

$$1/C_{\mathrm{ges}} = (1/C_1 + 1/C_2)$$

und

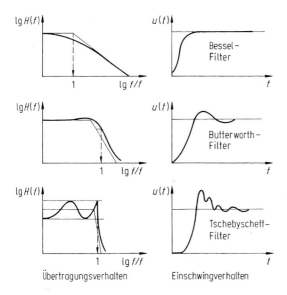

Abb. 7 Übertragungs- und Einschwingverhalten von Bessel-, Butterworth- und Tschebycheff-Filtern

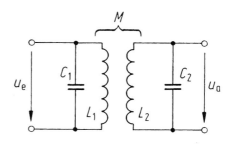

Abb. 9 Koppelfilter

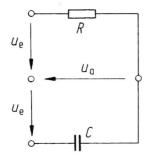

Abb. 8 Allpassfilter

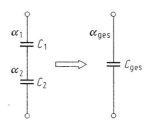

Abb. 10 Zur Temperaturkompensation

$$\alpha_{\text{ges}} = \frac{\alpha_1 C_2 + \alpha_2 C_1}{C_1 + C_2}. \qquad (8)$$

6.2   Nichtlineare Zweipole (Dioden)

Grundsätzlich besitzen alle elektronischen Bauteile nicht lineare Zusammenhänge zwischen
ihren Klemmenspannungen und/oder -strömen,
die mit wachsender Aussteuerung zunehmend zu
Verzerrungen führen. Je nach Anwendungszweck
werden bestimmte Verzerrungen funktionsmäßig
genutzt oder sie werden durch Begrenzung der
Aussteuerung und/oder durch Beschaltung mit
linearen passiven Bauteilen entsprechend den
Anforderungen vermindert.

6.2.1   Diodenverhalten (Beschreibung)

Das einfachste aus einem Halbleiterübergang
bestehende elektronische Bauelement ist die
Diode. Der Zusammenhang zwischen I und
U wird bei überlastungsfreiem Betrieb durch eine
Exponentialfunktion beschrieben:

$$I = I_s \left(e^{U/U_T} - 1 \right) \approx I_s e^{U/U_T} \text{ für } |I| \gg I_s. \qquad (9)$$

Dabei bedeutet I_s den Sperrstrom und U_T die
Temperaturspannung. Die Temperaturspannung
U_T, im praktischen Fall stets etwas größer als
ihr theoretischer Wert ($k\,T/e$): Boltzmann-Konstante × Temperatur/Elementarladung, besitzt für
Siliziumhalbleiter einen Wert von etwa 40 mV. Der
Zusammenhang (9) führt auf den spannungsabhängigen Widerstand $R = U/I = f(U)$, den Abb. 11
zeigt und der durch den Sperrwiderstand R_s und
den Durchlasswiderstand R_d sowie die Schleusenspannung $U_S = U(R = \sqrt{R_s R_d})$ gekennzeichnet
ist, die für Siliziumdioden etwa $U_S = 0{,}7$ V beträgt.
Das Verhalten von Dioden kann aussteuerungs-
und beschaltungsabhängig in folgenden Schritten
angenähert werden:

A. Sprungartige Umschaltung zwischen Sperr-
    und Durchlasswiderstand bei der Schleusen-
    spannung U_S
B. Sperrwiderstand der Diode vernachlässigbar
    hoch: $R_s \to \infty$
C. Schleusenspannung vernachlässigbar klein:
    $U_S \approx 0$
D. Diodenstrom vom Durchlasswiderstand $R_d = 0$
    unabhängig und damit das Verhalten des idea-
    len Schalters.

Die Geschwindigkeit der Umschaltung wird
durch die Trägheit der Ladungsträger im Halbleiter und durch die Umladung innerer spannungs-
abhängiger wie auch aufbaubedingter fester Ka-

Abb. 11 Spannungsab-
hängiger Widerstandsver-
lauf einer Diode mit Näherungen

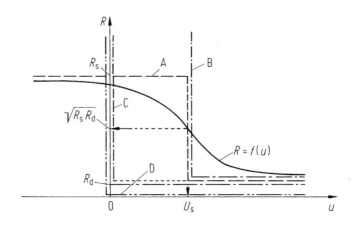

pazitäten begrenzt. Daraus folgt Tiefpassverhalten nach (1), das sich dem spannungsabhängigen nicht linearen Verhalten der Diode überlagert.

Im Großsignalbetrieb kann man eine Diode übrigens durch die folgende Beziehung in impliziter Weise beschreiben

$$u \cdot i = 0, \quad u, i > 0.$$

6.2.2 Gleichrichterschaltungen

Gleichrichterschaltungen werden zur Erzeugung von Gleichspannungen und -strömen aus der netzfrequenten Wechselstromversorgung eingesetzt und bestehen im einfachsten Fall aus einer Anordnung mit einer Diode D nach Abb. 12. Ein dem Verbraucherlastwiderstand R_L parallel

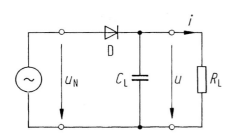

Abb. 12 Diodengleichrichterschaltung

geschalteter Ladekondensator C_L liefert dabei Ausgangsgleichstrom I in der Sperrphase der Diode. Bei sinusförmiger Netzspannung U_N der Frequenz $f = 1/T$, exponentiellem Verlauf der Spannung $U(t)$ in der Sperrphase nach Abb. 13 und linearer Entwicklung dieser Abhängigkeit gilt für die *Brummspannung* genannte Spannungsschwankung

$$\Delta U = U_{max} - U_{min} = U_{max}\left(1 - \mathrm{e}^{-T/R_L C_L}\right)$$
$$\approx U_{max} T / R_L C_L$$

$$(10)$$

am Ausgang dieser Einwegschaltung genannten Anordnung. Für die Bemessung des Ladekondensators ergibt sich daraus

$$C_L \approx U_{max}/\Delta U f R_L = I/\Delta U f. \qquad (11)$$

Der Ausgangsgleichstrom I durchfließt in dieser Schaltung auch die Speisequelle. Sie muss deshalb gleichstromdurchgängig sein und wird dadurch belastet. Für eine analytische Betrachtung der Einweggleichrichtung wird übrigens erheblicher mathematischer Aufwand benötigt; vgl. die weiterführende Literatur und insbesondere Kriegsmanns Arbeit; vgl. spezielle Literatur.

Die in Abb. 14a gezeigte Brückenschaltung vermeidet diesen Nachteil, da sich der Gleichstrompfad in der Gleichrichterschaltung schließt.

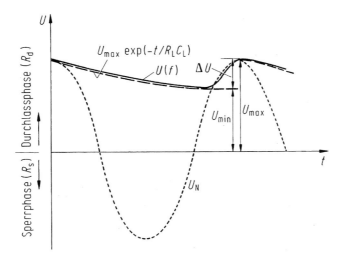

Abb. 13 Brummspannungsverlauf beim Einweggleichrichter

Abb. 14 Zweiweg-
Gleichrichterschaltungen

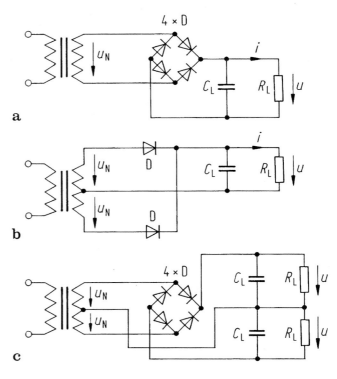

Zur Bemessung des Siebkondensators C_L ist wie bei der für größere Ströme günstigeren Mittelpunktschaltung Abb. 14b und der für symmetrische Ausgangsspannungen bevorzugten Doppelmittelpunktschaltung Abb. 14c die Frequenz f der Brummspannung ΔU in (11) gleich der doppelten Netzfrequenz $2 f_N$ zu setzen, da die Zweiwegschaltungen von Abb. 14 beide Halbschwingungen zur Gleichrichtung nutzen. Wird die untere Hälfte der Gleichrichterbrücke in Abb. 14c nebst der zugehörigen Speisung fortgelassen, so ergibt sich die Delon-Schaltung Abb. 15a, die eine Verdopplung der Ausgangsspannung auf $2\,U$ bewirkt und aus zwei Einwegschaltungen besteht. Entsprechendes Verhalten besitzt auch die Villard-Schaltung Abb. 15b, mit einer galvanischen Verbindung zwischen Ein- und Ausgang. Der Koppelkondensator C_K wird von der Überlagerung der Gleich- und der Wechselspannung $U +$ U_N beansprucht. Diese Schaltung n-stufig fortgesetzt, wie in Abb. 15c gezeigt, wird Greinacher-Kaskade genannt und dient zur Erzeugung hoher Gleichspannungen. Spannungsvervielfacherschaltungen haben einen hohen ausgangsseitigen Innen-

widerstand, der auf die kapazitive Zuführung der Netzspannung U_N zurückzuführen ist.

6.2.3 Mischer und Demodulatoren

Das nicht lineare Diodenverhalten wird auch zur Frequenzumsetzung von Signalbändern in Modulationsschaltungen genutzt. Im einfachsten Fall nach Abb. 16 wird dazu der Signalspannung U_s eine monofrequente Trägerspannung $U_t \gg U_s$ überlagert und eine Diode verwendet, die im Aussteuerbereich um ihren Arbeitspunkt (U_A, I_A) einen möglichst quadratischen Kennlinienverlauf besitzt. Dann gilt für den nicht linearen Spannungsanteil U_L am Lastwiderstand R_L

$$U_L = IR_L = I_A R_L((U_0 + U_s \cos{(2\pi f_s t)}$$
$$+ U_t \cos{(2\pi f_t t))/U_A)^2 \qquad (12)$$

Nach Abtrennen der Gleichstromkomponente mit dem Koppelkondensator C_K und trigonome-

Abb. 15 Schaltungen zur Spannungsvervielfachung

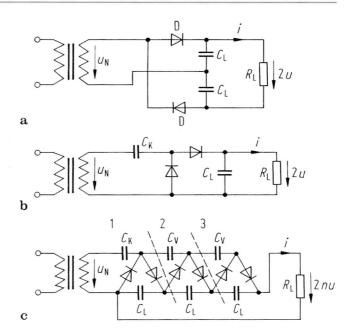

Abb. 16 Diodenmodulatorschaltung

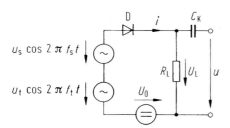

trischen Umformungen ergibt sich für die Ausgangsspannung

$$U = K\left[\sqrt{U_s U_t}\left(\cos\left(2\pi(f_s + f_t)\right)t + \cos\left(2\pi(f_s - f_t)t\right)\right) + \left(U_s/\sqrt{2}\right)\right.$$
$$\left.\cos\left(4\pi f_s t\right) + \left(U_t/\sqrt{2}\right)\cos\left(4\pi f_t t\right)\right],\quad (13)$$

wobei der Vorfaktor K Konversionskonstante genannt wird. Es entstehen neben der doppelten Signal- und Trägerfrequenz zwei proportionale Seitenbandspektren bei $f_s + f_t$ und bei $f_s - f_t$ von denen eines durch selektive Filterung hervorgehoben, das andere unterdrückt wird. Dieser als *Mischung* bezeichnete Vorgang wird zur Frequenztransponierung benutzt. Mit dem gleichen

Verfahren kann auch eine Demodulation amplitudenmodulierter Signale vorgenommen werden, wenn dem Empfangssignal U_s das Trägersignal U_t aufgemischt wird und am Ausgang durch Tiefpassfilterung eine Signalbandbegrenzung erfolgt. Diese Anordnung erfordert ein Trägersignal und ist deshalb zur Einseitenbanddemodulation bei unterdrücktem Träger geeignet. Sie wird als *Synchrondemodulator* bezeichnet. Der Demodulatoraufwand kann durch Verzicht auf den Trägergenerator und die Vorspannungsquelle so vermindert werden, dass die Gleichrichterschaltung von Abb. 12 entsteht. Die verzerrungsarme Demodulation erfordert zur Mischung des Empfangssignales $U_s \hateq U_N$, dass in ihm ein hinreichend großer Trägeranteil enthalten ist. Der zusammen mit dem Innenwiderstand der Anordnung auf die Signalbandgrenze $f_{s,max}$ bemessene Ladekondensator C_L dient dann der Tiefpassfilterung.

In der modernen Empfangstechnik im GHz-Bereich werden allerdings hauptsächlich Mischer auf der Basis der Gilbertzelle verwendet, die sich aus einem Differenzverstärker mit Transistoren ableitet; vgl. die weiterführende Literatur und insbesondere die Monographie von Razavi; vgl. spezielle Literatur.

6.2.4 Besondere Diodenschaltungen

Das Sperrverhalten von Dioden wird nach Abb. 17a durch die Stromzunahme im Zener-Bereich bestimmt. Die Grenze wird für Gleichrichterdioden als Spannung U_{zd} bei dem Strom $I = 1$ mA angegeben. Dioden für größere Ströme im Zener-Bereich mit kleinem differenziellen Widerstand $R_z = dU_z/dI_z$ werden als Z-Dioden bezeichnet. Sie dienen zur Erzeugung von Referenzspannungen und zur Überspannungsbegrenzung. Durch Vorschalten eines Widerstandes R nach Abb. 17b kann eine Spannungsänderung ΔU_0 mit der Z-Diode ZD auf den Wert ΔU_z vermindert werden, wenn der Vorwiderstand $R > R_z$ gewählt wird. Abb. 17a zeigt, wie über den Widerstand $R = dU/dI$ die Spannungsgrenzwerte $U_{0,\,max}$ und $U_{0,min}$ zu gewinnen sind. Das Ersatzbild einer Z-Diode ZD besteht nach Abb. 17c aus einer Gleichspannungsquelle $U_{z,d}$ mit vorgeschaltetem Zenerwiderstand R_z. Kurzzeitig überlastungsfeste Z-Dioden werden als Suppressordioden (TAZ, transient absorption zener) bezeichnet und dienen dem Schutz elektronischer Schaltungen durch

Ableitung von Strömen bis zu $I = 100$ A bei Anstiegszeiten von wenigen Pikosekunden.

Thyristoren sind steuerbare Dioden, bei denen durch einen Steuerstrom I_s in einer zusätzlichen Elektrode bei positiven Spannungen U wahlweise eine Öffnung oder Sperrung erfolgen kann. Das Unterbrechen des Stromes erfordert die Unterschreitung eines Haltestrom I_h genannten Mindestwertes: $I < I_h$. Der Kennlinienverlauf Abb. 18a weist für $U > 0$ eine steuerstromabhängige Verzweigung für den Grenzwert I_{s0} auf. Thyristoren werden als elektronische Schalter eingesetzt, z. B. in Überspannungssicherungen nach Abb. 18b. Bei einem Anstieg der Ausgangsspannung U_a über Summe aus Zenerspannung U_z der Z-Diode ZD und Schleusenspannung U_S der Steuerelektrode wird der Thyristor Th geöffnet und die vorgeschaltete Sicherung Si ausgelöst oder die Ausgangsspannung U_a an einem Vorwiderstand $R_v < (U_0 - U_S)/I_h$ abgesenkt.

Dioden mit bereichsweise fallenden Kennlinien, wie z. B. die von Tunneldioden nach Abb. 19a, erlauben eine Entdämpfung und bei resonanzfähiger Beschaltung mit einem LC-Rei-

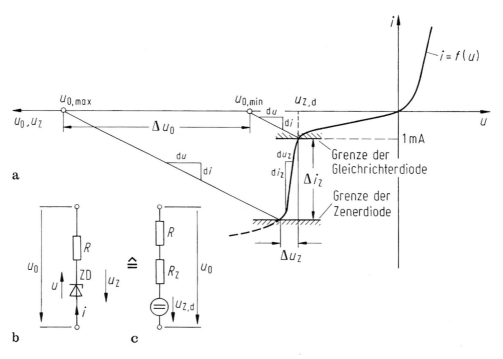

Abb. 17 **a** Zenerverhalten von Dioden, **b**; **c** Ersatzbild

Abb. 18
a Thyristorkennlinie und
b Sicherungsschaltung

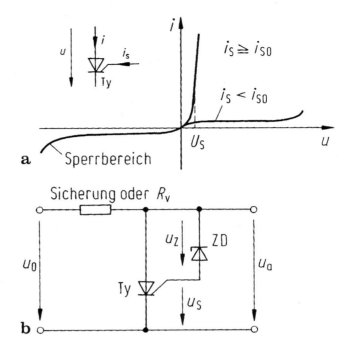

henkreis nach Abb. 19b kann eine stabile nichtlineare Schwingung erregt werden. Der Arbeitspunkt A wird dann bei sehr niedrigem Innenwiderstand R_0 der Gleichspannungsquelle U_0 instabil.

Die Sperrschichtkapazität von Dioden ist nach Abb. 20a spannungsabhängig, was zur elektronischen Abstimmung von Resonanzkreisen genutzt wird. Wegen des nicht linearen Zusammenhanges $C = f(U)$ können aus Verzerrungsgründen jedoch nur kleine Wechselspannungsamplituden zugelassen werden. Die Trennung der Steuerspannung U_s von der Signalspannung des abzustimmenden Schwingkreises kann am einfachsten durch die gegensinnige Reihenschaltung zweier Kapazitätsdioden (KD) nach Abb. 20b erreicht werden.

6.3   Aktive Dreipole (Transistoren)

Zur Verstärkung von Signalen höherer Änderungsgeschwindigkeit sind trägheitsarm elektronisch steuerbare Bauteile erforderlich, die für eine stabile Betriebsweise über hinreichend entkoppelte Ein- und Ausgänge verfügen müssen. Einzelbauteile dieser Art werden als Transistoren bezeichnet.

6.3.1   Transistorverhalten

Gesteuerte Verstärkung lässt sich elektronisch durch Stromsteuerung zweier ladungsgekoppelter Diodenstrecken erzielen. Diese Anordnung wird Bipolartransistor genannt. Das Klemmenverhalten ist durch den zum Steuerstrom I_B in der Basis B proportionalen, jedoch vom Potenzial des Kollektors C weitgehend unabhängigen Kollektorstrom I_C, der in Sperrrichtung betriebenen Steuerstrecke C–E, sowie dem Impedanzverhalten der in Durchlassrichtung betriebenen Basis-Emitter-Strecke B–E bestimmt. Transistoren werden meist im Strombereich $I_B \gg I_S$ betrieben, sodass sich mit (9) der Zusammenhang

$$I_C = \beta_0 I_B \approx \beta_0 I_S e^{U_{BE}/U_T} \qquad (14)$$

ableiten lässt. Der Faktor $\beta_0 = I_C/I_B$ wird als Stromverstärkung bezeichnet. Die Temperatur-

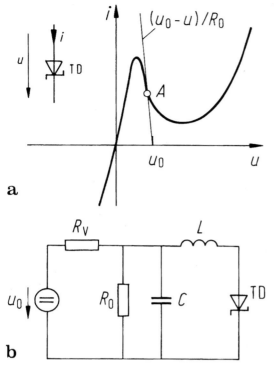

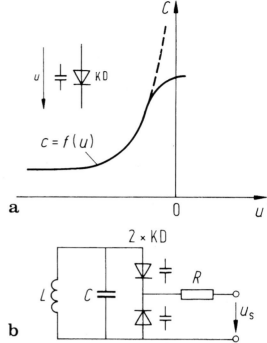

Abb. 19 **a** Tunneldiodenkennlinie und **b** Oszillator-schaltung

Abb. 20 **a** Kapazitätsdiodenkennlinie und **b** Varaktor-schaltung

spannung U_T ist für Siliziumtransistoren etwa $U_T = 40$ mV. Typische Kennlinienverläufe $I_B = f(U_{BE})$ und $I_C = f(I_B)$ sind in Abb. 21 für NPN-Transistoren dargestellt und ein für Aussteuerung mit kleinen Signalamplituden günstiger Arbeitspunkt A ist eingetragen. Die entsprechenden Werte für PNP-Transistoren unterscheiden sich nur durch entgegengesetztes Vorzeichen aller Ströme und Spannungen.

Das frequenzabhängige Übertragungsverhalten von Bipolartransistoren wird vor allem durch die Impedanz der Basis-Emitter-Diode bestimmt, deren Verhalten durch das in Abb. 22a gezeigte RC-Netzwerk angenähert werden kann und den Eingangsleitwert

$$Y = 1/(R_b + 1/(j \cdot 2\pi f C_e + 1 R_e)) \quad (15)$$

liefert. Der Anfangswert $Y_0 = Y(f \to 0) = 1(R_b + R_e)$ kann auch aus (14) durch Differenziation im Arbeitspunkt an der Stelle $I_B = I_{B,A}$ gewonnen werden:

$$Y_0 = dI_B/dU_{BE} = I_s(e^{U_{BE}U_T})/U_T = I_{B,A}/U_T. \quad (16)$$

Für ein- und ausgangsseitig parallel geschaltete Impedanzen ist die Umwandlung der Stromverstärkung β_0 in den Leitwertparameter der Steilheit S vorteilhaft. Im Arbeitspunkt $I_C = I_{C, A}$ ergibt sich aus (14) der Zusammenhang

$$S = dI_C/dU_{BE} = \beta_0 I_s\left(e^{U_{BE}/U_T}\right)/U_T = I_{C,A}/U_T \quad (17)$$

und damit das Ersatzbild 22b. Die Gleichungen (16) und (17) zeigen, dass die dynamischen Kenngrößen Y_0 und $S = \beta_0 Y_0$ eines Bipolartransistors aus seinen statischen Betriebsströmen im Arbeitspunkt $I_{B,A}$ oder $I_{C,A} = \beta_0 I_{B,A}$ und der Stromverstärkung β_0 ermittelt werden können.

Feldeffektgesteuerte Transistoren (FET) können in vier Gruppen eingeteilt werden, die sich nicht nur durch die Polarität des steuerbaren

Abb. 21 Stromkennlinien
eines Bipolartransistors

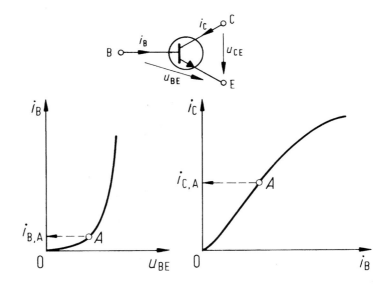

Abb. 22 Leitwertersatz-
bilder von Transistoren, mit
a Stromverstärkung β_0 und
b Steilheit S

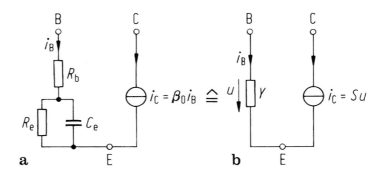

Strompfades zwischen Source S und Drain D,
sondern auch dadurch unterscheiden, ob das
Gate G als in Sperrrichtung betriebene Diode
(Sperrschicht-Feldeffekt-Transistor JFET) oder
als vollisolierte Feldelektrode, (Isolierschicht-
Feldeffekt-Transistor, IGFET, auch MOSFET)
ausgeführt ist. Abb. 23 zeigt die vier Stromab-
hängigkeiten, für die der einheitliche Zusammenhang

$$I_D = \left(I_{D0}/U_p^2\right)\left(U_{GS} - U_p\right)^2, \quad (18)$$

gilt, wenn als Pinch-off-Spannung U_p die dem
Transistortyp entsprechende Bedingung $U_{pp} \geqq
U \geqq U_{pn}$ erfüllt wird. Feldeffekttransistoren wer-
den meist mit dem Ersatzbild 22b beschrieben,
wobei der Eingangsleitwert $Y = j \cdot 2 \pi f C_e$
kapazitiv und die Steilheit

$$S = dI_D/dU_{GS} = 2\left(I_{D0}/U_p^2\right)\left(U_{GS,A} - U_p\right)$$
$$= 2\sqrt{I_{D0}I_{D,A}}/\mid U_p \mid$$

$$(19)$$

proportional der Gate-Source-Spannung $U_{GS,A}$ im
Arbeitspunkt ist und von der Wurzel des Drain-
stromes $I_{D,A}$ abhängt.

6.3.2 Lineare Kleinsignalverstärker

Die Einstellung von Arbeitspunkten wird durch
Temperaturabhängigkeit und damit vom Leistungsumsatz im Halbleiter beeinflusst. Für übliche Transistoren mit Stromverstärkungen $\beta_0 = I_C/
I_B \geq 10$ und damit $I_C \approx I_E$ ist die Kollektorver-
lustleistung

Abb. 23 Drainstromkur-
ven von Feldeffekttransistoren (FET)

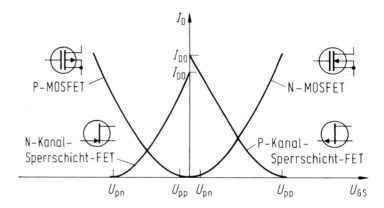

$$Q_C = U_{CE}I_C = (U_0 - I_E R_E - I_C R_C)I_C$$
$$= U_0 I_C - I_C^2(R_E + R_C) \tag{20}$$

die bestimmende Größe. Die Stabilität ist gesichert, wenn diese Leistung unabhängig von der Aussteuerung ist, also der Differenzialquotient dQ_C/dI_C im Arbeitspunkt $I_{C,A}$ verschwindet.

$$R_E + R_C = U_0/2I_{C,A}. \tag{21}$$

Die Basis-Emitter-Spannung von Bipolartransistoren weist eine Temperaturabhängigkeit von etwa 2 mV/K auf, sodass die Reduktion der dadurch bedingten Stromänderung auf 1/10 bei einer Übertemperatur von etwa 100 K näherungsweise einen statischen Spannungsabfall von 2V am Emitterwiderstand $R_E = 2$ V/$I_{C,A}$ erfordert. Damit ergibt sich für den Kollektorwiderstand

$$R_C = (U_0 - 4V)/2I_{C,A}.$$

Der Querstrom I_t im Spannungsteiler R_{t1} und R_{t2} sollte $I_t \geq 10\,I_B$ sein und die Betriebsspannung U_0 mindestens 5 V betragen.

Eine systematische Arbeitspunktfestlegung von Transistorschaltungen kann mithilfe des Fixators durchgeführt werden. Bei diesem Netzwerkelement handelt es sich um einen Zweipol, bei dem Strom und Spannung festgelegt sind – also gewissermaßen um eine Strom- und Spannungsquelle zugleich. Ein Bipolartransistor kann hinsichtlich des Gleichstromverhaltens mit zwei Fixatoren modelliert werden: ein Fixator zwischen Basis- und Emitter-Klemme (legt U_{BE} und

I_B fest), und ein Fixator zwischen Kollektor- und Emitter-Klemme (legt U_{CE} und I_D fest). Die Werte dieser Ströme und Spannungen können aus einem Datenblatt des entsprechenden Transistors übernommen werden. Danach kann man die Netzwerkgleichungen (bei Nullsetzen aller Wechselstrom- und Wechselspannungsquellen) des Netzwerkes in üblicher Weise aufstellen, wobei die Werte der Widerstände die unbekannten Größen sind. Gegebenenfalls müssen noch zusätzliche Bedingungs(un) gleichungen hinzugefügt werden wie z. B. die Größe des Querstromes eines Spannungsteilers; vgl. die obenstehenden Betrachtungen. Diese systematische Methode eignet sich besonders dann, wenn es sich um Netzwerke mit mehreren Transistoren handelt, die gleichstrommäßig gekoppelt sind; vgl. die weiterführende Literatur und insbesondere das Buch von Vago (1985); vgl. spezielle Literatur.

Das Übertragungsverhalten von Transistorstufen nach Abb. 24 kann unter Verwendung des Ersatzbildes 22b durch Abb. 25 beschrieben werden, bei dem die Versorgungsquelle U_0 als Wechselstromkurzschluss zu betrachten ist. Das als Verstärkung bezeichnete Verhältnis von Ausgangs- zu Eingangsspannung wird damit

$$v = U_a/U_e = -SZ_C/(S + Y)Z_E. \tag{22}$$

Für den praktischen Fall von Stromverstärkungen $\beta_0 > 10$ ist $S \gg Y$ und damit die Spannungsverstärkung $v = -Z_C/Z_E$ nur von den Impedanzen Z_C und Z_E, nicht jedoch von Transistorkennwerten S, Y und β_0 abhängig. Diese Art der Schaltungsbemessung erlaubt den exemplar- und

Abb. 24 Zur
Stabilisierung von NPN-
und PNP-Transistoren

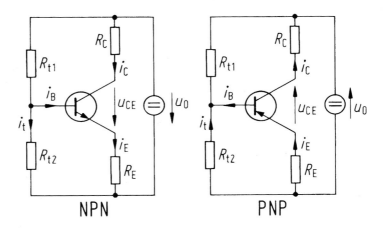

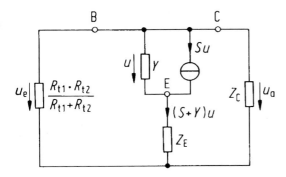

Abb. 25 Wechselstromersatzbild der Bipolartransistor-schaltungen nach Abb. 24

typunabhängigen Einsatz von Transistoren in Verstärkerschaltungen.

Mit steigender Aussteuerung ergeben sich zunehmende Verzerrungen, die in vielen Fällen den nutzbaren Signalbereich begrenzen. Eine Gegenkopplung über passive lineare Bauteile vermindert diese Einflüsse. Die bevorzugte Anordnung besteht in einer wechselstrommäßig nicht überbrückten Gegenkopplungsimpedanz Z_E am Emitter- bzw. Sourceanschluss. Abb. 26 zeigt das Verhalten einer solchen Stufe mit N-Kanal-Sperrschicht-FET. Die Steuerspannung U_{GS} des Transistors ergibt sich als Differenz der Eingangsspannung U_e und der Gegenkopplungsspannung U_g, sodass sich der Drainstrom $I_D = f(U_{GS})$ des Transistors auf den Wert $I_D = f(U_e)$ der Anordnung vermindert, wie die obere Bildhälfte zeigt. Der verstärkungsbestimmende Kennwert der Steilheit wird im Gegenkopplungsfall

$$S_g = dI_D/dU_e = S/(1 + SR_g)$$
$$= 1/(R_g + 1/S), \quad (23)$$

er weist zwar eine geringere Größe, dafür aber eine kleinere Änderung auf, wie der untere Bildteil von 26 zeigt. Für die Bemessung $R_g \gg 1/S$ wird die Steilheit $S_g \approx 1/R_g$ und damit für Signalwerte $U_e > 0$ von der Aussteuerung und dem Transistorkennwert S weitgehend unabhängig.

Die Zusammenschaltung zweier Transistoren in der Schaltung von Abb. 27a liefert mit der Kopplung über den gemeinsamen Emitterwiderstand R_E eine Verstärkeranordnung mit zwei Eingängen, die als Differenzverstärker bezeichnet wird. Transistoren T1 und T2 mit gleicher Steilheit S führen bei Vernachlässigung des Eingangsleitwertes Y auf das Wechselstromersatzbild 27b. Für unterschiedliche Eingangssignale U_{e1} und U_{e2} kann daraus das Differenzverstärkung genannte Übertragungsverhalten

$$v_D = U_a/(U_{e1} - U_{e2})$$
$$= -SR_C(U_{e2} - U_E)/(U_{e1} - U_{e2})$$
$$= -SR_C(U_{e2} - (U_{e1} + U_{e2})/ \quad (24)$$
$$2(1 + 1/2SR_E))/(U_{e1} - U_{e2})$$

gewonnen werden. Wird die Gegenkopplung $S R_E \gg 1$ gewählt, so ergibt sich $v_D = S R_C$. Werden dagegen beide Eingänge mit dem gleichen Signal $U_{e1} = U_{e2}$ beaufschlagt, so ergibt sich unter den gleichen Voraussetzungen das Gleichtaktverstärkung genannte Übertragungsverhalten

Abb. 26 Zur
Verzerrungsverminderung
durch Gegenkopplung,
Beispiel N-Kanal-
Sperrschicht-FET-
Schaltung

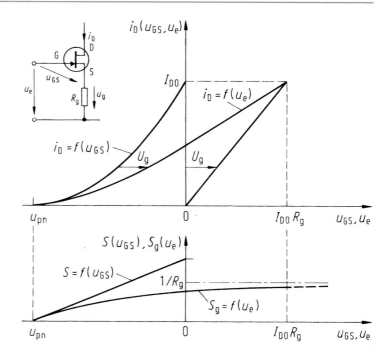

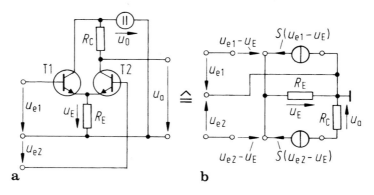

Abb. 27 **a** Differenzverstärkerschaltung mit **b** Ersatzbild

$$v_\mathrm{G} = SR_\mathrm{C}/(1 + 2SR_\mathrm{E}) \approx R_\mathrm{C}/2R_\mathrm{E}. \qquad (25)$$

Durch die Bemessung $SR_\mathrm{E} \gg 1$ kann mit dieser Schaltung ein großes Verhältnis $v_\mathrm{D}/v_\mathrm{G}$ erreicht und damit können Gleichtaktstörsignale von Gegentaktnutzsignalen getrennt werden.

Transistoren für große Kollektorströme verfügen nur über kleine Stromverstärkungen. Dieser Nachteil lässt sich für NPN- wie auch PNP-Transistoren mit einer Darlington-Schaltung genannten Anordnung zweier Transistoren nach Abb. 28a ausglei-

chen. Das zugehörige Ersatzbild 28b führt auf die Stromverstärkung der Gesamtanordnung

$$\beta = I_\mathrm{C}/I_\mathrm{B} = \beta_1\beta_2 + \beta_1 + \beta_2 \approx \beta_1\beta_2, \qquad (26)$$

wenn $\beta_1 \gg 1$ und $\beta_2 > 1$ gilt.

Werden mehrere Transistorverstärkerstufen zu Erhöhung der Verstärkung nach Abb. 29a hintereinandergeschaltet, so bezeichnet man diese Anordnung als Kaskaden- oder Kettenschaltung. Die arbeitspunktstabilisierende Gegenkopplung

Abb. 28 **a** Darlington-Schaltungen mit **b** Ersatzbild

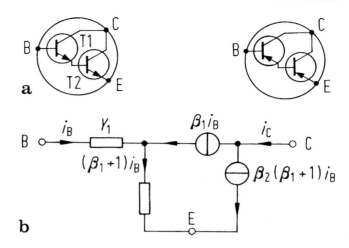

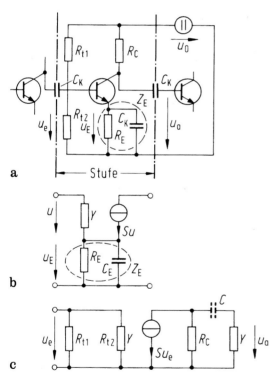

Abb. 29 Ausschnitt aus einer Verstärkerkette. **a** Schaltung, **b** zur Bemessung der Emitterkombination und **c** Wechselstromersatzbild

so gewählt werden, dass der Spannungsabfall U_E an ihr klein gegen die Steuerspannung U des betreffenden Transistors bleibt.

$$| U_E | /U = (S + Y)Z_E$$
$$= (S + Y)/\sqrt{(1/R_E)^2 + (\omega C)^2} \ll 1.$$
$$(27)$$

Die Nebenbedingung $\omega\, C\, R_E \gg 1$ ergibt für Transistoren größerer Stromverstärkung $\beta \gg 1$ und damit Steilheit $S \gg Y$ aus (25) die Bemessungsvorschrift $\omega\, C \gg S$, sodass die Eckfrequenz $f_g = 1/2\,\pi\,S\,C$ beträgt. Die in Abb. 29a abgegrenzte Verstärkerstufe hat dann bei Frequenzen $f \gg f_g$ entsprechend dem Wechselstromersatzbild 29c die Verstärkung

$$v = U_a/U_e = -S/(Y + 1/R_C), \qquad (28)$$

wenn der punktiert eingetragene Koppelkondensator C_K die Bedingung $C_K \gg Y/2\,\pi\,f$ erfüllt. Für den Arbeitswiderstand $R_C \gg 1/Y$ ergibt sich die Maximalverstärkung $v_{max} = -\,S/Y$. Sie ist von der Belastung durch den Eingangsleitwert Y des Folgetransistors abhängig. Dieser Nachteil kann durch Einfügen einer Emitterfolger genannten Schaltung nach Abb. 30a vermieden werden. Die Anordnung enthält einen zusätzlichen Transistor T2, bei dem das Ausgangssignal U_a an der Emitterklemme E abgegriffen wird. Das Ersatzbild mit beiden Transistoren zeigt Abb. 30b. Die Verstärkung wird danach

des Emitterwiderstandes R_E kann in der gezeigten Weise wechselstrommäßig durch einen parallel geschalteten Kondensator C_E unwirksam gemacht werden. Für seine Bemessung muss die Impedanz Z_E nach Ersatzbild 29b für diesen Schaltungsteil

$$v = U_a/U_e$$
$$= -S_1 R_C/(1 + (1 + Y_2 R_C)/(S_2 + Y_2)R_L).$$
$$\tag{29}$$

Sind die Bedingungen $S_2 \gg Y_2$ und $Y_2 R_C \gg$ 1 erfüllt und wird der Lastwiderstand $R_L \gg 1/S_2$ bemessen, so ist die Verstärkung $v = -S_1 R_C$ vom Lastwiderstand R_L unabhängig.

6.3.3 Lineare Großsignalverstärker (A- und B-Betrieb) und Sinusoszillatoren

Die in einer RC-Verstärkerschaltung auftretende größte Ausgangsspannungsamplitude wird durch den Wert der Versorgungsspannung U_0 bestimmt und bewirkt als Produkt mit dem in der Stufe geführten Strom die in Wärme umgesetzte Verlustleistung Q_v. Transistoren unterliegen hinsichtlich ihrer Spannungsfestigkeit U_{max}, ihrer Stromergiebigkeit I_{max} und ihrer zulässigen Verlustleistung Q_v Grenzen, die in das Ausgangskennlinienfeld $I = f(U)$, Abb. 31, eingetragen werden können. Bei kollektor- bzw. drainseitigem Arbeitswiderstand R und Speisung aus einer Versorgungsquelle U_0 kann der Zusammenhang $U = f(I) = U_0 - R\,I$ auf der als Arbeitsgerade bezeichneten Kurve abgegriffen werden. Der Transistor wird bei symmetrischer Aussteuerung zwischen dem Sättigungspunkt G und dem Sperrpunkt B am besten genutzt, wenn der Arbeitspunkt A in der Mitte der Arbeitsgerade bei dem Wert $U_0/2$ liegt und an dieser Stelle die Verlustleistungshyperbel $Q = U_0^2/4R$ tangiert wird. Diese Betriebsweise heißt A-Betrieb. Um eine Überlastung bei fehlender Ansteuerung zu vermeiden, darf in diesem Betriebszustand höchstens die Grenzleistung $Q = Q_v$ erreicht werden. Bei Vollaussteuerung und sinusförmigem Spannungs- und Stromverlauf ergibt sich näherungsweise die entnehmbare Wechselstromleistung

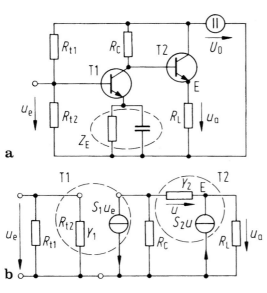

Abb. 30 Verstärkerstufe mit Emitterfolger. **a** Schaltung und **b** Wechselstromersatzbild

Abb. 31 Zur Aussteuerung eines Großsignalverstärkers

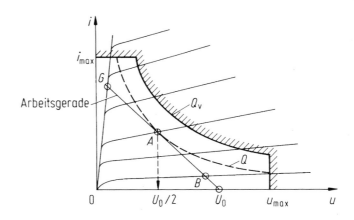

$$P_A = (1/T) \int_0^T UI\,dt = (U_0^2/RT) \int_0^T \sin^2 t \; dt \qquad (30)$$
$$= U_0^2/8R = Q/2$$

als halbe Ruheleistung.

Wird dagegen der Arbeitspunkt des Transistors im Sperrpunkt B in der Nähe der Versorgungsspannung U_0 gewählt, so ergibt sich bei Vollaussteuerung mit sinusförmigen Halbwellen

$$P_B = (2/T) \int_0^T UI\,dt = 2P_A \qquad (31)$$
$$= U_0^2/4R = Q$$

die doppelte Leistung und damit eine bessere Ausnutzung, die jedoch durch die Nichtumkehrbarkeit des Ausgangsstromes erkauft wird. Eine entgegen gerichtete Stromaussteuerung kann durch einen gegensinnig betriebenen weiteren Transistor erreicht werden. Man spricht vom Gegentakt-B-Betrieb, dessen Übertragungsverhalten linear ist, aber das Umschalten von einem Transistor auf den anderen ein nicht linearer Prozess ist. In realen Schaltungen kommt es daher zu sogenannten Übernahmeverzerrungen im Umschaltpunkt (Arbeitspunkt B), wobei die nicht linearen Verzerrungen ansteigen, wenn sich das Eingangssignal verkleinert.

Schaltungstechnisch wird der Gegentakt-B-Betrieb im einfachsten Falle durch Reihenschaltung eines komplementären Transistors realisiert, was Abb. 32a zeigt. Diese Anordnung wird als Gegentakt-B-Komplementärstufe bezeichnet. Der Widerstand R_d dient der Einstellung des Arbeitspunktes und erlaubt, die Sperrströme zu kompensieren, sodass sich bei gleichen Kennwerten die Arbeitskennlinien nach Abb. 32b verzerrungsarm zusammenfügen. Durch Verwendung eines Widerstandes R_d mit negativem Temperaturkoeffizienten (NTC) kann einer vom Leistungsumsatz abhängigen Arbeitspunktverlagerung entgegengewirkt werden. Der Koppelkondensator C_K sperrt den Gleichstromweg zum Lastwiderstand R_L. Die beiden sequenziell eingeschalteten Transistoren T1 und T2 werden in dieser Anordnung im Hinblick auf einen kleinen ausgangsseitigen Innenwiderstand als Emitterfolger betrieben. In der Brückenverstärkerschaltung Abb. 33 sind zwei gleichartige Gegentakt-B-Stufen symmetrisch zum Lastwiderstand R_L zusammengeschaltet, sodass der Koppelkondensator entfallen kann und mit einem Differenzsignal an den Eingängen beliebig langsame Signaländerungen übertragen werden können.

Die Übernahmeverzerrungen sind beim reinen Gegentakt-B-Betrieb insbesondere für Audioverstärker allerdings unvertretbar groß, sodass man

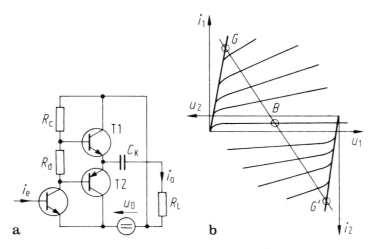

Abb. 32 Komplementär-Gegentakt-B-Stufe. **a** Schaltung und **b** Ausgangskennlinienfelder

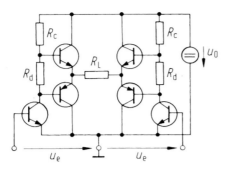

Abb. 33 Schaltung eines Brückenverstärkers

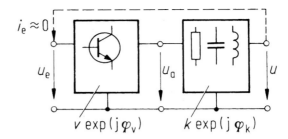

Abb. 34 Zur Erläuterung der Schwingbedingung

den Arbeitspunkt in beiden Transistoren in Richtung A-Betrieb verschiebt. Dadurch erhöht sich der Ruhestrom ein wenig, aber die Übertragungskennlinie des Verstärkers wird „linearisiert". Man spricht dann vom Gegentakt-AB-Betrieb; vgl. weiterführende Literatur.

Verstärkeranordnungen nach Abb. 34, die über eine Signalrückführung vom Ausgang zum Eingang verfügen, können sich bei entsprechender Bemessung stabile Schwingungen ausführen, die unabhängig von den Anfangsbedingungen der Schaltung sind. Das man nur verständlich machen kann, wenn nichtlineare Eigenschaften der Schaltungen in die Betrachtungen einbezogen werden. Eine notwendige Bedingung dazu ist, dass ein Paar von Systemeigenschwingungen der linearisierten Schaltung auf der imaginären Achse liegt, was u. a. mithilfe der sogenannten *Barkhausen'-schen Schwingbedingung* analysiert werden kann. Dazu wird das Netzwerk in zwei Teile zerlegt und das Klemmenverhalten der rückgekoppelten Gesamtschaltung untersucht. Bei hinreichend hohem Verstärkereingangswiderstand $Z_e = U_e/I_e$ kann mit der gestrichelt gezeichneten Verbindung für $U = U_e$ die Schwingbedingung sehr einfach abgeleitet werden, wenn der Verstärker mit der Verstärkung $U_a/U_e = v \, e^{j\varphi_v}$ die Dämpfung des Koppelnetzes mit dem Koppelfaktor $U/U_a = k e^{j\varphi_k}$ auszugleichen vermag. Mithilfe der komplexen Bedingungsgleichung können nach Barkhausen

$$(U_a/U_e)(U/U_a) = 1 = vk \; e^{j(\varphi_v + \varphi_k)} \qquad (32)$$

die Schaltungsparameter so bestimmt werden, dass ein Paar von Systemeigenschwingungen auf

der imaginären Achse liegen. Wird die Schaltungen mithilfe von Zustandsgleichungen beschrieben, dann kann man auch die Systemeigenwerte der Systemmatrix untersuchen. Die Betragsbedingung $k\,v = 1$ und die Phasenbedingung $\varphi_v + \varphi_k = 2\,n\,\pi$ werden bei niederen Frequenzen oder für pulsförmige Schwingungen meist über RC-Glieder, bei höheren Frequenzen und für harmonische Schwingungen meist über einen LC-Schwingkreis oder piezomechanische Resonanzen (Schwingquarz) im Kopplungsvierpol erfüllt. Die Barkhausen'sche Bedingung als auch die anderen Kriterien sind für das Auftreten einer Schwingung nur notwendige aber nicht hinreichende Bedingungen. Wenn man die Schwingamplitude und deren Stabilität ermitteln möchte, dann muss man alle Voraussetzungen des Satzes von Andronov und Hopf berücksichtigen und eine analytische Störungsrechnung oder Simulationen verwenden, wobei die Nichtlinearitäten der Schaltung einbezogen werden müssen; vgl. Monographie von Mathis (1987) in der weiterführenden Literatur. Mit der Methode der Beschreibungsfunktion kann man zeigen, dass eine zunehmenden Aussteuerung der Nichtlinearität zu einer abnehmenden mittleren Verstärkung $v = f(U)$ und in bestimmten Fällen automatisch zur Einhaltung der zugehörigen Schwingamplitude U führt; weitere Einzelheiten kann man der weiterführenden Literatur und insbesondere der Monographie von Kurz und Mathis entnehmen.

Klassische Oszillatorschaltungen dieser Art sind z. B. der Phasenschieberoszillator nach Abb. 35a, bei dem die Frequenzeinstellung meist durch gleichlaufende Veränderung der beiden Widerstände R vorgenommen wird, und der Meißneroszillator nach Abb. 35b mit transformatorischer Phasenumkehr und Abstimmung über die Schwingkreiskapa-

Abb. 35 Oszillatorschaltungen, Beispiele: **a** RC-Oszillator und **b** LC-Oszillator

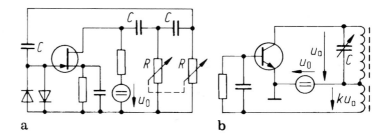

zität C. Die Schwingamplitude der Oszillatorschaltungen wird in a) durch eine automatische Verstärkungsregelung mit (nicht linearer) Signalgleichrichtung mit Dioden bzw. b) durch die Eigenschaften der Nichtlinearität der Basis-Emitter-Strecke des Transistors festgelegt (siehe 36a). Moderne Sinusoszillatoren im GHz-Bereich arbeiten auf der Basis eines Differenzverstärkers; vgl. z. B. die Monographie von Razavi.

6.3.4 Nichtlineare Großsignalverstärker, Flip-Flop und Relaxationsoszillatoren

Mit hinreichend großen Ansteueramplituden kann ein Transistor zwischen voller Öffnung und Sperrung durchgesteuert werden und damit in den mit G und B bezeichneten Zuständen in Abb. 31 verharren. Die Betrachtung erfordert dann die Berücksichtigung nicht linearer Zusammenhänge. Für einen NPN-Transistor ergibt sich für den linearen Verstärkerbetrieb das Ersatzbild in Abb. 36a, das aus dem Ersatzbild in Abb. 22b dadurch entsteht, dass der Eingangsleitwert Y durch die spannungsabhängige Basis-Emitter-Diode D_{BE} ersetzt und die Basis-Kollektor-Diode D_{BC} eingefügt wird. Für PNP-Transistoren sind die Richtungen aller Ströme und Spannungen wie auch die Polarität der beiden Dioden umzukehren. Wird das Diodenverhalten bei vernachlässigbarem Sperrwiderstand mit Durchlasswiderstand R_d und Schleusenspannung U_S angenähert, so führt dies zu drei unterschiedlichen Ersatzbildern. Für den aktiv normalen Betrieb auf der Arbeitsgeraden gilt Abb. 36b:

$$U_{BE} \text{ und } U_{CE} - U_{BE} > U_S;$$
$$D_{BE} \to R_d; \quad D_{CE} \to R_s;$$

für den Sperrzustand gilt Abb. 36c:

$$U_{BE} \text{ und } U_{BE} - U_{CE} < U_S;$$
$$D_{BE} \text{ und } D_{BC} \to R_s;$$

und für den Sättigungszustand gilt Abb. 36d:

$$U_{BE} \text{ und } U_{BE} - U_{CE} > U_S;$$
$$D_{BE} \text{ und } D_{BC} \to R_d.$$

Bei Sättigung ist die Kollektor-Emitter-Spannung $U_{CE} \ll U_S$, sodass die beiden Dioden D_{BE} und D_{BC} näherungsweise parallel geschaltet sind und das Ersatzbild 36d in das Abb. 36e überführt werden kann. Diese nichtlineare Betriebsweise wird vor allem zur Hochfrequenz- und Pulsverstärkung genutzt, da dann der Arbeitspunkt entsprechend Abb. 37a von B nach C in den Sperrbereich des Transistors verlagert und so die stromführende Betriebszeit weiter verkürzt werden kann. Die Arbeitsgerade überschneidet die Verlustleistungshyperbel Q_v. Trotzdem kann die mittlere Kollektorverlustleistung

$$Q_C = (1/T) \int\limits_0^T U_{CE}(t) I_C(t) \mathrm{d}t \leq Q_v \qquad (33)$$

im Rahmen der thermischen Integrationsfähigkeit des betreffenden Transistors unter dem zulässigen Grenzwert Q_v bleiben. Bei harmonischer Ansteuerung treten dann Stromimpulse $I_C(t)$ der Dauer $\tau <$ T/2 auf, wie Abb. 37b zeigt. Sinusförmige Schwingungen $U_{CE}(t)$ am Ausgang werden mit einem LC-Schwingkreis am Kollektoranschluss in der Anordnung nach Abb. 37c erreicht. Dieser Kreis wird meist auf die Frequenz $f_0 = 1/2\pi\sqrt{LC}$ abgestimmt, kann aber auch auf eine ungerade Harmonische $(2n + 1) f_0$ eingestellt werden. Die Anord-

Abb. 36 Ersatzbilder für
nicht lineares
Transistorverhalten.
a Diodenersatzbild
allgemein und Ersatzbilder
für **b** den aktiv normalen
Betrieb; **c** den Sperrzustand
und **d** den
Sättigungszustand mit
Vereinfachung **e**

Abb. 37 C-Betrieb eines
Transistorverstärkers mit
a Ausgangskennlinienfeld
und **b** dem
Ausgangsspannungs- und
Stromverlauf der
Schaltungsanordnung des
Sendeverstärkers **c**

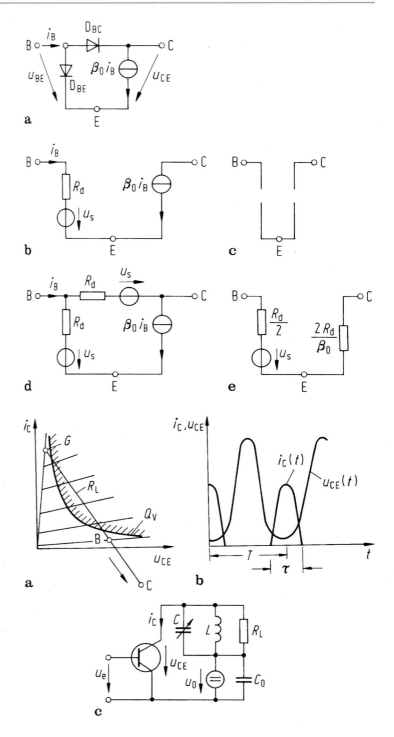

nung Abb. 37c wird als Sendeverstärker, seine Arbeitspunkteinstellung weit im Sperrbereich als C-Betrieb bezeichnet. Wird eine solche Verstärker-

stufe ohne ausgangsseitigen Resonanzkreis betrieben, so stellt sich am Lastwiderstand R_L bei Aussteuerung bis an den Sättigungspunkt G ein trapezförmiger Spannungs- und Stromverlauf mit der Anstiegs- und Abfallzeit Δt nach Abb. 38b ein. Im Kollektor des Transistors wird dabei die Leistung Q_C umgesetzt, die einen parabelförmigen Zeitverlauf $Q_C(t)$ und damit den zeitlichen Mittelwert

$$\tilde{Q}_C = (2/T) \int_0^T U_{CE}(t) I_C(t) \mathrm{d}t$$
$$= 2(\hat{U}_{CE}\hat{I}_C/T) \int_0^T (t/\Delta t)(1 - t/\Delta t)\mathrm{d}t$$
$$= 2(\hat{U}_{CE}\hat{I}_C/T)\left[(t^2/2\Delta t) - (t^3/3\Delta t^2)\right]$$
$$= \hat{U}_{CE}\hat{I}_C\Delta t/3T \tag{34}$$

aufweist. Um eine Überlastung des Transistors zu vermeiden, darf dieser Wert den zulässigen Grenzwert Q_v nicht überschreiten. Diese zur Verstärkung von Impulsen variabler Breite (Pulslängen-modulierte (PLM-) Signale) bevorzugte Art der Transistoraussteuerung wird D-Betrieb genannt; man spricht auch Pulsweitenmodulation (PWM) oder von Pulsdauermodulation (PDM). Im einfachsten Fall kann ein gesteuerter Schalter verwendet werden, der zu einem idealen Wirkungsgrad von 100 % führt. Das Klasse-D-Verstärkerprinzip wird aufgrund seines hohen realen Wirkungsgrades von mehr als 90 % neuerdings auch bei Audioleistungsverstärkern eingesetzt. Die PLM-Signale müssen natürlich wieder in analoge Signale umgesetzt werden, wofür nur sehr verlustarme LC-Tiefpassfilter geeignet sind. Demnach benötigt man ein Modulationsverfahren, bei dem das abgetastete analoge Eingangssignal in ein PLM-Signal überführt wird, wobei das analoge Signal nach Tiefpassfilterung möglichst störungsfrei zurückgewonnen werden kann. Vielfach verwendet man einen Pulsweiten- (PWM-)Modulator, mit dem die Amplitudenproben direkt in eine Pulslänge überführt wird. Ein störungsarmes analoges Ausgangssignal kann nur dann konstruiert werden, wenn die Schaltfrequenz ca. 7-fach über der höchsten (Audio-)Bandgrenze liegt, was u. a. zu Verlustleistungserhöhung und EMV-Problemen führen kann. Mit dem ZePoC-

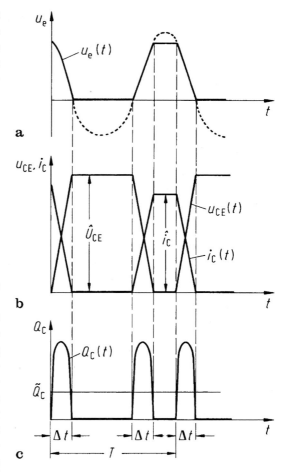

Abb. 38 Verhalten eines Verstärkers im D-Betrieb. **a** Eingangs- und **b** Ausgangsspannungsverlauf und **c** die daraus abgeleitete Verlustleistung

Verfahren steht jedoch ein alternatives Modulationsverfahren zur Verfügung, welches diese Nachteile stark reduziert; vgl. weiterführende Literatur.

Werden zwei derartige nichtlineare Verstärkerstufen nach Abb. 39a in Kette geschaltet, wie Abb. 39a zeigt, so verläuft der Zusammenhang zwischen Aus- und Eingangssignal $U_a = f(U_e)$ nach Abb. 39b treppenförmig, da der Transistor T2 aussteuerungsabhängig in den Sättigungs- und Sperrzustand gelangen kann. In dem Übergangsbereich zwischen diesen Betriebszuständen sind beide Transistoren T1 und T2 im aktiv normalen Betrieb, sodass das Ersatzbild 39b gilt. Bei gleichen Kennwerten beider Transistoren wird damit

$$U_a = \frac{U_0 - \beta_0 R_C (U_0 - U_S - \beta_0 R_C \times (U_e - U_S)/R_d)}{R_C + R_d}.$$

$$(35)$$

Die Grenzen der Gültigkeit dieser Beziehung sind die Ausgangsspannungen $U_a = 0$ und $U_a = U_0$ und damit bei hinreichend hoher Stromverstärkung $\beta_0 \gg 1$ und Versorgungsspannung $U_0 \gg U_S$ die zugehörigen Eingangsspannungen

$$U_{e1,e2} = U_S \pm (U_0 - U_S)/\beta_0 R_C/R_d. \quad (36)$$

Wird in der Schaltung Abb. 39a die strichpunktierte Verbindung zwischen Ein- und Ausgang hergestellt, so führt dies auf die Zusatzbedingung

$U_a = U_e$, und es können nur noch die drei Punkte O, L oder S eingenommen werden. Da es sich um einen rückgekoppelten schwingfähigen Analogverstärker handelt, ist der Betriebspunkt L ein instabiler Zustand, von dem aus die Anordnung sofort in den Punkt O oder S umschlägt, wenn sie sich selbst überlassen wird. Wegen ihres umsteuerbaren in zwei stabilen Zuständen verharrenden Verhaltens wird sie Flipflop-Schaltung genannt und bildet das Grundelement aller statischen digitalen Speicherschaltungen.

Werden die beiden Verstärkerstufen dagegen über RC-Hochpassglieder nach Abb. 40a miteinander gekoppelt und die Basisvorwiderstände R_{B1} und R_{B2} so bemessen, dass die beiden Transistoren T1 und T2 im Ruhezustand Arbeitspunkte im aktiv normalen Betriebszustand einnehmen, erregen sich nichtharmonische Schwingungen. Diese Anordnung führt die Bezeichnung

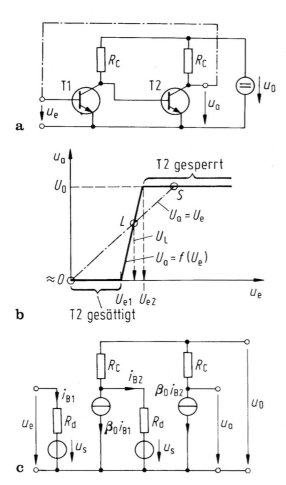

Abb. 39 **a** Flipflop-Schaltung mit **b** Übergangsverhalten und **c** Ersatzbild

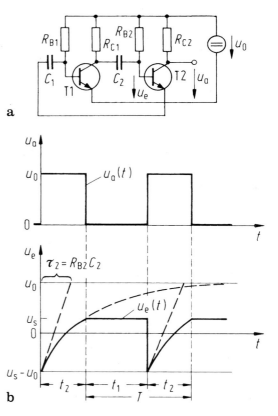

Abb. 40 **a** Multivibratorschaltung mit **b** Verlauf der Spannung an Ein- und Ausgang von Transistor T2

Multivibrator oder Relaxationsoszillator. Aufgrund des Ausweichens der Anordnung in die stabilen Betriebspunkte ergeben sich sehr rasche Zustandsübergänge und damit eine wechselseitige Sperrung und Sättigung der beiden Transistoren T1 und T2. Die Öffnungs- und Sperrzeiten hängen von den Zeitkonstanten τ der RC-Glieder und den Schwellenspannungswerten U_S der Transistoren sowie der Versorgungsspannung U_0 ab. Für den Transistor T2 dieser Schaltung sind in Abb. 40b die Spannungsverläufe $U_a(t)$ und $U_e(t)$ dargestellt. Aus ihnen geht hervor, dass die Spannung $U_e(t)$ wegen exponentiell zeitabhängiger Umladung des Kondensators C_2 zum Öffnungszeitpunkt $t = t_2$ die Schleusenspannung U_S erreicht:

$$U_e(t_2) = U_S = U_0 + (U_S - 2U_0)e^{-t_2/\tau_2}. \quad (37)$$

Aus dieser Beziehung kann die Sperrzeit t_2 des Transistors T2 gewonnen werden. Ein entsprechender Zusammenhang gilt für die Sperrzeit t_1 des Transistors T1. Die Periodendauer als Summe der beiden Sperrzeiten beträgt damit

$$\begin{aligned} T &= t_1 + t_2 \\ &= (R_{B1}C_1 + R_{B2}C_2)\ln(2U_0 - U_S)/(U_0 - U_S), \end{aligned} \quad (38)$$

wobei die Versorgungsspannung $U_0 > U_S$ sein muss und bei $U_0 \gg U_S$ für die Schwingfrequenz die Näherung

$$\begin{aligned} f &= 1/T = 1/(\tau_1 + \tau_2)\ln 2 \\ &= 1{,}44/(\tau_1 + \tau_2) \end{aligned} \quad (39)$$

gilt.

Multivibratoren nach Abb. 40a können nur für relativ niedrige Frequenzen verwendet werden, da die eingeschalteten Transistoren in Sättigung gehen und beim Ausschalten die Ladungsträger aus der Basis ausgeräumt werden müssen. Daher verwendet man für Multivibratoren, die bei höheren Frequenzen arbeiten sollen, andere Schaltungsarchitekturen. Eine wichtige Schaltungsklasse sind Emitter-gekoppelten Multivibratoren, die auch im MHz-Bereich noch arbeitsfähig sind; vgl. die weiterführende Literatur.

Elektronische Kippschaltungen können besonders einfach mit bistabilen schwellenbehafteten Elementen aufgebaut werden. Der Thyristor Ty besteht aus einer komplementären Transistorenschaltung nach Abb. 41a und stellt einen gesteuerten Schalter dar. Seine Schließbedingung wird durch Überschreiten der Schleusenspannung U_S und des Haltestromes I_h als hysteresebehaftete Umschaltung zwischen Sättigungs- und Sperrbetrieb nach Abb. 41b bewirkt. Dieses Schaltelement kann mit einem einzigen RC-Glied periodische Kippschwingungen liefern, wenn die Versorgungsspannung die Bedingung $U_B > U_S + U_z$ und der Haltestrom die Bedingung $I_h < U_B/R$ erfüllt. Zur Erhöhung der Ausgangsspannung wird der Steuerelektrode G eine Zenerdiode ZD vorgeschaltet. Im Ladefall herrscht dann in der Schaltstrecke A–K des Thyristors sein Sperrwiderstand R_s im Entladefall sein Durchlasswiderstand R_d, wie dies die Ersatzbilder 42b zeigen. Die Kondensatorspannung setzt sich dann aus exponentiellen RC-Umladungen nach Abb. 42c zusammen und

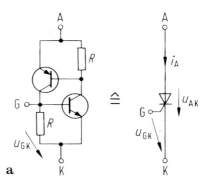

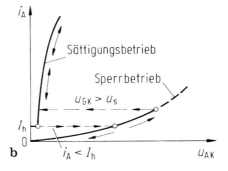

Abb. 41 a Thyristorprinzipschaltung und Klemmenbezeichnung; **b** Strom-Spannungs-Abhängigkeit im Schaltbetrieb

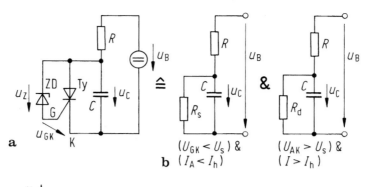

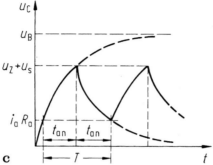

Abb. 42 Sägezahngenerator mit Thyristor: **a** Schaltung; **b** Ersatzbilder und **c** Kondensatorspannungsverlauf

die Schwingfrequenz $f = 1/T$ ist damit aus den Schwellenwerten $U_z + U_S$ bzw. $I_h R_d$ zu bestimmen:

$$T = t_{an} + t_{ab} = U_B \left(1 - e^{-t/\tau_{an}}\right) + I_h R_d e^{-t/\tau_{ab}} + (U_z + U_S) e^{-t/\tau_{ab}}. \quad (40)$$

Die Zeitkonstanten besitzen die Werte $\tau_{an} = RC/(1 + R/R_s)$ und $\tau_{ab} = RC/(1 + R/R_d)$. Zur Linearisierung des Anstieges der Kondensatorspannung U_C im Zeitbereich t_{an} kann der Ladewiderstand R durch eine Konstantstromquelle ersetzt werden.

Die Erregung von Kippschwingungen in stark nicht linearen elektronischen Verstärkerschaltungen lässt sich mit dem für diesen Zweck entwickelten *Unijunktiontransistor UIT* besonders gut veranschaulichen, der allerdings nur noch historische Bedeutung besitzt. Für seine Beschaltung wird nach Abb. 43a außer dem RC-Zeitglied nur noch ein einziger Widerstand R_C zum Abgreifen des Ausgangssignales U_a benötigt. Zur Erregung muss der statische Arbeitspunkt A des Elementes in den fallenden Teil der

Arbeitskennlinie $I_E = f(U_{BE})$ gebracht werden, wie Abb. 43b zeigt. Dadurch stellt sich der labile Zustand ein, aus dem sich die Anordnung aufzuschaukeln vermag. Die Kondensatorspannung ist gleich der Steuerspannung U_{EB} des Unijunktiontransistors, sodass sein Emitterstrom I_E zwischen dem Höckerwert I_h und dem Talwert I_t springt. Periodische Durchschaltung und Sperrung der Kollektor-Basis-Strecke des Transistors UIT liefert dann die pulsförmige Ausgangsspannung $U_a(t)$ von Abb. 43c.

6.4 Operationsverstärker

6.4.1 Verstärkung

Spannungsverstärkung
Im Beispiel (Abb. 44) gilt: für

$$-2,5\,\text{V} < u_1 < 2,5\ \text{V}$$

(Bereich linearer Verstärkung) ist $u_2 \sim u_1$ oder anders ausgedrückt:

Abb. 43 Sägezahngenerator mit Unijunktiontransistor: **a** Schaltung, **b** Strom-Spannungs-Kennlinie und **c** Zeitverlauf der Ausgangsspannung

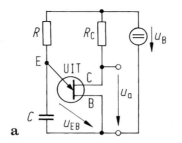

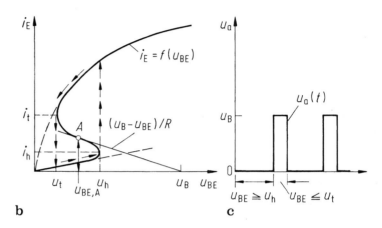

$$u_2 = V_u u_1 \quad \text{(mit } V_u = 4\text{)}. \tag{41}$$

Man kann den Vierpol im Bereich linearer Verstärkung als spannungsgesteuerte Spannungsquelle auffassen (u_1 ist die *steuernde*, u_2 die *gesteuerte* Spannung). V_u bezeichnet man als *Spannungsverstärkung*.

Stromverstärkung

In dem Fall, den das Abb. 45 darstellt, kann der Vierpol im Bereich

$$-1\text{mA} < i_1 < 1\text{mA}$$

als stromgesteuerte Stromquelle aufgefasst werden:

$$i_2 = V_i i_1. \tag{42}$$

Hierbei bezeichnet man V_i als Stromverstärkung, im Beispiel ist $V_i = 10$.

Leistungsverstärkung

Wenn $-2,5\text{ V} < u_1 < 2,5\text{ V}$ und $-1\text{ mA} < i_1 < 1\text{ mA}$ ist, so gilt für die Ausgangsleistung:

$$p_2 = u_2 i_2 = V_u u_1 V_i i_1 = V_u V_i p_1 = V_p p_1. \tag{43}$$

Hierbei bezeichnet man

$$V_p = V_u V_i$$

als *Leistungsverstärkung*. Im Beispiel wird $V_p = 40$, d. h.,

$$p_2 = 40 p_1 \quad \text{(für } 2,5\text{ V} < u_1 < 2,5\text{ V} \\ \text{und } -1\text{ mA} < i_1 < 1\text{ mA}\text{)}.$$

Speziell für $u_1 = 2,5\text{ V} \sin \omega t$, $i_1 = 1\text{ mA} \sin \omega t$ ergeben sich

$$p_1 = u_1 i_1 = 2,5\text{ V} \cdot 1\text{mA} \sin^2 \omega t \\ = 1,25\text{ mW}(1 - \cos 2\omega t)$$

und

$$p_2 = 40\ p_1 = 50\text{ mW}(1 - \cos 2\omega t).$$

Die zeitlichen Mittelwerte dieser Leistungen (die sog. *Wirkleistungen*) sind

Abb. 44 Beispiel für
Spannungsverstärkung

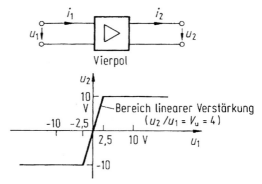

Spannungs-Verstärkungs-Kennlinie (VKL)

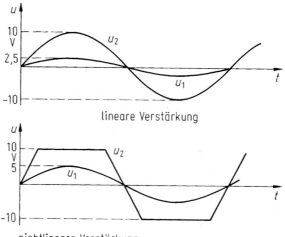

Abb. 45 Beispiel für eine Stromverstärkungskennlinie

$$P_1 = 1{,}25 \ \text{mW}; P_2 = 50 \ \text{mW}.$$

Logarithmische Verhältnisgrößen (Pegel)

Von Spannungs-, Strom- und Leistungsverhältnissen (u_2/u_1; i_2/i_1; p_2/p_1) bildet man gern den dekadischen (lg) oder den natürlichen Logarithmus (ln); diese logarithmischen Verhältnisgrößen

nennt man Pegel oder Dämpfungen (je nach dem Zusammenhang).

6.4.2 Idealer und realer Operationsverstärker

Idealer Operationsverstärker

Abb. 46 stellt das Schaltzeichen für einen Operationsverstärker dar. Der innere Aufbau eines solchen Integrierten Schaltkreises (IC, integrated circuit) soll hier nicht betrachtet werden.

Die Eingangsgröße u_D (Eingangs-Differenzspannung: u_D ist die Potenzialdifferenz der beiden Eingänge) steuert die von den Versorgungsquellen gelieferte Leistung so, dass eine hohe (Gegentakt-) Spannungsverstärkung V_0 (Leerlaufverstärkung) möglich ist (Abb. 47). Die beiden Versorgungs-

Abb. 46 Schaltzeichen für
den Operationsverstärker

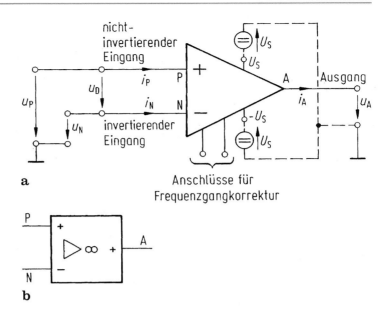

a

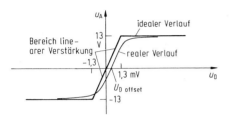

b

Abb. 47 Beispiel einer Verstärkungskennlinie (VKL): $U_{Do} = +1{,}3$ mV, $U_{Du} = -1{,}3$ mV, $U_{A\,max} = 13$ V, $U_{A\,min} = -13$ V, $V_0 = 10^4$

spannungen müssen übrigens nicht bei allen Verstärkern gleich groß sein.

In vielen Prinzipschaltbildern zeichnet man zur Vereinfachung die Versorgungsspannungs-Anschlüsse und eventuelle weitere IC-Anschlüsse nicht mit ein. Hierdurch entsteht eine Darstellung, bei der die Gleichung $\sum i = 0$ nicht erfüllt zu sein scheint, weil eben nicht alle Ströme berücksichtigt werden, die aus dem Verstärker herausfließen (oder in ihn hinein).

Ein idealer Verstärker hat außer dem Idealverlauf der VKL noch weitere (niemals vollständig realisierbare) Eigenschaften, deren wichtigste in Tab. 2 zusammengefasst sind; dazu gehören:

$$U_{D\,offset} = 0$$

(durch Offsetspannungskompensation erreichbar);

für $U_{Du} < u_D < U_{Do}$
ist $u_A = V_0 u_D$, wobei $V_0 \gg 1$ ist.

Für eine systematische Vorgehensweise bei der Analyse von Schaltungen mit idealen Operationsverstärkern verwendet man ein Nullator-Norator-Modell (auch Nullor genannt); vgl. die Monographie von Vago (1985) in der weiterführenden Literatur.

Realer Operationsverstärker (Beispiel: LM 148)

Der in Abb. 48 dargestellte integrierte Schaltkreis LM 148 enthält vier Verstärker des Typs 741. Einige typische Werte eines solchen Verstärkers sind in den Tab. 1 und 2 zusammengestellt. Es muss immer beachtet werden, dass die Bedingungen

$$u_D < 2U_s \quad \text{und} \quad |u_P| < U_S, \; |u_N| < U_S \tag{44}$$

eingehalten werden, damit der Schaltkreis nicht beschädigt wird. Im Normalfall wird gewählt $U_S = (5 \ldots 18)$ V.

Soll z. B. $U_{A\,max} = -U_{A\,min} = 13$ V sein (vgl. Abb. 47), so muss $U_S = 15$ V gewählt werden. Im Übrigen können die Operationsverstärker auch bei Versorgungsspannungen $|U_S| < |U_{S\,nenn}|$ arbeiten, i. Allg. bis zum Wert $|U_S| = 0{,}3|U_{S\,nenn}|$.

Wie sehr ein realer Verstärker vom Idealverhalten abweichen kann, zeigt die Tab. 2: So ist z. B. die Verstärkung V_0 nur für niedrige Frequenzen sehr hoch und sinkt schließlich bis auf den Wert 1 ab (die zugehörige Frequenz nennt man Transitfrequenz f_T), vgl. Abb. 49a. Wegen dieser

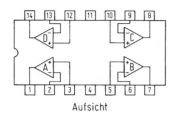

Aufsicht

Anschluss (pin)	Funktion
1	Ausgang (output) A
2	invertierender Eingang ($-V_\mathrm{IN}$) A
3	nichtinvertierender Eingang ($+V_\mathrm{IN}$) A
4	Versorgungsspannung $+U_\mathrm{S}$ ($+V_\mathrm{S}$)
5	nichtinvertierender Eingang B
6	invertierender Eingang B
7	Ausgang B
8	Ausgang C
9	invertierender Eingang C
10	nichtinvertierender Eingang C
11	Versorgungsspannung $-U_\mathrm{S}$
12	nichtinvertierender Eingang D
13	invertierender Eingang D
14	Ausgang D

Abb. 48 Anschlüsse eines Vierfach-Operationsverstärker-ICs (LM 148), 14-Lead-dual-in-line-Package

dynamischen Unvollkommenheit können Operationsverstärker nur im Niederfrequenzbereich eingesetzt werden.

Bestimmte Operationsverstärker kommen in einzelnen Eigenschaften dem Idealverhalten näher als der Standardverstärker 741: es gibt z. B. Verstärker mit $R_\mathrm{E} = 10^6$ MΩ (FET-Eingang), $r_\mathrm{s} = 800$ V/μs, $i_\mathrm{Eb} = 0{,}1$ nA, $u_\mathrm{D\ offset} = \pm\,0{,}7$ μV, $du_\mathrm{D\ offset}/dT = 0{,}01$ μV/K oder $f_\mathrm{T} = 10$ MHz.

Das Abb. 49b zeigt ein einfaches Ersatzschaltbild für den nichtübersteuerten Operationsverstärker als spannungsgesteuerte Spannungsquelle.

6.4.3 Komparatoren

Nichtinvertierender Komparator
Wählt man für die Darstellung der VKL auf beiden Achsen gleiche Maßstäbe, so erscheint der lineare Verstärkungsbereich praktisch als Spannungssprung (Abb. 50).

Für den Verlauf $u_\mathrm{A} = f(u_\mathrm{D})$ gilt im Beispiel aus Abb. 47:

$$u_\mathrm{A} = \begin{cases} 13 \text{ V} & \text{für} \quad u_\mathrm{D} \geqq 1{,}3 \text{ mV} \\ -13 \text{ V} & \text{für} \quad u_\mathrm{D} \leqq -1{,}3 \text{ mV}. \end{cases}$$

Eine an das Eingangsklemmenpaar angelegte Spannung wird also praktisch mit dem Wert 0 V verglichen: $u_\mathrm{A} = -13$ V bedeutet, dass $u_\mathrm{D} < 0$ ist.

So gesehen ist jeder Operationsverstärker auch ein Vergleicher (Komparator). Die Bezugsschwelle muss nicht bei 0 V liegen, sondern lässt sich auch verschieben (Abb. 51b). Vielfach verwendet man eine geringe Hysterese, um ein dauerndes Hin- und Herschalten im Umschaltpunkt zu ver-

Tab. 1 Grenzen der Betriebsgrößen (Op. Verst. 741)

Maximum der Versorgungsspannungen (supply voltages)	$U_\mathrm{S\ max}$	22 V
Extremwerte der Eingangs(differenz)spannung (differenzial input voltage)	$U_\mathrm{D\ max}$	44 V
	$U_\mathrm{D\ min}$	-44 V
Extremwerte der Eingangspotenziale (input voltage)	$U_\mathrm{P\ max}$, $U_\mathrm{N\ max}$	22 V
	$U_\mathrm{P\ min}$, $U_\mathrm{N\ min}$	-22 V
Betriebstemperaturbereich (operating temperature range)	T_A	$-55\,°C\ldots125\,°C$
Maximum des Ausgangsstromes (output current)	$I_\mathrm{A\ max}$	20 mA
Minimum des Ausgangsstromes	$I_\mathrm{A\ min}$	-20 mA
	(kurzschlusssicher)	

Tab. 2 Abweichungen eines Operationsverstärkers vom Idealverhalten

		Idealer Verstärker	Op. Verst. 741
(Statische) Leerlaufverstärkung (open loop voltage gain)	$V_{0\,stat}$	∞	$(0,5\ldots 1,6)\cdot 10^5$
Eingangswiderstand (input resistance)	R_E	∞	$0,8\ldots 2,5\ \text{M}\Omega$
Ausgangswiderstand (output resistance)	R_A	0	$100\ \Omega$
(Eingangs-)Offsetspannung (input offset voltage)	$u_{D\,offset}$	0	$1\ldots 5\ \text{mV}$
Offsetspannungsdrift	$\text{d}\,u_{D\,offset}/\text{d}\,T$	0	$10\ \mu\text{V/K}$
Mittlerer Eingangsruhestrom (input bias current)	$i_{Eb} = 0,5\,(i_P + i_N)$	0	$30\ldots 100\ \text{nA}$
Eingangs-Offsetstrom (input offset current)	$i_{E\,offset} = i_P - i_N$	0	$4\ldots 25\ \text{nA}$
Gleichtaktverstärkung (common mode voltage gain)	$V_{cm} = \text{d}\,u_A/\text{d}\,u_{cm}$ mit $u_{cm} = 0,5\,(u_P + u_N)$	0	10^{-5}
(Maximale) Anstiegsgeschwindigkeit der Ausgangsspannung (slew rate)	$r_s = \left.\frac{\text{d}u_A}{\text{d}t}\right|_{max}$	∞	$0,5\ \text{V/}\mu\text{s}$
Transitfrequenz (unity gain bandwidth)	f_T	∞	$1\ \text{MHz}$

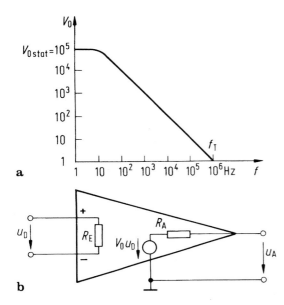

Abb. 49 **a** Bode-Diagramm (Abhängigkeit der Leerlauf-verstärkung V_0 von der Frequenz f bei einem Operations-verstärker nach Korrektur durch ein externes RC-Glied). **b** Ersatzschaltbild eines nicht übersteuerten Operations-verstärkers

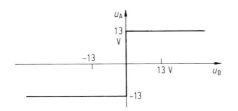

Abb. 50 Verstärkungskennlinie

hindern; vgl. die Monografien von O'Dell (1991) in der weiterführenden Literatur.

Invertierender Komparator
Vertauscht man in Abb. 51a die beiden Eingänge miteinander (Abb. 52a), so erhält man eine Inversion der Kennlinie $u_A = f(u_E)$, vgl. Abb. 52b.

Fensterkomparator
Am folgenden Beispiel wird dargestellt, wie eine Kombination zweier Komparatoren anzeigt, ob eine Spannung u_E z. B. im Bereich

$$5\ \text{V} < u_E < 10\ \text{V}$$

liegt oder außerhalb davon.

Beispiel
Für die beiden Operationsverstärker in der Schaltung in Abb. 53 soll gelten $V_0 = \infty$ und

$$U_{A\,max} = -U_{A\,min} = 15\ \text{V}.$$

Die beiden Dioden können als ideal angesehen werden (vgl. Kennlinie $i = f(u)$). Außerdem ist

$$U_{r1} = 10\text{V}; \quad U_{r2} = 5\ \text{V}.$$

Ein Tiefstwert-Gatter verknüpft die Ausgänge zweier Komparatoren und wirkt (mit der Zuordnung $-15\ \overline{V}0; +15\ \overline{V}1$) als UND-Gatter:

Abb. 51 Nichtinvertierender Komparator

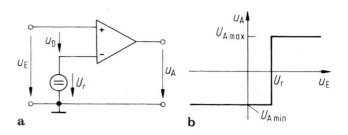

Abb. 52 Invertierender Komparator

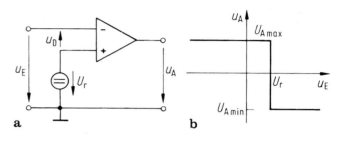

Abb. 53 Fensterkomparator

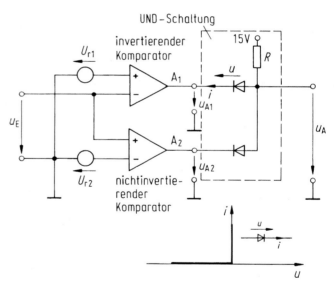

$$u_A = u_{A1} \ \& \ u_{A2}.$$

u_A, u_{A1}, u_{A2} sind in Abb. 54 dargestellt.

Umwandlung einer Sinus- in eine Rechteckspannung

Abb. 55 zeigt, welchen Verlauf $u_A(t)$ hat, wenn eine sinusförmige Spannung u_E am Eingang eines nichtinvertierenden Komparators (Abb. 51) liegt.

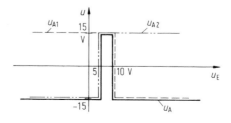

Abb. 54 Ausgangsspannungen zweier Komparatoren und ihrer UND-Verknüpfung (Fensterkomparator)

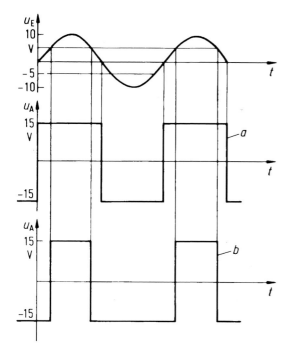

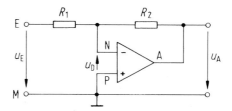

Abb. 56 Umkehrverstärker

Eine genauere Berechnung ergibt

$$V_{\text{ges}} = \frac{u_{\text{A}}}{u_{\text{E}}} \approx -\frac{R_2/R_1}{1 + \dfrac{1 + R_2/R_1}{V_0}}. \tag{46}$$

Wenn $V_0 \to \infty$ geht, so folgt hieraus (45). Eine direkte Ableitung von (45) und auch der folgenden Übertragungsbeziehungen mit idealen Operationsverstärkern erhält man mit dem Nullator-Norator-Modell; vgl. die Monographie von Vago (1985) in der weiterführenden Literatur. Die Formel (46) zeigt, dass sich stets $|V_{\text{ges}}| < V_0$ ergibt. Durch die Gegenkopplung (GK) ergibt sich eine Verkleinerung der Verstärkung. Der Vorteil der GK besteht darin, dass durch das Verhältnis zweier zugeschalteter Widerstände ein beliebiger Verstärkungswert $|V_{\text{ges}}| < V_0$ eingestellt werden kann. Solange $|V_{\text{ges}}| \ll V_0$ bleibt, wird V_{ges} damit praktisch unabhängig von Schwankungen der Leerlaufverstärkung V_0, die sich z. B. in Abhängigkeit von der Temperatur oder der Betriebsfrequenz ergeben können. Durch GK wird also eine Verstärkungsbegrenzung (Verstärkungs-„Stabilisierung") erreicht.

Abb. 55 Eingangsspannung und Ausgangsspannungen an zwei Komparatoren

Die Schwingung a gibt den Verlauf für $U_{\text{r}} = 0$ an, Schwingung b für $U_{\text{r}} = 5$ V.

6.4.4 Anwendungen des Umkehrverstärkers

Die Gesamtverstärkung des Umkehrverstärkers

Es gibt vier grundlegende Rückkopplungsprinzipien; eines davon ist die invertierende Gegenkopplung (Umkehrverstärker, Abb. 56) mit der Gesamtverstärkung

$$V_{\text{ges}} = \frac{u_{\text{A}}}{u_{\text{E}}} \approx -\frac{R_2}{R_1}. \tag{45}$$

Falls V_0 sehr groß (d. h. $u_{\text{D}} \approx 0$ im Bereich linearer Verstärkung) ist, hängt also beim idealen Verstärker das Verhältnis $u_{\text{A}}/u_{\text{E}}$ praktisch nur von der äußeren Beschaltung ab.

Rechenverstärker

Umkehraddierer. Für den nichtübersteuerten idealen Verstärker mit hoher Leerlaufverstärkung V_0 ist $u_{\text{D}} \approx 0$, sodass gilt (vgl. Abb. 57):

$$\begin{aligned} i_{11} + i_{12} &\approx i_2 \\ \frac{u_{\text{E1}}}{R_{11}} + \frac{u_{\text{E2}}}{R_{12}} &\approx -\frac{u_{\text{A}}}{R_2} \\ u_{\text{A}} &\approx -\left(\frac{R_2}{R_{11}} u_{\text{E1}} + \frac{R_2}{R_{12}} u_{\text{E2}} \right). \end{aligned} \tag{47}$$

Subtrahierer. In Abb. 58 gilt mit $u_D = 0$ und wegen $\sum u = 0$ für den Umlauf 1

$$\frac{R_N}{\alpha} i_{E1} - \frac{R_p}{\alpha} i_{E2} + u_{E2} - u_{E1} = 0 \qquad (48)$$

und für den Umlauf 2

$$u_A - R_p i_{E2} + R_N i_{E1} = 0$$
$$\frac{R_N}{\alpha} i_{E1} - \frac{R_p}{A} i_{E2} + \frac{u_A}{A} = 0. \qquad (49)$$

Zieht man (49) von (48) ab, so entsteht

$$-\frac{u_A}{\alpha} + u_{E2} - u_{E1} = 0; \quad u_A = \alpha(u_{E2} - u_{E1}). \qquad (50)$$

Integrierer. In Abb. 59 gilt mit $u_D \approx 0$:

$$i_1 \approx \frac{u_E}{R} \quad \text{und} \quad u_A \approx \frac{-1}{C} \int i_2 dt.$$

Wegen $i_1 \approx i_2$ folgt dann

$$u_A \approx -\frac{1}{RC} \int u_E(t) dt, u_A$$

$$\approx -\frac{1}{RC} \int_{-\infty}^{t} u_E(\tau) d\tau,$$

$$= -\frac{1}{RC} \int_{0}^{t} u_E(\tau) d\tau + u_A(0). \qquad (51)$$

Vertauscht man den Widerstand R mit dem Kondensator C, so entsteht im Prinzip ein Differenzierer.

Quadrierer. Mit $u_D = 0$ und $i_1 = K u_1^2$ (Approximation der Diodenkennlinie im Durchlassbereich durch eine quadratische Parabel) wird wegen $i_1 \approx i_2$ (Abb. 60)

$$K u_E^2 = -\frac{u_A}{R}, \quad u_A = -RK u_E^2. \qquad (52)$$

Multiplizierer. Eine Analogmultiplikation lässt sich auf Addition, Subtraktion und Quadratbildung zurückführen (Abb. 61).

Umkehraddierer als Digital-Analog-Umsetzer Für den Umkehraddierer in Abb. 62 gilt (Tab. 3).

Der Umkehraddierer mit vorgeschalteten Komparatoren als Analog-Digital-Umsetzer
Für die vier Operationsverstärker eines Analog-Digital-Umsetzers (Abb. 63) soll gelten $V_0 = \infty$ und $U_{A\,max} = -U_{A\,min} = 15$ V.

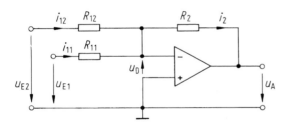

Abb. 57 Umkehraddierer mit zwei Eingängen

Abb. 58 Subtrahierer

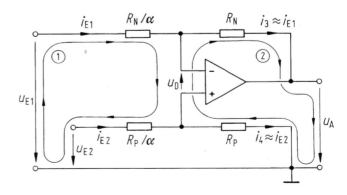

Für den Umkehraddierer in Abb. 63 gilt:

$$u_A = -\frac{1}{3}(u_1 + u_2 + u_3).$$

In Abb. 64 sind u_1, u_2, u_3 und u_A dargestellt. Hier ist u_A (ebenso wie beim DAU, Abb. 62) ein stufiges Analogsignal. Die Spannungen u_1, u_2, u_3 bilden die Digitalinformation, die noch einem Codier-Schaltnetz zugeführt werden müsste, damit an dessen zwei Ausgängen y_0, y_1 schließlich die Dualzahl $y = y_1\,2^1 + y_0\,2^0$ zur Verfügung steht.

6.4.5 Anwendungen des Elektrometerverstärkers

Beim Elektrometerverstärker (Abb. 65) gilt im linearen Verstärkungsbereich für die Gesamtverstärkung

$$V_{ges} = \frac{u_A}{u_E} \approx 1 + \frac{R_4}{R_3}. \tag{53}$$

Der Elektrometerverstärker als spannungsgesteuerte Stromquelle
Wegen $i_N \approx 0$ ist $u_A \approx i_A(R_3 + R_4)$ und mit (53) daher

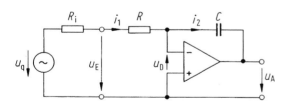

Abb. 59 Integrierer

Abb. 60 Quadrierer, Schaltung und Diodenkennlinie

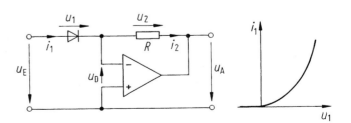

$$\frac{i_A(R_3 + R_4)}{u_E} \approx \frac{R_3 + R_4}{R_3} \qquad i_A \approx \frac{u_E}{R_3}. \tag{54}$$

Der Strom i_A ist also zur Eingangsspannung u_E proportional und von R_4 unabhängig (Konstantstromquelle). (Wenn u_E bzw. R_4 zu groß werden, dann wird der Bereich linearer Verstärkung verlassen, sodass die Voraussetzung $u_D \approx 0$ nicht mehr zutrifft; (54) wird dadurch ungültig.)

Der Elektrometerverstärker als Widerstandswandler (Impedanzwandler)
Macht man beim Elektrometerverstärker $R_4 = 0$, so wird (falls $u_D \approx 0$) $u_A/u_E \approx 1$. Eingangs- und Ausgangsspannung sind also gleich (Spannungsfolger), der Eingangswiderstand ist aber praktisch unendlich groß und der Ausgangswiderstand niedrig (Stromverstärkung).

6.4.6 Mitkopplungsschaltungen (Schmitt-Trigger)

Nichtinvertierende Mitkopplung
In einer nichtinvertierenden Mitkopplungsschaltung (Abb. 66) gilt für die Sprungspannungen

$$U_{E\ auf} = \left(1 + \frac{R_1}{R_2}\right)U_r - \frac{R_1}{R_2}U_{A\ min}, \tag{55a}$$

$$U_{E\ ab} = \left(1 + \frac{R_1}{R_2}\right)U_r - \frac{R_1}{R_2}U_{A\ max}. \tag{55b}$$

Aufgelöst nach R_2/R_1 und U_r:

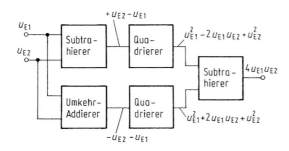

Abb. 61 Blockschaltbild eines Multiplizierers

$$\frac{R_2}{R_1} = \frac{U_{\mathrm{A\,max}} - U_{\mathrm{A\,min}}}{U_{\mathrm{E\,auf}} - U_{\mathrm{E\,ab}}}, \qquad (56a)$$

$$U_{\mathrm{r}} = \frac{U_{\mathrm{A\,max}}U_{\mathrm{E\,auf}} - U_{\mathrm{A\,min}}U_{\mathrm{E\,ab}}}{(U_{\mathrm{A\,max}} + U_{\mathrm{E\,auf}}) - (U_{\mathrm{A\,min}} + U_{\mathrm{E\,ab}})}.$$
$$(56b)$$

Diese Formeln können also zur Dimensionierung der Schaltung dienen, wenn der Verlauf $u_{\mathrm{A}}(u_{\mathrm{E}})$ vorgegeben ist.

Abb. 62 Digital-Analog-Umsetzer (DAU) zur Darstellung einer dreistelligen Binärzahl

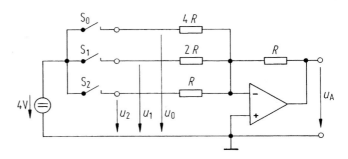

Tab. 3 Zuordnung der analogen Ausgangsspannung zu den Schalterstellungen bei einem D/A-Wandler (Geschlossener Schalter $\hat{=}1$, Offener Schalter $\hat{=}0$)

S_2	S_1	S_0	$-u_{\mathrm{A}}/\mathrm{V}$
0	0	0	0
0	0	1	1
0	1	0	2
0	1	1	3
1	0	0	4
1	0	1	5
1	1	0	6
1	1	1	7

Abb. 63 Analog-Digital-Umsetzer (ADU)

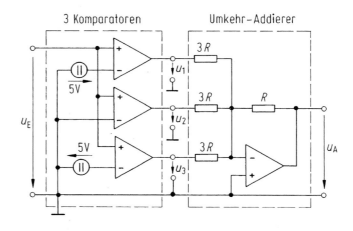

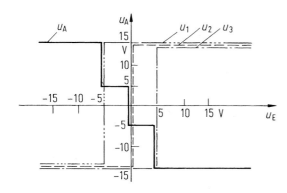

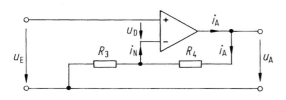

Abb. 64 Quantisierungs-Kennlinie eines Analog-Digital-Umsetzers (ADU)

Abb. 65 Elektrometerverstärker

Invertierende Mitkopplung

In einer invertierenden Mitkopplungsschaltung (Abb. 67) gilt für die Sprungspannungen:

$$U_{\mathrm{E\ auf}} = \frac{U_{\mathrm{A\ min}} + \dfrac{R_4}{R_3} U_{\mathrm{r}}}{1 + R_4/R_3}, \qquad (57\mathrm{a})$$

$$U_{\mathrm{E\ ab}} = \frac{U_{\mathrm{A\ max}} + \dfrac{R_4}{R_3} U_{\mathrm{r}}}{1 + R_4/R_3}. \qquad (57\mathrm{b})$$

Aufgelöst nach R_4/R_3 und U_{r}:

$$\frac{R_4}{R_3} = \frac{U_{\mathrm{A\ max}} - U_{\mathrm{A\ min}}}{U_{\mathrm{E\ ab}} - U_{\mathrm{E\ auf}}} - 1, \qquad (58\mathrm{a})$$

$$U_{\mathrm{r}} = \frac{U_{\mathrm{A\ max}} U_{\mathrm{E\ auf}} - U_{\mathrm{A\ min}} U_{\mathrm{E\ ab}}}{(U_{\mathrm{A\ max}} + U_{\mathrm{E\ auf}}) - (U_{\mathrm{A\ min}} + U_{\mathrm{E\ ab}})}. $$
$$(58\mathrm{b})$$

Abb. 66 Schalthysterese bei nichtinvertierender Mitkopplung

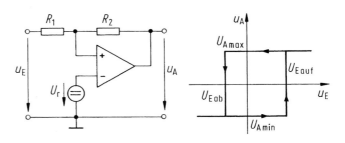

Abb. 67 Schalthysterese bei invertierender Mitkopplung

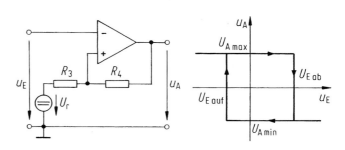

Literatur

weiterführende Literatur

Allen PE, Holberg DR (2013) CMOS analog circuit design, 3. Aufl. Oxford University Press, Oxford

Beuth K, Beuth O (2003) Elementare Elektronik, 7. Aufl. Vogel, Würzburg

Böhmer E, Ehrhardt D, Oberschelp W (2018) Elemente der angewandten Elektronik. Springer, Berlin

Cauer W (1941) Theorie der linearen Wechselstromschaltungen. Akad. Verlags-Gesellschaft Becker und Erler, Leipzig

Federau J (2001) Operationsverstärker, 2. Aufl. Vieweg, Braunschweig

Fliege N (1979) Lineare Schaltungen mit Operationsverstärkern. Springer, Berlin

Fritzsche G, Seidel V (1981) Aktive RC-Schaltungen in der Elektronik. Hüthig, Heidelberg

Gray PR, Hurst PJ, Lewis SH, Meyer RG (2009) Analysis and design of analog integrated circuits, 5. Aufl. Wiley, Hoboken

Hering E, Bressler K, Gutekunst J (2014) Elektronik für Ingenieure und Naturwissenschaftler. Springer, Berlin

Horowitz P, Hill W (1989) The art of electronics, 2. Aufl. Cambridge University Press, London

Kriegsmann G (1985) An asymptotic theory of rectifcation and detection. IEEE Tran Circuits Syst 32(10):1064–1068

Kurz G, Mathis W (1994) Oszillatoren. Hüthig, Heidelberg

Mennenga H (1981) Operationsverstärker, 2. Aufl. Hüthig, Heidelberg

Nanndorf U (2001) Analoge Elektronik. Hüthig, Heidelberg

Nerreter W (1987) Berechnung elektrischer Schaltungen mit dem Personal Computer. Hanser, München, S 125–188

O'Dell TH (1991) Circuits for electronic instrumentation. Cambridge University Press, Cambridge

Pease RA (Hrsg) (2008) Analog circuits – world class designs. Newnes, Amsterdam

Razavi B (1998) RF Microelectronics. Prentice Hall, New Jersey

Razavi B (2016) Design of analog CMOS integrated circuits, 2. Aufl. McGraw-Hill, New York

Seifart M, Becker W-J (2003) Analoge Schaltungen, 6. Aufl. Technik, Berlin

Streitenberger M (2005) Zur Theorie digitaler Klasse-D Audioleistungsverstärker und deren Implementierung. VDE, Berlin

Tietze U, Schenk C, Gamm E (2016) Halbleiter-Schaltungstechnik, 15. Aufl. Springer, Berlin

Verhoeven CJM, van Staveren A, Monna GLE, Kouwenhoven MHL Yildiz E (2010) Structured electronic design: negative-feedback amplifiers. Kluwer Academic Publishers, Boston

Wiesemann G, Kraft KH (1985) Aufgaben über Operationsverstärker- und Filterschaltungen. Bibliograph. Inst, Mannheim

Williams AB, Taylor FJ (2006) Filter design handbook, 4. Aufl. McGraw-Hill, New York

Wupper H, Niemeyer U (1996) Elektronische Schaltungen I+II. Springer, Berlin

Zastrow D (2014) Elektronik, 12. Aufl. Springer, Berlin

Zölzer U (2005) Digitale Audiosignalverarbeitung, 3. Aufl. Teubner, Stuttgart

Spezielle Literatur

Mathis W (1987) Theorie nichtlinearer Netzwerke. Springer, Berlin

Vago I (1985) Graph theory: application to the calculation of electrical networks. Elsevier, New York

Wolfgang Mathis und Marcus Prochaska

Zusammenfassung

Digitale Operationen lassen sich direkt mit Hilfe elektronischer Schaltungen realisieren, die sich in zwei Zuständen befinden, oder es kann eine universelle Hardwareplattform (Computer) genutzt werden, auf der eine Softwareimplementierung der digitalen Operationen abläuft. In beiden Fällen werden digitale Grundschaltungen benötigt, deren schaltungstechnische Realisierung mit Hilfe verschiedener Schaltkreisfamilien (wie DTL, TTL, Schottky-TTL, MOS, CMOS und ECL) erfolgt. Die grundlegenden Aspekte dieser Schaltungsfamilien werden erläutert und Hinweise auf die Großintegration gegeben. Danach wird auf die mathematische Beschreibung von kombinatorischen Automaten (auch Schaltnetze) und die schaltungstechnische Grundelemente von sequenziellen Automaten (auch Schaltwerke) mit internen Speichern eingegangen, die aus verschiedenen Typen von Flip-Flops bestehen. Abschließend wird auf Schieberegister und Zähler eingegangen, die für die digitalen Systeme eine wichtige Basis bilden.

W. Mathis (✉)
Institut für Theoretische Elektrotechnik, Leibniz Universität Hannover, Hannover, Deutschland
E-Mail: mathis@tet.uni-hannover.de

M. Prochaska
Fakultät Elektrotechnik, Ostfalia Hochschule für angewandte Wissenschaften, Wolfenbüttel, Deutschland
E-Mail: m.prochaska@ostfalia.de

7.1 Gatter

7.1.1 Diodengatter

Höchstwertgatter

Wenn man voraussetzt, dass die Dioden in Abb. 1 ideale elektronische Ventile darstellen (Diodenwiderstand im Durchlassbereich $u > 0 : R_{durchlass} = 0$; im Sperrbereich $u < 0 : R_{sperr} = \infty$), dann ist die Diode mit der höchsten Spannung u_x durchlässig; es wird $u_y = \text{Max}(u_{x0}, u_{x1}, u_{x2})$ und alle Dioden mit $u_x < u_y$ sperren. Die höchste Eingangsspannung setzt sich also am Ausgang durch (*Höchstwertgatter*). Falls nur zwei verschiedene Eingangsspannungswerte vorkommen, nämlich

L: Low = niedriger Pegel und
H: High = hoher Pegel,

so ergibt sich damit zwischen den Eingangsspannungen und der Ausgangsspannung der Zusammenhang nach Tab. 1a.

Im Allgemeinen wählt man die „positive Logik" (Tab. 1b): dann wird das Höchstwertgatter zur ODER-Schaltung (Abb. 2a); andernfalls wird es zur UND-Schaltung (Abb. 2b).

Tiefstwertgatter

Beim Tiefstwertgatter (Abb. 3) bestimmt die Diode mit der niedrigsten Spannung u_x die Spannung u_y am Ausgang: $u_y = \text{Min}(u_{x0}, u_{x1}, u_{x2})$. Bei positiver

© Der/die Autor(en), exklusiv lizenziert an Springer-Verlag GmbH, DE, ein Teil von Springer Nature 2023
M. Hennecke, B. Skrotzki (Hrsg.), *HÜTTE Band 3: Elektro- und informationstechnische Grundlagen für Ingenieure*, Springer Reference Technik
https://doi.org/10.1007/978-3-662-64375-4_53

Logik stellt dieses Gatter eine UND-Verknüpfung her, bei negativer eine ODER-Verknüpfung.

Fehlende Signalregeneration, Belastung

Berücksichtigt man, dass an einer Diode auch im Durchlassbetrieb eine Spannung abfällt (Schwellenspannung U_S, z. B. $U_S \approx 0,6$ V), so wird klar, dass in einem Diodenschaltnetz der Abstand zwischen L- und H-Pegel von Stufe zu Stufe abnimmt und in den (passiven) Diodenschaltungen nicht regeneriert werden kann (Signalregeneration ist nur in Schaltungen mit Verstärkungseigenschaften möglich, z. B. in Transistorschaltungen); vgl. Abb. 4. Außerdem kann mit Dioden kein Inverter aufgebaut werden, sodass mit ihnen nicht alle möglichen Verknüpfungen realisierbar sind. Legt man übrigens (mit z. B. $U_B = 6$ V, $U_S = 0,6$ V) an alle drei Eingänge des Höchstwertgatters (Abb. 1) 0 V an und belastet seinen Ausgang y mit einem Eingang eines Tiefstwertgatters (Abb. 3), dessen andere Eingänge an 6 V

gelegt werden, so ergibt sich am Tiefstwertgatterausgang 3,3 V (statt 0 V im Idealfall), falls beide Gatter gleiche Ohm'sche Widerstände haben.

Entkopplung der Eingänge

Voraussetzung für die logische Verknüpfung mehrerer Eingangsgrößen ist, dass die Dioden die einzelnen Eingänge voneinander entkoppeln.

Dies ist bei beiden Schaltungen (Abb. 1 und 3) der Fall (es könnte z. B. kein Strom von x_0 nach x_1 fließen).

In beiden Schaltungen können nicht nur 3, sondern auch 2 oder mehr als 3 Eingänge vorgesehen werden; es entstehen dann UND- und ODER-Verknüpfungen von entsprechend vielen Eingangsgrößen.

7.1.2 Der Transistor als Inverter

In einer Emitterschaltung (Abb. 5) wird bei geeigneter Wahl der Widerstandswerte erreicht, dass der Transistor für $u_x \,\hat{=}\,$ L sperrt und für $u_x \,\hat{=}\,$ H $(= U_B)$ leitet, sodass an ihm (fast) keine Spannung abfällt. Damit gilt für u_x und u_y die Zuordnung nach Abb. 6a. Sowohl bei positiver als auch bei negativer Logik ist somit $x = \bar{y}$ (Schaltzeichen: Abb. 6b). Abb. 7 zeigt eine Reihen- und eine Parallelschaltung von Invertern.

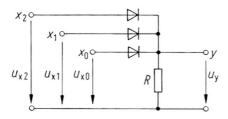

Abb. 1 Höchstwertgatter: $u_y = \mathrm{Max}(u_{x0}, u_{x1}, u_{x2})$

Tab. 1 Verknüpfung der Eingangsgrößen durch das Höchstwertgatter

u_{x2}	u_{x1}	u_{x0}	u_y	x_2	x_1	x_0	y	x_2	x_1	x_0	y
L	L	L	L	0	0	0	0	1	1	1	1
L	L	H	H	0	0	1	1	1	1	0	0
L	H	L	H	0	1	0	1	1	0	1	0
L	H	H	H	0	1	1	1	1	0	0	0
H	L	L	H	1	0	0	1	0	1	1	0
H	L	H	H	1	0	1	1	0	1	0	0
H	H	L	H	1	1	0	1	0	0	1	0
H	H	H	H	1	1	1	1	0	0	0	0
a Spannungsverknüpfung				b Zuordnung L $\,\hat{=}\,$ 0; H $\,\hat{=}\,$ 1 („positive Logik"): führt hier zur disjunktiven Verknüpfung (ODER-Verknüpfung): $y = x_2 + x_1 + x_0$ $(y = x_2 \lor x_1 \lor x_0)$.					c Zuordnung L $\,\hat{=}\,$ 1; H $\,\hat{=}\,$ 0 („negative Logik"): führt hier zur konjunktiven Verknüpfung (UND-Verknüpfung): $y = x_2 \cdot x_1 \cdot x_0$ $(y = x_2 \land x_1 \land x_0)$.			
				Boole'sche Verknüpfungen							

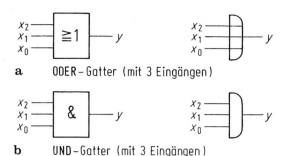

a ODER-Gatter (mit 3 Eingängen)

b UND-Gatter (mit 3 Eingängen)

Abb. 2 Schaltzeichen für Gatter zur disjunktiven und konjunktiven Verknüpfung

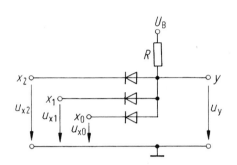

Abb. 3 Tiefstwertgatter: $u_y = \mathrm{Min}(u_{x0}, u_{x1}, u_{x2})$

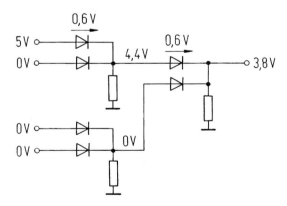

Abb. 4 Verringerung des Abstandes zwischen H- und L-Pegel in einem Diodenschaltnetz

7.1.3 DTL-Gatter

Dem Inverter (Abb. 5) kann ein Dioden-ODER-Gatter oder ein Dioden-UND-Gatter (Abb. 1 und 3) vorgeschaltet werden (Abb. 8): so entstehen eine NOR-Schaltung $(y = \overline{x_1 + x_0})$ oder

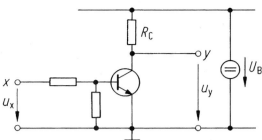

Abb. 5 NPN-Transistor in Emitterschaltung

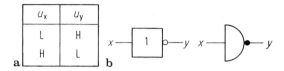

Abb. 6 Inversion

eine NAND-Schaltung $(y = \overline{x_1 \cdot x_0})$ in Dioden-Transistor-Technik (Dioden-Transistor-Logik, DTL-Technik).

7.1.4 TTL-Gatter

Wenn die Eingangsdioden der DTL-Schaltungen (Abb. 8) in einem Multiemittertransistor zusammengefasst werden, dann entstehen die Grundformen von TTL-Schaltkreisen (TTL, Transistor-Transistor-Logik). Das Abb. 9 zeigt dies am Beispiel der Schaltung von Abb. 8b (inverser Betrieb von T1, wenn $x_1 = x_0 = T$).

Besondere technische Bedeutung haben TTL-Standardschaltkreise. Die Erweiterung der NAND-Schaltung von Abb. 9 zu einem solchen Schaltkreis zeigt Abb. 10.

7.1.5 Schaltkreisfamilien (Übersicht)

Außer den erwähnten gibt es noch wichtige andere Schaltkreisfamilien (Tab. 2). Um die Vor- und Nachteile beurteilen zu können, muss man vor allem folgende Kriterien betrachten:

Betriebsspannung. Die meisten Schaltungen verwenden $U_B = 5$ V. MOS- und LSL-Schaltungen

Abb. 7 Parallel- und Reihenschaltung der Kollektor-Emitter-Strecken

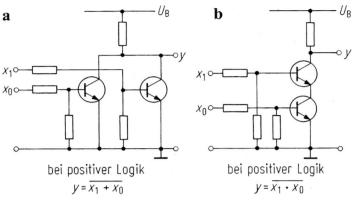

bei positiver Logik

$$y = \overline{x_1 + x_0}$$

bei positiver Logik

$$y = \overline{x_1 \cdot x_0}$$

Abb. 8 DTL-Gatter

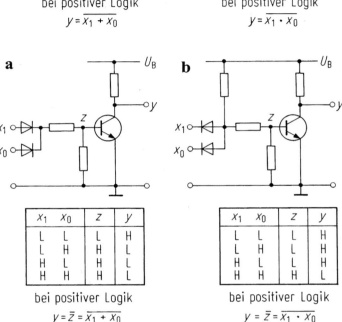

x_1	x_0	z	y
L	L	L	H
L	H	H	L
H	L	H	L
H	H	H	L

bei positiver Logik

$$y = \overline{z} = \overline{x_1 + x_0}$$

x_1	x_0	z	y
L	L	L	H
L	H	L	H
H	L	L	H
H	H	H	L

bei positiver Logik

$$y = \overline{z} = \overline{x_1 \cdot x_0}$$

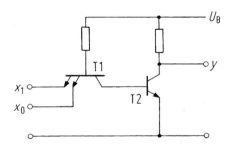

Abb. 9 Grundform einer TTL-Schaltung (bei positiver Logik NAND-Verknüpfung: $y = \overline{x_1 \cdot x_0}$)

brauchen höhere Spannungen. CMOS-Schaltungen können mit verschieden hohen Betriebsspannungen betrieben werden: bei höheren Spannungen arbeiten

sie schneller und der Störspannungsabstand wird größer.

Stör(spannungs)abstand. Ein H-Ausgangssignal darf nach Überlagerung eines Störsignals nur um einen bestimmten Betrag U_{SH} unterschritten werden, wenn es am Eingang des nachfolgenden Gatters noch sicher als H-Signal erkennbar sein soll. Ebenfalls darf das L-Ausgangssignal nur um U_{SL} überschritten werden. Als Störabstand definiert man $U_S = 0{,}5(U_{SH} + U_{SL})$. Bei LSL-Schaltungen ist U_S besonders groß.

Verlustleistung. Als (mittlere) Verlustleistung wird definiert: $P_v = 0{,}5(P_{vH} + P_{vL})$, ($P_{vH}$, P_{vL}: Leistung bei H- bzw. L-Signal am Ausgang). Insbesondere bei TTL-Schaltungen werden kurze Signal-

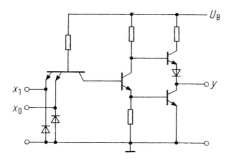

Abb. 10 Standard-TTL-Schaltung (bei positiver Logik NAND-Verknüpfung: $y = \overline{x_1 \cdot x_0}$)

laufzeiten durch hohe Verlustleistung erkauft. CMOS-Schaltungen nehmen besonders kleine Leistungen auf (allerdings frequenzabhängig).

Signallaufzeit. Als (mittlere) Signallaufzeit wird definiert: $T = 0{,}5(T_{LH} + T_{HL})$, ($T_{LH}$ ist die Zeit, um die der Wechsel des Ausgangspegels von L auf H verzögert ist gegenüber dem Wechsel des Eingangspegels; T_{HL} ist die Zeit, um die der Wechsel des Ausgangspegels von H auf L verzögert wird). Schnelle Standard- und Schottky-TTL haben besonders kleine Laufzeiten; noch schneller sind die ECL-Bausteine. Dagegen haben

Tab. 2 Vergleich wichtiger Schaltkreisfamilien

		Betriebs-spannung	Typische Verlust-leistung	Typische maximale Schalt-frequenz	Typische Signal-laufzeit	Typischer statischer Störspan-nungs-abstand	Ausgangs-lastfaktor (Fan-out)
		U_B/V	P_v/mW	f_{max}/MHz	T/ns	U_S/V	F_A
TTL (Transistor-Transistor-Logik, Standard-Technik)	Standard TTL Serie 74	5	10	25	9	1	10
	Leistungsarme Standard-TTL (Low Power TTL) Serie 74 L	5	1	3	33	1	20
	Schnelle Standard-TTL (High Speed TTL) Serie 74 H	5	22,5	30	6	1	10
Schottky-TTL	Schnelle Schottky-TTL Serie 74 S	5	20	125	3	0,8	10
	Leistungsarme Schottky-TTL (Low Power Schottky) Serie 74 LS	5	2	50	10	0,8	20
MOS (Metal-Oxide Semiconductor)	P-MOS (P-Kanal-MOS)	−12	6	2	100	3	20
	N-MOS (N-Kanal-MOS)	10	2	15	15	2	20
C(OS)MOS [Complementary (Symmetrical) Metal-Oxide Semiconductor]		5...15	$10^{-5}...10^{1\,a}$	2...7	100...40	1,5...4,5	50
Dioden-Tran-sistor-Logik	Standard-DTL	5...6	9	2	30	1,2	8
	LSL (langsame störsichere Logik)	12...15	20...30	1	200	5...8	10
ECL (Emitter Coupled Logic)		−5	60	500	1...2	0,3	15

MOS- und CMOS-Schaltungen zum Teil sehr viel höhere Signallaufzeiten.

Maximale Schaltfrequenz. Taktgesteuerte Flipflops arbeiten mit (periodischen) Folgen von Rechteck-Steuerimpulsen. Die maximale Frequenz, die das Flipflop (beim Tastverhältnis $V_T = 0,5$) verarbeiten kann, nennt man die maximale Schaltfrequenz ($V_T =$ Impulsdauer/Periodendauer). Weiterhin ist aus der Tabelle zu erkennen, dass die maximale Schaltfrequenz der Bipolar-Technik erheblich höher ist als bei der MOS-Technik.

Ausgangslastfaktor. Der Ausgangslastfaktor (fanout) F_A gibt an, wie viele Eingänge folgender Bausteine derselben Schaltkreisfamilie höchstens an den Ausgang angeschlossen werden dürfen. CMOS-Schaltungen haben einen hohen Ausgangslastfaktor ($F_A = 50$).

Preis. Am preisgünstigsten sind die TTL-Standard-Schaltkreise. Aufgrund der höheren Anzahl von Technologieschritten bei der Herstellung ist die CMOS-Technik gegenüber der MOS-Technik mit höheren Kosten verbunden.

Aus der Tab. 2 können charakteristische Werte zum Vergleich wichtiger Schaltkreisfamilien entnommen werden. In den Spalten für P_v und f_{max} würden sich durchweg ungünstigere Werte ergeben, wenn man statt der typischen (mittleren) Verlustleistung P_v die maximale Verlustleistung nähme bzw. statt der typischen maximalen Schaltfrequenz f_{max} deren garantierten Wert (z. B. ist für Standard-TTL: $P_v = 10$ mW, $P_{v\,gar} = 19$ mW; $f_{max} = 25$ MHz, $f_{max\,gar} = 15$ MHz).

Großintegration. Zur Großintegration (LSI, large-scale integration; später VLSI very large-scale integration) eignet sich besonders die MOS- und die CMOS-Technik, da sich die Transistoren fast wie ideale Schalter verhalten. Allerdings stellt deren Empfindlichkeit gegen statische Aufladungen ein Problem dar (Eingangsschutzschaltung!). Aufgrund der geringeren Verlustleistung und der vergleichsweise einfachen Entwurfstechnik wurde sehr schnell die CMOS-Technik bevorzugt. Während bei Invertern in MOS-Technik wie bei den Invertern mit einem Bipolar-Transistor ein Querstrom auftritt, fließt bei CMOS-Invertern nur im Umschaltmoment ein Strom, der naturgemäß von der Schaltfrequenz abhängt. Es folgten eine Reihe von Weiterentwicklungen der CMOS-Technik, wie etwa die LOCMOS (Local Oxidation CMOS)- und die HCMOS (High-

Speed CMOS)-Technik, die geringere Signallaufzeiten als bei CMOS aufwiesen. Es folgten die Pass-Transistor-Technik, die Schaltungen mit Transfer-Transistor und die BiCMOS-Technik. Die BiCMOS-Technik profitiert davon, dass die Angleichung der Prozessschritte bei bipolarer Technik und CMOS-Technik eine wirtschaftlich tragbare Integration beider Bauelemente auf einem Chip ermöglichte. Damit werden in der BiCMOS-Technik die Vorteile der höheren Schaltgeschwindigkeit und der größeren Genauigkeit von bipolaren Schaltungen mit der niedrigen Verlustleistung und der hohen Packungsdichte der CMOS-Schaltungen kombiniert. Weitere Einzelheiten der Schaltungstechnik sind in der weiterführenden Literatur über digitale CMOS- und BiCMOS-Schaltungen zu finden.

7.1.6 Beispiele digitaler Schaltnetze

Rückkopplungsfreie Schaltungen aus Logikgattern nennt man Schaltnetze. In den folgenden drei Beispielen sollen Schaltnetze entworfen werden, die vorgegebene logische Funktionen realisieren.

Beispiel 1: Zweidrittel-Mehrheit
Die Feststellung einer Zweidrittel-Mehrheit (Tab. 3) kann man mithilfe der disjunktiven Normalform

$$y = (\bar{x}_2 x_1 x_0) + (x_2 \bar{x}_1 x_0) + (x_2 x_1 \bar{x}_0) + (x_2 x_1 x_0) \quad (1a)$$

oder mithilfe der konjunktiven Normalform

$$y = (x_2 + x_1 + x_0)(x_2 + x_1 + \bar{x}_0)$$
$$\times (x_2 + \bar{x}_1 + x_0)(\bar{x}_2 + x_1 + x_0) \quad (1b)$$

treffen. Beide Formen können nach den Regeln der Boole'schen Algebra minimiert und auch ineinander überführt werden:

$$y = (x_1 x_0) + (x_2 x_0) + (x_2 x_1) \quad \text{bzw.} \quad (2a)$$

$$y = (x_2 + x_1)(x_2 + x_0)(x_1 + x_0). \quad (2b)$$

Schaltungen zu den beiden Minimalformen (2) sind in Abb. 11 dargestellt. Meist jedoch geschieht die Minimierung (1) $\rightarrow$ (2) anhand eines Karnaugh-Veitch-Diagrammes (KV-Diagramm); Abb. 12 zeigt dies für die Darstellung (1a): den

Tab. 3 Funktionstabelle (Wahrheitstabelle) zur Feststellung einer Zweidrittel-Mehrheit ($y = 1$ zeigt an, dass 2 oder 3 Eingangsvariable den Wert 1 haben)	n	x_2	x_1	x_0	y
	0	0	0	0	0
	1	0	0	1	0
	2	0	1	0	0
	3	0	1	1	1
	4	1	0	0	0
	5	1	0	1	1
	6	1	1	0	1
	7	1	1	1	1

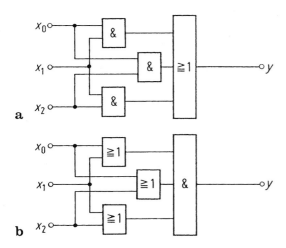

a

b

Abb. 11 Schaltungen zur Feststellung einer Zweidrittel-Mehrheit

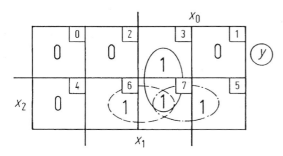

Abb. 12 KV-Diagramm zur Tab. 3: $y = x_0 x_1 + x_1 x_2 + x_2 x_0$

Zeilen $n = 0, \ldots, 7$ der Tab. 3 entsprechen die Felder $0, \ldots, 7$ des KV-Diagrammes.

Beispiel 2: Vergleich zweier zweistelliger Dualzahlen (Zwei-Bit-Komparator)
Wenn festgestellt werden soll, ob für die beiden Zahlen

$$x = x_1 \cdot 2^1 + x_0 \cdot 2^0 \quad \text{und} \quad y = y_1 \cdot 2^1 + y_0 \cdot 2^0$$

gilt $x > y$, $x = y$ oder $x < y$, so kann man die Zuordnung der Tab. 4 wählen: $A = 1$ bedeutet $x > y$, $B = 1$ bedeutet $x = y$ und $C = 1$ bedeutet $x < y$. Hierbei ist

$$A = (x_1 \bar{y}_1) + (x_0 x_1 \bar{y}_0) + (x_0 \bar{y}_0 \bar{y}_1),$$
$$B = (x_0 \leftrightarrow y_0)(x_1 \leftrightarrow y_1), \quad C = \overline{A + B}.$$

$x_0 \leftrightarrow y_0$ ist die Äquivalenz-Verknüpfung von x_0 mit y_0; der invertierte Wert $\overline{x_0 \leftrightarrow y_0} = x_0 \overset{\leftrightarrow}{\leftrightarrow} y_0$ ist die Antivalenz-Verknüpfung (Exklusiv-ODER-Verknüpfung von x_0 mit y_0.

Beispiel 3: Decodiermatrix
Zehn verschiedene vierstellige Dualzahlen

$$x = x_3 \cdot 2^3 + x_2 \cdot 2^2 + x_1 \cdot 2^1 + x_0 \cdot 2^0$$

sollen den 10 Ausgängen ($y_0, \ldots, y_9$) eines Decoders eindeutig zugeordnet werden (Tab. 5). Die übrigen sechs Binärzahlen sollen bei fehlerfreier Übertragung nicht auftreten; andernfalls soll es zu einer Fehleranzeige ($f = 1$) kommen.

In Abb. 13 wird eine Decodiermatrix angegeben, die den Code nach Tab. 5 realisiert (der übrigens *einschrittig* und für 10 Schritte zyklisch permutiert ist: bei der Bildung der Nachbarzahl ändert sich in der vierstelligen Binärzahl x nur eine einzige Stelle – ein Bit –, und zwar auch beim Übergang von 9 ($\triangleq 1000$) zu 0 ($\triangleq 0000$).

7.2   Ein-Bit-Speicher

7.2.1   Einfache Kippschaltungen

Bistabile Kippstufe (SR-Flipflop = RS-Flipflop)
Bei aktiven Systemen spricht man von Rückkopplung, wenn ein Systemausgang mit einem System-

Tab. 4 Vergleich zweier zweistelliger Dualzahlen x und y

	x_1	x_0	y_1	y_0	A	B	C
0	0	0	0	0	0	1	0
1	0	0	0	1	0	0	1
2	0	0	1	0	0	0	1
3	0	0	1	1	0	0	1
4	0	1	0	0	1	0	0
5	0	1	0	1	0	1	0
6	0	1	1	0	0	0	1
7	0	1	1	1	0	0	1
8	1	0	0	0	1	0	0
9	1	0	0	1	1	0	0
10	1	0	1	0	0	1	0
11	1	0	1	1	0	0	1
12	1	1	0	0	1	0	0
13	1	1	0	1	1	0	0
14	1	1	1	0	1	0	0
15	1	1	1	1	0	1	0

Tab. 5 Zuordnung der Dezimalziffern $0, \ldots, 9$ zu zehn verschiedenen vierstelligen Dualzahlen (x) nach dem Glixon-Code

x	y	x_3	x_2	x_1	x_0	f
0	0	0	0	0	0	0
1	1	0	0	0	1	0
3	2	0	0	1	1	0
2	3	0	0	1	0	0
6	4	0	1	1	0	0
7	5	0	1	1	1	0
5	6	0	1	0	1	0
4	7	0	1	0	0	0
12	8	1	1	0	0	0
8	9	1	0	0	0	0
9	–	1	0	0	1	1
10	–	1	0	1	0	1
11	–	1	0	1	1	1
13	–	1	1	0	1	1
14	–	1	1	1	0	1
15	–	1	1	1	1	1

eingang verbunden ist; speziell bei Mitkopplung können Schaltungen mit Selbsthalte-Eigenschaften (Speicher) entstehen; Übertragungscharakteristik mit Hysterese. Diesen Effekt gibt es auch bei mitgekoppelten (aktiven) Digitalschaltkreisen, z. B. zwei kreuzweise mitgekoppelten NOR-Gattern; Abb. 14. Eine solche Schaltung ist kein Schaltnetz sondern ein (einfaches) *Schaltwerk*.

Wenn an einem der beiden NOR-Gatter (z. B. A) das Eingangssignal den Wert H hat ($x_1 = $ H), so gilt am Ausgang $y_2 = $ L. Ist zugleich $x_2 = $ L, so liegt an beiden Eingängen von B das Signal L; also wird $y_1 = $ H (Zeile 1 in Tab. 6). Falls danach $x_1 = $ L wird und weiterhin $x_2 = $ L bleibt, ändern sich die Ausgangssignale nicht (Zeile 2 in Tab. 6). Die Eingangskombination $x_1 = $ H, $x_2 = $ L bewirkt also eine Ausgangskombination, die auch dann erhalten bleibt (gespeichert wird), wenn $x_1 = x_2 = $ L wird; man nennt einen solchen Speicher ein *Flipflop*.

In der Tab. 6 bezeichnen $y_2^{(n)}$, $y_1^{(n)}$ die Ausgangsgrößen im n-ten Schaltzustand; $y_2^{(n-1)}$, $y_1^{(n-1)}$ bezeichnen den vorangehenden Ausgangszustand.

Abb. 13 Decodiermatrix
(für Glixon-Code)

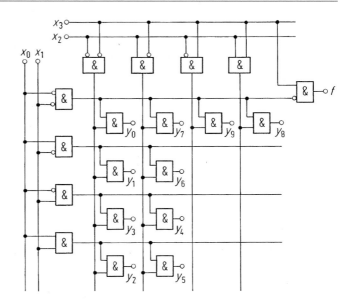

Abb. 14 Bistabiler Ein-
Bit-Speicher (drei
verschiedene Darstellungen
für zwei kreuzweise
mitgekoppelte NOR-
Gatter)

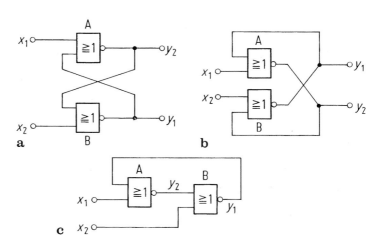

Tab. 6 Schaltfolgetabelle eines Ein-Bit-Speichers

n	x_2	x_1	$y_2^{(n-1)}$	$y_1^{(n-1)}$	$y_2^{(n)}$	$y_1^{(n)}$
1	L	H	b	b	L	H
2	L	L	L	H	L	H
3	H	L	b	b	H	L
4	L	L	H	L	H	L
5	H	H	b	b	L	L

Falls der Eingangszustand $x_2 = x_1 = $ H vermieden wird, so ist immer $y_2 = \bar{y}_1$, und man stellt den Speicher aus Abb. 14 durch ein einfaches Schaltzeichen dar (Abb. 15), wobei $x_1 = S$ (Setzen, set), $x_2 = R$ (Rücksetzen, reset, Löschen), $y_1 = Q$ und $y_2 = \bar{Q}$ gesetzt wird. Die Schaltfolgetabelle 7

für ein SR-Flipflop (Abb. 15) braucht nur *eine* Ausgangsgröße (Q) zu enthalten, weil am zweiten Ausgang stets die komplementäre Größe liegt (falls $S = R = $ H ausgeschlossen ist).

Bei dem SR-Flipflop in den Abb. 14 und 15 ist das H-Signal die aktive Größe. Bei einem

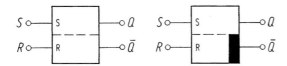

Abb. 15 SR-Flipflop (= RS-Flipflop)

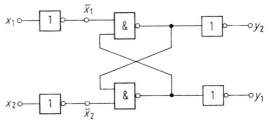

Abb. 16 Aus zwei NAND-Gattern aufgebauter Ein-Bit-Speicher mit dem gleichen Verhalten wie der Speicher in Abb. 14

Tab. 7 Schaltfolgetabelle des SR-Flipflops:
$$Q^{(n)} = S + \bar{R} \cdot Q^{(n-1)}$$

n	R	S	$Q^{(n-1)}$	$Q^{(n)}$
1	L	H	b	H
2	L	L	H	H
3	H	L	b	L
4	L	L	L	L

SR-Flipflop aus zwei NAND-Gattern wird das L-Signal zur aktiven Größe; um auch hier das in Tab. 6 beschriebene Verhalten zu erreichen, müssen alle Ein- und Ausgänge invertiert werden (Abb. 16).

Monostabile Kippstufe (Monoflop)

Bei einem Monoflop ist nur ein Zustand stabil (in Abb. 17 ist dies $y = $ L). Ein H-Impuls am Eingang (x) bewirkt, dass während der Zeit T $y = $ H wird. Die Dauer T des Ausgangsimpulses hängt von der Zeitkonstante RC des Verzögerungsgliedes ab; der Widerstand R und der Kondensator C müssen extern an den integrierten Schaltkreis angeschlossen werden (Abb. 17c).

Astabile Kippstufe

Aus zwei Monoflops (Abb. 17c) kann eine Rückkopplungsschaltung (Abb. 18a) gebildet werden, bei der die Rückflanke des Ausgangsimpulses von MF1 den Ausgangsimpuls von MF2 bewirkt; dessen Rückflanke stößt wiederum MF1 an usw. (u. U. kann die Schaltung nicht anschwingen).

7.2.2 Getaktete SR-Flipflops

Taktzustands-Steuerung. In Abb. 19 wird ein taktzustandsgesteuertes SR-Flipflop dargestellt. Es kann nur dann durch das Eingangssignal $S = $ H gesetzt ($Q \rightarrow $ H) oder durch $R = $ H gelöscht ($Q \rightarrow $ L) werden, wenn zugleich am Takteingang ein Freigabeimpuls $C = $ H auftritt (C clock = Takt).

Taktflanken-Steuerung. Das Abb. 20a zeigt ein taktflankengesteuertes SR-Flipflop: dieses Flipflop ist nicht während der gesamten Dauer des Eingangsimpulses ($C = $ H) aufnahmebereit, sondern nur für kurze Zeit nach Beginn des Impulses (die Aufnahmebereitschaft beginnt mit der *ansteigenden* Taktflanke und bleibt nur für die sehr kurze Zeit T erhalten; siehe Abb. 20c). Ein Impuls mit der (sehr kurzen) Dauer T entsteht als Laufzeit eines Inverters (evtl. 3 oder 5 Inverter usw.; vgl. die Spalte für die Signallaufzeit in Tab. 2): dynamischer Takteingang. Falls ein SR-Flipflop das Eingangssignal mit der *abfallenden* Taktflanke übernimmt, wählt man das Schaltbild nach Abb. 21.

7.2.3 Flipflops mit Zwischenspeicherung (Master-Slave-Flipflops, Zählflipflops)

SR-Master-Slave-Flipflop (SR-MS-FF). In Abb. 22a bewirken die differenzierenden Eingänge (für C und $\bar{C}$) der UND-Gatter, dass zwei taktflankengesteuerte SR-Flipflops entstehen. Das linke („Master") übernimmt ein H-Signal an einem der beiden Eingänge mit der ansteigenden Impulsflanke. Das rechte („Slave") übernimmt vom Master dessen Inhalt aber erst mit der Beendigung des Eingangsimpulses, also um die Dauer τ dieses Impulses verzögert (Abb. 23).

JK-(MS-)Flipflop. Ein besonders vielseitig verwendbares Flipflop ist das JK-Flipflop (Abb. 24). Bei ihm darf im Gegensatz zum SR-Flipflop oder zum SR-MS-Flipflop an beiden

Abb. 17 Monoflop
(SR-Flipflop mit
vorgeschaltetem
Differenzierglied)

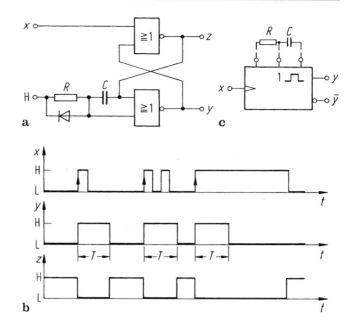

Abb. 18 Taktgenerator

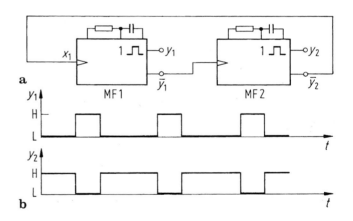

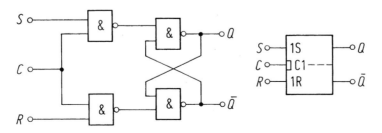

Abb. 19 Taktzustandsgesteuertes SR-Flipflop

Abb. 20 Mit der ansteigenden Taktflanke gesteuertes SR-Flipflop

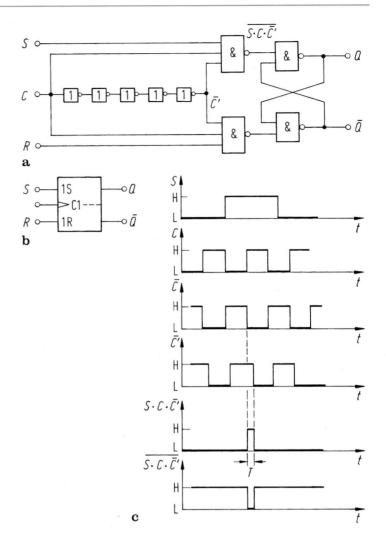

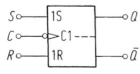

Abb. 21 Mit der abfallenden Taktflanke gesteuertes SR-Flipflop

Haupteingängen (J, K) gleichzeitig das H-Signal auftreten: in diesem Fall kehrt sich Q mit jedem Eingangsimpuls C um. Im Übrigen verhält sich das JK-Flipflop genauso wie das SR-MS-Flipflop (Abb. 25). JK-FFs haben gewöhnlich außer den

(Vorbereitungs-)Eingängen J, K noch zwei Eingänge zum *direkten* Setzen (preset, S) und Rücksetzen (clear, R), die auch beim SR-MS-FF (Abb. 22a) entstehen würden, wenn man S_2 disjunktiv mit dem Direkt-Setzsignal S und R_2 disjunktiv mit dem Direkt-Rücksetzsignal R verknüpft. Abb. 26 zeigt ein JK-FF mit direkter Setz- und Rücksetz-Möglichkeit.

D-Flipflop. Das Abb. 27a zeigt, wie ein JK-Flipflop als D-Flipflop verwendet werden kann. Das D-Flipflop (Abb. 27b) wird gesetzt ($Q = $ H), wenn $D = J = $ H wird, und es wird mit $D = $ L rückgesetzt (wegen $K = \bar{J}$), vgl. Abb. 27c.

Abb. 22 SR-MS-Flipflop (Übernahme der Information in den Master mit der ansteigenden Taktflanke, Weitergabe an den Slave mit der abfallenden Taktflanke)

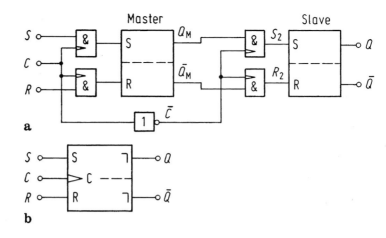

a

b

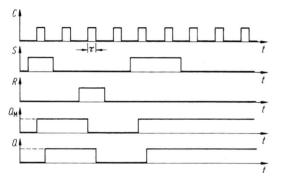

Abb. 23 Setzen und Löschen eines SR-MS-Flipflops (Impulsdiagramm)

T-Flipflop. Das Abb. 28a zeigt, wie ein JK-Flipflop als T-Flipflop (Toggle-Flipflop) verwendet werden kann. Das T-Flipflop (Abb. 28b) ändert seinen Ausgangszustand mit jeder Rückflanke des Eingangssteuertaktes (C), falls zugleich $T = H$ ist; die Frequenz von Q ist halb so groß wie die von C:

Binäruntersetzung. Ist dagegen $T = L$, so bleibt der Ausgangszustand unverändert, vgl. Abb. 28c.

7.3   Schaltwerke

Schaltungen zur logischen Verknüpfung nennt man Schaltwerke, wenn sie Speicher (Flipflops) enthalten.

7.3.1   Auffang- und Schieberegister

Auffangregister übernehmen mehrere Bits gleichzeitig (in Abb. 29: mit der Taktvorderflanke) und speichern sie so lange, bis ein Reset-Impuls ($\bar{R} = L$) das Register löscht oder bis durch einen neuen Steuerimpuls ein neuer Inhalt eingelesen wird. Es gibt Auffangregister für 4, 8, 16 oder 32 Bit.

Schieberegister übernehmen mehrere Bits nacheinander (sequentiell; in Abb. 30 mit der Taktrückflanke). Gebräuchlich sind 4- oder 8-Bit-Schieberegister.

7.3.2   Zähler

Asynchrone Zähler
Flipflop-Ketten können als Zähler arbeiten. Wenn der Takt C nur das erste FF steuert (Abb. 31a), nennt man eine solche Zählschaltung asynchron. Das Diagramm 31b zeigt, dass die Dualzahl

$$y = Q_3 \cdot 2^3 + Q_2 \cdot 2^2 + Q_1 \cdot 2^1 + Q_0 \cdot 2^0 \quad (3)$$

nacheinander die Werte 0, 1, 2, ..., 15, 0, 1, 2, ..., 15, 0, 1, ... durchläuft: es sind 16 verschiedene Zustände möglich (16er-Zähler).

Synchrone Zähler
Zähler, deren Flipflops alle von einem gemeinsamen Takt gesteuert werden, nennt man synchron.

Abb. 24 JK-Flipflop (Weitergabe der Information an die Ausgänge mit der abfallenden Taktflanke)

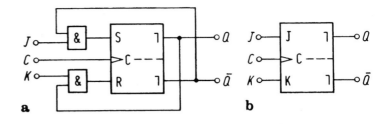

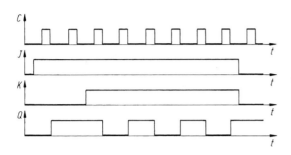

Abb. 25 Impulsdiagramm eines JK-Flipflops

Abb. 26 Schaltzeichen für das JK-Flipflop mit Eingängen zum direkten Setzen und Löschen (S, R), Übernahme an den Ausgang mit den Taktrückflanken

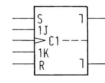

Das Abb. 32 zeigt als Beispiel einen synchronen Dezimalzähler. Bei ihm kann durch das Lösch-Signal (Reset) $\bar{R} = L$ der Anfangszustand $Q_0 = Q_1 = Q_2 = Q_3 = L$ eingestellt werden. Danach durchläuft die Binärzahl y (vgl. (3)) nacheinander die Werte 1, ..., 9, 0, 1, ..., 9, 0, 1, ...

Ringzähler und Johnson-Zähler
Durch Rückkopplung kann ein Schieberegister (Abb. 30) zu einem Zähler werden: entweder zu einem Ringzähler (Abb. 33) oder zu einem Johnson-Zähler (Abb. 34).

Beim Johnson-Zähler (Abb. 34a) hängt der periodische Verlauf des Zählerzustandes vom Anfangszustand ab, der über die S- und R-Eingänge der Flipflops vorgegeben werden kann. Es entsteht entweder (Abb. 34b) die Folge

$$y = \underbrace{1,3,7,15,14,12,8,0}_{\text{Periode}},1,3,7 \ldots$$

oder (Abb. 34c)

$$y = \underbrace{5,11,6,13,10,4,9,2}_{\text{Periode}},5,11,6 \ldots$$

Bei einem Johnson-Zähler aus beispielsweise fünf JK-Flipflops sind je nach Anfangszustand vier verschiedene periodische Verläufe möglich; für drei von ihnen gilt $T = 10\,T_C$ und für einen $T = 2\,T_C$.

Beispiel: Johnson-Zähler mit asymmetrischer Rückkopplung
Es soll eine Schaltung aufgebaut werden, bei der sieben Leuchtdioden ständig nacheinander aufleuchten: wenn Diode 1 erlischt, leuchtet 2 auf; wenn 2 erlischt, leuchtet 3 auf; ...; wenn 7 erlischt, leuchtet wieder 1 auf usw. Dies kann z. B. mit einem asymmetrisch rückgekoppelten Schieberegister realisiert werden (Abb. 35).

Geht man von dem Anfangszustand $Q_0 = Q_1 = Q_2 = Q_3 = 0$ aus, so ergibt sich ein Impulsdiagramm, bei dem für die Periode T der Flipflopausgänge gilt: $T = 7\,T_C$ (Abb. 36a).

Die Verknüpfungen

$$y_1 = \bar{Q}_3\bar{Q}_0, \quad y_2 = Q_0\bar{Q}_1, \quad y_3 = Q_1\bar{Q}_2,$$
$$y_4 = Q_2\bar{Q}_3 = Q_2Q_0, \quad y_5 = Q_3Q_1,$$
$$y_6 = \bar{Q}_1Q_2, \quad y_7 = \bar{Q}_2Q_3$$

liefern eine Folge von Impulsen, mit denen die Leuchtdioden angesteuert werden können (Abb. 36b). Für y_4 ist die Realisierung in

Abb. 27 D-Flipflop

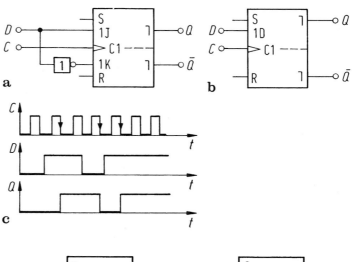

a

b

c

Abb. 28 T-Flipflop

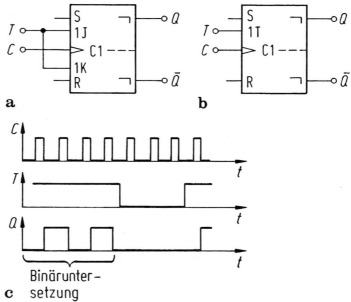

a

b

Binärunter-
c setzung

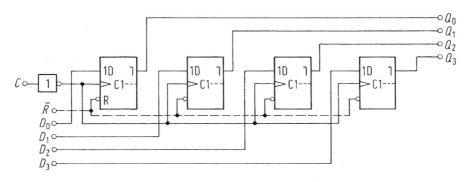

Abb. 29 4-Bit-Auffangregister mit D-Flipflops (positiv flankengesteuert)

Abb. 30 4-Bit-
Schieberegister

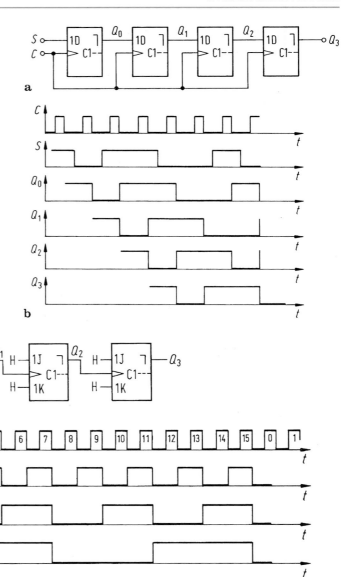

Abb. 31 Asynchroner 4-Bit-Binärzähler

Abb. 35 eingezeichnet, die Steuerausgänge für
die anderen 6 Dioden sind nicht dargestellt, um
das Schaltbild übersichtlich zu lassen.

Wählt man übrigens einen Anfangszustand
aus, der in der Abfolge des Impulsdiagramms
($y = 0, 1, 3, 7, 14, 12, 8, 0, 1, 3 \ldots$) nicht

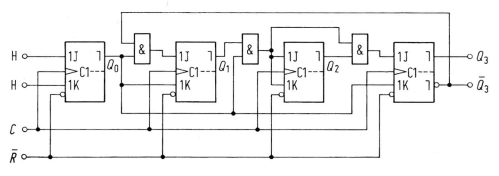

Abb. 32 Synchroner Dezimalzähler aus 4 JK-Flipflops

Abb. 33 Ringzähler

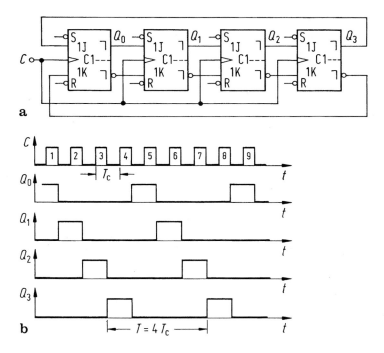

vorkommt, so stellt sich trotzdem nach spätestens fünf Steuerimpulsen C der periodische Ablauf des Impulsdiagrammes Abb. 36a ein. Daher ist es für die Erzeugung der aufeinander folgenden Impulse an den sieben Ausgängen $y_1, \ldots, y_7$ zur Ansteuerung der Leuchtdioden nicht nötig, das Register zu Beginn mithilfe von S- und R-Eingängen in einen bestimmten Anfangszustand zu versetzen.

Abb. 34 Johnson-Zähler

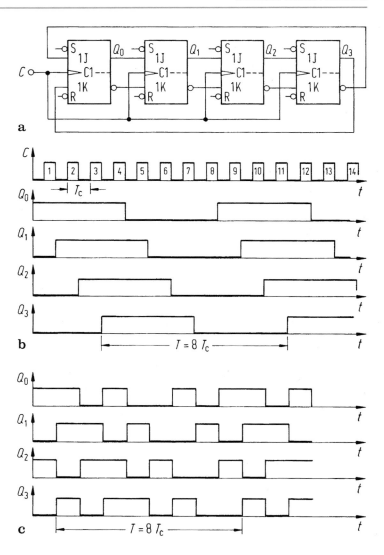

Abb. 35 Schieberegister mit asymmetrischer Rückkopplung

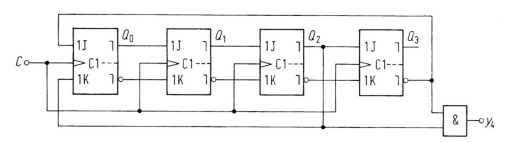

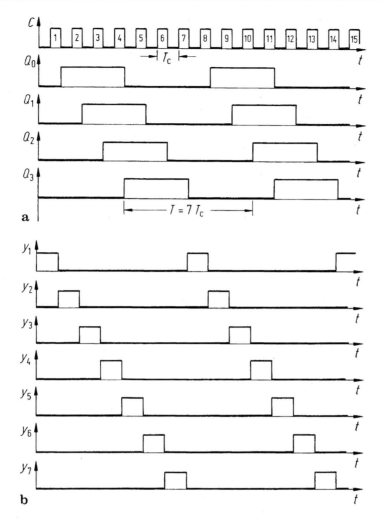

Abb. 36 Nacheinanderansteuerung von 7 Leuchtdioden, Lampen oder dgl.

Literatur

Ayers JE (2010) Digital integrated circuits: analysis and design, 2. Aufl. CRC Press, Boca Raton

Beuth K (2003) Elektronik-Grundwissen, Bd 4: Digitaltechnik, 12. Aufl. Vogel, Würzburg

Böhmer E (2004) Elemente der angewandten Elektronik, 13. Aufl. Vieweg, Braunschweig

Borucki L (2000) Grundlagen der Digitaltechnik, 5. Aufl. Teubner, Stuttgart

Hodges D, Jackson H, Saleh R (2003) Analysis and design of digital integrated circuits, 3. Aufl. McGraw-Hill, New York

Kang S-M, Leblebici Y, Kim CW (2014) CMOS digital integrated circuits analysis & design, 4. Aufl. McGraw-Hill, New York

Klar H, Noll T (2015) Integrierte Digitale Schaltungen: Vom Transistor zur optimierten Logikschaltung, 3. Aufl. Springer, Berlin

Lipp HM, Becker J (2011) Grundlagen der Digitaltechnik, 7. Aufl. Oldenbourg, München

Pernards P (2001/1995) Digitaltechnik, Bd. I, 4. Aufl., Bd. II. Hüthig, Heidelberg

Reichardt J (2011) Lehrbuch Digitaltechnik – Eine Einführung mit VHDL, 2. Aufl. Oldenbourg, München

Schaller G, Nüchel W (1987) Nachrichtenverarbeitung, Bd. 1: Digitale Schaltkreise, Bd 2, 3. Aufl.: Entwurf digitaler Schaltwerke, 4. Aufl. Teubner, Stuttgart

Seifart M, Beikirch H (1998) Digitale Schaltungen, 5. Aufl. Verlag Technik, Berlin

Veendrick HJM (2017) Nanometer CMOS ICs: from basics to ASICs, 2. Aufl. Springer, Berlin

Wunsch G, Schreiber H (2006) Digitale Systeme, 5. Aufl. TUDpress, Dresden

Elektronik: Halbleiterbauelemente

8

Wolfgang Mathis

Zusammenfassung

Halbleiterbauelemente bilden die Basis der meisten elektronischen Schaltungen. Um deren Funktionsweise zu verstehen, werden zunächst die wichtigsten physikalischen Grundlagen von Halbleitern zusammengestellt und darauf basierend die Funktionsweise einer PN-Diode erklärt. Im Anschluss daran werden weitere Typen von Halbleiterdioden und deren Funktion erläutert. Danach wird mit dem Bipolar-Transistor ein erstes Halbleiterbauelement mit Steuerungsfunktion vorgestellt, der als Erweiterung der PN-Diode interpretiert werden kann. Es wird physikalisch erläutert, wie der sogenannte Transistoreffekt zustande kommt. Nachfolgend wird der Thyristor behandelt, der als Leistungsschalter zum Einsatz kommt und als Erweiterung der PIN-Diode zu interpretieren ist. Die Feldeffekt-Transistoren bilden inzwischen die wichtigste Klasse von Transistoren, die als Verstärker- und Schalttransistoren genutzt werden. Zur Beschreibung des MOSFET wird das EKV-Modell herangezogen. Schließlich wird auf die Funktionsweise verschiedener optoelektronischer Bauelemente eingegangen.

W. Mathis (✉)
Institut für Theoretische Elektrotechnik, Leibniz
Universität Hannover, Hannover, Deutschland
E-Mail: mathis@tet.uni-hannover.de

8.1 Grundprinzipien elektronischer Halbleiterbauelemente

8.1.1 Ladungsträger in Silizium

Eigenschaften des eigenleitenden Siliziums

Das heute technisch bedeutendste Halbleitermaterial ist das vierwertige Silizium. Es steht in der IV. Hauptgruppe des Periodensystems der Elemente und kristallisiert in einer sog. Diamantgitterstruktur. Diese räumliche Tetraederstruktur kann man in der Ebene, wie Abb. 1 zeigt, vereinfacht darstellen. Jede der vier freien Bindungen eines Siliziumeinzelatoms findet im idealen Gitteraufbau einen Partner bei insgesamt vier Nachbaratomen. Alle Elektronen des Siliziums sind demnach im Gitteraufbau gebunden; es stehen keine freien Elektronen, wie beispielsweise bei Metallen, zum Stromtransport zur Verfügung. Bei sehr tiefen Temperaturen ist Silizium tatsächlich extrem hochohmig, und die Leitfähigkeit nimmt – anders als bei metallischen Leitern – mit steigender Temperatur zu. Die Erklärung dafür liegt in der mit der Temperatur zunehmenden Instabilität des Gitters. Einige Gitterbindungen brechen auf, d. h., Elektronen werden frei und können sich im Gitter bewegen. In die entstandene Bindungslücke, deren Gebiet durch das fehlende Elektron elektrisch positiv wirkt, kann ein benachbartes Elektron springen, das seinerseits eine Bindungslücke hinterlässt. Obwohl dieser Vorgang aus Elektronenbewegungen besteht, er-

M. Hennecke, B. Skrotzki (Hrsg.), *HÜTTE Band 3: Elektro- und informationstechnische Grundlagen für Ingenieure*, Springer Reference Technik
https://doi.org/10.1007/978-3-662-64375-4_54

Abb. 1 **a** Kristallgitter des
Siliziums; **b** ebene
Darstellung des
Siliziumgitters

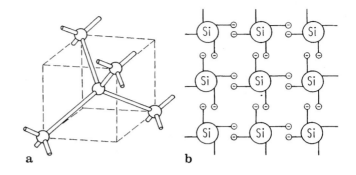

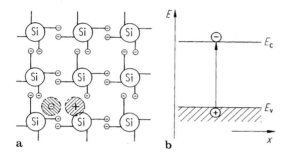

Abb. 2 Elektron-Loch-Paarbildung durch thermische Generation, **a** im ebenen Gittermodell und **b** im Bändermodell

scheint es so, als ob sich die Bindungslücke bewegt, und es hat sich als zweckmäßig erwiesen, die bewegliche Bindungslücke als ein eigenständiges, einfach positiv geladenes Teilchen, ein sog. *Loch*, aufzufassen (Abb. 2). Diesen Vorgang des Aufbrechens einer Gitterbindung und des gleichzeitigen Entstehens eines Elektron-Loch-Paares, nennt man Generation. Beim Anlegen einer Spannung an den Halbleiterkristall sind bewegliche Ladungsträger (Elektronen und Löcher) für den Ladungsträgertransport vorhanden: Der Kristall ist leitfähig. Treffen ein Elektron und ein Loch zusammen, wird die Gitterbindung wieder geschlossen und beide Ladungsträger verschwinden gleichzeitig: sie *rekombinieren*. Die räumliche Dichte der Elektron-Loch-Paare, heißt *Eigenleitungsdichte* n_i. Ein von außen angelegtes elektrisches Feld übt auf Elektronen und Löcher Kräfte entgegengesetzter Richtungen aus: es kommt zum Ladungstransport infolge der Elektronen- und des Löcherstroms. Reine Halbleiter werden als *NTC-Widerstände* (negative temperature coefficient) angewendet.

Eigenschaften des dotierten Siliziums

Die Konzentration der freien Ladungsträger ist in einem reinen Siliziumkristall bei Zimmertemperatur mit 10^{10} cm^{-3} außerordentlich klein gegenüber der Elektronenzahldichte eines metallischen Leiters von etwa 10^{23} cm^{-3}. Die Elektronenzahldichte und damit die Leitfähigkeit von Silizium kann erhöht werden, wenn man Atome der V. Hauptgruppe des periodischen Systems (z. B. Phosphor oder Arsen) anstelle von Siliziumatomen auf regulären Gitterplätzen einbaut (Donatoren). Das fünfte Elektron, das keine Gitterbindung eingehen kann, wird schon durch die Zufuhr einer geringen Energie (sehr viel niedriger als Zimmertemperatur) vom Atom gelöst. Zusätzlich zu den Elektron-Loch-Paaren befinden sich etwa so viele Elektronen im Kristall, wie fünfwertige Atome in das Gitter eingebaut sind. Die Zahl der im Kristall vorhandenen freien Elektronen ist dann weit größer, als die der Löcher, man spricht von einem N-dotierten Silizium oder kurz N-Silizium. Die Elektronen bezeichnet man in diesem Fall als die *Majoritätsträger*, die Löcher als die *Minoritätsträger*. Der Kristall ist elektrisch neutral, weil jedes ionisierte Donatoratom elektrisch positiv geladen ist. Im Gegensatz zu einem Loch ist das ionisierte positive Störatom fest im Gitter eingebaut und daher unbeweglich und kann nicht zum Stromtransport beitragen (Abb. 3). Die Zahl der Löcher im Kristall wird kleiner als im Fall der Eigenleitung. Das Verhältnis von Majoritätsträgern zu Minoritätsträgern wird durch das Massenwirkungsgesetz, $p \cdot n = n_i^2$, geregelt.

Die Leitfähigkeit lässt sich analog auch durch den Einbau von dreiwertigen Atomen (z. B. Aluminium, Bor oder Gallium) in das Siliziumgitter erreichen. In die unvollständige Gitterbindung am Ort des dreiwertigen Störatoms kann schon bei geringer Energiezufuhr leicht ein Elektron springen. Es fehlt dann für andere Gitterbindungen; ein Loch ist gleichzeitig mit einer ortsfesten negativen Ladung entstanden (Abb. 4). Der Halbleiter ist P-dotiert, P-leitend oder ein P-Halbleiter. In diesem Fall sind die Löcher Majoritätsträger, die Elektronen die Minoritätsladungsträger.

8.1.2   Das Bändermodell

Zur Erklärung vieler Eigenschaften von Halbleiterbauelementen ist es zweckmäßig, die potenziellen Energien der beteiligten Elektronen im Halbleiterkristall heranzuziehen. Eine Darstellung, die die Energie der Elektronen unter Einbeziehung ihres Wellencharakters über dem Ort des Kristalls beschreibt, ist das *Bändermodell*. Es berücksichtigt die Coulomb-Wechselwirkung der

eng im Kristall benachbarten Elektronen. Die im Bohr'schen Atommodell auftretenden diskreten Energiewerte der Elektronen und die zugeordneten festen Bahnen spalten sich theoretisch in so viele Einzelwerte auf, wie Atome im Kristall in Wechselwirkung stehen: d. h., die diskreten Energiewerte der Siliziumeinzelatome spalten sich in dichte Energiebänder auf, die durch verbotene Zonen getrennt sind (Abb. 5). Wichtig für das Verständnis der Bauelemente ist die Elektronenbesetzung bzw. -Nichtbesetzung der oberen beiden Bänder: dem Leitungs- und dem Valenzband. In Abb. 2 ist das Bändermodell eines eigenleitenden Kristalls dargestellt. Statistische Betrachtungen liefern die Ergebnisse für die Besetzung des Leitungs- und des Valenzbandes mit Elektronen bzw. Löchern. Die Angaben werden in Abhängigkeit von der energetischen Lage des *Fermi-Niveaus* E_F geliefert. Das Fermi-Niveau ist eine markante Größe der Fermi-Statistik, die die Wahrscheinlichkeit der Besetzung von Energieniveaus mit Elektronen in Festkörpern in Abhängig-

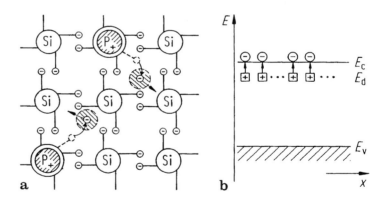

Abb. 3 N-Leitung in einem Siliziumkristall infolge ionisierter fünfwertiger Störstellen (Phosphor), **a** im ebenen Gittermodell und **b** im Bändermodell

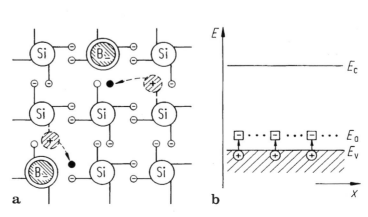

Abb. 4 P-Leitung in einem Siliziumkristall infolge ionisierter dreiwertiger Störstellen (Bor); **a** im ebenen Gittermodell und **b** im Bändermodell

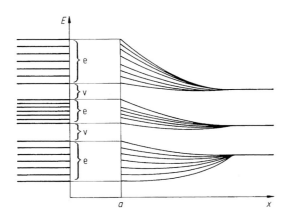

Abb. 5 Entstehung von Energiebändern aus den Energieniveaus der Einzelatome. *a* Gitterkonstante; e erlaubte
Energiewerte; v verbotene Energiewerte

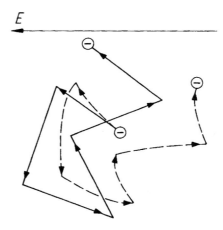

Abb. 6 Thermische Wärmebewegung freier Elektronen
im Festkörper; ausgezogene Linie: ohne elektrisches Feld;
gestrichelte Linie: unter Einfluss eines elektrischen Feldes

keit von der Temperatur und der Teilchenenergie
beschreibt, und ist der Energiewert, bei dem die
Wahrscheinlichkeit von 50 % vorliegt, ob der dort
vorhandene Platz mit einem Elektron besetzt ist oder
nicht. Dabei kann das Fermi-Niveau durchaus auch
in der verbotenen Zone liegen, obwohl sich dort
keine Elektronen aufhalten dürfen. (Im Normalfall
befindet sich das Fermi-Niveau in Halbleitern in der
verbotenen Zone, in Metallen dagegen innerhalb
des Leitungsbandes.) Die Abb. 3 und 4 zeigen
neben den vereinfachten Kristalldarstellungen die
entsprechenden Bändermodelle für dotierte Halbleiter. Die geringe Energiezufuhr zur Ionisierung von
Donatoren bzw. Akzeptoren wird durch die kleinen
energetischen Abstände zu den Bandkanten E_c
(Unterkante Leitungsband) und E_v (Oberkante
Valenzband) deutlich.

8.1.3 Stromleitung in Halbleitern

Beweglichkeit, Driftgeschwindigkeit
Ohne elektrisches Feld bewegen sich die Elektronen mit thermischer Bewegung durch Stöße mit
den äußeren Schalen der Gitteratome oder anderen freien Ladungsträgern auf Zickzackbahnen
durch den Kristall (Abb. 6). Zwischen zwei Stößen legen sie die mittlere freie Weglänge zurück.
Da keine Richtung bevorzugt ist, ist der Mittelwert der Geschwindigkeit $\bar{v} = 0$; es fließt kein
Strom. Unter dem Einfluss eines angelegten elek-

trischen Feldes E wird ein Elektron zwischen den
Stößen mit der Coulombkraft $F = -e\,E$ beschleunigt. Daraus ergibt sich eine mittlere Geschwindigkeit der Elektronen von $v_n = -\mu_n \cdot E$. Den
Proportionalitätsfaktor μ_n nennt man die *Beweglichkeit* der Elektronen. Analog gilt für die Löcher
$v_p = \mu_p \cdot E$.

Leitfähigkeit
Die sich mit der Driftgeschwindigkeit v durch den
Kristall bewegenden Ladungsträger stellen per
definitionem einen elektrischen Strom dar. Den
Zusammenhang zwischen Stromdichte und elek-
trischer Feldstärke beschreibt das Ohm'sche
Gesetz.

$$
\begin{aligned}
j_{ges} &= \left(I_n + I_p\right) \cdot \frac{1}{A} \\
&= q \cdot \left(n \cdot \mu_n + p \cdot \mu_p\right) \cdot E = \sigma \cdot E,
\end{aligned}
$$

σ ist die Leitfähigkeit des Halbleitermaterials.

Diffusionsströme in Halbleitern
In Metallen spielen Diffusionsströme keine Rolle,
da Anhäufungen der einzigen beweglichen La-
dungsträgersorte, der Elektronen, durch Feldströ-
me in der Relaxationszeit $\tau_R \approx 10^{-14}$ s abgebaut
werden. Im Halbleiter dagegen gibt es positive
und negative Ladungsträger, sodass neutrale La-
dungsträgeranhäufungen entstehen können, die sich

durch gegen τ_R langsame Diffusionsvorgänge ausgleichen.

Das Auftreten von Diffusionsströmen ist ein wesentliches Merkmal der Halbleiter und eine Voraussetzung für die Funktion aller bipolaren Bauelemente.

Teilchen, die sich statistisch bewegen, strömen in Richtung des Konzentrationsgefälles. Elektronen und Löcher bewegen sich im ungestörten Halbleitermaterial mit thermischer Geschwindigkeit ohne Vorzugsrichtung. Liegt ein Konzentrationsgefälle der freien Ladungsträger vor, kommt eine gezielte Bewegung der geladenen Teilchen durch Diffusion zustande, was gleichbedeutend mit einem elektrischen Strom ist:

$$j_{n,\text{diff}} = e \cdot D_n \cdot \operatorname{grad} n;$$

$$j_{p,\text{diff}} = -e \cdot D_p \cdot \operatorname{grad} p$$

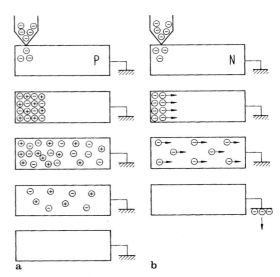

Abb. 7 Veranschaulichung des Injektionsvorganges. **a** Minoritätsträgerinjektion, Elektronen in einen P-Halbleiter; **b** Majoritätsträgerinjektion, Elektronen in einen N-Halbleiter

8.1.4 Ausgleichsvorgänge bei der Injektion von Ladungsträgern

Unter dem Begriff *Injektion* versteht man das Einbringen einer zusätzlichen Ladungsträgermenge in den Halbleiter. Dabei ergeben sich zwei grundsätzlich verschiedene Möglichkeiten:

Majoritätsträgerinjektion. Beispiel der Injektion von Elektronen in einen N-dotierten Halbleiter (Abb. 7b):

Der Elektronenüberschuss wird im Wesentlichen durch einen Elektronen-Feldstrom in der Relaxationszeit τ_R abgebaut. Es liegen ähnliche Verhältnisse wie im Metall vor.

Minoritätsträgerinjektion. Beispiel der Injektion von Elektronen in einen P-dotierten Halbleiter (Abb. 7a):

Die Raumladung der injizierten Elektronen baut ein elektrisches Feld im P-Halbleiter auf, das einen Löcherfeldstrom zur Folge hat. Die Ladungsanhäufung wird zwar in der Relaxationszeit neutralisiert, aber nicht abgebaut. Der Konzentrationsausgleich erfolgt über Rekombinationsvorgänge bei gleichzeitiger Diffusion. Der Abbau der Ladungsträgerüberschüsse erfolgt mit der Zeitkonstante τ, der Minoritätsladungsträgerlebensdauer, die in Silizium in der Größenordnung

von einigen µs liegt. Sie ist etwa um den Faktor 10^8 größer als die Relaxationszeit τ_R. Dieses Verhalten unterscheidet den Leitungsmechanismus in Halbleitermaterial wesentlich von dem im Metall.

8.2 Halbleiterdioden

8.2.1 Aufbau und Wirkungsweise des PN-Überganges

Der PN-Übergang bildet die Grundlage zum Verständnis aller Halbleiterbauelemente. Man kann ihn sich aus zwei aneinanderstoßenden P- und N-Halbleitern aufgebaut vorstellen. Legt man an den PN-Übergang eine Spannung, so fließt ein erheblich höherer Strom, wenn das P-Gebiet positiv gegenüber dem N-Gebiet ist, als bei entgegengesetzter Polung. Der PN-Übergang wirkt als *Gleichrichter oder Diode*. Bei Durchlassspannungen von einigen Volt können je nach Querschnitt bis zu mehreren hundert Ampere geführt werden. In Sperrrichtung dagegen beträgt der Strom nur wenige Mikroampere. Erhöht man die Sperrspannung über einen bestimmten Wert (Durchbruchspannung U_B), verliert der PN-Übergang seine Sperrfähigkeit und der Strom steigt steil an.

Wegen seiner grundlegenden Bedeutung wird der abrupte PN-Übergang hier eingehender behandelt, wobei das grundsätzliche Transportgeschehen durch Drift und Diffusion erklärt werden kann.

Stromloser Zustand. Ausbildung der Raumladungszone

In einem Gedankenmodell werden zwei Halbleiterquader, der eine P-dotiert, der andere N-dotiert, miteinander in Berührung gebracht. Unmittelbar nach der Berührung diffundieren Elektronen aus dem N-Gebiet entlang dem steilen Konzentrationsgefälle in das P-Gebiet und entsprechend Löcher aus dem P-Gebiet in das N-Gebiet. Sie rekombinieren dort und hinterlassen ortsfest gebundene ionisierte Störstellen, die elektrisch geladene Bereiche, Raumladungen, darstellen. Damit verbunden ist ein von den positiven Donatorionen im N-Gebiet zu den negativen Akzeptorionen im P-Gebiet gerichtetes elektrisches Feld. Es behindert sowohl die Elektronen als auch die Löcher an einer weiteren Diffusion in die Nachbargebiete. Die entstandene Raumladungszone vergrößert sich so lange, bis das mit ihr verknüpfte elektrische Feld keinen Nettostrom mehr über die Grenzfläche zwischen P- und N-Gebiet zulässt. Der PN-Übergang befindet sich in diesem Zustand im thermodynamischen Gleichgewicht. Die Integration über die entstandene elektrische Feldstärke ergibt die Diffusionsspannung U_D. Sie beträgt für Silizium bei üblichen Dotierungen etwa 0,8 V. Die Raumladungszone wird sich in das niedriger dotierte Gebiet weiter ausbreiten als in das benachbarte hoch dotierte Gebiet, weil sich in beiden Raumladungsbereichen die gleiche Gesamtladung befinden muss.

Der Kristall besteht demnach aus den raumladungsfreien Bahngebieten und der Raumladungszone. Die Sperrschichtgrenzen sind von der Dotierung der beiden aneinandergrenzenden Gebiete abhängig. In Abb. 8 wird, ausgehend vom vereinfachten eindimensionalen Modell des PN-Überganges, die Raumladungszone schrittweise ausgehend von der Poissongleichung über den Ort integriert. Als erstes Ergebnis erhält man den Feldstärkeverlauf $E(x)$ und aus dem zweiten Integrationsschritt den örtlichen Verlauf des Potenzi-

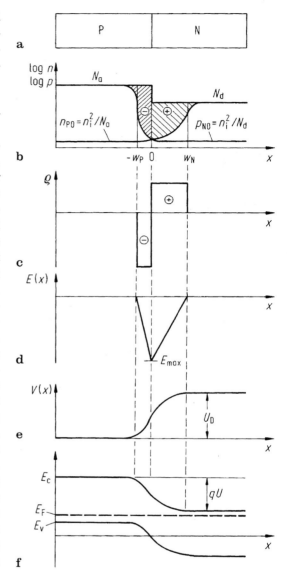

Abb. 8 Stromloser abrupter PN-Übergang. **a** Eindimensionales Modell. Örtliche Verläufe **b** der Dotier- und freien Ladungsträgerkonzentrationen, **c** der Raumladungsdichte, **d** der Feldstärke, **e** des Potenzials, **f** der Bandkanten des Bändermodells

als $V(x)$. Aus der Potenzialdifferenz über der Raumladungszone lässt sich die Diffusionsspannung U_D ablesen. Die Multiplikation des Potenzials mit der Elektronenladung liefert die potenzielle Energie der Elektronen und damit den örtlichen Verlauf der Bandkanten des Bändermodells eines PN-Überganges.

8.2.2 Der PN-Übergang in Flusspolung

Das thermodynamische Gleichgewicht, das zur Ausbildung der Raumladungszone geführt hatte, wird durch Anlegen einer äußeren Spannung gestört. Die Spannung des P-Gebietes soll positiv gegenüber dem N-Gebiet sein (Abb. 9):

Bei Flusspolung überlagert sich die von außen angelegte Spannung U der Diffusionsspannung U_D, wodurch das über der Raumladungszone liegende elektrische Feld geschwächt wird. Es können jetzt mehr Elektronen und Löcher über die Sperrschicht diffundieren, als vom elektrischen Feld zurücktransportiert werden, weil das elektrische Feld, das den Diffusionsstrom im stromlosen Fall noch kompensieren konnte, nun kleiner geworden ist. Die in die Nachbargebiete diffundierenden Ladungsträger stellen eine Minoritätsträgerinjektion dar und erhöhen die Minoritätsträgerkonzentrationen an den Sperrschichträndern. Die zu ihrer Kompensation notwendigen Ladungsträger werden von den Kontakten geliefert und stellen den Strom dar, den der PN-Übergang führt.

Der wesentliche Effekt bei Flusspolung am PN-Übergang ist also, dass nach Anlegen der Spannung die Diffusion überwiegt und damit das ursprüngliche Gleichgewicht von Diffusion und Drift stört. Die Verkleinerung der Raumladungszone bei Flusspolung ist als ein Nebeneffekt zu betrachten, der allein nicht die gute Durchlasseigenschaft erklärt.

8.2.3 Der PN-Übergang in Sperrpolung (Abb. 10)

Bei Anlegen einer Spannung, die das N-Gebiet positiv gegenüber dem P-Gebiet polt, wird das elektrische Feld der Raumladungszone noch verstärkt. Der Driftstrom überwiegt den Diffusionsstrom in der Raumladungszone. Das elektrische Feld ist so gerichtet, dass es nur Minoritätsträger transportieren kann. Die sind allerdings in den Bahngebieten nicht zahlreich vorhanden und müssen aus einer kleinen Konzentration an die Sperrschichtränder herandiffundieren. Deshalb führt der PN-Übergang in Sperrrichtung nur einen sehr kleinen Strom, der in erster Näherung unabhängig von der angelegten Sperrspannung ist.

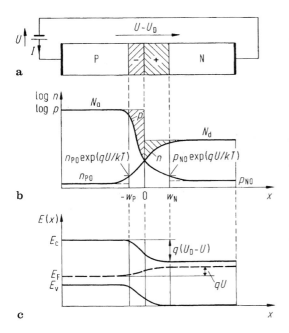

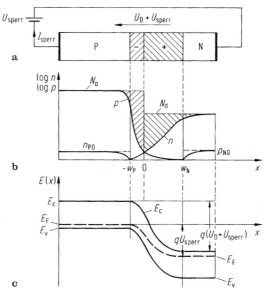

Abb. 9 PN-Übergang in Flusspolung. **a** Polarität der angelegten Spannung, **b** Konzentrationsverlauf, **c** Bandverlauf

Abb. 10 PN-Übergang in Sperrpolung. **a** Polarität der angelegten Spannung, **b** Konzentrationsverlauf, **c** Bandverlauf

Bei dieser Polung der Spannung weitet sich die Raumladungszone abhängig von der angelegten Spannung weit in den Halbleiter aus.

8.2.4 Durchbruchmechanismen

Lawinendurchbruch (Abb. 11)
An dem im Abb. 8 dargestellten Verlauf der Feldstärke ändert sich bei angelegter Sperrspannung die Höhe des Feldstärkemaximums an der Dotierungsgrenze. Da auch der Weg, der durch die Sperrschicht gelangenden Minoritätsträger länger wird, kann die Aufnahme der kinetischen Energie auf der mittleren freien Weglänge zu Ionisierungen von Gitteratomen, d. h. zur Generation von Elektron-Loch-Paaren, führen. Die neu entstandenen freien Ladungsträger können wiederum Ionisierungen auslösen. Das kann zum lawinenartigen Anwachsen des Sperrstromes führen. Der Wert der Sperrspannung, bei dem der Lawinendurchbruch auftritt, nennt man Durchbruchspannung U_{B}.

Zener-Durchbruch (Abb. 12)
Der Zener-Durchbruch tritt bei Dioden mit beidseitig hoch dotierten Zonen auf. Er beruht auf dem quantenmechanischen Tunneleffekt: Ein Elektron kann hinreichend dünne Potenzialschwellen ohne Energieverlust überwinden. Ein Elektron mit der Energie E_1 sieht sich in der Sperrschicht einer dreieckigen Potenzialschwelle gegenüber, deren Höhe dem Bandabstand $E_{\mathrm{c}} - E_{\mathrm{v}}$ entspricht und deren Breite b ist. Die Steigung der Bandkante entspricht der elektrischen Feldstärke, d. h., die Breite b nimmt mit steigender Feldstärke ab. Die Tunnelwahrscheinlichkeit steigt mit abnehmender Breite b, sodass ab einer kritischen Feldstärke viele Ladungsträger die Sperrschicht überwinden können.

8.2.5 Kennliniengleichung des PN-Überganges

Trifft man einige Vereinfachungen, wie ladungsneutrale Bahngebiete, keine Generation oder Rekombination in der Sperrschicht und keine starken Injektionen, d. h., die Minoritätsträgerkonzentrationen an den Sperrschichträndern

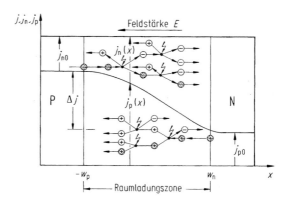

Abb. 11 Ladungsträgermultiplikation beim Lawinendurchbruch

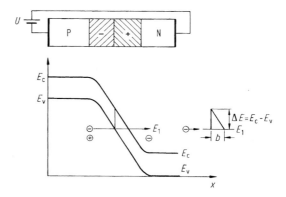

Abb. 12 Zener-Durchbruch als Folge des quantenmechanischen Tunneleffekts

bleiben klein gegenüber den Majoritätsträgerkonzentrationen, ergibt sich bei eindimensionaler Rechnung die Kennlinie eines PN-Übergangs.

$$j = j_0[\exp(eU/kT) - 1].$$

Für große negative Spannungen nimmt die Stromdichte j den Wert j_0 an, die deshalb *Sättigungsstromdichte* heißt. In Abb. 13 ist die Kennlinie und das Schaltbild einer Diode dargestellt.

8.2.6 Zenerdioden

Dioden sperren nur bis zu einer bestimmten Durchbruchspannung U_{B}. Von U_{B} an steigt der Sperrstrom steil mit der Spannung an. Sind P- und N-Gebiet hoch dotiert, ($N_{\mathrm{a}}, N_{\mathrm{d}} > 10^{17}\ \mathrm{cm}^{-3}$), so

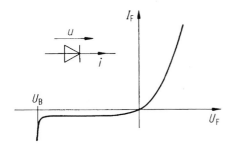

Abb. 13 Diodenkennlinie mit dem Schaltzeichen und Spannungsrichtung

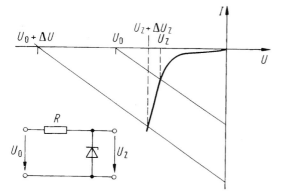

Abb. 14 Spannungsstabilisierung mit einer Zenerdiode

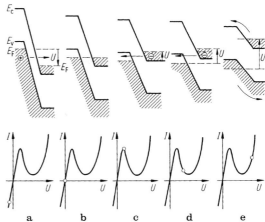

Abb. 15 Bändermodell und Kennlinie der Tunneldiode, **a** Tunnelstrom in Sperrrichtung aufgrund des Zener-Durchbruchs; **b** stromloser Fall; **c** maximaler Tunnelstrom in Vorwärtsrichtung. Elektronen aus dem Leitungsband tunneln in den freien Teil des Valenzbandes; **d** Zurückgehen des Tunnelstromes wegen kleiner werdender Überlappung zwischen dem besetzten Teil des Leitungsbandes und dem leeren Teil des Valenzbandes; **e** Zunahme des Stromes aufgrund des Injektionsstromes wie bei einer normalen Diode

ist der Durchbruch auf den *Zener-Durchbruch* ($U_B < 5\ V$) zurückzuführen, sonst auf den Lawinendurchbruch ($U_B > 5\ V$). Den steilen Stromanstieg oberhalb U_B nutzt man zur Spannungsstabilisierung aus. Die Spannung ändert sich selbst bei Stromänderungen von mehreren Größenordnungen nur wenig. Dioden, die bestimmungsgemäß im Durchbruch betrieben werden, nennt man unabhängig vom Durchbruchmechanismus Z-Dioden oder auch *Zenerdioden*.

Abb. 14 zeigt das Schaltzeichen der Z-Diode, die Kennlinie und die Grundschaltung zur Spannungsstabilisierung. Als Stabilisierungsfaktor bezeichnet man das Spannungsverhältnis U_0/U_Z.

8.2.7 Tunneldioden

Eine Tunneldiode ist so hoch dotiert, dass die (mit der Elementarladung e multiplizierte) Diffusionsspannung größer wird als der Bandab-

stand. Das Ferminiveau liegt dann in den erlaubten Bändern. Dadurch wird der Tunnelprozess auch in Flussrichtung möglich. Die Wirkungsweise wird an dem vereinfachten Bändermodell in den Abb. 15a bis e erläutert. Für die verschiedenen Spannungszustände ergeben sich unterschiedliche Tunnelwahrscheinlichkeiten, die in der Kennlinie der Tunneldiode zu einem negativen Kennlinienbereich („negativen Widerstand") führen. Das kann zur Entdämpfung von Schwingkreisen ausgenutzt werden. (Anwendungsbereich: Erzeugung und Verstärkung sehr hoher Frequenzen bis 100 GHz).

8.2.8 Kapazitätsdioden („Varaktoren")

Bei den Kapazitätsdioden (siehe Abb. 16) wird die Abhängigkeit der differenziellen Sperrschichtkapazität von der Sperrspannung ausgenutzt. Bei einer Erhöhung der Sperrspannung nimmt die Dicke der Raumladungszone zu. Während der Spannungserhöhung fließt ein Strom, um die

Abb. 16 Zur
Veranschaulichung der
differenziellen
Sperrschichtkapazität C_s bei
Belastung des
PN-Überganges in
Sperrrichtung und
Schaltzeichen der
Kapazitätsdiode

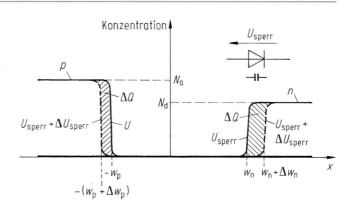

freien Ladungsträger aus dem sich ausdehnenden Raumladungsgebiet abzuführen. Wird die Spannung wieder abgesenkt, muss die sich verkleinernde Raumladungszone mit freien Ladungsträgern gefüllt werden. Der PN-Übergang zeigt ein kapazitives Verhalten. Das von der Sperrschicht herrührende kapazitive Verhalten wird deswegen Sperrschichtkapazität C_s genannt. Für den abrupten PN-Übergang ist die Sperrschichtkapazität dem reziproken Quadrat der Sperrspannung proportional. Dieser funktionale Zusammenhang kann durch die Wahl des Dotierungsprofiles beeinflusst werden. Wählt man für die Dotierung einen geeigneten Verlauf des Dotierungsprofiles, lässt sich daraus ein Kapazitätsverlauf $C_s(U)$ erzielen, der in Schwingkreisen zu einer linearen Beziehung zwischen Spannung und Frequenz führt. Die Kapazitätsdiode ist für elektronische Frequenzabstimmung, Frequenzmodulation und parametrische Verstärkung geeignet.

8.2.9 Leistungsgleichrichterdioden, PIN-Dioden

Als Anforderung an eine gute Leistungsdiode stehen hohe Sperrfähigkeit bei geringen Durchlassverlusten im Vordergrund. Für die Herstellung stellt sich diese Doppelforderung als ein Widerspruch heraus, weil eine hohe Sperrspannung lange, gering dotierte Gebiete erforderlich macht, die wiederum zu schlechten Durchlasseigenschaften (hohe Bahnwiderstände) führen. Einen gelungenen Kompromiss stellt die PIN-Diode dar. Der Name PIN-Diode beschreibt den Aufbau dieses Diodentyps. Eine im Idealfall eigenleitende I-Zone wird zwischen zwei hoch dotierte P- und N-Gebiete angeordnet. In der Praxis wird es eine schwach dotierte Zone sein, deshalb wird auch oft der Name PSN-Diode verwendet. Der Vorteil dieser Anordnung liegt im Sperrverhalten. Die beweglichen Ladungsträger werden aus der I-Zone und dem Rand der hoch dotierten Gebiete abgesaugt. Die Feldlinien laufen dann von den entblößten Donatoren der N-Seite zu den negativen Akzeptoren der P-Seite. Die Feldverhältnisse sind ähnlich wie beim Plattenkondensator. Die PIN-Diode kann bei gleicher Sperrschichtweite die doppelte Spannung gegenüber einer P^+N-Diode (P^+ bedeutet ein sehr hoch dotiertes P-Gebiet) bei gleicher maximaler Feldstärke aufnehmen (Abb. 17).

Das Durchlassverhalten der PIN-Diode ist grundsätzlich unterschiedlich zu dem eines PN-Überganges: Von beiden Randzonen werden Ladungsträger in das I-Gebiet injiziert, das dadurch mit Ladungsträgern überschwemmt wird (Abb. 18).

Der Strom, den die PIN-Diode führt, wird durch die im I-Gebiet rekombinierenden Ladungsträger verursacht. Die Kennliniengleichung ist mit der eines P^+N-Überganges vergleichbar und lautet:

$$j_{PIN} = j_{0\,(PIN)}\left(e^{\frac{eU}{2kT}} - 1\right)$$

Die Sättigungsstromdichte ist um ein Vielfaches größer als beim PN-Übergang.

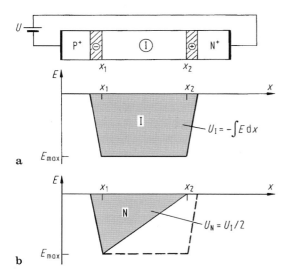

Abb. 17 Sperrspannung und Feldstärkeverlauf in einer PIN-Diode im Vergleich zur P$^+$N-Diode

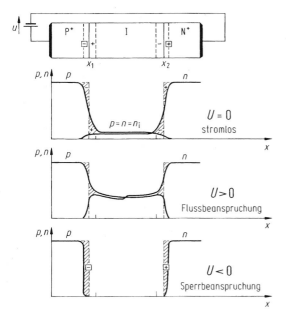

Abb. 18 Konzentrationsverläufe in einer PIN-Diode

8.2.10 Mikrowellendioden, Rückwärtsdioden

Bei der Rückwärtsdiode (siehe Abb. 19) ist die P- und N-Dotierung so gewählt, dass der Zenerdurchbruch schon bei beliebig kleinen Sperrspan-

nungen auftritt. In Vorwärtsrichtung ist der Strom bis zu einigen Zehntel Volt beträchtlich kleiner als der Tunnelstrom in Rückwärtsrichtung. Sie wird deswegen in Rückwärtsrichtung als Flussrichtung eingesetzt. Der Tunnelstrom ist ein Majoritätsträgereffekt und unterliegt nicht den Diffusions- und Speichereffekten, sodass die Eigenschaften der Rückwärtsdiode weitgehend frequenzunabhängig sind. Sie ist bis in das GHz-Gebiet einsetzbar und findet ihre Hauptanwendung in der Mikrowellengleichrichtung und Mikrowellenmischung.

8.3 Bipolare Transistoren

8.3.1 Prinzip und Wirkungsweise

Der Bipolartransistor ist ein Bauelement, das aus drei Halbleiterschichten, die entweder in der Reihenfolge NPN oder PNP aufgebaut sind. Daraus ergibt sich eine Anordnung von zwei hintereinandergeschalteten PN-Übergängen, verbunden durch eine einkristalline Halbleiterschicht, die Basis. Jede Schicht ist mit einem metallischen Kontakt versehen. Abb. 20 zeigt ein eindimensionales PNP-Transistormodell mit seinen Anschluss-, Spannungs- und Strombezeichnungen sowie den prinzipiellen Aufbau eines NPN-Transistors. Daneben sind die Schaltzeichen für beide Transistortypen dargestellt. Das Transportverhalten der Ladungsträger betrachten wir im Folgenden beispielhaft für den PNP-Transistor.

Im Normalbetrieb ist die Basis-Emitter-Diode in Durchlassrichtung, die Basis-Kollektor-Diode in Sperrrichtung gepolt. Aus der Theorie für PN-Dioden ergibt sich wegen der Flusspolung eine Anhebung der Minoritätsträgerkonzentration (gegenüber dem Gleichgewichtswert) am emitterseitigen Basisrand; am kollektorseitigen Basisrand stellt sich dagegen wegen der Sperrpolung eine Absenkung auf nahezu Null ein. Die vom Emitter in die Basis injizierten Löcher diffundieren bis zur Kollektorsperrschicht und werden dort als Minoritätsträger vom elektrischen Feld der Raumladungszone in den Kollektor gesaugt. Für den Kollektor bedeutet das eine Majoritätsträgerinjektion, d. h., die Überschussladung wird in Form eines Stromes aus dem Kollektorkontakt abgeführt. Bei großer Basisbreite ist dieser Strom

Abb. 19 Kennlinie, Bändermodell (stromloser Fall) und Schaltzeichen einer Rückwärtsdiode

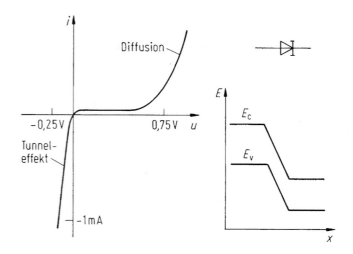

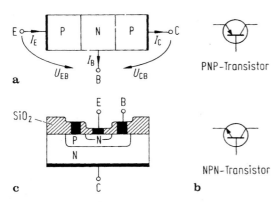

Abb. 20 Modell eines PNP-Transistors. **a** Schematische Anordnung der Dreischichtenfolge; **b** Schaltzeichen für PNP- und NPN-Transistor; **c** prinzipieller Aufbau eines NPN-Transistors

allerdings sehr klein und die PNP-Schicht wirkt nur als Zusammenschaltung von Dioden (vgl. Abb. 22 ohne gesteuerte Quellen), die passiv ist.

Der eigentliche *Transistoreffekt*, der zu einer Verstärkungswirkung des Bauelementes führt, ergibt sich erst bei einer sehr starken Verringerung der Basisweite, sodass genügend viele Löcher über die Basiszone diffundieren können und in den Kollektor injiziert werden. Bei entsprechender Dimensionierung der Basisweite – bezogen auf die Diffusionslänge – ergibt sich ein nahezu geradliniger Verlauf der Minoritätsträger in der Basis (Abb. 21). Die Größe des Kollektorstromes ist von der Menge der in den Kollektor diffundierenden Löcher und damit von der

Steigung der Löcherkonzentration am Sperrschichtrand abhängig und kann mithilfe der Durchlassspannung über dem Emitter-Basis-PN-Übergang gesteuert werden. Die Steigung lässt sich durch die Höhe der Injektion durch den P-Emitter einstellen. Rekombinationsverluste in der Basis führen zu einer Abnahme der Steigung und damit Verkleinerung des Kollektorstromes. Der Transistoreffekt ist also auf einen reinen Minoritätsträgereffekt in der Basis zurückzuführen. Von der Dimensionierung der Basis hängt das elektrische Verhalten des Transistors entscheidend ab.

Die Wirkungsweise des bipolaren Transistors ist mit der eines gesperrten PN-Überganges vergleichbar, dessen Sperrstrom steuerbar ist.

Der Kollektorstrom ergibt sich aus dem Anteil $\alpha \cdot I_E$ des Emitterstromes, der den Kollektor erreicht und dem Sperrstrom der Basis-Kollektor-Diode I_{CBO}: (üblicherweise $0{,}99 < \alpha < 1$)

$$I_C = \alpha \cdot I_E + I_{CB0}.$$

Für einen Faktor α der möglichst nahe bei 1 liegt, ist eine hohe Löcherinjektion am Emitterrand der Basis notwendig. Diese Eigenschaft wird als Emitterwirkungsgrad bezeichnet und erfordert eine hohe Dotierung des Emitters gegenüber der Basis. Weiterhin sollen möglichst alle Löcher ohne zu rekombinieren den Kollektorsperrschichtrand erreichen (Transportfaktor), das erfordert eine kleine Basisweite gegenüber der Diffu-

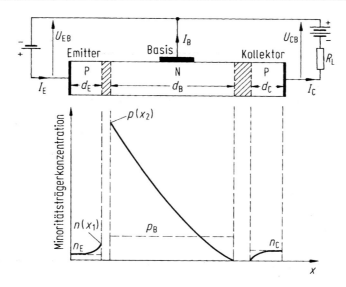

Abb. 21 Transistormodell und Minoritätsträgerkonzentrationsverlauf

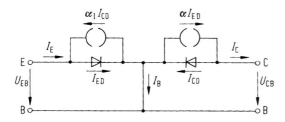

Abb. 22 Ersatzschaltbild eines Transistors

sionslänge. Damit sind die Grundbedingungen für die Herstellung von Transistoren genannt.

Aufgrund der Beziehung $I_E = I_B + I_C$ erhalten wir

$$I_C = \beta I_B$$

mit der Stromverstärkung $\beta = I_C/I_B = \alpha/(1 - \alpha)$; ein typischer Wert ist $\beta = 99$ (für $\alpha = 0{,}99$).

Das für den PNP-Transistor erläuterte Prinzip gilt entsprechend für den NPN-Transistor.

Ersatzschaltbilder und Vierpolparameter
Ähnlich wie für den PN-Übergang lässt sich auch der Transistor mit dem Halbleitergleichungssystem berechnen und man erhält als Ergebnis zwei Ausdrücke für den Emitterstrom I_E und den Kollektorstrom I_C:

$$I_E = I_{ED} - \alpha_1 \cdot I_{CD} \quad \text{und} \quad I_C = \alpha \cdot I_{ED} - I_{CD}.$$

Die Ausdrücke für I_{ED} und I_{CD} sind Diodenströme, die die Spannungsabhängigkeiten der Basis- und Kollektordiode beschreiben. Daraus lässt sich ein Ersatzschaltbild mit gesteuerten Stromquellen (Abb. 22) konstruieren. Je nach Anwendungsgebiet kann das Ersatzschaltbild vereinfacht werden.

Für die Vierpoldarstellung des Transistors wird das Ergebnis der Kennlinienberechnung für die Leitwertparameterdarstellung in der Form:

$$I_E = I_E(U_{EB}, U_{CB}); \quad I_C = I_C(U_{EB}, U_{CB})$$

geschrieben.

Für kleine Wechselspannungen u und kleine Wechselströme i werden die Kennliniengleichungen durch eine Taylorentwicklung angenähert:

$$i_e = y_{11} \cdot u_e + y_{12} \cdot u_c; \quad i_C = y_{21} \cdot u_e + y_{22} \cdot u_C.$$

Spannungsgrenzen des Transistors. Lawinendurchbruch
Wie in einer Diode kann in der Kollektorsperrschicht der Lawinendurchbruch auftreten, der bei offenem oder kurzgeschlossenem Emitter bei den

gleichen Spannungswerten einer vergleichbaren Diode liegt. Ist dagegen die Basis offen, wird durch den Lawinenstrom die Majoritätsträgerkonzentration in der Basis erhöht und dadurch der Emitter veranlasst, noch stärker zu injizieren. Dadurch sinkt die Spannungsgrenze des Transistors unter den entsprechenden Wert einer vergleichbaren Diode.

Punch-through-Effekt

Durch Erhöhung der Kollektorspannung breitet sich die Raumladungszone weiter in die Basis aus. Berührt die Kollektorsperrschicht den Emittersperrschichtrand, ist die Punch-through-Spannung erreicht und die Basis kann den Transistor nicht mehr steuern, es fließt ein starker Emitter-Diffusionsstrom.

Frequenzverhalten des Transistors

Der Transistoreffekt beruht auf der Diffusion von Minoritätsträgern durch die Basis. Dafür benötigen sie eine Laufzeit oder Transitzeit t_{tr}, die von der Basisdicke und der Diffusionskonstanten D abhängt. Als Grenzfrequenz ergibt sich für die Basisschaltung eine der reziproken Transitzeit proportionale Größe.

8.3.2 Universaltransistoren. Kleinleistungstransistoren

Kleinleistungstransistoren sind typischerweise PNP-Transistoren mit diffundierten PN-Übergängen. Ihre Verlustleistung liegt bei einigen 100 mW. Sie werden in Baureihen von 30 V, 60 V und 100 V für die Kollektorspannung, 5 bis 10 V für die Emitter-Basis-Spannung und bis zu maximal 500 mA für den Kollektorstrom, angeboten. Die Grenzfrequenzen liegen zwischen 10 und 100 MHz.

8.3.3 Schalttransistoren

Transistoren lassen sich auch als Schalter betreiben. Die eingeführten Vereinfachungen bei der Vierpolbetrachtung sind nicht anwendbar, denn sie gelten für Kleinsignalaussteuerungen. Wichtig

sind für den Betrieb eines Schalttransistors die beiden Zustände EIN und AUS und die dynamischen Übergänge. Im AUS-Zustand muss der Transistor einen hohen Widerstand bei hoher Sperrfähigkeit besitzen und im EIN-Zustand muss er einen möglichst großen Strom bei kleinem Spannungsabfall führen können. In der Praxis wird man für Schalttransistoren die Emitterschaltung verwenden, da mit ihr sowohl Strom- als auch Spannungsverstärkung erzielt werden können.

Im Kennlinienfeld der Emitterschaltung ändert sich der Arbeitspunkt beim Schaltbetrieb schnell zwischen den beiden in Abb. 23 markierten Endzuständen. Der Kennlinienbereich unterhalb des AUS-Zustandes (*Sperrbereich*) wird durch Anlegen von Sperrspannungen an den Emitter- und den Kollektorübergang erreicht. Der Kennlinienzweig für $I_B = 0$ trennt den *Sperrbereich* vom *aktiven Bereich*. Im aktiven Bereich, dem Normalbetrieb für Transistoren, liegt der Emitter an Durchlasspolung, der Kollektor wird in Sperrrichtung betrieben.

Wird die Kollektor-Emitter-Spannung vom EIN-Zustand weiter verkleinert, wird auch die Kollektordiode in Durchlassrichtung betrieben und beide Übergänge injizieren in die Basis und überschwemmen sie mit Ladungsträgern. Dieser Betriebsbereich hat deswegen sinngemäß den Namen *Sättigungsbereich* erhalten.

In Abb. 24 wird der Schaltvorgang erläutert. Zum Zeitpunkt $t = 0$ wird ein konstanter Basisstrom eingeschaltet. Während der Zeit t_d wird das Konzentrationsgefälle in der Basis aufgebaut, ohne dass ein nennenswerter Kollektorstrom

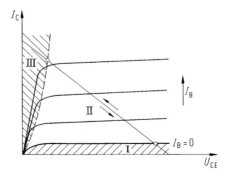

Abb. 23 Arbeitspunkte im Emitterkennlinienfeld eines Schalttransistors. I Sperrbereich, II Aktiver Bereich, III Sättigungsbereich

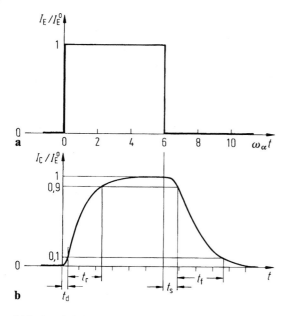

Abb. 24 Schaltvorgang zwischen Sperrbereich und aktivem Bereich. **a** Emitterstrompuls, **b** zeitlicher Verlauf des Kollektorstromes; t_d Verzögerungszeit, t_r Anstiegszeit, t_f Abfallzeit

fließt. Diese Anfangsphase heißt Verzögerungszeit t_d (delay time) und wird als die Zeit bis zum Erreichen des 10 %-Wertes des endgültigen Kollektorstromes definiert. Während der Zeit t_r (rise time) steigt das Konzentrationsgefälle am Kollektorsperrschichtrand. Sie wird bis zum Erreichen des 90 %-Wertes des Kollektorstromes definiert. Anschließend wird die Speicherladung in der Basis noch weiter erhöht, ohne dass sich die Steigung oder der Kollektorstrom noch merklich ändern. Der Ausschaltvorgang gestaltet sich ähnlich. Während der Speicherzeit t_s (storage time) wird die Speicherladung abgebaut, der Strom ändert sich nur wenig. Erst während der Abfallzeit t_f (fall time) wird das Konzentrationsgefälle kleiner und der Strom nimmt ab. Die Zeitgrenzen werden wie beim Einschalten bei Erreichen des 90 %- und 10 %-Wertes vom Kollektorstrom abgelesen. Zu bemerken ist, dass ein Ausschaltvorgang aus dem Sättigungsbetrieb längere Speicherzeiten benötigt. Diesen Nachteil muss der Anwender mit dem Vorteil der kleineren Verlustleistung im eingeschalteten Zustand abwägen. Beispiel für die Anwendung von Schalttransistoren sind astabile, bistabile und monostabile Kippschaltungen.

8.4 Halbleiterleistungs bauelemente

8.4.1 Der Thyristor

Aufbau und Wirkungsweise
Der Thyristor ist ein Halbleiterbauelement, das ohne einen Gatestrom gesperrt ist, gleichgültig, welche Polarität der angelegten Spannung vorliegt. Ist die Spannung positiv, lässt er sich durch einen kleinen Steuerstrom in einen gut leitenden Zustand schalten und hat dann eine ähnliche Strom-Spannungs-Kennlinie wie die PIN-Diode.

Der elektrische aktive Teil eines Thyristors besteht aus drei PN-Übergängen. Die beiden äußeren Schichten sind stark dotiert, während die beiden inneren Basisschichten schwach dotiert sind. Der Anschluss an die äußere P-Schicht wird als Anode, der Anschluss an die äußere N-Schicht wird als Kathode bezeichnet; die Steuerelektrode (Gate [anschluss]) ist an die P-Zone angebracht (Abb. 25).

Zum besseren Verständnis der Funktionsweise zerlegt man den Thyristor gedanklich in zwei Transistoren (Abb. 26). Die beiden Kollektoranschlüsse des NPN- und des PNP-Transistors sind jeweils mit dem Basisanschluss des anderen Transistors verbunden. Der Kollektorstrom $\alpha_\mathrm{PNP}\, I$ des PNP-Transistors fließt als Basisstrom in den PNP-Transistor. Der fehlende Anteil $(1 - \alpha_\mathrm{PNP}\, I)$ geht als Rekombinationsstrom in der N-Basis verloren. Entsprechend fließt vom NPN-Transistor der Kollektorstrom $\alpha_\mathrm{NPN}\, I$ in die N-Basis des PNP-Transistors, in die zusätzlich noch der Steuerstromanteil $\alpha_\mathrm{NPN}\, I_\mathrm{s}$ fließt. Über den PN-Übergang S_2, der für beide Teiltransistoren als Kollektor wirkt, fließt in die beiden Basiszonen des Thyristors noch der Sperrstrom I_C0. Die Bilanz der Rekombinationspartner in der N- oder P-Basis liefert nach einer Umformung:

$$I_\mathrm{A} = \frac{I_\mathrm{C0}}{1 - (\alpha_\mathrm{NPN} + \alpha_\mathrm{PNP})} + \frac{\alpha_\mathrm{NPN} \cdot I_\mathrm{G}}{1 - (\alpha_\mathrm{NPN} + \alpha_\mathrm{NPN})}.$$

Dieser Zusammenhang wird als Kennliniengleichung bezeichnet. Die Spannung tritt in ihr zwar nicht unmittelbar in Erscheinung, sie ist jedoch im Sperrstrom I_c0 und in den Stromverstär-

Abb. 25 Thyristor.
a Schematischer Aufbau der
Vierschichtstruktur;
b Schaltzeichen

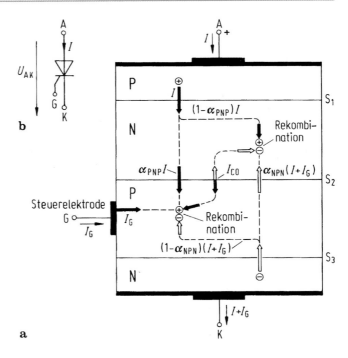

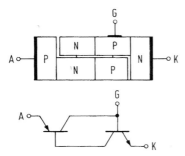

Abb. 26 Zweitransistormodell des Thyristors

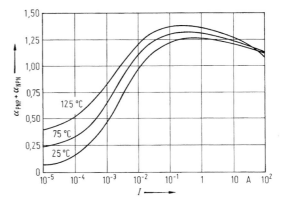

Abb. 27 Summe der Stromverstärkungsfaktoren α_{NPN} + α_{PNP} als Funktion des Stromes bei einer Kathodenfläche von 20 mm^2

kungsfaktoren α_{NPN} und α_{PNP} enthalten. Für den Verlauf der Kennlinie ist darüber hinaus die Stromabhängigkeit der Stromverstärkungsfaktoren maßgeblich, deren Summe in Abb. 27 dargestellt ist.

Diskussion der Kennlinie für $I_s = 0$ (offenes Gate)

Bei Erhöhung der Sperrspannung wächst I_{C0} infolge der Ladungsträgermultiplikation im Übergang S_2 an. Wird die Durchbruchspannung erreicht, steigt I_{C0} steil an und die Summe der Stromverstärkungsfaktoren ($\sum\alpha$) wächst gemäß Abb. 27 gegen 1. Dies führt zu einer Abnahme

von I_{C0} und damit zu einer Abnahme von U_2. Es entsteht ein Kennlinienteil mit negativer Steigung. Erreicht die $\sum\alpha$ den Wert 1, wird I_{c0} zu null, d. h., die Spannung U_2 wird null. Wächst der Strom I_A weiter an, übersteigt die $\sum\alpha$ den Wert 1, der Sperrstrom I_{c0} wird negativ; der Übergang S_2 wird in Flussrichtung betrieben. Beide Teiltransistoren des Thyristors arbeiten im Sättigungsbereich.

Diskussion der Kennlinie für $I_s > 0$

Bei zusätzlicher Einspeisung eines Gatestromes gehört ein kleineres I_{c0} zu einem vorgegeben I_A als bei $I_s = 0$, damit wird der Spannungswert für die Zündung des Thyristors herabgesetzt (Abb. 28).

Ausschalten des Thyristors

Im Durchlassbereich sind die Basiszonen mit beweglichen Ladungsträgern „überschwemmt". Es liegen Verhältnisse wie in einer durchlassbelasteten PIN-Diode vor. Damit der Thyristor in Sperrrichtung oder in der Vorwärtsrichtung sperren kann, müssen diese gespeicherten Ladungsträger abgebaut werden. In welcher Zeit das erfolgt, hängt von den Bedingungen des äußeren Stromkreises und den Rekombinationsverhältnissen im Thyristor ab. Den Anwender interessiert in erster Linie die Zeitspanne nach Abschalten des Stromes, bis der Thyristor in Vorwärtsrichtung sperrfähig wird. Diese Zeit bezeichnet man als Freiwerdezeit.

8.4.2 Der abschaltbare Thyristor

Um einen Thyristor mittels Steuerstrom abzuschalten, muss der Steuerbasis ein hinreichend großer negativer Steuerstrom entzogen werden, (GTO-, Gate-turn-off-Thyristor), (Abb. 29). Der Thyristor schaltet aus, wenn die Flusspolung am Übergang S_1 wieder aufgehoben wird, d. h. wenn U_2 null oder gar negativ wird. Der zum Abschal-

ten eines Anodenstroms I_{A0} notwendige negative Steuerstrom heißt I_{G0}. Als Abschaltverstärkung β_0 bezeichnet man:

$$\beta_0 = \frac{I_{A0}}{\mid I_{G0} \mid}.$$

Die heute üblichen Werte für β_0 liegen zwischen 5 und 10. Man muss zwar einen kräftigen Steuerstrom aufwenden um den Thyristor abzuschalten, dieser Strom braucht aber nur für kurze Zeit von wenigen μs zu fließen. Darin liegt ein wesentlicher Vorteil des GTO-Thyristors gegenüber Transistoren.

8.4.3 Zweirichtungs-Thyristordiode (Diac)

Wird in ein symmetrisches PNP-System die Kathoden-N-Zone in der einen Scheibenhälfte in die obere und in der anderen Scheibenhälfte in die untere P-Schicht eingelassen und werden beide Scheibenseiten ganz kontaktiert, so entsteht ein fünfschichtiges Gebilde, das einer integrierten Schaltung aus zwei antiparallelen Thyristoren ohne Steueranschluss entspricht. Die Strom-Spannungskennlinie dieser Anordnung verfügt über je eine Schaltcharakteristik in Vorwärts- und Rückwärtsrichtung. Solche bidirektionalen Thyristordioden können durch Überschreiten der

Abb. 28 Strom-Spannungs-Kennlinie eines Thyristors mit I_G als Parameter

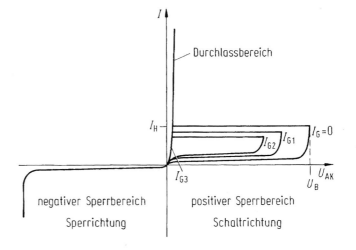

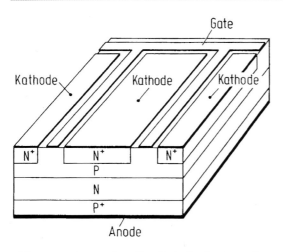

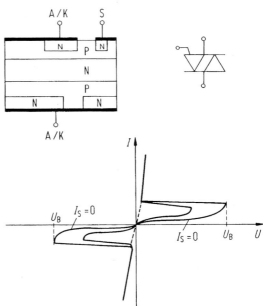

Abb. 29 Schema der Gate-Kathoden-Struktur eines GTO-Thyristors

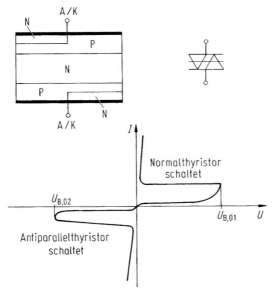

Abb. 31 Schematischer Aufbau der Schichtenfolge, Schaltzeichen und Kennlinie eines Triacs

Spannung durch einen positiven *oder* negativen Gatestrom gezündet werden. Dadurch können Wechselstromverbraucher in einem großen Leistungsbereich geregelt werden. Ähnlich aufgebaut wie das Diac ist das Triac eine integrierte Schaltung aus zwei antiparallelen Thyristoren, die mit einem Gatestrom gezündet werden können (Abb. 31).

8.5 Feldeffektbauelemente

Bei den Feldeffekt(FE)-Bauelementen werden Majoritätsträger durch ein elektrisches Querfeld gesteuert. Minoritätsträger spielen untergeordnete Rolle. Es gibt zwei Klassen von FE-Transistoren: a) Sperrschicht-FE-Transistoren (JFET), b) FE-Transistoren mit isoliertem Gate (IGFET). Auch wenn die JFETs in den Anwendungen inzwischen kaum noch eine Bedeutung besitzen, wollen wir auf deren Funktionsweise zunächst eingehen, da der PN-Übergang wie bei den Bipolartransistoren wesentlich ist. Danach gehen wir auf die IGFETs und insbesondere auf deren wichtigste Vertreter, die MOSFETs, näher ein.

Abb. 30 Schematischer Schichtenaufbau, Schaltzeichen und Kennlinie einer Zweirichtungs-Thyristordiode (auch „eines Diacs")

Kippspannung oder durch steilen Anstieg der Spannung gezündet werden (Abb. 30).

8.4.4 Bidirektionale Thyristordiode (Triac)

Bidirektionale Thyristordioden (Triacs) können sowohl bei positiver als auch bei negativer

8.5.1 Sperrschicht-Feldeffekt-Transistoren (Junction-FET, PN-FET, MSFET oder JFET)

Aufbau und Wirkungsweise (N-Kanal-FET)
Ein N-Halbleiter ist an den Enden mit einer Spannungsquelle verbunden. Elektronen fließen von dem als Source (Quelle) bezeichneten Kontakt zum Drain (Senke). Die Breite des Kanals, durch den die Elektronen fließen, wird durch zwei seitliche P-Gebiete bestimmt. Die Breite des Kanals kann durch eine an diese PN-Übergänge angeschlossene Spannung noch verändert werden. Den sperrschichtfreien Anschluss an die P-Zonen nennt man Gate. Wird das Gate aus einem sperrenden Metall-Halbleiter-Kontakt (Schottky-Diode) gebildet, wird das Bauelement als MeSFET oder MSFET bezeichnet. Die Dotierungen können auch umgekehrt gewählt werden, dann liegt ein P-Kanal-FET vor.

Abb. 32 zeigt das Prinzipbild des Sperrschicht-FET (JFET) mit seinem Schaltzeichen und den Betriebsspannungen. Die JFETs werden vorzugsweise in Planartechnik hergestellt. Die Spannung U_{DS} (Drain-Source) bewirkt den Drainstrom I_D durch den Kanal. An das Gate wird eine Sperrspannung U_{GS} gegen den Source-Kontakt angeschlossen, sodass sich eine Raumladungszone weit in den Kanal ausbreitet, die den nutzbaren Querschnitt für den Kanal herabsetzt. Die Spannung U_{GS}, bei der der Kanal auf seiner vollen Breite bei $U_{DS} = 0$ abgeschnürt wird, nennt man Abschnürspannung U_P. Bei fließendem Drainstrom fällt längs des Kanals die Spannung U_{DS} ab. Die Spannungsquellen sind so gepolt, dass sich U_{DS} am drainseitigen Ende des Kanals zu der Gate-Source-Spannung U_{GS} addiert, sodass der Kanal dort am engsten wird. Die Spannung U_{DS}, bei der sich der Kanal abzuschnüren beginnt, bezeichnet man als Kniespannung $U_{DS\,sat}$; den Strom an der Sättigungsgrenze bei $U_{GS} = 0$ nennt man Drain Source-Kurzschlussstrom I_{DSS}. Bei Steigerung der Drain-Source-Spannung über die Kniespannung hinaus bleibt der Drainstrom nahezu konstant, weil der leitende Kanal durch die mit U_{DS} anwachsende Sperrschicht den Kanal weiter abschnürt und die in die Sperrschicht einströmenden Majoritätsträger – abgesehen von dem Einfluss der Verkürzung der verbleibenden leitenden Kanallänge – auf den gleichen Wert begrenzt bleiben. Legt man zusätzlich an die Gate-Source-Strecke eine Sperrspannung, beginnt die Abschnürung des Kanals bei entsprechend kleineren Drain-Source Spannungen (siehe Ausgangskennlinienfeld Abb. 33).

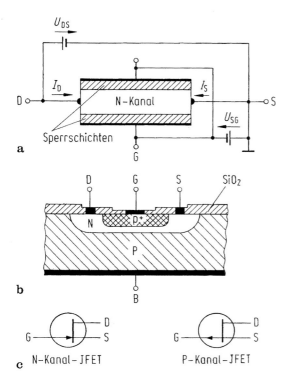

8.5.2 Feldeffekttransistoren mit isoliertem Gate (IG-FET, MISFET, MOSFET oder MNSFET)

Die Steuerung des leitenden Kanals erfolgt beim IGFET ebenfalls durch ein elektrisches Querfeld, das im Gegensatz zum JFET durch ein isoliertes Gate erzeugt wird. Wird die Isolierschicht durch eine Siliziumdioxidschicht gebildet, spricht man von einem MOSFET (Metal oxide semiconductor FET), wird sie durch eine Siliziumnitritschicht gebildet, von einem MNSFET (Metal nitride semiconductor FET), allgemein von einem MISFET (Metal insulator semiconductor FET).

Abb. 32 **a** Vereinfachtes Prinzip des Feldeffekttransistors (JFET); **b** prinzipieller Aufbau als N-Kanal-PN-FET; **c** Schaltzeichen

Abb. 33 Kennlinienfeld des JFET, links Übertragungskennlinien, rechts Ausgangskennlinienfeld

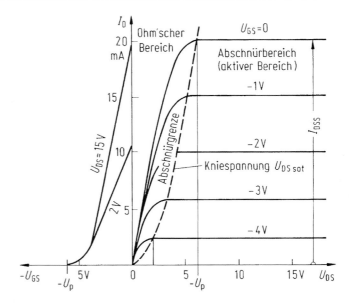

Ist der Kanal bei offenem Gate bereits abgeschnürt, spricht man von einem Anreicherungs- oder selbstsperrenden (engl. „normal off" oder Enhancement-) IGFET, besitzt der Kanal dagegen bei offenem Gate bereits eine nennenswerte Leitfähigkeit, bezeichnet man diesen Typ als Verarmungs- oder selbstleitenden (engl. „normal on" oder Depletion-)IGFET. In Abb. 34b werden die Schaltzeichen der verschiedenen IGFETs gezeigt.

In den meisten Anwendungen werden inzwischen MOSFETs eingesetzt, sodass sich die folgenden Ausführungen auf diesen Typ eines IGFET beziehen.

Aufbau und Wirkungsweise des Anreicherungs-MOSFET

Wir betrachten beispielhaft einen P-Kanal-Anreicherungs-MOSFET, dessen planarer Aufbau in Abb. 34a gezeigt wird. In das N-Halbleiter-Substrat (oder Bulk) sind die hoch dotierten P-leitenden Drain- und Source-Inseln eindiffundiert. Zwischen den Inseln ist auf das N-Substrat eine dünne Siliziumdioxid-SiO$_2$-Schicht aufgebracht, die mit einem metallisierten Gatekontakt versehen ist. Die entsprechenden Klemmen sind demnach S (Source), D (Drain), B (Bulk) und G (Gate). Das Verhalten des Transistors wird ganz wesentlich vom elektrischen Potenzial ψ_s auf der kanalseiti-

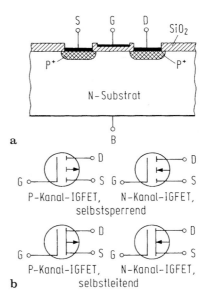

Abb. 34 **a** Schematischer Aufbau eines N-Kanal-JGFET; **b** Schaltzeichen verschiedener JGFET

gen Oberfläche des Substrats bestimmt, dass natürlich durch das Gatepotenzial beeinflusst wird.

Seien Source S und Bulk B auf Massepotenzial und ($U_{GS} > 0$), dann ist immer eine der beiden PN-Übergänge unabhängig von der Polung von U_{DS} in Sperrrichtung gepolt. Dabei kann man sich PN-Dioden vorstellen, deren Kathoden (N-Gebiete) zusammengeschaltet sind und die durch das Substrat gebildet werden, während Source und Drain den Anoden (P-Gebiete) entsprechen. Man spricht vom Akkumulations-Mode.

Legt man eine negative Spannung an das Gate, enden die elektrischen Feldlinien senkrecht auf der Oberfläche des Halbleiters unterhalb der Isolierschicht und binden dort freie Löcher im von Elektronen dominierten N-Substrat. Die Löcherkonzentration steigt mit wachsender Gatespannung und erreicht den Wert der Elektronenkonzentration bei der sogenannten Schwellenspannung (engl. Threshold Voltage) U_{T0}. Legt man eine Drain-Source-Spannung $U_{DS} < 0$ an, dann wird dennoch das Transportverhalten im Löcher- oder P-Kanal hauptsächlich durch Diffusion der Löcher von S nach D und nicht durch eine Drift aufgrund der Drain-Source-Spannung bestimmt. Man spricht vom Gebiet der schwachen Inversion, die bei Low-Power-Transistorschaltungen heute eine wichtige Rolle spielt.

Steigert man den Betrag der Gatespannung über U_{T0} hinaus, reichert sich der P-leitende Kanal zwischen S und D mit Ladungsträgern an und bildet eine sehr gute leitende Verbindung von Source und Drain. Wie jeder PN-Übergang umgibt sich der P-Kanal ebenso wie die S- und D-Gebiete Substrat-seitig mit einer Verarmungs-(Depletion-)Zone. Wir befinden uns im Gebiet der starken Inversion. Es herrscht zwischen Source und Drain völlige Symmetrie. Legt man nun eine Drain-Source-Spannung $U_{DS} < 0$ an, dann kann aufgrund der vielen Löcher im P-Kanal ein von der Gatespannung gesteuerter und hauptsächlich durch Drift erzeugter Drainstrom fließen. Wie beim JFET addiert sich der Spannungsabfall über der Source-Drain-Strecke zur Gatespannung. Daher ist der Kanal am drainseitigen Ende am kleinsten und an der Sourceseite am größten und dementsprechend ist dort die Depletionzone kleiner bzw. größer. Solange der Kanal zwischen S und D noch ausgebildet ist, befindet man sich im Ohm'schen, linearen oder auch Trioden-Bereich.

Reicht die Spannung von der Draininsel zur Kanalbildung nicht mehr aus, beginnt sich der Kanal abzuschnüren (engl. „Pinch-Off"). Den Spannungswert der Drain-Source-Spannung an der Abschnürgrenze bezeichnet man als Sättigungsspannung $U_{DS\,sat}$ und von da ab befinden wir uns im Sättigungsbereich. Bei einer Steigerung von U_{DS} über $U_{DS\,sat}$ hinaus wird kein durchgehender P-Kanal mehr ausgebildet und der Drainstrom wird auf seinen Sättigungswert $I_{DS\,sat}$ begrenzt; vgl. auch die Situation beim JFET. Der MOSFET arbeitet dann wie eine durch die Gate-Source-Spannung gesteuerte Stromquelle mit Innenwiderstand, was an der leichten Steigung der Kurven des Kennlinienfeldes in Abb. 35 zu sehen ist.

Für den Schaltungsentwurf und die Schaltungssimulation werden für MOSFETs ebenso wie bei PN-Dioden und Bipolartransistoren mathematische Modelle benötigt, die sich mithilfe von Netzwerkelementen darstellen lassen; man spricht von Kompaktmodellen. Von besonderem Interesse sind Großsignalmodelle, die in sämtlichen Arbeitsbereichen gültig sind. Weiterhin werden Modelle gebraucht, die hinsichtlich der Source/Drain-Beschreibung symmetrisch sind. Der Drainstrom sollte daher dem folgenden Ansatz genügen

$$I = \frac{W}{L} I_s \big(f(V_{GB}, \ V_{SB}) - f(V_{GB}, \ V_{DB}) \big),$$

wobei I_s mit dem Kanalstrom eines rechteckigen Transistors bei der Schwellenspannung U_{T0} im Zusammenhang steht und $f(\cdot)$ ein Funktional ist, das eine exponentielle Form unterhalb und eine quadratische Form oberhalb der U_{T0} annimmt. Um somit den Kanalstrom in allen Arbeitsgebieten zu modellieren, müssen wir Drift- als auch

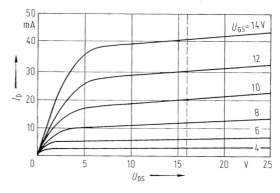

Abb. 35 Kennlinienfeld eines IGFET vom Anreicherungstyp

Diffusionsterme in die Stromflussgleichung einbeziehen. Damit notieren wir den Kanalstrom I als Funktion der Position entlang des Kanals als

$$I(x) = I_{\text{Drift}}(x) + I_{\text{Diffusion}}(x).$$

Mithilfe einer Vereinfachung und den Transportgleichungen für Diffusion und Drift erhält man

$$I = \frac{W}{L}\frac{\mu}{2C}\left(Q_S^2 - 2CU_TQ_S\right) \qquad (1)$$

$$-\frac{W}{L}\frac{\mu}{2C}\left(Q_D^2 - 2CU_TQ_D\right), \qquad (2)$$

wobei Q_S die mobile Ladung pro Einheitsfläche am Source-Ende des Kanals und Q_D die mobile Ladung pro Einheitsfläche am Drain-Ende des Kanals sowie $U_T := kT/q$ die Temperaturspannung sind. Man beachte, dass die quadratischen Terme in dieser Gleichung von der Drift-Komponente des Kanalstroms verursacht werden, während die linearen Terme von der Diffusionskomponente stammen. Im Fall der Gleichheit von Diffusions- und Driftkomponente sind die Terme $|Q_{S,D}|$ und $2CU_T$ gleich und am Gate liegt die Schwellen- oder Threshold-Spannung an.

Im Rahmen der Kompaktmodellierung von MOSFETs benötigt man also eine sogenannte Spannungsgleichung, welche die Eingangs-Gate-Spannung (und ggf. weitere Spannungen) mit dem elektrischen Potenzial der Halbleiteroberfläche des Kanals – dem Oberflächenpotenzial ψ_s – über einen nicht linearen Zusammenhang verbindet, und eine Ausgangs-Stromgleichung, die den Ausgangs-Drain-Strom mit dem Oberflächenpotenzial verbindet. Die Ladungen Q_S und Q_D können wie hier als weitere Zwischengrößen auftreten. Einzelheiten dazu findet man in der weiterführenden Literatur. Im Folgenden wollen wir zunächst einige Grenzfälle betrachten und anschließend eine globale Beschreibung von MOSFETs für alle Arbeitsbereiche angeben.

In schwacher Inversion lassen sich die Ladungen Q_S und Q_D näherungsweise in Abhängigkeit von ψ_s bzw. von U_G ausdrücken und man erhält den Kanalstrom zu

$$I \approx \frac{W}{L}I_s e^{(\kappa(U_G - U_{T0}))/U_T}\left(e^{-\frac{U_S}{U_T}} - e^{-\frac{U_D}{U_T}}\right),$$

wobei U_S, U_D und U_G die Potenziale von S, D und G sowie W die Weite und L die Länge des MOSFETs sind.

Im Bereich starker Inversion kann man die Ladungen mit dem Modell einer MOS-Kapazität berechnen und im Ohm'schen Bereich ergibt sich der Kanalstrom zu

$$I \approx \frac{W}{L}\frac{\mu C_{Ox}}{2\kappa}\left((\kappa(U_G - U_{T0}) - U_S)^2 - (\kappa(U_G - U_{T0}) - U_D)^2\right), \qquad (3)$$

wobei $C_{Ox} := \varepsilon_{Ox}/t_{Ox}$ die Kapazität pro Einheitsfläche über dem Oxyd (t_{Ox}: Oxyddicke) und μ die Löcher-Beweglichkeit sowie κ den sogenannten Body-Effekt repräsentiert. Die Beziehung für den Kanalstrom kann auch dargestellt werden durch

$$I \approx \frac{W}{L}\frac{\mu C_{Ox}}{2\kappa}\left(2\kappa(U_{GS} - U_{T0})U_{DS} - U_{DS}^2\right).$$

Im Sättigungsbereich, also oberhalb der Sättigungsspannung $U_{DS\,sat}$, wird die entsprechende Kennlinie mit dem Sättigungsstrom $I_{DS\,sat}$ fortgesetzt, wobei noch eine Korrektur durch die Verkürzung des Kanals (Kanallängenmodulation) hinzugefügt werden muss, die zu dem bereits erwähnten linearen Stromanstieg im Sättigungsbereich führt.

Mit dem sogenannten EKV-Modell (Enz-Krummenacher-Vittoz) kann man eine gute Näherung für den Kanalstrom angeben, die in sämtlichen Arbeitsbereichen eines MOSFETs gültig ist,

$$I = \frac{W}{L}I_s\log^2\left(1 + e^{(\kappa(U_G - U_{T0}) - U_S)/2U_T}\right)$$
$$-\frac{W}{L}I_s\log^2\left(1 + e^{(\kappa(U_G - U_{T0}) - U_D)/2U_T}\right). \qquad (4)$$

Die zuvor genannten Näherungsausdrücke für die einzelnen Arbeitsbereiche des MOSFETs lassen sich aus dieser Darstellung durch geeignete Näherungen der Funktion $\log^2(1 + e^{x/2})$ gewinnen.

Weitere Effekte im realen MOSFET führen zu komplexeren Kompaktmodellen, die jedoch über den Rahmen dieser Einführung hinausgehen; vgl. die weiterführende Literatur.

Aufbau und Wirkungsweise des Verarmungs-MOSFET

Im Gegensatz zum Anreicherungs-MOSFET besteht beim Verarmungstyp, bei sonst ähnlichem Aufbau, bereits ein leitender Kanal zwischen Source und Drain. Je nach Polarität der Gatespannung wird der leitende Kanal breiter oder schmaler, sodass die Kennlinien (Abb. 36) gegenüber dem Anreicherungstyp verschoben sind. Die Gatespannung, bei der der Kanal abgeschnürt wird, bezeichnet man wie beim JFET als Abschnürspannung U_P.

Schalteigenschaften des MOSFET

Die MOSFETs besitzen wegen ihrer (a) einfachen Ansteuerung, (b) kleinen Restströme im gesperrten Zustand und (c) spannungsunabhängigen Gatekapazitäten gute Schalteigenschaften und sind deswegen Grundbausteine für integrierte Schaltungen der Digitaltechnik. In der CMOS-Technik (complementary) werden in ein Substrat (N-Typ) sowohl N-Kanal- als auch P-Kanal-Transistoren integriert (Inverter), wobei der N-Kanal-MOSFET in eine Wanne aus P-dotiertem Halbleitermaterial gesetzt mit SiO$_2$-Material isoliert wird. Wenn man N- und P-Kanal-MOSFETs zur Verfügung hat, kann die Schaltungstechnik wie in der Bipolarschaltungstechnik mit (komplementären) NPN- und PNP-Transistoren teilweise erheblich vereinfacht werden.

8.6 Optoelektronische Halbleiterbauelemente

8.6.1 Innerer Fotoeffekt

Wird in ein Halbleitermaterial Lichtenergie (Photonen) eingestrahlt, so können Elektronen aus ihren Gitterbindungen gelöst werden; es werden zusätzliche Elektronen-Loch-Paare erzeugt. Vereinfachend wird angenommen, dass die Absorption eines Lichtquantes durch einen Band-Band-Übergang (Abb. 37) erfolgt. Das erfordert, dass die Photonen über eine Mindestenergie verfügen müssen, die dem Bandabstand von $E_c - E_v$ entspricht:

$$E_\gamma = h\nu \geqq E_c - E_v.$$

Aus $\lambda\nu = c$ (ν Frequenz und λ Wellenlänge des eingestrahlten Lichtes, c Lichtgeschwindigkeit, h Planck-Konstante) ergibt sich, dass für Silizium (Bandabstand $E_c - E_v = 1{,}106$ eV) $\lambda_{min} \leq 1{,}1\mu m$ sein muss. Gleichzeitig mit der Entstehung eines Elektron-Loch-Paares ist die Absorption von Lichtquanten verbunden. Bezeichnet man mit I_0 die Quantenstromdichte (Zahl der in den Halbleiter eindringenden Lichtquanten bezogen auf die Zeit und die Fläche), auch („Intensität") und mit $\alpha(\lambda)$ den wellenlängenabhängigen Absorptionsgrad, so ist $I(x)$, die Quantenstromdichte durch den Querschnitt mit der Koordinate x, eine exponentiell abklingende Funktion

$$I(x) = I_0 \exp(-\alpha x).$$

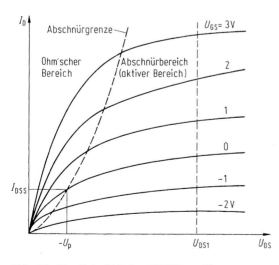

Abb. 36 Kennlinienfeld eines IGFET vom Verarmungstyp

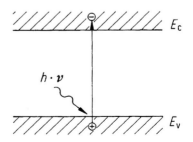

Abb. 37 Absorption eines Lichtquantes durch einen Band-Band-Übergang (Generation eines Ladungsträger-Paares)

Der Kehrwert der Absorptionskonstanten α wird auch als *Eindringtiefe* der Strahlung in den Halbleiter bezeichnet.

8.6.2 Der Fotowiderstand

Das Funktionsprinzip des Fotowiderstandes beruht auf dem inneren Fotoeffekt, der die Leitfähigkeit des Halbleitermaterials erhöht. Er ist ein passives Bauelement ohne Sperrschicht. Verwendet werden je nach Anwendungsbereich Halbleiterwerkstoffe, deren Bandabstand der zu detektierenden Strahlung angepasst ist: CdS (Cadmiumsulfid), CdSe (Cadmiumselenid), ZnS (Zinksulfid) oder deren Mischkristalle. Beurteilt werden Fotowiderstände nach:

(a) der Fotoleitfähigkeit $\sigma_{fot}(u)$ im Verhältnis zur Dunkelleitfähigkeit σ_0 als Funktion der Bestrahlungsstärke E des mit konstanter Wellenlänge λ eingestrahlten Lichtes,
(b) der spektralen Empfindlichkeit $\sigma_{fot}(\lambda)$ als Funktion der Wellenlänge des mit konstanter Bestrahlungsstärke E eingestrahlten Lichtes,
(c) dem Zeitverhalten $\sigma_{fot}(t)$,
(d) und den Rauscheigenschaften NEP (noise-equivalent power).

Abb. 38 zeigt eine Auswahl von Halbleiterwerkstoffen mit deren relativen spektralen Empfindlichkeiten als Funktion der Wellenlänge.

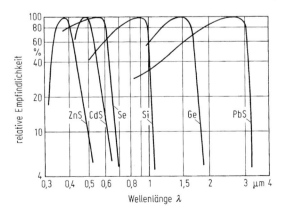

Abb. 38 Relative spektrale Empfindlichkeit verschiedener Fotohalbleiterwerkstoffe abhängig von der Wellenlänge des eingestrahlten Lichtes

8.6.3 Der PN-Übergang bei Lichteinwirkung

Wird die Umgebung eines PN-Überganges beleuchtet, so werden durch den inneren Fotoeffekt örtlich Ladungsträgerpaare generiert. Die Ladungsträger, die durch Diffusion die Sperrschicht erreichen oder in ihr generiert werden, werden durch das elektrische Feld getrennt und können einen äußeren Strom hervorrufen. Der Fotostrom fließt sowohl bei positiver als auch bei negativer äußerer Spannung in Sperrrichtung, d. h., die Kennlinie des unbeleuchteten PN-Überganges wird nach unten verschoben (Abb. 39). Wird der PN-Übergang im 1. oder 3. Quadranten betrieben, so bezeichnet man ihn als Fotodiode und bei generatorischem Betrieb im 4. Quadranten als Solarzelle.

Die Fotodiode
In Anwendungsschaltungen wird die Fotodiode meist in Sperrrichtung betrieben. Ohne Beleuchtung fließt der sehr kleine Sperrstrom. Dieser Sperrstrom erhöht sich bei Beleuchtung proportional zur Beleuchtungsstärke, deshalb eignen sie sich besonders gut zur Lichtmessung. Abb. 40 zeigt den schematischen Aufbau einer Fotodiode in Planartechnik. Zur Verbesserung des kapazitiven Verhaltens für schnelle Detektoren, wird die Fotodiode auch als PIN-Diode ausgeführt.

Die Solarzelle
Die Solarzelle ist in der Lage, bei Lichteinwirkung eine Wirkleistung P_{Fot} abzugeben (siehe schraffierte Fläche in Abb. 39). Die abgegebene Leistung hängt von der spektralen Bestrahlungsstärke $E(\lambda)$ der einfallenden Strahlung, dem Verlauf der Diodenkennlinie und der Wahl des Arbeitspunktes ab. Die Emitterschicht wird bei Solarzellen (wie auch bei Fotodioden) möglichst dünn ausgeführt, um auch bei kurzen Wellenlängen des Lichtes (hohe Absorption bzw. geringe Eindringtiefe) noch die Nähe der Raumladungszone zu erreichen. Die Oberflächen werden oft mit Antireflexschichten versehen. Großflächige Solarzellen sind mit dünnen fingerförmigen Metallkontakten ausgerüstet, um möglichst viel Licht einfallen zu lassen. Der auf der Erde gegenwärtig technisch erreichbare Wirkungsgrad η (abgegebene

Abb. 39 Kennlinie eines beleuchteten ($E = E_0$) und unbeleuchteten ($E = 0$) PN-Überganges

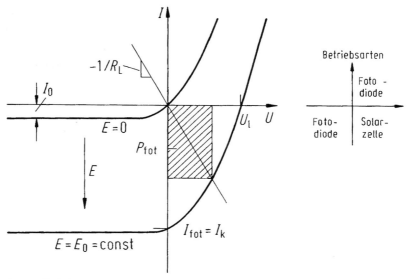

I_fot Fotokurzschlussstrom I_0 Shockley–Sättigungsstrom

U_l Fotoleerlaufspannung E, E_0 Bestrahlungsstärke
in W/m² oder Beleuch-
P_fot Fotoleistung   tungsstärke in lx

Abb. 40 Schematischer Aufbau einer Fotodiode. Die gestrichelt gezeichnete Linie gibt die Grenze der Raumladungszone an

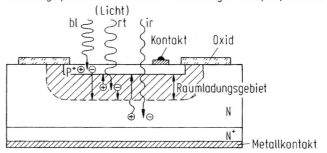

zu eingestrahlter Leistung) liegt bei Silizium-Solarzellen bei etwa 11 %.

8.6.4   Der Fototransistor

In der Wirkungsweise entspricht ein Fototransistor einer Fotodiode mit eingebautem Verstärker und weist eine bis zu 500-mal größere Fotoempfindlichkeit im Vergleich zur Fotodiode auf. Im Abb. 41 ist der Aufbau eines Fototransistors wie-

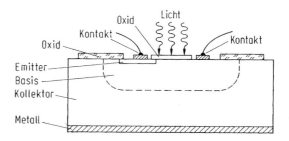

Abb. 41 Schematischer Aufbau eines Fototransistors. Die gestrichelt gezeichnete Linie gibt die Grenze der Basis-Kollektor-Raumladungszone an

dergegeben. Emitter- und Basisanschluss sind so angebracht, dass eine möglichst große Öffnung für die einfallende Strahlung entsteht. Der Basis-Kollektor-Sperrstrom wird bei Bestrahlung um den Fotostrom erhöht. Der Kollektor führt dann in Emitterschaltung den um den Stromverstärkungsfaktor β erhöhten Fotostrom.

8.6.5 Die Lumineszenzdiode (LED)

Unter Lumineszenz versteht man alle Fälle von optischer Strahlungsemission, deren Ursache nicht auf der Temperatur des strahlenden Körpers beruht. Ein in Durchlassrichtung betriebener PN-Übergang injiziert in die Bahngebiete Minoritätsträger, die dort unter Abgabe von Photonen rekombinieren. Diese Eigenschaft bezeichnet man als Injektionslumineszenz und die speziell auf diese Eigenschaft gezüchteten Dioden als Lumineszenzdioden. Abb. 42 zeigt den schematischen Aufbau einer LED am Beispiel von GaAsP. Die Strahlung wird durch die Rekombinationsprozesse in der P-Schicht erzeugt. Aufgrund des Bandabstandes emittiert Silizium nichtsichtbare Strahlung im nahen Infrarotbereich und ist deshalb als Material für Lumineszenzdioden nicht geeignet. Die wichtigsten Materialien, mit denen Injektionslumineszenz im sichtbaren Bereich des Spektrums möglich ist, sind GaAs (Galliumarsenid für Infrarot und Rot), GaAsP (Galliumarsenidphosphid für Rot und Gelb) und GaP (Galliumphosphid für Rot, Gelb und Grün). Das Anwendungsgebiet der LEDs liegt hauptsächlich im Einsatz als Signal- und Anzeigelämpchen oder als Strahlungsquellen für infrarote Lichtschranken; ihre Vorteile gegenüber Glühlampen sind haupt-

sächlich die höhere Lebensdauer und Stoßfestigkeit sowie die bessere Modulierbarkeit.

Literatur

Allen PE, Holberg DR (2011) CMOS Analog Circuit Design, 3. Aufl. Oxford University Press, New York
Bludau W (1995) Halbleiter-Optoelektronik. Hanser, München
Chua LO, Desoer CA, Kuh ES (1987) Linear and nonlinear circuits. McGraw-Hill, New York
Enz CC, Vittoz E (2006) Charge-based MOS transistor modeling – the EKV model for low-power and RF IC design. Wiley, New York
Gerlach W (1979) Thyristoren. Springer, Berlin
Göbel H (2019) Einführung in die Halbleiter-Schaltungstechnik, 6. Aufl. Springer, Berlin
Goser K, Glösekötter P, Dienstuhl J (2003) Nanoelectronics and Nanosystems. Springer, Berlin
Grabinski W, Nauwelaers B, Schreurs D (Hrsg) (2006) Transistor level modeling for analog/RF IC design. Springer, New York
Gray PR, Hurst PJ, Lewis SH, Meyer RG (2009) Analysis and design of analog integrated circuits, 5. Aufl. Wiley, New York
Hering E, Bressler K, Gutekunst J (2005) Elektronik für Ingenieure und Naturwissenschaftler, 5. Aufl. Springer, Berlin
Löcherer K-H (1992) Halbleiterbauelemente. Teubner, Stuttgart
Müller R (1991) Bauelemente der Halbleiter-Elektronik, 4. Aufl. Springer, Berlin
Müller R (1995) Grundlagen der Halbleiter-Elektronik, 7. Aufl. Springer, Berlin
Paul R (1992a) Elektronische Halbleiterbauelemente, 3. Aufl. Teubner, Stuttgart
Paul R (1992b) Optoelektronische Halbleiterbauelemente, 2. Aufl. Teubner, Stuttgart
Paul R (1994) MOS-Transistoren. Springer, Berlin
Reisch M (2007) Halbleiter-Bauelemente, 2. Aufl. Springer, Berlin
Rohe K-H (1983) Elektronik für Physiker, 2. Aufl. Teubner, Stuttgart
Siegl J, Zocher E (2018) Schaltungstechnik – Analog und gemischt analog/digital, 6. Aufl. Springer, Berlin
Stiny L (2016) Aktive elektronische Bauelemente, 3. Aufl. Springer, Berlin
Sze SM (1998) Modern semiconductor device physics. Wiley, New York
Sze SM (2002) Semiconductor devices: physics and technology, 2. Aufl. Wiley, New York
Tille T, Schmitt-Landsiedel D (2005) Mikroelektronik. Springer, Berlin
Vlach J, Singhal K (1994) Computer methods for circuit analysis and design, 2. Aufl. Van Nostrand, New York
Wagemann H-G, Schmidt A (1998) Grundlagen der optoelektronischen Halbleiterelemente. Teubner, Stuttgart

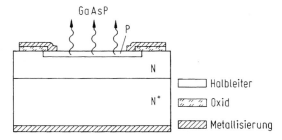

Abb. 42 Schematischer Aufbau einer GaAsP-Lumineszenzdiode. Die Rekombinationsstrahlung entsteht in der 2 bis 4 µm dicken P-Zone unter der Halbleiteroberfläche

Nachhaltige Energieversorgung

Hans-Peter Beck

Zusammenfassung

Aus Klimaschutzgründen soll in Deutschland die Produktion elektrischer Energie frühestens bis zum Jahr 2050 auf eine 80 %-CO_2-freie Bereitstellung durch regenerative Energiequellen zur Nutzung von Solarenergie erfolgen. Aufgrund der dargebotsabhängigen Bereitstellung und ihrer fluktuierenden Einspeisung sowie der sich daraus ergebenden fehlenden gesicherten Leistung muss das elektrische Energieversorgungssystem vollständig umgestellt werden.

Neben der massiven Erhöhung der Erzeuger-Anschlussleistungen, die für eine sektorübergreifende Energieversorgung für Haushalt, Gewerbe, Industrie, Verkehr und des Wärme- und Kältesektors mehr als zu vervierfachen wäre, ist ein entsprechender Ausbau des elektrischen Netzes auf allen Spannungsebenen erforderlich. Aufgrund der fehlenden gesicherten Leistung ist darüber hinaus eine neue Generation von hochflexiblen Speicherkraftwerken erforderlich. Diese stellen zunächst, bis etwa zum Jahr 2030, die fehlende fluktuierende Wirkleistung zur Deckung der Residuallast zur Verfügung.

Ein weiteres Problemfeld betrifft die Kurzzeitspeicherung von Energie, die für die wirtschaftliche Bereitstellung der Momentanreserve und der Primärregelleistung zur Netzfrequenzstabilisierung nötig ist. Zur Problemlösung gibt es zwei Wege: Einerseits können die leistungsstarken regenerativen Einspeiser soweit ertüchtigt werden, dass sie sich zuverlässig an der Erbringung der erforderlichen Systemdienstleistungen beteiligen können. Andererseits sind neuartige Speicherkraftwerke zu entwickeln, die neben Sicherstellung der Netzstabilität und der gesicherten Leistung von z. B. Frequenz- und Spannungshaltung, Kurzschlussleistungsbereitstellung und Schwarzstartfähigkeit auch die notwendige Speicherfunktion bereitstellen.

Das nachhaltige Energiesystem der Zukunft benötigt darüber hinaus eine größere Anzahl von Transportleitungen für elektrische Energie, weil die Bereitstellung der regenerativen elektrischen Energie zunehmend an Orten erfolgt, an denen keine Verbraucherschwerpunkte vorhanden sind. Hierzu sind Hochspannungs-Gleichstrom (HGÜ)-Transportleitungen erforderlich, die die im Süden und Westen Deutschlands liegenden Lastschwerpunkte insbesondere mit den Offshore-Wind-Standorten energetisch verbinden.

H.-P. Beck (✉)
Institut für Elektrische Energietechnik und Energiesysteme, Technische Universität Clausthal, Clausthal-Zellerfeld, Deutschland
E-Mail: beck@iee.tu-clausthal.de

9.1 Elektrische Energiesysteme mit fluktuierender Einspeisung aus erneuerbaren Energiequellen

Das Ausmaß der möglichen Konsequenzen der globalen Erwärmung führt zur Frage, wie diese verhindert oder ihre Folgen zumindest gemildert werden können. Die Grenze von tolerablem zu gefährlichem Klimawandel wird politisch beispielsweise von der Europäischen Union mit einer Erwärmung um höchstens 2 °K benannt (Deutsches Klimarechenzentrum 2010).

Die Erkenntnis, dass anthropogen erzeugtes CO_2 aus der Verbrennung fossiler Brennstoffe ein wesentlicher Treiber der globalen Erwärmung ist, hat in den vergangenen Jahren zu einem Umbruch in der gesellschaftlichen und politischen Wahrnehmung und auch Bewertung der Energieerzeugung geführt. Darunter stellen energiebedingte Treibhausgasemissionen mit 80 % nach wie vor den überwiegenden Teil aller Emissionen dar, wobei die Strom- und Wärmeerzeugung die Sektoren mit den höchsten Emissionen sind (Europäische Umweltagentur 2008).

Primärenergieeinsparungen bzw. Effizienzsteigerung können an verschiedenen Stellen der Wertschöpfungskette erzielt werden (Wuppertal Institut für Klima, Umwelt, Energie GmbH, Oktober 2013):

- Bei der Energiebereitstellung sind es erneuerbare Energien sowie Wirkungsgradverbesserung in der elektrischen Energieerzeugung
- Bei der elektrischen Energieübertragung und -verteilung sind es beispielsweise Effizienzsteigerung der Betriebsmittel und Einführung neuer Netzbetriebselemente (z. B. rONT, Schmiesing 2016)
- Beim Energieverbrauch ist es beispielsweise die kluge (smarte) Verwendung von Energie ohne Abstriche am gewünschten Energienutzen

Eine große Herausforderung liegt in der Integration der erneuerbaren Energieanlagen in das bestehende Stromverbundnetz. In Deutschland ist das Ziel gesetzlich verankert worden, bis zum Jahr 2050 den Anteil der erneuerbaren Energien auf mindestens 80 Prozent zu erhöhen (vgl. Tab. 1).

Neben den Treibhausgasemissionen hat der Ausstieg aus der Kernenergie aufgrund der Atomkatastrophe von Fukushima besonders an Bedeutung zugenommen, weil damit CO_2-arme Kraftwerke abgeschaltet werden. Da sich Kernkraftwerke aufgrund ihrer Kostenstruktur sowie Sicherheitsaspekte sehr gut zur Grundlastversorgung mit wenigen Lastprofilschwankungen eignen, stellt der Kernenergieausstieg eine zusätzliche große Herausforderung für die Versorgungssicherheit dar. Andererseits sind die Braunkohlekraftwerke als Alternative zur Grundlastversorgung mit großen spezifischen CO_2-Austößen verbunden. Im Vergleich zu den nahezu CO_2-neutralen Kernkraftwerken bedeutet dies eine deutliche Verschiebung der Gesamtemissionen zur Aufrechterhaltung derselben Versorgungssituationen in die unerwünschte Richtung.

Darüber hinaus stehen die erneuerbaren Energiequellen mit den größten Potentialen in Deutschland, nämlich Wind- und Sonnenenergie, nur wetterbedingt zur Verfügung, weswegen sie nur geringfügig zur Grundlastversorgung beitragen können. Wegen der begrenzten Speichermöglichkeiten der elektrischen Energie im heutigen Stromnetz muss diese entsprechend der momentanen Nachfrage möglichst zeitgleich produziert und gleichzeitig wegen differenzierender Erzeugungs- und Verbrauchsschwerpunkte über große Entfernungen zum Nutzer hin transportiert werden. Die in Abb. 1 modellierten Dauerlinien (kumulierte Dauerstellung der jährlichen Ganglinie P (t) in GW als Funktion der Jahresnutzungsdauer) für Verbrauch und Erzeugung elektrischer Energie basierend auf einem realistischen Szenario verdeutlichen, dass selbst unter der Annahme

Tab. 1 Ausbaupfad der Erneuerbaren Energien (EE) (Bundesministerium für Umwelt, Naturschutz und Reaktorsicherheit (BMUB) 2011)

	EE – Anteil am Stromverbrauch	EE – Anteil am Brutto-Endenergieverbrauch
2020	mind. 35 %	18 %
2030	mind. 50 %	30 %
2040	mind. 65 %	45 %
2050	mind. 80 %	60 %

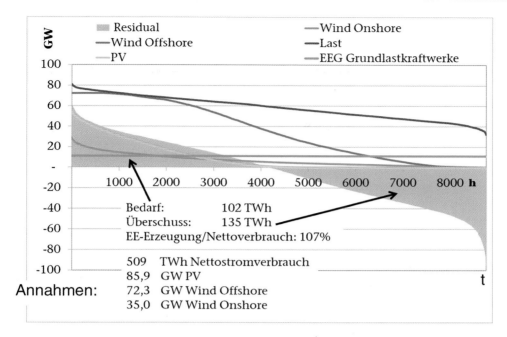

Abb. 1 Jahresdauerlinien für Verbrauch und Erzeugung elektrischer Energien für das deutsche elektrische Energiesystem des Jahres 2050 (Bundesministerium für Umwelt, Naturschutz und Reaktorsicherheit (BMUB) 2011)

einer effizienten Stromübertragung in Deutschland ohne weitere Speichermaßnahmen etwa die Hälfte des Stromverbrauchs in 2050 nicht gedeckt werden könnte.

Das ehrgeizige Ziel der Bundesregierung, den regenerativen Anteil bis zum Jahr 2050 auf ≥80 % zu steigern (Bundesministerium für Umwelt, Naturschutz und Reaktorsicherheit (BMUB) 2011), bedingt eine starke Zunahme dieser fluktuierender Erzeugerleistungen aus Wind- und Photovoltaikanlagen (Abb. 2), wobei die angegebenen Werte nur für 50 % regenerativer elektrischer Versorgung gelten.

Für eine sektorübergreifende Energieversorgung (Haushalt, Gewerbe, Industrie, Verkehr, Wärme-/Kältesektor) mit mehr als 80 % iger regenerativer Versorgung wären die Erzeugerleistungen mehr als zu vervierfachen (Umbach 2018).

Vor diesem Hintergrund steht das deutsche Verbundnetz auch aufgrund zunehmender Dezentralisierung der Erzeugungsanlagen vor großen Herausforderungen. Die sich dabei ergebenden Veränderungen im Energieversorgungssystem führen in Summe zu einer Umstrukturierung der Versorgungsaufgabe, nämlich weg

von den verbrauchsnahen zentralen Großkraftwerken, die in Übertragungsnetze einspeisen (ÜNB), hin zu einem zunehmend dezentralisierten Versorgungssystem (VNB) mit verbraucherferneren Erzeugeranlagen, was insbesondere bei Offshore-Anlagen gilt (Abb. 3). Dies hat zur Folge, dass die dezentralen Energieeinspeisungen der dargebotsabhängigen Anlagen vermehrt die regionale Nachfrage übersteigen und diese im günstigsten Fall mittels des ausgebauten Übertragungsnetzes in andere Regionen mit ungedecktem Bedarf transportiert werden müssen (Nakhaie und Beck 2012).

Grundsätzlich könnte die Nutzung dieses Überschusses mittels Speicherung zeitlich bedarfsgerecht verschoben werden. Die Speicherung kann entweder physikalisch – z. B. mit Wasserspeicher-kraftwerken – oder funktional – z. B. durch Lastmanagement d. h. Flexibilisierung der Nachfrage – erfolgen. Als Übergangslösung könnten die Anlagen aber auch, bei zu großem Erzeugungspotential, vom Stromnetz vorübergehend getrennt werden (Einspeisemanagement). Allerdings würde das bei einer großen Anzahl solcher Anlagen erhebliche wirtschaftliche Nach-

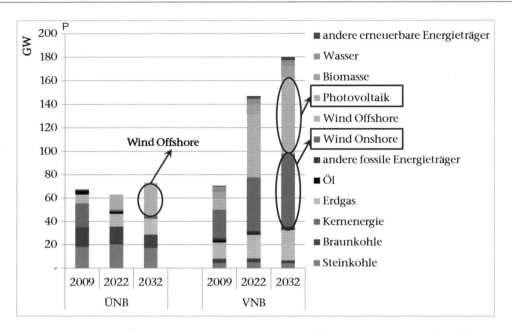

Abb. 2 Ausbau der Energieerzeuger gemäß Netzentwicklungsplan (BNetzA 2014) Leitszenario, ÜNB: Übertragungsnetzbetreiber, VNB: Verteilnetzbetreiber

Abb. 3 Struktur des deutschen Übertragungsnetz (ÜNB/- und Verteilnetzes UNB) a) Topologie b) Typische Übertragungsleistungen

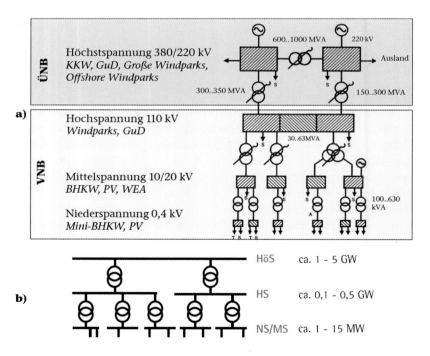

teile verursachen. Des Weiteren wäre es dem eingangs geschilderten Klimaziel abträglich. Deshalb stellt sich die Frage, welche technischen Maßnahmen zur Aufrechterhaltung der ökolo-gisch und ökonomisch basierten Versorgungssicherheit getroffen werden müssen.

Das heutige Verbundnetz in Deutschland besteht aus vier Spannungsebenen. An der

Höchstspannungsebene (Abb. 3) sind die Groß-kraftwerke angeschlossen, wobei die Dreiphasen-Höchstspannungsleitungen für 220/380-kV die elektrische Energieübertragung zu den Verbraucherschwerpunkten transportieren (ÜNB). Durch dieses Verbundnetz und eine gemeinsame Vorhaltung von Reservekapazitäten der Übertragungsnetzbetreiber (ÜNB), die gesetzlich zur Frequenzhaltung im System verpflichtet sind, wird eine hohe Versorgungssicherheit in den angeschlossenen Regionen aufrechterhalten (<15 min mittlere Nichtverfügbarkeit Bundesnetzagentur 2011).

Die Übertragungsnetze sind mit den regionalen Stromversorgungsnetzen – die Verteilnetze – verbunden. Die Verteilnetzbetreiber (VNB) haben die Aufgabe, die elektrischen Verbraucher in ihrer Region auf drei unterlagerten Spannungsebenen zu versorgen und darüber hinaus die Stromerzeugung aus kleineren Kraftwerken zu ermöglichen. Die Wahl der Spannungsebene hängt technisch bedingt von den Anschlussleistungen ab, wobei Großindustrien und mittelgroße Kraftwerke an der Spannungsebene 110-kV (Hochspannungsnetze), Gewerbebetriebe und Teilregionen an 3 bis 60-kV (Mittelspannung) und die Haushalte sowie kleinere Erzeugungsanlagen an 0,4-kV (Niederspannungsnetze) angeschlossen sind (Abb. 3).

Bis auf Off-Shore-Windanlagen speisen alle erneuerbaren Energieanlagen an einem Netzknoten des Verteilnetzes ein, welcher vom Verteilnetzbetreiber derzeit noch vergütet werden muss (Einspeisevergütung, Stufe 1, Abb. 4). Diese elektrische Energie und dessen Vergütung werden dann zu den Übertragungsnetzbetreiber „gewälzt", wobei eine anschließende horizontale Verteilung zwischen den vier Übertragungsnetzbetreibern erfolgt wodurch die ungleichen Belastungen aufgrund unterschiedlicher Einspeisemengen ausgeglichen werden. Die Vermarktung der regenerativ erzeugten Energie findet heute noch überwiegend durch den Übertragungsnetzbetreiber statt, deren Differenz zur eingezahlten Einspeisevergütung anhand der EEG[1]-Umlage an die Stromverbraucher weitergegeben wird (Brandstätt et al. 2011) (Abb. 4).

Die regenerativen Energiequellen haben prinzipbedingt die Gemeinsamkeit einer relativ gerin-gen Energiedichte im Verhältnis zu konventionellen elektrischen Energieerzeugungstechnologien. Daher wird eine große Anzahl von diesen Anlagen geographisch verteilt an möglichst ertragsreichen Standorten vorgenommen, was zu einer Dezentralisierung der elektrischen Energieerzeugung führt. Die Haupt-Stromverbraucher bleiben allerdings auf absehbare Zeit in Ballungszentren mit Industriegebieten. Vor diesem Hintergrund ändert sich das heutige Versorgungsgefüge mit Großkraftwerken in der Nähe von Verbrauchsschwerpunkten, insbesondere in Ballungsgebieten, zu einem System mit erneuerbaren Energiequellen, deren erzeugte elektrische Energie zu den Endverbrauchern transportiert werden muss.

Anders als bei der konventionellen Lastflussrichtung von der Höchst- und Hochspannungsebene in die Mittel- und Niederspannungsebene entstehen aus diesem Grund signifikante Lastflüsse von niedrigen Netzebenen in höhere Netzebenen (Abb. 7).

Diese Situation erfordert ein vollständiges Umdenken im gesamten elektrischen Energiesystem, denn der große Anteil an Off- und Onshore-Wind- (WEA) (Rebhau 2002; Quaschning 1999) sowie Photovoltaikanlagen (PV) (Rebhau 2002; Quaschning 1999) wird aufgrund der starken dargebotsabhängigen Einspeisung signifikante Überschuss- bzw. Defizitsituation am Stromangebot verursachen. Bis zum Jahr 2013 war dies aufgrund des noch relativ kleinen Anteils dieser Anlagen (23,4 % im Dezember 2013 (Bundesverband der Energie- und Wasserwirtschaft e.V. 2014)) keine solche Situation zu erwarten, da der breit aufgestellte Kraftwerkspark zusammen mit den Pumpspeicherkraftwerken in der Lage war restliche Defizitstunden und Leistungsschwankungen auszugleichen. Wenn aber, wie in Zukunft geplant, die derzeit noch betriebenen Kernkraftwerke bis zum Jahr 2022 vom Verbundnetz genommen werden[2] und die Kohlekraftwerke emissionsbedingt nach und

---

[1]Erneuerbare-Energie-Gesetz.

[2]1. mit Ablauf des 31. Dezember 2019 für das Kernkraftwerk Philippsburg 2,

2. mit Ablauf des 31. Dezember 2021 für die Kernkraftwerke Grohnde, Gundremmingen C und Brokdorf,

3. mit Ablauf des 31. Dezember 2022 für die Kernkraftwerke Isar 2, Emsland und Neckarwestheim 2.

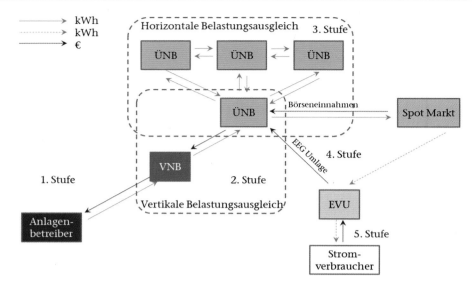

Abb. 4 Wälzungsmechanismus des EEG-Stromes

nach stillgelegt werden, wird diese Situation ohne weitere technische Maßnahmen nicht beherrschbar sein. Es kommt heute schon vermehrt zu Situationen, in denen die regenerative Erzeugung den Verbrauch regional übersteigt. Eine diesbezügliche besondere Lastsituation ergab sich z. B. am 08. Mai 2016 (Abb. 4). Aufgrund des Stromüberangebotes durch Schwachlast und hoher PV- und WEA-Einspeisung viel der Börsenstrompreis auf minus 130 €/MWh. Zur Netzstabilisierung war eine konventionelle Erzeugung von rd. 14 GW erforderlich (technischer „must run"). Anderseits ist bei fehlendem Wind- und Sonnenangebot eine gesicherte Kraftwerksleistung (Back-up) zur Aufrechterhaltung der Versorgungssicherheit notwendig. Entstehen hierdurch Netzengpässe ist eine Verlagerung der Back-up-Erzeugung hin zu Netzabschnitten mit ausreichenden Transportleistungen erforderlich (Redispatch) (Abb. 5 und 6).

9.2 Maßnahmen zur Integration der erneuerbaren Energie

Wie in Abb. 2 dargestellt, werden Wind- und Sonnenenergie künftig mit Abstand den größten Anteil der erneuerbaren Energieanlagen ausmachen. Dies erfordert eine entsprechende Erhöhung der Netzanschlussleistung (Faktor 2–3 bis

2032). Um die Versorgungssicherheit aufrecht zu erhalten, müssen die konventionellen Kraftwerke dann die Schwankungen auf der Erzeuger- und Verbraucherseite ausgleichen. Die Energieerzeugung aus Windenergieanlagen schwankt beispielsweise zwischen 0 und knapp 85 % der installierten Leistung (Übertragungsnetzbetreiber 2019). Innerhalb einzelner Monate sind Abweichungen zum jeweiligen langjährigen Monatsmittel um bis zu +90/ −50 % möglich (Fraunhofer Institut für Windenergie und Energiesystemtechnik (IWES); Ingenieurwerkstatt Energietechnik (IWET) 2010). Bezogen auf diese Situation müssen die Back-up-Kraftwerke mit erheblich zunehmenden Leistungsänderungsgeschwindigkeiten sowie der Notwendigkeit der Bereitstellung einer langfristigen Ausgleichsenergie eingestellt werden. Eine Kompensation der sog. Residuallast P_A (Abb. 7 und 8) (Verbraucherleistung minus der Leistung fluktuierender Einspeiser), die auch negativ werden kann (Abb. 1), ist notwendig für die Erhaltung der Versorgungssicherheit. Unabhängig von konkreter Technologieverfügbarkeit können die erforderlichen Maßnahmen wie folgt priorisiert werden:

- Energiemanagement (Einspeisemanagement, Lastverschiebung, Redispatch)
- Netzausbau

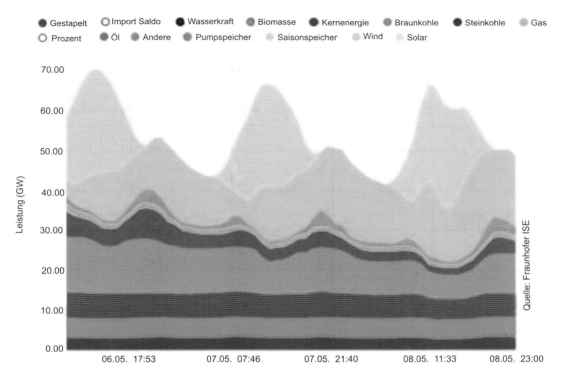

Abb. 5 Besondere Lastsituation: 08. Mai 2016 (starke EE-Erzeugung und schwache Last, Sonntag)

Abb. 6 Mindesterzeugung des Kraftwerksparks bis zum Jahr 2030 in Deutschland („Technischer Must Run" zur Aufrechterhaltung der Netzstabilität), J: Für die Netzstabilität erforderliche bewegte Masse über technischen „must run" realisieren (Momentanreserve)

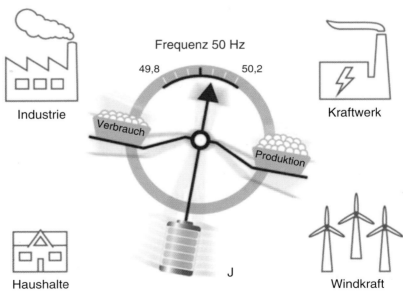

- Flexibilisierung der Back-up-Kraftwerke (ohne Speicher)
- Erweiterung der Back-up-Kraftwerke zu regenerativer Speicherkraftwerken

Aufgrund zunehmend fluktuierender Erzeugung aus erneuerbaren Energieanlagen ist die Flexibilität des gesamten Versorgungssystems, die in Zukunft zum Verlustausgleich auch einen mone-

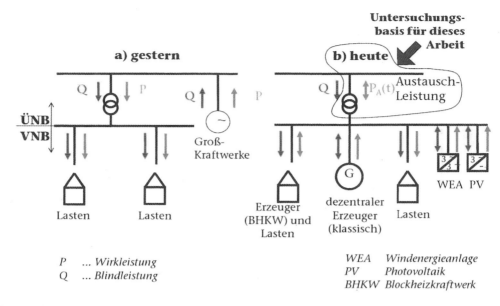

Abb. 7 Dezentrale Netz- und Erzeugerstrukturen (Nakhaie 2015)

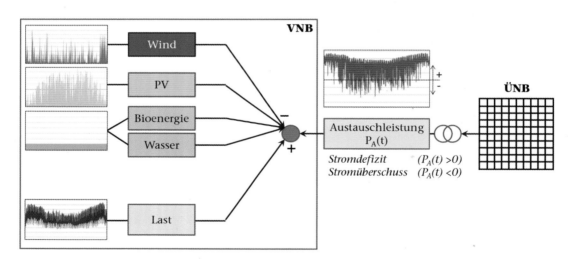

Abb. 8 Berechnung der Residuallast und der Austauschleistung zwischen VNB und ÜNB (Nakhaie 2015)

tären Wert besitzen sollte, von großer Bedeutung. Vor diesem Hintergrund müssen sämtliche Komponenten des Energiesystems- von konventionellen und nicht regelbaren EE-Anlagen (z. B. Biomasse-Kraftwerke, Abb. 5) bis hin zu Endverbrauchern – als Ganzes einbezogen werden. Dadurch wird eine Überwachung und Steuerung angeschlossener Erzeugungsanlagen und Verbraucher sowie hochausgelasteter Netze erforder-

lich (Smart Grid, Gellings 2009). Dieses oft als Smart-Grid bezeichnete Zukunftsnetzkonzept erfordert die Implementierung zusätzlicher Geräte der Mess-, Steuer- und Regelungstechnik sowie darüber hinaus Geräte der Informations- und Kommunikationstechnik auf der Verbrauchs- und Erzeugerseite, die alle im Vergleich zu heute für ihren Betrieb zusätzliche elektrische Energie benötigen. Inwieweit hier durch Effizienzsteigerungen und eine

Minimierung des geplanten Netzausbaues (elektronisches n-1-Kriterium, VDE/FNN 2017; ÜNB 2015) erzielt werden können, bleibt abzuwarten. Ein Betrieb ohne diese zusätzlichen Automatisierungseinrichtungen zur Erhaltung des Gleichgewichtes zwischen Stromangebot- und -nachfrage in jeden Augenblick (Abb. 8) ist jedoch aufgrund der zunehmenden fluktuierenden Einspeisung nicht denkbar.

Der erforderliche Netzausbau umfasst alle Netzebenen, denn die Möglichkeiten der bestehenden Verteilnetzinfrastruktur zur weiteren Integration der dezentralen Stromerzeuger sind bereits heute in vielen Regionen ausgeschöpft. Andererseits können die bestehenden Betriebsführungskonzepte der Netze angepasst werden, wobei die Schnittstellen und Rollenverteilung zwischen Übertragungs- und Verteilnetzbetreiber auf die veränderten Anforderungen abzustimmen wären (Deutsche Energie-Agentur GmbH 2011). Um die Versorgungssicherheit nicht zu gefährden ist neben dem heute bestehenden Verbundnetz ein neues Transportnetz erforderlich, um die Entfernung von Erzeugerschwerpunkten (z. B. Nordsee) mit den Verbrauchsschwerpunkten (z. B. Industriegebiete im Süden und Westen Deutschlands) zu koppeln (Nakhaie und Beck 2012). Grundsätzlich stehen dafür die Hochspannungs-Drehstromübertragung (HDÜ) und Hochspannungs-Gleichstromübertragung (HGÜ) zur Verfügung. Sie unterscheiden sich allerdings durch technische und ökonomische Merkmale, weswegen je nach Anwendungsfall eine Auswahlentscheidung getroffen werden muss (Beck und Hoffmann 2012).

Drehstrom-Übertragungsleitungen
Die übliche Drehstrom-Freileitung ist mit einem Anteil von mehr als 99,7 % der Stromkreislänge in der Höchstspannungsebene das in Deutschland meistverbreitete Übertragungssystem. Aufgrund des bereits seit 1923 bestehenden Einsatzes, stehen ausreichende Langzeiterfahrungen zur Verfügung. Diese Technologie zeigt ein zuverlässiges und robustes elektrisches und thermisches Betriebsverhalten, wobei künftig allerdings keine größeren Entwicklungssprünge mehr zu erwarten sind. Durch den vergleichsweise einfachen Aufbau können Drehstrom-Freileitungen schnell, einfach und relativ kostengünstig errichtet werden. Darüber hinaus kann die Errichtung relativ einfach an die natürlichen Hindernisse und Verkehrswege angepasst werden. Drehstrom-Erdkabel werden im Gegensatz dazu erst seit 1986 und auf verhältnismäßig kurzen Strecken in Großstädten eingesetzt.

Gleichstrom-Übertragungsleitungen
Neben der üblichen Hochspannungs-Drehstromübertragung (HDÜ) besteht auch die Möglichkeit der Hochspannungs-Gleichstrom-Übertragung (HGÜ) zur Energieübertragung über große Entfernungen (Abb. 9 und 10). Aufgrund des physikalisch

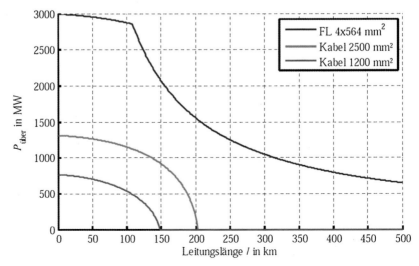

Abb. 9 Übertragungsleistung einer Verbindungsleitung im Verbundnetz (Nennspannung an Anfangs- und Endknoten) für Freileitung (FL)/Kabel 380 kV Übertragungssysteme (Beck und Hoffmann 2012)

Abb. 10 Übertragbare Leistung der HGÜ bei Annahme eines maximalen Spannungsabfalls von 10 % für zwei verschiedene Varianten (HGÜ 400 MW: 1800 mm^2 Al, $\pm$ 150 kV und HGÜ 1000 MW: 2200 mm^2 Al, $\pm$320 kV) (Beck und Hoffmann 2012)

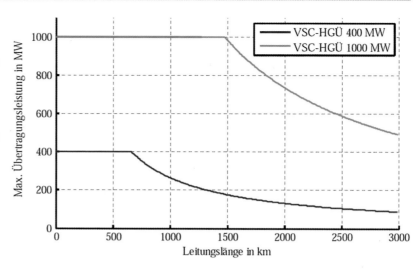

bedingten Entfalls der Blindleistung bei der elektrischen Energieübertragung (Längsreaktanz der Leitung XL = ωLL = 0 für Gleichstrom mit ω = 0 und dem Querleitwert Bc = ωCL = 0) sind die Übertragungseigenschaften für große Leitungslängen viel günstiger. Sie eignen sich für den Einsatz als Seekabel oder aber auch als Punkt-zu-Punkt-Verbindung für den großräumigen Energietransport innerhalb eines vermaschten Verbundnetzes. Nachteilig sind die zusätzlich erforderlichen Konverterstationen (vgl. Abschn. 9.3) an den Leitungsenden, die einen vergleichsweise großen Platzbedarf benötigen und zusätzliche Investitionskosten verursachen. Aufgrund der noch am Markt fehlenden Multi-Terminal-Systeme zur Schaffung eines vermaschten Gleichstromnetzes ist die Anwendbarkeit der HGÜ nach heutigem Stand auf die Schaffung von Punkt-zu-Punkt-Verbindungen (sog. „Overlay Netz" z. B. Nordlink, Südlink, NEP2014, Szenario B2034) beschränkt.

Verteilnetze

Klassischerweise sind Verteilnetze, wie auch der Name andeutet, zum Verteilen des übertragenen Stroms bis hin zu Endverbrauchern ausgelegt. Allerdings werden diese Netze künftig ortsabhängig verstärkt, damit die elektrische Energie aus dezentralen Anlagen aufgenommen und in die vorgelagerten Netze zurückgespeist werden kann (Abb. 7). Der Ausbau der Netze und

Umspannwerke zwischen den Spannungsebenen wird auch künftig basierend auf Netzberechnungen und -simulationen unter den neuen Verbrauchs- und Erzeugungsrahmenbedingungen erfolgen (Schmiesing 2016). Dies wird insbesondere auf der Niederspannungsebene aufgrund des sehr starken PV-Ausbaus der Fall sein. Problematisch ist der Netzbetrieb weniger bei hoher Last tagsüber, sondern eher in Schwachlastzeiten an sonnigen Tagen mit entsprechender Rückspeisung des Überschusses in höher gelegene Spannungsebenen (P_A<0). Dies würde eine entsprechende Verstärkung der betroffenen Netzebenen sowie Umspannstation bzw. den Einbau von regelbaren Ortsnetztransformatoren (rONT) bedeuten (Schmiesing 2016). Durch den Einbau eines elektronischen Laststufenschalters kann die Ausgangsspannung auf der Niederspannungsseite des Transformators dynamisch und unterbrechungsfrei geregelt werden, welches eine Vergrößerung der zulässigen Spannungsabfälle und -hübe und somit eine Erhöhung der Aufnahmekapazität ermöglicht.

Inwieweit die örtlichen und regionalen Verteilnetze verstärkt werden müssen bzw. in welchem Ausmaß weitere Netzkomponenten diesen Ausbau reduzieren können, erfordert präzise ortsspezifische Netzberechnungen, die von Investitionsentscheidung von der VNB angestellt werden (Schmiesing 2016).

9.3 Künftige Anforderungen an Elektrische Energieerzeuger

Der traditionelle Mix aus thermischen Kraftwerken zusammen mit den bestehenden Pumpspeicherwerken bot eine genügende Flexibilität zur Versorgung der üblichen Lastprofile auch bei Erzeugungsausfällen. Weiterhin haben bisher diese Großkraftwerke die Aufgabe zur Aufrechterhaltung der Systemstabilität übernommen, in dem sie die erforderlichen Systemdienstleistungen zur Verfügung stellten. Hierzu gehören beispielsweise die Primär-Sekundär-Tertiärregelung, Blindleistungsregelung und Kurzschlussstrombereitstellung, wofür derzeit auch die redundante und ausfallgesicherte IKT-Anbindung besteht (Kerber 2011).

Allerdings wird zukünftig der Bedarf an weiterer Flexibilität aufgrund steigender Anteile von fluktuierenden erneuerbaren Energiequellen stark zunehmen. Abb. 11 zeigt, wie sukzessiv die Grundlast, die von konventionellen Kraftwerken zu erbringen ist, mit zunehmender Einspeisung regenerativer Energiequellen abnimmt. Um bei unterschiedlichen Wetterlagen und Verbrauchersituationen dennoch die Systemstabilität zu gewährleisten, sind die für Versorgungssicherheit relevanten Kraftwerke auch in Zukunft nicht wegzudenken, sie müssen nur ertüchtigt d. h. flexibler und modifiziert betrieben (z. B. Speicherbetrieb) werden (Abb. 12). In einem Kraftwerkspark ohne Speicher kommt es deshalb auf den richtigen Mix zur Aufrechterhaltung der geforderten Flexibilität sowie Versorgungssicher-

heit an (et-Redaktion 2012). Die Abb. 12 zeigt wie hoch diese Flexibilität im Jahr 2030 sein muss (Beck und Spielmann 2017). Es ist zu erkennen, dass die Einspeisung der auftretenden Residual in Zukunft hochflexible Spitzenlastkraftwerke erfordert, deren Volllaststundenzahl nicht nur unter 1000 h/a liegt sondern auch negativ wird, d. h. Speicherbetriebsstunden erfordert (hier Quadrant S mit max. 10 h und ca. 6 GW). Möglichkeiten zur Erfüllung dieser Anforderungen wären, die vorhandenen Pumpspeicherkraftwerke (auch Untertage) auszubauen, Kurzspeicher mit Batterien im Netz zu installieren und/oder herkömmliche Kraftwerke zu flexibilisieren und mit Kurz- und Langzeitspeicher zu kombinieren und zu sog. „Regenerativen Speicherkraftwerken" zu ertüchtigen (Abs. 28.4). Vorteil der letztgenannten Maßnahmen wäre, dass der vorhandenen Netzknoten, an dem das Kraftwerk heute angeschlossen ist, für den Speicherbetrieb mitbenutzt werden kann. Da, wie Studien zeigen (Niedersächsisches Ministerium für Umwelt, Energie und Klimaschutz 2016), ab 2040 erhebliche Speichervolumina benötigt werden (>100 TWh für Deutschland) könnten heutige Großkraftwerke als Standort erhalten bleiben, in dem die notwendigen Energiespeicher (z. B. untertägige Gasspeicher) integriert werden, ohne dass die weiteren elektrotechnischen Systemdienstleistungserbringer (Blindleistung, Kurzschlussleistung, Momentanreserve, Schwarzstartfähigkeit und Back-up-Funktion) aufgegeben werden müssten, da sie auch in Zukunft gebraucht werden.

Abb. 11 Entwicklung der Residualleistung im Zuge der Umstellung auf regenerative Energiequellen

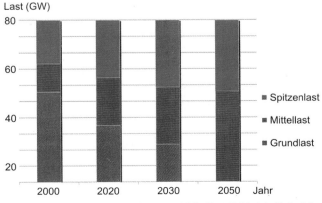

Quelle: Systemstabilität, Ernst Reichstein, Vattenfall

Abb. 12 Ausgleich zwischen EE-Erzeugung und Verbrauch nach Auswertung der Residuallast (Last-EE-Erzeugung) für ganz Deutschland im Jahr 2030

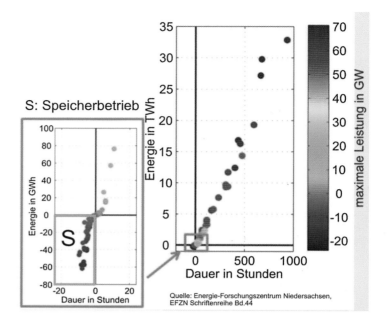

Vor diesem Hintergrund besteht das besonders intensiv diskutierte Thema notwendiger sog. Stromspeicher (vgl. Abs. 28.4). Bei sinkendem Anteil der konventionellen Kraftwerke beteiligen sich diese regenerativen Speicherkraftwerke, relativ gesehen, weniger an der Erbringung von Systemdienstleistungen (Kerber 2011), weshalb die den wachsenden Beitrag zur Systemsicherheit liefern müssten. Neben der dynamisch netzdienlichen Beeinflussung der Wirkleistung (P) zur Frequenzregelung (P ~ f) müssten sie in Zukunft auch verstärkt zur Spannungsregelung (Q ~ U) herangezogen werden. Bedingung hierfür ist aber, dass herkömmliche Kraftwerke neben der Ertüchtigung zum Speicherkraftwerk steuerungs- und kommunikationstechnisch aufgerüstet werden, damit sie aktiv innerhalb des Versorgungssystems systemverantwortliche Aufgaben übernehmen können (Neubarth 2011).

9.4 Elektrische Energiespeicherkraftwerke

Als ein wesentlicher Baustein für die Integration hoher Anteile fluktuierender erneuerbarer Energie in die Stromversorgung wird, wie beschrieben, der Einsatz von Speichertechnologien unabding-

bar sein. Neben der Möglichkeit zur Zwischenspeicherung der Überschussenergie (vgl. Abb. 1, negative Fläche der Dauerlinie) sollen Speicherkraftwerke einen wesentlichen Beitrag zum Erhalt der Systemsicherheit im Netzverbund liefern. Die auftretenden systemsicherheitsrelevanten Maßnahmen bestehen dabei aus zwei Gruppen. Es wird differenziert nach notwendigen Systemdienstleistungen zur Frequenzhaltung und weiteren systemsicherheitsrelevanten Maßnahmen (Energie-Forschungszentrum Niedersachsen (EFZN) 2013) (siehe Tab. 2).

Die Speicherkraftwerke haben bereits in Form von Pumpspeicherkraftwerken Anfang des zwanzigsten Jahrhunderts Eingang in den Netzbetrieb gefunden (The Boston Consulting Group 2011; Neumann et al. 2012; Busch und Kaiser 2013, 2014, 2015). Zurzeit stehen darüber hinaus für Speicherkraftwerke unterschiedliche Speichertechnologien zur Zwischenspeicherung der elektrischen Energie nach unterschiedlichen physikalischen Prinzipien zur Verfügung (Abb. 13). Kriterien für ihre Anwendung ergeben sich aus den Anforderungen hinsichtlich elektrischer Lade- und Entladeleistung, Speicherkapazität und -energie, vorrangiger Einsatzgebiete (Ausgleich kurzfristiger Leistungsschwankungen oder

Tab. 2 Systematik der Systemdienstleistungen

Systemdienstleistungen	Existierende Mindestanforderungen	- Frequenzhaltung • Primärregelleistung • Sekundärregelleistung • Minutenreserve
	Keine Mindestanforderung	- Spannungshaltung • Blindleistungsbereitstellung
		- Versorgungswiederaufbau • Schwarzstartfähigkeit
		- System-/Betriebsführung • Redispatch-Maßnahmen

Abb. 13 Übersicht von Technologien zur Speicherung elektrischer Energien

Energiespeicherung), Nutzungsgrad (einschließlich Hilfsenergiebedarf und Ruhe- bzw. Entladeverluste) und Marktreife.

Im Folgenden werden ausgewählte Speichertechnologien technisch kurz charakterisiert und die Entwicklungspotentiale beschrieben. Hierbei werden zunächst Pumpspeicher, gefolgt von Druckluftspeichern, mobilen und stationären Batteriespeichern sowie Methanisierungsanlagen erwähnt.

Mechanische Speicher

Pumpspeicherkraftwerke auch Untertage (Neumann et al. 2012; Busch und Kaiser 2013, 2014, 2015) speichern die elektrische Energie in Form von potentieller Energie von Wasser, die vom geodätischen Höhenunterschied zwischen den oberen und unteren Speicherbecken abhängt.

Bezugnehmend auf der durchschnittlichen Fallhöhe in den deutschen Pumpspeicherwerken von etwa 300 m ergibt sich somit eine Energiedichte von 0,82 kWh/m^3 (Zentrum für Energieforschung Stuttgart 2012). Diese Technologie hat sich auf einem hohen technischen Niveau etabliert

und wird mit einer Lebensdauer von bis zu 100 Jahren angegeben (Schernthanner und Lackner 2010).

Unter den mechanischen Speichermöglichkeiten erreichen Pumpspeicherkraftwerke die höchsten Speicherleistungen und -kapazitäten und besitzen einen Wirkungsgrad von bis zu 85 %. Zusätzlich reagieren sie relativ schnell, sofern sie mit leistungselektronischer Drehzahlregelung ausgestattet sind (vgl. z. B. PSW Goldisthal). Sie sind damit in der Lage, aus dem Stillstand nach rund 2 Minuten die Nennleistung und somit eine stabile Einspeisung in das Stromnetz zu erreichen. Sie eignen sich daher besonders für Spitzenlast- und Sofortreserve-Anwendungen. Die Verluste beim Anfahren und Abschalten sind sehr gering. In Deutschland werden insgesamt ca. 30 Pumpspeicherkraftwerke zwischen 3,3 MW und 1060 MW elektrischer Leistung mit 40 GWh-Speicherkapazität betrieben. Die Gesamtleistung beträgt rund 6,7 GW (Bundesministerium für Umwelt, Naturschutz und Reaktorsicherheit (BMUB) 2007). Bis 2020 sind drei neue Pumpspeicherwerke mit einer installierten Gesamtnennleistung von 1645 MW in Planung. Zusätzlich wird davon ausgegangen, dass die Leistungsfähigkeit bestehender Anlagen durch Modernisierungsmaßnahmen um 330 MW erhöht werden kann, sodass bis 2050 eine installierte Nennleistung von ca. 8,6 GW möglich ist (Umweltbundesamt 2010).

Mittlerweile werden basierend auf der Pumpspeicherwerktechnologie auch weitere Konzepte untersucht. Beispielsweise wäre es aus ökologischen und wirtschaftlichen Gründen sinnvoll, die vorhandenen stillgelegten Bergwerke zur Errichtung untertägiger Pumpspeicherwerke zu nutzen (Schmidt 2012). In Frage kommen die Strecken und Schächte der alten bzw. stillgelegten Bergwerke, die mit einem entsprechenden Rohrsystem zusammen verbunden und ausgekleidet werden müssen (Beck et al. 2011). Dies könnte aber auch in Tagebaugruben erfolgen, in dem bereits während der Abbauphase Hohlräume oder Rohrsysteme auf der tiefsten Ebene gebaut bzw. verlegt werden. Abschließend erfolgen die Überdeckung mit Abraummaterial und die Errichtung des Oberbeckens (Schreiber et al. 2010). Durch Nutzung untertägiger Pumpspeicherwerke könnte diese Kapazität rd. verdoppelt werden (Beck et al. 2011). Weiterhin besteht auch das Konzept eines Meerespumpspeicherwerkes. Das Besondere daran ist, dass das Meer als Unterbecken eingesetzt wird, wobei große Höhenunterschiede in unmittelbarer Küstennähe vorhanden sein müssen und die hohe Korrosionsbeständigkeit gegenüber dem Meereswasser beachtet werden müsste (Fujihara et al. 1998).

Eine weitere Möglichkeit wäre die Pumpspeicherwerke in benachbarten Ländern, wie z. B. in der Schweiz oder in Norwegen, zu nutzen. In Norwegen liegt die jährliche elektrische Energieerzeugung aus den Wasserkraftwerken bei etwa 98 %. Diese Anlagen besitzen insgesamt eine beachtliche Speicherkapazität von ca. 84 TWh, wobei einerseits ein großer Anteil der installierten 29,5 GW als Wasserkraftwerk ohne Pumpenfunktion in Betrieb ist. Zur Nutzung in Deutschland wäre einerseits eine sehr große Übertragungsleistung (HGÜ >1 GW, Nordlink) zwischen Deutschland und Norwegen erforderlich. Andererseits müsste eine Annahme über den natürlichen Stausee-Wasserzulauf sowie den -ablauf entsprechend dem norwegischen Strombedarf einbezogen werden. Hierzu kommt noch die Tatsache, dass die meisten norwegischen Stauseen als Pufferspeicherkraftwerke ausgelegt sind und keine Pumpenmöglichkeit besitzen (Genoese und Wietschel 2011; Nordel 2008). Allerdings wäre eine indirekte, d. h. funktionelle Speicherung mit elektrischer Leistungsumkehr einer HGÜ-Leitung zur Bewirtschaftung der norwegischen Wasserenergie und es deutschen Windenergieaufkommens denkbar.

Als eine weitere Speichermöglichkeit sind Druckluftspeicher-Kraftwerke (Compressed Air Energy Storage – CAES) zu erwähnen (Nielsen 2013). In CAES wir die elektrische Energie mit Hilfe eines Kompressors in Druckenergie gewandelt, welche in unterirdischen Salzkavernen gespeichert wird. Bei der Rückverstromung durchströmt die Druckluft eine Turbine (ggf. Zufeuerung in einer Gasturbine), die in Verbindung mit einem Generator Strom erzeugt. Ohne Wärmerückgewinnung (diabates System) liegen die erreichbaren Wirkungsgrade zwischen 40 % und 60 %, mit Wärmerückgewinnung ohne weitere Zufeuerung von fossilen Brennstoffen (adiabates System) wird theoretisch ein Wirkungsgrad von bis zu 70 % ermöglicht (Abb. 14). Bei letzteren wird die beim Verdichten der Luft erzeugte Wärme im Speichersystem zurückgehalten, welche vor dem Entspannen in der Turbine zum Aufheizen der Luft zugeführt wird. Dabei entstehen zusätzliche Investitionskosten für den Wärmespeicher, der eine abhängig vom benötigten Zeitraum zum zwischenspeichern aufwändige Isolierung erfordert. Bei diabaten Systemen geht diese Wärme entweder an die Umgebung verloren oder muss mit einer Kühleinrichtung abgeführt werden (Zentrum für Energieforschung Stuttgart 2012).

Bei Druckluftspeicherkavernen sind ähnliche Voraussetzungen zu erfüllen wie bei heute bereits im Einsatz befindenden Erdgasspeicherkavernen. Allerdings werden die Erdgaskavernen mit wenigen Zyklen im Jahr betrieben. Im Gegensatz dazu müssen Druckluftspeicherkavernen eine häufige Veränderung des Innendrucks verkraften. Je tiefer die Kaverne, desto höher sind die Stabilität und der zulässige Kavernendruck. Grundsätzlich können diabate sowie adiabate Druckluftspeicher in

Abb. 14 Vergleich der
Speicherdichten
verschiedener Großspeicher
(KBB Underground
Technologies GmbH 2007)

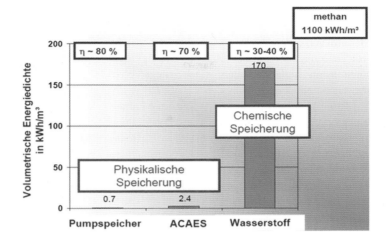

15 Minuten hochgefahren werden. Die einzige Anlage in Huntdorf (Deutschland) ist seit 30 Jahren im Betrieb. Durch Wirkungsgradverbesserungen und der Umstellung auf regenerativ erzeugten Wasserstoff könnten adiabate Druckluftspeicher als zukünftige Alternative zu herkömmlichen Pumpspeicherwerken gesehen werden (Fries et al. 2018).

Kavernen zur Druckluftspeicherung können in Aquiferstrukturen, Felsgestein oder Salzgestein angelegt werden, oder es können ehemalige Bergwerke, Erdgasspeicher oder Lagerstätten genutzt werden. Ausgeförderte Erdgaslagerstätten stellen die am besten bewertete Möglichkeit dar, wohingegen der geringe Volumendurchsatz aufgrund der inneren Reibungsverluste weniger vorteilhaft bewertet wird und zusätzlich eine hohe Konkurrenz zu Einspeicherung von Erdgas besteht. Es wird mit einem Volumen zur Speicherung von Druckluft von ca. 9 Milliarden m^3 in Salzgesteinen gerechnet. Mit der volumetrischen Speicherkapazität von ca. 2,9 kWh/m^3 und unter einem Druck von ca. 20 bar (Buenger et al. 2008) ergibt dies ein Speicherkapazitätspotential für Druckluftspeicherkraftwerke von ca. 27 T Wh.

Elektrochemische Speicher

Elektrochemische Speicher können stationär in Speicherkraftwerken kleinerer Kapazitäten (< 100 MWh) eingesetzt werden. Konventionell werden Batterie-Speicherkraftwerke einerseits als unterbrechungsfreie Stromversorgung (USV) oder zum Erbringen

von Netzdienstleistung und Regelleistung verwendet (Fuchs et al. 2012). Bei der Windenergie kann der Integrationseffekt relativ eingeschränkt ausfallen, denn aufgrund der begrenzten Batterie-Speicherkapazität bei hohen Kosten eignen sich die Batteriespeicher nicht als Langzeitspeicher. Aufgrund der tageszyklischen Verfügbarkeit der Sonnenenergie bieten sich die Photovoltaikanlagen hingegen als eine bessere Einsatzmöglichkeit zum täglichen Beladen und Entladen von elektrochemischen Batteriespeichern. Bei einem System aus Batteriespeicher und Photovoltaik-Anlagen werden dann die Ertragsüberschüsse tagsüber eingespeichert und in ertragsärmere bzw. ertragslose Zeiten am Abend bzw. in der Nacht ausgespeichert. Die Eigenversorgungsquote kann so erhöht werden.

Eine Option für Langzeitspeicher mit großer Kapazität ist die elektrolytische Erzeugung von Wasserstoff und ggf. Konvertierung in Methan. Das Besondere an dieser Technik ist einerseits die Möglichkeit, große Energiemengen über lange Zeiträume untertage zu speichern. Anderseits existiert durch die hohen Importquoten vieler Länder aus weit entfernten Regionen eine gut ausgebaute Erdgasspeicher- und Transportinfrastruktur (Vogel et al. 2012). Somit kann anhand des gut ausgebauten Erdgasverbundnetzes der regenerative Wasserstoff- (Beimischung in begrenztem Anteil) oder das synthetische Methan-Gas über weite Strecken transportiert und die elektrischen Netze im Kontext des angestrebten

Ausbaus der erneuerbaren Energie entlastet werden. Allerdings sind bei der erwähnten Beimischung von Wasserstoff zum Erdgas technische Toleranzen der Infrastruktur und Anwendungstechnik zu berücksichtigen (Deutscher Verein des Gas- und Wasserfaches (DVGW) 2011). Im Falle der Methanisierung (synthetisches Methan) kann hingegen eine beliebig hohe Beimischung erfolgen, sofern für die Einspeisung von Biogas gültigen Grenzwerte aus den entsprechenden Regelwerken eingehalten sind (Vogel et al. 2012). Für ein nachhaltiges Energiesystem wäre allerdings ein geschlossener CO_2-Kreislauf-Prozess zur Umwandlung von Wasserstoff in synthetisches Methan erforderlich. Wird nur Wasserstoff mit einem Anteil von 5 % des Volumenanteils im Erdgasnetz Deutschlands integriert ergibt sich eine Speicherkapazität von ca. 10 TWh. Die Einspeisung von Wasserstoff ins Erdgasnetz erscheint daher als attraktive Alternative zum Aufbau einer eigenen Wasserstoffinfrastruktur. Bei der großtechnischen Speicherung des Wasserstoffs können auch untertägige Kavernen oder Porenspeicher genutzt werden. Somit ergibt sich im bereits abgeschätzten Speichervolumen von ca. 9 Milliarden m^3 aufgrund der deutlich höheren volumetrischen Speicherkapazität (187 kWh/m^3 Buenger et al. 2008). Im Gegensatz zu den Druckluftspeichern könnte eine Speicherkapazität von ca. 1680 TWh erreicht werden (Zentrum für Energieforschung Stuttgart 2012), eine Größenordnung die für ein zukünftiges auf elektrische Energie basierendes nachhaltiges Energiesystem realistisch ist.

Die Wasser-Elektrolyse zur Gewinnung von Wasserstoff ist im Prinzip Stand der Technik. Heute verfügbare Kommerzielle Elektrolyseanlagen liegen in einem Leistungsbereich zwischen 15 kW bis rd. 100 MW. Sollen größere Anlagen realisiert werden, müssen mehrere Module kombiniert werden. Hierbei wird Neuland betreten. Das gleiche gilt für den Betrieb von Elektrolyseanlagen bei fluktuierender Energieeinspeisung.

Zur Erbringung von Netzdienstleistungen und zum Ausgleich fluktuierender erneuerbaren Energie kann die Elektrolyse-Anlage unter Voraussetzung eines Warmstarts mit einer Leistungsänderungsgeschwindigkeit von derzeit rd. 20 % der installierten Leistung pro Minute eingesetzt werden. Der Nutzungsgrad liegt dann bei 65 bis 75 % (Brinner und Hug 2002; Siemens 2013). Durch eine anschließende Verstromung in einem flexiblen Gaskraftwerk, mit einem Wirkungsgrad von ca. 50 % ergibt sich mit Speicherbetrieb ein Gesamtwirkungsgrad von rd. 35 %.

Wird synthetisches Methan verwendet reduziert sich dieser Wirkungsgrad um weitere 5–10 %. Vorteilhaft ist hierbei die Möglichkeit zur Nutzung der Erdgasinfrastruktur in vollem Umfang, nämlich des Transportnetzes sowie der vorhandenen Erdgasspeicher. Zudem besteht eine hohe Flexibilität hinsichtlich der Weiterverwendung der gespeicherten chemischen Energie im Wärme-, Strom- oder Kraftstoffmarkt (Power to Liquid). In den beiden letztgenannten Fällen müsste allerdings das recycelte CO_2 mit der sog. Koelektrolyse für die Fischer-Tropsch-Synthese reduziert oder mit viel Aufwand aus der Luft gewonnen werden. Ähnliches gilt für die Verwendung im synthetischen Kunststoffmarkt (Power to chemicals)

Der relativ geringe Wirkungsgrad von Speicherkraftwerken deutet daraufhin, dass Speicherkraftwerke mit stofflicher Speicherung aus Effizienzgründen nur soweit eingesetzt werden sollten, wie es die Versorgungssicherheit erfordert. Regenerativ erzeugte elektrische Energie sollte, wenn möglich, direkt verwendet werden, wenn sie anfällt und wenn nötig mit leistungsfähigen elektrischen Netzen (HGÜ) dahin transportiert werden, wo sie gebraucht wird.

Sinnvoll und notwendig zur Dekabonisierung des heutigen Energiesystems ist auch eine stoffliche und Wärme-/Kälte- Nutzung des regenerativ erzeugten Stromes in den anderen Verbrauchssektoren Verkehr, Haushalt, Gewerbe und Industrie, wo sie entweder unmittelbar genutzt oder prozessbedingt in Speichermedien zwischengespeichert werden kann (Power to X, d. h. Sektorkopplung, Umbach 2018).

Speicher für den Netzbetrieb in regenerativen Speicherkraftwerken

Der Einsatz von Speichertechnologien ist stark von den Anforderungen und Rahmenbedingungen abhängig. Einerseits sollten die zukünftigen zentralen Speicherkraftwerke Netzanforderungen erfüllen, wohingegen die dezentralen Speicher-kraftwerke (z. B. Batteriespeicher) eher anwendungsspezifisch zum Einsatz kommen sollten und gegebenenfalls durch intelligentes Management Netzdienstleistungen anbieten können (PV-Speicher, Elektroautos). Es gibt andererseits Leistungsspeicher für hohe Leistungen und kurze Speicherzeiten aber mit hoher Zyklenzahl zum Leistungsausgleich (Schwungrad, Hochleistungsbatterien).

Für die Anwendung von Energiespeichern ist besonders die Speicherdichte von großer Bedeutung. Abb. 14 verdeutlicht den großen Unterschied der Speicherdichten von Pumpspeicherwerken, Druckluft-(ACAES)-Technologien und Wasserstoffspeichern. Aufgrund des erheblichen Speicherbedarfs für einen großen Anteil der erneuerbaren Energien muss auch dieser Parameter bei der Auswahl der Speicher berücksichtigt werden.

Ein weiterer wichtiger Speicher-Systemparameter ist die Größe der Speicherdynamik, die in Abb. 15 veranschaulicht wird. Das Bild zeigt, dass konventionelle Kraftwerke (Balken oben) den genannten Zeitbereich ($<$ t $<$ Wochen, Monate) abdecken, allerdings keinen „Lade- bzw. Speicherbetrieb" realisieren können (back up-Betrieb). In Zukunft sind, wie beschrieben, hochflexible Speicher-Kraftwerke auf der Basis regenerativer Energieträger (z. B. H2 und/oder synthetisches Methan) erforderlich (Balken unten).

Kurzzeit- oder Leistungsspeicher (t $<$ 30 s) sind für die Erbringung der Primär- und Sekundärregelleistung notwendig (vgl. Abb. 16). Zeiten bis zu Tagen können auch von ertüchtigten Pumpspeicherwerken kosteneffizient erbracht werden, sofern entsprechende Anreize für den Betreiber bestehen. Inwieweit stoffliche Speicherkraftwerke die Kurzzeitspeicheranforderungen erbringen können bleibt abzuwarten.

9.5 Elektrischer Netzausbau und -betrieb

Grundsätzlich gilt, dass die verfügbare Netzleistung an die zukünftig zu erwartende Anschlussleistung der einspeisenden regenerativen Quellen (Abb. 2, d. h. bis 2050 ca. 250 GW) angepasst

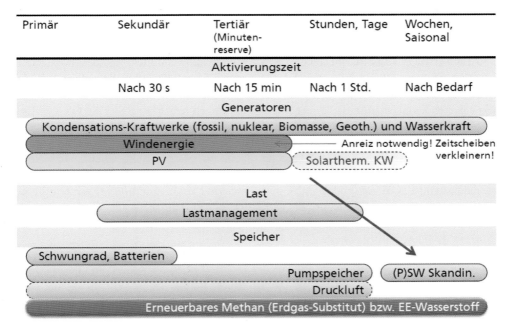

Abb. 15 Zeitliche Klassifizierung der Speichertechnologien (Fraunhofer Institut für Windenergie und Energiesystemtechnik (IWES) 2010)

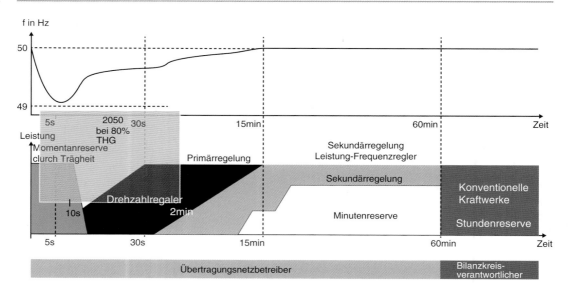

Abb. 16 Allgemeine Definitionen der Momentanreserve am Beispiel (Störungsfall Frequenzeinbruch z. B. Erzeugungsausfall)

werden muss. Will man auch die Sektoren Wärme-/Kälte, Industrie und Verkehr auch regenerativ versorgen (90 % CO2-Reduktion) müsste aus heutiger Sicht die Netzanschlussleistung bei gleichbleibenden Energieverbrauch ohne Speichereinsatz sogar versiebenfacht werden (Umbach 2018). Diese extrem hohen Anforderungen an das Netz ergeben sich aus der vergleichsweise geringen Benutzungsdauer (TB) der Wind- und Solargeneratoren (Mittelwert TB≈2000 h/a). Die der heutigen Kraftwerke liegt im Mittel bei ca. 6000 h Vollaststunden (d. h. Energieabgabe pro Jahr bei Einspeisung mit Nennlast über die Benutzungsdauer TB). Eine Abschätzung über den Ausbau von Speicherkraftwerken, die noch einen erheblichen Entwicklungsbedarf haben, ist aus heutiger Sicht nur grob möglich. Die Abb. 1 zeigt bei einer Verbraucherlast von 80 GW eine notwendige Speicherkraftwerksleistung, die mindestens in der gleichen Größenordnung liegt, weil der Beitrag der regenerativen Quellen zur gesicherten Leistung gering ist. Hierbei wurden Sektorkopplung und strategische Reserven noch nicht eingerechnet (back up).

Die Primärregelung der Kraftwerke (Abb. 16) wirkt im Kurzzeitbereich bis ca. 30 s. Sie beinhaltet die Regelleistung, die nach einem Lastsprung $(\Delta P = M\omega(t) = J\dot{\omega}\omega)$ das unzulässige Absinken

der elektrischen Kreisfrequenz ($\omega = 2\pi f$) über entsprechende Schwungmassen mit der Trägheit (J) (Abb. 6) verhindert ($0 < t < 5$ s). Die Änderungsgeschwindigkeit der Frequenz nach einem Lastsprung sollte dabei nicht viel höher als ≤ 2 Hz/s sein, damit das System stabil bleibt). Dies wird heute durch die hinreichende Vorhaltung von rotierenden Massen (Hochlaufzeit H = $E_{kin}/S_N \geq 2$ s, E_{kin}: Rotor gespeicherte Energie, S_N: installierte Generatorleistung durch den sog. Technischen „Must Run" (Abs. 28.2) gewährleistet. Diese installierte Leistung dafür liegt nach heute bei SN ≥ 14 GVA in Deutschland. Werden weiter konventionelle Kraftwerke abgeschaltet, müssen andere technische Lösungen verifiziert werden (Chen 2016). Neben des Frequenzselbstregeleffektes über die Schwungmassen (Momentanreserve) greifen die übrigen Regelleistungsanteile, die über die Kraftwerksregler (Primär, Sekundär) aktiviert werden, ein (Abb. 16, $t > 5$ s).

Zur Erfüllung der Aufgabe „Frequenzhaltung" benötigen die Übertragungsnetzbetreiber zur Wahrnehmung ihrer Systemverantwortung Regelleistung. Dementsprechend sind die ÜNB permanent zur ausreichenden Vorhaltung von Regelleistung in Form von Verträgen mit Kraftwerksbetreibern zur Erbringung von

- Primärregelleistung und Momentanreserve (primary control including inertia response)
- Sekundärregelleistung (secondary control)
- Minutenreserve (minutereserve)

verpflichtet. Die deutschen ÜNB schreiben diese Regelleistung im liberalisierten Strommarkt aus und beschaffen sie zu Wettbewerbskonditionen. Das Ausschreibungsverfahren öffnet allen Anbietern diesen Markt, wenn sie den technischen Mindestanforderungen zur Bereitstellung von Regelleistung genügen, um einen sicheren Netzbetrieb zu gewährleisten. Für die deutschen Übertragungsnetze, als Teil des ENTSO-E[3]-Verbundnetzes, sind die Maßnahmen zur Frequenzhaltung nationaler und internationaler Regelungen verbindlich. Diese legen die technischen Vorgaben, den bereitzustellenden Umfang der jeweiligen Reserveleistungen und die organisatorischen Rahmenbedingungen fest. Im Gegensatz zur Bereitstellung von Sekundär- und Minutenreserveleistung erfolgt die Feststellung des Bedarfs an Primärreserveleistung im ENTSO-E. Da es sich bei der ENTSO-E um ein Synchrongebiet handelt, wird die Vorhaltung der Primärregelleistung solidarisch über alle der ENTSO-E zugehörigen Netzbetreiber aufgeteilt (Next Kraftwerke GmbH 2015). Im Folgenden werden kurz die wichtigsten Bereitstellungsanforderungen je Dienstleistungsart beschrieben und daraus abgeleitet, welche Speichertechnologie die jeweiligen Anforderungen bestmöglich erfüllt.

1.) Erzeugungseinheiten mit einer Nennleistung von <100 MW können nach Vereinbarung mit dem ÜNB zur Sicherstellung der Primärregelung herangezogen werden. Mit einer Nennleistung von größer als 100 MW ist jedoch die Fähigkeit zur Abgabe von Primärregelleistung ein Muss für die Erzeugungseinheiten. Pumpspeicherwerke können durch eine entsprechend abgestimmte Feinregelung der Wasserzufuhr zu den hydraulischen Maschinen sowohl im Pump- als auch im Turbinenbetrieb Primärregelleistung bereitstellen.

2.) Die Sekundärregelreserve muss innerhalb 15 min in vollem Umfang zur Verfügung stehen, eine Einzelanlage muss daher innerhalb von 5 min voll einsatzbereit sein. Der Anbieter ermittelt durch eine Testfahrt für jede technische Einheit die individuelle Leistungsänderungsgeschwindigkeit inklusive ggf. bestehender Totzeiten für jede Leistungsrichtung. Bei allen technischen Einheiten ist für die Vorhaltung der Sekundärregelleistung eine Leistungsänderungsgeschwindigkeit von mindestens 2 % der Nennleistung pro Minute einzuhalten. Aufgrund der konstruktionsbedingt unterschiedlichen technischen Möglichkeiten ist eine Unterscheidung zwischen hydraulischen und thermischen Einheiten bezüglich der Leistungsvorhaltung zu treffen:

- Thermische Einheiten, aus denen während eines beauftragten Produktionszeitfensters Sekundärregelleistung vorgehalten wird, müssen sich rotierend (synchron) am Netz befinden und eine Leistungserbringung während des beauftragten Ausschreibungszeitraumes sicherstellen.
- Hydraulische Einheiten, die aus dem Stillstand innerhalb von höchstens 5 Minuten die Sekundärregelleistung erbringen können und dabei mindestens eine Leistungsänderungsgeschwindigkeit von 2 % der Nennleistung pro Sekunde einhalten, dürfen sich während des Zeitraums der Sekundärreserveleistungsvorhaltung auf Verantwortung des Anbieters betriebsbereit im Stillstand befinden. Davon unbenommen kann der ÜNB jederzeit eine rotierende Vorhaltung anweisen.

3.) Die Minutenreserve muss innerhalb von 15 min für eine Dauer von bis zu 4 × 15 min abrufbar sein. Anforderungen zu Sekundärregelreserve, Minutenreserve, Sekundärregelband, Leistungsänderungsgeschwindigkeit/-häufigkeit, Bereitstellungsdauer und technische Verfügbarkeit etc. werden vom ÜNB festgelegt. Zur Steuerung des Einsatzes der Sekundärregelleistung muss jede Erzeugungseinheit bzw. Gruppe von Erzeugungseinheiten, die

---

[3]European Network of Transmission System Operators for Electricity.

unter dem Sekundärregler eines ÜNB betreiben wird, online in den entsprechenden Sekundärregelkreis eingebunden werden. Die Details werden bilateral zwischen Anbieter und dem ÜNB geregelt.

Da mit dem Zunehmen der regenerativen Einspeiser die konventionellen Regelleistungserbringer abnehmen, müssen zukünftig erst genannte auch zur Regelleistungserbringung herangezogen werden. Da die Qualität der Regelleistung nicht reduziert werden soll, müssen auch Windparks und Photovoltaikanlagen die Zuverlässigkeit bisheriger Anbieter von ca. 99,994 % erreichen. Erste praktische Versuche dazu haben bereits erfolgreich stattgefunden (Speckmann 2015). Eine Zertifizierung dieser Anlagen mit fluktuierender Einspeisung zur Regelleistungserbringung (dazu gehört auch die Momentanreserve) steht allerdings noch aus.

9.6 Nachhaltiges Elektrisches Energiesystem der Zukunft

Zur Veranschaulichung der Stromversorgungssituation im Jahr 2032 kann Deutschland in ähnlich geprägte Energieregionen unterteilt werden, die bezogen auf den Anteil der erneuerbaren Energieanlagen klassifiziert und auszuwerten sind (Nakhaie 2015). Um diese Klassifizierung vorzunehmen, wird die Austauschleistung (P_A) herangezogen (Abb. 8). Abb. 7 zeigt diesbezüglich die Situation an der Schnittstelle zwischen ÜNB und VNB gestern und heute. Das neue ist, dass sich heute die Richtung die Energieströme, aufgrund der dezentralen Einspeisung, umdrehen können. Die Doppelpfeile sollen diesen Effekt symbolisieren. Somit kann PA $\lessgtr$ 0 werden. Um die Netzregion mit mehr oder weniger Rückspeisung zu definieren, sind die regionalen Erzeugermengen zu ermitteln, mit der Last der entsprechenden Regionen zu vergleichen und an der Differenz die Austauschleistung zu bestimmen. Danach gibt es prinzipiell Überschuss-(Starkwindregion) und Mangelregionen (Ballungsregion) sowie ausgeglichenere Regionen (Sonnen- und Windregion). Abb. 17 zeigt die

Dauerlinien für die Last (obere Linie) und die Residuallast, die von hochflexiblen Speicherkraftwerken (negative Energie) im Berechnungsjahr 2032 geliefert werden müsste.

Zu erkennen sind hier die bereits durch die erneuerbaren Energien gedeckte Verbraucherlast (blau), der noch mit anderen Quellen zu deckende Strombedarf (rot) und die in der Region als Überschuss verbliebene Strommenge (grün). Ohne Sondermaßnahmen wird heute der noch zu deckende Strombedarf durch die konventionellen Kraftwerke oder die Übertragung des überschüssigen erneuerbaren Stroms aus anderen Regionen erfüllt, sofern das Netz entsprechend ausgebaut ist. Zukünftig ist zu klären, inwieweit die Übertragungsaufgaben durch Integrationsmaßnahmen mittels Speicher und Lastflexibilität zur regionalen Nutzbarmachung des Überschussstroms reduziert werden können. In diesem Zusammenhang spielt auch die Sektorkopplung der Energieträger Wärme, Kälte, Verkehr eine besondere Rolle (Umbach 2018). Dies wird insbesondere ab 2030 relevant, weil die Überschussmenge zunehmend integriert werden müssen um Abregelungen zu vermeiden. Die Möglichkeit der Integration hängt allerdings stark von der Häufigkeit und dem Leistungsniveau der aufzunehmenden Überschussmengen ab, welche im Endeffekt die Eignung der zu wählenden technischen Maßnahmen bestimmen.

Als Beispiel können die Ergebnisse der Starkwindregion in 2032 dienen. Dabei ergibt sich, dass eine Rückspeisespitze von 25,4 GW und eine Überschussenergie von 32 TWh zu erwarten sind (Abb. 17). Anstatt die gesamte Überschussenergie in das vorgelagerte Netz zu übertragen und damit eventuell Netzengpässe oder zusätzlichen Netzausbau zu verursachen, bietet sich die Möglichkeit, mittels regionaler Speicherung in Speicherkraftwerken den Teil der elektrischen Überschussenergie zwischen zu speichern, die in der Region ohnehin gebraucht wird oder sie über die Sektorkopplung in das genannte Energiesystem einzubinden (Abb. 18, Power to gas).

Die Überschussenergie der Starkwindregion wird allerdings erheblich größer, wenn die in der Nord- und Ostsee zu erwartenden Offshore-

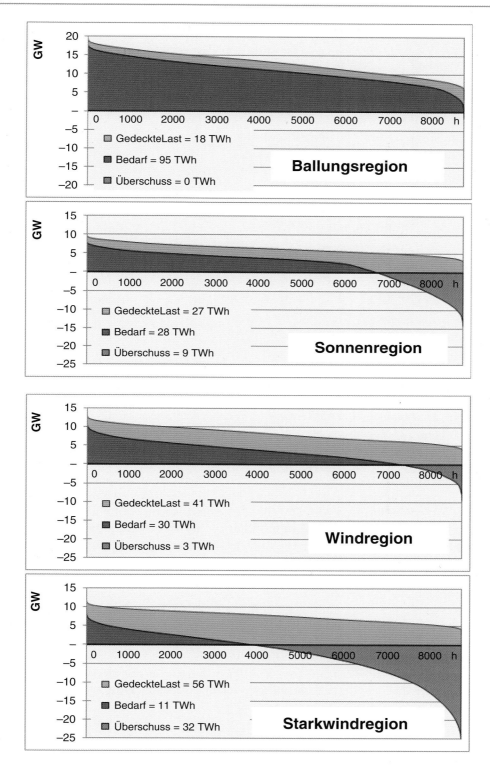

Abb. 17 Dauerlinien der Energieregionen-Residuallast für das Jahr 2032 (ohne Offshore Windenergieanlagen) (Nakhaie 2015)

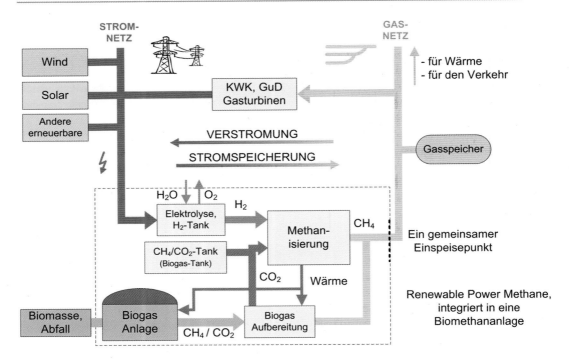

Abb. 18 Konzept zur Wasserstofferzeugung und Methanisierung (Sterner et al. 2011)

Windanlagen dazukommen. Bei rein energetischer Betrachtung der Region ergibt sich eine neue Dauerlinie für die Residuallast (Abb. 19 oben), die diesen erheblichen Überschuss ausweist (138 TWh). Beim gleichen Ansatz zum regionalen Energiebedarf wie vorher wären statt 4 GW eine Transportleistung von 33,5 GW notwendig (Abb. 19 oben). Nach (Beck und Hoffmann 2012) ergäben sich daraus rund 11 HGÜ-Trassen mit je 3 GW Leistung und einer Jahresauslastung von 47 %. Um diese relativ große Transportleistung zu reduzieren und gleichzeitig die Auslastung der Transportleitungen auf 8760 Stunden zu erhöhen, müssten 61 TWh regional über regenerative Speicherkraftwerke zwischengespeichert werden. In diesem Fall würde die Transportleitung eine Leistung von nur 13 GW benötigen und eine grundlastähnliche

Energielieferung am Ende der Leitung ermöglichen (Abb. 19 unten).

Auf diese Weise könnte beispielsweise die Gesamtleistung der heute noch im Betrieb befindlichen Kernkraftwerke von ca. 12 GW über die HGÜ-Kopfstationen (Chen 2016), die jetzt Grundlast liefern, ersetzt werden, sofern sie an den Netzknoten der bestehenden außer Betrieb genommenen Kernkraftwerke lokalisiert werden (vgl. z. B. Standort Lingen in Planung). Allerdings müssten dann Transportleitungen neugebaut werden, die die vorhandenen Entfernungen zwischen der Starkwindregion und den Einspeisepunkten im heutigen Verbundnetz überbrücken. Abb. 20 zeigt eine Darstellung, die diesen Gedanken aufgreift. Es wird deutlich, dass mindestens zwei vom Norden nach Süden verlaufende Transportleitungen notwendig wären, die die Stark-

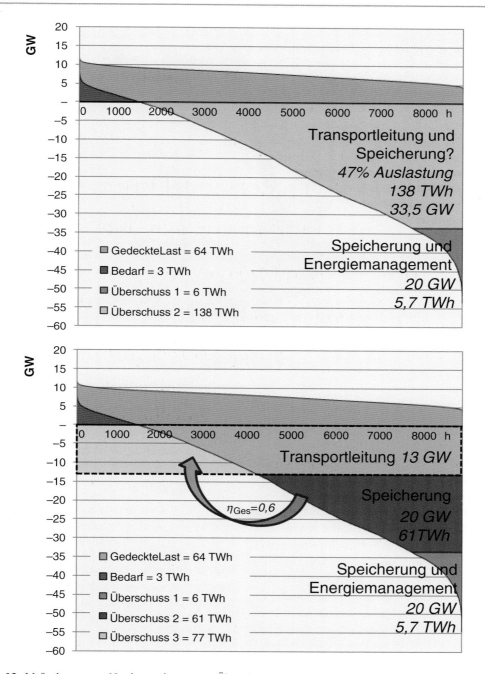

Abb. 19 Maßnahmen zur Nutzbarmachung von Überschussstrom am Beispiel Starkwindregion mit Offshore-Windanlagen (2032) (Nakhaie 2015)

Abb. 20 Vorstellung für die Struktur eines Overlay-Netzes (Nakhaie 2015)

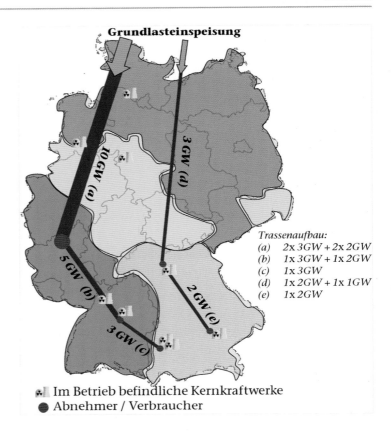

Grundlasteinspeisung

Trassenaufbau:
(a)   2x 3GW + 2x 2GW
(b)   1x 3GW + 1x 2GW
(c)   1x 3GW
(d)   1x 2GW + 1x 1GW
(e)   1x 2GW

⚛ Im Betrieb befindliche Kernkraftwerke
● Abnehmer / Verbraucher

windregion mit den heutigen Erzeugerschwerpunkten im Südwesten verbindet.

Soll aus wirtschaftlichen Gründen ein derartiger Speicherausbau zu Gunsten des Netzausbaus reduziert werden, wie es in NEP 2014 Szenario B 2034 gemacht wurde, weil Gasspeicher aus Kostengründen (Abb. 21) erst nach dem Jahr 2030 zum Tragen kommen sollen (Genoese und Wietschel 2011) und der Netzausbau ohnehin erforderlich ist, macht es Sinn die Nord-Süd-Stromtrassen, die als HGÜ-Leitungen derzeit geplant werden, in vier Korridore (A, B, C, D) aufzuteilen und eine gesamte installierte Leistung von 24 GW zunächst ohne Speicher vorzunehmen (Abb. 22).

9.7   Ausblick

Das Thema regenerative Energieversorgung im Gesamtsystem mit ausgebauten intelligenten Netzen und Speichern hat inzwischen einen festen Platz in der künftigen elektrischen Energieversorgung gefunden. Die fundamentale Überlegung dabei ist ein energie- und informationstechnisch gut vernetztes elektrisches Versorgungssystems mit sowohl zentraler (z. B. Off-shore Wind) als auch dezentraler Erzeugung. In den vorangegangenen Abschnitten wurde ein Überblick über die hierfür benötigten energietechnischen Maßnahmen gegeben. Die Entscheidungsfindung für eine effiziente Zusammensetzung dieser Einzelmaß-

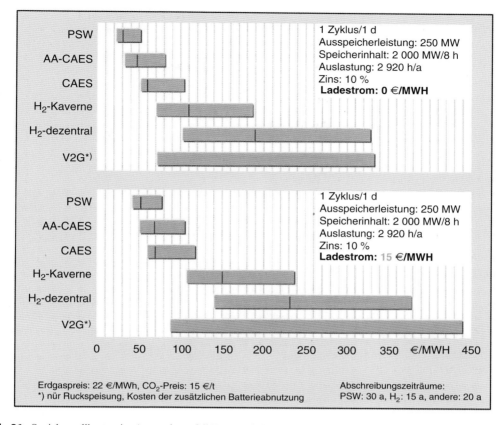

Abb. 21 Speichervollkosten im Anwendungsfall Tagesspeicherung (Genoese und Wietschel 2011)

nahmen ist allerdings eine besonders komplexe Aufgabenstellung, denn durch die Liberalisierung der Energiemärkte und der erforderlichen Akzeptanz der Betroffenen, ist ein bundesweit breiter Konsens unter allen Akteuren herzustellen. Insofern ist offen, ob die gesteckten Ziele zu den vorgegebenen Zeiten erreicht werden.

Hinsichtlich verschiedener energietechnischer und -wirtschaftlicher Vorteile und Nachteile dieser Maßnahmen ist es von großem Interesse, inwieweit sie zur Integration der erneuerbaren Energien beitragen können. Beispielsweise werden laut (Fraunhofer Institut für Windenergie und Energiesystemtechnik (IWES) 2010) selbst bei einem idealen Netzausbau auf allen Spannungsebenen und einem optimalen Erzeugungs- und

Lastmanagement Speicher benötigt. Pumpspeicherwerke sind zwar effizient und etabliert, haben aber begrenztes Ausbaupotential. Mit Druckluftspeicher können größere Speicherkapazitäten erreicht werden, sie sind aber noch teuer und eignen sich nur für Speicher zum Tagesausgleich. Die größten Speicherkapazitäten weisen aus heutiger Sicht Speicherkraftwerke auf, die H_2 und CH_4 als Speichermedium verwenden. Diese Gase spielen auch in der Sektorkopplung eine wesentliche Rolle und zwar als Basis für die Herstellung von synthetischen Kraftstoffen (e-fuel) und Kunststoffen, Schmiermittel, Chemieprodukten u. ä. mit recycelten CO_2 für die stoffliche CO_2 neutrale Verwendung in nachhaltigen Energiesystemen der Zukunft (acatech Position 2018).

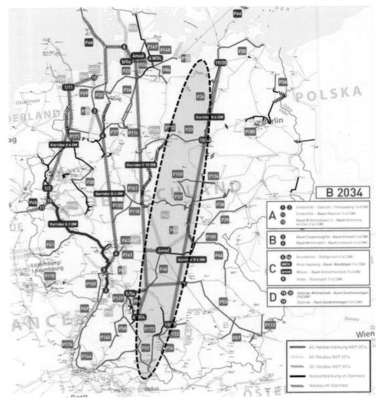

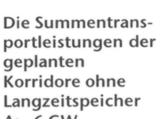

Die Summentrans-
portleistungen der
geplanten
Korridore ohne
Langzeitspeicher

A: 6 GW
B: 4 GW
C: 10 GW
D: 4 GW
     24 GW

Abb. 22 Geplante HGÜ-Trassen nach NEP 2014 2. Entwurf Szenario B 2034

Literatur

acatech Position (2018) CCU und CCS – Bausteine für den Klimaschutz in der Industrie. https://www.acatech.de/wp-content/uploads/2018/09/acatech_POSITION_CCU_CCS_WEB-002_final.pdf. Zugegriffen im 2018

Beck H-P, Hoffmann L (2012) Ökologische Auswirkungen von 380-kV-Erdleitungen und HGÜ-Erdleitungen, BMUB-Studie, efzn-Schriftenreihe, Bd 4.1–4.4

Beck H-P, Spielmann V (2017) Vortrag „Potentiale elektrochemischer Speicher in elektrischen Netzen in Konkurrenz zu alternativen Technologien und Systemlösungen" Batterietag NRW in Aachen (28.03.2017)

Beck H-P, Wehrmann E-A, Mbuy A, Nakhaie S (2011) Windenergiespeicherung durch Nachnutzung stillgelegter Bergwerke, BMU-Studie, Berichtsteil: Institut für Elektrische Energietechnik, Energie-Forschungszentrum Niedersachsen, Goslar

Brandstätt C, Brunekreeft G, Jahnke K (2011) Systemintegration von erneuerbarem Strom: flexibler Einsatz freiwilliger Abregelungsvereinbarungen. Energiewirtschaftliche Tagesfragen 61(3):8–12

Brinner A, Hug W (2002) Dezentrale Herstellung von Wasserstoff durch Elektrolyse, Deutsches Zentrum für Luft- und Raumfahrt (DLR)

Buenger U, Crotogino F, Donadei S, Gatzen C, Glaunsinger W, Kleinmeier M, Huebner S, Kleinmaier M, Koenemund M, Landinger H, Lebioda T, Leonhard W, Sauer DU, Weber H, Wenzel A, Wolf E, Woyke W, Zunft S (2008) Energiespeicher in Stromversorgungssystemen mit hohem Anteil erneuerbarer Energieträger – Bedeutung, Stand der Technik, Handlungsbedarf VDE

Bundesministerium für Umwelt, Naturschutz und Reaktorsicherheit (BMUB) (2007) Erfahrungsbericht 2007 zum Erneuerbare-Energien-Gesetz

Bundesministerium für Umwelt, Naturschutz und Reaktorsicherheit (BMUB) (2011) Sondergutachten des Sachverständigenrates für Umweltfragen: Wege zur 100 % erneuerbaren Stromversorgung

Bundesnetzagentur (2011) Informationen zur Genehmigung des Szenariorahmens

Bundesnetzagentur (BNetzA) (2014) Netzentwicklungsplan (NEP)

Bundesverband der Energie- und Wasserwirtschaft e.V. (2014) Bruttostromerzeugung in Deutschland von

1990 bis 2013 nach Energieträgern. https://www.goo gle.com/search?client=firefox-b-d&q=Bundesverband +der+Energie-+und+Wasserwirtschaft+Bruttostrom erzeugung+in+Deutschland+von+1990+bis+2013& spell=1&sa=X&ved=0ahUKEwidvYKO6dzkAhWK FMAKHYCMD8wQBQgsKAA&biw=1575&bih= 1168. Zugegriffen im 2019

Busch W, Kaiser F (2013) Unkonventionelle Pumpspeicher – Schlüsseltechnologie der zukünftigen Energielandschaft?, Tagungsband zum Forum „Unkonventionelle Pumpspeicher", efzn-Schriftenreihe, Bd 16. Cuvillier Verlag, Göttingen

Busch W, Kaiser F (2014) Erneuerbare erfolgreich ins Netz integrieren durch Pumpspeicherung, Tagungsband zur 2. Pumpspeichertagung des EFZN für transdisziplinären Dialog, efzn-Schriftenreihe, Bd 23. Cuvillier Verlag, Göttingen

Busch W, Kaiser F (2015) Pumpspeicher für die Energiewende – Spitzentechnologie auf Eis?, Tagungsband zur 3. Pumpspeicher-Tagung des EFZN, efzn-Schriftenreihe, Bd 34. Cuvillier Verlag, Göttingen

Chen Y (2016) Virtuelle Synchronmaschine (VISMA) zur Erbringung von Systemdienstleistungen in verschiedenen Netzbetriebsarten, efzn-Schriftenreihe, Bd 41. Cuvillier, Göttingen

Deutsche Energie-Agentur GmbH (2011) Positionspapier dena-Verteilnetzstudie: Eine Erfolgreiche Energiewende bedarf der Anpassung der Stromverteilnetze in Deutschland, Berlin

Deutscher Verein des Gas-und Wasserfaches (DVGW) (2011) Nutzung von Gasen aus regenerativen Quellen in der öffentlichen Gasversorgung, Technische Rege – Arbeitsblatt DVGW G 262 (A)

Deutsches Klimarechenzentrum (2010) www.dkrz.de/ kommunikation/klimasimulationen/de-cmip5-ipcc-ar5. Zugegriffen im 2019

Energie-Forschungszentrum Niedersachsen (EFZN) (2013) Studie Eignung der Speichertechnologien zum Erhalt der Systemsicherheit, Abschlussbericht

et-Redaktion (2012) Nur Gaskraftwerke können Flexibilität? Energiewirtschaftliche Tageszeitung 62(3):59

Europäische Umweltagentur (2008) Energie- und Umweltbericht, Zusammenfassung, S 3

Fraunhofer Institut für Windenergie und Energiesystemtechnik (IWES) (2010) Energie speichern, Zukunft meistern: Welche Speicher brauchen wir auf dem Weg zur regenerativen Vollversorgung, OSTWIND Forum Netzwerk Zukunft HUSUM 2010

Fraunhofer Institut für Windenergie und Energiesystemtechnik (IWES); Ingenieurwerkstatt Energietechnik (IWET) (2010) Räumliche Verteilung der installierten Leistung aller in Deutschland installierten WEA (Stand 01/10) und Wind-Index zur Beurteilung des langfristigen Windenergieangebots

Fries A-K, Kaiser F, Beck H-P, Weber R (2018) Huntorf 2020 – improvement of flexibility and efficiency of a compressed air energy storage plant based on synthetic hydrogen, NEIS 2018 – conference on sustainable energy supply and energy storage systems, Hamburg

Fuchs G, Lunz B, Leuthold M, Saucher D (2012) Technologischer Überblick zur Speicherung von Elektrizität, Überblick zum Potential und zu Perspektiven des Einsatzes elektrischer Speichertechnologien, Institut für Stromrichtertechnik und Elektrische Antriebe der RWTH Aachen. https://www.google.com/search?cli ent=firefox-b-d&q=technologischer+%C3%9Cberblick +zur+Speicherung+von+Elektrizit%C3%A4t,+%C3%9 Cberblick+zum+Potenzial+und+zu+Perspektiven+des+ Einsatzes+elektrischer+Speichtechnolobien&spell=1& sa=X&ved=0ahUKEwi9isXs59zkAhUVHcAKHVW vBLIQBQgsKAA&biw=1575&bih=1168. Zugegriffen im 2019

Fujihara T, Imano H, Oshima K (1998) Development of pump turbine for seawater pumped-storage power plant. Hitachi Review 47(5):199–202

Gellings CW (2009) The smart grid: enabling energy efficiency and demand response. Fairmont Press, Lilburn

Genoese F, Wietschel M (2011) Großtechnische Stromspeicheroptionen im Vergleich, Fraunhofer Institute for Systems an Innovation Research ISI, Karlsruhe. Energiewirtschaftliche Tageszeitung 61(6):26–31

KBB Underground Technologies GmbH (2009) Druckluftspeicher, Ein Element zur Netzintegration Erneuerbarer Energien. entfällt - statt dessen: (2007) Speichertechnologien / Adiabates Druckluftspeicher-Kraftwerk https://doc player.org/19158255-Speichertechnologien-adiabates-dru ckluftspeicher-kraftwerk.html. Zugegriffen im 2019

Kerber G (2011) Systemdienstleistungen und Smart Grid an dem Beispielen der Anschlusssituation im Verteilnetz aus dem Blickwinkel eines Ingenieurs der Netzplanung, ENBW Regional AG

Nakhaie S (2015) Reduzierung des Übertragungsnetzausbaus durch Minderung der Austauschleistungen zwischen den Übertragungs- und Verteilnetzen, efzn-Schriftenreihe, Bd 27. Cuvillier, Göttingen

Nakhaie S, Beck H-P (2012) Stromautobahnen für das Verbundnetz? Umstrukturierte Versorgungsaufgabe, ew 111(13):88–92

Neubarth J (2011) Integration erneuerbarer Energien in das Stromversorgungssystem. Energiewirtschaftliche Tagesfragen 61(8):8–13

Neumann Ch, Schmidt M, Siemer H, Springmann J-P, Beck H-P, Busch W (2012) Abschätzung der Wirtschaftlichkeit zur Errichtung und des Betriebes eines untertägigen Pumpspeicherwerks, efzn-Schriftenreihe, Bd 9. Cuvillier Verlag, Göttingen

Next Kraftwerke GmbH: Wissen, Regelenergie, Primärenergie. https://www.next-kraftwerke.de/wissen/ regelenergie/primaerreserve. Zugegriffen im 2019

Niedersächsisches Ministerium für Umwelt, Energie und Klimaschutz (2016) Szenarien zur Energieversorgung in Niedersachsen im Jahr 2050 – Gutachten. https:// www.google.com/search?client=firefox-b-d&q=Szena rien+zur+Energieversorgung+in+Niedersachsen+im+ Jahr+2050. Zugegriffen im 2019

Nielsen L (2013) GuD – Druckluftspeicherkraftwerk mit Wärmespeicher, efzn-Schriftenreihe, Bd 14. Cuvillier Verlag, Göttingen

Nordel (2008) Annual statistics 2008. www.nordel.org entfällt !!! neu: https://www.google.com/search?client=firefox-b-d&q=nordel+annual+statistics+2008. Zugegriffen im 2018

Quaschning V (1999) Regenerative Energiesysteme, Technologie, Berechnung, Simulation, 2. Aufl., Hanser. Cuvillier Verlag, Göttingen

Rebhau E (Hrsg) (2002) Energiehandbuch Gewinnung, Wandlung und Nutzung von Energie. Springer, Berlin

Schernthanner J, Lackner J (2010) Pumped storage power stations as a guarantor for secure power supply, Institut for Energy Systems an Thermodynamics, 16th international seminar on Hydropower Plant, Verlag Inst. for Energy Systems and Thermodynamics Wien

Schmidt M (2012) Windenergiespeicherung durch Nachnutzung stillgelegter Bergwerke – Kurzbericht, efzn-Schriftenreihe, Bd 7. Cuvillier, Göttingen

Schmiesing J (2016) Regelbare Ortsnetztransformatoren zur Integration regenerativer Erzeugungsanlagen in ländlichen Mittelspannungsnetzen, efzn-Schriftenreihe, Bd 39. Cuvillier, Göttingen

Schreiber U, Perau E, Niemann A, Wagner H-J (2010) Unterflur-Pumpspeicherwerke, Konzepte für regionale Speicher regenerativen Energien, Universität Duisburg-Essen. https://www.uni-due.de/geotechnik/forschung/upw.shtml. Zugegriffen im 2019

Siemens: Windstrom zu Wasserstoff. www.siemens.com. Zugegriffen im 2013

Speckmann M (2015) Bereitstellung von Regelleistung durch fluktuierende Erzeuger am Beispiel der Windenergie, efzn-Schriftenreihe, Bd 35. Cuvillier, Göttingen

Sterner M, Jentsch M, Trost T, Specht M (2011) Ökostrom als Erdgas speichern – Power-to-Gas – Umwandlung von überschüssigem Strom aus Wind- und Solaranlagen in Erdgas, Erdgasnetz als Speicher für erneuerbare Energien. Fachtagung ABGnova Stadt Frankfurt. https://www.yumpu.com/de/document/read/4775218/okostrom-als-erdgas-speichern-power-to-gas-bei-der-abgnova-. Zugegriffen im 2019

The Boston Consulting Group (2011) Revisiting energy storage. https://www.google.com/url?sa=t&rct=j&q=&esrc=s&source=web&cd=1&ved=2ahUKEwjXh8Co0tzkAhXJgVwKHXOADY8QFjAAegQIBxAC&url=https%3A%2F%2Fwww.bcg.com%2Fdocuments

%2Ffile72092.pdf&usg=AOvVaw1WiH-uqtg3NFUmMc9fn9yi. Zugegriffen im 2019

Übertragungsnetzbetreiber (DE), Internetveröffentlichung zu Windprognose und Online-Hochrechnung des tatsächlich eingespeisten Windstroms (2019) https://www.netzentwicklungsplan.de/de/wissen/uebertragungsnetz-betreiber. Zugegriffen im 2019

Umbach J (2018) Energiesysteme der Zukunft, Sektorkopplung, acatech, Berlin

Umweltbundesamt (2010) Energieziel 2050: 100 % Strom aus erneuerbaren Quellen. https://www.google.com/url?sa=t&rct=j&q=&esrc=s&source=web&cd=4&ved=2ahUKEwixtJX64dzkAhXagVwKHY5BDuAQFjADegQIBBAC&url=https%3A%2F%2Fwww.umweltbundesamt.de%2Fsites%2Fdefault%2Ffiles%2Fmedien%2F378%2Fpublikationen%2Fenergieziel_2050.pdf&usg=AOvVaw0pDRHydcwmgGWpXJDjYE8f. Zugegriffen im 2019

ÜNB (2015) 50 Hertz, Amprion, Tennet, Transnet BW: Grundsätze für die Planung des deutschen Übertragungsnetzes. https://www.netzentwicklungsplan.de/de/wissen/uebertragungsnetz-betreiber. Zugegriffen im 2019

VDE/FNN (2017) Einheitliche Planungsgrundsätze erleichtern Netzausbau in der Hochspannung. https://www.google.com/url?sa=t&rct=j&q=&esrc=s&source=web&cd=2&ved=2ahUKEwiN6se949zkAhWKTsAKHT6lAJMQFjABegQIBRAC&url=https%3A%2F%2Fwww.vde.com%2Fresource%2Fblob%2F1636368%2F936fbcc7d7376053a1c11c1fae2b0212%2Fpressemitteilung-data.pdf&usg=AOvVaw1q36ZhEOCehRiMlnZ1vvqD. Zugegriffen im 2019

Vogel A, Adelt M, Zschok A (2012) Herausforderungen und Innovationen der Energiespeicherung – Fokus Power to Gas, gwf-Gas|Erdgas, Vulkan Verlag

Wuppertal Institut für Klima, Umwelt, Energie GmbH: Energieeffizienz (abgerufen Oktober 2013)

Zentrum für Energieforschung Stuttgart (2012) Stromspeicherpotenziale für Deutschland, Universität Stuttgart. https://www.google.com/search?client=firefox-b-d&q=Zentrum+f%C3%BCr+Energieforschung+Stuttgart+Stromspeicherpotenziale+f%C3%BCr+Deutschland+2012&spell=1&sa=X&ved=0ahUKEwjGxMjCy9zkAhULAcAKHaStAh4QBQgsKAA&biw=1575&bih=1168. Zugegriffen im 2019

Teil II

Messtechnik

Grundlagen und Strukturen der Messtechnik

10

Gerhard Fischerauer und Hans-Rolf Tränkler

Zusammenfassung

In diesem Kapitel werden die Grundbegriffe und die elementaren Prinzipien des technischen Messens behandelt. Ausgehend von einer kanonischen Systemstruktur werden zunächst allgemeingültige Verfahren zur Beschreibung des statischen, dynamischen und stationären Verhaltens von Messgliedern eingeführt. Dies führt schnell zu der Frage, wie nichtideales Verhalten charakterisiert und quantifiziert werden kann. Solche Nichtidealitäten führen zu deterministischen wie auch zu zufälligen Fehlern in Messergebnissen. Während erstere bei Verfügbarkeit sehr guter Vergleichsgeräte entdeckt und unterdrückt werden können (Kalibration, Eichung), können letztere nur mit Methoden der Wahrscheinlichkeitsrechnung beschrieben werden und bewirken, dass das Messergebnis mit einer Unsicherheit behaftet ist. Die Darstellung geht darauf ein, wie deterministische Messabweichungen und statistische Unsicherheiten sachgerecht zu behandeln sind. Abschließend werden Methoden zur Verknüpfung einzelner Messglieder in Messsystemen vorgestellt. Der Schwerpunkt liegt dabei auf der Frage, wie sich die Systemstruktur auf die Eigenschaften eines Messsystems auswirkt.

G. Fischerauer
Lehrstuhl für Mess- und Regeltechnik, Universität Bayreuth, Bayreuth, Deutschland
E-Mail: Gerhard.Fischerauer@uni-bayreuth.de

H.-R. Tränkler (✉)
Universität der Bundeswehr München (im Ruhestand), Neubiberg, Deutschland
E-Mail: hans-rolf@traenkler.com

10.1 Grundlagen der Messtechnik

10.1.1 Übersicht

10.1.1.1 Messgeräte, Messsysteme und Messketten

Die Messtechnik hat die Aufgabe, interessierende ein- oder mehrdimensionale physikalische Größen, die so genannten *Messgrößen* (engl. *measurands*), aufzunehmen, die erhaltenen Messsignale umzuformen und umzusetzen (Messwerterfassung) sowie die erhaltenen Messwerte so zu verarbeiten (Messwertverarbeitung), dass das gewünschte Messergebnis (Maß für den Wert der Messgröße und für die Güte dieses Maßes) gewonnen wird. Jedes an diesem Vorgang beteiligte Gerät heißt *Messglied* oder *Messgerät* (*measuring instrument*). Mehrere für einen bestimmten Messzweck zusammengestellte Messgeräte bilden eine *Messeinrichtung* (*measuring equipment*). Der vollständige für eine Messung notwendige Satz an Messgeräten und weiteren notwendigen Einrichtungen wie der Energieversorgung oder der Kommunikationsinfrastruktur bildet das *Messsystem* (*measuring system*). In einem Messsys-

M. Hennecke, B. Skrotzki (Hrsg.), *HÜTTE Band 3: Elektro- und informationstechnische Grundlagen für Ingenieure*, Springer Reference Technik
https://doi.org/10.1007/978-3-662-64375-4_55

tem (Abb. 1) formen zunächst (Messgrößen-)Aufnehmer (auch als Messfühler, Detektoren oder Sensoren bezeichnet) die im Allgemeinen nichtelektrische Messgröße in ein elektrisches Messsignal um.

Dieses wird in der Regel mit geeigneten Messschaltungen, Messverstärkern und analogen Rechengliedern so umgeformt, dass ein normiertes analoges Messsignal gewonnen wird (Messumformer zur Signalanpassung). Es schließt sich ein Analog-digital-Umsetzer an, der das normierte analoge in ein digitales Messsignal umsetzt. Nach einer Messwertverarbeitung liegen die gesuchten Informationen vor. Sie können analog oder digital ausgegeben werden.

In der Folge von Elementen eines Messgeräts oder eines Messsystems, die den Weg des Messsignals von der Eingabe zur Ausgabe bildet – auch *Messkette* (*measuring chain*) genannt –, spielen lineare Umformungen und Umsetzungen von Messsignalen eine wesentliche Rolle. Wegen nichtidealer Messglieder (besonders unter den Sensoren) sind die Messsignale häufig verfälscht. In solchen Fällen ist eine korrigierende Signalverarbeitung erforderlich; ebenso wie Messsignalverarbeitung bei einer Reihe von Messaufgaben erst zu den interessierenden Zielgrößen führt. Die Messsignalverarbeitung kann auch komplexe Aufgaben wie Selbstüberwachung, Adaption an veränderte Bedingungen (Lernen), Informationsverdichtung und Kommunikation mit anderen Komponenten beinhalten, so dass der Eindruck

künstlicher Intelligenz entsteht (Intelligente Sensoren und Messsysteme).

Heute stehen für nahezu jede Messgröße verschiedenste Messgeräte zur Verfügung, die von kostengünstigen und miniaturisierten Komponenten mit hoher Funktionsdichte bis zu teuren und großen Systemen für höchste industrielle Ansprüche reichen. Einen Anteil daran hat auch der Umstand, dass die Leistungsfähigkeit von Mikroprozessoren und Mikrorechnern im Hinblick auf Verarbeitungsgeschwindigkeit und Speicherplatz mit jeder Produktgeneration gestiegen ist. Insbesondere die miniaturisierten Messsysteme sind zum integralen Bestandteil vieler Produkte geworden – man denke etwa an Schall-, Helligkeits-, Beschleunigungs-, Druck- und Magnetfeldmessungen und die Bildschirmbedienungsfunktion bei Smartphones oder an die mehreren Dutzend Sensoren in Kraftfahrzeugen. Die Möglichkeit, den Zustand von Prozessen oder Systemen automatisch mit eingebetteten Messgeräten zu erfassen und situationsangemessen darauf zu reagieren, ist die Grundlage für aktuelle Technologietrends wie autonomes Fahren, autonome Fabriken und Mensch-Roboter-Interaktion.

Auch wenn eingebettete oder verteilte Messsysteme der unmittelbaren Wahrnehmung des Menschen entzogen sein mögen, gehorchen sie denselben Prinzipien wie isolierte Messsysteme. Diese Prinzipien sind Gegenstand der folgenden Darstellung.

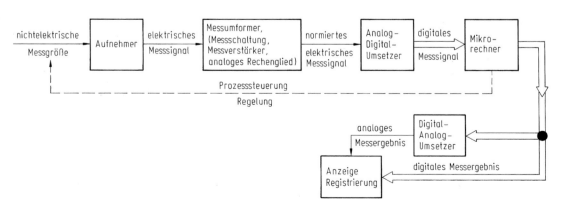

Abb. 1 Struktur eines Messsystems

10.1.1.2 Anwendungsgebiete und Aufgabenstellungen der Messtechnik

Die verschiedenen Anwendungsgebiete der Messtechnik können zum Teil im Rahmen von Automatisierungssystemen gesehen werden. Bei einer Vielzahl von Anwendungen ist jedoch der Mensch der Empfänger der Information.

Die Anwendungsgebiete der Messtechnik lassen sich in drei Gruppen unterteilen, nämlich in

- Mess- und Prüfprozesse in Forschung und Entwicklungslabors, im Prüffeld und bei Anlagenerprobungen
- Industrielle Großprozesse zur Herstellung und Verteilung von Fließ- und Stückgut und von Energie
- Dezentrale Einzelprozesse, z. B. der Gebäudetechnik, der Fahrzeugtechnik, der privaten Haushalte oder auch in Produkten für private Anwender.

Typische Aufgabenstellungen sind:

- Sicherstellung der Genauigkeit (Kalibrierung)
- Verrechnung (Energie, Masse, Stückzahl)
- Prüfung (z. B. Lehrung)
- Qualitätssicherung (z. B. Materialprüfung)
- Steuerung und/oder Regelung
- Optimierung
- Überwachung (z. B. Schadensfrüherkennung)
- Meldung und/oder Abschaltung (Schutzsystem)
- Mustererkennung (Gestalt, Oberfläche, Geräusch, z. B. für Handhabungs- und Montagezwecke).

10.1.2 Übertragungseigenschaften von Messgliedern

Für die Beurteilung einer aus mehreren Messgliedern aufgebauten Messeinrichtung sind verschiedene Eigenschaften von Bedeutung. Dazu zählen die statischen Übertragungseigenschaften (z. B. die Genauigkeit), die dynamischen Übertragungseigenschaften (z. B. die Einstellzeit), die Zuverlässigkeit (z. B. die Ausfallrate) und nicht zuletzt die Wirtschaftlichkeit und Wartbarkeit einer Messeinrichtung.

10.1.2.1 Statische Kennlinien von Messgliedern

Der Zusammenhang zwischen der stationären Ausgangsgröße y und der Eingangsgröße x eines Messgliedes bzw. seine graphische Darstellung wird als *statische Kennlinie* bezeichnet (Abb. 2).

Der *Messbereich* geht hier von x_0 bis $x_0 + \Delta x$. Die Differenz zwischen Messbereichsende $x_0 + \Delta x$ und Messbereichsanfang x_0 ist die *Eingangsspanne* Δx. Die zugeordneten Ausgangsgrößen y_0 und $y_0 + \Delta y$ begrenzen den Ausgangsbereich mit der Ausgangsspanne Δy.

Dem *linearen Anteil* der Kennlinie (gestrichelt) ist i. Allg. ein unerwünschter *nichtlinearer Anteil* $y_N(x)$ überlagert. Die *Kennlinienfunktion* $y(x)$ lässt sich darstellen durch

$$y(x) = \underbrace{y_0 + \frac{\Delta y}{\Delta x}(x - x_0)}_{\text{linearer Anteil}} + y_N(x).$$

Die *Empfindlichkeit* $E(x)$ von nichtlinearen Messgliedern ist nicht konstant. Sie ist identisch mit der Steigung der Kennlinie im betrachteten Arbeitspunkt $(x, y(x))$:

$$E(x) = \frac{\mathrm{d}y(x)}{\mathrm{d}x} = \frac{\Delta y}{\Delta x} + \frac{\mathrm{d}y_N(x)}{\mathrm{d}x}.$$

Bei linearen Messgliedern, deren Kennlinie durch den Ursprung des Koordinatensystems geht ($x_0 = 0$, $y_0 = 0$; so genannter *toter Nullpunkt*),

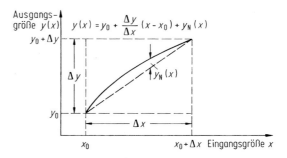

Abb. 2 Kennlinie eines Messgliedes

berechnen sich Kennlinienfunktion und Empfindlichkeit zu

$$y(x) = \frac{\Delta y}{\Delta x} x,$$

$$E(x) = \frac{\mathrm{d}y(x)}{\mathrm{d}x} = \frac{\Delta y}{\Delta x} = \text{const.}$$

Eine näherungsweise konstante Empfindlichkeit haben z. B. anzeigende Drehspulinstrumente oder Hall-Sensoren zur Magnetfeldmessung.

10.1.2.2 Dynamische Übertragungseigenschaften von Messgliedern

Die Ausgangssignale von Messgliedern folgen Änderungen des Eingangssignals i. Allg. nur mit Verzögerungen. Gewöhnlich lassen sich dann zur Beschreibung der dynamischen Übertragungseigenschaften bestimmte Systemstrukturen und bestimmte Kenngrößen angeben. Häufig treten lineare verzögernde Messglieder 1. und 2. Ordnung auf, die durch eine bzw. durch zwei Kenngrößen (Parameter) im Zeit- und/oder Frequenzbereich charakterisiert werden. Zuweilen besteht die Notwendigkeit, auch Messglieder höherer Ordnung durch geeignete Kenngrößen zu beschreiben. Schließlich tritt nichtlineares Verhalten bei Messgliedern auf, wenn Signale Sättigungs- oder Begrenzungserscheinungen aufweisen.

Zeitverhalten linearer Übertragungsglieder

Bei einem verzögerungsfreien Messglied folgt das Ausgangssignal direkt dem Eingangssignal $x(t)$ und ist diesem im einfachsten Fall gemäß $k \cdot x(t)$ proportional. Die Ausgangssignale $y(t)$ verzögerungsbehafteter Messglieder können veränderlichen Eingangssignalen $x(t)$ nicht direkt folgen. Es ergibt sich ein dynamischer Fehler

$$F_{\mathrm{dyn}}(t) = y(t) - kx(t)$$

als Differenz des realen Ausgangssignals $y(t)$ und des unverzögerten Sollsignals $kx(t)$, das sich bei gleicher Eingangsgröße im Beharrungszustand ergeben hätte (Abb. 3; vgl. Abschn. 10.1.3.2 in diesem Kapitel).

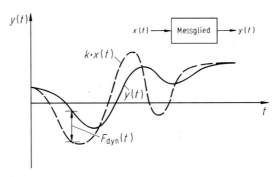

Abb. 3 Dynamischer Fehler eines verzögerungsbehafteten Messgliedes

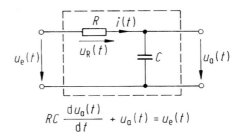

Abb. 4 Passives Messglied 1. Ordnung (Tiefpassfilter)

Am Beispiel eines fundamentalen passiven Messgliedes soll gezeigt werden, wie man das Zeitverhalten beschreiben kann und welche Verallgemeinerungen sinnvoll und möglich sind.

In der Messschaltung in Abb. 4 liegt die Eingangsspannung $u_{\mathrm{e}}(t)$ an der Serienschaltung eines Ohm'schen Widerstandes R und einer Kapazität C, an der die Ausgangsspannung $u_{\mathrm{a}}(t)$ abgegriffen werden kann.

Die Spannung $u_{\mathrm{a}}(t)$ an der Kapazität ist proportional der Ladung $\int_0^t i(\tau)\,\mathrm{d}\tau$, der Strom beträgt also $i(t) = C(\mathrm{d}u_{\mathrm{a}}(t)/\mathrm{d}t)$ und die Spannung am Widerstand R ist

$$u_{\mathrm{R}}(t) = Ri(t) = RC\frac{\mathrm{d}u_{\mathrm{a}}(t)}{\mathrm{d}t}.$$

Aus der Maschengleichung $u_{\mathrm{R}}(t) + u_{\mathrm{a}}(t) = u_{\mathrm{e}}(t)$ erhält man für das Zeitverhalten dieses Übertragungsgliedes

$$RC\frac{\mathrm{d}u_{\mathrm{a}}(t)}{\mathrm{d}t} + u_{\mathrm{a}}(t) = u_{\mathrm{e}}(t).$$

Das Zeitverhalten wird also durch eine Differenzialgleichung (Dgl.) der Form

$$\tau \frac{dy(t)}{dt} + y(t) = kx(t)$$

beschrieben, in der $x(t)$ die Eingangsgröße, $y(t)$ die Ausgangsgröße und τ eine Zeitkonstante ist. Die Dgl. ist gewöhnlich, linear mit konstanten Koeffizienten und von 1. Ordnung (die höchste vorkommende Ableitung ist die erste; siehe Kap. „Gewöhnliche und partielle Differenzialgleichungen"). Daher handelt es sich hier um ein lineares Übertragungsglied 1. Ordnung. Wird bei einem linearen Messglied das Eingangssignal mit einem Faktor c multipliziert, so nimmt auch das Ausgangssignal den c-fachen Wert an. Unter der Annahme $x_1(t) \rightarrow y_1(t)$ und $x_2(t) \rightarrow y_2(t)$ gilt also:

$$x_2(t) = c \cdot x_1(t) \rightarrow y_2(t) = c \cdot y_1(t).$$

Außerdem gilt bei linearen Messgliedern das Superpositionsgesetz:

$$x(t) = x_1(t) + x_2(t) \rightarrow y(t) = y_1(t) + y_2(t).$$

In ähnlicher Weise liefern differenzierte oder integrierte Eingangssignale bei linearen Messgliedern am Ausgang differenzierte oder integrierte Ausgangssignale:

$$x_2(t) = \frac{dx_1(t)}{dt} \rightarrow y_2(t) = \frac{dy_1(t)}{dt},$$

$$x_2(t) = \int_0^t x_1(\tau)d\tau \rightarrow y_2(t) = \int_0^t y_1(\tau)d\tau.$$

Das Zeitverhalten linearer Verzögerungsglieder n-ter Ordnung wird allgemein durch die Dgl.

$$a_n \frac{d^n y(t)}{dt^n} + \ldots + a_1 \frac{dy(t)}{dt} + a_0 y(t) = kx(t)$$

beschrieben, wobei die Konstante k meist so gewählt wird, dass $a_0 = 1$ wird.

10.1.2.3 Testfunktionen und Übergangsfunktionen für Übertragungsglieder

Um das Zeitverhalten von Übertragungsgliedern überprüfen zu können, legt man an den Eingang bestimmte typische Testfunktionen, die sich vergleichsweise einfach realisieren lassen, und beobachtet das sich ergebende Ausgangssignal (vgl. ▶ Abschn. 15.3.2 in Kap. 15, „Einführung und Grundlagen der Regelungstechnik").

Besonders häufig dient als Testfunktion die Einheitssprungfunktion $\varepsilon(t)$, die zur Zeit $t = 0$ vom Wert 0 auf einen konstanten Wert x_0 springt. Zuweilen verwendet man als Testfunktion auch die zeitliche Ableitung oder das zeitliche Integral der Sprungfunktion. Es ergeben sich auf diese Weise als Testfunktionen die (Einheits-)Impulsfunktion $\delta(t)$ (eine auch *Dirac-Impuls* genannte Distribution, siehe Abschn. 2.3 in Kap. „Funktionen") und die Rampenfunktion $r(t) = t\,\varepsilon(t)$ (Abb. 5).

Wird ein Übertragungsglied 1. Ordnung mit einer Sprungfunktion $x_0\varepsilon(t)$ erregt, so lautet die Dgl. für $t > 0$

$$\tau \frac{dy(t)}{dt} + y(t) = y_0 \ (= kx_0).$$

Eine unmittelbar erkennbare partikuläre Lösung dieser Dgl. ist $y(t) = y_0$. Die homogene Dgl. $\tau(dy(t)/dt) + y(t) = 0$ ist separierbar und

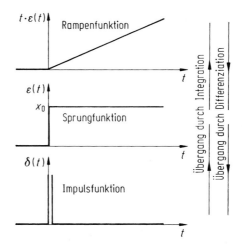

Abb. 5 Typische Testfunktionen

wird gelöst durch $y(t) = c_1 \exp(-t/\tau)$ mit beliebigem c_1. Die vollständige Lösung als Summe aus partikulärer und homogener Lösung ist:

$$y(t) = y_0 + c_1 e^{-t/\tau}.$$

Die Integrationskonstante c_1 folgt aus der Anfangsbedingung für $y(t)$ zum Sprungzeitpunkt. Aus physikalischen Gründen sei $y(t)$ stetig (Kondensatorspannungen, Geschwindigkeiten, Temperaturen und andere physikalische Größen können sich bei endlichen Leistungen nur stetig ändern). Da hier der Sprung aus dem energieentleerten Zustand betrachtet wird ($y(t) = 0$ für $t < 0$), gilt folglich $y(t = 0^+) = y_0 + c_1 = y(t = 0^-) = 0$. Die gesuchte Sprungantwort ist damit

$$y(t) = y_0 \left(1 - e^{-t/\tau}\right).$$

Durch Normierung auf die Höhe x_0 der Sprungfunktion am Eingang erhält man die *Übergangsfunktion* oder *(Einheits-)Sprungantwort*

$$h(t) = \frac{y(t)}{x_0} = k\left(1 - e^{-t/\tau}\right).$$

Die Steigung der Übergangsfunktion im Ursprung beträgt

$$\left(\frac{dh(t)}{dt}\right)_{t=0} = \frac{k}{\tau} \left|e^{-t/\tau}\right|_{t=0} = \frac{k}{\tau}.$$

Die Anfangstangente schneidet also die Endasymptote zur Zeit $t = \tau$ (Abb. 6). Ebenfalls dort hat die Übergangsfunktion den Wert $(1 - 1/e)k$, also 63,2 % ihres Endwertes erreicht.

Der dynamische Fehler ist

$$F_{\mathrm{dyn}}(t) = h(t) - k = -ke^{-t/\tau}.$$

Der relative dynamische Fehler ist

$$\frac{F_{\mathrm{dyn}}}{k} = -e^{-t/r}.$$

Er ist im logarithmischen Maßstab ebenfalls in Abb. 6 dargestellt. Man kann dort ablesen, dass der Betrag des relativen dynamischen Fehlers erst

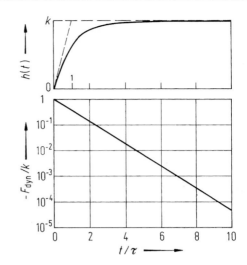

Abb. 6 Übergangsfunktion $h(t)$ und relativer dynamischer Fehler $-F_{\mathrm{dyn}}/k$ eines Messgliedes 1. Ordnung

nach fast 5 Zeitkonstanten unter 1 % gesunken ist. Da sich die Impulsfunktion $\delta(t)$ durch Differenziation der Einheitssprungfunktion $\varepsilon(t)$ ergibt, berechnet sich die *(Einheits-)Impulsantwort* oder *Gewichtsfunktion* $g(t)$ durch Differenziation der Übergangsfunktion zu

$$g(t) = \frac{dh(t)}{dt} = \frac{k}{\tau} e^{-t/\tau}.$$

Wird die durch Integration aus der Sprungfunktion $\varepsilon(t)$ erhaltene Rampenfunktion $r(t) = t\,\varepsilon(t)$ als Testfunktion an ein Übertragungsglied 1. Ordnung gelegt, so liefert dieses die *(Einheits-)Rampenantwort*

$$\int_0^t h(\vartheta)d\vartheta = k\tau\left[\left(\frac{t}{\tau} - 1\right) + e^{-t/\tau}\right].$$

Die Verläufe von Gewichtsfunktion (Impulsantwort), Übergangsfunktion (Sprungantwort) und Rampenantwort sind in Abb. 7 dargestellt, wobei die jeweiligen Testfunktionen gestrichelt eingetragen sind.

10.1.2.4 Das Frequenzverhalten des Übertragungsgliedes 1. Ordnung

Die bisher diskutierten Testfunktionen waren alle vom Typus einer Schaltfunktion. Zur Untersu-

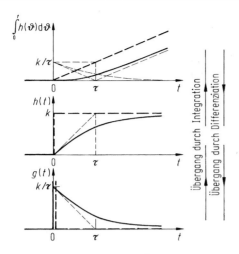

Abb. 7 Gewichtsfunktion $g(t)$, Übergangsfunktion $h(t)$ und Rampenantwort $\int_0^t h(\vartheta)\mathrm{d}\vartheta$ eines Messgliedes 1. Ordnung

chung des Systemverhaltens im stationären Zustand eignen sich als Testfunktionen auch Sinusfunktionen veränderlicher Frequenz (bei konstanter Amplitude). Nach dem jeweiligen Einschwingen des Ausgangssignals beobachtet man bei linearen Messgliedern (und nur bei diesen) wieder ein sinusförmiges Signal derselben Frequenz wie die Anregungsfunktion, dessen Amplitude und Phase jedoch von der Frequenz abhängig sind.

Das Frequenzverhalten des elektrischen Übertragungsgliedes 1. Ordnung (passives Tiefpassfilter) in Abb. 4 lässt sich mithilfe der (in der Elektrotechnik üblichen) komplexen Rechnung zu

$$G(\mathrm{j}\omega) = \frac{U_\mathrm{a}}{U_\mathrm{e}} = \frac{1/(\mathrm{j}\omega C)}{R + 1/(\mathrm{j}\omega C)} = \frac{1}{1 + \mathrm{j}\omega RC}$$

bestimmen (vgl. ▶ Abschn. 1.2.1 in Kap. 1, „Grundlagen linearer und nichtlinearer elektrischer Netzwerke"). Hier beträgt die Zeitkonstante $\tau = RC = 1/\omega_\mathrm{g}$. Das Amplitudenverhältnis ergibt sich zu (Abb. 8)

$$\left| \frac{U_\mathrm{a}}{U_\mathrm{e}} \right| = \frac{1}{\sqrt{1 + (\omega/\omega_\mathrm{g})^2}}.$$

Legt man z. B. die Grenzfrequenz auf $f_\mathrm{g} = 1/(2\,\pi\tau) = 1/(2\pi RC) = 1$ Hz fest, so beträgt

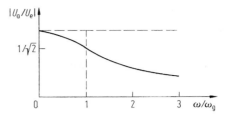

Abb. 8 Frequenzverhalten des Amplitudenverhältnisses bei einem Messglied 1. Ordnung

von 0 bis 0,2 Hz der Amplitudenabfall höchstens etwa 2 %, während Störsignale von 50 Hz ebenfalls nur mit etwa 2 % durchgelassen werden.

10.1.2.5 Das Frequenzverhalten des Übertragungsgliedes 2. Ordnung

Übertragungsglieder 2. Ordnung enthalten in ihrer Dgl. die erste und die zweite zeitliche Ableitung der Ausgangsgröße. Typische Beispiele mechanischer Messglieder 2. Ordnung sind translatorische Feder-Masse-Systeme, wie Federwaagen oder Beschleunigungsmesser, oder rotatorische Systeme mit Drehfeder und Trägheitsmoment, wie anzeigende *Drehspulmesswerke*.

Für dynamische Betrachtungen muss die statische Drehmomentengleichung

$$D\alpha = M_\mathrm{el}$$

für den Skalenverlauf eines linearen Drehspulmesswerks um das Dämpfungsmoment $p\dot{\alpha}$ und das Beschleunigungsmoment $J\ddot{\alpha}$ erweitert werden. Die Dgl. lautet also

$$J\frac{\mathrm{d}^2\alpha(t)}{\mathrm{d}t^2} + p\frac{\mathrm{d}\alpha(t)}{\mathrm{d}t} + D\alpha(t) = M_\mathrm{el}(t).$$

Sie beschreibt den zeitlichen Verlauf $\alpha(t)$ der Winkelanzeige als Funktion des elektrisch erzeugten Moments $M_\mathrm{el}(t)$ und des Trägheitsmoments J, der Dämpfungskonstanten p und der Drehfederkonstanten D des rotatorischen Systems.

Das Zeitverhalten eines allgemeinen Übertragungsglieds 2. Ordnung wird durch die folgende Dgl. beschrieben, deren Glieder in Einheiten der Ausgangsgröße $y(t)$ angegeben werden:

$$\frac{1}{\omega_0^2} \cdot \frac{\mathrm{d}^2 y(t)}{\mathrm{d}t^2} + \frac{2\vartheta}{\omega_0} \cdot \frac{\mathrm{d}y(t)}{\mathrm{d}t} + y(t) = kx(t).$$

($x(t)$ Eingangsgröße, ω_0 Kreisfrequenz der ungedämpften Eigenschwingung, ϑ Dämpfungsgrad und k statische Empfindlichkeit).

Durch einen Vergleich der obigen speziellen Dgl. des Drehspulmesswerks mit der allgemeinen Dgl. erhält man:

$$\omega_0 = \sqrt{\frac{D}{J}} \quad \text{bzw.} \quad \vartheta = \frac{p}{2\sqrt{DJ}}.$$

10.1.2.6 Sprungantwort eines Übertragungsgliedes 2. Ordnung

Nach sprungförmiger Änderung der Eingangsgröße $x(t)$ eines Messgliedes 2. Ordnung auf den Wert $x = x_0$ lautet die Dgl.

$$\frac{1}{\omega_0^2}\ddot{y} + \frac{2\vartheta}{\omega_0}\dot{y} + y = kx_0 \ (= y_0).$$

Abhängig vom Dämpfungsgrad ϑ ergibt sich für die normierte Sprungantwort y/y_0
bei ungedämpfter Einstellung ($\vartheta = 0$):

$$y/y_0 = 1 - \cos\ \omega_0 t,$$

bei periodischer (schwingender) Einstellung ($\vartheta < 1$):

$$y/y_0 = 1 - \frac{\omega_0}{\omega}\mathrm{e}^{-\vartheta\omega_0 t}\cos\left(\omega t - \varphi\right)$$

$$\text{mit } \omega = \omega_0\sqrt{1 - \vartheta^2} \quad \text{und} \quad \tan\varphi = \frac{\vartheta}{\sqrt{1 - \vartheta^2}},$$

beim aperiodischen Grenzfall ($\vartheta = 1$):

$$y/y_0 = 1 - \mathrm{e}^{-\omega_0 t}(1 + \omega_0 t),$$

bei aperiodischer (kriechender) Einstellung ($\vartheta > 1$):

$$\frac{y}{y_0} = 1 - \left[\frac{T_1}{T_1 - T_2}\mathrm{e}^{-t/T_1} - \frac{T_2}{T_1 - T_2}\mathrm{e}^{-t/T_2}\right]$$

$$\text{mit } T_1 = \frac{1}{\omega_0\left(\vartheta - \sqrt{\vartheta^2 - 1}\right)}$$

$$\text{und } T_2 = \frac{1}{\omega_0\left(\vartheta + \sqrt{\vartheta^2 - 1}\right)}.$$

Sprungantworten eines Messgliedes 2. Ordnung sind für verschiedene Dämpfungsgrade ϑ in Abb. 9 dargestellt.

Kenngrößen bei schwingender Einstellung ($\vartheta < 1$)

Die Kreisfrequenz ω bei gedämpft schwingender Einstellung ($\vartheta < 1$) ist gegenüber der Kreisfrequenz ω_0 bei ungedämpfter Einstellung ($\vartheta = 0$) um den Faktor $\sqrt{1 - \vartheta^2}$ verringert. Bei schwingender Einstellung (Abb. 10) sind die Hüllkurven der Sprungantwort

$$(y/y_0)_{\text{hüll}} = 1 \mp \frac{\omega_0}{\omega}\mathrm{e}^{-\vartheta\omega_0 t}.$$

Berührungspunkte mit den Hüllkurven ergeben sich zu den Zeiten t_B gemäß

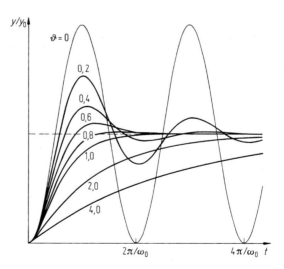

Abb. 9 Sprungantwort eines Messgliedes 2. Ordnung bei verschiedenen Dämpfungsgraden ϑ

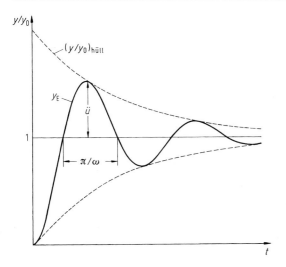

Abb. 10 Kenngrößen bei schwingender Einstellung (Messglied 2. Ordnung)

$$\cos(\omega t_B - \varphi) = 1, \quad \omega t_B - \varphi = i\pi,$$
$$t_B = \frac{\varphi}{\omega} + i\frac{\pi}{\omega} \quad (i = 0, 1, \ldots).$$

Der Nullphasenwinkel φ wird dabei wie angegeben über den Dämpfungsgrad ϑ berechnet.

Schnittpunkte mit der Asymptoten $y/y_0 = 1$ ergeben sich zu den Zeiten t_S gemäß

$$\cos(\omega t_S - \varphi) = 0, \quad \omega t_S - \varphi = \frac{\pi}{2} + i\pi,$$
$$t_S = \frac{\varphi}{\omega} + \frac{\pi}{2\omega} + i\frac{\pi}{\omega} \quad (i = 0, 1, \ldots).$$

Die Berührungspunkte mit den Hüllkurven und die Schnittpunkte mit der Asymptoten liegen jeweils um $T/4 = \pi/2\omega$ voneinander entfernt. Damit lässt sich die Kreisfrequenz ω einfach bestimmen.

Extrema erhält man durch Nullsetzen der Ableitung der Sprungantwort zu den Zeiten t_E gemäß

$$\frac{\mathrm{d}(y/y_0)}{\mathrm{d}t} = 0, t_E = i\frac{\pi}{\omega} (i = 0, 1, \ldots).$$

Im Ursprung weist die Sprungantwort also ein Minimum auf. Die Extrema liegen jeweils um $T/2 = \pi/\omega$ voneinander entfernt.

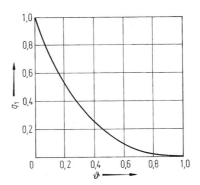

Abb. 11 Relative Überschwingweite q_1 als Funktion des Dämpfungsgrades ϑ

Für die *Bestimmung des Dämpfungsgrades* ϑ aus der Sprungantwort benötigt man die Abweichungen der Funktionswerte y_E an den Extremstellen vom asymptotischen Wert y_0. Die Beträge dieser Abweichungen sind

$$|y_E/y_0 - 1| = \frac{\omega_0}{\omega} e^{-\vartheta\omega_0 t_E} \cos\varphi.$$

Das Verhältnis q_1 zweier aufeinander folgender maximaler Abweichungen beträgt

$$q_1(\vartheta) = \frac{e^{-\vartheta\omega_0\frac{\pi}{\omega}(i+1)}}{e^{-\vartheta\omega_0\frac{\pi}{\omega}i}} = e^{-\vartheta\omega_0\frac{\pi}{\omega}} = e^{-\pi\vartheta/\sqrt{1-\vartheta^2}}.$$

Die relative Überschwingweite q_1 ist in Abb. 11 als Funktion des Dämpfungsgrades ϑ aufgetragen und ergibt den Dämpfungsgrad gemäß

$$\vartheta = \frac{-\ln q_1}{\sqrt{\pi^2 + (\ln q_1)^2}}.$$

Aperiodischer Grenzfall ($\vartheta = 1$)
Bei kriechender Einstellung ($\vartheta > 1$) findet kein Überschwingen der Sprungantwort statt. Von Interesse ist der aperiodische Grenzfall ($\vartheta = 1$). Die Sprungantwort und die zweite Ableitung lauten

$$y/y_0 = 1 - (1 + \omega_0 t)e^{-\omega_0 t},$$
$$\frac{\mathrm{d}^2(y/y_0)}{\mathrm{d}t^2} = \omega_0^2(1 - \omega_0 t)e^{-\omega_0 t}.$$

Der Wendepunkt der Sprungantwort wird zur Zeit $t_w = 1/\omega_0$ erreicht. Der normierte Funktionswert am Wendepunkt beträgt

$$y_W/y_0 = 1 - 2/e = 26,4\,\%.$$

10.1.2.7 Frequenzgang eines Übertragungsgliedes 2. Ordnung

Beim Übertragungsglied 2. Ordnung erhält man den Frequenzgang $G(j\omega)$, indem man in die Dgl. sinusförmige Ansätze für die Eingangs- und die Ausgangsgröße einführt. Es ergibt sich mit der normierten Frequenz $\eta = \omega/\omega_0 \ (= f/f_0)$

$$G(j\eta) = \frac{k}{1 + j \cdot 2\vartheta\eta - \eta^2}.$$

Amplitudengang $|G(j\omega)|$ und Phasengang $\varphi(\omega)$ sind in Abb. 12 dargestellt.
Der Amplitudengang ist

$$|G(j\eta)| = \frac{k}{\sqrt{(1 - \eta^2)^2 + (2\vartheta\eta)^2}}.$$

Für Dämpfungsgrade ϑ von 0 bis $1/\sqrt{2}$ treten im Amplitudengang bei den Kreisfrequenzen $\omega/\omega_0 = \sqrt{1 - 2\vartheta^2}$ Resonanzüberhöhungen um den Faktor $\frac{1}{2}\vartheta\sqrt{1 - \vartheta^2}$ auf.
Der Phasengang ist

$$\varphi(\eta) = -\arctan\left(\frac{2\vartheta\eta}{1 - \eta^2}\right) \quad (-\pi \text{ für } \eta > 1).$$

Unabhängig vom Dämpfungsgrad ϑ ist bei $\eta = 1$ die Phase gleich $-90°$.
Die Kenngrößen ω_0 und ϑ eines Messgliedes können sowohl aus der Sprungantwort oder der Gewichtsfunktion als auch aus dem komplexen Frequenzgang ermittelt werden. Welche Methode im Einzelfall am vorteilhaftesten ist, hängt von den verfügbaren Messeinrichtungen und von möglichen Einschränkungen der Betriebsparameter ab.

10.1.2.8 Kenngrößen für Messglieder höherer Ordnung

Bei Messgliedern höherer als 2. Ordnung ist die exakte Bestimmung der mindestens 3 dynami-

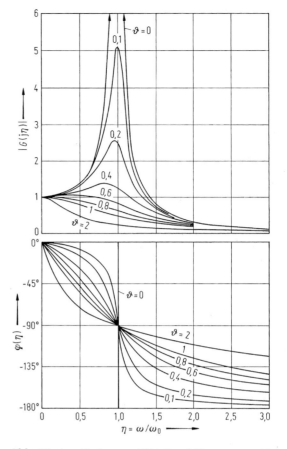

Abb. 12 Amplitudengang $|G(j\eta)|$ und Phasengang $\varphi(\eta)$ eines Messgliedes 2. Ordnung als Funktion der normierten Frequenz $\eta = \omega/\omega_0$ (Parameter ist der Dämpfungsgrad ϑ)

schen Kenngrößen oft nur schwer möglich und teilweise auch nicht notwendig. Man behilft sich in diesen Fällen mit Ersatzkenngrößen und unterscheidet, ähnlich wie bei Messgliedern 2. Ordnung, zwischen schwingender und kriechender Einstellung. Bei *schwingender Einstellung* nach Abb. 13a verwendet man als Kenngröße gerne die *Einstellzeit* T_e, ab der die Sprungantwort eines Messgliedes dauerhaft innerhalb vorgegebener Toleranzgrenzen bleibt.

Als weitere Kenngröße ist die Größe $y_ü$ des *ersten* Überschwingers üblich. Sie gibt einen Anhaltspunkt für die Größe der Dämpfung des Messgliedes.

Bei *kriechender Einstellung* nach Abb. 13b verwendet man als Kenngrößen neben der Einstellzeit T_e (wie bei schwingender Einstellung) gerne die

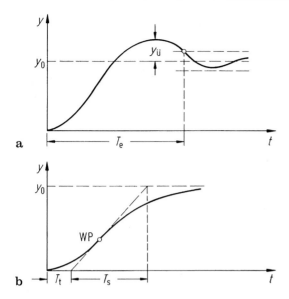

Abb. 13 Kenngrößen eines Messgliedes höherer Ordnung. **a** Bei schwingender Einstellung, **b** bei kriechender Einstellung

Ersatztotzeit T_t und die *Ersatzzeitkonstante* T_s. Die Wendetangente der Sprungantwort oder alternativ die Gerade durch diejenigen Punkte, in denen die Sprungantwort 10 % bzw. 90 % ihres Endwertes erreicht hat, trifft die Zeitachse nach Ablauf der Ersatztotzeit T_t. Die Ersatzzeitkonstante T_s ist als die Differenz zwischen den Zeitpunkten definiert, die durch den Schnitt der nähernden Geraden mit der Zeitachse einerseits und mit der Endasymptote andererseits gegeben sind.

10.1.3 Messfehler

10.1.3.1 Zufällige und systematische Messabweichungen

Die über Messeinrichtungen gewonnenen Messwerte sind i. Allg. fehlerbehaftet, d. h., sie weichen von den Werten ab, die man den zugehörigen Messgrößen idealerweise oder sinnvollerweise zuordnen würde. Die Abweichungen setzen sich dabei aus systematischen (deterministischen) und zufälligen (stochastischen) Anteilen zusammen.

Die Ursachen für systematische Messabweichungen können z. B. fehlerhafte Einstellungen oder deterministische Einflusseffekte, aber auch bleibende Veränderungen oder definierte Zeitab-

hängigkeiten der Messgrößen sein. Die Größe einer systematischen Messabweichung ist prinzipiell feststellbar, wenn ein (praktisch annähernd) fehlerfreies Messgerät zu Vergleichszwecken zur Verfügung steht. Systematische Fehler lassen sich deshalb korrigieren. Dieser Vorgang wird als *Kalibration* bezeichnet.

Im Gegensatz dazu sind die Ursachen einer die Einzelmessung beeinflussenden zufälligen Messabweichung nicht korrigierbar. So ist z. B. die örtliche Verteilung der Dichte bei inhomogenen Gemischen nicht reproduzierbar; ebenso wenig wie die zeitliche Folge der Kernzerfälle, die bei bestimmten Strahlungsmessgeräten aufgenommen wird. Es handelt sich also um zufällige Abweichungen, wenn deren Ursachen bei den gegenwärtigen Kenntnissen und technischen Möglichkeiten nicht gemessen und reproduziert werden können.

Zufällige Messabweichungen, die definitionsgemäß bei jeder Wiederholungsmessung andere Zahlenwerte annehmen und die nicht vorhersagbar sind, lassen sich nur mit den Mitteln der Wahrscheinlichkeitsrechnung behandeln. Sie sind *Zufallsgrößen*, die durch ihre Verteilungsfunktionen bzw. durch Kennwerte der Verteilungsfunktionen wie Erwartungswert, Standardabweichung und andere Momente beschrieben werden. Praktisch kann man diese Kennwerte durch Wiederholungsmessungen statistisch schätzen, und zwar umso genauer, je größer die Zahl der zur Verfügung stehenden Einzelmesswerte ist. Mit einer solchen Schätzung der Verteilungsfunktion für die zufälligen Messabweichungen eines Messgeräts lassen sich Aussagen über die statistische Unsicherheit eines Messergebnisses ableiten.

10.1.3.2 Definition von Fehlern, Fehlerkurven und Fehleranteilen

Der Fehler eines Messgliedes zeigt sich als unerwünschte Abweichung des Istwertes y_{ist} vom Sollwert y_{soll} der Ausgangsgröße bei derselben Eingangsgröße x (Abb. 14). Wenn z. B. das Messglied den Wert der Messgröße ausgeben soll, wäre ein geeigneter Sollwert y_{soll} der *wahre Wert* (*true value*) der Messgröße, x_w. Da man diesen wahren Wert in aller Regel nicht kennen kann, ersetzt man

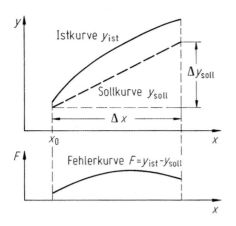

Abb. 14 Istkurve, Sollkurve und Fehlerkurve eines Messgliedes

durch Umrechnung mit der Empfindlichkeit E möglich:

$$F_x = (y_{ist} - y_{soll})/E.$$

Der in der Fehlerkurve dargestellte Gesamtfehler F lässt sich aufspalten (Abb. 15) in

- die Nullpunktabweichung F_0,
- die Steigungsabweichung $F_S(x)$,
- die Nichtlinearität $F_L(x)$ und
- den Hysteresefehler $F_H(x, h)$.

ihn praktisch durch den *richtigen Wert* (*conventional true value*) x_r, den man etwa mit dem bestmöglichen verfügbaren Messgerät bestimmen könnte und dessen Abweichung vom wahren Wert vernachlässigt wird. Der richtige Wert ist ein durch Vereinbarung anerkannter Wert, der der Messgröße zugeordnet wird.

Die (absolute) *Messabweichung* (*absolute error*) F ist definiert als die Differenz von Istwert y_{ist} und Sollwert y_{soll}. (Häufig wird F auch als *Fehler* bezeichnet. Dies birgt die Gefahr von Missverständnissen, weil das deutsche Fehler als Oberbegriff auch qualitative Störungen eines ordnungsgemäßen Betriebs bezeichnet, etwa die Nichterfüllung einer Anforderung, den Ausfall einer Komponente oder einen Kurzschluss. Im Englischen heißen solche Fehler *fault*.) Die *relative Messabweichung* (*relative error*) oder der *relative Fehler* F_{rel} ist die auf einen Bezugswert B bezogene (absolute) Messabweichung, wobei für B häufig die Ausgangsspanne Δy oder (bei Maßverkörperungen, z. B. Widerständen) der Sollwert y_{soll} eingesetzt wird. Sie hat die Einheit eins (ist eine Größe der Dimension Zahl):

$$F = y_{ist} - y_{soll}, \quad F_{rel} = \frac{y_{ist} - y_{soll}}{\Delta y}.$$

Absolute Messabweichungen werden häufig in Einheiten der Eingangsgröße angegeben. Bei linearen Messgliedern ist dies in einfacher Weise

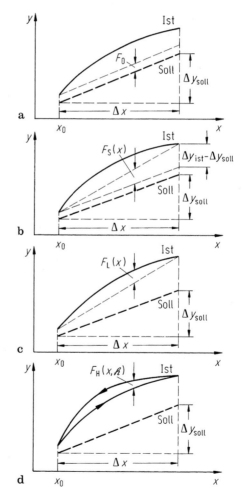

Abb. 15 Aufspaltung der Gesamtmessabweichung. **a** Nullpunktabweichung, **b** Steigungsabweichung, **c** Nichtlinearität, **d** Hysteresefehler

Istkennlinie y_{ist}, Sollkennlinie y_{soll} und Fehler $F = y_{\text{ist}} - y_{\text{soll}}$ sind gegeben durch

$$y_{\text{ist}} = y_{0\ \text{ist}} + \frac{\Delta y_{\text{ist}}}{\Delta x}(x - x_0) + F_{\text{L}}(x) + F_{\text{H}}(x,h),$$

$$y_{\text{soll}} = y_{0\ \text{soll}} + \frac{\Delta y_{\text{soll}}}{\Delta x}(x - x_0),$$

$$F = \underbrace{(y_{0\ \text{ist}} - y_{0\,\text{soll}})}_{F_0} + \underbrace{(\Delta y_{\text{ist}} - \Delta y_{\text{soll}})\frac{x - x_0}{\Delta x}}_{F_{\text{S}}(x)}$$
$$+\ F_{\text{L}}(x) + F_{\text{H}}(x,h).$$

Alle Fehleranteile sind absolute Fehler (in Einheiten) der Ausgangsgröße.

Häufig gibt man relative Fehler an, die auf den Sollwert Δy_{soll} der Ausgangsspanne bezogen werden. Schwierigkeiten bereiten die Hysteresefehler $F_{\text{H}}(x, h)$, die naturgemäß außer von der Eingangsgröße x auch von der Vorgeschichte h (history) abhängen.

10.1.3.3 Nichtlinearität und zulässige Fehlergrenzen

Bei der Zerlegung des Gesamtfehlers in Fehleranteile haben wir die Nichtlinearität etwas willkür-

lich nach der *Festpunktmethode* bestimmt. Die Sollkennlinie geht dabei durch die zwei Punkte der Istkennlinie am Anfang und am Ende des Messbereichs (Abb. 16a).

Andere Möglichkeiten zur Festlegung dieser Ausgleichsgeraden sind:

- Gerade durch den Messbereichsanfang, aber mit einer Steigung, die ein bestimmtes Minimalprinzip erfüllt (Abb. 16b).
- Gerade, deren Lage so gewählt wird (Toleranzbandmethode), dass ausschließlich ein bestimmtes Minimalprinzip erfüllt wird (Abb. 16c).
- Gerade durch den Messbereichsanfang mit einer Steigung gleich der der Istkennlinie im Messbereichsanfang (Abb. 16d). Diese Festlegung ist besonders bei kleinen Aussteuerungen sinnvoll.

In Datenblättern gibt man in der Regel aus Gründen der Übersichtlichkeit nur die Sollkennlinie zusammen mit der maximalen Messabweichung (*Toleranz* oder *zulässiger Fehler*) der Istkennlinie von der Sollkennlinie an. Bei der Klassenangabe für elektrische Messgeräte ist über

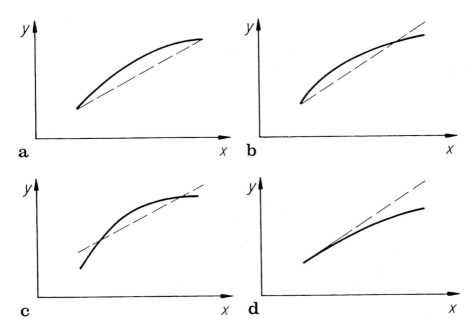

Abb. 16 Verschiedene Ausgleichsgeraden zur Festlegung des Nichtlinearität. **a** Festpunktmethode, **b** Gerade durch Messbereichsanfang, **c** Toleranzbandmethode, **d** wie **b**, jedoch mit Steigung wie im Messbereichsanfang

den ganzen Messbereich ein konstanter Fehler zugelassen. Im Gegensatz dazu ist es bei Messgliedern i. Allg. sinnvoll, die zulässigen Fehler in der Umgebung des Messbereichsanfangs kleiner festzulegen als am Messbereichsende. Festlegungen der Nichtlinearität bezogen auf Sollgeraden durch den Messbereichsanfang der Istkennlinie nehmen darauf Rücksicht, dass am Messbereichsanfang, auch aufgrund von Fertigungsmaßnahmen (Abgleich des Nullpunktes), in der Regel geringere Messabweichungen auftreten als am Messbereichsende (Abb. 17).

Zum konstanten maximalen Nullpunktfehler $|F_0|_{max}$ addiert sich der zur Eingangsgröße $(x - x_0)$ proportionale maximale Steigungsfehler $|F_S(x)|_{max}$. Es gilt:

$$|F_0|_{max} = |y_{0\,ist} - y_{0\,soll}|_{max},$$
$$|F_S(x)|_{max} = \frac{x - x_0}{\Delta x} |\Delta y_{ist} - \Delta y_{soll}|_{max}.$$

Die Angabe des zulässigen Fehlers F_{zul} muss durch die (konstante) Empfindlichkeit E dividiert werden, um den Fehler in Einheiten der Eingangsgröße zu erhalten, wie z. B. bei einem Gerät zur Messung der Länge l:

$$F_{zul} = \pm(50 + 0,1l/mm)\mu m.$$

Man kann auch den zulässigen Fehler F_{zul} durch die Ausgangsspanne Δy (bzw. die Eingangsspanne Δx) dividieren und erhält so den zulässigen relativen Fehler. Nimmt man beim gleichen Längenmessgerät (z. B. einem Messschieber mit elektronischer Anzeige) eine maximale Messlänge $l_{max} = \Delta x = 500$ mm an, so beträgt der zulässige relative Fehler

$$F_{rel.zul} = \pm\left(10^{-4} + 10^{-4}l/l_{max}\right).$$

Der Fehler besteht also wieder aus der Summe eines konstanten Nullpunktfehlers und eines proportionalen Steigungsfehlers.

10.1.3.4 Einflussgrößen und Einflusseffekt

Bisher wurde immer angenommen, dass die *Einflussgrößen* (auch: *Störgrößen*) als konstant angesehen werden können. In Wirklichkeit können Einflussgrößen nicht unerheblich zu den Messfehlern beitragen. Wichtige Einflussgrößen sind:

- die *Temperatur* (wenn sie nicht gerade selbst die Messgröße ist),
- die *Versorgungsspannung* von aktiven Sensoren, Verstärkern oder Messschaltungen,
- die fertigungsbedingten Abweichungen von wesentlichen Bauteilen und Komponenten,
- ein- und/oder ausgangsseitige Rückwirkungen, z. B. durch die Belastung einer Quelle von endlichem Innenwiderstand.

Zuweilen beeinflussen auch Luftdruck und Luftfeuchte, mechanische Erschütterung, elektrische und magnetische Felder oder die Einbaulage die Messwerte in unerwünschter Weise. Es finden Verknüpfungen mit der Messgröße statt, deren Entflechtung aufwändig sein kann. Am einfachsten lassen sich die Wirkungen von Einflussgrößen in Kennlinienfeldern darstellen (Abb. 18).

In Sonderfällen kann es vorkommen, dass eine Einflussgröße nur den Nullpunkt (a) oder nur die Steigung (b) der Kennlinie eines Messgliedes beeinflusst. Im Allgemeinen ist jedoch mit gemischter (c), und auch mit Beeinflussung der Nichtlinearität (d) zu rechnen.

In den Kennlinienfunktionen y treten neben der Messgröße x als Parameter die Einflussgrößen

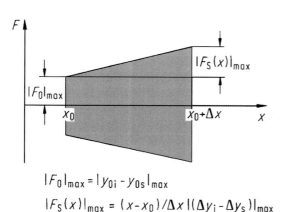

$$|F_0|_{max} = |y_{0i} - y_{0s}|_{max}$$
$$|F_S(x)|_{max} = (x - x_0)/\Delta x |(\Delta y_i - \Delta y_s)|_{max}$$

Abb. 17 Sinnvolle Festlegung zulässiger Fehlergrenzen bei Messgliedern

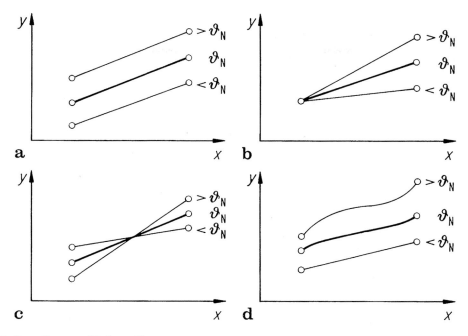

Abb. 18 Darstellung von Einflussgrößen

auf. Bei nur einer Einflussgröße ϑ lässt sich die Kennlinienfunktion in folgende Taylor-Reihe entwickeln

$$y(x,\vartheta) = y(x_0 \pm \xi, \vartheta_0 + \tau)$$

$$= y(x_0, \vartheta_0) + \left(\frac{\partial y}{\partial x}\right)_{(x_0, \vartheta_0)} \xi$$

$$+ \frac{1}{2}\left(\frac{\partial^2 y}{\partial x^2}\right)_{(x_0, \vartheta_0)} \xi^2 + \dots$$

$$+ \left(\frac{\partial y}{\partial \vartheta}\right)_{(x_0, \vartheta_0)} \tau + \frac{1}{2}\left(\frac{\partial^2 y}{\partial \vartheta^2}\right)_{(x_0, \vartheta_0)} \tau^2$$

$$+ \dots + \frac{1}{2}\left(\frac{\partial^2 y}{\partial x \partial \vartheta}\right)_{(x_0, \vartheta_0)} \xi\tau + \dots$$

Die Einflussgröße tritt i. Allg. nicht unabhängig von der Messgröße auf, was sich in dem gemischtquadratischen Glied der Reihe ausdrückt.

In Analogie zur Empfindlichkeit $(y/x)_{x=x_0}$ eines ungestörten Messgliedes wird der Einflusseffekt (auch: Störempfindlichkeit) als partielle Ableitung der Ausgangsgröße nach der Einflussgröße im Arbeitspunkt definiert:

$$E_\vartheta(x_0, \vartheta_0) = \left(\frac{\partial y}{\partial \vartheta}\right)_{(x_0, \vartheta_0)}.$$

Er gibt an, um welchen Betrag ∂y sich die Ausgangsgröße ändert, wenn bei konstanter Messgröße sich die Einflussgröße ϑ von ϑ_0 auf $\vartheta_0 + \partial\vartheta$ ändert.

10.1.3.5 Diskrete Verteilungsfunktionen zufälliger Messwerte

Die n-fache Wiederholung einer Messung unter gleichen Bedingungen liefert n diskrete Messwerte x_i. Ohne Zufallsstörung sind alle Messwerte gleich, mit einer solchen Störung sind sie es nicht mehr. Bei einer größeren Anzahl verschiedener Messwerte fasst man sie aus Gründen der Übersicht zu Klassen zusammen. Die Mitte der k-ten Klasse ist dann der diskrete Wert x_k, ihre Breite ist gleich der Differenz benachbarter Klassenmitten, die am besten unabhängig von k gewählt wird: $\Delta x = x_{k+1} - x_k$ (äquidistante Klasseneinteilung). Zur Visualisierung der Messreihe trägt man die ganzzahligen Häufigkeiten n_k, mit denen Messwerte der Klasse k beobachtet wurden, über den x_k auf (*Histogramm*; siehe Abschn. 1.3 in Kap. „Deskriptive und Induktive Statistik"). Abb. 19 zeigt ein Beispiel für das Histogramm einer diskreten Messwertverteilung.

Da insgesamt n Messwerte x_i zur Häufigkeitsverteilung beitragen, ist die empirische Wahrscheinlichkeit P_k, dass Messwerte in die Klasse k fallen, gleich der relativen Häufigkeit

$$P_k = \frac{n_k}{n},$$

und die Wahrscheinlichkeit P für das Auftreten von Messwerten in mehreren benachbarten Klassen beträgt

$$P = \sum_{k=k_1}^{k_2} P_k = \sum_{k=k_1}^{k_2} \frac{n_k}{n} = \frac{1}{n} \sum_{k=k_1}^{k_2} n_k.$$

Werden alle besetzten Klassen einbezogen, so ist natürlich $\sum_{k=k_1}^{k_2} n_k = \sum_{k=1}^{k_{max}} n_k = n$ und die Wahrscheinlichkeit wird

$$P = 1.$$

Anstelle der gesamten Häufigkeitsverteilung verwendet man gerne charakteristische Kennwerte für ihre Lage und Form, welche sich aus den n Messwerten x_i berechnen lassen (siehe Abschn. 1.4 in Kap. „Deskriptive und Induktive Statistik"). Betrachtet man die Verteilung in Abb. 19, so erkennt man zunächst, dass sich die Messwerte in der Umgebung eines etwa in der Mitte liegenden Wertes häufen. Es ist deshalb sinnvoll, den (arithmetischen) Mittelwert $\bar{x}$ als erste Kenngröße festzulegen:

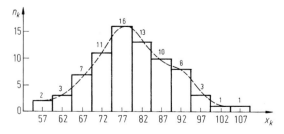

Abb. 19 Diskrete Messwertverteilung

$$\bar{x} = \frac{1}{n} \sum_{i=1}^{n} x_i.$$

Weicht der Mittelwert vom Soll- oder Nennwert der Messgrößen ab, so liegt ein systematischer Fehler vor, der gerade gleich der Differenz zwischen Mittelwert und Soll- bzw. Nennwert ist.

Zur Charakterisierung der zufälligen Fehler ist als zweite Kenngröße der mittlere quadratische Fehler, die sog. *empirische Standardabweichung* s üblich. Deren Quadrat, die *Varianz* oder *Streuung* s^2, ist

$$s^2 = \frac{1}{n-1} \sum_{i=1}^{n} (x_i - \bar{x})^2.$$

Wie man leicht zeigen kann, gilt auch die numerisch günstigere Beziehung

$$s^2 = \frac{1}{n-1} \left[\sum_{i=1}^{n} x_i^2 - \frac{1}{n} \left(\sum_{i=1}^{n} x_i \right)^2 \right].$$

Bei Bedarf können noch weitere Kenngrößen zur Charakterisierung der Form einer Häufigkeitsverteilung herangezogen werden (empirische Schiefe, Wölbung usw.).

Wegen des Zufallseinflusses ist die bei einer Messreihe aus n Einzelmessungen ermittelte Häufigkeitsverteilung lediglich eine von vielen möglichen Beobachtungen. Würde man die Messreihe unter gleichen Bedingungen wiederholen, ergäbe sich eine andere Häufigkeitsverteilung. Erst bei genügend großem n darf man erwarten, dass eine beobachtete Verteilung repräsentativ für die grundsätzliche Verteilung der zufälligen Messabweichungen ist und nicht etwa einen zwar unwahrscheinlichen, aber dennoch möglichen zufälligen Ausreißer darstellt. Der Messvorgang ist mathematisch dasselbe wie eine Stichprobe mit Zurücklegen. Sämtliche mögliche Messwerte befinden sich nach dieser Vorstellung mit einer bestimmten Häufigkeitsverteilung in einem Lostopf. Eine Einzelmessung besteht im Ziehen einer Zahl mit nachfolgendem Zurücklegen. Aus der Verteilung von n gezogenen Zahlen (Messwerten) soll nun auf die Verteilung der Grundgesamtheit aller Zahlen im

Lostopf (die Verteilung der zufälligen Messabweichungen) geschlossen und die Güte dieser Schlussfolgerung beurteilt werden (Messunsicherheit).

In den meisten Fällen ist es zweckmäßig, von einer kontinuierlichen Verteilung der möglichen Messwerte auszugehen. So könnte etwa die Temperatur in einem Raum jeden Wert im Intervall [0, 50] °C oder eine Thermospannung jeden Wert im Intervall [0, 1] V annehmen. Der diskreten Messwertverteilung einer Messreihe liegt dann in Wahrheit eine kontinuierliche Verteilung der Grundgesamtheit aller möglichen Messwerte zugrunde. Praktisch beobachtete Verteilungen der Grundgesamtheit lassen sich häufig näherungsweise durch die Normalverteilung beschreiben, weil dies die Grenzverteilung beim Zusammenwirken vieler voneinander unabhängiger und ähnlich großer Einflusseffekte ist (*Zentraler Grenzwertsatz*).

10.1.3.6 Die Normalverteilung

Die Wahrscheinlichkeitsdichte $f(x)$ der Normalverteilung (Gauß'sche Verteilung) beschreibt eine stetige symmetrische Verteilung der streuenden Messwerte x um den Erwartungswert μ herum. Betragsmäßig gleich große positive und negative Abweichungen (zufällige Fehler) sind gleich wahrscheinlich. Große Abweichungen sind weniger häufig als kleine. Schließlich liegt an der Stelle des Erwartungswerts $x = \mu$ das Maximum der Wahrscheinlichkeitsdichte (vgl. Kap. „Wahrscheinlichkeitsrechnung", auch für das Folgende).

Weiterhin gilt wie bei allen stetigen Verteilungsfunktionen, dass die Standardabweichung σ die Beziehung

$$\sigma^2 = \int\limits_{-\infty}^{\infty} (x - \mu)^2 f(x) \; \mathrm{d}x$$

erfüllt und die Gesamtfläche unter der Wahrscheinlichkeitsdichte

$$\int\limits_{-\infty}^{\infty} f(x)\mathrm{d}x = 1$$

ist, da sie die Wahrscheinlichkeit für das Auftreten jedes beliebigen Messwertes im Bereich $-\infty < x < \infty$ darstellt.

Formelmäßig gilt für die Normalverteilung abhängig von den Messwerten x bzw. den zufälligen Abweichungen $x - \mu$

$$f(x) = \frac{1}{\sqrt{2\pi}\sigma} \exp\left[-\frac{(x - \mu)^2}{2\sigma^2} \right].$$

Die Diskussion dieser in Abb. 20 dargestellten Wahrscheinlichkeitsdichte liefert das Maximum $f_{max} = 1/\left(\sigma\sqrt{2\pi}\right)$ bei $x = \mu$ und Wendepunkte bei $x = \mu \pm \sigma$.

Allgemein erhält man durch Integration einer Wahrscheinlichkeitsdichte über ein bestimmtes Intervall die Wahrscheinlichkeit für das Auftreten von Ergebnissen eines Zufallsexperiments (hier also von Messwerten) in diesem Intervall.

10.1.3.7 Gauß'sche Fehlerwahrscheinlichkeit

Die differenzielle Wahrscheinlichkeit $\mathrm{d}P$ für das Auftreten von Messwerten x (bzw. Abweichungen $x - \mu$) im differenziellen Intervall der Breite $\mathrm{d}x$ beträgt

$$\mathrm{d}P = f(x)\mathrm{d}x.$$

In einem endlichen Intervall $x_1 \leqq x \leqq x_2$ nach Abb. 21 ergibt sich also bei Normalverteilung für die Wahrscheinlichkeit

$$P = \int\limits_{x_1}^{x_2} f(x)\mathrm{d}x = \frac{1}{\sigma\sqrt{2\pi}} \int\limits_{x_1}^{x_2} \exp\left[-\frac{(x - \mu)^2}{2\sigma^2} \right]\mathrm{d}x.$$

Das auftretende Integral ist elementar nicht lösbar. In verschiedenen Tabellenwerken ist ein

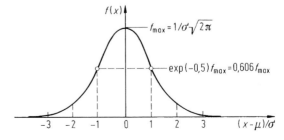

Abb. 20 *Wahrscheinlichkeitsdichte f(x) der Normalverteilung*

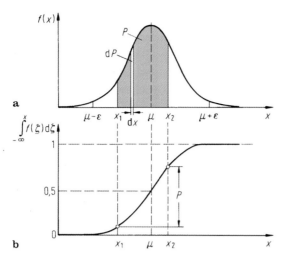

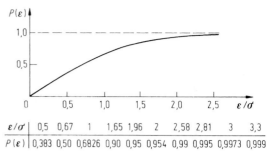

ε/σ	0,5	0,67	1	1,65	1,96	2	2,58	2,81	3	3,3
$P(\varepsilon)$	0,383	0,50	0,6826	0,90	0,95	0,954	0,99	0,995	0,9973	0,999

Abb. 22 Fehlerwahrscheinlichkeit $P(\varepsilon)$ bei symmetrischem Intervall $-\varepsilon \leqq x - \mu \leqq \varepsilon$

Abb. 21 Fehlerwahrscheinlichkeit P

entsprechendes normiertes Integral als *Fehlerfunktion* (*error function*)

$$\mathrm{erf}(x) = \frac{2}{\sqrt{\pi}} \int_0^x e^{-t^2} \, dt$$

tabelliert. Mit der Substitution

$$\frac{x - \mu}{\sigma\sqrt{2}} = t$$

ergibt sich nach Zwischenrechnung

$$P = \frac{1}{2}\left[\mathrm{erf}\frac{x_2 - \mu}{\sigma\sqrt{2}} - \mathrm{erf}\frac{x_1 - \mu}{\sigma\sqrt{2}}\right].$$

Die Wahrscheinlichkeit des Auftretens zufälliger normalverteilter Messabweichungen im symmetrischen Intervall $-\varepsilon \leqq x - \mu \leqq \varepsilon$ ist wegen $\mathrm{erf}(x) = -\mathrm{erf}(-x)$

$$P(\varepsilon) = \mathrm{erf}\frac{\varepsilon}{\sigma\sqrt{2}}.$$

Diese Fehlerwahrscheinlichkeit ist in Abb. 22 grafisch und in einer Wertetabelle dargestellt.

10.1.3.8 Wahrscheinlichkeitsnetz

Abweichungen von der Glockenform der Normalverteilung können im sog. Wahrscheinlichkeitsnetz (Abb. 23) häufig leichter erkannt werden.

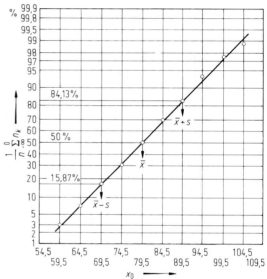

Abb. 23 Wahrscheinlichkeitsnetz

Dort ist die Summenwahrscheinlichkeit bzw. die relative Summenhäufigkeit

$$\int_{-\infty}^{x_0} f(x) \, dx \quad \text{bzw.} \quad \frac{1}{n}\sum_{-\infty}^{0} n_k$$

abhängig von der jeweils oberen Messwertgrenze x_0 aufgetragen. Die Ordinatenachse der Summenwahrscheinlichkeit ist derart geteilt, dass sich für die Normalverteilung eine Gerade ergibt. Abweichungen von der Geradenform zeigen also entsprechende Abweichungen von der Normalverteilung.

Der Schnittpunkt der erhaltenen Geraden mit der 50 %-Linie liefert den Mittelwert $\bar{x}$. Die

Werte $\bar{x} \pm s$ erhält man bei den Summenwahrscheinlichkeiten 84,13 % und 15,87 % (50 % $\pm$ 0,5 · 68,26 %).

10.1.3.9 Vollständiges Messergebnis

Ein *vollständiges Messergebnis* (*complete measurement result*) umfasst nicht nur die Angabe des in bestimmter Hinsicht bestmöglichen Messwerts, sondern auch eine Aussage über seine Verlässlichkeit. Wir betrachten die Situation, bei der eine Messgröße x unter gleichen Bedingungen n Mal gemessen wurde (Ergebnisse x_i), und gehen der Einfachheit halber davon aus, dass systematische Messabweichungen bereits durch *Korrektion* aus den n Einzelmesswerten entfernt wurden. Die noch verbliebenen Messabweichungen sind dann rein zufälliger Natur; sie seien normalverteilt.

Der Kern des Problems besteht darin, dass man aus den empirischen Daten der endlichen Stichprobe (Messreihe) die Eigenschaften der Grundgesamtheit der normalverteilten Messabweichungen schätzen muss. Eine konsistente Schätzung erhält man wie folgt:

- Der Erwartungswert μ der Normalverteilung wird über den empirischen Mittelwert $\bar{x}$ der x_i geschätzt: $\mu = \bar{x}$.
- Das Messergebnis im Sinne der statistisch wahrscheinlichsten Annäherung an den wahren Wert x_w der Messgröße wird mit μ gleichgesetzt: $x_{\text{mess}} = \mu$.
- Die Standardabweichung σ der Normalverteilung wird über die empirische Standardabweichung s der x_i geschätzt: $\sigma = s$.
- Nach einem Ergebnis der mathematischen Statistik ist der Wert $t = \sqrt{n}\,(\bar{x} - \mu)/s$ die konkrete Realisierung einer Zufallsgröße T, die einer Student-t-Verteilung mit $n - 1$ Freiheitsgraden gehorcht (siehe Abschn. 2.3 in Kap. „Wahrscheinlichkeitsrechnung"). Deshalb gilt für die Wahrscheinlichkeit α, dass $\bar{x}$ weiter als $s \cdot t_{\alpha;\,n-1}/\sqrt{n}$ vom Erwartungswert μ weg liegt: $\alpha = 2F(-t_{\alpha;\,n-1};\ n-1)$, wobei $F(t;\,m)$ die Verteilungsfunktion der t-Verteilung mit m Freiheitsgraden bezeichnet. Umgekehrt beträgt daher die *Messunsicherheit* (*measurement uncertainty*) auf einem *Konfidenzniveau* (*level of confidence*) von $1 - \alpha$: $u_x = s \cdot t_{\alpha;\,n-1}/\sqrt{n}$. Statistisch gesehen

liegt der wahre Wert der Messgröße in $(1 - \alpha) \cdot 100$ % aller Messreihen vom Umfang n, die man unter gleichen Bedingungen wiederholt, im *Konfidenzintervall* $[\mu - u_x,\quad \mu + u_x]$.

Das vollständige Messergebnis wird angegeben in der Form „$x_{\text{mess}} = [\mu - u_x,\quad \mu + u_x]$" auf dem Konfidenzniveau $1 - \alpha$" oder „$x_{\text{mess}} = \mu \pm u_x$ auf dem Konfidenzniveau $1 - \alpha$" oder „$x_{\text{mess}} = \mu \cdot (1 \pm u_{x,\ \text{rel}})$ auf dem Konfidenzniveau $1 - \alpha$" ($u_{x,\ \text{rel}} = u_x/\mu$ ist die *relative Messunsicherheit*).

Das beschriebene Verfahren einer statistischen Beurteilung der Güte einer Messung ist konsistent mit dem international anerkannten Vorgehen nach GUM (*Guide to the expression of uncertainty in measurement*).

10.1.3.10 Fortpflanzung von Messunsicherheiten

Häufig ist das Messergebnis y eine Funktion einer oder mehrerer Eingangsgrößen x_i, von denen jede entweder durch einen einzelnen Messwert oder den Mittelwert einer Anzahl von Messwerten repräsentiert wird (Abb. 24).

Die (kleine) Messabweichung $\mathrm{d}y$ eines Messergebnisses $y = f(x_1, x_2, \ldots, x_n)$ berechnet sich aus den (kleinen) Messabweichungen $\mathrm{d}x_1$, $\mathrm{d}x_2$, $\ldots$, $\mathrm{d}x_n$ der Eingangsgrößen $x_1, x_2, \ldots, x_n$ über das totale Differenzial zu

$$\mathrm{d}y = \frac{\partial y}{\partial x_1}\mathrm{d}x_1 + \frac{\partial y}{\partial x_2}\mathrm{d}x_2 + \ldots + \frac{\partial y}{\partial x_n}\mathrm{d}x_n$$

oder, mit den Empfindlichkeiten $E_i = \frac{\partial y}{\partial x_i}$,

$$\mathrm{d}y = E_1\mathrm{d}x_1 + E_2\mathrm{d}x_2 + \ldots + E_n\mathrm{d}x_n.$$

Zur Berechnung der Unsicherheit eines zufällig schwankenden Messergebnisses sind die auf

Abb. 24 Fortpflanzung von Messabweichungen bei Verknüpfungen und Funktionsbildungen

tretenden Abweichungen zunächst zu quadrieren. Man erhält

$$(\mathrm{d}y)^2 = \sum_{i=1}^{n} (E_i \mathrm{d}x_i)^2 + 2 \sum_{i \neq j} E_i \cdot E_j \; \mathrm{d}x_i \; \mathrm{d}x_j.$$

Wenn die Eingangsgrößen x_i statistisch unabhängig sind, heben sich die gemischten Glieder ($i \neq j$) im statistischen Mittel gegenseitig auf, da die Wahrscheinlichkeit positiver zufälliger Abweichungen gleich der von negativen zufälligen Abweichungen ist. Unter der Voraussetzung einer Normalverteilung und für kleine Standardabweichungen $s_i \ll x_i$ ergibt sich die Unsicherheit u_y des Messergebnisses y aus den Unsicherheiten $u_1, u_2, \ldots, u_n$ der Messwerte $x_1, x_2, \ldots, x_n$ zu

$$u_y = \sqrt{(E_1 u_1)^2 + (E_2 u_2)^2 + \ldots + (E_n u_n)^2}.$$

Für Summen- und Produktfunktionen y ergeben sich die Messunsicherheiten s_y zu

$$y = a_1 x_1 + a_2 x_2 - a_3 x_3 :$$
$$u_y = \sqrt{a_1^2 u_1^2 + a_2^2 u_2^2 + a_3 u_3^2}, \text{ bzw.}$$
$$y = \frac{x_1 x_2}{x_3} :$$
$$\frac{u_y}{y} = \sqrt{\left(\frac{u_1}{x_1}\right)^2 + \left(\frac{u_2}{x_2}\right)^2 + \left(\frac{u_3}{x_3}\right)^2}.$$

10.1.3.11 Fortpflanzung systematischer Messabweichungen

Die Messabweichungen in Abb. 24 können auch systematischer Natur sein. Bei großen Abweichungen $F_{x\,1}, F_{x\,2}, \ldots$ der Eingangsgrößen führt die Differenzenrechnung zur Abweichung F_y des Messergebnisses y. Bei einem multiplikativen Zusammenhang $y = x_1 \cdot x_2$ ist die relative Abweichung im Messergebnis

$$\frac{F_y}{y} = \frac{F_{x1}}{x_1} + \frac{F_{x2}}{x_2} + \frac{F_{x1}}{x_1} \cdot \frac{F_{x2}}{x_2}.$$

Bei genügend kleinen Fehleranteilen können die endlichen Messabweichungen F_{xi} durch Differenziale $\mathrm{d}x_i$ ersetzt werden. Die Messabweichung $\mathrm{d}y$ des Messergebnisses y berechnet sich

dann aus den Abweichungen $\mathrm{d}x_1, \mathrm{d}x_2, \ldots, \mathrm{d}x_n$ über das totale Differenzial wie im vorigen Abschnitt dargestellt. Für Summen-, Produkt- und Potenzfunktionen y erhält man die „fortgepflanzten" systematischen Messabweichungen $\mathrm{d}y$

$$y = x_1 + x_2 - x_3 - x_4 :$$
$$\mathrm{d}y = \mathrm{d}x_1 + \mathrm{d}x_2 - \mathrm{d}x_3 - \mathrm{d}x_4,$$
$$y = \frac{x_1 x_2}{x_3 x_4} :$$
$$\frac{\mathrm{d}y}{y} = \frac{\mathrm{d}x_1}{x_1} + \frac{\mathrm{d}x_2}{x_2} - \frac{\mathrm{d}x_3}{x_3} - \frac{\mathrm{d}x_4}{x_4},$$
$$y = kx^m :$$
$$\frac{\mathrm{d}y}{y} = m \frac{\mathrm{d}x}{x}.$$

Bei der Summenfunktion addieren sich also die absoluten Abweichungen der Eingangsgrößen, bei der Produktfunktion die relativen Abweichungen und bei der Potenzfunktion wird die relative Abweichung der Eingangsgröße mit dem Exponenten m multipliziert.

10.2 Strukturen der Messtechnik

10.2.1 Messsignalverarbeitung durch strukturelle Maßnahmen

Für die erreichbaren Übertragungseigenschaften von Messeinrichtungen ist in starkem Maße die Struktur der Vermaschung der einzelnen Messglieder maßgebend. Die Qualität der Messeinrichtungen ist von der durch strukturelle Maßnahmen bedingten Messsignalverarbeitung abhängig. Es lassen sich drei Grundstrukturen, nämlich (1.) die Kettenstruktur, (2.) die Parallelstruktur und (3.) die Kreisstruktur unterscheiden.

10.2.1.1 Die Kettenstruktur

In der Kettenstruktur werden Messketten von der nichtelektrischen Messgröße als Eingangsgröße eines Aufnehmers bis zum Ausgangssignal eines Ausgabegerätes realisiert. Die Anpassung des Aufnehmer-Ausgangssignals an das Eingangssignal des sog. Ausgebers erfolgt meist über eine Messschaltung, einen Messverstärker und/oder ein geeignetes Rechengerät. Häufig wird in einer Kettenstruktur auch die nichtlineare Kennlinie eines Messgrößenaufnehmers linearisiert, indem ein Messglied mit inverser Übertragungskennlinie nachgeschaltet wird.

Die Kettenstruktur nach Abb. 25a ist dadurch gekennzeichnet, dass das Ausgangssignal y_i des vorangehenden Messgliedes jeweils das Eingangssignal x_{i+1} des nachfolgenden Messgliedes bildet.

Die resultierende statische Kennlinie $y_3 = f(x_1)$ ergibt sich i. Allg. am einfachsten grafisch gemäß Abb. 25b. Für den Spezialfall linearer Kennlinien mit konstanten Empfindlichkeiten E,

$$y_i = c_i + E_i x_i \quad \text{mit} \quad E_i = \frac{\mathrm{d}y_i}{\mathrm{d}x_i},$$

ergibt sich bei der Kettenstruktur wieder eine lineare Kennlinie mit der Empfindlichkeit

$$E = \prod_{i=1}^{n} E_i \quad (n \text{ Anzahl der Messglieder}).$$

Dabei wird unterstellt, dass es keine Rückwirkung gibt, d. h., die ausgangsseitige Belastung des i-ten Messgliedes durch das nachfolgende $i+1$-te Messglied beeinflusst die Ausgangsgröße y_i nicht.

Beispiel: Im Zusammenhang mit der Durchflussmessung nach dem Wirkdruckverfahren (vgl. ▶ Abschn. 11.4.1 in Kap. 11, „Sensoren (Messgrößen-Aufnehmer)") ist der Differenzdruck Δp über einer Drosselstelle näherungsweise dem Quadrat des Volumendurchflusses Q proportional ($\Delta p \sim Q^2$). Eine Linearisierung ist mit einem nachgeschalteten radizierenden Differenzdruck-Messumformer möglich, dessen Ausgangsstrom I der Wurzel aus dem Differenzdruck proportional ist ($I \sim \sqrt{\Delta p}$). In Abb. 25c sind die nichtlinearen Einzelkennlinien und die resultierende lineare Gesamtkennlinie grafisch dargestellt.

10.2.1.2 Die Parallelstruktur (Differenzprinzip)

Besondere Bedeutung hat die Parallelstruktur in Gestalt des *Differenzprinzips* erlangt. Ähnlich wie bei Gegentaktschaltungen für Verstärkerendstufen, können z. B. zwei sonst gleichartige nichtlineare Wegsensoren um einen bestimmten Arbeitspunkt x_0 herum, von der Messgröße x (dem Messweg) gegensinnig ausgesteuert werden, während Einflussgrößen, wie z. B. die Temperatur ϑ, gleichsinnig wirken (Abb. 26a). Durch Subtraktion der Ausgangssignale y_1 und y_2 können die Übertragungskennlinie linearisiert und der Einfluss gleichsinnig wirkender Störungen reduziert werden.

Lässt sich die Abhängigkeit der Ausgangsgrößen y beider Messglieder von der allgemeinen Eingangsgröße ξ und der Temperatur ϑ durch

$$y = a_0 + a_1 \xi + a_2 \xi^2 + f(\vartheta)$$

beschreiben und werden die beiden Messglieder mit $\xi_1 = x_0 - x$ bzw. $\xi_2 = x_0 + x$ ausgesteuert,

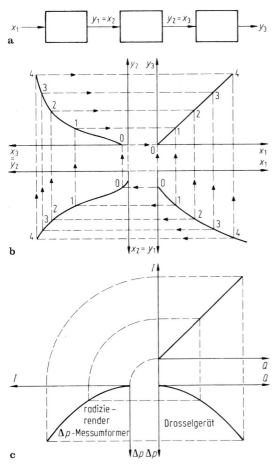

Abb. 25 Die Kettenstruktur. **a** Prinzip, **b** grafische Konstruktion der resultierenden statischen Kennlinie, **c** Linearisierung durch Radizierung bei der Durchflussmessung nach dem Wirkdruckverfahren

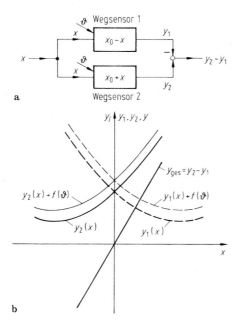

Abb. 26 Die Parallelstruktur (Differenzprinzip). **a** Differenzprinzip, **b** Linearisierung durch Anwendung des Differenzprinzips

so sind ihre Ausgangssignale

$$y_1 = a_0 + a_1(x_0 - x) + a_2(x_0 - x)^2 + f(\vartheta),$$
$$y_2 = a_0 + a_1(x_0 + x) + a_2(x_0 + x)^2 + f(\vartheta).$$

Das Differenzsignal ist dann

$$y_{\mathrm{ges}} = y_2 - y_1 = 2(a_1 + 2a_2 x_0)x.$$

Das Differenzsignal y_{ges} ist unter den getroffenen Annahmen streng linear von der Messgröße x abhängig und völlig unabhängig von der Temperatur ϑ (Abb. 26b).

Die Empfindlichkeit E_{ges} ist konstant und doppelt so groß wie der Betrag der Empfindlichkeiten E der einzelnen Messglieder im Arbeitspunkt $\xi = x_0 (x = 0)$:

$$E_{1,2} = \left(\frac{\partial y_{1,2}}{\partial x}\right)_{x=0} = \mp(a_1 + 2a_2 x_0),$$
$$E_{\mathrm{ges}} = \left(\frac{\partial y_{\mathrm{ges}}}{\partial x}\right)_{x=0} = 2(a_1 + 2a_2 x_0).$$

Allgemein ergibt sich im Arbeitspunkt ein Wendepunkt, also eine Linearisierung der Ge-

samtkennlinie, und eine Reduktion des Einflusses gleichsinnig wirkender Störungen.

Anwendungen des Differenzprinzips

Das Differenzprinzip kann in Messschaltungen immer dann angewendet werden, wenn an einen zweiten Messgrößenaufnehmer die Messgröße gegensinnig angelegt werden kann, wie z. B. bei Kraft-, Dehnungs- oder Wegsensoren. Zwei gegensinnig ausgesteuerte *Dehnungsmessstreifen* können in einer *Brückenschaltung* sowohl den Messeffekt verdoppeln als auch den gleichsinnigen Temperatureinfluss stark reduzieren.

Der Linearisierungseffekt spielt in diesem Fall nur eine untergeordnete Rolle, da die Dehnungen und die daraus resultierenden relativen Widerstandsänderungen nur klein sind und gewöhnlich unter 1 % liegen.

Beispiel: Exakte Linearisierung wird bei einem Differenzialkondensator-Wegaufnehmer (siehe ▶ Abschn. 11.2.3 in Kap. 11, „Sensoren (Messgrößen-Aufnehmer)") erreicht, wenn nach Abb. 27 die Plattenabstände x_1 und x_2 der beiden Plattenkondensatoren C_1 und C_2 durch den Messweg x gemäß $x_1 = x_0 - x$ und $x_2 = x_0 + x$ gegensinnig beeinflusst werden. Die normierte Ausgangsspannung U/U_0 der wechselspannungsgespeisten Brückenschaltung beträgt mit $C_i = \varepsilon A/x_i$ (A Plattenfläche, Permittivität $\varepsilon = \varepsilon_0 \varepsilon_{\mathrm{r}}$, $i = 1,2$).

$$\frac{U}{U_0} = \frac{1/j\omega C_2}{(1/j\omega C_1) + (1/j\omega C_2)} - \frac{1}{2} = \frac{1}{2} \cdot \frac{x}{x_0}.$$

Die Ausgangsspannung U ist also dem Messweg x direkt proportional.

10.2.1.3 Die Kreisstruktur

Die Kreisstruktur in Gestalt des Kompensationsprinzips (Gegenkopplung) ergibt sich nach Abb. 28a. Der zu messenden Eingangsgröße x wird die Ausgangsgröße x_K eines in der Rückführung liegenden Messgliedes entgegengeschaltet und so lange verändert, bis sie näherungsweise gleich der Eingangsgröße ist.

Im Falle konstanter Übertragungsfaktoren v und G der Messglieder im Vorwärtszweig bzw.

in der Rückführung berechnet sich der Übertragungsfaktor y/x bei Gegenkopplung aus

$$y = v(x - x_K) = v(x - Gy) \quad zu$$
$$\frac{y}{x} = \frac{v}{1 + Gv} = \frac{1}{\frac{1}{v} + G}$$

Bei sehr großen Übertragungsfaktoren $v \gg 1/G$ des Messgliedes im Vorwärtszweig vereinfacht sich der Übertragungsbeiwert bei Gegenkopplung zu $y/x = 1/G$.

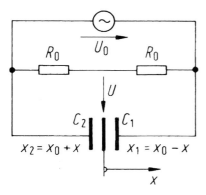

Abb. 27 Anwendung des Differenzprinzips: Linearer Wegaufnehmer mit Differenzialkondensator

Als Beispiele können die verschiedenen Methoden der Spannungsmessung und Spannungsverstärkung in Abb. 28b bis d dienen. Im Fall (b) führt die Kompensation von Hand, im Fall (c) die motorische Kompensation („Servo") zu einem der Messspannung U proportionalen Winkel α. Im Fall (d) des reinen Spannungsverstärkers vergrößert sich die Ausgangsspannung U_2 so lange, bis die rückgeführte Spannung $[R_2/(R_1 + R_2)]$ U_2 gleich der Eingangsspannung U_1 ist. Damit ist U_2 auch proportional zu U_1.

10.2.2 Das Modulationsprinzip

Die nullpunktsichere Verstärkung oder Umformung kleiner Messsignale ist häufig in unerwünschter Weise durch vorhandene – teils extrem niederfrequente – Störsignale begrenzt. In erster Linie handelt es sich dabei um Temperaturdrift oder um Langzeitdrift wegen Alterung.

Mithilfe des Modulationsprinzips nach Abb. 29 kann Nullpunktsicherheit gewährleistet werden (vgl. ► Abschn. 5.4.3 in Kap. 5, „Systemtheorie und Nachrichtentechnik"). Die Amplitude einer oft sinus- oder rechteckförmigen Trägerschwingung wird mit dem zu verstärkenden Messsignal moduliert, dann mit einem a priori nullpunktsi-

Abb. 28 Die Kreisstruktur. **a** Prinzip, **b** Spannungskompensation von Hand, **c** motorische Kompensation einer Spannung, **d** gegengekoppelter reiner Spannungsverstärker

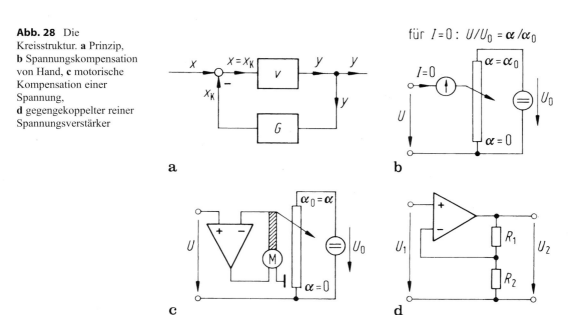

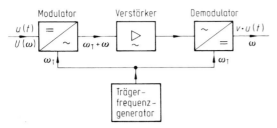

Abb. 29 Das Prinzip der Modulation

cheren Wechselspannungsverstärker verstärkt und anschließend wieder vorzeichenrichtig demoduliert.

Die Frequenz ω_T der Trägerschwingung wählt man so, dass sie in einen vergleichsweise ungestörten Frequenzbereich zu liegen kommt. Die Frequenz muss daher einerseits größer sein als die Frequenz der höchsten Oberschwingungen der Netzfrequenz, die Störungen verursachen können. Andererseits soll die Frequenz niedriger als die Frequenz störender Rundfunksender liegen. Aus diesen Überlegungen heraus bietet sich als Frequenz für die Trägerschwingung etwa der Bereich zwischen 500 Hz und 50 kHz an.

Modulatoren zur Messung nichtelektrischer Größen

Bei trägerfrequenzgespeisten Messbrücken (Abb. 30a) erfolgt eine nullpunktsichere Umformung von Widerstands-, Kapazitäts- oder Induktivitätsänderungen in amplitudenmodulierte Wechselspannungen.

Bei einer mit vier Widerstandsaufnehmern ausgestatteten (sogenannten Voll-)Brücke, die mit der Trägerfrequenz-Spannung $U_0 \cos \omega_T t$ gespeist wird, ist die normierte Ausgangsspannung

$$\frac{U}{U_0} = \left(\frac{R_0 + \Delta R}{2R_0} - \frac{R_0 - \Delta R}{2R_0} \right) \cos \omega_T t$$
$$= \frac{\Delta R}{R_0} \cos \omega_T t.$$

Diese Brückenausgangsspannung kann mit einem nullpunktsicheren Wechselspannungsverstärker verstärkt und anschließend phasenabhängig gleichgerichtet werden. Dieser Synchrongleichrichter wird von derselben Trägerfrequenz gesteuert, die die Messbrücke speist.

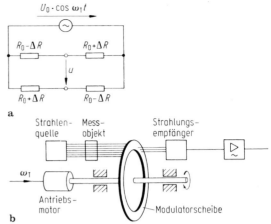

Abb. 30 Modulatoren zur Messung nichtelektrischer Größen. **a** Trägerfrequenz-Messbrücke, **b** Rotierende Modulatorscheibe im Wechsellicht-Fotometer

Für die Messung optischer und daraus abgeleiteter Größen kann mit einer *rotierenden Modulatorscheibe* ein Lichtstrom periodisch moduliert werden (Abb. 30b). Dieses Verfahren ist dann von Vorteil, wenn die Intensität eines Lichtstroms nullpunktsicher ausgewertet werden soll. Beispiele sind das Wechsellichtfotometer, mit dem die Transparenz einer Probe bestimmt werden kann, und Gasanalysegeräte, bei denen aus der Infrarotabsorption auf die Gaskonzentration geschlossen werden kann.

Die Drehzahl des Antriebsmotors der Modulatorscheibe bestimmt die Trägerfrequenz. Die Modulatorscheibe moduliert die von der Strahlenquelle zum Strahlungsempfänger gelangende Intensität. Die Modulation kann rechteckförmig oder sinusähnlich sein. Das vom Strahlungsempfänger abgegebene Signal wird mit einem Wechselspannungsverstärker verstärkt und dann gleichgerichtet.

10.2.3 Struktur eines digitalen Instrumentierungssystems

Die Struktur digitaler Instrumentierungssysteme ist durch dezentrale, „intelligente" Komponenten gekennzeichnet, die über ein digitales Sammelleitungssystem (Bussystem) miteinander kommunizieren. Jede individuelle Peripheriekomponente enthält dabei einen Mikrorechner, mit dem spezifische Signalverarbeitungsmaßnahmen vollzogen werden können (Mikroperipherik-Komponenten). Dadurch sind spezifische Anforderungen des Prozesses, des Bedienungspersonals, des Sammelleitungssystems und der Mikroperipherik-Komponenten erfüllbar.

10.2.3.1 Erhöhung des nutzbaren Informationsgehalts

Der nutzbare Informationsgehalt H jedes Sensors ist begrenzt und lässt sich i. Allg. durch Messsignalverarbeitung erhöhen. Nur von theoretischer Bedeutung ist der unendlich hohe Informationsgehalt eines analogen Sensors, dessen Kennlinie unabhängig von Einflussgrößen und ideal reproduzierbar ist.

In Wirklichkeit ist jedem Sensor-Ausgangssignal aufgrund der Messunsicherheit ein *bestimmter* Eingangsbereich zugeordnet. Die Zahl der unterscheidbaren Eingangssignale ist also begrenzt und lässt sich bei gegebenem Streubereich auch bei einer nichtlinearen Kennlinie grafisch bestimmen (Abb. 31).

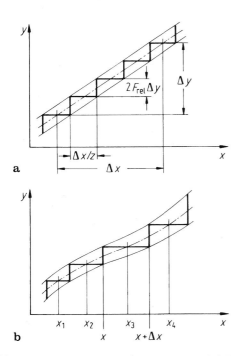

Abb. 31 Bestimmung der Zahl z der unterscheidbaren Zustände

Bei einer linearen Sollkennlinie und einem zulässigen relativen Fehler F_{rel} berechnet sich die Zahl z der unterscheidbaren Eingangssignale zu

$$z = \frac{1}{2F_{rel}}.$$

Der Nutz-Informationsgehalt H_{nutz} beträgt allgemein

$$H_{nutz} = ld\ z,$$

wobei ld den Logarithmus zur Basis 2 (*logarithmus dualis*) bezeichnet, und wird in der Pseudoeinheit Shannon (Sh) angegeben (frühere Einheit: bit).

Bei linearer Sollkennlinie ist daher der Nutz-Informationsgehalt

$$H_{nutz} = ld(1/F_{rel}) - ld\ 2\ = -ld\ F_{rel} + 1.$$

Typischerweise liegt der Nutz-Informationsgehalt eines industriellen Drucksensors ohne Korrektur des Temperatureinflusses zwischen 4 und 6 Sh. Mit rechnerischer Korrektur des Temperatureinflusses lassen sich möglicherweise Werte zwischen 8 und 12 Sh erreichen.

10.2.3.2 Struktur von Mikroelektroniksystemen mit dezentraler Intelligenz

Die grundsätzliche Struktur von Mikroelektroniksystemen und Mikroperipherikkomponenten (speziell der Sensoren) ist gekennzeichnet durch die Anwendung der Mikroelektronik zur Prozessführung und durch die notwendigen Mikroperipherikkomponenten zur Verbindung von Prozess, Mikroelektronik und Mensch (Abb. 32).

In einer fortgeschrittenen Version sind die dezentralen Mikroperipherikkomponenten (speziell die Sensoren) „intelligent", beinhalten einen Mikrorechner und sind mit einem Datenbus verbunden (Abb. 33).

Ausgehend von diesen Vorstellungen und dem Wunsche nach möglichst vollständiger Integration von Komponente (speziell Sensor) und Signalverarbeitung ergibt sich die Struktur eines Mikroelektronik-Systems nach Abb. 34.

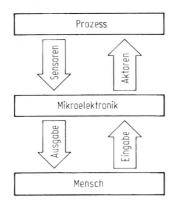

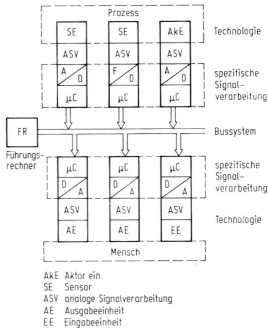

Abb. 32 Komponenten der Mikroperipherik

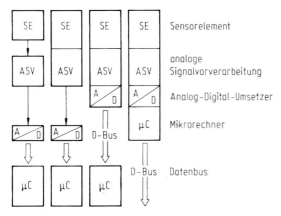

Abb. 33 Sensorgenerationen

AkE Aktor ein
SE Sensor
ASV analoge Signalverarbeitung
AE Ausgabeeinheit
EE Eingabeeinheit

Abb. 34 Struktur eines futuristischen Mikroelektronik-Systems

Peripheriebus, was gegenwärtig in der Industrie noch wenig beachtet wird. Dabei ist es die Aufgabe der „komponentenspezifischen Intelligenz", nur die tatsächlich benötigte Übertragungsrate anzufordern und zu benutzen und bei Überlastung des Busses ein Notprogramm zu fahren, das den wichtigsten Systemaufgaben noch gerecht wird.

Mit der sog. *anthropospezifischen Messsignalverarbeitung* in der Ausgabekomponente ist eine Anpassung an die Eigenschaften des Menschen, speziell an die zulässige Informationsrate, möglich. Im einfachsten Fall wird außer einem besonders interessierenden Messwert dessen Änderungsgeschwindigkeit oder Streuung angegeben. Die Änderungsgeschwindigkeit kann dabei in Form des Wertes angegeben werden, der erreicht wird, wenn die momentane Änderungsgeschwindigkeit für einen konstanten Zeitraum, z. B. von 10 s, beibehalten wird.

Die Angabe der Streuung eines Messwertes, z. B. durch die Breite einer Messmarke, verhindert fälschliche Interpretationen, die nur bei entsprechend höherer Messgenauigkeit Gültigkeit besäßen.

Besondere Bedeutung hat die *flexible Anpassung* einer Mikroperipherikkomponente an den

Weiterführende Literatur

Bentley JP (2004) Principles of measurement systems, 4. Aufl. Pearson, Harlow

DIN 1319-1 (1995) Grundlagen der Messtechnik – Teil 1: Grundbegriffe. Beuth, Berlin

DIN 1319-2 (2005) Dass. – Teil 2: Grundbegriffe der Messtechnik; Begriffe für die Anwendung von Messgeräten. Beuth, Berlin

DIN 1319-3 (1996) Dass. – Teil 3: Auswertung von Messungen einer einzelnen Messgröße, Messunsicherheit. Beuth, Berlin

DIN 1319-4 (2005) Dass. – Teil 4: Auswertung von Messungen: Messunsicherheit. Beuth, Berlin

DIN EN 62419 (2009) Leittechnik – Regeln für die Benennung von Messgeräten (IEC 62419:2008); Deutsche Fassung EN 62419:2009. Beuth, Berlin

Doebelin EO (2003) Measurement systems, 5. Aufl. McGraw-Hill, New York

Gertsbakh I (2003) Measurement theory for engineers. Springer, Berlin

Hoffmann J (Hrsg) (2015) Taschenbuch der Messtechnik, 7. Aufl. Fachbuchverlag Leipzig, Leipzig

ISO/IEC Guide 98-3/2008 (2008) Uncertainty of measurement – part 3: guide to the expression of uncertainty in measurement (GUM). International Organization for Standardization, Genf

ISO/IEC Guide 99/2007 (2007) International vocabulary of metrology – basic and general concepts and associated terms (VIM). International Organization for Standardization Dez, Genf

Kirkup L, Frenkel RB (2006) An introduction to uncertainty in measurement using the GUM (Guide to the expression of uncertainty in measurement). Cambridge University Press, Cambridge

Lerch R (2016) Elektrische Messtechnik, 7. Aufl. Springer Vieweg, Berlin/Heidelberg

Mark J (1998) Beschreibung und Korrektur der Einflusseffekte bei Differenzdruckaufnehmern. VDI, Düsseldorf

Pichlmaier J (1994) Kalibrierung von Gassensoren in befeuchteter Atmosphäre und Modellierung des Feuchteeinflusses auf kapazitive SO_2-Sensoren. VDI, Düsseldorf

Puente León F, Kiencke U (2012) Messtechnik: Systemtheorie für Ingenieure und Informatiker, 9. Aufl. Springer Vieweg, Berlin/Heidelberg

Schrüfer E, Reindl L, Zagar B (2018) Elektrische Messtechnik, 12. Aufl. Hanser, München

Tränkler H-R (1996) Taschenbuch der Messtechnik, 4. Aufl. Oldenbourg, München

Sensoren (Messgrößen-Aufnehmer)

11

Gerhard Fischerauer und Hans-Rolf Tränkler

Zusammenfassung

Sensoren als technische Sinnesorgane übernehmen in einem Messsystem die Aufgabe, physikalische, chemische oder biologische Größen in elektrische Größen umzuwandeln, die dann weiterverarbeitet werden können. In diesem Kapitel werden nach einem Überblick über die Systemeinbettung von Sensoren die Wirkprinzipien, Eigenschaften und Anwendungsaspekte von Sensoren für die verschiedensten Messgrößen beschrieben. Dazu gehören geometrische und kinematische Größen (Weg, Winkel, Füllstand, Drehzahl, Beschleunigung), mechanische Beanspruchungen (Deformation, Kraft, Druck, Drehmoment, Gewicht), strömungstechnische Größen (Durchfluss) und die Temperatur. Den Abschluss bilden Hinweise zu technologischen Realisierungsfragen (Mikrosensorik) und zur sensorspezifischen Messsignalverarbeitung.

G. Fischerauer
Lehrstuhl für Mess- und Regeltechnik, Universität Bayreuth, Bayreuth, Deutschland
E-Mail: Gerhard.Fischerauer@uni-bayreuth.de

H.-R. Tränkler (✉)
Universität der Bundeswehr München (im Ruhestand), Neubiberg, Deutschland
E-Mail: hans-rolf@traenkler.com

11.1 Sensoren und deren Umfeld

11.1.1 Aufgabe der Sensoren

Beim Entwurf und beim Betrieb von Mess- und Automatisierungssystemen kommt den Sensoren besondere Bedeutung zu. Ihre Aufgabe ist es, die Verbindung zum technischen Prozess herzustellen und die nichtelektrischen Messgrößen in elektrische Signale umzuformen.

Bei dieser Umformung bedienen sie sich eines physikalischen oder chemischen Messeffektes, der in der Regel von unerwünschten Stör- oder Einflusseffekten überlagert ist. Jedes Sensorsystem enthält eine im Allgemeinen individuelle Auswerteschaltung, mit deren Hilfe das Signal in ein Amplituden- oder Frequenzsignal umgeformt wird, eine Verstärkerschaltung, eine Umsetzungsschaltung ins digitale Signalformat und an geeigneter Stelle Maßnahmen zur analogen oder digitalen Signalverarbeitung.

Die Realisierung des Messeffektes in einem Sensor bedarf konstruktiver und fertigungstechnischer Maßnahmen. Ein Sensor muss kalibriert und gegebenenfalls nachkalibriert werden. Schließlich muss auch die für den Betrieb des Sensors erforderliche Infrastruktur, wie z. B. Hilfsenergie oder Steuerungssignale, verfügbar sein.

Je nach Anwendungsbereich lassen sich verschiedene Sensorklassen unterscheiden. Typisch sind dabei Sensoren für die industrielle Technik, z. B. Verfahrenstechnik oder Fertigungstechnik, aber auch Sensoren für Präzisionsanwendungen oder für Anwendungen in Massengütern, also in dezentralen Einzelprozessen.

Abhängig vom Anwendungsbereich werden unterschiedliche Anforderungen an die Sensoren gestellt. Eine wesentliche Rolle spielen die erreichbare Genauigkeit, die Einflusseffekte, die dynamischen Eigenschaften, die Signalform bei der Signalübertragung, die Zuverlässigkeit und natürlich auch die Kosten.

11.1.2 Messeffekt und Einflusseffekt

Von grundsätzlicher Bedeutung beim Entwurf eines Sensors sind der verwendete Messeffekt und die zu erwartenden störenden Einflusseffekte. Nicht für jede Messaufgabe stehen einfach aufgebaute, selektive Sensoren zur Verfügung. Die Art und die Zahl der verfügbaren physikalischen und chemischen Messeffekte sind begrenzt. In manchen Fällen liegt ein leicht realisierbarer Effekt zu Grunde wie z. B. der thermoelektrische Effekt, bei dem eine Temperaturdifferenz in eine eindeutig davon abhängige Spannung umgeformt wird.

Vom Prinzip her schwieriger gestaltet sich schon die Messung mechanischer Größen, wie z. B. die Druckmessung. Neben dem eigentlichen Messeffekt tritt dabei immer die Temperatur als Einflussgröße auf. Die Kunst des Sensorentwicklers, aber auch des Anwenders, ist es dabei, die Auswirkung des Einflusseffekts möglichst zu eliminieren.

11.1.3 Anforderungen an Sensoren

Zu den wichtigsten Anforderungen, die an Sensoren gestellt werden, zählen statische Übertragungseigenschaften, Einflusseffekte und Umgebungsbedingungen, dynamische Übertragungseigenschaften, Zuverlässigkeit und Wirtschaftlichkeit.

Als statische Übertragungseigenschaften interessieren zunächst die *Empfindlichkeit* des Sensors und die zulässigen *Fehlergrenzen*. Eine zu geringe Empfindlichkeit kann wegen der notwendigen Nachverstärkung zusätzliche Fehler verursachen. Ein niedriger resultierender Gesamtfehler des Sen-

sors ist von Bedeutung, wenn z. B. genaue Temperatur- oder Lageregelungen erforderlich sind.

Weiterhin sollen Sensoren möglichst geringe *Einflusseffekte* aufweisen. Eine Einflussgröße, z. B. eine Temperatur, kann dabei dann entweder durch geeignete Maßnahmen konstant gehalten werden (Thermostatisierung) oder man schirmt einen Aufbau gegen die Einflussgröße ab (Isolation) oder man korrigiert den Einfluss in der Auswerteschaltung (Temperaturkompensation). Weitere wichtige Einflussgrößen neben der Temperatur sind Erschütterungen und Schwingungen sowie elektromagnetische Felder und Wellen. Unter elektromagnetischer Verträglichkeit (EMV) versteht man sowohl die Robustheit einer Anordnung gegen elektromagnetische Störungen von außen als auch ihre Eigenschaft, die Umgebung nicht elektromagnetisch zu stören.

Neben diesen Einflusseffekten existieren gewöhnlich Grenzwerte für die Umgebungsbedingungen, die nicht überschritten werden dürfen, wenn ein zuverlässiger Betrieb angestrebt wird. Die zulässigen mechanischen und thermischen Beanspruchungen sind z. B. gewöhnlich durch bestimmte maximale Beschleunigungswerte bzw. auf bestimmte Temperaturbereiche begrenzt. Sie werden üblicherweise in Produktdatenblättern spezifiziert.

11.1.4 Signalform der Sensorsignale

Die Entscheidung darüber, welche Signalform der Sensorsignale möglich und vorteilhaft ist, hängt u. a. von den erforderlichen Eigenschaften bei der Signalübertragung und von der Art der erforderlichen Messwertverarbeitung ab. Im Wesentlichen lassen sich dabei die amplitudenanaloge, die frequenzanaloge und die (direkt) digitale Signalform unterscheiden. Für amplitudenanaloge Signale gilt:

- Die erreichbare statische Genauigkeit ist beschränkt.
- Die dynamischen Übertragungseigenschaften sind im Allgemeinen sehr gut.
- Die Störsicherheit ist gering.
- Die möglichen Rechenoperationen sind beschränkt.

- Die galvanische Trennung ist sehr aufwändig.
- Die anthropotechnische Anpassung ist gut, da z. B. Tendenzen schneller erkennbar sind.

Für frequenzanaloge und für digitale Signale gilt:

- Die mögliche statische Genauigkeit ist im Prinzip beliebig hoch.
- Die Dynamik ist begrenzt.
- Die Störsicherheit bei der Signalübertragung ist hoch.
- Rechenoperationen sind wegen der einfachen Anpassung an einen Mikrorechner leicht möglich.
- Eine galvanische Trennung ist mit Übertragern oder Optokopplern einfach möglich.

Eine anthropotechnische Anpassung ist im Falle frequenzanaloger Signale akustisch möglich. Bei digitalen Signalen kann durch Erhöhung der Stellenzahl eine sehr hohe Auflösung erzielt werden.

Für spezielle Rechenoperationen, wie z. B. Quotienten- oder Integralwertbildung, sind frequenzanaloge Signale sehr gut geeignet. Frequenzanaloge Signale lassen sich mit wenig Aufwand ins digitale Signalformat umsetzen. Da außerdem eine Reihe wichtiger Sensoren frequenzanaloge Ausgangssignale liefern und zudem einfacher aufgebaut sind als vergleichbare amplitudenanaloge Sensoren,

steigt die Bedeutung frequenzanaloger Signale und Sensoren.

11.2 Sensoren für geometrische und kinematische Größen

11.2.1 Resistive Weg- und Winkelaufnehmer

Vom Prinzip her besonders einfach sind resistive Weg- und Winkelaufnehmer, bei denen ein veränderlicher Ohm'scher Widerstand an einem Draht oder an einer Wicklung abgegriffen wird. Sie werden auch als potenziometrische Aufnehmer bezeichnet. Im einfachsten Fall bewegt sich nach Abb. 1a, b ein vom Messweg oder Messwinkel angetriebener Schleifer auf einem gestreckten oder kreisförmigen Messdraht.

Der abgegriffene Widerstand R ist im unbelasteten Zustand dem Messweg x proportional. Mit dem Widerstandswert R_0 beim Messbereichsendwert x_0 ergibt sich

$$R = \frac{x}{x_0} R_0.$$

Im belasteten Zustand hängt die Kennlinie vom Verhältnis R_0/R_L (R_L Lastwiderstand) ab,

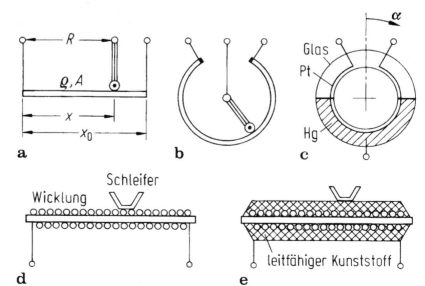

Abb. 1 Resistive Weg- und Winkelaufnehmer. **a** Prinzip eines Wegaufnehmers, **b** Prinzip eines Winkelaufnehmers, **c** Ringrohr-Winkelaufnehmer, **d** gewickelter Wegaufnehmer, **e** Leitplastik-Aufnehmer

siehe ▶ Abschn. 12.1.2 in Kap. 12, „Analoge Messschaltungen und Messverstärker") Die Querschnittsfläche A des Widerstandsdrahtes soll möglichst konstant und der spezifische Widerstand ϱ hinreichend groß und temperaturunabhängig sein.

Beim *Ringrohr-Winkelaufnehmer* nach Abb. 1c fungiert Quecksilber als Abgriff, indem es unterschiedliche Teilbereiche des Messdrahtes kurzschließt und damit den Widerstand zwischen Quecksilber und den Drahtenden winkelproportional verändert.

Ein wesentlich höherer Gesamtwiderstand kann bei resistiven Weg- und Winkelaufnehmern nach Abb. 1d durch *Wendelung des Messdrahtes* auf einem isolierenden Trägermaterial erzielt werden. Dadurch ergeben sich Unstetigkeiten im Widerstandsverlauf des Aufnehmers; es tritt der sog. Windungssprung auf. Durch eine zusätzliche Schicht aus *leitfähigem Kunststoff* („Leitplastik") über der Messwicklung (Abb. 1e) kann sowohl der Windungssprung eliminiert als auch der Abrieb stark vermindert werden.

Resistive Aufnehmer mit Schleifkontakten zeichnen sich aus durch Einfachheit und Kostengünstigkeit, benötigen nur eine minimale Signalaufbereitung, liefern schnell ein direktes elektrisches Signal und weisen eine hohe Linearität auf. Nachteilig ist ihre begrenzte Miniaturisierbarkeit. Zudem reagieren einfachere Varianten empfindlich auf Rütteln und Vibrationen, und der Schleifkontakt unterliegt einem mechanischen Verschleiß. Mit entsprechenden Beschichtungen lassen sich allerdings sehr kleine Ausfallraten erreichen (Rückläufe aus dem Feld unter $2{,}5 \cdot 10^{-8}$).

11.2.2 Induktive Weg- und Längenaufnehmer

Bei induktiven Aufnehmern wird durch Weg oder Winkel die Selbstinduktivität einer Spule oder die Gegeninduktivität (Kopplung) zwischen zwei Spulen gesteuert.

Drossel als Wegaufnehmer

Beim Drosselsystem nach Abb. 2a wird die Induktivität $L(x)$ durch Veränderung des Luftspaltes x eines weichmagnetischen Kreises gesteuert.

Bei Normierung mit der Induktivität $L(0) = L_0$ ergibt sich unter vereinfachenden Annahmen (homogenes Feld im Eisen usw.)

$$\frac{L}{L_0} = \frac{1}{1 + \mu_\mathrm{r} \dfrac{x}{x_\mathrm{M}}}.$$

Dabei ist μ_r die Permeabilitätszahl (relative Permeabilität) und x_M die Weglänge im magnetischen Material.

Der Zusammenhang zwischen der Induktivität L und dem Messweg x ist in Abb. 2b qualitativ dargestellt. Tatsächlich ergibt sich unter Berücksichtigung von Streuflüssen auch bei sehr großem Luftspalt eine endliche Induktivität $L(x \to \infty) = L_\infty > 0$. Die reale Kennlinie kann dann mit guter Näherung durch eine gebrochen rationale Funktion 1. Grades der Form

$$\frac{L}{L_0} = \frac{1 + \dfrac{L_\infty}{L_0} \cdot \dfrac{x}{x_\mathrm{m}}}{1 + \dfrac{x}{x_\mathrm{m}}}$$

beschrieben werden und ist in Abb. 2c dargestellt. Dabei ist x_m der mittlere Weg, für den sich die mittlere Induktivität $\frac{1}{2}(L_0 + L_\infty)$ ergibt.

Wegaufnehmer nach diesem Prinzip können auch mit kreiszylindrischen Schalenkernen aus Ferritmaterial nach Abb. 2d realisiert und mit Frequenzen bis etwa 100 kHz betrieben werden. Oft ist es von Vorteil, zwei Aufnehmer (Doppeldrossel) mit der Messgröße x gegensinnig auszusteuern (Abb. 2e) und die Ausgangssignale voneinander zu subtrahieren (Spannung ΔU). Durch dieses Differenzprinzip können die Kennlinie linearisiert und der Temperatureinfluss kompensiert werden.

Tauchkernsysteme

Tauchkernsysteme sind zur Messung mittlerer und auch größerer Wege geeignet. Nach Abb. 3a besteht ein einfacher Tauchkernaufnehmer aus einer, in der Regel mehrlagigen Spule, deren Induktivität durch die Eintauchtiefe eines ferromagnetischen Tauchkerns gesteuert wird.

Die Anwendung des Differenzprinzips führt entweder zum *Doppelspulen-Tauchkernsystem* (Abb. 3b) oder zum *Differenzialtransformator-Tauchkernsystem* (linear variable differential

Abb. 2 Drosselprinzip für induktive Wegaufnehmer. **a** Prinzip eines Drosselsystems, **b** Kennlinie ohne Streufluss, **c** Kennlinie mit Streufluss, **d** Schalenkernsystem aus Ferritmaterial, **e** Doppeldrossel (Differenzprinzip)

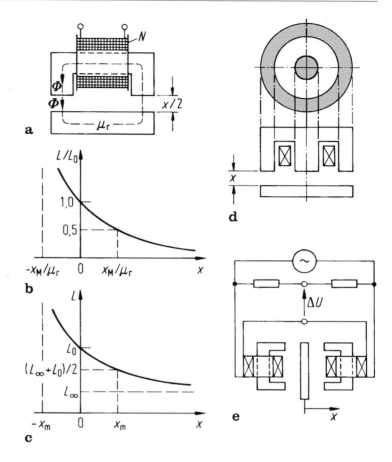

transformer, LVDT) nach Abb. 3c, wobei beide Differenzialsysteme bessere Kennlinienlinearität (Abb. 3d) aufweisen als das einfache Tauchkernsystem.

Weitere induktive Aufnehmer

In der Werkstoffprüfung, für die Schwingungsmessung sowie als Präsenzdetektoren und Aufnehmer für kleine und mittlere Wege haben *Wirbelstromaufnehmer* (Abb. 4a) Bedeutung erlangt.

Durch das von der Spule erzeugte Wechselfeld werden in der nichtmagnetischen leitenden Platte Wirbelströme erzeugt, die zu einer Bedämpfung der Spule und zu einer Verringerung der Induktivität führen. Es haben sich sogar gedruckte spiralförmige Flachspulen (Abb. 4b) als sehr geeignet zur Wegaufnahme erwiesen. Verwendet man statt einer leitenden eine ferromagnetische Platte, so steigt die Induktivität der Spule bei Annäherung an. So lassen sich z. B. Eisenteile von unmagnetischen Metallen unterscheiden.

Als induktiver Aufnehmer für größere Wege im Bereich von etwa 10 bis 200 mm eignen sich auch Luftspulen, die aus Federmaterial, z. B. Kupfer-Beryllium, gefertigt und als *konische Schraubenfedern* ausgebildet sind (Abb. 4c). Näherungsweise sind die Windungszahl einer solchen Spule und ihre wirksame Fläche konstant. Die Induktivität dieser Spule, die bei Frequenzen im MHz-Bereich betrieben wird, ist der wirksamen Länge umgekehrt proportional. Die Baulänge der Spule ist praktisch identisch mit der Messspanne. Bei kleinen Wegen x legt sich die Spule fast vollständig flach zusammen.

11.2.3 Kapazitive Aufnehmer für Weg und Füllstand

Bei kapazitiven Aufnehmern wird durch den Messweg oder durch den Höhenstand einer Flüssigkeit die Kapazität eines Platten- oder Zylinder-

Abb. 3 Tauchkernprinzip
für induktive Aufnehmer.
a Einfacher
Tauchkernaufnehmer,
b Doppelspulen-
Tauchkernsystem,
c Differenzialtransformator-
Tauchkernsystem,
d Kennlinie von
Differenzialsystemen

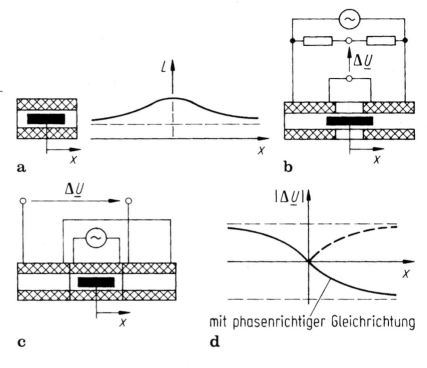

Abb. 4 Weitere induktive
Aufnehmer. **a** Prinzip des
Wirbelstromaufnehmers,
b gedruckte spiralförmige
Flachspule, **c** konische
Schraubenfeder als
Wegaufnehmer

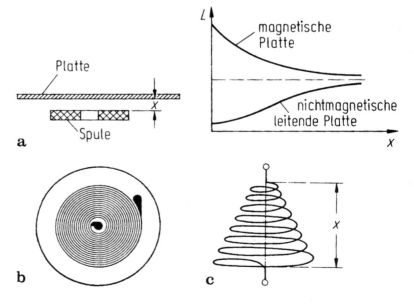

kondensators gesteuert. Die Kapazität C eines Plattenkondensators berechnet sich aus der Fläche A und dem Abstand d zu

$$C = \varepsilon_0 \varepsilon_r \frac{A}{d}.$$

Dabei ist $\varepsilon_0 = 1/\mu_0 c_0^2 = 8{,}854 \ldots$ pF/m die elektrische Feldkonstante und ε_r die relative Permittivität (Dielektrizitätszahl). Verändert der Messweg x den Plattenabstand wie in Abb. 5a gezeigt, so ist die daraus resultierende Kapazität dem Messweg näherungsweise

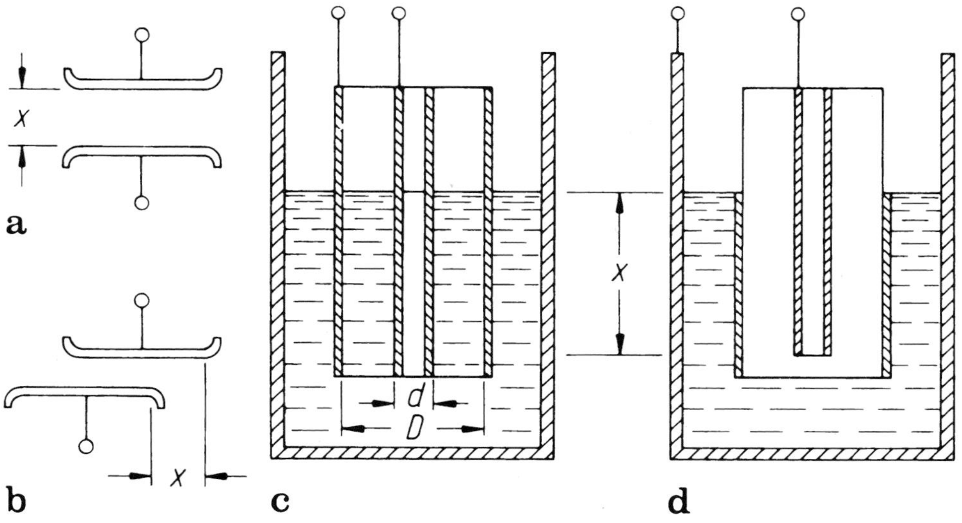

Abb. 5 Kapazitive Aufnehmer. **a** und **b** Kapazitive Wegaufnehmer, **c** Höhenstandsmessung bei isolierenden Flüssigkeiten, **d** Höhenstandsmessung bei leitenden Flüssigkeiten

umgekehrt proportional. Beeinflusst der Messweg x die Plattenfläche nach Abb. 5b, so ergibt sich ein näherungsweise linearer Anstieg der Kapazität mit dem Weg. Während bei der gewöhnlichen Wegmessung Luft das Dielektrikum ist ($\varepsilon_r = 1$), kann bei bekannter Dielektrizitätszahl die Dicke von Kunststofffolien und -platten bestimmt werden.

Die *Höhenstandsmessung* von Flüssigkeiten in Behältern ist mithilfe eines Zylinderkondensators möglich. Die Kapazität besteht dabei aus einem konstanten Anteil C_0, der sich beim Füllstand x_0 ergibt, und aus einem Anteil, der dem Füllstand $(x - x_0)$ proportional ist:

$$C = C_0 + \frac{2\pi\varepsilon_0}{\ln(D/d)}(x - x_0)(\varepsilon_r - 1)$$

Dabei ist D der Innendurchmesser der Außenelektrode und d der Außendurchmesser der Innenelektrode. Bei isolierenden Flüssigkeiten bildet das Füllgut das Dielektrikum des Zylinderkondensators (Abb. 5c). Bei leitenden Flüssigkeiten besitzt der Zylinderkondensator ein festes Dielektrikum, während das Füllgut die Außenelektrode des Zylinderkondensators bildet (Abb. 5d).

11.2.4 Magnetische Aufnehmer

Mit magnetischen Aufnehmern lassen sich Wege und Winkel messen, wenn der Aufnehmer durch die jeweiligen Messgrößen unterschiedlichen magnetischen Induktionen ausgesetzt ist, die eindeutig der Messgröße zugeordnet werden können.

Die wichtigsten magnetischen Aufnehmer sind Hall-Sensoren, die auf dem Hall-Effekt beruhen, und Feldplatten (magnetfeldabhängige Widerstände), die auf dem Gauß-Effekt beruhen.

Hall-Sensoren

Bei den Hall-Sensoren (Abb. 6a) wird ein Halbleiterstreifen der Dicke d einem magnetischen Feld der Induktion B ausgesetzt. Lässt man durch den Streifen in Längsrichtung einen Steuerstrom I fließen, so bewirkt die Lorentz-Kraft auf die bewegten Ladungen eine Ladungsverschiebung im Streifen und damit ein elektrisches Querfeld. Zwischen den Längsseiten ist deshalb eine Hall-Spannung abgreifbar:

$$U_H = R_H \frac{IB}{d}$$

R_H ist der *Hall-Koeffizient*. Hall-Sensoren aus GaAs besitzen eine vergleichsweise geringe Tem-

Abb. 6 Magnetische Aufnehmer. **a** *Hall-Sensor* und Kennlinie, **b** Feldplatte und Kennlinie

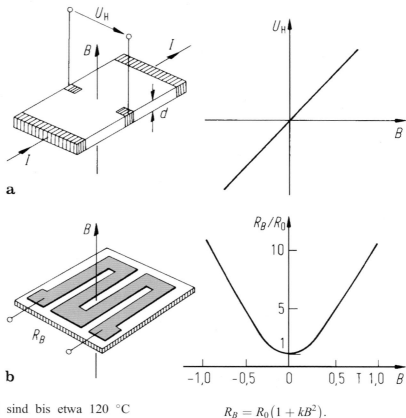

peraturabhängigkeit und sind bis etwa 120 °C geeignet. Die große Mehrheit der heute eingesetzten Hall-Sensoren basiert auf Silizium. Die monolithische Integration des Sensors zusammen mit Auswerte- und Kompensationsschaltungen erlaubt die Unterdrückung von Störeinflüssen (Temperatur, Nullpunktabweichungen). Sie erlaubt auch die Realisierung komplexerer Varianten wie Grenzwertwächter (Hall-Schalter) und Sensoren, die alle drei Komponenten der Induktion messen können (3D-Hall-Sensoren).

Feldplatten

Bei der Feldplatte (Abb. 6b) wird die Abhängigkeit des Widerstandes R_B in Längsrichtung des Halbleiterstreifens von der Induktion B ausgenutzt. Beim MDR (magnetic field depending resistor) spricht man auch vom magnetischen Widerstandseffekt oder Gauß-Effekt. Der Widerstand R_B der Feldplatten nimmt etwa quadratisch mit der Induktion B zu und beträgt

$$R_B = R_0 \left(1 + kB^2\right).$$

Der typische Widerstandsverlauf einer Feldplatte ist in Abb. 6b dargestellt. Da die Empfindlichkeit der Feldplatten mit steigender Induktion gemäß

$$\frac{\mathrm{d}R_B}{\mathrm{d}B} = 2kR_0B$$

wächst, werden Feldplatten in der Umgebung eines Arbeitspunktes $|B| > 0$ betrieben. Wegen ihrer hohen Temperaturabhängigkeit werden Feldplatten gerne in einer Differenzialanordnung eingesetzt. So lassen sich Weg-, Winkel- und auch Drehzahlaufnehmer realisieren.

11.2.5 Codierte Weg- und Winkelaufnehmer

Bei codierten Längen- und Winkelmaßstäben ist jeder Messlänge bzw. jedem Messwinkel ein umkehrbar eindeutiges, binär codiertes digitales Signal zugeordnet. Dieses liegt in räumlich parallel codierter Form vor und kann unmittelbar abgelesen werden.

Der Winkelcodierer oder die Codescheibe besteht aus einer Welle und einer Scheibe oder einer Trommel, die mit einem Codemuster versehen ist (Abb. 7).

Das Codemuster besteht entweder aus einer Kombination leitender und nichtleitender Flächen oder aus einer Kombination lichtdurchlässiger und lichtundurchlässiger Flächen. Es sind auch magnetische Winkelcodierer bekannt, bei denen das Codemuster aus magnetischen und nichtmagnetischen Flächen aufgebaut ist. Die erreichbare

Auflösung liegt je nach Ausführungsform etwa zwischen 100 und 50.000 auf dem Umfang.

Damit bei der Abtastung von Winkelcodierern der Fehler nicht größer als eine Quantisierungseinheit werden kann, wird die Codescheibe mit einer redundanten Abtasteinrichtung abgefragt oder es werden sog. einschrittige Codes, wie der *Gray-Code*, angewendet, bei dem sich beim Übergang von einer Zahl zur nächsten stets nur ein einziges Bit ändert.

11.2.6 Inkrementale Aufnehmer

Bei den sog. inkrementalen Messverfahren wird der gesamte Messweg bzw. der gesamte Messwinkel in eine Anzahl gleich großer Elementarschritte zerlegt. Die Breite eines Elementarschrittes kennzeichnet das Auflösungsvermögen.

Der Aufbau eines inkrementalen Längenmesssystems ist in Abb. 8 gezeigt. Es besteht aus dem Maßstab und dem zugehörigen Abtastkopf. Der Abtastkopf ist über dem Maßstab in einem Abstand von wenigen Zehntelmillimetern montiert. Die Abtastplatte besteht aus vier Abtastfeldern und ist im Abtastkopf enthalten.

Der Aufbau ist wie bei einem Strichgitter und setzt sich aus lichtundurchlässigen Strichen und aus durchsichtigen Lücken zusammen, deren Teilung mit der Maßstabsteilung übereinstimmt. Das Licht der im Abtastkopf eingebauten Lampe fällt

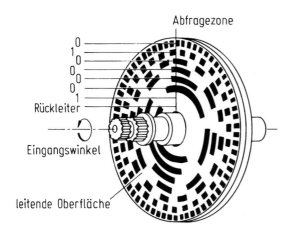

Abb. 7 Winkelcodierer (Codescheibe)

Abb. 8 Inkrementales Längenmesssystem

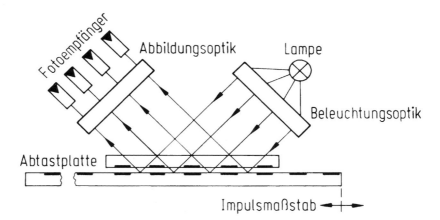

schräg auf die Abtastplatte und durch die Lücken der vier Abtastfelder auf den Maßstab. Von den blanken Maßstabslücken wird das Licht reflektiert. Es tritt wieder durch die Lücken der Abtastplatte und trifft auf die zugeordneten Fotoempfänger.

Wird nun der Maßstab relativ zum Abtastkopf verschoben, so schwankt die Intensität des auf die Fotoempfänger gelangenden Lichtes periodisch. Die Fotoempfänger wiederum liefern eine sinusähnliche Spannung, deren Periodenzahl nach Impulsformung gezählt wird.

Die vier Gitterteilungen sind jeweils um eine Viertel Gitterperiode gegeneinander versetzt angeordnet. Durch Antiparallelschaltung der Gegentaktsignale ergeben sich zwei um 90° verschobene Differenzsignale, deren Gleichanteil kompensiert ist. Diese um 90° gegeneinander verschobenen Signale ergeben nach Auswertung der Phasenlage die Richtungsinformation der Bewegung. Je nach Bewegungsrichtung, eilt das eine Signal dem anderen um 90° vor oder nach. Mit einem Richtungsdiskriminator kann deshalb die Zählrichtung für den nachgeschalteten Vorwärts-Rückwärts-Zähler bestimmt werden.

Neben den inkrementalen Längenmaßstäben mit optischer Abtastung gibt es auch inkrementale Winkelmaßstäbe mit optischer, magnetischer oder induktiver Abtastung. Ein typischer Wert der erreichbaren Auflösung liegt bei einer Winkelminute.

11.2.7 Laser-Interferometer

Höhere Genauigkeit und höhere Auflösung als mit inkrementalen Gittermaßstäben ist mit einem Laser-Interferometer erreichbar, dessen Prinzip bereits von Michelson beschrieben wurde. Das Funktionsprinzip eines Laser-Interferometers kann mit Abb. 9 erklärt werden.

Durch einen halbdurchlässigen Spiegel wird das von einem Laser erzeugte monochromatische Licht in einen Messstrahl und einen Vergleichsstrahl aufgespalten (A). Der Messstrahl trifft auf einen rechtwinkeligen Reflektor, dessen Abstand gemessen werden soll. Der Vergleichsstrahl wird über einen fest angeordneten Reflektor zum Punkt B des halbdurchlässigen Spiegels zurückgeführt. Dort werden durch Überlagerung mit dem reflektierten Messstrahl die Interferenzstreifen gebildet und von den Fotodetektoren C und D analysiert.

Durch eine Abstandsänderung von $\lambda/4$ wird so die Lichtintensität vom Maximalwert auf einen Minimalwert geändert. Bei Bewegung des Messreflektors wird in den Fotodetektoren ein sinusähnliches Signal erzeugt, dessen Periodenzahl nach Impulsformung in einem elektronischen Zähler ermittelt werden kann.

Die Genauigkeit eines Laser-Interferometers hängt nur von der Genauigkeit der Wellenlänge des monochromatischen Lichtes ab. Diese Wellenlänge ist von den Umgebungsbedingungen abhängig. Eine Abstandsänderung d des Messreflektors hängt mit der Wellenlänge λ_0 bei Normal-

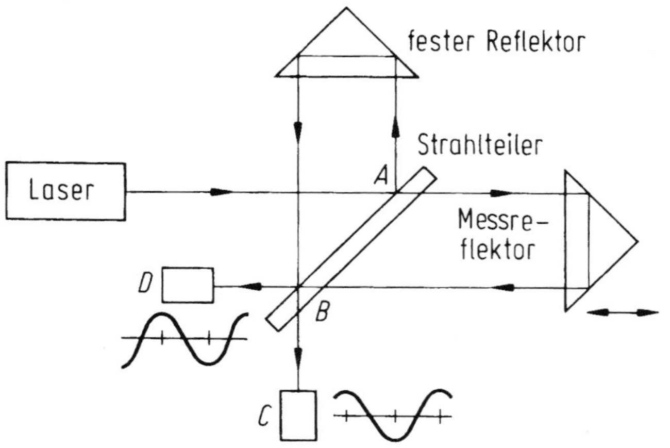

Abb. 9 Funktionsprinzip des Laser-Interferometers

bedingungen und der Zahl N der Interferenzstreifen über folgende Beziehung zusammen:

$$2d = \lambda_0 N (1 + K).$$

Der Korrekturfaktor K berücksichtigt die vorhandenen Werte von Druck, Temperatur und relativer Luftfeuchte nach der Beziehung

$$K = k_p(p - p_0) + k_T(T - T_0) + k_f(f - f_0).$$

k_p, k_T und k_f sind die Korrekturbeiwerte für den Druck p, die Temperatur T bzw. die relative Luftfeuchte f. Die mit 0 indizierten Größen kennzeichnen die Normalbedingungen. Die Korrekturbeiwerte betragen

$$k_p = -0,2 \cdot 10^{-6}/\text{hPa},$$
$$k_T = 0,9 \cdot 10^{-6}/\text{K},$$
$$k_f = 3,0 \cdot 10^{-6}.$$

Die herrschenden Umgebungsbedingungen müssen also bei genauen Messungen mit Sensoren erfasst und berücksichtigt werden.

11.2.8 Drehzahlaufnehmer

Nach dem Funktionsprinzip unterscheidet man analoge Tachogeneratoren, bei denen eine Spannung induziert wird, deren Amplitude der Drehzahl proportional ist, und Impulsabgriffe, bei denen die Impulsfolgefrequenz der Drehzahl proportional ist (siehe ▸ Abschn. 14.3.4 in Kap. 14, „Digitale Messtechnik (Analog-digital-Umsetzung)").

Wirbelstromtachometer
Beim Wirbelstromtachometer (Abb. 10a) wird die induzierte Spannung nicht direkt abgegriffen, sondern das Drehmoment der von ihr erzeugten Wirbelströme erfasst. Ein mehrpoliger Dauermagnet rotiert in einem getrennt gelagerten Kupfer- oder Aluminiumzylinder. Dieser taucht in den

Abb. 10 Analoge Drehzahlaufnehmer. **a** Wirbelstromtachometer (Merz), **b** dreiphasiger Tachogenerator

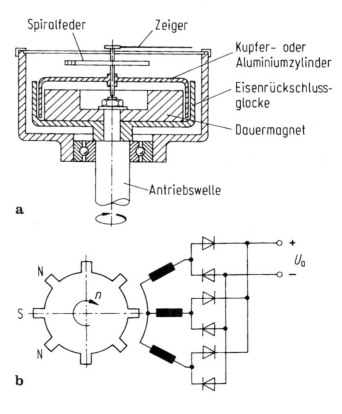

Luftspalt zwischen dem ringförmigen Dauermagneten und einer Eisenrückschlussglocke ein. Die
Feldlinien zwischen Magnet und Eisenrückschlussglocke erzeugen bei Rotation im Zylinder
Wirbelströme, die ein Moment bewirken, das
proportional der Drehzahl steigt. Diesem Moment
wirkt ein von einer Spiralfeder erzeugtes Gegendrehmoment entgegen. Im Gleichgewicht ist
der Winkelausschlag von der Drehzahl linear
abhängig.

Tachogeneratoren

Bei Wechselspannungs-Tachogeneratoren werden über feststehende Spulen und rotierende
Magnete Wechselspannungen erzeugt, deren
Amplitude der Drehzahl proportional ist. Bei einphasigen Tachogeneratoren kann die Messung
dieser Amplitude entweder durch Brückengleich-
richtung und nachfolgende Mittelwertbildung
erfolgen oder es wird die Spannung in ihrem
Maximum abgetastet und so lange gehalten (sam-
ple and hold), bis der gesuchte Maximalwert ausgewertet worden ist.

Bei dreiphasigen Tachogeneratoren (Abb. 10b)
besitzt die gleichgerichtete Ausgangsspannung nur
eine geringe Restwelligkeit. Der Anker besteht aus
einem umlaufenden Polrad mit gerader Polzahl,
wobei Nord- und Südpole abwechseln. Die Ständer-
wicklungen sind natürlich (anders als im Abb. 10b)
gleichmäßig am Umfang angeordnet.

Impulsabgriffe

Eine drehzahlproportionale Frequenz erhält man
über Impulsabgriffe, die nach Abb. 11a entweder
als Induktionsabgriff oder nach Abb. 11b–d als
induktive, magnetische oder optische Begriffe
realisiert sein können.

Ein *Induktionsabgriff*, dessen Prinzip in
Abb. 11a dargestellt ist, besteht aus einem Dauer-
magnetstab, einer Induktionsspule und einem Ei-
senrückschlussmantel. Die Marken auf der Messwelle sind so ausgebildet, dass der magnetische
Fluss in der Induktionsspule geändert wird. Im
einfachsten Fall dienen Nuten oder ein weichma-
gnetisches Zahnrad zur Modulation des magnetischen Flusses. Nach dem Induktionsgesetz ist die
induzierte Spannung U der Änderungsgeschwindigkeit des magnetischen Flusses und der Windungszahl N proportional:

$$U = N \frac{\mathrm{d}\Phi}{\mathrm{d}t} \sim n.$$

Die induzierte Spannung ist der Drehzahl
n proportional. Bei der Messung kleiner Drehzahlen treten deshalb höhere relative Fehler auf. Aus
diesem Grund wird der früher bei der Raddreh-
zahlmessung in Kraftfahrzeugen eingesetzte Induktionsabgriff heute nicht mehr angewendet.

Induktive, magnetische und optische Abgriffe
sind im Prinzip Wegaufnehmer und haben den
beschriebenen Nachteil nicht.

Beim *induktiven Abgriff* wird durch Marken
auf der Messwelle der magnetische Widerstand
eines magnetischen Kreises und damit die Induktivität geändert.

Beim *magnetischen Abgriff* werden ähnlich
wie beim Induktionsabgriff ein oder mehrere Permanentmagnete verwendet, um durch die Marken
der Messwelle den magnetischen Fluss zu modu-
lieren. Mit Hall-Sonden oder magnetfeldempfind-
lichen Widerständen (heute nach dem Prinzip des
anisotropen Magnetowiderstands [AMR] oder
des Riesenmagnetowiderstands [GMR]) ergibt
sich dann ein vom Wert der magnetischen Induktion abhängiges Ausgangssignal.

Beim *optischen Abgriff* (Abb. 11d) wird das
von einer Lichtquelle (z. B. von lichtemittieren-
den Dioden) auf einen Lichtempfänger (z. B.
Fototransistor) gerichtete Licht durch entsprechende Marken auf einer Messwelle oder -scheibe
(Schlitzscheibe oder Fotoscheibe) moduliert.

In allen drei Fällen ist die Frequenz des Ausgangssignals der Drehzahl proportional. Die Messung dieser Frequenz ist mit einfachen Mitteln
mithilfe der digitalen Zählertechnik möglich. Es
können auch eine oder mehrere Perioden des
Messsignals durch nachfolgende Reziprokwertbildung ausgewertet werden.

Analoganzeige der Drehzahl

Analoge Anzeiger sind immer dann von Bedeutung, wenn der Mensch eine grobe, aber schnelle
Information, z. B. über die Drehzahl eines Ver-
brennungsmotors erhalten soll.

Liegen drehzahlproportionale Frequenzsignale
vor, so können diese nach Abb. 12 mit einem
Frequenz-Spannungs-Umsetzer in eine proportionale Spannung umgeformt werden. Nach Impuls-

Abb. 11 Impulsabgriffe
zur Drehzahlaufnahme.
a Induktionsabgriff
(Hartmann & Braun),
b induktiver Abgriff.
c magnetischer Abgriff
(Honeywell), **d** optischer
Abgriff

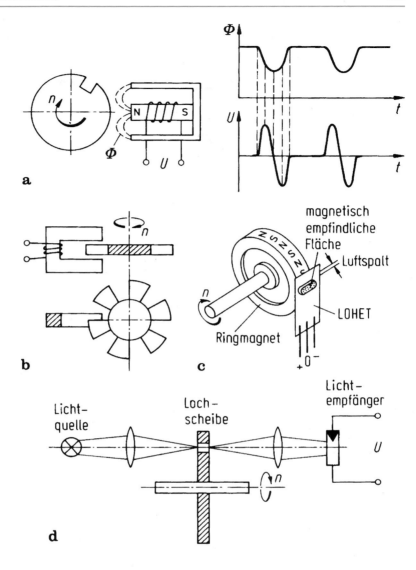

Abb. 11 Impulsabgriffe zur Drehzahlaufnahme. **a** Induktionsabgriff (Hartmann & Braun), **b** induktiver Abgriff. **c** magnetischer Abgriff (Honeywell), **d** optischer Abgriff

formung wird das Signal des Impulsabgriffes auf eine monostabile Kippstufe geleitet, die am Ausgang Impulse konstanter Breite τ und konstanter Höhe U_0 liefert. Der arithmetische Mittelwert dieses Signales ist

$$\bar{u} = \frac{1}{T} \int_0^T u(t)\ \mathrm{d}t = f \int_0^\tau U_0\ \mathrm{d}t = U_0 \tau f.$$

11.2.9 Beschleunigungsaufnehmer

Mit Sensoren zur Messung der Linearbeschleunigung kann die Beanspruchung von Mensch oder Material ermittelt werden. Ferner ist durch einfache bzw. doppelte Integration von Beschleunigungssignalen die Bestimmung der Geschwindigkeit oder des zurückgelegten Weges von Luft- und Raumfahrzeugen möglich (Trägheitsnavigation).

Beschleunigungsmessungen werden in der Regel auf Kraftmessungen zurückgeführt. Für die Beschleunigung a einer Masse m und die Trägheitskraft F gilt nach Newton $a = F/m$. Gemäß dem verwendeten Prinzip der Kraftmessung unterscheidet man Beschleunigungssensoren mit elektrischer Kraftkompensation, mit piezoelektrischer Kraftaufnahme und mit Federkraftmessung. Zu der zuletzt genannten Gruppe gehören

z. B. *Feder-Masse-Systeme* nach Abb. 13a, bei denen die Beschleunigung *a* eine proportionale Auslenkung *x* der Masse bewirkt.

Eine scheibenförmige Masse ist an zwei Membranfedern aufgehängt und unterliegt wegen der Ölfüllung des Gehäuses einer näherungsweise geschwindigkeitsproportionalen Dämpfung. Der

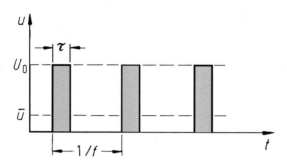

Abb. 12 Frequenz-Spannungs-Umsetzung

Abb. 13 Feder-Masse-
System als
Beschleunigungs-
Aufnehmer.
a Konstruktionsskizze,
b Amplitudengang

Verschiebeweg *x* der Masse wird über ein induktives Doppeldrosselsystem erfasst. (Die Induktivität der einen Drossel wird dabei vergrößert, die der anderen Drossel verkleinert.) In einer Wechselstrom-Brückenschaltung können diese gegensinnigen Induktivitätsänderungen ausgewertet werden (Differenzprinzip).

Die meisten heute verwendeten Beschleunigungssensoren, etwa in Kraftfahrzeugen und Smartphones, basieren auf mikromechanischen Strukturen (siehe Abschn. 11.6.2 unten).

Dynamisches Verhalten

Das dynamische Verhalten eines Beschleunigungsaufnehmers mit Feder-Masse-System lässt sich durch die Dgl.

$$k\frac{\mathrm{d}x}{\mathrm{d}t} + cx = m\frac{\mathrm{d}^2(s-x)}{\mathrm{d}t^2}$$

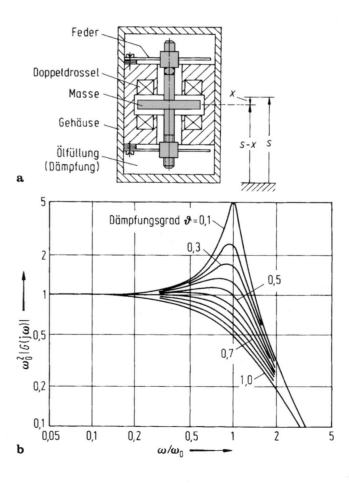

beschreiben. Darin bedeuten

x Auslenkung der Masse (gegen das Gehäuse),

s Absolutweg des Gehäuses,

$s - x$ Absolutweg der Masse, sowie

k Dämpfungskonstante,

c Federkonstante,

m Masse.

Führt man die Kreisfrequenz ω_0 der ungedämpften Eigenschwingung und den Dämpfungsgrad ϑ gemäß

$$\omega_0 = \sqrt{\frac{c}{m}} \text{ und } \vartheta = \frac{k}{2m\omega_0}$$

ein, so erhält man für die Beschleunigung

$$a = \frac{d^2 s}{dt^2} = \omega_0^2 x + 2\vartheta\omega_0 \frac{dx}{dt} + \frac{d^2 x}{dt^2}.$$

Während „tief abgestimmte" Systeme mit sehr niedriger Eigenfrequenz als seismische Wegaufnehmer verwendet werden ($s \approx x$), müssen Feder-Masse-Systeme für Beschleunigungsaufnehmer „hoch abgestimmt" sein, um auch schnellen Änderungen möglichst verzögerungsfrei folgen zu können. Der Wunsch nach möglichst hoher Kreisfrequenz ω_0 der ungedämpften Eigenschwingung widerspricht der Forderung nach hoher statischer Empfindlichkeit E. Die *Empfindlichkeit* ist nämlich

$$E = \frac{dx}{da} = \frac{1}{\omega_0^2} = \frac{m}{c},$$

ist also umgekehrt proportional dem Quadrat der Eigenfrequenz. Der Amplitudengang $|G(j\omega)|$ eines Feder-Masse-Systems als Beschleunigungsaufnehmer ist gleich dem Verhältnis der Amplitude der Relativbewegung der Masse zur Amplitude der sinusförmigen Beschleunigung am Eingang. Aus der Theorie der Übertragungsglieder 2. Ordnung, siehe ▶ Abschn. 10.1.2.7 in Kap. 10, „Grundlagen und Strukturen der Messtechnik", folgt:

$$|G(j\omega)| = \frac{|x|}{|a|} = \frac{1}{\omega_0^2} \cdot \frac{1}{\sqrt{\left[1 - \left(\frac{\omega}{\omega_0}\right)^2\right]^2 + \left(2\vartheta\frac{\omega}{\omega_0}\right)^2}}.$$

Der Verlauf des Amplitudengangs (Abb. 13b) hängt stark vom Dämpfungsgrad ϑ ab. Der wiederum hängt stark von der Viskosität des zur Dämpfung verwendeten Öles und damit von der Temperatur der Ölfüllung ab. Beschleunigungsaufnehmer mit Feder-Masse-Systemen sind bei hohen Genauigkeitsansprüchen nur bis zu Messfrequenzen von etwa 10 % der Eigenfrequenz und bei verminderten Ansprüchen etwa bis zu 50 % der Eigenfrequenz geeignet.

Beschleunigungsaufnehmer werden bei Schwingungsuntersuchungen und für Schocktests eingesetzt. In Kraftfahrzeugen werden sie zur Auslösung von Airbags verwendet, sobald zulässige Werte der Stoßbeschleunigung überschritten werden.

11.3 Sensoren für mechanische Beanspruchungen

Bei der Messung mechanischer Beanspruchungen sind Sensoren für Kräfte, Drücke und Drehmomente von Bedeutung. Diese mechanischen Beanspruchungen können zunächst mit Federkörpern gemessen werden, deren Dehnung oder Auslenkung ausgewertet wird. Außerdem gibt es Aufnehmer mit selbsttätiger Kompensation über die Schwerkraft oder mit elektrischer Kraftkompensation. Kräfte und Drücke lassen sich auch mit magnetoelastischen und piezoelektrischen Aufnehmern erfassen. Präzisions-Druckmessungen sind mit Schwingquarzen möglich. Ein kraftanaloges Frequenzsignal liefern Aufnehmer mit Schwingsaite, schwingender Membran oder Schwingzylinder.

11.3.1 Dehnungsmessung mit Dehnungsmessstreifen

Beim Dehnungsmessstreifen (DMS) ändert sich der elektrische Widerstand eines Drahtes unter dem Einfluss einer Dehnung. Nach Abb. 14a wird dabei die Länge l des Drahtes um die Länge dl vergrößert und der Durchmesser D um den Betrag dD verringert.

Mit dem spezifischen Widerstand ϱ ist der Widerstand des Drahtes vor der Dehnung

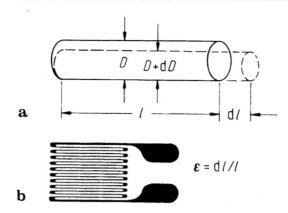

Abb. 14 Dehnungsmessung. **a** Dehnung eines Drahtes, **b** Folien-Dehnungsmessstreifen

$$R = \frac{4\varrho l}{\pi D^2}.$$

Durch die Dehnung wird der Widerstand

$$R + \mathrm{d}R = \frac{4}{\pi} \cdot \frac{(\varrho + \mathrm{d}\varrho)(l + \mathrm{d}l)}{(D + \mathrm{d}D)^2}$$

Für differenzielle Änderungen $\mathrm{d}\varrho$, $\mathrm{d}l$ und $\mathrm{d}D$ ergibt sich die relative Widerstandsänderung

$$\frac{\mathrm{d}R}{R} = \frac{\mathrm{d}l}{l} - 2\frac{\mathrm{d}D}{D} + \frac{\mathrm{d}\varrho}{\varrho}$$
$$= \frac{\mathrm{d}l}{l}\left(1 - 2\frac{\mathrm{d}D/D}{\mathrm{d}l/l} + \frac{\mathrm{d}\varrho/\varrho}{\mathrm{d}l/l}\right).$$

Die relative Längenänderung $\varepsilon = \mathrm{d}\,l/l$ bezeichnet man als *Dehnung*, die relative Längenänderung $\varepsilon_\mathrm{q} = \mathrm{d}D/D$ als Querdehnung.

Der Quotient aus negativer Querdehnung und Dehnung heißt *Poisson-Zahl*

$$\mu = \frac{-\varepsilon_\mathrm{q}}{\varepsilon}.$$

Mit diesen Größen ist die relative Widerstandsänderung

$$\frac{\mathrm{d}R}{R} = \left(1 + 2\mu + \frac{\mathrm{d}\varrho/\varrho}{\varepsilon}\right)\varepsilon = k\varepsilon.$$

Der sog. *k-Faktor* beschreibt die Empfindlichkeit des DMS. Aus dem Volumen $V = \frac{1}{4}\pi D^2 l$ berechnet sich die relative Volumenänderung

$$\frac{\mathrm{d}V}{V} = \frac{\mathrm{d}l}{l} + 2\frac{\mathrm{d}D}{D} = \frac{\mathrm{d}l}{l}(1 - 2\mu).$$

Da unter der Wirkung eines Zuges allenfalls eine Volumenzunahme erfolgt, kann die Poisson-Zahl höchstens gleich 0,5 sein. Gemessene Werte der Poisson-Zahl liegen etwa zwischen 0,15 und 0,45.

Bei Dehnung ohne Volumenänderung ist die Poisson-Zahl 0,5. Bleibt gleichzeitig der spezifische Widerstand konstant, so wird der *k*-Faktor

$$k = 1 + 2\mu + \frac{\mathrm{d}\varrho/\varrho}{\varepsilon} = 1 + 2 \cdot 0,5 + 0 = 2.$$

Dieser Wert wird bei Metallen wie Konstantan (60 % Cu, 40 % Ni) und Karma (74 % Ni, 20 % Cr, 3 % Al) tatsächlich beobachtet. Bei höheren Temperaturen bis 650° C bzw. 1000 °C ist Platiniridium (90 % Pt, 10 % Ir) oder Platin als DMS-Material geeignet. Beide Materialien haben etwa den *k*-Faktor $k = 6$.

Besonders hohe Widerstandsänderungen ergeben sich bei Halbleiterdehnungsmessstreifen. In dotiertem Silizium ist der Piezowiderstandseffekt $\mathrm{d}\varrho/\varrho$ stark ausgeprägt. Typisch sind *k*-Faktoren von etwa 100. Zulässige Dehnungen von etwa $3 \cdot 10^{-3}$ führen zu vergleichsweise hohen relativen Widerstandsänderungen. Störend ist u. U. die starke Temperaturabhängigkeit von Nullpunkt und Steilheit (Widerstand und *k*-Faktor), die sich jedoch in gewissen Grenzen kompensieren lässt.

Die gebräuchliche Ausführungsform ist heute der *Folien-DMS* (vgl. Abb. 14b) für beschränkte Umgebungstemperaturen. Nur bei höheren Temperaturen werden noch *Draht-DMS* verwendet. Folien-DMS lassen sich leicht in großen Stückzahlen in Ätztechnik herstellen (ähnlich wie gedruckte Schaltungen). Die Gestalt des Leiters kann nahezu beliebig sein, deshalb können die Querverbindungen auch breiter ausgeführt werden als die Leiter in Messrichtung. Typische Widerstandswerte von DMS liegen zwischen 100 und 600 Ω.

11.3.2 Kraftmessung mit Dehnungsmessstreifen

Wirkt an einem Stab mit dem Querschnitt A die Zug- oder Druckkraft F, so entsteht nach Abb. 15a in diesem eine mechanische Spannung σ.

Abb. 15 Kraftmessung mit Dehnungsmessstreifen. **a** Elastische Verformung eines Federkörpers, **b** Kraftmessdose mit Dehnungsmessstreifen (Siemens)

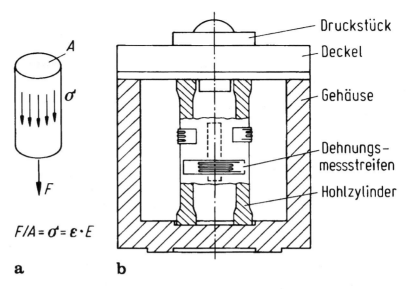

a   **b**

Sie bewirkt nach dem Hooke'schen Gesetz innerhalb des Elastizitätsbereiches eine proportionale Dehnung

$$\varepsilon = \frac{\sigma}{E},$$

(E Elastizitätsmodul). Bei der in Abb. 15b dargestellten Kraftmessdose mit DMS sind zwei DMS in Kraftrichtung und zwei DMS senkrecht dazu auf einem Hohlzylinder aufgeklebt, der durch die Messkraft gestaucht wird. Im Idealfall erfahren die DMS in Kraftrichtung eine Längsdehnung

$$\varepsilon_1 = \frac{F}{AE}$$

und die DMS senkrecht dazu eine kleinere Querdehnung

$$\varepsilon_q = -\mu\varepsilon_1.$$

(F Messkraft, A Querschnittsfläche des Stauchzylinders, E Elastizitätsmodul, μ Poisson-Zahl.)

Der Widerstand der beiden DMS in Kraftrichtung verringert sich dabei, der Widerstand der beiden DMS senkrecht dazu vergrößert sich. Die vier DMS werden so in einer Brückenschaltung im Ausschlagverfahren (siehe ▶ Abschn. 12.2.3 in Kap. 12, „Analoge Messschaltungen und Messverstärker") angeordnet, dass die maximale Emp-

findlichkeit erreicht wird. Gleichzeitig ergibt sich bei geeigneter Dimensionierung eine Verringerung der Temperaturabhängigkeit des Ausgangssignals durch das Differenzprinzip (Unterdrückung von Gleichtaktstörungen).

Zur Abschätzung der im elastischen Bereich erhaltenen Dehnungen nehmen wir für Stahl ein Elastizitätsmodul von $E = 200$ kN/mm^2 und eine zulässige Spannung $\sigma_{zul} = 500$ N/mm^2 an. Daraus errechnet sich die Dehnung

$$\varepsilon = \sigma_{zul}/E = 2,5 \text{ \textperthousand} = 2,5 \text{ mm/m}.$$

Im elastischen Bereich sind also nur Dehnungen von wenigen ‰ zulässig. Typische Messbereiche bei der Dehnungsmessung an metallischen Werkstoffen liegen bei ± 5000 µm/m = ± 5 ‰. Dehnungen von 1 % dürfen im Normalfall nicht erreicht werden, da sie zu plastischen Verformungen führen.

11.3.3 Druckmessung mit Dehnungsmessstreifen

Häufig werden zur Druckmessung elastische Membranen oder Plattenfedern eingesetzt, die sich bei Belastung mit einem Druck p bzw. einem Differenzdruck Δp verformen. Die an der Membranoberfläche entstehenden radialen und tangentialen Spannungen σ_r und σ_t bewirken Dehnungen ε_r und ε_t und können mit geeigneten DMS erfasst werden (Abb. 16).

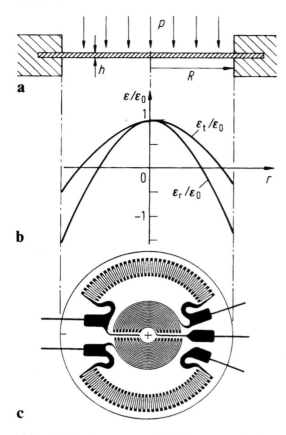

Abb. 16 Druckmessung mit Dehnungsmessstreifen. **a** Durch Druck verformte Membran, **b** Radialer Verlauf der tangentialen und radialen Dehnung, **c** Rosetten-Dehnungsmessstreifen (Hottinger Baldwin Messtechnik)

Für gegen die Membrandicke h kleine Durchbiegungen sind die Dehnungen der Membran mit fester Randeinspannung nach Abb. 16a

$$\varepsilon_r = \frac{\sigma_r}{E} = \frac{3}{8}\left(\frac{R}{h}\right)^2 \frac{p}{E}(1+\mu)\left[1 - \frac{3+\mu}{1+\mu}\left(\frac{r}{R}\right)^2\right],$$

$$\varepsilon_t = \frac{\sigma_t}{E} = \frac{3}{8}\left(\frac{R}{h}\right)^2 \frac{p}{E}(1+\mu)\left[1 - \frac{1+3\mu}{1+\mu}\left(\frac{r}{R}\right)^2\right].$$

(E Elastizitätsmodul, μ Poisson-Zahl, r radiale Koordinate, R Membranradius.)

Die Dehnungen verlaufen parabelförmig und haben am Membranrand das entgegengesetzte Vorzeichen gegenüber der Mitte. In Membranmitte sind die radialen und tangentialen Dehnungen gleich groß (vgl. Abb. 16b).

Zur Dehnungsmessung an der Membranoberfläche verwendet man spezielle *Rosetten-Deh-*

nungsmessstreifen (Abb. 16c). Diese DMS sind so gestaltet, dass je zwei Streifen die große Radialdehnung in der Nähe des Membranrandes bzw. die darauf senkrechte Tangentialdehnung in der Nähe der Membranmitte erfassen.

11.3.4 Drehmomentmessung mit Dehnungsmessstreifen

Zur *Drehmomentmessung* mit Dehnungsmessstreifen verwendet man eine elastische Hohlwelle mit den Radien R_1 und R_2 nach Abb. 17a, die auf einer Messlänge L unter dem Einfluss des Torsionsmomentes M_T um den Winkel φ verdreht wird.

Der Torsionswinkel φ ist

$$\varphi = \frac{2}{\pi} \cdot \frac{LM_T}{\left(R_2^4 - R_1^4\right)G}$$

(G Schubmodul). Mit Abb. 17a ergibt sich für die Dehnung ε an der Oberfläche der Messwelle abhängig vom Winkel α

$$\varepsilon = \frac{1}{2} \cdot \frac{R_2\varphi}{L}\sin 2\alpha = \frac{1}{\pi} \cdot \frac{R_2}{R_2^4 - R_1^4} \cdot \frac{M_T}{G}\sin 2\alpha.$$

Das Torsionsmoment M_T kann also durch Messung der Dehnung an der Oberfläche der Messwelle bestimmt werden. Dazu werden DMS auf die Messwelle aufgeklebt. Parallel und auch senkrecht zur Achse der Messwelle ist die Dehnung gleich null. Betragsmäßig maximale Dehnung erhält man bei den Aufklebewinkeln $\alpha_{max} = 45°$ und $135°$.

Abb. 17b zeigt eine Messwelle mit vier Dehnungsmessstreifen, deren Widerstandsänderungen in einer Vollbrückenschaltung ausgewertet werden können.

11.3.5 Messung von Kräften über die Auslenkung von Federkörpern

Parallelfeder

Beim einfachen Biegebalken als Messfeder stört die bei der Durchbiegung auftretende Neigung des freien Endes. Durch parallele Anordnung zweier gleicher Blattfedern nach Abb. 18a wird erreicht, dass sich das freie Ende nur parallel bewegt. Die Auslenkung der Parallelfeder ist

Abb. 17 Drehmoment-
messung mit
Dehnungsmessstreifen.
a Dehnung an der
Oberfläche einer
Messwelle, **b** Drehmoment-
Messwelle mit
Dehnungsmessstreifen

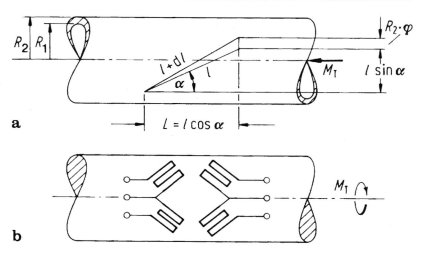

Abb. 18 Messung von
Kräften über die
Auslenkung von
Federkörpern.
a Parallelfeder als
Federkörper, **b** zylindrische
Schraubenfeder

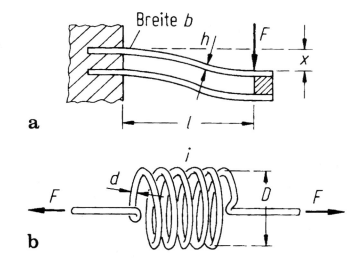

$$x = \frac{1}{2b} \left(\frac{l}{h}\right)^3 \frac{F}{E}$$

(l Länge, b Breite und h Höhe der Biegefedern, E Elastizitätsmodul).

Die Umformung einer Messkraft F in eine Auslenkung x ist auch mit einer zylindrischen Schraubenfeder (Abb. 18b) möglich. Die Auslenkung ist

$$x = \frac{8iD^3}{d^4} \cdot \frac{F}{G}$$

(i Windungszahl, d Drahtdurchmesser, D Federdurchmesser, G Schubmodul, F Messkraft).

11.3.6 Messung von Drücken über die Auslenkung von Federkörpern

Druckmessung mit Membranen ist auch durch Messung der maximalen Auslenkung in Membranmitte nach Abb. 19a möglich.

Die Auslenkung x berechnet sich abhängig vom Messdruck p zu

$$x = \frac{3}{16} (1 - \mu^2) \frac{R^4}{h^3} \cdot \frac{p}{E}$$

(μ Poisson-Zahl, R Radius, h Dicke, E Elastizitätsmodul der eingespannten Membran).

Dieser Zusammenhang gilt nur für kleine Auslenkungen x (etwa bis zur Membrandicke h), da

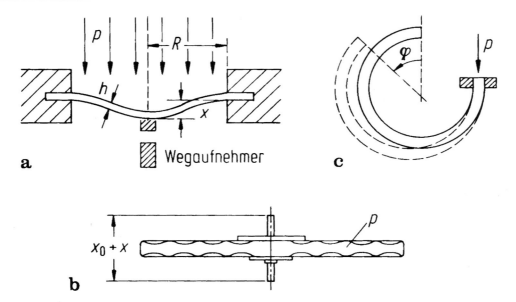

Abb. 19 Messung von Drücken über die Auslenkung von Federkörpern. **a** Membran als Plattenfeder, **b** Kapselfeder (Siemens), **c** Rohrfeder (Bourdon-Feder)

sich die *Plattenfeder* durch auftretende Zugspannungen versteift. Größere mögliche Auslenkungen bei sonst gleicher Geometrie erhält man durch gewellte Membranen.

Zur Aufnahme kleiner Drücke, z. B. zur Luftdruckmessung oder zur Messung kleiner Differenzdrücke eignen sich *Kapselfedern*, die vergleichsweise dünn, großflächig und gewellt ausgeführt sind und in ihrem Aufbau einer Dose ähneln, die auf Ober- und Unterseite mit einer Membran abgeschlossen ist (Abb. 19b).

Für hohe Drücke bis etwa 1000 bar werden *Rohrfedern* (Abb. 19c) (*Bourdon-Federn*) verwendet, bei denen sich ein kreisförmig gebogenes Rohr mit ovalem Querschnitt bei Druckbeanspruchung um einen Winkel φ aufbiegt, weil wegen der größeren Außenbogenlänge die Kraft auf die bogenäußere Innenwand größer ist als die auf die bogeninnere Wand.

11.3.7 Kraftmessung über Schwingsaiten

Eine gespannte, meist metallische Saite kann nach Abb. 20a z. B. elektromagnetisch zu Transversalschwingungen angeregt werden.

Die Grundfrequenz f der schwingenden Saite ist

$$f = \frac{1}{2l}\sqrt{\frac{\sigma}{\varrho}}$$

(l Länge, ϱ Dichte des Saitenmaterials, σ mechanische Spannung).

Die mechanische Spannung σ kann durch die Spannkraft F und den Durchmesser d der Saite ausgedrückt werden: $\sigma = F / \left(\frac{\pi}{4}d^2\right)$. Für die Grundfrequenz f der Schwingsaite ergibt sich damit

$$f = \frac{1}{ld}\sqrt{\frac{F}{\pi\varrho}}.$$

Für praktische Anwendungen ist die Schwingsaite mit einer Mindestkraft F_0 vorgespannt und schwingt dabei bei der Frequenz f_0. Wirkt die zusätzliche Messkraft F, so resultiert die neue Frequenz f. Aus

$$f = \frac{1}{ld}\sqrt{\frac{F_0 + F}{\pi\varrho}} \text{ und } f_0 = \frac{1}{ld}\sqrt{\frac{F_0}{\pi\varrho}}$$

ergibt sich

$$\frac{F}{F_0} = \left(\frac{f}{f_0}\right)^2 - 1.$$

Mit dem Differenzprinzip (siehe ▶ Abschn. 10.2.1.2 in Kap. 10, „Grundlagen und Strukturen

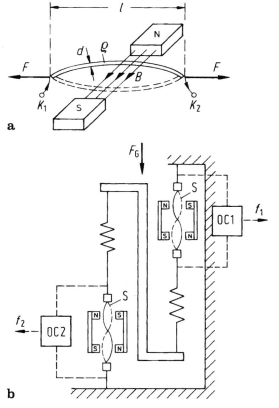

a

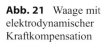

b

Abb. 20 Kraft- und Druckmessung über Schwingsaiten. **a** Prinzip der Schwingsaitenaufnehmer, **b** Schwingsaitenwaage (Mettler)

Abb. 21 Waage mit elektrodynamischer Kraftkompensation

der Messtechnik") lässt sich die Linearität wesentlich verbessern. Bei der *Schwingsaiten-Waage* (Abb. 20b) sind zwei Schwingsaiten durch je eine Schraubenfeder vorgespannt. Durch die Gewichtskraft F_G wird die Spannkraft und damit die Frequenz der ersten Schwingsaite erhöht und die der zweiten Schwingsaite erniedrigt. Aus der Frequenzdifferenz $f_1 - f_2$ lässt sich F_G bestimmen.

11.3.8 Waage mit elektrodynamischer Kraftkompensation

Bei elektrischen Präzisionswaagen wird nach Abb. 21 die zu messende Gewichtskraft F_G durch eine Gegenkraft F_K kompensiert, die von einem Tauchspulsystem erzeugt wird, das vom Strom I durchflossen wird.

Der Tauchspulstrom I ist der Kompensationskraft F_K und für die Verstärkung $v \to \infty$ der Gewichtskraft F_G proportional. Es handelt sich hierbei um eine Kreisstruktur, die die Wirkungsrichtung des Tauchspulsystems umkehrt. Ein mit der Waagschale verbundener Wegaufnehmer liefert über einen Verstärker den Tauchspulstrom I, der so nachgeregelt wird, dass das Kräftegleichgewicht $F_G = F_K$ für eine bestimmte Position der Waagschale erreicht wird. Lediglich der Temperatureinfluss muss noch gesondert korrigiert werden.

Die Kompensationskraft F_K des Tauchspulsystems ist

$$F_K = \pi DBNI$$

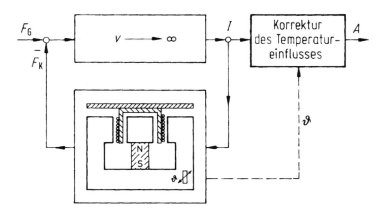

(πD mittlerer Wicklungsumfang, B magnetische Induktion, N Windungszahl, I Stromstärke. $N I = \Theta$ heißt auch Durchflutung oder „Amperewindungszahl").

In ähnlicher Weise wird bei *Messumformern für Niederdruck* der zu messende Druck oder Differenzdruck über eine richtkraftlose Membran in eine Kraft umgeformt, die dann über einen Hebel, an dem auch die Tauchspule angreift, kompensiert wird.

11.3.9 Piezoelektrische Kraft- und Druckaufnehmer

Belastet man ein Piezoelektrikum wie Quarz (SiO_2) oder Bariumtitanat ($BaTiO_3$) in bestimmten Richtungen mechanisch, so treten an seiner Oberfläche elektrische Polarisationsladungen auf.

Synthetisch erzeugter Quarz kristallisiert in sechseckigen Prismen (Abb. 22a).

Wirkt eine Kraft F in Richtung einer der x_i-Achsen, so entsteht auf den senkrecht dazu stehenden Flächen eine Ladung

$$Q = k_p F.$$

Die *piezoelektrische Konstante* (der sog. Piezomodul) k_p beträgt bei

Quarz $k_p = 2{,}3\,\text{pC/N}$,
Bariumtitanat $k_p = 250\,\text{pC/N}$.

Die Empfindlichkeit ist also bei Bariumtitanat etwa 100-mal so groß wie bei Quarz. Nachteilig ist beim Bariumtitanat der gleichzeitig vorhandene pyroelektrische Effekt, bei dem durch Wärmeeinwirkung Ladungen verschoben werden.

Piezokeramische Aufnehmer sind im Besonderen für Körperschallmessungen, Schwingungs- und Beschleunigungsmessungen geeignet.

Die Eigenkapazität von Quarzaufnehmern liegt bei etwa 200 pF. Dies bedeutet, dass bei

Abb. 22 Piezoelektrische Kraft- und Druckaufnehmer. **a** Achsen und Struktur eines Quarzkristalls (Grave), **b** Ladungsverstärker für statische Messungen

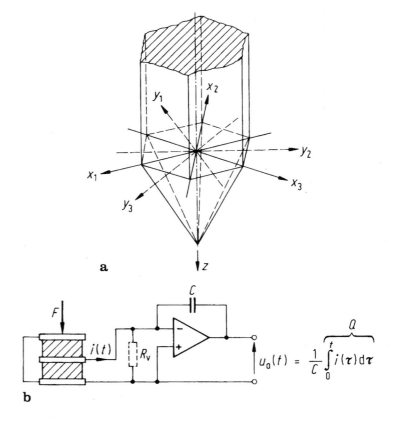

einem Isolationswiderstand von 10^{12} Ω mit einer Zeitkonstanten von 200 s bzw. mit einer Spannungsverringerung von 0,5 %/s zu rechnen ist. Für statische Messungen werden deshalb *Ladungsverstärker* nach Abb. 22b eingesetzt. Die entstehenden Ladungen werden dabei sofort über den niederohmigen Eingang des Stromintegrierers auf die vergleichsweise verlustfreie Integrationskapazität abgesaugt, sodass Verluste des Piezoaufnehmers und des Eingangskabels keine Schwächung des Signals mehr bewirken können.

Piezoelektrische Aufnehmer sind zur Messung schnell veränderlicher Drücke, wie sie z. B. in Verbrennungsmotoren auftreten, sehr gut geeignet. Mit ihrer Hilfe kann das sog. Indikatordiagramm (*p, V*-Diagramm) im Betrieb aufgenommen werden.

11.4 Sensoren für strömungstechnische Kenngrößen

Sensoren zur Messung von Durchflüssen sind z. B. bei Verbrennungsvorgängen erforderlich, wenn der Durchfluss von Flüssigkeiten oder Gasen gesteuert oder geregelt werden muss. Ferner sind Aufnehmer für Durchflüsse z. B. für Abrechnungszwecke und zur Überwachung von Anlagen erforderlich.

11.4.1 Durchflussmessung nach dem Wirkdruckverfahren

Schnürt man den Querschnitt einer Rohrleitung durch eine Drosseleinrichtung nach Abb. 23 ein, so lässt sich aus der Druckerniedrigung (dem sog. Wirkdruck oder dynamischen Druck) der Durchfluss berechnen (vgl. Abschn. 1.3 in Kap. „Reibungsfreie inkompressible Strömungen").

Bei horizontaler Rohrleitung, bei inkompressiblem Messmedium (Flüssigkeit) und unter Vernachlässigung von Reibungskräften besagt das Gesetz von Bernoulli, dass für eine betrachtete Massenportion m die Summe aus statischer Druckenergie pV und kinetischer Energie $\frac{1}{2}mv^2$ konstant ist (vgl. Abschn. 2.1 in Kap. „Transpor-

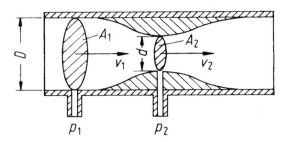

Abb. 23 Durchflussmessung nach dem Wirkdruckverfahren

terscheinungen, Fluiddynamik und Akustik"). Nach Division durch das Volumen V und mit der Dichte $\varrho = m/V$ führt die Gleichheit der Energiedichten vor (Index 1) und an (Index 2) der Drosselstelle auf

$$p_1 + \frac{1}{2}\varrho v_1^2 = p_2 + \frac{1}{2}\varrho v_2^2.$$

(p_1, p_2 statischer Druck, v_1, v_2 Geschwindigkeit vor bzw. an der Drosselstelle.) Aus einer Erhöhung der Geschwindigkeit, $\Delta v = v_2 - v_1$, folgt also eine Abnahme des Drucks an der Drosselstelle, der sog. Wirkdruck

$$\Delta p = p_1 - p_2 = \frac{\varrho}{2}\left(v_2^2 - v_1^2\right)$$
$$= \frac{\varrho}{2}v_1^2\left[\left(\frac{v_2}{v_1}\right)^2 - 1\right].$$

Außerdem gilt das Kontinuitätsgesetz für den Volumendurchfluss

$$Q = A_1 v_1 = A_2 v_2.$$

Dabei bedeuten A_1 und A_2 die Strömungsquerschnitte vor bzw. an der Drosselstelle. Führt man das aus der Kontinuitätsgleichung errechnete Öffnungsverhältnis $m = A_2/A_1 = v_1/v_2$ in die Bernoulli'sche Gleichung ein, so ergibt sich die Durchflussgleichung

$$Q = A_1 v_1 = m A_1 \sqrt{\frac{2\Delta p}{\varrho} \cdot \frac{1}{1 - m^2}}.$$

Der Durchfluss ist also proportional der Wurzel aus dem Differenzdruck Δp. Deshalb werden

Radiziereinrichtungen zur Durchflussberechnung eingesetzt. Bei einer Strömungsgeschwindigkeit $v_1 = 1$ m/s, einem Öffnungsverhältnis $m = 0{,}5$ des Drosselgerätes und einer Dichte $\varrho = 1$ kg/dm^3 des Messmediums berechnet sich ein theoretischer Differenzdruck von

$$\Delta p = \frac{\varrho}{2} v_1^2 \left(\frac{1}{m^2} - 1 \right) = 1500 \ \text{Pa} = 15 \ \text{mbar}.$$

In DIN 1952 sind Blende, Düse und Venturidüse als Bauarten von Drosselgeräten genormt.

11.4.2 Schwebekörper-Durchflussmessung

Bei der Durchflussmessung mit Schwebekörper wird nach Abb. 24 auf einen Schwebekörper in einem vertikalen, konischen Rohr von unten eine Kraft F von der Strömung ausgeübt:

$$F = \frac{\varrho}{2} \cdot \frac{A_2}{(A_1 - A_2)^2} Q^2.$$

A_1 ist der Querschnitt des konischen Rohres in der Höhe des größten Querschnittes des

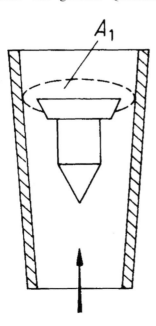

Abb. 24 Schwebekörper-Durchflussmessung

Schwebekörpers, A_2 ist die Querschnittsfläche des Schwebekörpers.

Der durch die Strömung erzeugten Kraft F wirkt die Differenz aus Gewichtskraft F_G und Auftriebskraft F_A auf den Schwebekörper (Dichte ϱ_S, Volumen V_S) entgegen. Diese nach unten gerichtete Kraft beträgt

$$F_G - F_A = (\varrho_S - \varrho) V_S g.$$

Der Schwebekörper stellt sich auf eine Höhe h bzw. einen Querschnitt ein, wo die wirksamen Kräfte im Gleichgewicht sind:

$$\frac{\varrho}{2} \cdot \frac{A_2}{(A_1 - A_2)^2} Q^2 = g(\varrho_S - \varrho) V_S.$$

Daraus ergibt sich der Volumendurchfluss

$$Q = \frac{A_1 - A_2}{\sqrt{A_2}} \sqrt{\frac{2}{\varrho} g(\varrho_S - \varrho) V_S}.$$

11.4.3 Durchflussmessung über magnetische Induktion

Nach dem Induktionsgesetz lässt sich die Geschwindigkeit v eines senkrecht zur Richtung eines magnetischen Feldes mit der Induktion B bewegten Leiters der Länge D über die an den Enden dieses Leiters induzierte Spannung U bestimmen. Das darauf basierende Durchflussmessverfahren über die magnetische Induktion (MID) ist im Prinzip in Abb. 25 dargestellt.

Die strömende Flüssigkeit wird hierbei als Leiter angesehen, d. h., sie muss eine Mindestleitfähigkeit von etwa 0,1 mS/m besitzen. Die meisten technischen Flüssigkeiten erfüllen diese Anforderung, z. B. Leitungswasser mit etwa 50 bis 80 mS/m. Destilliertes Wasser liegt mit 0,1 mS/m an der Grenze, Kohlenwasserstoffe sind ungeeignet.

Das erforderliche Magnetfeld muss das Rohrstück senkrecht zur Strömungsrichtung durchsetzen. Senkrecht zur Richtung der magnetischen Induktion B und senkrecht zur Strömungsrichtung

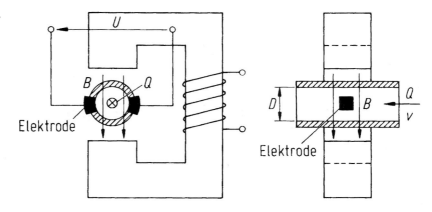

Abb. 25 Durchflussmessung über magnetische Induktion

wird eine Spannung induziert. Sie kann durch zwei Elektroden, die in dem isolierten Rohr angebracht sind, abgegriffen werden. Die induzierte Spannung ergibt sich aus dem Induktionsgesetz zu

$$U = \frac{\mathrm{d}\Phi}{\mathrm{d}t} = B\frac{\mathrm{d}A}{\mathrm{d}t} = B\frac{D\mathrm{d}s}{\mathrm{d}t} = BDv$$

(Φ magnetischer Fluss, B magnetische Induktion, A Fläche, D Rohrinnendurchmesser, s Weglänge, v Geschwindigkeit).

Der wesentliche Vorteil gegenüber dem Wirkdruckverfahren liegt in dem linearen Zusammenhang und in der Tatsache, dass kein Druckverlust durch Drosselgeräte oder Strömungskörper auftritt. Der Volumendurchfluss Q als Produkt von Rohrquerschnitt $\pi/4\, D^2$ und Geschwindigkeit v beträgt dann

$$Q = \frac{\pi}{4}D^2 v = \frac{\pi}{4} \cdot \frac{D}{B} \cdot U.$$

Im Allgemeinen ist die induzierte Spannung U gering. Sie beträgt z. B. bei $B = 0{,}1$ T, $D = 0{,}1$ m und $v = 0{,}1$ m/s nur 1 mV.

Der Innenwiderstand des Aufnehmers bezüglich der beiden Elektroden hängt von der Leitfähigkeit der strömenden Flüssigkeit und von der Geometrie der Anordnung ab. Üblicherweise ergibt sich ein Innenwiderstand im MΩ-Bereich; deshalb muss der Eingangswiderstand des nachfolgenden Messverstärkers besonders hochohmig sein (vgl. ► Abschn. 12.4.4 in Kap. 12, „Analoge Messschaltungen und Messverstärker").

11.4.4 Ultraschall-Durchflussmessung

Bei der Ultraschall-Durchflussmessung wird nach Abb. 26 an einem Piezokristall ein kurzer Schallimpuls erzeugt, der stromabwärts mit der Geschwindigkeit $c_1 = c + v \cos \varphi$ und stromaufwärts mit $c_2 = c - v \cos \varphi$ unter dem Winkel φ zur Strömungsrichtung der Messflüssigkeit auf den Empfängerkristall zuläuft. Dabei ist c die Schallgeschwindigkeit und v die durchschnittliche Strömungsgeschwindigkeit der Flüssigkeit. Die beiden Laufzeiten t_1 und t_2 auf den beiden Strecken der Länge L betragen

$$t_1 = \frac{L}{c_1} = \frac{L}{c + v \cos \varphi},$$
$$t_2 = \frac{L}{c_2} = \frac{L}{c - v \cos \varphi}.$$

Wird der am Empfängerkristall empfangene Impuls ohne Verzögerung, aber mit verstärkter Amplitude wieder auf den Sender gegeben (Singaround-Verfahren), so ergeben sich die Impulsfolgefrequenzen f_1 und f_2 zu

$$f_1 = \frac{1}{t_1} = \frac{c + v \cos \varphi}{L};$$
$$f_2 = \frac{1}{t_2} = \frac{c - v \cos \varphi}{L};$$

Da die Strömungsgeschwindigkeit v klein ist gegen die Schallgeschwindigkeit c (im Wasser z. B. 1450 m/s), können schon kleine temperaturbedingte Änderungen der Schallgeschwindigkeit (in Wasser z. B. 3,5 (m/s)/K) das Messergebnis

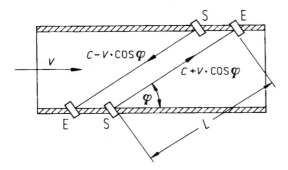

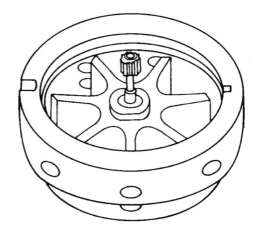

Abb. 26 Prinzip der Ultraschall-Durchflussmessung

stark verfälschen. Deshalb wird die Differenz der beiden Impulsfolgefrequenzen,

$$f_1 - f_2 = \frac{2}{L} v \cos \varphi,$$

ausgewertet, die – unabhängig von der momentanen Schallgeschwindigkeit – der Strömungsgeschwindigkeit v und damit auch dem Volumendurchfluss $Q = A\,v$ proportional ist (A Rohrquerschnitt).

Zur Bestimmung des Massendurchflusses aus dem Volumendurchfluss Q oder der Strömungsgeschwindigkeit v muss die Dichte ϱ der Messflüssigkeit bekannt sein, die sich bei bekanntem Kompressionsmodul K aus der Schallgeschwindigkeit c zu $\varrho = K/c^2$ ergibt. Die Schallgeschwindigkeit c wiederum erhält man beim Ultraschallverfahren aus der Summe der beiden Impulsfolgefrequenzen:

$$f_1 + f_2 = \frac{2}{L} c.$$

Der Massendurchfluss ist damit

$$q = \varrho Q = \frac{K}{c^2} A v = \frac{2KA}{L \cos \varphi} \cdot \frac{f_1 - f_2}{(f_1 + f_2)^2}\ .$$

11.4.5 Turbinen-Durchflussmesser (mittelbare Volumenzähler mit Messflügeln)

Bei den mittelbaren Volumenzählern mit Messflügeln (Turbinen-Durchflusszählern) versetzt die

Abb. 27 Turbinen-Durchflussmessung (Flügelradzähler, Siemens)

Strömung im Messrohr ein drehbar gelagertes Turbinenrad in Rotation. Die Drehzahl ist unter bestimmten Bedingungen proportional zur Strömungsgeschwindigkeit.

Bei den als Hauswasserzähler verwendeten *Flügelradzählern* (Abb. 27) wird mit einem Flügelrad die Geschwindigkeit erfasst.

Das Wasser tritt durch die Öffnung im Boden des Grundbechers ein, treibt das Flügelrad an und tritt oben wieder aus.

11.4.6 Verdrängungszähler (unmittelbare Volumenzähler)

Verdrängungszähler haben bewegliche, meist rotierende Messkammerwände, die vom Messgut angetrieben werden.

Beim *Ovalradzähler* (Abb. 28) rollen in einer Messkammer zwei drehbar gelagerte Ovalräder mit Evolventenverzahnung aufeinander ab. In der links gezeichneten Stellung wird vom Druck der eintretenden Messflüssigkeit auf das untere Ovalrad ein linksdrehendes Drehmoment ausgeübt. Das obere rechtsdrehende Ovalrad schließt ein Teilvolumen zur Messkammerwand hin ab und transportiert diesen Teil der Messflüssigkeit auf die Ausgangsseite. Bei einer Umdrehung der Ovalräder werden so vier Teilvolumina transportiert, die dem Messkammerinhalt V_M entsprechen.

11.4.7 Wirbelfrequenz-Durchflussmesser

Beim Wirbelfrequenz-Durchflussmesser führt ein in die Strömung gehaltener Störkörper zu Wirbeln, die sich ablösen und entlang der Karman'schen Wirbelstraße abtransportiert werden (Abb. 29). Die mittlere Frequenz der Wirbelablösung ist der Strömungsgeschwindigkeit proportional. Bei einer mittleren Anströmgeschwindigkeit von v gilt für diese mittlere Wirbelfrequenz:

$$f = \frac{S}{a}v.$$

Dabei ist a die charakteristische Breite der Wirbelstraße und S die Strouhal-Zahl, eine dimensionslose Kennzahl der Strömung. S hängt für genügend turbulente Strömungen (Reynolds-Zahl $Re > 10^3$) kaum mehr von den Strömungsdetails ab. In diesem angestrebten Betriebsbereich gilt für den Volumenstrom durch den Strömungsquerschnitt A:

$$Q_v = Av = \frac{aA}{S}f.$$

Die Wirbelablösefrequenz wird über die mit den Wirbeln verbundenen Druck- oder Geschwindigkeitsschwankungen gemessen, z. B. mit Piezosensoren, DMS oder Ultraschallschranken. Da nur Schwankungen beobachtet werden, brauchen die eingesetzten Sensoren weder besonders genau noch linear zu sein.

11.4.8 Thermische Massenstrommesser

Thermische Massenstrommesser werten die massenstromabhängige Abkühlung eines beheizten Drahtes oder einer beheizten Dünnschicht im Pfad des strömenden Fluids aus. Im einfachsten Fall betreibt man den Sensorwiderstand als Teil einer Messbrücke (siehe ▶ Abschn. 12.2.3 in Kap. 12, „Analoge Messschaltungen und Messverstärker") und speist ihn mit konstantem Strom (Abb. 30a). Ein größerer Massenstrom transportiert mehr Wärme von dem Heizwiderstand ab, kühlt ihn also, so dass sein Widerstandswert sinkt. Dieser Betrieb führt wegen der involvierten thermischen Vorgänge zu trägem Verhalten. Besser ist es daher, den Brückenstrom und damit die Heizleistung nachzuregeln, so dass sich der Widerstand auf konstanter Temperatur befindet (*constant temperature anemometer*, CTA). Die Heizleistung ist dann ein Maß für den Massenstrom. Das Zeitverhalten des CTA ist

Abb. 28 Verdrängungszähler (Ovalradzähler, Orlicek)

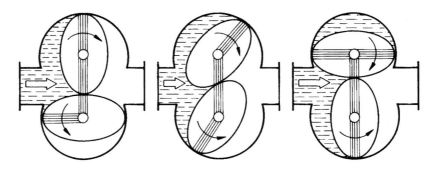

Abb. 29 Prinzip des Wirbelfrequenz-Durchflussmessers

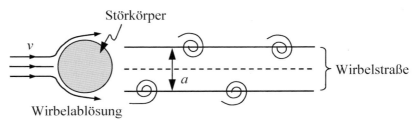

Abb. 30 Prinzip des thermischen Massenstrommessers. **a** System mit Platin-Draht (zugleich Heizdraht und Widerstandsthermometer). **b** Sprungantwort bei Konstantstrombetrieb und bei Konstanttemperaturbetrieb (CTA)

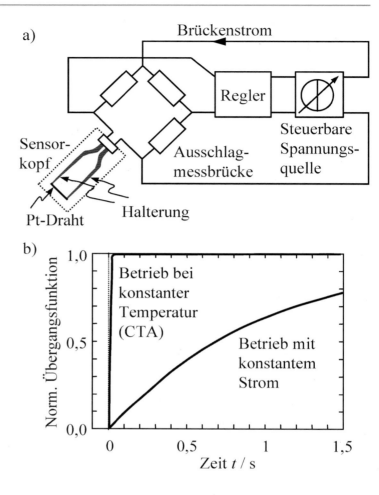

a)

Brückenstrom

Regler

Ausschlag-messbrücke

Steuerbare Spannungs-quelle

Sensor-kopf

Pt-Draht

Halterung

b)

Norm. Übergangsfunktion

Betrieb bei konstanter Temperatur (CTA)

Betrieb mit konstantem Strom

Zeit t / s

viel schneller als das des Konstantstromverfahrens (Abb. 30b).

11.4.9 Coriolis-Massenstrommesser

Bei Massenstrommessern nach dem Coriolis-Prinzip (auch: gyroskopische Massenstrommesser) wird das strömende Fluid durch ein U-förmig gebogenes oder auch gerades Messrohr geleitet, welches elektromechanisch zu Torsionsschwingungen angeregt wird (Abb. 31). Erfahren die durchströmenden Massen eine Beschleunigung senkrecht zu ihrer Bewegungsrichtung, so wirkt eine Trägheits-

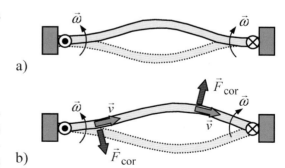

a)

b)

Abb. 31 Prinzip der Coriolis-Massenstrommessung bei einem geraden Rohr. **a** Symmetrischer Schwingungsmodus bei unbewegtem Fluid. **b** Unsymmetrischer Schwingungsmodus bei strömendem Fluid

kraft auf sie, die Coriolis-Kraft. Diese beträgt bei der Bewegung einer Masse m mit der Geschwindigkeit $\vec{v}$ in einem mit der Winkelgeschwindigkeit $\vec{\omega}$ rotierenden Bezugssystem:

$$\vec{F}_{cor} = -2m \; \vec{\omega} \times \vec{v} \; .$$

Die Größe der Coriolis-Kraft wird über die durch sie verursachte elastische Verformung des Messrohres bestimmt, und zwar in der Regel mit induktiven Wegaufnehmern. Das Verfahren kommt ohne bewegliche Teile oder störende Einbauten im Strömungspfad aus und ist unabhängig von Fluideigenschaften wie Dichte, Viskosität oder elektrische Leitfähigkeit.

11.5 Sensoren zur Temperaturmessung

11.5.1 Platin-Widerstandsthermometer

Nach DIN EN 60751 wird die Temperaturabhängigkeit des Widerstandes eines Platin-Widerstandsthermometers im Bereich $0\,°\mathrm{C} \leq \vartheta \leq 850\,°\mathrm{C}$ durch

$$R = R_0\left(1 + A\vartheta + B\vartheta^2\right)$$

beschrieben (Abb. 32a; ϑ Celsiustemperatur, R_0 Widerstand bei $0\,°\mathrm{C}$).
Die Koeffizienten betragen

$$A = 3{,}9083 \cdot 10^{-3}/\mathrm{K}, B = -0{,}5775 \cdot 10^{-6}/\mathrm{K}^2.$$

In der häufigsten Ausführungsform wird $R_0 = 100\,\Omega$ gewählt (Pt-100-Thermometer).
Ersetzt man A und B durch den mittleren Temperaturkoeffizienten α im Bereich von 0 bis $100\,°\mathrm{C}$, so ergibt sich

$$\alpha = A + 100\mathrm{K} \cdot B = 3{,}85 \cdot 10^{-3}/\mathrm{K}.$$

Der maximale Linearitätsfehler F_L im Bereich $0 \leq \vartheta \leq 100\,°\mathrm{C}$ ergibt sich bei $\vartheta = 50\,°\mathrm{C}$ zu

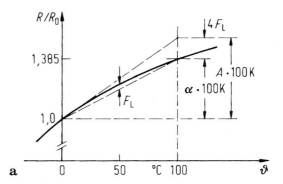

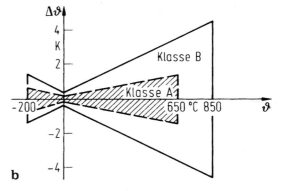

Abb. 32 Platin-Widerstandsthermometer. **a** Temperaturabhängigkeit des elektrischen Widerstandes, **b** Toleranzgrenzen der Klassen A und B

$$F_L = 1{,}44 \cdot 10^{-3}.$$

Bei Bezug auf die Ausgangspanne $(100\,\mathrm{K}) \cdot \alpha$ ergibt sich ein relativer Fehler

$$F_L/(100\mathrm{K} \cdot \alpha) = 3{,}75\;\%.$$

Die Toleranzgrenzen der genormten Toleranzklassen A und B sind in Abb. 32b dargestellt und betragen für Platin-Widerstandsthermometer

$$|\Delta\vartheta| = 0{,}15\mathrm{K} + 0{,}002\,\vartheta \quad (\text{Klasse A bis } 650\,°\mathrm{C}),$$
$$|\Delta\vartheta| = 0{,}3\mathrm{K} + 0{,}005\,\vartheta \quad (\text{Klasse B bis } 850\,°\mathrm{C}).$$

Für technische Messungen baut man den Messwiderstand in einen Messeinsatz und diesen wiederum in eine Schutzarmatur ein (Abb. 33).

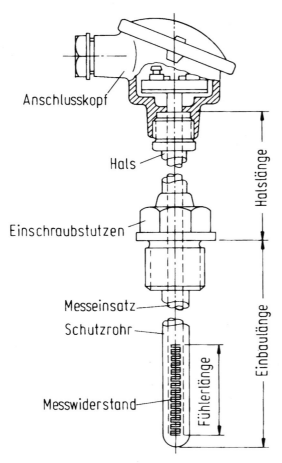

Anschlusskopf

Hals

Einschraubstutzen

Messeinsatz

Schutzrohr

Messwiderstand

Fühlerlänge

Halslänge

Einbaulänge

Abb. 33 Platin-Widerstandsthermometer im Schutzrohr (Siemens)

11.5.2 Andere Widerstandsthermometer

Nickel besitzt im Vergleich zu Platin eine höhere Temperaturempfindlichkeit des elektrischen Widerstandes. Der mittlere Temperaturkoeffizient im Bereich zwischen 0 und 100 °C beträgt $\alpha = 6{,}18 \cdot 10^{-3}$/K. Messwiderstände Ni 100 können im Temperaturbereich von -60 °C bis $+250$ °C eingesetzt werden.

Von den reinen Metallen eignet sich Kupfer nur in dem eingeschränkten Temperaturbereich von -50 °C bis $+150$ °C (max. $+250$ °C) als Material für Widerstandsthermometer.

Heißleiter

Für Heißleiter werden sinterfähige Metalloxide, im Besonderen oxidische Mischkristalle, verwendet.

Die Abhängigkeit des elektrischen Widerstandes R eines Heißleiters von der Temperatur ϑ ist im Vergleich zu „Kaltleitern" in Abb. 34 dargestellt.

Wegen ihres negativen Temperaturkoeffizienten werden Heißleiter häufig auch als NTC-Widerstände (negative temperature coefficient) bezeichnet. Im Umgebungstemperaturbereich ergeben sich Temperaturkoeffizienten von etwa -3 bis -6 %/K. Heißleiter werden bis zu $+250$ °C, in Sonderfällen bis zu $+400$ °C und

Abb. 34 Kennlinien von Widerstandsthermometern

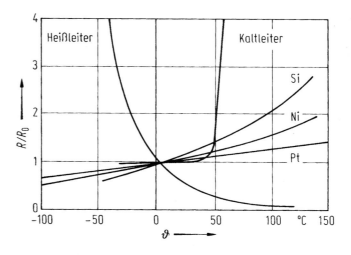

darüber, eingesetzt. Messschaltungen für Heißleiter: siehe ▶ Abschn. 12.1.3 in Kap. 12, „Analoge Messschaltungen und Messverstärker".

Silizium-Widerstandsthermometer
Geeignet dotiertes monokristallines Silizium ist als Widerstandsmaterial für Temperatursensoren im Bereich von $-50\,°C$ bis $+150\,°C$ gut geeignet. Mit steigender Temperatur nimmt die Leitfähigkeit in diesem Bereich ab, da einerseits die Beweglichkeit der Ladungsträger geringer wird und andererseits ihre Anzahldichte konstant ist (alle Dotieratome sind im genannten Temperaturbereich bereits ionisiert, so genannte Störstellenerschöpfung). Silizium-Temperatursensoren haben einen positiven Temperaturkoeffizienten mit näherungsweise parabelförmiger Temperaturabhängigkeit (Abb. 35a). Es gilt

$$R = R_0 + k(\vartheta - \vartheta_0)^2.$$

Ein typischer Temperatursensor hat bei 25 °C einen Widerstand von 2000 Ω. Im Bereich zwischen 0 und 100 °C beträgt der mittlere Temperaturkoeffizient

$$\alpha = \frac{R(100\,°C) - R(0\,°C)}{100K \cdot R(0\,°C)} \approx 1\,\%/K.$$

Er ist etwa doppelt so groß wie der von Metallen.

Eine Linearisierung der Sensorkennlinie ist entweder in einer Spannungsteilerschaltung oder durch Parallelschalten eines konstanten Widerstandes R_p möglich.

Silizium-Temperatursensoren werden gewöhnlich als Ausbreitungswiderstände (*spreading resistance sensors*) realisiert. Damit sind Ohm'sche Widerstände in Anordnungen gemeint, in denen sich die Stromlinien ausgehend von einer Engstelle an einem Kontakt auf größere Raumgebiete ausdehnen. Der Widerstand zwischen einer kreisförmigen Kontaktierung mit dem Durchmesser d und dem flächigen Rückseitenkontakt einer Siliziumscheibe mit dem spezifischen Widerstand ϱ beträgt $R = \varrho/(2d)$ und ist unabhängig von der Dicke und dem Durchmesser der Scheibe, solange diese beiden Größen groß gegen den Kontaktdurchmesser d sind. Praktisch ausgeführt wird ein symmetrischer Aufbau (Abb. 35b), bei dem sich mit $\varrho = 0{,}06\,\Omega \cdot$ m bei 25 °C und $d = 25\,\mu m$ der Widerstand $\varrho/d \approx R \approx 2\,k\,\Omega$ ergibt.

11.5.3 Thermoelemente als Temperaturaufnehmer

Verbindet man nach Abb. 36a zwei Metalle A und B an ihren Enden durch Löten oder Schweißen, so erhält man ein Thermoelement (Thermopaar).

Bringt man die Verbindungsstellen auf Messtemperatur ϑ bzw. Vergleichstemperatur ϑ_v, so entsteht zwischen den Drähten eine Thermospannung U_{th}, die in erster Näherung der Temperaturdifferenz $(\vartheta - \vartheta_v)$ zwischen Messstelle und Vergleichsstelle proportional ist:

$$U_{th} = k_{th}(\vartheta - \vartheta_v).$$

Die Thermoempfindlichkeit k_{th} hängt im Wesentlichen von den verwendeten Metallen ab. Bei metallischen Thermopaaren liegen die Thermoempfindlichkeiten etwa bei

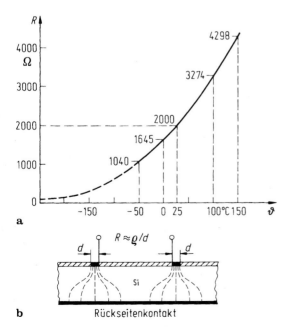

Abb. 35 Silizium-Temperatursensor. **a** Kennlinie, **b** Aufbau

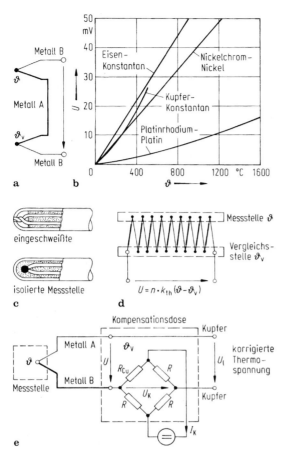

Abb. 36 Thermoelemente. **a** Verbindungsstellen eines Thermopaars, **b** Kennlinien verschiedener Thermopaare, **c** Mantel-Thermoelemente, **d** Prinzip der Thermoketten, **e** Kompensationsdose zur Korrektur der Vergleichsstellentemperatur

$$k_{\text{th}} = \frac{k}{e} \ln \frac{n_B}{n_A} = 86\,\mu V/\text{K} \cdot \ln \frac{n_B}{n_A}.$$

(k Boltzmann-Konstante, e Elementarladung, n_A, n_B Elektronenkonzentration in den beiden Metallen).

Die Thermoempfindlichkeit k_{AB} eines Metalls A gegen ein Metall B ergibt sich auch aus den Thermoempfindlichkeiten k_{ACu} und k_{BCu} von A bzw. B gegen Kupfer zu

$$k_{AB} = k_{ACu} - K_{BCu}.$$

Für ein Eisen-Konstantan-Thermoelement (Thermoelement Typ J) z. B. beträgt die Thermoempfindlichkeit bei $\vartheta = 100\,°\text{C}$ und $\vartheta_v = 0\,°\text{C}$

$$k_{\text{FeKon}} = [+1,05 - (-4,1\text{mV})]/(100\text{K})$$
$$\approx 5,15\,\frac{\text{mV}}{100\text{K}}.$$

Die obere Messgrenze liegt bei Kupfer-Konstantan (Typ T) bei etwa 500 °C, bei Eisen-Konstantan (Typ J) bei etwa 700 °C, bei Nickelchrom-Nickel (Typ K) bei etwa 1000 °C und bei Platinrhodium-Platin (Typ R oder S) bei etwa 1300 °C (mit Einschränkungen bei 1600 °C). Die Kennlinien dieser Thermopaare sind in Abb. 36b eingetragen.

Für industrielle Anwendungen werden die Thermopaardrähte z. B. mit Keramikröhrchen isoliert und in eine Schutzarmatur eingebaut. Kürzere Einstellzeiten erhält man mit *Mantelthermoelementen* nach Abb. 36c, bei denen die Thermopaare zur Isolation in Al_2O_3 eingebettet und mit einem Edelstahlmantel umhüllt sind. Außendurchmesser von weniger als 3 mm sind dabei realisierbar.

Zur Messung kleiner Temperaturdifferenzen können Thermoketten nach Abb. 36d verwendet werden, bei denen z. B. mit $n = 10$ Mess- und Vergleichsstellen der Messeffekt entsprechend vergrößert ist.

Bei Thermoelementmessungen handelt es sich im Prinzip um Differenztemperaturmessungen zwischen Messstelle und Vergleichsstelle. Soll die absolute Temperatur einer Messstelle bestimmt werden, dann muss entweder mit einem Vergleichsstellenthermostaten die Temperatur der Vergleichsstelle z. B. auf $\vartheta_v = 50\,°C$ konstant gehalten werden, oder man verwendet eine sog. Kompensationsdose nach Abb. 36e, die den Einfluss einer veränderlichen Vergleichsstellentemperatur korrigiert. Die Kompensationsdose enthält im Wesentlichen eine Brückenschaltung im Ausschlagverfahren mit einem temperaturabhängigen Kupferwiderstand als Widerstandsthermometer. Abhängig von der Vergleichsstellentemperatur liefert die Brückenschaltung eine Kompensationsspannung U_K, die zur Thermospannung addiert wird und dadurch die Temperaturänderung der Vergleichsstelle kompensiert.

11.5.4 Strahlungsthermometer (Pyrometer)

Physikalische Grundlagen
Strahlungsthermometer arbeiten im Gegensatz zu Widerstandsthermometern und Thermoelementen berührungslos und sind besonders zur Messung höherer Temperaturen (etwa 300 °C bis 3000 °C) geeignet.

Die physikalische Grundlage für die Strahlungsthermometer bildet das *Planck'sche Strahlungsgesetz*. Danach beträgt die von der Fläche A des schwarzen Körpers bei der Temperatur T in den Halbraum (Raumwinkel $2\,\pi$) ausgesandte spektrale spezifische Ausstrahlung $M_\lambda(\lambda)$ im Wellenlängenbereich zwischen λ und $\lambda + \mathrm{d}\,\lambda$

$$M_\lambda(\lambda) = \frac{\mathrm{d}M(\lambda)}{\mathrm{d}\lambda} = \frac{c_1}{\lambda^5 \left[\exp\left(\frac{c_2}{\lambda T}\right) - 1\right]}.$$

Die Größen c_1 und c_2 sind dabei Konstanten.

Die spektrale spezifische Ausstrahlung $M_\lambda(\lambda)$ des schwarzen Körpers ist in Abb. 37a als Funktion der Wellenlänge λ mit der Temperatur T als Parameter dargestellt.

Die spektrale spezifische Ausstrahlung besitzt abhängig von der Temperatur T ein ausgeprägtes Maximum bei einer bestimmten Wellenlänge λ_{max}. Nach dem *Wien'schen Verschiebungsgesetz* verschiebt sich dieses Maximum mit wachsender Temperatur T nach kleineren Wellenlängen. Das Maximum der spektralen spezifischen Ausstrahlung liegt bei

$$\lambda_{max} = \frac{a}{T}$$

und hat den Wert

$$\left(\frac{M_\lambda(\lambda)}{A}\right)_{max} = bT^5.$$

Die Größen a und b sind ebenfalls Konstanten.

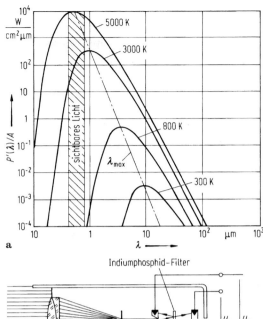

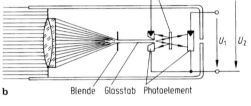

Abb. 37 Strahlungsthermometer. **a** Spektrale Strahlungsleistung nach dem Planck'schen Strahlungsgesetz (Mester), **b** Farbpyrometer (Siemens)

Durch Integration über alle Wellenlängen ergibt sich das *Stefan-Boltzmann'sche Gesetz* für die gesamtspezifische Ausstrahlung M des schwarzen Körpers bei der Temperatur T

$$M = \int_0^\infty M_\lambda(\lambda)\mathrm{d}\lambda = c_1 \int_0^\infty \frac{\mathrm{d}\lambda}{\lambda^5 [\exp(c_2/\lambda T) - 1]} = \sigma T^4,$$

σ ist die Stefan-Boltzmann-Konstante:

$$\sigma = 5{,}67 \cdot 10^{-8} \mathrm{W/m^2 \cdot K^4}.$$

Emissionsgrad technischer Flächen
Technische Flächen können i. Allg. nicht als schwarze Körper angesehen werden. Ihre spektrale (spezifische) Ausstrahlung ist um den spek-

tralen Emissionsgrad $\varepsilon(\lambda)$ kleiner als die aus dem Planck'schen Strahlungsgesetz sich ergebende spektrale spezifische Ausstrahlung des schwarzen Körpers, der die gesamte auffallende Strahlung absorbiert. Der spektrale Emissionsgrad $\varepsilon(\lambda)$ eines nichtschwarzen Körpers ist i. Allg. von der Wellenlänge λ abhängig. Als Integralwert verwendet man den Gesamtemissionsgrad ε_{tot}, der nur von der Temperatur abhängt.

Für 20 °C erhält man folgende Gesamtemissionsgrade ε_{tot}.

Metalle, blank poliert	3 %
Aluminiumblech, roh	7 %
Nickel, matt	11 %
Messing, matt	22 %
Stahl, blank	24 %
Stahlblech, Walzhaut	77 %
Stahl, stark verrostet	85 %

Mit Ausnahme der Metalle verhalten sich bei niedrigen Temperaturen alle Stoffe angenähert wie der schwarze Körper. Wasser hat z. B. bei 20 °C einen Gesamtemissionsgrad von 96 %.

Für den Sonderfall, dass der spektrale Emissionsgrad unabhängig von der Wellenlänge ist, spricht man von einem grauen Strahler. Die spezifische Ausstrahlung von grauen Strahlen unterscheidet sich von der des schwarzen Körpers gleicher Temperatur nur durch einen konstanten Faktor ε.

Aufbau und Eigenschaften von Pyrometern

Praktisch ausgeführte Strahlungsthermometer (Pyrometer) unterscheiden sich in ihrem Aufbau im Wesentlichen durch die verwendete Optik zum Sammeln der Strahlung und durch die verwendeten Strahlungsempfänger.

Mit einem Hohlspiegelpyrometer mit metallischer Oberfläche kann nahezu verlustlos und unabhängig von der Wellenlänge die Strahlung des Messobjekts auf den Strahlungsempfänger übertragen werden.

Zur Messung höherer Temperaturen werden *Linsenpyrometer* bevorzugt. Linsen aus Glas, Quarz oder Lithiumfluorid besitzen jedoch eine obere Absorptionsgrenze bei 2,5 µm für Glas, bei 4 µm für Quarz und bei 10 µm für Lithiumfluorid.

Linsenpyrometer mit Silizium-Fotoelement als Strahlungsempfänger besitzen einen beschränk-

ten Wellenlängenbereich von 0,55 bis 1,15 µm. Wegen der kurzen Einstellzeiten von etwa 1 ms sind diese Pyrometer besonders zum Messen von Walzguttemperaturen geeignet.

Beim *Farbpyrometer* nach Abb. 37b wird das Verhältnis zweier spektraler Strahlungsleistungen, z. B. bei den beiden Wellenlängen 0,888 und 1,034 µm (oder bei zwei Spektralbereichen) bestimmt. Die beiden Wellenlängen(-bereiche) werden z. B. mit einem Indiumphosphid-Filter erzeugt, das Strahlen mit Wellenlängen bis 1 µm reflektiert und über 1 µm durchlässt. Die Strahlung dieser beiden Wellenlängen(-bereiche) trifft auf je ein Silizium-Fotoelement.

Bei diesem Farbpyrometer wird das Verhältnis der beiden Ausgangssignale U_1 und U_2 gebildet und deshalb die Temperaturmessung unabhängig vom Emissionsgrad ε des Messobjekts, solange dieser für beide Wellenlängen gleich groß ist.

11.6 Mikrosensorik

Unter Mikrosensoren versteht man Sensoren, bei denen mindestens eine Abmessung im Submillimeterbereich liegt. Diese Kleinheit ermöglicht eine hohe Funktionsdichte und Messungen mit hoher Orts- oder Zeitauflösung. Entsprechende Herstellungstechnologien führen zudem in der Massenfertigung zu niedrigen Preisen und reproduzierbaren Eigenschaften. Und schließlich lassen sich die Mikrosensoren zusammen mit der Mikroelektronik auf ein gemeinsames Substrat integrieren, um „intelligente" Sensoren zu realisieren. Aufgrund all dieser Vorteile wurden Mikrosensoren in den letzten Jahrzehnten rasant weiterentwickelt. Einige kommerzielle Anwendungen konnten nur durch den Einsatz der Mikrosensorik realisiert werden, etwa der Auto-Airbag (Beschleunigungssensor).

11.6.1 Herstellungstechnologien

Die Herstellung von Mikrosensoren beruht in weiten Teilen auf Techniken, die von der Mikroelektronik her bekannt sind. Wichtige Prozessschritte sind:

- die Bereitstellung geeigneter Substrate (Keramiken, Halbleiter, Piezoelektrika);
- die Abscheidung von Schichten;
- die Strukturübertragung von computergestützten Entwurfsdaten auf den Wafer (Lithografie);
- die Entfernung von Schichten (Nassätzen in Ätzlösungen, Trockenätzen durch Beschuss mit physikalisch oder chemisch ätzenden Teilchen);
- die Modifikation von Schichten (Oxidation, Dotieren).

Bei der *Dickschichttechnik* wird eine Paste durch ein Sieb auf das Substrat (häufig Aluminiumdioxid, Al_2O_3) gedrückt, getrocknet und eingebrannt. Die damit herstellbaren Strukturen sind typisch 10 µm dick und 100 µm breit. Sensorische Funktionen verwirklicht man etwa mit Pasten aus Pt oder Ni (Widerstandsthermometer), aus Au/PtAu (Thermoelement), aus MnO oder RuO_2 (Heißleiter), aus $Bi_2Ru_2O_7$ (piezoresistiver Drucksensor) oder aus SnO_2 (Gassensoren).

Bei der *Dünnschichttechnik* werden Schichten von in der Regel kleinerer Dicke als 1 µm auf das Substrat aufgebracht und strukturiert. Das weitaus am häufigsten benutzte Substrat ist einkristallines Silizium (Si), dem an Wichtigkeit Glas und Quarz (einkristallines Siliziumdioxid, SiO_2) nachfolgen. Silizium selber zeigt zahlreiche Sensoreffekte; so ändert etwa eine Materialprobe aus Silizium ihren elektrischen Widerstand

- mit der Temperatur (Thermowiderstandseffekt),
- bei mechanischer Verzerrung (Piezowiderstandseffekt),
- bei Lichteinstrahlung (innerer lichtelektrischer Effekt) oder
- in einem Magnetfeld (Hall-Effekt).

Alternativ werden häufig Dünnschichten mit sensorischen Eigenschaften auf dem Substrat abgeschieden, etwa Pt oder Ni (Widerstandsthermometer), Cadmiumsulfid (Fotowiderstand), Zinkoxid oder andere Piezoelektrika (mechanische Sensoren), Metalloxide wie SnO_2 (Gassensoren) und Ferromagnetika (Magnetfeldsensoren).

Das Schichtwachstum geht entweder auf physikalische Effekte wie Kondensation oder auf chemische Reaktionen zurück und wird in der Regel im Vakuum durchgeführt (physikalische bzw. chemische Dampfabscheidung [PVD, physical vapor deposition, bzw. CVD, chemical vapor deposition]).

Sensoren für mechanische Größen wie Druck, Kraft oder Beschleunigung erfordern bewegliche Elemente. Mikromembranen, -biegebalken und ähnliche Elemente lassen sich entweder durch sukzessive Abscheidung und Entfernung von Dünnschichten realisieren (*Oberflächenmikromechanik*) oder durch Hineinätzen in das Volumen eines Siliziumsubstrates (*Volumenmikromechanik*).

11.6.2 Mikrosensoren für mechanische Größen

Heute werden jedes Jahr Milliarden von kostengünstigen Mikrosensoren für mechanische Größen hergestellt (Drucksensoren, Beschleunigungs- und Drehratensensoren, Mikroschallaufnehmer). Verwendung finden sie hauptsächlich in Kraftfahrzeugen, Smartphones und Spielekonsolen.

Die meisten Mikrodruckaufnehmer nützen die Tatsache aus, dass der spezifische Widerstand von dotiertem Silizium stark von der mechanischen Verzerrung abhängt (Piezowiderstandseffekt). Daher lässt sich die druckabhängige Auslenkung einer Si-Membran über die Widerstandsänderung eines dotierten Bereiches der Membran detektieren (Prinzip der Kraft-Weg-Wandlung, Abb. 38).

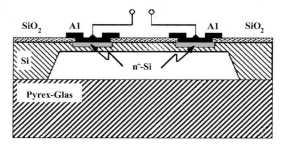

Abb. 38 Drucksensor nach dem Piezowiderstandsprinzip, realisiert in Volumenmikromechanik

Beschleunigungs- und Drehratensensoren erfassen die (Winkel-)Beschleunigung *a* indirekt über die Auslenkung einer seismischen Testmasse *m* infolge der Newton'schen Trägheitskraft $\vec{F} = m \cdot \vec{a}$ oder der Coriolis-Kraft $\vec{F}_{cor} = -2m\ \vec{\omega} \times\ \vec{v}$. Als Messprinzip für die Auslenkung kommt der Piezowiderstandseffekt ebenso in Frage wie optische, magnetische, piezoelektrische, induktive, kapazitive und sogar thermische Prinzipien. Der erste kommerziell erhältliche Mikrobeschleunigungssensor (Analog Devices, 1991) verwendete ein kapazitives Prinzip (Abb. 39). Die Testmasse liegt im µg-Bereich, und es müssen Kapazitätsänderungen von weniger als 1 fF detektiert werden. Dies ist nur durch eine sensornahe Signalverarbeitung möglich (Integration des Sensors und der Auswerteelektronik auf einem gemeinsamen Si-Substrat).

11.6.3 Mikrosensoren für Temperatur

Alle in Abschn. 11.3.5 aufgeführten Prinzipien zur Temperaturmessung lassen sich miniaturisieren. Reine Halbleitersensoren verwenden entweder die Temperaturabhängigkeit der Leitfähigkeit homogener Halbleiterproben (Prinzip des Ausbreitungswiderstands, Abschn. 11.5.2), oder aber die Temperaturabhängigkeit der Kennlinie von PN-Übergängen (*Dioden-, Transistorthermometer*). So folgt etwa aus der Kennlinie eines PN-Übergangs von ▶ Abschn. 8.2.5 in Kap. 8, „Elektronik: Halbleiterbauelemente" im Vorwärtsbetrieb ($U > 4\ k\ T$):

$$U = \frac{kT}{e} \ln \frac{I}{I_0}.$$

Um die Temperaturabhängigkeit des Sättigungssperrstromes I_0 zu eliminieren, arbeitet man praktisch mit zwei möglichst identischen Dioden (räumliche Nähe auf einem gemeinsamen Si-Substrat!), welche mit verschiedenen Konstantströmen I_1, I_2 betrieben werden. Dann hängt die Differenzspannung linear von der Temperatur ab:

$$\Delta U = U_2 - U_1 = \frac{k}{e} \ln \frac{I_2}{I_1} \cdot T.$$

11.6.4 Mikrosensoren für (bio-) chemische Größen

Bio- und Chemosensoren wandeln biologische bzw. chemische Größen in elektrische Signale. Meistens interessiert die Konzentration eines Stoffes (des *Analyten*) in einem gasförmigen oder flüssigen Medium. Die wichtigsten in Mikrosoren verwendeten Prinzipien sind:

- Konduktometrie: Leitfähigkeitsänderung nach Analytabsorption (Bsp.: Zinndioxid-Gassensor);
- Potenziometrie: Änderung der elektromotorischen Kraft einer elektrochemischen Zelle nach Analytabsorption (Bsp.: ionenselektiver Feldeffekttransistor [ISFET] zur pH-Wertmessung);
- Kapazitives Prinzip: Kapazitätsänderung nach Analytabsorption (Bsp.: Feuchtemessung mit hygroskopem Polymer);
- Optische Prinzipien: Dämpfungs- oder Phasenänderungen bei Lichtwellen infolge des Einflusses des Analyten (Bsp.: Infrarotspektrometer);
- Thermometrie: Wärmetönung einer chemischen Reaktion des Analyten (Bsp.: Si-Mikropellistor für brennbare Gase);
- Gravimetrie: Änderung der Resonanzfrequenz eines Piezoschwingers nach Analytadsorption (Bsp.: Quarz-Mikrowaage).

Stellvertretend wird im Weiteren das Prinzip der Gravimetrie erläutert. Dieses Sensorprinzip hat zwar bislang keine kommerzielle Bedeutung erlangt, ist aber im Labor beliebt, weil sich damit auch chemo- oder biosensorische Aufgaben lösen lassen, für die keine fertigen Lösungen auf dem Markt existieren. Dazu werden piezoelektrische Substrate, die mechanisch schwingen oder auf deren Oberfläche sich

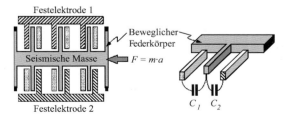

Abb. 39 Kapazitiver Beschleunigungssensor, realisiert in Oberflächenmikromechanik

hochfrequente akustische Wellen ausbreiten, mit einer Schicht bedeckt, die selektiv nur den nachzuweisenden Analyten einlagert (Abb. 40). Bei Anlagerung von Analytmolekülen verändert sich die Frequenz der mechanischen Resonatoren aufgrund veränderter elastischer oder elektrischer Eigenschaften der sensitiven Schicht.

Im einfachsten Fall spielt nur die zusätzliche Masse Δm der angelagerten Moleküle eine Rolle. Dann gilt für die relative Änderung der Schwingfrequenz f die *Sauerbrey-Gleichung*

$$\frac{\Delta f}{f} = -Kf\,\Delta m.$$

Die Konstante K hängt dabei vom verwendeten Substrat, dem akustischen Wellentyp und der Wechselwirkung zwischen Analyt und sensitiver Schicht ab. In jedem Fall steigt der Messeffekt $\Delta f/f$ mit der Frequenz, sodass höhere Arbeitsfrequenzen und daher kleinere Bauelemente vorteilhaft sind.

Ansätze, mithilfe von Matrixanordnungen aus mehreren Mikrosensoren Analytgemische zu erfassen, haben noch zu keinen kommerziellen Produkten geführt, werden aber mit Nachdruck weiterverfolgt (*elektronische Nase*).

11.6.5 Mikrosensoren für magnetische Größen

Alle praktisch relevanten Mikrosensoren für Magnetfelder beruhen auf der Wechselwirkung zwischen elektrischen Strömen und Magnetfeldern (Galvanomagnetismus). Neben Hall-Sensoren und Feldplatten (Abschn. 11.2.4) haben in den letzten Jahren vor allem Sensoren eine große Bedeutung erlangt, die Materialeffekte in elektrisch leitfähigen Ferromagnetika ausnutzen. Die Leitfähigkeit solcher Stoffe ist senkrecht zur Magnetisierungsrichtung um einige Prozent größer als parallel dazu. Ein äußeres Magnetfeld, das die Magnetisierung des Ferromagnetikums aus ihrer Ruherichtung ablenkt, macht sich daher in einer Widerstandsänderung bemerkbar (anisotroper Magnetowiderstandseffekt, verwendet im *AMR-Sensor* [*anisotropic magnetoresistance*]). Solche Sensoren werden beispielsweise zur Messung des Lenkwinkels oder der Raddrehzahl in Kraftfahrzeugen verwendet.

Der *GMR-Sensor* (*giant magnetoresistance*) basiert auf dem Umstand, dass sich der elektrische Widerstand von Vielschichtsystemen aus abwechselnd ferromagnetischen und unmagnetischen metallischen Dünnschichten abhängig von der relativen Orientierung der Magnetisierung in den ferromagnetischen Schichten um einige 10 % ändert. Der Einsatz von GMR-Sensoren im Lesekopf von Computerfestplatten seit 1997 hat eine starke Zunahme der Speicherdichte und damit der Festplattenkapazität ermöglicht.

11.7 Sensorspezifische Messsignalverarbeitung

11.7.1 Analoge Messsignalverarbeitung

Zu den bisher vorherrschenden Verfahren der analogen Messsignalverarbeitung zählen neben den strukturellen Maßnahmen die mechanisch-

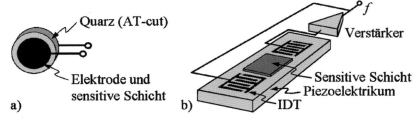

Abb. 40 Gravimetrische Sensoren. **a** Quarz-Mikrowaage (Schwingfrequenz bis zu einigen 10 MHz), **b** Oszillator aus SAW-Bauelement und Verstärker (Schwingfrequenz bis zu einigen GHz; SAW = *surface acoustic wave*, akustische Oberflächenwelle; IDT = *interdigital transducer*, Interdigitalwandler zur Umsetzung elektrischer Signale in akustische Oberflächenwellen und umgekehrt)

konstruktiven Verfahren und die analog-elek-
tronische Messsignalverarbeitung.

Von den *mechanisch-konstruktiven Verfahren*
sind besonders bekannt geworden:

- das sog. Radizierschwert, eingesetzt z. B. zur
  Radizierung des Differenzdrucks bei der Durchflussmessung nach dem Wirkdruckverfahren,
- der Reibradintegrator zur Integration von
  Signalen,
- Einrichtungen zur Linearisierung durch konstruktive Maßnahmen, z. B. der Teleperm-Abgriff als magnetischer Winkelaufnehmer.

Bei der *analog-elektronischen* Messsignalverarbeitung haben sich bewährt

- die Addition und Subtraktion mit Operationsverstärkern,
- die Integration mit Integrationsverstärkern,
- die Multiplikation (zur Leistungsmessung) mit
  Impulsflächenmultiplizierern,
- die Division mithilfe von Kompensations-
  schreibern.

11.7.2 Inkrementale Messsignalverarbeitung

Zu den bisher vorherrschenden Verfahren der
inkrementalen bzw. hybriden Messsignalverarbeitung zählen die Messsignalverarbeitung bei der
Analog-digital-Umsetzung und die rein inkrementale Messsignalverarbeitung.

Bei der *Analog-digital-Umsetzung* bestehen
folgende Möglichkeiten der Signalverarbeitung:

1. Die Division bei der Spannungs-digital-Umset-
   zung durch Ersatz der Referenzspannung durch
   eine veränderliche Eingangsspannung.
2. Die Division bei der Frequenz-digital-Umset-
   zung durch Ersatz der Referenzfrequenz durch
   eine veränderliche Eingangsfrequenz.
3. Die zeitliche Integration einer zeitlich veränderlichen Frequenz durch Aufzählen in einem
   Zähler.
4. Die Subtraktion zweier Frequenzen durch Subtraktion zweier Impulszahlen, die bei gleichen

Torzeiten von den beiden Eingangsfrequenzen
erhalten wurden und nacheinander in einen
Vorwärts-rückwärts-Zähler einlaufen.

Schließlich ist bei der rein *inkrementalen*
Messsignalverarbeitung ein Impulslogarithmierer
zu erwähnen, der immer dann einen Ausgangsimpuls abgibt, wenn die Zahl der Eingangsimpul-
se sich um die Zahl der bereits vorhandenen
Impulse erhöht hat.

11.7.3 Digitale Grundverknüpfungen und Grundfunktionen

Neben den vier Grundrechenarten stehen bei Mikrorechnern mit arithmetischen Koprozessoren
eine Reihe von Grundfunktionen in einem ROM
(read-only memory) zur Verfügung. Dazu zählen
z. B. Radizierung, Logarithmierung, trigonometrische Funktionen und deren Umkehrfunktionen.

Die *Grundverknüpfungen* finden Anwendung
bei der

- Summation und Subtraktion für Verrechnungs-
  zwecke,
- Multiplikation für die Leistungsmessung,
- Quotientenbildung zur Bezugnahme auf eine
  zweite Größe. Beispielsweise wird eine Frequenz bei der Multiperiodendauermessung durch
  die Division zweier Zählerstände ermittelt.

Die *Grundfunktionen* finden Anwendung bei
der Berechnung

- des Durchflusses durch Radizierung des Diffe-
  renzdruckes an einem Drosselgerät,
- der Leistung eines Kernreaktors durch Logarithmierung seiner Aktivität,
- des Winkels eines Resolversystems durch Bildung des Arcussinus bzw. Arcuscosinus.

Integration über die Zeit ist durch genügend
häufige Abtastung und Aufsummierung der Abtastwerte möglich oder besser durch Integration
des durch Interpolation gewonnenen Funktions-
verlaufes. Die Integration über die Zeit gehört also
nicht zu den Grundfunktionen.

11.7.4 Physikalische Modellfunktionen für einen Sensor

Ist das statische Verhalten eines Sensors durch physikalische Gesetze hinreichend genau beschreibbar, so ist es natürlich zweckmäßig, eine so erhaltene Modellfunktion für die rechnergestützte Korrektur zu verwenden.

Beispiel:

Induktive Drosselsysteme als Wegaufnehmer lassen sich z. B. ohne Berücksichtigung des Streuflusses mit einer vereinfachten Theorie durch eine in Richtung des Messweges verschobene Hyperbel beschreiben. Bei Berücksichtigung von Streuflüssen ergibt sich jedoch auch bei sehr großem Luftspalt, der dem Messweg entspricht, eine von null verschiedene Induktivität. Der prinzipielle Kennlinienverlauf der Induktivität L, abhängig vom Messweg x, ist in Abb. 41 dargestellt.

Mit L_0 und L_∞ sind die Induktivitäten bei den Weglängen $x = 0$ bzw. $x \to \infty$ bezeichnet, während die mittlere Induktivität $\frac{1}{2}(L_0 + L_\infty)$ die Weglänge x_m bestimmt. Zwei Modellfunktionen bieten sich an, eine Exponentialfunktion und eine gebrochen rationale Funktion 1. Grades.

Für die Exponentialfunktion kann man ansetzen

$$L = L_\infty + (L_0 - L_\infty)\mathrm{e}^{-(x/x_\mathrm{m})\ln 2}.$$

Für die gebrochen rationale Funktion 1. Grades ergibt sich

$$L = \frac{L_0 x_\mathrm{m} + L_\infty x}{x_\mathrm{m} + x}.$$

Sind drei Punkte (x_i, L_i) der Kennlinie bekannt, so lassen sich die Koeffizienten x_m, L_∞ und L_0 berechnen zu

$$x_\mathrm{m} = \frac{(x_3 L_3 - x_2 L_2)(x_2 - x_1) - (x_2 L_2 - x_1 L_1)(x_3 - x_2)}{(L_2 - L_1)(x_3 - x_2) - (L_3 - L_2)(x_2 - x_1)},$$

$$L_\infty = \frac{x_3 L_3 - x_2 L_2 + x_\mathrm{m}(L_3 - L_2)}{x_3 - x_2},$$

$$L_0 = (x_3 L_3 - x_3 L_\infty + x_\mathrm{m} L_3)\frac{1}{x_\mathrm{m}}.$$

Durch Vergleich mit den Messergebnissen an einem Sensor muss entschieden werden, welche der beiden Modellfunktionen besser geeignet ist.

11.7.5 Skalierung und Linearisierung von Sensorkennlinien durch Interpolation

Durch Konstantenaddition und Konstantenmultiplikation ist der Ausgleich herstellungsbedingter Streuungen von Nullpunkt und Steilheit bei im Übrigen linearer Sollkennlinie eines Sensors möglich. Man spricht hier von Skalierung.

Nichtlineare Sollkennlinien können durch folgende Maßnahmen nachgebildet werden:

1. Tabellarische Abspeicherung (look-up tables),
2. Polygonzug-Interpolation,
3. Polynom-Interpolation (niedrigen Grades),
4. Spline-Interpolation.

Abb. 41 Kennlinie eines induktiven Wegsensors

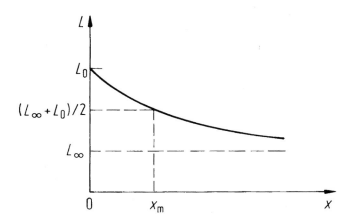

Der meiste Speicherplatz und die geringste
Rechenzeit wird bei der tabellarischen Abspeicherung aller vorkommenden Wertepaare benötigt, wobei eine der gewünschten Genauigkeit
entsprechende Quantisierung eingehalten werden muss (Abb. 42a). Die tabellarische Abspeicherung ist für Kennlinienscharen (Kennfelder)
wegen des hohen Speicherbedarfs weniger
geeignet.

Geringeren Speicherbedarf und nur sehr
geringe Rechenzeit benötigt die Polygonzug-
Interpolation (Interpolation mit Geradenstücken,
Abb. 42b). Die Zahl der Definitionsbereiche
bleibt jedoch meist verhältnismäßig hoch. Gewöhnlich wird zwischen mindestens 10 Stützwerten interpoliert.

Polynom-Interpolation 2. Grades (Parabelin-
terpolation) ist in Abb. 42c für Parabeln mit Sym-
metrieachse parallel zur y-Achse bzw. x-Achse
dargestellt. Drei Wertepaare der Kennlinie legen
die jeweilige Parabel fest.

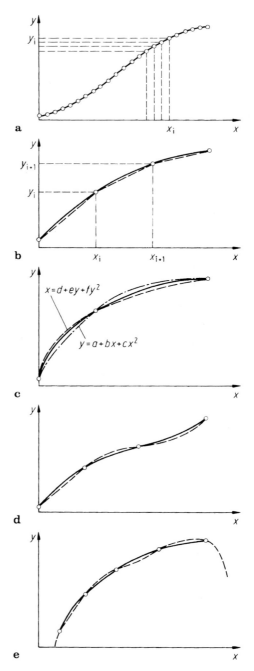

$$\text{Symmetrieachse parallel zur}$$
$$y = a + bx + cx^2 \quad y - \text{Achse}$$
$$x = d + ey + fy^2 \quad x - \text{Achse}$$

Mit einer *Polynom-Interpolation 3. Grades*
(kubische Parabel) ist die Einbeziehung eines Wendepunktes in die Kennlinie möglich (Abb. 42d).
Mit vier Wertepaaren lassen sich die vier Koeffizienten a, b, c und d des Polynoms

$$y = a + bx + cx^2 + dx^3$$

bestimmen.

Für die Interpolation von Sensorkennlinien
zwischen festen Stützwerten sind Polynome höheren als 3. Grades i. Allg. wenig geeignet, weil
solche Polynome außerhalb der Intervallgrenzen
schnell über alle Grenzen wachsen und meist alle
$k - 2$ Wendepunkte des Polynoms k-ten Grades
innerhalb des Interpolationsintervalles liegen.
Diese Eigenschaften widersprechen dem eher
glatten Verlauf realer Sensorkennlinien. Die man-

Abb. 42 Nachbildung von Kennlinien und Polynomin-
terpolation. **a** Tabellenverfahren, **b** Polygonzug-Interpolation, **c** Parabel-Interpolation, **d** Interpolation mit kubischer
Parabel, **e** mangelnde Eignung von Polynomen höheren
Grades

gelhafte Eignung eines Polynoms 4. Grades zur Interpolation einer Sensorkennlinie ist in Abb. 42e an den Oszillationen des Interpolations-Polynoms deutlich zu erkennen.

11.7.6 Interpolation von Sensorkennlinien mit kubischen Splines

Glatte Kennlinienverläufe und höchstens ein Wendepunkt je Definitionsbereich ergeben sich bei kubischen Spline-Polynomen. Nach Abb. 43 handelt es sich dabei um aneinandergesetzte Polynome 3. Grades (kubische Parabeln), die in den Übergangspunkten im Funktionswert, in der Steigung und in der Krümmung übereinstimmen.

Die Spline-Funktionen $S_i(x)$ zwischen zwei benachbarten Stützwerten x_i, y_i und x_{i+1}, y_{i+1} ($i = 0,1,\ldots,$ m-1) lauten

$$S_i(x) = a_i + b_i(x - x_i) + c_i(x - x_i)^2 + d_i(x - x_i)^3.$$

Durch $m + 1$ Stützwerte werden also m Spline-Polynome $S_0(x)$ bis $S_{m-1}(x)$ gelegt. Die $4m$ Koeffizienten der m Spline-Polynome berechnen sich aus den

$2m$ Bedingungen für die Funktionswerte, da jedes Spline-Polynom am Anfang und am Ende des Definitionsbereiches durch die beiden dort vorhandenen Stützwerte gehen soll,

$m - 1$ Bedingungen für die Steigungsgleichheit in den Übergangspunkten und

$m - 1$ Bedingungen für Krümmungsgleichheit in den Übergangspunkten.

($4m - 2$) Bedingungen sind also festgelegt. Es verbleiben zwei noch frei wählbare Bedingungen, die im einfachsten Fall so festgelegt werden, dass die Krümmungen (nicht die Steigungen!) am Anfang und Ende der Gesamtfunktion verschwinden ($c_0 = c_m = 0$).

Mit $y_{i+1} - y_i = y_m = $ const und $x_{i+1} - x_i = h_i$ ergibt sich als Algorithmus zur Koeffizientenbestimmung:

$$a_i = S_i(x_i) = y_i,$$
$$h_{i-1}c_{i-1} + 2c_i(h_{i-1} + h_i) + h_i c_{i+1}$$
$$= 3y_m(1/h_i - 1/h_{i-1}),$$
$$b_i = y_m/h_i - (c_{i+1} + 2c_i)h_i/3,$$
$$d_i = (c_{i+1} - c_i)/3h_i.$$

Dieser Algorithmus für die Bestimmung der Koeffizienten a_i, b_i, c_i und d_i der m Spline-Poly-

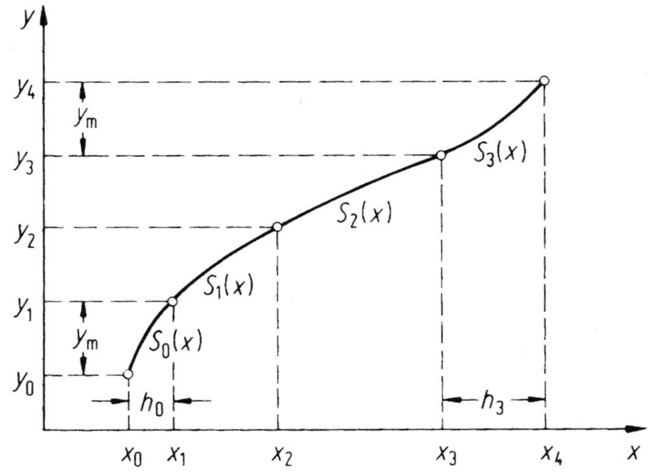

Abb. 43 Interpolation mit kubischen Spline-Polynomen

nome ist noch überschaubar und liefert sehr gute Ergebnisse für die Kennlinieninterpolation.

11.7.7 Ausgleichskriterien zur Approximation von Sensorkennlinien

Bei der Kennlinieninterpolation geht die approximierende Funktion exakt durch die Stützwerte. Da die Stützwerte jedoch in der Regel nicht genau bekannt und selbst mit Streuungen behaftet sind, ist eine Interpolation nicht immer die beste Approximation einer Kennlinie. Man benutzt daher gerne die Ausgleichsrechnung (Regression). Die Koeffizienten der Approximationsfunktion werden dabei gewöhnlich durch Minimierung eines Fehlermaßes gewonnen. Die erhaltene Approximationsfunktion verläuft dann i. Allg. nicht durch die Stützwerte.

Häufig verwendete Fehlermaße sind das

- Fehlermaß R für die L_1-Approximation,
- Fehlermaß S für die L_2-Approximation,
- Fehlermaß T für die L_∞-Approximation.

Bezeichnet man die gemessenen Stützwerte mit (x_k, y_k), die mit der Approximationsfunktion gewonnenen Werte mit $f(x_k)$ und die Koeffizienten der Approximationsfunktion mit $a_1, \ldots, a_m$, so berechnen sich die Fehlermaße R, S und T gemäß

$$R(a_1,\ldots,a_m)=\sum_{k=1}^{n}p_k\,|y_k-f(a,\ldots,a_m,x_k)|\overset{!}{=}\text{Min},$$

$$S(a_1,\ldots,a_m)=\sum_{k=1}^{n}p_k[y_k-f(a_1,\ldots,a_m,x_k)]_2\overset{!}{=}\text{Min},$$

$$T(a_1,\ldots,a_m)=\max_k p_k\,|y_k-f(a_1,\ldots,a_m,x_k)|\overset{!}{=}\text{Min}.$$

Die Gewichtsfaktoren p_K werden im einfachsten Fall gleich eins gesetzt.

Das Fehlermaß R ist die gewichtete Summe der Absolutbeträge der Abweichungen und ergibt die L_1-Approximation bei minimaler Abweichung.

Die L_1-Approximation ist zur Ausreißererkennung gut geeignet. Liegt lediglich ein einziger Punkt außerhalb eines sonst linearen Zusammenhangs, so bleibt dieser Ausreißer unberücksichtigt und die Approximationsfunktion verläuft exakt durch alle anderen Punkte.

Das Fehlermaß S ist die gewichtete Summe der quadratischen Abweichungen und liefert die L_2-Approximation (*least squares method*) oder *Gauß'sche Fehlerquadratmethode* nach Minimierung. Diese Methode wird im Regelfall angewendet. Große Abweichungen gehen dabei besonders stark in die Fehlersumme ein.

Das Fehlermaß T ergibt sich als die größte (gewichtete) vorkommende Abweichung. Man spricht von der L_∞-Approximation oder *Tschebyscheff-Approximation*, wenn die größte vorkommende Abweichung minimal ist. Für die Sensortechnik ist diese Approximation von besonderer Bedeutung.

Für die Anwendungen gilt als Faustregel, dass die Zahl der Stützwerte 3- bis 5-mal so groß sein soll wie die Zahl der zu bestimmenden Parameter.

Beispiel für die Ausgleichsrechnung
Die Steigung m einer linearen Kennlinie $y = mx$ durch den Ursprung soll so bestimmt werden, dass die Summe der quadratischen Abweichungen von n Messpunkten (x_k, y_k) minimal wird (Abb. 44).

Bei identischen Gewichtsfaktoren $p_k = 1$ ergibt sich das Fehlermaß

$$\begin{aligned}
S(m) &= \sum_{k=1}^{n}[y_k-f(m,x_k)]^2 \\
&= \sum_{k=1}^{n}[y_k-(mx_k)]^2 \\
&= \sum_{k=1}^{n}\left[y_k^2-2mx_ky_k+(mx_k)^2\right]\overset{!}{=}\text{Min}, \\
\frac{\mathrm{d}S}{\mathrm{d}m} &= \sum_{k=1}^{n}\left(-2x_ky_k+2mx_k^2\right)=0.
\end{aligned}$$

Die Steigung ergibt sich zu

Abb. 44 Regressions-
gerade durch Ursprung mit
Steigung m

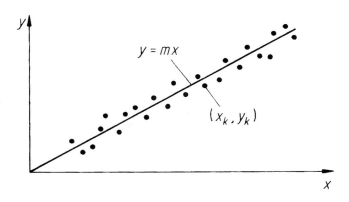

$$m = \frac{\sum\limits_{k=1}^{n} x_k y_k}{\sum\limits_{k=1}^{n} x_k^2}.$$

11.7.8 Korrektur von Einflusseffekten auf Sensorkennlinien

Ist der prinzipielle Verlauf einer Sensorkennlinie (Stammfunktion) bekannt und erfährt diese durch fertigungsbedingte Streuungen und Einflussef-fekte keine Veränderungen des qualitativen Ver-laufs, so bewährt sich das Stammfunktionsverfah-ren zur Beschreibung des Einflusseffektes auf die Sensorkennlinie.

Nach Abb. 45a fungiert die Stammfunktion

$$y_0 = f(x_1, x_{20})$$

bei konstanter Einflussgröße als Nennkennlinie.

Bei veränderlicher Einflussgröße x_2 wird beim Stammfunktionsverfahren das Ausgangssignal y abhängig von der Messgröße x_1

$$y(x_1, x_2) = c_0(x_2) + [1 + c_1(x_2)]y_0(x_1, x_{20})$$
$$+ c_2(x_2)y_0^2(x_1, x_{20}) + \dots$$

Die Funktionen $c_0(x_2)$, $c_1(x_2)$, $c_2(x_2)$, $\dots$ be-schreiben den Einflusseffekt und sind beim Nenn-wert x_{20} der Einflussgröße x_2 gleich null.

Beispiel:

In Anlehnung an dieses Stammfunktionsverfah-ren kann bei einem ausgeführten mikrorechner-orientierten *Sensorsystem* nach Abb. 45b der Tem-peratureinfluss auf induktive Sensoren zur Messung von Weggrößen korrigiert werden. Die Weggröße steuert die Induktivität der Sensoren und damit die Frequenz eines LC-Oszillators, in dem die Sensoren betrieben werden. Die Einflussgröße Temperatur wird mit einem Silizium-Temperatursensor erfasst und steuert durch Veränderung des Widerstandes die Frequenz eines RC-Oszillators. Die beiden fre-quenzanalogen Ausgangssignale im MHz-Bereich (Messgröße) bzw. kHz-Bereich (Einflussgröße) wer-den zum Mikrorechnersystem übertragen. Dort wird sensorspezifisch die Kennlinie linearisiert und der Temperatureinfluss korrigiert. Auf diese Weise ist auch eine einfache Kalibrierung ohne Abgleichelemente möglich.

Bei einem ausgeführten rechnerkorrigierten Wegsensor ergaben sich gemäß Abb. 45c bei einem Messbereich von 2,5 mm in einem Tempe-raturbereich von 25 bis 50 °C Abweichungen vom Sollwert, deren Betrag 1 µm nicht überschritt.

11.7.9 Dynamische Korrektur von Sensoren

Mit geeigneten Algorithmen auf Mikrorechnern ist eine dynamische Korrektur von Sensoren möglich. Bei bekannten Systemparametern muss

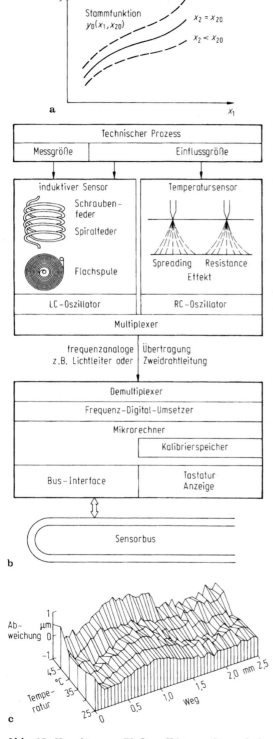

Abb. 45 Korrektur von Einflusseffekten. **a** Stammfunktion und Einflusseffekt, **b** mikrorechnerorientiertes Sensorsystem, **c** Restfehler eines rechnerkorrigierten Wegsensors

für die dynamische Korrektur linearer Systeme i. Allg. das Faltungsintegral ausgewertet werden (vgl. ▶ Abschn. 15.3.2.3 in Kap. 15, „Einführung und Grundlagen der Regelungstechnik").

Mit den Bezeichnungen in Abb. 46 wird die berechnete (rekonstruierte) Eingangsgröße zu

$$x_e^*(t) = \int_0^t x_a(t - \tau)g(\tau) \ \mathrm{d}\tau = x_a(t) * g(t).$$

Die Gewichtsfunktion $g(t)$ ergibt sich dabei durch Laplace-Rücktransformation aus der reziproken Übertragungsfunktion $1/F(s)$ des Sensors:

$$g(t) = \mathcal{L}^{-1}[1/F(s)].$$

Einfacher wird die dynamische Korrektur, wenn sich der in der Differenzialgleichung enthaltene zeitliche Verlauf $x_e(t)$ der Eingangsgröße des Sensors explizit als Funktion der Ausgangsgröße $x_a(t)$ darstellen lässt. Bei vielen Sensoren ist dies der Fall. Sie verhalten sich in guter Näherung wie Verzögerungsglieder 1. oder 2. Ordnung. Für die Eingangsgröße $x_e(t)$ ergibt sich beim Verzögerungsglied 2. Ordnung

$$x_e(t) = \frac{1}{k}\left[x_a + \frac{2\vartheta}{\omega_0}\dot{x}_a + \frac{1}{\omega_0^2}\ddot{x}_a\right].$$

(ϑ Dämpfungsgrad, ω_0 Kreisfrequenz der ungedämpften Eigenschwingung.)

Für ein Verzögerungsglied 1. Ordnung mit der Zeitkonstanten τ ist die Eingangsgröße

$$x_e(t) = \frac{1}{k}(x_a + \tau\dot{x}_a).$$

Die Eingangsgröße $x_e(t)$ lässt sich also aus der Ausgangsgröße $x_a(t)$ und deren Ableitung(en) berechnen. Die Ausgangsgröße $x_a(t)$ wird dabei unter Verwendung mehrerer vorangegangener Abtastwerte approximiert. Auch hier erweisen sich bei Sensoren 2. Ordnung Spline-Polynome 3. Ordnung als vorteilhaft, da die 2. Ableitung der Ausgangsgröße $x_a(t)$ dann noch zumindest linear von der Zeit t abhängen kann.

Abb. 46 Dynamische Korrektur durch Berechnung des Faltungsintegrals

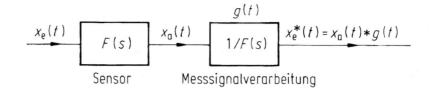

Weiterführende Literatur

Butzmann S (Hrsg) (2006) Sensorik im Kraftfahrzeug : Prinzipien und Anwendungen. Expert, Renningen

Eigler H (2000) Mikrosensorik und Mikroelektronik. Expert, Renningen-Malmsheim

Elwenspoek M, Wiegerink R (2001) Mechanical microsensors. Springer, Berlin

Fischer-Wolfarth J, Meyer G (2014) Advanced microsystems for automotive applications 2014. Springer, Berlin

Fleming WJ (2008) New automotive sensors – a review. IEEE Sensors J 8(11):1900–1921

Forst H-J (Hrsg) (1994) Sensorik in der Prozessleittechnik. VDE, Berlin

Fraden J (2016) AIP handbook of modern sensors. Physics, design and application, 5. Aufl. Springer, Cham

Gardner JW, Varadan VK, Awadelkarim OO (2001) Microsensors, MEMS, and smart devices. Wiley, Chichester

Gerlach G, Dötzel W (Hrsg) (2006) Einführung in die Mikrosystemtechnik. Hanser, München

Göpel W, Hesse J, Zemel JN (Hrsg) (1989–1995) Sensors: a comprehensive survey, 8 Bde. VCH, Weinheim

Hering E, Schönfelder G (Hrsg) (2018) Sensoren in Wissenschaft und Technik, 2. Aufl. Springer, Wiesbaden

Hesse S, Schnell G (2018) Sensoren für die Prozess- und Fabrikautomation, 2. Aufl. Springer Vieweg, Wiesbaden

Madou MJ (2012) Fundamentals of microfabrication and nanotechnology. 3 Bde. 3. Aufl. CRC Press, Boca Raton

Marek J, Trah H-P, Suzuki Y, Yokomori I (Hrsg) (2003) Sensors for automotive applications. Wiley, Weinheim

Tränkler H-R, Reindl L (Hrsg) (2018) Sensortechnik, 2. Aufl. Springer, Berlin

VDI/VDE-Technologiezentrum Informationstechnik GmbH (1998) Technologietrends in der Sensorik. VDI/VDE IT, Teltow

Analoge Messschaltungen und Messverstärker

Gerhard Fischerauer und Hans-Rolf Tränkler

Zusammenfassung

Mit Messschaltungen und Messverstärkern werden analoge elektrische Signale verarbeitet, die entweder am Ausgang von Messgrößenaufnehmern für nichtelektrische Größen anfallen oder selbst elektrische Messgrößen darstellen. Sie sind in nahezu jedem Messsystem Voraussetzung für eine angemessene Übertragung, Digitalisierung oder Anzeige von Informationen. Im vorliegenden Kapitel werden Methoden zur Signalanpassung mit verstärkerlosen Messschaltungen, zur Impedanz-Spannungs-Umsetzung (Messbrücken), zur Verstärkung und für analoge Rechenoperationen beschrieben.

12.1 Signalumformung mit verstärkerlosen Messschaltungen

Mit verstärkerlosen Messschaltungen lassen sich analoge Messsignale proportional umformen oder gezielt verarbeiten.

G. Fischerauer
Lehrstuhl für Mess- und Regeltechnik, Universität Bayreuth, Bayreuth, Deutschland
E-Mail: Gerhard.Fischerauer@uni-bayreuth.de

H.-R. Tränkler (✉)
Universität der Bundeswehr München (im Ruhestand), Neubiberg, Deutschland
E-Mail: hans-rolf@traenkler.com

Bei der proportionalen Umformung wird entweder nur die Größe des Messsignals verändert, wie z. B. bei einem Spannungsteiler, oder es wird die Art des Messsignals umgewandelt, wie z. B. bei der Strom-Spannungs-Umformung.

12.1.1 Strom-Spannungs-Umformung mit Messwiderstand

Die Aufgabe der linearen Umformung eines Messstromes I in eine Spannung U stellt sich bei der Darstellung des zeitlichen Verlaufs eines Stromes mithilfe eines Oszillografen, da dieser gewöhnlich nur Spannungseingänge besitzt.

Die Güte der Umformung gemäß $U = R \cdot I$ hängt von der Präzision des Widerstandes R ab. Sein Wert soll nicht nur möglichst exakt abgeglichen, sondern auch möglichst unabhängig sein vom Messstrom (Eigenerwärmung), von der Umgebungstemperatur (Fremderwärmung), von der Anschlusstechnik, von Alterungseffekten und von der Betriebsfrequenz.

Daneben ist eine möglichst geringe Thermospannung gegen Kupfer und ein höherer spezifischer Widerstand erwünscht. Reine Metalle sind vorwiegend wegen ihres zu hohen Temperaturkoeffizienten von etwa $4 \cdot 10^{-3}$/K, teilweise auch wegen ihres zu geringen spezifischen Widerstandes für Messwiderstände ungeeignet.

Bei geringeren Anforderungen verwendet man Kohle- oder Metallschichtwiderstände; ebenso für hochohmige Messwiderstände, die gewendelt oder mäanderförmig ausgeführt werden. Eine Abgleichtoleranz und Langzeitstabilität von 0,5 %, bestenfalls 0,1 % wird dabei eingehalten. Widerstandswerte von ca. 10 Ω bis über 10 MΩ sind realisierbar.

Bei höheren Anforderungen an die Genauigkeit und bei niederohmigen Widerständen sind Drähte oder Stäbe aus bestimmten Metalllegierungen üblich. Manganin (86 Cu, 12 Mn, 2 Ni; $\varrho = 0,43\ \Omega \cdot mm^2/m$) ist gut bewährt. Gute Alternativen stellen die Legierungen Isaohm und Konstantan (54 Cu, 45 Ni, 1 Mn; $\varrho = 0,5\ \Omega \cdot mm^2/m$) dar. Die Abhängigkeit des elektrischen Widerstandes dieser Legierungen von der Temperatur ist näherungsweise parabelförmig. Der Parabelscheitel liegt dabei gewöhnlich bei Temperaturen zwischen 30 °C und 50 °C (Abb. 1).

Der Betrag der relativen Widerstandsänderung liegt in dem Temperaturbereich von -20 bis $+80$ °C im Mittel bei einigen 10^{-5}/K. In der Umgebung des Extremums sind die temperaturbedingten Widerstandsänderungen natürlich kleiner.

Niederohmige Messwiderstände müssen in Vierleitertechnik ausgeführt werden, damit der Einfluss von Übergangs- und Zuleitungswiderständen genügend klein gehalten werden kann. Nach Abb. 2 fließt der Messstrom I durch die konstruktiv außen liegenden Stromklemmen, während an den innen angeordneten Spannungsklemmen (Potenzialklemmen) die Messspannung U abgegriffen wird.

Der Messwiderstand $R = U/I$ wird damit unabhängig von Übergangs- und Zuleitungswiderständen, die außerhalb der Potenzialklemmen wirksam sind.

12.1.2 Spannungsteiler und Stromteiler

Das Teilerverhältnis eines unbelasteten Spannungsteilers nach Abb. 3 ist

$$\frac{U_2}{U_1} = \frac{R_2}{R_1 + R_2}$$

$$= \frac{R_{20}[1 + \alpha_2(\vartheta_2 - \vartheta_0)]}{R_{10}[1 + \alpha_1(\vartheta_1 - \vartheta_0)] + R_{20}[1 + \alpha_2(\vartheta_2 - \vartheta_0)]},$$

wobei die Temperaturabhängigkeit der beiden Teilerwiderstände explizit berücksichtigt wurde. Das Teilerverhältnis wird temperaturunabhängig gleich $R_{20}/(R_{10} + R_{20})$, wenn $\alpha_1(\vartheta_1 - \vartheta_0) = \alpha_2(\vartheta_2 - \vartheta_0)$, was bei gleichen Temperaturkoeffizienten $\alpha_1 = \alpha_2$ und gleichen Temperaturen $\vartheta_1 = \vartheta_2$ der Teilerwiderstände gegeben ist.

Das Teilerverhältnis eines Stromteilers (Abb. 3) ist

$$t = \frac{I_2}{I_1} = \frac{R_1}{R_1 + R_2}$$

und wird bei gleichen Temperaturen und Temperaturkoeffizienten der Teilerwiderstände ebenfalls temperaturunabhängig.

Der als resistiver Weg- oder Winkelaufnehmer häufig verwendete *einstellbare belastete Spannungsteiler* (vgl. ▶ Abschn. 11.2.1 in Kap. 11, „Sensoren (Messgrößen-Aufnehmer)") nach Abb. 4 verwendet ein lineares Präzisionspotenziometer mit dem Gesamtwiderstand R, das häufig

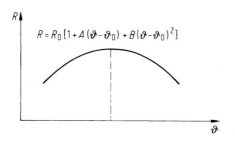

$$R = R_0\left[1 + A(\vartheta - \vartheta_0) + B(\vartheta - \vartheta_0)^2\right]$$

Abb. 1 Typische Temperaturabhängigkeit von Legierungen für Präzisionswiderstände

Abb. 2 Niederohmiger Messwiderstand in Vierleitertechnik

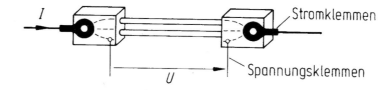

als Mehrgangpotenziometer (z. B. für 10 volle Umdrehungen) ausgeführt ist.

Das Teilerverhältnis U_2/U_1 berechnet man mit dem Satz von der Zweipolquelle. Die Leerlaufspannung U_b und der Innenwiderstand R_i der Ersatzschaltung in Abb. 4, sowie die der Original- und der Ersatzschaltung gemeinsame Ausgangsspannung U_2 sind

$$U_b = \frac{\alpha}{\alpha_0} U_1, \quad R_i = \frac{\alpha}{\alpha_0}\left(1 - \frac{\alpha}{\alpha_0}\right)R,$$

$$U_2 = \frac{R_L}{R_i + R_L} U_b = \frac{1}{1 + R_i/R_L} U_b.$$

Das Teilerverhältnis U_2/U_1 hängt damit vom bezogenen Weg oder Winkel α/α_0 ab, bei Belastung aber auch vom Lastwiderstand R_L:

$$\frac{U_2}{U_1} = \frac{1}{1 + \dfrac{R}{R_L} \cdot \dfrac{\alpha}{\alpha_0}\left(1 - \dfrac{\alpha}{\alpha_0}\right)} \cdot \frac{\alpha}{\alpha_0}.$$

Diese Abhängigkeit ist in Abb. 5 mit R/R_L als Parameter aufgetragen.

Für $\alpha/\alpha_0 = 0$ und für $\alpha/\alpha_0 = 1$ ist der Innenwiderstand $R_i = 0$. Die Anfangs- und Endpunkte

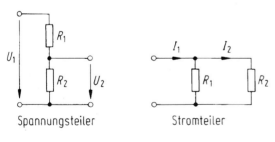

Spannungsteiler   Stromteiler

Abb. 3 Spannungs- und Stromteiler

Abb. 4 Einstellbarer
Spannungsteiler und
Ersatzschaltbild

der Kennlinie sind deshalb unabhängig vom Lastwiderstand. Im Bereich $0 < \alpha/\alpha_0 < 1$ ergibt sich jedoch wegen des endlichen Lastwiderstands eine Durchbiegung der Kennlinie gegenüber dem unbelasteten Fall $R/R_L = 0$.

12.1.3 Direktanzeigende Widerstandsmessung

Mit der in Abb. 6 angegebenen Messschaltung können unbekannte Widerstände R im Bereich von 0 bis ∞ in eine Stromspanne von $I = 0$ bis $I = I_0$ umgeformt werden.

Mit dem Satz von der Ersatzspannungsquelle bezüglich der Klemmen A, B ergibt sich für den Strom

$$I = \frac{U_b}{R_i + R_0} = \frac{\dfrac{R_1}{R_1 + R} U_0}{\dfrac{R_1 R}{R_1 + R} + R_0}$$

$$= \frac{U_0}{R_0 + (1 + R_0/R_1)R}.$$

Vor der Messung wird für $R = 0$ der in Serie zum Messinstrument liegende Widerstand so eingestellt, dass Vollausschlag $I = I_0$ angezeigt wird. Es ist dann $R_0 = U_0/I_0$ und der normierte Strom ist

$$\frac{I}{I_0} = \frac{1}{1 + \left(\dfrac{1}{R_0} + \dfrac{1}{R_1}\right)R}.$$

Mit umschaltbaren Widerständen R_1 sind verschiedene Strommessbereiche realisierbar. Die Bemessung der Widerstände R_1 erfolgt so, dass

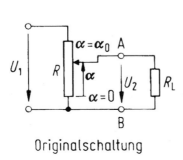

B

Originalschaltung

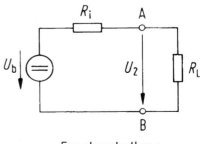

B

Ersatzschaltung

bei bestimmten Widerständen $R = R_{1/2}$ gerade halber Vollausschlag $I = I_0/2$ erreicht wird.

$$\frac{1}{2} = \frac{1}{1 + \left(\dfrac{1}{R_0} + \dfrac{1}{R_1}\right) R_{1/2}} \quad \text{oder} \quad \frac{1}{R_1}$$

$$= \frac{1}{R_{1/2}} - \frac{1}{R_0}.$$

Da sich schwankende Versorgungsspannungen U_0 auf R_0 auswirken, ist die Bemessung von R_1 nur für einen Wert von R_0 möglich, der z. B. der mittleren Versorgungsspannung entsprechen kann.

Bei konstanter Versorgungsspannung U_0, entsprechend eingestelltem Widerstand R_0 und einem danach bemessenen Widerstand R_1, ergibt sich für den normierten Strom (siehe Abb. 6)

$$\frac{I}{I_0} = \frac{1}{1 + R/R_{1/2}}.$$

Der Vorteil dieses Verfahrens liegt in der nichtlinearen Transformation des Widerstandsbereiches $0 \leqq R < \infty$ in den endlichen Strombereich $1 \geqq I/I_0 > 0$. Gegen $R_{1/2}$ hochohmige bzw. niederohmige Widerstände lassen sich damit schnell erkennen.

Nach diesem Schaltungsprinzip lassen sich Temperaturen mithilfe von *Heißleitern* (NTC-Widerstände) messen (siehe ▶ Abschn. 11.5.2 in Kap. 11, „Sensoren (Messgrößen-Aufnehmer)"). Die Temperaturabhängigkeit des normierten Widerstandes eines Heißleiters lässt sich näherungsweise beschreiben durch

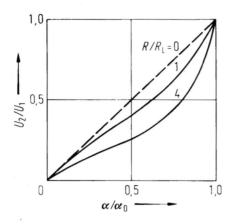

Abb. 5 Teilerverhältnis U_2/U_1 als Funktion des bezogenen Wegs oder Winkels α/α_0 mit Lastwiderstand R_L als Parameter

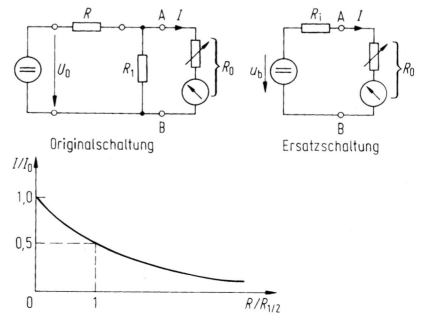

Abb. 6 Direktanzeigende Widerstandsmessung

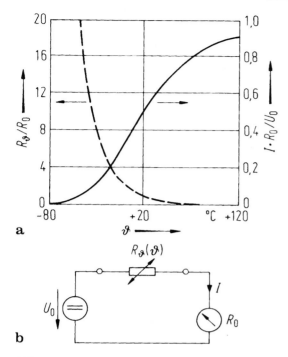

Abb. 7 Heißleiter-Thermometer. **a** Widerstands- und Stromverlauf, **b** Messschaltung

$$R_\vartheta / R_0 = \exp\left[B\left(\frac{1}{\vartheta} - \frac{1}{\vartheta_0}\right)\right].$$

Eine Kennlinie für $\vartheta_0 = 20\,^\circ\mathrm{C}$ und $B = 3000\,\mathrm{K}$ ist in Abb. 7a dargestellt.

Betreibt man diesen Heißleiter in der Messschaltung von Abb. 7b, so ist der normierte Strom

$$\frac{I}{U_0 / R_0} = \frac{1}{1 + R_\vartheta / R_0}.$$

Der in Abb. 7a eingetragene Stromverlauf besitzt einen Wendepunkt. In der Umgebung dieses Wendepunktes (etwa von -20 bis $+50\,^\circ\mathrm{C}$) ist die Empfindlichkeit d I/d ϑ näherungsweise konstant.

12.2 Messbrücken und Kompensatoren

12.2.1 Qualitative Behandlung der Prinzipschaltungen

Kompensationsschaltungen zur Spannungs-, Strom- oder Widerstandsmessung enthalten eine Spannungsquelle, mindestens zwei Widerstände zur Spannungs- bzw. Stromteilung und ein Spannungs- bzw. Strommessinstrument, das bei Teilkompensation im Ausschlagverfahren, bei vollständiger Kompensation als Nullindikator betrieben wird (Abb. 8).

Teilkompensation oder vollständige Kompensation wird bei diesen mit Gleichspannung betriebenen Schaltungen durch geeignete Einstellung eines Widerstandes, z. B. des Widerstandes R_1, erzielt.

In der Kompensationsschaltung nach Abb. 8a kann eine unbekannte Spannung U_x durch die am Widerstand R_2 anliegende Spannung U_K kompensiert werden.

In der Kompensationsschaltung nach Abb. 8b wird ein unbekannter Strom I_x kompensiert, indem Spannungsgleichheit an dem von $(I_0 - I_x)$ durchflossenen Widerstand R_2 und an dem von I_x durchflossenen Widerstand R_4 erreicht wird.

Schließlich wird in der Kompensationsschaltung nach Abb. 8c – einer Wheatstone-Brücke – ein unbekannter Widerstand R_x dadurch bestimmt, dass die Spannung an R_x durch die Spannung U_K an R_2 kompensiert wird. Eine Wheatstone-Brücke kann man sich also entstanden denken aus zwei Spannungsteilern, die durch die gleiche Quelle gespeist werden und deren Teilspannungen miteinander verglichen werden.

12.2.2 Spannungs- und Stromkompensation

Bei vollständiger *Spannungskompensation* ($U = 0$) nach Abb. 8a wird die Leerlaufspannung U_x der Messspannungsquelle belastungsfrei gemessen und ist

$$U_x = \frac{R_2}{R_1 + R_2} U_0.$$

Mit der in Abb. 8b dargestellten Schaltung kann ein unbekannter Strom I_x rückwirkungsfrei kompensiert werden. Dazu wird der Widerstand R_1 verändert, bis die Spannung U am Nullindikator (und damit auch der Strom durch den Nullindikator) zu null wird.

Im abgeglichenen Zustand ($U = 0$) ist

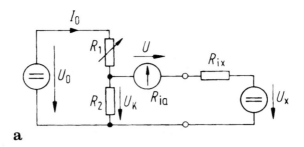

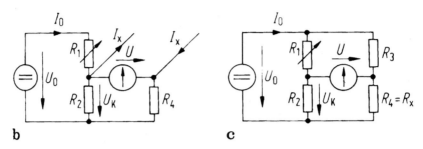

a

b   c

Abb. 8 Kompensationsschaltungen zur **a** Spannungsmessung (U_x), **b** Strommessung (I_x), **c** Widerstandsmessung (R_x)

$$(I_0 - I_x)R_2 = U_K = I_x R_4.$$

Der Strom ist damit

$$I_x = I_0 \frac{R_2}{R_2 + R_4}.$$

12.2.3 Messbrücken im Ausschlagverfahren (Teilkompensation)

Messbrücken im Ausschlagverfahren fungieren als Widerstands-Spannungs-Umsetzer oder, bei Wechselstrombetrieb, Impedanz-Spannungs-Umsetzer. Sie werden häufig eingesetzt in Zusammenhang mit Sensoren, die ihren Widerstand, ihre Kapazität oder ihre Induktivität in Abhängigkeit von einer Messgröße ändern (Dehnungsmessstreifen, Widerstandsthermometer u. ä.).

Unterschiedliche Darstellungsmöglichkeiten von Messbrücken
Die in Abb. 8c angegebene Prinzipschaltung einer Messbrücke lässt sich auf unterschiedliche Weise

darstellen. Die in Abb. 9 angegebenen 6 Varianten a bis f sind funktionsgleich.

Ausgehend von der Originalschaltung mit außenliegender Spannungsquelle in (a) ist in Schaltung (d) die Spannungsquelle nach innen verlegt und die Brückenausgangsspannung kann außen abgegriffen werden; Variante (e) lässt erkennen, warum die Brückenausgangsspannung auch als Brückendiagonalspannung bezeichnet wird.

Variante (f) bietet aufgrund der dreidimensionalen Darstellung einen besonders guten Einblick in den Aufbau der Schaltung.

Brückenspeisung mit konstanter Spannung
Bei Teilkompensation kann aus der Brückenausgangsspannung nach Abb. 9 einer der Brückenwiderstände bestimmt werden, wenn die Speisespannung U_0 und die drei anderen Widerstände bekannt sind. Bei diesem Ausschlagverfahren ist die Ausgangsspannung U_1 im Leerlauf

$$U_1 = \left(\frac{R_3}{R_3 + R_4} - \frac{R_1}{R_1 + R_2} \right) U_0.$$

Abb. 9 Varianten der Prinzipschaltung einer Messbrücke

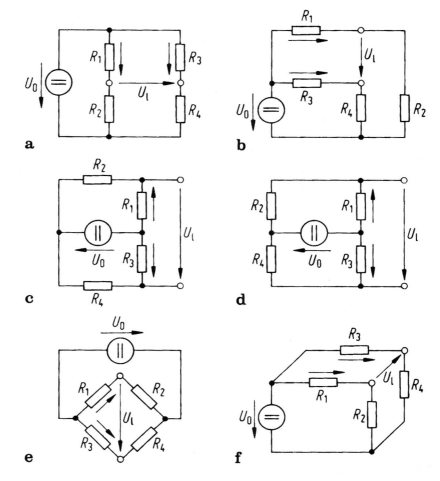

Für den Spezialfall $R_1 = R_2 = R_3 = R_0$ und $R_4 = R_x$ ist die normierte Ausgangsspannung

$$\frac{U_1}{U_0} = \frac{1}{1 + R_x/R_0} - \frac{1}{2}.$$

Die spezielle Messschaltung und ihre Kennlinie sind in Abb. 10 dargestellt.

Die normierte Empfindlichkeit ist

$$E = \frac{\mathrm{d}(U_1/U_0)}{\mathrm{d}(R_x/R_0)} = \frac{-1}{(1 + R_x/R_0)^2}.$$

Die Empfindlichkeit bei $R_x/R_0 = 0$ ist 4-mal so groß wie bei $R_x/R_0 = 1$. Typisch für Brückenschaltungen dieser Art ist ihre nichtlineare Kennlinie.

Bei *Belastung der Brückendiagonalen* mit dem endlichen Widerstand R_5 berechnet man die Ausgangsspannung U an den Klemmen A, B am besten mit dem Satz von der Zweipolquelle (Abb. 11).

Die Leerlaufspannung U_1 (ohne R_5!) ist bereits bestimmt, den Innenwiderstand R_1 berechnet man, indem man die starre Spannungsquelle durch einen Kurzschluss ersetzt, zu

$$R_i = \frac{R_1 R_2}{R_1 + R_2} + \frac{R_3 R_4}{R_3 + R_4}.$$

Nach Zwischenrechnung ergibt sich die Ausgangsspannung

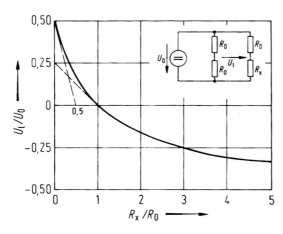

Abb. 10 Normierte Leerlauf-Ausgangsspannung U_1/U_0 als Funktion von R_x/R_0

$$U = \frac{R_5}{R_5 + R_i} U_1, \frac{U}{U_0} =$$

$$\frac{R_2 R_3 - R_1 R_4}{(R_1 + R_2)(R_3 + R_4) + [R_1 R_2(R_3 + R_4) + R_3 R_4(R_1 + R_2)]/R_5}$$

Brückenspeisung mit konstantem Strom

Bei Speisung der Brückenschaltung nach Abb. 12a mit konstantem Strom I_0 ergibt sich für die Spannung an der Brücke

$$U_0 = I_0 \frac{(R_1 + R_2)(R_3 + R_4)}{R_1 + R_2 + R_3 + R_4} \; .$$

Die Leerlauf-Ausgangsspannung U_1 ist wie bei der spannungsgespeisten Brücke

Abb. 11 Mit konstanter Spannung gespeiste und am Ausgang belastete Brückenschaltung.
a Originalschaltung,
b Ersatzschaltung

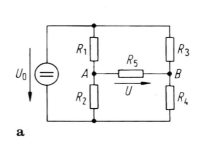

a

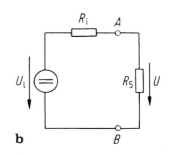

b

Abb. 12 Mit konstantem Strom gespeiste Brückenschaltung. **a** Im Leerlauf, **b** mit Lastwiderstand R_5 am Ausgang, **c** Ersatzschaltung

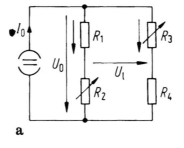

a

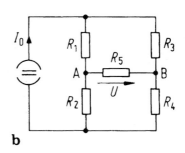

b

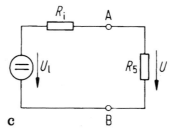

c

$$U_1 = \left(\frac{R_3}{R_3 + R_4} - \frac{R_1}{R_1 + R_2} \right) U_0.$$

Damit ist die Leerlauf-Ausgangsspannung U_1 bei Stromspeisung

$$U_1 = \frac{R_2 R_3 - R_1 R_4}{R_1 + R_2 + R_3 + R_4} I_0.$$

Für den Spezialfall $R_1 = R_4 = R_0$ und $R_2 = R_3 = R_0 + \Delta R$ ist die auf den Speisestrom I_0 bezogene Leerlauf-Ausgangsspannung

$$\frac{U_1}{I_0} = \frac{(R_0 + \Delta R)^2 - R_0^2}{2(2R_0 + \Delta R)} = \frac{\Delta R}{2}.$$

Mit zwei gleichen Platin-Widerstandsthermometern, die die Brückenwiderstände

$$R_2 = R_3 = R_0[1 + \alpha(\vartheta - \vartheta_0)]$$

bilden (Abb. 12a), ist also eine lineare Temperaturmessung möglich gemäß

$$\frac{U_1}{I_0} = \frac{\Delta R}{2} = \frac{1}{2}\alpha(\vartheta - \vartheta_0)R_0.$$

Bei belasteter Brückendiagonale benötigt man außer der bereits berechneten Leerlaufspannung U_1 den Innenwiderstand, der

$$R_i = \frac{(R_1 + R_3)(R_2 + R_4)}{R_1 + R_2 + R_3 + R_4}$$

ist, da die Stromquelle für die Bestimmung des Innenwiderstandes durch eine Unterbrechung ersetzt werden muss. Die Ausgangsspannung bei Belastung mit R_5 beträgt damit

$$U = \frac{R_5}{R_5 + R_i} U_1,$$
$$\frac{U}{I_0} = \frac{R_2 R_3 - R_1 R_4}{(R_1 + R_2 + R_3 + R_4) + (R_1 + R_3)(R_2 + R_4)/R_5}.$$

12.2.4 Wheatstone-Brücke im Abgleichverfahren

Da ein Handabgleich von Messbrücken in Messund Automatisierungssystemen kaum mehr prak-

tikabel ist, sind die heute verwendeten Abgleichverfahren entweder auf den Einsatz von Verstärkern, die in geeigneter Weise den Abgleich herbeiführen, oder aber auf den Laborbereich beschränkt, der in vielen Fällen an die Dynamik der Messungen keine höheren Anforderungen stellt.

Bei vollständigem Abgleich wird die Brückenausgangsspannung U nach Abb. 13a zu null und die zugehörige *Abgleichbedingung* lautet

$$\frac{R_1}{R_2} = \frac{R_3}{R_4}.$$

Um den Abgleich möglichst genau durchführen zu können, ist außer einem hohen Brückenspeisestrom I_0 eine hohe Empfindlichkeit des Nullindikators notwendig. Der Brückenspeisestrom kann jedoch wegen der Verlustleistung nicht beliebig hoch sein. Die Eigenerwärmung würde zu Widerstandsänderungen und damit zu Messfehlern führen. Die hohe Empfindlichkeit des Nullindikators wiederum wird am besten durch einen sog. nullpunktsicheren Verstärker erreicht.

Schleifdraht-Messbrücke

Bei der sog. Schleifdraht-Messbrücke nach Abb. 13b sind die Widerstände R_1 und R_2 durch einen möglichst homogenen Widerstandsdraht konstanten Querschnitts ersetzt. Die den Längen l_1 und l_2 proportionalen Widerstände R_1 und R_2 sind durch die Stellung des Schleifkontaktes gegeben. Die Abgleichbedingung lautet

$$R_3/R_4 = l_1/l_2.$$

Der Schleifdraht wird gewöhnlich als Schleifdrahtwendel auf einer Walze in mehreren Windungen aufgebracht. Bei geringeren Anforderungen ist auch ein Schleifdrahtring geeignet. Für didaktische Zwecke wird gerne ein gestreckter Schleifdraht von 1 m Länge verwendet.

Toleranz-Messbrücke (Abb. 13c)

Die Abweichungen unbekannter Widerstände R_x von ihrem Sollwert R_3 können aus dem Einstellwinkel α des zum Abgleich benötigten linearen Potenziometers mit dem Gesamtwiderstand R_{2v} ermittelt werden. Allgemein gilt

Abb. 13 Wheatstone'sche Brücken im Abgleichverfahren.
a Prinzip, **b** Schleifdraht-Messbrücken, **c** Toleranz-Messbrücke

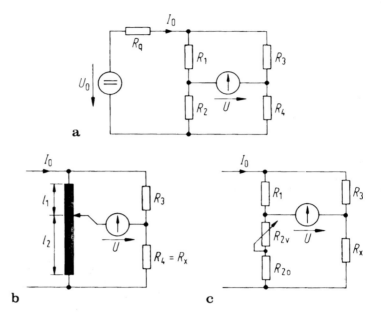

$$\frac{R_x}{R_3} = \frac{R_{20} + (\alpha/\alpha_0)R_{2v}}{R_1}.$$

Mit $\alpha = 0$ für $R_x = R_3 - \Delta R$ und $\alpha = \alpha_0$ für $R_x = R_3 + \Delta R$ ergibt sich

$$\frac{R_3 - \Delta R}{R_3} = \frac{R_{20}}{R_1}, \quad \frac{R_3 + \Delta R}{R_3} = \frac{R_{20} + R_{2v}}{R_1}.$$

Bei gegebenen Werten von R_3, ΔR und R_{2v} sind die Widerstände

$$R_1 = \frac{R_{2v}R_3}{2\Delta R}, \quad R_{20} = \frac{R_{2v}(R_3 - \Delta R)}{2\Delta R}.$$

Der Fehler $R_x - R_3$ des unbekannten Widerstandes R_x ist damit

$$R_x - R_3 = \Delta R(2\alpha/\alpha_0 - 1),$$

er ist linear vom Einstellwinkel α abhängig.

12.2.5 Wechselstrombrücken

Prinzip und Abgleichbedingungen

Wechselstrommessbrücken können zur Messung von Kapazitäten, Induktivitäten und deren

Verlustwiderständen sowie ganz allgemein zur Messung komplexer Widerstände eingesetzt werden. Der grundsätzliche Aufbau einer Wechselstrombrücke (Abb. 14a) besteht aus einer (meist niederfrequenten) Wechselspannungsquelle, aus einem Nullindikator (mit selektivem Verstärker) und aus den vier komplexen Widerständen $\underline{Z}_1$ bis $\underline{Z}_4$.

Wie bei den Gleichstrom-Messbrücken ergibt sich die Abgleichbedingung ($\underline{U} = 0$) aus dem Verhältnis der entsprechenden Widerstände. Bei Wechselstrombrücken handelt es sich um die komplexe Gleichung

$$\frac{\underline{Z}_1}{\underline{Z}_2} = \frac{\underline{Z}_3}{\underline{Z}_4}.$$

Mit $\underline{Z}_i = |\underline{Z}_i|\, e^{j\varphi_i}$ resultieren die beiden reellen Abgleichbedingungen

$$\frac{|\underline{Z}_1|}{|\underline{Z}_2|} = \frac{|\underline{Z}_3|}{|\underline{Z}_4|} \quad \text{und} \quad \varphi_1 + \varphi_4 = \varphi_2 + \varphi_3.$$

Für den Brückenabgleich werden im Allgemeinen zwei Einstellelemente benötigt. Ein Abgleich ist nur möglich, wenn die Summe der Phasenwinkel der beiden jeweils schräg gegenüberliegenden komplexen Widerstände gleich ist.

Abb. 14 Wechselstrom-Messbrücken.
a Prinzipieller Aufbau,
b Kapazitäts-Messbrücke,
c Induktivitäts-Messbrücke

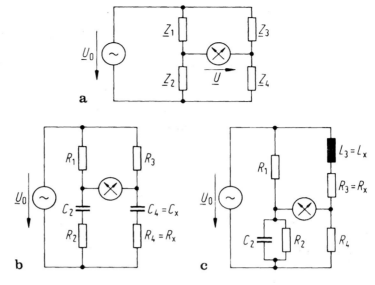

Kapazitäts- und Induktivitätsbrücken

Eine *Kapazitätsmessbrücke* (nach Wien) ist im einfachsten Fall symmetrisch aufgebaut (Abb. 14b). Aus der Abgleichbedingung

$$\frac{R_2 + 1/(j\omega C_2)}{R_1} = \frac{R_x + 1/(j\omega C_x)}{R_3}$$

ergibt sich sofort

$$R_x = R_2 \frac{R_3}{R_1}, \quad C_x = C_2 \frac{R_1}{R_3}.$$

Ähnlich lassen sich entsprechende Parallelverlustwiderstände R_{xp} aus R_{2p} bestimmen.

Bei einer *Induktivitätsmessbrücke* (nach Maxwell und Wien) verwendet man bevorzugt Vergleichskapazitäten (Abb. 14c), da sie einfacher und genauer herstellbar sind als Induktivitäten. Die Abgleichbedingung ist

$$\frac{R_2 \dfrac{1}{j\omega C_2}}{R_2 + \dfrac{1}{j\omega C_2}} = \frac{R_1 R_4}{R_x + j\omega L_x}.$$

Daraus ergibt sich

$$R_x = \frac{R_1 R_4}{R_2}, \quad L_x = R_1 R_4 C_2.$$

12.3 Grundschaltungen von Messverstärkern

Mit hochverstärkenden Operationsverstärkern lassen sich durch Subtraktion einer dem Ausgangssignal proportionalen Größe vom Eingangssignal (Gegenkopplung) lineare Messverstärker mit konstanter Übersetzung realisieren.

12.3.1 Operationsverstärker

In der Mess- und Automatisierungstechnik ist es häufig notwendig, kleine elektrische Spannungen oder Ströme zu verstärken. Eine Besonderheit dabei ist, dass Gleichgrößen und auch Differenzen von Gleichgrößen verstärkt werden müssen.

Als Grundbausteine für derartige *Messverstärker* eignen sich sog. *Operationsverstärker*, die im Wesentlichen aus Widerständen und Transistoren aufgebaut sind und als analoge integrierte Schaltungen (sog. lineare ICs) verfügbar sind (Abb. 15), (vgl. ▶ Abschn. 2.3.2.2 in Kap. 2, „Anwendungen linearer elektrischer Netzwerke".

Die zahlreichen kommerziell erhältlichen Operationsverstärker unterscheiden sich weniger in ihren Grundeigenschaften als in der Frage, welche der stets vorhandenen Nichtidealitäten vorrangig bekämpft wurden. Diese Typenvielfalt erlaubt

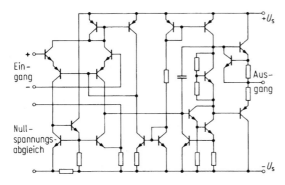

Abb. 15 Innenschaltung eines Operationsverstärkers (TBB 741, Siemens)

Tab. 1 Eigenschaften dreier Operationsverstärker nach dem Stand der Technik

Typ	Merkmal
LM 324	Einfach aufgebauter, kostengünstiger Universaltyp
OAxZHA	Präzisionsverstärker mit sehr kleinen und kaum temperaturabhängigen Fehlerspannungen und -strömen (Offsetspannung 8 µV) sowie geringen Verlusten (typ. 200 µW), aber kleinem Verstärkungs-Bandbreite-Produkt (400 kHz); z. B. für am Menschen getragene Geräte (*wearables*)
AD8352	Verzerrungsarmer, breitbandiger und rauscharmer Verstärker (Verstärkungs-Bandbreite-Produkt 22 GHz), z. B. für schnelle Analog-digital-Umsetzer

eine zielgerichtete Auswahl im Hinblick auf die anstehende Messaufgabe (Tab. 1).

12.3.2 Anwendung von Operationsverstärkern als reine Nullverstärker

Da die Grundverstärkung v eines unbeschalteten Operationsverstärkers endlich ist und, z. B. aufgrund von Temperaturänderungen, starken Schwankungen unterliegen kann, eignen sich Operationsverstärker grundsätzlich nur als Nullverstärker. Die Anwendung als *Vergleicher* (*Komparator*) ist sofort verständlich, da bei positiver bzw. negativer Übersteuerung die Ausgangsspannung angenähert die positive bzw. negative Versorgungsspannung erreicht. Auf diese Weise lässt sich leicht ein Grenzwertschalter

aufbauen, dessen Ausgangssignal beim Über- oder Unterschreiten eines bestimmten Sollwertes den einen oder den anderen Pegel (logischen Zustand) annimmt.

Nach Abb. 16 kann mithilfe eines Operationsverstärkers auch ein automatischer (motorischer) Abgleich einer Kompensations- oder einer Brückenschaltung durchgeführt werden.

Der Nullindikator zur Anzeige der Differenzspannung und der Mensch als Regler (a) werden dabei durch einen Operationsverstärker und einen Messmotor ersetzt (b), der den Abgriff des Potenziometers so lange verstellt, bis die Differenzspannung angenähert zu null geworden ist.

In ähnlicher Weise können Operationsverstärker zum automatischen Abgleich von Messbrücken eingesetzt werden (c). Die Stellung des Abgriffs am Potenziometer ist dabei ein Maß entweder für die unbekannte Spannung U_x(b) oder für den unbekannten Widerstand R_x(c), der wiederum zur Messung von Temperaturen als Widerstandsthermometer ausgeführt sein kann.

Eine wichtige Anwendung von Operationsverstärkern besteht jedoch im Aufbau automatischer Kompensationsschaltungen (ohne Stellmotor). Durch Gegenkopplung lassen sich damit lineare Messverstärker mit konstanter Übersetzung realisieren.

12.3.3 Das Prinzip der Gegenkopplung am Beispiel des reinen Spannungsverstärkers

Ein auf Gegenkopplung beruhender Messverstärker mit Spannungseingang und Spannungsausgang besteht nach Abb. 17 aus dem als rückwirkungsfrei ($R_e \rightarrow \infty$, $R_a = 0$) betrachteten Operationsverstärker mit der Grundverstärkung $v = U_2/U_{st}$ und einem als Gegenkopplungsnetzwerk wirkenden Spannungsteiler mit dem Teilerverhältnis $G = R_2/(R_1 + R_2)$.

Der Operationsverstärker im Vorwärtszweig mit der Grundverstärkung v vergrößert die Ausgangsspannung $U_2 = v \, U_{st}$ so lange, bis die vom Gegenkopplungsnetzwerk zurückgeführte Spannung

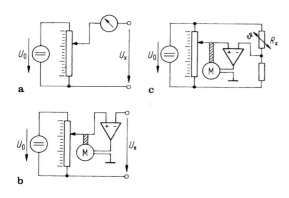

a

c

b

Abb. 16 Operationsverstärker als Nullverstärker. **a** Handabgleich einer Kompensationsschaltung, **b** motorischer Abgleich einer Kompensationsschaltung, **c** motorischer Abgleich einer Brückenschaltung

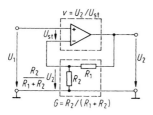

Abb. 17 Gegenkopplung beim reinen Spannungsverstärker

$$\frac{R_2}{R_1 + R_2} U_2$$

angenähert gleich der zu verstärkenden Eingangsspannung U_1 geworden ist. Da die gegengekoppelte Spannung der Eingangsspannung entgegengeschaltet ist, verbleibt am Eingang des Operationsverstärkers nur die kleine Steuerspannung $U_{st} = U_2/v$

$$U_{st} = U_1 - \frac{R_2}{R_1 + R_2} U_2 = \frac{U_2}{v}.$$

Die Übersetzung $G = U_2/U_1$ des reinen Spannungsverstärkers ist damit

$$G = \frac{U_2}{U_1} = \frac{1}{\dfrac{R_2}{R_1 + R_2} + \dfrac{1}{v}}.$$

Unter der Annahme eines idealen Operationsverstärkers mit sehr hoher Grundverstärkung v

$$v \gg \frac{R_1 + R_2}{R_2}$$

ist die ideale Übersetzung

$$G_{id} = \frac{U_2}{U_1} = \frac{R_1 + R_2}{R_2}.$$

12.3.4 Die vier Grundschaltungen gegengekoppelter Messverstärker

Jede der vier Grundschaltungen für gegengekoppelte Messverstärker enthält im Vorwärtszweig einen, hier als ideal betrachteten Operationsverstärker. In der Rückführung liegt ein Gegenkopplungsnetzwerk aus einem oder aus zwei Widerständen, das die Spannung (den Strom) am Ausgang in eine proportionale Spannung (einen proportionalen Strom) umformt, die (der) der (dem) zu verstärkenden Eingangsspannung (Eingangsstrom) entgegengeschaltet wird (Abb. 18).

Schaltung (a) ist bereits erklärt. Die ideale Übersetzung übergab sich zu

$$G_{id} = \frac{U_2}{U_1} = \frac{R_1 + R_2}{R_2}.$$

In Schaltung (b) fließt bei Vernachlässigung des Steuerstromes am Eingang des Operationsverstärkers der Ausgangsstrom I_2 durch den Gegenkopplungswiderstand R und erzeugt an diesem die Spannung I_2R. Bei Vernachlässigung der Steuerspannung des Operationsverstärkers wird die gegengekoppelte Spannung I_2R gleich der Eingangsspannung U_1. Deshalb ist die ideale Übersetzung

$$G_{id} = \frac{I_2}{U_1} = \frac{1}{R}.$$

In Schaltung (c) fließt bei Vernachlässigung des Steuerstromes am Eingang des Operationsverstärkers der Eingangsstrom I_1 durch den Widerstand R_1 und erzeugt an diesem die Spannung $I_1 R_1$. Durch den Widerstand R_2 fließt der Differenzstrom $I_2 - I_1$ und bewirkt am Widerstand die Spannung $(I_2 - I_1) R_2$. Bei Vernachlässigung der Steuerspannung des Operationsver-

Abb. 18 Grundschaltungen gegengekoppelter Messverstärker. **a** Reiner Spannungsverstärker, **b** Spannungsverstärker mit Stromausgang, **c** reiner Stromverstärker, **d** Stromverstärker mit Spannungsausgang

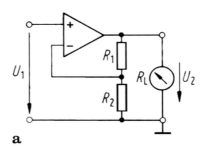

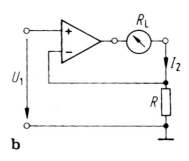

a   **b**

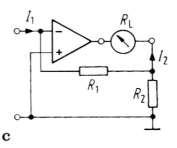

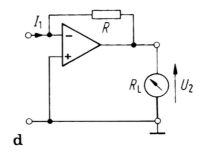

c   **d**

stärkers sind die Spannungen an den beiden Widerständen gleich groß. Daraus ergibt sich die ideale Übersetzung zu

$$G_{id} = \frac{I_2}{I_1} = \frac{R_1 + R_2}{R_2}.$$

In Schaltung (d) fließt bei Vernachlässigung des Steuerstromes am Eingang des Operationsverstärkers der Eingangsstrom I_1 durch den Widerstand R und bewirkt an diesem die Spannung $I_1 R$. Bei Vernachlässigung der Steuerspannung des Operationsverstärkers ist diese Spannung $I_1 R$ gleich der Ausgangsspannung U_2. Die ideale Übersetzung ist also

$$G_{id} = \frac{U_2}{I_1} = R.$$

12.4 Ausgewählte Messverstärker-Schaltungen

12.4.1 Vom Stromverstärker mit Spannungsausgang zum Invertierer

Der Stromverstärker mit Spannungsausgang in Abb. 19a besitzt im Idealfall die Übersetzung

$$G_{id} = \frac{U_2}{I_1} = R_2.$$

Der Eingangswiderstand R_E geht bei genügend hoher Grundverstärkung v wegen $U_{st} \rightarrow 0$ gegen 0.

Schaltet man nun – wie in Abb. 19b gezeigt – in Serie zum invertierenden Eingang einen Widerstand R_1, so entsteht ein *Invertierer* (*Umkehrverstärker*; der Name rührt daher, dass die auf Masse bezogene Ausgangsspannung das entgegengesetzte Vorzeichen trägt wie die auf Masse bezogene Eingangsspannung). Der Eingangsstrom I_1 wird in eine proportionale Eingangsspannung $U_1 = I_1 R_1$ umgeformt, und der Invertierer hat die Übersetzung

$$G_{id} = \frac{U_2}{U_1} = \frac{U_2}{I_1 R_1} = \frac{R_2}{R_1}.$$

Der Eingangswiderstand beträgt in diesem Fall $R_E = U_1/I_1 = R_1$ und ist also keineswegs besonders hochohmig, wie dies beim nichtinvertierenden reinen Spannungsverstärker der Fall ist. Wegen der einfachen Programmierbarkeit der Übersetzung wird diese Verstärkerschaltung jedoch gerne verwendet.

Ein *linearer Widerstandsmesser* entsteht, wenn die Eingangsspannung U_1 konstant gehalten wird und der Gegenkopplungswiderstand R_2 durch den

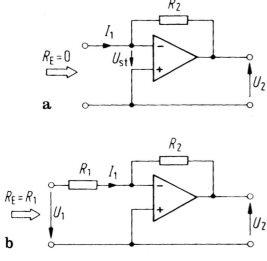

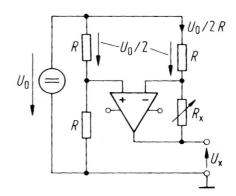

Abb. 20 Aktive Brückenschaltung

Abb. 19 a Stromverstärker mit Spannungsausgang,
b Invertierer (Umkehrverstärker)

zu messenden Widerstand R_x ersetzt wird. Die Ausgangsspannung U_2 ist dem Widerstand R_x proportional und beträgt

$$U_2 = \frac{U_1}{R_1} R_x.$$

Der Serienwiderstand R_1 am Eingang kann zur Messbereichsumschaltung verwendet werden. Beträgt beispielsweise die Spannung $U_1 = 1$ V und soll die Ausgangsspannung U_2 im Bereich von 0 bis 1 V liegen, so ist für einen Messbereich von $R_x = 0 \ldots 1$ kΩ ein Widerstand $R_1 = 1$ kΩ erforderlich und der Messstrom beträgt $I_1 = 1$ mA. Für einen Messbereich von $R_x = 0 \ldots 1$ MΩ muss $R_1 = 1$ MΩ gewählt werden, und der Messstrom ist $I_1 = 1$ µA.

12.4.2 Aktive Brückenschaltung

Ein Beispiel möge verdeutlichen, wie Operationsverstärker mit Vorteil in Brückenschaltungen eingesetzt werden können.

Bei der *aktiven Brückenschaltung* in Abb. 20 erzwingt der Operationsverstärker in der Brückendiagonalen die Spannung null, indem er im Zweig des veränderlichen Widerstandes R_x eine Spannung U_x mit umgekehrter Polarität

(für $R_x > R$) addiert. Diese Spannung U_x muss zusammen mit der Spannung an R_x gerade die halbe Versorgungsspannung der Brückenschaltung $U_0/2$ ergeben. Da der Strom im Widerstand R_x identisch mit dem Strom $U_0/2R$ in jeder der beiden Brückenhälften sein muss, ist die Spannung

$$U_x = \frac{U_0}{2R} R_x - \frac{U_0}{2}.$$

Mit $R_x = R + \Delta R$ ergibt sich

$$\frac{U_x}{U_0} = \frac{1}{2}\left(\frac{R_x}{R} - 1\right) = \frac{1}{2} \cdot \frac{\Delta R}{R}.$$

Die Spannung U_x ist der Widerstandsänderung ΔR direkt proportional.

12.4.3 Addier- und Subtrahierverstärker

Die Addition nach Abb. 21a beruht auf der Addition der drei Ströme I_1, I_2 und I_3 am Knotenpunkt K zum Gesamtstrom $I = I_1 + I_2 + I_3$, der vom nachfolgenden Stromverstärker mit Spannungsausgang um den Faktor R verstärkt wird, der dem Gegenkopplungswiderstand entspricht.

Da der Eingangswiderstand R_E am Stromverstärker mit Spannungsausgang wegen der Gegenkopplung gegen null geht, berechnet sich die Ausgangsspannung zu

$$U_4 = IR = \frac{R}{R_1} U_1 + \frac{R}{R_2} U_2 + \frac{R}{R_3} U_3.$$

Wählt man alle Widerstände gleich, so ist die Ausgangsspannung U_4 direkt die Summe der Eingangsspannungen.

Beim *Subtrahierverstärker* nach Abb. 21b berechnet man die Ausgangsspannung U_3 am besten durch Superposition der beiden Spannungen U_{31} und U_{32}, die sich ergeben, wenn $U_2 = 0$ bzw. wenn $U_1 = 0$ gesetzt wird. Für $U_2 = 0$ handelt es sich um einen Invertierer, und es ergibt sich

$$U_{31} = -\frac{R_2}{R_1} U_1, \quad \text{wenn} \quad U_2 = 0.$$

Für $U_1 = 0$ entsteht ein nichtinvertierender Verstärker mit den Gegenkopplungswiderständen R_1 und R_2, an dessen nicht-invertierenden Eingang ein Spannungsteiler, bestehend aus den Widerständen R_3 und R_4 vorgeschaltet ist. Man erhält

$$U_{32} = \frac{R_4}{R_3 + R_4} \cdot \frac{R_1 + R_2}{R_1} U_2, \quad \text{wenn} \quad U_1 = 0.$$

Durch Superposition berechnet man die Ausgangsspannung zu

$$U_3 = U_{31} + U_{32}$$
$$= \frac{R_4}{R_3 + R_4} \cdot \frac{R_1 + R_2}{R_1} U_2 - \frac{R_2}{R_1} U_1.$$

Wählt man alle Widerstände gleich groß, so ergibt sich die Ausgangsspannung direkt aus der Differenz $U_3 = U_2 - U_1$.

12.4.4 Der Elektrometerverstärker (Instrumentierverstärker)

Wird ein besonders hochohmiger Eingangswiderstand benötigt, so wurde dies früher mit Elektrometerröhren im Eingangskreis erreicht. Aus drei Operationsverstärkern aufgebaute Messverstärker mit besonders hohem Differenz-Eingangswiderstand werden deshalb noch heute gerne als Elektrometerverstärker bezeichnet (Abb. 22).

Sind die Grundverstärkungen der verwendeten Operationsverstärker genügend hoch und deshalb die erforderlichen Steuerspannungen genügend klein, so wird die Differenz-Eingangsspannung $U_2 - U_1$ gleich der von der Ausgangsspannung U_a heruntergeteilten Spannung am Widerstand R_2:

$$U_2 - U_1 = \frac{R_2}{R_2 + 2R_1} U_a.$$

Der nachgeschaltete Subtrahierer erzeugt lediglich eine der Spannung U_a proportionale, geerdete Ausgangsspannung

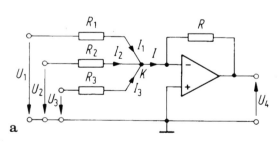

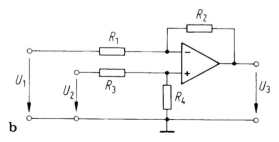

Abb. 21 **a** Addierverstärker, **b** Subtrahierverstärker

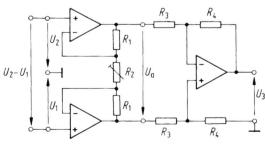

Abb. 22 Elektrometerverstärker (Instrumentierverstärker, *instrumentation amplifier*)

$$U_3 = \frac{R_4}{R_3} U_a.$$

Die Übersetzung des Elektrometerverstärkers beträgt also

$$G_{id} = \frac{U_3}{U_2 - U_1} = \frac{R_4}{R_3}\left(1 + \frac{2R_1}{R_2}\right).$$

Ein solcher Instrumentierverstärker ist z. B. bei der magnetisch-induktiven Durchflussmessung (siehe ▶ Abschn. 11.4.3 in Kap. 11, „Sensoren (Messgrößen-Aufnehmer)") sehr gut zur Messung der induzierten Spannung geeignet, da bei Flüssigkeiten mit geringer Leitfähigkeit der hohe Quellenwiderstand einen sehr hohen Eingangswiderstand des Messverstärkers erfordert. Der Instrumentierverstärker besitzt den zusätzlichen Vorteil, dass er Eingangsspannungen potenzialfrei messen kann.

12.4.5 Präzisionsgleichrichtung

Legt man nach Abb. 23 an den Ausgang eines mit dem Widerstand R gegengekoppelten Spannungsverstärkers mit Stromausgang eine Diodenbrücke, die ein Anzeigeinstrument speist, so fließt durch dieses Anzeigeinstrument der gleichgerichtete Ausgangsstrom $|I_2| = |U_1|/R$.

Die Eingangsspannung U_1 wird also exakt gleichgerichtet. Den Spannungsbedarf der Dioden deckt der Operationsverstärker. Das Anzeigeinstrument hat keinen eindeutigen Bezug zum Massepotenzial; es liegt auf „schwebendem" (floating) Potenzial, man spricht auch von einer Schwebespannung. Der Eingangswiderstand ist wegen der gewählten Gegenkopplungsschaltung sehr hochohmig. Als Tiefpassfilter fungiert wegen seiner Trägheit das Anzeigeinstrument.

12.4.6 Aktive Filter

Aktive Filter bestehen aus frequenzabhängigen Netzwerken, die Widerstände, Kapazitäten oder andere frequenzabhängige Bauelemente enthalten, die mithilfe von Operationsverstärkern rückwirkungsfrei bezüglich des Ein- und des Ausgangs betrieben werden können. Induktivitäten erheblicher Baugröße und mit nichtidealem Verhalten können vermieden werden. Hier soll nur das Prinzip aktiver Filter dargestellt werden.

Ersetzt man nach Abb. 24a den Gegenkopplungswiderstand beim Stromverstärker mit Spannungsausgang durch einen komplexen Widerstand $\underline{Z}_2$, so ist die komplexe Übersetzung $\underline{G} = \underline{U}_2/\underline{I}_1 = \underline{Z}_2$. Legt man in Serie zum Eingang einen weiteren komplexen Widerstand $\underline{Z}_1$, so resultiert daraus ein Eingangsstrom $\underline{I}_1 = \underline{U}_1/\underline{Z}_1$. Mit der

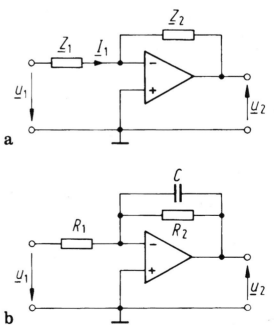

Abb. 24 Aktive Filter. **a** Mit den komplexen Widerständen $\underline{Z}_1$ und $\underline{Z}_2$, **b** aktives Tiefpassfilter 1. Ordnung

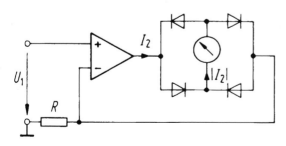

Abb. 23 Präzisionsgleichrichtung

Eingangsspannung $\underline{U}_1$ ergibt sich der Frequenzgang $\underline{G}(j\omega)$ des so entstandenen aktiven Filters

$$\underline{G}(j\omega) = \frac{\underline{U}_2}{\underline{U}_1} = \frac{\underline{Z}_2}{\underline{Z}_1}.$$

Beim aktiven Tiefpassfilter 1. Ordnung nach Abb. 24b ist $\underline{Z}_1$ durch den Widerstand R_1 ersetzt und $\underline{Z}_2$ durch die Parallelschaltung eines Widerstandes R_2 und einer Kapazität C. Der Frequenzgang $G(j\,\omega)$ dieses aktiven Tiefpassfilters ist

$$\underline{G}(j\omega) = \frac{\underline{U}_2}{\underline{U}_1} = \frac{R_2}{R_1} \cdot \frac{1}{(1 + j\omega R_2 C)}.$$

Es besitzt die gleiche Frequenzabhängigkeit wie ein R_2C-Glied, hat aber bei niedrigen Frequenzen die Spannungsverstärkung R_2/R_1. Der Eingangswiderstand ist konstant $R_E = R_1$, der Ausgangswiderstand geht gegen $R_A = 0$. Der Amplitudengang ist

$$\mid G(j\omega) \mid = \frac{R_2}{R_1} \cdot \frac{1}{\sqrt{1 + (\omega R_2 C)^2}}$$
$$= \frac{R_2}{R_1} \cdot \frac{1}{\sqrt{1 + (\omega/\omega_g)^2}}.$$

Er ist bei der Grenzkreisfrequenz $\omega_g = 1/R_2C$ auf $1/\sqrt{2}$ des Wertes bei $\omega = 0$ abgesunken und geht für hohe Kreisfrequenzen gegen null. Die Phasenverschiebung ist bei niedrigen Frequenzen null, bei der Grenzfrequenz $-45°$ und geht bei hohen Frequenzen gegen $-90°$.

Wegen des Tiefpasscharakters eignet sich dieses aktive RC-Filter zur *Mittelwertbildung* eines Eingangssignals $u_1(t)$. Die hochfrequenten Signalanteile werden wegen $\omega \gg \omega_g$ unterdrückt, und der langsam veränderliche Mittelwert wird am Ausgang ausgegeben.

12.4.7 Ladungsverstärker

Verlustarme Kapazitäten eignen sich vorzüglich zur (zeitlichen) Integration von Strömen.

Die Spannung $u(t)$ an einer Kapazität C ist

$$u(t) = \frac{1}{C}q(t) = \frac{1}{C}\int_0^t i(\tau)\ d\tau.$$

Um diesen Zusammenhang zur Integration anwenden zu können, muss Rückwirkungsfreiheit zwischen dem Eingangsstrom $i_1(t)$ und dem Strom $i(t)$ durch den Kondensator sowie zwischen der Ausgangsspannung $u_2(t)$ und der Spannung $u(t)$ am Kondensator gewährleistet sein. Dies geschieht nach Abb. 25a durch einen Stromverstärker mit Spannungsausgang, bei dem der Gegenkopplungswiderstand durch die Kapazität C ersetzt ist.

Bei vernachlässigbarem Steuerstrom i_{st} und vernachlässigbarer Steuerspannung u_{st} ergibt sich wegen $i_1(t) = i(t)$ und $u_2(t) = u(t)$:

$$u_2(t) = \frac{1}{C}\int_0^t i_1(\tau)\ d\tau = \frac{1}{C}q(t).$$

Die Ausgangsspannung $u_2(t)$ ist also proportional dem Integral des Eingangsstroms $i_1(t)$ und damit proportional der Ladung $q(t)$. Man bezeichnet diese Schaltung deshalb auch als *Ladungsverstärker*, obwohl nicht etwa die Ladung, sondern die am Ausgang verfügbare Leistung verstärkt wird. Der Eingangswiderstand beträgt im Idealfall $R_E = 0$ und der Ausgangswiderstand $R_A = 0$.

12.4.8 Integrationsverstärker für Spannungen

Zur Integration von Spannungen $u_1(t)$ wird beim Ladungsverstärker am Eingang ein Widerstand R in Serie geschaltet, und es ergibt sich ein *Integrationsverstärker* für Spannungen nach Abb. 25b. Mit $u_1(t) = R\,i_1(t)$ beträgt die Ausgangsspannung

$$u_2(t) = \frac{1}{RC}\int_0^t u_1(\tau)\ d\tau\ (+U_{20}).$$

Integrationsverstärker werden zur Integration unbekannter Spannungsverläufe verwendet, wie

Abb. 25 **a** Ladungsverstärker,
b Integrationsverstärker,
c Erzeugung einer
Sägezahnspannung,
d Einfluss von
Nullpunktfehlergrößen

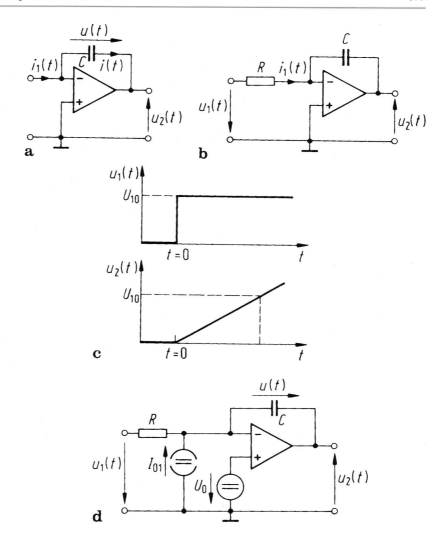

z. B. zur Bestimmung der Flächenanteile des von einem Gaschromatografen gelieferten Messsignals, um daraus auf die verschiedenen Gaskonzentrationen schließen zu können. Andere typische Integrationsaufgaben sind die Bestimmung des magnetischen Flusses durch Integration der induzierten Spannung, die Bestimmung der Arbeit aus der Momentanleistung oder die Bestimmung von Geschwindigkeit und Weg aus der Beschleunigung (Trägheitsnavigation).

Integrationsverstärker werden aber auch zur gezielten Erzeugung bestimmter Signalverläufe eingesetzt. Durch periodisch wiederholte Integration einer konstanten Eingangsspannung erhält man eine linear ansteigende Ausgangsspannung,

die die Form einer Rampe besitzt und auch als Sägezahnspannung bezeichnet wird (Abb. 25c).

Integrationsverstärker werden auch in Analogdigital-Umsetzern zur Erzeugung von Zeiten oder Frequenzen als Zwischengrößen eingesetzt, die dann leicht digitalisiert werden können.

Ein Problem sind bei Integrationsverstärkern die *Nullpunktfehlergrößen*, die auch beim Eingangssignal Null eine Hochintegration der Ausgangsspannung bis zur Begrenzung durch eine der beiden Speisespannungen bewirken können, wenn keine geeigneten Gegenmaßnahmen getroffen werden. Mit der Nullpunktfehlerspannung U_0 und dem Nullpunktfehlerstrom I_{01} nach Abb. 25d ergibt sich die Ausgangsspannung

$$u_2(t) = \frac{1}{RC} \int_0^t u_1(\tau) \ \mathrm{d}\tau + \frac{1}{C} \int_0^t I_{01} \ \mathrm{d}\tau$$

$$- \frac{1}{RC} \int_0^t U_0 \ \mathrm{d}\tau \ (+U_{20}).$$

Besonders störend ist der Anstieg der Ausgangsspannung aufgrund des Integralanteils

$$\frac{1}{C} \int_0^t (I_{01} - U_0/R) \ \mathrm{d}\tau,$$

der bei vorgegebener Integrationszeit t nur durch kleine Nullpunktfehlergrößen klein gehalten werden kann. Große Integrationskapazitäten C verringern dabei den Einfluss des Nullpunktfehlerstromes I_{01}.

Im Dauerbetrieb ist entweder eine zyklische Rücksetzung der Spannung an der Integrationskapazität notwendig, oder es muss mit einem hochohmigen Parallelwiderstand zur Kapazität dafür gesorgt werden, dass die durch Nullpunktfehler bedingten, extrem langsamen Aufladungen der Integrationskapazität durch mindestens ebenso große Entladeströme ausgeglichen werden.

Weiterführende Literatur

Federau J (2017) Operationsverstärker, 7. Aufl. Springer Vieweg, Wiesbaden

Felderhoff R, Freyer U (2007) Elektrische und elektronische Messtechnik, 8. Aufl. Hanser, München

George B, Roy JK, Kumar VJ, Mukhopadhyay SC (2017) Advanced interfacing techniques for sensors. Springer, Cham

Göpel W, Hesse J, Zemel JN (Hrsg) (1989–1995) Sensors: a comprehensive survey. 8 Bde. Weinheim: VCH-Verl.

Heyne G (1999) Elektronische Messtechnik. Oldenbourg, München

Klaasen KB (1996) Electronic measurement and instrumentation. Cambridge University Press, Cambridge

Klein JW, Düllenkopf P, Glasmachers A (1992) Elektronische Messtechnik. Teubner, Stuttgart

Lerch R (2016) Elektrische Messtechnik, 7. Aufl. Springer Vieweg, Berlin/Heidelberg

Northrop RB (2014) Introduction to instrumentation and measurements, 3. Aufl. CRC Press, Boca Raton

Overney F, Jeanneret B (2018) Impedance bridges: from Wheatstone to Josephson. Metrologia 55(5): 119–134

Pfeiffer W (1994) Simulation von Messschaltungen. Springer, Berlin

Schrüfer E, Reindl L, Zagar B (2018) Elektrische Messtechnik, 12. Aufl. Hanser, München

Tietze U, Schenk C, Gamm E (2016) Halbleiter-Schaltungstechnik, 15. Aufl. Springer, Berlin

Gerhard Fischerauer und Hans-Rolf Tränkler

Zusammenfassung

Analoges Messen ist immer dann zweckmäßig, wenn der Mensch in einen technischen Prozess eingebunden ist. Dies ist z. B. bei Abgleichvorgängen oder Arbeitspunkteinstellungen im Labor der Fall oder bei Nachlaufregelungen im Zusammenhang mit Fahrzeugen oder bei der optischen Überwachung von Prozessen in einer Messwarte. Immer müssen Abweichungen vom Sollwert schnell erkannt werden und zu einer entsprechenden Reaktion führen. Bei analogen Messwertausgaben werden diese Abweichungen gewöhnlich als Weg- oder Winkeldifferenzen dargestellt, da diese vom Menschen unmittelbar aufgenommen werden können. In diesem Kapitel werden Prinzipien, Eigenschaften und Anwendungen analoger Messwertausgabegeräte beschrieben. Zu ihnen gehören Messwerke und Oszilloskope.

G. Fischerauer
Lehrstuhl für Mess- und Regeltechnik, Universität Bayreuth, Bayreuth, Deutschland
E-Mail: Gerhard.Fischerauer@uni-bayreuth.de

H.-R. Tränkler (✉)
Universität der Bundeswehr München (im Ruhestand), Neubiberg, Deutschland
E-Mail: hans-rolf@traenkler.com

13.1 Analoge Messwerke

Analoge Weg- oder Winkelanzeigen können aus Gleichgewichtsbedingungen für Kräfte oder Drehmomente gewonnen werden, die elektrostatisch, elektromagnetisch oder thermisch erzeugt werden.

Beispiele für Messwerke mit signalverarbeitenden Eigenschaften sind das Dreheisenmesswerk zur Effektivwertmessung, das elektrodynamische Messwerk zur Wirkleistungsmessung und das Kreuzspulmesswerk zur Widerstandsbestimmung über eine Quotientenbildung.

Eine Sonderstellung unter allen Messwerken nimmt das *lineare Drehspulmesswerk mit Außenmagnet* ein.

13.1.1 Prinzip des linearen Drehspulmesswerks

Die Wirkungsweise des Drehspulmesswerks beruht auf der selbstständigen Kompensation des durch einen proportionalen Messstrom I in einer Drehspule elektrisch erzeugten Drehmomentes M_{el} mit einem über zwei Drehfedern mechanisch erzeugten Gegendrehmoment M_{mech}, das wiederum dem Ausschlagwinkel α der Drehspule proportional ist.

Bei linearen Drehspulmesswerken (mit Außenmagneten) wird mithilfe eines im Magnetkreis angeordneten Permanentmagneten ein radialsymmetrisches Magnetfeld der Induktion B erzeugt. In diesem Feld können sich die Flanken einer drehbar gelagerten Spule (Drehspule) auf einer Kreisbahn bewegen (Abb. 1).

Innerhalb der Drehspule befindet sich ein Weicheisenkern, der den Luftspalt zwecks optimaler Ausnutzung des verwendeten Magneten verkleinert. Außerdem ergibt sich bei ebenfalls kreisförmig ausgebildeten Polschuhen ein etwa konstanter Luftspalt und damit näherungsweise das gewünschte radialsymmetrische Magnetfeld. Solange sich die Flanken der Drehspule im Luftspalt befinden, ist die magnetische Induktion unabhängig von der Winkelstellung der Drehspule.

Bei dem Messstrom I, der magnetischen Induktion B, einer Windungszahl N der Drehspule, einem Rähmchendurchmesser d und einer Rähmchenhöhe h beträgt das elektrisch erzeugte Drehmoment

$$M_{el} = 2F_{el}\frac{d}{2} = BdhNI.$$

Diesem Moment entgegen wirkt das in zwei Drehfedern mit der gemeinsamen Drehfederkonstanten (Richtmoment) D mechanisch erzeugte Moment M_{mech}, das dem Ausschlagwinkel α der

Drehspule und des mit ihr fest verbundenen Zeigers proportional ist:

$$M_{mech} = D\alpha.$$

Im eingeschwungenen Zustand errechnet sich der Skalenverlauf aus $M_{el} = M_{mech}$ zu

$$\alpha = \frac{1}{D}BdhNI.$$

Der Ausschlagwinkel α ist damit linear vom Messstrom I abhängig und die stationäre *Stromempfindlichkeit* ist konstant:

$$\frac{d\alpha}{dI} = \frac{BdhN}{D}.$$

Die Drehspule ist gewöhnlich mit lackisoliertem Kupferdraht von 0,02 bis 0,3 mm Durchmesser bewickelt. Die Wicklung wird vom Rähmchen getragen, das in der Regel aus Aluminium gefertigt ist und eine Kurzschlusswindung darstellt. Bei Bewegung des Rähmchens wird durch die im Rähmchen induzierte Spannung und den daraus resultierenden Kurzschlussstrom ein der Winkel-

Abb. 1 Prinzip eines
linearen Drehspulmesswerks

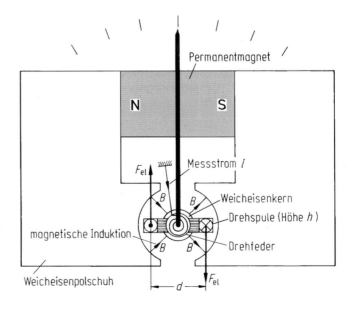

geschwindigkeit proportionales Bremsmoment erzeugt, das zur Dämpfung des Einstellvorgangs benötigt wird (Induktionsdämpfung).

13.1.2 Statische Eigenschaften des linearen Drehspulmesswerks

Typische Fehlerkurven von Drehspulmesswerken, die sich als Differenz zwischen den Istwerten α_{ist} und den Sollwerten α_{soll} ergeben, sind in Abb. 2 dargestellt. Bezieht man die *Messabweichung* (auch: den *Fehler*) $F = \alpha_{\text{ist}} - \alpha_{\text{soll}}$ (siehe ▶ Abschn. 10.1.3.2 in Kap. „Grundlagen und Strukturen der Messtechnik") auf den Messbereichsendwert α_0, so erhält man die einheitenlose *relative Messabweichung* (den *relativen Fehler*) F_{rel}. Sie muss unter Nennbedingungen der Einflussgrößen (z. B. der Temperatur) für alle Messströme innerhalb des Messbereiches sicher unter einer bestimmten zulässigen Grenze (z. B. 1 %) bleiben, damit ein Messwerk einer bestimmten *Genauigkeitsklasse* (z. B. Klasse 1) zugeordnet werden kann. Als Genauigkeitsklas-

sen sind für Betriebsmessinstrumente die Klassen 1, 1,5, 2,5 und 5 üblich.

Der *Einflusseffekt* darf eine zusätzliche, der jeweiligen Klasse entsprechende Messabweichung verursachen, wenn sich dabei die jeweilige Einflussgröße nur innerhalb festgelegter Grenzen ändert.

Bei der Verwendung eines Drehspulmesswerks als *Spannungsmessgerät* muss die Temperaturabhängigkeit des Innenwiderstandes der Drehspulwicklung aus Kupfer berücksichtigt werden. Näherungsweise genügt häufig die Berücksichtigung des linearen Temperaturkoeffizienten α, bei einer Übertemperatur ϑ gegenüber der Bezugstemperatur ϑ_0:

$$R_{\text{i}}(\vartheta) = R_{\text{i0}}[1 + \alpha(\vartheta - \vartheta_0)].$$

Der Innenwiderstand bei Bezugstemperatur ϑ_0 beträgt dabei $R_{\text{i}}(\vartheta_0) = R_{\text{i0}}$ und der Temperaturkoeffizient α liegt für Kupfer bei etwas über $4 \cdot 10^{-3}/\text{K}$.

Der Temperatureinfluss kann bei Spannungsmessgeräten durch Serienschaltung eines größeren temperaturunabhängigen Widerstandes verkleinert (teilkompensiert) werden. Besonders für kleine Spannungsbereiche kann ein Vorwiderstand mit negativem Temperaturkoeffizienten den Temperatureinfluss in einem begrenzten Temperaturbereich näherungsweise aufheben (kompensieren), ohne den Gesamtwiderstand wesentlich zu erhöhen.

13.2 Funktionsbildung und Verknüpfung mit Messwerken

Verschiedene Aufgaben der Messsignalverarbeitung können mit anderen Messwerkstypen, z. B. mit Kreuzspulmesswerken oder mit elektrodynamischen Messwerken gelöst werden. Neben der Bestimmung von Mittelwerten von Wechsel- und Mischgrößen ist auf diese Weise die Quotientenbildung zur Widerstandsmessung, die Produktbildung zur Leistungsmessung oder die Integralbildung zur Energiemessung möglich.

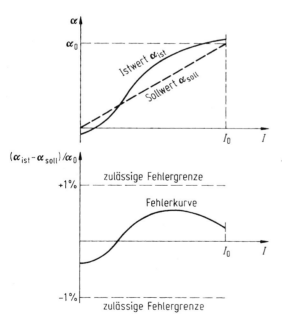

Abb. 2 Fehlerkurve eines linearen Drehspulmesswerks

Bestimmte Messwerkstypen werden überwiegend aus wirtschaftlichen Gründen oder wegen ihrer geringen Baugröße eingesetzt. So besitzen z. B. Kernmagnetmesswerke eine besonders kompakte Bauform, weisen aber gewöhnlich einen nichtlinearen Skalenverlauf auf.

13.2.1 Kernmagnetmesswerk mit radialem Sinusfeld

Beim Kernmagnetmesswerk mit radialem Sinusfeld beträgt nach Abb. 3a die magnetische Induktion B am Ort der Drehspulflanke

$$B = B_0 \cos (\alpha - \beta).$$

Dabei bedeutet B_0 die maximale magnetische Induktion in Magnetisierungsrichtung des Kernes, α den Ausschlagwinkel und β den Magnetisierungswinkel zwischen der Ruhelage der Rähmchenflanke und der Magnetisierungsrichtung. Das elektrisch erzeugte Drehmoment M_{el} ist der wirksamen magnetischen Induktion B und dem Spulenstrom I proportional und ist gleich dem mechanischen Gegendrehmoment M_{mech}, das wiederum

dem Ausschlagwinkel α proportional ist. Der Skalenverlauf folgt daher der Beziehung

$$I = \frac{k\alpha}{\cos (\alpha - \beta)},$$

wobei k eine Konstante ist. Der Skalenverlauf lässt sich durch den Magnetisierungswinkel β beeinflussen. Fordert man z. B. $I = I_0/2$ für $\alpha = \alpha_0/2$, so erhält man unter Berücksichtigung von $I = I_0$ für $\alpha = \alpha_0$

$$\cos (\alpha_0 - \beta) = \cos (\alpha_0/2 - \beta) \ , \ \beta = 3\alpha_0/4.$$

Unter dieser Annahme und mit $\alpha_0 = 90°$ ergibt sich der in Abb. 3b gezeichnete Skalenverlauf.

13.2.2 Quotientenbestimmung mit Kreuzspulmesswerken

Bei Kreuzspulmesswerken werden in den beiden unter dem Kreuzungswinkel 2δ fest miteinander verbundenen Drehspulen elektrisch zwei entgegengerichtete Drehmomente erzeugt, die im Gleichgewichtsfall gleich sind. Eine richtkraftlose Aufhängung ist möglich, da kein mechanisches Gegendrehmoment benötigt wird. Der radiale Verlauf des Permanentmagnetfeldes muss jedoch unsymmetrisch sein, damit bestimmten Werten für den Quotienten der beiden Ströme I_1 und I_2 durch die beiden gekreuzten Spulen definierte Ausschlagwinkel α zugeordnet werden können. Wegen der einfachen Konstruktion werden gerne Kreuzspulmesswerke mit Kernmagnet nach Abb. 4a verwendet.

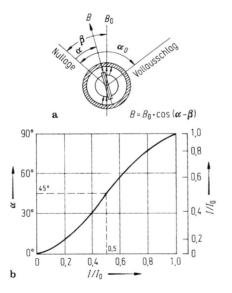

Abb. 3 Kernmagnetmesswerk mit radialem Sinusfeld. **a** Prinzip, **b** Skalenverlauf für $\beta = 3\alpha_0/4$

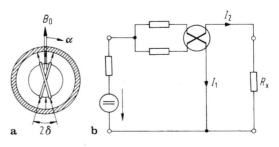

Abb. 4 Kreuzspulmesswerk. **a** Prinzip des Kreuzspulmesswerks mit Kernmagnet, **b** Messschaltung für Widerstandsmessungen mit Kreuzspulmesswerk

Die Drehmomente in den beiden Spulen gleicher Windungsflächen sind den jeweiligen Strömen I_1 und I_2, den jeweiligen Windungszahlen N_1 und N_2 und der am Ort der jeweiligen Spulenflanke herrschenden Induktion $B_0 \cos(\alpha - \delta)$ bzw. $B_0 \cos(\alpha + \delta)$ proportional. Der Skalenverlauf folgt wegen des sinusförmigen Feldverlaufs der Beziehung

$$\frac{I_1 N_1}{I_2 N_2} = \frac{\cos(\alpha - \delta)}{\cos(\alpha + \delta)}.$$

Damit besteht ein eindeutiger Zusammenhang zwischen dem Winkel α und dem Quotienten I_1/I_2 der Spulenströme. Kreuzspulmesswerke sind daher besonders für Widerstandsmessungen geeignet.

Bei den Messschaltungen zur Widerstandsmessung mit Kreuzspulmesswerken nach Abb. 4b sorgt man dafür, dass die Ströme I_1 und I_2 durch die beiden Spulen angenähert proportional der Spannung am bzw. dem Strom durch den zu messenden Widerstand R_x sind.

Der Ausschlagwinkel α des Kreuzspulmesswerks ist dann näherungsweise unabhängig von der Versorgungsspannung der Messschaltungen, weil bei einer Änderung der Quotient konstant bleibt.

13.2.3 Bildung von linearen Mittelwerten und Extremwerten

Linearer Mittelwert

Das dynamische Verhalten vieler Messwerke entspricht dem eines Messgliedes 2. Ordnung mit (gerade noch) schwingender Einstellung. Ändert sich der Messstrom nur langsam, dann ist die Anzeige proportional dem Messstrom. Bei hoher Frequenz des Messstromes geht die Anzeige gegen null. Ist einem Messstrom $i(t)$ mit dem Gleichanteil I_- ein höherfrequenter Messstrom $I_\sim = I_0 \sin \omega t$ (Wechselanteil) überlagert, so wird aufgrund des dynamischen Verhaltens der lineare Mittelwert

$$\bar{i} = \frac{1}{T} \int_0^T i(t) \ \mathrm{d}t$$

angezeigt, der durch Integration über die Dauer T einer Periode bestimmt werden kann. Verzögernde Messglieder wirken wie Tiefpassfilter. Sind z. B. einem Gleichsignal störende netzfrequente Wechselanteile mit Frequenzen von 50 Hz, 150 Hz usw. überlagert, so werden diese Störanteile von den üblichen Messwerken herausgefiltert, da sie den linearen Mittelwert anzeigen.

Gleichrichtwert

Wechselströme und Wechselspannungen werden entweder aus dem quadratischen Mittelwert (Effektivwert) oder aus dem nach Gleichrichtung erhaltenen Mittelwert, dem sog. Gleichrichtwert, bestimmt. Der Gleichrichtwert $\overline{|i|}$ eines Stromes $i(t)$ ist

$$\overline{|i|} = \frac{1}{T} \int_0^T |i(t)| \ \mathrm{d}t$$

und berechnet sich für sinusförmige Wechselströme $i(t) = I_0 \sin \omega t$ zu

$$\overline{|i|} = \frac{2}{T} \int_0^{T/2} I_0 \sin \omega t \ \mathrm{d}t = \frac{2}{\pi} I_0$$

$$= \frac{2\sqrt{2}}{\pi} I_{\text{eff}} \approx \cdot\, 0{,}9003 I_{\text{eff}}.$$

In Abb. 5 sind verschiedene Gleichrichterschaltungen dargestellt.

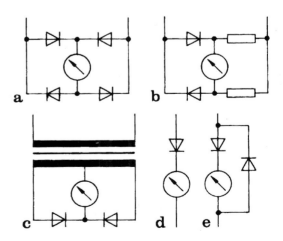

Abb. 5 Gleichrichterschaltungen. **a** bis **c** Zweiweggleichrichterschaltungen, **d** und **e** Einweggleichrichterschaltungen

Unter der Annahme idealer Gleichrichter (Durchlasswiderstand gleich null, Sperrwiderstand unendlich) wird mit den Zweiweggleichrichterschaltungen und einem mittelwertanzeigenden Messwerk der Gleichrichtwert gebildet. Bei den Einweggleichrichterschaltungen erhält man bei reinen Wechselgrößen den halben Gleichrichtwert.

Die Brückenschaltung in (a) wird auch als Graetz-Schaltung bezeichnet. In der Schaltung (b) sind zwei Dioden durch Widerstände ersetzt. Die reale, gekrümmte Diodenkennlinie wirkt sich hier nur einmal aus, und ein Teil des Messstromes fließt nicht durch das Messwerk. Bei der Mittelpunktschaltung (c) ist eine Mittelanzapfung der Sekundärwicklung des Wandlers notwendig. Der Einweggleichrichter in (d) ist nur für Spannungsgleichrichtung und der in (e) nur für Stromgleichrichtung geeignet; in dieser Schaltung muss auch bei umgekehrter Polarität Stromfluss möglich sein.

Spitzenwertgleichrichtung

Bei Spitzenwertgleichrichtung wird eine Kapazität über eine Diode auf den positiven oder negativen Extremwert einer Wechselspannung aufgeladen, bei sinusförmiger Wechselspannung im Idealfall auf den Scheitelwert U_0 (Abb. 6a).

Bei realen Gleichrichterdioden ist der erhaltene Spitzenwert mindestens um die minimale Durchlassspannung der Diode vermindert. Außerdem sinkt bei Belastung der Kapazität C mit einem Lastwiderstand R die Spannung innerhalb einer Periode exponentiell um einen Anteil $\Delta U/U_0$ ab,

der durch die Zeitkonstante RC und die Periodendauer T des Messsignals gegeben ist (Abb. 6b). Für $T \ll R\,C$ gilt

$$\frac{\Delta U}{U_0} = \frac{U_0 - U}{U_0} = 1 - \frac{U}{U_0} = 1 - \mathrm{e}^{-T/RC} \approx \frac{T}{RC}.$$

Bei einer Frequenz von 10 kHz ($T = 0,1$ ms) und einer Zeitkonstanten von $RC = 100\,\mathrm{k}\Omega\cdot 100\,\mathrm{nF} = 10$ ms ergibt sich für die Restwelligkeit $\Delta U/U_0 = 1\,\%$.

Die sog. Schwingungsbreite (Schwankung) einer Wechselspannung kann mit der Greinacher-Schaltung nach Abb. 6c bestimmt werden, die bei sinusförmigen Wechselspannungen im Idealfall zu einer Verdopplung des Scheitelwerts auf den Wert $2\,U_0$ führt. Spitzenwertgleichrichtung wird besonders bei höheren Frequenzen angewendet.

13.2.4 Bildung von quadratischen Mittelwerten

Der quadratische Mittelwert (Effektivwert) I eines zeitlich veränderlichen, periodischen Stromes $i(t)$ ist als derjenige Gleichstrom definiert, der in einem Widerstand R während der Dauer einer Periode T die gleiche Energie umsetzt wie der periodische Strom. Für den Effektivwert erhält man daraus

$$I = \sqrt{\frac{1}{T} \int_0^T i^2(t)\, \mathrm{d}t}.$$

Für einen sinusförmigen Wechselstrom $i(t) = I_0 \sin \omega\, t$ ergibt sich für den Effektivwert $I = I_0/\sqrt{2}$. Will man mit Messinstrumenten, die den Gleichrichtwert bilden, den Effektivwert I anzeigen, dann muss der Gleichrichtwert $\overline{|i|}$ mit dem *Formfaktor* $F_g = I/\overline{|i|}$ multipliziert werden. Der Formfaktor hängt von der Kurvenform der Wechselgröße ab. Bei sinusförmigen Wechselgrößen ist

$$F_g = \frac{I}{\overline{|i|}} = \frac{\pi}{2\sqrt{2}} \approx 1{,}111.$$

In Effektivwerten geeichte Messgeräte mit linearer Mittelwertgleichrichtung zeigen also bei

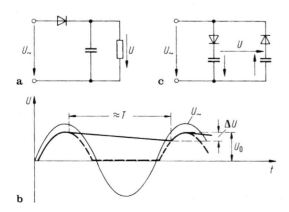

Abb. 6 Spitzenwertgleichrichtung. **a** Prinzip, **b** Restwelligkeit, **c** Greinacher-Schaltung (Spitze-Spitze-Wert)

Gleichgrößen um 11,1 % zu viel an, da der Form-faktor der Gleichgrößen gleich eins ist.

Effektivwertmessung mit Thermoumformern

Bei Thermoumformern wird die Übertemperatur $\Delta\vartheta$ eines vom Messstrom $i(t)$ durchflossenen Heizleiters mit einem Thermoelement (siehe ▶ Abschn. 11.5.3 in Kap. 11, „Sensoren (Mess-größen-Aufnehmer)") und einem nachgeschalte-ten Drehspulinstrument gemessen. Wesentlich ist dabei, dass die Übertemperatur $\Delta\vartheta$ näherungswei-se der Joule'schen Wärme I^2R proportional und die Thermospannung des Thermoelements eben-falls näherungsweise dieser Übertemperatur propor-tional ist. Die Ausgangsspannung eines Thermoum-formers ist also der Leistung und damit dem Quadrat des Effektivwertes des Messstromes pro-portional. Thermoumformer eignen sich bis zu sehr hohen Frequenzen zur Leistungs- bzw. Effektiv-wertmessung. Sie sind leider nur wenig überlastbar.

Effektivwertmessung mit Dreheisenmesswer-ken

Zur Anzeige von Effektivwerten bei Netzfre-quenz werden in Schaltwarten bis heute gerne Dreheisenmesswerke verwendet. Das für didak-tische Zwecke gerne benutzte translatorische Prinzip, bei dem ein Eisenstab in eine strom-durchflossene Spule gezogen wird, ist in der Pra-xis durch eine rotatorische Anordnung ersetzt. In dem in Abb. 7a dargestellten Mantelkern-Dreheisenmesswerk magnetisiert die vom Mess-strom durchflossene Rundspule ein festes und ein beweglich mit der Drehachse verbundenes zylinderförmiges Eisenteil.

Aufgrund der gleichnamigen Magnetisierung stoßen die beiden Eisenteile einander ab und erzeugen so ein Drehmoment, das mit dem mechanischen winkelproportionalen Gegendrehmo-ment im Gleichgewicht steht. Zur Dämpfung des Messwerkes verwendet man bevorzugt eine Luft-dämpfung.

Das elektrisch erzeugte Drehmoment lässt sich durch Differenziation der Energie E nach dem Ausschlagwinkel α berechnen. Die gespeicherte magnetische Energie ist

$$E_{\mathrm{mag}} = \frac{1}{2}LI^2.$$

Dabei ist I der Messstrom und L die Selbst-induktivität des Messwerks. Das elektrisch erzeugte Drehmoment M_{el} ist bei konstantem Strom I abhängig vom Ausschlagwinkel α

$$M_{\mathrm{el}} = \frac{\mathrm{d}E_{\mathrm{mag}}}{\mathrm{d}\alpha} = \frac{1}{2} \cdot \frac{\mathrm{d}L}{\mathrm{d}\alpha}I^2$$

und steht mit dem mechanischen Gegendrehmo-ment

$$M_{\mathrm{mech}} = D\alpha$$

im Gleichgewicht.

Mit der Drehfederkonstanten D ergibt sich für den Skalenverlauf

$$\alpha = \frac{1}{2D} \cdot \frac{\mathrm{d}L}{\mathrm{d}\alpha}I^2.$$

Der Skalenverlauf hängt also vom Quadrat des Stromes und vom Verlauf $\mathrm{d}L/\mathrm{d}\alpha$ der Selbst-induktivität des Messwerks ab. Bei linearem In-duktivitätszuwachs ergibt sich ein quadratischer Skalenverlauf, bei ungefähr logarithmischem Induktivitätszuwachs ergibt sich ein näherungs-weise linearer Skalenverlauf (Abb. 7b).

Dreheisenmesswerke werden bevorzugt zur Ef-fektivwertmessung von Strömen oder Spannungen bei niedrigen Frequenzen eingesetzt, sind aber auch für Gleichgrößenmessung geeignet. Der Eigenver-brauch liegt bei Strommessung bei mindestens 0,1 VA, bei Spannungsmessung wegen des notwen-digen hohen, temperaturunabhängigen Vorwider-standes bei mindestens 1 VA. Bei Spannungsmes-sern kann man den Frequenzfehler bis etwa 500 Hz durch einen geeignet dimensionierten Parallelkon-densator zum Vorwiderstand kompensieren.

13.2.5 Multiplikation mit elektrodynamischen Messwerken

Zur Bestimmung der Wirkleistung in Wechsel-stromnetzen werden in Warten bevorzugt elektro-dynamische Messwerke eingesetzt. Sie ähneln in ihrem Aufbau einem Drehspulmesswerk mit Au-ßenmagnet (siehe Abschn. 13.1.1), wobei der Per-

Abb. 7 Dreheisen-
Messwerk. **a** Mantelkern-
Dreheisenmesswerk
(Hartmann & Braun),
b Typische
Drehmomentkurve (Palm)

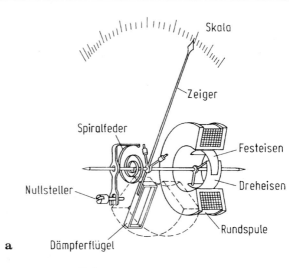

a

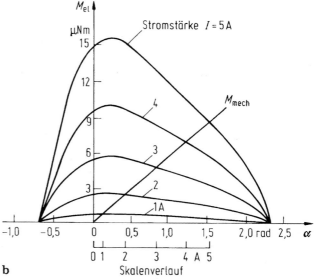

b

manentmagnet durch einen Elektromagneten ersetzt ist.

Prinzip der Leistungsmessung mit elektrodynamischen Messwerken

Die in einem komplexen Verbraucher $\underline{Z}$ umgesetzte *Momentanleistung* $p(t)$ berechnet sich aus der sinusförmigen Spannung $u(t) = U_0 \sin \omega t$ und dem phasenverschobenen sinusförmigen Strom $i(t) = I_0 \sin(\omega t + \varphi)$ zu

$$p(t) = u(t) \; i(t) = U_0 \sin \omega t \; I_0 \sin (\omega t + \varphi).$$

Mit der Formel

$$\sin \alpha \sin \beta = \frac{1}{2} [\cos (\alpha - \beta) - \cos (\alpha + \beta)]$$

wird die Momentanleistung

$$p(t) = \frac{1}{2} U_0 I_0 [\cos \varphi - \cos (2\omega t + \varphi)].$$

Der in der Momentanleistung enthaltene Gleichanteil ist die im Verbraucher umgesetzte Wirkleistung

$$P_{\mathrm{w}} = \frac{1}{2} U_0 I_0 \cos\varphi = UI\cos\varphi.$$

Der überlagerte Wechselanteil stellt eine mit der doppelten Frequenz pulsierende Leistung dar. Bei linearer Mittelwertbildung der Momentanleistung $p(t)$ ergibt sich also die Wirkleistung P_{w}.

Schickt man durch die Drehspule eines elektrodynamischen Messwerkes einen Strom i_{D}, der der Spannung $u(t)$ am Verbraucher proportional ist, und durch die Feldspule einen Strom i_{F}, der dem Strom $i(t)$ durch den Verbraucher proportional ist, so ist die Anzeige des mittelwertbildenden Messwerks der Wirkleistung proportional:

$$\alpha \sim \frac{1}{T}\int_0^T i_{\mathrm{D}} i_{\mathrm{F}}\ \mathrm{d}t \sim \frac{1}{T}\int_0^T u(t)\ i(t)\ \mathrm{d}t = P_{\mathrm{w}},$$

$$P_{\mathrm{w}} = UI\cos\varphi \sim \alpha.$$

Bei einem Phasenwinkel $\varphi = 90°$ zwischen Spannung und Strom ist die von einem elektrodynamischen Messwerk angezeigte Wirkleistung null, da wegen fehlender Wirkwiderstände nur Blindleistung pendeln kann.

Messschaltungen zur Leistungsmessung

Bei den in Abb. 8 dargestellten Messschaltungen zur Bestimmung einer Leistung müssen die Vorwiderstände R_{v} so ausgelegt werden, dass bei Nennspannung der Strom in der Drehspule einen bestimmten Nennwert nicht überschreitet.

Außerdem muss der Vorwiderstand R_{v} im Spannungspfad so angeordnet werden, dass zwischen Feld-(Strom-) und Dreh-(Spannungs-)spule

möglichst keine Potenzialdifferenz entsteht, die zu Isolationsproblemen führen könnte.

Mit Messschaltung (a) ist spannungsrichtige Verbraucherleistungsmessung oder aber stromrichtige Quellenleistungsmessung möglich. Bei Messschaltung (b) wird die Verbraucherleistung stromrichtig, die Quellenleistung jedoch spannungsrichtig gemessen.

Leistungsmessung in Netzen

Zur Anpassung an die unterschiedlichen Nennströme und Nennspannungen werden Spannungs- und Stromwandler eingesetzt, die gleichzeitig eine galvanische Trennung vom Netz bewirken.

In symmetrisch belasteten Drehstromnetzen braucht nur die Leistung einer Phase gemessen und mal drei genommen zu werden.

Bei einem Dreileiternetz wird der fehlende Sternpunkt mithilfe dreier Widerstände künstlich gebildet. Bei einem beliebig belasteten Dreileiternetz genügen zwei Messwerke zur Bestimmung der Gesamtleistung, wenn die beiden mit der 3. Phase verketteten Spannungen an die jeweiligen Spannungspfade angeschlossen werden (Aron-Schaltung). Die komplexe Gesamtleistung $\underline{P}$

$$\underline{P} = \underline{U}_{\mathrm{R0}}\underline{I}_{\mathrm{R}} + \underline{U}_{\mathrm{S0}}\underline{I}_{\mathrm{S}} + \underline{U}_{\mathrm{T0}}\underline{I}_{\mathrm{T}}$$

kann nämlich wegen $\underline{I}_{\mathrm{S}} = -(\underline{I}_{\mathrm{R}} + \underline{I}_{\mathrm{T}})$ in

$$\underline{P} = (\underline{U}_{\mathrm{R0}} - \underline{U}_{\mathrm{S0}})\underline{I}_{\mathrm{R}} + (\underline{U}_{\mathrm{T0}} - \underline{U}_{\mathrm{S0}})\underline{I}_{\mathrm{T}}$$
$$= \underline{U}_{\mathrm{RS}}\underline{I}_{\mathrm{R}} + \underline{U}_{TS}\underline{I}_{\mathrm{T}}$$

umgeformt werden.

Blindleistungsmessungen sind in Drehstromnetzen vergleichsweise einfach möglich, wenn bei symmetrischen Spannungsverhältnissen an den Spannungspfad eines wirkleistungsmessenden elektrodynamischen Messwerks statt der Phasenspannung die um $90°$ verschobene verkettete Spannung zwischen den beiden anderen Phasen angelegt wird. Bei der Auswertung sind die Teilleistungen dann aber durch $\sqrt{3}$ zu dividieren.

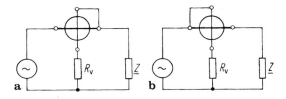

Abb. 8 Wirkleistungsmessung mit elektrodynamischen Messwerken. **a** Spannungsrichtige Verbraucherleistungsmessung, **b** stromrichtige Verbraucherleistungsmessung

13.2.6 Integralwertbestimmung mit Induktionszählern

Durch zeitliche Integration der an einen Verbraucher abgegebenen Wirkleistung $P_w(t)$ lässt sich die während der Zeit t_1 bis t_2 verbrauchte Energie bestimmen:

$$E = \int_{t_1}^{t_2} P_w(t)\,dt.$$

Bei dem in Abb. 9 skizzierten Induktionszähler, auch Ferraris-Zähler oder Wanderfeldzähler genannt, wirken auf eine drehbar gelagerte Aluminiumscheibe parallel zur Lagerachse ein von einer Spannungsspule mit großer Induktivität erzeugter magnetischer Fluss Φ_U und ein von einer Stromspule mit kleiner Induktivität erzeugter Fluss Φ_I.

Die in der Scheibe induzierten elektrischen Felder bewirken Wirbelströme in der Scheibe. Das elektromagnetisch erzeugte Moment M_{el} ergibt sich aus der Kraftwirkung der beiden Flüsse Φ_U und Φ_I mit den jeweils vom anderen Fluss erzeugten Wirbelströmen. Das resultierende Drehmoment M_{el} ist der Netzfrequenz f, den Flüssen Φ_U und Φ_I und dem Sinus des Phasenwinkels zwischen den beiden Flüssen proportional:

$$M_{el} \sim f\,\Phi_U\,\Phi_I \sin \sphericalangle(\Phi_U, \Phi_I).$$

Um ein der Wirkleistung P_w proportionales Drehmoment

$$M_{el} \sim P_w = UI \cos \varphi$$

zu erzielen, muss der Stromfluss Φ_I dem Strom I proportional sein. Der den Spannungsfluss Φ_U erzeugende Strom durch die Spannungsquelle muss dem Betrage nach der Spannung U proportional sein, in der Phase jedoch um $90°$ gegenüber der Spannung U verschoben sein, was bei einer Drosselspule in etwa gegeben ist. Bei rein Ohm'schem Verbraucher muss also der Fluss Φ_U gegenüber dem Fluss Φ_I um genau $90°$ verschoben sein ($90°$-Abgleich).

Da außerdem auf die Scheibe über einen Permanentmagneten ein der Winkelgeschwindigkeit ω_S der Scheibe proportionales Bremsmoment $M_b \sim \omega_S$ ausgeübt wird, stellt sich die momentane Winkelgeschwindigkeit $\omega_S(t)$ der Scheibe proportional zur momentanen Wirkleistung $P_w(t)$ ein:

$$\omega_S(t) \sim P_w(t).$$

Die über ein mechanisches Untersetzungsgetriebe erhaltene Zahl N der Umdrehungen wird bei den in Haushalten üblichen Ein- und Dreiphasen-Induktionszählern mit einem mechanischen Zählwerk gezählt und ist dem während der Zeitdauer $t_2 - t_1$ erhaltenen Integral über die Winkelgeschwindigkeit $\omega_S(t)$ der Scheibe proportional:

$$N = k_1 \int_{t_1}^{t_2} \omega_S(t)\,dt = k_2 \int_{t_1}^{t_2} P_w(t)\,dt.$$

Abb. 9 Prinzip eines Induktionszählers (Pflier)

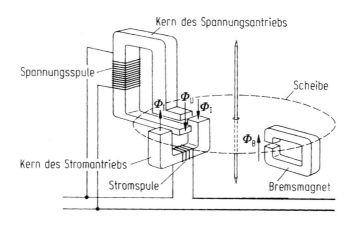

Die nahezu einzigartige Robustheit von Induktionszählern (Eichung auf 20 Jahre) hat zu ihrer Allgegenwart in Haushalten und Industrieanlagen geführt. Dennoch werden sie in absehbarer Zeit durch fernabfragbare elektronische Verbrauchszähler ersetzt werden (*smart meters*).

13.3 Prinzip und Anwendung des Elektronenstrahloszilloskops

Das Elektronenstrahloszilloskop, das klassische analoge elektronische Messgerät in Labor und Prüffeld, gestattet die Darstellung einer oder mehrerer Messgrößen in Abhängigkeit einer anderen Größe auf einem flächenförmigen Bildschirm. Besonders geeignet ist ein gewöhnliches *analoges* Oszilloskop zur Darstellung periodischer Signalverläufe, da durch messsignalgesteuerte Auslösung (*Triggerung*) der Ablenkung des Elektronenstrahls ein *stehendes Schirmbild* erzielt werden kann.

Seit der Markteinführung der ersten digitalen Echtzeit-Oszilloskope im Jahre 1998 ist der Marktanteil reiner Analogoszilloskope auf nur noch einige Prozent zurückgegangen (leichtere Speicherung, Weiterverarbeitung und Analyse digitaler Daten sowie Rekonfigurierbarkeit durch Software). Dennoch sollen im Folgenden die analogen Prinzipien vorgestellt werden, weil sie das Verständnis für das Oszilloskop als Messgerät erleichtern, gleichgültig ob es analog oder digital realisiert wird, und weil digitale Oszilloskope im Kern lediglich die Wirkungsweise analoger Geräte nachbilden. Die besten Oszilloskope erreichen heute Bandbreiten von über 100 GHz.

13.3.1 Elektronenstrahlröhre. Ablenkempfindlichkeit

Das Herz eines analogen Oszilloskops stellt die Elektronenstrahlröhre dar, deren prinzipieller Aufbau in Abb. 10 angegeben ist.

Von einer meist indirekt geheizten Kathode werden Elektronen emittiert und in Richtung der positiven Anode beschleunigt, an der eine Spannung von einigen kV gegenüber der Kathode anliegt. Die Intensität des Elektronstroms kann durch die Steuerelektrode, den negativ geladenen Wehnelt-Zylinder, gesteuert werden. So ist es z. B. möglich, den Elektronenstrahl zu bestimmten Zeiten dunkel zu steuern. Die Linsenelektrode dient zur Fokussierung des Elektronenstrahls auf dem fluoreszierenden Bildschirm. Dadurch wird ein scharfer Leuchtpunkt bzw. eine scharfe Leuchtspur erreicht. Die Ablenkung des Elektronenstrahls erfolgt elektrostatisch über die x- und

Abb. 10 Prinzipieller Aufbau einer Elektronenstrahlröhre

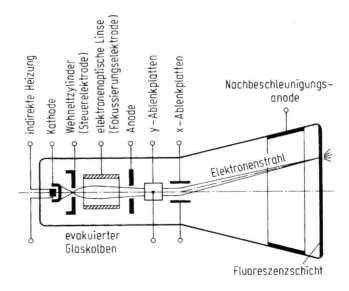

y-Ablenkplatten, die an den Ablenkspannungen U_x und U_y liegen.

Berechnung der Ablenkempfindlichkeit
(Abb. 11)

Die von der Kathode emittierten Elektronen mit der Elementarladung e und der Ruhemasse m_e werden durch die Anodenspannung U_z auf die Geschwindigkeit v_z beschleunigt.

Da die kinetische Energie jedes Elektrons gleich der längs des Weges geleisteten Arbeit ist, ergibt sich

$$\frac{m_e}{2} v_z^2 = e\, U_z.$$

Daraus berechnet man mit $e = 1{,}602 \cdot 10^{-19}$ A s und $m_e = 9{,}109 \cdot 10^{-31}$ kg die Geschwindigkeit

$$v_z = \sqrt{\frac{2e}{m_e} U_z} = \sqrt{U_z/\text{V}} \cdot 593\,\text{km/s}.$$

Im Bereich der Ablenkplatten wirkt wegen der Feldstärke $E_y = U_y/d$ auf die Elektronen die Kraft $F = e\, E_y$, die gleich dem Produkt aus Masse m_e und Beschleunigung a_y ist:

$$F = eE_y = m_e a_y.$$

Mit der Verweilzeit $t = l/v_z$ ist die Geschwindigkeit in y-Richtung nach Verlassen der Ablenkplatten

$$v_y = a_y t = \frac{e}{m_e} \cdot \frac{U_y}{d} \cdot \frac{l}{v_z^2}.$$

Der Tangens des Ablenkwinkels α ist damit

$$\tan \alpha = \frac{v_y}{v_z} = \frac{e}{m_e} \cdot \frac{U_y}{d} \cdot \frac{l}{v_z^2}.$$

Setzt man $v_z^2 = (2\,e/m_e)\, U_z$ ein, so wird

$$\tan \alpha = \frac{l}{2d} \cdot \frac{U_y}{U_z}.$$

Mit der Auslenkung y, dem Abstand z der Platten vom Bildschirm und mit $y = z \tan \alpha$ ist die Ablenkempfindlichkeit E_y

$$E_y = \frac{y}{U_y} = \frac{zl}{2d} \cdot \frac{1}{U_z}.$$

Als Kenngröße ist jedoch der Reziprokwert der Ablenkempfindlichkeit, der sog. *Ablenkkoeffizient*

$$k_y = \frac{1}{E_y} = \frac{U_y}{y},$$

gebräuchlich.

13.3.2 Darstellung des zeitlichen Verlaufs periodischer Messsignale

Zur Darstellung des zeitlichen Verlaufs $y(t)$ eines periodischen Messsignals auf einem Oszilloskop wird zunächst ein steuerbarer Zeitablenkgenerator als Zeitbasis benötigt, der – ausgehend von einer negativen Anfangsspannung – eine linear mit der Zeit ansteigende Sägezahnspannung für die x-Ablenkplatten liefert. Das Messsignal selbst wird an die y-Ablenkplatten gelegt. Das *entste-*

Abb. 11 Elektrostatische Ablenkung des Elektronenstrahls

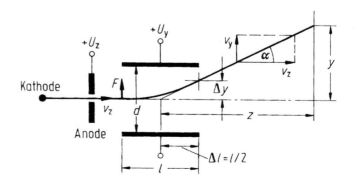

hende Schirmbild lässt sich nach Abb. 12 aus dem zeitlichen Verlauf der Messsignalspannung $y(t)$ – im Beispiel sinusförmig – und aus der Sägezahnspannung $x(t)$ konstruieren.

Durch die vom Messsignal $y(t)$ gesteuerte Auslösung des Zeitablenkgenerators ergibt sich ein stehendes Schirmbild. Im einfachsten Fall erhält man aus der vertikalen Auslenkung y und dem Ablenkkoeffizienten k_y (in V/cm) die Amplitude

$$U_y = k_y y$$

und aus dem horizontalen Abstand Δx und dem Zeitkoeffizienten k_t (in s/cm) die Periodendauer T des Messsignals entsprechend

$$T = \Delta t = k_t \Delta x.$$

Der *Zeitablenkgenerator* besteht im Prinzip aus einem Integrationsverstärker, dessen Kapazität zu Beginn des Ablenkvorgangs negativ aufgeladen ist und dessen Ausgangsspannung bei konstantem negativen Eingangsstrom linear ansteigt.

Die *Auslösung oder Triggerung* des Zeitablenkgenerators erfolgt im Regelfall durch das Messsignal, wenn dieses einen bestimmten einstellbaren Pegel bei einer bestimmten Flanke erreicht.

13.3.3 Blockschaltbild eines Oszilloskops in Standardausführung

Das Blockschaltbild eines typischen Oszilloskops ist in Abb. 13 dargestellt.

Über je einen *Vorverstärker*, einen elektronischen Umschalter und einen y-Endverstärker gelangen die Messsignale $y_1(t)$ und $y_2(t)$ an die y-Ablenkplatten der Elektronenstrahlröhre. Die

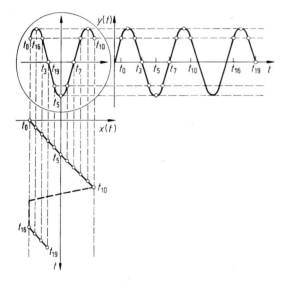

Abb. 12 Darstellung eines zeitlichen Verlaufs auf dem Bildschirm

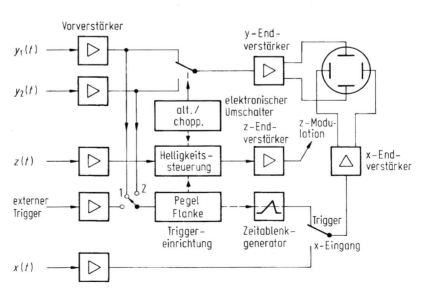

Abb. 13 Blockschaltbild eines Oszilloskops in Standardausführung

breitbandigen Vorverstärker mit einem Frequenzbereich von 0 bis etwa 20 (50) MHz (Grenzfrequenz) sind im Nullpunkt und in der Verstärkung
einstellbar. *Ablenkkoeffizienten* bis herab zu etwa
5 mV/cm sind üblich.

Im y,t-Betrieb kann die *Triggerung* entweder
extern oder über eines der beiden Messsignale erfolgen. Bei fehlendem Triggersignal kann durch Freilauf des Zeitablenkgenerators die Nulllinie geschrieben werden. An der Triggereinrichtung sind der
Signalpegel und die Signalflanke einstellbar.

Besonders bei der Messung kurzer Anstiegszeiten ist eine einstellbare *Verzögerungszeit* für die
Zeitablenkung von Vorteil. Bis kurz vor der ansteigenden Flanke eines Messsignals kann die Ablenkung verzögert und dann mit höherer Ablenkge-
schwindigkeit dessen Anstiegsflanke, über den
ganzen Bildschirm gedehnt, dargestellt werden.

Der Elektronenstrahl kann bei Bedarf über eine
negative Spannung am Wehnelt-Zylinder dunkel-
gesteuert werden. Diese *Dunkelsteuerung* erfolgt
immer dann, wenn der Elektronenstrahl am rechten Rand des Schirmes angelangt ist und an den
linken Rand zurückgesetzt wird. Eine Dunkelsteuerung kann auch über einen getrennten Eingang, den sog. z-Eingang erfolgen. Mithilfe dieser
z-Modulation können bestimmte Amplituden
oder Zeitmarken eingeblendet werden.

Die *Umschaltung* zwischen den beiden Messsignalen am y-Eingang erfolgt entweder alternie-
rend oder mit einer Rechteckfrequenz („Chopperfrequenz") von etwa 1 MHz. Im alternierenden
Betrieb steuert der Zeitablenkgenerator den
Umschalter, wobei abwechselnd jedes der beiden
Messsignale für einen Durchlauf durchgeschaltet
wird. Schließlich kann die x-Ablenkung statt vom
Zeitablenkgenerator auch über einen getrennten
Eingang mit eigenem Vorverstärker angesteuert
werden. Man spricht dann von einem x,y-Betrieb.

13.3.4 Anwendung eines Oszilloskops im x,y-Betrieb

Im x,y-Betrieb sind eine Vielzahl von Anwendungen möglich. Hier soll auf die Darstellung
von Spannungs-Strom-Kennlinien eingegangen
werden.

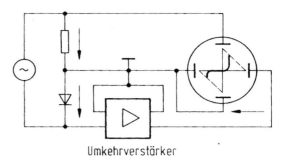

Umkehrverstärker

Abb. 14 Darstellung von Spannungs-Strom-Kennlinien

Für die Darstellung der *Spannungs-Strom-
Kennlinie* eines nichtlinearen, passiven Zweipols
muss nach Abb. 14 eine Wechselspannung an die
Serienschaltung eines Ohm'schen Widerstandes
und des Zweipols gelegt werden.

Die Spannung am Zweipol, z. B. einer Testdiode,
wird an den x-Eingang und die Spannung am
Widerstand an den y-Eingang gelegt. Da die Spannung am Widerstand dem Strom proportional ist,
entsteht ein Schirmbild, das die Spannungs-Strom-
Kennlinie des Zweipols darstellt. Die Kennlinie
wird dabei mit der Frequenz der speisenden Wechselspannung durchfahren. Für ein stehendes Bild
sind Frequenzen von mindestens etwa 25 Hz notwendig. Für didaktische Zwecke kann die Kennlinie
langsam, z. B. mit 1 Hz durchfahren werden.

Probleme machen die fast immer vorhandenen
Bezugspotenziale, häufig das sog. Massepotenzial.
Sind die Eingänge am Oszilloskop nicht massefrei,
was der Regelfall ist, so muss eine massefreie Wechselspannung zur Ansteuerung verwendet werden.
Die Verbindung von Widerstand und nichtlinearem
Zweipol kann dann an Masse gelegt werden. Will
man die aus dieser Schaltung resultierende Spiegelung der U,I-Kennlinie um die vertikale Stromachse
vermeiden, so muss zusätzlich ein Umkehrverstärker (Invertierer) eingesetzt werden.

13.3.5 Frequenzkompensierter Eingangsteiler

Der Anschluss eines Messobjekts geschieht häufig über einen Tastteiler, der dieses mit dem Ein-
gangsverstärker eines Oszilloskops verbindet. Die
Vorverstärker am Eingang eines Oszilloskops

besitzen eine Eingangsimpedanz, die äquivalent durch die Parallelschaltung eines Widerstandes R_2 und einer Kapazität C_2 beschrieben werden kann (typische Werte: 1 MΩ, 27 pF). Der Tastteiler enthält nach Abb. 15a einen Teilerwiderstand R_1 und eine einstellbare Kapazität C_1.

Durch geeigneten Abgleich der Kapazität C_1 entsteht ein frequenzkompensierter Tastteiler mit erhöhtem Eingangswiderstand R_{res} und erniedrigter Eingangskapazität C_{res}, wie dies bei vielen Messaufgaben wünschenswert ist. Der komplexe Teilerfaktor ist

$$\underline{t} = \frac{\underline{U}_1}{\underline{U}_2} = 1 + \frac{R_1}{R_2} \cdot \frac{1 + j\omega R_2 C_2}{1 + j\omega R_1 C_1}.$$

Bei gleichen Zeitkonstanten, $R_1 C_1 = R_2 C_2$, wird der Teilerfaktor frequenzunabhängig:

$$t = \frac{\underline{U}_1}{\underline{U}_2} = 1 + \frac{R_1}{R_2} = 1 + \frac{C_2}{C_1}.$$

Der erhöhte Eingangswiderstand R_{res} und die erniedrigte Eingangskapazität C_{res} sind im Falle der Frequenzkompensation

$$R_{\mathrm{res}} = R_1 + R_2 = t R_2, \quad C_{\mathrm{res}} = \frac{C_1 C_2}{C_1 + C_2} = \frac{C_2}{t}.$$

Bei einem Eingangswiderstand $R_2 = 1$ MΩ, einer Eingangskapazität $C_2 = 27$ pF und einem reellen Teilerfaktor $t = 10$ betragen der resultierende Eingangswiderstand $R_{\mathrm{res}} = 10$ MΩ und die resultierende Eingangskapazität $C_{\mathrm{res}} = 2{,}7$ pF.

Der Abgleich des Tastteilers kann am besten durch eine Rechteckspannung überprüft werden.

Bei Frequenzkompensation erscheint am Bildschirm eine saubere Rechteckspannung. Nach Abb. 15b ergeben sich bei abweichender Kapazität C_1 Abweichungen von der Rechteckform. Man spricht dann von Unterkompensation bzw. Überkompensation.

Im ersten Augenblick sind nur die Kapazitäten wirksam, und das Spannungsverhältnis $u_2(0)/U_{10}$

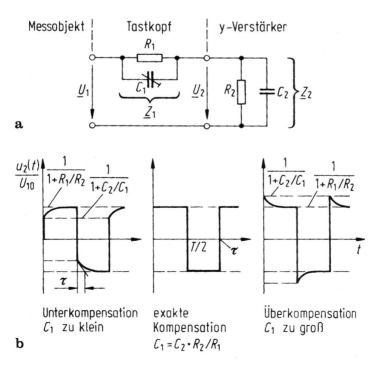

Abb. 15 Frequenzkompensation des Eingangsteilers. **a** Ersatzschaltung eines Tastteilers am Verstärkereingang, **b** Unterkompensation, Kompensation und Überkompensation

hat den gleichen Wert wie bei sehr hohen Frequenzen, nämlich $C_1/(C_1 + C_2)$.

Im eingeschwungenen Zustand sind nur die Widerstände wirksam und das Spannungsverhältnis $u_2(T/2)/U_{10}$ hat den gleichen Wert wie bei niedrigen Frequenzen, nämlich $R_2/(R_1 + R_2)$.

Für den frequenzkompensierten Zustand $R_1/C_1 = R_2\,C_2$ sind beide Spannungsverhältnisse gleich.

Die Periodendauer des Testrechtecksignals soll so groß sein, dass der eingeschwungene Zustand während jeder Halbperiode praktisch erreicht wird. Dies ist etwa bei Frequenzen unter 5 kHz der Fall.

13.3.6 Aspekte digitaler Oszilloskope

Digitale Oszilloskope stellen Informationen in gleicher Weise dar wie analoge Oszilloskope, arbeiten aber intern mit diskreten Abtastwerten. Ihre Schlüsselkomponente ist der Analog-digital-Umsetzer (ADU), der die zu messende Spannung in digitale Werte umsetzt (siehe ▶ Kap. 14, „Digitale Messtechnik (Analog-digital-Umsetzung)"). Jedwede Signalverarbeitung und -speicherung nach dieser Umsetzung erfolgt rein digital durch schnelle integrierte Schaltkreise. Die typische Auflösung bei der Analog-digital-Umsetzung beträgt 10 bit.

Die äquivalente analoge Bandbreite eines digitalen Oszilloskops wird durch seinen ADU bestimmt. Die Abtastrate des ADU muss nämlich nach dem Shannon'schen Abtasttheorem mindestens doppelt so groß wie die Bandbreite des aufzunehmenden Signals sein (siehe ▶ Abschn. 14.2.1 in Kap. 14, „Digitale Messtechnik (Analog-digital-Umsetzung)"). Die schnellsten heutigen Oszilloskope mit einer äquivalenten analogen Bandbreite von 110 GHz arbeiten mit einer Abtastrate von 256 GHz.

Bei (annähernd) periodischen Signalen kann das Abtasttheorem umgangen werden, indem in Zeitabständen abgetastet wird, die die Signalperiode übersteigen, und das typische Signal während einer Periodendauer durch Signalverarbeitung aus den Abtastwerten zusammengesetzt wird. Entsprechende Geräte heißen digitale Speicheroszilloskope (DSO). Sie dienen auch dem Zweck, einmalige Ereignisse wie Impulse oder Transienten aufzunehmen und darzustellen. Ihre Leistungsfähigkeit hängt vom ADU und dem Datenspeicher (Größe, Zugriffsgeschwindigkeit) ab.

Am unteren Ende der Leistungsskala haben sich mittlerweile digitale Oszilloskope etabliert, die lediglich aus einem ADU und einer digitalen Schnittstelle (z. B. USB) zu einem externen Digitalrechner bestehen. Die Bedienerschnittstelle und die Signalverarbeitungssoftware laufen auf dem Digitalrechner. Solche Geräte, die ihre Messwerte in analoger oder digitaler Form auf (heute: Flach-)Bildschirmen ausgeben und die über Tastatur, Maus oder Touchscreen bedient werden, bei denen also insgesamt viele Funktionen über Softwareprogramme realisiert sind, werden bisweilen auch *virtuelle Instrumente* genannt.

Weiterführende Literatur

Arzberger M, Kahmann M, Zayer P (Hrsg) (2017) Handbuch Elektrizitätsmesstechnik, 3. Aufl. VDE, Berlin

Jamal R, Heinze R (2017) Virtuelle Instrumente in der Praxis : Begleitband zum 22. VIP-Kongress. VDE, Berlin

Lerch R (2016) Elektrische Messtechnik, 7. Aufl. Springer Vieweg, Berlin/Heidelberg

Schrüfer E, Reindl L, Zagar B (2018) Elektrische Messtechnik, 12. Aufl. Hanser, München

Stöckl M, Winterling KH (1987) Elektrische Messtechnik, 8. Aufl. Teubner, Stuttgart. (Reprint Wiesbaden: Springer Fachmedien 2013)

Digitale Messtechnik (Analog-digital-Umsetzung)

14

Gerhard Fischerauer und Hans-Rolf Tränkler

Zusammenfassung

Wichtige Gründe für die Bedeutung der digitalen Messtechnik sind die kostengünstige Verfügbarkeit der Mikrorechner sowie damit verbunden die der digitalen Messsignalverarbeitung. Digitale Messsignale besitzen außerdem Vorteile im Hinblick auf die Störsicherheit der Signalübertragung und die Einfachheit der galvanischen Trennung. Im vorliegenden Kapitel werden zunächst die Prinzipien der digitalen Signaldarstellung behandelt. Mit Hilfe der mathematischen Beschreibung der Wertdiskretisierung (Amplitudenquantisierung) und der Zeitdiskretisierung (Abtastung) werden Art und Größe der dabei jeweils auftretenden Fehler diskutiert. Ferner werden die Methoden der digitalen Zeit- und Frequenzmessung behandelt. Schließlich wird die gerätetechnische Realisierung der Wandlung analoger Signale in digitale Signale durch Analog-digital-Umsetzer (ADU) sowie der Wandlung digitaler Signale in analoge Signale durch Digital-analog-Umsetzer (DAU) beschrieben.

G. Fischerauer
Lehrstuhl für Mess- und Regeltechnik, Universität Bayreuth, Bayreuth, Deutschland
E-Mail: Gerhard.Fischerauer@uni-bayreuth.de; mrt@uni-bayreuth.de

H.-R. Tränkler (✉)
Universität der Bundeswehr München (im Ruhestand), Neubiberg, Deutschland
E-Mail: hans-rolf@traenkler.com

14.1 Quantisierung und digitale Signaldarstellung

14.1.1 Informationsverlust durch Quantisierung

Im Gegensatz zur analogen Signaldarstellung, bei der die Messgrößen auf stetige Messsignale abgebildet werden, sind bei der digitalen Messsignaldarstellung nur diskrete Messsignale vorhanden, die durch Abtastung, Quantisierung und Codierung erhalten werden.

Bei der Quantisierung ist ein Informationsverlust unvermeidlich. Die sinnvolle Quantisierung hängt von der Art des physikalischen Messsignals und von der vorgesehenen Anwendung ab. Bei akustischen Signalen bietet sich z. B. eine *ungleichförmige* Quantisierung an. Durch logarithmische Quantisierung wird z. B. vermieden, dass sehr kleine Messsignale im sog. Quantisierungsrauschen untergehen (Anwendung beim Kompander). Die Quantisierung bei gleichförmiger Quantisierung wird i. Allg. so gewählt, dass sie in etwa dem zulässigen Fehler des Messsignals entspricht. Dadurch wird sichergestellt, dass weder durch übermäßige Quantisierung eine zu hohe Genauigkeit vorgetäuscht wird, noch durch zu geringe Quantisierung die vorhandene Genauigkeit des Messgrößenaufnehmers verschenkt wird.

In Abb. 1a ist eine Quantisierungskennlinie für acht Quantisierungsstufen dargestellt. Abb. 1b zeigt die Quantisierungsabweichung (auch: Quantisierungsfehler), die gleich der Differenz von digitalem Istwert (Treppenkurve) und linear verlaufendem Sollwert ist. Sie springt an den Sprungstellen von $-0,5$ auf $+0,5$ und sinkt dann wieder linear auf den Wert $-0,5$ ab, wo die nächste Sprungstelle ist. Die maximale Quantisierungsabweichung beträgt also $0,5$.

Der mit der Quantisierung verbundene Informationsverlust ist deutlich in Abb. 1c zu erkennen, da sämtlichen Analogwerten A im Bereich

$$N - 0,5 < A \leqq N + 0,5$$

der eine diskrete Wert $D = N$ zugeordnet ist (N ganzzahlig). In der Praxis kann man daher aus D nicht auf den wahren Wert von A schließen, sondern A nur mit einer gewissen Unsicherheit angeben.

14.1.2 Der relative Quantisierungsfehler

Im einfachsten Fall werden den bei der Quantisierung entstandenen diskreten Quantisierungsstufen (positive ganze n-stellige) Dualzahlen zugeordnet, für die gilt

$$N = \sum_{i=0}^{n-1} a_i \cdot 2^i .$$

(Weitere Codes zur Zahlendarstellung siehe ▶ Abschn. 22.1 in Kap. 22, „Rechnerorganisation").

Mit einer n-stelligen Dualzahl lassen sich die Werte 0 bis $2^n - 1$ darstellen, die Anzahl der darstellbaren Werte ist also 2^n. Die Koeffizienten a_i sind binäre Größen, die also nur die Werte 0 oder 1 annehmen können. Der größtmögliche Informationsgehalt H einer n-stelligen Dualzahl ist

Abb. 1 Quantisierung.
a Kennlinie,
b Quantisierungsfehler,
c Informationsverlust

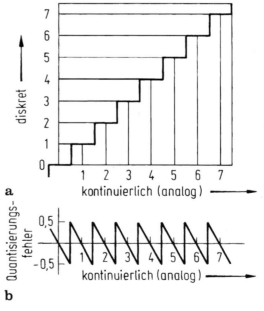

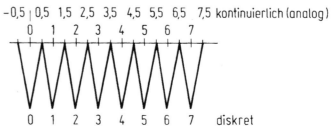

$$H = \operatorname{ld} 2^n = n \operatorname{Sh}.$$

Dabei bezeichnet ld den Logarithmus zur Basis 2 (*logarithmus dualis*), und die Pseudoeinheit Shannon (Sh) macht deutlich, dass der betrachtete Zahlenwert einen Informationsgehalt ausdrückt. Die Wortlänge (Stellenzahl) eines binären Datenworts wird häufig in der Einheit Bit als der Zahl der Binärstellen angegeben. Eine einzelne Binärstelle wird ebenfalls als Bit (binary digit) bezeichnet. Ein Datenwort mit einer Wortlänge von 8 bit nennt man ein Byte (Einheitenzeichen B). Ein Datenstrom von 1 kB (Kilobyte), 1 MB (Megabyte) oder 1 GB (Gigabyte) enthält 10^3 bzw. 10^6 bzw. 10^9 Datenworte zu 8 bit. Ein Speicher mit einer Kapazität von 1 KiB (Kibibyte), 1 MiB (Mebibyte) oder 1 GiB (Gibibyte) kann $2^{10} = 1024$ bzw. $2^{20} \approx 1{,}049 \cdot 10^6$ bzw. $2^{30} \approx 1{,}074 \cdot 10^9$ Datenworte speichern.

Setzt man bei ganzen Dualzahlen den Quantisierungsfehler gleich eins, so ist die relative Quantisierungsabweichung (auch: der *relative Quantisierungsfehler*) bei Bezug auf den Codeumfang von 2^n

$$F_{q\ \text{rel}} = 2^{-n}.$$

Abhängig von der Stellenzahl n ist in Abb. 2 der relative Quantisierungsfehler aufgetragen. Bei einem 10-stelligen Digitalsignal (einem typischen Wert etwa bei digitalen Oszilloskopen) liegt der Quantisierungsfehler von $2^{-10} = 1/1024$ also bereits unter 1 ‰.

14.2 Abtasttheorem und Abtastfehler

14.2.1 Das Shannon'sche Abtasttheorem

Ein kontinuierliches, analoges Messsignal $x(t)$, dessen Funktionswerte für negative Zeiten verschwinden, besitzt das komplexe Spektrum $X(\mathrm{j}\omega)$, das sich mithilfe der Fourier-Transformation (vgl. Abschn. 15.1 in Kap. „Differenzialgeometrie und Integraltransformationen") zu

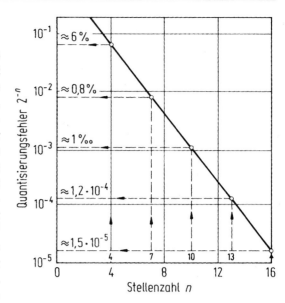

Abb. 2 Relativer Quantisierungsfehler abhängig von der Stellenzahl

$$X(\mathrm{j}\omega) = \infty \int_0 x(t)\mathrm{e}^{-\mathrm{j}\omega t}\mathrm{d}t$$

berechnen lässt.

Wird das Signal $x(t)$ nach Abb. 3a zu äquidistanten Zeiten $t = nT_0$ ($n = 0,1,\ldots$) abgetastet, so erhält man eine Folge $x(nT_0)$ von Messwerten.

Mit der Abtastperiode T_0, der Kreisfrequenz ω und der differenziellen Abtastdauer τ ergibt sich das Differenzial $\mathrm{d}X_n(\mathrm{j}\omega)$ und das Spektrum $X_n(\mathrm{j}\omega)$ des abgetasteten Signals zu

$$\mathrm{d}X_n(\mathrm{j}\omega) = x(nT_0)\mathrm{e}^{-\mathrm{j}\omega nT_0}\tau,$$

$$X_n(\mathrm{j}\omega) = \tau \sum_{n=0}^{\infty} x(nT_0)\mathrm{e}^{-\mathrm{j}\omega nT_0}.$$

Für ein auf $|f| < f_{\mathrm{m}}$ frequenzbandbegrenztes Signal ist der Betrag $|X_n(\mathrm{j}\omega)|$ des Spektrums des abgetasteten Signals in Abb. 3b dargestellt. Das Spektrum des zeitdiskreten Signals ist periodisch. Der spektrale Periodenabstand ist dabei gleich der Abtastfrequenz $f_0 = 1/T_0 = \omega_0/2\pi$.

Das Spektrum $X_n(\mathrm{j}\omega)$ ist im Bereich $-f_{\mathrm{m}} \leqq f \leqq f_{\mathrm{m}}$ identisch mit dem Spektrum $X(\mathrm{j}\omega)$ des kontinuierlichen Analogsignals. Wenn sich also die Teil-

Abb. 3 **a** Abtastung eines Messsignals $x(t)$ zu den Zeiten nT_0, **b** Spektrum $|X(\mathrm{j}\,\omega)|$ eines frequenzbandbegrenzten, abgetasteten Messsignals

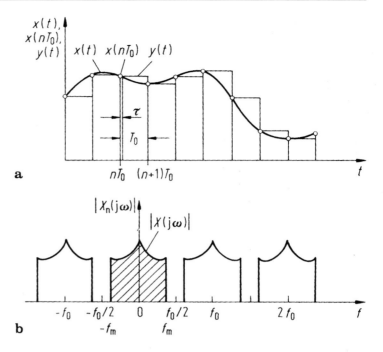

spektren von $X_n(\mathrm{j}\omega)$ nicht überlappen, dann kann durch ideale Tiefpassfilterung ohne Informationsverlust das kontinuierliche Signal $x(t)$ wiedergewonnen werden.

Das *Shannon'sche Abtasttheorem* besagt daher, dass die halbe Abtastfrequenz $f_0/2$ größer sein muss als die höchste im Signal enthaltene (nicht: gewünschte!) Frequenz f_m, damit der Verlauf eines Signals aus den Abtastwerten (im Idealfall vollständig) rekonstruiert werden kann. Für die Abtastfrequenz muss also gelten:

$$f_0 > 2f_\mathrm{m}.$$

Um bei überlappenden Teilspektren eine Mehrdeutigkeit zu vermeiden, muss gegebenenfalls ein analoges sog. Antialiasing-Filter vorgeschaltet werden, das Signalanteile mit Frequenzen $f \geqq f_0/2$ ausfiltert (sperrt).

Man beachte, dass alle zeitbegrenzten (impulsartigen) Signale ein unbegrenzt breitbandiges Spektrum besitzen ($f_\mathrm{m} \to \infty$), so dass das Abtasttheorem bei ihnen nicht exakt, sondern nur näherungsweise eingehalten werden kann. Bei der Messung von Impulsen mit digitalen Messgeräten ist daher stets auf mögliche Impulsverzerrungen zu achten.

14.2.2 Frequenzgang bei Extrapolation nullter Ordnung

Die vollständige Rekonstruktion eines bandbegrenzten Signals aus den Abtastwerten ist entsprechend dem Abtasttheorem mit einem idealen Rechteckfilter möglich, das zum Abtastzeitpunkt nT_0 den Wert 1 und zu allen anderen Abtastzeitpunkten den Wert 0 liefert.

Im Regelfall begnügt man sich mit einem einfachen *Abtast- und Haltekreis* nach Abb. 4a, bei dem der abgetastete Wert bis zur nächsten Abtastung beibehalten wird. Man spricht deshalb auch von einer Extrapolation nullter Ordnung.

Das Spektrum $Y(\mathrm{j}\omega)$ des Ausgangssignals $y(t)$ des Abtast- und Haltekreises berechnet sich durch Summation der Teilintegrale im jeweiligen Definitionsbereich $nT_0 \leqq t < (n+1)\,T_0$ zu

$$Y(\mathrm{j}\omega) = \infty \int_0 y(t)\mathrm{e}^{-\mathrm{j}\omega t}\mathrm{d}t = \sum_{n=0}^{\infty} \int_{nT_0}^{(n+1)T_0} x(nT_0)\mathrm{e}^{-\mathrm{j}\omega t}\mathrm{d}t.$$

Die Lösung des Integrals liefert zunächst

Abb. 4 a Abtast- und Haltekreis,
b Amplitudengang eines Haltekreises

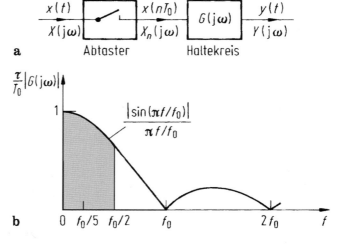

a

b

$$Y(\mathrm{j}\omega) = \sum_{n=0}^{\infty} x(nT_0)\, \frac{1}{-\mathrm{j}\omega} \left[\mathrm{e}^{-\mathrm{j}\omega t} \right]_{nT_0}^{(n+1)T_0}$$

$$= \sum_{n=0}^{\infty} x(nT_0)\mathrm{e}^{-\mathrm{j}\omega nT_0} \frac{1 - \mathrm{e}^{-\mathrm{j}\omega T_0}}{\mathrm{j}\omega}$$

$$= \sum_{n=0}^{\infty} x(nT_0)\mathrm{e}^{-\mathrm{j}\omega nT_0}\mathrm{e}^{-\mathrm{j}\omega T_0/2} T_0 \mathrm{si}(\omega T_0/2)$$

mit $\mathrm{si}(x) = \sin(x)/x$. Dabei wurde Gebrauch gemacht von $\mathrm{e}^{\mathrm{j}\varphi} - \mathrm{e}^{-\mathrm{j}\varphi} = 2\mathrm{j}\sin\varphi$.

Der Frequenzgang eines Haltekreises ergibt sich nach Division durch das oben berechnete Spektrum $X_n(\mathrm{j}\omega)$ zu

$$G(\mathrm{j}\omega) = \frac{Y(\mathrm{j}\omega)}{X_n(\mathrm{j}\omega)} = \frac{T_0}{\tau} \cdot \mathrm{si}(\omega T_0/2)\mathrm{e}^{-\mathrm{j}\omega T_0/2}.$$

Mit $\omega T_0/2 = \pi f/f_0$ ergibt sich der Amplitudengang zu

$$|\,G(\mathrm{j}\omega)\,| = \frac{T_0}{\tau} \cdot \mathrm{si}(\pi f/f_0).$$

In Abb. 4b ist der Frequenzbereich $0 \leqq f < f_0/2$, in dem das Abtasttheorem erfüllt ist, grau markiert.

14.2.3 Abtastfehler eines Haltekreises

Der relative Abtastfehler F_{rel} eines Abtastkreises beträgt

$$F_{\mathrm{rel}} = \mathrm{si}(\pi f/f_0) - 1.$$

Dabei wurde für den Istwert die Funktion $\mathrm{si}(\pi f/f_0)$ und für den Sollwert der Wert 1 eingesetzt, der sich bei der Frequenz $f = 0$ ergibt. Nach Reihenentwicklung ergibt sich der Abtastfehler

$$F_{\mathrm{rel}} = -\frac{(\pi f/f_0)^2}{3!} + \frac{(\pi f/f_0)^4}{5!} - \cdots$$

Für Frequenzen unter etwa $0{,}2\,f_0$ genügt es, nur das erste Glied dieser Reihe zu berücksichtigen, da das zweite Glied mit weniger als 2 % zum Abtastfehler beiträgt wegen

$$F_{\mathrm{rel}} = -\frac{(\pi f/f_0)^2}{6} \cdot \left(1 - \frac{(\pi f/f_0)^2}{20} + \cdots \right).$$

Bei einem zulässigen relativen Fehler F_{rel} ergibt sich die maximale Frequenz f_{m} als Funktion der Abtastfrequenz f_0 zu

$$f_{\mathrm{m}} = \frac{1}{\pi} \sqrt{6(-F_{\mathrm{rel}})} f_0.$$

Das Frequenzverhältnis f_{m}/f_0 ist in Abb. 5 abhängig von F_{rel} aufgetragen.

Bei fünf Abtastungen pro Periode der höchsten Messsignalfrequenz ($f_0 = 5f_{\mathrm{m}}$) ist der relative Abtastfehler betragsmäßig noch 6,6 %. Soll der zulässige Abtastfehler jedoch nur 1 % oder 0,01 % betragen, so sind 12,8 bzw. 128 Abtastungen pro

Abb. 5 Bezogene Maximalfrequenz f_{m}/f_0 als Funktion des zulässigen relativen Fehlers F_{rel} bei einem Haltekreis

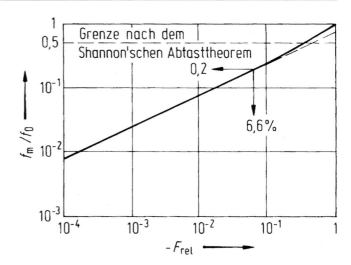

14.3 Digitale Zeit- und Frequenzmessung

Der Übergang von der analogen zur digitalen Signalstruktur erfordert prinzipiell eine Quantisierung mithilfe von Komparatoren oder Schmitt-Triggern (Grundschaltungen siehe ▶ Kap. 6, „Analoge Grundschaltungen").

14.3.1 Prinzip der digitalen Zeit- und Frequenzmessung

Bei der *digitalen Zeitmessung* werden die von einem Signal bekannter Frequenz während der unbekannten Zeit in einen Zähler einlaufenden Impulse gezählt. Bei der *digitalen Frequenzmessung* werden umgekehrt die während einer bekannten Zeit von dem Signal unbekannter Frequenz herrührenden Impulse gezählt. Nach Abb. 6a gelangen Zählimpulse vom Frequenzeingang zum Impulszähler, solange durch eine logische Eins am Zeiteingang das UND-Gatter freigeschaltet ist.

Im Ablaufdiagramm nach Abb. 6b sind die Start- und Stoppsignale im Abstand t am Eingang der bistabilen Kippstufe (auch Flipflop genannt),

das Zeitsignal mit der Zeitdauer t am Ausgang des Flipflops, das Frequenzsignal mit der Frequenz f bzw. der Periodendauer $1/f$ und die begrenzte Impulsfolge am Ausgang des UND-Gatters, die in den Impulszähler einläuft, dargestellt. Schmale Impulse des Frequenzsignals vorausgesetzt, ist bei beliebiger Lage des Startzeitpunktes die Zeitdauer

$$t = N\frac{1}{f} + (t_1 - t_2) = N_{\mathrm{soll}}\frac{1}{f}.$$

Dabei sind N die ganzzahlige Impulszahl der begrenzten Impulsfolge, die in den Zähler einläuft, $1/f$ die Periodendauer des Frequenzsignals sowie t_1 und t_2 die kleinen Restzeiten zwischen Startsignal bzw. Stoppsignal und dem nächstliegenden Impuls des Frequenzsignals. Der Sollwert N_{soll} ist eine rationale Zahl, die angibt, wie oft die Periodendauer $1/f$ in der Messzeit t enthalten ist. Durch Multiplikation mit der Frequenz f erhält man die Beziehung

$$ft = N + f(t_1 - t_2) = N_{\mathrm{soll}}.$$

Für große Messzeiten $t \gg t_1 - t_2$ ergibt sich der Zählerstand

$$N = ft.$$

Der absolute Quantisierungsfehler ist

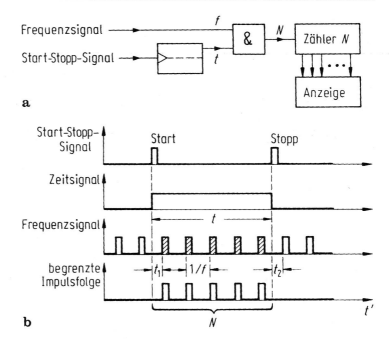

Abb. 6 Prinzip der digitalen Zeit- und Frequenzmessung. **a** Blockschaltbild, **b** Ablaufdiagramm

$$F_q = N - N_{soll} = f(t_2 - t_1).$$

Da der Betrag von $t_2 - t_1$ die reziproke Frequenz $1/f$ nicht überschreiten kann, kann der Betrag des Quantisierungsfehlers eins nicht überschreiten:

$$|F_q| \leqq 1.$$

Ist die Zeitdauer t zufällig ein ganzzahliges Vielfaches der reziproken Frequenz $1/f$, so sind die Restzeiten gleich groß ($t_1 = t_2$) und der Quantisierungsfehler – unabhängig vom Startzeitpunkt – gleich null. Bei gleichverteiltem Startzeitpunkt beträgt für $t_1 > t_2$ die Wahrscheinlichkeit P, dass statt N der Wert $N + 1$ ausgegeben wird

$$P = (t_1 - t_2)f = ft - N.$$

Beobachtet man also beispielsweise Zählerstände $N + 1$ mit der Wahrscheinlichkeit P und Zählerstände N mit der Wahrscheinlichkeit $1 - P$, so ist bei einer genügenden Zahl von Beobachtungen der Sollwert

$$N_{soll} = N + P.$$

14.3.2 Der Quarzoszillator

Die Genauigkeit (quantitativ also die Messunsicherheit) einer digitalen Zeit- oder Frequenzmessung hängt außer vom Quantisierungsfehler im Wesentlichen von der Genauigkeit der verwendeten Referenzfrequenz bzw. Referenzzeit ab. Ohne Berücksichtigung des Quantisierungsfehlers ist der Zählerstand $N = f\,t$ sowohl der Messzeit als auch der Messfrequenz proportional. Bei der digitalen Zeitmessung muss also die Referenzfrequenz f und bei der digitalen Frequenzmessung die Referenzzeit t konstant gehalten werden. Dies wird in beiden Fällen durch einen Quarzoszillator geleistet, an dessen Frequenzkonstanz hohe Anforderungen gestellt werden müssen.

Relative Frequenzabweichungen von weniger als 10^{-4} sind mit einfachsten Mitteln, Abweichungen von weniger als 10^{-8} noch mit vertretbarem Aufwand (Thermostatisierung) erreichbar. Typische Werte für relative Frequenzabweichungen liegen zwischen 10^{-6} und 10^{-5}. Darin sind sowohl systematische Abweichungen infolge von Einflusseffekten als auch zufällige Abweichungen inbegriffen.

Von besonderer Bedeutung für die Frequenzkonstanz des Quarzes ist dessen *Temperaturgang*.

Die damit zusammen hängenden systematischen relativen Frequenzabweichungen $\Delta f/f$ lassen sich in ihrer Abhängigkeit von der Temperatur mit guter Näherung durch Polynome 2. oder 3. Grades beschreiben:

$$\frac{\Delta f}{f} = a(\vartheta - \vartheta_0) + b(\vartheta - \vartheta_0)^2 + c(\vartheta - \vartheta_0)^3.$$

Dabei ist ϑ die Temperatur und ϑ_0 die Temperatur, bei der der Quarz abgeglichen wurde; a, b und c sind der lineare, quadratische bzw. kubische Temperaturkoeffizient.

Das Schaltzeichen eines Schwingquarzes (a) und ein typischer Temperaturgang der Resonanzfrequenz für AT-Schnitte (b) sind in Abb. 7 angegeben.

Abweichungen vom Schnittwinkel $\Theta \approx 35°$ führen zu unterschiedlichen Maxima und Minima im Temperaturgang. Dadurch lassen sich bei einem gegebenen Temperaturbereich die Frequenzabweichungen minimieren. Die gestrichelte Kurve stellt den sog. optimalen AT-Schnitt dar, bei dem von -50 °C bis $+100$ °C die temperaturbedingten Frequenzabweichungen unter $\pm 12 \cdot 10^{-6}$ bleiben.

14.3.3 Digitale Zeitmessung

Bei der digitalen Zeitmessung werden nach Abb. 8a die von der bekannten Frequenz f_{ref}/N_f während der zu messenden Zeit t_x in einen Zähler einlaufenden Impulse gezählt.

Die zu messende Zeit ist

$$t_x = \frac{N_f}{f_{\mathrm{ref}}} N.$$

Die erreichbare Zeitauflösung hängt von der Quarzfrequenz ab und ist z. B. bei $f_{\mathrm{ref}} = 10$ MHz und $N_f = 1$ gleich $1/f_{\mathrm{ref}} = 0,1$ µs.

Zur Messung längerer Zeiten wird dem Quarzoszillator ein digitaler Frequenzteiler mit dem ganzzahligen Teilerfaktor N_f nachgeschaltet. Bei Quarzuhren verwendet man z. B. einen Biegeschwinger-Quarz (Stimmgabelquarz) mit 32.768 Hz. Nach Frequenzteilung um den Faktor $N_f = 2^{15} = 32.768$ ergibt sich eine Referenzfrequenz von 1 Hz, die zu der gewünschten Auflösung von 1 s führt.

Fordert man für eine Quarzuhr einen zulässigen Fehler von weniger als 1 Sekunde pro Tag, so

Abb. 7 Schwingquarz.
a Schaltzeichen,
b Temperaturgang der Resonanzfrequenz

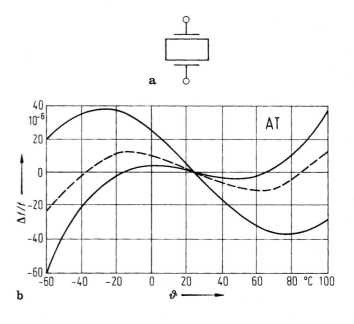

Abb. 8 Digitale
Zeitmessung.
a Blockschaltbild,
b Impulsformung bei
Periodendauermessung

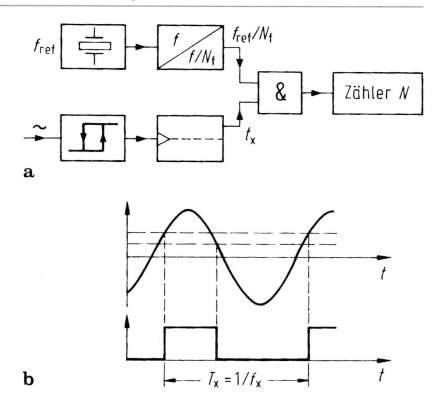

entspricht dem ein mittlerer relativer Fehler der Quarzfrequenz von

$$\left|\frac{\Delta f}{f}\right| \leqq \frac{1\,\mathrm{s}}{1\,\mathrm{d}} = \frac{1}{86.400} \approx 10^{-5}.$$

Ein relativer Fehler von 10^{-5} darf dann also nicht überschritten werden, was durch die Unmöglichkeit einer Thermostatisierung erschwert ist.

Zur digitalen Messung der Periodendauer eines Signals wird dieses nach Abb. 8b zunächst über einen Schmitt-Trigger in ein Rechtecksignal umgeformt und dann wie bei der Differenzzeitmessung zur Bildung des Start- und des Stoppsignals benutzt. Kleine Frequenzen werden bevorzugt über die Periodendauer gemessen, um eine kleine Messzeit zu erhalten.

14.3.4 Digitale Frequenzmessung

Bei der digitalen Frequenzmessung werden nach Abb. 9 die von einer unbekannten Frequenz f_x während der bekannten Zeit t_T (Torzeit) in einen Zähler einlaufenden N Impulse gezählt.

Die Torzeit t_T ist dabei identisch mit der Periodendauer der Frequenz, die durch digitale Teilung der Quarzfrequenz f_{ref} durch den Faktor N_T entsteht. Mit $t_T = N_T/f_{ref}$ ergibt sich für die unbekannte Frequenz

$$f_x = \frac{N}{t_T} = \frac{f_{ref}}{N_T}N.$$

Die erreichbare Frequenzauflösung hängt von der Torzeit (Messzeit) t_T ab. Oft ist aus dynamischen Gründen die Torzeit auf 1 s oder 10 s begrenzt. Die Frequenzauflösung ist dann 1 Hz bzw. 0,1 Hz.

Zur Messung von Frequenzen über 10 MHz bis in den GHz-Bereich kann die Messfrequenz mithilfe eines schnellen Teilers, z. B. in ECL-Technologie (emitter-coupled logic)), in einen Frequenzbereich herabgeteilt werden, der mit der herkömmlichen Technologie beherrscht wird (5 bis 10 MHz).

Abb. 9 Digitale Frequenzmessung (Blockschaltbild)

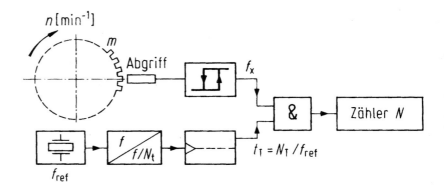

Digitale Drehzahlmessung Wichtig ist die digitale Frequenzmessung bei der digitalen Drehzahlmessung (vgl. ▶ Abschn. 11.2.8 in Kap. 11, „Sensoren (Messgrößen-Aufnehmer)"). Auf einer mit der Drehzahl n (in U/min) rotierenden Messwelle sind m Marken gleichmäßig am Umfang verteilt. Über einen geeigneten Abgriff (z. B. optisch, magnetisch, induktiv oder durch Induktion) wird ein elektrisches Signal erzeugt, dessen Frequenz f_x nach Impulsformung ausgewertet werden kann. Diese Zählfrequenz f_x beträgt

$$f_x = m f_D = \frac{mn}{60}.$$

Dabei bedeutet f_D die Drehfrequenz der Welle in Hz, die sich aus der Drehzahl n in U/min durch Division durch den Faktor 60 ergibt. Der Zusammenhang zwischen Zählerstand N und Drehzahl n in U/min berechnet sich aus

$$f_x = \frac{N}{t_T} = \frac{mn}{60}.$$

Der Zählerstand N ergibt sich damit zu

$$N = \frac{m t_T}{60} n.$$

Drehzahl n und Zählerstand N stimmen also zahlenmäßig überein, wenn der Faktor

$$\frac{m}{60} t_T = 10^i \ (i = 0, 1, \ldots)$$

einen dekadischen Wert einnimmt. Da bei Universalzählern Torzeiten t_T von 0,1, 1 und 10 s üblich

sind, ergibt sich bei einer Markenzahl m von 600, 60 bzw. 6 Marken am Umfang ein der Drehzahl n in U/min zahlenmäßig entsprechender Zählerstand N. Bei $m = 1000$ oder 100 Marken am Umfang ist eine Torzeit t_T von 60 ms bzw. 600 ms notwendig.

14.3.5 Auflösung und Messzeit bei der Periodendauer- bzw. Frequenzmessung

Unter der Annahme einer Quarz-Referenzfrequenz von 10 MHz sollen die bei der Periodendauer- bzw. Frequenzmessung sich ergebenden Quantisierungsfehler und die zugehörigen Messzeiten bestimmt und miteinander verglichen werden.

Bei der digitalen *Periodendauermessung* beträgt der relative Quantisierungsfehler

$$\frac{1}{N} = \frac{1}{f_{ref} T_x} = \frac{f_x}{f_{ref}}.$$

In Abb. 10 ist dieser relative Quantisierungsfehler $1/N$ abhängig von der Messfrequenz f_x im doppeltlogarithmischen Maßstab aufgetragen. Die Messzeit ist identisch mit einer Periode $T_x = 1/f_x$ der Messfrequenz.

Bei der digitalen *Frequenzmessung* ist der relative Quantisierungsfehler

$$\frac{1}{N} = \frac{1}{f_x t_T}.$$

Er ist im Abb. 10 für verschiedene Torzeiten t_T als Parameter abhängig von der Messfrequenz

Abb. 10 Relativer Quantisierungsfehler als Funktion der Messfrequenz bei Periodendauermessung und bei Frequenzmessung

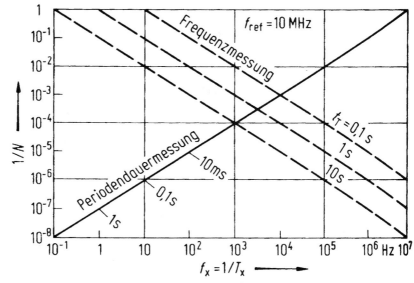

aufgetragen. Man erkennt, dass bei einer zulässigen Messzeit von z. B. 1 s unter 1 kHz die Periodendauermessung und über 10 kHz die Frequenzmessung zum kleineren Quantisierungsfehler führt. Vom Standpunkt der Genauigkeit her gesehen ist es sinnvoll, keinen wesentlich kleineren Quantisierungsfehler $1/N$ als den relativen Fehler $\Delta f_{ref}/f_{ref}$ der Quarzfrequenz anzustreben.

14.3.6 Reziprokwertbildung und Multiperiodendauermessung

Bei kleinen Messfrequenzen, wie z. B. der Netzfrequenz von 50 Hz, liefert die Periodendauermessung in wesentlich kürzerer Zeit einen Messwert mit hinreichender *Auflösung*. Zum Vergleich beträgt bei Frequenzmessung mit einer Torzeit von 1 s der relative Quantisierungsfehler maximal $1/50 = 2\,\%$.

Bei Frequenzsignalen im kHz-Bereich wird bei digitaler Frequenzmessung zur Erzielung einer hohen Auflösung eine verhältnismäßig hohe Torzeit von etwa 10 s oder mehr benötigt. Im Vergleich dazu erfüllt die digitale Periodendauermessung zwar die Forderung nach einer geringen Messzeit, die Auflösung ist dann aber durch die maximale Referenzfrequenz beschränkt. Abhilfe schafft hier die *Multiperiodendauermessung* nach Abb. 11a.

Die Messfrequenz $f_x = 1/T_x$ wird dabei um den Faktor N_T digital geteilt. Als Messergebnis ergibt sich der Zählerstand

$$N = N_T f_{ref} T_x = N_T \frac{f_{ref}}{f_x}.$$

Die Auflösung beträgt

$$\frac{1}{N} = \frac{1}{N_T} \cdot \frac{f_x}{f_{ref}}$$

und ist in Abb. 11b als Funktion der Messfrequenz f_x mit N_T als Parameter aufgetragen.

Die Messzeit ist

$$N_T T_x = \frac{N_T}{f_x}.$$

Das Produkt von Auflösung $1/N$ und Messzeit N_T/f_x ist konstant und beträgt

$$\frac{1}{N} \cdot \frac{N_T}{f_x} = \frac{1}{f_{ref}}.$$

Der minimale Wert dieses Produkts ist durch die Höhe der Referenzfrequenz gegeben. Bei einer zulässigen Messzeit von $N_T/f_x = 0,1$ s und einer Referenzfrequenz f_{ref} von 10 MHz ist eine

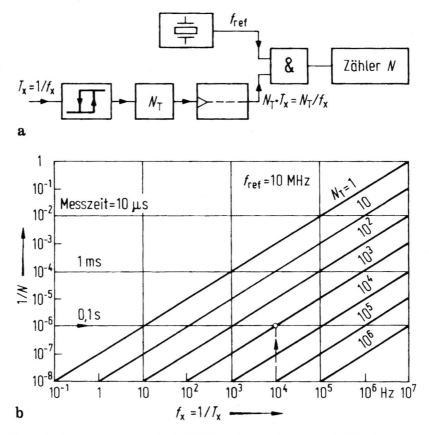

Abb. 11 Multiperiodendauermessung. **a** Blockschaltbild, **b** Auflösung als Funktion der Messfrequenz

Auflösung $1/N$ von 10^{-6} möglich. Bei einer Messfrequenz f_x von 10 kHz müssen dazu $N_T = 1000$ Perioden der Messfrequenz ausgewertet werden (Abb. 11b).

Der angezeigte Zählerstand N ist bei der Multiperiodendauermessung proportional der Periodendauer. Wird als Messergebnis die Frequenz gewünscht, so muss der Reziprokwert gebildet werden. Dies geschieht bei besseren Universalzählern mit einem Mikrorechner. Die Rechenzeit für die Bildung dieses Reziprokwertes liegt deutlich unter 100 µs. Die Multiperiodendauermessung ist deshalb heute für Frequenzmessungen in allen Frequenzbereichen bedeutungsvoll geworden. Die digitale Frequenzmessung mit voreingestellter Torzeit (preset time) wird deshalb in zunehmendem Maße durch die Multiperiodendauermessung mit voreingestellter Periodenzahl (preset count) ersetzt.

14.4 Analog-digital-Umsetzung über Zeit oder Frequenz als Zwischengrößen

Bei einer Reihe von Anwendungsfällen, z. B. bei Labor-Digitalvoltmetern, werden keine hohen Anforderungen an die Geschwindigkeit der Analog-digital-Umsetzer (ADU) gestellt. Dort können mit Vorteil Umsetzungsverfahren mit der Zeit oder der Frequenz als Zwischengröße eingesetzt werden, die teilweise eine sehr hohe Genauigkeit ermöglichen.

14.4.1 Charge-balancing-Umsetzer

Beim Charge-balancing-Umsetzer (Ladungskompensationsumsetzer) wird nach Abb. 12 die umzusetzende Messspannung U_x fortlau-

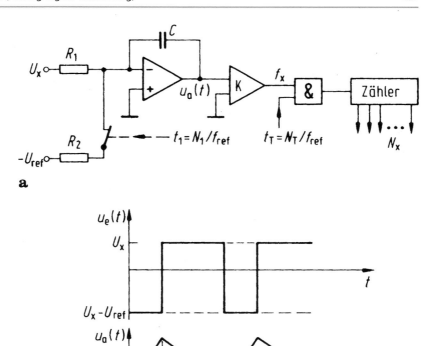

Abb. 12 Charge-
balancing-Umsetzer.
a Prinzip,
b Ablaufdiagramm

a

b

fend integriert, während für eine konstante Zeit t_1 zusätzlich eine negative Referenzspannung U_{ref} an den Eingang des Integrationsverstärkers angelegt wird. Die Zeit t_1 wird dabei gestartet, wenn die Ausgangsspannung durch Integration der Messspannung auf den Wert null abgesunken ist. Der wesentliche Unterschied zum einfachen Spannungs-Frequenz-Umsetzer besteht also darin, dass für eine konstante Zeit t_1 auch eine am Eingang anliegende Referenzspannung U_{ref} integriert wird.

Die Ausgangsspannung, die nach Ablauf von t_1 am Integratorausgang erreicht wird, ist

$$u_a(t_1) = \left(\frac{U_{\text{ref}}}{R_2} - \frac{U_x}{R_1} \right) \frac{t_1}{C}.$$

Sie wird durch Integration der Messspannung U_x während der Zeit t_2 nach null abgebaut:

$$u_a(t_1) - \frac{U_x}{R_1} \cdot \frac{t_2}{C} = 0.$$

Durch Elimination von $u_a(t_1)$ ergibt sich:

$$t_2 = \left(\frac{U_{\text{ref}}}{R_2} - \frac{U_x}{R_1} \right) \frac{R_1}{U_x} t_1 = \left(\frac{R_1}{R_2} \cdot \frac{U_{\text{ref}}}{U_x} - 1 \right) t_1.$$

Die Frequenz f_x ist deshalb

$$f_x = \frac{1}{t_1 + t_2} = \frac{1}{t_1} \cdot \frac{R_2}{R_1} \cdot \frac{U_x}{U_{\text{ref}}}.$$

Die Frequenz f_x ist also der Messspannung U_x proportional. Der Charge-balancing-Umsetzer ist gleichzeitig ein Spannungs-Frequenz-Umsetzer. Im Gegensatz zum einfachen Spannungs-Frequenz-Umsetzer ist die Genauigkeit jedoch nicht von der Integrationskapazität abhängig. Über digitale Treiber werden aus einer Referenzfrequenz f_{ref} sowohl die Zeit t_1 zur Integration gemäß $t_1 = N_1/f_{\text{ref}}$ als auch die Torzeit t_T zur digitalen Frequenzmessung gemäß $t_T = N_T/f_{\text{ref}}$ gewonnen. Das Digitalsignal entspricht dann der Zahl

$$N_x = t_T f_x = \frac{N_T}{f_{ref}} \cdot \frac{f_{ref}}{N_1} \cdot \frac{R_2}{R_1} \cdot \frac{U_x}{U_{ref}}$$
$$= \frac{N_T}{N_1} \cdot \frac{R_2}{R_1} \cdot \frac{U_x}{U_{ref}}.$$

Langzeitschwankungen der Referenzfrequenz f_{ref} beeinflussen also die Messgenauigkeit nicht.

14.4.2 Zweirampenumsetzer

Beim Zweirampenumsetzer (dual slope converter) nach Abb. 13 wird die Messspannung U_x während einer konstanten Zeit t_1 integriert. Nach Ablauf dieser Zeit t_1 wird an den Eingang eine Referenzspannung U_{ref} mit umgekehrter Polarität angelegt. Die für die Rückintegration bis zur Ausgangsspannung null benötigte Zeit t_x ist dabei der Messspannung U_x proportional. Die Ausgangsspannung zur Zeit $t = t_1$ ist nämlich

$$u_a(t_1) = -\frac{1}{RC} \int_0^{t_1} -U_x\,dt = \frac{U_x}{RC} t_1.$$

Nach der Zeit $t = t_1 + t_x$ ist die Ausgangsspannung auf null zurückintegriert worden:

$$u_a(t_1 + t_x) = u_a(t_1) - \frac{1}{RC} \int_{t_1}^{t_1+t_x} U_{ref}\,dt = 0.$$

Mit der Beziehung

$$u_a(t_1) = \frac{U_{ref} t_x}{RC}$$

ergibt sich die Zeit

$$t_x = t_1 \frac{U_x}{U_{ref}}.$$

Sie ist unabhängig vom Wert der Integrationszeitkonstante RC.

Abb. 13 Dual-slope-Umsetzer. **a** Prinzip, **b** Ablaufdiagramm

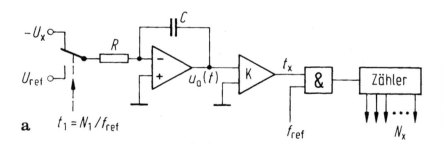

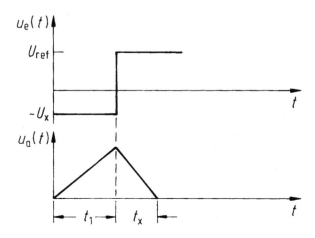

Über einen digitalen Teiler wird aus der Referenzfrequenz f_{ref} die Zeit t_1 zur Hochintegration gemäß $t_1 = N_1/f_{\text{ref}}$ gewonnen. Das digitale Ausgangssignal entspricht dann der Zahl

$$N_x = f_{\text{ref}} t_x = f_{\text{ref}} \frac{N_1}{f_{\text{ref}}} \cdot \frac{U_x}{U_{\text{ref}}} = N_1 \frac{U_x}{U_{\text{ref}}}.$$

Wie beim Charge-balancing-Umsetzer beeinflussen also auch beim Zweirampenumsetzer Langzeitschwankungen der Referenzfrequenz die Umsetzungsgenauigkeit nicht.

14.4.3 Integrierende Filterung bei integrierenden Umsetzern

Da bei den integrierenden ADUs die Umsetzung durch Integration der umzusetzenden Eingangsspannung U_x erfolgt, können bei geeigneter Wahl der Integrationszeit überlagerte Störspannungen stark oder sogar vollständig unterdrückt werden.

Dieser Effekt der integrierenden Filterung ist sowohl beim einfachen Spannungs-Frequenz-Umsetzer und beim Charge-balancing-Umsetzer als auch beim Zweirampenumsetzer anwendbar. Die integrierende Filterung soll am Beispiel des Zweirampenumsetzers erklärt werden.

Einer umzusetzenden Messspannung U_0 sei eine sinusförmige Störspannung mit der Frequenz f_s und der Amplitude U_{sm} überlagert. Die am Eingang anliegende Spannung ist damit

$$u_x(t) = U_0 + U_{\text{sm}} \cos \omega_s t.$$

Im Zeitbereich $0 \leqq t \leqq t_1$ erhält man für die Ausgangsspannung des Integrationsverstärkers

$$u_a(t) = \frac{1}{RC} \int_0^t (U_0 + U_{\text{sm}} \cos \omega_s t)\, dt$$

$$= \frac{1}{RC} U_0 + \frac{\sin \omega_s t}{RC \cdot \omega_s} U_{\text{sm}}.$$

Der Verlauf von Eingangsspannung $u_x(t)$ und Ausgangsspannung $u_a(t)$ ist in Abb. 14a dargestellt, wo angenommen ist, dass die Integrations-

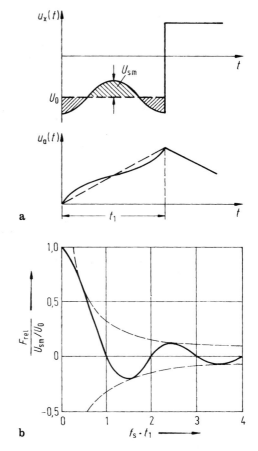

Abb. 14 Integrierende Filterung. **a** Verlauf der Ein- und Ausgangsspannung, **b** relativer Fehler als Funktion des Produktes $f_s t_1$

zeit t_1 gerade gleich der Periodendauer $T_s = 1/f_s$ der überlagerten Störwechselspannung ist.

Eine überlagerte Störspannung wird vollständig unterdrückt, wenn die Integrationszeit t_1 ein ganzes Vielfaches der Periodendauer $1/f_s$ der Störspannung ist. Der relative Fehler, der durch die überlagerte Störspannung verursacht wird, ist allgemein

$$F_{\text{rel}} = \frac{U_{\text{sm}}}{U_0} \cdot \frac{\sin \omega_s t_1}{\omega_s t_1}.$$

Da in der Praxis keine definierte Phasenbeziehung zwischen dem zeitlichen Verlauf der Störspannung und der Integrationszeit besteht, muss der ungünstigste Fall zugrunde gelegt werden. Dieser ergibt sich, wenn anstelle der Integrationsgrenzen 0 und t_1 die Grenzen $-t_1/2$ und $+t_1/2$ eingeführt werden. Der relative Fehler wird dann

$$F_{\mathrm{rel}} = \frac{U_{\mathrm{sm}}}{U_0} \cdot \frac{\sin (\pi f_{\mathrm{s}} t_1)}{\pi f_{\mathrm{s}} t_1}.$$

Der relative Fehler F_{rel} ist abhängig von f_{s} $t_1 = t_1/T_{\mathrm{s}}$ in Abb. 14b aufgetragen.

Bei netzfrequenten Störspannungen mit einer Frequenz f_{s} von 50 Hz beträgt die kleinstmögliche Integrationszeit, für die die überlagerte Störspannung gerade vollständig unterdrückt wird, $t_1 = 1/f_{\mathrm{s}} = 20$ ms.

Zweirampenumsetzer, die sowohl Störspannungen von 50 Hz als auch von 60 Hz (z. B. U-SA) integrierend filtern sollen, müssen also mindestens mit einer Integrationszeit t_1 von 100 ms, dem kleinsten gemeinsamen Vielfachen der beiden Periodendauern 20 ms bzw. $16\frac{2}{3}$ ms, oder mit ganzzahligen Vielfachen von 100 ms ausgestattet sein. Die meisten Digitalvoltmeter nach dem Zweirampenprinzip besitzen tatsächlich eine Hochintegrationszeit t_1 von 100 ms und ermöglichen wegen der Rückintegrationszeit gerade etwa fünf Messungen pro Sekunde, ein Wert, der für Laboranwendungen ausreichend ist.

14.5 Analog-digital-Umsetzung nach dem Kompensationsprinzip

Neben den ADUs mit den Zwischengrößen Frequenz oder Zeit sind die direkten ADUs nach dem Kompensationsprinzip von Bedeutung. Diese enthalten gewöhnlich in der Rückführung Digital-analog-Umsetzer (DAU) mit bewerteten Leitwerten oder mit Widerstandskettenleiter. Abhängig von der Abgleichstrategie entstehen im einfachsten Fall Inkrementalumsetzer, die analogen Messsignalen in einer oder in beiden Richtungen (Nachlaufumsetzer) folgen können. Höherwertige Umsetzer arbeiten mit Zähleraufteilung oder erzeugen in jedem Takt ein Bit des digitalen Ausgangssignals. So entsteht der serielle ADU mit Taktsteuerung, der nach dem Prinzip der sukzessiven Approximation arbeitet.

14.5.1 Prinzip

ADUs nach dem Kompensationsprinzip enthalten nach Abb. 15 in der Rückführung einen DAU.

Mithilfe einer Abgleichschaltung wird dessen digitales Eingangssignal D in geeigneter Weise verändert, bis das analoge Ausgangssignal U_{v} das umzusetzende analoge Eingangssignal U_{x} praktisch vollständig kompensiert. Das notwendige Steuersignal S empfängt die Abgleichschaltung von einem Komparator K, der eine logische Eins liefert, solange die umzusetzende Eingangsspannung U_{x} größer ist als die rückgeführte Vergleichsspannung U_{v}. Im abgeglichenen Zustand ist das digitale Eingangssignal D des DAU identisch mit dem digitalen Ausgangssignal des gesamten ADU. Ein n-stelliges dualcodiertes Digitalsignal D lässt sich mit den n Koeffizienten a_1 bis a_n darstellen als

$$\begin{aligned} D = {}& a_1 2^{-1} + a_2 2^{-2} + \ldots + a_{n-1} 2^{-(n-1)} \\ & + a_n 2^{-n}. \end{aligned}$$

Der maximal mögliche Quantisierungsfehler beträgt 2^{-n} und entspricht dem Wert der Stelle mit der kleinsten Stellenwertigkeit (LSB, least significant bit). Die Stelle mit der größten Stellenwertigkeit (MSB, most significant bit) hat den Wert $2^{-1} = 1/2$.

Der Endwert D_{max} ist erreicht, wenn alle Koeffizienten a_i der n Stellen 1 sind und beträgt

$$D_{\mathrm{max}} = 2^{-1} + 2^{-2} + \ldots + 2^{-n} = 1 - 2^{-n} \approx 1.$$

Dieser Endwert ist praktisch unabhängig von der Stellenzahl n und beträgt näherungsweise 1.

14.5.2 Digital-analog-Umsetzer mit bewerteten Leitwerten

Digital-analog-Umsetzer sind also eine wesentliche Komponente in ADUs nach dem Kompensationsprinzip. Unter den Digital-analog-Umsetzern mit Widerstandsnetzwerken haben außer den Umsetzern mit Kettenleitern die Umsetzer mit

Abb. 15 Prinzip der
Analog-digital-Umsetzung
nach dem
Kompensationsprinzip

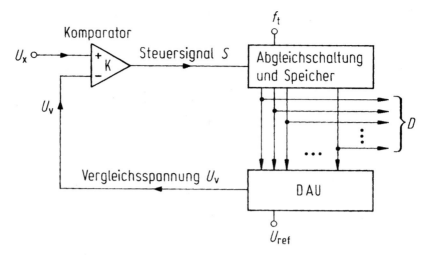

bewerteten Leitwerten besondere Bedeutung
erlangt.

Nach Abb. 16a besteht ein 1-bit-DAU im Prinzip aus einem Leitwert $G\,i$, der über einen digital
gesteuerten Schalter von einer Referenzspannung
U_{ref} gespeist wird.

Der Ausgangsstrom I ist abhängig vom digitalen Eingangssignal a_i:

$$I = U_{\mathrm{ref}} a_i G_i.$$

Ist das digitale Eingangssignal $a_i = 0$, so ist der
Schalter geöffnet; für $a_i = 1$ ist der Schalter
geschlossen.

Ein mehrstelliges digitales Eingangssignal
D mit gewichteter Codierung kann nach Abb. 16b
durch Parallelschaltung entsprechend bewerteter
Leitwerte umgesetzt werden. Der analoge Ausgangsstrom wird dabei über einen Stromverstärker rückwirkungsfrei in ein proportionales Ausgangssignal, z. B. in eine Spannung U_{a},
umgeformt.

Der wirksame Leitwert G berechnet sich durch
Addition der jeweils zugeschalteten Leitwerte G_i
zu

$$G = \sum_{i=1}^{n} a_i G_i.$$

Mit $I = U_{\mathrm{ref}}\, G$ und $U_{\mathrm{a}} = R_{\mathrm{g}}\, I$ ergibt sich die
analoge Ausgangsspannung U_{a} zu

$$U_{\mathrm{a}} = R_{\mathrm{g}} U_{\mathrm{ref}} \sum_{i=1}^{n} a_i G_i.$$

Bei einem DAU für dualcodiertes Eingangssignal müssen also die Leitwerte G_1 bis Gn gemäß

$$G_1 : G_2 : \ldots : G_n = 2^{-1} : 2^{-2} : \ldots : 2^{-n}$$

dimensioniert werden. Der größte Leitwert ist der
Stelle größter Wertigkeit zugeordnet.

14.5.3 Digital-analog-Umsetzer mit Widerstandskettenleiter

Im Gegensatz zu den DAUs mit bewerteten Leitwerten sind beim DAU mit Widerstandskettenleiter die Stellenwertigkeiten durch die Lage der
Einspeisepunkte gegeben. Nach Abb. 17 enthält
ein solcher Umsetzer in seiner einfachsten Form
einen Kettenleiter mit Längswiderständen R und
Querwiderständen $2R$. Die Stellungen a_1 bis $a\,n$
der n Schalter entsprechen dem digitalen Eingangssignal D. In der linksseitigen Stellung der
Schalter ($a_i = 1$) werden die Querwiderstände $2R$
an die Referenzspannung U_{ref} gelegt, und es fließt
ein Strom in den jeweiligen Knotenpunkt des
Kettenleiters. Dieser Strom trägt umso mehr zur
analogen Ausgangsspannung U_{a} am Abschlusswiderstand R_{a} bei, je näher der Knotenpunkt am
Ausgang des Umsetzers liegt.

Abb. 16 Digital-analog-Umsetzer mit bewerteten Leitwerten. **a** Prinzip bei 1-bit-Umsetzung, **b** mehrstellige Digital-analog-Umsetzung

Abb. 17 Digital-analog-Umsetzer mit Widerstands-Kettenleiter

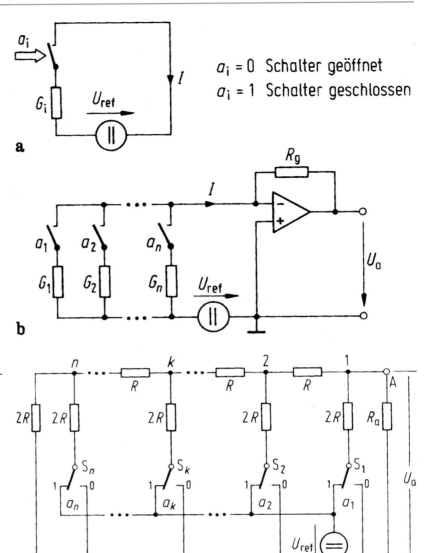

U_a ergibt sich durch Superposition der n Zustände, bei denen sich nur jeweils einer der n Schalter in der Stellung $a\,k = 1$ befindet und die anderen in der Position $a_i = 0$:

$$U_a = \frac{R_a}{R_a + R} U_{ref} \left(\underbrace{a_1 2^{-1} + a_2 2^{-2} + \ldots + a_n 2^{-n}}_{D} \right).$$

Das digitale Eingangssignal D ist durch die Koeffizienten a_1 bis a_n bestimmt und der analogen Ausgangsspannung U_a proportional.

Beim DAU mit Widerstandskettenleiter gehen nicht die absoluten Fehler der Widerstände, sondern nur die Abweichungen voneinander in die Genauigkeit der Umsetzung ein. Es ist deshalb zulässig, Widerstände mit gleichen Fehlern einzusetzen. Ebenso muss der Temperaturkoeffizient der verwendeten Widerstände nicht möglichst klein gehalten werden. Wesentlich ist jedoch eine möglichst gute Übereinstimmung des Temperaturgangs der Einzelwiderstände.

14.5.4 Nachlaufumsetzer mit Zweirichtungszähler

Der einfachste ADU nach dem Kompensationsprinzip ist der Inkrementalumsetzer mit Einrichtungszähler. Da solche Umsetzer entweder nur steigenden oder nur fallenden Eingangsspannungen folgen können, werden Inkrementalumsetzer gewöhnlich mit Zweirichtungszählern gebaut. Diese Nachlaufumsetzer können sowohl steigenden als auch fallenden Eingangssignalen folgen. Im Blockschaltbild nach Abb. 18a ist gezeigt, wie mit einer geeigneten Logik der Vorwärts-Eingang des Zählers angesteuert wird, solange das Eingangssignal größer als das rückgeführte Signal U_v des DAU ist.

Der Rückwärts-Eingang des Vorwärts-Rückwärts-Zählers wird angesteuert, wenn die umzu-

setzende Eingangsspannung kleiner als U_v ist. Ohne zusätzliche Maßnahmen springt das digitale Ausgangssignal immer um eine Quantisierungseinheit hin und her, da ständig an einem der beiden Zählereingänge Taktimpulse anliegen. Dieses Hin- und Herspringen lässt sich vermeiden, indem der Komparator als sog. Fensterkomparator ausgeführt wird, der innerhalb einer bestimmten Totzone keinen der beiden Zählereingänge ansteuert.

Das Ablaufdiagramm nach Abb. 18b zeigt, wie ein Nachlaufumsetzer steigenden und fallenden Eingangsspannungen folgt. Nur wenn die maximale Umsetzungsgeschwindigkeit überschritten ist, folgt der Umsetzer einer veränderlichen Eingangsspannung U_x mit Verzögerung.

Maximalfrequenz bei Nachlaufumsetzung

Bei einem n-bit-Umsetzer mit einer Referenzspannung U_{ref}, die dem Messbereichsendwert ent-

Abb. 18 Nachlaufumsetzer mit Zweirichtungszähler. **a** Prinzip, **b** Ablaufdiagramm

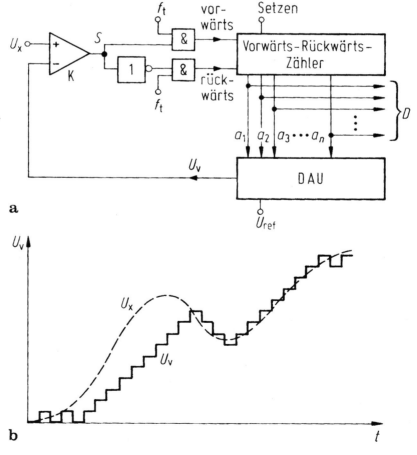

spricht, und bei einer Taktfrequenz f_t beträgt die maximale Änderungsgeschwindigkeit der Vergleichsspannung

$$\left(\frac{\mathrm{d}U_\mathrm{v}}{\mathrm{d}t}\right)_\mathrm{max} = 2^{-n}U_\mathrm{ref}f_\mathrm{t}.$$

Erfolgt die Änderung der umzusetzenden Eingangsspannung U_x sinusförmig mit der Frequenz f und der Amplitude U_m, dann kann der Wechselanteil $U_\sim$ der Eingangsspannung durch

$$U(t) = U_\mathrm{m}\sin\left(2\pi f t\right)$$

beschrieben werden. Die maximale Änderungsgeschwindigkeit dieses Wechselanteils der Eingangsspannung ist

$$\left(\frac{\mathrm{d}U}{\mathrm{d}t}\right)_\mathrm{max} = 2\pi f U_\mathrm{m}\left[\cos\left(2\pi f t\right)\right]_{t=0} = 2\pi f U_\mathrm{m}.$$

Soll der Nachlaufumsetzer verzögerungsfrei folgen können, dann darf die maximale Änderungsgeschwindigkeit der Eingangsspannung die maximale Änderungsgeschwindigkeit der Vergleichsspannung nicht überschreiten. Die daraus resultierende Ungleichung lautet

$$2^{-n}U_\mathrm{ref}f_\mathrm{t} \geqq 2\pi f U_\mathrm{m}.$$

Die maximal zulässige Frequenz f_max der Eingangsspannung ergibt sich daraus zu

$$f_\mathrm{max} = \frac{2^{-n}}{2\pi}\cdot\frac{U_\mathrm{ref}}{U_\mathrm{m}}f_\mathrm{t}.$$

Für einen 10-bit-Umsetzer ($n = 10$) beträgt bei einer Taktfrequenz f_t von 1 MHz und bei einer Amplitude von $U_\mathrm{m} = \frac{1}{2}U_\mathrm{ref}$ des Wechselanteils der Eingangsspannung die maximal zulässige Frequenz der Eingangsspannung etwa 310 Hz.

Kleinen Änderungen der Eingangsspannung kann ein Nachlaufumsetzer sogar schneller folgen als die seriellen Umsetzer, die in jeder Taktperiode ein Bit des digitalen Ausgangssignals bilden, wie z. B. der ADU mit sukzessiver Approximation.

14.5.5 Analog-digital-Umsetzer mit sukzessiver Approximation

Unter den Verfahren der Analog-digital-Umsetzung ist die Methode der sukzessiven Approximation sehr verbreitet. Diese Umsetzer gehören zu den seriellen Umsetzern mit Taktsteuerung, bei denen in jeder Taktperiode eine Stelle des digitalen Ausgangssignals D gebildet wird (one bit at a time). Bei einem n-bit-Umsetzer sind also n Schritte zur Umsetzung notwendig. Das Blockschaltbild eines ADUs nach dem Prinzip der sukzessiven Approximation ist in Abb. 19a dargestellt.

Die Umsetzung beginnt mit dem Versuch, in die höchste Stelle eine logische Eins einzuschreiben. Ist die Ausgangsspannung U_v des DAU kleiner als die umzusetzende Eingangsspannung U_x, so bleibt diese Eins erhalten. Ist jedoch $U_\mathrm{v} > U_\mathrm{x}$, dann ist der Ausgang des Komparators erregt und die Stufe wird auf null zurückgesetzt.

Dieses Vorgehen wird nun mit der nächstniedrigeren Stelle fortgesetzt und schließlich mit der niedrigsten Stelle abgeschlossen. Nach jedem Schritt wird die Ausgangsspannung U_v des DAU mit der analogen Eingangsspannung U_x verglichen. Wird die Spannung U_x nicht überschritten, so verbleibt die Eins in der bistabilen Kippstufe BK. Bei Überkompensation jedoch wird die Kippstufe auf null zurückgesetzt (Abb. 19b).

Die Ablaufsteuerung wird mit einem Schieberegister (SAR, successive approximation register) ausgeführt, das sowohl das UND-Gatter zur Löschung der Kippstufen bei Überkompensation freigibt, als auch das Setzen der Kippstufe der nächstkleineren Stelle übernimmt. Die monostabile Kippstufe MK verzögert das Signal des Komparators genügend lange, damit das Einschwingen von Übergangsvorgängen abgewartet werden kann.

Im Abb. 19 ist am Beispiel einer Eingangsspannung von $U_\mathrm{x} = 7{,}014$ V bei einer Referenzspannung U_ref von 10,24 V der Anfang der Umsetzung dargestellt.

Schnelle Umsetzer nach diesem Prinzip arbeiten mit einer Taktfrequenz von 1 MHz. Dies entspricht einer Taktperiode von 1 µs. Für die Umsetzung eines 10-stelligen Signals (10 Bits) werden dann 10 µs benötigt.

Abb. 19 Analog-digital-Umsetzer mit sukzessiver Approximation. **a** Prinzip, **b** Ablaufdiagramm

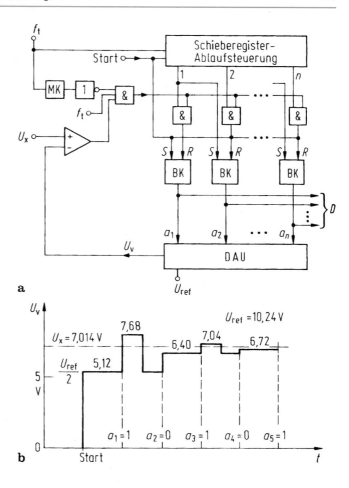

14.6 Schnelle Analog-digital-Umsetzung und Transientenspeicherung

Für die Analog-digital-Umsetzung schneller Vorgänge sind Umsetzer mit entsprechend hoher Umsetzungsgeschwindigkeit erforderlich. Laufzeitumsetzer arbeiten seriell wie die ADUs mit sukzessiver Approximation, besitzen aber keine Taktsteuerung. Ihre Umsetzzeit ist nur durch die Signallaufzeiten bestimmt und daher vergleichsweise niedrig. Besonders kleine Umsetzzeiten werden mit den simultan arbeitenden Parallelumsetzern (flash converter) erreicht. Ein guter Kompromiss zwischen Aufwand und Umsetzzeit sind die Serien-Parallel-Umsetzer. Schnelle ADUs werden bei der Umsetzung von Videosignalen, besonders auch bei der sog. Transientenspeiche-

rung in der Mess- und Versuchstechnik eingesetzt. Damit wird eine digitale Signalanalyse in Echtzeit oder auch in einem geeignet gedehnten Zeitmaßstab ermöglicht.

14.6.1 Parallele Analog-digital-Umsetzer (Flash-Converter)

Die höchsten Umsetzungsgeschwindigkeiten können mit den simultan arbeitenden Parallelumsetzern erreicht werden. Der Aufwand wächst etwa proportional mit der Zahl der Quantisierungsstufen. Wie in Abb. 20a gezeigt, sind für 2^n Quantisierungsstufen $2^n - 1$ Komparatoren K notwendig, die die analoge Eingangsspannung U_x gegen $2^n - 1$, z. B. linear gestufte, Referenzspannungen vergleichen.

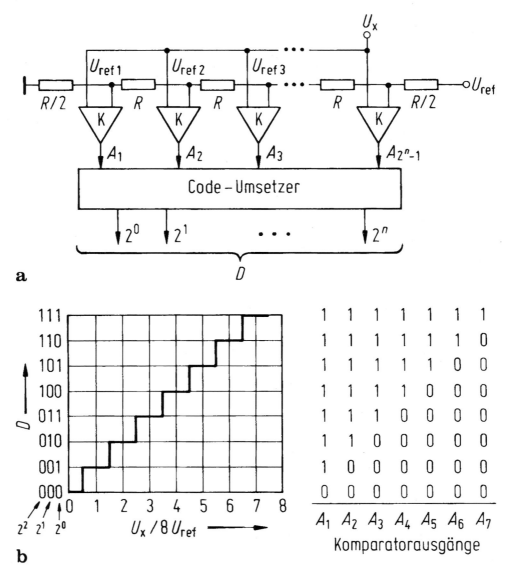

Abb. 20 Paralleler Analog-digital-Umsetzer. **a** Blockschaltbild, **b** Übertragungskennlinie

Die Ausgangssignale A_i der Komparatoren sind logisch null, wenn die Eingangsspannung U_x kleiner als die entsprechende Referenzspannung $U_{ref}\,i$ ist. Sie sind logisch eins für $U_x > U_{ref}\,i$. Über einen Codeumsetzer erfolgt die Codeumsetzung in den Dualcode. Für einen Parallelumsetzer mit acht Dualstellen am Ausgang sind 255 Komparatoren nötig.

Für einen Umsetzer mit drei Dualstellen ist in Abb. 20b der Zusammenhang zwischen dem Dualzahl-Ausgangssignal und der auf die Referenzspannung U_{ref} bezogenen Eingangsspannung U_x dargestellt. Die Tabelle beschreibt die Codierungsvorschrift (den Code) zwischen den Komparatorausgangssignalen A_i und dem Dualzahlsignal D.

Mit den heute verfügbaren Integrationstechniken ist der Aufbau von Parallelumsetzern mit 10 bit Auflösung möglich. Dabei müssen also 1023 Komparatoren und die erforderlichen Bauelemente zur Erzeugung der Referenzspannungen, die Umcodierung sowie der Ausgabespeicher auf einem Chip integriert werden. Dies bedeutet die Integration von über 60.000 Bauelementen auf einem Chip.

Typische Frequenzen bei diesen Flash-Convertern liegen etwa bei 100 MHz. Die zugehörigen Umsetzzeiten betragen also 10 ns.

14.6.2 Transientenspeicherung

Die Aufzeichnung der Vorgeschichte einmalig verlaufender Vorgänge ist durch die Verfügbarkeit schneller ADUs und preiswerter Halbleiterspeicher hoher Kapazität mithilfe von *Transientenspeichern* möglich geworden. In Verbindung mit einem Oszilloskop, einem Schreiber oder dem Bildschirm eines Digitalrechners als Ausgabegerät stellen diese *Transientenrecorder* einen Ersatz für Schnellschreiber und Speicheroszilloskope dar. Sie eignen sich vorzüglich für Aufgaben der Störwerterfassung und Messwertanalyse, da mit ihnen die Betriebszustände vor, während und nach der Störung mit genügend hoher Abtastrate und Auflösung aufgezeichnet werden können. Darüber hinaus sind Transientenrecorder wertvoll in Forschung und Entwicklung, wenn der Verlauf von Messsignalen bei nicht reproduzierbaren Versuchen aufgezeichnet werden soll.

Gewöhnlich werden in einem Transientenrecorder über schnelle ADUs die interessierenden Signale mit Abtastfrequenzen im MHz-Bereich abgetastet – die besten modernen Geräte erreichen auch über 1 GHz –, digitalisiert und in einen 10- bis 20-stelligen Schieberegisterspeicher bitparallel eingeschrieben (Abb. 21).

Der Halbleiterspeicher besitzt heute in der Regel eine Kapazität von mehreren 100 MiB bis zu einigen GiB. Wenn er voll ist, gehen die jeweils zuerst eingespeicherten Datenworte (2 B bei 10- bis 16-bit-ADUs, 4 B bei höher auflösenden ADUs) verloren. Man kann die Daten zwar auch in den Speicher oder auf die Festplatte eines Digitalrechners schreiben, der mit dem Transientenrecorder verbunden ist, aber wegen der begrenzten Übertragungsgeschwindigkeit üblicher Rechnerbusse lässt sich dies nicht in Echtzeit durchführen. Letztlich spielen ökonomische Überlegungen eine Rolle: der On-board-Speicher eines Transientenrecorders ist schnell, aber teuer, eine Festplatte ist billig, aber langsam.

Ein Triggersignal stoppt beim Auftreten eines bestimmten Ereignisses nach Ablauf einer einstellbaren Verzögerungszeit t_v das Einspeichern weiterer Werte in den Speicher. Dieses Triggersignal kann von einem bestimmten Pegel des aufzuzeichnenden Signals selbst abgeleitet oder über andere Startkriterien ausgelöst werden, die das Auftreten von Anomalien oder Überschreiten zulässiger Grenzwerte anzeigen.

Mit einem variablen Auslesetakt kann dann der Transientenspeicher repetierend abgefragt werden. Mit einer erhöhten Taktfrequenz ist es so möglich, langsame Vorgänge flimmerfrei mit einem nichtspeichernden Oszilloskop darzustellen oder einen sehr schnellen Vorgang mit hoher Auflösung auf einem einfachen Schreiber aufzuzeichnen, wenn dazu die Taktfrequenz entsprechend erniedrigt wird.

Ähnlich wie bei anderen Signalanalysatoren wird durch eine kleine Verzögerungszeit nach dem Triggerereignis eine sog. Pretriggerung und durch eine größere Verzögerungszeit eine sog. Posttriggerung erreicht, d. h., es wird der Signalverlauf vor bzw. nach dem Triggerereignis ausgewählt.

Auf dem Raster-Scanner-Prinzip basiert ein extrem schneller Transientendigitalisierer. Ein Signal mit maximal 6 GHz Bandbreite wird auf ein Siliziumplättchen projiziert und hinterlässt eine Spur, die digital abgelesen wird. Für derartige Geräte besteht Bedarf u. a. in der Teilchenphysik und bei digitalen Kommunikationssystemen.

Transientenrecorder entwickeln sich immer mehr zu rechnergestützten Messsystemen und ähneln darin modernen Digitaloszilloskopen. Im Vergleich zu Oszilloskopen ist bei ihnen das Hauptaugenmerk nicht auf die grafische Ausgabe der Messwerte gerichtet, und sie erlauben die gleichzeitige Erfassung von viel mehr Kanälen (bis zu einigen hundert).

14.7 Delta-Sigma-Umsetzer

In seiner einfachsten Form besteht der Delta-Sigma-Umsetzer aus einem Integrierer, einem Komparator und einem 1-bit-DAU (Abb. 22).

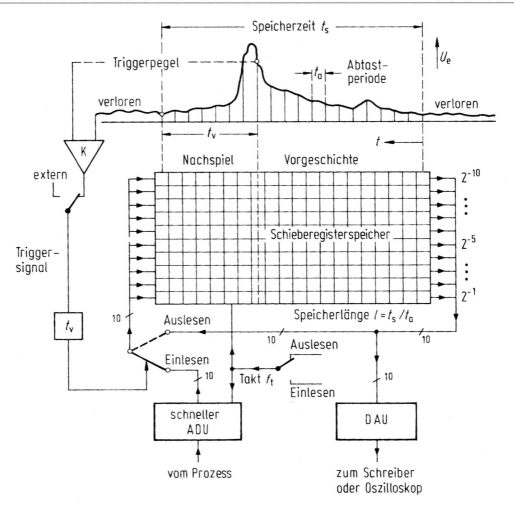

Abb. 21 Prinzip des Transientenspeichers

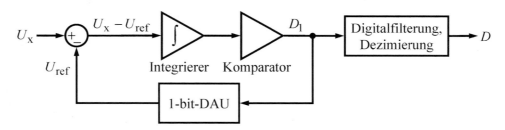

Abb. 22 Einfachste Struktur eines Delta-Sigma-Umsetzers

Die Ausgangsspannung U_{ref} des DAU wird von der umzusetzenden Eingangsspannung U_x subtrahiert. Die Differenz (Messabweichung) $U_{ref} - U_x$ wird integriert und von einem 1-bit-ADU (Komparator) in eine einstellige Dualzahl D_1 (0 oder 1) umgesetzt. D_1 stellt die Eingangsgröße des 1-bit-DAU dar, aus der die nächste Ausgangsspannung U_{ref} gebildet wird usw. Der gesamte Vorgang wird mit einer sehr hohen Rate wiederholt, viel höher als die höchste in U_x enthaltene Frequenz erfordern würde. Die zeitliche Folge der D_1 ergibt einen Strom von Nullen und Einsen, wobei die Dichte der Einsen dem Wert von U_x entspricht. Durch Digitalfilterung und Dezimierung wird aus dem Bitstrom das duale Umsetzergebnis D gebildet.

Wegen der hohen effektiven Abtastrate, die die nach dem Shannon'schen Abtasttheorem für die Digitalisierung von U_x erforderliche Abtastrate um zwei Größenordnungen übersteigen kann, sind die Anforderungen an das Antialiasing-Filter vor einem Delta-Sigma-Umsetzer viel geringer als bei anderen ADUs. Ein weiterer Vorteil ist, dass durch das Verfahren das niederfrequente Quantisierungsrauschen gedämpft wird. Zwar werden Rauschanteile bei höheren Frequenzen verstärkt, aber diese liegen außerhalb des interessierenden Frequenzbereichs und können daher leicht durch das Digitalfilter hinter dem Komparator entfernt werden (noise shaping). Insgesamt lassen sich dadurch niederfrequente Signale mit hohem Signal-zu-Rausch-Abstand umsetzen. Delta-Sigma-Umsetzer spielen deshalb eine Rolle als schmalbandige, hochauflösende ADUs für Präzisionsmessungen. Einer ihrer Nachteile ist der Zeitverzug zwischen einem Eingangsspannungswert und der Verfügbarkeit des Umsetzergebnisses; er ist größer als bei anderen ADUs.

Weiterführende Literatur

Löschberger C (1992) Modelle zur digitalen Einflussgrößenkorrektur an Sensoren. VDI, Düsseldorf

Ohnhäuser F (2015) Analog-digital converters for industrial applications including an introduction to digital-analog converters. Springer, Berlin

Pavan S, Schreier R, Temes GC (2017) Understanding delta-sigma data converters, 2. Aufl. Wiley, Hoboken

Pelgrom M (2017) Analog-to-digital conversion, 3. Aufl. Springer, Cham

Pfeiffer W (1988) Digitale Messtechnik. Springer, Berlin

Plassche R van de (2003) CMOS Integrated analog-to-digital and digital-to-analog converters, 2. Aufl. Kluwer, Boston. (Reprint Springer, New York, 2013)

Schrüfer E (1991) Signalverarbeitung, 2. Aufl. Hanser, München

Walden RH (1999) Performance trends for analog-to-digital converters. IEEE Commun Mag 37(2):96–101

Einführung und Grundlagen der Regelungstechnik

15

Christian Bohn und Heinz Unbehauen

Zusammenfassung

In diesem Kapitel wird eine kurze Einführung in die Regelungstechnik gegeben, wobei auf die Arbeitsweise von Regelungen und Steuerungen sowie auf die Unterschiede zwischen diesen eingegangen wird und einige Beispiele vorgestellt werden. Weiterhin wird die Beschreibung regelungstechnischer Systeme durch mathematische Modelle behandelt, wobei auch die wesentlichen Eigenschaften regelungstechnischer Systeme angegeben werden. Der Schwerpunkt liegt dann auf der Beschreibung linearer zeitkontinuierlicher zeitinvarianter Systeme im Zeit- und im Frequenzbereich. Bei der Beschreibung im Zeitbereich werden gewöhnliche lineare Differentialgleichungen mit konstanten Koeffizienten, das Faltungsintegral sowie die Beschreibung über spezielle Ausgangssignale (Gewichtsfunktion, Übergangsfunktion) behandelt. Im Frequenzbereich werden die sich über die Laplace-Transformation aus der Zeitbereichsbeschreibung ergebende Übertragungsfunktion und der

dazugehörige Frequenzgang behandelt. Dabei wird auch auf die Bedeutung der Pole der Übertragungsfunktion eingegangen. Abschließend werden einige typische Übertragungsglieder behandelt und deren wesentliche Eigenschaften zusammengestellt.

15.1 Einführung

15.1.1 Einordnung der Regelungs- und Steuerungstechnik

Automatisierte industrielle Prozesse sind gekennzeichnet durch selbsttätig arbeitende Maschinen und Geräte, die häufig sehr komplexe Anlagen oder Systeme bilden. Die Teilsysteme dieser Anlagen werden dabei durch die übergeordnete, stark informationsorientierte Leittechnik koordiniert. Zu ihren wesentlichen Grundlagen zählen die Regelungs- und Steuerungstechnik sowie die Prozessdatenverarbeitung. Ein typisches Merkmal von Regelungs- und Steuerungssystemen ist, dass in ihnen eine zielgerichtete Beeinflussung gewisser Größen (Signale) und eine Informationsverarbeitung stattfinden. Dies veranlasste Norbert Wiener, für die Gesetzmäßigkeiten dieser sowohl in technischen als auch in biologischen und gesellschaftlichen Systemen auftretenden Regelungs- und Steuerungsvorgänge den Begriff Kybernetik einzuführen (Wiener 1948, 1961). Die

C. Bohn (✉)
Institut für Elektrische Informationstechnik, Technische Universität Clausthal, Clausthal-Zellerfeld, Deutschland
E-Mail: christian.bohn@tu-clausthal.de

H. Unbehauen
Bochum, Deutschland

M. Hennecke, B. Skrotzki (Hrsg.), *HÜTTE Band 3: Elektro- und informationstechnische Grundlagen für Ingenieure*, Springer Reference Technik
https://doi.org/10.1007/978-3-662-64375-4_60

Regelungstechnik ist eine weitestgehend geräteunabhängige Systemwissenschaft. Daher werden im Weiteren die systemtheoretischen Grundlagen behandelt. Auf spezifische gerätetechnische Umsetzungen (in Hard- und Software) wird nicht eingegangen.

15.1.2 Darstellung im Blockschaltbild

In einem Regelungs- oder Steuerungssystem erfolgt eine Übertragung und Verarbeitung von Signalen. Darin auftretende Systeme werden daher als Übertragungssysteme oder Übertragungsglieder bezeichnet. Der Aufbau von Regelungs- und Steuerungssystemen wird oftmals in Form von Blockschaltbildern dargestellt. Einzelne Übertragungsglieder (Teilsysteme) werden dabei durch Kästchen (Blöcke) dargestellt, die über Signale (Pfeile) miteinander zu größeren Einheiten (Gesamtsystemen) verbunden sind.

Die Übertragungsglieder besitzen eine eindeutige Wirkungsrichtung, die durch die Pfeilrichtung der Ein- und Ausgangssignale angegeben wird, und sind rückwirkungsfrei. Bei Übertragungsgliedern wird unterschieden zwischen Eingrößensystemen und Mehrgrößensystemen. Bei einem Eingrößensystem gibt es jeweils ein Eingangs- und ein Ausgangssignal $x_e(t)$ bzw. $x_a(t)$. Bei einem Mehrgrößensystem treten dementsprechend mehrere Signale am Eingang oder Ausgang des Übertragungsgliedes auf. Der Begriff des Systems reicht vom einfachen Eingrößensystem über das Mehrgrößensystem bis hin zu hierarchisch gegliederten Mehrstufensystemen (siehe auch Abschn. 15.2.2.9 und Abb. 9).

15.1.3 Aufbau eines Regelkreises

Ein Regelkreis setzt sich, wie in Abb. 1 gezeigt, aus den vier Hauptbestandteilen Regelstrecke, Messglied, Regler und Stellglied zusammen. Anhand des Blockschaltbildes ist zu erkennen, dass die Aufgabe der Regelung einer Anlage oder eines Prozesses (Regelstrecke) darin besteht, die vom Messglied zeitlich fortlaufend erfasste Regelgröße $y(t)$ unabhängig von äußeren Störungen $z(t)$ entweder auf einem konstanten Sollwert $w(t)$ zu halten (Festwertregelung oder Störgrößenregelung) oder $y(t)$ einem veränderlichen Sollwert $w(t)$ (Führungsgröße) nachzuführen (Folgeregelung, Nachlauf- oder Servoregelung). Diese Aufgabe wird durch ein Rechengerät, den Regler, bzw. den auf diesem ablaufenden Regelalgorithmus, ausgeführt. Der Regler bildet die Regelabweichung $e(t) = w(t) - y(t)$, also die Differenz zwischen Sollwert $w(t)$ und Istwert $y(t)$ der Regelgröße, verarbeitet diese und erzeugt das Reglerausgangssignal $u_R(t)$. Dieses wirkt über das Stellglied als Stellgröße $u(t)$ auf die Regelstrecke ein und z. B. im Falle der Störgrößenregelung dem Störsignal $z(t)$ entgegen. Durch diese geschlossene Wirkungsweise ist der Regelkreis gekennzeichnet. Die Funktion des Reglers besteht dabei darin, eine eingetretene Regelabweichung $e(t)$ möglichst schnell zu beseitigen oder zumindest klein zu halten.

15.1.4 Unterscheidung zwischen Regelung und Steuerung

Nach DIN IEC 60050-351 (o. J.) ist die „Regelung bzw. das Regeln [. . .] ein Vorgang, bei dem fort-

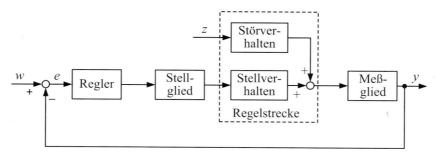

Abb. 1 Aufbau eines Standardregelkreises

laufend eine Größe, die Regelgröße erfasst, mit einer anderen Größe, der Führungsgröße, verglichen und im Sinne einer Angleichung an die Führungsgröße beeinflusst wird. Kennzeichen für das Regeln ist der geschlossene Wirkungsablauf, bei dem die Regelgröße im Wirkungsweg des Regelkreises fortlaufend sich selbst beeinflusst." Demgegenüber ist Steuern der Vorgang in einem System, bei dem eine oder mehrere Größen als Eingangsgrößen andere Größen als Ausgangsgrößen aufgrund der dem System eigentümlichen Gesetzmäßigkeiten beeinflussen. Kennzeichnend für das Steuern ist der offene Wirkungsablauf über das einzelne Übertragungsglied oder die Steuerkette.

15.1.5 Beispiele von Regelungs- und Steuerungssystemen

Anhand einiger typischer Anwendungsfälle werden im Folgenden die Wirkungsweise einer Regelung und die einer Steuerung verdeutlicht. Abb. 2 zeigt schematisch die Gegenüberstellung einer Steuerung (Abb. 2a) und einer Regelung (Abb. 2b) für eine Raumheizung. Bei der Steuerung wird die Außentemperatur ϑ_A über einen Temperaturfühler gemessen und dem Steuergerät zugeführt. Das Steuergerät verstellt in Abhängigkeit von ϑ_A über den Motor (M) und das Ventil (V) den Heizwärmestrom $\dot{Q}$. Dies kann im Steuergerät beispielsweise über eine voreingestellte Kennlinie $\dot{Q} = f(\vartheta_A)$ (Heizkurve) erfolgen. Da das Steuergerät nur die gemessene Außentemperatur $z_2' \mathrel{\hat{=}} \vartheta_A$, nicht aber die Innentemperatur, verarbeitet, kann mit der Steuerung auch nur der Einfluss einer Änderung der Außentemperatur beseitigt werden, nicht jedoch Störungen der Raumtemperatur aufgrund anderer Einflüsse. Diese können z. B. das Öffnen eines Fensters (in Abb. 2 durch die Störgröße z_1' bzw. z_1 dargestellt) oder Sonneneinstrahlung sein.

Im Falle der in Abb. 2b gezeigten Regelung der Raumtemperatur ϑ_R wird diese gemessen und mit dem eingestellten Sollwert w (z. B. $w = 20\,°C$) verglichen. Weicht die Raumtemperatur vom Sollwert ab, so wird über einen Regler (R), der die Abweichung verarbeitet, der Heizwärmestrom $\dot{Q}$ verändert. Änderungen der Raumtemperatur ϑ_R

werden dabei unabhängig von ihrer Ursache vom Regler verarbeitet und beseitigt. Anhand der Blockschaltbilder sind der geschlossenen Wirkungsablauf der Regelung (Regelkreis) und der offene Wirkungsablauf der Steuerung (Steuerkette) zu erkennen.

Abb. 3 zeigt vier weitere Beispiele für Regelungen. An diesen ist auch anschaulich der Unterschied zwischen Festwertregelungen und Folgeregelungen ersichtlich. Bei der in Abb. 3a gezeigten Füllstandsregelung soll der Füllstand in einem Becken möglichst unabhängig von der Flüssigkeitsentnahme auf einem konstanten Wert gehalten werden. In Abb. 3b ist die Spannungsregelung eines Generators gezeigt. Bei dieser soll meist die Spannung unabhängig von den angeschlossenen Lasten auf einem konstanten Wert gehalten werden. Ebenso soll bei der in Abb. 3d gezeigten Drehzahlregelung einer Dampfturbine die Turbinen- und damit die Generatordrehzahl einem fest eingestellten Sollwert entsprechen und dabei unabhängig von dem durch den Generator abgenommenen Drehmoment sein. Bei diesen drei Beispielen handelt es sich um Festwertregelungen.

Bei der in Abb. 3c dargestellten Kursregelung eines Schiffes ändert sich der Sollwert über der Zeit, z. B. bei der Umfahrung eines Hindernisses. Die Kursregelung hat die Aufgabe, das Schiff diesem Sollkurs nachzuführen. Es handelt sich um eine Folgeregelung.

Wie diese Beispiele zeigen, kann die Signalübertragung in Regelungs- und Steuerungssystemen in verschiedenen Formen, d. h. durch mechanische, hydraulische, pneumatische oder elektrische Hilfsenergie erfolgen. Unabhängig von der technischen Realisierung werden die Signale im Weiteren aber nur hinsichtlich ihrer Information betrachtet und allgemein als mathematische Funktionen aufgefasst.

Zusammenfassend lässt sich festhalten, dass die Regelung durch folgende Merkmale charakterisiert wird:

- Fortlaufende Erfassung der Regelgröße y (Istwert),
- Berechnung der Regelabweichung $e = w - y$ durch Vergleich des Istwertes der Regelgröße y mit dem Sollwert w (Führungsgröße),

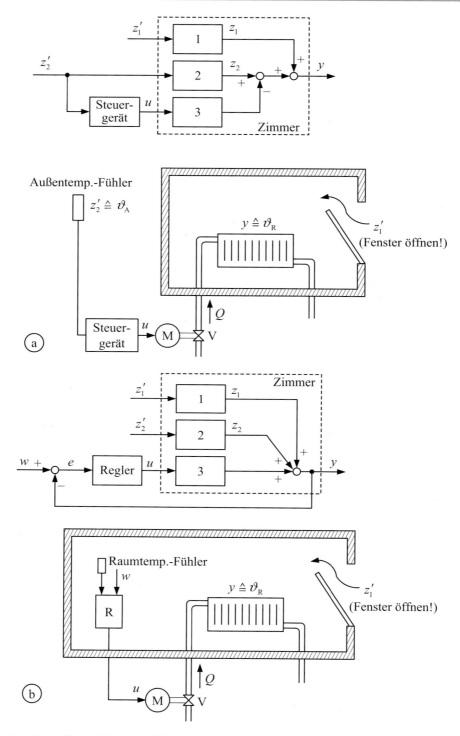

Abb. 2 Gegenüberstellung (Blockschaltbilder und Schemaskizzen) **a**) einer Steuerung und **b**) einer Regelung am Beispiel einer Raumheizung

- Bildung einer Stellgröße u durch Verarbeitung der Regelabweichung (Regeldifferenz, Regel-

fehler) e in einem Regler, sodass durch Einwirkung der Stellgröße auf die Regelstrecke

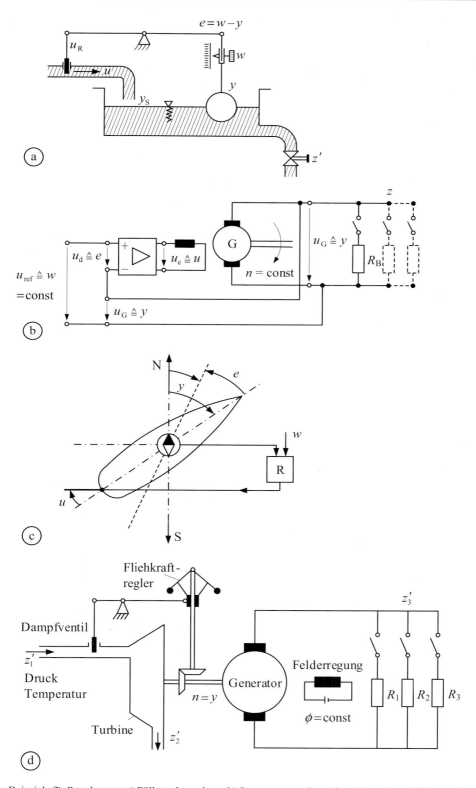

Abb. 3 Beispiele für Regelungen: **a**) Füllstandsregelung, **b**) Spannungsregelung eines Generators, **c**) Kursregelung eines Schiffes und **d**) Drehzahlregelung einer Dampfturbine

die Regelabweichung verringert oder beseitigt wird.

Beim Vergleich einer Steuerung mit einer Regelung lassen sich folgende Unterschiede feststellen:
Die Regelung

- stellt einen geschlossenen Wirkungsablauf (Regelkreis) dar,
- kann wegen des geschlossenen Wirkungsprinzips Störgrößen (im Blockschaltbild in der Größe z zusammengefasst) entgegenwirken und
- kann bei ungünstiger Auslegung des Reglers oder bei Änderungen der Regelstrecke instabil werden, d. h., Signale im geschlossenen Kreis wachsen auch bei beschränkten Eingangsgrößen w und z (theoretisch) über alle Grenzen an.

Die Steuerung

- stellt einen offenen Wirkungsablauf (Steuerkette) dar,
- kann nur bekannten Störgrößen entgegenwirken (andere Störeinflüsse sind nicht beseitigbar) und
- kann, sofern der Steueralgorithmus und die Steuerstrecke selbst stabil sind, nicht instabil werden.

Steuerungen und Regelungen werden oftmals in Kombination eingesetzt. Weiterhin gibt es als Sonderform auch Steuerungen mit Rückführungen (z. B. adaptive und selbsteinstellende Steuerungen).

Das eingangs gezeigte Beispiel der Raumheizungssteuerung (Abb. 2a) stellt einen bestimmten Typ einer Steuerung dar, der in die Gruppe der Führungssteuerungen fällt. Diese sind im Beharrungszustand durch einen festen Zusammenhang zwischen Eingangs- und Ausgangsgrößen, z. B. durch die Heizkurve, charakterisiert. Daneben gibt es noch die sogenannten Programmsteuerungen, zu denen die Zeitplansteuerungen, Wegplansteuerungen und Ablaufsteuerungen sowie deren Kombinationen zählen.

Zeitplansteuerungen laufen nach einem festen Zeitplan ohne Rückmeldungen ab. Wegplansteuerungen schalten in einzelnen Schritten erst dann weiter, wenn bestimmte Bedingungen erreicht sind, die durch Rückmeldesignale, z. B. durch Endschalter, realisiert werden können. Dabei handelt es sich aber nicht um eine fortlaufende Rückführung und einen Vergleich, wie es bei einer Regelung der Fall wäre. Ablaufsteuerungen sind durch ein bestimmtes festes oder variierbares Programm gekennzeichnet, das schrittweise abläuft, wobei die Einzelschritte durch Rückmeldesignale ausgelöst werden. Ein typisches Beispiel für eine kombinierte Zeitplan- und Ablaufsteuerung ist ein Waschautomat.

Da Programmsteuerungen weitestgehend in Digitaltechnik ausgeführt werden, werden sie auch als binäre Steuerungen bezeichnet. In diesen binären Steuerungen werden Signale verwendet, die nur zwei Werte annehmen können. Auf diesem Prinzip beruhen die für die Umsetzung derartiger Steuerungen eingesetzten speicherprogrammierbaren Steuerungen (SPS). Im vorliegenden und in den nachfolgenden drei Kapiteln ▶ Kap. 16, „Linearer Standardregelkreis: Analyse und Reglerentwurf", ▶ Kap. 17, „Nichtlineare, digitale und Zustandsregelungen", ▶ Kap. 18, „Systemidentifikation" werden regelungstechnische Gesichtspunkte behandelt.

15.2 Modelle und Systemeigenschaften

15.2.1 Mathematische Modelle

Das statische und dynamische Verhalten eines Regelungs- oder Steuerungssystems kann entweder durch physikalische oder andere Gesetzmäßigkeiten analytisch beschrieben oder anhand von Messungen ermittelt und in einem mathematischen Modell, z. B. durch Differenzialgleichungen, algebraische oder logische Gleichungen dargestellt werden. Die spezielle Form hängt hinsichtlich ihrer Struktur und ihrer Parameter dabei im Wesentlichen von den Systemeigenschaften ab. Die wichtigsten Eigenschaften von Systemen sind in Abb. 4 dargestellt.

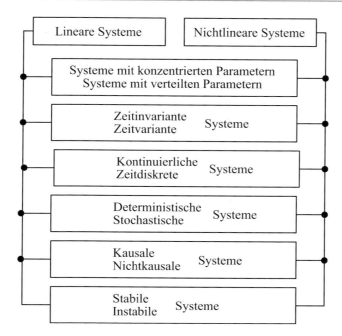

Abb. 4 Unterscheidungsmerkmale bei der Beschreibung dynamischer Systeme

Mathematische Systemmodelle, die das Verhalten eines realen Systems in abstrahierender Form, eventuell vereinfacht, aber doch genügend genau, beschreiben, bilden gewöhnlich die Grundlage für die Analyse oder Synthese des realen technischen Systems sowie häufig auch für dessen Simulation. Die Simulation ist dabei von großer Bedeutung, da sich mit ihr bereits im Entwurfsstadium verschiedenartige Betriebsfälle eines Systems leicht untersuchen lassen.

15.2.2 Systemeigenschaften

15.2.2.1 Statisches und dynamisches Verhalten

Bei der Beschreibung des Systemverhaltens wird zwischen dem statischen und dem dynamischen Verhalten unterschieden. Das dynamische Verhalten oder Zeitverhalten beschreibt den zeitlichen Verlauf der Systemausgangsgröße $x_a(t)$ als Reaktion auf Anfangsbedingungen oder auf eine Systemeingangsgröße $x_e(t)$. Sofern die Antwort auf die Eingangsgröße, also das Übertragungsverhalten, betrachtet wird, stellen $x_e(t)$ und $x_a(t)$ zwei einander zugeordnete Größen dar. Als Beispiel

dafür ist in Abb. 5 der als Sprungantwort bezeichnete Verlauf der Ausgangsgröße $x_a(t)$ eines Systems als Reaktion auf eine sprungförmige Veränderung der Eingangsgröße $x_e(t)$ dargestellt. Dabei geht $x_a(t)$ von einem stationären Anfangszustand zur Zeit $t = 0$ asymptotisch für $t \rightarrow \infty$ in einen stationären Endzustand $x_a(\infty)$ über. Hierbei ist angenommen, dass das System einen solchen stationären Endzustand aufweist. Systeme, bei denen solch ein stationärer Endzustand existiert, werden als Systeme mit Ausgleich bezeichnet. Bei Systemen ohne Ausgleich erreicht die Sprungantwort keinen stationären Endzustand, sondern wächst (theoretisch) über alle Grenzen.

Wird nun, wie in Abb. 6 dargestellt, die Sprunghöhe $x_{e,s}$ variiert und jeweils der sich einstellende stationäre Wert der Ausgangsgröße $x_{a,s} = x_a(\infty)$ über $x_{e,s}$ aufgetragen, so ergibt sich die Kennlinie

$$x_{a,s} = f(x_{e,s}), \qquad (1)$$

die das statische Verhalten oder Beharrungsverhalten des Systems in einem gewissen Arbeitsbereich beschreibt. Gl. (1) gibt den Zusammenhang zwischen den konstanten Werten von

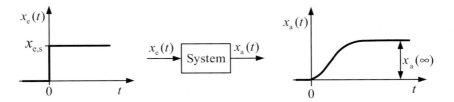

Abb. 5 Sprungantwort als Beispiel für das dynamische Verhalten eines Systems

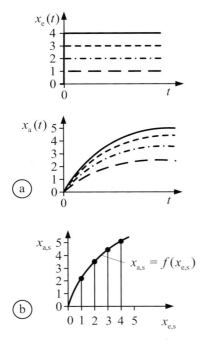

Abb. 6 **a)** Antwort des Systems auf Sprünge verschiedener Höhe und **b)** zugehörige statische Kennlinie

Eingangs- und Ausgangssignal im Ruhezustand an. Bei der weiteren Verwendung von Gl. (1) soll der einfacheren Darstellung wegen auf die Schreibweise $x_{a,s} = x_a$ und $x_{e,s} = x_e$ übergegangen werden, wobei x_a und x_e jeweils die stationären Werte von $x_a(t)$ und $x_e(t)$ darstellen.

15.2.2.2 Zeitvariante und zeitinvariante Systeme

Wenn das Verhalten eines Systems sich nicht über der Zeit ändert, wird das System als zeitinvariantes System bezeichnet. Bei einem zeitinvarianten System hat eine zeitliche Verschiebung des Eingangssignals $x_e(t)$ um t_0 eine gleiche Verschiebung des vom Eingangssignal verursachten Aus-

gangssignals $x_a(t)$ zur Folge, ohne dass sich der Verlauf von $x_a(t)$ sonst verändert (unter Voraussetzung gleicher Anfangsbedingungen im ebenfalls zeitlich verschobenen Anfangszeitpunkt).

Systeme, deren Verhalten sich über der Zeit ändert, werden als zeitvariante Systeme bezeichnet. Dies ist z. B. der Fall, wenn Systemparameter nicht konstant sind, sondern sich über der Zeit ändern. So ändert sich das Verhalten einer Rakete durch die Massenänderung, das Verhalten eines Kernreaktors durch Abbrand und das Verhalten einer verfahrenstechnischen Anlage durch Verschmutzung. Da in so gut wie allen Systemen Alterungseffekte auftreten, sind prinzipiell nahezu alle Systeme zeitvariant. Sind allerdings die Änderungen im Systemverhalten viel langsamer als die Änderungen der interessierenden Eingangs- und Ausgangssignale, können die Systeme als zeitinvariant angenommen werden.

15.2.2.3 Lineare und nichtlineare Systeme

Weiter kann unterschieden werden zwischen linearen Systemen und nichtlinearen Systemen. Für ein lineares System gelten das Superpositionsprinzip (Überlagerungsprinzip) und das Verstärkungsprinzip. Das Superpositionsprinzip besagt, dass die Systemantwort auf ein Eingangssignal, welches sich als Summe von mehreren Anteilen $x_{e,i}(t)$ darstellen lässt, also $x_e(t) = x_{e,1}(t) + \ldots + x_{e,n}(t)$, ebenfalls einer Summe gleich vieler Anteile $x_{a,i}(t)$ entspricht, also $x_a(t) = x_{a,1}(t) + \ldots + x_{a,n}(t)$. Dabei ist $x_{a,i}(t)$ jeweils die Antwort auf $x_{e,i}(t)$. Das Verstärkungsprinzip bedeutet, dass sich bei Änderung des Eingangssignals um einen konstanten Faktor, also für das Eingangssignal $\alpha \cdot x_e(t)$, das Ausgangssignal ebenfalls um diesen Faktor ändert. Es ergibt sich also das Ausgangssignal $\alpha \cdot x_a(t)$, wobei $x_a(t)$ die Antwort auf $x_e(t)$ ist. Wenn nicht beide Bedingungen erfüllt sind, ist das System nichtlinear. Bei einem linearen System ist die statische Kennlinie aus Gl. (1) eine Gerade durch den Ursprung.

Lineare zeitkontinuierliche Systeme können durch lineare Differenzialgleichungen beschrieben werden. Ein Beispiel ist die gewöhnliche lineare Differenzialgleichung n-ter Ordnung

$$\sum_{i=0}^{n} a_i(t) \frac{d^i x_a(t)}{dt^i} = \sum_{j=0}^{n} b_j(t) \frac{d^j x_e(t)}{dt^j}. \quad (2)$$

Da für die Behandlung linearer zeitinvarianter Systeme eine weitgehend abgeschlossene Theorie zur Verfügung steht, wird beim Auftreten von Nichtlinearitäten oftmals eine Linearisierung durchgeführt. In vielen Fällen ist es möglich, das Systemverhalten durch das so entstehende lineare Modell näherungsweise hinreichend genau zu beschreiben. Die Durchführung der Linearisierung hängt vom jeweiligen nichtlinearen Charakter des Systems ab. Daher wird im Weiteren zwischen der Linearisierung einer statischen Kennlinie und der Linearisierung nichtlinearer Differenzialgleichungen unterschieden. Bei der Linearisierung nichtlinearer Differenzialgleichungen werden eine Differenzialgleichung sowie ein Differenzialgleichungssystem (Vektordifferenzialgleichung) jeweils erster Ordnung und eine Differenzialgleichung n-ter Ordnung betrachtet.

Linearisierung einer statischen Kennlinie
Wird die nichtlineare Kennlinie für das statische Verhalten eines Systems gemäß Gl. (1), also durch $x_a = f(x_e)$, beschrieben, so kann diese nichtlineare Gleichung im jeweils betrachteten Arbeitspunkt $(\bar{x}_e, \bar{x}_a)$ in die Taylor-Reihe (Ruge et al. 2012, Abschn. 9.2.1 und 11.2.1)

$$x_a = f(\bar{x}_e) + \frac{df}{dx_e}\bigg|_{x_e = \bar{x}_e} (x_e - \bar{x}_e) \\ + \frac{1}{2!} \cdot \frac{d^2 f}{dx_e^2}\bigg|_{x_e = \bar{x}_e} (x_e - \bar{x}_e)^2 + \dots \quad (3)$$

entwickelt werden. Ist die Abweichungen $x_e - \bar{x}_e$ vom Arbeitspunkt klein, so können die Terme höherer Ordnung vernachlässigt werden, und aus Gl. (3) folgt die lineare Beziehung

$$x_a - \bar{x}_a \approx K \cdot (x_e - \bar{x}_e) \quad (4)$$

mit $\bar{x}_a = f(\bar{x}_e)$ und $K = \frac{df}{dx_e}\big|_{x_e = \bar{x}_e}$. Für die Abweichungen vom betrachteten Arbeitspunkt werden die Größen

$$\Delta x_a = x_a - \bar{x}_a \quad (5)$$

und

$$\Delta x_e = x_e - \bar{x}_e \quad (6)$$

eingeführt und Gl. (4) damit als

$$\Delta x_a \approx K \cdot \Delta x_e \quad (7)$$

geschrieben.

Diese Vorgehensweise ist auch für eine Funktion mit mehreren Variablen $x_a = f(x_{e,1}, \dots, x_{e,n})$ möglich. In diesem Fall ergibt sich analog zu Gl. (4) die lineare Beziehung

$$\Delta x_a \approx K_1 \cdot \Delta x_{e,1} + \dots + K_n \cdot \Delta x_{e,n} \quad (8)$$

mit

$$K_i = \frac{\partial f}{\partial x_{e,i}}\bigg|_{x_{e,1} = \bar{x}_{e,1}, \dots, x_{e,n} = \bar{x}_{e,n}}$$

und

$$\Delta x_{e,i} = x_{e,i} - \bar{x}_{e,i}, \ i = 1, 2, \dots, n.$$

Linearisierung einer nichtlinearen Differenzialgleichung
Als Beispiel wird zunächst ein nichtlineares, dynamisches System mit der Eingangsgröße $x_e(t) = u(t)$ und der Ausgangsgröße $x_a(t) = y(t)$ betrachtet, welches durch die nichtlineare Differenzialgleichung erster Ordnung

$$\dot{y}(t) = f(y(t), u(t)) \quad (9)$$

beschrieben wird. Diese Differenzialgleichung soll in der der Umgebung einer Ruhelage $(\bar{y}, \bar{u})$ linearisiert werden. Eine Ruhelage $\bar{y}$ zu einer konstanten Eingangsgröße $\bar{u}$ ist dadurch gekennzeichnet, dass $y(t)$ zeitlich konstant ist, d. h. es gilt $\dot{y}(t) = 0$. Zu einer gegebenen konstanten Eingangsgröße $\bar{u}$ ergeben sich die Ruhelagen des Systems daher aus der Gleichung

$$f(\bar{y}, \bar{u}) = 0. \qquad (10)$$

Werden die Abweichungen des Signals $y(t)$ von der Ruhelage $\bar{y}$ mit $\Delta y(t)$ bezeichnet, gilt $y(t) = \bar{y} + \Delta y(t)$, woraus $\dot{y}(t) = \Delta \dot{y}(t)$ folgt. Ganz entsprechend ergibt sich für die zweite Variable der Funktion f in Gl. (9) $u(t) = \bar{u} + \Delta u(t)$. Die Taylor-Reihenentwicklung von Gl. (9) um die Ruhelage $(\bar{y}, \bar{u})$ liefert bei Vernachlässigung der Terme mit den höheren Ableitungen die lineare Differenzialgleichung

$$\Delta \dot{y}(t) \approx a\Delta y(t) + b\Delta u(t) \qquad (11)$$

mit

$$a = \left. \frac{\partial f(y, u)}{\partial y} \right|_{\substack{y = \bar{y}, \\ u = \bar{u}}} \qquad (12)$$

und

$$b = \left. \frac{\partial f(y, u)}{\partial u} \right|_{\substack{y = \bar{y}, \\ u = \bar{u}}}. \qquad (13)$$

Ganz entsprechend kann auch bei nichtlinearen Vektordifferenzialgleichungen (Differenzialgleichungssystemen) erster Ordnung

$$\dot{\boldsymbol{x}}(t) = \boldsymbol{f}(\boldsymbol{x}(t), \boldsymbol{u}(t)) \qquad (14)$$

mit

$$\boldsymbol{f}(\boldsymbol{x}(t), \boldsymbol{u}(t)) = [\, f_1(\boldsymbol{x}(t), \boldsymbol{u}(t)) \;\; \ldots \;\; f_n(\boldsymbol{x}(t), \boldsymbol{u}(t)) \,]^{\mathrm{T}},$$

$$\boldsymbol{x}(t) = [\, x_1(t) \;\; \ldots \;\; x_n(t) \,]^{\mathrm{T}}$$

und

$$\boldsymbol{u}(t) = [\, u_1(t) \;\; \ldots \;\; u_r(t) \,]^{\mathrm{T}}$$

vorgegangen werden. Hierbei liefert die Linearisierung die lineare Vektordifferenzialgleichung erster Ordnung

$$\Delta \dot{\boldsymbol{x}}(t) = \boldsymbol{A}\Delta \boldsymbol{x}(t) + \boldsymbol{B}\Delta \boldsymbol{u}(t). \qquad (15)$$

Dabei enthalten die Jacobi-Matrizen

$$\boldsymbol{A} = \left. \frac{\partial \boldsymbol{f}(\boldsymbol{x}, \boldsymbol{u})}{\partial \boldsymbol{x}^{\mathrm{T}}} \right|_{\substack{\boldsymbol{x} = \bar{\boldsymbol{x}}, \\ \boldsymbol{u} = \bar{\boldsymbol{u}}}}$$

$$= \left. \begin{bmatrix} \dfrac{\partial f_1(\boldsymbol{x}, \boldsymbol{u})}{\partial x_1} & \ldots & \dfrac{\partial f_1(\boldsymbol{x}, \boldsymbol{u})}{\partial x_n} \\ \vdots & \ddots & \vdots \\ \dfrac{\partial f_n(\boldsymbol{x}, \boldsymbol{u})}{\partial x_1} & \ldots & \dfrac{\partial f_n(\boldsymbol{x}, \boldsymbol{u})}{\partial x_n} \end{bmatrix} \right|_{\substack{\boldsymbol{x} = \bar{\boldsymbol{x}}, \\ \boldsymbol{u} = \bar{\boldsymbol{u}}}} \qquad (16)$$

und

$$\boldsymbol{B} = \left. \frac{\partial \boldsymbol{f}(\boldsymbol{x}, \boldsymbol{u})}{\partial \boldsymbol{u}^{\mathrm{T}}} \right|_{\substack{\boldsymbol{x} = \bar{\boldsymbol{x}}, \\ \boldsymbol{u} = \bar{\boldsymbol{u}}}}$$

$$= \left. \begin{bmatrix} \dfrac{\partial f_1(\boldsymbol{x}, \boldsymbol{u})}{\partial u_1} & \ldots & \dfrac{\partial f_1(\boldsymbol{x}, \boldsymbol{u})}{\partial u_r} \\ \vdots & \ddots & \vdots \\ \dfrac{\partial f_n(\boldsymbol{x}, \boldsymbol{u})}{\partial u_1} & \ldots & \dfrac{\partial f_n(\boldsymbol{x}, \boldsymbol{u})}{\partial u_r} \end{bmatrix} \right|_{\substack{\boldsymbol{x} = \bar{\boldsymbol{x}}, \\ \boldsymbol{u} = \bar{\boldsymbol{u}}}} \qquad (17)$$

die partiellen Ableitungen der Funktionen $f_1(\boldsymbol{x}, \boldsymbol{u})$ bis $f_n(\boldsymbol{x}, \boldsymbol{u})$ nach x_1 bis x_n bzw. u_1 bis u_r.

Bei einer Differenzialgleichung n-ter Ordnung

$$\begin{aligned} y^{(n)}(t) \\ = f\Big(y^{(n-1)}(t), \ldots, \dot{y}(t), y(t), u^{(m)}(t), \ldots, u(t) \Big), \end{aligned} \qquad (18)$$

wobei hier eine explizite Differenzialgleichung betrachtet wird und der hochgestellte Index in Klammern die entsprechende Ableitung kennzeichnet, muss die Taylor-Entwicklung der Funktion f in allen Variablen, also in $y, \dot{y}, \ldots, y^{(n-1)}$ und $u, \dot{u}, \ldots, u^{(m)}$, durchgeführt werden. Mit Einführung der Größen $\Delta y, \Delta \dot{y}, \ldots, \Delta y^{(n-1)}$ und $\Delta u, \Delta \dot{u}, \ldots, \Delta u^{(m)}$ für die Abweichungen aus der Ruhelage ergibt sich die lineare Differenzialgleichung

$$\begin{aligned} \Delta y^{(n)}(t) &+ a_{n-1}\Delta y^{(n-1)}(t) + \ldots \\ &+ a_1\Delta \dot{y}(t) + a_0\Delta y(t) \\ &\approx b_m\Delta u^{(m)}(t) + b_{m-1}\Delta u^{(m-1)}(t) + \ldots \\ &+ b_1\Delta \dot{u}(t) + b_0\Delta u(t) \end{aligned} \qquad (19)$$

mit

$$a_i = -\left.\frac{\partial f}{\partial y^{(i)}}\right|_{\substack{y=\bar{y}, \\ \dot{y}=\ldots=y^{(n-1)}=0, \\ u=\bar{u}, \\ \dot{u}=\ldots=u^{(m)}=0}} \qquad (20)$$

für $i = 0, 1, \ldots, n-1$ und

$$b_i = \left.\frac{\partial f}{\partial u^{(i)}}\right|_{\substack{y=\bar{y}, \\ \dot{y}=\ldots=y^{(n-1)}=0, \\ u=\bar{u}, \\ \dot{u}=\ldots=u^{(m)}=0}} \qquad (21)$$

für $i = 0, 1, \ldots, m$. Das negative Vorzeichen vor der partiellen Ableitung bei den Koeffizienten a_0 bis a_{n-1} in Gl. (20) ergibt sich dabei daher, dass die Terme mit diesen Koeffizienten in Gl. (19) auf die linke Seite geschrieben wurden.

15.2.2.4 Systeme mit konzentrierten und verteilten Parametern

Viele Übertragungssysteme lassen sich als eine Zusammenschaltung endlich vieler einzelner idealisierter Elemente auffassen (z. B. Widerstände, Kapazitäten, Induktivitäten, Dämpfer, Federn, Massen, Tanks, Drosseln). Derartige Systeme werden als Systeme mit konzentrierten Parametern oder auch als endlichdimensionale Systeme bezeichnet. Diese werden durch gewöhnliche Differenzialgleichungen beschrieben.

Werden hingegen zur Beschreibung des Systemverhaltens unendlich viele unendlich kleine Einzelelemente der oben angeführten Art benötigt, dann stellt es ein System mit verteilten Parametern dar, welches auch als unendlichdimensionales System bezeichnet wird. Ein solches System wird durch partielle Differenzialgleichungen beschrieben. Ein typisches Beispiel hierfür ist eine elektrische Leitung, welche dann nicht mehr durch konzentrierte Widerstände, Kapazitäten und Induktivitäten, sondern durch die entsprechenden Leitungsbeläge beschrieben wird. Der Spannungsverlauf auf der Leitung ist eine Funktion von Ort und Zeit und damit nur durch eine partielle Differenzialgleichung beschreibbar. Ein weiteres Beispiel ist der in Abschn. 15.3.1.3 behandelte Stoff- und Wärmetransport in einer von einem Fluid durchströmten Rohrleitung.

15.2.2.5 Systeme mit kontinuierlicher und diskreter Arbeitsweise

Kann ein Signal, z. B. die Eingangs- oder Ausgangsgröße eines Systems, innerhalb gewisser Grenzen beliebige Werte annehmen, wird von einem wertekontinuierlichen Signal gesprochen. Kann das Signal dagegen nur gewisse diskrete Amplitudenwerte annehmen, dann liegt ein quantisiertes oder wertediskretes Signal vor.

Ist ein Signal zu jedem beliebigen Zeitpunkt (innerhalb eines betrachteten Zeitraums) gegeben, so handelt es sich um ein zeitkontinuierliches Signal. Ist hingegen der Wert des Signals nur zu bestimmten diskreten Zeitpunkten definiert, so handelt es sich um ein zeitdiskretes Signal. Zeitkontinuierliche Signale werden oft kurz als kontinuierliche Signale bezeichnet und zeitdiskrete Signale als diskrete Signale. Damit ergeben sich insgesamt vier unterschiedliche Signalarten, die in Abb. 7 gezeigt sind.

Bei dem in Abb. 7a gezeigten Verlauf handelt es sich um ein zeit- und wertekontinuierliches Signal. Das in Abb. 7b gezeigte Signal ist zeitkontinuierlich und wertediskret. In Abb. 7c ist ein zeitdiskretes und wertekontinuierliches Signal dargestellt und in Abb. 7d ein zeit- und wertediskretes Signal.

Sind die Signalwerte bei einem zeitdiskreten Signal wie in Abb. 7c und Abb. 7d zu äquidistanten Zeitpunkten mit dem Intervall T gegeben, so wird von einem Abtastsignal mit der Abtastperiode oder Abtastzeit T gesprochen. Der Kehrwert ist die Abtastfrequenz $f = 1/T$. Systeme, in denen derartige Signale verarbeitet werden, werden als Abtastsysteme bezeichnet. In Regelsystemen, in denen ein Digitalrechner die Funktion des Reglers übernimmt, können von diesem nur zeitdiskrete quantisierte Signale (Abb. 7d) verarbeitet werden.

15.2.2.6 Deterministische und stochastische Systeme

Eine Systemvariable kann entweder deterministischen oder stochastischen Charakter aufweisen. Die Unterscheidung bezüglich des deterministischen bzw. stochastischen Charakters bezieht sich dabei sowohl auf die in einem System auftretenden Signale als auch auf die Parameter des mathematischen Systemmodells. Im deterministi-

Abb. 7 Unterschiedliche
Signalarten:
a) zeit- und
wertekontinuierlich,
b) zeitkontinuierlich und
wertdiskret/quantisiert,
c) zeitdiskret und
wertekontinuierlich,
d) zeitdiskret und
wertediskret/quantisiert

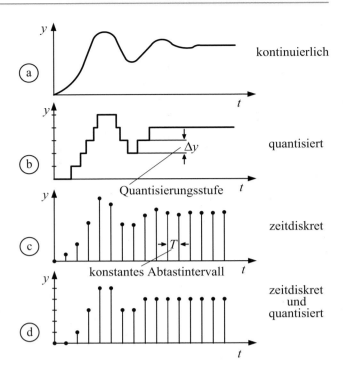

schen Fall sind die Signale und die Parameter eines Systems eindeutig bestimmt. Das zeitliche Verhalten des Systems lässt sich somit reproduzieren. Im stochastischen Fall hingegen können sowohl die auf das System einwirkenden Signale als auch die Parameter, z. B. ein Koeffizient der Modellgleichungen, stochastischen, also regellosen Charakter, besitzen. Der Wert dieser in den Signalen oder im System auftretenden Variablen kann daher zu jedem Zeitpunkt nur durch stochastische Gesetzmäßigkeiten beschrieben werden und ist somit nicht mehr reproduzierbar, da es sich jeweils um Realisierungen stochastischer Prozesse handelt.

15.2.2.7 Kausale Systeme

Bei einem kausalen System hängt für jeden beliebigen Zeitpunkt t_1 die Ausgangsgröße $x_a(t_1)$ für $-\infty < t < t_1$ nur vom Verlauf der Eingangsgröße für $-\infty < t < t_1$ ab. Die Ausgangsgröße zu einem Zeitpunkt hängt also nur vom Verlauf der Eingangsgröße in der Vergangenheit und vom aktuellen Wert ab. Von einem streng kausalen System wird gesprochen, wenn die Ausgangsgröße zu einem Zeitpunkt nur vom Verlauf der Eingangsgröße in der Vergan-

genheit, also nicht vom aktuellen Wert, abhängt. Bei kausalen Systemen muss also erst eine Ursache auftreten, bevor sich eine Wirkung zeigt. Die Kausalität bezieht sich damit auf die zeitliche Abhängigkeit. Alle realen Systeme sind daher kausal. In der digitalen Signalverarbeitung werden nichtkausale Systeme als Algorithmen zur Signalverarbeitung eingesetzt. Ein Beispiel ist die Glättung einer Messreihe durch gleitende Mittelwertbildung, bei der ein Mittelwert für einen bestimmten Zeitpunkt aus Werten in der Vergangenheit und Werten in der Zukunft berechnet wird. Bezüglich des Zeitpunkts, für den der Mittelwert berechnet wird, handelt es sich bei diesem Algorithmus um ein nichtkausales System. Eine solche Glättung kann aber nur rückwirkend durchgeführt werden, wenn die benötigten Werte vorliegen.

15.2.2.8 Stabile und nicht stabile Systeme

Bei der Betrachtung der Stabilität von Systemen wird allgemein zwischen interner Stabilität und externer Stabilität unterschieden. Bei interner Stabilität wird das Verhalten von Systemen ohne äußere Anregungen, d. h. die Reaktion auf Anfangsbedingungen, betrachtet. Dabei werden, meist auf Grundlage der Stabilitätstheorie nach Ljapunow, Aussagen über die Stabilität von Ruhelagen gemacht (siehe ▶ Abschn. 17.1.5 in Kap. 17, „Nichtlineare, digitale und Zustandsregelungen").

Bei externer Stabilität wird die Antwort von Systemen auf äußere Einwirkungen betrachtet. Es wird dabei also das Eingangs-Ausgangs-Verhalten bzw. die Stabilität des Übertragungsverhaltens untersucht. Anfangsbedingungen müssen dabei nicht explizit berücksichtigt werden, sofern diese als von einer Anregung in der Vergangenheit (also vor dem Anfangszeitpunkt) verursacht interpretiert werden können. Externe Stabilität wird daher auch als Eingangs-Ausgangs-Stabilität bezeichnet. Hierbei wird der Begriff der BIBO-Stabilität (*Bounded-Input Bounded-Output*) verwendet. Ein System ist genau dann BIBO-stabil, wenn jedes beschränkte Eingangssignal $x_e(t)$ ein ebenfalls beschränktes Ausgangssignal $x_a(t)$ zur Folge hat. Bei einem nicht BIBO-stabilen System gibt es mindestens eine beschränkte Eingangsgröße, die eine unbeschränkte, z. B. asymptotisch aufklingende, Ausgangsgröße verursacht. Dieser Unterschied ist in Abb. 8 exemplarisch verdeutlicht. Abb. 8a zeigt dabei allerdings nur eine mögliche Antwort eines stabilen Systems auf eine beschränkte Eingangsgröße. Allgemein kann natürlich aus der Beschränktheit der Antwort auf ein spezielles Eingangssignal nicht auf die Stabilität des Systems insgesamt geschlossen werden. Das System mit dem in Abb. 8b gezeigten Verhalten ist nicht stabil, da hier ein beschränktes Eingangssignal ein aufklingendes Ausgangssignal erzeugt. Die Stabilität des Übertragungsverhaltens wird in ▶ Abschn. 16.2 in Kap. 16, „Linearer Standardregelkreis: Analyse und Reglerentwurf" ausführlich behandelt.

15.2.2.9 Eingrößen- und Mehrgrößensysteme

Ein System, welches genau eine Eingangs- und eine Ausgangsgröße besitzt, wird als Eingrößensystem bezeichnet. Dies ist in Abb. 9a dargestellt. Ein System mit mehreren Eingangsgrößen oder mehreren Ausgangsgrößen ist ein Mehrgrößensystem. Die einzelnen Eingangsbzw. Ausgangsgrößen werden dabei, wie in Abb. 9b gezeigt, oftmals zu einem Eingangsbzw. Ausgangsvektor zusammengefasst. In Blockschaltbildern werden für Signalvektoren, also Signale mit mehreren einzelnen Komponenten, gelegentlich Blockpfeile verwendet. Große Systeme sind häufig in mehreren Stufen angeordnet und werden dann auch als Mehrstufensysteme bezeichnet (Abb. 9c).

15.2.2.10 Weitere Systemeigenschaften

Neben den hier diskutierten Systemeigenschaften gibt es noch weitere. So sind beispielsweise die Steuerbarkeit und Beobachtbarkeit eines Systems wesentliche Eigenschaften, die das innere Systemverhalten beschreiben (siehe ▶ Abschn. 17.3.3 in Kap. 17, „Nichtlineare, digitale und Zustandsregelungen").

15.3 Beschreibung linearer zeitinvarianter kontinuierlicher Systeme im Zeitbereich

15.3.1 Beschreibung mittels Differenzialgleichungen

Das Übertragungsverhalten linearer kontinuierlicher Systeme kann durch lineare Differenzialgleichungen beschrieben werden. Im Falle von Sys-

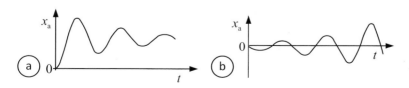

Abb. 8 Exemplarische Darstellung von **a**) stabilem und **b**) nicht stabilem Systemverhalten anhand des Verlaufs von $x_a(t)$ bei beschränkter Eingangsgröße $x_e(t)$

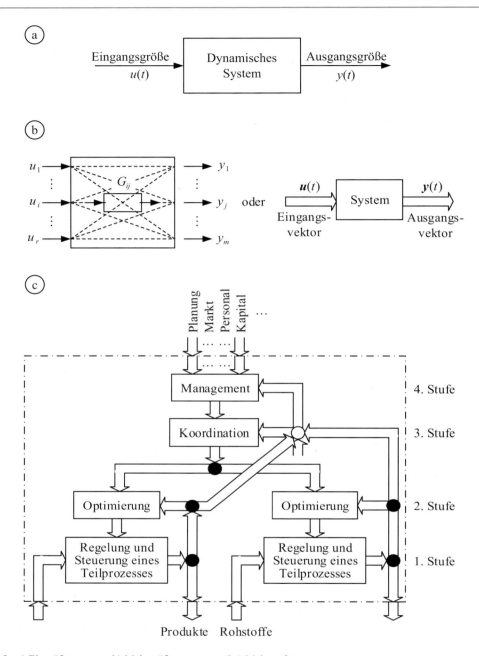

Abb. 9 **a**) Eingrößensystem, **b**) Mehrgrößensystem und **c**) Mehrstufensystem

temen mit konzentrierten Parametern führt dies auf gewöhnliche lineare Differenzialgleichungen gemäß Gl. (2), während sich bei Systemen mit verteilten Parametern partielle lineare Differenzialgleichungen ergeben. Anhand von drei Beispiele wird nachfolgend das Aufstellen von Differenzialgleichungen für physikalische Systeme gezeigt. Dabei werden elektrische, mechanische und thermische Systeme betrachtet.

15.3.1.1 Elektrische Systeme
Für die Behandlung elektrischer Netzwerke werden u. a. die zwei Kirchhoffschen Gesetze (Knotensatz und Maschensatz) verwendet:

Abb. 10 RLC-Schwingkreis

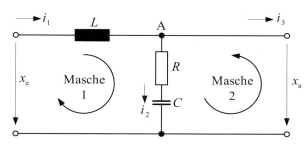

Knotensatz

In einem Knotenpunkt verschwindet die Summe aller Ströme, d. h. $\sum_k i_k = 0$.

Maschensatz

Bei einem Umlauf in einer Masche verschwindet die Summe der Spannungen, d. h. $\sum_k u_k = 0$.

Abb. 11 Gedämpfter mechanischer Schwinger

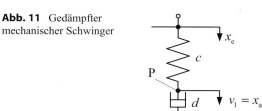

Weiterhin werden die Beziehungen zwischen Strom und Spannung an elektrischen Bauteilen benötigt. Anwendung dieser Gesetze auf die beiden Maschen 1 und 2 und den Knoten A des in Abb. 10 dargestellten RLC-Schwingkreises liefert unter der Voraussetzung, dass $i_3(t) = 0$ ist (offene Ausgangsklemmen), die Differenzialgleichung

$$T_2^2 \frac{d^2 x_a(t)}{dt^2} + T_1 \frac{dx_a(t)}{dt} + x_a(t) = x_e(t)$$
$$+ T_1 \frac{dx_e(t)}{dt} \tag{22}$$

mit $T_1 = RC$ und $T_2 = \sqrt{LC}$. Diese gewöhnliche lineare Differenzialgleichung zweiter Ordnung mit konstanten Koeffizienten beschreibt den Zusammenhang zwischen der Ausgangsspannung $x_a(t)$ und der Eingangsspannung $x_e(t)$. Zur eindeutigen Lösung dieser Differenzialgleichung sind die Anfangsbedingungen $x_a(t_0)$, $\dot{x}_a(t_0)$ und $x_e(t_0)$ erforderlich, welche aus den physikalischen Anfangsbedingungen des Stroms durch die Induktivität und der Spannung über der Kapazität berechnet werden können.

15.3.1.2 Mechanische Systeme

Zum Aufstellen der Differenzialgleichungen von mechanischen Systemen können u. a. die Newtonschen Gesetzen, die Gleichgewichtsbedingungen für Kräfte und Momente sowie die Erhaltungssätze von Impuls, Drehimpuls und Energie herangezogen werden. Als Beispiel für ein mechanisches System wird der in Abb. 11 gezeigte gedämpfte Schwinger betrachtet. Dabei bezeichnet c die Federkonstante, d den Beiwert des viskosen Dämpfers und m die Masse. Die Größen x_1, x_2 und x_e beschreiben jeweils die Auslenkungen in den gekennzeichneten Punkten. Die Auslenkung $x_e(t)$ am Aufhängepunkt ist die Eingangsgröße und die Auslenkung am Feder-Dämpfer-Verbindungspunkt ist die Ausgangsgröße, also $x_a(t) = x_1(t)$. Die Anwendung der oben genannten physikalischen Gesetze liefert ebenfalls die Differenzialgleichung (22), also die gleiche wie bei dem zuvor betrachteten elektrischen Netzwerk. Dabei ist $T_1 = m/d$ und $T_2 = \sqrt{m/c}$. Der elektrische RLC-Schwingkreis (Abb. 10) und der mechanische Feder-Masse-Dämpfer-Schwinger (Abb. 11) zeigen damit das gleiche dynamische Verhalten und werden als zueinander analog bezeichnet.

15.3.1.3 Thermische Systeme

Differenzialgleichungen für thermische Systeme können über die Erhaltungssätze der inneren Energie oder Enthalpie sowie über die Wärmeleitungs- und Wärmeübertragungsgesetze aufgestellt werden. Als Beispiel wird das mathematische Modell des Stoff- und Wär-

Abb. 12 Ausschnitt aus dem untersuchten Rohr

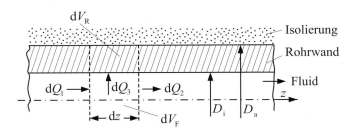

metransports in einer dickwandigen, von einem Fluid durchströmten Rohrleitung betrachtet. In Abb. 12 ist ein Ausschnitt des Rohres gezeigt. Für die Aufstellung der Differenzialgleichungen werden die folgenden vereinfachenden Annahmen getroffen:

- Die Temperaturen im Fluid und in der Rohrwand sind nur von der Koordinate z abhängig.
- Der gesamte Wärmetransport in Richtung der Rohrachse erfolgt nur über den Massetransport und nicht durch Wärmeleitung innerhalb des Fluids oder der Rohrwand.
- Die Strömungsgeschwindigkeit des Fluids ist im ganzen Rohr konstant und hat nur eine Komponente in z-Richtung.
- Die Stoffwerte des Fluides und des Rohres sind über die Rohrlänge konstant.
- Nach außen hin ist das Rohr ideal isoliert.

Mit den in Tab. 1 aufgeführten Größen werden nun die Differenzialgleichungen hergeleitet.

Wie in Abb. 12 gezeigt, wird ein Rohrelement der Länge dz betrachtet. Das zugehörige Rohrwandvolumen ist dV_R und entsprechende Fluidvolumen ist dV_F. Für die Wärmemengen gilt

$$dQ_1 = c_F\,\vartheta\,\dot{m}\,dt, \qquad (23)$$

$$dQ_2 = c_F\left(\vartheta + \frac{\partial\vartheta}{\partial z}dz\right)\dot{m}\,dt \qquad (24)$$

und

$$dQ_3 = \alpha(\vartheta - \Theta)\pi D_i\ dz\ dt. \qquad (25)$$

Während des Zeitintervalls dt ändert sich im Fluidelement dV_F die gespeicherte Wärmemenge um

Tab. 1 Für das thermische Beispiel (Abb. 12) verwendete Größen

Variable	Bedeutung
α	Wärmeübergangszahl Fluid/Rohr
c_F, c_R	spezifische Wärmekapazität (Fluid, Rohr)
D_i, D_a	innerer und äußerer Rohrdurchmesser
dQ_1, dQ_2, dQ_3	Wärmemengen (siehe Abb. 12)
dQ_F	Im Fluidvolumen dV_F gespeicherte Wärmemenge
dt	Zeitintervall
dV_F	Fluidvolumen des betrachteten Rohrelements
dV_R	Rohrwandvolumen des betrachteten Rohrelements
dz	Länge des betrachteten Rohrelements
L	Rohrlänge
$\dot{m}$	Fluidmassenstrom
ϱ_F, ϱ_R	Dichte (Fluid, Rohr)
$\vartheta(z, t)$	Fluidtemperatur
$\Theta(z, t)$	Rohrtemperatur
w_F	Fluidgeschwindigkeit

$$dQ_F = \varrho_F\,\frac{\pi}{4}D_i^2 dz\ c_F\frac{\partial\vartheta}{\partial t}dt. \qquad (26)$$

Die Wärmebilanzgleichung für das Fluid im betrachteten Zeitintervall dt lautet

$$dQ_F = dQ_1 - dQ_2 - dQ_3. \qquad (27)$$

Für die Wärmespeicherung im Rohrwandelement dV_R folgt im selben Zeitintervall

$$dQ_R = \varrho_R\,\frac{\pi}{4}\left(D_a^2 - D_i^2\right)dz\ c_R\frac{\partial\Theta}{\partial t}dt. \qquad (28)$$

Damit lässt sich die Wärmebilanzgleichung für das Rohrwandelement angeben. Es gilt

$$dQ_R = dQ_3, \qquad (29)$$

da nach den getroffenen Voraussetzungen an der Rohraußenwand eine ideale Wärmeisolierung vorliegt. Werden die zuvor aufgestellten Beziehungen in die Gln. (27) und (29) eingesetzt, so ergeben sich mit den Abkürzungen

$$K_1 = \frac{\alpha \pi D_i}{\frac{\pi}{4} D_i^2 \varrho_F c_F} = \frac{4\alpha_i}{D_i \varrho_F c_F}, \qquad (30)$$

$$K_2 = \frac{\alpha \pi D_i}{\frac{\pi}{4}\left(D_a^2 - D_i^2\right)\varrho_R c_R}$$
$$= \frac{4\alpha D_i}{\left(D_a^2 - D_i^2\right)\varrho_R c_R} \qquad (31)$$

und

$$w_F = \frac{\dot{m}}{\frac{\pi}{4} D_i^2 \varrho_F} \qquad (32)$$

als Systembeschreibung die beiden partiellen Differenzialgleichungen

$$\frac{\partial \vartheta}{\partial t} + w_F \frac{\partial \vartheta}{\partial z} = K_1(\Theta - \vartheta) \qquad (33)$$

und

$$\frac{\partial \Theta}{\partial t} = K_2(\vartheta - \Theta). \qquad (34)$$

Zur Lösung wird neben den beiden Anfangsbedingungen $\vartheta(z, 0)$ und $\Theta(z, 0)$ noch die Randbedingung $\vartheta(0, t)$ benötigt.

Einen Spezialfall stellt das dünnwandige Rohr dar. Bei diesem wird $dQ_3 = 0$, da keine Wärmespeicherung stattfindet. Für diesen Fall geht Gl. (33) über in

$$\frac{\partial \vartheta}{\partial t} + w_F \frac{\partial \vartheta}{\partial z} = 0. \qquad (35)$$

Bei Systemen mit örtlich verteilten Parametern braucht die Eingangsgröße $x_e(t)$ nicht unbedingt in den Differenzialgleichungen aufzutreten, sie kann vielmehr auch in die Randbedingungen eingehen. Im vorliegenden Fall wird als Eingangsgröße die Fluidtemperatur am Rohreingang betrachtet, d. h.

$$x_e(t) = \vartheta(0, t).$$

Entsprechend wird als Ausgangsgröße $x_a(t) = \vartheta(L, t)$ die Fluidtemperatur am Ende des Rohres der Länge L definiert. Unter der zusätzlichen Annahme $\vartheta(z, 0) = 0$ ergibt sich als Lösung von Gl. (35)

$$x_a(t) = x_e(t - T_t) \qquad (36)$$

mit $T_t = L/w_F$. Diese Gleichung beschreibt den Wärmetransportvorgang vom linken zum rechten Ende des Rohrs bei konstanter Strömungsgeschwindigkeit. Die Zeit T_t, um welche die Ausgangsgröße $x_a(t)$ gegenüber der Eingangsgröße $x_e(t)$ verschoben ist (nacheilt), wird als Totzeit bezeichnet. Systeme, deren Übertragungsverhalten durch Gl. (36) bestimmt ist, sind Totzeitglieder (siehe auch Abschn. 15.4.3.5).

15.3.2 Beschreibung mittels spezieller Ausgangssignale

15.3.2.1 Übergangsfunktion (normierte Sprungantwort)

Die auch als Einheitssprung oder Heaviside-Funktion bezeichnete Sprungfunktion ist über

$$\sigma(t) = \begin{cases} 0 & \text{für } t < 0, \\ 1 & \text{für } t \geq 0 \end{cases} \qquad (37)$$

definiert. Die Festlegung des Funktionswertes an der Stelle $t = 0$ spielt für die Praxis meist keine Rolle und dieser kann alternativ auch als 0 oder $\frac{1}{2}$ definiert werden. Die Sprungantwort eines Systems ist die Reaktion $x_a(t)$ auf eine sprungförmige Veränderung der Eingangsgröße

$$x_e(t) = \hat{x}_e \cdot \sigma(t)$$

mit der konstanten Sprunghöhe $\hat{x}_e$, wobei vorausgesetzt wird, dass sich das System vor dem Auftreten der Eingangsgröße in Ruhe befunden hat. Die auch als normierte Sprungantwort bezeichnete Übergangsfunktion

$$h(t) = \frac{1}{\hat{x}_e} x_a(t) \qquad (38)$$

ist die auf die Sprunghöhe $\hat{x}_e$ bezogene Sprungantwort bzw. die Antwort des Systems auf einen Einheitssprung (siehe Abb. 13 oben).

Abb. 13 Übergangs-
funktion $h(t)$ (oben) und
Gewichtsfunktion $g(t)$
(unten)

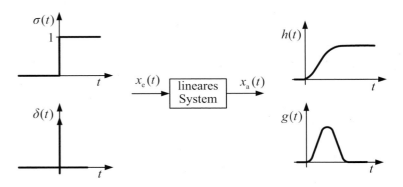

Bei einem kausalen System (siehe Abschn. 15.2.2.7) besitzt die Sprungantwort und damit auch die Übergangsfunktion die Eigenschaft $h(t) = 0$ für $t < 0$. Das System reagiert also frühestens beim Auftreten des Sprungs am Eingang auf diesen. Für ein streng kausales System gilt $h(t) = 0$ für $t \leq 0$, es muss also zusätzlich $h(0) = 0$ erfüllt sein. Kausale, aber nicht streng kausale Systeme (also Systeme, bei denen $h(0) \neq 0$ ist), werden als sprungfähige Systeme bezeichnet und streng kausale Systeme entsprechend als nicht sprungfähige Systeme.

15.3.2.2 Gewichtsfunktion (normierte Impulsantwort)

Die Gewichtsfunktion $g(t)$ ist definiert als Antwort des Systems auf die als Dirac-Impuls, Dirac-Stoß oder auch Einheitsimpuls bezeichnete Impulsanregung $\delta(t)$ (siehe Abb. 13 unten). Der Dirac-Impuls $\delta(t)$ ist dabei keine Funktion im Sinne der klassischen Analysis, sondern muss als verallgemeinerte Funktion oder Distribution aufgefasst werden (Zemanian [1965] 1987; Unbehauen 2002; siehe auch Ruge et al. 2012, Abschn. 8.3).

Definiert werden kann der Dirac-Impuls über die Beziehung

$$\int_{-\infty}^{\infty} \delta(\tau)f(t - \tau)\,d\tau$$

$$= \int_{-\infty}^{\infty} \delta(t - \tau)f(\tau)\,d\tau \qquad (39)$$

$$= f(t).$$

Bei dem dabei auftretenden Integral handelt es sich um ein Faltungsintegral und die entsprechen-

de Operation wird als Faltung von $\delta(t)$ und $f(t)$ bezeichnet. Der Dirac-Impuls ist also gerade die Distribution, bei der die Faltung mit der Funktion $f(t)$ gerade wieder die Funktion $f(t)$ ergibt. Entsprechend können auch die Ableitungen des Dirac-Impulses über

$$\int_{-\infty}^{\infty} \delta^{(n)}(\tau)f(t - \tau)\,d\tau$$

$$= \int_{-\infty}^{\infty} \delta^{(n)}(t - \tau)f(\tau)\,d\tau \qquad (40)$$

$$= f^{(n)}(t)$$

definiert werden.

Mathematisch nicht ganz korrekt, aber durchaus anschaulich, kann der Dirac-Impuls über den Grenzwert eines immer schmaler und höher werdenden Rechteckpulses hergeleitet werden. Hierzu wird ein bei $t = 0$ beginnender Rechteckpuls

$$r_{\varepsilon}(t) = \begin{cases} \dfrac{1}{\varepsilon} & \text{für } 0 \leq t \leq \varepsilon, \\ 0 & \text{sonst} \end{cases} \qquad (41)$$

der Dauer ε, der Höhe $1/\varepsilon$ und damit der Fläche eins betrachtet (Abb. 14a). Der Einheitsimpuls ergibt sich dann über die Grenzwertbildung

$$\delta(t) = \lim_{\varepsilon \to 0} r_{\varepsilon}(t), \qquad (42)$$

also gewissermaßen durch das „Zusammendrücken" des Rechteckpulses unter Beibehaltung der Fläche, und hat damit die Eigenschaften

$$\delta(t) = 0 \text{ für } t \neq 0$$

und

$$\int_{-\infty}^{\infty} \delta(t)\, dt = 1.$$

Gewöhnlich wird der Dirac-Impuls gemäß Abb. 14b symbolisch als Pfeil der Länge 1 dargestellt. Wird der Dirac-Impuls mit einem Wert multipliziert, wird üblicherweise die Länge des Pfeiles in der Darstellung nicht verändert, sondern der Wert an den Pfeil geschrieben. Der angegebene Wert ist aber nicht die Höhe des Pfeiles, da ja $\lim_{\varepsilon \to 0} r_\varepsilon(0) = \infty$ gilt, sondern die Fläche, die auch als Stärke oder Gewicht des Impulses bezeichnet wird.

Für das Integral über den Dirac-Impuls gilt

$$\int_{-\infty}^{t} \delta(t)\, dt = \begin{cases} 0 \text{ für } t < 0, \\ 1 \text{ für } t \geq 0, \end{cases}$$

es ergibt sich also gerade die Sprungfunktion $\sigma(t)$. Die Integration über die Distribution $\delta(t)$ muss dabei so verstanden werden, dass auch für $t = 0$ über den gesamten Träger der Distribution (also den Wertebereich, für den die Distribution ungleich null ist) integriert wird.

Zwischen dem Dirac-Impuls $\delta(t)$ und der Sprungfunktion $\sigma(t)$ gilt die Beziehung

$$\delta(t) = \frac{d\sigma(t)}{dt}, \tag{43}$$

wobei auch diese Zusammenhänge im Sinne der Distributionentheorie zu verstehen sind. Entsprechend besteht zwischen der Gewichtsfunktion $g(t)$ und der Übergangsfunktion $h(t)$ die Beziehung

$$g(t) = \frac{d\,h(t)}{dt}. \tag{44}$$

Bei einem kausalen System (siehe Abschn. 15.2.2.7) gilt $g(t) = 0$ für $t < 0$, was anschaulich so interpretiert werden kann, dass das System frühestens bei Auftreten des Impulses auf diesen reagiert und nicht schon vorher. Für ein streng kausales System gilt $g(t) = 0$ für $t \leq 0$.

15.3.2.3 Faltungsintegral (Duhamelsches Integral)

Die Ausgangsgröße $x_\mathrm{a}(t)$ eines kausalen linearen zeitinvarianten Systems ergibt sich über das Faltungsintegral

$$\begin{aligned} x_\mathrm{a}(t) &= \int_0^t g(t - \tau) x_\mathrm{e}(\tau)\, d\tau \\ &= \int_0^t g(\tau) x_\mathrm{e}(t - \tau)\, d\tau \end{aligned} \tag{45}$$

aus der Faltung der Gewichtsfunktion $g(t)$ und der Eingangsgröße $x_\mathrm{e}(t)$. Dabei wird ein kausales System, also $g(t) = 0$ für $t < 0$, eine zum Zeitpunkt $t = 0$ beginnende Eingangsgröße, also $x_\mathrm{e}(t) = 0$ für $t < 0$, sowie ein zum Zeitpunkt $t = 0$ in Ruhe befindliches System vorausgesetzt. Allgemein, d. h. ohne diese Voraussetzungen, kann der Zusammenhang als

$$\begin{aligned} x_\mathrm{a}(t) &= \int_{-\infty}^{\infty} g(t - \tau) x_\mathrm{e}(\tau)\, d\tau \\ &= \int_{-\infty}^{\infty} g(\tau) x_\mathrm{e}(t - \tau)\, d\tau \end{aligned} \tag{46}$$

angegeben werden. Da somit aus der Gewichtsfunktion $g(t)$ für ein gegebenes Eingangssignal

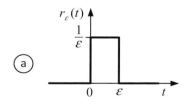

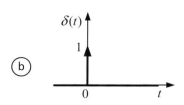

Abb. 14 a) Rechteckpuls und b) Dirac-Impuls

$x_e(t)$ die Ausgangsgröße $x_a(t)$ berechnet werden kann, spezifiziert die Gewichtsfunktion das Übertragungsverhalten des Systems vollständig. Gleiches gilt aufgrund von Gl. (44) für die Übergangsfunktion $h(t)$, d. h. auch diese enthält die gesamte Information über das Übertragungsverhalten des Systems. Umgekehrt kann bei bekanntem Verlauf von $x_e(t)$ und $x_a(t)$ durch eine Umkehrung der Faltung (Entfaltung) die Gewichtsfunktion $g(t)$ berechnet werden.

15.3.3 Zustandsraumdarstellung

15.3.3.1 Zustandsraumdarstellung für Eingrößensysteme

Am Beispiel des in Abb. 15 dargestellten RLC-Schwingkreises soll die Systembeschreibung in Form der Zustandsraumdarstellung in einer kurzen Einführung behandelt werden. Eine detaillierte Behandlung der Zustandsraumdarstellung erfolgt in ▶ Abschn. 17.3 in Kap. 17, „Nichtlineare, digitale und Zustandsregelungen". Das dynamische Verhalten des RLC-Schwingkreises, d. h. der zeitliche Verlauf aller Signale, ist für alle Zeiten $t \geq t_0$ vollständig definiert, wenn die Anfangswerte $u_C(t_0)$ und $i(t_0)$ sowie die Eingangsgröße $u_K(t)$ für $t \geq t_0$ bekannt sind. Mit diesen Informationen lassen sich die Größen $i(t)$ und $u_C(t)$ für $t \geq t_0$ bestimmen. Die Größen $i(t)$ und $u_C(t)$ charakterisieren den Zustand des Schwingkreises zum Zeitpunkt t und werden aus diesem Grund als dessen Zustandsgrößen bezeichnet. Für den RLC-Schwingkreis gelten die Differenzialgleichungen

$$L\frac{d i(t)}{dt} = -Ri(t) - u_C(t) + u_K(t) \quad (47)$$

und

$$C\frac{d u_C(t)}{dt} = i(t). \quad (48)$$

Aus den Gln. (47) und (48) ergibt sich

$$LC\frac{d^2 u_C(t)}{dt^2} + RC\frac{d u_C(t)}{dt} + u_C(t) = u_K(t). \quad (49)$$

Diese gewöhnliche lineare Differenzialgleichung zweiter Ordnung mit konstanten Koeffizienten beschreibt das System vollständig. Als Anfangsbedingungen werden dabei $u_C(t_0) = u_{C,0}$ und $\dot{u}_C(t_0) = \frac{1}{C}i(t_0) = \frac{1}{C}i_0$ benötigt.

Es können zur Systembeschreibung aber auch die beiden ursprünglichen linearen Differenzialgleichungen erster Ordnung, also die Gln. (47) und (48), benutzt werden. Dazu werden die beiden Gleichungen zu der linearen Vektordifferenzialgleichung erster Ordnung

$$\begin{bmatrix} \dfrac{d i(t)}{dt} \\ \dfrac{d u_C(t)}{dt} \end{bmatrix} = \begin{bmatrix} -\dfrac{R}{L} & -\dfrac{1}{L} \\ \dfrac{1}{C} & 0 \end{bmatrix} \begin{bmatrix} i(t) \\ u_C(t) \end{bmatrix} + \begin{bmatrix} \dfrac{1}{L} \\ 0 \end{bmatrix} u_K(t) \quad (50)$$

mit dem Anfangswertvektor

$$\begin{bmatrix} i(t_0) \\ u_C(t_0) \end{bmatrix} = \begin{bmatrix} i_0 \\ u_{C,0} \end{bmatrix} \quad (51)$$

zusammengefasst. Diese lineare Vektordifferenzialgleichung erster Ordnung beschreibt den Zusammenhang zwischen der Eingangsgröße und den Zustandsgrößen. Zusätzlich wird noch eine Ausgangsgleichung benötigt, die die Abhängigkeit der Ausgangsgröße von den Zustandsgrößen

Abb. 15 RLC-Schwingkreis

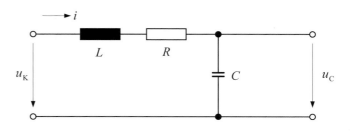

und der Eingangsgröße angibt. In diesem Beispiel gilt für die Ausgangsgröße

$$y(t) = u_C(t). \qquad (52)$$

Gewöhnlich stellt die Ausgangsgröße eine Linearkombination der Zustandsgrößen und der Eingangsgröße dar. Allgemein hat die Zustandsraumdarstellung für Eingrößensysteme daher die Form

$$\dot{x}(t) = Ax(t) + bu(t), \ \ x(t_0) = x_0, \qquad (53)$$

$$y(t) = c^T x(t) + du(t). \qquad (54)$$

Dabei beschreibt Gl. (53) ein lineares Differenzialgleichungssystem erster Ordnung für die Zustandsgrößen $x_1(t)$, $x_2(t)$, …, $x_n(t)$, die zum Zustandsvektor

$$x(t) = \begin{bmatrix} x_1(t) \\ \vdots \\ x_n(t) \end{bmatrix} \qquad (55)$$

zusammengefasst werden. Diese Gleichung wird als Zustandsdifferenzialgleichung bezeichnet. Die Eingangsgröße $u(t)$ multipliziert mit dem Vektor b bildet den inhomogenen Anteil der Differenzialgleichung. Gl. (54) ist eine algebraische Gleichung, welche die lineare Abhängigkeit der Ausgangsgröße von den Zustandsgrößen und der Eingangsgröße angibt. Mathematisch beruht die Zustandsraumdarstellung darauf, dass jede lineare Differenzialgleichung n-ter Ordnung auch als n gekoppelte Differenzialgleichungen erster Ordnung dargestellt werden kann.

Aus dem Vergleich der Darstellung für das oben betrachtete Beispiel gemäß Gl. (50) und Gl. (52) mit den Gln. (53) und (54) folgt

$$x(t) = \begin{bmatrix} x_1(t) \\ x_2(t) \end{bmatrix} = \begin{bmatrix} i(t) \\ u_C(t) \end{bmatrix}, \qquad (56)$$

$$x(t_0) = \begin{bmatrix} i(t_0) \\ u_C(t_0) \end{bmatrix}, \qquad (57)$$

$$u(t) = u_K(t), \qquad (58)$$

$$y(t) = u_C(t), \qquad (59)$$

$$A = \begin{bmatrix} -\dfrac{R}{L} & -\dfrac{1}{L} \\ \dfrac{1}{C} & 0 \end{bmatrix}, \qquad (60)$$

$$b = \begin{bmatrix} \dfrac{1}{L} \\ 0 \end{bmatrix}, \qquad (61)$$

$$c^T = \begin{bmatrix} 0 & 1 \end{bmatrix} \qquad (62)$$

und

$$d = 0. \qquad (63)$$

Mit der Zustandsraumdarstellung lassen sich nur kausale Systeme darstellen. Bei streng kausalen (nicht sprungfähigen) Systemen gilt, wie im hier betrachteten Beispiel, $d = 0$.

15.3.3.2 Zustandsraumdarstellung für Mehrgrößensysteme

Für lineare Mehrgrößensysteme mit r Eingangsgrößen und q Ausgangsgrößen gehen die Gln. (53) und (54) in die allgemeine Form

$$\dot{x}(t) = Ax(t) + Bu(t), \ \ x(t_0) = x_0, \qquad (64)$$

und

$$y(t) = Cx(t) + Du(t) \qquad (65)$$

über. Dabei ist

$$x(t) = \begin{bmatrix} x_1(t) \\ \vdots \\ x_n(t) \end{bmatrix} \qquad (66)$$

der Zustandsvektor,

$$u(t) = \begin{bmatrix} u_1(t) \\ \vdots \\ u_r(t) \end{bmatrix} \qquad (67)$$

der Eingangs- oder Steuervektor und

$$y(t) = \begin{bmatrix} y_1(t) \\ \vdots \\ y_q(t) \end{bmatrix} \qquad (68)$$

der Ausgangsvektor. Die $n \times n$-Matrix A ist die Eingangsmatrix, die $n \times r$-Matrix B die Steuermatrix, die $q \times n$-Matrix C die Ausgangs- oder Messmatrix und die $q \times r$-Matrix D die Durchgangsmatrix. Bei streng kausalen (nicht sprungfähigen) Systemen gilt $D = 0$. Die allgemeine Darstellung durch die Gln. (64) und (65) schließt dabei auch die Zustandsraumdarstellung des Eingrößensystems mit ein.

Vier wesentliche Vorteile der Zustandsraumdarstellung (Differenzialgleichungssystem erster Ordnung) gegenüber der Verwendung einer Differenzialgleichung n-ter Ordnung sind:

1. Die Behandlung von Mehrgrößensystemen ist in der Zustandsraumdarstellung nur unwesentlich aufwändiger als die Behandlung von Eingrößensystemen.
2. Die Zustandsraumdarstellung ist sowohl für theoretische Betrachtungen (analytische Lösungen) als auch für numerische Berechnungen gut geeignet.
3. Die Berechnung der homogenen Lösung unter Verwendung der Anfangsbedingung $x(t_0)$ ist sehr einfach.
4. Die Zustandsraumdarstellung gibt einen Einblick in das innere Systemverhalten. So lassen sich allgemeine Systemeigenschaften wie die Steuerbarkeit oder Beobachtbarkeit des Systems mit dieser Darstellungsform definieren und überprüfen (siehe ▶ Abschn. 17.3.7 in Kap. 17, „Nichtlineare, digitale und Zustandsregelungen").

Durch die Gln. (64) und (65) werden lineare zeitinvariante Systeme mit konzentrierten Parametern beschrieben. Die allgemeine Zustandsraumdarstellung für nichtlineare, zeitvariante Systeme mit konzentrierten Parametern lautet

$$\dot{x}(t) = f(x(t), u(t), t) \qquad (69)$$

und

$$y(t) = h(x(t), u(t), t). \qquad (70)$$

Die Zustandsdifferenzialgleichung, Gl. (69) ist dabei eine nichtlineare Vektordifferenzialgleichung bzw. ein nichtlineares Differenzialgleichungssystem erster Ordnung.

Der Zustandsvektor $x(t)$ stellt für den Zeitpunkt t einen Punkt in einem n-dimensionalen euklidischen Raum ($\mathbb{R}^n$ oder $\mathbb{C}^n$) dar, wobei dieser Raum dann als Zustandsraum bezeichnet wird. Mit Änderung der Zeit t ändert dieser Zustandspunkt des Systems seine räumliche Position und beschreibt dabei eine Kurve, die Zustandskurve oder Trajektorie des Systems genannt wird.

15.4 Beschreibung linearer zeitinvarianter kontinuierlicher Systeme im Frequenzbereich

15.4.1 Laplace-Transformation

Die Laplace-Transformation stellt ein wichtiges Hilfsmittel zur Lösung linearer Differenzialgleichungen mit konstanten Koeffizienten dar (Ruge et al. 2012, Abschn. 23.2; Doetsch 1985; Zemanian [1965] 1987, Kap. 8 und 9). Bei regelungstechnischen Aufgaben erfüllen die zu lösenden Differenzialgleichungen meist die für die Anwendbarkeit der Laplace-Transformation notwendigen Voraussetzungen. Die Laplace-Transformation ist eine Integraltransformation, die einer Originalfunktion $f(t)$ eine Bildfunktion $F(s)$ zuordnet. Diese Zuordnung erfolgt über das Laplace-Integral von $f(t)$,

$$F(s) = \int_{0^-}^{\infty} f(t) \, e^{-st} \, dt = \mathcal{L}\{f(t)\}, \qquad (71)$$

wobei vorausgesetzt wird, dass es einen Bereich für die komplexe Variable s in der komplexen Ebene gibt, in welcher das Integral konvergiert. Die Verwendung von 0^- als untere Integrationsschranke ist dabei eine in der Elektrotechnik und Regelungstechnik geläufige Konvention. In der

Regelungstechnik und Systemtheorie können als Originalfunktionen neben gewöhnlichen Funktionen auch der Dirac-Impuls $\delta(t)$ sowie dessen Ableitungen $\dot\delta(t), \ddot\delta(t), \ldots$ auftreten, welche Distributionen darstellen. Der Träger der Distribution (der Wertebereich, für den die Distribution ungleich null ist) ist bei $\dot\delta(t), \ddot\delta(t), \ldots$ linksseitig nicht bei $t = 0$ begrenzt, sondern beginnt gewissermaßen ein infinitesimal kleines Stückchen vor $t = 0$. Bei der Anwendung der Laplace-Transformation ist aber über den gesamten Träger zu integrieren, was durch die Verwendung von 0^- zum Ausdruck kommt. Es folgt damit die Beziehung

$$\mathcal{L}\left\{\delta^{(n)}(t)\right\} = s^n, \quad n = 0, 1, 2, \ldots. \quad (72)$$

Mit der unteren Integrationsschranke 0^- ergibt sich also die Laplace-Transformierte des Dirac-Impulses zu 1, und nicht wie z. B. in Ruge et al. (2012, Tab. 23-2) für die untere Integrationsschranke von 0 angegeben, zu $\frac{1}{2}$. Weiterhin erleichtert 0^- als untere Integrationsschranke die Berechnung von Einschwingvorgängen nach Schließen von Schaltern in elektrischen Netzwerken, da dann als Anfangszustände Ströme und Spannungen unmittelbar vor dem Schließen des Schalters als Anfangszustände in die Berechnungen eingehen (Lundberg et al. 2007).

Da in die Laplace-Transformation nur der Verlauf von $f(t)$ für $t \geq 0$ eingeht, ist sie auch nur bezüglich dieses Bereichs umkehrbar eindeutig, d. h. die Information über $f(t)$ für $t < 0$ geht verloren. Mit $f(t) = 0$ für $t < 0$ ist die Laplace-Transformation eine umkehrbar eindeutige Zuordnung von Originalfunktion und Bildfunktion.

Bei der Behandlung dynamischer Systeme ist die Originalfunktion $f(t)$ in der Regel eine Zeitfunktion. Das Argument der Laplace-Transformierten $F(s)$ ist die komplexe Variable $s = \sigma + j\omega$. Wegen

$$\begin{aligned} e^{-st} &= e^{-(\sigma + j\omega)t} = e^{-\sigma t}e^{-j\omega t} \\ &= e^{-\sigma t}(\cos\omega t - j\sin\omega t) \end{aligned} \quad (73)$$

kann der Imaginärteil der komplexen Variable s als Kreisfrequenz ω einer komplexen Schwingung im Zeitbereich interpretiert werden. Der Realteil σ bestimmt das Auf- oder Abklingverhalten dieser Schwingung. Die Variable $s = \sigma + j\omega$ kann damit auch als verallgemeinerte Frequenz aufgefasst werden. Der Bildbereich der Laplace-Transformation wird daher oft als Frequenzbereich bezeichnet und die Anwendung der Laplace-Transformation stellt dann den Übergang vom Zeitbereich (Originalbereich) in den Frequenzbereich (Bildbereich) dar.

Die Rücktransformation oder inverse Laplace-Transformation, also die Bestimmung der Originalfunktion aus der Bildfunktion ist formal über das Umkehrintegral

$$f(t) = \frac{1}{2\pi j} \int_{c-j\infty}^{c+j\infty} F(s)\, e^{st} ds, \; = \mathcal{L}^{-1}\{F(s)\}, \; t \geq 0, \quad (74)$$

möglich. Dabei ist der Realteil c des Integrationsweges so zu wählen, dass das Integral existiert.

In vielen Fällen müssen weder die Hintransformation noch die Rücktransformation explizit über Auswertung der Integrale durchgeführt werden. Es können stattdessen Korrespondenztafeln verwendet werden, in denen die Originalfunktionen und die Bildfunktionen angegeben sind (siehe z. B. Ruge et al. 2012, Tab. 23-2; Oberhettinger und Badii 1973). Viele für die Regelungstechnik wichtige Korrespondenzen lassen sich auch über die Beziehungen

$$\begin{aligned} &\mathcal{L}\{t^\mu e^{\sigma t} \cos\omega t\} \\ &= \frac{\mu!}{2} \frac{(s - \sigma + j\omega)^{\mu+1} + (s - \sigma - j\omega)^{\mu+1}}{\left((s-\sigma)^2 + \omega^2\right)^{\mu+1}} \end{aligned} \quad (75)$$

und

$$\begin{aligned} &\mathcal{L}\{t^\mu e^{\sigma t} \sin\omega t\} \\ &= \frac{j\mu!}{2} \frac{(s - \sigma + j\omega)^{\mu+1} - (s - \sigma - j\omega)^{\mu+1}}{\left((s-\sigma)^2 + \omega^2\right)^{\mu+1}} \end{aligned} \quad (76)$$

ermitteln, welche direkt aus der Laplace-Transformierten einer zeitgewichteten Exponentialfunktion

$$\mathcal{L}\left\{\frac{t^{j-1}\mathrm{e}^{a\,t}}{(j-1)!}\right\} = \frac{1}{(s-a)^j}, \quad j = 1, 2, \ldots, \quad (77)$$

hergeleitet werden können.

Für gebrochen rationale Funktionen höherer Ordnung kann die Laplace-Rücktransformation über eine Partialbruchzerlegung durchgeführt werden, wie nachfolgend gezeigt wird. Hierzu wird die gebrochen rationale Funktion

$$F(s) = \frac{b_m s^m + \ldots + b_1 s + b_0}{s^n + a_{n-1}s^{n-1} + \ldots + a_1 s + a_0} \quad (78)$$

mit $b_m \neq 0$ betrachtet. Zähler- und Nennerpolynom können faktorisiert dargestellt werden, was auf

$$F(s) = b_m \frac{\displaystyle\prod_{i=1}^{l_z}(s - s_{\mathrm{N},i})^{\nu_{z,i}}}{\displaystyle\prod_{i=1}^{l}(s - s_{\mathrm{P},i})^{\nu_i}} \quad (79)$$

führt. Hierbei sind die Größen $s_{\mathrm{N},1}, \ldots, s_{\mathrm{N},l_z}$ die l_z verschiedenen Nullstellen des Zählerpolynoms von $F(s)$ mit den Vielfachheiten $\nu_{z,i}$ und die Größen $s_{\mathrm{P},1}, \ldots, s_{\mathrm{P},l}$ die l verschiedenen Nullstellen des Nennerpolynoms mit den Vielfachheiten ν_i. Prinzipiell können Zähler- und Nennerpolynom gemeinsame Nullstellen haben, sodass sich die zugehörigen Faktoren kürzen. Dies führt auf die Darstellung

$$F(s) = b_m \frac{\displaystyle\prod_{i=1}^{\bar{l}_z}(s - s_{\mathrm{N},i})^{\bar{\nu}_{z,i}}}{\displaystyle\prod_{i=1}^{\bar{l}}(s - s_{\mathrm{P},i})^{\bar{\nu}_i}} \quad (80)$$

mit $\bar{l}_z \leq l_z$, $\bar{\nu}_{z,i} \leq \nu_{z,i}$, $\bar{l} \leq l$, $\bar{\nu}_i \leq \nu_i$. Dabei sind die Größen $s_{\mathrm{N},1}, \ldots, s_{\mathrm{N},\bar{l}_z}$ die mit den Vielfachheiten $\bar{\nu}_{z,i}$ auftretenden $\bar{l}_z$ unterschiedlichen Nullstellen der Funktion $F(s)$ und die Größen $s_{\mathrm{P},1}, \ldots, s_{\mathrm{P},\bar{l}}$ die mit den Vielfachheiten $\bar{\nu}_i$ auftretenden unterschiedlichen $\bar{l}$ Polstellen oder kurz Pole der Funktion $F(s)$. Abspalten des nicht echt gebrochenen Anteils und Durchführen einer Partialbruchzerlegung für den echt gebrochenen Anteil liefert

$$F(s) = \sum_{i=0}^{m-n}\gamma_i s^i + \sum_{i=1}^{\bar{l}}\sum_{j=1}^{\bar{\nu}_i}\frac{\Gamma_{i,j}}{(s - s_{\mathrm{P},i})^j}, \quad (81)$$

mit den Residuen $\Gamma_{i,j}$ und den sich aus der Abspaltung des nicht echt gebrochenen Anteils ergebenden Koeffizienten γ_i. Mit den Gln. (72) und (77) ergibt sich daraus die Originalfunktion zu

$$f(t) = \sum_{i=0}^{m-n}\gamma_i\delta^{(i)}(t)$$
$$+ \sum_{i=1}^{\bar{l}}\sum_{j=0}^{\bar{\nu}_i-1}\frac{\Gamma_{i,j+1}}{j!}\,t^j\,\mathrm{e}^{s_{\mathrm{P},i}\,t}.$$
$$(82)$$

An diesem Ausdruck ist zu erkennen, dass bei einer gebrochen rationalen Bildfunktion die Lage der Pole ausschlaggebend für den Verlauf von $f(t)$ ist. So ergibt sich genau dann ein asymptotisch zu null abklingender Verlauf, d. h. $\lim_{t\to\infty}f(t) = 0$, wenn alle Pole negative Realteile haben, d. h. wenn $\mathrm{Re}\{s_{\mathrm{P},i}\} < 0$, $i = 1, \ldots, \bar{l}$, gilt. Hat mindestens ein Pol einen positiven Realteil ($\mathrm{Re}\{s_{\mathrm{P},i}\} > 0$ für mindestens ein $i \in \{1, \ldots, \bar{l}\}$) oder gibt es mindestens einen mehrfach auftretenden Pol mit Realteil null ($\mathrm{Re}\{s_{\mathrm{P},i}\} = 0$ und $\bar{\nu}_i \geq 2$ für mindestens ein $i \in \{1, \ldots, \bar{l}\}$), so wächst der Verlauf von $f(t)$ über alle Grenzen. Gibt es keinen Pol mit positivem Realteil ($\mathrm{Re}\{s_{\mathrm{P},i}\} \leq 0$, $i = 1, \ldots, \bar{l}$), keine mehrfachen Pole mit einem Realteil von null ($\mathrm{Re}\{s_{\mathrm{P},i}\} < 0$ wenn $\bar{\nu}_i \geq 2$) und mindestens einen einfach auftretenden Pol mit einem Realteil von null ($\mathrm{Re}\{s_{\mathrm{P},i}\} = 0$ und $\bar{\nu}_i = 1$ für mindestens ein $i \in \{1, \ldots, \bar{l}\}$), so klingt die Lösung nicht asymptotisch zu null ab, wächst aber auch nicht über alle Grenzen. Da bei regelungstechnischen Problemen die Originalfunktion $f(t)$ meist den zeitlichen Verlauf einer im Regelkreis auftretenden Größe beschreibt, lässt sich das Schwingungsverhalten von $f(t)$ durch die Untersuchung der Lage der Polstellen der zugehörigen Bildfunktion $F(s)$ direkt beurteilen. Auf die Bedeutung der Lage der Polstellen einer Bildfunktion für das Schwingungsverhalten der Zeitfunktion wird in ▶ Abschn. 16.2 in Kap. 16, „Linearer Standardregelkreis: Analyse und Reglerentwurf" ausführlich eingegangen.

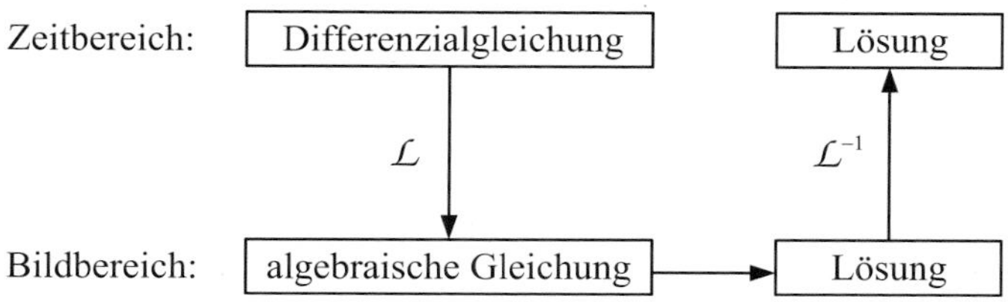

Abb. 16 Vorgehensweise bei der Lösung von Differenzialgleichungen mit der Laplace-Transformation

Zeitbereich: | Differenzialgleichung | → | Lösung

$\mathcal{L}$ $\qquad$ $\mathcal{L}^{-1}$

Bildbereich: | algebraische Gleichung | → | Lösung

Die Lösung einer gewöhnlichen linearen Differenzialgleichung mit konstanten Koeffizienten über die Laplace-Transformation erfolgt, wie in Abb. 16 gezeigt, in folgenden drei Schritten:

1. Transformation der Differenzialgleichung in den Bildbereich.
2. Lösung der algebraischen Gleichung im Bildbereich.
3. Rücktransformation der Lösung in den Originalbereich.

Als Beispiel für diese Vorgehensweise wird die Differenzialgleichung

$$\ddot{f}(t) + 3\dot{f}(t) + 2f(t) = e^{-t} \qquad (83)$$

mit den Anfangsbedingungen $f(0^-) = \dot{f}(0^-) = 0$ betrachtet. Die Lösung erfolgt über die zuvor angegebenen drei Schritte.

1. Transformation der Differenzialgleichung in den Bildbereich.
   Über Anwendung des Differenziationssatzes der Laplace-Transformation sowie die Transformation des inhomogenen Anteils (rechte Seite der Differenzialgleichung) ergibt sich im Bildbereich die Gleichung

$$s^2 F(s) + 3s F(s) + 2F(s) = \frac{1}{s+1}. \qquad (84)$$

2. Lösung der algebraischen Gleichung im Bildbereich.
   Auflösen der Gleichung nach $F(s)$ ergibt die Lösung im Bildbereich

$$\begin{aligned} F(s) &= \frac{1}{s+1} \cdot \frac{1}{s^2 + 3s + 2} \\ &= \frac{1}{(s+1)^2(s+2)}. \end{aligned} \qquad (85)$$

Diese Funktion hat die zwei verschiedenen Pole $s_{P,1} = -1$ (doppelt auftretend, d. h. Vielfachheit $\bar{\nu}_1 = 2$) und $s_{P,2} = -2$ (einfach auftretend, d. h. Vielfachheit $\bar{\nu}_2 = 1$).

3. Rücktransformation der Lösung in den Originalbereich.
   Zur Rücktransformation wird $F(s)$ in Partialbrüche zerlegt. Die Partialbruchdarstellung von $F(s)$ lautet

$$F(s) = \frac{-1}{s+1} + \frac{1}{(s+1)^2} + \frac{1}{s+2}. \qquad (86)$$

Rücktransformation der einzelnen Partialbrüche liefert mit Gl. (77) die Lösung im Originalbereich

$$f(t) = e^{-2t} - e^{-t} + t \, e^{-t}. \qquad (87)$$

Da sämtliche Pole von $F(s)$ negative Realteile besitzen, ist der Verlauf von $f(t)$ gedämpft, d. h., $f(t)$ klingt für $t \to \infty$ zu null ab.

15.4.2 Übertragungsfunktion

15.4.2.1 Definition der Übertragungsfunktion

Lineare, kontinuierliche, kausale zeitinvariante Systeme mit konzentrierten Parametern und ohne Totzeit werden durch die Differenzialgleichung

$$\frac{d^n y(t)}{dt^n} + \sum_{i=0}^{n-1} a_i \frac{d^i y(t)}{dt^i} = \sum_{j=0}^{m} b_j \frac{d^j u(t)}{dt^j} \qquad (88)$$

mit $m \leq n$ beschrieben. Dabei ist $u(t)$ die Eingangsgröße und $y(t)$ die Ausgangsgröße. Der Koeffizient der höchsten Ableitung von $y(t)$ ist auf eins normiert. Wird auf beide Seiten von Gl. (88) die Laplace-Transformation angewendet und werden dabei Anfangsbedingungen nicht berücksichtigt, folgt nach kurzer Umformung

$$Y(s) = \frac{b_m s^m + \ldots + b_1 s + b_0}{s^n + a_{n-1} s^{n-1} + \ldots + a_0} U(s) \tag{89}$$
$$= G(s) U(s)$$

mit

$$G(s) = \frac{b_m s^m + \ldots + b_1 s + b_0}{s^n + a_{n-1} s^{n-1} + \ldots + a_0}$$
$$= \frac{B(s)}{A(s)}. \tag{90}$$

Dabei sind $B(s)$ und $A(s)$ das Zähler- bzw. Nennerpolynom der gebrochen rationalen Funktion $G(s)$. Neben der Differenzialgleichung (88) kann das Übertragungsverhalten eines linearen, kontinuierlichen, kausalen zeitinvarianten Systems auch über das Faltungsintegral gemäß Gl. (45) beschrieben werden. Anwenden der Laplace-Transformation auf Gl. (45) liefert mit den Faltungssatz der Laplace-Transformation

$$Y(s) = \mathcal{L}\{y(t)\}$$
$$= \mathcal{L}\left\{ \int_0^t g(t - \tau) u(\tau) \, d\tau \right\} \tag{91}$$
$$= G(s) U(s),$$

wobei für die Ausgangsgröße $y(t)$ anstelle von $x_a(t)$ verwendet wurde und für die Eingangsgröße $u(t)$ anstelle von $x_e(t)$. Das Übertragungsverhalten wird im Bildbereich also durch die Beziehung $Y(s) = G(s) U(s)$ beschrieben, d. h. die Ausgangsgröße ergibt sich durch Multiplikation der Eingangsgröße mit der Funktion $G(s)$. Die das Übertragungsverhalten des Systems vollständig charakterisierende Funktion $G(s)$ wird als Übertragungsfunktion des Systems bezeichnet.

Bei einem System mit einer Totzeit T_t ist auf der rechten Seite der Differenzialgleichung, also in der Anregung, das Argument t durch $t - T_t$ zu ersetzen. Es ergibt sich also anstelle von Gl. (88)

$$\frac{d^n y(t)}{dt^n} + \sum_{i=0}^{n-1} a_i \frac{d^i y(t)}{dt^i}$$
$$= \sum_{j=0}^{m} b_j \frac{d^j u(t - T_t)}{dt^j}. \tag{92}$$

Die Laplace-Transformation liefert in diesem Fall die transzendente Übertragungsfunktion

$$G(s) = \frac{B(s)}{A(s)} e^{-s T_t}. \tag{93}$$

Wie in Abschn. 15.3.2.2 beschrieben, liefert die Anregung eines linearen Systems durch einen Einheitsimpuls, also für $u(t) = \delta(t)$, als Ausgangsgröße gerade die Gewichtsfunktion, also $y(t) = g(t)$. Mit $U(s) = \mathcal{L}\{u(t)\} = \mathcal{L}\{\delta(t)\} = 1$ und Gl. (89) ergibt sich dann

$$Y(s) = G(s) U(s) = G(s) = \mathcal{L}\{g(t)\}, \tag{94}$$

d. h. die Übertragungsfunktion $G(s)$ ist die Laplace-Transformierte der Gewichtsfunktion $g(t)$.

Die Übertragungsfunktion kann auch für Mehrgrößensysteme angegeben werden, wobei sich dann eine Übertragungsfunktionsmatrix (auch Übertragungsmatrix genannt) ergibt, welche die Übertragungsfunktionen der Übertragungspfade zwischen den einzelnen Eingangs- und Ausgangsgrößen beinhaltet. Für die Behandlung von Mehrgrößensystemen, die nicht nur aus einfachen Verschaltungen von Eingrößensystemen bestehen, ist allerdings die Zustandsraumdarstellung (siehe Abschn. 15.3.3.2) meist besser geeignet.

15.4.2.2 Pole und Nullstellen der Übertragungsfunktion

Die gebrochen rational Übertragungsfunktion $G(s)$ gemäß Gl. (90) kann auch in der faktorisierten Form

$$G(s) = k_0 \frac{\prod_{i=1}^{\bar{l}_z} (s - s_{N,i})^{\bar{\nu}_{z,i}}}{\prod_{i=1}^{\bar{l}} (s - s_{P,i})^{\bar{\nu}_i}} \tag{95}$$

mit $k_0 = b_m$ dargestellt werden. Dabei sind die $\bar{l}_z$ verschiedenen Nullstellen $s_{N,1}, s_{N,2}, \ldots, s_{N,\bar{l}_z}$ des

Zählerpolynoms auch die Nullstellen von $G(s)$ und die $\bar{l}$ verschiedenen Nullstellen $s_{P,1}, s_{P,2}, \ldots, s_{P,\bar{l}}$ des Nennerpolynoms die Polstellen von $G(s)$. Die Nullstelle $s_{N,i}$ tritt dabei $\bar{\nu}_{z,i}$-fach auf, d. h. $\bar{\nu}_{z,i}$ ist die Vielfacheit (oder Häufigkeit) der Nullstelle $s_{N,i}$. Der Pol $s_{P,i}$ tritt dabei $\bar{\nu}_i$-fach auf, d. h. $\bar{\nu}_i$ ist die Vielfacheit (oder Häufigkeit) des Pols $s_{P,i}$. Die Größe k_0 wird als Verstärkungsfaktor bezeichnet. Das Übertragungsverhalten eines linearen zeitinvarianten Systems ohne Totzeit ist somit durch die Angabe der Pole und der Nullstellen (jeweils inklusive der Vielfachheiten) sowie des Faktors k_0 vollständig beschrieben.

Nullstellen von Polynomen können allgemein reell oder komplex sein. Bei Polynomen mit ausschließlich reellen Koeffizienten treten komplexe Nullstellen immer in konjugiert komplexen Paaren auf. Bei den in der Regelungstechnik betrachteten Übertragungsfunktionen sind die Koeffizienten $a_0, a_1, \ldots, a_{n-1}$ und $b_0, b_1, \ldots, b_m$ von Zähler- und Nennerpolynom im Allgemeinen reell. Damit können die unterschiedlichen Nullstellen $s_{N,1}, s_{N,2}, \ldots, s_{N,\bar{l}_z}$ bzw. die unterschiedlichen Polstellen $s_{P,1}, s_{P,2}, \ldots, s_{P,\bar{l}}$ von $G(s)$ reell oder konjugiert komplex sein. Pole und Nullstellen lassen sich, wie Abb. 17 gezeigt, in der komplexen s-Ebene darstellen. Polstellen werden dabei üblicherweise durch Kreuze und Nullstellen durch Kreise dargestellt.

Darüber hinaus haben die Pole der Übertragungsfunktion eine weitere Bedeutung. Die homogene Lösung, also der Verlauf der Ausgangsgröße $x_a(t)$ aufgrund von Anfangsbedingungen und ohne Anregung, also mit $x_e(t) = 0$ für $t \geq 0$,

ergibt sich aus der Lösung der homogenen Differenzialgleichung

$$\frac{d^n y(t)}{dt^n} + \sum_{i=0}^{n-1} a_i \frac{d^i y(t)}{dt^i} = 0. \qquad (96)$$

Mit dem Ansatz $y(t) = c \, e^{st}$ für eine Lösung der Differenzialgleichung, wobei c eine Konstante ist, resultiert als Bestimmungsgleichung für s die als charakteristische Gleichung der Differenzialgleichung bezeichnete Beziehung

$$s^n + \sum_{t=0}^{n-1} a_i s^i = 0. \qquad (97)$$

Das Polynom auf der linken Seite dieser Gleichung ist das charakteristische Polynom der Differenzialgleichung. Das Eigenverhalten, also das Verhalten aufgrund von Anfangsbedingungen und ohne Anregung, wird damit allein durch die charakteristische Gleichung beschrieben. Die Nullstellen der charakteristischen Gleichung bestimmen dabei die Form des Zeitverlaufs der Antwort auf Anfangsbedingungen. Die Pole der Übertragungsfunktion sind die beim Aufstellen der Übertragungsfunktion nicht gekürzten Nullstellen des charakteristischen Polynoms. Sofern es nicht zu Kürzungen kommt, beschreiben somit die Pole das Eigenverhalten des Systems vollständig. Das Übertragungsverhalten wird hingegen zusätzlich auch durch die Nullstellen, den Verstärkungsfaktor und ggf. eine Totzeit bestimmt.

15.4.2.3 Rechnen mit Übertragungsfunktionen

Das Rechnen mit Übertragungsfunktionen entspricht prinzipiell dem algebraischen Rechnen mit komplexen Zahlen. Daher ergeben sich für das Zusammenschalten von Übertragungsgliedern einfache Rechenregeln zur Bestimmung der Gesamtübertragungsfunktion aus den einzelnen Übertragungsfunktionen. Im Folgenden werden die Gesamtübertragungsfunktion für die drei in den Bildern 18, 19 und 20 gezeigten Fälle der Hintereinanderschaltung (Reihenschaltung), der Parallelschaltung und der Kreisschaltung (Rückkopplung) angegeben.

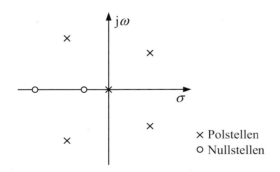

Abb. 17 Pol- und Nullstellendiagramm einer Übertragungsfunktion

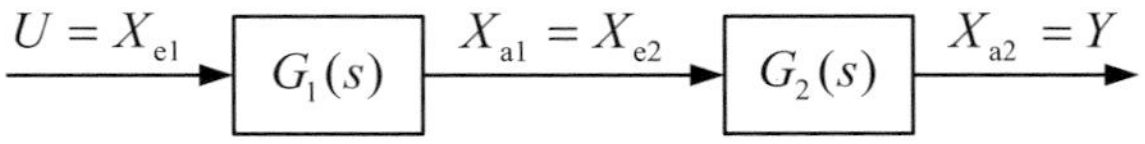

$$U = X_{e1} \quad \boxed{G_1(s)} \quad X_{a1} = X_{e2} \quad \boxed{G_2(s)} \quad X_{a2} = Y$$

Abb. 18 Hintereinanderschaltung (Reihenschaltung) zweier Übertragungsglieder

1. Hintereinanderschaltung (Reihenschaltung). Für die in Abb. 18 gezeigte Hintereinanderschaltung (Reihenschaltung) zweier Übertragungsglieder mit den Übertragungsfunktionen $G_1(s)$ und $G_2(s)$ ergibt sich die Ausgangsgröße zu

$$\begin{aligned} Y(s) = X_{a2}(s) &= G_2(s)X_{a1}(s) \\ &= G_2(s)G_1(s)U(s). \end{aligned} \tag{98}$$

Damit ist die Gesamtübertragungsfunktion

$$G(s) = \frac{Y(s)}{U(s)} = G_1(s)G_2(s). \tag{99}$$

Die einzelnen Übertragungsfunktionen werden also multipliziert.

2. Parallelschaltung.
Die Ausgangsgröße der in Abb. 19 gezeigten Parallelschaltung der zwei Übertragungsglieder mit den Übertragungsfunktionen $G_1(s)$ und $G_2(s)$ ist

$$\begin{aligned} Y(s) = X_a(s) \\ &= X_{a1}(s) + X_{a2}(s) \\ &= G_1(s)U(s) + G_2(s)U(s) \\ &= [G_1(s) + G_2(s)]U(s). \end{aligned} \tag{100}$$

Die Gesamtübertragungsfunktion ist damit

$$G(s) = \frac{Y(s)}{U(s)} = G_1(s) + G_2(s). \tag{101}$$

Die einzelnen Übertragungsfunktionen werden also addiert.

3. Kreisschaltung.
Bei der in Abb. 20 gezeigten Kreisschaltung liegt am Eingang des Übertragungsgliedes mit der Übertragungsfunktion $G_1(s)$ je nach Vorzeichen am Summationspunkt die Differenz oder die Summe der Eingangsgröße

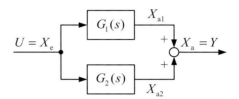

Abb. 19 Parallelschaltung zweier Übertragungsglieder

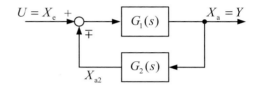

Abb. 20 Kreisschaltung (Rückkopplung) zweier Übertragungsglieder

$U(s) = X_e(s)$ und der Größe $X_{a2}(s)$ an, also $U(s) \mp X_{a2}(s)$. Dabei ergibt sich $X_{a2}(s)$ gemäß

$$X_{a2}(s) = G_2(s)X_a(s) \tag{102}$$

aus der Ausgangsgröße $Y(s) = X_a(s)$. Die Ausgangsgröße wird also über $G_2(s)$ auf den Eingang zurückgeführt, was als Rückkopplung bezeichnet wird. Dabei wird zwischen positiver Rückkopplung (Mitkopplung) bei Addition von $X_{a2}(s)$ am Eingang und negativer Rückkopplung (Gegenkopplung) bei Subtraktion von $X_{a2}(s)$ am Eingang unterschieden. Für die Ausgangsgröße ergibt sich

$$\begin{aligned} Y(s) = X_a(s) \\ &= G_1(s)[U(s) \mp X_{a2}(s)] \\ &= G_1(s)U(s) \mp G_1(s)G_2(s)X_a(s). \end{aligned} \tag{103}$$

Mit $Y(s) = X_a(s)$ folgt daraus

$$Y(s) \pm G_1(s)G_2(s)Y(s) = G_1(s)U(s) \tag{104}$$

und damit

$$\frac{Y(s)}{U(s)} = G(s)$$

$$= \frac{G_1(s)}{1 \pm G_1(s)G_2(s)} \qquad (105)$$

$$= \frac{G_1(s)}{1 + G_0(s)}$$

mit

$$G_0(s) = \pm G_1(s)G_2(s). \qquad (106)$$

Im Zähler der Gesamtübertragungsfunktion $G(s)$ steht die Übertragungsfunktion $G_1(s)$ des Vorwärtspfades. Bei einer negativen Rückkopplung (also einem Minuszeichen am Summationspunkt in Abb. 20) ergibt sich im Nenner der Gesamtübertragungsfunktion $G(s)$ das Pluszeichen und bei einer positiven Rückkopplung (also einem Pluszeichen am Summationspunkt) das Minuszeichen.

Bei einer negativen Rückkopplung wird das Produkt $G_1(s)G_2(s)$ der Übertragungsfunktion $G_1(s)$ im Vorwärtspfad und der Übertragungsfunktion $G_2(s)$ im Rückführpfad als Kreisübertragungsfunktion $G_0(s)$ bezeichnet. Eine positive Rückführung kann durch einen Vorzeichenwechsel von $G_2(s)$ in eine negative Rückführung umgewandelt werden. Es ergibt sich dann entsprechend ein Vorzeichenwechsel der Kreisübertragungsfunktion, diese ist damit bei positiver Rückkopplung $-G_1(s)G_2(s)$. Bei einer Rückkopplung ist also der Nenner der Gesamtübertragungsfunktion die Summe von 1 und der Kreisübertragungsfunktion. Diese Regel kann auf kompliziertere Rückkopplungsstrukturen erweitert werden und wird dann als Masonsche Verstärkungsformel bezeichnet (*Mason's Gain Rule*, siehe z. B. Dorf und Bishop 2017).

15.4.2.4 Berechnung der Übertragungsfunktion aus der Zustandsraumdarstellung

Wird auf die Zustandsdifferenzialgleichung eines Eingrößensystems, Gl. (53), die Laplace-Transformation angewendet und werden dabei wieder keine Anfangsbedingungen betrachtet, folgt

$$s\boldsymbol{X}(s) = \boldsymbol{A}\boldsymbol{X}(s) + \boldsymbol{b}U(s). \qquad (107)$$

Auflösen nach $\boldsymbol{X}(s)$ liefert

$$\boldsymbol{X}(s) = (s\mathbf{I} - \boldsymbol{A})^{-1}\boldsymbol{b}U(s). \qquad (108)$$

Dabei ist $\mathbf{I}$ die Einheitsmatrix. Anwenden der Laplace-Transformation auf die Ausgangsgleichung des Zustandsraummodells, Gl. (54), führt auf

$$Y(s) = \boldsymbol{c}^{\mathrm{T}}\boldsymbol{X}(s) + dU(s). \qquad (109)$$

Einsetzen von $\boldsymbol{X}(s)$ aus Gl. (108) liefert dann

$$Y(s) = \left[\boldsymbol{c}^{\mathrm{T}}(s\mathbf{I} - \boldsymbol{A})^{-1}\boldsymbol{b} + d\right]U(s) \qquad (110)$$

und damit die Übertragungsfunktion

$$G(s) = \frac{Y(s)}{U(s)} = \boldsymbol{c}^{\mathrm{T}}(s\mathbf{I} - \boldsymbol{A})^{-1}\boldsymbol{b} + d. \qquad (111)$$

Wenn das Zustandsraummodell mit den Gln. (53) und (54) und die Differenzialgleichung (88) das gleiche System beschreiben, stimmen die über Gl. (90) und Gl. (111) berechneten Übertragungsfunktionen überein.

15.4.2.5 Die komplexe G-Ebene

Die komplexe Übertragungsfunktion $G(s)$ beschreibt eine lokal konforme Abbildung (Ruge et al. 2012, Abschn. 19) der s-Ebene auf die G-Ebene. Wegen der bei dieser Abbildung gewährleisteten Winkeltreue wird das orthogonale Netz achsenparalleler Geraden $\sigma = \text{const}$ und $\omega = \text{const}$ der s-Ebene, wie in Abb. 21 dargestellt, in ein wiederum orthogonales, aber krummliniges Netz der G-Ebene abgebildet. Dabei bleibt „im unendlich Kleinen" auch die Maßstabstreue erhalten. Ein wichtiger Fall ergibt sich für $\sigma = 0$ und $\omega \geq 0$. Er repräsentiert die konforme Abbildung der nichtnegativen imaginären Achse der s-Ebene in die G-Ebene und wird als Ortskurve des Frequenzganges $G(\mathrm{j}\omega)$ des Systems bezeichnet. Der Frequenzgang wird im folgenden Abschnitt weiter betrachtet.

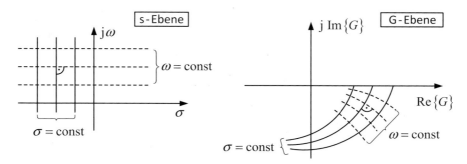

Abb. 21 Lokal konforme Abbildung der Geraden $\sigma = \text{const}$ und $\omega = \text{const}$ der s-Ebene in die G-Ebene

15.4.3 Frequenzgang

15.4.3.1 Definition und Bedeutung des Frequenzgangs

Wie bereits erwähnt, geht für $\sigma = 0$, also für den Spezialfall $s = j\omega$, die Übertragungsfunktion $G(s)$ in den Frequenzgang $G(j\omega)$ über. Während die Übertragungsfunktion $G(s)$ eine eher abstrakte und nicht direkt messbare Beschreibungsform zur mathematischen Behandlung linearer Systeme darstellt, kann der Frequenzgang $G(j\omega)$ recht einfach physikalisch interpretiert werden. Dazu wird zunächst der Frequenzgang als komplexe Größe

$$G(j\omega) = R(\omega) + jI(\omega) \qquad (112)$$

mit dem Realteil $R(\omega)$ und dem Imaginärteil $I(\omega)$ zweckmäßigerweise mit dem Amplitudengang $A(\omega) = |G(j\omega)|$ und dem Phasengang $\varphi(\omega) = \arg G(j\omega)$ in der Form

$$G(j\omega) = A(\omega)\, e^{j\varphi(\omega)} \qquad (113)$$

dargestellt. Als Eingangsgröße $u(t)$ wird nun eine sinusförmige Schwingung mit der Amplitude $\hat{u}$ und der Kreisfrequenz ω betrachtet, also

$$u(t) = \hat{u}\, \sin \omega t. \qquad (114)$$

Bei einem BIBO-stabilen (siehe Abschn. 15.2.2.8), linearen zeitinvarianten kontinuierlichen System ist dann die durch die Eingangsgröße verursachte

Ausgangsgröße im eingeschwungenen Zustand ebenfalls eine sinusförmige Schwingung mit derselben Kreisfrequenz ω. Im Allgemeinen hat die Ausgangsgröße gegenüber der Eingangsgröße eine geänderte Amplitude und eine Phasenverschiebung. Dabei ist sowohl die Amplitude als auch die Phasenverschiebung von der Frequenz abhängig. Die Ausgangsgröße im eingeschwungenen Zustand ist

$$\begin{aligned} y(t) &= \hat{y}(\omega)\, \sin\left(\omega t + \varphi(\omega)\right) \\ &= A(\omega)\, \hat{u}\, \sin\left(\omega t + \varphi(\omega)\right). \end{aligned} \qquad (115)$$

Der Amplitudengang $A(\omega)$ als frequenzabhängige Größe ist damit das Verhältnis der Ausgangs- zur Eingangsamplitude (Amplitudenverstärkung), also

$$\begin{aligned} A(\omega) &= \frac{\hat{y}(\omega)}{\hat{u}} = |G(j\omega)| \\ &= \sqrt{R^2(\omega) + I^2(\omega)}. \end{aligned} \qquad (116)$$

Die frequenzabhängige Phasenverschiebung $\varphi(\omega)$ ist der Phasengang

$$\varphi(\omega) = \arg G(j\omega) \qquad (117)$$

Aus diesen Zusammenhängen ist ersichtlich, dass durch Verwendung sinusförmiger Eingangssignale mit unterschiedlichen Frequenzen der Amplitudengang $A(\omega)$ und der Phasengang $\varphi(\omega)$ punktweise direkt gemessen werden können. Der gesamte Frequenzgang G-($j\omega$) für alle Frequenzen $0 \leq \omega \leq \infty$ beschreibt ähnlich wie die Übertragungsfunktion $G(s)$ bzw. die Gewichtsfunktion $g(t)$ oder die Übergangsfunktion $h(t)$ das Übertragungsverhalten des Systems vollständig. Obwohl diese Betrachtungen nur für BIBO-stabile Systeme gelten, wird die durch das Einsetzen von $s = j\omega$ aus der Übertragungsfunktion $G(s)$ erhaltene Größe $G(j\omega)$ allgemein, also auch für nicht stabile Systeme, als Frequenzgang bezeichnet. Gelegentlich ist es erforderlich, den Verlauf des Frequenzgangs für die gesamte imaginäre Achse $-\infty \leq \omega \leq \infty$, also auch für negative Frequenzen, zu betrachteten. Für die Übertragungsfunktion $G(s)$ gilt

$$G(s^*) = G^*(s) \qquad (118)$$

und damit für den Frequenzgang

$$G(-j\omega) = G^*(j\omega), \qquad (119)$$

wobei der hochgestellte Stern die konjugiert komplexe Größe kennzeichnet. Der Verlauf des Frequenzgangs für negative Frequenzen ist daher bezüglich der reellen Achse spiegelbildlich zum Verlauf für positive Frequenzen und enthält damit keine zusätzliche Information. Das Auftreten negativer Frequenzen kann über die Darstellung einer Sinus- oder Kosinusschwingung mit komplexen Exponentialfunktionen gemäß

$$\sin \omega t = \frac{1}{2j}e^{j\omega t} - \frac{1}{2j}e^{-j\omega t} \qquad (120)$$

und

$$\cos \omega t = \frac{1}{2}e^{j\omega t} + \frac{1}{2}e^{-j\omega t} \qquad (121)$$

interpretiert werden. Hierbei werden zwei sich gegenläufig, also mit positiver und negativer Frequenz, drehende Zeiger in der komplexen Ebene so addiert, dass sich die Imaginärteile gerade aufheben.

15.4.3.2 Darstellung des Frequenzganges als Ortskurve (Nyquist-Diagramm)

Wird der für verschiedene Frequenzen gemessene oder aus einer bekannten Übertragungsfunktion berechnete Frequenzgang $G(j\omega)$ mit dem Betrag $A(\omega)$ und dem Phasenwinkel $\varphi(\omega)$ in die komplexe G-Ebene eingezeichnet, so ergibt dies die in ω parametrierte Ortskurve des Frequenzganges. Die Ortskurve des Frequenzgangs wird auch als Nyquist-Ortskurve und das so entstehende Diagramm als Nyquist-Diagramm bezeichnet (benannt nach dem schwedisch-amerikanischen Elektroingenieur Harry Nyquist, 1889–1976). Abb. 22 zeigt exemplarisch eine aus acht Messwerten (dargestellt durch die kleinen Kreise) experimentell ermittelte Ortskurve eines Frequenzgangs.

Die Ortskurvendarstellung von Frequenzgängen hat u. a. den Vorteil, dass die Frequenzgänge sowohl von hintereinander als auch von parallel geschalteten Übertragungsgliedern sehr einfach grafisch aus den Frequenzgängen der einzelnen Übertragungsglieder konstruiert werden können. Dabei werden die zu gleichen Werten von ω gehörenden Zeiger der betreffenden Ortskurven herangezogen. Bei der Parallelschaltung werden die Zeiger addiert, z. B. über eine Parallelogrammkonstruktion. Bei der Hintereinanderschaltung werden die Zeiger multipliziert, indem die Längen der Zeiger multipliziert und die Winkel addiert werden.

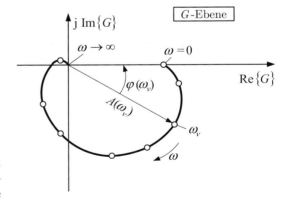

Abb. 22 Beispiel für eine experimentell ermittelte Frequenzgangortskurve (Nyquist-Diagramm)

15.4.3.3 Darstellung des Frequenzganges durch Frequenzkennlinien (Bode-Diagramm)

Werden der Betrag $A(\omega)$ und der Phasenwinkel $\varphi(\omega)$ des Frequenzganges $G(\mathrm{j}\omega)$ getrennt über der Frequenz aufgetragen, so ergeben sich die Betragskennlinie sowie die Phasenkennlinie des Übertragungsgliedes. Beide zusammen bilden die Frequenzkennliniendarstellung. Diese Darstellung wird als Bodediagramm bezeichnet (benannt nach dem amerikanischen Mathematiker und Physiker Hendrik Wade Bode, 1905–1982). Meist wird dabei die Frequenzachse logarithmisch skaliert. Bei der Betragskennlinie wird oft der in der Einheit Dezibel (dB) angegebene Logarithmus der Amplitudenverstärkung $A(\omega)$ verwendet. Es gilt

$$
\begin{aligned}
A_{\mathrm{dB}}(\omega) &= 10\ \mathrm{dB} \cdot \log \frac{A^2(\omega)}{A_0^2} \\
&= 20\ \mathrm{dB} \cdot \log \frac{A(\omega)}{A_0},
\end{aligned}
\tag{122}
$$

wobei A_0^2 eine Bezugsleistung bzw. A_0 die entsprechende Bezugsamplitude ist, welche die gleiche Einheit wie $A(\omega)$ hat. Die Phase $\varphi(\omega)$ wird auf einer linear skalierten Achse dargestellt. In Abb. 23 sind exemplarisch die Betragskennlinie und die Phasenkennlinie eines Übertragungsgliedes gezeigt.

Die Darstellung des Logarithmus des Amplitudengangs bietet den Vorteil, dass die Betragskennlinie einer aus einzelnen Faktoren zusammengesetzten Übertragungsfunktion, wie sie sich z. B. bei einer Hintereinanderschaltung von Übertragungsgliedern ergibt, sehr einfach aus den Betragskennlinien der einzelnen Faktoren konstruiert werden kann. So lässt sich allgemein der aus der Übertragungsfunktion

$$
G(s) = k_0 \frac{(s - s_{\mathrm{N},1}) \ldots (s - s_{\mathrm{N},m})}{(s - s_{\mathrm{P},1}) \ldots (s - s_{\mathrm{P},n})}
\tag{123}
$$

mit $s = \mathrm{j}\omega$ hervorgehende Frequenzgang als Frequenzgang einer Hintereinanderschaltung einfacher Übertragungsglieder der Form

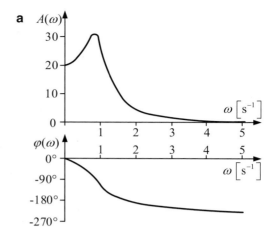

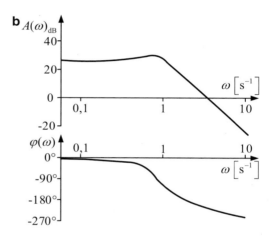

Abb. 23 Beispiel für die Darstellung des Frequenzgangs durch Frequenzkennlinien (Bode-Diagramm): **a)** Frequenzachse linear skaliert und **b)** Frequenzachse logarithmisch skaliert, Betrag in Dezibel

$$
G_i(\mathrm{j}\omega) = \mathrm{j}\omega - s_{\mathrm{N},i}, \quad i = 1, 2, \ldots, m,
\tag{124}
$$

und

$$
G_{m+i}(\mathrm{j}\omega) = \frac{1}{\mathrm{j}\omega - s_{\mathrm{P},i}}, \quad i = 1, 2, \ldots, n,
\tag{125}
$$

darstellen. Es gilt dann

$$
\begin{aligned}
G(\mathrm{j}\omega) &= k_0 \cdot G_1(\mathrm{j}\omega) \cdot G_2(\mathrm{j}\omega) \\
&\quad \cdot \ldots \cdot G_{n+m}(\mathrm{j}\omega).
\end{aligned}
\tag{126}
$$

Aus der Darstellung mit den Beträgen und Phasenwinkeln der einzelnen Übertragungsglieder

$$G(j\omega) = k_0 \cdot A_1(\omega) \cdot \ldots \cdot A_{n+m}(\omega)$$
$$\cdot e^{j\left[\varphi_1(\omega) + \ldots + \varphi_{n+m}(\omega)\right]} \quad (127)$$

folgt, dass die Phasenkennlinie sich aus der Addition der einzelnen Phasenkennlinien

$$\varphi(\omega) = \varphi_0 + \varphi_1(\omega) + \ldots + \varphi_{n+m}(\omega) \quad (128)$$

ergibt. Dabei ist $\varphi_0 = 0°$ für $k_0 > 0$ und $\varphi_0 = -180°$ für $k_0 < 0$. Bei der Darstellung in Dezibel folgt für die Betragskennlinie

$$A_{dB}(\omega) = k_{0,dB} + A_{1,dB}(\omega) + A_{2,dB}(\omega)$$
$$+ \ldots + A_{n+m,dB}(\omega). \quad (129)$$

Die Betragskennlinie in Dezibel ergibt sich also ebenfalls aus der Addition der einzelnen Betragskennlinien, was eine sehr einfache grafische Konstruktion ermöglicht.

Bei der Darstellung in Dezibel ist eine Angabe der Bezugsleistung bzw. Bezugsamplitude erforderlich, um auf die ursprüngliche Einheit des Amplitudengangs zurückrechnen zu können. Alternativ zur Darstellung des Logarithmus des Amplitudengangs kann auch die Achse von $A(\omega)$ logarithmisch skaliert werden. Die grafische Addition ist dann etwas weniger anschaulich, da die Abstände von 1 nach oben addiert und die Abstände von 1 nach unten subtrahiert werden müssen.

15.4.3.4 Bandbreite eines Übertragungsgliedes

Einen wichtigen Begriff stellt die Bandbreite eines Übertragungsgliedes dar. Viele Übertragungsglieder besitzen Tiefpasseigenschaften, d. h., Signalanteile im Bereich niedriger Frequenzen werden von diesen Übertragungsgliedern gut übertragen. Anteile im Bereich hoher Frequenzen werden abgeschwächt, was sich in einem bei hohen Frequenzen abfallenden Amplitudengang äußert (siehe Abb. 24). Zur quantitativen Beschreibung dieses Verhaltens wird der Begriff der Bandbreite verwendet. Generell wird als Bandbreite eines Übertragungsgliedes mit Tiefpassverhalten diejenige Frequenz bezeichnet, bei welcher der Amplitudengang erstmals auf einen bestimmten anteiligen Wert des Anfangswerts $A(0)$ abgefallen ist. Oftmals wird dabei ein Abfall um -3 dB, d. h. auf das $\frac{1}{2}\sqrt{2}$- bzw. 0,707-fache des Anfangswerts, verwendet und dann von der 3 dB-Bandbreite oder auch 3 dB-Eckfrequenz gesprochen. Dies ist in Abb. 24 exemplarisch gezeigt.

15.4.3.5 Systeme mit minimalem und nichtminimalem Phasenverhalten

Durch eine Übertragungsfunktion, die keine Pole und Nullstellen in der offenen rechten s-Halbebene besitzt, wird ein System mit Minimalphasenverhalten beschrieben. Es ist dadurch charakterisiert, dass bei bekanntem Amplitudengang $A(\omega) = |G(j\omega)|$ im Bereich $0 \leq \omega < \infty$ der zugehörige Phasengang $\varphi(\omega)$ aus $A(\omega)$ mithilfe des Gesetzes von Bode (Unbehauen 2008,

Abb. 24 Definition der 3 dB-Bandbreite ω_b bei Übertragungssystemen mit Tiefpassverhalten (ebenfalls gezeigt sind Resonanzfrequenz ω_r und Eigenfrequenz der ungedämpften Schwingung ω_0)

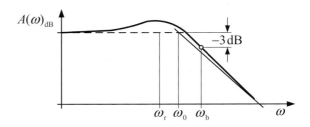

Abschn. 4.3.5) berechnet werden kann und das dabei ermittelte $\varphi(\omega)$ betragsmäßig den kleinstmöglichen Phasenverlauf zu dem vorgegebenen $A(\omega)$ besitzt. Weist eine Übertragungsfunktion in der offenen rechten s-Halbebene Pole oder Nullstellen auf, dann hat das entsprechende System nichtminimales Phasenverhalten. Der zugehörige Phasenverlauf hat dann größere Werte als der bei dem entsprechenden System mit Minimalphasenverhalten, welches einen identischen Amplitudengang besitzt.

Die Übertragungsfunktion eines nichtminimalphasigen Übertragungsgliedes $G_{\mathrm{nmp}}(s)$ lässt sich durch Hintereinanderschaltung des zugehörigen Minimalphasengliedes mit der Übertragungsfunktion $G_{\mathrm{mp}}(s)$ und eines reinen phasendrehenden Gliedes mit der Übertragungsfunktion $G_{\mathrm{A}}(s)$ darstellen, also

$$G_{\mathrm{nmp}}(s) = G_{\mathrm{mp}}(s)G_{\mathrm{A}}(s). \qquad (130)$$

Ein phasendrehendes Glied, auch Allpassglied genannt, ist dadurch charakterisiert, dass der Betrag seines Frequenzganges $G_{\mathrm{A}}(\mathrm{j}\omega)$ für alle Frequenzen gleich eins ist, während die Phase $\varphi_{\mathrm{A}}(\omega)$ sich über der Frequenz ändert. So lautet die Übertragungsfunktion des Allpassgliedes erster Ordnung

$$G_{\mathrm{A}}(s) = \frac{1 - sT}{1 + sT}, \qquad (131)$$

woraus als Amplitudengang $A_{\mathrm{A}}(\omega) = 1$ folgt und als Phasengang $\varphi_{\mathrm{A}}(\omega) = -2\,\mathrm{atan}\,\omega T$. Der Phasengang dieses Allpassgliedes beginnt für $\omega = 0$ bei $0°$ und läuft für zunehmende Werte von ω gegen $-180°$. Gelegentlich werden auch Systeme mit konstanter, frequenzunabhängiger Verstärkung (nicht notwendigerweise gleich eins) als Allpassglieder bezeichnet. Aus der Bedingung konstanter Verstärkung folgt, dass die Nullstellenverteilung von Allpassgliedern in der s-Ebene bezüglich der imaginären Achse spiegelbildlich zur Polverteilung ist.

Bei Systemen mit Minimalphasenverhalten kann aus dem Amplitudengang $A(\omega)$ eindeutig der Phasengang $\varphi(\omega)$ bestimmt werden. Dies gilt

jedoch für Systeme mit nichtminimalem Phasenverhalten nicht. Die Überprüfung, ob ein System Minimalphasenverhalten aufweist oder nicht, lässt sich anhand des Verlaufs von $\varphi(\omega)$ und $A_{\mathrm{dB}}(\omega)$ für hohe Frequenzen leicht durchführen. Bei einem Minimalphasensystem, das durch die gebrochen rationale Übertragungsfunktion $G(s) = B(s)/A(s)$ dargestellt wird, wobei der Zähler $B(s)$ den Grad m aufweist und der Nenner $A(s)$ den Grad n, ergibt sich für $\omega \to \infty$ der Phasenwinkel

$$\varphi(\infty) = -90°\,(n - m). \qquad (132)$$

Bei einem System mit nichtminimalem Phasenverhalten ist dieser Wert stets größer. In beiden Fällen wird der logarithmische Amplitudengang für $\omega \to \infty$ die Steigung $-20 \cdot (n - m)$ dB/Dekade besitzen.

Ein typisches System mit nichtminimalem Phasenverhalten ist das Totzeitglied (T_t-Glied), das durch die Übertragungsfunktion

$$G(s) = \mathrm{e}^{-sT_t}, \qquad (133)$$

also den Frequenzgang

$$G(\mathrm{j}\omega) = \mathrm{e}^{-\mathrm{j}\omega T_t} \qquad (134)$$

mit dem Amplitudengang

$$\begin{aligned} A(\omega) &= |G(\mathrm{j}\omega)| \\ &= |\cos \omega T_t - \mathrm{j} \sin \omega T_t| = 1 \end{aligned} \qquad (135)$$

sowie dem Phasengang

$$\varphi(\omega) = -\omega T_t \qquad (136)$$

beschrieben wird. Die Ortskurve von $G(\mathrm{j}\omega)$ stellt einen Kreis um den Koordinatenursprung dar, der mit $\omega = 0$ auf der reellen Achse bei $G(0) = R(0) = 1$ beginnend mit wachsenden Werten von ω fortwährend durchlaufen wird, da der Phasenwinkel ständig zunimmt.

Totzeitglieder mit einer konstanten Verstärkung (ungleich eins) werden als PT_t-Glied bezeichnet.

15.5 Das Verhalten einiger typischer Übertragungsglieder

Für einige typische Übertragungsglieder sind in Tab. 2 die Übergangsfunktion $h(t)$ als Gleichung und grafische Darstellung, die Übertragungsfunktion, die Ortskurve des Frequenzgangs (Nyquist-Diagramm), die Betrags- und Phasenkennlinie sowie die Pol-Nullstellen-Verteilung angegeben. Fünf bzw. sechs dieser Übertragungsglieder (P-, D-, I-, PT_1- und PT_2/PT_2S-Glied) werden in den folgenden Abschnitten behandelt. Die Eingangsgröße wird dabei mit $u(t)$ und die Ausgangsgröße mit $y(t)$ bezeichnet. Bei der Angabe von Größen in Dezibel wird davon ausgegangen, dass die logarithmierten Größen bereits auf eine Bezugsgröße normiert und damit einheitenlos sind. Obwohl es sich bei ω um die Kreisfrequenz handelt, wird bei ω allgemein und auch bei speziellen Werten von ω kurz von Frequenz gesprochen.

15.5.1 Proportional wirkendes Glied (P-Glied, Verstärkungsglied)

a) Beschreibung des Übertragungsverhaltens im Zeitbereich:

$$y(t) = Ku(t). \qquad (137)$$

Dabei wird K als Verstärkung des P-Gliedes bezeichnet.

b) Übertragungsfunktion:

$$G(s) = K. \qquad (138)$$

c) Frequenzgang:

$$G(j\omega) = K. \qquad (139)$$

Die Ortskurve von $G(j\omega)$ stellt für sämtliche Frequenzen einen Punkt auf der reellen Achse mit dem Abstand K vom Nullpunkt dar, d. h., der Phasengang $\varphi(\omega)$ ist $0°$ für $K > 0$ oder

$-180°$ für $K < 0$, während für den logarithmischen Amplitudengang

$$A_{dB}(\omega) = 20\,\text{dB} \cdot \log K = K_{dB} = \text{const}$$

gilt.

Physikalische Beispiele für P-Glieder sind unbelastete Spannungsteiler, ideale (verlustfreie) Übertrager oder ideale Verstärker in der Elektrotechnik und ideale (verlustfreie) Übersetzungen (Getriebe, Hebel) in der Mechanik.

15.5.2 Integrierendes Glied (I-Glied)

a) Beschreibung des Übertragungsverhaltens im Zeitbereich:

$$\dot{y}(t) = \frac{1}{T_I} u(t) \qquad (140)$$

bzw.

$$y(t) = \frac{1}{T_I} \int_0^t u(\tau)\mathrm{d}\tau + y(0). \qquad (141)$$

Dabei ist $T_I > 0$ eine Konstante mit der Dimension Zeit, die als Integrationszeitkonstante bezeichnet wird. Alternativ wird auch die als Verstärkung des I-Gliedes bezeichnete Größe $K_I = 1/T_I$ angegeben.

b) Übertragungsfunktion:

$$G(s) = \frac{1}{sT_I}. \qquad (142)$$

c) Frequenzgang:

$$G(j\omega) = \frac{1}{j\omega T_I} = \frac{1}{\omega T_I} e^{-j\frac{\pi}{2}} \qquad (143)$$

mit dem Amplitudengang

$$A(\omega) = \frac{1}{\omega T_I} = \frac{\omega}{\omega_d}, \qquad (144)$$

wobei $\omega_d = 1/T_I$ ist, dem logarithmischen Amplitudengang

Tab. 2 Übergangsfunktion, Übertragungsfunktion, Frequenzgang und Pol-Nullstellen-Verteilung einer typischer Übertragungsglieder

Glied	Übergangsfkt. $h(t)$	Gl. der Übergangsfkt.	Übertragungsfkt.	Ortskurve	Bodediagramm $A(\omega)_{dB}$ u. $\varphi(\omega)$	Pol x u. Nullstellen o in s-Ebene
P		$h(t) = K_R \sigma(t)$	$G(s) = K_R$			keine Pol- und Nullstellen
I		$h(t) = \dfrac{t}{T_I}\sigma(t)$	$G(s) = \dfrac{1}{sT_I}$			
PT_1		$h(t) = K_R\left[1 - e^{-\frac{t}{T}}\right]\sigma(t)$ $t \geq 0$	$G(s) = \dfrac{K_R}{1+sT}$			
PT_2		$h(t) = K_R\left[1 - \dfrac{T_1}{T_1-T_2}e^{-\frac{t}{T_1}} + \dfrac{T_2}{T_1-T_2}e^{-\frac{t}{T_2}}\right]\sigma(t)$	$G(s) = \dfrac{K_R}{(1+sT_1)(1+sT_2)}$			
PT_2S		$h(t) = K_R\left\{1 - e^{-D\omega_0 t}\left[\cos\left(\sqrt{1-D^2}\,\omega_0 t\right) + \dfrac{D}{\sqrt{1-D^2}}\sin\left(\sqrt{1-D^2}\,\omega_0 t\right)\right]\right\}\sigma(t)$	$G(s) = \dfrac{K_R}{1+2\dfrac{D}{\omega_0}s + \dfrac{1}{\omega_0^2}s^2}$ $D<1$			
IT_1		$h(t) = \left[\dfrac{t}{T_I} + \dfrac{T}{T_I}\left(e^{-\frac{t}{T}} - 1\right)\right]\sigma(t)$	$G(s) = \dfrac{1}{T_I s(1+sT)}$			

Glied	Übergangsfkt. $h(t)$	Gl. der Übergangsfkt.	Übertragungsfkt.	Ortskurve	Bodediagramm $A(\omega)_{dB}$ u. $\varphi(\omega)$	Pole x u. Nullstellen o in s-Ebene
PI		$h(t)=K_R\left[1+\dfrac{t}{T_I}\right]\sigma(t)$	$G(s)=K_R\dfrac{1+sT_I}{sT_I}$			
D		$h(t)=T_D\delta(t)$	$G(s)=sT_D$			
DT_1		$h(t)=e^{-\frac{t}{T}}\sigma(t)$ $t\geq0$	$G(s)=\dfrac{sT}{1+sT}$			
PD		$h(t)=K_R\left[\sigma(t)+T_D\delta(t)\right]$	$G(s)=K_R(1+sT_D)$			
PID		$h(t)=K_R\left[\left[1+\dfrac{t}{T_I}\right]\sigma(t)+T_D\delta(t)\right]$	$G(s)=K_R\dfrac{1+sT_I+s^2T_IT_D}{sT_I}$			$4T_D<T_I$ $\omega_1=-A+\sqrt{A^2-\dfrac{1}{T_IT_D}}$ $\omega_2=-A-\sqrt{A^2-\dfrac{1}{T_IT_D}}$ $A=\dfrac{1}{2T_D}$

$$A_{\mathrm{dB}}(\omega) = -20\,\text{dB} \cdot \log \omega T_{\mathrm{I}}$$
$$= -20\,\text{dB} \cdot \log \frac{\omega}{\omega_{\mathrm{d}}}, \qquad (145)$$

und dem Phasengang

$$\varphi(\omega) = -\frac{\pi}{2} = \text{const.} \qquad (146)$$

Die Größe $\omega_{\mathrm{d}} = 1/T_{\mathrm{I}}$ wird als Durchtrittsfrequenz bezeichnet.

I-Glieder ergeben sich bei der Beschreibung des idealen Befüllens oder Entleerens von Speichern, z. B. dem verlustfreien Auf- oder Entladen einer Kapazität in der Elektrotechnik oder dem Beschleunigen einer Masse ohne angreifende Widerstandskräfte. Die Sprungantwort eines I-Gliedes ist eine Gerade mit konstanter Steigung und strebt damit keinem stationären Endwert zu. Systeme mit einem solchen Verhalten werden als Systeme ohne Ausgleich bezeichnet.

15.5.3 Differenzierendes Glied (D-Glied)

a) Beschreibung des Übertragungsverhaltens im Zeitbereich:

$$y(t) = T_{\mathrm{D}}\,\dot{u}(t). \qquad (147)$$

Dabei ist $T_{\mathrm{D}} > 0$ eine Konstante mit der Dimension Zeit, die als Zeitkonstante des D-Gliedes bezeichnet wird. Alternativ wird $K_{\mathrm{D}} = T_{\mathrm{D}}$ verwendet und als Verstärkung des D-Gliedes bezeichnet.

b) Übertragungsfunktion:

$$G(s) = sT_{\mathrm{D}}. \qquad (148)$$

c) Frequenzgang:

$$G(\mathrm{j}\omega) = \mathrm{j}\,\omega\,T_{\mathrm{D}} = \omega T_{\mathrm{D}}\,\mathrm{e}^{\mathrm{j}\frac{\pi}{2}} \qquad (149)$$

mit dem Amplitudengang

$$A(\omega) = \omega T_{\mathrm{D}} = \frac{\omega}{\omega_{\mathrm{d}}}, \qquad (150)$$

wobei $\omega_{\mathrm{d}} = 1/T_{\mathrm{D}}$ die Durchtrittsfrequenz ist, dem logarithmischen Amplitudengang

$$A_{\mathrm{dB}}(\omega) = 20\,\text{dB} \cdot \log \omega T_{\mathrm{D}}$$
$$= 20\,\text{dB} \cdot \log \frac{\omega}{\omega_{\mathrm{d}}} \qquad (151)$$

und dem Phasengang

$$\varphi(\omega) = \frac{\pi}{2} = \text{const.} \qquad (152)$$

Es ist ersichtlich, dass die Übertragungsfunktionen von I- und D-Glied durch Bildung des Kehrwerts ineinander übergehen. Daher können die Kurvenverläufe für den Amplituden- und Phasengang des D-Gliedes durch Spiegelung der entsprechenden Kurvenverläufe des I-Gliedes an der 0-dB-Linie bzw. an der Linie $\varphi = 0$ gewonnen werden.

15.5.4 Verzögerungsglied erster Ordnung (PT$_1$-Glied)

a) Beschreibung des Übertragungsverhaltens im Zeitbereich:

$$T\dot{y}(t) + y(t) = K u(t). \qquad (153)$$

Dabei wird $K > 0$ als Verstärkung des PT$_1$-Gliedes bezeichnet und $T > 0$ als Zeitkonstante des PT$_1$-Gliedes.

b) Übertragungsfunktion:

$$G(s) = \frac{K}{Ts + 1}. \qquad (154)$$

c) Frequenzgang:

$$G(\mathrm{j}\omega) = K\frac{1 - \mathrm{j}\frac{\omega}{\omega_{\mathrm{e}}}}{1 + \frac{\omega^2}{\omega_{\mathrm{e}}^2}} \qquad (155)$$

mit der Eck- oder Knickfrequenz $\omega_e = 1/T$. Als Amplitudengang ergibt sich

$$A(\omega) = |G(j\omega)| = \frac{K}{\sqrt{1 + \frac{\omega^2}{\omega_e^2}}} \qquad (156)$$

und als Phasengang

$$\varphi(\omega) = \text{atan}\, \frac{I(\omega)}{R(\omega)} = -\text{atan}\, \frac{\omega}{\omega_e}. \qquad (157)$$

Aus Gl. (156) folgt der logarithmische Amplitudengang

$$A_{dB}(\omega) = 20\,\text{dB} \cdot \log K$$
$$-20\,\text{dB} \cdot \log \sqrt{1 + \frac{\omega^2}{\omega_e^2}}. \qquad (158)$$

Gl. (158) kann asymptotisch durch zwei Geraden approximiert werden:

i) Im Bereich niedriger Frequenzen, $\omega \ll \omega_e$, durch die horizontal verlaufende Anfangsasymptote

$$A_{dB}(\omega) \approx 20\,\text{dB} \cdot \log K = K_{dB}. \qquad (159)$$

ii) Im Bereich hoher Frequenzen, $\omega \gg \omega_e$, durch die Endasymptote

$$A_{dB}(\omega) \approx 20\,\text{dB} \cdot \log K$$
$$-20\,\text{dB} \cdot \log \frac{\omega}{\omega_e} \qquad (160)$$
$$= K_{dB} - 20\,\text{dB} \cdot \log \frac{\omega}{\omega_e}.$$

Die Endasymptote weist eine Steigung von -20 dB/Dekade auf. Als Schnittpunkt beider Geraden ergibt sich $\omega = \omega_e$. Die maximale Abweichung des Amplitudenganges von den Asymptoten tritt in diesem Schnittpunkt auf und beträgt -3 dB.

Verzögerungsglieder erster Ordnung entstehen oftmals durch die Beschreibung des verlustbehafteten Befüllens oder Entleerens von Speichern. Beispiele sind das Auf- oder Entladen einer Kapazität mit in Reihe geschaltetem Widerstand (RC-Glied) in der Elektrotechnik oder dem Beschleunigen bzw. Bremsen einer Masse mit geschwindigkeitsproportionaler (viskoser) Reibung in der Mechanik.

15.5.5 Verzögerungsglied zweiter Ordnung (PT$_2$-Glied und PT$_2$S-Glied)

Das Verzögerungsglied zweiter Ordnung ist gekennzeichnet durch zwei voneinander unabhängige Energiespeicher, zwischen denen Energieaustausch stattfinden kann, wobei ggf. noch Verluste entstehen. Beispiele sind elektrische RLC-Schwingkreise oder mechanische Feder-Masse-Dämpfer-Systeme. Aufgrund der Verluste entsteht dabei eine Dämpfung. Je nach den Dämpfungseigenschaften bzw. der Lage der Pole von $G(s)$ wird beim Verzögerungsglied zweiter Ordnung zwischen schwingendem und aperiodischem Verhalten unterschieden. Besitzt ein Verzögerungsglied zweiter Ordnung ein konjugiert komplexes Polpaar, dann weist es schwingendes Verhalten auf und es wird als PT$_2$S-Glied bezeichnet. Liegen die beiden Pole auf der negativen reellen Achse, so besitzt das Übertragungsglied aperiodisches Verhalten und es wird als PT$_2$-Glied bezeichnet.

a) Darstellung im Zeitbereich:

$$\ddot{y}(t) + a_1 \dot{y}(t) + a_0 y(t) = b_0 u(t) \qquad (161)$$

mit $a_1 \geq 0$, $a_0 > 0$ und $b_0 > 0$. Für die Darstellung werden anstelle der Koeffizienten a_0, a_1 und b_0 vorzugsweise Größen verwendet, welche das Zeitverhalten direkter beschreiben. Diese sind die Eigenfrequenz der ungedämpften Schwingung

$$\omega_0 = \sqrt{a_0}, \qquad (162)$$

die Dämpfung

$$D = \frac{a_1}{2\sqrt{a_0}} \qquad (163)$$

und die Verstärkung

$$K = \frac{b_0}{a_0}.\qquad(164)$$

Mit diesen Größen lässt sich die Differenzialgleichung (161) in der Form

$$\ddot{y}(t) + 2D\omega_0\dot{y}(t) + \omega_0^2 y(t) = K\omega_0^2 u(t)\qquad(165)$$

oder

$$\frac{\ddot{y}(t)}{\omega_0^2} + 2D\frac{\dot{y}(t)}{\omega_0} + y(t) = Ku(t)\qquad(166)$$

schreiben. Für $D \geq 1$, was gleichbedeutend ist mit $a_1^2 \geq 4a_0$, werden die beiden reellen positiven Zeitkonstanten

$$T_1 = \frac{2}{a_1\left(1 + \sqrt{1 - \frac{4a_0}{a_1^2}}\right)}$$
$$= \frac{1}{D\omega_0\left(1 + \sqrt{1 - \frac{1}{D^2}}\right)}\qquad(167)$$

und

$$T_2 = \frac{2}{a_1\left(1 - \sqrt{1 - \frac{4a_0}{a_1^2}}\right)}$$
$$= \frac{1}{D\omega_0\left(1 - \sqrt{1 - \frac{1}{D^2}}\right)}\qquad(168)$$

definiert. Mit diesen kann die Differenzialgleichung als

$$T_1 T_2 \ddot{y}(t) + (T_1 + T_2)\dot{y}(t) + y(t) = Ku(t)\qquad(169)$$

geschrieben werden. Für $D = 1$ bzw. $a_1^2 = 4a_0$ ergibt sich

$$T_1 = T_2 = \frac{1}{\omega_0}.\qquad(170)$$

b) Übertragungsfunktion:

$$G(s) = \frac{b_0}{s^2 + a_1 s + a_0}$$
$$= \frac{K\omega_0^2}{s^2 + 2D\omega_0 s + \omega_0^2}\qquad(171)$$
$$= \frac{K}{\frac{s^2}{\omega_0^2} + 2D\frac{s}{\omega_0} + 1}.$$

Für $D \geq 1$, was gleichbedeutend ist mit $a_1^2 \geq 4a_0$, kann die Übertragungsfunktion auch in der Form

$$G(s) = \frac{K}{(T_1 s + 1)(T_2 s + 2)}\qquad(172)$$

angegeben werden. Für $D = 1$ bzw. $a_1^2 = 4a_0$ ergibt sich mit Gl. (170)

$$G(s) = \frac{K}{\left(\frac{s}{\omega_0} + 1\right)^2} = \frac{K\omega_0^2}{(s + \omega_0)^2}.\qquad(173)$$

c) Frequenzgang:

$$G(j\omega) = \frac{K}{-\frac{\omega^2}{\omega_0^2} + j \cdot 2D\frac{\omega}{\omega_0} + 1}$$
$$= K\frac{1 - \frac{\omega^2}{\omega_0^2} - j \cdot 2D\frac{\omega}{\omega_0}}{\left(1 - \frac{\omega^2}{\omega_0^2}\right)^2 + \left(2D\frac{\omega}{\omega_0}\right)^2}\qquad(174)$$

Somit lautet der zugehörige Amplitudengang

$$A(\omega) = \frac{K}{\sqrt{\left(1 - \frac{\omega^2}{\omega_0^2}\right)^2 + \left(2D\frac{\omega}{\omega_0}\right)^2}}\qquad(175)$$

und der Phasengang

$$\varphi(\omega) = -\text{atan}\frac{2D\frac{\omega}{\omega_0}}{1 - \frac{\omega^2}{\omega_0^2}}.\qquad(176)$$

Für den logarithmischen Amplitudengang ergibt sich aus Gl. (175)

$$A_{\mathrm{dB}}(\omega) = 20 \text{ dB} \cdot \log K - 20 \text{ dB}$$

$$\cdot \log \sqrt{\left(1 - \frac{\omega^2}{\omega_0^2}\right)^2 + \left(2D\,\frac{\omega}{\omega_0}\right)^2}. \qquad (177)$$

Der Verlauf von $A_{\mathrm{dB}}(\omega)$ lässt sich durch folgende Asymptoten approximieren:

i) Im Bereich niedriger Frequenzen, $\omega \ll \omega_0$, durch die horizontal verlaufende Anfangsasymptote

$$A_{\mathrm{dB}}(\omega) \approx 20 \text{ dB} \cdot \log K. \qquad (178)$$

ii) Im Bereich hoher Frequenzen, $\omega \gg \omega_0$, durch die Endasymptote

$$A_{\mathrm{dB}}(\omega) \approx 20 \text{ dB} \cdot \log K$$
$$-40 \text{ dB} \cdot \log \frac{\omega}{\omega_0}. \qquad (179)$$

Die Endasymptote stellt im Bode-Diagramm eine Gerade mit der Steigung -40 dB/Dekade dar. Beide Asymptoten schneiden sich bei $\omega = \omega_0$. Abb. 25 zeigt für $0 < D \leq 2,5$ und $K = 1$ den Verlauf von $A_{\mathrm{dB}}(\omega)$ und $\varphi(\omega)$ im Bode-

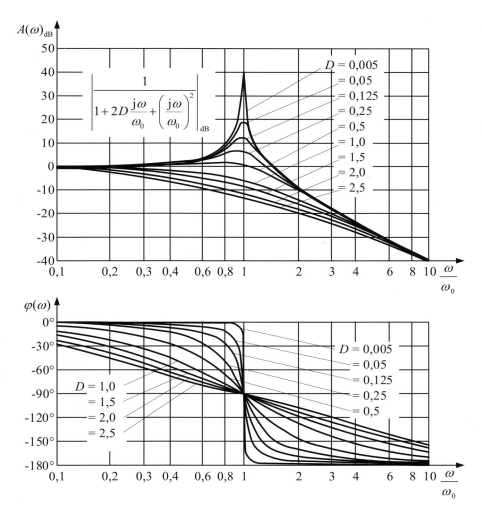

Abb. 25 Bode-Diagramm eines Verzögerungsgliedes zweiter Ordnung (für $K = 1$)

Tab. 3 Lage der Pole und Übergangsfunktion für Übertragungsglieder zweiter Ordnung (PT$_2$- und PT$_2$S-Verhalten)

Dämpfung	Lage der Pole	Übergangsfunktion $h(t)$
$0 < D < 1$		
$D = 1$		
$D > 1$		
$D = 0$		
$-1 < D < 0$		

Diagramm. Wie aus Abb. 25 ersichtlich, kann der tatsächliche Wert von $A_{dB}(\omega)$ im Schnittpunkt der Asymptoten, also bei $\omega = \omega_0$, beträchtlich vom Wert der Asymptoten, 20 dB $\cdot$ log K, abweichen. Bei $D < 0{,}5$ liegt der Wert oberhalb und bei $D > 0{,}5$ unterhalb der Asymptoten. Für $0 \leq D < \frac{1}{2}\sqrt{2}$ weist der Amplitudengang bei der Resonanzfrequenz

$$\omega_r = \omega_0\sqrt{1 - 2D^2} \qquad (180)$$

ein Maximum der Höhe

$$A_{max}(\omega) = A(\omega_r) = \frac{K}{2D\sqrt{1 - D^2}} \qquad (181)$$

auf. Dieses Maximum wird auch als Resonanzüberhöhung bezeichnet.

Die Pole des Übertragungsgliedes ergeben sich aus dem Nullsetzen des Nenners der Übertragungsfunktion, also aus der charakteristischen Gleichung

$$s^2 + 2D\omega_0 s + \omega_0^2 = 0. \qquad (182)$$

Die Pole sind

$$s_{P,1}, s_{P,2} =
\begin{cases}
-\omega_0\left(D \pm j\sqrt{1 - D^2}\right), & D < 1, \\
-\omega_0, & D = 1, \\
-\omega_0\left(D \pm \sqrt{D^2 - 1}\right) = -T_{1,2}^{-1}, & D > 1.
\end{cases} \qquad (183)$$

In Tab. 3 ist das Schwingungsverhalten eines Verzögerungsgliedes zweiter Ordnung in Abhängigkeit von der Lage der Pole in der s-Ebene

dargestellt. Dazu sind jeweils die Lage der Pole und die Übergangsfunktion $h(t)$ gezeigt, wobei auch der ungedämpfte Fall ($D = 0$) und der bisher nicht betrachtete Fall einer aufklingenden Schwingung gezeigt sind. Eine aufklingende Schwingung resultiert für $-1 < D < 0$, was $a_1 < 0$ und $a_1^2 < 4a_0$ erfordert. Nicht dargestellt ist in Tab. 3 der Fall eines nicht schwingenden aufklingenden Verlaufs, der sich für $D \leq -1$ bzw. $a_1 < 0$ und $a_1^2 \geq 4a_0$ ergeben würde. Die beiden oben definierten Zeitkonstanten wären dann negativ.

Literatur

DIN IEC 60050-351:2014-09 (o. J.) Internationales Elektrotechnisches Wörterbuch – Teil 351: Leittechnik (IEC 60050-351:2013)

Doetsch G (1985) Anleitung zum praktischen Gebrauch der Laplace-Transformation und der z-Transformation, 5. Aufl. Oldenbourg, München

Dorf RC, Bishop RH (2017) Modern control systems, 13. Aufl. Pearson Education, Harlow

Lundberg KH, Miller HR, Trumper DL (2007) Initial conditions, generalized functions, and the Laplace transform. IEEE Control Syst Mag 27:22–35

Oberhettinger F, Badii L (1973) Tables of Laplace transforms. Springer, Berlin

Ruge P, Birk C, Wermuth M (2012) Mathematik und Statistik. In: Czichos H, Hennecke M (Hrsg) HÜTTE: Das Ingenieurwissen. Springer, Berlin

Unbehauen H (2008) Regelungstechnik I, 15. Aufl. Vieweg und Teubner, Wiesbaden

Unbehauen R (2002) Systemtheorie I, 8. Aufl. Oldenbourg, München

Wiener N (1948) Cybernetics or control and communication in the animal and the machine. MIT Press, Cambridge

Wiener N (1961) Cybernetics or control and communication in the animal and the machine, 2., erw. Aufl. MIT Press, Cambridge

Zemanian AH ([1965] 1987) Distribution theory and transform analysis. McGraw-Hill, New York. Nachdruck Dover, New York

Linearer Standardregelkreis: Analyse und Reglerentwurf

16

Christian Bohn und Heinz Unbehauen

Zusammenfassung

In diesem Kapitel wird der lineare Standardregelkreis behandelt. Dabei werden das stationäre und das dynamische Verhalten des Standardregelkreises im Zeitbereich und im Bildbereich betrachtet. Dies beinhaltet auch die Untersuchung der Stabilität mit verschiedenen Stabilitätskriterien (Hurwitz-Kriterium, Routh-Kriterium, Nyquist-Verfahren). Für den Entwurf von Reglern werden Verfahren im Zeit- und im Bildbereich vorgestellt. Hierunter fallen empirische Einstellregeln für Standardregler (PID-Regler), das Frequenzkennlinienverfahren, das Wurzelortskurvenverfahren sowie analytische Entwurfsverfahren (Polvorgabe, Verfahren nach Truxal-Guillemin). Die inhaltliche Darstellung orientiert sich weitgehend an dem einführenden Lehrbuch von Unbehauen (15. Aufl., 2008, Vieweg und Teuber, Wiesbaden), aus welchem auch die Bilder und die Tab. 1, 3, 5, 8 und 12 stammen.

C. Bohn (✉)
Institut für Elektrische Informationstechnik, Technische Universität Clausthal, Clausthal-Zellerfeld, Deutschland
E-Mail: christian.bohn@tu-clausthal.de

H. Unbehauen
Bochum, Deutschland

16.1 Linearer Standardregelkreis

16.1.1 Übertragungsfunktionen im geschlossenen Regelkreises

Abb. 1 zeigt das Blockschema eines geschlossenen Standardregelkreises mit den vier Bestandteilen Regler, Stellglied, Regelstrecke und Messglied. Das Messglied wird oftmals mit in die Regelstrecke einbezogen, während das Stellglied entweder mit dem Regler zusammengefasst oder ebenfalls der Regelstrecke zugerechnet wird. Die Eingangsgröße der Regelstrecke (Ausgangsgröße des Reglers) wird als Stellgröße u bezeichnet. Das Übertragungsverhalten von der Stellgröße u zur (gemessenen) Regelgröße y ist dann das der Regelstrecke, welches durch die Übertragungsfunktion $G_S(s)$ beschrieben wird. Der Regler mit der Eingangsgröße e (Regelfehler, Regelabweichung oder Regeldifferenz) und der Ausgangsgröße u (Stellgröße) hat die Übertragungsfunktion $G_R(s)$. Werden weiterhin mehrere Störgrößen $z_1, z_2, \ldots$ berücksichtigt, die an verschieden Stellen in der Regelstrecke angreifen, so kann das Übertragungsverhalten von diesen Störgrößen zur Regelgröße durch die Störübertragungsfunktionen $G_{S_{z_1}}(s), G_{S_{z_2}}(s), \ldots$ beschrieben werden. Durch diese Betrachtungen ergibt sich das in Abb. 2 gezeigte Blockschaltbild.

© Der/die Autor(en), exklusiv lizenziert an Springer-Verlag GmbH, DE, ein Teil von Springer Nature 2023
M. Hennecke, B. Skrotzki (Hrsg.), *HÜTTE Band 3: Elektro- und informationstechnische Grundlagen für Ingenieure*, Springer Reference Technik
https://doi.org/10.1007/978-3-662-64375-4_61

Abb. 1 Aufbau eines
Standardregelkreises

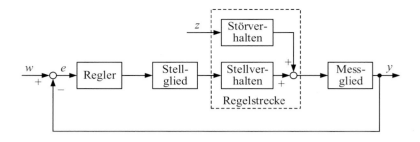

Abb. 2 Blockschaltbild
des Standardregelkreises

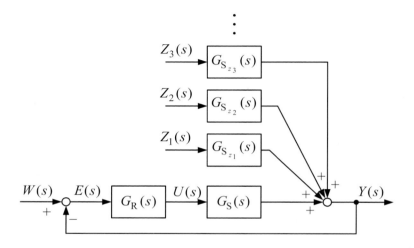

Wie aus Abb. 2 abzulesen ist, gilt im geschlossenen Regelkreis für die Regelgröße im Bildbereich

$$Y(s) = \sum_i \frac{G_{S_{z_i}}(s)}{1 + G_R(s)G_S(s)} Z_i(s)$$
$$+ \frac{G_R(s)G_S(s)}{1 + G_R(s)G_S(s)} W(s). \quad (1)$$

Anhand dieser Beziehung lassen sich Übertragungsfunktionen für die beiden Aufgabenstellungen einer Regelung (siehe auch ▶ Abschn. 15.1.3 in Kap. 15, „Einführung und Grundlagen der Regelungstechnik") unterscheiden. Die Übertragungsfunktionen

$$G_{yz_i}(s) = \frac{Y(s)}{Z_i(s)} = \frac{G_{S_{z_i}}(s)}{1 + G_R(s)G_S(s)} \quad (2)$$

beschreiben das Störverhalten bezüglich der i-ten Störgröße, welches insbesondere bei einer Störgrößenregelung (Störunterdrückung) oder Festgrößenregelung (Störunterdrückung) oder Fest-

wertregelung von Interesse ist. Die Übertragungsfunktion

$$G_{yw}(s) = \frac{Y(s)}{W(s)} = \frac{G_R(s)G_S(s)}{1 + G_R(s)G_S(s)} \quad (3)$$

bestimmt das Führungsverhalten, welches bei einer Nachlauf- oder Folgeregelung relevant ist.

Das Produkt der Übertragungsfunktionen $G_R(s)$ und $G_S(s)$ ist die Kreisübertragungsfunktion $G_0(s)$, d. h.

$$G_0(s) = G_R(s)G_S(s). \quad (4)$$

Gelegentlich wird $G_0(s)$ auch als Übertragungsfunktion des offenen Kreises bezeichnet, was nicht ganz korrekt ist. Wird der Regelkreis gemäß Abb. 3 für $w(t) = 0$ und $z(t) = 0$ an einer beliebigen Stelle aufgeschnitten und werden unter Beachtung der Wirkungsrichtung der Übertragungsglieder die Eingangsgröße $x_e(t)$ sowie die Ausgangsgröße $x_a(t)$ definiert, so ergibt sich als Übertragungsfunktion des offenen Regelkreises

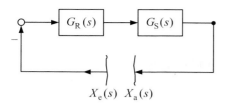

Abb. 3 Geöffneter Regelkreis

$$G_{\text{offen}}(s) = \frac{X_a(s)}{X_e(s)}$$
$$= -G_R(s)G_S(s) = -G_0(s). \quad (5)$$

Die Übertragungsfunktion des offenen Kreises ist also streng genommen die negative Kreisübertragungsfunktion.

Mit der Kreisübertragungsfunktion können die Störübertragungsfunktionen $G_{yz_i}(s)$ als

$$G_{yz_i}(s) = \frac{Y(s)}{Z_i(s)} = \frac{G_{S_{z_i}}(s)}{1 + G_0(s)} \quad (6)$$

angegeben werden und die Führungsübertragungsfunktion $G_{yw}(s)$ als

$$G_{yw}(s) = \frac{Y(s)}{W(s)} = \frac{G_0(s)}{1 + G_0(s)}. \quad (7)$$

Beide Übertragungsfunktionen enthalten den auch als Empfindlichkeitsfunktion bezeichneten dynamischen Regelfaktor

$$S(s) = \frac{1}{1 + G_0(s)}. \quad (8)$$

Zur Vereinfachung werden meist zwei Störungen betrachtet, von denen eine am Eingang und eine am Ausgang der Regelstrecke angreift. Für die am Eingang der Regelstrecke angreifende Störung $z_1(t)$ bzw. $Z_1(s)$, die als Eingangsstörung oder Versorgungsstörung bezeichnet wird, entspricht das Störverhalten dem Stellverhalten, d. h.

$$G_{S_{z_1}}(s) = G_S(s). \quad (9)$$

Bei einer direkt auf den Ausgang der Regelstrecke wirkenden Störung $z_2(t)$ bzw. $Z_2(s)$, die als Ausgangsstörung oder Laststörung bezeichnet wird, ist

$$G_{S_{z_2}}(s) = 1. \quad (10)$$

Die Regelgröße ergibt sich dann zu

$$Y(s) = \frac{G_0(s)}{1 + G_0(s)} W(s) + \frac{G_S(s)}{1 + G_0(s)} Z_1(s)$$
$$+ \frac{1}{1 + G_0(s)} Z_2(s). \quad (11)$$

16.1.2 Stationäres Verhalten des Regelkreises

Sehr häufig lässt sich das Übertragungsverhalten des offenen Regelkreises durch eine Kreisübertragungsfunktion der Form

$$G_0(s) = \frac{K_0}{s^k} \cdot \frac{\beta_m s^m + \ldots + \beta_1 s + 1}{\alpha_{n-k} s^{n-k} + \ldots + \alpha_1 s + 1} \cdot e^{-T_t s}$$
$$= \frac{K_0}{s^k} \cdot \frac{\beta(s)}{\alpha(s)} \cdot e^{-T_t s},$$
$$k = 0, 1, 2, \ldots, \quad m \le n, \quad (12)$$

beschreiben. Die Größe K_0 wird dabei als Kreisverstärkung bezeichnet. Eine solche Übertragungsfunktion wird Übertragungsfunktion vom Typ k genannt. Für $k = 0$ weist die Kreisübertragungsfunktion $G_0(s)$ proportionales Verhalten (P-Verhalten) auf. Bei $k \ge 1$ hat die Kreisübertragungsfunktion k-fach integrierendes Verhalten (I-Verhalten).

Im Weiteren wird angenommen, dass der geschlossene Regelkreis stabil ist. Unter dieser Voraussetzung kann in Abhängigkeit vom Typ der Übertragungsfunktion $G_0(s)$ bei verschiedenen Signalformen der Führungsgröße oder der Störungen das stationäre Verhalten des geschlossenen Regelkreises untersucht werden (also das Verhalten für $t \to \infty$).

Mit Gl. (11) ergibt sich die Regelabweichung zu

$$E(s) = W(s) - Y(s)$$
$$= \frac{1}{1 + G_0(s)} W(s) - \frac{G_S(s)}{1 + G_0(s)} Z_1(s)$$
$$- \frac{1}{1 + G_0(s)} Z_2(s). \quad (13)$$

Im Folgenden werden zunächst nur die Führungsgröße und die am Ausgang der Regelstrecke angreifende Störung, also $w(t)$ und $z_2(t)$, betrachtet. Aus Gl. (13) ist ersichtlich, dass das Übertragungsverhalten von der Führungsgröße $w(t)$ auf die Ausgangsgröße $y(t)$ abgesehen vom Vorzeichen dem von der Störgröße $z_2(t)$ auf die Ausgangsgröße $y(t)$ entspricht. Daher gelten die nachfolgenden Betrachtungen für beide Eingangsgrößen gleichermaßen. Stellvertretend wird für beide Signale die Bezeichnung $X_e(s)$ als Eingangsgröße gewählt. Für die Regelabweichung gilt damit

$$E(s) = \frac{1}{1 + G_0(s)} X_e(s), \qquad (14)$$

wobei sich der Unterschied zwischen Führungs- und Störverhalten nur im Vorzeichen von $X_e(s)$ bemerkbar macht. Beim Störverhalten ist die Eingangsgröße $X_e(s) = -Z(s)$ und beim Führungsverhalten $X_e(s) = W(s)$.

Unter der Voraussetzung, dass der Grenzwert der Regelabweichung $e(t)$ für $t \to \infty$ existiert, was bei einem stabilen geschlossenen Regelkreis der Fall ist, gilt aufgrund des Grenzwertsatzes der Laplace-Transformation für die bleibende Regelabweichung

$$e_\infty = \lim_{t \to \infty} e(t) = \lim_{s \to 0} s E(s). \qquad (15)$$

Mit den Gln. (13) und (15) lässt sich die bleibende Regelabweichung für unterschiedliche Verläufe von $x_e(t)$ bei verschiedenen Typen der Kreisübertragungsfunktion $G_0(s)$ berechnen. Diese Werte charakterisieren das stationäre Verhalten des geschlossenen Regelkreises. Sie werden im Folgenden für die wichtigsten Fälle bestimmt. Hierzu werden die in Abb. 4 gezeigten und nachfolgend beschriebenen drei Anregungen zugrunde gelegt.

a) Sprungförmige Erregung:

$$x_e(t) = x_{e0} \cdot \sigma(t), \qquad (16)$$

$$X_e(s) = \frac{x_{e0}}{s}, \qquad (17)$$

wobei x_{e0} die Sprunghöhe darstellt.
b) Rampenförmige Erregung:

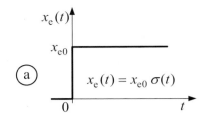

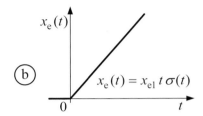

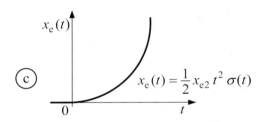

Abb. 4 Verschiedene Eingangsfunktionen $x_e(t)$, die häufig als Führungsgrößen $w(t)$ und Störgrößen $z(t)$ angenommen werden: **a**) sprungförmiger, **b**) rampenförmiger und **c**) parabelförmiger Signalverlauf

$$x_e(t) = x_{e1} t \cdot \sigma(t), \qquad (18)$$

$$X_e(s) = \frac{x_{e1}}{s^2}, \qquad (19)$$

wobei x_{e1} die Steigung des rampenförmigen Anstiegs des Signals $x_e(t)$ ist.
c) Parabelförmige Erregung:

$$x_e(t) = x_{e2} \frac{t^2}{2} \cdot \sigma(t), \qquad (20)$$

$$X_e(s) = \frac{x_{e2}}{s^3}, \qquad (21)$$

wobei x_{e2} die Krümmung (zweite Ableitung) des Signals $x_e(t)$ ist.

Mit Gl. (13) folgt aus Gl. (15) für die bleibende Regelabweichung

$$e_\infty = \lim_{t \to \infty} e(t) = \lim_{s \to 0} \frac{s}{1 + G_0(s)} X_e(s). \qquad (22)$$

Mit der Kreisübertragungsfunktion aus können nun durch Einsetzen der Laplace-Transformierten der drei verschiedenen Anregungen aus den Gln. (17), (19) und (21) die stationären Regelabweichungen berechnet werden. Die Ergebnisse sind in Tab. 1 dargestellt. Daraus folgt, dass die bleibende Regelabweichung e_∞, die das stationäre Verhalten des Regelkreises charakterisiert, in all den Fällen, wo sie einen endlichen Wert annimmt, umso kleiner gehalten werden kann, je größer die Kreisverstärkung K_0 gewählt wird. Bei P-Verhalten des offenen Regelkreises bedeutet dies auch, dass die bleibende Regelabweichung e_∞ umso kleiner wird, je kleiner der statische Regelfaktor

$$R = \frac{1}{1 + K_0} \qquad (23)$$

wird.

Prinzipiell ist in diesem Fall eine hohe Kreisverstärkung wünschenswert. Eine beliebige Erhöhung der Kreisverstärkung ist allerdings nicht möglich, da dies in den meisten Fällen zur Instabilität des geschlossenen Regelkreises führt (siehe Abschn. 16.2). Sofern also nicht schon durch die Wahl eines geeigneten Reglertyps bzw. durch den resultierenden Typ der Kreisübertragungsfunktion die bleibende Regelabweichung verschwindet, ist bei der Festlegung von K_0 ein entsprechender Kompromiss zu treffen.

Bei einer Störung am Eingang der Regelstrecke ist nicht der Typ der Kreisübertragungsfunktion entscheidend, sondern der Typ der Reglerübertragungsfunktion (und in einem Fall auch noch der Typ der Streckenübertragungsfunktion). Um dies zu zeigen, werden Strecken- und Reglerübertragungsfunktion gemäß

$$G_S(s) = \frac{K_S}{s^{k_S}} \cdot \frac{\beta_S(s)}{\alpha_S(s)} \cdot e^{-sT_{t,S}} \qquad (24)$$

und

$$G_R(s) = \frac{K_R}{s^{k_R}} \cdot \frac{\beta_R(s)}{\alpha_R(s)} \cdot e^{-sT_{t,R}} \qquad (25)$$

dargestellt, also in gleicher Form wie die Kreisübertragungsfunktion nach Gl. (12). Das analoge Vorgehen wie bei der Betrachtung von Führungsgröße und Ausgangsstörung liefert für eine Eingangsstörung die in Tab. 2 angegebenen Ergebnisse. Der erste Eintrag in dieser Tabelle zeigt, dass bei einem Regler mit P-Verhalten an einer Regelstrecke mit ebenfalls P-Verhalten eine hohe Kreisverstärkung allein nicht ausreichend ist. Vielmehr muss diese hohe Kreisverstärkung durch eine hohe Reglerverstärkung erzielt werden. Eine hohe Reglerverstärkung ist auch in denjenigen Fällen erforderlich, in denen die bleibende Regelabweichung nicht durch die Kombination von Reglertyp und Eingangsgröße bereits verschwindet.

Wenn der Begriff des Systemtyps auch auf die Laplace-Transformierte der Eingangsgröße angewendet wird, handelt es sich bei einer sprungförmigen Störung um eine Störung vom Typ 1, bei einer rampenförmigen Störung um eine Störung vom Typ 2 und bei einer parabelförmigen Störung um eine Störung vom Typ 3. Die obige Betrachtung zeigt dann, dass für das Verschwinden der bleibenden Regelabweichung bei einem Eingangssignal

Tab. 1 Bleibende Regelabweichung für verschiedene Systemtypen von $G_0(s)$ und unterschiedliche Eingangsgrößen $x_e(t)$ (für die Führungsgröße und eine Störgröße am Ausgang der Regelstrecke)

Systemtyp von $G_0(s)$ gemäß	Eingangsgröße $X_e(s)$	Bleibende Regelabweichung e_∞
$k = 0$ (P-Verhalten)	$\dfrac{x_{e0}}{s}$	$\dfrac{1}{1 + K_0} x_{e0}$
	$\dfrac{x_{e1}}{s^2}$	∞
	$\dfrac{x_{e2}}{s^3}$	∞
$k = 1$ (I-Verhalten)	$\dfrac{x_{e0}}{s}$	0
	$\dfrac{x_{e1}}{s^2}$	$\dfrac{1}{K_0} x_{e1}$
	$\dfrac{x_{e2}}{s^3}$	∞
$k = 2$ (I_2-Verhalten)	$\dfrac{x_{e0}}{s}$	0
	$\dfrac{x_{e1}}{s^2}$	0
	$\dfrac{x_{e2}}{s^3}$	$\dfrac{1}{K_0} x_{e2}$

Tab. 2 Bleibende Regelabweichung für verschiedene Systemtypen von Regler und Regelstrecke und unterschiedliche Eingangsgrößen $x_e(t)$ als Störung am Eingang der Regelstrecke

Regler- und Streckentyp gemäß Gl. (25) und Gl. (24)	Eingangsgröße $X_e(s)$	Bleibende Regelabweichung e_∞
$k_R = 0$ (Regler mit P-Verhalten) $k_S = 0$ (Strecke mit P-Verhalten)	$\dfrac{x_{e0}}{s}$	$\dfrac{K_S}{1+K_0}x_{e0}$
	$\dfrac{x_{e1}}{s^2}$	∞
	$\dfrac{x_{e2}}{s^3}$	∞
$k_R = 0$ (Regler mit P-Verhalten) $k_S \geq 1$ (Strecke mit ggf. mehrfachem I-Verhalten)	$\dfrac{x_{e0}}{s}$	$\dfrac{1}{K_R}x_{e0}$
	$\dfrac{x_{e1}}{s^2}$	∞
	$\dfrac{x_{e2}}{s^3}$	∞
$k_R = 1$ (Regler mit I-Verhalten) unabhängig von k_S	$\dfrac{x_{e0}}{s}$	0
	$\dfrac{x_{e1}}{s^2}$	$\dfrac{1}{K_R}x_{e0}$
	$\dfrac{x_{e2}}{s^3}$	∞
$k_R = 2$ (Regler mit I_2-Verhalten) unabhängig von k_S	$\dfrac{x_{e0}}{s}$	0
	$\dfrac{x_{e1}}{s^2}$	0
	$\dfrac{x_{e2}}{s^3}$	$\dfrac{1}{K_R}x_{e0}$

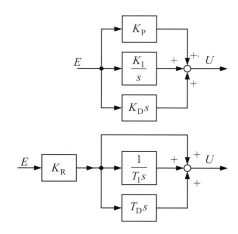

Abb. 5 Zwei gleichwertige Blockschaltbilder des PID-Reglers

eines Typs die Kreisübertragungsfunktion (für die Führungsgröße und die Ausgangsstörung) bzw. die Reglerübertragungsfunktion (für die Eingangsstörung) mindestens den gleichen Typ wie das Eingangssignal aufweisen muss. Diese Feststellung ist ein Spezialfall des viel allgemeineren Prinzips des internen (Stör-)Modells, welches besagt, dass für die vollständige asymptotische Unterdrückung einer Störung der Regelkreis bzw. der Regler ein Modell der Störung enthalten muss (Francis und Wonham 1976).

16.1.3 PID-Regler und daraus ableitbare Reglertypen

Die gerätetechnische Ausführung eines Reglers umfasst die Bildung der Regelabweichung $e(t)$ sowie deren weitere Verarbeitung zur Stellgröße $u(t)$. Die meisten in der Industrie eingesetz-

ten linearen Reglertypen sind Standardregler, deren Übertragungsverhalten sich auf die drei idealisierten linearen Grundformen des P-, I- und D-Gliedes zurückführen lässt. Der wichtigste Standardregler weist sogenanntes PID-Verhalten auf. Die prinzipielle Wirkungsweise dieses PID-Reglers lässt sich anschaulich durch die im Abb. 5 dargestellte Parallelschaltung je eines P-, I- und D-Gliedes erklären. Aus dieser Darstellung folgt als Übertragungsfunktion des PID-Reglers

$$G_R(s) = \frac{U(s)}{E(s)} = K_P + \frac{K_I}{s} + K_D s. \qquad (26)$$

Dabei werden die Größen K_P, K_I und K_D als P-Verstärkung (Verstärkung des P-Anteils), I-Verstärkung (Verstärkung des I-Anteils) und D-Verstärkung (Verstärkung des D-Anteils) bezeichnet.

Durch Einführen der Größen

$$K_R = K_P, \qquad (27)$$

$$T_I = \frac{K_P}{K_I} \qquad (28)$$

und

$$T_D = \frac{K_D}{K_P} \qquad (29)$$

lässt sich Gl. (26) so umformen, dass neben dem dimensionsbehafteten Verstärkungsfaktor K_R die beiden Zeitkonstanten T_I und T_D in der Übertragungsfunktion

$$G_R(s) = K_R\left(1 + \frac{1}{T_I s} + T_D s\right)$$

$$= K_R \frac{T_I T_D s^2 + T_I s + 1}{T_I s} \qquad (30)$$

auftreten. Die Zeitkonstante T_I wird als Integralzeit(konstante) oder Nachstellzeit(konstante) und die Zeitkonstante T_D als Differenzialzeit(konstante) oder Vorhaltezeit(konstante) bezeichnet. Diese drei Größen K_R, T_I und T_D (bzw. die Größen K_P, K_I und K_D) sind gewöhnlich in bestimmten Wertebereichen einstellbar. Sie werden daher auch als Einstellparameter des PID-Reglers bezeichnet. Durch geeignete Wahl dieser Einstellparameter soll der Regler dem Verhalten der Regelstrecke so angepasst werden, dass ein möglichst günstiges Regelverhalten entsteht.

Aus Gl. (30) folgt für den zeitlichen Verlauf der Reglerausgangsgröße (Stellgröße)

$$u(t) = K_R e(t) + \frac{K_R}{T_I} \int_0^t e(\tau)\mathrm{d}\tau \qquad (31)$$
$$+ K_R T_D \frac{\mathrm{d}e(t)}{\mathrm{d}t},$$

wobei als Anfangswert $u(0) = 0$ angenommen wurde. Damit lässt sich für eine sprungförmige Änderung von $e(t)$, also $e(t) = \sigma(t)$, die Übergangsfunktion $h(t)$ des PID-Reglers bilden. Diese ergibt sich zu

$$h(t) = K_R \sigma(t) + \frac{K_R}{T_I} t + K_R T_D \delta(t) \qquad (32)$$

und ist in Abb. 6a dargestellt.

Bei den bisherigen Überlegungen wurde davon ausgegangen, dass sich das D-Verhalten im PID-Regler realisieren lässt. Der bislang betrachtete Regler wird daher auch als idealer PID-Regler bezeichnet. Gerätetechnisch kann jedoch das ideale D-Verhalten nicht verwirklicht werden. Bei tatsächlich ausgeführten Reglern ist das D-Verhalten stets mit einer gewissen Verzögerung behaftet, sodass anstelle des D-Gliedes in der Darstellung

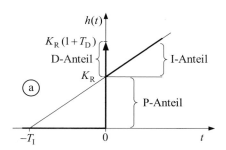

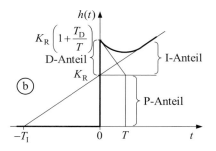

Abb. 6 Übergangsfunktion des PID-Reglers: **a)** idealer und **b)** realer PID-Regler

nach Abb. 5 ein DT_1-Glied mit der Übertragungsfunktion

$$G_D(s) = K_D \frac{Ts}{Ts + 1} \qquad (33)$$

zu berücksichtigen ist. Damit ergibt sich die Übertragungsfunktion des realen, auch als $PIDT_1$-Regler bezeichneten, PID-Reglers zu

$$G_R(s) = K_P + \frac{K_I}{s} + K_D \frac{Ts}{1 + Ts}. \qquad (34)$$

Durch Einführung der Reglereinstellparameter $K_R = K_P$, $T_I = K_R/K_I$ und $T_D = K_D T/K_R$ folgt daraus

$$G_R(s) = K_R\left(1 + \frac{1}{T_I s} + T_D \frac{s}{Ts + 1}\right)$$
$$= \frac{K_R}{T_I s} \frac{T_I(T_D + T)s^2 + (T_I + T)s + 1}{Ts + 1}. \qquad (35)$$

Die Übergangsfunktion $h(t)$ des $PIDT_1$-Reglers ergibt sich zu

$$h(t) = K_{\mathrm{R}} \left(1 + \frac{t}{T_{\mathrm{I}}} + \frac{T_{\mathrm{D}}}{T} \, \mathrm{e}^{-\frac{t}{T}} \right) \sigma(t) \qquad (36)$$

und ist in Abb. 6b dargestellt.

Für kleine Werte von T gilt $T_{\mathrm{D}} + T \approx T_{\mathrm{D}}$ und $T_{\mathrm{I}} + T \approx T_{\mathrm{I}}$. Die Übertragungsfunktion des PIDT$_1$-Reglers ist dann näherungsweise

$$G_{\mathrm{R}}(s) = K_{\mathrm{R}} \frac{T_{\mathrm{I}} T_{\mathrm{D}} s^2 + T_{\mathrm{I}} s + 1}{T_{\mathrm{I}} s \, (Ts + 1)}$$

$$= K_{\mathrm{R}} \left(1 + \frac{1}{T_{\mathrm{I}} s} + T_{\mathrm{D}} s \right) \frac{1}{Ts + 1}. \qquad (37)$$

Diese Übertragungsfunktion beschreibt auch gleichzeitig eine andere Möglichkeit der Realisierung eines PID-Reglers. Bei dieser entsteht der PIDT$_1$-Regler durch Filterung des gesamten Stellsignals, also nicht nur des D-Anteils, mit einem PT$_1$-Glied. Die Übergangsfunktion dieser Variante des PIDT$_1$-Reglers ergibt sich zu

$$h(t) = K_{\mathrm{R}} \left(1 - \frac{T}{T_{\mathrm{I}}} + \frac{t}{T_{\mathrm{I}}} + \left(\frac{T_{\mathrm{D}}}{T} + \frac{T}{T_{\mathrm{I}}} - 1 \right) \mathrm{e}^{-\frac{t}{T}} \right) \sigma(t)$$

$$(38)$$

und unterscheidet sich damit von der in Gl. (36) angegeben Übergangsfunktion für den PIDT$_1$-

Regler mit der Übertragungsfunktion nach Gl. (35). Der prinzipielle Verlauf beider Übergangsfunktionen ist allerdings gleich.

Aus dem PID-Regler lassen sich vier nachfolgend aufgeführte Sonderfälle ableiten, deren Übergangsfunktionen in Abb. 7 gezeigt sind.

a) Durch $T_{\mathrm{I}} \to \infty$ und $T_{\mathrm{D}} = 0$, also dem Wegfall des I-Anteils und des D-Anteils, ergibt sich der P-Regler mit der Übertragungsfunktion

$$G_{\mathrm{R}}(s) = K_{\mathrm{R}}. \qquad (39)$$

b) Durch $T_{\mathrm{D}} = 0$ (Wegfall des D-Anteils) ergibt sich der PI-Regler mit der Übertragungsfunktion

$$G_{\mathrm{R}}(s) = K_{\mathrm{R}} \left(1 + \frac{1}{T_{\mathrm{I}} s} \right). \qquad (40)$$

c) Mit $T_{\mathrm{I}} \to \infty$ (Wegfall des I-Anteils) entsteht der (ideale) PD-Regler mit der Übertragungsfunktion

$$G_{\mathrm{R}}(s) = K_{\mathrm{R}}(1 + T_{\mathrm{D}} s). \qquad (41)$$

d) Für $T_{\mathrm{I}} \to \infty$ (Wegfall des I-Anteils) und Realisierung des D-Anteils als gefilterte Differen-

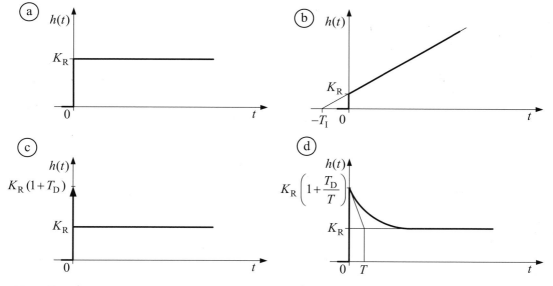

Abb. 7 Übergangsfunktionen der aus dem PID-Regler ableitbaren Reglertypen: **a)** P-Regler, **b)** PI-Regler, **c)** PD-Regler (ideal) und **d)** PDT1-Regler

tiation (DT$_1$-Glied) ergibt sich der reale PD-Regler (PDT$_1$-Regler) mit der Übertragungsfunktion

$$G_R(s) = K_R\left(1 + \frac{T_D s}{1 + Ts}\right). \qquad (42)$$

Neben den hier behandelten Reglertypen, die sich durch entsprechende Wahl der Einstellwerte direkt aus einem PID-Regler herleiten lassen, kommt manchmal auch ein reiner I-Regler zum Einsatz. Die Übertragungsfunktion des I-Reglers lautet

$$G_R(s) = K_I \frac{1}{s} = \frac{1}{T_I s} \ . \qquad (43)$$

Erwähnt sei noch, dass D-Glieder in der Regel nicht direkt als Regler eingesetzt werden, sondern nur in Verbindung mit P-Gliedern beim PD- und PID-Regler auftreten.

Eine weitere Modifikation beim praktischen Einsatz eines PID- bzw. PIDT$_1$-Reglers besteht darin, dass der D-Anteil meist nur auf die Ausgangsgröße und nicht auf die Führungsgröße angewendet wird. Zusätzlich können unterschiedliche Verstärkungen des P-Anteils für die Führungsgröße und die Störgröße vorgesehen werden. Im Bildbereich ergibt sich die Stellgröße dann zu

$$U(s) = K_R\left(\beta + \frac{1}{T_I s}\right)W(s)$$
$$-K_R\left(1 + \frac{1}{T_I s} + \frac{T_D s}{Ts + 1}\right)Y(s)$$
$$= K_R\left(1 + \frac{1}{T_I s}\right)E(s) \qquad (44)$$
$$-K_R\frac{T_D s}{Ts + 1}Y(s) + K_R(1 - \beta)W(s).$$

Der Regelkreis mit diesem modifizierten PIDT$_1$-Regler kann so interpretiert werden, dass der Regler aus einem PI-Anteil im Vorwärtspfad (von der Führungsgröße zur Stellgröße) und einem PID-Anteil im Rückführpfad (von der Ausgangsgröße zur Stellgröße) besteht. Dieser Regler wird auch als PI/PID-Regler bezeichnet. Eine andere Interpretation ist, dass es sich um einen PI-Regler (im Fehlerpfad) mit einem zusätzlichen D-Anteil im Rückführpfad und einer proportionalen Aufschaltung der Führungsgröße handelt.

Bei Strecken, bei denen das Stellsignal begrenzt ist (was meist der Fall ist) und das vom Regler berechnete Stellsignal diese Begrenzungen überschreitet, tritt beim Einsatz eines Reglers mit I-Anteil oft der sogenannte *Wind-Up*-Effekt ein. Selbst wenn das Stellsignal den Maximalwert erreicht hat, wird die Regelabweichung weiter integriert und das Stellsignal damit weiter vergrößert, ohne dass dies (zunächst) Auswirkungen auf den Verlauf der Regelabweichung hat. Der dabei entstehende große Wert des I-Anteils des Reglers muss aber im weiteren Verlauf durch eine Regelabweichung mit umgekehrtem Vorzeichen wieder reduziert werden. Dies führt zu einem charakteristischen Verlauf mit großen, sich im Vorzeichen abwechselnd Regelabweichungen. Vermieden werden kann dies durch den Einsatz von *Anti-Windup*-Maßnahmen (Aström und Wittenmark 1995, S. 376, 455–458; Aström und Wittenmark 1997, S. 310–311, Abschn. 9.4; Bohn und Atherton 1995). Dies ist in der Praxis in den meisten Fällen erforderlich.

Werden die hier vorgestellten Regler bei Regelstrecken mit P-Verhalten (Strecken mit Ausgleich) eingesetzt und das Verhalten des Regelkreises bei einer sprungförmigen Störung der der Höhe z_0 am Eingang der Regelstrecke betrachtet, so lassen sich die folgenden fünf qualitativen Aussagen machen, die in vielen Fällen gelten (Unbehauen 2008, Abschn. 5.3.2).

a) Der P-Regler führt zu einem relativ großen maximalen Überschwingen der normierten Regelgröße $y_{max}/K_S z_0$, einer großen Ausregelzeit $t_{3\%}$ (dies ist der Zeitpunkt, ab dem der absolute relative Fehler 3 % des stationären Endwertes der Regelgröße nicht mehr überschreitet, also $|y(t) - y(\infty)|/|y(\infty)| < 3$ % gilt) sowie einer bleibenden Regelabweichung.

b) Der I-Regler führt aufgrund des langsam einsetzenden I-Verhaltens zu einem noch größeren maximalen Überschwingen als der P-Regler. Der I-Anteil beseitigt aber die bleibende Regelabweichung.

c) Der PI-Regler vereinigt die Eigenschaften von P- und I-Regler. Er liefert ungefähr ein maximales Überschwingen und eine Ausregelzeit wie der P-Regler und beseitigt die bleibende Regelabweichung.

d) Der PD-Regler führt aufgrund des dämpfenden Effekts des D-Anteils auf eine geringere maximale Überschwingweite als die unter a) bis c) aufgeführten Reglertypen. Aus demselben Grund bewirkt er auch die geringste Ausregelzeit. Es stellt sich eine bleibende Regelabweichung ein, die allerdings geringer ist als beim P-Regler, da beim PD-Regler aufgrund der phasenanhebenden und damit stabilisierenden Wirkung des D-Anteils die Verstärkung K_R höher gewählt werden kann.

e) Der PID-Regler vereinigt die Eigenschaften des PI- und des PD-Reglers. Er besitzt ein noch geringeres maximales Überschwingen als der PD-Regler und weist aufgrund des I-Anteils keine bleibende Regelabweichung auf. Durch den hinzugekommenen I-Anteil wird die Ausregelzeit jedoch größer als beim PD-Regler.

Tab. 3 zeigt mögliche Ausführungsformen der verschiedenen Reglertypen mit einem als Invertierer beschalteten Operationsverstärker.

16.2 Stabilität linearer kontinuierlicher zeitinvarianter Systeme

16.2.1 Definition der Stabilität

Die Betrachtung der Stabilität in diesem Abschnitt beschränkt sich auf die auch als externe Stabilität oder Eingangs-Ausgangs-Stabilität bezeichnete Stabilität des Übertragungsverhaltens. Die interne Stabilität, bei der es um die Reaktion eines Systems auf Anfangsbedingungen geht, wird nicht betrachtet.

Ein Übertragungssystem heißt BIBO-stabil, asymptotisch stabil oder kurz stabil, wenn jedes beschränkte Eingangssignal auf ein beschränktes Ausgangssignal führt. Die Abkürzung BIBO steht dabei für *Bounded-Input Bounded-Output*. Für ein lineares zeitinvariantes kontinuierliches Übertragungssystem kann leicht gezeigt, werden, dass

Stabilität genau dann vorliegt, wenn die Bedingung

$$\int_{-\infty}^{\infty} |g(t)| \mathrm{d}t < \infty \tag{45}$$

erfüllt ist. Die Gewichtsfunktion (Antwort auf einen Einheitsimpuls) muss also absolut integrierbar sein. Diese allgemeine Bedingung schließt aufgrund der unteren Integrationsschranke von $-\infty$ auch nicht kausale Systeme ein. Bei kausalen Systemen kann wegen $g(t) = 0$ für $t < 0$ die untere Integrationsschranke zu null gesetzt werden.

Die Stabilitätsbedingung der absoluten Integrierbarkeit der Gewichtsfunktion ist für die praktische Stabilitätsuntersuchung vergleichsweise unhandlich. Aus der Betrachtung des Verlaufs der Gewichtsfunktion lässt sich eine Stabilitätsbedingung über die Lage der Pole der Übertragungsfunktion ableiten.

Hierzu wird von der Übertragungsfunktion

$$
\begin{aligned}
G(s) &= \frac{B(s)}{A(s)} \\
&= \frac{B(s)}{s^n + a_{n-1}s^{n-1} + \ldots + a_1 s + a_0}
\end{aligned} \tag{46}
$$

mit dem Zählerpolynom $B(s)$ und dem Nennerpolynom $A(s)$ ausgegangen. Es wird angenommen, dass beide Polynome keine gemeinsamen Nullstellen haben, also teilerfremd sind. Eine faktorisierte Darstellung des Nennerpolynoms führt auf

$$G(s) = \frac{B(s)}{\prod\limits_{i=1}^{\bar{l}} (s - s_{P,i})^{\bar{\nu}_i}} . \tag{47}$$

Die $\bar{l}$ verschiedenen Nullstellen $s_{P,1}, s_{P,2}, \ldots, s_{P,\bar{l}}$ des Nennerpolynoms sind die Polstellen von $G(s)$. Der Pol $s_{P,i}$ tritt dabei $\bar{\nu}_i$-fach auf, d. h. $\bar{\nu}_i$ ist die Vielfacheit (oder Häufigkeit) des Pols $s_{P,i}$. Da ein Polynom n-ter Ordnung n Nullstellen hat, gilt

$$\bar{\nu}_1 + \bar{\nu}_2 + \ldots + \bar{\nu}_{\bar{l}} = n. \tag{48}$$

Die Partialbruchdarstellung der Übertragungsfunktion ergibt sich dann zu

Tab. 3 Realisierung der wichtigsten linearen Standardregler mittels Operationsverstärker

Reglertyp	Schaltung	Übertragungsfunktion	Einstellwerte
P		$G_R(s) = \dfrac{U_R(s)}{E(s)} = -\dfrac{R_2}{R_1}$	Verstärkung $K_R = -\dfrac{R_2}{R_1}$
I		$G_R(s) = \dfrac{U_R(s)}{E(s)} = -\dfrac{\frac{1}{sC_2}}{R_1}$ $= \dfrac{-1}{sR_1C_2}$	Nachstellzeit $T_I = R_1C_2$
PI		$G_R(s) = \dfrac{U_R(s)}{E(s)} = -\dfrac{\frac{1}{sC_2}+R_2}{R_1}$ $= -\dfrac{R_2}{R_1}\left(1+\dfrac{1}{sR_2C_2}\right)$	Verstärkung $K_R = -\dfrac{R_2}{R_1}$ Nachstellzeit $T_I = R_2C_2$
PD		$G_R(s) = \dfrac{U_R(s)}{E(s)} = -\dfrac{R_2}{\dfrac{R_1}{1+sR_1C_1}}$ $= -\dfrac{R_2}{R_1}\left(1+sR_1C_1\right)$	Verstärkung $K_R = -\dfrac{R_1}{R_2}$ Vorhaltezeit $T_D = R_1C_1$
PID		$G_R(s) = \dfrac{U_R(s)}{E(s)} = -\dfrac{R_2+\dfrac{1}{sC_2}}{\dfrac{R_1}{1+sR_1C_1}}$ $= -\dfrac{R_1C_1+R_2C_2}{R_1C_2}$ $\cdot\left[1+\dfrac{1}{R_1C_1+R_2C_2}\cdot\dfrac{1}{s}\right.$ $\left.+\dfrac{R_1R_2C_1C_2}{R_1C_1+R_2C_2}s\right]$	Verstärkung $K_R = -\dfrac{R_1C_1+R_2C_2}{R_1C_2}$ Nachstellzeit $T_I = R_1C_1+R_2C_2$ Vorhaltezeit $T_D = \dfrac{R_1R_2C_1C_2}{R_1C_1+R_2C_2}$

$$G(s) = G(\infty) + \sum_{i=1}^{\bar{l}} \sum_{j=1}^{\bar{\nu}_i} \frac{\Gamma_{ij}}{(s - s_{P,i})}. \qquad (49)$$

Dabei ist $G(\infty)$ ein möglicherweise vorhandener nicht gebrochener Anteil und die Größen $\Gamma_{ij}, i = 1,\ldots,\bar{l}, j = 1,\ldots,\bar{\nu}_i$, sind die Residuen. Die Laplace-Rücktransformation von $G(s)$ ergibt sich aus der Laplace-Transformation einer zeitgewichteten Exponentialfunktion

$$\mathcal{L}\left\{\frac{1}{(j-1)!}t^{j-1}e^{at}\right\}$$
$$= \frac{1}{(s-a)^j}, \; j = 1,2,\ldots, \qquad (50)$$

sowie der Laplace-Transformierten des Dirac-Impulses

$$\mathcal{L}\{\delta(t)\} = 1 \qquad (51)$$

zu

$$g(t) = G(\infty)\delta(t) + \sum_{i=1}^{\bar{l}} \sum_{j=1}^{\bar{v}_i} \frac{\Gamma_{ij}}{(j-1)!}\, t^{j-1}\, e^{s_{P,i}t}.$$

$$(52)$$

Es lässt sich leicht nachvollziehen, dass diese Funktion genau dann absolut integrierbar ist, also die Stabilitätsbedingung aus Gl. (45) erfüllt, wenn

$$\lim_{t\to\infty} g(t) = 0 \qquad (53)$$

gilt. Die Gewichtsfunktion muss also asymptotisch zu null abklingen. Hieraus können nun Stabilitätsbedingungen für die Lage der Pole formuliert werden.

Aus Gl. (52) ist ersichtlich, dass das Ab- oder Aufklingverhalten von $g(t)$ über die Exponentialfunktionen bestimmt wird. Für einen Pol $s_{P,i}$ mit dem Realteil σ_i und dem Imaginärteil ω_i, also

$$s_{P,i} = \sigma_i + j\omega_i \qquad (54)$$

ergibt sich

$$
\begin{aligned}
t^{j-1} e^{s_{P,i}t} &= t^{j-1} e^{\sigma_i t} e^{j\omega_i t} \\
&= t^{j-1} e^{\sigma_i t} (\cos\omega_i t + j\sin\omega_i t). \quad (55)
\end{aligned}
$$

Dieser Ausdruck klingt genau dann asymptotisch zu null ab, wenn der Realteil σ_i kleiner als null ist, der Pol also in der offenen linken Halbebene liegt. Die linke offene Halbebene wird als Stabilitätsgebiet bezeichnet und die imaginäre Achse als Stabilitätsrand. Pole innerhalb des Stabilitätsgebiet werden stabile Pole genannt. Ein lineares zeitinvariantes System ist also genau dann stabil, wenn alle Pole des Systems stabil sind.

Liegt mindestens ein Pol außerhalb des Stabilitätsgebietes, ist das System BIBO-instabil. Die Gewichtsfunktion klingt dann nicht zu null ab. Hier wird eine weitere Unterscheidung vorgenommen. Bei Polen auf dem Stabilitätsrand, also mit einem Realteil von null ergibt sich

$$
\begin{aligned}
t^{j-1} e^{s_{P,i}t} &= t^{j-1} e^{j\omega_i t} \\
&= t^{j-1} (\cos\omega_i t + j\sin\omega_i t). \quad (56)
\end{aligned}
$$

Dabei ist j entsprechend der Summendarstellung in Gl. (52) der Index, der von 1 bis zur Vielfachheit $\bar{v}_i$ des Pols läuft. Für $j \geq 2$, also für einen mehrfachen Pol, wächst dieser Anteil über alle Grenzen. Bei $j = 1$, also für einen einfachen Pol, klingt dieser Anteil nicht zu null ab, wächst aber auch nicht über alle Grenzen. Einfache Pole auf dem Stabilitätsrand werden daher als grenzstabile Pole bezeichnet. Pole, die nicht stabil oder grenzstabil sind, werden instabile Pole genannt. Ein System, welches keinen instabilen Pol und mindestens einen grenzstabilen Pol aufweist, heißt grenzstabiles System. Ein System mit mindestens einem instabilen Pol ist instabil. Grenzstabile und instabile Systeme sind damit BIBO-instabil. In Tab. 4 sind diese Definitionen zur Stabilität zusammengefasst.

Mit diesen Definitionen sind nicht stabile Systeme entweder grenzstabil oder instabil. Die Eigenschaft nicht stabil ist damit nicht das gleiche wie instabil. Dennoch wird die Aussage, dass ein System instabil ist, oftmals im Sinne von BIBO-instabil verwendet, d. h. Grenzstabilität wird als Spezialfall der Instabilität gesehen. Aus dem Kontext wird aber in den meisten Fällen klar sein, was gemeint ist.

Für eine reine Stabilitätsuntersuchung ist es nicht zwangsläufig erforderlich, alle Pole (bzw. deren Realteile) des Systems explizit zu berechnen, da es ja nur darauf ankommt, ob diese im Stabilitätsgebiet liegen oder nicht. Zur Überprüfung, ob alle Pole im Stabilitätsgebiet liegen, können sogenannte Stabilitätskriterien herangezogen werden, mit denen dies leicht überprüft werden kann. In den Abschn. 16.2.3 und 16.2.4 werden Stabilitätskriterien behandelt.

16.2.2 Stabilität des geschlossenen Kreises und Pol-Nullstellen-Kürzungen

In der Regelungstechnik ist oftmals die Untersuchung der Stabilität eines geschlossenen Regelkreises von Interesse. In einem Standardregelkreis mit der Reglerübertragungsfunktion $G_R(s)$ und der Streckenübertragungsfunktion $G_S(s)$ ergibt sich die Führungsübertragungsfunktion zu

Tab. 4 Definitionen zur Stabilität von linearen zeitinvarianten Systemen

Definition	Bedeutung/Erläuterung
Stabilitätsgebiet	Offene linke Halbebene, $\mathrm{Re}\{s\} < 0$
Stabilitätsrand	Imaginäre Achse, $\mathrm{Re}\{s\} = 0$
Stabiler Pol	Pol innerhalb des Stabilitätsgebiets
Grenzstabiler Pol	Einfacher Pol (Vielfachheit 1) auf dem Stabilitätsrand
Instabiler Pol	Pol, der weder stabil noch grenzstabil ist
BIBO-stabiles System, (asymptotisch) stabiles System	Jedes beschränkte Eingangssignal verursacht ein beschränktes Ausgangssignal $\Leftrightarrow$ Gewichtsfunktion klingt asymptotisch zu null ab $\Leftrightarrow$ Kein instabiler oder grenzstabiler Pol
BIBO-instabiles System (nicht stabiles System)	Auch beschränkte Eingangssignale können unbeschränkte Ausgangssignale verursachen $\Leftrightarrow$ Gewichtsfunktion klingt nicht zu null ab $\Leftrightarrow$ Mindestens ein grenzstabiler oder instabiler Pol BIBO-instabile Systeme werden in grenzstabile und instabile Systeme unterteilt
Grenzstabiles System	BIBO-instabiles System, bei dem die Gewichtsfunktion nicht über alle Grenzen wächst $\Leftrightarrow$ Kein instabiler Pol und mindestens ein grenzstabiler Pol
Instabiles System	BIBO-instabiles System, bei dem die Gewichtsfunktion über alle Grenzen wächst $\Leftrightarrow$ Mindestens ein instabiler Pol

$$G_{yw}(s) = \frac{G_S(s)G_R(s)}{1 + G_S(s)G_R(s)} = \frac{G_0(s)}{1 + G_0(s)}. \quad (57)$$

Dabei ist

$$G_0(s) = G_S(s)G_R(s) = \frac{Z_0(s)}{N_0(s)} \quad (58)$$

die Kreisübertragungsfunktion mit dem Zählerpolynom $Z_0(s)$ und dem Nennerpolynom $N_0(s)$.

Als weitere Übertragungsfunktionen werden hier die Übertragungsfunktion von der Führungsgröße w auf die Stellgröße u und die Übertragungsfunktion von einer Störung z_1 am Eingang der Regelstrecke auf die Ausgangsgröße y betrachtet. Diese ergeben sich zu

$$G_{uw}(s) = \frac{G_R(s)}{1 + G_S(s)G_R(s)} = \frac{G_R(s)}{1 + G_0(s)} \quad (59)$$

und

$$G_{yz_1}(s) = \frac{G_S(s)}{1 + G_S(s)G_R(s)} = \frac{G_S(s)}{1 + G_0(s)}. \quad (60)$$

Bei den Übertragungsfunktionen $G_{yw}(s)$, $G_{uw}(s)$ und $G_{yz_1}(s)$ sowie auch bei allen anderen Übertragungsfunktionen des geschlossenen Kreises steht im Nenner der Ausdruck $1 + G_0(s)$. Oftmals wird die Gleichung

$$1 + G_0(s) = 0 \quad (61)$$

als charakteristische Gleichung des geschlossenen Kreises bezeichnet. Die Lösungen der charakteristischen Gleichung sind Pole des geschlossenen Kreises. Mit Gl. (58) kann Gl. (61) auch als

$$Z_0(s) + N_0(s) = 0 \quad (62)$$

angegeben werden. Wird die Streckenübertragungsfunktion als

$$G_S(s) = \frac{B(s)}{A(s)} \quad (63)$$

und die Reglerübertragungsfunktion als

$$G_R(s) = \frac{S(s)}{R(s)} \quad (64)$$

geschrieben, folgt für die charakteristische Gleichung

$$A(s)R(s) + B(s)S(s) = 0. \quad (65)$$

Es kann nun leicht gezeigt werden, dass nur bei Darstellung der charakteristischen Gleichung in Form von Gl. (65) sich aus der Lösung der charakteristischen Gleichung *alle* Pole des geschlossenen Kreises ergeben. Hierzu wird der Fall betrachtet, dass es Nullstellen der Reglerübertragungsfunktion gibt, die Polstellen der Streckenübertragungsfunktion sind oder Polstellen der Reglerübertragungsfunktion, die Nullstellen der Streckenübertragungsfunktion sind. Die Polynome $B(s)$ und $R(s)$ sowie die Polynome $A(s)$ und $S(s)$ haben also gemeinsame Nullstellen. Die Teilpolynome, welche diese gemeinsamen Nullstellen beinhalten, werden mit $B^+(s)$ und $A^+(s)$ bezeichnet. So ergeben sich die Darstellungen

$$G_S(s) = \frac{B^+(s)B^-(s)}{A^+(s)A^-(s)} \tag{66}$$

und

$$G_R(s) = \frac{\widetilde{S}(s)A^+(s)}{\widetilde{R}(s)B^+(s)}, \tag{67}$$

in denen die Polynome $B^-(s)$, $A^-(s)$, $\widetilde{S}(s)$ und $\widetilde{R}(s)$ die nach Abspalten von $B^+(s)$ und $A^+(s)$ verbleibenden Polynome sind. Damit wird die Kreisübertragungsfunktion zu

$$\begin{aligned} G_0(s) &= G_S(s)G_R(s) \\ &= \frac{Z_0(s)}{N_0(s)} = \frac{B^-(s)\widetilde{S}(s)}{A^-(s)\widetilde{R}(s)}. \end{aligned} \tag{68}$$

Aus Gl. (61) bzw. Gl. (62) folgt dann

$$A^-(s)\widetilde{R}(s) + B^-(s)\widetilde{S}(s) = 0. \tag{69}$$

Einsetzen von Gl. (68) in Gl. (57) liefert für die Führungsübertragungsfunktion

$$G_{yw}(s) = \frac{B^-(s)\widetilde{S}(s)}{A^-(s)\widetilde{R}(s) + B^-(s)\widetilde{S}(s)}. \tag{70}$$

Es könnte nun der Eindruck entstehen, dass der im Nenner der Führungsübertragungsfunktion, die oft auch als Übertragungsfunktion des geschlossenen Kreises bezeichnet wird, stehende Ausdruck $A^-(s)\widetilde{R}(s) + B^-(s)\widetilde{S}(s)$ das charakteristische Polynom des geschlossenen Kreises ist. Damit wäre auch Gl. (69) die charakteristische Gleichung des geschlossenen Kreises.

Einsetzen von Gl. (66) und (67) in die Gl. (59) und (60) liefert aber

$$G_{uw}(s) = \frac{A(s)\widetilde{S}(s)}{B^+(s)\left(A^-(s)\widetilde{R}(s) + B^-(s)\widetilde{S}(s)\right)} \tag{71}$$

und

$$G_{yz_1}(s) = \frac{B(s)\widetilde{R}(s)}{A^+(s)\left(A^-(s)\widetilde{R}(s) + B^-(s)\widetilde{S}(s)\right)}. \tag{72}$$

In den Nennern der Übertragungsfunktionen stehen zusätzlich zu $A^-(s)\widetilde{R}(s) + B^-(s)\widetilde{S}(s)$ noch die Polynome $B^+(s)$ bzw. $A^+(s)$. Damit sind auch die Nullstellen von $B^+(s)$ und $A^+(s)$ Pole des geschlossenen Kreises. Die charakteristische Gleichung des geschlossenen Regelkreises ist damit

$$\begin{aligned} A^+(s)B^+(s)&\left(A^-(s)\widetilde{R}(s) + B^-(s)\widetilde{S}(s)\right) \\ &= A(s)R(s) + B(s)S(s) = 0, \end{aligned} \tag{73}$$

also gerade Gl. (65). Damit ist das charakteristische Polynom

$$\begin{aligned} P(s) &= A(s)R(s) + B(s)S(s) \\ &= A^+(s)B^+(s) \\ &\quad \cdot \left(A^-(s)\widetilde{R}(s) + B^-(s)\widetilde{S}(s)\right). \end{aligned} \tag{74}$$

Die Gln. (61) und (62) entsprechen also nur dann der charakteristischen Gleichung des geschlossenen Kreises, wenn es keine Pol-Nullstellen-Kürzungen zwischen Regler- und Streckenübertragungsfunktion gibt. Sofern die Gln. (61) und (62) als charakteristische Gleichungen verwendet werden, wird implizit davon ausgegangen, dass es beim Aufstellen der Kreisübertragungsfunktion nicht zu Pol-Nullstellen-Kürzungen kommt.

Aus diesen Betrachtungen ergeben sich einige wichtige Aussagen. So sind Streckenpolstellen, die auch Reglernullstellen sind, zwangsläufig Pole des geschlossenen Kreises. Gleiches gilt für Streckennullstellen, die auch Reglerpole sind. Dies bedeutet, dass bei einer Kürzung von Polen oder Nullstellen außerhalb des Stabilitätsgebiets der geschlossene Regelkreis zwangsläufig instabil ist. Diese Instabilität ist aber anhand der Führungsübertragungsfunktion nicht zu erkennen. Wenn durch die Reglerübertragungsfunktion, z. B. im Rahmen des Reglerentwurfs, Streckenpole oder -nullstellen gekürzt werden, dürfen dies nur stabile Pole sein. Weiterhin ersichtlich ist, dass gekürzte Streckenpole, also Nullstellen von $A^+(s)$ zu Polen der Störübertragungsfunktion $G_{yz_1}(s)$ werden. Für den Reglerentwurf wird gelegentlich vorgeschlagen, mit einer Reglernullstelle einen langsamen Streckenpol zu kürzen. Dieser langsame Streckenpol verschwindet dann im Hinblick auf das Führungsverhalten. Bezüglich einer Störung am Eingang der Regelstrecke führt dies aber zu einem möglicherweise unerwünschten langsamen Störverhalten. Auch die Kürzung von schwach gedämpften Polen oder Nullstellen, also solchen, die zwar innerhalb des Stabilitätsgebiets, aber nahe am Stabilitätsrand, liegen, ist oftmals unerwünscht. Das Auftreten dieser schwach gedämpften Pole im geschlossenen Kreis führt zu stark schwingenden Signalverläufen.

16.2.3 Algebraische Stabilitätskriterien

16.2.3.1 Hurwitz-Kriterium

Mithilfe des auf Hurwitz (1895) zurückgehenden und nach diesem benannten Hurwitz-Kriteriums lässt sich einfach prüfen, ob ein Polynom

$$A(s) = a_n s^n + a_{n-1} s^{n-1} + \ldots + a_1 s + a_0 \quad (75)$$

mit $a_n > 0$ nur Nullstellen innerhalb des Stabilitätsgebiets hat. Nullstellen eines Polynoms innerhalb des Stabilitätsgebiets werden als stabile Nullstellen bezeichnet und ein Polynom, welches nur Nullstellen innerhalb des Stabilitätsgebiets als stabiles Polynom oder Hurwitz-Polynom. Dass hier und auch bei dem im nachfolgenden Abschnitt beschriebenen Routh-Kriterium $a_n > 0$ vorausgesetzt wird, stellt keine Einschränkung dar, da bei einem Polynom mit $a_n < 0$ eine Multiplikation mit -1 auf ein Polynom mit $a_n > 0$ führt. Der Vorzeichenwechsel hat keine Auswirkungen auf die Nullstellen des Polynoms.

Dafür, dass $A(s)$ ein Hurwitz-Polynom ist, ist notwendig und hinreichend, dass die n über

$$D_1 = a_{n-1},$$

$$D_2 = \begin{vmatrix} a_{n-1} & a_n \\ a_{n-3} & a_{n-2} \end{vmatrix},$$

$$D_3 = \begin{vmatrix} a_{n-1} & a_n & 0 \\ a_{n-3} & a_{n-2} & a_{n-1} \\ a_{n-5} & a_{n-4} & a_{n-3} \end{vmatrix},$$

$$\vdots$$

$$D_{n-1} = \begin{vmatrix} a_{n-1} & a_n & \ldots & 0 \\ a_{n-3} & a_{n-2} & \ldots & . \\ \vdots & \vdots & \ddots & \vdots \\ 0 & 0 & \ldots & a_1 \end{vmatrix},$$

$$D_n = a_0 D_{n-1} \quad (76)$$

definierten Determinanten alle positiv sind. Es muss also

$$D_i > 0, \quad i = 1, \ldots, n, . \quad (77)$$

gelten. Hieraus folgt als notwendige Bedingung, dass neben a_n auch alle Koeffizienten des Polynoms größer als null sein müssen.

Bei Systemen erster und zweiter Ordnung ist die Determinantenbedingung durch die Bedingung positiver Koeffizienten bereits erfüllt, sodass die Koeffizientenbedingung notwendig und hinreichend ist. Bei einem System dritter Ordnung lauten die Hurwitzbedingungen

$$D_1 = a_2 > 0,$$

$$D_2 = \begin{vmatrix} a_2 & a_3 \\ a_0 & a_1 \end{vmatrix} = a_1 a_2 - a_0 a_3 > 0,$$

$$D_3 = \begin{vmatrix} a_2 & a_3 & 0 \\ a_0 & a_1 & a_2 \\ 0 & 0 & a_0 \end{vmatrix} = a_0 D_2 > 0, \quad (78)$$

sodass zur Bedingung positiver Koeffizienten noch die Bedingung $a_1 a_2 - a_0 a_3 > 0$ hinzukommt.

16.2.3.2 Das Routh-Kriterium

Liegen die Koeffizienten a_i, $i = 1, \ldots, n$, des Polynoms $A(s)$ mit $a_n > 0$ als Werte vor, so kann zur Überprüfung der Stabilität anstelle des Hurwitz-Kriteriums auch das Routh-Kriterium verwendet werden (Routh 1877). Dabei wird gemäß

n	a_n	a_{n-2}	a_{n-4}	a_{n-6}	$\cdots$	0
$n-1$	a_{n-1}	a_{n-3}	a_{n-5}	a_{n-7}	$\cdots$	0
$n-2$	b_{n-1}	b_{n-2}	b_{n-3}	b_{n-4}	$\cdots$	
$n-3$	c_{n-1}	c_{n-2}	c_{n-3}	c_{n-4}	$\cdots$	
$\vdots$	$\vdots$	$\vdots$	$\vdots$			
3	d_{n-1}	d_{n-1}	0			
2	e_{n-1}	e_{n-2}	0			
1	f_{n-1}	0				
0	g_{n-1}					

das sogenannte Routh-Schema aufgestellt, welches insgesamt $n + 1$ Zeilen umfasst. Die Koeffizienten $b_{n-1}, b_{n-2}, b_{n-3}, \ldots$ in der dritten Zeile ergeben sich durch die Kreuzproduktbildung aus den beiden ersten Zeilen, also

$$
\begin{aligned}
b_{n-1} &= \frac{a_{n-1}a_{n-2} - a_n a_{n-3}}{a_{n-1}}, \\
b_{n-2} &= \frac{a_{n-1}a_{n-4} - a_n a_{n-5}}{a_{n-1}}, \\
b_{n-3} &= \frac{a_{n-1}a_{n-6} - a_n a_{n-7}}{a_{n-1}}, \\
&\vdots
\end{aligned}
\tag{79}
$$

Bei den Kreuzprodukten wird immer von den Elementen der ersten Spalte ausgegangen. Die Berechnung dieser b-Werte erfolgt so lange, bis alle restlichen Werte null werden. Ganz entsprechend wird die Berechnung der c-Werte aus den beiden darüber liegenden Zeilen gemäß

$$
\begin{aligned}
c_{n-1} &= \frac{b_{n-1}a_{n-3} - a_{n-1}b_{n-2}}{b_{n-1}}, \\
c_{n-2} &= \frac{b_{n-1}a_{n-5} - a_{n-1}b_{n-3}}{b_{n-1}}, \\
c_{n-3} &= \frac{b_{n-1}a_{n-7} - a_{n-1}b_{n-4}}{b_{n-1}}, \\
&\vdots
\end{aligned}
\tag{80}
$$

durchgeführt. Aus diesen beiden neu gewonnenen Zeilen werden in gleicher Weise weitere Zeilen gebildet, wobei sich schließlich für die letzten beiden Zeilen die Koeffizienten

$$
f_{n-1} = \frac{e_{n-1}d_{n-2} - d_{n-1}e_{n-2}}{e_{n-1}}
\tag{81}
$$

und

$$
g_{n-1} = e_{n-2}
\tag{82}
$$

ergeben. Das Routh-Kriterium besagt dann, dass das Polynom $A(s)$ genau dann ein Hurwitz-Polynom ist, wenn neben a_n auch alle weiteren Koeffizienten des Polynoms sowie alle Werte in der ersten Spalte des Routh-Schemas positiv sind. Es muss also

$$
\begin{aligned}
&b_{n-1} > 0, c_{n-1} > 0, \ldots, d_{n-1} > 0, \\
&e_{n-1} > 0, f_{n-1} > 0, g_{n-1} > 0
\end{aligned}
$$

gelten.

Dies wird nachfolgend an einem Beispiel verdeutlicht. Betrachtet wird das Polynom

$$
A(s) = s^5 + 2s^4 + 30s^3 + 50s^2 + 110s + 240.
$$

Das Routh-Schema ergibt sich zu

5	1	30	110	0
4	2	50	240	0
3	5	-10	0	
2	54	240		
1	$-32{,}22$	0		
0	240			

Da in der ersten Spalte des Routh-Schemas ein Koeffizient negativ ist, liegen nicht alle Nullstellen des Polynoms im Stabilitätsgebiet. Das System, welches dieses Polynom als Nennerpolynom hat, ist daher nicht stabil.

16.2.4 Das Nyquist-Kriterium

Das Nyquist-Kriterium (Nyquist 1932) ermöglicht es, ausgehend vom Verlauf der Kreisübertragungsfunktion $G_0(j\omega)$, also aus dem Verhalten des *offenen* Kreises, eine Aussage über die Stabilität des *geschlossenen* Regelkreises zu machen. Dieses Kriterium ist sehr allgemein anwendbar. Für die praktische Anwendung genügt es, dass der Frequenzgang $G_0(j\omega)$ grafisch vorliegt, z. B. auch in Form experimentell ermittelter Frequenzgänge. Mit dem Nyquist-Kriterium ist nicht nur die Stabilitätsanalyse von Systemen mit konzentrierten Parametern möglich, sondern auch von solchen mit verteilten Parametern oder Systemen mit Totzeit. Das Kriterium kann entweder in der Ortskurvendarstellung oder in der Frequenzkennliniendarstellung formuliert werden.

16.2.4.1 Das Nyquist-Kriterium in der Ortskurvendarstellung

Der offene Regelkreis wird durch die Kreisübertragungsfunktion

$$G_0(s) = G_S(s)G_R(s) = \frac{Z_0(s)}{N_0(s)} \qquad (83)$$

mit den beiden teilerfremden Polynome $Z_0(s)$ und $N_0(s)$ beschrieben. Dabei hat das Nennerpolynom einen höheren Grad als das Zählerpolynom, also

$$\deg\ Z_0(s) = m < n = \deg\ N_0(s). \qquad (84)$$

Aus dem Nenner der Übertragungsfunktion des geschlossenen Regelkreises oder aus $1 + G_0(s) = 0$ folgt die charakteristische Gleichung

$$P(s) = N_0(s) + Z_0(s) = N_g(s) \qquad (85)$$

des geschlossenen Regelkreises. Dabei ist $P(s) = N_0(s) + Z_0(s)$ das charakteristische Polynom des geschlossenen Kreises, welches den Grad n besitzt. Für die weiteren Betrachtungen wird die Übertragungsfunktion

$$\begin{aligned} G'(s) &= 1 + G_0(s) = 1 + \frac{Z_0(s)}{N_0(s)} \\ &= \frac{Z_0(s) + N_0(s)}{N_0(s)} = \frac{N_g(s)}{N_0(s)} \end{aligned} \qquad (86)$$

eingeführt. Da $P(s) = N_g(s)$ das Zählerpolynom dieser Übertragungsfunktion ist, sind die Pole des

geschlossenen Kreises die Nullstellen von $G'(s)$. Diese werden mit α_i, $i = 1, \ldots, n$, bezeichnet. Da das Nennerpolynom $N_0(s)$ der Kreisübertragungsfunktion $G_0(s)$ auch das Nennerpolynom von $G'(s)$ ist, sind die Pole des offenen Kreises auch die Pole von $G'(s)$. Diese werden mit β_i, $i = 1, \ldots, n$, bezeichnet.

Damit kann $G'(s)$ in der Form

$$G'(s) = k'_0 \frac{\prod\limits_{i=1}^{n} (s - \alpha_i)}{\prod\limits_{i=1}^{n} (s - \beta_i)} \qquad (87)$$

angegeben werden. Die Anzahl der Pole des geschlossenen Kreises, die in der offenen rechten s-Halbebene liegen, wird mit N bezeichnet und die Anzahl der Pole des geschlossenen Kreises auf der imaginären Achse mit ν. Damit liegen $n - N - \nu$ Pole des geschlossenen Kreises in der offenen linken Halbebene. Der geschlossene Regelkreis ist nur für $N = 0$ und $\nu = 0$ stabil.

Entsprechend wird bei den Polen des *offenen* Kreises vorgegangen. Hier wird die Anzahl in der offenen rechten Halbebene mit P bezeichnet und die Anzahl auf der imaginären Achse mit μ. Damit liegen $n - P - \mu$ Pole des offenen Kreises in der offenen linken Halbebene.

Nun wird der Frequenzgang $G'(j\omega)$ betrachtet. Aus Gl. (86) folgt, dass dieser den Phasengang

$$\begin{aligned} \varphi(\omega) &= \arg\left[G'(j\omega)\right] \\ &= \arg\left[N_g(j\omega)\right] - \arg\left[N_0(j\omega)\right] \end{aligned} \qquad (88)$$

hat. Durchläuft ω den Bereich $0 \leq \omega \leq \infty$, so setzt sich die Änderung der Phase $\Delta\varphi = \varphi(\infty) - \varphi(0)$ aus den Anteilen der Polynome $N_g(j\omega)$ und $N_0(j\omega)$ zusammen. Es gilt also

$$\Delta\varphi = \Delta\varphi_g - \Delta\varphi_0. \qquad (89)$$

Jede Nullstelle des Polynoms $N_g(s)$ bzw. $N_0(s)$ in der offenen linken Halbebene liefert einen Beitrag zur jeweiligen Phasenänderung $\Delta\varphi_g$ bzw. $\Delta\varphi_0$ von $\frac{1}{2}\pi$ (90°). Nullstellen innerhalb der offenen rechten Halbebene liefern einen Beitrag von $-\frac{1}{2}\pi$ (−90°). Diese Phasenänderungen erfolgen stetig mit ω. Jede Nullstelle $j\delta$ auf der imaginären Achse bewirkt hingegen eine sprungförmige Phasenänderung beim Durchlauf von $j\omega$ durch $j\delta$. Dieser unstetige Phasenanteil wird nicht berücksichtigt und es wird nur die stetige Phasenänderung betrachtet.

Für den mit $\Delta\varphi_s$ bezeichneten stetigen Anteil der Phasenänderung $\Delta\varphi$ ergibt sich dann aus Gl. (89)

$$\Delta\varphi_s = [2(P - N) + \mu - \nu] \cdot \frac{\pi}{2}. \quad (90)$$

Da die Kreisübertragungsfunktion $G_0(s)$ oder deren Frequenzgang $G_0(j\omega)$ bekannt ist, sind auch P und μ bekannt. Aus dem Verlauf von $G_0(j\omega)$ kann die stetige Phasenänderung $\Delta\varphi_s$ bestimmt werden. Hierzu könnte prinzipiell die Ortskurve von $G'(j\omega) = 1 + G_0(j\omega)$ gezeichnet und deren Änderung des Phasenwinkels für $\omega = 0\ldots\infty$ betrachtet werden. Hierzu wird ein gedachter Drehzeiger vom Ursprung an die Ortskurve gelegt und dann mit diesem beginnend bei $\omega = 0$ die gesamte Ortskurve abgefahren. Dieses Vorgehen ist in Abb. 8a verdeutlicht. Es ist allerdings zweckmäßiger, die Ortskurve von $G_0(j\omega)$ zu zeichnen und dann den Drehzeiger vom Punkt $-1 + j0$ aus an die Ortskurve zu legen. Dies ist in Abb. 8b dargestellt.

Mit der so bestimmten stetigen Winkeländerung $\Delta\varphi_s$ und den bekannten Werten von P und μ kann nun überprüft werden, ob der geschlossene Regelkreis stabil ist. Bei einem stabilen Regel-

kreis muss $N = \nu = 0$ gelten. Damit folgt aus Gl. (90) die Phasenbedingung

$$\Delta\varphi_s = P\pi + \mu\frac{\pi}{2}. \quad (91)$$

Der geschlossene Regelkreis ist damit genau dann stabil, wenn Gl. (91) erfüllt ist. Diese Bedingung wird als allgemeine Fassung des Nyquist-Kriteriums bezeichnet. Der Punkt $-1 + j0$ wird im Zusammenhang mit dem Nyquist-Kriterium auch als kritischer Punkt bezeichnet.

Das Nyquist-Kriterium gilt auch dann, wenn der offene Regelkreis eine Totzeit enthält. Es ist das einzige der hier behandelten Stabilitätskriterien, das für diesen Fall anwendbar ist. Als sehr einfaches Beispiel wird ein Regelkreis betrachtet, in dem eine Totzeitregelstrecke mit der Verstärkung K_S und der Totzeit T_t mit einem P-Regler mit der Verstärkung K_R geregelt wird. Die Kreisübertragungsfunktion ist dann

$$G_0(s) = K_R K_S e^{-T_t s} = K_0 e^{-T_t s}. \quad (92)$$

Die Ortskurve von $G_0(j\omega)$ beschreibt für $0 \leq \omega \leq \infty$ einen Kreis mit dem Radius $|K_0|$, der für $0 \leq \omega \leq \infty$ unendlich oft im Uhrzeigersinn durchlaufen wird. Da der offene Regelkreis stabil ist, gilt $P = 0$ und $\mu = 0$. Gemäß Abb. 9 können die folgenden zwei Fälle unterschieden werden.

a) $|K_0| < 1$: $\Delta\varphi_s = 0$. Der geschlossene Regelkreis ist stabil.

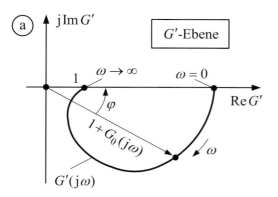
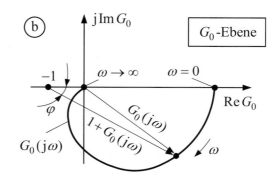

Abb. 8 Ortskurven von a) $G'(j\omega)$ und b) $G_0(j\omega)$

b) $|K_0| > 1$: $\Delta\varphi_s = \pm\infty$. Der geschlossene Regelkreis ist nicht stabil.

16.2.4.2 Das Nyquist-Kriterium in der Frequenzkennliniendarstellung

Um das Nyquist-Kriterium in der Frequenzkennliniendarstellung zu formulieren, werden die Schnittpunkte der Ortskurve von $G_0(j\omega)$ mit der negativen reellen Achse links des Punktes $-1 + j0$ betrachtet. Als positiver Schnittpunkt wird dabei ein Schnittpunkt bezeichnet, bei dem der Winkel zunimmt, die Ortskurve die negative reelle Achse also von oben nach unten schneidet, also aus dem vierten Quadranten kommend in den dritten Quadranten läuft. Bei einem negativen Schnittpunkt schneidet die Ortskurve die negative reelle Achse von unten nach oben, läuft also aus dem dritten Quadranten kommend in den vierten Quadranten.

Der zur Ortskurve von $G_0(j\omega)$ gehörende logarithmische Amplitudengang $A_{0\,\mathrm{dB}}(\omega)$ ist in diesen Schnittpunkten stets positiv, da die Schnittpunkte links des Punktes $-1 + j0$ liegen und damit $|G_0(j\omega)| > 1$ bzw. $\log|G_0(j\omega)| > 0$ gilt. Zur Bestimmung der Schnittpunkte aus der Frequenzkennliniendarstellung ist also nur der Bereich $A_{0\,\mathrm{dB}}(\omega) > 0$ dB zu betrachten. Weiter entsprechen diesen Schnittpunkten der Ortskurve jeweils Schnittpunkten des Phasenganges $\varphi_0(\omega)$ mit den Geraden $\pm 180°$, $\pm 540°$, ..., also mit ungeraden Vielfachen von $180°$. Im Falle eines positiven Schnittpunktes der Ortskurve erfolgt der Übergang des Phasenganges über die entsprechende $\pm(2k + 1) \cdot 180°$-Linie von unten nach oben und umgekehrt bei einem negativen Schnittpunkt von oben nach unten. Dies ist in Abb. 10 gezeigt.

Die Anzahl der positiven Schnittpunkte wird mit S^+ und die Anzahl der negativen Schnittpunkte mit S^- bezeichnet. Beginnt die Ortskurve $G_0(j\omega)$ für $\omega = 0$ bei $-180°$, so wird dies als halber Schnittpunkt gezählt. Ob es sich um einen positiven oder negativen Schnittpunkt handelt, hängt auch bei diesem halben Schnittpunkt davon ab, ob die Phase zunimmt (halber positiver Schnittpunkt) oder abnimmt (halber negativer Schnittpunkt).

Sofern der offene Regelkreis P Pole in der offenen rechten Halbebene hat, die μ Pole auf der imaginären Achse im Ursprung ($s = 0$) liegen und diese maximal doppelt auftreten, also $\mu \leq 2$, folgt aus dem Nyquist-Kriterium, dass der ge-

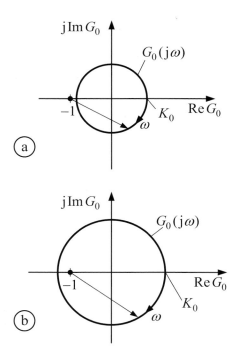

(a)

(b)

Abb. 9 Ortskurve des Frequenzganges eines reinen Totzeitgliedes mit der Verstärkung K_0 für **a)** stabiles und **b)** instabiles Verhalten des geschlossenen Regelkreises (gezeigt ist der Fall für $K_0 > 0$)

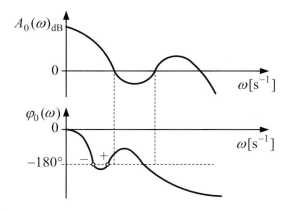

Abb. 10 Frequenzkennliniendarstellung von $G_0(j\omega) = A_0(\omega)\,\mathrm{e}^{j\varphi_0(\omega)}$ mit positiven (+) und negativen (–) Schnittpunkten des Phasenganges $\varphi_0(\omega)$ mit der $-180°$-Linie

schlossene Regelkreis genau dann stabil ist, wenn die Bedingung

$$S^+ - S^- = \begin{cases} \dfrac{P}{2} & \text{für} \quad \mu = 0,1, \\[2mm] \dfrac{P+1}{2} & \text{für} \quad \mu = 2 \end{cases} \qquad (93)$$

erfüllt ist. Für den speziellen Fall, dass der offene Regelkreis stabil ist ($P = 0$, $\mu = 0$) muss also die Anzahl der positiven und negativen Schnittpunkte gleich groß sein.

16.2.4.3 Vereinfachte Fassungen des Nyquist-Kriteriums

Für den Fall, dass der offene Regelkreis keine Pole in der offenen rechten Halbebene hat ($P = 0$), die Pole auf der imaginären Achse im Ursprung liegen ($s = 0$) und davon maximal zwei auftreten ($\mu = 0$, 1, oder 2) können vereinfachte Formen des Nyquist-Kriteriums angegeben werden. Eine davon ist die „Linke-Hand-Regel". Diese besagt, dass der geschlossene Regelkreis genau dann stabil ist, wenn der kritische Punkt $-1 + j0$ in Richtung wachsender Werte von ω gesehen links der Ortskurve von $G_0(j\omega)$ liegt. Die Nyquist-Ortskurve von $G_0(j\omega)$ muss also den Punkt $-1 + j0$ „links liegen lassen".

Eine andere Formulierung besagt, dass der geschlossene Regelkreis genau dann stabil ist, wenn die Nyquist-Ortskurve von $G_0(j\omega)$ den Punkt $-1 + j0$ weder umschlingt noch durchdringt. Für $\mu = 0$ ist diese Form gut anwendbar, bei einem ($\mu = 1$) oder zwei ($\mu = 2$) Polen im Ursprung ist der Begriff des Umschlingens möglicherweise missverständlich. So muss ggf. der umschlungene Bereich einer Ortskurve als der in Richtung wachsender Werte von ω gesehen rechts der Ortskurve liegende Bereich definiert werden. So wird aus dieser Formulierung wieder die „Linke-Hand-Regel".

Allgemein kann bei komplizierteren Verläufen der Ortskurve von $G_0(j\omega)$ die Anwendung dieser etwas umgangssprachlichen Formulierungen des Nyquist-Kriteriums schwierig sein. Es empfiehlt sich dann, die allgemeine Form des Nyquist-Kriteriums zu verwenden, also die Phasenände-

rung $\Delta\varphi_s$ zu bestimmen und Gl. (91) zur Stabilitätsprüfung heranzuziehen.

16.2.4.4 Relative Stabilität, Amplituden- und Phasenreserven

Die im vorangegangenen Abschnitt angegebenen vereinfachten Formen des Nyquist-Kriteriums erlauben auch eine Aussage darüber, wie weit ein stabiler Regelkreis von der Instabilität entfernt ist (oder auch ein instabiler Regelkreis von der Stabilität). Dies wird als relative Stabilität bezeichnet. Hierbei wird z. B. für einen stabilen Regelkreis die Frage beantwortet, um wieviel sich Betrag und Phase des Frequenzgangs der Kreisübertragungsfunktion $G_0(j\omega)$ ändern dürfen, bevor der Regelkreis instabil wird (Instabilität wird hier als BIBO-Instabilität verstanden, schließt also Grenzstabilität mit ein). Um Aussagen über die relative Stabilität zu machen, werden Amplitudenreserve (auch als Amplitudenrand, Betragsreserve oder Betragsabstand bezeichnet) und Phasenreserve (auch Phasenrand oder Phasenabstand genannt) definiert. Die hier gemachten Aussagen gelten weiterhin nur für den Fall, dass der offene Regelkreis keine Pole in der offenen rechten Halbebene hat ($P = 0$) und die maximal $\mu \leq 2$ Pole auf der imaginären Achse im Ursprung ($s = 0$) liegen.

Zunächst wird der Fall betrachtet, dass der geschlossene Regelkreis stabil ist. In vielen Fällen ist es dann so, dass der Regelkreis bei einer Erhöhung der Verstärkung der Kreisübertragungsfunktion um einen Faktor stabil bleibt, solange dieser Faktor einen bestimmten Wert $A_R > 1$ unterschreitet. Ab einer Erhöhung um A_R ist der Regelkreis nicht mehr stabil. In manchen Fällen kann auch die Verringerung der Verstärkung der Kreisübertragungsfunktion um einen Faktor zum Verlust der Stabilität des geschlossenen Kreises führen. Der Regelkreis bleibt dann stabil, solange der Faktor den Wert $A_R < 1$ überschreitet. Insgesamt kann festgehalten werden, dass bei einer Änderung der Verstärkung um den Faktor A_R der geschlossene Regelkreis gerade nicht mehr stabil ist. Die Werte von A_R werden als Amplitudenreserve bezeichnet.

Die Amplitudenreserven werden durch Überprüfung der Schnittpunkte der Ortskurve von $G_0(j\omega)$ mit der negativen reellen Achse bestimmt. Schneidet die Ortskurve von $G_0(j\omega)$ die negative reelle Achse bei der Frequenz ω_π, gilt gerade

$$\arg\ G_0(j\omega_\pi) = \pm\pi. \qquad (94)$$

Gibt es mehrere Schnittpunkte, so müssen nur die beiden Schnittpunkte betrachtet werden, die unmittelbar links und rechts des Punktes $-1 + j0$ liegen.

Ist der geschlossene Regelkreis stabil, gilt aufgrund des Nyquist-Kriteriums die Bedingung

$$\Delta\varphi_s = \mu\frac{\pi}{2}, \qquad (95)$$

d. h. die in Richtung zunehmender Frequenzen betrachtete Nyquist-Ortskurve von $G_0(j\omega)$ lässt den Punkt $-1 + j0$ links liegen. Da der Frequenzgang der mit $1/|G_0(j\omega_\pi)|$ multiplizierten Kreisübertragungsfunktion, also von $G_0(j\omega)/|G_0(j\omega_\pi)|$, den Punkt $-1 + j0$ schneidet und damit die in Gl. (95) angegeben Bedingung gerade nicht mehr erfüllt, ist

$$A_R = \frac{1}{|G_0(j\omega_\pi)|} \qquad (96)$$

eine Amplitudenreserve. Wenn es keinen Schnittpunkt mit der negativen reellen Achse gibt, ist

$$A_R = \infty. \qquad (97)$$

Ein einfacher Fall mit nur einer Amplitudenreserve ist in Abb. 11 gezeigt. Der geschlossene Regelkreis ist hier stabil, da der Punkt $-1 + j0$ von der Ortskurve links liegen gelassen wird. Die Amplitudenreserve ist damit größer als null. Die Amplitudenreserve wird häufig gemäß

$$A_{R\,dB} = 20\,dB \cdot \log A_R \qquad (98)$$

in Dezibel angegeben. Aus Gl. (96) folgt

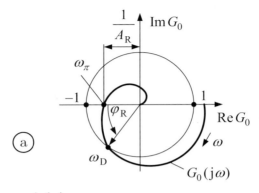

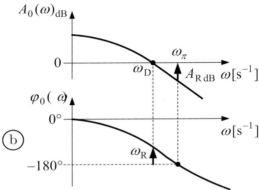

Abb. 11 Phasen- und Amplitudenrerve φ_R bzw. A_R: **a)** in der Ortskurvendarstellung und **b)** im Bode-Diagramm (unten)

$$\begin{aligned} A_{R\,dB} &= -20\,dB \cdot \log|G_0(j\omega_\pi)| \\ &= -A_{0\,dB}(\omega_\pi). \end{aligned} \qquad (99)$$

Die Amplitudenreserve kann dann wie in Abb. 11 gezeigt unmittelbar im Bode-Diagramm abgelesen werden.

Neben der Amplitudenreserve wird auch die Phasenreserve zur Betrachtung der relativen Stabilität verwendet. Bei einem stabilen geschlossenen Kreis ist es oftmals so, dass der Regelkreis bei einer Absenkung der Phase der Kreisübertragungsfunktion stabil bleibt, solange die Phasenabsenkung einen bestimmten Wert $\varphi_R > 0$ unterschreitet. Ab einer Phasenabsenkung um φ_R ist der Regelkreis nicht mehr stabil. In manchen Fällen kann auch eine Anhebung der Phase, die hier als Phasenabsenkung um einen negativen Wert aufgefasst wird, zum Verlust der Stabilität des geschlossenen Kreises führen. Der Regelkreis bleibt dann stabil, solange die Phasenanhebung den Wert von $-\varphi_R > 0$ unterschreitet. Insgesamt gilt also, dass bei einer Phasenabsenkung um $\varphi_R > 0$ der geschlossene Regelkreis gerade nicht mehr stabil ist. Die Werte von φ_R werden als Phasenreserven bezeichnet.

Bestimmt werden die Phasenreserven durch Überprüfung der Schnittpunkte der Ortskurve von $G_0(j\omega)$ mit dem Einheitskreis. Schneidet die Ortskurve von $G_0(j\omega)$ den Einheitskreis bei der als Durchtrittsfrequenz bezeichneten Frequenz ω_D, gilt gerade

$$|G_0(j\omega_D)| = 1. \qquad (100)$$

Die Phasenreserve φ_R ist der Differenzwinkel zwischen diesem Schnittpunkt und der negativen reellen Achse ($-180°$- bzw. $-\pi$-Linie), also

$$\varphi_R = \arg G_0(j\omega_D) + \pi. \qquad (101)$$

Dies ist in Abb. 11 gezeigt. Die um den Winkel φ_R im Uhrzeigersinn gedrehte Ortskurve, also $G_0(j\omega)e^{-j\varphi_R}$, schneidet dann den Punkt $-1 + j0$. Der geschlossene Regelkreis ist also bei einer Phasenabsenkung um φ_R nicht mehr stabil. Sofern es mehrere Schnittpunkte mit dem Einheitskreis gibt, müssen nur die beiden Schnittpunkte oberhalb und unterhalb der negativen imaginären Achse mit dem geringsten Winkel gegenüber der Achse betrachtet werden.

Bei dem in Abb. 11 gezeigten einfachen Fall gibt es nur eine Phasenreserve. Da der Punkt $-1 + j0$ von der Ortskurve links liegen gelassen wird, ist der geschlossene Regelkreis stabil. Dieser bleibt stabil, solange die Phasenabsenkung kleiner als $\varphi_R > 0$ ist. Die Phasenreserve kann auch im Bodediagramm als Abstand zwischen der $-180°$-Linie und dem Wert des Phasengangs bei der Kreisfrequenz ω_D, also $\varphi_0(\omega_D)$ abgelesen werden. Dies ist ebenfalls in Abb. 11 dargestellt.

Bei einem instabilen geschlossenen Regelkreis ist es ähnlich. Auch hier kann die Amplituden-

reserve definiert werden. In vielen Fällen wird der instabile Regelkreis bei einer Verringerung der Verstärkung um einen Faktor stabil, sobald dieser Faktor einen bestimmten Wert $A_R < 1$ unterschreitet. In manchen Fällen wird ein instabiler Regelkreis auch bei einer Erhöhung der Verstärkung stabil, sobald der Faktor einen bestimmten Wert $A_R > 1$ überschreitet. Bei einer Verstärkungsänderung um den Faktor A_R ist der Regelkreis also gerade noch nicht stabil.

Allerdings ist die Bestimmung der Amplitudenreserven bei einem instabilen geschlossenen Regelkreis nicht mehr ganz so einfach wie bei einem stabilen geschlossenen Kreis. Auch hier werden zunächst die die unmittelbar links und rechts des Punktes $-1 + j0$ liegenden Schnittpunkte betrachtet. Der Frequenzgang der mit $1/|G_0(j\omega_\pi)|$ multiplizierten Kreisübertragungsfunktion, also von $G_0(j\omega)/|G_0(j\omega_\pi)|$, schneidet auch in diesem Fall den Punkt $-1 + j0$ bei $\omega = \omega_\pi$. Allerdings führt nicht in jedem Fall eine weitere Erhöhung bzw. Verringerung der Verstärkung zu einem stabilen Regelkreis. Nur wenn dies der Fall ist, ist

$$A_R = \frac{1}{|G_0(j\omega_\pi)|} \qquad (102)$$

eine Amplitudenreserve. Definiert ein Schnittpunkt mit der negativen reellen Achse keine Amplitudenreserve, ist der nächste, also unmittelbar rechts oder links von diesem Schnittpunkt liegende Schnittpunkt zu betrachten.

Analog dazu kann die Phasenreserve bei einem instabilen geschlossenen Regelkreis definiert werden. In vielen Fällen wird der instabile Regelkreis bei einer Anhebung der Phase stabil, sobald diese Phasenanhebung einen Wert $-\varphi_R > 0$ überschreitet. In manchen Fällen wird ein instabiler Regelkreis auch bei Absenkung der Phase stabil, solange die Phasenabsenkung einen Wert $\varphi_R > 0$ überschreitet. Bei einer Phasenabsenkung um φ_R ist der Regelkreis also gerade noch nicht stabil.

Auch die Bestimmung der Phasenreserve ist bei einem instabilen geschlossenen Kreis nicht ganz so einfach wie bei einem stabilen Regelkreis. Es werden auch hier zunächst die beiden Schnittpunkte oberhalb und unterhalb der negativen imaginären Achse mit dem geringsten Winkel gegenüber der Achse betrachtet. Allerdings führt nicht in jedem Fall eine Anhebung bzw. Absenkung der Phase zu einem stabilen Regelkreis. Nur wenn dies der Fall ist, ist

$$\varphi_{\mathrm{R}} = \arg G_0(\mathrm{j}\omega_{\mathrm{D}}) + \pi. \qquad (103)$$

eine Phasenreserve. Definiert ein Schnittpunkt mit dem Einheitskreis keine Phasenreserve, ist der nächste Schnittpunkt oberhalb oder unterhalb der imaginären Achse zu untersuchen.

Amplituden- und Phasenreserve können sowohl zur Analyse wie auch zur Auslegung eines Regelkreises herangezogen werden. Für eine gut gedämpfte Regelung können die Wertebereiche von

$$A_{\mathrm{RdB}} = \begin{cases} -12\ \mathrm{dB\ bis} - 20\ \mathrm{dB\ bei\ Führungsverhalten} \\ -3{,}5\ \mathrm{dB\ bis} - 9{,}5\ \mathrm{dB\ bei\ Störverhalten} \end{cases}$$

und

$$\varphi_{\mathrm{R}} = \begin{cases} 40° \text{ bis } 60° \text{ bei Führungsverhalten} \\ 20° \text{ bis } 50° \text{ bei Störverhalten} \end{cases}$$

als Richtwerte herangezogen werden.

16.3 Das Wurzelortskurvenverfahren

16.3.1 Grundgedanke des Verfahrens

Das auf Evans (1954) zurückgehende Wurzelortskurvenverfahren ermöglicht es, aus einer bekannten Pol- und Nullstellenverteilung der Kreisübertragungsfunktion $G_0(s)$ in der s-Ebene in anschaulicher Weise auf die Pole des geschlossenen Regelkreises zu schließen. Wird beispielsweise ein Parameter des offenen Regelkreises variiert, so verändert sich die Lage der Pole des geschlossenen Regelkreises in der s-Ebene. Die

Pole beschreiben dann Bahnen in der s-Ebene, deren Darstellung als Wurzelortskurve (WOK) des geschlossenen Regelkreises bezeichnet werden. Die Kenntnis der Wurzelortskurve, die meist in Abhängigkeit von einem Parameter dargestellt wird, ermöglicht neben der Aussage über die Stabilität des geschlossenen Kreises auch eine Beurteilung der Stabilitätsgüte, z. B. über den Abstand der Pole von der imaginären Achse. Die WOK eignet sich daher nicht nur zur Analyse, sondern auch zur Synthese von Regelkreisen.

Zur Bestimmung der WOK wird von der Kreisübertragungsfunktion

$$G_0(s) = k_0 \frac{\displaystyle\prod_{\mu=1}^{m} (s - s_{\mathrm{N}\mu})}{\displaystyle\prod_{\nu=1}^{n} (s - s_{\mathrm{P}\nu})} = k_0 G(s) \qquad (104)$$

ausgegangen, wobei $k_0 > 0$, $m \leq n$ und $s_{\mathrm{N}\mu} \neq s_{\mathrm{P}\nu}$ gilt. Gl. (104) kann auch in der Form

$$G_0(s) = k_0 \left(\frac{\displaystyle\prod_{\mu=1}^{m} | s - s_{\mathrm{N}\mu} |}{\displaystyle\prod_{\nu=1}^{n} | s - s_{\mathrm{P}\nu} |} \right)$$

$$\cdot \mathrm{e}^{\mathrm{j}\left(\sum\limits_{\mu=1}^{m} \varphi_{\mathrm{N}\mu} - \sum\limits_{\nu=1}^{n} \varphi_{\mathrm{P}\nu} \right)} \qquad (105)$$

dargestellt werden. Hierbei sind $\varphi_{\mathrm{N}\mu}$ und $\varphi_{\mathrm{P}\nu}$ die zu den komplexen Zahlen $s - s_{\mathrm{N}\mu}$ bzw. $s - s_{\mathrm{P}\nu}$ gehörenden Winkel. Die charakteristische Gleichung des geschlossenen Regelkreises ergibt sich mit Gl. (104) aus

$$1 + G_0(s) = 1 + k_0 G(s) = 0. \qquad (106)$$

Hieraus folgt

$$G(s) = -1/k_0. \qquad (107)$$

Die Gesamtheit aller komplexen Zahlen $s_i = s_i(k_0)$, die diese Gleichung für $0 \leq k_0 \leq \infty$ erfüllen, stellen die gesuchte WOK dar. Für den Betrag von $G(s) = -1/k_0$ gilt damit

$$| G(s) | = \frac{\prod\limits_{\mu=1}^{m} | s - s_{N\mu} |}{\prod\limits_{\nu=1}^{n} | s - s_{P\nu} |} = \frac{1}{k_0} \qquad (108)$$

und für die Phase

$$\varphi(s) = \arg[G(s)] = \sum_{\mu=1}^{m} \varphi_{N\mu} - \sum_{\nu=1}^{n} \varphi_{P\nu}$$

$$= \pm 180°(2k+1) \qquad (109)$$

mit $k = 0, 1, 2, \ldots$. Offensichtlich ist die Phasenbedingung von k_0 unabhängig. Alle Punkte der komplexen s-Ebene, welche diese Phasenbedingung erfüllen, stellen also den geometrischen Ort aller möglichen Pole des geschlossenen Kreises dar, die durch die Variation des Vorfaktors k_0 entstehen können. Die Kodierung dieser WOK, d. h. die Zuordnung zwischen den Kurvenpunkten und den Werten von k_0, ergibt sich durch Auswertung der Amplitudenbedingung aus Gl. (108).

16.3.2 Regeln zur Konstruktion von Wurzelortskurven

Wie Abb. 12 zeigt, könnte die Konstruktion von Wurzelortskurven unter Verwendung von Gl. (109) grafisch durchgeführt werden. Dieses Vorgehen ist jedoch nur zur Überprüfung der Phasenbedingung einzelner Punkte der s-Ebene zweckmäßig. Für die Konstruktion einer WOK werden daher die nachfolgend aufgeführten acht Regeln angewendet.

1. Die WOK ist symmetrisch zur reellen Achse.
2. Die WOK besteht aus n Ästen. Von diesen enden $n - m$ im Unendlichen. Alle Äste beginnen mit $k_0 = 0$ in den Polen des offenen Regelkreises, m Äste enden mit $k_0 \to \infty$ in den Nullstellen des offenen Regelkreises. Die Anzahl der in einem Pol beginnenden bzw. in einer Nullstelle endenden Äste der WOK ist gleich der Vielfachheit des Pols bzw. der Nullstelle.
3. Es gibt $n - m$ Asymptoten mit Schnitt im Wurzelschwerpunkt $s = \sigma_a$ auf der reellen Achse mit

$$\sigma_a = \frac{1}{n-m} \left\{ \sum_{\nu=1}^{n} \operatorname{Re} s_{P\nu} - \sum_{\mu=1}^{m} \operatorname{Re} s_{N\mu} \right\}. \qquad (110)$$

4. Ein Punkt auf der reellen Achse gehört dann zur WOK, wenn die Gesamtzahl der rechts von ihm liegenden Pole und Nullstellen ungerade ist.
5. Mindestens ein Verzweigungs- bzw. Vereinigungspunkt existiert dann, wenn ein Ast der WOK auf der reellen Achse zwischen zwei Pol- bzw. Nullstellen verläuft. Dieser reelle Punkt genügt der Beziehung

$$\sum_{\nu=1}^{n} \frac{1}{s - s_{P\nu}} = \sum_{\mu=1}^{m} \frac{1}{s - s_{N\mu}} \qquad (111)$$

für $s = \sigma_V$ als Verzweigungs- bzw. Vereinigungspunkt. Sind keine Pol- oder Nullstellen vorhanden, so ist der entsprechende Summenterm gleich null zu setzen.

6. Austritts- und Eintrittswinkel aus Pol- bzw. in Nullstellenpaaren der Vielfachheit $r_{P\varrho}$ bzw. $r_{N\varrho}$ sind

$$\varphi_{P\varrho,A} =$$
$$\frac{1}{r_{P\varrho}} \left\{ -\sum_{\substack{\nu=1 \\ \nu \neq \varrho}}^{n} \varphi_{P\nu} + \sum_{\mu=1}^{m} \varphi_{N\mu} \pm 180°(2k+1) \right\} \qquad (112)$$

und

$$\varphi_{N\varrho,E} =$$
$$\frac{1}{r_{N\varrho}} \left\{ -\sum_{\substack{\mu=1 \\ \mu \neq \varrho}}^{m} \varphi_{N\mu} + \sum_{\nu=1}^{n} \varphi_{P\nu} \pm 180°(2k+1) \right\}. \qquad (113)$$

7. Die Zuordnung von Punkten der WOK zu Werten von k_0 ergibt sich über die Beziehung, dass zu einem Wert s der Wert

Abb. 12 Überprüfung der Phasenbedingung

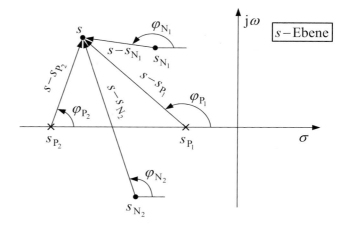

$$k_0 = \frac{\prod\limits_{\nu=1}^{n} |s - s_{P\nu}|}{\prod\limits_{\mu=1}^{m} |s - s_{N\mu}|} \qquad (114)$$

gehört.

8. Stabilität des geschlossenen Regelkreises liegt für alle Werte von k_0 vor, die auf der WOK links der imaginären Achse liegen. Die Schnittpunkte der WOK mit der imaginären Achse liefern die kritischen Werte $k_{0,\text{krit}}$.

Als typisches Beispiel zeigt Abb. 13 die WOK für die Kreisübertragungsfunktion

$$G_0(s) = \frac{k_0(s+1)}{s(s+2)(s^2+12s+40)}. \qquad (115)$$

Aus dem Verlauf dieser WOK kann z. B. entnommen werden, dass für $k_0 > 644$ der geschlossene Regelkreis Pole in der rechten s-Halbebene aufweist und daher instabil ist. Wurzelortskurven für einige typische Pol-Nullstellen-Verteilungen des offenen Kreises sind in Tab. 5 zusammengestellt.

16.4 Entwurfsverfahren für lineare kontinuierliche Regelsysteme

16.4.1 Problemstellung

Eine der wichtigsten Aufgaben der Regelungstechnik ist der Entwurf oder die Synthese eines Regelkreises. Diese Aufgabe, zu der streng

genommen auch die komplette gerätetechnische Auslegung gehört, sei im Folgenden auf das Problem beschränkt, für eine vorgegebene Regelstrecke die Übertragungsfunktion eines geeigneten Reglers zu finden, der die an den Regelkreis gestellten Anforderungen möglichst gut oder mit niedrigem Aufwand erfüllt. An einen Regelkreis werden gewöhnlich die nachfolgenden aufgeführten vier Anforderungen gestellt.

1. Der Regelkreis muss stabil sein. Dies stellt eine Minimalanforderung dar, die als selbstverständlich angesehen wird und meist gar nicht explizit genannt wird.
2. Störgrößen $z(t)$ sollen einen möglichst geringen Einfluss auf die Regelgröße $y(t)$ haben.
3. Die Regelgröße $y(t)$ soll einer zeitlich sich ändernden Führungsgröße $w(t)$ möglichst genau und schnell folgen.
4. Der Regelkreis soll möglichst unempfindlich (robust) gegenüber nicht zu großen Parameteränderungen sein.

Um die unter 2. und 3. gestellten Anforderungen zu erfüllen, müsste gemäß Forderung 3 im Idealfall für die Führungsübertragungsfunktion

$$G_{yw}(s) = \frac{Y(s)}{W(s)} = \frac{G_0(s)}{1+G_0(s)} = 1 \qquad (116)$$

und bei einer Störung z. B. am Ausgang der Regelstrecke für die Störungsübertragungsfunktion gemäß Forderung 2

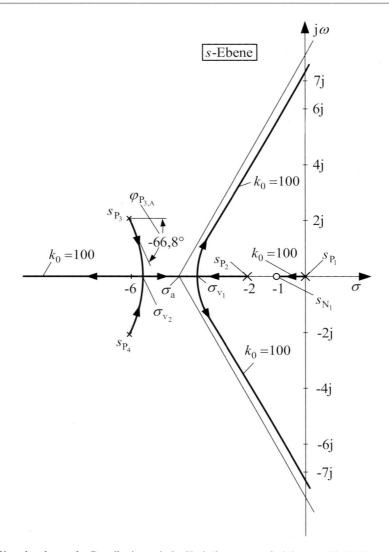

Abb. 13 Die Wurzelortskurve des Regelkreises mit der Kreisübertragungsfunktion aus Gl. (115)

$$G_{y z_2}(s) = \frac{Y(s)}{Z_2(s)} = \frac{1}{1 + G_0(s)} = 0 \qquad (117)$$

gelten. Die geregelte Größe würde dann immer dem Sollwert entsprechen, diesem also auch unendlich schnell folgen. Störgrößen hätten keinerlei Auswirkungen, würden also unendlich schnell ausgeregelt werden. Eine Realisierung dieser Anforderungen ist jedoch aus physikalischen und technischen Gründen nicht möglich, da hierzu unendlich große Stellgrößen erforderlich wären. Für eine praktische Anwendung muss

daher stets überlegt werden, welche Abweichung vom idealen Fall zugelassen werden kann.

16.4.2 Entwurf im Zeitbereich

16.4.2.1 Gütemaße im Zeitbereich
Bei der Beurteilung der Güte einer Regelung erweist es sich als zweckmäßig, den zeitlichen Verlauf der Regelgröße $y(t)$ bzw. der Regelabweichung $e(t)$ unter Einwirkung bestimmter Testsignale zu betrachten. Als das wohl wichtigste Testsi-

Tab. 5 Typische Beispiele für Pol- und Nullstellenverteilungen von $G_0(s)$ und zugehörige Wurzelortskurve des geschlossenen Regelkreises

Nr.	WOK	Nr.	WOK
1		9	
2		10	
3		11	
4		12	
5		13	
6		14	
7		15	
8		16	

signal wird dazu gewöhnlich eine sprungförmige Erregung der Eingangsgröße des untersuchten Regelkreises verwendet. So ergibt sich beispiels- weise für eine sprungförmige Erregung der Füh- rungsgröße oftmals der in Abb. 14a dargestellte Verlauf der Regelgröße $y(t) = h_W(t)$.

Abb. 14 Typische
Antwort eines Regelkreises
bei einer sprungförmigen
Änderung **a**) der
Führungsgröße und **b**) der
Störgröße

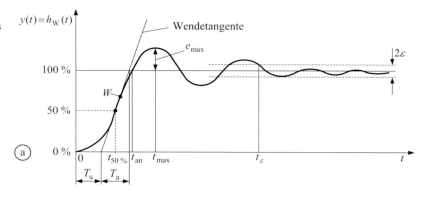

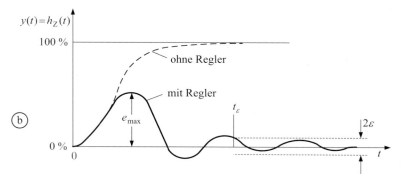

Zur Beschreibung dieser Führungsübergangsfunktion werden die nachfolgendend definierten Größen verwendet.

- Die Überschwingweite $e_{max} = y_{max} - y(\infty)$ gibt den Betrag der maximalen Abweichung zwischen der Regelgröße und dem stationären Endwert an. Dieser Wert wird häufig als prozentualer Wert

$$M_p = 100\ \% \cdot \frac{y_{max} - y(\infty)}{y(\infty)} \qquad (118)$$

angegeben.
- Der Wert t_{max} beschreibt den Zeitpunkt des Auftretens des maximalen Überschwingens.
- Die Anstiegszeit T_a ergibt sich aus den Schnittpunkten der Tangente im Wendepunkt W von $h_W(t)$ mit der 0 %- und mit der 100 %-Linie. Häufig wird anstelle der Tangente im Wendepunkt die Tangente im Zeitpunkt $t_{50\ \%}$ verwendet, bei dem $h_W(t)$ gerade 50 % des Sollwertes erreicht hat. Zur besseren Unterscheidung wird

für diesen Fall die Anstiegszeit mit $T_{a,50\ \%}$ bezeichnet.
- Die Verzugszeit T_u ergibt sich aus dem Schnittpunkt der oben definierten Wendetangente mit der t-Achse.
- Die Ausregelzeit t_ε ist der Zeitpunkt, ab dem der Betrag der Regelabweichung kleiner als eine vorgegebene Schranke ε bleibt (z. B. $\varepsilon = 3\ \%$, also $\pm 3\ \%$ Abweichung vom Sollwert).
- Als Anregelzeit t_{an} ist der Zeitpunkt definiert, bei dem erstmalig der Sollwert (100 %) erreicht wird. Näherungsweise gilt $t_{an} \approx T_u + T_a$.

In ähnlicher Weise lässt sich gemäß Abb. 14b auch das Störverhalten charakterisieren. Hierbei werden ebenfalls die Begriffe maximale Überschwingweite und Ausregelzeit definiert. Von den hier eingeführten Größen kennzeichnen im Wesentlichen e_{max} und t_ε die Dämpfung und t_{an}, T_a und t_{max} die Schnelligkeit, also die Dynamik des Regelverhaltens, während die bleibende Regelabweichung $e_\infty = y_\infty - w_\infty$ das stationäre Verhalten charakterisiert.

16.4.2.2 Integralkriterien

Aus Abb. 14a ist ersichtlich, dass die Fläche zwischen der 100 %-Geraden und der Führungsübergangsfunktion $h_W(t)$ ein Maß für die Abweichung des Regelkreises vom idealen Führungsverhalten darstellt. Ebenso ist in Abb. 14b die Fläche zwischen der Störübergangsfunktion $h_Z(t)$ und der t-Achse ein Maß für die Abweichung des Regelkreises vom Fall der idealen Störunterdrückung. In beiden Fällen handelt es sich um die Gesamtfläche unter der Regelabweichung $e(t) = w(t) - y(t)$, mit der die Abweichung vom idealen Regelkreis beschrieben werden kann. Diese Betrachtung legt nahe, als Maß für die Regelgüte ein Integral der Form

$$I_k = \int\limits_0^\infty f_k[e(t)]\mathrm{d}t \qquad (119)$$

einzuführen. Für $f_k[e(t)]$ sind die in Tab. 6 angegebenen verschiedenen Funktionen, wie $e(t)$, $|e(t)|$, $e^2(t)$ usw., üblich. In einem derartigen integralen Gütemaß lassen sich zeitliche Ableitungen der Regelabweichung sowie zusätzlich die Stellgröße $u(t)$ berücksichtigen. Die wichtigsten dieser Gütemaße I_k sind in Tab. 6 zusammengestellt. Hierbei ist zu beachten, dass, wenn der betrachtete Regelkreis eine bleibende Regelabweichung e_∞ aufweist, die in Tab. 6 angegebene Integrale nicht konvergieren. Es ist dann $e(t)$ durch $e(t) - e_\infty$ zu ersetzen. Das gleiche gilt auch für die Stellgröße $u(t)$.

Mithilfe solcher Gütekriterien lassen sich Anforderungen an eine Regelung formulieren. Eine Regelung ist im Sinne des jeweils gewählten Integralkriteriums umso besser, je kleiner I_k ist. Somit erfordert ein Entwurf mit einem Integralkriterium die Minimierung von I_k, wobei dies durch geeignete Wahl der noch freien Entwurfsparameter oder Reglereinstellwerte r_1, r_2, ... geschieht. Damit lautet das Entwurfskriterium schließlich

$$I_k = \int\limits_0^\infty f_k[e(t)]\mathrm{d}t = I_k(r_1, r_2, \ldots)$$
$$= \min! \qquad (120)$$

Dabei kann das gesuchte Minimum sowohl im Innern als auch auf dem Rand des durch die möglichen Einstellwerte begrenzten Bereiches liegen. Dies ist zu beachten, da beide Fälle eine unterschiedliche mathematische Behandlung erfordern. Im ersten Fall handelt es sich gewöhnlich um ein absolutes Optimum, im zweiten um ein Randoptimum.

Tab. 6 Die wichtigsten Integralkriterien

Gütemaß	Eigenschaft
$I_1 = \int\limits_0^\infty e(t)\mathrm{d}t$	Lineare Regelfläche: Eignet sich zur Beurteilung stark gedämpfter monotoner Regelverläufe (ohne Überschwingen); einfache mathematische Behandlung.
$I_2 = \int\limits_0^\infty \|e(t)\|\,\mathrm{d}t$	Betragslineare Regelfläche: Geeignet für nichtmonotonen Schwingungsverlauf; umständlichere Auswertung.
$I_3 = \int\limits_0^\infty e^2(t)\mathrm{d}t$	Quadratische Regelfläche: Stärkere Gewichtung großer Regelabweichungen; liefert größere Ausregelzeiten als I_2; kann zu großen Stellamplituden führen; in vielen Fällen analytische Berechnung möglich.
$I_4 = \int\limits_0^\infty \|e(t)\| t\,\mathrm{d}t$	Zeitbeschwerte betragslineare Regelfläche: Ähnliche Wirkung wie I_2; stärkere Gewichtung später auftretender Regelabweichungen.
$I_5 = \int\limits_0^\infty e^2(t) t\,\mathrm{d}t$	Zeitbeschwerte quadratische Regelfläche: Ähnliche Wirkung wie I_3; stärkere Gewichtung später auftretender Regelabweichungen.
$I_6 = \int\limits_0^\infty \left[e^2(t) + \alpha \dot{e}^2(t)\right]\mathrm{d}t$	Verallgemeinerte quadratische Regelfläche: Wirkung günstiger als bei I_3; Wahl des Bewertungsfaktors α subjektiv.
$I_7 = \int\limits_0^\infty \left[e^2(t) + \beta u^2(t)\right]\mathrm{d}t$	Quadratische Regelfläche und Stellaufwand: Etwas größerer Wert von $e_{\max}$, jedoch t_ε wesentlich kürzer; Wahl des Bewertungsfaktors β subjektiv; durch β kann Stellamplitude beeinflusst werden.

16.4.2.3 Quadratische Regelfläche

Aufgrund der verschiedenartigen Anforderungen, die beim Entwurf von Regelkreisen gestellt werden, ist es nicht möglich, für alle Anwendungsfälle ein einziges, gleichermaßen gut geeignetes Gütemaß anzugeben. In vielen Fällen hat sich das Minimum der quadratischen Regelfläche als Gütekriterium bewährt. Es besitzt außerdem den Vorteil, dass es für die wichtigsten Fälle leicht berechnet werden kann. Zur Berechnung der quadratischen Regelfläche wird die parsevalsche Gleichung

$$I_3 = \int_0^\infty e^2(t)\,\mathrm{d}t = \frac{1}{2\pi\mathrm{j}} \int_{-\mathrm{j}\infty}^{+\mathrm{j}\infty} E(s)E(-s)\,\mathrm{d}s \quad (121)$$

verwendet. Ist $E(s)$ eine gebrochen rationale Funktion

$$E(s) = \frac{C(s)}{D(s)} = \frac{c_0 + c_1 s + \ldots + c_{n-1} s^{n-1}}{d_0 + d_1 s + \ldots + d_n s^n}, \quad (122)$$

deren Pole alle in der offenen linken s-Halbebene liegen, dann lässt sich das Integral in Gl. (121) durch Residuenberechnung bestimmen. Bis $n = 10$ liegt die Auswertung dieses Integrals in tabellarischer Form vor (Newton, Gould und Kaiser 1957). Tab. 7 enthält die Integrale bis $n = 4$.

16.4.2.4 Optimale Einstellung eines PI-Reglers für minimale quadratische Regelfläche

Bei vorgegebenem Führungs- bzw. Störsignal ist die quadratische Regelfläche

$$I_3 = \int_0^\infty [e(t) - e_\infty]^2\,\mathrm{d}t = I_3(r_1, r_2, \ldots) \quad (123)$$

nur eine Funktion der zu optimierenden Reglerparameter r_1, r_2, …. Die optimalen Reglerparameter sind nun diejenigen, durch die I_3 minimal wird. Zur Lösung dieser mathematischen Extremwertaufgabe

$$I_3(r_1, r_2, \ldots) = \min! \quad (124)$$

gilt unter der Voraussetzung, dass der gesuchte Optimalpunkt $(r_{1\mathrm{opt}}, r_{2\mathrm{opt}}, \ldots)$ nicht auf dem Rand des möglichen Einstellbereichs liegt, somit für alle Ableitungen von I_3 nach den Reglerparametern

$$\left.\frac{\mathrm{d}I_3}{\mathrm{d}r_1}\right|_{\substack{r_1 = r_{1\,\mathrm{opt}}, \\ r_2 = r_{2\,\mathrm{opt}}, \\ \vdots}} = 0,$$

$$\left.\frac{\mathrm{d}I_3}{\mathrm{d}r_2}\right|_{\substack{r_1 = r_{1\,\mathrm{opt}}, \\ r_2 = r_{2\,\mathrm{opt}}, \\ \vdots}} = 0,$$

$$\ldots \quad (125)$$

Diese Beziehung stellt einen Satz von Bestimmungsgleichungen für die Extrema von Gl. (123) dar. Im Optimalpunkt muss I_3 ein Minimum werden. Ein derartiger Punkt kann nur im Bereich stabiler Reglereinstellwerte liegen. Beim Auftreten mehrerer Punkte, die Gl. (124) erfüllen, muss durch Bildung der zweiten partiellen Ableitungen von I_3 geprüft werden, ob der betreffende Extremwert ein Minimum ist. Treten mehrere Minima

Tab. 7 Quadratische Regelfläche I_3 für $n = 1$ bis $n = 4$

n	I_3
1	$\dfrac{c_0^2}{2d_0 d_1}$
2	$\dfrac{c_1^2 d_0 + c_0^2 d_2}{2d_0 d_1 d_2}$
3	$\dfrac{c_2^2 d_0 d_1 + (c_1^2 - 2c_0 c_2) d_0 d_3 + c_0^2 d_2 d_3}{2d_0 d_3(-d_0 d_3 + d_1 d_2)}$
4	$\dfrac{c_3^2(-d_0^2 d_3 + d_0 d_1 d_2) + (c_2^2 - 2c_1 c_3) d_0 d_1 d_4 + (c_1^2 - 2c_0 c_2) d_0 d_3 d_4 + c_0^2(-d_1 d_4^2 + d_2 d_3 d_4)}{2d_0 d_4(-d_0 d_3^2 - d_1^2 d_4 + d_1 d_2 d_3)}$

auf, dann beschreibt das absolute Minimum den Optimalpunkt der gesuchten Reglereinstellwerte $r_i = r_{i\,\mathrm{opt}}$, $i = 1, 2, \ldots$.

Am Beispiel einer Reglerstrecke mit der Übertragungsfunktion

$$G_{\mathrm{S}}(s) = \frac{1}{(1 + s)^3}, \qquad (126)$$

die mit einem PI-Regler mit der Übertragungsfunktion

$$G_{\mathrm{R}}(s) = K_{\mathrm{R}}\left(1 + \frac{1}{T_{\mathrm{I}}s}\right) \qquad (127)$$

im Standardregelkreis geregelt wird, soll die Ermittlung von $K_{\mathrm{R\,opt}}$ und $T_{\mathrm{I\,opt}}$ nach der minimalen quadratischen Regelfläche I_3 für eine sprungförmige Störung am Eingang der Regelstrecke gezeigt werden. Dies geschieht über die nachfolgend aufgeführten vier Schritte.

1. Bestimmung des Stabilitätsgebiets.
   Aus der charakteristischen Gleichung dieses Systems vierter Ordnung,

$$T_{\mathrm{I}}s^4 + 3T_{\mathrm{I}}s^3 + 3T_{\mathrm{I}}s^2 + T_{\mathrm{I}}(1 + K_{\mathrm{R}})s + K_{\mathrm{R}} = 0, \qquad (128)$$

ergibt sich nach Anwendung z. B. des Hurwitz-Kriteriums als Grenzkurve des Stabilitätsbereichs

$$K_{\mathrm{R}} = 0 \qquad (129)$$

und

$$T_{\mathrm{I\,stab}} = 9K_{\mathrm{R}}/[(1 + K_{\mathrm{R}})(8 - K_{\mathrm{R}})]. \qquad (130)$$

Der Bereich stabiler Reglereinstellwerte ist in Abb. 15 dargestellt.

2. Bestimmung der quadratischen Regelfläche.
   Die Laplace-Transformierte der Regelabweichung $E(s)$ lautet im vorliegenden Fall

$$E(s) = \frac{-T_{\mathrm{I}}}{K_{\mathrm{R}} + (1 + K_{\mathrm{R}})T_{\mathrm{I}}s + 3T_{\mathrm{I}}s^2 + 3T_{\mathrm{I}}s^3 + T_{\mathrm{I}}s^4} \qquad (131)$$

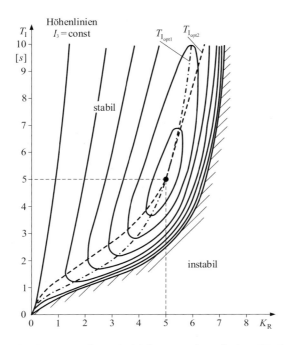

Abb. 15 Regelgütediagramm für das untersuchte Beispiel des PI-Reglers mit einer PT$_3$-Regelstrecke

Die quadratische Regelfläche ergibt sich aus Tab. 7 zu

$$I_3 = \frac{T_\mathrm{I}(8 - K_\mathrm{R})}{2K_\mathrm{R}\left\{(1 + K_\mathrm{R})(8 - K_\mathrm{R}) - \frac{9K_\mathrm{R}}{T_\mathrm{I}}\right\}} . \quad (132)$$

3. Bestimmung des Optimalpunktes ($K_\mathrm{R\,opt}$, $T_\mathrm{I\,opt}$). Da der gesuchte Optimalpunkt im Inneren des Stabilitätsbereichs liegt, muss dort notwendigerweise

$$\frac{\mathrm{d}I_3}{\mathrm{d}K_\mathrm{R}} = 0 \quad (133)$$

und

$$\frac{\mathrm{d}I_3}{\mathrm{d}T_\mathrm{I}} = 0 \quad (134)$$

gelten. Jede dieser beiden Bedingungen liefert eine Kurve $T_\mathrm{I}(K_\mathrm{R})$ in der ($K_\mathrm{R}, T_\mathrm{I}$)-Ebene, deren Schnittpunkt, falls er existiert und im Innern des Stabilitätsbereichs liegt, der gesuchte Optimalpunkt ist. Aus Gl. (133) ergeben sich die Kurven

$$T_\mathrm{I\,opt1} = \frac{9K_\mathrm{R}(16 - K_\mathrm{R})}{(8 - K_\mathrm{R})^2(1 + 2K_\mathrm{R})} \quad (135)$$

und

$$T_\mathrm{I\,opt2} = \frac{18K_\mathrm{R}}{(1 + K_\mathrm{R})(8 - K_\mathrm{R})},$$

die in Abb. 15 eingezeichnet sind.

Beide Kurven gehen durch den Ursprung (Maximum von I_3 auf dem Stabilitätsrand) und haben, wie die Kurve für den Stabilitätsrand nach Gl. (129), bei $K_\mathrm{R} = 8$ einen Pol. Durch Gleichsetzen der beiden rechten Seiten von Gl. (135) resultiert der gesuchte Optimalpunkt mit den Koordinaten

$$K_\mathrm{R\,opt} = 5 \text{ und } T_\mathrm{I\,opt} = 5,$$

der im Bereich stabiler Reglereinstellwerte liegt.
4. Zeichnen des Regelgütediagramms.
Vielfach ist auch noch der Verlauf von $I_3(T_\mathrm{I}, K_\mathrm{R})$ in der Nähe des Optimalpunktes von Interesse, um das Verhalten des Regelkreises

bei Veränderung der Regler- oder Streckenparameter abschätzen zu können. Ein Optimalpunkt, in dessen Umgebung $I_3(T_\mathrm{I}, K_\mathrm{R})$ stark ansteigt, kann nur dann gewählt werden, wenn die eingestellten Werte möglichst genau eingehalten werden können und sich auch die Parameter der Regelstrecke nur wenig ändern. Für diese Betrachtung werden Kurven $T_\mathrm{Ih}(K_\mathrm{R})$ bestimmt, auf denen die quadratische Regelfläche konstante Werte annimmt (Höhenlinien), und einige dieser Kurven in das Stabilitätsdiagramm eingezeichnet. Auflösen von Gl. (132) nach T_I liefert als Bestimmungsgleichung für die gesuchten Höhenlinien

$$T_\mathrm{Ih_{1,2}} = K_\mathrm{R}\left[I_3(K_\mathrm{R} + 1) \pm \sqrt{I_3^2(K_\mathrm{R} + 1)^2 - \frac{18I_3}{8 - K_\mathrm{R}}}\right]. \quad (136)$$

Die Höhenlinien $I_3 = \text{const}$ stellen geschlossene Kurven in der (K_R, T_I)-Ebene dar. Zusammen mit der Grenzkurve des Stabilitätsrandes bilden sie das Regelgütediagramm nach Abb. 15.

Allgemein hängen die optimalen Reglereinstellwerte von der Art und dem Eingriffsort der Störgröße ab. Auch sind die Werte für Führungsverhalten anders als für Störverhalten. Die Berechnung optimaler Reglereinstellwerte nach dem quadratischen Gütekriterium ist im Einzelfall recht aufwändig. Für die Kombinationen der wichtigsten Regelstrecken mit Standardreglertypen (PID-, PI-, PD- und P-Regler) wurden optimale Einstellwerte in allgemein anwendbarer Form berechnet und für Regelstrecken bis vierter Ordnung tabellarisch dargestellt (Unbehauen 1970; Unbehauen 2008, Abschn. 8.2.2.2).

16.4.2.5 Empirisches Vorgehen

Viele industrielle Prozesse weisen Übergangsfunktionen mit rein aperiodischem Verhalten gemäß Abb. 16 auf. Das Verhalten könnte dann durch ein PT_n-Glied sehr gut beschrieben werden. Häufig eignet sich auch die Übertragungsfunktion

Abb. 16 Beschreibung der Übergangsfunktion $h_S(t)$ durch K_S, T_a und T_u

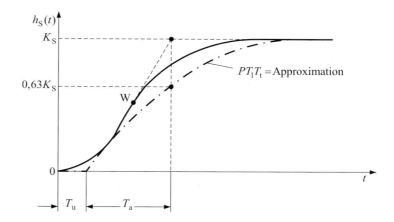

$$G_S(s) = \frac{K_S}{1 + Ts}\, \mathrm{e}^{-T_t s}, \qquad (137)$$

welche aus einem Verzögerungsglied erster Ordnung und einem Totzeitglied besteht (PT_1T_t-Glied), recht gut zur näherungsweisen Beschreibung des Systemverhaltens. Abb. 16 zeigt die Approximation eines PT_n-Gliedes durch ein PT_1T_t-Glied. Dabei wird durch die Konstruktion der Wendetangente die Übergangsfunktion $h_S(t)$ durch die drei Größen K_S (Verstärkung der Regelstrecke), T_a (Anstiegszeit) und T_u (Verzugszeit) charakterisiert. Eine einfache, wenn auch nicht allzu genaue, Approximation ergibt sich dann mit $T = T_u$ und $T = T_a$.

Für Regelstrecken, die durch die Übertragungsfunktion nach Gl. (137) beschrieben werden können, sind in der Literatur zahlreiche Einstellregeln für Standardregler angegeben (siehe z. B. Oppelt 1972, S. 462–476), die teils empirisch, teils durch Simulation an entsprechenden Modellen gefunden wurden. Die wohl am weitesten verbreiteten Einstellregeln sind die von Ziegler und Nichols (1942). Diese Einstellregeln wurden empirisch abgeleitet, wobei die Übergangsfunktion des geschlossenen Regelkreises je Schwingungsperiode eine Amplitudenabnahme von ca. 25 % aufweist. Bei der Anwendung dieser Einstellregeln kann zwischen zwei Methoden gewählt werden, die nachfolgend beschrieben werden. Die Parameterwerte für beide Methoden sind in Tab. 8 aufgeführt.

a) Methode des Stabilitätsrandes (Methode I). Bei dieser Methode wird in folgenden vier Schritten vorgegangen.

1. Der jeweils im Regelkreis vorhandene Standardregler wird zunächst als reiner P-Regler eingestellt.
2. Die Verstärkung K_R dieses P-Reglers wird so lange vergrößert, bis sich im geschlossenen Regelkreis gerade eine Dauerschwingung ergibt. Der dabei eingestellte K_R-Wert wird als kritische Reglerverstärkung $K_{R\ krit}$ bezeichnet.
3. Die Periodendauer T_{krit} (kritische Periodendauer) der Dauerschwingung wird gemessen.
4. Anhand von $K_{R\ krit}$ und T_{krit} werden mit den in Tab. 8 für Methode I angegebenen Formeln die Reglereinstellwerte K_R, T_I und T_D bestimmt.

b) Methode der Übergangsfunktion (Methode II). Häufig wird es bei einer industriellen Anlage nicht zulässig sein, den Regelkreis zur Ermittlung von $K_{R\ krit}$ und T_{krit} im grenzstabilen Fall zu betreiben. Dann kann Methode I nicht angewendet werden. Die Messung der Übergangsfunktion $h_S(t)$ der Regelstrecke bereitet jedoch oftmals keine Schwierigkeiten. Daher ist in vielen Fällen die zweite Methode der Ziegler-Nichols-Einstellregeln, die direkt von der Steigung der Wendetangente K_S/T_a und der Verzugszeit T_u der Übergangsfunktion ausgeht, zweckmäßiger. Dabei ist zu beachten, dass die Messung der Übergangsfunktion $h_S(t)$ nur bis zum Wendepunkt W erforderlich ist, da die Steigung der Wendetangente bereits das Verhältnis K_S/T_a beschreibt. Anhand der abgelesenen Werte T_u und K_S/T_a können über die in

Tab. 8 für Methode II angegebenen Formeln die Reglereinstellwerte berechnet werden.

16.4.3 Entwurf im Frequenzbereich

16.4.3.1 Zusammenhang zwischen den Kenndaten des geschlossenen Regelkreises im Frequenzbereich und den Gütemaßen im Zeitbereich

Ein Regelkreis, dessen Führungsübergangsfunktion $h_W(t)$ den in Abb. 14a gezeigten Verlauf aufweist, besitzt gewöhnlich einen Frequenzgang $G_{yw}(j\omega)$ mit einer Amplitudenüberhöhung, dessen prinzipieller Verlauf im Bode-Diagramm in Abb. 17 dargestellt ist. Zur Beschreibung dieses Verhaltens eignen sich die teilweise bereits eingeführten Kennwerte Resonanzfrequenz ω_r, Amplitudenüberhöhung $A_{\max \mathrm{dB}}$, Bandbreite ω_b und Phasenwinkel $\varphi_b = \varphi(\omega_b)$. Für die weiteren Überlegungen wird die Annahme gemacht, dass die Führungsübertragungsfunktion des geschlossenen Regelkreises näherungsweise durch ein PT_2S-Glied mit der Übertragungsfunktion

$$G_{yw}(s) = \frac{G_0(s)}{1 + G_0(s)} = \frac{\omega_0^2}{s^2 + 2D\omega_0 s + \omega_0^2} \quad (138)$$

beschrieben werden kann. Dabei beschreiben die Eigenfrequenz ω_0 und der Dämpfungsgrad D das Verhalten vollständig. Dies ist dann mit guter Näherung möglich, wenn die reale Führungsübertragungsfunktion ein dominierendes Polpaar besitzt. Ein solches liegt in der s-Ebene der $j\omega$-Achse am nächsten und beeinflusst somit die langsamste Eigenbewegung und damit das dynamische Eigenverhalten des Systems am stärksten, sofern die übrigen Pole hinreichend weit links davon liegen.

Die zu der Übertragungsfunktion in Gl. (138) gehörenden Übergangsfunktion $h_W(t)$ ist in Abb. 18 gezeigt. Für dieses System können die nachfolgenden aufgeführten Größen berechnet werden, die alle von dem Dämpfungsgrad D abhängen.

Tab. 8 Reglereinstellwerte nach Ziegler und Nichols

	Reglertyp	K_R	Reglereinstellwerte	
		K_R	T_I	T_D
Methode I	P	$0{,}5\,K_{R\ \mathrm{krit}}$	–	–
	PI	$0{,}45\,K_{R\ \mathrm{krit}}$	$0{,}85\,T_{\mathrm{krit}}$	–
	PID	$0{,}6\,K_{R\ \mathrm{krit}}$	$0{,}5\,T_{\mathrm{krit}}$	$0{,}12\,T_{\mathrm{krit}}$
Methode II	P	$\frac{1}{K_S} \cdot \frac{T_a}{T_u}$	–	–
	PI	$\frac{0{,}9}{K_S} \cdot \frac{T_a}{T_u}$	$3{,}33\,T_u$	–
	PID	$\frac{1{,}2}{K_S} \cdot \frac{T_a}{T_u}$	$2\,T_u$	$0{,}5\,T_u$

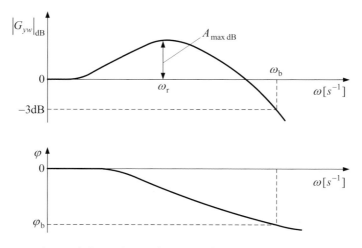

Abb. 17 Bode-Diagramm einer typischen Führungsübertragungsfunktion des geschlossenen Regelkreises

a) Prozentuale Überschwingweite M_p

$$M_\mathrm{p} = \frac{h_\mathrm{W}(t_\mathrm{max}) - h_\mathrm{W}(\infty)}{h_\mathrm{W}(\infty)}$$
$$= \mathrm{e}^{-\frac{D\pi}{\sqrt{1-D^2}}} = f_1(D). \qquad (139)$$

Die Abhängigkeit zwischen der maximalen prozentualen Überschwingweite und dem Dämpfungsgrad ist in Abb. 19 gezeigt. Zusätzlich ist dort auch die Beziehung zwischen der Überschwingweite und der Amplitudenüberhöhung dargestellt.

b) Anstiegszeit $T_{\mathrm{a},50\,\%}$ bzw. normierte Anstiegszeit $\omega_0 T_{\mathrm{a},50\,\%}$

Die Anstiegszeit wird hier nicht über die Wendetangente, sondern über die Tangente im Zeitpunkt $t = t_{50\,\%}$ (vgl. Abb. 14a) bestimmt, bei dem $h_\mathrm{W}(t)$ gerade 50 % des stationären Endwertes $h_{\mathrm{W}_\infty} = 1$ erreicht hat. Die Berechnung liefert

$$\omega_0 T_{a,50\,\%} = \frac{\sqrt{1-D^2}\ \mathrm{e}^{Df_2^*(D)}}{\sin\left(\sqrt{1-D^2}f_2^*(D)\right)} = f_2(D).$$

$$(140)$$

Dabei kann die Funktion $f_2^*(D) = \omega_0 t_{50\,\%}$ nur numerisch bestimmt werden. Die Abhängigkeit der normierten Anstiegszeit vom Dämpfungsgrad ist in Abb. 20 gezeigt.

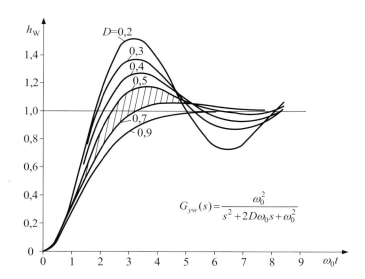

Abb. 18 Übergangsfunktion $h_\mathrm{W}(t)$ des geschlossenen Regelkreises mit $\mathrm{PT}_2\mathrm{S}$-Verhalten

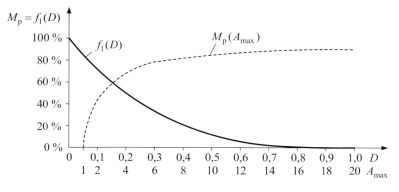

Abb. 19 Überschwingweite in Abhängigkeit vom Dämpfungsgrad und Zusammenhang zwischen der Amplitudenüberhöhung und dem Dämpfungsgrad für ein System mit $\mathrm{PT}_2\mathrm{S}$-Verhalten

c) Ausregelzeit t_ε bzw. normierte Ausregelzeit $\omega_0 t_\varepsilon$
Die normierte Ausregelzeit ergibt sich aus der Einhüllenden des Schwingungsverlaufs näherungsweise zu

$$\omega_0 t_\varepsilon \approx \frac{1}{D} \ln \left(\frac{1}{\varepsilon} \frac{1}{\sqrt{1 - D^2}} \right)$$
$$= \frac{1}{D} \left(\ln \frac{1}{\varepsilon} - \frac{1}{2} \ln \left(1 - D^2 \right) \right). \quad (141)$$

Für $\varepsilon = 3\,\%$ wird die normierte 3 %-Ausregelzeit zu

$$\omega_0 t_{3\,\%} \approx \frac{1}{D} \left(3{,}5 - 0{,}5 \ln \left(1 - D^2 \right) \right)$$
$$= f_3(D). \quad (142)$$

In Abb. 21 ist die normierte 3 %-Ausregelzeit als Verlauf über dem Dämpfungsgrad gezeigt.

d) Bandbreite ω_b und Phasenwinkel φ_b
Für die in Abb. 17 dargestellte 3dB-Bandbreite gilt

$$\frac{\omega_b}{\omega_0} = \sqrt{\left(1 - 2D^2 \right) + \sqrt{\left(1 - 2D^2 \right)^2 + 1}} = f_4(D)$$
$$(143)$$

und

$$\varphi_b =$$
$$\arctan \frac{2D \sqrt{\left(1 - 2D^2 \right) + \sqrt{\left(1 - 2D^2 \right)^2 + 1}}}{2D^2 - \sqrt{\left(1 - 2D^2 \right)^2 + 1}}$$
$$= f_5(D). \quad (144)$$

Weiterhin ergibt sich mit Gl. (140) aus Gl. (143)

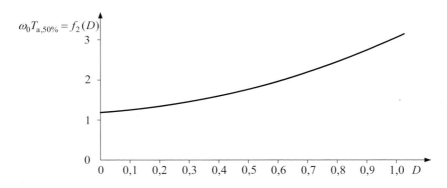

Abb. 20 Normierte Anstiegszeit in Abhängigkeit vom Dämpfungsgrad für ein System mit PT$_2$S-Verhalten

Abb. 21 Normierte 3%-Ausregelzeit in Abhängigkeit vom Dämpfungsgrad für ein System mit PT$_2$S-Verhalten

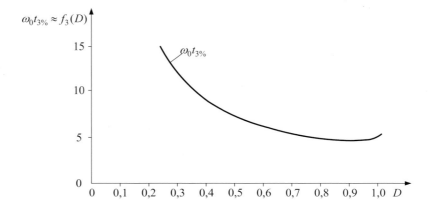

$$\omega_b T_{a,50\,\%} = f_2(D) f_4(D) = f_6(D). \quad (145)$$

Die Verläufe der Funktionen $f_4(D)$, $f_5(D)$ und $f_6(D)$ sind in Abb. 22 dargestellt. Durch Approximation dieser Verläufe lassen sich die drei Näherungsbeziehungen

$$\frac{\omega_b}{\omega_0} \approx 1{,}8 - 1{,}1D \quad \text{für } 0{,}3 < D < 0{,}8, \quad (146)$$

$$|\varphi_b| \approx \pi - 2{,}23D \quad \text{für } 0 \leq D \leq 1, \quad (147)$$

und

$$\omega_b T_{a,50\,\%} \approx 2{,}3 \quad \text{für } 0{,}3 < D < 0{,}8 \quad (148)$$

ableiten.

16.4.3.2 Zusammenhang zwischen den Kenndaten des offenen Regelkreises im Frequenzbereich und den Gütemaßen des geschlossenen Regelkreises im Zeitbereich

In diesem Abschnitt wird die Kreisübertragungsfunktion

$$G_0(s) = \frac{G_{yw}(s)}{1 - G_{yw}(s)} \quad (149)$$

betrachtet. Zur Beschreibung des Frequenzganges $G_0(j\omega)$ werden die Kennwerte Phasenreserve φ_R und Amplitudenreserve $A_{R\,dB}$ verwendet, die in Abschn. 16.2.4.4 eingeführt wurden, sowie die Durchtrittsfrequenz ω_D. Diese Größen sind in Abb. 11 gezeigt.

Die Durchtrittsfrequenz ω_D stellt ein wichtiges Gütemaß für das dynamische Verhalten des geschlossenen Regelkreises dar. Je größer ω_D, desto größer ist gewöhnlich die Bandbreite ω_b von $G_{yw}(j\omega)$ und desto schneller ist auch die Reaktion auf Sollwertänderungen.

Die Phasenreserve ist zunächst ein Maß für die Robustheit des geschlossenen Kreises bezüglich Phasenänderungen. In vielen Fällen kann aus der Phasenreserve aber auch auf das Schwingverhalten des Regelkreises geschlossen werden. Zur Bestimmung der Phasenreserve muss die Phase des Frequenzgangs an der über $|G_0(j\omega_D)| = 1$ definierten Durchtrittsfrequenz ω_D betrachtet werden. Allgemein gilt bei einem minimalphasigen System, dass mit einem Abfall von 20 dB/Dekade eine Phase von $-90°$ einhergeht, während ein Abfall um 40 dB/Dekade eine Phase von $-180°$ bedeutet. Um eine ausreichende Phasenreserve zu erzielen, sollte also der Frequenzgang des offenen Kreises im Bereich der Durchtrittsfrequenz nicht wesentlich stärker als mit 20dB/Dekade abfallen. Beim Entwurf wird dann oftmals ein Abfall von etwa 20dB/Dekade angestrebt.

Wenn wie im vorangegangenen Abschnitt angenommen wird, dass das dynamische Verhalten des geschlossenen Regelkreises (angenähert)

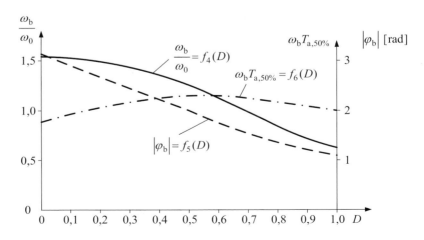

Abb. 22 Abhängigkeit der Kenngrößen $f_4(D)$, $f_5(D)$ und $f_6(D)$ von der Dämpfung D für ein System mit PT_2S-Verhalten

durch ein PT_2S-Glied mit der in Gl. (138) angegebenen Übertragungsfunktion beschrieben werden kann, dann folgt für die Kreisübertragungsfunktion (näherungsweise)

$$G_0(s) = \frac{G_{yw}(s)}{1 - G_{yw}(s)} = \frac{\omega_0^2}{s(s + 2D\omega_0)}$$

$$= \frac{K_0}{s(Ts + 1)}. \qquad (150)$$

Es handelt sich bei $G_0(s)$ also um ein IT_1-Glied mit $K_0 = \omega_0/2D$ und $T = 1/(2D\omega_0)$.

Aus Gl. (150) ergibt sich mit der Bedingung $|G_0(j\omega_D)| = 1$ für die normierte Durchtrittsfrequenz die Beziehung

$$\frac{\omega_D}{\omega_0} = \sqrt{\sqrt{4D^4 + 1} - 2D^2} = f_7(D). \qquad (151)$$

Neben Gl. (151) lassen sich weitere wichtige Zusammenhänge zwischen den Kenndaten für das Zeitverhalten des geschlossenen Regelkreises und den Kenndaten für das Frequenzverhalten des offenen und damit teilweise auch des geschlossenen Regelkreises angeben. So folgt aus Gl. (151) unter Verwendung von Gl. (140) für die Anstiegszeit direkt

$$\omega_D T_{a,50\,\%} = f_2(D) f_7(D) = f_8(D). \qquad (152)$$

Im Bereich $0 < D < 1$ kann dieser Verlauf durch die Näherungsformel

$$\omega_D T_{a,50\,\%} \approx 1{,}5 - \frac{M_p}{250} \qquad (153)$$

oder durch

$$\omega_D T_{a,50\,\%} \approx 1{,}5 \qquad (154)$$

für $M_p \le 20\,\%$ bzw. $D > 0{,}5$ beschrieben werden. Ein weiterer Zusammenhang ergibt sich aus der Durchtrittsfrequenz ω_D für die Phasenreserve

$$\varphi_R = \arctan\left(2D\frac{\omega_0}{\omega_D}\right)$$

$$= \arctan\left[2D\frac{1}{f_7(D)}\right] = f_9(D). \qquad (155)$$

Die Verläufe von $f_7(D), f_8(D)$ und $f_9(D)$ sind in Abb. 23 gezeigt. Durch Überlagerung von $f_9(D)$ mit $f_1(D)$ lässt sich zeigen, dass im Bereich $0{,}3 \le D \le 0{,}8$, also für die hauptsächlich interessierenden Werte der Dämpfung, die Näherungsformel

$$\varphi_R\,[^\circ] \approx 70 - M_p[\%] \qquad (156)$$

gilt.

Abb. 23 Abhängigkeit der Kenndaten $f_7(D)$ bis $f_9(D)$ für den geschlossenen Regelkreis vom Dämpfungsgrad D

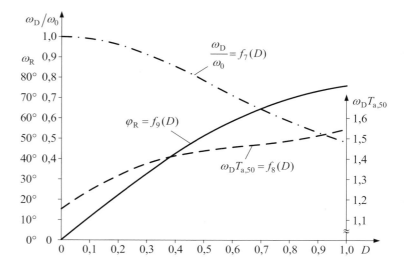

Das Bode-Diagramm der in Gl. (150) angegebenen Kreisübertragungsfunktion ist in Abb. 24 gezeigt. Es ist zu erkennen, dass der Amplitudengang unterhalb der Kreisfrequenz $1/T$ mit 20 dB/Dekade und oberhalb der Kreisfrequenz $1/T$ mit 40 dB/Dekade abfällt. Um also den oben erwähnten erwünschten Abfall um 20 dB/Dekade zu erzielen, sollte die Durchtrittsfrequenz ω_D links der Knickfrequenz $1/T$ liegen. Mit Gl. (151) muss also

$$\omega_\mathrm{D} = \omega_0 \sqrt{ \sqrt{4D^4 + 1} - 2D^2 }$$
$$< \frac{1}{T} = 2D\omega_0 \qquad (157)$$

erfüllt sein. Daraus ergibt sich die Anforderung $D > 0{,}42$. Dies ist auch in Einklang damit, dass bei geringeren Dämpfungswerten und damit geringeren Phasenreserven die Überschwingweite stark zunimmt. Sofern ein Überschwingen zugelassen werden kann, wird oftmals ein Bereich von $0{,}5 \leq D \leq 0{,}7$ als günstiger Kompromiss zwischen einem gut gedämpften, aber dennoch ausreichend schnellen Einschwingverhalten angesehen. Dies ist in Abb. 18 der schraffierte Bereich.

Nun entspricht die Kreisübertragungsfunktion nicht in allen Fällen einem IT_1-Glied. So weicht z. B. der in Abb. 11 gezeigte Frequenzgang wesentlich vom dem eines IT_1-Gliedes ab, da er offensichtlich keinen I-Anteil besitzt und von höherer als zweiter Ordnung ist. Sofern aber $|G_0(\mathrm{j}\omega)| \gg 1$ für $\omega \ll \omega_\mathrm{D}$ und $|G_0(\mathrm{j}\omega)| \approx 0$ für $\omega \gg \omega_\mathrm{D}$ gilt und die Betragskennlinie $A_0\,_\mathrm{dB}(\omega)$ in der Nähe von ω_D mit etwa 20 dB/Dekade abfällt, verhält sich der geschlossene Regelkreis auch bei Systemen höherer Ordnung näherungsweise wie ein PT_2S-Glied und die in diesem Abschnitt angegebenen Beziehung können angewendet werden.

16.4.3.3 Reglerentwurf nach dem Frequenzkennlinien-Verfahren

Ausgangspunkt dieses Verfahrens ist die Darstellung des Frequenzganges $G_0(\mathrm{j}\omega)$ der Kreisübertragungsfunktion im Bode-Diagramm. Die zu erfüllenden Spezifikationen des geschlossenen Regelkreises werden zunächst als Kenndaten des offenen Regelkreises formuliert. Die eigentliche Syntheseaufgabe besteht dann darin, durch Wahl einer geeigneten Reglerübertragungsfunktion $G_\mathrm{R}(s)$ den Frequenzgang des offenen Regelkreises so zu verändern, dass er die geforderten Kenndaten aufweist. Das Verfahren läuft im Wesentlichen in den drei nachfolgend beschriebenen Schritten ab.

1. Häufig sind bei einer Syntheseaufgabe die Kenndaten für das Zeitverhalten des geschlossenen Regelkreises, also M_p, $T_{\mathrm{a},50\,\%}$ und e_∞ vorgegeben. Aufgrund dieser Werte werden mithilfe der Tab. 1 und 2 der erforderliche Verstärkungsfaktor K_0, aus der Faustformel $\omega_\mathrm{D} T_{\mathrm{a},50\,\%} \approx 1{,}5$ gemäß Gl. (154) die Durchtrittsfrequenz ω_D und über Gl. (156) die Phasenreserve $\varphi_\mathrm{R}[°] \approx 70 - M_\mathrm{p}[\%]$ sowie aus M_p über $f_1(D)$ aus Gl. (139) oder Abb. 19 der Dämpfungsgrad D bestimmt.

2. Falls zur Erfüllung der Anforderungen die Kreisübertragungsfunktion $G_0(s)$ (ggf. mehrfaches) integrierendes Verhalten aufweisen muss und dies nicht bereits über integrierendes Verhalten der Regelstrecke erzielt wird, wird als erstes Korrekturglied ein (ggf. mehrfacher) I-Regler eingesetzt. Gleiches gilt, wenn ein Regler mit (ggf. mehrfachem) integrierenden Verhalten erforderlich ist. Ansonsten wird ein Regler mit P-Verhalten verwendet. Über die Verstärkung des Reglers kann die Amplitudenkennlinie insgesamt angehoben oder abge-

Abb. 24 Bode-Diagramm der in Gl. (149) angegebenen Kreisübertragungsfunktion

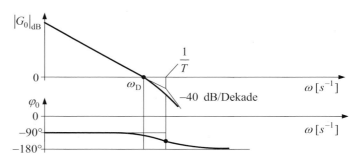

senkt werden, ohne dass dies eine Auswirkung auf die Phasenkennlinie hat. Durch Hinzufügen weiterer geeigneter Übertragungsglieder (oft auch als Kompensations- oder Korrekturglieder bezeichnet) zur Reglerübertragungsfunktion wird $G_0(s)$ so verändert, dass sich die im ersten Schritt ermittelten Werte ω_D und φ_R ergeben und dabei in der näheren Umgebung der Durchtrittsfrequenz ω_D der Amplitudenverlauf $|G_0(j\omega)|_{dB}$ mit etwa 20 dB/Dekade abfällt. Die zusätzlichen Übertragungsglieder des Reglers werden meist in Reihenschaltung mit den bereits bestimmten Reglergliedern angeordnet.

3. Es muss nun geprüft werden, ob das ermittelte Ergebnis tatsächlich den geforderten Spezifikationen entspricht. Dies kann entweder durch Simulation an einem Rechner direkt durch Ermittlung der Größen e_{max}, $T_{a,50\,\%}$ und e_∞ erfolgen oder indirekt unter Verwendung der Formeln zur Berechnung der Amplitudenüberhöhung $A_{max} = \frac{1}{2D\sqrt{1-D^2}}$ und der Bandbreite $\omega_b \approx 2{,}3/T_{a,50\,\%}$. Diese Werte werden eventuell noch anhand der Frequenzkennlinien des geschlossenen Regelkreises überprüft. Sofern sich hier Abweichungen ergeben, muss der Entwurf fortgesetzt werden, z. B. indem die Korrekturglieder geändert oder weitere hinzugefügt werden.

Hieraus ist ersichtlich, dass dieses Verfahren nicht zwangsläufig im ersten Durchgang bereits einen geeigneten Regler liefert. Es handelt sich hierbei vielmehr um ein systematisches Probierverfahren, das gewöhnlich erst bei mehrmaligem Wiederholen zu einem befriedigenden Ergebnis führt. Zum Entwurf des Reglers reichen bei diesem Verfahren die in Abschn. 16.1.3 vorgestellten Standardreglertypen gewöhnlich nicht mehr aus. Der Regler muss, wie in Schritt 2 beschrieben, aus verschiedenen Einzelübertragungsgliedern synthetisiert werden. Dabei sind die im nachfolgenden Abschnitt behandelten beiden Übertragungsglieder, die eine Phasenanhebung bzw. eine Phasenabsenkung ermöglichen, von besonderem Interesse.

16.4.3.4 Korrekturglieder für Phase und Amplitude

Die in diesem Abschnitt behandelten Übertragungsglieder, meist als (Phasen-)Korrekturglieder bezeichnet, werden verwendet, um in gewissen Frequenzbereichen die Phase anzuheben oder abzusenken (was immer auch mit einer Amplitudenerhöhung oder -absenkung einhergeht). Die Übertragungsfunktion dieser Glieder ist

$$G_R(s) = \frac{1 + Ts}{1 + \alpha Ts}. \tag{158}$$

Daraus ergibt sich für $s = j\omega$ der Frequenzgang

$$G_R(j\omega) = \frac{1 + j\dfrac{\omega}{\omega_Z}}{1 + j\dfrac{\omega}{\omega_N}} \tag{159}$$

mit den beiden Eckfrequenzen

$$\omega_Z = \frac{1}{T} \tag{160}$$

und

$$\omega_N = \frac{1}{\alpha T}. \tag{161}$$

Hierbei gilt für das phasenanhebende Glied (*Lead*-Glied)

$$0 < \alpha < 1, \quad m_h = \frac{1}{\alpha} = \frac{\omega_N}{\omega_Z} > 1$$

und für das phasenabsenkende Glied (*Lag*-Glied)

$$\alpha > 1, \quad m_s = \alpha = \frac{\omega_Z}{\omega_N} > 1.$$

Abb. 25 zeigt für beide Übertragungsglieder die zugehörigen Bode-Diagramme.

Es sind die Symmetrieeigenschaften beider Korrekturglieder zu erkennen, die eine gleichartige Darstellung mit den entsprechenden Kenngrößen gemäß Tab. 9 und dem Phasendiagramm nach Abb. 26 ermöglichen. Für beide Glieder wird

Abb. 25 Bode-Diagramm des **a**) phasenanhebenden und **b**) phasenabsenkenden Übertragungsgliedes

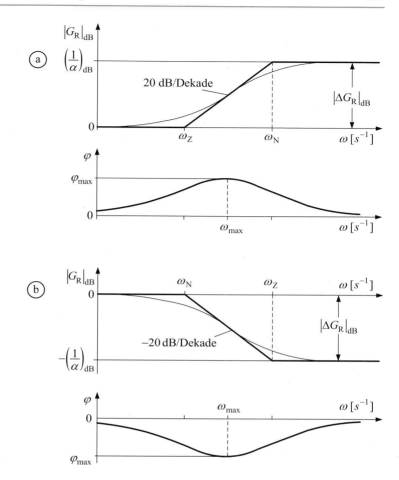

Tab. 9 Gemeinsame Darstellung des phasenanhebenden und phasenabsenkenden Gliedes

Gemeinsame Kenngröße	Phasenanhebendes Glied $(0 < \alpha < 1)$	Phasenabsenkendes Glied $(\alpha > 1)$
m	$m_h = \dfrac{1}{\alpha}$	$m_s = \alpha$
ω_u	ω_Z	ω_N
ω_o	$m_h\,\omega_Z$	$m_s\,\omega_N$
φ	$\varphi > 0°$	$\varphi < 0°$
Extremwert des Phasenwinkels bei	$\omega_{max} = \sqrt{\omega_Z\omega_N} = \omega_Z\sqrt{m_h}$	$\omega_{min} = \sqrt{\omega_Z\omega_N} = \omega_N\sqrt{m_s}$
Maximale Amplitudenänderung	$|\Delta G_R|_{dB} = 20\text{dB} \cdot \log\ m_h$	$|\Delta G_R|_{dB} = -\,20\text{dB} \cdot \log\ m_s$

die untere Eckfrequenz mit ω_u und die obere Eckfrequenz mit ω_o bezeichnet. Die Frequenz ω_{max}, bei der die maximale Phasenänderung auftritt, ist das geometrische Mittel beider Frequenzen, also $\omega_{max} = \sqrt{\omega_Z\omega_N}$, welches bei logarithmischer Teilung der Frequenzachse gerade in der Mitte zwischen den beiden Frequenzen ω_N und ω_Z liegt.

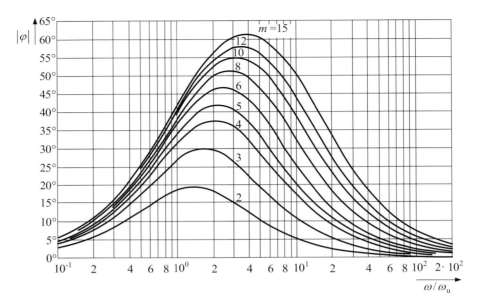

Abb. 26 Phasendiagramm für Korrekturglieder

16.4.3.5 Reglerentwurf mit dem Wurzelortskurvenverfahren

Der Reglerentwurf mithilfe des Wurzelortskurvenverfahrens schließt unmittelbar an die Überlegungen in Abschn. 16.4.3.1 an. Dort wurden die Forderungen an die Überschwingweite, die Anstiegszeit und die Ausregelzeit für den geschlossenen Regelkreis mit einem dominierenden Polpaar in Bedingungen für den Dämpfungsgrad D und die Eigenfrequenz ω_0 der zugehörigen Übertragungsfunktion $G_{yw}(s)$ umgesetzt. Mit D und ω_0 liegen aber unmittelbar die Pole der Übertragungsfunktion $G_{yw}(s)$ fest. Es muss nun eine Kreisübertragungsfunktion $G_0(s)$ so bestimmt werden, dass der geschlossene Regelkreis ein dominierendes Polpaar an der gewünschten Stelle erhält, die durch die Werte ω_0 und D vorgegeben ist. Ein Entwurfsansatz, bei dem die Pole des geschlossenen Kreises vorgegeben werden, wird als Polvorgabe bezeichnet. Mit dem Wurzelortskurvenverfahren steht ein grafisches Verfahren zur Verfügung, mit dem anhand der Pol-Nullstellen-Verteilung *des offenen Kreises* eine Aussage über die Lage der Pole *des geschlossenen Regelkreises* gemacht werden kann. Es bietet sich dann an, das gewünschte dominierende Polpaar zusammen mit der Wurzelortskurve (WOK) des fest vorgegebe-

nen Teils des Regelkreises in die komplexe s-Ebene einzuzeichnen und durch Hinzufügen von Pol- und Nullstellen des Reglers im offenen Regelkreis die WOK so zu verformen, dass zwei ihrer Äste bei einer bestimmten Verstärkung K_0 das gewünschte dominierende konjugiert komplexe Polpaar schneiden. Abb. 27 zeigt, wie die WOK durch Hinzufügen eines Pols nach rechts und durch Hinzufügen einer Nullstelle nach links verformt werden kann.

16.4.4 Analytische Entwurfsverfahren

16.4.4.1 Vorgabe des Verhaltens des geschlossenen Regelkreises

Beim Reglerentwurf nach dem Frequenzkennlinienverfahren oder dem Wurzelortskurvenverfahren wird der Frequenzgang der Kreisübertragungsfunktion $G_0(s)$ bzw. deren Pol-Nullstellen-Verteilung betrachtet. Diese Kreisübertragungsfunktion wird durch Verändern des Frequenzgangs oder der Wurzelortskurve so modifiziert, dass sich ein gewünschtes Verhalten des geschlossenen Kreises ergibt. Es wird also prinzipiell *der offene Kreis* verändert, um ein gewünschtes Verhalten *des geschlossenen Kreises* zu erzielen. Derartige Entwurfsansätze werden

Abb. 27 Verbiegen der Wurzelortskurve: **a)** nach rechts durch Hinzufügen eines zusätzlichen Pols und **b)** nach links durch Hinzufügen einer zusätzliche Nullstelle im offenen Regelkreis

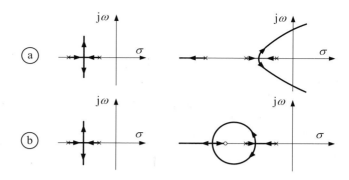

als indirekter Entwurf bezeichnet. Ein anderer, von Shipley (1963) vorgeschlagener Ansatz basiert darauf, direkt das Nennerpolynom des geschlossenen Kreises, letztlich also die Pole des geschlossenen Kreises, vorzugeben und daraus den Regler zu bestimmen. Diese Herangehensweise führt auf ein System von algebraischen Gleichungen für die Koeffizienten der Reglerübertragungsfunktion. Unter bestimmten Bedingungen kann nicht nur das Nennerpolynom des geschlossenen Kreises, sondern direkt die Führungsübertragungsfunktion des geschlossenen Kreises, also auch das Zählerpolynom, vorgegeben werden. Der Ansatz, eine Führungsübertragungsfunktion vorzugeben und daraus die Reglerübertragungsfunktion zu bestimmen, wurden bereits von Truxal (1950) und Aaron (1951) vorgeschlagen. Da Truxal (1950) in der Danksagung darauf hinweist, dass der Ansatz auf Anregungen von Ernst A. Guillemin zurückgeht, wird das Verfahren oftmals als Verfahren nach Truxal-Guillemin bezeichnet. In beiden Verfahren wird also direkt das Verhalten des geschlossenen Regelkreises vorgegeben und daraus der Regler bestimmt. Derartige Ansätze werden als direkte, analytische oder auch algebraische Verfahren bezeichnet. In den nachfolgenden Abschnitten wird erst die allgemeine Vorgehensweise der Polvorgabe und anschließend der Ansatz über Vorgabe der Führungsübertragungsfunktion behandelt.

16.4.4.2 Reglerentwurf über Polvorgabe

Für den algebraischen Reglerentwurf über Polvorgabe wird von der bereits in Abschn. 16.2.2 in den Gln. (66) und (67) eingeführten Darstellungen der Streckenübertragungsfunktion

$$G_S(s) = \frac{B(s)}{A(s)} = \frac{B^+(s)B^-(s)}{A^+(s)A^-(s)} \quad (162)$$

und der Reglerübertragungsfunktion

$$G_R(s) = \frac{S(s)}{R(s)} = \frac{\widetilde{S}(s)A^+(s)}{\widetilde{R}(s)B^+(s)} \quad (163)$$

ausgegangen. Dabei sind die Polynome $A^+(s)$ und $B^+(s)$, mit denen Streckennullstellen durch Reglerpole bzw. Streckennullstellen gekürzt werden können, festzulegende Entwurfsparameter. Hierbei ist, wie in Abschn. 16.2.2 ausgeführt, unbedingt zu beachten, dass Kürzungen nur zwischen Polen und Nullstellen innerhalb des Stabilitätsgebiets auftreten dürfen, da ansonsten der geschlossene Regelkreis zwangsläufig instabil wird.

Neben dem Sollwert w werden Störungen z_1 und z_2 am Eingang und am Ausgang der Regelstrecke betrachtet. Die geregelte Ausgangsgröße ergibt sich also im Bildbereich zu

$$\begin{aligned} Y(s) = {} & G_S(s)U(s) \\ & + G_S(s)Z_1(s) + Z_2(s). \end{aligned} \quad (164)$$

Als weitere Entwurfsparameter werden teilerfremde Polynome $R_0(s)$ und $S_0(s)$ eingeführt und die Reglerübertragungsfunktion aus Gl. (163) als

$$G_R(s) = \frac{\widetilde{S}(s)A^+(s)}{\widetilde{R}(s)B^+(s)} = \frac{S'(s)S_0(s)A^+(s)}{R'(s)R_0(s)B^+(s)} \quad (165)$$

geschrieben. Mit $R_0(s)$ und $S_0(s)$ können Reglerpole und Reglernullstellen vorgegeben werden.

Die Polynome $S_0(s)$ und $A(s)$ sowie die Polynome $R_0(s)$ und $B(s)$ sind jeweils teilerfremd. Dies bedeutet, dass alle Pol-Nullstellen-Kürzungen zwischen Regler und Strecke über die Polynome $A^+(s)$ und $B^+(s)$ vorgegeben werden. Die noch nicht weiter spezifizierten Polynome $R'(s)$ und $S'(s)$ sind nun diejenigen Größen, die beim Reglerentwurf berechnet werden müssen. Sind diese beiden Polynome berechnet, ist die Reglerübertragungsfunktion durch Gl. (165) vollständig bestimmt. In Tab. 10 sind die bei diesem Entwurfsverfahren auftretenden Polynome aufgeführt.

Die sich mit der Streckenübertragungsfunktion aus Gl. (162) und der Reglerübertragungsfunktion aus Gl. (165) ergebenden Übertragungsfunktionen des geschlossenen Kreises sich in Tab. 11 aufgeführt. Das im Nenner der Übertragungsfunk-

tionen des geschlossenen Kreises auftretende Polynom

$$A_c(s) = A^-(s)R_0(s)R'(s)$$
$$+ B^-(s)S_0(s)S'(s) \qquad (166)$$

ist ein Entwurfsparameter, mit dem die noch frei wählbaren Pole des geschlossenen Kreises festgelegt werden können. Aus der Vorgabe von $A_c(s)$ werden dann die Polynome $R'(s)$ und $S'(s)$ über Koeffizientenvergleich aus Gl. (166) bestimmt. Hieraus ergibt sich ein lineares Gleichungssystem zur Bestimmung der gesuchten Koeffizienten der Polynome $R'(s)$ und $S'(s)$. Gl. (166) wird in Anlehnung an eine Gleichung aus der Zahlentheorie als Diophantische Gleichung bezeichnet.

Für die Durchführbarkeit des Entwurfs gelten Randbedingungen, aus denen sich Bedingungen

Tab. 10 Übersicht der beim algebraischen Reglerentwurf verwendeten Polynome

Polynom	Bedeutung/Erläuterung
$B(s) =$ $B^+(s)B^-(s)$	Zählerpolynom der Regelstrecke
$A(s) =$ $A^+(s)A^-(s)$	Nennerpolynom der Regelstrecke
$B^+(s)$	Entwurfsparameter, entsteht aus der Aufteilung in zu kürzenden und nicht zu kürzenden Streckennullstellen Teilpolynom des Streckenzählerpolynoms und des Reglernennerpolynoms, enthält die Streckennullstellen, die durch Reglerpole gekürzt werden
$A^+(s)$	Entwurfsparameter, entsteht aus der Aufteilung in zu kürzenden und nicht zu kürzenden Streckenpole Teilpolynom des Streckennennerpolynoms und des Reglerzählerpolynoms, enthält die Streckenpole, die durch Reglernullstellen gekürzt werden
$B^-(s)$	Teilpolynom des Streckenzählerpolynoms, ergibt sich durch die Aufteilung von $B(s) = B^+(s)B^-(s)$ und die Vorgabe von $B^+(s)$
$A^-(s)$	Teilpolynom des Streckenzählerpolynoms, ergibt sich durch die Aufteilung von $A(s) = A^+(s)A^-(s)$ und die Vorgabe von $A^+(s)$
$S_0(s)$	Vorgebbarer Entwurfsparameter Teilpolynom des Reglerzählerpoylnoms, kann zur Vorgabe von Reglernullstellen verwendet werden teilerfremd mit $B(s)$ meist wird $S_0(s) = 1$ gesetzt
$R_0(s)$	Vorgebbarer Entwurfsparameter Teilpolynom des Reglernennerpoylnoms, kann zur Vorgabe von Reglerpolen verwendet werden teilerfremd mit $A(s)$ werden keine Reglerpole vorgegeben, wird $R_0(s) = 1$ gesetzt Für einen Regler mit I-Anteil wird $R_0(s) = s$ gesetzt
$A_c(s)$	Vorgebbarer Entwurfsparameter Polynom zur Vorgabe der frei wählbaren Pole des geschlossenen Kreises
$R'(s), S'(s)$	Teilpolynome der Reglerübertragungsfunktion, werden im Entwurf aus der Gleichung $A_c(s) = A^-(s)R_0(s)R'(s) + B^-(s)S_0(s)S'(s)$ berechnet.

Tab. 11 Übersicht der Übertragungsfunktionen beim algebraischen Reglerentwurf

Streckenübertragungsfunktion	$G_{\mathrm{S}}(s) = \dfrac{B(s)}{A(s)} = \dfrac{B^+(s)B^-(s)}{A^+(s)A^-(s)}$
Reglerübertragungsfunktion	$G_{\mathrm{R}}(s) = \dfrac{S'(s)S_0(s)A^+(s)}{R'(s)R_0(s)B^+(s)}$
Kreisübertragungsfunktion	$G_0(s) = \dfrac{S'(s)S_0(s)B^-(s)}{R'(s)R_0(s)A^-(s)}$
Führungsübertragungsfunktion	$G_{yw}(s) = \dfrac{B^-(s)S_0(s)S'(s)}{A_{\mathrm{c}}(s)}$
Störübertragungsfunktionen	$G_{yd_1}(s) = \dfrac{B(s)R_0(s)R'(s)}{A^+(s)A_{\mathrm{c}}(s)}$
	$G_{yd_2}(s) = \dfrac{A^-(s)R_0(s)R'(s)}{A_{\mathrm{c}}(s)}$
Stellübertragungsfunktionen	$G_{uw}(s) = \dfrac{A(s)S_0(s)S'(s)}{B^+(s)A_{\mathrm{c}}(s)}$
	$G_{ud_1}(s) = -\dfrac{B^-(s)S_0(s)S'(s)}{A_{\mathrm{c}}(s)}$
	$G_{ud_2}(s) = -\dfrac{A(s)S_0(s)S'(s)}{B^+(s)A_{\mathrm{c}}(s)}$

für die Grade der Polynome $R'(s)$, $S'(s)$ und $A_{\mathrm{c}}(s)$ ergeben. Die Randbedingungen sind zum einen, dass der entstehende Regler kausal (realisierbar, also Zählergrad nicht größer als Nennergrad) sein muss und zum anderen, dass die Diophantische Gleichung lösbar sein muss. Hierzu ist es erforderlich, dass mindestens so viele Variablen wie Gleichungen vorhanden sind. Es ergibt sich hieraus für $S'(s)$ die Gradbedingung

$$\deg S' \geq \deg A^- + \deg R_0 - 1. \qquad (167)$$

Wird der Grad von $S'(s)$ größer als der Minimalgrad gewählt, entstehen weitere Freiheitsgrade, mit denen prinzipiell die Zähler von einigen der Übertragungsfunktionen im geschlossenen Kreis beeinflusst werden können. Dies ist aber viel einfacher direkt über S_0 möglich, sodass es zweckmäßig ist, für $S'(s)$ den minimalen Grad zu wählen. Wenn sich für den Grad von $S'(s)$ ein Minimalgrad von -1 ergibt und der Grad nicht auf 0 erhöht werden soll, ist der Entwurf über den im nachfolgenden Abschnitt beschriebenen Ansatz durchzuführen.

Für $A_{\mathrm{c}}(s)$ ergeben sich die Gradbedingungen

$$\deg A_{\mathrm{c}} \geq \deg A + \deg S_0$$
$$+ \deg S' - \deg B \qquad (168)$$

und

$$\deg A_{\mathrm{c}} \geq \deg A^- + \deg R_0, \qquad (169)$$

die beide erfüllt sein müssen. Gl. (168) gilt für einen kausalen Regler. Soll der Regler streng kausal sein, ist der Grad um eins zu erhöhen, also die Bedingung

$$\deg A_{\mathrm{c}} \geq \deg A + \deg S_0 + \deg S' - \deg B^+ + 1 \qquad (170)$$

zur erfüllen. Der Minimalgrad von $A_{\mathrm{c}}(s)$ bestimmt die Anzahl der mindestens vorzugebenden Pole. Prinzipiell kann ein höherer Grad gewählt und damit weitere Pole vorgegebenen werden, was aber keine Vorteile bietet. Daher wird auch für $A_{\mathrm{c}}(s)$ in der Regel der minimale Grad gewählt. Der Grad von $R'(s)$ ergibt sich dann zu

$$\deg R' = \deg A_{\mathrm{c}} - \deg R_0 - \deg A^-. \qquad (171)$$

Der Entwurf läuft in den nachfolgend beschriebenen acht Schritten ab.

1. Ausgehend von der in Gl. (162) angegebenen Reglerübertragungsfunktion wird festgelegt, welche Streckenpole und -nullstellen durch Reglernullstellen und -pole gekürzt werden. Es werden also die Polynome $A^+(s)$ und $B^+(s)$ festgelegt. Durch diese Wahl ergeben sich auch die Polynome $A^-(s)$ und $B^-(s)$.
2. Es werden über $S_0(s)$ und $R_0(s)$ vorgegebene Reglernullstellen und -pole festgelegt. In den

meisten Fällen werden keine Reglernullstellen vorgegeben. Dann ist $S_0(s) = 1$ zu wählen. Wenn der Regler einen Integralanteil enthalten soll, ist $R_0(s) = s$ zu wählen.

3. Aus Gl. (167) wird der Grad von $S'(s)$ bestimmt. Hier wird meist der Minimalgrad gewählt.

4. Aus den Gln. (168) bzw. (170) und (169) wird der Grad von $A_c(s)$ bestimmt. Auch hier wird meist der Minimalgrad gewählt.

5. Der Grad von $A_c(s)$ bestimmt die Anzahl der noch festzulegenden Pole des geschlossenen Kreises. Diese sind in diesem Schritt festzulegen, worauf weiter unten eingegangen wird.

6. Aus Gl. (171) wird der Grad von $R'(s)$ berechnet.

7. Die Polynome $R'(s)$ und $S'(s)$ werden über Koeffizientenvergleich aus Gl. (166) bestimmt.

8. Mit $A^+(s)$, $B^+(s)$, $S_0(s)$, $R_0(s)$, $S'(s)$ und $R'(s)$ wird die Reglerübertragungsfunktion gemäß Gl. (165) aufgestellt.

Wie bereits erwähnt entsteht ein Spezialfall, wenn sich der Minimalgrad von $S'(s)$ zu -1 ergibt. Dies bedeutet, dass das Polynom $S'(s)$ zur Lösung der Diophantischen Gleichung nicht benötigt wird. Aus Gl. (167) folgt, dass sich der Minimalgrad von $S'(s)$ genau dann zu -1 ergibt, wenn die Grade von $R_0(s)$ und $A^-(s)$ null sind. Es werden also über $R_0(s)$ keine Reglerpole vorgegeben und es werden alle Pole der Streckenübertragungsfunktion durch Reglernullstellen gekürzt. Dies ist nur bei stabilen Regelstrecken möglich, da, wie oben ausgeführt, eine Kürzung von außerhalb des Stabilitätsgebiets liegenden Streckenpolen zwangsläufig zu einem nicht stabilen Regelkreis führt. Es kann dann $R_0(s) = 1$, $A^+(s) = A(s)$ und $A^-(s) = 1$ gesetzt werden. Da das Polynom $S'(s)$ nicht benötigt wird, kann auch $S'(s) = 1$ gewählt werden. Aus der in Gl. (166) angegeben Diophantischen Gleichung wird dann

$$A_c(s) = R'(s) + B^-(s)S_0(s). \quad (172)$$

Daraus ergibt sich

$$R'(s) = A_c(s) - B^-(s)S_0(s). \quad (173)$$

Das Polynom $R'(s)$ kann also direkt bestimmt werden und die Diophantische Gleichung muss nicht durch Koeffizientenvergleich gelöst werden. Die in Tab. 11 angegebene Führungsübertragungsfunktion und die Reglerübertragungsfunktion aus Gl. (165) ergeben sich dann zu

$$G_{yw}(s) = \frac{B^-(s)S_0(s)}{A_c(s)} \quad (174)$$

und

$$G_R(s) = \frac{S_0(s)A(s)}{B^+(s)(A_c(s) - B^-(s)S_0(s))}$$
$$= \frac{G_{yw}(s)}{G_S(s)} \frac{1}{1 - G_{yw}(s)}. \quad (175)$$

Dies bedeutet, dass in diesem Fall aus einer Vorgabe der Führungsübertragungsfunktion gemäß Gl. (174) über Gl. (175) direkt die Reglerübertragungsfunktion berechnet werden kann. Der sich hier als Spezialfall aus der Polvorgabe ergebende Ansatz, die Reglerübertragungsfunktion direkt aus einer vorgegebenen Führungsübertragungsfunktion zu berechnen, wird im nächsten Abschnitt allgemein behandelt.

16.4.4.3 Reglerentwurf über Vorgabe einer gewünschten Führungsübertragungsfunktion

Aufgrund von

$$G_{yw}(s) = \frac{G_0(s)}{1 + G_0(s)} = \frac{G_S(s)G_R(s)}{1 + G_S(s)G_R(s)} \quad (176)$$

besteht zwischen $G_{yw}(s)$ und $G_R(s)$ im geschlossenen Regelkreis der Zusammenhang

$$G_R(s) = \frac{G_{yw}(s)}{G_S(s)} \frac{1}{1 - G_{yw}(s)}. \quad (177)$$

Wird die Führungsübertragungsfunktion also in der Form

$$G_{yw}(s) = G_{\mathrm{M}}(s) = \frac{B_{\mathrm{M}}(s)}{A_{\mathrm{M}}(s)} \qquad (178)$$

vorgegeben, ergibt sich die Reglerübertragungsfunktion, mit der diese Führungsübertragungsfunktion erzielt wird, zu

$$G_{\mathrm{R}}(s) = \frac{G_{\mathrm{M}}(s)}{G_{\mathrm{S}}(s)} \frac{1}{1 - G_{\mathrm{M}}(s)}$$
$$= \frac{A(s)}{B(s)} \frac{B_{\mathrm{M}}(s)}{A_{\mathrm{M}}(s) - B_{\mathrm{M}}(s)}. \qquad (179)$$

Es gibt mehrere Bedingungen, die erfüllt sein müssen, damit dieser sehr einfache Entwurf durchgeführt werden kann. Zum einen muss die resultierende Reglerübertragungsfunktion realisierbar sein, d. h. der Zählergrad darf nicht größer sein als der Nennergrad. Diese Bedingung führt auf die Gradbedingung

$$\deg A_{\mathrm{M}} - \deg B_{\mathrm{M}} \geq \deg A - \deg B. \qquad (180)$$

Der auch als Differenzgrad bezeichnete Pol-Nullstellen-Überschuss der gewünschten Führungsübertragungsfunktion muss also mindestens so groß sein wie der der Streckenübertragungsfunktion. Dies ist über die Wahl der Grade von Zähler- und Nennerpolynom der gewünschten Führungsübertragungsfunktion leicht zu erreichen. Hierbei wird vorausgesetzt, dass die Bedingung

$$\deg (A_{\mathrm{M}} - B_{\mathrm{M}}) = \deg A_{\mathrm{M}} \qquad (181)$$

erfüllt ist. Bei $\deg A_{\mathrm{M}} > \deg B_{\mathrm{M}}$ ist dies immer der Fall, bei dem in der Regel nicht auftretenden Fall der Gradgleichheit, also $\deg A_{\mathrm{M}} = \deg B_{\mathrm{M}}$, dürfen die Koeffizienten der höchsten Potenzen in beiden Polynomen nicht gleich sein.

Zum anderen darf es zwischen der Regler- und der Streckenübertragungsfunktion nicht zu Kürzungen von Polen und Nullstellen außerhalb des Stabilitätsgebiets kommen, da sonst der geschlossene Regelkreis nicht stabil ist. In Gl. (179) steht der Nenner der Streckenübertragungsfunktion im Zähler der Reglerübertragungsfunktion und der

Zähler der Streckenübertragungsfunktion im Nenner der Reglerübertragungsfunktion. Prinzipiell ist es also möglich, dass es zur Kürzung von Polen oder Nullstellen zwischen Regler und Regelstrecke kommt. Es stellt sich daher die Frage, wie ungewollte Kürzungen vermieden werden können.

Eine Kürzung von Nullstellen der Regelstrecke durch den Regler kann vermieden werden, wenn diese Nullstellen keine Reglerpole sind. Aus Gl. (179) ist ersichtlich, dass Nullstellen des Streckenzählers $B(s)$ dann nicht zu Reglerpolen werden, wenn diese auch Nullstellen des Zählers der gewünschten Führungsübertragungsfunktion $B_{\mathrm{M}}(s)$ sind. Mit der bereits in Gl. (162) eingeführten Aufteilung des Streckenzählerpolynoms $B(s)$ in einen gekürzten Teil $B^{+}(s)$ und einen ungekürzten Teil $B^{-}(s)$ muss also $B_{\mathrm{M}}(s)$ den ungekürzten Teil enthalten. Unter den nicht gekürzten Nullstellen müssen mindestens alle diejenigen sein, die außerhalb des Stabilitätsgebiets liegen. Dies bedeutet, dass in einem stabilen geschlossenen Regelkreis die Führungsübertragungsfunktionen mindestens alle diejenigen Nullstellen der Streckenübertragungsfunktion enthalten muss, die außerhalb des Stabilitätsgebiets liegen.

Über ein weiteres Polynom $S_0(s)$ können zusätzliche Nullstellen der Führungsübertragungsfunktion vorgegeben werden. Insgesamt ergibt sich so $B_{\mathrm{M}}(s) = B^{-}(s)S_0(s)$ und damit die gewünschte Führungsübertragungsfunktion

$$G_{\mathrm{M}}(s) = \frac{B^{-}(s)S_0(s)}{A_{\mathrm{M}}(s)}. \qquad (182)$$

Ist die Regelstrecke stabil und sollen und dürfen alle Pole der Regelstrecke durch den Regler gekürzt werden, ist der Entwurf mit der so vorgegebenen Führungsübertragungsfunktion möglich. Es muss dann lediglich noch die Gradbedingung aus Gl. (180) eingehalten werden.

Bei einer instabilen Regelstrecke oder in dem Fall, dass nicht alle Pole der Regelstrecke gekürzt werden sollen, kommt eine weitere Bedingung hinzu. Eine Kürzung von Polen der Regelstrecke durch den Regler kann vermieden werden, wenn diese Pole der Regelstrecke keine Reglernullstellen sind. Aus Gl. (179) ist ersichtlich, dass Nullstellen des Streckennennerpolynoms $A(s)$ dann nicht zu Reglerpolen werden, wenn diese auch Nullstellen des Polynoms $A_M(s) - B_M(s)$ sind. Dies bedeutet, dass die gewünschte Führungsübertragungsfunktion $G_M(s)$ genau so gewählt werden muss, dass das sich aus dem Nennerpolynom $A_M(s)$ und dem Zählerpolynom $B_M(s)$ ergebende Differenzpolynom $A_M(s) - B_M(s)$ die nicht gekürzten Streckenpole als Nullstellen hat. Es ist aber schwierig, diese Bedingung bei der Wahl einer gewünschten Führungsübertragungsfunktion zu berücksichtigen. In diesem Fall ist daher das im vorangegangene Abschnitt vorgestellte Entwurfsverfahren der Polvorgabe vorzuziehen.

Nur für den Fall, dass die nicht stabilen Pole der Regelstrecke alle im Ursprung liegen und alle weiteren Pole stabil sind und gekürzt werden sollen, ist der Reglerentwurf über die Vorgabe einer gewünschten Führungsübertragungsfunktion leicht durchführbar. Die Übertragungsfunktion der Strecke ist dann

$$G_S(s) = \frac{B(s)}{A(s)} = \frac{B(s)}{A^+(s)\, s^\mu}, \qquad (183)$$

wobei das Polynom $A^+(s)$ nur stabile Nullstellen enthält. Für $\mu = 0$ ist dies der bereits behandelte Fall einer stabilen Regelstrecke. Bei $\mu \geq 1$ hat die Regelstrecke μ-fach integrierendes Verhalten. Die Bedingung, dass das Differenzpolynom $A_M(s) - B_M(s)$ die nicht gekürzten Streckenpole, also hier gerade die μ Pole im Ursprung, als Nullstellen haben muss, führt auf

$$A_M(s) - B_M(s) = s^\mu (\ldots). \qquad (184)$$

Diese Bedingung ist leicht zu erfüllen. Hierzu wird die Führungsübertragungsfunktion in der Form

$$\begin{aligned} G_M(s) &= \frac{B_M(s)}{A_M(s)} \\ &= \frac{\beta_{m_M} s^{m_M} + \ldots + \beta_1 s + \beta_0}{s^{n_M} + \alpha_{n_M-1} s^{n_M-1} + \ldots + \alpha_1 s + \alpha_0}, \end{aligned} \qquad (185)$$

also mit dem Zählerpolynom

$$B_M(s) = \beta_{m_M} s^{m_M} + \ldots + \beta_1 s + \beta_0 \qquad (186)$$

und dem Nennerpolynom

$$A_M(s) = s^{n_N} + \alpha_{n_M-1} s^{n_M-1} + \ldots + \alpha_0, \qquad (187)$$

angegeben. Gl. (184) ist dann erfüllt, wenn die Koeffizienten der μ niedrigsten Potenzen von s gleich sind. Es muss also

$$\beta_i = \alpha_i, \; i = 0,1, \ldots, \mu - 1, \qquad (188)$$

gelten, was eine recht einfache Bedingung darstellt. Diese Vorgehensweise kann auch verwendet werden, wenn der Regler ν-fach integrierendes Verhalten aufweisen soll. Es kann leicht gezeigt werden, dass dies der Fall ist, wenn die Koeffizienten der $\mu + \nu$ niedrigsten Potenzen gleich sind, d. h.

$$\beta_i = \alpha_i, \; i = 0,1, \ldots, \mu + \nu - 1. \qquad (189)$$

In den allermeisten Fällen wird eine stationär genaue Führungsübertragungsfunktion gewünscht sein, d. h.

$$G_M(0) = \frac{B_M(0)}{A_M(0)} = \frac{\beta_0}{\alpha_0} = 1, \qquad (190)$$

woraus die Gleichheit der absoluten Glieder der Polynome, also $\beta_0 = \alpha_0$, folgt. Bei einer Strecke ohne Integralanteil und einer stationären genauen Führungsübertragungsfunktion ergibt sich also automatisch ein Regler mit einfach integrierendem Verhalten. Ein Regler mit integrierendem Verhalten kann nur bei Regelstrecken eingesetzt werden, die kein differenzierendes Verhalten aufweisen, also bei $G_S(0) \neq 0$, da es sonst zu einer Kürzung der nicht stabilen Nullstelle im Ursprung durch einen entsprechenden Reglerpol kommt.

Mit der Streckenübertragungsfunktion nach Gl. (183) wird die Gradbedingung aus Gl. (180) zu

$$\begin{aligned} \deg A_M - \deg B_M \geq \\ \mu + \deg A^+ - \deg B. \end{aligned} \qquad (191)$$

Um die Koeffizientenbedingung aus Gl. (189) erfüllen zu können, muss das Zählerpolynom der

Führungsübertragungsfunktion mindestens $\mu + \nu$ Koeffizienten haben, also

$$\deg B_{\mathrm{M}} \geq \mu + \nu - 1. \qquad (192)$$

Der Reglerentwurf für eine Regelstrecke mit der in Gl. (183) gegebenen Übertragungsfunktion, bei der $A^+(s)$ nur stabile Nullstellen enthält, die alle gekürzt werden sollen, erfolgt dann in den folgenden drei Schritten.

1. Es wird festgelegt, welche Nullstellen der Regelstrecke gekürzt werden sollen. Darüber erfolgt die Aufteilung von $B(s)$ in $B^+(s)$ und $B^-(s)$, wobei die zu kürzenden Nullstellen die des Polynoms $B^+(s)$ sind. Diese müssen alle innerhalb des Stabilitätsgebiet liegen.
2. Es wird eine gewünschte Führungsübertragungsfunktion vorgegeben. Diese muss alle nicht zu kürzenden Nullstellen der Streckenübertragungsfunktion enthalten sowie für $\mu \geq 1$ die in Gl. (188) angegebene Koeffizientenbedingung erfüllen. Wenn die gewünschte Führungsübertragung auch die Koeffizientenbedingung aus Gl. (189) für $\nu \geq 1$ erfüllt, wird der resultierende Regler ν-fach integrierendes Verhalten haben. Gl. (189) ist also auch zu verwenden, um einen Regler mit integrierendem Verhalten zu erzielen. Weiterhin müssen die in den Gln. (191), (192) und (181) angegebenen Gradbedingungen erfüllt sein. Meist werden hier die Minimalgrade gewählt.
3. Aus der gewünschten Führungsübertragungsfunktion wird über Gl. (179) die Reglerübertragungsfunktion berechnet.

Dieses Verfahren ist auch für Regelstrecken mit Totzeit unmittelbar anwendbar. Dabei ist lediglich zu beachten, dass auch die gewünschte Führungsübertragungsfunktion eine Totzeit enthalten muss, die mindestens so groß ist wie die der Regelstrecke. In der Regel wird keine Vergrößerung der Totzeit angestrebt, sodass die Totzeit der Regelstrecke in der gewünschten Führungsübertragungsfunktion beibehalten wird.

16.4.4.4 Wahl der gewünschten Führungsübertragungsfunktion oder der Pole

Bei den in den beiden vorangegangenen Abschnitten behandelten Entwurfsverfahren kann entweder eine gewünschte Führungsübertragungsfunktion (mit bestimmen Bedingungen) oder die Lage der Pole des geschlossenen Kreises vorgegeben werden. Der Regler ergibt sich dann aus dieser Vorgabe. Die Anzahl der vorzugebenden Pole bzw. die minimale Ordnung und der Pol-Nullstellen-Überschuss der Führungsübertragungsfunktion ergeben sich dabei aus den Gradbedingungen. Im einfachsten Fall muss die gewünschte Führungsübertragungsfunktion keine Nullstellen haben und lässt sich dann als

$$G_{\mathrm{M}}(s) = \frac{\alpha_0}{s^{n_{\mathrm{M}}} + \alpha_{n_{\mathrm{M}}-1} s^{n_{\mathrm{M}}-1} + \ldots + \alpha_0} \qquad (193)$$

festlegen.

Ist dabei eine Führungsübertragungsfunktion erster Ordnung möglich, kann ein $\mathrm{PT_1}$-Glied gewählt werden, also

$$G_{\mathrm{M}}(s) = \frac{1}{T_{\mathrm{M}} s + 1}. \qquad (194)$$

Damit schwingt die Sprungantwort des Führungsverhaltens nicht über und die Schnelligkeit ist über die Zeitkonstante T_{M} vollständig bestimmt. Wird ein Überschwingen gewünscht, muss eine Führungsübertragungsfunktion zweiter (oder höherer) Ordnung gewählt werden.

Wenn eine Führungsübertragungsfunktion ohne Nullstellen und zweiter Ordnung gewählt werden kann, bietet es sich an, die Form

$$G_{yw}(s) = \frac{\omega_0^2}{s^2 + 2D\omega_0 s + \omega_0^2} \qquad (195)$$

zu verwenden. Es handelt sich dann um ein $\mathrm{PT_2}$-Glied ($D \geq 1$) bzw. ein $\mathrm{PT_2S}$-Glied ($D < 1$). Die Werte für Dämpfungsgrad D und Eigenfrequenz ω_0 können dann über die in den Abschn. 16.4.3.1 und 16.4.3.2 angegebenen Beziehungen bestimmt werden.

Allgemein, also auch für höhere Ordnungen, gibt es die Möglichkeit, für die Übertragungsfunktion aus Gl. (193) eine Standardform zu wählen. In Unbehauen (2008, Tab. 8.4.1) sind tabellarisch verschiedenen Standardformen für Übertragungsfunktionen bis zur sechsten Ordnung aufgeführt (es ist allerdings zu beachten, dass in der Tabelle das festzulegende Nennerpolynom mit $\beta(s)$ bezeichnet ist).

Eine weitere Möglichkeit besteht darin, eine Führungsübertragungsfunktion der Ordnung $n = k + 2$ als

$$G_{yw}(s) = \frac{5^k(1+\kappa^2)\omega_0^{k+2}}{(s+\omega_0+\mathrm{j}\kappa\omega_0)(s+\omega_0-\mathrm{j}\kappa\omega_0)(s+5\omega_0)^k} \tag{196}$$

vorzugeben. Diese weist einen reellen k-fachen Pol bei $-5\omega_0$ auf und ein konjugiert komplexes Polpaar bei $\omega_0 \pm \mathrm{j}\kappa\omega_0$. Tab. 12 enthält für verschiedene Werte von k und κ die über der normierten Zeit $\omega_0 t$ dargestellten Übergangsfunktionen. Durch geeignete Wahl von κ und ω_0 lässt sich meist ein Führungsübertragungsfunktion finden, welches die Anforderungen im Zeitbereich erfüllt.

Deutlich schwieriger ist es, wenn die gewünschte Führungsübertragungsfunktion auch Nullstellen enthalten muss (mindestens die außerhalb des Stabilitätsgebiets liegenden Nullstellen der Regelstrecke) oder generell nur die Pole es geschlossenen Kreises vorgegeben werden können. Es können dann keine allgemeinen Aussagen gemacht wer-

Tab. 12 Übertragungsverhalten bei Vorgabe eines komplexen Polpaares und eines reellen k-fachen Pols gemäß Gl. (196)

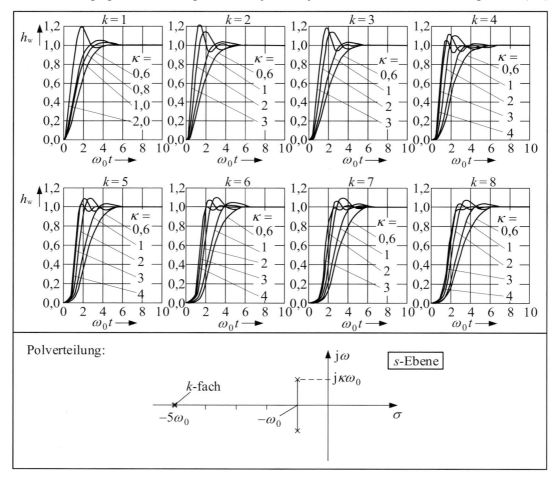

den. Eine Möglichkeit besteht darin, mit einer bestimmten Polverteilung zu beginnen, z. B. einer, die einer Standardform oder der in Gl. (196) angegebene Übertragungsfunktion entspricht. Durch systematisches Ausprobieren kann dann versucht werden, die Lage der Pole so einzustellen, dass sich ein gutes Verhalten im Zeitbereich ergibt.

Literatur

Aaron MR (1951) Synthesis of feedback control systems by means of pole and zero locations of the closed loop function. Trans AIEE 70:1439–1445

Aström KJ, Wittenmark B (1995) Adaptive control, 2. Aufl. Addison-Wesley, Reading

Aström KJ, Wittenmark B (1997) Computer-controlled systems, 3. Aufl. Addison-Wesley, Reading

Bohn C, Atherton DP (1995) An analysis package comparing PID anti-windup strategies. IEEE Control Syst Mag 15:34–40

Evans WR (1954) Control system dynamics. McGraw-Hill, New York

Francis B, Wonham W (1976) The internal model principle of control theory. Automatica 12:457–465

Hurwitz A (1895) Ueber [sic] die Bedingungen, unter welchen eine Gleichung nur Wurzeln mit negativen reellen Theilen [sic] besitzt. Math Ann 46:273–284

Newton GC, Gould LA, Kaiser JF (1957) Analytical design of linear feedback control. Wiley, New York

Nyquist H (1932) Regeneration theory. Bell Syst Tech J 11:126–147

Oppelt W (1972) Kleines Handbuch technischer Regelvorgänge, 5. Aufl. Verlag Chemie, Weinheim

Routh EJ (1877) A treatise on the stability of a given state of motion, particularly steady motion. Macmillan, London

Shipley PP (1963) A unified approach to the synthesis of linear systems. IEEE Trans Autom Control 8:114–120

Truxal JG (1950) Sevomechanism design through pole-zero configurations. Technical report 162. Research Laboratory of Electronics, Massachusetts Institute of Technology, Cambridge

Unbehauen H (1970) Stabilität und Regelgüte linearer und nichtlinearer Regler in einschleifigen Regelkreisen bei verschiedenen Streckentypen mit P- und I-Verhalten. VDI-Verlag, Düsseldorf

Unbehauen, H. (2008) Regelungstechnik I. 15. Aufl. Vieweg und Teubner, Wiesbaden

Ziegler JG, Nichols NB (1942) Optimum settings for automatic controllers. Trans ASME 64:759–768

Christian Bohn und Heinz Unbehauen

Zusammenfassung

In diesem Kapitel werden nichtlineare, digitale und Zustandsregelungen behandelt. Bei den nichtlinearen Regelungssystemen folgt nach einer Betrachtung allgemeiner Eigenschaften nichtlinearer Systeme eine Behandlung von Regelkreisen mit den in der Praxis oftmals eingesetzten schaltenden Reglern (Zwei- und Dreipunktregler). Anschließend werden als Verfahren zur Analyse nichtlinearer Systeme die Verwendung der Beschreibungsfunktion, die Darstellung in der Phasenebene, die Stabilitätstheorie nach Ljapunow und das Popov-Kriterium vorgestellt.

Bei der Behandlung digitaler Regelungen wird zunächst die prinzipielle Arbeitsweise digitaler Regelungssysteme beschrieben. Es folgen die Darstellungen im Zeitbereich und im Bildbereich unter Verwendung der z-Transformation und der damit definierten z-Übertragungsfunktion. Anschließend wird die Stabilität digitaler Regelungssysteme behandelt. Als Verfahren für die Untersuchung digitaler Systeme auf Stabilität werden die w-Transformation sowie das Jury-Kriterium vorgestellt. Für die digitale Regelung wird der Einsatz eines digitalen PID-Reglers sowie die Berechnung eines Regelalgorithmus über den analytischen Reglerentwurf behandelt, wobei auch der Spezialfall der Regelung mit endlicher Einstellzeit betrachtet wird.

Für die Analyse von Systemen im Zustandsraum wird zuerst die allgemeine Zustandsraumdarstellung vorgestellt. Die Lösung der Zustandsgleichung wird im Zeit- und im Frequenzbereich betrachtet. Auf Basis der Zustandsraumdarstellung werden Bedingungen für die interne und die externe Stabilität von Systemen angegeben. Es werden Normalformen für Systeme vorgestellt. Nach der Stabilität werden die wichtigen Systemeigenschaften der Steuerbarkeit und Beobachtbarkeit eingeführt.

Für die Synthese von Regelungen im Zustandsraum wird das auf der Rückführung der Zustände basierende Stellgesetz vorgestellt und um eine Führungsgrößenaufschaltung sowie eine Fehlerrückführung erweitert. Als Verfahren für die Berechnung der Zustandsrückführverstärkung werden Polvorgabe und optimale Regelung behandelt. Abschließend werden der Zustandsbeobachter und die beobachterbasierte Zustandsregelung sowie Erweiterungen der Zustandsregelungen diskutiert.

C. Bohn (✉)
Institut für Elektrische Informationstechnik, Technische Universität Clausthal, Clausthal-Zellerfeld, Deutschland
E-Mail: christian.bohn@tu-clausthal.de

H. Unbehauen
Bochum, Deutschland

© Der/die Autor(en), exklusiv lizenziert an Springer-Verlag GmbH, DE, ein Teil von Springer Nature 2023
M. Hennecke, B. Skrotzki (Hrsg.), *HÜTTE Band 3: Elektro- und informationstechnische Grundlagen für Ingenieure*, Springer Reference Technik
https://doi.org/10.1007/978-3-662-64375-4_62

17.1 Nichtlineare Regelsysteme

17.1.1 Allgemeine Eigenschaften nichtlinearer Regelsysteme

Die Einteilung nichtlinearer Übertragungssysteme kann nach mathematischen Gesichtspunkten (Form der Differenzialgleichungen, welche das System beschreiben) oder nach den wichtigsten nichtlinearen Eigenschaften erfolgen, die insbesondere bei technischen Systemen auftreten. Hierunter fallen die stetigen und nichtstetigen nichtlinearen Systemkennlinien, die in Tab. 1 zusammengestellt sind. Dabei wird zwischen eindeutigen Kennlinien (z. B. die Fälle 1 bis 4) und mehrdeutigen Kennlinien (z. B. die Fälle 5 bis 7) unterschieden. Die Kennlinien können symmetrisch oder unsymmetrisch zur x_e-Achse sein. Oftmals empfiehlt sich auch eine Unterteilung in ungewollte und gewollte Nichtlinearitäten. Für die Behandlung nichtlinearer Regelkreise, z. B. zur Stabilitätsanalyse und für den Reglerentwurf, fehlt im Gegensatz zu linearen zeitinvarianten Systemen eine allgemein anwendbare Theorie. Als spezielle Ansätze für die Stabilitätsanalyse können

a) die Methode der harmonischen Linearisierung (siehe Abschn. 17.1.3),

b) die Methode der Phasenebene (siehe Abschn. 17.1.4),

c) die zweite Methode von Ljapunow (siehe Abschn. 17.1.5) sowie

d) das Stabilitätskriterium von Popov (siehe Abschn. 17.1.6)

herangezogen werden. Bei der Analyse und Synthese nichtlinearer Systeme wird oftmals direkt von der Darstellung im Zeitbereich ausgegangen, d. h., es wird versucht, die Differenzialgleichungen zu lösen. Hierbei ist die numerische Simulation mittels eines blockorientierten Programmpaktes wie z. B. Simulink als Bestandteil des Programmpakets Matlab des Herstellers The MathWorks ein wichtiges Hilfsmittel.

17.1.2 Regelkreise mit Zwei- und Dreipunktreglern

Während bei einem stetig arbeitenden Regler die Reglerausgangsgröße im zulässigen Bereich jeden beliebigen Wert annehmen kann, stellt sich bei Zwei- oder Dreipunktreglern gemäß Abb. 1 die Reglerausgangsgröße jeweils nur auf zwei oder drei bestimmte Werte (Schaltzustände) ein. Bei einem Zweipunktregler können dies z. B. die beiden Stellungen „Ein" und „Aus" eines Schalters sein, bei einem Dreipunktregler z. B. die drei Schaltzustände „Vorwärts", „Rückwärts" und „Stillstand" zur Ansteuerung eines Stellgliedes in Form eines Motors. Somit werden diese Regler durch einfache Schaltglieder realisiert, deren Kennlinien in Tab. 1 enthalten sind. Zweipunktregler werden häufig bei einfachen Temperatur- oder Druckregelungen (z. B. Bügeleisen, Pressluftkompressoren) verwendet. Dreipunktregler eignen sich hingegen zur Ansteuerung von Motoren, die als Stellantriebe in zahlreichen Regelkreisen eingesetzt werden. Ein typisches Kennzeichen der Arbeitsweise dieser Regelkreise, insbesondere der mit Zweipunktreglern, ist, dass der Istwert im stationären Zustand eine periodische Schwingung mit meist kleiner Amplitude (auch Arbeitsbewegung genannt) um den Sollwert herum aufweist. Damit diese stabile Arbeitsbewegung zustande kommt und keine zu hohe Schalthäufigkeit auftritt, dürfen reine Zweipunktregler entweder nur mit totzeitbehafteten Regelstrecken zusammengeschaltet werden, oder aber das Zweipunktverhalten muss durch eine möglichst einstellbare Hysteresekennlinie erweitert werden.

Regelkreise mit einem Zwei- oder Dreipunktregler werden auch als Relaissysteme bezeichnet. Wie in den Abb. 2, 3 und 4 gezeigt, können diese Reglertypen zusätzlich durch eine innere Rückführung mit einem einstellbaren Zeitverhalten versehen werden. Das Rückführnetzwerk ist dabei linear. Die so entstehenden Regler weisen annähernd das Verhalten linearer Regler mit PI-, PD- und PID-Verhalten auf. Daher werden sie oft als quasistetige Regler bezeichnet. Für diese Reglertypen ergeben sich näherungsweise die nachfolgend aufgeführten Übertragungsfunktionen.

Tab. 1 Zusammenstellung der wichtigsten nichtlinearen Regelkreisglieder

Nr.	Symbol und Bezeichnung	Mathematische Beschreibung
1	Begrenzung	$x_a = \begin{cases} -b & \text{für } x_e < -a \\ \dfrac{b}{a} x_e & \text{für } -a \leq x_e \leq a \\ b & \text{für } x_e > a \end{cases}$
2	Zweipunktverhalten	$x_a = b\,\text{sgn}\,x_e = \begin{cases} -b & \text{für } x_e < 0 \\ b & \text{für } x_e > 0 \end{cases}$
3	Dreipunktverhalten	$x_a = \begin{cases} -b & \text{für } x_e < -a \\ 0 & \text{für } -a \leq x_e \leq a \\ b & \text{für } x_e > a \end{cases}$
4	Totzone	$x_a = \begin{cases} (x_e + a)\tan\alpha & \text{für } x_e < -a \\ 0 & \text{für } -a \leq x_e \leq a \\ (x_e - a)\tan\alpha & \text{für } x_e > a \end{cases}$
5	Hystereseverhalten	$x_a = b\,\text{sgn}\,(x_e - a\,\text{sgn}\,\dot{x}_e)$
6	Dreipunktverhalten mit Hysterese	Aufwendige und unanschauliche mathematische Formulierung
7	Getriebelose	Aufwendige und unanschauliche mathematische Formulierung

(Fortsetzung)

Tab. 1 (Fortsetzung)

Nr.	Symbol und Bezeichnung	Mathematische Beschreibung
8	Beliebige nichtlineare Kennlinie	$x_a = f(x_e)$
9	Quantisierung	x_a kann nur stufenweise, diskrete Werte (quantisierte Werte) annehmen
10	Betragsbildung	$x_a = |x_e|$
11	Quadrierung	$x_a = x_e^2$
12	Multiplikation	$x_a = x_{e_1} x_{e_2}$
13	Division	$x_a = x_{e_1} / x_{e_2}$

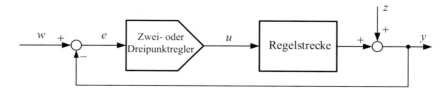

Abb. 1 Regelkreis mit Zwei- oder Dreipunktregler

a) Zweipunktregler mit verzögerter Rückführung (PD-Verhalten, Abb. 2):

$$G_R(s) \approx \frac{1}{K_R}(1 + T_r s). \qquad (1)$$

b) Zweipunktregler mit verzögert-nachgebender Rückführung (PID-Verhalten, Abb. 3):

$$G_R(s) \approx \frac{T_{r1} + T_{r2}}{K_R T_{r1}}$$
$$\cdot \left[1 + \frac{1}{(T_{r1} + T_{r2})s} + \frac{T_{r1} T_{r2}}{T_{r1} + T_{r2}} s\right]. \qquad (2)$$

c) Dreipunktregler mit verzögerter Rückführung und nachgeschaltetem integralem Stellglied (PI-Verhalten, Abb. 4):

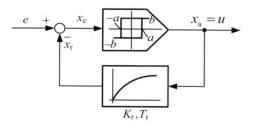
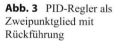

Abb. 2 PD-Regler als Zweipunktglied mit Rückführung

$$G_R(s) \approx \frac{T_r}{K_r T_m}\left(1 + \frac{1}{T_r s}\right). \qquad (3)$$

17.1.3 Analyse nichtlinearer Regelsysteme mithilfe der Beschreibungsfunktion

17.1.3.1 Definition der Beschreibungsfunktion

Nichtlineare Systeme sind unter anderem wesentlich dadurch gekennzeichnet, dass ihr Stabilitätsverhalten im Gegensatz zu dem von linearen Systemen von den Anfangsbedingungen bzw. vom Eingangssignal abhängig ist. So kann es stabile und instabile Zustände eines nichtlinearen Systems geben. Dazwischen existieren bestimmte stationäre Dauerschwingungen oder Eigenschwingungen, die als Grenzschwingungen bezeichnet werden, weil unmittelbar benachbarte Einschwingvorgänge für $t \to \infty$ von denselben entweder weglaufen oder auf sie zustreben. Diese Grenzschwingungen können stabil, instabil oder semistabil sein. Zum Beispiel stellt die Arbeitsbewegung in Regelkreisen mit Zwei- und Dreipunktreglern eine stabile Grenzschwingung dar.

Das Verfahren der harmonischen Linearisierung, auch als Verfahren der harmonischen Ba-

Abb. 3 PID-Regler als Zweipunktglied mit Rückführung

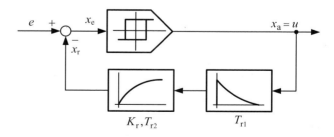

Abb. 4 PI-Regler als Dreipunktglied mit Rückführung und nachgeschaltetem Integrator

lance bezeichnet, dient dazu, bei nichtlinearen Regelkreisen zu klären, ob solche Grenzschwingungen auftreten können, welche Frequenz und Amplitude sie haben und ob sie stabil oder instabil sind. Es handelt sich dabei um ein Näherungsverfahren zur Untersuchung des Eigenverhaltens nichtlinearer Regelkreise.

Für das nichtlineare Regelkreiselement wird bei diesem Verfahren die Beschreibungsfunktion als eine Art Ersatzfrequenzgang eingeführt. Wird ein nichtlineares Übertragungsglied mit ursprungssymmetrischer Kennlinie am Eingang sinusförmig erregt, so ist das Ausgangssignal eine periodische Funktion mit derselben Frequenz, jedoch nicht mehr zwangsläufig eine einzelne Sinusschwingung. Vielmehr sind meist Oberwellen im Ausgangssignal vorhanden. Wird die Grundschwingung des Ausgangssignals $x_a(t)$ analog zum Frequenzgang bei linearen Systemen in Bezug auf das sinusförmige Eingangssignal $x_e(t) = \widehat{x}_e \sin \omega t$ gesetzt (jeweils in komplexer Darstellung als Drehzeiger mit Betrag und Phase), so ergibt sich die Beschreibungsfunktion $N(\widehat{x}_e, \omega)$. In der komplexen Ebene ist die Beschreibungsfunktion als eine Schar von Ortskurven mit $\widehat{x}_e$ und ω als Parameter darstellbar. Werden nur statische Nichtlinearitäten betrachtet, so ist deren Beschreibungsfunktion frequenzunabhängig und durch eine Ortskurve $N(\widehat{x}_e)$ darstellbar. Die Beschreibungsfunktionen sind für zahlreiche einfache Kennlinien tabelliert (Unbehauen 2007, Tab. 3.3.1; Atherton 1982, Anhang A1).

17.1.3.2 Stabilitätsuntersuchung mittels der Beschreibungsfunktion

Die Methode der harmonischen Linearisierung stellt ein Näherungsverfahren zur Untersuchung von Frequenz und Amplitude der Dauerschwingungen in nichtlinearen Regelkreisen dar, welche genau ein nichtlineares Übertragungsglied enthalten bzw. auf eine solche Struktur zurückgeführt werden können. Unter der Annahme, dass die linearen Übertragungsglieder, welche meist Tiefpassverhalten aufweisen, die durch das nichtlineare Glied bedingten Oberwellen in der Stellgröße u ausreichend stark unterdrücken, dann kann ähnlich wie für lineare Regelkreise eine charakteristische Gleichung der Form

$$1 + N(\widehat{x}_e)G(j\omega) = 0, \qquad (4)$$

auch Gleichung der harmonischen Balance genannt, aufgestellt werden. Diese Gleichung beschreibt die Bedingung für Dauerschwingungen oder Eigenschwingungen. Jedes Wertepaar $\widehat{x}_e = x_G$ und $\omega = \omega_G$, welches Gl. (4) erfüllt, beschreibt eine Grenzschwingung des geschlossenen Kreises mit der Frequenz ω_G und der Amplitude x_G.

Die Bestimmung solcher Wertepaare (x_G, ω_G) aus Gl. (4) kann analytisch oder grafisch erfolgen. Bei der grafischen Lösung wird das Zweiortskurvenverfahren verwendet. Hierzu wird Gl. (4) auf die Form

$$N(\widehat{x}_e) = -\frac{1}{G(j\omega)} \qquad (5)$$

gebracht. In der komplexen Ebene werden dann die beiden Ortskurven $N(\widehat{x}_e)$ und $-1/G(j\omega)$ gezeichnet. Ein Schnittpunkt der beiden Ortskurven stellt dann eine Grenzschwingung dar. Die Frequenz ω_G der Grenzschwingung wird an der Ortskurve des linearen Systemteils, die Amplitude $\widehat{x}_e$ an der Ortskurve der Beschreibungsfunktion abgelesen.

Ein Schnittpunkt der beiden Ortskurven stellt für gewöhnlich eine stabile Grenzschwingung dar, wenn mit wachsendem $\widehat{x}_e$ der Betrag der Beschreibungsfunktion $|N(\widehat{x}_e)|$ abnimmt. Eine instabile Grenzschwingung ergibt sich, wenn $|N(\widehat{x}_e)|$ mit $\widehat{x}_e$ zunimmt. Diese Regel gilt nicht generell, ist jedoch in den meisten praktischen Fällen anwendbar. Sie gilt allerdings bei mehreren Schnittpunkten (mit verschiedenen ω-Werten) nur für denjenigen mit dem kleinsten ω-Wert.

Besitzen beide Ortskurven keinen gemeinsamen Schnittpunkt, so gibt es keine Lösung von Gl. (4) und es existiert keine Grenzschwingung des Systems. Allerdings gibt es aufgrund der Tatsache, dass es sich um ein Näherungsverfahren handelt, Fälle, in denen das Nichtvorhandensein von Schnittpunkten beider Ortskurven zu qualitativ falschen Schlüssen führt (Unbehauen 2007, Beispiel 3.3.2).

17.1.4 Analyse nichtlinearer Regelsysteme in der Phasenebene

Die Analyse nichtlinearer Regelsysteme im Frequenzbereich ist, wie oben gezeigt wurde, nur mit mehr oder weniger groben Näherungen möglich. Um exakte Aussagen zu erhalten, muss die Analyse im Zeitbereich durchgeführt werden. Es müssen also die Differenzialgleichungen des Systems betrachtet werden. Hierbei eignet sich besonders die Beschreibung in der Phasen- oder Zustandsebene als zweidimensionaler Sonderfall des Zustandsraumes.

17.1.4.1 Zustandskurven

Es sei ein System betrachtet, welches durch die gewöhnliche Differenzialgleichung zweiter Ordnung

$$\ddot{y} - f(y, \dot{y}, u) = 0 \qquad (6)$$

beschrieben wird, wobei $f(y, \dot{y}, u)$ eine lineare oder nichtlineare Funktion sein kann. Durch die Substitution $x_1 = y$ und $x_2 = \dot{y}$ kann Gl. (6) in ein System von zwei gekoppelten Differenzialgleichungen erster Ordnung

$$\begin{aligned} \dot{x}_1 &= x_2, \\ \dot{x}_2 &= f(x_1, x_2, u) \end{aligned} \qquad (7)$$

überführt werden. Die beiden Größen x_1 und x_2 beschreiben den Zustand des Systems in jedem Zeitpunkt vollständig. Wird in einem rechtwinkligen Koordinatensystem x_2 als Ordinate über x_1 als Abszisse aufgetragen, so stellt jede Lösung der Differentialgleichung eine Kurve in dieser Zustands- oder Phasenebene dar, die der Zustandspunkt (x_1, x_2) mit einer bestimmten Geschwindigkeit durchläuft (Abb. 5). Diese Kurve wird als Zustandskurve, Phasenbahn oder Trajektorie bezeichnet. Wichtig ist, dass zu jedem Punkt der Zustandsebene bei gegebenem $u(t)$ eine eindeutige Trajektorie gehört. Für $u(t) = 0$ beschreiben die Trajektorien das Eigenverhalten des Systems. Werden die Phasenbahnen von verschiedenen Anfangsbedingungen (x_{10}, x_{20}) aus gezeichnet, so ergibt sich eine Kurvenschar, welche als Phasenporträt bezeichnet wird (Abb. 6).

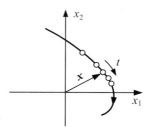

Abb. 5 Trajektorie mit Zeitkodierung

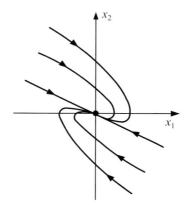

Abb. 6 Phasenportrait

Allgemein besitzen Zustandskurven die nachfolgend genannten vier Eigenschaften.

1. Jede Trajektorie verläuft in der oberen Hälfte der Phasenebene ($x_2(t) > 0$) von links nach rechts und in der unteren Hälfte der Phasenebene ($x_2(t) < 0$) von rechts nach links.
2. Trajektorien schneiden die x_1-Achse gewöhnlich senkrecht. Erfolgt der Schnitt der Trajektorien mit der x_1-Achse nicht senkrecht, dann liegt ein singulärer Punkt vor.
3. Die Gleichgewichtslagen eines dynamischen Systems werden stets durch singuläre Punkte gebildet. Diese müssen auf der x_1-Achse ($x_2 = \dot{x}_1 = 0$) liegen, da sonst keine Ruhelage möglich ist. Dabei können singuläre Punkte Wirbelpunkte, Strudelpunkte, Knotenpunkte und Sattelpunkte sein.
4. Im Phasenporträt stellen geschlossenen Zustandskurven Dauerschwingungen dar. Die früher erwähnten stationären Grenzschwingungen werden in der Phasenebene als Grenz-

zyklen bezeichnet. Diese Grenzzyklen unterscheiden sich dadurch, dass zu ihnen oder von ihnen alle benachbarten Trajektorien konvergieren bzw. divergieren. Entsprechend dem Verlauf der Trajektorien in der Nähe eines Grenzzyklus wird von stabilen, instabilen und semistabilen Grenzzyklen gesprochen.

17.1.4.2 Anwendung der Methode der Phasenebene zur Untersuchung von Relaissystemen

Je nach der vorliegenden Regelstrecke und dem eingesetzten Reglertyp erfolgt die Umschaltung der Stellgröße in einem Relaissystem auf einer speziellen Schaltkurve in der Phasenebene. Zwei Beispiele hierfür sind in den Abb. 7 und 8 für eine Regelstrecke mit doppelt integrierendem Verhalten (I_2-Glied) dargestellt. Bei dem im Abb. 8 gezeigten Fall wird die Regelstrecke in möglichst kurzer Zeit von einem beliebigen Anfangszustand $x_1(0)$ in die gewünschte Ruhelage ($x_1 = 0$ und $x_2 = 0$) gebracht. Diese Problemstellung tritt bei technischen Systemen recht häufig auf, z. B. bei der Steuerung bewegter Objekte (Luft- und Raumfahrt, Förderanlagen, Walzantriebe, Fahrzeuge). Wegen der Begrenzung der Stellamplitu-

de kann diese Zeit nicht beliebig klein gemacht werden. Bei diesem Beispiel befindet sich während des zeitoptimalen Vorgangs die Stellgröße immer an einer der beiden Begrenzungen. Für das System zweiter Ordnung ist genau eine Umschaltung erforderlich. Ein solches umschaltendes Verhalten ist für zeitoptimale Regelsysteme charakteristisch. Diese Tatsache wird durch den Satz von Feldbaum bewiesen (Feldbaum 1962).

Im vorliegenden Beispiel der in Abb. 8 gezeigten zeitoptimalen Regelung ergibt sich das optimale Regelgesetz nach Struktur und Parametern aus der mathematischen Behandlung des Problems. Im Gegensatz zu dem oft gewählten Ansatz, einen bestimmten Regler vorzugeben (z. B. einen Regler mit PID-Verhalten) und dessen Parameter nach bestimmten Kriterien zu optimieren, wird in diesem Fall keine Annahme über die Reglerstruktur getroffen. Diese ergibt sich vollständig aus dem Optimierungskriterium (minimale Zeit) zusammen mit den Nebenbedingungen (Begrenzung, Randwerte, Systemgleichung). Man bezeichnet diese Art der Optimierung im Gegensatz zur Parameteroptimierung bei vorgegebener Reglerstruktur als Strukturoptimierung. Diese Art von Problemstellung lässt sich mathema-

Abb. 7 Blockschaltbild und Phasendiagramm einer Relaisregelung mit geneigter Schaltgerade

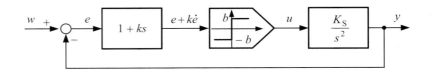

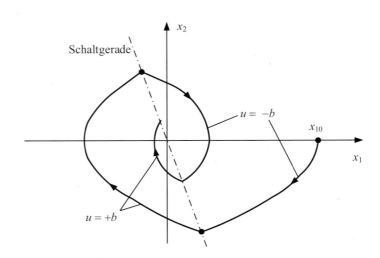

Abb. 8 Blockschaltbild und Phasendiagramm einer zeitoptimalen Regelung

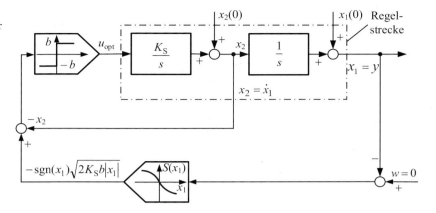

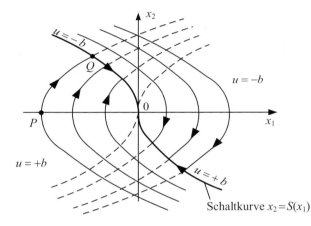

Schaltkurve $x_2 = S(x_1)$

tisch als Variationsproblem formulieren und mit der Variationsrechnung oder über das Maximumprinzip von Pontrjagin lösen (Boltjanski 1972).

17.1.5 Stabilitätstheorie nach Ljapunow

Mithilfe der sogenannten direkten Methode von Ljapunow (Hahn 1959) ist es möglich, eine Aussage über die Stabilität der Ruhelage $x = 0$, also des Ursprungs des Zustandsraumes, zu machen, ohne dass die explizite Lösung $x(t)$ der das nichtlineare System beschreibenden Differenzialgleichung

$$\dot{x} = f(x(t), u(t), t), \quad x(t_0) = x_0, \qquad (8)$$

bestimmt werden muss. Sofern die Ruhelage nicht der Ursprung ist, kann diese durch eine einfache Koordinatenverschiebung in den Ursprung ver-

schoben werden. Eine Ruhelage wird dann als (einfach) stabil bezeichnet, wenn Trajektorien für alle Zeiten in der Nähe der Ruhelage bleiben, sofern diese ausreichend dicht an der Ruhelage beginnen. Die Trajektorien müssen nicht gegen die Ruhelage konvergieren. Eine Ruhelage des Systems heißt asymptotisch stabil, wenn sie stabil ist und zusätzlich für alle Trajektorien $x(t)$, die hinreichend nahe an der Ruhelage beginnen, die Bedingung

$$\lim_{t \to \infty} \|x(t)\| = 0 \qquad (9)$$

erfüllt ist.

17.1.5.1 Der Grundgedanke der direkten Methode von Ljapunow

Zur Formulierung der direkten Methode von Ljapunow wird die Eigenschaft der Definitheit von Funktionen bzw. Matrizen benötigt. Eine Funktion $V(x)$ heißt positiv definit in einer Umgebung Ω des Ursprungs, falls die zwei Bedingungen

1. $V(x) > 0$ für $x \in \Omega$, $x \neq 0$, und
2. $V(x) = 0$ für $x = 0$

erfüllt sind. Die Funktion $V(x)$ heißt positiv semidefinit in Ω, wenn sie auch für $x \neq 0$ den Wert null annehmen kann, d. h., wenn die zwei Bedingungen

1. $V(x) \geq 0$ für $x \in \Omega$ und
2. $V(x) = 0$ für $x = 0$

erfüllt sind. Entsprechend sind negativ definite Funktionen über $V(x) < 0$ und negativ semidefinite Funktionen über $V(x) \leq 0$ definiert.

Eine für die Stabilitätsuntersuchung nach Ljapunow wichtige Klasse von Funktionen $V(x)$ ist die quadratische Form

$$V(x) = x^T P x, \qquad (10)$$

wobei P eine symmetrische Matrix ist. Ist die Funktion $V(x)$ positiv definit, wird auch die Matrix P als positiv definit bezeichnet. Mit diesen Definitionen können die Stabilitätssätze von Ljapunow angegeben werden.

17.1.5.2 Stabilitätssätze von Ljapunow
Satz 1: Stabilität im Kleinen
Das System $\dot{x}(t) = f(x(t))$ besitze die Ruhelage $x = 0$. Existiert eine Funktion $V(x)$, die in einer Umgebung Ω der Ruhelage die drei Bedingungen

1. $V(x)$ und $\frac{\partial V(x)}{\partial x}$ sind stetig,
2. $V(x)$ ist positiv definit und
3. $\dot{V}(x) = \left(\frac{\partial V(x)}{\partial x} \right)^T f(x)$ ist negativ semidefinit

erfüllt, ist die Ruhelage stabil. Die Funktion $V(x)$ wird dann als Ljapunow-Funktion bezeichnet.

Satz 2: Asymptotische Stabilität im Kleinen
Sind die Eigenschaften aus Satz 1 erfüllt und ist $\dot{V}(x)$ in Ω negativ definit, so ist die Ruhelage

asymptotisch stabil im Kleinen. Der Zusatz im Kleinen soll andeuten, dass die Umgebung Ω, in der die Bedingungen erfüllt sind, beliebig klein sein kann. Ein System mit einer zwar asymptotisch stabilen Ruhelage, die aber einen sehr kleinen Einzugsbereich aufweist und bei dem außerhalb dieses Einzugsbereichs nur instabile Trajektorien verlaufen, wird trotz der asymptotisch stabilen Ruhelage als praktisch instabil bezeichnet.

Satz 3: Asymptotische Stabilität im Großen
Das System $\dot{x}(t) = f(x(t))$ besitze die Ruhelage $x = 0$. Existiert eine Funktion $V(x)$ und eine Umgebung Ω_k der Ruhelage, definiert durch $V(x) < k$, $k > 0$, und sind die vier Bedingungen

1. Ω_k ist beschränkt,
2. $V(x)$ und $\frac{\partial V(x)}{\partial x}$ sind stetig in Ω_k,
3. $V(x)$ ist positiv definit in Ω_k und
4. $\dot{V}(x) = \left(\frac{\partial V(x)}{\partial x} \right)^T f(x)$ ist negativ definit in Ω_k

erfüllt, ist die Ruhelage stabil und Ω_k gehört zum Einzugsbereich der Ruhelage. Wesentlich hierbei ist, dass der Bereich Ω_k, in dem $V(x) < k$ ist, beschränkt ist. In der Regel ist der gesamte Einzugsbereich nicht identisch mit Ω_k, d. h. der Einzugsbereich ist größer als Ω_k.

Satz 4: Global asymptotische Stabilität
Das System $\dot{x}(t) = f(x(t))$ besitze die Ruhelage $x = 0$. Existiert eine Funktion $V(x)$, die im gesamten Zustandsraum die vier Bedingungen

1. $V(x)$ und $\frac{\partial V(x)}{\partial x}$ sind stetig,
2. $V(x)$ ist positiv definit,
3. $\dot{V}(x) = \left(\frac{\partial V(x)}{\partial x} \right)^T f(x)$ ist negativ definit und
4. $\lim\limits_{\|x\| \to \infty} V(x) = \infty$

erfüllt, ist die Ruhelage global asymptotisch stabil. Der Einzugsbereich ist dann der gesamte Zustandsraum.

Mit diesen Kriterien lassen sich nun die wichtigsten Fälle des Stabilitätsverhaltens eines Regelsystems behandeln, sofern es gelingt, eine entsprechende Ljapunow-Funktion zu finden. Gelingt dies nicht, so ist keine Aussage möglich. Wurde beispielsweise eine Ljapunow-Funktion gefunden, die nur den Bedingungen von Satz 1 genügt, so ist damit noch keineswegs ausgeschlossen, dass die Ruhelage global asymptotisch stabil ist, denn die Stabilitätsbedingungen nach Ljapunow sind nur hinreichend.

17.1.5.3 Ermittlung geeigneter Ljapunow-Funktionen

Ein systematisches Verfahren, das mit einiger Sicherheit zu einem gegebenen nichtlinearen System die beste Ljapunow-Funktion liefert, gibt es nicht. Für lineare Systeme mit der Zustandsraumdarstellung

$$\dot{x} = Ax \tag{11}$$

kann gezeigt werden, dass der Ansatz einer quadratischen Form entsprechend Gl. (10) mit einer positiv definiten symmetrischen Matrix P immer ein Ergebnis liefert. Die zeitliche Ableitung von $V(x)$ liefert über die Produktregel mit Gl. (11)

$$\dot{V}(x) = \dot{x}^{\mathrm{T}}Px + x^{\mathrm{T}}P\dot{x} = x^{\mathrm{T}}\left(A^{\mathrm{T}}P + PA\right)x. \tag{12}$$

Diese Funktion besitzt wiederum eine quadratische Form, die bei asymptotischer Stabilität negativ definit sein muss. Es muss also die Gleichung

$$A^{\mathrm{T}}P + PA = -Q \tag{13}$$

erfüllt sein, wobei Q eine positiv definite Matrix ist. Diese Beziehung wird als Ljapunow-Gleichung bezeichnet. Gemäß Satz 4 gilt folgende Aussage: Ist die Ruhelage $x = 0$ des Systems nach Gl. (11) global asymptotisch stabil, so existiert zu jeder positiv definiten Matrix Q eine positiv definite Matrix P, welche Gl. (13) erfüllt. Durch Vorgabe einer beliebigen positiv definiten Matrix Q, Auf-

lösen der Ljapunow-Gleichung nach P und Betrachtung der Definitheit von P kann also die Stabilität des Systems untersucht werden.

Für nichtlineare Systeme ist ein solches Vorgehen nicht unmittelbar möglich. Es gibt jedoch verschiedene Ansätze, die in vielen Fällen zu einem befriedigenden Ergebnis führen. Hierzu gehören die Verfahren von Aiserman (1965) und Schultz-Gibson (1962).

17.1.6 Das Stabilitätskriterium von Popov

Sofern dies möglich ist, ist es naheliegend und zweckmäßig, bei einem nichtlinearen Regelkreis den linearen Systemteil mit der Übertragungsfunktion $G(s)$ vom nichtlinearen Systemteil abzuspalten. Dabei ist der Fall eines Regelkreises mit einer statischen Nichtlinearität entsprechend Abb. 9 von besonderer Bedeutung. Für diesen Fall wurde von Popov (1961) ein Stabilitätskriterium angegeben, das anhand des Frequenzgangs $G(j\omega)$ des linearen Systemteils ohne Verwendung von Näherungen eine hinreichende Bedingung für die Stabilität liefert.

17.1.6.1 Absolute Stabilität

Es wird angenommen, dass die nichtlineare Kennlinie des in Abb. 9 dargestellten Regelkreises in einem Bereich verlaufen kann, der durch zwei Geraden begrenzt wird, deren Steigungen K_1 und $K_2 > K_1$ seien. Dies ist in Abb. 10 gezeigt. Der Bereich wird als Sektor $[K_1, K_2]$ bezeichnet. Für eine Kennlinie $F(e)$, die in diesem Sektor liegt, gilt also

$$K_1 e \leq F(e) \leq K_2 e. \tag{14}$$

Die Kennlinie geht durch den Ursprung, d. h. $F(0) = 0$ und wird als eindeutig und stückweise

Abb. 9 Standardregelkreis mit einer statischen Nichtlinearität

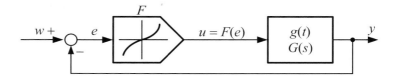

Abb. 10 Verlauf der
nichtlinearen Kennlinie im
Sektor

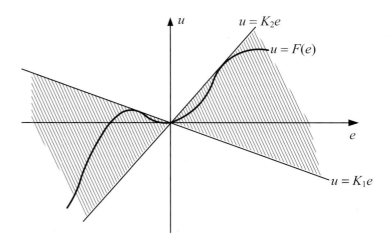

stetig angenommen. Unter diesen Bedingungen
lässt sich die absolute Stabilität des betrachteten
nichtlinearen Regelkreises definieren.

Definition: Absolute Stabilität
Der nichtlineare Regelkreis in Abb. 9 heißt
absolut stabil im Sektor $[K_1, K_2]$, wenn es für jede
Kennlinie $F(e)$, die vollständig innerhalb dieses
Sektors verläuft, eine global asymptotisch stabile
Ruhelage des geschlossenen Regelkreises gibt.

Zur Vereinfachung ist es zweckmäßig, den
Sektor $[K_1, K_2]$ auf den Sektor $[0, K]$ zu transformieren. Dies geschieht, ohne dass sich das Verhalten des Regelkreises ändert, dadurch, dass
anstelle von $F(e)$ und $G(s)$ die Größen

$$F'(e) = F(e) - K_1 e \qquad (15)$$

und

$$G'(s) = \frac{G(s)}{1 + K_1 G(s)} \qquad (16)$$

verwendet werden. Die transformierte Kennlinie
$F'(e)$ verläuft nun im Sektor $[0, K]$ mit $K =
K_2 - K_1$. Für die weiteren Betrachtungen wird
davon ausgegangen, dass diese Transformation
bereits durchgeführt ist, wobei jedoch nicht die
Bezeichnungen $F'(e)$ und $G'(s)$ verwendet werden
sollen, sondern der Einfachheit halber $F(e)$ und
$G(s)$ beibehalten werden.

17.1.6.2 Formulierung des Popov-Kriteriums
Das lineare Teilsystem in Abb. 9 wird durch die
Übertragungsfunktion

$$G(s) = \frac{b_0 + b_1 s + \ldots + b_m s^m}{a_0 + a_1 s + \ldots + s^n}, \quad m < n, \quad (17)$$

beschrieben. Die Übertragungsfunktion $G(s)$ darf
keine Pole mit positivem Realteil haben, und es
werden zunächst auch Pole mit verschwindendem
Realteil ausgeschlossen. Dann gilt das Popov-Kriterium.

Popov-Kriterium
Der Regelkreis nach Abb. 9 ist absolut stabil im
Sektor $[0, K]$, falls eine beliebige reelle Zahl
q existiert, sodass für alle $\omega \geq 0$ die Popov-
Ungleichung

$$\mathrm{Re}\left\{(1 + \mathrm{j}\omega q)G(\mathrm{j}\omega)\right\} + \frac{1}{K} > 0 \qquad (18)$$

erfüllt ist.

Da der Sektor $[0, K]$ auch die Möglichkeit
zulässt, dass $F(e) = 0$ und somit $u = 0$ sein kann,
beinhaltet dies die Untersuchung des Stabilitätsverhaltens des linearen Teilsystems. Absolute Stabilität im Sektor $[0, K]$ setzt damit voraus, dass
dann das lineare Teilsystem asymptotisch stabil
ist. Dies ist aber beim Vorhandensein von Polen

auf der imaginären Achse nicht mehr der Fall. Deshalb muss der Fall $F(e) = 0$ ausgeschlossen werden, indem als untere Sektorgrenze eine Gerade mit beliebig kleiner positiver Steigung γ benutzt wird. Es wird also der Sektor $[\gamma, K]$ betrachtet. Damit gilt das Popov-Kriterium auch für solche Systeme, wobei jedoch zusätzlich gefordert werden muss, dass der geschlossene Regelkreis mit der Verstärkung γ (linearer Fall) asymptotisch stabil ist. Dies ist immer erfüllt, wenn das lineare Teilsystem nur einen einfachen Pol bei $s = 0$ besitzt und alle weiteren Pole negative Realteile haben.

17.1.6.3 Geometrische Auswertung der Popov-Ungleichung

Wird die Popov-Ungleichung (18) in der Form

$$\mathrm{Re}\,\{G(\mathrm{j}\omega)\} - q\omega \,\mathrm{Im}\{G(\mathrm{j}\omega)\} + \frac{1}{K} > 0 \quad (19)$$

geschrieben, so lassen sich $\mathrm{Re}\{G(\mathrm{j}\omega)\}$ und $\omega\,\mathrm{Im}\{G(\mathrm{j}\omega)\}$ als Realteil und Imaginärteil einer modifizierten Ortskurve, der sogenannten Popov-Ortskurve, definieren. Die Popov-Ortskurve wird demnach beschrieben durch

$$\begin{aligned} G^*(\mathrm{j}\omega) &= \mathrm{Re}\,\{G(\mathrm{j}\omega)\} + \mathrm{j}\omega\,\mathrm{Im}\{G(\mathrm{j}\omega)\} \\ &= X + \mathrm{j}Y. \end{aligned} \quad (20)$$

Indem nun allgemeine Koordinaten X und Y für den Real- und Imaginärteil von $G^*(\mathrm{j}\omega)$ verwendet werden, ergibt sich aus der Ungleichung (19) die Beziehung

$$X - qY + \frac{1}{K} > 0. \quad (21)$$

Diese Ungleichung wird durch alle Punkte der X-Y-Ebene erfüllt, die rechts von einer Grenzlinie mit der Gleichung

$$X - qY + 1/K = 0 \quad (22)$$

liegen. Diese Grenzlinie ist eine Gerade, deren Steigung $1/q$ beträgt und deren Schnittpunkt mit der X-Achse bei $-1/K$ liegt. Diese Gerade wird als Popov-Gerade bezeichnet. Ein Vergleich von Gl. (19) mit Gl. (22) zeigt, dass das Popov-Kriterium genau dann erfüllt ist, wenn die Popov-Ortskurve vollständig rechts der Popov-Geraden verläuft. Diese Zusammenhänge sind in Abb. 11 dargestellt.

Daraus ergibt sich die Vorgehensweise bei der Anwendung des Popov-Kriteriums mit den folgenden zwei Schritten.

1. Die in Gl. (20) angegebene Popov-Ortskurve $G^*(\mathrm{j}\omega)$ wird in der X-Y-Ebene gezeichnet.
2. Ist K gegeben, so wird versucht, eine Gerade durch den Punkt $-1/K$ auf der X-Achse zu legen, welche vollständig links der Popov-Ortskurve liegt. Gelingt dies, so ist der Regelkreis absolut stabil. Gelingt dies nicht, so ist keine Aussage möglich.

Hier zeigt sich die Beziehung zum (vereinfachten) Nyquist-Kriterium, bei dem zumindest der kritische Punkt $-1/K$ der reellen Achse links der

Abb. 11 Geometrische Auswertung des Popov-Kriteriums

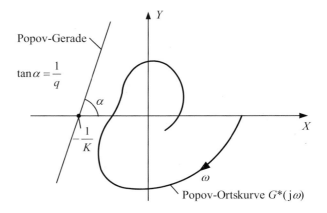

Abb. 12 Ermittlung des maximalen Wertes K_{krit}

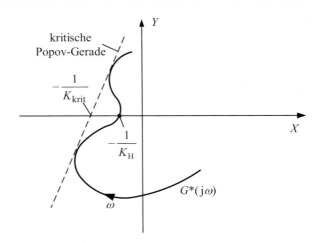

Ortskurve liegen müsste. Oft stellt sich auch die Aufgabe, den größtmöglichen Sektor $[0, K_{krit}]$ der absoluten Stabilität zu ermitteln. Dann wird der zweite Schritt modifiziert.

2'. Es wird eine Tangente von links so an die Popov-Ortskurve gelegt, dass der Schnittpunkt mit der X-Achse möglichst weit rechts liegt. Dies ergibt die maximale obere Grenze K_{krit}. Die Tangente wird auch als kritische Popov-Gerade bezeichnet. Dies ist in Abb. 12 verdeutlicht.

Der größtmögliche Sektor $[0, K_{krit}]$ wird als Popov-Sektor bezeichnet. Da das Popov-Kriterium nur eine hinreichende Stabilitätsbedingung liefert, ist es durchaus möglich, dass der maximale Sektor der absoluten Stabilität größer als der Popov-Sektor ist. Er kann jedoch nicht größer sein als der Hurwitz-Sektor $[0, K_H]$, der durch die maximale Verstärkung K_H des entsprechenden linearen Regelkreises begrenzt wird und der sich aus dem Schnittpunkt der Ortskurve mit der X-Achse ergibt.

17.2 Lineare zeitdiskrete Systeme: Digitale Regelung

17.2.1 Arbeitsweise digitaler Regelsysteme

Beim Einsatz digitaler Regelsysteme erfolgt die Abtastung eines gewöhnlich kontinuierlichen Signals $f(t)$ meist zu äquidistanten Zeitpunkten, also

mit einer konstanten Abtastperiodendauer oder auch Abtastzeit T bzw. Abtastfrequenz $f_A = 1/T$ bzw. Abtastkreisfrequenz $\omega_A = 2\pi f_A = 2\pi/T$. Ein solches Abtastsignal oder zeitdiskretes Signal wird somit durch eine Zahlenfolge $f(kT)$ beschrieben. In der Regelungstechnik werden meist Signale betrachtet, die zu einem bestimmten Zeitpunkt beginnen. Für zeitinvariante Systeme kann dieser zu $k = 0$ definiert werden. Es gilt dann $f(kT) = 0$ für $k < 0$ und das Signal wird durch die Zahlenfolge

$$f(kT) = \{ f(0), f(T), f(2T), \ldots \} \qquad (23)$$

beschrieben. Oft wird auf die Angabe der Abtastzeit im Argument verzichtet und die Zahlenfolge als $f(k)$ oder auch f_k bezeichnet. Die Abtastzeitpunkte werden also durchnummeriert.

Der prinzipiellen Aufbau eines Abtastregelkreises, bei dem ein Digitalrechner (Prozessrechner, Steuergerät) als Regler eingesetzt wird, ist in Abb. 13 gezeigt. Bei dieser digitalen Regelung wird der analoge Wert der Regelabweichung $e(t)$ in einen digitalen Wert $e(kT)$ umgewandelt. Dieser Vorgang entspricht einer Abtastung und erfolgt periodisch mit der Abtastzeit T. Infolge der beschränkten Wortlänge des hierfür eingesetzten Analog-Digital-Umsetzers (ADU) entsteht eine Amplitudenquantisierung. Diese Quantisierung oder auch Diskretisierung der Amplitude, die ähnlich auch beim Digital-Analog-Umsetzer (DAU) auftritt, ist im Gegensatz zur Diskretisierung der Zeit ein nichtlinearer Effekt. Allerdings können die Quantisierungsstufen in der Regel so klein

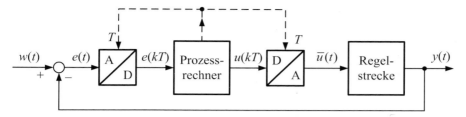

Abb. 13 Prinzipieller Aufbau eines Abtastregelkreises

gemacht werden, dass der Quantisierungseffekt vernachlässigbar ist. Die Amplitudenquantisierung wird deshalb in den folgenden Ausführungen nicht berücksichtigt.

Der digitale Regler (Prozessrechner) berechnet nach einer Rechenvorschrift (Regelalgorithmus) die Folge der Stellsignalwerte $u(kT)$ aus den Werten der Folge der Regelabweichung $e(kT)$. Da nur diskrete Signale auftreten, kann der digitale Regler als diskretes Übertragungssystem betrachtet werden.

Die berechnete diskrete Stellgröße $u(kT)$ wird vom Digital-Analog-Umsetzer in ein analoges Signal $\bar{u}(t)$ umgewandelt und jeweils über eine Abtastperiode $kT < t < (k + 1)T$ konstant gehalten. Dieses Element hat die Funktion eines Haltegliedes. Bei der Verwendung eines Haltegliedes nullter Ordnung stellt $\bar{u}(t)$ ein treppenförmiges Signal dar.

Eine wesentliche Eigenschaft solcher Abtastsysteme besteht darin, dass das Auftreten eines Abtastsignals in einem linearen kontinuierlichen System an der Linearität nichts ändert. Damit ist die theoretische Behandlung linearer diskreter Systeme in weitgehender Analogie zu der Behandlung linearer kontinuierlicher Systeme möglich. Dies wird dadurch erreicht, dass auch die kontinuierlichen Signale nur zu den Abtastzeitpunkten $t = kT$, also als Abtastsignale betrachtet werden. Damit ergibt sich für den gesamten Regelkreis eine diskrete Systemdarstellung, bei der alle Signale Zahlenfolgen sind.

17.2.2 Darstellung im Zeitbereich

Werden bei einem kontinuierlichen System Eingangs- und Ausgangssignal synchron mit der Abtastzeit T abgetastet, so stellt sich die Frage, wel-

cher Zusammenhang zwischen den beiden Folgen $u(kT)$ und $y(kT)$ besteht. Wird von der das kontinuierliche System beschreibenden Differenzialgleichung ausgegangen, so besteht die Aufgabe darin, ein zeitdiskretes Übertragungsglied zu bestimmen, welches sich näherungsweise so verhält wie das kontinuierliche System.

Prinzipiell entspricht die Bestimmung der Ausgangsfolge dann einer numerischen Lösung der Differenzialgleichung. Beim einfachsten hierfür in Frage kommenden Verfahren, dem Euler-Verfahren, werden die Differenzialquotienten durch Rückwärts-Differenzenquotienten mit genügend kleiner Schrittweite T approximiert. Für die erste Ableitung gilt dann

$$\left.\frac{\mathrm{d}f(t)}{\mathrm{d}t}\right|_{t=kT} \approx \frac{f(kT) - f((k - 1)T)}{T}. \quad (24)$$

Durch wiederholtes Anwenden dieser Näherung lassen sich die Ausdrücke für die höheren Ableitungen herleiten. So ergibt sich für die zweite Ableitung

$$\left.\frac{\mathrm{d}^2f(t)}{\mathrm{d}t^2}\right|_{t=kT} \approx$$
$$\frac{f(kT) - 2f((k - 1)T) + f((k - 2)T)}{T^2}. \quad (25)$$

Durch Ersetzen der Ableitungen durch die Differenzenquotienten geht die Differenzialgleichung in eine Differenzengleichung über. Mit einer solchen Differenzengleichung kann die Ausgangsfolge $y(kT)$ rekursiv für $k = 0, 1, 2, \ldots$ aus der Eingangsfolge $u(kT)$ berechnet werden. Allerdings handelt es sich dabei um eine Näherungslösung, die nur für kleine Schrittweiten T ausreichend genau ist.

Die allgemeine Form der Differenzengleichung zur Beschreibung eines linearen zeitinvarianten Eingrößensystems n-ter Ordnung mit der Eingangsfolge $u(k)$ und der Ausgangsfolge $y(k)$ lautet

$$y(k) + \alpha_1 y(k-1) + \ldots + \alpha_n y(k-n)$$
$$= \beta_0 u(k) + \beta_1 u(k-1) + \ldots + \beta_n u(k-n). \tag{26}$$

Durch Umformen ergibt sich für $y(k)$ die rekursive Gleichung

$$y(k) = \sum_{\nu=0}^{n} \beta_\nu u(k-\nu) - \sum_{\nu=1}^{n} \alpha_\nu y(k-\nu), \tag{27}$$

die zur numerischen Berechnung der Ausgangsfolge $y(k)$ verwendet werden kann. Die Größen $y(k-\nu)$ und $u(k-\nu)$, $\nu = 1, 2, \ldots, n$, sind die zeitlich zurückliegenden Werte der Ausgangs- bzw. Eingangsgröße. Da zur Berechnung des ersten Werts der Ausgangsgröße die $2n$ zurückliegenden Werte der Eingangs- und der Ausgangsgröße benötigt werden, sind bei Differenzengleichungen wie auch bei Differenzialgleichungen Anfangswerte zu berücksichtigen.

Ähnlich wie bei linearen kontinuierlichen Systemen die Gewichtsfunktion $g(t)$ zur Beschreibung des dynamischen Verhaltens verwendet werden kann (siehe ▶ Abschn. 15.3.2.2 und 15.3.2.3 in Kap. 15, „Einführung und Grundlagen der Regelungstechnik"), kann für diskrete Systeme als Antwort auf den diskreten Einheitsimpuls

$$u(k) = \delta(k) = \begin{cases} 1 & \text{für} \quad k = 0, \\ 0 & \text{für} \quad k \neq 0, \end{cases} \tag{28}$$

die Gewichtsfolge $g(k)$ eingeführt werden. Analog zum Faltungsintegral bei zeitkontinuierlichen Systemen (siehe ▶ Abschn. 15.3.2.3 in Kap. 15, „Einführung und Grundlagen der Regelungstechnik") besteht bei zeitdiskreten linearen Systemen zwischen der Eingangsfolge $u(k)$ und der zugehörigen Ausgangsfolge $y(k)$ der Zusammenhang über die Faltungssumme

$$y(k) = \sum_{\nu=-\infty}^{\infty} g(\nu)u(k-\nu) = \sum_{\nu=-\infty}^{\infty} g(k-\nu)u(\nu). \tag{29}$$

Bei kausalen Systemen ist $g(k) = 0$ für $k < 0$ und bei zum Zeitpunkt $k = 0$ beginnenden Eingangssignalen ist $u(k) = 0$ für $k < 0$. Der Zusammenhang zwischen der Eingangs- und der Ausgangsfolge kann dann auch als

$$y(k) = \sum_{\nu=0}^{k} g(\nu)u(k-\nu)$$
$$= \sum_{\nu=0}^{k} g(k-\nu)u(\nu) \tag{30}$$

angegeben werden.

Der Übergang zwischen kontinuierlichen und zeitdiskreten Signalen wird bei dem im Abb. 13 dargestellten Abtastsystem durch den Analog-Digital-Umsetzer realisiert. Es treten somit zum einen zeitkontinuierliche Signale auf, die als Funktionen über der Zeit t und damit für jeden Zeitpunkt $t \geq 0$ definiert sind, und zum anderen Zahlenfolgen, die nur für Zeitpunkte kT, $k = 0$, $1, 2, \ldots$, definiert sind.

Für eine mathematische Beschreibung des Systems ist eine einheitliche Darstellung der Signale erforderlich. Eine solche ergibt sich aus der in Abb. 14 gezeigten Modellvorstellung. Mit der Operation der δ-Abtastung werden zeitkontinuierliche Signale erzeugt, die nur zu den Abtastzeitpunkten ungleich null sind, aber im Gegensatz zu den Zahlenfolgen für jeden Zeitpunkt $t \geq 0$ definiert sind. Der δ-Abtaster erzeugt eine Folge von gewichteten δ-Impulsen (Dirac-Impulsen). Diese Folge wird durch

$$f^*(t) = f(t) \sum_{k=0}^{\infty} \delta(t - kT)$$
$$= \sum_{k=0}^{\infty} f(kT)\delta(t - kT) \tag{31}$$

beschrieben. In der grafischen Darstellung in Abb. 14 werden die δ-Impulse durch Pfeile repräsentiert. Diese sind hier so dargestellt, dass die Höhe jeweils dem Gewicht, also der Fläche, des zugehörigen δ-Impulses, entspricht. Die Pfeilhöhe ist somit gleich dem Wert von $f(t)$ zu den Abtastzeitpunkten $t = kT$, also $f(kT)$. Alternativ wird auch die Darstellung verwendet, bei der die Pfeile alle in der glei-

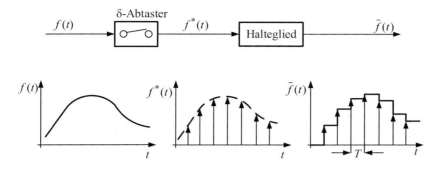

Abb. 14 Modellvorstellung von δ-Abtaster und Halteglied

chen Höhe gezeichnet werden und die Werte an die Pfeilspitzen geschrieben werden. Die Impulsfolge $f^*(t)$ stellt neben der Zahlenfolge entsprechend Gl. (23) eine weitere Möglichkeit zur mathematischen Beschreibung eines Abtastsignals dar.

Wie in Abb. 14 dargestellt kann aus der Impulsfolge $f^*(t)$ über ein Halteglied nullter Ordnung mit der Übertragungsfunktion

$$H_0(s) = \frac{1 - e^{-Ts}}{s} \qquad (32)$$

das treppenförmige Signal $\bar{f}(t)$ gebildet werden. Während also die δ-Abtastung prinzipiell die Analog-Digital-Umsetzung nachbildet, beschreibt die Übertragung durch das Halteglied nullter Ordnung die Digital-Analog-Umsetzung. Es sei allerdings darauf hingewiesen, dass es sich hier um eine mathematische Modellvorstellung handelt, die nicht der Funktionsweise eines tatsächlichen Analog-Digital-Umsetzers entspricht.

Mit δ-Abtaster und Halteglied lässt sich der Abtastregelkreis durch die in den Abb. 15 und 16 dargestellten Blockstrukturen beschreiben. Werden in der in Abb. 16 gezeigten Struktur Halteglied, Regelstrecke und δ-Abtaster zu einem Block zusammengefasst, so treten im Regelkreis nur noch die Abtastsignale $w^*(t)$, $e^*(t)$, $u^*(t)$ und $y^*(t)$ auf. Es entsteht damit eine vollständig diskrete Darstellung des Regelkreises.

Werden in der in Gl. (26) angegebenen Differenzengleichung die Zahlenfolgen $u(k)$ und $y(k)$ durch die Impulsfolgen $u^*(t)$ und $y^*(t)$ ersetzt, entsteht die auch als kontinuierliche Differenzengleichung bezeichnete Gleichung

$$y^*(t) + \alpha_1 y^*(t - T) + \alpha_2 y^*(t - 2T)$$
$$+ \ldots + \alpha_n y^*(t - nT) \qquad (33)$$
$$= \beta_0 u^*(t) + \ldots + \beta_n u^*(t - nT).$$

An dem durch die Gleichung beschriebenen Zusammenhang zwischen den Signalen zu den Abtastzeitpunkten ändert sich dadurch nichts. Formal gilt diese Gleichung nun aber für alle Zeitpunkte $t \geq 0$. Für $t \neq kT$ wird diese Gleichung zu $0 = 0$.

17.2.3 Die z-Transformation

17.2.3.1 Definition der z-Transformation
Für die Darstellung der Abtastung eines kontinuierlichen Signals wurden oben mit der Zahlenfolge $f(k)$ gemäß Gl. (23) und der Impulsfolge $f^*(t)$ als Zeitfunktion gemäß Gl. (31) bereits zwei äquivalente Möglichkeiten beschrieben. Da es sich bei $f^*(t)$ um eine Zeitfunktion handelt, ist mit der Laplace-Transformation auch eine Darstellung im Bildbereich möglich. Durch die Laplace-Transformation von $f^*(t)$ aus Gl. (31) entsteht die komplexe Funktion

$$F^*(s) = \sum_{k=0}^{\infty} f(kT) e^{-kTs}. \qquad (34)$$

Auch auf die in Gl. (33) angegebene kontinuierliche Differenzengleichung kann die Laplace-Transformation angewendet werden. Über den Verschiebesatz entsteht die Gleichung

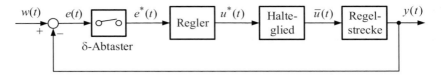

Abb. 15 Blockschaltbild eines Abtastregelkreises mit Abtastung des Fehlers

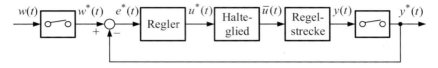

Abb. 16 Blockschaltbild eines Abtastregelkreises mit Abtastung der Ausgangsgröße und des Sollwerts

$$\left(1 + \alpha_1 e^{-Ts} + \ldots + \alpha_n e^{-nTs}\right) Y^*(s)$$
$$= \left(\beta_0 + \beta_1 e^{-Ts} + \ldots + \beta_n e^{-nTs}\right) U^*(s). \tag{35}$$

Auflösen nach der Ausgangsgröße liefert

$$Y^*(s) = \frac{\beta_0 + \beta_1 e^{-Ts} + \ldots + \beta_n e^{-nTs}}{1 + \alpha_1 e^{-Ts} + \ldots + \alpha_n e^{-nTs}} U^*(s), \tag{36}$$

sodass

$$G^*(s) = \frac{\beta_0 + \beta_1 e^{-Ts} + \ldots + \beta_n e^{-nTs}}{1 + \alpha_1 e^{-Ts} + \ldots + \alpha_n e^{-nTs}} \tag{37}$$

als Übertragungsfunktion zwischen der Eingangsgröße $U^*(s)$ und der Ausgangsgröße $Y^*(s)$ definiert werden kann.

Sowohl in der in Gl. (34) angegeben Laplace-Transformierten einer Impulsfolge als auch in der in Gl. (37) definierten Übertragungsfunktion tritt die Variable s immer nur in der Exponentialfunktion e^{Ts} auf. Anstelle von e^{Ts} wird über

$$e^{Ts} = z \quad \text{bzw.} \quad s = \frac{1}{T} \ln z \tag{38}$$

die komplexe Variable z eingeführt. Damit geht $F^*(s)$ in die Funktion

$$F(z) = \sum_{k=0}^{\infty} f(kT) z^{-k} \tag{39}$$

über, wobei wegen der Substitution entsprechend Gl. (38) die Beziehungen

$$F^*(s) = F\left(e^{Ts}\right), \ F(z) = F^*\left(\frac{1}{T} \ln z\right) \tag{40}$$

gelten. Die Funktion $F(z)$ ist die z-Transformierte der Folge $f(kT)$ (Ruge et al. 2013, Abschn. 23.3). Da für die weiteren Überlegungen anstelle von $f(kT)$ meist die abgekürzte Schreibweise $f(k)$ benutzt wird, erfolgt die Definition der z-Transformation für diese Form durch

$$\mathcal{Z}\{f(k)\} = F(z) = \sum_{k=0}^{\infty} f(k) z^{-k}, \tag{41}$$

wobei das Symbol $\mathcal{Z}$ den Operator der z-Transformation darstellt.

Für einige wichtige Zeitfunktionen $f(t)$ sind die z-Transformierten in Tabellen zusammengestellt (z. B. Ruge et al. 2013, Tab. 23-3). Die Haupteigenschaften und Rechenregeln der z-Transformation sind analog zu denen der Laplace-Transformation (Ruge et al. 2013, Abschn. 23.2). Da $F(z)$ die z-Transformierte der Zahlenfolge $f(k)$ für $k = 0,1,2, \ldots$ darstellt, liefert die inverse z-Transformation von $F(z)$,

$$\mathcal{Z}^{-1}\{F(z)\} = f(k), \tag{42}$$

wieder die Zahlenwerte $f(k)$ dieser Folge, also die diskreten Werte der zugehörigen Zeitfunktion $f(t)|_{t = kT}$ für die Zeitpunkte $t = kT$. Für die inverse z-Transformation kommen zunächst Tabellen in Betracht, denen korrespondierende Transformationen entnommen werden können (Doetsch 1985; Föllinger 2011). Für Fälle, die nicht in den Tabellen enthalten sind oder die nicht einfach auf in den Tabellen enthaltene Korrespondenzen zurückgeführt werden können, kann die Berechnung auf verschiedene Arten durchgeführt werden. Hierzu gehören die Potenzreihenentwicklung der rechten Seite von Gl. (41), die Partialbruchzerlegung von $F(z)$ sowie die Auswertung des komplexen Kurvenintegrals

$$f(k) = \frac{1}{2\pi j} \oint F(z) z^{k-1} \, dz, \quad k = 1, 2, \ldots \quad (43)$$

welches sich über den Residuensatz (Föllinger 2011, Abschn. 7.2) zu

$$f(k) = \sum_i \text{Res}\{F(z) z^{k-1}\}\big|_{z=p_i} \quad (44)$$

ergibt. Hierbei sind die Größen p_i die Pole von $F(z) z^{k-1}$.

17.2.4 Darstellung im Frequenzbereich

17.2.4.1 Die Übertragungsfunktion diskreter Systeme

Ein lineares diskretes System n-ter Ordnung wird durch die Differenzengleichung (26) beschrieben. Anwenden des Verschiebungssatzes der z-Transformation liefert unter der Annahme verschwindender Anfangsbedingungen

$$\begin{aligned}
&\left(1 + \alpha_1 z^{-1} + \alpha_2 z^{-2} + \ldots + \alpha_n z^{-n}\right) Y(z) \\
&= \left(\beta_0 + \beta_1 z^{-1} + \ldots + \beta_n z^{-n}\right) U(z).
\end{aligned} \quad (45)$$

Diese Beziehung entsteht auch direkt aus der in Gl. (33) angegebenen kontinuierlichen Differenzengleichung über die Substitution $z = e^{sT}$. Das Verhältnis der z-Transformierten von Eingangs- und Ausgangsfolge ist die z-Übertragungsfunktion

$$\begin{aligned}
G(z) &= \frac{Y(z)}{U(z)} = \frac{\beta_0 + \beta_1 z^{-1} + \ldots + \beta_n z^{-n}}{1 + \alpha_1 z^{-1} + \ldots + \alpha_n z^{-n}} \\
&= \frac{\beta_0 z^n + \beta_1 z^{n-1} + \ldots + \beta_n}{z^n + \alpha_1 z^{n-1} + \ldots + \alpha_n}
\end{aligned} \quad (46)$$

des diskreten Systems. Allgemein ist bei der Darstellung der z-Übertragungsfunktion üblich, diese

entweder als gebrochen rationale Funktion in z oder in z^{-1} anzugeben. Dies macht prinzipiell keinen Unterschied, es ändert sich aber die Reihenfolge bzw. die Nummerierung der Koeffizienten im Zähler- und im Nennerpolynom.

In Analogie zu den kontinuierlichen Systemen ist die z-Übertragungsfunktion $G(z) = \mathcal{Z}\{g(k)\}$ die z-Transformierte der Gewichtsfolge $g(k)$, d. h.

$$G(z) = \mathcal{Z}\{g(k)\}. \quad (47)$$

Über die Definition der z-Übertragungsfunktion können diskrete Systeme formal genauso behandelt werden wie kontinuierliche Systeme. Beispielsweise ergibt sich für die Hintereinanderschaltung zweier Systeme mit den z-Übertragungsfunktionen $G_1(z)$ und $G_2(z)$ die Gesamtübertragungsfunktion

$$G(z) = G_1(z) G_2(z). \quad (48)$$

Entsprechend ergibt sich für eine Parallelschaltung

$$G(z) = G_1(z) + G_2(z). \quad (49)$$

Wie im kontinuierlichen Fall kann bei Systemen mit P-Verhalten (Systemen mit Ausgleich) auch die stationäre Verstärkung K bestimmt werden, welche sich bei sprungförmiger Eingangsfolge der Höhe 1, also $u(k) = 1$ für $k \geq 0$, als stationärer Endwert der Ausgangsfolge $y(\infty)$ über den Endwertsatz der z-Transformation zu

$$K = G(1) = \left(\sum_{\nu=0}^{n} \beta_\nu\right) \Big/ \left(1 + \sum_{\nu=1}^{n} \alpha_\nu\right) \quad (50)$$

ergibt. Dies lässt sich auch darüber herleiten, dass im kontinuierlichen Fall die stationäre Verstärkung über

$$K = G(s)\big|_{s=0}, \quad (51)$$

also für $s = 0$, berechnet wird. Für z ergibt sich aufgrund von $z = e^{Ts}$ für $s = 0$ gerade $z = 1$ und damit

$$K = G(z)\big|_{z=1}. \quad (52)$$

17.2.4.2 Die z-Übertragungsfunktion kontinuierlicher Systeme

Zur Behandlung von digitalen Regelkreisen im Bildbereich wird auch für die kontinuierlichen Teilsysteme eine diskrete Systemdarstellung benötigt, also eine z-Übertragungsfunktion. Dazu wird die in Abb. 16 gezeigte Darstellung des Abtastregelkreises betrachtet. Gesucht ist das Übertragungsverhalten zwischen den Abtastsignalen $u^*(t)$ und $y^*(t)$. Die zugehörige z-Übertragungsfunktion wird im Folgenden bestimmt.

Die Gewichtsfunktion $g_{HG}(t)$ des kontinuierlichen Systems einschließlich des Haltegliedes ist

$$g_{HG}(t) = \mathcal{L}^{-1}\{H(s)G(s)\}. \tag{53}$$

Aus dieser ergibt sich durch Abtasten zu den Zeitpunkten $t = kT$ die Gewichtsfolge

$$g_{HG}(k) = \mathcal{L}^{-1}\{H(s)G(s)\}\big|_{t=kT}. \tag{54}$$

Diese hat die z-Transformierte

$$HG(z) = \mathcal{Z}\{\mathcal{L}^{-1}\{H(s)G(s)\}\big|_{t=kT}\}. \tag{55}$$

Für die Beziehung zwischen $HG(z)$ und $G(s)$ bzw. $H(s)G(s)$ wird gelegentlich auch

$$HG(z) = Z\{H(s)G(s)\} \tag{56}$$

geschrieben, wobei das Symbol Z für die in Gl. (55) enthaltene doppelte Operation $\mathcal{Z}\{\mathcal{L}^{-1}\{\ldots\}\big|_{t=kT}\}$ kennzeichnet. Es wäre somit nicht korrekt, $HG(z)$ als z-Transformierte der Übertragungsfunktion $H(s)G(s)$ zu bezeichnen. Ebenso ist $HG(z)$ nicht $H(z)G(z)$. Korrekt ist vielmehr, dass $HG(z)$ die z-Transformierte der Gewichtsfolge $g_{HG}(kT)$ ist. Außerdem ist zu beachten, dass die durch Gl. (56) beschriebene Operation nicht umkehrbar eindeutig ist, weil die Information über den Verlauf von $g_{HG}(t)$ zwischen den Abtastzeitpunkten nicht in die Transformation eingeht und somit auch aus der Rücktransformation nicht zurückgewonnen werden kann.

Wird ein Halteglied nullter Ordnung entsprechend Gl. (32) verwendet, so folgt mit $H(s) = H_0(s)$ aus Gl. (56)

$$H_0G(z) = (1 - z^{-1})Z\left\{\frac{G(s)}{s}\right\}$$
$$= \frac{z-1}{z}Z\left\{\frac{G(s)}{s}\right\}. \tag{57}$$

Generell stellt $HG(z)$ die diskrete Beschreibung des kontinuierlichen Systems mit der Übertragungsfunktion $G(s)$ und einem vorgeschalteten Halteglied sowie eines nachgeschalteten Abtasters dar. Enthält $G(s)$ eine Totzeit, d. h.

$$G(s) = G'(s)\mathrm{e}^{-T_t s}, \tag{58}$$

so ergibt sich unter der Voraussetzung, dass die Totzeit ein ganzzahliges Vielfaches der Abtastzeit ist, also $T_t = d \cdot T$ mit $d \in \mathbb{Z}_+$, für die zugehörige diskrete Übertragungsfunktion

$$HG(z) = HG'(z)z^{-d}. \tag{59}$$

Eine Totzeit führt also auf eine Multiplikation mit z^{-d}, d. h., die z-Übertragungsfunktion bleibt eine gebrochen rationale Funktion. Dies vereinfacht die Behandlung von Totzeit-Systemen im diskreten Bereich außerordentlich. Allerdings können sich dadurch bei großen Totzeiten bzw. kleinen Abtastzeiten z-Übertragungsfunktionen sehr hoher Ordnung ergeben.

Die über die in Gl. (57) angegebene Beziehung bestimmte Übertragungsfunktion stellt aufgrund der Tatsache, dass das Eingangssignal des kontinuierlichen Teilsystems über ein Halteglied erzeugt wird und dieses mit in die Umrechnung einbezogen wird, eine exakte Beschreibung des Systemverhaltens dar. Die Diskretisierung unter Einbeziehung eines vorhandenen Haltegliedes wird daher auch als exakte Diskretisierung bezeichnet. Bei der weiteren Betrachtung des diskreten Regelkreises wird die über die exakte Diskretisierung gewonnene z-Übertragungsfunktion der Strecke $HG(z)$ meist als $G(z)$ bezeichnet.

Auch für die über die Näherung der zeitlichen Ableitungen über Differenzenquotienten nach dem Euler-Verfahren ermittelte Differenzengleichung lässt sich leicht eine z-Übertragungsfunktion angeben. Dies wird anhand der Anwendung von

Gl. (24) auf ein I-Glied verdeutlicht, welches durch die Beziehung

$$\dot{y}(t) = u(t) \qquad (60)$$

bzw.

$$Y(s) = \frac{1}{s} U(s) \qquad (61)$$

beschrieben wird. Mit Gl. (24) folgt daraus die Differenzengleichung

$$y(k) = y(k-1) + T u(k), \qquad (62)$$

welche der Integration nach der Rückwärts-Rechteck-Regel entspricht. Die Anwendung der z-Transformation auf diese Beziehung liefert

$$\left(1 - z^{-1}\right) Y(z) = T U(z). \qquad (63)$$

Durch Auflösen nach der Ausgangsgröße ergibt sich

$$Y(z) = \frac{Tz}{z-1} U(z). \qquad (64)$$

Der Vergleich mit Gl. (60) zeigt, dass die Näherung über das Euler-Verfahren der Korrespondenz

$$\frac{1}{s} \to \frac{Tz}{z-1} \qquad (65)$$

bzw.

$$s \to \frac{z-1}{Tz} \qquad (66)$$

entspricht. Allgemein, d. h. auch bei Systemen höherer Ordnung, wird nun bei der approximierten Diskretisierung nach dem Euler-Verfahren so vorgegangen, dass s in der Übertragungsfunktion $G(s)$ entsprechend Gl. (66) ersetzt wird. So ergibt sich die approximierte Übertragungsfunktion $G(z)$. Diese unterscheidet sich jedoch von der Übertragungsfunktion, die aus der exakte Diskretisierung bei Vorhandensein eines Haltegliedes resultieren würde.

Eine weitere Approximationsbeziehung ergibt sich wiederum aus der Betrachtung eines I-Gliedes, für welches auch die Gleichung

$$y(t) = \int_0^t u(\tau) \, d\tau \qquad (67)$$

angegeben werden kann, wobei $y(0) = 0$ angenommen wurde. Eine Näherung der Integration über die Trapezregel ergibt

$$\begin{aligned} y(k) &\approx \sum_{i=1}^{k} \frac{u(i) + u(i-1)}{2} T \\ &= y(k-1) + \frac{u(k) + u(k-1)}{2} T. \end{aligned} \qquad (68)$$

Über die z-Transformation entsteht daraus

$$\left(1 - z^{-1}\right) Y(z) = \frac{T}{2} \left(1 + z^{-1}\right) U(z). \qquad (69)$$

Auflösen nach der Ausgangsgröße liefert

$$Y(z) = \frac{T}{2} \frac{z+1}{z-1} U(z). \qquad (70)$$

Für den Integrator ergibt sich also über die Trapez-Regel die approximierte Übertragungsfunktion

$$G(z) = \frac{T}{2} \frac{z+1}{z-1}. \qquad (71)$$

Die näherungsweise Diskretisierung über die Trapezregel entspricht damit der Korrespondenz

$$\frac{1}{s} \to \frac{T}{2} \frac{z+1}{z-1} \qquad (72)$$

bzw.

$$s \to \frac{2}{T} \frac{z-1}{z+1}. \qquad (73)$$

Diese Substitution ergibt sich auch, indem in der in Gl. (38) angegebenen Beziehung

$$s = \frac{1}{T} \ln z$$

die ln-Funktion in eine Reihe entwickelt wird. Dies führt auf

$$s = \frac{1}{T} \cdot 2 \cdot \left[\frac{z-1}{z+1} + \frac{1}{3} \left\{ \frac{z-1}{z+1} \right\}^3 \right.$$
$$\left. + \frac{1}{5} \left\{ \frac{z-1}{z+1} \right\}^5 + \ldots \right]. \qquad (74)$$

Der Abbruch dieser Reihe nach dem ersten Glied liefert

$$s \approx \frac{2}{T} \cdot \frac{z-1}{z+1}, \qquad (75)$$

was gerade der Substitutionsbeziehung nach Gl. (73) entspricht. Die Diskretisierung über die Trapez-Regel wird auch als Tustin-Approximation oder Diskretisierung über die Tustin-Regel bezeichnet.

17.2.5 Stabilität diskreter Regelsysteme

17.2.5.1 Stabilitätsbedingungen

Wie bei den zeitkontinuierlichen Systemen (siehe ▶ Abschn. 16.2 in Kap. 16, „Linearer Standardregelkreis: Analyse und Reglerentwurf"), wird auch hier nur die Stabilität des Übertragungsverhaltens (externe Stabilität, Eingangs-Ausgangs-Stabilität) behandelt. Neben der externen Stabilität gibt es noch die interne Stabilität, bei die Reaktion eines Systems auf Anfangsbedingungen betrachtet wird. Die interne Stabilität wird bei der Behandlung von Systemen im Zustandsraum in Abschn. 17.3.4.2 diskutiert.

Ein lineares, zeitinvariantes, zeitdiskretes Übertragungsglied wird als (BIBO-)stabil bezeichnet, wenn für jede beschränkte Eingangsfolge $u(k)$ auch die Ausgangsfolge $y(k)$ beschränkt ist. Die Abkürzung BIBO steht dabei für *Bounded-Input Bounded-Output*. Unter Verwendung dieser Stabilitätsdefinition kann mithilfe der Faltungssumme aus Gl. (29) die notwendige und hinreichende Stabilitätsbedingung der absoluten Summierbarkeit der Gewichtsfolge

$$\sum_{k=-\infty}^{\infty} |g(k)| < \infty \qquad (76)$$

hergeleitet werden. Durch den bei $-\infty$ beginnenden Laufindex in der Summe kommt zum Ausdruck, dass diese Stabilitätsbedingung auch für nichtkausale Systeme gilt. Bei kausalen Systemen gilt $g(k) = 0$ für $k < 0$ und der Laufindex kann dann bei $k = 0$ beginnen.

Diese Stabilitätsbedingung im Zeitbereich ist allerdings recht unhandlich. Für ein durch Gl. (26) oder Gl. (29) oder auch die z-Übertragungsfunktion

$$G(z) = \frac{\beta_0 z^n + \beta_1 z^{n-1} + \ldots + \beta_n}{z^n + \alpha_1 z^{n-1} + \ldots + \alpha_n} \qquad (77)$$

beschriebenes diskretes Übertragungsglied hängt die Stabilität ebenso wie bei zeitkontinuierlichen Systemen von der Lage der Pole ab. Eine faktorisierte Darstellung des Nennerpolynoms führt auf

$$G(z) = \frac{\beta(z)}{\prod_{i=1}^{\bar{l}} (z - z_{P,i})^{\bar{\nu}_i}}. \qquad (78)$$

Die $\bar{l}$ verschiedenen Nullstellen $z_{P,1}, z_{P,2}, \ldots, z_{P,\bar{l}}$ des Nennerpolynoms sind die Polstellen von $G(z)$, sofern Zähler- und Nennerpolynom teilerfremd sind. Der Pol $z_{P,i}$ tritt dabei $\bar{\nu}_i$-fach auf, d. h. $\bar{\nu}_i$ ist die Vielfacheit (oder Häufigkeit) des Pols $z_{P,i}$. Da ein Polynom n-ter Ordnung n Nullstellen hat, gilt

$$\bar{\nu}_1 + \bar{\nu}_1 + \ldots + \bar{\nu}_{\bar{l}} = n. \qquad (79)$$

Die Partialbruchdarstellung der Übertragungsfunktion ergibt sich dann zu

$$G(z) = G(\infty) + \sum_{i=1}^{\bar{l}} \sum_{j=1}^{\bar{\nu}_i} \frac{\Gamma_{i,j}}{(z - z_{P,i})^j}. \qquad (80)$$

Dabei ist $G(\infty)$ ein möglicherweise vorhandener nicht gebrochener Anteil und die Größen $\Gamma_{i,j}$, $i = 1, \ldots, \bar{l}, j = 1, \ldots, \bar{\nu}_i$, sind die Residuen des echt gebrochenen Anteils. Die z-Rücktransformation von $G(z)$ ergibt sich aus der z-Transformation einer zeitgewichteten Exponentialfunktion

$$\mathcal{Z}\left\{\binom{k-1}{j-1}a^{k-j}\sigma(k-j)\right\}$$
$$= \frac{1}{(z-a)^j}, \quad j = 1,2,\ldots, \tag{81}$$

sowie der z-Transformierten des zeitdiskreten Impulses

$$\mathcal{Z}\{\delta(k)\} = 1 \tag{82}$$

zu

$$g(k) = G(\infty)\delta(k)$$
$$+ \sum_{i=1}^{\bar{l}}\sum_{j=1}^{\bar{v}_i}\binom{k-1}{j-1}\frac{z_{\mathrm{P},i}^k}{z_{\mathrm{P},i}^j}\sigma(k-j)$$
$$= G(\infty)\delta(k)$$
$$+ \sum_{i=1}^{\bar{l}}\left(\frac{z_{\mathrm{P},i}^k}{z_{\mathrm{P},i}}\sigma(k-1)\right. \tag{83}$$
$$+ \sum_{j=2}^{\bar{v}_i}\frac{(k-1)\ldots(k-j+1)}{(j-1)!}$$
$$\left. \cdot\frac{z_{\mathrm{P},i}^k}{z_{\mathrm{P},i}^j}\sigma(k-j)\right)$$

Es lässt sich leicht nachvollziehen, dass diese Funktion genau dann absolut summierbar ist, also die Stabilitätsbedingung aus Gl. (76) erfüllt, wenn

$$\lim_{k\to\infty}g(k) = 0 \tag{84}$$

gilt. Die Gewichtsfolge muss also asymptotisch zu null abklingen. Hieraus können nun Stabilitätsbedingungen für die Lage der Pole formuliert werden.

Aus Gl. (83) ist ersichtlich, dass das Ab- oder Aufklingverhalten von $g(k)$ über die Exponentialfunktionen bestimmt wird. Für einen Pol $z_{\mathrm{P},i}$ mit dem Betrag ρ_i und dem Winkel Ω_i, also

$$z_{\mathrm{P},i} = \rho_i\,\mathrm{e}^{\mathrm{j}\Omega_i} \tag{85}$$

ergibt sich

$$z_{\mathrm{P},i}^k = \rho_i^k\,\mathrm{e}^{\mathrm{j}\Omega_i k} = \rho_i^k(\cos\Omega_i k + \mathrm{j}\sin\Omega_i k). \tag{86}$$

Dieser Ausdruck klingt genau dann asymptotisch zu null ab, wenn der Betrag ρ_i kleiner als eins ist. Ein lineares zeitinvariantes zeitdiskretes System ist damit genau dann stabil, wenn

$$|z_{\mathrm{P},i}| < 1, \; i = 1,2,\ldots,\bar{l}, \tag{87}$$

gilt, also alle Pole innerhalb des Einheitskreises in der imaginären Ebene liegen. Das Innere des Einheitskreises wird daher als Stabilitätsgebiet bezeichnet und der Einheitskreis als Stabilitätsrand. Pole innerhalb des Stabilitätsgebiet werden stabile Pole genannt. Ein System ist damit stabil, wenn alle Pole stabil sind. Dies gilt, wie auch die nachfolgenden Stabilitätsaussagen, gleichermaßen für zeitkontinuierliche und zeitdiskrete Systeme, wobei sich lediglich die Definitionen des Stabilitätsgebietes und des Stabilitätsrandes unterscheiden. Gelegentlich wird statt von stabilen Systemen auch von asymptotisch stabilen Systemen gesprochen.

Liegt mindestens ein Pol außerhalb des Stabilitätsgebietes, ist das System BIBO-instabil. Die Gewichtsfunktion klingt dann nicht zu null ab. Hier wird eine weitere Unterscheidung vorgenommen. Bei Vorliegen mindestens eines Poles mit einem Betrag größer als 1 wächst die Gewichtsfolge über alle Grenzen. Gleiches gilt für einen mehrfachen Pol auf dem Stabilitätsrand, also einen Pol auf dem Stabilitätsrand mit einer Vielfachheit von mindestens 2. Bei einem mehrfachen Pol auf dem Stabilitätsrand führt die Exponentialfunktion $z_{\mathrm{P},i}^k$ nicht unmittelbar zum Aufklingen. Aus Gl. (83) ist aber ersichtlich, dass für einen mehrfachen Pol mindestens noch der Faktor $(k-1)$ hinzukommt. Dieser führt dann für $k\to\infty$ zum Anwachsen über alle Grenzen. Bei einem nur einfach auftretenden Pol auf dem Stabilitätsrand wächst die Gewichtsfolge nicht über alle Grenzen, klingt aber auch nicht zu null ab. Einfache Pole auf dem Stabilitätsrand werden daher als grenzstabile Pole bezeichnet.

Pole, die nicht stabil oder grenzstabil sind, werden instabile Pole genannt. Ein System, welches keinen instabilen Pol und mindestens einen grenzstabilen Pol aufweist, heißt grenzstabiles System. Ein System mit mindestens einem instabilen Pol ist instabil. Grenzstabile und instabile Systeme sind damit BIBO-instabil. In Tab. 2 sind diese Definitionen zur Stabilität zusammengefasst.

Diese Stabilitätsbedingungen für zeitdiskrete Systeme folgen auch unmittelbar aus der Analogie zwischen der s-Ebene für kontinuierliche und der z-Ebene für diskrete Systeme. Aus

$$s = \sigma + \mathrm{j}\omega \qquad (88)$$

folgt mithilfe der in Gl. (38) angegebenen Beziehung

$$z = \mathrm{e}^{Ts} \qquad (89)$$

gerade

$$z = \mathrm{e}^{\sigma T}\mathrm{e}^{\mathrm{j}\omega T} = \rho\,\mathrm{e}^{\mathrm{j}\Omega}. \qquad (90)$$

Damit ist

$$|\,z\,| = \rho = \mathrm{e}^{\sigma T} \qquad (91)$$

und

$$\arg z = \Omega = \omega T. \qquad (92)$$

Das Stabilitätsgebiet für kontinuierliche Systeme ist die offene linke Halbebene, also der Bereich Re $s = \sigma < 0$. Aus Gl. (91) ist ersichtlich, dass $\sigma < 0$ zu $|\,z\,| < 1$ führt. Die offene linke Halbebene der s-Ebene wird also auf das Innere des Einheitskreises abgebildet. Da im kontinuierlichen Fall für BIBO-Stabilität alle Pole der Übertragungsfunktion $G(s)$ in der offenen linken Halbebene der komplexen Ebene liegen müssen, folgt, dass bei einem zeitdiskreten Systemen bei BIBO-Stabilität alle Pole der z-Übertragungsfunktion $G(z)$ im Inneren des Einheitskreises der komplexen Ebene liegen müssen. Das Innere des Einheitskreises ist also das Stabilitätsgebiet für zeitdiskrete Systeme. Der Einheitskreis, also $|\,z\,| = 1$, ist der Stabilitätsrand.

Anhand der in den Gln. (89) bis (92) angegebenen Beziehungen zwischen der s- und der z-Ebene können auch noch die Kurven mit konstanter Dämpfung ($\sigma = $ const) und konstanter Frequenz ($\omega = $ const) betrachtet werden. Es wurde bereits gezeigt, dass die offene linke Halbebene der komplexen s-Ebene (Re $s = \sigma < 0$, Bereich positiver Dämpfung) auf das Innere des Einheitskreises in der z-Ebene ($|\,z\,| < 1$) abgebildet wird. Entsprechend wird die offene rechte Halbebene der s-Ebene (Re $s = \sigma > 0$, Bereich negativer Dämpfung, also Aufklingen) auf das

Tab. 2 Definitionen zur Stabilität von linearen zeitinvarianten diskreten Systemen

Definition	Bedeutung/Erläuterung
Stabilitätsgebiet	Innere des Einheitskreises, $|\,z\,| < 1$
Stabilitätsrand	Einheitskreis, $|\,z\,| = 1$
Stabiler Pol	Pol innerhalb des Stabilitätsgebiets
Grenzstabiler Pol	Einfacher Pol (Vielfachheit 1) auf dem Stabilitätsrand
Instabiler Pol	Pol, der weder stabil noch grenzstabil ist
BIBO-stabiles System, (asymptotisch) stabiles System	Jedes beschränkte Eingangssignal verursacht ein beschränktes Ausgangssignal $\Leftrightarrow$ Gewichtsfunktion klingt asymptotisch zu null ab $\Leftrightarrow$ Kein instabiler oder grenzstabiler Pol
BIBO-instabiles System (nicht stabiles System)	Auch beschränkte Eingangssignale können unbeschränkte Ausgangssignale verursachen $\Leftrightarrow$ Gewichtsfunktion klingt nicht zu null ab $\Leftrightarrow$ Mindestens ein grenzstabiler oder instabiler Pol BIBO-instabile Systeme werden in grenzstabile und instabile Systeme unterteilt
Grenzstabiles System	BIBO-instabiles System, bei dem die Gewichtsfunktion nicht über alle Grenzen wächst $\Leftrightarrow$ Kein instabiler Pol und mindestens ein grenzstabiler Pol
Instabiles System	BIBO-instabiles System, bei dem die Gewichtsfunktion über alle Grenzen wächst $\Leftrightarrow$ Mindestens ein instabiler Pol

Äußere des Einheitskreises ($|z| > 1$) in der z-Ebene abgebildet. Die imaginäre Achse ($\sigma = 0$, Stabilitätsrad, keine Dämpfung) wird auf den Einheitskreis ($|z| = 1$) abgebildet. Bei dieser Abbildung wird für $\omega = -\infty \ldots \infty$ der Einheitskreis unendlich oft durchlaufen.

Anhand dieser Überlegungen ist leicht ersichtlich, dass Linien konstanter Dämpfung ($\sigma = const$) in der s-Ebene bei dieser Abbildung in Kreise um den Ursprung der z-Ebene übergehen. Linien konstanter Frequenz ($\omega = const$) in der s-Ebene werden in der z-Ebene als Strahlen abgebildet, die im Ursprung der z-Ebene mit konstantem Winkel $\Phi = \omega T$ beginnen. Je größer die Frequenz, desto größer wird also auch der Winkel $\Phi = \omega T$ dieser Geraden. Die Abb. 17, 18 und 19 zeigen diese Zusammenhänge zwischen der s- und der z-Ebene.

Abb. 17 Abbildung der linken s-Halbebene in das Innere des Einheitskreises der z-Ebene

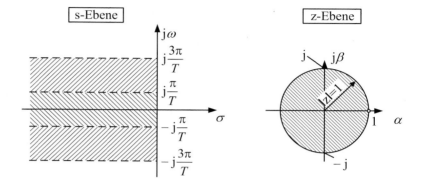

Abb. 18 Abbildung der Linien $\sigma = const$ der s-Ebene in Kreise der z-Ebene

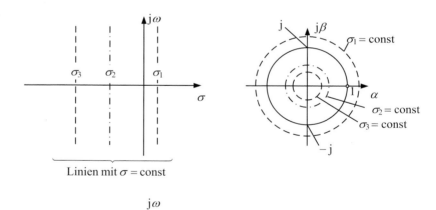

Abb. 19 Abbildung der Linien $\omega = const$ der s-Ebene in Strahlen aus dem Ursprung der z-Ebene

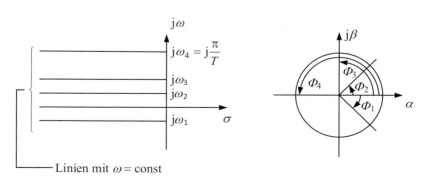

17.2.5.2 Stabilitätskriterien

Zur Überprüfung der oben definierten Stabilitätsbedingungen, dass alle Pole $z_{P,i}$ von $G(z)$ innerhalb des Einheitskreises der z-Ebene liegen müssen, stehen auch bei diskreten Systemen Kriterien zur Verfügung, die ähnlich wie bei linearen kontinuierlichen Systemen von der charakteristischen Gleichung

$$P(z) = \gamma_n z^n + \ldots + \gamma_1 z + \gamma_0 = 0 \qquad (93)$$

ausgehen. Diese Beziehung folgt aus Gl. (77) durch Nullsetzen und Umbenennung der Koeffizienten des Nennerpolynoms.

Eine einfache Möglichkeit, die Stabilität eines diskreten Systems zu überprüfen, besteht in der Verwendung der w-Transformation

$$w = \frac{z - 1}{z + 1} \qquad (94)$$

bzw.

$$z = \frac{1 + w}{1 - w}. \qquad (95)$$

Diese Transformation bildet das Innere des Einheitskreises der z-Ebene in die linke w-Ebene ab. Damit werden alle stabilen Nullstellen $z_{P,i}$ der charakteristischen Gleichung in die linke offene w-Halbebene abgebildet. Mit Gl. (95) ergibt sich aus Gl. (93) als charakteristische Gleichung in der w-Ebene dann

$$\gamma_n \left[\frac{1 + w}{1 - w}\right]^n + \ldots + \gamma_1 \left[\frac{1 + w}{1 - w}\right] + \gamma_0 = 0. \qquad (96)$$

Hierauf kann das Hurwitz-Kriterium oder das Routh-Kriterium angewendet werden (siehe ▶ Abschn. 16.2.3.1 und 16.2.3.2 in Kap. 16, „Linearer Standardregelkreis: Analyse und Reglerentwurf"). Dieser Weg ist jedoch nicht erforderlich, wenn speziell für diskrete Systeme entwickelte Stabilitätskriterien verwendet werden, wie beispielsweise das Kriterium von Jury (1964) oder das Schur-Cohn-Kriterium (Föllinger 1993). Im Folgenden sei kurz das Vorgehen beim Jury-Stabilitätskriterium gezeigt.

Zunächst wird in Gl. (92) das Vorzeichen so gewählt, dass

$$\gamma_n > 0 \qquad (97)$$

wird (alternativ kann, wie bei der charakteristischen Gleichung meist üblich, auf $\gamma_n = 1$ normiert werden). Dann wird das in Tab. 3 dargestellte Koeffizientenschema aufgestellt. Zu diesem Zweck werden die Koeffizienten γ_i in den ersten beiden Reihen wie dargestellt einmal vorwärts und einmal rückwärts eingetragen. Die nachfolgenden Sätze von jeweils zwei zusammengehörigen Reihen werden über die Determinanten

Tab. 3 Koeffizienten zum Jury-Stabilitätskriterium

Reihe	z^0	z^1	z^2	...	z^{n-2}	z^{n-1}	z^n
1	γ_0	γ_1	γ_2	...	γ_{n-2}	γ_{n-1}	γ_n
2	γ_n	γ_{n-1}	γ_{n-2}	...	γ_2	γ_1	γ_0
3	b_0	b_1	b_2	...	b_{n-2}	b_{n-1}	
4	b_{n-1}	b_{n-2}	b_{n-3}	...	b_1	b_0	
5	c_0	c_1	c_2	...	c_{n-2}		
6	c_{n-2}	c_{n-3}	c_{n-4}	...	c_0		
⋮	⋮	⋮	⋮	⋮			
$2n-5$	r_0	r_1	r_2	r_3			
$2n-4$	r_3	r_2	r_1	r_0			
$2n-3$	s_0	s_1	s_2				

$$b_k = \begin{vmatrix} \gamma_0 & \gamma_{n-k} \\ \gamma_n & \gamma_k \end{vmatrix},$$

$$c_k = \begin{vmatrix} b_0 & b_{n-1-k} \\ b_{n-1} & b_k \end{vmatrix}$$

$$d_k = \begin{vmatrix} c_0 & c_{n-2-k} \\ c_{n-2} & c_k \end{vmatrix},$$

$$\vdots$$

$$s_0 = \begin{vmatrix} r_0 & r_3 \\ r_3 & r_0 \end{vmatrix},$$

$$s_1 = \begin{vmatrix} r_0 & r_2 \\ r_3 & r_1 \end{vmatrix},$$

$$s_2 = \begin{vmatrix} r_0 & r_1 \\ r_3 & r_2 \end{vmatrix}$$

berechnet. Die Verwendung von s für die Einträge der letzten Zeile ist dabei willkürlich gewählt.

Die Berechnung erfolgt solange, bis die letzte Reihe mit den drei Zahlen s_0, s_1 und s_2 erreicht ist. Das Jury-Stabilitätskriterium besagt nun, dass für asymptotisch stabiles Verhalten die notwendigen und hinreichenden Bedingungen

$$P(1) > 0, \tag{98}$$

$$(-1)^n P(-1) > 0 \tag{99}$$

und

$$\begin{aligned} |\gamma_0| &< \gamma_n, \\ |b_{n-1}| &< |b_0|, \\ |c_{n-2}| &< |c_0|, \\ |d_{n-3}| &< |d_0|, \\ &\vdots \\ |s_2| &< |s_0| \end{aligned} \tag{100}$$

erfüllt sind.

Ist eine dieser Bedingungen nicht erfüllt, dann ist das System instabil. Bevor das Koeffizientenschema aufgestellt wird, sollten zuerst $P(1)$ und $P(-1)$ berechnet werden. Erfüllt einer dieser Werte die zugehörige obige Ungleichung nicht, liegt instabiles Verhalten vor.

17.2.6 Regelalgorithmen für die digitale Regelung

17.2.6.1 PID-Algorithmus

Eine einfache Möglichkeit, einen Regelalgorithmus für die digitale Regelung zu realisieren, besteht darin, die Funktion des konventionellen analogen PID-Reglers auf einen Prozessrechner zu übertragen. Dazu wird der PID-Regler mit verzögertem D-Verhalten und der Übertragungsfunktion

$$G_{\text{PID}}(s) = K_R \left[1 + \frac{1}{T_I s} + \frac{T_D s}{1 + T_v s} \right] \tag{101}$$

in einen diskreten Algorithmus (Differenzengleichung) umgewandelt. Da hierbei der Zeitverlauf des Eingangssignals, also die Regelabweichung $e(t)$ beliebig sein kann, ist die Bestimmung der z-Übertragungsfunktion des diskreten PID-Reglers nur näherungsweise möglich.

Für die Umwandlung des I-Anteils wird oftmals die Tustin-Formel aus Gl. (75) benutzt, wodurch eine Integration nach der Trapezregel beschrieben wird. Zur Diskretisierung des D-Anteils wird eine Substitution nach Gl. (66) vorgenommen, sodass insgesamt für den PID-Algorithmus die z-Übertragungsfunktion

$$\begin{aligned} G_{\text{PID}}(z) &= \frac{U(z)}{E(z)} \\ &= K_R \left(1 + \frac{T}{2T_I} \cdot \frac{z+1}{z-1} \right. \\ &\quad \left. + \frac{T_D}{T} \cdot \frac{z-1}{z(1 + T_v/T) - T_v/T} \right) \end{aligned} \tag{102}$$

resultiert. Dabei ist T die Abtastzeit. Durch Zusammenfassen der einzelnen Terme entsteht die z-Übertragungsfunktion zweiter Ordnung

$$G_{\text{PID}}(z) = \frac{U(z)}{E(z)} = \frac{s_2 z^2 + s_1 z + s_0}{(z-1)(z+r_1)} \tag{103}$$

mit den Polen 1 und $-r_1$, deren Koeffizienten sich gemäß

$$s_2 = \frac{K_R}{1 + T_v/T}$$
$$\cdot \left[1 + \frac{T + T_v}{2T_I} + \frac{T_D + T_v}{T} \right], \quad (104)$$

$$s_1 = \frac{K_R}{1 + T_v/T}$$
$$\cdot \left[-1 + \frac{T}{2T_I} - \frac{2(T_D + T_v)}{T} \right], \quad (105)$$

$$s_0 = \frac{K_R}{1 + T_v/T} \left[\frac{T_D + T_v}{T} - \frac{T_v}{2T_I} \right] \quad (106)$$

und

$$r_1 = -\frac{T_v}{T + T_v} \quad (107)$$

aus den Parametern K_R, T_I, T_D und T_V ergeben.

Die zugehörige Differenzengleichung

$$u(k) = s_2 e(k) + s_1 e(k-1)$$
$$+ s_0 e(k-2)$$
$$+ (1 - r_1) u(k-1) \quad (108)$$
$$+ r_1 u(k-2)$$

folgt direkt aus Gl. (103) durch inverse z-Transformation. Die Berechnung nach Gl. (108) wird auch als Stellungs- oder Positionsalgorithmus bezeichnet, da hier die Stellgröße direkt berechnet wird. Im Gegensatz dazu wird beim Geschwindigkeitsalgorithmus jeweils die Änderung der Stellgröße

$$\Delta u(k) = u(k) - u(k-1) \quad (109)$$

berechnet. Die entsprechende Differenzengleichung lautet

$$\Delta u(k) = s_2 e(k) + s_1 e(k-1)$$
$$+ s_0 e(k-2) - r_1 \Delta u(k-1). \quad (110)$$

Durch Anwendung der z-Transformation folgt aus Gl. (110) die z-Übertragungsfunktion des Geschwindigkeitsalgorithmus

$$G'_{PID}(z) = \frac{\Delta U(z)}{E(z)} = \frac{s_2 z^2 + s_1 z + s_0}{z^2 + r_1 z}. \quad (111)$$

In der Praxis kommt der Geschwindigkeitsalgorithmus zum Einsatz, wenn das Stellglied speicherndes Verhalten hat, wie es z. B. bei einem Schrittmotor der Fall ist.

Die hier besprochenen PID-Algorithmen stellen aufgrund ihrer Herleitung sogenannte quasistetige Regelalgorithmen dar, da sie aus der näherungsweisen Umrechnung einer kontinuierlichen Reglerübertragungsfunktion in eine diskrete Reglerübertragungsfunktion gebildet werden. Wird dabei die Abtastzeit T mindestens um den Faktor 10 kleiner als die dominierende Zeitkonstante des Systems gewählt, so können unmittelbar die Parameter des kontinuierlichen PID-Reglers in die Gln. (104) bis (107) eingesetzt werden. Diese können, wie z. B. in den ▶ Abschn. 16.4.2.5 in Kap. 16, „Linearer Standardregelkreis: Analyse und Reglerentwurf" beschrieben, über Optimierung oder empirische Einstellregeln bestimmt werden.

Alternativ können Einstellregeln für diskrete Regler verwendet werden. Am meisten verbreitet sind die aus den Ziegler-Nichols-Einstellregeln abgeleiteten Einstellregeln nach Takahashi et al. (1971). Wie bei den Einstellregeln nach Ziegler-Nichols (siehe ▶ Abschn. 16.4.2.5 in Kap. 16, „Linearer Standardregelkreis: Analyse und Reglerentwurf") können die Reglerparameter entweder anhand der Kennwerte des geschlossenen Regelkreises an der Stabilitätsgrenze bei Verwendung eines P-Reglers (Methode I) oder anhand der gemessenen Übergangsfunktion der Regelstrecke (Methode II) ermittelt werden. Die hierfür notwendigen Beziehungen sind in Tab. 4 für den P-, PI- und PID-Regler zusammengestellt. Dabei beschreiben die Größen K_{RKrit} den Verstärkungsfaktor eines P-Reglers an der Stabilitätsgrenze und T_{Krit} die Periodendauer der sich einstellenden Dauerschwingung.

Der PID-Algorithmus kann auch mit größeren Abtastzeiten eingesetzt werden. Allerdings ist es dann nicht mehr sinnvoll, die Parameter nach den zuvor erwähnten Regeln einzustellen. Gute

Tab. 4 Einstellwerte für diskrete Regler nach Takahashi

Methode I	Reglertypen	Reglereinstellwerte		
		K_R	T_I	T_D
	P	$0{,}5\,K_{RKrit}$	–	–
	PI	$0{,}45\,K_{RKrit}$	$0{,}83\,T_{Krit}$	–
	PID	$0{,}6\,K_{RKrit}$	$0{,}5\,T_{Krit}$	$0{,}125\,T_{Krit}$
Methode II	P	$\dfrac{1}{K_S}\,\dfrac{T_a}{T_u+T}$	–	–
	PI	$\dfrac{0{,}9}{K_S}\,\dfrac{T_a}{T_u+T/2}$	$3{,}33(T_u+T/2)$	–
	PID	$\dfrac{1{,}2}{K_S}\,\dfrac{T_a}{T_u+T}$	$2\,\dfrac{(T_u+T/2)^2}{T_u+T}$	$\dfrac{T_u+T}{2}$
Übergangsfunktion der Regelstrecke		für $T/T_a \;\le\; 1/10$		

Ergebnisse lassen sich dann z. B. durch direkte Optimierung der Parameter erzielen.

17.2.6.2 Analytischer Reglerentwurf

In ▶ Abschn. 16.4.4 in Kap. 16, „Linearer Standardregelkreis: Analyse und Reglerentwurf" werden analytische Verfahren für den Reglerentwurf behandelt. Dabei basiert das im ▶ Abschn. 16.4.4.2 in Kap. 16, „Linearer Standardregelkreis: Analyse und Reglerentwurf" vorgestellte, allgemein anwendbare Verfahren der Polvorgabe darauf, dass die Pole des geschlossenen Regelkreises vorgegeben werden. Bei dem in ▶ Abschn. 16.4.4.3 in Kap.16, „Linearer Standardregelkreis: Analyse und Reglerentwurf" vorgestellten Verfahren, welches sich auch als Spezialfall der Polvorgabe ergibt, wird direkt die Führungsübertragungsfunktion des geschlossenen Kreises vorgegeben. Diese beiden Reglerentwurfsverfahren sind in genau gleicher Vorgehensweise auch für den Entwurf zeitdiskreter Regelkreise anwendbar. Dies wird in den beiden nachfolgenden Abschn. 17.2.6.3 und 17.2.6.4 beschrieben.

Im zeitdiskreten Fall existiert die Möglichkeit, einen Regler so zu bestimmen, dass das Führungs- oder das Störverhalten des geschlossenen Regelkreises eine endliche Einstellzeit aufweist. Eine sprungförmige Sollwertänderung bzw. eine sprungförmige Störung ist also nach einer endlichen Anzahl von Abtastschritten vollständig ausgeregelt. Ein solches Verhalten wird als *Dead-Beat*-Verhalten und der Regler, der dieses Verhalten bewirkt, als *Dead-Beat*-Regler bezeichnet. Hierbei werden alle Pole der Übertragungsfunktion, welche *Dead-Beat*-Verhalten aufweisen soll, in den Ursprung der z-Ebene gelegt. Dieses *Dead-Beat*-Verhalten hat keine Entsprechung im zeitkontinuierlichen Fall, da dort Sollwertänderungen oder Störungen immer nur asymptotisch und nicht nach endlicher Zeit ausgeregelt werden können. Dies ist auch daran ersichtlich, dass Pole im Ursprung der z-Ebene wegen $z = e^{sT}$ in der s-Ebene Polen mit einem Realteil von $-\infty$ entsprechen würden. Der Entwurf von Dead-Beat-Reglern wird in den Abschn. 17.2.6.5 und 17.2.6.6 behandelt.

Da das Vorgehen beim analytischen Reglerentwurf im zeitdiskreten Fall vollständig dem im zeitkontinuierlichen Fall entspricht und dieses im ▶ Abschn. 16.4.4 in Kap. 16, „Linearer Standardregelkreis: Analyse und Reglerentwurf" ausführlich beschrieben ist, erfolgen hier keine weiteren Erläuterungen zur Vorgehensweise. Auch die beim zeitkontinuierlichen Entwurf eingeführten Variablen werden hier ohne weitere Erklärungen verwendet.

17.2.6.3 Reglerentwurf über Polvorgabe

Beim Reglerentwurf über Polvorgabe wird genauso vorgegangen wie im zeitkontinuierlichen Fall. Es ist lediglich zu beachten, dass alle Übertragungsfunktionen z-Übertragungsfunktionen sind und dass das Stabilitätsgebiet das Innere des Einheitskreises ist. Die vorgegebenen Pole müssen also ebenso wie gekürzte Pole und Nullstellen innerhalb des Einheitskreises liegen. Auf Basis der Regelstreckenübertragungsfunktion $G_S(z)$ wird dann über die acht angegebenen Schritte die Reglerübertragungsfunktion $G_R(z)$ berechnet. Wird dabei ein Regler mit Integralanteil gefordert, ist $R_0(z) = z - 1$ zu wählen, also ein Pol bei $z = 1$ vorzugeben.

Aus der Faktorisierung von Zähler- und Nennerpolynom der Regelstreckenübertragungsfunktion gemäß

$$G_S(z) = \frac{B(z)}{A(z)} = \frac{B^+(z)B^-(z)}{A^+(z)A^-(z)} \qquad (112)$$

und Vorgabe der Polynome $R_0(z)$, $S_0(z)$ und $A_c(z)$ ergibt sich die Reglerübertragungsfunktion

$$G_R(z) = \frac{S'(z)S_0(z)A^+(z)}{R'(z)R_0(z)B^+(z)} \qquad (113)$$

und damit die Führungsübertragungsfunktion

$$G_{yw}(z) = \frac{B^-(z)S_0(z)S'(z)}{A_c(z)}. \qquad (114)$$

Die Polynome $S'(z)$ und $R'(z)$ resultieren aus den Entwurfsvorgaben über das Lösen der Diophantischen Gleichung.

Da das Polynom $A_c(z)$ vorgegeben werden kann, können alle Pole der Führungsübertragungsfunktion frei festgelegt werden. Die Wahl der Pole kann durch Umrechnung von Polen in der s-Ebene, die z. B. über Dämpfungsgrad D und Eigenfrequenz ω_0 festgelegt wurden, in die z-Ebene bzw. über die

Umrechnung einer kontinuierlichen in eine diskrete Übertragungsfunktion erfolgen. Für den Fall, dass Nullstellen der Regelstrecke im geschlossenen Regelkreis beibehalten werden müssen, bietet sich wiederum systematisches Ausprobieren zur Bestimmung einer günstigen Lage der Pole an.

17.2.6.4 Reglerentwurf über Vorgabe einer gewünschten Führungsübertragungsfunktion

Die in ▶ Abschn. 16.4.4.3 in Kap. 16, „Linearer Standardregelkreis: Analyse und Reglerentwurf" für die zeitkontinuierliche Regelung vorgestellte Vorgehensweise ist einsetzbar, wenn die Regelstrecke die Übertragungsfunktion

$$G_S(s) = \frac{B(s)}{A^+(s)\,s^\mu} \qquad (115)$$

mit $\mu \geq 0$ hat, wobei das Polynom $A^+(s)$ nur stabile Nullstellen aufweist. Die Nullstellen von $A^+(s)$ müssen ausreichend gut gedämpft sein, sodass eine vollständige Kürzung durch Reglernullstellen möglich ist. Es kann dann über die drei beschriebenen Schritte ein Regler mit ν-fachem Integralverhalten (ggf. P-Verhalten bei $\nu = 0$) berechnet werden. Dieser Ansatz kann auf den zeitdiskreten Fall übertragen werden.

Die Übertragungsfunktion der Regelstrecke muss dann die Form

$$G_S(z) = \frac{B(z)}{A^+(z)\,(z-1)^\mu} \qquad (116)$$

haben, wobei allerdings $\mu \leq 1$ gelten muss. Die Strecke muss also P-Verhalten ($\mu = 0$) oder einfach integrierendes Verhalten haben ($\mu = 1$). Weiterhin muss $\nu + \mu \leq 1$ erfüllt sein, es kann also nur ein Regler mit maximal einfach integrierendem Verhalten vorgegeben werden und dies auch nur, wenn die Strecke nicht bereits integrierendes Verhalten aufweist. Alle Nullstellen des Polynoms $A^+(z)$ liegen im Stabilitätsgebiet (Innere des Einheitskreises) und werden durch Reglernullstellen gekürzt.

In diesem Spezialfall entfällt das Polynom $S'(z)$ und die Führungsübertragungsfunktion des geschlossenen Kreises ergibt sich zu

$$G_{yw}(z) = \frac{B^-(z)S_0(z)}{A_c(z)}. \tag{117}$$

Bis auf die Tatsache, dass die Führungsübertragungsfunktion über das Polynom $B^-(z)$ die nicht gekürzten Nullstellen der Regelstrecke (also mindestens diejenigen, die außerhalb des Stabilitätsgebiets liegen) aufweisen muss, kann diese Führungsübertragungsfunktion über $S_0(z)$ und $A_c(z)$ frei vorgegeben werden. Die vorgegebene Führungsübertragungsfunktion wird als

$$G_M(z) = \frac{B_M(z)}{A_M(z)} \tag{118}$$

bezeichnet. Es ist somit

$$G_M(z) = \frac{B_M(z)}{A_M(z)} = \frac{B^-(z)S_0(z)}{A_c(z)} \tag{119}$$

also

$$B_M(z) = B^-(z)S_0(z) \tag{120}$$

und

$$A_M(z) = A_c(z). \tag{121}$$

Für den Fall, dass $\nu + \mu = 1$ gilt, muss die vorgegebene Führungsübertragungsfunktion

$$\begin{aligned} G_M(z) &= \frac{B_M(z)}{A_M(z)} = \frac{B^-(z)S_0(z)}{A_M(z)} \\ &= \frac{\beta_{m_M}z^{m_M} + \ldots + \beta_1 z + \beta_0}{z^{n_M} + \alpha_{n_M-1}z^{n_M-1} + \ldots + \alpha_1 z + \alpha_0} \end{aligned} \tag{122}$$

die Koeffizientenbedingung

$$\sum_{i=1}^{m_M}\beta_i = 1 + \sum_{i=1}^{n_M-1}\alpha_i \tag{123}$$

erfüllen. Aus

$$\begin{aligned} G_M(1) &= \frac{\beta_{m_M} + \ldots + \beta_1 + \beta_0}{1 + \alpha_{n_M-1} + \ldots + \alpha_1 + \alpha_0} \\ &= \frac{\displaystyle\sum_{i=1}^{m_M}\beta_i}{1 + \displaystyle\sum_{i=1}^{n_M-1}\alpha_i} \end{aligned} \tag{124}$$

ist ersichtlich, dass die Koeffizientenbedingung gerade der Anforderung eines stationär genauen Führungsverhaltens $G_M(1) = 1$ entspricht. In den allermeisten Fällen wird dies ohnehin gefordert werden. Aus der in Gl. (122) angegebenen Führungsübertragungsfunktion und der Streckenübertragungsfunktion aus Gl. (116) wird dann die Reglerübertragungsfunktion

$$\begin{aligned} G_R(z) &= \frac{G_M(z)}{G_S(z)}\frac{1}{1 - G_M(z)} \\ &= \frac{A^+(z)(z-1)^\mu}{B(z)}\frac{B_M(z)}{A_M(z) - B_M(z)} \end{aligned} \tag{125}$$

berechnet.

17.2.6.5 Regler mit endlicher Einstellzeit (*Dead-Beat*-Regler) für Führungsverhalten

Wird die Führungsübertragungsfunktion allgemein als

$$\begin{aligned} G_{yw}(z) &= \frac{B^-(z)S_0(z)S'(z)}{A_c(z)} \\ &= \frac{\beta_{m_M}z^{m_M} + \ldots + \beta_1 z + \beta_0}{z^{n_M} + \alpha_{n_M-1}z^{n_M-1} + \ldots + \alpha_1 z + \alpha_0} \end{aligned} \tag{126}$$

geschrieben, führt die Wahl des Nennerpolynoms

$$A_c(z) = z^{n_M}, \tag{127}$$

was einer Vorgabe aller n_M Pole der Führungsübertragungsfunktion bei $z = 0$ entspricht, auf

$$\begin{aligned} G_{yw}(z) =& \left(\beta_{m_M} + \beta_{m_M-1}z^{-1} + \ldots \right.\\ &\left.+ \beta_0 z^{-m_M}\right)z^{-(n_M-m_M)}. \end{aligned} \tag{128}$$

Die Führungsübertragungsfunktion ist also ein endliches Polynom in z^{-1}. Die Impulsfolge (Gewichtsfolge) ergibt sich über die inverse z-Transformation zu

$$\begin{aligned} g_{yw}(k) =& \beta_{m_M}\delta(k - (n_M - m_M)) + \ldots \\ &+ \beta_0\delta(k - n_M) \end{aligned} \tag{129}$$

und damit gilt $g_{yw}(k) = 0$ für $k > n_M$, die Impulsantwortfolge verschwindet also nach n_M Schritten. Entsprechend ist die Sprungantwortfolge $h_{yw}(k)$ nach n_M Schritten auf einen konstanten Wert eingeschwungen. Dies bedeutet allerdings zunächst nur, dass die Sprungantwort $h_{yw}(t)$ nach n_M Schritten an den Abtastzeitpunkten konstant ist. In der Sprungantwort könnte aber immer noch eine Schwingung mit der halben Abtastfrequenz vorliegen, die genau zu den Abtastzeitpunkten nicht sichtbar ist. Dies kann ausgeschlossen werden, indem gefordert wird, dass auch die Stellübertragungsfunktion ein endliches Polynom in z^{-1} ist. Die Stellübertragungsfunktion ergibt sich aus der Streckenübertragungsfunktion

$$G_S(z) = \frac{B(z)}{A(z)} \qquad (130)$$

und der Führungsübertragungsfunktion $G_{yw}(z)$ zu

$$\begin{aligned} G_{uw}(z) &= \frac{G_{yw}(z)}{G_S(z)} = \frac{A(z)B^-(z)S_0(z)S'(z)}{B(z)A_c(z)} \\ &= \frac{A(z)B^-(z)S_0(z)S'(z)}{B(z)z^{n_M}}. \end{aligned} \qquad (131)$$

Damit diese Stellübertragungsfunktion ein endliches Polynom in z^{-1} ist, muss das Zählerpolynom der Regelstrecke $B(z)$ im Nenner gerade verschwinden. Dies ist dann der Fall, wenn das Zählerpolynom der gewünschten Führungsübertragungsfunktion das komplette Streckenzählerpolynom als Faktor enthält. Dies entspricht der Vorgabe

$$B^+(z) = 1, \ B^-(z) = B(z). \qquad (132)$$

Die Vorgaben

$$B^+(z) = 1, \ B^-(z) = B(z), A_c(z) = z^{n_M} \qquad (133)$$

charakterisieren damit den Reglerentwurf für endliche Einstellzeit vollständig. Der Reglerentwurf kann dann über das Verfahren für Polvorgabe berechnet werden. Wird dabei ein Regler mit Integralanteil gefordert, ist $R_0(z) = z - 1$ zu wählen, also ein Reglerpol bei $z = 1$ vorzugeben.

Für den Spezialfall, dass die Regelstrecke die Übertragungsfunktion

$$G_S(z) = \frac{B(z)}{A^+(z)\,(z-1)^\mu} \qquad (134)$$

mit $\mu \leq 1$ hat, wobei alle Nullstellen des Polynoms $A^+(z)$ stabil sind und durch Reglernullstellen gekürzt werden sollen, kann die Berechnung der Reglerübertragungsfunktion auch direkt über die gewünschte Führungsübertragungsfunktion erfolgen. Hierzu wird die gewünschte Führungsübertragungsfunktion als

$$\begin{aligned} G_M(z) &= \frac{B_M(z)}{A_M(z)} = \frac{B(z)S_0(z)}{z^{n_M}} \\ &= \frac{\beta_{m_M}z^{m_M} + \ldots + \beta_1 z + \beta_0}{z^{n_M}} \end{aligned} \qquad (135)$$

vorgegeben. Für stationäre Genauigkeit (bzw. zwangsläufig bei $\mu = 1$) ist die Koeffizientenbedingung

$$\sum_{i=1}^{m_M} \beta_i = 1 \qquad (136)$$

zu erfüllen, was über die Wahl von $S_0(z)$ sichergestellt werden kann. Aus der vorgegebenen Führungsübertragungsfunktion wird dann über

$$\begin{aligned} G_R(z) &= \frac{G_M(z)}{G_S(z)} \frac{1}{1 - G_M(z)} \\ &= \frac{A^+(z)(z-1)^\mu S_0(z)}{z^{n_M} - B(z)S_0(z)} \end{aligned} \qquad (137)$$

die Reglerübertragungsfunktion berechnet.

17.2.6.6 Regler mit endlicher Einstellzeit (*Dead-Beat*-Regler) für Störverhalten

Mit der Wahl des Nennerpolynoms $A_c(z) = z^{n_M}$ der Führungsübertragungsfunktion gemäß Gl. (127) ergibt sich die Störübertragungsfunktion bezüglich einer am Eingang der Regelstrecke angreifenden Störung d_1 zu

$$G_{yd_1}(z) = \frac{B(z)R_0(z)R'(z)}{A^+(z)z^{n_M}}. \qquad (138)$$

Diese Übertragungsfunktion entspricht einem Verhalten mit endlicher Einschwingzeit, wenn die Vorgabe

$$A^+(z) = 1, \quad A^-(z) = A(z) \qquad (139)$$

gemacht wird. Es dürfen also keine Streckenpole durch Nullstellen gekürzt werden. Zur Erzielung eines stationär genauen Störverhaltens bezüglich der Eingangsstörung ist ein Regler mit Integralanteil erforderlich. Daher wird

$$R_0(z) = z - 1 \qquad (140)$$

gewählt, d. h. ein Reglerpol bei $z = 1$ vorgegeben. Über die Vorgaben

$$\begin{aligned} A^+(z) &= 1, \ A^-(z) = A(z), \\ R_0(z) &= z - 1, \\ A_c(z) &= z^{n_M} \end{aligned} \qquad (141)$$

wird also ein stationär genaues Störverhalten mit endlicher Einstellzeit (*Dead-Beat*-Verhalten) bei einer Eingangsstörung erzielt.

17.3 Zustandsraumdarstellung linearer Regelsysteme

17.3.1 Allgemeine Darstellung im Zustandsraum

Aufgrund ihrer Gemeinsamkeiten werden nachfolgend kontinuierliche und diskrete Systeme gemeinsam dargestellt. Die Matrizen der Systembeschreibung werden für zeitdiskrete Systeme durch ein tiefgestelltes d gekennzeichnet.

In der Zustandsraumdarstellung wird ein lineares zeitinvariantes System durch die Zustandsdifferentialgleichung

$$\dot{x}(t) = Ax(t) + Bu(t), \quad x(0^-) = x_0, \qquad (142)$$

bzw. durch die Zustandsdifferenzengleichung

$$x(k+1) = A_d x(k) + B_d u(k), \quad x(0) = x_0, \qquad (143)$$

und durch die Ausgangsgleichung

$$y(t) = Cx(t) + Du(t) \qquad (144)$$

bzw.

$$y(k) = C_d x(k) + D_d u(k) \qquad (145)$$

beschrieben. Es wird davon ausgegangen, dass das System n Zustände, r Eingangsgrößen und q Ausgangsgrößen hat. Im Allgemeinen handelt es sich also um ein Mehrgrößensystem. Die Matrizen A, B, C und D (bzw. A_d, B_d, C_d und D_d) haben dann die Dimensionen $n \times n$, $n \times r$, $q \times n$ und $q \times r$. Bei einem System mit nur einer Eingangsgröße handelt es sich bei B um einen Spaltenvektor. In der Literatur wird dann gelegentlich b statt B geschrieben. Ebenso ist C bei einem System mit nur einer Ausgangsgröße bei Zeilenvektor, sodass gelegentlich c^T geschrieben wird. Im Folgenden werden hier aber allgemein B und C verwendet.

Die Angabe des Anfangszustands bei $t = 0^-$ im zeitkontinuierlichen Fall erfolgt, um konsistent mit der ► Abschn. 15.4.1 in Kap. 15, „Einführung und Grundlagen der Regelungstechnik" verwendeten Laplace-Transformation zu sein, bei der die untere Integrationsschranke ebenfalls $t = 0^-$ ist. In den meisten Fällen spielt diese Feinheit aber keine weitere Rolle.

Bei der exakten Diskretisierung, also in dem Fall, dass das Eingangssignal des Systems über ein Abtastintervall der Länge T (Abtastzeit) konstant ist (siehe Abschn. 17.2.4.2) bestehen zwischen den in den Gln. (142) und (143) angegebenen kontinuierlichen und diskreten Darstellungen die Zusammenhänge

$$\begin{aligned} A_d &= e^{AT} \\ &= \frac{(AT)^0}{0!} + \frac{(AT)^1}{1!} + \frac{(AT)^2}{2!} + \cdots \qquad (146) \\ &= I + SA, \end{aligned}$$

$$B_\mathrm{d} = SB \qquad (147)$$

mit

$$S = T \sum_{\nu=0}^{\infty} A^\nu \frac{T^\nu}{(\nu + 1)!} \qquad (148)$$

sowie

$$C_\mathrm{d} = C \qquad (149)$$

und

$$D_\mathrm{d} = D. \qquad (150)$$

17.3.2 Lösung der Zustandsgleichung

Die Lösungen der Gln. (142) und (143) lauten

$$x(t) = \underbrace{\boldsymbol{\Phi}(t)x_0}_{x_\mathrm{hom}(t)} + \underbrace{\int_0^t \boldsymbol{\Phi}(t - \tau)Bu(\tau)\mathrm{d}\tau}_{x_\mathrm{part}(t)}, \qquad (151)$$

$$x(k) = \underbrace{\boldsymbol{\Phi}(k)x_0}_{x_\mathrm{hom}(k)} + \underbrace{\sum_{j=0}^{k-1} A_\mathrm{d}^{k-j-1} B_\mathrm{d}u(j)}_{x_\mathrm{part}(k)} \qquad (152)$$

mit

$$\boldsymbol{\Phi}(t) = \mathrm{e}^{At}$$
$$= \frac{(At)^0}{0!} + \frac{(At)^1}{1!} + \frac{(At)^2}{2!} + \cdots \qquad (153)$$

bzw.

$$\boldsymbol{\Phi}(k) = A_\mathrm{d}^k. \qquad (154)$$

Dabei ist **I** die Einheitsmatrix. Die Matrix $\boldsymbol{\Phi}$ wird als Fundamental- oder Übergangsmatrix bezeichnet. Diese Matrix spielt bei der Behandlung von linearen Systemen im Zustandsraum eine wich-

tige Rolle. Sie ermöglicht auf einfache Weise die Berechnung des Systemzustands für alle Zeiten t (bzw. k) allein aus der Kenntnis eines Anfangszustands x_0 und des Zeitverlaufs des Eingangsvektors. Der Term $\boldsymbol{\Phi}x_0$ in den Gln. (151) und (152) beschreibt die homogene Lösung x_hom der Zustandsgleichung, die auch als Eigenbewegung oder als freie Reaktion des Systems bezeichnet wird. Der zweite Term entspricht der partikulären Lösung x_part, also dem durch die äußere Erregung verursachten Anteil (erzwungene Reaktion). Zur Berechnung der Fundamentalmatrix $\boldsymbol{\Phi}$ existieren verschiedene Methoden (Unbehauen 2007, Abschn. 1.4).

Die in den Gln. (151) und (152) angegebenen Lösungen im Zeitbereich können auch über die Lösung im Bildbereich (s-Bereich oder z-Bereich) hergeleitet werden. Die Transformation der Gln. (142) und (143) in den Bildbereich liefert

$$sX(s) = AX(s) + BU(s) + x_0, \qquad (155)$$

$$zX(z) = A_\mathrm{d}X(z) + B_\mathrm{d}U(z) + zx_0. \qquad (156)$$

Die Lösung im Bildbereich lauten damit

$$X(s) = \underbrace{(s\mathbf{I} - A)^{-1}x_0}_{X_\mathrm{hom}(s)}$$
$$+ \underbrace{(s\mathbf{I} - A)^{-1}BU(s)}_{X_\mathrm{part}(s)}, \qquad (157)$$

$$X(z) = \underbrace{(z\mathbf{I} - A_\mathrm{d})^{-1}zx_0}_{X_\mathrm{hom}(z)}$$
$$+ \underbrace{(z\mathbf{I} - A_\mathrm{d})^{-1}B_\mathrm{d}U(z)}_{X_\mathrm{part}(z)}. \qquad (158)$$

Hieraus ist ersichtlich, dass die Fundamentalmatrizen im Bildbereich durch

$$\boldsymbol{\Phi}(s) = (s\mathbf{I} - A)^{-1}, \qquad (159)$$

$$\boldsymbol{\Phi}(z) = (z\mathbf{I} - A_\mathrm{d})^{-1}z \qquad (160)$$

gegeben sind. Die Rücktransformation, also

$$\boldsymbol{\Phi}(t) = \mathcal{L}^{-1}\left\{(s\mathbf{I} - \boldsymbol{A})^{-1}\right\}, \qquad (161)$$

$$\boldsymbol{\Phi}(k) = \mathcal{Z}^{-1}\left\{(z\mathbf{I} - \boldsymbol{A}_{\mathrm{d}})^{-1}z\right\}, \qquad (162)$$

stellt dann auch eine einfache Möglichkeit zur Bestimmung der Fundamentalmatrix im Zeitbereich dar. Andererseits bietet sich für diskrete Systeme die rekursive Berechnung über

$$\boldsymbol{\Phi}(k+1) = \boldsymbol{A}_{\mathrm{d}}\boldsymbol{\Phi}(k), \quad \boldsymbol{\Phi}(0) = \mathbf{I}, \qquad (163)$$

an.

Die Inverse einer Matrix lässt sich über den Quotienten der Adjunkten und der Determinanten berechnen. Es gilt also

$$(s\mathbf{I} - \boldsymbol{A})^{-1} = \frac{\mathrm{adj}\,(s\mathbf{I} - \boldsymbol{A})}{\det(s\mathbf{I} - \boldsymbol{A})}, \qquad (164)$$

$$(z\mathbf{I} - \boldsymbol{A}_{\mathrm{d}})^{-1} = \frac{\mathrm{adj}\,(z\mathbf{I} - \boldsymbol{A}_{\mathrm{d}})}{\det(z\mathbf{I} - \boldsymbol{A}_{\mathrm{d}})} \qquad (165)$$

und damit folgt aus der Darstellung der Lösung im Bildbereich in den Gln. (157) und (158), dass sowohl die homogene Lösung als auch die partikuläre Lösung die Form eines Bruches aufweisen. Im Nenner steht in dieser Darstellung zunächst das charakteristische Polynom der Systemmatrix in der Variable s

$$P_A(s) = \det(s\mathbf{I} - \boldsymbol{A}), \qquad (166)$$

bzw. in der Variable z

$$P_{A_{\mathrm{d}}}(z) = \det(z\mathbf{I} - \boldsymbol{A}_{\mathrm{d}}). \qquad (167)$$

Der Ausdruck

$$P_A(s) = 0, \qquad (168)$$

bzw.

$$P_{A_{\mathrm{d}}}(z) = 0 \qquad (169)$$

wird daher oft als charakteristische Gleichung des Systems bezeichnet. Die Lösungen der charakte-

ristischen Gleichung, also die Nullstellen des charakteristischen Polynoms, sind die Eigenwerte der Systemmatrix. Die Nullstellen des charakteristischen Polynoms werden oftmals auch als Eigenwerte des Systems bezeichnet.

Allgemein kann es aber in den Gln. (164) und (165) zu Kürzungen von gemeinsamen Linearfaktoren von Zähler und Nenner kommen. Dies ist der Fall, wenn Nullstellen des Zählers auch Nullstellen des Nenners sind. Anhand eines einfachen Beispiels wird dies verdeutlicht. Für die Matrix

$$\boldsymbol{A} = \begin{bmatrix} \lambda_1 & 0 & 0 \\ 0 & \lambda_1 & 0 \\ 0 & 0 & \lambda_2 \end{bmatrix}, \qquad (170)$$

wobei λ_1 und λ_2 beliebige Werte mit $\lambda_1 \neq \lambda_2$ sein können, ergibt sich

$$\begin{aligned}
(s\mathbf{I} - \boldsymbol{A})^{-1} &= \begin{bmatrix} s - \lambda_1 & 0 & 0 \\ 0 & s - \lambda_1 & 0 \\ 0 & 0 & s - \lambda_2 \end{bmatrix}^{-1} \\
&= \frac{1}{(s - \lambda_1)(s - \lambda_2)} \cdot \begin{bmatrix} s - \lambda_2 & 0 & 0 \\ 0 & s - \lambda_2 & 0 \\ 0 & 0 & s - \lambda_1 \end{bmatrix}.
\end{aligned} \qquad (171)$$

Im Nenner von $(s\mathbf{I} - \boldsymbol{A})^{-1}$ steht also $(s - \lambda_1)(s - \lambda_2)$ und *nicht* das charakteristische Polynom

$$P_A(s) = \det(s\mathbf{I} - \boldsymbol{A}) = (s - \lambda_1)^2(s - \lambda_2). \qquad (172)$$

Ebenso steht im Zähler von $(s\mathbf{I} - \boldsymbol{A})^{-1}$ in Gl. (171) *nicht* die Adjunkte, welche sich zu

$$\mathrm{adj}\,(s\mathbf{I} - \boldsymbol{A}) = \begin{bmatrix} (s - \lambda_1)(s - \lambda_2) & 0 & 0 \\ 0 & (s - \lambda_1)(s - \lambda_2) & 0 \\ 0 & 0 & (s - \lambda_1)^2 \end{bmatrix} \qquad (173)$$

ergibt. Bei der Berechnung der Inversen über den Quotienten aus der Adjunkten und der Determinanten, also

$$(s\mathbf{I} - \mathbf{A})^{-1} = \frac{\mathrm{adj}\,(s\mathbf{I} - \mathbf{A})}{\det(s\mathbf{I} - \mathbf{A})}$$

$$= \frac{1}{(s - \lambda_1)^2(s - \lambda_2)} \cdot \begin{bmatrix} (s - \lambda_1)(s - \lambda_2) & 0 & 0 \\ 0 & (s - \lambda_1)(s - \lambda_2) & 0 \\ 0 & 0 & (s - \lambda_1)^2 \end{bmatrix} \qquad (174)$$

$$= \frac{1}{(s - \lambda_1)(s - \lambda_2)} \cdot \begin{bmatrix} s - \lambda_2 & 0 & 0 \\ 0 & s - \lambda_2 & 0 \\ 0 & 0 & s - \lambda_1 \end{bmatrix},$$

kürzt sich der gemeinsame Linearfaktor $s - \lambda_1$ in allen von null verschiedenen Einträgen der Matrix.

Um derartige Kürzungen zu berücksichtigen, kann die Inverse in der Form

$$(s\mathbf{I} - \mathbf{A})^{-1} = \frac{\sum_{i=0}^{m-1} s^i \sum_{j=i+1}^{m} M_j \mathbf{A}^{j-i-1}}{s^m + \sum_{i=0}^{m-1} M_i s^i}, \qquad (175)$$

$$(z\mathbf{I} - \mathbf{A}_\mathrm{d})^{-1} = \frac{\sum_{i=0}^{m-1} z^i \sum_{j=i+1}^{m} M_j \mathbf{A}_\mathrm{d}^{j-i-1}}{z^m + \sum_{i=0}^{m-1} M_i z^i} \qquad (176)$$

mit $m \leq n$ angegeben werden (Schwarz 1971, S. 136). Das Zähler- und das Nennerpolynom sind teilerfremd. Dabei ist

$$M_A(s) = s^m + \sum_{i=0}^{m-1} M_i s^i \qquad (177)$$

bzw.

$$M_{A_\mathrm{d}}(z) = z^m + \sum_{i=0}^{m-1} M_i z^i \qquad (178)$$

das Minimalpolynom der Systemmatrix. Der Grad m des Minimalpolynoms ist maximal so groß wie der Grad n des charakteristischen Polynoms. Bei $m = n$ sind Minimalpolynom und charakteristisches Polynom identisch.

Jeder verschiedene Eigenwert der Systemmatrix, d. h. jede verschiedene Nullstelle des charakteristischen Polynoms ist auch eine Nullstelle des Minimalpolynoms. Allerdings kann die Vielfachheit einer Nullstelle des Minimalpolynoms kleiner sein als die Vielfachheit einer Nullstelle des charakteristischen Polynoms. Hat eine Matrix nur einfache Eigenwerte, sind Minimalpolynom und charakteristisches Polynom gleich (es gilt dann auch $m = n$).

Das Minimalpolynom kann damit in der faktorisierten Form

$$M_A(s) = \prod_{i=1}^{l} (s - p_i)^{\nu_i} \qquad (179)$$

bzw.

$$M_{A_\mathrm{d}}(z) = \prod_{i=1}^{l} (z - p_i)^{\nu_i} \qquad (180)$$

angegeben werden. Dabei sind $p_1, \ldots, p_l$ die l verschiedenen Eigenwerte der Systemmatrix und $\nu_1, \ldots, \nu_l$ die entsprechenden Vielfachheiten bezogen auf das Auftreten als Nullstellen des Minimalpolynoms.

Die Partialbruchdarstellung der Inversen hat dann die Form

$$(s\mathbf{I} - \mathbf{A})^{-1} = \sum_{i=1}^{l} \sum_{j=1}^{\nu_i} \frac{\mathbf{F}_{i,j}}{(s - p_i)^j}, \qquad (181)$$

$$(z\mathbf{I} - \mathbf{A}_\mathrm{d})^{-1} = \sum_{i=1}^{l} \sum_{j=1}^{\nu_i} \frac{\mathbf{F}_{i,j}}{(z - p_i)^j} \qquad (182)$$

mit den Residuen F_{ij}. Die Rücktransformation dieser Ausdrücke in den Zeitbereich liefert

$$\mathcal{L}^{-1}\left\{(s\mathbf{I} - A)^{-1}\right\}$$
$$= \sum_{i=1}^{l} \sum_{j=1}^{\nu_i} F_{i,j} \frac{t^{j-1}}{(j-1)!} e^{p_i t} \cdot \sigma(t), \qquad (183)$$

$$z^{-1}\left\{(z\mathbf{I} - A_{\mathrm{d}})^{-1}\right\}$$
$$= \sum_{i=1}^{l} \sum_{j=1}^{\nu_i} F_{i,j} \binom{k-1}{j-1} p_i^{k-j} \cdot \sigma(k-j). \qquad (184)$$

Dabei ist

$$\binom{n}{k} = \frac{n!}{(n-k)!k!}. \qquad (185)$$

Einsetzen der Ausdrücke aus den Gln. (183) und (184) in die Gln. (153) und (154) liefert die Fundamentalmatrizen

$$\boldsymbol{\Phi}(t) = \sum_{i=1}^{l} \sum_{j=0}^{\nu_i-1} F_{i,j+1} \frac{t^j}{j!} e^{p_i t} \cdot \sigma(t), \qquad (186)$$

$$\boldsymbol{\Phi}(k) = \sum_{i=1}^{l} \sum_{j=0}^{\nu_i-1} F_{i,j+1} \binom{k}{j} p_i^{k-j} \cdot \sigma(k-j) \qquad (187)$$

und damit die homogenen Lösungen

$$\boldsymbol{x}_{\mathrm{hom}}(t) = \sum_{i=1}^{l} \sum_{j=0}^{\nu_i-1} f_{i,j+1} \frac{t^j}{j!} e^{p_i t} \cdot \sigma(t), \qquad (188)$$

$$\boldsymbol{x}_{\mathrm{hom}}(k) = \sum_{i=1}^{l} \sum_{j=0}^{\nu_i-1} f_{i,j+1} \binom{k}{j} p_i^{k-j}$$
$$\cdot \sigma(k-j) \qquad (189)$$

mit

$$f_{i,j} = F_{i,j} \boldsymbol{x}(0^-), \qquad (190)$$

$$f_{i,j} = F_{i,j} \boldsymbol{x}(0). \qquad (191)$$

17.3.3 Übertragungsfunktion und Eingangs-Ausgangs-Verhalten

Werden die Gln. (144) und (145) durch Laplace- bzw. z-Transformation in den Bildbereich übertragen, ergibt sich

$$\boldsymbol{Y}(s) = \boldsymbol{C}\boldsymbol{X}(s) + \boldsymbol{D}\boldsymbol{U}(s) \qquad (192)$$

bzw.

$$\boldsymbol{Y}(z) = \boldsymbol{C}_{\mathrm{d}}\boldsymbol{X}(z) + \boldsymbol{D}_{\mathrm{d}}\boldsymbol{U}(z). \qquad (193)$$

Einsetzen der partikulären Lösung aus Gl. (157) in Gl. (192) liefert dann

$$\boldsymbol{Y}(s) = \boldsymbol{G}(s)\boldsymbol{U}(s) \qquad (194)$$

und Einsetzen der partikulären Lösung aus Gl. (158) in Gl. (193)

$$\boldsymbol{Y}(z) = \boldsymbol{G}(z)\boldsymbol{U}(z) \qquad (195)$$

mit

$$\boldsymbol{G}(s) = \boldsymbol{C}(s\mathbf{I} - A)^{-1}\boldsymbol{B} + \boldsymbol{D} \qquad (196)$$

bzw.

$$\boldsymbol{G}(z) = \boldsymbol{C}_{\mathrm{d}}(z\mathbf{I} - A_{\mathrm{d}})^{-1}\boldsymbol{B}_{\mathrm{d}} + \boldsymbol{D}_{\mathrm{d}}. \qquad (197)$$

Sofern es sich um ein Mehrgrößensystem handelt, ist $\boldsymbol{G}$ eine Übertragungs(funktions)matrix. Die Elemente G_{ij} von $\boldsymbol{G}$ sind dann die Übertragungsfunktionen von der j-ten Eingangsgröße zur i-ten Ausgangsgröße. Zur Vereinfachung wird $\boldsymbol{G}$ weiterhin als Übertragungsfunktion bezeichnet.

Mit den in den Gln. (181) und (182) angegebenen Partialbruchdarstellungen der Inversen ergeben sich für die Übertragungsfunktionen die Ausdrücke

$$\boldsymbol{G}(s) = \left(\sum_{i=1}^{l} \sum_{j=1}^{\nu_i} \frac{\boldsymbol{\Gamma}_{i,j}}{(s - p_i)^j} \right) + \boldsymbol{D} \qquad (198)$$

bzw.

$$G(z) = \left(\sum_{i=1}^{l} \sum_{j=1}^{\nu_i} \frac{\Gamma_{i,j}}{(z - p_i)^j} \right) + D_{\mathrm{d}} \qquad (199)$$

mit

$$\Gamma_{i,j} = C F_{i,j} B \qquad (200)$$

bzw.

$$\Gamma_{i,j} = C_{\mathrm{d}} F_{i,j} B_{\mathrm{d}}. \qquad (201)$$

Die Matrizen $\Gamma_{i,j}$ sind dabei die Residuen des echt gebrochenen Anteils der Übertragungsfunktion. Die Größen $p_1, \ldots, p_l$ sind in der allgemeinen Darstellung die l verschiedenen Eigenwerte der Systemmatrix und $\nu_1, \ldots, \nu_l$ die entsprechenden Vielfachheiten bezogen auf das Auftreten als Nullstellen im Minimalpolynom.

Beim Aufstellen der Übertragungsfunktion kann es wie auch bei der Berechnung der Fundamentalmatrix dazu kommen, dass sich gemeinsame Linearfaktoren des Zählers und des Nenners kürzen. Dies führt dann dazu, dass Eigenwerte der Systemmatrix mit reduzierter Vielfachheit oder gar nicht mehr (bzw. mit einer Vielfachheit von null) als Pole der Übertragungsfunktion auftreten.

Als Beispiel kann ein Zustandsraummodell mit der in Gl. (170) angegeben Systemmatrix und

$$B = \begin{bmatrix} \beta_1 \\ \beta_2 \\ \beta_3 \end{bmatrix}, \qquad (202)$$

$$C = \begin{bmatrix} \gamma & 0 & 0 \end{bmatrix} \qquad (203)$$

und

$$D = \delta \qquad (204)$$

mit beliebigen Werten $\beta_1, \beta_2, \beta_3, \gamma$ und δ betrachtet werden, wobei $\beta_1 \neq 0$ und $\gamma \neq 0$ gilt. Die Eigenwerte der Systemmatrix (Nullstellen des charakteristischen Polynoms) sind λ_1 und λ_2. Dabei ist λ_1 ein doppelter und λ_2 ein einfacher Eigenwert. Die Übertragungsfunktion dieses Systems ergibt sich zu

$$G(s) = \frac{\gamma \beta_1}{s - \lambda_1} + \delta = \delta \cdot \frac{s - \left(\lambda_1 - \frac{\gamma \beta_1}{\delta} \right)}{s - \lambda_1}. \qquad (205)$$

Der doppelte Eigenwert λ_1 der Systemmatrix ist ein einfacher Pol der Übertragungsfunktion und der einfache Eigenwert λ_2 der Systemmatrix ist kein Pol des Systems.

Allgemein sind also nur die Eigenwerte der Systemmatrix auch Pole der Übertragungsfunktion, die beim Aufstellen der Übertragungsfunktion nicht gekürzt werden. Um dies zu berücksichtigen, wird die Übertragungsfunktion als

$$G(s) = \left(\sum_{i=1}^{\bar{l}} \sum_{j=1}^{\bar{\nu}_i} \frac{\Gamma_{i,j}}{(s - p_i)^j} \right) + D \qquad (206)$$

bzw.

$$G(z) = \left(\sum_{i=1}^{\bar{l}} \sum_{j=1}^{\bar{\nu}_i} \frac{\Gamma_{i,j}}{(z - p_i)^j} \right) + D_{\mathrm{d}}. \qquad (207)$$

angegeben. Die Eigenwerte der Systemmatrix $p_1, \ldots, p_l$ sind dabei so durchnummeriert, dass $p_1, \ldots, p_{\bar{l}}$ mit $\bar{l} \leq l$ die nicht gekürzten Eigenwerte sind, die dann mit den Vielfachheiten $\bar{\nu}_i \leq \nu_i$ als Pole der Übertragungsfunktion auftreten.

Da eine Multiplikation im Bildbereich einer Faltung im Zeitbereich entspricht, wird aus der Rücktransformation der Eingangs-Ausgangs-Beziehung aus Gl. (194) in den Zeitbereich

$$y(t) = \int_{0}^{t} G(t - \tau) u(\tau) \, \mathrm{d}\tau$$
$$= \int_{0}^{t} G(\tau) u(t - \tau) \, \mathrm{d}\tau \qquad (208)$$

und aus Gl. (195)

$$y(k) = \sum_{i=0}^{k} G(k - i) u(i) = \sum_{i=0}^{k} G(i) u(k - i). \qquad (209)$$

Dabei ist $G(t)$ die Matrix der Gewichtsfunktionen (normierte Impulsantworten) bzw. $G(k)$ die Matrix der Gewichtsfolgen. Im Mehrgrößenfall wird die Variable G damit sowohl für die Übertragungsfunktionsmatrix als auch für die Gewichtsfunktionsmatrix verwendet. Dies wird aber als unproblematisch angesehen, da zum einen durch die Angabe der Argumente s oder t bzw. z oder k eine eindeutige Unterscheidung möglich ist und zum anderen aus dem Kontext klar sein sollte, ob eine Beziehung im Bild- oder Zeitbereich angegeben wird. Auf eine besondere Kennzeichnung der Übertragungsfunktionsmatrix wird daher verzichtet.

Durch Rücktransformation der Gln. (206) und (207) in den Zeitbereich ergibt sich

$$
\boldsymbol{G}(t) = \left(\sum_{i=1}^{\bar{l}} \sum_{j=0}^{\bar{\nu}_i - 1} \boldsymbol{\Gamma}_{i,j+1} \, \frac{t^j}{j!} \, \mathrm{e}^{p_i t} \sigma(t) \right) \tag{210}
$$
$$
+ \boldsymbol{D}\delta(t)
$$

bzw.

$$
\boldsymbol{G}(k) = \left(\sum_{i=1}^{\bar{l}} \sum_{j=1}^{\bar{\nu}_i} \boldsymbol{\Gamma}_{i,j} \binom{k-1}{j-1} p_i^{k-j} \sigma(k-j) \right)
$$
$$
+ \boldsymbol{D}_{\mathrm{d}}\delta(k). \tag{211}
$$

Für Eingrößensysteme entspricht $\boldsymbol{G}(k)$ der in Gl. (83) angegebenen Gewichtsfolge.

17.3.4 Stabilität

17.3.4.1 Arten von Stabilität

Bei der Stabilitätsuntersuchung wird zwischen interner Stabilität und externer Stabilität unterschieden. Dabei wird bei der internen Stabilität das Verhalten bei Vorliegen von Anfangsbedingungen und ohne externe Anregung, also die homogene Lösung, betrachtet. Bei der externen Stabilität, auch als Eingangs-Ausgangs-Stabilität bezeichnet, wird das Übertragungsverhalten, also die Reaktion auf Eingangsgrößen betrachtet. Beide Arten von Stabilität werden in den folgenden beiden Abschnitten behandelt. Die gemachten Aussagen gelten dabei für die hier betrachteten zeitinvarianten linearen Systeme.

17.3.4.2 Interne Stabilität

Bei interner Stabilität wird zwischen asymptotischer Stabilität, einfacher Stabilität und Instabilität unterschieden. Als Sonderfall ist dabei noch die Grenzstabilität definiert.

Ein System ist (intern) asymptotisch stabil, wenn die homogene Lösung unabhängig von den Anfangsbedingungen, also für alle Anfangsbedingungen, asymptotisch zu null abklingt. Aus der in den Gln. (188) und (189) angegebene homogenen Lösung ist ersichtlich, dass dies für kontinuierlichen Systeme genau dann der Fall ist, wenn alle Eigenwerte des Systems in der offenen linken Halbebene liegen, also negative Realteile aufweisen. Im zeitdiskreten Fall müssen alle Eigenwerte einen Betrag kleiner als eins haben, also im Inneren des Einheitskreises liegen. Im zeitkontinuierlichen Fall ist daher die offene linke Halbebene das Stabilitätsgebiet und im zeitdiskreten Fall das Innere des Einheitskreises. Der Rand des Stabilitätsgebiets, also die imaginäre Achse bzw. der Einheitskreis wird Stabilitätsrand bezeichnet. Eigenwerte innerhalb des Stabilitätsgebiets werden als stabile Eigenwerte bezeichnet. Interne asymptotische Stabilität liegt damit genau dann vor, wenn alle Eigenwerte stabil sind.

Bei der (internen) asymptotischen Stabilität wird gefordert, dass die homogene Lösung asymptotisch zu null abklingt. Ein Anwachsen der homogenen Lösung über alle Grenzen ist damit ausgeschlossen. Systeme, bei denen es Anfangsbedingungen gibt, für welche die homogene Lösung nicht asymptotisch zu null abklingt, aber keine Anfangsbedingungen, für die die homogene Lösung über alle Grenzen wächst, werden als (intern) grenzstabil bezeichnet. Aus der in den Gln. (188) und (189) angegebene homogenen Lösung ist ersichtlich, dass ein grenzstabiles System neben stabilen Eigenwerten mindestens einen *einfachen* Eigenwert auf dem Stabilitätsrand haben muss. Einfache Eigenwerte auf dem Stabilitätsrand werden daher als grenzstabile Eigenwerte bezeichnet. Die Vielfachheit bezieht sich dabei, wie in Abschn. 17.3.2 beschrieben, auf das Auftreten als Nullstelle im Minimalpolynom. Grenzstabile Systeme haben also mindestens einen grenzstabilen Eigenwert und keine instabilen Eigenwerte.

Gibt es Anfangsbedingungen, für die die homogene Lösung über alle Grenzen anwächst, ist das System (intern) instabil. Aus den Gln. (188) und (189) ist ersichtlich, dass es hierfür mindestens einen Eigenwert geben muss, der nicht stabil und nicht grenzstabil ist. Daher werden Eigenwerte, die nicht stabil und nicht grenzstabil sind, als instabile Eigenwerte bezeichnet. Ein System mit mindestens einem instabilen Eigenwert ist instabil. Nicht instabile Systeme, also asymptotisch stabile und grenzstabile Systeme, werden als stabile Systeme bezeichnet. Ein grenzstabiles System ist damit ein stabiles, aber nicht asymptotisch stabiles System. Tab. 5 fasst die Begriffe zur internen Stabilität zusammen.

17.3.4.3 Externe Stabilität

Bei der externen Stabilität wird das Eingangs-Ausgangs-Verhalten des Systems betrachtet. Maßgeblich ist hierbei die Lage der Pole der Übertragungsfunktion, wie oben in Abschn. 17.2.5.1 für diskrete Systeme und in ▶ Abschn. 16.2.1 in Kap. 16, „Linearer Standardregelkreis: Analyse und Reglerentwurf" für zeitkontinuierliche Systeme beschrieben. Es sind also für die Stabilität nur diejenigen Eigenwerte zu betrachten, die beim Aufstellen der Übertragungsfunktion nicht gekürzt werden und damit zu Polen der Übertragungsfunktion werden.

An dieser Stelle sei auf einen Unterschied in der Begriffsverwendung bei der internen und der externen Stabilität hingewiesen. Bei der internen Stabilität wird zwischen asymptotisch stabilen Systemen und stabilen Systemen unterschieden. Stabile Systeme können dabei asymptotisch stabil oder grenzstabil sein, d. h. grenzstabile Systeme werden als stabil angesehen. Bei der externen Stabilität wird mit den Begriffen stabil, asymptotisch stabil oder BIBO-stabil das gleiche Verhalten beschrieben. Grenzstabile Systeme sind daher nicht stabil, aber auch nicht instabil. Es muss dann streng genommen zwischen den Eigenschaften nicht stabil und instabil unterschieden werden; Nichtstabilität umfasst Grenzstabilität und Instabilität.

17.3.5 Nichteindeutigkeit der Zustandsraumdarstellung

Im Gegensatz zur Übertragungsfunktion, bei der ein Übertragungsverhalten durch genau eine Übertragungsfunktion beschrieben wird, ist die Zustandsraumdarstellung nicht eindeutig. Es gibt also unendlich viele Zustandsraumdarstellungen, welche das gleiche Eingangs-Ausgangs-Verhalten beschreiben. Dies wird unmittelbar ersichtlich, wenn die Zustandsgleichungen (142) und (143)

Tab. 5 Begriffsdefinitionen zur internen Stabilität

Definition	Bedeutung/Erläuterung
Stabilitätsgebiet	Bei kontinuierlichen Systemen: Offene linke Halbebene Bei diskreten Systemen: Innere des Einheitskreises
Stabilitätsrand	Bei kontinuierlichen Systemen: Imaginäre Achse Bei diskreten Systemen: Einheitskreis
Stabiler Eigenwert	Eigenwert im Stabilitätsgebiet
Grenzstabiler Eigenwert	Einfacher Eigenwert auf dem Stabilitätsrand
Instabiler Eigenwert	Eigenwert, der nicht stabil und nicht grenzstabil ist
(Intern) stabiles System	Homogene Lösung wächst für alle beliebigen Anfangsbedingungen nicht über alle Grenzen an ⇔ Kein instabiler Eigenwert (Intern) stabile Systeme werden in (intern) asymptotisch stabile und (intern) grenzstabile Systeme unterteilt
(Intern) asymptotisch stabiles System	(Intern) stabiles System, bei dem die homogene Lösung für alle beliebigen Anfangsbedingungen zu null abklingt ⇔ Kein instabiler oder grenzstabiler Eigenwert
(Intern) grenzstabiles System	(Intern) stabiles System, bei dem die homogene Lösung nicht für alle beliebigen Anfangsbedingungen zu null abklingt ⇔ Kein instabiler Eigenwert und mindestens ein grenzstabiler Eigenwert
Instabiles System	Nicht (intern) stabiles System ⇔ Es gibt bestimmte Anfangsbedingungen, für die die homogene Lösung über alle Grenzen anwächst ⇔ Mindestens ein instabiler Eigenwert

von links mit einer beliebigen Matrix T^{-1} der Dimension $n \times n$ multipliziert und in der Form

$$T^{-1}\dot{x}(t) = T^{-1}ATT^{-1}x(t) + T^{-1}Bu(t), \quad (212)$$

$$\begin{aligned} T^{-1}x(k+1) &= T^{-1}A_\mathrm{d}TT^{-1}x(k) \\ &+ T^{-1}B_\mathrm{d}u(k) \end{aligned} \quad (213)$$

geschrieben werden und die Gln. (144) und (145) in der Form

$$y(t) = CTT^{-1}x(t) + Du(t), \quad (214)$$

$$y(k) = C_\mathrm{d}TT^{-1}x(k) + D_\mathrm{d}u(k). \quad (215)$$

Einführen des neuen Zustands über die Zustandstransformation

$$\widetilde{x} = T^{-1}x \quad (216)$$

und der Matrizen

$$\widetilde{A} = T^{-1}AT, \ \widetilde{A}_\mathrm{d} = T^{-1}A_\mathrm{d}T, \quad (217)$$

$$\widetilde{B} = T^{-1}B, \ \widetilde{B}_\mathrm{d} = T^{-1}B_\mathrm{d}, \quad (218)$$

$$\widetilde{C} = CT, \ \widetilde{C}_\mathrm{d} = C_\mathrm{d}T, \quad (219)$$

sowie

$$\widetilde{D} = D, \ \widetilde{D}_\mathrm{d} = D_\mathrm{d} \quad (220)$$

liefert die neue Zustandsraumdarstellung

$$\dot{\widetilde{x}}(t) = \widetilde{A}\widetilde{x}(t) + \widetilde{B}u(t), \quad \widetilde{x}(0^-) = \widetilde{x}_0, \quad (221)$$

$$\widetilde{x}(k+1) = \widetilde{A}_\mathrm{d}\widetilde{x}(k) + \widetilde{B}_\mathrm{d}u(k), \quad \widetilde{x}(0) = \widetilde{x}_0, \quad (222)$$

$$y(t) = \widetilde{C}\widetilde{x}(t) + \widetilde{D}u(t), \quad (223)$$

$$y(k) = \widetilde{C}_\mathrm{d}\widetilde{x}(k) + \widetilde{D}_\mathrm{d}u(k). \quad (224)$$

Die in Gl. (217) angegebene Beziehung zwischen den Matrizen A und $\widetilde{A}$ stellt eine Ähnlichkeitstransformation dar. Eine solche hat keine

Auswirkung auf die Eigenwerte, was hier offensichtlich ist, da über diese Transformation die Eigendynamik und damit auch die Stabilität des Systems nicht beeinflusst wird.

Da es unendliche viele invertierbare Matrizen gibt, gibt es für ein dynamisches System auch unendliche viele Systembeschreibungen im Zustandsraum. Unter diesen existieren welche, die z. B. numerisch günstig sind. Weiterhin ist die Transformation auf sogenannte Normalformen möglich, an denen bestimme Systemeigenschaften oder Koeffizienten leicht abgelesen werden können. Diese werden in den nachfolgenden Abschnitten für Eingrößensysteme vorgestellt.

17.3.6 Normalformen für Eingrößensysteme

Für Systeme, die durch die Übertragungsfunktion

$$G(s) = \frac{Y(s)}{U(s)} = \frac{b_n s^n + b_0}{s^n + a_{n-1}s^{n-1} + \ldots + a_0} \quad (225)$$

bzw.

$$G(z) = \frac{Y(z)}{U(z)} = \frac{b_n z^n + \ldots + b_1 z + b_0}{z^n + a_{n-1}z^{n-1} + \ldots + a_1 z + a_0} \quad (226)$$

beschrieben werden, existieren Standardformen, die auch verwendet werden können, um eine Zustandsraumdarstellung anzugeben. In den folgenden Abschnitten werden drei Standardformen vorgestellt. Zwischen kontinuierlichen und diskreten Systemen besteht dabei kein Unterschied, sodass die Matrizen jeweils nur einmal angegeben werden.

17.3.6.1 Regelungsnormalform

Die Matrizen der Zustandsraumdarstellung in Regelungsnormalform lauten

$$A = \begin{bmatrix} 0 & 1 & 0 & \ldots & 0 \\ 0 & 0 & 1 & \ldots & 0 \\ \vdots & \vdots & \vdots & \ddots & \vdots \\ 0 & 0 & 0 & \ldots & 1 \\ -a_0 & -a_1 & -a_2 & \cdots & -a_{n-1} \end{bmatrix}, \quad (227)$$

$$B = b = \begin{bmatrix} 0 \\ \vdots \\ 0 \\ 1 \end{bmatrix}, \qquad (228)$$

$$C = c^{\mathrm{T}}$$
$$= [\, b_0 - b_n a_0 \quad b_1 - b_n a_1 \qquad (229)$$
$$\dots \quad b_{n-1} - b_n a_{n-1} \,]$$

und

$$D = G(\infty) = d = b_n. \qquad (230)$$

Die Matrix A enthält in der untersten Zeile gerade die im Vorzeichen gedrehten Koeffizienten des charakteristischen Polynoms, welches in diesem Fall auch dem Minimalpolynom entspricht. Diese Matrix wird daher auch als Begleitmatrix dieses Polynoms bezeichnet.

17.3.6.2 Beobachtungsnormalform

Die Matrizen der Zustandsraumdarstellung in Beobachtungsnormalform lauten

$$A = \begin{bmatrix} 0 & 0 & \dots & 0 & -a_0 \\ 1 & 0 & \dots & \vdots & -a_1 \\ 0 & 1 & \ddots & \vdots & \vdots \\ \vdots & \vdots & \ddots & 0 & -a_{n-2} \\ 0 & 0 & \dots & 1 & -a_{n-1} \end{bmatrix}, \quad (231)$$

$$B = b = \begin{bmatrix} b_0 - b_n a_0 \\ b_1 - b_n a_1 \\ \vdots \\ b_{n-1} - b_n a_{n-1} \end{bmatrix}, \qquad (232)$$

$$C = c^{\mathrm{T}} = [\, 0 \quad \dots \quad 0 \quad 1 \,], \qquad (233)$$

$$D = G(\infty) = d = b_n. \qquad (234)$$

Es ist zu erkennen, dass diese Systemdarstellung insofern dual zur Regelungsnormalform ist, als dass die Vektoren b und c gerade vertauscht sind, während die Matrix A transponiert ist. Auch diese Form der Matrix A wird als Begleitmatrix des charakteristischen Polynoms bezeichnet.

17.3.6.3 Diagonalform

Sofern das System nur einfache Pole $s_{\mathrm{P},1}, \dots, s_{\mathrm{P},n}$ aufweist, kann die Diagonalform angegeben werden. In dieser lauten die Matrizen

$$A = \begin{bmatrix} s_{\mathrm{P},1} & 0 & \dots & 0 \\ 0 & s_{\mathrm{P},2} & \dots & \vdots \\ \vdots & \vdots & \ddots & 0 \\ 0 & \dots & 0 & s_{\mathrm{P},n} \end{bmatrix}, \qquad (235)$$

$$B = b = \begin{bmatrix} 1 \\ 1 \\ \vdots \\ 1 \end{bmatrix}, \qquad (236)$$

$$C = c^{\mathrm{T}} = [\, c_1 \quad \dots \quad c_n \,] \qquad (237)$$

und

$$D = G(\infty) = d = b_n. \qquad (238)$$

In dieser Darstellung sind die Zustandsgleichungen entkoppelt. Das System zerfällt in n voneinander unabhängige Einzelsysteme erster Ordnung, wobei jedem dieser Teilsysteme genau ein Pol des Systems zugeordnet ist. Die Systemmatrix hat Diagonalform und besitzt die Pole als Diagonalelemente.

Bei mehrfachen Polen kann nicht immer eine Diagonalform angegeben werden. In diesem Fall kann die Jordan-Form verwendet werden, bei der die Systemmatrix A eine blockdiagonale Struktur aufweist (Unbehauen 2007, Abschn. 1.5.3.2).

Bei komplexen Polen haben die Matrix A und der Vektor c in der Diagonal- oder Jordan-Form komplexe Einträge. Alternativ kann dann eine Blockdiagonalform angegeben werden, in der jeweils die Real- und die Imaginärteile der Pole und damit nur reelle Einträge in der Systemmatrix auftreten (Unbehauen 2007, Abschn. 1.5.3.3). Auch der Vektor c ist dann reell.

17.3.7 Steuerbarkeit und Beobachtbarkeit

Das dynamische Verhalten eines Übertragungssystems wird durch die Zustandsgrößen vollständig beschrieben. Bei einem gegebenen System sind diese jedoch meist nicht bekannt. Selbst wenn die Zustandsgrößen physikalischen Größen entsprechen, werden diese in der Regel nicht alle gemessen. In dem Fall, dass die Zustandsgrößen nicht physikalischen Größen entsprechen, sind diese ohnehin nicht bekannt. Gewöhnlich wird nur der Ausgangsvektor $y(t)$ gemessen und der Steuervektor $u(t)$ ist bekannt oder wird gemessen. Dabei sind für die Analyse und den Entwurf eines Regelungssystems folgende zwei Fragen interessant, die eine umgangssprachliche Beschreibung der von Kalman (1960) eingeführten Eigenschaften Beobachtbarkeit und Steuerbarkeit darstellen.

1. Gibt es Komponenten des Zustandsvektors $x(t)$ des Systems, die keinen Einfluss auf den Ausgangsvektor $y(t)$ ausüben? Ist dies der Fall, dann kann aus dem Verhalten des Ausgangsvektors $y(t)$ nicht auf den Zustandsvektor $x(t)$ geschlossen werden, und es liegt nahe, das betreffende System als nicht *beobachtbar* zu bezeichnen.
2. Gibt es irgendwelche Komponenten des Zustandsvektors $x(t)$ des Systems, die nicht vom Eingangsvektor (Steuervektor) $u(t)$ beeinflusst werden? Ist dies der Fall, dann ist es naheliegend, das System als nicht *steuerbar* zu bezeichnen.

Die Begriffe Steuerbarkeit und Beobachtbarkeit spielen in der modernen Regelungstechnik eine wichtige Rolle. In den nachfolgenden Abschnitten werden die Definitionen der Steuerbarkeit und Beobachtbarkeit sowie Kriterien zur Prüfung eines Systems auf diese Eigenschaften angegeben.

17.3.7.1 Steuerbarkeit
Das durch die Gln. (142) und (143) beschriebene lineare System ist vollständig zustandssteuerbar, wenn es für jeden Anfangszustand $x(t_0)$ eine Steuerfunktion $u(t)$ gibt, die das System innerhalb eines beliebigen endlichen Zeitintervalls $[t_0, t_1]$ mit $t_0 < t_1$ in den Endzustand $x(t_1)$ überführt.

Für die Steuerbarkeit eines linearen zeitinvarianten Systems ist es notwendig und hinreichend, dass die als Steuerbarkeitsmatrix bezeichnete Matrix

$$Q_S = \begin{bmatrix} B & AB & \dots & A^{n-1}B \end{bmatrix} \quad (239)$$

vollen Rang hat, also

$$\text{rang } Q_S = n. \quad (240)$$

Die Steuerbarkeitsmatrix muss also n linear unabhängige Spaltenvektoren enthalten. Bei Eingrößensystemen ist Q_S eine quadratische Matrix, deren n Spalten linear unabhängig sein müssen. In diesem Fall kann der Rang von Q_S anhand der Determinante überprüft werden. Ist det $Q_S \neq 0$, dann besitzt Q_S vollen Rang und das System ist vollständig zustandssteuerbar.

17.3.7.2 Beobachtbarkeit
Ein durch Gl. (142) bzw. Gl. (143) und Gl. (144) bzw. Gl. (145) beschriebenes System ist vollständig beobachtbar, wenn aus dem Verläufen der Steuerfunktion $u(t)$ und der Ausgangsgröße $y(t)$ für ein endliches Zeitintervall $[t_0, t_1]$ der Anfangszustand $x(t_0)$ eindeutig bestimmt werden kann.

Für die Beobachtbarkeit eines linearen zeitinvarianten Systems ist es notwendig und hinreichend, dass die Beobachtbarkeitsmatrix

$$Q_B = \begin{bmatrix} C \\ CA \\ \vdots \\ CA^{n-1} \end{bmatrix} \quad (241)$$

vollen Rang hat, also

$$\text{rang } Q_B = n. \quad (242)$$

Dies ist gleichbedeutend damit, dass die transponierte Beobachtbarkeitsmatrix

$$Q_B^T = \begin{bmatrix} C^T & A^T C^T & \cdots & (A^T)^{n-1} C^T \end{bmatrix} \quad (243)$$

vollen Rang hat. Die Bedingungen der Steuerbarkeit und der Beobachtbarkeit haben damit prinzipiell die gleiche Form, wobei jeweils A durch A^T und B durch C^T bzw. C durch B^T ersetzt werden. Diese Beziehung zwischen Steuerbarkeit und Beobachtbarkeit wird als Dualität bezeichnet.

17.3.8 Synthese linearer Regelsysteme im Zustandsraum

17.3.8.1 Rückführung der Zustandsgröße

Ist eine Regelstrecke in der Zustandsraumdarstellung nach Gl. (142) bzw. Gl. (143) gegeben, besteht der grundlegende Ansatz der Regelung im Zustandsraum darin, den Zustandsvektor x über das Stellgesetz

$$u = -Kx \qquad (244)$$

zurückzuführen. In dieser Zustandsrückführung oder Zustandsregelung wird K als Zustandsrückführmatrix oder Verstärkungsmatrix der Zustandsrückführung bezeichnet.

Einsetzen des Stellgesetzes aus Gl. (244) in Gl. (142) bzw. Gl. (143) liefert

$$\dot{x}(t) = (A - BK)x(t) \qquad (245)$$

bzw.

$$x(k + 1) = (A - BK)x(k). \qquad (246)$$

Aus diesen Gleichungen ist ersichtlich, dass die Zustandsrückführung nur die Systemdynamik des Systems verändert. Aus der Systemmatrix A des ungeregelten Systems wird durch die Zustandsrückführung die Systemmatrix $A - BK$ des zustandsgeregelten Systems. Somit bestimmen die Eigenwerte der Matrix $A - BK$ die Dynamik des zustandsgeregelten Systems.

Bei der Zustandsrückführung wird zunächst angenommen, dass die Zustandsgröße x zur Verfügung steht, sodass diese auch zurückgeführt werden kann. Wenn die Zustände nicht als gemessene Größen zur Verfügung stehen, kann dennoch eine Zustandsregelung durchgeführt werden. Statt der gemessenen Zustandsgrößen werden dann die durch einen sogenannten Beobachter geschätzten Zustandsgrößen zurückgeführt, was als beobachterbasierte Zustandsregelung bezeichnet wird. Dies wird weiter unten in den Abschn. 17.3.8.7 bis 17.3.8.9 behandelt.

17.3.8.2 Berücksichtigung eines Sollwerts

Zur Berücksichtigung eines Sollwerts in der Zustandsregelung stehen verschiedene Möglichkeiten zur Verfügung. Hier soll nur die einfachste Möglichkeit betrachtet werden, die darin besteht, den Sollwert über eine Verstärkungsmatrix auf die Stellgröße aufzuschalten. Das Stellgesetz aus Gl. (244) wird also modifiziert zu

$$u = -Kx + K_w w. \qquad (247)$$

Dabei ist K_w die Verstärkungsmatrix der Sollwertaufschaltung. Die Struktur dieser Regelung ist in Abb. 20 gezeigt. Der Verstärkungsblock mit der Verstärkungsmatrix K_w wird oftmals als Vorfilter und die Regelungsstruktur als Zustandsregelung mit Vorfilter bezeichnet. Dies ist etwas irreführend, das es sich bei der Sollwertaufschaltung nicht um ein Filter im Sinne eines dynamischen Systems handelt, sondern um einen reinen Verstärkungsblock.

Einsetzen des Stellgesetzes aus Gl. (247) in Gl. (142) bzw. Gl. (143) und Gl. (144) bzw. Gl. (145) liefert für das zustandsgeregelte System die Zustandsraumdarstellungen

$$\dot{x}(t) = (A - BK)x(t) \\ + BK_w w(t), \qquad (248)$$

$$x(k + 1) = (A_d - B_d K)x(k) \\ + B_d K_w w(k) \qquad (249)$$

und

$$y(t) = (C - DK)x(t) + DK_w w(t), \qquad (250)$$

$$y(k) = (C_d - D_d K)x(k) + D_d K_w w(k). \qquad (251)$$

Der Reglerentwurf besteht dann in der Berechnung der Verstärkungsmatrizen K und K_w. Zunächst wird auf die Berechnung von K_w eingegangen. Die Bestimmung von K wird weiter unten in den Abschn. 17.3.8.4 und 17.3.8.5 behandelt.

Die Verstärkungsmatrix K_w wird üblicherweise so bestimmt, dass die stationäre Verstärkung des Übertragungsverhaltens zwischen dem Soll-

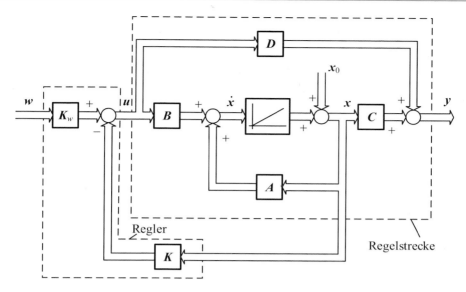

Abb. 20 Regelung durch Rückführung des Zustandsvektors und Aufschaltung der Führungsgröße

wert w und der Ausgangsgröße (Istwert) y gerade eins ist, der Istwert im eingeschwungenen Zustand also gerade dem konstanten Sollwert entspricht (stationäre Genauigkeit). Die Übertragungsfunktion des durch die Gln. (248) bzw. (249) und (250) bzw. (251) beschriebenen geregelten Systems lautet

$$G_{yw}(s) = \left((C - DK)(sI - A + BK)^{-1}B + D \right) K_w,$$
(252)

$$G_{yw}(z) = \left((C_d - D_dK)(zI - A_d + B_dK)^{-1}B_d + D_d \right) K_w.$$
(253)

Die stationäre Verstärkung ergibt sich aus den Übertragungsfunktionen durch Einsetzen von $s = 0$ bzw. $z = 1$. Aus der Forderung nach stationärer Genauigkeit folgt dann

$$K_w = \left((C - DK)(-A + BK)^{-1}B + D \right)^{-1},$$
(254)

$$K_w = \left((C_d - D_dK)(I - A_d + BK)^{-1}B_d + D_d \right)^{-1}.$$
(255)

Die Verstärkungsmatrix K_w der Führungsgrößenaufschaltung hängt also von der Verstärkungsmatrix der Zustandsrückführung K ab.

17.3.8.3 Fehlerrückführung

Aus dem Stellgesetz der Zustandsrückführung mit Führungsgrößenaufschaltung in Gl. (247) ist erkennbar, dass es keine Rückführung der Ausgangsgröße y gibt, wie es bei einer Regelung im eigentlichen Sinne der Fall ist. Entsprechend wird die Zustandsregelung mit dem Stellgesetz nach Gl. (247) das Störverhalten bezüglich einer am Ausgang der Regelstrecke angreifenden Störung nicht beeinflussen. Um eine solche Beeinflussung zu erzielen, bietet sich eine weitere Modifikation des Stellgesetzes an.

Hierzu wird eine am Ausgang der Regelstrecke angreifende Störung z angenommen. Die Ausgangsgleichung der Regelstrecke lautet dann also

$$y(t) = Cx(t) + Du(t) + z(t),$$
(256)

$$y(k) = C_dx(k) + D_du(k) + z(k).$$
(257)

Wird zunächst davon ausgegangen, dass die Störgröße z messbar ist, dann besteht eine einfache Maßnahme zur Beeinflussung des Störverhaltens darin, die Störgröße z über eine konstante Verstärkungsmatrix aufzuschalten. Das Stellgesetz aus Gl. (247) wird also zu

$$u = -Kx + K_w w + K_z z \qquad (258)$$

modifiziert. Die Verstärkungsmatrix K_z kann über die Forderung nach einer stationären Verstärkung des Störverhaltens von null, also einer stationären Genauigkeit des Störverhaltens bestimmt werden. Die Berechnung ist analog zur Bestimmung der Verstärkungsmatrix K über die Forderung nach stationärer Genauigkeit des Führungsverhaltens gemäß Gl. (254) bzw. Gl. (255) und führt auf

$$K_z = -\left((C - DF)(-A + BF)^{-1}B + D\right)^{-1} = -K_w,$$
$$(259)$$

$$K_z = -\left((C - DF)(I - A + BF)^{-1}B + D\right)^{-1} = -K_w.$$
$$(260)$$

Nun wird die Ausgangsstörung in den meisten Fällen nicht messbar sein. Aus den Gln. (256) und (257) ist aber ersichtlich, dass die Störung aus der gemessenen Zustandsgröße, der gemessenen Ausgangsgröße und dem Eingangssignal über

$$z = y - Cx - Du \qquad (261)$$

berechnet werden kann. Einsetzen von Gl. (261) und Gl. (259) bzw. Gl. (260) in Gl. (258) führt auf das Stellgesetz

$$u = -\widetilde{K}x + K_p e. \qquad (262)$$

Dieses Stellgesetz hat die Form einer Zustandsrückführung mit der Verstärkungsmatrix

$$\widetilde{K} = (I + K_w D)^{-1}(K - K_w C) \qquad (263)$$

und einer proportionalen Rückführung der Regelabweichung

$$e = w - y \qquad (264)$$

mit der Verstärkungsmatrix

$$K_p = (I + K_w D)^{-1} K_w, \qquad (265)$$

wobei vorausgesetzt wird, dass die auftretende Inverse existiert. In dem meist vorliegenden Fall einer Regelstrecke ohne Durchgriff ($D = 0$) entfällt die Inverse.

Die resultierende Struktur ist in Abb. 21 gezeigt. Aufgrund der proportionalen Rückführung der Regelabweichung kann dieses Stellgesetz als Zustandsrückführung mit zusätzlichem P-Regler aufgefasst werden, auch wenn es sich streng genommen um eine Zustandsregelung mit Aufschaltung der Führungsgröße und der berechneten Störgröße handelt.

17.3.8.4 Reglerentwurf über Polvorgabe

Wie in Abschn. 17.3.8.1 beschrieben und aus den Gln. (245) und (246) ersichtlich, ändert sich die Systemmatrix durch die Zustandsregelung zu $A - BK$ bzw. $A_d - B_d K$. Die Eigenwerte von $A - BK$ bzw. $A_d - B_d K$ bestimmen damit die Dynamik des geregelten Systems. Ein bei der Zustandsregelung oft verwendeter Entwurfsansatz basiert darauf, die Eigenwerte des geregelten Systems vorzugeben und daraus die Matrix K zu berechnen. Dieses Vorgehen wird als Reglerentwurf über Pol- oder Eigenwertvorgabe bezeichnet. Hierfür stehen numerische Algorithmen zur Verfügung (Kautsky et al. 1985; Roppenecker 1990, Kap. 3; Unbehauen 2007, Abschn. 1.8.6.1).

Allgemein hat die zu bestimmende Matrix K bei einem System mit n Zuständen und r Eingangsgrößen die Dimension $r \times n$. Die rn Einträge dieser Matrix sind also aus den vorgegebenen n Eigenwerten des geregelten Systems zu bestimmen. Hieraus ist ersichtlich, dass sich nur für ein System mit einer Eingangsgröße ($r = 1$) eine eindeutige Zuordnung der Zustandsrückführmatrix zu den Eigenwerten ergibt. Für Systeme mit mehreren Eingangsgrößen gibt es unendlich viele Zustandsrückführmatrizen, die alle auf die gleichen Eigenwerte führen. Es muss also berücksichtigt werden, dass hier eine günstige Zustandsrückführmatrix ausgewählt werden sollte.

Voraussetzung für die Durchführung der Polvorgabe ist es, dass alle Eigenwerte des geregelten Systems frei vorgegeben bzw. alle Eigenwerte des

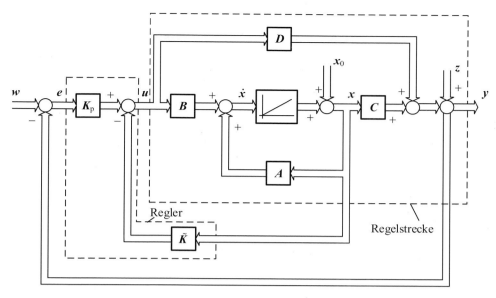

Abb. 21 Zustandsregler mit proportionaler Fehlerrückführung

ungeregelten Systems verändert werden können. Dies ist gleichbedeutend damit, dass das System vollständig steuerbar ist. Wenn das System nicht vollständig steuerbar ist, ist entscheidend, ob zumindest alle nicht stabilen Eigenwerte des Systems über die Zustandsrückführung verändert werden können. Ist dies der Fall, wird das System als stabilisierbar bezeichnet.

Als Spezialfälle der Polvorgabe können die modale Regelung (Unbehauen 2007, Abschn. 1.8.3.2) und die Regelung über Entkopplung (Föllinger 2016, Abschn. 9.5) angesehen werden.

17.3.8.5 Quadratisch optimaler Zustandsregler

In Anlehnung an das klassische, für Eingrößenregelsysteme eingeführte Kriterium der quadratischen Regelfläche unter Einbeziehung des Stellgrößenaufwandes (▶ Abschn. 16.4.2.1 in Kap. 16, „Linearer Standardregelkreis: Analyse und Reglerentwurf") lassen sich generell für Mehrgrößenregelsysteme die Gütekriterien

$$I = x^{\mathrm{T}}(t_{\mathrm{e}})Sx(t_{\mathrm{e}}) + \int_{t_0}^{t_{\mathrm{e}}} \left[x^{\mathrm{T}}(t)Qx(t) + u^{\mathrm{T}}(t)Ru(t) \right] \mathrm{d}t, \tag{266}$$

$$I = x^{\mathrm{T}}(N)Sx(N) + \sum_{i=0}^{N-1} \left(x^{\mathrm{T}}(i)Qx(i) + u^{\mathrm{T}}(i)Ru(i) \right) \tag{267}$$

verwenden. Dabei ist S ist eine symmetrische positiv semidefinite Matrix, die den Endzustand bewertet, Q eine symmetrische positiv semidefinite Matrix, welche den Verlauf der Zustandsgröße bewertet und R eine positiv definite symmetrische Matrix, welche den Stellaufwand gewichtet. Diese Bewertungsmatrizen werden häufig in Diagonalform gewählt.

Das Problem des Entwurfs eines optimalen Zustandsreglers lässt sich nach diesem Kriterium nun wie folgt formulieren. Für eine in der Zustandsraumdarstellung nach Gl. (142) bzw. Gl. (143) und Gl. (144) bzw. Gl. (145) gegebene Regelstrecke ist eine Zustandsrückführmatrix K so zu ermitteln, dass der Stellvektor

$$u = -Kx \tag{268}$$

das System von einem Anfangswert $x(t_0)$ bzw. $x(0)$ so in einen Endwert $x(t_{\mathrm{e}})$ bzw. $x(N)$ überführt, dass das in Gl. (266) bzw. Gl. (267) angegeben Gütekriterium minimal wird.

Oftmals wird die Entwurfsaufgabe mit unendlichem Zeithorizont formuliert, d. h. mit $t_e = \infty$ bzw. $N = \infty$. Da dann bei einem stabilen System der Endzustand zwangsläufig der Ursprung ist, entfällt der Gewichtungsterm des Endzustandes im Gütefunktional.

Als Zustandsrückführmatrix ergibt sich

$$\boldsymbol{K} = \boldsymbol{R}^{-1} \boldsymbol{B}^{\mathrm{T}} \boldsymbol{P}, \qquad (269)$$

$$\boldsymbol{K} = \left(\boldsymbol{R} + \boldsymbol{B}_{\mathrm{d}}^{\mathrm{T}} \boldsymbol{P} \boldsymbol{B}_{\mathrm{d}}\right)^{-1} \boldsymbol{B}_{\mathrm{d}}^{\mathrm{T}} \boldsymbol{P} \boldsymbol{A}_{\mathrm{d}}. \qquad (270)$$

Dabei ist die symmetrische Matrix $\boldsymbol{P}$ die positiv definite Lösung der algebraischen Matrix-Riccati-Gleichung

$$\boldsymbol{P} \boldsymbol{A} + \boldsymbol{A}^{\mathrm{T}} \boldsymbol{P} - \boldsymbol{P} \boldsymbol{B} \boldsymbol{R}^{-1} \boldsymbol{B}^{\mathrm{T}} \boldsymbol{P} + \boldsymbol{Q} = \boldsymbol{0}, \qquad (271)$$

$$\boldsymbol{A}_{\mathrm{d}}^{\mathrm{T}} \boldsymbol{P} \boldsymbol{A}_{\mathrm{d}} - \boldsymbol{A}_{\mathrm{d}}^{\mathrm{T}} \boldsymbol{P} \boldsymbol{B}_{\mathrm{d}} \left(\boldsymbol{R} + \boldsymbol{B}_{\mathrm{d}}^{\mathrm{T}} \boldsymbol{P} \boldsymbol{B}_{\mathrm{d}}\right)^{-1} \boldsymbol{B}_{\mathrm{d}}^{\mathrm{T}} \boldsymbol{P} \boldsymbol{A}_{\mathrm{d}} + \boldsymbol{Q}$$
$$= \boldsymbol{P}. \qquad (272)$$

Für die Lösung dieser Gleichung stehen numerische Algorithmen in regelungstechnischer Entwurfssoftware, z. B. in der Control System Toolbox des Softwarepakets Matlab des Herstellers The MathWorks, zur Verfügung.

Während für den Entwurf über Polvorgabe die Eigenwerte des geschlossenen Systems vorzugeben sind, müssen hier die drei Matrizen $\boldsymbol{Q}$, $\boldsymbol{R}$ und $\boldsymbol{S}$ bzw. bei unendlichem Zeithorizont die zwei Matrizen $\boldsymbol{Q}$ und $\boldsymbol{R}$ gewählt werden. Hierbei wird meist iterativ vorgegangen.

17.3.8.6 Resultierendes Übertragungsverhalten des zustandsgeregelten Systems

Für das Führungsübertragungsverhalten des zustandsgeregelten Systems ergeben sich die bereits in den Gln. (252) und (253) angegebene Übertragungsfunktionen

$$\boldsymbol{G}_{yw}(s) = \left((\boldsymbol{C} - \boldsymbol{D} \boldsymbol{K})(s\mathbf{I} - \boldsymbol{A} + \boldsymbol{B} \boldsymbol{K})^{-1} \boldsymbol{B} + \boldsymbol{D}\right) \boldsymbol{K}_w, \qquad (273)$$

$$\boldsymbol{G}_{yw}(z) =$$
$$\left((\boldsymbol{C}_{\mathrm{d}} - \boldsymbol{D}_{\mathrm{d}} \boldsymbol{K})(z\mathbf{I} - \boldsymbol{A}_{\mathrm{d}} + \boldsymbol{B}_{\mathrm{d}} \boldsymbol{K})^{-1} \boldsymbol{B}_{\mathrm{d}} + \boldsymbol{D}_{\mathrm{d}}\right) \boldsymbol{K}_w. \qquad (274)$$

Für Eingrößensysteme mit der Übertragungsfunktion

$$G(s) = \frac{Y(s)}{U(s)} = \frac{B(s)}{A(s)}, \qquad (275)$$

$$G(z) = \frac{Y(z)}{U(z)} = \frac{B(z)}{A(z)} \qquad (276)$$

kann leicht gezeigt werden, dass sich die Übertragungsfunktion des zustandsgeregelten Systems zu

$$G_{yw}(s) = \frac{Y(s)}{U(s)}$$
$$= K_w \frac{B(s)}{\det\left(s\mathbf{I} - \boldsymbol{A} + \boldsymbol{B} \boldsymbol{K}\right)}, \qquad (277)$$

$$G_{yw}(z) = \frac{Y(z)}{U(z)}$$
$$= K_w \frac{B(z)}{\det\left(z\mathbf{I} - \boldsymbol{A}_{\mathrm{d}} + \boldsymbol{B}_{\mathrm{d}} \boldsymbol{K}\right)} \qquad (278)$$

ergibt. Die Zustandsrückführung verändert also nur die Eigenwerte bzw. die Pole des Systems und hat keinen Einfluss auf die Nullstellen. Diese Aussage gilt auch für Mehrgrößensysteme.

Die Übertragungsfunktion von der bereits oben eingeführten, am Ausgang der Regelstrecke angreifenden, Störung z auf die Ausgangsgröße ist

$$\boldsymbol{G}_{yz}(s) = \mathbf{I} + \left((\boldsymbol{C} - \boldsymbol{D} \boldsymbol{K})(s\mathbf{I} - \boldsymbol{A} + \boldsymbol{B} \boldsymbol{K})^{-1} \boldsymbol{B} + \boldsymbol{D}\right) \boldsymbol{K}_z, \qquad (279)$$

$$\boldsymbol{G}_{yz}(z) = \mathbf{I} + \left((\boldsymbol{C}_{\mathrm{d}} - \boldsymbol{D}_{\mathrm{d}} \boldsymbol{K})(z\mathbf{I} - \boldsymbol{A}_{\mathrm{d}} + \boldsymbol{B}_{\mathrm{d}} \boldsymbol{K})^{-1} \boldsymbol{B}_{\mathrm{d}} + \boldsymbol{D}_{\mathrm{d}}\right) \boldsymbol{K}_z. \qquad (280)$$

Für Eingrößensysteme ergibt sich

$$G_{yz}(s) = \frac{Y(s)}{Z(s)}$$

$$= \frac{K_z B(s) + \det(s\mathbf{I} - \mathbf{A} + \mathbf{BK})}{\det(s\mathbf{I} - \mathbf{A} + \mathbf{BK})}, \qquad (281)$$

$$G_{yw}(z) = \frac{Y(z)}{Z(z)}$$

$$= \frac{K_z B(z) + \det(z\mathbf{I} - \mathbf{A}_\mathrm{d} + \mathbf{B}_\mathrm{d}\mathbf{K})}{\det(z\mathbf{I} - \mathbf{A}_\mathrm{d} + \mathbf{B}_\mathrm{d}\mathbf{K})}. \qquad (282)$$

Die Pole des Führungs- und des Störverhaltens sind damit durch die nicht gekürzten Eigenwerte der Systemmatrix des zustandsgeregelten Systems bestimmt.

17.3.8.7 Zustandsbeobachter

Die oben eingeführte Zustandsrückführung basiert zunächst darauf, dass alle Zustandsgrößen messbar sind und damit für die Berechnung des Stellsignals zur Verfügung stehen. In den meisten Fällen stehen jedoch die Zustandsgrößen nicht unmittelbar zur Verfügung. Oft sind sie auch nur reine Rechengrößen und damit gar nicht messbar. In diesen Fällen wird ein sogenannter Beobachter verwendet. Ein Beobachter ist ein dynamisches System, welches als Eingangsgrößen das Stellsignal $\boldsymbol{u}$ und die Ausgangsgröße $\boldsymbol{y}$ des Systems enthält, dessen Zustandsvektor benötigt wird. Aus diesen Eingangsgrößen bestimmt der Beobachter einen Schätzwert $\widehat{\boldsymbol{x}}$ für den Zustand $\boldsymbol{x}$. Für den Schätzwert muss ein Anfangswert vorgegeben werden. Die Anforderung an den Beobachter ist, dass der Schätzwert asymptotisch gegen den tatsächlichen Wert konvergiert. Für den über

$$\widetilde{\boldsymbol{x}} = \boldsymbol{x} - \widehat{\boldsymbol{x}} \qquad (283)$$

definierten Beobachterfehler muss also

$$\lim_{t \to \infty} \|\widetilde{\boldsymbol{x}}(t)\| = 0, \qquad (284)$$

$$\lim_{k \to \infty} \|\widetilde{\boldsymbol{x}}(k)\| = 0 \qquad (285)$$

gelten.

Die Struktur eines Beobachters kann leicht hergeleitet werden. Zur Vereinfachung wird hier der meist vorliegende Fall betrachtet, dass kein Durchgriff von der Stellgröße auf die Ausgangsgröße vorliegt, also $\boldsymbol{D} = \boldsymbol{0}$. Zunächst wird der Beobachter als lineares, zeitinvariantes dynamisches System mit den Eingangsgrößen $\boldsymbol{u}$ und $\boldsymbol{y}$ sowie der Zustandsgröße $\widehat{\boldsymbol{x}}$ angenommen. Der Beobachter hat damit eine lineare Zustandsraumdarstellung mit der Zustandsgleichung

$$\dot{\widehat{\boldsymbol{x}}}(t) = \boldsymbol{F}\widehat{\boldsymbol{x}}(t) + \boldsymbol{H}\boldsymbol{u}(t) + \boldsymbol{L}\boldsymbol{y}(t), \qquad (286)$$

$$\widehat{\boldsymbol{x}}(k+1) = \boldsymbol{F}\widehat{\boldsymbol{x}}(k+1) + \boldsymbol{H}\boldsymbol{u}(k) + \boldsymbol{L}\boldsymbol{y}(k), \qquad (287)$$

wobei die Matrizen $\boldsymbol{F}$, $\boldsymbol{H}$ und $\boldsymbol{L}$ so zu bestimmen sind, dass die Konvergenzbedingung aus Gl. (283) bzw. Gl. (285) erfüllt ist. Aus Gl. (286) bzw. Gl. (287) und der Systembeschreibung, Gl. (142) bzw. Gl. (143) und Gl. (144) bzw. Gl. (145), kann die Zustandsgleichung für den Beobachterfehler bestimmt werden. Diese ergibt sich zu

$$\dot{\widetilde{\boldsymbol{x}}}(t) = (\boldsymbol{A} - \boldsymbol{LC})\boldsymbol{x}(t) + \boldsymbol{B}\boldsymbol{u}(t) - \boldsymbol{F}\widehat{\boldsymbol{x}}(t) - \boldsymbol{H}\boldsymbol{u}(t), \qquad (288)$$

$$\widetilde{\boldsymbol{x}}(k+1) = (\boldsymbol{A} - \boldsymbol{LC})\boldsymbol{x}(k) + \boldsymbol{B}\boldsymbol{u}(k) - \boldsymbol{F}\widehat{\boldsymbol{x}}(k) - \boldsymbol{H}\boldsymbol{u}(k). \qquad (289)$$

Damit die in den Gln. (284) und (285) angegebene Konvergenzbedingung erfüllt ist, muss es sich bei der Zustandsgleichung für den Beobachterfehler um eine asymptotisch stabile homogene Differential- bzw. Differenzengleichung handeln. Dies ist mit

$$\boldsymbol{F} = \boldsymbol{A} - \boldsymbol{LC} \qquad (290)$$

und

$$\boldsymbol{H} = \boldsymbol{B} \qquad (291)$$

erfüllt, wobei die Matrix $\boldsymbol{L}$ so gewählt werden muss, dass alle Eigenwerte der Matrix $\boldsymbol{A} - \boldsymbol{LC}$ stabil sind. Es ergibt sich dann

$$\dot{\widetilde{x}}(t) = (A - LC)\widetilde{x}(t), \qquad (292)$$

$$\widetilde{x}(k + 1) = (A - LC)\widetilde{x}(k). \qquad (293)$$

Einsetzen der Gln. (290) bzw. (291) in die Gln. (286) bzw. (287) liefert die Zustandsgleichungen des Beobachters

$$\dot{\widehat{x}}(t) = (A - LC)\widehat{x}(t) + Bu(t) + Ly(t)$$
$$= A\widehat{x}(t) + Bu(t) + L(y(t) - \widehat{y}(t)), \qquad (294)$$

$$\widehat{x}(k + 1) = (A - LC)\widehat{x}(k) + Bu(k) + Ly(k)$$
$$= A\widehat{x}(k) + Bu(k) + L(y(k) - \widehat{y}(k)), \qquad (295)$$

wobei die vom Beobachter geschätzte Ausgangsgröße

$$\widehat{y} = C\widehat{x} \qquad (296)$$

eingeführt wurde. Aus den Gln. (294) und (295) ist die Struktur des Beobachters ersichtlich. Der Beobachter besteht aus einem dem beobachteten System parallel geschalteten Systemmodell, in dem $\widehat{x}$ die Zustandsgröße und $\widehat{y}$ die Ausgangsgröße ist. Die Ausgangsgröße $\widehat{y}$ ist ein Schätzwert für die Ausgangsgröße y und wird mit dieser verglichen. Die Differenz $y - \widehat{y}$ zwischen der gemessenen Ausgangsgröße und der vom Beobachter geschätzten Ausgangsgröße wird über die Beobachterverstärkungsmatrix L als Korrekturterm auf die Änderung $\dot{\widehat{x}}$ des geschätzten Zustands $\widehat{x}$ zurückgeführt. Abb. 22 zeigt die Struktur des Beobachters, wobei der häufig vorliegende Fall mit $D = 0$ gezeigt ist.

17.3.8.8 Berechnung der Beobachterverstärkung

Aus den Gln. (292) und (293) ist ersichtlich, dass das Abklingverhalten des Beobachters maßgeblich von den Eigenwerten der Beobachtersystemmatrix $A - LC$ abhängt. Entsprechend zur Vorgabe der Eigenwerte von $A - BK$ beim Entwurf der Zustandsrückführung liegt es nahe, für die Berechnung der Beobachterverstärkungsmatrix die Eigenwerte des Beobachters vorzugeben.

Abb. 22 System mit Zustandsbeobachter (dargestellt für $D = 0$)

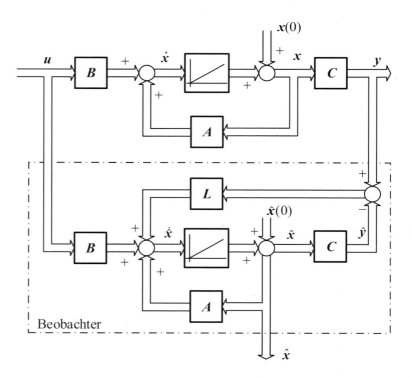

Die Berechnung von L über die Vorgabe der Eigenwerte von $A - LC$ unterscheidet sich von der Berechnung von K aus den vorgegebenen Eigenwerten von $A - BK$ prinzipiell nur durch die Position der gesuchten Matrix L bzw. K. Da das Transponieren einer Matrix keinen Einfluss auf die Eigenwerte hat, spielt dieser Unterschied jedoch keine Rolle. Werden die Eigenwerte von $(A - LC)^\mathrm{T} = A^\mathrm{T} - C^\mathrm{T}L^\mathrm{T}$ vorgegeben, entspricht die Bestimmung von L^T beim Beobachterentwurf der von K beim Entwurf der Zustandsrückführung. Dabei tritt jeweils A^T an die Stelle von A sowie C^T an die Stelle von B. Diese Äquivalenz zwischen Regler- und Beobachterentwurf wird als Dualität bezeichnet. Das über die Systemmatrix A^T, die Eingangsmatrix C^T und die Ausgangsmatrix B^T definierte System ist das zu dem über die Systemmatrix A, die Eingangsmatrix B und die Ausgangsmatrix C definierten System duale System.

Die Algorithmen zur Berechnung der Reglerverstärkung aus den vorgegebenen Eigenwerten können damit auch zur Berechnung der Beobachterverstärkung eingesetzt werden. Bei der Vorgabe der Beobachtereigenwerte ist die Anforderung meist, dass der Beobachterfehler schnell und gut gedämpft abklingen soll. Allerdings führt der Entwurf eines schnellen Beobachters meist zu großen Einträgen in der Beobachterverstärkungsmatrix L. Große Einträge in der Matrix L verstärken aber auch ein über die gemessene Ausgangsgröße y in den Beobachterfehler eingehendes Messrauschen. Damit sollte in der Regel der Beobachter auch nicht zu schnell ausgelegt werden.

17.3.8.9 Beobachterbasierte Zustandsregelung

Bei der beobachterbasierten Zustandsregelung wird die beobachtete Zustandsgröße $\hat{x}$ anstelle der tatsächlichen Zustandsgröße x zurückgeführt. Das Stellgesetz wird damit zu

$$u = -K\hat{x} + K_w w. \qquad (297)$$

Die so entstehende Struktur eines Zustandsreglers mit Beobachter ist in Abb. 23 gezeigt. Dieses Gesamtsystem hat die Zustandsraumdarstellung

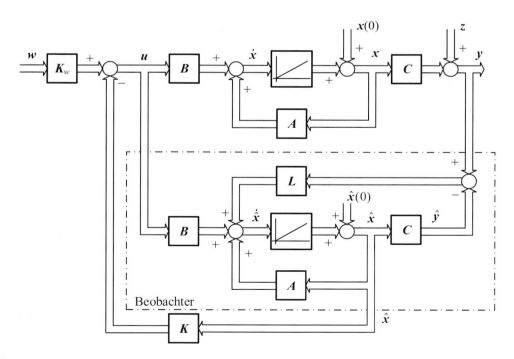

Abb. 23 Geschlossenes Regelsystem mit Zustandsbeobachter (dargestellt für $D = 0$)

$$\begin{bmatrix} \dot{x}(t) \\ \dot{\hat{x}}(t) \end{bmatrix} = \begin{bmatrix} A & -BK \\ LC & A - LC \end{bmatrix} \begin{bmatrix} x(t) \\ \hat{x}(t) \end{bmatrix}$$
$$+ \begin{bmatrix} BK_w \\ BK_w \end{bmatrix} w(t) + \begin{bmatrix} 0 \\ L \end{bmatrix} z(t), \quad (298)$$

$$y(t) = \begin{bmatrix} C & 0 \end{bmatrix} \begin{bmatrix} x(t) \\ \hat{x}(t) \end{bmatrix} + z(t), \quad (299)$$

wobei im Folgenden zur Vereinfachung der Darstellung von $D = 0$ ausgegangen wird. Es werden nur die Gleichungen für das kontinuierliche System angegeben, da die Matrizen der diskreten Systembeschreibung vollständig denen des kontinuierlichen Systems entsprechen.

Für die weitere Betrachtung des Systems ist eine Darstellung mit dem Beobachterfehler $\tilde{x}$ als Zustand anstelle von $\hat{x}$ günstig. Diese lautet

$$\begin{bmatrix} \dot{x}(t) \\ \dot{\tilde{x}}(t) \end{bmatrix} = \begin{bmatrix} A - BK & -BK \\ 0 & A - LC \end{bmatrix} \begin{bmatrix} x(t) \\ \tilde{x}(t) \end{bmatrix}$$
$$+ \begin{bmatrix} BK_w \\ 0 \end{bmatrix} w(t) + \begin{bmatrix} 0 \\ -L \end{bmatrix} z(t), \quad (300)$$

$$y(t) = \begin{bmatrix} C & 0 \end{bmatrix} \begin{bmatrix} x(t) \\ \tilde{x}(t) \end{bmatrix} + z(t). \quad (301)$$

Damit ergeben sich die Übertragungsfunktionen vom Sollwert w und von der Störung z auf die Ausgangsgröße zu

$$G_{yw}(s) = C(s\mathbf{I} - A + BK)^{-1}BK_w$$
$$= \frac{C \operatorname{adj}(s\mathbf{I} - A + BK)BK_w}{\det(s\mathbf{I} - A + BK)}, \quad (302)$$

$$G_{yz}(s) = \mathbf{I} - C(s\mathbf{I} - A + BK)^{-1}BK(s\mathbf{I} - A + LC)^{-1}L$$
$$= \mathbf{I} - \frac{C \operatorname{adj}(s\mathbf{I} - A + BK)BK \operatorname{adj}(s\mathbf{I} - A + LC)L}{\det(s\mathbf{I} - A + BK)\det(s\mathbf{I} - A + LC)}. \quad (303)$$

Anhand dieser Ausdrücke werden die folgenden wichtigen Aussagen ersichtlich.

1. Die Führungsübertragungsfunktion entspricht genau der aus Gl. (252) bzw. Gl. (253), die sich für das zustandsgeregelte System ohne Beobachter ergeben würde. Eine Auslegung des Führungsverhaltens, z. B. über die Vorgabe der Eigenwerte von $A - BK$, kann daher unabhängig von der Auslegung des Beobachters erfolgen. Diese Aussage gilt auch für $D \neq 0$.

2. Die Störübertragungsfunktion ist sowohl von der Zustandsrückführmatrix K als auch von der Beobachterverstärkung L abhängig. Die Dynamik der Störübertragungsfunktion und damit auch die interne Dynamik des Systems werden durch die Eigenwerte der Zustandsrückführung und die Eigenwerte des Beobachters bestimmt.

Der Beobachter hat damit keinen Einfluss auf das Führungsverhalten, wohl aber auf das Störverhalten und die interne Dynamik. Die Eigenwerte der Zustandsrückführung und die des Beobachters können separat vorgegeben werden, wobei die des Beobachters nicht im Führungsverhalten auftreten, die der Zustandsrückführung aber im Störverhalten. Die getrennte Vorgebbarkeit der Eigenwerte von Zustandsrückführung und Beobachter wird als Separationsprinzip bezeichnet. Daraus folgt auch, dass das Gesamtsystem asymptotisch stabil ist, wenn sowohl die Eigenwerte der Zustandsrückführung als auch die Eigenwerte des Beobachters stabil sind.

17.3.8.10 Erweiterungen der Zustandsregelung

Für die (beobachterbasierte) Zustandsregelung existieren eine Reihe von Erweiterungsmöglichkeiten, mit denen eine zusätzliche Beeinflussung des Führungs- und des Störverhaltens möglich ist. Eine einfache Erweiterungsmöglichkeit stellt die bereits in Abschn. 17.3.8.3 behandelte Ausgangsrückführung dar, welche als zusätzlicher P-Regler interpretiert werden kann. Anstelle einer proportionalen Ausgangs- bzw. Fehlerrückführung kann auch eine dynamische Rückführung eingesetzt werden. Hierdurch entsteht ein Regler mit einer zusätzlichen Dynamik. Als wichtigster Fall kann hier ein Zustandsregler mit einer zusätzlichen integralen Rückführung des Fehlers angesehen werden, der als I-Zustandsregler, oder bei zusätzlicher proportionaler Ausgangsrückführung als PI-Zustandsregler, bezeichnet wird. Dieser kann durch eine Erweiterung des Systems sehr einfach entworfen werden

(Unbehauen 2011, Abschn. 7.2.2.1; Föllinger 2016, Abschn. 9.7.3). Das Führungsverhalten kann über eine modellgestützte dynamische Vorsteuerung unabhängig vom Störverhalten eingestellt werden (Roppenecker 1990).

Eine andere Erweiterungsmöglichkeit ist der Einsatz eines Störbeobachters, mit dem das Regelungssystem so ausgelegt werden kann, dass bestimmte, über ein Störmodell spezifizierte Störungen asymptotisch vollständig ausgeregelt werden (Unbehauen 2011, Abschn. 7.2.3.4; Föllinger 2016, Abschn. 9.7.2).

Literatur

Aiserman M, Gantmacher F (1965) Die absolute Stabilität von Regelsystemen. Oldenbourg, München

Atherton D (1982) Nonlinear control engineering. Van Nostrand Reinhold, London

Boltjanski WG (1972) Mathematische Methoden der optimalen Steuerung. Hanser, München

Doetsch G (1985) Anleitung zum praktischen Gebrauch der Laplace-Transformation und der z-Transformation, 5. Aufl. Oldenbourg, München

Feldbaum A (1962) Rechengeräte in automatischen Systemen. Oldenbourg, München

Föllinger O (1993) Lineare Abtastsysteme, 5. Aufl. Oldenbourg, München

Föllinger O (2011) Laplace-, Fourier- und z-Transformation, 10. Aufl. VDE Verlag, Berlin

Föllinger O (2016) Regelungstechnik. Einführung in die Methoden und ihre Anwendung, 12. Aufl. VDE-Verlag, Berlin

Hahn W (1959) Theorie und Anwendung der direkten Methode von Ljapunov. Springer, Berlin

Jury E (1964) Theory and application of the z-transform method. Wiley, New York

Kalman R (1960) On the general theory of control systems. In: Proceedings of the 1st IFAC congress on automatic and remote control. Moskau, Juni/Juli 1960, S 481–492

Kaustky J, Nichols NK, Van Dooren P (1985) Robust pole assignment in linear state feedback. Int J Control 41:1129–1155

Popov VM (1961) Absolute stability of nonlinear systems of automatic control. Automat Remote Control 22:857–875

Roppenecker G (1990) Zeitbereichsentwurf linearer Regelungen. Oldenbourg, München

Ruge P, Birk C, Wermuth M (2013) Mathematik und Statistik. In: Czichos H und Hennecke M (Hrsg) HÜTTE: Das Ingenieurwissen. Springer, Berlin

Schultz D, Gibson J (1962) The variable gradient method for generating Liapunov functions. Trans AIEE 81:203–210

Schwarz H (1971) Mehrfachregelungen Grundlagen einer allgemeinen Theorie, Zweiter Band. Springer, Berlin

Takahashi Y, Chan C, Auslander D (1971) Parametereinstellung bei linearen DDC-Algorithmen. Regelungstechnik 19:237–244

Unbehauen H (2007) Regelungstechnik II, 9. Aufl. Springer Vieweg, Wiesbaden

Unbehauen H (2011) Regelungstechnik III. 7. Aufl. Vieweg, Wiesbaden

Systemidentifikation

Christian Bohn

Zusammenfassung

Unter Systemidentifikation wird das Aufstellen eines Modells für einen als dynamisches System verstandenen Zusammenhang zwischen Eingangs- und Ausgangsdaten verstanden. Im vorliegenden Kapitel werden die theoretischen Grundlagen der Systemidentifikation behandelt. Der Schwerpunkt liegt dabei auf der Identifikation mit linearen Modellen. Es werden Ansätze zur Bestimmung nichtparametrischer Modelle vorgestellt (Bestimmung von Übertragungsfunktionen aus Sprungantworten, Bestimmung des Frequenzgangs). Bei parametrischen Modellen stellt die Parameterschätzung einen wesentlichen Teil der Systemidentifikation dar. Die theoretischen Grundlagen der Parameterschätzung werden behandelt (Formulierung als Optimierungsproblem, Gütefunktionale, Durchführung der Optimierung, rekursive Schätzung, Eigenschaften von Schätzern). Für lineare Eingrößensysteme wird eine als ARARMAX-bezeichnete, allgemeine Modellstruktur eingeführt und für diese werden verschiedene Ansätze zur Parameterschätzung vorgestellt.

C. Bohn (✉)
Institut für Elektrische Informationstechnik, Technische Universität Clausthal, Clausthal-Zellerfeld, Deutschland
E-Mail: christian.bohn@tu-clausthal.de

18.1 Einführung und Überblick

In vielen technischen und auch nichttechnischen Teilgebieten der Wissenschaft können die untersuchten Zusammenhänge als dynamische Systeme mit Eingangsgrößen und Ausgangsgrößen aufgefasst werden. Die Eingangsgrößen und die Ausgangsgrößen sind dabei Größen, die sich über die Zeit ändern können, also Funktionen der Zeit (Signale). Die Eingangsgrößen bewirken eine Änderung der Ausgangsgrößen.

Wird die Eingangsgröße mit $u(t)$ bezeichnet und die Ausgangsgröße mit $y(t)$, wobei zur Vereinfachung von einem System mit nur einer Eingangsgröße und einer Ausgangsgröße ausgegangen wird, ist ein dynamisches System dadurch gekennzeichnet, dass die Ausgangsgröße zu einem bestimmten Zeitpunkt t_0, also $y(t_0)$, vom Verlauf der Eingangsgröße bis zum Zeitpunkt t_0, also von $u(t)$ für $t \leq t_0$, abhängt. Als ein einfaches Beispiel kann ein Pkw betrachtet werden, bei dem die Fahrgeschwindigkeit durch die Gaspedalstellung beeinflusst wird. Weiterhin wirken andere Größen, wie z. B. die Fahrbahnsteigung oder Wind auf die Fahrgeschwindigkeit ein. Sofern es sich hierbei um nicht beeinflussbare Größen handelt, werden diese als Störungen bezeichnet. In Abb. 1 sind die Zusammenhänge für dieses Beispiel in Form eines Blockschaltbildes dargestellt, wobei mit der Größe $z(t)$ eine Störung berücksichtigt wird.

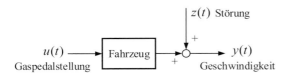

Abb. 1 Blockschaltbilddarstellung eines Fahrzeugs als dynamisches System

Aus der Sichtweise eines Zusammenhangs als dynamisches System entsteht vielfach der Wunsch, das Verhalten des Systems, also insbesondere die Abhängigkeit der Ausgangsgrößen von den Eingangsgrößen, durch mathematische Modelle zu beschreiben. Das Aufstellen eines solchen Modells wird als Modellbildung bezeichnet.

Bei der Modellbildung können zwei Ansätze unterschieden werden. Einerseits kann das Modell durch Beschreibung der sich in einem System abspielenden Vorgänge mittels physikalischer Gesetzmäßigkeiten, z. B. über Bilanzgleichungen, aufgestellt werden. Um auf diese Weise ein vollständiges Modell zu erhalten, müssen die in der Beschreibung auftauchenden Parameter, z. B. Bauteileigenschaften, bekannt sein oder aus technischen Daten ermittelt werden können. Dieser Ansatz wird als theoretische Modellbildung bezeichnet und das resultierende Modell als *White-Box*-Modell.

Andererseits kann eine Modellbildung unter Verwendung von gemessenen Eingangs- und Ausgangssignalen des Systems erfolgen. Diese Vorgehensweise wird als experimentelle Modellbildung und auch als Systemidentifikation bezeichnet. Bezüglich der dabei gewonnen Modelle lassen sich weitere Fälle unterscheiden. Oftmals wird zur Beschreibung des Systemverhaltens ein mathematischer Zusammenhang zwischen Eingangs- und Ausgangsdaten verwendet, der keinen direkten Bezug zu den in einem System geltenden physikalischen Gesetzmäßigkeiten aufweist. Das so gebildete Modell wird als *Black-Box*-Modell bezeichnet. Der Zusammenhang zwischen Eingangs- und Ausgangsgrößen kann aber auch, wie bei der theoretischen Modellbildung, über die in dem System geltenden Gesetzmäßigkeiten beschrieben werden. Sofern dann in dieser Beschreibung Parameter auftauchen, deren Werte nicht bekannt sind, werden diese Modelle als *Gray-Box*-Modelle bezeichnet.

Sowohl *Black-Box*- als auch *Gray-Box*-Modelle weisen unbekannte Modellparameter auf. Die Werte dieser unbekannten Parameter werden in der experimentellen Modellbildung aus gemessenen Eingangs- und Ausgangsdaten bestimmt. Da dabei meist angenommen wird, dass Signale von stochastischen Störungen überlagert sind, handelt es sich hierbei um eine Parameterschätzung. Eine auf Basis von *Black-Box*-Modellen durchgeführte Systemidentifikation wird als *Black-Box*-Identifikation bezeichnet und eine Identifikation auf Basis von *Gray-Box*-Modellen entsprechend als *Gray-Box*-Identifikation.

Die Unterscheidung zwischen *White-Box-*, *Gray-Box-* und *Black-Box*-Modellen kann auch anhand der Bestimmung von Modellstruktur und Modellparametern formuliert werden. Bei einem mathematischen Modell werden die Gleichungen, welche das Verhalten beschreiben, als Modellstruktur bezeichnet und die in diese Gleichungen eingehenden Parameter als Modellparameter. Bei *White-Box*-Modellen werden Modellstruktur und Modellparameter aus theoretischen Überlegungen gewonnen. Bei *Gray-Box*-Modellen wird die Modellstruktur aus theoretischen Überlegungen bestimmt und die unbekannten Parameter werden aus Messdaten geschätzt. Die *Gray-Box*-Identifikation ist also im Wesentlichen eine Parameterschätzung. Bei der *Black-Box*-Identifikation werden sowohl die Modellstruktur als auch die Modellparameter über Systemidentifikation ermittelt. Die *Black-Box*-Identifikation umfasst daher die Strukturbestimmung und die Parameterschätzung.

Die Systemidentifikation kommt insbesondere in der Regelungstechnik zum Einsatz und wird daher als Teilgebiet dieser angesehen. In der Regelungstechnik werden die über Systemidentifikation gewonnenen Modelle meist für den Entwurf von Regelungen benötigt. Eine *online* mitlaufende Systemidentifikation stellt beispielsweise die Grundlage für eine adaptive Regelung dar.

In diesem Kapitel werden einige Grundlagen der Systemidentifikation beschrieben, wobei der Schwerpunkt auf der Identifikation linearer Systeme liegt. Die Darstellung des Materials erfolgt angelehnt an das einführende Lehrbuch von Bohn und Unbehauen (2016), dem auch die Abbildungen entnommen sind, und in welchem auch auf weiterführende Literatur zu den hier behandelten Themen verwiesen wird. Im Folgenden wird eine Übersicht über den Inhalt dieses Kapitels gegeben.

In Abschn. 18.2 werden zunächst ausgewählte Aspekte von Modellen dynamischer Systeme behandelt. Bei der Systemidentifikation werden die Modelle aus Messdaten bestimmt. Hierfür ist es prinzipiell vorteilhaft, wenn eine Anregung des Systems mit vorgegebenen Eingangssignalen, die dann auch als Testsignale bezeichnet werden, möglich ist. Die Anregung von Systemen mit Testsignalen wird in Abschn. 18.3 betrachtet, wobei die Anregung mit sprungförmigen Signalen (Abschn. 18.3.2), Rauschsignalen (Abschn. 18.3.3) und periodischen Signalen (Abschn. 18.3.4) behandelt wird.

In Abschn. 18.4 werden Verfahren zur Identifikation linearer Systeme unter Verwendung nichtparametrischer Modelle betrachtet. Es werden verschiedene Ansätze zur Bestimmung einer Übertragungsfunktion aus gemessenen Sprungantworten (Abschn. 18.4.1), zur Bestimmung der Gewichtsfunktion oder des Frequenzgangs über Korrelationsanalyse (Abschn. 18.4.2.1 und 18.4.2.2) und zur Bestimmung des Frequenzgangs über Anregung mit periodischen Signalen (Abschn. 18.4.3) vorgestellt.

Bei parametrischen Modellen ist die Schätzung der Modellparameter wesentlicher Bestandteil der Systemidentifikation. Die Parameterschätzung wird in Abschn. 18.5 behandelt. Der Parameterschätzung liegt die Berechnung eines Modellfehlers zwischen einer Vergleichsgröße und einer Modellausgangsgröße zugrunde. Diese Modellfehlerberechnung wird in Abschn. 18.5.1 beschrieben. Für die Modellfehlerberechnung wird meist eine allgemeine Modellstruktur im Zeitbereich verwendet. Die wird in Abschn. 18.5.2 eingeführt.

Die Parameterschätzung wird in der Regel als Optimierungsproblem formuliert (Abschn. 18.5.3), wobei unterschiedliche Gütekriterien zur Bewertung der durch den Modellfehler beschriebenen Übereinstimmung zwischen Modell und System aufgestellt werden können (Abschn. 18.5.3.1). Die Optimierung selbst muss, wie in den Abschn. 18.5.3.2 und 18.5.3.3 beschrieben, meist iterativ durchgeführt werden.

Für die Optimierung ist in vielen Fällen der Gradient des Gütekriteriums bezüglich der gesuchten Parameter erforderlich, in welchen der auch als

Empfindlichkeit bezeichnete Gradient der Modellausgangsgröße eingeht. Da die Modellausgangsgröße die Ausgangsgröße eines dynamischen Modells ist und damit aus zurückliegenden Werten berechnet wird, führt die Gradientenbildung ebenfalls auf ein dynamisches Modell, welches als Empfindlichkeitsmodell bezeichnet wird. Dies wird in Abschn. 18.5.4 behandelt.

Eine Alternative zu der Bestimmung eines Parameterschätzwertes unter Verwendung aller Messdaten stellt die rekursive Schätzung dar. Dabei werden die Messwerte nacheinander verarbeitet. Es wird jeweils unter Verwendung eines neuen Messwerts ein neuer Parameterschätzwert bestimmt, ohne dass eine komplette Neuberechnung erfolgt. Dies wird in Abschn. 18.5.5 beschrieben. Eine rekursive Schätzung ermöglich auch eine Parameterschätzung im laufenden Betrieb, die als *Online*-Schätzung bezeichnet wird. Zur Beurteilung von Parameterschätzverfahren können die in Abschn. 18.5.6 behandelten Eigenschaften der Schätzer herangezogen werden.

Einen Spezialfall der zur Parameterschätzung oder allgemein zur Systemidentifikation verwendeten Modelle stellen Modelle dar, bei denen die Ausgangsgröße linear von den Modellparametern abhängt. Dies wird Abschn. 18.5.7 betrachtet, wobei zunächst linear parameterabhängige Modelle eingeführt werden (Abschn. 18.5.7.1). In Abschn. 18.5.7.2 wird ausgeführt, dass für linear parameterabhängige Modelle sehr einfach eine Schätzung unter Verwendung des Gütekriteriums der kleinesten Fehlerquadrate (*Least-Squares*-Schätzung) möglich ist. Aus diesem Grund werden linear parameterabhängige Modelle in der Systemidentifikation gern verwendet. Das Auftreten von systematischen Fehlern bei der *Least-Squares*-Schätzung sowie die durch die Kovarianzmatrix des Schätzfehlers beschriebene Unsicherheit bzw. Güte des Schätzwertes werden in den Abschn. 18.5.7.3 und 18.5.7.4 diskutiert. Für linear parameterabhängige Modelle ist, wie in Abschn. 18.5.7.5 ausgeführt, auch eine rekursive Parameterschätzung recht einfach.

Eine Parameterschätzung kann sowohl aus Zeitbereichsdaten wie auch aus Frequenzbereichsdaten (Werte des Frequenzgangs, die z. B. über die in den Abschn. 18.4.2.2 und 18.4.3 beschriebenen Verfahren bestimmt werden können) erfolgen. Die

Parameterschätzung mit Frequenzgangsdaten wird in Abschn. 18.5.8 behandelt.

Als einfachstes Problem der Systemidentifikation kann die Parameterschätzung bei linearen Eingrößensystemen aufgefasst werden. Diese Problemstellung wird in Abschn. 18.6 behandelt, wobei zunächst in Abschn. 18.6.1 die Aufgabenstellung formuliert wird. Für lineare Eingrößensystem wird eine allgemeine Modellstruktur eingeführt (Abschn. 18.6.2). Auf Basis dieser Modellstruktur kann die Parameterschätzung als *Least-Squares*-Problem formuliert werden (Abschn. 18.6.3). Im allgemeinen Fall ergibt sich kein lineares *Least-Squares*-Problem, welches aber im Sinne einer einfachen Parameterschätzung vorteilhaft wäre. Ein lineares *Least-Squares*-Problem ergibt sich allerdings, wenn die allgemeine, auch als ARAR-MAX-Modell bezeichnete, Struktur zu einem sogenannten ARX-Modell vereinfacht wird. Dies wird in Abschn. 18.6.4 behandelt. Für die allgemeine ARARMAX-Modellstruktur kann über eine Modifikation des Gütekriteriums ebenfalls eine Parameterschätzung über ein lineares *Least-Squares*-Problem erfolgen, wobei diese dann iterativ ausgeführt wird (Abschn. 18.6.5). Eine ähnliche Möglichkeit, bei der iterativ abwechselnd zwei lineare *Least-Squares*-Probleme gelöst werden, gibt es für das über eine vereinfachende Annahme aus dem ARARMAX-Modell entstehende ARARX-Modell. Dieses Verfahren wird in Abschn. 18.6.6 vorgestellt.

In Abschn. 18.7 wird ein kurzer Überblick über weitere, in diesem Kapitel nicht behandelte, Aspekte der Systemidentifikation gegeben. Hierunter fallen die Identifikation nichtlinearer Systeme (Abschn. 18.7.1), die als Strukturprüfung oder Strukturselektion bezeichnete Auswahl einer Modellstruktur (Abschn. 18.7.2), die als Validierung bezeichnete Beurteilung der Güte eines bestimmten Modells (Abschn. 18.7.3) sowie weitere Schritte, die bei praktischer Durchführung einer Systemidentifikation erforderlich sind (Abschn. 18.7.4).

18.2 Modelle dynamischer Systeme

18.2.1 Einteilung der Modelle

Zur Einteilung dynamischer Modelle existieren neben der in Abschn. 18.1 bereits erwähnten Unterscheidung von *White-Box-*, *Gray-Box-* und *Black-Box*-Modellen eine Vielzahl weiterer Kriterien (siehe hierzu auch ▶ Abschn. 15.2.2 in Kap. 15, „Einführung und Grundlagen der Regelungstechnik"). Hier werden nachfolgend nur diejenigen kurz behandelt, die für eine grundlegende Darstellung der Systemidentifikation erforderlich sind. Eine ausführliche Darstellung findet sich in Bohn und Unbehauen (2016, Abschn. 7.1 und 7.2).

18.2.2 Lineare und nichtlineare Modelle

Eine wichtige Unterteilung ist die in lineare und nichtlineare Modelle (▶ Abschn. 15.2.2.3 in Kap. 15, „Einführung und Grundlagen der Regelungstechnik"). Dies ist hier insofern von Bedeutung, als dass für lineare zeitinvariante Systeme eine Vielzahl von Beschreibungsformen im Zeit- und im Bildbereich existiert (▶ Abschn. 15.3 in Kap. 15, „Einführung und Grundlagen der Regelungstechnik"). Diese können unter bestimmten, meist erfüllten, Bedingungen, einfach ineinander umgerechnet werden. Bei der *Black-Box*-Identifikation linearer Systeme kann also eine allgemeine lineare Beschreibung, z. B. eine Übertragungsfunktion, verwendet werden. Für die Identifikation muss dann lediglich die Ordnung der Übertragungsfunktion festgelegt werden und es müssen anschließend die Parameter (Koeffizienten des Zähler- und des Nennerpolynoms) geschätzt werden.

Ist das zu identifizierende System nichtlinear und soll durch ein nichtlinear *Black-Box*-Modell beschrieben werden, ist besonders die Auswahl der Modellstruktur schwierig, da für nichtlineare Systeme eine Vielzahl von Modellen existieren. Das Resultat der Systemidentifikation, also die Übereinstimmung zwischen dem Verhalten von System und Modell, hängt dann maßgeblich von der Wahl der Modellstruktur ab.

In vielen Fällen wird es das Ziel sein, ein System durch ein lineares Modell zu beschreiben. Dies ist z. B. in der Regelungstechnik der Fall, da für den Entwurf von linearen Reglern auf Basis linearer Modelle eine Vielzahl von Verfahren zur Verfügung steht (siehe z. B. ▶ Abschn. 16.4 in Kap. 16, „Linearer Standardregelkreis: Analyse und Reglerentwurf" und ▶ Abschn. 17.2.6 und 17.3.8 in Kap. 17, „Nichtlineare, digitale und Zustandsregelungen").

Im Gegensatz dazu ist der Entwurf von nichtlinearen Regelungen deutlich aufwändiger, da keine Entwurfsverfahren zur Verfügung stehen, die für alle nichtlinearen Systeme allgemein anwendbar sind.

Bei nichtlinearen Systemen, die in der Nähe eines konstanten Arbeitspunktes betrieben werden, ist es oftmals möglich, das Systemverhalten ausreichend gut mit einem linearen Modell zu beschreiben. In einem solchen Fall kann dann ein solches Modell mit Identifikationsverfahren für lineare Modelle bestimmt werden. Im allgemeinen Fall eines nichtlinearen Systems, dessen Verhalten auch nur durch ein nichtlineares Modell ausreichend gut beschrieben werden kann, ist die Systemidentifikationsaufgabe deutlich schwieriger. Der Schwerpunkt dieses Beitrags liegt auf der Identifikation linearer Systeme. Aspekte der Identifikation nichtlinearer Systeme werden in Abschn. 18.7.1 kurz behandelt.

18.2.3 Nichtparametrische und parametrische Modelle

Eine weitere Unterscheidung ist die zwischen nichtparametrischen und parametrischen Modellen. In einem strengen Sinne wird von parametrischen Modellen gesprochen, wenn für die Modellbeschreibung eine endliche Anzahl von Parametern verwendet wird. Als Beispiel hierfür kann die Beschreibung des Übertragungsverhaltens eines linearen zeitinvarianten Systems mit der Eingangsgröße $u(t)$ und der Ausgangsgröße $y(t)$ herangezogen werden. Im Bildbereich gilt

$$Y(s) = G(s)U(s). \tag{1}$$

Dabei ist die Übertragungsfunktionsfunktion $G(s)$ für ein System endlicher Ordnung

$$G(s) = \frac{b_n s^n + \ldots + b_1 s + b_0}{s^n + a_{n-1}s^{n-1} + \ldots + a_1 s + a_0}. \tag{2}$$

In diesem Modell tauchen als Parameter die $2n + 1$ Koeffizienten $a_0, \ldots, a_{n-1}, b_0, \ldots b_n$ auf, es handelt sich also um ein parametrisches Modell.

Als nichtparametrische Modelle werden im strengen Sinne Modelle verstanden, welche nicht durch Gleichungen mit einer endlichen Anzahl

von Parametern beschrieben werden können. Als Beispiel hierfür kann die Beschreibung des Übertragungsverhaltens eines linearen zeitinvarianten Systems über das Faltungsintegral herangezogen werden (siehe ▶ Abschn. 15.3.2.3 in Kap. 15, „Einführung und Grundlagen der Regelungstechnik"). Die Beziehung zwischen der Ausgangsgröße $y(t)$ und der Eingangsgröße $u(t)$ lautet

$$\begin{aligned} y(t) &= \int_{-\infty}^{t} g(t - \tau) u(\tau)\, \mathrm{d}\tau \\ &= \int_{0}^{\infty} g(\tau) u(t - \tau)\, \mathrm{d}\tau. \end{aligned} \tag{3}$$

Dabei ist $g(t)$ die Gewichtsfunktion (normierte Impulsantwort) des Systems. Der gesamte Verlauf der Impulsantwort für $t \geq 0$ beschreibt damit das Übertragungsverhalten des Systems vollständig. Gleiches gilt für die Übergangsfunktion (normierte Sprungantwort) $h(t)$, welche über

$$g(t) = \frac{\mathrm{d}\,h(t)}{\mathrm{d}\,t} \tag{4}$$

mit der Gewichtsfunktion zusammenhängt. Da es sich hierbei um Verläufe von Funktionen handelt, die nicht durch endlich viele Parameter beschrieben werden, stellen Gewichtsfunktion und Übergangsfunktion nichtparametrische Modelle dar. Auch der gesamte Verlauf des Frequenzgangs

$$G(\mathrm{j}\omega) = G(s)|_{s=\mathrm{j}\omega} = \mathcal{L}\{g(t)\}|_{s=\mathrm{j}\omega} \tag{5}$$

ist ein nichtparametrisches Modell.

In der Praxis werden auch nichtparametrische Modelle in der Regel durch eine endliche Anzahl von Werten beschrieben. Wird z. B. die Sprungantwort eines Systems aufgezeichnet, erfolgt dies heutzutage meist mit digitaler Signalerfassungshardware, d. h. es erfolgt eine Abtastung und Speicherung der Signale zu bestimmten Zeitpunkten. Es wird also nicht der gesamte Verlauf aufgezeichnet. Auch die Bestimmung des Frequenzgangs erfolgt nur punktweise für einzelne Frequenzen. Nichtparametrische Modelle werden aber meist durch vergleichsweise viele Werte beschrieben, die zudem nicht als Modellparameter aufgefasst werden.

Mit der Unterscheidung zwischen nichtparametrischen und parametrischen Modellen können auch Identifikationsverfahren entsprechend eingeteilt werden. Bei Verfahren, die als Resultat ein nichtparametrisches Modell liefern, z. B. einen punktweise gemessenen Frequenzgang, wird von nichtparametrischer Identifikation gesprochen und bei Verfahren, die ein parametrisches Modell liefern, von parametrischer Identifikation. Häufig wird aber aus ermittelten nichtparametrischen Modellen in einem nachfolgenden Schritt ein parametrisches Modell bestimmt, sodass eine ganz scharfe Abgrenzung zwischen nichtparametrischer und parametrischer Identifikation nicht möglich ist.

18.3 Anregung von Systemen mit Testsignalen

18.3.1 Möglichkeiten der Anregung

Bei der Systemidentifikation wird ein Modell für ein System aus gemessenen Eingangs- und Ausgangsdaten bestimmt. Daher stellt die Gewinnung von geeigneten Eingangs- und Ausgangsdaten in den meisten Fällen einen wichtigen Arbeitsschritt in der Systemidentifikation dar. Nur in wenigen Fällen werden von einem System bereits Messdaten der Eingangs- und Ausgangssignale vorliegen, die unmittelbar zur Identifikation genutzt werden können (dies könnte der Fall sein, wenn bereits in der Vergangenheit eine Identifikation dieses Systems durchgeführt wurde). Meist sind neue oder weitere Messungen erforderlich.

Es können zwei grundlegende Fälle unterschieden werden. Eine günstige Situation liegt vor, wenn das System mit vorgegebenen Testsignalen beaufschlagt werden kann und dann die Eingangs- und Ausgangssignale aufgezeichnet werden können. Bei Systemen oder Anlagen, die geregelt betrieben werden, setzt dies voraus, dass die Regelung während der Anregung mit den Testsignalen ausgeschaltet werden kann. Bei Systemen, die Teile von Produktionsanlagen sind, bedeutet dies möglicherweise eine Produktions-

unterbrechung, die mit Kosten verbunden ist. Deshalb ist eine solche Anregung mit Testsignalen außerhalb des normalen Betriebs oftmals nicht oder nur für einen kurzen Zeitraum möglich.

Eine ungünstigere Situation stellt der Fall dar, dass nur Eingangs- und Ausgangssignale aus dem normalen Betrieb des Systems verwendet werden können. Sofern dabei das Eingangssignal das System ausreichend stark und über die gesamte Bandbreite anregt, kann auch mit diesen Signalen eine Systemidentifikation durchgeführt werden. Ist dies nicht der Fall, ändert sich das Eingangssignal also kaum oder nur sehr langsam, sind die Signale für eine Systemidentifikation meist ungeeignet. In bestimmten Fällen ist es möglich, das Eingangssignal im normalen Betrieb mit einem zusätzlichen Testsignal zu überlagern, sodass mit diesem Eingangssignal und dem dadurch entstehenden Ausgangssignal eine Identifikation durchgeführt werden kann.

In den folgenden Abschnitten werden einige Anregungsmöglichkeiten vorgestellt. Es wird die Anregung mit sprungförmigen Signalen (Abschn. 18.3.2), mit Rauschsignalen (Abschn. 18.3.3) und mit periodischen Signalen (Abschn. 18.3.4) betrachtet. Eine ausführliche Darstellung zur Auswahl und Erzeugung von Eingangssignalen für die Identifikation findet sich in Bohn und Unbehauen (2016, Abschn. 9.8).

18.3.2 Anregung mit Sprungsignalen

Eine einfache Möglichkeit der Anregung stellen sprungförmige Signale dar. Hierbei wird die Eingangsgröße von einem Wert sprungförmig auf einen anderen Wert geändert. Dies sollte möglichst mehrfach und mit unterschiedlichen Sprunghöhen durchgeführt werden. Das gemessene Ausgangssignal ist dann die Sprungantwort des Systems, die aber ggf. noch von Messrauschen oder anderen Störungen überlagert ist. Ist die Ausgangsgröße nicht allzu stark verrauscht oder kann dieses Rauschen durch Mittelung über mehrere Messungen ausreichend gut unterdrückt werden, kann bei linearen Systemen durch einfaches Ablesen von Kennwerten aus der Sprungantwort eine Übertragungsfunktion bestimmt werden. Dies ist in Abschn. 18.4.1 ausführlich beschrieben.

Eine sprungförmige Änderung der Eingangsgröße eines Systems, also ein Verstellen auf einen anderen konstanten Wert, ist in vielen Fällen einfach und ohne zusätzliche Hard- und Software möglich. Dann stellt das Aufzeichnen von Sprungantworten eine schnelle und kostengünstige Möglichkeit dar, mit der auch ein erster Eindruck des generellen Systemverhaltens gewonnen werden kann. Bei stark verrauschten Signalen oder bei einem Systemverhalten hoher Ordnung ist allerdings eine Anregung mit Sprüngen zur Bestimmung eines guten Modells nicht besonders gut geeignet. Es sollten dann Eingangssignale verwendet werden, welche das System breitbandiger anregen.

18.3.3 Anregung mit Rauschsignalen

Breitbandige Rauschsignale, also zufällige Signale, welche bis zu einer hohen Frequenz spektrale Anteile aufweisen, sind prinzipiell für eine Systemidentifikation gut geeignet. Dabei ist zu beachten, dass das System über den gesamten interessierenden Frequenzbereich angeregt werden sollte, dieser geht meist über die Bandbreite hinaus. Bei linearen Systemen kann so auch noch der Abfall des Amplitudengangs oberhalb der Bandbreite erkannt werden.

Ein Rauschsignal wird als Realisierung eines stochastischen Prozesses angesehen. Für die in der Systemidentifikation betrachteten Rauschsignale kann meist angenommen werden, dass stationäre und ergodische Prozesse zugrunde liegen. Etwas vereinfacht dargestellt bedeutet Stationarität, dass sich die stochastischen Eigenschaften des Prozesses über der Zeit nicht ändern. Ergodizität bedeutet, dass über das Ensemble (Gesamtheit aller möglichen Realisierungen) eines stochastischen Prozesses gebildete Erwartungswerte mit der Wahrscheinlichkeit eins den aus einer Realisierung gebildeten zeitlichen Mittelwerten entsprechen. Ein ergodischer Prozess ist stationär.

Für die Systemidentifikation ist insbesondere die Beschreibung von stochastischen Prozessen bzw. Signalen durch Korrelationsfunktionen und spektrale Leistungsdichten wichtig. Sofern ein ergodischer Prozess zugrunde liegt, ist die Autokorrelationsfunktion eines Rauschsignals

$$R_{xx}(\tau) = \mathrm{E}\{x(t)x(t+\tau)\}$$
$$= \lim_{T \to \infty} \frac{1}{2T} \int\limits_{-T}^{T} x(t)x(t+\tau)\,\mathrm{d}t \tag{6}$$

und die Kreuzkorrelationsfunktion zweier Rauschsignale

$$R_{xy}(\tau) = \mathrm{E}\{x(t)y(t+\tau)\}$$
$$= \lim_{T \to \infty} \frac{1}{2T} \int\limits_{-T}^{T} x(t)y(t+\tau)\,\mathrm{d}t. \tag{7}$$

Die spektrale Leistungsdichte $S_{xx}(\omega)$ ist die Fourier-Transformierte der Autokorrelationsfunktion,

$$S_{xx}(\omega) = \mathcal{F}\{R_{xx}(\tau)\}$$
$$= \int\limits_{-\infty}^{\infty} R_{xx}(\tau)\,\mathrm{e}^{-\mathrm{j}\,\omega\tau}\mathrm{d}\tau. \tag{8}$$

Da $R_{xx}(\tau)$ eine gerade Funktion ist, also $R_{xx}(\tau) = R_{xx}(-\tau)$ gilt, ist die spektrale Leistungsdichte $S_{xx}(\omega)$ eine reelle Funktion. Daher wird als Argument nur ω und nicht $\mathrm{j}\omega$ angegeben.

Die Fourier-Transformierte der Kreuzkorrelationsfunktion ist die spektrale Kreuzleistungsdichte

$$S_{xy}(\mathrm{j}\omega) = \mathcal{F}\{R_{xy}(\tau)\}$$
$$= \int\limits_{-\infty}^{\infty} R_{xy}(\tau)\,\mathrm{e}^{-\mathrm{j}\,\omega\tau}\mathrm{d}\tau. \tag{9}$$

Hierbei handelt es sich um eine komplexwertige Funktion und aufgrund von $R_{xy}(\tau) = R_{yx}(-\tau)$ gilt $S_{xy}(\mathrm{j}\omega) = S_{xy}^*(\mathrm{j}\omega) = S_{yx}(-\mathrm{j}\omega)$, wobei der hochgestellte Stern für die konjugiert komplexe Größe steht. Zur Vereinfachung werden im Folgenden für die spektrale Leistungsdichte und die spektrale Kreuzleistungsdichte die Begriffe Autospektrum und Kreuzspektrum verwendet.

Für die Übertragung von ergodischen Rauschsignalen durch lineare zeitinvariante Systeme ergeben sich einfache Beziehungen im Zeit- und im Frequenzbereich, die für die Identifikation genutzt werden können. Diese werden im Folgenden angegeben.

Wirkt auf ein lineares, zeitkontinuierliches, zeitinvariantes System die Eingangsgröße $u(t)$, dann ergibt sich, wie bereits in Gl. (3) beschrieben, die Ausgangsgröße $y(t)$ über das Faltungsintegral gemäß

$$y(t) = \int_0^\infty g(\sigma)\,u(t-\sigma)\,\mathrm{d}\sigma. \qquad (10)$$

Für die Kreuzkorrelationsfunktion zwischen den Signalen $u(t)$ und $y(t)$ ergibt sich dann über Vertauschen der Integrationsreihenfolge

$$R_{uy}(\tau) = \lim_{T\to\infty} \frac{1}{2T} \int_{-T}^{T} u(t)y(t+\tau)\,\mathrm{d}t$$

$$= \int_0^\infty \left(\lim_{T\to\infty} \frac{1}{2T} \int_{-T}^{T} u(t)u(t+\tau-\sigma)\,\mathrm{d}t \right) g(\sigma)\,\mathrm{d}\sigma. \qquad (11)$$

Dabei ist der Ausdruck in den großen Klammern gerade die Autokorrelationsfunktion des Eingangssignals mit dem Argument $\tau - \sigma$. Es gilt also

$$R_{uy}(\tau) = \int_0^\infty R_{uu}(\tau-\sigma)\,g(\sigma)\,\mathrm{d}\sigma. \qquad (12)$$

Analog dazu kann für die Autokorrelationsfunktion der Ausgangsgröße R_{yy} die Beziehung

$$R_{yy}(\tau) = \int_0^\infty R_{yu}(\tau-\sigma)\,g(\sigma)\,\mathrm{d}\sigma \qquad (13)$$

hergeleitet werden. Bei beiden Beziehungen handelt es sich um Faltungen.

Diese Beziehungen zwischen den Korrelationsfunktionen können über die Fourier-Transformation in den Frequenzbereich übertragen werden. Aus den Faltungsintegralen werden dann Multiplikationen der durch die Fourier-Transformierten der Korrelationsfunktionen gegebenen Autospektren bzw. Kreuz-

spektren mit dem Frequenzgang $G(\mathrm{j}\omega)$ des Systems. Es ergeben sich die Zusammenhänge

$$S_{uy}(\mathrm{j}\omega) = G(\mathrm{j}\omega)S_{uu}(\mathrm{j}\omega) \qquad (14)$$

und

$$S_{yy}(\mathrm{j}\omega) = G(\mathrm{j}\omega)S_{yu}(\mathrm{j}\omega). \qquad (15)$$

Zwischen den Autospektren $S_{yy}(\mathrm{j}\omega)$ und $S_{uu}(\mathrm{j}\omega)$ gilt der Zusammenhang

$$S_{yy}(\mathrm{j}\omega) = |G(\mathrm{j}\omega)|^2\,S_{uu}(\mathrm{j}\omega). \qquad (16)$$

Zur Bestimmung der Korrelationsfunktionen bzw. der Spektren müssen das Eingangs- und das Ausgangssignal gemessen werden. Dabei tritt in den meisten Fällen Messrauschen auf. Das Messrauschen wird hier mit den Signalen $n_1(t)$ und $n_2(t)$ beschrieben und die gemessenen, verrauschten Signale mit $\tilde{u}(t)$ und $\tilde{y}(t)$. Es gilt also

$$\tilde{u}(t) = u(t) + n_1(t) \qquad (17)$$

und

$$\tilde{y}(t) = y(t) + n_2(t). \qquad (18)$$

Unter der Annahme, dass das Messrauschen mit der Eingangsgröße unkorreliert ist, folgen für die Korrelationsfunktionen die Beziehungen

$$R_{\tilde{u}\tilde{u}}(\tau) = R_{uu}(\tau) + R_{n_1 n_1}(\tau), \qquad (19)$$

$$R_{\tilde{y}\tilde{y}}(\tau) = R_{yy}(\tau) + R_{n_2 n_2}(\tau) \qquad (20)$$

sowie

$$R_{\tilde{u}\tilde{y}}(\tau) = R_{uy}(\tau) \qquad (21)$$

und damit aus den Gln. (12) und (13)

$$R_{\tilde{u}\tilde{y}}(\tau) = \int_0^\infty R_{\tilde{u}\tilde{u}}(\tau-\sigma)\,g(\sigma)\,\mathrm{d}\sigma - \int_0^\infty R_{n_1 n_1}(\tau-\sigma)\,g(\sigma)\,\mathrm{d}\sigma \qquad (22)$$

und

$$R_{\tilde{y}\tilde{y}}(\tau) = \int\limits_{0}^{\infty} R_{\tilde{y}\tilde{u}}(\tau - \sigma)\, g(\sigma)\, \mathrm{d}\sigma + R_{n_2 n_2}(\tau). \quad (23)$$

Für die Spektren gilt dann

$$S_{\tilde{u}\tilde{y}}(\mathrm{j}\omega) = G(\mathrm{j}\omega)\big(S_{\tilde{u}\tilde{u}}(\mathrm{j}\omega) - S_{n_1 n_1}(\mathrm{j}\omega)\big), \quad (24)$$

$$S_{\tilde{y}\tilde{y}}(\mathrm{j}\omega) = G(\mathrm{j}\omega) S_{\tilde{y}\tilde{u}}(\mathrm{j}\omega) + S_{n_2 n_2}(\mathrm{j}\omega) \quad (25)$$

und

$$\begin{aligned} S_{\tilde{y}\tilde{y}}(\mathrm{j}\omega) = {}& |G(\mathrm{j}\omega)|^2 \big(S_{\tilde{u}\tilde{u}}(\mathrm{j}\omega) - S_{n_1 n_1}(\mathrm{j}\omega)\big) \\ & + S_{n_2 n_2}(\mathrm{j}\omega). \end{aligned} \quad (26)$$

Über die Betrachtung der in diesem Abschnitt angegebenen Beziehungen kann über die Korrelationsfunktionen oder die Spektren eine Systemidentifikation erfolgen. Dies wird in Abschn. 18.4.2 beschrieben.

Korrelationsfunktionen und Spektren werden in der Regel aus gemessenen Zeitsignalen bestimmt. Dies erfolgt meist über digitale Signalverarbeitung, wobei nur eine endliche Anzahl von abgetasteten Werten berücksichtigt werden kann. Daher stellt die Bestimmung von Korrelationsfunktionen und Spektren eine Schätzung im statistischen Sinne dar.

18.3.4 Anregung mit periodischen Signalen

Periodische Signale weisen für die Systemidentifikation eine Reihe von Vorteilen auf. So ist bei periodischen Eingangssignalen im eingeschwungenen Zustand, also nach dem Abklingen von transienten Vorgängen (Einschalten, Einschwingen von Filtern) auch das vom Eingangssignal verursachte Ausgangssignal periodisch. Meist ist das Ausgangssignal aber noch von Störungen wie z. B. Messrauschen überlagert. Durch einfache Mittelung des Ausgangssignals über mehrere Perioden kann dann der vom Eingangssignal verursachte, unverrauschte Teil des Ausgangssignals recht einfach rekonstruiert werden, da unkorrelierte Rauschanteile durch die Mittelung unterdrückt werden.

Abziehen dieses rekonstruierten Ausgangssignals vom gemessenen Ausgangssignals liefert dann das verbleibende Rauschen, welches weiter analysiert werden kann, z. B. hinsichtlich des Spektrums.

Ein zeitkontinuierliches, periodisches Signal $x(t)$ mit der Periodendauer T_0 kann als Fourier-Reihe

$$x(t) = \sum_{v=-v_{\max}}^{v_{\max}} F_x(v\, 2\pi f_0)\, \mathrm{e}^{\mathrm{j}v 2\pi f_0\, t} \quad (27)$$

dargestellt werden. Dabei ist $f_0 = 1/T_0$ die Grundfrequenz und $v_{\max} f_0$ die höchste im Signal auftretende Frequenz. Im Allgemeinen ist $v_{\max} = \infty$. Für $v_{\max} < \infty$ handelt es sich um ein bandbegrenztes Signal.

Die Größen $F_x(v 2\pi f_0)$, $v = 0, \pm 1, \ldots, \pm v_{\max}$, sind die komplexwertigen Fourier-Reihenkoeffizienten des Signals. Für diese gilt

$$F_x(v\, 2\pi f_0) = \frac{1}{T_0} \int\limits_{0}^{T_0} x(t)\, \mathrm{e}^{-\mathrm{j}v 2\pi f_0\, t}\, \mathrm{d}t. \quad (28)$$

Aufgrund von $F_x(v 2\pi f_0) = F_x^*(-v 2\pi f_0)$ ist die gesamte Information über die Amplituden und Phasen der einzelnen Frequenzanteile in den $v_{\max} + 1$ Fourier-Reihenkoeffizienten $F_x(0)$, $F_x(2\pi f_0)$, $F_x(2 \cdot 2\pi f_0)$, ..., $F_x(v_{\max}\, 2\pi f_0)$ enthalten. Der reelle Fourier-Reihenkoeffizient $F_x(0)$ ist dabei der Gleichanteil des Signals.

Bei der Verwendung periodischer Signale in der Systemidentifikation ist es meist erforderlich, die Fourier-Reihenkoeffizienten aus Messwerten zu bestimmen. Dies erfolgt üblicherweise mit digitaler Signalverarbeitung unter Verwendung einer endlichen Anzahl N von mit der Abtastzeit T abgetasteten Werten. Eine einfache Berechnung kann gemäß

$$F_x^{(N)}(v\, 2\pi f_0) = \frac{1}{N} X_N\big(\mathrm{e}^{\mathrm{j}2\pi \frac{v}{N}}\big) \quad (29)$$

über die diskrete Fourier-Transformierte des Signals

$$X_N\big(\mathrm{e}^{\mathrm{j}\, 2\pi \frac{v}{N}}\big) = \sum_{i=0}^{N-1} x(iT)\, \mathrm{e}^{-\mathrm{j}2\pi \frac{v}{N}i} \quad (30)$$

für $v = 0,1, \ldots, v_{max}$ erfolgen, wobei sich v_{max} durch ganzzahlige Division von $N-1$ durch 2 ergibt, also $v_{max} = (N-1)$ div 2. Der Index N bzw. das hochgestellte N in Klammern kennzeichnet dabei, dass es sich um die aus N Werten bestimmte diskrete Fourier-Transformierte bzw. die aus N Werten berechneten Fourier-Reihenkoeffizienten handelt.

Im Allgemeinen entsprechen die so berechneten Fourier-Reihenkoeffizienten nicht den tatsächlichen Koeffizienten, da bei der Berechnung sowohl der *Leakage*-, als auch der *Aliasing*-Effekt zum Tragen kommt (siehe z. B. Bohn und Unbehauen 2016, Abschn. 9.8.1.4). Etwas vereinfacht ausgedrückt beschreibt der *Leakage*-Effekt, dass ein einzelner spektraler Anteil im Signal bei der Berechnung des Spektrums über den gesamten Frequenzbereich „verschmiert" wird. Der *Aliasing*-Effekt beschreibt das in der Berechnung des Spektrums auftauchende Zurückspiegeln von spektralen Anteilen oberhalb der halben Abtastfrequenz in den darunterliegenden Frequenzbereich. Spektrale Anteile tauchen also bei falschen Frequenzen auf, gewissermaßen unter einem Alias. Dies führt zum Vorhandensein von spektralen Anteilen im berechneten Spektrum, welche im Originalsignale nicht vorhanden sind oder zum Verfälschen von spektralen Anteilen aufgrund der zurückgespiegelten Anteile. Durch Modifikation der Berechnung, z. B. durch Verwendung von Fensterfunktionen für die Messdaten (Fensterung der Daten, *Windowing*) kann der *Leakage*-Effekt und durch Tiefpassfilterung (*Anti-Aliasing*-Filterung) der *Aliasing*-Effekt verringert werden. Auf diese Aspekte der digitalen Signalverarbeitung soll hier nicht weiter eingegangen werden. Sofern die höchste im Signal auftretende Frequenz kleiner ist als die halbe Abtastfrequenz, die Abtastung so vorgenommen wird, dass das abgetastete Signal periodisch ist und für die Berechnung der Fourier-Reihenkoeffizienten gerade eine Periode des abgetasteten Signals verwendet wird, ist die Berechnung exakt, es gilt dann also $F_x^{(N)}(v2\pi f_0) = F_x(v2\pi f_0)$.

Ein periodisches Signal für die Systemidentifikation lässt sich prinzipiell durch Vorgabe der Amplituden und der Phasenlagen der einzelnen Frequenzanteile sehr einfach direkt konstruieren (Bohn und Unbehauen 2016, Abschn. 9.8.3.2). Ein so konstruiertes Signal wird, sofern es nicht nur einen einzigen Frequenzanteil enthält, als Multisinussignal bezeichnet. Daneben bieten sich periodisch fortgesetztes Rauschen oder periodisch fortgesetzte Gleitsinussignale an (Bohn und Unbehauen 2016, Abschn. 9.8.3.3 und 9.8.3.4).

Bei der Anregung eines linearen zeitinvarianten Systems mit periodischen Signalen kann sehr einfach eine punktweise Schätzung des Frequenzgangs erfolgen. Dies wird in Abschn. 18.4.3 näher beschrieben.

18.4 Identifikation linearer Systeme anhand nichtparametrischer Modelle

18.4.1 Messung und Auswertung von Sprungantworten

Die Übergangsfunktion (normierte Sprungantwort) $h(t)$ beschreibt das Übertragungsverhalten eines linearen zeitinvarianten Systems vollständig. Daher besteht ein einfacher und naheliegender Ansatz zur Bestimmung eines Modells darin, das System sprungförmig anzuregen und die Antwort des Systems aufzuzeichnen. Durch Normierung auf die Sprunghöhe des Eingangssignals kann daraus die Übergangsfunktion bestimmt werden.

Dies ist nur möglich, wenn eine sprungförmige Anregung des Systems zulässig ist und während der Anregung keine signifikanten anderen Störgrößen auf das System wirken. Sofern die Ausgangssignale von Messrauschen überlagert sind, bietet es sich an, die Messung mehrfach durchzuführen und die erhaltenen einzelnen Übergangsfunktionen zu mitteln. Weiterhin ist dies zunächst nur bei Systemen mit Ausgleich möglich, also bei Systemen, bei denen die Sprungantwort bei zunehmender Zeit gegen einen endlichen Wert konvergiert. Bei Systemen ohne Ausgleich, also Systemen mit integralem Verhalten, kann eine Messung nur für einen begrenzten Zeitraum durchgeführt werden, in welchem die Ausgangsgröße oder interne Größen noch keine zu großen Werte annehmen.

In einem nachfolgenden Schritt kann aus dem ermittelten Verlauf der Übergangsfunktion eine Übertragungsfunktion bestimmt werden. Für nichtschwingfähige Systeme gibt es hierzu zahlreiche Näherungsverfahren. Bei diesen wird eine bestimmte Form der Übertragungsfunktion angenommen und die Parameter dieser Übertragungsfunktion dann aus Werten bestimmt, die aus dem Verlauf der Sprungantwort abgelesen werden. Nachfolgend werden einige Verfahren beschrieben.

18.4.1.1 Näherung durch ein Verzögerungsglied erster Ordnung mit Totzeit

Der einfachste Ansatz zur Beschreibung der gemessenen Übergangsfunktion besteht darin, diese durch das Verhalten eines Verzögerungsgliedes erster Ordnung mit Totzeit anzunähern. Dieses Übertragungsglied hat die Übertragungsfunktion

$$G(s) = \frac{K}{Ts + 1} e^{-T_t s} \tag{31}$$

und die Übergangsfunktion

$$h(t) = K\left(1 - e^{-\frac{t - T_t}{T}}\right) \cdot \sigma(t - T_t). \tag{32}$$

Bei der einfachen Approximation nach Küpfmüller (1928) wird, wie in Abb. 2 gezeigt, im Wendepunkt (W) die Wendetangente an den Verlauf der Sprungantwort angelegt und mit dieser die Parameter T_u (Verzugszeit) und T_a (Anstiegszeit) bestimmt. Für die Approximation nach Kupfmüller wird dann

$$T_t = T_u \tag{33}$$

gesetzt und

$$T = T_a. \tag{34}$$

Bei der von Strejc (1959) vorgeschlagenen Näherung werden, wie in Abb. 3 gezeigt, zwei Punkte (t_1, h_1) und (t_2, h_2) auf der gemessenen Übergangsfunktion abgelesen, die links bzw. rechts des Wendepunktes liegen sollten. Die Parameter T und T_t werden dann so bestimmt, dass die in Gl. (32) angegebene Übergangsfunktion die gemessene Übergangsfunktion gerade in den zwei ausgewählten Punkten schneidet. Aus dieser Bedingung folgt

$$T = \frac{t_2 - t_1}{\ln \frac{K - h_1}{K - h_2}} \tag{35}$$

und

$$T_t = t_1 + T \ln\left(1 - \frac{h_1}{K}\right) = t_2 + T \ln\left(1 - \frac{h_2}{K}\right). \tag{36}$$

18.4.1.2 Näherung durch ein Verzögerungsglied zweiter Ordnung

Auch für die Näherung des Systemverhaltens durch ein Verzögerungsglied zweiter Ordnung mit der Übertragungsfunktion

$$G(s) = \frac{K}{(T_1 s + 1)(T_2 s + 1)} \tag{37}$$

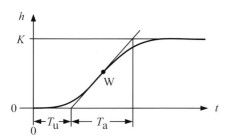

Abb. 2 Gemessene Übergangsfunktion mit Wendetangente, Verzugszeit T_u und Anstiegszeit T_a

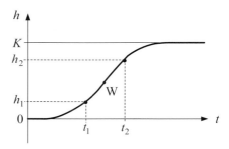

Abb. 3 Gemessene Übergangsfunktion mit zwei Punkten (h_1, t_1) und (h_2, t_2)

können die aus der Übergangsfunktion gemäß Abb. 2 abgelesenen Werte K, T_u und T_a verwendet werden, sofern die Bedingung $T_a/T_u \geq 9{,}64$ erfüllt ist (Unbehauen 2008, Abschn. 9.3.2.1). Dazu wird zunächst die Beziehung

$$\frac{T_a}{T_u} = \frac{1}{\mu^{-\frac{\mu}{\mu-1}}\left(1 + \mu + \frac{\mu}{\mu-1}\ln\mu\right) - 1} \quad (38)$$

zur Bestimmung von

$$\mu = \frac{T_2}{T_1} \quad (39)$$

genutzt. Aus dem Wert von μ kann dann über den Zusammenhang

$$\frac{T_a}{T_1} = \mu^{\left(\frac{\mu}{\mu-1}\right)} \quad (40)$$

der Wert von T_1 gemäß

$$T_1 = \frac{T_a}{\mu^{\left(\frac{\mu}{\mu-1}\right)}} \quad (41)$$

berechnet werden und damit unter Berücksichtigung von Gl. (39) der Wert von

$$T_2 = \mu T_1. \quad (42)$$

Dies kann numerisch oder unter Verwendung von Tab. 1 oder des in Abb. 4 gezeigten Nomogramms erfolgen. Es ist klar, dass die Zuordnung der bestimmten Werte zu den Zeitkonstanten T_1 und T_2 willkürlich ist. Für Tab. 1 wurde T_2 als die größere Zeitkonstante gewählt, was in Abb. 4 den durchgezogenen Verläufen entspricht, also dem Bereich von $\mu > 1$.

18.4.1.3 Näherung durch ein Verzögerungsglied n-ter Ordnung mit gleichen Zeitkonstanten

Bei einer Näherung durch ein Verzögerungsglied n-ter Ordnung mit gleichen Zeitkonstanten, also mit der Übertragungsfunktion

Tab. 1 Werte zur Bestimmung von T_1 und T_2 aus T_a und T_u

$\dfrac{T_a}{T_u}$	$\dfrac{T_a}{T_1}$	$\dfrac{T_2}{T_1}$
9,65	2,76	1,03
9,66	2,84	1,09
9,70	3	1,21
10	3,55	1,64
11	4,7	2,58
12	5,67	3,41
13	6,6	4,22
14	7,5	5,02
15	8,4	5,83
16	9,29	6,64
17	10,17	7,45
18	11,06	8,27
19	11,95	9,1
20	12,84	9,93

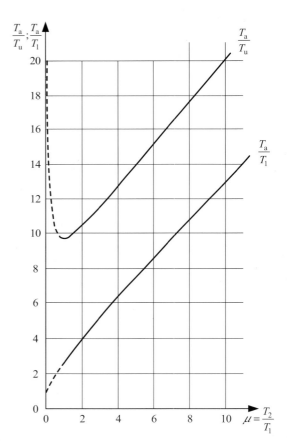

Abb. 4 Nomogramm zur Bestimmung von T_1 und T_2 aus T_a und T_u

Tab. 2 Werte von T_a/T, T_u/T, T_a/T_u und T_a/T_u für ein Verzögerungsglied n-ter Ordnung mit gleichen Zeitkonstanten

n	T_a/T_u	T_u/T_a	T_a/T	T_u/T
2	9,65	0,10	2,718	0,282
3	4,59	0,22	3,695	0,805
4	3,13	0,32	4,463	1,425
5	2,44	0,41	5,119	2,1
6	2,03	0,49	5,699	2,811
7	1,75	0,57	6,226	3,549
8	1,56	0,64	6,711	4,307
9	1,41	0,71	7,164	5,081
10	1,29	0,78	7,590	5,869

$$G(s) = \frac{K}{(Ts + 1)^n} \qquad (43)$$

können anhand der Beziehungen

$$\frac{T_a}{T} = \frac{(n-1)!}{(n-1)^{n-1}} \, e^{n-1} \qquad (44)$$

und

$$\frac{T_u}{T} = n - 1 \\ - \frac{(n-1)!}{(n-1)^{n-1}} \left(e^{n-1} - \sum_{v=0}^{n-1} \frac{(n-1)^v}{v!} \right) \qquad (45)$$

aus den gemäß Abb. 2 abgelesenen Werte T_u und T_a die Ordnung n und die Zeitkonstante T bestimmt werden. Dazu kann aus dem Verhältnis T_a/T_u oder T_u/T_a die Ordnung n ermittelt werden. Dies kann numerisch, durch Verwendung von Tab. 2 oder durch Ablesen aus dem in Abb. 5 gezeigten, interpolierten Verlauf von T_a/T_u über n erfolgen. Aufgrund der Notwendigkeit einer ganzzahligen Ordnung muss durch Interpolation der jeweils nächstliegende ganzzahlige Wert für n bestimmt werden. Bei der Interpolation kann die Verwendung von T_a/T_u oder T_u/T_a zu unterschiedlichen Resultaten führen. Aus der Ordnung n und T_a oder T_u kann über Gl. (44) oder Gl. (45) die Zeitkonstante T berechnet werden.

Alternativ zu den über die Wendetangente gemäß Abb. 2 aus der Übergangsfunktion abgelesenen Werten T_u und T_a können auch Zeitprozentkennwerte verwendet werden. Hierzu werden aus dem Ver-

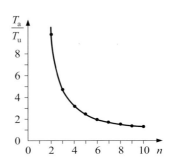

Abb. 5 Zusammenhang zwischen der Ordnung n und dem Verhältnis T_a/T_u für die Näherung durch ein Verzögerungsglied n-ter Ordnung mit gleichen Zeitkonstanten

lauf der Übergangsfunktion Zeitpunkte t_m abgelesen, zu denen der Wert der Übergangsfunktion m Prozent des stationären Endwerts erreicht hat. In Abb. 6 ist dies exemplarisch für $m = 30$ und $m = 80$ gezeigt.

Zwischen m und T besteht dann für die Ordnung n die Beziehung

$$\frac{100 - m}{100} = \left[\sum_{v=0}^{n-1} \frac{1}{v!} \left(\frac{t_m}{T} \right)^v \right] e^{-\frac{t_m}{T}}. \qquad (46)$$

Bei vorgegebener Ordnung n kann über diese Gleichung ein Wert für das Verhältnis t_m/T (mit vorgegebenem Wert von m) und daraus ein Wert für den Quotienten zweier Werte von t_m (für zwei verschiedene Werte von m) bestimmt werden. Die interpolierten Verläufe dieser Größen über der Ordnung n sind in den Abb. 7 und 8 dargestellt. Aus dem Quotienten zweier Werte von t_m kann über einen der in Abb. 7 gezeigten Verläufe die Ordnung n (ganzzahliger Wert) ermittelt werden.

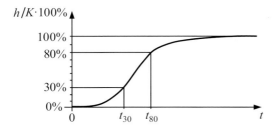

Abb. 6 Gemessene Übergangsfunktion (auf den Endwert normiert) mit den Zeitpunkten t_{30} und t_{80}

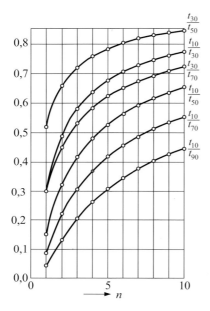

Abb. 7 Verhältnis verschiedener Zeitprozentkennwerte über der Ordnung n

Mit dieser Ordnung kann aus einem der in Abb. 8 gezeigten Verläufe das Verhältnis t_m/T abgelesen und daraus die Zeitkonstante T bestimmt werden.

18.4.1.4 Weitere Möglichkeiten

Für $T_a/T_u \geq 4{,}59$ ist eine gute Annäherung des Systemverhaltens durch ein Verzögerungsglied dritter Ordnung mit der Übertragungsfunktion

$$G(s) = \frac{K}{(T_1 s + 1)(T_2 s + 1)(T_3 s + 1)} \quad (47)$$

möglich. Die Zusammenhänge sind in Schwarze (1962) beschrieben.

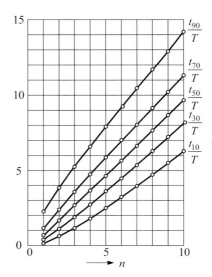

Abb. 8 Verhältnis der Zeitprozentkennwerte t_{10}, t_{30}, t_{50}, t_{70} und t_{90} zur Zeitkonstante T über der Ordnung n

Die Approximation durch ein Verzögerungsglied dritter Ordnung mit zwei gleichen Zeitkonstanten und einer Totzeit mit der Übertragungsfunktion

$$G(s) = \frac{K}{(T_1 s + 1)(\mu T_1 s + 1)^2} \, \mathrm{e}^{-T_t s} \quad (48)$$

kann nach dem Verfahren von Thal-Larsen (1956) erfolgen. In Unbehauen (2008, Tab. 9.3.2) ist die Vorgehensweise anhand eines Beispiels beschrieben.

Bei der von Hudzovic (1969) vorgeschlagenen Methode wird für die Näherung die Übertragungsfunktion n-ter Ordnung

$$G(s) = \frac{K}{\prod\limits_{i=1}^{n}\left(\frac{T}{1-r+ir}s + 1\right)} \quad (49)$$

mit den Kennwerten K, T und r verwendet. In Unbehauen (2008, Beispiel 9.3.4) und Bohn und Unbehauen (2016, Beispiel 2.1) findet sich ein Diagramm für die Bestimmung der Kennwerte sowie eine Beschreibung der Durchführung anhand eines Beispiels. Dieses Verfahren ist eine Weiterentwicklung des Verfahrens von Radke

(1966), bei welchem die Übertragungsfunktion nach Gl. (49) mit $r = 1$ verwendet wird.

Bei den zuvor beschriebenen Ansätzen werden aus der Sprungantwort Werte abgelesen und daraus die Parameter der Übertragungsfunktion bestimmt. Alternativ kann, gerade mit der mittlerweile zur Verfügung stehenden Rechnerleistung, auch der zu einer angenommenen Modellstruktur gehörende Verlauf einer Sprungantwort direkt an die Messwerte der Sprungantwort angepasst werden. Dies kann dann als Optimierungsaufgabe formuliert werden. Wird z. B. als Systemstruktur ein schwingfähiges Verzögerungsglied zweiter Ordnung mit der Übertragungsfunktion

$$G_{\mathrm{M}}(s) = \frac{K\omega_0^2}{s^2 + 2D\omega_0 s + \omega_0^2} \qquad (50)$$

angenommen, lautet die zugehörige Übergangsfunktion

$$h_{\mathrm{M}}(t) =$$
$$K\left(1 - \frac{\mathrm{e}^{-D\omega_0 t}}{\sqrt{1 - D^2}} \sin\left(\sqrt{1 - D^2}\,\omega_0 t + \mathrm{acos}\,D\right)\right). \qquad (51)$$

Das tiefgestellte M soll hier kennzeichnen, dass es sich um das zur Identifikation verwendete Modell handelt. Liegen Messwerte der Übergangsfunktion zu den Zeitpunkten t_1, t_2, ..., t_N vor, also $h(t_1)$, $h(t_2)$, ..., $h(t_N)$, so können die Parameter K, D und ω_0 so bestimmt werden, dass die Abweichung zwischen den Werten der mit dem Modell berechneten Übergangsfunktion und den gemessenen Werten möglichst klein wird. Dies stellt ein klassisches Regressionsproblem dar, bei dem der Verlauf einer Funktion an gemessene Werte angepasst werden soll. Wird als Gütekriterium zur Beurteilung der Abweichung beispielsweise die Summe der quadrierten Fehler verwendet, also

$$I(K, D, \omega_0) = \sum_{i=1}^{N} \left[h(t_i) - h_{\mathrm{M}}\left(t_i, K, D, \omega_0\right)\right]^2 \qquad (52)$$

entspricht die Bestimmung der geschätzten Parameter $\hat{K}$, $\hat{D}$ und $\hat{\omega}_0$ dem Optimierungsproblem

$$(\hat{K}, \hat{D}, \hat{\omega}_0) = \arg \min_{K, D, \omega_0} I(K, D, \omega_0). \qquad (53)$$

Dies stellt ein Problem der kleinsten Fehlerquadrate dar (*Least-Squares*-Problem) und kann über numerische Optimierung gelöst werden. Je nach dem eingesetzten Optimierungsverfahren kann dies mehr oder weniger aufwändig sein und es ist auch nicht garantiert, dass ein globales Optimum gefunden wird. Aus dieser Betrachtung wird aber auch die Verbindung der Systemidentifikation zur Regressionsanalyse bzw. zur mathematischen Optimierung ersichtlich. Auf die Formulierung der Systemidentifikation bzw. der Parameterschätzung als Optimierungsproblem wird in Abschn. 18.5 weiter eingegangen.

18.4.2 Systemidentifikation mit Korrelationsanalyse

18.4.2.1 Bestimmung der Gewichtsfunktion bei Anregung mit weißem Rauschen

Die Autokorrelationsfunktion von weißem Rauschen entspricht einem Dirac-Impuls, dessen Gewicht als Intensität des Rauschens bezeichnet wird. Zwei Werte eines weißen Rauschens sind also auch zu zwei beliebig dicht beieinanderliegenden, verschiedenen Zeitpunkten, immer unkorreliert.

Handelt es sich beim Eingangssignal des Systems um weißes Rauschen mit der Intensität C, so gilt also

$$R_{uu}(\tau) = C\delta(\tau). \qquad (54)$$

Wird der Einfluss eines Messrauschens vernachlässigt, folgt aus Gl. (12) dann

$$g(\tau) = \frac{R_{uy}(\tau)}{C}. \qquad (55)$$

Über die Bestimmung der Kreuzkorrelation zwischen dem Eingangs- und dem Ausgangssignal und Skalierung auf die Rauschintensität des Eingangssignals kann also direkt die Gewichtsfunktion des Systems bestimmt werden. Auf diesem

Prinzip beruht die Systemidentifikation über Korrelationsanalyse.

Da weißes Rauschen in der Praxis nicht existiert, werden Signale verwendet, die annähernd weiß sind. Hierfür können z. B. *Pseudo-Random-Multilevel-Sequence*-Signale (PRMS-Signale) verwendet werden. Die sind Signale, die eine endliche Anzahl *L* unterschiedliche Amplitudenwerte annehmen können (Bohn und Unbehauen 2016, Abschn. 9.8.3.5). Hierunter fallen auch die binären und ternären Rauschsignale, welche zwei bzw. drei verschiedene Amplitudenwerte annehmen können. Die Identifikation mit binären und ternären Rauschsignalen ist in Unbehauen (2011, Abschn. 3.2) und Bohn und Unbehauen (2016, Abschn. 2.2.4.2) beschrieben. Eine weitere Möglichkeit stellt die Anregung mit bandbegrenztem weißen Rauschen dar, welches aus Zufallszahlen erzeugt werden kann.

18.4.2.2 Schätzung des Frequenzgangs aus den spektralen Leistungsdichten

Aus den Gln. (14) bis (16) folgt

$$G(\mathrm{j}\omega) = \frac{S_{uy}(\mathrm{j}\omega)}{S_{uu}(\mathrm{j}\omega)}, \tag{56}$$

$$G(\mathrm{j}\omega) = \frac{S_{yy}(\mathrm{j}\omega)}{S_{yu}(\mathrm{j}\omega)} \tag{57}$$

und

$$|G(\mathrm{j}\omega)|^2 = \frac{S_{yy}(\mathrm{j}\omega)}{S_{uu}(\mathrm{j}\omega)}. \tag{58}$$

Diese Beziehungen legen es nahe, den Frequenzgang $G(\mathrm{j}\omega)$ oder den Betrag des Frequenzgangs $|G(\mathrm{j}\omega)|$ aus den Verhältnissen der Spektren zu bestimmen. In der Praxis müssen hierfür die aus den gemessenen, möglicherweise verrauschten, Signalen bestimmten Spektren verwendet werden. Es handelt sich daher um eine Schätzung des Frequenzgangs.

Die auf den Gln. (56) und (57) basierenden Ansätze werden in der Literatur als Schätzer 1 und Schätzer 2 bezeichnet. Mit verrauschten Signalen folgt aus den Gln. (24) und (25)

$$\hat{G}_1(\mathrm{j}\omega) = \frac{S_{\bar{u}\bar{y}}(\mathrm{j}\omega)}{S_{\bar{u}\bar{u}}(\mathrm{j}\omega)}$$
$$= G(\mathrm{j}\omega) \, \frac{1}{1 + \dfrac{S_{n_1 n_1}(\mathrm{j}\omega)}{S_{uu}(\mathrm{j}\omega)}} \tag{59}$$

und

$$\hat{G}_2(\mathrm{j}\omega) = \frac{S_{\bar{y}\bar{y}}(\mathrm{j}\omega)}{S_{\bar{y}\bar{u}}(\mathrm{j}\omega)}$$
$$= G(\mathrm{j}\omega) \left(1 + \frac{S_{n_2 n_2}(\mathrm{j}\omega)}{S_{yy}(\mathrm{j}\omega)}\right). \tag{60}$$

Dabei sind die Schätzwerte mit einem Zirkumflex gekennzeichnet. Aus den Gleichungen ist ersichtlich, dass sich bei Messrauschen ein systematischer Schätzfehler ergibt, der vom Verhältnis des Autospektrums des Rauschens zum Autospektrum des unverrauschten Signals abhängt. Dieser Fehler wirkt sich nur auf den Betrag aus, da Autospektren reelle Funktionen sind.

Aus Gl. (59) folgt, dass der Schätzer 1 den Betrag des Frequenzgangs zu niedrig schätzt, während aus Gl. (60) folgt, dass bei Schätzer 2 der Betrag des Frequenzgangs zu groß geschätzt wird. Es gilt also

$$\left|\hat{G}_1(\mathrm{j}\omega)\right| \leq |G(\mathrm{j}\omega)| \leq \left|\hat{G}_2(\mathrm{j}\omega)\right|. \tag{61}$$

Die Phase beider Schätzer ist korrekt, da diese durch das komplexwertige Kreuzspektrum bestimmt ist, auf welches das Messrauschen keinen Einfluss hat, sofern die Rauschsignale $n_1(t)$ und $n_2(t)$ nicht miteinander korreliert sind.

Der aus den Autospektren gebildete Schätzer des Betrags wird mit einem tiefgestellten a gekennzeichnet. Für diesen gilt

$$\left|\hat{G}_{\mathrm{a}}(\mathrm{j}\omega)\right|^2 = \frac{S_{\bar{y}\bar{y}}(\mathrm{j}\omega)}{S_{\bar{u}\bar{u}}(\mathrm{j}\omega)}$$
$$= |G(\mathrm{j}\omega)|^2 \, \frac{1 + \dfrac{S_{n_2 n_2}(\mathrm{j}\omega)}{S_{yy}(\mathrm{j}\omega)}}{1 + \dfrac{S_{n_1 n_1}(\mathrm{j}\omega)}{S_{uu}(\mathrm{j}\omega)}}. \tag{62}$$

Auch hier wird ersichtlich, dass bei dieser Schätzung ein systematischer Fehler auftritt. Dieser kann sowohl zu einem zu kleinen als auch zu einem zu großen Schätzwert führen.

Weitere Fehler in diesen Schätzungen können durch den Einsatz der digitalen Signalverarbeitung entstehen, z. B. durch den *Leakage*-Effekt (Kammeyer und Kroschel 2018). Auf diese soll an dieser Stelle nicht weiter eingegangen werden.

18.4.3 Bestimmung des Frequenzgangs bei periodischer Anregung

Bei stabilen linearen zeitinvarianten Systemen lässt sich mit periodischer Anregung sehr einfach ein Schätzwert für den Frequenzgang bestimmen. Die einfachste Möglichkeit besteht darin, das System mit einer monofrequenten Sinusschwingung anzuregen und dann die Amplitudenverstärkung und die Phasenverschiebung zwischen dem Eingangs- und dem Ausgangssignal zu bestimmen. Diese entsprechen gerade dem Betrag und dem Phasenwinkel des Frequenzgangs des Systems. Prinzipiell ist dies eine gute Möglichkeit, da die gesamte Leistung des Eingangssignals bei einer Frequenz eingebracht werden kann, was ein hohes Verhältnis der Anregung zum Rauschen bewirkt. Bei einer langen Messdauer können durch Mittelung dann auch Amplitudenverstärkung und Phasenverschiebung recht genau bestimmt werden. Diesen Vorteilen steht aber der Nachteil eines hohen zeitlichen Aufwands gegenüber, da für jede Frequenz eine einzelne Messung durchgeführt werden muss.

Alternativ zu einer Vielzahl von einzelnen Messungen mit verschiedenen Frequenzen kann eine Messung mit einem sehr langsamen Gleitsinus, also einem sinusförmigen Signal mit einer sehr langsam ansteigenden Frequenz, verwendet werden (Bohn und Unbehauen 2016, Abschn. 9.8.3.3). Dann kann davon ausgegangen werden, dass sich das System zu jedem Zeitpunkt im eingeschwungenen Zustand befindet und zu jeder Momentanfrequenz können Verstärkung und Phasenverschiebung abgelesen werden. Auch hier bleibt die Messdauer aber vergleichsweise hoch. Besser ist dann die Anregung mit einem Signal, welches mehrere verschiedene Frequenzanteile enthält. Im Idealfall kann dabei mit einem

Signal der ganze interessierende Frequenzbereich abgedeckt werden. Die allgemeine Vorgehensweise wird im Folgenden beschrieben.

Ist das Eingangssignal $u(t)$ periodisch mit der Periodendauer $T_0 = 1/f_0$, so kann die Eingangsgröße, wie bereits in Abschn. 18.3.4 beschrieben, als Fourier-Reihe

$$u(t) = \sum_{v=-v_{\max}}^{v_{\max}} F_u(v\,2\pi f_0)\,\mathrm{e}^{\mathrm{j}v2\pi f_0\,t} \qquad (63)$$

dargestellt werden. Im eingeschwungenen Zustand ist die (ungestörte) Ausgangsgröße $y(t)$ ebenfalls periodisch mit den gleichen Frequenzanteilen. Die Fourier-Reihendarstellung des ungestörten Ausgangssignals ist dann

$$y(t) = \sum_{v=-v_{\max}}^{v_{\max}} F_y(v\,2\pi f_0)\,\mathrm{e}^{\mathrm{j}v2\pi f_0\,t}. \qquad (64)$$

Da der Betrag des Frequenzgangs $|G(\mathrm{j}\omega)| = |G(\mathrm{j}2\pi f)|$ eines Systems die Verstärkung bei der Frequenz f angibt und die Phase des Frequenzgangs $\arg|G(\mathrm{j}\omega)| = \arg|G(\mathrm{j}2\pi f)|$ die Phasenverschiebung zwischen Ausgangs- und Eingangssignal bei dieser Frequenz, ergibt sich das Ausgangssignal zu

$$y(t) = \sum_{v=-v_{\max}}^{v_{\max}} G(\mathrm{j}v\,2\pi f_0)F_u(v\,2\pi f_0)\,\mathrm{e}^{\mathrm{j}v2\pi f_0\,t}. \qquad (65)$$

Die Fourier-Reihenkoeffizienten des Ausgangssignals sind also das Produkt des Frequenzgangs mit den Fourier-Reihenkoeffizienten des Eingangssignals,

$$F_y(v\,2\pi f_0) = G(\mathrm{j}v\,2\pi f_0)F_u(v\,2\pi f_0). \qquad (66)$$

Der Frequenzgang ist daher das Verhältnis der Fourier-Reihenkoeffizienten von Ausgangs- und Eingangssignal,

$$G(\mathrm{j}v\,2\pi f_0) = \frac{F_y(v\,2\pi f_0)}{F_u(v\,2\pi f_0)}, \qquad (67)$$

sofern das Eingangssignal einen Frequenzanteil bei dieser Frequenz aufweist, also $F_u(v2\pi f_0) \neq 0$

gilt. Aus den Fourier-Reihenkoeffizienten kann also der Frequenzganz punktweise für die Frequenzen $v f_0$ bestimmt werden.

Zur Bestimmung des Frequenzgangs sind die Fourier-Reihenkoeffizienten erforderlich. Für das Ausgangssignal sind diese nicht bekannt und müssen aus Messungen berechnet werden. Wird das periodische Eingangssignal direkt über die Amplituden und Phasenlagen vorgegeben, sind die Fourier-Reihenkoeffizienten des Eingangssignals bekannt. Ansonsten müssen diese auch berechnet werden. Wie in Abschn. 18.3.4 beschrieben, erfolgt die Berechnung aus einer endlichen Anzahl abgetasteter Messwerte über digitale Signalverarbeitung, wobei durch *Aliasing* und *Leakage* Fehler auftreten können. Die Berechnung ist exakt, sofern die höchste im Signal auftretende Frequenz kleiner ist als die halbe Abtastfrequenz, die Abtastung so vorgenommen wird, dass das abgetastete Signal periodisch ist und für die Berechnung der Fourier-Reihenkoeffizienten gerade eine Periode des abgetasteten Signals verwendet wird. Damit das abgetastete Signal periodisch ist, muss ein ganzzahliges Vielfaches von Abtastungen auf eine ganzzahlige Anzahl von Perioden des zeitkontinuierlichen Signals entfallen. Um diesen sehr günstigen Fall erreichen zu können, muss die Abtastzeit entsprechend der Periodendauer T_0 gewählt werden. Es muss also eine entsprechende Anpassung der Abtastzeit an die Periodendauer (die dann bekannt sein muss) möglich sein oder die Wahl einer zur Abtastzeit passenden Periodendauer.

Weiterhin wird es vorteilhaft sein, die Berechnungen über mehrere Perioden durchzuführen und die für jede Periode berechneten Fourier-Reihenkoeffizienten zu mitteln. So wird eine weitere Unterdrückung des (bislang nicht berücksichtigten) Einflusses unkorrelierter Störungen erreicht.

18.5 Systemidentifikation über Parameterschätzung

18.5.1 Modellfehlerberechnung

Bei der Systemidentifikation über Parameterschätzung wird ein System zunächst als ein tatsächlicher Zusammenhang zwischen gemessenen Signalen oder zwischen aus diesen Signalen berechneten Größen verstanden. Dies ist in Abb. 9 gezeigt. Das System weist dabei Eingangsgrößen und Ausgangsgrößen auf, die im allgemeinen Fall eines Mehrgrößensystems im Eingangsvektor u und im Ausgangsvektor y zusammengefasst sind. Es wird angenommen, dass eine Störgröße ε auf das System wirkt und damit auch die Ausgangsgröße y beeinflusst.

Meist wird weiterhin davon ausgegangen, dass das Systemverhalten durch Systemparameter beeinflusst wird, welche in dem Systemparametervektor p zusammengefasst sind. Diese Annahme der Existenz eines wahren Systemparametervektors und damit auch der einer wahren Systembeschreibung wird primär für die theoretische Untersuchung der Eigenschaften von Parameterschätzern benötigt. So ist oftmals die Frage von Interesse, ob ein über Parameterschätzung bestimmter Schätzwert im stochastischen Sinne dem wahren Parametervektor entspricht oder gegen diesen konvergiert. Auf die Eigenschaften von Parameterschätzern wird weiter unten in Abschn. 18.5.6 eingegangen.

Bei der Systemidentifikation wird versucht, ein möglichst gutes Modell oder einen möglichst guten Schätzwert für den Modellparametervektor zu bestimmen. Viele Ansätze der parametrischen Systemidentifikation lassen sich als Modellanpassungsverfahren, auch als Fehlerminimierungsverfahren bezeichnet, darstellen. Die folgenden Ausführungen beziehen sich auf derartige Verfahren. Daneben existieren probabilistische Verfahren wie die Bayes-Schätzung, die *Maximum-a-posteriori*-Schätzung und die *Maximum-Likelihood*-Schätzung (Bohn und Unbehauen 2016, Abschn. 8.2.1). Auch diese können aber allgemein als Modellanpassungsansätze formuliert werden, wenn die darin auftreten-

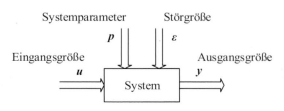

Abb. 9 Angenommene Systemstruktur für die parametrische Systemidentifikation

den parameterabhängigen Wahrscheinlichkeitsdichten als anpassbare Modelle aufgefasst werden.

Die Modellgüte wird bei Modellanpassungsverfahren über eine Übereinstimmung zwischen dem Verhalten des Systems und dem des Modells bewertet, also durch einen Vergleich von System und Modell. Um einen solchen Vergleich durchführen und das Ergebnis quantifizieren zu können, wird in einer allgemeinen Sichtweise aus der gemessenen Ausgangsgröße y und der gemessenen Eingangsgröße u eine Vergleichsgröße y_V gebildet. In vielen Fällen wird direkt die gemessene Ausgangsgröße als Vergleichsgröße verwendet, also $y_\mathrm{V} = y$. Dies ist aber nicht immer der Fall.

Die Vergleichsgröße y_V wird mit einer Modellausgangsgröße y_M verglichen. Diese Modellausgangsgröße wird mit einem Modell berechnet, welches von einem Modellparametervektor p_M abhängt. Durch den Vergleich entsteht der Modellfehler

$$e(p, p_\mathrm{M}) = y_\mathrm{V}(p) - y_\mathrm{M}(p_\mathrm{M}), \qquad (68)$$

welcher von dem Systemparameter p und dem Modellparameter p_M abhängt. Diese Struktur ist in Abb. 10 gezeigt. Als Aufgabe der Systemidentifikation kann dann zunächst formuliert werden, dass der Modellparametervektor so bestimmt, bzw. im Verlauf der Identifikation so angepasst, wird, dass der Modellfehler klein wird. Der Sys-

temparametervektor p ist eine nicht beeinflussbare Größe, sodass die Abhängigkeit der Vergleichsgröße und damit auch des Modellfehlers vom Systemparametervektor nicht relevant ist. Im Folgenden wird daher nur noch die Abhängigkeit vom Modellparametervektor angegeben, für den Modellfehler also

$$e(p_\mathrm{M}) = y_\mathrm{V} - y_\mathrm{M}(p_\mathrm{M}) \qquad (69)$$

geschrieben.

Für theoretische Betrachtungen wird gelegentlich noch der Modellfehler verwendet, der entstehen würde, wenn der Modellparametervektor exakt dem Systemparametervektor entsprechen würde, also für $p_\mathrm{M} = p$. Der Fehler ist dann

$$e(p) = y_\mathrm{V} - y_\mathrm{M}(p). \qquad (70)$$

18.5.2 Allgemeine Modellstrukturen im Zeitbereich

Im vorangegangenen Abschnitt wurde ausgeführt, dass zur Bildung eines Modellfehlers eine Modellausgangsgröße y_M berechnet wird. Bei vielen Parameterschätzverfahren wird als Modellausgangsgröße ein Wert berechnet, der als Vorhersagewert für die Systemausgangsgröße basierend auf zurückliegenden Werten interpretiert werden

Abb. 10 Bildung des Modellfehlers aus Vergleichsgröße und Modellausgangsgröße

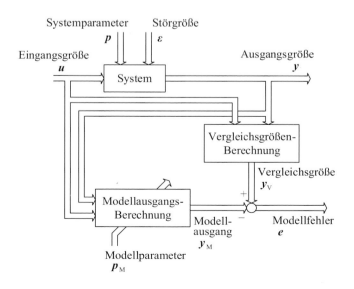

kann. Über diesen Ansatz ergibt sich eine allgemeine Modellstruktur in der Form

$$
\begin{aligned}
y_M(k, p_M) = f\big(&u(k), \ldots, u(k-n), \\
&y(k-1), \ldots, y(k-n), \\
&y_M(k-1, p_M), \ldots, y_M(k-n, p_M), p_M\big),
\end{aligned}
\tag{71}
$$

in welche der Modellparametervektor p_M eingeht. Die Funktion f steht hierbei für einen allgemeinen funktionalen Zusammenhang. Eine solche Modellstruktur mit der Modellordnung n liegt vielen Parameterschätzverfahren zugrunde.

Bei der Parameterschätzung wird ein Schätzwert $\hat{p}$ für den Modellparametervektor p_M bestimmt. Unter der Annahme, dass es einen Systemparametervektor p gibt, wird der Schätzwert $\hat{p}$ meist auch als Schätzwert des Systemparametervektors aufgefasst. Die mit einem Parameterschätzwert $\hat{p}$ gebildete Modellausgangsgröße wird häufig mit einem Zirkumflex gekennzeichnet, d. h.

$$
\begin{aligned}
\hat{y}(k, \hat{p}) = f\big(&u(k), \ldots, u(k-n), \\
&y(k-1), \ldots, y(k-n), \\
&\hat{y}(k-1, \hat{p}), \ldots, \hat{y}(k-n, \hat{p}), \hat{p}\big).
\end{aligned}
\tag{72}
$$

Da klar ist, dass y_M von p_M abhängt bzw. $\hat{y}$ von $\hat{p}$, kann auf die explizite Angabe der Abhängigkeit auch verzichtet werden.

Für die Berechnung von $y_M(k, p_M)$ nach Gl. (71) bzw. $\hat{y}(k, \hat{p})$ nach Gl. (72) sind Anfangswerte erforderlich. So kann mit den Messwerten $u(0), \ldots, u(n), y(0), \ldots, y(n-1)$ und den vorgegebenen Anfangswerten $y_M(0), \ldots, y_M(n-1)$ eine Berechnung von $y_M(k)$ für $k \geq n$ erfolgen. Sofern keine besseren Informationen vorliegen, können als Startwerte direkt die Messwerte gewählt werden, also $y_M(k, p_M) = y(k)$ für $k = 0, \ldots, n-1$.

Bei der in Gl. (71) angegebenen Modellstruktur handelt es sich um eine Eingangs-Ausgangs-Beschreibung, in der nur Werte der Eingangs- und der Ausgangsgröße (gemessen und berechnet) auftreten. Neben einer Eingangs-Ausgangs-Beschrei-

bung kann auch eine Zustandsraumbeschreibung als Modellstruktur verwendet werden. Eine allgemeine Zustandsraumbeschreibung hat die Form

$$
x_M(k+1, p_M) = f(x_M(k, p_M), u(k), y(k), p_M)
\tag{73}
$$

bzw.

$$
\hat{x}(k+1, \hat{p}) = f(\hat{x}(k, \hat{p}), u(k), y(k), \hat{p})
\tag{74}
$$

und

$$
y_M(k, p_M) = h(x_M(k, p_M), u(k), p_M)
\tag{75}
$$

bzw.

$$
\hat{y}(k, \hat{p}) = h(\hat{x}(k, \hat{p}), u(k), \hat{p}),
\tag{76}
$$

wobei f und h für allgemeine funktionale Zusammenhänge stehen.

Hier wurde davon ausgegangen, dass die Identifikation auf Basis eines zeitdiskreten Modells stattfindet, was oftmals der Fall ist. Bei einer Identifikation auf Basis eines zeitkontinuierlichen Modells werden anstelle der Differenzengleichungen, Gl. (71) und Gl. (73), entsprechende Differenzialgleichungen verwendet. In jedem Fall wird also ein dynamisches Modell verwendet, welches die Berechnung einer Modellausgangsgröße y_M und damit die Bildung des Modellfehlers $e = y_V - y_M$ ermöglicht.

18.5.3 Parameterschätzung als Optimierungsproblem

18.5.3.1 Gütekriterien

Zur Beurteilung der Übereinstimmung zwischen dem Verhalten des Systems und dem des Modells wird ein Gütekriterium herangezogen, welches vom Modellfehler abhängt. Ein kleiner Wert des Gütekriteriums entspricht einer guten Übereinstimmung zwischen System und Modell. Oftmals wird als Gütekriterium die Summe der quadratischen Fehlerwerte verwendet. Liegen N einzelne Fehler $e_0(p_M)$, ..., $e_{N-1}(p_M)$ vor, lautet das Gütekriterium der kleinsten Fehlerquadrate, auch als *Least-Squares*-Kriterium bezeichnet,

$$I_{LS}(p_M) = \frac{1}{2} \sum_{i=0}^{N-1} e_i^T(p_M)\, e_i\,(p_M). \qquad (77)$$

Die Schätzung wird dann als Kleinste-(Fehler-) Quadrate-Schätzung oder *Least-Squares*-Schätzung bezeichnet. Die Nummerierung der Fehlervektoren beginnt hier bei null. Dies hat den Grund, dass der Fehlervektor oftmals aus Messungen zu aufeinanderfolgenden Zeitpunkten gebildet wird, also $e_i(p_M) = e(i, p_M)$ gilt, und es dabei üblich ist, bei der Nummerierung der Zeitpunkte bei null zu beginnen. Gelegentlich wird das Gütekriterium auf die Anzahl der Messungen normiert, es wird also das Kriterium

$$I_{LS}(p_M) = \frac{1}{2} \frac{1}{N} \sum_{i=0}^{N-1} e_i^T(p_M) e_i(p_M) \qquad (78)$$

verwendet. Der Vorfaktor $1/N$ hat aber, ebenso wie der Vorfaktor $1/2$ keinen Einfluss auf das Optimierungsproblem und kann daher auch weggelassen werden.

Werden die einzelnen Fehlerwerte gemäß

$$e(p_M) = \begin{bmatrix} e_0(p_M) \\ \vdots \\ e_{N-1}(p_M) \end{bmatrix} \qquad (79)$$

zu dem Fehlervektor $e(p_M)$ zusammengefasst, kann das *Least-Squares*-Kriterium auch in vektorieller Form als

$$I_{LS}(p_M) = \frac{1}{2} e^T(p_M) e(p_M) \qquad (80)$$

geschrieben werden. Haben die Fehler $e_0(p_M)$, ..., $e_{N-1}(p_M)$ jeweils q Einträge, hat der Fehlervektor $e(p_M)$ gemäß Gl. (79) Nq Einträge. Werden diese einfach durchnummeriert, ist

$$e(p_M) = \begin{bmatrix} e_0(p_M) \\ \vdots \\ e_{Nq-1}(p_M) \end{bmatrix} \qquad (81)$$

und das Gütekriterium kann als

$$I_{LS}(p_M) = \frac{1}{2} \sum_{i=0}^{Nq-1} e_i^2(p_M). \qquad (82)$$

geschrieben werden.

Der optimale Schätzwert für den Modellparametervektor ist dann derjenige, welcher den Wert des Gütekriteriums minimiert, also

$$\hat{p}_{LS} = \arg \min_{p_M} I_{LS}(p_M). \qquad (83)$$

Für das *Least-Squares*-Kriterium wird dieser Wert als *Least-Squares*-Schätzwert bezeichnet.

Erweiterung des in Gl. (77) angegebenen *Least-Squares*-Kriteriums stellen das verallgemeinerte *Least-Squares*-Kriterium (*Generalized Least-Squares*-Kriterium) und das (blockweise) gewichtete *Least-Squares*-Kriterium (*Weighted Least-Squares*-Kriterium) dar. Das gewichtete *Least-Squares*-Kriterium entsteht aus der in Gl. (82) angegeben Form des *Least-Squares*-Kriteriums, indem jedes Fehlerquadrat mit einem Gewichtungsfaktor $w_i > 0$ multipliziert wird, wobei nicht alle Gewichtungsfaktoren gleich sind. Das Gütekriterium ist also

$$I_{WLS}(p_M) = \frac{1}{2} \sum_{i=0}^{Nq-1} w_i e_i^2(p_M). \qquad (84)$$

Dies ist leicht so zu interpretieren, dass verschiedene Fehler unterschiedlich stark in das Gütekriterium eingehen sollen. So könnten z. B. Fehler, die auf Basis „schlechterer" Messungen (z. B. solche mit höherer Unsicherheit) gebildet werden, im Gütekriterium weniger stark gewichtet werden. Jeder einzelne Fehler e_i wird dabei mit dem Faktor $\sqrt{w_i}$ multipliziert, es wird also der gewichtete Fehler

$$e_{i,\mathrm{w}}(\boldsymbol{p}_{\mathrm{M}}) = w_{\mathrm{e},i}\, e_i(\boldsymbol{p}_{\mathrm{M}}) \qquad (85)$$

mit $w_{\mathrm{e},i} = \sqrt{w_i}$ verwendet.

Gelegentlich erfolgt noch eine Normierung des Gütekriteriums auf die Summe der Gewichtungsfaktoren. Hierzu wird das das Gütekriterium aus Gl. (84) mit dem Faktor

$$\gamma = \left(\sum_{i=0}^{Nq-1} w_i \right)^{-1} \qquad (86)$$

zu

$$I_{\mathrm{WLS}}(\boldsymbol{p}_{\mathrm{M}}) = \frac{1}{2}\,\gamma \sum_{i=0}^{Nq-1} w_i\, e_i^2(\boldsymbol{p}_{\mathrm{M}}) \qquad (87)$$

modifiziert. Mit $w_i = 1$ entfällt die unterschiedliche Gewichtung verschiedener Fehler. Damit wird $\gamma = 1/Nq$ und das Gütekriterium zu

$$I_{\mathrm{LS}}(\boldsymbol{p}_{\mathrm{M}}) = \frac{1}{2}\,\frac{1}{Nq} \sum_{i=0}^{Nq-1} w_i\, e_i^2(\boldsymbol{p}_{\mathrm{M}}), \qquad (88)$$

was einer Normierung auf die Anzahl der Summanden entspricht.

Alternativ kann auch eine Gewichtung der in Gl. (77) auftretenden Fehlerquadrate erfolgen. Durch Multiplikation jedes Fehlerquadrates $e_i^{\mathrm{T}}(\boldsymbol{p}_{\mathrm{M}})e_i(\boldsymbol{p}_{\mathrm{M}})$ mit einem Gewichtungsfaktor β_i entsteht das gewichtete *Least-Squares*-Kriterium der Form

$$I_{\mathrm{WLS}}(\boldsymbol{p}_{\mathrm{M}}) = \frac{1}{2} \sum_{i=0}^{N-1} \beta_i\, e_i^{\mathrm{T}}(\boldsymbol{p}_{\mathrm{M}})e_i(\boldsymbol{p}_{\mathrm{M}}). \qquad (89)$$

Über den Faktor

$$\gamma = \left(\sum_{i=0}^{N-1} \beta_i \right)^{-1} \qquad (90)$$

kann wieder eine Normierung auf die Anzahl der Summanden gemäß

$$I_{\mathrm{WLS}}(\boldsymbol{p}_{\mathrm{M}}) = \frac{1}{2}\,\gamma \sum_{i=0}^{N-1} \beta_i\, e_i^{\mathrm{T}}(\boldsymbol{p}_{\mathrm{M}})e_i(\boldsymbol{p}_{\mathrm{M}}) \qquad (91)$$

erfolgen.

Mit $\beta_i = 1$ entfällt hier die unterschiedliche Gewichtung. Dann wird $\gamma = 1/N$ und es entsteht das in Gl. (78) angegebene, auf die Anzahl der Summanden normierte, Gütekriterium

Beim blockweise gewichteten *Least-Squares*-Kriterium werden die einzelnen Fehler $e_0(\boldsymbol{p}_{\mathrm{M}})$, ..., $e_{N-1}(\boldsymbol{p}_{\mathrm{M}})$ jeweils mit einer Matrix $\boldsymbol{W}_{e,i}$ multipliziert und dann mit diesen Fehlern das Gütekriterium in Form von Gl. (77) gebildet. Einsetzen des gewichteten Fehlers

$$e_{i,\mathrm{w}}(\boldsymbol{p}_{\mathrm{M}}) = \boldsymbol{W}_{e,i}\, e_i(\boldsymbol{p}_{\mathrm{M}}) \qquad (92)$$

anstelle des Fehlers $e_i(\boldsymbol{p}_{\mathrm{M}})$ in Gl. (77) liefert

$$\begin{aligned} I_{\mathrm{WLS}}(\boldsymbol{p}_{\mathrm{M}}) &= \frac{1}{2} \sum_{i=0}^{N-1} e_i^{\mathrm{T}}(\boldsymbol{p}_{\mathrm{M}})\boldsymbol{W}_{e,i}^{\mathrm{T}}\,\boldsymbol{W}_{e,i}\, e_i(\boldsymbol{p}_{\mathrm{M}}) \\ &= \frac{1}{2} \sum_{i=0}^{N-1} e_i^{\mathrm{T}}(\boldsymbol{p}_{\mathrm{M}})\boldsymbol{W}_i\, e_i(\boldsymbol{p}_{\mathrm{M}}). \end{aligned} \qquad (93)$$

Die einzelnen Summanden im Gütekriterium werden also jeweils mit der symmetrischen, positiv definiten Gewichtungsmatrix $\boldsymbol{W}_i = \boldsymbol{W}_{e,i}^{\mathrm{T}}\,\boldsymbol{W}_{e,i}$ gewichtet. Da die Form des Gütekriteriums in Gl. (93) prinzipiell der in Gl. (84) entspricht, wird auch das blockweise gewichtete *Least-Squares*-Kriterium meist nur als gewichtetes *Least-Squares*-Kriterium bezeichnet. Das gewichtete *Least-Squares*-Schätzproblem ist dann

$$\hat{\boldsymbol{p}}_{\mathrm{WLS}} = \arg \min_{\boldsymbol{p}_{\mathrm{M}}} I_{\mathrm{WLS}}(\boldsymbol{p}_{\mathrm{M}}). \qquad (94)$$

Eine weitere Verallgemeinerung ergibt sich, wenn durch Multiplikation des gesamten Fehlervektors $e(\boldsymbol{p}_{\mathrm{M}})$ mit einer Matrix $\boldsymbol{W}_e$ der gewichtete Fehlervektor

$$e_{\mathrm{w}}(\boldsymbol{p}_{\mathrm{M}}) = \boldsymbol{W}_e\, e(\boldsymbol{p}_{\mathrm{M}}) \qquad (95)$$

gebildet und dann wieder das *Least-Squares*-Gütekriterium mit dem gewichteten Fehlervektor gebildet wird. Das Gütekriterium ist dann

$$I_{\mathrm{GLS}}(\boldsymbol{p}_{\mathrm{M}}) = \frac{1}{2} \boldsymbol{e}_{\mathrm{w}}^{\mathrm{T}}(\boldsymbol{p}_{\mathrm{M}}) \boldsymbol{e}_{\mathrm{w}}(\boldsymbol{p}_{\mathrm{M}})$$
$$= \frac{1}{2} \boldsymbol{e}^{\mathrm{T}}(\boldsymbol{p}_{\mathrm{M}}) \, \boldsymbol{W}_e^{\mathrm{T}} \boldsymbol{W}_e \, \boldsymbol{e}(\boldsymbol{p}_{\mathrm{M}}) \qquad (96)$$
$$= \frac{1}{2} \boldsymbol{e}^{\mathrm{T}}(\boldsymbol{p}_{\mathrm{M}}) \, \boldsymbol{W} \, \boldsymbol{e}(\boldsymbol{p}_{\mathrm{M}}).$$

Dieses Gütekriterium wird als verallgemeinertes *Least-Squares*-Kriterium (*Generalized Least-Squares*-Kriterium) bezeichnet. Darin ist die Gewichtungsmatrix $\boldsymbol{W} = \boldsymbol{W}^{\mathrm{T}} = \boldsymbol{W}_e^{\mathrm{T}} \boldsymbol{W}_e$ symmetrisch und positiv definit. Das verallgemeinerte *Least-Squares*-Schätzproblem ist dann

$$\hat{\boldsymbol{p}}_{\mathrm{GLS}} = \arg\min_{\boldsymbol{p}_{\mathrm{M}}} I_{\mathrm{GLS}}(\boldsymbol{p}_{\mathrm{M}}). \qquad (97)$$

Das in Gl. (84) angegebene gewichtete *Least-Squares*-Kriterium entsteht als Spezialfall des verallgemeinerten *Least-Squares*-Kriteriums, wenn die Gewichtungsmatrix $\boldsymbol{W}$ als Diagonalmatrix

$$\boldsymbol{W} = \begin{bmatrix} w_0 & 0 & \dots & 0 \\ 0 & w_1 & \dots & 0 \\ \vdots & \ddots & \ddots & \vdots \\ 0 & 0 & \dots & w_{Nq-1} \end{bmatrix} \qquad (98)$$

mit positiven Diagonaleinträgen $w_i > 0$, $i = 0, \dots,$ $Nq-1$, gewählt wird. Bei dem blockweise gewichteten *Least-Squares*-Kriterium entsprechend Gl. (93) ist die Gewichtungsmatrix

$$\boldsymbol{W} = \begin{bmatrix} \boldsymbol{W}_0 & \boldsymbol{0} & \dots & \boldsymbol{0} \\ \boldsymbol{0} & \boldsymbol{W}_1 & \dots & \boldsymbol{0} \\ \vdots & \ddots & \ddots & \vdots \\ \boldsymbol{0} & \boldsymbol{0} & \dots & \boldsymbol{W}_{N-1} \end{bmatrix} \qquad (99)$$

Das in Gl. (89) angegebene gewichtete *Least-Squares*-Kriterium entsteht mit der Gewichtsmatrix

$$\boldsymbol{W} = \begin{bmatrix} \beta_0 \boldsymbol{I} & \boldsymbol{0} & \dots & \boldsymbol{0} \\ \boldsymbol{0} & \beta_0 \boldsymbol{I} & \dots & \boldsymbol{0} \\ \vdots & \ddots & \ddots & \vdots \\ \boldsymbol{0} & \boldsymbol{0} & \dots & \beta_{N-1} \boldsymbol{I} \end{bmatrix} \qquad (100)$$

Die in diesem Abschnitt angegebenen *Least-Squares*-Gütekriterien werden oftmals für die Parameterschätzung verwendet, wobei die Begründung für die Verwendung und auch die Wahl der Gewichtungsmatrizen vielfach heuristisch erfolgt. Diese Gütekriterien ergeben sich aber unter bestimmten Annahmen auch aus stochastischen Überlegungen, was nachfolgend gezeigt wird.

Unterliegt der in Gl. (70) für den Fall $\boldsymbol{p} = \boldsymbol{p}_{\mathrm{M}}$, also für ein perfekt angepasstes Modell, eingeführte Fehlervektor einer multivariaten Normalverteilung mit dem Erwartungswert null und der Kovarianzmatrix

$$\mathrm{E}\left\{ (\boldsymbol{e}(\boldsymbol{p}) - E\{\boldsymbol{e}(\boldsymbol{p})\})(\boldsymbol{e}(\boldsymbol{p}) - E\{\boldsymbol{e}(\boldsymbol{p})\})^{\mathrm{T}} \right\}$$
$$= \mathrm{E}\left\{ \boldsymbol{e}(\boldsymbol{p}) \boldsymbol{e}^{\mathrm{T}}(\boldsymbol{p}) \right\} = \boldsymbol{A}, \qquad (101)$$

so ist die Wahrscheinlichkeitsdichte des Fehlers

$$f_e(\boldsymbol{e}; \boldsymbol{p}, \boldsymbol{A}) = \frac{\mathrm{e}^{-\frac{1}{2} \boldsymbol{e}^{\mathrm{T}}(\boldsymbol{p}) \boldsymbol{A}^{-1} \boldsymbol{e}(\boldsymbol{p})}}{\sqrt{(2\pi)^N \det \boldsymbol{A}}}. \qquad (102)$$

Bei der *Maximum-Likelihood*-Schätzung wird für eine vorliegende Messung ein Schätzwert für eine gesuchte Größe so bestimmt, dass die Wahrscheinlichkeitsdichte für die vorliegende Messung ein Maximum annimmt. Dies kann so interpretiert werden, dass Schätzwerte so bestimmt werden, dass die vorliegenden Messwerte unter allen möglichen Messwerten gerade diejenigen sind, die am wahrscheinlichsten sind. Jedoch ist dies etwas inkorrekt ausgedrückt, weil die durchgeführte Messung im stochastischen Sinne ein Einzelereignis ist, welchem keine Wahrscheinlichkeit zugeordnet werden kann. Die Wahrscheinlichkeitsdichte stellt hierbei das anpassbare Modell dar und die Modellparameter sind dann $\boldsymbol{p}_{\mathrm{M}}$ und $\boldsymbol{A}_{\mathrm{M}}$.

Die *Maximum-Likelihood*-Schätzwerte ergeben sich also über

$$(\hat{\boldsymbol{p}}_{\mathrm{ML}}, \hat{\boldsymbol{A}}_{\mathrm{ML}}) = \arg\max_{\boldsymbol{p}_{\mathrm{M}}, \boldsymbol{A}_{\mathrm{M}}} f_e(\boldsymbol{e}; \boldsymbol{p}_{\mathrm{M}}, \boldsymbol{A}_{\mathrm{M}}). \quad (103)$$

Üblicherweise wird dieses Problem über Vorzeichenumkehr als Minimierungsproblem formuliert und nicht die Wahrscheinlichkeitsdichte, sondern der als *Log-Likelihood*-Funktion bezeichnete Logarithmus davon verwendet. Das Optimierungsproblem ist dann

$$\begin{aligned}(\hat{\boldsymbol{p}}_{\mathrm{ML}}, \hat{\boldsymbol{A}}_{\mathrm{ML}}) = \\ \arg\min_{\boldsymbol{p}_{\mathrm{M}}, \boldsymbol{A}_{\mathrm{M}}} - \ln f_e(\boldsymbol{e}; \boldsymbol{p}_{\mathrm{M}}, \boldsymbol{A}_{\mathrm{M}}). \end{aligned} \quad (104)$$

Die negative *Log-Likelihood*-Funktion ergibt sich aus Gl. (102) zu

$$\begin{aligned}- \ln f_e(\boldsymbol{e}; \boldsymbol{p}_{\mathrm{M}}, \boldsymbol{A}_{\mathrm{M}}) &= \frac{1}{2} \, \boldsymbol{e}^{\mathrm{T}}(\boldsymbol{p}_{\mathrm{M}}) \boldsymbol{A}_{\mathrm{M}}^{-1} \, \boldsymbol{e}(\boldsymbol{p}_{\mathrm{M}}) \\ &+ \frac{1}{2} \ln \det \boldsymbol{A}_{\mathrm{M}} \\ &+ \frac{N}{2} \ln (2\pi). \end{aligned} \quad (105)$$

Bei einer bekannten Kovarianzmatrix $\boldsymbol{A}$ entfällt diese als Modellparameter. Die letzten beiden Summanden der negativen *Log-Likelihood*-Funktion in Gl. (105) sind dann konstant und haben damit keinen Einfluss auf das Optimierungsergebnis. Die *Maximum-Likelihood*-Schätzung wird zu

$$\hat{\boldsymbol{p}}_{\mathrm{ML}} = \arg\min_{\boldsymbol{p}_{\mathrm{M}}} \frac{1}{2} \, \boldsymbol{e}^{\mathrm{T}}(\boldsymbol{p}_{\mathrm{M}}) \boldsymbol{A}^{-1} \, \boldsymbol{e}(\boldsymbol{p}_{\mathrm{M}}) \quad (106)$$

und entspricht damit einer verallgemeinerten *Least-Squares*-Schätzung, wobei die Gewichtungsmatrix gerade die inverse Kovarianzmatrix des Fehlers ist.

Sofern die einzelnen Fehler $\boldsymbol{e}_i(\boldsymbol{p})$, $i = 0, \ldots, N - 1$, unabhängig voneinander sind und jeweils einer Normalverteilung mit dem Mittelwert null und der (bekannten) Kovarianzmatrix $\boldsymbol{A}_i$ unterliegen, ergibt sich der *Maximum-Likelihood*-Schätzwert entsprechend zu

$$\hat{\boldsymbol{p}}_{\mathrm{ML}} = \arg\min_{\boldsymbol{p}_{\mathrm{M}}} \frac{1}{2} \sum_{i=0}^{N-1} \boldsymbol{e}_i^{\mathrm{T}}(\boldsymbol{p}_{\mathrm{M}}) \boldsymbol{A}_i^{-1} \, \boldsymbol{e}_i(\boldsymbol{p}_{\mathrm{M}}). \quad (107)$$

Dieser entspricht damit dem (blockweise) gewichteten *Least-Squares*-Schätzwert mit den Gewichtungsmatrizen $\boldsymbol{W}_i = \boldsymbol{A}_i^{-1}$.

Interessant ist noch der Fall, dass alle Fehler $\boldsymbol{e}_i(\boldsymbol{p}_M)$ unabhängig voneinander und jeweils identisch normalverteilt mit der Kovarianzmatrix $\mathrm{E}\{\boldsymbol{e}_i(\boldsymbol{p})\boldsymbol{e}_i^{\mathrm{T}}(\boldsymbol{p})\} = \boldsymbol{A}$ sind, diese aber nicht bekannt ist. Es kann leicht gezeigt werden, dass sich dann der *Maximum-Likelihood*-Schätzwert für die Kovarianzmatrix zu

$$\hat{\boldsymbol{A}}_{\mathrm{ML}} = \frac{1}{N} \sum_{i=0}^{N-1} \boldsymbol{e}_i(\hat{\boldsymbol{p}}_{\mathrm{ML}}) \boldsymbol{e}_i^{\mathrm{T}}(\hat{\boldsymbol{p}}_{\mathrm{ML}}) \quad (108)$$

ergibt. Einsetzen dieses Schätzwertes in die *Log-Likelihood*-Funktion führt auf das Minimierungsproblem (siehe z. B. Goodwin und Payne 1977, Abschn. 5.4.3)

$$\begin{aligned}\hat{\boldsymbol{p}}_{\mathrm{ML}} = \\ \arg\min_{\boldsymbol{p}_M} \; \log \det \frac{1}{N} \sum_{i=0}^{N-1} \boldsymbol{e}_i(\boldsymbol{p}_M) \boldsymbol{e}_i^{\mathrm{T}}(\boldsymbol{p}_M), \end{aligned} \quad (109)$$

bei dem es sich aber nicht mehr um ein *Least-Squares*-Problem handelt. Eine Vereinfachung ergibt sich für den Fall, dass $\mathrm{E}\{\boldsymbol{e}_i(\boldsymbol{p})\boldsymbol{e}_i^{\mathrm{T}}(\boldsymbol{p})\} = \sigma^2 \mathbf{I}$ gilt. Der Maximum-Likelihood-Schätzwert ist dann unabhängig von σ^2 und ergibt sich zu

$$\hat{\boldsymbol{p}}_{\mathrm{ML}} = \arg\min_{\boldsymbol{p}_{\mathrm{M}}} \frac{1}{2} \sum_{i=0}^{N-1} \boldsymbol{e}_i^{\mathrm{T}}(\boldsymbol{p}_{\mathrm{M}}) \, \boldsymbol{e}_i(\boldsymbol{p}_{\mathrm{M}}). \quad (110)$$

Für die Bestimmung dieses Schätzwertes spielt es also keine Rolle, ob σ^2 bekannt oder unbekannt ist. Ist die Varianz σ^2 unbekannt, ergibt sich der *Maximum-Likelihood*-Schätzwert zu

$$\begin{aligned}\hat{\sigma}_{\mathrm{ML}}^2 &= \frac{1}{Nq} \sum_{i=0}^{N-1} \boldsymbol{e}_i^{\mathrm{T}}(\hat{\boldsymbol{p}}_{\mathrm{ML}}) \, \boldsymbol{e}_i(\hat{\boldsymbol{p}}_{\mathrm{ML}}) \\ &= \frac{1}{Nq} \sum_{i=0}^{Nq-1} \boldsymbol{e}_i^2(\hat{\boldsymbol{p}}_{\mathrm{ML}}). \end{aligned} \quad (111)$$

Insgesamt zeigen diese Betrachtungen, dass die *Least-Squares*-Schätzung unter bestimmten Annahmen eine *Maximum-Likelihood*-Schätzung darstellt.

18.5.3.2 Iterative Minimierung des Gütekriteriums

Im vorangegangenen Abschnitt wurde gezeigt, dass die Parameterschätzung mit einem Gütekriterium als Minimierungsproblem formuliert werden kann. Das Gütekriterium hängt dabei von den Modellfehlern ab und diese wiederum vom Modellparametervektor. Damit lautet das Minimierungsproblem

$$\hat{\boldsymbol{p}} = \arg \min_{\boldsymbol{p}_M} I(\boldsymbol{e}_0(\boldsymbol{p}_M), \ldots, \boldsymbol{e}_{N-1}(\boldsymbol{p}_M)). \quad (112)$$

Im allgemeinen Fall hat dieses Optimierungsproblem keine geschlossene Lösung. Die optimale Lösung kann dann über iterative, numerische Optimierungsverfahren bestimmt werden.

Bei den meisten iterativen Verfahren wird ausgehend von einem im v-ten Schritt vorliegenden Schätzwert ein neuer Schätzwert über

$$\hat{\boldsymbol{p}}(v+1) = \hat{\boldsymbol{p}}(v) + \Delta \hat{\boldsymbol{p}}(v) \quad (113)$$

berechnet. Bei gradientenbasierten Minimierungsverfahren hat die iterative Berechnung die allgemeine Form

$$\begin{aligned} \hat{\boldsymbol{p}}(v+1) &= \hat{\boldsymbol{p}}(v) \\ &- \boldsymbol{\Gamma}(v)\boldsymbol{R}^{-1}(v) \left. \frac{\mathrm{d}I(\boldsymbol{e}(\boldsymbol{p}_M))}{\mathrm{d}\boldsymbol{p}_M} \right|_{\boldsymbol{p}_M = \hat{\boldsymbol{p}}(v)} . \end{aligned} \quad (114)$$

Dabei ist

$$\boldsymbol{\Gamma}(v) = \begin{bmatrix} \gamma_1(v) & \cdots & 0 \\ \vdots & \ddots & \vdots \\ 0 & \cdots & \gamma_s(v) \end{bmatrix} \quad (115)$$

eine Diagonalmatrix, mit der die Schrittweiten der Korrekturen für die s einzelnen Modellparameter (Einträge im Modellparametervektor $\boldsymbol{p}_M$) angepasst werden können und $\boldsymbol{R}^{-1}(v)$ ist eine Matrix, mit der die Richtung der Parameterkorrektur verändert werden kann.

Die einfachste Variante eines gradientenbasierten Optimierungsverfahren ist das Gradientenabstiegsverfahren, in welchem die Berechnung über

$$\begin{aligned} \hat{\boldsymbol{p}}(v+1) &= \hat{\boldsymbol{p}}(v) \\ &- \gamma(v) \left. \frac{\mathrm{d}I(\boldsymbol{e}(\boldsymbol{p}_M))}{\mathrm{d}\boldsymbol{p}_M} \right|_{\boldsymbol{p}_M = \hat{\boldsymbol{p}}(v)} \end{aligned} \quad (116)$$

erfolgt. Der Parametervektor wird also in Richtung eines sinkenden Wertes (negativer Gradient) des Gütekriteriums verändert, wobei diese Änderung noch über die Schrittweite $\gamma(v)$ angepasst wird.

Beim Newton-Raphson-Verfahren (oft auch kurz als Newton-Verfahren bezeichnet), ist die Matrix $\boldsymbol{R}(v)$ die Matrix der zweiten Ableitungen des Gütekriteriums (Hesse-Matrix), also

$$\boldsymbol{R}(v) = \left. \frac{\mathrm{d}^2 I(\boldsymbol{e}(\boldsymbol{p}_M))}{\mathrm{d}\boldsymbol{p}_M^{\mathrm{T}} \mathrm{d}\boldsymbol{p}_M} \right|_{\boldsymbol{p}_M = \hat{\boldsymbol{p}}(v)} . \quad (117)$$

Der Gradient des Gütekriteriums bezüglich des Modellparametervektors ergibt sich nach der Kettenregel zu

$$\frac{\mathrm{d}I(\boldsymbol{e}(\boldsymbol{p}_M))}{\mathrm{d}\boldsymbol{p}_M} = \left(\frac{\mathrm{d}\boldsymbol{e}(\boldsymbol{p}_M)}{\mathrm{d}\boldsymbol{p}_M^{\mathrm{T}}} \right)^{\mathrm{T}} \cdot \frac{\mathrm{d}I(\boldsymbol{e})}{\mathrm{d}\boldsymbol{e}} . \quad (118)$$

Dabei ist

$$\boldsymbol{J}_e(\boldsymbol{p}_M) = \frac{\mathrm{d}\boldsymbol{e}(\boldsymbol{p}_M)}{\mathrm{d}\boldsymbol{p}_M^{\mathrm{T}}} \quad (119)$$

die Jacobi-Matrix des Fehlers. Für das in Gl. (96) angegebene verallgemeinerte *Least-Squares*-Gütekriterium ist die Ableitung nach dem Fehler

$$\frac{\mathrm{d}I(\boldsymbol{e})}{\mathrm{d}\boldsymbol{e}} = \frac{\mathrm{d}}{\mathrm{d}\boldsymbol{e}} \frac{1}{2} \boldsymbol{e}^{\mathrm{T}} \boldsymbol{W} \boldsymbol{e} = \boldsymbol{W}\boldsymbol{e}, \quad (120)$$

sodass sich für den Gradienten

$$\frac{\mathrm{d}I(\boldsymbol{e}(\boldsymbol{p}_M))}{\mathrm{d}\boldsymbol{p}_M} = \boldsymbol{J}_e^{\mathrm{T}}(\boldsymbol{p}_M) \boldsymbol{W}\boldsymbol{e}(\boldsymbol{p}_M) \quad (121)$$

ergibt. Nochmaliges Ableiten liefert die Hesse-Matrix

$$\frac{\mathrm{d}^2 I(e(\boldsymbol{p}_\mathrm{M}))}{\mathrm{d}\boldsymbol{p}_\mathrm{M}^\mathrm{T}\mathrm{d}\boldsymbol{p}_\mathrm{M}} = \frac{\mathrm{d}^2 \boldsymbol{e}^\mathrm{T}(\boldsymbol{p}_\mathrm{M})}{\mathrm{d}\boldsymbol{p}_\mathrm{M}^\mathrm{T}\mathrm{d}\boldsymbol{p}_\mathrm{M}}\left(\mathbf{I}_s \otimes \boldsymbol{W}\boldsymbol{e}(\boldsymbol{p}_\mathrm{M})\right) \tag{122}$$
$$+ \boldsymbol{J}_e^\mathrm{T}(\boldsymbol{p}_\mathrm{M})\boldsymbol{W}\boldsymbol{J}(\boldsymbol{p}_\mathrm{M}),$$

wobei das Zeichen $\otimes$ für das Kronecker-Produkt steht.

Die Minimierung von quadratischen Gütekriterien erfolgt oftmals über das Gauss-Newton-Verfahren. Bei diesem wird als Näherung der Hesse-Matrix

$$\boldsymbol{R}(v) = \boldsymbol{J}_e^\mathrm{T}(\hat{\boldsymbol{p}}(v))\,\boldsymbol{W}\,\boldsymbol{J}_e(\hat{\boldsymbol{p}}(v)) \tag{123}$$

verwendet. Die Schrittweite ist üblicherweise skalar. Der Gauss-Newton-Algorithmus ist damit

$$\hat{\boldsymbol{p}}(v+1) = \hat{\boldsymbol{p}}(v)$$
$$-\gamma(v)\left(\boldsymbol{J}_e^\mathrm{T}(\hat{\boldsymbol{p}}(v))\,\boldsymbol{W}\,\boldsymbol{J}_e(\hat{\boldsymbol{p}}(v))\right)^{-1} \tag{124}$$
$$\cdot\boldsymbol{J}_e^\mathrm{T}(\hat{\boldsymbol{p}}(v))\,\boldsymbol{W}\boldsymbol{e}(\hat{\boldsymbol{p}}(v)).$$

18.5.3.3 Durchführung der iterativen Optimierung

Um die im vorangegangenen Abschnitt beschriebene iterative Optimierung für ein quadratisches Gütekriterium über den in Gl. (124) angegebenen Gauss-Newton-Algorithmus durchführen zu können, müssen der Fehlervektor $\boldsymbol{e}$ sowie die Jakobi-Matrix $\boldsymbol{J}_e$ berechnet werden. Die Vorgehensweise bei dieser Berechnung wird nachfolgend beschrieben.

Wird davon ausgegangen, dass N Werte der Vergleichsgröße $y_{\mathrm{V},0}, \dots, y_{\mathrm{V},N-1}$ vorliegen, so muss für jeden dieser Werte auch eine Modellausgangsgröße berechnet werden, also $y_{\mathrm{M},0}, \dots, y_{\mathrm{M},N-1}$. Handelt es sich, wie in Abschn. 18.5.2 ausgeführt, bei der Vergleichsgröße um Messungen der Ausgangsgröße im Zeitbereich, so erfolgt die Berechnung der Modellausgangsgröße über die durch Gl. (71) bzw. Gl. (73) und Gl. (75) beschriebenen Modelle. Die Modellausgangsgrößen sind dann also $y_\mathrm{M}(0), \dots, y_\mathrm{M}(N-1)$. Dies entspricht prinzipiell einer Simulation des Modells, wobei für den Modellparametervektor $\boldsymbol{p}_\mathrm{M}$ jeweils der aktuell vorliegenden Parameterschätzwert $\hat{\boldsymbol{p}}(v)$ verwendet wird. Es werden also die Werte $\hat{\boldsymbol{y}}(0,\hat{\boldsymbol{p}}(v)), \dots, \hat{\boldsymbol{y}}(N-1,\hat{\boldsymbol{p}}(v))$ be-

rechnet. Mit diesen können dann die Modellfehler $\hat{\boldsymbol{e}}(0,\hat{\boldsymbol{p}}(v)), \dots, \hat{\boldsymbol{e}}(N-1,\hat{\boldsymbol{p}}(v))$ berechnet werden. Diese werden zweckmäßigerweise in dem Fehlervektor

$$\hat{\boldsymbol{e}}(\hat{\boldsymbol{p}}(v)) = \begin{bmatrix} \hat{\boldsymbol{e}}(0,\hat{\boldsymbol{p}}(v)) \\ \vdots \\ \hat{\boldsymbol{e}}(N-1,\hat{\boldsymbol{p}}(v)) \end{bmatrix} \tag{125}$$

zusammengefasst.

Weiterhin ist eine Berechnung der Jakobi-Matrix $\boldsymbol{J}_e$ erforderlich. Diese erfolgt ebenfalls über ein dynamisches Modell, welches als Empfindlichkeitsmodell bezeichnet wird. Diese Berechnung wird im nachfolgenden Abschnitt beschrieben.

18.5.4 Gradientenberechnung über Empfindlichkeitsmodelle

In den beiden vorangegangenen Abschn. (18.5.3.2 und 18.5.3.3) wurde ausgeführt, dass zur Bestimmung des Parametervektors die Jakobi-Matrix des Modellfehlers berechnet werden muss, sowie ggf. auch noch die Hesse-Matrix des Gütekriteriums. Im Folgenden wird nur die Berechnung der Jakobi-Matrix betrachtet. Die Hesse-Matrix kann auf die gleiche Weise berechnet werden, was aber deutlich aufwändiger ist. Bei Verwendung von quadratischen Gütekriterien und dem Einsatz des Gauss-Newton-Verfahrens wird auch nur die Jakobi-Matrix benötigt.

Die Ableitung des Modellfehlers nach dem Modellparametervektor (Jakobi-Matrix) ergibt sich aus Gl. (69) zu

$$\boldsymbol{J}_e(\boldsymbol{p}_\mathrm{M}) = \frac{\mathrm{d}\boldsymbol{e}(\boldsymbol{p}_\mathrm{M})}{\mathrm{d}\boldsymbol{p}_\mathrm{M}^\mathrm{T}}$$
$$= -\frac{\mathrm{d}\boldsymbol{y}_\mathrm{M}(\boldsymbol{p}_\mathrm{M})}{\mathrm{d}\boldsymbol{p}_\mathrm{M}^\mathrm{T}} \tag{126}$$
$$= -\boldsymbol{J}_y(\boldsymbol{p}_\mathrm{M}).$$

Dabei ist $\boldsymbol{J}_y = -\boldsymbol{J}_e$ die Jakobi-Matrix der Modellausgangsgröße. Liegen wieder N Werte $\boldsymbol{y}_\mathrm{M}(0,\boldsymbol{p}_\mathrm{M}), \dots, \boldsymbol{y}_\mathrm{M}(N-1,\boldsymbol{p}_\mathrm{M})$ vor, setzt sich die Jakobi-Matrix gemäß

$$J_y(p_M) = \begin{bmatrix} J_y(0, p_M) \\ \vdots \\ J_y(N-1, p_M) \end{bmatrix}$$

$$= \begin{bmatrix} \dfrac{\mathrm{d}y_M(0, p_M)}{\mathrm{d}p_M^T} \\ \vdots \\ \dfrac{\mathrm{d}y_M(N-1, p_M)}{\mathrm{d}p_M^T} \end{bmatrix} \tag{127}$$

aus den einzelnen Teilmatrizen $J_y(0, p_M)$, ..., $J_y(N-1, p_M)$ zusammen. Da die Matrix $J_y(k, p_M)$ die Ableitung der Modellausgangsgröße ist, wird diese auch als Ausgangsempfindlichkeit oder kurz als Empfindlichkeit bezeichnet. Zur Berechnung der Empfindlichkeiten muss das zur Berechnung von $y_M(k, p_M)$ verwendete Modell berücksichtigt werden.

Zunächst wird das durch Gl. (71) beschriebene Modell betrachtet. Bilden der Ableitung liefert

$$\frac{\mathrm{d}y_M(k)}{\mathrm{d}p_M^T} = \frac{\partial f}{\partial p_M^T} + \sum_{i=1}^{n} \frac{\partial f}{\partial y_M^T(k-i)} \cdot \frac{\mathrm{d}y_M(k-i)}{\mathrm{d}p_M^T} \tag{128}$$

Dies kann auch als

$$J_y(k, p_M) = \frac{\partial f}{\partial p_M^T} + \sum_{i=1}^{n} \frac{\partial f}{\partial y_M^T(k-i)} \cdot J_y(k-i, p_M) \tag{129}$$

geschrieben werden. Diese Differenzengleichung beschreibt ein dynamisches Modell, welches als Empfindlichkeitsmodell bezeichnet wird. Mit diesem werden die Empfindlichkeiten berechnet und anschließend gemäß Gl. (127) zur Jakobi-Matrix zusammengesetzt. Hierzu ist es erforderlich, Startwerte vorzugeben. So können aus Gl. (129) mit n vorgegebenen Anfangswerten $J_y(0, p_M)$, ..., $J_y(n-1, p_M)$ die Empfindlichkeiten für alle Zeitpunkte $k \geq n$ rekursiv berechnet werden. Dies erfolgt jeweils mit dem aktuell vorliegenden Parameterschätzwert $\hat{p}(v)$, also über

$$J_y(k, \hat{p}(v)) = \frac{\partial f}{\partial p_M^T}\bigg|_{p_M = \hat{p}(v)} + \sum_{i=1}^{n} \frac{\partial f}{\partial y_M^T(k-i)}\bigg|_{p_M = \hat{p}(v)} \cdot J_y(k-i, \hat{p}(v)). \tag{130}$$

Die einzelnen Empfindlichkeiten werden anschließend gemäß Gl. (127) zur Jakobi-Matrix

$$J_e(\hat{p}(v)) = -J_y(\hat{p}(v))$$

$$= \begin{bmatrix} -J_y(0, \hat{p}(v)) \\ \vdots \\ -J_y(N-1, \hat{p}(v)) \end{bmatrix} \tag{131}$$

zusammengesetzt.

Mit der so gebildeten Jakobi-Matrix und dem Fehlervektor aus Gl. (125) kann dann die iterative Parameterberechnung mit dem in Gl. (124) angegebenen Gauss-Newton-Verfahren erfolgen. Wie bereits erwähnt, kann auch eine Berechnung der Hesse-Matrix des Gütekriteriums erfolgen. Hierzu ist aber eine nochmalige Ableitung der Modellgleichungen nach dem Modellparametervektor erforderlich. Dies führt zu einem deutlich komplexeren Verfahren.

Nun wird noch das über Gl. (73) und Gl. (75) beschriebene Modell betrachtet. Ableiten von Gl. (75) liefert

$$\frac{\mathrm{d}y_M(k)}{\mathrm{d}p_M^T} = \frac{\partial h}{\partial p_M^T} + \frac{\partial h}{\partial x_M^T(k)} \cdot \frac{\mathrm{d}x_M(k)}{\mathrm{d}p_M^T} \tag{132}$$

Für die darin auftretende Ableitung der Modellzustandsgröße x_M nach dem Modellparametervektor p_M folgt durch Ableiten von Gl. (73)

$$\frac{\mathrm{d}x_M(k+1)}{\mathrm{d}p_M^T} = \frac{\partial f}{\partial p_M^T} + \frac{\partial f}{\partial x_M^T(k)} \cdot \frac{\mathrm{d}x_M(k)}{\mathrm{d}p_M^T} \tag{133}$$

Wird zusätzlich zur Ausgangsempfindlichkeit $J_y(k, p_M)$ noch die Zustandsempfindlichkeit

$$J_x(k, p_M) = \frac{\mathrm{d}x_M(k)}{\mathrm{d}p_M^T} \tag{134}$$

eingeführt und wieder berücksichtigt, dass die Berechnung mit dem aktuell vorliegenden Parameterschätzwert erfolgen muss, ergibt sich das Empfindlichkeitsmodell mit den Gleichungen

$$
\begin{aligned}
\boldsymbol{J}_x(k+1,\hat{\boldsymbol{p}}(v)) &= \left.\frac{\partial \boldsymbol{f}}{\partial \boldsymbol{x}_\mathrm{M}^\mathrm{T}(k)}\right|_{\boldsymbol{p}_\mathrm{M}=\hat{\boldsymbol{p}}(v)} \cdot \boldsymbol{J}_x(k,\hat{\boldsymbol{p}}(v)) \\
&\quad + \left.\frac{\partial \boldsymbol{f}}{\partial \boldsymbol{p}_\mathrm{M}^\mathrm{T}}\right|_{\boldsymbol{p}_\mathrm{M}=\hat{\boldsymbol{p}}(v)}
\end{aligned}
\tag{135}
$$

und

$$
\begin{aligned}
\boldsymbol{J}_y(k,\hat{\boldsymbol{p}}(v)) &= \left.\frac{\partial \boldsymbol{h}}{\partial \boldsymbol{x}_\mathrm{M}^\mathrm{T}(k)}\right|_{\boldsymbol{p}_\mathrm{M}=\hat{\boldsymbol{p}}(v)} \cdot \boldsymbol{J}_x(k,\hat{\boldsymbol{p}}(v)) \\
&\quad + \left.\frac{\partial \boldsymbol{h}}{\partial \boldsymbol{p}_\mathrm{M}^\mathrm{T}}\right|_{\boldsymbol{p}_\mathrm{M}=\hat{\boldsymbol{p}}(v)}.
\end{aligned}
\tag{136}
$$

Mit Gl. (135) kann, ausgehend von einem Startwert $\boldsymbol{J}_x(0,\hat{\boldsymbol{p}}(v))$ die Empfindlichkeit $\boldsymbol{J}_x(k,\hat{\boldsymbol{p}}(v))$ für $k \geq 1$ rekursiv berechnet werden. Aus den Empfindlichkeiten $\boldsymbol{J}_x(k,\hat{\boldsymbol{p}}(v))$ werden dann über Gl. (136) die Empfindlichkeiten $\boldsymbol{J}_y(k,\hat{\boldsymbol{p}}(v))$ berechnet und gemäß Gl. (131) zur Jakobimatrix $\boldsymbol{J}_e(\hat{\boldsymbol{p}}(v))$ zusammengesetzt.

18.5.5 Rekursive Parameterschätzung

Die in den vorangegangenen Abschnitten beschriebene Parameterschätzung findet auf Basis eines vorliegenden Datensatzes von gemessenen Eingangs- und Ausgangsdaten statt. Die Parameterschätzung wird dabei also nach der Messung durchgeführt. Die Parameterschätzung findet dabei in vielen Fällen iterativ statt, z. B. mit einer speziellen Variante des in Gl. (114) angegebenen allgemeinen Algorithmus. Dabei wird der neue Parameterschätzwert auf Basis des gesamten vorliegenden Datensatzes bestimmt.

Alternativ zu dieser Vorgehensweise kann eine Parameterschätzung auch rekursiv durchgeführt werden. Dazu wird für jeden Zeitschritt ein neuer Parameterschätzwert berechnet, wobei diese durch Korrektur des bislang vorliegenden Parameterschätzwerts auf Basis der neu hinzugekommenen Messwerte erfolgt. Es handelt sich also nicht um eine vollständige Neuberechnung auf

Basis aller vorliegenden Daten. Ein allgemeiner Ansatz für eine rekursive Parameterschätzung wird im Folgenden betrachtet. Eine ausführliche Behandlung der rekursiven Parameterschätzung findet sich in Ljung und Söderström (1983) und Ljung (1999, Kap. 11).

Zur Vereinfachung der Betrachtung wird von dem in Gl. (93) angegebenen gewichteten quadratischen Gütekriterium ausgegangen. Bei den Daten handelt es sich um Messwerte zu aufeinanderfolgenden Zeitpunkten. Damit wird das Gütekriterium für den Zeitpunkt k zu

$$
I(k,\hat{\boldsymbol{p}}) = \frac{1}{2}\sum_{i=1}^{k}\hat{\boldsymbol{e}}^\mathrm{T}(i,\hat{\boldsymbol{p}})\,\boldsymbol{W}(i)\,\hat{\boldsymbol{e}}(i,\hat{\boldsymbol{p}}).
\tag{137}
$$

Eine Herleitung eines rekursiven Parameterschätzverfahrens ist prinzipiell auch für andere Formen des Gütekriteriums möglich. Die Nummerierung des Fehlers beginnt hier mit 1, um konsistent mit der ersten Berechnung des Parameterschätzwerts zum Zeitpunkt $k = 1$ auf Basis eines aufgrund von Vorwissen festgelegten Startwerts für den Parameterschätzwert zum Zeitpunkt $k = 0$ zu sein.

Bei der rekursiven Parameterschätzung wird dieses Gütekriterium oftmals so modifiziert, dass weiter in der Vergangenheit liegende Werte weniger stark gewichtet werden. Dies wird als Vergessen zurückliegender Daten bezeichnet. Zu diesem Zweck wird ein nahe bei eins liegender Faktor $0 < \lambda(k) < 1$ eingeführt, der als Vergessensfaktor bezeichnet wird. Die im nächsten Zeitschritt verwendeten, auch als gealtert bezeichneten, Gewichtungsmatrizen ergeben sich dann gemäß

$$
\boldsymbol{W}_{\mathrm{gealtert}}(k,i) = \lambda(k)\boldsymbol{W}_{\mathrm{gealtert}}(k-1,i)
\tag{138}
$$

aus denen des vorherigen Schrittes und damit über

$$
\boldsymbol{W}_{\mathrm{gealtert}}(k,i) = \beta(k,i)\boldsymbol{W}(i)
\tag{139}
$$

mit

$$
\beta(k,i) = \prod_{j=i+1}^{k}\lambda(j),
\tag{140}
$$

wobei $\beta(k,k) = 1$ gilt, aus den ungealterten Gewichtungsmatrizen $\boldsymbol{W}(i) = \boldsymbol{W}_{\mathrm{gealtert}}(i,i)$.

Weiterhin wird das Gütekriterium auf die Summe der Gewichtungsfaktoren normiert. Dies erfolgt durch Einführung des Faktors

$$\gamma(k) = \left(\sum_{i=1}^{k} \beta(k, i) \right)^{-1}$$

$$= \frac{\gamma(k-1)}{\lambda(k) + \gamma(k-1)}. \tag{141}$$

Die Größen $\beta(k, i)$ und $\gamma(k)$ können rekursiv über

$$\beta(k, i) = \lambda(k)\beta(k - 1, i) \tag{142}$$

für $k \geq i + 1$ und $\beta(k, k) = 1$ sowie

$$\gamma(k) = \frac{\gamma(k-1)}{\lambda(k) + \gamma(k-1)} \tag{143}$$

für $k \geq 2$ mit $\gamma(1) = 1$ berechnet werden. Oftmals wird ein konstanter Wert von $\lambda = 0{,}95\ldots0{,}999$ verwendet. Für einen konstanten Wert des Vergessensfaktors λ ergibt sich

$$\beta(k, i) = \prod_{j=i+1}^{k} \lambda(j) = \lambda^{k-i} \tag{144}$$

und

$$\gamma(k) = \frac{1}{1 + \lambda + \ldots \lambda^{k-1}} = \frac{1-\lambda}{1 - \lambda^k}. \tag{145}$$

Insgesamt wird also das modifizierte *Least-Squares*-Gütekriterium

$$I(k, \hat{\boldsymbol{p}}) =$$
$$\frac{1}{2}\gamma(k) \sum_{i=1}^{k} \beta(k, i)\, \hat{\boldsymbol{e}}^{\mathrm{T}}(i, \hat{\boldsymbol{p}})\, \boldsymbol{W}(i)\, \hat{\boldsymbol{e}}(i, \hat{\boldsymbol{p}}) \tag{146}$$

minimiert. Ohne Vergessen zurückliegender Daten ist $\lambda = 1$ und damit $\beta = 1$ und $\gamma(k) = 1/k$, was einer Normierung des Gütefunktionals auf die Anzahl der Summanden entspricht.

Für die Parameterschätzung wird der Gradient des Gütekriteriums benötigt. Für das Gütekriterium im k-ten Schritt muss der Gradient unter Verwen-

dung des bislang vorliegenden Parameterschätzwert $\hat{\boldsymbol{p}}(k-1)$ berechnet werden. Dies liefert

$$\left. \frac{\mathrm{d}I(k, \hat{\boldsymbol{p}})}{\mathrm{d}\hat{\boldsymbol{p}}} \right|_{\hat{\boldsymbol{p}}=\hat{\boldsymbol{p}}(k-1)}$$
$$= \gamma(k) \sum_{i=0}^{k} \beta(k, i) \boldsymbol{J}_e^{\mathrm{T}}(i, \hat{\boldsymbol{p}}(k-1))\, \boldsymbol{W}(i)\hat{\boldsymbol{e}}^{\mathrm{T}}(i, \hat{\boldsymbol{p}}(k-1)), \tag{147}$$

wobei

$$\boldsymbol{J}_e(i, \hat{\boldsymbol{p}}(k-1)) = \left. \frac{\mathrm{d}\boldsymbol{e}(i, \hat{\boldsymbol{p}})}{\mathrm{d}\hat{\boldsymbol{p}}^{\mathrm{T}}} \right|_{\hat{\boldsymbol{p}}=\hat{\boldsymbol{p}}(k-1)} \tag{148}$$

die Jakobi-Matrix des Fehlers ist. Die Gauss-Newton-Approximation der Hesse-Matrix für das modifizierte Gütekriterium ergibt sich zu

$$\boldsymbol{R}(k, \hat{\boldsymbol{p}}(k-1))$$
$$= \gamma(k) \sum_{i=0}^{k} \beta(k, i)\boldsymbol{J}_e^{\mathrm{T}}(i, \hat{\boldsymbol{p}}(k-1))\, \boldsymbol{W}\boldsymbol{J}_e(i, \hat{\boldsymbol{p}}(k-1)). \tag{149}$$

Unter Berücksichtigung von Gl. (142) und Gl. (143) können die Berechnungen für den Gradienten und die approximierte Hesse-Matrix auch als

$$\left. \frac{\mathrm{d}I(k, \hat{\boldsymbol{p}})}{\mathrm{d}\hat{\boldsymbol{p}}} \right|_{\hat{\boldsymbol{p}}=\hat{\boldsymbol{p}}(k-1)}$$
$$= (1 - \gamma(k)) \left. \frac{\mathrm{d}I(k-1, \hat{\boldsymbol{p}})}{\mathrm{d}\hat{\boldsymbol{p}}} \right|_{\hat{\boldsymbol{p}}=\hat{\boldsymbol{p}}(k-1)}$$
$$+ \gamma(k)\boldsymbol{J}_e^{\mathrm{T}}(k, \hat{\boldsymbol{p}}(k-1))\boldsymbol{W}(k)\hat{\boldsymbol{e}}(k, \hat{\boldsymbol{p}}(k-1)) \tag{150}$$

und

$$\boldsymbol{R}(k, \hat{\boldsymbol{p}}(k-1))$$
$$= (1 - \gamma(k))\boldsymbol{R}(k-1, \hat{\boldsymbol{p}}(k-1))$$
$$+ \gamma(k)\boldsymbol{J}_e^{\mathrm{T}}(k, \hat{\boldsymbol{p}}(k-1))\boldsymbol{W}(k)\boldsymbol{J}_e(k, \hat{\boldsymbol{p}}(k-1)) \tag{151}$$

geschrieben werden.

Die Gleichungen für die Berechnung des Gradienten und der approximieren Hesse-Matrix zeigen, dass bei Vorliegen eines neuen Parameter-schätzwertes eine vollständige Neuberechnung aller Fehler und aller Jakobi-Matrizen erfolgen müsste. Dies würde eine erneute vollständige Simulation des Modells und des Empfindlichkeitsmodells erfordern. Darauf soll bei einer rekursiven Parameterschätzung verzichtet werden. Hierzu werden mehrere Näherungen bzw. Änderungen vorgenommen.

Es wird angenommen, dass der vorliegende, im vorangegangenen Schritt bestimmte Parameterschätzwert $\hat{p}(k-1)$ bereits optimal war, also das Gütekriterium im vorangegangenen Schritt minimiert hat. Damit ist der Gradient aus dem vorangegangenen Schritt null, also

$$\left.\frac{\mathrm{d}I(k-1,\hat{p})}{\mathrm{d}\hat{p}}\right|_{\hat{p}=\hat{p}(k-1)} = \mathbf{0} \qquad (152)$$

und die Gradientenberechnung aus Gl. (150) wird zu

$$\begin{aligned}\left.\frac{\mathrm{d}I(k,\hat{p})}{\mathrm{d}\hat{p}}\right|_{\hat{p}=\hat{p}(k-1)} \\ = \gamma(k)\,\boldsymbol{J}_e^{\mathrm{T}}(i,\hat{p}(k-1))\boldsymbol{W}(i)\hat{\boldsymbol{e}}(i,\hat{p}(k-1)).\end{aligned} \qquad (153)$$

Weiterhin wird auf eine Neuberechnung zurückliegender Ausgangswerte und Empfindlichkeiten verzichtet. Anstelle der mit dem aktuell vorliegenden Parameterschätzwert (neu) berechneten Jakobi-Matrix $\boldsymbol{J}_e(i,\hat{p}(k-1))$ wird also immer die erstmalig im i-ten Schritt unter Verwendung von $\hat{p}(i-1)$ berechnete Jakobi-Matrix $\boldsymbol{J}_e(i,\hat{p}(i-1))$ verwendet. Zur Abkürzung wird dann

$$\hat{\boldsymbol{e}}(i) = \hat{\boldsymbol{e}}(i,\hat{p}(i-1)), \qquad (154)$$

$$\boldsymbol{J}_e(i) = \boldsymbol{J}_e(i,\hat{p}(i-1)) \qquad (155)$$

und

$$\boldsymbol{R}(i) = \boldsymbol{R}(i,\hat{p}(i-1)) \qquad (156)$$

geschrieben. Es ergibt sich der rekursive Parameterschätzalgorithmus

$$\hat{p}(k) = \hat{p}(k-1) - \gamma(k)\boldsymbol{R}(k)^{-1}\boldsymbol{J}_e^{\mathrm{T}}(k)\,\boldsymbol{W}(k)\hat{\boldsymbol{e}}(k). \qquad (157)$$

Für $\boldsymbol{R}(k)$ ergibt sich aus Gl. (151) die Rekursionsgleichung

$$\begin{aligned}\boldsymbol{R}(k) = (1-\gamma(k))\boldsymbol{R}(k-1) \\ + \gamma(k)\boldsymbol{J}_e^{\mathrm{T}}(k)\,\boldsymbol{W}(k)\,\boldsymbol{J}_e(k),\end{aligned} \qquad (158)$$

wobei $\gamma(k)$ über Gl. (143) berechnet werden kann.

Die Berechnung des Fehlers erfolgt über die Berechnung der Modellausgangsgröße. Für das in Gl. (72) angegeben Modell würde sich zunächst

$$\begin{aligned}\hat{\boldsymbol{y}}(k,\hat{p}(k-1)) = \boldsymbol{f}\big(\boldsymbol{u}(k),\dots,\boldsymbol{u}(k-n), \\ \boldsymbol{y}(k-1),\dots,\boldsymbol{y}(k-n), \\ \hat{\boldsymbol{y}}(k-1,\hat{p}(k-1))\big),\dots, \\ \hat{\boldsymbol{y}}(k-n,\hat{p}(k-1)),\hat{p}(k-1)\big)\end{aligned} \qquad (159)$$

ergeben. Durch den Verzicht auf Neuberechnung zurückliegender Werte der Modellausgangsgröße bei Vorliegen eines neuen Parameterschätzwertes wird auch hier $\hat{\boldsymbol{y}}(i,\hat{p}(i-1))$ anstelle von $\hat{\boldsymbol{y}}(i,\hat{p}(i-1))$ verwendet und zur Abkürzung

$$\hat{\boldsymbol{y}}(i) = \hat{\boldsymbol{y}}(i,\hat{p}(i-1)) \qquad (160)$$

geschrieben. Die Modellausgangsgröße zum Zeitpunkt k ist also

$$\begin{aligned}\hat{\boldsymbol{y}}(k) = \boldsymbol{f}\big(\boldsymbol{u}(k),\dots,\boldsymbol{u}(k-n), \\ \boldsymbol{y}(k-1),\dots,\boldsymbol{y}(k-n), \\ \hat{\boldsymbol{y}}(k-1),\dots, \\ \hat{\boldsymbol{y}}(k-n),\hat{p}(k-1)\big).\end{aligned} \qquad (161)$$

Aus den gleichen Überlegungen wird das Empfindlichkeitsmodell aus Gl. (129) bzw. Gl. (130) zu

$$\begin{aligned}\boldsymbol{J}_y(k) = \left.\frac{\partial\boldsymbol{f}}{\partial\hat{p}^{\mathrm{T}}}\right|_{\hat{p}=\hat{p}(k-1)} \\ + \sum_{i=1}^{n}\left.\frac{\partial\boldsymbol{f}}{\partial\boldsymbol{y}_{\mathrm{M}}^{\mathrm{T}}(k-i)}\right|_{\hat{p}=\hat{p}(k-1)}\cdot\boldsymbol{J}_y(k-i)\cdot\end{aligned} \qquad (162)$$

Für das durch die Gln. (73) und (75) beschriebene Modell kann auf die gleiche Art das Empfindlichkeitsmodell für die rekursive Parameterschätzung aufgestellt werden.

Mit $e(k) = y(k) - y_\mathrm{M}(k)$ und damit auch $J_e(k) = -J_y(k)$ wird die Gleichung für den neuen Parameterschätzwert zu

$$\hat{p}(k) = \hat{p}(k-1) \\ + \gamma(k)R(k)^{-1}J_y^\mathrm{T}(k)\,W(k) \quad (163) \\ \cdot (\hat{y}(k) - y_\mathrm{M}(k)).$$

Zur Vermeidung der in dieser Form des Algorithmus in jedem Schritt erforderlichen Inversion von $R(k)$ wird der Algorithmus meist in einer anderen Form verwendet. Dazu wird die Matrix

$$P(k) = \gamma(k)R^{-1}(k) \quad (164)$$

eingeführt sowie eine Gewichtungsmatrix $S(k)$ und eine Verstärkungsmatrix $L(k)$. Der Algorithmus kann dann in der Form

$$S(k) = \lambda(k)W^{-1}(k) \\ + J_y(k)P(k-1)J_y^\mathrm{T}(k), \quad (165)$$

$$L(k) = P(k-1)J_y^\mathrm{T}(k)S^{-1}(k), \quad (166)$$

$$\hat{p}(k) = \hat{p}(k-1) + L(k)\,(\hat{y}(k) - y_\mathrm{M}(k)) \quad (167)$$

und

$$P(k) = \frac{1}{\lambda(k)}\left(P(k-1) - L(k)S(k)L^\mathrm{T}(k)\right) \quad (168)$$

angegeben werden.

Für die Berechnung des ersten Parameterschätzwerts $\hat{p}(1)$ ist ein Startwert $\hat{p}(0)$ erforderlich. Dieser kann möglicherweise aufgrund von Vorwissen gewählt werden. In Fällen, wo kein Vorwissen vorliegt oder die Parameter keine physikalische Bedeutung haben (bei *Black-Box*-Modellen), wird oftmals $\hat{p}(0) = 0$ gewählt. Bei der Verwendung des Algorithmus in der Form mit $R(k)$ wird kein Startwert $R(0)$ benötigt, da dieser in der Rekursionsgleichung (158) für $k = 1$ entfällt. Wird der Algorithmus in der Form mit $P(k)$ verwendet, ist ein Startwert $P(0)$ erforderlich. Über die Argumentation, dass $R(k)$ für kleine Werte von k klein ist, kann abgeleitet werden, dass der Startwert $P(0)$ groß sein muss. Üblich ist $P(0) = \alpha I$ mit $\alpha \gg 1$. Unter bestimmten Bedingungen wird P als Kovarianzmatrix und damit als stochastische Unsicherheit des Parameterschätzwerts interpretiert. Die Größe des Startwerts $P(0)$ entspricht dann der dem Anfangswert $\hat{p}(0)$ zugewiesenen Unsicherheit.

18.5.6 Eigenschaften von Parameterschätzern

Im Zusammenhang mit dem Einsatz von Parameterschätzverfahren wird nahezu zwangsläufig die Frage aufkommen, wie gut ein Parameterschätzwert, oder allgemeiner, wie gut ein Parameterschätzverfahren ist. Bei den in der Parameterschätzung verwendeten Daten handelt es sich um Messsignale, die von stochastischen Signalen (Rauschen) überlagert sind und damit ebenfalls stochastische Signale darstellen. Aus diesem Grund handelt es sich auch bei dem Parameterschätzwert um eine stochastische Größe. Die eingangs etwas umgangssprachlich gestellte Frage, wie gut eine Parameterschätzung ist, lässt sich daher auch nur anhand der stochastischen Eigenschaften des Schätzwertes beantworten. Eine vollständige Behandlung der stochastischen Eigenschaften von Schätzern kann aus Platzgründen hier nicht erfolgen. Stattdessen sollen nur die wesentlichen Fragestellungen und Eigenschaften kurz dargestellt werden. Die Fragestellungen werden dabei zunächst einmal umgangssprachlich formuliert. Anschließend werden die stochastischen Eigenschaften eingeführt, welche diese Fragestellung beantworten.

Von Interesse ist oftmals die Frage, ob eine Schätzung den richtigen Parameterschätzwert liefert. Hier wird also, wie in Abschn. 18.5.1 ausgeführt, angenommen, dass es einen wahren Parametervektor gibt. Es kann dann der Parameterschätzfehler $\hat{p} - p$ betrachtet werden. Hierbei handelt es sich um eine Zufallsgröße. Ist der Erwartungswert des Fehlers null, d. h. entspricht der Parameterschätzwert im Mittel dem wahren Wert, gilt

$$\mathrm{E}\{\hat{\boldsymbol{p}}\} = \boldsymbol{p}. \qquad (169)$$

Die Schätzung wird dann als erwartungstreu (*unbiased*) bezeichnet.

Als sehr einfaches Beispiel kann die Schätzung des Erwartungswerts $\mu = \mathrm{E}\{x\}$ einer Zufallsvariable x anhand einer Stichprobe $x_1, \dots, x_N$ über den arithmetischen Mittelwert, also

$$\hat{\mu} = \frac{1}{N} \sum_{i=1}^{N} x_i \qquad (170)$$

herangezogen werden. Hier gilt

$$\mathrm{E}\{\hat{\mu}\} = \mu, \qquad (171)$$

die Schätzung ist also erwartungstreu. Dass die Erwartungstreue noch nicht alles über die Güte des Schätzers aussagt, ist schon leicht daran zu erkennen, dass in diesem Beispiel ein Weglassen von beliebig vielen Werten (maximal $N - 1$) aus der Stichprobe nichts an der Erwartungstreue ändert. Auch der Grenzfall der Verwendung eines Wertes, z. B. des letzen, also

$$\hat{\mu} = x_N \qquad (172)$$

ist ja wegen

$$\mathrm{E}\{\hat{\mu}\} = \mathrm{E}\{x_N\} = \mu \qquad (173)$$

erwartungstreu. Es ist aber leicht einzusehen, dass eine Schätzung, bei der von sehr vielen Messwerten nur sehr wenige beliebige Werte genommen werden, schlechter (oder zumindest nicht besser) sein müsste, als eine, bei der alle Werte verwendet werden.

Ist eine Schätzung nicht erwartungstreu, gibt es einen systematischen Fehler (*bias*). Ein Beispiel hierfür ist die Schätzung der Varianz σ^2 einer normalverteilten Zufallsvariable x über die empirische Varianz oder Stichprobenvarianz

$$\hat{\sigma}^2_{\mathrm{biased}} = \frac{1}{N} \sum_{i=1}^{N} (x_i - \hat{\mu})^2. \qquad (174)$$

Für diese kann leicht gezeigt werden, dass

$$\mathrm{E}\{\hat{\sigma}^2_{\mathrm{biased}}\} = \left(1 - \frac{1}{N}\right)\sigma^2 < \sigma^2. \qquad (175)$$

Die Schätzung ist also nicht erwartungstreu. Ein erwartungstreuer Schätzer entsteht durch Multiplikation mit $N/(N - 1)$, also

$$\hat{\sigma}^2_{\mathrm{unbiased}} = \frac{1}{N - 1} \sum_{i=1}^{N} (x_i - \hat{\mu})^2. \qquad (176)$$

Wenn der systematische Fehler mit zunehmender Anzahl von Messwerten asymptotisch verschwindet, gilt

$$\lim_{N \to \infty} \mathrm{E}\{\hat{\boldsymbol{p}}_N\} = \boldsymbol{p}, \qquad (177)$$

wobei mit $\hat{\boldsymbol{p}}_N$ ein Schätzwert auf Basis von N Messwerten bezeichnet wird. Der Schätzer ist dann asymptotisch erwartungstreu. Für den in Gl. (174) angegebenen Schätzer ist dies der Fall, die Schätzung ist also nicht erwartungstreu, aber asymptotisch erwartungstreu.

Weiterhin ist oftmals die Frage von Interesse, ob ein Parameterschätzwert bei zunehmender Anzahl an Daten, also für $N \to \infty$, gegen den wahren Wert konvergiert. Erwartungstreue beantwortet diese Frage u. a. deshalb nicht, weil eine erwartungstreue Schätzung bei zunehmender Datenmenge nicht konvergieren muss. So konvergiert der in Gl. (172) angegebene, erwartungstreue Schätzer für den Mittelwert bei Zunahme der Datenanzahl nicht. Die Frage nach der Konvergenz kann auch nur im stochastischen Sinne beantwortet werden. Ein Schätzwert $\hat{\boldsymbol{p}}$ konvergiert im stochastischen Sinne gegen einen Wert $\boldsymbol{p}$, wenn die Wahrscheinlichkeit einer Abweichung mit zunehmendem Datenumfang verschwindet. Es muss die Bedingung

$$\lim_{N \to \infty} P\{\|\hat{\boldsymbol{p}}_N - \boldsymbol{p}\| > \varepsilon\} = 0 \qquad (178)$$

für alle $\varepsilon > 0$ erfüllt sein. Dabei steht P für die Wahrscheinlichkeit. Für die Bildung der Abweichung kann jede beliebige Norm verwendet werden. Sofern diese Bedingung erfüllt ist, wird die Schätzung als konsistent oder passend bezeichnet.

Für den stochastischen Grenzwert wird auch die Notation plim verwendet. Die Bedingung lautet dann

$$\text{plim } \hat{\boldsymbol{p}}_N = \boldsymbol{p}. \tag{179}$$

Oben wurde bereits erwähnt, dass Erwartungstreue allein nichts über die Qualität eines Schätzers aussagt. Dies gilt auch in Verbindung mit stochastischer Konvergenz. Als einfaches Beispiel könnte eine Schätzung des Erwartungswerts aus einer Stichprobe betrachtet werden, bei der nur jeder hundertste Messwert verwendet wird. Diese ist erwartungstreu und konvergiert im stochastischen Sinne. Es ist leicht einzusehen, dass ein solcher Schätzer schlechter sein wird (oder zumindest nicht besser) als ein Schätzer, der jeden Wert verwendet. Umgangssprachlich könnte dies so formuliert werden, dass der erhaltene Schätzwert bei Verwendung nur jedes hundertsten Messwertes im Mittel stärker streut. Zur Beurteilung eines Schätzers oder auch zum Vergleich zweier Schätzer wird also ein weiteres Gütekriterium benötigt.

Als ein weiteres Maß für die Güte einer Schätzung wird oftmals der Erwartungswert des quadratischen Schätzfehler herangezogen, der auch als mittlerer quadratischer Fehler bezeichnet wird (MSE, *Mean Squared Error*). Sofern eine vektorielle Größe geschätzt wird, ist der Schätzfehler

$$\hat{\boldsymbol{p}} - \boldsymbol{p} = \Delta\boldsymbol{p} = \begin{bmatrix} \Delta p_1 \\ \vdots \\ \Delta p_s \end{bmatrix}. \tag{180}$$

Als Gütekriterium kann die Summe der einzelnen quadrierten Schätzfehler verwendet werden. Der MSE-Wert ist dann

$$\begin{aligned} \text{MSE} &= \text{E}\left\{ \sum_{i=1}^{s} \Delta p_i^2 \right\} \\ &= \text{E}\left\{ (\hat{\boldsymbol{p}} - \boldsymbol{p})^{\text{T}} (\hat{\boldsymbol{p}} - \boldsymbol{p}) \right\} \\ &= \text{spur } \text{E}\{\boldsymbol{P}_{\text{MSE}}\} \end{aligned} \tag{181}$$

mit der Matrix der mittleren quadratischen Fehler

$$\boldsymbol{P}_{\text{MSE}} = \text{E}\left\{ (\hat{\boldsymbol{p}} - \boldsymbol{p})(\hat{\boldsymbol{p}} - \boldsymbol{p})^{\text{T}} \right\}. \tag{182}$$

Der Index MSE oder auch die Bezeichnung als Matrix der mittleren quadratischen Fehler ist etwas irreführend, da $\boldsymbol{P}_{\text{MSE}}$ die Erwartungswerte der Produkte der einzelnen Schätzfehler enthält, also Terme der Form $\text{E}\{\Delta p_i \, \Delta p_j\}$, $i = 1, \ldots, s$, $j = 1, \ldots, s$, und damit neben den Fehlerquadraten auch Kreuzterme.

Für einen erwartungstreuen Schätzer ist $\text{E}\{\hat{\boldsymbol{p}}\} = \boldsymbol{p}$ und die Matrix $\boldsymbol{P}_{\text{MSE}}$ entspricht der Kovarianzmatrix des Parameterschätzwerts

$$\boldsymbol{P} = \text{E}\left\{ (\hat{\boldsymbol{p}} - \text{E}\{\hat{\boldsymbol{p}}\})(\hat{\boldsymbol{p}} - \text{E}\{\hat{\boldsymbol{p}}\})^{\text{T}} \right\}. \tag{183}$$

Bei einem Schätzer mit einer kleineren Kovarianz streut der Schätzwert (im Mittel) weniger als bei einem mit einer größeren Kovarianz. Eine niedrige Kovarianz ist aber ohne zusätzliche Aussage über den systematischen Fehler auch kein Merkmal einer guten Schätzung, da es sich um einen wenig streuenden Schätzwert mit einem hohen systematischen Fehler handeln kann. Dies wird daran ersichtlich, dass allgemein

$$\boldsymbol{P}_{\text{MSE}} = \boldsymbol{P} + \boldsymbol{b}\boldsymbol{b}^{\text{T}} \tag{184}$$

gilt. Dabei ist

$$\boldsymbol{b} = \text{E}\{\hat{\boldsymbol{p}}\} - \boldsymbol{p} \tag{185}$$

der mittlere systematische Schätzfehler (*bias*). Der mittlere quadratische Fehler setzt sich also aus einem Anteil der Varianz und einem Anteil des systematischen Fehlers zusammen. Die Kovarianzmatrix alleine ist also nur für einen erwartungstreuen Schätzer ein unmittelbares Maß für die Güte.

Ein (erwartungstreuer) Schätzer, bei dem der Schätzwert die kleinstmögliche Varianz gegenüber allen anderen Schätzern aufweist, wird als (erwartungstreuer) Minimum-Varianz-Schätzer bezeichnet. Es kann gezeigt werden, dass bei erwartungstreuen Schätzern eine untere Grenze für die Kovarianzmatrix existiert, die als Cramer-Rao-Schranke bezeichnet wird. Ein Schätzer, der diese Schranke (asymptotisch) erreicht, wird als (asymptotisch) wirksam bezeichnet.

18.5.7 Parameterschätzung bei linear parameterabhängigen Modellen

18.5.7.1 Linear parameterabhängige Modelle

In Abschn. 18.5.1 wurde ausgeführt, dass bei der Systemidentifikation über Parameterschätzung aus einer Vergleichsgröße y_V und einer Modellausgangsgröße y_M, wie in Abb. 10 gezeigt, ein Modellfehler $e = y_V - y_M$ gebildet wird. Die Modellausgangsgröße hängt dabei von dem zu bestimmenden Modellparametervektor p_M ab. Wie in Abschn. 18.5.3 beschrieben, wird die Parameterschätzung dann durchgeführt, indem ein von den Modellfehlern abhängiges Gütekriterium minimiert wird. Im Allgemeinen erfolgt dies über eine iterative Optimierung.

Ein Spezialfall liegt vor, wenn die Modellausgangsgröße linear vom Modellparametervektor abhängt. Für die Modellausgangsgröße kann dann

$$y_M(p_M) = M p_M \qquad (186)$$

geschrieben werden. Dabei hängt die als Datenmatrix bezeichnete Matrix M nur von den Eingangs- und Ausgangsgrößen des Systems und

nicht von den Modellparametern ab. Dieser Zusammenhang ist in Abb. 11 gezeigt.

Der Modellfehler setzt sich, wie in den bisherigen Betrachtungen auch, meist aus einzelnen Modellfehlern $e_0(p_M), \ldots, e_{N-1}(p_M)$ zusammen, die aus den Vergleichsgrößen $y_{V,0}, \ldots, y_{V,N-1}$ und den Modellausgangsgrößen $y_{M,0}(p_M), \ldots, y_{M,N-1}(p_M)$ gebildet werden. Für jede Modellausgangsgröße gilt dann

$$y_{M,i}(p_M) = M_i p_M \qquad (187)$$

und für den gesamten Modellausgangsvektor

$$
y_M(p_M) = \begin{bmatrix} y_{M,0}(p_M) \\ \vdots \\ y_{M,N-1}(p_M) \end{bmatrix}
$$
$$
= \begin{bmatrix} M_0 \\ \vdots \\ M_{N-1} \end{bmatrix} p_M = M p_M. \qquad (188)
$$

Die Datenmatrix M setzt sich also aus den einzelnen Datenmatrizen $M_0, \ldots, M_{N-1}$ zusammen. Der Modellfehler ist damit

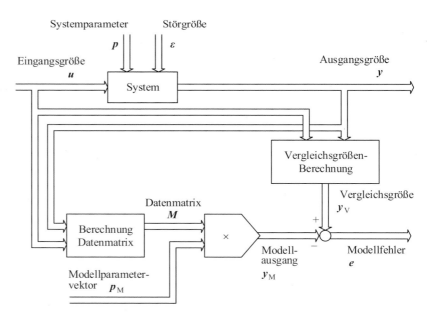

Abb. 11 Bildung des Modellfehlers aus Vergleichsgröße und Modellausgangsgröße bei linearer Abhängigkeit der Modellausgangsgröße vom Modellparametervektor

$$e(\boldsymbol{p}_{\mathrm{M}}) = \boldsymbol{y}_{\mathrm{V}} - \boldsymbol{y}_{\mathrm{M}}(\boldsymbol{p}_{\mathrm{M}}) = \boldsymbol{y}_{\mathrm{V}} - \boldsymbol{M}\boldsymbol{p}_{\mathrm{M}}. \quad (189)$$

18.5.7.2 Least-Squares-Parameterschätzung

Bei einem linear parameterabhängigen Modell hat das *Least-Squares*-Problem eine geschlossene Lösung. Die Parameterschätzung ist dann sehr einfach und es muss keine iterative Optimierung durchgeführt werden. Die geschlossene Lösung kann leicht durch Nullsetzen der ersten Ableitung des Gütekriteriums nach dem Modellparametervektor oder durch quadratische Ergänzung bestimmt werden.

Über quadratische Ergänzung kann das in Gl. (96) angegebene verallgemeinerte *Least-Squares*-Gütekriterium als

$$\begin{aligned} I &= \frac{1}{2} \boldsymbol{e}^{\mathrm{T}}(\boldsymbol{p}_{\mathrm{M}})\, \boldsymbol{W}\boldsymbol{e}(\boldsymbol{p}_{\mathrm{M}}) \\ &= \frac{1}{2}(\boldsymbol{y}_{\mathrm{V}} - \boldsymbol{M}\boldsymbol{p}_{\mathrm{M}})^{\mathrm{T}}\boldsymbol{W}(\boldsymbol{y}_{\mathrm{V}} - \boldsymbol{M}\boldsymbol{p}_{\mathrm{M}}) \\ &= \frac{1}{2}\left(\boldsymbol{p}_{\mathrm{M}} - (\boldsymbol{M}^{\mathrm{T}}\boldsymbol{W}\boldsymbol{M})^{-1}\boldsymbol{M}^{\mathrm{T}}\boldsymbol{W}\boldsymbol{y}_{\mathrm{V}}\right)^{\mathrm{T}} \\ &\quad \cdot \boldsymbol{M}^{\mathrm{T}}\boldsymbol{W}\boldsymbol{M} \\ &\quad \cdot \left(\boldsymbol{p}_{\mathrm{M}} - (\boldsymbol{M}^{\mathrm{T}}\boldsymbol{W}\boldsymbol{M})^{-1}\boldsymbol{M}^{\mathrm{T}}\boldsymbol{W}\boldsymbol{y}_{\mathrm{V}}\right) \\ &\quad - \frac{1}{2}(\boldsymbol{M}^{\mathrm{T}}\boldsymbol{W}\boldsymbol{y}_{\mathrm{V}})^{\mathrm{T}}\boldsymbol{M}^{\mathrm{T}}\boldsymbol{W}\boldsymbol{y}_{\mathrm{V}} + \frac{1}{2}\boldsymbol{y}_{\mathrm{V}}^{\mathrm{T}}\boldsymbol{W}\boldsymbol{y}_{\mathrm{V}} \end{aligned} \quad (190)$$

geschrieben werden. Daraus ist unmittelbar ersichtlich, dass das Gütekriterium den kleinstmöglichen Wert annimmt, wenn der Ausdruck $\boldsymbol{p}_{\mathrm{M}} - (\boldsymbol{M}^{\mathrm{T}}\boldsymbol{W}\boldsymbol{M})^{-1}\boldsymbol{M}^{\mathrm{T}}\boldsymbol{W}\boldsymbol{y}_{\mathrm{V}}$ verschwindet. Die Lösung des Optimierungsproblems ergibt sich also zu

$$\begin{aligned} \hat{\boldsymbol{p}}_{\mathrm{GLS}} &= \arg\min_{\boldsymbol{p}_{\mathrm{M}}} \frac{1}{2}\boldsymbol{e}^{\mathrm{T}}(\boldsymbol{p}_{\mathrm{M}})\,\boldsymbol{W}\,\boldsymbol{e}(\boldsymbol{p}_{\mathrm{M}}) \\ &= (\boldsymbol{M}^{\mathrm{T}}\boldsymbol{W}\boldsymbol{M})^{-1}\boldsymbol{M}^{\mathrm{T}}\boldsymbol{W}\boldsymbol{y}_{\mathrm{V}}. \end{aligned} \quad (191)$$

Das in diesem Abschnitt beschriebene Schätzproblem wird als lineares *Least-Squares*-Problem bezeichnet. Gerade im Kontext der Systemidentifikation wird unter einer *Least-Squares*-Schätzung meist eine lineare *Least-Squares*-Schätzung verstanden, ohne dass die Linearität (in den Parametern) explizit erwähnt wird. Bei einer Ausgangsgröße bzw. einem Modellfehler, der nicht linear vom gesuchten Parametervektor abhängt,

wird entsprechend von einem nichtlinearen *Least-Squares*-Problem gesprochen.

18.5.7.3 Systematischer Fehler bei der Least-Squares-Schätzung

Für die Betrachtung des systematischen Fehlers bei der *Least-Squares*-Schätzung wird, wie bei der allgemeinen Betrachtung der Eigenschaften von Schätzern, davon ausgegangen, dass es einen wahren Parametervektor $\boldsymbol{p}$ gibt. Mit diesem ergibt sich die Vergleichsgröße über

$$\boldsymbol{y}_{\mathrm{V}} = \boldsymbol{M}\boldsymbol{p} + \boldsymbol{v}, \quad (192)$$

wobei es sich bei $\boldsymbol{v}$ um eine Störgröße handelt. Hierbei wird angenommen, dass es sich um eine stochastische Störung handelt. Der *Least-Squares*-Schätzwert ergibt sich (ohne Verwendung einer Gewichtung) aus Gl. (191) zu

$$\hat{\boldsymbol{p}}_{\mathrm{LS}} = (\boldsymbol{M}^{\mathrm{T}}\boldsymbol{M})^{-1}\boldsymbol{M}^{\mathrm{T}}\boldsymbol{y}_{\mathrm{V}}. \quad (193)$$

Durch Einsetzen von Gl. (192) kann der Schätzwert als

$$\hat{\boldsymbol{p}}_{\mathrm{LS}} = \boldsymbol{p} + (\boldsymbol{M}^{\mathrm{T}}\boldsymbol{M})^{-1}\boldsymbol{M}^{\mathrm{T}}\boldsymbol{v} \quad (194)$$

geschrieben werden. Dabei stellt der zweite Summand gerade die Abweichung des geschätzten Parametervektors vom wahren Wert dar, also $\hat{\boldsymbol{p}}_{\mathrm{LS}} - \boldsymbol{p}$. Der Erwartungswert dieser Größe ist der mittlere systematische Schätzfehler (*bias*), also

$$\begin{aligned} \boldsymbol{b} &= \mathrm{E}\{\hat{\boldsymbol{p}}_{\mathrm{LS}} - \boldsymbol{p}\} \\ &= \mathrm{E}\left\{(\boldsymbol{M}^{\mathrm{T}}\boldsymbol{M})^{-1}\boldsymbol{M}^{\mathrm{T}}\boldsymbol{v}\right\}. \end{aligned} \quad (195)$$

Würde es sich bei der als Datenmatrix bezeichneten Größe $\boldsymbol{M}$ um eine deterministische Größe handeln, würde für den Erwartungswert

$$\mathrm{E}\{\hat{\boldsymbol{p}}_{\mathrm{LS}} - \boldsymbol{p}\} = (\boldsymbol{M}^{\mathrm{T}}\boldsymbol{M})^{-1}\boldsymbol{M}^{\mathrm{T}}\mathrm{E}\{\boldsymbol{v}\} \quad (196)$$

gelten. Für eine mittelwertfreie Störung, also $\mathrm{E}\{\boldsymbol{v}\} = \boldsymbol{0}$, und eine deterministische Datenmatrix, würde der mittlere systematische Schätzfehler verschwinden. Die Schätzung wäre dann erwartungstreu. Diese Aussage gilt auch für die verallgemeinerte *Least-Squares*-Schätzung.

In der Systemidentifikation handelt es sich bei der Datenmatrix nur in seltenen Sonderfällen um eine deterministische Größe. Meist enthält die Datenmatrix auch stochastische Signale, sodass es sich bei M um eine Realisierung einer stochastischen Größe handelt. Für den mit der vorliegenden Datenmatrix gebildeten Schätzwert ist dann der bedingte Erwartungswert des Schätzfehlers

$$
\begin{aligned}
&E\{\hat{p}_{LS} - p | M\} \\
&= E\left\{ (M^T M)^{-1} M^T v | M \right\} \\
&= (M^T M)^{-1} M^T E\{v | M\}.
\end{aligned} \tag{197}
$$

Sind die Datenmatrix und die Störung stochastisch unabhängig, gilt $E\{v|M\} = E\{v\}$. Weiterhin entsprechen bei stochastischer Unabhängigkeit die bedingten Erwartungswerte den unbedingten Erwartungswerten, so dass dann

$$
\begin{aligned}
&E\{\hat{p}_{LS} - p\} \\
&= E\left\{ (M^T M)^{-1} M^T v | M \right\} \\
&= E\left\{ (M^T M)^{-1} M^T \right\} E\{v\}
\end{aligned} \tag{198}
$$

gilt. Ist die Störung mittelwertfrei, also $E\{v\} = 0$, folgt auch bei stochastischer Unabhängigkeit die Erwartungstreue der linearen *Least-Squares*-Schätzung.

In der Systemidentifikation sind Datenmatrix M und Störung v meist nicht stochastisch unabhängig. Die Schätzung ist dann nicht mehr erwartungstreu.

Eine Aussage zur Konsistenz der Schätzung kann über eine Konvergenzbetrachtung im stochastischen Sinne erfolgen. Es gilt

$$
\begin{aligned}
&\text{plim}\{\hat{p}_{LS} - p\} \\
&= \text{plim}\left\{ (M^T M)^{-1} M^T v \right\} \\
&= \text{plim}\left\{ \left(\frac{1}{N} M^T M \right)^{-1} \right\} \\
&\quad \cdot \text{plim}\left\{ \frac{1}{N} M^T v \right\},
\end{aligned} \tag{199}
$$

wobei die Normierung auf die Datenanzahl N erforderlich ist, damit die Grenzwerte endlich bleiben. Damit $\text{plim}\{\hat{p}_{LS} - p\} = 0$ ist, muss also

$$
\text{plim}\left\{ \frac{1}{N} M^T v \right\} = 0 \tag{200}
$$

gelten. Dies ist gleichbedeutend damit, dass jede Zeile der Datenmatrix M mit dem zugehörigen Eintrag des Störvektors v unkorreliert sein muss. Wird die Datenmatrix in der Form

$$
M = \begin{bmatrix} m_0^T \\ \vdots \\ m_{N-1}^T \end{bmatrix} \tag{201}
$$

geschrieben, ist also m_i^T die i-te Zeile der Datenmatrix, und der Störvektor in der Form

$$
v = \begin{bmatrix} v_0 \\ \vdots \\ v_{N-1} \end{bmatrix}, \tag{202}
$$

dann muss für eine konsistente Schätzung die Bedingung

$$
E\{m_i v_i\} = 0 \tag{203}
$$

erfüllt sein.

18.5.7.4 Fehlerkovarianzmatrix der linearen *Least-Squares*-Schätzung

Neben der im vorangegangenen Abschnitt betrachteten Erwartungstreue bzw. Konsistenz der linearen *Least-Squares*-Schätzung ist auch noch die Kovarianzmatrix des Schätzfehlers von Interesse. Diese ermöglicht eine Aussage darüber, wie stark der Schätzwert im Mittel streut. Aus Gl. (194) folgt

$$
\begin{aligned}
&E\left\{ (\hat{p}_{LS} - p)(\hat{p}_{LS} - p)^T \right\} \\
&= E\left\{ (M^T M)^{-1} M^T v v^T M (M^T M)^{-1} \right\}.
\end{aligned} \tag{204}
$$

Die Erwartungswertbildung erfolgt dabei allgemein über die stochastischen Größen M und v.

Bei einer erwartungtreuen Schätzung ist $\mathrm{E}\{\hat{\boldsymbol{p}}_{\mathrm{LS}}\} = \boldsymbol{p}$ und die in Gl. (204) angegebene Größe ist die auch als Fehlerkovarianzmatrix bezeichnete Kovarianzmatrix des Schätzfehlers. Wie im vorangegangenen Abschnitt ausgeführt, ist die Schätzung erwartungstreu, wenn es sich um eine deterministische Datenmatrix $\boldsymbol{M}$ handelt oder die Datenmatrix und der Störvektor $\boldsymbol{v}$ stochastisch unabhängig sind.

Im Fall einer deterministischen Datenmatrix erfolgt die Erwartungswertbildung nur über $\boldsymbol{v}$ und die Fehlerkovarianzmatrix ergibt sich zu

$$\begin{aligned} \boldsymbol{P} &= \mathrm{E}\left\{(\hat{\boldsymbol{p}}_{\mathrm{LS}} - \boldsymbol{p})(\hat{\boldsymbol{p}}_{\mathrm{LS}} - \boldsymbol{p})^{\mathrm{T}}\right\} \\ &= (\boldsymbol{M}^{\mathrm{T}}\boldsymbol{M})^{-1}\boldsymbol{M}^{\mathrm{T}}\boldsymbol{A}\boldsymbol{M}(\boldsymbol{M}^{\mathrm{T}}\boldsymbol{M})^{-1}. \end{aligned} \tag{205}$$

Dabei ist

$$\boldsymbol{A} = \mathrm{E}\left\{\boldsymbol{v}\boldsymbol{v}^{T}\right\} \tag{206}$$

die Kovarianzmatrix des Störvektors.

Wie im vorangegangenen Abschnitt bereits erwähnt, handelt es sich bei der Datenmatrix nur in seltenen Sonderfällen um eine deterministische Größe. Meist enthält die Datenmatrix auch stochastische Signale, sodass $\boldsymbol{M}$ die Realisierung einer stochastischen Größe darstellt. Für den mit der vorliegenden Datenmatrix gebildeten Schätzwert ist die bedingte Kovarianzmatrix dann

$$\begin{aligned} &\mathrm{E}\left\{(\hat{\boldsymbol{p}}_{\mathrm{LS}} - \boldsymbol{p})(\hat{\boldsymbol{p}}_{\mathrm{LS}} - \boldsymbol{p})^{\mathrm{T}}|M\right\} \\ &= \mathrm{E}\left\{(\boldsymbol{M}^{\mathrm{T}}\boldsymbol{M})^{-1}\boldsymbol{M}^{\mathrm{T}}\boldsymbol{v}\boldsymbol{v}^{T}\boldsymbol{M}(\boldsymbol{M}^{\mathrm{T}}\boldsymbol{M})^{-1}|M\right\} \\ &= (\boldsymbol{M}^{\mathrm{T}}\boldsymbol{M})^{-1}\boldsymbol{M}^{\mathrm{T}} \\ &\quad \cdot \mathrm{E}\left\{\boldsymbol{v}\boldsymbol{v}^{T}|M\right\}\boldsymbol{M}(\boldsymbol{M}^{\mathrm{T}}\boldsymbol{M})^{-1}. \end{aligned} \tag{207}$$

Sind die Datenmatrix und die Störung stochastisch unabhängig, gilt $\mathrm{E}\{\boldsymbol{v}\boldsymbol{v}^{T}|M\} = \mathrm{E}\{\boldsymbol{v}\boldsymbol{v}^{T}\} = \boldsymbol{A}$. Die bedingte Kovarianzmatrix ist dann

$$\begin{aligned} &\mathrm{E}\left\{(\hat{\boldsymbol{p}}_{\mathrm{LS}} - \boldsymbol{p})(\hat{\boldsymbol{p}}_{\mathrm{LS}} - \boldsymbol{p})^{\mathrm{T}}|M\right\} \\ &= (\boldsymbol{M}^{\mathrm{T}}\boldsymbol{M})^{-1}\boldsymbol{M}^{\mathrm{T}}\boldsymbol{A}\boldsymbol{M}(\boldsymbol{M}^{\mathrm{T}}\boldsymbol{M})^{-1}. \end{aligned} \tag{208}$$

Bildung des Erwartungswerts liefert dann die (unbedingte) Kovarianzmatrix

$$\begin{aligned} \boldsymbol{P} &= \mathrm{E}\left\{(\hat{\boldsymbol{p}}_{\mathrm{LS}} - \boldsymbol{p})(\hat{\boldsymbol{p}}_{\mathrm{LS}} - \boldsymbol{p})^{\mathrm{T}}\right\} \\ &= \mathrm{E}\left\{(\boldsymbol{M}^{\mathrm{T}}\boldsymbol{M})^{-1}\boldsymbol{M}^{\mathrm{T}}\boldsymbol{A}\boldsymbol{M}(\boldsymbol{M}^{\mathrm{T}}\boldsymbol{M})^{-1}\right\}, \end{aligned} \tag{209}$$

wobei die Bildung des Erwartungswerts nur noch über $\boldsymbol{M}$ erfolgt.

In der Systemidentifikation sind Datenmatrix $\boldsymbol{M}$ und Störung $\boldsymbol{v}$ meist nicht stochastisch unabhängig. Es gilt dann die in Gl. (204) angegebene allgemeine Beziehung.

Sind die einzelnen Komponenten des Störvektors mittelwertfrei und unkorreliert und haben jeweils die Varianz σ^2, gilt also

$$\mathrm{E}\{v_i v_j\} = \begin{cases} \sigma^2 & \text{für } i = j, \\ 0 & \text{für } i \neq j, \end{cases} \tag{210}$$

ist die Kovarianzmatrix des Störvektors

$$\boldsymbol{A} = \mathrm{E}\left\{\boldsymbol{v}\boldsymbol{v}^{T}\right\} = \sigma^2\,\mathbf{I}. \tag{211}$$

Bei stochastischer Unabhängigkeit von Datenvektor und Störvektor folgt dann aus Gl. (208) die bedingte Kovarianzmatrix zu

$$\boldsymbol{P} = \sigma^2\left(\boldsymbol{M}^{\mathrm{T}}\boldsymbol{M}\right)^{-1} \tag{212}$$

und daraus durch Erwartungswertbildung bzw. aus Gl. (209) die unbedingte Kovarianzmatrix zu

$$\boldsymbol{P} = \sigma^2\,\mathrm{E}\left\{\left(\boldsymbol{M}^{\mathrm{T}}\boldsymbol{M}\right)^{-1}\right\}. \tag{213}$$

Für eine deterministische Datenmatrix entfällt die Erwartungswertbildung und die Kovarianzmatrix ist direkt durch Gl. (212) gegeben.

Für den Fall, dass die Datenmatrix und Störvektor nicht stochastisch unabhängig sind, kann kein einfacher Ausdruck für die Fehlerkovarianzmatrix angegeben werden. Über eine Betrachtung der stochastischen Grenzwerte kann aber aus den Gln. (204), (210) und (211) die Beziehung

$$\begin{aligned} &\mathrm{plim}\left\{(\hat{\boldsymbol{p}}_{\mathrm{LS}} - \boldsymbol{p})(\hat{\boldsymbol{p}}_{\mathrm{LS}} - \boldsymbol{p})^{\mathrm{T}}\right\} \\ &= \frac{\sigma^2}{N}\,\mathrm{plim}\left\{\left(\frac{1}{N}\boldsymbol{M}^{\mathrm{T}}\boldsymbol{M}\right)^{-1}\right\} \end{aligned} \tag{214}$$

hergeleitet werden. Aus diesem Grund wird die in Gl. (212) angegebene Matrix oftmals als Fehlerkovarianzmatrix bezeichnet, auch wenn diese nur im Fall einer deterministischen Datenmatrix tatsächlich die Fehlerkovarianzmatrix ist und im Fall einer stochastischen Unabhängigkeit die bedingte Fehlerkovarianzmatrix.

Für die in Abschn. 18.5.3.1 betrachtetet verallgemeinerte *Least-Squares*-Schätzung mit dem in Gl. (96) gegebenen Gütefunktional ergibt sich bei stochastischer Unabhängigkeit von Datenmatrix und Fehler die bedingte Kovarianzmatrix

$$
\begin{aligned}
& \mathrm{E}\left\{(\hat{\boldsymbol{p}}_{\mathrm{GLS}} - \boldsymbol{p})(\hat{\boldsymbol{p}}_{\mathrm{GLS}} - \boldsymbol{p})^{\mathrm{T}} | \boldsymbol{M}\right\} \\
& = \left(\boldsymbol{M}^{\mathrm{T}} \boldsymbol{W} \boldsymbol{M}\right)^{-1} \boldsymbol{M}^{\mathrm{T}} \boldsymbol{W} \boldsymbol{A} \boldsymbol{W} \\
& \quad \cdot \boldsymbol{M} \left(\boldsymbol{M}^{\mathrm{T}} \boldsymbol{W} \boldsymbol{M}\right)^{-1}.
\end{aligned}
\tag{215}
$$

Es kann leicht gezeigt werden, dass sich für den Fall, dass als Gewichtungsmatrix die inverse Kovarianzmatrix der Störung gewählt wird, also für

$$
\boldsymbol{W} = \boldsymbol{A}^{-1}
\tag{216}
$$

gerade die kleinste Kovarianzmatrix des Schätzfehlers ergibt. Diese wird dann zu

$$
\begin{aligned}
& \mathrm{E}\left\{(\hat{\boldsymbol{p}}_{\mathrm{GLS}} - \boldsymbol{p})(\hat{\boldsymbol{p}}_{\mathrm{GLS}} - \boldsymbol{p})^{\mathrm{T}} | \boldsymbol{M}\right\} \\
& = \left(\boldsymbol{M}^{\mathrm{T}} \boldsymbol{A}^{-1} \boldsymbol{M}\right)^{-1}.
\end{aligned}
\tag{217}
$$

Die mit der inversen Kovarianzmatrix der Störung gewichtete *Least-Squares*-Schätzung stellt also die Minimum-Varianz-Schätzung dar. Diese Schätzung wird auch als Markov-Schätzung bezeichnet. Die Wahl der inversen Kovarianzmatrix als Gewichtungsmatrix ergibt sich auch aus der in Abschn. 18.5.3.1 betrachteten *Maximum-Likelihood*-Schätzung bei normalverteiltem Fehler mit bekannter Kovarianzmatrix.

Die Minimum-Varianz-Eigenschaft der Markov-Schätzung kann auch darüber hergeleitet werden, dass die *Least-Squares*-Schätzung für einen Fehler mit der in Gl. (211) gegebenen Fehlerkovarianzmatrix, also für einen unkorrelierten Fehler, die Minimum-Varianz-Schätzung darstellt. In eine gewich-

teten *Least-Squares*-Schätzung geht auch der Fehler gewichtet ein. Mit der Gewichtungsmatrix $\boldsymbol{W} = \boldsymbol{A}^{-1} = \boldsymbol{W}_e \boldsymbol{W}_e^{\mathrm{T}} = \boldsymbol{A}^{-\frac{1}{2}} \boldsymbol{A}^{-\frac{\mathrm{T}}{2}}$ ergibt sich

$$
\begin{aligned}
\mathrm{E}\left\{\boldsymbol{A}^{-\frac{1}{2}} \boldsymbol{v} \boldsymbol{v}^{\mathrm{T}} \boldsymbol{A}^{-\frac{\mathrm{T}}{2}}\right\} &= \boldsymbol{A}^{-\frac{1}{2}} \mathrm{E}\left\{\boldsymbol{v} \boldsymbol{v}^{\mathrm{T}}\right\} \boldsymbol{A}^{-\frac{\mathrm{T}}{2}}) \\
&= \boldsymbol{A}^{-\frac{1}{2}} \boldsymbol{A} \boldsymbol{A}^{-\frac{\mathrm{T}}{2}} = \boldsymbol{I}.
\end{aligned}
\tag{218}
$$

Der gewichtete Fehler ist also unkorreliert (weiß). Das Gewichten mit der inversen Kovarianzmatrix wird daher auch als Weißen des Fehlers bezeichnet.

18.5.7.5 Rekursive *Least-Squares*-Schätzung

In Abschn. 18.5.5 wurde die rekursive Parameterschätzung behandelt. Mit einem allgemeinen Modell zur Berechnung der Modellausgangsgröße $\boldsymbol{y}_{\mathrm{M}}$ entsteht dabei selbst bei Verwendung eines *Least-Squares*-Gütekriteriums ein vergleichsweise komplexer Algorithmus, der zudem auf einigen Näherungen basiert. Für ein linear parameterabhängiges Modell ergibt sich ein deutlich einfacherer Algorithmus für die rekursive Schätzung, für dessen Herleitung keine Näherungen erforderlich sind. Im Wesentlichen ist dies darauf zurückzuführen, dass sich die in Gl. (126) eingeführte Jakobi-Matrix der Modellausgangsgröße mit Gl. (186) zu

$$
\boldsymbol{J}_y(\boldsymbol{p}_{\mathrm{M}}) = \frac{\mathrm{d} \boldsymbol{y}_{\mathrm{M}}(\boldsymbol{p}_{\mathrm{M}})}{\mathrm{d} \boldsymbol{p}_{\mathrm{M}}^{\mathrm{T}}} = \boldsymbol{M}
\tag{219}
$$

ergibt. Die Jakobi-Matrix (und damit auch der Gradient des Gütekriteriums) ist damit nicht vom Parametervektor abhängig. Eine rekursive (Neu-)Berechnung über ein Empfindlichkeitsmodell, wie in Abschn. 18.5.4 beschrieben, entfällt daher vollständig.

Durch Einsetzen der Gln. (186) und (219) in die Gln. (165) bis (168) wird der rekursive Parameterschätzalgorithmus zu

$$
\begin{aligned}
\boldsymbol{S}(k) = {} & \lambda(k) \boldsymbol{W}^{-1}(k) \\
& + \boldsymbol{M}(k) \boldsymbol{P}(k-1) \boldsymbol{M}^{\mathrm{T}}(k),
\end{aligned}
\tag{220}
$$

$$
\boldsymbol{L}(k) = \boldsymbol{P}(k-1) \boldsymbol{M}^{\mathrm{T}}(k) \boldsymbol{S}^{-1}(k),
\tag{221}
$$

$$\hat{\boldsymbol{p}}(k) = \hat{\boldsymbol{p}}(k-1) + \boldsymbol{L}(k)\left(\boldsymbol{y}(k) - \boldsymbol{M}(k)\hat{\boldsymbol{p}}(k-1)\right) \tag{222}$$

und

$$\boldsymbol{P}(k) = \frac{1}{\lambda(k)}$$
$$\times \left(\boldsymbol{P}(k-1) - \boldsymbol{L}(k)\boldsymbol{S}(k)\boldsymbol{L}^{\mathrm{T}}(k)\right). \tag{223}$$

Im Kontext der Systemidentifikation wird unter rekursiver *Least-Squares*-Schätzung meist diese rekursive Lösung des linearen *Least-Squares*-Problems verstanden.

18.5.8 Parameterschätzung mit Frequenzgangsdaten

In Abschn. 18.5.1 wurde allgemein die Bildung eines Modellfehlers als Differenz aus einer Vergleichsgröße und einer Modellausgangsgröße vorgestellt. In vielen Fällen handelt es sich bei diesen Größen um Messwerte im Zeitbereich. So wird als Vergleichsgröße oftmals direkt das gemessene Ausgangssignal $\boldsymbol{y}(k)$ verwendet und als Modellausgangsgröße eine Prädiktion dieses Ausgangssignals auf Basis eines Modells.

Eine Parameterschätzung kann aber auch unter Verwendung von Frequenzgangsdaten durchgeführt werden. In den Abschn. 18.4.2.2 und 18.4.3 wurden Verfahren vorgestellt, mit denen eine punktweise Ermittlung des Frequenzgangs eines Systems möglich ist. Als Ergebnis dieser Verfahren liegen Werte des Frequenzgangs des Systems punktweise für N einzelne Frequenzen bzw. Kreisfrequenzen, also $G(\mathrm{j}\omega_0)$, $G(\mathrm{j}\omega_1)$, ...,$G(\mathrm{j}\omega_{N-1})$, vor. In vielen Fällen ist es dann gewünscht, hierzu ein Modell in Form einer Übertragungsfunktion

$$G_{\mathrm{M}}(s) = \frac{b_n s^n + \ldots + b_1 s + b_0}{s^n + a_{n-1}s^{n-1} + \ldots + a_1 s + a_0} \tag{224}$$

zu ermitteln, dessen Frequenzgang dem punktweise gemessenen Frequenzgang entspricht. Es soll also

$$G_{\mathrm{M}}(\mathrm{j}\omega_i) \approx G(\mathrm{j}\omega_i) \tag{225}$$

für $i = 0,1,\ldots,N-1$ gelten. Wird der gemessene Frequenzgang (der letztlich meist auch aus gemessenen Eingangs- und Ausgangsdaten im Zeitbereich über digitale Signalverarbeitung bestimmt wird) als Vergleichsgröße definiert, also

$$y_{\mathrm{V},i} = G(\mathrm{j}\omega_i) \tag{226}$$

und der Frequenzgang des Modells als Modellausgangsgröße, d. h.

$$y_{\mathrm{M},i} = G_{\mathrm{M}}(\mathrm{j}\omega_i), \tag{227}$$

dann ist der Fehler

$$\begin{aligned} e_i &= y_{\mathrm{V},i} - y_{\mathrm{M},i} \\ &= G(\mathrm{j}\omega_i) - G_{\mathrm{M}}(\mathrm{j}\omega_i) \end{aligned} \tag{228}$$

gerade die Differenz dieser beiden Größen. Wird aus den Fehlern für die einzelnen Frequenzen der Fehlervektor

$$\boldsymbol{e} = \begin{bmatrix} e_0 \\ \vdots \\ e_{N-1} \end{bmatrix} \tag{229}$$

gebildet, kann die Parameterschätzung über die Minimierung eines *Least-Squares*-Gütekriteriums

$$I = \frac{1}{2}\boldsymbol{e}^*\boldsymbol{e} \tag{230}$$

erfolgen. Da es sich bei Frequenzgangsdaten um komplexe Zahlen handelt, muss hier zur Bildung der quadrierten Beträge der Fehler der konjugiert transponierte Fehlervektor $\boldsymbol{e}^*$ mit dem Fehlervektor $\boldsymbol{e}$ multipliziert werden. Auch hier kann noch eine Gewichtung mit einer Gewichtungsmatrix $\boldsymbol{W}$ erfolgen, also das Gütekriterium

$$I = \frac{1}{2}\boldsymbol{e}^*\boldsymbol{W}\boldsymbol{e} \tag{231}$$

verwendet werden.

18.6 Parameterschätzung linearer Eingrößensysteme auf Basis von Eingangs-Ausgangs-Modellen im Zeitbereich

18.6.1 Aufgabenstellung

Das Problem der Parameterschätzung bei linearen Eingrößensystemen auf Basis von Zeitbereichsdaten besteht darin, aus vorliegenden Messwerten $u(0), \ldots, u(N-1)$ und $y(0), \ldots, y(N-1)$ ein lineares Modell zu bestimmen. Da bei der in Abb. 9 gezeigten, angenommenen Systemstruktur die Eingangsgröße u und die Störgröße ε in das System eingehen und ein lineares zeitinvariantes Modell vorausgesetzt wird, lautet eine allgemeine Beschreibung im Bildbereich

$$Y(z) = G(z)U(z) + G_{\mathrm{r}}(z)\varepsilon(z). \qquad (232)$$

Dabei wird die Übertragungsfunktion $G(z)$ als Übertragungsfunktion des Systems und die Übertragungsfunktion $G_{\mathrm{r}}(z)$ als Störübertragungsfunktion bezeichnet. Bei der Störung ε wird angenommen, dass es sich um unkorreliertes (weißes) Rauschen handelt. Der in Gl. (232) angegebene Zusammenhang kann also auch so verstanden werden, dass sich die Ausgangsgröße gemäß

$$Y(z) = Y_{\mathrm{S}}(z) + R(z) \qquad (233)$$

als Überlagerung eines ungestörten Ausgangssignals y_{S} und einer Störung r ergibt. Für die Störung r gilt im Bildbereich

$$R(z) = G_{\mathrm{r}}(z)\varepsilon(z), \qquad (234)$$

es handelt sich also um durch ein lineares System gefiltertes weißes Rauschen. Die Störübertragungsfunktion $G_{\mathrm{r}}(z)$ bzw. deren Frequenzgang bestimmt also die spektralen Eigenschaften der auf den ungestörten Ausgang wirkenden Störung r.

Die zu bestimmenden Parameter sind nun die Zähler- und Nennerkoeffizienten der beiden Übertragungsfunktionen. Für die Parameterschätzung wird statt der allgemeinen in Gl. (232) angegebenen Beziehung meist der Ansatz

$$Y(z) = \frac{B(z)}{A(z)}U(z) + \frac{C(z)}{A(z)D(z)}\varepsilon(z) \qquad (235)$$

gewählt, für die Übertragungsfunktionen $G(z)$ und $G_{\mathrm{r}}(z)$ also

$$G(z) = \frac{B(z)}{A(z)} \qquad (236)$$

und

$$G_{\mathrm{r}}(z) = \frac{C(z)}{A(z)D(z)}. \qquad (237)$$

Diese allgemeine Modellstruktur wird im nächsten Abschnitt zunächst unter Betrachtungen von Beziehungen im Zeitbereich hergeleitet. Auf Basis dieser Modellstruktur kann dann die Parameterschätzung durchgeführt werden, es können also die Koeffizienten der Polynome $A(z)$, $B(z)$, $C(z)$ und $D(z)$ geschätzt werden.

18.6.2 Allgemeine Modellstruktur

Um zu einer allgemeinen Modellstruktur für die Parameterschätzung zu gelangen, wird davon ausgegangen, dass die Ausgangsgröße y zu einem Zeitpunkt k, also $y(k)$, von zurückliegenden Werten der Ausgangsgröße $y(k-1), \ldots, y(k-n)$ sowie vom aktuellen Wert $u(k)$ und von zurückliegenden Werten $u(k-1), \ldots, u(k-n)$ der Eingangsgröße u abhängt. Weiterhin wirkt eine Störgröße $v(k)$ auf die Ausgangsgröße $y(k)$. Es wird daher angenommen, dass sich die Ausgangsgröße über die Differenzengleichung

$$
\begin{aligned}
y(k) = &-\sum_{i=1}^{n} a_i y(k-i) \\
&+ \sum_{i=0}^{n} b_i u(k-i) + v(k)
\end{aligned}
\qquad (238)
$$

ergibt.

Für die Störung wird der Ansatz gemacht, dass für diese die Differenzengleichung

$$v(k) = -\sum_{i=1}^{n} d_i v(k-i) + \sum_{i=1}^{n} c_i \varepsilon(k-i) + \varepsilon(k)$$

$$(239)$$

gilt. Dabei ist ε ein mittelwertfreies, weißes (unkorreliertes) Rauschsignal. Bei v handelt es sich damit um farbiges (korreliertes) Rauschen, welches sich als Ausgangsgröße eines linearen Systems mit weißer Rauschanregung ergibt.

Die Koeffizienten $a_1, \ldots, a_n, b_0, \ldots, b_n, c_1, \ldots, c_n, d_1, \ldots, d_n$ sind die Parameter des Systems. Zur Vereinfachung ist hier in allen Summenausdrücken die gleiche oberen Grenze n angenommen worden. Dies stellt keine Einschränkung dar, da gegebenenfalls Systemparameter zu null gesetzt werden können. In den nachfolgend angegebenen Vektor-Matrix-Darstellungen sind dann die entsprechenden Einträge zu entfernen.

Einsetzen von $v(k)$ aus Gl. (239) in Gl. (238) ergibt

$$y(k) = -\sum_{i=1}^{n} a_i y(k-i) + \sum_{i=0}^{n} b_i u(k-i)$$
$$- \sum_{i=1}^{n} d_i v(k-i) + \sum_{i=1}^{n} c_i \varepsilon(k-i) + \varepsilon(k).$$

$$(240)$$

Mit dem Parametervektor

$$\boldsymbol{p} = [a_1 \ldots a_n | b_0 \ldots b_n | c_1 \ldots c_n | d_1 \ldots d_n]^{\mathrm{T}} \quad (241)$$

und dem Datenvektor

$$\boldsymbol{m}(k) = \begin{bmatrix} -y(k-1) \\ \vdots \\ -y(k-n) \\ \hline u(k) \\ \vdots \\ u(k-n) \\ \hline \varepsilon(k-1) \\ \vdots \\ \varepsilon(k-n) \\ \hline -v(k-1) \\ \vdots \\ -v(k-n) \end{bmatrix} \quad (242)$$

kann Gl. (240) auch in der Form

$$y(k) = \boldsymbol{m}^{\mathrm{T}}(k)\boldsymbol{p} + \varepsilon(k) \quad (243)$$

geschrieben werden.

Um zu einem Modell zu gelangen, mit welchem die Systemparameter bzw. dann die Modellparameter geschätzt werden können, wird eine Innovationsdarstellung der Ausgangsgröße y hergeleitet. Die Innovationsdarstellung hat die Form

$$y(k) = \overline{y}(k) + \varepsilon(k). \quad (244)$$

In einer Innovationsdarstellung ist die Innovation allgemein die Abweichung zwischen einer zu einem Zeitpunkt vorliegenden stochastischen Größe und der optimalen Vorhersage auf Basis zeitlich zurückliegender Werte dieser Größe. Da es sich dabei um eine optimale Vorhersage handelt, muss es sich bei der Innovation um weißes Rauschen handeln. Aus Gl. (244) ist damit ersichtlich, dass es sich bei $\overline{y}(k)$ um die optimale Vorhersage für $y(k)$ handelt und bei $\varepsilon(k)$ um die Innovation.

In der Innovationsdarstellung hängt die optimale Vorhersage vom Parametervektor $\boldsymbol{p}$ ab. Die Gleichungen, mit denen die Vorhersage berechnet werden kann, werden als Prädiktormodell oder kurz als Prädiktor bezeichnet und die Vorhersage als Prädiktion. Für die Systemidentifikation wird als Modell dann ein einstellbarer Prädiktor verwendet, bei dem die Prädiktion auf Basis eines Parameterschätzwertes gebildet wird. Die mit einem vorliegenden Parameterschätzwert $\hat{\boldsymbol{p}}$ gebildeten Größen werden wie auch der Parameterschätzwert mit einem Zirkumflex gekennzeichnet, wobei zusätzlich noch die Abhängigkeit vom Parameterschätzwert hervorgehoben wird. Die Prädiktion der Ausgangsgröße $y(k)$ auf Basis des Parameterschätzwertes $\hat{\boldsymbol{p}}$ ist also $\hat{\overline{y}}(k, \hat{\boldsymbol{p}})$.

Die Berechnung von $\overline{y}$ kann recht einfach im Bildbereich hergeleitet und dann wieder in den Zeitbereich zurücktransformiert werden. Über die z-Transformation ergibt sich aus Gl. (244) die Innovationsdarstellung im Bildbereich

$$Y(z) = \overline{Y}(z) + \varepsilon(z). \quad (245)$$

Anwenden der z-Transformation auf die Gln. (238), (239) und (240) liefert

$$
\begin{aligned}
Y(z) = & \left(1 - A\left(z^{-1}\right)\right)Y(z) \\
& + B\left(z^{-1}\right)U(z) \\
& + V(z),
\end{aligned}
\tag{246}
$$

$$
\begin{aligned}
V(z) = & \left(1 - D\left(z^{-1}\right)\right)V(z) \\
& + \left(C\left(z^{-1}\right) - 1\right)\varepsilon(z) + \varepsilon(z)
\end{aligned}
\tag{247}
$$

und

$$
\begin{aligned}
Y(z) = & \left(1 - A\left(z^{-1}\right)\right)Y(z) \\
& + B\left(z^{-1}\right)U(z) \\
& + \left(1 - D\left(z^{-1}\right)\right)V(z) \\
& + \left(C\left(z^{-1}\right) - 1\right)\varepsilon(z) + \varepsilon(z)
\end{aligned}
\tag{248}
$$

mit den Polynomen

$$
A\left(z^{-1}\right) = 1 + \sum_{i=1}^{n} a_i z^{-i},
\tag{249}
$$

$$
B\left(z^{-1}\right) = \sum_{i=0}^{n} b_i z^{-i},
\tag{250}
$$

$$
C\left(z^{-1}\right) = 1 + \sum_{i=1}^{n} c_i z^{-i}
\tag{251}
$$

und

$$
D\left(z^{-1}\right) = 1 + \sum_{i=1}^{n} d_i z^{-i}.
\tag{252}
$$

Durch Addition von $C(z^{-1})V(z)$ auf beiden Seiten und Division durch $C(z^{-1})$ kann Gl. (247) umgeformt werden zu

$$
V(z) = \frac{C(z^{-1}) - D(z^{-1})}{C(z^{-1})}V(z) + \varepsilon(z).
\tag{253}
$$

Aus Gl. (246) ergibt sich

$$
V(z) = A\left(z^{-1}\right)Y(z) - B\left(z^{-1}\right)U(z).
\tag{254}
$$

Einsetzen von $V(z)$ aus Gl. (254) auf der rechten Seite von Gl. (253) liefert

$$
\begin{aligned}
V(z) = & \frac{C(z^{-1}) - D(z^{-1})}{C(z^{-1})} \\
& \cdot \left(A(z^{-1})Y(z) - B(z^{-1})U(z)\right) \\
& + \varepsilon(z).
\end{aligned}
\tag{255}
$$

Mit diesem Ausdruck für $V(z)$ kann Gl. (246) umgeformt werden zu

$$
\begin{aligned}
Y(z) = & \frac{C(z^{-1}) - D(z^{-1})A(z^{-1})}{C(z^{-1})}Y(z) \\
& + \frac{D(z^{-1})B(z^{-1})}{C(z^{-1})}U(z) + \varepsilon(z).
\end{aligned}
\tag{256}
$$

Ein Vergleich von Gl. (256) mit Gl. (245) liefert

$$
\begin{aligned}
\overline{Y}(z) = & \frac{C(z^{-1}) - D(z^{-1})A(z^{-1})}{C(z^{-1})}Y(z) \\
& + \frac{D(z^{-1})B(z^{-1})}{C(z^{-1})}U(z).
\end{aligned}
\tag{257}
$$

Die Größe $\overline{y}(k)$ kann aus der zu Gl. (257) gehörenden Differenzengleichung rekursiv berechnet werden. Da in den Polynomen $A(z^{-1})$, $C(z^{-1})$ und $D(z^{-1})$ das absolute Glied jeweils eins ist, verschwindet in dem Polynom $C(z^{-1}) - D(z^{-1})A(z^{-1})$ das absolute Glied. Damit hängt $\overline{y}(k)$ nicht von $y(k)$ ab, sondern nur von den zurückliegenden Werten $y(k-1), \ldots, y(k-2n)$. Aufgrund der Mittelwertfreiheit des Rauschsignals gilt

$$
\mathrm{E}\{y(k)\} = \overline{y}(k) + \mathrm{E}\{\varepsilon(k)\} = \overline{y}(k),
\tag{258}
$$

wobei es sich bei dem Erwartungswert um den unter Berücksichtigung der vorliegenden Daten $y(k-1), y(k-2), \ldots$ und $u(k), u(k-1), u(k-2), \ldots$ gebildeten, also den bedingten, Erwartungswert handelt. Mit diesen vorliegenden Daten stellt $\overline{y}(k)$ eine deterministische Größe dar.

Die rekursive Berechnung von $\overline{y}(k)$ kann mit $k = 2n$ begonnen werden, wobei die Berechnung von $\overline{y}(2n)$ die Werte $y(0), \ldots, y(2n-1)$ und $u(0), \ldots u(2n)$ erfordert sowie angenommene

Startwerte $\bar{y}(n), \ldots \bar{y}(2n - 1)$. Alternativ zu der Gl. (256) entsprechenden Differenzengleichung kann auch eine Berechnung über die Zwischengrößen v und ε für zurückliegende Zeitpunkte erfolgen. Mit Gl. (244) folgt

$$\varepsilon(k) = y(k) - \bar{y}(k). \tag{259}$$

Aus Gl. (254) ergibt sich im Zeitbereich

$$v(k) = y(k) + \sum_{i=1}^{n} a_i y(k - i) - \sum_{i=0}^{n} b_i u(k - i). \tag{260}$$

Ein Vergleich von Gl. (240) mit Gl. (256) und Einsetzen von Gl. (259) liefert

$$\begin{aligned}
\bar{y}(k) = &-\sum_{i=1}^{n} a_i y(k - i) \\
&+ \sum_{i=0}^{n} b_i u(k - i) \\
&+ \sum_{i=1}^{n} c_i(y(k - i) - \bar{y}(k - i)) \\
&- \sum_{i=1}^{n} d_i v(k - i).
\end{aligned} \tag{261}$$

Die Gln. (260) und (261) stellen den optimalen Prädiktor für das durch die Gln. (238) und (239) bzw. (240) beschriebene System dar.

Zusätzlich kann auch noch die optimale Vorhersage $\bar{v}(k)$ als Zwischengröße eingeführt werden. Bei Gl. (253) handelt es sich um eine Innovationsdarstellung für v im Bildbereich. Im Zeitbereich lautet die Innovationsdarstellung

$$v(k) = \bar{v}(k) + \varepsilon(k). \tag{262}$$

Dabei folgt aus Gl. (253) im Bildbereich

$$\bar{V}(z) = \frac{C(z^{-1}) - D(z^{-1})}{C(z^{-1})} V(z), \tag{263}$$

was umgeformt werden kann zu

$$\begin{aligned}
\bar{V}(z) = &-(D(z^{-1}) - 1)V(z) \\
&+ (C(z^{-1}) - 1)(V(z) - \bar{V}(z))
\end{aligned} \tag{264}$$

und mit

$$V(z) - \bar{V}(z) = \varepsilon(z) \tag{265}$$

zu

$$\begin{aligned}
\bar{V}(z) = &-(D(z^{-1}) - 1)V(z) \\
&+ (C(z^{-1}) - 1)\varepsilon(z).
\end{aligned} \tag{266}$$

Der in Gl. (261) angegebene Zusammenhang kann damit durch die zwei Gleichungen

$$\begin{aligned}
\bar{v}(k) = &\sum_{i=1}^{n} c_i(v(k - i) - \bar{v}(k - i)) \\
&- \sum_{i=1}^{n} d_i v(k - i)
\end{aligned} \tag{267}$$

und

$$\begin{aligned}
\bar{y}(k) = &-\sum_{i=1}^{n} a_i y(k - i) \\
&+ \sum_{i=0}^{n} b_i u(k - i) + \bar{v}(k)
\end{aligned} \tag{268}$$

ersetzt werden.

Eine etwas andere Modellstruktur ergibt sich aus der Verwendung von gefilterten Eingangs- und Ausgangsdaten. Aus den Gln. (246) und (247) folgt

$$Y(z) = \frac{B(z^{-1})}{A(z^{-1})} U(z) + \frac{1}{A(z^{-1})} V(z) \tag{269}$$

und

$$V(z) = \frac{C(z^{-1})}{D(z^{-1})} \varepsilon(z). \tag{270}$$

Einsetzen von Gl. (270) in Gl. (269) liefert

$$D(z^{-1})Y(z) = \frac{B(z^{-1})}{A(z^{-1})}D(z^{-1})U(z) \\ + \frac{C(z^{-1})}{A(z^{-1})}V(z). \tag{271}$$

Einführen der gefilterten Größen

$$U_{\mathrm{f}}(z) = D(z^{-1})U(z) \tag{272}$$

und

$$Y_{\mathrm{f}}(z) = D(z^{-1})Y(z) \tag{273}$$

führt auf

$$Y_{\mathrm{f}}(z) = \frac{B(z^{-1})}{A(z^{-1})}U_{\mathrm{f}}(z) + \frac{C(z^{-1})}{A(z^{-1})}V(z). \tag{274}$$

Diese Struktur entspricht der bereits behandelten, sofern u und y durch u_{f} und y_{f} ersetzt werden und $D(z^{-1}) = 1$ bzw. $d_1 = \ldots = d_n = 0$ gesetzt wird. Für den optimalen Prädiktor ergeben sich dann die Gleichungen

$$u_{\mathrm{f}}(k) = u(k) + \sum_{i=1}^{n} d_i u(k-i), \tag{275}$$

$$y_{\mathrm{f}}(k) = y(k) + \sum_{i=1}^{n} d_i y(k-i), \tag{276}$$

$$\bar{v}_{\mathrm{f}}(k) = \sum_{i=1}^{n} c_i (y_{\mathrm{f}}(k-i) - \bar{y}_{\mathrm{f}}(k-i)) \tag{277}$$

und

$$\bar{y}_{\mathrm{f}}(k) = -\sum_{i=1}^{n} a_i y_{\mathrm{f}}(k-i) \\ + \sum_{i=0}^{n} b_i u_{\mathrm{f}}(k-i) \\ + \bar{v}_{\mathrm{f}}(k). \tag{278}$$

Die Zwischengrößen $v(k)$ und $\bar{v}(k)$ werden für den Prädiktor nicht benötigt, können aber für die Parameterschätzung verwendet werden. Diese Zwischengrößen ergeben sich über die Gleichungen

$$v(k) = y(k) + \sum_{i=1}^{n} a_i y(k-i) - \sum_{i=0}^{n} b_i u(k-i) \tag{279}$$

und

$$\bar{v}(k) = -\sum_{i=1}^{n} d_i v(k-i) + \sum_{i=1}^{n} c_i (v(k-i) - \bar{v}(k-i)) \tag{280}$$

und können damit unabhängig von den gefilterten Größen berechnet werden.

Für die Systemidentifikation wird der optimale Prädiktor als einstellbares Modell verwendet. Dies wird zunächst anhand des durch die Gln. (260), (261) und (259) bzw. (267) und (268) beschriebenen Prädiktors erläutert. Die Modellausgangsgröße $y_{\mathrm{M}}(k)$ ist die mit einem vorliegenden Parameterschätzwert

$$\hat{\boldsymbol{p}} = \left[\hat{a}_1 \ldots \hat{a}_n | \hat{b}_0 \ldots \hat{b}_n | \hat{c}_1 \ldots \hat{c}_n | \hat{d}_1 \ldots \hat{d}_n\right]^{\mathrm{T}} \tag{281}$$

berechnete Größe $\bar{y}(k)$. Dabei wird auch die Zwischengröße $v(k)$ mit diesem Parameterschätzwert berechnet. Für die so berechneten Größen werden die Bezeichnungen $\hat{\bar{y}}$ und $\hat{v}$ verwendet. Die Berechnung erfolgt damit über die Gleichungen

$$\hat{v}(k, \hat{\boldsymbol{p}}) = y(k) + \sum_{i=1}^{n} \hat{a}_i y(k-i) - \sum_{i=0}^{n} \hat{b}_i u(k-i), \tag{282}$$

$$\hat{\bar{y}}(k, \hat{\boldsymbol{p}}) = -\sum_{i=1}^{n} \hat{a}_i y(k-i) \\ + \sum_{i=0}^{n} \hat{b}_i u(k-i) \\ - \sum_{i=1}^{n} \hat{d}_i \hat{v}(k-i, \hat{\boldsymbol{p}}) \\ + \sum_{i=1}^{n} \hat{c}_i \left(y(k-i) - \hat{\bar{y}}(k-i, \hat{\boldsymbol{p}})\right) \tag{283}$$

oder

$$\hat{\bar{v}}(k,\hat{\boldsymbol{p}}) = -\sum_{i=1}^{n} \hat{d}_i \hat{v}(k-i,\hat{\boldsymbol{p}})$$
$$+ \sum_{i=1}^{n} \hat{c}_i\big(y(k-i) - \hat{\bar{y}}(k-i,\hat{\boldsymbol{p}})\big)$$
$$(284)$$

und

$$\hat{\bar{y}}(k,\hat{\boldsymbol{p}}) = -\sum_{i=1}^{n} \hat{a}_i y(k-i) + \sum_{i=0}^{n} \hat{b}_i u(k-i)$$
$$+ \hat{\bar{v}}(k).$$
$$(285)$$

Die Berechnung der einzelnen Größen kann in den nachfolgend beschriebenen Schritten ausgeführt werden.

Aus der Folge der Eingangsgröße $u(0)$, ..., $u(N-1)$ und der Folge der Ausgangsgrößen $y(0)$, ..., $y(N-1)$ können über Gl. (282) die Werte $\hat{v}(k,\hat{\boldsymbol{p}})$ für $k = n$, ..., $N-1$ berechnet werden. Anschließend kann die Berechnung von $\hat{\bar{y}}(k,\hat{\boldsymbol{p}})$ rekursiv für $k = 2n, 2n+1, \ldots, N-1$ über Gl. (283) erfolgen oder unter Verwendung der Zwischengröße $\hat{\bar{v}}(k,\hat{\boldsymbol{p}})$ über die Gln. (284) und (285) anstelle von Gl. (283). Dafür sind Startwerte $\hat{\bar{y}}(n,\hat{\boldsymbol{p}}), \ldots \hat{\bar{y}}(2n-1,\hat{\boldsymbol{p}})$ erforderlich.

Für weitere Betrachtungen ist es sinnvoll, Gl. (283) in vektorieller Form anzugeben. Mit dem in Gl. (281) eingeführten Parametervektor und dem Datenvektor

$$\boldsymbol{m}(k,\hat{\boldsymbol{p}}) = \begin{bmatrix} -y(k-1) \\ \vdots \\ -y(k-n) \\ \hline u(k) \\ \vdots \\ u(k-n) \\ \hline y(k-1) - \hat{\bar{y}}(k-1,\hat{\boldsymbol{p}}) \\ \vdots \\ y(k-n) - \hat{\bar{y}}(k-n,\hat{\boldsymbol{p}}) \\ \hline -\hat{v}(k-1,\hat{\boldsymbol{p}}) \\ \vdots \\ -\hat{v}(k-n,\hat{\boldsymbol{p}}) \end{bmatrix} . \quad (286)$$

kann Gl. (283) in der Form

$$\hat{\bar{y}}(k) = \boldsymbol{m}^{\mathrm{T}}(k,\hat{\boldsymbol{p}})\hat{\boldsymbol{p}} \qquad (287)$$

geschrieben werden.

Zur Formulierung eines einstellbaren Prädiktors unter Verwendung der gefilterten Werte, also auf Basis der Gln. (275) bis (280) ist es sinnvoll, den in Gl. (281) angegebenen Parametervektor gemäß

$$\hat{\boldsymbol{p}} = \begin{bmatrix} \hat{\boldsymbol{p}}_{ab}^{\mathrm{T}} & \hat{\boldsymbol{p}}_{c}^{\mathrm{T}} & \hat{\boldsymbol{p}}_{d}^{\mathrm{T}} \end{bmatrix}^{\mathrm{T}} \qquad (288)$$

in die drei Parametervektoren

$$\hat{\boldsymbol{p}}_{ab}^{\mathrm{T}} = \begin{bmatrix} \hat{a}_1 \ldots \hat{a}_n | & \hat{b}_0 \ldots \hat{b}_n \end{bmatrix}, \qquad (289)$$

$$\hat{\boldsymbol{p}}_{c}^{\mathrm{T}} = \begin{bmatrix} \hat{c}_1 \ldots \hat{c}_n \end{bmatrix} \qquad (290)$$

und

$$\hat{\boldsymbol{p}}_{d}^{\mathrm{T}} = \begin{bmatrix} \hat{d}_1 \ldots \hat{d}_n \end{bmatrix} \qquad (291)$$

aufzuteilen. Mit den Gln. (275) und (276) können dann die gefilterten Größen über

$$\hat{u}_{\mathrm{f}}(k,\hat{\boldsymbol{p}}_d) = u(k) + \sum_{i=1}^{n} \hat{d}_i u(k-i) \qquad (292)$$

und

$$\hat{y}_{\mathrm{f}}(k,\hat{\boldsymbol{p}}_d) = y(k) + \sum_{i=1}^{n} \hat{d}_i y(k-i) \qquad (293)$$

für $k = n, \ldots, N$ berechnet werden. Werden diese Werte zur Berechnung der Vorhersage $\bar{y}_{\mathrm{f}}$ verwendet, ergibt sich aus Gl. (278)

$$\hat{\bar{y}}_{\mathrm{f}}(k,\hat{\boldsymbol{p}}) = -\sum_{i=1}^{n} \hat{a}_i \hat{y}_{\mathrm{f}}(k-i,\hat{\boldsymbol{p}}_d)$$
$$+ \sum_{i=0}^{n} \hat{b}_i \hat{u}_{\mathrm{f}}(k-i,\hat{\boldsymbol{p}}_d)$$
$$+ \sum_{i=1}^{n} \hat{c}_i(\hat{y}_{\mathrm{f}}(k-i,\hat{\boldsymbol{p}}_d)$$
$$\qquad\qquad (294)$$
$$- \hat{\bar{y}}_{\mathrm{f}}(k-i,\hat{\boldsymbol{p}}))$$
$$= \boldsymbol{m}_{yu}^{\mathrm{T}}(k,\hat{\boldsymbol{p}}) \begin{bmatrix} \hat{\boldsymbol{p}}_{ab} \\ \hat{\boldsymbol{p}}_{c} \end{bmatrix}$$

mit dem Datenvektor

$$
m_{yu}(k,\widehat{p}) = \begin{bmatrix} -\widehat{y}_{\mathrm{f}}(k-1,\widehat{p}_d) \\ \vdots \\ -y_{\mathrm{f}}(k-n,\widehat{p}_d) \\ \hline \widehat{u}_{\mathrm{f}}(k,\widehat{p}_d) \\ \vdots \\ \widehat{u}_{\mathrm{f}}(k-n,\widehat{p}_d) \\ \hline \widehat{y}_{\mathrm{f}}(k-1,\widehat{p}_d) - \widehat{\overline{y}}_{\mathrm{f}}(k-1,\widehat{p}) \\ \vdots \\ \widehat{y}_{\mathrm{f}}(k-n,\widehat{p}_d) - \widehat{\overline{y}}_{\mathrm{f}}(k-n,\widehat{p}) \end{bmatrix}. \quad (295)
$$

Aus (279) folgt

$$
\widehat{v}(k,\widehat{p}_{ab}) = y(k) + \sum_{i=1}^{n} \widehat{a}_i\, y(k-i)
$$

$$
- \sum_{i=0}^{n} \widehat{b}_i\, u(k-i) \qquad (296)
$$

und aus (280)

$$
\widehat{\overline{v}}(k,\widehat{p}) = -\sum_{i=1}^{n} \widehat{d}_i\, \widehat{v}(k-i,\widehat{p}_{ab})
$$

$$
+ \sum_{i=1}^{n} \widehat{c}_i\big(\widehat{v}(k-i,\widehat{p}_{ab}) - \widehat{\overline{v}}(k-i,\widehat{p})\big)
$$

$$
= m_v^{\mathrm{T}}(k,\widehat{p}) \begin{bmatrix} \widehat{p}_d \\ \widehat{p}_c \end{bmatrix}
$$

$$
\qquad (297)
$$

mit dem Datenvektor

$$
m_v(k,\widehat{p}) = \begin{bmatrix} -\widehat{v}(k-1,\widehat{p}_{ab}) \\ \vdots \\ -\widehat{v}(k-n,\widehat{p}_{ab}) \\ \hline \widehat{v}(k-1,\widehat{p}_{ab}) - \widehat{\overline{v}}(k-1,\widehat{p}) \\ \vdots \\ \widehat{v}(k-n,\widehat{p}_{ab}) - \widehat{\overline{v}}(k-n,\widehat{p}) \end{bmatrix}. \quad (298)
$$

Auf Basis dieser Prädiktoren kann eine Parameterschätzung durchgeführt werden. Hierzu können Least-Squares-Gütekriterien verwendet werden, die im folgenden Abschnitt eingeführt werden.

18.6.3 Least-Squares-Parameterschätzung

Mit den im vorangegangenen Abschnitt vorgestellten, auf der optimalen Prädiktion basierenden Mo-

dellstrukturen können Least-Squares-Schätzprobleme formuliert werden. Dazu wird die Summe der Quadrate der als Prädiktionsfehler bezeichneten Differenz zwischen (gemessenen oder aus Messwerten berechnet) Signalen und den entsprechenden Vorhersagewerten als Gütekriterium verwendet. Werden die Ausgangsgröße y und die zugehörige Vorhersage $\widehat{\overline{y}}(\widehat{p})$ verwendet, lautet das Gütekriterium

$$
I(\widehat{p}) = \sum_{i=2n}^{N-1} \big(y(i) - \widehat{\overline{y}}(i,\widehat{p})\big)^2. \qquad (299)
$$

Bei Verwendung der gemäß Gl. (293) gebildeten gefilterten Ausgangsgröße $\widehat{y}_{\mathrm{f}}(\widehat{p}_d)$ und der entsprechenden Prädiktion $\widehat{\overline{y}}_{\mathrm{f}}(\widehat{p})$ aus Gl. (294) entsteht das Gütekriterium

$$
I_{\mathrm{f}}(\widehat{p}) = \sum_{i=2n}^{N-1} \big(\widehat{y}_{\mathrm{f}}(i,\widehat{p}_{\mathrm{d}}) - \widehat{\overline{y}}_{\mathrm{f}}(i,\widehat{p})\big)^2. \qquad (300)
$$

Weiterhin kann auch der Fehler zwischen $\widehat{v}(k,\widehat{p}_{ab})$ und $\widehat{\overline{v}}(k,\widehat{p})$ aus den Gln. (296) und (297) gebildet werden, womit sich das Gütekriterium

$$
I_v(\widehat{p}) = \sum_{i=2n}^{N-1} \big(\widehat{v}(i,\widehat{p}_{\mathrm{d}}) - \widehat{\overline{v}}(i,\widehat{p})\big)^2 \qquad (301)
$$

ergibt. Alternativ zu diesen nicht gewichteten Kriterien können gewichtete Least-Squares-Kriterien verwendet werden, wie sie meist bei der in Abschn. 18.5.5 beschriebenen rekursiven Schätzung zum Einsatz kommen.

Die vorhergesagte Größe $\widehat{\overline{y}}(k,\widehat{p})$ ergibt sich gemäß Gl. (287). Zusammenfassen der Vorhersagegrößen für $k = 2n, \ldots, N-1$ in einem Vektor $\widehat{\overline{y}}(\widehat{p})$ liefert die Gleichung

$$
\widehat{\overline{y}}(\widehat{p}) = \begin{bmatrix} \widehat{\overline{y}}(2n,\widehat{p}) \\ \vdots \\ \widehat{\overline{y}}(N-1,\widehat{p}) \end{bmatrix} = M(\widehat{p})\widehat{p} \qquad (302)
$$

mit der Datenmatrix

$$
M(\widehat{p}) = \begin{bmatrix} m^{\mathrm{T}}(2n,\widehat{p}) \\ \vdots \\ m^{\mathrm{T}}(N-1,\widehat{p}) \end{bmatrix}. \qquad (303)
$$

Mit dem Vektor der Messwerte

$$y = \begin{bmatrix} y(2n) \\ \vdots \\ y(N-1) \end{bmatrix} \qquad (304)$$

kann das *Least-Squares*-Gütekriterium aus (299) als

$$I(\hat{p}) = \frac{1}{2}(y - M(\hat{p})\hat{p})^{\mathrm{T}}(y - M(\hat{p})\hat{p}) \qquad (305)$$

geschrieben werden.

Die gleiche Vorgehensweise liefert für das Gütekriterium aus Gl. (300) den Ausdruck

$$I_{\mathrm{f}}(\hat{p}) = \frac{1}{2}\left(\hat{y}_{\mathrm{f}}(\hat{p}_d) - M_{yu}(\hat{p})\begin{bmatrix} \hat{p}_{ab} \\ \hat{p}_c \end{bmatrix}\right)^{\mathrm{T}} \\ \cdot \left(\hat{y}_{\mathrm{f}}(\hat{p}_d) - M_{yu}(\hat{p})\begin{bmatrix} \hat{p}_{ab} \\ \hat{p}_c \end{bmatrix}\right) \qquad (306)$$

wobei der Vektor

$$\hat{y}_{\mathrm{f}}(\hat{p}_d) = \begin{bmatrix} \hat{y}_{\mathrm{f}}(2n, \hat{p}_d) \\ \vdots \\ \hat{y}_{\mathrm{f}}(N-1, \hat{p}_d) \end{bmatrix} \qquad (307)$$

die über Gl. (293) gebildeten Größen $\hat{y}_{\mathrm{f}}(k, \hat{p}_d)$ für $k = 2n, \ldots, N$ enthält. In der Datenmatrix

$$M_{yu}(\hat{p}) = \begin{bmatrix} m_{yu}^{\mathrm{T}}(2n, \hat{p}) \\ \vdots \\ m_{yu}^{\mathrm{T}}(N-1, \hat{p}) \end{bmatrix} \qquad (308)$$

sind die gemäß Gl. (295) gebildeten Datenvektoren zusammengefasst.

Das Gütekriterium aus Gl. (301) wird zu

$$I_v(\hat{p}) = \frac{1}{2}\left(\hat{v}(\hat{p}_{ab}) - M_v(\hat{p})\begin{bmatrix} \hat{p}_d \\ \hat{p}_c \end{bmatrix}\right)^{\mathrm{T}} \\ \cdot \left(\hat{v}(\hat{p}_{ab}) - M_v(\hat{p})\begin{bmatrix} \hat{p}_d \\ \hat{p}_c \end{bmatrix}\right) \qquad (309)$$

mit

$$\hat{v}(\hat{p}_{ab}) = \begin{bmatrix} \hat{v}(2n, \hat{p}_{ab}) \\ \vdots \\ \hat{v}(N-1, \hat{p}_{ab}) \end{bmatrix} \qquad (310)$$

und

$$M_v(\hat{p}) = \begin{bmatrix} m_v^{\mathrm{T}}(2n, \hat{p}) \\ \vdots \\ m_v^{\mathrm{T}}(N, \hat{p}) \end{bmatrix}. \qquad (311)$$

Dabei ist $\hat{v}(k, \hat{p}_{ab})$ durch Gl. (296) gegeben und $m_v^{\mathrm{T}}(k, \hat{p})$ durch Gl. (298).

Eine Parameterschätzung ist dann prinzipiell über die Minimierung der Kriterien aus den Gln. (305), (306) und (309) möglich. Dabei handelt es sich allerdings nicht um lineare *Least-Squares*-Probleme, da die Ausdrücke für die Fehler nichtlinear von den gesuchten Parametern abhängen. Der Algorithmus zur Minimierung des Gütekriteriums wird dann sehr aufwändig, weil die in Abschn. 18.5.4 beschriebene rekursive Berechnung der Gradienten über ein Empfindlichkeitsmodell erforderlich ist.

Über eine Vereinfachung des Modellansatzes oder über Näherungen lassen sich die in diesem Abschnitt formulierten Gütekriterien in lineare *Least-Squares*-Kriterien überführen. Dies wird in den nachfolgenden drei Abschnitten behandelt.

18.6.4 ARX-Modell und *Least-Squares*-Parameterschätzung

Wie im vorangegangenen Abschnitt beschrieben, führt die allgemeine Modellstruktur nicht auf ein lineares *Least-Squares*-Problem. Ein solches wäre aber prinzipiell wünschenswert, da dann das Schätzproblem eine geschlossene Lösung aufweist.

Wird die Annahme $c_1 = \ldots = c_n = 0$ und $d_1 = \ldots = d_n = 0$ getroffen, was $C(z^{-1}) = 1$ und $D(z^{-1}) = 1$ entspricht, vereinfacht sich das durch die Gln. (238) und (239) bzw. (240) beschriebene Modell zu

$$y(k) = -\sum_{i=1}^{n} a_i y(k-i) \\ + \sum_{i=0}^{n} b_i u(k-i) + \varepsilon(k). \qquad (312)$$

Dieses Modell wird als ARX-Modell bezeichnet, was für ein autoregressives Modell mit exogenem Eingang steht (*autoregressive with exogenous in-*

put). Autoregressiv bedeutet, dass sich die aktuelle Ausgangsgröße aus zurückliegenden Werten der Ausgangsgröße ergibt. Der exogene Eingang ist die Eingangsgröße u.

Mit diesem Modell wird der allgemeine Prädiktor aus Gl. (283) zu

$$
\begin{aligned}
\hat{y}(k,\hat{p}) &= -\sum_{i=1}^{n} \hat{a}_i y(k-i) + \sum_{i=0}^{n} \hat{b}_i u(k-i) \\
&= \boldsymbol{m}^{\mathrm{T}}(k)\hat{\boldsymbol{p}},
\end{aligned}
\tag{313}
$$

d. h. der Parametervektor wird zu

$$
\hat{\boldsymbol{p}} = \begin{bmatrix} \hat{a}_1 \dots \hat{a}_n \mid \hat{b}_0 \dots \hat{b}_n \end{bmatrix}^{\mathrm{T}}
\tag{314}
$$

und der Datenvektor zu

$$
\boldsymbol{m}(k) = \begin{bmatrix} -y(k-1) \\ \vdots \\ -y(k-n) \\ \hline u(k) \\ \vdots \\ u(k-n) \end{bmatrix}.
\tag{315}
$$

Der Datenvektor und damit auch die über

$$
\boldsymbol{M} = \begin{bmatrix} \boldsymbol{m}^{\mathrm{T}}(n) \\ \vdots \\ \boldsymbol{m}^{\mathrm{T}}(N) \end{bmatrix}.
\tag{316}
$$

gebildete Datenmatrix hängen nicht vom Parametervektor ab. Aus dem in Gl. (305) angegebenen allgemeinen *Least-Squares*-Kriterium wird dann

$$
I(\hat{p}) = \frac{1}{2}(\boldsymbol{y} - \boldsymbol{M}\hat{p})^{\mathrm{T}}(\boldsymbol{y} - \boldsymbol{M}\hat{p}).
\tag{317}
$$

Es handelt sich dabei um eine lineares *Least-Squares*-Schätzproblem und der optimale Schätzwert ergibt sich zu

$$
\hat{\boldsymbol{p}}_{\mathrm{LS}} = \arg\min_{\hat{p}} I(\hat{p}) = \left(\boldsymbol{M}^{\mathrm{T}}\boldsymbol{M}\right)^{-1}\boldsymbol{M}\boldsymbol{y}.
\tag{318}
$$

Dem verwendeten Modell liegt allerdings die Annahme zugrunde, dass die Störgröße v in Gl. (238) weißes Rauschen darstellt. Im Bildbereich ergibt sich aus Gl. (312)

$$
Y(z) = \frac{B(z^{-1})}{A(z^{-1})} U(z) + \frac{1}{A(z^{-1})} \varepsilon(z).
\tag{319}
$$

Ein Vergleich mit Gl. (232) zeigt, dass die Störübertragungsfunktion

$$
G_r(z) = \frac{1}{A(z^{-1})}
\tag{320}
$$

ist. Die Annahme, dass Störübertragungsfunktion und Systemübertragungsfunktion das gleiche Nennerpolynom haben (und das Zählerpolynom der Störübertragungsfunktion gerade eins ist), wird in vielen Fällen nicht durch die tatsächlich vorliegende Situation gerechtfertigt sein, sondern wird eher getroffen werden, um eine einfache Parameterschätzung zu ermöglichen. Handelt es sich bei der wahren Störgröße v nicht um weißes Rauschen, ist die in Gl. (203) angegebene Bedingung nicht erfüllt und es resultiert ein systematischer Schätzfehler.

Aus dem ARX-Modell können zwei weitere, noch einfachere Modelle abgeleitet werden. Ohne exogene Eingangsgröße entsteht das autoregressive Modell (AR-Modell)

$$
y(k) = -\sum_{i=1}^{n} a_i y(k-i) + \varepsilon(k),
\tag{321}
$$

welches z. B. in der Zeitreihenanalyse verwendet wird. Weglassen des autoregressiven Anteils führt auf

$$
y(k) = \sum_{i=0}^{n} b_i u(k-i) + \varepsilon(k).
\tag{322}
$$

Das System hat dann die Übertragungsfunktion

$$
G(z) = B(z^{-1}).
\tag{323}
$$

Dieses Modell wird als FIR-Modell bezeichnet (*finite impulse response model*, Modell mit endlicher Impulsantwort). Die Impulsantwort des Modells ist

$$g(k) = \begin{cases} b_k & \text{für } 0 \leq k \leq n, \\ 0 & \text{sonst} \end{cases} \tag{324}$$

und endet damit n Zeitschritte nach Auftreten des Impulses. Das FIR-Modell kommt in der Systemidentifikation eher selten zum Einsatz, da bei den meisten Systemen die Impulsantwort nicht endlich ist. Für eine gute Beschreibung eines Systems durch ein FIR-Modell muss dann n oft sehr hoch gewählt werden.

18.6.5 AR(AR)MAX- Modell und Erweiterte *Least-Squares-* Parameterschätzung

Ohne weitere Vereinfachungen wird das durch die Gln. (238) und (239) bzw. (240) beschriebene Modell als ARARMAX-Modell bezeichnet. Das doppelte AR bezieht sich dabei darauf, dass sowohl die Ausgangsgröße $y(k)$ autoregressiv ist, also von zurückliegenden Werten abhängt, als auch die Störgröße $v(k)$. Die Abkürzung MA steht für *Moving Average* und bezieht sich darauf, dass der Term $\sum_{i=1}^{n} c_i \varepsilon(k-i)$ als gleitender Mittelwert des Rauschens verstanden wird, wobei es sich streng genommen um eine gleitende Summe handelt, welche nur für $\sum_{i=1}^{n} c_i = 1$ ein (gewichteter) Mittelwert wäre. Der Buchstabe X steht für das Vorhandensein des exogenen Eingangssignals u.

Das in Gl. (305) angegebene, allgemeine Gütekriterium führt nicht auf eine lineare *Least-Squares*-Schätzung, da die Datenmatrix vom Parametervektor abhängt. Ein als Erweitertes *Least-Squares*-Verfahren, Erweiterte Matrix-Methode oder Panuska-Verfahren (ELS, *Extended Least Squares*; EMM, *Extended Matrix Method*; *Panuska's Method*) bezeichnetes Näherungsverfahren beruht darauf, die Abhängigkeit der Datenmatrix vom Parametervektor zu vernachlässigen (Panuska 1968; Talmon und van den Boom 1973). Hierzu wird die Parameterschätzung iterativ durchgeführt, wobei in jedem Schritt die Datenmatrix durch die mit dem Parameterschätzwert aus dem vorherigen Schritt berechnete Datenmatrix ersetzt wird. Es wird also das Gütekriterium

$$I^{(j)}(\hat{\boldsymbol{p}}) = \frac{1}{2}\left(\boldsymbol{y} - \boldsymbol{M}\left(\hat{\boldsymbol{p}}^{(j)}\right)\hat{\boldsymbol{p}}\right)^{\mathrm{T}} \cdot \left(\boldsymbol{y} - \boldsymbol{M}\left(\hat{\boldsymbol{p}}^{(j)}\right)\hat{\boldsymbol{p}}\right) \tag{325}$$

minimiert. Dies stellt ein lineares *Least-Squares-* Problem dar, welches die Lösung

$$\begin{aligned} \hat{\boldsymbol{p}}^{(j+1)} &= \arg\min_{\hat{\boldsymbol{p}}} I^{(j)}(\hat{\boldsymbol{p}}) \\ &= \left(\boldsymbol{M}^{\mathrm{T}}\left(\hat{\boldsymbol{p}}^{(j)}\right)\boldsymbol{M}\left(\hat{\boldsymbol{p}}^{(j)}\right)\right)^{-1}\boldsymbol{M}^{\mathrm{T}}\left(\hat{\boldsymbol{p}}^{(j)}\right)\boldsymbol{y} \end{aligned} \tag{326}$$

hat. Diese Berechnung wird solange fortgesetzt, bis der Parameterschätzwert konvergiert ist.

Die zur Bildung der Datenmatrix gemäß Gl. (303) aus den in Gl. (286) angegebenen Datenvektoren benötigten Größen $\hat{v}(k, \hat{\boldsymbol{p}}^{(j)})$ und $\hat{\bar{y}}(k, \hat{\boldsymbol{p}}^{(j)})$ werden aus den Gln. (282) und (283) berechnet. Dafür wird jeweils der aktuell vorliegende Parameterschätzwert verwendet. Die Berechnung erfolgt also über die Gleichungen

$$\begin{aligned} \hat{v}\left(k, \hat{\boldsymbol{p}}^{(j)}\right) &= y(k) + \sum_{i=1}^{n} \hat{a}_i^{(j)} y(k-i) \\ &\quad - \sum_{i=0}^{n} \hat{b}_i^{(j)} u(k-i) \end{aligned} \tag{327}$$

und

$$\begin{aligned} \hat{\bar{y}}\left(k, \hat{\boldsymbol{p}}^{(j)}\right) &= -\sum_{i=1}^{n} \hat{a}_i^{(j)} y(k-i) \\ &\quad + \sum_{i=0}^{n} \hat{b}_i^{(j)} u(k-i) \\ &\quad + \sum_{i=1}^{n} \hat{c}_i^{(j)} \left(y(k-i)\right. \\ &\qquad \left. - \hat{\bar{y}}(k-i, \hat{\boldsymbol{p}}^{(j)})\right) \\ &\quad - \sum_{i=1}^{n} \hat{d}_i^{(j)} \hat{v}\left(k-i, \hat{\boldsymbol{p}}^{(j)}\right). \end{aligned} \tag{328}$$

Aus dem ARARMAX-Modell entsteht mit der Annahme $d_1 = \ldots = d_n = 0$ bzw. $D(z^{-1}) = 1$, also dem Wegfall des autoregressiven Anteil in der Berechnung der Störgröße v, das ARMAX-Modell. Mit $c_1 = \ldots = c_n = 0$ bzw. $C(z^{-1}) = 1$

entfällt die gleitende Summe über das Rauschsignal ε. Das entsprechende Modell wird als ARARX-Modell bezeichnet. Auch für das ARMAX-Modell und das ARARX-Modell kann das in diesem Abschnitt beschriebene Erweiterte *Least-Squares*-Verfahren zur Parameterschätzung verwendet werden. Für das ARMAX-Modell entfällt Gl. (327) und Gl. (328) wird zu

$$
\begin{aligned}
\hat{\bar{y}}\left(k,\hat{\boldsymbol{p}}^{(j)}\right) &= -\sum_{i=1}^{n} \hat{a}_i^{(j)} y(k-i) \\
&+ \sum_{i=0}^{n} \hat{b}_i^{(j)} u(k-i) \\
&+ \sum_{i=1}^{n} \hat{c}_i^{(j)} \left(y(k-i) - \hat{\bar{y}}(k-i,\hat{\boldsymbol{p}}^{(j)})\right).
\end{aligned} \tag{329}
$$

Beim ARARX-Modell wird Gl. (328) zu

$$
\begin{aligned}
\hat{\bar{y}}\left(k,\hat{\boldsymbol{p}}^{(j)}\right) &= -\sum_{i=1}^{n} \hat{a}_i^{(j)} y(k-i) \\
&+ \sum_{i=0}^{n} \hat{b}_i^{(j)} u(k-i) \\
&- \sum_{i=1}^{n} \hat{d}_i^{(j)} \hat{v}\left(k-i,\hat{\boldsymbol{p}}^{(j)}\right).
\end{aligned} \tag{330}
$$

Für das ARARX-Modell gibt es ein weiteres Näherungsverfahren zur Parameterschätzung, welches im nachfolgenden Abschnitt behandelt wird.

18.6.6 ARARX-Modell und Verallgemeinerte *Least-Squares*-Parameterschätzung

Wie bereits im vorangegangenen Abschnitt beschrieben, führt die Annahme $c_1 = \ldots = c_n = 0$ bzw. $C(z^{-1}) = 1$ in dem in den Gln. (238) und (239) bzw. (240) beschriebenen ARARMAX-Modell auf den Wegfall des Anteils $\sum_{i=1}^{n} c_i \varepsilon(k-i)$. Es liegt damit keine gleitende Mittelwertbildung des Rauschsignals ε mehr vor, d. h. der MA-Anteil entfällt. Das so entstehende Modell wird als ARARX-Modell bezeichnet.

Für dieses Modell wurde ein Näherungsverfahren für die Parameterschätzung vorgeschla-

gen, bei dem die Modellparameter iterativ über die Lösung zweier linearer *Least-Squares*-Schätzungen bestimmt werden (Clarke 1967). Bei diesem, als Verallgemeinertes *Least-Squares*-Verfahren (*Generalised Least Squares*) bezeichnetem Ansatz, werden der durch die Gln. (288) bis (298) beschriebene Prädiktor auf Basis der gefilterten Daten und die in den Gln. (306) und (309) angegebenen Gütekriterien $I_{\mathrm{f}}(\hat{\boldsymbol{p}})$ und $I_v(\hat{\boldsymbol{p}})$ verwendet.

Mit der Annahme $c_1 = \ldots = c_n = 0$ ergeben sich einige Vereinfachungen. So entfällt in der in Gl. (294) angegebenen Prädiktion der gefilterten Ausgangsgröße der Parametervektor $\hat{\boldsymbol{p}}_c$. Die Prädiktion der gefilterten Ausgangsgröße wird dann zu

$$
\begin{aligned}
\hat{\bar{y}}_{\mathrm{f}}(k,\hat{\boldsymbol{p}}) &= -\sum_{i=1}^{n} \hat{a}_i \hat{y}_{\mathrm{f}}(k-i,\hat{\boldsymbol{p}}_d) \\
&+ \sum_{i=0}^{n} \hat{b}_i \hat{u}_{\mathrm{f}}(k-i,\hat{\boldsymbol{p}}_d) \\
&= \boldsymbol{m}_{yu}^{\mathrm{T}}(k,\hat{\boldsymbol{p}}_d)\hat{\boldsymbol{p}}_{ab}
\end{aligned} \tag{331}
$$

mit dem Datenvektor

$$
\boldsymbol{m}_{yu}(k,\hat{\boldsymbol{p}}_d) = \begin{bmatrix} -\hat{y}_{\mathrm{f}}(k-1,\hat{\boldsymbol{p}}_d) \\ \vdots \\ -y_{\mathrm{f}}(k-n,\hat{\boldsymbol{p}}_d) \\ \hat{u}_{\mathrm{f}}(k,\hat{\boldsymbol{p}}_d) \\ \vdots \\ \hat{u}_{\mathrm{f}}(k-n,\hat{\boldsymbol{p}}_d) \end{bmatrix}. \tag{332}
$$

Das Gütekriterium $I_{\mathrm{f}}(\hat{\boldsymbol{p}})$ aus Gl. (306) wird zu

$$
\begin{aligned}
I_{\mathrm{f}}(\hat{\boldsymbol{p}}_{ab},\hat{\boldsymbol{p}}_d) = \frac{1}{2} &\left(\hat{\boldsymbol{y}}_{\mathrm{f}}(\hat{\boldsymbol{p}}_d) - \boldsymbol{M}_{yu}(\hat{\boldsymbol{p}}_d)\hat{\boldsymbol{p}}_{ab}\right)^{\mathrm{T}} \\
&\cdot \left(\hat{\boldsymbol{y}}_{\mathrm{f}}(\hat{\boldsymbol{p}}_d) - \boldsymbol{M}_{yu}(\hat{\boldsymbol{p}}_d)\hat{\boldsymbol{p}}_{ab}\right),
\end{aligned} \tag{333}
$$

mit der Datenmatrix

$$
\boldsymbol{M}_{yu}(\hat{\boldsymbol{p}}_d) = \begin{bmatrix} \boldsymbol{m}_{yu}^{\mathrm{T}}(2n,\hat{\boldsymbol{p}}_d) \\ \vdots \\ \boldsymbol{m}_{yu}^{\mathrm{T}}(N,\hat{\boldsymbol{p}}_d) \end{bmatrix}, \tag{334}
$$

die, wie der Datenvektor auch, nur noch von $\hat{\boldsymbol{p}}_d$ abhängt. Die Gleichung zur Berechnung von $\hat{\bar{v}}(k,\hat{\boldsymbol{p}})$ vereinfacht sich zu

$$\hat{\hat{v}}(k, \hat{\boldsymbol{p}}_{ab}) = -\sum_{i=1}^{n} \hat{d}_i \, \hat{v}(k-i, \hat{\boldsymbol{p}}_{ab}) = \boldsymbol{m}_v^{\mathrm{T}}(k, \hat{\boldsymbol{p}})\hat{\boldsymbol{p}}_d \, . \tag{335}$$

mit dem Datenvektor

$$\boldsymbol{m}_v(k, \hat{\boldsymbol{p}}_{ab}) = \begin{bmatrix} -\hat{v}(k-1, \hat{\boldsymbol{p}}_{ab}) \\ \vdots \\ -\hat{v}(k-n, \hat{\boldsymbol{p}}_{ab}) \end{bmatrix} . \tag{336}$$

Das Gütekriterium $I_v(\hat{\boldsymbol{p}})$ aus Gl. (309) wird zu

$$I_v(\hat{\boldsymbol{p}}) = \frac{1}{2}\left(\hat{\boldsymbol{v}}(\hat{\boldsymbol{p}}_{ab}) - \boldsymbol{M}_v(\hat{\boldsymbol{p}}_{ab})\hat{\boldsymbol{p}}_d\right)^{\mathrm{T}} \\ \cdot \left(\hat{\boldsymbol{v}}(\hat{\boldsymbol{p}}_{ab}) - \boldsymbol{M}_v(\hat{\boldsymbol{p}}_{ab})\hat{\boldsymbol{p}}_d\right) \tag{337}$$

mit der Datenmatrix

$$\boldsymbol{M}_v(\hat{\boldsymbol{p}}_{ab}) = \begin{bmatrix} \boldsymbol{m}_v^{\mathrm{T}}(2n, \hat{\boldsymbol{p}}_{ab}) \\ \vdots \\ \boldsymbol{m}_v^{\mathrm{T}}(N, \hat{\boldsymbol{p}}_{ab}) \end{bmatrix} . \tag{338}$$

Der Datenvektor $\boldsymbol{m}_v$ und die Datenmatrix $\boldsymbol{M}_v$ hängen nur von $\hat{\boldsymbol{p}}_{ab}$ ab.

Die Parametervektoren $\hat{\boldsymbol{p}}_{ab}$ und $\hat{\boldsymbol{p}}_d$ werden dann abwechselnd iterativ unter Verwendung von vorherigen Werten neu bestimmt. Dabei wird über die Minimierung des Gütekriteriums

$$I_{\mathrm{f}}^{(j)}(\hat{\boldsymbol{p}}_{ab}) = \frac{1}{2}\left(\hat{\boldsymbol{y}}_{\mathrm{f}}\left(\hat{\boldsymbol{p}}_d^{(j)}\right) - \boldsymbol{M}_{yu}\left(\hat{\boldsymbol{p}}_d^{(j)}\right)\hat{\boldsymbol{p}}_{ab}\right)^{\mathrm{T}} \\ \cdot \left(\hat{\boldsymbol{y}}_{\mathrm{f}}\left(\hat{\boldsymbol{p}}_d^{(j)}\right) - \boldsymbol{M}_{yu}\left(\hat{\boldsymbol{p}}_d^{(j)}\right)\hat{\boldsymbol{p}}_{ab}\right) \tag{339}$$

ein Schätzwert $\hat{\boldsymbol{p}}_{ab}^{(j)}$ berechnet. Die Größen $\hat{\boldsymbol{y}}_{\mathrm{f}}\left(\hat{\boldsymbol{p}}_d^{(j)}\right)$ und $\boldsymbol{M}_{yu}\left(\hat{\boldsymbol{p}}_d^{(j)}\right)$ werden unter Verwendung des vorliegenden Schätzwertes $\hat{\boldsymbol{p}}_d^{(j)}$ gebildet. Dies stellt ein lineares *Least-Squares*-Schätzproblem dar und der neue Schätzwert ergibt sich zu

$$\hat{\boldsymbol{p}}_{ab}^{(j)} = \arg\min_{\hat{\boldsymbol{p}}_{ab}} \, I_{\mathrm{f}}^{(j)}(\hat{\boldsymbol{p}}_{ab}) \\ = \left(\boldsymbol{M}_{yu}^{\mathrm{T}}\left(\hat{\boldsymbol{p}}_d^{(j)}\right)\boldsymbol{M}_{yu}\left(\hat{\boldsymbol{p}}_d^{(j)}\right)\right)^{-1} \\ \cdot \boldsymbol{M}_{yu}^{\mathrm{T}}\left(\hat{\boldsymbol{p}}_d^{(j)}\right)\hat{\boldsymbol{y}}_{\mathrm{f}}\left(\hat{\boldsymbol{p}}_d^{(j)}\right) . \tag{340}$$

Anschließend wird ein neuer Schätzwert $\hat{\boldsymbol{p}}_d^{(j+1)}$ über die Minimierung von

$$I_v^{(j)}(\hat{\boldsymbol{p}}_d) = \frac{1}{2}\left(\hat{\boldsymbol{v}}\left(\hat{\boldsymbol{p}}_{ab}^{(j)}\right) - \boldsymbol{M}_v\left(\hat{\boldsymbol{p}}_{ab}^{(j)}\right)\hat{\boldsymbol{p}}_d\right)^{\mathrm{T}} \\ \cdot \left(\hat{\boldsymbol{v}}\left(\hat{\boldsymbol{p}}_{ab}^{(j)}\right) - \boldsymbol{M}_v\left(\hat{\boldsymbol{p}}_{ab}^{(j)}\right)\hat{\boldsymbol{p}}_d\right) \tag{341}$$

bestimmt, wobei $\hat{\boldsymbol{v}}\left(\hat{\boldsymbol{p}}_{ab}^{(j)}\right)$ und $\boldsymbol{M}_v\left(\hat{\boldsymbol{p}}_{ab}^{(j)}\right)$ mit dem gerade neu bestimmten Schätzwert $\hat{\boldsymbol{p}}_{ab}^{(j)}$ gebildet werden. Dies stellt wiederum ein lineares *Least-Squares*-Schätzproblem dar und der Schätzwert $\hat{\boldsymbol{p}}_d^{(j+1)}$ ergibt sich zu

$$\hat{\boldsymbol{p}}_d^{(j+1)} = \arg\min_{\hat{\boldsymbol{p}}_d} \, I_v^{(j)}(\hat{\boldsymbol{p}}_d) \\ = \left(\boldsymbol{M}_v^{\mathrm{T}}\left(\hat{\boldsymbol{p}}_{ab}^{(j)}\right)\boldsymbol{M}_v\left(\hat{\boldsymbol{p}}_{ab}^{(j)}\right)\right)^{-1} \\ \cdot \boldsymbol{M}_v^{\mathrm{T}}\left(\hat{\boldsymbol{p}}_{ab}^{(j)}\right)\hat{\boldsymbol{v}}\left(\hat{\boldsymbol{p}}_{ab}^{(j)}\right) . \tag{342}$$

Die Schätzung kann dann mit der Bestimmung von $\hat{\boldsymbol{p}}_{ab}^{(j+1)}$ fortgesetzt werden. Dies erfolgt solange, bis die Schätzwerte konvergiert sind.

18.6.7 Rekursive Parameterschätzung

Für in den vorangegangenen Abschnitten vorgestellten Parameterschätzverfahren können auch sehr einfach rekursive Versionen aufgestellt werden. Für die in Abschn. 18.6.4 behandelte Schätzung auf Basis des ARX-Modell kann unmittelbar die in Abschn. 18.5.7.5 vorgestellte rekursive lineare *Least-Squares*-Schätzung eingesetzt werden. Für die Schätzung bei ARARMAX- oder ARARX-Modellen werden die rekursiven Algorithmen auf Basis der in Abschn. 18.5.5 diskutierten Näherungen formuliert. Insbesondere wird auf Neuberechnung von zeitlich zurückliegenden Größen mit neuen Parameterschätzwerten verzichtet.

18.7 Weitere Aspekte der Systemidentifikation

18.7.1 Identifikation nichtlinearer Systeme

Der Schwerpunkt in diesem Kapitel liegt auf der Identifikation linearer Systeme. Die Identifikation nichtlinearer Systeme kann als aufwändiger aufgefasst werden, wobei hier zwischen der Identifikation auf Basis von *Gray-Box-* und *Black-Box-*Modellen unterschieden werden muss. Steht ein *Gray-Box-*Modell zur Verfügung, besteht die Aufgabe der Systemidentifikation im Wesentlichen in der Parameterschätzung. Diese kann allerdings sehr schwierig sein, da die Modellparameter nichtlinear in die Modellgleichungen eingehen. Für nichtlineare Modelle ist es in den meisten Fällen auch nur möglich, Näherungslösungen für optimale Prädiktoren anzugeben. Weiterhin ist die Berechnung der Gradienten aufwändig.

Bei *Black-Box-*Modellen ist vor der Parameterschätzung noch die Auswahl einer Modellstruktur erforderlich. Hier stehen zwar Modellstrukturen zur Verfügung, welche generell das Verhalten nichtlinearer Systeme beliebig gut abbilden können, dafür aber allgemein eine sehr hohe Anzahl von Parametern erfordern, was wiederum eine Parameterschätzung schwierig macht. Bei der Auswahl einer Modellstruktur ist dann auch zu ermitteln, wie viele und welche Parameter im Modell benötigt werden. Die Auswahl einer Modellstruktur und der benötigten Parameter wird als Strukturprüfung oder Strukturselektion bezeichnet. Modelle, Identifikationsverfahren und die Strukturprüfung für nichtlineare Systeme sind in Bohn und Unbehauen (2016, Kap. 7 und 8) beschrieben.

18.7.2 Strukturprüfung

Als Strukturprüfung oder Strukturselektion wird die Auswahl einer geeigneten Modellstruktur für die Identifikation bezeichnet. Für nichtlineare Systems wurde dies bereits im vorangegangenen Abschnitt kurz angesprochen. Bei linearen Systemen besteht die Strukturprüfung im Wesentlichen in der Festlegung der Modellordnung. Dies wird in Bohn und Unbehauen (2016, Kap. 4 und Abschn. 5.4.3) behandelt.

18.7.3 Modellvalidierung

Unter Modellvalidierung wird die Überprüfung der Güte eines über Systemidentifikation bestimmten Modells verstanden. Das Ziel ist es dabei, festzustellen, ob das Modell zur Beschreibung des Systems geeignet ist. Hierbei können verschiedene Ansätze zur Beurteilung der Übereinstimmung des Verhaltens von System und Modell angewendet werden. Die einfachste Methode ist der Vergleich der Ausgangsgrößen des Modells mit denen des Systems bei gleicher Anregung. Hierbei sollten auch Daten herangezogen werden, die nicht für die Parameterschätzung verwendet werden. Dies wird als Kreuzvalidierung bezeichnet. Weitere Möglichkeiten sind in Bohn und Unbehauen (2016, Abschn. 9.13) beschrieben.

18.7.4 Praktische Durchführung der Identifikation

Der Schwerpunkt dieses Kapitels liegt auf den Grundlagen der Identifikation, speziell für lineare Systeme. Bei der praktischen Durchführung einer Identifikation sind eine Vielzahl weiterer Aspekte zu berücksichtigen (Bohn und Unbehauen 2016, Kap. 9). Hierunter fallen die Klärung von Randbedingungen, der experimentelle Aufbau, theoretische und simulative Voruntersuchungen, die Festlegung von Eingangssignalen, Abtastzeit und Messdauer sowie die abschließende Dokumentation der Durchführung und des Ergebnisses. Aus Platzgründen werden diese Aspekte hier nicht weiter diskutiert.

Literatur

Bohn C, Unbehauen H (2016) Identifikation dynamischer Systeme. Springer Vieweg, Wiesbaden
Clarke DW (1967) Generalized least squares estimation of the parameters of a dynamic model. In: Proceedings of the 1st IFAC symposium on identification and system parameter estimation. Prag. Paper 3.18
Goodwin GC, Payne RL (1977) Dynamic system identification. Academic, New York
Hudzovic P (1969) Die Identifizierung von aperiodischen Systemen. (Tschechisch). Automatizace XII:289–293
Kammeyer K-H, Kroschel K (2018) Digitale Signalverarbeitung, 9. Aufl. Springer Vieweg, Wiesbaden
Küpfmüller K (1928) Über die Dynamik der selbsttätigen Verstärkungsregler. Elektr Nachrichtentech 5:459–467
Ljung L (1999) System identification: Theory for the user. Pearson, Upper Saddle River
Ljung L, Söderström T (1983) Theory and practice of recursive identifikation. MIT Press, Cambridge

Panuska V (1968) A stochastic approximation method for identification of linear systems using adaptive filtering. In: Proceedings of the joint automatic control conference. Ann Arbor, S 1014–1021

Radke M (1966) Zur Approximation linearer aperiodischer Übergangsfunktionen. Messen, Steuern, Regeln 9:192–196

Schwarze G (1962) Bestimmung der regelungstechnischen Kennwerte von P-Gliedern aus der Übergangsfunktion ohne Wendetangentenkonstruktion. Messen, Steuern, Regeln 5:447–449

Strejc V (1959) Approximation aperiodischer Übertragungscharakteristiken. Regelungstechnik 7:124–118

Talmon JL, van den Boom AJW (1973) On the estimation of transfer function parameters of process and noise dynamics using a single stage estimator. In: Proceedings of the 3rd IFAC symposium on identification and system parameter estimation. Den Haag, S 929–938

Thal-Larsen H (1956) Frequency response from experimental non oscillatory transient-response data. Trans ASME Part II 74:109–114

Unbehauen H (2008) Regelungstechnik I, 15. Aufl. Vieweg Teubner, Wiesbaden

Unbehauen H (2011) Regelungstechnik III, 7. Aufl. Vieweg Teubner, Wiesbaden

Steuerungstechnik

Frank Ley und Yan Liu

Zusammenfassung

Die Steuerungstechnik umfasst den Entwurf und die Realisierung von Steuerungen, die das Verhalten technischer Systeme zielgerichtet beeinflussen. Die überwiegende binäre Steuerungstechnik wird thematisiert. Die wichtigsten theoretischen Grundlagen, z. B. die auf der Booleschen Aussagenlogik aufbauende Theorie der kombinatorischen Schaltungen und die von der Automatentheorie ausgehende Theorie der sequentiellen Schaltungen, werden kurz erläutert. Die Realisierungsmöglichkeiten der binären Steuerungen und ihre Anwendungen werden an Beispielen dargestellt.

19.1 Einleitung

Die Steuerung im steuerungstechnischen Sinne wird oft mit der Steuerung im regelungstechnischen Sinne verwechselt. Eine Abgrenzung zur Regelungstechnik wird zuerst eingeführt. Danach werden die Struktur und die Klassifikationen der binären Steuerung vorgestellt.

19.1.1 Einordnung der Steuerungstechnik

Norbert Wiener führte 1948 den mehr philosophisch belegten Begriff Kybernetik ein. Die Regelungstechnik beschäftigt sich mit der zielgerichteten Beeinflussung von Systemen, deren Signale einen kontinuierlichen oder quasikontinuierlichen Wertebereich haben. Hierzu werden die Grundlagen der Theorie dynamischer Systeme verwendet. Die Steuerungstechnik beschäftigt sich mit der zielgerichteten Beeinflussung von Systemen, deren Signale nur den Wert 0 oder 1 (falsch oder wahr) annehmen können. Die Steuerung im steuerungstechnischen Sinne bewirkt bestimmte Abläufe in den gesteuerten Prozessen. Die Steuerung und Regelung im regelungstechnischen Sinne dagegen sorgen für die Prozess-Stabilisierung bei Vorliegen von Störgrößen.

Bei den von der Steuerungstechnik betrachteten technischen Systemen handelt es sich also um Steuerungen im steuerungstechnischen Sinne (binäre Steuerungen), wobei zwischen rein kombinatorischen Verriegelungssteuerungen und Ablaufsteuerungen mit speichernden Eigenschaften unterschieden wird.

F. Ley
Fachhochschule Dortmund (im Ruhestand), Dortmund, Deutschland
E-Mail: ley@fh-dortmund.de

Y. Liu (✉)
Fachbereich Elektrotechnik, Fachhochschule Dortmund, Dortmund, Deutschland
E-Mail: yan.liu@fh-dortmund.de

M. Hennecke, B. Skrotzki (Hrsg.), *HÜTTE Band 3: Elektro- und informationstechnische Grundlagen für Ingenieure*, Springer Reference Technik
https://doi.org/10.1007/978-3-662-64375-4_64

In der Regelungstechnik unterscheidet man zwischen Systemen, bei denen keine Rückführung gemessener Prozesssignale gegeben ist und Systemen mit Rückführung von Prozesssignalen. Das erstere ist eine Steuerung im regelungstechnischen Sinne und das zweite entspricht einer Regelung im regelungstechnischen Sinne. In Abb. 1 werden die Zusammenhänge veranschaulicht.

19.1.2 Grundstruktur binärer Steuerungen

Jede binäre Steuerung verarbeitet einen Vektor von binären Eingangssignalen zu einem Vektor binärer Ausgangssignale. Wie in Abb. 2 dargestellt, setzt

sich der Eingangsvektor aus den Signalen zusammen, die von den Bedienelementen erzeugt werden, und den Signalen der den Prozess beobachtenden Sensoren (Messglieder). Der Ausgangsvektor steuert die Anzeigeelemente und die Aktoren (Stellglieder) an, mit deren Hilfe der Prozess beeinflusst wird. Wie man erkennen kann, handelt es sich hier auch um einen geschlossenen Wirkungskreis, der aber nur binäre Signale beinhaltet.

Beispiele für die Elemente einer binären Steuerung sind:

Bedienelemente: Schalter, Wahlschalter, Taster, Notausschalter, Meisterschalter ('Joysticks'), Schlüsselschalter, Schlüsseltaster, Tastaturen, Lichtgriffel sowie all diese Elemente als virtuelle Bedienelemente einer Mensch-Maschine-Schnitt-

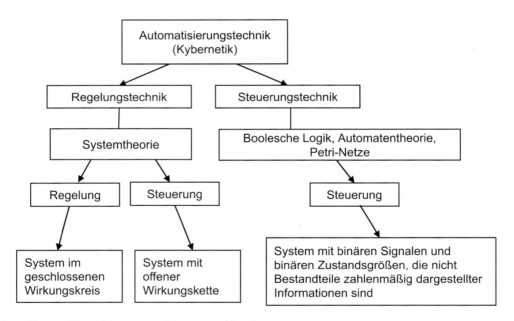

Abb. 1 Zur Begriffsbestimmung von Steuerung und Regelung

Abb. 2 Signalflussplan einer binären Steuerung

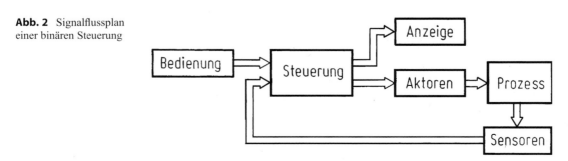

stelle auf einem Rechner oder einem mobilen Bediengerät.

Sensoren: Endschalter, Näherungsinitiatoren, Druckschalter, Lichtschranken, Kopierwerke (Endschalter an Kurvenscheiben, z. B. für Maschinenpressen), Temperaturschalter, Niveauschalter, Überstromschalter.

Anzeigeelemente: Kontrolllampen (Glühlampen, LEDs), Sichtmelderelais, Warnhupen, rechnergesteuerte Displays und Fließbilder, Protokolldrucker.

Aktoren: Motoren, Motorschieber, Magnetventile (hydraulisch, pneumatisch), Leistungsschalter, Magnetkupplungen, Magnetbremsen.

19.1.3 Steuerungsarten

Die Aufgabe einer binären Steuerung ist die Realisierung von vorgegebenen (zustands- oder zeitabhängigen) Abläufen, die Verriegelung von nicht erlaubten Stelleingriffen oder die Kombination von beiden. Darauf beruht die folgende Klassifizierung binärer Steuerungen in der DIN-Norm 19226 Teil 5:

- Eine *Verknüpfungssteuerung* ordnet im Sinne Boolescher Verknüpfungen den Signalzuständen von Eingangsgrößen, Zwischenspeichern und Zeitgliedern Zustandsbelegungen der Ausgangssignale zu.
- Eine *Ablaufsteuerung* folgt einem festgelegten schrittweisen Ablauf (in dem auch bedingte Verzweigungen und Schleifen vorhanden sein dürfen), bei dem jeder Schritt einen Ausführungsteil und eine Weiterschaltbedingung enthält. Das Weiterschalten auf den jeweils nächsten Schritt erfolgt immer dann, wenn die aktuelle Weiterschaltbedingung erfüllt ist.

19.2 Beschreibungsmethoden und Steuerungsentwurf

Wie bei jeder automatisierungstechnischen Aufgabe wird das zu betrachtende Problem in der Steuerungstechnik beschrieben, analysiert und synthetisiert. Zu den wichtigsten theoretischen Grundlagen der Steuerungstechnik zählen die auf der Booleschen Aussagenlogik aufbauende Theorie der kombinatorischen Schaltungen und die von den Modellvorstellungen der Automatentheorie ausgehende Theorie der sequentiellen Schaltungen. Einige Beschreibungsmethoden werden kurz erläutert. Ihre Anwendung wird an einem Beispiel dargestellt.

19.2.1 Wahrheitstabelle

Zur Beschreibung von logischen Funktionen ist es üblich, sogenannte *Wahrheitstabellen* aufzustellen, aus denen für jede Eingangssignalbelegung die korrespondierende Ausgangssignalbelegung ersichtlich ist, siehe Abb. 3.

19.2.2 Logikplan

Die Logischen Funktionen können auch in Logikplan auch Funktionsplan genannt grafisch dargestellt werden. Für die Grundverknüpfungen gibt es genormte Symbole, siehe Abb. 3, wobei die entsprechenden Wahrheitstabellen auch dargestellt sind. Die Wahrheitstabelle und der Logikplan werden oft für die Beschreibung einer Verknüpfungssteuerung verwendet.

19.2.3 Automaten

Abläufe in Prozessen können durch endliche Automaten dargestellt werden, die eine Menge von Zuständen und Zustandsübergängen sowie Ein- und Ausgaben besitzen. Ein endlicher Automat kann durch eine Automatentabelle, einen Automatengraphen oder eine Zustandsraumdarstellung beschrieben werden. Bei einem Automatengraphen, auch Zustandsgraphen genannt, wird jedem Zustand des Automaten ein Platz zugeordnet, der gewöhnlich durch einen Kreis dargestellt wird. An den Zustandsübergängen sind die Eingangsbelegungen eingetragen, die zu einem Schalten auf den nächsten Zustand führen. Mit einem endlichen Automaten ist zunächst keine Parallelarbeit darstellbar.

Abb. 3 Logikpläne, Symbole und Wahrheitstabellen für binäre Verknüpfungen

Graphisches Symbol DIN EN 60617-12	Erläuterung	Funktion nach DIN 66000	Funktionstabelle Eingänge / Ausgang	Altes deutsches Schaltzeichen	Amerikan. Schaltzeichen
(Grundform)	Allgemein, Grundformen	—	—	—	—
A, B → & → Q	UND-Element mit 2 Eingängen	$A \wedge B = Q$	A B | Q: 0 0 | 0; 1 0 | 0; 0 1 | 0; 1 1 | 1		
A, B → ≥1 → Q	ODER-Element mit 2 Eingängen	$A \vee B = Q$	A B | Q: 0 0 | 0; 1 0 | 1; 0 1 | 1; 1 1 | 1		
A, B → =1 → Q	Exklusiv-ODER-Element	$A \veebar B = Q$	A B | Q: 0 0 | 0; 1 0 | 1; 0 1 | 1; 1 1 | 0		
→ ○ Q	Negation eines Ausgangs	—	— —		
A ○→	Negation eines Eingangs	—	— —		
A, B → & → ○ Q	UND-Element mit negiertem Ausgang: NAND-Element	$A \bar{\wedge} B = Q$	A B | Q: 0 0 | 1; 1 0 | 1; 0 1 | 1; 1 1 | 0		
A, B → ≥1 → ○ Q	ODER-Element mit negiertem Ausgang: NOR-Element	$A \bar{\vee} B = Q$	A B | Q: 0 0 | 1; 1 0 | 0; 0 1 | 0; 1 1 | 0		
A, B → ≥1; C, D → ≥1; → & → ○ Q	NAND-Element mit 2 ODER-Eingangsgruppen (ODER vor „UND NICHT")	$(A \vee B) \bar{\wedge} (C \vee D) = Q$	A∨B, C∨D | Q: 0 0 | 1; 1 0 | 0; 0 1 | 0; 1 1 | 0	—	—
A → ○ Q	NICHT-Element	$\bar{A} = Q$	A | Q: 0 | 1; 1 | 0		

In Abb. 4 wird ein Automatengraph gezeigt, der eine Zweihandeinrückung mit zwei Handtastern X_1, X_2 darstellt. Im Zustand 1 sind beide Taster losgelassen. Ein Übergang zum Zustand 2 ist nur bei der Eingangssignalbelegung $X_1 = 1$ und $X_2 = 1$ möglich, also nur dann, wenn beide Handtaster betätigt sind. Beim Loslassen nur eines der beiden Taster wird auf den Zustand 3 weiterge-

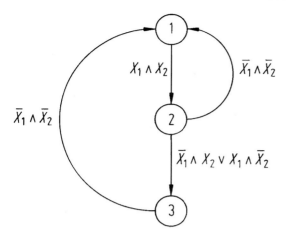

Abb. 4 Automatengraph/Zustandsgraph für Zweihand-einrückung

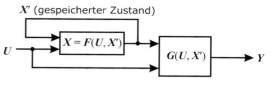

nur bei Mealy-Automat vorhanden

Abb. 5 Struktur eines Mealy-Automaten

schaltet. Dieser Zustand kann nur verlassen werden, wenn beide Handtaster wieder losgelassen worden sind, also $X_1 = 0$ und $X_2 = 0$ sind.

Mit einer Zustandsraumdarstellung werden die Zusammenhänge zwischen Eingaben, Zuständen und Ausgaben in zwei Gleichungen/Funktionen dargestellt: die Zustandsgleichung $X = F(U, X')$ beschreibt die Bestimmung des aktuellen Zustands aus dem Ausgangszustand/Vorzustand X' in Abhängigkeit von der aktuellen Eingabe/Eingangsbelegung U; die Ausgangsgleichung $Y = G(U, X')$ stellt die Verbindungen der Ausgaben, Zustände und Eingaben dar. Endliche Automaten werden oft für steuerungstechnische Aufgaben eingesetzt, wobei grundsätzlich zwei Typen unterschieden werden: *Mealy-Automaten* und *Moore-Automaten*.

Jede binäre Steuerung kann durch einen *Mealy-Automaten* beschrieben werden. Bei diesem automatentheoretischen Modell geht man von der Vorstellung aus, dass es in jeder Steuerungseinrichtung gespeicherte binäre Zustände gibt, deren Veränderung von ihrer Vorgeschichte und der Signalbelegung abhängt. Die Signalbelegung des Ausgangsvektors lässt sich aus diesen Zuständen und der Eingangsbelegung bilden. In Abb. 5 wird die Struktur eines Mealy-Automaten gezeigt. Die Funktionen $F(U, X')$ und $G(U, X')$ stellen kombinatorische Verknüpfungen dar. Die speichernde Eigenschaft des Automaten ergibt sich erst durch die Rückführung des Zustandsvektors X. Eine Sonderform des Mealy-Automaten stellt

der Moore-Automat dar. Bei ihm wird der Ausgangsvektor Y ausschließlich aus dem Zustandsvektor X gebildet, nämlich $Y = G(X')$. (Anmerkung: Bei Binärsteuerungen werden Vektoren mit großen Buchstaben charakterisiert).

19.2.4 Petri-Netz

Eine andere Möglichkeit der Darstellung von Steuerungsabläufen bieten die Petri-Netze (John und Tiegelkamp 1997). Mit ihnen können auch parallele Prozesse beschrieben werden. Bei den Petri-Netzen handelt es sich um gerichtete Graphen, bei denen zwei Elemente immer einander abwechseln: *Transitionen* und *Plätze* (oder *Stellen*). Die Plätze stellen im Allgemeinen die Zustände eines Systems dar, während die Transitionen die möglichen Übergänge charakterisieren. In Abb. 6 wird ein einfacher Graph dargestellt, der den Zyklus der vier Jahreszeiten beschreibt. Ein Platz kann ein- oder mehrfach belegt werden. Man spricht hierbei meistens von einer *Markierung*. Für die Beschreibung steuerungstechnischer Prozesse eignen sich Petri-Netze, in denen nur eine Markierung pro Platz zugelassen ist. Man nennt solche Netze auch *Einmarkennetze*. Sie entsprechen dem Umstand, dass ein Automat einen Zustand annehmen oder auch nicht annehmen kann, der Zustand also nur markiert oder nicht markiert sein kann. Ein Übergang von einem Platz auf einen folgenden kann dann erfolgen, wenn die Transition „feuert". Vorbedingung ist hierzu eine Markierung des vorhergehenden Platzes. Bei Einmarkennetzen muss außerdem der nachfolgende Platz zunächst leer sein. Man spricht hier auch von einer Nachbedingung.

Von großer Bedeutung sind bei Petri-Netzen die Möglichkeiten der Aufspaltung und der Zusammenführung von Abläufen. In Abb. 7 sind

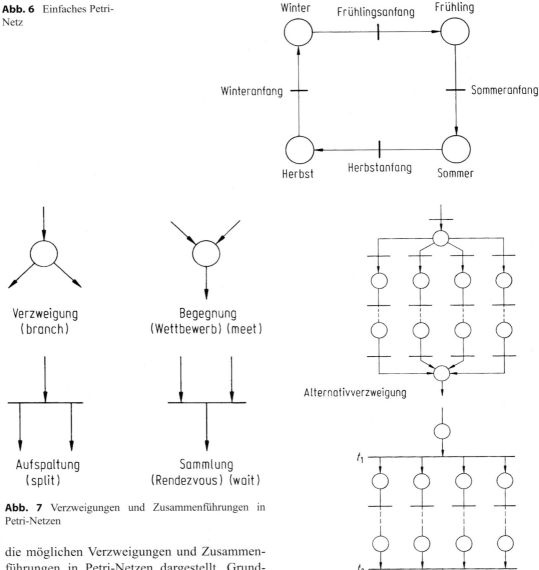

Abb. 6 Einfaches Petri-Netz

Abb. 7 Verzweigungen und Zusammenführungen in Petri-Netzen

Abb. 8 Verzweigungstypen in Petri-Netzen

die möglichen Verzweigungen und Zusammenführungen in Petri-Netzen dargestellt. Grundsätzlich lassen sich diese Elemente beliebig kombinieren. Wichtige Standardformen stellen die in Abb. 8 abgebildeten Verzweigungstypen dar. Bei der Alternativverzweigung wird nur ein einziger Zweig durchlaufen. Welcher Zweig dies ist, entscheidet sich an der ersten Transition eines jeden Zweiges. Die Transition, die zuerst feuert, leitet die Markierung des zugeordneten Pfades ein. Feuern mehrere Transitionen zur gleichen Zeit, so gilt die Konvention, dass der Pfad, der am weitesten ‚links' steht, durchlaufen wird. Bei der Parallelverzweigung werden alle Zweige gleichzeitig durchlaufen, wobei die abschließende Transition t_2 nur feuern kann, wenn alle letzten Plätze der Parallelpfade markiert sind. Probleme ergeben sich allerdings im Falle einer Parallelverzweigung bei der Zuordnung der Zustände eines Automaten.

19.2.5 Entwurf von Steuerungsalgorithmen

Die Anwendungen der oben genannten Beschreibungsmethoden bei der Analyse und Synthese der Steuerungsaufgaben werden dargestellt. Beispiele für Steuerungsentwurf werden diskutiert.

19.2.5.1 Beschreibung der kombinatorischen und der sequentiellen Schaltungen

Die Grundverknüpfungen in Abb. 3 und ihre Kombinationen können verwendet werden, um die kombinatorische Schaltungen darzustellen. Meistens werden die Logikpläne und die Wahrheitstabellen eingesetzt. Um die sequentiellen Schaltungen zu beschreiben werden Automaten oder Petri-Netze verwendet.

Kombinatorische Schaltungen

Eine kombinatorische Schaltung ist dadurch gekennzeichnet, dass der Signalzustand ihrer Ausgänge nur von der Signalbelegung ihrer Eingänge, nicht aber von der Vorgeschichte dieser Signalbelegungen abhängt. Eine kombinatorische Schaltung hat also keine Speichereigenschaften. Innerhalb einer solchen Struktur liegen nur logische Signalverknüpfungen, aber keine Signalrückführungen vor.

Sequentielle Schaltungen

Die meisten binären Steuerungen werden als sequentielle Schaltung ausgeführt. Dabei hängt die Signalbelegung des Ausgangsvektors nicht nur von der aktuellen Belegung des Eingangsvektors ab, sondern auch von dessen Vorgeschichte, also von der Sequenz der Eingangsbelegungen. Solche Schaltungen lassen sich nicht mehr nur mithilfe der Booleschen Aussagenlogik beschreiben, da diese nicht die Behandlung von Signalspeichern, wie sie in jeder sequentiellen Schaltung enthalten sind, umfasst. Es ist aber möglich, jede Speicherschaltung auf logische Grundverknüpfungen mit mindestens einer Rückkopplung eines Signales auf den Eingang einer vorgeschalteten Verknüpfung zurückzuführen.

Trennt man alle Rückkopplungen einer sequentiellen Schaltung auf, so sind die verbleibenden Elemente einer Behandlung durch die Boolesche Logik zugänglich. Allerdings hat diese Schaltung dann nur noch kombinatorischen Charakter. Der Ansatz, die rückgekoppelten Signale in einem System zu einem Vektor zusammenzufassen und die logischen Verknüpfungen von Signalvektoren zu Funktionsblöcken, führt zu den Modellen, wie sie auch in der Automatentheorie Verwendung finden. Für die weiteren Betrachtungen soll daher der zuvor eingeführte Mealy-Automat vorausgesetzt werden. Bei einem Mealy-Automaten mit aufgetrennter Zustandsrückführung hängen die logischen Funktionen F und G nun von den Signalvektoren U und X' ab, wobei X' den Ausgangszustand bzw. den Vorzustand von X beschreibt.

19.2.5.2 Analyse und Synthese sequentieller Schaltungen

Das bekannteste Verfahren zur Analyse und Synthese sequentieller Schaltkreise ist das Huffman-Verfahren, das auf den oben genannten Modellen mit Automaten aufbaut (Pickhardt 2000, S. 61–75; Zander 2015, S. 109–144). Das Huffmann-Verfahren besteht aus vier Schritten: Beschreibung der Aufgabe durch Flusstabelle, Minimierung der Zustände und Zustandscodierung sowie Berechnung der Schaltausdrücke, wobei die letzten drei Schritte die Standardschritte bei der Synthese sequentieller binärer Systeme sind und worauf viele bekannte Verfahren angewendet werden können. Die Flusstabelle ergibt sich aus der Aufgabenstellung und beschreibt wie andere endliche Automaten die Übergänge von einem Zustand zum nächsten.

Beispiel: Steuerung einer Zweihandeinrückung an einer Maschinenpresse nach Huffman-Verfahren

Aufgabenstellung: Der Hub der Maschine (Y) darf hier nur dann ausgelöst werden, wenn beide Handtaster (U_1 und U_2) betätigt sind, sodass die Gefahr einer Verletzung des Bedienungspersonals ausgeschlossen ist. Zusätzlich soll jedoch überwacht werden, dass beide Taster nach einer Hubauslösung wieder losgelassen worden sind. Hierbei sind U_1 und U_2 Eingangssignale, Y das Ausgangssignal.

Zunächst wird für dieses Beispiel eine *Flusstabelle* in Tab. 1 aufgestellt, in der alle Schritte des

Tab. 1 Flusstabelle für eine Zweihandeinrückung

Zustand	Eingangsbelegung (U_1, U_2)				Ausgang Y
	U_1 U_2 0 0	U_1 U_2 1 0	U_1 U_2 0 1	U_1 U_2 1 1	
	(Übergang zum) Folgezustand				
1	1	1	1	2	0
2	1	3	3	2	1
3	1	3	3	3	0

zu realisierenden Ablaufes, die Übergänge zwischen den Schritten in Abhängigkeit von der Belegung der Eingangssignale U_1 und U_2 und die den Schritten zugeordnete Belegung des Ausgangssignals Y eingetragen sind. Die Schritte werden im Allgemeinen auch Zustände des Automaten genannt. Jede Zeile der Flusstabelle entspricht einem Zustand und jede Spalte für U_1 und U_2 einer Eingangsbelegung. Es sind drei Zustände vorgesehen. Im Zustand 1 ist das Ausgangssignal mit 0 belegt. Ein Übergang zum Zustand 2 ist nur bei der Eingangssignalbelegung $U_1 = 1$ und $U_2 = 1$ möglich, also nur dann, wenn beide Handtaster betätigt sind. In diesem Zustand ist auch das Ausgangssignal mit 1 belegt, sodass der Hub ausgelöst wird. Beim Loslassen nur eines der beiden Taster wird auf den Zustand 3 weitergeschaltet, bei dem der Hub abgeschaltet wird. Dieser Zustand kann nur verlassen werden, wenn beide Handtaster wieder losgelassen worden sind, also $U_1 = 0$ und $U_2 = 0$ sind. Nach dem Aufstellen der Flusstabelle ist zu überprüfen, ob die Anzahl der spezifizierten Schritte *minimal* ist, oder ob die zu realisierende Funktion nicht auch durch eine geringere Anzahl von Zuständen verwirklicht werden kann (*Minimierung der Zustände*).

Nach der Minimierung der Zustände erfolgt die *Codierung*. Darunter versteht man die Zuordnung der Zustände zu den möglichen Binärkombinationen des Zustandsvektors. Da im vorliegenden Beispiel drei Zustände zu realisieren sind, muss der Zustandsvektor mindestens die Dimension 2 ($X = [X_1, X_2]$) haben, wobei X_1 und X_2 binäre Speichersignale darstellen (Mit der Dimension n können 2^n Zustände realisiert werden.) Die Zustände der Zweihandeinrückung sollen wie in Tab. 2 dargestellt codiert werden (*Zustandscodierung*).

Tab. 2 Zustandscodierung

Zustand	Codierung	$[X_1, X_2]$
1	→	[0, 0]
2	→	[1, 0]
3	→	[1, 1]
r	→	[0, 1] (redundant, weil nicht genutzt).

Bei der Codierung ist darauf zu achten, dass keine *Wettläufe* entstehen können. Diese Wettlauferscheinungen treten immer dann auf, wenn sich bei einer Zustandsänderung mehr als ein Bit innerhalb des Zustandsvektors ändert und – bedingt durch unterschiedliche Signallaufzeiten in der kombinatorischen Schaltung, – der Signalübergang in diesen Binärpositionen nicht gleichzeitig erfolgt, sodass sich ein falscher Folgezustand einstellt.

Zur Berechnung der Schaltausdrücke bzw. zur Bestimmung der kombinatorischen Funktionen $F(U, X')$ und $G(U, X')$ empfiehlt es sich, die Funktionen in Form von Karnaugh-Diagrammen darzustellen und das Karnaugh-Verfahren anzuwenden. Wesentliches Kennzeichen dieser Diagramme ist, dass sich bei einem Übergang von einem Feld zum Nachbarfeld nur eine der unabhängigen Binärgrößen ändern darf. In Abb. 9 sind die für die Zweihandeinrückung aufgestellten F- und G-Tabellen des Karnaugh-Diagramms für die Funktionen F und G gezeigt. Die redundanten Elemente der Tabellen sind mit „r" gekennzeichnet worden. Diese Redundanz kann man bei der sich anschließenden Schaltungsminimierung nutzen. Um einen kritischen Wettlauf zu vermeiden, ist in der untersten Zeile der F-Tabelle der Zustand $[X_1, X_2] = [0, 0]$ eingetragen. In der G-Tabelle ist, um den durch den verbleibenden nichtkritischen

Abb. 9 F- und G-Tabelle für Zweihandeinrückung

Mit Tabellen F-Tabelle und G-Tabelle (Karnaugh-Diagramme) für $U_1 U_2$ und $X_1' X_2'$, Ausgänge $S_1 S_2$ bzw. Y.

Wettlauf hervorgerufenen „Hazard" zu vermeiden, eine 0 eingetragen.

Mithilfe des Karnaugh-Verfahrens können nun die kombinatorischen Gleichungen gewonnen werden. Sie lauten:

$$X_1 = X_1' \wedge (U_1 \vee U_2) \vee U_1 \wedge U_2$$
$$X_2 = X_2' \wedge (U_1 \setminus U_2) \vee X_1' \wedge (\bar{U}_1 \wedge U_2 \vee U_1 \wedge \bar{U}_2)$$
$$Y = X_1' \wedge X_2' \wedge U_1 \wedge U_2$$

$$(1)$$

Zusammen mit der Schließbedingung

$$X_1 = X_1'; \quad X_2 = X_2' \qquad (2)$$

beschreiben sie die synthetisierte Steuerungsschaltung.

19.2.5.3 Steuerungsentwurf in Petri-Netz

Mit einem Petri-Netz lassen sich Ablaufsteuerungen insbesondere mit Parallelprozessen beschreiben. Mit einem Beispiel wird die Anwendung des Petri-Netzes beim Steuerungsentwurf erläutert.

Beispiel: Steuerung einer Coilanlage

Aufgabenstellung: Das Funktionsschema einer Coilanlage ist in Abb. 10 dargestellt. Von einem Blechhaspel (Coil) wird ein Blechband abgewickelt. Ein Zangenvorschub greift das Band und befördert es um die gewünschte Schnittlänge zur Schere, die eine Blechtafel abschneidet. Damit an der Schnittkante das Blech plan aufliegt und beim Zurückfahren des Vorschubes nicht zurückrutscht, spannt ein Niederhalter das Blechband fest. Nachdem der Niederhalter gespannt hat, kann einerseits der Zangenvorschub lösen, zurückfahren und wieder spannen, andererseits, unabhängig davon, kann die Schere sich absenken und wieder hochfahren.

In Abb. 11 ist das zugehörige Petri-Netz dargestellt. Die Bedeutungen der Plätze und Transitionen ergeben sich aus Tab. 3. Wie aus Tab. 4 hervorgeht, sind genau 7 Kombinationen (man spricht auch von ‚Fällen') möglich. Man kann nun diesen Fällen wiederum Plätze in einem übergeordneten Fallgraphen zuordnen. In Abb. 12 ist der entsprechende Fallgraph dargestellt. Wählt man die Abbildung der Zustände so, dass jedem Zustand des Automaten ein Platz im Fallgraphen, also einem Fall, entspricht, so lässt sich ein Automat durch den Fallgraphen als Automatengraphen

Abb. 10 Coilanlage als steuerungstechnisches Beispiel

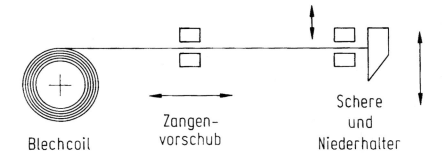

Blechcoil   Zangen-   Schere
                   vorschub   und
                                    Niederhalter

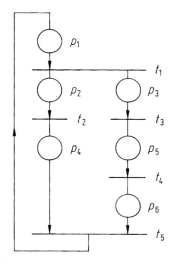

Abb. 11 Petri-Netz für die Coilanlage

Tab. 3 Bedeutung der Plätze und Transitionen der Coilanlage

Platz	Bedeutung	Transition	Bedeutung
p_1	Vorschub fährt vor	t_1	Vorschub vorne
p_2	Vorschub fährt zurück	t_2	Vorschub hinten
p_3	Schere fährt ab	t_3	Schere unten
p_4	Vorschub stoppt	t_4	Schere oben
p_5	Schere fährt hoch	t_5	immer erfüllt
p_6	Schere stoppt		

Tab. 4 Mögliche Fälle der Steuerung einer Coilanlage

Fall	Markierungen					
	1	2	3	4	5	6
1	×					
2		×	×			
3		×			×	
4		×				×
5			×	×		
6			×	×		
7				×		×

beschreiben, mit dem der gesamte Steuerungsprozess realisiert werden kann.

19.3 Realisierungsarten von Steuerungseinrichtungen

Nach der Art der technischen Realisierung wird zunächst, wie in Abb. 13 dargestellt, zwischen verbindungs- und speicherprogrammierbaren Steuerungseinrichtungen unterschieden. Die gebräuchlichsten verbindungsprogrammierbaren Steuerungen sind die elektromechanischen Schütz- oder Relaissteuerungen. Bei speicherprogrammierbaren Steuerungen (SPS) wird die Funktion nicht durch eine Verschaltung einzelner Elemente, sondern durch ein im Speicher abgelegtes Programm realisiert. Ihr Vorteil liegt in der einfachen Modifizierbarkeit der Programme. Bei

ihnen kann über eine Schnittstelle vom Programmiergerät oder Personal-Computer das entwickelte Programm direkt in die Steuerung geladen werden. Man spricht deshalb von freiprogrammierbaren Steuerungen (FPS).

19.3.1 Verbindungsprogrammierten Steuerungseinrichtungen

Die ältesten Steuerungseinrichtungen waren ausschließlich in Relaistechnik ausgeführt. Die logischen Grundverknüpfungen werden durch die Art der Zusammenschaltung der Kontakte eines Relais realisiert. Die *Hintereinanderschaltung* von Kontakten bewirkt eine UND-Verknüpfung, die *Parallelschaltung* eine ODER-Verknüpfung. Außerdem ist eine Negation einzelner Signale dadurch möglich, dass man Kontakte verwendet, die bei Betätigung des Relais öffnen. Diese Kontakte werden Öffner genannt, im Gegensatz zu den Schließern, die beim Anziehen des Relais schließen.

Mitte der sechziger Jahre entstanden die ersten elektronischen Logikbausteine. Sie waren zumeist zunächst in Dioden-Transistor-Logik (DTL) aufgebaut, später in integrierter Transistor-Transistor-Logik (TTL). Das Kennzeichen dieser Systeme ist die Anordnung verschiedener kombinatorischer Standardverknüpfungsglieder oder Speicher auf einem Modul. Die Module sind entweder als einfache Europakartensysteme aufgebaut oder in Form von vergossenen Blöcken für raue Umgebungsbedingungen. Die Programmierung geschieht durch die Zusammenschaltung der einzelnen Elemente.

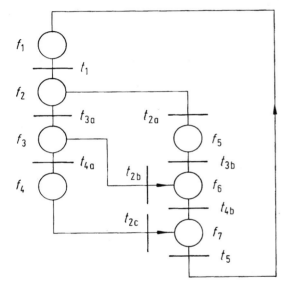

Abb. 12 Übergeordneter Fallgraph für die Coilanlage

19.3.2 Speicherprogrammierbare Steuerungen

Seit Anfang der siebziger Jahre gibt es spezielle, auf steuerungstechnische Problemstellungen zugeschnittene Kleinrechner. Bei ihnen war es erstmals (sieht man von den schon länger existierenden Prozessrechnern ab) möglich, die Funktion einer Steuerungseinrichtung durch ein im Speicher abgelegtes Programm zu bestimmen. Die ersten speicherprogrammierbaren Steuerungen waren nur auf die Abarbeitung von kombinatorischen Verknüpfungen ausgelegt. Später kamen an Erweiterungen hinzu: Zählen, arithmetische Befehle, Zeitgliedverwaltung, Formulierung von Ablaufsteuerungen, Kopplungsmöglichkeiten an Rechner, Protokollieren, Regeln.

Abb. 13 Einteilung binärer Steuerungen

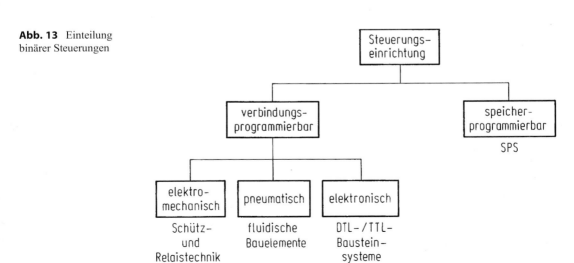

Heutzutage lassen sich die speicherprogram-mierbaren Steuerungen sowohl mit den industri-ellen Hardware-SPS als auch mit handelsüblichen Personal-Computern realisieren.

19.3.2.1 Grundlegende Konzepte in der Norm IEC61131-3

Mit der Norm IEC61131-3 ist eine gemeinsame Plattform geschaffen worden, die eine Portierung zwischen den Systemen verschiedener Anbieter gestattet. Diese Norm wurde in Dezember 1993 zum ersten Mal veröffentlicht. Die letzte Aktuali-sierung in der dritten Auflage wurde in Februar 2013 publiziert, wobei das Konzept mit der objektorientierten Programmierung nun in die SPS-Programmierung integriert wurde. In Abb. 14 eine erste Übersicht über die in dieser Norm defi-nierten Sprachen. Da sich in der Praxis die engli-schen Fachausdrücke durchgesetzt haben, werden sie auch im Folgenden verwendet.

Innerhalb der IEC61131-3 gibt es für alle Spra-chen gemeinsame Elemente, zu denen die Varia-blen-Typen und die Literale zählen, die im Fol-genden näher erläutert werden. Hieraus ergibt sich die überaus wichtige Eigenschaft, dass für eine bestimmte Anwendung Programmiersprachen je nach Eignung gemischt eingesetzt werden können (Bonfatti et al. 2003; Lewis 1998).

Das Software-Modell

Eine SPS-Software ist – zumindest bei größeren Systemen – Multitasking- und Echtzeit-Software. In Abb. 15 ist ein Überblick über die in der IEC61131-3 vorgesehenen Möglichkeiten darge-stellt, wie die Anbindung der einzelnen Programm-teile und die Kommunikation dieser Blöcke unter-einander organisiert werden soll. Allerdings sollte beachtet werden, dass nicht jede Implementierung alle diese Möglichkeiten umfassen muss. Die Ver-wendung von Teilen davon ist durchaus möglich. So sind z. B. in der IEC61131-3 als eine Form der Kapselung Programme vorgesehen, obwohl diese nicht unbedingt erforderlich sind. Eine „Resource" entspricht i. Allg. einer Hardware-SPS oder einem Rechner. Eine „Configuration" könnte einem Rechnerverbund (z. B. SPS mit mehreren Zentral-einheiten) entsprechen. Es ist nun möglich, sowohl einzelne Funktionsbausteine (FB) als auch – wenn implementiert – Programme komplett mit den darin eingeschlossenen Funktionsbausteinen an eine „Task" zur Abarbeitung anzubinden.

Datentypen

In der Norm IEC61131-3 sind die elementaren Datentypen festgelegt, siehe Tab. 5.

Bei Bedarf können auch Datentypen von den Grunddatentypen abgeleitet werden.

Abb. 14 Übersicht über die Programmiersprachen nach IEC61131-3

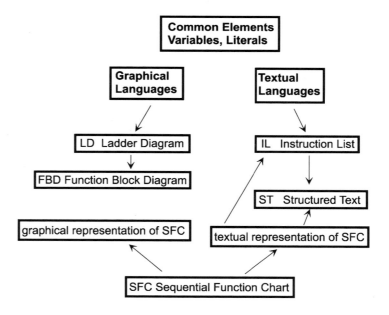

Abb. 15 Software-Modell
der IEC61131-3

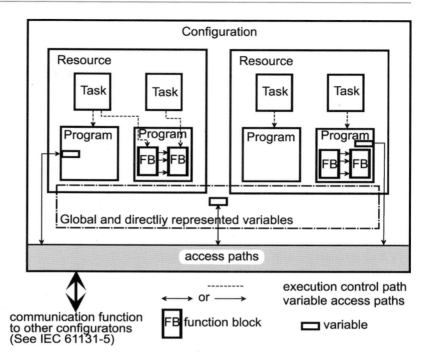

Tab. 5 Elementare Datentypen der IEC61131-3

Nr.	Keyword	Datentyp	Bits
1	BOOL	Boolean	1
2	SINT	Short integer	8
3	INT	Integer	16
4	DINT	Double integer	32
5	LINT	Long integer	64
6	USINT	Unsigned short integer	8
7	UINT	Unsigned integer	16
8	UDINT	Unsigned double integer	32
9	ULINT	Unsigned long integer	64
10	REAL	Real numbers	32
11	LREAL	Long reals	64
12	TIME	Duration	
13	DATE	Date (only)	
14	TIME_OF_DAY or TOD	Time of day (only)	
15	DATE_AND_TIME or DT	Date and time of Day	
16	STRING	Variable-length character string	
17	BYTE	Bit string of length 8	8
18	WORD	Bit string of length 16	16
19	DWORD	Bit string of length 32	32
20	LWORD	Bit string of length 64	64

- Arrays: Diese werden aus Elementen des Grunddatentyps oder vom Benutzer definierter Datentypen definiert.
  Beispiel:

```
VAR
    Vector16 : ARRAY[1..16] OF REAL;
END_VAR
```

- Strukturierte Datentypen: Hiermit können – wie bei anderen höheren Programmiersprachen auch – Grunddatentypen oder auch bereits strukturierte Datentypen („Structs") in einer neuen Struktur zusammengefasst werden.

Beispiel:

```
  TYPE
    PIDT1_Parameters : STRUCT
     P  : LREAL;
     Ti : LREAL;
     Td : LREAL;
     Tv : LREAL;
    END_STRUCT
    PIDT1_Controller_Items : STRUCT
       Para : PIDT1_Parameters;
       manualOperation : BOOL;
```

```
      Umin, Umax : LREAL;
   END_STRUCT
END_TYPE
```

Literale

Im Wesentlichen stimmen die Literale der IEC61131-3 mit denen anderer Rechnerhochsprachen überein.

- Numerische Literale: Für hardwarenahe Problemstellungen ist es günstig, binäre, oktale oder hexadezimale Darstellungen zu verwenden. Diese werden deshalb bei der Darstellung als Literale unterstützt, die in Tab. 6 dargestellt sind.
- Zeitdauer-Literale: Die Angabe der Zeitdauer wird wahlweise durch die Präfixe T#, t# oder TIME# eingeleitet und mit den Einheiten Sekunde (s), Millisekunde (ms), Stunde (h) oder Tag (d) beendet.

Beispiele:
T#14ms T#14,7 s T#14,7 m T#14,7 h t#14,7 d
t#25h15m t#5d14h12m18s2,5ms

Variablen

- Darstellung:
  (i) Singleelement-Variablen: Eine Singleelement-Variable besteht aus keinem Array oder Struct sondern nur aus einem elementaren Datentyp oder einem davon direkt abgeleiteten Datentyp. Wichtig sind die direkt dargestellten Datentypen, wie sie für das Ansprechen des Prozessinterfaces Verwendung finden. Sie werden mit einem %-Zeichen eingeleitet.

Beispiel:
%IX5.7 (* Eingangsbit 7 innerhalb von Byte 5 *)
  %QX1.2 (* Ausgangsbit 2 innerhalb von Byte 1 *)

(ii) Multielement-Variablen: Multielement-Variablen sind Arrays und Structs. Hier ist kein großer Unterschied zu den Programmiersprachen PASCAL und C festzustellen. Der indizierte Zugriff auf Array-Elemente erfolgt über eckige Klammern und die Bezeichner der hierarchischen Struktur eines Structs werden durch Punkte voneinander getrennt.

Beispiel:
TempControllerData.Umin := −10.0;
TempControllerData.Para.P := 3.47;

- Deklaration: Vor der Variablenliste muss mithilfe eines entsprechenden Keywords spezifiziert werden, wie die Variable vom System behandelt werden soll. Dabei ergeben sich die in Tab. 7 dargestellten Möglichkeiten.

Beispiel:
```
VAR_INPUT
   W, Y : LREAL;
END_VAR
VAR_OUTPUT
   U : LREAL;
END_VAR
```

(i) Type assignment: Diese Variablendeklaration lässt sich leicht aus den nachfolgend aufgeführten Beispielen ersehen.

Tab. 6 Literale

No.	Beschreibung der Eigenschaft	Beispiele
1	Integer literals	`-12  0  123_456  +986`
2	Real literals	`-13.0 0.0 0.4567 3.14159_26`
3	Real literals with exponents	`-1.34E-12 oder  -1.34E-12   1.0E+6 oder  1.0E+6` `1.234E6  or  1.234E6`
4	Base 2 literals	`2#1111_1111 (255 dezimal)  2#1110_0000 (240 dezimal)`
5	Base 8 literals	`8#377 (255 dezimal)   8#340 (240 dezimal)`
6	Base 16 literals	`16#FF oder 16#FF (255 dezimal)` `16#E0 oder 16#E0 (240) dezimal`
7	Boolean zero and one	`0   1`
8	Boolean FALSE and TRUE	`FALSE    TRUE`

Bemerkung: Die Keywords FALSE und TRUE korrespondieren jeweils zu den booleschen Werten 0 und 1

Tab. 7 Variablendeklaration

Keyword	Gebrauch der Variablen
VAR	Intern innerhalb des Organization Unit
VAR_INPUT	Extern befriedigt, kann nicht vom Organization Unit aus verändert werden
VAR_OUTPUT	Wird vom Organization Unit für externen Zugriff zur Verfügung gestellt
VAR_IN_OUT	Wird extern zur Verfügung gestellt, kann vom Organization Unit aus verändert werden
VAR_EXTERNAL	Eine Variable, die durch eine Configuration via VAR_GLOBAL zur Verfügung gestellt wird, sie kann vom Organization Unit aus verändert werden
VAR_GLOBAL	Globale Variablendeklaration
VAR_ACCESS	Deklaration eines Access Paths
RETAIN	Aufbewahrende (retentive) Variable, die auch bei Stromausfall ihren Wert speichert
CONSTANT	Konstante (kann nicht verändert werden)
AT	Location assignement (Zuweisung auf einen bestimmte Adresse)

Beispiel:

```
VAR_GLOBAL
(* Weist das entsprechende Input-Bit
der Variable Nothalt zu *)
Nothalt : BOOL AT %IX2.7;
(* Einzelne Variable vom Typ LREAL *)
Setpoint_Temp : LREAL;
(* eindimensionales Array *)
StateVector : ARRAY[0..5] OF LREAL;
END_VAR
```

(ii) Anfangswertzuweisung: Variablen ohne spezifizierte Anfangswerte sind nach IEC61131-3 grundsätzlich mit ,Null' vorbelegt. Strings sind anfangs leer. Andere Anfangswerte lassen sich aber immer deklarieren.

Beispiel: AutomaticMode : BOOL := TRUE;

Function Blocks und Function Block Diagram (FBD)

Function Blocks, auch Funktionsbausteine genannt, stellen Programmorganisationseinheiten dar, die eine Kapselung erlauben, Ein- und Ausgänge besitzen und im inneren Variablen aufweisen können, die

über den Aufrufzeitraum hinweg gespeichert bleiben. Es handelt sich also um Klassen im Sinne der objektorientierten Programmierung.

- Darstellung und Instanziierung:

  Die grafische Darstellung einer Verknüpfung dieser Bausteine stellt eine Programmiersprache der IEC61131-3, das sogenannte Function Block Diagram (FBD) dar. Es entspricht dem alten Logikplan (LOP) bzw. dem Funktionsplan (FUP). Wie nachfolgend gezeigt, kann ein Funktionsbaustein nicht nur grafisch, sondern auch in einer textuellen Programmiersprache instanziiert werden. Bei der textuellen Deklaration wird das Sprachkonstrukt

  ```
  VAR FB_NAME : FB_TYPE; END_VAR
  ```

  verwendet. Bei der grafischen Darstellung gilt die Regel, dass der Klassenname (Typ des Funktionsbausteins) und die Namen der Ein- und Ausgänge innerhalb des Blocks dargestellt werden. Der Name der Instanz und die aktuelle Belegung der Ein- und Ausgänge stehen außerhalb, wie in Abb. 16 dargestellt. Gleichzeitig müssen die in Tab. 8 gezeigten Zuweisungen auf die Ein- und Ausgangsvariablen beachtet werden.

- Deklarierung :

  Die Funktionsbausteine können textuell und grafisch deklariert werden. Die IEC61131-3 sieht eine Vielzahl von Möglichkeiten vor, wie Funktionsbausteine verschachtelt angeordnet und miteinander verschaltet werden können. Dies wird anhand der in den Abb. 17 und 18 dargestellten Beispiele, die direkt der Norm entnommen wurden, gezeigt.

- Objektorientierte Funktionsbausteine:

  In der dritten Auflage der Norm IEC61131-3 wurde die Objektorientierung vom IT-Bereich in die SPS-Programmierung eingeführt. Das Konzept mit Klasse, Objekte, Methoden, Interface sowie Vererbung der Klasse ist in der Norm auch definiert und verwendet. Ein objektorientierter Funktionsbaustein mit zusätzlichen Features, z. B. Methoden-Funktionen, Zugriffsrechten, Vererbung und Polymorphie, wird von einem ,normalen' Funktionsbaustein nicht unterschieden. Jeder Funktionsbaustein kann ein objektorientierter Funktionsbaustein sein.

Graphische Darstellung (FBD-Sprache)	Textuelle Darstellung (ST - Sprache)

```
VAR FF75:SR;END_VAR            (*Declaration*)

FF75(S1:=%IX1,R:=MY_INPUT);    (*Invocation*)

%QX3:=FF75.Q1;                 (*Assign Output*)
```

Abb. 16 Darstellung eines Funktionsbausteins

Tab. 8 Erlaubte und nicht erlaubte Zuweisungen auf Ein-Ausgangsvariablen

Gebrauch	Innerhalb des Function Block	Außerhalb des Function Block
Input Read	IF S1 THEN . . .	Nicht erlaubt
Input Write	Nicht erlaubt	FF75(S1 : = %IX1, R := MY_INPUT);
Output Read	Q1 : = Q1 AND NOT R;	%QX3 : = FF75.Q1;
Output Write	Q1 : = 1;	Nicht erlaubt

Die hier nicht erlaubten Zugriffe können in Abhängigkeit von der jeweiligen Implementierung zu unerwünschten Seiteneffekten führen

- Standard-Funktionsbausteine:

  In einer IEC61131-3-Implementierung sind herstellerseits gewöhnlich eine Reihe von Funktionsblocks mit enthalten. Die Norm gibt eine Reihe von Standard-Funktionsbausteine vor, die nachfolgend definiert werden.

  (i) *Flip-Flops*: Bei RS-Flip-Flops ist grundsätzlich zwischen setz- und rücksetzdominanten Flip-Flops zu unterscheiden (Abb. 19). Nach der Instanziierung soll der Ausgang Q immer gleich 0 sein.

  (ii) *Timer*: Als Standard-Timer sind eine Einschaltverzögerung (TON-Timer) und eine Ausschaltverzögerung (TOF-Timer) in der Norm vorgesehen. In Abb. 20 sind die Symbole in der FBD und die Timing-Diagramme dargestellt.

  (iii) *Tasks*: In der Norm IEC61131-3 können Tasks auch wie Function Blocks dargestellt werden. In den Abb. 21 und 22 ist eine solche FBD-Darstellung gezeigt. Es können sowohl Programme als auch Funktionsbausteine an Tasks angebunden werden. Grundsätzlich gelten – im Wesentlichen – folgende Regeln:

  1. Eine Task, deren Intervallzeit auf Null gesetzt ist (INTERVAL=T#0s) führt genau dann einen Zyklus aus, wenn am

Eingang SINGLE ein positiver Flankenwechsel erfolgt.

2. Liegt am Eingang INTERVAL eine von Null verschiedene Zeit an, so arbeitet die Task alle mit ihr verbundenen Elemente mit dieser Zykluszeit ab, solange der Eingang SINGLE mit 0 (FALSE) belegt ist. Bei einer Belegung mit 1 (TRUE) stoppt die Task.

3. Es ist sowohl ein preemptives als auch ein non-preemptives scheduling möglich.

19.3.2.2 Programmiersprachen für Steuerungen nach der Norm IEC61131-3

In der Norm IEC 61131-3 sind fünf Programmiersprachen, die geeignet für unterschiedliche Anwendungen sind, eingeführt. Die Syntax verschiedener Sprachen wird hier kurz vorgestellt.

Ladder Diagram (LD)

Das Ladder Diagram (früher Kontaktplan KOP genannt) stellt einen formalisierten Stromlaufplan einer Schütz- oder Relaisschaltung dar. Hierbei werden logische Verknüpfungen durch die Reihen- und Parallelschaltung von (Schütz-) Kontakten realisiert. Dabei wird ein Schließer durch das Symbol

```
FUNCTION_BLOCK DEBOUNCE
(** External Interface **)

VAR INPUT
    IN      : BOOL;            (* Default = 0 *)
    DB_TIME : TIME := t#10ms;  (* Default = t#10ms *)
END_VAR

VAR OUTPUT
    OUT     : BOOL;            (* Default = 0 *)
    ET_OFF  : TIME;            (* Default = t#0s *)
END_VAR

VAR
    DB_ON   : TON;            (* Internal Variables and Instances of Function Blocks *)
    DB_OFF  : TON;
    DB_FF   : SR;
END_VAR

(** Function Block Body **)
DB_ON(IN := IN, PT := DB_TIME);        (* DB_ON Timer Inputs *)
DB_OFF(IN := NOT IN, PT := DB_TIME);   (* DB_OFF Timer Inputs *)
DB_FF(S1 := DB_ON.Q, R := DB_OFF.Q);   (* DB_FF Flip Flop Inputs *)
OUT := DB_FF.Q;                        (* Get FF Output and Write it to Debounce Output *)
ET_OFF := DB_OFF.ET;                   (* Report Elapsed Time *)

END_FUNCTION_BLOCK
```

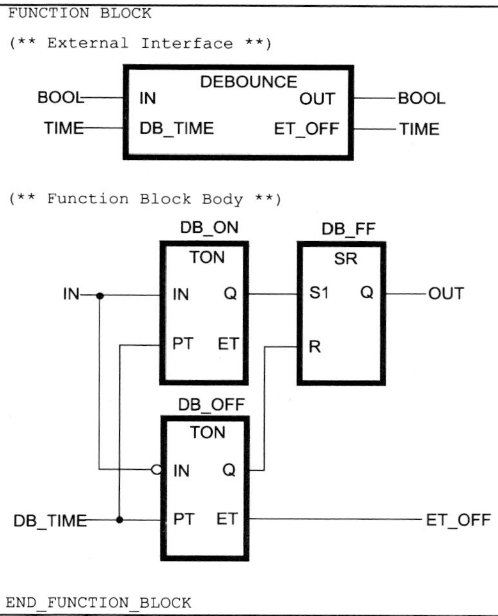

Abb. 17 Beispiele für Deklarationen von Funktionsbausteinen

—| |—

und ein Öffner (Negation) durch

—| / |—

dargestellt. Bei den Spulen gibt es – im Wesentlichen – die in Tab. 9 aufgeführten Möglichkeiten.

In Abb. 23 wird ein kleines Beispiel (ein Motor) dargestellt, der innerhalb eines Funktionsbausteins aus- oder eingeschaltet wird. Man kann Speicherfunktionen – wie in der Schütztechnik gewohnt – durch Selbsthaltekontakte realisieren, siehe Abb. 24. Man benutzt dann nur die direkte Zuweisung auf die Spule. Einfacher geht es, wenn man die Möglichkeit der speichernden Zuweisung nutzt. Diese Variante ist in Abb. 25 dargestellt.

Nr.	Beschreibung	Beispiel

1	Input/Output - Deklarierung (textual)	```VAR_INPUT X : INT; END_VAR```
		```VAR_IN_OUT A : INT; END_VAR```
		```A := A + X;```

2	Input/Output - Deklarierung (grafisch)	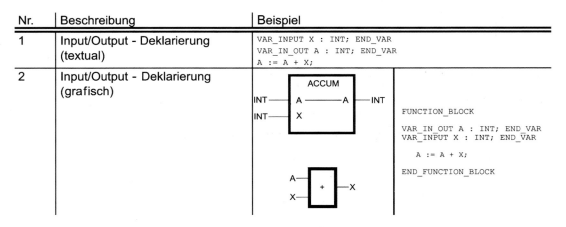

Abb. 18 Eigenschaften von Funktionsbausteindeklarierungen

Nr.	Graphische Form	Function Block Rumpf
1	RS - Flipflop mit setzdominantem Eingang	
2	RS - Flipflop mit rücksetzdominantem Eingang	

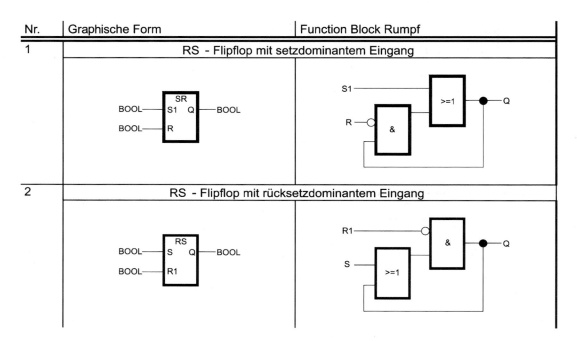

Abb. 19 Standard-Funktionsbausteine: Flip-Flop

Instruction List (IL)

Die Instruction List kommt der früher gebrauchten Anweisungsliste (AWL) sehr nahe. Allerdings sind hier alle Anweisungen einschließlich der zugehörigen Regeln genormt. Die entsprechenden Operatoren sind in Tab. 10 dargestellt.

Nachfolgend werden zwei Beispiele für Anwendungen in IL vorgestellt. Das erste Beispiel nach Abb. 26 zeigt eine Zuweisung mit Haltekontakt und entspricht dem in Abb. 23 gezeigten Beispiel.

Im zweiten Beispiel nach Abb. 27 wird das gleiche Problem mit einer setzenden und rücksetz-

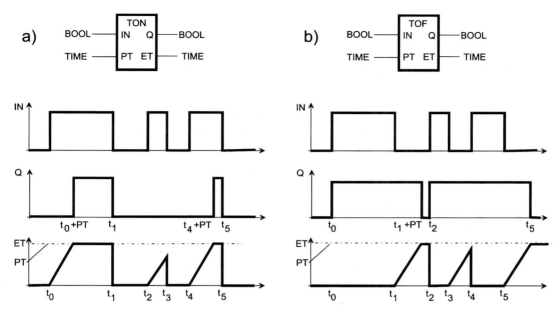

Abb. 20 Darstellung und Timing eines **a** TON-Timers und eines **b** TOF-Timers

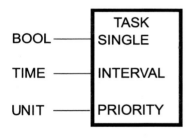

Abb. 21 Task in FBD-Darstellung

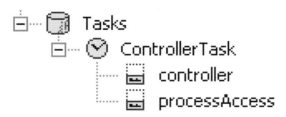

Abb. 22 Graphische Darstellung von Funktionsblock-Instanzen in einer Taskliste

enden Zuweisung gemäß Abb. 25 gelöst. Diese Art von Anweisungen wird immer nur dann ausgeführt, wenn das vorhergehende Verknüpfungs-

Tab. 9 Zuweisungsmöglichkeiten bei Spulen

Zuweisung des Verknüpfungsergebnisses auf Variable	—( )—
Negierte Zuweisung des Verknüpfungsergebnisses auf Variable	—(/)—
Setzen der Variablen, wenn Verknüpfungsergebnis TRUE	—(S)—
Rücksetzen der Variablen, wenn Verknüpfungsergebnis TRUE	—(R)—

ergebnis vom Typ BOOL und vom Wert 1 (TRUE) ist. Da nur der zuletzt zugewiesene Wert bleibt, ist die Wirkung des Aus-Tasters hier dominant.

Structured Text (ST)

Structured Text ist eine textuelle Hochsprache mit starker Ähnlichkeit zu Pascal. Sie bietet die meisten Freiheitsgrade. Durch die Sprache ST ist es möglich geworden, benutzerdefinierte, intelligente regelungstechnische Algorithmen auf speicherprogrammierbare Steuerungen zu bringen. In Tab. 11 sind die möglichen Operatoren in logischen oder arithmetischen Verknüpfungen dargestellt. Operationen mit der zahlenmäßig gerings-

Abb. 23 Beispiel eines in LD mit Selbsthaltekontakt geschalteten Ausgangs

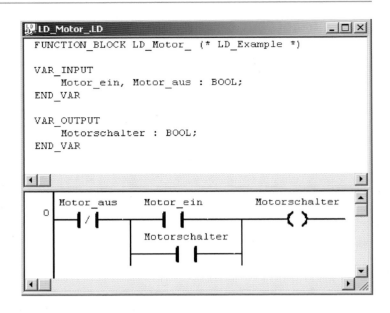

Abb. 24 Wirkungsweise eines Verknüpfungsergebnisses bei verschiedener Art der Zuweisung

Verknüpfungsergebnis	0 / FALSE	1 / TRUE
---( )---	0 / FALSE	1 / TRUE
---(R)---	y(k-1)	0 / FALSE
---(S)---	y(k-1)	1 / TRUE
---(/)---	1 / TRUE	0 / FALSE

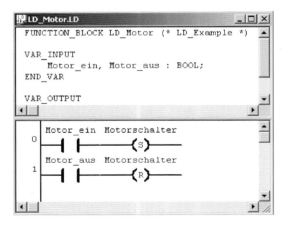

Abb. 25 Beispiel eines mit setzender und rücksetzender Zuweisung geschalteten Ausgangs

ten Zuordnung haben die höchste Priorität und werden daher zuerst ausgeführt.

Auch die Kontrollstrukturen, die in Tab. 12 dargestellt sind, sehen der Sprache Pascal sehr ähnlich. Geklammert werden hier mehrere Statements nicht mit ‚**begin**' und ‚**end**' wie in Pascal oder mit ‚{' und ‚}' wie in C, sondern werden mit einem typisierten ‚**end_xyz**' abgeschlossen, das auf den Typ des einleitenden Kontrollstatements xyz hinweist.

Auch hier sollen die beiden zuvor behandelten Beispiele eines Motors, der mit einem Austaster ausgeschaltet und mit einem Einschalter eingeschaltet wird, wieder verwendet werden. Die logischen Verknüpfungen nach Abb. 28 beschreiben die gewünschte Struktur. Beim Aufruf einer In-

Tab. 10 Operatoren der IL

Nummer	Operator	Modifiers	Operand	Semantik
1	LD	N	(Bemerkung 1)	Setzt das aktuelle Ergebnis auf den Wert des Operanden
2	ST	N	(Bemerkung 1)	Speichert das aktuelle Ergebnis an die Speicherstelle des Operanden
3	S	(Bemerkung 2)	BOOL	Setzt bool'schen Operanden auf 1
	R	(Bemerkung 2)	BOOL	Setzt bool'schen Operanden auf 0 zurück
4	AND	N, (	BOOL	Bool'sches UND
5	&	N, (	BOOL	Bool'sches UND
6	OR	N, (	BOOL	Bool'sches ODER
7	XOR	N, (	BOOL	Bool'sches Exklusiv – ODER
8	ADD	(	(Bemerkung 1)	Addition
9	SUB	(	(Bemerkung 1)	Subtraktion
10	MUL	(	(Bemerkung 1)	Multiplikation
11	DIV	(	(Bemerkung 1)	Division
12	GT	(	(Bemerkung 1)	Vergleich : >
13	GE	(	(Bemerkung 1)	Vergleich : >=
14	EQ	(	(Bemerkung 1)	Vergleich : =
15	NE	(	(Bemerkung 1)	Vergleich : <>
16	LE	(	(Bemerkung 1)	Vergleich : <=
17	LT	(	(Bemerkung 1)	Vergleich : <
18	JMP	C, N	LABEL	Sprung auf Label
19	CAL	C, N	NAME	Aufruf des Function-Blocks (Bemerkung 4)
20	RET	C, N		Return von aufgerufener Function oder Function – Block
21	)			Berechne vorhergehende Operation

Bemerkung 1:
Diese Operatoren können auch überladen oder typisiert werde. Das Verknüpfungsergebnis ist dann vom gleichen Typ, wie der Operand
Bemerkung 2:
Diese Operationen werden nur durchgeführt, wenn das Verknüpfungsergebnis boolsch und vom Wert 1 ist

stanz eines Funktionsbausteins – in Abb. 29 ist es ‚M' – müssen nicht alle Parameter übergeben werden. Die Identifikation der Parameter erfolgt hierbei nicht durch die Reihenfolge, sondern durch die explizite Zuweisung. Ein Aufruf des Funktionsbausteins bedeutet auch immer zugleich, dass dieser operiert wird. Die Ausgänge des Funktionsbausteins können dann einzeln in einem Ausdruck des entsprechenden Datentyps abgefragt werden.

Abb. 26 Beispiel einer Booleschen Verknüpfung mit einem Selbsthaltekontakt in IL

```
IL_Motor_.IL                                    _□×
Label      Operation      Operand      Comment
FUNCTION_BLOCK IL_Motor_  (* IL_Example *)

VAR_INPUT
        Motor_ein, Motor_aus : BOOL;
END_VAR

VAR_OUTPUT
        Motorschalter : BOOL;
END_VAR

        (* lade negierten Wert von Austaster *)
        LDN          Motor_aus
        (* Und-Verknuepfung mit altem Schaltwert *)
        AND          (Motorschalter
        (* Oder-Verknuepfung mit Eintaster *)
        OR           Motor_ein
        )
        (* speichere neuen Wert auf Motorschalter *)
        ST           Motorschalter
        RET


END_FUNCTION_BLOCK
```

Abb. 27 Beispiel einer Booleschen Verknüpfung mit setzender und rücksetzender Zuweisung in IL

```
IL_Motor.IL                                     _□×
Label      Operation      Operand      Comment
FUNCTION_BLOCK IL_Motor  (* IL_Example *)

VAR_INPUT
        Motor_ein, Motor_aus : BOOL;
END_VAR

VAR_OUTPUT
        Motorschalter : BOOL;
END_VAR

        (* lade Wert von Eintaster *)
        LD           Motor_ein
        (* schalte Motor ein, falls TRUE *)
        S            Motorschalter
        (* lade Wert von Austaster *)
        LD           Motor_aus
        (* schalte Motor aus, falls TRUE *)
        R            Motorschalter
        RET


END_FUNCTION_BLOCK
```

Tab. 11 Operatoren der Sprache ST

Nr.	Operation	Symbol	Priorität
1	Paranthesiazion	(expression)	höchste
2	Function evaluation Examples:	Identifier(argument list) LN(A), MAX(X,Y), . . .	
3	Exponentiation	**	
4	Negation	-	
5	Complement	Not	
6	Multiply	*	
7	Divide	/	
8	Modulo	MOD	
9	Add	+	
10	Subtract	-	
11	Comparison	$<, >, <=, >=$	
12	Equality	=	
13	Inequality	$<>$	
14	Boolean AND	&	
15	Boolean AND	AND	
16	Boolean Exclusive OR	XOR	
17	Boolean OR	OR	niedrigste

In der Realisierung des Funktionsbausteins nach Abb. 30 werden die Eingänge in einer geschachtelten IF-Abfrage behandelt. Da das Einschalten nur im ELSE-Teil der Abfrage des Aussignals erfolgt, hat dieses Signal Vorrang.

Sequential Function Chart (SFC):
Die Sprache Sequential Function Chart basiert auf der Beschreibung sequentieller Prozesse durch Petri-Netze. Sie ist besonders zur Programmierung von Steuerungsabläufen geeignet und basiert auf den Elementen Step, Transition, Action und Action-Association.

- *Steps:* In Tab. 13 ist die grafische Darstellung von Steps gezeigt.
- *Transitions*: Die grafische Darstellung von Transitions ist in Tab. 14 gezeigt.
- *Actions*: In den meisten Fällen stellt eine gewöhnliche Variable vom Typ BOOL eine Action innerhalb einer SFC dar. Möglich sind aber auch unterlagerte Strukturen, die in beliebigen Sprachen der IEC61131-3 formuliert sein können. Sie werden dann pro Taskzyklus jeweils einmal abgearbeitet, so lange die Action aktiv ist.
- *Action-Associations mit Steps*: Action-Associations stellen die Verbindung eines Step zu den korrespondierenden Actions dar, siehe Tab. 15. Sie legen fest, was jeweils mit einer dieser Actions geschehen soll, wenn ein solcher Step markiert ist.
- *Action-Qualifier*: Die Sequential Function Chart bietet eine große Pallette von Möglichkeiten hinsichtlich des Modus des Actions-Controls. In Tab. 16 sind die vorgesehenen Qualifier aufgelistet.

Ein Schaltbild ist in Abb. 31 dargestellt, das die Funktion der Qualifier anschaulich beschreibt. Der Qualifier **R** bewirkt ein sofortiges Rücksetzen der hiermit assoziierten Action.

Nachfolgend ist in Abb. 32 als abschließendes Beispiel die SFC-Realisierung der Steuerung der Coilanlage nach Abb. 10 angegeben.

Tab. 12 Statements der Sprache ST

Nr.	Statement-Typ / Referenz	Beispiel
1	Assignment	`A := B;  CV := CV + 1;  C := SIN(X)`
2	Function block Invocation and FB output usage	`CMD_TMR(IN := %IX5, PT := T#300ms);` `A := CMD_TMR.Q;`
3	RETURN	`RETURN`

4	IF	`D := B*B - 4*A*C;`
		`IF D < 0.0 THEN NROOTS := 0;`
		`ELSIF D = 0.0 THEN`
		`   NROOTS := 1;`
		`   X1 := -B / (2.0*A);;`
		`ELSE`
		`   NROOTS := 2;`
		`   X1 := (-B + SQRT(D)) / (2.0*A);`
		`   X2 := (-B - SQRT(D)) / (2.0*A);`
		`END_IF;`

5	CASE	`TW := BCD_TO_INT(THUMBWHEEL);`
		`TW_ERROR := 0;`
		`CASE TW OF`
		`   1, 5 : DISPLAY := OVEN_TEMP;`
		`   2 : DISPLAY := MOTOR_SPEED;`
		`   3 : DISPLAY := GROSS - TARE;`
		`   4, 6 ..10 : DISPLAY := STATUS(TW - 4);`
		`ELSE DISPLAY := 0;`
		`   TW_ERROR := 1;`
		`END_CASE;`
		`%QW100 := INT_TO_BCD(DISPLAY);`

6	FOR	`J := 101;`
		`FOR l := 1 TO 100 BY 2 DO`
		`   IF WORDS[l] = ,KEY' THEN`
		`      J := l;`
		`      EXIT;`
		`   END_IF;`
		`END_FOR;`

7	WHILE	`J := 101;`
		`WHILE J <= 100 & WORDS[J] <> ,KEY' DO`
		`   J := J + 2;`
		`END_WHILE;`

8	REPEAT	`J := -1;`
		`REPEAT`
		`   J := J + 2;`
		`UNTIL J = 101 ORWORDS[J] = ,KEY';`
		`END_REPEAT;`

9	EXIT	`EXIT;`
10	Empty Statement	`;;`

Bemerkung:
Wenn das EXIT – Statement (9) unterstützt wird, dann soll es in allen Iterations-Statements (FOR, WHILE, REPEAT) verwendet werden können. Hierbei erfolgt ein vorzeitiger Abbruch der Schleife

19.3.2.3 Hardware-SPS und Prozessrechner

Speicherprogrammierbare Steuerungen sind seit ihrem ersten Auftreten immer leistungsfähiger geworden. Damit ist allerdings die Grenze zum Prozessrechner mehr und mehr fließend, weil die leistungsfähigen speicherprogrammierbaren Steuerungen (SPS) immer mehr Funktionen über-

Abb. 28 Beispiel einer Booleschen Verknüpfung mit einem Selbsthaltekontakt in ST

```
ST_Motor_.ST                                      _ □ ×
 FUNCTION_BLOCK ST_Motor_   (* ST_Example *)

 VAR_INPUT
     Motor_ein, Motor_aus : BOOL;
 END_VAR

 VAR_OUTPUT
     Motorschalter : BOOL;
 END_VAR

 (* Berechne Verknuepfung mit
    Selbsthaltekontakt *)
 Motorschalter := NOT Motor_aus
         AND (Motor_ein OR Motorschalter);

 END_FUNCTION_BLOCK
```

Abb. 29 Aufruf des Funktionsbausteins in ST

```
Control.ST                                        _ □ ×
 FUNCTION_BLOCK Control

 VAR_INPUT
     Ein, Aus : BOOL;
 END_VAR

 VAR_OUTPUT
     Motor : BOOL;
 END_VAR

 VAR
     M : ST_Motor;
 END_VAR

 (* Aufruf der Instanz *)
 M(Motor_ein := Ein, Motor_aus := Aus);
 (* Auslesen des Ausgangswertes *)
 Motor := M.Motorschalter;

 END_FUNCTION_BLOCK
```

nehmen, die bisher Prozessrechnern bzw. Prozessleitsystemen (PLS) vorbehalten waren. Die Aufgaben eines PLS und einer SPS unterscheiden sich heute nicht mehr vom Inhalt, sondern durch den Umfang der zu lösenden Automatisierungsaufgabe. Herkömmliche SPS verarbeiten nicht nur binäre, sondern auch digitalisierte analoge Signale. Die mitgelieferten Funktionsbibliotheken umfassen z. B. auch Module für diskrete PID-Regelalgorithmen.

Moderne SPS bieten außerdem die Möglichkeit, verschiedene Programmteile – für den

Abb. 30 ST Beispiel mit IF-Abfragen

```
ST_Motor.ST                                          _ □ ×
FUNCTION_BLOCK ST_Motor (* ST_Example *)

VAR_INPUT
    Motor_ein, Motor_aus : BOOL;
END_VAR

VAR_OUTPUT
    Motorschalter : BOOL;
END_VAR

(* Aus-Taster gedrueckt ? *)
IF Motor_aus THEN
    (* ja, schalte Motor aus *)
    Motorschalter := FALSE;
(* nein, dafuer Ein-Taster gedrueckt *)
ELSIF Motor_ein THEN
    (* ja, schalte Motor ein *)
    Motorschalter := TRUE;
END_IF;


END_FUNCTION_BLOCK
```

Tab. 13 Step-Eigenschaften

Nr.	Darstellung	Beschreibung
1	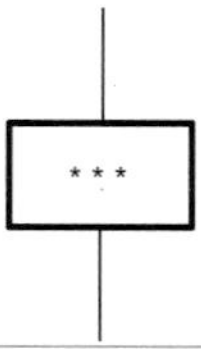 ``` ┌─────┐ │ *** │ └─────┘ ```	Graphische Darstellung mit gerichteten Links *** = Name des Step
2	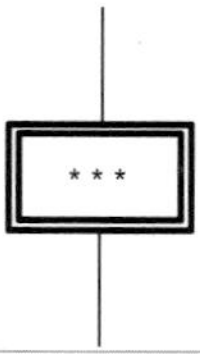 ``` ╔═════╗ ║ *** ║ ╚═════╝ ```	Initial step (Anfangsschritt) mit gerichteten Links *** = Name des Initial step Bemerkung: Der obere Link ist nicht erforderlich, wenn der Step keine Vorgänger hat

Anwender quasi gleichzeitig – abzuarbeiten (vgl. Abb. 15). Dadurch kann eine Gesamtaufgabe in strukturierte Teilaufgaben zerlegt werden, wobei z. B. eine Task verknüpfungsorientierte binäre Variablen verarbeitet, während eine andere Task z. B. für das Hochfahren einer Maschine oder deren Drehzahlregelung abhängig von äußeren Randbedingungen zuständig ist.

19.3.2.4 Prozesssignale von Speicherprogrammierbaren Steuerungen

Für die analogen Spannungs-Ein-/Ausgangssignale hat sich zumeist ein Standardwertebereich von $+/-10$ V oder $0 \ldots 10$ V eingebürgert. Bei den analogen Strom-Ein-/Ausgangssignalen sind es $0 \ldots 20$ mA bzw. 4–20 mA. Bei letzteren

Tab. 14 Transitionen und
Transitionsbedingungen

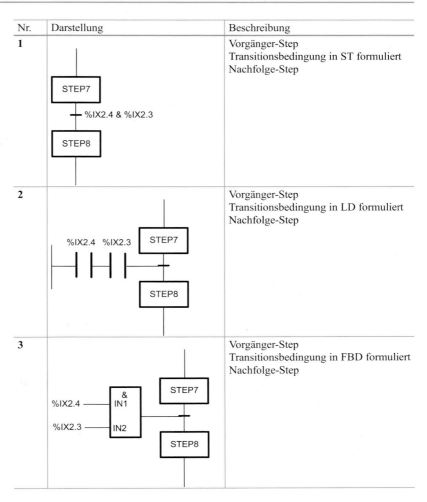

Nr.	Darstellung	Beschreibung
1		Vorgänger-Step Transitionsbedingung in ST formuliert Nachfolge-Step
2		Vorgänger-Step Transitionsbedingung in LD formuliert Nachfolge-Step
3		Vorgänger-Step Transitionsbedingung in FBD formuliert Nachfolge-Step

Tab. 15 Action-Associations

Nr.	Darstellung	Beschreibung
1		Action-Block
2		Aneinandergereihte Action-Blocks

Tab. 16 Action-Qualifiers

Nr.	Qualifier	Beschreibung
1	None	Non-stored (null qualifier)
2	N	Non-stored
3	R	overriding **R**eset
4	S	**S**et (stored)
5	L	time **L**imited
6	D	time **D**elayed
7	P	**P**ulse
8	SD	**S**tored and time **D**elayed
9	DS	**D**elayed and **S**tored
10	SL	**S**tored and time **L**imited

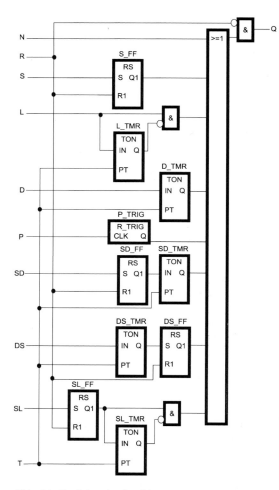

Abb. 31 Funktion der Qualifier

Schnittstellen lassen sich auf einfache Weise Drahtbrüche erkennen, wenn der eingeprägte Strom unter 4 mA sinkt. Bei analogen Eingängen unterscheidet man die beiden Betriebsarten Single-Ended-Mode und Differenzial-Mode. Im Differenzial-Mode werden zum Anschluss von Hin- und Rückleitung eines Analogsignals zwei Kanäle benutzt, die vor der AD-Wandlung auf einen Differenzverstärker gegeben werden. Eingekoppelte Störsignale, die sich gegen Massepotenzial aufbauen, werden so weitgehend eliminiert.

Digitale Ein-/Ausgänge werden größtenteils in 24 V-Technik ausgeführt. Die digitalen Ausgänge können dabei meistens einen Strom treiben, der ausreichend ist, ein 24 V-Gleichstromschütz anzusteuern.

Für die elektrische Betriebssicherheit der Anlage, ist es oft von Bedeutung, dass die Prozessschnittstellen galvanisch entkoppelt sind.

19.4   Fazit

Die binäre Steuerungstechnik wurde eingeordnet, wobei die Abgrenzung zur Regelungstechnik eingeführt wurde. Einige Beschreibungsmethoden für die binären Steuerungen, z. B. Wahrheitstabelle, Automaten und Petri-Netz, sowie das Huffman-Verfahren zur Analyse und Synthese wurden vorgestellt. Die Realisierungsmöglichkeiten insbeson-

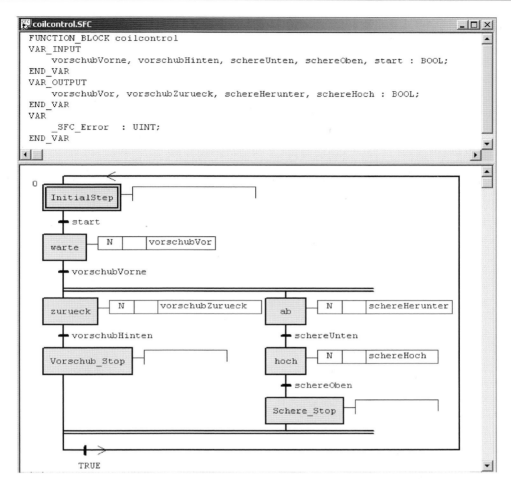

```
coilcontrol.SFC                                                    _ □ ×

FUNCTION_BLOCK coilcontrol
VAR_INPUT
      vorschubVorne, vorschubHinten, schereUnten, schereOben, start : BOOL;
END_VAR
VAR_OUTPUT
      vorschubVor, vorschubZurueck, schereHerunter, schereHoch : BOOL;
END_VAR
VAR
      _SFC_Error  : UINT;
END_VAR
```

Abb. 32 Beispiel der Coil-Anlage

dere die speicherprogrammierbare Steuerung und ihre Anwendungen wurden an Beispielen erläutert.

Literatur

Bonfatti F, Monari PD, Samoieri U (2003) IEC 1131-3 programming methodology – software engineering methods for industrial automated systems. ICS Triplex ISaGRAF. www.isagraf.com

John K-H, Tiegelkamp M (1997) SPS-Programmierung mit IEC 1131-3. Springer, Berlin

Lewis RW (1998) Programming industrial control systems using IEC 1131-3. The Institution of Electrical Engineers, London

Pickhardt R (2000) Grundlagen und Anwendungen der Steuerungstechnik. Vieweg, Braunschweig

Zander H-J (2015) Steuerung ereignisdiskreter Prozesse: Neuartige Methoden zur Prozessbeschreibung und zum Entwurf von Steueralgorithmen. Springer Vieweg, Bannewitz bei Dresden

Teil IV

Technische Informatik

Theoretische Informatik

20

Max-Marcel Theilig, Hans Liebig und Peter Rechenberg

Zusammenfassung

In der Informatik verbindet sich das axiomatische, logisch-strukturtheoretische Denken der Mathematik mit dem konstruktiven und ökonomischen, d. h. praktisch-ingenieurmäßigen Handeln der Technik. Die Informatik ist daher sowohl eine Strukturwissenschaft, die abstrakt (und immateriell) betrieben wird, als auch eine Ingenieurwissenschaft, die sich konkret (und materiell) mit der Entwicklung, dem Bau und dem Betrieb technischer Produkte befasst. Wie in anderen Wissenschaften, so versucht man auch in der Informatik, das millionenfache Zusammenwirken ihrer „Atome" (bei der Hardware die elektronischen Schalter, bei der Software die Befehle der Programme) durch modulare und hierarchische Gliederung, d. h. durch wiederholte Abstraktion zu beherrschen.

Falsche und wahre Aussagen in der Logik können offenen und geschlossenen Schaltern in der Technik gleichgesetzt werden. Dieses grundlegende Prinzip des Rechnerbaus ermöglichte es sogenannten Automaten als Modelle „mathematischer Maschinen" zu entwickeln und damit sequenzielle elektrische Schaltungen formal zu beschreiben. Die Ergebnisse der Automatentheorie sind grundlegend insbesondere für die Konstruktion von Digitalschaltungen und zur Analyse der syntaktischen Struktur von Programmiersprachen. Dieses Kapitel beginnt mit einer kurzen Einführung in wichtige theoretische Konzepte, den Mathematischen Modellen, und fährt fort mit der Beschreibung des Zusammenwirkens der elektronischen Schaltungen.

20.1 Boolesche Algebra

Die boolesche Algebra wurde 1854 von G. Boole zur Formalisierung der Aussagenlogik formuliert und 1938 von C. Shannon auf die Beschreibung von Funktion und Struktur sog. kombinatorischer Relais-Schaltungen angewendet. Seither wird sie zum Entwurf digitaler Rechensysteme eingesetzt. Die Entsprechung zwischen falschen und wahren Aussagen in der Logik (Aussage $x =$ falsch/wahr) und offenen und geschlossenen Schaltern in der Technik (Schalter $x =$ offen/geschlossen) bildet die Grundlage des Rechnerbaus. Mit der booleschen Algebra können nämlich sowohl Aussagenverknüpfungen als auch Schalterverknüpfungen beschrieben werden (boolesche Variable $x = 0/1$).

M.-M. Theilig (✉)
Fachgebiet Informations- und Kommunikationsmanagement, Technische Universität Berlin, Berlin, Deutschland
E-Mail: m.theilig@tu-berlin.de

H. Liebig
Technische Universität Berlin (im Ruhestand), Berlin, Deutschland

P. Rechenberg
Johann-Kepler-Universität Linz (im Ruhestand), Linz-Auhof, Österreich

M. Hennecke, B. Skrotzki (Hrsg.), *HÜTTE Band 3: Elektro- und informationstechnische Grundlagen für Ingenieure*, Springer Reference Technik
https://doi.org/10.1007/978-3-662-64375-4_65

20.1.1 Logische Verknüpfungen und Rechenregeln

20.1.1.1 Grundverknüpfungen

Die wichtigsten Grundoperationen sind in Tab. 1 dargestellt. Zu ihnen zählen die Negation (NICHT, NOT; Operationszeichen: Überstreichungen oder vorangestelltes $\neg$), die Konjunktion (UND, AND; Operationszeichen: $\cdot$ oder $\wedge$) und die Disjunktion (ODER, OR; Operationszeichen $+$ oder $\vee$). Diese sog. booleschen Grundverknüpfungen stehen einerseits für Verbindungen von „Ja-/Nein-Aussagen" (z. B. umgangssprachlichen Sätzen, die nur wahr oder falsch sein können), können aber andererseits auch als Verknüpfungen binärer Systemzustände (z. B. von elektrischen Signalen) angesehen werden (siehe ▶ Abschn. 21.2 in Kap. 21, „Digitale Systeme").

Negation $y = \bar{x}$: $y = 1$, wenn *nicht* $x = 1$ (d. h., $y = 1$, wenn $x = 0$).

Konjunktion $y = x_1 \cdot x_2$: $y = 1$, wenn $x_1 = 1$ *und* $x_2 = 1$.

Disjunktion $y = x_1 + x_2$: $y = 1$, wenn $x_1 = 1$ *oder* $x_2 = 1$.

Weitere Grundverknüpfungen sind die Antivalenz (ENTWEDER ODER, XOR; Operationszeichen: $\leftrightarrow$ oder $\oplus$), die Äquivalenz (ÄQUIVALENT; Operationszeichen: $\leftrightarrow$ oder $\equiv$) sowie die Implikation (IMPLIZIERT, Operationszeichen: $\rightarrow$ oder $\supset$).

Antivalenz $y = x_1 \leftrightarrow x_2$: $y = 1$, wenn *entweder* $x_1 = 1$ *oder* $x_2 = 1$ (d. h., x_1 ist ungleich x_2).

Äquivalenz $y = x_1 \leftrightarrow x_2$: $y = 1$, wenn x_1 äquivalent x_2 (d. h., x_1 ist gleich x_2).

Implikation $y = x_1 \rightarrow x_2$: $y = 1$, wenn x_1 impliziert x_2 (d. h., x_2 bezieht x_1 ein bzw. x_2 ist größer/gleich x_1).

Tab. 1 Logische Operationen; Wahrheitstabellen, Formeln, Symbole

Negation		Konjunktion			Disjunktion		
x	y	x_1	x_2	y	x_1	x_2	y
0	1	0	0	0	0	0	0
1	0	0	1	0	0	1	1
		1	0	0	1	0	1
		1	1	1	1	1	1

$$y = \bar{x} = \neg x$$

$$y = x_1 \cdot x_2 = x_1 \wedge x_2$$

$$y = x_1 + x_2 = x_1 \vee x_2$$

Antivalenz			Äquivalenz			Implikation		
x_1	x_2	y	x_1	x_2	y	x_1	x_2	y
0	0	0	0	0	1	0	0	1
0	1	1	0	1	0	0	1	1
1	0	1	1	0	0	1	0	0
1	1	0	1	1	1	1	1	1

$$y = x_1 \leftrightarrow x_2 = x_1 \oplus x_2$$

$$y = x_1 \leftrightarrow x_2 = x_1 \equiv x_2$$

$$y = x_1 \rightarrow x_2 = x_1 \supset x_2$$

20.1.1.2 Ausdrücke

Logische Konstanten, Aussagenvariablen, Grundverknüpfungen und aus ihnen zusammengesetzte komplexere Verknüpfungen werden zusammenfassend als Ausdrücke bezeichnet. In Analogie zu arithmetischen Ausdrücken ist festgelegt, dass $\cdot$ Vorrang vor $+$ hat. Ferner ist es weithin üblich, den Bereich einer Negation durch Überstreichung anzugeben und, wenn es nicht zu Verwechslungen kommen kann, Malpunkte wegzulassen. Klammern dürfen jedoch nur dann weggelassen werden, wenn für die eingeklammerte Verknüpfung das Assoziativgesetz gilt (das ist für $\cdot$, $+$, $\leftrightarrow$ und $\leftrightarrow$ der Fall, nicht jedoch für $\rightarrow$). – Werden Ausdrücke mit den Symbolen der Tab. 1 dargestellt, so wird ihre „Klammerstruktur" durch

die Symbolstufung besonders anschaulich (vgl. z. B. die Gleichung und das Blockbild für y_1 in Abb. 1).

Die Vielfalt der Darstellungsmöglichkeiten erlaubt es, einzelne Operationen durch andere zu beschreiben. Eine gewisse Standardisierung ergibt sich, wenn nur die Operationen $^-$, $\cdot$ und $+$ benutzt werden; $\leftrightarrow$, $\leftrightarrow$ und $\rightarrow$ lassen sich damit folgendermaßen ausdrücken (vgl. die Tab. 2d bis f für die drei Grundverknüpfungen Antivalenz, Äquivalenz und Implikation)

$$x_1 \not\leftrightarrow x_2 = \bar{x}_1 \cdot x_2 + x_1 \cdot \bar{x}_2,$$
$$x_1 \leftrightarrow x_2 = \bar{x}_1 \cdot \bar{x}_2 + x_1 \cdot x_2,$$
$$x_1 \rightarrow x_2 = \bar{x}_1 + x_2.$$

Abb. 1 Darstellungsmittel für boolesche Funktionen am Beispiel der Funktion in Tab. 3b. **a** Tafeln; **b** Gleichungen; **c** Blockbilder. Die abgebildeten Funktionen sind in mehrfacher Weise interpretierbar: 1. $y_1 = 1$, wenn 2 oder mehr der 3 Kandidaten x_i zustimmen (2-aus-3-Voter), 2. $y_2 = 1$, wenn die Quersumme der Dualzahl $x_3 x_2 x_1$ ungerade ist (Paritätsprüfung), 3. y_1 als Übertrag und y_2 als Summe bei der Addition der drei Dualziffern x_1, x_2, x_3

a)

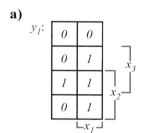
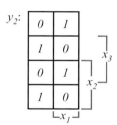

b)

$$y_1 = x_1 x_2 + x_1 x_3 + x_2 x_3 = x_1 x_2 + (x_1 + x_2)x_3$$

$$y_2 = x_1 \leftrightarrow x_2 \leftrightarrow x_3 = (x_1 \leftrightarrow x_2) \leftrightarrow x_3$$

c)

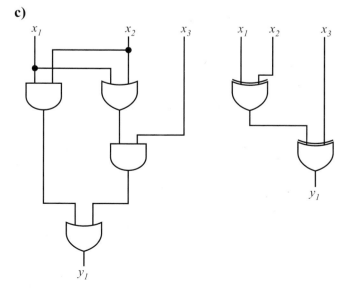

Tab. 2 Auswertung der Ausdrücke $a \cdot b + c$ und $(a + c) \cdot (b + c)$; beide haben für alle 0/1-Kombinationen von a, b und c die gleichen Werte, d. h., es gilt $a \cdot b + c = (a + c) \cdot (b + c)$

a	b	c	$a \cdot b$	$a \cdot b + c$	$a + c$	$b + c$	$(a + c) \cdot (b + c)$
0	0	0	0	0	0	0	0
0	0	1	0	1	1	1	1
0	1	0	0	0	0	1	0
0	1	1	0	1	1	1	1
1	0	0	0	0	1	0	0
1	0	1	0	1	1	1	1
1	1	0	1	1	1	1	1
1	1	1	1	1	1	1	1

Auswertung.

Zur Auswertung von Ausdrücken legt man Tabellen an: Links werden im Spaltenkopf die im Ausdruck vorkommenden Variablen und zeilenweise sämtliche Kombinationen von 0 und 1 eingetragen. Rechts werden für alle diese Kombinationen die Werte der Teilausdrücke so lange ausgewertet und niedergeschrieben, bis der Wert des Ausdrucks feststeht. Tab. 2 gibt ein Beispiel.

20.1.1.3 Axiome

Die folgenden Axiome (1a), (1b), (1c), (1d), (1e), (1f), (1g), (1h), (1i) und (1j) definieren mit den Variablen a, b, c, den Konstanten 0,1 und den Operationen $-, \cdot, +$ die *boolesche Algebra*, die sich durch abweichende Rechenregeln und Operationen sowie durch das Fehlen von Umkehroperationen von der gewöhnlichen Algebra unterscheidet.

$$a \cdot b = b \cdot a, \tag{1a}$$

$$a + b = b + a, \tag{1b}$$

$$(a \cdot b) \cdot c = a \cdot (b \cdot c), \tag{1c}$$

$$(a + b) + c = a + (b + c), \tag{1d}$$

$$(a + b) \cdot c = a \cdot c + b \cdot c, \tag{1e}$$

$$a + bc = (a + b) * (a + c) \tag{1f}$$

$$a \cdot 1 = a, \tag{1g}$$

$$a + 0 = a, \tag{1h}$$

$$a \cdot \bar{a} = 0, \tag{1i}$$

$$a + \bar{a} = 1. \tag{1j}$$

Axiome (1a) und (1b) erlauben das Vertauschen von Operanden (Kommutativgesetze); Axiome (1c) und (1d) das Weglassen von Klammern (Assoziativgesetze), solange nicht + und ·, wie in den Axiomen (1e) und (1f), gemischt auftreten (Distributivgesetze). Der durch (1e) beschriebene Vorgang wird auch als „Ausmultiplizieren", in Analogie dazu der durch (1f) beschriebene als „Ausaddieren" bezeichnet. Axiome (1g) und (1h) definieren das 1-Element und das 0-Element (Existenz der neutralen Elemente); Axiom (1i) mit (1j) definiert die „Überstreichung" (Existenz des Komplements). Dass die Axiome für die in Tab. 1 definierten logischen Operationen gültig sind, lässt sich durch Auswertung der Ausdrücke auf beiden Seiten des Gleichheitszeichens zeigen (siehe z. B. Tab. 2 für (1f)).

Dualität.

Den Axiomen ist eine Symmetrie zu eigen, die durch ihre paarweise Nummerierung betont ist. Sie ist gekennzeichnet durch Vertauschen von · und + sowie 0 und 1 und wird als Dualität bezeichnet. Wenn, wie in (1a), (1b), (1c), (1d), (1e), (1f), (1g), (1h), (1i) und (1j), zwei Ausdrücke äquivalent sind, so sind es auch die jeweiligen dualen Ausdrücke. Dieses *Dualitätsprinzip* gilt nicht nur für die Axiome, sondern auch für alle Sätze.

20.1.1.4 Sätze

Aus den Axiomen der booleschen Algebra lässt sich eine Reihe von Sätzen ableiten, die zusammen mit den Axiomen als Rechenregeln zur Umformung von Ausdrücken dienen. (Einfacher als aus den Axiomen sind die Sätze durch Auswertung beider Gleichungsseiten zu beweisen.)

$$a \cdot a = a, \quad a + a = a, \tag{2}$$

$$0 \cdot a = 0, \quad 1 + a = 1, \tag{3}$$

$$a + a \cdot b = a, \quad a \cdot (a + b) = a, \tag{4}$$

$$a + \overline{a} \cdot b = a + b, \quad a \cdot (\overline{a} + b) = a \cdot b, \tag{5}$$

$$\overline{a \cdot b} = \overline{a} + \overline{b}, \quad \overline{a + b} = \overline{a} \cdot \overline{b}, \tag{6}$$

$$\overline{\overline{a}} = a. \tag{7}$$

Sätze (6), (7), (8) und (9) erlauben es, boolesche Ausdrücke zu vereinfachen bzw. Schaltungen hinsichtlich ihres Aufwands zu minimieren; (10a) und (10b), die De Morgan'schen Regeln, erlauben es zusammen mit

(1–11), die Operationen NICHT, UND und ODER durch NAND (negiertes AND) oder NOR (negiertes OR) auszudrücken, d. h. Schaltungen nur aus NAND-Schaltkreisen (siehe Abb. 2c) oder nur aus NOR-Schaltkreisen (siehe Abb. 2d) aufzubauen.

20.1.2 Boolesche Funktionen

20.1.2.1 Von der Mengen- zur Vektordarstellung

Eine Funktion f bildet eine Menge E von Eingangselementen (Eingabemenge, Urmenge) in eine Menge A von Ausgangselementen (Ausgabemenge, Bildmenge) ab, formal beschrieben durch

a)
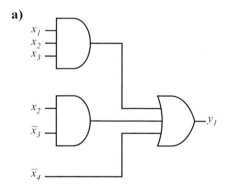

b)
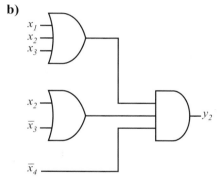

c)
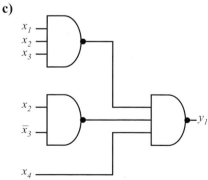

d)
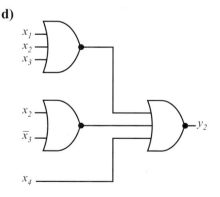

Abb. 2 Blockbilder von Normalformen sowie davon abgeleiteter Formen. **a** Disjunktive Normalform (hier $y_1 = x_1 x_2 x_3 + x_2 \overline{x}_3 + \overline{x}_4$); **b** konjunktive Normalform (hier $y_2 = (x_1 + x_2 + x_3) \cdot (x_2 + \overline{x}_3) \cdot \overline{x}_4$); **c** NAND/NAND-Form; **d** NOR/NOR-Form. Die in a und b bzw. c und d abgebildeten Formen sind jeweils dual, nicht äquivalent. Die in a und c bzw. b und d abgebildeten Formen sind hingegen äquivalent

$$f : E \rightarrow A,$$

wobei es sich hier stets um Mengen mit diskreten Elementen handelt. Zur Beschreibung von Funktionen gibt es eine Vielzahl an Darstellungsmitteln. Wenn die Anzahl der Eingangselemente nicht zu groß ist, bedient man sich gerne der Tabellendarstellung. Bei der in Tab. 3a definierten Funktion sind zwar alle Eingangs- und Ausgangselemente aufgeführt, aber über ihre Art ist nichts ausgesagt; sie ergibt sich aus der jeweiligen Anwendung. In der elektronischen Datenverarbeitung sind die Elemente wegen der heute verwendeten Schaltkreise *binär* codiert, d. h., jedes Element von *E* und von *A* ist umkehrbar eindeutig durch 0/1-Kombinationen verschlüsselt; auf diese Weise entstehen aus den Eingangselementen boolesche Eingangs*variablen*. Tab. 3b zeigt eine Codierung für die in Tab. 3a definierte Funktion.

Beschreibung mit Booleschen Vektoren.
Funktionen mit binär codierten Elementen lassen sich durch boolesche Ausdrücke beschreiben, sie heißen dann boolesche Funktionen. Ihre Realisierung mit Schaltern (i. Allg. Transistoren) bezeichnet man als Schaltnetze (siehe ▶ Abschn. 21.2 in Kap. 21, „Digitale Systeme").

Tab. 3 Tabellendarstellungen einer Funktion. **a** Darstellung von $f : E \rightarrow A$ mit Elementen von Mengen; **b** Darstellung von *f*, aufgefasst als eine Funktion $y = f(x)$ mit den Werten boolescher *Vektoren* bzw. als *zwei* Funktionen $y_1 = f_1(x_1, x_2, x_3)$ und $y_2 = f_2(x_1, x_2, x_3)$ mit den Werten boolescher *Variablen*

a) $E \rightarrow A$		b) x_1 x_2 x_3	y_1 y_2
e_0	a_0	0 0 0	0 0
e_1	a_1	0 0 1	0 1
e_2	a_2	0 1 0	0 1
e_3	a_3	0 1 1	1 0
e_4	a_4	1 0 0	0 1
e_5	a_5	1 0 1	1 0
e_6	a_6	1 1 0	1 0
e_7	a_7	1 1 1	1 1

Im einfachsten Fall ist eine boolesche Funktion von *n* Veränderlichen eine Abbildung der 0/1-Kombinationen der *n* unabhängigen Variablen $x_1, x_2, \ldots, x_n$ (Eingangsvariablen, zuweilen auch kurz: Eingänge) in die Werte 0 und 1 einer abhängigen Variablen *y* (Ausgangsvariable, zuweilen kurz: Ausgang). Fasst man die Eingangsvariablen zu einem booleschen Vektor zusammen (Eingangsvektor *x*), so lässt sich dies kompakt durch $y = f(x)$ beschreiben. Liegen *m* Funktionen $y_1 = f_1(x), \ldots, y_m = f_m(x)$ mit *m* Ausgangsvariablen vor (Ausgangsvektor *y*), so lassen sich diese ebenso zusammenfassen und durch $y = f(x)$ beschreiben. Es entsprechen sich also

$$f : E \rightarrow A \quad \text{und} \quad y = f(x).$$

Darin sind die binär codierten Elemente von *E* die Werte von *x* und die binär codierten Elemente von *A* die Werte von *y*.

Eine Funktion, bei der für sämtliche 0/1-Kombinationen ihrer Eingangsvariablen die Funktionswerte ihrer Ausgangsvariable(n) definiert sind, heißt vollständig definiert (totale Funktion), andernfalls unvollständig definiert (partielle Funktion).

20.1.2.2 Darstellungsmittel
Für boolesche Funktionen sind verschiedene Darstellungsformen möglich, die meist ohne Informationsverlust ineinander transformierbar sind. Deswegen bedeutet der Entwurf eines Schaltnetzes i. Allg. die *Transformation* von verbalen *Angaben* über die Funktion in eine wirtschaftlich akzeptable *Schaltung* für die Funktion; d. h. die Transformation der Beschreibung ihrer Funktionsweise in die Beschreibung ihrer Schaltungsstruktur.

Tabellen
(Wertetabellen, Wahrheitstabellen; Tab. 3b). In der Tabellendarstellung steht in jeder Zeile links eine 0/1-Kombination der Eingangsvariablen (ein Wert des Eingangsvektors, Eingangswert), der rechts die zugehörigen Werte der Ausgangsvariablen (der Wert des Ausgangsvektors, Ausgangs-

wert) zugeordnet sind. Tabellenzeilen mit demselben Ausgangswert werden manchmal zu einer Zeile zusammengefasst, wobei eine Eingangsvariable, die den Ausgangswert nicht beeinflusst, durch einen Strich in der Tabelle gekennzeichnet wird. Bei unvollständig definierten Funktionen sind die nicht definierten Wertezuordnungen auch nicht in der Tabelle enthalten.

Tafeln
(Karnaugh-Veitch-, auch kurz KV-Diagramme; Abb. 1a). Bei der Tafeldarstellung sind die Eingangsvariablen entsprechend der matrixartigen Struktur der Tafeln in zwei Gruppen aufgeteilt. Die 0/1-Kombinationen der einen Gruppe werden nebeneinander den Spalten, die der anderen Gruppe zeilenweise untereinander den Zeilen der Tafel zugeordnet. Jede Tafel hat so viele Felder, wie es mögliche Kombinationen der Eingangswerte gibt, d. h. bei n Variablen 2^n Felder. In die Felder werden die Ausgangswerte eingetragen: entweder zusammengefasst als Vektor in eine einzige Tafel oder als dessen einzelne Komponenten in so viele Tafeln, wie der Vektor Komponenten hat. Bei unvollständig definierten Funktionen entsprechen den nicht definierten Wertezuordnungen leere Felder (Leerstellen), sie werden auch als „Don't Cares" bezeichnet und spielen bei der Minimierung von Funktionsgleichungen eine wichtige Rolle.

Gleichungen
(Abb. 1b). In der Gleichungsdarstellung stehen die Ausgangsvariablen links des Gleichheitszeichens, und die Eingangsvariablen erscheinen innerhalb von Ausdrücken rechts des Gleichheitszeichens. Bei mehreren Ausgangsvariablen hat das Gleichungssystem so viele Gleichungen, wie der Ausgangsvektor Komponenten hat. – Bei unvollständig definierten Funktionen kann der eingeschränkte Gültigkeitsbereich einer Gleichung als Bedingung ausgedrückt werden.

Blockbilder
(Strukturbilder, Schaltbilder; Abb. 1c). Blockbilder beschreiben sowohl die formelmäßige Gliederung wie die schaltungsmäßige Struktur einer

booleschen Funktion und haben somit eine Brückenfunktion beim Schaltnetzentwurf. Sie werden z. B. mit den in Tab. 1 dargestellten Symbolen gezeichnet, die entsprechend der „Klammerstruktur" miteinander zu verbinden sind. Die Eingangsvariablen sind die Eingänge des Schaltnetzes. Die Negation einer Variablen wird entweder durch einen Punkt am Symbol oder durch Überstreichung der Variablen dargestellt. Die Ausgangsvariablen sind die Ausgänge des Schaltnetzes. – Im Blockbild kann die Eigenschaft einer Funktion, unvollständig definiert zu sein, nicht zum Ausdruck gebracht werden.

20.1.3 Normal- und Minimalformen

20.1.3.1 Kanonische Formen Boolescher Funktionen

Unter den zahlreichen Möglichkeiten, eine boolesche Funktion durch einen booleschen Ausdruck zu beschreiben, gibt es bestimmte, die sich durch Übersichtlichkeit und Einfachheit besonders auszeichnen (siehe auch ▸ Abschn. 21.2.2.1 in Kap. 21, „Digitale Systeme").

Normalformen.
Jede boolesche Funktion kann in zwei charakteristischen Formen geschrieben werden: 1. als disjunktive Normalform, das ist eine i. Allg. mehrstellige Disjunktion (ODER-Verknüpfung) von i. Allg. mehrstelligen Konjunktionstermen (UND-Verknüpfungen): Abb. 2a; 2. als konjunktive Normalform, das ist eine i. Allg. mehrstellige Konjunktion (UND-Verknüpfung) von i. Allg. mehrstelligen Disjunktionstermen (ODER-Verknüpfungen): Abb. 2b.

Die disjunktive Normalform kann mit NAND-Gliedern (Abb. 2c) und die konjunktive Normalform mit NOR-Gliedern (Abb. 2d) dargestellt werden. Das ist deshalb wichtig, weil in der Technik vielfach nur NOR- oder NAND-Schaltkreise zur Verfügung stehen. Die Eingangsvariablen sind unmittelbar in normaler oder negierter Form an die Verknüpfungsglieder angeschlossen (man beachte den Wechsel der Überstreichung bei x_4).

Ausgezeichnete Normalformen.
Enthalten alle Terme einer Normalform sämtliche
Variablen der Funktion genau einmal (normal
oder negiert) und sind gleiche Terme nicht vorhanden, so liegt eine eindeutige Struktur vor, die
als ausgezeichnete disjunktive bzw. ausgezeichnete konjunktive Normalform bezeichnet wird. –
Jede boolesche Funktion lässt sich von einer in die
andere Normalform umformen, mit den angegebenen Rechenregeln allerdings z. T. nur unter
erheblichem Rechenaufwand; besser geht es unter
Zuhilfenahme von Tafeln.

20.1.3.2 Minimierung von Funktionsgleichungen

Die Minimierung von Funktionsgleichungen
dient zur Vereinfachung von Schaltnetzen. Ihre
Bedeutung hat sich im Laufe der Entwicklung,
einerseits wegen der geringeren Kosten der Transistoren innerhalb hochintegrierter Schaltungen,
andererseits wegen einer angestrebten Steigerung
der Fertigungsdichte, mehrmals gewandelt. Sie
wird beim simulationsgetriebenen Schaltungsentwurf zur optimalen Nutzung der Chipfläche eingesetzt; und auch in der systemnahen Programmierung, z. B. zur übersichtlicheren Formulierung
bedingter Anweisungen, kann sie nützlich sein.

Die Minimierung besteht aus zwei Teilen:
1. dem Aufsuchen sämtlicher Primimplikanten,
das ergibt UND-Verknüpfungen mit wenigen Eingängen, und 2. der Ermittlung der minimalen
Überdeckung der Funktion, das ergibt wenige
UND-Verknüpfungen und damit auch eine ODER-
Verknüpfung mit wenigen Eingängen.

Primimplikant.
Für jeden Konjunktionsterm einer booleschen Funktion in disjunktiver Normalform gilt, dass, wenn er

den Wert 1 hat, auch die Funktion selbst den Wert
1 hat. Mit anderen Worten, jeder Konjunktionsterm
impliziert die Funktion, man sagt, er ist Implikant
der Funktion. Lässt sich aus einem solchen Impli-
kanten keine Variable herausstreichen, ohne den
Funktionswert zu ändern, so heißt er Primimplikant
oder Primterm. In der Tafel sind Primterme anschaulich „rechteckige" Felder (ggf. unzusammenhän-
gend) mit „maximal vielen" Einsen unter Einbeziehung von Leerstellen, die sich durch einen einzigen
Konjunktionsterm darstellen lassen (z. B. sind
$\bar{a}\bar{b}\bar{c}\bar{d}$, $\bar{a}\bar{b}c$ und $a\,d$ (auch $a\bar{b}c$ und $b\,d$), nicht aber
z. B. $a\bar{b}c\bar{d}$ Primterme der Funktion f entsprechend
den drei (fünf) umrandeten Feldern in Abb. 3).

Minimale Überdeckung.
Alle Konjunktionsterme einer Funktion, disjunktiv zusammengefasst, stellen die Funktion in ihrer
Gesamtheit dar, man sagt, sie bilden eine Überdeckung der Funktion. Lässt sich aus einer solchen Überdeckung kein Term streichen, ohne die
Funktion zu ändern, so heißt sie minimale Überdeckung. In der Tafel gibt es dann kein umrande-
tes Feld, das durch zwei oder mehrere andere
„erzeugt" wird (z. B. ist $f = \bar{a}\bar{b}\bar{c}\bar{d} + \bar{a}\bar{b}c + ad$,
nicht aber $f = \bar{a}\bar{b}\bar{c}\bar{d} + \bar{a}\bar{b}c + ad + bd$, eine minimale Überdeckung der Funktion f aus Abb. 3).

Minimale Normalform.
Die Minimierung führt gewöhnlich auf minimale
disjunktive Normalformen. Programmierbare Verfahren zur exakten Minimierung folgen strikt
der oben beschriebenen Zweiteilung. Bei programmierten heuristischen Verfahren sowie bei
manuellen grafischen Verfahren werden hingegen
meist beide Teile zusammengefasst, wobei in
Kauf genommen wird, gelegentlich nicht ganz

Abb. 3 Tafeln
unvollständig definierter
Funktionen f und $\bar{f}$ mit vier
Variablen. Die gestrichelt
eingerahmten
Primtermfelder sind zur
Gleichungsdarstellung der
Funktion unnötig

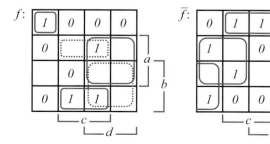

das absolute Minimum an Verknüpfungen zu erhalten. Zur grafischen Minimierung wird die Funktion als Tafel dargestellt, und es werden alle jene Konjunktionsterme disjunktiv verknüpft herausgeschrieben, die jeweils maximal viele Einsen/Leerstellen umfassen, und zwar so lange, bis alle Einsen der Tafel berücksichtigt sind (z. B. entsteht gemäß Abb. 3 $f = ad + \overline{a}bc + \overline{a}d\overline{c}\overline{d}$). – Der hier skizzierte Minimierungsprozess bezieht sich auf Funktionen mit einem Ausgang. Funktionen mit mehreren Ausgängen werden grafisch komponentenweise, algorithmisch hingegen als Ganzes minimiert. Solche Funktionen spielen bei der Chipflächenreduzierung von Steuerwerken eine gewisse Rolle (siehe auch ▶ Abschn. 21.2.2.2 in Kap. 21, „Digitale Systeme").

„Rechnen" mit Tafeln.
Die Minimierung wird auch beim Rechnen mit booleschen Funktionen angewendet, da es anderenfalls äußerst mühsam wäre, „don't cares" in den Rechenprozess einzubeziehen.

Beispiel: Es soll die zu $f = \overline{a}b\overline{c}\overline{d} + \overline{a}bc + ad$ negierte Funktion $\overline{f}$ gebildet werden, und zwar unter Berücksichtigung der „don't cares" aus Abb. 3. Nach Ablesen der „günstigsten" Primterme ergibt sich $\overline{f} = \overline{a}bc + a\overline{d} + b\overline{c} + \overline{c}d$.

20.1.4 Boolesche Algebra und Logik

In der mathematischen Logik wird die boolesche Algebra zur Beschreibung der logischen Struktur von Aussagen benutzt. Statt der Symbole 0 und 1 benutzt man deshalb meist *falsch* und *wahr*, F und W bzw. in den Programmiersprachen *false* und *true* oder F und T.

In der mathematischen Logik sind die folgenden Symbole üblich: Negation ¬, Konjunktion ∧, Disjunktion ∨, Implikation →, Äquivalenz ↔. Aus Gründen der Einheitlichkeit wird im Folgenden hier auch die Symbolik der booleschen Algebra, d. h. auch die der Schaltalgebra benutzt.

Beispiel.
Der Satz: „Wenn die Sonne scheint und es warm ist oder wenn ich müde bin und nicht schlafen kann, gehe ich spazieren." ist eine logische Ver-

knüpfung der elementaren Aussagen „Die Sonne scheint" (*A*), „Es ist warm" (*B*), „Ich bin müde" (*C*), „Ich kann schlafen" (*D*), „Ich gehe spazieren" (*E*). Er wird als Formel der Aussagenlogik so geschrieben:

$$(A \wedge B) \vee (C \wedge \neg D) \rightarrow E \quad \text{bzw.} \quad (A \cdot B + C \cdot \overline{D}) \rightarrow E.$$

20.1.4.1 Begriffe
In der formalen Logik wird allein die *Struktur* von Aussagen betrachtet, nicht die Frage, ob sie inhaltlich wahr oder falsch sind. Die klassische formale Logik lässt für jede Aussage nur die beiden Möglichkeiten *wahr* und *falsch* zu („tertium non datur"); andere Logiksysteme (intuitionistische Logik, mehrwertige Logik, modale Logik) lockern diese Einschränkung. In der klassischen Logik unterscheidet man *Aussagenlogik* und *Prädikatenlogik*. Die Aussagenlogik betrachtet nur die Verknüpfungen elementarer Aussagen, d. h. ganzer Sätze. In der Prädikatenlogik kommt die Aufteilung der Sätze in Subjekte (Individuen) und Prädikate (boolesche Funktionen von Subjekten) und die Einführung von Quantoren hinzu. Da sich logische Formeln nach den Regeln der booleschen Algebra Kalkül-mäßig transformieren, z. B. vereinfachen oder in Normalformen überführen lassen, spricht man auch von Aussagen- und Prädikaten*kalkül*. Die folgenden Ausführungen beziehen sich hauptsächlich auf die einfachere, für viele Anwendungen aber ausreichende Aussagenlogik.

Die Wahrheit einer zusammengesetzten Formel der Aussagenlogik hängt nur von der Wahrheit ihrer Elementaraussagen ab. Dabei sind drei Fälle zu unterscheiden:

- *Allgemeingültigkeit* (*Tautologie*: Die Formel ist, unabhängig von der Wahrheit ihrer Elementaraussagen, immer wahr. Beispiel: „Wenn der Hahn kräht auf dem Mist, ändert sich das Wetter, oder es bleibt, wie es ist." $(H \rightarrow \overline{W} + W)$.
- *Unerfüllbarkeit* (*Kontradiktion*): Die Formel ist, unabhängig von der Wahrheit oder Falschheit ihrer Elementaraussagen, immer falsch. Beispiel: „Der Hahn kräht auf dem Mist und kräht nicht auf dem Mist." $(H \cdot \overline{H})$.

- *Erfüllbarkeit*: Es gibt mindestens eine Belegung der Elementaraussagen mit *wahr* oder *falsch*, die die Formel wahr macht. Beispiel: „Wenn der Hahn kräht auf dem Mist, ändert sich das Wetter." $(H \to \overline{W})$.

Wenn X eine Formel der Aussagen- oder Prädikatenlogik ist, gelten folgende wichtige Beziehungen:

X ist allgemeingültig $\leftrightarrow \overline{X}$ ist unerfüllbar
X ist unerfüllbar $\leftrightarrow \overline{X}$ ist allgemeingültig
X ist erfüllbar $\leftrightarrow \overline{X}$ ist nicht allgemeingültig

Die große Bedeutung der formalen Logik für Mathematik und Informatik beruht vor allem darauf, dass sich mit ihr die Begriffe des logischen Schließens und des mathematischen Beweisens formal fassen lassen. Darauf bauen Verfahren zum automatischen Beweisen und die sog. logischen Programmiersprachen, wie Prolog, auf.

20.1.4.2 Logisches Schließen und mathematisches Beweisen in der Aussagenlogik

Die einfachste Form des logischen Schließens bildet die Implikation $A \to B$ (Tab. 4). Sie spielt deshalb eine zentrale Rolle in der Logik.

Axiome sind ausgewählte wahre Aussagen. Ein (mathematischer) *Satz* ist eine Aussage, die durch logisches Schließen aus Axiomen folgt. Die Aussage „B folgt aus den Axiomen A_1, A_2, ..., A_n" lautet damit

$$A_1 \cdot A_2 \cdot \ldots \cdot A_n \to B.$$

Sie ist dann und nur dann ein Satz (*Theorem*), wenn mit der Wahrheit von $A_1, A_2, \ldots, A_n$, zugleich auch B wahr ist, d. h., *wenn sie allgemeingültig ist*. Umgekehrt gilt: Wenn man zeigen kann, dass eine Formel X allgemeingültig ist, so ist X ein Satz, und man hat X bewiesen. Der Beweis kann auch indirekt geführt werden, indem man nachweist, dass X unerfüllbar ist. Aus diesem Grund ist der Nachweis der Allgemeingültigkeit oder der Unerfüllbarkeit von zentraler Bedeutung. Alle Axiome der booleschen Algebra (siehe Abschn. 20.1.1.3) sind allgemeingültige Aussagen. Weitere wichtige Beispiele aussagenlogischer Sätze:

$((A \to B) \cdot A) \to B$	Modus ponens (Abtrennungsregel)
$((A \to B) \cdot \overline{B}) \to \overline{A}$	Modus tollens
$(A \cdot (\overline{B} \to \overline{A})) \to B$	Indirekter Beweis (durch Widerspruch)
$(A \to B) \leftrightarrow (\overline{B} \to \overline{A})$	Kontraposition
$((A + B) \cdot (\overline{A} + C)) \to (B + C)$	Resolution

Für das Beweisen einer Formel X der Aussagenlogik stehen folgende vier Verfahren zur Verfügung, die alle in jedem Fall zum Ziel führen. Da sich aus n beteiligten Elementaraussagen ma-

Tab. 4 *Implikation*. **a** Definition; **b** Ersatz durch Negation und Disjunktion; **c** sprachliche Formulierungen

a)

A	B	$A \to B$
falsch	falsch	wahr
falsch	wahr	wahr
wahr	falsch	falsch
wahr	wahr	wahr

b)

$$(A \to B) \leftrightarrow (\bar{A} + B)$$

c)

Wenn A, dann B
A impliziert B
Aus A folgt B
A ist hinreichend für B
B ist notwendig für A
B ist Voraussetzung für A

ximal 2^n Kombinationen von *wahr* und *falsch* bilden lassen, wächst ihre Ausführungszeit in ungünstigen Fällen exponentiell mit n.

1. *Durch Exhaustion.* Man belegt die n Elementaraussagen mit den Werten *wahr* und *falsch* in allen Kombinationen und prüft, ob X für alle Belegungen *wahr* ist.

2. *Mit der konjunktiven Normalform.* Man transformiert X in die konjunktive Normalform. X ist dann allgemeingültig, wenn in der konjunktiven Normalform alle Disjunktionen eine Elementaraussage und zugleich ihre Negation enthalten.

3. *Mit der disjunktiven Normalform.* Man transformiert $\overline{X}$ in die disjunktive Normalform. X ist dann allgemeingültig, wenn in der disjunktiven Normalform von $\overline{X}$ alle Konjunktionen eine Elementaraussage und zugleich ihre Negation enthalten.

4. *Durch Resolution.* Man transformiert $\overline{X}$ in die konjunktive Normalform. In ihr sucht man ein Paar von Disjunktionen, in denen eine Elementaraussage bejaht und negiert vorkommt, zum Beispiel $(A+B) \cdot \ldots \cdot (\overline{A}+C)$. Da $(A+B) \cdot (\overline{A}+C) \rightarrow (B+C)$ gilt, kann man die „Resolvente" $(B+C)$ der Gesamtformel als neue Konjunktion hinzufügen, ohne ihren Wahrheitswert zu ändern. Entsprechend haben die Formeln $(A+B) \cdot \overline{A}$ und $(\overline{A}+B) \cdot A$ jede für sich die Resolvente B. Man wiederholt die Resolventenbildung („Resolution") in allen möglichen Kombinationen unter Einbeziehung der hinzugefügten Resolventen so lange, bis entweder alle Möglichkeiten erschöpft sind oder sich schließlich zwei Resolventen der Form A und $\overline{A}$ ergeben. Da $A \cdot \overline{A}$ *falsch* ist, bekommt dadurch die ganze konjunktive Normalform den Wert *falsch*. Somit ist $\overline{X}$ unerfüllbar und X allgemeingültig. Wenn dieser Fall nicht auftritt, ist X nicht allgemeingültig.

Die Resolution ist in der Aussagenlogik von untergeordneter Bedeutung. In der Prädikatenlogik ist sie aber oft das einzige Verfahren, das zum Ziel führt.

20.1.4.3 Beispiel für einen aussagenlogischen Beweis

Gegeben sind die Aussagen: 1. Paul oder Michael haben heute Geburtstag. 2. Wenn Paul heute Geburtstag hat, bekommt er heute eine Fotokamera. 3. Wenn Michael heute Geburtstag hat, bekommt er heute ein Briefmarkenalbum. 4. Michael bekommt heute kein Briefmarkenalbum. Folgt daraus der Satz „Paul hat heute Geburtstag"?

Elementaraussagen: „Paul hat heute Geburtstag" (P); „Michael hat heute Geburtstag" (M); „Paul bekommt heute eine Fotokamera" (F); „Michael bekommt heute ein Briefmarkenalbum" (B). Es soll mit den in Abschn. 20.1.4.2 angegebenen vier Methoden geprüft werden, ob die Formel X

$$\left((P+M) \cdot (P \rightarrow F) \cdot (M \rightarrow B) \cdot \overline{B}\right) \rightarrow P \quad (8)$$

allgemeingültig ist. Zum leichteren Rechnen beseitigt man in (8) zuerst alle Implikationen $A \rightarrow B$ durch die Disjunktionen $\overline{A}+B$ (vgl. Tab. 4b) und erhält

$$\overline{(P+M) \cdot (\overline{P}+F) \cdot (\overline{M}+B) \cdot \overline{B}} + P. \quad (9)$$

Exhaustion. Prüfung aller 2^4 Wertekombinationen in verkürzter Weise:

B *wahr* ergibt sofort für X *wahr*.

B *falsch* ergibt :

P *wahr* ergibt sofort für X *wahr*.

P *falsch* ergibt für X :

$\overline{M \cdot \text{wahr} \cdot \overline{M} \cdot \text{wahr}}$, und das ist *wahr*.

Konjunktive Normalform. Eine der konjunktiven Normalformen von (9) lautet: $(\overline{P}+P+B+M) \cdot (\overline{M}+P+B+M)$. Die erste Disjunktion ist *wahr* wegen $\overline{P}+P$, die zweite wegen $\overline{M}+M$. Somit ist X allgemeingültig.

Disjunktive Normalform. Man bildet die Negation von (9):

$$(P+M) \cdot (\overline{P}+F) \cdot (\overline{M}+B) \cdot \overline{B} \cdot \overline{P} \quad (10)$$

multipliziert aus und vereinfacht. Eine der dabei entstehenden disjunktiven Normalformen lautet

$$M \cdot \overline{B} \cdot \overline{P} \cdot \overline{M} + M \cdot \overline{B} \cdot \overline{P} \cdot F \cdot \overline{M}$$
$$+ M \cdot \overline{B} \cdot \overline{P} \cdot B + M \cdot \overline{B} \cdot \overline{P} \cdot F \cdot B.$$

Sie enthält in jeder Konjunktion eine Elementaraussage und deren Negation.

Resolution. Man bildet die Negation von X und erhält (10). In (10) ergeben $(P + M)$ und $\overline{P}$ die Resolvente M und $(\overline{M} + B)$ und $\overline{B}$ die Resolvente $\overline{M}$. M und $\overline{M}$ ergeben die Resolvente *falsch*. Das heißt, $\overline{X}$ ist unerfüllbar und somit X allgemeingültig.

20.1.4.4 Entscheidbarkeit und Vollständigkeit

Da sich von jeder aussagenlogischen Formel feststellen lässt, ob sie allgemeingültig ist oder nicht, bilden die Formeln der *Aussagenlogik* hinsichtlich ihrer Allgemeingültigkeit eine entscheidbare Menge. Man sagt, die Aussagenlogik ist *entscheidbar*. Darüber hinaus kann man Axiomensysteme angeben, aus denen sich *sämtliche* Sätze (d. h. alle allgemeingültigen Formeln) der Aussagenlogik ableiten lassen. Diese Eigenschaft bezeichnet man als *Vollständigkeit*. Es ergibt sich somit der Satz:

- *Die Aussagenlogik ist entscheidbar und vollständig.*

Für die *Prädikatenlogik* gelten die Sätze:

- *Die Prädikatenlogik 1. Stufe ist vollständig.* (Gödels Vollständigkeitssatz, 1930).
- *Die Prädikatenlogik 1. Stufe ist nicht entscheidbar* (Church, 1936).
- *Die Prädikatenlogik 2. Stufe ist nicht vollständig.* (Gödels Unvollständigkeitssatz, 1931).

Da man bereits für die formale Beschreibung der Grundgesetze der Arithmetik die Prädikatenlogik 2. Stufe benötigt, kann man die letzte Aussage so interpretieren, dass es arithmetische Sätze (d. h. wahre Aussagen über natürliche Zahlen) gibt, die sich nicht mit den Mitteln der Prädikatenlogik beweisen lassen.

20.2 Automaten

Automaten wurden in den fünfziger Jahren insbesondere von E.F. Moore als Modelle „mathematischer Maschinen" diskutiert, aber auch von G.H. Mealy 1955 auf die formale Beschreibung sequenzieller elektrischer Schaltungen angewendet. Aus diesen Ansätzen hat sich die Automatentheorie entwickelt. Ihre Ergebnisse sind grundlegend insbesondere für die Konstruktion von Digitalschaltungen und zur Analyse der syntaktischen Struktur von Programmiersprachen.

20.2.1 Endliche Automaten

20.2.1.1 Automaten mit Ausgabe

Endliche Automaten haben endliche Speicher und somit eine endliche Menge von Zuständen. Nichtendliche Automaten haben demgegenüber einen unbegrenzten Speicher, bei der in Abschn. 20.2.3.3 behandelten Turingmaschine in der Form eines unendlich langen Bandes.

Ein endlicher Automat mit Ausgabe ist durch zwei Funktionen erklärt. Die Übergangsfunktion f bildet die Zustände (Zustandsmenge Z), im allgemeinen Fall kombiniert mit Eingangselementen (Eingangsgrößen, Eingabesymbolen; Eingabemenge E), auf die Zustände ab:

$$f : E \times Z \to Z.$$

Die Ausgangsfunktion g bildet entweder (nach Moore) die Zustände allein oder (nach Mealy) die Zustands-Eingangs-Kombinationen in die Ausgangselemente (Ausgangsgrößen, Ausgabesymbole; Ausgabemenge A) ab:

$$g : Z \to A \quad \text{(Moore-Automat)},$$
$$g : E \times Z \to A \quad \text{(Mealy-Automat)}.$$

Dabei handelt es sich um Mengen mit diskreten Elementen. Beide Modelle sind zur Beschreibung von Automaten geeignet. Moore-Automaten erfordern i. Allg. mehr Zustände als die äquivalenten Mealy-Automaten. Sie sind etwas leichter zu verstehen, aber etwas aufwändiger zu realisieren. Die Wahl des Modells hängt letztlich von der Anwendung ab.

20.2.1.2 Funktionsweise

In Abb.4 ist das Verhalten beider Automatenmodelle illustriert und dem Verhalten der in Abschn. 20.1.3 beschriebenen Funktionen gegenübergestellt. Darin bezeichnet 1 die zeitliche Folge der Eingangselemente, 2 die Folge der Zustände und 3 die Folge der Ausgangselemente. Die Eingangselemente werden gemäß den Teilbildern

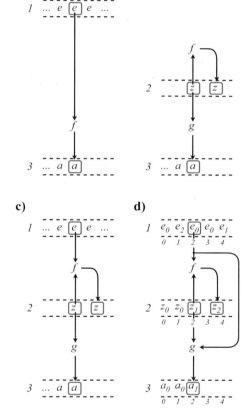

a)

b)

c)

d)

Abb. 4 Gegenüberstellung des Verhaltens. **a** Funktion f: $E \rightarrow A$; **b** autonomer Automat f: $Z \rightarrow Z$ und g: $Z \rightarrow A$; **c** Moore-Automat f: $E \times Z \rightarrow Z$ und g: $Z = A$; **d** Mealy-Automat f: $E \times Z \rightarrow Z$ und g: $E \times Z \rightarrow A$. 1 Eingabe, 2 Zustände, 3 Ausgabe. Die bei d eingetragenen Symbole geben einen Ausschnitt der Eingangs-Ausgangs-Transformation für den in Tab. 5a definierten Automaten mit z_0 als Anfangszustand wieder

a, c und d folgendermaßen verarbeitet: Bei Funktionen (a) wird in jedem Schritt zu jedem Eingangselement entsprechend f ein Ausgangselement erzeugt. Bei Automaten (c und d) wird in jedem Schritt – ausgehend von einem vorgegebenen Anfangszustand – zu einem Eingangselement in Kombination mit einem Zustand gemäß f der für den nächsten Schritt benötigte Zustand (Folgezustand) erzeugt. Weiterhin wird im selben Schritt ein Ausgangselement erzeugt, beim Moore-Automat (c) gemäß g nur vom jeweiligen Zustand abhängig und beim Mealy-Automat (d) gemäß g von der Kombination von Eingangselement und Zustand abhängig.

Wie Abb. 4b zeigt, gibt es auch Automaten ohne Eingangselemente, sog. autonome Automaten, deren Zustandsfortschaltung von selbst erfolgt. Auch gibt es Automaten, bei denen die Zustände gleichzeitig die Ausgangselemente sind; dann kann die Angabe der Ausgangsfunktion entfallen.

20.2.2 Hardwareorientierte Automatenmodelle

20.2.2.1 Von der Mengen- zur Vektordarstellung

Zur Beschreibung eines Automaten in Mengendarstellung gibt es eine Reihe an Darstellungsmitteln, wie Tabellen, Tafeln, Grafen; in Tab. 5a ist nur die Tabellendarstellung gezeigt, und zwar für einen Mealy-Automaten mit $Z = \{z_0, z_1, z_2\}$, $E = \{e_0, e_1, e_2, e_3\}$ und $A = \{a_0, a_1, a_2\}$. Bei der Definition des Automaten in Mengendarstellung ist über die Art und die Wirkung der Elemente von E und A (und Z) nichts ausgesagt; sie wird durch die jeweilige Anwendung bestimmt. Bei einem Fahrkartenautomaten z. B. sind die Eingangselemente Münzen und die Ausgangselemente Fahrkarten. Das *Erscheinen* der Eingangselemente *bewirkt* hier gleichzeitig die Zustandsfortschaltung. Bei einem Ziffernrechenautomaten, einem Digitalrechner, sind Eingangs- wie Ausgangselemente Ziffern bzw. Zahlen; hier werden die *vorhandenen* Eingangselemente *abgefragt*, und die Zustandsfortschaltung erfolgt automatenintern durch ein Taktsignal. – In der elektronischen Datenverarbei-

Tab. 5 Tabellendarstellungen eines Automaten, **a** mit Elementen von Mengen, **b** mit den Werten boolescher Vektoren

a)

$Z \times E$	$\xrightarrow{} A$ $\xrightarrow{} Z$		
z_0	e_0	z_0	a_0
z_0	e_1	z_0	a_0
z_0	e_2	z_1	a_0
z_0	e_3	z_1	a_0
z_1	e_0	z_2	a_1
z_1	e_1	z_0	a_0
z_1	e_2	z_2	a_1
z_1	e_3	z_0	a_0
z_2	e_0	z_1	a_2
z_2	e_1	z_1	a_2
z_2	e_2	z_1	a_2
z_2	e_3	z_1	a_2

b)

u_1	u_2	x_1	x_2	u_1	u_2	y_1	y_2	y_3
0	0	0	0	0	0	0	0	0
0	0	0	1	0	0	0	0	0
0	0	1	0	0	1	0	0	0
0	0	1	1	0	1	0	0	0
0	1	0	0	1	0	1	0	1
0	1	0	1	0	0	0	0	0
0	1	1	0	1	0	1	0	1
0	1	1	1	0	0	0	0	0
1	0	0	0	0	1	0	1	0
1	0	0	1	0	1	0	1	0
1	0	1	0	0	1	0	1	0
1	0	1	1	0	1	0	1	0

tung sind die Elemente wegen der heute verwendeten Schaltkreise *binär* codiert. Tab. 5b zeigt den Automaten von Tab. 5a mit den Codierungen $[x_1 \, x_2] = [00], [01], [10], [11]$ für e_0, e_1, e_2, e_3, $[y_1 \, y_2 \, y_3] = [000], [101], [010]$ für a_0, a_1, a_2 und $[u_1 \, u_2] = [00], [01], [10]$ für z_0, z_1, z_2.

Beschreibung mit Booleschen Vektoren.
Automaten mit binär codierten Elementen lassen sich durch boolesche Funktionen beschreiben, und dementsprechend wird von booleschen Automaten gesprochen. Ihre Realisierung mit Schaltern (i. Allg. Transistoren) bezeichnet man als Schaltwerke (siehe auch ▶ Abschn. 21.3 in Kap. 21, „Digitale Systeme"). Durch die Binärcodierung entstehen aus den Eingangs*elementen* boolesche Eingangs*variablen* $x_1, x_2, \ldots, x_n$ (im Folgenden kurz Eingänge), aus den Ausgangs*elementen* boolesche Ausgangs*variablen* $y_1, y_2, \ldots, y_m$ (kurz Ausgänge) und aus den Zuständen boolesche „Übergangsvariablen" $u_1, u_2, \ldots, u_k$. Sie werden jeweils zu booleschen Vektoren zusammengefasst: zum Eingangsvektor $\boldsymbol{x}$, zum Ausgangsvektor $\boldsymbol{y}$ und zum Übergangsvektor $\boldsymbol{u}$. Es entsprechen sich also (vgl. Abschn. 20.1.3.1)

$$f : \quad E \times Z \to Z \quad \text{und} \quad \boldsymbol{u} := \boldsymbol{f}(\boldsymbol{u}, \boldsymbol{x}),$$
$$g : \quad E \times Z \to A \quad \quad \boldsymbol{y} = \boldsymbol{g}(\boldsymbol{u}, \boldsymbol{x}).$$

Darin sind die binär codierten Elemente von E die Werte von $\boldsymbol{x}$ (Eingangswerte), die binär codierten Elemente von A die Werte von $\boldsymbol{y}$ (Ausgangswerte) und die binär codierten Zustände von Z die Werte von $\boldsymbol{u}$ (Übergangswerte).

20.2.2.2 Darstellungsmittel
Auch für boolesche Automaten gibt es eine Reihe von Darstellungsformen, die ineinander transformierbar sind und jeweils für unterschiedliche Zwecke besonders geeignet sind, z. B. zur Darstellung der Abläufe in einem Automaten oder zur Darstellung seines Aufbaus.

Der Entwurf eines Schaltwerkes – eine Hauptaufgabe der Digitaltechnik – kann unter diesem Aspekt aufgefasst werden als Transformation einer Funktionsbeschreibung des geforderten Verhaltens in eine Struktur einer verdrahteten oder programmierten Logikschaltung.

Grafen
(Zustandsgrafen, Zustandsdiagramme; Abb. 5 Teilbilder a und b). Die Grafendarstellung ist besonders nützlich zur Veranschaulichung der Funktionsweise von Automaten; sie beruht – mathematisch ausgedrückt – auf der Interpretation der Übergangsfunktion als bezeichneter gerichteter

Abb. 5 Darstellungsmittel boolescher Automaten am Beispiel des Automaten in Tab. 5b. **a** Graf mit booleschen Werten für die Ein-/Ausgänge; **b** Graf mit booleschen Ausdrücken für die Eingänge und booleschen Variablen für die Ausgänge; **c** Tabelle in verkürzter Form; **d** Tafeln; **e** Gleichungen; **f** Blockbild. Der Automat dient als Steuerwerk für die sogenannte Carry-save Addition

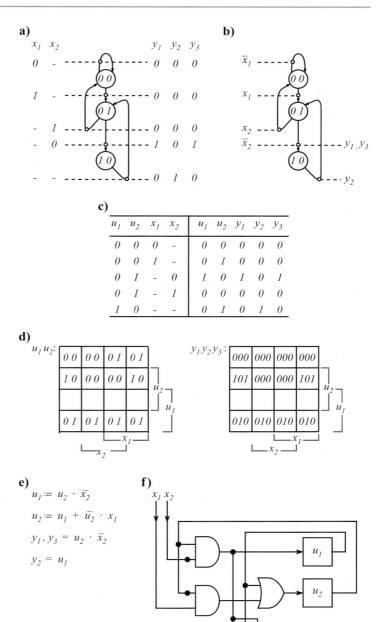

Graf in seiner zeichnerischen Darstellung mit Knoten und Kanten. Grafen machen die Verbindungen zwischen den Zuständen sichtbar und verdeutlichen so Zustandsfolgen, d. h. Abläufe im Automaten. Kreise (Knoten) stehen für jeden einzelnen Zustand. Sie werden ohne Eintrag gelassen, wenn dieser nach außen hin uninteressant ist, andernfalls werden sie symbolisch bezeichnet oder binär codiert (codierte Zustände, Übergangswerte). An den Übergangspfeilen (den Kanten)

werden links die Eingänge berücksichtigt, oft nur mit ihren relevanten Werten (Teilbild a) oder als boolesche Ausdrücke (Teilbild b); rechts werden die Ausgänge berücksichtigt, entweder mit ihren Werten (Teilbild a) oder oft nur deren aktive Komponenten (Teilbild b).

Tabellen

(Tab. 5b und Abb. 5c). In der Tabellendarstellung erscheinen links die Kombinationen der Zustände mit allen möglichen Eingangswerten (ausführliche Form, Tab. 5b) bzw. nur mit den relevanten Eingangswerten (komprimierte Form, Abb. 5c). Rechts stehen die Folgezustände sowie die Ausgangswerte.

Tafeln

(Abb. 5d). Zur Tafeldarstellung werden gemäß den beiden Funktionen des Automaten, der Übergangsfunktion und der Ausgangsfunktion, zwei Tafeln benötigt. An den Tafeln werden wegen ihrer unterschiedlichen Bedeutung die codierten Zustände und die Eingangswerte zweidimensional angeschrieben, i. Allg. vertikal die Zustände und horizontal die Eingänge. In die eine Tafel werden die Folgezustände und in die andere die Ausgangswerte eingetragen.

Gleichungen

(Abb. 5e). Zur Gleichungsdarstellung werden die Übergangsfunktion und die Ausgangsfunktion komponentenweise mit den Eingangs-, Ausgangs- und Übergangsvariablen niedergeschrieben. Um zu verdeutlichen, dass es sich bei der Übergangsfunktion auf der linken Seite der Gleichungen um den Folgezustand handelt, wird das Ergibtzeichen := anstelle des Gleichheitszeichens benutzt.

Blockbilder

(Strukturbilder, Schaltbilder; Abb. 5f). Blockbilder illustrieren gleichermaßen die formelmäßige Gliederung wie den schaltungsmäßigen Aufbau eines booleschen Automaten und sind somit Bindeglied beim Schaltwerksentwurf. Im Gegensatz zum Grafen, bei dem jeder *Wert* des Übergangsvektors einzeln als Kreis dargestellt wird, treten in Blockbildern die einzelnen *Komponenten* des Übergangsvektors, d. h. die Übergangsvariablen

selbst, in Erscheinung, und zwar als Kästchen für eine jede Variable. Die Inhalte der Kästchen sind die Übergangswerte, die bei jedem Schritt durch ihre Nachfolger ersetzt werden.

Verallgemeinerung der Grafendarstellung.

Die in Abb. 5 angegebenen Darstellungsmittel eignen sich für Automaten mit Steuerfunktion (z. B. Steuerwerke, siehe auch ▶ Abschn. 21.4 in Kap. 21, „Digitale Systeme"). Von diesen wiederum eignen sich besonders die Grafendarstellung und die Blockbilder zur Verallgemeinerung (Abstraktion), insbesondere für Darstellungen auf der Registertransfer-Ebene. Beim Grafen werden in Anlehnung an höhere Programmiersprachen die Eingänge als parallel abfragbare *Bedingungen* und die Ausgänge als parallel ausführbare *Anweisungen* formuliert. Mit dieser Einbeziehung von operativen Funktionen in die ablauforientierte Darstellung erhält man eine implementierungsneutrale grafische Darstellungsform von Algorithmen, in welcher der Fluss einer Zustandsmarke durch die Knoten des Grafen den Ablauf des Algorithmus veranschaulicht. Diese Darstellung kann als Ausgangspunkt zum Entwurf der (Steuer-)Schaltnetze in den Steuerwerken dienen und existiert in vielerlei Varianten, z. B. auch als Flussdiagramm. Sie charakterisiert den typischen Datenverarbeitungsprozess in sog. von-Neumann-Rechnern (siehe auch ▶ Abschn. 21.5 in Kap. 21, „Digitale Systeme") und wird auch bei der (imperativen) Programmierung verwendet.

Verallgemeinerung der Blockbilder.

Mit Blockbildern lassen sich zwar auch Automaten mit Steuerfunktion darstellen, sie sind aber besonders für Automaten mit operativer Funktion geeignet (Operationswerke, Datenwerke, siehe auch ▶ Abschn. 21.3 in Kap. 21, „Digitale Systeme"). Charakteristisch für diese Werke ist die sehr große Anzahl von Zuständen, sodass diese nicht mehr wie bei Grafen einzeln dargestellt werden können. Stattdessen wird der gesamte Übergangsvektor als Einheit betrachtet und für ihn ein Kästchen gezeichnet. Das soll die Vorstellung der Zustände als veränderlicher Inhalt eines Registers im Automaten ausdrücken.

In den Registern werden also die Übergangswerte gespeichert; über die mit Pfeilen versehenen

Pfade werden sie übertragen und dabei ggf. verarbeitet. Dabei gelangt der neue Wert entweder in dasselbe Register, wobei der alte Wert überschrieben wird (Ersetzen des Wertes), oder in ein anderes Register, wobei der alte Werte gespeichert bleibt (Kopieren des Wertes). Bei der Darstellung dieser Transfer- und Verarbeitungsfunktionen spricht man von der Registertransfer-Ebene. Dabei wird (ähnlich den verallgemeinerten Grafen bezüglich der Ein- und Ausgänge) von der booleschen Algebra abstrahiert und zu anwendungsspezifischen Beschreibungsweisen übergegangen, z. B. durch Angabe der Steuertabelle oder durch Benutzung von logischen und arithmetischen Operationszeichen in den Blockbildern oder Hardware-Programmen (bspw. beim Mikroprozessor, vgl. ▶ Abschn. 21.5 in Kap. 21, „Digitale Systeme").

Im Allgemeinen arbeiten viele solcher operativer Automaten zusammen, sodass komplexe Verbindungs-/Verknüpfungsstrukturen zwischen den Registern der Automaten entstehen (siehe z. B. Abb. 49 oder Abb. 50 in ▶ Abschn. 21.5.2 in Kap. 21, „Digitale Systeme").

20.2.2.3 Netzdarstellungen

In technischen Systemen arbeitet praktisch immer eine Reihe von verschiedenen Werken (abstrakt gesehen: Automaten) zusammen. An ihren Schnittstellen entstehen Probleme hinsichtlich ihrer Synchronisation, gleichgültig ob die Werke in ein und derselben Technik oder unterschiedlich aufgebaut sind. Beispiele sind zwei Prozessoren, die einen gemeinsamen Speicher benutzen, oder ein (elektronischer) Prozessor und ein (mechanisches) Gerät, die gemeinsam Daten übertragen.

Synchronisationsprobleme dieser Art sind 1962 von C.A. Petri automatentheoretisch behandelt worden. Auf dieser abstrakten Ebene werden sie mit den nach ihm benannten Petri-Netzen gelöst. In der Software werden dazu spezielle Variablen benutzt, die man als Semaphore bezeichnet. In der Hardware werden spezielle Signale ausgetauscht, was als Handshaking bezeichnet wird. Während Netzdarstellungen in der Software eine eher untergeordnete Rolle spielen, sind sie in der Hardware vielerorts in Gebrauch (auch in der Steuerungstechnik).

Beispiele zur Synchronisation von Prozessen.
Synchronisation dient allgemein zur Abstimmung von Handlungen parallel arbeitender Werke bzw. ihrer „Prozesse". Die Aufgabe besteht darin, den Ablauf der Prozesse in eine bestimmte zeitliche Beziehung zueinander zu bringen, gewissermaßen zur Gewährleistung einer zeitlichen Ordnung im Gesamtprozess. Synchronisation kann erforderlich werden (1.) zur Bewältigung von Konfliktsituationen zwischen den Prozessen oder (2.) zur Herstellung einer bestimmten Reihenfolge im Ablauf der Prozessaktivitäten. Die folgenden zwei Beispiele illustrieren den Einsatz von Petri-Netzen zur Behandlung von Problemen dieser Art.

Problem des gegenseitigen Ausschlusses (mutual exclusion). In Abb. 6a sind zwei Prozesse miteinander vernetzt. Sie beschreiben zwei Werke, die einen gemeinsamen Abschnitt des Gesamtprozesses nur exklusiv benutzen dürfen (zur Veranschaulichung: zwei unabhängige Fahrzeuge, die auf eine Engstelle zufahren). – In einem Rechner bildet z. B. einen solchen kritischen Abschnitt (critical region) das gleichzeitige Zugreifen zweier Prozesse auf ein gemeinsames Betriebsmittel, wie den Systembus mit dem daran angeschlossenen Speicher (Problem der Busarbitration).

Die Prozesse in Abb. 6a sind über einen gemeinsamen Zustand gekoppelt, der nur dann eine Marke enthält, wenn der kritische Abschnitt frei ist. Bei einem Zugriff auf diesen wird die Marke *entweder* von dem einen *oder* dem anderen Prozess mitgenommen und beim Verlassen des Abschnitts wieder in den gemeinsamen Zustand zurückgebracht. Auf diese Weise ist gewährleistet, dass sich immer nur genau einer der beiden Prozesse in dem kritischen Abschnitt befindet (Vermeidung der Konfliktsituation).

Erzeuger-Verbraucher-Problem (producer consumer problem). In Abb. 6b sind drei Prozesse miteinander vernetzt. Der linke und der rechte Prozess beschreiben mit T_1 und T_2 getaktete Werke, von denen das linke Daten erzeugt und das rechte Daten verbraucht (zur Veranschaulichung: von denen das Eine eine Ware produziert und das Andere die Ware konsumiert). Der mittlere Prozess beschreibt ein ungetaktetes, d. h. asynchron zu den beiden anderen arbeitendes Werk, einen

a)   b)

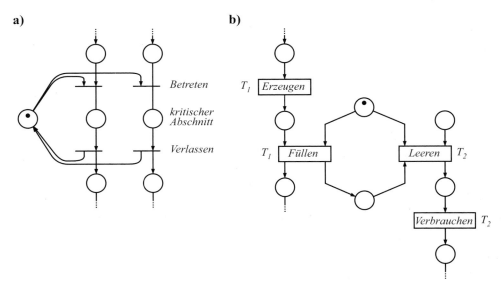

Abb. 6 Petri-Netze. **a** Illustration des Problems des gegenseitigen Ausschlusses; **b** Illustration des Erzeuger-Verbraucher-Problems

Puffer, der imstande ist, eine Dateneinheit (die Ware) zwischenzulagern. – In einem Rechner ist z. B. der Erzeuger ein Prozessor und der Verbraucher ein Ausgabegerät; und der Puffer ist das Datenregister eines Interface-Bausteins (gepufferte, asynchrone Datenübertragung). Der Puffer ist entweder leer (Marke im oberen Zustand) oder voll (Marke im unteren Zustand). Der Erzeuger produziert eine Dateneinheit und wartet, sofern der Puffer *nicht leer* ist, anderenfalls füllt er ihn. Der Verbraucher wartet, solange der Puffer *nicht voll* ist, sodann leert er ihn und konsumiert die Dateneinheit. Auf diese Weise ist gewährleistet, dass das im Puffer befindliche Datum vom Erzeuger nie überschrieben und vom Verbraucher nie doppelt gelesen werden kann (Einhaltung der Reihenfolge).

Grenzen der Anwendbarkeit von Petri-Netzen.
In Abb. 6 kommen die Vor- und Nachteile von Petri-Netzen gut zum Ausdruck. Petri-Netze zeigen das Zusammenwirken der Prozesse in einer *abstrakten*, das Verständnis des Gesamtprozessgeschehens fördernden Form; Konflikte werden deutlich, da eine Marke nur über einen von mehreren Wegen laufen darf (vgl. in Abb. 6a die Aktionen „kritischer Abschnitt betreten"); es dominiert die Reihenfolge der Handlungen, d. h., ob

sie nebeneinander (parallel) ausgeführt werden können oder nacheinander (sequenziell) ausgeführt werden müssen (vgl. in Abb. 6b die Aktionen „Puffer füllen" bzw. „Puffer leeren"). Darüber hinaus erlauben die beiden gezeigten Petri-Netze eine Verallgemeinerung der jeweiligen Aufgabenstellung: Wenn das Netz in Abb. 6a auf n Prozesse erweitert wird und der allen gemeinsame Zustand mit m Marken initialisiert wird ($m < n$), so beschreibt es die Freigabe des kritischen Abschnitts für m von n Prozessen. Wenn im Netz in Abb. 6b der obere Pufferzustand mit n Marken statt mit einer initialisiert wird, so beschreibt es die Daten-/Materialübertragung für einen Puffer mit einer Kapazität von n Speicher-/Lagerplätzen.

Die Teilbilder zeigen auch die Grenzen der Anwendbarkeit von Petri-Netzen: Während vernetzte Automatengrafen räumlich verbundenen Funktionseinheiten entsprechen und aufgrund ihrer als Eingänge und Ausgänge gekennzeichneten Synchronisationssignale auf diverse Blätter verteilt werden können, ist das bei Petri-Netzen wegen der gemeinsamen Übergangsbalken gar nicht beabsichtigt. Daher werden Petri-Netze schon bei wenig komplexen Aufgabenstellungen sehr unübersichtlich. Eine gewisse Abhilfe bringen sog.

höhere Petri-Netze, die aber schwieriger zu interpretieren sind. Petri-Netze werden deshalb hauptsächlich zur Darstellung grundsätzlicher Zusammenhänge benutzt. In der Programmierung paralleler, verteilter Prozesse wird hingegen sprachlichen Formulierungen der Vorzug gegeben.

20.2.3 Softwareorientierte Automatenmodelle

20.2.3.1 Erkennende Automaten und formale Sprachen

In der theoretischen Informatik und im Übersetzerbau benutzt man Automaten als mathematische Modelle zur Erkennung der Sätze formaler Sprachen, d. h. zur Feststellung der Struktur von Zeichenketten. Man nennt diese Automaten deshalb auch *erkennende Automaten* und unterscheidet vier Arten, die in engster Korrespondenz mit den verschiedenen Arten formaler Sprachen stehen:

- *Endliche Automaten* erkennen *reguläre Sprachen*.
- *Kellerautomaten* erkennen *kontextfreie Sprachen*.
- *Linear beschränkte Automaten* erkennen *kontextsensitive Sprachen*.
- *Turingmaschinen* erkennen *unbeschränkte Sprachen*.

Softwareorientierte Automaten weisen gegenüber hardwareorientierten folgende charakteristische Unterschiede auf:

- Sie liefern während des Lesens und Verarbeitens einer Eingabe-Zeichenkette keine Ausgabe.
- Sie haben ausgezeichnete Zustände: den *Anfangszustand*, in dem sie starten, und *Endzustände*, in denen sie anhalten und die eingegebene Zeichenkette als erkannt signalisieren.
- Sie existieren alle in einer *deterministischen* und in einer *nichtdeterministischen* Variante.
- Die Unterscheidungen von synchroner und asynchroner Arbeitsweise und von Moore- und Mealy-Automat entfallen.

20.2.3.2 Erkennende endliche Automaten

Ein erkennender endlicher Automat (Abb. 7) besteht aus einer endlichen Anzahl von Zuständen z_1 bis z_n, einem Eingabeband mit den Zeichen s_1 bis s_m, einem Lesekopf und einer Ja-Nein-Anzeige (Lampe). Ein Zustand ist als *Startzustand*, ein oder mehrere Zustände sind als *Endzustände* ausgezeichnet. Das Band enthält eine Kette von Zeichen eines gegebenen Alphabets, und der Automat hat die Aufgabe, durch schrittweises Lesen der Zeichenkette festzustellen, ob sie eine bestimmte, durch die Übergangsfunktion des Automaten festgelegte Struktur hat. Die Kette wird dazu vom Lesekopf von links nach rechts abgetastet. Die Erkennung geht folgendermaßen vor sich:

1. Am Anfang befindet sich der Automat im Anfangszustand, und das erste Zeichen s_1 der Kette steht über dem Lesekopf.
2. Der Automat führt *Züge* aus, indem er, gesteuert durch den augenblicklichen Zustand z_i und das aktuelle Zeichen s_j, in den nächsten Zustand übergeht und den Lesekopf um eine Stelle nach rechts bewegt.
3. Die Erkennung endet, wenn die Übergangsfunktion für den aktuellen Zustand und das aktuelle Bandzeichen undefiniert ist. (Das ist u. a. dann der Fall, wenn das Band vollständig gelesen ist. Die auf das letzte Bandzeichen folgende Kette ist die leere Kette, durch ε bezeichnet.) Wenn dann der aktuelle Zustand ein Endzustand ist, ist die Kette erkannt (die Lampe leuchtet), wenn nicht, ist die Kette nicht erkannt.

Die vorstehende Beschreibung lässt sich durch folgende Definitionen präzisieren:

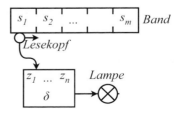

Abb. 7 Erkennender endlicher Automat

Ein *deterministischer endlicher Automat* DFA (*deterministic finite automaton*) ist ein Quintupel

$$\mathrm{DFA} = (Z, V_\mathrm{T}, \delta, z_1, F).$$

Darin ist Z eine endliche Menge von *Zuständen*, V_T eine endliche Menge von *Eingabesymbolen*, δ die *Übergangsfunktion* (eine Abbildung $Z \times V_\mathrm{T} \to Z$), $z_1 \in Z$ der *Anfangszustand*, $F \subseteq Z$ die *Menge der Endzustände*.

Eine *Konfiguration*, geschrieben (z, α), ist das Paar aus dem gegenwärtigen Zustand z und dem noch ungelesenen Teil α der Eingabekette. Dabei ist das am weitesten links stehende Zeichen von α dasjenige, das als nächstes gelesen wird.

Ein *Zug*, dargestellt durch das Zeichen $\vdash$, ist der Übergang von einer Konfiguration in die nächste. Wenn die gegenwärtige Konfiguration $(z_i, b\,\alpha)$ lautet, und es ist $\delta(z_i, b) = z_j$, dann führt der endliche Automat den Zug $(z_i, b\alpha) \vdash (z_j, \alpha)$ aus. Eine *Zugfolge* von $n \geq 0$ Zügen wird durch $\vdash^*$ ausgedrückt.

Eine Zeichenkette σ ist *erkannt*, wenn es eine Zugfolge $(z_1, \sigma) \vdash^* (p, \varepsilon)$ für irgendein $p \in F$ gibt.

Als *Sprache* $L(\mathrm{DFA})$ eines endlichen Automaten definiert man die Menge aller Zeichenketten, die der Automat erkennt; formal

$$L(\mathrm{DFA}) = \left\{ \alpha : \alpha \in V_\mathrm{T}^* \wedge ((z_1, \alpha) \vdash^* (p, \varepsilon) \wedge p \in F) \right\}.$$

Beispiel.
Ein Automat zur Erkennung aller Zeichenketten aus Nullen und Einsen mit einer durch 3 teilbaren Anzahl von Einsen lautet:

$$\mathrm{DFA} = (\{z_1, z_2, z_3\}, \{0, 1\}, \delta, z_1, \{z_1\})$$

Abb. 8 zeigt die Übergangsfunktion δ als Tabelle und als Graf.

Bei der Erkennung der Kette 110010 führt der Automat folgende Züge aus:

$$(z_1, 110010) \vdash (z_2, 10010) \vdash (z_3, 0010) \vdash$$
$$(z_3, 010) \vdash (z_3, 10) \vdash (z_1, 0) \vdash (z_1, \varepsilon)$$

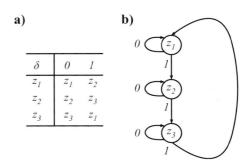

a)

δ	0	1
z_1	z_1	z_2
z_2	z_2	z_3
z_3	z_3	z_1

Abb. 8 Übergangsfunktion eines erkennenden endlichen Automaten. **a** Tabelle, **b** Graf. z_1 ist Startzustand und zugleich einziger Endzustand

Nichtdeterministischer Automat.
Ein nichtdeterministischer endlicher Automat kann von einem Zustand aus bei einem bestimmten Eingabewert in mehrere Folgezustände übergehen. Seine Übergangsfunktion wird dadurch i. Allg. mehrwertig; sie ist eine Abbildung von $Z \times V_\mathrm{T}$ in Teilmengen der Potenzmenge von Z. Jeder nichtdeterministische endliche Automat lässt sich in einen äquivalenten deterministischen endlichen Automaten transformieren.

Grenzen der Anwendbarkeit.
Endliche Automaten sind zur Beschreibung von formalen Sprachen nur beschränkt tauglich. Sie können nur Sätze von Grammatiken ohne Klammerstruktur, wie Bezeichner, Zahlen und einige andere erkennen.

20.2.3.3 Turingmaschinen
Die Turingmaschine (A.M. Turing, 1936) besteht aus einer endlichen Anzahl von Zuständen z_1 bis z_n, einem einseitig unendlichen Band, einem Schreib-/Lese-Kopf und einer Ja-Nein-Anzeige (Lampe). Im Unterschied zum endlichen Automaten wird das Band bei jedem Zug um eine Stelle nach links *oder* rechts bewegt und ein Zeichen gelesen *und* geschrieben. Alles Übrige ist wie beim endlichen Automaten. Die Übergangsfunktion hat zwei Argumente: den aktuellen Zustand und das aktuelle Bandsymbol; und sie hat drei Werte: den nächsten Zustand, das Bandsymbol, mit dem das aktuelle überschrieben werden

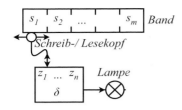

Abb. 9 Turingmaschine

soll, und die zweiwertige Angabe {L, R}, ob der Schreib-/Lese-Kopf nach links oder rechts bewegt werden soll (Abb. 9).

Formal ist eine Turingmaschine (TM) ein 6-Tupel:

$$\text{TM} = (Z, V_{\text{T}}, V, \delta, z_1, F)$$

Darin ist Z eine endliche Menge von *Zuständen*; V_{T} eine endliche Menge von *Eingabesymbolen;* V eine endliche Menge von *Bandsymbolen*, eines von ihnen, $\sqcup$ (blank), bedeutet das Leerzeichen (es ist $V_{\text{T}} \subseteq V - \{\sqcup\}$), δ die *Übergangsfunktion*, eine Abbildung von $Z \times V$ nach $Z \times V \times \{L, R\}$, $z_1 \in Z$ der *Anfangszustand* und $F \subseteq Z$, die Menge der *Endzustände*.

Eine *Konfiguration*, geschrieben (z, $\alpha.\beta$) ist das Tripel aus dem gegenwärtigen Zustand z, dem links vom Schreib-/Lese-Kopf liegenden Teil α des Bandes und dem Bandrest β. Das erste Zeichen von β befindet sich über dem Schreib-/Lese-Kopf, alle übrigen Zeichen von β rechts von ihm.

Ein *Zug*, dargestellt durch $\vdash$, ist der Übergang von einer Konfiguration in die nächste. Eine Zeichenkette σ ist *erkannt*, wenn es eine Zugfolge $(z_1, .\sigma) \vdash^* (p, \alpha. \beta)$ für irgendein $p \in F$ und beliebigen Bandinhalt $\alpha. \beta$ gibt.

Beispiel.
Gesucht ist eine Turingmaschine TM, die ihren anfänglichen Bandinhalt aus Nullen und Einsen – eingerahmt durch die Begrenzungszeichen A (Anfang) und E (Ende) – hinter diesen kopiert/ transportiert. *Strategie:* 1. Zeichen (0 oder 1) merken und durch Hilfszeichen $ überschreiben (Position merken). 2. Bis zum ersten Leerzeichen ($\sqcup$) vorwärtsgehen und $\sqcup$ durch Zeichen überschrei-

ben. 3. Zu $ zurückgehen und $ durch Zeichen überschreiben; zum nächsten Zeichen gehen. Schritte 1 bis 3 wiederholen, bis E erreicht ist.

TM hat 7 Zustände (Menge Z), die Eingabesymbole lauten 0, 1, A, E (Menge V_{T}), die Bandsymbole lauten 0, 1, A, E, \$, $\sqcup$ (Menge V). Die Übergangsfunktion (δ) ist in Abb. 10 als Zustandsgraf wiedergegeben; der Startzustand ist z_1, der Endzustand ist z_7.

Im Grafen bedeutet die Anschreibung $x \to y, z$ Überschreiben von Bandsymbol x durch Eingabesymbol y (aus x wird y) und Weiterrücken des Schreib-/Lesekopfes nach links oder rechts ($z = L$ bzw. R). – Aus einer beispielsweisen Anfangsbandbeschriftung A 0 1 0 0 1 0 E entsteht die Endbandbeschriftung A 0 1 0 0 1 0 E 0 1 0 0 1 0.

Das Beispiel verdeutlicht gleichermaßen die Stärken und die Schwächen der Turingmaschine, wenn man an einen technischen Aufbau zur elektronischen Datenverarbeitung denkt. Das ist allerdings für ihre Anwendung in der theoretischen Informatik weder beabsichtigt noch notwendig! – Ihre Stärke ist die Abfragbarkeit aller Bandsymbole auf einen Schlag (und somit die Ausführung von Programmverzweigungen in einem Schritt). Ihre Schwäche ist das Fehlen jeglicher arithmetischer und logischer Operationen. Wie am Beispiel zu sehen, muss selbst eine so elementare Operation wie Kopieren/Transportieren äußerst umständlich programmiert werden: Die Inspektion des Zustandsgrafen ergibt 20 Zeilen für die Tabellenform der Übergangsfunktion (20 Anschreibungen im Grafen); diese Tabelle bildet gewissermaßen das Programm der Turingmaschine. Zum Kopieren/ Transportieren eines einzigen Zeichens sind für die oben gewählte Bandbeschriftung allein 15 Schritte notwendig (7 vor, 8 zurück).

Trotzdem: Man kann zeigen, dass Turingmaschinen auch addieren und alle anderen arithmetischen Operationen ausführen können. Der unbeschränkt große Bandspeicher und die Möglichkeit, Bandfelder wiederholt zu besuchen und ihren Inhalt zu ersetzen, verleihen der Turingmaschine theoretisch die Fähigkeit, alle Algorithmen auszuführen. Erweiterungen von Turingmaschinen auf mehrere Bänder, mehrere Schreib-/

a)

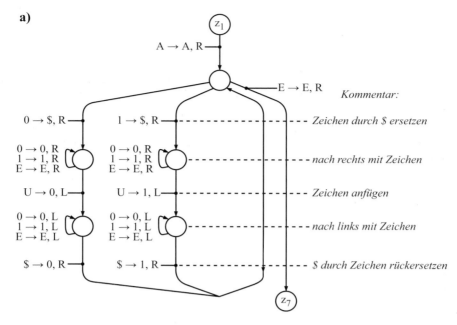

Abb. 10 Graf für die Beispiel-Turingmaschine. Die entsprechende Tabelle kann durch Software (z. B. mit Excel) oder durch Hardware (binär codiert mit Steuerwerk) verwirklicht werden (siehe auch ▶ Abschn. 21.4.3.1 in Kap. 21, „Digitale Systeme"). Dabei wird anstelle des Bands besser ein Speicher mit wahlfreiem Zugriff mit vorgeschaltetem Vor-/Rückwärtszähler verwendet. Das Programm des Steuerwerks ist im Logikfeld „fest gespeichert" oder mit Logikgattern „fest verdrahtet"

Lese-Köpfe und nichtdeterministische Turingmaschinen bringen keinen Zuwachs an algorithmischen Fähigkeiten.

Turingmaschinen werden in der theoretischen Informatik vor allem zu zwei Zwecken herangezogen:

- Zur Definition der Begriffe *Algorithmus* und *Berechenbarkeit*: Zu jedem denkbaren Algorithmus (jeder berechenbaren Funktion) gibt es eine Turingmaschine, die ihn ausführt. Man schreibt die Eingangsparameter (Argumente) auf das Band, startet die Turingmaschine, und die Turingmaschine hält nach endlich vielen Schritten mit den Ausgabeparametern (dem Funktionswert) auf dem Band an. Man macht die Ausführbarkeit durch eine Turingmaschine sogar zur Definition des Algorithmusbegriffs, indem man sagt:

Turingmaschinen sind formale Modelle von Algorithmen, und kein Berechnungsverfahren kann algorithmisch genannt werden, das nicht von einer Turingmaschine ausführbar ist (Churchsche These).

- Zur Erkennung der allgemeinsten Klasse *formaler Sprachen*: Diese Klasse ist dadurch charakterisiert, dass es für jede zu ihr gehörende Sprache eine Turingmaschine gibt, die eine Zeichenkette, die ein Satz der Sprache ist, erkennt. Zur Erkennung wird die Kette auf das Band der Turingmaschine geschrieben und die Turingmaschine gestartet. Wenn die Kette ein Satz der Sprache ist, hält die Turingmaschine nach endlich vielen Schritten in einem Endzustand an; wenn sie kein Satz ist, hält die Turingmaschine entweder in einem Nicht-Endzustand oder überhaupt nicht an.

Universelle Turingmaschinen.
Verschiedenen Algorithmen entsprechen verschiedene Turingmaschinen. Ihre Übergangsfunktionen kann man sich als ihre fest verdrahteten Programme denken (siehe Bildunterschrift zu

Abb. 10). Man kann jedoch als Gegenstück zum Computer auch universelle Turingmaschinen konstruieren, die eine beliebige auf ihr Band geschriebene Übergangsfunktion interpretieren und somit imstande sind, alle Turingmaschinen zu simulieren.

Bedeutung für die Programmierungstechnik. Obwohl Turingmaschinen nur mathematische Modelle ohne jede praktische Anwendbarkeit sind, liefern sie wertvolle Einsichten und haben deshalb Bedeutung z. B. in folgenden Fragestellungen:

- Wenn man Algorithmen, die in verschiedenen Programmiersprachen geschrieben sind, hinsichtlich bestimmter Eigenschaften miteinander vergleichen will, bietet sich die Turingmaschine als einfachster gemeinsamer Standard an.
- Um zu zeigen, dass eine neue Programmiersprache universell ist, d. h. alle Algorithmen zu formulieren gestattet, braucht man nur zu zeigen, dass man mit ihr eine Turingmaschine simulieren kann.
- Es gibt Probleme, die sich algorithmisch prinzipiell nicht lösen lassen, was sich am Modell der Turingmaschine besonders einfach zeigen lässt. Darunter ist von großem allgemeinem Interesse das *Halteproblem*, d. i. die Frage „Gibt es einen Algorithmus, der entscheidet, ob ein beliebiges gegebenes Programm für beliebig gegebene Eingabedaten nach endlich vielen Schritten anhält?" Die Antwort lautet „Nein." Viele andere Probleme der Berechenbarkeit lassen sich auf das Halteproblem zurückführen.

20.2.3.4 Grenzen der Modellierbarkeit

Endliche Automaten und Turingmaschinen sind autonome Modelle, d. h., sie modellieren nur Abläufe, die, einmal gestartet, unbeeinflusst durch die Außenwelt bis zu ihrem Ende ablaufen. Die Abläufe in Computern sind dagegen nicht autonom, sondern können durch Signale von außen unterbrochen werden (Interrupts). Zur Kommunikation einer Zentraleinheit mit der Außenwelt (E/A-Geräte, andere Computer in Computernet-

zen und verteilten Systemen) ist die Möglichkeit wesentlich, einen Ablauf in der Zentraleinheit durch ein von außen kommendes Signal zu unterbrechen. Mathematische Modelle von ähnlicher Einfachheit wie die Turingmaschine, die die Unterbrechbarkeit berücksichtigen, sind bisher nicht bekannt geworden.

Digitale Systeme sind wohlstrukturierte, sehr komplexe Zusammenschaltungen ganz elementarer, als Schalter wirkender Bauelemente. Am Anfang der Computertechnik Relais, heute fast ausschließlich Transistoren, haben solche elektronischen Schalter funktionell betrachtet nur zwei Zustände: Sie sind entweder offen oder geschlossen. Dementsprechend operieren digitale Systeme im mathematischen Sinn nur mit binären Größen. Bit steht dabei als Kurzform für „binary digit".

Auch arithmetische Operationen und logische Verknüpfungen lassen sich auf das „Rechnen" mit binären Größen zurückführen: die Ziffern von Dualzahlen sind entweder 0 oder 1; als Aussagen aufgefasste Sätze sind entweder falsch oder wahr. Diese Gemeinsamkeit ermöglicht es, arithmetische und logische Prozesse mit digitalen Systemen, d. h. durch das Zusammenwirken ihrer Schalter, nachzubilden.

Digitale Systeme können nach steigender Komplexität ihrer Struktur und ihrer Funktion in Schaltnetze, Schaltwerke und Prozessoren eingeteilt werden. *Schaltnetze* sind imstande, den Kombinationen ihrer Eingangsgrößen einmal festgelegte Kombinationen ihrer Ausgangsgrößen zuzuordnen; sie werden deshalb auch Zuordner oder im Englischen „combinational circuits" genannt.

Schaltwerke sind darüber hinaus in der Lage, vorgegebene Sequenzen ihrer Eingangsgrößen in vorgegebene Sequenzen ihrer Ausgangsgrößen abzubilden; sie werden deshalb auch Automaten oder im Englischen „sequential machines" genannt. Sie bilden die Hardware-Implementierungen von Automaten/Algorithmen. *Prozessoren* entstehen aus der Zusammenschaltung von arithmetisch-logischen Schaltnetzen mit operativen und steuernden Schaltwerken. Sie eignen sich primär zur Durchführung numerischer Berechnungen, insbesondere für die Verarbeitung großer Datenmengen. Prozessoren bilden somit die zentralen Verarbeitungseinheiten der elektronischen Rechenanlagen (central processing units, CPUs).

Literatur

Allgemeine Literatur

Hermes H (1978) Aufzählbarkeit, Entscheidbarkeit, Berechenbarkeit, 3. Aufl. Springer, Berlin

Hilbert D, Ackermann W (1972) Grundzüge der theoretischen Logik, 6. Aufl. Springer, Berlin

Hopcroft JE. Motwani R, Ullman JD (2002) Einführung in die Automatentheorie, Formale Sprachen und Komplexitätstheorie, 2. Aufl. Pearson Studium, München

Hromkovič J (2014) Theoretische Informatik: Formale Sprachen, Berechenbarkeit, Komplexitätstheorie, Algorithmik, Kommunikation und Kryptographie. Springer Vieweg, Wiesbaden

Liebig H (2003) Rechnerorganisation, 3. Aufl. Springer, Berlin

Liebig H (2005) Logischer Entwurf digitaler Systeme, 4. Aufl. Springer, Berlin

Priese L, Erk K (2018) Theoretische Informatik: Eine umfassende Einführung. Springer Vieweg, Wiesbaden

Vossen G, Witt K-U (2016) Grundkurs Theoretische Informatik: Eine anwendungsbezogene Einführung – Für Studierende in allen Informatik-Studiengängen. Springer Vieweg, Wiesbaden

Weiterführende Literatur

Wätjen D (2018) Kryptographie: Grundlagen, Algorithmen, Protokolle, 3. Aufl. Springer Vieweg, Wiesbaden

Digitale Systeme

Dominic Wist

Zusammenfassung

Dieses Kapitel vermittelt die Grundkonzepte des Entwurfs digitaler Systeme und führt über diese in die Architektur von Mikroprozessoren ein.

Digitale Systeme werden hier im sogenannten Steuerkreismodell oder allgemein als kommunizierende Steuerkreise betrachtet und entworfen. Ein Steuerkreis besteht aus einem gesteuerten Teil, dem sogenannten Datenpfad, auch „data path" genannt, welcher durch das sogenannte Steuerwerk oder den „control path" gesteuert wird. Datenpfade bestehen aus elementaren Systembausteinen, das sind Schaltnetze oder Schaltwerke, also digitale Schaltungen, die entweder Eingaben auf Ausgaben funktional abbilden oder Automaten, die sequenziell Eingabefolgen zu Ausgabefolgen zuordnen.

Schaltnetze realisieren durch parallele Informationsverarbeitung eine mathematische Funktion. Im Rahmen der Betrachtung von Schaltnetzen werden die folgenden Aspekte beleuchtet: die Formeldarstellbarkeit von Schaltfunktionen durch die Schaltalgebra, die Realisierung von Schaltfunktionen durch MOS-Technik und Normalformschaltnetze, der systematische Entwurf zweistufiger Gatterschaltnetze sowie transientes Verhalten in Schaltnetzen – insbesondere das Fehlverhalten aufgrund sogenannter Schaltnetzhasards.

Schaltwerke realisieren sequenzielle Informationsverarbeitung. Es wird der Zustandsbegriff eingeführt sowie die beiden zentralen Verhaltensmodelle: endlicher Moore- und Mealy-Automat. Daraufhin wird der systematische Entwurf von Moore- und Mealy-Schaltwerken betrachtet, zum einen als ungetaktete (auch: asynchrone) und zum anderen als getaktete (auch: synchrone) Schaltwerke. Die Einführung der Taktung wird dabei als ingenieurmäßiger Ansatz zur Beherrschung von Hasardfehlern in Schaltwerken motiviert.

Steuerwerke sind ebenfalls Schaltwerke, die einen Steuerablauf realisieren und zwar durch das sequenzielle Abbilden von Eingaben aus dem Datenpfad auf Steuerwerksausgaben, welche Aktionen und dadurch Zustandsänderungen im Datenpfad auslösen, was wiederum zu neuen Eingaben für das Steuerwerk führt und sich so ein Kreislauf darstellt: der Steuerkreis. Neben der Möglichkeit ein Steuerwerk durch konventionellen Schaltwerksentwurf zu realisieren, wird die Realisierung mittels eines mikroprogrammierten Schaltwerks skizziert.

Schließlich werden der prinzipielle Aufbau und die Arbeitsweise eines universellen Programmabwicklers – eines Digitalrechners – erläutert. Die Schaltungsstruktur seiner Zentraleinheit, des Mikroprozessors, wird zunächst im Steuerkreis modelliert. Darauf aufbauend wer-

D. Wist (✉)
Biotronik SE & Co. KG, Berlin, Deutschland
E-Mail: dominic.wist@biotronik.com

© Der/die Autor(en), exklusiv lizenziert an Springer-Verlag GmbH, DE, ein Teil von Springer Nature 2023
M. Hennecke, B. Skrotzki (Hrsg.), *HÜTTE Band 3: Elektro- und informationstechnische Grundlagen für Ingenieure*, Springer Reference Technik
https://doi.org/10.1007/978-3-662-64375-4_66

den Architekturprinzipien von Hochleistungs-prozessoren, insbesondere sogenannte Pipe-linearchitekturen, motiviert und erläutert.

An geeigneter Stelle werden immer wieder Bezüge zur theoretischen Informatik herge-stellt. So werden Schaltwerke und Steuerkreise als technische Ausprägungen von Berech-nungsmodellen dargestellt, und zwar als Rea-lisierungen von endlichen Automaten und Maschinenmodellen. Entsprechend wird das Konzept der Programmierbarkeit zum theore-tischen Konzept der universellen Turingma-schine in Beziehung gesetzt.

21.1 Einführung

Dieses Kapitel hat zum Ziel, dem Leser eine grund-legende Vorstellung von der Funktionsweise digita-ler Systeme und insbesondere von Digitalrechnern zu vermitteln. Der Schwerpunkt liegt dabei auf der Betrachtung informations *verarbeitender* Systeme, das heißt, dass beispielsweise Fragen der Informa-tionsübertragung hier nicht näher betrachtet werden. Die Ausführungen dieses Kapitels orientieren sich stark an der Vorlesung Grundlagen digitaler Sys-teme wie sie seit mehreren Jahren am Hasso-Plattner-Institut an der Universität Potsdam gehalten wird, siehe Wollowski 2019.

Es ist charakteristisch für digitale Systeme, dass die zu verarbeitende Information sowie das Verar-beitungsergebnis durch diskrete, das bedeutet wohl-unterscheidbare *Symbol e* dargestellt werden: das sind Muster, also wahrnehmbare Formen, denen

jeweils eine bestimmte Bedeutung zugeordnet ist – ohne diese Bedeutungszuordnung oder Interpreta-tion ist der Zweck eines informationsverarbeitenden Systems nicht erklärbar. Die Muster oder Formen werden durch eine Menge messbarer physikalischer Sachverhalte, wie zum Beispiel Stromstärke, Span-nungspegel, Frequenz von Lichtwellen, gebildet. Solche messbaren physikalischen Sachverhalte zum Zwecke der Informationsrepräsentation werden als Signale bezeichnet. Ein *Signal* ist somit ein physikalischer Informationsträger.

Jedes hier betrachtete digitale System kann als gerichtetes System betrachtet werden, welches Eingangsinformation, auch als Eingangsdaten bezeichnet, *verarbeitet* und daraufhin Aus-gangsinformation, Ausgangsdaten, produziert. Ein solcher Informationsverarbeitungsvorgang wird dabei durch ein „Formenspiel" realisiert: das bedeutet auf physikalisch-technischer Ebene ist ein Informationsverarbeitungsapparat ein Si-gnalverarbeitungsgerät (siehe Abb. 1), welches durch technische Maßnahmen Eingangssignale zu Ausgangssignalen umformt, beispielsweise durch elektrische Schaltungsvorgänge.

In digitalen Systemen werden Eingangs- wie Ausgangsinformationen typischerweise durch Bi-närvokabeln bestehend aus den *Elementarsymbol en* oder *Zeichen* 0 und 1 dargestellt, auch *Bit* (*binary dig it*) genannt. Eine n-bit *Binärvokabel* besteht aus n Zeichen der Menge $\{0,1\}$. Binärvokabeln werden schließlich auf Binär *signale*, das heißt auf physi-kalische Informationsträger, abgebildet. Das wich-tigste Binärsignal ist (nach heutigem Stand der Technik) eine zeitlich veränderliche (kontinuierlich verlaufende) elektrische Spannung u(t), die zum

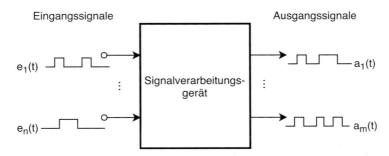

Abb. 1 Eingangssignale werden zu Ausgangssignalen umgeformt; erst durch Interpretation der Signale als Informa-tionsverarbeitungsaufgabe verstehbar

Zweck der Interpretation sowohl zeitlich als auch wertmäßig diskretisiert werden muss. Das bedeutet zu wohldefinierten Zeitpunkten werden auf den Signalleitungen Spannungen gemessen, was wir als Zeitdiskretisierung bezeichnen. Daraufhin wird dieser gemessene Spannungswert wertmäßig diskretisiert (Wertdiskretisierung), das bedeutet es wird zum Beispiel jede Spannung zwischen $U_H = 2$ V und der Maximalspannung, geliefert von einer 5 V Spannungsquelle, als das Zeichen 1 interpretiert und jede Spannung zwischen $U_L = 0,8$ V und der Minimalspannung 0 V als das Zeichen 0, siehe dazu Abb. 2. Die Festlegung von zwei Diskriminationsschwellen anstatt einer, beispielsweise bei 1,4 V, ist nicht willkürlich, sondern erhöht die Störsicherheit: Signale in der Nähe von 1,4 V können durch überlagerte Störungen vorübergehend in den anderen gültigen Bereich gedrückt werden. Die Festlegung der beiden konkreten Schwellwerte ist technisch bedingt.

Die Verarbeitung von (oder ein „Formenspiel" auf) solchen binären Spannungssignalen erfolgt typischerweise mittels elektronischer Schalter. Üblich sind Transistoren (und früher üblich waren Relais oder Röhren), die zu komplexen Schalterkombinationen verbunden sind und so im Kern das Signalverarbeitungsgerät ausmachen. Durch Schalter und Schalterkombinationen können an den Schaltungseingängen anliegende konstante oder variable Potenziale schließlich auf Ausgangspotenziale der Schaltung übertragen oder auch nicht übertragen werden.

Es ist das Kennzeichen von Signalverarbeitungsgeräten oder allgemein von informationstechnischen Systemen, dass ihre Aufgabe oder ihr Zweck nur durch die Interpretation der gemessenen Größen an ihren Ein- und Ausgängen, oder allgemeiner der beobachtbaren Signalverläufe auf ihren Systemorten, erfassbar wird. Betrachten wir nun ein System wie das obige in Abb. 1 als BlackBox: Zunächst soll das System als komplexe Transistorschaltung *uninterpretiert*, also auf rein physikalisch-technischer Ebene, betrachtet werden: Wir haben eine Schaltung mit n Eingangsleitungen, mit zum Beispiel n = 64, auf denen jeweils Spannungswerte von entweder größer 2 V = U_H oder kleiner 0,8 V = U_L angelegt werden können. Tut man das, dann kann auf jeder der m Ausgangsleitungen, mit zum Beispiel m = 32, ebenfalls eine Spannung von entweder größer 2 V = U_H oder kleiner 0,8 V = U_L gemessen werden. Die Verschaltung der Transistoren bestimmt, unter welcher Kombination von Eingangsspannungen oder bei welcher Folge von Eingangsspannungskombinationen welche Ausgangsleitungen mit U_H oder U_L beschaltet werden. Mit dieser rein physikalisch-technischen Sichtweise, also einer Systembetrachtung ohne eine sinnvolle „Interpretationsbrille", erscheint das Gerät nicht verstehbar. Es erscheint, als ob durch eine willkürliche Beschaltung der Eingänge die Ausgangsleitungen zwar deterministisch, aber ebenfalls willkürlich beschaltet werden.

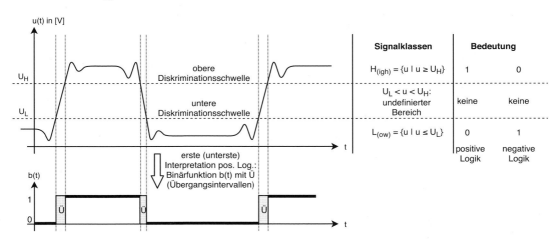

Abb. 2 Binärsignal

Im zweiten Schritt soll nun diese Schaltung *interpretiert* betrachtet werden: Beschaltet man die n = 64 Eingangsleitungen e_1 bis e_{32} und e_{33} bis e_{64} hintereinander mit zwei 32-Zeichen langen Binärvokabeln, wobei das Zeichen 0 durch einen Spannungswert kleiner $U_L = 0,8$ V und das Zeichen 1 durch einen Spannungswert größer $U_H = 2,0$ V dargestellt werden soll, dann kann man mit der gleichen Interpretationsvereinbarung, also der gleichen Abbildung von Spannungswerten zu Binärziffern, auf den m = 32 Ausgangsleitungen eine eindeutig zu den beiden Eingangsbinärvokabeln (e_1 bis e_{32} und e_{33} bis e_{64}) zugeordnete Ausgangsbinärvokabel a_1 bis a_{32} ablesen. Würde man nun jede der beiden Eingangsbinärvokabel sowie die Ausgangsbinärvokabel jeweils als Dualzahl interpretieren, dann würde man schnell erkennen, dass das Signalverarbeitungsgerät ein Additionsgerät ist. Mit einer solchen „Brille" bekommt das technische Gerät aus Abb. 1 erst auf informationeller Ebene einen Sinn: man muss es als informationsverarbeitendes System sehen, welches für beliebige Zahlen (konkret für beliebige 32-stellige Dualzahlen) die Additionsfunktion realisiert.

Idee des Entwurfs von Signalverarbeitungsgeräten

Bevor in den folgenden Absätzen der Entwurf oder die sogenannte Logiksynthese von solchen Signalverarbeitungsgeräten bis hin zur Realisierung von Transistorschaltungen vertieft betrachtet wird, soll hier zunächst die grundsätzliche Idee skizziert werden.

Man beginnt auf der *informationellen Ebene*. Die höchste Interpretationsebene ist die (informale) Problemebene. Hier wird das Problem, also die Informationsverarbeitungsaufgabe beschrieben. Es wird beschrieben, welche numerischen oder nicht-numerischen Daten verarbeitet werden. Es wird der Zweck der zu entwerfenden Schaltung beschrieben (beispielsweise ein Additionsgerät).

Daraufhin muss diese *Aufgabenstellung formalisiert* werden, das heißt in mathematischen Strukturen vollständig und widerspruchsfrei erfasst werden. Dabei werden drei Arten von Systemaufgaben oder Systemmodelle unterschieden.

1. *Zuordner*: Als Aufgabe soll formal eine mathematische Funktion realisiert werden, das bedeutet eine einschrittige Informationsverarbeitung. Eingangsdaten werden in einem Schritt auf Ausgangsdaten abgebildet, wie zum Beispiel bei der Addition von Dualzahlen. Abschn. 21.2 beschäftigt sich mit dem Entwurf solcher Systeme.

2. *Endlicher Automat*: Hier geht es um die Definition eines Informationsverarbeitungsprozesses, das bedeutet um eine mehrschrittige Verarbeitung von nacheinander am gleichen Ort X angelieferter Eingangsinformation zu nacheinander am gleichen Ort Y zur Verfügung gestellter Ausgangsinformation. Der Entwurf von solchen (auch als Folgenzuordner bezeichneten) Systemen wird in Abschn. 21.3 beschrieben.

3. *Maschinenmodell, kommunizierende Automaten und Algorithmus*: Es geht um die Formalisierung einer komplexen Informationsverarbeitungsaufgabe, wobei potenziell mehrere zeitweise voneinander kausal unabhängige Verarbeitungs(teil-)prozesse formuliert werden – kommunizierende Automaten. Unter anderem müssen Problemstellungen der wechselseitigen Beeinflussung (Synchronisation, Konflikte, Arbitrierung) behandelt werden. Abschn. 21.4 thematisiert den Entwurf solcher Systeme.

Alle diese Formalismen beschreiben letztendlich die Verarbeitung von Binärgrößen, also binär kodierter Information. Es gibt verschiedene Möglichkeiten und sogar Standards, wie numerische und nichtnumerische Information in Form von Binärvokabeln *kodiert* oder wie Binärvokabeln *interpretiert* werden können. Positive Zahlen können dabei beispielsweise als Dualzahlen, im Graycode, oder im 1-aus-n Code dargestellt werden, ganze Zahlen im Zweierkomplement und rationale Zahlen im Fest- oder Gleitkommaformat. Nichtnumerische Daten werden unter anderem in sogenanntem ASCII, UTF-8 oder UTF-16 binär kodiert. Einen Überblick zu diesen Kodierungsverfahren gibt ▶ Abschn. 22.1 in Kap. 22, „Rechnerorganisation".

Es ist das Ziel, das gewünschte informationsverarbeitende System *physikalisch-technisch* zum Beispiel als Transistorschaltung zu realisieren. Jeder der oben genannten Formalismen oder

Arten formaler Darstellungen kann auf bestimmte Weise auf Schaltungsbausteine, Schaltglieder, Speicherglieder abgebildet werden. Daraus resultieren folgende zu den Formalismen korrespondierende Schaltungsklassen oder Klassen von Signalverarbeitungsgeräten mit steigender Komplexität, deren systematische Entwürfe, auch als (Logik-)Synthese bezeichnet, im Rest dieses Beitrags untersucht werden.

1. *Schaltnetz* (combinational circuit): Verknüpfungsschaltung, Realisierung einer Zuordnungsaufgabe, zum Beispiel Additionsschaltung
2. *Schaltwerk* (sequential circuit): Realisierung von Folgenzuordnungen, das heißt von endlichen Automatenmodellen, zum Beispiel Speicherbausteine oder Steuerwerke (beispielsweise für eine Ampelsteuerung)
3. *(getakteter) Steuerkreis* (control & data path): Realisierung von kommunizierenden Automaten und Algorithmen wie beispielsweise einer Tastatur-Controller-Schaltung, welche in jedem Digitalrechner zu finden ist oder von „programmierbaren" Schaltungen – insbesondere Mikroprozessoren

Im Allgemeinen können komplexe digitale Systeme als Kombination mehrerer kommunizierender Steuerkreise betrachtet und entsprechend entworfen (das heißt synthetisiert) werden.

Tab. 1 zeigt die verschiedenen Betrachtungsebenen – von der *informalen, über die formale bis hin zur physikalisch-technischen Ebene* – am Beispiel eines Schaltnetzentwurfs.

21.2 Schaltnetze

Schaltnetze sind digitaltechnische Realisierungen von Zuordnern.

Schaltnetze ordnen einer parallel (gleichzeitig) am Eingang verfügbaren Binärvokal X in einem Verarbeitungsschritt eindeutig eine parallel (gleichzeitig) am Ausgang abnehmbare/beobachtbare Binärvokabel Y zu. Schaltnetze können stets rückkopplungsfrei realisiert werden. Der Zusammenhang zwischen X und Y im Schaltnetz wird für jede Binärkomponente y_k einzeln durch eine Zuordnungsvorschrift wiedergegeben und zwar durch die *Schaltfunktion* $f_k(X)$. Daraus folgt für den X und Y Zusammenhang $Y = (f_1(X), \ldots, f_k(X), \ldots, f_m(X))$. Die Schaltfunktion modelliert formal das *Einausgabeverhalten* des Schaltnetzes, welches y_k erzeugt. Dementsprechend modelliert das ganze Funktionsbündel $F(f_1, \ldots, f_k, \ldots, f_m)$ das Verhalten eines Bündelschaltnetzes.

Tab. 1 Betrachtungsebenen für den Schaltnetzentwurf

Problemebene (informal)	Beispiel: Addition
Formale Ebene	Zuordnermodell: a = Φ(e)
Binärebene (= kodierte Formalebene)	a, e binär kodiert: $Y = F(X) \rightarrow$ *Schaltfunktion(en)*
	mit $X = (x_n, \ldots, x_i, \ldots, x_2, x_1)$ – Eingangsbin'artupel, $x_i \in \{0,1\}, X \in \{0,1\}^n$
	und $Y = (y_m, \ldots, y_k, \ldots, y_2, y_1)$ – Ausgangsvokabel, $y_k \in \{0,1\}, Y \in \{0,1\}^m$
	folgt $Y = (f_m(X), \ldots, f_k(X), \ldots, f_1(X))$
physikalisch-technische Ebene	

Beispiele für typische Schaltnetzaufgaben sind in Tab. 2 beschrieben. Das bedeutet es sind typische *Systembausteine* gezeigt, also elementare Komponenten, die als Grundbausteine komplexer digitaler Systeme dienen.

Eine typische kombinierte Anwendung für Multiplexer- und Demultiplexerbausteine ist der Aufbau einer *Multiplexverbindung*: das bedeutet der Ausgang eines Multiplexers wird mit dem Eingang e eines Demultiplexers verbunden. Diese Multiplexverbindung dient der kosten- und platzsparenden seriellen Übertragung von Binärvektoren (in der Regel mit großer Stellenzahl). Zur Selektion der einzelnen Komponenten (Quellen/Sender/Bitströme) dient der Multiplexer (das Quellenauswahlnetz): *Parallel-Seriell-Wandlung*;

der Demultiplexer (das Senkenauswahlnetz) besorgt dann die (Wieder-)Zuweisung der korrespondierenden Senken/Empfänger nach der Übertragung: *Seriell-Parallel-Wandlung*.

Im Allgemeinen können die Quellen oder Senken von Multiplexern bzw. Demultiplexern auch als m-bit Bündel, das bedeutet als Leitungsbündel aus m Leitungen, betrachtet werden, insbesondere mit m > 1. Entsprechend sind der Ausgang y des Multiplexers sowie der Eingang e des Demultiplexers dann ebenfalls m-stellig.

Idee des Schaltznetzentwurfs/Schaltnetzsynthese – zusammenfassender Überblick

Grundsätzlich geht es darum aus einer informationellen formalen Aufgabenstellung in Form

Tab. 2 Typische Schaltnetze/Systembausteine

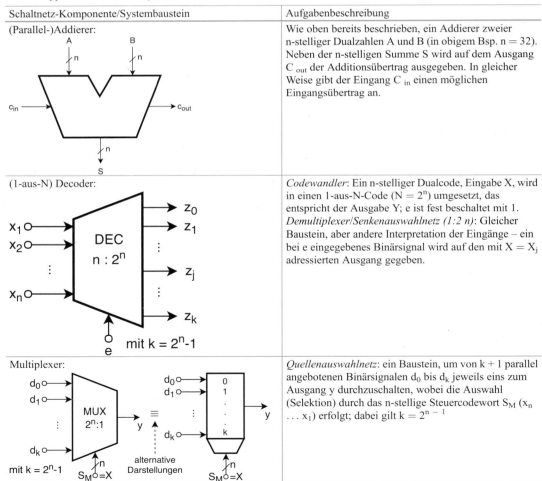

Schaltnetz-Komponente/Systembaustein	Aufgabenbeschreibung
(Parallel-)Addierer:	Wie oben bereits beschrieben, ein Addierer zweier n-stelliger Dualzahlen A und B (in obigem Bsp. n = 32). Neben der n-stelligen Summe S wird auf dem Ausgang C_{out} der Additionsübertrag ausgegeben. In gleicher Weise gibt der Eingang C_{in} einen möglichen Eingangsübertrag an.
(1-aus-N) Decoder:	*Codewandler*: Ein n-stelliger Dualcode, Eingabe X, wird in einen 1-aus-N-Code ($N = 2^n$) umgesetzt, das entspricht der Ausgabe Y; e ist fest beschaltet mit 1. *Demultiplexer/Senkenauswahlnetz (1:2 n)*: Gleicher Baustein, aber andere Interpretation der Eingänge – ein bei e eingegebenes Binärsignal wird auf den mit $X = X_j$ adressierten Ausgang gegeben.
Multiplexer:	*Quellenauswahlnetz*: ein Baustein, um von k + 1 parallel angebotenen Binärsignalen d_0 bis d_k jeweils eins zum Ausgang y durchzuschalten, wobei die Auswahl (Selektion) durch das n-stellige Steuercodewort S_M ($x_n \ldots x_1$) erfolgt; dabei gilt $k = 2^{n-1}$

einer Funktionsdefinition, konkret in Form einer Schaltfunktion, eine Bauvorschrift für eine elektrische Schaltung, das heißt eine Digitalschaltung, abzuleiten. Die zu entwerfenden Digitalschaltungen in diesem Abschnitt sind Schaltnetze.

Die Schaltalgebra dient der algebraischen Behandlung von Schaltfunktionen. Schaltalgebraische Formeln, die sogenannten *Schaltausdrücke*, sind Berechnungsvorschriften für die y_k aus den x_i. Sie definieren nicht nur die gewünschte Schaltfunktion, sondern können auch den Aufbau des Schaltnetzes aus sogenannten *Verknüpfungsgliedern* oder *Schaltelementen (Gattern)* wiedergeben. Hierfür gibt es elementare Schaltungen für jede schaltalgebraische Operation, das sind zum Beispiel sogenannte AND- oder NOR-Glieder (-Gatter).

Aus der Abbildung des Schaltausdrucks auf das Schaltnetz resultiert auch die grundlegende Idee der Schaltnetzoptimierung: Je kürzer ein Schaltausdruck, desto einfacher das Schaltnetz. Durch Manipulation der Schaltausdrücke nach den Regeln der Schaltalgebra kann eine möglichst kurze Formel gefunden werden; hierfür gibt es systematische, algorithmische Verfahren.

Reale Schaltnetze arbeiten nicht verzögerungsfrei. Das bedeutet die ideale formale Abbildung einer Änderung am Eingang X auf die zugehörigen Ausgangsänderungen an Y kann erst nach einer bestimmten Verzögerung, das heißt nach dem sogenannten *Übergangsintervall* beobachtet werden; während eines Übergangsintervalls sollten Schaltnetzausgänge nicht interpretiert werden. Im Übergangsintervall kippen die Ausgänge von Y gegebenenfalls zu unterschiedlichen Zeiten. Es kann sogar zu fehlerhaften Ausgabeverläufen (sogenannten Hasardfehlern) kommen, da sich Eingabeänderungen auf unterschiedlichen Signalpfaden mit unterschiedlichen Verzögerungen durch das Schaltnetz fortpflanzen. Solch transientes Fehlverhalten wird unten in Abschn. 21.2.3 genauer beschrieben und sollte weitestgehend vermieden werden.

21.2.1 Schaltalgebra und Boole'sche Algebra

Algebren sind mathematische Strukturen bestehend aus Mengen sowie Operationen, die auf diesen Mengen definiert sind. Man kann sich eine Algebra als eine Art abgeschlossenen Zahlen- oder Rechenraum bezüglich ihrer Mengen vorstellen. Für jede algebraische Struktur gelten dabei bestimmte charakteristische Axiome und Rechenregeln.

Die Schaltalgebra ist ein Spezialfall der Boole'schen Algebra. *Boole'sche Algebren* sind 2^m-wertige Algebren; sie bestehen jeweils aus einer endlichen Menge mit 2^m Elementen; die *Schaltalgebra* ist eine zweiwertige Interpretation der Booleschen Algebra, das bedeutet m = 1. Gerechnet wird mit den interpretationsfreien Konstanten 0 und 1 des Wertevorrats $\underline{B} = \{0,1\}$ und mit Variablen, die Werte aus $\underline{B}$ annehmen können (Binärvariablen).

Es gibt eine einstellige und zwei zweistellige *Basisoperationen*, auch als *Basisverknüpfungen*, *Basisfunktionen* oder *Elementaroperationen* bezeichnet, vgl. Tab. 3, 4 und 5. Alle Zuordnungsvorschriften zwischen Binärvokabeln lassen sich aus diesen drei Elementaroperationen komponieren, das heißt formelmäßig darstellen.

Die Werte und Operationen gehorchen den folgenden Rechenregeln der Schaltalgebra. Interessanterweise treten dabei alle Regeln paarig auf, was auf der Eigenschaft der *Dualität* Boole'scher Algebren beruht, das bedeutet, wenn man in einer geltenden Regel die eventuell auftretenden

Tab. 3 Negation, NOT-Verknüpfung ($\neg$)

x	$\neg x$
0	1
1	0

Tab. 4 Konjunktion, AND-Verknüpfung ($\wedge$)

x_1	x_2	$x_1 \wedge x_2$
0	0	0
0	1	0
1	0	0
1	1	1

Tab. 5 Disjunktion, OR-Verknüpfung ($\vee$)

x_1	x_2	$x_1 \vee x_2$
0	0	0
0	1	1
1	0	1
1	1	1

Konstanten 0 und 1 mit 1 bzw. 0 vertauscht und ebenso die Operationen $\wedge$ und $\vee$ mit $\vee$ bzw. $\wedge$, dann erhält man eine ebenfalls gültige Rechenregel – die *duale Regel*.

Regeln für Konstanten

R1	$\neg 0 = 1$	und	$\neg 1 = 0$
R2	$0 \wedge 0 = 0$	und	$1 \vee 1 = 1$
R3	$0 \wedge 1 = 0$	und	$1 \vee 0 = 1$
R4	$1 \wedge 0 = 0$	und	$0 \vee 1 = 1$
R5	$1 \wedge 1 = 1$	und	$0 \vee 0 = 0$

Regeln für eine Variable
R6 Zweiwertigkeit

aus $x \neq 0$ folgt $x = 1$ und
$x \neq 1$ folgt $x = 0$

R7 Involutionsregel

$\neg(\neg x) = \neg\neg x = x$

R8 Extremalgesetze

$x \wedge 0 = 0 \wedge x = 0$ und
$x \vee 1 = 1 \vee x = 1$

R9 Neutralitätsgesetze

$x \wedge 1 = 1 \wedge x = x$ und
$x \vee 0 = 0 \vee x = x$

R10 Idempotenzgesetze

$x \wedge x = x$ und
$x \vee x = x$

R11 Komplementregeln

$x \wedge \neg x = 0$ und
$x \vee \neg x = 1$

Regeln für zwei Variablen
R12 Kommutativgesetze

$x_1 \wedge x_2 = x_2 \wedge x_1$ und
$x_1 \vee x_2 = x_2 \vee x_1$

R13 De Morgan'sche Regeln

$\neg(x_1 \wedge x_2) = \neg x_1 \vee \neg x_2$ und
$\neg(x_1 \vee x_2) = \neg x_1 \wedge \neg x_2$

R14 Absorptionsgesetze

$x_1 \wedge (x_1 \vee x_2) = x_1$ und
$x_1 \vee (x_1 \wedge x_2) = x_1$

R15 Verschmelzungsregeln (1. Teil)

$x_1 \wedge (\neg x_1 \vee x_2) = x_1 \wedge x_2$ und
$x_1 \vee (\neg x_1 \wedge x_2) = x_1 \vee x_2$

R16 Verschmelzungsregeln (2. Teil)

$(x_1 \wedge x_2) \vee (\neg x_1 \wedge x_2) = x_2$ und
$(x_1 \vee x_2) \wedge (\neg x_1 \vee x_2) = x_2$

Regeln für drei Variablen
R17 Assoziativgesetze

$(x_1 \wedge x_2) \wedge x_3 = x_1 \wedge (x_2 \wedge x_3) = x_1 \wedge x_2 \wedge x_3$
und
$(x_1 \vee x_2) \vee x_3 = x_1 \vee (x_2 \vee x_3) = x_1 \vee x_2 \vee x_3$

R18 Distributivgesetze

$x_1 \wedge (x_2 \vee x_3) = (x_1 \wedge x_2) \vee (x_1 \wedge x_3)$ und
$x_1 \vee (x_2 \wedge x_3) = (x_1 \vee x_2) \wedge (x_1 \vee x_3)$

R19 Consensusregeln

$(x_1 \wedge x_2) \vee (\neg x_1 \wedge x_3) = (x_1 \wedge x_2) \vee (\neg x_1 \wedge x_3) \vee$
$\quad (x_2 \wedge x_3)$
und
$(x_1 \vee x_2) \wedge (\neg x_1 \vee x_3) = (x_1 \vee x_2) \wedge (\neg x_1 \vee x_3) \wedge$
$\quad (x_2 \vee x_3)$

Die Regeln der Schaltalgebra lassen sich auf fünf Grundregelpaare zurückführen. Indem man vom konkreten Wertevorrat $\underline{B} = \{0, 1\}$ und den definitorisch eingeführten Bedeutungen der Operationen $\wedge$ und $\vee$ abstrahiert, erhält man das sogenannte Huntington'sche Axiomensystem der allgemeinen Boole'schen Algebra, welches im Folgenden aufgezeigt wird: auf einer Menge $\underline{B}$ sind zwei Operationen $\bullet$ und $\blacklozenge$ definiert, für welche die Axiome H1 bis H5 gelten.

Für beliebige x_1, x_2, $x_3 \in \underline{B}$ mit $|\underline{B}| = 2^m$ soll gelten:

H1 Abgeschlossenheit

$x_1 \bullet x_2 \in \underline{B}$ und
$x_1 \blacklozenge x_2 \in \underline{B}$

H2 Kommutativgesetze

$x_1 \bullet x_2 = x_2 \bullet x_1$ und
$x_1 \blacklozenge x_2 = x_2 \blacklozenge x_1$

H3 Distributivgesetze

$x_1 \bullet (x_2 \blacklozenge x_3) = (x_1 \bullet x_2) \blacklozenge (x_1 \bullet x_3)$ und
$x_1 \blacklozenge (x_2 \bullet x_3) = (x_1 \blacklozenge x_2) \bullet (x_1 \blacklozenge x_3)$

H4 Neutralitätsgesetze

$\forall x \in \underline{B}, \exists e \in \underline{B}$ derart, dass $x \bullet e = x$, und
$\forall x \in \underline{B}, \exists n \in \underline{B}$ derart, dass $x \blacklozenge n = x$

H5 Komplementärgesetze

$\forall x \in \underline{B}, \exists \neg x \in \underline{B}$ derart, dass $x \bullet \neg x = n$ und zugleich $x \blacklozenge \neg x = e$

Beachte: H5 fordert für die beiden Operationen jeweils für jedes Element x die Existenz eines Komplements $\neg x$. Das Komplement entspricht jedoch *nicht* dem inversen Element der jeweiligen Operation, wie es zum Beispiel im Körper der reellen Zahlen existiert. Im Unterschied zum inversen Element liefert die Verknüpfung eines Elements mit seinem Komplement das neutrale Element der jeweils *anderen* Operation.

Für die Schaltalgebra gilt m = 1, $\bullet = \wedge$ sowie $\blacklozenge = \vee$. Alle übrigen Regeln (siehe R1 bis R19) lassen sich aus diesen fünf Axiomen ableiten.

Es ist zu beachten, dass Boole'sche, also auch schaltalgebraischen Größen, von vornherein weder als die beiden Wahrheitswerte „wahr" und „falsch" der Aussagenlogik (welche ebenfalls eine Interpretation der zweiwertigen Boole'schen Algebra ist), noch als Zahlenwertgrößen anzusehen sind. Letzteres zeigen beispielsweise signifikante Unterschiede beim Distributivgesetz für die Boole'sche Algebra (siehe H3) und für den Körper bzw. die algebraische Struktur der reellen Zahlen mit den Operationen Addition und Multiplikation.

Außer den bisher verwendeten schaltalgebraischen Basisoperationen Konjunktion $\wedge$, Disjunktion $\vee$ und Negation $\neg$ lassen sich noch weitere zweistellige Operationen (Verknüpfungen) definieren, siehe Tab. 6.

Zehn dieser Funktionen sind von beiden Variablen echt abhängig, vier sind nur von einer Variablen abhängig (x_1, x_2, $\neg x_1$, $\neg x_2$), zwei von keiner Variablen (die Eins- und Nullfunktion).

Die assoziativen zweistelligen Operationen AND, OR, Antivalenz und Äquivalenz lassen sich auf intuitive Art *mehrstellig* realisieren, zum Beispiel gilt für die n-stellige AND-Verknüpfung $AND(x_1, x_2, \ldots, x_n) = (\ldots (x_1 \wedge x_2) \wedge x_3) \ldots \wedge x_n)$. Die nicht-assoziativen Operationen NAND und NOR hingegen lassen sich durch eine derartige Mehrfachanwendung zweistelliger NAND bzw. NOR Verknüpfungen nicht realisieren, sondern es muss eine Rückführung auf die Basisoperationen AND bzw. OR erfolgen, das heißt:

$$NAND(x_1, x_2, \ldots, x_n) = \neg(x_1 \wedge x_2 \wedge \ldots \wedge x_n) \text{ bzw.}$$
$$NOR(x_1, x_2, \ldots, x_n) = \neg(x_1 \vee x_2 \vee \ldots \vee x_n).$$

Da mit den Basisverknüpfungen bereits jede Zuordnungsvorschrift zwischen Binärvokabeln dargestellt werden kann, lässt sich durch die Verwendung der anderen Verknüpfungen höchstens eine bessere Ökonomie in der Formelschreibweise erreichen. Ein entscheidender Grund jedoch für die Verwendung anderer Verknüpfungsarten ist die Abstimmung auf die verfügbare Schal-

Tab. 6 Alle 16 zweistelligen schaltalgebraischen Verknüpfungen

Benennung	Funktionswerte bei Belegungen:				typischer Formelausdruck	äquivalenter Formelausdruck durch die Basisoperationen $\wedge, \vee, \neg$
	x_2 1	1	0	0		
	x_1 1	0	1	0		
Nullfunktion	0	0	0	0	$f_0(x_2,x_1) = 0$	$= 0$
NOR, Peirce'scher Pfeil	0	0	0	1	$f_1(x_2,x_1) = x_2 \downarrow x_1$	$= \neg(x_2 \vee x_1)$
Inhibition	0	0	1	0	$f_2(x_2,x_1)$	$= \neg x_2 \wedge x_1$
NOT, Negation von x_2	0	0	1	1	$f_3(x_2,x_1) = \neg x_2$	$= \neg x_2$
Inhibition	0	1	0	0	$f_4(x_2,x_1)$	$= x_2 \wedge \neg x_1$
NOT, Negation von x_1	0	1	0	1	$f_5(x_2,x_1) = \neg x_1$	$= \neg x_1$
Antivalenz	0	1	1	0	$f_6(x_2,x_1) = x_2 \oplus x_1$	$= (x_2 \wedge \neg x_1) \vee (\neg x_2 \wedge x_1)$
NAND, Sheffer'scher Strich	0	1	1	1	$f_7(x_2,x_1) = x_2 \mid x_1$	$= \neg(x_2 \wedge x_1)$
AND, Konjunktion	1	0	0	0	$f_8(x_2,x_1) = x_2 \wedge x_1$	$= x_2 \wedge x_1$
Äquivalenz	1	0	0	1	$f_9(x_2,x_1) = x_2 \equiv x_1$	$= (x_2 \wedge x_1) \vee (\neg x_2 \wedge \neg x_1)$
Reproduktion von x_1	1	0	1	0	$f_{10}(x_2,x_1) = x_1$	$= x_1$
Implikation	1	0	1	1	$f_{11}(x_2,x_1) = x_2 \rightarrow x_1$	$= \neg x_2 \vee x_1$
Reproduktion von x_2	1	1	0	0	$f_{12}(x_2,x_1) = x_2$	$= x_2$
Implikation	1	1	0	1	$f_{13}(x_2,x_1) = x_1 \rightarrow x_2$	$= x_2 \vee \neg x_1$
OR, Disjunktion	1	1	1	0	$f_{14}(x_2,x_1) = x_2 \vee x_1$	$= x_2 \vee x_1$
Einsfunktion	1	1	1	1	$f_{15}(x_2,x_1) = 1$	$= 1$

tungstechnik (technology mapping), das heißt die verwendbaren Verknüpfungsglieder.

Für die (meisten) oben vorgestellten Operatoren (Verknüpfungen) existieren jeweils technische Realisierungen, weshalb eine Umsetzung schaltalgebraischer Ausdrücke in Schaltungen direkt möglich ist. Solche Elementarschaltungen für Operationen nennt man *Verknüpfungsglieder, Schaltglieder, Gatter* oder auch *Elementarbausteine*.

In diesem Sinn nimmt der Schaltausdruck eine Doppelrolle ein:

- zum einen liefert er eine Berechnungsvorschrift für eine Schaltfunktion (also die Verknüpfung von Binärvariablen) und
- zum anderen eine Bauvorschrift für ein realisierendes Gatterschaltnetz.

Abstrahiert man von der elektronischen Realisierung (Stromlaufplan) – interessiert sich insbesondere nicht für den inneren Aufbau – und will nur den schaltalgebraischen („logischen") Verknüpfungsoperator zeigen, dann genügt die in Abb. 3 gezeigte Darstellung mit Schalt(ungs)symbolen, der sogenannte „logische" Schaltplan. Auch der

Begriff der Logiksynthese bezieht sich auf logische Schaltpläne. Unter der *Logiksynthese* von Schaltnetzen soll hier die systematische Ableitung eines technologieoptimierten minimalen logischen Schaltplans, ausgehend von einer formalisierten Aufgabenstellung in Form einer Schaltfunktion, verstanden werden, vgl. Abschn. 21.2.2.

Es sei noch erwähnt, dass die drei schaltalgebraischen Basisoperationen $\wedge$, $\vee$, $\neg$ nicht das einzige und vor allem kein minimales vollständiges Operatorensystem für Schaltfunktionen bilden. Wie oben erwähnt, kann man zwar mit ihnen einen Schaltausdruck für jede beliebige Schaltfunktion darstellen, jedoch reichen dafür sogar schon die beiden Operationen $\vee$ und $\neg$. Die fehlende $\wedge$-Verknüpfung kann nach der Regel von DeMorgan (R13) aus $\vee$ und $\neg$ zusammengesetzt werden. Ebenso ist $\{\wedge, \neg\}$ ein vollständiges Operatorensystem, oder auch *Basissystem* genannt. Die fehlende $\vee$-Verknüpfung kann durch $x_1 \vee x_2 = \neg\neg(x_1 \vee x_2) = \neg(\neg x_1 \wedge \neg x_2)$ nachgebildet werden. *Minimale Basissysteme* sind jeweils $\{\text{NAND}\}$ und $\{\text{NOR}\}$; mit jeder der beiden Verknüpfungen kann man jeweils $\wedge$, $\vee$ sowie $\neg$ nachbilden.

Operation	logisches Gatter	Formel-ausdruck
Identität	$x_1 \triangleright y$	$y = x_1$
Negation	$x_1 \triangleright\!\circ\ y$	$y = \neg x_1$
AND	$x_1, x_2 \Rightarrow y$	$y = x_1 \wedge x_2$
NAND	$x_1, x_2 \Rightarrow\!\circ\ y$	$y = x_1	x_2$
OR	$x_1, x_2 \Rightarrow y$	$y = x_1 \vee x_2$
NOR	$x_1, x_2 \Rightarrow\!\circ\ y$	$y = x_1 \downarrow x_2$
Antivalenz	$x_1, x_2 \Rightarrow y$	$y = x_1 \oplus x_2$
Äquivalenz	$x_1, x_2 \Rightarrow\!\circ\ y$	$y = x_1 \equiv x_2$

21.2.1.1 Schaltungstechnische Realisierung

Für die technische Realisierung von Verknüpfungsgliedern gibt es eine ganze Reihe von Schaltungstechniken, die sich in Kenngrößen wie Leistungsaufnahme und Gatterlaufzeit unterscheiden.

Es wird beispielhaft die Realisierungsform aufgezeigt, die auf dem Prinzip des gesteuerten Widerstands beruht. Der zentrale Begriff ist hier der des Schalters: man verwendet Elemente, deren Widerstandswert sich zwischen *zwei* Werten – nämlich einem hohen und einem niedrigen – um *schalten* lässt, weshalb man hier auch vom *Schalterprinzip* spricht. Man findet diese Technik beispielsweise bei NMOS- und CMOS-, aber auch bei Relais-Schaltungen.

Abb. 4 zeigt die Prinzipdarstellung einer Inverterschaltung: Realisierung der schaltalgebraischen Operation Negation.

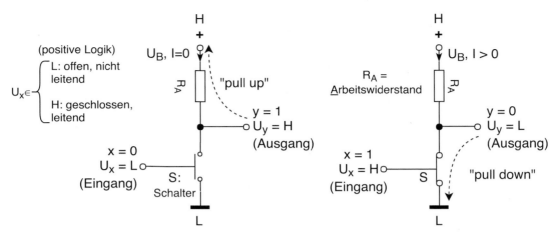

Abb. 4 Inverter als gesteuerter Widerstand im Schaltermodell; mögliche Schalterstellungen beim Einschalterprinzip

Die Schalter aus Abb. 4 können auch durch Transistoren realisiert werden (elektronische Schalter, Transistor-Schalter), Abb. 5 zeigt sogenannte n-Kanal MOS-FETs; weitere Details sind im Beitrag Halbleiterbauelemente beschrieben oder in Tietze und Schenk 2002.

Vorteile bietet eine Realisierung mit zwei Schaltern. Mögliche Schalterstellungen beim Zweischalterprinzip sind in Abb. 6 gezeigt.

Bei der Realisierung mit MOS-FETs verwendet man für den (im Allgemeinen die) oberen Schalter p-Kanal, und für den (im Allgemeinen die) unteren Schalter n-Kanal Typen, so dass immer beide Typen in derselben Schaltungsstruktur vorkommen; weshalb man auch von einer CMOS (complementary MOS) Schaltung spricht, siehe Abb. 7.

NMOS-Schaltungen sind ausschließlich aus n-Kanal MOS-FETs aufgebaut; sie lassen sich deshalb einfacher herstellen als CMOS-Schaltungen. Dagegen verbrauchen CMOS-Schaltungen weniger Energie, weshalb eine höhere Integration möglich ist. NMOS- Schaltungen sind zudem technisch ungünstiger, da sie wegen der Unterschiede in den Widerstandswerten der beiden Zweige – nach U_B bzw. Masse – ein unsymmetrisches Umschalt- und Belastungsverhalten haben. Dagegen bietet zum Beispiel ein CMOS-Inverter in beiden Schaltzuständen ungefähr die gleichen Ausgangsinnenwider-

stände – ein Transistor stellt jeweils den Arbeitswiderstand für den anderen dar. Hieraus resultieren diverse elektrische Vorteile der CMOS-Technik gegenüber der NMOS-Technik, unter anderem eine höhere Verarbeitungsgeschwindigkeit.

Mit Abb. 8 folgt noch ein Beispiel für die schalterorientierte Realisierung nach dem Zweischalterprinzip eines zweistelligen schaltalgebraischen Operators: NOR (positive Logik). Die Teilschaltung, welche den Ausgang U_y mit der Spannungsquelle U_B verbindet wird auch als ZP_P (Zweipol P) bezeichnet, da sie in CMOS durch p-Kanal MOS-FETs realisiert wird. Dementsprechend wird die Teilschaltung, welche den Ausgang U_y mit Masse verbindet, als ZP_N (Zweipol N) bezeichnet. ZP_P und ZP_N sind immer komplementär leitfähig, das bedeutet die zugehörigen Zweipolfunktionen f_{ZP_P} und f_{ZP_N} sind komplementäre Funktionen.

In konsequenter Weise kann man sich nun vorstellen wie komplexere Schaltnetze oder Schaltungen realisiert werden können, welche durch größere schaltalgebraische Ausdrücke umschrieben sind. Abb. 9 zeigt dazu beispielhaft die Realisierung der Schaltfunktion $f(a, b, c, d, e) = (a \lor b) \land (a \lor d \lor e) \land (c \lor d) \land (b \lor c \lor e) = y = \neg \neg y = \neg(\neg(a \lor b) \lor \neg(a \lor d \lor e) \lor \neg(c \lor d) \lor \neg(b \lor c \lor e))$ unter ausschließlicher Verwendung von NOR-Schaltglie-

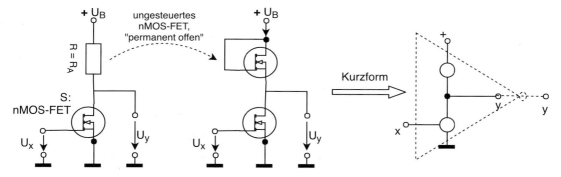

Abb. 5 NMOS-Inverter (Transistormodell)

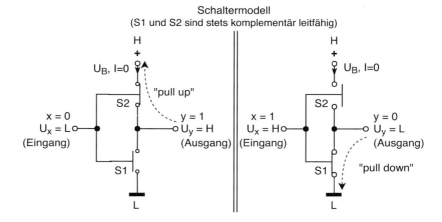

Abb. 6 Mögliche Schalterstellungen beim Zweischalterprinzip am Beispiel eines Inverters

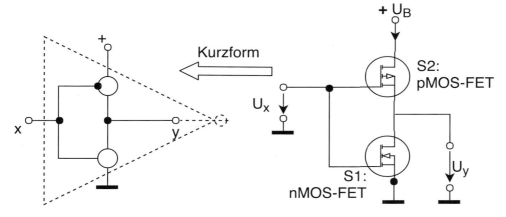

Abb. 7 CMOS Inverter (Transistormodell)

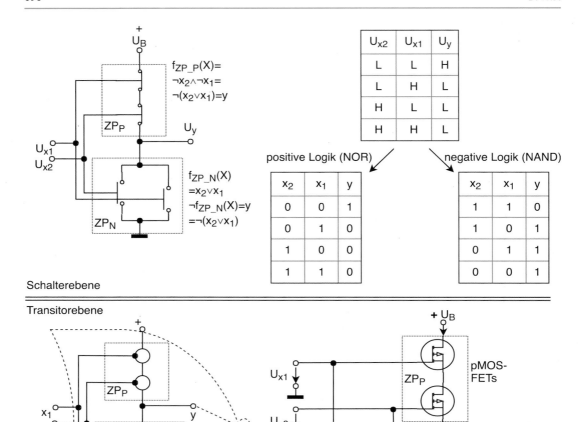

Abb. 8 Realisierung eines CMOS NOR-Gatters (positive Logik); bei negativer Logik NAND

dern; einerseits auf Gatterebene (unten) und anderseits auf Transistorebene in CMOS (oben).

21.2.2 Schaltfunktionen und Schaltnetze

Schaltunktionen sind zweiwertige Funktionen von zweiwertigen Variablen. Sie ordnen binären n-Tupeln eindeutig einen Funktionswert 0 oder 1 zu f: $X = \{0,1\}^n \rightarrow \{0,1\} = Y$. Dabei unterscheidet man *vollständige Schaltfunktionen*, die jedem Wert der Definitionsmenge X einen Wert

aus der Bildmenge Y zuweisen, von *unvollständigen Schaltfunktionen*, deren Abbildung nur für jeweils echte Teilmengen von X definiert sind.

Man schreibt auch $y = f(X) = f(x_n, \ldots, x_i, \ldots, x_0)$. $X=(x_n, \ldots, x_i, \ldots, x_0)$ nennt man *Eingangsvektor* der unabhängigen Eingangsvariablen der Schaltfunktion f und $X_j = (1, \ldots, 0, \ldots 0)$ eine konkrete Belegung der unabhängigen Eingangsvariablen. Der Index j repräsentiert dabei das Dualzahläquivalent dieser Belegung, dargestellt als Dezimalwert; es gilt zum Beispiel $X_6 = (1,1,0)$.

Schaltfunktionen dienen in der Digitaltechnik dazu, das Einausgabeverhalten von Schaltnetzen

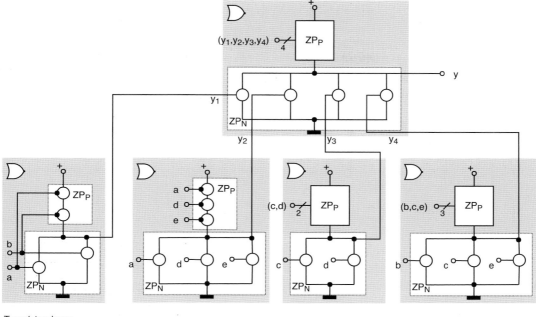

Transistorebene

Gatterebene

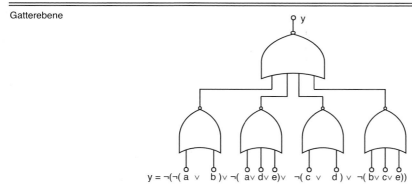

$$y = \neg(\neg(\overline{a \quad \vee \quad b}) \vee \neg(\overline{a \vee d \vee e}) \vee \neg(\overline{c \quad \vee \quad d}) \vee \neg(\overline{b \vee c \vee e}))$$

Abb. 9 Schaltnetzrealisierung auf Gatter-(unten) und Transistorebene (oben)

a) zu beschreiben – und zwar zum Zweck der Analyse – sowie b) vorzuschreiben und zwar zum Zweck des Entwurfs, das heißt der (Logik-) Synthese.

Die Beschreibung (a) von Schaltnetzen geschieht stets durch eine vollständige Schaltfunktion. Dagegen ist die Vorschrift für das Verhalten eines noch zu entwerfenden Schaltnetzes (b) in der Regel unvollständig, zum Beispiel weil bestimmte Eingangsbelegungen X_j im Betrieb niemals vorkommen können.

Es gibt $|\{0,1\}^n| = 2^n$ Belegungen von n unabhängigen Eingangsvariablen und folglich gibt es

(2^{2^n}) schaltalgebraische Funktionen, welche die 2^n Belegungen verschiedenartig auf die Bildmenge $\{0,1\}$ abbilden. Tab. 6 zeigt für $n = 2$ die 16 schaltalgebraischen Funktionen.

Darstellungsweisen

Man sollte sorgfältig zwischen der Funktion auf der einen, und ihren Darstellungsweisen auf der anderen Seite unterscheiden. Die Funktion gibt lediglich Auskunft darüber, was wem *eindeutig* zugeordnet wird – pure Zuordnung. In den verschiedenen Darstellungen ein und derselben Funktion wird hingegen zusätzlich zum Beispiel eine Struktur der Definitionsmenge X unterstellt. Betrachten wir beispielsweise drei unterschiedliche Darstellungsweisen für die Äquivalenzfunktion $f(x_2, x_1) = x_2 \equiv x_1$. Als Erstes zeigt Abb. 10 eine dem Funktionsbegriff nahestehende Darstellung und zwar als Abbildung von Definitionsmenge X zu Bildmenge Y.

Zweitens zeigt Abb. 11 Darstellungen mit strukturierter Definitionsmenge. Zur Darstellung unvollständiger Schaltfunktionen sei angemerkt, dass Eingangsbelegungen, für welche kein Funktionswert definiert oder gefordert ist, auf $\{*\}$ anstatt auf $\{0,1\}$ abgebildet werden, vgl. in Abb. 12 die Funktionswerte y_1 und y_0 für die Eingangsbelegung $X_0 = x_2 x_1 x_0 = 000$. Diese Eingangsbelegungen werden auch *Freistellen*

oder *don't-care*-Belegungen der Schaltfunktion genannt.

Drittens gibt es die Formeldarstellung: $f(x_2, x_1) = x_2 \equiv x_1 = (x_2 \wedge x_1) \vee (\neg x_2 \wedge \neg x_1) = (x_2 \vee \neg x_1) \wedge (\neg x_2 \vee x_1)$. Hier wird eine schaltalgebraische Berechnungsvorschrift – der Schaltausdruck – zur Umschreibung der Zuordnungsvorschrift verwendet.

21.2.2.1 Formeldarstellbarkeit und Realisierbarkeit

Es stellt sich nun die Frage, ob sich jede Schaltnetzaufgabe lösen lässt. Oder: Kann man jede zum Beispiel tabellarisch gegebene Schaltfunktion durch einen Formelausdruck/Schaltausdruck darstellen, welcher wiederum den Bauplan eines Gatterschaltnetzes darstellt?

Wie bereits oben beschrieben, kann der Schaltausdruck auch als Bauvorschrift für ein Gatter-Schaltnetz interpretiert werden. Somit ist die Frage nach der Darstellbarkeit einer Schaltfunktion durch einen schaltalgebraischen Ausdruck zugleich die Frage nach der Realisierbarkeit durch ein Schaltnetz. Antwort auf diese Frage gibt der *Hauptsatz der Schaltalgebra*. Er sagt aus, dass

1. *jede* Schaltfunktion durch einen Formelausdruck darstellbar ist, und
2. gibt er zwei mögliche Formelschemata hierfür an, die
   a. *disjunktive Normalform* (*DNF*) und die
   b. *konjunktive Normalform* (*KNF*)

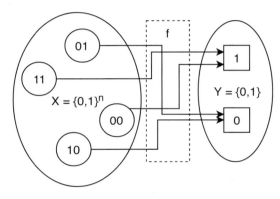

Abb. 10 mengenorientierte Darstellung der Äquivalenzfunktion

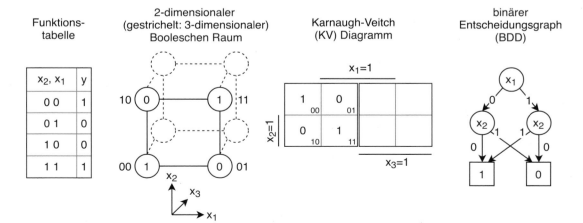

Abb. 11 Darstellungen der Äquivalenzfunktion mit strukturierter Definitionsmenge

Abb. 12 Ableitung von DNF und KNF aus der Funktionstabelle

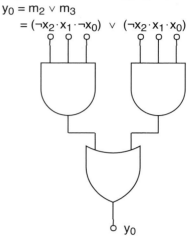

kurze DNF für y_0 (bei Vervollständigung der Funktion mit $f_0(X_0)=0$)

$$y_0 = m_2 \lor m_3$$
$$= (\neg x_2 \cdot x_1 \cdot \neg x_0) \lor (\neg x_2 \cdot x_1 \cdot x_0)$$

j	x_2, x_1, x_0	y_2, y_1, y_0	
0	0 0 0	0 * *	
1	0 0 1	1 0 0	M_1
2	0 1 0	1 0 1	m_2
3	0 1 1	1 0 1	m_3
4	1 0 0	1 1 0	M_4
5	1 0 1	1 1 0	M_5
6	1 1 0	1 1 0	M_6
7	1 1 1	1 1 0	M_7

kurze KNF für y_0 (bei Vervollständigung der Funktion mit $f_0(X_0)=1$)

$$y_0 = M_1 \land M_4 \land M_5 \land M_6 \land M_7$$
$$= (x_2 \lor x_1 \lor \neg x_0) \land (\neg x_2 \lor x_1 \lor x_0) \land (\neg x_2 \lor x_1 \lor \neg x_0) \land (\neg x_2 \lor \neg x_1 \lor x_0) \land (\neg x_2 \lor \neg x_1 \lor \neg x_0)$$

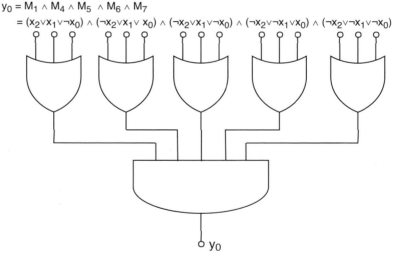

Disjunktive Normalform (DNF)

Die Funktion $f(X) = f(x_n, \ldots x_i, \ldots, x_1)$ wird aus elementaren Funktionen komponiert, den sogenannten Mintermfunktionen. Eine *Mintermfunktion* $m_j(X)$ besitzt genau eine Einsstelle (an X_j), es gilt: $m_j(X) = \begin{cases} 1, X = X_j \\ 0, X \neq X_j \end{cases}$, vgl. dazu Tab. 7.

Die einfachste Formeldarstellung einer Mintermfunktion ist die Konjunktion, also $\land$-Verknüpfung aller n Variablen, jeweils entweder in negierter oder

nicht negierter Form: ein sogenannter *Minterm* oder auch *Fundamentalkonjunktion* genannt. Mit Bezug zu Tab. 7 wäre $\neg x_2 \land x_1 \land x_0$ eine geeignete Formeldarstellung für m_3. Vereinbarung: Eine negierte oder nicht negierte Variable bezeichnet man auch als *Literal*.

Eine gegebene Schaltfunktion f kann komponiert werden aus denjenigen Mintermfunktionen, deren Einsstellen zugleich Einsstellen von f sind. Die Komposition geschieht durch die Disjunk-

Tab. 7 Alle acht Mintermfunktionen $m_j(X)$ von drei Variablen

j	X x_2	x_1	x_0	Mintermfunktion $m_j(X)$: m_0	m_1	m_2	m_3	m_4	m_5	m_6	m_7
0	0	0	0	1	0	0	0	0	0	0	0
1	0	0	1	0	1	0	0	0	0	0	0
2	0	1	0	0	0	1	0	0	0	0	0
3	0	1	1	0	0	0	1	0	0	0	0
4	1	0	0	0	0	0	0	1	0	0	0
5	1	0	1	0	0	0	0	0	1	0	0
6	1	1	0	0	0	0	0	0	0	1	0
7	1	1	1	0	0	0	0	0	0	0	1

tionsoperation, also $\vee$-Verknüpfung. Dies ergibt die sogenannte *kurze disjunktive Normalform* von f, das heißt die Disjunktion aller Einsstellenminterme von f:

$$f(X) = \bigvee_{j|f(X_j)=1} m_j(X) \quad (\text{kurze DNF})$$

Die *ausführliche DNF* verknüpft disjunktiv *alle* Minterme (das heißt Einsstellen- und Nullstellenminterme), wobei diese jeweils konjunktiv mit dem Funktionswert von f verknüpft werden:

$$f(X) = \bigvee_{j=0}^{2^n-1} f(X_j) \wedge m_j(X) \quad (\text{ausführliche DNF})$$

Konjunktive Normalform (KNF)

Ganz entsprechend kann man die Funktion $f(X) = f(x_n, \ldots x_i, \ldots, x_1)$ auch aus elementaren Funktionen mit genau einer Nullstelle komponieren, den sogenannten Maxtermfunktionen. Eine *Maxtermfunktion* $M_j(X)$ besitzt genau eine Nullstelle

(an X_j), es gilt: $\left(M_j(X) = \left\{ \begin{array}{l} 0, X = X_j \\ 1, X \neq X_j \end{array} \right. \right)$.

Die einfachste Formeldarstellung einer Maxtermfunktion ist die Disjunktion, also $\vee$-Verknüpfung, aller n Variablen, jeweils entweder in negierter oder nicht negierter Form: ein sogenannter *Maxterm* oder auch *Fundamentaldisjunktion* genannt.

Man komponiert nun f aus allen denjenigen Maxtermfunktionen, deren je einzige Nullstelle zugleich eine Nullstelle von f ist. Diese Komposition geschieht durch die Konjunktion, also

$\wedge$-Verknüpfung. Daraus ergibt sich die sogenannte *kurze konjunktive Normalform* von f, das heißt die Konjunktion aller Nullstellenmaxterme von f:

$$f(X) = \bigwedge_{j|f(X_j)=0} M_j(X) \quad (\text{kurze KNF})$$

Die *ausführliche KNF* verknüpft konjunktiv *alle* Maxterme (das heißt Nullstellen- und Einsstellenmaxterme), wobei diese jeweils disjunktiv mit dem Funktionswert von f verknüpft werden:

$$f(X) = \bigwedge_{j=0}^{2^n-1} f(X_j) \vee M_j(X) \quad (\text{ausführliche KNF})$$

Beachte: Mit Hilfe der Normalformen ist nun (nachträglich) bewiesen, dass mittels der Operationen AND, OR und NOT jede beliebige Schaltfunktion darstellbar ist, also $\{\wedge, \vee, \neg\}$ ein Basissystem ist.

In Abb. 12 ist die Ableitung der *kurzen* DNF und KNF für eine *unvollständige* Schaltfunktion y_0 beispielhaft gezeigt. Es sei darauf hingewiesen, dass die DNF und KNF streng genommen nur für vollständige Schaltfunktionen definiert sind, aber um unten in Abschn. 21.2.2.2 die zweistufige Minimierung für unvollständige Schaltfunktionen am gleichen Beispiel zeigen zu können, wird hier keine vollständige Schaltfunktion gewählt. In ähnlicher Weise wie in Abb. 12 gezeigt kann man Schaltausdrücke für die Funktionen y_1 und y_2, ebenfalls in kurzer oder alternativ ausführlicher DNF und KNF ableiten. Als Beispiel für eine ausführliche DNF sei auf y_2 verwiesen: Es werden alle Minterme m_0 bis m_7 ver-OR-t, wobei diese Minterme jeweils noch mit ihren Funktionswerten ver-AND-et werden müssen: $y_2 = m_0 \wedge 0 \vee m_1 \wedge 1 \vee m_2 \wedge 1 \vee m_3 \wedge 1 \vee m_4 \wedge 1 \vee m_5 \wedge 1 \vee m_6 \wedge 1 \vee m_7 \wedge 1 = \neg x_2 \wedge \neg x_1 \wedge \neg x_0 \wedge 0 \vee \neg x_2 \wedge \neg x_1 \wedge x_0 \wedge 1 \vee \neg x_2 \wedge x_1 \wedge \neg x_0 \wedge 1 \vee \neg x_2 \wedge x_1 \wedge x_0 \wedge 1 \vee x_2 \wedge \neg x_1 \wedge \neg x_0 \wedge 1 \vee x_2 \wedge \neg x_1 \wedge x_0 \wedge 1 \vee x_2 \wedge x_1 \wedge \neg x_0 \wedge 1 \vee x_2 \wedge x_1 \wedge x_0 \wedge 1$.

Die schaltungstechnische Realisierung der jeweiligen logischen (Gatter-)Schaltung zur Berechnung von y_0, y_1 oder y_2 kann – wie oben in Abschn. 21.2.1.1 bereits erläutert – unter anderem in NMOS oder CMOS Technologie erfolgen, indem jedes AND und OR Gatter durch seine entsprechende NMOS oder CMOS Realisierung ersetzt wird.

Normalformschaltnetze

In diesem Absatz geht es nun um Schaltnetzrealisierungen mittels der schon bekannten Multiplexer- und Demultiplexerbausteine, als eine Alternative zu einer spezifischen Gatterschaltnetzrealisierung wie sie oben im Abschn. 21.2.1.1 vorgestellt wurde.

Normalformschaltnetze sind Schaltnetze, deren Aufbau durch die DNF oder KNF in ausführlicher oder verkürzter Form beschrieben werden. In diesem Sinne nehmen die bereits vorgestellten Systembausteine Decoder/Demultiplexer (Senkenauswahlnetz) und Multiplexer (Quellenauswahlnetz) eine Doppelrolle ein: Sie sind auch als *universelle Schaltnetzbausteine* verwendbar mit denen man durch geeignete Beschaltung ihrer Eingänge und Verknüpfung ihrer Ausgänge *Normalform*realisierungen *beliebiger* Schaltfunktionen erhält.

Decoder/Demultiplexer

Ein mit $e = 1$ freigegebener Decoder liefert an seinen Ausgängen z_j *alle Mintermfunktionen* bezüglich des Eingangs X, es gilt:

$$z_j = \begin{cases} 1, X = X_j \\ 0, X \neq X_j \end{cases}$$

Gemäß Definition der *kurzen DNF* können die z-Ausgänge aller Einstellenminterme der zu rea-

lisierenden Funktion f(X) per OR-Gatter verknüpft werden um f als Normalformschaltnetz zu realisieren. Abb. 13 realisiert auf diese Weise y_1 aus Abb. 12.

Multiplexer

Werden alle Eingänge d_j eines 2^n:1-Multiplexers (vgl. Tab. 2) mittels der entsprechenden Funktionswerte $f(X_j)$ der zu realisierenden Schaltfunktion fest beschaltet, dann realisiert dieser so beschaltete Multiplexer ein Normalformschaltnetz der Schaltfunktion $f(X) = y$. Sein Aufbau wird durch die *ausführliche DNF* von f(X) beschrieben. Legt man auf die Eingangsleitungen X eine n-stellige Binärvokabel X_j, dann wird auf den Ausgang y der Funktionswert $f(X_j)$ durchgeschaltet, siehe Abb. 14.

Mit einer Technologie-Bibliothek nur aus Multiplexerbausteinen können somit *beliebige* Schaltfunktionen realisiert werden. Diese Tatsache macht man sich zum Beispiel bei Funktionsrealisierungen auf programmierbaren Bausteinen, wie FPGAs (field programmable gate arrays), zu Nutze: dabei bilden Multiplexer den Kern der sogenannten LUT (look up table) Schaltungen.

Es soll noch erwähnt werden, dass auch ein PROM – ein programmierbarer Festwertspeicher mit wahlfreiem Zugriff zur Speicherung von 2^n Binärvokabeln der Länge m – als universeller Schaltnetzbaustein genutzt werden kann. Aus dieser Sicht ist ein PROM ein Bündelschaltnetz von m Funktionen, abhängig von denselben n Eingangsvariablen (repräsentiert auf den n Adressleitungen des PROMs). An dieser Stelle soll nicht näher auf den Aufbau eines PROMs eingegangen werden; der Leser wird auf einschlägige Literatur verwiesen, unter anderem Wendt 1982 und Mano et al. 2016.

Entwurf zweistufiger Gatterschaltnetze

Zweistufige Gatterschaltnetze sind Schaltnetze, bei denen jedes Eingangssignal auf seinem Weg zum Ausgang höchstens zwei Gatter passiert. Das bringt nennenswerte Vorteile: Von allen gatterbasierten Schaltnetzbauformen haben zweistufige Gatterschaltnetze zum einen die kürzesten Signallaufzeiten von den Ein- zu den Ausgängen (das heißt sie sind die schnellsten Gatter-Schaltungen) und zum anderen die geringsten Laufzeitdifferen-

Abb. 13 Decoder (auf Gatterebene) als universeller Schaltnetzbaustein; realisiert y_1 aus Abb. 12

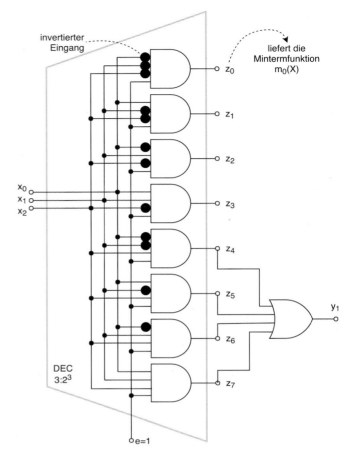

Abb. 14 Realisierung eines 2^n:1 Multiplexer auf Gatterebene mit Hilfe eines Decoders

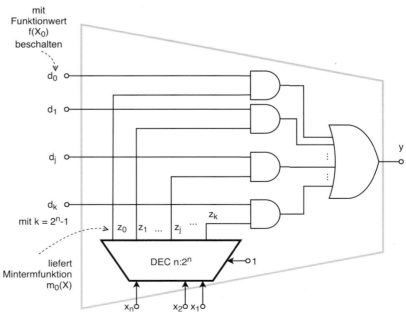

zen zwischen langsamster und schnellster Signallaufzeit – das ist günstig gegen transientes Fehlverhalten, siehe unten. Nach dem Hauptsatz der Schaltalgebra ist (mit DNF und KNF) die Existenz einer Lösung garantiert, vorausgesetzt Schaltglieder mit genügend Eingängen stehen zur Verfügung. Außerdem stehen in vielfältigen Varianten leistungsfähige, vom Anwender *programmierbare zweistufige Schaltungsbausteine* zur Verfügung – sogenannte *PLDs (programmable logic devices)*.

PLA (programmable logic array), *PAL* (programmable array logic) sowie der PROM stellen Basisvarianten von PLD Bausteinen dar. Die Unterschiede liegen in der Flexibilität der Programmierbarkeit. In der Regel liegt allen drei Varianten eine disjunktive Bauform zugrunde. Die hierzu erforderlichen AND und OR Verknüpfungen werden gemäß der Symbolik in Abb. 15 jeweils in Form einer *AND-Matrix* bzw. *OR-Matrix* dargestellt. Abb. 15 zeigt zunächst eine vektorielle Darstellung (einzeilige Matrix) einer AND- und OR-Verknüpfung: Kreuze (oder Kreise) geben an, dass der Eingang angeschlossen ist. Ein nicht angeschlossener Eingang bleibt wirkungslos, das bedeutet er wirkt bei der AND-Verknüpfung als 1 und bei der OR-Verknüpfung als 0.

Bezüglich der disjunktiven Realisierung von Schaltfunktionen bilden ihre Eingangsvariablen (und deren Negationen) mit den kreuzenden Eingängen von AND-Gattern die sogenannte AND-Matrix, mit der sich die benötigten konjunktiven Verknüpfungen bilden lassen. In der zweiten Matrix, der OR-Matrix, gespeist mit den Ausgängen der AND-Matrix, lassen sich dann die erforderlichen disjunktiven Verknüpfungen erstellen. Bei einem PLA sind beide Matrizen programmierbar, bei einem PAL nur die AND-Matrix und bei einem PROM nur die OR-Matrix; Abb. 16 zeigt schematisch diese Matrixdarstellung.

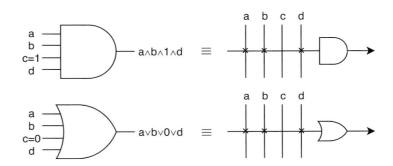

Abb. 15 vektorielle Darstellung einer AND- (oben) und OR-Verknüpfung (unten)

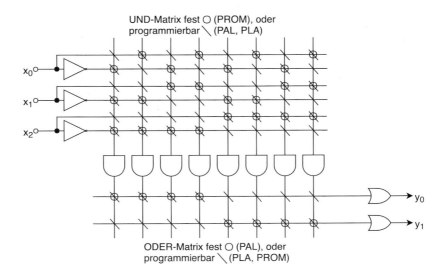

Abb. 16 schematische Darstellung einfacher PLDs: PLA, PAL und PROM

PALs und PLAs bieten im Gegensatz zu PROMs nur eine begrenzte Anzahl von AND-Gattern, das heißt weniger als 2^n. Es lassen sich deshalb nur solche Funktionen realisieren, deren Formeldarstellung sich mit Hilfe der Regeln der Schaltalgebra entsprechend vereinfachen lässt, siehe dazu Abschn. 21.2.2.2 zweistufige Minimierung. Durch die feste OR-Matrix bei PAL-Bausteinen ist bei diesen keine Mehrfachausnutzung von AND-Gattern möglich. Sofern k Funktionen dieselben ∧-Verknüpfungen benötigen, müssen diese über k AND-Gatter bereitgestellt werden, wohingegen bei einer PROM- oder PLA-Lösung ein AND-Gatter ausreicht, dessen Ausgang man dann mit allen k OR-Gattern zur Erzeugung der k Funktionen verbindet. Durch diese Flexibilität lassen sich in der Regel wesentlich kompaktere Lösungen erzielen, vgl. Bündelminimierung in Abschn. 21.2.2.2 unten.

Dem PAL ähnlich sind die *GAL* (generic array logic) Bausteine, die aber im Gegensatz zu PALs elektrisch löschbar und wieder neu konfigurierbar, das bedeutet programmierbar, sind. Hierbei kommt in der Regel die sogenannte *ISP*-Technik (in-system-programmable) zum Einsatz: dies bedeutet, dass die Bausteine *in der Schaltung* programmiert, gelöscht und wieder programmiert werden können. Hierdurch wird Hardware quasi so leicht änderbar wie Software.

Inzwischen werden diese relativ einfach strukturierten PLDs aber kaum noch eingesetzt und durch komplexere programmierbare Bausteine ersetzt, die sogenannten *CPLDs* (complex programmable logic devices). Der Aufbau solcher Bausteine soll in diesem Überblick nicht thematisiert werden.

21.2.2.2 Zweistufige Minimierung

Die aus Formelausdrücken der kurzen DNF (KNF) direkt ableitbaren zweistufigen Schaltnetze sind, wie oben bereits angedeutet, im Allgemeinen teuer, das heißt es werden oftmals relativ viele Schaltglieder (Gatter) mit jeweils vielen Eingängen benötigt.

Ziel der *(zweistufigen) Minimierung* ist, zu einer gegebenen Schaltfunktion ein möglichst kostengünstiges AND-OR Schaltnetz (oder OR-AND Schaltnetz) zu entwerfen, das bedeutet ein Schaltnetz mit so wenig Schaltgliedern mit so wenig Eingängen wie möglich. Hieraus folgt, dass der Formelausdruck in disjunktiver Form (konjunktiver Form) möglichst kurz sein sollte. Anzustreben ist die Zusammenfassung der Einsstellen (Nullstellen) und *geeigneter* Freistellen der Funktion in möglichst wenigen, möglichst großen sogenannten Kuben, das bedeutet mit möglichst vielen Dimensionsstellen.

Zur Erläuterung dieser Forderung sei der Leser auf die praxisrelevante Darstellung der (aus Abb. 12 bereits bekannten) Schaltfunktionen y_2, y_1, y_0 in Tab. 8 verwiesen. Man sieht eine sogenannte *kompakte Funktionstabelle*. Neben den Symbolen 0,1 sieht man in den zu den Eingangsvariablen gehörenden Tabellenspalten auch noch Striche, auch als Dimensionsstellen bezeichnet. Ein solcher Strich bei einer Eingangsvariablen x_i bedeutet, dass die Wertekombination auf der Ausgangsseite in dieser Zeile *unabhängig* vom Wert der Variablen x_i ist, das bedeutet der Funktionswert ist sowohl für die Belegung $x_i = 1$ als auch für $x_i = 0$ der gleiche. Eine Zeile mit k-mal dem Zeichen ‚-‘ auf der Eingangsseite (und nur dort können Striche vorkommen) kann somit als Abkürzung angesehen werden für 2^k Zeilen, welche unterschiedlichen Eingangswertekombinationen (Belegungen) allen die gleiche Ausgangswertekombination zuordnen. Nur auf diese Weise ist es im Fall sehr vieler Eingangsvariablen überhaupt möglich tabellarische Aufgabenstellungen vorzugeben.

Die Symbolfolge aus Nullen, Einsen und Strichen in einer Zeile auf der Eingangsseite ist die Darstellung eines sogenannten *Kubus (cube)*, was sich aus einer grafischen Funktionsvorstellung ableitet: dabei sind alle 2^n Eingangsbelegungen einer Schaltfunktion mit n Eingangsvariablen auf Eckpunkte eines n-dimensionalen Würfels abgebildet. Ein Kubus beschreibt dann eine nach

Tab. 8 kompakte Funktionstabelle

x_2,	x_1,	x_0	y_2,	y_1,	y_0
0	0	0	0	*	*
0	0	1	1	0	0
0	1	-	1	0	1
1	-	-	1	1	0

bestimmten Gesetzmäßigkeiten auswählbare Teilmenge dieser Eckpunkte.

Man spricht auch von *Einskuben* (*Nullkuben*) einer Funktion, wenn alle Belegungen, die der Kubus zusammenfasst, auf den Funktionswert 1 (0) abbilden. In Anlehnung an die Ableitung von Mintermen und Maxtermen für jede Einsstelle bzw. Nullstelle einer Schaltfunktion bei der Formulierung einer DNF bzw. KNF, kann für jeden Eins- bzw. Nullkubus in gleicher Weise eine *charakteristischen Konjunktion* (die lediglich Einstellen für alle Belegungen des Einskubus aufweist) bzw. *charakteristische Disjunktion* (die lediglich Nullstellen für alle Belegungen des Nullkubus aufweist) formuliert werden. Folglich führt die Disjunktion (Konjunktion) der charakteristischen Konjunktionen (Disjunktionen) aller die Einsstellen (Nullstellen) einer Schaltfunktion überdeckenden Kuben, zu einem Schaltausdruck in disjunktiver (konjunktiver) Form, welcher normalerweise kürzer und kostengünstiger realisierbar ist als der Schaltausdruck in DNF (KNF). Aus der gezeigten kompakten Funktionstabelle kann zum Beispiel für y_0 die disjunktive Form $y_0 = \neg x_2 \wedge x_1$ abgeleitet werden, welche offensichtlich kürzer als die kurze DNF $y_0 = (\neg x_2 \wedge x_1 \wedge \neg x_0) \vee (\neg x_2 \wedge x_1 \wedge x_0)$ ist und zugleich kostengünstiger realisierbar (beispielsweise in CMOS-Technologie oder mittels programmierbarer Bausteine); sie ist sogar die kostengünstigste Form für y_0, die sogenannte disjunktive Minimalform.

Ziel der zweistufigen Minimierung ist es nun den am kostengünstigsten zu realisierenden Schaltausdruck in disjunktiver oder konjunktiver Form für eine Funktion zu ermitteln: die *DMF (disjunktive Minimalform)* bzw. *KMF (konjunktive Minimalform)*. Zur Bestimmung einer DMF (bzw. KMF) sind zwei Verfahrensschritte erforderlich:

1. *Kubenbestimmung*: Bestimmung aller *maximalen Kuben* und zugehörigen charakteristischen Konjunktionen (bzw. Disjunktionen), die sogenannten *Primterme*, für die Überdeckung der Eins- (bzw. Null-) und Freistellen der Schaltfunktion.
2. *Kubenauswahl*: Auswahl derjenigen Kuben oder Primterme aus der gefundenen Menge aller maximalen Kuben, die zur Erfassung

mindestens aller Einsstellen (bzw. Nullstellen) ausreichen.

Es sei darauf hingewiesen, dass zum Finden zum Beispiel einer DMF die potenzielle Gleichbehandlung von Freistellen und Einsstellen in Schritt 1 für die Kubenbestimmung maßgeblich deren Größe, also Anzahl ihrer Dimensionsstellen, beeinflusst. Das heißt durch Bildung von Kuben, die auf $\{1, *\}$ anstatt nur auf $\{1\}$ abbilden, können im Allgemeinen größere Kuben gebildet werden, was wiederum die zugehörigen charakteristischen Konjunktionen verkürzt und letztendlich die Kosten des gesamten Schaltausdrucks minimiert. Dasselbe gilt für die Gleichbehandlung von Freistellen und Nullstellen beim Finden einer KMF. Dazu sei noch einmal auf die Funktion y_0, siehe kompakte Funktionstabelle aus Tab. 8, verwiesen. Würde man nur auf die Nullkuben (wie in der Tabelle vorgegeben) fokussieren, dann erhält man den zweidimensionalen maximalen Kubus $x_2 x_1 x_0 = 1-$ sowie den nulldimensionalen Kubus 001. Wird für $X_0 = 000$ die Freistelle durch 0 belegt, dann kann der Nullkubus 001 noch um eine Dimension erweitert werden, und zwar zum Kubus $00-$. Auch dieser ist nicht maximal, wie unten anhand von Abb. 17 dargestellt ist. Er kann um eine weitere Dimension erweitert werden, und zwar zum maximalen Kubus $-0-$. Man braucht beide maximalen Kuben ($1-$ sowie $-0-$) um alle Nullstellen von y_0 zu überdecken. Daraus resultiert nach Bildung der Primterme für beide maximalen Kuben die konjunktive Minimalform KMF: $y_0 = \neg x_2 \wedge x_1$. Es ist entscheidend, dass nur die Ausnutzung der Freistelle an X_0 durch den Funktionswert 0 hier zu maximalen Kuben und

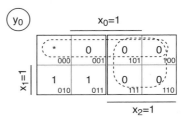

Abb. 17 KV-Diagramm – Abbildung der Schaltfunktion y_0 aus Tab. 8 sowie Markierung aller maximalen Nullkuben

somit zur KMF geführt hat. Würde die Freistelle an X_0 hier durch 1 belegt, dann könnte der zweite Kubus nicht maximiert werden und man könnte keine KMF ableiten. Es ist zu bemerken, dass in diesem Beispiel die KMF ausnahmsweise gleich der DMF ist, was im Allgemeinen jedoch nicht gilt. In der Regel sind Minimalformen auch nicht eindeutig, da der Schritt 2, die Kubenauswahl, oft mehrere (gleich günstige) Lösungsmöglichkeiten bietet.

Damit ist nun das Grundprinzip der Minimierung bekannt: Bestimmung aller maximalen Kuben im ersten Schritt und die geschickte Auswahl im zweiten Schritt. Es gibt verschiedene Minimierungsverfahren zur systematischen Bestimmung der Minimalformen einer Schaltfunktion für eine prinzipiell beliebige Anzahl von Eingangsvariablen.

Minimierungsverfahren

Dieser Absatz soll dem Leser eine Grundidee über die Funktionsweise von Minimierungsverfahren vermitteln. Man unterscheidet *grafische Verfahren*, wie zum Beispiel die Methode nach Karnaugh-Veitch, von *algebraischen Verfahren*, wie beispielsweise das Nelson-Verfahren und tabellarische Verfahren, wie zum Beispiel das Verfahren nach Quine-McCluskey oder das Consensus-Verfahren.

Die Methode nach *Karnaugh-Veitch* besteht darin, die Schaltfunktionsvorstellung im n-dimensionalen Würfel derart ins Zweidimensionale, in ein sogenanntes *KV-Diagramm*, zu projizieren, dass sich die darin enthaltenen kleineren Kuben als *achsensymmetrische* Figuren abbilden. Das ermöglicht eine leichte grafische Bestimmung aller maximalen Kuben sowie deren Auswahl. Abb. 17 zeigt exemplarisch die Darstellung der Schaltfunktion y_0 aus Tab. 8 im KV-Diagramm. Beide maximalen Nullkuben sind gestrichelt dargestellt.

Für höhere Eingangsvariablenzahlen ($n > 5$) ist die grafische Methode jedoch praktisch nicht mehr anwendbar. Deshalb wurden weitere Minimierungsverfahren entwickelt, die insbesondere mit Hilfe von Computerprogrammen die zweistufige Minimierung von Funktionen mit großer Zahl von Eingangsvariablen ermöglichen.

Das Verfahren von *Quine und McCluskey* ist ein tabellenorientiertes Verfahren. Ausgangspunkt ist die kurze DNF (ergänzt um die Minterme für don't-care-Belegungen) der zu minimierenden Schaltfunktion. Alle Minterme werden in eine erste Tabellenspalte gepackt. Durch schrittweises Verschmelzen von Konjunktionstermen werden alle Primterme ermittelt. Jeder Schritt wird dabei in einer neuen Tabellenspalte notiert. Das Verschmelzungsprinzip basiert auf den Verschmelzungsregeln R16 (siehe oben): Unterscheiden sich zwei durch Disjunktion verknüpfte Konjunktionsterme nur durch die Negation einer einzigen Variablen, so kann man diese beiden Terme verschmelzen und dabei die betreffende Variable entfernen.

Der zweite Minimierungsschritt, die Kubenauswahl, erfolgt durch Abbau einer sogenannten *Überdeckungstabelle*. Als Spaltenköpfe der Tabelle werden die Einsstellen-Minterme der zu minimierenden Funktion verwendet. Als Zeilenköpfe trägt man die gefundenen Primterme ein. Ziel ist es so viele Primterme (Tabellenzeilen) wie möglich zu streichen (abzubauen), so dass am Schluss nur möglichst kurze Primterme, die jedoch alle Einsstellen-Minterme überdecken, übrig bleiben.

Das *Consensus-Verfahren*, das ebenfalls auf Quine zurückgeht, unterscheidet sich vom Quine-McCluskey Verfahren nur durch die Art der Ermittlung aller Primterme. Die Ermittlung einer DMF aus der Menge aller Primterme erfolgt dann genauso wie dort, mit Hilfe eines Überdeckungstabellenabbaus. Ausgangspunkt des Verfahrens ist eine beliebige disjunktive Form, das bedeutet nicht notwendigerweise die DNF. Grundlage des Vorgehens ist die sogenannte Consensusbildung, vgl. Regel R19 oben, darauf wird hier aber nicht weiter eingegangen.

Die skizzierten Verfahren sind exakte Minimierungsverfahren, das bedeutet sie finden letztendlich eine, wenn auch nicht eindeutige, kostenminimale Lösung, die DMF oder KMF. Aufgrund der NP-Vollständigkeit des Problems DMF (KMF) sind zur exakten Lösung bisher nur Algorithmen mit schlimmstenfalls exponentieller Laufzeit bekannt. Deshalb werden für die Minimierung sehr großer Schaltungen in der Praxis oft heuristische Lösungen verwendet, die jedoch nicht garantieren können, dass eine Minimalform erzeugt wird. Weiterführende Information ist unter anderem in Eschermann 1993 zu finden.

Schaltnetze müssen oft mehrere Schaltfunktionen mit dem gleichen Argument realisieren (Funktionsbündel). Dann hat man prinzipiell die Wahl, ob man entweder jede Funktion für sich alleine (nach einem der oben vorgestellten Verfahren) minimal realisieren möchte – sogenannte Einzelminimierung oder Einzeloptimierung – oder ob man durch Anwendung eines sogenannten Bündelminimierungsverfahrens den Aufwand für das Gesamtnetz minimieren möchte – sogenannte *Bündelminimierung* oder Bündeloptimierung. Bündelminimierte Formen sind oft kostengünstiger, obwohl dort nicht ausschließlich Terme verwendet werden, die für einzelne Funktionen Primterme sind, aber gerade diese nicht-primen Terme (aus nicht-maximalen Kuben resultierend) ermöglichen oft erst die Ausnutzbarkeit für mehrere Funktionen, die sogenannte *Mehrfachausnutzung*, und damit die kostengünstigere Realisierbarkeit. Bündelminimierte Schaltungen lassen sich zum Beispiel mit PLA-Bausteinen realisieren, mit PAL-Bausteinen dagegen nicht; bei letzteren kommt nur die Einzelminimierung in Frage, vgl. dazu auch die Diskussion zu den PLDs oben im Abschn. 21.2.2.1.

Es soll nicht unerwähnt bleiben, dass auch mehrstufige Bauformen (mit einer Stufenzahl größer als zwei) von Bedeutung sind. Den oben erwähnten Nachteilen – längere Laufzeiten, größere Laufzeitunterschiede – steht gegenüber, dass sie manchmal kostengünstiger sein können als zweistufige Netze. Auch hier gibt es passende Bausteine zur Realisierung: zum Beispiel die FPGAs (field programmable gate arrays).

21.2.3 Transientes Verhalten

Oben wurde bereits angedeutet, dass reale Schaltnetze natürlich nicht verzögerungsfrei arbeiten. Während der Verarbeitungszeit des Schaltnetzes, das heißt während der vielen nebenläufigen Schaltvorgänge innerhalb des Netzes sowie der unterschiedlichen Signallaufzeiten, kann es zu sogenannten Hasardfehlern auf den Ausgängen kommen, das

bedeutet für eine kurze Zeitspanne kann auf den Ausgängen ein falscher Funktionswert anliegen, bis sich letztendlich der korrekte Wert einstellt.

Dass es neben logischen, das heißt von der Schaltfunktion vorgeschriebenen Wertänderungen der Ausgangsvariablen noch zu solchen verzögerungsbedingten Wertänderungen kommen kann, soll am Beispiel von Abb. 18 verdeutlicht werden.

Es ist ein Schaltnetz zur Realisierung der Schaltfunktion $y = x_1 \wedge x_2 \vee \neg x_2 \wedge x_3$ gezeigt. Es wird untersucht, welche Wertänderungen sich am Ausgang y ergeben, wenn man am Schaltnetzeingang von der Anfangsbelegung $X_a = 111 = x_3 x_2 x_1$ zur Endbelegung $X_e = 101$ übergeht. Eine logische Wertänderung ergibt sich nicht, denn y hat gemäß Schaltfunktion für beide Belegungen den Wert 1. Es wird angenommen, dass nur das logisch unwirksame Verzögerungsglied mit der Zeit ε sowie der Inverter für x_2 verzögernd wirken; die beiden AND-Gatter und das OR-Gatter arbeiten verzögerungsfrei. Unter dieser Annahme bewirkt der Übergang von $X_a = 111$ nach $X_e = 101$ die ebenfalls in der Abbildung gezeigten Wertänderungen an den verschiedenen Messpunkten des Schaltnetzes. An y treten zwei Wertänderungen (Signalflanken) auf, obwohl y logisch konstant bleibt. Wird die Verzögerungszeit ε geeignet vergrößert, und zwar auf mindestens die Verzögerungszeit des Inverters von x_2, dann verschwinden diese beiden Signalflanken bei y. Diese Abhängigkeit von den Verzögerungsverhältnissen im Schaltnetz ist das Kennzeichen des *Hasards*. Das bedeutet ein Übergang $X_a \rightarrow X_e$ ist mit einem Hasard behaftet, wenn die Zahl der Änderungen von y von der Konstellation der Verzögerungen (Signallaufzeiten) abhängt. Zu jedem Hasard gehört ein kritischer Wettlauf (critical race) – entlang von Signalpfaden durchs Schaltnetz – zwischen mindestens zwei Signaländerungen, die sich gegensinnig auf y auswirken.

Solche Hasards sind nicht immer vermeidbar. Man unterscheidet *Funktionshasards*, welche *nicht vermeidbar* sind, von Strukurhasards. *Strukurhasards* können durch Veränderung der Struktur des Schaltausdrucks vermieden werden. Die Hinzunahme geeigneter Kuben oder ihrer charakteristischen Konjunktionen bzw. Disjunktionen kann die Anfälligkeit einer Schaltung für Hasardfehler

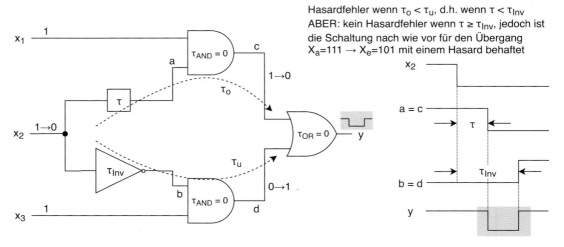

Abb. 18 hasardbehafteter statischer Übergang $(x_1, x_2, x_3) = X_a = 111 \rightarrow X_e = 101$

auf bestimmten Übergängen verhindern; eine ausführliche Betrachtung dazu ist in Beister 1974 zu finden.

Das heißt um eine Schaltung robuster zu gestalten, macht es manchmal Sinn im zweiten Schritt der zweistufigen Minimierung – der Kubenauswahl – nicht nur eine minimale Auswahl von Kuben (Primtermen) zu treffen, sondern noch weitere Kuben auszuwählen, welche strukturhasardbehaftete statische Übergänge abdecken. Dadurch wird die resultierende Schaltung zwar wieder teurer, jedoch robuster gegen Hasardfehler. Verfahren zur Bestimmung hasardarmer Schaltnetzrealisierungen werden unter anderem in Unger 1983 erläutert.

21.3 Schaltwerke

Schaltwerke sind Geräte (Schaltungen), die *sequenzielle* digitale Informationsverarbeitung (Signalverarbeitung) leisten. Das bedeutet *in mehreren Schritten* verarbeitet ein Schaltwerk Informationen (Eingangsdaten) X, welche die Umgebung nacheinander am gleichen Ort, dem Eingang des Schaltwerks, anliefert, zu neuen Informationen (Ausgangsdaten) Y, die das Schaltwerk der Umgebung an einem anderen Ort, seinem Ausgang, zur Verfügung stellt, siehe auch Abb. 19.

Im letzten Abschnitt ging es dagegen um die Realisierung von Systemen mit funktionalem Verhalten (Zuordnermodell). Die technischen Gebilde, die eine solche Abbildung leisten, nennt man im Bereich der Digitaltechnik Schaltnetze. Bei einem Schaltnetz werden alle Werte (Bits) der Eingangsvokabel (auch: Eingangswort, Eingabe, Belegung, X_j) von der Umgebung gleichzeitig nebeneinander angeboten; das Schaltnetz verarbeitet jede Eingabe in einem Schritt, zum ebenfalls nebeneinander verfügbaren Ergebnis, das bedeutet es stellt zeitlich unmittelbar (nach einer technologiebedingten Verzögerungszeit) die Binärstellen der Ausgangsvokabel $Y_i = F(X_j)$ bereit (auch: Ausgangswort, Ausgabe, Belegung Y_i). Wer die Funktion kennt, die das Schaltnetz realisiert, kann (wenn er die Eingangsvokabel kennt) vorhersagen, welche Ausgangsvokabel erzeugt wird. Das bedeutet insbesondere: Wenn man ein Schaltnetz beschreiben muss, gibt es keinen Grund, über Sachverhalte zu sprechen, die das Innere des Geräts betreffen.

In der Praxis sind komplexe Zuordnungsaufgaben, die sehr große Eingabemengen abbilden sollen, jedoch aus wirtschaftlichen und/oder technischen Gründen oft nicht als Schaltnetz realisierbar. Als mögliche Lösung kann jeder (komplexe) Zuordnungsvorgang auch als eine Kette mehrerer Verarbeitungsschritte realisiert werden. Wir sprechen dann von *sequenzieller Informationsverarbeitung*.

Darüber hinaus gibt es auch einen grundsätzlichen Bedarf an Systemen mit vorgeschichtsab-

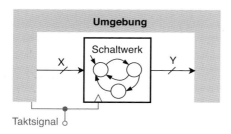

Abb. 19 Schaltwerk in seiner Umgebung (mögliche Taktung in grau dargestellt)

hängigem Verhalten. Das bisher ausschließlich betrachtete funktionale Verhalten ist eine besonders einfache Verhaltensform: auf eine bestimmte Eingabe reagiert das System immer mit der gleichen Ausgabe. Man möchte aber auch Verhalten realisieren, bei dem nicht nur die aktuelle Eingabe X unmittelbar die Ausgabe Y bestimmt, sondern vielmehr die ganze *Folge aller bisher angebotenen Eingaben*. Das bedeutet für den Fall, dass die Ein- und Ausgaben Binärvokabeln sind gilt: $Y = F(X^1, X^2, \ldots, X^n)$, der hochgestellte Index j bei X^j gibt dabei die Lage der Eingabevokabeln innerhalb der Eingabe*folge* an.

Als Beispiel sei ein Apparat zum Verkauf von Getränkeflaschen genannt, welcher Münzen eines bestimmten Wertes, hier 50 Cent und 1 Euro, annimmt. Die Reaktion auf den Einwurf einer Münze (Eingabe) ist dabei keinesfalls immer die gleiche: manchmal passiert nichts (Ausgabe N) und manchmal fällt eine Flasche heraus (Ausgabe F). Die Ausgabe ist hier nicht nur von der Eingabe, sondern zusätzlich auch von der Vorgeschichte abhängig, zum Beispiel wie oft eine bestimmte Eingabe nacheinander erfolgte.

Zustand eines Systems

Wie gerade beispielhaft motiviert, besteht also Bedarf für Systeme, die zu einer bestimmten Eingabe „einmal dies und einmal jenes" ausgeben. Dabei muss die Systemausgabe neben der aktuellen Eingabe also noch von etwas anderem, was sich im Innern des Systems befindet und einmal so und einmal anders sein kann, abhängen. Dieses im Innern des Systems befindliche Veränderliche, welches sich auf das Verhalten des Systems nach außen auswirkt, wird in der Technik als *Zustand (state)* des Systems bezeichnet. Man spricht von

Systemen mit zeitlich veränderlichem Zustand. Das bedeutet um eindeutig auf die Reaktion Y schließen zu können, benötigt man noch zusätzliches Wissen, welches man nur durch Hineinschauen in das System in Erfahrung bringen kann: den Systemzustand. In ihm ist das gesamte Wissen über das bisher Gewesene konzentriert, das heißt er repräsentiert die gesamte Eingabefolge, mit der das System bisher beaufschlagt wurde. Im Beispiel des Getränkeautomaten wird der Zustand des Systems durch den Anzahlungsstand bestimmt, also der Füllstand des Behälters, der die Münzen der aktuellen Transaktion sammelt. Beim Zustand spricht man auch vom *Gedächtnisinhalt des Systems* in Analogie zum Gedächtnis des Menschen, welches sich ebenfalls über die Zeit durch Lernprozesse verändert: Ein Mensch der zum Beispiel zwei Mal hintereinander mit derselben Frage (Eingabe) beaufschlagt wird und zunächst falsch antwortet (Ausgabe 1), danach die Antwort hört und lernt, und daraufhin ein weiteres Mal dieselbe Frage gestellt bekommt, wird dann wahrscheinlich richtig antworten (Ausgabe 2).

Während man Systeme mit funktionalem Verhalten (Schaltnetze) nur durch eine einzige Funktion beschreibt, zieht man zur Beschreibung technischer Systeme mit zeitlich veränderlichem Zustand zwei Funktionen heran:

- die Ausgabefunktion sowie
- die Zustandsüberführungsfunktion (auch: Zustandsübergangsfunktion)

Vorstellung: Das System ist in einem bestimmten Zustand z und man beaufschlagt es mit einer bestimmten Eingabe, daraufhin reagiert es mit

- einer durch die Ausgabefunktion für diesen Zustand festgelegten Ausgabe (zum Beispiel Getränkeflasche „F" oder nichts „N") und
- einem Übergang in einen durch die Zustandsüberführungsfunktion für diesen Zustand z festgelegten Folgezustand (beispielsweise ein neuer Getränkeanzahlungsstand).

Solch vorgeschichtsabhängiges, diskretes Verhalten wird allgemein durch einen endlichen Automaten (finite state machine, FSM) beschrieben. Technische Gebilde oder Signalverarbeitungsgeräte, die ein solches Verhalten zeigen, nennt man im Bereich der Digitaltechnik *Schaltwerke (sequential circuits)*. Für die formale methodische Behandlung von Schaltwerken bilden die Automatenmodelle nach Mealy und Moore die Grundlage; diese werden nun vorgestellt.

21.3.1 Modell des endlichen Automaten

Es gibt mehrere Möglichkeiten die oben verbal beschriebene Aufgabenstellung des Getränkeautomaten formal darzustellen. Allen diesen Darstellungen ist gemeinsam, dass drei Mengen vorkommen, nämlich die *Eingabemenge* E, die *Ausgabemenge* A und die *Zustandsmenge* S (für Mealy-Automaten) und Z (für Moore-Automaten). Außerdem werden die zwei Funktionen: δ, die *Zustandsübergangsfunktion*, sowie allgemein ω, die *Ausgabefunktion*, angegeben. Speziell für Mealy-Automaten wird die Ausgabefunktion statt mit ω mit λ bezeichnet, während sie bei Moore-Automaten mit μ bezeichnet wird.

Tab. 9 spezifiziert das Verhalten des Getränkeautomaten in Form einer sogenannten *Automatentafel* oder Automatentabelle. Ein Getränk soll bei Bezahlung von 1,50 Euro ausgegeben werden.

In den Kreuzungspunkten der Tabelle sind jeweils zum Anzahlungszustand und zur Eingabe der folgende Anzahlungszustand und die Ausgabe eingetragen. Die drei Mengen in dieser Tabelle sind: $\underline{E} = \{50, 100\}$, $\underline{A} = \{N, F, F+50\}$, $\underline{Z} = \{0, 50, 100\}$. Es ist zu beachten, dass in der Ausgabemenge das Element N – also nichts – durchaus als Element gezählt werden muss, und dass das Element F+50 – also eine Flasche und 50 Cent – nur als ein Element und nicht als zwei zu zählen ist.

Die Information aus der Automatentafel kann auch als *Automatengraph* dargestellt werden, wie Abb. 20 zeigt.

Die Knotenmenge des Graphen ist gleich der Zustandsmenge des Automaten. Jeder Übergangspfeil entspricht genau einem Kreuzungspunkt der Automatentafel. Durch die Pfeile wird die Verbindung zwischen dem jeweiligen Zustand

Tab. 9 Mealy Automatentafel mit Eintragungen: Folgezustand/Ausgabe

s (Zustand)	e (Eingabe)	
	50	100
0	50/N	100/N
50	100/N	0/F
100	0/F	0/F+50

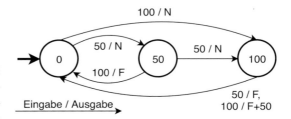

Abb. 20 Mealy Automatengraph des Getränkeautomaten, äquivalent zur Automatentafel in Tab. 9

vor der Eingabe und dem Zustand nach der Ausgabe hergestellt. Welches Eingabeelement „eingeworfen" werden muss, damit ein bestimmter Übergang erfolgt, ist jeweils an den Pfeil annotiert. Durch Schrägstrich getrennt ist daneben die Ausgabe, welche bei diesem Übergang erfolgt, annotiert.

Die Automatentafel sowie der Automatengraph modellieren den Getränkeautomat als sogenannten Mealy-Automat. Für *Mealy-Automaten* gelten die folgenden beiden Gleichungen zur Beschreibung der Dynamik des Systems:

- Ausgabefunktion λ: $a^n = \lambda(s^n, e^n)$
- Zustandsübergangsfunktion δ: $s^{n+1} = \delta(s^n, e^n)$

Zur Unterscheidung des aktuellen und neuen Zustands wird die Variable n (als hochgestellter Index) für die Zählung der Schritte eingeführt. Das soll folgende Vorstellung unterstützen: Wenn das System aktuell im Zustand s^n ist und dabei die Eingabe e^n geliefert wird, dann bringt das System die Ausgabe a^n hervor und geht in den Folgezustand s^{n+1} über.

Somit bringt ein Mealy-Automat im Zusammenwirken mit seiner Umgebung Prozesse hervor, wie in Abb. 21 dargestellt.

An der Schnittstelle zwischen Schaltwerk und Umgebung (die XY-Schnittstelle) sind somit stets

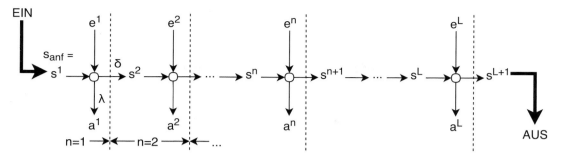

Abb. 21 Mealy Prozess vom Einschalten bis zum Ausschalten des Schaltwerks

mit der ersten Eingabe e^1 beginnende Einausgabe-prozesse vom Typ Reiz-Reaktion-Reiz-Reaktion-... beobachtbar, mit $e^1 \to a^1 \Rightarrow e^2 \to a^2 \Rightarrow \ldots$ $\Rightarrow e^n \to a^n \Rightarrow \ldots \Rightarrow e^L \to a^L$, wobei jede Eingabe e^n direkt die Ausgabe a^n bewirkt ($e^n \to a^n$) und a^n wiederum e^{n+1} ermöglicht ($a^n \Rightarrow e^{n+1}$). Der Automat kann somit als *Folgenzuordner* gesehen werden. Jeder zulässigen von der Umgebung erzeugbaren Eingabefolge wird eindeutig eine Ausgabefolge Glied für Glied zugeordnet. Die Ein- und Ausgabefolgen sind jeweils gleich lang (Länge L). Der hochgestellte Index n gibt die Lage der einzelnen Elemente im Prozess an – man spricht auch von der diskreten Automatenzeit.

Neben der Automatenmodellierung nach Mealy gibt es auch noch die nach Moore. Bei *Moore-Automaten* ist die aktuelle Ausgabe direkt und nur allein vom aktuellen Zustand abhängig, in welchem sich der Automat befindet.

- Ausgabefunktion μ: $a^n = \mu(z^n)$
- Zustandsübergangsfunktion δ: $z^{n+1} = \delta(z^n, e^n)$

Zur Modellierung des Getränkeautomaten nach Moore muss die Zustandsmenge gegenüber der Mealy-Modellierung erweitert werden, $\underline{Z} = \{0, 0', 0'', 50, 100\}$.

Da aus dem Zustand allein die Ausgabe ableitbar sein soll, muss man dem Anzahlungszustand 0 ansehen, ob er erreicht wurde durch entweder passende Anzahlung (Flasche) $0'$, oder Überzahlung (Flasche und 50 Cent) $0''$, oder die Inbetriebnahme, Einschalten des Systems (keine Ausgabe) 0. Für den Getränkeautomat ergibt sich der Moore-Automatengraph aus Abb. 22 sowie die Moore-Automatentafel aus Tab. 10. Im Unter-

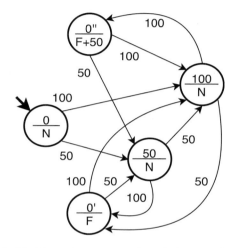

Abb. 22 Moore Automatengraph äquivalent zu Tab. 10

Tab. 10 Moore Automatentafel für den vorgestellten Getränkeautomat

z	e		
	50	100	A
0	50	100	N
$0'$	50	100	F
$0''$	50	100	F+50
50	100	$0'$	N
100	$0'$	$0''$	N

schied zur Mealy-Modellierung ist wegen $a^n = \mu(z^n)$ jedem Zustand eine Ausgabe fest zugeordnet.

Ein Moore-Automat bringt im Zusammenwirken mit seiner Umgebung Prozesse wie in Abb. 23 hervor.

Wegen der allerersten Ausgabe a^1, welche von keiner Eingabe verursacht wurde, sondern allein vom Anfangszustand z_{anf} abhängt, ist die Ausgabefolge stets um eins länger als die Eingabefolge.

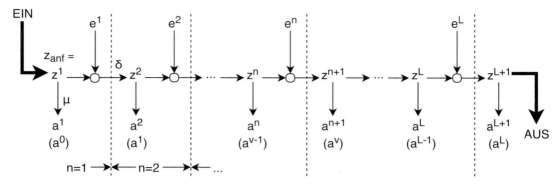

Abb. 23 Moore Prozess vom Einschalten bis zum Ausschalten des Schaltwerks

In Klammern bei der Ausgabefolge steht eine zum Zeitindex n alternative Indizierung mit Kausalindex v. Die von e^v indirekt über den Folgezustand bewirkte Ausgabe a^v hat den gleichen Index, das bedeutet zusammengehörige Reiz-Reaktion-Paare sind gleich indiziert. Es gilt $e^v = e^n$, $z^v = z^n$, aber $a^v = a^{n+1}$ (a^v liegt schon im Zeitintervall $n + 1$). Bei einem Mealy-Prozess dagegen gilt: $v = n$ für s, e und a.

An der XY-Schnittstelle sind somit folgende sequenzielle Einausgabeprozesse beobachtbar, die alle mit derselben allerersten Ausgabe beginnen: $(a^0)a^1 \Rightarrow e^1 \rightarrow (a^1)a^2 \Rightarrow e^2 \rightarrow \ldots \rightarrow (a^{v-1})a^n \Rightarrow e^n \rightarrow (a^v)a^{n+1} \Rightarrow \ldots \rightarrow (a^{L-1})a^L \Rightarrow e^L \rightarrow (a^L)$ a^{L+1}. Dabei bedeutet $e^n \rightarrow a^{n+1}$, dass e^n a^{n+1} bewirkt und $a^n \Rightarrow e^n$, dass a^n e^n erlaubt.

Man kann zeigen, dass sich jeder Mealy-Automat formal in einen Moore-Automaten transformieren lässt und umgekehrt. Für ein solches Mealy-Moore-Automatenpaar gilt: Die Einausgabeprozesse sind gleich, bis auf die zusätzliche allererste Ausgabe a^1 (a^0) bei der Moore-Variante. Das zeitliche Verhalten ist jedoch verschieden; während der Mealy-Automat eine Ausgabe sofort als direkte Reaktion auf eine Eingabe bringt, geht der Moore-Automat zunächst in einen Folgezustand über, und erst dieser löst die gewünschte Ausgabe aus.

21.3.2 Vom Automat zum Schaltwerk

Wenn man die Automatenvorstellung auf Schaltwerke übertragen möchte, dann steht man vor dem Problem, dass beim üblichen Automat die Eingabemenge und die Ausgabemenge aus diskreten Elementen besteht, beispielsweise Münzen, Flaschen oder Ähnliches. Beim Schaltwerk sind sowohl der Eingabe- als auch der Ausgaberaum ein Signalkontinuum. Es stellt sich die Frage, wie ein Eingabeereignis (vergleichbar mit einem Münzeinwurf), welches einen Zustandsübergang und eine Ausgabe auslöst, in das Signalkontinuum am Eingang des Schaltwerks abzubilden ist. Dahinter steht insbesondere die Frage nach der Erhöhung der diskreten Automatenzeit, also der Übergang von n auf n + 1. Also wann beginnt ein neues Zeitintervall oder ein neuer Verarbeitungsschritt?

Der Übergang von einem Schritt zum nächsten kann bei Schaltwerken auf zweierlei Weise gesteuert werden. Erstens durch ein Referenzsignal (Taktsignal), welches die aktuellen Signalpegel der Eingabe und des Zustands abtastet (in der Regel Flankentastung), in Abb. 19 grau dargestellt. In diesem Fall spricht man von getakteten oder synchronen Schaltwerken (abtast- oder taktgetrieben). Zweitens durch den zeitlichen Verlauf der Eingabe und des Zustands selbst. Bei jeder Eingabe- und jeder Zustandsänderung beginnt ein neues Zeitintervall. In diesem Fall spricht man von ungetakteten oder asynchronen Schaltwerken (ereignisgetrieben).

Analog zu den beiden vorgestellten Automatenmodellen unterscheidet man zwei wichtige Bauformen von Schaltwerken, welche in Abb. 24 als Blockschaltbilder dargestellt sind. Das Verhalten von *Mealy-Schaltwerken* kann durch

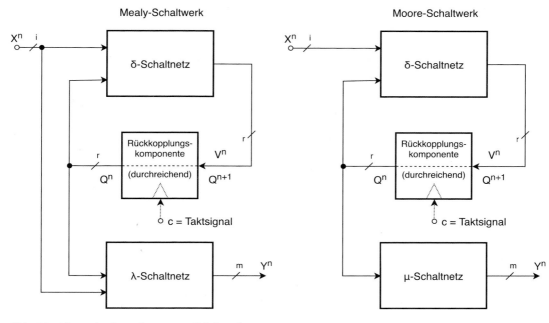

Abb. 24 Allgemeine Baumformen von Schaltwerken

Mealy-Automaten modelliert werden: die Eingabe beeinflusst direkt und unmittelbar die Ausgabe über das Ausgabeschaltnetz λ-SN. Das Verhalten von *Moore-Schaltwerken* kann durch Moore-Automaten modelliert werden: die Ausgabe wird nur von gespeicherter Information (dem Zustand) beeinflusst; die Eingabe wirkt sich nur indirekt – über den Folgezustand – auf die Ausgabe aus.

Beim Übergang vom Automatenmodell zum Schaltwerk müssen die Automatengrößen binär kodiert werden (Binärtupel X, Q, Y). Tab. 11 und 12 zeigen die Abbildung von Automatenfunktionen zu den jeweils korrespondierenden Schaltwerksfunktionen für Mealy- bzw. Moore-Typen.

Betrachtet man die formale Darstellung eines Automaten als Tupel mit $A_{Mealy} = (\underline{E}, \underline{A}, \underline{S}, \delta, \lambda, s_{anf})$ oder $A_{Moore} = (\underline{E}, \underline{A}, \underline{Z}, \delta, \mu, z_{anf})$, dann werden die Automatengrößen $\underline{E}, \underline{A}, \underline{S}$ bzw. $\underline{Z}$ und s_{anf} bzw. z_{anf} jeweils durch $\underline{X}, \underline{Y}, \underline{Q}$ und q_{anf} (q^1) binär kodiert.

Schaltwerke sind Signalverarbeitungsgeräte, die Folgen von Binärsignalen auf ihrem Eingang X zu Binärsignalfolgen, beobachtbar auf ihrem Ausgang Y, verarbeiten. Intern bestehen Schalt-

Tab. 11 Abbildung von Mealy-Automatenfunktionen auf Mealy-Schaltwerksäquivalente

Mealy-Automat	Mealy-Schaltwerk
$a^n = \lambda(s^n, e^n)$	$Y^n = \lambda(Q^n, X^n) \to \lambda\text{-Schaltnetz}$
$s^{n+1} = \delta(s^n, e^n)$	$Q^{n+1} = \delta(Q^n, X^n) \to \delta\text{-Schaltnetz}$

Tab. 12 Abbildung von Moore-Automatenfunktionen auf Moore-Schaltwerksäquivalente

Moore-Automat	Moore-Schaltwerk
$a^n = \mu(z^n)$	$Y^n = \mu(Q^n) \to \mu\text{-Schaltnetz}$
$z^{n+1} = \delta(z^n, e^n)$	$Q^{n+1} = \delta(Q^n, X^n) \to \delta\text{-Schaltnetz}$

werke im Wesentlichen aus drei Blöcken, vgl. Abb. 24:

- Einem *Zustandsübergangsschaltnetz* δ-SN, welches die Eingabe X und die rückgekoppelte Zustandsinformation Q^n auf die neue Zustandsinformation Q^{n+1} für das Folgeintervall der Automatenzeit abbildet.
- Einem weiteren Schaltnetz, das *Ausgabeschaltnetz* (μ- oder λ-Schaltnetz), welches die aktuelle Zustandsinformation Q^n – und für Mealy-Schaltwerke zusätzlich die Eingabe X – auf die Schaltwerksausgabe Y abbildet.

- Sowie einer *Rückkopplungskomponente* welche den durch das δ-Schaltnetz berechneten Folgezustand auf den aktuellen Zustand abbildet – das bedeutet Q^{n+1} auf Q^n abbildet – und somit im Wesentlichen „die diskrete Automatenzeit weiterschaltet". Die Rückkopplungskomponente kann durchreichenden sowie verarbeitenden Charakter haben. Im *durchreichenden* Fall werden die Signalleitungen Q^n einfach mit den Leitungen Q^{n+1} verbunden, eventuell entkoppelt durch eine taktsignalgetriebene Schleuse. Die Rückkopplungskomponente kann aber auch *verarbeitenden Charakter* haben, das bedeutet die berechnete Folgezustandsinformation auf den Leitungen Q^{n+1} wird durch die Rückkopplungskomponente auf Q^n in anders kodierter Form abgebildet.

Im Wesentlichen ergeben sich folgende grundsätzliche Schritte für den Entwurf oder die Logiksynthese eines Schaltwerks:

1. Formalisierung der (meistens informal vorliegenden) Aufgabenstellung mittels eines Moore- oder Mealy-Automatenmodells, in tabellarischer (Automatentafel) und/oder grafischer Form (Automatengraph)
2. eventuell Zustandsreduktion des Automaten (hier nicht thematisiert)
3. Zustandskodierung des Automaten und die damit einhergehende Wahl der Rückkopplungskomponente – mit durchreichendem oder verarbeitendem Charakter sowie Taktungsart
4. Durch die vorhergehenden Entwurfsschritte stehen nun die Zuordnungsaufgaben für das Zustandsüberführungsschaltnetz und das Ausgabeschaltnetzes fest. Deshalb können jetzt die

Schaltfunktionen δ und μ bzw. λ definiert werden und wie schon im Abschn. 21.2 Schaltnetze beschrieben synthetisiert werden. Das bedeutet: Funktionstabelle $\rightarrow$ Schaltausdruck $\rightarrow$ (zweistufige) Minimierung $\rightarrow$ Abbildung auf Logikbausteine.

21.3.3 Ungetaktete Schaltwerke

Wenn die Rückkopplungskomponente nicht getaktet ist, dann liegt ein ungetaktetes Schaltwerk USW (asynchronous circuit) vor. Die Betrachtung soll auf den elementaren Fall einer *durchreichenden Rückkopplungskomponente* beschränkt werden, das bedeutet die Rückkopplungskomponente besteht aus einem Leitungsbündel, welches Q^n und Q^{n+1} verbindet. Das ungetaktete Schaltwerk besteht dann im Kern aus einem rückgekoppelten (δ-)Schaltnetz. Ein solches System kann nur in Ruhe (stabil) sein, wenn die Wertekombination (Q^n, X^n) am Eingang des δ-Schaltnetzes derart ist, dass für den sich hieraus am Ausgang ergebenen Wert Q^{n+1} gilt: $Q^{n+1} = Q^n$.

Beispielhaft soll nun ein elementares Schaltwerk entworfen werden, welches Eingangsfolgen auf dem Eingang D auf Ausgangsfolgen nach y abbildet. Ist der Signalpegel auf dem Eingang $c = 1$, dann folgt der Ausgang y den Wertänderungen am Eingang D unmittelbar. Beim Übergang von $c = 1$ zu $c = 0$ wird der jeweils gerade anliegende Wert an D gehalten, das bedeutet *gespeichert*, solange $c = 0$. Hierdurch wird ein sogenanntes pegelgesteuertes *D-Flipflop (latch)*, ein 1-bit Speicherelement, definiert – Abb. 25 zeigt das Blockschaltbild (links) und der Moore-Automatengraph modelliert das beschriebene Verhalten formal.

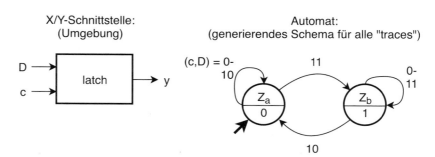

Abb. 25 pegelgetaktetes D-Flipflop – Blockschaltbild (links), Automatengraph (rechts)

Abb. 26 unkodierte (oben) und kodierte Automatentafel(unten) eines D-Latches, siehe Abb. 26

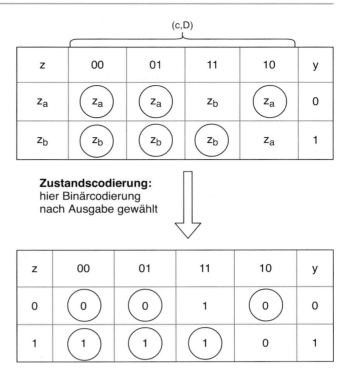

Nach Übertragung der grafischen Darstellung in die korrespondierende Moore-Automatentafel, siehe Abb. 26, kann eine (beliebige) Kodierung für die beiden Zustände z_a und z_b gewählt werden, hier 0 und 1. Daraus ergibt sich aus der unkodierten Automatentafel (oben) die kodierte Automatentafel (unten).

Nach Wahl einer direkten Rückführung, also einer Rückkopplungskomponente bestehend aus einem Draht, kann man die beiden Schaltnetze δ und μ – wie in der kodierten Automatentabelle spezifiziert – entwerfen, und zwar gemäß der im Abschn. 21.2 beschriebenen Verfahren zur Schaltnetzsynthese. Tab. 13 spezifiziert die Zustandsüberführungsfunktion δ des Latch; hervorgehoben sind die maximalen Einskuben – Resultate einer zweistufigen Minimierung – dargestellt.

Abb. 27 zeigt das resultierende Moore-Schaltwerk für das D-Latch. Aus der minimierten Schaltfunktion für die Zustandsübergänge ergibt sich die abgebildete δ-Schaltnetzimplementierung. Des Weiteren ergibt sich aus der Zustandskodierung und der direkten Rückführung ein triviales Ausgabeschaltnetz (ein Draht).

Tab. 13 Zustandsüberführungsfunktion eines Latch, inklusive Einskubendarstellung (grau)

(q,c,D)	$q^+ = \delta(q,c,D)$
000	0
001	0
010	0
011 (**−11**)	1
100 (**10−**)	1
101 (**10−**)	1
110	0
111 (**−11**)	1

Hasards in ungetakteten Schaltwerken

Während bei Schaltnetzen Hasardfehler nach der längsten Signallaufzeit abgeklungen sind, können sie im geschlossenen Kreis, also im rückgekoppelten Schaltnetz, aufgefangen werden und zu dauerhaftem Fehlverhalten führen: falscher Folgezustand und damit falsche Ausgangsbasis für den gesamten weiteren Ablauf, oder auch *Oszillation oder Metastabilität*. Dieses Fehlverhalten resultiert aus kritischen Signalwettläufen. Das Beispiel des bereits oben in Abb. 18 gezeigten Schaltnetzhasards in seiner

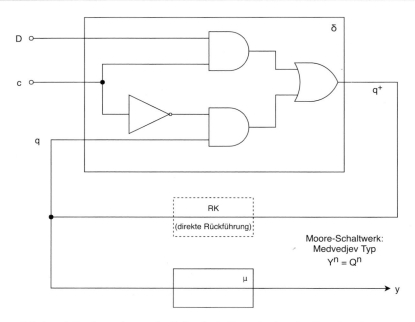

Abb. 27 Moore-Schaltwerksimplementierung des D-Latch als Ergebnis einer Logiksynthese

rückgekoppelten Form wird nun mit Abb. 28 betrachtet.

Solche sogenannten *essenziellen Hasardfehler*, die auf einem kritischen Wettlauf einer Eingangsvariablenänderung mit einer Zustandsvariablenänderung beruhen, lassen sich, wie dargestellt, durch Laufzeitabgleich vermeiden ($\tau_o \geq \tau_u$). Auch kritische Wettläufe zwischen Änderungen von Zustandsvariablen sind vermeidbar und zwar durch eine geeignete Zustandskodierung, das heißt durch geeignete Wahl der Binärkodierung der Zustände.

Jedoch lassen sich Hasardfehler, die auf kritische Wettläufe zwischen mehreren Eingangsvariablenänderungen zurückgehen, die insbesondere unabhängig voneinander erzeugt werden, im Allgemeinen nicht vermeiden; so zum Beispiel, wenn bei oben gezeigtem Latch eine fallende $1 \rightarrow 0$ Flanke am Eingang c zufällig (relativ) gleichzeitig mit einer Wertänderung am Eingang D erfolgt. Bei solchen Flipflops, die normalerweise von zwei unabhängigen Quellen gespeist werden – einem periodischen Taktsignal an c und einem Dateneingang an D – versucht man das Problem zu umgehen, indem man (durch Abgleich von Taktfrequenz, Taktungsart

und Verzögerungszeit des δ-Schaltnetzes, siehe Abschn. 21.3.4) die Lage der wettlaufenden Flanken zueinander so beeinflusst, dass sie in genügendem Abstand zueinander auftreten. Es ist das Ziel der Beeinflussung, dass die „Verlierer-Flanke" jeweils erst dann im Ziel eintrifft, wenn der Zustandsübergang abgeschlossen ist, welcher durch die „Gewinner-Flanke" ausgelöst wurde (also das ungetaktete Schaltwerk von der „Verlierer-Flanke" nicht in seiner „Bewegung" getroffen wird). Der hierzu erforderliche Mindestabstand zwischen den Wettlaufflanken wird bei Flipflops durch die sogenannte *setup and hold time* spezifiziert. Wird dieser Mindestabstand nicht eingehalten, dann besteht die Gefahr von anomalem Verhalten, und man sagt, dass die Wettlaufflanken in kritischem Abstand zueinander liegen.

Die dargestellten Wettlaufprobleme erschweren maßgeblich den Entwurf ungetakteter Schaltwerke. Abhilfe besteht darin, die Rückkopplungskomponente so zu gestalten, dass sie nicht mehr jederzeit empfänglich und „durchlässig" (auch) für eingangs ankommende Fehler ist. Man baut für jede Zustandssignalleitung von einem Taktsignal c gesteuerte Schleusen ein, das sind eben die

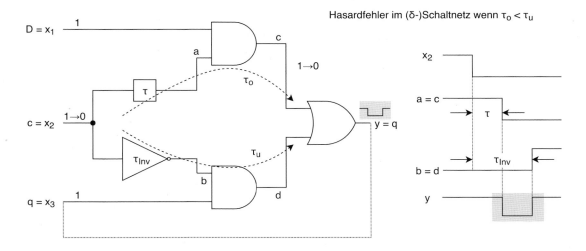

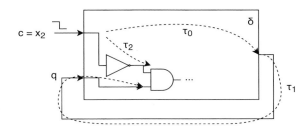

Problem:

Falls $\tau_0 + \tau_1 \leq \tau_2$ ist, dann resultiert dauerhaft der falsche Folgezustand q=0!

Ursache ist ein sogenannter *essenzieller Hasard* der auf einem kritischen Wettlauf zwischen der Eingangsvariablenänderung $x_2\downarrow$ (τ_2) und der Zustandsvariablenänderung $q\downarrow$ ($\tau_0+ \tau_1$) beruht.

Abb. 28   hasardbehafteter statischer Übergang $(x_1, x_2, x_3) = X_a = 111 \rightarrow X_e = 101$ im D-Latch

beschriebenen Flipflops, und gelangt damit zu *getakteten (synchronen) Schaltwerken*. Um die Sensitivität des Flipflops für Änderungen am Dateneingang möglichst kurz zu halten (so dass Hasardfehler nicht gefangen und fälschlicherweise zum Ausgang durchgeleitet werden) werden üblicherweise keine pegelgetakteten D-Flipflops/Latches, sondern (vorder-)flankengetaktete D-Flipflops verwendet. Sie halten ihre Ausgabe unabhängig von Änderungen an D für die Pegel c = 0 sowie c = 1 stabil, bis auf eine kurze Zeitspanne nach der Vorderflanke 0→1 an c, das sogenannte *Übergangsintervall*, währenddessen der kurz zuvor, im sogenannten *Entscheidungsintervall*, anliegende Pegel von D übernommen wird. Solche VDFFs (vorderflankengetaktete D-Flipflops) sind etwas komplexere (asynchrone) Schaltungen als Latches. Der Moore-Automat in Abb. 29 spezifiziert das Verhalten eines VDFFs.

Zu diesem Automat kann im Prinzip genauso wie für das Latch ein ungetaktetes Schaltwerk entworfen, das heißt synthetisiert werden, welches dann als elementarer Systembaustein, unter anderem in der Rückkopplungskomponente getakteter Schaltwerke, verwendet werden kann.

Nichtsdestotrotz besitzen ungetaktete Schaltwerke auch viele Vorzüge gegenüber synchronen Lösungen: Sie nehmen Änderungen an ihren Eingängen verzögerungsfrei wahr, reagieren hierauf sofort unter „natürlicher" Ausnutzung bestehender Nebenläufigkeiten und verharren, elektrisch gesehen, zwischen den einzelnen Eingaben in völliger Ruhe, da kein Taktsignal ständig Umladevorgänge bewirkt.

Asynchrone Schaltwerke können deshalb die schnellere, energieeffizientere und zur Steuerung nebenläufiger Vorgänge adäquatere Lösung sein. Darüber hinaus haben asynchrone Schaltwerke

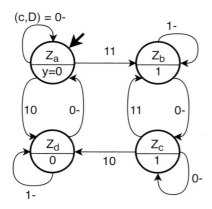

Abb. 29 VDFF Verhalten als Moore-Automat

keine Taktversatzprobleme (clock skew problem) und weisen auch günstigere Eigenschaften hinsichtlich ihrer elektromagnetischen Verträglichkeit (EMV) auf.

21.3.4 Getaktete Schaltwerke

Getaktete Schaltwerke, auch *synchrone Schaltwerke* genannt, zeichnen sich dadurch aus, dass ihre Rückkopplungskomponente von einem Taktsignal c getrieben wird; das ist ein periodisches typischerweise durch ein Quarz erzeugtes Signal, den Taktgenerator, siehe Abb. 30.

Ausschließlich durch den Takt (und nicht durch Eingabeänderungen) passiert in getakteten Schaltungen die Quantisierung der Automatenzeit: Taktsignalpegel oder Taktsignalflanken sind direkte Auslöser für Zustandsänderungen im Schaltwerk. Der Takt erfüllt eine Pförtnerfunktion durch das Öffnen und Schließen der Rückkopplung. Dadurch können die in Abschn. 21.3.3 beschriebenen Hasardphänomene beherrscht werden. Der Takt ist ein Referenzsignal und gehört *nicht* zu den Eingangssignalen X des Schaltwerks.

Genau wie oben fokussieren wir wieder auf die Verwendung durchreichender Rückkopplungskomponenten – das sind die in Abschn. 21.3.3 vorgestellten D-Flipflops. Es sei erwähnt, dass es auch verarbeitende Rückkopplungskomponenten gibt, zum Beispiel T- oder JK-Flipflops (das sind ebenfalls asynchrone Schaltwerke). Für sie gilt, dass Folgen auf ihren Dateneingängen V sich nicht

unverändert auf ihren Ausgängen Q wiederfinden. Es erfolgt zusätzlich ein Verarbeitungsschritt der Dateneingabe V. Das bietet Optimierungspotenzial für die Gestaltung von Zustandsübergangs- und Ausgabeschaltnetzen.

Bei synchronen Schaltwerken bewirkt die Taktung, dass die Rückkopplungskomponente nur zeitweise (pro Taktperiode einmal) empfänglich ist für die an ihrem Eingang angebotenen Signale V, nämlich im *Entscheidungsintervall* E_Z (taktgesteuerte Einlasspforte: offen nur während E_Z). Der während E_Z angebotene Wert von V bestimmt den Folgezustand und muss deshalb während E_Z konstant gehalten werden, ansonsten ist ein falscher Folgezustand möglich, oder auch anomales Verhalten. Aus Sicht des asynchronen Schaltwerks in der Rückkopplung würde das zu einem kritischen Eingangsvariablenwettlauf führen. E_Z ergibt sich aus der Summe der im Datenblatt der Flipflops angegebenen sogenannten *setup time* – Signalvorhaltezeit bevor die entscheidende Taktflanke zur Öffnung passiert – und *hold time* – Haltezeit, die angibt wie lange nach der setup time das Signal noch konstant anliegen muss. Des Weiteren bewirkt die Taktung der Rückkopplungskomponente, dass sie nur zu bestimmten Zeiten ihre Ausgabe (den Zustand des getakteten Schaltwerks) ändern kann, nämlich im *Übergangsintervall* Ü (taktgesteuerte Auslasspforte: offen nur während Ü).

Die Lage von E_Z und Ü wird durch die Taktungsart bestimmt. Bei Vorderflankentaktung spannt E_Z das Zeitintervall von kurz vor Beginn der $0 \rightarrow 1$ Taktflanke an c (setup time) bis kurz danach (hold time) auf. Es schließt sich direkt Ü an, dessen Länge durch die Verarbeitungsgeschwindigkeit des Flipflops charakterisiert ist.

Für ein korrektes Arbeiten des getakteten Schaltwerks dürfen auch Schaltvorgänge im δ-Schaltnetz, welche durch Änderungen an Q und X ausgelöst werden, nicht in das Entscheidungsintervall E_Z der Rückkopplungskomponente „hineinragen". Deshalb müssen durch den Schaltungsdesigner die Verzögerungsverhältnisse der Gesamtschaltung so abstimmt werden (*delay-matching*), dass Q und X unter Berücksichtigung aller langsamsten (worst-case-delays) und schnellsten Verarbeitungszeiten (best-case-delays) für eine

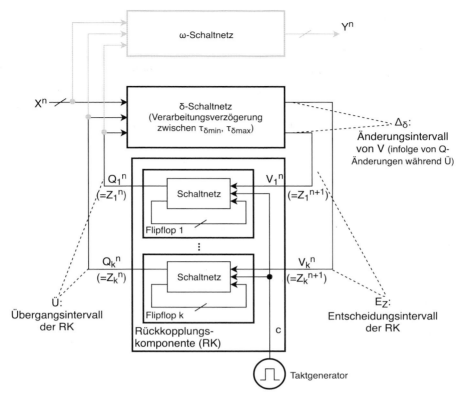

Abb. 30 getaktetes Schaltwerk als hierarchisch rückgekoppelte Struktur

bestimmte Zeitspanne stabil anliegen, um dem δ-Schaltnetz genügend Zeit einzuräumen alle Signaländerungen an V (gewollte sowie ungewollte) abklingen zu lassen und so für die Dauer von E_Z konstante Signalpegel zur Verfügung zu stellen.

Abschließend soll die Synthese eines getakteten Schaltwerks am Beispiel eines Folgen *erkenners* – genauer des sequenziellen Fano-Dekodierers – erläutert werden.

Allgemeines Entwurfsverfahren für getaktete Schaltwerke (GSWe)
(vom Automat zum GSW)
Informale Aufgabenstellung:
Abb. 31 zeigt den zu entwerfenden Fano-Dekodierer in seiner Umgebung. Auf der Leitung x sollen in ununterbrochener Folge Fano-kodierte Zeichen (siehe Tab. 14) bitseriell und taktsynchron ankommen, das heißt mit jeder Taktvorderflanke wird zum einen das Schaltwerk weitergeschaltet (Zustandsübergang) und zum anderen erscheint

genau eine neue Binärstelle des Bitstroms am Schaltwerkseingang. Sobald das Schaltwerk ein Zeichen erkannt hat, gibt es das zugeordnete Ausgabebinärwort parallel an y_1 und y_2 aus und erklärt es mit g = 1 für gültig. Solange ein Fano-Codewort noch nicht vollständig empfangen und verarbeitet worden ist, soll über g = 0 angezeigt werden, dass die Ausgabe an y_1 und y_2 ungültig ist. Der Fano-Code sowie der (jeweils auszugebene) Dualcode der vier möglichen Zeichen werden in Tab. 14 dargestellt.

Dem Fano-Code liegt folgendes Prinzip zugrunde: Je seltener das Zeichen, desto länger das Codewort. Das zu synthetisierende Schaltwerk soll ein möglichst frühzeitiges Erkennen der Zeichen ermöglichen.

Ein Beispiel:
x-Eingabefolge:
```
0|110|111|10|110|10|110|0|0|0...
```
Fano-Zeichen:
```
A|C |D |B |C |B |C |A|A|A...
```

Abb. 31 Blockschaltbild eines getakteten Fano-Dekodierers in seiner Umgebung

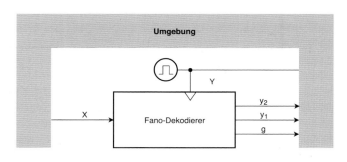

Tab. 14 Zuordnung Fano Code auf Dualcode

zu übertragendes Zeichen	relative Häufigkeit	Fano-Code (sequenziell angeliefert) auf x	Dualcode (parallel ausgegeben) auf $y_2 y_1$
A	0,5	0	00
B	0,25	1; 0	01
C	0,125	1; 1; 0	10
D	0,125	1; 1; 0	11

Logiksynthese Fano-Schaltwerk (Mealy):

$$\underline{X} = \{0,1\}, \underline{Y} = \{001, * * 0, 011, 101, 111\},$$
$$\underline{S} = \{s_1, s_2, s_3\}$$

Anmerkung: Bei Realisierung durch ein (vorderflanken-)getaktetes Mealy-Schaltwerk löst eine jeweils taktsynchron, also mit einer 01-Flanke eintreffende, Eingabe (sofern gefordert) sofort eine Ausgabeänderung aus, wohingegen eine hieraus (gemäß Zustandsüberführungsfunktion) resultierende Zustandsänderung jeweils erst mit der hierauf folgenden 01-Flanke von c erfolgt. Außerdem sei angemerkt, dass im Gegensatz zur Synthese eines ungetakteten Schaltwerks hier *jede* Kodierung zu einem funktionierenden getakteten Schaltwerk führt.

Tab. 15 zeigt die dem Automatengraph aus Abb. 32 äquivalente Mealy-Automatentafel.

Aus Tab. 15 ergibt sich, mit folgender in Tab. 16 gezeigten (beliebig gewählten) Zustandskodierung, die in Tab. 17 gezeigte kodierte Mealy-Automatentafel.

In der Rückkopplung sollen D-Flipflops verwendet werden. Daraus ergibt sich die in Tab. 18 dargestellte Ansteuer- und Ausgabetabelle. $q_2^+ = D_2$ und $q_1^+ = D_1$ bilden die Ausgänge des Zu-

standsübergangsschaltnetzes δ und y_2, y_1 sowie g bilden die Ausgänge des Ausgabeschaltnetzes λ.

Anmerkung: Im Hinblick auf eine möglichst effiziente Schaltungsrealisierung könnte man sich auch für andere Flipfloptypen zum Beispiel T-Flipflops oder JK-Flipflops in der Rückkopplung entscheiden. Dann würde das δ-Schaltnetz anstelle der Ausgangssignale D_2 und D_1 gemäß Zustandskodierung in geeigneter Weise T_2 und T_1 bzw. $J_2 K_2$ und $J_1 K_1$ produzieren müssen.

Für eine Fano-Dekodierer-Realisierung mit D-Flipflops in der Rückkopplung ergeben sich nach einer Schaltnetzsynthese auf Basis der mit Tab. 18 spezifizierten Funktionen sowie nach Anwendung der zweistufigen Minimierung die folgenden minimalen Schaltnetzausdrücke für das Zustandsüberführungs- und Ausgabeschaltnetz.

- δ-Schaltnetz: $D_2 = q_1 \wedge x$ und $D_1 = \neg q_2 \wedge \neg q_1 \wedge x$
- λ-Schaltnetz: $y_2 = q_2$ und $y_1 = q_1 \vee x$ und $g = q_2 \vee \neg x$

Abb. 33 zeigt das Resultat der Logiksynthese des Fano-Dekodierers als Mealy-Schaltwerk.

21.3.5 Einschub: Bezug zur theoretischen Informatik – endliche Automaten

Folgenerkennung, das heißt die Erkennung, ob eine Folge aus Zeichen, also ein Wort, zu einer Sprache gehört, ist eine zentrale Fragestellung in der Theoretischen Informatik. Es ist die Verallgemeinerung des sogenannten Entscheidungsproblems, welches die Mathematiker in der ersten Hälfte des 20. Jahrhunderts besonders beschäftigte, in dem Bestreben um eine exakte Grundlegung mathematischer Theorien. Charakteristisch für ein Entscheidungsproblem ist der Lösungsraum bestehend aus zwei Elementen {wahr, falsch}. Für eine Menge von Probleminstanzen (beschrieben durch Zeichenketten oder Wörter) kann definiert werden, ob für sie eine gesuchte Eigenschaft wahr, das bedeutet ein Prädikat erfüllt ist (was gleichermaßen bedeutet, dass sie Element der durch das Problem charakterisierten Sprache sind) oder nicht.

Wichtig dabei ist die Frage, ob solche Probleme *berechnet* werden können. Das ist die Frage nach einem eindeutigen wohldefinierten Verfahren, also einem Formalismus zur Problemlösung. Oder anders ausgedrückt: Sind solche Probleme durch reine Verarbeitung von Formen oder Zeichen, das heißt durch sogenannte „Formenspiele" lösbar, welche sogar von einer Maschine ausgeführt werden können? Dabei betrachtet man innerhalb der Automatentheorie (einem Teilgebiet der Theoretischen Informatik oder „Theory of Computation") unter anderem die Fragestellung, welche Probleme und insbesondere welche Entscheidungsprobleme endliche Automaten *berechnen* oder lösen können, was äquivalent zur Frage ist, welche Sprachen solche Automaten *erkennen* können. Dafür genügt es lediglich sogenannte *Halbautomaten*, das sind Automaten ohne Ausgabe zu betrachten; dafür ist deren Zustandsmenge in End- und Nicht-Endzustände partitioniert (was letztendlich einem Moore-Automaten mit einem zweielementigen Ausgabealphabet {0,1} entspricht: in Endzuständen würde dieser beispielsweise eine 1 ausgegeben, in Nicht-Endzuständen eine 0). Ein Halbautomat verarbeitet eine Folge von Eingaben und wenn er einen Endzustand erreicht, dann entspricht die bis dahin verarbeitete Eingabefolge einem Wort der Sprache. Der Linguist Noam Chomsky erkannte, dass

Tab. 15 Mealy-Automatentafel des Fano-Dekodierers

s/x	0	1
1	**1**/001	2/**0
2	1/011	3/**0
3	1/101	1/111

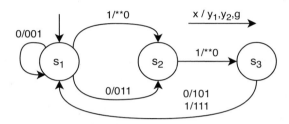

Abb. 32 Mealy-Automatengraph des Fano-Dekodierers

Tab. 16 Zustandskodierung für das Fano-Schaltwerk (beliebig gewählt)

s	q_1	q_2
1	0	0
2	0	1
3	1	0

Tab. 17 kodierte Mealy-Automatentafel des Fano-Dekodierers

q_1q_2/x	0	1
00	**00**/001	01/**0
01	00/011	10/**0
10	00/101	11/111

Tab. 18 Ansteuer- und Ausgabetabelle des Fano-Dekodierers zur Synthetisierung seines Zustandsübergangs- und Ausgabeschaltnetzes

q_2	q_1	x	q_2^+	q_1^+	D_2	D_1	y_2	y_1	g
0	0	0	0	0	0	0	0	0	1
0	0	1	0	1	0	1	*	*	0
0	1	0	0	0	0	0	0	1	1
0	1	1	1	0	1	0	*	*	0
1	0	0	0	0	0	0	1	0	1
1	0	1	0	0	0	0	1	1	1
1	1	-	*	*	*	*	*	*	*

Abb. 33 Fano-Dekodierer
als getaktets Mealy-
Schaltwerk

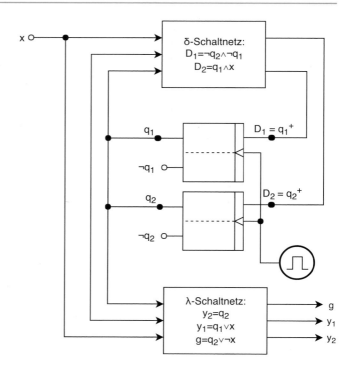

die durch endliche Automaten *erkennbaren bzw. berechenbaren Sprachen*, die *regulären Sprachen* (eine relativ einfache Sprachklasse) sind. Es gibt komplexere Klassen solcher sogenannten *formalen Sprachen*, zu deren Erkennung es mächtigerer Maschinenmodelle oder Berechnungsmodelle als endlicher Automaten bedarf, vgl. dazu auch Abschn. 21.4.2.1 sowie Priese und Erk 2018.

Nichtsdestotrotz bieten endliche Automaten (auch: finite state machines) aus theoretischer Sicht ein tatsächlich mächtigeres Berechnungsmodell im Vergleich zur Schaltalgebra (combinational logic), das bedeutet man kann auch mit endlichen Automaten jede durch ein Schaltnetz realisierbare Schaltfunktion abbilden. Fügt man also einem Halbautomat wieder eine Ausgabefunktion hinzu, welche auf die zweielementige Menge $\{0,1\}$ abbildet, dann kann man mit solchen endlichen Automaten beliebige Schaltfunktionen f: $X=\{0,1\}^n \rightarrow \{0,1\}$ als *Folgenzuordnung* realisieren, zum Beispiel indem man während des sequenziellen Lesens einer konkreten n-elementigen Eingabefolge X_j zunächst einen beliebigen und nach n Schritten den korrekten Funktionswert (1 oder 0) ausgibt. Es kann also *jede*

durch ein Schaltnetz realisierbare Schaltfunktion (oder mit flexiblerer Ausgabefunktion des Automaten sogar Funktionsbündel) ebenfalls durch ein Moore- oder Mealy-Schaltwerk realisiert werden, es dauert eben nur länger: *einschrittige* parallele Informationsverarbeitung durch eine Schaltnetzrealisierung im Vergleich zu *mehrschrittiger* sequenzieller Informationsverarbeitung durch eine Schaltwerksrealisierung.

21.3.6 Elementare Systembausteine

Typische elementare Aufgaben, die nur durch Schaltwerke und nicht durch Schaltnetze, realisiert werden können sind (Prozess-)Steuerungsaufgaben sowie Realisierungen von Datenspeichern.

Es wurde bereits die Realisierung von D-Flipflops als 1-bit Datenspeicher vorgestellt. Unter einem *Register* verstehen wir eine lineare Anordnung von Flipflops zur Speicherung eines Binärvektors. Ein einfaches *D- Register* besteht aus nicht verkoppelten nebeneinander gesetzten D-Flipflops, wie es schon in der Rückkopplungskomponente für getaktete Schaltwerke eingeführt wurde; auch Abb. 34 zeigt ein einfaches k-Bit D-Register mit der Möglichkeit zur Grundstellung aller k Flipflops (Reset). Kann man neben dem Rücksetzen und Speichern eines n-bit Wertes auch noch den gespeicherten Wert um k Stellen (mit $1 \leq k \leq n$) nach rechts oder links verschieben und zum Beispiel Nullen nachziehen oder alle gespeicherten Bits im Ring verschieben, dann spricht man von einem *steuerbaren Schieberegister*; Abb. 35 zeigt eine beispielhafte Realisierung. Ist es möglich den gespeicherten Wert um einen Zahl k größer oder gleich 1 zu inkrementieren und/oder zu dekrementieren, dann spricht man von einem *Zählerbaustein*; je nach Kodierung des gespeicherten Zählerstands spricht man beispielsweise von Dualzählern oder Möbiuszählern (auch: Johnson-Zählern).

Jegliche Steuerungsaufgaben, wie zum Beispiel eine Ampelsteuerung oder eine Fahrstuhlsteuerung können nur durch Schaltwerke (jedoch nicht durch Schaltnetze mit einfacher Zuordnungsfunktionalität) gelöst werden.

Alle diese Typen von Aufgabenstellungen sind in ihrer konkreten Form durch Moore- oder Mealy-Automatenmodelle formalisierbar und wie oben beschrieben einer Logiksynthese zugänglich, das bedeutet als getaktete Moore- oder Mealy-Schaltwerke realisierbar. Es soll nicht unerwähnt bleiben, dass sich einige der Aufgabenstellungen, wie zum Beispiel (große) Schieberegister oder Zähler auch durchaus systematisch *komponentenorientiert* entwerfen lassen: Das bedeutet für solche Entwürfe wird nicht der oben beschriebene Prozess der Logiksynthese – beginnend mit dem Automatenmodell bis hin zur Abbildung auf minimale technologieoptimierte Schaltausdrücke für das Zustandsübergangs- und das Ausgabeschaltnetz – durchlaufen, sondern es werden größere oder gröbere Komponenten mit bereits bekannter technologieoptimierter Realisierung (wie beispielsweise Addierer, Multiplexer, Register) geeignet verschaltet. Diese nur für spezielle Aufgabenstellungen systematisierbare Art des Schaltwerksentwurfs kann in diesem kurzen Überblick jedoch nicht weiter vertieft werden, der Leser sei auf einschlägige Literatur, wie zum Beispiel Mano et al. 2016, verwiesen.

Neben diesen in digitalen Systemen oft genutzten elementaren *Schaltwerks*bausteinen (auch: Systembausteinen), gibt es auch typische elementare *Schaltnetz*bausteine, welche zum Teil schon in Abschn. 21.2 Schaltnetze vorgestellt wurden. So

Abb. 34 Symbol der vorderflanken getakteten D-Registers (oben), seine Implementierung (unten)

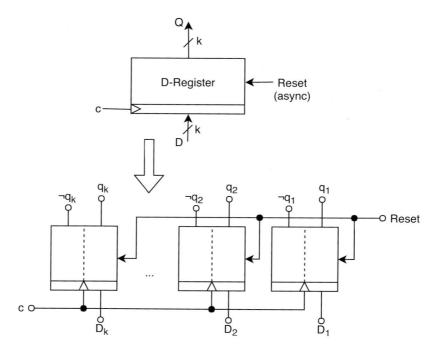

Abb. 35 Steuerbares
Schieberegister

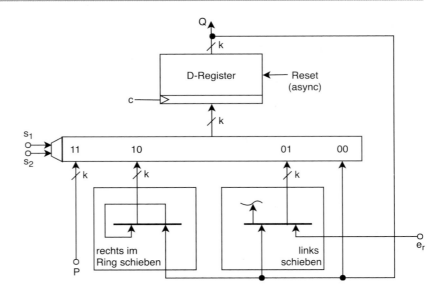

sind n-bit Paralleladdierer, $2^n{:}1$ (Bündel-)Multi-plexer, Demultiplexer oder Komparatoren (Zahlenvergleicher) ebenfalls typische Systembausteine.

21.4 Getaktete Steuerkreise

Vor dem Einstieg in diesen Abschnitt soll kurz rekapituliert werden, was bisher erklärt wurde: Bisher wurde hauptsächlich die Realisierung „kleinerer" elementarer Schaltungs- oder Systembausteine erläutert. Es wurde der Entwurf von Zuordnungsschaltungen als Schaltnetzsyntheseaufgabe dargestellt, und zwar am Beispiel von Addierer und (De-)Multiplexer. Dann wurde die Realisierung von Folgenzuordnern durch die Synthese von Schaltwerken dargestellt, und zwar am Beispiel eines Datenspeichers und eines Folgenerkenners.

Es soll nun die systematische Synthetisierung komplexer(er) Schaltwerke betrachtet werden, das bedeutet die Realisierung komplexer Schaltungen, die für gewöhnlich vorgeschichtsabhängiges Ausgabeverhalten aufweisen. Der Entwurf solcher *digitalen Systeme* geschieht dabei durch systematische Verschaltung bereits bekannter Systembausteine im Rahmen des sogenannten *Steuerkreismodells*. Die Synthese der einzelnen elementaren Systembausteine in Form von Gatterschaltungen oder Transistorschaltungen wurde in den Abschn. 21.2 und 21.3 erläutert.

21.4.1 Das allgemeine Steuerkreismodell

Der Zustand eines Systems und somit seine Zustandsvariablen ergeben sich aus der Aufgabenstellung. Für komplexe digitale Systeme ergibt sich hieraus meistens eine sehr große Anzahl potenzieller Zustände. Obwohl die Menge endlich ist, kommt eine explizite Aufzählung der Zustände praktisch nicht in Frage. Es stellt sich die Frage, wie man solche Automaten überhaupt spezifizieren (und daraufhin synthetisieren) kann? Außerdem gibt es viele Zuordnungsaufgaben, die durch einen einzigen riesigen Zuordner praktisch nicht realisierbar sind, weil die Spezifikation der Schaltfunktion(en) und/oder die Hardwarekosten zu groß werden.

Die Lösung ist die Aufteilung (die Dekomposition) des Systems in Teilsysteme. Eine bewährte Aufteilungsstruktur ist die Modellierung als *Steuerkreis* (auch *control & data path*): Eine Systemstruktur, bei welcher eine steuernde Komponente – das *Steuerwerk (Controller)* – und eine gesteuerte Komponente – das *Operationswerk (Data Path)* – so miteinander verschaltet sind, dass die Signale, über die sie miteinander kommunizieren, einen Kreis bilden. Abb. 36 zeigt das Modell eines allgemeinen Steuerkreises im Zusammenwirken mit seiner Umgebung.

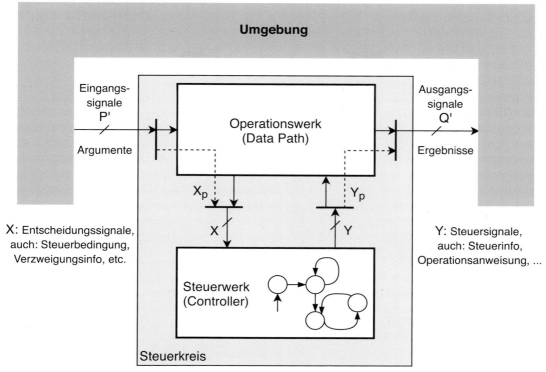

Abb. 36 Allgemeines Steuerkreismodell

Das Steuerwerk realisiert den Ablauf des soge-nannten *Steueralgorithmus*, das heißt die Vor-schrift, welche Folge von Steuereingriffen über das Leitungsbündel Y für das Operationswerk erzeugt werden soll, damit dort der Prozess ab-läuft, durch den die über P′ angebotenen Ein-gangsdaten aus der Umgebung in die über Q′ an die Umgebung abzugebenden Ausgangs-/Ergeb-nisdaten verarbeitet werden. Die über Y zu liefernde Folge von Steuereingriffen wird vom Steuerwerk schrittweise erzeugt, wobei über X jeweils Informa-tion über den aktuellen Zustand des Operationspro-zesses (das bedeutet ein „Einblick" in den Opera-tionszustand) zur Abfrage bereitsteht.

Für den Entwurf des Operationswerks braucht man sich nur um die Bereitstellung der einzelnen Operationstypen zu kümmern. Dadurch können im Operationswerk riesige Zustandsmengen einge-führt werden, ohne dass dies zu unübersichtlichen Strukturen führt. Ein Operationswerk besteht typi-scherweise aus elementaren Systembausteinen,

wie sie unter anderem bereits vorgestellt wur-den: Register, Zähler, (De-)Multiplexer, Addierer, Komparatoren sowie komplexeren Recheneinhei-ten wie beispielsweise Quadrierer oder Multiplizie-rer. Insbesondere muss man beim Entwurf des Operationswerks nur an einzelne Schritte und nie an Schrittfolgen denken.

Beim Entwurf des Steuerwerks muss dagegen in Abläufen gedacht werden. Die Spezifikation des Steuerwerks sollte durch einen Automaten passie-ren, das heißt es erfordert die explizite Betrachtung und Angabe einzelner Zustände und deren Über-gänge. Jedoch bleibt die Anzahl der Zustände hier im beherrschbaren Bereich, das bedeutet praktisch aufzählbar und überschaubar. Die großen Zustands-zahlen entstehen im Operationswerk, wo man sie aber gar nicht elementweise zu betrachten braucht.

Abb. 37 zeigt im Blockschaltbild einen soge-nannten *gleichphasig getakteten Steuerkreis*: ein Steuer- und ein Operationsschritt werden *gleich-zeitig* angestoßen.

Abb. 37 gleichphasig getakteter Steuerkreis

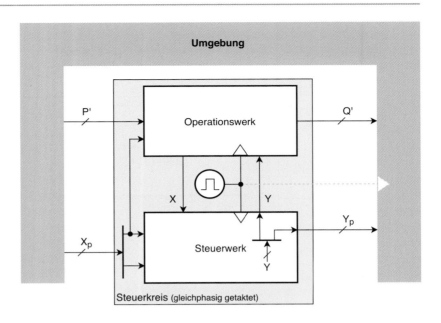

21.4.2 Realisierung mit konventionellem Steuerwerk

Als Beispiel soll der Entwurf eines Pythagoraswerks – also ein Berechner für $\left(C = \sqrt{A^2 + B^2}\right)$ – als gleichphasig getakteter Steuerkreis genügen. Die Schnittstelle zur Umgebung stellt sich wie in Abb. 38 dar.

Mittels S_P und E_P soll ein Start-Ende-Pulsprotokoll zur Kommunikation mit der Umgebung realisiert werden: Mit einem 1-Puls für die Dauer eines Taktes, dem Startpuls über S_P, wird durch die Umgebung die Berechnung angestoßen (an S_P liegt gewöhnlich immer eine 0; zur Startanzeige wird für ein Taktintervall ein 1-Plus angelegt, also S_P: $0 \rightarrow 1$ [Länge eines Taktes] $\rightarrow 0$). Die Umgebung muss bis zur Fertigstellung der Berechnung das konstante Anliegen der Eingangsparameter A und B garantieren. Durch einen 1-Puls für die Dauer eines Taktintervalls über E_P (welcher frühestens im nächsten Taktintervall nach dem Startpuls auftreten kann) wird der Umgebung das Ende der Berechnung signalisiert. Bis zum nächsten Startpuls wird das Ergebnis der letzten Berechnung der Umgebung konstant zur Verfügung gestellt.

Nach Auswahl geeigneter Operationswerkskomponenten könnte die Blockstruktur des Pythagoraswerks wie in Abb. 39 gezeigt aussehen:

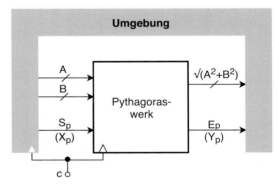

Abb. 38 Pythagoraswerk im Zusammenwirken mit seiner Umgebung

Wir nehmen an, es stehen passende Quadrierer-Bausteine sowie ein Baustein für das Additions- und Wurzelwerk bereit. Falls das nicht so ist, dann können diese wiederum als Steuerkreise entworfen werden, bis sich eine Logiksynthese und/oder eine offensichtliche Verschaltung bekannter elementarer Systembausteine anbietet. Ferner nehmen wir an, dass die einzelnen operationellen Komponenten zum Anstoß ihrer Verarbeitungsprozesse sowie zu ihrer Fertigmeldung ein dem Umgebungsprotokoll ähnliches Start-Ende-Kommunikationsprotokoll, jeweils über die Leitungen S_A und E_A, S_B und E_B sowie S_C und E_C anbieten.

Somit kann das Steuerwerksverhalten durch den Mealy-Automat in Abb. 40 spezifiziert werden.

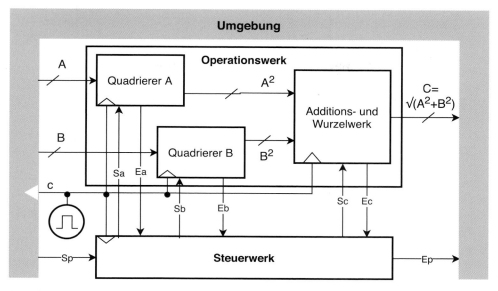

$X = (Sp,Ea,Eb,Ec)$
$Y = (Ep,Sa,Sb,Sc)$

Abb. 39 Pythagoraswerk als Steuerkreis

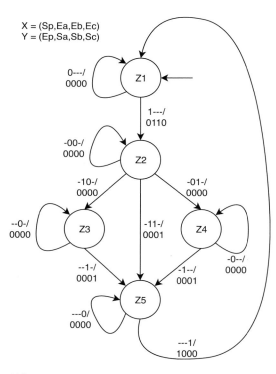

$X = (Sp,Ea,Eb,Ec)$
$Y = (Ep,Sa,Sb,Sc)$

Abb. 40 Mealy-Steuerautomat als Einstieg für die Logiksynthese des Pythagoras-Steuerwerks aus Abb. 39

Die Synthese eines entsprechenden getakteten Mealy-Schaltwerks funktioniert dann genauso wie im Abschn. 21.3 Schaltwerke vorgestellt.

Somit kann der Steuerkreisentwurf zusammengefasst werden als:

1. Entwurf des Operationswerks durch Bereitstellung und Verschaltung der für die Aufgabe erforderlichen (und verfügbaren) Daten verarbeitenden Komponenten, das sind die Operatoren, und
2. dem Entwurf des Steuerwerks durch explizite Modellierung eines Automaten, das ist der Steuerautomat (mit seinem Zustands *vektor* Z_{St} sowie seiner Zustands *menge* $\underline{Z}_{St}$).

Formal kann man das Operationswerk auch als einen einzigen Automaten (Operationsautomat) mit der Zustandsmenge $\underline{Z}_{Op}$ (Operationszustände) betrachten, wobei jedes Ausgangssignal einer Speicherzelle (eines Flipflops) eine Zustandsvariable darstellt, das heißt die Vereinigung aller Speicherinhalte bildet den aktuellen Operationszustand Z_{Op}. Somit kann man formal auch den ganzen Steuerkreis als einen einzigen Automaten betrachten, und zwar mit den Eingangsvariablen

(P, X_P), den Ausgangsvariablen (Q, Y_P) und den Zustandsvariablen (Z_{St}, Z_{Op}).

Die Aufteilung des Tupels der Zustandsvariablen in solche vom Typ Z_{St} und solche vom Typ Z_{Op} entscheidet sich an der Frage, wie man die Wertebereiche dieser Variablen in der am besten geeigneten Weise definieren kann. So kann man den Wertebereich der Variablen vom Typ Z_{Op} definieren, ohne explizit alle möglichen Wertübergänge aufzählen zu müssen. Den Wertebereich der Variablen vom Typ Z_{St} kann man dagegen nur definieren, wenn man explizit alle Werte und möglichen Wertübergänge aufzählt.

Wir beschränken uns hier auf den Fall, bei dem man für das Steuerwerk einen einzigen Steuerautomaten ansetzt. Wird die Steueraufgabe komplexer, dann dekomponiert man in mehrere Teil-Steuerautomaten, die dann zum Teil unabhängig voneinander ihre Teilaufgaben erledigen.

21.4.2.1 Bezug zur theoretischen Informatik – Maschinenmodelle

Wie in Abschn. 21.3.5 bereits erwähnt, geht es in der Theoretischen Informatik grundsätzlich um den Begriff der Berechenbarkeit, das heißt es geht primär um Systeme die Funktionswerte berechnen und nicht um Systeme, welche beispielsweise Ampelanlagen steuern. Solche Funktionswertberechnungen werden in der Regel als technisch realisierbare sequenzielle Prozesse aufgefasst, die zum Beispiel (wie bereits in Abschn. 21.3 erläutert) durch endliche Automaten modelliert werden können oder im Allgemeinen durch sogenannte *Maschinenmodelle*. Als *Maschine* wird dabei eine Kombination eines *endlichen Automaten* mit Ausgabe zusammen mit einer durch ihn gesteuerten *Umwelt* bezeichnet. Eine *Umwelt* besteht aus einem (theoretisch unendlich) großen Speicher, der mathematisch ganz allgemein auch als eine (unendlich) große *Punktemenge* betrachtet wird. Dieser Speicher oder diese Umwelt kann durch wenige elementare Operationen, auch *Aktionen* der Umwelt genannt, manipuliert werden, vgl. Budach 1977. Mathematisch bildet eine *Aktion* einen Punkt der Umwelt auf einen anderen Punkt ab. Die bildliche Vorstellung ist dabei: der Automat „bewegt sich" in seiner Umwelt von Punkt zu Punkt.

Dazu empfängt der Automat Eingaben aus seiner Umwelt in Form von sogenannten *endlichen Einblicken*: das bedeutet der Automat kann nur wenige endliche Ausschnitte seiner Umwelt als Projektion des aktuellen Zustands seiner Umwelt „sehen", welche durch das endliche Eingabealphabet des Automaten vordefiniert sind.

Bildet man diese Sichtweise auf das Steuerkreismodell ab, dann entspricht die Umwelt in erster Näherung dem Operationswerk (man könnte den Umweltbegriff auch ausweiten auf das Operationswerk in Kombination mit der gesamten Steuerkreisumgebung) und der endliche Automat dem Steuerwerk. Den endlichen Einblicken entsprechen dabei die Entscheidungssignale X. Aufgrund seines Einblicks kann der Automat immer die nächste Ausgabe „entscheiden", das heißt er entscheidet welche Aktion in der Umwelt angestoßen werden soll; dabei entspricht das endliche Ausgabealphabet des Automaten im Steuerkreismodell den möglichen Steuersignalen Y des Steuerwerks und auf Umwelten bezogen, den möglichen Aktionen in der Umwelt (vgl. mit Operationen eines Operationswerks).

Die Ausführung einer Aktion in der Umwelt löst – genauso wie eine Operationsausführung im Operationswerk – eine Zustandsänderung in der Umwelt aus, das bedeutet der aktuelle Punkt wird auf einen neuen Punkt abgebildet. Das wirkt sich wiederum auf den Einblick des Automaten aus, wodurch dieser erneut Entscheidungen für die nächste auszuführende Aktion trifft und dadurch weitere Zustandsänderungen, das heißt eine „Reise" von Punkt zu Punkt, innerhalb der Umwelt anstößt.

Nach endlich vielen solcher Steuerschritte oder Umweltaktionen steht das Ergebnis der Berechnung – also der Funktionswert – im Speicher der Umwelt. Anders ausgedrückt kann eine Berechnung somit als ein Pfad in der Punktemenge, ausgehend von einem Startpunkt (den Eingabedaten) zu einem Zielpunkt (dem Funktionswert), gesehen werden. *Berechenbar* heißt eine Funktion bezüglich einer Maschine (eines Berechnungsmodells), wenn der Funktionswert durch die gewählte Maschine immer nach endlich vielen Schritten bestimmt werden kann.

Bekannte Beispiele solcher Maschinenmodelle sind zum Beispiel Turingmaschinen, Registermaschinen oder Kellerautomaten. Sie unterscheiden sich jeweils in der Struktur ihrer Umwelten (Operationswerke). Eine *Turingmaschine* besteht beispielsweise aus einem Band mit unendlich vielen Zellen – dem sogenannten *Turingband* – und einem Schreib-/Lesekopf über einer Zelle; in einer Zelle steht genau ein Zeichen eines endlichen Alphabets (aus mindestens zwei Zeichen). Das mögliche Operationsrepertoire ist: die aktuelle Zelle lesen, sie schreiben, den Kopf entweder eine Zelle nach rechts oder nach links bewegen. Die oben beschriebene unendliche Punktemenge entspricht hier allen möglichen Bandinhalten, das bedeutet allen möglichen Belegungen aller Zellen des Turingbands.

Eine *Registerumwelt* ist dagegen völlig anders strukturiert. Sie besteht aus mehreren (endlich vielen) Zellen, den Registern, die jeweils eine beliebige natürliche Zahl (hier gibt es aus mathematischer Sicht keine Größenbeschränkung) speichern können. Die ausführbaren Operationen sind das Lesen, Schreiben, Addieren und Subtrahieren von Registerinhalten (manchmal sind auch noch das Multiplizieren und Dividieren erlaubt, was jedoch die Berechnungskraft der Maschine nicht verändert). Die unendliche Punktemenge entspricht bei einer k-Registermaschine $\mathbb{N}^k$, das bedeutet aller möglichen Belegungen der k Register mit natürlichen Zahlen.

Alle diese Maschinenmodelle modellieren Steuerkreise (wobei der endliche Automat dem Steuerwerk entspricht und die Umwelt dem Operationswerk) und zwar zum Zweck der Berechnung einer Funktion. Die Aufgabenstellung, das heißt die Steuerkreisaufgabe wird dabei üblicherweise in Form eines Algorithmus formuliert. Ein *Algorithmus* ist ein konstruktives wohldefiniertes endliches schrittweises Funktionsberechnungsverfahren. Er beschreibt, welche operationellen Schritte, unter welchen Bedingungen und in welcher Reihenfolge passieren müssen, um das Funktionsergebnis zu berechnen; dabei bezieht sich diese Beschreibung auf ein bestimmtes Maschinenmodell (oder Berechnungsmodell). Das bedeutet, dass zu einem Algorithmus gehörende konkrete Maschinenmodell mit seinem konkreten Operationsrepertoire und seinem konkreten

Steuerautomat stellt eine Präzisierung und Formalisierung des Algorithmusbegriffs dar. In diesem Sinn können Steuerkreise auch als (digital-) technische Realisierungen von Algorithmen betrachtet werden.

Turingmaschinen und Registermaschinen sind formale *Berechnungsmodelle*, mit denen man, trotz ihrer unterschiedlich strukturierten Umwelten, die gleichen Funktionen berechnen kann. Gemäß der Church-Turing-These können durch sie sogar alle intuitiv berechenbaren Funktionen berechnet werden, das bedeutet insbesondere alle Algorithmen abgebildet werden.

Somit bieten Turingmaschinen und Registermaschinen (jedoch nicht die Kellerautomaten) sinnvolle Modelle um die theoretischen Minimalanforderungen an Operationswerke (als technische Realisierungen von Umwelten) aufzuzeigen, um jegliche Algorithmen, das bedeutet alles Berechenbare, realisieren zu können. Natürlich ist dabei die Anforderung an unendlich große Speicher nur theoretischer Natur und kann technisch niemals, durch keine Schaltung dieser Welt, umgesetzt werden.

21.4.2.2 Verallgemeinerung des Steuerkreismodells

Obwohl wir uns hier lediglich auf Berechnungs- oder allgemeiner Datenverarbeitungsaufgaben konzentrieren soll nicht unerwähnt bleiben, dass das Steuerkreismodell nicht auf die Verwendung zur Datenverarbeitung beschränkt ist. Das heißt der zu steuernde Prozess im Operationswerk muss kein informationeller Prozess sein. Auch ein Prozess, bei dem Rohmaterial in das Operationswerk hineinfließt und daraus gefertigte Produkte herausfließen, kann in einem Steuerkreis abgewickelt werden. Dann sind allerdings die Pfade P′ und Q′ keine Leitungsbündel mehr, so dass die Darstellung für diesen Fall verallgemeinert werden müsste. Allgemein gilt, dass bei P′ das Material zur Verarbeitung hineinfließt und bei Q′ das verarbeitete Material herausfließt. Über X fließt die Information über den aktuellen Prozesszustand und über Y fließt die den Prozessverlauf beeinflussende Steuerinformation zu den steuerbaren Komponenten im Operationswerk.

21.4.3 Realisierung mit mikroprogrammiertem Steuerwerk – ein Ausblick

Der Begriff der *Mikroprogrammierung* wurde von Maurice Wilkes (siehe Wilkes 1951) eingeführt als Realisierungsform getakteter Schaltwerke, bei der die Schaltwerksausgabefunktion sowie die Zustandsüberführungsfunktion durch geordnet gespeicherte Information – das heißt durch das sogenannte *Mikroprogramm* im Mikroprogrammspeicher, typischerweise ein ROM (read-only memory) – im Sinne einer LUT (look up table) Realisierung festgelegt werden.

Als Komplexitätsbewältigungsmaßnahme kann mit einer solchen Schaltwerksrealisierungsform die berechnungsaufwändige Logiksynthese von insbesondere komplexen Steuerwerken vermieden werden. Des Weiteren sind in gewissem Rahmen Änderungen des Steuerablaufs noch sehr lange während des Systementwurfs, insbesondere sogar noch nach Fertigstellung des Schaltungsdesigns – einschließlich Place & Route – möglich.

Das Grundkonzept eines mikroprogrammierten Schaltwerks – in der Rolle eines Steuerwerks – soll mit Abb. 41 skizziert werden.

Beim Wort Mikroprogrammierung wird mit dem Begriff *Programmierung* zum Ausdruck gebracht, dass eine Ablaufvorschrift in kodierter Form in einen Speicher (hier den ROM) eingebracht wird. Im Fall der Mikroprogrammierung besteht die Ablaufvorschrift – also das Programm – aus elementaren Anweisungen, die jeweils angeben, was in einem einzelnen Taktschritt geschehen soll. Eine Mikroprogrammanweisung enthält nicht nur Information darüber, was im Operationswerk geschehen soll, sondern auch darüber, wie die nächste Anweisung im Speicher gefunden werden soll. Dieses Prinzip der Programmabwicklung kann so verallgemeinert werden, dass es auf die Abwicklung beliebiger sequenzieller Programme anwendbar ist, wie wir es auch bei Mikroprozessoren, als sogenannte Maschinenprogrammabwickler, vorfinden – siehe dazu Abschn. 21.5.

21.4.3.1 Bezug zur theoretischen Informatik – die universelle Turingmaschine

Auch bei der theoretischen Betrachtung von Rechenmaschinen wird das Konzept der *Programmierbarkeit* beleuchtet, insbesondere um mit solchen programmierbaren (auch: universellen) Maschinen Aussagen über andere Maschinen machen, das heißt berechnen oder entscheiden zu können. Ein bekanntes Beispiel ist das *unentscheidbare* – das bedeutet algorithmisch unlösba-

Abb. 41 mikroprogrammiertes Schaltwerk (Mealy)

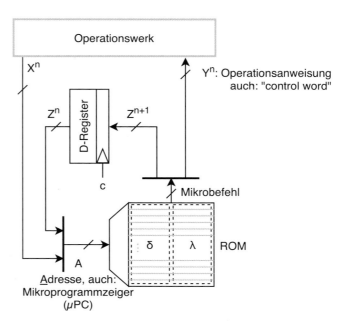

re – sogenannte Halteproblem, auf welches viele andere unentscheidbare Probleme zurückgeführt werden können.

Beim Halteproblem geht es um die Frage ob, eine Turingmaschine T für eine Eingabe P jemals – das bedeutet nach endlich vielen Schritten – anhält, was eine notwendige Voraussetzung für die Berechnung des Funktionswerts für P ist. Um die algorithmische Unlösbarkeit des Halteproblems zeigen zu können, nutzt man eine *universelle (Turing-)Maschine*, welche die beiden Eingaben P sowie eine Umschreibung von T – das sogenannte *Programm* von T – erhält und daraufhin das Verhalten von T unter Eingabe von P *simulieren* also nachbilden kann.

Eine solche, andere Turingmaschinen T, simulierende Turingmaschine – also eine Maschine, die das Programm von T *abwickeln* kann – wird *universelle Turingmaschine U* genannt. Dazu wird das Programm von T auf das Turingband von U kodiert – das bedeutet alle Zustände, Zustandsübergänge sowie Ausgaben des endlichen Automaten von T werden dort kodiert – was auch als *Gödelisierung* von T bezeichnet wird. Eine so auf dem Band von U kodierte Turingmaschine T kann von U simuliert werden, indem U, gemäß dem aktuellen Stand der Programmabwicklung den jeweils aktuellen Zustand von T auf ihrem Band markiert und nach Einlesen des folgenden Symbols aus der Eingabe P die Markierung weitersetzt (also einen neuen Zustand markiert), das bedeutet gemäß der kodierten Zustandsübergangsfunktion von T den Folgezustand markiert und die ebenfalls kodierte Ausgabeaktion ausführt. Daraufhin wird erneut das nächste Zeichen der Eingabe P eingelesen und der Zustandsübergangs- und Ausgabezyklus beginnt von vorn. Diese Simulation wird idealerweise bis zum letzten Zeichen der Eingabe P und bis zu einem Endzustand – das heißt einem sogenannten *akzeptierenden Zustand* – ausgeführt.

Eine universelle Turingmaschine besteht strukturell aus einem endlichen Automat, der ein solches Simulations- oder Abwicklungsverfahren beschreibt sowie aus einem Turingband mit einem Bandalphabet von mindestens zwei Zeichen.

21.5 Mikroprozessor – *als getakteter Steuerkreis*

Getaktete Steuerkreise können allgemein als Form der digitaltechnischen Realisierung von Algorithmen – oder anders ausgedrückt als Algorithmen-realisierende Digitalschaltungen – angesehen werden. Digitalrechner (das heißt Computer) bestehen aus mehreren solcher Digitalschaltungen. Eine besondere Schaltung ist der *Prozessor*: er wickelt in Software geschriebene Programme, sogenannte Maschinenprogramme, ab. Somit realisiert eine Prozessorschaltung einen Universalalgorithmus: das heißt einen Algorithmus U, dessen Eingabe zum einen eine binär kodierte Umschreibung eines (anderen) Algorithmus A ist – das sogenannte *Maschinenprogramm* – und zum anderen die Eingabedaten E_A von A, ebenfalls binär kodiert. Durch Abwicklung von U wird die Ausführung von A mit Eingabe E_A simuliert und daraufhin A_A produziert, das sind die Ausgabedaten des Algorithmus A; vgl. dazu auch die Ausführungen zur universellen Turingmaschine in Abschn 21.4.3.1.

Ziel des aktuellen Abschnitts ist es mit Hilfe des bisherigen Wissens, die technische Realisierung eines solchen Prozessors, auch *Central Processing Unit (CPU)* genannt, im Steuerkreismodell zu betrachten und darauf aufbauend einen Ausblick hinsichtlich verschiedener Möglichkeiten der Entwurfsoptimierung in Abschn. 21.5.3 zu geben. Im Folgenden soll zunächst die Aufgabe des Prozessors – die *Maschinenprogrammabwicklung* – im Kontext des Digitalrechners eingeordnet und präzisiert werden.

Computerprogramme (oder Software im engeren Sinn) werden üblicherweise in höheren, das bedeutet (in gewissen Grenzen) an die menschliche Denk- und Ausdrucksweise angepassten, Programmiersprachen formuliert. Man unterscheidet dabei folgende zum Teil durch unterschiedliche Programmiersprachen realisierbare Paradigmen: imperative (objektorientierte) Programmierung, funktionale Programmierung und logische Programmierung – siehe auch ▶ Abschn. 23.3 in Kap. 23, „Programmierung". Grundsätzlich ist *jede* berechenbare Aufgabenstellung mit einem Programm eines beliebigen Programmierparadigmas formulierbar. Das bedeutet eine Funktionsberechnungsaufgabe kann beispielsweise elegant und zweckmäßig durch ein funktionales Programm umschrieben werden, aber die gleiche Aufgabe kann auch (unter Umständen nicht ganz so elegant) durch ein imperatives Programm umschrieben werden. Prozessoren sind Abwickler für Maschinenprogramme und Maschinenprogramme sind sequenzielle imperative Programme. Das bedeutet ein Maschinenprogramm ist eine Liste von Anweisungen, den sogenannten Maschinenbefehlen.

Prozessoren werden nach unterschiedlichen Kriterien eingeteilt. Zum einen unterscheidet man nach Anordnung von Programmbefehlen und Daten im Speicher sowie den Zugriff auf diese: es wird die sogenannte *Harvardarchitektur* (Programm und Daten befinden sich in *unterschiedlichen* Speichern) von der sogenannten *von-Neumann Architektur* (Programm und Daten befinden sich im *selben* Speicher) unterschieden. Ein weiteres Kriterium ist der Umfang des Maschinenbefehlssatzes: Prozessoren haben entweder umfangreiche an Hochsprachenoperationen angepasste Befehlssätze (*CISC – complex instruction set computer*) oder kleine, flexibel kombinierbare, auf optimale Hardwarelösungen ausgelegte Befehlssätze (*RISC – reduced instruction set computer*). Ein weiteres Unterscheidungsmerkmal ist die Realisierungsform des Steuerwerks: *mikroprogrammiert* oder fest verdrahtet. Außerdem unterscheidet man Prozessoren nach ihrem Anwendungsbereich: universell einsetzbar (*general purpose CPUs*) oder für spezielle Aufgaben vorgesehen (DSPs – digital signal processors, Coprozessoren für mathematische Berechnungen beispielsweise kryptographische Operationen, GPUs – graphics processing units).

Die einzelnen Anweisungen eines Maschinenprogramms sind gekennzeichnet durch ihre Zerlegbarkeit in einen sogenannten Operationsteil und einen Adressteil, siehe Abb. 42.

Im *Operationsteil* wird binär kodiert angegeben, welche Operation ausgeführt werden soll und im Adressteil wird angegeben, welche Operanden an der Operation beteiligt werden sollen. Die Anzahl der unterschiedlichen Operationsteile, welche ein Prozessor kennt und deren Auflistung

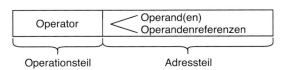

Abb. 42 Allgemeiner Aufbau eines Maschinenbefehls

wird als sogenannte *Befehlsliste* oder *Befehlssatz* des Prozessors bezeichnet – typisch für RISC Prozessoren sind (deutlich) unter 100 Befehle und für CISC Prozessoren oft mehr als 100 Befehle. Typische Befehle sind die Addition mit Angabe zweier Operanden A und B, wobei einer der Operanden sowohl Quelle als auch Senke ist: A := A + B. Ein weiteres Beispiel ist der Kopierbefehl mit Angabe zweier Operanden A und B, wobei der eine Quelle und der andere Senke ist: A := B.

Im *Adressteil* werden die Operanden dadurch festgelegt, dass entweder die Operanden unmittelbar angegeben werden, oder dass die Nummern von Speicherzellen angegeben werden, in denen die Operanden zu finden sind. Diese Nummern, die sogenannten Adressen, müssen dabei nicht unbedingt explizit in der Anweisung enthalten sein, sondern müssen nur ausgehend von der Anweisung gefunden werden; man spricht dann von unterschiedlichen Adressierungsarten. Beispielsweise wird bei der direkten Adressierung die Speicheradresse des Operanden direkt im Befehlswort angegeben, während bei der indirekten Adressierung die Adresse einer Speicherzelle angegeben wird, in welcher die Operandenadresse steht.

Die Speicherzellen für die Operanden lassen sich bei den üblichen Prozessoren in drei Klassen einteilen: Der *Arbeitsspeicher*, auch *Hauptspeicher*, umfasst gewöhnlich eine sehr große Zahl von Speicherzellen, die von 0 an durchnummeriert sind; daneben gibt es eine sehr kleine Anzahl von Speicherzellen, die als *Arbeitsregister* bezeichnet werden, und die – falls es mehr als eins gibt – auch von 0 an durchnummeriert sind; schließlich gibt es noch die Speicherzellen, die der Kommunikation des Prozessors mit dem Peripheriesystem, also den (externen) Ein- und Ausgabegeräten, dienen – die sogenannten *Geräteregister*, siehe Abb. 43.

Abb. 43 Prinzipieller
Aufbau eines
Digitalrechners

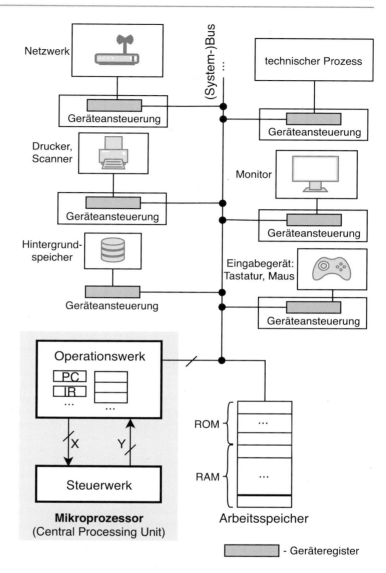

- Geräteregister

Es stellt sich nun die Frage, wie Anweisungen und Operanden grundsätzlich in den Speichern angeordnet und wie sie zu unterscheiden sind. Bei sogenannten von-Neumann Rechnern (benannt nach dem Mathematiker John von Neumann 1903–1957), welche hier fokussiert werden, befinden sich alle Anweisungen des auszuführenden Maschinenprogramms sowie die Operanden (Argument- und Ergebnisoperanden) sozusagen nebeneinander im selben Speicher und zwar im Arbeitsspeicher. Bei der Abwicklung des Maschinenprogramms, das bedeutet bei der Ausführung der einzelnen Befehle, werden die Ergebnisope-

randen und somit der Arbeitsspeicherinhalt ständig verändert. Die Unterscheidung, ob ein Speicherinhalt Anweisung oder Operand ist, passiert dabei nicht durch ein Kennungsbit, sondern vielmehr ergibt sich die Interpretation des Hauptspeicherinhalts erst bei der Abwicklung. Daraus ergibt sich eine prinzipielle Fehlerquelle: Wenn ein Programmanfang an falscher Stelle definiert wird, dann werden Daten als Anweisungen interpretiert. Diese Schwachstelle bei von-Neumann-Architekturen machen sich Angreifer zum Beispiel bei sogenannten *Buffer-Overflow-Attacken* zunutze.

Die Abwicklung eines Maschinenprogramms bedeutet die sequenzielle Verarbeitung aller Maschinenbefehle (vom ersten bis zum letzten) durch den Prozessor. Die Verarbeitung eines Maschinenbefehls ist durch folgende Schrittfolge bestimmt:

1. *Instruction Fetch*: nächsten Befehl aus dem Speicher holen,
2. *Decode*: Befehl dekodieren, das heißt Befehl identifizieren und gegebenenfalls Operanden holen – *Operand fetch*,
3. *Execute*: Befehl ausführen.

Diese sich vom ersten bis zum letzten Befehl wiederholende Schrittfolge wird auch *Basis- Befehlszyklus* oder *instruction cycle* genannt und durch den Prozessor implementiert.

Um die Implementierung eines solchen Prozessors verstehen zu können, soll zunächst seine Umgebung dargestellt werden. Abb. 43 zeigt den prinzipiellen Aufbau eines Digitalrechners in Form eines Blockschaltbildes.

Der (Mikro-)Prozessor ist im Steuerkreis modelliert – seine technische Realisierung wird in den Absätzen 5.1 und 5.2 erläutert. Das Operationswerk des Mikroprozessors ist mit seiner Umgebung – das heißt dem Arbeitsspeicher und den externen Geräten mittels der jeweiligen Geräteregister – über einen sogenannten Bus verbunden. Der *Bus* ist im Wesentlichen ein hinreichend dimensioniertes Leitungsbündel – typische Größen sind 16, 32 oder 64 Bit – um mit jedem der verbundenen Blöcke Daten austauschen (lesen/schreiben) zu können. Jedoch kann nur ein Block zu einer Zeit Daten einspeisen – das bedeutet auf den Bus schreiben. Das spart Leitungsaufwand und ermöglicht (in gewissen Grenzen) das Anschließen beliebig vieler externer Geräte, verbietet aber das gleichzeitige Schreiben mehrerer Busteilnehmer. Elektrisch gesehen können Busteilnehmer nicht ständig mit dem Bus verbunden oder aufgeschaltet sein (es besteht Kurzschlussgefahr aufgrund wechselnder Einspeisezuständigkeiten), sondern zwei Kommunikationspartner schalten sich nur bei Bedarf über die sogenannte Busankopplung auf. Die Busankopplung, auch *Bustor (e)* genannt, besteht aus elektronischen Schaltern (übli-

cherweise Transistoren), die einen Busteilnehmer entweder aufschalten, das heißt mit dem Bus verbinden können, oder ihn elektrisch abkoppeln. Abb. 44 zeigt im Schaltermodell die Realisierung eines Bustors mittels eines Tristate-Inverters.

Ist das Torsteuersignal t_i gesetzt ($= 1$) sind S1 und S2 geschlossen (leitend) und das Bustor verhält sich wie eine normale Inverterrealisierung im Zweischalterprinzip: $y = \neg x$, vgl. Abb. 6. Ist $t_i = 0$, dann sind S1 und S2 offen (nicht leitend) und es herrscht eine hochohmige Verbindung zur Busleitung – quasi abgetrennt oder $y = Z$ – was dem dritten Zustand (Tristate) neben H und L bzw. 1 und 0 entspricht.

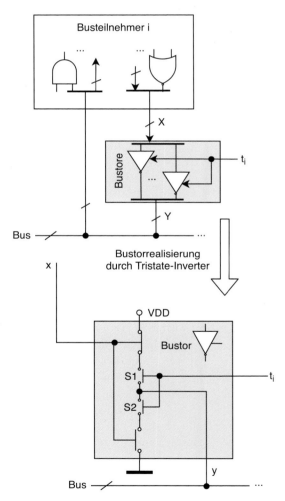

Abb. 44 Bustorrealisierung mittels Tristate-Inverter mit Torsteuerung t_i

Der Datenaustausch des Prozessors mit den Ein-/Ausgabegeräten wird über den Bus durch die als dunkle Rechtecke dargestellten *Geräteregister* realisiert. Sie sind Bestandteil der Geräteansteuerung, sogenannter *I/O-Prozessoren* oder Geräte-Controller, welche die informationelle Schnittstelle des Geräts zur Steuerung seiner materiellen Umgebungsschnittstelle (zum Beispiel eine Tastaturmatrix, Druckköpfe, Motoren, Schreib-/Leseköpfe) darstellt. In diesem Sinn können auch Ein-/Ausgabegeräte als Steuerkreise betrachtet werden: ihr Operationswerk ist die überwachte und gesteuerte materielle Ausprägung des Ein-/Ausgabegeräts (das heißt die rein physikalischen Aspekte eines Druckers, eines Monitors, einer Tastatur und so weiter) und der I/O-Prozessor steuert und überwacht diese unter Berücksichtigung oder aktiver Veränderung des sich über die Zeit verändernden Geräteregisterinhalts. Weitere Details zur Architektur von Digitalrechnern werden im ▶ Abschn. 22.2 in Kap. 22, „Rechnerorganisation" beschrieben. Nachfolgend soll die Realisierung eines einfachen Mikroprozessors im Steuerkreis betrachtet werden. Die folgenden Betrachtungen orientieren sich stark an den Ausführungen in Mano et al. 2016; Sowie Neuschwander 1988.

21.5.1 Instruction Set Architecture (ISA)

Was ein Computer leisten soll, das heißt welche Möglichkeiten der Maschinenprogrammierbarkeit er konkret bieten soll, definiert seine sogenannte *Befehlssatzarchitektur (instruction set architecture – ISA)*. Sie spezifiziert einen Computer aus Sicht des Maschinenprogrammierers. Die ISA umfasst

- die für den Programmierer les- und schreibbaren Speicher (Prozessorregister, Arbeitsspeicher und Geräteregister),
- die möglichen Befehlsformate, insbesondere hinsichtlich der Anzahl von Operanden pro Befehl,
- die verschiedenen Adressierungsarten zur Identifikation der Operanden sowie
- den vollständigen Maschinenbefehlssatz, der sich typischerweise unterteilt in Datentransportbefehle, Datenmanipulationsbefehle, Programmsteuerbefehle sowie Befehle zur Behandlung von Ausnahmen (Interrupts).

21.5.1.1 Befehlsformat

Bisher wurde lediglich allgemein gesagt, dass ein Befehl oder ein Befehlswort aus einem Operationsteil (Identifikation der auszuführenden Operation) und einem Adressteil (Identifikation der zugehörigen Operanden) besteht, siehe Abb. 42. Eine Befehlssatzarchitektur legt Befehlsformate hinsichtlich der Anzahl der explizit anzugebenen Operanden pro Befehlswort fest, was Auswirkungen auf Befehlslänge und somit auf die mögliche Hardwarerealisierung hat. Als Beispiel soll ein Additionsbefehl ADD in Abb. 45 untersucht werden. Wir betrachten zunächst eine in Assemblersprachen übliche mnemotechnische Kodierung von Maschinenbefehlen inklusive ihrer Operanden, anstatt ihrer Binärkodierung. Das hat zum einen den Vorteil der besseren Verständlichkeit und zum anderen bezieht sich die Binärkodierung

Abb. 45 mögliche Formate eines ADD-Befehls

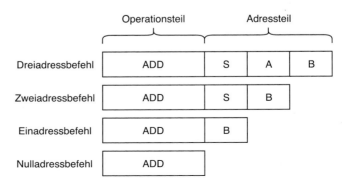

eines Maschinenbefehls schon auf eine konkrete Hardwareimplementierung, welche zum aktuellen Zeitpunkt noch nicht bekannt ist.

Eine zweistellige Operation wie ADD benötigt normalerweise vier Angaben: Die Art der Verknüpfung ADD, die Adresse des ersten Operanden A, die Adresse des zweiten Operanden B und die Adresse unter der das Ergebnis gespeichert werden soll S. Solche sogenannten *Dreiadressbefehle* können unter Umständen sehr lange Befehlswörter produzieren. Aus praktischen Gründen (Speicherplatz, Zugriffszeiten) ist man oft bestrebt möglichst kurze Befehlswörter zu haben. Um das zu erreichen, kann man ADD als *Zweiadressbefehl* wie in Abb. 45 gezeigt realisieren und dabei als Ergebnisadresse die Adresse des ersten Operanden nutzen, dieser wird dabei überschrieben.

Um noch mehr zu sparen, zum Beispiel zur effizienten Realisierung von 8-Bit Mikroprozessoren können *Einadressbefehle* verwendet werden, das heißt im Befehl darf nur eine Operandenadresse angegeben werden. Da zweistellige Operationen, die häufig vorkommen, jedoch zwei Operanden benötigen, man aber nur einen spezifizieren darf, muss der zweite Operand implizit im Operationscode enthalten sein. Dazu haben diese Mikroprozessoren ein spezielles internes Register: den *Akkumulator*. Bei zweistelligen Operationen wird immer davon ausgegangen, dass sich ein Operand im Akkumulator befindet und muss deshalb nicht im Befehl explizit angegeben werden. Angenommen vor einer Ausführung von ADD befindet sich der erste Operand immer im Akkumulator und das Ergebnis soll nach der Ausführung ebenfalls wieder im Akkumulator stehen, dann würde der Einadressbefehl ADD wie in Abb. 45 darstellbar sein.

Will man einen Prozessor ganz ohne prozessorinterne Arbeitsregister realisieren, dann geht man davon aus, dass die Operanden im Hauptspeicher in einem bestimmten Bereich – dem Stack, einem LIFO-Speicher (last in, first out) – liegen. Der Zugriff funktioniert dann über den sogenannten Stapelzeiger oder *Stackpointer SP*, der ansonsten für die prioritätsgesteuerte Abarbeitung von (Teil-)programmen verwendet wird. In einer reinen Stack-Architektur wäre ADD als

Nulladressbefehl implementiert. Vor der Abwicklung dieses Nulladressbefehls geht der Prozessor davon aus, dass sich die beiden Operanden A und B zuoberst auf dem Stack befinden. Diese werden von dort geholt und abgeräumt und das Ergebnis S wieder zuoberst darauf gelegt.

Es sei darauf hingewiesen, dass das anzustrebende Ziel bezüglich Effizienzsteigerung nicht nur immer kürzere Befehlswörter sind. Maschinen, die nur Ein- oder Nulladressbefehle ausführen können, also reine Akkumulator- oder Stack-Maschinen, haben in der Regel kleine Registersätze, das heißt oft nur Steuerregister und keine Arbeitsregister (bis auf den Akkumulator). Das bedeutet zur Ausführung arithmetischer Operation wie Addition müssen sie zum Holen und Schreiben der Operanden immer wieder Hauptspeicherzugriffe anstatt reiner Arbeitsregisterzugriffe ausführen. Das kostet signifikant mehr Zeit (mehr Taktzyklen), als wenn Operationen nur auf den Arbeitsregisterinhalten ausgeführt werden können. Das bedeutet reine Akkumulator- oder Stack-Prozessoren können nur für einfache Anwendungen, welche nicht die heute üblichen Hochgeschwindigkeitsanforderungen erfüllen müssen, verwendet werden.

21.5.1.2 Adressierungsarten

(Mikro-)Prozessoren sehen oft verschiedene Möglichkeiten zur Spezifikation von Operandenadressen innerhalb eines Maschinenbefehls vor. Dabei ist möglich, dass die Adresse, durch die eine Speicherzelle adressiert wird, die sogenannte *effektive Adresse*, erst während der Befehlsausführung errechnet wird; man spricht auch von *dynamischer Adressrechnung*. Es müssen also in einem Befehl die Adressen der Operanden nicht direkt oder absolut angegeben werden, sondern es muss nur möglich sein, dass die Operanden vom aktuellen Befehl ausgehend gefunden werden können.

Man unterscheidet folgende Hauptgruppen von Adressierungsarten: implizit, immediate, register-(in-)direkt, (in-)direkt, programmzähler-relativ und indiziert.

Zur Unterscheidung auf Maschinenebene ist die Adressierungsart entweder implizit durch den Befehl gegeben, das heißt der Befehl unterstützt nur genau eine Adressierungsart für jeden seiner Operanden, oder explizit durch ein Feld ,Mode'

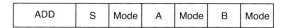

Abb. 46 Dreiadressbefehl mit ‚Mode'-Feldern zur Spezifikation der Adressierungsarten der Operanden

kodiert, welches im Adressteil jedem Operanden zur Seite steht, siehe Abb. 46.

Implizite Adressierung bedeutet, dass es kein Adressfeld für den Operanden gibt. Der Operand ist schon implizit durch den Operator oder seinen Befehlscode definiert, vgl. Akkumulator bei Einadressbefehlen.

Bei der *immediaten Adressierung* steht der Operand direkt im Adressteil des Befehls. Ein Direktoperand kann nur Quellgröße und niemals Zielgröße sein. Da der Operand im Befehl steht, handelt es sich um eine Konstante, die während der Programmabwicklung nicht mehr geändert werden kann.

Steht der Operand im Registerspeicher des Prozessors, dann kann er mittels *Registeradressierung oder registerdirekter Adressierung*, das heißt durch die Angabe der Nummer des Registers, in welchem er steht, referenziert werden.

Wenn der Operand im Hauptspeicher des Prozessors lokalisiert ist, dann kann er mittels *registerindirekter Adressierung* referenziert werden. Das bedeutet die effektive Adresse des Operanden (die Hauptspeicheradresse) steht in einem Prozessorregister mit der Nummer k. Im Befehl wird der Operand dann durch Angabe von k indirekt adressiert.

Bei manchen Befehlen, typischerweise bei Transportbefehlen, ist es auch möglich, den Operanden im Hauptspeicher *direkt* zu adressieren. Dabei steht die effektive Adresse, also die Hauptspeicheradresse, direkt im Befehl – was üblicherweise zu längeren Befehlen führt.

Bei der *indirekten Adressierung* eines Operanden im Hauptspeicher steht seine effektive Adresse in einer Hauptspeicherzelle m. Im Befehl steht dann die Adresse dieser Speicherzelle m.

Bei der *programmzählerrelativen Adressierung* werden die Adressen der Operanden relativ zum Programmzählerstand berechnet. Das hat den Vorteil, dass im Programm keine absoluten Adressen, sondern nur Relativdistanzen auftreten. Dadurch wird ein Programm im Arbeitsspeicher ohne weiteres verschiebbar. Die Startadresse des Programms kann also variiert werden, ohne dass Adressumrechnungen nötig sind. Die effektive Adresse des Operanden ergibt sich bei der programmzählerrelativen Adressierung also aus dem Inhalt des Programmzählers und der Addition einer Adressdistanz, die im Adressteil des Befehls angegeben ist.

Sehr ähnlich dazu ist die *indizierte Adressierung*, anstelle des Programmzählers wird ein sogenanntes Indexregister verwendet. Das bedeutet die effektive Adresse des Operanden ergibt sich aus der Addition des Indexregisterinhalts mit der Adressdistanz, welche im Befehl direkt angegeben ist.

21.5.1.3 Befehlssatz

Zu Beginn des Abschn. 21.5.1 wurden bereits die typischen Befehlsklassen eines Universalprozessors eingeführt. Für jeden Prozessor gibt es einen Befehlssatz, der die Menge der ausführbaren Maschinenbefehle in mnemotechnischer Kodierung festlegt. Am Beispiel eines hier zu entwerfenden Experimentalprozessors soll nun exemplarisch ein solcher Befehlssatz eingeführt werden. Befehlssätze realer Prozessoren sind normalerweise etwas umfangreicher, unterstützen weitere oder andere Befehlsformate (beispielsweise Ein-, Zwei- sowie Dreiadressbefehle) und pro Befehl möglicherweise mehrere Adressierungsarten.

Der Experimentalprozessor soll ein 16 Bit-Prozessor sein. Sein Hauptspeicher für Daten und Befehle soll wortorientiert (ein Wort sind zwei Byte also 16 Bit) organisiert sein. Dem Programmierer stehen 2^{16} adressierbare Speicherzellen à 16 Bit zur Verfügung.

Der Experimentalprozessor bietet außerdem einen schnellen auf dem Prozessor lokalisierten *Registerspeicher (register file)* von 8 Arbeitsregistern à 16 Bit sowie einen 16 Bit *Befehlszähler (program counter, PC)*, der immer den als nächstes abzuarbeitenden Maschinenbefehl während der Programmabwicklung referenziert. Um diese verschiedenen Speicherzellen zu lesen oder zu manipulieren bietet der Experimentalprozessor Maschinenbefehle, die den in Abb. 47 dargestellten drei Befehlsformaten entsprechen.

Abb. 47 Befehlsformate
des Experimentalprozessors

15	9 8	6 5	3 2	0
Opcode	Zielregister (DR)	Quellregister A (SA)	Quellregister B (SB)	

a) Register

Opcode	Zielregister (DR)	Quellregister A (SA)	Operand (OP)

b) Immediate

Opcode	Adressteil (AD) links	Quellregister A (SA)	Adressteil (AD) rechts

c) Sprünge

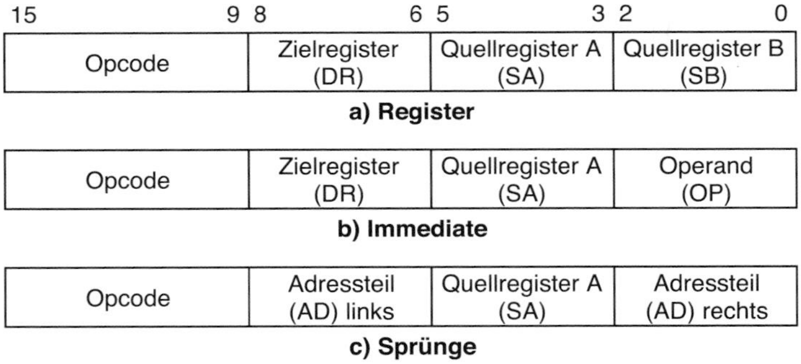

Jeder Maschinenbefehl ist ein Dreiadressbefehl und durch ein 16 Bit langes Wort charakterisiert. Alle drei Befehlsformate beinhalten einen 7 Bit langen Opcode, welcher den Operator bestimmt; sie unterscheiden sich lediglich hinsichtlich der Adressierungsarten ihrer Operanden. Im ersten Fall werden alle (bis zu drei) Operanden durch Registerinhalte referenziert. Durch den Opcode wird bestimmt, ob es sich dabei um direkte oder indirekte Registeradressierung der Operanden handelt. Im zweiten Fall werden nur zwei der Operanden (Quelle A und Ziel) durch Registerinhalte referenziert. Der dritte Operand wird immediate adressiert, das heißt er ist direkt im Befehlswort in den Bits 0 bis 2 codiert. Das dritte Befehlsformat charakterisiert die Sprungbefehle Jump (unbedingter Sprung) und Branch (bedingter Sprung). Im Gegensatz zu den anderen Befehlen verändern die Sprungbefehle keine Inhalte der Arbeitsregister oder des Hauptspeichers, sondern beeinflussen die Maschinenprogrammausführungsreihenfolge, indem sie den Inhalt des Befehlszählers PC manipulieren. Ein Branch-Befehl besteht aus seinem Opcode, einem Adressfeld für die Quelladresse – dort wird per Registerinhalt der Vergleichsoperand referenziert – und zwei Adressfeldern (Left, Right), die zusammengenommen einen Offset für den PC bilden, um bei gültiger Bedingung den Programmsprung durch Veränderung des Befehlszählers – mittels programmzählerrelativer Adressierung – zu bewerkstelligen.

Tab. 19 zeigt den vollständigen Befehlssatz des Experimentalprozessors.

In der Spalte ‚Beschreibung' wird in sogenannter Register-Transfer-Sprache beschrieben, was die Abwicklung jedes einzelnen Befehls bewirken soll. Dabei symbolisiert ← eine Speicherkopieroperation von rechts nach links. R[x] referenziert das Register mit der Nummer x und M[x] die Hauptspeicherzelle der Nummer oder Adresse x. ‚zf' steht für ‚zero fill', das bedeutet der Operand OP wird von links mit so viel Nullen aufgefüllt bis er eine Größe von 16 Bit erreicht. Ähnlich funktioniert ‚se' was für ‚signed extension' steht. Um das Vorzeichen der 6 Bit Adressdistanz AD zu bewahren (innerhalb des Maschinenprogramms muss vor- sowie zurückgesprungen werden können) entspricht nur bei einem positivem Wert in AD die ‚se' Operation einer ‚zero fill' Operation; bei negativem AD Wert werden stattdessen Einsen von links eingeschoben bis die 16 Bit Wortlänge erreicht ist. Die übrigen Symbole der sogenannten Register-Transfer-Sprache sollten selbsterklärend sein.

Zum Verständnis der Spalte ‚Bedingungsbits' muss zunächst noch das Konzept der Verzweigungstechnik für den universellen Maschinenprogrammabwickler erläutert werden. Da ein Universalprozessor zur Abwicklung beliebiger Programme geeignet sein soll, können bezüglich einer Verzweigungsinformationen, wie beispielsweise „Wenn A = B, dann springe nach Adresse 1000", nicht direkt die im Programm interessierenden Sachverhalte erfasst sein. Es können lediglich im sogenannte *Bedingungscode (condition code)* einige Binärstellen des Prozessorzustands erfasst sein, wohinein man die eigentlich interessierende Binärinformation transformieren kann. Der Bedingungscode wird in einem speziellen Prozessorregister, dem *Statusregister SR*, gespei-

Tab. 19 Befehlssatz des Experimentalprozessors

Befehl	Opcode	Mnemonic	Format	Beschreibung PC++ steht für PC←PC+1	Status
Move A	0000000	MOVA	RD,RA	R[DR]←R[SA] $^{PC++}$	N,Z
Increment	0000001	INC	RD,RA	R[DR]←R[SA]+1 $^{PC++}$	N,Z
Add	0000010	ADD	RD,RA,RB	R[DR]←R[SA]+R[SB] $^{PC++}$	N,Z
Subtract	0000101	SUB	RD,RA,RB	R[DR]←R[SA]-R[SB] $^{PC++}$	N,Z
Decrement	0000110	DEC	RD,RA	R[DR]←R[SA]-1 $^{PC++}$	N,Z
AND	0001000	AND	RD,RA,RB	R[DR]←R[SA]∧R[SB] $^{PC++}$	N,Z
OR	0001001	OR	RD,RA,RB	R[DR]←R[SA]∨R[SB] $^{PC++}$	N,Z
exclusive OR	0001010	XOR	RD,RA,RB	R[DR]←R[SA]⊕R[SB] $^{PC++}$	N,Z
NOT	0001011	NOT	RD,RA	R[DR]←¬R[SA] $^{PC++}$	N,Z
Move B	0001100	MOVB	RD,RB	R[DR]←R[SB] $^{PC++}$	
Load Immediate	1001100	LDI	RD,OP	R[DR]←zf OP $^{PC++}$	
Add Immediate	1000010	ADI	RD,RA,OP	R[DR]←R[SA]+zf OP $^{PC++}$	N,Z
Load	0010000	LD	RD,RA	R[DR]←M[SA] $^{PC++}$	
Store	0100000	ST	RA,RB	M[SA]←R[SB] $^{PC++}$	
Branch on Zero	1100000	BRZ	RA,AD	if(R[SA] = 0) PC←PC+se AD, if(R[SA] ≠ 0) PC←PC+1	N,Z
Branch on Negative	1100001	BRN	RA,AD	if(R[SA] < 0) PC←PC+se AD, if(R[SA] ≥ 0) PC←PC+1	N,Z
Jump	1110000	JMP	RA	PC←R[SA]	
Load Register indirect	0010001	LRI	RD,RA	R[DR]←M[M[R[SA]]] $^{PC++}$	

chert; der Bedingungscode spezifiziert aus theoretischer Sicht die kleine endliche Zahl der Einblicke des Steuerwerks in den potenziell unendlich großen Operationszustand. Die sogenannten *Bedingungsbits (condition bits)* N, Z, V und C werden durch fast alle Datenmanipulationsbefehle beeinflusst und insbesondere durch Programmsteuerbefehle ausgewertet. Das *Nullbit oder Zerobit Z* wird auf 1 gesetzt, wenn das Ergebnis einer Operation Null ist. Das *Übertragsbit oder Carrybit C* wird auf 1 gesetzt, wenn bei arithmetischen Operationen ein Übertrag auftritt, beispielsweise wenn bei 16 Bit Wortverarbeitung ein Übertrag in die 17. Binärstelle geschieht. Das *Negativbit N* wird auf 1 gesetzt, wenn das Ergebnis einer Operation eine negative Zahl im Zweierkomplement darstellt, also das höchstwertige Bit (MSB) 1 ist. Das *Überlaufbit oder Overflowbit V* wird auf 1 gesetzt, wenn bei einer arithmetischen Operation eine Zahlenbereichsüberschreitung (im Zweierkomplement) stattfindet.
Der Befehlssatz des Experimentalprozessors besteht aus den für Universalprozessoren üblichen Befehlsklassen:

Es gibt *Datentransportbefehle*, die zum allgemeinen Datentransport zwischen einer Quelle und einem Ziel dienen. Dabei können Quelle als auch Ziel sowohl im Registerspeicher als auch im Arbeitsspeicher liegen. Die allgemeine Befehlsform lautet: TRANSPORTIERE ZIEL, QUELLE; vgl. die Befehle Move, Load und Store.
Die größte Befehlsklasse sind die *Datenmanipulationsbefehle*. Sie umfassen die arithmetischen Befehle (wie Addition, Subtraktion, Inkrement), die logischen Befehle (wie AND, OR, NOT) sowie die Schiebe- und Rotationsbefehle (SRM, SLM). Universalprozessoren bieten üblicherweise auch noch Bitmanipulationsbefehle, der Experimentalprozessor dagegen nicht; Befehle zur Bitmanipulation bieten die Möglichkeit auf einzelne Bits zuzugreifen, sie zu setzen oder zu löschen.
Eine weitere notwendige Befehlsklasse sind die *Programmsteuerbefehle*. Sie dienen dazu entweder unbedingt ‚Jump‘ oder aufgrund des Ergebnisses einer zu prüfenden Bedingung ‚Branch‘ im Programmfluss zu verzweigen. Die Sprungbedingung wird immer anhand der Bedingungsbits ausgewertet. Ist die Bedingung erfüllt wird der Befehlszähler auf den im Operanden

definierten Wert gesetzt, andernfalls wird der Befehlszähler wie bei jeder anderen Instruktion implizit auf den nächsten in der Maschinenbefehlsliste abzuwickelnden Befehl gesetzt, das heißt PC := PC + 1.

Mit dem Experimentalprozessor behandeln wir nicht die für Universalprozessoren typischen Befehle zur *Realisierung von Unterprogrammsprüngen* – Branch Subroutine BSR oder Jump Subroutine JSR – bei denen man temporär aus dem aktuell abwickelten (Teil-)Programm auf die Ausführung eines anderen (Teil-)Programms verzweigt. Unterprogrammsprünge funktionieren ähnlich wie die Behandlung von Ausnahmen – die sogenannten Interrupts – auf welche wir später in Abschn. 21.5.2.3 zurückkommen.

21.5.2 Prozessorstruktur im Steuerkreis

In Abschn. 21.5.1 wurde mit der dort vorgestellten Befehlsarchitektur (ISA) eine Spezifikation aus Sicht des Maschinenprogrammierers für den

im Folgenden beschriebenen Experimentalprozessorentwurf geliefert. Die spezifizierte Befehlsarchitektur wird durch eine Steuerkreisimplementierung realisiert, das bedeutet der Experimentalprozessor besteht aus einem Operationswerk (data path) und einem Steuerwerk (control). Abb. 48 stellt auf rein informationeller Ebene das Computersystem, bestehend aus dem Prozessor als Steuerkreis sowie seiner Umgebung, dar.

Eckige Knoten repräsentieren aktive, das heißt informationsverarbeitende, Komponenten und abgerundete Knoten passive Komponenten, das sind Informationsspeicher (groß und oval dargestellt) oder Kommunikationskanäle (klein und kreisrund dargestellt).

Der Mikroprozessor als Steuerkreisrealisierung kommuniziert mit seiner Umgebung über einen Bus. Seine Umgebung ist dabei hauptsächlich durch den Arbeitsspeicher, der das Maschinenprogramm sowie die zu verarbeitenden Daten hält, gekennzeichnet sowie die Peripherie, das sind beispielsweise Drucker, Monitor, Tastatur, Maus, die mittels ihrer über den Bus zugreifbaren

Abb. 48 Informationelle Struktur des Computersystems/Digitalrechners

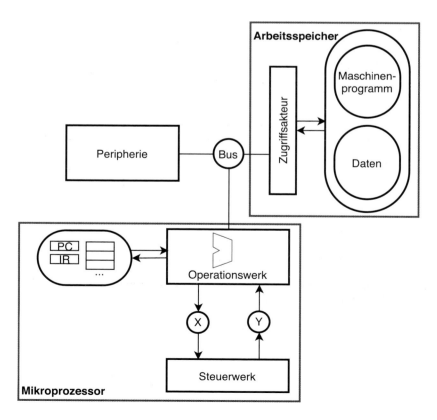

Geräteregister steuerbar sind. Es ist angedeutet, dass der Operationswerksspeicher des Experimentalprozessors durch Register (PC, IR und Arbeitsregister) realisiert ist und die Informationsverarbeitung im Operationswerk im Wesentlichen durch eine sogenannte *ALU (arithmetic logic unit)* passiert. Abb. 49 zeigt zunächst grob eine Implementierungsidee der informationellen Struktur aus Abb. 48.

Das Operationswerk des Experimentalprozessors machen im Wesentlichen die folgenden drei Dinge aus: Erstens eine Menge an Registern, zweitens die möglichen Operationen auf den Registerinhalten und drittens seine Schnittstelle zum Steuerwerk (control interface), also die X- und Y-Signale. Das Steuerwerk realisiert den Befehls-

zyklus, das heißt es steuert die schrittweise Maschinenbefehlsabarbeitung – durch das Anstoßen der auszuführenden Operationen oder das Ansteuern von anderen über den Bus angeschlossenen Komponenten (wie beispielsweise dem Arbeitsspeicher) – mittels der Y-Signale. Der Steuerablauf wird durch den Operationszustand beeinflusst, das bedeutet durch bestimmte Registerinhalte des Operationswerks; oder anders ausgedrückt: der Steuerablauf wird unter anderem durch Ergebnisse vorher ausgeführter Operationen geleitet. Komplexere Prozessoren sind typischerweise aus mehreren kommunizierenden Steuerkreisen aufgebaut.

Abb. 50 stellt die Schaltungsstruktur des Experimentalprozessors in detaillierter Form als Blockschaltbild dar. Der Fokus liegt hierbei auf

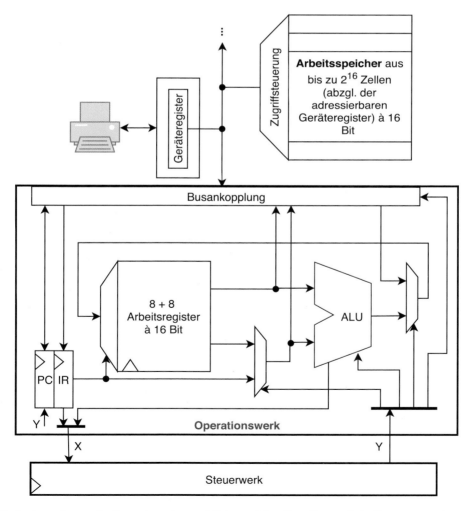

Abb. 49 Implementierung des Computersystems mit Fokus auf dem Operationswerk des Prozessors

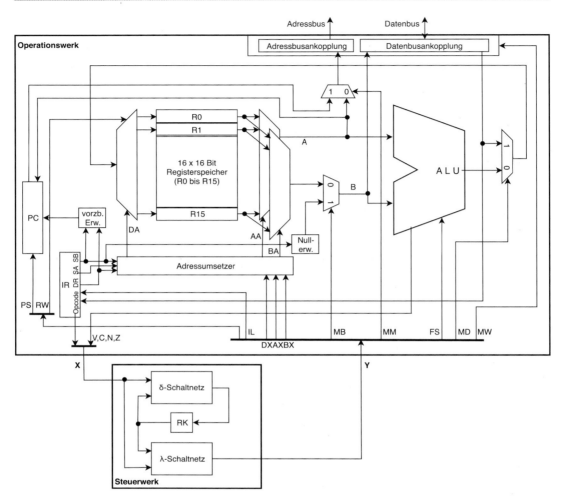

Abb. 50 Schaltungsstruktur des Experimentalprozessors im Steuerkreis

dem generischen Operationswerk. Das bedeutet ein solches Operationswerk kann (in leicht modifizierter Form) für verschiedene Prozessorentwürfe verwendet werden; das bedeutet mit diesem Operationswerk können unterschiedliche Befehlsarchitekturen realisiert werden, einfach durch die Kombination mit verschiedenen Steuerwerken.

21.5.2.1 Das Operationswerk

Nach außen hin ist der Mikroprozessor mit den restlichen Komponenten des Rechnersystems über den Bus verbunden. Der Bus, als systematische Verbindungsstruktur der Rechnerkomponenten, lässt sich grundsätzliche in drei funktionelle Teile gliedern: den *Datenbus*, über den Datenver-

kehr abgewickelt wird und über den Befehle in den Prozessor gelangen, den *Adressbus*, der zur Adressierung von Speicherzellen benötigt wird und den *Steuerbus*, der zur Koordination von Zugriffen verschiedener Busteilnehmer nötig ist. Normalerweise gibt es noch eine als Bussteuerlogik bezeichnete Einheit, die für die korrekte Abwicklung von Bustransfers zuständig ist. Dazu müssen sogenannte Busprotokolle zwischen den Kommunikationspartnern abwickelt werden. Bei dem Experimentalprozessor wird vereinfachend davon ausgegangen, dass für Arbeitsspeicherzugriffe für die Dauer einer Taktperiode Daten oder Adressen auf den Bus gelegt werden können und sie in dieser Zeiteinheit auch sicher (also keine

Quittierung erforderlich) vom anderen Kommunikationspartner gelesen werden können. Die einzige Notwendigkeit zur Realisierung einer kurzschlussfreien Buskommunikation ist das kurzzeitige Aufschalten des Busteilnehmers auf den Bus und zwar für die Dauer eines Schreibvorgangs. Das passiert beispielsweise, wenn der Prozessor innerhalb eines Taktzyklus auf den Arbeitsspeicher schreiben will. Zur selben Zeit darf kein anderer Busteilnehmer für Schreibvorgänge aufgeschaltet sein. Mittels des Steuersignals MW (Memory Write) entscheidet das Steuerwerk, ob Bustore in der Busankopplung geschlossen (Busaufschaltung) oder geöffnet (Busabkopplung) werden müssen.

Der Experimentalprozessor verfügt über 16 *Arbeitsregister*, die jeweils 16 Bit speichern können. Die ersten acht Arbeitsregister (Adressbereich 0000 bis 0111) sind für den Maschinenprogrammierer als Operandenspeicher universell verwendbar. Sie können in verschiedenen Befehlen genutzt werden, entweder für die Speicherung eines Zieloperanden DR oder der Quelloperanden SA und SB; sie werden im abzuarbeitenden Maschinenbefehl, welcher im Befehlsregister IR steht, durch die drei 3-Bit Worte DR, SA sowie SB adressiert. Die zweiten acht Arbeitsregister (Adressbereich 1000 bis 1111) sind Hilfsregister oder Zwischenspeicher. Für die Abwicklung eines Maschinenbefehls über mehrere Taktzyklen werden während des aktuellen Taktzyklus unter Umständen Daten produziert, die in einem nächsten Zyklus wiederverwendet werden müssen; diese Daten werden temporär in den zweiten acht Arbeitsregistern, den Hilfsregistern, zwischengespeichert; sie sind dem Maschinenprogrammierer nicht zugänglich, das bedeutet sie sind auch nicht Teil des Programmiermodells, was bedeutet, dass sie nicht in der ISA des Experimentalprozessors spezifiziert sind. Hinsichtlich der zu speichernden Daten innerhalb der Arbeitsregister gibt es keine weiteren Einschränkungen. Die Inhalte können sowohl Daten für eine arithmetische oder logische Weiterverarbeitung umfassen, als auch Adressinformation, um beispielsweise Arbeitsspeicherzellen zu referenzieren.

Die *arithmetisch logische Einheit*, abgekürzt *ALU*, ist der Operationswerksblock, der für die Rechenfunktion zuständig ist. Sie ist als komplexes Schaltnetz realisiert und stellt folgende Verarbeitungsfunktionen bereit.

- Arithmetische Funktionen: Addition, Subtraktion und Vergleichsoperationen
- Logische Operationen: Komplementieren und zweistellige logische Verknüpfungen (AND, OR, XOR).
- Bit-Schiebeoperationen: rechts, links oder im Ring

Die Verarbeitungsvorgänge der ALU beeinflussen die Statusbits V (Überlauf), C (Übertrag), N (Negativergebnis) und Z (Nullergebnis). Diese Information wird oft im Statusregister eines Mikroprozessors gespeichert. Das *Statusregister* hält ein Extrakt des aktuellen Prozessorzustands, den *Status*, um auf dessen Grundlage Steuerungsentscheidungen zu treffen. Auch die momentane Betriebsart, also ob der Prozessor sich in einer Ausnahmebehandlung oder in einer normalen Befehlsabarbeitung befindet, wird für gewöhnlich im Statusregister gespeichert. Der Experimentalprozessor besitzt kein Statusregister; die Statusinformation über die letzte Berechnung wird hier direkt ins Steuerwerk geleitet, mittels der Signalleitungen V, C, N und Z.

Der *Befehlszähler PC* (program counter) enthält die Adresse des als nächstes zu holenden Maschinenbefehls. Im Normalfall (also keine Sprunganweisung) wird der Befehlszähler nach jedem Befehlswortzugriff um 1 erhöht. Der Inhalt des PC kann auch durch Sprungbefehle geändert werden. Der Befehlszähler ist ein 16-Bit Register, dessen Inhalt zum Holen des nächsten Befehls aus dem Arbeitsspeicher auf den Adressbus ausgegeben wird.

Das *Befehlsregister IR* (instruction register) des Experimentalprozessors enthält den 7-Bit Operationscode, abgekürzt *Opcode*, des aus dem Speicher abgerufenen Maschinenbefehls, der gerade bearbeitet wird. Der aktuell in Abwicklung befindliche Befehlscode muss solange zwischengespeichert werden (unter Umständen über mehrere Taktzyklen), bis er dekodiert und vollständig ausgeführt ist. Der Inhalt des Befehlsregisters ist beim Experimentalprozessor wie in Abb. 51 organisiert.

Die drei 3-Bit Worte DR, SA und SB adressieren den Zieloperand, den ersten Quelloperand A und den zweiten Quelloperand B, innerhalb der acht für den Maschinenprogrammierer zugreifbaren Arbeitsregister. Der Opcode wird direkt vom Steuerwerk ausgewertet und bildet zusammen mit den Statusbits V, C, N und Z den X-Vektor, das ist die kommunizierte Information vom Operationszum Steuerwerk.

Eine weitere für das Operationswerk charakteristische Komponente ist die Operationsanweisung – control word – welche die Steuerinformation, kodiert im Y-Vektor, hält. Die Struktur der Operationsanweisung definiert, welche Möglichkeiten der Beeinflussung ein Steuerwerk innerhalb eines Taktzyklus für das vorgestellte Operationswerk hat. Die Operationsanweisung des Experimentalprozessors ist wie in Abb. 52 dargestellt strukturiert.

Mittels DX, AX und BX können über das Adressumsetzer-Schaltwerk die Arbeitsregister für den Zieloperand, den Quelloperand A und den Quelloperand B der auszuführenden ALU-Operation adressiert werden. Es können insbesondere die für den Maschinenprogrammierer nicht zugreifbaren Hilfsregister an den Adressen 1– adressiert werden. Startet hingegen eines der Steuerwörter DX, AX oder BX mit einer 0, dann wird der betreffende Operand über die entsprechende 3-Bit Adressinformation aus dem Befehlswort im IR adressiert. Das bedeutet wenn beispielsweise DX = 1111 ist, dann ordnet das Adressumsetzer-Schaltnetz DA := DX zu. Ist jedoch DX = 0111, dann ordnet der Adressumsetzer DA den Wert von DR zu, (und um die vier nötigen Bits zu liefern) ergänzt um eine führende 0, das heißt DA := 0$\|$DR ($\|$ bedeutet hier Konkatenation).

Mittels des 4-Bit Vektors FS wird die, auf den Quelloperanden A und B, auszuführende Operation in der ALU ausgewählt. Ob dabei der Quelloperand B aus einem der Arbeitsregister oder als Konstante aus dem Befehlswort verwendet wird, kann über MB entschieden werden. Falls die 3-Bit Konstante SB aus dem Befehlswort als Quelloperand B verwendet werden soll, dann wird diese durch das Schaltnetz „Nullerw." (zero fill – ‚zf') um 13 führende Nullen erweitert, um die nötigen 16 Bit als ALU Eingangsgröße bereitzustellen. Die ALU führt dabei für jede ausgeführte Operation den Status an das Steuerwerk. Über MD wird gesteuert, ob entweder die Ausgabe der ALU (MD = 0) oder das aktuelle Datum auf dem Datenbus (das ist zum Beispiel der Inhalt einer über den Adressbus adressierten Arbeitsspeicherzelle) als Zieloperand im Registerspeicher abgelegt werden soll. Mit RW wird gesteuert, ob überhaupt ein Schreibvorgang auf die Arbeitsregister erfolgen soll (MD = 1) oder nicht (MD = 0). Mit MW (memory write) wird gesteuert, ob eine per Adressbus adressierte Arbeitsspeicherzelle geschrieben werden soll (MW = 1 – Quelloperand B auf den Datenbus aufgeschaltet) oder nicht (MW = 0 – Quelloperand B vom Datenbus abgekoppelt).

Soll das Operationswerk einen Maschinenbefehl vom Arbeitsspeicher über den Bus holen, dann ist der Inhalt des PC auf den Adressbus zu legen. Sollen hingegen „normale" Daten aus dem Arbeitsspeicher geholt werden, dann gilt Operand A als die Adressbusquelle. Die Auswahl dieser beiden Arbeitsspeicherleseszenarien passiert über das Signal MM, mit MM = 1: Befehlswort holen oder MM = 0: normales Datum holen.

Der Befehlszähler PC muss nach dem Holen des nächsten Befehls um eins erhöht werden, so dass er auf das (wahrscheinlich) als nächstes zu holende Befehlswort zeigt. Bei einem Sprungbefehl wird in den PC direkt ein Wert geladen, der die Adresse des als nächstes auszuführenden Befehls angibt: für absolute Sprünge ist dieser

15		9	8	6	5	3	2	0
	Opcode			DR		SA		SB

Abb. 51 Struktur des Befehlsregisterinhalts

Abb. 52 Struktur der Operationsanweisung/ „control word"

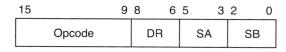

23	22	21	20	17	16	13	12	9	8	7		4	3	2	1	0
PS		IL	DX		AX		BX		MB		FS		MD	RW	MM	MW

Wert der Operand A, für relative Sprünge wird auf den aktuellen PC-Wert eine Adressdistanz addiert. Diese Adressdistanz setzt sich aus DR‖SB und einer vorzeichenbehafteten Erweiterung („vorzb. Erw." oder „se" – signed extension) zusammen, das bedeutet DR konkateniert mit SB bilden einen 6-Bit Vektor, an welchen unter Erhaltung des Vorzeichens entweder 10 führende Nullen oder 10 führende Einsen angehängt werden. Nullen werden an eine positive Zweierkomplementzahl DR‖SB gehängt (das bedeutet das höchstwertige Bit Nummer 5 ist 0) und Einsen an eine negative (das bedeutet das höchstwertige Bit Nummer 5 ist 1). Das ermöglicht den Vorzeichenerhalt der Adressdistanz wodurch im ausgeführten Maschinenprogramm relativ zum PC sowohl vor (das bedeutet Addition einer positiven Adressdistanz) als auch zurück (das bedeutet Addition einer negativen Adressdistanz) gesprungen werden kann. Während der restlichen Taktzyklen muss der Wert des PC gehalten werden. Die Steuerung dieser möglichen Operationen auf dem Befehlszähler passiert über den 2-Bit Vektor PS.

Auch das Befehlsregister IR muss nur am Beginn eines Befehlszyklus mit einem Arbeitsspeicherwert geladen werden und für die restlichen Taktzyklen soll sein Inhalt nicht verändert werden. Mittels des Steuersignals IL kann dieses Verhalten gesteuert werden.

Tab. 20, 21, 22 und 23 definieren die Kodierung der einzelnen Felder einer Operationsanweisung. Die linken Spalten zeigen jeweils die Bedeutungen und die jeweils rechte Spalte die zugehörige Kodierung.

21.5.2.2 Das Steuerwerk

Eine Aufgabe des Steuerwerks ist die Steuerung des in Abschn. 21.5.2.1 vorgestellten Operationswerks zur Realisierung einer vollständigen Maschinenprogrammabwicklung – vom ersten bis zum letzten Maschinenbefehl – durch iterative Anwendung des sogenannten Basiszyklus oder Befehlszyklus einer Maschinenbefehlsabwicklung: Fetch → Decode → Execute. Dabei steht *Fetch* für das Holen des nächsten Maschinenbefehls aus dem Arbeitsspeicher (Adresse im Befehlszähler PC) und das Ablegen im Befehlsregister IR. *Decode* bezeichnet den Schritt der Analyse

Tab. 20 Operationsanweisungskodierung der Felder DX, AX und BX

DX/AX/BX	Kodierung
R[DR]/R[SA]/R[SB]	0∗∗∗
R8	1000
R9	1001
R10	1010
R11	1011
R12	1100
R13	1101
R14	1110
R15	1111

Tab. 21 Operationsanweisungskodierung des Feldes FS

FS	Kodierung
$F = A$	0000
$F = A + 1$	0001
$F = A + B$	0010
nicht definiert	0011
nicht definiert	0100
$F = A + (\neg B) + 1$	0101
$F = A - 1$	0110
nicht definiert	0111
$F = A \wedge B$	1000
$F = A \vee B$	1001
$F = A \oplus B$	1010
$F = \neg A$	1011
$F = B$	1100
$F = sr\ B$	1101
$F = sl\ B$	1110
nicht definiert	1111

des geholten Maschinenbefehls sowie das Laden der benötigten Daten – was auch als *Operand Fetch* bezeichnet wird. Der Schritt *Execute* bezeichnet die eigentliche Ausführung des Maschinenbefehls sowie das Abspeichern der Ergebnisse – auch als *Write Back* bezeichnet. Danach beginnt dieser Zyklus von vorn mit dem nächsten Maschinenbefehl (an der Adresse im PC) und zwar bis zum letzten Befehl des Maschinenprogramms. (Der letzte Befehl ist in der Praxis oft eine sogenannte HALT-Anweisung, welche die Ausführung dieses Basiszyklus stoppt.)

Gemäß Abb. 50 wird das Steuerwerk des Experimentalprozessors als Mealy-Schaltwerk realisiert. Der Mealy-Automatengraph in Abb. 53 spezifiziert formal das gewünschte Verhalten, also die

Tab. 22 Operationsanweisungskodierung der Felder MB, MD, RW, MM, MW und IL

MB	MD	RW	MM	MW	IL	Kodierung
Register	ALU	nicht ändern	Daten-adresse	nicht ändern	nicht ändern	0
Konstante	Dateneingang	Register schreiben	Befehls-zähler	auf den Bus schreiben	IR laden	1

Tab. 23 Operationsanweisungskodierung des Feldes PS

PS	Kodierung
PC nicht ändern	00
PC←PC+1	01
relativer Sprung	10
absoluter Sprung	11

Möglichkeit der Abwicklung von Programmen bestehend aus den oben in Tab. 19 vorgestellten Maschinenbefehlen.

Tab. 24 stellt die Mealy-Steuerwerksspezifikation mit kodierter Eingabe X und Ausgabe Y dar.

Auf Basis dieser Spezifikation und einer noch zu wählenden beliebigen Zustandskodierung für IF, DEX0 und DEX1 kann das Steuerwerk nun gemäß des im Abschn. 21.3.4 vorgestellten Logiksyntheseverfahrens als getaktetes Schaltwerk realisiert werden. Für mehr Flexibilität kann auch eine mikroprogrammierte Lösung – wie im Abschn. 21.4.3 aufgezeigt – umgesetzt werden.

In diesem Beispiel benötigt die Abwicklung eines Befehls meistens zwei Taktzyklen (Befehl holen und Befehl ausführen), mit Ausnahme des LRI Befehls, der erst nach drei Takten abgewickelt ist. Typischerweise bieten Universalprozessoren auch Befehle an, deren Ausführungsdauer datenabhängig ist, das bedeutet diese brauchen oft noch mehr als drei Taktzyklen. In Mano et al. 2016 ist beschrieben, wie der vorgestellte Experimentalprozessor um die beiden Befehle SRM (shift right multiple) und SLM (shift left multiple) erweitert wird. Die Abwicklungsdauer beider Befehle ist datenabhängig. Es wird der Wert von R[SA] um so viele Stellen nach rechts (SRM) oder links (SLM) geschoben, wie es im immediaten Operanden OP angegeben ist. Das Verschieben um eine Stelle geschieht dabei innerhalb eines Taktzyklus. Der oben gezeigte Steuerwerksautomat würde um drei Zustände EX2, EX3 und EX4 erweitert werden.

21.5.2.3 Behandlung von Interrupts

In den Anfängen der Datenverarbeitung wurden Abwickler gebaut, die genau ein Programm abwickeln konnten und dann anhielten. Eine Erweiterung stellte der sogenannte Batchbetrieb dar, bei dem die einzelnen zu bearbeitenden Programme in einer Eingabewarteschlange angeordnet und der Reihe nach abgewickelt wurden. Jedes Programm verfügte dabei über alle Betriebsmittel (Geräte, Speicher) der Rechenanlage. Erst wenn ein Programm vollständig abgearbeitet war, begann die Ausführung des nächsten Programms. Solche Abwickler wurden insbesondere durch Ein-/Ausgabeprogramme kaum ausgelastet, denn solche Programme sind sehr zeitintensiv, da etwa die Ausgabe eines Zeichens auf dem Drucker eine Zeitspanne beansprucht, währenddessen der Abwickler leicht 1000 Maschinenbefehle abwickeln könnte. Man überlegte deshalb, wie man diese ungenutzte Rechenzeit während des Wartens auf die Beendigung einer Ein-/Ausgabetätigkeit nutzen könnte. Dies führte zum *Unterbrechungs- oder Interruptprinzip*. Nach dem Anstoßen einer Ein-/Ausgabeoperation wickelt der Prozessor ein anderes Programm weiter ab. Die Beendigung der Ein-/Ausgabetätigkeit wird dem Prozessor durch ein Unterbrechungssignal, als sogenannter *Interrupt*, von der Peripherie gemeldet. Er unterbricht dann die momentane Abwicklung und verzweigt in ein der Unterbrechungsquelle zugeordnetes Programm. Eine Unterbrechungsanforderung bewirkt also – sofern ihr vom Prozessor stattgegeben wird – eine Unterbrechung der laufenden Programmabwicklung. Man realisiert dazu eine Abwicklerverwaltung, welche den Abwickler zwischen verschiedenen Programmen umschaltet. Diese Abwicklerverwaltung – der sogenannte *Hardware-Dispatcher* – findet sich heute in jedem Mikroprozessor.

Zur Realisierung einer solchen Abwicklerumschaltung seien im Folgenden die notwendigen

Abb. 53 Mealy-Steuerautomat für das Experimentalprozessor-Steuerwerk aus Abb. 50

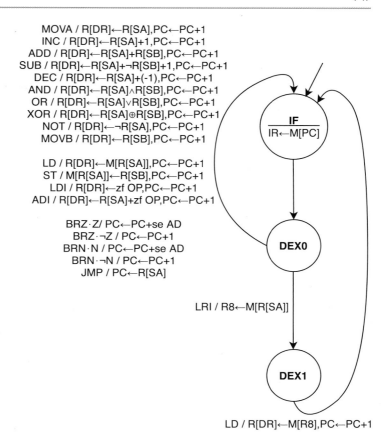

MOVA / R[DR]←R[SA],PC←PC+1
INC / R[DR]←R[SA]+1,PC←PC+1
ADD / R[DR]←R[SA]+R[SB],PC←PC+1
SUB / R[DR]←R[SA]+¬R[SB]+1,PC←PC+1
DEC / R[DR]←R[SA]+(-1),PC←PC+1
AND / R[DR]←R[SA]∧R[SB],PC←PC+1
OR / R[DR]←R[SA]∨R[SB],PC←PC+1
XOR / R[DR]←R[SA]⊕R[SB],PC←PC+1
NOT / R[DR]←¬R[SA],PC←PC+1
MOVB / R[DR]←R[SB],PC←PC+1

LD / R[DR]←M[R[SA]],PC←PC+1
ST / M[R[SA]]←R[SB],PC←PC+1
LDI / R[DR]←zf OP,PC←PC+1
ADI / R[DR]←R[SA]+zf OP,PC←PC+1

BRZ·Z/ PC←PC+se AD
BRZ·¬Z / PC←PC+1
BRN·N / PC←PC+se AD
BRN·¬N / PC←PC+1
JMP / PC←R[SA]

LRI / R8←M[R[SA]]

LD / R[DR]←M[R8],PC←PC+1

Erweiterungen unseres Experimentalprozessors skizziert.

Unterbrechungsanforderungen können auf einer oder mehreren Leitungen angezeigt werden. Gibt es mehr Interruptquellen als Leitungen, dann können sich mehrere Quellen eine Leitung teilen, das bedeutet ihre Unterbrechungsanforderungen werden auf der Interruptleitung ver-ORt. Eine Unterbrechungsanforderung passiert völlig nebenläufig zur Programmabwicklung, das heißt sie kann zu jeder Zeit während der Maschinenprogrammausführung auftreten. Um stets konsistente Abwicklungszustände der in Ausführung befindlichen Programme zu gewährleisten, kann eine Unterbrechungsanforderung nur dann akzeptiert und bearbeitet werden, wenn erstens der Prozessorstatus grundsätzlich die Bereitschaft für Unterbrechungen anzeigt und zweitens ein Basiszyklus zur Befehlsabwicklung gerade beendet ist und

der Basiszyklus für den nächsten Maschinenprogrammbefehl noch nicht begonnen hat. Abb. 54 skizziert mögliche Erweiterungen des Experimentalprozessors und seiner Umgebung zur Realisierung eines Hardware-Dispatch um Interrupts zu behandeln.

Vier externe Interruptquellen werden ver-ORt auf eine Interruptleitung.

Es wird weiterhin angenommen, dass die Statusbits V, C, N und Z nun in einem Statusregister SR im Operationswerk gehalten werden; auch das *EI-Bit (enable interrupt)* soll Teil des Statusregisters sein und anzeigen, ob Unterbrechungen der aktuellen Programmabwicklung erlaubt (EI = 1) oder unerlaubt (EI = 0) sind. Mit zwei neuen Maschinenbefehlen ENI (enable interrupt) und DSI (disable interrupt) soll das Statusbit EI gesetzt bzw. zurückgesetzt werden. Wenn eine Unterbrechungsanforderung einer Quelle vorliegt (das

Tab. 24 Mealy-Steuerautomat gemäß Abb. 53 mit kodierter Ein- und Ausgabe

Zustand	Eingabe X Opcode + VCNZ	Folge- zustand	Ausgabe Y IL PS DX AX BX MB FS MD RW MM MW	Kommentar Operation, Prog.- Fluss
IF	——————	DEX0	1 00 **** **** **** * **** * 0 1 0	*, IR ← M[PC]
DEX0	0000000 ——	IF	0 01 0*** 0*** **** * 0000 0 1 * 0	MOVA, PC← PC+1
DEX0	0000001 ——	IF	0 01 0*** 0*** **** * 0001 0 1 * 0	INC , PC← PC+1
DEX0	0000010 ——	IF	0 01 0*** 0*** 0*** 0 0010 0 1 * 0	ADD, PC← PC+1
DEX0	0000101 ——	IF	0 01 0*** 0*** 0*** 0 0101 0 1 * 0	SUB, PC← PC+1
DEX0	0000110 ——	IF	0 01 0*** 0*** **** * 0110 0 1 * 0	DEC, PC← PC+1
DEX0	0001000 ——	IF	0 01 0*** 0*** 0*** 0 1000 0 1 * 0	AND, PC← PC+1
DEX0	0001001 ——	IF	0 01 0*** 0*** 0*** 0 1001 0 1 * 0	OR, PC← PC+1
DEX0	0001010 ——	IF	0 01 0*** 0*** 0*** 0 1010 0 1 * 0	XOR, PC← PC+1
DEX0	0001011 ——	IF	0 01 0*** 0*** **** * 1011 0 1 * 0	NOT, PC← PC+1
DEX0	0001100 ——	IF	0 01 0*** **** 0*** 0 1100 0 1 * 0	MOVEB, PC← PC+1
DEX0	0010000 ——	IF	0 01 0*** 0*** **** * **** 1 1 0 0	LD, PC← PC+1
DEX0	0100000 ——	IF	0 01 **** 0*** 0*** 0 **** * 0 0 1	ST, PC← PC+1
DEX0	1001100 ——	IF	0 01 0*** **** **** 1 1100 0 1 0 0	LDI, PC← PC+1
DEX0	1000010 ——	IF	0 01 0*** 0*** **** 1 0010 0 1 0 0	ADI, PC← PC+1
DEX0	1100000 —1	IF	0 10 **** 0*** **** * 0000 * 0 0 0	BRZ
DEX0	1100000 —0	IF	0 01 **** 0*** **** * 0000 * 0 0 0	BRZ, PC← PC+1
DEX0	1100001 –1-	IF	0 10 **** 0*** **** * 0000 * 0 0 0	BRN
DEX0	1100001 –0-	IF	0 01 **** 0*** **** * 0000 * 0 0 0	BRN, PC← PC+1
DEX0	1110000 ——	IF	0 11 **** 0*** **** * 0000 * 0 0 0	JMP
DEX0	0010001 ——	DEX1	0 00 1000 0*** **** * 0000 1 1 * 0	LRI
DEX1	0010001 ——	IF	0 01 0*** 1000 **** * 0000 1 1 * 0	LRI, PC← PC+1

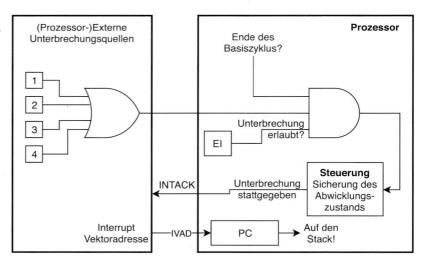

Abb. 54 Erweiterung des Experimentalprozessors zur Realisierung eines Hardware-Dispatch zur Behandlung von Interrupts

bedeutet Interruptleitung ist 1) und nur wenn gleichzeitig auch eine Programmabwicklungsunterbrechung erlaubt ist (EI = 1) und außerdem der aktuelle Maschinenbefehl vollständig abgewickelt ist, nur dann kann nach Sicherung des aktuellen Maschinenprogrammabwicklungszustands die Unterbrechungsanforderung per INTACK = 1 akzeptiert und quittiert werden. Daraufhin stellt die Interruptquelle eine für sie spezifische sogenannte *Interruptvektoradresse IVAD* dem Prozessor bereit, welche in den PC geladen wird und somit den als nächstes auszuführenden Maschinenbefehl vorgibt; das ist der erste Befehl des Maschinenprogramms zur Unterbrechungsbehandlung – dieses Maschinenprogramm wird auch *Interrupt Service Routine (ISR)* genannt. Zur Sicherung des aktuellen Maschinenprogrammabwicklungszustands muss das Steuerwerk eine Sequenz von Operationsanweisungen ausführen, die ein weiteres typisches Register in Operationswerken von Universalprozessoren nutzen: den Stackpointer. Der *Stackpointer SP* ist ein spezielles Adressregister und dient zum Adressieren eines reservierten Bereichs im Arbeitsspeicher, des sogenannten Stacks. Er wird zur Realisierung der Unterprogrammtechnik und der Unterbrechungstechnik benötigt.

Die folgende Sequenz von Operationsanweisungen wird durch eine gültige Unterbrechungsanforderung angestoßen und sichert den Abwicklungszustand des aktuellen Programms, bevor der Unterbrechungsanforderung stattgegeben wird.

1. Dekrementiere Stackpointer: SP ← SP-1
2. Speichere nächsten Befehl als Rücksprungadresse auf dem Stack: M[SP] ← PC
3. Dekrementiere Stackpointer: SP ← SP-1
4. Speichere das aktuelle Prozessorstatuswort: M[SP] ← SR
5. Deaktiviere (kurzzeitig) weitere Unterbrechungen: EI ← 0
6. Quittiere Unterbrechungsanforderung: IN-TACK ← 1
7. Kopiere Interruptvektoradresse in den Befehlszähler: PC ← IVAD
8. Führe nächsten Maschinenbefehl aus: Gehe zu „Fetch"

Der Abwicklungszustand des zu unterbrechenden Maschinenprogramms ergibt sich mindestens aus dem aktuellen Inhalt des Befehlszählers PC und dem Statusregisterinhalt SR, welche beide auf dem Stack gespeichert werden, um nach Abwicklung der ISR wieder in den PC und SR geladen werden zu können. Der Entwickler der ISR ist frei zum Beispiel zu Beginn der Routine weitere Registerinhalte zu sichern und sie am Schluss wieder zu restaurieren oder während der Abwicklung der ISR weitere Unterbrechungen durch die Anweisung ENI zuzulassen. Die ISR muss zu Beginn der Programmabwicklung in den Arbeitsspeicher an die richtige Stelle geladen werden, das bedeutet der erste Befehl muss an der Interruptvektoradresse IVAD stehen. Typischerweise liefern Firmwaresoftware sowie Betriebssysteme solche ISR-Implementierungen. Die letzte Anweisung einer ISR ist eine *IRET-Anweisung (return from interrupt)*. Sie bewirkt eine Sequenz von Operationsanweisungen, welche den alten Statusregisterinhalt sowie Befehlszählerinhalt vom Stack abholen (pop-Anweisung) und die Register SR und PC damit restaurieren. Mit dem darauf folgenden Schritt „Fetch" – nächsten Befehl holen – wird somit das durch die ISR unterbrochene Programm fortgesetzt.

21.5.3 Hochleistungsprozessoren

Leistungssteigerungen in der Prozessortechnik können im Wesentlichen durch Fortschritte bei der Chip-Technologie (technology improvement) sowie durch architektonische Verbesserungen (architectural and organizational improvements) erreicht werden.

Je nach Auslegung des Moore'schen Gesetzes (nach Gordon Moore) verdoppelt sich alle 18 bis 24 Monate die Anzahl von Schaltkreiskomponenten auf dem Chip, die Anzahl der Transistoren auf dem Chip oder die Anzahl der Transistoren pro Fläche. Jedoch wird mit immer höherer Integrationsdichte die Hardware zunehmend unzuverlässiger. Eine andere Möglichkeit die Leistung technologisch zu steigern ist die Erhöhung der Taktfrequenz. Dies führt jedoch zu immer größer werdenden Taktversätzen (*clock skew problem*), das heißt das Taktsignal gleichmäßig an alle Komponenten des Mikrochips zu verteilen wird mit steigender Taktrate immer schwieriger. Außerdem führt die Erhöhung des Taktes zu überproportional steigendem Energieverbrauch, weshalb Taktraten heute kaum noch signifikant erhöht werden. Um den Energiehunger der Chips im Zaum zu halten werden heutzutage unter anderem Taktfrequenzen oder die Versorgungsspannung von Schaltkreiskomponenten lastabhängig geregelt, das sogenannte *dynamic frequency scaling* bzw.

dynamic voltage scaling. Führt man diese Idee des Energiesparens konsequent fort, dann können auch zeitweise nicht benötigte Schaltungsteile komplett abgeschaltet werden, oder sie können sogar als asynchrone (ungetaktete) Schaltungskomponenten realisiert werden. Weitere Möglichkeiten zur Reduktion der Energieaufnahme eines Prozessors sind zum Beispiel die Begrenzung seiner Pipelinestufen (nachfolgend erklärt) oder auf Ebene des Programmierers die Verwendung von sogenannten *energy-aware Algorithmen*.

Sieht man vom technologischen Fortschritt ab, dann nutzen die rein architektonischen Maßnahmen zur Leistungssteigerung von Prozessoren im Wesentlichen das Prinzip der Parallelisierung aus. Dabei unterscheidet man die Parallelisierung von Phasen der Maschinenbefehlsabwicklung – auch *Phasenparallelisierung* – und die Bereitstellung sowie parallele Verwendung mehrerer funktionaler Einheiten gleichen Typs, beispielsweise bei Superskalarität und Mehrkernprozessoren. Zunächst soll das Prinzip der Phasenparallelisierung durch eine sogenannte Pipelinearchitektur erläutert werden.

21.5.3.1 Pipelinearchitektur

Im Operationswerk des Experimentalprozessors, siehe oben Abb. 49, ist eine gewisse Parallelität von Aktionen dadurch möglich, dass das Befehlsregister IR geladen werden kann, unabhängig davon ob die ALU gleichzeitig Daten aus dem Registerspeicher verarbeitet. Das Steuerwerk hingegen sequentialisiert den Befehlszyklus insofern, dass in einem Taktzyklus das Befehlsregister IR geladen wird (Befehl holen) und erst beim nächsten Takt die ALU die Verarbeitung von Registerspeicherdaten durchführt. Das bedeutet konkret, dass die Phasen Befehl dekodieren sowie das Holen der Operanden und die Ausführung der Befehlsoperation zur gleichen Zeit innerhalb des zweiten Taktzyklus passieren müssen. Daraus folgt, dass die Ausführung eines Maschinenbefehls mindestens zwei Taktzyklen dauert, wobei die Zykluszeit durch die größtmögliche Verarbeitungsdauer im Operationswerk der letzten Phasen: Befehl dekodieren & Operanden holen sowie Befehlsoperation ausführen bestimmt ist. Im Operationswerk aus Abb. 49 kann man diesen genann-

ten Phasen jeweils Einheiten zuordnen, welche die operationellen Aufgaben dieser Phasen bewältigen. So wird das Holen des Befehls (instruction fetch, IF) durch das Befehlsregister IR mit Hilfe des Befehlszählerinhalts realisiert, während des Dekodierens im Steuerwerk werden im Operationswerk die richtigen Operanden im Registerspeicher ausgewählt (decode and operand fetch, DOF), die Ausführung (execute, EX) oder die eigentliche Berechnung passiert dann durch die ALU. Zum Abschluss wird das Ergebnis der Maschinenbefehlsausführung ausgewählt, das heißt entweder das Ergebnis der ALU-Berechnung oder der gelesene Inhalt einer Arbeitsspeicherzelle, welches im nächsten Taktzyklus in den Registerspeicher geschrieben soll (write back, WB). Im Allgemeinen operieren die Komponenten des Experimentalprozessoroperationswerks während eines Befehlszyklus in der Reihenfolge von links nach rechts; das heißt eine linke Komponente (beispielsweise der Registerspeicher) muss ihre Verarbeitung (zum Beispiel Zellenauswahl) abgeschlossen haben, bevor das Resultat (zum Beispiel als Operanden) von der Komponente zu ihrer Rechten (der ALU) gültig verarbeitet werden kann.

Um die Zykluszeit das heißt die Taktfrequenz des Prozessors signifikant zu erhöhen, ohne die Schaltkreistechnologie zu ändern, können die letzten drei Phasen DOF, EX und WB zunächst zwangssequentialisiert werden. Dazu würden die Zwischenergebnisse, also die Teilergebnisse der einen Phase, welche als Eingaben für die nächste Phase fungieren, in geeignet dimensionierte Registerspeicher, sogenannte *Pipeline Platforms*, für die Dauer eines Taktzyklus zwischengespeichert werden, um im nächsten durch die rechte Komponente weiterverarbeitet werden zu können. Abb. 55 zeigt das um die als graue Balken dargestellten Pipeline Platforms erweiterte Operationswerk aus Abb. 49. Die Schaltnetzlogik zwischen zwei Pipeline Platforms oder Registerspeichern wird auch als *Pipelinestufe* bezeichnet.

Angenommen die Datenverarbeitung t_R im Registerspeicher während DOF, die Verarbeitungszeit der ALU t_A sowie die größtmögliche Verzögerung des rechten Multiplexers zur Ergebnisauswahl t_M wären alle gleich groß, dann ist

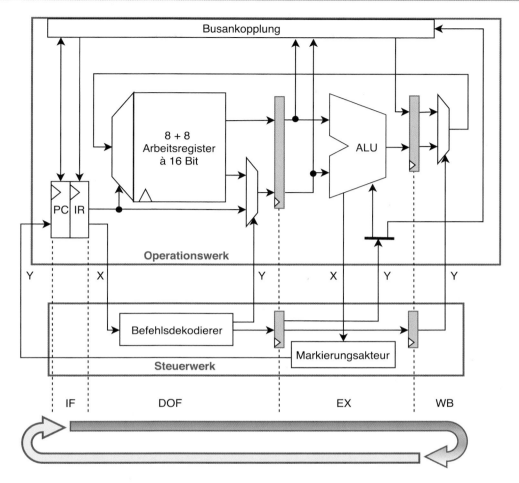

Abb. 55 an die Pipelinestruktur angepasstes Steuer- und Operationswerk des Experimentalprozessors aus Abb. 49

einerseits die Taktzykluszeit des Experimentalprozessors durch $t_R+t_A+t_M$ bestimmt. Andererseits könnte die Pipelinevariante des Prozessors (unter Vernachlässigung der Latenz der Pipeline Platforms) somit dreimal so schnell wie die konventionelle Variante getaktet werden, da die längste Taktzykluszeit nur durch einen der Summanden $t_R = t_A = t_M$ bestimmt ist. Betrachtet man den kompletten Pipelineprozessor in Abb. 55, dann sind die eben beschriebenen operationellen Einheiten ergänzt, um ein an die Pipelinearchitektur angepasstes Steuerwerk, welches die Zwischenergebnisse der Steuerwortberechnung – das sind *Dekodierung* des Befehlsregisterinhalts und *Markierung* nach Ausführung einer Befehlsoperation – ebenfalls in Pipeline Platforms im Steuer-

werk speichert, und weiteren operationellen Komponenten zur Ausführung der Befehlsholphase: IR und PC. Ist sichergestellt, dass die größtmögliche Verzögerung für eine Befehlsholoperation, Befehlsdekodierung oder Markierungsaktion nicht größer ist als $t_R = t_A = t_M$, dann kann die gezeigte Pipelinevariante des Experimentalprozessors ohne Änderung der Schaltkreistechnologie und unter Vernachlässigung der Verzögerungszeit der Pipeline Platforms dreimal so schnell wie die konventionelle Variante getaktet werden. Das bedeutet jedoch nicht, dass ein Maschinenbefehl nun dreimal schneller ausgeführt wird, sondern nur 1,5-mal so schnell: da ein Maschinenbefehl vorher (mindestens) zwei langsame Takte zur Ausführung benötigte und im Pipelineprozessor braucht er dafür vier schnelle Takte.

Der echte Vorteil von Pipelineprozessoren zeigt sich erst, wenn man nicht nur die Abwicklung eines einzelnen Maschinenbefehls, sondern die Abwicklung ganzer Maschinenprogramme, das heißt einer Liste von Maschinenbefehlen, im Sinne der *Fließbandverarbeitung* betrachtet. Dabei kommt das Konzept der *Phasenparallelisierung* zum Tragen: Befindet sich der erste Maschinenbefehl in Abwicklung und hat die erste der vier Pipelinestufen passiert, das bedeutet die Phase „Befehl holen" ist für ihn abgeschlossen, dann beginnt für den zweiten Maschinenbefehl sofort Phase 1 der Befehlsabwicklung („Befehl holen") und so weiter. Anhand von Abb. 56 soll die Abwicklung des folgenden einfachen akademischen Maschinenprogramms mit sieben Befehlen demonstriert werden:

```
1 LDI R1,1
2 LDI R2,2
3 LDI R3,3
4 LDI R4,4
5 LDI R5,5
6 LDI R6,6
7 LDI R7,7
```

Abb. 56 zeigt, in welchen Phasen der Pipelineabwicklung sich ein Maschinenbefehl in welchen Taktzyklen befindet. Eine Befehlsabwicklung dauert dabei vier (schnelle) Taktzyklen, wobei mit jedem Takt der Befehlszyklus für den nachfolgenden Maschinenbefehl begonnen wird. Nach vier Takten ist die Pipeline mit den ersten vier Maschi-

nenbefehlen in den jeweils vier unterschiedlichen Abwicklungsphasen IF, DOF, EX und WB gefüllt. Ab dann arbeiten die Pipelinestufen des Prozessors voll parallel – das bedeutet phasenparallel – und es wird mit jedem weiteren Takt die Ausführung eines Maschinenbefehls beendet.

Zusammenfassend lässt sich folgendes über die Geschwindigkeitssteigerung durch die Pipelinearchitektur sagen: Beim konventionellen Experimentalprozessor wird ein Maschinenbefehl schnellstens binnen zwei langsamen Taktzyklen und zwar nach Fertigstellung des vorherigen Maschinenbefehls fertiggestellt. Beim Pipelineprozessor wird schnellstens mit *jedem* Takt und zwar (wie oben bereits erwähnt im günstigsten Fall) mit dreifacher Taktrate ein äquivalenter Maschinenbefehl fertig abgewickelt. Das entspricht unter den hier vorausgesetzten Idealbedingungen einer Leistungssteigerung um das sechsfache, und das nur durch die Verwendung einer Pipelinestruktur.

Pipeline-Hazards

Diese Vorteile sind jedoch nur unter idealen Bedingungen erreichbar. Betrachtet man weitere Maschinenprogramme, dann kann es durch das vorgestellte Fließbandverfahren zur Befehlsabwicklung zu sogenannten Daten- oder Control-Hazards kommen.

```
1 MOVA R1,R5
2 ADD  R2,R1,R6
3 ADD  R3,R1,R2
```

Seien I_1 und I_2 zwei aufeinanderfolgende Maschinenbefehle (Instruktionen). Ein *Daten-*

	Taktzyklus									
	1	2	3	4	5	6	7	8	9	10
1	IF	DOF	EX	WB						
2		IF	DOF	EX	WB					
3			IF	DOF	EX	WB				
4				IF	DOF	EX	WB			
5					IF	DOF	EX	WB		
6						IF	DOF	EX	WB	
7							IF	DOF	EX	WB

Abb. 56 Phasenparallelisierung während der Abwicklung eines einfachen Maschinenprogramms bestehend aus sieben Befehlen

Hazard liegt vor, wenn bei der Abarbeitung von I_2 auf ein Register lesend zugegriffen wird, bevor es durch die vollständige Abarbeitung von I_1 mit dem erwarteten Wert beschrieben wird. Das bedeutet I_2 wird auf Basis eines falschen Registerwerts ausgeführt. Bei den ersten beiden Beispielbefehlen gilt diese Bedingung für Register R1 und für die letzten beiden Befehle gilt sie für R2. Durch das Einfügen von Leeranweisungen, sogenannte *NOP-Maschinenbefehle (no operation)*, in das Programm genau an den Stellen, wo solche Daten-Hazards auftreten würden, können diese Probleme vermieden werden.

```
1 MOVA R1,R5
2 NOP
3 ADD R2,R1,R6
4 NOP
5 ADD R3,R1,R2
```

Alternativ können Daten-Hazards auch durch zusätzliche Hardware vermieden werden. Detektiert die Hardware einen Daten-Hazard, kann die Pipeline in den Stufen IF und DOF für einen Takt angehalten werden – *pipeline stall* – und die Stufen EX und WB werden neutral gestellt – *bubble launch*. Eine weitere Maßnahme zur schnellen Auflösung von Daten-Hazards ist das sogenannte „data-forwarding", welches weitere Hardware erfordert. Genauer erklärt werden diese Hardwareerweiterungen in Mano et al. 2016.

Control-Hazards liegen vor, wenn in der Pipeline bereits Befehle ausgeführt werden, die im weiteren Verlauf des Programms gar nicht vorgesehen sind. So zum Beispiel bei Verzweigungsoperationen, bei denen das nächste Befehlswort schon geholt wurde, aber aufgrund der Verzweigungsentscheidung nicht benötigt wird, weil an eine andere Stelle im Programm gesprungen wird. Potenzielle Control-Hazards kann man auf einfache Art programmatisch lösen, und zwar durch das geeignete Einfügen zweier NOP-Maschinenbefehle direkt nach einem bedingten Verzweigungsbefehl (Branch-Befehl). Alternativ ist auch hier eine Lösung durch zusätzliche Hardware möglich, und zwar durch kurzzeitiges Anhalten der Fließbandverarbeitung – *branch hazard stall* – oder durch die Verwendung einer Sprungvorhersageeinheit – *branch prediction unit*.

Die Erweiterung des Maschinenprogramms um Leerbefehle (NOP) ist aus Hardwaresicht die kostengünstigste Art die benannten Probleme zu lösen. Mit der vorgestellten Pipelinearchitektur könnte jedes Maschinenprogramm aus n Maschinenbefehlen einfach um 2n NOP-Befehle erweitert werden, um die vorgestellten Hazardprobleme zu lösen. Das bedeutet konkret, dass nach jedem Maschinenbefehl einfach zwei NOP-Befehle eingefügt werden könnten, wodurch sich die Ausgabefolge des abwickelten Programms nicht ändern würde und alle Pipeline-Harzards vermieden wären. Die Ausführungsdauer des Maschinenprogramm wäre jedoch um den Faktor drei verlangsamt, was verglichen mit einer optimalen Geschwindigkeitssteigerung durch die Pipelinearchitektur um das Sechsfache immer noch einer Leistungssteigerung um Faktor zwei gegenüber dem konventionell realisierten Experimentalprozessor bedeuten würde. Das Ziel ist jedoch diese NOP-Befehle nur an so wenig Stellen wie nötig einzufügen und diese notwendigen Stellen im Maschinenprogramm möglichst automatisiert zu identifizieren. Das Problem der Leistungssteigerung durch Pipelinearchitekturen wird somit zumindest teilweise an die Maschinenprogrammentwickler und die Entwickler von Hochsprachen-Compilern verschoben.

21.5.3.2 Erweiterte Pipelinearchitekturkonzepte

Betrachtet man den Fall, dass die Ausführungsphase (EX) eines Befehls mehrere Taktzyklen dauert, beispielsweise für eine Fließkommaberechnung, aber die Befehlsholphase (IF) und Ergebnisspeicherung (WB) nur ein Taktzyklus, dann ist es zwar möglich eine Befehlsabwicklung pro Takt zu initiieren, jedoch ist es nicht mehr möglich eine Befehlsabwicklung mit jedem Takt fertigzustellen. In diesen Fällen kann die Leistung durch die Verwendung mehrerer Ausführungseinheiten (execution units), die wiederum in Pipelinestufen unterteilt sind, gesteigert werden, siehe Abb. 57, zunächst ohne die gestrichelt dargestellten Elemente.

Der Befehlsscheduler vereint die Befehlshol- und Dekodier-Pipelinestufen und reicht den Befehl an die passende Ausführungspipeline (welche die operand fetch, execute und write back Stufen umfasst) weiter, was auch als *issue* bezeichnet

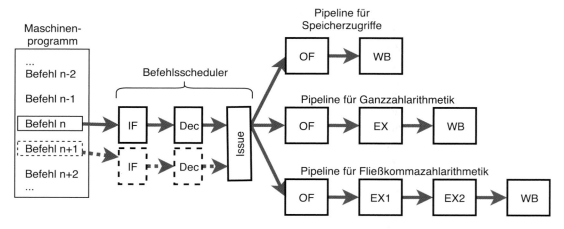

Abb. 57 mehrere parallel arbeitende Pipelines pro Prozessor

wird. Durch die unterschiedlichen Pipelinelängen können sich Befehle „überholen" – *in-order issue* und *out-of-order completion*. Die Auftretenswahrscheinlichkeit von Daten-Hazards steigt beträchtlich, sie sind nun auch zwischen Befehlen in verschiedenen Pipelines möglich. Der Befehlsscheduler kann pro Takt höchstens einen Befehl holen und in eine Ausführungspipeline übertragen werden, das heißt pro Takt wird im Mittel und auch höchstens ein Befehl fertiggestellt, *IPC-Wert (instruction per cycle)* ≤ 1.

Mit dieser Limitierung kann eine weitere Leistungssteigerung nur durch die Erhöhung der Taktfrequenz geschehen, bei gleichzeitiger Minimierung der längsten Verzögerung jeder Pipelinestufe. Als Resultat wurden Prozessoren mit hohen Taktraten und vielen Pipelinestufen, auch als *superpipelined* bezeichnet, gebaut. Die Behandlung von Pipeline-Hazards mittels *pipeline stalls* und Reinitialisierungen ist bei solch langen Pipelines äußerst kritisch und kann letztendlich sogar zu Leistungseinbußen führen.

Als alternative Leistungssteigerungsmaßnahme zum Superpipelining gelten die sogenannten *superskalaren Architekturen*. Hier wird der Befehlsscheduler mehrfach ausgelegt, wodurch pro Takt mehrere Befehle initiiert werden können – auch *multiple issue* genannt – siehe Abb. 57 inklusive der gestrichelt dargestellten Elemente. Dadurch sind IPC-Werte von größer als 1 möglich. Der

Superskalaritätsgrad einer Architektur definiert die Anzahl der maximal pro Takt initiierbaren Befehle, üblich sind zwei bis sechs; im abgebildeten Beispiel (inklusive der gestrichelt dargestellten Komponenten) ist der Superskalaritatsgrad zwei. Weitere Details sind in Bähring 2002 zu finden.

21.5.3.3 Multi-Threading- und Mehrkernarchitekturen

Die mit Pipelining vorgestellten Architekturoptimierungen hatten zum Ziel die Befehlsabwicklung während der Ausführung eines Programms soweit wie möglich zu parallelisieren, was auch als *ILP (instruction level parallelism)* bezeichnet wird. Mit superskalaren Architekturen hat die Optimierung von ILP einen Anschlag erreicht. Die kaum noch effizient zu behandelnden Daten-Hazards innerhalb und zwischen den Pipelines sind nur eines der Probleme für mehr Parallelisierung während der Abwicklung eines Maschinenprogramms. Daraus folgt, dass weitere parallele Ausführungseinheiten oder Pipelines nur schwer gut auszulasten sind. Auch die Parallelisierung über bedingte Sprungbefehle hinweg ist nur schwer möglich oder wenig effizient. Im Allgemeinen finden sich zwischen Sprungbefehlen nicht genügend Befehle, die sich parallelisieren lassen.

Eine Lösung dafür ist die weitere Parallelisierung von Abläufen auf Programmebene explizit zu machen. Der (Maschinen-)Programmierer schreibt anstatt eines Programms mehrere parallel ausführbare sequenzielle Programme, um eine gewünschte Programmieraufgabe zu lösen. Die Abwicklung von beispielsweise vier Programmen wird dann auf vier sogenannte Betriebssystem-Threads – das sind virtuelle Aktivitätsträger für die Abwicklung sequenzieller Programme – abgebildet, die unter Umständen gleichzeitig entweder auf einem Prozessor mit Multithreading-Unterstützung für vier oder mehr parallele Programmausführungen abgewickelt werden können, oder auf einem Mehrkernprozessor mit mindestens vier Kernen, die jeweils nur für die Abwicklung eines Maschinenprogramms bestimmt sind.

Mit *Multithreadingarchitekturen* wird das Problem von schwer zu parallelisierenden Einzelprogrammabwicklungen bei Superskalarprozessoren direkt adressiert. In diesen Fällen sind die Funktionseinheiten in den Befehlsausführungspipelines oft nur spärlich genutzt. Sieht man jedoch die Ausführung mehrerer Programme oder Threads gleichzeitig auf dem Prozessor vor, dann können die Funktionseinheiten je nach Bedarf in einem Takt die Ausführung eines Befehls von Thread A und schon im nächsten Takt die Ausführung eines Befehls von einem anderen Thread B durchführen und somit die Pipelinestufen höher auslasten; so wird die Optimierung mittels ILP durch die Ausnutzung vom sogenannten *TLP* (*thread level parallelism*) ergänzt.

Eine einfache Realisierung von Multithreading ist das von Intel eingeführte *Hyper-Threading* für beispielsweise zwei Threads. Dabei werden die Registerspeicher sowie die Register der Pipeline Platforms in den Operationswerken zweimal etabliert, das heißt nur die Speicherelemente der Pipelines, jedoch nicht ihre Pipelinestufen, werden zweifach ausgeführt. In diesen Speichern oder Registern stecken für jedes der beiden im Moment ausgeführten Programme jeweils der aktuelle Zustand aller momentan durch die Pipelines verarbeiteten Befehlsabwicklungen eines Programms oder Threads. Die Pipelinestufen können somit in einem Takt die Pipelines von Thread A weiterschalten, also den Registersatz von Thread A manipulieren, und im nächsten Takt die Pipelines von

Thread B und so weiter. Ein einzelner Thread wird dadurch zwar nicht schneller abgewickelt, aber durch die höhere Auslastung der Pipelinestufen steigt der Durchsatz.

Mehrkernprozessoren verhalten sich wie mehrere identische Prozessoren, die auf einem Chip integriert sind. Durch die Integration müssen die Prozessoren nicht ausschließlich über den Systembus kommunizieren oder Daten austauschen, sondern können dies über schnelle Speicher, sogenannte Caches, die sich ebenfalls auf dem Chip befinden, tun. Der ▸ Abschn. 22.2 in Kap. 22, „Rechnerorganisation" sowie Hennessy und Patterson 2012 beschäftigen sich mit diesen Themen genauer.

Literatur

Bähring H (2002) Mikrorechner-Technik. Bd 1: Mikroprozessoren und Digitale Signalprozessoren, 3. Aufl. Springer, Berlin

Beister J (1974) A unified approach to combinational hazards. IEEE Trans Comput 23(6):566–575

Budach L (1977) Environments, labyrinths and automata. FCT 1977 fundamentals of computation theory. In: LNCS, Bd 56. Springer, Berlin/Heidelberg, S 54–64

Eschermann B (1993) Funktionaler Entwurf digitaler Schaltungen – Methoden und CAD-Techniken. Springer, Berlin

Hennessy JL, Patterson DA (2012) Computer architecture, 5. Aufl. Morgan Kaufmann, Amsterdam

Mano MM, Kime CR, Martin T (2016) Logic and computer design fundamentals, 5. Aufl. Pearson, Boston

Neuschwander J (1988) Struktur und Programmierung eines Mikroprozessorsystems. Oldenbourg, München

Priese L, Erk K (2018) Theoretische Informatik – Eine umfassende Einführung. Springer, Berlin

Tietze U, Schenk C (2002) Halbleiter-Schaltungstechnik. Springer, Berlin

Unger SH (1983) Asynchronous sequential switching circuits, Neuauflage. Krieger Publishing, Malabar

Wendt S (1982) Nachrichtenverarbeitung. In: Steinbuch K, Rupprecht W (Hrsg) Nachrichtentechnik, Bd 3. Springer, Berlin

Wilkes MV (1951) The best way to design an automatic calculating machine. *The early British computer conferences*, MIT Press Cambridge, MA, USA, S 182–184

Wollowski R (2019) Grundlagen digitaler Systeme, Vorlesung. Universität Potsdam, Potsdam. https://hpi.de/studium/lehrveranstaltungen/it-systems-engineering-ma/lehrveranstaltung/course/0/wintersemester-20182019-grundlagen-digitaler-systeme.html. Zugegriffen am 11.05.2019

Rechnerorganisation

Max-Marcel Theilig, Thomas Flik und Alexander Reinefeld

Zusammenfassung

Rechnerorganisation umfasst die Struktur und die Funktion der Komponenten eines Rechnersystems sowie die für deren Zusammenwirken erforderlichen Verbindungsstrukturen und Kommunikationstechniken; hinzu kommt die für den Betrieb benötigte Systemsoftware. Zentraler Teil eines Rechnersystems ist der *Prozessor*, wie er durch seine prinzipiellen Strukturen beschrieben ist. Er bestimmt die *Informationsdarstellung*, d. h. die Codierung der Befehle und Daten für deren Speicherung, Transport und Verarbeitung. Zusammen mit den Speicher- und Ein-/Ausgabeeinheiten sowie den sie verbindenden Übertragungswegen entstehen leistungsfähige *Rechnersysteme*. Systeme höchster Leistungsfähigkeit sind dabei als Mehrprozessorsysteme oder als Verbund von Rechnern in Rechnernetzen ausgelegt. Die für den Betrieb von Rechnersystemen erforderliche Systemsoftware bezeichnet

man als *Betriebssystem*. Abhängig von verschiedenen Rechneranwendungen gibt es unterschiedliche Betriebssystemarten.

22.1 Informationsdarstellung

Die Informationsverarbeitung in Rechnersystemen geschieht durch das Ausführen von Befehlen mit Operanden (Rechengrößen). Da Befehle selbst wieder Operanden sein können, z. B. bei der Übersetzung (Assemblierung, Compilierung eines Programms), bezeichnet man Befehle und Operanden zusammenfassend als *Daten*. Ihre Darstellung erfolgt heute ausschließlich in binärer Form. Die kleinste Informationseinheit ist das *Bit* (binary digit, Binärziffer), das zwei Werte (Zustände) annehmen kann, die mit 0 und 1 bezeichnet werden (vgl. ▶ Abschn. 21.2 in Kap. 21, „Digitale Systeme").

Technisch werden die beiden Werte in unterschiedlichster Weise dargestellt, z. B. durch Spannungspegel, Spannungssprünge, Kondensatorladungen, Magnetisierungsrichtungen oder Reflexionseigenschaften von Oberflächen. Zur Codierung der Daten werden Bits zu *Codewörtern* zusammengefasst, die in ihrer Bitanzahl den für Speicherung, Transport und Verarbeitung erforderlichen Datenformaten entsprechen. Standardformate sind das *Byte* (8 Bits) und geradzahlige Vielfache davon, wie das *Halbwort* (half

M.-M. Theilig (✉)
Fachgebiet Informations- und Kommunikationsmanagement, Technische Universität Berlin, Berlin, Deutschland
E-Mail: m.theilig@tu-berlin.de

T. Flik
Technische Universität Berlin, Berlin, Deutschland

A. Reinefeld
Zuse-Institut, Berlin, Deutschland

word, 16 Bits), das *Wort* (word, 32 Bits) und das *Doppelwort* (double word, 64 Bits). Der Terminus Wort bezeichnet einen *Bitvektor* von der Länge der jeweiligen Verarbeitungs- und Speicherbreite eines Rechners, hier eines 32-Bit-Rechners, er wird aber auch unabhängig davon im Ausdruck Codewort verwendet. Weitere Datenformate sind das *Bit*, das *Halbbyte* (4 Bits, *Nibble*, *Tetrade*) und das *Bitfeld* (mit variabler Bitanzahl – im Gegensatz zum Bitvektor). – Zur Angabe der Anzahl von Bits oder Codewörtern verwendet man in der Informatik in Anlehnung an die Einheitenvorsätze der Physik die Vorsätze: Kilo K $= 2^{10} = 1024$, Mega M $= 2^{20} = 1.048.576$, Giga G $= 2^{30} = 1.073.741.824$, Tera T $= 2^{40}$, Peta P $= 2^{50}$.

In grafischen Darstellungen von Datenformaten werden die Bits mit null beginnend von rechts nach links nummeriert. Gleichzeitig wird ihnen die im Hinblick auf die Darstellung von Dualzahlen zukommende Wertigkeit zugewiesen (Abb. 1). Das Bit ganz rechts gilt als niedrigstwertiges Bit (*least significant bit*, LSB), das Bit ganz links als höchstwertiges Bit (*most significant bit*, MSB).

22.1.1 Zeichen- und Zifferncodes

Die rechnerexterne Informationsdarstellung erfolgt symbolisch mit den Buchstaben, Ziffern und Sonderzeichen unseres Alphabets. Rechnerintern werden diese Zeichen (characters) binär codiert. Die wichtigsten hierfür eingesetzten Zeichencodes sind der ASCII und der EBCDIC mit 7- bzw. 8-Bit-Zeichendarstellung. Um die internationale Vielfalt an Zeichensätzen erfassen zu können, werden größere Codetabellen mit 16 Bits (*Unicode* UTF-16, Unicode Consortium (2003)) und 32 Bits (*Unicode* UTF-32 und *UCS*, Universal Character Set, ISO/IEC 10.646) verwendet. Neben den Zeichencodes gibt es reine Ziffern-

codes: die Binärcodes für Dezimalziffern, den Oktalcode und den Hexadezimalcode. – Zu Zeichen- und Zifferncodes siehe z. B. Bohn und Filk (2006).

22.1.1.1 ASCII
Der ASCII (American Standard Code for Information Interchange) ist ein 7-Bit-Code mit weltweiter Verbreitung in der Rechner- und Kommunikationstechnik (Tab. 1). Er erlaubt die Codierung von 128 Zeichen, und zwar von 96 Schriftzeichen und 32 Zeichen zur Steuerung von Geräten und von Datenübertragungen (Tab. 2). Der ASCII ist in der internationalen Norm ISO/IEC 646 festgelegt. Diese behält zwölf der 96 Schriftzeichen einer sprachenspezifischen Nutzung vor, wobei nach DIN 66 003 acht zur Codierung der Umlaute, des Zeichens ß und des Paragrafzeichens § genutzt werden (siehe Tab. 1). – Rechnerintern wird den ASCII-Codewörtern wegen des Datenformats Byte ein achtes Bit (MSB) hinzugefügt, teils mit festem Wert, teils als Paritätsbit oder aber zur Codeerweiterung (ISO/IEC 8859). Mit unterschiedlichen Erweiterungen werden verschiedene Sprachgruppen berücksichtigt, so z. B. die Gruppe Europa, Amerika, Australien (ISO/IEC 8859-1 und -15, als Latein 1 bzw. Latein 9 bezeichnet).

22.1.1.2 EBCDIC
Der EBCDIC (Extended Binary Coded Decimal Interchange Code) ist ein 8-Bit-Code (Tab. 2 und 3), der vorwiegend bei Großrechnern Verwendung findet. Von den 256 Tabellenplätzen sind 64 mit Steuerzeichen belegt.

22.1.1.3 Binärcodes für Dezimalziffern (BCD-Codes)
BCD-Codes benutzen vier oder mehr Bits pro Codewort zur binären Codierung von Dezimalziffern. Der gebräuchlichste ist der Dualcode mit 4-Bit-Codewörtern (Tetraden), bei dem den Bits

Abb. 1 Datenformate.
a Byte; **b** 32-Bit-Wort

a)

b)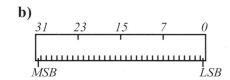

Tab. 1 ASCII. US-amerikanische Version/deutsche Version (die mit Schrägstrich unterteilten Tabellenplätze des ASCII sind nationalen Varianten vorbehalten)

		höherwertige Bits							
binär		0	0	0	0	1	1	1	1
		0	0	1	1	0	0	1	1
		0	1	0	1	0	1	0	1
	hex	0	1	2	3	4	5	6	7
0000	0	NUL	DLE	SP	0	@/§	P	'/`	p
0001	1	SOH	DC1	!	1	A	Q	a	q
0010	2	STX	DC2	"	2	B	R	b	r
0011	3	ETX	DC3	#/#	3	C	S	c	s
0100	4	EOT	DC4	$/$	4	D	T	d	t
0101	5	ENQ	NAK	%	5	E	U	e	u
0110	6	ACK	SYN	&	6	F	V	f	v
0111	7	BEL	ETB	'	7	G	W	g	w
1000	8	BS	CAN	(	8	H	X	h	x
1001	9	HT	EM	)	9	I	Y	i	y
1010	A	LF	SUB	*	:	J	Z	j	z
1011	B	VT	ESC	+	;	K	[/Ä	k	{/ä
1100	C	FF	FS	,	<	L	\/Ö	l	\/ö
1101	D	CR	GS	-	=	M	]/Ü	m	}/ü
1110	E	SO	RS	.	>	N	^/^	n	~/ß
1111	F	SI	US	/	?	O	_	o	DEL

(linke Randbeschriftung: niederwertige Bits)

die Gewichte 8, 4, 2 und 1 zugeordnet sind (Dualzahlcodierung der Dezimalziffern). Man spricht von gepackter Darstellung. Bei Dezimalziffern in einem der Zeichencodes ASCII oder EBCDIC, bei denen der 4-Bit-Dualcode um die höherwertigen Bits 011 bzw. 1111 erweitert ist, spricht man von ungepackter Darstellung. Andere BCD-Codes sind z. B. der Exzess-3-, der Aiken-, der Gray-, der Biquinär- und der 2-aus-5-Code. Da bei diesen Codes der Vorrat der möglichen Codewörter nicht voll ausgeschöpft wird, ist der Aufwand an Bits zur Darstellung von Dezimalziffern höher als bei der reinen Dualzahlcodierung. Diese Redundanz wird bei einigen Codes zur Codesicherung genutzt.

22.1.1.4 Oktalcode und Hexadezimalcode

Zifferncodes gibt es auch für die Zahlensysteme zur Basis 8 und 16, den Oktal- bzw. Hexadezimalcode (Sedezimalcode). Sie haben für die Arithmetik nur geringe Bedeutung und werden fast ausschließlich zur kompakten rechnerexternen Darstellung von binär codierter Information benutzt. Bei der oktalen Darstellung werden, beginnend beim LSB, jeweils drei Bits zusammengefasst, denen entsprechend

ihrem Wert als Dualzahl, die „Oktalziffern" 0 bis 7 zugeordnet werden. Bei der hexadezimalen Darstellung werden jeweils vier Bits zusammengefasst und ihnen die Ziffern 0 bis 9 und A bis F (oder 0 bis f) des Hexadezimalsystems zugeordnet. Dazu je ein Beispiel für dasselbe Muster von 16 Bits:

$$1\ 010\ 011\ 100\ 101\ 110_2 = 123456_8$$
$$1010\ 0111\ 0010\ 1110_2 = A72E_{16}$$

22.1.2 Codesicherung

Transport und Speicherung von Daten können Störungen unterliegen, die auf Übertragungswege bzw. Speicherstellen wirken. Dadurch hervorgerufene Änderungen von Binärwerten führen zu Fehlern in der Informationsdarstellung. Um solche Fehler erkennen und ggf. korrigieren zu können, muss die Nutzinformation durch Prüfinformation ergänzt werden (redundante Informationsdarstellung). Eine solche Codesicherung erfolgt entweder für einzelne Codewörter oder für Datenblöcke (Blocksicherung). Die Einzelsicherung ist kennzeichnend für die Übertragung einzelner Zeichen, z. B. zwischen Prozessor und einem Terminal. Die

Tab. 2 Alphabetisch geordnete Zusammenfassung der Steuerzeichen des ASCII und des EBCDIC mit ihren Bedeutungen

Zeichen	Bedeutung
ACK	Acknowledge
BEL	Bell
BS	Backspace
BYP	Bypass
CAN	Cancel
CR	Carriage Return
CSP	Control Sequence Prefix
Cui	Customer Use *i*
DCi	Device Control *i*
DEL	Delete
DLE	Data Link Escape
DS	Digit Select
EM	End of Medium
ENP	Enable Presentation
ENQ	Enquiry
EO	Eight Ones
EOT	End of Transmission
ESC	Escape
ETB	End of Transmission Block
ETX	End of Text
FF	Form Feed
FS	File/Field Separator
GE	Graphic Escape
GS	Group Separator
HAT	Horizontal Tabulation
IFS	Interchange File Separator
IGS	Interchange Group Separator
INP	Inhibit Presentation
IR	Index Return
IRS	Interchange Record Separator
IT	Indent Tab
IUS	Interchange Unit Separator
ITB	Intermediate Transmission Block
LF	Line Feed
MFA	Modified Field Attribute
NAK	Negative Acknowledge
NBS	Numeric Backspace
NL	New Line
NUL	Null
POC	Program-Operator Communication
PP	Presentation Position
RES	Restore
RFF	Required Form Feed
RNL	Required New Line
RPT	Repeat
RS	Record Separator

(Fortsetzung)

Tab. 2 (Fortsetzung)

Zeichen	Bedeutung
SA	Set Attribute
SBS	Subscript
SEL	Select
SFE	Start Field Extended
SI	Shift In
SM	Set Mode
SO	Shift Out
SOH	Start of Heading
SOS	Start of Significance
SPS	Superscript
SP	Space
STX	Start of Text
SUB	Substitute
SW	Switch
SYN	Synchronous Idle
TRN	Transparent
UBS	Unit Backspace
US	Unit Separator
VT	Vertical Tabulation
WUS	Word Underscore

Tab. 3 Elementare Datentypen

Datentyp	Datenformate
Zustandsgröße	Bit
Bitvektor	Standardformate, Bitfeld
ganze Zahl	Standardformate, Bitfeld
Gleitpunktzahl	Wort, Doppelwort

Blocksicherung wird bei blockweiser Datenübertragung, z. B. bei der Datenfernübertragung und in Rechnernetzen, sowie bei blockweiser Speicherung eingesetzt. Alle Sicherungsverfahren beruhen darauf, dass die vom Sender erzeugte und mitübertragene Prüfinformation mit der vom Empfänger unabhängig errechneten Prüfinformation übereinstimmen muss. Nutzbits und Prüfbits sind bezüglich einer Störung und der Fehlererkennung oder -korrektur gleichrangig. – Zur Codesicherung siehe auch Hamming (1987) und z. B. Tanenbaum (2003).

Einzelsicherung.
Ein Maß für die Anzahl der bei einem bestimmten Code erkennbaren bzw. korrigierbaren Fehler in einem Codewort ist die *Hamming-Distanz h* des redundanten Codes. Diese gibt an, wie viele Stellen eines Codewortes mindestens geändert wer-

den müssen, damit ein anderes gültiges Codewort entsteht. Bei der einfachsten Codesicherung durch ein *Paritätsbit* ist $h = 2$, womit ein 1-Bit-Fehler erkannt, jedoch nicht korrigiert werden kann. Der Wert des Paritätsbits wird so bestimmt, dass die Quersumme des redundanten Codewortes entweder gerade (*even parity*) oder ungerade wird (*odd parity*). Die Hamming-Distanz $h = 3$ erreicht man z. B. bei acht Bit Nutzinformation durch vier zusätzliche Prüfbits in geeigneter Codierung. Dies erlaubt es, *entweder* einen 2-Bit-Fehler zu erkennen *oder* einen 1-Bit-Fehler zu korrigieren. Entscheidet man sich für eine 1-Bit-Fehlerkorrektur, so ist diese bei einem 2-Bit-Fehler schädlich.

Blocksicherung.
Bei der Blocksicherung wird einem Datenblock eine aus allen Codewörtern abgeleitete, gemeinsame Blocksicherungsinformation hinzugefügt. Einfache Verfahren sind z. B. das Bilden von Paritätsbits über alle Bits für jede Bitposition oder das Bilden der Summe über alle Codewörter.

Durch Kombination der Einzelsicherung jedes Codeworts und der Blocksicherung entsteht die sog. *Rechtecksicherung*. Sie erlaubt das Erkennen und Korrigieren von 1-Bit-Fehlern im Schnittpunkt einer fehlerhaften Zeile und einer fehlerhaften Spalte (error correcting code, ECC). Für einen Datenblock von z. B. 8 Bytes benötigt man 15 Prüfbits.

Mit weniger Prüfbits kommen die *Hamming-Codes* aus. Hier genügen für einen Block von 8 Bytes (z. B. ein 64-Bit-Speicherwort) 7 Prüfbits, um 1-Bit-Fehler zu erkennen und zu korrigieren. Mit einem achten Prüfbit können zusätzlich 2-Bit-Fehler erkannt werden (single error correction, double error detection, SECDED). Angewandt wird diese Sicherung z. B. bei Hauptspeichern in Servern.

Ein weiteres Verfahren der Blocksicherung, das bei der Datenübertragung und bei blockweiser Speicherung eingesetzt wird, ist die Blocksicherung mit *zyklischen Codes* (cyclic redundancy check, CRC, Tanenbaum (2003)). Dabei werden die Bits der aufeinanderfolgenden Codewörter als Koeffizienten eines Polynoms betrachtet und durch ein fest vorgegebenes, sog. Generatorpolynom dividiert. Die binären Koeffizienten des

sich ergebenden Restpolynoms bilden die Prüfinformation, meist zwei Bytes, die an den Datenblock angefügt wird. Bei Fehlerfreiheit lässt sich der gesicherte Code ohne Rest durch das Generatorpolynom dividieren. Tritt ein Restpolynom (Fehlerpolynom) auf, so kann aus diesem ggf. auf die Fehlerart geschlossen werden. Durch geeignete Wahl des Generatorpolynoms kann das Prüfverfahren auf die Erkennung bestimmter Fehlerarten zugeschnitten werden. Die Polynomdivision lässt sich mit geringem Hardwareaufwand durch ein mit Exklusiv-ODER-Gattern rückgekoppeltes Schieberegister realisieren (Flik 2005).

22.1.3 Datentypen

Dieser Abschnitt behandelt die Datentypen aus hardwarebezogener Sicht. Eine programmierungsorientierte Darstellung gibt ▶ Abschn. 23.2 in Kap. 23, „Programmierung". Der Begriff *Datentyp* umfasst die Eigenschaften von Datenobjekten hinsichtlich ihres *Datenformats* und ihrer inhaltlichen Bedeutung (Interpretation). Elementare Datenformate, d. h. Formate, die nur eine Rechengröße umfassen, sind die Standardformate Byte, Halbwort, Wort, Doppelwort, die als Speicher- und Transporteinheiten benutzt werden. Hinzu kommen die Zusatzformate Bit und Bitfeld. Bitoperanden werden im Prozessor als Elemente der Standardformate adressiert. Bitfelder werden zur Verarbeitung in den Registerspeicher des Prozessors geladen, dort rechtsbündig gespeichert und um die zum Standardformat fehlenden höherwertigen Bits ergänzt. Abhängig von der Transportoperation sind dies 0-Bits (*zero extension*) oder Kopien des höchstwertigen Operandenbits (*sign extension*).

Die Interpretation der in diesen Datenformaten enthaltenen Bits erfolgt durch die logischen und arithmetischen Operationen des Prozessors (siehe ▶ Abschn. 21.5.1 in Kap. 21, „Digitale Systeme"). Die zu einem bestimmten Datentyp gehörenden Operationen interpretieren die Bits in gleicher Weise, z. B. die arithmetischen Befehle für Operanden einer bestimmten Zahlendarstellung. Aufgrund der elementaren Datenformate spricht man von elementaren Datentypen; Tab. 3 zeigt deren wichtigste Vertreter, nach denen dieser Abschnitt gegliedert ist.

Fasst man Rechengrößen zu komplexeren Datenobjekten zusammen, so erhält man *Datenstrukturen*. Sie sind vor allem in den höheren Programmiersprachen von Bedeutung (siehe ▶ Abschn. 23.2 in Kap. 23, „Programmierung"). Häufig vorkommende Strukturen, wie Stack und Feld, werden hinsichtlich des Zugriffs durch den Prozessor unterstützt, z. B. durch ein Stackpointerregister und dazu passende Maschinenbefehle oder Adressierungsarten. Sind für die Interpretation einer solchen Datenstruktur spezielle Maschinenbefehle vorhanden, so spricht man – aus der Sicht der Rechnerhardware – von einem *höheren Datentyp*. Dies ist z. B. bei den sog. Vektorrechnern der Fall, deren Datentypen in diesem Abschnitt mitbetrachtet werden.

22.1.3.1 Zustandsgröße

Der Datentyp Zustandsgröße basiert auf dem Datenformat Bit mit den zwei Werten 0 und 1. Typische bitverarbeitende Operationen sind: Testen, Testen und Setzen, Testen und Rücksetzen, Testen und Invertieren. Die drei letztgenannten Operationen werden *atomar*, d. h. unteilbar ausgeführt. Sie dienen in Betriebssystemen zur Realisierung von Semaphoren und kritischen Programmabschnitten (siehe Abschn. 22.3.3.2).

Das Testergebnis wird für Verzweigungen ausgewertet. *Beispiel:* Test von Bit 5 des Registers r2. Wenn Bit 5 = 1, dann Sprung zur Adresse, die durch Addition des Displacements d16 (2-Komplement-Zahl) zum Befehlszähler entsteht (Branch on Bit Set).

```
bb1 5,r2,d16
```

22.1.3.2 Bitvektor

Ein Bitvektor besteht aus einer Aneinanderreihung einzelner Bits in z. B. einem der Standarddatenformate. Die auf diesen Datentyp anwendbaren Operationen umfassen die Boole'schen Operationen AND, OR und XOR sowie NOT. *Beispiel:* Ausblenden („maskieren") der Bits 0 bis 3 eines im Register r1 stehenden ASCII-Zeichens (Ziffer 5) mittels der Maske 0x0f und Speichern des Ergebnisses in r2. Das Präfix 0x

steht als programmiersprachliche Kennzeichnung hexadezimaler Angaben (vgl. Abschn. 22.1.4.1).

```
and.b r2,r1,0x0f
```

Quelle r1:	00110101
Maske 0x0f:	00001111
Ziel r2:	00000101

22.1.3.3 Ganze Zahl

Beim Datentyp ganze Zahl unterscheidet man die vorzeichenlose Zahl (*unsigned binary number*, *Dualzahl*) und die vorzeichenbehaftete Zahl in 2-Komplement-Darstellung (*signed binary number*, *integer*, *2-Komplement-Zahl*), dargestellt in den Standardformaten. Die wichtigsten Operationen sind die vier Grundrechenoperationen Addition, Subtraktion, Multiplikation und Division sowie die Vorzeichenumkehr.

Der Zahlenwert einer n-stelligen vorzeichenlosen Zahl Z_U mit den binären Ziffern a_i ist

$$Z_U = \sum_{i=0}^{n-1} a_i 2^i \; .$$

Bei einer n-stelligen 2-Komplement-Zahl Z_S ergibt er sich zu

$$Z_S = -a_{n-1}2^{n-1} + \sum_{i=0}^{n-2} a_i 2^i \; ,$$

wobei das höchstwertige Bit a_{n-1} als Vorzeichenbit interpretiert wird. Bei positivem Vorzeichen ($a_{n-1} = 0$) ist der Zahlenwert gleich dem der vorzeichenlosen Zahl gleicher Codierung, bei negativem Vorzeichen ($a_{n-1} = 1$) ist er gleich der vorzeichenlosen Zahl gleicher Codierung, jedoch um die Größe des halben Wertebereichs (2^{n-1}) in den negativen Zahlenraum verschoben (Tab. 4, 5, 6 und 7).

Die Befehle für die Addition und die Subtraktion sind von den beiden Zahlendarstellungen unabhängig. Die ALU erzeugt jedoch Bedingungsbits (siehe auch ▶ Abschn. 21.5.1.3 in Kap. 21, „Digitale Systeme") zur Anzeige von Bereichsüberschreitungen, die eine nachträgliche Interpretation zulassen: für die vorzeichenlosen Zahlen zeigt das Carry-Bit C (Übertragsbit) eine Bereichsüberschreitung an, für vorzeichenbehaftete Zahlen das Overflow-Bit V (Überlaufbit). Ausgewertet werden diese Bits z. B. bei Programmverzweigungen (siehe ▶ Abschn. 21.5.1 in Kap. 21, „Digitale Systeme"). Spezielle Additions- und Subtraktionsbefehle beziehen das Übertragsbit C in die Operationen mit ein, sodass Zahlen, deren Stellenanzahl die Standardformate überschreitet, in mehreren Schritten addiert bzw. subtrahiert werden können.

Tab. 4 Darstellung ganzer Zahlen Z_U (vorzeichenlos) und Z_S (vorzeichenbehaftet) im Datenformat Byte

Binärcode	Z_U	Z_S
00000000	0	0
00000001	1	1
00000010	2	2
⋮	⋮	⋮
01111111	127	127
10000000	128	−128
10000001	129	−127
⋮	⋮	⋮
11111111	255	−1

Tab. 5 Wertebereich für ganze Zahlen Z_U (vorzeichenlos) und Z_S (vorzeichenbehaftet) bei der Darstellung mit n Bits

n	Z_U	Z_S
8	0 bis 255	−128 bis +127
16	0 bis 65.535	−32.768 bis +32.767
n	0 bis $2^n - 1$	-2^{n-1} bis $+2^{n-1} - 1$

Die Multiplikation führt bei einfacher Operandenbreite von Multiplikand und Multiplikator (meist gleich der Verarbeitungsbreite des Prozessors) auf ein Produkt doppelter Breite, wahlweise auch einfacher Breite. Bei der Division hat der Dividend doppelte (wahlweise einfache) Breite; Divisor, Quotient und Rest haben einfache Breite. Ein Divisor mit dem Wert null führt zum Befehlsabbruch (zero-divide trap, Abschn. 22.3.3.2). – Zur Arithmetik mit ganzen Zahlen siehe z. B. Hoffmann (1993), Omondi (1994) und Stallings (2006).

22.1.3.4 Gleitpunktzahl
Zahlendarstellung.

Für das Rechnen mit reellen (eigentlich: rationalen) Zahlen hat sich in der Rechnertechnik die halblogarithmische Zahlendarstellung mit Vorzeichen, Mantisse und Exponent, d. h. die der Gleitpunktzahlen (*floating-point numbers*) durchgesetzt. Gegenüber den ganzen Zahlen erreicht man mit ihnen einen wesentlich größeren Wertebereich bei allerdings geringerer Genauigkeit. Die Gleitpunktdarstellung ist in IEEE 754–1985 bzw. DIN/IEC 60 559 festgelegt; nach ihr ergibt sich der Wert Z_{FP} einer Zahl zu

$$Z_{FP} = (-1)^s (1.f) 2^{e-\text{bias}}.$$

Gleitpunktzahlen werden in zwei *Grundformaten* codiert (Abb. 2): *einfach lang* mit 32 Bits (single precision), *doppelt lang* mit 64 Bits (double precision). Rechenwerksintern kann überdies in je einem *erweiterten Format* gearbeitet werden, um höhere Rechengenauigkeiten zu erzielen

Tab. 6 Zahlenbereiche und Genauigkeiten für Gleitpunktzahlen einfacher und doppelter Länge

	einfache Länge	doppelte Länge
Datenformat	32 Bits	64 Bits
Mantisse	24 Bits	53 Bits
größter relativer Fehler	2^{-24}	2^{-53}
Genauigkeit	$\approx$7 Dezimalstellen	$\approx$16 Dezimalstellen
transformierter Exponent e	8 Bits	11 Bits
Bias	127	1023
Bereich für E	−126 bis 127	−1022 bis 1023
kleinste positive Zahl	$2^{-126} \approx 1{,}2 \cdot 10^{-38}$	$2^{-1022} \approx 2{,}2 \cdot 10^{-308}$
größte positive Zahl	$(2 - 2^{-23}) 2^{127} \approx 3{,}4 \cdot 10^{38}$	$(2 - 2^{-52}) 2^{1023} \approx 1{,}8 \cdot 10^{308}$

(meist wird einheitlich ein 80-Bit-Format benutzt). Der Übergang auf die Grundformate erfolgt dann durch Runden.

s ist das Vorzeichen (sign) der Gleitpunktzahl (0 positiv, 1 negativ). Die Mantisse 1.f (significand) wird als gemischte Zahl in *normalisierter Form* angegeben. Dazu wird sie, bei entsprechendem Vermindern des Exponenten, so weit nach links verschoben, bis sie eine führende Eins aufweist. Der „Dualpunkt" steht immer rechts von dieser Eins. In den Grundformaten gespeichert wird lediglich der Bruch f (*fraction*); die führende Eins wird von der *Gleitpunktrecheneinheit* (*floating-point unit*, *FPU*) automatisch hinzugefügt. Die Mantisse hat den Wertebereich $1.0 \leq 1.f < 2.0$. Die Information des vorzeichenbehafteten Exponenten e wird im Datenformat durch den *transformierten Exponenten* e (*biased exponent*) dargestellt. Dazu wird zu E in seiner 2-Komplement-Darstellung eine Konstante (bias = 127 bzw. 1023) addiert, sodass sich eine positive (vorzeichenlose) Zahl ergibt: $e = E + \text{bias}$. Dadurch kann das Vergleichen von Gleitpunktzahlen, genauer, von deren Beträgen, als Ganzzahloperation realisiert werden. – Tab. 6 zeigt für beide Grundformate die Zahlenbereiche und die Genauigkeiten bei normalisierter Darstellung (siehe auch ▶ Abschn. 23.2.2 in Kap. 23, „Programmierung").

Tab. 7 Darstellung von Gleitpunktzahlen. **a** Null; **b** unnormalisiert; **c** normalisiert; **d** unendlich; **e** Nichtzahl

a	$(-1)^S * 0$	$e = 0$, $f = 0$
b	$(-1)^S (0.f)2^{-126/-1022}$	$e = 0$, $f \neq 0$
c	$(-1)^S (1.f)2^{e-127/-1023}$	$0 < e < 255/2047$
d	$(-1)^S * \infty$	$e = 255/2047$, $f = 0$
e	Nichtzahl	$e = 255/2047$, $f \neq 0$

Der kleinste und der größte Exponentwert (e) sind zur Darstellung von null und *unnormalisierten Zahlen* bzw. von unendlich und *Nichtzahlen* (*not a numbers*, *NaNs*) reserviert (Tab. 7). Unnormalisierte Zahlen haben mit der Mantisse der Form 0.f eine geringere Genauigkeit als normalisierte Zahlen (Bereichsunterschreitung); sie werden mit $e = 1$ interpretiert (Tab. 8). Nichtzahlen dienen u. a. zur Kennzeichnung nichtinitialisierter Variablen und zur Übermittlung von Diagnoseinformation, wie sie z. B. während einer Berechnungsfolge aufgrund ungültiger oder nicht verfügbarer Operanden erzeugt wird.

Operationen.

Die Norm sieht als arithmetische Operationen die Addition, die Subtraktion, die Multiplikation, die Division, die Restbildung, den Vergleich und das Radizieren vor. Hinzu kommen Konvertierungsoperationen zwischen den Gleitpunktformaten und solche zwischen Gleitpunktzahlen und 2-Komplement-Zahlen sowie wenigstens einer Darstellung für Dezimalzahlen (BCD-Strings). Heutige Gleitpunktrecheneinheiten unterstützen ferner u. a. trigonometrische und logarithmische Operationen. – Zur Arithmetik mit Gleitpunktzahlen siehe z. B. Goldberg (1990, 1991), Omondi (1994) und Stallings (2006).

Runden.

Die rechenwerksinterne Verarbeitung in den erweiterten Formaten erfordert, sofern die überzähligen Stellen des Bruches f relevante Werte aufweisen, ein Runden der Werte beim Anpassen an die Grundformate. Dabei sollen exakte Ergebnisse arithmetischer Operationen erhalten bleiben (z. B. bei der Multiplikation mit 1). Die bestmögliche Behand-

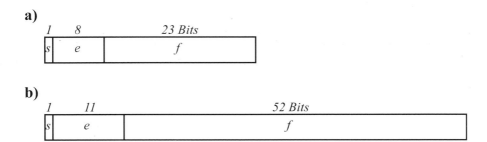

Abb. 2 Grundformate für Gleitpunktzahlen. **a** Einfach lang (32 Bits); **b** doppelt lang (64 Bits)

Tab. 8 Beispiele zur Codierung von Gleitpunktzahlen einfacher Länge. a Null; b unnormalisiert; c normalisiert; d unendlich; e Nichtzahlen

	s	e	f	Wert
a	0/1	00000000	00 . . . 00	$= \pm 0$
b	0/1	00000000	00 . . . 01	$= \pm 0.00 \ldots 01 \cdot 2^{-126}$
	0/1	00000000	11 . . . 11	$= \pm 0.11 \ldots 11 \cdot 2^{-126}$
c	0/1	00000001	00 . . . 00	$= \pm 1.00 \ldots 00 \cdot 2^{-126}$
	0/1	11111110	11 . . . 11	$= \pm 1.11 \ldots 11 \cdot 2^{+127}$
d	0/1	11111111	00 . . . 00	$= \pm \infty$
e	0/1	11111111	00 . . . 01	$=$ Nichtzahl
	0/1	11111111	11 . . . 11	$=$ Nichtzahl

lung von Rundungsfehlern geschieht durch das sog. *korrekte Runden*. Dabei wird der Wert gleich dem nächstgelegenen Wert im Zielformat gesetzt, im Zweifelsfall gleich dem Wert mit geradzahliger Endziffer. Hingegen wird beim *Aufrunden* der Wert in Richtung plus unendlich, beim *Abrunden* in Richtung minus unendlich gerundet. Durch den Einsatz beider Verfahren lassen sich Resultate mittels zweier Schranken darstellen, innerhalb deren der korrekte Wert liegt (Intervallarithmetik). Beim *Runden gegen null* werden die das Grundformat überschreitenden Bitpositionen abgeschnitten.

22.1.3.5 Vektor
Der Begriff Vektor steht in der Informatik für einen höheren Datentyp, der auf der Datenstruktur Feld mit Datenobjekten eines einheitlichen elementaren Datentyps basiert. Vektoren werden durch sog. *Vektorbefehle* elementweise verarbeitet, d. h., ein Befehl löst mehrere Elementaroperationen aus. Implementiert werden diese Datentypen auf *Vektorrechnern* (siehe Abschn. 22.2.4.1). Die wichtigsten Vektordatentypen sind: *Vektor aus Bitvektoren* mit den Elementaroperationen AND, OR und XOR, *Vektor aus ganzen Zahlen* mit den Elementaroperationen Addition und Subtraktion und *Vektor aus Gleitpunktzahlen* mit den Elementaroperationen Addition, Subtraktion, Multiplikation, Reziprokwertbildung, Normalisieren sowie weiteren, speziellen Operationen.

22.1.4 Maschinen- und Assemblerprogrammierung

Die Informationsverarbeitung in einem Rechner erfolgt durch ein Programm, das als Folge von Maschinenbefehlen im Hauptspeicher steht und vom Prozessor Befehl für Befehl gelesen und ausgeführt wird. Die Befehle sind, wie Texte und Zahlen, binär codiert. Bei der Programmierung des Rechners wird zur leichteren Handhabung eine symbolische Schreibweise angewandt. In der hardwarenächsten Ebene, der *Assemblerebene*, entspricht dabei ein symbolischer Befehl einem Maschinenbefehl. Die symbolische Schreibweise wird *Assemblersprache* genannt. Sie ist durch den Befehlssatz des Prozessors geprägt, jedoch in ihrer Symbolik und Befehlsdarstellung (Notation, Syntax) von der Hardware unabhängig. Die Umsetzung eines in einer Assemblersprache geschriebenen Programms (*Assemblerprogramm*, Assemblercode) in ein vom Prozessor ausführbares Programm (Maschinenprogramm, *Maschinencode*) übernimmt ein Übersetzungsprogramm, der *Assembler* (siehe z. B. Liebig (2003)). Anweisungen an den Assembler, wie z. B. das explizite Zuordnen von symbolischen zu numerischen Adressen, erfolgen durch *Assembleranweisungen* (Direktiven), die wie die Maschinenbefehle in das Programm eingefügt werden. Sie haben mit wenigen Ausnahmen keine codeerzeugende Wirkung.

22.1.4.1 Assemblerschreibweise
Assemblerprogramm.
Code 1 zeigt links den grundsätzlichen Aufbau eines Assemblerprogramms am Beispiel der Polynomauswertung, wie sie für einen Akkumulator (vgl. ▶ Abschn. 21.5.1 in Kap. 21, „Digitale Systeme") beschrieben ist:

$$y = a_3 x^3 + a_2 x^2 + a_1 x^1 + a_0$$
$$= ((a_3 x + a_2) x + a_1) x + a_0$$

Jede der Programmzeilen enthält einen Befehl mit den Bestandteilen Marke (optional), Operation und Adresse, die durch Leerzeichen (spaces) oder Tabulatoren voneinander getrennt sind. Operations- und Adressteil beschreiben dabei den eigentlichen Maschinenbefehl. Mit der Marke (label) kann man einen Befehl als Einsprungstelle für Programmverzweigungen kennzeichnen. Der Adressteil ist hier für einen Einadressrechner ausgelegt, insofern ist hier nur ein einziger Operand angegeben. Bei einem Dreiadressrechner wären es drei Operanden, z. B. drei durch Kommata getrennte Registeradressen. Daran anschließend kann, mit z. B. einem Semikolon beginnend, die Zeile kommentiert werden. Dieser Kommentar unterstützt die Programmdokumentation und hat keine Wirkung auf den Assembliervorgang. Die Assembleranweisungen des Programms mit den hier gewählten Abkürzungen ORG, DC, DS, EQU und END unterliegen der gleichen Formatierung, wobei jedoch ihre Marken- und Adressteile in individueller Weise genutzt werden. – Code 1 zeigt rechts das gleiche Programm, jedoch in der höheren, aber hardwarenahen Programmiersprache C.

Symbole, Zahlen und Ausdrücke.
Als Operationssymbole werden üblicherweise leicht merkbare Abkürzungen (mnemonics) verwendet. Sie können um ein Suffix zur Bezeichnung des Datenformats erweitert sein, z. B. der Maschinenbefehl „Addiere wortweise" ADD.W oder die Assembleranweisung „Definiere Konstante als Byte" DC.B. Mnemonisch vorgegeben sind auch die Bezeichner der allgemeinen Register des Prozessors, z. B. R0, R1, ... sowie SP für das Stackpointerregister und SR für das Statusregister. – Adresssymbole im Markenfeld sind weitgehend frei wählbar, unterliegen jedoch Vorschriften, wie: das erste Zeichen muss ein Buchstabe (Alphazeichen) sein, gewisse Sonderzeichen, z. B. das Leerzeichen, dürfen nicht verwendet werden. Gültige Symbole sind z. B. LOOP und VAR_1. Marken vor Maschinenbefehlen werden meist mit „:" abgeschlossen, vor Assembleranweisungen nicht. – Je nach Assembler wird Groß- oder Kleinschreibung verwendet, oder es ist beides zugelassen.

Zahlen sind dezimal (in Code 1 keine Kennung), hexadezimal (in Code 1 mit dem Präfix 0x, ggf. $) und oktal (Präfix @) darstellbar, z. B.

Marke	Operation	Adresse	C-Programm (als Gegenüberstellung)
	ORG	0x1000	`void main () {`
IO	EQU	0xFFC0	`#define io 0xffc0`
N	DC	3	`short n=3, array[4]={5,-2,3,1};`
ARRAY	DC	5,-2,3,1	
X	DS	1	`short x, p;`
P	DS	1	
POLY:	LDA	IO	`read (x, io);`
	STA	X	
	LDI	#0	
	LDA	ARRAY[I]	`p=array[0];`
LOOP:	ADDI	#1	`for (short i=1; i<n; i++)`
	MUL	X	`    p=p*x+array[i];`
	ADD	ARRAY[I]	
	CMPI	N	
	BNE	LOOP	
	STA	P	`write (p, io);`
	STA	IO+2	
	TRAP		
	END	POLY	`}`

Code 1 Polynomauswertung, links als Assemblerprogramm für einen Einadressrechner, rechts als C-Programm. Der Befehl TRAP bewirkt eine Programmunterbrechung und führt in das Betriebssystem zurück (Abschn. 22.3.2.2)

5, −2, 0xFFC0, @701. Zeichen und Zeichenketten (Textoperanden) werden üblicherweise durch einschließende Hochkommas gekennzeichnet, z. B. `TEXT NR. ,1`. Sie werden vom Assembler im ASCII oder EBCDIC dargestellt. Bitvektoren werden in binärer Schreibweise (z. B. Präfix %) oder in Hexadezimal- oder Oktalschreibweise dargestellt.

Adresssymbole, Zahlen, Bitvektoren und Textoperanden im Adressteil können durch arithmetische und logische Operatoren zu Ausdrücken verknüpft werden, die vom Assembler ausgewertet werden. Sie dienen zur Darstellung von Konstanten und Speicheradressen. *Beispiel:* Der Wert von IO+2 in Code 1 ergibt sich aus dem vom Assembler ermittelten Wert von IO, erhöht um 2.

22.1.4.2 Assembleranweisungen

Die Assembleranweisungen in Code 1 haben folgende Wirkungen: ORG (origin) gibt mit 0×1000 die Anfangsadresse der nachfolgenden Speicherbelegung an. Diese erfolgt hier für einen Speicher mit byteweiser Adressierung und einer Wortbreite von 16 Bit. Die EQU-Anweisung (equate) weist dem Symbol IO die Konstante $0 \times FFC0$ zu. Dies hat keinen Einfluss auf die Speicherbelegung, sondern nur textersetzende Wirkung. Im vorliegenden Programm bezeichnet die Konstante die Adresse eines Geräteregisters, über das der Wert X im Wortformat eingelesen wird. Der um 2 erhöhte Wert IO+2 bezeichnet ein zweites Geräteregister, an das zum Programmende der Ergebniswert P ausgegeben wird. Die Berechnung des Ausdrucks IO+2 führt der Assembler während der Übersetzung des Programms durch. EQU dient grundsätzlich der Übersichtlichkeit und erleichtert eine nachträgliche Änderung eines solchen Wertes (wie #define in C).

Die erste DC-Anweisung (define constant) erzeugt im Speicher eine Konstante im Wortformat (16 Bit) mit dem Wert 3 und der symbolischen Adresse N und weist N die durch ORG vorgegebene erste numerische Adresse 0×1000 zu. Die zweite DC-Anweisung erzeugt ein Speicherfeld mit vier Konstanten im Wortformat und weist dem Symbol ARRAY die nächste freie Adresse 0×1002 als Feldanfangsadresse zu. Mit DS (define storage)

wird entsprechend der Angabe im Adressteil und abhängig vom Suffix ein Wortspeicherplatz für die Variable X reserviert, ohne ihn zu initialisieren. Das Symbol X erhält als Wertzuweisung den um die acht Byteadressen (vier Wörter) des Feldes erhöhten Wert $0 \times 100A$. Die zweite DS-Anweisung reserviert in gleicher Weise das Speicherwort mit der Adresse $0 \times 100C$ für die Variable P.

Die Adressvergabe für die Maschinenbefehle beginnt im Anschluss an die Variable P mit der Adresse $0 \times 100E$, die so den Adresswert für die Marke POLY bildet. Durch Weiterzählen dieser Adresse, entsprechend den von den Befehlen belegten Speicherwörtern, wird auch der Marke LOOP ein Adresswert zugeordnet. Auf diese Weise ermittelt der Assembler in einem ersten Durchgang durch das Assemblerprogramm die Adresswerte aller als Marken auftretenden symbolischen Adressen. In einem zweiten Durchgang codiert er dann die Befehlszeilen und erzeugt so das Maschinenprogramm. Das Ende des Assemblercodes (physischer Abschluss) wird dem Assembler mit der END-Anweisung angezeigt. Sie gibt außerdem in ihrem Adressteil mit POLY die Programmstartadresse (hier 0x100E) für das Betriebssystem vor. Der logische Abschluss des Programms, d. h. der Rücksprung in das Betriebssystem erfolgt durch einen Trap-Befehl (siehe auch Abschn. 22.3.2.2). – Der Maschinencode wird entweder direkt im Speicher an der von der ORG-Anweisung angegebenen Adresse erzeugt, oder er wird zunächst in eine Datei geschrieben und dann später in einem eigenen Ladevorgang dort abgelegt.

22.1.4.3 Makros

Assemblersprachen erlauben neben der 1-zu-1-Umformung symbolischer Maschinenbefehle auch die 1-zu-n-Übersetzung sog. *Makrobefehle* in i. Allg. mehrere Maschinenbefehle. Diese Ausdehnung einer Zeile Assemblercode in n Zeilen Maschinencode während des Übersetzungsvorgangs wird als Makroexpansion bezeichnet. Ein solcher Makrobefehl hat dabei den gleichen Aufbau wie ein symbolischer Maschinenbefehl. *Beispiel:* Makrobefehl load für das Laden eines Speicheroperanden, bestehend aus der Befehlsfolge setl, setu und ld. Beschrieben wird der Makrobefehl durch eine Makrodefinition, die vom Assembler (jetzt auch als Makroassembler bezeichnet) während des Assemblervorgangs ausgewertet wird:

load	macro	/1,/2,/3
	setl	/2,/3
	setu	/2,/3
	ld	/1,/2
	endm	

An den Stellen der Makroaufrufe „load" im Assemblerprogramm, z. B.

:	
load	r4,r1,x
:	

erzeugt der Makroassembler die in der Makrodefinition durch die Anweisungen macro und endm (end macro) eingeschlossene Befehlsfolge und ersetzt dabei die formalen *Parameter*/1,/2,/3 durch die jeweils im Aufruf angegebenen aktuellen Parameter, hier durch r4, r1 und x:

:	
setl	r1,x
setu	r1,x
ld	r4,r1
:	

Zur Steigerung der Effizienz der Codeerzeugung bedient man sich zusätzlich der bedingten Assemblierung. Sie ermöglicht es, bei der Makroexpansion in Abhängigkeit der aktuellen Parameter unterschiedlichen Maschinencode zu erzeugen. So kann z. B. eine Programmschleife, wenn die Anzahl ihrer Durchläufe während der Assemblierung bekannt ist, davon abhängig „abgerollt" codiert oder als Schleife codiert werden. – Standardmakros können in Makrobibliotheken zur Verfügung gestellt werden.

22.1.4.4 Unterprogramme

Ein Unterprogramm (*Prozedur, subroutine*) ist eine in sich abgeschlossene Befehlsfolge mit meist eigenem lokalen Datenbereich, die an beliebigen Stellen eines übergeordneten Programms, z. B. des Hauptprogramms oder eines Unterprogramms, wiederholt aufgerufen und ausgeführt werden kann. Nach Abarbeitung der Befehlsfolge wird das übergeordnete Programm hinter der Aufrufstelle fortgesetzt (Abb. 3). Beim Aufruf wird das Unterprogramm i. Allg. mit Rechengrößen versorgt, und es gibt Ergebnisse an das übergeordnete Programm zurück. Man bezeichnet diese Größen (wie bei der Makrotechnik) als *Parameter* und den Vorgang als *Parameterübergabe*. Vorteile dieser Technik sind: sich wiederholende Befehlsfolgen werden (anders als bei der Makrotechnik) nur einmal gespeichert; die Programme werden gegliedert und sind dadurch übersichtlicher und leichter zu testen; Unterprogramme können unabhängig vom übergeordneten Programm übersetzt werden; Standardunterprogramme können in Programmbibliotheken zur Verfügung gestellt werden.

Aufruf und Rückkehr.
Der Aufruf eines Unterprogramms erfolgt durch einen speziellen Sprungbefehl (z. B. jump to subroutine, jsr) mit der Angabe der Startadresse des Unterprogramms als Sprungziel. Vor Neuladen des Befehlszählers wird dessen Inhalt als *Rücksprungadresse* auf den durch ein Stackpointerregister sr verwalteten Stack oder in ein Pufferregister des

Abb. 3 Zweimaliges Aufrufen eines Unterprogramms; zeitlicher Ablauf entsprechend der Nummerierung

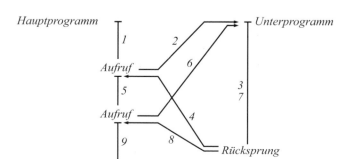

Prozessors (Link-Register) geschrieben. Die Rückkehr erfolgt durch einen weiteren speziellen Sprungbefehl (z. B. return from subroutine, rts), der als letzter Befehl des Unterprogramms den obersten Stackeintrag bzw. den Inhalt des Link-Registers als Rücksprungadresse in den Befehlszähler lädt.

Parameterübergabe.

Als Parameter werden beim Aufruf entweder die Werte von Operanden (*call by value*) oder deren Adressen (*call by reference*) übergeben. Die Wertübergabe erfordert lokalen Speicherplatz im Unterprogramm und ist für einzelne Werte geeignet. Die Adressübergabe ist bei zusammengesetzten Datenobjekten, z. B. Feldern, notwendig, da für die (vielen) Werte meist nicht genügend Speicherplatz zur Verfügung steht (z. B. in den allgemeinen Registern). Sie erlaubt außerdem auf einfache Weise die Parameterrückgabe (auch für einzelne Werte).

Grundsätzlich erfolgt die Parameterübergabe durch Zwischenspeicherung an einem Ort, der sowohl für das Hauptprogramm als auch für das Unterprogramm zugänglich ist. Übliche Orte sind

- der Registerspeicher des Prozessors, sofern die Anzahl der freien Register ausreicht,
- der Stack als Hauptspeicherbereich, der über das Stackpointerregister allgemein zugänglich ist.

Code 2 zeigt die Wert- und Adressübergabe im Stack an einem Beispiel, erklärt durch die Zeilenkommentare und die in Abb. 4 gezeigte dynamische Stackbelegung. Zur Vereinfachung der Programmierung von Stackzugriffen und allgemein von Feldern (arrays) werden Erweiterungen der registerindirekten Adressierung verwendet:

- *Registerindirekte Adressierung mit Prädekrement* oder *mit Postinkrement*: Bei -(sp) und

Hauptprogramm:			
	:		
x	ds.w	1	;Variable x
string	ds.w	80	;Textpuffer string
0.	:		
	set	r1,x	;Makro mit setl und setu zur Adressbildung
1.	st.w	-(sp),(r1)	;Wert x auf den Stack schreiben
	set	r1,string	
2.	st.w	-(sp),r1	;Adresse string auf den Stack schreiben
3.	jsr	subr	;Aufruf des Unterprogramms subr
12.	ld.w	r1,4(sp)	;Ergebniswert vom Stack lesen
	st.w	x,r1	;Ergebniswert als X speichern
13.	add.w	sp,#8	;Parameterbereich freigeben
	:		
Unterprogramm:			
4. subr:	st.w	-(sp),r4	;r4 auf den Stack retten
5.	st.w	-(sp),r5	;r5 auf den Stack retten
6.	ld.w	r4,16(sp)	;Wert x vom Stack lesen
7.	ld.w	r5,12(sp)	;Adresse string vom Stack lesen
	:		
8.	st.w	16(sp),r4	;Rückgabewert auf den Stack schreiben
9.	ld.w	r5,(sp)+	;r5 wiederherstellen
10.	ld.w	r4,(sp)+	;r4 wiederherstellen
11.	rts		;Rücksprung in das aufrufende Programm

Code 2 Parameterübergabe und Statusretten auf dem Stack, adressiert über das Stackpointerregister sp, bei einem Speicherwortformat von 32 Bit. Beim Aufruf des Unterprogramms „subr" werden an dieses der Wert „x" (call by value) und die Adresse „string" (call by reference) als Eingangsparameter übergeben; „x" erhält nach der Rückkehr in das aufrufende Programm den Ergebniswert und wirkt somit auch als Ausgangsparameter. Die Inhalte der vom Unterprogramm benutzten Prozessorregister r4 und r5 werden von ihm zunächst auf den Stack gerettet und später wiederhergestellt. Das aufrufende Programm gibt zum Abschluss den Parameterbereich auf dem Stack wieder frei

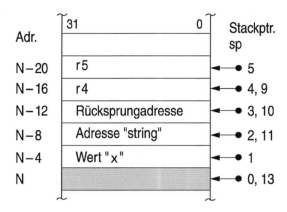

Abb. 4 Zeitliche Abfolge für die Belegung und Freigabe des Stacks durch das Programm aus Code 2. Die Nummern spiegeln die Positionen des Stackpointers nach Ausführung der jeweiligen Programmzeile wider

-(ri) wird der Registerinhalt sp bzw. ri um die Byteanzahl des im Befehl angegeben Datenformats *vor* dem Speicherzugriff vermindert, bei (sp)+ und (ri)+ um diese Byteanzahl *nach* dem Speicherzugriff erhöht.

• *Registerindirekte Adressierung mit Displacement*: Bei d(sp) und d(ri) wird die effektive Adresse durch Addition des Registerinhalts sp bzw. ri und eines im Befehl stehenden Displacements d (2-Komplement) gebildet.

Schachtelung von Aufrufen.
Ein Unterprogramm kann seinerseits Unterprogramme aufrufen und erhält damit die Funktion eines übergeordneten Programms. Der Aufrufmechanismus kann sich so über mehrere Stufen erstrecken. Man bezeichnet das als Schachtelung von Unterprogrammaufrufen und unterscheidet drei Arten:

Einfache Unterprogramme folgen dem behandelten Schema von Aufruf und Rückkehr, wobei der für das Retten der Rücksprungadresse benutzte Stack mit seinem LIFO-Prinzip genau der Schachtelungsstruktur entspricht. Lokale Daten und Parameter können in gesonderten Speicherbereichen oder auf dem Stack verwaltet werden.

Rekursive Unterprogramme können aufgerufen werden, bevor ihre jeweilige Verarbeitung abgeschlossen ist. Dies geschieht entweder direkt, wenn sich das Unterprogramm selbst aufruft, oder

indirekt, wenn der Wiederaufruf auf dem Umweg über ein oder mehrere Unterprogramme erfolgt. Bei rekursiven Unterprogrammen muss dafür gesorgt werden, dass mit jedem Aufruf ein neuer Datenbereich bereitgestellt wird, damit der zuletzt aktuelle Bereich nicht beim erneuten Aufruf überschrieben wird. Hierfür bietet sich wiederum der Stack an.

Reentrante (wiedereintrittsfeste) Unterprogramme können wie rekursive Unterprogramme aufgerufen werden, bevor sie ihre jeweilige Verarbeitung abgeschlossen haben. Bei ihnen ist jedoch der Zeitpunkt des Wiederaufrufs nicht bekannt, so z. B. beim Aufruf durch Interruptroutinen. Das heißt, das an beliebigen Stellen von einem Interrupt unterbrechbare Unterprogramm muss bei jedem Wiederaufruf selbst für das Retten seines Datenbereichs und seines Status sorgen. Auch hier bietet sich wieder der Stack an. Diese Technik findet z. B. bei Mehrprogrammsystemen Einsatz (Abschn. 22.3.1.4).

22.2 Rechnersysteme

Rechnersysteme bestehen aus Funktionseinheiten, die durch Übertragungswege – Busse oder Punkt-zu-Punkt-Verbindungen – miteinander verbunden sind. Aktive Einheiten (*master*) sind in der Lage, Datentransfers auszulösen und zu steuern. Sie arbeiten entweder programmgesteuert (Prozessoren) oder ihre Funktion ist fest vorgegeben bzw. in eingeschränktem Maße programmierbar (*controller*). Passive Einheiten (*slaves*) werden von einem Master gesteuert (z. B. Speicher und passive Schnittstelleneinheiten zur Peripherie).

Einfache Rechnersysteme bestehen aus einem Zentralprozessor als einzigem Master, aus Speichern und passiven Ein-/Ausgabeeinheiten als Slaves sowie aus Übertragungswegen. Eine Erhöhung der Leistungsfähigkeit erhält man durch weitere Master zur Steuerung von Ein-/Ausgabevorgängen, z. B. Direct-memory-access-Controller (DMA-Controller) oder Ein-/Ausgabeprozessoren oder durch weitere Prozessoren zur Unterteilung der zentralen Datenverarbeitung. Dieser Weg führt zu parallelarbeitenden Rechnern hoher Rechenleistung.

Darüber hinaus werden Rechner und periphere Geräte über Verbindungsnetzwerke zu Rechnernetzen verbunden. Diese erlauben es dem Benutzer, mit anderen Netzteilnehmern Daten auszutauschen und die Rechen-, Speicher- und Ein-/Ausgabeleistung des gesamten Netzes mitzubenutzen.

22.2.1 Verbindungsstrukturen

Die herkömmlichen Verbindungsstrukturen zwischen den Funktionseinheiten eines Rechners sind parallele oder serielle *Busse*, an die mehrere Funktionseinheiten als „Buskomponenten" (Master und Slaves) über mechanisch, elektrisch und funktionell spezifizierte Schnittstellen angekoppelt sind. Sie erlauben es in einfacher Weise, Rechner hinsichtlich Art und Anzahl der Funktionseinheiten flexibel zu konfigurieren. Sie haben allerdings den Nachteil, dass immer nur zwei Busteilnehmer miteinander kommunizieren können und dass die erreichbaren Bustaktfrequenzen weit unter denen von Prozessoren liegen. Bei hohem Leitungsaufwand erzielt man ggf. unzureichende Übertragungsraten.

Busse werden deshalb verstärkt durch serielle und parallele *Punkt-zu-Punkt-Verbindungen* ersetzt, die jeweils nur zwei Funktionseinheiten miteinander verbinden. Diese Technik, verbunden mit differenzieller Signaldarstellung, wie sie für die serielle Übertragung gebräuchlich ist, ermöglicht sehr viel höhere Taktfrequenzen und damit höhere Übertragungsraten. Ausgehend von seriellen Punkt-zu-Punkt-Verbindungen kann die Übertragungsrate zwischen zwei Übertragungspartnern individuell angepasst werden, indem ggf. mehrere serielle Verbindungen parallel betrieben werden. Als weiterer Vorteil gegenüber Bussen können mehrere Punkt-zu-Punkt-Verbindungen gleichzeitig aktiv sein, also mehr als nur zwei Übertragungspartner gleichzeitig miteinander kommunizieren. – Vertiefend zu Abschn. 22.2.1 siehe z. B. Flik (2005).

22.2.1.1 Ein- und Mehrbussysteme
Einbussysteme.
Bei Einbussystemen sind alle Funktionseinheiten eines Rechners über einen zentralen Bus, den *Systembus*, der im Wesentlichen die Signalleitungen des Prozessors umfasst (*Prozessorbus*) miteinander

verbunden (Abb. 5a). Die Datenübertragung geschieht parallel über mehrere Datenleitungen (paralleler Bus), z. B. im Byteformat (8-Bit-Bus bei 8-Bit-Prozessoren) oder in geradzahligen Vielfachen von Bytes (z. B. 32-Bit-Bus bei 32-Bit-Prozessoren). Typisch ist eine solche Struktur für die Steuerungstechnik (*embedded control*), wobei die Gesamtstruktur oft in einem einzigen Halbleiterbaustein, einem sog. *Mikrocontroller* untergebracht ist.

Einbussysteme haben den Nachteil, dass immer nur ein einziger Datentransport stattfinden kann und somit bei mehreren Mastern im Rechner (in Abb. 5a Prozessor und DMA-Controller, DMAC) Engpässe auftreten können. Ferner ist der Bus durch die erforderliche Buslänge und ggf. die Vielzahl der angeschlossenen Buskomponenten mit einer großen kapazitiven Buslast in seiner Übertragungsgeschwindigkeit beschränkt, was sich insbesondere beim Hauptspeicherzugriff nachteilig auswirkt.

Mehrbussysteme mit Bridges.
Bei Mehrbussystemen sind die Funktionseinheiten eines Rechners entsprechend ihren unterschiedlichen Übertragungsgeschwindigkeiten und ihren Wirkungsbereichen auf Busse unterschiedlicher Leistungsfähigkeit verteilt, die wiederum durch Steuereinheiten miteinander verbunden sind. Abb. 5b zeigt eine solche Mehrbusstruktur mit Prozessorbus, Systembus und Peripheriebus in einer bzgl. ihrer Übertragungsgeschwindigkeiten hierarchischen Anordnung. Der *Prozessorbus* als sehr schneller Bus (z. B. 64 Bit breit) verbindet die Komponenten hoher Übertragungsgeschwindigkeit, d. h. Prozessor/Cache und Hauptspeicher. Der *Systembus* (z. B. PCI-Bus, 32 Bit breit, siehe Abschn. 22.2.1.5) dient den langsameren Komponenten, hauptsächlich den Schnittstellen und Steuereinheiten für die Ein-/Ausgabe, weshalb er häufig auch als *Ein-/Ausgabebus* bezeichnet wird. Verbunden sind die beiden Busse über eine Überbrückungssteuereinheit, eine sog. *Bridge*, die einerseits die Busaktivitäten entkoppelt und andererseits die Datenübertragung zwischen den Komponenten der verschiedenen Busse koordiniert. Sie enthält ggf. zusätzliche Steuereinheiten, wie DMA-Controller, Interrupt-Controller und Bus-Arbiter.

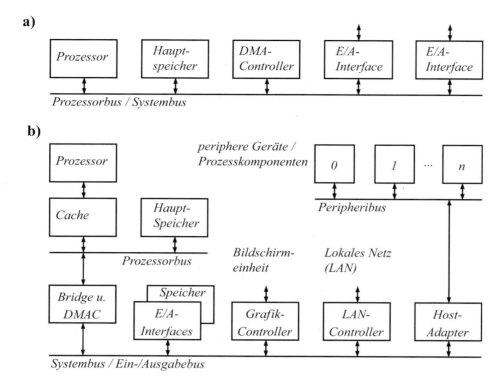

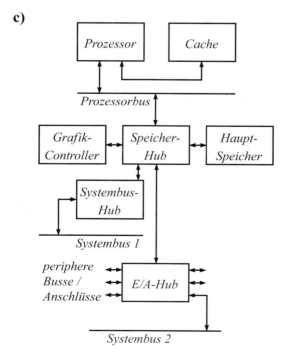

Abb. 5 Rechnersysteme. **a** Einbussystem mit Prozessorbus/Systembus (z. B. 16 Bit parallel); **b** bridge-basiertes Mehrbussystem mit Prozessorbus (z. B. 64 Bit parallel), Systembus/Ein-/Ausgabebus (z. B. 32 Bit parallel), Peripheriebus (seriell oder 8 Bit parallel) und einem Anschluss an ein lokales Rechnernetz (seriell); **c** hub-basiertes Rechnersystem (PC) mit Punkt-zu-Punkt-Verbindungen und Bussen

Der *Peripheriebus* ist üblicherweise als Kabelverbindung ausgeführt mit serieller oder paralleler (8 oder 16 Bit breiter) Datenübertragung für den Anschluss eigenständiger Geräte (rechnerintern oder -extern, z. B. SCSI) oder Prozesskomponenten (rechnerextern, z. B. Feldbusse). Seine Verbindung mit dem Systembus erfolgt über eine Steuereinheit (oft als *Host-Adapter* bezeichnet). In einfacherer Ausführung reduziert sich der Peripheriebus auf eine *Punkt-zu-Punkt-Verbindung* mit passiver Anbindung an den Systembus (z. B. IDE/ATA). Moderne Peripherie „busse" verbinden eine Vielzahl von Geräten Punkt-zu-Punkt, entweder aneinandergereiht als Kabel „bus" (z. B. FireWire) oder in netzähnlicher Struktur (z. B. USB). – Abb. 5b zeigt darüber hinaus die (serielle) Ankopplung des Rechners an ein lokales Netz über eine Netzsteuereinheit (LAN-Controller, local area network controller).

Gegebenenfalls ist in einer solchen Mehrbusstruktur der Systembus/Ein-/Ausgabebus in zwei Busse aufgeteilt, die dann über eine weitere Bridge miteinander verbunden sind. Typisch ist dies bei älteren PC-Strukturen mit PCI-Bus (Systembus) und langsamerem ISA-Bus (Ein-/Ausgabebus). Letzterer ist heute nur noch in Industrieanwendungen zu finden.

Mehrbussysteme mit Hubs.
Eine für PCs typische Mehrbusstruktur zeigt Abb. 5c. Sie weist anstelle der Bridges sog. *Hubs* (zentrale Verteiler) und darüber hinaus weitere Strukturverbesserungen auf: (1.) Der Cache kommuniziert mit dem Prozessor nicht mehr über dessen Busschnittstelle (Frontside-Cache, z. B. 64 Bit), sondern über eine zusätzliche, höher getaktete Punkt-zu-Punkt-Verbindung mit ggf. breiterem Datenweg (Backside-Cache, z. B. 128 Bit). (2.) Der Speicher-Hub vermittelt sämtliche Datenübertragungen zwischen den ihn umgebenden schnellen Komponenten, wobei Übertragungen zwischen unterschiedlichen Übertragungspartnern *gleichzeitig* stattfinden können. Mit Ausnahme des Prozessorbusses (64 Bit), sind sämtliche Datenwege als schnelle parallele Punkt-zu-Punkt-Verbindungen ausgelegt: zum Hauptspeicher (z. B. 2×64 Bit), zur Grafikeinheit (z. B. 16 Bit), zum Systembus-Hub (z. B. 16 Bit) und zum E/A-Hub (z. B. 8 Bit). Der Speicher-Hub ist für die Übertragungen mit Pufferspeichern ausgestattet, außerdem enthält er die Steuerung für den Hauptspeicher (DRAM-Controller). Der Systembus-Hub versorgt den schnellen Systembus 1 (z. B. PCI-X-Bus, 64 Bit breit, siehe Abschn. 22.2.1.5). (3.) Der E/A-Hub steuert sämtliche peripheren Busse (z. B. USB, FireWire) und Anschlüsse (z. B. für Festplatten, LAN) sowie den langsameren Systembus 2 (z. B.: PCI-Bus, 32 Bit breit, siehe Abschn. 22.2.1.5). Durch die schnelle Punkt-zu-Punkt-Verbindung zum Speicher-Hub und durch Pufferspeicher im E/A-Hub können diese Einheiten ggf. *gleichzeitig* mit Daten versorgt werden. Der E/A-Hub enthält zusätzliche Funktionseinheiten, wie DMA-Controller, Interrupt-Controller, Timer. (4.) Die peripheren Busse und Anschlüsse des E/A-Hubs übertragen mit hohen Übertragungsraten seriell, der Systembus 2 parallel. – Man bezeichnet die aufeinander abgestimmten Hubs (bzw. Bridges) eines Rechners als dessen *Chipsatz*.

22.2.1.2 Systemaufbau
Rechner für allgemeine Anwendungen werden üblicherweise als modulare Mehrkartensysteme aufgebaut, sodass man in ihrer Strukturierung flexibel ist. Dabei werden zwei alternative Prinzipien verfolgt. Entweder wird ein festes Grundsystem durch zusätzliche Karten über Steckverbindungen *erweitert*, wobei Anzahl und Funktion der Karten in gewissem Rahmen wählbar sind, oder das System insgesamt wird durch steckbare Karten *konfiguriert*, sodass auch das Grundsystem als Karte wählbar bzw. austauschbar ist. Erwünscht ist dabei eine möglichst große Auswahl an Karten, was durch die Standardisierung von Systembussen und Punkt-zu-Punkt-Verbindungen gefördert wird.

Das Prinzip des Erweiterns eines Grundsystems findet man bevorzugt bei Arbeitsplatzrechnern (PCs, Workstations) und Servern. Hier sind elementare Funktionseinheiten, wie Chipsatz, Taktgeber (Clock) und das BIOS-Flash-RAM (Basic I/O System, Treibersoftware des Betriebssystems), fest auf einer Grundkarte (*main board, mother board*) untergebracht. Weitere Komponenten, wie Prozessor, prozessorexterner Cache, Hauptspeicher und Grafik-Controller, sind mittels spezieller, vom Chipsatz versorgter Stecksockel (slots) zusteckbar. Darüber hinaus bietet der Systembus universelle Steckplätze für quasi beliebige Zusatzkomponenten, womit ein solches System vielfältig erweiterbar ist. Man bezeichnet den Systembus deshalb auch als *Erweiterungsbus*. Weitere elementare Komponenten, wie Festplatte, DVD-Laufwerk, LAN, Tastatur und Monitor, werden mittels Kabelverbindungen mit dem Chipsatz bzw. mit dem Grafik-Controller verbunden. Externe Speicher und Ein-/Ausgabegeräte werden mittels serieller Verbindungen oder paralleler Verbindungen vom Chipsatz aus betrieben. Solche Verbindungen sind entweder als *Kabelbusse* ausgelegt, d. h., die Geräte sind in Reihe miteinander verbunden, oder sie werden über interne und ggf. externe Hubs netzartig betrieben, d. h., die Geräte sind in einer Stern- oder Baumstruktur miteinander verbunden.

Erkennt ein Rechnersystem beim Hochfahren seines Betriebssystems seine Komponenten (Steckkarten, Geräte am Kabelbus und an externen Hubs) selbst und führt es daraufhin z. B. die Vergabe von Interruptprioritäten, das Zuordnen von DMA-Kanälen und Adressbereichen an die Komponenten selbst durch, so spricht man von dem Prädikat „*Plug and Play*"; ist das Hinzufügen von Komponenten während des laufenden Betriebs möglich, von „*Hot Plug and Play*".

Das Prinzip des Konfigurierens eines ganzen Systems wird bei Rechnern für den industriellen Einsatz angewandt, um in der Strukturierung eine noch höhere Flexibilität als bei Arbeitsplatzrechnern zu erreichen. Dazu werden die Funktionseinheiten (Baugruppen) grundsätzlich als Steckkarten realisiert und diese dann als Einschübe nebeneinander in z. B. einem 19 Zoll breiten Baugruppenträger (19-Zoll-Rack) mit bis zu 20 Steckplätzen untergebracht. Zur Zusammenschaltung der Karten werden ihre Signalleitungen über Steckverbindungen auf eine Rückwandverdrahtung geführt. Diese Verdrahtung wird durch eine Leiterplatine (*backplane*) realisiert. Man bezeichnet einen solchen Bus auch als *Backplane-Bus*.

22.2.1.3 Busfunktionen

Ein Bus vermittelt die unterschiedlichen Funktionsabläufe zwischen den Busteilnehmern. Diese Abläufe unterliegen Regeln, die als sog. *Busprotokolle* Bestandteil der Busspezifikation sind.

Zur Einhaltung dieser Regeln, in denen sich die Funktion der Bussignale, ihr Zeitverhalten und ihr Zusammenwirken widerspiegeln, sind bei den Busteilnehmern entsprechende Steuereinheiten erforderlich. Die wesentlichen Funktionen sind

- die Datenübertragung zwischen Master und Slave,
- die Busarbitration (Buszuteilung) bei mehreren Mastern,
- die Interruptpriorisierung und
- Dienstleistungen (utilities), wie Stromversorgung, Taktversorgung (Systemtakt, Bustakt), Systeminitialisierung (Reset-Signal), Anzeige einer zu geringen Versorgungsspannung und Anzeige von Systemfehlern.

Hinzu kommen ggf. Funktionen, wie

- die Selbstidentifizierung von an den Bus angeschlossenen Komponenten (indem z. B. Steckkarten während einer Systeminitialisierung Statusinformation liefern, Plug and Play) und
- das Testen elektronischer Bauteile von Buskomponenten zur Fehlererkennung während des Betriebs (IEEE 1149.1: JTAG Boundary Scan).

Zur Realisierung dieser Funktionen unterscheidet man bei einem parallelen Bus fünf Leitungsbündel: Datenbus, Adressbus, Steuerbus, Versorgungsbus und Testbus.

Buszyklus bei synchronem und asynchronem Bus.
Die Datenübertragung für eine Schreib- oder Leseoperation wird vom Master ausgelöst und umfasst die Adressierung des Slave und die Synchronisation der Übertragung. Die Regeln, nach denen ein solcher *Buszyklus* abläuft, sind als Busprotokoll festgelegt.

Bei einem *synchronen Bus* (als der vorherrschenden Busart) sind Master und Slave durch einen gemeinsamen *Bustakt* miteinander synchronisiert, d. h., die Übertragung unterliegt einem festen Zeitraster mit fest vorgegebenen Zeitpunkten für die Bereitstellung und Übernahme von Adresse und Datum (Abb. 6). Gesteuert wird der Ablauf durch ein Adressgültigkeitssignal (Address-Stro-

Abb. 6 Buszyklus (Schreiboperation) bei einem synchronen Bus; Buszykluszeit von drei Takten einschließlich eines Wartezyklus; gegenpolige Doppellinien stehen für unterschiedliche Signalzustände bei mehreren Leitungen, die Mittellinie zeigt den Signalzustand Tristate an (vgl. ► Abschn. 21.5 in Kap. 21, „Digitale Systeme")

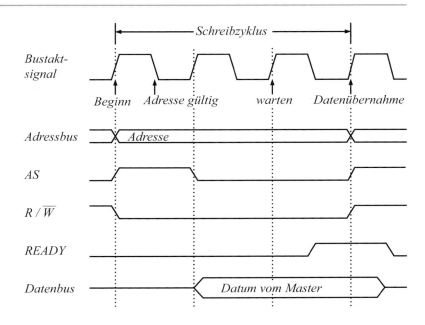

be-Signal AS), das die Bereitstellung der Adresse und somit den Beginn des Zyklus anzeigt, und durch ein Read/Write-Signal (R/$\overline{\text{W}}$), das dem Slave die Transportrichtung vorgibt. Um den Bustakt nicht an den langsamsten Busteilnehmer anpassen zu müssen, wird das Protokoll durch ein Bereit-Signal (READY) erweitert. Dieses ist zunächst inaktiv und wird vom Slave aktiviert, sobald er zur Datenübernahme (Schreibzyklus) bzw. zur Datenabgabe (Lesezyklus) bereit ist. Der Busmaster fragt dieses Signal erstmals nach der für ihn kürzestmöglichen Buszykluszeit von 2 Takten (je ein Takt für die Adress- und für die Datenübertragung) ab. Ist es inaktiv, so verlängert er den Buszyklus taktweise um *Wartezyklen* (wait states), bis er den Bereitzustand vorfindet (siehe Abb. 6). Da sich das Aktivieren und Inaktivieren der Signale AS und READY gegenseitig bedingen (AS → READY → $\overline{\text{AS}}$ → $\overline{\text{READY}}$), spricht man auch von *Handshake-Synchronisation* und von *Handshake-Signalen*.

Bei einem asynchronen Bus gibt es keinen gemeinsamen Bustakt. Die Synchronisation erfolgt aber auch hier durch *Handshake-Signale*; diese sind jedoch getrennt getaktet oder ungetaktet. Der Master zeigt die Gültigkeit von Adresse und Datum durch ein Adress- und ein Datengültigkeitssignal an, und der Slave signalisiert asyn-

chron dazu seine Datenübernahme bzw. -bereitstellung durch Aktivieren eines Bereit-Signals. Abhängig von diesem führt der Master einen Buszyklus ohne oder mit Wartezyklen durch.

Bei beiden Busarten kann das Ausbleiben des Bereit-Signals bei defektem oder fehlendem Slave durch einen Zeitbegrenzer (*watch-dog timer*) überwacht werden, der dem Master das Überschreiten einer Höchstzeit mittels eines Trap-Signals meldet (bus error trap, Abschn. 22.3.2.2), worauf dieser den Zyklus abbricht und eine Programmunterbrechung einleitet. Diese Möglichkeit wird insbesondere bei Steuerungssystemen genutzt.

Adressierung und Busankopplung.
Die Anwahl eines Slave innerhalb eines Buszyklus geschieht durch Decodierung der vom Master ausgegebenen Adresse (Abb. 7). Dabei wird genau ein Slave aktiviert (Signal SELECT), der sich daraufhin mit seinen Datenleitungen an den Bus ankoppelt. Ausgangspunkt für die Decodierung ist die Festlegung der Größe der Adressräume der Slaves in Zweierpotenzen. Bei einem Slave-Adressraum der Größe 2^m und einem Gesamtadressraum der Größe 2^n ($n \geq m$), bilden die m niederwertigen Adressbits die Distanz (offset) im Adressraum des Slave. Die verbleibenden

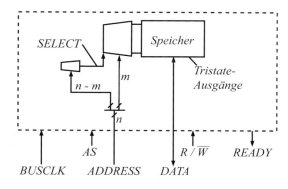

Abb. 7 Adressierung und Busankoppelung einer Speichereinheit bei einem synchronen Bus

$n - m$ höherwertigen Bits dienen, wie Abb. 7 zeigt, zu dessen Anwahl. – Im entkoppelten Zustand sind die Datenanschlüsse des Slave hochohmig, d. h. offen (Tristate-Technik, siehe ► Abschn. 21.5 in Kap. 21, „Digitale Systeme").

Busarbitration.
Befinden sich an einem Bus mehrere Master, so muss der Buszugriff verwaltet werden, um Konflikte zu vermeiden. Dazu muss jeder Master, wenn er den Bus benötigt, diesen anfordern (bus request). Ein sog. *Busarbiter* (arbiter: Schiedsrichter) entscheidet anhand der Auswertung der Prioritäten der Master („Priorisierung") über die Busgewährung (bus grant). Grundsätzlich muss dabei ein Master niedrigerer Priorität den Bus frühestens nach Abschluss des momentanen Buszyklus abgeben. – Busse, die die Busarbitration ermöglichen, bezeichnet man als *multimasterfähig*.

Bei *zentraler Priorisierung* ist jedem Master eine Priorität in Form einer Request- und einer Grant-Leitung als eigenes Leitungspaar zum Busarbiter zugewiesen (Abb. 8a). Bei *dezentraler Priorisierung* werden sämtliche Anforderungssignale auf einer gemeinsamen Leitung zusammengefasst und dem Busarbiter zugeführt (Abb. 8b). Dieser schaltet bei Freiwerden des Busses das Grant-Signal auf eine sog. *Daisychain-Leitung*, die die Anforderer miteinander verkettet. Die Priorisierung besteht darin, dass ein Anforderer seinen Daisy-chain-Ausgang blockiert und den Bus übernimmt, sobald das Grant-Signal an seinem Daisy-chain-Eingang anliegt.

Master hingegen, die keine Anforderung haben, schalten das Daisy-chain-Signal durch. So erhält der Anforderer, der dem Busarbiter in der Kette am nächsten ist, die höchste Priorität; die nachfolgenden Master haben entsprechend abnehmende Prioritäten.

Die dezentrale Lösung hat den Vorteil einer geringeren Leitungsanzahl, aber den Nachteil, dass die Buspriorität eines Masters durch seine Position in der Daisy-Chain festgelegt ist (bei einem Erweiterungsbus durch den verwendeten Stecksockel). Bei zentraler Priorisierung können dagegen auf einfache Weise unterschiedliche Priorisierungsstrategien realisiert werden, z. B. nach jeder Buszuteilung automatisch rotierende Prioritäten (Gleichverteilung, faire Zuteilung) oder programmierte Prioritäten.

Interruptpriorisierung.
Interruptsignale werden von Buskomponenten mit Slave-Funktion, z. B. passiven Ein-/Ausgabeeinheiten, aber auch von solchen mit Master-Funktion, z. B. DMA-Controllern, erzeugt. Wie bei der Busarbitration müssen die Anforderungen priorisiert werden. Dies geschieht zum einen prozessorintern, sofern der Prozessor codierte Interruptanforderungen zulässt (z. B. sieben Prioritätsebenen bei drei Interrupteingängen und einem vorgeschalteten Prioritätencodierer), zum andern prozessorextern, wenn es nur einen Interrupteingang gibt oder wenn bei codierten Anforderungen einzelne Interruptebenen des weiteren nach Prioritäten unterteilt werden müssen (siehe Abschn. 22.3.2.2).

Bei *zentraler Priorisierung* werden die Interruptsignale über eigene Interrupt-Request-Leitungen einem *Interrupt-Controller* zugeführt (in Abb. 9a für einen Prozessor mit nur einem Interrupteingang gezeigt). Dieser priorisiert sie und unterbricht den Prozessor (u. U. in der Bearbeitung einer Interruptroutine niedrigerer Priorität), indem er ihm die Anforderung durch ein Interrupt-Request-Signal (IREQ) signalisiert. Bei einem maskierbaren Interrupt entscheidet der Prozessor anhand seiner Interruptmaske, ob er der Anforderung stattgibt. Wenn ja, quittiert er die Unterbrechung durch sein Interrupt-Acknowledge-Signal (IACK) und übernimmt

Abb. 8 Busarbitration.
a Zentrale Priorisierung im
Arbiter; **b** dezentrale
Priorisierung im Arbiter
und in der Daisy-Chain

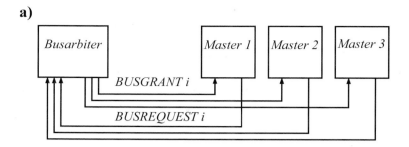

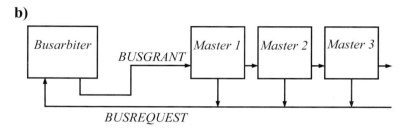

Abb. 9 Interruptpriorisierung, **a** zentral im Interrupt-
Controller, **b** dezentral in
der Daisy-Chain

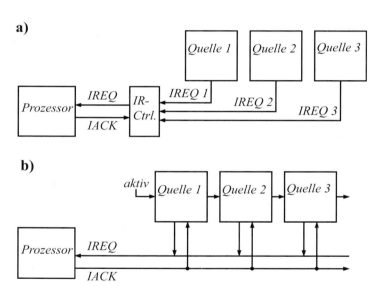

in einem damit aktivierten Lesezyklus (Interrupt-Acknowledge-Zyklus) die vom Interrupt-Controller der Anforderung zugeordnete Vektornummer (zur Identifikation, siehe Abschn. 22.3.2.3). In einem Mehrmastersystem muss der Prozessor dazu den Bus anfordern (Busarbitration).

Bei *dezentraler Priorisierung* werden die Interruptsignale auf einer einzigen Interrupt-Request-Leitung (IREQ) zusammengefasst dem Interrupteingang des Prozessors zugeführt, der die Unterbrechungsgewährung über seine Interrupt-Acknowledge-Leitung (IACK) allen Interruptquellen mitteilt (Abb. 9b). Die Priorisierung und somit die Anwahl des Anforderers höchster Priorität geschieht durch eine *Daisy-chain-Leitung*, deren Anfang mit dem Signalzustand „aktiv" belegt ist. Die erste Quelle in der „Kette" hat die höchste Priorität; die daran anschließenden Quellen haben abnehmende Prioritäten. Diese Konfiguration ermöglicht ein Interruptprotokoll, das es einem Anforderer erlaubt, eine Interruptroutine niedrigerer Priorität zu unterbrechen (sofern die

Interruptmaske des Prozessors zuvor explizit zurückgesetzt wurde; siehe auch Flik (2005)). Der Anforderer gibt sich danach in dem durch das IACK-Signal ausgelösten Lesezyklus durch seine Vektornummer zu erkennen.

Bei den (seriellen) *Punkt-zu-Punkt-Verbindungen* mit der für sie typischen paketorientierten Übertragung gibt es üblicherweise keine Steuersignale mehr, so auch keine Interruptsignale. Hier erfolgt die Signalisierung auf den Datenleitungen durch spezielle Anforderungspakete.

22.2.1.4 Busmerkmale
Datenbus- und Adressbusbreite.
Bei Prozessorbussen sind Daten- und Adressbus in ihrer Leitungsanzahl an die Verarbeitungsbreite bzw. die Adresslänge des Prozessors angepasst. Bei einfacheren Prozessoren in eingebetteten Systemen umfasst der Datenbus 8 oder 16 Bit mit typischen Werten für den Adressbus von 16 oder 24 Bit (Adressräume von 64 Kbyte bzw. 16 Mbyte). Leistungsfähigere Prozessoren haben Datenbusbreiten von 32 oder 64 Bit mit Adressbusbreiten von z. B. 32 Bit (Adressraum von mehreren Tbyte). Systembusse gibt es mit denselben Busbreiten. Diese müssen in einem Mehrbussystem nicht mit denen des Prozessorbusses übereinstimmen (siehe Funktion von Bridges und Hubs, Abschn. 22.2.1.1; Abb. 5).

Übertragungsrate und Bustaktfrequenz.
Die maximal mögliche *Übertragungsrate*, die sog. *Busbandbreite*, wird bei *parallelen Bussen* (Verbindungen) in der Einheit Gbyte/s angegeben. Sie ergibt sich als Produkt aus Bustaktfrequenz und *Datenbusbreite* in Bytes, geteilt durch die Anzahl der für die Übertragung eines Datums benötigten Bustakte. Die *Bustaktfrequenz* ist dabei die maximale Frequenz, mit der die Signalleitungen eines Busses arbeiten können. Bei synchronen Bussen ist diese Frequenz durch das für Master und Slave gemeinsame Bustaktsignal bestimmt; bei asynchronen Bussen obliegt deren Einhaltung den Buskomponenten, die die Handshake-Signale erzeugen. Da die Anzahl an Bustakten pro Datenübertragung auch unter eins liegen kann, z. B. bei Übertragungen mit Double- und Quad-Data-Rate, gibt man die Leistungs-

fähigkeit von Bussen häufig auch als Anzahl an Datentransfers pro Sekunde an, z. B. als GT/s, woraus sich mittels der Datenbusbreite wiederum die Busbandbreite ermitteln lässt. Bei *seriellen Bussen* (Verbindungen) wird die Übertragungsrate aufgrund der bitseriellen Übertragung in Gbit/s angegeben. – Die Busbandbreite ist eine idealisierte Größe; die real erreichbaren Übertragungsraten sind meist geringer.

Bei seriellen *Punkt-zu-Punkt-Verbindung* wird kein eigenes Taktsignal geführt. Hier wird der für den Datenempfang erforderliche Takt aus den Pegelübergängen des Datensignals abgeleitet. Dazu wird das Datensignal so codiert, dass die für die Taktgewinnung erforderlichen Pegelübergänge quasi unabhängig von der Datenbitfolge gewährleistet werden (z. B. 8b/10b-Codierung, Widmer und Franaszek (1983)).

Geteilter Bus und Multiplexbus.
Die bisher zugrunde gelegte Aufteilung der Busse in Datenbus und Adressbus (*split bus*) erfordert einen hohen Leitungsaufwand. Dieser wird z. B. bei Bussen, die für Mehrprozessorsysteme konzipiert sind, dazu genutzt, den Adress- und den Datenbus den Prozessoren getrennt, d. h. einzeln zuzuweisen. Auf diese Weise können Adress- und Datenübertragungen mehrerer Prozessoren überlappend ablaufen (*split transactions*), wodurch die Busauslastung verbessert werden kann. Beim sog. Multiplexbus (*mux bus*) werden die Daten und Adressen hingegen auf denselben Leitungen im Zeitmultiplexbetrieb übertragen. Auf diese Weise lässt sich (bei gleicher Leitungsanzahl, bezogen auf den geteilten Bus) die Busbandbreite verdoppeln. Ein solcher Adress-/Datenbus arbeitet z. B. mit 64-Bit-Datenübertragung und 32- oder 64-Bit-Adressierung. Multiplexbusse zahlen sich insbesondere bei Blockbuszyklen aus. Auch sie erlauben Split-Transaktionen von Prozessoren, nämlich zeitlich verzahnt.

Buszyklusarten.
Bei parallelen Bussen gibt es neben dem Buszyklus des Prozessors für das Lesen oder Schreiben eines einzelnen Datums (*single cycle*, minimal 2 Takte, Abb. 10a, vgl. Abschn. 22.2.1.3)

Abb. 10 Zeitverhalten verschiedener Buszyklenarten bei Angabe der Zeitpunkte des Anlegens einer Adresse, A, und des Abschlusses des Datentransports, D, gemessen in Bustaktschritten. **a** Einzelner Buszyklus eines Prozessors; **b** Blockbuszyklus eines Cache-Controllers; **c** langer Blockbuszyklus eines Systembusses, gesteuert durch eine Bridge oder einen Master am Bus; **d** wie c, jedoch mit doppelter Datenrate; **e** DMA-Zyklus eines DMA-Controllers

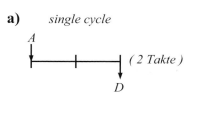

a) *single cycle*

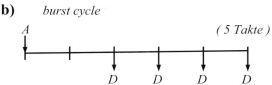

b) *burst cycle*

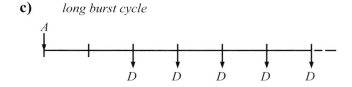

c) *long burst cycle*

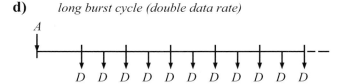

d) *long burst cycle (double data rate)*

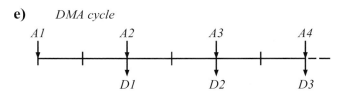

e) *DMA cycle*

weitere Buszyklusarten für die zusammenhängende Übertragung von Daten.

Beim *Blockbuszyklus* (*burst cycle*), der zum Laden und Rückschreiben von Cache-Blöcken dient, werden vier oder acht aufeinanderfolgend gespeicherte Datenwörter übertragen, wobei der Datenübertragung der Transport der Adresse des ersten Datums vorangestellt wird (minimal 5 Takte, 2-1-1-1-Burst, Abb. 10b). Aufgrund der Übertragung der Daten im Taktabstand spricht man auch von einfacher Übertragungsrate (*single data rate*, *SDR*). Die Steuerung des Zyklus obliegt dem Cache-Controller, die Adressfortzählung den Speicherbausteinen.

Beim *langen Blockbuszyklus* (*long burst cycle*), den es auf Systembussen gibt (z. B. PCI-

und PCI-X-Bus) und der durch die Bridge oder durch Master am Bus gesteuert wird, folgt auf die Adresse des ersten Datums ein größerer Datenblock fester oder ggf. beliebiger Länge (Abb. 10c). In einer Variante dieses Zyklus werden beide Flanken des Bustaktes für die Übertragungssteuerung genutzt, d. h., die Übertragung erfolgt mit doppelter Übertragungsrate (*double data rate*, *DDR*, z. B. PCI-X-Bus 2.0, Abb. 10d). Blockbuszyklen ermöglichen eine gute Leitungsnutzung.

Beim *DMA-Zyklus* (DMA cycle) wird ein Datenblock beliebiger Länge übertragen, wobei bei Übertragungen auf Bussen zu jedem Datentransport auch ein Adresstransport gehört (Abb. 10e). Den DMA-Zyklus gibt es außerdem mit Double-Data-Rate, nämlich bei Festplattenübertragungen

(IDE/ATA, SCSI); hier aber ohne explizite Adressierung. – *Bemerkung:* Die Nutzung beider Taktflanken zur Verdoppelung der Übertragungsrate findet man nicht nur bei Bussen, sondern auch bei Punkt-zu-Punkt-Verbindungen und Speicherbausteinen (z. B. DDR-SRAM, DDR-SDRAM).

22.2.1.5 Zentrale Busse und Punkt-zu-Punkt-Verbindungen

Tab. 9 zeigt einige gebräuchliche zentrale Busse (Systembusse, Ein-/Ausgabebusse) und zentrale Punkt-zu-Punkt-Verbindungen mit ihren Übertragungsraten, ergänzt um die Anzahl an Datenleitungen, die Übertragungstaktfrequenzen und weitere Angaben. Die Busse übertragen parallel, mit Taktfrequenzen, die aus physikalischen Gründen (Reflexionen, kapazitive Lasten, Übersprechen) wesentlich unter denen von Prozessoren liegen. Die Punkt-zu-Punkt-Verbindungen hingegen erlauben sehr hohe Taktfrequenzen, da ihre Leitungen aufgrund der nur zwei Übertragungsteilnehmer mit geringen Reflexionen und geringen kapazitiven Lasten betrieben werden können. Außerdem erlauben sie aufgrund der geringen Anzahl an Datenleitungen die differenzielle Signaldarstellung, wodurch sich Störungen auf den Leitungen weitgehend aufheben. Sie erzielen so bei geringerer Leitungsanzahl sehr viel höhere

Übertragungsraten als die Busse. Darüber hinaus sind sie hinsichtlich der Übertragungsrate skalierbar, indem serielle Verbindungen zu mehreren parallel betrieben werden können. – Die in der Tabelle aufgeführten Busse und Verbindungen sind in ihren Einsatzbereichen typisch für ältere PCs (ISA, EISA, PCI), für heutige PCs/Workstations/Server (PCI, PCI-X, PCI-Express, HyperTransport, Quick Path Interconnect) und für industrielle Rechnersysteme (iPSB, VME).

ISA, EISA.

Als System- bzw. Ein-/Ausgabebus in PCs war lange Zeit der *ISA-Bus* (Industry Standard Architecture) mit einer Datenbusbreite von 16 Bit und einer Bustaktfrequenz von 8,33 MHz vorherrschend. Er zeichnet sich als Erweiterungsbus durch bis zu 10 Steckplätze und eine große Vielfalt kostengünstiger Steckkarten aus. Heute ist er nur noch in industriellen Systemen verbreitet.

Höhere Prozessortakte und damit höhere Anforderungen an die Busbandbreite führten (unter Wahrung der Kompatibilität zum ISA-Bus) zum *EISA-Bus* (Extended ISA-Bus) mit einer Datenbusbreite von 32 Bit und annähernder Wahrung der Bustaktfrequenz von 8,33 MHz. Er fand jedoch aufgrund höherer Kosten keine weite Verbreitung.

Tab. 9 Merkmale einiger zentraler Busse (parallel) und zentraler Punkt-zu-Punkt-Verbindungen (seriell)

Bus, Punkt-zu-Punkt-Verbindung	Datenleitungen Anzahl	Taktfreq. MHz	Art	Idealisierte (Netto-) Übertragungsrate Mbyte/s	Fußnoten
parallel:					
ISA	16	8,33		8,33	1
EISA	32	8,33		33	1
PCI 2.2	32	33		132	2
PCI-X 1.0	64	133		1064	2
PCI-X 2.0	64	133	DDR	2128	2
iPSB	32	10		40	2
VME	32	10		40	1
VME320	64	20	DDR	320	2
seriell:					
PCI-Express 2.0	2 × 16	2500	DDR	2 × 8000	3, 4, 5
Hypertransport 3.1	2 × 16	3200	DDR	2 × 12.800	3
Quick Path Interconnect	2 × 16	3200	DDR	2 × 12.800	3, 5

[1] Geteilter Bus; [2] Multiplexbus; [3] Punkt-zu-Punkt-Verbindung; [4] 8b/10b-Codierung; [5] Duplexbetrieb 2 × ..., (diff.) steht für Leitungspaar

PCI/PCI-X-Bus.

Weiter steigende Anforderungen führten 1992 zum *PCI-Bus* (Peripheral Component Interconnect Bus, PCI Special Interest Group (1998) und Shanley und Anderson (1999)), einem Multiplexbus mit in der Standardausführung 32 Bit Breite (in einer Erweiterung 64 Bit) und mit einer Bustaktfrequenz von meist 33 aber auch 66 MHz. Als Erweiterungsbus erlaubt er (bei 33 MHz) maximal vier Steckplätze; für mehr Steckplätze (und feste Komponenten) ist er kaskadierbar.

Eine zum PCI-Bus weitgehend kompatible Weiterentwicklung ist der *PCI-X-Bus*, der in der Revision 1.0 von 1999 (PCI Special Interest Group 1999) als 64-Bit-Multiplexbus mit 100 und 133 MHz getaktet ist, aber auch herkömmliche PCI-Komponenten mit geringerer Frequenz akzeptiert. Die gegenüber dem PCI-Bus erhöhte Taktfrequenz von 133 MHz wird durch Fließbandtechnik erreicht, indem die Signallaufzeiten auf dem Bus und durch die Decodierlogik des Empfängers auf zwei Taktschritte halber Schrittweite aufgeteilt werden. Die höheren Frequenzen verringern die Anzahl an Steckplätzen auf zwei bzw. einen. Eine effiziente Busnutzung ist durch *Split-Transactions* gegeben, bei denen der Slave eine Übertragung (Lesezugriff) nach der Adressierung unterbrechen und sie später fortsetzen kann. Zwischenzeitlich ist der Bus anderweitig nutzbar.

PCI-Express (PCI-E, PCIe).

PCI und PCI-X genügen den hohen Anforderungen an Übertragungsraten (z. B. 10-Gigabit-Ethernet oder InfiniBand) und zeitabhängigen Video- und Audio-Daten (streaming) nicht mehr. Hinzu kommt der Anspruch, Übertragungen vollduplex und darüber hinausgehend generell mehrere Übertragungen gleichzeitig durchführen zu können. So wurde als Nachfolger der beiden Busse und softwarekompatibel zu diesen die serielle Punkt-zu-Punkt-Verbindung *PCI-Express* mit paketorientierter Übertragung eingeführt. Sie wird als Verbindung zwischen Bausteinen und zwischen Karten (Grundkarte, Steckkarten) eingesetzt (*chip-to-chip* und *board-to-board interconnect*) und ersetzt in einer PC-Struktur, wie der in Abb. 5c gezeigten, die parallelen Punkt-zu-Punkt-Verbindungen und die Systembusse. Übertragen werden 2 × 1 Bit über zwei differenzielle Leitungspaare, die vollduplex arbeiten, eine sog. Lane, mit einer Taktfrequenz von 2,5 GHz. Unter Berücksichtigung der zur Taktrückgewinnung eingesetzten 8b/10b-Datencodierung (Widmer und Franaszek 1983) ergibt sich daraus eine Nettoübertragungsrate von 2 × 2 Gbit/s. Eine PCI-Express-Verbindung kann aus 1, 2, 4, 8, 12, 16 oder 32 solcher Lanes bestehen, d. h., durch Parallelbetrieb mehrerer Lanes kann die Übertragungsrate vervielfacht werden. Überbrückbar sind Entfernung bei z. B. 16 parallelen Lanes (× 16) von bis zu 20 Zoll (50,8 cm). – Zur Vertiefung siehe Budruk et al. (2004).

HyperTransport (HT).

HyperTransport ist wie PCI-Express eine serielle Punkt-zu-Punkt-Verbindung, überträgt paketorientiert mit differenzieller Signalübertragung und wird ebenfalls als Verbindung zwischen Bausteinen und zwischen Karten eingesetzt (HyperTransport Technology Consortium 2004). Sie nutzt jedoch die Double-Data-Rate-Übertragung und verzichtet auf die 8b/10b-Codierung, was sie insbesondere befähigt, den Prozessorbus zu ersetzen. Die einfachste Verbindung, ein Link, ist sowohl für Halbduplex- als auch für Vollduplexbetrieb konzipiert und überträgt 2 Bit pro Richtung parallel mit einer maximalen Übertragungsrate von 2 × 5600 Mbit/s bei einer Taktfrequenz von 1,4 GHz. Die aktuelle Hypertransport-Version 3.1 erlaubt eine nominelle Datenübertragung von 25,6 Gbyte/s bei 3,2 GHz Taktfrequenz. Eine HyperTransport-Verbindung kann aus 1, 2, 4, 8 oder 16 solcher Links bestehen, womit eine Parallelität pro Richtung von bis zu 32 Bit erreicht wird. Die beiden Übertragungsrichtungen müssen dabei nicht symmetrisch ausgelegt sein. Die maximale Leitungslänge beträgt 24 Zoll (61 cm).

Quick Path Interconnect (QPI).

Als Konkurrenzprodukt zu HyperTransport hat Intel im Jahr 2008 die Punkt-zu-Punkt Prozessorverbindung QPI eingeführt, um den bis dahin gebräuchlichen Front-Side-Bus zu ersetzen. Bei einer Taktfrequenz von 3,2 GHz überträgt QPI 25,6 Gbyte/s über einen Link mit 20 Leitungspaaren. Jeder Link schafft 20 Bits pro Übertragung, davon 16 Nutzbits und 4 Bits für Header-Informationen.

iPSB (Multibus II).
Zwei wichtige industrielle Busse sind die Firmenstandards iPSB und VMEbus. Der *iPSB* (intel Parallel System Bus), ein 32-Bit-Multiplexbus, ist einer von drei miteinander kombinierbaren und sich ergänzenden Backplane-Bussen (Multibus-II-Standard). Als zentraler Systembus ist er an allen Stecksockeln der Backplane zugänglich. Ergänzt wird er durch den iLBX-II-Bus (intel Local Bus Extension), einen schnellen Split-Bus für Prozessor-Speicher-Übertragungen mit kurzer Leitungsführung zwischen benachbarten Stecksockeln, und den seriellen iSSB-Bus (intel Serial System Bus), der als sog. Nachrichtenbus innerhalb einer Backplane wie auch zwischen den Backplanes verschiedener Baugruppenträger eingesetzt werden kann.

VMEbus.
Der VMEbus (Versa Module Europe Bus), ebenfalls ein Backplane-Bus, wurde als asynchroner Split-Bus mit einer Datenbusbreite von 32 Bits und einer Busbandbreite von 40 Mbyte/s entwickelt. Er wurde dann zum 64-Bit-Multiplexbus erweitert, zunächst mit Single-Data-Rate (VME64), dann mit Double-Data-Rate (VME64x), jeweils mit Verdoppelung der Busbandbreite. Inzwischen überträgt er synchron mit Double-Data-Rate und einer Busbandbreite von 320 Mbyte/s (VME320). Den Bustakt liefert der jeweilige Sender, auf eine Empfangsquittierung wird verzichtet (*source synchronous protocol*). – Wie der iPSB wird der VMEbus durch einen schnellen Speicherbus, den VMXbus (VME extended bus), und einen seriellen Nachrichtenbus, den VMSbus (VME serial bus), ergänzt.

22.2.1.6 Periphere Busse und Punkt-zu-Punkt-Verbindungen
Periphere Verbindungen werden (abgesehen von Funk- und Infrarot-Übertragungen) mit Kabeln realisiert. Es gibt sie zum einen als *Gerätebusse* für die Anbindung von Ein-/Ausgabegeräten und Hintergrundspeichern an den Rechner, zum an-

dern als sog. *Feldbusse* zur Anbindung von Sensoren, Aktoren (auch Aktuatoren genannt) und übergeordneten Einheiten, insbesondere in der Prozess-, Automatisierungs- und Steuerungstechnik. Gerätebusse sind entweder parallele oder serielle Busse mit einem Trend zur seriellen Übertragung, Feldbusse sind dagegen fast ausschließlich serielle Busse. – Der Begriff Bus spiegelt die logische Betrachtung wider. Physikalisch werden die Busse fast ausschließlich durch Punkt-zu-Punkt-Verbindungen realisiert. Gebräuchlich ist hier das Hintereinanderschalten der Komponenten, d. h. die Form des Strangs, sowie das Verbinden der Komponenten unter Verwendung von Verteilern (Hubs), d. h. die Form des Baums.

Serielle Busse sind gegenüber parallelen Bussen kostengünstiger (Kabel, Stecker, Anpasselektronik), einfacher zu verlegen und ermöglichen aufgrund geringerer Übersprechprobleme größere Leitungslängen und höhere Taktfrequenzen, d. h. Übertragungsraten. Maximale Leitungslänge und Taktfrequenz hängen vom Leitungsmaterial und der Leitungsart ab, und zwar mit steigenden Werten für (1.) Kupfer in Form von unverdrillten Zweidrahtleitungen, verdrillten Zweidrahtleitungen (*twisted pair*, TP) und Koaxialleitungen, (2.) Glas in Form von Glasfaserkabeln (Lichtwellenleitern, LWL) mit unterschiedlichen Übertragungsmodi. Serielle Busse unterscheiden sich in ihren technischen und strukturellen Aspekten oft nur wenig von lokalen Netzen (siehe Abschn. 22.2.5.3). – Tab. 10 zeigt die wichtigsten Daten der folgenden Busse/Punkt-zu-Punkt-Verbindungen.

SCSI.
SCSI (Small Computer System Interface Bus, ANSI-Standard) ist ein paralleler Gerätebus für den Anschluss prozessorinterner und -externer Geräte, wie Festplatte, CD/DVD-Laufwerk, Drucker, Scanner. Es gibt ihn in verschiedenen Entwicklungsstufen mit 8 Bit (narrow) oder 16 Bit (wide) Datenbusbreite für bis zu 7 bzw. 15 durch ein Kabel miteinander in Reihe verbundene Teilnehmer (Strangstruktur), mit Taktfrequenzen von 5, 10, 20 und 40 MHz und der maximalen Übertragungsrate von 320 Mbyte/s. Mittels einer Disconnect-/Reconnect-Steuerung können auf ihm Wartezeiten,

Tab. 10 Parallele und serielle Gerätebusse und Punkt-zu-Punkt-Verbindungen mit ihren maximalen Übertragungsraten (abhängig von der Leitungsart). Bei Serial Attached SCSI, Serial ATA, Fibre Channel und InfiniBand ist mit Mbyte/s die Nettoübertragungsrate angegeben (8b/10b-Codierung!). Der maximale Geräteabstand soll die Einsatzmöglichkeiten verdeutlichen: rechnernah, rechnerfern

Bus, Punkt-zu-Punkt-Verbindung	max. Übertragungsrate Mbyte/s	Mbit/s	Leitungsart	max. Reichweite
parallel:				
SCSI (wide)	320		Kupfer	12 m
IDE/ATA	133		Kupfer	0,45 m
seriell:				
Serial Attached SCSI	300	3000	Kupfer	6 m
Serial ATA	150	1500	Kupfer	1 m
Serial ATA II	300	3000	Kupfer	1 m
Serial ATA III	600	6000	Kupfer	1 m
Fire Wire (IEEE 1394a)	50	400	Kupfer	4,5 m
Fire Wire (IEEE 1394b)	100	800	Kupfer/Glasfaser	100 m
USB 1.1: low speed	0,18	1,5	Kupfer	3 m
USB 1.1: full speed	1,5	12	Kupfer	5 m
USB 2.0: high speed	60	480	Kupfer	5 m
USB 3.0: super speed	500	5000	Kupfer	5 m
Fibre Channel	400	4000	Kupfer	50 m
			Glasfaser	10 km
InfiniBand ($\times$ 4)	1000	10 000	Kupfer/Glasfaser	15 m/150 m
InfiniBand ($\times$ 4, DDR)	2000	20 000	Kupfer/Glasfaser	15 m/150 m
InfiniBand ($\times$ 4, QDR)	4000	40 000	Kupfer/Glasfaser	15 m/150 m

z. B. das Positionieren des Schreib-/Lesearms einer Festplatte, durch zwischenzeitliches Zuteilen des Busses an einen anderen Busteilnehmer überbrückt werden. Die Gerätesteuerung insgesamt erfolgt auf einer hohen Kommandoebene. – SCSI wird vorwiegend bei Rechnern mit hohen Leistungsanforderungen eingesetzt, so bei Servern.

SAS.
SAS (Serial Attached SCSI) ist der serielle Nachfolger von SCSI mit einer Übertragungsrate von zunächst 3 Gbit/s (8b/10b-Codierung: 2,4 Gbit/s netto, d. h. 300 Mbyte/s). Der Anschluss an den SAS-Controller erfolgt punkt-zu-punkt; mittels eines sog. Fan-out-Expander sind jedoch mehrere Geräte anschließbar. Überbrückt werden bis zu 6 m, übertragen wird vollduplex über zwei differenzielle Leitungspaare. Die SCSI-Kommandostruktur ist beibehalten. Aufgrund gleicher Kabel und Stecker wie bei SATA (siehe unten) und da der SAS-Controller das SATA-Protokoll beherrscht, können an ihm auch SA-TA-Geräte betrieben werden. – Seit Jahren gibt es bereits andere serielle Realisierungen des SCSI-Kommandosatzes: FireWire und Fibre Channel (siehe unten) sowie Serial Storage Architecture.

IDE/ATA.
IDE (Integrated Drive Electronics), auch als ATA (AT Attachment) bezeichnet, ist eine 16 Bit parallele Schnittstelle (Punkt-zu-Punkt-Verbindung), die ursprünglich für den Anschluss von bis zu zwei rechnerinternen Festplatten an den ISA-Bus (AT-Bus) mit einer Kabellänge von max. 45 cm ausgelegt wurde. Diese Funktionalität wurde inzwischen hinsichtlich anderer Systembusse (PCI) und einer größeren Vielfalt an Gerätetypen (wie bei SCSI) erweitert. Des Weiteren wurde die ursprüngliche, programmierte Datenübertragung (programmed I/O, PIO) mit Übertragungsraten von 3 bis 20 Mbyte/s um die DMA-gesteuerte Übertragung mit Double-Data-Rate und Übertragungsraten von 33 bis 133 Mbyte/s (Ultra ATA/133) ergänzt. Die Gerätesteuerung erfolgt auf hoher Kommandoebe-

ne. Die für die Geräteerweiterung erforderlichen Kommandosätze sind in dem ursprünglichen ATA-Kommandoformat „verpackt", weshalb man auch von ATAPI-Schnittstelle spricht (ATA Package Interface). – IDE wurde vorwiegend bei PCs eingesetzt. IDE-Festplatten sind preiswerter als SCSI-Festplatten, mit dem Nachteil geringerer Zugriffsraten, Speicherkapazitäten und Zuverlässigkeit.

Serial ATA (SATA) und M.2.

Serial ATA ist der serielle Nachfolger von IDE/ATA und mit diesem softwarekompatibel. Bei PCs hatte SATA in seiner Hochzeit einen Marktanteil von über 90 Prozent. Die Übertragungsrate betrug in der Version SATA I 1,5 Gbit/s, was bei 8b/10b-Codierung 1,2 Gbit/s netto, d. h. 150 Mbyte/s bedeutet. In der Version SATA II wird bei doppelter Frequenz mit 3 Gbit/s übertragen und in der Version SATA III seit 2009 mit 6 Gbit/s. Die Verbindung arbeitet punkt-zu-punkt (jetzt mit nur noch einem einzigen Gerät), mit je einem differenziellen Leitungspaar pro Richtung und über eine Entfernung von bis zu 1 m. Die Übertragung erfolgt halbduplex für Daten und vollduplex für die Synchronisation. Seit 2013 gibt es einen Nachfolger für SATA III, nämlich SATA 3.2, auch bekannt unter dem Namen SATA Express. Da dieses aber nur maximal 2 PCI-Express Lanes nutzen kann, war es bezüglich der Geschwindigkeit so schnell wieder obsolet, dass dafür auch kommerziell keine Laufwerke produziert wurden.

Mit der steigenden Verbreitung von Notebooks wollte man immer kleinere Speicher ermöglichen, sodass im September 2009 mSATA (mini-SATA) spezifiziert wurde. Eine relativ späte Standardisierung für die Festplatten der Notebooks, wurde erst durch den Nachfolger NGFF (Next Generation Form Factor), heute nur noch als M.2 bezeichnet, erreicht. Das NVMe-Protokoll (Non Volatile Memory express) ist eine im Jahr 2011 veröffentlichte Software-Schnittstelle um vor allem SSD (Solide State Drive) Festspeicher über PCI Express zu verbinden, ohne dass dafür herstellerspezifische Treiber nötig wären. M.2 kann entweder mit dem SATA-Protokoll arbeiten oder mit Hilfe des zuvor genannten NVMe-Protokolls für nicht-

flüchtige Massenspeicher. Diese Ablösung von mSATA ist aufgrund der kleineren und flexibleren Abmessungen in Verbindung mit erweiterter Funktionalität heutzutage am besten für den Anschluss von SSDs geeignet. Neben dem Siegeszug in sehr kompakten Geräten, wie z. B. Tablets, hat sich M.2 nach dem Scheitern von SATA-Express aber auch in Desktop-PCs durchgesetzt. M.2 kann schon bis zu 4 PCI-Express Lanes nutzen und ist folglich doppelt so schnell wie SATA Express. Daher ist M.2 heute als de facto Nachfolger von SATA III bzw. SATA Express und 2020 als die bedeutendste Spezifikation in diesem Bereich anzusehen.

FireWire.

FireWire ist ein serieller Bus mit Strang- oder Sternstruktur, an dem bis zu 64 Geräte mit einem maximalen Geräteabstand von 4,5 m (Twisted-Pair-Kabel) betrieben werden können. Übertragen wird mit 400 Mbit/s (IEEE 1394a), 800 Mbit/s (IEEE 1394b), sowie 1600 (IEEE 1394c) und 3200 Mbit/s. Konzipiert wurde er für Multimedia-Anwendungen im Konsumbereich und sieht dafür u. a. die *isochrone Datenübertragung* vor, d. h., er garantiert die Übertragung innerhalb eines bestimmten Zeitrahmens, wie dies für Audio- und Video-Übertragungen erforderlich ist. Geräte am Bus können dabei direkt miteinander kommunizieren, ohne den Rechner über den Host-Adapter (Abb. 5b) zu beanspruchen (*peer-to-peer*). Darüber hinaus wird FireWire für den Anschluss prozessorexterner Geräte, z. B. Festplatten, eingesetzt. – FireWire steht in Konkurrenz zu USB.

Universal Serial Bus.

Der Universal Serial Bus (USB) ist ein serieller Bus und wird wie FireWire für Multimedia-Anwendungen, insbesondere aber als Gerätebus bei PCs zur Versorgung langsamer Geräte, wie Tastatur und Maus, und schneller Geräte, wie externe Festplatten, Scanner usw., eingesetzt. Es gibt ihn mit verschiedenen Übertragungsraten mit Abwärtskompatibilität: USB 1.1 mit 1,5 Mbit/s (low speed) und 12 Mbit/s (full speed), USB 2.0 mit 480 Mbit/s (high speed), USB 3.0 mit 5 Gbit/s oder USB 3.2 mit 20 Gbit/s. Er hat eine Stern-

Strang-Struktur mit Hubs als Sternverteiler, von denen jeweils mehrere Punkt-zu-Punkt-Verbindungen ausgehen. Die Übertragung erfolgt grundsätzlich asynchron, Multimedia-Anwendungen werden durch die isochrone Übertragung unterstützt. Die Übertragungen laufen immer über den Host-Adapter (Abb. 5b), d. h. über den Rechner.

Fibre Channel.
Der Fibre Channel (FC, ANSI-Standard) ist eine serielle Verbindung mit Übertragungsraten von 4 Gbit/s (4 GFC) bis 14 Gbit/s (16 GFC), bei Entfernungen von bis zu 50 m (Kupferleitungen) und 10 km (Lichtwellenleiter). Aufgrund der 8b/10b-Codierung der Daten resultiert daraus bei 4 GFC eine Nettoübertragungsrate von 400 Mbyte/s pro Richtung. Eingesetzt wird Fibre Channel in drei unterschiedlichen Verbindungsformen: (1.) „Point-to-Point-Topology". Hier wird nur ein einziges Gerät mit einem Rechner verbunden. (2.) „Arbitrated Loop Topology". Hier werden in der ursprünglichen Ausführung bis zu 126 Geräte und Rechner punkt-zu-punkt in einer Ringstruktur miteinander verbunden (oft als Doppelring ausgelegt, Dual Loop). Heute wird anstelle des Rings bevorzugt eine Sternstruktur verwendet, in der ein Hub als zentraler Vermittler fungiert. Der Arbitrated Loop ist eine der seriellen SCSI-Varianten. (3.) „Fabric Topology". Hier können sehr viele Rechner und Geräte (bis zu 16 Millionen adressierbar) in großen, netzförmigen Systemen miteinander verbunden werden. Dies wird insbesondere für die Realisierung von *Speichernetzen* (*storage area networks*, *SAN*s) genutzt, bei denen die Server lokaler Netze mit ihren Speichereinheiten, sog. RAIDs (redundand arrays of independent/inexpensive disks), zu einem eigenen Netz zusammengefasst werden, um unabhängig vom lokalen Netz auf Dateien schnell und wahlfrei zugreifen zu können. Die Netzstruktur ist hier üblicherweise eine sog. *Switched Fabric* (Schaltgewebe), bei der mittels mehrerer Switches Mehrwegeverbindungen zwischen allen Netzteilnehmern herstellbar sind (*any-to-any network*).

InfiniBand.
InfiniBand, zunächst als PCI-Bus-Nachfolger vorgesehen, hat seinen Einsatzbereich bei der Vernetzung von Servern und Hintergrundspeichern (Storage Area Networks) sowie als Kommunikationsnetzwerk in leistungsfähigen Cluster-Systemen. Diese findet in Form der Switched Fabric statt (siehe dazu Fibre Channel). Übertragen wird vollduplex über zwei differenzielle Leitungspaare ($1 \times -$Link) mit 2,5 GHz-Takt und mit 8b/10b-Codierung, d. h. mit $2 \times 2,5$ Gbit/s brutto bzw. 2×250 Mbyte/s netto. Erhöht wird die Übertragungsrate durch den Parallelbetrieb von 4 oder 12 solcher Verbindungen ($4 \times -$, $12 \times -$Link), ggf. ergänzt um Double-Data-Rate (DDR), Quad-Data-Rate (QDR), Fourteen-Data-Rate (FDR) oder Enhanced-Data-Rate (EDR), wobei FDR und EDR mit einer 64b/66b-Codierung bis zu 300 Gbit/s erzielen. Aufgrund seiner hohen Datenübertragungsrate und der geringen Latenzzeit von weniger als 1 Mikrosekunde eignet sich Infiniband zum Nachrichtenaustausch in parallelen Hochleistungsrechnern. Hierfür stehen große nichtblockierende Schalter (switches) mit 288 Ports (DDR) bzw. 648 Ports (QDR) zur Verfügung, mit denen verschiedene Netzwerktopologien (z. B. mehrdimensionaler Torus, hypercube, butterfly, fat tree) gebaut werden können.

Feldbusse.
Kommunikationssysteme in der Prozess-, Automatisierungs- und Steuerungstechnik bestehen meist aus hierarchisch strukturierten Netzen, basierend auf ggf. unterschiedlichen Feldbussen, die über Gateways und Bridges (siehe Abschn. 22.2.5.3) miteinander verbunden sind. Von den in lokalen Netzen (LANs) gebräuchlichen Techniken unterscheiden sich Feldbusse jedoch durch geringere Installationskosten, geringere Komplexität der Protokolle und ihre „Echtzeitfähigkeit". Sie haben außerdem eine hohe Zuverlässigkeit, hohe Fehlertoleranz, geringe Störanfälligkeit und sind ggf. multimasterfähig. Die meisten dieser seriellen Busse benutzen auf der untersten, der physikalischen Ebene die Schnittstellennorm RS-485 (Electronic Industries Association, EIA) und erreichen, abhängig von der Streckenlänge, Übertragungsraten von 100 kbit/s (bis zu 1000 m) bis zu 1 Mbit/s (unter 50 m). Zu den bekanntesten der gut 50 Feldbusse zählen: Profi-Bus, FIP-Bus, CAN-Bus, Bitbus und Interbus S.

Der sog. *IEC-Bus* (General Purpose Interface Bus, GPIB, IEC 625, IEEE 488) ist ein 8 Bit paralleler Bus für den Datenaustausch zwischen einem Rechnersystem und Mess- und Anzeigegeräten, z. B. in Laborumgebungen (Messbus). Seine Länge ist auf 20 m beschränkt, die maximale Übertragungsrate beträgt 1 Mbyte/s. Die bis zu 15 möglichen Busteilnehmer haben Senderfunktion (talker, z. B. Messgeräte) oder Empfängerfunktion (listener, z. B. Signalgeneratoren, Drucker) oder beides (z. B. Messgeräte mit einstellbaren Messbereichen). Verwaltet wird der Bus von einer Steuereinheit (Rechner), die gleichzeitig auch Sender und Empfänger sein kann.

22.2.2 Speicherorganisation

Speicher sind wesentliche Bestandteile von Rechnern und werden für die heutzutage großen Programmpakete und Datenmengen mit entsprechend großen Kapazitäten benötigt. Da Speicherzugriffe den Durchsatz und damit die Leistungsfähigkeit eines Rechners stark beeinflussen, müssen Speicher kurze Zugriffszeiten haben. Beide Forderungen, große Kapazitäten und kurze Zugriffszeiten, führen zu hohen Kosten bzw. sind technisch nicht herstellbar. Einen Kompromiss zwischen niedrigen Kosten und hoher Leistungsfähigkeit stellt eine hierarchische Speicherstruktur dar mit Speichern, die im einen Extrem große Kapazitäten mit langen Zugriffszeiten und im andern Extrem kurze Zugriffszeiten bei geringen Kapazitäten aufweisen (Abb. 11).

Zentraler Speicher einer solchen Hierarchie ist der *Hauptspeicher* (Arbeitsspeicher, Primärspeicher; ein Halbleiterspeicher) als der vom Prozessor direkt adressierbare Speicher, i. Allg. ergänzt um eine Speicherverwaltungseinheit. Dieser wird versorgt von Hintergrundspeichern (Sekundärspeichern) mit großen Kapazitäten (z. B. magnetischen und optischen Plattenspeichern, langsameren Flash-Halbleiterspeichern, Magnetbandspeichern). Zur Beschleunigung des Prozessorzugriffs auf den Hauptspeicher werden zwischen Prozessor und Hauptspeicher ein oder mehrere kleinere Pufferspeicher, sog. Caches, geschaltet. Als schnelle Halbleiterspeicher erlauben sie die Anpassung an die vom Prozessor vorgegebene Zugriffszeit. Schließlich gibt es in dieser Hierarchie den Registerspeicher (Registerblock) des Prozessors und ggf. einen Befehlspuffer (instruction queue/pipe) mit Zugriffszeiten gleich dem Verarbeitungstakt des Prozessors (siehe auch ▶ Abschn. 21.5.1 in Kap. 21, „Digitale Systeme").

Der Hauptspeicher, die Caches und die Prozessorregister sind als Halbleiterspeicher sog. flüchtige Speicher, d. h., ihr Inhalt geht beim Abschalten der Versorgungsspannung verloren. Hintergrundspeicher mit magnetischer oder optischer Speicherung sind hingegen nichtflüchtig. – Zur Speicherorganisation siehe z. B. auch Flik (2005).

22.2.2.1 Hauptspeicher

Der Hauptspeicher realisiert einen Speicherraum mit fortlaufend nummerierten Speicherzellen und direktem Zugriff auf diese (man spricht von wahlfreiem Zugriff). Die Kapazitäten der Hauptspeicher von PCs liegen typischerweise bei mehreren Gbyte. Eingesetzt werden derzeit Speicherbausteine (dynamische RAMs: *DRAMs*) mit Kapazitäten von bis zu 32 Gbyte. Mehrere solcher Bausteine

Abb. 11 Speicherhierarchie

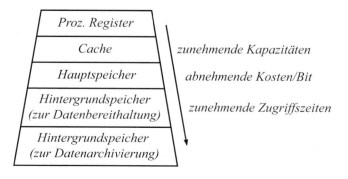

(z. B. acht oder 16) werden zu steckbaren Modulen, sog. DIMMs (*dual in-line memory modules*) mit 64-Bit-Zugriffsbreite zusammengefasst. Im Hinblick auf den Datentransfer mit Caches werden DRAM-Bausteine verwendet, die den 4-Wort- und 8-Wort-Blockbuszyklus von Cache-Controllern unterstützen, indem sie Folgezugriffe mit gegenüber dem Erstzugriff (*lead-off cycle*) verkürzten Zugriffszeiten erlauben (Abb. 10).

Gebräuchlich sind hier *synchrone*, d. h. getaktete *DRAMs* (*SDRAMs*), anfänglich mit Single-Data-Rate-Datenzugriff. Seit der zweiten Generation arbeiten sie mit *Double-Data-Rate*, d. h. mit zwei Folgezugriffen pro Takt (DDR-SDRAM), bei Taktfrequenzen von z. B. 133 und 200 MHz (DDR266, DDR400). In der dritten Generation (DDR2-SDRAM) weisen sie eine erneute Verdoppelung der Übertragungsrate auf, und zwar durch Verdoppelung der Übertragungstaktfrequenz gegenüber der chipinternen Taktfrequenz (z. B. DDR2-800 mit 400 MHz Übertragungsfrequenz und Double-Data-Rate). Zur Aufrechterhaltung des Datenflusses wird bei den DDR-SDRAMs mit jedem Interntakt auf zwei Daten, bei DDR2-SDRAMs auf vier Daten gleichzeitig zugegriffen. Die Folgegeneration der DDR3-SDRAMs arbeitet mit 8-fachem Internzugriff, wodurch die Übertragungstaktfrequenz erneut verdoppelt werden kann. – Schnittstelle zu den DIMMs ist der DRAM-Controller, der die Speicherzugriffe durch Kommandos steuert. Verbunden ist er mit ihnen entweder (herkömmlich) über einen oder zwei busartige 64-Bit-Speicherkanäle oder punkt-zu-punkt mit serieller Übertragungstechnik (10 Bit breit schreiben, 14 Bit breit lesen) und ggf. höherer Kanalanzahl.

Die Speicherung eines Bits erfolgt bei DRAMs mittels der Ladung eines Kondensators, mit dem Vorteil eines geringen Chipflächenbedarfs der Speicherzelle und dem Nachteil des Zerstörens der Speicherinformation beim Auslesen von Zellen wie auch durch Leckströme. Der Speicherinhalt muss deshalb lokal bei jedem Auslesen und zusätzlich global, d. h. der gesamte Bausteininhalt, in einem vorgegebenen Zeitintervall „aufgefrischt" werden (refresh). Die Steuerung hierfür übernimmt der DRAM-Controller.

22.2.2.2 Speicherverwaltungseinheiten

Bei Rechnersystemen mit Mehrprogrammbetrieb (siehe Abschn. 22.3) werden Programme und ihre Daten (Prozesse) mit Unterbrechungen ausgeführt und dazu ggf. zwischenzeitlich aus dem Hauptspeicher entfernt und bei Bedarf wieder geladen. Eine dabei evtl. notwendige Änderung des Ladeorts erfordert, dass Programme und Daten im Hauptspeicher verschiebbar (relocatable) sein müssen. Diese Verschiebbarkeit wird in flexibler Weise durch eine *Speicherverwaltungseinheit* (*memory management unit, MMU*) erreicht, die als Bindeglied zwischen dem Adressbus des Prozessors und dem Adresseingang des Hauptspeichers wirkt (Abb. 12; zu anderen Techniken siehe Abschn. 22.3.3.3). Sie setzt die vom Prozessor während der Programmausführung erzeugten sog. *virtuellen, logischen Programmadressen* in *reale, physische Speicheradressen* um und führt dabei zusätzlich eine Zugriffsüberwachung durch. Die hierfür erforderliche Information wird vom Betriebssystem in sog. Umsetztabellen bereitgestellt. Um deren Umfang gering zu halten, bezieht man die Adressumsetzung und den Speicherschutz nicht auf einzelne Adressen, sondern auf zusammenhängende Adressbereiche, und zwar auf Segmente oder Seiten.

Abb. 12 Rechnerstruktur mit Speicherverwaltungseinheit (MMU)

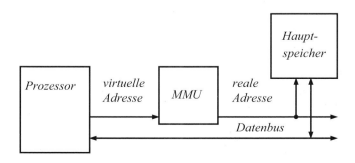

Segmente und Seiten.

Bei einer Speicherverwaltung mittels Segmenten werden die Bereiche so groß gewählt, dass sie logische Einheiten, wie Programmcode, Daten oder Stack, vollständig umfassen; sie haben dementsprechend variable Größe. Bei einer Speicherverwaltung mittels *Seiten* (*pages*) wird eine logische Einheit in Bereiche einheitlicher Länge unterteilt. Für den *Zugriffsschutz* (*Speicherschutz*) werden den Segmenten bzw. Seiten Schutzattribute zugeordnet, die von der MMU bei der Adressumsetzung unter Bezug auf die vom Prozessor erzeugten Statussignale ausgewertet werden. Adressumsetzinformation, Schutzattribute und zusätzliche Statusangaben eines Bereichs bilden dessen *Deskriptor*. Deskriptoren werden wiederum in Umsetztabellen zusammengefasst. – In heutigen Prozessoren findet man im Allgemeinen eine Kombination aus Segmentierung mit Seitenverwaltung (paged segmentation).

Die folgenden Darlegungen beziehen sich auf jene Aspekte der Speicherverwaltung, die mit der Hardware von MMUs zusammenhängen. Zu den softwaretechnischen Aspekten sei auf Abschn. 22.3.3.3 verwiesen.

MMU mit Segmentverwaltung (segmentation).

Das Bilden von Segmenten erfordert eine Strukturierung des virtuellen wie auch des realen Adressraums und somit des Hauptspeichers. Im Virtuellen wird dazu (als eine Möglichkeit) das virtuelle Adresswort unterteilt: in eine Segmentnummer als Kennung eines Segments, bestimmt durch die n höchstwertigen Adressbits (z. B. $n = 8$), und in eine Bytenummer als Abstand zum Segmentanfang (offset), festgelegt durch die verbleibenden m niederwertigen Adressbits (z. B. $m = 24$ bei 32-Bit-Adressen). Das heißt, der virtuelle Adressraum wird in Bereiche der Größe 2^m (hier 16 Mbyte) eingeteilt, die die maximal mögliche Segmentgröße haben. Er wird daher bei kleineren Segmenten nur lückenhaft genutzt, was jedoch ohne Nachteil ist, da die eigentliche Speicherung auf einem Hintergrundspeicher erfolgt und dort Lücken durch eine weitere Adressumsetzung durch das Betriebssystem vermieden werden. Bei der Strukturierung des realen Adressraums ist man allerdings auf eine möglichst gute Hauptspeicherausnutzung angewiesen. Ein lückenloses Speichern von Segmenten erreicht man dadurch, dass man der virtuellen Segmentnummer eine Byteadresse (hier 32-Bit-Adresse) als Segmentbasisadresse zuordnet, zu der bei der Adressumsetzung die virtuelle Bytenummer addiert wird. Segmente können dadurch an jeder beliebigen Byteadresse beginnen. Eine solche Adressumsetzung zeigt Abb. 13. Die Umsetztabelle einschließlich der Schutz- und Statusangaben, die sog. *Segmenttabelle*, hat hier den geringen Umfang von bis zu 256 Deskriptoren ($n = 8$) und wird deshalb insgesamt in einem „schnellen" Registerspeicher der MMU gehalten.

Bei einer anderen Möglichkeit der Strukturierung im Virtuellen wird das Adresswort um die

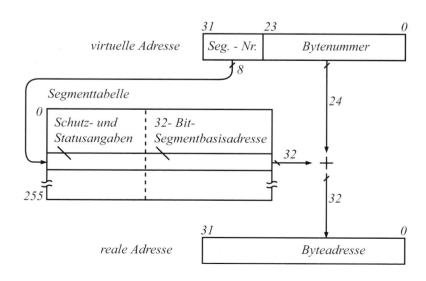

Abb. 13 Adressumsetzung für Segmente, deren Segmentnummern aus einem Teil der virtuellen Adresse gebildet werden. Virtueller Adressraum von 4 Gbyte (32-Bit-Adressen), aufgeteilt in 256 Segmente mit jeweils bis zu 16 Mbyte

Segmentnummer erweitert. Hierfür hat die MMU mehrere Segmentnummerregister, die durch den Zugriffsstatus des Prozessors, nämlich Code- (Programm-), Daten- oder Stack-Zugriff angewählt werden. Der Vorteil gegenüber einer MMU mit Unterteilung des Adressworts ist, dass Segmente in ihrer Größe nicht beschränkt sind und in größerer Anzahl verwaltet werden können (abhängig von der Breite der Segmentnummerregister). Die dementsprechend größere Segmenttabelle wird nicht mehr in der MMU, sondern im Hauptspeicher untergebracht. Um dennoch schnell auf die aktuellen Deskriptoren zugreifen zu können, werden diese in Pufferregister der MMU, die den Segmentnummerregistern zugeordnet sind, kopiert.

Nachteilig an der Segmentverwaltung ist, dass der beim Mehrprogrammbetrieb erforderliche Austausch von Speicherinhalten (*swapping*) abhängig von der Segmentgröße sehr zeitaufwändig sein kann und dass ein zu ladendes Segment immer einen zusammenhängenden Speicherbereich benötigt, somit freie Speicherbereiche ggf. nicht genutzt werden können. Dieser Nachteil tritt bei der Seitenverwaltung nicht auf.

MMU mit Seitenverwaltung (paging).
Bei der Seitenverwaltung wird der virtuelle Adressraum in *Seiten* (*pages*) als relativ kleine Bereiche einheitlicher Größe (typischerweise 4 Kbyte, aber auch 4 Mbyte oder 1 Gbyte konfigurierbar) unterteilt, die im Speicher auf *Seitenrahmen* (*page frames*) gleicher Größe abgebildet werden (Abb. 14a). Dazu werden bei der Adressumsetzung die n höchstwertigen Adressbits der

Abb. 14 Seitenverwaltung. **a** Abbildung der Seite 2 auf den Speicherrahmen 0 und der Seiten 1 und 4 auf den Speicherrahmen 2 (shared memory, siehe auch im Folgenden: MMU mit zweistufiger Seitenverwaltung); **b** Adressumsetzung bei einer Seitengröße von 4 Kbyte

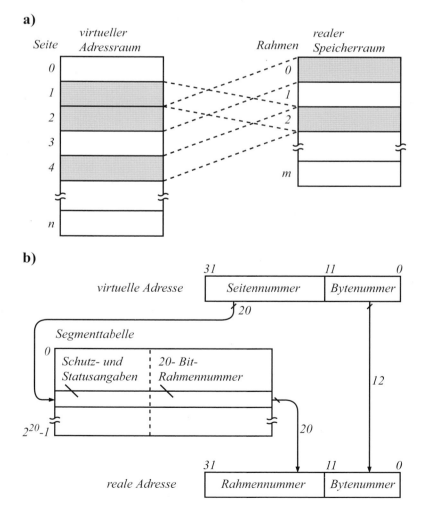

virtuellen Adresse (Seitennummer) durch n Bits der realen Adresse (Rahmennummer) ersetzt (z. B. $n = 20$). Die verbleibenden m Bits der virtuellen Adresse (Bytenummer, Relativadresse der Seite) werden als Relativadresse des Rahmens unverändert übernommen (z. B. $m = 12$ bei 32-Bit-Adressen,

Abb. 14b. Der virtuelle Adressraum wird somit in Seiten unterteilt, die in beliebige freie, nicht notwendigerweise zusammenhängende Seitenrahmen geladen werden können und so eine bessere Nutzung des Speichers erlauben. Diese Technik ermöglicht es auch, nur die aktuellen Seiten eines Prozesses (*working set*) im Speicher zu halten. Das Betriebssystem muss dann jedoch so ausgelegt sein, dass es bei einem Zugriffsversuch auf eine nicht geladene Seite die Zugriffsoperation unterbricht, den Prozess blockiert, die fehlende Seite in den Speicher lädt und danach die Zugriffsoperation und damit den Prozess wieder aufnimmt (*demand paging*). Da bei diesem Vorgehen der verfügbare Hauptspeicherplatz geringer sein kann als der insgesamt benötigte, spricht man auch von *virtuellem Speicher*.

Die *Seitentabelle* wird wegen ihres großen Umfangs (im obigen Beispiel bis zu 2^{20} Seitendeskriptoren) in Teilen im Hauptspeicher und auf dem Hintergrundspeicher gehalten, wobei sie u. U. selbst der Seitenverwaltung unterworfen wird. Um einen schnellen Deskriptorzugriff zu ermöglichen, werden die aktuellen Seitendeskriptoren in einen speziellen Cache der MMU, den sog. *Translation-look-aside-Buffer* (*TLB*) kopiert. In einer MMU-Variante lässt sich die Seitentabelle als sog. *invertierte Seitentabelle* auf die Größenordnung der Anzahl an Seitenrahmen reduzieren, indem sie mittels Hash-Adressierung verwaltet wird (Umcodieren der Seitennummern; siehe auch ▶ Abschn. 23.2.7 in Kap. 23, „Programmierung").

MMU mit zweistufiger Seitenverwaltung.
Um Segmente einerseits als logische Einheiten verwalten und andererseits in kleineren Einheiten speichern zu können, kombiniert man die Verwaltung von logischen Einheiten (Segmenten) mit der Seitenverwaltung und erhält so eine zweistufige Adressabbildung, wie Abb. 15 für die Segment-

verwaltung durch Unterteilung des Adressworts zeigt. Da hier die Segmente als Zusammenfassungen von Seiten gebildet werden, spricht man von *zweistufiger Seitenverwaltung*. Ausgangspunkt der Adressabbildung ist die Segmenttabelle (das Seitentabellenverzeichnis), die für jedes Segment einen Deskriptor mit den Schutzattributen, dem Status und einem Zeiger auf eine Seitentabelle enthält. Die Seitentabelle wiederum enthält für jede Seite des Segments einen Deskriptor mit der Rahmennummer, dem Status (z. B. Seite geladen) und den seitenspezifischen Schutzattributen. Weicht ein Schutzattribut einer Seite von dem des Segments ab, so gilt z. B. das strengere Attribut. Diese Technik erlaubt es u. a., Segmente verschiedener Benutzer sich in Teilen (Seiten) überlappen zu lassen und den Benutzern unterschiedliche Zugriffsrechte für den gemeinsamen Speicherbereich (shared memory) einzuräumen. – Als Erweiterung dieser Technik gibt es MMUs mit mehr als zwei Tabellenebenen, z. B. mit dreistufiger Adressumsetzung.

22.2.2.3 Caches
Systemstrukturen.

Ein Cache ist ein schneller Speicher, der in der Speicherhierarchie als Puffer zwischen dem Hauptspeicher und dem Prozessor angeordnet ist (Abb. 16). Er ist üblicherweise in den Prozessorbaustein integriert (*on-chip cache*) und meist in zwei Caches für Befehle und Daten getrennt (*split caches*). Ferner gibt es prozessorexterne Caches (*off-chip caches*), üblicherweise mit gemeinsamer Speicherung von Befehlen und Daten (*unified cache*) und mit einer Kapazität von mehreren Mbyte. Bei der Kombination von On-chip-Cache und Off-chip-Cache wird der erste als First-level- und der zweite als Second-level-Cache bezeichnet (*L1- bzw. L2-Cache*). Häufig ist auch der L2-Cache in den Prozessorbaustein integriert, dann gibt es ggf. einen Off-chip-L3-Cache.

Ein On-chip-Cache hat bei begrenzter räumlicher Ausdehnung auf dem Halbleitersubstrat, d. h. bei begrenzter Speicherkapazität, üblicherweise dieselbe kurze Zugriffszeit wie die Prozessorregister, d. h. einen Taktschritt mit der hohen prozessorinternen Taktfrequenz. Bei einen Off-chip-Cache hingegen kommt es darauf an, wie er

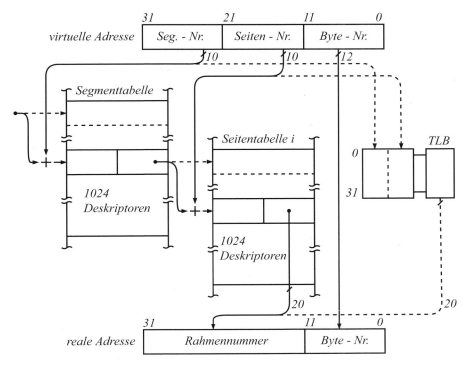

Abb. 15 Zweistufige Adressumsetzung für Segment- und Seitenverwaltung. Virtueller Adressraum von 4 Gbyte (32-Bit-Adressen), aufgeteilt in 1024 Segmente mit jeweils bis zu 1024 Seiten von je 4 Kbyte. Von 1024 möglichen Seitentabellen ist nur eine dargestellt

Abb. 16 Struktur einer Prozessor-Cache-Hauptspeicher-Hierarchie. Schnittstelle *1*: Off-chip-Cache, Schnittstelle *2*: On-chip-Cache

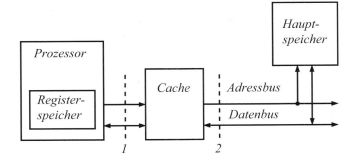

mit dem Prozessor verbunden ist. Ist er an die Prozessorbusschnittstelle angeschlossen (*frontside cache*, Abb. 5b), so kommt die sehr viel niedrigere Taktfrequenz des Prozessorbusses zur Wirkung. Hat er einen eigenen Prozessoranschluss, der dann als Punkt-zu-Punkt-Verbindung ausgelegt ist (*backside cache*, Abb. 5c), kann er mit z. B. halber oder auch ungeteilter Internfrequenz des Prozessors getaktet sein, benötigt ggf. aufgrund seiner Größe aber mehr als einen Takt

pro Zugriff. Grundsätzlich erfolgt der Datenaustausch mit dem On-chip-Cache durch Blockbuszyklen (im günstigsten Fall als 2-1-1-1-Bursts, Abb. 10b).

Laden und Aktualisieren.

Da ein Cache eine wesentlich geringere Kapazität als der Hauptspeicher hat, sind besondere Techniken für das Laden und Aktualisieren sowie für das Adressieren seiner Inhalte erforderlich. Bei

Lesezugriffen des Prozessors wird zunächst geprüft, ob sich das zur Hauptspeicheradresse gehörende Datum im Cache befindet. Bei einem Treffer (*cache hit*) wird es von dort gelesen; bei einem Fehlzugriff (*cache miss*) wird es aus dem Hauptspeicher gelesen und dabei gleichzeitig in den Cache geladen. Dieses Laden umfasst nicht nur das eigentlich adressierte Datum, sondern einen Block von 16, 32 oder 64 Bytes (*data prefetch*) entsprechend 4 oder 8 Übertragungen auf einem 32- oder 64-Bit-Datenbus (Blockbuszyklus, Abb. 10b).

Schreibzugriffe auf den Cache gibt es in der Regel nur auf Daten, nicht auf Befehle. Sie erfordern immer auch das Aktualisieren des Hauptspeichers. Beim *Write-through-Verfahren* erfolgt dies bei jedem Schreibzugriff, wobei der Cache für Schreibzugriffe seine Vorteile einbüßt. Teilweise Abhilfe schafft hier ein sog. *Write-Buffer*, ein Register, in dem die Daten für die Speicherschreibvorgänge zwischengespeichert werden, damit der Cache sofort wieder für Prozessorzugriffe frei wird. Beim *Write-back-Verfahren* hingegen erfolgt das Rückschreiben erst dann, wenn ein Block im Cache überschrieben werden muss. Dieses Verfahren ist aufwändiger in der Verwaltung, gewährt jedoch den Zugriffsvorteil auch für einen Großteil der Schreibzugriffe. Auch hier wird für das Schreiben in den Hauptspeicher ein Write-Buffer verwendet.

Eine besonders hohe Trefferquote (*hit rate*) bei Cache-Zugriffen erhält man bei wiederholtem Zugriff, z. B. bei Befehlszugriffen in Programmschleifen, die sich vollständig im Cache befinden sowie bei Operationen, die sich auf eine begrenzte Anzahl von Operanden beziehen. Trefferquoten bis zu 95 % werden genannt.

Adressierung.
Die Adressierung eines Cache erfolgt entweder durch virtuelle Adressen mit dem Vorteil einer zur MMU parallelen, d. h. unverzögerten Adressauswertung oder, heute vorwiegend, durch reale Adressen mit dem Vorteil, dass die Cache-Steuerung – auch bei Hauptspeicherzugriffen anderer Master – immer in der Lage ist, Hauptspeicher und Cache gemeinsam zu aktualisieren. Bei virtueller Adressierung muss u. U. nach dem Schreiben in

den Hauptspeicher, z. B. durch einen DMA-Controller, der gesamte Cache-Inhalt als ungültig, da nicht aktualisiert, verworfen werden. Grundsätzlich ist bei beiden Adressierungsarten eine Adressumsetzung von einem großen Adressraum auf den kleineren des Cache erforderlich, wozu sich assoziative Speicherstrukturen anbieten.

Bei einem *vollassoziativen Cache* wird zusätzlich zum Datenblock dessen Blockadresse als Blockkennung (*tag*) gespeichert, und das Auffinden eines Datums erfolgt durch parallelen Vergleich des Blockadressteils der anliegenden Adresse mit allen gespeicherten Blockkennungen. Der Vorteil ist hierbei, dass ein Block an beliebiger Position im Cache stehen kann, dafür ist allerdings der Hardwareaufwand mit je einem Vergleicher pro Cache-Block sehr hoch.

Weniger Vergleicher erfordern *teilassoziative Caches*, bei denen jeweils zwei, vier, sechs oder mehr Blöcke im Cache zu einem Satz (set) zusammengefasst werden und nur ein Teil der Blockadresse als satzbezogene Blockkennung gespeichert wird. Der andere Teil der Blockadresse wird als Index bezeichnet und zur direkten Anwahl der Sätze benutzt (decodiert). Nachteilig ist, dass die Positionen der Speicherblöcke im Cache jetzt nicht mehr beliebig sind. Bei nur einem Block pro Satz, wo jede Blockadresse über ihren Indexteil auf eine bestimmte Position abgebildet wird, dafür aber auch nur ein einziger Vergleicher benötigt wird, spricht man von einem einfach assoziativen oder *direkt zuordnenden Cache* (*direct mapped cache*), hingegen bei mehreren (n) Blöcken pro Satz und damit n möglichen Positionen für jeden Speicherblock (bei n Vergleichern) von einem *n-fach assoziativen Cache* (*n-way set associative cache*).

Abb. 17 zeigt einen zweifach assoziativen Cache mit 1024 Sätzen zu je zwei Blöcken mit je 16 Bytes (32 Kbyte). Der mittlere Teil der am Cache anliegenden Hauptspeicheradresse (Index) adressiert die Sätze in herkömmlicher Weise und wählt jeweils zwei Datenblöcke (Cache-Zeilen) mit ihren Tag-Feldern aus. Der höherwertige Adressteil wird mit den Einträgen der beiden Tag-Felder verglichen. Bei Übereinstimmung mit einem der Einträge wird der niederwertige Adressteil (Offset) zur Byteadressierung im Da-

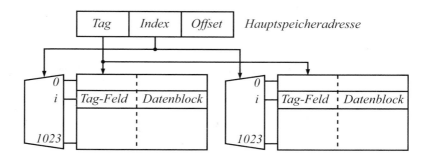

Abb. 17 Adressierung eines zweifach assoziativen Cache mit 1024 Sätzen

tenblock herangezogen. – Zwei Statusbits für jeden Block, Valid und Dirty (in der Abbildung nicht dargestellt), zeigen an, ob ein Block insgesamt gültig ist bzw. ob er seit dem Laden verändert wurde. Vom Valid-Bit hängt die endgültige Trefferaussage (cache hit), vom Dirty-Bit das Rückschreiben beim Copy-back-Verfahren ab.

Vollassoziative Caches und teilassoziative Caches mit wenigstens 2 Blöcken pro Satz benötigen für das Laden von Blöcken eine in Hardware realisierte Ersetzungsstrategie, die bei vollem Cache bzw. Satz vorgibt, welcher Eintrag überschrieben werden soll. Das kann z. B. der am längsten nicht mehr adressierte (*least recently used*) oder auch ein zufällig ausgewählter Eintrag sein (random).

22.2.2.4 Hintergrundspeicher

Hintergrundspeicher dienen zur Speicherung großer Datenmengen sowohl zur Bereithaltung für die aktuelle Verarbeitung als auch zu deren Sicherung und Archivierung. Die wichtigsten Datenträger sind Magnetplatten, optische und magnetooptische Platten sowie Magnetbänder (Streamer-Kassetten). Kennzeichnend für diese Datenspeicher sind ihre (verglichen mit Hauptspeichern) großen Kapazitäten bei wesentlich geringeren Kosten pro Bit. Nachteilig sind jedoch die durch die mechanische Wirkungsweise bedingten langen Zugriffszeiten. Diese liegen um Größenordnungen über denen von Halbleiterspeichern und erst recht über den Taktzeiten von Prozessoren. Die Datenspeicherung erfolgt stets blockweise mit sequenziellem Zugriff; der beim Hauptspeicher übliche direkte Zugriff auf Einzeldaten ist nicht möglich. – Die Einbaugröße eines solchen Speichers wird durch den sog. Formfaktor bestimmt. Dieser basiert auf kreis-

scheibenförmigen Speichermedien und entspricht den Abmessungen ihrer Hüllen, z. B. 3,5 oder 5,25 Zoll. – Zu Hintergrundspeichern siehe z. B. Völz (2007).

Magnetplattenspeicher.
Bei Magnetplattenspeichern wird die Information bitseriell in konzentrischen Spuren (tracks) einer rotierenden, auf einer oder beiden Oberflächen magnetisierbaren kreisförmigen Scheibe (disk) gespeichert. Der Zugriff auf die Spuren erfolgt mit einem auf einen radial bewegbaren Arm montierten Schreib-/Lesekopf. Die Spuren sind in Sektoren einheitlicher Größe eingeteilt, wovon jeder aus einem Datenfeld (z. B. 256 oder 512 Datenbytes) und einem vorangehenden Erkennungsfeld (identifier field, ID-Feld) mit der für den Zugriff benötigten Information besteht: Spurnummer, Oberflächenbezeichnung, Sektornummer und Datenfeldlänge. Ergänzt werden beide Felder durch vorangestellte Kennungsbytes (address marks) und angehängte Blocksicherungsbytes (CRC-Bytes, siehe Abschn. 22.1.2). Der Zugriff auf einen Magnetplattenspeicher erfordert dementsprechend zwei Schritte: zunächst die Spur- und Sektoranwahl und dann das Schreiben bzw. Lesen der Bytes des Sektors. – Vor der ersten Benutzung muss eine Magnetplatte formatiert werden. Dazu wird sie in allen Spuren beschrieben, wobei die Datenfelder mit Platzhalter-Information gefüllt werden.

Magnetplattenspeicher existieren in unterschiedlichen Ausführungen. *Festplattenspeicher* bestehen aus einer oder mehreren übereinander angeordneten starren Magnetscheiben mit Speicherkapazitäten (bei Nutzung beider Oberflächen) von einigen hundert Gbyte (Formfaktor 2,5 oder

1,8 Zoll, z. B. in PCs und Notebooks) bis zu mehreren Tbyte (Formfaktor 3,5 Zoll, z. B. in Servern). Die Scheiben als Speichermedium und das eigentliche Laufwerk bilden dabei eine untrennbare Einheit, was hohe Umdrehungszahlen (derzeit bis zu 15.000 U/min) und damit hohe Zugriffsraten ermöglicht (ca. 160 Mbyte/s). Der Vorteil mehrerer Scheiben ist, dass nach Positionierung der übereinanderliegenden Schreib-/Leseköpfe (Schreib-/Lesekamm) ein ganzer „Zylinder", d. h. mehrere übereinanderliegende Spuren, erreichbar ist (Abb. 18). Festplattenspeicher dienen zur ständigen Programm- und Datenbereithaltung für den Hauptspeicher und sind deshalb feste Komponenten von Rechnern mit IDE/ATA- oder SCSI-Anschluss (ältere Ausführungen) oder mit SATA- oder SAS-Anschluss (neuere Ausführungen). Sie können aber auch als transportable Speichermedien eingesetzt werden, z. B. als Rechnereinschübe oder als prozessorexterne Geräte mit z. B. SCSI-, FireWire- oder USB-Kabelanschluss.

Bei *Wechselplattenspeichern* ist das Speichermedium eine einzelne, in einer starren Kunststoffhülle untergebrachte, meist biegsame Scheibe/Folie, die als sog. Diskette vom Laufwerk trennbar ist. Beispiele sind die Floppy-Disk, die Super-Disk und die Zip-Diskette. Mittlerweile sind diese Wechselplattenspeicher durch die sog. Flash-Speicher weitgehend vom Markt verdrängt worden, insbesondere durch den USB-Stick (siehe unten).

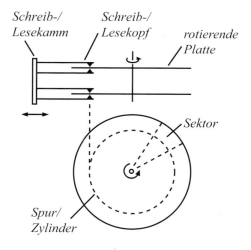

Abb. 18 Zugriff auf den Plattenstapel eines Festplattenspeichers

Optische Plattenspeicher.
Optische Plattenspeicher nutzen als Informationsträger eine starre, rotierende Scheibe, die in Durchmesser (12 cm) und Handhabung (Wechselmedium ohne Hülle) der Audio-Compact-Disc (Audio-CD) entspricht. Auch der Zugriff erfolgt wie bei ihr, berührungslos mit Laserlicht. Zu unterscheiden sind im zeitlichen Auftreten und mit zunehmenden Speicherkapazitäten (1.) Speicher mit herkömmlicher CD-Technik, (2.) die DVD und (3.) die Blu-ray Disc in Konkurrenz zur High Definition DVD, jeweils mit Varianten hinsichtlich Nurlesbarkeit (ROM, *Read-Only Memory*), Einmalbeschreibbarkeit (R, *Recordable*) und Wiederbeschreibbarkeit (RW, *ReWriteable*).

Compact Disc (CD). Die *CD-ROM* ist ein nur lesbares Medium mit Kapazitäten von 650 Mbyte und darüber. Wie bei Magnetplattenspeichern werden die Daten in Sektoren und Spuren abgelegt, jedoch spiralförmig. Die Datendarstellung erfolgt durch Übergänge zwischen der Oberfläche (land) des Mediums und in sie eingeprägte Vertiefungen (pits). Die CD-ROM dient zur Bereitstellung großer Datenmengen, z. B. von Softwarepaketen, Lexika, Versandkatalogen usw.

Die *CD-R* entspricht im Aufbau der CD-ROM, ist jedoch einmal (ggf. in mehreren Sitzungen) beschreibbar. Dabei werden die Vertiefungen durch den Laserstrahl in eine organische Schicht eingebrannt. Sie hat Kapazitäten zwischen 650 und 900 Mbyte und dient zur Datenarchivierung und auch zur Erstellung von Audio-CDs.

Die *CD-RW* mit 700 Mbyte Speicherkapazität ist wiederholt (ca. 1000-mal) beschreibbar. Gespeichert werden die Daten mittels des Laserstrahls durch unterschiedlich starke Erhitzung der Bitpositionen, wodurch sich die Bitmuster als amorphe (unstrukturierte) bzw. kristalline Oberflächenbereiche realisieren lassen, die den Laserstrahl beim Lesen unterschiedlich gut reflektieren (Phase-Change-Verfahren). Die CD-RW dient zur Sicherung von Daten, die von Zeit zu Zeit aktualisiert werden, d. h. als sog. Backup-Medium.

Die Übertragungsraten dieser Speicher werden als Vielfache von 150 kbyte/s, der Übertragungsrate einer Audio-CD, angegeben (z. B. Lesen einer CD-ROM 52-fach, d. h. 7,8 Mbyte/s).

Digital Versatile Disc (*DVD*). Die DVD-Speicherung basiert auf der CD-Technik, hat aber eine sehr viel höhere Speicherkapazität von zunächst 4,7 Gbyte. Diese wird durch geringeren Spurabstand und geringere Pit-Abmessung erreicht. Sie kann durch Verwendung von zwei übereinander liegenden Informationsschichten oder/und durch zusätzliche Nutzung der Rückseite der Scheibe auf 8,5 und 17 Gbyte erhöht werden. Entwickelt wurde die DVD zur Speicherung von Video/Audio-Daten in komprimierter Form, sie wird aber auch allgemein als Datenträger eingesetzt.

Bei den einmal- und den wiederbeschreibbaren DVDs hat sich kein einheitlicher Standard durchgesetzt. Zwar gibt es Aufzeichnungsgeräte, die alle vorhandenen Formate beherrschen; aber nicht alle Formate sind mit allen Wiedergabegeräten abspielbar. Die *DVD-ROM* ist wie die CD-ROM nur lesbar. Sie wird bevorzugt zum Vertrieb von Filmen eingesetzt. Die *DVD-R*, *DVD+R*, *DVD-RW* und *DVD+RW* sind wie die CD-R bzw. CD-RW nur einmal- bzw. wiederbeschreibbar. Sie werden bevorzugt zur Aufzeichnung von Filmen genutzt und haben die VHS-Videoaufzeichnung abgelöst. Die Datenraten für die Aufzeichnung und Wiedergabe werden in Vielfachen von 1,35 Mbyte/s angegeben, z. B. in der Größenordnung 4-, 8-, 16- und 22-fach, abhängig vom Format und von Aufzeichnung/Wiedergabe. – DVD-Geräte übernehmen zusätzlich die Funktion von CD-Geräten und lösen diese ab.

Blu-ray Disc (*BD*), *High Definition DVD* (*HD DVD*). Beide Speicher arbeiten mit einem gegenüber der DVD geänderten (blauen) Laserlicht, sodass sie zu dieser inkompatibel sind. Hierdurch und durch andere Veränderungen lassen sich jedoch die Speicherkapazitäten bei einlagigen Medien auf ca. 30 Gbyte erhöhen. Bis zu zwanzig Lagen sind unter Laborbedingungen möglich. Die Datenrate wird in Vielfachen von 36 Mbit/s, d. h. 4,5 Mbyte/s angegeben. Eingesetzt werden diese Medien insbesondere für Filmaufzeichnungen hoher Bildqualität.

Magnetbandspeicher, Streamer.
Magnetbandspeicher verwenden als Datenträger ein flexibles Kunststoffband, das auf einer Seite eine magnetisierbare Schicht trägt und zum Beschreiben und Lesen an einem Schreib-/Lesekopf mit (bei manchen Geräten ohne) Berührung vorbeigezogen wird. Das Band – früher als sog. Langband auf einer offenen Spule aufgewickelt – ist hier kompakt in einer Kassette untergebracht. Während beim Langband die Speicherung parallel erfolgte, z. B. 8 Bits plus 1 Paritätsbit, gibt es bei den Kassetten zwei bitserielle Aufzeichnungstechniken: das *Längsspurverfahren* (*linear recording*) mit spurweiser, serpentinenartiger Aufzeichnung (ggf. auch mehrere Spuren parallel, z. B. 8), bei dem das Band wechselweise in beiden Laufrichtungen betrieben wird, und das *Schrägspurverfahren* (*helical scan recording*), bei dem die Schreib- und Leseköpfe auf einer rotierenden, schräg zum Band gestellten Trommel untergebracht sind (wie bei Video-Recordern).

Sowohl beim Längsspur- als auch beim Schrägspurverfahren erfolgt die blockweise Speicherung – anders als beim Langband – nicht im Start-Stopp-Betrieb mit seiner aufwändigen Bandsteuerung, sondern bei geringerem gerätetechnischen Aufwand mit kontinuierlichem Datenstrom, woraus die Gerätebezeichnung *Streamer* resultiert. Streamer werden entsprechend ihrer Leistungsdaten (und Kosten) noch bei kleinen Rechnersysteme (PCs) bis hin zu Hochleistungssystemen (Servern) eingesetzt. Da Streamer insbesondere für die Datensicherung (backup) eingesetzt werden, ist darauf zu achten, dass ihre Speicherkapazitäten denen der zu sichernden Festplatten genügen.

Flash-Speicher.
Im Gegensatz zu allen bisher genannten Hintergrundspeichern haben *Flash-Speicher* als rein elektronische Speicher keine beweglichen Teile. Ähnlich den DRAM-Speicherbausteinen wird ein Bit durch eine elektrische Ladung dargestellt, hier mittels eines Feldeffekttransistors (FET) mit spezieller Struktur. Die besondere Eigenschaft dieses Transistors ist, dass er die Ladung nach Abschalten der Versorgungsspannung nicht verliert, also die gespeicherte Information behält. Die Speicherinformation kann durch entsprechendes Ansteuern des Transistors geschrieben und gelesen werden.

Die Art des Speichermediums, ein Halbleitersubstrat, hat unterschiedliche Erscheinungsformen von Flash-Speichern zur Folge. So gibt es diese einerseits als in Rechner und Peripheriegeräte integrierte Flash-Bausteine (Flash ROMs) und andererseits als externe Speicher, z. B. in Form von Steckkarten kleiner Baugröße (Flash Card, Memory Card), wie man sie insbesondere im Multimediabereich findet (Audio, Bild, Video), und als sog. *USB-Sticks* (USB-Geräte) in Form eines verlängerten USB-Steckers, wie man sie als Hintergrundspeicher zur Datensicherung verwendet. Es gibt sie außerdem als Pufferspeicher in sog. Hybrid-Festplatten. – Die Kapazitäten von Flash-Speichern reichen bis in den mehrstelligen Gbyte-Bereich, wobei ggf. mehrere Flash-Bausteine zusammengeschaltet werden. Die Lebensdauer der Speicherzellen liegt je nach Technologie bei 10.000 bis zu mehreren 100.000 Lösch-/Schreibzyklen.

22.2.3 Ein-/Ausgabeorganisation

Die Ein-/Ausgabeorganisation umfasst die Hardware und Software, um Daten zwischen Hauptspeicher und Peripherie (Geräten, devices) zu übertragen. Zur Peripherie gehören die Hintergrundspeicher und die Ein-/Ausgabegeräte. Hinzu kommen anwendungsspezifische Ein-/Ausgabeeinheiten, z. B. zur Übertragung von Steuer-, Zustands-, Mess- und Stellgrößen in der Prozessdatenverarbeitung. – Zur Ein-/Ausgabeorganisation siehe vertiefend z. B. Flik (2005).

Funktionen.
Abhängig vom Peripheriegerät umfasst ein Ein-/Ausgabevorgang meist mehrere Aktionen, wie

- Starten des Vorgangs, z. B. durch Starten des Geräts,
- Ausführen spezifischer Gerätefunktionen, z. B. Positionieren des Schreib-/Lesearms bei einem Magnetplattenspeicher,
- Übertragen von Daten, meist in Blöcken fester oder variabler Byteanzahl,
- Lesen und Auswerten von Statusinformation, z. B. zur Fehlererkennung und -behandlung,

- Stoppen des Vorgangs, z. B. durch Stoppen des Geräts.

Systemstrukturen.
Die Unterschiede der Arbeitsgeschwindigkeiten und Datendarstellungen zwischen dem Systembus oder dem Ein-/Ausgabe-Hub (Abb. 5) und den Peripheriegeräten erfordern eine Anpassung der Geräte an den Bus bzw. Hub. Bei einfachen *Geräteschnittstellen* geschieht dies durch *passive Anpassbausteine* (*interfaces, i/o ports*). Die Geräteinitialisierung, die Übertragungssteuerung und die Statusauswertung übernimmt dabei der Prozessor. Er kann durch eine zusätzliche Steuereinheit mit Busmasterfunktion, einen DMA-Controller (DMAC), unterstützt werden, der ihn von der Datenübertragung entlastet. Bei Geräteschnittstellen mit komplexeren Steuerungsabläufen werden *active Anpassbausteine* (*host adapter, hubs*) eingesetzt. Sie entlasten den Prozessor, da die Steuerung auf einer höheren Kommandoebene erfolgt. Die Datenübertragung selbst wird auch hier meist von einem DMA-Controller durchgeführt. Sowohl die passiven als auch die aktiven Systembus- bzw. Hub-Anschlüsse erfordern auf der Geräteseite eine Elektronik gleicher Art. Diese bildet zusammen mit der gerätespezifische Steuerungselektronik die Gerätesteuereinheit (*device controller*).

Synchronisation.
Da bei einem Ein-/Ausgabevorgang zwei oder mehr Steuereinheiten gleichzeitig aktiv sind, müssen die in ihnen ablaufenden Prozesse, die entweder als Programm oder als Steuerung realisiert sind, miteinander synchronisiert werden. Synchronisation bedeutet hier „aufeinander warten"; das gilt sowohl auf der Ebene der Einzeldatenübertragung (z. B. zwischen Interface und Device-Controller) als auch auf der Ebene der Block- oder Gesamtübertragung (z. B. zwischen Prozessor und DMA-Controller). Die Synchronisation einer Einzeldatenübertragung erfordert abhängig vom Zeitverhalten der Übertragungspartner verschiedene Techniken. Unter der Voraussetzung, dass der eine Partner immer vor dem anderen für eine Übertragung bereit ist, genügt es, wenn der langsamere Partner seine Bereitschaft signalisiert. Haben beide Partner variable Reaktionszeiten, so ist vor jeder

Datenübertragung ein Signalaustausch in beiden Richtungen erforderlich. Man bezeichnet dieses Aufeinander-Warten auch als *Handshake-Synchronisation* (handshaking).

22.2.3.1 Prozessorgesteuerte Ein-/ Ausgabe

Bei der prozessorgesteuerten Ein-/Ausgabe übernimmt der Prozessor im Zusammenwirken mit einem (passiven) Interface die gesamte Steuerung eines Ein-/Ausgabevorgangs, d. h. das Ausgeben und Einlesen von Steuer- und Statusinformation sowie das Übertragen und Zählen der einzelnen Daten. Abb. 19 zeigt dazu eine Konfiguration mit einem Interface für byteweise Datenübertragung. Sie erfolgt über ein Pufferregister (data register, DR), unterstützt durch zwei Steuerleitungen (Ready-Signale RDY1, RDY2). Ein ladbares Steuerregister (control register, CR) erlaubt das Programmieren unterschiedlicher Interface-Funktionen, z. B. die Einsignal-Synchronisation, die Handshake-Synchronisation oder das Sperren und Zulassen von Interruptanforderungen an den Prozessor. Ein lesbares Statusregister (SR) zeigt dem Prozessor den Interface-Status an, z. B. den Empfang des Signals RDY2.

Der Ablauf einer Einzeldatenübertragung sei anhand einer Byteausgabe an ein Peripheriegerät demonstriert. Der Prozessor schreibt das Byte in DR, sodass die Bits auf dem peripheren Datenweg anliegen. Das wird dem Gerät durch das (Bereitstellungs-)Signal RDY1 angezeigt. Das Gerät übernimmt das Datum in ein eigenes Register oder einen Pufferspeicher und bestätigt die Übernahme durch das (Quittungs-)Signal RDY2. Das Interface setzt daraufhin ein Ready-Bit in SR

und nimmt sein RDY1-Signal zurück; daraufhin setzt auch das Gerät sein RDY2-Signal zurück. Das Ready-Bit signalisiert dem Prozessor den Abschluss der Übertragung und kann von diesem entweder programmgesteuert, d. h. durch wiederholtes Lesen von SR und Abfragen des Ready-Bits (*busy waiting*, *polling*), oder interruptgesteuert, d. h. durch Freigeben des Ready-Bits als Interrupt-Request-Signal, ausgewertet werden.

22.2.3.2 DMA-Controllergesteuerte Ein-/ Ausgabe

Ein *DMA-Controller* entlastet den Prozessor von der Datenübertragung, indem er, von diesem einmal initialisiert und gestartet, die Übertragung eines Datenblocks oder mehrerer, miteinander verketteter Datenblöcke selbstständig und parallel zur Verarbeitung im Prozessor durchführt. Man bezeichnet diese Organisationsform, bei der die Daten ohne Prozessoreingriff direkt zum/vom Speicher fließen, als Ein-/Ausgabe mit *Direktspeicherzugriff* (*direct memory access*, *DMA*). Da die Übertragungssteuerung des DMA-Controllers (DMAC) in Hardware realisiert ist, werden höhere Übertragungsgeschwindigkeiten als bei der prozessorgesteuerten Ein-/Ausgabe erreicht.

Die für die Übertragung erforderlichen Parameter, wie Speicheradresse, Interface-Adresse, Datenformat, Blockgröße und Übertragungsrichtung, werden vom Prozessor bei der Initialisierung in dafür vorgesehene Register des Controllers geladen. Weitere Register speichern den Status. Ist ein solcher Registersatz mehrfach vorhanden, so spricht man von mehreren *DMA-Kanälen*. Sie benutzen das Steuerwerk des Controllers im Multiplexbetrieb. Die einzelnen Daten

Abb. 19 Byteorientiertes Interface mit Handshake-Synchronisation

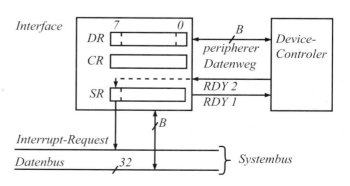

eines Blocks werden entweder *direkt* übertragen, d. h. in jeweils einem Buszyklus, indem der Controller gleichzeitig den Speicher über den Adressbus und das Interface-Datenregister über ein Anwahlsignal adressiert, oder *indirekt*, d. h. in zwei aufeinanderfolgenden Buszyklen, indem der Controller nacheinander beide Einheiten adressiert und jedes einzelne Datum zwischenspeichert. Die indirekte Technik ist zeitaufwändiger, ermöglicht aber Speicher-zu-Speicher-Übertragungen, z. B. zur Durchführung des Kompaktifizierens (siehe Abschn. 22.3.3.3).

Die Synchronisation von Prozessor und DMA-Controller auf der Ebene der Blockübertragung erfolgt mit denselben Techniken wie bei der prozessorgesteuerten Einzeldatenübertragung, d. h., der Controller signalisiert den Abschluss seiner Übertragung entweder durch eine vom Prozessor abzufragende Statusinformation oder durch eine Unterbrechungsanforderung.

Während der Initialisierungsphase ist der DMA-Controller Slave des Prozessors, sonst eigenständiger Busmaster, der sich in einem Einbussystem den Systembus mit dem Prozessor teilt. Bezüglich des Buszugriffs hat er höhere Priorität als der Prozessor. Arbeitet er im *Cycle-stealing-Modus*, so verdrängt er den Prozessor jeweils für die Übertragung eines Datums vom Bus und gibt danach den Bus bis zur nächsten Übertragung frei (für langsame Übertragungen geeignet). Arbeitet er im *Burst-Modus*, so belegt er den Bus für die Dauer einer Blockübertragung, wodurch der Prozessor für längere Zeit vom Bus verdrängt wird (für schnelle Übertragungen erforderlich). Siehe dazu auch Abschn. 22.2.1.3, Busarbitration.

22.2.3.3 Ein-/Ausgabeprozessor

Ergänzt man den DMA-Controller-Baustein durch einen eigenen Prozessor, der ein im Hauptspeicher oder in einem lokalen Speicher stehendes Ein-/Ausgabeprogramm ausführen kann, so erhält man einen *Ein-/Ausgabeprozessor*. Dieser kann außer der eigentlichen Datenübertragung auch eine Datenvor- und Datennachverarbeitung vornehmen, z. B. eine Datentransformation oder -formatierung. Ferner kann er Statusmeldungen auswerten und so z. B. bei fehlerhafter Übertragung eines Datenblocks dessen Übertragung noch

mal veranlassen. Für einen Ein-/Ausgabevorgang stellt der Zentralprozessor dabei nur noch ein Parameterfeld bereit, und der Ein-/Ausgabeprozessor führt diesen Vorgang anhand dieser Angaben selbstständig durch.

Frühere Einheiten dieser Art mit einem auf die Ein-/Ausgabe zugeschnittenen Kommandosatz wurden als *Ein-/Ausgabekanäle* bezeichnet. Heutige Ein-/Ausgabeprozessoren haben universelle Befehlssätze. Sie sind vielfach zu *Ein-/Ausgaberechnern* ausgebaut, indem sie zusätzlich zum DMA-Controller mit einem lokalen Bus und lokalen Buskomponenten ausgestattet sind, z. B. mit einem Speicher für Programme und Daten und mit verschiedenen Interfaces. Der lokale Bus und die Systembusschnittstelle sind dabei häufig standardisiert (z. B. PCI) und durch eine On-chip-Bridge (PCI-zu-PCI) miteinander verbunden, wodurch sich der Systementwurf vereinfacht. Modernere Konzepte sehen Punkt-zu-Punkt-Verbindungen an der Bausteinschnittstelle vor.

22.2.3.4 Schnittstellen

Der Anschluss von Hintergrundspeichern und Ein-/Ausgabegeräten an einen Rechner erfolgt auf der Grundlage von Schnittstellenvereinbarungen, d. h. mit standardisierten Geräteschnittstellen. Als Vermittler fungieren Steuereinheiten (z. B. Host-Adapter, Hubs); übertragen wird seriell oder parallel.

Hinsichtlich der eingesetzten Standards hat sich in den letzten Jahren ein vollständiger Wandel vollzogen. So wurden die inzwischen in die Jahre gekommenen, insbesondere bei PCs eingesetzten Schnittstellen PS/2 und RS-232-C (seriell) sowie Centronics und IEEE-1284 alias Parallel Port (parallel) durch serielle Schnittstellen, nämlich USB (d. h. USB 2.0 oder 3.0) und FireWire abgelöst. Desgleichen werden die parallelen Geräteverbindungen IDE/ATA und SCSI durch deren serielle Nachfolger SATA und SAS ersetzt. Zu diesen modernen Schnittstellen, die alle als Punkt-zu-Punkt-Verbindungen ausgelegt sind, ggf. aber Busfunktion haben, siehe Abschn. 22.2.1.6.

Für spezielle Geräteanbindungen in technischen Umgebungen gibt es jedoch weiterhin herkömmliche serielle und parallele Schnittstellen, die es erlauben, einfache Übertragungsprotokolle mit geringem Hardwareaufwand zu realisieren. Als serielle Schnittstellen mit Busfunktion seien hier I^2C (Inter-Integrated Circuit) und das *Serial Peripheral Interface* (SPI) erwähnt, die zur Kommunikation zwischen Digitalbausteinen eingesetzt werden. Sie arbeiten mit nur zwei bzw. drei Signal- und Taktleitungen und erlauben Übertragungsraten bis hin zu einigen Mbit/s. Sie sind zu ergänzen um den großen Bereich der Feldbusse (Abschn. 22.2.1.6). Als „universelle" parallele Schnittstellen gibt es die sog. Ein-/Ausgabetore (i/o ports), meist mit mehreren 8 Bit breiten Datenverbindungen, die aber auch bitweise für die Übertragung von Steuersignalen genutzt werden können. Sie sind als einfache, passive Interfaces realisiert und eignen sich sowohl für parallele Übertragungen, synchronisiert durch Steuersignale, als auch für die davon unabhängige Übermittlung bitweiser Steuerinformation.

22.2.3.5 Ein-/Ausgabegeräte

Zu den Ein-/Ausgabegeräten zählen zum einen die Hintergrundspeicher (Abschn. 22.2.2.4), zum anderen jene Geräte, die die Mensch-Maschine-Schnittstellen für das Ein- und Ausgeben von Zeichen (Programme, Daten, Text) und von Grafik bilden. Dargestellt wird die Information vorwiegend nach dem Rasterprinzip, d. h. durch spalten- und zeilenweises Aufteilen der Darstellungsfläche in Bildpunkte (picture elements, *pixels*), die Schwarzweiß-, Grau- oder Farbwerte repräsentieren. Daneben gibt es das Vektorprinzip, d. h. die Bilddarstellung durch Linien, deren Anfangs- und Endpunkte durch x,y-Koordinaten festgelegt sind. Hinzu kommen Multimediageräte mit digitalen Daten für Sprache, Musik, Fotos und Filme.

Terminal.

Ein Terminal besteht aus einer *Tastatur (keyboard)* zur Eingabe von Zeichen im ASCII oder EBCDIC und einer *Bildschirmeinheit* (Monitor, video display) zur Ausgabe von Zeichen und Grafik. Als Tastatur ist bei der deutschen ASCII-Version die sog. MF2-Tastatur (Multifunktionstastatur) mit 102 Tasten gebräuchlich.

Ältere Bildschirmeinheiten, sog. *Röhrenmonitore*, hatten eine Elektronenstrahlröhre zur Bilddarstellung (cathode ray tube, *CRT*) und arbeite-

ten nach dem Punktrasterprinzip. Der Vorteil von Röhrenmonitoren lag früher in der weitgehenden Farbkonstanz bei unterschiedlichen Blickwinkeln. Nachteile waren das Flimmern (unbewusst wahrgenommen) und eine eingeschränkte Bildschärfe.

Die Röhrenmonitore wurden inzwischen vielfach durch die platz- und energiesparenden *Flachbildschirme* verdrängt. Ihre Leuchtfähigkeit basiert entweder auf chemischen Substanzen, die unter Einfluss eines elektrischen Feldes Licht emittieren (wie beim Elektrolumineszenz-Display) oder, als heute vorherrschende Technik, Licht absorbieren (wie beim Flüssigkristall-Display, liquid crystal display, *LCD*), hier das Licht einer Hintergrundbeleuchtung. Bei den heute weniger gebräuchlichen, passiven LCDs (double super twisted nematic, *DSTN*) werden dazu die Kristalle durch gitterförmig angeordnete Leiterbahnen angesteuert. Bei den vorherrschenden aktiven LCDs hat jeder Bildpunkt einen eigenen Steuertransistor (thin film transistor, *TFT*), was eine sehr gute (und schnelle) Bilddarstellung erlaubt. Die Bildschirmdiagonalen haben sich bei Notebooks mit Größen bis zu 17 Zoll und mit Auflösungen von bis zu 2880×1800 Bildpunkten etabliert, bei Standgeräten sind größere Diagonalen von 24 Zoll üblich und reichen für den normalen Gebrauch bis hin zu gekrümmten (curved) Bildschirmen von 34 Zoll. Gegenüber Röhrenmonitoren ist die durch das Diagonalmaß bezeichnete Bildfläche vollständig genutzt, ein Bildflimmern ist nicht wahrnehmbar, und die Bilddarstellung ist sehr scharf. Je nach Bildschirm kann es jedoch eine starke Farbabhängigkeit vom Blickwinkel geben. Außerdem ist das röhrenübliche 4:3-Format zugunsten der Bildschirmbreite verändert.

Bildschirme werden durch Grafikeinheiten angesteuert. Diese speichern Bildinformation und unterstützen den rechenintensiven Bildaufbau durch Spezialhardware (Grafik-Controller). Moderne Grafikeinheiten weisen eine hohe Leistungsfähigkeit in der 3D-Darstellung von Bewegtbildern auf.

Beamer.

Beamer dienen zur Präsentation von Bildschirminhalten (Festbilder, Bewegtbilder) mittels Lichtstrahls auf einer Projektionsfläche, z. B. einer Leinwand. Dabei werden zwei Projektionstechniken unterschieden. Bei der (älteren) LCD-Technik wird mittels einer Metalldampflampe und monochromatischen Spiegeln das auf drei kleinen TFT-Schirmen dargestellte Bild in drei Teilbilder in den Farben Rot, Grün und Blau (RGB) erzeugt, diese dann in einem Prisma zusammengefügt und über eine Linsenoptik als Farbbild projiziert. Als Nachteil dieser Technik können aufgrund der Bildzusammenfügung Konvergenzprobleme (Unschärfe) und bei Verschmutzen der TFT-Schirme Farbstiche auftreten.

Bei der (neueren) DLP-Technik (digital light processing) wird das Bild mittels eines optischen Halbleiterbausteins erzeugt, der für jeden darzustellenden Bildpunkt einen sehr kleinen Spiegel hat. Diese Spiegel reflektieren das Licht einer Lichtquelle und projizieren es über ein Linsensystem. Sie werden dabei abhängig von der digital vorliegenden Bildinformation (Bildpunkthelligkeit) bzgl. des Lichteinfalls gekippt und erzeugen so ein Helligkeitsspektrum zwischen Weiß und Schwarz. Für die Farbdarstellung wird das Licht nicht direkt, sondern durch ein Farbrad (RGB) hindurch auf die Spiegel gelenkt, wodurch das Farbbild durch drei aufeinanderfolgende Teilbilder (RGB) entsteht. Bei scharfem und kontrastreichem Bild können hier als Nachteil Farbschlieren auftreten. Beamer der höheren Leistungsklasse, wie sie auch für die Kinoprojektion eingesetzt werden, verwenden für jeden Farbanteil einen eigenen Spiegelbaustein und fassen die so erzeugten drei Teilbilder wiederum durch ein Prisma zusammen.

Auch Beamer gibt es mit verschiedensten Bildauflösungen sowie zunehmend auch Breitformate mit bis zu 4096×2160 Bildpunkten. Die Güte der Bildprojektion hängt außerdem von der Bildhelligkeit (gängig 1000 bis 8000 ANSI Lumen) und vom Kontrast (gängig 400:1 bis 10000:1) ab.

Maus.

Eine sog. Maus besteht aus einem handlichen Gehäuse, das auf dem Tisch (mechanische Maus mit Rollkugel) bzw. auf einer reflektierenden Unterlage (optische Maus) verschoben wird und dessen Position auf einem Bildschirm durch eine Marke angezeigt wird. Über Tasten und ggf. ein Rändelrad am Mausgehäuse können – im Zusam-

menwirken mit der unterstützenden Software – bestimmte Funktionen ausgelöst werden, z. B. das Anwählen von Feldern einer menügesteuerten Benutzeroberfläche, das Fixieren von Bezugspunkten für grafische Objekte eines Zeichenprogramms oder das Scrollen bei Bildschirmfenstern (Verschieben des Ausschnitts).

Tablett (tablet).

Das Tablett ist ein grafisches Eingabegerät, das eine entsprechende Arbeitsweise wie mit Bleistift und Papier erlaubt. Es erfasst die Position eines mit der Hand geführten Stiftes auf einer rechteckigen Fläche und überträgt dessen x,y-Koordinaten zum Rechner, der diese ggf. auf einem Bildschirm anzeigt. Die Erfassung der Koordinaten geschieht durch galvanische, akustische, kapazitive, magnetische oder magnetostriktive Kopplung von Stift und Fläche. – Bei den sog. Tablet-PCs ist der Flachbildschirm (eines Notebooks) um die Funktion des Tabletts erweitert, d. h., der Bildschirm dient als Anzeige- und als Eingabemedium, wobei beide Darstellungsebenen gleichzeitig zur Anzeige kommen.

Scanner.

Ein Scanner tastet eine zweidimensionale Vorlage mittels Helligkeits- (Reflexionsgrad-)Messung zeilenweise Punkt für Punkt ab und speichert die Abtastwerte der Bildpunkte in Pixel-Darstellung. Diese kann auf einem Rechner weiterverwendet werden, entweder als Pixel-Grafik (Grafik oder Text) oder nachbearbeitet als ASCII- oder EBCDIC-Textdarstellung. Bei der Nachbearbeitung wird die Pixel-Darstellung von einem Segmentierungsprogramm in die Pixel-Bereiche der einzelnen Zeichen zerlegt, die dann von einem Zeichenerkennungsprogramm klassifiziert und im ASCII oder EBCDIC dargestellt werden (optical character recognition, OCR).

Drucker (printer).

Drucker dienen zur Ausgabe von Text, codiert im ASCII oder EBCDIC, sowie von Grafik.

Nadeldrucker (Matrixdrucker) arbeiten als reine Textausgabegeräte mit Zeichenmatrizen von z. B. 9 vertikalen Punkten (dots) bei ca. 3 mm Schriftzeichenhöhe. Die vertikalen Bildpunkte werden durch „Nadeln", die in einem horizontal bewegten Schreibkopf untergebracht sind, mittels eines Farbbandes auf das Papier übertragen. Höher auflösende Nadeldrucker haben ein feineres Raster von z. B. 2×12 gegeneinander versetzten vertikalen Bildpunkten, womit ein wesentlich besseres Schriftbild erreicht wird. Darüber hinaus erlauben sie bei punktweisem Walzenvorschub auch die Ausgabe von Grafik. Nadeldrucker sind vergleichsweise langsam und laut und liefern ein verhältnismäßig schlechtes Druckbild. Sie haben jedoch den Vorteil eines dokumentenechten Drucks mit Durchschlägen und werden nur noch dafür eingesetzt.

Tintenstrahldrucker arbeiten wie Nadeldrucker mit horizontal bewegtem Druckkopf und mit punktweiser Darstellung von Zeichen und Grafik. Anstelle der Nadeln haben sie jedoch bis zu 24 oder 48 feine Düsen, über die Tintentröpfchen gezielt auf das Papier gespritzt werden. Getrennte Tintenstrahlsysteme für Schwarz, Gelb („Yellow"), Cyan und Magenta erlauben den Farbdruck. Tintenstrahldrucker zeichnen sich durch hohe Auflösung und geringe Geräuschentwicklung aus.

Laserdrucker sind die aufwändigsten Drucker. Bei ihnen wird die Information einer Druckseite durch einen Laserstrahl punktweise auf eine Fotoleitende Selenschicht auf einer rotierenden Trommel geschrieben. Ähnlich wie bei einem Kopiergerät wird diese Information durch Tonerpartikel auf Papier übertragen und fixiert. Farb-Laserdrucker verwenden schwarzen Toner sowie Toner in den drei Standardfarben Gelb („Yellow"), Cyan und Magenta. Laserdrucker zeichnen sich durch hohe Auflösung, große Präzision in der Darstellung sowie durch verhältnismäßig hohe Druckgeschwindigkeiten aus.

22.2.4 Parallelrechner

Die Geschwindigkeitssteigerungen der Rechner basieren einerseits auf technologischen Fortschritten, wie sie sich in steigenden Speicherkapazitäten und Taktfrequenzen niederschlagen, und andererseits auf strukturellen Entwicklungen, wie z. B. Parallelisierung von Abläufen in Prozessoren und Rechnern. Nach einer groben, 1972 von Flynn (1972) eingeführten Klassifizierung gibt es hinsichtlich der Parallelität von gleichzeitig wirkenden Befehls- und Datenströmen drei grundsätzliche Strukturformen. Mit *SISD* (single-instruction, single-data, Abb. 20a) bezeichnet er Prozessoren, bestehend aus einer Befehlseinheit I und einer Verarbeitungseinheit D, die die Befehle eines Programms nacheinander ausführen. Solche Prozessoren arbeiten durchaus auch parallel, aber nur „intern", z. B. im Pipelining, ggf. verbunden mit der Superskalar- oder der VLIW-Technik (siehe auch ▶ Abschn 21.5.3 in Kap. 23, „Digitale Systeme"). Man bezeichnet sie aber nicht als Parallelrechner.

Mit SIMD (single-instruction, multiple-data, Abb. 20b) bezeichnet Flynn Spezialprozessoren (proprietäre Prozessoren) mit nur einer Befehlseinheit (I), aber mehreren Verarbeitungseinheiten (D) mit lokalen Speichern, die von der Befehlseinheit einheitlich gesteuert werden. Diese Prozessoren werden bereits als *Parallelrechner* bezeichnet. Zu ihnen zählen die Vektorrechner und die Feldrechner. Als *MIMD* (multiple-instruction, multiple-data, Abb. 20c) bezeichnet er die echten Parallelrechner mit mehreren eigenständigen, heute meist standardisierten Prozessoren. Je nachdem, ob es sich dabei um gleichartige oder unterschiedliche Prozessoren handelt, spricht man von

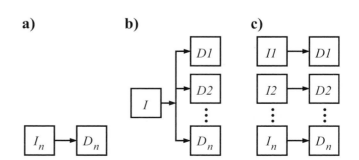

Abb. 20 Grobe Einteilung von Rechnern nach einfacher (S) und mehrfacher (M) Befehls-(I) und Datenverarbeitung (D). **a** SISD; **b** SIMD; **c** MIMD. Die Pfeile symbolisieren den Steuerungsfluss

homogenen bzw. *inhomogenen Mehrprozessorsystemen.* Hinsichtlich der Kommunikation zwischen den Prozessoren unterscheidet man zwischen *speichergekoppelten* und *nachrichtengekoppelten Mehrprozessorsystemen.* – Zu den SIMD- und MIMD-Systemen siehe vertiefend z. B. Ungerrer (1997).

22.2.4.1 Vektorrechner

Vektorrechner (genauer: Vektorprozessoren) sind charakterisiert durch *Vektorbefehle,* das sind Befehle, die eine ganze Reihe von Operandenpaaren adressieren und in gleicher Weise verknüpfen. Unter einem „Vektor" wird hier ganz allgemein eine geordnete Menge gleichartig zu behandelnder Operanden verstanden. Der Flynn'schen Klassifizierung entsprechend müssten die Einzeloperationen eines Vektorbefehls – üblicherweise Gleitpunktoperationen – von entsprechend vielen Gleitpunktrecheneinheiten ausgeführt werden (SIMD), tatsächlich erfolgt die Ausführung jedoch effizienter in Fließbandverarbeitung in einer sog. *Vektor-Pipeline.* Im Gegensatz zu einer „skalaren" Gleitpunktrecheneinheit mit Pipelining, die in Vektorrechnern meist zusätzlich vorhanden ist und die pro Befehl nur ein Operandenpaar verarbeitet, werden in die Vektor-Pipeline nach der Initiierung eines Befehls nacheinander sämtliche Vektorelemente eingespeist. Da dies taktweise geschieht, muss eine genügend schnelle Versorgung der Pipeline gewährleistet sein, z. B. durch *Vektorregister* (Registerspeicher für einen gesamten Vektor) und durch breite Verbindungswege zum Hauptspeicher, unterstützt durch parallele Zugriffsmöglichkeiten auf diesen (ggf. durch dessen Aufteilung in Speicherbänke).

Vektorprozessoren haben meist mehrere, parallel arbeitende Vektor-Pipelines, die ggf. auch miteinander verkettet werden können (vector chaining). Dabei werden die Elemente eines Resultatvektors einem nachfolgenden Vektorbefehl als Elemente zugeführt, noch bevor die Ausführung des ersten Vektorbefehls abgeschlossen ist.

Vektorrechner bestehen üblicherweise aus einer Vielzahl von Vektorprozessoren (z. B. als MIMD-Struktur), womit sich sehr hohe Rechenleistungen erzielen lassen. Sie eignen sich insbesondere für Spezialaufgaben, beispielsweise zur Lösung großer Differenzialgleichungssysteme, wie sie bei der Simulation kontinuierlicher Vorgänge auftreten (z. B. Wettervorhersage, Strömungssimulation).

22.2.4.2 Feldrechner

Feldrechner (*array computers*) sind wie Vektorrechner für eine hohe Rechenleistung ausgelegt. Anders als diese führen sie jedoch aufeinanderfolgende Operationen nicht überlappend aus, sondern führen gemäß dem „reinen" SIMD-Prinzip einen Befehl gleichzeitig mit vielen Operandenpaaren aus. Feldrechner haben dementsprechend zahlreiche gleiche Verarbeitungseinheiten, die zentral und taktsynchron gesteuert werden. Diese sind als Zeile, Gitter oder Quader regelmäßig angeordnet und haben üblicherweise lokale Speicher. Nachbarschaftsbeziehungen werden für den Datenaustausch genutzt. Die Verarbeitung erfolgt im Format der Wortlänge, z. B. mit 64 Bit, aber auch mit nur 1 Bit.

Feldrechner dienen hauptsächlich zur Lösung numerischer Probleme. Das Prinzip des Feldrechners ist auch in heutigen Standardprozessoren als Zusatz zur Unterstützung von Multimedia-Anwendungen (MMX, SSE) zu finden.

22.2.4.3 Speichergekoppelte Mehrprozessorsysteme

Ein speichergekoppeltes Mehrprozessorsystem (SMP, shared memory processed system) besteht aus mehreren, meist gleichen Prozessoren, die sich den Adressraum des Hauptspeichers teilen. Die Verbindungsstruktur ist entweder ein Bus oder ein Kreuzschienenverteiler. Darüber hinaus gibt es Varianten dieser Strukturen, basierend auf Punkt-zu-Punkt-Verbindungen wie HyperTransport, Quick Path Interconnect und PCI-Express (Abschn. 22.2.1.5).

Der Bus kann ein für diese Struktur ausgelegter Prozessorbus sein (Abb. 21a), der es erlaubt, die Adressbus- und Datenbuszuteilung voneinander zu trennen und Adress- und Datenübertragungen für mehrere Prozessoren zeitlich überlappend auszuführen mit dem Ziel einer effizienten Busnutzung (split transactions, siehe auch Abschn. 22.2.1.4).

Bei einem *Kreuzschienenverteiler* (*crossbar switch,* Abb. 21b) ist der Hauptspeicher in Modu-

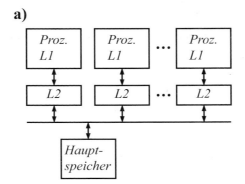

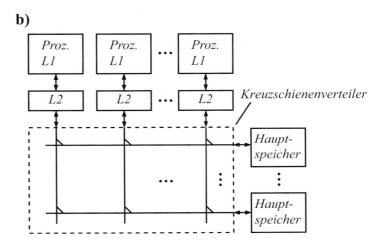

le gegliedert, die mit den Prozessormodulen über eine Matrix von Schaltern verbunden sind.

Beim Bus wie beim Kreuzschienenverteiler wird die Anzahl der direkten Speicherzugriffe durch den Einsatz von L2-Caches großer Kapazität gering gehalten (siehe Abschn. 22.2.2.3). Um dabei dennoch die Datenkohärenz zu gewährleisten, müssen sich die Cache-Controller bei Cache- und Speicherzugriffen untereinander verständigen, z. B. mittels des sog. MESI-Protokolls. Dieses steuert übergreifend die Zugriffe auf den gemeinsamen Adressraum, wobei es die jeweiligen Zustände ggf. adressierter Cache-Einträge auswertet (MESI: modified, exclusive, shared, invalid; siehe z. B. Flik (2005) und Flynn (1995)). – Da der Speicherzugriff in solchen Systemen im Prinzip von jedem Prozessor aus gleich schnell ist, spricht man auch von *UMA-Architektur* (uniform memory access).

Der Vorteil eines speichergekoppelten Mehrprozessorsystems liegt in dem relativ einfachen Übergang vom Ein- zum Mehrprozessorsystem, bei dem im Wesentlichen das Betriebssystem dafür zu sorgen hat, dass die bisher auf einem einzigen Prozessor quasiparallel ausgeführten Prozesse auf die nun mehrfach vorhandenen Prozessoren verteilt werden. Dabei sind alle Prozessoren gleichrangig, auch bei der Entscheidung, auf welchem Prozessor das Betriebssystem läuft. Der Nachteil der UMA-Architektur ist die eingeschränkte *Skalierbarkeit*, d. h. die begrenzte Erweiterbarkeit um zusätzliche Prozessoren.

Mit dem Einsatz von Mehrkernprozessoren (multicore processors) entstehen kompakte UMA-Strukturen, bei denen die Prozessoren bzw. Prozessorkerne und deren Caches sowie die Verbindungsstruktur und ggf. der DRAM-Controller innerhalb eines einzigen Chips aufgebaut sind.

Die Skalierbarkeit lässt sich verbessern, indem man Rechner*knoten* mit lokalen Speichern bildet und sie über spezielle Interfaces (links) miteinander verbindet (Abb. 22). Dabei haben die Prozessoren wieder einen gemeinsamen Adressraum, der Hauptspeicher ist jetzt jedoch auf die Knoten verteilt. Man bezeichnet ein solches System deshalb auch als *DSM-System* (*distributed shared memory*) oder, da die lokalen bzw. nichtlokalen Speicherzugriffe unterschiedlich schnell sind, als *NUMA-Architektur* (non-unified memory access). Ein NUMA-Knoten kann z. B. aus mehreren Prozessoren in UMA-Architektur bestehen.

22.2.4.4 Nachrichtengekoppelte Mehrprozessorsysteme

Ein nachrichtengekoppeltes (lose gekoppeltes) Mehrprozessorsystem ähnelt in seiner Struktur der NUMA-Architektur (Abb. 23), besteht also aus Rechnerknoten (Prozessor-Speicher-Paaren), die über ein Verbindungsnetz miteinander gekop-

pelt sind. Hier gibt es jedoch keinen gemeinsamen Adressraum, vielmehr sind die lokalen Speicher nur von ihren jeweiligen lokalen Prozessoren aus zugreifbar. Die Kommunikation zwischen den Rechnerknoten ist daher nur durch Versenden von Nachrichten mittels des Verbindungsnetzes möglich. Sie wird, um die Prozessoren zu entlasten, durch spezielle Kommunikationshardware unterstützt. Die Unabhängigkeit der Rechnerknoten wird durch ein jeweils eigenes Betriebssystem unterstrichen.

Der Vorteil nachrichtengekoppelter Systeme liegt in ihrer fast unbegrenzten Skalierbarkeit. Gebräuchlich sind Systeme mit bis zu hunderttausend Rechnerknoten (häufig auch SMP-Systeme als Knoten) unter Verwendung von standardisierten Mikroprozessoren. Wegen der damit erreichbaren hohen Parallelität spricht man auch von *MPP-Systemen* (*massive parallel processing*). Ihr Nachteil liegt in der Programmierung, da die Parallelisierung der Anwendersoftware individuell vorzuneh-

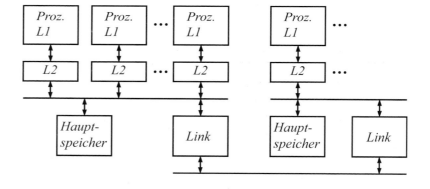

Abb. 22 Speichergekoppeltes Mehrprozessorsystem mit NUMA-Architektur (als über Links verbundene UMA-Systeme gemäß Abb. 21a). Verteilter gemeinsamer Speicher mit unterschiedlich schnellen Zugriffen für die Prozessoren

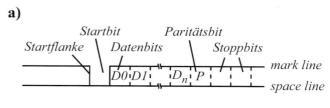

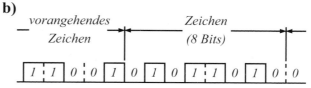

Abb. 23 Serielle Datenübertragung, **a** asynchron; **b** synchron

men ist. Eingesetzt werden MPP-Systeme zur Lösung von Spezialaufgaben hoher Komplexität, z. B. im Bereich der Simulation.

22.2.5 Rechnernetze

Rechner sind heute in hohem Maße in Rechnernetzen miteinander verbunden, mit der Möglichkeit der Kommunikation zwischen den Rechnern wie auch deren Benutzern. Gegenüber dem isolierten Einsatz von Rechnern reicht das Spektrum der zusätzlichen Möglichkeiten vom „Resource-Sharing", d. h. der gemeinsamen Benutzung von Geräten und Dateien, bis hin zum weltweiten Informationsaustausch im Internet.

Grundlegend unterscheidet man zwischen *lokalen Netzen* (inhouse nets, *local area networks*, *LAN*s) und *Weitverkehrsnetzen* (Telekommunikationsnetzen, *wide area networks*, *WAN*s). LANs sind Verbunde von geringer räumlicher Ausdehnung meist innerhalb von Gebäuden oder Grundstücken, die von einzelnen Nutzern (Unternehmen, Institutionen) betrieben werden. WANs haben landesweite Ausdehnung (üblicherweise flächendeckend) und werden meist von den Telekommunikationsgesellschaften betrieben. Globale Netzwerke (*global area networks, GANs*) haben mittels Überseekabel und Satelliten eine erdumfassende Reichweite und stehen üblicherweise im Verbund mit den regionalen WANs. Als Zwischenform von LAN und WAN gibt es die sog. *Metronetze* (*metropolitan area networks*, *MAN*s). Sie sind Stadtnetze (Regionalnetze) und wirken innerhalb oder zwischen Ballungsräumen, oft als Hochgeschwindigkeitsnetze. – Zu Rechnernetzen siehe z. B. Tanenbaum (2003).

22.2.5.1 Serielle Datenübertragung

Um den Leitungsaufwand in den Netzen gering zu halten, werden Daten grundsätzlich bitseriell übertragen, wobei die Bitfolge einem definierten Zeitraster zugeordnet wird.

Bei *asynchron-serieller Übertragung* werden wahlweise fünf bis acht Datenbits eines Zeichens (ggf. plus Paritätsbit) in einem zur Synchronisation benötigten Rahmen (frame), bestehend aus einem Startbit und einem oder mehreren Stopp-

bits, zusammengefasst (Abb. 23a). Bei der Übertragung aufeinanderfolgender Zeichen synchronisieren sich Sender und Empfänger bei jedem Zeichen anhand der fallenden Flanke des Startbits, sodass der Zeitabstand zwischen zwei Zeichen beliebig variieren darf.

Bei der *synchron-seriellen Übertragung* bilden die Datenbits aufeinanderfolgender Zeichen einen lückenlosen Bitstrom (Abb. 23b) und die Synchronisation geschieht laufend anhand der Pegelübergänge im Datensignal. Um auch bei längeren 0- oder 1-Folgen Pegelwechsel zu erzwingen, werden besondere Signalcodierungen verwendet, oder es werden vom Sender zusätzliche Synchronisationszeichen oder -bits eingefügt (*character/bit stuffing*). Diese Einfügungen werden vom Empfänger erkannt und eliminiert. Die Übertragung erfolgt blockweise, wozu auf logischer Ebene Rahmen mit ggf. zusätzlicher Adressierungs- und Steuerinformation gebildet werden.

Die reziproke Schrittweite des Zeitrasters bezeichnet man als *Schrittgeschwindigkeit* (Einheit *Baud*, Bd). Die *Übertragungsgeschwindigkeit* oder *Übertragungsrate* in bit/s kann ein Vielfaches der Schrittgeschwindigkeit betragen, nämlich dann, wenn pro Taktschritt mehrere Bits codiert übertragen werden. Die erreichbare Übertragungsrate hängt u. a. von der Leitungsart ab. Sie wächst in folgender Reihenfolge: unverdrillte Doppelader (Telefonleitung, Kupfer), nichtabgeschirmte oder abgeschirmte verdrillte Doppelader (unshielded/shielded twisted pair, UTP/STP, Kupfer), Koaxialkabel (Kupfer), Lichtwellenleiter (Glasfaser).

22.2.5.2 Weitverkehrsnetze (WANs)
Strukturen.
Bei Weitverkehrsnetzen besteht das Übertragungssystem aus Übertragungsleitungen und Vermittlungseinrichtungen, sog. *Knotenrechnern* (Vermittlungsrechner, interface message processor, IMP), die für die Durchschaltung der Übertragungsleitungen zuständig sind. Die Datenübertragung zwischen zwei Anwendungsrechnern erfolgt jeweils über die beiden ihnen zugeordneten Knotenrechner. Sind diese zwei Knotenrechner nicht direkt miteinander verbunden, so müssen die Daten über andere Knotenrechner geleitet werden (*Punkt-zu-Punkt-Netz*).

Bei den *paketvermittelnden Netzen* erfolgt dieser Transport in Datenpaketen, die in den Knotenrechnern zunächst zwischengespeichert und dann weitergeleitet werden (*store-and-forward network*, packet switching, connectionless). Zusammengehörige Pakete können dabei unterschiedliche Wege mit unterschiedlichen Laufzeiten durchlaufen, je nachdem welche Verbindungsleitungen zwischen den Netzknoten jeweils verfügbar sind (Wegewahl, routing). Sie werden dabei nummeriert und können so dem Empfänger in der korrekten Reihenfolge zugestellt werden.

Bei den *leitungsvermittelnden Netzen* hingegen wird für die Dauer der Datenübertragung ein Verbindungsweg fest durchgeschaltet (connection-oriented).

Den Punkt-zu-Punkt-Netzen stehen die sog. *Broadcast-Netze* gegenüber. Bei ihnen werden die Datenpakete vom Sender gleichzeitig an mehrere oder an alle Netzteilnehmer übertragen, und der gemeinte Empfänger erkennt an der mitgelieferten Adressinformation, dass die Nachricht für ihn bestimmt ist. Typisch sind hier Funkübertragungen, z. B. mittels Satelliten.

Datenfernübertragung.

Als Datenfernübertragung (*DFÜ*) bezeichnet man die Datenübertragung zwischen sog. Datenendgeräten (*Datenendeinrichtungen, DEE*), z. B. zwei Rechnern, unter Benutzung von WANs, d. h. von Übertragungsleitungen und Vermittlungseinrichtungen der Telekommunikationsgesellschaften. Die Anpassung der Datenendgeräte an die Signaldarstellung und Übertragungsvorschriften dieser Unternehmen erfordert an der Teilnehmerschnittstelle *Datenübertragungseinrichtungen* (*DÜE*),

die bei analoger Übertragung als Modems und bei digitaler Übertragung als Datenanschlussgeräte oder als Adapter bezeichnet werden (Abb. 24).

Protokolle.

Die Kommunikation zwischen zwei Rechnern bzw. Anwenderprozessen umfasst zahlreiche Funktionen, die von den übertragungstechnischen Voraussetzungen bis zu den logischen und organisatorischen Vorgaben auf der Anwenderebene reichen. Hierzu gehören: Aufbau, Aufrechterhaltung und Abbau einer Verbindung, Übertragen eines Bitstroms, Aufteilen eines Bitstroms in Übertragungsblöcke, Sichern der Datenübertragung sowie Fehlerbehandlung, Wegewahl im Netz, Synchronisieren der Übertragungspartner, Herstellen einer einheitlichen Datenrepräsentation, Aufteilen der zu übertragenden Information in logische und physikalische Abschnitte usw. Zur Beherrschung dieser Komplexität wurde von der ISO das *OSI-Referenzmodell* entwickelt (Open Systems Interconnection), das die Kommunikation in sieben hierarchischen Schichten (layers) beschreibt.

Analoges Fernsprechnetz.

Das analoge Fernsprechnetz (Telefonnetz) ist das älteste öffentliche Telekommunikationsnetz und hat eine relativ geringe Übertragungsleistung entsprechend dem für Sprachsignale erforderlichen schmalen Frequenzbereich von 300 bis 3400 Hz. Der Netzzugang erfolgt über ein *Modem* (Modulator/Demodulator), welches das zu sendende digitale Signal in ein analoges und das zu empfangene Analogsignal in ein digitales umsetzt. Das Analogsignal wird mit einer in diesem Frequenz-

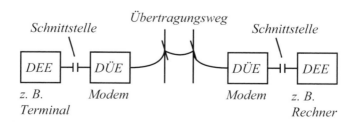

Abb. 24 Datenfernübertragung zwischen zwei Datenendeinrichtungen (DEE) mittels zweier Datenübertragungseinrichtungen (DÜE). Als Übertragungssystem wurde das analoge Fernsprechnetz angenommen, dementsprechend sind als DÜE Modems eingesetzt

bereich liegenden sinusförmigen Trägerschwingung erzeugt, auf den das digitale Signal aufmoduliert wird. Man benutzt hier die aus der Nachrichtentechnik bekannten Modulationsarten Amplituden-, Frequenz- und Phasenmodulation. Setzt man zur Signalcodierung mehr als zwei Amplituden, zwei Frequenzen oder zwei Phasenwinkel ein oder kombiniert man die Modulationsverfahren, so lassen sich pro Übertragungstaktschritt mehr als nur ein Bit codieren.

Mit solchen Verfahren erreicht man bei der für das analoge Fernsprechnetz kennzeichnenden Schrittgeschwindigkeit von 2400 Baud Übertragungsraten von bis zu 9600 bit/s (V.32-Modem). Durch Erhöhung der Bitanzahl pro Taktschritt erreicht man bis zu 14.400 bit/s (V.32bis) und bei zusätzlicher Erhöhung der Schrittgeschwindigkeit bis zu 33.600 bit/s (V.34). Mit einer anderen Technik, bei der die Daten nicht analog durch modulierte Schwingungen, sondern digital als diskrete Spannungspegel dargestellt werden, erreicht man bis zu 56.000 bit/s (*56k-Modem*, V.90).

Digitales Fernsprechnetz, ISDN.
Das analoge Fernsprechnetz wird durch das jüngere, digitale Netz ISDN (Integrated Services Digital Network) ergänzt bzw. ersetzt. Das ISDN erlaubt den direkten digitalen Netzzugang und bietet dazu für jeden Anschluss zwei (logische) Übertragungskanäle (B-Kanäle) zur gleichzeitigen Nutzung mit Übertragungsraten von je 64 kbit/s (ca. 8000 Zeichen pro Sekunde) sowie einen Signalisierkanal (D-Kanal) mit 16 kbit/s, an die in einer Art Busstruktur bis zu acht Datenendgeräte, einschließlich Telefon, angeschlossen werden können. Die höhere Übertragungsleistung des ISDN ergibt sich durch eine Erweiterung des nutzbaren Frequenzbereichs auf bis zu 120 kHz bei digitaler Datendarstellung (digital subscriber line, *DSL*; Subscriber: Fernmeldeteilnehmer). Für die Teilnehmeranbindung an das Netz werden wie beim analogen Fernsprechnetz Zweidrahtleitungen verwendet.

Mit beiden Fernsprechnetzen steht eine Vielzahl von Diensten für die Übertragung von Sprache, Daten, Text, Festbildern und bedingt auch von Bewegtbildern zur Verfügung, so u. a. das Fernsprechen (Telefon, auch Bildtelefon) und das Fernkopieren (Telefax). Generell handelt es sich hierbei um relativ geringe Datenaufkommen.

Reine Datennetze.
Für höhere Datenaufkommen gibt es reine Datennetze, bei denen der Zugang entweder über analoge oder digitale Fernsprechanschlüsse oder über spezielle Netzanschlüsse (Twisted-pair-, Koaxial- oder Glasfaserkabel) erfolgt. Im Gegensatz zu der bei den beiden Fernsprechnetzen gebräuchlichen Leitungsvermittlung arbeiten sie üblicherweise mit Paketvermittlung. Die hier verfügbaren Übertragungsraten reichen bis zu einigen Gbit/s. – Technisch möglich und erprobt sind bei Lichtwellenleitern Übertragungsgeschwindigkeiten im THz-Bereich.

xDSL-Techniken.
Die Übertragungsraten von analogen und von ISDN-Teilnehmeranschlüssen können wesentlich erhöht werden, wenn auf der Leitungsverbindung zwischen Teilnehmer und Vermittlungsstelle keine zusätzliche Frequenzbandbegrenzung durch Signalverstärker auftritt und somit breitere bzw. mehr Frequenzbänder genutzt werden können (d. h. oberhalb von 3400 Hz bzw. 120 kHz). Hierfür kommen verschiedene Verfahren digitaler Datendarstellung zum Einsatz, die unter dem Begriff xDSL zusammengefasst werden (Tab. 11). Sie sind eine Weiterentwicklung des für ISDN genutzten DSL-Verfahrens

Tab. 11 xDSL-Techniken und ihre Übertragungsraten. Die tatsächlich erreichbaren Werte hängen von der Leitungsdämpfung ab (zu überbrückende Entfernung, Leitungsqualität). Benötigt wird jeweils ein Adernpaar, bei HDSL ggf. zwei oder drei (zur Verringerung von Störeinflüssen). Im Vergleich dazu die maximalen Modem- und ISDN-Datenübertragungsraten

xDSL-Technik	Übertragungsrate/Mbit/s	
	Hinkanal	Rückkanal
ADSL (asymmetric)	0,512	6
ADSL2 (asymmetric)	1	16 (20)
HDSL (high data rate)	1,54 oder 2	1,54 oder 2
SDSL (single line)	3	3
VDSL2 (very high data rate)	5 (10)	25 (50)
Modem	0,033	0,056
ISDN	0,144	0,144

(x steht als Platzhalter für das jeweilige Verfahren) und dienen insbesondere dem Internet-Zugang, was eine ggf. höhere Datenübertragungsrate für den *Rückkanal* (Daten aus dem Netz, *download*) als für den *Hinkanal* (*upload*) rechtfertigt (asymmetrische Übertragung). Die Signaldarstellung erfolgt entweder im *Basisbandverfahren* (unmoduliertes Digitalsignal) oder im *Breitbandverfahren* (modulierter Träger).

In Deutschland ist das asymmetrische *ADSL* am weitesten verbreitet, mit Übertragungsraten von bis zu 6 Mbit/s im Rückkanal, bei den neueren Varianten ADSL2 mit bis zu 12 und ADSL2+ mit bis zu 16 und 20 Mbit/s. Es erlaubt Datenübertragung und Telefonie gleichzeitig; zur Signaltrennung ist zum ADSL-Modem ein sog. Splitter erforderlich. VDSL2 schließt sich in der Leistung an ADSL2+ an, mit sowohl symmetrisch als auch asymmetrisch spezifizierten Übertragungsraten. Als erreichbarer Spitzenwert werden 200 Mbit/s angegeben; Realisierungen mit ADSL2+ sehen in der Regel bis zu 50 Mbit/s vor. Noch höherer Bedarf wird z. B. durch das Streaming (Übertragen) von hochaufgelöstem Fernsehen (HDTV) generiert. – DSL-Modems werden entweder direkt mit dem PC verbunden (USB, Punkt-zu-Punkt-Ethernet), oder sie sind als Router eines lokalen Netzes ausgelegt (WLAN, Ethernet-Switch mit mehreren Ports).

22.2.5.3 Lokale Netze (LANs)

Lokale Netze sind in ihrem Ursprung Broadcast-Netze mit Bus- oder Ringstruktur, die im Gegensatz zu Weitverkehrsnetzen keine Knotenrechner enthalten. Statt dessen hat jeder Anwendungsrechner eine Netzsteuereinheit (network controller) in Form einer Interface-Karte (siehe LAN-Controller in Abb. 5b), und das Übertragungssystem besteht im einfachsten Fall (Bus) nur aus einer Leitung. Davon abweichend haben heute Stern- und Baumstrukturen eine große Verbreitung (strukturierte Verkabelung). Hier kommen dann Vermittlungseinheiten zum Einsatz. – Zu beachten ist, dass die logische Struktur eines LAN von den im Folgenden betrachteten physikalischen Strukturen durchaus verschieden sein kann.

Ring.

Bei der Ringstruktur (*Token Ring*) sind alle Teilnehmer punkt-zu-punkt in einem Ring miteinander verbunden. Die Kommunikation erfolgt in fest vorgegebenem Umlaufsinn, wobei freie Übertragungskapazitäten durch umlaufende Marken (tokens) gekennzeichnet werden (Abb. 25a). Der sendende Teilnehmer übergibt einem freien Token seine Nachricht zusammen mit seiner Adresse und der des Empfängers. Der durch die Empfängeradresse angesprochene Netzteilnehmer übernimmt die Nachricht und übergibt dem Token eine Empfangsbestätigung für den Sender, nach deren Empfang dieser das Token wieder freigibt. Vorteil der Ringstruktur ist die kollisionsfreie Übertragung, was eine gute Nutzung der Übertragungsraten erlaubt, sowie der geringe Aufwand. Sie hat jedoch den Nachteil, dass bei nur einer Unterbrechung im Ring der gesamte Ring funktionsunfähig wird.

Ein Beispiel für die Ringstruktur ist der Token-Ring von IBM mit Übertragungsraten von 4 oder

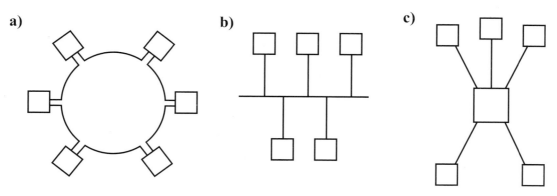

Abb. 25 LAN-Strukturen. **a** Ring; **b** Bus; **c** Stern

16 Mbit/s (IEEE 802.5). Ein weiterer Token-Ring, das *FDDI* (Fiber Distributed Data Interface), vermeidet den oben geschilderten Nachteil durch Verdoppelung des Rings (ANSI X3T9.5). Die maximale Länge für den „primären" wie auch für den „sekundären" Ring beträgt hier 200 km, die Übertragungsrate 100 Mbit/s. FDDI gilt als Hochgeschwindigkeits-LAN und wird insbesondere auch als sog. *Backbone* eingesetzt, um LANs miteinander zu verbinden.

Bus.

Bei der Busstruktur kommunizieren die Teilnehmer über einen Bus als passiven Vermittler (Abb. 25b). Das Übertragungsmedium ist z. B. ein Koaxialkabel, an das auch während des Betriebs des Netzes neue Teilnehmer angeschlossen werden können. Der Ausfall eines Teilnehmers beeinträchtigt die Funktionsfähigkeit des Netzes nicht. Die Möglichkeit des gleichzeitigen Zugriffs auf den Bus macht jedoch eine Strategie zur Vermeidung von Kollisionen erforderlich. So muss (ähnlich der Busarbitration in Rechnern) ein Sender vor Sendebeginn anhand des Signalpegels auf dem Bus zunächst prüfen, ob der Bus frei ist; und er muss mit Sendebeginn erneut prüfen, ob nicht gleichzeitig ein zweiter Sender zu senden begonnen hat. Im Konfliktfall muss er die Übertragung aufschieben bzw. abbrechen, um sie z. B. nach einer zufallsbestimmten Wartezeit erneut zu versuchen. Ein Verfahren mit dieser Organisationsform ist das CSMA/CD-Verfahren (Carrier Sense Multiple Access/Collision Detection), nach dem das weit verbreitete *Ethernet* von Xerox mit einer Übertragungsrate von 10 Mbit/s arbeitet (IEEE 802.3). Üblich sind Ethernet-Varianten mit Übertragungsraten von 100 Mbit/s (*Fast-Ethernet*), 1 Gbit/s (*Gigabit-Ethernet*) und 10 Gbit/s (*10-Gigabit-Ethernet*) mit üblicherweise Stern- oder Baumstruktur im Einsatz.

Eine andere Organisationsform hat der *Token-Bus*, bei dem wie beim Token-Ring ein Token zyklisch weitergereicht wird, wodurch sich eine eindeutige Zuteilung der Sendeberechtigung ergibt (IEEE 802.4). Ein Beispiel ist das *MAP* (manufacturing automation protocol) mit Übertragungsraten von 1, 5 bis zu 20 Mbit/s.

Stern und Baum.

Bei der Sternstruktur sind alle Teilnehmer über einen zentralen Knoten (als passive oder aktive Vermittlungseinrichtung) miteinander verbunden, über den die gesamte Kommunikation läuft (Abb. 25c), z. B. einen Hub oder einen Switch (siehe unten). Diese Technik birgt zwar eine größere Ausfallgefahr des gesamten Netzes, erleichtert aber den Netzaufbau und die Netzerweiterung wesentlich. Sie wird deshalb z. B. bei heutigen Ethernet-LANs bevorzugt eingesetzt. Die Baumstruktur entsteht durch Zusammenschluss von Bussen oder Sternstrukturen, wobei je nach Anpassungsbedarf zwischen den Teilnetzen unterschiedliche Netzverbinder eingesetzt werden.

Netzverbinder.

Für den Aufbau von LANs und für den Übergang zwischen Netzen oder Netzsegmenten werden unterschiedliche Netzverbinder eingesetzt, abhängig davon, auf welcher Ebene des ISO/OSI-Referenzmodells der Übergang stattfindet:

Repeater. Ein Repeater verbindet zwei gleichartige Netze in der untersten Schicht 1, z. B. zwei 10-Mbit/s-Ethernets. Er wirkt als Zwischenverstärker und führt eine reine Bitübertragung durch, d. h., er nimmt keine Protokollumsetzung vor.

Hub. Ein Hub („Nabe", „Zentrum") ist eine Verteilereinrichtung in der Schicht 1, die einen zentralen Anschluss sternförmig auf mehrere Anschlüsse aufteilt bzw. in der umgekehrten Richtung diese Anschlüsse zusammenfasst (Konzentratorfunktion). Hubs haben entweder Verstärkerfunktion (aktiver Hub) oder nicht (passiver Hub). Erstere wirken wie Repeater. Aufgrund der bei Hubs zentralisiert aufgebauten Netzsteuerung eignen sie sich insbesondere auch für die Realisierung logischer Bus- und Ringstrukturen.

Bridge. Eine Bridge ist ein Netzverbinder in der Schicht 2. Sie verbindet zwei unterschiedliche Netze mit jedoch gleicher Realisierung in der Schicht 1, z. B. ein Ethernet und einen Token-Bus. Sie entscheidet anhand der den Daten mitgegebenen Adressinformation, was weitergeleitet werden soll, hat also Filterfunktion.

Switch. Ein Switch („Schalteinrichtung") ist ähnlich einem Hub ein sternförmiger Verteiler/Konzentrator. Im Gegensatz zum Hub, der die ankommenden Daten grundsätzlich an alle Netz-teilnehmer weiterleitet und bei dem sich die Netz-teilnehmer die Netzkapazität teilen müssen, schal-tet ein Switch die Datenpakete anhand ihrer Adressen gezielt an einzelne Netzteilnehmer durch. Dabei kann er die Übertragungskapazität eines Anschlusses hoher Übertragungsrate (z. B. 1 Gbit/s) auf mehrere Anschlüsse mit geringeren Übertragungsraten (z. B. 100 oder 10 Mbit/s) auf-teilen, wodurch ein hoher Datendurchsatz im Netz erreicht wird. Hinsichtlich der adressspezifischen Weiterleitung ist er der Schicht 2 (und ggf. darü-ber) zuzuordnen.

Router. Ein Router stellt eine Netzverbindung in der Schicht 3 her. Er fungiert als Verbinder unterschiedlicher Netze mit unterschiedlichen Übertragungsmedien und ist mit entsprechenden Schnittstellen ausgestattet. Ankommende Daten-pakete werden von ihm auf den richtigen Zielweg geschickt. Die Wegewahl bestimmt er anhand ge-speicherter Routing-Tabellen. Er führt keine Fil-terung durch.

Brouter. Ein Brouter ist eine Kombination aus Bridge und Router (Schichten 2 und 3).

Gateway. Ein Gateway schließlich stellt eine Netzverbindung auf der jeweils obersten Netzebe-ne her. Es ist erforderlich, wenn die Netze nicht dem Referenzmodell entsprechen und es somit keine gemeinsame Schicht gibt. Dementspre-chend führt ein Gateway neben der Routing-Funktion auch Protokoll- und Codeumwandlun-gen durch.

Funknetze.
Funknetze als drahtlose Verbindungen lösen ka-belgebundene Verbindungen ab. Am weitesten verbreitet ist das sog. WLAN (wireless LAN). Es folgt dem Basisstandard IEEE 802.11 mit Varianten, die durch eine zusätzliche Buchsta-benkennung bezeichnet sind. Sein Netzaufbau im sog. Infrastruktur-Modus erfolgt über die WLAN-Adapter der einzelnen Netzteilnehmer und durch einer vermittelnde Basisstation (access point, AP), die die Verbindung zu einem draht-gebundenen lokalen Netz, z. B. einem Ethernet herstellt. In einer einfacheren Version, dem Ad-hoc-Modus, können die Netzteilnehmer auch direkt mittels der WLAN-Adapter (und ohne

eine Netzanbindung) miteinander kommunizieren (Peer-to-Peer-Netz). Die maximalen Übertra-gungsraten betragen 1 und 2 Mbit/s (802.11), 11 Mbit/s (802.11b), 54 Mbit/s (802.11g, 802.11a) sowie 600 Mbit/s (802.11n). Die Funkreichweiten liegen innerhalb von Gebäuden bei 30 bis 80 m, im Freien bei mehreren 100 m.

Für die drahtlose Vernetzung von Geräten, z. B. Computer und Peripheriegeräte, Mobiltele-fone, PDAs (personal digital assistant), hat das sog. *Bluetooth* (IEEE 802.15.1) eine weite Ver-breitung. Seine Übertragungsraten liegen bei 723 kbit/s bis maximal 2,1 Mbit/s für den Down-load und 57 kbit/s für den Upload. Überbrückt werden geringe Entfernungen von bis zu 10 m in Gebäuden.

22.2.6 Leistungskenngrößen von Rechnersystemen und ihre Einheiten

Die Leistungsfähigkeit eines Rechners wird bei pauschaler Beschreibung durch eine Reihe von Leistungskenngrößen seiner Komponenten ge-kennzeichnet, die nachfolgend mit den üblichen Einheiten alphabetisch geordnet aufgelistet sind.

Dabei ist zu beachten, dass die Vorsätze M (Mega), G (Giga) und T (Tera) je zwei verschie-dene Bedeutungen haben: bei Speicherkapazitä-ten als Potenzen von 2 ($M = 2^{20}$, $G = 2^{30}$, $T = 2^{40}$) und für zeitbezogene Angaben (z. B. Frequenz, Übertragungsrate, Durchsatz) als Potenzen von 10 ($M = 10^6$, $G = 10^9$, $T = 10^{12}$). Beim Vorsatz Kilo sind die beiden Bedeutungen durch die Schreibweise unterschieden ($K = 2^{10} = 1024$, $k = 10^3$).

Aufzeichnungsdichte (*bit/recording density*): bpi (bit per inch), bpi^2 (bit per square inch); bei Speichermedien mit beschreibbaren Oberflächen, z. B. Magnetbändern und Magnetplatten.

Bildauflösung von Bildschirmen (*resolution*): $n \times m$ Pixel (picture elements, Bildpunkte, Spal-tenanzahl n mal Zeilenanzahl m).

Bildwiederholfrequenz (*refresh rate*): Hz; bei Röhrenmonitoren; Werte zwischen 50 und 100 Hz, annähernd flimmerfrei ab 85 Hz.

bpi, bpi^2: siehe Aufzeichnungsdichte.

bps: siehe Übertragungsrate bei serieller Übertragung.

Busbandbreite (bus bandwidth): byte/s (bytes per second); maximal mögliche Übertragungsrate bei parallelen Bussen/Verbindungen; ermittelt aus Bustaktfrequenz, multipliziert mit der Datenbusbreite in Bytes, geteilt durch die für eine Übertragung erforderliche Anzahl von Taktschritten.

Bustaktfrequenz (bus clock frequency): MHz, GHz; Frequenz der Taktschritte bei Datenübertragungen auf einem Bus.

Buszykluszeit (bus cycle time): bei parallelen Bussen Maß für die Dauer eines Buszyklus; üblicherweise als Anzahl der Taktschritte für die Durchführung des Buszyklus angegeben.

cpi: siehe Zeichendichte, horizontale.

cps: siehe Geschwindigkeit der Zeichendarstellung.

Dhrystone: D/s (dhrystones per second); Integer-Benchmark, bestehend aus einem synthetischen Mix von z. B. C-Anweisungen für Ganzzahloperationen. Gemessen wird die Anzahl der Schleifendurchläufe pro Sekunde. Für die Ermittlung des Prozessordurchsatzes (in MIPS) herangezogen.

dpi, dpi^2: siehe Punktdichte.

Geschwindigkeit der Zeichendarstellung (character rate): cps (characters per second); auf Bildschirmen und durch Drucker.

Linpack: MFLOPS, GFLOPS (millions/billions of floating-point operations per second); Floating-Point-Benchmark mit z. B. in Fortran geschriebenen Matrizenrechnungen. Heute auch in Java verfügbar.

MFLOPS: siehe Prozessordurchsatz für Gleitpunktoperationen.

MIPS: siehe Prozessordurchsatz.

MWIPS: siehe Whetstone.

Prozessorbustaktfrequenz (processor bus clock frequency): MHz, GHz; Frequenz der Taktschritte bei Datenübertragungen über die Datenanschlussleitungen eines Prozessors. Bei Prozessoren mit hoher Prozessortaktfrequenz ist sie technisch bedingt um einen Teiler geringer als diese.

Prozessordurchsatz (throughput, processing speed): MIPS (millions of instructions per second). Einigermaßen vergleichbare Aussagen sind nur bei im Befehlssatz ähnlichen Prozessoren und bei glei-

chen Programmen, z. B. Benchmark-Programmen oder einheitlichem Befehlsmix sinnvoll.

Prozessordurchsatz für Gleitpunktoperationen: MFLOPS (millions of floating-point operations per second, Megaflops), oft auch mit den Vorsätzen G (Gigaflops), T (Teraflops) und P (Petaflops); entweder als theoretischer Höchstwert (Ausführungszeit von Gleitpunktmultiplikation und -addition) oder als Durchschnittswert (siehe Linpack) angegeben.

Prozessortaktfrequenz (processor clock frequency): MHz, GHz; Frequenz der prozessorinternen Operationsschritte.

Punktdichte (resolution): dpi (dots per inch), dpi^2 (dots per square inch); bei Text- und Grafikausdrucken.

Schrittgeschwindigkeit bei serieller Datenübertragung (baud/modulation rate): Bd (Baud); Anzahl der Übertragungsschritte pro Sekunde (häufig inkorrekt als „Baudrate" bezeichnet). Bei Übertragung von nur einem Bit pro Schritt ist die Schrittgeschwindigkeit gleich der Übertragungsrate.

SPEC CPU2006: Leistungsangaben, basierend auf Benchmarks der Organisation SPEC (Standard Performance Evaluation Corporation) zur Bewertung der Integer- und Floating-Point-Leistungsfähigkeit eines Rechners unter Berücksichtigung des Prozessors, Hauptspeichers und Compilers. Hierzu werden die Laufzeiten von 12 (SPECint2006) bzw. 17 (SPECfp2006) ausgesuchten Programmen in Relation zu vorgegebenen Bezugswerten gesetzt und aus diesen 12 bzw. 17 Verhältniszahlen jeweils das geometrische Mittel gebildet. – Benchmarks für andere Bereiche, z. B. für Grafikeinheiten und Server, sind verfügbar.

Speicherkapazität von Haupt- und Hintergrundspeichern (memory/storage capacity): byte, B (Byte); wird in Kbyte (KB), Mbyte (MB), Gbyte (GB) oder Tbyte (TB) angegeben.

Spurdichte (track density): tpi (tracks per inch); bei Speichermedien mit beschreibbaren Oberflächen, z. B. bei Magnetbändern und Magnetplatten.

Suchzeit, mittlere (average seek time): ms; bei Sekundärspeichern mit mechanischen Zugriffsmechanismen: die Zeitdauer von der Speicheranwahl bis zur Bereitschaft, Daten zu liefern (Lesen) bzw. Daten zu übernehmen (Schreiben).

tpi: siehe Spurdichte.

Transferrate (transfer rate): T/s (transfers per second); Anzahl der maximal möglichen Datenübertragungen pro Sekunde; wird in MT/s oder GT/s angegeben.

Übertragungsgeschwindigkeit (transmission speed): synonym mit Übertragungsrate.

Übertragungsrate bei paralleler Übertragung (data transfer rate): Bps, byte/s, B/s (bytes per second); wird in kbyte/s, Mbyte/s oder Gbyte/s angegeben.

Übertragungsrate bei serieller Übertragung (data transfer rate): bps, bit/s, b/s (bits per second); wird in kbit/s, Mbit/s oder Gbit/s angegeben.

Wartezyklen (wait cycles): zusätzliche Taktschritte eines Busmasters, z. B. Prozessors, bei Überschreiten der minimalen Buszykluszeit (häufig auch als wait states bezeichnet).

Whetstone: MWIPS (millions of whetstone instructions per second); Floating-Point-Benchmark mit Schwerpunkt auf Gleitpunktoperationen in mathematischen Funktionen.

Zeichendichte, horizontale (character density): cpi (characters per inch); bei Textausgabe auf Bildschirmen und durch Drucker.

Zugriffszeit (access time): ns; bei Halbleiterspeichern: die Zeitdauer von der Speicheranwahl bis zur Datenbereitstellung (Lesen) bzw. Datenübernahme (Schreiben).

Zykluszeit (cycle time): ns; bei Halbleiterspeichern: die Zeitdauer von der Speicheranwahl bis zur Bereitschaft für den nächsten Zugriff.

22.3 Betriebssysteme

Die Software eines Rechners wird grob unterteilt in die Systemsoftware zur Verwaltung der Rechnerfunktionen und in die Anwendersoftware zur Lösung von Anwenderproblemen. Basis der Systemsoftware ist das *Betriebssystem (operating system)*. Es „sitzt" unmittelbar auf der Hardware und bietet der übrigen Systemsoftware sowie der Anwendersoftware eine von der Hardware abstrahierte, leichter handhabbare Schnittstelle in der Form von Systemaufrufen (Abb. 26). Die übrige Systemsoftware unterstützt den Anwender beim Erstellen, Verwalten und Ausführen von Programmen. Zu ihr zählen z. B. die sog. Benutzerschnittstelle (über die der Benutzer mit dem Rechner kommuniziert), z. B. ein Kommandointerpreter oder eine grafische Oberfläche, weiterhin ein einfacher Editor sowie Assembler und Compiler für unterschiedliche Programmiersprachen. Die Anwendersoftware umfasst Programme wie Text- und Grafikprogramm (desktop publishing), Datenbankanwendungen, E-Mail-Programm, Internet-Browser usw. – Zur Vertiefung des Themas Betriebssysteme siehe z. B. Borrmann (2006), Stallings (2003) und Tanenbaum (2002).

22.3.1 Betriebssystemarten

Die Begriffe für Betriebssysteme sind stark durch die Entwicklung der Rechnertechnik geprägt, beginnend mit dem Großrechner (main frame) als der zentralen Recheneinheit für viele Benutzer, anfangs ohne, später mit der Möglichkeit des Dialogbetriebs. Es folgte der Kleinrechner als persönlicher bzw. lokaler Arbeitsplatzrechner für den einzelnen Benutzer (Personal Computer, Workstation) bzw. in der Prozessdatenverarbeitung zur Steuerung technischer Systeme (Prozessrechner). Hinzu kamen die sog. eingebetteten Systemen (embedded control systems) als Steuerungen in z. B. Automobilen und Geräten allgemein. Heute dominiert die Vernetzung von Rechnern jeder Größenordnung mit ausgeprägter Kommunikation zwischen diesen und ihren Benutzern.

Abb. 26 Systemstruktur bei zwei Softwareebenen

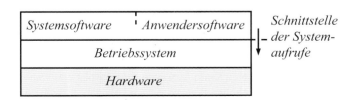

22.3.1.1 Stapelbetrieb

In den Anfängen der Rechnertechnik wurde die Abwicklung eines Rechenauftrags (*job*) durch den Bediener (operator) der Rechenanlage manuell über ein Bedienpult gesteuert. Dazu mussten das in Lochkarten gestanzte Programm und seine Daten in einem Lochkartenlesegerät bereitgestellt und das Programm eingelesen, übersetzt und gestartet werden. Mit den ersten Betriebssystemen wurde dieser Ablauf automatisiert und durch eingefügte Steueranweisungen einer Jobsteuersprache (job control language) gesteuert. Hinzu kam der automatische Jobwechsel, indem mehrere Jobs zu einem Stapel (batch) zusammengefasst und nacheinander abgearbeitet wurden (Stapelbetrieb, *batch processing*).

Nachteilig für den Benutzer waren die langen Wartezeiten von der Abgabe eines Programms bis zum Erhalt der Ergebnisse. Durch den Einsatz von Magnetbandgeräten konnten die Wartezeiten reduziert und „gerechtere" Strategien eingeführt werden, indem die Jobs nach ihrer Laufzeit vorsortiert und kürzere Jobs zuerst ausgeführt wurden. Eine weitere Verbesserung wurde durch die Überlappung von zentraler Verarbeitung und der Ein-/Ausgabe erreicht, indem für die Eingabe der Jobs und die Ausgabe ihrer Ergebnisse selbstständig arbeitende Ein-/Ausgabeeinheiten (DMA-Kanäle) eingesetzt wurden, unterstützt durch Magnetplattenspeicher für die Speicherung der Programme und Daten des Jobs und deren Ergebnisse.

Heutzutage wird der Stapelbetrieb hauptsächlich auf parallelen Hochleistungsrechnern (vgl. Abschn. 22.2.4) eingesetzt, um den Job-Durchsatz zu erhöhen und eine gute Auslastung der parallelen Systemkomponenten (Prozessoren, Speicher, Ein/Ausgabekanäle) zu erzielen. Durch Zuweisung von Prioritäten können niedrig priorisierte Jobs in den Hintergrund gedrängt werden und in Zeiten schwacher Beanspruchung ausgeführt werden.

22.3.1.2 Dialogbetrieb

Beim Dialogbetrieb teilen sich wie beim Stapelbetrieb viele Benutzer einen zentralen Rechner. Sie sind jedoch über eigene Terminals mit diesem verbunden und arbeiten interaktiv. Sie erhalten dazu den Rechner reihum für eine kurze Zeitscheibe zugeteilt (*time slicing*), sodass jeder Benutzer den Eindruck hat, den Rechner für sich allein zur Verfügung zu haben. Man sagt, jeder Benutzer habe seine eigene „virtuelle" Maschine, und bezeichnet das Betriebssystem als *Teilnehmersystem* (*time sharing system*).

Eine typische Anwendung des Dialogbetriebs sind die *Transaktionssysteme*, Teilnehmersysteme für die Verwaltung von Datenbanken mit sich laufend verändernden Datenbasen, wie sie etwa bei Kontoführungssystemen oder Buchungssystemen vorkommen. Sie müssen besonders die Konsistenz der Datenbasis gewährleisten und dementsprechend Simultanzugriffe auf einen Datensatz sicher verhindern.

22.3.1.3 Einbenutzer- und Netzsysteme

Die gesunkenen Hardwarekosten haben es ermöglicht, anstelle des Einsatzes eines gemeinsamen „Zentralrechners" jedem Benutzer einen eigenen Rechner als Personal Computer oder Workstation zur Verfügung zu stellen. Die Betriebssysteme solcher Rechner sind zunächst Einbenutzersysteme (*single-user systems*), die sich durch eine komfortable Benutzeroberfläche auszeichnen.

Innerhalb gemeinsamer Arbeitsumgebungen ist es üblich, solche Rechner miteinander zu vernetzen, um Ressourcen gemeinsam nutzen zu können. Am gebräuchlichsten sind hier Netze, in denen die gemeinsamen Ressourcen durch speziell ausgestattete Rechner, sog. *Server*, bereitgestellt werden, auf die die Benutzer als Klienten zugreifen: sog. *Client-Server-Systeme*.

Ihnen gegenüber stehen die sog. *Peer-to-peer-Systeme*, bei denen es keine Server gibt, sondern sich die Benutzer ihre Ressourcen über das Netz gegenseitig und mit gleichberechtigtem Zugriff zur Verfügung stellen. Jeder der Rechner hat bei dieser Vernetzung sein eigenes Betriebssystem, das jedoch um die für die Netzanbindung erforderliche Kommunikationssoftware erweitert ist.

Bemerkung. Ein Client-Server-System ist ggf. durch ein Speichernetz, ein sog. *Storage Area Network* (*SAN*) ergänzt, das Server und Hintergrundspeicher (Festplatten, Streamer) unabhängig vom vorhandenen Rechnernetz miteinander verbindet (siehe Abschn. 22.2.1.6: Fibre Channel, InfiniBand).

22.3.1.4 Mehrbenutzer- und Mehrprogrammsysteme

Rechnernetze werden vielfach auch dazu genutzt, dem einzelnen Benutzer Rechenleistung auf anderen Rechnern im Netz zur Verfügung zu stellen. Dazu wählt sich der Benutzer von seinem Rechner aus in einen solchen anderen Rechner ein (*remote log-in*) und arbeitet dann unter dessen Betriebssystem. Dieses muss dementsprechend als *Mehrbenutzersystem* (*multiuser system*) ausgelegt sein, d. h., es muss gleichzeitig das Arbeiten des eigenen Benutzers wie auch das von externen Benutzern erlauben. Grundlage hierfür ist der *Mehrprogrammbetrieb* (*multiprogramming*), der üblicherweise auf der Basis des Prozesskonzeptes realisiert wird (siehe Abschn. 22.3.3.1). Hierbei können mehrere Programme in Form sog. Prozesse (*tasks*) gleichzeitig aktiv sein, wobei die Aktivitäten voreinander geschützt sind (*multitasking*). Steht dem einzelnen Rechner nur ein Prozessor zur Verfügung, so werden die Prozesse quasiparallel, d. h. zeitlich ineinander verzahnt ausgeführt; bei Mehrprozessorsystemen werden sie vom Betriebssystem auf die Prozessoren aufgeteilt. – *Bemerkung:* Das Multitasking wird auch bei Einbenutzersystemen realisiert, um kürzere Wartezeiten durch quasiparallele bzw. echt parallele Ausführung von Anwender- und Systemprozessen zu erreichen.

22.3.1.5 Verteilte Systeme

Eine gegenüber dem Mehrbenutzerbetrieb verbesserte Nutzung der Leistungsfähigkeit eines Rechnernetzes erreicht man durch verteiltes Rechnen. Hierbei werden freie Rechenkapazitäten des Netzes in die Problembearbeitung eines Benutzers mit einbezogen, und zwar in der Weise, dass diese Aktivitäten für den Benutzer unsichtbar, man sagt transparent, bleiben. Die Rechner haben dabei keine individuellen Betriebssysteme mehr, vielmehr gibt es nur noch ein gemeinsames Betriebssystem, dessen Funktionen über die einzelnen Rechner verteilt sind. Man bezeichnet dies als ein verteiltes System.

22.3.1.6 Echtzeitsysteme

Eine gewisse Sonderstellung nehmen Rechnersysteme zur Steuerung technischer Systeme ein, da die Kommunikation mit ihnen primär nicht durch einen Benutzer, sondern durch ein technisches System erfolgt. Sie erfordern Betriebssysteme hoher Zuverlässigkeit, die in der Lage sind, auf kritische Zustände, wie sie z. B. durch Interruptsignale angezeigt werden, in vom technischen System diktierten Zeiträumen, d. h. in „Echtzeit" zu reagieren. Die maximal zulässigen Reaktionszeiten liegen dabei, je nach System, im Bereich von Milli- oder Mikrosekunden. Diese sog. *Echtzeitsysteme* (*real-time operating systems*) sehen eine hierfür ausgewiesene Interrupt- und Prozessverwaltung vor (präemptives Multitasking, siehe Abschn. 22.3.3). Sie müssen außerdem für eine effektive Fehlerbehandlung, d. h. Fehlerentdeckung und möglichst auch Fehlerbehebung ausgelegt sein.

22.3.2 Prozessorunterstützung

Wesentlich für die Betriebssicherheit eines Rechners ist der Schutz der für den Betrieb erforderlichen Systemsoftware vor unerlaubten Zugriffen durch die Anwendersoftware (Benutzerprogramme). Grundlage hierfür sind die in der Prozessorhardware verankerten Betriebsarten (Modi) zur Vergabe von Privilegierungsebenen. Hier gibt es Systeme mit zwei oder mehr Ebenen. Eng verknüpft mit den Betriebsarten ist die *Ausnahmeverarbeitung* (*exception processing*), d. h. die Verwaltung von Programmunterbrechungen durch den Prozessor.

22.3.2.1 Privilegierungsebenen

In einem System mit zwei Privilegierungsebenen laufen die elementaren Betriebssystemfunktionen im privilegierten *Supervisor-Modus* und die Benutzeraktivitäten im nichtprivilegierten *User-Modus* ab. Den Benutzeraktivitäten rechnet man hierbei auch diejenigen Systemprogramme zu, die als Betriebssystemerweiterungen gelten, z. B. Compiler. Bestimmt wird die jeweilige Betriebsart durch ein Modusbit im Statusregister des Prozessors. Der Schutzmechanismus besteht zum einen in der prozessorexternen Anzeige der jeweiligen Betriebsart durch die Statussignale des Prozessors. Dies kann von einer *Speicherverwaltungseinheit* dazu genutzt werden, Zugriffe von im User-Modus laufenden Programmen auf bestimmte

Adressbereiche einzuschränken (z. B. nur Lese-zugriffe erlaubt) oder ganz zu unterbinden (siehe Abschn. 22.2.2.2). Andererseits können der Supervisor-Ebene die vollen Zugriffsrechte eingeräumt werden. Der Schutzmechanismus besteht zum andern in der Aufteilung der Stack-Aktivitäten in einen Supervisor- und einen User-Stack. Dazu sieht die Hardware oft zwei Stackpointerregister vor, die abhängig von der Betriebsart gültig sind.

Einen weiteren Schutz bieten die sog. *privilegierten Befehle*, die nur im Supervisor-Modus ausführbar sind. Zu ihnen zählen alle Befehle, mit denen die sog. Modusbits im Statusregister verändert werden können, so auch die Befehle für die Umschaltung in den User-Modus. Programmen, die im User-Modus laufen, ist neben der Einschränkung des Zugriffs auf die privilegierten Adressbereiche auch die Ausführung privilegierter Befehle verwehrt. Versuche, dies zu durchbrechen, führen zu Programmunterbrechungen in Form von sog. Fallen (traps, siehe Abschn. 22.3.2.2).

Der Übergang vom Supervisor- in den User-Modus erfolgt durch einen der privilegierten Befehle (z. B. rte, return from exception), der Übergang vom User- in den Supervisor-Modus durch sog. *Systemaufrufe* (*system calls*, supervisor calls), realisiert durch Trap-Befehle.

22.3.2.2 Traps und Interrupts

Programmunterbrechungen resultieren aus Anforderungen an den Prozessor, die Programmausführung zu unterbrechen und die Verarbeitung mit einer Unterbrechungsroutine fortzusetzen. Solche Anforderungen treten als Traps und Interrupts auf.

Traps.

Traps werden immer durch eine Befehlsausführung verursacht, lösen eine Anforderung also „synchron" mit der Programmausführung aus. Sie entstehen dementsprechend vorwiegend prozessorintern, es gibt aber auch von außen kommende Trap-Signale. Typische Trap-Ursachen sind:

- Division durch null (zero-divide trap),
- Bereichsverletzung bei Operationen mit ganzen Zahlen in 2-Komplement-Darstellung (overflow trap),

- Bereichsunterschreitung oder -überschreitung bei Gleitpunktoperationen (floating-point underflow bzw. floating-point overflow trap),
- Aufruf eines privilegierten Befehls im User-Modus (privilege violation trap),
- Aufruf eines Befehls mit nicht anwendbarem Operationscode (illegal instruction trap),
- Fehler im Buszyklus, z. B. Ausbleiben des Bereit-Signals (bus error trap),
- Zugriff auf eine nicht geladene Speicherseite (page fault trap; ermöglicht das Nachladen der Seite),
- Ausführen eines Trap-Befehls (trap instruction trap als supervisor call, d. h. Betriebssystemaufruf),
- Ausführen eines beliebigen Befehls bei gesetztem Trace-Bit im Prozessorstatusregister (trace trap; erlaubt das schrittweise Durchlaufen eines Programms für Testzwecke; die Trace-Trap-Routine dient dabei zur Statusanzeige).

Interrupts.

Interrupts werden durch prozessorexterne Ereignisse erzeugt, z. B. durch Anforderungen von Ein-/Ausgabeeinheiten oder von externen (technischen) Prozessen. Daher treten diese Anforderungen unvorhersehbar, d. h. „asynchron" zur Programmausführung auf. Sie werden dem Prozessor als Interruptsignale zugeführt, die von ihm üblicherweise nach jeder Befehlsabarbeitung abgefragt werden.

Maskierbare Interrupts bewirken bei Annahme einer Anforderung durch den Prozessor das Blockieren weiterer Anforderungen, indem dieser in seinem Prozessorstatusregister eine sog. Interruptmaske setzt. Abhängig davon, ob der Prozessor nur einen einzigen Interrupteingang hat oder ob er Interruptanforderungen codiert über mehrere Eingänge entgegennimmt, besteht diese Maske aus einem oder aus mehreren Bits. Bei z. B. einem 3-Bit-Interruptcode und einer 3-Bit-Interruptmaske können sieben Prioritätsebenen unterschieden werden (das übrige Codewort besagt, dass keine Anforderung vorliegt). Den 3-Bit-Code erzeugt ein externer Prioritätencodierer. Die Interruptmaske wird mit Abschluss der Interruptroutine (Befehl rte, siehe unten) durch Laden des ursprünglichen Prozessorstatus (Befehlszähler, Statusregister) wieder zurückgesetzt. Ein explizites Zurücksetzen kann, da die Maske zu den Modusbits des Statusregisters gehört, nur durch einen privilegierten Befel erfolgen (Abschn. 22.3.2.1).

Nichtmaskierbare Interrupts sind nicht blockierbar. Dies gewährleistet eine schnelle Reaktion bei nichtaufschiebbaren Anforderungen, z. B. das Retten des Rechnerstatus auf einen Hintergrundspeicher, wenn die Versorgungsspannung einen kritischen Grenzwert unterschreitet (power fail save). Ein spezieller Interrupt (Reset-Signal) dient zur Systeminitialisierung. Er setzt u. a. im Prozessorstatusregister den Supervisor-Modus (Abschn. 22.3.2.1), lädt den Befehlszähler und ein ggf. für den Supervisor-Modus eigenes Stackpointerregister mit zwei vorgegebenen Adressen des Betriebssystems und leitet dann die Programmausführung ein.

Allen Interruptsignalen oder Interruptcodes sind *Prioritäten* zugeordnet, die für die Unterbrechbarkeit von Interruptroutinen maßgeblich sind. Höchste Priorität hat dabei das Reset-Signal. Interrupts können prozessorextern weiter nach Prioritätsebenen klassifiziert werden, womit sich mehrere Interruptquellen pro Signaleingang verwalten lassen (siehe Abschn. 22.2.1.3). Bei der oben beschriebenen Mehrebenenstruktur für maskierbare Interrupts bezieht sich diese Maßnahme auf die einzelnen Eingänge des Prioritätencodierers.

22.3.2.3 Ausnahmeverarbeitung (exception processing)

Eine Unterbrechungsanforderung bewirkt, sofern sie nicht durch den Prozessorstatus blockiert wird, eine Unterbrechung des laufenden Programms und führt zum Aufruf einer Unterbrechungsroutine (Abb. 27). Damit verbunden sind das Retten des aktuellen Prozessorstatus (Befehlszähler, Statusregister) auf den Supervisor-Stack, das Setzen der Interruptmaske bei einer maskierbaren Anforderung, das Umschalten in den Supervisor-Modus, das Lesen der Startadresse der Unterbrechungsroutine aus einer sog. Vektortabelle, das Laden der Adresse in den Befehlszähler und das Starten der Unterbrechungsroutine.

Die Rückkehr erfolgt durch einen privilegierten Rücksprungbefehl, der den alten Status wieder lädt (return from exception, rte).

Wurde die Unterbrechung durch einen maskierbaren Interrupt ausgelöst, so ist sie wegen der dabei gesetzten Interruptmaske durch eine Anforderung gleicher Art nicht unterbrechbar, es sei denn, die Maske wurde innerhalb der Routine explizit zurückgesetzt. Das automatische Rücksetzen erfolgt erst mit dem Laden des alten Prozessorstatus durch den Rücksprungbefehl.

Die *Vektortabelle* (*Trap- und Interrupttabelle*) ist eine vom Betriebssystem verwaltete Tabelle im Speicher für die Startadressen aller Trap- und Interruptroutinen. Bei der Unterbrechungsbehandlung erfolgt der Zugriff auf die Tabelle über eine der Anforderung zugeordnete *Vektornummer*, die der Prozessor als Tabellenindex benutzt. Bei einem Trap oder einem sog. *nichtvektorisierten Interrupt* wird die Vektornummer, abhängig von der Trap-Ursache bzw. der aktivierten Interruptleitung, prozessorintern generiert. Bei einem sog. *vektorisierten Interrupt* wird sie von der anfordernden Interruptquelle bereitgestellt und vom Prozessor

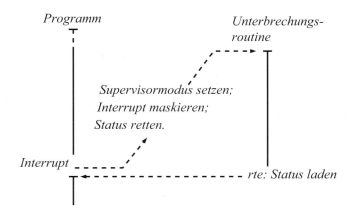

Abb. 27 Aufruf einer Unterbrechungsroutine, ausgelöst durch einen maskierbaren Interrupt

in einem Lesezyklus übernommen. Die der Quelle zugeordnete Vektornummer ist hierbei aus einem größeren Vorrat wählbar, d. h., es können bei nur einer Anforderungsleitung viele unterschiedliche Anforderungen verwaltet werden. Zu deren Priorisierung siehe Abschn. 22.2.1.3.

22.3.3 Betriebssystemkomponenten

Zu den wesentlichen Aufgaben eines Betriebssystems gehören:

- die Abstraktion (als grundsätzliche, übergeordnete Aufgabe) durch Verbergen der Hardware und Herstellen des Rechnerzugangs auf einer höheren, logischen Ebene (siehe Abb. 26),
- das Verwalten der *Betriebsmittel* (*resources*, Hardware und Software), d. h. des Prozessors (oder der Prozessoren), des Hauptspeichers, der Hintergrundspeicher und der Ein-/Ausgabegeräte wie auch von Programmen (z. B. Editoren, Compiler, Textsysteme) und Daten,
- das Gewährleisten der Systemsicherheit durch Schutzmechanismen, einerseits zwischen dem Betriebssystem und den übrigen Systemprogrammen sowie den Anwenderprogrammen, andererseits zwischen den Programmen verschiedener Benutzer,
- das Bereitstellen einer Schnittstelle für die nicht zum Betriebssystem gehörende Systemsoftware sowie für die Anwendersoftware in Form von Systemaufrufen (system calls).

Zudem unterstützt das Betriebssystem die Benutzerschnittstelle durch die Bereitstellung entsprechender Funktionen. – Die wichtigsten Komponenten zur Durchführung dieser Aufgaben werden im Folgenden beschrieben.

22.3.3.1 Prozessverwaltung

Heutige Rechnersysteme sind durch parallel ablaufende Aktivitäten charakterisiert (*multiprogramming/-tasking*). Hierbei handelt es sich entweder um echte Parallelität, z. B. bei der gleichzeitigen Ausführung eines Programms durch den Prozessor sowie der Abwicklung eines Ein-/Ausgabevorgangs durch eine Ein-/Ausgabeeinheit (DMA-Controller) oder bei gleichzeitiger Ausführung mehrerer Programme, die auf mehrere Prozessoren oder mehrere Prozessorkerne verteilt sind (Mehrprozessor-/Mehrkernsystem). Oder es handelt sich um eine *Quasiparallelität*, z. B. wenn verschiedene Programme den Prozessor im Wechsel für eine begrenzte Zeit zugeteilt bekommen. „Von weitem" betrachtet, kann auch diese Arbeitsweise als parallel angesehen werden.

Um von den relativ komplizierten zeitlichen und örtlichen Abhängigkeiten dieser Abläufe zu abstrahieren, beruhen moderne Betriebssysteme auf dem *Prozesskonzept*. Als *Prozess* bezeichnet man im Prinzip ein Programm in seiner Ausführung (Tanenbaum 2002), genauer, den zeitlichen Ablauf einer Folge von Aktionen, beschrieben durch ein Programm und die zu seiner Ausführung erforderliche Information. Diese umfasst den Befehlszähler, den Stackpointer und weitere Prozessorregister sowie die vom Programm benutzten Daten, z. B. die Variablenbereiche, Pufferadressen für die Ein-/Ausgabe und den aktuellen Status benutzter Dateien. Zur Verwaltung von Prozessen wird jedem ein *Prozesskontrollblock* zugeordnet, der dessen aktuellen Ausführungszustand (Prozessstatus) anzeigt.

Während seiner „Lebenszeit" befindet sich ein Prozess stets in einem von drei Zuständen (Abb. 28). Er ist aktiv (running), wenn ihm ein Prozessor zugeteilt ist und sein Programm ausgeführt wird; er ist blockiert (blocked), wenn seine Weiterführung von einem Ereignis, z. B. der Beendigung eines Ein-/Ausgabevorgangs, abhängt; und er ist bereit (ready, runnable), wenn dieses Ereignis eingetreten ist und er auf die Zuteilung eines Prozessors wartet. Prozesse im Zustand bereit sind in eine Warteschlange (*process queue*) eingereiht. Die Zuteilung des Prozessors übernimmt der *Scheduler* des Betriebssystems.

Bei einfachen Betriebssystemen leiten die Prozesse einen erforderlichen *Prozesswechsel* (Abgabe und Neuvergabe des Prozessors) selbst ein, indem sie eine entsprechende Systemfunktion aufrufen (*kooperatives Multitasking*). Bei Betriebssystemen mit höheren Anforderungen, insbesondere mit Echtzeitfähigkeit, erfolgt der Prozesswechsel zeitscheibengesteuert (*time slicing*),

Abb. 28 Prozesszustände

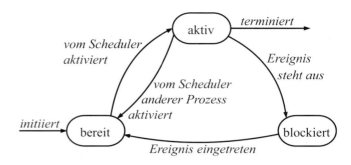

d. h. zentral durch eine Zeitgeberfunktion gesteuert (*präemptives Multitasking*).

22.3.3.2 Interprozesskommunikation

Die parallele bzw. quasiparallele Ausführung von Prozessen erfordert eine Kommunikation zwischen Prozessen, z. B. hinsichtlich des Wartens auf den Abschluss eines Ein-/Ausgabevorgangs oder des Konkurrierens zweier Prozesse um dasselbe Betriebsmittel. Abstrakt betrachtet handelt es sich dabei um die Synchronisation, d. h. das Aufeinander-Abstimmen von Prozessaktionen. Beim kooperativen Multitasking kann diese Synchronisation wegen des von den Prozessen selbst gesteuerten Prozesswechsels problemlos über einen ihnen gemeinsam (global) zugänglichen Speicherbereich erfolgen. Beim präemptiven Multitasking hingegen genügt ein solches Vorgehen nicht. Hier besteht nämlich die Gefahr, dass durch den zentral gesteuerten Prozesswechsel eine logisch zusammenhängende Zugriffsfolge eines Prozesses vorzeitig abgebrochen wird und dadurch Daten in einem inkonsistenten Zustand hinterlassen werden, z. B. bei Schreibzugriffen auf eine Datei. Eine solche Inkonsistenz wäre für einen später aktivierten Prozess, der lesend auf diese Datei zugreift, nicht erkennbar. Gelöst wird dieses Problem z. B. durch Synchronisation mit Hilfe von *Semaphoren* (Dijkstra 1968) als einer von mehreren gebräuchlichen Techniken.

Beim Zugriff mehrerer Prozesse auf ein gemeinsames Betriebsmittel ist der Semaphor eine binäre Größe; mit 0 zeigt er den Belegt- und mit 1 den Freizustand des Betriebsmittels an. Bevor ein Prozess, der dieses Betriebsmittel benötigt, in den kritischen Programmabschnitt (*critical section*) des Zugriffs eintritt, prüft er den Semaphor. Ist er

dieser 0, so wird der Prozess in eine dem Betriebsmittel zugeordnete Warteschlange eingereiht; ist er 1, so betritt der Prozess den kritischen Abschnitt und setzt den Semaphor auf 0. Damit werden andere Prozesse vom Zugriff ausgeschlossen (gegenseitiger Ausschluss, *mutual exclusion*). Beim Verlassen des kritischen Abschnitts setzt der Prozess den Semaphor wieder auf 1, wodurch ggf. ein in der Warteschlange befindlicher Prozess aktiviert wird.

Voraussetzung für das Funktionieren des Semaphorprinzips ist die Nichtunterbrechbarkeit der geschilderten Semaphoroperation. In Einprozessorsystemen lässt sich dies durch Blockieren des Interruptsystems, in speichergekoppelten Mehrprozessorsystemen durch Blockieren des Arbitrationssystems erreichen. Letzteres wird von der Hardware unterstützt, z. B. durch einen atomaren Befehl, der das Abfragen und Ändern eines Semaphors in einer nichtunterbrechbaren Folge von Buszyklen durchführt.

Zusätzlich besteht bei konkurrierenden Zugriffen auf mehrere Betriebsmittel die Gefahr einer Verklemmung (*deadlock*), wenn Prozesse auf Betriebsmittel warten, die sie wechselseitig festhalten (Abb. 29).

22.3.3.3 Speicherverwaltung

Zu den wichtigsten Aufgaben jedes Betriebssystems gehört die Speicherverwaltung, d. h. über freie und belegte Speicherbereiche Buch zu führen, Prozessen Speicherplatz zuzuweisen (*allocation*) und wieder freizugeben (*deallocation*), die Übertragung zwischen Hintergrundspeicher und Hauptspeicher durchzuführen, Tabellen für die Adressumsetzungen bereitzustellen und Speicherbereiche gegen unzulässige Zugriffe zu schützen.

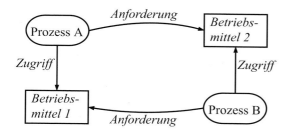

Abb. 29 Verklemmung zweier Prozesse A und B durch gegenseitiges Festhalten der Betriebsmittel 1 und 2

Statische Speicherverwaltung.

Bei einfachen Systemen mit *Einprogrammbetrieb* entfallen viele dieser Teilaufgaben, da bei ihnen immer nur ein Programm in den Speicher geladen ist, d. h. immer nur ein Prozess vorliegt. Die Speicherplatzzuweisung erfolgt dementsprechend statisch, weshalb der Hauptspeicher von vornherein in je einen Bereich für das Betriebssystem und für den Benutzer aufgeteilt werden kann. Beide Bereiche werden ggf. mittels einer einfachen Erweiterung der Speicheranwahllogik zur Auswertung der aktuellen Privilegierungsebene des Programms gegeneinander geschützt (siehe Abschn. 22.3.2.1: Supervisor-/User-Modus).

Dynamische Speicherverwaltung.

Bei Systemen mit *Mehrprogrammbetrieb* werden Prozesse dynamisch erzeugt, sodass jeweils Speicherplatz für den Programmcode, den Stack und die Daten bereitgestellt werden muss, der nach Ablauf der „Lebenszeit" eines Prozesses wieder freigegeben wird. Ein Prozess seinerseits kann, sobald er aktiv ist, Speicherplatz innerhalb des für ihn bereitgestellten Speicherbereichs anfordern und auch wieder freigeben, wozu ihm Systemaufrufe zur Verfügung stehen (z. B. allocate, free).

Für die Speicherplatzvergabe an die Prozesse ist eine dynamische Verwaltung des Hauptspeichers erforderlich, d. h., Programme und ihre Daten müssen an beliebige Speicherorte ladbar (verschiebbar, *relocatable*) sein. Grundsätzlich wird die Verschiebbarkeit dadurch erreicht, dass zu sämtlichen (relativen) Programmadressen die aktuelle Ladeadresse (Basisadresse) addiert wird. Bei sehr einfachen Systemen kann diese Addition

vor oder bei dem Ladevorgang vorgenommen werden. Effizienter und flexibler ist es jedoch, die Addition zur Laufzeit eines Programmes durchzuführen, z. B. mittels der Adressierungsarten des Prozessors, indem bei der Programmerstellung für Datenzugriffe nur die *basisrelative Adressierung* und für Sprungbefehle nur die *befehlszählerrelative Adressierung* verwendet werden. Beide Adressierungsarten entsprechen der registerindirekten Adressierung mit Displacement (siehe Abschn. 22.1.4.4). Im ersten Fall hält eines der allgemeinen Register die Datenbasisadresse, im zweiten Fall fungiert der Befehlszähler als Sprungbasis. Die Verschiebbarkeit erfordert lediglich das Initialisieren des *Basisadressregisters* und des Befehlszählers (Laden der Startadresse) vor dem Programmstart.

Eine aufwändigere, heute aber gängige Lösung bietet der Einsatz einer *Speicherverwaltungseinheit* (*MMU*). Sie ermöglicht neben einer flexiblen Adressumsetzung insbesondere auch den Speicherschutz. Dabei wird der Hauptspeicher in Bereiche einheitlicher fester Länge (*Seiten*, genauer Seitenrahmen), oder variabler Länge (*Segmente*) aufgeteilt. Bezüglich der Realisierung von Seiten- und Segmentverwaltung einschließlich der Technik des virtuellen Speichers sowie zu den entsprechenden MMUs sei auf Abschn. 22.2.2.2 verwiesen.

Freispeicherverwaltung.

Ein mit der Seitenverwaltung und mit der Segmentverwaltung verknüpftes Problem, das weitgehend durch Software gelöst wird, ist das Verwalten der aktuell freien bzw. belegten Bereiche des Hauptspeichers, die sog. Freispeicherverwaltung.

Bei der *Seitenverwaltung* (paging) mit ihren Bereichen einheitlicher Größe ist die Freispeicherverwaltung relativ einfach, da sich jeder der freien Seitenrahmen des Hauptspeichers in gleicher Weise für eine Speicherplatzzuweisung eignet. Ein Problem ergibt sich dann, wenn beim Laden einer Seite alle Seitenrahmen belegt sind und entschieden werden muss, welche der vorhandenen Seiten überschrieben werden soll. Hier muss ggf. der Inhalt des ausgewählten Rahmens, falls er nach dem Laden verändert wurde, zuvor auf den Hintergrundspeicher zurückgeschrieben werden. Entscheidungshilfe bieten hier verschiedene *Alterungsstrategien* (wie sie z. T. auch bei Caches üblich sind), die entweder Statusbits in den Deskriptoren (R: referenced, d. h. lesend zugegriffen, M: modified, d. h. schreibend zugegriffen) oder eine Liste der belegten Seiten (z. B. verkettet nach der Reihenfolge ihres Ladens) oder beides auswerten.

Bei der *Segmentverwaltung* (*segmentation*) hingegen ist die Freispeicherverwaltung relativ aufwändig. Hier führen die unterschiedlich großen Bereiche bei ihrer Freigabe ggf. zu einer *Fragmentierung* (*fragmentation*) des Hauptspeichers, indem Lücken entstehen, die nicht zusammenhängend nutzbar sind. Diese Zerstückelung kann gemindert werden, indem frei werdende Bereiche mit ggf. direkt benachbarten freien Bereichen vereinigt werden. Daneben gibt es das sehr viel zeitaufwändigere, dafür aber wirkungsvollere Verfahren des *Kompaktifizierens*, bei dem die belegten Bereiche in gewissen Zeitabständen so verschoben werden, dass ein zusammenhängender Freispeicherbereich entsteht (garbage collection). Von einer alleinigen Segmentierung wird deshalb meist abgesehen, der Vorteil der Segmentierung jedoch bei der zweistufigen Seitenverwaltung genutzt (siehe Abschn. 22.2.2.2). Bei ihr reduziert sich das Freispeicherproblem auf das der Seitenverwaltung.

Die Möglichkeit von Prozessen, zur Programmlaufzeit Speicherplatz für Daten mittels Systemaufrufen anzufordern und diesen auch wieder freizugeben, führt auf eine weitere Ebene der Speicherverwaltung. Diese findet jeweils innerhalb des von der MMU verwalteten Gesamtdatenbereichs eines Prozesses statt und wird allein von der Software durchgeführt. Da die Speicherplatzanforderungen variabel sind, kann es bei der Freigabe solcher Bereiche ebenfalls zu einer Zerstückelung des Speichers kommen. Das Betriebssystem verwaltet die Bereiche, indem es z. B. je eine verkettete Liste der freien und der belegten Bereiche führt. Die Bereiche werden dazu mit einem „Kopfeintrag" (header) versehen, der ihren Zustand (frei, belegt), ihre Größe sowie einen Zeiger auf den nächsten Bereich in der Liste angibt. Bei einer Speicherplatzanforderung wird ein genügend großer Bereich aus der Frei-Liste ausgewählt und in die Belegt-Liste eingehängt. Ein Überhang wird ggf. abgetrennt und in der Frei-Liste weitergeführt. Die Auswahl des Bereichs wird hinsichtlich der Suchzeit und einer möglichst guten Bereichsnutzung optimiert, wofür es verschiedene Verfahren gibt. Beim First-fit-Verfahren wird der erste ausreichend große Bereich in der Liste gewählt (kurze Suchzeit), beim Best-fit-Verfahren der Bereich mit dem kleinsten Restbereich (geringsten Verschnitt), beim Worst-fit-Verfahren der Bereich mit dem größten Restbereich (beste Weiternutzbarkeit). Ferner wird auch hier die Technik des Verschmelzens benachbarter Freibereiche angewandt.

22.3.3.4 Dateiverwaltung

Programme und Daten sind auf Hintergrundspeichern als *Dateien* (*files*) abgelegt und werden vom Betriebssystem verwaltet. Dateien abstrahieren von den physischen und funktionellen Eigenschaften der Hintergrundspeicher und ermöglichen dem Anwender einen einheitlichen Zugriff mit symbolischer Dateiadressierung. Bei einigen Betriebssystemen, z. B. UNIX (Bourne 1992), werden Ein-/Ausgabegeräte in das Dateikonzept mit einbezogen und Zugriffe auf diese wie Dateizugriffe behandelt. Details wie blockweiser oder zeichenweiser Zugriff sind dabei dem Benutzer verborgen.

Aufgrund der Ähnlichkeit der Abläufe bei Zugriffen auf Hintergrundspeicher und auf Ein-/Ausgabegeräte können diese einheitlich unter dem Begriff der Ein-/Ausgabe betrachtet werden (siehe Abschn. 22.3.3.5).

Dateioperationen.

Das *Filesystem* des Betriebssystems stellt für die *Dateiverwaltung* (*file handling*) Operationen in Form von Systemaufrufen bereit, z. B. create, remove, open, close, read und write (hier angelehnt an Aufrufe in der unter dem Betriebssystem UNIX verwendeten Programmiersprache C). Create erzeugt eine Datei, indem der Dateiname in ein Dateiverzeichnis (*file directory*) eingetragen wird und diesem Eintrag dateispezifische Angaben zugeordnet werden: die erlaubte Zugriffsart (read, write, execute, ggf. spezifiziert nach Dateiinhaber, Benutzergruppe und globaler Benutzung), die Gerätebezeichnung des zugeordneten Hintergrundspeichers und ein Zeiger auf den ersten Bytespeicherplatz der Datei in diesem Speicher. Mit create wird die Datei gleichzeitig für den Zugriff geöffnet. Remove hebt die Wirkung von create wieder auf.

Lese- und Schreibzugriffe durch read bzw. write erfolgen bytesequenziell, wobei auf dem aktuellen Stand des Bytezeigers aufgesetzt und der Zeiger jeweils aktualisiert wird. Zuvor werden die Zugriffsrechte des Aufrufers überprüft. Mit close wird eine Datei geschlossen. Das Öffnen einer geschlossenen Datei erfolgt mit open unter Berücksichtigung der erlaubten Zugriffsart, z. B. read. Hierbei wird geprüft, ob der Aufrufer das erforderliche Zugriffsrecht hat und ob die Datei etwa bereits geöffnet ist. Erlaubt eine Datei den gemeinsamen Zugriff mehrerer Benutzer (shared program, shared data), so kann sie zwar gleichzeitig von mehreren lesenden, aber nur von einem schreibenden Benutzer geöffnet werden.

Dateiverzeichnisse.
Die Verwaltung von Dateien erfolgt mittels Verzeichnissen von Verweisen auf andere Verzeichnisse oder unmittelbar auf Dateien. Ausgehend von einem Hauptverzeichnis (*root directory*) erhält man so, bei mehrfacher Stufung, eine Baumstruktur (Abb. 30). Diese ist nützlich für eine hierarchische Vergabe von Zugriffsrechten an Benutzergruppen und Einzelbenutzer und ermöglicht es dem Benutzer, ausgehend von seinem individuellen Benutzerverzeichnis (*home directory*) seine Dateisammlung zu strukturieren. Die hierarchische Struktur zeigt sich auf dem Bildschirm in Form ineinander geschachtelter Fenster, als tabellen-/listenähnliches Verzeichnis oder als Textzeile aneinandergereihter Verzeichnis- und Dateibezeichnungen (Pfadname, Abb. 30).

22.3.3.5 Ein-/Ausgabeverwaltung

Ein-/Ausgabevorgänge (Dateizugriffe) sind hardwarenahe Abläufe, bei denen Daten zwischen dem Hauptspeicher und Hintergrundspeichern oder Ein-/Ausgabegeräten (devices) mittels Steuereinheiten (device controllers) übertragen werden, häufig mit Unterstützung eines DMA-Controllers. Dem Betriebssystem obliegt es, diese Abläufe zu organisieren, sie jedoch vor dem Benutzer in ihren physischen Details zu verbergen und diesem eine von der Hardware abstrahierte logische Schnittstelle zur Verfügung zu stellen. Dementsprechend besteht die Systemsoftware aus einer unteren Schicht gerätespezifischer Routinen, den sog. *Gerätetreibern (device drivers)*, und aus einer höheren Schicht geräteunabhängiger Routinen, als der eigentlichen Betriebssystemschnittstelle in Form von Systemaufrufen.

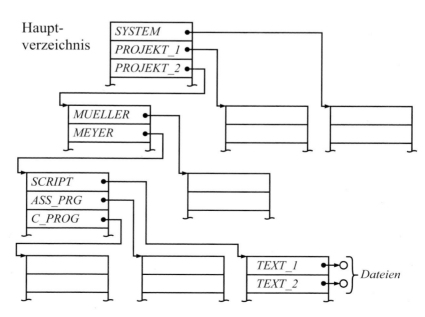

Abb. 30 Hierarchische Dateiverwaltung. Beispiel eines Pfadnamens: PROJECT_2/MEYER/SCRIPT/TEXT_1

Bibliotheksroutinen.

Die Schnittstelle der Systemaufrufe ist für den Benutzer üblicherweise durch *Bibliotheksroutinen* verdeckt, die er als vom System vorgegebene Dienstprogramme in sein Programm einbinden muss. Sie erlauben ihm Funktionsaufrufe, wie create, remove, open, close, read und write (siehe Abschn. 22.3.3.4), unter Angabe der für den Vorgang erforderlichen *Ein-/Ausgabeparameter* (z. B. bei read und write: Datei- bzw. Gerätebezeichnung, Adresse eines Ein-/Ausgabepuffers, Anzahl der zu übertragenden Bytes). Aufgabe der entsprechenden Bibliotheksroutine ist es dann, den Funktionsaufruf dem zuständigen Systemaufruf in Form eines Trap-Befehls zuzuordnen und diesem die Parameter an vorgegebenem Ort bereitzustellen. Darüber hinaus wertet eine solche Routine ggf. Formatierungsinformation aus und wandelt diese mit darzustellenden Werten in eine Zeichenkette um (und umgekehrt). Als Rückgabewert einer solchen Funktion wird z. B. die Anzahl der gelesenen Bytes oder ggf. ein Fehlercode geliefert.

Geräteunabhängige Software.

Die hinter den Systemaufrufen stehende geräteunabhängige Software des Betriebssystems prüft die Zugriffsberechtigung des Benutzers und weist dessen Ein-/Ausgabeanforderung ggf. zurück. Sie prüft, ob das angeforderte Gerät verfügbar ist, wenn nicht, reiht sie den Auftrag in eine Warteschlange ein. Sie stellt Pufferbereiche für die einzelnen Ein-/Ausgabevorgänge bereit. Bei blockweise arbeitenden Geräten abstrahiert sie dabei von deren physischer Blockgröße (z. B. von den unterschiedlichen Sektorlängen von Hintergrundspeichern) und arbeitet stattdessen mit einer für alle Geräte einheitlichen logischen Blockgröße. In gleicher Weise abstrahiert sie bei zeichenweise arbeitenden Geräten von der Anzahl gleichzeitig zugreifbarer Bytes (z. B. Byte, Halbwort, Wort), d. h., sie arbeitet immer byteweise.

Dem Benutzer wird die Möglichkeit gegeben, auf Teile eines Blocks zuzugreifen, selbst dann, wenn der Datenaustausch mit dem Gerät nur blockweise möglich ist. Schließlich obliegt es dieser Software, Fehlermeldungen der Gerätetreiber auszuwerten und auf sie zu reagieren.

Geräteabhängige Software.

Die geräteabhängige Software sieht für jeden Gerätetyp einen Gerätetreiber vor. Diesem sind die Merkmale und der Zustand der Gerätehardware bekannt, d. h., er kennt die Register der Steuereinheit und ihre Funktion, die Kommandos, die die Steuereinheit ausführen kann, die technischen Eigenschaften eines Geräts, z. B. die Sektorgröße, die Oberflächen- und die Zylinderanzahl einer Festplatte, sowie den aktuellen Status eines Geräts, z. B. Motor läuft oder Gerät beschäftigt.

Die Aufgaben eines Gerätetreibers sind dementsprechend vielfältig. Er nimmt Ein-/Ausgabeaufträge von der über ihm liegenden geräteunabhängigen Software entgegen, ermittelt bei einer blockweisen Übertragung aus der logischen Blocknummer den physischen Speicherort (z. B. Oberflächen-, Zylinder- und Sektornummer einer Festplatte), bereitet den Datentransport vor (z. B. Laden eines Kommandos für das Positionieren des Schreib-/Lesearms) und initiiert dann den eigentlichen Datenzugriff (Laden eines Kommandos für den Lese- oder Schreibzugriff). Die erforderliche Synchronisation zwischen Treiber mit Gerätehardware erfolgt meist über Interrupts und entsprechende Interruptroutinen. Dabei kann es ggf. zu Wartezeiten kommen, in denen der Treiber dann blockiert ist. Der Treiber hat weiterhin die Aufgabe, Fehler zu erkennen und möglichst zu beheben. Dazu wertet er z. B. bei einem Lesevorgang die den Daten beigefügte Prüfinformation aus und veranlasst im Fehlerfall z. B. das Wiederholen des Ein-/Ausgabevorgangs.

Programmieren im Sinne der Informatik heißt, ein Lösungsverfahren für eine Aufgabe so zu formulieren, dass es von einem Computer ausgeführt werden kann. Der Programmierer muss dazu verschiedene Lösungsverfahren (*Algorithmen*) und *Datenstrukturen* kennen, mit denen sich die Lösung am günstigsten beschreiben lässt, und er muss eine *Programmiersprache* beherrschen. Je größer die Programme werden, umso mehr spielen zusätzlich Methoden der Projektplanung, Projektorganisation, Qualitätssicherung und Dokumentation eine Rolle, die man unter dem Begriff *Softwaretechnik* zusammenfasst.

Literatur

Bohn WF, Flik T (2006) Zeichen- und Zahlendarstellungen. In: Rechenberg P, Pomberger G (Hrsg) Informatik-Handbuch, 4. Aufl. Hanser, München

Borrmann L (2006) Betriebssysteme. In: Rechenberg P, Pomberger G (Hrsg) Informatik-Handbuch, 4. Aufl. Hanser, München

Bourne SR (1992) Das UNIX-System V, 2. Aufl. Addison-Wesley, Bonn

Budruk R, Anderson D, Shanley T (2004) PCI express system architecture, 4. Aufl. Addison-Wesley, Boston

Dijkstra EW (1968) Co-operating sequential processes. In: Genuys F (Hrsg) Programming languages. Academic, London

Flik TH (2005) Mikroprozessortechnik, 7. Aufl. Springer, Berlin

Flynn MJ (1972) Some computer organizations and their effectiveness. IEEE Trans Comput C-21:948–960

Flynn MJ (1995) Computer architecture. Jones and Bartlett, Boston

Goldberg D (1990) Computer arithmetic. In: Patterson DA, Hennessey JL (Hrsg) Computer architecture. Kaufmann, San Mateo

Goldberg D (1991) What every computer scientist should know about floating point arithmetic. ACM Comput Surv 23:5–8

Hamming RW (1987) Information and Codierung: Fehlererkennung und -korrektur. VCH, Weinheim

Hoffmann R (1993) Rechnerentwurf, 3. Aufl. Oldenbourg, München

HyperTransport i/o link specification, Revision 2.00 (2004) HyperTransport Technology Consortium

Liebig H (2003) Rechnerorganisation, 3. Aufl. Springer, Berlin

Omondi AR (1994) Computer arithmetic systems. Prentice Hall, Englewood Cliffs

PCI local bus specification, rev. 2.2 (1998) PCI Special Interest Group, Portland

PCI-X addendum to the PCI local bus specification (1999) PCI Special Interest Group, Hillsboro

Shanley T, Anderson D (1999) PCI system architecture, 4. Aufl. Addison-Wesley, Reading

Stallings W (2003) Betriebssysteme, 4. Aufl. Pearson/Prentice Hall, München

Stallings W (2006) Computer organization & architecture, 7. Aufl. Prentice Hall/Pearson, München

Tanenbaum AS (2002) Moderne Betriebssysteme, 2. Aufl. Pearson/Prentice Hall, München

Tanenbaum AS (2003) Computernetzwerke, 4. Aufl. Pearson/Addison-Wesley, München

Ungerer T (1997) Parallelrechner und parallele Programmierung. Spektrum, Heidelberg

Unicode Consortium (2003) The Unicode Standard. Version 4.0. Addison-Wesley, Reading

Völz H (2007) Wissen, Erkennen, Information. Digitale Bibliothek

Widmer AX, Franaszek PA (1983) A DC-balanced, partitioned-block, 8b/10b transmission code. IBM J Res Dev 27:H.5, 440

Allgemeine Literatur

Baun C (2020) Betriebssysteme kompakt: Grundlagen, Daten, Speicher, Dateien, Prozesse und Kommunikation. Springer Vieweg, Wiesbaden

Bindal A (2017) Fundamentals of computer architecture and design. Springer International Publishing, New York

Bode A (2006) Rechnerarchitektur und Prozessoren. In: Rechenberg P, Pomberger G (Hrsg) Informatik-Handbuch, 4. Aufl. Hanser, München

Borrmann L (2006) Betriebssysteme. In: Rechenberg P, Pomberger G (Hrsg) Informatik-Handbuch, 4. Aufl. Hanser, München

Flik Th (2005) Mikroprozessortechnik und Rechnerstrukturen, 7. Aufl. Springer, Berlin

Flik Th, Liebig H (1998) Mikroprozessortechnik, 5. Aufl. Springer, Berlin

Flynn MJ (1995) Computer architecture. Jones and Bartlett, Boston

Hellwagner H (2006) Arbeitsspeicher- und Bussysteme. In: Rechenberg P, Pomberger G (Hrsg) Informatik-Handbuch, 4. Aufl. Hanser, München

Hennessy JL, Patterson DA (2012) Computer architecture: a quantitative approach, 5. Aufl. Morgan Kaufmann, Waltham

Herrmann P (2002) Rechnerarchitektur, 3. Aufl. Vieweg, Braunschweig

Liebig H (2003) Rechnerorganisation, 3. Aufl. Springer, Berlin

Menge M (2005) Moderne Prozessorarchitekturen. Springer, Berlin

Padua D (Hrsg) (2011) Encyclopedia of parallel computing. Springer US, New York

Patterson D, Hennessy JL (2016) Die Hardware/Software-Schnittstelle. de Gruyter Oldenbourg, Berlin

Proebster W, Schwarzstein D (2006) Externe Speicher und Peripheriegeräte. In: Rechenberg P, Pomberger G (Hrsg) Informatik-Handbuch, 4. Aufl. Hanser, München

Schill A, Springer T (2012) Verteilte Systeme: Grundlagen und Basistechnologien. Springer, Berlin/Heidelberg

Stallings W (2003) Betriebssysteme, 4. Aufl. Pearson/Prentice Hall, München

Stallings W (2006) Computer organization and architecture, 7. Aufl. Prentice Hall, Hoboken

Steinmetz R, Mühlhäuser M, Welzl M (2006) Rechnernetze. In: Rechenberg P, Pomberger G (Hrsg) Informatik-Handbuch, 4. Aufl. Hanser, München

Tanenbaum AS (2002) Moderne Betriebssysteme, 2. Aufl. Pearson/Prentice Hall, München

Tanenbaum AS (2003) Computernetzwerke, 4. Aufl. Pearson/Addison-Wesley, München

Ungerer T (1997) Parallelrechner und parallele Programmierung. Spektrum, Heidelberg

Volkert J (2006) Parallelrechner. In: Rechenberg P, Pomberger G (Hrsg) Informatik-Handbuch, 4. Aufl. Hanser, München

Völz H (2007) Wissen, Erkennen, Information. Digitale Bibliothek

Weiterführende Literatur

Baun C (2020) Computernetze kompakt: Eine an der Praxis orientierte Einführung für Studium und Berufspraxis. Springer Vieweg, Wiesbaden

Khan SU, Zomaya AY (Hrsg) (2015) Handbook on data centers. Springer, New York

Luntovskyy A, Gütter D (2020) Verteilte Systeme und Cloud Computing. In: Luntovskyy A, Gütter D (Hrsg) Moderne Rechnernetze: Protokolle, Standards und Apps in kombinierten drahtgebundenen, mobilen und drahtlosen Netzwerken. Springer Fachmedien, Wiesbaden, S 353–412

Pinedo ML (2016) Scheduling: theory, algorithms, and systems. Springer International Publishing, New York

Programmierung

Max-Marcel Theilig, Peter Rechenberg und Hanspeter Mössenböck

Zusammenfassung

Programmieren im Sinne der Informatik heißt, ein Lösungsverfahren für eine Aufgabe so zu formulieren, dass es von einem Computer ausgeführt werden kann. Der Programmierer muss dazu verschiedene Lösungsverfahren (*Algorithmen*) und *Datenstrukturen* kennen, mit denen sich die Lösung am günstigsten beschreiben lässt, und er muss eine *Programmiersprache* beherrschen. Notwendige Algorithmen arbeiten mit Daten, die in verschiedener Form vorliegen können (z. B. als Zahlen, Zeichen, Listen, Tabellen). Einfache Daten können zu komplexeren Datenstrukturen gruppiert werden. Die Wahl der für eine Problemlösung am besten geeigneten Datenstrukturen ist ebenso wichtig wie die Wahl der am besten geeigneten

Algorithmen. Beide hängen also eng zusammen und müssen auch so betrachtet werden.

Darauf aufbauend gestatten Programmiersprachen die Beschreibung von Algorithmen und Datenstrukturen in einer so präzisen Weise, dass die Algorithmen von einer Maschine ausgeführt werden können. Sie sind damit das wichtigste Verbindungsglied zwischen Mensch und Maschine. Bei niederen Programmiersprachen bestehen die Programme aus den *Befehlen* einer bestimmten Maschine. Die hier behandelten höheren oder „problemorientierten" Programmiersprachen bestehen aus maschinenunabhängigen *Anweisungen* und müssen vor der Ausführung von einem *Übersetzer* (*Compiler*) in die Maschinensprache übersetzt werden. Je größer die Programme werden, umso mehr spielen zusätzlich Methoden der Projektplanung, Projektorganisation, Qualitätssicherung und Dokumentation eine Rolle, die man unter dem Begriff *Softwaretechnik* zusammenfasst.

M.-M. Theilig (✉)
Fachgebiet Informations- und Kommunikationsmanagement, Technische Universität Berlin, Berlin, Deutschland
E-Mail: m.theilig@tu-berlin.de

P. Rechenberg
Johann-Kepler-Universität Linz (im Ruhestand), Linz-Auhof, Österreich

H. Mössenböck
Institut für Systemsoftware, Johann-Kepler-Universität Linz, Linz-Auhof, Österreich
E-Mail: moessenboeck@ssw.uni-linz.ac.at

23.1 Algorithmen

23.1.1 Begriffe

Die Bezeichnung *Algorithmus* ist von dem Namen des arabischen Mathematikers Al-Chwarizmi (Al-Khorezmi, etwa 780–850) abgeleitet. Definition:

Ein Algorithmus ist ein endliches schrittweises Verfahren zur Berechnung gesuchter aus gegebenen Größen, in dem jeder Schritt aus einer Anzahl eindeutig ausführbarer Operationen und gegebenenfalls einer Angabe über den nächsten Schritt besteht.

Zur mathematischen Präzisierung siehe z. B. Knuth (1997a) oder Manna (1993).

Ein Algorithmus hat i. Allg. einen *Namen*; die gegebenen Größen heißen *Eingangsparameter*, die gesuchten *Ausgangsparameter*. Man beschreibt den Aufruf (d. h. die Ausführung) des Algorithmus Q mit dem Eingangsparameter x und dem Ausgangsparameter y durch $Q(x, y)$ oder deutlicher durch $Q(\downarrow x \uparrow y)$.

Wenn ein Algorithmus in einer Programmiersprache abgefasst ist, sodass er (nach Übersetzung in eine rechnerinterne Darstellung) von einer Maschine ausgeführt werden kann, nennt man ihn *Programm*.

Wegen der engen Verwandtschaft von Algorithmus und Programm werden beide Begriffe oft synonym gebraucht.

Ablaufstrukturen.
Die Anordnung der Schritte in Algorithmen folgt wenigen Mustern: Sequenz, Verzweigung und Schleife.

Die *Sequenz* entspricht der sukzessiven Ausführung von Schritten:

Ausführung von Schritt 1
Ausführung von Schritt 2
Ausführung von Schritt 3

Die *Verzweigung* entspricht der Auswahl von einer unter mehreren Möglichkeiten:

Falls Bedingung B erfüllt ist,
führe Schritt X aus,
sonst
führe Schritt Y aus.

Die *Schleife* entspricht der wiederholten Ausführung eines Schritts:

Solange Bedingung B erfüllt ist,
wiederhole Schritt X.

Hier wird Schritt X wiederholt ausgeführt, bis die Bedingung B nicht mehr erfüllt ist (Schritt X muss dazu den Wert von B ändern).

Die Abläufe aller Algorithmen setzen sich aus diesen wenigen Grundstrukturen und einigen Modifikationen davon zusammen. Näheres siehe Abschn. 23.3.3.

23.1.2 Darstellungsarten

Algorithmen lassen sich auf verschiedene Weisen darstellen, die jeweils ihre Vor- und Nachteile haben.

Stilisierte Prosa. Jeder Schritt wird nummeriert und unter Benutzung von Umgangssprache halbformal beschrieben.

Programmablaufplan (Ablaufdiagramm). Eine Darstellung mit grafischen Elementen zur Hervorhebung der Ablaufstrukturen. Die wichtigsten genormten Symbole zeigt Abb. 1. Die Norm ist allerdings veraltet.

Struktogramm (Nassi-Shneiderman-Diagramm). Benutzt noch einfachere grafische Symbole und beschränkt sich auf wenige bewährte Grundmuster für Sequenz, Verzweigung und Schleife. Die wichtigsten genormten Symbole zeigt Abb. 2.

Algorithmenbeschreibungssprache (Pseudocode).
Programmiersprachenähnliche Darstellung, jedoch frei vom syntaktischen Ballast einer echten Programmiersprache (damit der Algorithmus klar hervortritt).

Programmiersprache. Das präziseste Instrument zur Darstellung eines Algorithmus.

Beispiel für die verschiedenen Darstellungen sei das einfache Suchproblem: Gegeben ist eine Liste

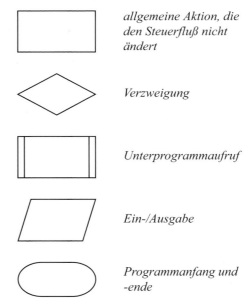

allgemeine Aktion, die den Steuerfluß nicht ändert

Verzweigung

Unterprogrammaufruf

Ein-/Ausgabe

Programmanfang und -ende

Abb. 1 Die wichtigsten Symbole für Ablaufdiagramme (DIN 66 001)

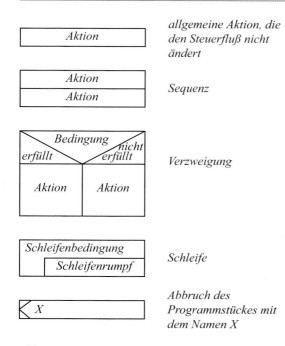

Aktion — allgemeine Aktion, die den Steuerfluß nicht ändert

Aktion / Aktion — Sequenz

Bedingung (nicht erfüllt / erfüllt) **Aktion / Aktion** — Verzweigung

Schleifenbedingung / Schleifenrumpf — Schleife

X — Abbruch des Programmstückes mit dem Namen X

Abb. 2 Die wichtigsten Symbole für Struktogramme (DIN 66261)

von Zahlen $z_0, z_1, \ldots, z_n$, mit $n \geq 0$ und eine Zahl x. Es soll festgestellt werden, ob x in der Liste enthalten ist und wenn ja, an welcher Stelle es steht. Ergebnis soll eine Zahl y sein, deren Wert der Index des gesuchten Listenelements ist oder -1, wenn x nicht in der Liste enthalten ist. Die Ausführungsreihenfolge der einzelnen Schritte ist, wenn nicht anders angegeben, sequenziell.

Stilisierte Prosa:

S. 1 *Initialisiere.* Setze y auf n.

S. 2 *Prüfe.* Wenn $z_y = x$ ist, ist der Algorithmus zu Ende, sonst vermindere y um 1.

S. 3 *Ende?* Wenn $y \geq 0$ ist, gehe nach S. 2 zurück, andernfalls ist der Algorithmus zu Ende.

Für das *Ablaufdiagramm* siehe Abb. 3 und für das *Struktogramm* siehe Abb. 4.

Algorithmenbeschreibungssprache. In der Java ähnlichen Algorithmenbeschreibungssprache *Jana* (Blaschek 2011) lautet der Algorithmus wie folgt ($int[0{:}n]$ z bedeutet dabei, dass z eine Folge ganzer Zahlen (*integer*) ist, die von 0 bis n indiziert werden kann):

Abb. 3 Suchen in einer Liste (Ablaufdiagramm)

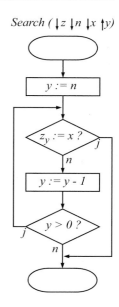

$Search\ (\downarrow z\ \downarrow n\ \downarrow x\ \uparrow y)$

$y := n$
while $y > 0$ & $z_y \neq x$
$y := y - 1$

Abb. 4 Suchen in einer Liste (Struktogramm)

```
Such (↓int[0:n]z↓intn↓intx↑inty){
    y = n;
    while(y ≥ 0 z[y]!=x){
        y = y-1;
    }
}
```

Code 1 Search Algorithmus in der Sprache Jana

Programmiersprache. Nur in dieser Darstellung sind Algorithmen einer direkten maschinellen Ausführung zugänglich. Eine Formulierung in C# lautet:

```
void Such (int[] z,int n,int x,out int y) {
    y = n;
    while(y >= 0 && z[y] != x){
        y = y-1;
    }
}
```

Code 2 Search Algorithmus in der Sprache C#

Tab. 1 zeigt die Vor- und Nachteile der verschiedenen Darstellungsarten.

23.1.2.1 Abstraktionsschichten

Je nach dem Zweck kann man einen Algorithmus in verschiedenen Abstraktionsschichten darstellen. In der abstraktesten, höchsten Schicht, wenn sein innerer Aufbau nicht interessiert, besteht er nur aus seinem Namen und den Parametern. Eine Verfeinerung davon kann seinen inneren Aufbau auf eine Weise darstellen, die noch nicht alle Einzelheiten enthält, weitere Verfeinerungen können diese hinzufügen.

Beispiel Algorithmus zur aufsteigenden Sortierung einer Zahlenliste *list*[0] bis *list*[n] in verschiedenen Abstraktionsschichten:

Abstrakteste Schicht:

```
Sort (↑list  ↓n)
```

Da *list* verändert wird, ist es ein *Übergangsparameter* (sowohl Eingangs- wie Ausgangsparameter).

Die *erste Verfeinerung* zeigt, dass das *Austauschverfahren* zum Sortieren benutzt wird: Man sucht das kleinste Element in der gesamten Liste und vertauscht es mit *list*[0]. Dann sucht man das kleinste Element in der Teilliste *list*[1] bis *list*[n] und vertauscht es mit *list*[1], usw.

```
Sort(b int [0:n] list↓int n) {
  int i, min;
  for (i = 0..n-1) {
    min = Index des kleinsten Elements von
       list[i..n];
    Vertausche list[i] mit list[min];
  }
}
```

Code 3 Das Austauschverfahren zumSortieren

Die *zweite* Verfeinerung detailliert die Prosatexte der ersten:

```
Sort(b int[0:n]list↓int n){
  int i, k, min, h;
  for (i = 0..n-1){
    //-- Suche Minimum aus list[i..n]
    min = i;
    for(k = i+1..n){
      if(list[k] < list[min]) min = k;
    }
    //--Vertausche list[i]mit list[min]
    h = list[i];
    list[i] = list[min];
    list[min] = h;
  }
}
```

Code 4 Detailliertere Beschreibung des Austauschverfahrens

23.1.3 Einteilungen

Algorithmen können z. B. nach ihrer Struktur, nach den von ihnen verwendeten Datenstrukturen und nach ihrem Aufgabengebiet charakterisiert werden.

23.1.3.1 Einteilung nach Strukturmerkmalen

Algorithmen als Funktionen. Diese Algorithmen kommunizieren mit ihrer Umgebung nur über ihre Parameter. Variablen, die nur innerhalb des Algorithmus benutzt werden (*lokale* Variablen) bleiben nicht über eine Ausführung des Algorithmus hinaus erhalten. Solche Algorithmen haben kein „Gedächtnis", d. h. keinen Zustand, der von einem Aufruf zum nächsten erhalten bleibt. Ihre Ausgangsparameter sind allein eine Funktion der Eingangsparameter. Beispiele sind die meisten mathematischen Funktionen, wie sin (x) und die Algorithmen *Search* und *Sort* aus Abschn. 23.1.2.

Algorithmen mit Gedächtnis. Diese Algorithmen besitzen einen Zustand, der von ihrer Vorgeschichte abhängt. Ihre Ergebnisse sind eine Funktion ihrer Eingangsparameter *und* ihres Zustands. Der Zustand wird durch Variablen repräsentiert, deren Werte von Aufruf zu Aufruf erhalten bleiben (*statische* Variablen). Beispiel: ein

Tab. 1 Charakteristik der Darstellungsarten von Algorithmen

Darstellungsart	Anwendungsbereich	Vorteile	Nachteile
Stilisierte Prosa	Übersichts- und Detaildarstellung	Durch Abwesenheit von Formalismus für jeden verständlich. Programmiersprachenunabhängig. Erläuterungen und Kommentare leicht hinzuzufügen.	Unübersichtlich. Struktur tritt schlecht hervor. Gefahr der Mehrdeutigkeit.
Ablaufdiagramm	Übersichtsdarstellung	Anschaulich. Unübertroffen gute (da zweidimensionale) Darstellung von Verzweigungen und Schleifen.	Nur für Steuerfluss. Deklarationen schlecht unterzubringen. Undisziplinierte Anwendung beim Entwurf fördert unklare Programmstrukturen.
Struktogramm	Übersichtsdarstellung	Beschränkung auf wenige Ablaufstrukturen. Fördert dadurch einfache Programmstrukturen.	Struktur weniger klar hervortretend als in Ablaufdiagrammen. Deklarationen und Kommentare schwer unterzubringen.
Algorithmenbeschreibungssprache (Pseudocode)	Übersichts- und Detaildarstellung	Flexibel und (meist) genügend präzise.	Linear und unanschaulich. Setzt Kenntnis der Sprache voraus.
Programmiersprache	Detaildarstellung	Größte Präzision. Nach Übersetzung unmittelbar für eine Maschine verständlich.	Sprachabhängig. Mit Details überladen. Setzt Kenntnis der Sprache voraus.

Algorithmus, der bei jedem Aufruf die Position eines Roboters verändert und sich diese merkt. Algorithmen mit Gedächtnis werden vor allem in der objektorientierten Programmierung verwendet.

Rekursive Algorithmen. Die Lösung eines Problems lässt sich oft rekursiv auf die Lösung gleichartiger Teilprobleme zurückführen (z. B. die Suche in einer Liste auf die Suche in zwei halb so großen Teillisten). Ein Algorithmus heißt rekursiv, wenn er sich bei seiner Ausführung selbst aufruft (möglicherweise über andere Algorithmen als Zwischenstufen). Rekursion ist ein wohlbekanntes Mittel der Mathematik. In der Programmierung kommt sie überall dort vor, wo Aufgaben (z. B. Suchprobleme) oder Datenstrukturen (z. B. Bäume, siehe Abschn. 23.2.5) auf natürliche Weise rekursiv definiert sind, Abschn. 23.2.5 enthält ein Beispiel.

Exhaustionsalgorithmen. Bei manchen Problemen kann man die Lösung nur durch erschöpfendes Ausprobieren aller Möglichkeiten finden. Es handelt sich hier typischerweise um Suchprobleme (z. B. Suche eines Auswegs aus einem Labyrinth) oder um Optimierungsprobleme (z. B. Auswahl einer Teilmenge von Gegenständen, sodass ihr Gewicht minimal und ihr Wert maximal wird). Durch Speicherung von bereits als optimal erkannten Zwischenergebnissen kann man manchmal die Anzahl der zu prüfenden Möglichkeiten reduzieren (dynamische Programmierung). Exhaustionsalgorithmen sind oft rekursiv und aufgrund der vielen zu prüfenden Lösungsmöglichkeiten langsam.

Tabellengesteuerte (interpretative) Algorithmen. Oft lassen sich die Ergebnisse eines Algorithmus mithilfe einer Tabelle aus den Argumenten berechnen. Tab. 2 zeigt z. B., wie die Schnittgeschwindigkeit bei spanender Bearbeitung von der Bearbeitungsart (*Drehen*, *Hobeln*,

Bohren) und der Werkstoffbeschaffenheit (*weich*, *hart*) abhängt. Ein Algorithmus zur Berechnung der Schnittgeschwindigkeit kann die Tabelle als Matrix speichern und braucht dann nur zu den Argumentwerten den entsprechenden Tabelleneintrag zu suchen. Das Spezifische der Aufgabe ist hier in der Tabelle enthalten, nicht im Algorithmus. Tabellen einer bestimmten Art (sog. *Entscheidungstabellen*) sind in DIN 66 241 genormt.

Wenn man in einer Tabelle Operationen statt Zahlen speichert und der Algorithmus diese Operationen ausführt, nennt man den Algorithmus *interpretativ*. Da Algorithmen als Schaltwerke (siehe ▶ Abschn. 20.2 in Kap. 20, „Theoretische Informatik") mit Zuständen und Übergängen angesehen werden können und Schaltwerke als Tabellen darstellbar sind, lassen sich auch Algorithmen als Tabellen verschlüsseln. Ein Algorithmus, der solche Tabellen interpretiert, ist folglich ein *universeller Algorithmus*, weil er jeden in Tabellenform codierten Algorithmus ausführen kann. Interpretation und universeller Algorithmus haben dementsprechend in der Informatik weit reichende Bedeutung.

Weitere Klassen von Algorithmen sind *nichtdeterministische* (die bei mehrfacher Ausführung womöglich verschiedene Schritte durchlaufen, aber immer dasselbe Ergebnis liefern), *probabilistische* (die bei mehrfacher Ausführung womöglich verschiedene Ergebnisse liefern), *parallele* (bei denen mehrere Schritte gleichzeitig ablaufen können), *verteilte* (deren Abschnitte auf verschiedene Computer verteilt sind) und *genetische* (die Methoden der Evolution wie Mutation, Selektion und Kreuzung benutzen).

23.1.3.2 Einteilung nach Datenstrukturen

Die von Algorithmen verwendeten Datenstrukturen (z. B. Listen, Bäume, Graphen) sind in mancher Hinsicht charakteristisch für sie und ermöglichen deshalb eine nützliche Einteilung (siehe Abschn. 23.2).

23.1.3.3 Einteilung nach Aufgabengebiet

Ohne die Berücksichtigung der Aufgaben spezieller Fachgebiete, wie Physik, Chemie usw., ergibt sich etwa folgende Einteilung der Algorithmen.

Tab. 2 Schnittgeschwindigkeit in m/min bei spanender Bearbeitung x_1: Bearbeitungsart; x_2: Werkstoffbeschaffenheit

	x_2	
x_1	weich	hart
Drehen	1500	300
Hobeln	2500	400
Bohren	200	150

Numerische Algorithmen betreffen Methoden der numerischen Mathematik, wie die Lösung von Gleichungssystemen, Approximation von Funktionen, numerische Integration, Lösung von Differenzialgleichungssystemen (Henrici 1973; Stetter 1990; Überhuber 1995).

Seminumerische Algorithmen. Dieser Begriff bezeichnet Algorithmen, die zwischen numerischem und symbolischem Rechnen stehen. Hierzu gehört die Erzeugung von Zufallszahlen, die Gleitpunktarithmetik, das Rechnen mit mehrfacher Genauigkeit, mit Brüchen und Polynomen (Knuth 1997b).

Symbolisches Rechnen. Hierher gehören Algorithmen, die mathematische Formeln einem Kalkül gemäß transformieren wie beim Differenzieren und Integrieren komplizierter Formelausdrücke sowie Algorithmen zum automatischen Beweisen, z. B. von Formeln des Prädikatenkalküls (Buchberger 1985; Buchberger 2006; Harrison 2009).

Such- und Sortieralgorithmen treten in vielen Formen auf. Suchen und Sortieren im Arbeitsspeicher ist Teil fast aller größeren Programmsysteme, Suchen und Sortieren in externen Speichern ist eine zentrale Operation in Datenbanken.

Kombinatorische Algorithmen suchen Lösungen in einem vorgegebenen Lösungsraum aus endlich vielen diskreten Punkten; wichtig in Künstlicher Intelligenz, Operations Research, Analyse von Netzen aller Art, Optimierung.

Algorithmen zur Textverarbeitung oder *syntaktische Algorithmen* verarbeiten lange Zeichenfolgen, wie sie bei der maschinellen Bearbeitung von Dokumenten auftreten. Typische Anwendungen sind Mustersuche in Editoren, Syntaxanalyse in Sprachübersetzern, Datenkompression und -expansion.

Algorithmen der digitalen Signal- und Bildverarbeitung analysieren und transformieren Signale, die bei der digitalen Signalübertragung auftreten. Typische Anwendungen: digitale Filterung, Schnelle Fourier-Transformation (FFT) (Proakis und Manolakis 2006).

Geometrische Algorithmen lösen Aufgaben im Zusammenhang mit Punkten, Linien und anderen einfachen geometrischen Objekten, z. B. Bildung der konvexen Hülle eines Punkthaufens, Feststellen, ob und wo sich Objekte schneiden, zweidimensionales Suchen (de Berg et al. 2008).

Algorithmen der grafischen Datenverarbeitung schließen sich an geometrische Algorithmen an und behandeln die Darstellung zwei- und dreidimensionaler Objekte auf Bildschirmen und in Zeichnungen, z. B. Auffinden verdeckter Kanten, schnelle Rotation, realistische Oberflächengestaltung durch Schattierung und Reflexion (Foley et al. 1993; Shirley et al. 2009).

23.1.4 Komplexität

Für jede Aufgabe der Datenverarbeitung gibt es meist mehrere Lösungsalgorithmen, die sich in bestimmten Merkmalen unterscheiden, wie z. B. Laufzeit, Speicherplatzbedarf, statische Länge des Algorithmus und Schachtelungsstruktur. Um Algorithmen miteinander vergleichen oder für sich allein kennzeichnen zu können, versucht man, die Merkmale in Abhängigkeit von geeigneten Messgrößen zu quantifizieren. Die Messgrößen geben Auskunft über die „Komplexität" eines Algorithmus. Ihre Berechnung nennt man „Komplexitätsanalyse".

Eines der wichtigsten Merkmale eines Algorithmus ist seine Laufzeit in Abhängigkeit vom Umfang der Eingabedaten. Sie wird „Zeitkomplexität" genannt.

Zeitkomplexität :

Laufzeit $= f(Umfang\ der\ Eingabedaten)$

Für den Umfang n der Eingabedaten gibt es kein einheitliches, vom betrachteten Algorithmus unabhängiges Maß. Tab. 3 zeigt natürliche Maße für verschiedene Aufgabenklassen.

Die Laufzeit eines Algorithmus lässt sich durch Laufzeit*berechnung* (analytisch auf dem Papier) oder durch Laufzeit*messung* (unmittelbar auf der Maschine) bestimmen. Meist begnügt man

Tab. 3 Maße für den Umfang von Eingabedaten

Aufgabenklasse	Natürliches Maß für den Umfang der Eingabedaten
Sortieren, Suchen	Elementeanzahl
Matrixoperationen	Zeilen- mal Spaltenanzahl
Textverarbeitung	Länge des Eingabetextes
Mehrfachgenaue Multiplikation	Gesamtstellenanzahl der Operanden

sich aber mit viel gröberen Angaben, insbesondere damit, dass sich die Laufzeit des einen Algorithmus „für große n" wie die Funktion n^2 verhält, die eines anderen dagegen wie n^3; d. h., mit der Eingabegröße $2n$ läuft der erste viermal, der zweite achtmal so lange wie mit der Eingabegröße n. Diese sog. *asymptotische Zeitkomplexität* beschreibt man durch die *O-Notation*. Man schreibt $f(n) = O(g(n))$, gelesen: „$f(n)$ ist von der Ordnung $g(n)$", wenn es eine positive Konstante c gibt, sodass

$$\lim_{n \to \infty} \mid g(n)/f(n) \mid \leq c$$

oder, ohne Limes ausgedrückt, wenn es positive Konstanten c und n_0 gibt, sodass gilt:

$$f(n) \leq c \cdot g(n) \quad \text{für alle } n \geq n_0$$

Das heißt: „Mit unbeschränkt wachsendem n wächst $f(n)$ nicht schneller als $g(n)$."

Typische asymptotische Komplexitäten und ihre Eigenschaften sind (in Anlehnung an Sedgewick und Wayne 2011):

$O(1)$*Konstante Komplexität.* Die Laufzeit ist unabhängig von der Eingabegröße. Das ist der Idealfall, bedeutet aber möglicherweise, dass die Eingabegröße unpassend gewählt wurde.

$O(log\ n)$ *Logarithmische Komplexität.* Sehr günstig. Verdopplung von n bedeutet nur einen Anstieg der Laufzeit um log 2, d. h. um eine Konstante. Erst bei der Quadrierung von n wächst log n auf das Doppelte.

$O(n)$ *Lineare Komplexität.* Immer noch günstig. Tritt auf, wenn auf jedes Eingabeelement eine feste Verarbeitungszeit entfällt. Verdopplung von n bedeutet Verdopplung der Laufzeit.

$O(n\ log\ n)$ *Leicht überlineare Komplexität.* Nicht viel schlechter als die lineare Komplexität, weil der Logarithmus von n klein gegen n ist. Tritt oft auf, wenn ein Problem fortgesetzt in Teilprobleme zerlegt wird, die unabhängig voneinander gelöst werden.

$O(n^2)$ *Quadratische Komplexität.* Ungünstig. Tritt z. B. auf, wenn der Algorithmus auf alle n^2 Paare der n Eingabedaten angewandt wird oder zwei geschachtelte Schleifen enthält, deren Ausführungshäufigkeit mit n wächst. Verdopp-

lung von n bedeutet Vervierfachung der Laufzeit.

$O(n^3)$ *Kubische Komplexität.* Sehr ungünstig und nur bei kleinen n akzeptabel. Verdopplung von n bedeutet Verachtfachung der Laufzeit.

$O(2^n)$ *Exponentielle Komplexität.* Katastrophal für große n. Tritt auf, wenn zur Lösung eines Problems alle Kombinationen der n Eingabedaten exhaustiv geprüft werden müssen. Eine Erhöhung von n um 1 verdoppelt bereits die Laufzeit. Abb. 5 zeigt das Wachstum der verschiedenen Funktionen.

23.2 Datentypen und Datenstrukturen

23.2.1 Begriffe

23.2.1.1 Datentyp

Ein Datentyp definiert eine Menge von Werten und die damit ausführbaren Operationen. So beschreibt z. B. der Datentyp *int* in der Sprache C# die Menge der ganzen Zahlen (in einem von der Sprache festgelegten Bereich) samt den Operatoren + (Addition), − (Subtraktion), * (Multiplikation), / (Division) sowie den Vergleichsoperatoren (==, !=, >, >=, <, <=).

Datentypen sind Eigenschaften von Variablen und Werten. Eine Variable ist ein Behälter für Werte. Der Datentyp einer Variablen bestimmt die Art der Werte, die in dieser Variablen gespeichert werden dürfen. In einer *int*-Variablen dürfen z. B. nur ganze Zahlen gespeichert werden und keine Gleitpunktzahlen oder Zeichen.

Ähnlich wie Variablen haben auch Werte einen Datentyp. Der Wert 17 hat z. B. in C# den Datentyp *int*, der Wert 'a' hat den Datentyp *char* (Zeichen). Ein Ausdruck berechnet aus den Werten seiner Operanden einen neuen Wert, der ebenfalls einen Datentyp hat, welcher nach den Regeln der Sprache aus den Operandentypen ermittelt wird.

Bei der Übersetzung von Programmiersprachen spielen Datentypen eine wichtige Rolle. Der Compiler kann prüfen, ob die Operandentypen in Ausdrücken miteinander kompatibel sind oder ob in einer Zuweisung der Typ der rechten Seite zum Typ der linken Seite passt. Die Typ-

Abb. 5 Wachstum einiger Funktionen, die bei der Komplexitätsanalyse benutzt werden (Bae 2019)

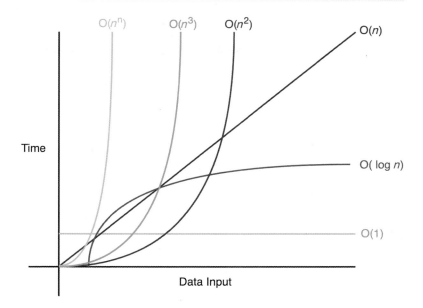

regeln einer Programmiersprache gestatten es dem Compiler, viele Programmierfehler bereits zur Übersetzungszeit zu entdecken.

Die Speicherzellen einer Maschine enthalten lediglich eine Folge von Bits und haben keine von der Maschine vorgegebene Bedeutung. Indem man einer Speicherzelle (Variablen) einen Typ gibt, versieht man ihre Bitfolge mit einer Bedeutung. Dieselbe Bitfolge kann z. B. je nach Datentyp als Zahl, als Zeichen oder als Adresse aufgefasst werden.

23.2.1.2 Datenstruktur
Eine Datenstruktur besteht aus mehreren Elementen mit gleichem oder unterschiedlichem Datentyp. Die gebräuchlichsten Datenstrukturen sind *Arrays* (Folgen gleichartiger Elemente) und *Strukturen* (Folgen unterschiedlicher Elemente), die in Abschn. 23.2.3 näher beschrieben werden. Arrays und Strukturen sind so häufig, dass sie in den meisten Programmiersprachen als eigene Datentypen vorkommen. Es gibt jedoch auch anwendungsspezifische Datenstrukturen, die z. B. ein Straßennetz, eine Zeichnung in einem Grafikeditor oder eine Stückliste in einem Fertigungsprogramm modellieren können. Indem man die Details einer Datenstruktur vor dem Benutzer verbirgt und den Zugriff nur über einige wenige genau definierte Operationen gestattet, gelangt man von einer kon-

kreten Datenstruktur zu einer *abstrakten Datenstruktur* oder zu einem *abstrakten Datentyp* (siehe Abschn. 23.2.10 und 23.4.3.1).

Man unterscheidet ferner zwischen statischen und dynamischen Datenstrukturen. Eine *statische Datenstruktur* wird ausschließlich durch ihre Deklaration festgelegt. Ihre Größe ist zur Übersetzungszeit bekannt, und ihr Speicherplatz wird zur Laufzeit automatisch reserviert. Die Größe der Datenstruktur kann sich anschließend nicht mehr ändern. Eine *dynamische Datenstruktur* besteht hingegen aus einer nicht festgelegten Anzahl von Objekten, die über Referenzen (Zeiger) miteinander verknüpft sind. Die Objekte werden durch spezielle Anweisungen erzeugt und zur Datenstruktur hinzugefügt. Eine dynamische Datenstruktur kann also zur Laufzeit wachsen und schrumpfen. Die häufigsten dynamischen Datenstrukturen sind *verkettete Listen*, *Bäume* und *Graphen*.

23.2.2 Elementare Datentypen

Die meisten Programmiersprachen stellen elementare Datentypen für ganze Zahlen, Gleitpunktzahlen, Wahrheitswerte und Zeichen zur Verfügung (sog. *Standardtypen*). Tab. 4 zeigt den Namen sowie die Schreibweise für Konstanten dieser Stan-

Tab. 4 Elementare Datentypen in Programmiersprachen

	Fortran	Pascal	Java	C#
Ganze Zahlen Konstanten	INTEGER 123	integer 123	int 123	int 123
Gleitpunktzahlen Konstanten	REAL 3.14, 314E-2	real 3.14, 314E-2	float 3.14, 314E-2	float 3.14, 314E-2
Wahrheitswerte Konstanten	LOGICAL .FALSE., .TRUE.	boolean false, true	boolean false, true	bool false, true
Zeichen Konstanten	CHARACTER ‚A‘	Char ‚A‘	char ‚A‘	char ‚A‘

dardtypen für einige bedeutende Programmierspra-chen.

Ganze Zahlen. Ganze Zahlen werden im Rechner immer exakt dargestellt, und arithmeti-sche Operationen mit ihnen (mit Ausnahme der Division) liefern immer exakte Ergebnisse (so-fern der Wertebereich nicht überschritten wird). Zur Darstellungsweise siehe ▶ Abschn. 22.1.3.3 in Kap. 22, „Rechnerorganisation.“

Gleitpunktzahlen. Man beachte, dass Gleit-punktzahlen im Rechner nur als Approximation der wirklichen Zahlenwerte dargestellt sind. Bei Folgen von Rechenoperationen können sich da-durch Abweichungen vom wahren Resultat erge-ben. Die Abfrage, ob eine berechnete Gleitpunkt-variable x den Wert a hat, sollte deshalb niemals auf Gleichheit stattfinden, sondern immer eine Toleranz ε berücksichtigen, nicht if $(x == a) \ldots$, sondern if $(abs(x - a) < eps) \ldots$ (die Funktion *abs* liefert den Betrag ihres Arguments). Um die Auswirkungen der approximativen Zahlendarstellung zu verrin-gern, verwendet man oft Gleitpunktzahlen sog. *dop-pelter Genauigkeit.* Zur Darstellungsweise durch Mantisse und Exponent siehe ▶ Abschn. 22.1.3.4 in Kap. 22, „Rechnerorganisation“.

Wahrheitswerte (*Boole'sche* oder *logische* Wer-te) sind die beiden Werte „wahr“ (*true*) und „falsch“ (*false*). Sie treten besonders in den Bedingungs-teilen von If- und Schleifenanweisungen auf. Zum Beispiel kann eine Boole'sche Variable *looping* zum Abbruch einer Schleife so benutzt werden:

```
bool looping=true;
...
while(looping){...looping=false;...}
```

Damit die Schleife verlassen wird, muss *looping* in der Schleife auf den Wert *false* gesetzt werden.

Zeichen. Zeichen werden meist als Byte im sog. ASCII, in neueren Sprachen wie Java oder C# auch als zwei Bytes im sog. Unicode ver-schlüsselt.

Aufzählungstypen. Ein Aufzählungstyp (*Enu-merationstyp*) definiert eine Menge benannter Wer-te durch erschöpfende Aufzählung dieser Werte, z. B. in C#:

```
enum Season{spring,summer,fall,winter}
enum Color{red,blue,green}
```

Hier sind *spring, summer, fall, winter* Kon-stanten vom Typ *Season*, die man Variablen dieses Typs zuweisen und auf die man Variablen dieses Typs abfragen kann, z. B.:

```
Season season;
Color dressColor;
...
if(season == Season.summer)
    dressColor = Color.blue;
```

Aufzählungstypen erweisen sich zur sprechen-den Bezeichnung von Werten als nützlich.

23.2.3 Zusammengesetzte Datentypen

Aus elementaren Datentypen lassen sich neue Datentypen zusammensetzen. Man unterscheidet dabei zwischen *Arrays* (bestehend aus Elementen gleichen Typs) und *Strukturen* (bestehend aus Ele-menten unterschiedlichen Typs). Die meisten Pro-grammiersprachen bieten auch *Referenztypen* an, deren Werte auf Objekte anderer Datentypen ver-weisen und mit denen sich dynamische Daten-strukturen bilden lassen.

23.2.3.1 Arrays

Ein eindimensionales Array (auch *Vektor* oder *Feld* genannt) ist die geordnete Folge von Elementen, die alle denselben Typ haben. Das Array hat einen Namen; seine Elemente werden über Indizes angesprochen. Die Indizes sind ganze Zahlen zwischen einem unteren Grenzindex u (in manchen Programmiersprachen immer 0) und einem oberen Grenzindex o. Zum Beispiel wird ein Array a aus 5 Elementen des Typs *int* mit $u = 0$, $o = 4$ in der Sprache C so deklariert:

$$\texttt{int[5]a;}$$

$a[0]$ ist sein erstes, $a[4]$ sein letztes Element. Die Elemente werden auch als *indizierte Variablen* bezeichnet und in aufeinander folgenden Speicherzellen gespeichert (Abb. 6). Indizierte Variablen kann man wie einfache Variablen in Ausdrücken verwenden und ihnen Werte zuweisen. Charakteristisch für Arrays ist: ein gemeinsamer Name für alle Elemente, alle Elemente haben denselben Typ, die Elemente sind geordnet, gleich schneller Zugriff zu allen Elementen, die Indizes sind meist Zahlen, d. h., man kann mit ihnen rechnen.

Besondere Bedeutung haben Arrays aus *Zeichen*, die zur Speicherung von Texten benutzt werden. Da Arrays in den meisten Programmiersprachen eine feste, durch Deklaration bestimmte Länge haben, Texte in ihrer Länge aber stark variieren können, gibt es in einigen Programmiersprachen einen besonderen Datentyp (*String*), der einem Zeichenarray mit unspezifiziertem oberen Grenzindex entspricht.

In den meisten Programmiersprachen sind auch mehrdimensionale Arrays mit mehreren Indizes zugelassen. Die C-Deklarationen

$$\texttt{float [10][20]m;}$$
$$\texttt{float [2][10][20]p;}$$

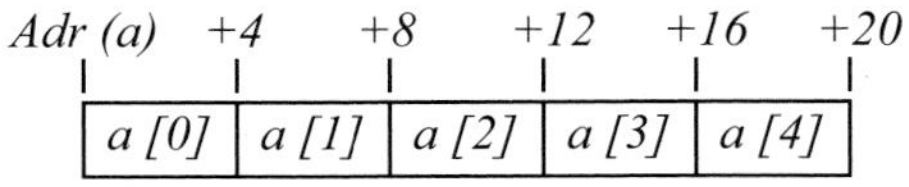

Abb. 6 Repräsentation des eindimensionales Arrays int [5] a im Speicher (Adressen in Byte unter der Annahme: 1 Arrayelement = 4 Byte)

definieren z. B. ein zweidimensionales Array m (Matrix) mit 10 Zeilen zu je 20 Spalten und ein dreidimensionales Array p mit 2 Matrizen zu 10 Zeilen zu 20 Spalten. Die Elemente sind hier jeweils Gleitpunktzahlen (*float*). Die Speicherung einer Matrix geschieht entweder zeilenweise (C, Pascal, Ada) oder spaltenweise (Fortran). Dadurch besteht eine lineare Ordnung zwischen allen Elementen, die es gestattet, mehrdimensionale auf eindimensionale Arrays zurückzuführen.

23.2.3.2 Strukturen

Strukturen (*records*, Verbunde) sind geordnete Folgen von Elementen unterschiedlichen Typs (Code 5 und Abb. 7). Zum Beispiel wird in C eine Struktur x aus Elementen s_i mit den Typen T_i so deklariert:

$$\texttt{struct}\{T_1\,s_1;\ldots;T_n\,s_n;\}\texttt{x;}$$

Die Elemente einer Struktur heißen *Felder* (leider werden auch Arrays manchmal als *Felder* bezeichnet); sie sind durch die „Punktschreibweise" über ihren Namen ansprechbar. Für Code 5 gilt z. B.: *person.name* bezeichnet das Feld *name*, *person.name*[0] bezeichnet den ersten Buchstaben des Namens.

```
struct {
    enum {Mr, Mrs, Dr} title;
    char[30]           name;
    char[30]           street;
    int                zip;
    char[20]           city;
} person;
```

Code 5 Beispiel Struktur mit den Elementen einer Person. Deklaration in C

23.2.3.3 Zeiger und Referenzen

Zeiger (pointer) verweisen auf Objekte anderer Datentypen. Ihre Werte sind Adressen. Die so referenzierten Objekte liegen in einem besonderen Speicherbereich (Halde, *heap*) und müssen vom Programmierer zur Laufzeit durch spezielle Anweisungen dynamisch erzeugt werden.

Manche Sprachen fassen Zeiger und die durch sie referenzierten Objekte zu sog. *Referenztypen* zusammen. Eine Variable eines Referenztyps enthält einen Verweis auf das referenzierte Objekt.

In Java und C# sind zum Beispiel Arrays Referenztypen. Die Deklaration *int*[] a beschreibt

a)

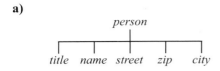

b)

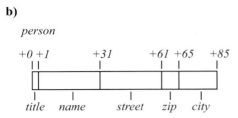

Abb. 7 Struktur. **a** Darstellung als „Baum", **b** Repräsentation im Speicher (Adressen in Byte unter der Annahme dichtester byteweiser Speicherung)

dort eine Variable *a*, die auf ein *int*-Array verweist. Die Länge des Arrays wird erst bei der Erzeugung des Arrayobjekts angegeben (z. B. *a = new int*[5];).

Referenzen auf Strukturen werden in Java und C# durch sog. *Klassen* deklariert (siehe auch Abschn. 23.3.3.5). Folgendes Beispiel deklariert eine Klasse *Node* mit den Feldern *val* und *next*.

```
class Node {
    int val;
    Node next;
}
```

Eine Variable *p* vom Typ *Node* wird durch *Node p*; deklariert. Die Anweisung *p = new Node()*; erzeugt ein neues Objekt vom Typ *Node* und weist dessen Adresse der Variablen *p* zu. Auf die Felder dieses Objekts kann man mit *p.val* und *p.next* zugreifen.

Das Feld *next* des Typs *Node* verweist wieder auf ein *Node*-Objekt. Auf diese Weise kann man eine beliebig lange Kette (Liste) von *Node*-Objekten (Knoten) bilden. Abb. 8 zeigt eine solche Liste mit vier Knoten. Ihr erster Knoten wird durch eine Variable *first* vom Typ *Node* referenziert. Das *next*-Feld des letzten Knotens hat den Wert *null*, d. h. es zeigt auf keinen weiteren Knoten.

In älteren Programmiersprachen wie C oder Pascal, müssen dynamisch erzeugte Objekte

vom Programmierer freigegeben werden, sobald sie nicht mehr benötigt werden. Dies geschieht z. B. in Pascal mit *dispose(p)*. Der Speicherplatz des durch *p* referenzierten Objekts wird dadurch freigegeben und steht dann wieder für die Erzeugung neuer Objekte zur Verfügung. Da die explizite Freigabe von Objekten fehleranfällig ist, benutzen neuere Sprachen wie Java oder C# eine sog. *automatische Speicherbereinigung* (*garbage collection*). Dabei handelt es sich um ein Systemprogramm, das Objekte automatisch freigibt, sobald sie nicht mehr referenziert werden.

Zeiger und Referenzen sind die Grundlage für dynamische Datenstrukturen wie verkettete Listen, Bäume oder Graphen, die in den nächsten Abschnitten behandelt werden.

23.2.4 Verkettete Listen

Eine *verkettete Liste* ist eine Folge von Objekten (Knoten), die über Referenzen (Kanten) derart verknüpft sind, dass jeder Knoten außer dem letzten genau einen Nachfolger hat (Abb. 8). Eine verkettete Liste ähnelt aus logischer Sicht einem Array, hat jedoch den Vorteil, dass sie beliebig wachsen und schrumpfen kann und dass das Einfügen und Löschen von Knoten an jeder Listenposition gleich effizient ist; dafür hat sie den Nachteil, dass nicht auf alle Knoten gleich schnell zugegriffen werden kann. Ein Zugriff auf den Knoten an Position *i* erfordert das Durchlaufen der *i* − 1 Vorgängerknoten. Typische Listenoperationen sind Einfügen, Löschen und Suchen von Werten.

Wenn *list* eine Variable vom Typ *Node* aus Abschn. 23.2.3.3 ist, die auf den ersten Knoten der Liste zeigt, so kann man einen Wert *val* wie in Code 6 als ersten Knoten der Liste einfügen (Beispielcode in C#; ein mit *ref* bezeichneter Parameter ist ein Übergangsparameter):

```
void Insert (ref Node list, int val){
    Node p = new Node();
    p.val = val;
    p.next = list;list = p;
}
```

Code 6 Einfügen eines Knoten am Anfang der Liste

Abb. 8 Liste aus vier
Knoten gemäß Deklaration

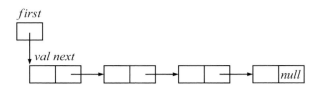

Das Einfügen am Listenende erfordert hingegen einen Durchlauf der gesamten Liste bis zum letzten Knoten:

```
void Append (ref Node list, int val){
    Node p = list;
    Node q;
    while (p != null){q = p; p = p.next;}
    p = new Node();
    p.val = val; p.next = null;
    if(list == null) list = p; else q.next = p;
}
```

Code 7 Einfügen eines Knoten am Listenende

a)

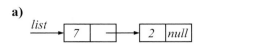

b)

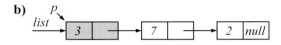

c)

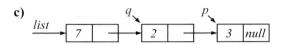

Abb. 9 Einfügen in eine verkettete Liste. **a** Ursprüngliche Liste; **b** nach *Insert(ref list,* 3); **c** nach *Append(reflist,* 3)

Am Ende der Schleife zeigt q auf den letzten Knoten der Liste, außer die Liste ist leer. Wenn die Liste leer ist (*list == null*) wird der neue Knoten, auf den p zeigt, zum ersten und einzigen Knoten der Liste. Andernfalls wird er zum Nachfolger des Knotens auf den q zeigt. Abb. 9 zeigt die Auswirkungen von *Insert* und *Append* an einem Beispiel. Die Laufzeitkomplexität der meisten Listenoperationen ist $O(n)$, d. h. die Laufzeit ist proportional zur Anzahl n der Listenknoten.

Neben einfach verketteten Listen, bei denen jeder Knoten lediglich einen Zeiger auf seinen Nachfolger hat, gibt es auch doppelt verkettete Listen, bei denen jeder Knoten sowohl einen Zeiger auf seinen Nachfolger als auch einen Zeiger auf seinen Vorgänger hat. Doppelt verkettete Listen können in beiden Richtungen durchlaufen werden.

23.2.5 Bäume

Ein *Baum* ist wie eine verkettete Liste eine dynamische Datenstruktur aus Knoten und Kanten. Im Gegensatz zu einer verketteten Liste kann jeder Knoten mehrere Nachfolger (*Söhne*) haben. Hingegen hat jeder Knoten genau 1 Vorgänger (*Va-*

ter), mit Ausnahme des ersten Knotens, der *Wurzel*, die keinen Vorgänger hat. Die Söhne eines Knotens sind zueinander *Brüder*. Knoten, die keine Söhne haben, nennt man *Blätter*. Die Söhne eines Knotens können als Wurzeln von *Unterbäumen* dieses Knotens betrachtet werden.

Ein Baum beschreibt eine Hierarchie und kann aus logischer Sicht auf vielerlei Art dargestellt werden (Abb. 10). Da hierarchische Strukturen in vielen Anwendungen vorkommen (z. B. Gliederung einer Formel, eines Programmsystems, eines Schriftstücks, einer Firma), sind Bäume von großer Bedeutung.

Ein Baum, in dem alle Knoten höchstens zwei Söhne haben, heißt *binärer Baum*, alle anderen Bäume heißen *Vielwegbäume*.

Binäre Bäume
Binäre Bäume sind von besonderer Bedeutung, weil sie einfach und regulär gebaut sind und besonders oft vorkommen. Auch Vielwegbäume lassen sich auf binäre Bäume zurückführen. Abb. 11 zeigt das Verfahren. Es beruht auf der Idee, dass ein Knoten im transformierten Baum nicht Zeiger auf alle seine Söhne hat, sondern nur einen Zeiger auf den ersten Sohn, während alle Brüder über einen weiteren Zeiger verkettet sind.

a)

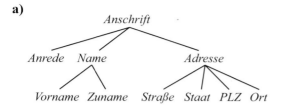

b)

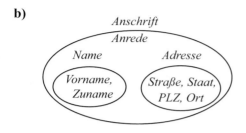

Abb. 10 Darstellungsarten von Bäumen. **a** baumartig; **d** geschachtelte Mengen

a)

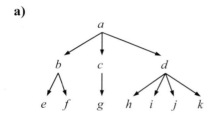

b)

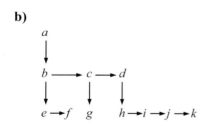

Abb. 11 Transformation eines Vielwegbaums in einen binären Baum. **a** Vielwegbaum mit Zeigern vom Vater zu allen Söhnen; **b** binärer Baum mit Zeigern zum ersten Sohn und zum nächsten Bruder

Auf diese Weise benötigt man in jedem Knoten nur zwei Zeiger.

Repräsentation. Die Knoten eines binären Baums bestehen aus Daten beliebigen Typs und zwei Zeigern left und right zu seinen Unterbäumen. Der Baum selbst wird durch einen Zeiger

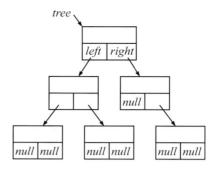

Abb. 12 Repräsentation eines binären Baums als Knoten mit Zeigern

tree auf seine Wurzel repräsentiert. Abb. 12 zeigt ein Beispiel.

```
class Node {
    AnyDataType data;
    Node left, right;
}
Node tree;
```

Code 8 Beispiel für die Klasse Knoten

Baumdurchwandern. Um festzustellen, ob ein gegebener Baum einen Knoten mit einem bestimmten Datenwert enthält, muss man ihn durchsuchen. Eine wichtige Operation im Zusammenhang mit Bäumen ist deshalb das „Durchwandern" eines Baums, so dass jeder Knoten „besucht" wird. Dazu gibt es zwei Vorgangsweisen: Beim *Breitensuchen* (*breadth-first search*) besucht man zuerst die Wurzel, dann alle Söhne, dann die Söhne der Söhne usw. Beim *Tiefensuchen* (*depth-first search*) versucht man, von der Wurzel aus möglichst schnell „in die Tiefe" zum ersten Blatt vorzustoßen. Hier lassen sich nach der Reihenfolge, in der man die Wurzel und ihre beiden Unterbäume besucht, drei Varianten unterscheiden: *Präordnung* (*preorder*): Wurzel – linker Unterbaum – rechter Unterbaum; *Postordnung* (*postorder*): Linker Unterbaum – rechter Unterbaum – Wurzel; *Symmetrische Ordnung* (*inorder*): linker Unterbaum – Wurzel – rechter Unterbaum. Abb. 13 zeigt die verschiedenen Besuchsreihenfolgen. Jede ist eine linearisierte Darstellung des Baums (aus Darstellung d kann der Baum jedoch nicht rekonstruiert werden).

Abb. 13 Besuchsreihenfolge beim Durchwandern binärer Bäume.
a Breitensuche;
b Tiefensuche in Präordnung; **c** Tiefensuche in Postordnung;
d Tiefensuche in symmetrischer Ordnung

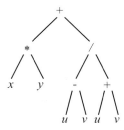

$$\begin{bmatrix} a & + & * & / & x & y & - & + & u & v & u & v \\ b & + & * & x & y & / & - & u & v & + & u & v \\ c & x & y & * & u & v & - & u & v & + & / & + \\ d & x & * & y & + & u & - & v & / & u & + & v \end{bmatrix}$$

Das Tiefensuchen ist die einfachere Vorgehensweise, da es rekursiv formuliert werden kann. Ein in C# abgefasster Algorithmus für den Durchlauf eines Baumes in Präordnung ist in Code 9 dargestellt.

```csharp
void DepthFirst (Node p){
Process(p); //Verarbeitung der Wurzel
if(p.left!=null) DepthFirst(p.left);
if(p.right!=null) DepthFirst(p.right);
}
```

Code 9 Beispielimplementierung einer Tiefensuche

Dieser Algorithmus hat die Laufzeitkomplexität $O(n)$, wenn n die Knotenanzahl des Baums ist.

Binäre Suchbäume. Außer zur Darstellung hierarchischer Beziehungen werden Bäume auch zur geordneten Speicherung von Daten verwendet. Für jeden Knoten K eines solchen Baums gilt, dass alle Werte im linken Unterbaum von K kleiner und alle Werte im rechten Unterbaum von K größer oder gleich dem Wert von K sind. Abb. 14 zeigt einen solchen *binären Suchbaum*, der so entstanden ist, dass folgende Namen bedeutender Informatiker in den anfangs leeren Baum eingefügt wurden: *Gries, Floyd, Dijkstra, Conway, Knuth, Wirth, Hoare, Earley, Giloi, Naur*. Der erste Name, *Gries*, ergibt die Wurzel; der zweite Name, *Floyd*, steht alphabetisch vor *Gries* und bildet deshalb die Wurzel des linken Unterbaums, usw.

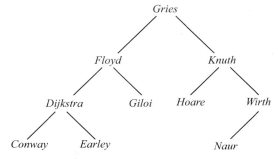

Abb. 14 Binärer Suchbaum

So organisierte Bäume heißen *Suchbäume*, da sie sich gut zum schnellen Suchen eignen, besonders dann, wenn der Suchbaum „ausgeglichen" ist, d. h. wenn seine Höhe (die Anzahl seiner Schichten) minimal ist. Ein ausgeglichener binärer Suchbaum mit n Knoten enthält höchstens $\lfloor \log_2 n \rfloor + 1$ Schichten. Man kann in ihm jeden Wert durch den Besuch von maximal $\lfloor \log_2 n \rfloor + 1$ Knoten finden, also in logarithmischer Zeit.

Das Einfügen und Löschen von Knoten in ausgeglichenen Bäumen erfordert ebenfalls nur logarithmische Zeit. Dabei geht die Ausgeglichenheit verloren, es gibt jedoch Verfahren, bei denen ausgeglichene Bäume beim Einfügen und Löschen wieder in ausgeglichene Bäume transformiert werden.

23.2.6 Graphen

Ein Graph ist die allgemeinste und flexibelste dynamische Datenstruktur. Im Gegensatz zu Bäumen kann ein Knoten eines Graphen nicht nur mehrere Nachfolger, sondern auch mehrere Vorgänger haben. Auch Zyklen sind nicht ausgeschlossen, d. h. man kann von einem Knoten über Kanten zu anderen Knoten und wieder zurück gelangen. Ein zyklenfreier Graph kann mehrere Wurzeln (Knoten ohne Vorgänger) haben, wogegen ein zyklenbehafteter Graph u. U. keinen einzigen Knoten ohne Vorgänger hat. Abb. 15 zeigt ein Beispiel eines zyklenfreien und eines zyklenbehafteten Graphen.

Mit Graphen lassen sich komplexe Zusammenhänge diverser Anwendungsgebiete beschrei-

Abb. 15 Graphen.
a zyklenfrei;
b zyklenbehaftet

a)

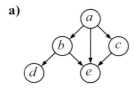

b)

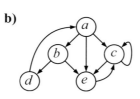

Tab. 5 Darstellungsarten des Graphen aus Abb. 15b.
a Adjazenzmatrix; **b** Adjazenzliste

a	a b c d e	b	
a	0 1 1 0 1	a	b, c, e
b	0 0 0 1 1	b	d, e
c	0 0 1 0 1	c	c, e
d	1 0 0 0 0	d	a
e	0 0 1 0 0	e	c

ben, z. B. Abhängigkeiten zwischen Aufgaben, Wege zwischen Orten, Leiterbahnen auf Halbleiterplatinen usw. Graphen sind daher in vielen Aufgabengebieten nützlich. Typische Anwendungen sind das Auffinden kürzester Wege, die Prüfung auf Zyklenfreiheit, das Feststellen der Erreichbarkeit von Knoten und viele weitere graphentheoretische Eigenschaften.

Repräsentation. Zur Darstellung von Graphen gibt es verschiedene Datenstrukturen (Tab. 5): Die *Adjazenzmatrix* enthält in Zeile i und Spalte j den Wert 1, wenn es eine Kante zwischen dem Knoten i und dem Knoten j gibt,

sonst den Wert 0. Die *Adjazenzliste* speichert für jeden Knoten eine Liste seiner Nachfolger.

Eine spezielle Form der Adjazenzliste liegt vor, wenn der Knotentyp Felder mit Referenzen auf mögliche Nachfolger enthält, wie das im folgenden Beispiel der Fall ist, in dem *Node* zwei Referenzen (*left* und *right*) auf mögliche Nachfolgerknoten hat.

Beim Durchlaufen eines Graphen unterscheidet man wie bei Bäumen zwischen Breitensuche und Tiefensuche, wobei man allerdings berücksichtigen muss, dass ein Knoten wegen Zyklen oder mehreren einmündenden Kanten u. U. mehrmals besucht wird. Um Doppelbesuche zu vermeiden, merkt man sich in jedem Knoten, ob er bereits besucht wurde (*visited*).

```
void TreeSearch (Node root, AnyData x, out Node y) {
    if(root == null) y = null;
    else if(x == root.data) y = root;
    elseif (x<rootdata)
        TreeSearch(root.left, x, out y);
    else Tree Search (root.right, x, out y);
}
```

Code 10 Beispielimplementierung einer rekursiven Suche in binären Suchbäumen

```
class Node {
    bool visited;        //bereitsbesucht?
    AnyData data;
    Node left, right;    //Referenzen auf Nachfolger
}
Node graph;              //Wurzel des Graphen
```

Code 11 Beispiel Adjazenzliste

```
void Visit (Node p) {
  if(p!=null &&!p.visited) {
    Prozess(p); //verarbeite Knoten
    p.visited=true;
    Visit(p.left);
    Visit(p.right);
  }
}
```

Code 12 Durchlaufen eines Graphen mittels Tiefensuche

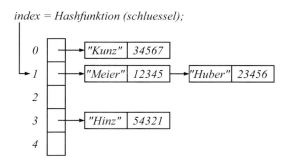

index = Hashfunktion (schluessel);

Abb. 16 Verzeichnis als Hashtabelle

23.2.7 Verzeichnisse

Ein Verzeichnis (*dictionary*) ist eine Sammlung von Schlüssel/Wert-Paaren. Ein *Wert* (z. B. eine Telefonnummer) kann unter einem *Schlüssel* (z. B. einem Personennamen) im Verzeichnis abgelegt und wieder gesucht werden. Die Operation *Insert*($\updownarrow d\downarrow$ *key* $\downarrow$ *val*) fügt den Wert *val* unter dem Schlüssel *key* in das Verzeichnis *d* ein. Die Operation *Search*($\updownarrow d\downarrow$ *key* $\uparrow$ *val*) liefert den unter *key* gespeicherten Wert *val* aus *d*. Alle Schlüssel in einem Verzeichnis müssen eindeutig sein.

Repräsentation. Ein Verzeichnis wird meist als *Hashtabelle* in Form eines Arrays *tab*[0..*n*] implementiert, wobei jedes Element des Arrays auf eine Liste von Schlüssel/Wert-Paaren verweist. Der Schlüssel (z. B. ein Name) wird mit Hilfe einer sog. *Hashfunktion* (*to hash* = zerhacken) in eine ganze Zahl *i* im Bereich 0..*n* abgebildet. Das Schlüssel/Wert-Paar wird dann in der Liste, auf die *tab*[*i*] zeigt, eingefügt oder gesucht. Abb. 16 zeigt ein Beispiel einer Hashtabelle, wobei angenommen wird, dass „Kunz" auf 0, „Meier" und „Huber" auf 1 und „Hinz" auf 3 abgebildet werden.

Wenn man die Hashfunktion so wählt, dass sie sämtliche Schlüssel gleichmäßig in den Bereich 0..*n* abbildet, werden alle Listen kurz und etwa gleich lang. Dadurch ergeben sich kurze Einfüge- und Suchzeiten. Wenn jede Liste weniger als *k* Knoten enthält (wobei *k* eine kleine Konstante ist), beträgt die Laufzeitkomplexität für das Einfügen und Suchen $O(1)$, d. h. der Zeitaufwand für alle Paare ist konstant. Techniken zur Implementierung der Hashfunktion können der Allg. Literatur entnommen werden.

23.2.8 Mengen

Obwohl der Mengenbegriff grundlegend für die Mathematik ist, gibt es in keiner der in Abschn. 23.3 behandelten Programmiersprachen einen vordefinierten Datentyp, der dem allgemeinen Mengenbegriff entspricht. Man kann sich aber einen abstrakten Datentyp (siehe Abschn. 23.2.10) bauen, der eine Menge, wie in Abschn. 23.2.7 gezeigt, als Hashtabelle verwaltet, die nur Schlüssel, aber keine Werte enthält.

Mengen kleiner ganzer Zahlen kann man auch als Bitarrays in einem Maschinenwort speichern. Ist die Zahl *i* in der Menge enthalten, hat das Bit *i* im Maschinenwort den Wert 1, sonst 0. Mit einem Wort aus 32 Bits lassen sich also 2^{32} verschiedene Mengen der Zahlen 0.31 darstellen. Sprachen wie C oder C# bieten Operationen zum Setzen und Abfragen einzelner Bits. Die Mengenoperationen $\cup$ und $\cap$ können als bitweise Oder- bzw. Und-Operation implementiert werden.

23.2.9 Dateien

Eine Datei (*file*) ist eine Sammlung von Daten, die auf einem externen Speichermedium gehalten wird. Sie ist damit eine *externe Datenstruktur*, die sich von den bisher behandelten (internen) Datenstrukturen in folgenden Punkten unterscheidet: (1) Eine Datei bleibt über das Ende des Programms, das sie erzeugt hat, hinaus erhalten; (2) eine Datei ist meist so umfangreich, dass nur ein Teil von ihr im Hauptspeicher gehalten werden kann; (3) der Transport eines solchen Dateiteils vom oder zum Hauptspeicher ist eine Ein-/

Ausgabe-Operation und ist um mehrere Zehnerpotenzen langsamer als ein Hauptspeicherzugriff.

Ältere Programmiersprachen wie Fortran oder Pascal besitzen eigene Sprachmittel zur Handhabung von Dateien. Neuere Sprachen wie C++, Java oder C# lagern diese Aufgabe hingegen in Bibliotheken aus, was den Vorteil hat, dass man auf diese Weise unterschiedliche Zugriffsmechanismen für Dateien anbieten kann, ohne die Sprache zu ändern.

Die Verwaltung von Dateien und ihre Übertragung vom und zum Arbeitsspeicher obliegt dem Betriebssystem, das dem Programmierer eine vereinfachte Sicht auf Dateien bietet: Abstrakt gesehen ist eine Datei eine lineare Folge von Bytes, ähnlich einem eindimensionalen Bytearray variabler Länge.

Dateiname, Datei öffnen und Datei schließen. Dateien haben einen programmexternen Namen, unter dem sie das Betriebssystem kennt, und einen programminternen Namen in Form einer Variablen, die die Datei repräsentiert. Eine Datei muss vor dem Lesen oder Schreiben des ersten Bytes geöffnet und nach dem Lesen oder Schreiben des letzten Bytes geschlossen werden. Durch das Öffnen macht das Betriebssystem die Datei dem Programm zugänglich, durch das Schließen wird dieser Zugang wieder aufgehoben.

Zugriffsarten. In der Regel werden die Bytes einer Datei sequenziell gelesen und geschrieben. Dabei wird eine Dateiposition mitgeführt, die nach dem Öffnen der Datei auf den Dateianfang verweist und bei jeder Lese- und Schreiboperation weitergesetzt wird. Meist kann man die Dateiposition auch explizit an eine bestimmte Stelle der Datei setzen und dann von dort weiter lesen oder schreiben. In älteren Programmiersprachen wie PL/I gibt es noch wesentlich vielfältigere Zugriffsarten. Zum Beispiel kann man dort die Daten einer Datei in sog. *Sätze* gliedern und darauf über Suchbegriffe (Schlüssel) direkt zugreifen. Heute benutzt man für diese Art von Aufgaben Datenbanken.

Textdateien und binäre Dateien. Der Wert einer Variablen kann entweder als Bitmuster (so wie es im Arbeitsspeicher steht) auf eine Datei geschrieben werden oder als Zeichenfolge, die der textuellen Darstellung des Werts entspricht. Eine *int*-Variable mit dem Wert 12345 kann z. B. entweder als Bitfolge 0011000000111001 oder als Zeichenfolge „12345" (in ASCII codiert durch fünf Bytes) geschrieben werden.

Man nennt Dateien aus speicherinternen Bitmustern *binäre Dateien* (*binary files*). Das Schreiben und Lesen binärer Dateien geht schnell und ist sparsam im externen Speicherplatzverbrauch, aber die binäre Darstellung ist i. Allg. programm- und maschinenabhängig und nicht druckbar. Man benutzt sie zur Speicherung von Objektprogrammen und für Zwischenergebnisse. Dateien, die nur aus druckbaren Zeichen bestehen (z. B. druckbaren ASCII-Zeichen), nennt man *Textdateien*. Bei der Ausgabe auf eine Textdatei muss jede Variable vor dem Schreiben entsprechend einem vorgegebenen Format in eine Zeichenkette konvertiert werden; bei der Eingabe muss die externe Zeichenkette in die maschineninterne Binärdarstellung konvertiert werden. Das kostet Zeit, ist aber erforderlich, wenn die externe Darstellung gedruckt oder auf andere Maschinen übertragen werden soll.

Dateioperationen. Bibliotheksmodule zur Dateiverarbeitung bieten üblicherweise folgende Operationen an. Die Variable f ist dabei vom Bibliothekstyp *File*, die Variable x ist vom Typ *byte* (in manchen Bibliotheken auch von einem beliebigen elementaren Typ).

Open($\downarrow fn \uparrow f$): Öffne eine Datei f mit dem Dateinamen fn.

Write($\downarrow f \downarrow x$): Schreibe x auf die Datei f (füge x an das Ende von f an).

Read($\downarrow f \uparrow x$): Lies x von der Datei f.

Seek($\downarrow f \downarrow pos$): Setze die Lese-/Schreibposition der Datei f auf pos.

Close($\downarrow f$): Schließe die Datei f (beende die Ein-/Ausgabe mit der Datei f).

Um beim Lesen feststellen zu können, wann das Dateiende erreicht ist, bedient man sich einer Dateiende-Markierung (*eof = end of file*), deren Erreichen man (bei den einzelnen Programmiersprachen in unterschiedlicher Weise) feststellen kann.

23.2.10 Abstrakte Datentypen

Die von einer Programmiersprache angebotenen Datentypen nennt man *konkrete Datentypen*. Sie können entweder elementar sein (*int*, *float*, *char*, usw.) oder zusammengesetzt (Arrays, Strukturen, Referenzen). Darüber hinaus kann man sich in vielen Sprachen seine eigenen *abstrakten Datentypen* bauen. Ein abstrakter Datentyp besteht aus einer (meist für den Benutzer verborgenen) Datenstruktur und den darauf ausführbaren Operationen. In objektorientierten Sprachen werden abstrakte Datentypen durch sog. *Klassen* dargestellt (siehe Abschn. 23.3.3.5).

Ein abstrakter Datentyp bildet eine Abstraktion, die aus logischer Sicht genau so verwendet werden kann wie ein konkreter Datentyp. Die Daten des konkreten Typs *int* sind z. B. die Bits, mit denen die Zahl dargestellt wird; die Operationen sind +, −, * und /. Die Daten eines abstrakten Datentyps *File* sind der Dateiname, die Dateiposition, Datenpuffer, usw.; Die Operationen sind *Open*, *Close*, *Read*, *Write* und *Seek*.

Manche Sprachen enthalten konkrete Datentypen, die in anderen Sprachen fehlen und dort durch abstrakte Datentypen nachgebaut werden müssen. In Fortran gibt es z. B. für komplexe Zahlen den konkreten Datentyp COMPLEX. Man kann Variablen dieses Typs deklarieren (z. B. *COMPLEX x, y, z*) und auf sie alle arithmetischen Operationen anwenden (z. B. $z = x + y$). In Sprachen wie Java oder C# muss man sich für komplexe Zahlen hingegen eine Klasse *Complex* bauen, die als Daten den Realteil und den Imaginärteil einer komplexen Zahl speichert und als Operationen *Add*($\downarrow x \downarrow y \uparrow z$), *Subtract*($\downarrow x \downarrow y \uparrow z$), *Multiply*($\downarrow x \downarrow y \uparrow z$) und *Divide*($\downarrow x \downarrow y \uparrow z$) anbietet, wobei x, y und z Variablen vom Typ *Complex* sind.

Im Folgenden werden als Beispiele zwei abstrakte Datentypen vorgestellt, die in vielen Problemstellungen der Informatik nützlich sind, aber von keiner Programmiersprache als konkrete Datentypen angeboten werden: der *Keller* und die *Schlange*.

Keller. Ein Keller (auch *Stapel*, *stack*) ist eine Folge von Datenobjekten mit zwei charakteristischen Operationen: Man kann ein Objekt an das Ende des Kellers anfügen (*einkellern*, *push*), und man kann ein Objekt vom Ende des Kellers lesen und entfernen (*auskellern*, *pop*). Das zuletzt eingekellerte Objekt wird immer als erstes ausgekellert. Man denke an einen Bücherstapel, bei dem man ebenfalls nur an das oberste Buch bequem heran kann. Keller werden deshalb auch *LIFO-Speicher* (last in first out) genannt. Ein Keller wird in einfachster Weise durch ein eindimensionales Array repräsentiert (siehe Abb. 17). Einkellern heißt, ein Objekt an das Ende des belegten Teils des Arrays anfügen, Auskellern heißt, das Objekt vom Ende des belegten Teils entfernen.

Folgende Operationen werden meist auf Keller angewandt (*s* ist vom abstrakten Datentyp *Stack*):

Push($\updownarrow s \downarrow x$): Kellert das Element x als oberstes in Keller s ein.

Pop($\updownarrow s \uparrow x$): Kellert das oberste Element x aus Keller s aus.

Full($\downarrow s$): Liefert den Funktionswert true, wenn Keller s voll ist, sonst false.

Empty($\downarrow s$): Liefert den Funktionswert true, wenn Keller s leer ist, sonst false.

Keller lassen sich überall da einsetzen, wo die Reihenfolge der Bearbeitung von Datenobjekten durch eine Klammerstruktur im weitesten Sinn

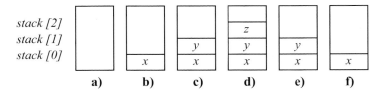

Abb. 17 Der abstrakte Datentyp Keller. **a** Leerer Keller, **b** nach Einkellern von x; **c** nach Einkellern von y; **d** nach Einkellern von z; **e** nach Auskellern von z; **f** nach Auskellern von y

festgelegt ist, z. B. bei der Übersetzung geklammerter Ausdrücke, bei der Ausführung geschachtelter Prozeduraufrufe und bei der Unterbrechung eines laufenden Rechenprozesses durch einen anderen höherer Dringlichkeit.

Schlangen. Eine Schlange (*queue*, Puffer) ist eine lineare Datenstruktur, an deren Ende Datenelemente angefügt und von deren Anfang Datenelemente entnommen werden. Schlangen werden auch *FIFO-Speicher* (*f*irst *i*n *f*irst *o*ut) genannt, da das als erstes eingetragene Element als erstes entnommen wird. Die für Schlangen typischen Operationen sind (*q* ist vom abstrakten Datentyp *Queue*):

Enqueue($\updownarrow q \downarrow x$): Fügt das Element *x* an das Ende der Schlange *q* an.

Dequeue($\updownarrow q \uparrow x$): Holt das Element *x* vom Anfang der Schlange *q*.

Full und *Empty* analog zum Keller.

Schlangen werden zur Datenpufferung benutzt, d. h., wenn Datenelemente zwar in der Reihenfolge ihres Eintreffens, aber nicht Schritt haltend damit, bearbeitet werden sollen.

23.3 Programmiersprachen

23.3.1 Begriffe und Einteilungen

Seit dem Erscheinen der ersten höheren Programmiersprache (Fortran im Jahre 1957) sind viele hundert Programmiersprachen entstanden, von denen aber nur wenige größere Verbreitung erfahren haben. Von diesen sind wiederum, wenn man von Sprachen für spezielle Zwecke absieht, heute 10 bis 20 von größerer Bedeutung (Tab. 6). Über die Geschichte der Programmiersprachen orientiert (Gibson und Bergin 1996; Wexelblat 1981).

23.3.1.1 Universal- und Spezialsprachen

Universalsprachen sind für ein breites Anwendungsgebiet konzipiert, etwa für technisch-wissenschaftliche Probleme (Fortran-, Pascal- und C-Familie) oder für kommerzielle Probleme (Cobol). Spezialsprachen sind auf ein engeres Anwendungsgebiet zugeschnitten, etwa auf die Simulation (GPSS), auf Datenbanken (SQL) oder auf die Berechnung elektrischer Netze. Einige

Sprachen stehen dazwischen; sie arbeiten mit speziellen Datenstrukturen, wie Vektoren (APL) oder Bäumen (Lisp, Prolog), sind aber nicht auf ein schmales Anwendungsgebiet spezialisiert.

Eine häufige Form von Spezialsprachen sind sog. *Skriptsprachen*. Sie sind aus Kommandosprachen entstanden, mit dem Zweck, Programme aufzurufen, zu parametrisieren und miteinander zu verknüpfen. Oft werden sie dazu verwendet, kurze Berechnungen oder Steuerungsaufgaben außerhalb des eigentlichen Programms zu erledigen. Skriptsprachen werden üblicherweise nicht in Maschinencode übersetzt, sondern interpretiert, d. h. unmittelbar während der Analyse ihres Quellcodes ausgeführt. Sie sind oft dynamisch getypt, d. h. Variablen werden nicht mit einem Datentyp deklariert, sondern können im Laufe der Programmausführung Werte unterschiedlicher Typen enthalten. Meist sind sie imperativ und auf einen bestimmten Anwendungsbereich zugeschnitten.

Man unterscheidet *Batchsprachen* (z. B. *csh*, *Windows Cmd*), die den Ablauf einer Folge von Programmen steuern, *anwendungsspezifische Skriptsprachen* (z. B. *VBA*, *Emacs Script*), mit denen man auf Elemente einer Programmoberfläche (z. B. auf Zellen einer Tabellenkalkulation) zugreifen und diese verändern kann, *Textverarbeitungssprachen* (z. B. *awk*, *Perl*), die Befehle enthalten, um Muster in Texten zu suchen und zu manipulieren sowie *Web-Skriptsprachen* (z. B. *JavaScript*, *PHP*), mit denen man Inhalte von Webseiten erzeugen, verarbeiten und ändern kann. Einige Skriptsprachen wie *JavaScript*, *PHP* oder *Python* nähern sich in ihrem Sprachumfang universellen Sprachen an.

23.3.1.2 Sequenzielle und parallele Sprachen

Ein auf einer Maschine (Prozessor) ablaufendes Programm wird auch „Prozess" genannt. Ältere imperative Sprachen gestatten nur die Formulierung eines einzigen Prozesses, der für sich allein abläuft, ohne Kommunikation mit anderen Prozessen auf demselben Prozessor oder parallel arbeitenden Prozessoren. Einige Programmiersprachen bieten jedoch Möglichkeiten zur Formulierung paralleler Prozesse (z. B. Ada, Java, C#). Die hierbei auftretenden Probleme betreffen die Synchronisati-

Tab. 6 Bedeutende Programmiersprachen

Name	Abkürzung von	Erscheinungsjahr	Literatur	Bemerkungen
Fortran	formula translation	≈ 1957	Metcalf et al. (2004)	Siehe Abschn. 23.3.4.2
Algol 60	algorithmic language	1960	Backus (1963)	Ursprung der Algol-Familie. Bahnbrechende Ideen.
Cobol	common business oriented language	≈ 1960	DIN 66028	Für kommerzielle Anwendungen auch heute noch die am meisten verwendete Sprache.
Lisp	list processing language	1962	Steele (1990), Stoyan und Görz (1986)	Hauptsprache der „Künstlichen Intelligenz". Einzige Datenstruktur ist der binäre Baum (= Liste).
Pascal	–	1971	Jensen und Wirth (1991)	Siehe Abschn. 23.3.4.3
Prolog	programming in logic	1972	Bratko (2000), Clocksin und Mellish (2003)	Modelliert das logische Schließen. Besonders für „Künstliche Intelligenz" geeignet. Einzige Datenstruktur ist der binäre Baum.
C	–	≈ 1973	Kernighan und Ritchie (1990)	Siehe Abschn. 23.3.4.4
Modula-2	–	≈ 1980	Wirth (1991)	Siehe Abschn. 23.3.4.3
Ada	–	≈ 1980	DIN ISO/IEC 8652	Siehe Abschn. 23.3.4.3
Smalltalk	–	≈ 1980	Goldberg und Robson (1995)	Erste konsequent objektorientierte Sprache mit großer Klassenbibliothek.
C++	–	≈ 1982	Stroustrup (2000)	Siehe Abschn. 23.3.4.4
Haskell	–	1990	ACM (1992), O'sullivan et al. (2008)	Moderne funktionale Sprache mit statischer Typenprüfung
Java	–	1995	Gosling et al. (2005), Mössenböck (2011)	Siehe Abschn. 23.3.4.4
C#	–	2001	Hejlsberg et al. (2010), Mössenböck (2009)	Siehe Abschn. 23.3.4.4

on und den Informationsaustausch zusammenarbeitender Prozesse (Herrtwich und Hommel 1994). Von diesen Sprachen zu unterscheiden sind solche für Parallel- und Vektorrechner, bei denen umfangreiche, meist mathematisch-physikalische Berechnungen (z. B. Matrixoperationen) in Teile zerlegt und auf vielen Prozessoren gleichzeitig ausgeführt werden oder bei denen bestimmte Rechenoperationen gleichzeitig auf einen ganzen Vektor von Werten angewendet werden. Hier gibt es bis heute fast nur Erweiterungen von Fortan (Burkhart 2006; Perrot und Zarea-Aliabadi 1986).

23.3.1.3 Imperative und nichtimperative Sprachen (Denkmodelle)

Nach dem einer Programmiersprache zugrunde liegenden Denkmodell (d. h. der Denkweise, der der Programmierer folgt) unterscheidet man imperative und nichtimperative Sprachen.

Imperative Sprachen
Sie beruhen auf dem Denkmodell, dass ein Programm aus einer Folge von *Anweisungen* besteht und *Variablen* im Sinne von Behältern (Speicherplätzen) benutzt, in die man in zeitlicher Folge verschiedene Datenwerte legen kann. Sie lassen sich in prozedurorientierte und objektorientierte Sprachen gliedern (Abb. 18).

Prozedurorientierte (prozedurale) Sprachen. Hier konzentriert man sich auf die Operationen und betrachtet die Daten als passiv. Um z. B. ein Element x in eine Liste L einzufügen, schreibt man Insert(L, x). Man ruft die Prozedur Insert auf und übergibt ihr L und x als Parameter. Ältere Pro-

Abb. 18 Kategorisierung
von Programmiersprachen

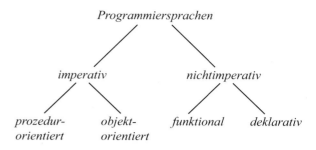

grammiersprachen (wie z. B. Fortran, C, Pascal) sind prozedurorientiert, einige haben Erweiterungen für die Objektorientierung.

Objektorientierte Sprachen. Hier werden Daten und die auf sie anwendbaren Operationen zu einem Ganzen zusammengefasst, das man *Objekt* nennt:

$$Objekt = Daten + Operationen$$

Objekte sind aktiv in dem Sinn, dass man sie auffordern kann, gewisse „Aufträge" auszuführen, wodurch eine ihrer Prozeduren aufgerufen wird. Im objektorientierten Jargon sagt man „man sendet einem Objekt eine Nachricht (*message*)". Die dadurch aufgerufene Prozedur nennt man *Methode*. Um ein Element x in eine Liste L einzufügen, schreibt man $L.Insert(x)$. Man gibt dem Objekt L den Auftrag, das Element x einzufügen. Das führt zum Aufruf der Methode *Insert*. Einzelobjekte mit gleichem Verhalten werden zu *Klassen* zusammengefasst (z. B. mehrere Listen-Objekte zu einer Klasse *List*). Abschn. 23.3.3.5 enthält Näheres über Klassen.

Man unterscheidet zwischen *rein objektorientierten Sprachen* wie Smalltalk (Goldberg und Robson 1995), bei denen alle Daten (auch Zahlen und Zeichen) Objekte sind und alle Operationen (auch + und −) Methoden, und *hybriden objektorientierten Sprachen* wie C++ (Stroustrup 2000), Java (Gosling et al. 2005) oder C# (Hejlsberg et al. 2010), bei denen nur komplexe Daten wie Listen Klassen sind, einfache Daten wie Zahlen oder Zeichen jedoch nicht. Hybride Sprachen ergeben effizientere Programme als rein objektorientierte Sprachen, sind aber nicht so flexibel.

Im Gegensatz zu prozedurorientierten Sprachen gestatten objektorientierte Sprachen eine bessere Strukturierung von Programmen, da man zusammengehörige Daten und Operationen als Klassen modellieren kann, die Dinge der realen Welt abbilden (z. B. Personen, Konten, Maschinen).

Nichtimperative Sprachen
Sie beruhen auf Denkmodellen, in denen ein Programm beschrieben wird, ohne die explizite Reihenfolge seiner Operationen anzugeben. Sie sind dadurch abstrakter als imperative Sprachen. Man unterscheidet funktionale und deklarative Sprachen (Abb. 18).

Funktionale (applikative) Sprachen beruhen auf dem Denkmodell der mathematischen *Funktion*. Jeder Algorithmus kann als Funktion aufgefasst werden, die Argumente in Ergebnisse abbildet. Die schrittweise Ausführung ist dabei implizit in der Schachtelung von Funktionsaufrufen und rekursiven Funktionsdefinitionen enthalten. Der Wert von $x * y + z$ wird hier durch den geschachtelten Funktionsaufruf $Plus(Mal(x, y), z)$ ausgedrückt. Hauptvertreter der funktionalen Sprachen (mit vielen imperativen Unreinheiten) ist Lisp (Stoyan und Görz 1986). Rein funktionale Sprachen wie Miranda (Hinze 1992) und Haskell (ACM 1992) kommen ohne Variablen aus (x, y und z sind im Beispiel als Konstanten aufzufassen, die man nicht verändern kann – wie in der Mathematik).

Deklarative Sprachen beschreiben nur Daten und Beziehungen zwischen ihnen; der Algorithmus ist in der Semantik der Sprache verborgen. Die z. Z. einzige deklarative Sprache von Bedeutung, *Prolog* (Clocksin und Mellish 2003), beruht auf der Semantik der Prädikatenlogik. Eine Gleichung, wie $u = x * y$, wird als Beziehung (*Relation*, *Prädikat*) zwischen den Variablen x, y und *u* angesehen, die je nach der Belegung mit Werten wahr oder falsch sein kann. Man schreibt dafür *mal*(*X*, *Y*, *U*). *mal* ist ein *Prädikat*, das eine *Relation* zwischen *X*, *Y* und *U* bezeichnet, *X*, *Y*, *U* sind *Terme* (Parameter). *mal*(2, 4, 8) ist wahr, *mal*(2, 4, 10) ist falsch. Das Prädikat *mal*(2, 4, *U*) bedeutet: „Suche alle Belegungen der Variablen *U* derart, dass 2 * 4 = *U* ist"; *U* bekommt dadurch den Wert 8. Der Wert von *x* * *y* + *z* wird in Prolog als „Regel" geschrieben:

```
malplus(X,Y,Z,H):=mal(X,Y,U), plus(U,Z,H)
```

Gelesen: „Das Prädikat *malplus* (*X*, *Y*, *Z*, *H*) ist dann wahr, wenn es eine Variable *U* gibt, sodass *mal* (*X*, *Y*, *U*) und *plus* (*U*, *Z*, *H*) beide wahr sind". Ein Algorithmus, der für gegebene Werte von *X*, *Y* und *Z* solche Werte von *U* und *H* berechnet, dass die Regel erfüllt wird, ist in Prolog eingebaut. Man beachte, dass durch die Regel das Problem nur spezifiziert, aber kein Lösungsalgorithmus beschrieben wird. Die Ausführungsreihenfolge mehrerer Regeln (mit Abfragen und Schleifen) wird in deklarativen Sprachen implizit beschrieben und tritt deshalb in den Hintergrund.

Für technische Anwendungen werden fast nur imperative Sprachen eingesetzt, nichtimperative können aber auf Spezialgebieten (z. B. Künstliche Intelligenz) vorteilhaft sein.

23.3.2 Beschreibungsverfahren

Wer Programmiersprachen benutzt, muss die Form (*Syntax*) und die Bedeutung (*Semantik*) ihrer Konstruktionen genau kennen. Beides soll in einem Dokument, der *Sprachdefinition*, möglichst vollständig und eindeutig niedergelegt sein. Während man für die Beschreibung der Syntax zufrieden stellende formale Verfahren gefunden hat, ist das für die Beschreibung der Semantik bisher nicht gelungen, weshalb man sich hierzu meist der Umgangssprache bedient. Grundkenntnisse der Beschreibungstechnik von Programmiersprachen sind für jeden, der eine Programmiersprache erlernen will, unerlässlich.

23.3.2.1 Syntax

Programmiersprachen setzen sich syntaktisch aus zwei Schichten zusammen. In der *lexikalischen* (unteren) Schicht besteht ein Programm aus einer Folge von *Symbolen*, die sich ihrerseits aus *Zeichen* zusammensetzen. In den meisten Programmiersprachen finden sich folgende Symbolarten:

*   *Schlüsselwörter* (*if*, *while*, *class*, ...) sind Buchstabenfolgen fester Bedeutung, die den Charakter einer Erweiterung des Zeichenvorrats haben;
*   *Bezeichner* (*i*, *x*, *result*, ...) sind vom Programmierer vergebene Namen zur Bezeichnung von Variablen, Konstanten, Typen, Prozeduren;
*   *Zahlen* (1, 3.14, ...);
*   *Zeichenketten* („abracadabra") sind Zeichenfolgen, meist in Anführungszeichen eingeschlossen;
*   *Einzelzeichen* (+, *, [,], ...) und *Verbundzeichen* (==, <, ...).

Neben Symbolen gehören zur lexikalischen Schicht auch *Kommentare* (z. B. /*Kommentar*/ oder // Kommentar). Kommentare sind Erläuterungen für den Programmierer und haben keine Auswirkungen auf die Arbeitsweise des Programms.

Über der lexikalischen Schicht liegt die eigentliche *syntaktische* Schicht, in der man die Symbole als atomar betrachtet und ihre Gruppierung zu Ausdrücken, Anweisungen und Deklarationen beschreibt. Die Menge der Syntaxregeln einer Sprache nennt man ihre *Grammatik*.

Als Grammatik-Schreibweise benutzt man die *Backus-Naur-Form* (*BNF*) oder eine ihrer Erweiterungen (*EBNFs*). Die Syntax arithmetischer Ausdrücke wird z. B. durch folgende drei BNF-Regeln beschrieben:

```
Expr → Term | Expr + Term
     | Expr-Term
```

Gelesen: „Ein arithmetischer Ausdruck *Expr* ist definiert als *Term* oder als die Folge von *Expr*, *Pluszeichen*, *Term* oder als die Folge *Expr*, *Minuszeichen*, *Term*." Der senkrechte Strich trennt Alternativen.

```
Term → Fact | Term * Fact
     | Term/Fact
```

Gelesen: „Ein *Term* ist definiert als *Fact* oder als die Folge *Term*, *Malzeichen*, *Fact* oder als die Folge *Term*, *Divisionszeichen*, *Fact*."

```
Fact → ident | number | (Expr)
```

Gelesen: „Ein Faktor *Fact* ist definiert als ein Bezeichner oder eine Zahl oder ein Ausdruck in Klammern."

Durch diese drei Regeln ist die syntaktische Struktur aller arithmetischen Ausdrücke aus Bezeichnern, Zahlen, den Operatoren +, −, *, / und Klammern eindeutig beschrieben (Abb. 19). Die rekursiven Alternativen beschreiben Wiederholungen und Schachtelungen. Manche Autoren schreiben die Symbole der BNF in spitzen Klammern, also ⟨*Expr*⟩ statt *Expr*. Eine empfehlenswerte moderne EBNF ist die von Wirth (1991). Bei ihr wird das Gleichheitszeichen anstelle des Pfeils benutzt, jede Regel wird durch einen Punkt beendet, und Zeichenfolgen, die sich selbst bedeuten, werden in Anführungszeichen gesetzt. Runde Klammern werden zur Zusammenfassung, eckige als Optionssymbol und geschweifte als Wiederholungssymbol benutzt. *a*[*b*] bedeutet *a* oder *ab*, *a*{*b*} bedeutet *a* oder *ab* oder *abb* oder *abbb* … Die geschweiften Klammern gestatten

den weitgehenden Verzicht auf Rekursion und machen die Grammatik leichter lesbar. Die Grammatik der arithmetischen Ausdrücke lautet in dieser EBNF:

```
Expr = Term{("+"|"-")Term}.
Term = Fact{("*"|"/")Fact}.
Fact = ident | number | "("Expr")".
```

23.3.2.2 Semantik

Die Bedeutung der Konstruktionen einer Programmiersprache nennt man ihre *Semantik* (im engeren Sinn). Zum Beispiel bedeutet die Anweisung $a = b + c*d$, dass der Wert des Ausdrucks $b + c*d$ nach den Vorrangregeln der Mathematik berechnet und anschließend der Variablen a zugewiesen wird. Die hier verwendeten Begriffe *Berechnung*, *Wert*, *Ausdruck*, *Zuweisung*, *Variable* werden dabei als bekannt vorausgesetzt (ihre Semantik muss also schon vorher erklärt worden sein). Die Semantik mancher Konstruktionen ist umgangssprachlich nur ungenau beschreibbar; eine exakte formale Beschreibung lässt sich dagegen entweder nur unvollständig durchführen, oder sie wird so unhandlich und nur für Spezialisten verständlich, dass man bei der Sprachdefinition auf sie verzichtet. Techniken zur formalen Semantikbeschreibung sind Forschungsgegenstand der Informatik. Im weiteren Sinn umfasst der Begriff Semantik alle Sprachregeln, die sich nicht durch eine formale Syntaxbeschreibung wie BNF ausdrücken lassen. Zum Beispiel ist der Text

```
class Nonsense{
  int x = "drei";
  void M(){a = 1;}
}
```

ein syntaktisch korrektes C#-Programm, aber er verstößt gegen die Sprachregeln: „Die Typen der linken und rechten Seite einer Zuweisung müssen miteinander kompatibel sein" und „Alle in An-

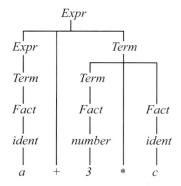

Abb. 19 Syntaxbaum des Ausdrucks $a + 3 * c$ gemäß der im Text angegebenen Grammatik

weisungen vorkommenden Namen müssen zuvor deklariert worden sein". Solche die Syntax ergänzenden Sprachregeln nennt man *Kontextbedingungen* (auch *statische Semantik*) und rechnet sie traditionell zur Semantik, da sie sich nicht in BNF ausdrücken lassen, obwohl sie mit der eigentlichen Semantik weniger als mit der Syntax zu tun haben.

Algol60 (Backus et al. 1963) war die erste Programmiersprache, die mittels BNF und umgangssprachlicher Semantik definiert wurde. Ähnliche Sprachdefinitionen (*language reports*) gibt es von Pascal (Jensen und Wirth 1991), Modula-2 (Wirth 1991), Ada, Java (Gosling et al. 2005) und C# (Hejlsberg et al. 2010), aber leider von vielen anderen Sprachen nicht.

23.3.3 Konstruktionen imperativer Sprachen

Die wichtigsten Konstruktionen imperativer Programmiersprachen sind *Deklarationen* zur Definition von Konstanten, Variablen, Typen und Prozeduren, *Anweisungen* zur Ausführung von Aktionen, *Ausdrücke* zur Berechnung von Werten und *Klassen* bzw. *Module* zur Gliederung von Programmen.

23.3.3.1 Deklarationen
Deklarationen beschreiben die in den Anweisungen eines Programms verwendeten Elemente. Sie legen für jedes Element einen Namen und gewisse Eigenschaften (z. B. Typ, Größe, Wert) fest. Der Compiler benutzt die so definierten Eigenschaften, um die statische Korrektheit des Programms zu prüfen.

Das Prinzip, jedem Programmelement durch Deklaration einen (und nur einen) Typ zuzuordnen, sodass der Compiler die korrekte Verwendung dieser Elemente gemäß den Typregeln der Sprache überprüfen kann, nennt man „statische Typisierung" (*static typing*). Einige ältere Programmiersprachen gestatten implizite Deklarationen; z. B. werden in Fortran alle nichtdeklarierten Variablen, die mit I bis N anfangen, als ganzzahlige Größen, alle anderen als Gleitpunkt-Größen angesehen. In manchen Sprachen werden Variablen ohne Typ deklariert (z. B. in Smalltalk). Ihr Typ wird erst zur Laufzeit aus dem Typ des zugewiesenen Wertes bestimmt (*dynamic typing*).

23.3.3.2 Ausdrücke
Ausdrücke setzen sich in den meisten Sprachen wie in der Mathematik aus Konstanten, Variablen, Operatoren und Klammern in beliebig tiefer Schachtelung zusammen. Zur Indizierung von Arrays werden in manchen Sprachen runde Klammern verwendet: $a(i)$ (Fortran, Ada), in anderen eckige: $a[i]$ (Pascal, C, Java, C#). Die Typen der Operanden müssen nach den Regeln der Sprache miteinander kompatibel sein. Zum Beispiel ist es nicht erlaubt, eine Zahl mit einer Zeichenkette zu multiplizieren. Der Typ eines Ausdrucks wird aus den Typen seiner Operanden bestimmt.

23.3.3.3 Anweisungen
Die wichtigsten Anweisungsarten sind Zuweisung, Verzweigung, Schleife, Prozeduraufruf und Ein-/Ausgabe-Anweisung.

Zuweisung. Einfachste und häufigste Anweisung, von der Form

```
const int max = 100;        //Konstante
class String {...}          //Typ
int i,j,k; String name;     //Variablen
void Sort (int [] a){...}   //Prozedur bzw. Methode
```

Code 13 Beispiel eines Deklarationsteils in C#

```
Variable:=Ausdruck  (in Pascal,Ada)
Variable = Ausdruck;  (in Fortran,C,Java,C#)
```

Das Zuweisungssymbol „=" bedeutet hier eine Operation und darf nicht mit der Gleichheitsrelation der Mathematik verwechselt werden!

Verzweigungsanweisungen. Die unbedingte Verzweigung zu der Anweisung mit der Marke *m* lautet meist *goto m*. Bessere Programmstrukturen (siehe Abschn. 23.4.3.2) ergeben Verzweigungsanweisungen.

Solche if-Anweisungen ermöglichen nur binäre Verzweigungen. Moderne Sprachen bieten aber auch eine Vielwegverzweigung an.

Abhängig davon, ob der Ausdruck den Wert 1, 2 oder 3 hat, wird hier die Anweisungsfolge 1, 2 oder 3 ausgeführt. Wenn der Ausdruck einen anderen Wert hat, wird der *Default*-Zweig betreten und Anweisungsfolge 4 ausgeführt. Jeder Zweig muss durch eine *Break-Anweisung* abgeschlossen werden, die zum Ende der Switch-Anweisung springt.

Schleifenanweisungen. Eine Schleife dient zum wiederholten Durchlaufen einer Anweisungsfolge. Bei der *iterativen* Schleife wird eine Anweisungsfolge wiederholt ausgeführt, solange die Bedingung am Anfang jedes Durchlaufs erfüllt ist. Das folgende Programmstück berechnet die Anzahl *i* der Dezimalstellen der positiven ganzen Zahl *n*, wobei es *n* so oft ganzzahlig durch 10 dividiert, bis *n* zu 0 geworden ist. Manche

```
if (Bedingung) {Anweisungsfolge}
if (Bedingung) {
  Anweisungsfolge1
} else {
  Anweisungsfolge2
}
```

Code 14 Beispiel einer Verzweigungsanweisung

```
switch (Ausdruck) {
   case1: Anweisungsfolge1; break;
   case2: Anweisungsfolge2; break;
   case3: Anweisungsfolge3; break;
   default: Anweisungsfolge4; break;
}
```

Code 15 Beispiel einer Vielwegverzweigung in C#

```
i = 0;                        i = 0;
while (n > 0){                do {
  n = n / 10; i = i + 1;        n = n / 10; i := i + 1;
}                            } while (n > 0);
```

Code 16 Beispiele für Schleifenanweisungen in C#

```
for(i = 0; n > 0; i = i + 1){
  n = n / 10;
}
```

Code 17 Beispiel einer Zählschleife in C#

```
void Power (int x, int n, out int y) {
  y = 1;
  for (int i = 0; i < n; i++) {y = y * x;}
}
```

Code 18 Beispiel einer Prozedurdeklaration in C#

```
int Power (int x, int n){
  int y = 1;
  for (int i = 0; i < n; i++){y = y * x;}
  return y;
}
```

Code 19 Beispiel einer Funktion in C#

Sprachen bieten auch eine iterative Schleife mit der Bedingungsprüfung am Schleifenende

Die *induktive Schleife* (Zählschleife) ist eine Kurzform der iterativen Schleife mit Bedingungsprüfung vor jedem Durchlauf. Bei ihr wird die Initialisierung einer *Laufvariablen*, die Prüfung der Abbruchbedingung und die Erhöhung der Laufvariablen nach jedem Durchlauf im Schleifenkopf zusammengefasst, z. B.:

Ein-/Ausgabe-Anweisungen sind sehr unterschiedlich ausgebildet. Ältere Sprachen bieten eigene Anweisungen zur Ein- und Ausgabe für die verschiedenen Speichermedien, mit oder ohne Zusatzangaben für die Formatierung, mit einem oder mehreren Datenelementen pro Anweisung und vielen anderen Wahlmöglichkeiten. Neuere Sprachen haben keine Ein-/Ausgabe-Anweisungen in der eigentlichen Sprache, sondern benutzen Bibliotheksprozeduren dafür.

23.3.3.4 Prozeduren (Methoden)

Prozeduren (in objektorientierten Sprachen *Methoden* genannt) sind benannte Anweisungsfolgen, die mit Parametern versehen werden können und lokale Deklarationen enthalten dürfen. Man unterscheidet zwischen der Prozedur*deklaration* (Text aus Name, Parameter, lokale Deklarationen, Anweisungen) und dem Prozedur*aufruf*, bei dem eine Prozedur über ihren Namen aufgerufen, d. h. ausgeführt, wird.

Beispiel. Deklaration einer Prozedur zur Berechnung von x^n in C# (die Operation i++ ist äquivalent zu i = i + 1):

Die Prozedur ist die wichtigste Programmstruktur in prozeduralen Sprachen. Sie erfüllt folgende Aufgaben: *Gliederung* eines Programms in überschaubare Teile; *Codeersparnis*, da der Anweisungteil der Prozedur nur einmal gespeichert wird, aber beliebig oft aufgerufen werden kann; *Abstraktion* des Anweisungsteils durch den Prozedurnamen (beim Aufruf).

Parameter. Prozeduren haben i. Allg. Parameter, die zur Beschreibung der Eingangs- und Ausgangsgrößen dienen und somit die Schnittstelle zwischen der Prozedur und ihrem Benutzer (Rufer) bilden. Die im Prozedurkopf deklarierten Parameter können in der Prozedur wie gewöhnliche Variablen verwendet werden. Sie heißen *formale Parameter* und werden beim Aufruf durch *aktuelle Parameter* ersetzt.

Man unterscheidet *Eingangsparameter*, deren Werte vom Rufer an die Prozedur übergeben werden, *Ausgangsparameter*, deren Werte von der Prozedur an den Rufer zurückgegeben werden und *Übergangsparameter*, deren Werte vom Rufer an die Prozedur übergeben, dort u. U. verändert und anschließend an den Rufer zurückgegeben werden. Eingangsparameter werden durch Zuweisungen der aktuellen an die formalen Parameter implementiert (*call by value*). Bei Ausgangs- und Übergangsparametern bezeichnet der Name des aktuellen und des formalen Parameters dieselbe Variable; wenn man daher den Wert des formalen Parameters ändert, ändert sich dadurch auch der

Wert des aktuellen Parameters (*call by reference*). Wenn man die oben beschriebene Prozedur *Power* wie folgt aufruft

```
Power(3,4,out result);
```

werden die aktuellen Eingangsparameter 3 und 4 den formalen Eingangsparametern x und n zugewiesen. Die Prozedur berechnet ihr Ergebnis im formalen Ausgangsparameter y und ändert dadurch auch den aktuellen Ausgangsparameter *result*, der anschließend den Wert 81 (3^4) hat.

Funktionen. Eine Funktionsprozedur (oder einfach *Funktion*) ist eine Prozedur, deren Aufruf einen Wert liefert und diesen Wert repräsentiert, wie in der Mathematik, wo $f(x)$ auch die Berechnungsvorschrift und zugleich den Funktionswert bedeutet. Die oben beschriebene Prozedur *Power* kann in C# wie folgt als Funktion implementiert werden:

Diese Funktion gibt eine ganze Zahl zurück und hat daher den Rückgabetyp *int* (anstelle von *void*, was „kein Rückgabetyp" bedeutet). Ihr Rückgabewert (hier y) muss durch eine *Return-Anweisung* an den Rufer übergeben werden. Funktionsaufrufe treten meist als Operanden von Ausdrücken auf. Der Aufruf

```
result = 10 + Power(3,4);
```

liefert in *result* das Ergebnis 91 (10 + 81).

Gültigkeitsbereiche. Jede Prozedur bildet einen eigenen Gültigkeitsbereich für Namen. Eine in der Prozedur deklarierte Variable x (sog. *lokale* Variable) ist nur innerhalb der Prozedur ab ihrer Deklarationsstelle gültig (sichtbar) und bezeichnet ein anderes Objekt als ein x, das außerhalb der Prozedur deklariert wurde. Eine in einem umschließenden Gültigkeitsbereich deklarierte Variable y (*globale* Variable) kann aber in der Prozedur angesprochen werden, sofern sie dort nicht neu deklariert wurde. Abb. 20 zeigt ein Beispiel: In der Prozedur P sind die lokalen Variablen x_p, z, der formale Parameter a und die globale Variable y gültig. Die globale Variable x_C wird in P durch die lokale Variable x_p verdeckt. Getrennte Gültigkeitsbereiche erhöhen die Freiheit bei der Wahl von Namen und ermöglichen erst die unabhängige Arbeit mehrerer Personen an einem Programm-

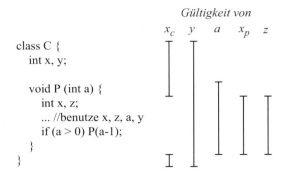

Gültigkeit von

```
class C {
    int x, y;

    void P (int a) {
        int x, z;
        ... //benutze x, z, a, y
        if (a > 0) P(a-1);
    }
}
```

Abb. 20 Gültigkeitsbereiche von Variablen (hier in C#). x_C bezeichnet das x in Klasse C, x_P das x in Prozedur P

system. Sie sind deshalb von großer Bedeutung für die Entwicklung größerer Programme.

Lebensdauer. Lokale Variablen leben nur während der Ausführung der Prozedur, in der sie deklariert sind. Zu Beginn der Prozedur wird Speicherplatz für sie angelegt, am Ende der Prozedur wird er wieder freigegeben. Wenn eine Prozedur rekursiv aufgerufen wird (wie *P* in Abb. 20), hat jede Aktivierung dieser Prozedur einen eigenen Satz ihrer lokalen Variablen. Variablen, die in einer Klasse deklariert sind, leben so lange wie das Objekt der Klasse, zu dem sie gehören. Objekte einer Klasse leben von ihrer Erzeugung bis zum Zeitpunkt, ab dem sie nicht mehr referenziert werden.

23.3.3.5 Klassen

In älteren Programmiersprachen bilden Prozeduren die einzige Strukturierungsmöglichkeit für Programme. Große Programmsysteme bestehen aber aus vielen hundert Prozeduren und werden rasch unübersichtlich. Man braucht daher noch weitere Strukturierungsmöglichkeiten. Moderne Sprachen bieten zu diesem Zweck Klassen an.

Eine Klasse ist ein Baustein, der zusammengehörige Prozeduren (*Methoden*) und deren globale Daten (*Felder*) zu einem größeren Ganzen zusammenfasst. Sie dient zur Implementierung abstrakter Datentypen, mit denen man fehlende Typen der Programmiersprache nachbauen kann. Klassen helfen, Programme besser zu gliedern und bilden die Grundlage der objektorientierten Programmierung mit ihren Konzepten wie Vererbung und dynamische Bindung.

Folgendes Beispiel zeigt eine Klasse *Figure* zur Modellierung grafischer Figuren in C#. Sie kapselt die Daten einer Figur (ihre Koordinaten *x* und *y*) und stellt einfache Zugriffsmethoden wie *Move* und *Draw* sowie einen Konstruktor (s. u.) zur Verfügung:

Figure ist ein Datentyp und kann zur Deklaration von Variablen verwendet werden:

```
Figure f1, f2;
```

Bevor man mit Figuren arbeiten kann, muss man Objekte der Klasse *Figure* erzeugen:

```
f1 = new Figure (10, 20);
f2 = new Figure (50, 60);
```

Die Operation $f 1 = new\ Figure(10, 20)$; erzeugt ein neues *Figure*-Objekt, auf das dann $f 1$ verweist, und ruft anschließend den *Konstruktor* der Klasse *Figure* auf (eine spezielle Methode mit dem gleichen Namen wie die Klasse). Der Konstruktor initialisiert im obigen Beispiel die Felder *x* und *y* des erzeugten Objekts mit den Werten 10 und 20. Neben den expliziten Parametern (hier *x* und *y*) hat jede Methode auch einen impliziten Parameter namens *this*, der das Objekt referenziert, auf das die Methode angewendet wird. Jedes Objekt hat, wie in Abb. 21 gezeigt, einen eigenen Satz von Feldern und somit einen eigenen Zustand.

Sobald ein Objekt existiert, kann man auf seine Felder zugreifen und seine Methoden aufrufen. $f 1.Move(2,3)$; ruft z. B. die *Move*-Methode des

```
class Figure {
    private int x, y;  //Position
    public Figure (int x, int y) {
        this.x = x; this.y = y;
    }
    public void Move (int dx, int dy){
        x = x + dx; y = y + dy;
    }
    public virtual void Draw() {...}
}
```

Code 20 Beispiel einer Klassendeklaration in C#

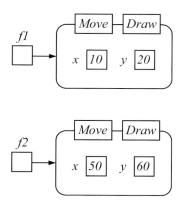

Abb. 21 *Figure*-Objekte mit separatem Zustand

durch *f* 1 referenzierten Objekts auf und erhöht dadurch *f* 1.*x* um 2 und *f* 1.*y* um 3.

Eine Klasse bildet einen eigenen Gültigkeitsbereich für die in ihr deklarierten Felder und Methoden. Alles, was in der Klasse deklariert ist, ist außerhalb der Klasse unsichtbar; alles was außerhalb der Klasse deklariert ist, kann hingegen auch in der Klasse benutzt werden. Die Einschränkung der Sichtbarkeit ist nützlich, da man oft die konkrete Implementierung der Daten einer Klasse vor ihren Benutzern verbergen und ihnen den Zugriff lediglich über einige wohl definierte Methoden gestatten möchte (*Geheimnisprinzip, information hiding*). Das macht die Benutzung der Klasse einfacher und erlaubt es, ihre Implementierung später zu ändern, ohne dass die Benutzer davon betroffen sind.

Um eine Methode oder ein Feld auch außerhalb einer Klasse sichtbar zu machen, muss man es *exportieren*. Dies geschieht in C#, indem man es mit dem Zusatz *public* deklariert, während eine Deklaration mit dem Zusatz *private* (oder ohne jeglichen Zusatz) die Sichtbarkeit der Methode oder des Feldes auf die deklarierende Klasse beschränkt. Bei der Klasse *Figure* sind z. B. der Konstruktor und die Methoden *Move* und *Draw* auch außerhalb der Klasse sichtbar, während die Felder *x* und *y* nur innerhalb von *Figure* verwendet werden dürfen.

Klassen können getrennt voneinander übersetzt werden, wodurch mehrere Programmierer gleichzeitig an unterschiedlichen Klassen arbeiten können.

Klassen modellieren Dinge der realen Welt wie Figuren, Personen oder Konten. Objektorientierte Programme bestehen aus Objekten solcher Klassen, wobei jede Klasse für einen eigenen Aufgabenbereich (z. B. Figurenbehandlung, Personenbehandlung) zuständig ist und alle dafür nötigen Daten und Operationen enthält. Auf diese Weise kann man Programme sauber nach Aufgabenbereichen strukturieren.

Einige Programmiersprachen wie Modula-2 kennen keine Klassen, dafür aber Module. Ein *Modul* ist wie eine Klasse ein Baustein bestehend aus Variablen und Prozeduren. Im Gegensatz zu einer Klasse ist ein Modul aber kein Datentyp und unterstützt auch nicht die Konzepte der objektorientierten Programmierung wie Vererbung und dynamischen Bindung. Ein Modul bildet wie eine Klasse einen eigenen Gültigkeitsbereich, aus dem Namen exportiert und in dem Namen aus anderen Modulen importiert werden können.

Namensräume

Für sehr große Programmsysteme gibt es in C# die Möglichkeit, mehrere zusammengehörige Klassen zu sog. *Namensräumen* (in Java *Paketen*) zusammenzufassen. Ein Namensraum bildet einen eigenen Gültigkeitsbereich: Die in ihm deklarierten Klassen sind außerhalb des Namensraums nicht bekannt. Man kann aber eine Klasse aus ihrem Namensraum exportieren, indem man sie mit dem Zusatz *public* deklariert. Ein Namensraum *B* kann alle exportierten Klassen eines Namensraums *A* durch *using A;* importieren und somit in *B* bekannt machen, z. B.:

Vererbung

Von einer bestehenden Klasse (*Oberklasse*) kann man neue Klassen (*Unterklassen*) ableiten, die alle Felder und Methoden der Oberklasse erben und somit als eine Erweiterung der Oberklasse betrachtet werden können. Folgende Klasse *Rectangle* ist eine Unterklasse von *Figure*.

Rectangle erbt *x* und *y* von *Figure* und deklariert zusätzliche Felder *width* und *height*; ebenso erbt es *Move* und *Draw* und deklariert eine neue Methode *Fill* sowie einen eigenen Konstruktor. Geerbte Methoden wie *Draw* können in einer Unterklasse *überschrieben* werden (Neudeklaration mit gleicher Parameterliste aber unterschiedlicher Implementierung).

Die Vererbung fördert die Wiederverwendung, da man auf bestehenden Klassen aufbauen und diese erweitern kann. Noch wichtiger ist aber die Kompatibilität zwischen Unterklasse und Oberklasse: Eine Unterklasse ist eine Spezialisierung ihrer Oberklasse. *Rectangle*-Objekte sind spezielle Figuren, die alle Felder und Methoden von Figuren aufweisen. Daher kann man *Rectangle*-Objekte in *Figure*-Variablen speichern und sie wie *Figure*-Objekte behandeln.

Dynamische Bindung

In objektorientierter Sprechweise sagt man zum Aufruf *f.Draw*() „man gibt *f* den Auftrag *Draw*". Je nachdem, welches Objekt in *f* gespeichert ist, wird dieser Auftrag anders ausgeführt. Enthält *f* ein *Figure*-Objekt, wird die *Draw*-Methode von *Figure* aufgerufen; enthält *f* ein *Rectangle*-Objekt, wird das *Draw* von *Rectangle* aufgerufen. Der Auftrag *Draw* wird also dynamisch (zur Laufzeit) an eine von mehreren möglichen Implementierungen gebunden.

Dynamische Bindung erlaubt es, mit verschiedenen Unterklassen zu arbeiten, ohne sie zu unterscheiden. Hätte *Figure* neben *Rectangle* auch die Unterklassen *Circle* und *Line*, so könnte man Objekte all dieser Klassen in *f* speichern und mit *f.Draw*() zeichnen, ohne Fallunterscheidungen zu benötigen.

Objektorientierte Programme benutzen oft *Klassenhierarchien* mit einer Oberklasse wie *Figure* als Abstraktion und Unterklassen wie *Rectangle* oder *Circle* als Ausprägungen davon. Da manche Methoden in der Oberklasse noch nicht sinnvoll implementierbar sind, kann man ihre Implementierung weglassen und nur ihren Namen und ihre Parameter angeben. Man spricht dann von einer *abstrakten Klasse*, deren Methoden in Unterklassen überschrieben werden müssen. Eine vollständig abstrakte Klasse (alle Methoden ohne Anweisungsteil) nennt man in C# ein *Interface*. Eine Klasse kann von mehreren Interfaces erben und wird damit zu ihnen kompatibel.

Ein Programm, das mit abstrakten Klassen oder Interfaces arbeitet, die man später durch konkrete Unterklassen ersetzen kann, nennt man ein

```
namespace A {
  public class C1 {...}
  public class C2 {...}
  class C3 {...}
}
namespace B {
  using A;  //C1 und C2 sind somit hier bekannt
  ...
}
```

Code 21 Beispiel für einen Namensraum

```
class Rectangle:Figure {      //erbt x, y, Move, Draw
  public int width, heigth; //neue Felder
  public Rectangle (int x, int y, int w, int h){...}
  public override void Draw() {...}
                  //überschreibt geerbtes Draw
  public void Fill (Pattern pat){...}
                //neue Methode
  ...
}
```

Code 22 Beispiel für Vererbung

```
try{
  ...//Code für den Regelfall
} catch (Exception1 e){
  ...//Fehlerbehandlung:Reaktion auf Exception1
} catch (Exception2 e){
  ...//Fehlerbehandlung:Reaktion auf Exception2
}
```

Code 23 Beispiel für eine Ausnahmebehandlung in C#

Rahmenprogramm (*framework*). Es ist ein Halbfabrikat, das man durch „Einstecken" konkreter Klassen zu einem Endfabrikat ausbauen kann.

Zusammenfassend kann man die objektorientierte Programmierung folgendermaßen charakterisieren:

Objektorientierte Programmierung
  = Klassen + Vererbung + dynamische Bindung

23.3.3.6 Ausnahmebehandlung
In jedem nichttrivialen Programm treten Fehler oder Ausnahmesituationen auf, auf die man reagieren muss. Wenn z. B. ein Benutzer einen falschen Dateinamen eingibt, kann die Datei nicht geöffnet werden. Oft kann man solche Fehler aber nicht an der Stelle ihres Auftretens behandeln, sondern muss sie an eine rufende Methode melden, da erst diese sinnvoll reagieren kann. In älteren Programmiersprachen verwendete man dazu Fehlernummern, die an den Rufer zurückgegeben wurden. Der Rufer musste die Fehlernummer prüfen und geeignet reagieren.

Neuere Sprachen wie C++, Java oder C# bieten einen speziellen Ausnahmebehandlungs-Mechanismus (*exception handling*), dessen Ziel es ist, den Regelfall eines Programms von der Fehlerbehandlung zu trennen. Kern der Ausnahmebehandlung ist die sog. *Try-Anweisung*.

Wenn im Try-Block oder in einer von dort aufgerufenen Methode eine Ausnahme (*exception*) auftritt, wird der Block abgebrochen und es wird zum passenden Catch-Block verzweigt. Passt kein Catch-Block, wird die Suche im Rufer fortgesetzt. Nach Ausführung des Catch-Blocks setzt das Programm hinter der dazugehörigen Try-Anweisung fort.

Eine Ausnahme der Art *Exception1* wird in C# durch die Anweisung *throw new Exception1*(); ausgelöst. *Exception1* ist eine Klasse mit Informationen über die Fehlerart. Man kann eigene Ausnahme-Klassen für spezifische Fehlerarten implementieren.

23.3.3.7 Parallelität
Programme bestehen oft aus Aktionen, die gleichzeitig stattfinden können. Während ein Teil des Programms z. B. Berechnungen durchführt, kann ein anderer Teil Benutzereingaben verarbeiten. Gleichzeitig ablaufende Aktionen nennt man *parallele Prozesse*. Man unterscheidet zwischen schwergewichtigen und leichtgewichtigen Prozessen. *Schwergewichtige Prozesse* sind unabhängig voneinander ablaufende Programme; zwischen ihnen gibt es kaum Wechselwirkungen. *Leichtgewichtige Prozesse* (sog. *Threads*) sind parallele Aktivitäten innerhalb eines Programms; sie kommunizieren über gemeinsame globale Variablen.

Neuere Programmiersprachen wie Java oder C# haben Mechanismen zum Starten und Beenden eines Threads sowie zur Synchronisation des Zugriffs auf gemeinsam benutzte Variablen. In anderen Sprachen wie C++ sind diese Mechanismen über Bibliotheken realisiert.

Ein Thread wird gestartet, indem man eine Prozedur *P* angibt, die parallel zum gerade laufenden Programm ausgeführt werden soll. Alle von *P* aufgerufenen Prozeduren gehören ebenfalls zum Thread von *P*. Ein Thread endet, wenn seine Prozedur *P* endet. Threads laufen *quasiparallel*, d. h. verzahnt; das Betriebssystem entzieht in kurzen Intervallen dem jeweils aktiven Thread den Prozessor und gibt ihn dem nächsten Thread. Der Benutzer des Programms merkt davon nichts und hat den Eindruck als liefen alle Threads gleichzeitig.

Wenn Threads gemeinsame globale Variablen benutzen, muss man sicherstellen, dass sie nicht gleichzeitig schreibend darauf zugreifen. Würde inmitten eines Schreibzugriffs ein Thread-Wechsel stattfinden, wäre der Wert der Variablen unvorhersagbar (*race condition*). Daher erlauben Sprachen wie Java oder C#, eine Anweisungsfolge zu sperren, in der auf gemeinsame Variablen schreibend zugegriffen wird. So wird sichergestellt, dass sie nie von mehreren Threads gleichzeitig ausgeführt wird. Nur ein einziger Thread wird eingelassen, die anderen müssen warten (Wechselseitiger Ausschluss, *mutual exclusion*).

23.3.4 Programmiersprachen für technische Anwendungen

Dieser Abschnitt porträtiert die für Anwendungen in den Ingenieurwissenschaften wichtigsten imperativen Programmiersprachen.

23.3.4.1 Sprachfamilien

Manche Programmiersprachen sind miteinander verwandt (bilden eine *Sprachfamilie*), weil sie vom selben Entwickler stammen, Weiterentwicklungen älterer Sprachen sind oder auch, weil sie nach ihrem Erscheinungsbild (Syntax) mit anderen zusammengehören. Bei den Sprachen für technische Anwendungen lassen sich etwa folgende Familien unterscheiden:

- Fortran-Familie mit Fortran 77, Fortran 90, Fortran 95, Fortran 2003 und Fortran 2008.
- Pascal-Familie mit Pascal, Modula-2, Modula-3, Oberon, Oberon-2, Ada 83 und Ada 95.
- C-Familie mit C, C++, Java und C#.

Tab. 7 zeigt, welche dieser Sprachen folgende wünschenswerte Eigenschaften haben:

- *abstrakte Datentypen*;
- *Objektorientiertheit* durch Klassen, Vererbung und dynamische Bindung;
- *automatische Speicherbereinigung*, die den Programmierer davon befreit, einmal angeleg-

te Objekte selbst wieder freigeben zu müssen, wenn sie nicht mehr gebraucht werden;
- eine in die Sprache integrierte *Ausnahmebehandlung*;
- die Möglichkeit, miteinander kommunizierende *parallele Prozesse* zu formulieren.

Im Folgenden wird jede Sprachfamilie kurz charakterisiert. Um einen Eindruck vom Aussehen einer Prozedur in den betreffenden Familien zu geben, wird die Berechnung eines Polynoms mit dem Hornerschema in einer Sprache aus jeder Familie gezeigt. Die Prozedur berechnet den Wert des Polynoms

$$y = a_0 + a_1 x + a_2 x^2 + \ldots + a_n x^n$$

Gegeben sind die Koeffizienten $a[0]$ bis $a[n]$ als Array a und die Variable x; gesucht ist der Polynomwert y.

Zum besseren Verständnis sind in jedem Programm die Schlüsselwörter und sog. *Standardnamen* (Namen mit festgelegter Bedeutung) fett gedruckt. Alle übrigen Namen wurden frei gewählt. Die Schreibweise mit großen oder kleinen Buchstaben folgt dem überwiegenden Gebrauch. Einige Sprachdefinitionen sehen a und A ausdrücklich als verschieden an (C#), einige ausdrücklich als gleich (Pascal) und wieder andere lassen diese Frage offen. Der Kommentar in jedem Beispiel zeigt, wie Kommentare in der betreffenden Sprache geschrieben werden. Die Zeilennummern am Rand gehören nicht mit zum Programm.

23.3.4.2 Die Fortran-Familie

Fortran ist die älteste prozedurale Programmiersprache und ist besonders für technisch-wissenschaftliche Berechnungen geeignet. Fortran wurde von der Firma IBM entwickelt, erstmals 1957 bekannt gemacht und später als FORTRAN II, FORTRAN IV, FORTRAN 66, FORTRAN 77 und Fortran 95 in vielen Dialekten (auch für die Echtzeitverarbeitung) weiterentwickelt. Die letzte genormte Fassung heißt *Fortran 2008*; sie hat sich in vielen Punkten modernen Programmiersprachen angenähert. Aus historischen Gründen wird hier jedoch FORTRAN 77 beschrieben, in dem

Tab. 7 Bedeutende Sprachen für technische Anwendungen

Sprache	Abstrakte Datentypen	Klassen + Vererbung	Dynamische Bindung	Autom. Speicherbereinigung	Ausnahmebehandlung	Parallelität
Fortran 77	nein	nein	nein	nein	nein	nein
Fortran 90/95	ja	nein	nein	nein	nein	mit Modul
Fortran 2008	ja	ja	ja	nein	f. Gleitpunktoperationen	Vektorrechnung
Pascal	nein	nein	nein	nein	nein	nein
Modula-2	ja	nein	nein	nein	nein	mit Modul
Modula-3	ja	ja	ja	ja	ja	ja
Oberon	ja	ja	nein	ja	nein	mit Modul
Oberon-2	ja	ja	ja	ja	nein	mit Modul
Ada 83	ja	nein	nein	nein	ja	ja
Ada 95	ja	ja	ja	nein	ja	ja
C	ja	nein	nein	nein	nein	ja
C++	Ja	ja	wahlweise	nein	ja	ja
Java	ja	ja	ja	ja	ja	ja
C#	ja	ja	ja	ja	ja	ja

```
1    SUBROUTINE HORNER (A, N, X, Y)
2       REAL A(0:N)
3    C-Keine globalen Groessen vorhanden
4       Y = A(N)
5       DO 100 I = N-1, 0, -1
6    100  Y = Y * X + A(I)
7    RETURN
8    END
```

Code 24 Die Prozedur Horner in FORTRAN 77

noch immer viele Programme existieren. Die Syntax von FORTRAN 77 ist veraltet, die Möglichkeiten der Bildung von Datenstrukturen sind auf ein- und mehrdimensionale Arrays beschränkt. Die als Standard vorhandenen Datentypen *Double Precision* und *Complex* sind jedoch ein Komfort, den man anderswo oft vergebens sucht. Fortran-Programme setzen sich aus unabhängig voneinander übersetzten Prozeduren (*Subroutinen* genannt), die nicht ineinander geschachtelt werden können, bausteinartig zusammen und ermöglichen damit die Anlage von Programmbibliotheken. Die Gültigkeit der Namen ist auf eine Prozedur beschränkt. Durch die *Common-Anweisung* können jedoch prozedurübergreifende Namen eingeführt werden. Fortran hat keinen Deklarationszwang für einfache Variablen. Es gibt keine dynamisch angelegten Objekte, demzufolge auch keine Zeiger und keine rekursiven Prozeduren. Die Konstruktionen von Fortran sind relativ einfach und maschinennah, woraus sich kurze Übersetzungszeiten und schnelle Objektprogramme ergeben. Code 24 zeigt die Prozedur Horner in FORTRAN 77.

In Zeile 2 wird der Parameter *A*, das Koeffizientenarray, deklariert, die übrigen Parameter und die Laufvariable *I* sind implizit deklariert: *I* und *N* als Integer-Variablen, da alle Namen, die mit *I* bis *N* anfangen, automatisch vom Typ *INTEGER* sind, *X* und *Y* vom Typ *REAL*, da alle übrigen nichtdeklarierten Namen vom Typ *REAL* sind. Zeile 5 zeigt die Zählschleife. 100 ist die Marke der letzten Anweisung, die zur Schleife gehört. Der Ablauf einer Fortran-Prozedur endet mit der letzten Anweisung vor dem *END* oder

kann schon vorher mit einer Return-Anweisung beendet werden. Das Programm aus Code 24 kann für sich allein und unabhängig von den Programmen, in denen es aufgerufen wird, übersetzt werden.

Fortran 2008 ist eine Obermenge von FORTRAN 77 und bietet viele neue Sprachmittel: wählbare Genauigkeit numerischer Datentypen; dynamische Daten und Zeiger; die Ablaufstrukturen Fallunterscheidung, Durchlauf- und Endlos-Schleife; Rekursion; Module; Objektorientierung; parallele Abarbeitung von Arrays. Eine (nicht-genormte) Variante von Fortran ist HPF (High-Performance Fortran). Es enthält Sprachelemente für Parallelverarbeitung, Objektorientierung und Ausnahmebehandlung. Siehe auch Metcalf et al. (2004).

23.3.4.3 Die Pascal-Familie

Pascal wurde um 1970 von N. Wirth entwickelt. Sein Ziel war Einfachheit und Klarheit der Prinzipien, Einführung der von Hoare vorgeschlagenen Konstruktionen zur Erzeugung neuer Datenstrukturen und Sicherheit durch weitgehende Typisierung. Pascal war zuerst mehr für didaktische Zwecke als für die Herstellung großer Programmsysteme gedacht und kannte deshalb keine getrennte Übersetzbarkeit. Erweiterungen der Sprache mit getrennter Übersetzbarkeit sind aber heute üblich, wenn auch für jede Implementierung verschieden. Pascal gestattet die Deklaration von Konstanten, Typen, Variablen und Prozeduren; es gibt Zeigertypen, dynamische Speicherplatzverwaltung und rekursive Prozeduren.

Modula-2 stammt ebenfalls von N. Wirth, ist eine Weiterentwicklung von Pascal (um 1980)

```
 1 PROCEDURE Horner(a:ARRAY OF REAL;
 2                   n:INTEGER:
 3                   x:REAL;
 4                   VAR y:REAL);
 5 VAR i:INTEGER;(*Keine glob.Groessen*)
 6 BEGIN
 7   y:=a[n];
 8   FOR i:=n-1 TO 0 BY -1 DO
 9     y:=y*x+a[i]
10   END
11 END Horner;
```

Code 25 Die Prozedur Horner in Modula-2

und besitzt u. a. folgende über Pascal hinausgehende Eigenschaften: (1) Systematischere Syntax, (2) Module mit getrennter Übersetzbarkeit und Schnittstellenprüfung, (3) Variablen, die Prozeduren enthalten können, (4) bei Bedarf Zugriff auf Maschineneigenschaften (Adressen, Bytes, Wörter), Durchbrechung der Typisierung, Coroutinen als Grundlage der Programmierung paralleler Prozesse. (1) bis (3) machen Modula-2 zu einer Sprache, in der sich Algorithmen sehr gut maschinenunabhängig formulieren lassen. (4) macht Modula-2 zu einer *Systemprogrammierungssprache*, in der man maschinennahe Software schreiben kann (z. B. Betriebssysteme), ohne auf eine Assemblersprache zurückgreifen zu müssen. Trotz dieser Vielseitigkeit ist der Sprachumfang relativ klein, Compiler sind ebenfalls klein und schnell. Code 25 zeigt die Prozedur *Horner* in Modula-2.

Die Zeilen 1 bis 4 enthalten die Deklaration aller Parameter. Der Array-Parameter *a* ist ein „offenes Array", dessen Länge unspezifiziert bleibt. Die For-Schleife wird durch ein eigenes *END* abgeschlossen. Alles übrige gleicht Pascal und Fortran. Eine Return-Anweisung ist nicht erforderlich. Code 25 ist Bestandteil eines größeren Programms, kann aber leicht zu einem separat übersetzbaren Modul erweitert werden.

Die Sprache *Oberon* wurde um 1990 von N. Wirth als Nachfolger von Modula-2 entwickelt. Sie verzichtet auf einige entbehrliche Konstruktionen von Modula-2, bringt aber die Neuheit der sog. *Typerweiterungen*, die die objektorientierte Programmierung ohne Klassen ermöglichen. *Oberon-2* ist eine Weiterentwicklung von Oberon, die die objektorientierte Programmierung in Oberon erleichtert.

Die Sprache Ada wurde um 1980 aufgrund einer Ausschreibung des amerikanischen Verteidigungsministeriums entwickelt und 1983 standardisiert (*Ada 83*). Sie war als die zentrale Sprache für militärische Projekte gedacht, wird inzwischen aber auch für nichtmilitärische Aufgaben eingesetzt. Ada wurde 1995 revidiert und auf Objektorientierung hin erweitert (*Ada 95*). Ada ist eine der umfangreichsten Sprachen, da die Bedürfnisse verschiedener Benutzerkreise (parallele Prozesse, Echtzeitanwendungen, Zugriff auf Maschineneigenschaften u. a.) befriedigt werden sollten. Aus diesem Grund ist die Sprache nicht leicht zu erlernen, und die Compiler für sie sind groß und langsam. Ada baut auf Pascal auf, weicht aber weit von ihm ab. Es hat u. a. folgende Eigenschaften: (1) Gleitpunktarithmetik mit definierten Genauigkeitsschranken, (2) Module, hier *Pakete (packages)* genannt, in verschiedenen Varianten, (3) Ausnahmebehandlung, (4) parallele Prozesse mit einem Synchronisations-Mechanismus (dem *Rendezvous-Konzept*). Code 26, Zeilen 4 bis 13, zeigt die Prozedur *Horner* in Ada. Um die Entstehung von Ada-Dialekten zu vermeiden, werden Ada-Compiler validiert (d. h. geprüft, ob sie die Sprache normenkonform übersetzen) und bekommen daraufhin ein Zertifikat.

```
1   n : constant Integer := 10;
2   type Coeff is array(Integer <>) of Float;
3   a : Coeff (0..n);
4   procedure Horner (a : in Coeff; n : in Integer;
5                             x : in Float;
6                             y : out Float) is
7     result : Float;
8     -Coeff ist global
9   begin
10    result := a(n);
11    for i inreverse 0..n-1 loop
12      result := result * x + a(i);
13    end loop;
14    y := result;
15  end Horner;
```

Code 26 Die Prozedur Horner in Ada

Der Parametertyp *Coeff* muss in dem umschließenden Programm als „unconstrained array" deklariert sein (Zeile 2). Die formalen Parameter von *Horner* werden durch *in* und *out* als Eingangs- und Ausgangsparameter gekennzeichnet (Zeilen 4–6). Die Schleifenanweisung in Zeile 11 besagt, dass i die Werte von 0 bis $n - 1$ in umgekehrter Folge durchlaufen soll. y kann nicht im Prozedurrumpf zum Rechnen benutzt werden, weil es als Ausgangsparameter nicht in wertliefernder Position verwendet werden darf. Siehe auch Blaschek et al. (1990), Böszörményi und Weich (1995), Mössenböck (1998), Reiser und Wirth (1997), Wirth (1991).

23.3.4.4 Die C-Familie

Die Sprache C wurde von D. Ritchie am Anfang der siebziger Jahre zur Programmierung des Betriebssystems Unix entwickelt. Große Teile von Unix und viele Unix-Bibliotheksprogramme sind in C geschrieben, sodass der Erfolg von Unix zugleich der von C war. C enthält außer den Konstruktionen höherer Sprachen (Datentypen, Abfragen, Schleifen, Prozeduren) auch solche niederer Sprachen (Bit-Operationen, Register-Variablen). Datentypen sind ganze und Gleitpunktzahlen, Zeichen und Zeiger; Boole'sche Daten fehlen, d. h. werden durch die Zahlen 0 und 1 ausgedrückt. Datenstrukturen sind Arrays und Strukturen. Pro-

zeduren dürfen rekursiv aufgerufen, aber textlich nicht geschachtelt werden. Die einzige Parameterübergabeart ist „call by value". Durch Übergabe einer Adresse als Parameter kann man allerdings Übergangsparameter simulieren. C hat sehr lockere Typregeln: der Typ eines Werts kann z. B. beliebig geändert werden, Indexüberschreitungen bei Arrays werden nicht geprüft, mit Zeigern kann auf beliebige Speicherzellen zugegriffen werden. Das macht C-Programme fehleranfällig, aber auch effizient, weil zur Laufzeit kaum Prüfungen stattfinden.

C++ ist eine objektorientierte Erweiterung von C und kann als sein Nachfolger angesehen werden. C++ ermöglicht das Arbeiten mit Klassen, Vererbung und dynamischer Bindung. Dazu kommen Sprachmittel für Ausnahmebehandlung und parametrisierte Typen (*templates*). C++ bietet größere Typsicherheit als C, ist aber wesentlich umfangreicher und komplexer. Im Gegensatz zu den meisten anderen objektorientierten Sprachen hat C++ keine automatische Speicherbereinigung.

Java ist eine objektorientierte Programmiersprache mit automatischer Speicherbereinigung, Ausnahmebehandlung, Parallelität und parametrisierbaren (generischen) Typen. Java ist zwar syntaktisch ähnlich zu C, geht aber in den Konzepten weit über C hinaus, weshalb es nur bedingt zur C-Familie zu zählen ist. Java ist statisch typisiert und im Gegensatz zu C oder C++ typsicher: Der

```
1  public void Horner(float[]a,int n,float x,
2                     out float y){
3    //Keine globalen Groessen
4    y = a[n];
5    for(int i = n-1;i>=0;i--){
6      y = y*x+a[i];
7    }
8  }
```

Code 27 Das Hornerschema in C#

Compiler und das Laufzeitsystem garantieren, dass die Typregeln der Sprache nicht verletzt werden, dass keine Indexüberschreitungen stattfinden und dass Zeiger nur auf Objekte erlaubter Typen verweisen.

Java-Programme werden nicht in Maschinencode übersetzt, sondern in sog. *Bytecode*-Befehle einer *virtuellen Maschine*, die interpretativ ausgeführt werden. Dadurch sind Java-Programme auf jeder Maschine lauffähig, auf der es einen Java-Interpretierer gibt. Sie können sogar über das Internet verschickt und auf der Empfängermaschine ausgeführt werden. Manche Java-Systeme übersetzen den Bytecode unmittelbar vor der Ausführung (*just in time*) in Maschinencode, was seine Geschwindigkeit steigert.

Java ist einfacher und moderner als C++, allerdings auch weniger effizient. Für maschinennahe Programmierung ist es nicht geeignet.

C# (sprich „see sharp") ist eine Weiterentwicklung von Java mit starken syntaktischen Ähnlichkeiten. Wie Java ist C# objektorientiert, hat automatische Speicherbereinigung, Ausnahmebehandlung, Parallelität und generische Typen. Darüber hinaus hat es Strukturen, Eingangs-, Ausgangs- und Übergangsparameter, Mechanismen zur Ereignisbehandlung, Variablen, die Methoden enthalten können (*delegates*) sowie einige Merkmale, die das Programmieren bequemer machen (*properties*, *indexer*, selbst definierbare Operatoren). C# ist wie Java absolut typsicher, man kann aber gewisse Typprüfungen in systemnahen Programmteilen ausschalten. Auch C#-Programme werden in einen Bytecode übersetzt, der aber vor der Ausführung immer in den Maschinencode der aktuellen Maschine transformiert wird. C# ist Teil der Microsoft-Plattform .NET (sprich „dot net"), die auf dem Betriebssystem Windows aufbaut.

C#-Programme laufen nur unter .NET oder damit kompatiblen Systemen. Code 27 zeigt das Hornerschema (als Methode einer Klasse) in C#.

Der Teil $i--$ im Kopf der Schleife ist eine Abkürzung für $i = i-1$ und wird erst am Ende jedes Schleifendurchlaufs ausgeführt. Siehe auch Gosling et al. (2005), Hejlsberg et al. (2010), Kernighan und Ritchie (1990), Mössenböck (2009, 2011), Stroustrup (2000)

23.3.5 Programmbibliotheken für numerisches Rechnen

Es gibt eine Fülle von Programmbibliotheken zur Lösung numerischer Aufgaben. Sie sind in vielen Bearbeiterjahren entstanden, verwenden sehr effiziente Algorithmen, die auch Sonderfälle im Problem berücksichtigen, und sind weitgehend fehlerfrei. Die beiden umfangreichsten und bedeutendsten sind:

NAG: Eine in England entstandene Bibliothek zur Lösung numerischer und statistischer Aufgaben mit über 1400 Unterprogrammen. Es gibt sie für verschiedene Betriebssysteme und Programmiersprachen (z. B. für Fortran, C, C++, Java, C#) in getrennten Fassungen für einfache und doppelte Genauigkeit.

IMSL: Das amerikanische Gegenstück zu *NAG*.

Für Teilgebiete der numerischen Mathematik gibt es spezielle Fortran-Softwarepakete, z. B. *Linpack* zum Lösen von linearen Gleichungssystemen, *Eispack* zur Lösung von Eigenwertproblemen, *Lapack* für lineare Algebra (Nachfolger von Linpack und Eispack; auch für C++ erhältlich), *Quadpack* zur numerischen Integration, *Fitpack* zur Approximation von Kurven und Flächen. Über Details und Beschaffung dieser und vieler weiterer Pakete siehe z. B. das Netlib Repository.

23.3.6 Programmiersysteme für numerisches und symbolisches Rechnen

Von immer größerer Bedeutung für den Ingenieur werden Softwarepakete, mit denen man (oft ohne eigentliche Programmierung) numerische und algebraische Aufgaben lösen kann. Sie haben eine grafische Benutzeroberfläche, zeigen mathematische Formeln gut lesbar an, visualisieren numerische Ergebnisse durch Grafiken und gestatten auch symbolische Rechnungen. Die „Programmierung" ist ein Frage- und Antwortspiel zwischen Benutzer und Maschine. Diese Programmiersysteme wirken sich auf die Arbeit des praktisch tätigen Ingenieurs ebenso dramatisch aus wie seinerzeit die Einführung des Taschenrechners. Besondere Eigenschaften:

1. Rationale Arithmetik beliebiger Genauigkeit (Rechnen mit Brüchen und beliebig langen ganzen Zahlen).
2. Visualisierung von Kurven und Raumflächen.
3. Lösung numerischer Aufgaben (z. B. Nullstellenbestimmung, Interpolation, numerisches Differenzieren und Integrieren, Anfangswertproblem von Differenzialgleichungen).
4. Symbolisches Rechnen (Multiplizieren, Dividieren, Differenzieren, Integrieren und mehr) mit Polynomen, rationalen Ausdrücken, Matrizen, transzendenten Ausdrücken.
5. Vereinfachen von symbolischen Ausdrücken.

Verbreitete Programmiersysteme dieser Art sind *Mathematica* (Wolfram 1999), *Maple*, *MATLAB*, *Derive* (Koepf et al. 1993) und *Reduce*.

23.3.7 Web-Programmierung

Programme werden heute oft über das Internet benutzt, d. h. sie laufen nicht auf dem Rechner des Benutzers (Client), sondern auf einem anderen Rechner (Server), der über das Internet erreichbar ist. Die Benutzerschnittstelle bildet häufig ein sog. *Web-Browser*, der Programmausgaben anzeigt und Benutzereingaben entgegennimmt.

Ein Web-Browser zeigt Webseiten an, die in *HTML* codiert sind, einer Beschreibungssprache, die Inhalt und Formatierung der Webseiten festlegt. Man unterscheidet zwischen statischen und dynamischen Webseiten. *Statische Webseiten* sind als HTML-Dateien am Server gespeichert und werden vom Browser über einen *Uniform Resource Locator* (URL, z. B. http://www.springer.de) angesprochen. Wenn eine statische Webseite angefordert wird, wird die entsprechende Datei vom Server zum Client übertragen und vom Web-Browser angezeigt (Abb. 22a). *Dynamische Webseiten* enthalten nicht nur HTML-Beschreibungen, sondern auch Codestücke, die bei Anforderung der Seite am Server ausgeführt werden und HTML-Teile generieren, die anstelle der Codestücke in die Datei eingefügt werden. Auf diese Weise lassen sich Webseiten erzeugen, die speziellen Benutzeranfragen entsprechen (z. B. eine Liste aller Bücher zu einem bestimmten Stichwort). Die Codestücke sind häufig in einer Skriptsprache wie *PHP* (Lerdorf et al. 2006) codiert. Server-Technologien wie *JavaServer Pages* (Wißmann 2009) oder *ASP.NET* (Schwichtenberg 2011) erlauben es, solche Codestücke auch in Java oder C# zu schreiben. Bei Anforderung einer dynamischen Webseite generiert ein Anwendungsprogramm am Server ein HTML-Dokument

Abb. 22 Anforderung einer **a** statischen Webseite (*Static.html*); **b** dynamischen Webseite (*Dynamic.aspx*)

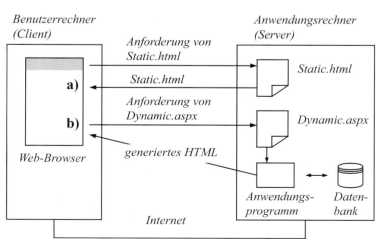

und schickt es an den Client, wo es vom Web-Browser angezeigt wird (Abb. 22b).

Webseiten können auch Dialogelemente wie Buttons, Checkboxen oder Auswahllisten enthalten. Benutzereingaben in diesen Dialogelementen führen üblicherweise zu einer neuen Seitenanforderung, wobei die Eingabe am Server interpretiert und ein neues HTML-Dokument zurückgeschickt wird. Da dies zeitaufwändig ist, können Benutzereingaben auch durch clientseitige Skriptstücke (z. B. in *JavaScript*, Koch (2011)) direkt im Web-Browser behandelt werden, wodurch das HTML-Dokument verändert und oft eine neuerliche Seitenanforderung vermieden werden kann. Allerdings kann dabei nicht auf Daten zugegriffen werden, die am Server liegen (z. B. in einer Datenbank).

Eine weitere Möglichkeit der Web-Programmierung bieten sog. *Applets*. Applets sind Java-Programme, die zusammen mit einer Webseite vom Server zum Client übertragen und dort ausgeführt werden. Jedem Applet wird ein Bereich der Webseite im Browser zugewiesen, in dem das Applet Informationen anzeigen und Benutzereingaben entgegennehmen kann. Mit Applets lassen sich komplexe Benutzeroberflächen realisieren, die mit HTML nur schwer darstellbar sind. Aus Sicherheitsgründen ist es Applets meist verboten, auf Daten des Benutzerrechners zuzugreifen oder beliebige Netzwerkverbindungen zu öffnen. Ähnliche Ziele wie Applets verfolgte auch die *Silverlight*-Technologie von Microsoft (Huber 2010), konnte sich aber nicht durchsetzen.

Während ein Web-Browser zur Kommunikation zwischen einem Menschen und einem Programm dient, kann auch ein Programm selbst mit anderen Programmen über das Internet kommunizieren. Neben einfachen Netzwerkverbindungen, über die meist nur Daten fließen, gibt es

dazu sog. *Web Services* (Melzer 2010). Dabei handelt es sich um Dienstprogramme am Server, die in einer beliebigen Programmiersprache geschrieben und deren Methoden von einem Anwendungsprogramm am Client aufgerufen werden können. Der Aufruf wird dabei in eine Textnachricht verpackt, die über das Internet übertragen und am Server decodiert wird. Der Server führt die gewünschte Methode aus und schickt eventuelle Rückgabewerte wieder als Textnachricht an den Rufer zurück.

23.4 Softwaretechnik

23.4.1 Begriffe, Aufgaben und Probleme

23.4.1.1 Eigenschaften großer Programme

Programmsysteme können von sehr unterschiedlicher Größe sein. Tab. 8 zeigt eine mögliche Einteilung in 4 Klassen; im folgenden wird aber nur zwischen „kleinen" und „großen" Programmen unterschieden.

Wenn ein Programmsystem mit 500 Anweisungen von einem Programmierer ohne den Einsatz besonderer Techniken geschrieben werden kann, darf man nicht daraus schließen, dass die Herstellung eines Programmsystems mit 50 000 Anweisungen nur ein Vielfaches an Personal und einige zusätzliche Koordination erfordert. Ein quantitativer Unterschied von 1: 100 schlägt sich vielmehr auch in qualitativen Unterschieden nieder. Während bei kleinen Programmen meist Hersteller und Benutzer dieselbe Person und die Hauptkriterien für die Qualität des Programms seine Korrektheit und Effizienz sind, liegen die Verhältnisse bei großen Programmen völlig an-

Tab. 8 Einteilung von Programmsystemen nach ihrer Größe. Annahme: 1 Seite Programmtext = 50 Programmzeilen

	Programmgröße			
	klein	mittel	groß	sehr groß
Codezeilen	< 1000	1000–10 000	10 000–100 000	> 100 000
Seiten	< 20	20–200	200–2000	> 2000
Beispiele	Programmierübungen, kurzlebige Hilfsprogramme	kleine Werkzeuge und Echtzeitsysteme	Compiler, große Werkzeuge und Echtzeitsysteme, Programmierumgebungen, größere Echtzeitsysteme	Betriebssysteme, Datenbanksysteme, Entwicklungsumgebungen, Auskunftssysteme

ders. Viele Software-Ingenieure müssen zusammenarbeiten, Hersteller und Benutzer sind verschiedene Personengruppen, und es gibt viele Benutzer. Große Programme haben eine lange Lebensdauer (5 bis 20 Jahre) und werden häufig geändert. Zuverlässigkeit, Flexibilität und Übertragbarkeit auf andere Maschinen können hier wichtigere Qualitätskriterien sein als die Effizienz. In Tab. 9 sind Unterschiede zwischen kleinen und großen Programmen zusammengestellt.

23.4.1.2 Begriff der Softwaretechnik

Herstellung, Qualitätssicherung, Wartung, Dokumentation und Management großer Programmsysteme, die *von mehreren für viele* geschrieben werden, erfordern besondere Techniken, Methoden und Werkzeuge, die man unter dem Namen *Softwaretechnik (software engineering)* zusam-

menfasst. Einige Facetten dieses Begriffs ergeben sich aus den folgenden Definitionen:

- *Das Ziel der Softwaretechnik ist die wirtschaftliche Herstellung zuverlässiger und effizienter Software.*
- *Softwaretechnik ist die praktische Anwendung wissenschaftlicher Erkenntnisse auf den Entwurf und die Konstruktion von Computerprogrammen, verbunden mit der Dokumentation, die zur Entwicklung, Benutzung und Wartung der Programme erforderlich ist.*

Softwaretechnik hat den Charakter einer Ingenieurdisziplin: Es werden Produkte von mehreren für viele produziert, die sich in der Praxis bewähren müssen; das Kostendenken spielt eine Rolle, die Bearbeitung eines Projekts muss mit durchschnittlich Befähigten stattfinden können, das Ergebnis darf nicht vom Talent einiger abhängen. Im Gegensatz zu Projekten in anderen Ingenieurdisziplinen sind für Softwareprojekte folgende Eigenschaften spezifisch:

- Jedes Programm wird nur einmal entwickelt, eine Serienfertigung gibt es nicht. Planung und Aufwandabschätzungen sind darum besonders schwierig.
- Die technischen Bedingungen (Schnittstellen zur Hardware und Systemsoftware) ändern sich besonders schnell.
- Software als immaterielles Produkt unterliegt nicht den üblichen Schranken der Technik. Sie ist „im Prinzip" jeder Situationsveränderung leicht anpassbar; in Wirklichkeit zerstören nachträgliche Anpassungen mehr und mehr die Systemarchitektur und führen dadurch zu Fehlern und Chaos.

Das Hauptproblem der Softwaretechnik ist der Kampf mit der logischen Komplexität großer Programme. Wenn n Prozeduren oder n Mitarbeiter Informationen austauschen (jeder mit jedem), ergeben sich $n(n-1)/2$ Verbindungen zwischen ihnen, d. h., die Anzahl der Verbindungen wächst quadratisch mit der Anzahl der verbundenen Objekte. Viele Methoden der Softwaretechnik, insbesondere Entwurfsmethoden, laufen deshalb da-

Tab. 9 Merkmale kleiner und großer Programme

„Kleine" Programme	„Große" Programme
Hersteller = Benutzer	Mehrere Hersteller, viele Benutzer
Seltene Benutzung	Oftmalige Benutzung (5–20 Jahre Lebensdauer)
Kaum Änderungen	Laufende Änderungen
Fehler führen zum Programmabbruch und richten keinen Schaden an	Fehler dürfen oft nicht zum Programmabbruch führen und keinen Schaden anrichten
Qualitätsmerkmale: • Korrektheit • Effizienz	Qualitätsmerkmale: • Korrektheit • Effizienz • Zuverlässigkeit • Robustheit • Benutzerfreundlichkeit • Wartbarkeit • Portabilität
Kaum Qualitätssicherung	Qualitätssicherung ist wichtiger Bestandteil der Herstellung
Kaum Wartung	Vieljährige Wartung erforderlich, Wartungskosten können Herstellungskosten übersteigen
Keine oder einfache Dokumentation	Umfangreiche, schwer aktuell zu haltende Dokumentation
Kein Management	Umfangreiches und schwieriges Management

rauf hinaus, durch Einschränkung der erlaubten Verbindungen und durch Abstraktion die Komplexität herabzusetzen.

23.4.1.3 Software-Qualität

Die Qualität eines Programms hängt von vielen Eigenschaften ab, zu denen u. a. die folgenden gehören:

Korrektheit. Es soll sich seiner Spezifikation gemäß verhalten, also für korrekte Eingaben korrekte Ergebnisse liefern. Es soll außerdem über einen festgelegten Zeitraum hinweg fehlerfrei funktionieren, was man als *Zuverlässigkeit* bezeichnet.

Robustheit. Es soll sich auch bei fehlerhaften Eingaben „angemessen" verhalten. Auf keinen Fall sollen Fehler zum Programmabbruch führen. Fehlerhafte Eingaben und Programmzustände müssen erkannt werden. Fehlerhafte Ergebnisse müssen auf einfache Weise rückgängig gemacht werden können.

Benutzerfreundlichkeit. Es soll einfach zu erlernen und intuitiv zu bedienen sein. Bedienungsfehler sollen weitgehend ausgeschlossen werden.

Effizienz. Es soll statisch kurz sein und zur Laufzeit sparsam mit Speicherplatz und Rechenzeit umgehen.

Wartbarkeit. Änderungen und Erweiterungen sollen einfach vorgenommen werden können und möglichst lokal bleiben. Dazu muss der Programmcode klar strukturiert und lesbar sein. Das Programm soll in Bausteine gegliedert sein, die abgeschlossene Aufgabengebiete bearbeiten und bei Bedarf gegen andere Bausteine mit gleicher Schnittstelle ausgetauscht werden können.

Portabilität. Es soll einfach auf andere Rechner oder Betriebssysteme übertragen und an andere Programmbibliotheken angepasst werden können. Man erreicht das durch Vermeidung systemspezifischer Sprachen, Operationen und Datenformate sowie durch Trennung portabler von nichtportablen Programmteilen.

Je größer ein Programmsystem ist, desto wichtiger sind seine Qualitätsanforderungen. Besteht ein Programm z. B. aus 100 voneinander abhängigen Komponenten, die jeweils zu 99 % korrekt sind, so beträgt die Korrektheit des Gesamtsystems nur noch 37 % ($0{,}99^{100} = 0{,}37$).

Die einzelnen Qualitätskriterien widersprechen sich teilweise. Bei Maximierung der Effizienz eines Programms kann zum Beispiel seine Wartbarkeit und Portabilität leiden. Hier gilt es, einen vernünftigen Kompromiss zu finden.

23.4.1.4 Vorgehensmodelle

Die Arbeit an einem Softwareprojekt gliedert sich in Phasen, wobei sich folgende Einteilung bewährt hat:

* Phase 1: *Problemanalyse.* Das zu lösende Problem wird in Zusammenarbeit mit dem Auftraggeber definiert und analysiert. Das Ergebnis ist die Anforderungsdefinition (Pflichtenheft).
* Phase 2: *Entwurf.* Das Softwaresystem wird in Klassen zerlegt (Grobentwurf) und diese anschließend in Methoden (Feinentwurf). Dabei werden die Schnittstellen der einzelnen Teile sowie ihr Zusammenspiel mit anderen Systemteilen spezifiziert. Das Ergebnis ist die Systemarchitektur.
* Phase 3: *Implementierung.* Die Klassen werden programmiert und für sich getestet.
* Phase 4: *Test.* Die Klassen werden zusammengesetzt, und das Gesamtsystem wird getestet. Das Ergebnis ist die Abnahme durch den Auftraggeber.
* Phase 5: *Wartung.* Im Betrieb entdeckte Fehler werden beseitigt, und das Programmsystem wird den sich verändernden Anforderungen angepasst.

Hinzu kommen Qualitätssicherung, Dokumentation, und Management, die sich über alle Phasen erstrecken.

Man unterscheidet verschiedene *Vorgehensmodelle*, die sich im Ablauf der Phasen und im Grad ihrer Verzahnung unterscheiden.

Wasserfall-Modell. Die Phasen laufen wie ein Wasserfall strikt sequenziell ab. Jede Phase produziert ein Dokument, das zum Ausgangspunkt der nächsten Phase wird (Abb. 23). Wenn in einer Phase Fehler entdeckt werden, muss man zurückgehen und eine oder mehrere Vorgängerphasen erneut durchlaufen. Dadurch ergibt sich ein Kreislauf, den man den *Lebenszyklus* des Softwaresystems nennt.

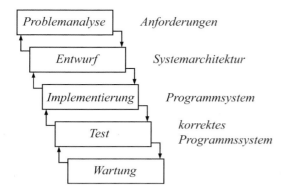

Abb. 23 Software-Lebenszyklus (Wasserfall-Modell)

Prototyping-Modell. Es hat sich gezeigt, dass es in der Praxis kaum möglich ist, eine Phase vollständig abzuschließen, bevor die nächste beginnt. Manche Anforderungen treten erst nach der Implementierung zu Tage, und die Richtigkeit von Entwurfsentscheidungen kann oft erst am laufenden System geprüft werden. Daher ist man dazu übergegangen, bereits bei der Problemanalyse oder beim Entwurf sog. *Prototypen* zu entwickeln, d. h. vereinfachte Vorversionen des Softwareprodukts, an denen man frühzeitig die Erfüllung der Anforderungen sowie die Eignung von Entwurfsentscheidungen überprüfen kann (Pomberger und Bischofberger (1992), Pomberger und Pree (2004)). Man unterscheidet zwischen experimentellem Prototyping, bei dem der Prototyp anschließend weggeworfen wird, und evolutionärem Prototyping, bei dem der Prototyp schrittweise zum endgültigen Produkt ausgebaut wird.

Spiralmodell. Das Spiralmodell vereinigt Wasserfall-Modell und Prototyping und bezieht auch eine Risikoanalyse mit ein (Boehm 1988). Die Entwicklung eines Softwaresystems vollzieht sich dabei in spiralförmigen Zyklen, wobei in jedem Zyklus ein Prototyp entwickelt wird, an dem die Anforderungen überprüft und die verbleibenden Risiken für die weitere Entwicklung analysiert werden.

Agile Modelle. Als Gegensatz zum Wasserfall-Modell mit seiner strikten Phasentrennung wurden in letzter Zeit Vorgehensmodelle entwickelt, die durch kurze Entwicklungszyklen, geringe Formalisierung und hohe Flexibilität bei Änderungen gekennzeichnet sind (Beck (2000); Schwaber und Beedle 2002). Sie werden daher auch Agile Modelle genannt. Die gewünschten Teile der Software werden dabei inkrementell in der Reihenfolge ihrer Priorität entwickelt, wobei jeder Zyklus alle oben geschilderten Phasen durchläuft. Die Zyklen sind kurz und enden immer mit einer lauffähigen Version des Produkts. Die Entwicklung wird durch ständiges Testen des Gesamtsystems und durch laufende Einbeziehung des Auftraggebers begleitet. Dadurch wird sichergestellt, dass der Entwicklungsstand des Produkts zu jedem Zeitpunkt korrekt ist und den Anforderungen entspricht.

23.4.2 Problemanalyse und Anforderungsdefinition

Am Anfang eines Softwareprojekts müssen Aufgabenstellung und Leistungsumfang vom Auftraggeber und Auftragnehmer gemeinsam festgelegt werden. Die hierfür in Frage kommenden Verfahren treten bei der Planung anderer technischer Projekte ebenso auf und gehören damit mehr zur Systemtechnik als zur Softwaretechnik (Zustandsanalyse, Systemabgrenzung, Systembeschreibung, Machbarkeits- und Risikoanalyse u. a.).

Methoden und Hilfsmittel, um Anforderungen zu erheben, sind Interviews, Fragebögen, die Analyse bestehender Abläufe und Formulare sowie die Mitarbeit im Betrieb. Beschreibungsmittel sind Zeichnungen und Tabellen aller Art, insbesondere Hierarchiediagramme, Ablaufdiagramme, Datenflusspläne und Entscheidungstabellen. Die erhobenen Anforderungen sollten benannt und nach einem hierarchischen Klassifizierungsschema nummeriert werden, damit man sich in späteren Phasen des Projekts darauf beziehen kann.

Man unterscheidet zwischen funktionalen und nichtfunktionalen Anforderungen. *Funktionale Anforderungen* beziehen sich auf die Aufgaben, die das Softwaresystem erfüllen soll (z. B. Roboterarm positionieren, Geschwindigkeit einstellen, Druck anzeigen). *Nichtfunktionale Anforderungen* sind Eigenschaften wie Zuverlässigkeit, Effizienz oder Benutzerfreundlichkeit.

Eine bewährte Methode zur Erhebung der funktionalen Anforderungen ist die sog. *Use-Case-Analyse*, bei der die verschiedenen Benutzungsszenarien des Systems und die verschiedenen Benutzergruppen identifiziert und aufgelistet werden. Ein Benutzungsszenario (*use case*) ist eine abgeschlossene Interaktion zwischen dem Benutzer und dem System (z. B. Buch entleihen, Buch suchen, Mahnung verschicken). Sie wird als Folge von Aktionen beschrieben, wobei sich jeweils Benutzeraktionen und Aktionen des Softwaresystems abwechseln. Zur Beschreibung eines Benutzungsszenarios gehört außerdem die Spezifikation der möglichen Fehlerfälle, der Vorbedingungen und der Nachbedingungen.

Die Erfahrung zeigt, dass Anforderungen selten bereits zu Beginn des Projekts vollständig erfasst werden können und dass sie sich oft im Laufe der Zeit ändern. Der Ansatz, die endgültigen Anforderungen aufgrund eines Prototyps der zu entwickelnden Software zu ermitteln, hat sich daher in der Praxis bewährt.

Das Ergebnis der Problemanalyse ist ein Dokument, die „Anforderungsdefinition". Sie stellt das Pflichtenheft dar, also die Vereinbarung zwischen Auftraggeber und Auftragnehmer über das zu liefernde Produkt. Eine ausführliche Behandlung dieses Themas findet man in der Allgemeinen Literatur.

23.4.3 Entwurf und Implementierung

Mit dem Entwurf wird die Architektur eines Softwaresystems festgelegt. Dazu wird das Gesamtsystem in Teilsysteme zerlegt, und die Teilsysteme und ihr Zusammenwirken werden spezifiziert. Je nachdem, ob die Zerlegung geschickt oder ungeschickt gewählt wird, ergibt sich später ein strukturell gutes, leicht verstehbares und leicht änderbares Softwareprodukt oder das Gegenteil. Da die Entwurfsentscheidungen zu einem Zeitpunkt getroffen werden müssen, wo man nur wenig über die Zusammenhänge weiß, ist der Entwurf eine schwierige, Erfahrung voraussetzende, schöpferische Tätigkeit. Entwurfsmethoden können ihn unterstützen, garantieren aber nicht ein hochwertiges Softwareprodukt. Die Frage, wie

man eine softwaretechnische Aufgabe in Teilaufgaben zerlegen muss, nimmt eine zentrale Stellung in der Softwaretechnik ein. Man unterscheidet zwischen dem *Grobentwurf* (der Zerlegung eines Systems in Klassen) und dem *Feinentwurf* (der Zerlegung einzelner Methoden in Untermethoden und Abläufe).

23.4.3.1 Grobentwurf
Beim Grobentwurf geht es um die Zerlegung eines Softwaresystems in seine Grundbausteine, d. h. in seine Klassen oder Module.

Modularität. Grundlegend für die Konstruktion technischer Geräte ist die Modularität (Bausteinprinzip). Jeder Baustein führt eine in sich abgeschlossene Aufgabe aus und kann als Ganzes gegen andere Bausteine ausgetauscht werden. Dazu muss jeder Baustein eine festgelegte *Schnittstelle* zu den anderen Bauteilen des Gerätes besitzen, und alle Informationen müssen über diese Schnittstelle laufen. Man überträgt diesen Bausteinbegriff auf die Softwaretechnik und modelliert auch ein Programm als eine Menge in sich abgeschlossener Klassen, die mit anderen Klassen über eine festgelegte Schnittstelle kommunizieren und voneinander so weit unabhängig sind, dass sie durch verschiedene Bearbeiter programmiert werden können.

Ein Klasse besteht aus zusammengehörigen Daten und Methoden und bildet einen für sich verständlichen Baustein (einen abstrakten Datentyp), der verwendet werden kann, ohne sein Inneres zu kennen und der implementiert werden kann, ohne zu wissen, wo er später verwendet wird. Das Innere einer Klasse besteht aus Daten und Hilfsmethoden, die außerhalb der Klasse nicht sichtbar sind und nur über Zugriffsmethoden angesprochen werden können, die die Schnittstelle der Klasse bilden (Abb. 24).

Das Verstecken der Klassenimplementierung hinter einer einfachen Methodenschnittstelle entspricht dem Geheimnisprinzip (information hiding) (Parnas 1972) und hat folgende Vorteile:

- Abstraktion. Eine Klasse stellt eine Abstraktion dar (z. B. eine Liste, eine Maschine, ein Konto) und bietet alle Operationen an, um mit dieser Abstraktion zu arbeiten.

Abb. 24 Klasse mit öffentlichen Zugriffsmethoden und privaten Daten und Hilfsmethoden

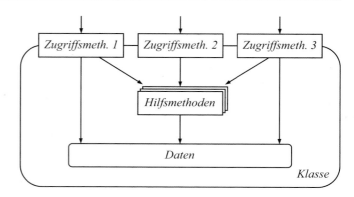

- *Einfache Bedienung.* So wie ein technisches Gerät (z. B. ein Telefon) an seiner Oberfläche nur wenige Tasten und Regler hat, über die es bedient werden kann, hat auch eine Klasse nur wenige einfache Methoden, über die sie angesprochen werden kann. Die Implementierung des Inneren interessiert den Benutzer nicht, genauso wenig wie einen Benutzer das Innere eines Telefons interessiert.
- *Änderbarkeit.* Solange die Schnittstelle unverändert bleibt, kann das Innere einer Klasse geändert werden, ohne dass benutzende Klassen adaptiert werden müssen. Änderungen bleiben dadurch lokal und sind einfach durchzuführen.
- *Sicherheit.* Da private Daten nur über Zugriffsmethoden zugänglich sind, ist es einfach, ihre Konsistenz zu garantieren. Fremde Klassen haben keinen direkten Zugriff auf private Daten und können sie somit auch nicht zerstören.

Das Geheimnisprinzip wird nicht immer strikt eingehalten. In Ausnahmefällen kann es sinnvoll sein, den direkten Zugriff zu gewissen Daten zu erlauben, z. B. aus Effizienzgründen oder um die Klassenschnittstelle nicht mit Zugriffsmethoden zu überladen.

So gut wie alle modernen Programmiersprachen bieten Klassen als eigenes Sprachkonstrukt an (Abschn. 23.3.3.5). Ältere Sprachen wie Modula-2 oder Ada verwenden statt Klassen Module, die keinen Datentypen sind, sondern lediglich eine Zusammenfassung von Daten und Prozeduren darstellen.

Bindung und Kopplung. Die Gliederung eines Softwaresystems gilt als gelungen, wenn der innere Zusammenhang der Klassen (*Bindung*) groß und die Abhängigkeit zwischen den Klassen (*Kopplung*) klein ist. Ein Maß für die Bindung ist die Anzahl der Zugriffe auf klasseninterne Daten und Hilfsmethoden. Ein Maß für die Kopplung ist die Anzahl der Zugriffe auf klassenfremde Daten und Methoden.

Der Zugriff auf fremde Klassen sollte in der Regel über Methodenaufrufe erfolgen. Das ist die leichtgewichtigste Kopplungsart, da Methodenaufrufe meist unverändert bleiben, wenn sich die Daten einer Klasse ändern. Der direkte Zugriff auf klassenfremde Daten stellt hingegen eine stärkere Kopplung dar: Wenn sich die Daten ändern, müssen auch alle Zugriffe angepasst werden. Am stärksten sind zwei Klassen gekoppelt, wenn eine davon implizite Annahmen über die Daten der anderen macht (z. B. über die Länge eines Arrays). Solche Kopplungen sollten unbedingt vermieden werden, da sie nicht explizit im Programmtext sichtbar sind und bei Änderungen der Daten leicht übersehen werden.

Schnittstellenentwurf. Die Benutzbarkeit einer Klasse hängt stark von der Eleganz ihrer Schnittstelle ab, also von der Art, wie die Zugriffsmethoden und ihre Parameter gewählt wurden. Folgende Kriterien sind für einen guten Schnittstellenentwurf wichtig:

- *Einfachheit.* Vermeide ausgefallene oder kompliziert zu benutzende Operationen. Je kleiner die Schnittstelle, desto einfacher ist eine Klasse zu benutzen.

- *Vollständigkeit.* Biete alle aus abstrakter Sicht nötigen Operationen für die Klasse an.
- *Redundanzfreiheit.* Vermeide es, gleiche Dienste auf verschiedene Weise anzubieten.
- *Elementarität.* Fasse Operationen nicht zusammen, wenn sie auch einzeln benötigt werden.
- *Konsistenz.* Halte dich konsequent an Regeln (z. B. betreffend Namensgebung, Groß-/Kleinschreibung, Parameterreihenfolge).

Einige dieser Kriterien widersprechen sich (z. B. Einfachheit und Vollständigkeit). Die Kunst eines erfahrenen Softwaretechnikers besteht darin, einen ausgewogenen Kompromiss zwischen ihnen zu finden.

Modelle. Bevor man ein technisches System implementiert, baut man meist ein Modell, an dem man die Eigenschaften des Systems erproben und seine Vollständigkeit und Zweckmäßigkeit überprüfen kann. Elektrotechniker benutzen dazu Schaltpläne, Architekten Baupläne. Auch in der Softwaretechnik gibt es grafische Notationen, mit denen man Modelle von Softwaresystemen beschreiben kann. Als Standardnotation für diesen Zweck hat sich die *Unified Modeling Language* (UML) etabliert (Kappel et al. 2005). Es handelt sich dabei um eine Sammlung von Diagrammarten, mit denen man verschiedene Sichtweisen auf ein (objektorientiertes) Softwaresystem darstellen kann. Zu den wichtigsten Diagrammarten gehören Klassendiagramme, Sequenzdiagramme und Zustandsdiagramme.

Klassendiagramme beschreiben die Klassen eines Programms mit ihren Feldern und Methoden sowie die Beziehungen zwischen den Klassen (Benutzung und Vererbung). Abb. 25 zeigt ein Beispiel: Klassen werden durch Kästchen beschrieben, in denen ihr Name, ihre Felder und ihre Methoden dargestellt werden. Ein Pfeil zwischen Klassen deutet eine Benutzt-Beziehung an, ein hohler Pfeil eine Vererbungs-Beziehung (*Rectangle* und *Circle* sind Unterklassen von *Figure*).

Sequenzdiagramme beschreiben die Interaktion zwischen Objekten in Form einer zeitlich geordneten Folge von Nachrichten. Abb. 26 zeigt

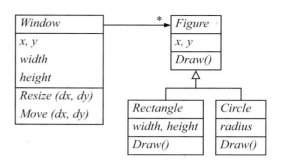

Abb. 25 Klassendiagramm

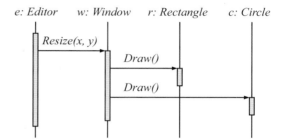

Abb. 26 Sequenzdiagramm

ein einfaches Beispiel: Objekte werden durch senkrechte Striche dargestellt, Nachrichten durch Pfeile. Das *Editor*-Objekt *e* sendet die Nachricht *Resize*(*x*, *y*) an das *Window*-Objekt *w*, welches seinerseits *Draw*()-Nachrichten an ein *Rectangle*- und ein *Circle*-Objekt sendet.

Zustandsdiagramme beschreiben die Zustände, in denen sich ein Objekt befinden kann sowie die Ereignisse, die einen Übergang zwischen den Zuständen bewirken. Zustandsdiagramme ähneln Automaten, wie sie in ▶ Abschn. 20.2.3 in Kap. 20, „Theoretische Informatik" beschrieben wurden.

23.4.3.2 Feinentwurf

Nachdem man ein Softwaresystem in Klassen zerlegt und deren Schnittstellen durch Zugriffsmethoden spezifiziert hat, geht man daran, das Innere der Klassen zu entwerfen. Dabei werden die Zugriffsmethoden schrittweise verfeinert und schließlich in einer Programmiersprache implementiert.

Schrittweise Verfeinerung. Die schrittweise Verfeinerung ist eine Entwurfsmethode, bei der man eine gegebene Aufgabe in Teilaufgaben zerlegt und diese wieder in kleinere Teilaufgaben, bis die Teilaufgaben so klein und klar sind, dass man sie direkt in einer Programmiersprache formulieren kann. Der Entwurf schreitet also vom Groben zum Detail oder von oben nach unten (*top-down*) fort. Das Ergebnis ist ein hierarchischer Graph von Methoden und Untermethoden. Ausführliche Beispiele findet man in (Wirth 1971, 1974).

Obwohl man die schrittweise Verfeinerung im Prinzip auch beim Grobentwurf anwenden kann, eignet sie sich doch eher für den Feinentwurf, bei dem es darum geht, einzelne Methoden in Untermethoden und Anweisungsfolgen zu zerlegen. Beim Grobentwurf geht es hingegen um die Modellierung eines größeren Programmsystems, das meist viele gleichwertige Aufgaben hat. Man findet dort schwerer einen Startpunkt, bei dem die Zerlegung beginnen kann.

Einer der Vorteile der schrittweisen Verfeinerung liegt darin, dass die Komplexität eines Problems durch seine Zerlegung reduziert wird. Abb. 27 zeigt, dass die Komplexität eines Problems mit zunehmender Anzahl an Elementen und Beziehungen überproportional wächst. Wenn man daher ein Problem der Größe n und der Komplexität $c(n)$ in zwei Teilprobleme der Größe $n/2$ zerlegt, so reduziert man dadurch deren Komplexität auf weniger als die Hälfte ($c(n/2) < c(n)/2$). Die Teilprobleme sind in Summe wesentlich einfacher zu lösen als das Gesamtproblem – Diese Herangehensweise ist auch unter dem Begriff *Teile-Und-Herrsche* bekannt.

Strukturiertes Programmieren. Viele ältere Programmiersprachen enthalten sog. *Goto-Anweisungen* (Sprünge zu andern Programmstellen), die früher auch ausgiebig benutzt wurden. Es hat sich allerdings gezeigt, dass der uneingeschränkte Gebrauch von Goto-Anweisungen verworrene Programmstrukturen entstehen lässt, die schwer zu verstehen, schwer zu prüfen und schwer zu ändern sind (Dijkstra: *„Die Qualität eines Programmierers ist umgekehrt proportional zu der Häufigkeit von Gotos in seinen Programmen"* (Dijkstra 1968)). Um eine einfache Programmstruktur zu erreichen, soll man sich auf Bausteine mit *einem* Eingang und *einem* Ausgang beschränken, wie sie die fünf nach Dijkstra benannten *D-Diagramm-Konstruktionen*

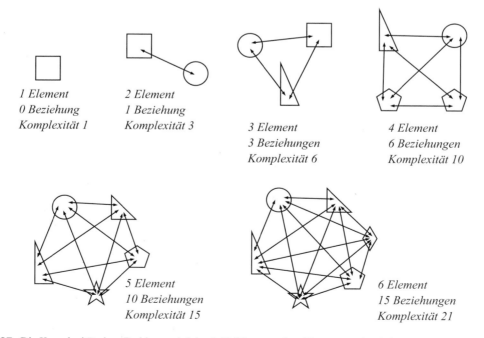

1 Element
0 Beziehung
Komplexität 1

2 Element
1 Beziehung
Komplexität 3

3 Element
3 Beziehungen
Komplexität 6

4 Element
6 Beziehungen
Komplexität 10

5 Element
10 Beziehungen
Komplexität 15

6 Element
15 Beziehungen
Komplexität 21

Abb. 27 Die Komplexität eines Problems wird durch Halbierung seiner Elemente mehr als halbiert

```
action;                (einfache Aktion),
action;action;         (Sequenz),
if(...){...}            (bedingte Aktion),
if(...){...}else{...}   (binäre Auswahl),
while(...){...}         (Abweisschleife)
```

und die *erweiterten D-Diagramm-Konstruktionen*

```
switch(...){...}        (Fallunterscheidung),
do{...}while(...)       (Durchlaufschleife),
for(...){...}           (Zahlschleife)
```

ergeben. Wenn man kleine Effizienzeinbußen in Kauf nimmt, lassen sich alle denkbaren Programmstrukturen allein mit ihnen, ohne Goto-Anweisungen, konstruieren. In einigen Programmiersprachen gibt es als Konsequenz davon keine Goto-Anweisung.

23.4.3.3 Mensch-Maschine-Kommunikation

Programme, die von Menschen bedient werden, bezeichnet man als *interaktiv*. Sie weisen eine *Benutzerschnittstelle* (*User Interface; UI*) auf, die besondere Anforderungen an Entwurf, Implementierung und Test von Softwaresystemen stellt.

Bereits bei der Problemanalyse sollte im Rahmen eines *benutzerzentrierten Entwurfs* darauf geachtet werden, dass die Fähigkeiten und Ziele der künftigen Anwender berücksichtigt werden. Das ist Aufgabe der *Software-Ergonomie*, die als interdisziplinäres Fachgebiet Elemente der Informatik, Psychologie und Medizin verbindet (Shneiderman et al. 2009).

Bei der Gestaltung der Benutzerschnittstellen werden Elemente aus den verfügbaren UI-Bibliotheken einem Style Guide folgend eingesetzt, um die Anwender bei der Lösung ihrer Aufgaben zu unterstützen. Die Elemente entsprechen gewohnten Dingen aus der Arbeitswelt wie Dokumenten, Texten, Tabellen, Tasten und Schiebereglern. Durch die Ähnlichkeit mit einem Schreibtisch (Desktop) soll die Bedienung intuitiv und leicht erlernbar werden.

In den Anfängen der interaktiven Computerbenutzung (etwa vor 1980) wurde die Benutzerinteraktion von den Programmen gesteuert, indem sie die Anwender zu Eingaben aufforderten. In moderneren Benutzerschnittstellen bestimmt der Anwender, wann welche Eingaben erfolgen sollen. Das Programm befindet sich die meiste Zeit in einer Warteposition; Tastatureingaben, Klicks und Gesten werden als *Ereignisse* interpretiert und bewirken die Ausführung von Aktionen. In der Softwareentwicklung führt das zum Prinzip der *ereignisorientierten Programmierung*; für die Implementierung interaktiver Programmsysteme sind objektorientierte Programmiersprachen besonders geeignet.

Zu den wichtigsten Entwurfsprinzipien gehören *Vermeidung von Zuständen* (die Anwender sollen in jeder Situation größtmögliche Freiheit bei der Wahl ihrer Aktionen haben) und *Sichtbarkeit* (mögliche Aktionen sollen aus dem Bildschirminhalt ablesbar sein). Bei mobilen Geräten sind diese Prinzipien wegen der kleinen Anzeigeflächen schwer einzuhalten. Beim Entwurf müssen daher die Programmfunktionen in ihrer Vielfalt reduziert und auf Zustände mit jeweils wenigen Wahlmöglichkeiten verteilt werden. Umgekehrt können zusätzliche Sensoren (z. B. für Berührung, Lage, Position, Beschleunigung und Umgebungslicht) zur Auslösung situationsbedingter Ereignisse genutzt werden.

Um auch Menschen mit Behinderungen die Benutzung interaktiver Programme zu ermöglichen, sollte deren Oberfläche *barrierefrei* sein. Dieses Ziel wird mit alternativen Ein- und Ausgabetechniken erreicht, beispielsweise durch Tastatureingaben statt Mausklicks, Anzeige von Texten statt Bildern oder hörbare Textausgabe mittels Sprachsynthese.

Interaktive Programme erfordern einen intensiven Test. Die Validierung der technischen Funktion muss um eine Prüfung der *Bedienbarkeit* (*Usability Testing*) ergänzt werden, weil der Mensch als Systembestandteil eine zusätzliche Fehlerquelle ist. Das ist umso kritischer, weil es keinen „Standardmenschen" gibt; ein interaktives Softwaresystem muss daher darauf ausgelegt sein, dass verschiedene Anwender auf völlig unterschiedliche Weisen damit arbeiten.

23.4.4 Testen

Ziel des Testens ist es, zu prüfen, ob ein Programm seine Anforderungen erfüllt. Da Testen immer nur die Anwesenheit von Fehlern zeigen kann, aber nie ihre Abwesenheit (weil dazu i. Allg. unendlich viele Testfälle nötig wären), definiert man Testen etwas bescheidener als die Tätigkeit, Fehler in einem Programm zu finden und zu eliminieren (Myers et al. 2004; Spillner und Linz 2005).

Man unterscheidet zwischen *statischen Testmethoden*, bei denen man das zu testende Programm untersucht, ohne es auszuführen, und *dynamischen Testmethoden*, bei denen man es mit verschiedenen Eingabedaten (*Testfällen*) ausführt und die gelieferten Ergebnisse mit den erwarteten vergleicht. Bei den dynamischen Testmethoden unterscheidet man nach der Phase, in der sie eingesetzt werden, zwischen *Komponententest*, *Integrationstest* und *Abnahmetest*. Nach der Art der Testfallauswahl unterscheidet man zwischen *Funktionstest* und *Strukturtest*. Maßnahmen, um die allgemeine Qualität eines Programms zu verbessern, fasst man unter dem Begriff der *Qualitätssicherung* zusammen.

23.4.4.1 Statische Testmethoden

Verifikation. Idealerweise möchte man mit mathematischen Methoden beweisen, dass ein Programm korrekt ist. Das ist jedoch bei heutigem Stand der Technik nur für sehr kleine und einfache Programme möglich (Gries 1989). Außerdem beziehen sich solche Beweise nur auf die Algorithmen eines Programms, nicht auf seine Codierung in einer bestimmten Programmiersprache oder gar auf seine Ausführung auf einer bestimmten Maschine.

Statische Programmanalyse. Es gibt Werkzeuge, mit denen man den Quelltext eines Programms auf typische Fehler im Daten- oder Steuerfluss untersuchen kann. Auf diese Weise können uninitialisierte oder unbenutzte Variablen gefunden werden oder nicht erreichbare Anweisungen (z. B. solche, die unmittelbar nach einer Return-Anweisung stehen). Auch Stilschwächen können auf diese Weise entdeckt werden.

Schreibtischtest. Noch bevor ein Programm zum ersten Mal läuft, kann man es am Schreibtisch mit Papier und Bleistift für einige Eingabedaten durchsimulieren. Dabei legt man sich eine Tabelle aller Variablen an und notiert ihre Werte, die sie während der Simulation annehmen. Schreibtischtests sind sehr zu empfehlen, da sie das Vertrauen in die Korrektheit des Programms erhöhen und Fehler frühzeitig aufdecken. Je früher ein Fehler gefunden wird, desto einfacher ist seine Behebung.

Codeinspektion. Wie beim Schreibtischtest simuliert man bei der Codeinspektion ein Programm gedanklich durch, ohne es auszuführen. Im Gegensatz zum Schreibtischtest tut man das aber in einer Gruppe. Der Programmierer erklärt sein Programm Schritt für Schritt; die anderen Teilnehmer denken mit und versuchen, Fehler zu finden. Für den Ablauf von Codeinspektionen gibt es Empfehlungen und Checklisten (Gilb und Graham 1993).

23.4.4.2 Dynamische Testmethoden

Komponententest (*unit test*). Sobald eine Klasse implementiert ist, kann man sie bereits unabhängig vom Rest des Systems testen. Dazu muss man einen sog. *Testtreiber* schreiben, d. h. ein Programm, das die Methoden der Klasse zu Testzwecken aufruft. Wenn die Klasse andere noch nicht implementierte Klassen benutzt, muss man diese durch sog. *Teststümpfe* (*stubs*) rudimentär implementieren. Es empfiehlt sich daher, ein Programmsystem beginnend mit den untersten Klassen zu testen, da man sich so die Implementierung der Stümpfe erspart. Nach der Art, wie die Testfälle ausgewählt werden, unterscheidet man zwischen Funktionstest und Strukturtest.

Funktionstest (*black box test*). Beim Funktionstest betrachtet man das Testobjekt (d. h. eine Methode) als „schwarzen Kasten" (*black box*), dessen Inneres man nicht kennt. Man ermittelt die Testfälle ausschließlich aufgrund der Spezifikation des Testobjekts: Wenn das Testobjekt z. B. n Eingabeparameter mit je m möglichen Werten hat, so ergeben sich m^n Testfälle. Hinzu kommen noch Testfälle für ungültige Parameterwerte. Da sich auf diese Weise rasch eine astronomisch hohe Anzahl von Testfällen ergäbe, beschränkt man sich bei den gültigen Parameterwerten auf solche, die unterschiedliches Programmverhalten hervorrufen. Aus ihnen bildet man Testfälle mit allen möglichen Wertekombinationen und wählt auch je einen Testfall für jeden ungültigen Parameterwert.

Strukturtest (*white box test*). Beim Strukturtest sieht man sich den Quelltext des Testobjekts an und versucht ihn durch Testfälle möglichst gut „abzudecken". Dabei unterscheidet man zwischen *Anweisungsabdeckung* (jede Anweisung muss mindestens einmal ausgeführt werden), *Bedingungsabdeckung* (jede Abfrage im Programm muss mindestens einmal wahr und einmal falsch liefern) und *Pfadabdeckung* (jeder Pfad durch das Programm muss mindestens einmal durchlaufen werden). Während es einfach ist, Testfälle für die Anweisungsabdeckung zu wählen, sind zur Pfadabdeckung potenziell unendlich viele Testfälle nötig (ein Programm mit einer Schleife kann unendlich viele Pfade haben). Die Anweisungsabdeckung garantiert nicht, dass alle Pfade durchlaufen wurden, sodass ein Fehler in einem nicht durchlaufenen Pfad unentdeckt bleibt.

Regressionstest und Testwerkzeuge. Eine Klasse soll nicht nur ein einziges Mal getestet werden, sondern nach jeder Änderung wieder. Daher sollte man die Testfälle aufbewahren, damit man die Tests jederzeit wiederholen kann. Eine Menge von Testfällen nennt man eine *Testsuite*, ihre Wiederholung einen *Regressionstest*. Um Tests einfach wiederholen zu können, muss man die Testtreiber so schreiben, dass sie für jeden Testfall prüfen, ob das gelieferte Ergebnis dem erwarteten entspricht. In Abhängigkeit davon wird der Test als fehlerfrei oder fehlerhaft betrachtet. Es gibt Werkzeuge für den Regressionstest, die eine Testsuite ausführen und als Ergebnis die Anzahl der fehlerfreien und fehlerhaften Testfälle liefern (Beck 2004).

Integrationstest. Nachdem alle Klassen einzeln getestet wurden, kann man sie schrittweise zu größeren Einheiten zusammensetzen und ihr Zusammenspiel testen. Hier kann i. Allg. nur ein Funktionstest durchgeführt werden. Die subtilsten Fehler treten oft gerade bei der Interaktion zwischen Klassen auf. Der Integrationstest kann daher Fehler finden, die im Komponententest nicht

entdeckt wurden. Als abschließenden Integrationstest führt man oft einen sog. *Leistungstest* oder *Stresstest* durch, bei dem man das Programm mit einer großen Menge von Eingabedaten testet, die oft sogar zufällig ermittelt wurden und daher auch sinnlose Kombinationen enthalten. Auf diese Weise testet man die Robustheit des Programms bei unsinnigen Eingaben.

Abnahmetest. Beim Abnahmetest wird das Programm unter Betriebsbedingungen mit realen Daten getestet, und zwar über einen längeren Zeitraum, damit man auch seine Zuverlässigkeit feststellen kann. Der Abnahmetest findet meist beim Auftraggeber statt und entscheidet über die Abnahme des Produkts.

23.4.4.3 Qualitätssicherung

Hierunter versteht man alle Maßnahmen, die die Verbesserung der Qualität eines Softwareprodukts zum Ziel haben. Man unterscheidet zwischen konstruktiven und analytischen Maßnahmen.

Konstruktive Maßnahmen. Hierbei handelt es sich um vorbeugende Maßnahmen wie die Vorgabe eines bestimmten Programmierstils (z. B. betreffend Namensgebung, Kommentierung, Zeileneinrückung) oder die Vorschreibung von Projektstandards (z. B. betreffend Codeinspektionen, Regressionstests, Versionsverwaltung, Dokumentation).

Analytische Maßnahmen. Ihr Ziel ist die Messung der Qualität des fertigen Produkts und die Ermittlung von Planungsdaten für Nachfolgeprodukte. Um die Qualität eines Programms messbar zu machen, hat man versucht, Qualitätsmerkmale (sog. *Metriken*) zu definieren, was jedoch bisher nur unvollkommen gelungen ist.

Ein häufig gemessenes Merkmal ist die *softwaretechnische Komplexität* eines Programms, die aussagen soll, wie schwierig ein Programm zu verstehen und zu warten ist. Ein einfaches Komplexitätsmaß ist die Programmlänge in Zeilen (*lines of code*, LOC); Da ein Programm jedoch Leerzeilen, Kommentarzeilen und Zeilen mit mehreren Anweisungen enthalten kann, ist die Anzahl der Anweisungen eines Programms ein besseres Maß als die Anzahl der Zeilen. Ein weiteres bekanntes Komplexitätsmaß wurde von McCabe (1976) definiert und lautet:

Softwaretechnische Komplexität eines Programms
= 1 + Anzahl der binären Verzweigungen.

Es beruht auf dem Gedanken, dass ein Programm umso schwerer zu verstehen und zu testen ist, je mehr Pfade vom Eingang zum Ausgang verlaufen. Daneben gibt es noch viele andere Komplexitätsmaße, die jedoch alle mit dem viel einfacher zu ermittelnden Maß der Anweisungsanzahl korrelieren und daher selten verwendet werden. Hinzu kommt, dass diese Maße nur für das Programmieren im Kleinen, also innerhalb einer Klasse gelten. Beim Programmieren im Großen sind aber vielmehr die Anzahl und Größe der Klassen und die Kopplungen zwischen ihnen ausschlaggebend. Hier hat sich noch kein brauchbares Komplexitätsmaß durchgesetzt.

23.4.5 Dokumentation

Software ist wie andere technische Produkte auf Dokumentation angewiesen. Die Qualität der Dokumentation ist deshalb ein wesentliches Merkmal der Softwarequalität. Alle Phasen eines Softwareprodukts sollen von Dokumentation begleitet sein. Die Herstellung einer guten Dokumentation ist schwierig; noch schwieriger ist es aber, die Dokumentation aktuell und konsistent zu halten. Welche Dokumente im einzelnen Fall erforderlich sind, hängt von der Projektgröße und der Projektart ab. Tab. 10 zeigt typische Zusammenstellungen von Dokumenten für kleine, mittlere und große Projekte.

Man unterscheidet verschiedene Arten der Dokumentation (Kommentare, Benutzerdokumentation, Entwicklungsdokumentation, Hilfetexte), die für unterschiedliche Leserkreise gedacht sind.

Kommentare. Kommentare sind Erläuterungen im Quelltext eines Programms. Neben dem Quelltext sind sie die detaillierteste und zuverlässigste Informationsquelle für Entwickler, da sie bei Programmänderungen am ehesten nachgeführt werden. Gute Kommentare sollten nicht einfach wiederholen, was auch aus dem Programmtext ersichtlich ist, sondern Zusatzinformationen geben, die den Programmtext besser verständlich machen. Es ist empfehlenswert, bei der

Tab. 10 Aufbau der Dokumentation je nach Projektgröße

Projekt	Dokumente
klein	Bedienungsanleitung
	Implementierungsbeschreibung
mittel	Benutzerdokumentation
	Systemübersicht
	Benutzerhandbuch
	Entwicklungsdokumentation
	Anforderungsdefinition
	Implementierungsbeschreibung
	Architekturbeschreibung
	Modulbeschreibungen
groß	Produktbeschreibung
	Benutzerdokumentation
	Systemübersicht
	Benutzerhandbuch
	Installationsbeschreibung
	Entwicklungsdokumentation
	Anforderungsdefinition
	Arbeitskonventionen
	Implementierungsbeschreibung
	Architekturbeschreibung
	Datenbankschema und Dateiformate
	Modulbeschreibungen
	Schnittstellen
	Algorithmen und Datenstrukturen
	Testprotokolle
	Organisationsdokumente
	Terminpläne
	Verwaltungsakten
	Projekttagebuch
	Wartungsunterlagen

Deklaration wichtiger Variablen sowie am Anfang jeder Methode und jeder Klasse einen Kommentar anzubringen. Ferner ist es ratsam, ein Programm mit sog. *Assertionen* zu kommentieren, d. h. mit Aussagen über den Zustand des Programms an Schlüsselstellen (z. B. am Anfang einer Schleife, nach einer Schleife, am Anfang eines Else-Zweiges).

Benutzerdokumentation. Die Benutzerdokumentation beschreibt, wie ein Programm zu bedienen ist. Neben der Installationsanleitung und den Systemvoraussetzungen gibt sie Auskunft über den Zweck und die Hauptfunktionen des Programms. Sie erklärt, wie man das Programm startet und welche Parameter man dabei angeben kann. Bei Programmen mit grafischer Benutzeroberfläche beschreibt sie den Bildschirmaufbau (eventuell gibt es mehrere Bildschirmmasken) sowie die verschiedenen Eingabeelemente und Menükommandos. Typische Anwendungsszenarien des Programms sollten in Form von Anleitungen (*tutorials*) dokumentiert werden. Auch Fehlermeldungen und die geeignete Reaktion darauf sollte man dokumentieren. Es hat sich als nützlich erwiesen, eine Grobversion der Bedienungsanleitung bereits vor der Implementierung des Programms zu erstellen. Sie dient dann als Teil der Anforderungsdefinition und als erster „Papierprototyp" des Programms.

Entwicklungsdokumentation. Sie richtet sich an den Wartungsprogrammierer und umfasst alle Dokumente, die bei der Entwicklung der Software angefallen sind, also Anforderungsdefinition, Entwurfsdokumente, Implementierungsbeschreibung, Testprotokolle und sonstige Wartungsunterlagen.

Kern der Entwicklungsdokumentation ist die *Implementierungsbeschreibung*, die die Architektur des Programms erläutert und das Innere jeder Klasse beschreibt. Wenn das Programm eine Datenbank benutzt, dokumentiert sie auch das Datenbankschema, d. h. die Struktur der Datenbanktabellen und ihre Beziehungen. Ebenso wird das Format von Ein- und Ausgabedateien sowie von eventuellen Konfigurationsdateien spezifiziert. Das Innere der Klassen sollte nicht zu detailliert beschrieben werden, weil sonst die Gefahr besteht, dass die Dokumentation bei Programmänderungen nicht nachgeführt wird und veraltet. Zum genauen Verständnis des Programms muss man sich ohnehin den Quelltext ansehen, der (mit Kommentaren versehen) ebenfalls Teil der Dokumentation ist.

Ein wichtiger Teil der Implementierungsbeschreibung ist die Spezifikation der *Klassenschnittstellen*, die für Programmierer gedacht ist, welche einzelne Klassen des Programms verwenden wollen. Sie listet die exportierten Felder und Methoden jeder Klasse auf und versieht sie mit Erläuterungen. Für jede Methode wird ihr Zweck sowie die Bedeutung ihrer Parameter beschrieben, wenn möglich auch die Fehler, die bei ihrer Ausführung auftreten können. Die Schnittstellendokumentation kann oft mit Werkzeugen aus den Kommentaren des Quelltexts erzeugt werden.

Hilfetexte. Viele Programme (vor allem solche mit grafischer Benutzeroberfläche) enthalten sog. Hilfetexte. Das sind Kurzfassungen der Benutzerdokumentation, die man unter einem bestimmten Menüpunkt abrufen kann oder die kontextabhängig bei gewissen Mausklicks angezeigt werden. Solche integrierte Hilfestellungen sind nützlich, weil sie das Nachschlagen im Benutzerhandbuch überflüssig machen.

23.4.6 Werkzeuge der Softwaretechnik

Wie in jeder Ingenieurdisziplin gibt es in der Softwaretechnik neben schöpferischen Tätigkeiten auch Routinearbeiten, die man durch Werkzeuge zu unterstützen versucht. Es gibt heute zahlreiche solcher Werkzeuge, die in verschiedenen Phasen der Softwareentwicklung eingesetzt werden, vor allem in der Implementierungsphase, aber auch in der Entwurfs- und Testphase sowie zur Dokumentation.

Entwicklungsumgebungen. Programme werden heute meist mit integrierten Entwicklungsumgebungen (*integrated development environments*, IDEs) erstellt. Solche Umgebungen enthalten meist einen komfortablen Editor, der einzelne Programmdateien zu „Projekten" zusammenfasst, Schlüsselwörter durch Farben hervorhebt (*syntax coloring*), Programmteile faltet (d. h. aus- und einblendet) sowie Funktionen zum konsistenten Ändern von Programmen anbietet (*refactoring*). Daneben enthalten sie einen Compiler zum Übersetzen der Programme, einen „Debugger" zur Fehlersuche sowie Mechanismen, um alle Teile eines Projekts „zusammenzubinden" und auszuführen.

Werkzeuge für den Benutzerschnittstellenentwurf. Für die Gestaltung interaktiver Programme werden Editoren eingesetzt, die es erlauben, Bildschirm- und Fensterinhalte wie in einem Grafikprogramm zu zeichnen. Elemente wie Tasten oder Menüs können häufig auch mit Aktionen verknüpft werden. Das erlaubt einen einfachen Test der Benutzerschnittstelle, noch bevor eine einzige Zeile Programmcode geschrieben ist. Dieser Ansatz ermöglicht ein prototypisches Vorgehen in der Softwareentwicklung und erlaubt künftigen Anwendern eine Vorschau auf die geplanten Systemfunktionen und ihre Umsetzung.

Entwurfswerkzeuge. Für den Entwurf von Programmen gibt es nicht so ausgereifte Werkzeuge wie für die Implementierung. Meist beschränkt sich das Angebot auf Diagrammeditoren, mit denen man Softwarearchitekturen z. B. in UML beschreiben kann. Manchmal liegt dahinter auch eine Datenbank, in der die Klassen und ihre Beziehungen festgehalten werden, und aus der man Teile der Implementierung generieren kann.

Versionsverwaltungswerkzeuge. In großen Softwareprojekten, an denen viele Entwickler arbeiten und in denen Programmversionen für verschiedene Kunden, Maschinen und Betriebssysteme entstehen, kann es leicht zum Chaos kommen, wenn jeder Entwickler Programmteile nach Gutdünken ändert und sie teilweise auf seinem eigenen Rechner, teilweise auf gemeinsamen Rechnern speichert. Daher gehört es in solchen Projekten zum Standard, Werkzeuge zur Versionsverwaltung zu benutzen, die von jeder Klasse sowohl ihre geschichtlich gewachsenen Revisionen als auch ihre verschiedenen Varianten (z. B. für unterschiedliche Kunden) verwalten können. Man kann damit jederzeit auf ältere Programmversionen zurückgreifen und „auf Knopfdruck" ein Softwareprodukt für einen bestimmten Kunden aus den passenden Varianten zusammensetzen.

Testwerkzeuge. Hier gibt es einerseits Werkzeuge für den *Regressionstest*, die es erlauben, eine Menge von Testfällen automatisiert auszuführen und die gelieferten mit den erwarteten Ergebnissen zu vergleichen. Andererseits gibt es auch Werkzeuge für den *Strukturtest*, die prüfen, ob durch eine Menge von Testfällen alle Anweisungen, Bedingungen oder Pfade eines Programms abgedeckt werden. Zu den Testwerkzeugen im weiteren Sinne gehören auch *statische Programmanalysatoren*, die Anomalien in Programmtexten aufdecken (z. B. uninitialisierte Variablen) oder Komplexitätsmaße berechnen.

Werkzeuge zur Ermittlung des Programmprofils. Nach einer Faustregel verbringt ein Programm 90 % seiner Laufzeit in 10 % seines Codes. Es gibt Werkzeuge (sog. *Profiler*), die bei der Ausführung eines Programms die Ausführungshäufigkeiten einzelner Anweisungen oder Methoden messen. Man kann dann gezielt versuchen, die am häufigsten ausgeführten Programmteile zu verbessern, um dadurch die Geschwindigkeit des Programms zu steigern.

Dokumentationswerkzeuge. Die Schnittstellenbeschreibungen von Klassen werden häufig aus Kommentaren generiert, die bei der Deklaration von Feldern und Methoden im Quelltext stehen. Es gibt auch Werkzeuge, die zu Dokumentationszwecken aus dem Quelltext eine grafische Darstellung der Softwarearchitektur erzeugen (z. B. in Form von UML-Diagrammen).

23.5   Ausblick: Informatik und Kommunikation

Die Informatik ist eine junge Disziplin, in der noch laufend neue Teilgebiete und Aspekte hinzukommen. So stößt zum Beispiel die Geschwindigkeit von Prozessoren bereits an physikalische Grenzen, da Signallaufzeiten durch die Lichtgeschwindigkeit beschränkt sind. Weitere Geschwindigkeitssteigerungen sind nur noch durch mehrere Prozessoren pro Rechner erreichbar, die unabhängige Teilaufgaben eines Programms parallel bearbeiten. Während grobgranulare Parallelität durch parallele Prozesse (*Threads*) erreicht werden kann, die auf unterschiedlichen Prozessoren laufen, steht die Entwicklung von Programmiersprachen und Programmiermodellen für feingranulare Parallelität erst an ihrem Anfang.

Neue Teilgebiete der Informatik betreffen auch die Kommunikation zwischen Rechnern, zwischen Rechner & Mensch sowie zwischen Menschen mit dem Rechner als verbindendem Element. Das ändert an den Mathematischen Modellen nichts, an den Digitalen Systemen wenig.

Besonders durch das *Internet* und *Social Media* wurde klar, welche Probleme die weltweite Kommunikation in heterogenen Netzen aufwirft. Man will alle Arten von Daten übertragen: Texte, Grafiken, Musik, Festbilder, Fernsehaufzeichnungen. Die großen Datenmengen, die dabei in kurzer Zeit transportiert werden müssen, brachten das algorithmische Problem der *Datenkompression* mit sich. Zugleich zeigte es sich, dass bei der Verbindung aller mit allen das einzelne Rechnersystem gegen Eindringlinge nur schwer geschützt werden kann. Da zugleich der *elektronische Handel* aufblühte, bei dem es auf Vertraulichkeit, fälschungssichere Unterschriften und ähnliches ankommt, spielen *Sicherheitsfragen* in der elektronischen Kommunikation eine große Rolle.

Die Fülle der Dokumente im Internet erfordert die Entwicklung von Programmen zur *Dokumentsuche und Dokumenterschließung*. Eine der neueren Entwicklungen, das *Internet der Dinge*, untersucht auch die Kommunikationsmöglichkeiten, die Prozessoren mit sich bringen, die in großer Anzahl in Gegenstände des täglichen Lebens, wie Taschen und Wäschestücke oder gar den menschlichen Körper unsichtbar „implantiert" werden, sich selbst drahtlos mit vorhandenen Netzen verbinden, dadurch allgegenwärtig sind und keine Bedienung durch ihren Besitzer mehr erfordern.

Es ist charakteristisch für diese neuen Teilgebiete der Informatik, dass Hardware und Software meist eng verbunden sind, wenn auch die Software das Übergewicht hat.

Formelzeichen zur Programmierung

$\downarrow$	Eingangsparameter	Abschn. 23.1.1
$\uparrow$	Ausgangsparameter	Abschn. 23.1.1
$\updownarrow$	Übergangsparameter	Abschn. 23.1.2.1
$O(n)$	O-Notation	Abschn. 23.1.4
{ }	Mengenklammern	Abschn. 23.2.8
{ }	Wiederholungssymbol	Abschn. 23.3.2.1
[ ]	Optionssymbol	Abschn. 23.3.2.1
|	Alternativentrennsymbol	Abschn. 23.3.2.1
⌊⌋	Floor (Abrunden)	Abschn. 23.2.5

Literatur

ACM Sigplan Notices 27 (1992) 5 (Das ganze Heft ist der Sprache Haskell gewidmet, mit Sprachdefinition)

Backus JW et al (1963) Revised report on the algorithmic language ALGOL 60. Numer Mathematik 4:420–453

Bae S (2019) Big-O notation. In: Bae S (Hrsg) JavaScript data structures and algorithms: an introduction to understanding and implementing core data structure and algorithm fundamentals. Apress, Berkeley, S 1–11

Beck K (2000) Extreme programming explained. Addison-Wesley, Boston

Beck K (2004) JUnit pocket guide. O'Reilly, Sebastopol

Berg M de, Cheong O, van Kreveld M, Overmars M (2008) Computational geometry: algorithms and applications, 3. Aufl. Springer, New York

Blaschek G (2011) Die Algorithmenbeschreibungssprache Jana. http://ssw.jku.at/Teaching/Lectures/Algo/Jana.pdf

Blaschek G, Pomberger G, Ritzinger F (1990) Einführung in die Programmierung mit Modula-2. Springer, Berlin

Boehm B (1988) A spiral model of software development and enhancement. IEEE Comput 21(5):61–72

Böszörményi L, Weich C (1995) Programmieren mit Modula-3. Springer, Berlin

Bratko I (2000) Prolog programming for artificial intelligence, 3. Aufl. Addison-Wesley, Boston

Buchberger B (1985) Editorial. J Symbol Comput 1:1–6

Buchberger B (2006) Symbolisches Rechnen. In: Rechenberg P, Pomberger G (Hrsg) Informatik-Handbuch, 4. Aufl. Hanser, München

Burkhart H (2006) Parallele Programmierung. In: Rechenberg P, Pomberger G (Hrsg) Informatik-Handbuch, 4. Aufl. Hanser, München

Clocksin WF, Mellish CS (2003) Programming in prolog, 5. Aufl. Springer, Berlin

Dijkstra EW (1968) Go to statement considered harmful. Commun ACM 11:147–148

Foley JD et al (1993) Introduction to computer graphics. Addison-Wesley, Reading

Gibson RG, Bergin TJ (1996) History of programming languages II. Addison-Wesley, Boston

Gilb T, Graham D (1993) Software inspection. Addison-Wesley, Boston

Goldberg A, Robson D (1995) Smalltalk-80. Addison-Wesley, Reading

Gosling J et al (2005) The Java language specification, 3. Aufl. Addison-Wesley, Reading

Gries D (1989) The science of programming. Springer, Berlin

Harrison J (2009) Handbook of practical logic and automated reasoning. Cambridge University Press, Cambridge

Hejlsberg A, Torgersen M, Wiltamuth S, Golde P (2010) The C# programming language, 4. Aufl. Addison-Wesley Professional, Boston

Henrici P (1973) Elemente der numerischen Analysis, Bde. 2 (1972). Bibliogr. Inst., Mannheim

Herrtwich RG, Hommel G (1994) Nebenläufige Programme, 2. Aufl. Springer, Berlin

Hinze R (1992) Einführung in die funktionale Programmierung mit Miranda. Teubner, Stuttgart

Huber TC (2010) Silverlight 4: Das umfassende Handbuch. Galileo Computing, Bonn

Jensen K, Wirth N (1991) Pascal user manual and report (revised for the ISO Pascal standard), 4. Aufl. Springer, New York

Kappel G, Hitz M, Retschitzegger W, Kapsammer E (2005) UML@work. dpunkt, Heidelberg

Kernighan BW, Ritchie DM (1990) Programmieren in C, 2. Aufl. Hanser, München

Knuth DE (1997a) The art of computer programming, Bd 1: Fundamental algorithms, 3. Aufl. Addison-Wesley, Boston

Knuth DE (1997b) The art of computer programming, Bd 2: Seminumerical algorithms, 3. Aufl. Addison-Wesley, Boston

Koch S (2011) JavaScript: Einführung, Programmierung und Referenz, 6. Aufl. dpunktverlag, Heidelberg

Koepf W et al (1993) Mathematik mit DERIVE. Vieweg, Braunschweig

Lerdorf R, Bergmann S, Hicking G (2006) PHP kurz und gut, 3. Aufl. O'Reilly, Sebastopol

Manna Z (1993) Mathematical theory of computation. Dover Publications, Mineola

McCabe T (1976) A complexity measure. IEEE Trans Softw Eng SE-2:308–320

Melzer I (2010) Service-orientierte Architekturen mit Web Services, 4. Aufl. Spektrum Akademischer Verlag, Heidelberg

Metcalf M, Reid J, Cohen M (2004) Fortran 95/2003 explained. Oxford University Press, Oxford

Mössenböck H (1998) Objektorientierte Programmierung in Oberon-2, 3. Aufl. Springer, Berlin

Mössenböck H (2009) Kompaktkurs C# 4.0, 3. Aufl. dpunkt, Heidelberg

Mössenböck H (2011) Sprechen Sie Java? 4. Aufl. dpunkt, Heidelberg

Myers GJ, Sandler C, Badgett T, Thomas TM (2004) The art of software testing, 2. Aufl. Wiley, Hoboken

O'sullivan B, Goerzen J, Stewart D (2008) Real world Haskell. O'Reilly, Sebastopol

Parnas DL (1972) On the criteria to be used in decomposing systems into modules. Commun ACM 15:1053–1058

Perrot RH, Zarea-Aliabadi A (1986) Supercomputer languages. Comput Surv 18:5–22

Pomberger G, Bischofberger W (1992) Prototyping-oriented software development. Springer, Berlin

Pomberger G, Pree W (2004) Software Engineering. In: Architektur-Design und Prozessorientierung, 3. Aufl. Hanser, München

Proakis JG, Manolakis DK (2006) Digital signal processing, 4. Aufl. Prentice Hall, London

Reiser M, Wirth N (1997) Programmieren in Oberon. Korr. Nachdr. Addison-Wesley/Longman, Bonn

Schwaber K, Beedle M (2002) Agile software development with scrum. Prentice Hall, London

Schwichtenberg H (2011) Microsoft ASP.NET 4.0 mit Visual C# 2010. Microsoft Press, London

Sedgewick R, Wayne K (2011) Algorithms, 4. Aufl. Addison-Wesley Professional, Boston

Shirley P, Ashikhmin M, Marschner S (2009) Fundamentals of computer graphics, 3. Aufl. A K Peters, Natick

Shneiderman B, Plaisant C, Cohen M, Jacobs S (2009) Designing the user interface, 5. Aufl. Addison-Wesley, Boston

Spillner A, Linz T (2005) Basiswissen Softwaretest, 3. Aufl. dpunkt, Heidelberg

Steele GL (1990) Common LISP, 2. Aufl. Digital Pr, Bedford

Stetter HJ (1990) Numerik für Informatiker. Oldenbourg, München

Stoyan H, Görz G (1986) LISP. 1. korr. Nachdruck. Springer, Berlin

Stroustrup B (2000) The C++ programming language, 3. Aufl. Addison-Wesley Professional, Amsterdam

Überhuber C (1995) Computer-Numerik (2 Bde.). Springer, Berlin

Wexelblat RL (Hrsg) (1981) History of programming languages. Academic, New York

Wirth N (1971) Program development by stepwise refinement. Commun ACM 14:221–227

Wirth N (1974) On the composition of well-structured programs. Comput Surv 6:247–259

Wirth N (1991) Programmieren in Modula-2, 2. Aufl. Springer, Berlin

Wißmann D (2009) JavaServer Pages: Dynamische Websites mit JSP erstellen, 2. Aufl. W3L GmbH, Dortmund

Wolfram S (1999) The mathematica book, 4. Aufl. Cambridge University Press, Cambridge

Allgemeine Literatur

Ada 95 Reference Manual (1997) Springer, Berlin

Aho AV et al (1983) Data structures and algorithms. Addison-Wesley, Boston

Cormen TH et al (2009) Introduction to algorithms, 3. Aufl. MIT Press, Cambridge

DIN 66028: Programmiersprache COBOL

DIN EN 27185: Informationstechnik; Programmiersprachen; Pascal

DIN EN 29899: Programmiersprachen; C

DIN ISO/IEC 8652: Informationstechnik; Programmiersprachen; Ada

Goos G (2006) Programmiersprachen. In: Rechenberg P, Pomberger G (Hrsg) Informatik-Handbuch, 4. Aufl. Hanser, München

HTML-Spezifikation. http://dev.w3.org/html5/spec/spec.html

IMSL-Bibliothek. http://www.roguewave.com/products/imsl-numerical-libraries.aspx

IISO/IEC 1539-1:2004; Information technology; Programming languages; Fortran

ISO/IEC 10514-1 Informationstechnik; Programmiersprachen; Modula-2

ISO/IEC 13211-1 Informationstechnik; Programmiersprachen; Prolog

ISO/IEC 14882 Informationstechnik; Programmiersprachen; C++

Ludewig J, Lichter H (2007) Software Engineering, Grundlagen, Menschen, Prozesse, Techniken. dpunkt, Heidelberg

Maple. http://www.maplesoft.com

MATLAB. http://www.mathworks.com

NAG-Bibliothek. http://www.nag.com

Netlib Bibliotheken für numerische Mathematik. http://www.netlib.org

Ottmann T, Widmayer P (2012) Algorithmen und Datenstrukturen, 5. Aufl. Spektrum, Heidelberg

Pomberger G, Pree W (2004) Software Engineering. In: Architektur-Design und Prozessorientierung, 3. Aufl. Hanser, München

Pratt TW (2001) Programming languages, 4. Aufl. Prentice-Hall, London

Reduce. http://www.reduce-algebra.com

Sedgewick R, Wayne K (2011) Algorithms, 4. Aufl. Addison-Wesley Professional, Boston

Sommerville I (2010) Software engineering, 9. Aufl. Addison-Wesley Longman, Amsterdam

Wirth N (1996) Algorithmen und Datenstrukturen mit Modula-2, 5. Aufl. Teubner, Stuttgart

Weiterführende Literatur

Bühler P, Schlaich P, Sinner D (2018) Webtechnologien: JavaScript – PHP – Datenbank. Springer Vieweg, Wiesbaden

Freeman A (2020) Pro Angular 9: build powerful and dynamic web apps. Apress, New York

Kleuker S (2016) Grundkurs Datenbankentwicklung: Von der Anforderungsanalyse zur komplexen Datenbankanfrage. Springer Vieweg, Wiesbaden

Mardan A (2018) Practical Node.js: building real-world scalable web apps. Apress, New York

Northwood C (2018) The full stack developer: your essential guide to the everyday skills expected of a modern full stack web developer. Apress, New York

Panhale M (2016) Beginning hybrid mobile application development. Apress, New York

Randhawa T (2021) Mobile applications: design, development and optimization. Springer International Publishing, Cham

Simons M (2018) Spring Boot 2: Moderne Softwareentwicklung mit Spring 5. dpunktverlag, Heidelberg

Steyer R (2019) Webanwendungen erstellen mit Vue.js: MVVM-Muster für konventionelle und Single-Page-Webseiten. Springer Vieweg, Wiesbaden

Subramanian V (2019) Pro MERN stack: full stack web app development with Mongo, Express, React, and Node. Apress, New York

Wieruch R (2020) The road to react: your journey to master plain yet pragmatic React.js. Self-published, Berlin

Informationsmanagement

24

Rüdiger Zarnekow und Johannes Werner

Zusammenfassung

In den vergangenen Jahren war das Themenge-
biet des Informationsmanagements verschiedenen Einflüssen unterworfen. Mit dem gestiege-
nen Stellenwert der Informationstechnologie in
Unternehmen änderten sich auch die Blickwinkel
des Informationsmanagements. Im vorliegenden
Kapitel wird zunächst die historische Entwicklung des Informationsmanagements beschrieben.
In den daran anschließenden Grundlagen wird
das Informationsmanagement definiert und es
werden ausgewählte Modelle des Informationsmanagements beschrieben. Der Hauptteil des
Kapitels stellt die wichtigsten Aufgabenbereiche
des Informationsmanagements vor.

24.1 Entwicklung des Informationsmanagements

Die verschiedenen Arten von Informationstechnologien (IT) sind heutzutage aus Unternehmen nicht
mehr wegzudenken, was durch die Unterstützung
nahezu aller Geschäftsprozesse durch IT deutlich
wird. Immer häufiger basieren Geschäftsprozesse
in Unternehmen auch vollständig auf IT und teilweise beruhen sogar ganze Geschäftsmodelle von
großen Konzernen darauf, wie bspw. Alphabet
(ehem. Google), Uber oder Facebook. Auch die
IT-Ausgaben von Unternehmen steigen kontinuierlich an. So prognostizierte das Marktforschungsun-
ternehmen Gartner für 2017 die Summe der globalen IT-Ausgaben auf ungefähr 3,7 Billionen US
Dollar und den Umsatz für IT-Services auf 987
Milliarden US-Dollar (Lovelock et al. 2018).
Neben den immer höher werdenden Ausgaben für
IT bleibt der Wunsch nach einer hohen Effizienz
und einer hohen Effektivität des Einsatzes von IT
bestehen. Dies bezieht sich besonders auf die Effektivität bei der Abstimmung von Geschäfts- und
IT-Strategie, die Effizienz bei der Erbringung von
IT-Leistungen oder die Transparenz von Kosten-
strukturen (Zarnekow und Brenner 2004). Die der-
zeitige Bedeutung des Informationsmanagements
für die Praxis unterstützt auch eine aktuelle Studie
zu Herausforderungen im IT-Management, in der
IT Entscheidungsträger in Unternehmen befragt
wurden. Darin wird die Bedeutung von vielen Themen des Informationsmanagements veranschaulicht, wie Strategic Alignment, Compliance oder
Controlling (David et al. 2018).

In der wissenschaftlichen Diskussion werden das
Thema Informationsmanagement und verwandte
Themenbereiche bereits seit den 1960er-Jahren
behandelt, wobei sich die Schwerpunkte fortlaufend

R. Zarnekow (✉) · J. Werner
Fachgebiet Informations- und
Kommunikationsmanagement, Technische Universität
Berlin, Berlin, Deutschland
E-Mail: ruediger.zarnekow@ikm.tu-berlin.de; johannes.
werner@tu-berlin.de

© Der/die Autor(en), exklusiv lizenziert an Springer-Verlag GmbH, DE, ein Teil von Springer Nature 2023   881
M. Hennecke, B. Skrotzki (Hrsg.), *HÜTTE Band 3: Elektro- und informationstechnische Grundlagen für
Ingenieure*, Springer Reference Technik
https://doi.org/10.1007/978-3-662-64375-4_69

ändern. Zu Beginn standen Lösungen von technischen Problemen der Datenverarbeitung im Fokus und das Ziel war eine möglichst effiziente Datenverarbeitung zu gewährleisten. Durch den technischen Fortschritt in den 1970ern änderte sich der Fokus hin zu Managementaufgaben und dazugehörigen Managementinformationssystemen. Der Bezug zur strategischen Unternehmensplanung war zu dieser Zeit einseitig. Durch die fortschreitenden Entwicklungen der Telekommunikation rückten in den 1980ern strategische Informationssysteme in den Fokus und es wurden Wettbewerbsvorteile durch den Einsatz von IT untersucht. Dies änderte sich wiederum in den 1990ern, als mit dem Strategic Alignment die Passung von Geschäfts- und IT-Strategie diskutiert wurde und der bisherige Grundsatz, dass die IT den Geschäftsanforderungen zu folgen hat abgelöst wurde. Daran anschließend wurde die IT zu einem unverzichtbaren Bestandteil der Geschäftstätigkeiten, wobei Konzepte des Strategic Alignment fortlaufend Verwendung fanden. Da Informationstechnologien verstärkt allgemein verfügbar waren, konnten ausschließlich dadurch keine Wettbewerbsvorteile mehr erreicht werden, sodass die in Unternehmen verfügbaren Fähigkeiten zur Entwicklung und zum Betrieb von geschäftswirksamen IT-Lösungen betrachtet wurden (Teubner 2013).

Der weitere Verlauf dieses Kapitels gliedert sich wie folgt: Zunächst werden Grundlagen des Informationsmanagements aufgeführt, die neben einer Definition ausgewählte Modelle beinhalten. Daran anschließend werden die zentralen Aufgabenbereiche des Informationsmanagements, gegliedert in fünf Themenblöcke, vorgestellt.

24.2 Grundlagen des Informationsmanagements

In diesem Kapitel wird zunächst eine Definition von Informationsmanagement gegeben und darauf aufbauend werden verschiedene Ansätze des Informationsmanagements vorgestellt, die in die fünf Bereiche problem-, aufgaben-, prozess-, ebenen- und architekturorientierter Ansätze unterteilt werden. Zudem wird das Modell des Integrierten Informationsmanagements vorgestellt, das zu den prozessorientierten Ansätzen gezählt wird.

24.2.1 Definition

Der Begriff *Informationsmanagement* wird in verschiedenen Bereichen der Wissenschaft und Praxis unterschiedlich ausgelegt. So haben beispielsweise auch die deutschsprachige Wirtschaftsinformatik und die anglo-amerikanischen Schwesterdisziplin *Information Systems* unterschiedliche Definitionen hervorgebracht (Teubner und Klein 2002). Einen Überblick über die historische Entwicklung des Begriffs *Informationsmanagement* findet sich u. a. bei Krcmar (2015) und Heinrich et al. (2014). Dieses Kapitel basiert auf dem Verständnis von Brenner (1994), der Informationsmanagement als Führungsaufgabe und Teil der Unternehmensführung ansieht, wobei Potentiale aus Informations- und Kommunikationstechnik erkannt und umgesetzt werden. Ähnliche Definitionen finden sich auch bei anderen Autoren. So ist Informationsmanagement nach Krcmar „*Management- wie Technikdisziplin und gehört zu den elementaren Bestandteilen der Unternehmensführung*" (Krcmar 2015) und nach Heinrich et al. (2014) „*das auf Information und Kommunikation bezogene Leistungshandeln in einer Organisation [. . .], folglich sind alle Führungsaufgaben damit gemeint, die sich mit Information und Kommunikation im Unternehmen befassen*".

Die Aufgaben des Informationsmanagements können in drei Bereiche eingeteilt werden, die in Abb. 1 dargestellt sind. Unter *Informationsbewusste Unternehmensführung* wird die unternehmerische Sicht auf Informationstechnik verstanden, durch die Potentiale der IT durch deren effektiven Einsatz realisiert werden sollen. Das *Management des Informationssystems* hingegen bildet die logisch-konzeptionelle Sicht, die den Fokus auf die Entwicklung und den Betrieb der Gesamtheit der Informationssysteme in Unternehmen legt. Abschließend ist das *Management der Informatik* die instrumentelle Sicht auf das Informationsmanagement, die den Fokus auf die technischen Ebene legt, d. h. es werden Hardware-, Software- und Netzwerkinfrastrukturen betrachtet, die für die Entwicklung und den Betrieb von Informationssystemen benötigt werden.

Eine Unterteilung in drei Ebenen, die diesen ähnlich sind, finden sich auch in den Lehrbüchern

Abb. 1 Aufgabenbereiche des Informationsmanagements (Zarnekow und Brenner 2004)

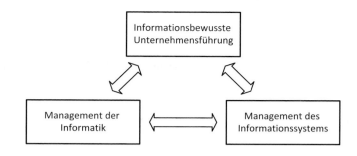

anderer Autoren. So unterteilt Krcmar (2015) das Informationsmanagement in die Ebenen *Management der Informationswirtschaft*, *Management der Informationssysteme* und *Management der Informations- und Kommunikationstechnik*. Der Fokus der ersten Ebene liegt auf den Informationen selbst, der zweiten Ebene auf Anwendungen und die dritte Ebene umfasst die technischen Grundlagen. Zudem werden Querschnittsaufgaben in der parallelen Ebene *Führungsaufgaben des Informationsmanagements* zusammengefasst. Nach Heinrich et al. (2014) kann Informationsmanagement anhand der drei Managementebenen *strategisch*, *administrativ/taktisch* und *operativ* unterteilt werden. Die strategische Ebene umfasst die Planung, Überwachung und Steuerung von Informationsfunktionen und -infrastruktur des gesamten Unternehmens und die administrative Ebene die Umsetzung dessen in Form von Informationssystemen und dazugehörigen Aufgaben, wie Personal, Daten und Anwendungen, usw. Abschließend behandelt die operative Ebene die Beschaffung, Verwendung und Verteilung von Informationen durch die dazugehörige Informationsinfrastruktur. Auch Biethahn (2004) und Wollnik (1988) verwenden ein ähnliches Ebenenmodell.

24.2.2 Modelle des Informationsmanagements

Die verschiedenen Modelle des Informationsmanagementes können nach Krcmar (2015) in problem-, aufgaben-, prozess, ebenen- und architekturorientierte Ansätze unterteilt werden, die im Folgenden kurz vorgestellt werden.

Problemorientierte Ansätze

Im Fokus dieser Modelle ist die Problemstellung, die sich aus dem Einsatz und der Steuerung von IT ergibt. Dabei wird primär das Verhältnis und Zusammenspiel von Geschäftsstrategie und IT-Strategie untersucht. Durch die Analyse von Ursachen und den daraus resultierenden Wirkungen werden zielgerichtete Maßnahmen abgeleitet. Es werden Herausforderungen von Informationsmanagern betrachtet, wie die strategische Bedeutung der IT, Technologieentwicklungen oder Beschaffungsentscheidungen. Beispielhafte Modelle, die diesem Ansatz folgen sind das Enterprise Wide Information Management-Modell und das Organizational Fit Framework nach Earl (s. Krcmar 2015). Das erste Modell sieht eine Trennung in die Bereiche Geschäft und Datenverarbeitung, sowie zwei Planungsebenen, die entgegengesetzt aufeinander wirken, vor. Im zweiten Modell wird die Abstimmung zwischen Organizational Strategy, IS-, IT- und IM-Strategy betrachtet.

Aufgabenorientierte Ansätze

Die Modelle dieses Bereichs beschäftigen sich mit der strukturierten Darstellung der (Kern-) Aufgaben und Funktionen innerhalb des Informationsmanagements. Ein Zusammenhang zwischen den Aufgaben wird dabei dargestellt. Beispielhaft für aufgabenorientierte Ansätze sind das Modell von Heinrich et al. (2014), das in strategische, administrative und operative Aufgaben unterteilt wird und das Modell von Krcmar (2015), welches in Management der Informationswirtschaft, -systeme, Informations- und Kommunikationstechnik, sowie Führungsaufgaben unterteilt.

Prozessorientierte Ansätze

In diesem Bereich fallen Modelle, mit denen Vorgehen und Abläufe zur Gestaltung des Informationsmanagements in Unternehmen betrachtet werden, woraus die Aufgaben und Rollen des Informationsmanagements abgeleitet sowie (Soll-)abläufe beschrieben werden. Die zuvor vorgestellten aufgabenorientierten Ansätze werden in diesen Modellen um die Sichtweise des Ablaufs ergänzt. Modelle dieses Bereichs sind das *IBM Information Systems Management* (s. Krcmar 2015), das Plan-Build-Run Modell (s. Zarnekow und Brenner 2004) und das Modell des Integrierten Informationsmanagements (Zarnekow et al. 2005), auf das in Abschn. 24.2.3 detailliert eingegangen wird. Weitere prozessorientierte Ansätze sind die Information Technology Infrastructure Library (ITIL), eine Sammlung von Referenzprozessen, -funktionen und -rollen für das Management von IT-Dienstleistungen, sowie die Control Objectives for Information and related Technology (COBIT), die eine Sammlung von IT-Governance Best-Practices ist.

Ebenenorientierte Ansätze

Die ebenenorientierten Ansätze beschreiben Aufgaben des Informationsmanagements auf verschiedenen Ebenen, bspw. der Ebene des Informationseinsatzes, der Ebene der Informationssysteme und der Ebene der Infrastrukturen. Sie werden häufig in Kombination mit aufgaben- oder prozessorientierten Modellen verwendet. Beispiele in diesem Bereich finden sich bei Wollnik (1988) oder Voß und Gutenschwager (2001).

Architekturorientierte Ansätze

Die architekturorientierten Ansätze konzentrieren sich auf Informationsinfrastrukturmodelle um damit einen ganzheitlichen Überblick über die informationswirtschaftliche Nutzung und die technologischen Handlungsmöglichkeiten der Informationssystem-Architektur zu bieten. Modelle in diesem Bereich sind das Modell von Zachman (1987), das ganzheitliche Informationssystem-Architektur-Modell von Krcmar (1990) und das Modell der Architektur integrierter Informationssysteme von Scheer (2001).

24.2.3 Modell des integrierten Informationsmanagements

Das Modell des integrierten Informationsmanagements beschreibt zentrale Managementprozesse und -aufgaben, die zur Herstellung und Verwendung von IT-Produkten benötigt werden, indem die Sichten des IT-Leistungserbringers und – leistungsabnehmers integriert betrachtet werden. Dadurch wird einem zu starren Festhalten am Ansatz von Plan-Build-Run entgegengewirkt, das eine der Hauptursachen für Effektivitäts- und Effizienzprobleme sein kann. Dem Modell liegen folgende Grundannahmen zugrunde:

- Zwischen IT-Leistungserbringer und IT-Leistungsabnehmer existiert eine Kunden-Lieferanten-Beziehung, die über einen unternehmensinternen oder – externen Markt abgewickelt wird.
- Die Grundlage des Leistungsaustausches bilden IT-Produkte.
- Das Management der IT-Produkte erfolgt auf der Grundlage lebenszyklusbasierter Managementkonzepte.
- Falls möglich wird auf etablierte Referenzmodelle des Informationsmanagements zurückgegriffen.

Betrachtet man IT-Leistungserbringer und – leistungsabnehmer aus einer industriellen Perspektive, können sie mit den Elementen einer klassischen Lieferkette (Supply Chain) verglichen werden. Das vom Supply-Chain Council entwickelte Supply-Chain-Operations-Reference-Modell (SCOR) bildet daher die Grundlage des Modells. Innerhalb des SCOR werden die Kernprozessbereiche Plan, Source, Make, Deliver, Return definiert. In Anlehnung daran werden im Modell des integrierten Informationsmanagements die Kernbereiche Source, Make, Deliver, Govern, wie in Abb. 2 dargestellt, verwendet.

Der *Source*-Prozess umfasst alle zur Beschaffung von IT-Leistungen benötigten Aufgaben. Dies beinhaltet bspw. das Management der Lieferantenbeziehungen, wie auch Schnittstellen zu vorgelagerten Leistungserbringern. Die beschaff-

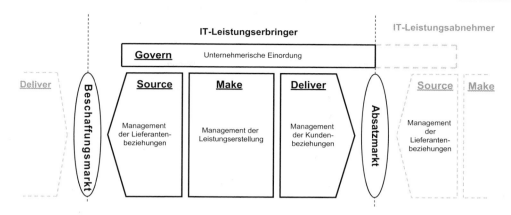

Abb. 2 Modell des integrierten Informationsmanagements

ten IT-Produkte können im darauffolgenden Make-Prozess entweder direkt in Geschäftsprozesse einfließen oder indirekt zur Unterstützung der Geschäftsprozesse genutzt werden.

Der *Make*-Prozess beinhaltet alle für die IT-Leistungserstellung benötigten Managementaufgaben. Diese umfassen die Teilbereiche des Managements des IT-Produktprogramms, der IT-Produktgestaltung (Entwicklung) und der IT-Produktherstellung (Produktion).

Im *Deliver*-Prozess werden die Aufgaben für das Management der Kundenbeziehungen zusammengefasst. Dadurch wird die Schnittstelle zu nachgelagerten Leistungsabnehmern geschaffen. Die Kernaufgaben dieses Prozesses sind das Produktmanagement und die Prozesse für das Service-Delivery.

Der *Governance*-Prozess bildet die Querschnittsaufgaben der Governance und Führung ab, die parallel zu den Kernprozessen Source, Make, Deliver vorkommen. Wenn sich IT-Leistungsabnehmer und IT-Leistungserbringer innerhalb eines gemeinsamen Konzerns befinden, können übergreifende und für beide Seiten gültige Governance-Prozesse existieren. Wenn beide voneinander unabhängig agieren, existieren normalerweise auch voneinander unabhängige Governance-Prozesse.

Durch eine Einteilung in die grundlegenden Kernprozesse Source, Make und Deliver können auch komplexe Liefer- und Leistungsketten modelliert werden. So gibt es keine Beschränkung auf 1-zu-1

Beziehungen zwischen IT-Leistungsabnehmern und IT-Leistungserbringern. Zudem besteht keine Beschränkung auf Unternehmensgrenzen.

24.3 Aufgabenbereiche des Informationsmanagements

Die verschiedenen Aufgaben des Informationsmanagements lassen sich in die in Abb. 3 dargestellten Bereiche Management der Informationssysteme, Management der IT-Services, Management der Informations- und Kommunikationstechnik, Strategisches Informationsmanagement und Querschnittsaufgaben des Informationsmanagements einteilen, die in den folgenden Abschnitten beschrieben werden.

24.3.1 Management der Informationssysteme

In diesem Bereich werden das Management der Anwendungssysteme und der Anwendungsarchitektur betrachtet, was die folgenden Aufgaben beinhaltet:

- Anforderungsmanagement
- Management von Standardsoftware
- Management von Anwendungsentwicklungsprojekten

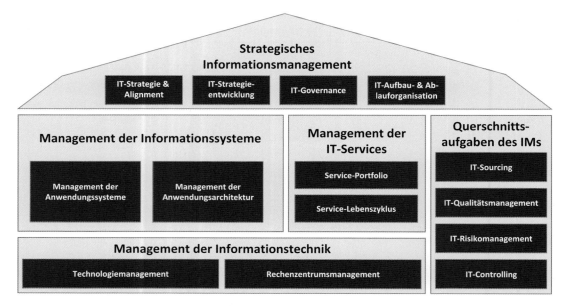

Abb. 3 Aufgabenbereiche des Informationsmanagements

- Management des Anwendungsbetriebs
- Aufwandsschätzung von Anwendungsentwick-
  lungsprojekten
- Management der Anwendungssystemarchitektur

Beim *Anforderungsmanagement* wird definiert, was genau ein System für den Kunden oder
Nutzer bereitstellen soll. Diese Anforderungen
können in Prozessanforderungen, wie Anforderungen an die Organisation, das Marketing, o. ä.,
und Systemanforderungen unterteilt werden.
Diese wiederum lassen sich in funktionale
und nichtfunktionale Anforderungen unterteilen.
Funktionale Anforderungen legen den Fokus auf
Funktionalitäten und Dienste, die das System erfüllen soll. Nichtfunktionale Anforderungen
gehen über die funktionalen Anforderungen hinaus und beschreiben Anforderungen, wie bspw.
Performanz, Qualität, Sicherheit und Usability.
Das Ergebnis des Anforderungsmanagements ist
typischerweise eine Beschreibung der ermittelten
Anforderungen in Form eines Lastenheftes.

Das *Management von Standardsoftware* betrachtet, auf welche Art Anwendungssysteme
bereitgestellt werden sollen, wobei eine Reihe
von Fragen beantwortet werden. Hierbei stellt sich
zunächst die grundlegende Frage ob Software

selbst hergestellt wird („Make") oder ob sie in
Form von Standardsoftware („Purchase") extern
am Markt beschafft wird. Bei der externen
Beschaffung kann zwischen dem Kauf von Standardsoftware in Form von Lizenzen und dem Mie-
ten von Software („Software as a Service") unterschieden werden. Auch für die Herstellung von
Software kann zwischen mehreren Optionen gewählt werden, wie der Eigenentwicklung innerhalb
des eigenen Unternehmens oder Fremdentwick-
lung durch externe Spezialisten. Standardsoftware
kann eine Reihe von Vorteilen, wie geringe Ent-
wicklungszeit, Weiterentwicklungen durch den
Anbieter oder geringere Kosten durch Skalenef-
fekte, bieten. Zugleich hat sie auch Nachteile, wie
unvollständige Passung mit den unternehmeri-
schen Anforderungen oder mangelhafte Integration
in die Gesamtheit der Anwendungssysteme im
Unternehmen. Die Entscheidung für Standardsoftware oder Individualsoftware ist stark von Einzelfall abhängig und muss dementsprechend evaluiert
werden (Krcmar 2015).

Das *Management von Anwendungsentwicklungsprojekten* beinhaltet strategische Komponenten, die zu Beginn im Rahmen einer Ent-
wicklungsstrategie festgehalten werden. Hierzu
gehören die Organisation der Anwendungsent-

wicklung, die Festlegung von Entwicklungsprinzipien und Standards, die strategische Ausrichtung des Anwendungs-Portfolios und Rahmenbedingungen für Entwicklungswerkzeuge und -sprachen. Im ersten Schritt ist insbesondere das verwendete Vorgehensmodell festzulegen, mit dem der organisatorische Rahmen definiert wird. Es ist zwischen grundlegenden Modellen (bspw. Wasserfallmodell, Prototypenmodell), weiterführenden Modellen (bspw. V-Modell, Spiral-Modell) oder agilen Vorgehensmodellen (bspw. SCRUM, extreme Programming) zu unterscheiden. Weiterhin werden Werkzeuge und Methoden des Projektmanagements verwendet (s. Hindel et al. (2004)).

Zu den Aufgaben vom *Management des Anwendungsbetriebs* gehören sowohl der eigentliche Betrieb und die Wartung der Anwendungssysteme, wie auch der Betrieb der dazugehörigen Infrastruktur. Es ist zu beachten, dass ein Großteil der entstehenden Kosten nicht im Entwicklungs- und Einführungsprojekt auftritt, sondern im nachfolgenden Betrieb, was häufig falsch prognostiziert wird. Bedingt durch die unterschiedlichen Zielsetzungen von Planung und Entwicklung (bspw. minimale Entwicklungskosten und -zeit) und Betrieb (bspw. maximale Stabilität) von Anwendungssystemen kann es zu einem Zielkonflikt kommen. Neuere Konzepte integrieren die Entwicklung und den Betrieb von Anwendungssystemen, wie bspw. DevOps oder Continuous Integration. Durch solche Konzepte können Probleme frühzeitig identifiziert und Fehler in den Anwendungssystemen reduziert werden.

Bei der *Aufwandsschätzung von Anwendungsentwicklungsprojekten* besteht generell das Problem von Ungenauigkeiten, da Schätzungen ex ante durchgeführt werden. Zum Schätzen des Aufwands von Entwicklungsprojekten gibt es verschiedene Methoden, die in Analogieschätzung (Multiplikator- und Prozentsatzmethode), Expertenschätzung (Delphi-Methode, informelle Expertenschätzung, Drei-Punkt-Schätzung) und fortgeschrittene Methoden (Cocomo, Function Point) eingeteilt werden können (Hindel et al. 2004).

Im *Management der Anwendungssystemarchitektur* wird unter dem Begriff „Architektur" die Zusammensetzung von verschiedenen Anwendungssystemen und deren Zusammenwirken verstanden, die in Unternehmen in verschiedene Ebenen eingeteilt werden können. Auf der strategischen Ebene kann unterschieden werden zwischen Geschäftsarchitektur, die den Gesamtzusammenhang der Leistungsverflechtung in einem Wertschöpfungsnetzwerk festlegt, und Prozessarchitektur, die Aufgabenverteilung und Abläufe innerhalb und zwischen Organisationen beschreibt. Die Systemarchitektur beinhaltet zunächst die Anwendungssystemarchitektur, durch die der Aufbau der Anwendungssystemlandschaft aus logischer, funktionaler und technischer Sicht beschrieben wird. Die Integrationsarchitektur beschreibt die Verbindung verteilter Funktionen und Daten über Anwendungssysteme hinweg und unterstützt die Kommunikation zwischen Anwendungen durch Middlewarekomponenten und standardisierte Schnittstellen. Die Infrastrukturarchitektur umfasst die benötigten Plattform- und Netzwerkkomponenten für den Betrieb von Middleware und Anwendungssystemen (Heutschi 2007).

24.3.2 Management der Informations- und Kommunikationstechnik

Dieser Bereich ist unterteilt in das *Technologiemanagement*, das sich auf Informations- und Kommunikationstechnologien (IKT) bezieht und das *Rechenzentrumsmanagement*. Dabei beinhalten IKT technische (bspw. Hard- und Software) und organisatorische Komponenten (bspw. Humanressourcen oder Dienstleistungen). Das Ziel von IKT-Management besteht in einem Beitrag zur Steigerung des Unternehmenswerts durch einen effektiven und effizienten Einsatz von IKT, wobei sowohl bereits eingesetzte IKT, wie auch neue und potentiell einzusetzende IKT betrachtet wird. Das IKT-Management kann in operative und strategische Aufgaben unterteilt werden. Zu den strategischen Aufgaben gehört das Beobachten und Bewerten von IKT-Entwicklungen außerhalb des eigenen Unternehmens und die Bestimmung des unternehmensspezifischen IKT-Bedarfs, sodass daraus Einsatzentscheidungen für IKT abgeleitet werden können. Die operativen Aufgaben umfassen die technische und organisatorische Bereitstellung von IKT. Bereits eingesetzte IKT soll effizient genutzt werden.

Durch neuartige Konzepte, wie Cloud Computing, Internet der Dinge, Big Data Analytics und Mobile Computing wird der derzeit anhaltende Trend zur Zentralisierung von Rechenzentren, die zunehmend größer werden, fortgesetzt. Demzufolge ist das *Rechenzentrumsmanagement* in der jüngeren Vergangenheit auch verstärkt in den Fokus gerückt. In diesem Kontext umfasst ein Rechenzentrum neben der Informationstechnik in Form von Hard- und Software, auch Gebäudetechnik, wie Energieversorgung, Kühlungs- und Sicherheitsanlagen. Die verschiedenen Prozesse eines Rechenzentrums sind in der DIN 50600 definiert und können in betriebliche Prozesse, wie Konfigurations- oder Änderungsmanagement, sowie Managementprozesse, wie Sicherheits- oder Energiemanagement, unterteilt werden.

24.3.3 Management der IT-Services

In diesem Kapitel wird zunächst auf die *Grundlagen der IT-Serviceorientierung* und anschließend

auf die für das Management der IT-Services bedeutenden Bereiche *IT-Service-Strategie, IT-Service-Portfolio, IT-Service-Engineering* und *IT-Serviceerbringung* eingegangen.

Die IT-Infrastructure-Library definiert einen Service als eine Aktivität oder Folge von Aktivitäten, die meist immateriell ist und die von einem Dienstleister für einen Kunden erbracht wird. Hierzu zählen bspw. Infrastruktur- (IaaS) oder Anwendungs- (SaaS) Services im Rahmen des Cloud Computing. Für das Risiko und die Kosten, die beim Dienstleister verbleiben, erhält er einen Gegenwert vom Kunden. Ein Kunde hat gewisse Anforderungen (bspw. Funktionen oder Qualität) an einen IT-Service, jedoch keinen Einblick wie genau diese Leistung von dem Dienstleister erbracht wird. Der Dienstleister hingegen setzt oftmals ein komplexes Zusammenspiel von Hard-, Software und Personen ein um den Service zu erbringen. Bei der serviceorientierten Betrachtung stehen nicht die IKT-Ressourcen im Fokus, sondern die Dienstleistungen in Form von IT-Services, die zur Unterstützung von Geschäftsprozessen benötigt werden. Der Zusammenhang von Geschäftsprozessen, IT-Services und Betriebsmitteln ist in Abb. 4 dargestellt. Es werden Betriebsmittel, die hochstandardisiert sind, zu technischen IT-Services

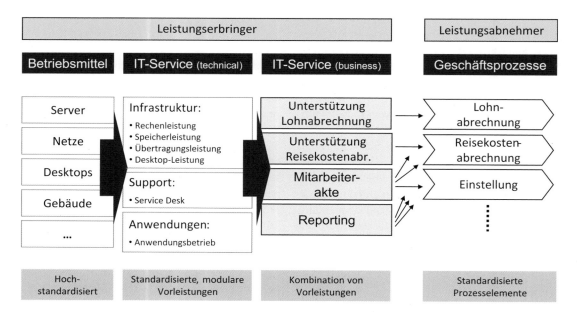

Abb. 4 IT-Services, Betriebsmittel und Geschäftsprozesse

aggregiert, die ebenfalls standardisierte und modulare Vorleistungen darstellen. Daraus wiederum werden durch Kombination der Vorleistungen geschäftliche IT-Services erzeugt, die wiederum die standardisierten Prozesselemente der Geschäftsprozesse unterstützen. IT-Services können in Abhängigkeit vom Geschäft prozessneutral (bspw. Textverarbeitung), geschäftsneutral (bspw. Rechnungswesen) oder prozessspezifisch (bspw. Customer-Relationship-Management) sein.

Die *IT-Service-Strategie* hat zur Aufgabe Märkte und Service-Angebote zu entwickeln und das IT-Service-Portfolio zu gestalten. Dabei soll die IT-Service-Strategie über den gesamten Lebenszyklus hinweg betrachtet werden, um die Profitabilität der Services sicherzustellen. Beim *Management des IT-Service-Portfolios* liegt das Ziel auf der Planung, Steuerung und Kontrolle der IT-Services über den gesamten Lebenszyklus hinweg, was in Abstimmung mit den Kundenanforderungen geschieht. Zur Entwicklung und Bewertung des IT-Service-Portfolios kommen Portfolio-Techniken der Strategieentwicklung zum Einsatz, wie eine Wettbewerbsstrategieanalyse nach Porter, eine Ansoff Matrix oder ein Portfolio nach Nolan und McFarlan (2006).

Das *IT-Service-Engineering* besteht aus fünf Phasen, die aufeinander aufbauen und sich ggf. wiederholen. In der ersten Phase, der Service-Identifikation [1], werden die Ziele der Services und die Mittel, mit denen dies erreicht werden sollen, festgelegt. Darauf aufbauend werden im Rahmen der Service-Exploration [2] die Nutzer beobachtet, um zielgerichtete Leistungen für sie zu erstellen. In der Service-Ideenentwicklungsphase [3] werden Lösungsansätze für die aufgezeigten Problemstellungen entwickelt. Anschließend werden im Rahmen des Prototypings [4] die Ideen aus der vorherigen Phase visualisiert und somit erlebbar gemacht. Durch eine Evaluierung [5] wird die Akzeptanz des Lösungsansatzes durch die Nutzer getestet. Anschließend kann dieser Prozess erneut durchlaufen werden, bspw. um die Nutzerakzeptanz zu erhöhen (Leimeister 2012).

Bei der *IT-Serviceerbringung* wird die Produktion eines IT-Services ähnlich wie die Produktion eines physischen Gutes in einer Fabrik betrachtet, d. h. es wird durch Faktorkombination aus Produktionsfaktoren eine Leistung erstellt. In Bezug auf verschiedene Betriebsmittel, wie Anwendungssysteme, Server oder Netzwerke, ist die Kapazitätsplanung von besonderer Bedeutung, da eine zu geringe Auslastung, wie auch zu geringe Ressourcen vermieden werden sollten. Dieses Problem kann optimiert werden, indem bestehende Ressourcen für alternative Services genutzt werden (bspw. durch Modularisierung) oder indem die Ressourcen auf das Outputvolumen angepasst werden (bspw. durch Standardisierung). Beides kann durch Virtualisierungstechniken erreicht werden, bei denen die physischen Betriebsmittel durch eine logische Abstraktionsschicht von Anwendungsprogrammen isoliert wird, wodurch die Betriebsmittel dahinter nahezu beliebig skaliert werden können.

24.3.4 Strategisches Informationsmanagement

Diese Kapitel gliedert sich in die Abschnitte *IT-Strategie, strategisches Alignment, IT-Governance* sowie *Aufbau- und Ablauforganisation der IT*.

Nach Luftman (2012) ist eine Strategie an einer übergeordneten Vision, die eine langfristig zu erreichende Zukunftssituation vorgibt, auszurichten und definiert, wie das langfristige Ziel der Vision erreicht werden soll. Aus der Strategie wiederum leitet sich das Mission-Statement ab, das die Rolle und Aufgaben des Unternehmens beschreibt. Bei der Definition und dem Inhalt von IT-Strategien kommt es zu Unterschieden zwischen Theorie und Praxis (Teubner 2013). Eine IT-Strategie, die von der Unternehmensstrategie abgeleitet werden soll, kann aus den folgenden fünf Bausteinen bestehen. Die Infrastrukturstrategie [1] betrachtet Hardware, Netzwerke und Betriebssysteme mit dem Ziel, ein Maximum an Ressourcen zu geringen Kosten verfügbar zu machen. Die Applikationsstrategie [2] betrachtet, wie und mit welcher Software die Geschäftsprozesse des Unternehmens bestmöglich unterstützt werden können. Die Ziele können hierbei Ertragssteigerung oder effizientere Prozesse durch den Einsatz der Software sein. Ziel der Innovationsstrategie [3] ist die Bewertung neuer Technologien für den potentiellen Einsatz. Bei der Sourcingstrategie [4] wird definiert, welche IT-Leistungen selbst erstellt und welche extern beschafft werden sollen. Abschließend werden durch die Investmentstrategie [5] die aus den bisherigen Strategiefeldern abgeleiteten Investitionen betrachtet, mit dem Ziel eines effektiven und effizienten Einsatzes der IT. Ein Vorgehensmodell zur Entwicklung einer IT-Strategie wurde von Luftman (2012) vorgestellt. Herausforderungen bei IT-Strategien können ein zu starker Fokus auf Technologien, Beschränkung auf einzelne Unternehmensbereiche, mangelnde Umsetzbarkeit und Aktualität oder eine mangelhafte Abstimmung zwischen Geschäfts- und IT-Strategie sein (Rüter 2010). Der letztgenannten Herausforderung kann bspw. durch das Strategic Alignment Model von Henderson und Venkatraman (1999) begegnet werden.

Unter *IT-Governance* werden Führungsmechanismen, Organisationsstrukturen und Prozesse verstanden, mit denen sichergestellt werden soll, dass die Geschäftsziele durch die IT unterstützt werden, die IT-Ressourcen sinnvoll eigesetzt und Risiken überwacht werden (Weill und Ross 2017). Dabei kann IT-Governance zwei verschiedene Blickwinkel einnehmen. Der erste leitet sich aus der Corporate Governance ab und legt den Fokus auf Unternehmenscompliance oder Konformität zu Gesetzen. Der zweite Blickwinkel zielt auf den wirtschaftlichen Einsatz der Ressource IT ab und hat die Leistungsfähigkeit des Unternehmens im Fokus. Eines der bekanntesten Frameworks für IT-Governance ist CobiT (Control Objectives for Information and related Technology), das ein generischer Referenzmodellrahmen für IT-Governance und IT-Management ist. Ein weiteres Framework ist bspw. die Norm ISO/IEC 38500.

Die *Aufbauorganisation der IT* ist in traditionellen Formen als Hauptabteilung, Stabsstelle oder Teil des Rechnungswesens aufgestellt. Zudem kann die IT-Abteilung auch Mischformen annehmen, bspw. zentralisiert als Stabsstelle und trotzdem dezentral in den einzelnen Geschäftsbereichen. Insbesondere in größeren Organisationen finden sich föderale Strukturen, die auf einem drei Säulenmodell beruhen. Dabei übernimmt der Konzern-CIO die übergreifende Steuerung der gesamten IT. Daneben gibt es den IT-Demand, der für die Anforderungsdefinition, Fachkonzepterstellung und fachliche Architektur sowie den IT-Supply, der für die Entwicklung, den Betrieb und die technische Architektur verantwortlich ist. Zu neueren Formen der Aufbauorganisation gehören u. a. Shared Service Center, die sich an externen Wettbewerbern orientieren und halb-autonome Geschäftseinheiten sind, sowie IT-Dienstleister. Letztere können neben unternehmensinternen Geschäftsbereichen auch externe Kunden haben.

Die *Ablauforganisation der IT* beantwortet primär die Frage welche Prozesse konkret notwendig sind und wie diese ausgestaltet werden sollen. Als Basis hierfür können IT-Managementprozesse aus IT-Referenzmodellen, wie ITIL, o. ä., dienen.

24.3.5 Querschnittsaufgaben des Informationsmanagements

Die Querschnittsaufgaben bestehen aus den Bereichen *IT-Sourcing, IT-Qualitätsmanagement, IT-Risikomanagement* und *IT-Controlling*, die im Folgenden vorgestellt werden.

Das *IT-Sourcing* bezieht sich auf die Auslagerung von IT-Leistungen in rechtlich unabhängige Unternehmen (Hodel et al. 2006) oder das Gegenteil, d. h. IT-Leistungen verbleiben im Unternehmen und werden nicht von Dritten erbracht. Dabei stellt sich die Frage, welche Leistungen ausgelagert werden sollen und welche nicht, was wiederum von den spezifischen Eigenschaften der IT-Leistung abhängt. Ist die Leistung ein strategisches Gut, das bspw. Wettbewerbsvorteile schafft, sollte eher nicht ausgelagert werden. Ist die Leistung hingegen Commodity, d. h. hochgradig standardisiert und ohne daraus resultierende Wettbewerbsvorteile, sollte Outsourcing geprüft werden.

Im IT-Sourcing können verschiedene Dimensionen betrachtet werden, wie der Standort, die finanzielle Abhängigkeit, der Grad des externen Leistungsbezugs und der Geschäftsorientierung, die Anzahl der Leistungsersteller, zeitliche Abfolgen oder strategische Aspekte. Nach Hodel et al. (2006) gibt es die folgenden Handlungsfelder des IT-Sourcing:

- (1) Zielsetzung

  Die Gründe für oder gegen eine Entscheidung zum Outsourcing können vielseitig sein. Die Zielsetzungen können normalerweise in die Bereiche Kostenreduktion, Auslagerung von Engpässen oder strategische Auslagerungen unterteilt werden.

- (2) Grad der Abhängigkeit zum Leistungserbringer

  Die Abhängigkeit des Leistungserbringers wird durch die Verbundenheit der Unternehmen bestimmt. So findet bei einer Ausgliederung sog. internes Outsourcing statt, wobei der Leistungserbringer mit dem Unternehmen verbunden ist. Bei einer Auslagerung, dem sog. externen Outsourcing, findet eine Fremdvergabe statt.

- (3) Grad der Leistungserbringung

  Die Extreme sind totales Outsourcing, bei dem alle Leistungen extern erbracht werden, und totales Insourcing, bei dem alles intern erbracht wird. Eine Mischform ist selektives Outsourcing, bei dem nur einzelne Teile ausgelagert werden.

- (4) Anzahl der Partnerschaften

  Der Outsourcingnehmer ist beim Single-Sourcing ein einzelner Dienstleister und können bei Multi-Sourcing mehrere Dienstleister sein. Bei der Form eines Generalunternehmers gibt es einen Outsourcingnehmer, der mehrere Subdienstleister beschäftigt.

- (5) Zuordnung der Gestaltungsebenen

  Das Outsourcing kann auf technischer Ebene (Infrastruktur-Outsourcing), Anwendungsebene (Application Outsourcing) oder auf Geschäftsprozessebene (Business Process Outsourcing) angesiedelt sein.

- (6) Standort der Leistungserbringung

  Die Leistungen werden beim Offshoring in anderen, häufig weit entfernten Ländern erbracht, beim Nearshoring in der räumlichen Nähe und bei Onshoring im eigenen Land oder der Region.

Für eine Entscheidung, ob Outsourcing in einem spezifischen Fall sinnvoll ist, bietet sich ein dreistufiges Vorgehen an. Zunächst ist grundlegend über Insourcing oder Outsourcing zu entscheiden. Die strategische Bedeutung und die Individualität des Falls sind hierbei von Bedeutung. Ist die Entscheidung für Outsourcing gefallen, so ist im nächsten Schritt zwischen internem und externem Outsourcing zu entscheiden, wobei die Nähe des Falls zum Kerngeschäft und unternehmensinterne Anforderungen von Bedeutung sind. Abschließend kann zwischen Nearshoring und Offshoring entschieden werden, wobei der fortlaufende Interaktionsbedarf und die Unternehmensgröße als Entscheidungskriterien genutzt werden können. Beim Management von Outsourcing-Projekten kommen neben klassischen Phasenmodellen im speziellen Fall von Offshore-Projekten Vorgehensmodelle wie „In Sequence", „Workbench", „Brückenkopf" oder „Captive Offshore" zum Einsatz, in denen u. a. definiert wird, von wem und wo die Leistungen erbracht werden (Gadatsch 2006).

Das *IT-Qualitätsmanagement* wird aus dem klassischen Qualitätsmanagement abgeleitet. Dabei wird Qualität als die Erfüllung von definierten Anforderungen gesehen und bspw. in den Normen DIN/EN ISO 8402:1995 und DIN/EN ISO 9000:2005 definiert. Dem Qualitätsmanagement zugeordnet sind Tätigkeiten zum Leiten und Lenken einer Organisation bezüglich Qualität, was insbesondere das Festlegen der Qualitätspolitik und der Qualitätsziele, die Qualitätsplanung, die Qualitätslenkung und die Qualitätssicherung beinhaltet. Eine Besonderheit des IT-Qualitätsmanagements ist die mangelnde Übertragbarkeit von Qualitätsmanagementsystemen aus dem Ingenieursbereich. In der IT kann in produktorientiertes Qualitätsmanagement, das die eigentlichen Software-Produkte betrachtet, und prozessorientiertes Qualitätsmanagement, das den Erstellungsprozess der Produkte betrachtet, unterschieden werden. Die verschiedenen Qualitätsmerkmale von Software können nach der DIN ISO 9126 in Funktionalität, Zuverlässigkeit, Benutzbarkeit, Effizienz, Änderbarkeit und Übertragbarkeit eingeteilt werden (Balzert 1998). Für das Qualitätsmanagement von Software gibt es verschieden Ansätze. Zu den bedeutendsten zählen ISO 9001, Total Quality Management, Capability Maturity Model, Software Process Improvement and Capability Determination und Six Sigma.

Dem *IT-Risikomanagement* liegt der Begriff Risiko zugrunde, mit dem die Unsicherheit eines zukünftigen Ereignisses beschrieben wird. Obwohl der Begriff auch positive Eigenschaften hat wird er normalerweise mit negativen Folgen gleichgesetzt. Aufgrund dieser negativen Besetzung sollen potentielle Probleme identifiziert und entsprechende Gegenmaßnahmen geplant und durchgeführt werden. Übergeordnetes Ziel ist dabei die Kontrolle der Risiken und nicht die Vermeidung dieser. Hierzu werden die Schritte Erkennen, Bewerten, Abschwächen und Kontrollieren in einem sich wiederholenden Prozess durchlaufen. Auf der Ebene des operativen Risikomanagements werden konkrete und kurzfristige Risiken betrachtet. Auf der strategischen Ebene wird das gesamte Unternehmen betrachtet und keine einzelnen Projekte, sodass eher langfristige Rahmenbedingungen betrachtet werden. Um auftretende Risiken abzuschwächen können diese vermieden, begrenzt, behandelt oder ignoriert werden. Bei der Vermeidung soll das auslösende Risikoereignis gemieden werden, was zugleich oftmals auch die damit verbundene Chance nicht entstehen lässt. Bei einer Begrenzung werden die Folgen des Risikos in der Höhe begrenzt, bspw. kann die Haftung im Schadensfall gedeckt werden, und bei der Behandlung wird die Wahrscheinlichkeit, mit der das Risikoereignis eintritt versucht zu mindern. Eine besondere Bedeutung kommt der Risikokontrolle zu, womit der Erfolg der Maßnahmen zur Abschwächung des Risikos evaluiert werden. Dabei sollten die Risiken auf Ebenen kontrolliert werden, auf denen sie auftreten, bspw. Projektrisiken im Rahmen des Projektmanagements (Ebert 2014).

Das *IT-Controlling* ist eine der Kerndisziplinen des Informationsmanagements und stellt ein Instrument zur Entscheidungsfindung für die Nutzung von IT-Ressourcen dar. Im engeren Sinne beschäftigt sich das IT-Controlling mit der Kontrolle von IT-Projekten oder IT-Abteilungen und es wird normalerweise ein kosten- oder leistungsorientierter Ansatz verwendet. Während der kostenorientierte Ansatz bspw. durch Auslagerung von IT-Abteilungen eine Senkung der IT-Kosten zum Ziel hat, soll durch den leistungsorientierten Ansatz, bspw. durch Optimierung von IT-Prozessen, die Leis-

tungsfähigkeit des Unternehmens erhöht werden. Die im IT-Controlling genutzten Werkzeuge können in strategische und operative unterteilt werden. Während die strategischen Werkzeuge (IT-Strategie, IT-Balanced Scorecard, IT-Standardisierung, IT-Konsolidierung und IT-Portfoliomanagement) zur Unterstützung des Managements geeignet sind, zielen operative Werkzeuge (IT-Kosten- und Leistungsrechnung, Geschäftspartnermanagement, IT-Berichtswesen und Kennzahlen, IT-Projektmanagement und IT-Prozessmanagement) auf die Steuerung und Koordination einzelner IT-Produkte ab. Es kann bspw. bei einem IT-Controllingprozess auf strategischer Ebene ein jährlicher Budgetprozess stattfinden und auf operativer Ebene Kostenrechnung auf Auftragsbasis, die im Rahmen eines monatlichen Reportings ausgewertet wird.

Der Wertbeitrag der IT orientiert sich an der betrieblichen Zielsetzung, die eine verbesserte Wirtschaftlichkeit oder Produktivität sein kann. Daher kann durch IT auf eine verbesserte Effizienz, d. h. bei geringerem Input den gleichen Output erhalten, bzw. auf Effektivität, d. h. bei gleichbleibendem Input einen erhöhten Output zu erreichen, abzielen. Beide Ziele können entweder zu einer IT-Effizienzsteigerung führen, durch die IT-Kosten gesenkt werden können, oder zu einer Profitabilitätssteigerung, die zu einer Umsatzsteigerung führen kann (Buchta et al. 2009). Für die Ermittlung des konkreten Wertbeitrags der IT können verschiedene Methoden verwendet werden, wie klassische Methoden der Investitionsplanung, Nutzwertanalysen, Monetarisierungsverfahren oder Wirkungsketten (Kesten et al. 2013).

Die IT-Kosten- und Leistungsverrechnung orientiert sich an dem internen Rechnungswesen und unterliegt verschiedenen spezifischen Einflussfaktoren, wie bspw. der Bedeutung der IT für das Unternehmen oder die organisatorische Einbettung der IT im Unternehmen. Optimierungen sind sowohl in der Höhe der Kosten, wie auch in der Struktur der Kosten möglich.

Das IT-Benchmarking folgt dem Ansatz des normalen Benchmarkings, das ein kontinuierlichere Prozess für den Vergleich von Produkten, Dienstleistungen, Methoden oder Prozessen, über mehrere Unternehmen hinweg ist. Durch den Vergleich können die Unterschiede ermittelt und mögliche Verbesserungen der eigenen Situation abgeleitet werden. Unter einem Benchmark an sich wird ein Referenzpunkt in Form einer gemessenen Bestleistung verstanden. Beim Benchmarking der IT-Kosten kann nach dem verfolgten Ansatz in geschäftsorientiertes und technisch orientiertes Benchmarking unterschieden werden. Bei ersterem werden auf Grundlage der IT-Kosten- und Leistungsverrechnung Kennzahlen für das Benchmarking abgeleitet. Beim technisch orientierten Benchmarking hingegen wird das gesamte IT-Leistungsspektrum analysiert und standardisierte Leistungen abgegrenzt. Nach Ermittlung der IT-Kosten werden diese auf die standardisierten IT-Leistungen projiziert und mit externen Daten von Benchmarking-Partnern verglichen (Mertins und Anderes 2009).

24.4 Fazit

In diesem Kapitel wurde ein Überblick über die verschiedenen Bereiche des Informationsmanagements gegeben. Ausgehend von der historischen Entwicklung des Informationsmanagements wurde zunächst eine Definition des Begriffs gegeben und theoretische Modelle des Informationsmanagements vorgestellt. Daran anschließend wurden die verschiedenen Aufgabenbereiche des Informationsmanagements anhand der Gliederung in das Management der Informationssysteme, der Informationstechnik, der IT-Services sowie in Strategische und Querschnittsaufgaben beschrieben.

Aus den historischen Entwicklungen des Informationsmanagements wird deutlich, dass sich die Themengebiete des Informationsmanagements fortlaufend wandeln. Während der Fokus zu Beginn auf der technischen Datenverarbeitung lag hat sich die Vielfalt und die Zusammensetzung der Themen erweitert, wobei in der jüngeren Vergangenheit ein Fokus auf dem Zusammenspiel von Geschäftstätigkeit und IT lag. Es ist davon auszugehen, dass auch zukünftige Entwicklungen weiterhin Einfluss auf das Informationsmanagement haben werden. Zum einen können diese technologiegetrieben sein, wie bspw. durch Internet of Things, Künstliche Intelligenz sowie Blockchain und zum anderen durch neuartige Konzepte, wie Consumerization oder Crowdsourcing. Es ist dabei noch nicht ersichtlich, ob die bisherigen Aufgabengebiete des Informationsmanagements den Entwicklungen angepasst werden oder ob sich gänzlich neue Themengebiete eröffnen.

Literatur

Balzert H (1998) Lehrbuch der Software-Technik: Software-Management, Software-Qualitätssicherung, Unternehmensmodellierung. Lehrbücher der Informatik,/Helmut Balzert, 2. Spektrum Akademischer Verlag, Heidelberg

Biethahn J (2004) Grundlagen. In: Ganzheitliches Informationsmanagement, Bd 1, 6. Aufl. de Gruyter/Oldenbourg, Berlin/Boston

Brenner W (1994) Grundzüge des Informationsmanagements. Springer, Berlin/Heidelberg

Buchta D, Eul M, Schulte-Croonenberg H (2009) Strategisches IT-Management: Wert steigern, Leistung steuern, Kosten senken, 3. Aufl. Gabler Verlag/GWV Fachverlage, Wiesbaden

David A, Nguyen Q, Johnson V, Kappelman L, Torres R, Maurer C (2018) The 2017 SIM IT issues and trends study. MIS Quarterly Executive 17(1):6

Ebert C (2014) Risikomanagement kompakt: Risiken und Unsicherheiten bewerten und beherrschen, 2. Aufl. IT kompakt. Vieweg, Berlin

Gadatsch A (2006) IT-offshore realisieren: Grundlagen und zentrale Begriffe, Entscheidungsprozess und Projektmanagement von IT-Offshore- und Nearshore-Projekten, 1. Aufl. Vieweg, Wiesbaden

Heinrich LJ, Riedl R, Stelzer D (2014) Informationsmanagement: Grundlagen, Aufgaben, Methoden, 11. Aufl. Oldenbourg, München

Henderson JC, Venkatraman H (1999) Strategic alignment: Leveraging information technology for transforming organizations. IBM Syst J 38(2.3):472–484

Heutschi R (2007) Serviceorientierte Architektur: Architekturprinzipien und Umsetzung in die Praxis. Business Engineering. Springer, Berlin/Heidelberg

Hindel B, Hörmann K, Müller M, Schmied J (2004) Basiswissen Software-Projektmanagement. Dpunkt, Heidelberg (Google Scholar)

Hodel M, Berger A, Risi P (2006) Outsourcing realisieren: Vorgehen für IT und Geschäftsprozesse zur nachhaltigen Steigerung des Unternehmenserfolgs, 2. Aufl. Edition CIO. Vieweg, Wiesbaden

Kesten R, Müller A, Schröder H (2013) IT-Controlling: IT-Strategie, Multiprojektmanagement, Projektcontrolling und Performancekontrolle, 2. Aufl. Vahlen, München

Krcmar H (1990) Bedeutung und ziele von informationssystem-architekturen. Wirtschaftsinf 32(5):395–402

Krcmar H (2015) Informationsmanagement. Springer, Berlin/Heidelberg

Leimeister JM (2012) Dienstleistungsengineering und -management. Springer, Berlin

Lovelock J-D, O'Connell A, Hahn WL, Adams A, Blackmore D, Atwal R, Swinehart H, Gupta N, Patel N (2018) Forecast alert: IT spending, worldwide, 4Q18 Update Gartner Market Analysis and Statistics. https://www.gartner.com/doc/3870395

Luftman JN (2012) Managing the information technology resource: Leadership in the information age, 3. Aufl. lulu.com, Raleigh

Mertins K, Anderes D (Hrsg) (2009) Benchmarking: Leitfaden für den Vergleich mit den Besten, 2. Aufl. Symposion-Publ, Düsseldorf

Nolan R, McFarlan FW (2006) Wie Sie ihre IT-Strategie richtig überwachen Harvard Businessmanager

Rüter A (Hrsg) (2010) IT-Governance in der Praxis: Erfolgreiche Positionierung der IT im Unternehmen; Anleitung zur erfolgreichen Umsetzung regulatorischer und wettbewerbsbedingter Anforderungen, 2. Aufl. Xpert.press. Springer, Berlin/Heidelberg

Scheer A-W (2001) ARIS – Modellierungsmethoden, Metamodelle, Anwendungen, 4. Aufl. Springer, Berlin

Teubner RA (2013) Information Systems strategy. Bus Inf Syst Eng 5(4):243–257. https://doi.org/10.1007/s12599-013-0279-z

Teubner A, Klein S (2002) Vergleichende Buchbesprechung. Wirtschaftsinformatik 44(3):285–294. https://doi.org/10.1007/BF03250848

Voß S, Gutenschwager K (2001) Informationsmanagement. Springer, Berlin/Heidelberg, S 1

Weill P, Ross JW (2017) IT Governance: How top performers manage IT decision rights for superior results, 19. Aufl. Harvard Business Review Press, Boston

Wollnik M (1988) Ein Referenzmodell des Informationsmanagements. Inf Manage 3(3):34–43

Zachman JA (1987) A framework for information systems architecture. IBM Syst J 26(3):276–292

Zarnekow R, Brenner W (2004) Integriertes Informationsmanagement: Vom Plan, Build, Run zum Source, Make, Deliver. In: Zarnekow R (Hrsg) Informationsmanagement: Konzepte und Strategien für die Praxis, 1. Aufl. Dpunkt, Heidelberg, S 3–24

Zarnekow R, Brenner W, Pilgram U (2005) Integriertes Informationsmanagement: Strategien und Lösungen für das Management von IT-Dienstleistungen. Business Engineering. Springer, Berlin

Stichwortverzeichnis

A

Abbildung
konforme 451, 452
abgestrahlte Leistung 96
Abgleichbedingung 367
Abgriff
induktiver 325
magnetischer 325
Ablauforganisation 890
Ablaufsteuerung 428, 629
Ableitungsbelag 63
Ablenkempfindlichkeit 390
Ablenkkoeffizient 390–392
Abschlusswiderstand 66
absolute Integrierbarkeit der Gewichtsfunktion 476
absolute Messabweichung 296
absolute Stabilität 529, 530
absolute Summierbarkeit der Gewichtsfolge 540, 541
Abtastfehler 397, 399
Abtastfrequenz 433, 532
Abtastkreis 398, 399
Abtastkreisfrequenz 532
Abtastperiode 397, 433
Abtastperiodendauer 532
Abtastregelkreis 532
Abtastsignal 433, 532
Abtastsystem 433
Abtasttheorem 140, 142
Abtastung 532, 534
Abtastzeit 433, 532
Action 649
Action-Associations 649, 653
Action-Qualifier 649, 654
Adaption 165, 167, 168
Addierer 688
Addierverstärker 374
Addition 350, 373, 411
Admittanzmatrix 28
Admittanz-Ortskurve 18
Adressierung
basisrelative 819
befehlszählerrelative 819

Adressraum
virtueller 788–791
ADU (Analog-digital-Umsetzer) 394, 406, 532
agiles Vorgehensmodell 887
Ähnlichkeitstransformation 559
Aisermann-Verfahren 529
Akkumulator 765
aktive Größe 217
aktives RC-Filter 376
Aktoren 628, 629
algebraische Matrix-Riccati-Gleichung 566
Algebra 689
Algorithmus 686, 729
Aliasing-Effekt 582, 590
allgemeine Modellstruktur Siehe Modellstruktur
Allpass 173, 174, 456
Amplitudengang 456
Phasengang 456
Pol-Nullstellen-Verteilung 456
Übertragungsfunktion 456
ALU (Arithmetisch logische Einheit) 743
Amplitudengang 294, 326, 327, 376, 399, 452, 455
Asymptoten 461, 463
des D-Gliedes 460
des I-Gliedes 457
Messung 452
des P-Gliedes 457
des PT_1-Gliedes 461
des $PT_2(S)$-Gliedes 462
des T_t-Gliedes 456
des Totzeitgliedes 456
Amplitudenquantisierung 532
Amplitudenreserve 486, 503
Bestimmung aus Bode-Diagramm 487
Bestimmung aus Nyquist-Diagramm 487
bei instabilem Regelkreis 488
Richtwerte 489
bei stabilem Regelkreis 486, 487
Amplitudenüberhöhung 500
Beziehung zur Überschwingweite 501
Amplitudenverhältnis 291
AMR-Sensor 324, 349

Analog-digital-Umsetzer (ADU) 394, 406, 532
analoge integrierte Schaltung 369
analoges Messsignal 286, 359
Analogmultiplikation 204
Analyt 348
analytischer Reglerentwurf 547
AND-Matrix 703
Anfangswertzuweisung 641
Anfangszustand
    stationärer 429
Anforderung 309, 314, 359, 360, 367, 401, 406
    an geschlossenen Regelkreis 491
Anpassung 137, 140, 144, 155, 167
Anpassungsübertrager 45
Anregelzeit 494
Anregung
    mit bandbegrenztem weißem Rauschen 588
    mit langsamem Gleitsinus 589
    mit periodischen Signalen 581, 589
    mit Pseudo-Random-Multilevel-Sequence-
        Signalen 588
    mit Rauschsignalen 579
    mit Sinusschwingung 589
    mit sprungförmigen Signalen 578
    mit weißem Rauschen 587
Anstiegsgeschwindigkeit der Ausgangsspannung 201
Anstiegszeit 494, 501, 583
    Abhängigkeit vom Dämpfungsgrad und
        Durchtrittsfrequenz 504
    Abhängigkeit von der Durchtrittsfrequenz 504
    normierte 501, 502
Antenne 96, 152, 158–161
Antennengewinn 159, 165
Antialiasing-Filter 398, 419
Anti-Aliasing-Filterung 582
Antivalenz 660, 661
Anti-Wind-Up-Maßnahmen 475
Anweisungsliste 644
Anwendung 287, 306, 314, 332, 344, 346, 354, 392
Anzeigeelement 629
Approximation 354
    sukzessive 410, 414, 415
äquivalente Stromquelle 28
Äquivalenz 660, 661, 667
ARARMAX-Modell 576, 621
    Datenmatrix 621
    Least-Squares-Parameterschätzung 621
ARARX-Modell 576, 622
    Least-Squares-Parameterschätzung 622
Arbeitsbewegung 520
Arbeitsgerade 24, 25, 55, 57, 58, 188, 191
Arbeitspunkt 55, 58, 59, 171, 194, 242
Arbeitsregister 732
Arbitration 675
arithmetischer Mittelwert 38
    als Beispiel eines erwartungstreuen Schätzers 604
Arithmetisch logische Einheit (ALU) 743
ARMAX-Modell 621
AR-Modell 620

Aron-Schaltung 52, 387
Array 639, 640
ARX-Modell 576, 619
    Datenmatrix 620
    Datenvektor 620
    Least-Squares-Parameterschätzung 619
    Parametervektor 620
    Prädiktor 620
    Störübertragungsfunktion 620
ASCII 758–760, 762, 767, 799, 800, 834, 842
Assembleranweisung 765–767
Assemblerschreibweise 765
Assemblersprache 859
asymptotisch erwartungstreue Schätzung 604
asymptotisch stabile Ruhelage 527
asymptotisch stabiles System 541, 542
asymptotisch wirksame Schätzung 605
asymptotische Stabilität 476
    im Großen 528
    im Kleinen 528
    einer Ruhelage 527, 528
asynchrones Schaltwerk 675, 683, 712, 714, 717, 718
AT-Schnitt (Quarz) 402
Aufbauorganisation 890
Auffangregister 221, 223
Aufgabe 285, 310, 313, 359
Auflösung 315, 321, 322, 394, 402, 404–406,
        416, 417
Aufnehmer 286
    induktiver 317, 318
    potenziometrischer 315
Augendiagramm 163, 164
Ausbreitungskoeffizient 64, 65
Ausbreitungswiderstand 343, 348
Ausgabeschaltnetz 713
Ausgangsempfindlichkeit 599
Ausgangsgleichung 442, 551
Ausgangsgröße 287, 289, 590
Ausgangsmatrix 444
Ausgangsrückführung
    dynamische 570
Ausgangsspanne 287
Ausgangsspannung
    Anstiegsgeschwindigkeit 201
Ausgangsstörung 469
Ausgangsvektor 444, 590, 628, 631
Ausgangswiderstand 201, 205
Ausgleichskriterium 354
Ausgleichsrechnung 354
Auslenkung von Federkörpern 330–332
Ausregelzeit 494, 501
    normierte 501, 502
    bei P-Strecke mit PD-Regler 476
    bei P-Strecke mit PID-Regler 476
    bei P-Strecke mit PI-Regler 476
    bei P-Strecke mit P-Regler 475
Aussagenlogik 659, 667–670
Ausschlagverfahren
    Teilkompensation 364

Autokorrelationsfunktion 579
    von weißem Rauschen 587
Automat 659, 670–675, 677, 678, 681, 869
    mit Ausgabe 670
    endlicher 670, 677–681, 686, 721
    erkennender 677
Automatengraph 710
Automatentafel 710
Automatentheorie 633
Autospektrum 579
    der Ausgangsgröße eines linearen Systems 580
Axiom 659, 662, 668

B
Backplane 774, 782
backside cache 773, 791
Bandbreite 33, 35, 136, 140, 145, 146, 153, 155, 160, 167,
    173, 389, 394, 455, 500, 502, 503
    in Abhängigkeit vom Dämpfungsgrad 502, 503
    3 dB- 455
Bariumtitanat 334
Basisbandsignal 157
basisrelative Adressierung 819
Bauelement 53, 231, 233
    lineares 53
Baum 26–29, 151
Baumstruktur 151
Bayes-Schätzung 590
BCD-Code 758, 759
Beamer 799, 800
Bedienelement 628
bedingte Fehlerkovarianzmatrix bei der Least-Squares-
    Schätzung 609, 610
bedingter Erwartungswert des Schätzfehlers 608
Befehl
    privilegierter 815
Befehlssatzarchitektur 735
Befehlszähler 743
befehlszählerrelative Adressierung 819
Befehlszyklus 734, 741, 745
Beharrungsverhalten 429
Belastbarkeit 38, 159
belastete Messbrücke 365, 367
Belegungsdichte 156, 169
beobachtbares System 435
Beobachtbarkeit 435, 444, 560, 561
Beobachtbarkeitsmatrix 561
Beobachter 562, 567
    Zustandsgleichung 568
beobachterbasierte Zustandsregelung 569
Beobachterfehler 567
Beobachterverstärkung 568
Beobachtungsnormalform 560
Berechenbarkeit 721, 728
Berechnungsmodell 729
Bereich stabiler Reglereinstellwerte 497
Beschleunigungsaufnehmer 325, 327
Beschreibungsfunktion 523, 524
    Ortskurve 524

Betragsabstand Siehe Amplitudenreserve
Betragskennlinie 454
betragslineare Regelfläche 495
Betragsreserve Siehe Amplitudenreserve
Betragsresonanz 32, 34
Betriebssystem 757, 762, 767, 787, 788, 790, 803, 804,
    812–814, 816, 817, 819–821, 859, 861, 863, 865,
    876
Betriebstemperaturbereich 200
Beweglichkeit 232, 250
bewerteter Leitwert 410–412
Bezugsamplitude 454
Bezugsknoten 28
Bezugsleistung 454
Bias 604, 605
Bibliotheksroutine 822
BIBO-Instabilität 478, 479, 541, 542
BIBO-Stabilität (Bounded-Input-Bounded-Output-
    Stabilität) 435, 476, 479, 540, 542
Big Data Analytics 888
Bildbereich der Laplace-Transformation 445
Bildfunktion der Laplace-Transformation 445
binäre Größe 396
binäre Darstellung 640
binäre Steuerung 428, 628, 631
binäres Rauschsignal 588
binäres Signal 651, 684
Binärvokabel 684
Binärzahl 206, 215, 222
Bipolartransistor 181, 184, 239
bistabile Kippstufe 400, 414
Bit 136, 150, 167, 215, 221, 223, 224, 397, 410, 414, 684
Bitfeld 758, 760, 761
bit stuffing 805
Black-Box-Identifikation 574
    lineares System 576
    nicht lineares System 576
Black-Box-Modell 574
bleibende Regelabweichung 470, 471
    bei P-Strecke mit I-Regler 475
    bei P-Strecke mit PD-Regler 476
    bei P-Strecke mit PID-Regler 476
    bei P-Strecke mit PI-Regler 476
    bei P-Strecke mit P-Regler 475
    bei P-Verhalten des offenen Regelkreises 471
    bei P-Verhalten der Regelstrecke 471
    bei P-Verhalten des Reglers 471
    Systemtyp 471, 472
    verschiedene Anregungen 471, 472
Blindleistung 40, 53
Blindleistungskompensation 41
Blindleitwert 16
Blindstromkompensation 41
Blockschaltbild 424, 435
    Eingrößensystem 436
    Mehrgrößensystem 436
    Mehrstufensystem 436
    Raumheizung 426
blockweise gewichtetes Least-Squares-Kriterium 594

Bluetooth 810
Bode-Diagramm 172, 173, 201, 454
  Beispiel 454
  des D-Gliedes 458
  des DT_1-Gliedes 458
  des I-Gliedes 458
  des IT_1-Gliedes 458
  Konstruktion bei Reihenschaltung 455
  des PD-Gliedes 458
  des P-Gliedes 458
  des PID-Gliedes 458
  des PI-Gliedes 458
  des PT_1-Gliedes 458
  des $PT_2(S)$-Gliedes 458, 463
Bounded-Input-Bounded-Output-Stabilität 435, 476, 479
Bourdon-Feder 332
Brückengleichrichter 384
Brückenschaltung 19, 23, 26, 28, 177
Bündel 132, 151, 155
Bündelfluss 85
Bündelminimierung 707
Bus 734, 771, 773–786, 796, 798, 802, 803, 808, 809,
    811, 815
  asynchroner 774, 775, 778
  serieller 784
Busarbitration 774, 776, 777, 798, 809
Busbandbreite 778, 780, 782, 811
Bustor 734
busy waiting 797
Buszyklus 774–776, 778, 779, 798, 811, 815, 818
Byte 397, 757, 758, 761, 763, 766, 771, 778, 792, 793,
    797, 811, 822, 834–836, 842, 859

C
Cache 771, 773, 779, 787, 790–793, 803
Cadmiumsulfid 347
Carry-Bit 763
Carry-save Addition 673
charakteristische Gleichung 544, 553
  einer Differenzialgleichung 449
  in der w-Ebene 544
  des geschlossenen Kreises 479, 480
  bei Pol-Nullstellen-Kürzungen 480
charakteristisches Polynom 480
  einer Differenzialgleichung 449
  Nullstelle 553, 554
  der Systemmatrix 553
Charge-balancing-Umsetzer 406, 407, 409
chemical vapor deposition 347
Chipsatz 773
Chopperfrequenz 392
Client-Server 813
Cloud Computing 888
Code 149, 215–217
Codescheibe 321
Codesicherung 759, 761
Codewort 758, 760, 815
Codierung 130, 131, 139, 140, 142–144, 158

Coilanlage 635–637, 649
Commodity 890
complex programmable logic devices 704
Compliance 881
Configuration 638
constant temperature anemometer 339, 340
Controller 639
Controlling 881
Copy-back 793
Coriolis-Kraft 341, 348
Coriolis-Massenstrommesser 340
CPLDs (complex programmable logic devices) 704
Cramer-Rao-Schranke 605
CTA (constant temperature anemometer) 339, 340
CVD (chemical vapor deposition) 347
Cycle-stealing 798

D
Daisy-chain 776, 777
Dämpfung 65, 133, 140, 156, 165, 190
  des $PT_2(S)$-Gliedes 461
Dämpfungsgrad 292–294, 327, 356, 500
Dämpfungskoeffizient 65
Dämpfungsmaß 133, 156, 161
Darlington-Schaltung 186, 187
Darstellung 631, 640–642, 645, 649
  binäre 640
Dateiverwaltung 820, 821
Datenformat 757, 758, 761–764, 797
Datenmatrix
  für ARARMAX-Modell 621
  für ARX-Modell 620
  deterministische 607, 609
  bei linear parameterabhängigen Modellen 606,
    607, 609
  stochastisch unabhängige 608, 609
  stochastische 608, 609
  beim verallgemeinerten Least-Squares-Verfahren 622
Datenstruktur 762, 765, 822, 825, 828, 830, 832–834, 836,
    837, 839–841, 843–845, 858, 860, 874
Datentyp 757, 760–762, 765, 825, 832–835, 841, 843,
    844, 852, 853, 856–858, 860, 867, 868
Datenübertragung
  asynchrone 676, 775, 785, 804, 805
  serielle 773, 787, 805, 811, 812
Datenvektor
  für ARX-Modell 620
  bei linearen Eingrößensystemen 613
  beim verallgemeinerten Least-Squares-Verfahren
    622, 623
Datenwerk 674
DAU (Digital-Analog-Umsetzer) 206, 410, 532
3 dB-Bandbreite 455
3 dB-Eckfrequenz 455
D-Betrieb 193
Dead-Beat-Regler 547
  für Führungsverhalten 549
  für Störverhalten 550

Dead-Beat-Verhalten 547
Decoder 688, 701
Deemphasis 134
Dehnungsmessstreifen 327–330, 339
Deklaration 640, 641
Delon-Schaltung 178
Deltamodulation 149, 150
Delta-Sigma-Umsetzer 417
Demodulation 162, 163, 165, 179
Demodulator 162, 178
Demultiplexer 688
Detektor 286
deterministische Datenmatrix
    bei linear parameterabhängigem Modell
      607, 609
deterministisches System 433
device controller 796
Dezibel (dB) 133, 454
Dezimalzähler 222, 225
D-Flipflop 220, 223, 714
D-Glied (differenzierendes Glied) 162, 219, 460
    Amplitudengang 460
    Bode-Diagramm 458
    Durchtrittsfrequenz 460
    Frequenzgang 460
    Nyquist-Diagramm 458
    Phasengang 460
    Pol-Nullstellen-Diagramm 458
    Übergangsfunktion 458
    Übertragungsfunktion 458, 460
    Übertragungsverhalten im Zeitbereich 460
    Verstärkung 460
    Zeitkonstante 460
3D-Hall-Sensor 320
Diac 245, 246
Diagonalform 560
Dickschichttechnik 347
Differenzengleichung 534
    kontinuierliche 535
Differenzenquotient 533, 538
Differenzialgleichung 443
    gewöhnliche 433 homogene 449
    kontinuierliche 535
    lineare 431
    nichtlineare 431
    partielle 433, 436, 439
Differenzialgleichungssystem erster Ordnung
    lineares 432, 442
    nichtlineares 432, 444
Differenzialzeit
    konstante 473
differenzierendes Glied Siehe D-Glied
Differenzierer 204
Differenzprinzip 306, 316, 317, 326, 329, 333
Differenzsignal 306
Differenztemperaturmessung 344
Differenzverstärker 179, 185
Diffusionsstrom in Halbleitern 232
digital subscriber line 807, 808

Digital-Analog-Umsetzer (DAU) 206, 410, 532
digitale Frequenzmessung 400, 403, 404, 406
digitale Messsignalverarbeitung 395
digitale Messtechnik 395
digitale Periodendauermessung 403, 404
digitale Regelung 532
digitale Zeitmessung 400, 402
digitaler PID-Regler 545
    Differenzengleichung 546
    Einstellregeln 546
    Geschwindigkeitsalgorithmus 546
    Positionsalgorithmus 546
    Stellungsalgorithmus 546
    Übertragungsfunktion 545, 546
digitaler Regler 533
digitales Messsignal 286
digitales Speicheroszilloskop (DSO) 394
Digitaloszilloskop 397, 417
Diodengatter 209
Diodenkennlinie 55, 60, 204, 205, 237, 252
Diodenschaltnetz 210, 211
Diodenthermometer 348
Dioden-Transistor-Logik 637
diophantische Gleichung 510
Dipol 96, 97
Dirac-Impuls 289, 440
    Ableitung 440, 445
    Gewicht 441
    Integral 441
    Laplace-Transformierte 445
    Stärke 441
direkte Zuweisung 643
Disjunktion 660, 665, 667–669
disjunktive Normalform 663, 669, 698
diskrete Fourier-Transformierte 581
diskreter Einheitsimpuls 534
diskretes Signal 433
diskretes System 433
Diskretisierung
    exakte 538, 551
Distribution 440, 445
Division 350, 399, 404
DMA-Controller 770, 771, 773, 779, 792, 796–798,
    817, 821
DMF (disjunktive Minimalform) 705
DMS (Dehnungsmessstreifen) 327–330, 339
dominierendes Polpaar 500
Don't-care-Belegung 698
Doppeldrossel 316, 317
Doppeldrosselsystem 326
Doppler-Modulation 165
D-Register 722
Dreheisenmesswerk 385
Drehspule 380
Drehstrom 47
Drehzahlaufnehmer 320, 323
Drehzahlregelung einer Dampfturbine 425, 427
Dreieckschaltung 49–51
Dreiphasensystem 47, 50

Dreipunktregler 520, 522
    mit Rückführung 520
Drossel als Wegaufnehmer 316
Drosselgerät 350
Drosselsystem 351
DSL (digital subscriber line) 807, 808
DT_1-Glied
    Bode-Diagramm 458
    Nyquist-Diagramm 458
    Pol-Nullstellen-Diagramm 458
    Übergangsfunktion 458
    Übertragungsfunktion 458
Dualität 561, 569
Dualitätsprinzip 662
Dualzahl 758, 759, 762
Dunkelsteuerung 392
Dünnschichttechnik 347
Durchflussmessung
    magnetisch-induktive 375
Durchflutung 80, 83
Durchgangsmatrix 444
Durchlassbereich 175, 204, 209, 245
Durchschaltverfahren 151, 152
Durchtrittsfrequenz 503, 505
    des D-Gliedes 460
    des I-Gliedes 460
    normierte 504
D-Verstärkung 472
dynamische Ausgangsrückführung 570
dynamische Betrachtung 291
dynamische Eigenschaften 314, 326
dynamische Korrektur 355, 356
dynamische Vorsteuerung 571
dynamischer Fehler 288, 290
dynamischer Regelfaktor 469
dynamischer Takteingang 218
dynamisches System 573
dynamisches Systemverhalten 429
dynamisches Verhalten 383

E
ebene Wellen 98, 230
Echowelle 64, 66, 94
Eckfrequenz des PT_1-Gliedes 461
ECL (emitter-coupled logic) 403
Effektivwert 383, 384
Effektivwertmessung 379, 385
Eigenfrequenz 500
    bei PT_2S-Glied 461
    der ungedämpften Schwingung 455
Eigenwert 553
    grenzstabiler 558
    instabiler 558
Eigenwertvorgabe 564
Einadressrechner 766
Ein-/Ausgabebus 771–773, 780
Ein-/Ausgabeprozessor 770, 798

Ein-Bit-Speicher 215, 217, 218
Einflusseffekt 295, 301, 313, 314, 355
Einflussgröße 298, 299, 305, 309, 381
Eingangsadmittanz 44, 45
Eingangs-Ausgangs-Beschreibung 592
Eingangs-Ausgangs-Stabilität 435, 476
Eingangsgröße 287–289, 292, 295–298, 304–306,
    356, 590
Eingangsmatrix 444
Eingangsruhestrom 201
Eingangsspanne 287
Eingangsstörung 469
Eingangsvektor 443, 590, 628
Eingangswiderstand 58, 66, 201, 205
Eingrößensystem 424, 435
    Blockschaltbild 436
    lineares Siehe lineares Eingrößensystem
Einheitsimpuls
    diskreter 534
Einheitskreis 541
Einheitssprung 439
    Ableitung 441
Einheitssprungfunktion 289, 290
Einmarkennetz 631
Einseitenbandmodulation 146
Einspeisung
    fluktuierende 256, 274
einstellbarer Prädiktor 613
einstellbares Modell 616, 617
Einstellparameter des PID-Reglers 473
Einstellregeln für Standardregler 499
Einstellzeit 287, 294
Einweggleichrichter 383
Einweggleichrichtung 177
Einzugsbereich einer Ruhelage 528
Eisenverlust 14, 47
Elastizitätsmodul 329–331
elektrische Feldstärke 67, 70, 93, 234
elektrische Leitung 433
elektrische Maschine 101, 106
elektrische Stromdichte 75
elektrische Verschiebung 68
elektrischer Strom 3, 4
elektrisches Strömungsfeld 75
elektrolytischer Mittelwert 14
Elektromagnet 91, 112
Elektrometerverstärker 57, 58, 205, 207, 374
Elektronen 3, 4, 229–233, 236, 249, 251
    Geschwindigkeit 4
    Injektion 233
Elektronenstrahloszilloskop 389
Elektrostatik 69, 77, 92
elektrothermische Wirkung 102
elementarer Systembaustein 722
Elementarladung 3, 176, 237
Elementarsymbol 684
Emissionsgrad 345, 346
Emitter 181, 182, 184, 185, 191, 195, 212,
    239–242, 254

emitter-coupled logic 403
Emitterwirkungsgrad 240
Empfindlichkeit 134, 141, 161, 214, 252, 287, 314, 380, 390, 575, 599
   Startwert 599, 600
Empfindlichkeitsfunktion 469
Empfindlichkeitsmodell 575, 598–600
   bei rekursiver Parameterschätzung 602
   Startwert 599, 600
empirische Varianz 604
EMV (elektromagnetische Verträglichkeit) 314
endlichdimensionales System 433
endlicher Automat 670, 677–681, 686, 721
Endzustand
   stationärer 429
Energiedichte 73, 86, 97, 104, 105, 112, 114
Energiequelle
   erneuerbare 256, 259
Energiesystem
   elektrisches, nachhaltiges 274
Entfaltung 442
Entkopplung 139, 159, 172, 210, 565
Entkopplungsgrad 152
Entscheidbarkeit 670
Entscheidungsintervall 717, 718
Entscheidungsproblem 720
Erfüllbarkeit 668
ergodischer stochastischer Prozess 579
Ergodizität 579
erkennender Automat 677
Erlang (Erl) 169
erneuerbare Energiequelle 256, 259
Ersatzschaltbild 9, 14, 63, 64, 87–89, 200, 201, 241
Ersatzschaltung 16, 46, 47, 156
Ersatz-Zweipolquelle 24
erwartungstreue Least-Squares-Schätzung 608
erwartungstreue Minimum-Varianz-Schätzung 605
erwartungstreue Schätzung 604
Erwartungswert
   des Parameterschätzfehlers 603
   des quadratischen Schätzfehlers 605
   des Schätzfehlers bei linearer Least-Squares-Schätzung 607, 608
   Schätzung 604
erweiterte Matrix-Methode 621
erweitertes Least-Squares-Verfahren 621
Ethernet 781, 808–810
Euler-Verfahren 533, 538
E-Welle 94
exakte Diskretisierung 538, 551
exception 814–816
Exhaustion 669
Exklusiv-ODER-Verknüpfung 215
experimentelle Modellbildung 574
Exponentialfunktion
   komplexe 453
extended Least Squares 621
extended Matrix Method 621
externe Stabilität 434, 476, 557, 558

F
Fallgraph 635
Faltungsintegral 441, 534
   als nichtparametrisches Modell 577
Faltungssumme 534
Fan-out 783
Farbpyrometer 345, 346
Federkraftmessung 325
Feder-Masse-Dämpfer-System 437
   Differenzialgleichung 437
Feder-Masse-System 291, 326, 327
Fehler
   dynamischer 288, 290
   dynamischer, relativer 290
   quadratischer 300
   quadratischer, mittlerer 605
   relativer 341, 403, 409
   systematischer, mittlerer 605
   zulässiger 297, 298
Fehlerfortpflanzung 304
Fehlerfunktion 302
Fehlergrenze 314
Fehlerkovarianzmatrix
   bedingte 609, 610
   bei der Least-Squares-Schätzung 608-610
   bei stochastisch unabhängiger Datenmatrix 609
Fehlermaß 354
Fehlerminimierungsverfahren 590
Fehlerrückführung 563
Fehlervektor im Least-Squares-Kriterium 593
Feld
   elektrisches 67, 68, 82
Feldbaum-Satz 526
Feldeffekttransistor mit isoliertem Gate 247
Feldlinie
   elektrische 75, 76
Feldplatte 319, 320, 349
Feldwellenimpedanz 94
Feldwellenwiderstand 94
Fensterkomparator 201, 202, 413
Fensterung 582
Fermi-Niveau 231
Fernschreibcode 131
Ferraris-Zähler 388
Festpunktmethode 297
Festwertregelung 424, 425, 468
FET (feldeffektgesteuerter Transistor) 167, 182, 184–186, 200, 247
FET-Eingang 200
Fibre Channel 783, 785, 813
Filter 134, 137, 146, 154, 163, 174, 175
FireWire 773, 783, 784, 794, 798
FIR-Modell 620
Fixator 184
Fläche konstanter Phase 98
Flächenladungsdichte 74
Flash 773, 786, 794–796
Flash-Converter 415
Flipflop 214, 218, 221, 222, 225, 400, 642

Flügelradzähler 338
fluktuierende Einspeisung 256, 274
Flusstabelle 633, 634
Folgeregelung 424, 425, 468
formale Sprache 722
Formfaktor 14, 15, 384
Fotodiode 252, 253
Fototransistor 253
Fotowiderstand 141, 252
Fourier-Reihe 581
    der Ausgangsgröße 589
    der Eingangsgröße 589
Fourier-Reihenkoeffizient 581
    der Ausgangsgröße 589
    Berechnung aus Messwerten 581, 590
    Berechnung über diskrete Fourier-Transformierte 581
Fourier-Transformation 397
Fourier-Transformierte
    diskrete 581
FPGAs (field programmable gate arrays) 707
freie Löcher im N-Substrat 249
freier Ladungsträger 232, 249
Freispeicherverwaltung 819, 820
Freistelle 698
Freiwerdezeit 245
Federkörper
    Auslenkung 330–332
Frequenz
    negative 453
    verallgemeinerte 445
Frequenzbereich 445
Frequenzgang 451–453, 506
    Bestimmung 588, 589
    des D-Gliedes 460
    des I-Gliedes 457
    als nichtparametrisches Modell 577
    Ortskurve Siehe Nyquist-Diagramm
    des P-Gliedes 457
    des PT_1-Gliedes 460
    des PT_2(S)-Gliedes 462
    des T_t-Gliedes 456
    des Totzeitgliedes 456
Frequenzkennliniendarstellung Siehe Bode-Diagramm
Frequenzkennlinien-Verfahren 505
    Eckfrequenzen 506
    Korrekturglieder 506
    phasenabsenkendes Glied 506
    phasenanhebendes Glied 506
    Phasendiagramm 506–508
    Übertragungsfunktion 506
    Vorgehensweise 505
Frequenzkompensation 393
Frequenzmessung
    digitale 400, 403, 404, 406
Frequenzmodulation 146, 147, 160, 162, 165, 238
Frequenzumtastung 146, 148, 149
Frequenzverhalten 290, 291
Frontside 773
Führungsgröße 424, 425

Führungssteuerung 428
Führungsübergangsfunktion
    Kenngrößen 494
    mit PT_2S-Verhalten 501
Führungsübertragungsfunktion 469
    Amplitudenüberhöhung 500
    Bandbreite 500, 502
    Dämpfungsgrad 500
    Eigenfrequenz 500
    Frequenzgang 500, 502
    bei Pol-Nullstellen-Kürzungen 480
    Resonanzfrequenz 500
Führungsverhalten 468
Füllstandsregelung 425, 427
Function Block 641–644
Function Block Diagram 641
Fundamentalmatrix 552
Funktionsbaustein 638
Funktionsbildung 381
Funktionsplan 641
elektrische Feldlinie 75, 76

G
GAL (generic array logic) 704
galvanisches Element 8
Galvanomagnetismus 349
Gate-turn-off-Thyristor 245
Gateway 785, 810
Gatter 201, 209–212, 218, 761
Gauss-Newton-Verfahren 598
    Näherung der Hesse-Matrix 598
Gauß'sche Fehlerquadratmethode 354
gealterte Gewichtungsmatrix 600
G-Ebene
    komplexe 451
gebrochen rationale Funktion 446
    Bedeutung für Zeitverhalten 446
    faktorisierte Darstellung 446
    Nullstellen 446
    Partialbruchdarstellung 446
    Polstellen 446
gegengekoppelter Messverstärker 371, 372
Gegenkopplung 369, 370, 450
    invertierende 203
Gegenkopplungsnetzwerk 370, 371
Gegentakt-AB-Betrieb 190
Genauigkeitsklasse 381
Generalised Least-Squares 622
    Datenmatrix 622, 623
    Datenvektor 622, 623
    Gütekriterien 623
    Parametervektoren 623
Generalized Least-Squares-Kriterium 593, 595
Generation 230, 236, 251
Generator 8, 47, 49–52
Generator-Dreieckschaltung 49
Generator-Sternschaltung 49
Gerätebus 782–784

Geräteregister 732, 735
Gesamtfehler 296, 314
Gesamtfunktion 353
Gesamtverstärkung 57, 58, 203, 205
Gesetz von Bode 455
gesteuerte Quelle 17, 31, 240
gesteuerte Spannung 197
gesteuerte Umschaltung 168
gesteuerter Drainstrom 249
getaktetes Schaltwerk 712, 717, 718
gewichtete Least-Squares-Schätzung 594
gewichtetes Least-Squares-Kriterium 593, 594
    bei linear parameterabhängigen Modellen 607
    lineare 607
    bei linearen Eingrößensystemen 618, 619, 621, 622
    nicht erwartungstreue 608
    nichtlineare 607
    rekursive 610
    Spezialfall der Maximum-Likelihood-Schätzung 596
    systematischer Fehler 607
    verallgemeinertes 595
Gewichtsfaktoren 354
Gewichtsfolge 534
    absolute Summierbarkeit 540, 541
Gewichtsfolgenmatrix 557
Gewichtsfunktion 534
    Ableitung 441
    absolute Integrierbarkeit 476
    Bestimmung durch Anregung mit weißem
        Rauschen 587
    als nichtparametrisches Modell 577
Gewichtsfunktionsmatrix 556
Gewichtungsfaktor im gewichteten Least-Squares-
        Kriterium 593
Gewichtungsmatrix
    im blockweise gewichteten Least-Squares-
        Kriterium 594
    gealterte 600
    ungealterte 600
    im verallgemeinerten Least-Squares-Kriterium 595
gewöhnliche Differenzialgleichung 433
gewöhnliche lineare Differenzialgleichung
    mit konstanten Koeffizienten 437, 442, 447
    Lösung über Laplace-Transformation 447
    zweiter Ordnung 437, 442
Glasfaser 157
Gleichrichter 101, 109, 116, 119, 120, 126, 127, 233
Gleichrichterschaltung 177, 178
Gleichrichtwert 14
Gleichspannungsquelle 8, 180, 181
Gleichtaktverstärkung 185, 201
Gleichung
    charakteristische 449, 544, 553
    diophantische 510
    der harmonischen Balance 524
Gleitpunktzahl 760, 763, 764
Gleitsinus
    langsamer 589
    periodisch fortgesetzter 582

Glimmlampe 54
global asymptotische Stabilität 528
Glühlampe 54, 141
GMR-Sensor 324, 349
Gödelisierung 731
Gradient des Gütekriteriums
    bezüglich des Modellfehlers 597
    bezüglich des Modellparametervektors 597, 601
Gradientenabstiegsverfahren 597
gradientenbasiertes Minimierungsverfahren 597
Graetz-Schaltung 384
Graph 673, 678, 680, 830, 833, 836, 839–841, 870
Gravimetrie 348
Gray-Box-Identifikation 574
Gray-Box-Modell 574
Greinacher-Kaskade 178
Greinacher-Schaltung 384
Grenzempfindlichkeit 134
Grenzfrequenz 142, 157, 172, 242
Grenzschwingung 523
    instabile 523, 524
    in der Phasenebene 525
    semistabile 523
    stabile 523, 524
grenzstabiler Eigenwert 558
grenzstabiler Pol 478, 479, 541, 542
grenzstabiles System 542
Grenzstabilität 478, 479
    interne 557, 558
Grenzzyklus 526
    instabiler 526
    semistabiler 526
    stabiler 526
Größe 308, 349
    aktive 217
    binäre 396
    komplexe 13
    mechanische 314, 347
Grundschaltung 171, 209, 369, 371, 372, 400
Grundschwingung 48
Grundübertragungsdämpfung 159, 160
GTO (Gate-turn-off-Thyristor) 245, 246
GUM (Guide to the expression of uncertainty in
    measurement) 303
Güte 33
Gütekriterium 592
    der kleinsten Fehlerquadrate 593
Gütemaße einer Regelung 492, 494–496, 500, 503

H
Halbautomat 721
Halbleiter 4, 232
Halbleiterbauelement 229, 233, 251
Hall-Effekt 319, 347
Hall-Schalter 320
Hall-Sensor 319, 349
Halteglied 533
    nullter Ordnung 533, 535, 538

Haltekreis 398, 399
Hamming, R.W. 760, 761
Handshake 775, 778, 797
harmonische Balance 524
harmonische Linearisierung 520, 523
harmonische Zeitabhängigkeit 93
Hasardfehler 715
Hasards 707
Häufigkeit eines Pols 540
Hauptinduktivität 47
Hauptsatz der Schaltalgebra 698
Hauptspeicher 732, 765, 771, 773, 786, 787, 789–794,
    796, 798, 802, 804, 818, 819, 821, 841
Hauptwelle 64–66, 94
HCMOS 214
Heaviside-Funktion 439
    Ableitung 441
Heißleiter 342, 347, 362, 363
Hesse-Matrix 597
    Berechnung bei der rekursiven
        Parameterschätzung 601
    Gauss-Newton-Näherung 598, 601
Hexadezimal 758, 759, 766
Hintereinanderschaltung 637
    von Übertragungsgliedern 450
Histogramm 300
Höchstwertgatter 209, 210
Hochvakuumdiode 4
Höhenstandsmessung 319
Hohlspiegelpyrometer 346
homogene Differenzialgleichung 449
Host-Adapter 773, 784, 785, 798
Hüllfläche 69
Hurwitz-Kriterium 481, 544
Hurwitz-Polynom 481
Hurwitz-Sektor 532
HyperTransport 780, 781, 802
Hysteresefehler 296, 297
Hystereseschleife 81, 84, 87
Hystereseverlust 14, 46

I
IDE/ATA 773, 780, 783, 784, 794, 798
ideale Quelle 28
idealer PD-Regler 474
idealer PID-Regler 473
    Übergangsfunktion 473
idealer Verstärker 199
Identifikation 647
    mit einstellbarem Prädiktor 613
    über Fehlerminimierungsverfahren 590
    mit Korrelationsanalyse 587
    über Modellanpassungsverfahren 590
    nichtlinearer Systeme 623
    nichtparametrische 578
    über Parameterschätzung 590
    parametrische 578

praktische Aspekte 624
    über probabilistische Verfahren 590
    mit zeitdiskretem Modell 592
    mit zeitkontinuierlichem Modell 592
IDT (interdigital transducer) 349
IGFET 183, 246–249, 251
I-Glied 457–460
    Amplitudengang 457
    Bode-Diagramm 458
    Durchtrittsfrequenz 460
    Frequenzgang 457
    Integrationszeitkonstante 457
    Nyquist-Diagramm 458
    Phasengang 460
    Pol-Nullstellen-Diagramm 458
    Übergangsfunktion 458
    Übertragungsfunktion 457, 458
    Übertragungsverhalten im Zeitbereich 457
    Verstärkung 457
Impedanz 15–18, 27, 32, 40, 45, 182, 187
Impedanzmatrix 27
Impedanz-Spannungs-Umsetzung 364
Impedanzwandler 205
Implikation 660, 661, 667, 668
Impulsabgriff 323–325
Impulsantwort 290, 440
Impulsfolge 535
Impulsfunktion 289, 290
Indizierte 835
Induktion 79
    magnetische 334, 336, 337, 379, 380, 382
Induktionsabgriff 324, 325
Induktionsdämpfung 381
Induktionsfluss 85
Induktionszähler 388
induktiver Abgriff 325
induktiver Aufnehmer 317, 318
induktiver Wegaufnehmer 317, 341
Induktivitätsbelag 63
induzierte Spannung 85
InfiniBand 781, 783, 785, 813
Influenzladung 70
Information 129, 136, 146, 148, 153, 157, 162, 165, 166,
    221, 222
Informationsfluss 135–137, 139, 144, 151, 155, 157, 166
Informationsgehalt 130, 140, 165, 166
Informationsmanagement 881, 885, 886
    architekturorientierter Ansatz 884
    aufgabenorientierter Ansatz 883
    ebenenorientierter Ansatz 884
    integriertes 884
    Modell 883, 884
    problemorientierter Ansatz 883
    prozessorientierter Ansatz 884
    strategisches 886, 889
Informationstechnologie 881
Informationstechnik 882, 887
Informationsverlust 395, 396, 398
Injektion von Ladungsträgern 233

inkrementale Messsignalverarbeitung 350
inkrementaler Längenmaßstab 322
Inkrementalumsetzer 410, 413
Innovation 613
Innovationsdarstellung
    im Bildbereich 613
    bei linearen Eingrößensystemen 613, 615
instabile Grenzschwingung 523, 524
instabiler Eigenwert 558
instabiler Grenzzyklus 526
instabiler Pol 478, 479, 542
instabiles System 542
Instabilität 479
    interne 557, 558
Instanzierung 642
instruction set architecture 735
Instrumentierverstärker 374
Integer 811, 858
Integralkriterium 495
Integralwertbestimmung 388
Integralzeit
    konstante 473
Integration 290, 301, 309, 325, 345, 348, 350, 376–378,
    383, 388, 407, 409, 417, 886
    der erneuerbaren Energie 260
Integrationsverstärker 376, 377, 391
Integrationszeitkonstante 457
    Integrierendes Glied Siehe I-Glied
Integrierer 204, 205
interdigital transducer 349
intern asymptotisch stabiles System 557, 558
interne Grenzstabilität 557, 558
interne Instabilität 557, 558
interne Stabilität 434, 476, 557
    asymptotische 557
    einfache 557
internes Störmodell 472
Internet der Dinge 888
Interrupt 746, 770, 771, 773, 776, 777, 797, 814, 816
Interrupt-Controller 771, 773, 776, 777
Inverse Laplace-Transformation 445.
    Siehe auch Laplace-Rücktransformation
inverser Betrieb 211
Inverse z-Transformation 536
Inversion 201, 211, 249, 250
Inverter 210, 211, 218, 251
invertierende Gegenkopplung 203
invertierende Mitkopplungsschaltung 207
Invertierer 372–374, 392
Ionen 3
I/O-Prozessor 735
I-Regler 475
    bei Strecke mit P-Verhalten 475
Isaohm 360
ISFET 348
Isolierstoff 11
ISP-Technik (in-system-programmable Technik) 704
Istkennlinie 297, 298
Istwert 424, 425

iteratives Minimierungsverfahren 597
    Durchführung 598
    gradientenbasiertes 597
IT_1-Glied
    Bode-Diagramm 458
    Nyquist-Diagramm 458
    Pol-Nullstellen-Diagramm 458
    Übergangsfunktion 458
    Übertragungsfunktion 458
IT-Governance 886, 890
IT-Service-Engineering 889
IT-Sourcing 890
I-Verstärkung 472
I-Zustandsregelung 570
I-Zustandsregler 570

J
Jacobi-Matrix 432
    der Modellausgangsgröße 598, 610
    des Modellfehlers 597, 598, 601
JFET (Sperrschicht-Feldeffekt-Transistor) 183,
    246–249, 251
Johnson-Zähler mit asymmetrischer Rückkopplung 222
Jordan-Form 560
Joule'sche Wärme 385
Jury-Koeffizientenschema 544
Jury-Kriterium 544

K
Kalibration 295
Kaltleiter 54
Kanalcodierung 144, 145
Kanalkapazität 136, 143, 144, 155, 156, 158, 165, 169, 170
Kanaltrennung 131, 153, 154
Kapazität
    innere 176
Kapazitätsdiode 238
Kapselfeder 332
Karman'sche Wirbelstraße 339
kausales System 434, 440, 441
Kenngröße 288
Kennlinie 287
    linearer Anteil 287
    nichtlineare 520
Kennlinienfunktion 288, 299
Kennliniengleichung 236, 238, 243
Keramiksintermaterial 12
Kettenbepfeilung 31
Kettenstruktur 304, 305
Kettenzählpfeile 44
Kippschaltung 195, 215, 243
Kippschwingung 56, 195, 196
Kippstufe
    bistabile 400, 414
    monostabile 325, 414

Kirchhoffsches Gesetz
    Knotensatz 437
    Maschensatz 437
Kleinste-Fehlerquadrate-Schätzung 587, 593
KMF (konjunktive Minimalform) 705
Knickfrequenz des PT_1-Gliedes 461
Knotenadmittanz 28
Knotenanalyse 25, 28–30
Knotensatz 437
Koaxialleitung 152, 155
Kollektor 184, 191, 193, 196, 212, 239, 240, 242, 243,
    253, 254
Kommunikation 131
Kommunikationstechnik 882, 887
kompakte Funktionstabelle 704
Kompander 395
Komparator 149, 200–202, 370, 400, 410, 413–415, 417
Kompensation 307, 327, 363, 379, 381, 393
Kompensationsprinzip 410, 411, 413
Kompensator 363
2-Komplement-Zahl 762
komplexe Exponentialfunktion 453
komplexe Größe 13
Kompressionssystem 155
Kondensator 32, 53, 71, 172, 173, 175
Konduktanz 17
Konduktivität 10
Konduktometrie 348
Konfidenzintervall 303
Konfidenzniveau 303
konforme Abbildung 451, 452
konjugiert komplexer Wert 52
Konjunktion 660, 665, 667, 669, 670
konjunktive Normalform (KNF) 665, 666, 669, 700
konsistente Schätzung 604, 605
Konsistenz der linearen Least-Squares-Schätzung 608
Konstantan 11, 360
Konstantstromquelle 196, 205
kontinuierliche Differenzengleichung 535
kontinuierliches Signal 433
kontinuierliches System 433
Kontraposition 668
Konvergenz
    stochastische 604
Konversionskonstante 179
konzentrierte Parameter 433, 436
Kopplung
    magnetische 87
Kopplungsfaktor 45
Kopplungsimpedanz 27
Korrektion 303
Korrektur 309, 344, 351, 355–357
    dynamische 355, 356
Korrekturglied 506
    Eckfrequenzen 506
    phasenabsenkendes Glied 506
    phasenanhebendes Glied 506
    Phasendiagramm 507, 508
    Übertragungsfunktion 506

Korrelationsanalyse 587
Korrelationsfunktion 579, 580
Kosinusschwingung 453
Kovarianzmatrix
    für den Modellfehler beim
        Modellanpassungsverfahren 595
    des Parameterschätzwerts 603, 605
    der Störung bei der Least-Squares-Schätzung 609
Kraft 4, 8, 67, 73, 74, 78, 79, 91
Kraftbelag 74, 91
Kraftdichte 74
Kraftmessung 325, 328, 329, 332
Kreis
    magnetischer 83, 84
Kreisrepetenz 93
Kreisschaltung von Übertragungsgliedern 450
Kreisstruktur 304, 306, 307, 333
Kreisübertragungsfunktion 451, 468, 503
    Beschreibung durch IT_1-Glied 504, 505
    bei Pol-Nullstellen-Kürzungen 480
Kreisverstärkung 469, 471
Kreuzkorrelationsfunktion 579
    der Ausgangsgröße eines linearen Systems 580
    zwischen Eingangs- und Ausgangsgröße eines linearen
        Systems 580
Kreuzleistungsdichte
    spektrale 579
Kreuzspektrum 579
    der Ausgangsgröße eines linearen Systems 580
    der Eingangsgröße eines linearen Systems 580
Kreuzvalidierung 624
kritische Periodendauer 499
kritische Popov-Gerade 532
kritische Reglerverstärkung 499
kritischer Punkt 484
kritischer Wettlauf 707, 716
Kronecker-Produkt 598
kubischer Temperaturkoeffizient 402
Kubus 704
Kugelkondensator 73
künftige Anforderungen 256, 265
Kupferleitung 38
Kursregelung eines Schiffes 425, 427
Kurzschlussstrom 24, 25, 48, 247
KV-Diagramm 214, 215
Kybernetik 423

L
Ladder Diagram 642
Ladekondensator 177, 179
Ladungsbelag 74
Ladungskompensationsumsetzer 406
Ladungsträger
    freier 232, 249
Ladungsverstärker 334, 335, 376, 377
Lag-Glied 506
    Bode-Diagramm 506
    Phasendiagramm 508

Längenmaßstab
 inkrementaler 322
Laplace-Rücktransformation 356, 445
 über Partialbruchzerlegung 446
Laplace-Transformation 444
 Bildbereich 445
 Bildfunktion 445
 zur Lösung einer gewöhnlichen linearen
  Differenzialgleichung mit konstanten
  Koeffizienten 447
 Originalbereich 445
 Originalfunktion 445
 Umkehrintegral 445
Laplace-Transformierte
 des Dirac-Impulses 445
 einer zeitgewichteten Exponentialfunktion 445
L1-Approximation 354
L∞-Approximation 354
Laser-Interferometer 322
Laststörung 469
Laufzeitumsetzer 415
Lawinendurchbruch 236, 237, 241
LC-Oszillator 355
Lead-Glied 506
 Bode-Diagramm 506
 Phasendiagramm 508
Leakage-Effekt 582, 589, 590
least significant bit 410
Least-Squares-Gütekriterium 593
Least-Squares-Kriterium 593
 blockweise gewichtetes 594
 gewichtetes 593
 bei Parameterschätzung mit Frequenzgangsdaten 611
 quadratische Ergänzung 607
 für die rekursive Parameterschätzung 601
 stochastische Interpretation 595
 vektorielle Form 593
 verallgemeinertes 593, 595
Least-Squares-Schätzung 575, 587, 593
 für ARARMAX-Modell 621
 für ARARX-Modell 622
 für ARX-Modell 619
 bedingte Fehlerkovarianzmatrix 609, 610
 erwartungstreue 608
 erweiterte 621
 Fehlerkovarianzmatrix 608-610
 lineare 607, 608
 rekursive 610
 verallgemeinerte Siehe verallgemeinerte Least-
  Squares-Schätzung Least-Squares-
  Schätzwert 593
Leerlaufverstärkung 54, 57, 198, 201, 203
Leistung
 abgestrahlte 96
Leistungsanpassung 37, 41
Leistungsdichte
 spektrale 579
Leistungsdichte 77
 spektrale 579

Leistungsfaktor 40
Leistungsmesser 53
Leistungsmessung 350, 381, 386, 387
Leistungsverstärkung 197
Leiter
 Wellenausbreitung 95, 96
Leiterspannung 49
Leittechnik 423
Leitung 38, 63, 91, 155, 157
 elektrische 433
Leitungsgleichung 65, 66
Leitungsverluste 50, 65
Leitwert
 bewerteter 410–412
Leitwertmatrix 31
Leitwertparameter 31, 182
linear parameterabhängiges Modell 606
linear variable differential transformer 317
lineare Differenzialgleichung 431
 gewöhnliche Siehe gewöhnliche lineare
  Differenzialgleichung
lineare Least-Squares-Schätzung 607
 Konsistenz 608
lineare Messverstärker 370
lineare Regelfläche 495
lineare Schaltungen 53, 54
lineare Umformung 286
lineare Vektordifferenzialgleichung erster Ordnung
  432, 442
linearer Temperaturkoeffizient 402
lineares Bauelement 53
lineares Differenzialgleichungssystem erster Ordnung
  432, 442
lineares Drehspulmesswerk 379
lineares Eingrößensystem
 allgemeine Modellstruktur 612, 615
 Datenvektor 613
 Innovationsdarstellung 613, 615
 optimale Vorhersage 613
 optimaler Prädiktor 615–617
 Parametervektor 613
 Störübertragungsfunktion 612
 Störung 612
 Systemstruktur 612
 Systemübertragungsfunktion 612
lineares Modell 576
lineares System 430
lineares zeitinvariantes kontinuierliches System
 Beschreibung im Frequenzbereich 444–456
 Beschreibung im Zeitbereich 435–444
 Differenzialgleichung 435
 Duhamelsches Integral 441
 Faltungsintegral 441
 Frequenzgang 452
 Gewichtsfunktion 440
 Impulsantwort 440
 normierte Sprungantwort 439
 Nullstellen 448
 Pole 448

lineares zeitinvariantes kontinuierliches System
 (*Fortsetzung*)
 Übergangsfunktion 439
 Übertragungsfunktion 447
 Zustandsraumdarstellung 442
Linearisierung 305, 306, 316, 343, 350, 351, 431
 harmonische 520, 523
 einer nichtlinearen Differenzialgleichung 431
 eines nichtlinearen Differenzialgleichungssystems
  erster Ordnung 432
 einer nichtlinearen Vektordifferenzialgleichung erster
  Ordnung 432
 einer statischen Kennlinie 431
Linearitätsfehler 341
Linienladung 69, 70
Linke-Hand-Regel 486
Linsenpyrometer 346
Literal 640, 699
Ljapunow-Funktion 528
Ljapunow-Gleichung 529
Ljapunow-Methode 520, 527
Ljapunow-Stabilitätssatz 528
LOCMOS 214
Logikplan 641
Logiksynthese 686, 692, 714, 723
logische Einheit 788, 790
logische Formel 667
logische Programmadresse 787
logische Schnittstelle 821
logische Verknüpfung 681, 692
logischer Operator 767
logischer Schaltplan 692
logischer Übertragunskanal 807
logischer Wert 834
Log-Likelihood-Funktion 596
look up table 701, 730
Lorentz-Kraft 319
Löschen 217, 221, 222
LSB (least significant bit) 410
Luftdruck 298
Luftfeuchte 298, 323
Luftspule 317
Lumineszenzdiode (LED) 254
LUT (look up table) 701, 730
LVDT (linear variable differential transformer) 317

M
Magnetbandspeicher 795
Magnetfeld 4, 12, 78, 79, 80, 84, 91, 166
magnetic field depending resistor 320
magnetische Induktion 334, 336, 337, 379, 380, 382
magnetische Kopplung 87
magnetische Spannung 83
magnetischer Abgriff 325
magnetischer Kreis 83
magnetischer Leitwert 83
magnetischer Pol 78
magnetisch-induktive Durchflussmessung 375
Magnetostatik 92

Magnetplattenspeicher 793, 796, 813
Majoritätsträgerinjektion 233, 239
Makrobefehl 767
Managementinformationssystem 882
Manganin 11, 12, 360
Mantelthermoelement 344
Markierung 631, 632
Markov-Schätzung 610
Maschenanalyse 26, 27, 29
Maschenimpedanz 27
Maschennetz 168, 169
Maschensatz 437
Maschine
 elektrische 101, 106
 virtuelle 813
Maschinencode 765, 767, 768, 844, 861
Maschinenmodell 728
Maschinenprogramm 731, 765, 767
Maschinenprogrammabwicklung 731
Masonsche Verstärkungsformel 451
Master-Slave-Flipflops 218
Materialgleichung 92
mathematisches Modell 428
Matrix
 der mittleren quadratischen Fehler 605
 positiv definite 528
Matrixdrucker 800
Matrix-Methode
 erweiterte 621
Matrix-Riccati-Gleichung 566
Matrixstruktur 151
Matrizenschreibweise 27, 31
maximale Quantisierungsabweichung 396
maximale Verlustleistung 214
maximaler Quantisierungsfehler 410
Maximalfrequenz 400, 413
Maximum-Likelihood-Schätzung 590, 595
Maximum-a-posteriori-Schätzung 590
Maximumprinzip von Pontrjagin 527
Maxterm 700
Maxwell-Wien'sche Induktivitätsmessbrücke 369
MDR (magnetic field depending resistor) 320
Mealy 670, 671, 677
Mealy-Automat 710
Mealy-Schaltwerken 712
Mean Squared Error 605
mechanische Beanspruchung 327
mechanische Größe 314, 347
mechanischer Schwinger 437
Mehrbenutzersystem 814
Mehrgrößensystem 424, 435
 Blockschaltbild 436
 lineares 443
Mehrkernprozessor 755
Mehrphasensystem 47
Mehrprogrammbetrieb 787, 789, 814, 819
Mehrprozessorsystem
 nachrichtengekoppeltes 804
 speichergekoppeltes 802

Mehrstufensystem 424, 435
  Blockschaltbild 436
Messabweichung 295, 381
  absolute 296
  relative 296
Messbereich 287
Messbereichsanfang 287, 297, 298
Messbereichsende 287
Messbrücke
  belastete 365, 367
Messeffekt 306, 314, 344, 349
Messeinrichtung 285, 294, 295, 304
Messfehler 295
Messfrequenz 401, 403–406
Messfühler 286
Messgerät 285
Messglied 285, 424, 467
  höherer Ordnung 288, 294
Messgröße 285
Messgrößenaufnehmer 286, 306
Messkette 285, 286, 304
Messmatrix 444
Messrauschen
  bei Anregung mit periodischen Signalen 581
  Einfluss auf Frequenzgangsschätzung 588
  Einfluss auf Korrelationsfunktionen 580
  Einfluss auf Spektren 581
  bei Messung der Sprungfunktion 582
Messsignal
  analoges 286, 359
  digitales 286
Messsignalverarbeitung 286, 304, 309, 310, 349, 350, 381
  digitale 395
  inkrementale 350
Messsystem 285, 286
Messtechnik 285, 287
  digitale 395
Messunsicherheit 295, 301, 303
  relative 303
Messverstärker 304, 369–372, 374
  gegengekoppelter 371, 372
Messwerk 379, 383, 385, 387
Messwertanalyse 417
Messwiderstand 342, 359, 360
Messzeit 400, 401, 403–405
Methode
  des Stabilitätsrandes 499
  der Übergangsfunktion 499
Middlewarekomponente 887
MID (magnetisch-induktive Durchflussmessung) 336
Mikroprogrammierung 730
minimale Überdeckung 666
minimalphasiges System 455
Minimalpolynom der Systemmatrix 554
Minimierung 214
Minimierungsverfahren
  gradientenbasiertes 597
  iteratives 597, 598

Minimum-Varianz-Schätzung 605, 610
  erwartungstreue 605
Minoritätsträger 230, 235, 236, 239, 240, 246, 254
Minoritätsträgerinjektion 233, 235
Minterm 699
Mischung 130, 151, 179
Mission-Statement 889
Mitkopplung 56, 58, 59, 205, 207, 216, 450
Mitkopplungsschaltung
  invertierende 207
Mittelwert
  arithmetischer 604
  quadratischer 384
Mittelwertbildung 324, 376, 387
mittlerer quadratischer Fehler 605
mittlerer systematischer Fehler 605
Mobile Computing 888
modale Regelung 565
Modell 631
  einstellbares 616, 617
  des Informationsmanagements 883, 884
  lineares 576
  mathematisches 428
  nicht lineares 576
  nichtparametrisches 577
  parametrisches 577
Modellanpassungsverfahren 590
Modellausgangsgröße
  bei linear parameterabhängigen Modellen 606
  bei Modellanpassungsverfahren 591
  bei Parameterschätzung mit Frequenzgangsdaten 611
  bei rekursiver Parameterschätzung 602
Modellbildung 574
  experimentelle 574
  theoretische 574
Modellfehler
  bei Modellanpassungsverfahren 591
  bei Parameterschätzung mit Frequenzgangsdaten 611
Modellgüte bei Modellanpassungsverfahren 591
Modellordnung 624
Modellparameter 574
Modellparametervektor 590
Modellstruktur 574
  Auswahl 624
  Eingangs-Ausgangs-Beschreibung 592
  für lineare Systeme 612, 624
  bei Modellanpassungsverfahren 591
  Zustandsraumbeschreibung 592
Modellvalidierung 624
Modem 806–808
Modulation 13, 144–146, 149, 152, 157, 161, 162
Modulationsgrad 145, 146
Modulationsprinzip 307
Modulatorscheibe 308
Modus
  ponens 668
  tollens 668
Momentanleistung 377, 386, 387
Momentanreserve 255, 256, 261, 265, 272–274

monostabile Kippstufe 325, 414
Moore-Automat 671
Moore-Schaltwerk 713
MOSFET 183, 247–251
MSB (most significant bit) 410
MSE (Mean Squared Error) 605
Multielement 640
Multiemittertransistor 211
Multiperiodendauermessung 350, 405, 406
Multiplex 131, 166
Multiplexbus 778, 780–782
Multiplexer 688, 701
Multiplikation 350, 400
    mit elektrodynamischen Messwerken 385
Multiplizierer 162, 204
Multisinussignal 582
Multitasking 814, 817, 818
Multithreadingarchitektur 755
Muster 133, 138, 144, 150, 155
Mustererkennung 137, 138

N

nachhaltiges elektrisches Energiesystem 274
Nachlaufregelung 424, 468
Nachlaufumsetzer 410, 413, 414
Nachricht 129–131, 143–145, 152, 155, 161, 162
nachrichtengekoppeltes Mehrprozessorsystem 804
Nachrichtenquader 135, 136
Nachstellzeit
    konstante 473
Nadeldrucker 800, 801
Nearshoring 891
negativ definite Funktion 528
negativ semidefinite Funktion 528
negative Frequenz 453
Netzausbau 256, 260, 263, 271, 274, 278, 279
Netzbetrieb 256, 264, 266, 270, 273
von-Neumann-Rechner 674
Newton-Raphson-Verfahren 597
Newton'sche Trägheitskraft 348
Newton-Verfahren 597
nicht erwartungstreue Least-Squares-Schätzung 608
nicht erwartungstreue Schätzung 604
nichtinvertierende Gegenkopplung 57, 58
nichtkausales System 434
nichtlineare Differenzialgleichung 431
nichtlineare Kennlinie 520
nichtlineare Least-Squares-Schätzung 607
nichtlineare Vektordifferenzialgleichung erster
    Ordnung 444
    Linearisierung 432
nichtlinearer Zweipol 54
nichtlineares Bauelement 53
nichtlineares Differenzialgleichungssystem erster
    Ordnung 432, 444
nichtlineares Modell 576
nichtlineares System 430

Nichtlinearität 296, 297
nichtminimalphasiges System 455
    Darstellung mit Allpass 456
nichtparametrische Identifikation 578
nichtparametrisches Modell 577
nicht sprungfähiges System 440, 443, 444
nicht stabiles System 434
Noise shaping 419
non-unified memory access 804
NOR-Gatter 216, 217
Normalform 659, 663, 665–667, 669, 670
    disjunktive 663, 669, 698
    konjunktive 665, 666, 669, 700
    der Zustandsraumdarstellung 559
Normalformschaltnetz 701
Normalkomponenten
    Stetigkeit 75
Normalverteilung 301, 302, 304
    multivariate, für den Modellfehler beim
        Modellanpassungsverfahren 595
normierte Anstiegszeit 501
    Abhängigkeit vom Dämpfungsgrad 501, 502
normierte Ausregelzeit 501
    in Abhängigkeit vom Dämpfungsgrad 502
normierte Durchtrittsfrequenz 504
normierte Sprungantwort 439
    Ableitung 441
NPN-Transistor 182, 191, 211, 239–241, 243
NTC-Widerstand 342, 362
Nullindikator 363, 368, 370
Nullpunktabweichung 296, 298
Nullpunktfehler 378
Nullpunktfehlergröße 377, 378
nullpunktsicherer Verstärker 367
Nullstelle
    des charakteristischen Polynoms 553, 554
    einer gebrochen rationalen Funktion 446
    des Minimalpolynoms 554
    eines Polynoms 446
    stabile 481
    einer Übertragungsfunktion 448, 449
Nullverstärker 370, 371
NUMA (non-unified memory access) 804
Numerische 640
Nutzungsgrad 155, 156
Nyquist-Diagramm 453
    des D-Gliedes 458
    des DT1-Gliedes 458
    des I-Gliedes 458
    des IT1-Gliedes 458
    bei Parallelschaltung 453
    des PD-Gliedes 458
    des P-Gliedes 458
    des PID-Gliedes 458
    des PI-Gliedes 458
    des PT_1-Gliedes 458
    des PT_2-Gliedes 458
    des PT_2S-Gliedes 458
    bei Reihenschaltung 453

Nyquist-Kriterium 482
  allgemeine Fassung 484
  Frequenzkennliniendarstellung 485
  Linke-Hand-Regel 486
  Ortskurvendarstellung 483
  Phasenbedingung 484
  Regelkreis mit Totzeit 484, 485
  vereinfachte Fassung 486
Nyquist-Ortskurve Siehe Nyquist-Diagramm

O

Oberflächenladung 78
Oberflächenmikromechanik 347, 348
Oberschwingungen 48
Offsetstrom 201
Offshoring 891
Oktalcode 758, 759
Online-Identifikation 574
Operationsverstärker 30, 53–55, 196, 198–201, 204,
  350, 369
Operationswerk (Data Path) 724
Operator 644, 645, 647, 649
optimale Vorhersage bei linearem Eingrößensystem 613
optimaler Prädiktor
  für ARX-Modell 620
  für lineares Eingrößensysteme 615–617
  optischer Abgriff 325
1. Ordnung 288–291, 356
2. Ordnung 288, 291–294, 327, 356, 383
Originalbereich der Laplace-Transformation 445
Originalfunktion der Laplace-Transformation 445
OR-Matrix 703
Ortskurve 19–22
  der Beschreibungsfunktion 524
  des Frequenzganges Siehe Nyquist-Diagramm
Oszillator
  spannungsgesteuerter 162
Oszillatorschaltung 190, 191
Outsourcing 890
Ovalradzähler 338, 339
Overflow-Bit 763

P

paging 789, 790, 819
PAL (Programmable array logic) 707
Panuska-Verfahren 621
Parallelfeder 330, 331
Parallelrechner 801
Parallelresonanz 36
Parallelschaltung 15, 17, 18, 24, 32, 35, 36, 41, 59, 77, 210
  von Übertragungsgliedern 450
Parallelschwingkreis 32–35
Parallelstruktur 305, 306
Parallelumsetzer 415
Parameteroptimierung 526
Parameterschätzfehler 603

Parameterschätzung 574, 590
  allgemeine Modellstruktur 612
  angenommene Systemstruktur 590
  bei ARARMAX-Modell 621
  bei ARARX-Modell 622
  bei ARX-Modell 619, 620
  asymptotisch erwartungstreue 604
  im Bildbereich 613
  Datenmatrix 621
  Datenvektor 613
  Differenzengleichungen 612
  Eigenschaften 603
  als einstellbares Modell 616, 617
  erwartungstreue 604
  über Fehlerminimierungsverfahren 590
  mit Frequenzgangsdaten 611
  mit gefilterten Daten 615, 616
  Innovationsdarstellung 613, 615
  konsistente 604
  Least-Squares-Schätzung 618
  bei linear parameterabhängigem Modell 606
  bei linearem Eingrößensystem 612
  über Modellanpassungsverfahren 590
  optimale Vorhersage 613
  optimaler Prädiktor 615
  Parametervektor 613
  passende 604
  über probabilistische Verfahren 590
  rekursive 575, 600–602
Parameterübergabe 768, 769
Parametervektor
  für ARX-Modell 620
  für lineares Eingrößensystem 613
parametrische Identifikation 578
parametrisches Modell 577
Paritätsbit 758, 761, 795, 805
Partialbruchzerlegung 446
partielle Differenzialgleichung 433, 436, 439
passende Schätzung 604, 605
PCI 771, 773, 779–781, 783–785, 798, 802
PCI-Express 780, 781, 784, 802
PD-Glied 458
PD-Regler
  idealer 474
  quasistetiger 523
  realer 474, 475
  bei Strecke mit P-Verhalten 476
PDT_1-Regler 474, 475
Peer-to-Peer-Netz 810, 813
Pegel 133, 198, 209–211
Pellistor 348
Periodendauermessung
  digitale 403, 404
periodisch fortgesetzter Gleitsinus 582
periodisch fortgesetztes Rauschen 582
periodisches Signal
  Fourier-Reihe 581
  als Testsignale 581
Peripheriebus 771–773

Permeabilität 78, 80, 82
Permeabilitätszahl 80
Permittivität 67–69, 78
Petri-Netz 631, 632, 649
P-Glied 457, 458
    Amplitudengang 457
    Bode-Diagramm 458
    Frequenzgang 457
    Nyquist-Diagramm 458
    Phasengang 457
    Pol-Nullstellen-Diagramm 458
    Übergangsfunktion 458
    Übertragungsfunktion 457, 458
    Übertragungsverhalten im Zeitbereich 457
    Verstärkung 457
phasenabsenkendes Glied 506
    Bode-Diagramm 506
    Phasendiagramm 508
Phasenabstand Siehe Phasenreserve
phasenanhebendes Glied 506, 507
    Bode-Diagramm 506
    Phasendiagramm 508
Phasenbahn 525
Phasenbeziehung 409
Phasenebene 520, 525
Phasengang 294, 452
    des D-Gliedes 460
    des I-Gliedes 460
    Messung 452
    des P-Gliedes 457
    des PT_1-Gliedes 461
    des $PT_2(S)$-Gliedes 462
    des T_t-Gliedes 456
    des Totzeitgliedes 456
Phasenkennlinie 454. *Siehe auch* Bode-Diagramm, auch
        Phasengang
    Konstruktion bei Reihenschaltung 455
Phasenkoeffizient 65, 98
Phasenmodulation 146, 147
Phasenportrait 525
Phasenrand Siehe Phasenreserve
Phasenreserve 486–488, 503
    Abhängigkeit vom Dämpfungsgrad 504
    Bestimmung 487, 488
    Beziehung zur Überschwingweite 504
    aus Bode-Diagramm 487
    bei instabilem Regelkreis 488
    aus Nyquist-Diagramm 487
    Richtwerte 489
    bei stabilem Regelkreis 488
Phasenresonanz 32, 34
Phasenumtastung 146, 148
Physical vapor deposition 347
PID-Glied 458
PID-Regler 472
    Anti-Wind-Up-Maßnahme 475
    Ausgangsgröße im Zeitbereich 473
    mit Differentiation der Ausgangsgröße 475
    Differenzialzeitkonstante 473

digitaler Siehe digitaler PID-Regler
    Einstellparameter 473
    Einstellregeln 499
    idealer 473
    Integralzeitkonstante 473
    Nachstellzeitkonstante 473
    quasistetiger 523
    realer 473
    bei Strecke mit P-Verhalten 476
    Übergangsfunktion 473
    Übertragungsfunktion 472, 473
    mit unterschiedlichen P-Verstärkungen 475
    Verstärkungsfaktor 472
    Vorhaltzeit(konstante) 473
    Wind-Up 475
    nach Ziegler und Nichols 499, 500
$PIDT_1$-Regler 473
Piezomodul 334
Piezowiderstandseffekt 328, 347, 348
PI-Glied 458
Pinch-off-Spannung 183
PIN-Diode 238, 239, 243, 245, 252
Pipelinearchitektur 750
PI/PID-Regler 475
PI-Regler 474
    Einstellung über minimale quadratische
        Regelfläche 497
    für minimale quadratische Regelfläche 496
    mit PT3-Regelstrecke 497, 498
    quasistetiger 523
    Regelgütediagramm 497, 498
    bei Strecke mit P-Verhalten 476
    Übergangsfunktion 474
PI-Zustandsregelung 570
PI-Zustandsregler 570
PLA (Pri logic array; Programmable logic
        array) 703, 707
Plan-Build-Run Modell 884
Planck'sches Strahlungsgesetz 345
Platin-Heizdraht 340
Platin-Widerstandsthermometer 340–342, 347, 367
Plattenfeder 332
Plätze 631, 632, 636
PLDs (Programmable logic devices) 703
Plug and Play 774
Pol 490, 540
    grenzstabiler 478, 479, 541, 542
    Häufigkeit 540
    instabiler 478, 479, 542
    stabiler 478, 479, 541, 542
    Vielfachheit 540
polling 797
Pol-Nullstellen-Diagramm 448, 449, 458
Pol-Nullstellen-Kürzung 478, 509, 513
    außerhalb des Stabilitätsgebiets 481, 509, 513
    von Nullstellen 481
    von schwach gedämpften Polen 481
Polpaar
    dominierendes 500

Polstelle
    einer gebrochen rationalen Funktion 446
    des $PT_2(S)$-Gliedes 464, 465
    der Übertragungsfunktion 448, 449
Polvorgabe 547, 548, 564
    über Wurzelortskurvenverfahren 508
Polygonzug-Interpolation 351, 352
Polynom 352–354, 356
Polynom-Interpolation 351, 352
Pontrjagin-Maximumprinzip 527
Popov-Gerade 531
    kritische 532
Popov-Kriterium 520, 529, 530
Popov-Ortskurve 531
Popov-Sektor 532
Popov-Ungleichung 530
    geometrische Auswertung 531
positiv definite Funktion 528
positiv definite Matrix 528
positiv semidefinite Funktion 528
Posttriggerung 417
potenziometrischer Aufnehmer 315
Prädikatenlogik 667–670, 846
Prädiktion 613
    der Modellausgangsgröße 591
Prädiktor 613
    für ARX-Modell 620
    einstellbarer 613
    für lineares Eingrößensystem 615
    optimaler Siehe optimaler Prädiktor
Präzisionsgleichrichtung 375
Präzisionswaage 333
Preemphasis 134
P-Regler 474
    bei Strecke mit P-Verhalten 475
    Übergangsfunktion 474
Pretriggerung 417
primäre Streuinduktivität 45
primäre Welle 64
Primimplikant 666
Prinzip des internen Störmodells 472
privilegierter Befehl 815
PRMS-Signal 588
probabilistisches Verfahren 590
    Bayes-Schätzung 590
    Maximum-Likelihood-Schätzung 590
    Maximum-a-posteriori-Schätzung 590
Programmiersprache 641
Programmsteuerung 428
Prototyping 889
Prozessdatenverarbeitung 423
Prozessor 731
Prozessorbus 771, 772, 781, 802
Prozessrechner 650
Prozessverwaltung 814, 817
Pseudo-Random-Multilevel-Sequence-
    Signale 588
Pt-100 341
PT_1-Glied 458, 460, 461

Amplitudengang 461
Bode-Diagramm 458
Eckfrequenz 461
Frequenzgang 460
Knickfrequenz 461
Nyquist-Diagramm 458
Phasengang 461
Pol-Nullstellen-Diagramm 458
Übergangsfunktion 458
Übertragungsfunktion 458, 460
Übertragungsverhalten im Zeitbereich 460
Verstärkung 460
Zeitkonstante 460
PT_2-Glied 461–465
    Amplitudengang 462, 463
    Bode-Diagramm 458, 463
    Dämpfung 461
    Frequenzgang 462
    Nyquist-Diagramm 458
    Phasengang 462
    Pol-Nullstellen-Diagramm 458
    Polstellen 464, 465
    Übergangsfunktion 458
    Übertragungsfunktion 458, 462
    Übertragungsverhalten im Zeitbereich 461
    Verstärkung 461
    Zeitkonstante 462
PT_t-Glied Siehe Totzeitglied
PT_2S-Glied 461–465
    Amplitudengang 462, 463
    Bode-Diagramm 458, 463
    Dämpfung 461
    Eigenfrequenz der ungedämpften
        Schwingung 461
    Frequenzgang 462
    Nyquist-Diagramm 458
    Phasengang 462
    Pol-Nullstellen-Diagramm 458
    Polstellen 464, 465
    Resonanzfrequenz 465
    Resonanzüberhöhung 465
    Schwingverhalten in Abhängigkeit von den
        Polen 464, 465
    Übergangsfunktion 458
    Übertragungsfunktion 458, 462
    Übertragungsverhalten im Zeitbereich 461
    Verstärkung 461
PT_1T_t-Glied zur Beschreibung des
    Streckenverhaltens 499
Pulsmodulation 144, 149, 164
Punktladung 67, 69, 70, 73
Punkt-zu-Punkt-Verbindung 770–773, 778,
    780–783, 785, 791, 798, 802, 805,
    806, 808
PVD (Physical vapor deposition) 347
P-Verhalten 471, 472
P-Verstärkung 472
pyroelektrischer Effekt 334
Pyrometer 345, 346

Q

QAM-Modulation 157
quadratisch optimaler Zustandsregler 565
quadratische Ergänzung 607
quadratische Form 528
quadratische Regelfläche 494–496
quadratischer Fehler 300
quadratischer Mittelwert 384
quadratischer Schätzfehler 605
quadratischer Temperaturkoeffizient 402
Quadrierer 204, 205
quantisiertes Signal 433
Quantisierung 352, 395, 396, 400
Quantisierungsabweichung 396
    maximale 396
    relative 397
Quantisierungsfehler 396, 397, 400, 401, 404, 405
    maximaler 410
    relativer 396, 397, 404, 405
Quantisierungsrauschen 395
Quarz 334, 346–348
Quarz-Mikrowaage 348, 349
Quarzuhr 402
quasistetiger PD-Regler 523
quasistetiger PID-Regler 523
quasistetiger PI-Regler 523
quasistetiger Regler 520, 523
Quelle 9, 23, 25, 28, 30, 32, 92, 131, 139, 140, 144, 151,
    155, 158, 166
Quellenauswahlnetz 688
Quellencodierung 144
Quellenfeld 67
Querdehnung 328, 329
Quotientenbildung 350, 379, 381

R

Radar 164, 165
Radizierschwert 350
Rampenantwort 290, 291
Rampenfunktion 289, 290
Raster-Scanner-Prinzip 417
Raumheizung
    Blockschaltbild 426
    Regelung 425, 426
    Steuerung 425, 426, 428
Rauschen
    binäres 588
    periodisch fortgesetztes 582
    ternäres 588
Rauschsignal
    binäres 588
    als Testsignal 579
RC-Filter
    aktiver 376
Reaktanz 16, 35, 40
Reaktanzfunktion 37
realer PD-Regler 474, 475
realer PID-Regler 473
Rechenverstärker 203

Rechnernetz 757, 760, 771, 805, 814
Rechteckpuls 440
Referenzfrequenz 350, 401, 402, 404, 405, 407–409
Referenzmodell 884
Referenzzeit 401
Reflexionsfaktor 66
Regelabweichung 424, 426, 467
    bleibende Siehe bleibende Regelabweichung
Regelalgorithmus 424, 651
Regeldifferenz 426
Regelfaktor
    dynamischer 469
    statischer 471
Regelfehler 426
Regelfläche
    betragslineare 495
    lineare 495
    quadratische 495, 496
    verallgemeinerte quadratische 495
    zeitbeschwerte betragslineare 495
    zeitbeschwerte quadratische 495
Regelgröße 424, 425
Regelgütediagramm 497, 498
Regelkreis
    Stabilität 428
    stationäres Verhalten 470
Regelstrecke 424, 467
Regelung 424–427
    Definition 424
    digitale 532
    Gütemaß 492, 494–496, 500, 503
    Merkmal 425
    Unterschied zu Steuerung 424, 428
Regelungsnormalform 559
Regelungstechnik
    Einordnung 423
Registerblock 786
Registerspeicher 761, 769, 786, 788, 802
Registertransfer 674, 675
Regler 424, 467
    digitaler 533
    quasistetiger 520, 523
Reglerentwurf 491
    algebraischer 509
    analytischer 508, 509, 547
    Anforderung 491
    direktes Verfahren 509
    Einstellregeln 499
    empirisches Vorgehen 498, 499
    im Frequenzbereich 500
    Frequenzkennlinien-Verfahren 505-508
    indirektes Verfahren 509
    Polvorgabe 509–511, 515, 516
    Truxal-Guillemin-Verfahren 509
    Vorgabe der Führungsübertragungsfunktion 512–516
    Vorgabe des Verhaltens des geschlossenen Kreises 508
    Wurzelortskurvenverfahren 508
    im Zeitbereich 492
Reglernullstelle 509

Reglerpol 509
Regressionsanalyse 587
Reibradintegrator 350
Reihenschaltung 9, 14, 17–20, 32, 35, 37, 59, 71, 77, 175,
        181, 189, 212
    von Übertragungsgliedern 450
Reihenschwingkreis 32, 33
Rekombination 236
rekursive Least-Squares-Schätzung 610
rekursive Parameterschätzung 575, 600
    Algorithmus 602
    Gütekriterium 601
    Startwerte 603
Relaissystem 520
    Schaltkurve 526
    Stabilitätsuntersuchung 526
    Untersuchung in der Phasenebene 526
Relaistechnik 636
relative Messabweichung 296
relative Messunsicherheit 303
relative Quantisierungsabweichung 397
relative Stabilität 486
relativer dynamischer Fehler 290
relativer Fehler 341, 403, 409
relativer Quantisierungsfehler 396, 397, 404, 405
Repeater 809
Reset 221, 222
Residuen 446
Residuensatz 537
Resistanz 15, 16
Resistivität 10, 12, 77
Resolution 668–670
Resonanz 32–34
Resonanzfilter 174
Resonanzfrequenz 455, 500
    des PT_2S-Gliedes 465
Resonanzüberhöhung des PT_2S-Gliedes 465
Restseitenbandmodulation 145–148, 160
Reynolds-Zahl 339
Reziprokwertbildung 324, 405
Richtfunk 152, 158, 160
richtiger Wert 296
Ringrohr-Winkelaufnehmer 315, 316
RLC-Schwingkreis 437, 442
    Differenzialgleichung 437
    Zustandsraumdarstellung 442
Rohrfeder 332
ROM (read-only memory) 350
Rosetten-Dehnungsmessstreifen 330
Router 808, 810
Routh-Kriterium 482, 544
Routh-Schema 482
RS-Flipflop 215, 218
Rückkopplung 56, 168, 215, 222, 450
Rückkopplungskomponente 714, 717, 718
rücklaufende Welle 64
Rücksetzen 217, 220
Rücktransformation der Laplace-Transformation 356, 445
Rückwärts-Differenzenquotient 533

Rückwärtsdiode 239, 240
Rückwärts-Rechteck-Regel 539
Rückwirkung 298
Rückwirkungsfreiheit 424
Ruhelage 431, 527
    asymptotische Stabilität 527
    Stabilität 435, 527
Rundfunk 152, 158, 160

S
Sägezahngenerator mit Thyristor 196
SAR (Successive approximation register) 414
SATA 783, 784, 794, 798
Sättigungsbereich 242, 244, 249, 250
Sättigungsfeldstärke 80
Sättigungsstromdichte 236, 238
Satz von Feldbaum
Sauerbrey-Gleichung 349
SAW (Surface acoustic wave) 349
Scanner 782, 784, 800
Schaltalgebra 689
Schaltausdruck 689
Schaltfunktion 696
Schalthysterese 58, 59, 207
Schaltkurve in der Phasenebene 526
Schaltnetz 664, 674, 681, 687
Schaltnetzbaustein 701
Schaltung 328, 363, 372
    analoge integrierte 369
    asynchrone 717, 750
Schaltwerk 221, 687, 708, 710, 713
    asynchrones 675, 683, 712, 714, 717, 718
    getaktetes 712, 717, 718
Schätzer 1 588
Schätzer 2 588
Schätzfehler
bedingter Erwartungswert 608
    quadratischer 605
Schätzung
    asymptotisch erwartungstreue 604
    asymptotisch wirksame 605
erwartungstreue 604
    konsistente 604, 605
    nicht erwartungstreue 604
    passende 604, 605
    wirksame 605
Scheduler 817
Scheinleistung 38, 40
Scheinleitwert 17
Scheinwiderstand 17
Scheitelfaktor 14
Scherungsgerade 84
Schieberegister 221, 222, 224, 226, 723
Schleifdraht-Messbrücke 367, 368
Schleifennetz 168, 169
Schleusenspannung 176, 180, 191, 195
Schließen 668
Schmelzsicherung 38

Schmitt-Trigger 58, 205, 400, 403
Schnittstelle 771, 783, 784, 787, 791, 798, 799, 810, 812,
    817, 821, 822, 851, 865, 867–869
Schraubenfeder 317
Schrittweite
    Gauss-Newton-Verfahren 598
    Gradientenabstiegsverfahren 597
    gradientenbasiertes Minimierungsverfahren 597
Schultz-Gibson-Verfahren 529
Schur-Cohn-Kriterium 544
Schutzschalter 38
Schwebekörper-Durchflussmessung 336
Schwellenspannung 210, 249
schwingfähiges Verzögerungsglied zweiter Ordnung 587
Schwingkreis 32, 34, 35, 173
Schwingsaiten-Waage 333
SCSI (Small Computer System Interface Bus) 773, 780,
    782, 783, 785, 794, 798
Segmentverwaltung 788–790, 819, 820
Seitenband 146
Sektor 529, 530
Sektortransformation 530
Selbsthaltekontakt 643
Selektivität 33
Semaphor 762, 818
semistabile Grenzschwingung 523
semistabiler Grenzzyklus 526
Senken 131, 151, 158, 166
Senkenauswahlnetz 688
Sensor 286, 298, 309, 313–315, 323, 325, 327, 335, 341,
    346, 347, 349, 355, 356
Sensorkennlinie 351–355
Sensorsignal 314
Sensorsystem 313, 355, 356
Separationsprinzip 570
Sequential Function Chart 649
sequentieller Prozess 649
serieller 773, 774, 784, 787, 805, 811, 812
serielle Datenübertragung 773, 787, 805, 811, 812
serielle Verbindung 774
serieller Bus 784
Serien-Parallel-Umsetzer 415
Server 761, 773, 780, 783, 785, 794, 795, 811, 813,
    862, 863
Service 888
Servoregelung 424
Setup and hold time 716
Shannon, C. H. 309
Shannon'sches Abtasttheorem 394, 397, 398, 419
Shared Service Center 890
Sigma-Delta-Modulator 150
Signal 129–135, 137, 139, 140, 143, 153, 157, 158, 160,
    162–165, 167, 172, 174, 179, 193, 684
    binäres 651, 684
    diskretes 433
    kontinuierliches 433
    periodisches Siehe periodisches Signal
    quantisiertes 433
    wertediskretes 433

    wertekontinuierliches 433
    zeitdiskretes 433
    zeitkontinuierliches 433
Signaldynamik 133, 134, 162
Signalform 314
Signalregeneration 210
Signalreproduktion 166, 167
Signalspeicherung 165, 166
Signalumformung 359
Signalverarbeitung 137, 145, 149, 161, 162, 165, 167, 168
Signalwandler 139, 140, 167
Silizium 320, 328, 343, 346–348, 355
Silizium-Fotoelement 346
Silizium-Widerstandsthermometer 343
Simulation 429
Single-element 640
Sinusschwingung 453
Skalenverlauf 291, 380, 382, 383, 385
Skalierung 351
Slave 218, 221
slew rate 201
Small Computer System Interface Bus 773, 780, 782, 783,
    785, 794, 798
Smart meter 389
SnO_2-Gassensor 347, 348
Software as a Service 886
Software-Modell 638, 639
Solarzelle 114, 252
Sollkennlinie 297, 309, 351
Sollwert 424, 425
Sollwertaufschaltung 562
Spaltenmatrix 31
Spannung
    elektrische 7, 8, 72
    gesteuerte 197
    induzierte 85
Spannungsbegrenzung 60
Spannungsfolger 205
Spannungs-Frequenz-Umsetzer 407, 409
Spannungsgrenze 241
Spannungskompensation 307, 363
Spannungsmessgerät 381
Spannungsquelle 8, 9, 25, 26, 28, 30, 38, 73, 86, 184, 197,
    200, 247
    ideale 28–30
    spannungsgesteuerte 30, 197, 200
Spannungsregelung eines Generators 425, 427
Spannungs-Strom-Kennlinie 392
Spannungsteiler 24, 25, 38, 172, 184
Spannungsverstärker 307, 372
Speicher 670, 675, 676, 680, 757, 761, 767, 770, 771, 773,
    774, 782, 784, 786, 789, 790, 794–798, 802–804,
    813, 816, 819, 821, 830, 833, 835, 836, 839,
    842–844, 852, 860, 865
speichergekoppeltes Mehrprozessorsystem 802
Speicherkraftwerk 255, 261, 265, 269, 270, 272, 274
Speicheroszilloskop
    digitales (DSO) 394
speicherprogrammierbare Steuerung (SPS) 428, 650

Speicherschutz 787, 788, 819
Speicherverfahren 151, 152, 166
Speicherverwaltungseinheit 786, 787, 814, 819
spektrale Kreuzleistungsdichte 579
spektrale Leistungsdichte 579
Sperrbereich 175, 191, 192, 209, 242, 243
Sperrschicht-Feldeffekt-Transistor 183, 246–249, 251
Sperrschichtkapazität 181, 237, 238
Spitzenwertgleichrichtung 384
Spline-Interpolation 351
Sprache
    formale 722
Spreading resistance sensor 343, 348
Sprechfunk 158, 161
Sprungantwort 429, 582, 583, 586
    des geschlossenen Regelkreises 494
    Messung 582
sprungfähiges System 440
sprungförmige Testsignale 578
Sprungfunktion 439, 441
SPS-Software 638
SPS (Speicherprogrammierbare Steuerung) 428
SR-Master-Slave-Flipflop 218
stabile Grenzschwingung 523, 524
stabile Nullstelle 481
stabiler Eigenwert 558
stabiler Grenzzyklus 526
stabiler Pol 478, 479, 541, 542
stabiles Polynom 481
stabiles System 434, 541, 542
Stabilität 167, 168, 184, 190, 428, 434, 476
    absolute 529, 530
    asymptotische 557, 476
    asymptotische, einer Ruhelage 527, 528
    Definition 476
    diskreter Systeme 540
    einfache 557
    externe 434, 476, 557, 558
    global asymptotische 528
    interne 434, 476, 557
    im Kleinen 528
    bei Pol-Nullstellen-Kürzungen 478, 509, 513
    relative 486
    einer Ruhelage 435, 527
Stabilitätsgebiet 478, 479, 541, 542, 558
Stabilitätskriterium 478, 481
    für diskretes System 544
Stabilitätsrand 478, 479, 541, 542, 558
Stammfunktion 355, 356
Standardabweichung 300, 301
Standardregelkreis
    Blockschaltbild 467
Standardregler 472
    Einstellregeln 499
    Operationsverstärkerschaltung 476, 477
    optimaler Einstellwert 498
    bei Strecken mit P-Verhalten 475
Standardschaltkreis 211
Standardübertragungsfunktion 469

Standardverstärker 200
Startwert
    für das Empfindlichkeitsmodell 599, 600
    bei rekursivem Parameterschätzwert 603
stationäre Verstärkung 537
stationärer Anfangszustand 429
stationärer Endzustand 429
stationärer Grenzwert 135
stationärer stochastischer Prozess 579
stationäres Verhalten 469
    des geschlossenen Regelkreises 470
Stationarität 579
statische Kennlinie 430
    Linearisierung 431
statischer Regelfaktor 471
statisches Systemverhalten 429
Statusregister 743, 766, 797, 814–816
Stefan-Boltzmann'sches Gesetz 345
Steigungsabweichung 296, 298
Stellglied 424, 467
Stellgröße 424, 426, 467
Stern-Dreieck-Umwandlung 21
Sternnetz 168, 169
Sternpunkte 49
Sternschaltung 49, 50, 53
Stern-Vieleck-Umwandlung 23
Sternvierer 155
steuerbares System 435
Steuerbarkeit 435, 444, 560, 561
Steuerbarkeitsmatrix 561
Steuerkreis 687, 724
Steuermatrix 444
Steuerung 428
    Ablauf- 428
    adaptive 428
    binäre 428, 628, 631
    Definition 425
    Raumheizung 425, 426, 428
    mit Rückführung 428
    selbsteinstellende 428
    speicherprogrammierbare (SPS) 428, 650
    Stabilität 428
    Unterschied zu Regelung 424, 428
Steuerungstechnik 423
Steuervektor 443
Steuerwerk (Controller) 724
Stichprobenvarianz
    nicht erwartungstreue Schätzung 604
stochastisch unabhängige Datenmatrix bei linear
    parameterabhängigem Modell 608, 609
stochastische Datenmatrix bei linear
    parameterabhängigem Modell 608, 609
stochastische Konvergenz 604
stochastische Störung bei der linearen Least-Squares-
    Schätzung 607
stochastischer Grenzwert 605
stochastischer Prozess
    ergodischer 579
    stationärer 579

stochastisches System 433
Stofftransport in Rohrleitung 438
    Differenzialgleichungen 439
Störabstand 134, 136, 137, 140, 142, 144, 154, 155, 160–163, 212
Störbeobachter 571
Störeffekt 313
Störgröße 424, 428, 467, 590
    bei der linearen Least-Squares-Schätzung 607
Störgrößenregelung 424, 468
Störmodell
    internes 472
Störsignal 154, 161
Störspannung 409, 410
Störübertragungsfunktion 467, 469, 612
    bei ARX-Modell 620
Störung 469
Störunterdrückung 468
Störwerterfassung 417
Stoßbeschleunigung 327
Strahlungsthermometer 345, 346
Strategic Alignment 881
strategisches Informationsmanagement 886, 889
Streamer 793, 795, 813
streng kausales System 434, 440, 441, 443, 444
Streufaktor 45
Streuinduktivität 45
Strom
    elektrischer 3, 4
    zeitlich veränderlicher 129
Stromdichte 75, 76, 96, 232, 236
Stromkompensation 363
Stromleitung 232
Strommessung 4, 29
Stromquelle
    äquivalente 28
    ideale 29, 30
    spannungsgesteuerte 30
Stromrichter 117, 118, 122, 123
Strom-Spannungs-Kennlinie 53–55, 58
Strom-Spannungs-Umformung 359
Stromteiler 18
Stromüberhöhung 34
Strömungskörper 337
strömungstechnische Kenngröße 335
Stromverstärker 372, 373, 375, 376, 411
Stromverstärkungsfaktor 254
Strouhal-Zahl 339
Structs 639, 640
Structured Text 645
Struktur
    der Messtechnik 304
    eines Netzes 25
Strukturbestimmung 574
strukturierter Datentyp 639
Strukturoptimierung 526
Strukturprüfung 624
    für lineares System 624
Strukturselektion 624
    für lineares System 624
Stützwert 353, 354

Subtrahierer 204
Subtrahierverstärker 373, 374
Subtraktion 305, 350
sukzessive Approximation 410, 414, 415
Summation 350, 398
Summenwahrscheinlichkeit 302
Summierbarkeit
    absolute, der Gewichtsfolge 540, 541
Superposition 374, 412
Superpositionsgesetz 289
Superpositionsprinzip 430
Supervisor 814–816, 819
Suszeptanz 16
Suszeptanzfunktion 35
Switched Fabric 785
Symbol 8, 9, 48, 130, 135, 684
Synchron-Demodulation 162
Synchronisation 675, 774, 775, 784, 796–798, 805, 818, 822, 845, 855
System
    asymptotisch stabiles 541
    mit Ausgleich 429, 582
    ohne Ausgleich 429, 460, 582
    beobachtbares 435
    BIBO-instabiles 541
    BIBO-stabiles 540
    deterministisches 433
    diskretes 433
    dynamisches Verhalten 383, 573, 429
    Eigenschaften 428
    endlichdimensionales 433
    grenzstabiles 542
    instabiles 542
    intern asymptotisch stabiles 557, 558
    kausales 434, 440, 441
    kontinuierliches 433
    mit konzentrierten Parametern 433, 436
    lineares 430
    minimalphasiges 455
    nichtkausales 434
    nichtlineares 430
    nichtminimalphasiges 455, 456
    nicht sprungfähiges 440, 443, 444
    nicht stabiles 434
    sprungfähiges 440
    stabiles 434, 541
    statische Kennlinie 430
    statisches Verhalten 429
    steuerbares 435
    stochastisches 433
    streng kausales 434, 440, 441, 443, 444
    mit Totzeit 448
    unendlichdimensionales 433
    mit verteilten Parametern 433, 436
    verteiltes 814
    zeitinvariantes 430
    zeitvariantes 430
systematische Messabweichung 300, 303, 304
systematischer Fehler 604
    bei der Least-Squares-Schätzung 607
    mittlerer 605

systematischer Schätzfehler bei der
        Frequenzgangsschätzung 588
Systemaufruf 812, 815, 817, 819–822
Systembaustein 688
Systembus 675, 771–774, 782, 796, 798
Systemidentifikation 574
Systemparameter 590
Systemparametervektor 590
    wahrer 590

T
tabellarische Abspeicherung 351
Tachogenerator 323, 324
Takahashi-Einstellregel 546
Takteingang
    dynamischer 218
Taktflanken-Steuerung 218
Taktgenerator 219
Taktzustands-Steuerung 218
Tangentialkomponenten
    Stetigkeit 75
Task 638, 642, 645, 652
Tastteiler 392, 393
Tastverhältnis 214
Tauchkernsystem 316
Tauchspulsystem 333
Tautologie 667
Taylor-Reihe 431, 432
technischer Must Run 256, 261
Teilerverhältnis 360–362, 370
Teilerwiderstand 393
Telegrafie 140, 157
Teleperm-Abgriff 350
Temperaturabhängigkeit 11, 12, 183, 184
Temperaturaufnehmer 343
Temperaturgang 401, 402
Temperaturkoeffizient 381
    kubischer 402
    quadratischer 402
Temperaturmessung 341
TEM-Welle 94
Terminal 759, 799
ternäres Rauschsignal 588
Testfunktion 289–291
Testsignal 578
    periodisches 581
    Rauschsignale 579
    sprungförmiges 578
TE-Welle 94
T-Flipflop 221, 223
T_t-Glied Siehe Totzeitglied
theoretische Modellbildung 574
thermischer Massenstrommesser 339, 340
Thermoelement 343, 347, 385
Thermoempfindlichkeit 343, 344
Thermospannung 343, 345, 359, 385
Thermoumformer 385
Thermowiderstandseffekt 347
Thyristor 4, 180, 196, 245, 246
Thyristordiode 245, 246

Tiefpassfilter 1. Ordnung 375, 376
Tiefpassverhalten 167, 172, 177, 455
Tiefstwertgatter 209, 211
Timer 642
Tintenstrahldrucker 801
TM-Welle 94
Token 808, 809
Toleranz 297
Toleranzbandmethode 297
Torzeit 403–407
toter Nullpunkt 287
Totzeit 538
Totzeitglied 439, 456
Trägerfrequenzverfahren 152
Trägerschwingung 307, 308
Trägertastung 146, 148
Trägheitsmoment 291
Trajektorie 525
    eines Systems im Zustandsraum 444
Transformator-Schaltzeichen 44
Transientenrecorder 417
Transientenspeicher 417
Transientenspeicherung 415, 417
Transistor 685, 694
Transistoreffekt 240, 242
Transistorthermometer 348
Transitfrequenz 200, 201
Transition 631, 632, 636, 653
Transitzeit 242
Translation-look-aside-Buffer 790
Transportfaktor 240
trap 763, 767, 775, 815, 816, 822
Trapezregel 539
Triac 246
Triggersignal 392, 417
Triggerung 389, 391, 392
Tristate 775, 776
Truxal-Guillemin-Verfahren 509
Tschebyscheff-Approximation 354
Tunneldiode 54, 56, 237
Turbinen-Durchflussmesser 338
Turingmaschine 731
Tustin-Regel 540
t-Verteilung 303
Typ einer Übertragungsfunktion 469
Type assignment 640
typisches Übertragungsglied 457–465
    Übersicht 458

U
Überdeckung
    minimale 666
Übergangsfunktion 290, 291, 439, 440, 499
    Ableitung 441
    des D-Gliedes 458
    des DT_1-Gliedes 458
    gemessene 583, 584, 586
    des idealen PID-Reglers 473
    des I-Gliedes 458
    des IT_1-Gliedes 458

Übergangsfunktion (*Fortsetzung*)
  Messung 582
  als nichtparametrisches Modell 577
  des PD-Gliedes 458
  des P-Gliedes 458
  des PID-Gliedes 458
  des PID-Reglers 473
  des PI-Gliedes 458
  des PT_1-Gliedes 458
  des PT_2-Gliedes 458
  des PT_2S-Gliedes 458
  des realen PID-Reglers 473
Übergangsintervall 717, 718
Übergangsmatrix 552
Überlagerungsprinzip 430
Überlagerungssatz 23, 138, 139
Übernahmeverzerrung 189
Überschwingweite 293, 494
  Abhängigkeit vom Dämpfungsgrad 501
  Abhängigkeit von der Amplitudenüberhöhung 501
  Beziehung zur Phasenreserve 504
  bei P-Strecke mit I-Regler 475
  bei P-Strecke mit PD-Regler 476
  bei P-Strecke mit PID-Regler 476
  bei P-Strecke mit PI-Regler 476
  bei P-Strecke mit P-Regler 475
Übersteuerung 57
Übertrager 46, 172, 174
Übertragungsfunktion 447, 448, 451, 453
  des Allpasses erster Ordnung 456
  Berechnung aus Zustandsraumdarstellung
    451, 555
  des D-Gliedes 458, 460
  des DT_1-Gliedes 458
  faktorisierte Darstellung 448
  Hintereinanderschaltung 450
  des I-Gliedes 457, 458
  des IT_1-Gliedes 458
  Kreisschaltung 450
  für Mehrgrößensystem 448
  eines nichtminimalphasigen Systems 456
  Nullstellen 448, 449
  des offenen Kreises Siehe Kreisübertragungsfunktion
  Parallelschaltung 450
  als parametrisches Modell 577
  des PD-Gliedes 458
  des P-Gliedes 457, 458
  des PID-Gliedes 458
  des PID-Reglers 472
  des PI-Gliedes 458
  Pol-Nullstellen-Diagramm 449
  Polstellen 448, 449
  des PT_1-Gliedes 458, 460
  des PT_2-Gliedes 458, 462
  des PT_2S-Gliedes 458, 462
  Rechenregeln 449, 450
  Reihenschaltung 450
  Rückkopplung 450
  für System mit Totzeit 448
  des Totzeitgliedes 456

vom Typ k 469 Übertragungsgeschwindigkeit 771, 797,
    805, 807, 812
Übertragungsglied 424, 457–465
Übertragungsmatrix 448
Übertragungsrate 771, 778–787, 794, 805, 807,
    809–812
Übertragungssystem 424
Ultraschall-Durchflussmessung 337, 338
UMA (uniform memory access) 803, 804
  Umkehrintegral der Laplace-Transformation 445
Umkehrverstärker 56–58, 203
Umlaufanalyse 27–30
Ummagnetisierung 45
Ummagnetisierungsverlust 14
Umschaltung
  gesteuerte 168
UND-Gatter 400
unendlichdimensionales System 433
unentscheidbares Problem 731
ungealterte Gewichtungsmatrix 600
ungetaktetes Schaltwerk 712, 714
ungleichförmige Quantisierung 395
Uniform memory access 803, 804
universelle Turingmaschine 731
Unterprogramm 768–770
USB 394, 773, 783, 784, 794, 796, 798, 808
User-Modus 814, 815, 819

V
Vakuum 94, 97
Validierung 624
Var 40
Variable 638, 640, 641, 652
Variablendeklaration 640, 641
Variablenliste 640
Varianz 300
  empirische 604
  Schätzung 604
Vektordifferenzialgleichung erster Ordnung
  lineare 432, 442
  nichtlineare 432, 444
Vektorrechner 762, 765, 801, 802, 845
Ventil
  elektronisches, ideales 209
Venturidüse 336
verallgemeinerte Frequenz 445
verallgemeinerte Funktion 440
verallgemeinerte Least-Squares-Schätzung 595, 596
  bei linear parameterabhängigem Modell 607
  der Maximum-Likelihood-Schätzung 596
verallgemeinerte quadratische Regelfläche 495
verallgemeinertes Least-Squares-Kriterium 593, 595
  quadratische Ergänzung 607
verallgemeinertes Least-Squares-Verfahren 622
  Datenmatrix 622, 623
  Datenvektor 622, 623
  Gütekriterien 623
  Parametervektor 623
Verarbeitung 131, 132, 134, 138–140, 167

Verbindung
    serielle 774
Verbindungszweig 26
Verbraucher 8, 24, 31, 50–52, 55
Verbraucherkennlinie 55
Verbraucherspannung 51
Verbraucherzählpfeilsystem 7
Verdrängungszähler 338, 339
Vergessensfaktor 600
Vergleich von Steuerung und Regelung 428
Vergleicher 200
Vergleichsgröße bei Modellanpassungsverfahren 591
Verklemmung 167, 168
Verknüpfung 660, 661, 665–667, 681
Verknüpfungssteuerung 629
Verlustfaktor 33
Verlustleistung
    maximale 214
Vermittlungseinrichtung 156
Vermittlungsprotokoll 157, 169
Vermittlungsstelle 168
Verschiebung
    elektrische 68
Verschiebungsstromdichte 82, 95
Versorgungsspannung 188, 189, 194, 195
Versorgungsstörung 469
Verstärker 54, 55, 57, 190, 199–201, 203, 253
    idealer 199
Verstärkung
    des D-Gliedes 460
    des I-Gliedes 457
    des PT_1-Gliedes 460
    des $PT_2(S)$-Gliedes 461
    stationäre 537
Verstärkungsfaktor 505
    des PID-Reglers 472
    einer Übertragungsfunktion 449
Verstärkungsformel
    Masonsche 451
Verstärkungsglied Siehe P-Glied
Verstärkungskennlinie (VKL) 56, 199
Verstärkungsprinzip 430
verteilte Parameter 433, 436
verteiltes System 814
Verteilungsfunktion 300, 301
Verträglichkeit
    elektromagnetische 314
Verzerrung 134, 137, 138
verzögernd differenzierendes Glied Siehe DT_1-Glied
verzögernd integrierendes Glied Siehe IT_1-Glied
Verzögerungsglied
    dritter Ordnung 586
    erster Ordnung mit Totzeit 583
    n-ter Ordnung 586
    zweiter Ordnung 583, 587
Verzugszeit 494, 583
Vielfachheit
    der Nullstelle 446, 449
    eines Pols 540
    der Polstelle 446, 449

Vierpolersatzschaltung 45
Vierpolparameter 241
Villard-Schaltung 178
Virtualisierungstechnik 889
virtuelle Maschine 813
virtuelle Segmentnummer 788
virtueller Adressraum 788–792
virtueller Speicher 790
virtuelles Instrument 394
VLIW 801
VMEbus 782
vollständiger Baum 26, 27
vollständiges n-Eck 23, 26
vollständiges Messergebnis 303
vollständiges Viereck 26
Vollständigkeit 670, 869
Volt 233, 239
Volumenmikromechanik 347
von-Neumann-Rechner 674
Vorfilter 562
Vorgehensmodell
    agiles 887
Vorhalt 167
Vorhaltzeit
    konstante 473
Vorhersage der Modellausgangsgröße 591
Vorsteuerung
    dynamische 571

W
wahrer Systemparametervektor 590
wahrer Wert 295
Wahrheitswert 833, 834
Wahrscheinlichkeitsdichte einer normalverteilten
    Modellfehlers beim Modellanpassungsverfahren
    595
Wahrscheinlichkeitsnetz 302
Wanderfeldzähler 388
Wärmetransport in Rohrleitung 438
    Differenzialgleichung 439
Wechselplattenspeicher 794
Wechselrichter 101, 116, 119, 120, 123–126, 128
Wechselstrom 13, 14, 96, 184
Wechselstrombrücke 368
Wegaufnehmer 306, 307, 315–319, 324, 327, 333, 351
    induktiver 317, 341
Wegplansteuerung 428
Wehnelt-Zylinder 389, 392
Weighted Least-Squares-Kriterium 593
Weißen des Fehlers 610
weißes Rauschen
    Autokorrelationsfunktion 587
    lineares Eingrößensystem 612
Welle
    primäre 64
    rücklaufende 64
Wellenanpassung 66
Wellenausbreitung in einem Leiter 95, 96
Wellenlänge 65, 95, 159, 165, 251, 252

Wellenleiter 156
Wellennormale 98
Wellenwiderstand 65, 66, 156
Wendetangente 583
Wert
    konjugiert komplexer 52
    logischer 834
    richtiger 296
    wahrer 295
Wertdiskretisierung 685
wertediskretes Signal 433
wertekontinuierliches Signal 433
Wettlauf 634
Wheatstone-Brücke 363, 367
White-Box-Modell 574
Wicklungsverlust 14, 34, 45
Wicklungswiderstand 43
Widerstand 8–11, 14–16, 24, 34, 37, 38, 47, 52, 53, 55, 56,
    58, 59, 63, 77, 83, 85, 86, 172, 176, 180, 189, 196,
    204, 218, 237, 242
    spezifischer 12
Widerstandsbelag 63
Widerstandskettenleiter 411, 412
Widerstandsmatrix 31
Widerstandsparameter 31
Widerstands-Spannungs-Umsetzung 364
Widerstandsthermometer 341, 342, 344, 347, 370
Wien'sche Kapazitätsmessbrücke 369
Wien'sches Verschiebungsgesetz 345
Windowing 582
Wind-Up-Effekt 475
Winkelaufnehmer 315, 320, 350, 360
Winkelcodierer 321
Wirbelfeld 67
Wirbelfrequenz-Durchflussmesser 339
Wirbelstrom 46, 96
Wirbelstromaufnehmer 317
Wirbelstromtachometer 323
Wirbelstromverlust 14, 46
Wirbelstromwelle 95
Wirkdruckverfahren 305, 335, 337, 350
Wirkleistung 38–40, 53, 97, 252
Wirkleistungsmessung 52
Wirkleitwert 17
wirksame Schätzung 605
Wirkungsgrad 37, 41, 50, 59, 60, 140, 141, 193, 252
WLAN 808, 810
working set 790
Wortlänge 397
Write-through-Verfahren 792
w-Transformation 544
Wurzelortskurve (WOK) 489–493
    Äste 490
    Asymptoten 490
    Austrittswinkel 490
    Bestimmung 489
    Eintrittswinkel 490
    Hinzufügen von Nullstellen 509
    Hinzufügen von Polen 509

    Konstruktionsregeln 490
    typischer Verlauf 491, 493
    Vereinigungspunkt 490
    Verzweigungspunkt 490
    Wurzelschwerpunkt 490
    Zuordnung zum Verstärkungsfaktor 490
Wurzelortskurvenverfahren 489
    Reglerentwurf 508

X
x,y-Betrieb 392

Z
Zahlenfolge 532
Zähler 723
Zählpfeil 17, 26, 28, 44
Z-Diode 54, 59, 60, 180, 237
Zeichen 684
Zeigerdiagramm 15, 47–49, 149
Zeitabhängigkeit
    harmonische 93
Zeitablenkgenerator 390–392
Zeitauflösung 346, 402
Zeitbereich 445
zeitbeschwerte betragslineare Regelfläche 495
zeitbeschwerte quadratische Regelfläche 495
Zeitdauer 640
zeitdiskretes Modell 592
zeitdiskretes Signal 433, 532
Zeitdiskretisierung 685
zeitinvariantes System 430
Zeitkonstante 289, 291, 384
    des D-Gliedes 460
    des I-Gliedes 457
    des PT_1-Gliedes 460
    des PT_2-Gliedes 462
zeitkontinuierliches Modell 592
zeitkontinuierliches Signal 433
zeitlich veränderlicher Strom 129
Zeitmessung
    digitale 400, 402
Zeitmultiplexverfahren 153
zeitoptimale Regelung 526
Zeitplansteuerung 428
Zeitprozentkennwert 585, 586
Zeitpunkt des maximalen Überschwingens 494
zeitvariantes System 430
Zeitverhalten 288, 289, 291
Zenerdiode 195, 237
Zenerdurchbruch 239
Ziegler-Nichols-Einstellregeln 499, 500
    Methode der Übergangsfunktion 499
    Methode des Stabilitätsrandes 499
Zinkoxid 347
z-Transformation 535
    inverse 536
z-Übertragungsfunktion 537, 538
    mit Totzeit 538

zufällige Messabweichung 295, 303, 304
zufälliger Messwert 299
Zufallsgröße 295
Zugriffszeit 786, 787, 790, 793, 812
zulässiger Fehler 297, 298
Zuordner 686
Zustand 670, 671, 679, 709, 724
Zustandsbeobachter 562, 567
Zustandsdifferentialgleichung 443, 551
    Lösung 552, 555
Zustandsdifferenzengleichung 551
    Lösung 552, 555
Zustandsebene 520, 525
Zustandsempfindlichkeit 599
Zustandsgleichung 568
Zustandsgröße 442
Zustandskurve 444, 525
Zustandsraum 444
Zustandsraumbeschreibung 592
Zustandsraumdarstellung 551
    Eingrößensystem 442, 443
    Mehrgrößensystem 443
    nichtlineares System 444
    Normalform 559, 560
    Umwandlung in Übertragungsfunktion 451
    Vorteil 444
Zustandsregelung 562
    beobachterbasierte 569
    dynamische Ausgangsrückführung 570
    dynamische Vorsteuerung 571
    Fehlerrückführung 563
    Sollwertaufschaltung 562
    Störbeobachter 571

Vorfilter 562
    quadratisch optimale 565
Zustandsregler
    quadratisch optimaler 565
Zustandsrückführmatrix 562
Zustandsrückführung 562
    beobachterbasierte 569
    dynamische Ausgangsrückführung 570
    dynamische Vorsteuerung 571
    Fehlerrückführung 563
    quadratisch optimale 565
    Sollwertaufschaltung 562
    Störbeobachter 571
    Vorfilter 562
Zustandstransformation 559
Zustandsübergangsschaltnetz 713
Zustandsvektor 443, 631, 634
Zuweisung 813, 832, 848, 849
    direkte 643
Zwei-Leistungsmesser-Methode 52
Zweiortskurvenverfahren 524
Zweipolquelle 24
Zweipunktregler 520, 522
    mit Rückführung 520
Zweirampenumsetzer 408–410
zweistufige Minimierung 704
zweistufiges Gatterschaltnetz 701
Zweitor 31
Zweiweggleichrichter 383
Zwischenspeicherung 165, 218
Zykluszeit 775, 811, 812
Zylinderkondensator 72

Printed by Wilco bv, the Netherlands